河南省农业科学院植物保护研究所
河 南 省 植 物 保 护 学 会 主编

河南昆虫志

区系及分布

申效诚 任应党 牛 瑶 等 编著

河南省基础与前沿技术研究计划资助项目(No. 082300430370)
河南省重点实验室建设专项(112300413221)

科 学 出 版 社
北 京

内 容 简 介

本卷是对河南昆虫区系历史和现状的全面系统总结。全书分为4章，第一章详细介绍了河南地理位置、气候、地质地貌、河流湿地、土壤、动植物、自然保护、自然区划等自然环境条件；第二章系统叙述了河南昆虫区系研究历史沿革，着重总结近十多年来全省昆虫考察的丰硕成果；第三章分析了河南昆虫的区系结构、分布规律，并用多元相似性聚类分析法(MSCA)分析了各地区间的区系差异及亲疏关系，为地理区划提供技术支撑和科学依据；第四章按分类系统记述目前河南已知的昆虫、蜘蛛、蜱螨共32目580科4198属9272种，其中，描述新种1个，河南新记录科3个，河南新记录属80个，河南新记录种162个。每种生物名下均有省内产地、国内外分布、资料来源，一些种类还有新的异名以及寄主植物。书末附有属名索引和520多幅昆虫彩色照片。

本书可供从事生物学、昆虫学、植物保护、森林保护学的研究、教学、推广和生产部门的科技人员及大专院校师生参考。

图书在版编目(CIP)数据

河南昆虫志. 区系及分布 / 申效诚等编著. —北京：科学出版社，2014.2

ISBN 978-7-03-039646-4

(河南昆虫志)

I. ①河…　II. ①申…　III. ①昆虫志–河南省　②昆虫区系–河南省　③昆虫–地区分布–河南省　IV. ①Q968.226.1

中国版本图书馆CIP数据核字(2014)第014153号

责任编辑：韩学哲 / 责任校对：赵桂芬　张凤琴

责任印制：钱玉芬 / 封面设计：槐寿明

科学出版社出版

北京东黄城根北街16号

邮政编码：100717

http://www.sciencep.com

中国科学院印刷厂印刷

科学出版社发行　各地新华书店经销

*

2014年2月第　一　版　　开本：787×1092　1/16

2014年2月第一次印刷　　印张：82　插页：28

字数：2 560 000

定价：450.00 元

(如有印装质量问题，我社负责调换)

INSECT FAUNA OF HENAN

CATALOQUE AND DISTRIBUTION

By

Shen Xiaocheng　Ren Yingdang　Niu Yao　*et al.*

Science Press

Beijing, China

本书编写人员(Authors)

申效诚 Shen Xiaocheng

(河南省农业科学院植物保护研究所 Institute of Plant Protection, Henan Academy of Agricultural Sciences, Zhengzhou 450002 China) Email: shenxiaoc@126.com

全书统筹及下列类群以外各类群

任应党 Ren Yingdang

(河南省农业科学院植物保护研究所 Institute of Plant Protection, Henan Academy of Agricultural Sciences, Zhengzhou 450002 China) Email: renyd@126.com

第一章、第四章之鳞翅目

牛瑶 Niu Yao

(河南师范大学 Henan Normal University, Xinxiang 453002) Email: niuyao163@163.com

第二章、第四章之直翅类、水生类各目

尹新明 Yin Xinming

（河南农业大学 Henan Agricultural University,Zhengzhou 450002)Email: xinmingyin@hot.mail. com

第四章之鞘翅目

刘新涛 Liu Xintao

(河南省农业科学院植物保护研究所 Institute of Plant Protection, Henan Academy of Agricultural Sciences, Zhengzhou 450002 China) Email: lxt.good@163.com

第三章、全书图的绘制

刘晓光 Liu Xiaoguang

(河南省农业科学院植物保护研究所 Institute of Plant Protection, Henan Academy of Agricultural Sciences, Zhengzhou 450002 China) Email: xgliu@yahoo.cn

第三章

孙浩 Sun Hao

(郑州轻工业学院 Zhengzhou University of Light Industry, Zhengzhou 45002) Email: sunhaofirst@126.com

第四章之鳞翅目

马晓静 Ma Xiaojing

(河南省农业科学院植物保护研究所 Institute of Plant Protection, Henan Academy of Agricultural Sciences, Zhengzhou 450002 China) Email: maerniu1984@126.com

第四章之鳞翅目

本书编著者申效诚研究员

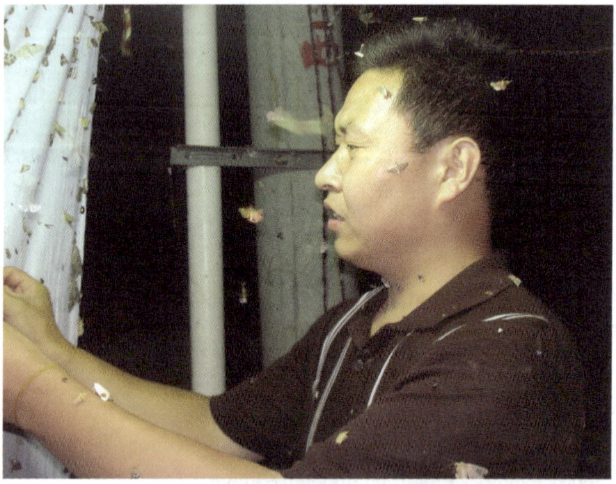
本书编著者任应党博士、副研究员

本书编著者牛瑶博士、教授

序　言

昆虫、蜘蛛、蜱螨，这些在自然界中最复杂的生物类群，不仅和农、林、牧业生产有直接的关系，而且还和人们身体健康、社会安定发展以及人类文化活动等有密切的联系，更在大自然能量循环及保持生态平衡中发挥至关重要的作用。

河南，作为中华民族和华夏文明的摇篮，也是最早和昆虫等有密切接触的地方。追溯人类养蚕和养蜂的历史，均起源于中原地带。在数千年人类历史长河中，记载的蝗虫灾害也是触目惊心。但由于种种历史原因和社会原因，河南对近代、现代昆虫学的研究，特别是昆虫分类、分布、区系等基础研究一直比较薄弱，以致到 20 世纪前半叶，基本是一片空白。新中国成立后，党和政府对农业、林业生产、国民经济及科学研究非常重视，为了查清河南昆虫资源，在全省范围内先后多次开展了昆虫调查和普查工作，其中比较重要的有 1960 年河南自然区划中的昆虫普查；1977 年植物检疫性病虫害普查；1979—1981 年农业害虫天敌资源调查；1980—1982 年森林病虫害调查以及粮食系统组织的储藏物昆虫调查、卫生系统组织的医学昆虫调查。所有这些工作，在一定深度和广度上掌握了全省昆虫的基本情况，解决了生产和生活上迫切需要解决的问题。何均、贺钟麟、苏寿祇、陈启宗、刘芹轩、杨有乾、葛凤翔、王万林、顾万钧、丁文山、屈孟卿、周亚君等老一辈昆虫学家为河南昆虫分类区系工作的建立和发展作出了历史性的贡献。

进入社会主义建设新时期，昆虫学研究和其他工作一样，取得了长足的进步。在老一辈科学家的指导下，一批年富力强的中青年昆虫学工作者迅速成长，相继对一些重要的昆虫类群进行了更为深入的研究，发表的新种和新记录不断增多，由历史形成的落后局面逐渐改变。比较出色的工作有《河南森林昆虫志》(杨有乾等)的出版，直翅类昆虫和蝶类的研究(王治国、牛瑶等)，跳小蜂的分类(时振亚等)，天牛的研究(周亚君、尹新明等)，蜘蛛种类的调查(毛景英等)，玉米螟种类的重新鉴定(姜仲雪)，金龟子的分类研究(司胜利等)，毛翅目新种的描述(薛银根)，蚊蝇区系的调查(李书建、陈浩利等)，《河南农业昆虫志》的出版(于思勤等)，《河南昆虫名录》(申效诚等)的编撰。到 1993 年，河南共记录昆虫(包括蜘蛛和螨类)3850 种。1995 年和 1999 年，河南省昆虫学会组织编写了《河南昆虫志　蝶类》和《河南昆虫志　鞘翅目(一)》，拉开了《河南昆虫志》出版的序幕。2007 年，王治国先生的《河南直翅类昆虫志》和《河南蜻蜓志》出版了。

20 世纪 90 年代初，申效诚、时振亚、司胜利、牛瑶等在河南省农业科学院植物保护研究所商议策划组织全省昆虫科学考察，并于 1995 年在全国昆虫分类区系会议上向全国专家发出邀请。在有关主管部门、学会、业务部门的通力合作下，从 1996 年开始到 2008 年共计进行昆虫科学考察 13 年 30 多次，参加考察的是全国 66 个单位的昆虫分类学界老、中、青三代科学家，省外专家 355 人次，省内专家 139 人次，考察地点涉及伏牛山区、大别山区、太行山区、桐柏山区、平原地区及湿地共 33 处，采集标本 35 余万号，经过鉴定，发现并描述昆虫新种 858 种，建立昆虫新属 17 个，发现中国新记录和河南新记录4000多种，发表论文515篇，其中SCI论文30篇，出版考察报告6卷。至此，河南昆虫种类达到8637种，是考察前的2.2倍，使河南由昆虫资源贫乏省份步入全国前列，伴随着科学考察，河南省昆虫分类专业队伍从无到有，并已初具规模。

回顾10余年的发展，我们永远铭记全国老一辈昆虫学家的热情支持和帮助。中国农业大学杨集昆教授，南开大学郑乐怡教授、任树芝教授，中国科学院动物研究所黄复生研究员、章有为研究员、史永善研究员，北京林业大学陈树椿教授等不顾高龄，冒着酷暑参加考察，周尧教授为《河南昆虫分类区系研究》撰写序言并赠送资料，张广学院士、宋大祥院士、郭予元院士从多方面给予热情支持与指导，尹文英院士、夏凯龄研究员、毕道英研究员、何俊华教授、归鸿教授、李法圣教授、杨莲芳教授和袁峰教授帮助鉴定标本。老一辈昆虫学家的高尚情操、敬业精神及治学态度是激励我们前进的宝贵精神财富。我们难以忘记黄大卫研究员、杨星科研究员、郑哲民教授、赵修复教授、李丽英研究员等业界巨擘通过各种方式表达的关怀、支持与鼓励，这是鞭策我们奋斗的巨大动力。我们永远牢记我国当代昆虫分类学家的鼎力支持和参与，李后魂教授、杨定教授、魏美才教授、盛茂领教授、朱明生教授、蔡平教授、彩万志教授、张雅林教授、王淑霞教授、花保祯教授、武春生研究员、薛大勇研究员、卜文俊教授、任国栋教授、任东教授、武三安教授、杨忠歧研究员、杜予州教授、林坚贞研究员、虞国跃研究员、陈学新教授、吴鸿教授、陈祥盛教授、杨明旭教授、傅荣恕教授、刘宪伟研究员、许再福教授、李强教授、霍科科教授等先后多次来河南山区进行考察。这些正当中年、精力充沛的科学家的刻苦顽强、一丝不苟的工作态度和献身科学、献身人民的高贵品德是我们的学习楷模。还有更多的副教授、讲师、博士生、硕士生参加考察，他们目前也已成为业界精英和学术骨干。此外，日本九州大学三枝丰平教授，斯洛文尼亚自然博物馆赛维思教授，丹麦哥本哈根大学卡绍特教授、彼得斯库教授，俄罗斯科学院远东分院科诺年科教授先后参加考察或鉴定标本。正是这些来自不同国家、不同省区、不同单位的科学家，用他们的智慧和辛勤劳动，构建起河南昆虫资源的大厦。

为了使丰硕的考察成果尽快转化为现实生产力，尽快为农业、林业生产，人类健康，环境保护服务，我们重新组织力量，继续进行《河南昆虫志》、《河南蜘蛛志》、《河南蜱螨志》的编撰出版工作，特别对与生产关系密切的昆虫类群优先安排。

《河南昆虫志》、《河南蜘蛛志》、《河南蜱螨志》的编撰出版是河南昆虫学、生物学和农业科学事业的一项基本建设，自始至终得到有关主管部门的高度重视和关心，得到省内外高等院校、科研单位及生产部门的专家、学者的热心指导、热情支持和无私帮助，在此一并致以崇高的敬意和诚挚的感谢。

编辑委员会

2008年12月

前　言

1996 年 7 月 9 日，河南省农业科学院招待所内，第一次面对来自全国各地的昆虫分类学家，我异常兴奋而又忐忑不安，兴奋的是心仪良久、策划数年的河南昆虫科学考察终于迈开了实质性的第一步，不安的是河南是全国公认的昆虫资源贫乏的省份，我们的考察能获得预期的结果吗？改写河南昆虫贫乏历史的愿望与冲动，殚精竭虑精心筹划的艰辛与苦涩，行动揭幕前的亢奋与骚动，万一失败的焦虑与担心，酸辣苦甜，五味杂陈……随着考察队授旗仪式的结束，我心里说，一场“博弈”开始了，一场用科学考察的“博”去探索未知世界的“弈”开始了。

半个月下来，科学家们收获了许多标本，更收获了许多喜悦。71 岁的杨集昆教授高兴地说，想不到河南还有这么好的地方！他采集的眼蕈蚊科标本，有近一半是新种。有小虫在眼前飞，他顺手一抓，隐芒蝇的两个新种；王备新博士采到 38 种石蛾，有 15 个新种；蔡平博士采到 132 种叶蝉，有 32 个新种；魏美才博士采到 173 种叶蜂，有 100 个新种……新华社记者见证了我们的收获和喜悦。

这样的考察活动持续了 13 年。全国的昆虫分类学家 13 年来的辛勤劳作构建了今天河南昆虫资源多样性的大厦。本卷将全面总结河南昆虫区系的历史和现状。

第一章比较深入地介绍了河南的地理位置、地层地貌、气候、河流、湿地、土壤、植被、高等动物、自然保护、自然区划等自然环境条件；第二章系统介绍了河南昆虫区系研究的历史进程；第三章详细分析了河南昆虫的区系构成、区系成分、分布规律、区系特征，详细论述本书作者新提出的多元相似性聚类分析(multivariate similarity clustering analysis, MSCA)法，并用它分析比较了各地区之间的区系差异和关系亲疏程度，为地理区划提供统计学支撑和科学依据；第四章按分类系统记述目前河南已知的昆虫、蜘蛛、蜱螨共 9272 种，隶属 32 目 580 科 4198 属。其中，描述新种 1 个，河南新记录科 3 个，河南新记录属 80 个，河南新记录种 162 个。在每目、每科的前面均有世界、中国、河南的属种数量，每种包括中文名、学名、省内产地、国内外分布以及资料来源，一些种类还列有新的异名和寄主植物。为了简明，基本采用目、科、属、种 4 个阶元，目和科按分类系统排列，属和种按字母排列。

书后附有参考文献、属名索引以及 520 多幅彩色照片，以便查对。图版照片中，直翅类由牛瑶、刘宪伟提供标本，广翅目及脉翅目由刘星月提供照片。

谨以此书献给长期关注、热情支持、悉心指导这项工作的周尧教授、杨集昆教授和业师贺钟麟教授，愿他们在天国安详快乐。

还以此书，感谢 13 年来参加河南昆虫考察的国内老、中、青三代昆虫分类学家。他们的精神和业绩将镌刻在河南昆虫学发展的丰碑上。同时感谢郑州大学、河南农业大学、河南师范大学、河南省森林病虫害防治站、河南省植物保护站、河南科技学院、地市农林部门、自然保护区等单位的指导、支持、关心、帮助此项工作的专家、朋友，和我本人的各级领导和同事们。

由于本人水平有限，肯定会有不少不足和遗漏之处，敬请不吝指正。

申效诚

2013 年 1 月于郑州

目　　录

第一章　河南省自然环境

Chapter 1　Natural Environment of Henan

第一节　地理位置与政区

河南省位于中国中东部，黄河中下游地区。北纬 31°23′~36°22′，南北直线距离 530 km，东经 110°21′~116°39′，东西直线距离 580 km。周围与河北、山东、安徽、湖北、陕西、山西接壤(图 1-1)。

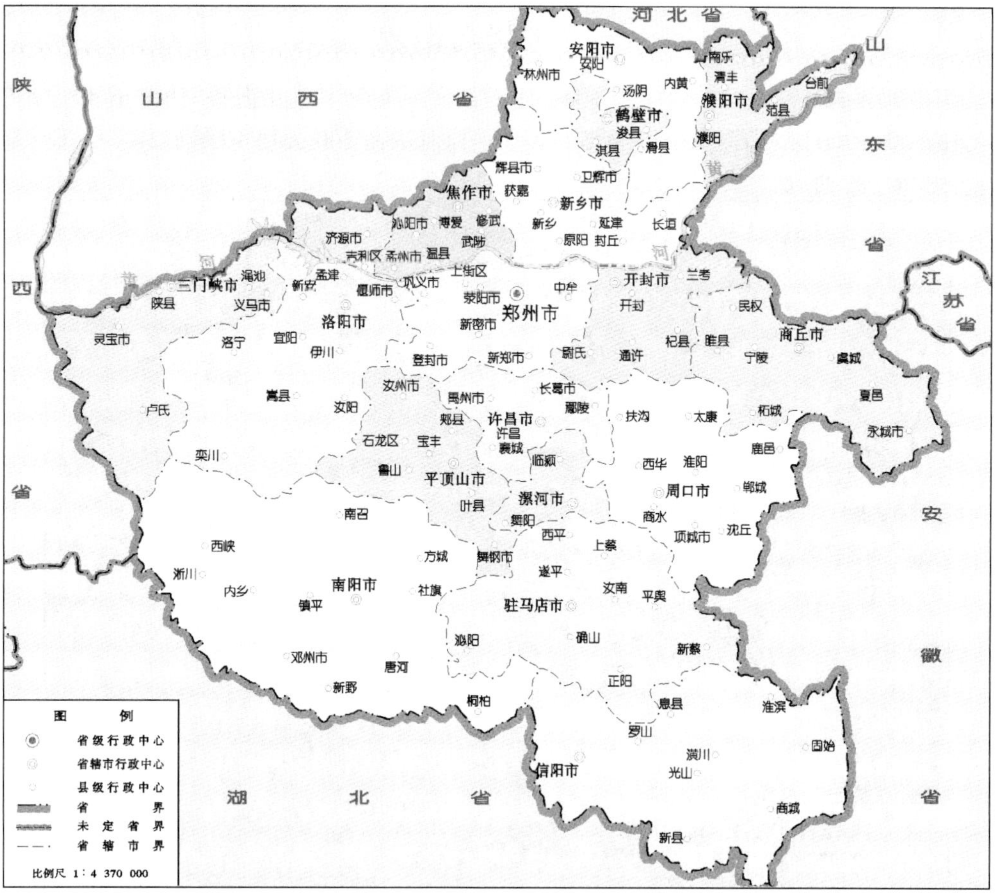

图 1-1　河南省政区图(河南省地图院供图) (资料截至 2010 年年底)

全省土地面积为 167 000 km^2，占全国国土面积的 1.7%。其中，山地有北部的太行山、西部的伏牛山、南部的桐柏山和大别山，总面积 74 000 km^2，占全省土地面积的 44.3%；平原有东部的黄淮海平原和西南部的南阳盆地，总面积 93 000 km^2，占全省土地面积的 55.7%。

全省有四大水系，黄河流经河南的北部，境内流域面积 36 200 km^2，占全省土地面积的 21.7%；淮河流经河南东南部，境内流域面积 88 300 km^2，占全省土地面积的 52.8%；流经西南部的唐河、白河、丹江等属于长江水系，境内流域面积 27 200 km^2，占全省土地面积的 16.3%；北部的卫河属于海河水系，境内流域面积 15 300 km^2，占全省土地面积的 9.2%。

全省设 18 个省辖市，下辖 159 个县(市、区)。省会郑州。

第二节　地层、地质与地貌

古生代石炭纪以来的地层中的沉积岩里所含的昆虫化石记录着古生昆虫的演化史，地貌影响着现生昆虫的分布与发展。河南完整的地层结构，复杂的地质构造，充分发育的地貌类型，构成了河南昆虫多样性的历史基础和基本条件。

一、地势与地貌

河南地势西高东低，兼跨中国地势的第二、第三台阶。中山海拔 1000 m 以上，低山海拔 500~1000 m，丘陵海拔 200~500 m，平原海拔在 200 m 以下(图 1-2)。

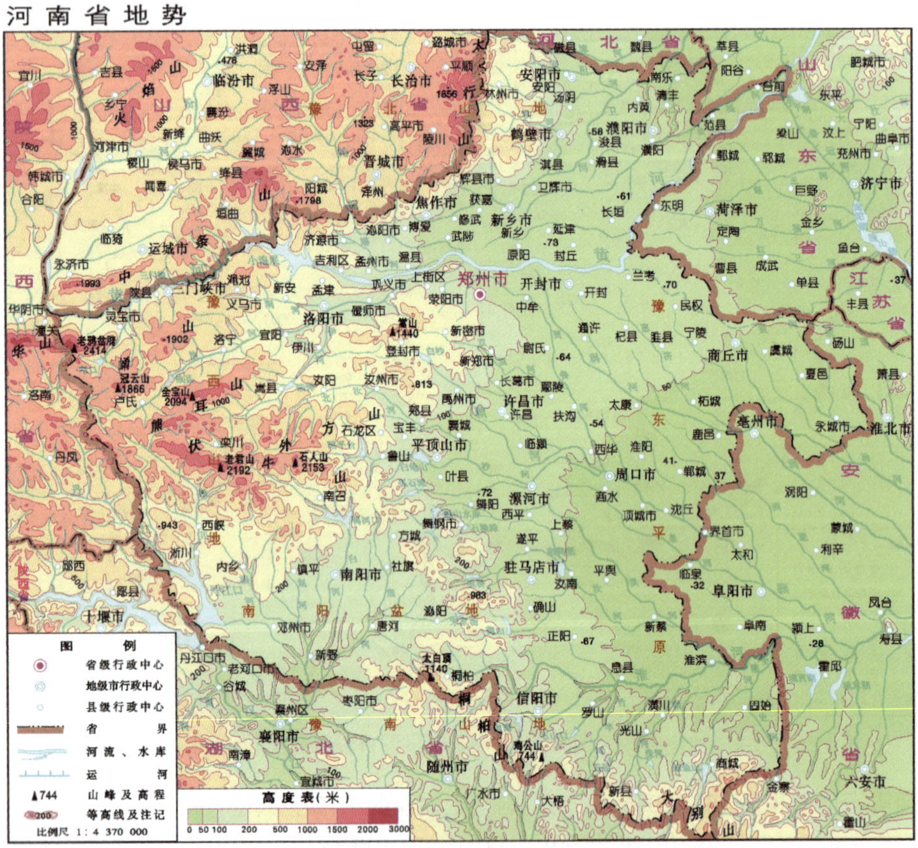

图 1-2　河南省地势图(河南省地图院供图)

西北部的太行山地和丘陵是华北太行山脉的南端，长约 185 km，是河南和山西的天然分界。位于济源境内的鳌背山海拔 1929.6 m，是省内太行山的最高峰。山坡陡峻，高耸雄伟。

西部的伏牛山是秦岭山脉的东延，东西蜿蜒 200 km，山势雄浑巍峨，2000 m 以上的高峰众多，是黄河水系、淮河水系、长江水系的分水岭。其北侧从西向东依次有小秦岭、崤山、熊耳山、外方山，西端的老鸦岔海拔 2413.8 m，为全省最高峰。东端的嵩山海拔 1440 m，挺立中原，挺拔壮丽，尊为“中岳”。

南部的桐柏山、大别山是河南、湖北的分界，也是黄淮平原和江汉平原的分界。桐柏山西北—东南方向延伸，海拔多为 400~800 m，主峰太白顶 1140 m。大别山东西走向，境内长约 180 km，由西向东逐渐增高，西端的著名避暑胜地鸡公山海拔 744.4 m，东端的金岗台海拔 1584 m。大别山山地风化作用强烈，地表风化壳深厚，流水侵蚀严重。

河南东部是广袤的黄淮海平原，海拔大部分在 100 m 以下，由黄河、淮河和卫河冲积而成。黄河自郑州以下，是高出地面的“悬河”，成为奇特的“河道式分水岭”，黄河以北属于海河流域，地势由西南向东北倾斜；黄河以南属于淮河流域，地势由西北向东南倾斜。淮河以南，海拔多在 100 m 以上，由南向北倾斜。该区地势平坦和缓，土层深厚，适于农作。有部分为河泛沙地和风成沙丘地貌，也有部分为低洼易涝。

西南部的南阳盆地，三面环山，南面与江汉平原相接，海拔大部分为 100~200 m，水系主要为白河、唐河及其支流，发源于周围山地，南流注入汉水。

根据地貌的形态、成因的相似性和差异性，划分全省地貌分区如下所述(图 1-3)。

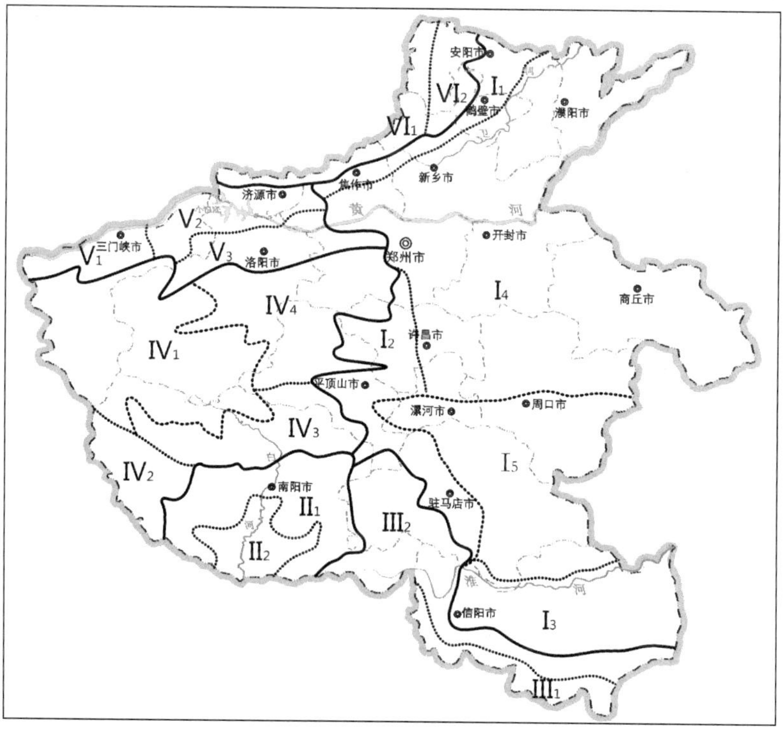

图 1-3　河南省地貌分区图(依据时子明，1983 年资料重绘)

I. 东部堆积平原区：I_1. 太行山山前倾斜平原区；I_2. 豫西山地山前倾斜平原区；I_3. 大别山北麓波状平原区；I_4. 黄河冲积扇形平原区；I_5. 淮北低平缓平原区。II. 南阳盆地堆积平原区：II_1. 盆地边缘垄岗状倾斜平原区；II_2. 盆地中南平缓平原区。III. 豫南侵蚀剥蚀低山丘陵区：III_1. 桐柏-大别山南部低山区；III_2. 桐柏-大别山北部丘陵区。IV. 豫西复杂构造山地区：IV_1. 熊耳山-伏牛山中山区；IV_2. 淅川喀斯特化低山丘陵区；IV_3. 伏牛山东南部低山丘陵区；IV_4. 嵩山-箕山低山丘陵区。V. 三门峡-洛阳黄土台地区：V_1. 灵宝-三门峡黄土台地区；V_2. 黛嵋寨-邵原低山黄土丘陵区；V_3. 伊洛河黄土丘陵河谷平原区。VI. 豫西北断块山地区：VI_1. 太行山西北部中山区；VI_2. 太行山东部低山丘陵区

(1) 东部堆积平原区：位于河南东半部。面积辽阔，地势平坦，堆积深厚，河流众

多，水源丰富，适于耕作。也有一定面积的沙丘、沙地、岗洼地以及风沙、盐碱、旱涝等不利因素。可分为 5 个二级地貌区：太行山山前倾斜平原区；豫西山地山前倾斜平原区；大别山北麓波状平原区；黄河冲积扇形平原区和淮北低平缓平原区。

(2) 南阳盆地堆积平原区：位于河南西南部。区内大都地势平缓，土层深厚，土质肥沃，水源丰富，排灌便利，也有一些岗地和洼地，易成旱涝灾害。可分为盆地边缘垄岗状倾斜平原区和盆地中南部平缓平原区。

(3) 豫南侵蚀剥蚀低山丘陵区：包括桐柏山、大别山及南阳盆地东缘的山地丘陵。该区岩石风化深，地表松散的残积层厚，河流谷地十分发育，宜农宜林。可分为桐柏-大别山南部低山区和桐柏-大别山北部丘陵区。

(4) 豫西复杂构造山地区：位于河南西部，范围广阔，山岭连绵，地质构造复杂，地貌类型多样，中山占该区面积的 35%，低山占 40%，丘陵与河谷分别占 15%和 10%。该区可分为 4 个二级地貌区：熊耳山-伏牛山中山区；淅川喀斯特化低山丘陵区；伏牛山东南部低山丘陵区和嵩山-箕山山地丘陵区。

(5) 三门峡-洛阳黄土台地丘陵区：位于豫西的黄土覆盖区。黄土土层深厚，土质肥沃，但易受流水侵蚀，沟壑十分发育，水土流失严重，地貌形态破碎。可分为 3 个二级地貌区：灵宝-三门峡黄土台地区；黛眉寨-邵原低山黄土丘陵区和伊洛河黄土丘陵河谷平原区。

(6) 豫西北断块山地区：位于河南西北部，主要是断块构造的中山、低山，侵蚀剥蚀的低山、丘陵，间布着大小不等的盆地和河流谷地。分为 2 个二级地貌区：太行山西北部中山区和太行山东部低山丘陵区。

二、地层与地质

河南地层发育良好，各时代均有分布，是研究我国南北地层及其对比的重要地区之一。横贯全省有一条深断裂，从栾川，经确山，到固始，这条深断裂把河南分为华北地层区和秦岭地层区，下面又分成 7 个地层分区和 10 个地层小区(图 1-4)。

地层的名称和历史时代相同，单位不同。时代称代、纪，地层称界、系。世界上最早的昆虫化石发现在古生代志留纪时代的地层中，因此太古界、元古界及古生界的寒武系、奥陶系地层中不会有昆虫化石。

古生界除寒武系、奥陶系外，还有志留系、泥盆系、石炭系、二叠系。

河南省志留系仅分布于秦岭地层区南秦岭分区的淅川傅家营-内乡岞岖。地层中不仅有丰富的笔石化石，还有三叶虫、腕足类、双壳类、海百合和苔藓虫的化石。

河南省泥盆系仅分布于秦岭地层区南秦岭地层分区内，从淅川的紫荆关到内乡的师岗一带，富含动物化石，主要有腕足类和珊瑚，也有海百合。

河南省石炭系在华北地层区和秦岭地层区都有分布。华北地层区，分布在鹤壁、渑池、登封、修武、禹州、鲁山等地，共有 3 组地层，动物化石丰富，其中䗴类最多，还有腕足类、双壳类、有孔虫、珊瑚、苔藓虫等。秦岭地层区内，在北秦岭地层分区分布于信阳、罗山、光山、商城等地，共有 5 组地层，动物化石主要有双壳类和䗴类，还有介形虫、腹足类、棘皮类、腕足类等；在南秦岭地层分区分布于淅川和内乡，有 2 组地层，动物化石以珊瑚为主，也有腕足类和䗴类。

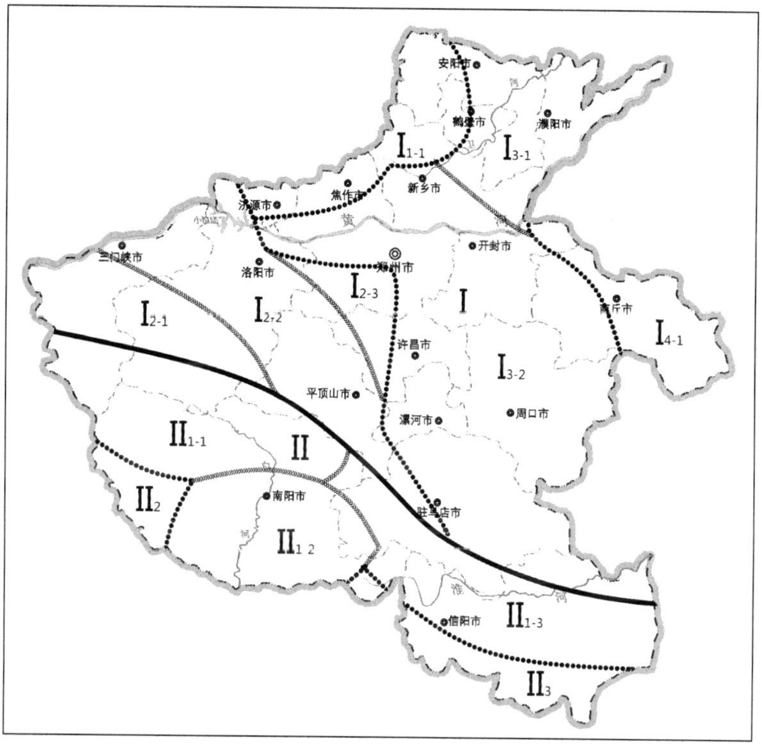

图 1-4　河南省综合地层区划图(依据河南省地质矿产局，1989 年资料重绘)

I. 华北区：I_1. 山西分区：I_{1-1}. 太行山小区；I_2. 豫西分区：I_{2-1}. 熊耳山小区；I_{2-2}. 渑池-确山小区；I_{2-3}. 嵩箕小区；I_3. 华北平原分区：I_{3-1}. 豫北小区：I_{3-2}. 豫东小区：I_4. 鲁西分区：I_{4-1}. 徐州小区；II. 秦岭区：II_1. 北秦岭分区：II_{1-1}. 西峡-南台小区；II_{1-2}. 南阳小区：II_{1-3}. 桐柏-商城小区；II_2. 南秦岭分区；II_3. 桐柏山、大别山分区

河南省二叠系仅分布于华北地层区，在禹州、宜阳、渑池以及嵩箕地层小区，层内富含植物化石，动物化石有腕足类、双壳类等。在禹州方山滴水潭的下二叠统下石盒子组地层中，出现一种古昆虫蜚蠊化石，命名为 *Aissoblatta grachyna* Lin *et* Han，1985，这是河南最早的昆虫化石，时代为二叠纪的早期(林启彬等，1985)。

中生界包括三叠系、侏罗系和白垩系。

河南省三叠系分布于华北地层区的豫西地层分区、华北平原地层分区、鲁西地层分区和秦岭地层区的北秦岭地层分区，在义马–新安、济源、登封、宜阳、平顶山、永城、夏邑、汝州以及南召、内乡等地。层内植物化石丰富，动物化石除双壳类、介形虫、图土蚬等外，已有鱼类等脊椎动物化石。张仁杰(1978)在南召马市坪黄土岭上三叠统地层中，发现疑为珠蜉属 *Mesoneta*? sp.的蜉蝣化石和少量的蜻蜓幼虫化石。在南召马市坪该地层中采获三尾类蜉蝣 *Ephemeropsis trisetalis* 化石(区元任，1973)，而据任东等最新研究认为，三尾类蜉蝣只分布于西伯利亚，他为热河古生物群中的三尾类蜉蝣建立一个新属，并命名 2 个新种(Huang *et* Ren，2007，2006)。据估计，南召的化石也应属于这个新属——美丽蜉蝣属 *Ephicharmeropsis* Huang *et* Ren，2007 中的一员。

河南省侏罗系零星分布于华北地层区的渑池、义马、济源、确山等地及秦岭地层区的光山—固始南部一带，都属陆相沉积地层。层内植物化石丰富，动物化石主要有双壳类、叶肢介、介形虫、鱼类、腹足类等。最近在义马露天煤矿的侏罗系地层发现鳖化石。

河南省白垩系发育较好，广布于全省，出露主要见于豫西、豫西南和大别山北麓的各盆地中，其中陆相碎屑沉积岩中有丰富的生物化石，尤其西峡、内乡、淅川，有3组地层富含恐龙蛋化石、鸟脚类跖骨和尾骨；大别山北麓以叶肢介化石为主，也有恐龙蛋。华北地层区内分布于渑池、嵩县、宝丰、汝阳、鲁山、确山等地，以介形类、双壳类为主。最近，在汝阳发现大量恐龙骨骼化石。

河南省新生界发育良好，分布广泛。第三系早期，已有哺乳动物化石，在南阳、卢氏有2组地层含有昆虫化石。

第三节 气　　候

气候条件不仅直接影响昆虫的分布、生长和发育，也影响着昆虫的食物——植物的分布、生长和发育。河南总的气候特点是处于中国东部季风区，由北亚热带向暖温带、由湿润区向半湿润区的过渡地带，具明显的大陆性气候特征，四季分明，春季干旱多风沙，夏季炎热多雨且充沛，秋季晴朗多日照，冬季寒冷少雨雪。

一、温度与热量

全省各地年平均气温 13~15℃，气温受纬度和海拔的双重影响。全省无霜期 190~230 天，最短的卢氏只有 184 天，而相邻的西峡位于伏牛山南坡，可达 237 天。

全省冬季寒冷，多偏北风，1 月平均气温–2~2℃。绝对最低气温多年平均为–14~–10℃，极端最低气温可达–20℃。春季气温迅速上升，风沙频率大。夏季炎热，多偏南风，7 月平均气温大都为 27~28℃，西部山区则在 26℃以下。

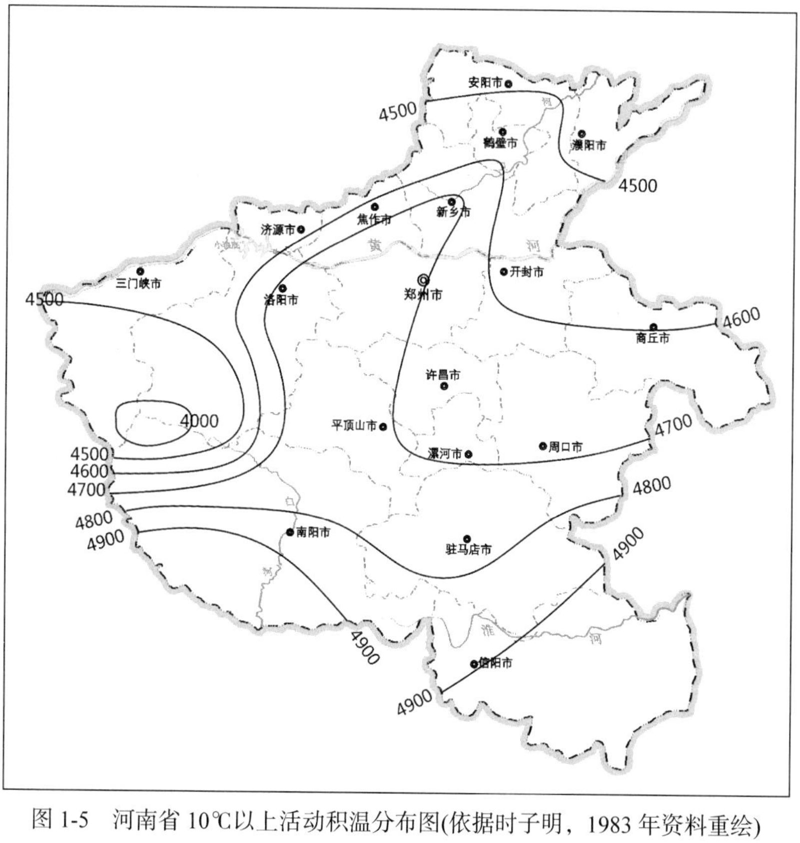

图 1-5　河南省 10℃以上活动积温分布图(依据时子明，1983 年资料重绘)

太阳辐射是能量的最主要来源。全省可得全年太阳照射总时数 4428~4432 h，实际日照时数 2000~2600 h，日照百分率 45%~55%。全年太阳总辐射量为 113~122 kcal①/cm^2，高于江南省份，低于青藏高原和西北，省内南部高于北部。12 月最低，只有 6 kcal/cm^2，夏季最高月可达 13 kcal/cm^2。

与生物生长发育更密切的是10℃以上的活动积温。全省10℃以上活动积温为4000~5000日度(图 1-5)。积温等值线在东部平原和纬度基本平行，纬度每升高 1°，积温减少 100 日度。西部山地则形成以栾川为中心的低积温区。

二、降水与湿度

全省年降水量为 600~1200 mm，淮南达 1000~1200 mm，黄淮之间为 700~900 mm，豫北及豫西丘陵区为 600~700 mm。季节差异较大，夏季占全年降水量的 45%~60%，降水强度和变率均较大。冬季最少，只有 20~100 mm，占 3%~10%。各地生长季节(4~10月)降水量分布见图 1-6。

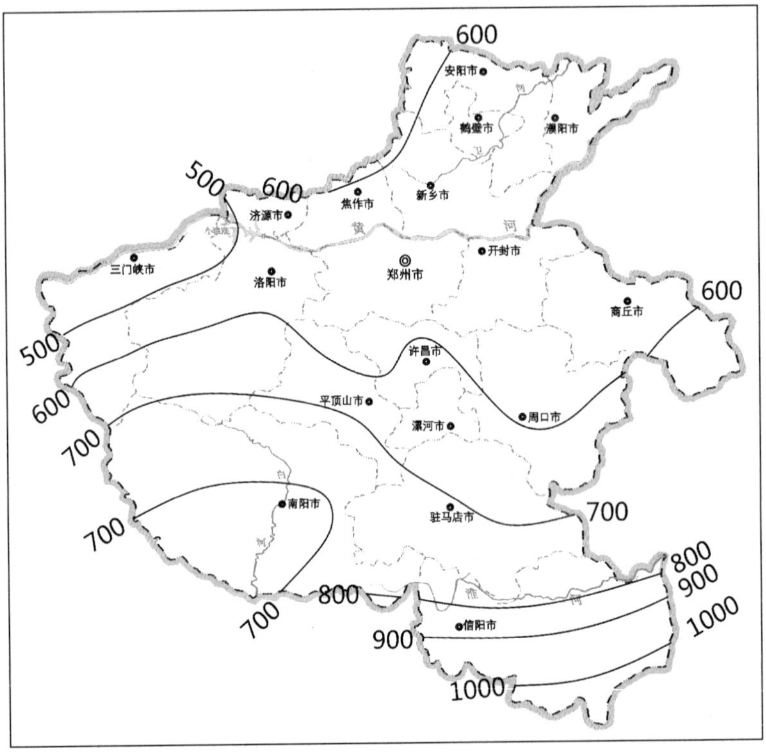

图 1-6　河南省生长季降水量分布图(依据时子明，1983 年资料重绘)

以湿润系数作为指标，全省分为三种类型，淮河两岸、大别山区及伏牛山山地为湿润地带；豫东平原、伏牛山低山丘陵、南阳盆地为半湿润地带；豫北及豫西台地为半干旱地带。全省没有潮湿地带和干旱地带。

① 1 cal=4.19 J。

三、气候分区

(1) 淮南温暖湿润，春雨充沛区：淮河南岸平原岗地、大别山区、桐柏山区，水热资源丰富，自然条件优越(图 1-7)。年平均气温大于 15℃，1 月平均气温 1~2℃。日平均气温稳定≥10℃的持续日数为 225~230 天，活动积温 4900 日度以上。年平均降水量 1000~1300 mm，年湿润系数大于 1.0。春季阴雨天气多，日照少；秋季降温快。

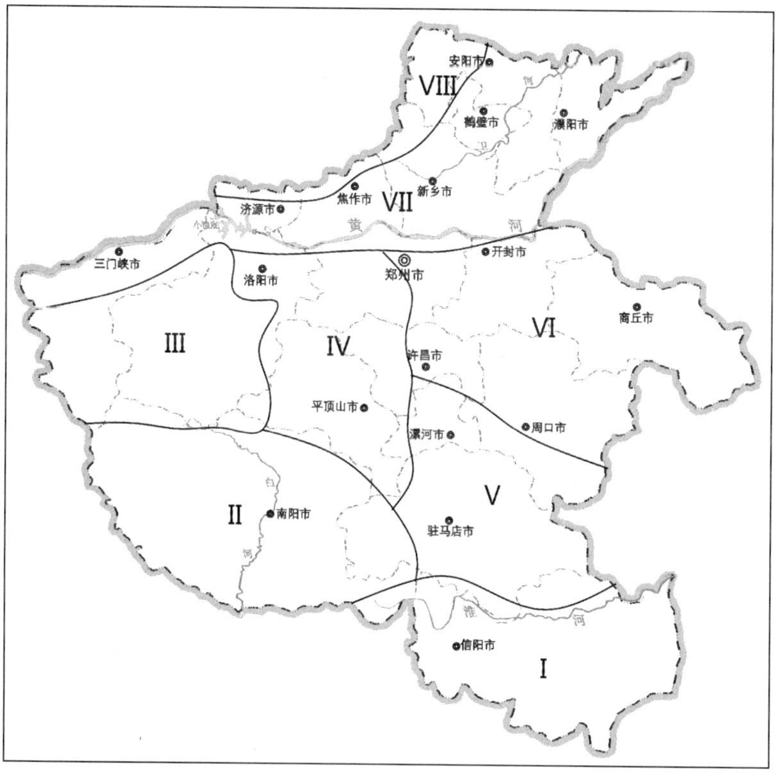

图 1-7 河南省气候条件分区图(依据时子明，1983 年资料重绘)

I. 淮南温暖湿润，春雨丰沛区；II. 南阳盆地温暖半湿润，夏秋多旱涝区；III. 伏牛山山地温凉湿润，少旱区；IV. 中部黄土丘陵温和半湿润，夏秋多旱区；V. 淮北平原温和半湿润，春雨适中，夏秋易涝区；VI. 豫东平原温和半湿润，春季多旱，夏秋旱涝交错区；VII. 豫北平原、豫西黄河谷地温和半干旱，全年少雨多旱区；VIII. 太行山地温和半干旱少涝区

(2) 南阳盆地温暖半湿润，夏秋多旱涝区：伏牛山南侧，三面环山，热量资源丰富，低温寒害较少。年平均气温大于 15℃，1 月平均气温 1~2℃，日平均气温稳定≥10℃的活动积温 4900 日度，年降水量约为 800 mm，年湿润系数 0.7~0.9，半湿润。夏、秋季节旱涝交错出现。

(3) 伏牛山山地温凉湿润，少旱区：伏牛山区的山地丘陵。气候温凉湿润，垂直变化明显。年平均气温 12℃，1 月平均气温≤−1℃，7 月平均气温 25~26℃。日平均气温≥10℃的持续天数为 210 天，活动积温 4000~4500 日度。年降水量 700~800 mm，低地易旱。

(4) 中部黄土丘陵温和半湿润，夏秋多旱区：黄河以南、京广铁路以西的伏牛山东麓丘陵地带。年平均气温 14~15℃，1 月平均气温 0℃左右，7 月 27~28℃。日平均气温稳定≥10℃的持续天数为 210~220 天，活动积温 4700~4800 日度。年平均降水量 700 mm，湿润系数 0.6~1.0，属半湿润。夏秋易旱。

(5) 淮北平原温和半湿润，夏秋易涝区：淮河以北、京广铁路以东、临颍、周口以南的平原地带。年平均气温 14~15℃，1 月平均气温 1℃左右，7 月 28℃。日平均气温稳定≥10℃的持续天数为 220 天，活动积温 4700~4900 日度。年降水量 800~900 mm，湿润系数 0.8~1.0，降水不均匀，夏秋易涝。

(6) 豫东平原温和半湿润，春旱秋涝区：黄河以南、京广铁路以东、沙颍河以北的平原地带。年平均气温 14℃，1 月平均气温−1~0℃，7 月 27~28℃。日平均气温稳定≥10℃的持续天数为 210~220 天，活动积温 4600~4700 日度。年降水量 600~800 mm，湿润系数 0.7~1.0，春节雨少，旱象频繁，夏秋易涝。

(7) 豫北平原、豫西黄河谷地温和半干旱，全年少雨多旱区：该区霜期较长，热量条件较差。年平均气温 13~14℃，1 月平均气温−3~−1℃，7 月 27℃左右。日平均气温稳定≥10℃的持续天数为 210 天，活动积温 4500~4700 日度。年降水量 600~700 mm，湿润系数 0.6，属半干旱。年日照时数 2300~2600 h，全省最长。

(8) 太行山地温和半干旱少涝区：太行山地及山前丘陵。地势较高，纬度偏北，总热量少。年平均气温≤13℃，1 月平均气温−2.9℃左右，极端最低气温−23.6℃，7 月 26~27℃。日平均气温稳定≥10℃的持续天数为 210 天，活动积温 4500 日度。年降水量 700~800 mm，湿润系数≤0.6。

第四节　河流、湖泊与湿地

一、河　　流

河南河流众多，流域面积 100 km^2 以上的河流有 470 多条，其中，1000 km^2 以上的河流有 50 多条，超过 5000 km^2 的河流有 16 条。这些河流分属四大水系：黄河水系、淮河水系、长江水系、海河水系。

(1) 黄河水系：黄河自潼关流入河南，在台前县流入山东，境内长约 700 km，流域面积 36 200 km^2，占黄河流域总面积的 5.1%，占河南总面积的 21.7%。黄河在河南境内的支流均在郑州以西的山地丘陵，南侧有伊河、洛河，洛河发源于陕西省终南山，伊河发源于熊耳山，两河流域面积 15 900 km^2。北侧有沁河、漭河和丹河。

(2) 淮河水系：淮河发源于桐柏山，在淮滨、固始流入安徽、江苏，注入洪泽湖。河南境内长 340 km，流域面积 88 300 km^2，占淮河流域总面积的 46.2%，占河南总面积的 52.8%。淮河支流众多，而且“支强干弱”。南侧的支流发源于豫南山地，大都源流短促，水量丰富。北侧支流发源于豫西山地和豫东黄河堤岸以南的平坡地，有沙颍河、洪汝河、涡河等。

(3) 长江水系：河南西南部的唐河、白河和丹江，在湖北注入汉水，最后流入长江。唐河和白河都发源于伏牛山，丹江发源于陕西，在淅川紫荆关入河南。3 条河流在河南境内流域面积 27 200 km^2，占全省总面积的 16.3%。流域范围包括南阳大部及驻马店、洛阳的小部分。

(4) 海河水系：卫河是海河的重要支流，在河南境内全长 400 km，流域面积 15 300 km^2，占全省总面积的 9.2%。流域范围包括安阳、新乡和焦作。

二、湖　　泊

河南天然湖泊很少，且面积不大，人工湖泊——水库在全省则星罗棋布，对人们的生产和生活发挥了重要作用。全省主要的水库有丹江口水库、三门峡水库、小浪底水库、宿鸭湖水库、白龟山水库、昭平台水库、板桥水库、南湾水库、薄山水库、石漫滩水库、陆浑水库、鲇鱼山水库、鸭河口水库、白沙水库、窄口水库等。全省水域面积 467 km^2，占全省面积的 0.27%。

三、湿　　地

湿地是有别于农田、林地、水体的另外一类重要生态系统。目前河南湿地约有 6652 km^2，占河南总面积的 3.98%，其中，河流湿地 4567 km^2，人工湿地 1757 km^2，沼泽湿地和湖泊湿地面积较小。主要分布在南阳、信阳、驻马店以及沿黄河的焦作、洛阳、三门峡、郑州、新乡、开封、濮阳等地。

河南湿地有鱼类 17 科 70 属 114 种，有两栖动物 7 科 10 属 18 种，有爬行动物 3 科 6 属 8 种，有哺乳动物 9 种，有鸟类 21 科 121 种，有维管束植物 76 科 280 属 623 种。

四、水 文 分 区

根据河南水文特征和变化规律，全省由 200 mm 年径流深等值线分成 2 带(图 1-8)。

(1) 南部足水带：年径流深 200~600 mm，年降水量 800~1200 mm。根据地势再分为淮南山地区、伏牛山地区、淮河冲积平原区和南阳盆地区。

(2) 北部少水带：年径流深 200 mm 以下，年降水量 800 mm 以下。再分为豫西黄土丘陵山地区、伏牛太行山前平原区、太行山地区和豫北平原区。

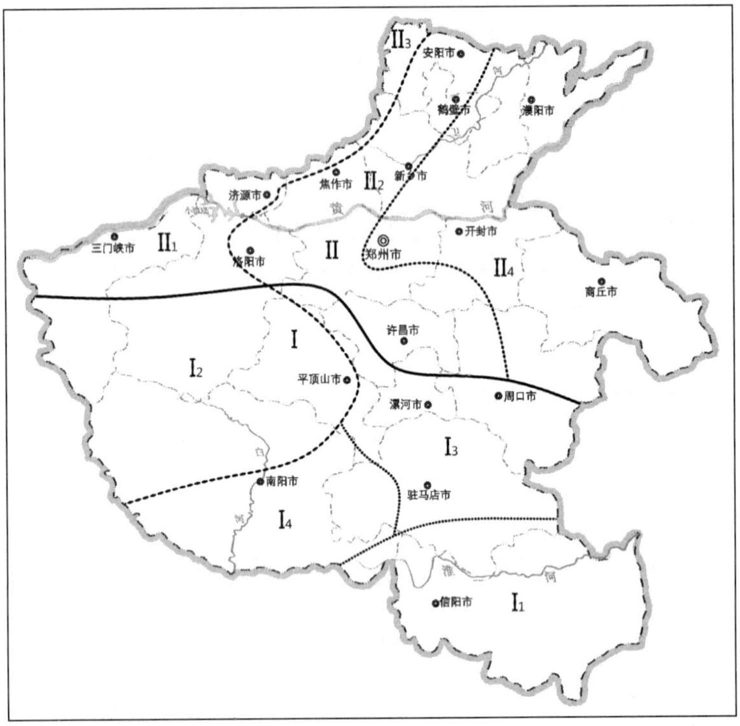

图 1-8　河南省水文分区图(依据时子明，1983 年资料重绘)

I. 南部足水带：I_1. 淮南山地区；I_2. 秦岭伏牛山地区；I_3. 淮河冲积平原区；I_4. 南阳盆地区。II. 北部少水带：II_1. 豫西黄土丘陵山地区；II_2. 伏牛太行山前平原区；II_3. 太行山地区；II_4. 豫北平原区

第五节 土 壤

依据土壤生物气候特点和土壤生物地貌特征来研究土壤的分布规律。以伏牛山-淮河一线将全省分成南北两个土壤带(图 1-9)。

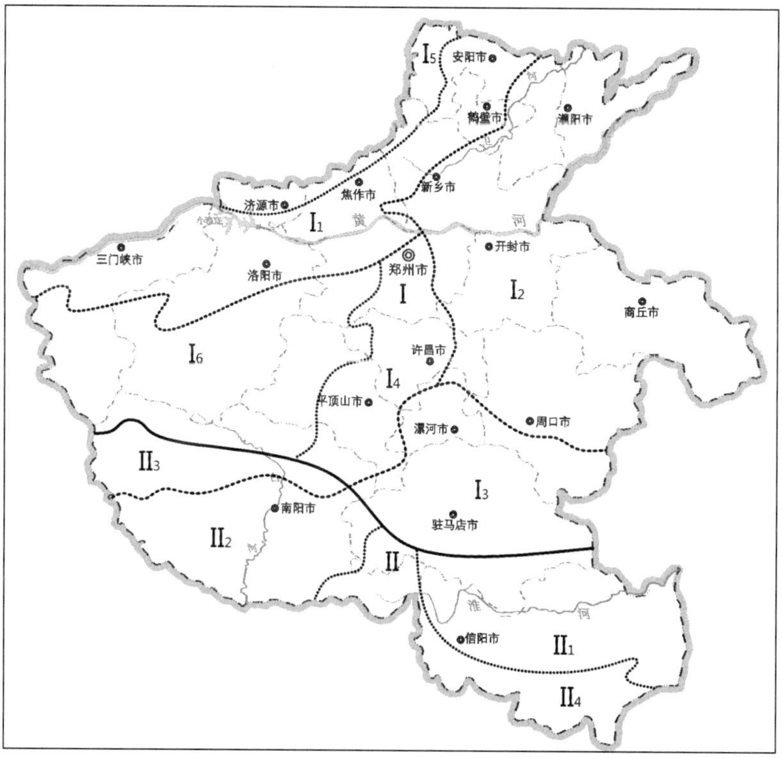

图 1-9 河南省土壤分区海图(依据时子明，1983 年资料重绘)

I. 暖温带棕壤及褐土地带：I_1. 豫西北丘陵缓岗、残塬阶地褐土区；I_2. 黄淮海平原潮土和盐碱土区；I_3. 豫东南浅洼平原砂礓黑土区；I_4. 豫中山前阶地、平原黄垆土区；I_5. 太行山山地淋溶褐土、棕壤土区；I_6. 伏牛山北麓山地淋溶褐土、棕壤土区。II. 北亚热带黄棕壤地带：II_1. 淮南剥蚀丘陵水稻土区；II_2. 南阳盆地黄刚土区；II_3. 伏牛山南麓山地黄棕壤和山地棕壤土区；II_4. 大别山山地黄棕壤和山地棕壤土区

一、暖温带棕壤及褐土地带

该地带是伏牛山-淮河以北的广大地区。主要为褐土。山地有棕壤分布。东南部有砂礓黑土。平原上多为潮土。地势低洼处有盐碱土的分布。可分为以下 6 区。

(1) 豫西北丘陵缓岗、残塬阶地褐土区：包括安阳、鹤壁、焦作、洛阳、三门峡的部分地区。在残塬、起伏丘陵地区多分布黄垆土，丘陵上部与浅山下部多有碳酸盐褐土，西部典型丘陵区主要是埁土。

(2) 黄淮海平原潮土和盐碱土区：包括濮阳、开封、商丘 3 市以及安阳、新乡、郑州、许昌 4 市的东部、周口市的北部。代表性土壤有沙土、淤土、两合土和盐碱土。

(3) 豫东南浅洼平原砂礓黑土区：包括驻马店市及周口南部、信阳北部。大部分是在残余沼泽草甸土类型上发育的砂礓黑土，表层黏重，底部有疏散的砂礓或砂礓结盘。

(4) 豫中山前阶地、平原黄垆土区：包括平顶山市及郑州、许昌 2 市西部。以黄垆土为主，中部局部有砂礓黑土，南部有黄棕壤分布。

(5) 太行山山地淋溶褐土、山地棕壤土区：包括林州、辉县、博爱、沁阳、济源等地。海拔 800 m 以上为山地棕壤，以下为淋溶褐土。

(6) 伏牛山北麓山地淋溶褐土、山地棕壤土区：包括卢氏、栾川、嵩县、洛宁等地。海拔 800 m 以上为山地棕壤，以下为淋溶褐土。

二、北亚热带黄棕壤地带

该地带是伏牛山-淮河以南的广大地区，包括南阳、信阳 2 市和驻马店的南部。以黄棕壤为主，东南部有水稻土，海拔较高处有山地棕壤。分为下列 4 区。

(1) 淮南剥蚀丘陵水稻土区：包括驻马店南部及信阳的北达半部的平原和丘陵。主要是由黄棕壤发育而成的水稻土，表层疏松，下层致密。

(2) 南阳盆地黄刚土区：南阳市的平原丘陵地区。在起伏连绵的丘陵岗地上多是黄刚土，广阔的冲积湖积平原上是称为“上浸地”的黄褐土。

(3) 伏牛山南麓山地黄棕壤和山地棕壤土区：包括西峡、内乡、南召、淅川等地。主要是山地黄棕壤，海拔较高处为山地棕壤。

(4) 大别山山地黄棕壤和山地棕壤土区：包括信阳、罗山、新县、商城、桐柏等地。主要是山地黄棕壤，海拔较高处为山地棕壤。

第六节 植　被

一、植物概况

河南共有高等植物255科1240属4230余种，占全国总种类的12.01%。其中，苔藓植物315种，蕨类植物228种，其余是种子植物。木本植物占1/3。

在平原地区和浅山丘陵主要是农田，自然植被已由农作物取代，植物物种单一，群落简单，更迭迅速。在一些河泛沙区和盐碱地，植物种类也受到限制，只生长有沙性植物和耐盐植物。

中山和低山地区是植物物种、植被类型、群落类型的多样性集中产地。由于对自然资源掠夺式的滥采乱伐，使自然环境受到严重摧残，原始森林已损失殆尽，即使远离人们的深山区，也都是天然次生林。在全省范围内，找不到一块够得上标准的原始林地。

二、植被分区

根据河南的自然条件和植物分布特征，分为北亚热带常绿落叶阔叶林带和暖温带落叶阔叶林带，每带又分为两个区(图1-10)。

(1) 黄淮平原栽培植被区：京广铁路以东、淮河以北的广大平原，全为人工植被。主要农作物有小麦、玉米、棉花、红薯、大豆、高粱、谷子、芝麻、花生等，农田中的自然植物有100多种杂草，主要是禾本科、莎草科、菊科、藜科。在村庄、河堤、路旁、荒地有营造的防护林，主要树类有杨、柳、刺槐、泡桐、紫穗槐、白蜡、桑、榆、槐、椿、柏等。果树有苹果、梨、桃、杏、枣、葡萄、李等。河流滩地、背河洼地和故道沼泽等湿地主要是芦苇、田菁、蒲等。

(2) 伏牛山北坡、太行山地丘陵、台地落叶阔叶植被区：京广铁路以西、伏牛山主脊以北的区域。深山区是以落叶栎类、油松等为主的天然次生林，浅山区多是旱生型的灌丛和草甸，丘陵、台地和河川为农田。林木以栎、桦、椴、朴、楸、槭、松类为主，灌丛草甸以酸枣、黄荆、醋栗、骆驼蓬、马脚刺、枸杞、蒿类等为主。村庄周围散生楸树、刺槐、皂角、黄连木等树种。果树有柿、核桃、枣、苹果、杏、桃等。农作物有小麦、玉米、谷、烟草、棉花、红薯等。

(3) 桐柏-大别山地丘陵常绿落叶阔叶植被区：淮河以南、南阳盆地以东的山地丘陵平原。植被以针叶树、常绿阔叶、落叶阔叶混交林为主，有栎类、枫香、化香、枫杨、冬青、山胡椒、青冈栎、刺楸、四照花、杜鹃、刚竹等。浅山丘陵区有茶树、油茶、油桐、板栗、乌桕、毛竹等经济林和野山楂、胡枝子、荆条等杂灌丛。栽培作物以水稻为主，还有小麦、油菜、花生、大豆、红薯等。

(4) 伏牛山南坡山地丘陵、盆地含有常绿落、叶阔叶植被区：伏牛山主脊以南、桐柏山以西的山地丘陵平原。山地植被在1800 m以上有铁杉、太白冷杉、华山松和马桑、绣线菊、忍冬、荚蒾等灌丛；1400~1800 m 以锐齿槲栎林、栓皮栎林、锐齿槲栎与华山松混交林为主；800~1400 m 为锐齿槲栎和栓皮栎混交林；800 m 以下有马尾松、杉木、乌桕、油桐、板栗、麻栎、山楂等。盆地平原栽培作物主要有小麦、玉米、棉花、烟草、水稻、芝麻等。

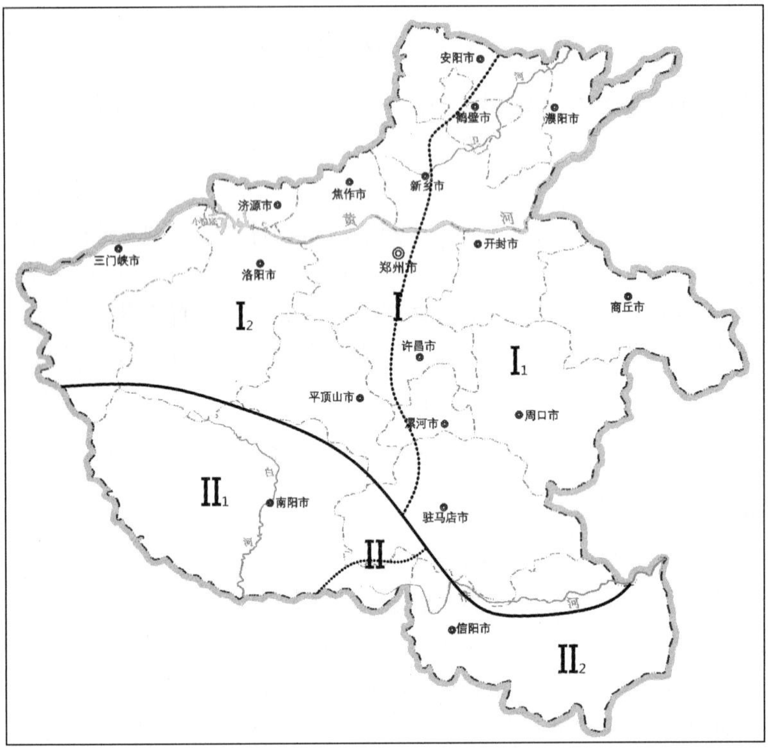

图 1-10　河南省植被分区图(依据时子明，1983 年资料重绘)

I. 暖温带落叶阔叶林带：I_1. 黄淮平原栽培植被区；I_2. 伏牛山北坡、太行山地丘陵、台地落叶阔叶植被区。

II. 北亚热带常绿落叶阔叶林带：II_1. 桐柏-大别山地丘陵常绿落叶阔叶植被区；II_2. 伏牛山南坡山地丘陵、盆地含有常绿、落叶阔叶植被区

第七节 陆栖脊椎动物

一、陆栖脊椎动物种类概况

陆栖脊椎动物包括两栖纲、爬行纲、鸟纲和哺乳纲。河南共有496种，占全国2649种的18.72%。其中，两栖动物26种，占全国370种的7.03%；爬行动物40种，占全国384种的10.42%；鸟类353种，占全国1288种的27.41%；哺乳动物77种，占全国607种的12.69%。

按照中国动物地理区划，中国地跨古北界和东洋界，伏牛山-淮河一线既是古北、东洋两界的分界线，又是中国动物地理区划中华北区和华中区的分界线，河南也被划分为两部分，分别属于华北区和华中区(图1-11)。

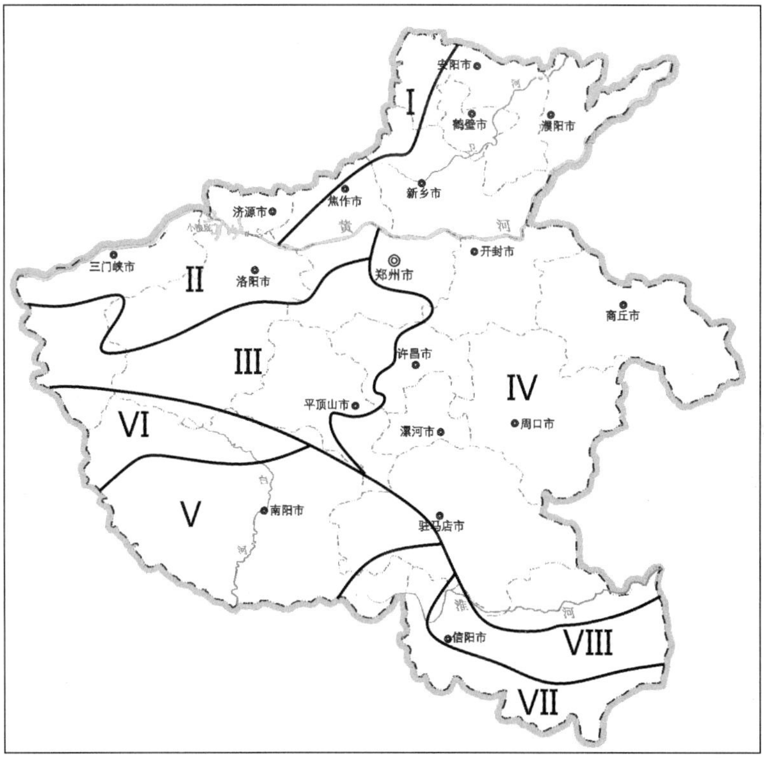

图1-11 河南省动物地理区划图(依据时子明，1983年资料重绘)

I. 太行山地丘陵亚区；II. 黄土丘陵亚区；III. 伏牛山北坡山地丘陵亚区；IV. 黄淮平原亚区；V. 南阳盆地岗地平原亚区；VI. 伏牛山南坡山地丘陵亚区；VII. 桐柏-大别山地丘陵亚区；VIII. 淮南平原亚区

二、华北区动物区系和分区

该区属暖温带，面积占全省的3/4。该区典型的动物，兽类有麅、麝、青羊、貉、狗獾、岩松鼠、普通刺猬、野猪、田鼠、纹背仓鼠、大仓鼠、东北鼢鼠等，鸟类有石鸡、勺鸡、白骨顶、岩鸽、灰喜鹊、红嘴山鸦等，爬行类有丽斑麻蜥、山地麻蜥、白条锦蛇、红点锦蛇、虎斑游蛇等，两栖类有花背蟾蜍、北方狭口蛙等。依据地貌、植被和动物分布，分为 4 个亚区。

(1) 太行山地丘陵亚区：该亚区气候寒冷干燥，森林植被稀少，动物种类和数量相对较少。优势种类，兽类有岩松鼠、金花鼠、黄鼬、草兔、狐、獾、猕猴，鸟类有石鸡、岩鸽、灰喜鹊等，爬行类有丽斑麻蜥、山地麻蜥、赤链蛇、颈棱蛇，两栖类无特殊种类。

(2) 黄土丘陵亚区：该亚区黄土覆盖深厚，沟壑纵横，大都垦为农田，动物区系具有农作区的特征。优势类群，兽类有金花鼠、猪獾、黄鼬、草兔等，鸟类有石鸡、岩鸽、楼燕等，爬行类有全省普遍分布的白条锦蛇、红点锦蛇、菜花烙铁头等，两栖类有中华大蟾蜍、花背蟾蜍、泽蛙、北方狭口蛙等。

(3) 伏牛山北坡山地丘陵亚区：海拔较高，森林面积大，动物物种丰富。兽类中有密狗、水獭、果子狸、麂、麝、青羊、野猪、貉、岩松鼠、花松鼠等，鸟类有鸳鸯、勺鸡、红腹锦鸡、普通夜莺、楼燕、冠鱼狗、山鹡鸰、发冠卷尾、红嘴蓝鹊、鹪鹩、蓝额红尾鸲、黑背燕尾、棕头鸦雀、红头旋壁雀等，爬行类有无蹼壁虎、蓝尾石龙子、黄脊游蛇、翠青蛇、蝮蛇等，两栖类有花臭蛙、黑斑大鲵等。

(4) 黄淮平原亚区：基本全为农田，无天然林区，动物区系为干旱平原型，种类贫乏。兽类主要是黄鼬、草兔、仓鼠、田鼠等，鸟类为灰喜鹊、秃鼻乌鸦、喜鹊、雁等，爬行类有丽斑麻蜥、山地麻蜥、黄脊游蛇等，两栖类数量较多，如中华大蟾蜍、花背蟾蜍、泽蛙、北方狭口蛙等。

三、华中区动物区系和分区

该区属北亚热带，面积为全省的 1/4。突出的代表动物，兽类有缺齿鼹、菊头蝠、花松鼠、豪猪、社鼠、果子狸、金钱豹等，鸟类有苍鹰、白鹭、池鹭、灰胸竹鸡、白冠长尾雉、水雉、红翅凤头鹃、栗头蜂户、三宝鸟、蓝翅巴色动、粉红山脚鸟、绿鹦嘴鹎、红嘴蓝鹊、绣脸钩嘴鹛、短翅树莺、白腰文鸟等，爬行类有黄缘闭壳龟、北草蜥、黑头剑蛇、菜花烙铁头等，两栖类有大鲵、东方蝾螈、金线蛙等。分为以下 4 个亚区。

(1) 伏牛山南坡山地丘陵亚区：该亚区和北坡相比，华中区的种类更占优势。兽类有黄油、密狗、狗獾、猪獾、狸猫、金钱豹、中华鼢鼠、小麂、野猪等，鸟类有灰胸竹鸡、噪鹛、三宝鸟、绿鹦嘴鹎、寿带鸟、白腰纹鸟等，爬行类有蓝尾石龙子、双斑锦蛇、黑眉锦蛇、锈链游蛇、虎斑游蛇、翠青蛇等，两栖类有日本林蛙、金线蛙等。

(2) 南阳盆地亚区：该亚区动物具有平原型特征。兽类有狐、黄鼬、草兔、小家鼠、长尾仓鼠、短耳仓鼠、黑线姬鼠等，鸟类有白胸苦恶鸟、水雉、剑鸻、火斑鸠、白腰杓鹬、黑卷尾等，爬行类以鳖、龟分布广泛，两栖类无特殊种类。

(3) 桐柏-大别山地丘陵亚区：该亚区华中区系种类和数量均占优势。兽类有缺齿鼹、菊头蝠、狗獾、猪獾、金钱豹、狸猫、水獭、野猪、松鼠、黄鼬、中华鼢鼠、针毛鼠、黑线姬鼠等，鸟类有苍鹰、雀鹰、池鹭、白鹭、苍鹭、环颈雉、白腰雨燕、金腰燕、红点颏、红协烂尾鸲、斑鸫、黄雄鸮、田鸮、白冠长尾雉、姬啄木鸟等，爬行类有王锦蛇、锈链游蛇、斜鳞蛇、黑头剑蛇、乌龟、黄缘闭壳龟、蓝尾石龙子、北草蜥等，两栖类有大鲵、东方蝾螈、无斑雨蛙、日本林蛙等。

(4) 淮南平原亚区：该亚区为水稻主产区，无天然森林。兽类有菊头蝠、草兔、黄鼬、狐、獾、褐家鼠、短耳仓鼠等，鸟类有池鹭、白鹭、白胸苦恶鸟、水雉、虎纹伯劳、丝光椋鸟、八哥等，爬行类以龟、鳖为常见，黄脊游蛇、虎斑游蛇、乌游蛇、小头蛇等蛇类数量也较多，两栖类以无斑雨蛙、金线蛙、虎纹蛙、饰纹姬蛙为突出代表。

第八节　自然保护区

河南省自1980年建立第一个自然保护区以来，到2008年全省共有8个国家级自然保护区和17个省级自然保护区，分别由林业、水利、水产、环保部门主管。自然保护区总面积7900 km^2，占全省面积的4.75%。30余年来，在保护自然资源、维护自然环境等诸多方面发挥了巨大作用。

一、国家级自然保护区

(1) 宝天曼国家级自然保护区：1980年4月河南省人民政府立批准建立的全省第一个自然保护区，1988年5月经国务院批准为国家级自然保护区。1993年7月，中国人与生物圈国家委员会把宝天曼纳入“中国生物圈保护区网络”。2001年9月，联合国教育、科学及文化组织批准宝天曼加入世界生物圈保护区网络。该保护区位于伏牛山南麓的内乡县境内。东经111°53′~112°00′，北纬33°25′~33°33′，海拔500~1830 m，总面积108 km^2。主要保护森林生态系统及其物种的多样性，属北亚热带湿润区，类型为科学保护区。该区有种子植物147科778属2174种，其中，国家重点保护植物28种，河南重点保护植物14种。有高等野生动物61科124属164种，其中，有国家重点保护对象20种。有昆虫227科1400属2257种。

(2) 鸡公山国家级自然保护区：1982年经河南省人民政府批准建立，1988年经国务院批准为国家级自然保护区。该保护区位于信阳市境内。东经114°01′~114°06′，北纬31°46′~31°52′，海拔400~800 m，总面积30 km^2。主要保护对象为常绿落叶阔叶混交林及珍稀野生动植物，属北亚热带湿润区。有维管束植物193科784属2036种，有陆栖脊椎动物170种，鸟类210种，昆虫2000余种。

(3) 董寨鸟类国家级自然保护区：1982年6月经省人民政府批准建立，2001年升为国家级保护区。该保护区位于信阳市罗山县境内。东经114°10′~114°28′，北纬31°42′~31°59′。海拔300~840 m，总面积100 km^2。主要保护珍禽白冠长尾雉及其生境，属北亚热带湿润区，类型为自然资源保护区。动植物种有金雕、白冠长尾雉、天鹅、红腹锦鸡、豹、麝、大鲵、马尾松、杉木、香果树、银杏、青檀、厚朴等。共有鸟类42科110属213种。

(4) 太行山猕猴国家级自然保护区：由河南省政府1982年批建的济源保护区和1991年批建的沁阳松岭保护区合并而成。位于济源市、沁阳市、修武县、辉县(市)4县(市)境内。东经112°02′~113°43′，北纬34°54′~35°43′。海拔600~1200 m，主峰天坛山1715 m，总面积 566 km^2。主要保护对象为猕猴及森林生态系统。动物有猕猴、金钱豹、斑羚、林麝、水獭。鸟类有金雕、白鹳、黑鹳、玉带海雕。

(5) 伏牛山国家级自然保护区：1980年4月，河南省人民政府批准建立，1982年6月河南省人民政府批准成为省级自然保护区，1997年晋升国家级自然保护区。保护区位于西峡、内乡、南召、栾川、嵩县、鲁山等6县境内，由西峡老界岭黑烟镇、黄石庵、南召宝天曼、栾川老君山、嵩县龙池曼、鲁山石人山 6 个保护区组成。东经 110°30′~113°05′，北纬 32°45′~34°00′。海拔 600~2300 m，最高主峰玉皇顶海拔 2211.6 m，最低海拔 480 m，总面积 560 km^2。是我国北亚热带和暖温带的气候分区线。

(6) 河南黄河湿地国家级自然保护区：1995 年分别建立“三门峡库区湿地省级自然保护区”和“洛阳孟津水禽湿地省级自然保护区”，1999 年建立“洛阳吉利湿地省级自然保护区”，2001 年三保护区合并并申报建立“河南黄河湿地国家级自然保护区”，2003 年 6 月经国务院批准晋升。保护区位于灵宝、陕县、三门峡湖滨区、渑池、新安、济源、孟津、洛阳吉利区、孟州 9 县(市、区)。东经 110°22′~112°49′，北纬 34°34′~35°05′。海拔 350~430 m，总面积 680 km^2。地处北亚热带和暖温带过渡地带，主要保护黄河过渡带综合性湿地生态系统和珍稀水禽以及丰富的生物多样性资源。类型为内陆湿地类自然保护区。

(7) 豫北黄河故道湿地国家级自然保护区：保护区始建于 1988 年，1996 年 11 月经国务院批准和开封柳园口保护区合并晋升为国家级湿地鸟类自然保护区。位于新乡市东部延津县以及卫辉市接壤的大沙河地域和封丘段黄河的滩涂和背河洼地，东经 114°07′~114°29′，北纬 35°24′~34°54′。海拔 63.5~80.5 m，总面积 247 km^2。主要保护对象为天鹅、鹤类等珍禽及内陆湿地生态系统。该区地处我国暖温带向亚热带的过渡区。类型为自然资源保护区。鸟类有白鹳、黑鹳、大天鹅、小天鹅、白额雁。

(8) 南阳恐龙蛋化石群国家级自然保护区：1998 年设立县级保护区，2000 年建立省级保护区，2003 年 6 月晋升为国家级自然保护区。位于西峡、内乡、淅川及镇平县，东经 111°59′~112°22′，北纬 32°53′~33°42′。海拔 500~2192 m，总面积 926 km^2。由国土部门主管。属北亚热带大陆性季风型湿润半湿润气候，主要保护恐龙蛋化石群古生物遗迹，保护区类型为古生物遗迹类自然资源保护区。

二、省级自然保护区

(1) 老君山自然保护区：1982 年经河南省人民政府批准建立，位于栾川县境内，东经 111°32′~111°37′，北纬 33°42′~33°44′。海拔 600~2192 m，总面积 26.4 km^2，主要保护森林生态系统，属暖温带湿润区。高等植物有银杏、连香树、香果树、山白树、杜仲、水青树、领春木等 156 科 667 属 1661 种。动物有金钱豹、黑鹳、金雕、麝、斑羚、水獭、红腹锦鸡、大鲵等 180 种。

(2) 龙池漫自然保护区：1982 年经河南省人民政府批准建立，位于嵩县境内，东经 111°47′~112°15′，北纬 33°34′~33°54′。海拔 800~2203 m，总面积 75.7 km^2，主要保护山地混合森林生态系统，属暖温带湿润区，类型为自然资源保护区和多种用途的经营区。植物主要有连香树、香果树、山白树、杜仲、银杏等，共 168 科 741 属 1991 种。脊椎动物主要有金钱豹、黑鹤、金雕、华南虎、麝、斑羚、水獭、大鲵、红腹锦鸡、雕鸮、勺鸡、鸳鸯等，共 59 科 201 种。

(3) 卢氏大鲵自然保护区：1982 年经河南省人民政府批准建立。位于卢氏县境内，东经 110°34′~111°22′，北纬 33°32′~34°23′。海拔 1000~2000 m，总面积 1843 km^2。水利部门主管。主要保护珍稀两栖类大鲵及其生境，属北亚热带湿润区，类型为自然资源保护区。

(4) 西峡老界岭自然保护区：1982 年经河南省人民政府批准建立。位于西峡县境内，东经 111°17′~111°31′，北纬 33°38′~33°47′。海拔 580~2075 m，总面积 153 km^2。主要保护山地森林生态系统，属北亚热带湿润区。类型为自然资源保护区。维管束植物有 125 科 516 属 1600 种，如杜仲、青檀、领春木、连香树、山白树、香果树、水曲柳、天麻、金钱槭、野大豆、红豆杉、铁杉、青钱柳、秦岭冷杉。脊椎动物 55 科 182 种，如果子狸、猪獾、金钱豹、麝、豪猪、青羊、野猪、草兔、环颈雉、红腹锦鸡、山斑鸠、画眉、喜鹊、大山雀、大杜鹃、斑啄木鸟等。

(5) 西峡大鲵自然保护区：1982 年，河南省人民政府批准建立。位于西峡县境内，东经 111°01′~111°46′，北纬 33°18′~33°32′。海拔 300~2000 m，总面积 1310 km^2。由水产部门主管。保护珍稀两栖类大鲵及其生境，属北亚热带湿润区，类型为自然资源保护区。高等动物有大鲵、金钱豹、豹、水獭、红腹锦鸡、鸳鸯、杜鹃、画眉、翡翠鸟、百灵、斑羚等。观赏植物有杜鹃、迎春花等。

(6) 金岗台自然保护区：1982 年，河南省人民政府批准建立。位于商城县境内，东经 115°28′~115°37′，北纬 31°41′~31°45′。海拔 300~1584 m，总面积 30 km^2，主要保护山地森林生态系统及珍稀动植物，属北亚热带湿润区，类型为自然资源保护区。高等植物有 2500 种，如马尾松、黄山松、大别山五针松、杉木、金钱槭、天竺桂等。陆栖脊椎动物有 250 种，如金钱豹、金雕、麝等。

(7) 连康山自然保护区：1982 年，河南省人民政府批准建立。位于新县境内，东经 114°45′~114°48′，北纬 31°36′~31°41′。海拔 300~600 m，总面积 20 km^2，保护森林生态系统，属北亚热带湿润区，保护区类型为自然资源保护区。区内有维管束植物 148 科 754 属 1963 种。两栖、爬行及哺乳动物有 28 科 75 种。鸟类有 40 科 173 种，其中属于国家重点保护对象有 26 种。昆虫只经过短暂的调查，已有 193 科 748 属 986 种。

(8) 石人山自然保护区：1982 年经河南省人民政府批准建立。位于平顶山市鲁山县西部。东经 112°11′，北纬 33°41′。海拔 653~2153 m，总面积 13 km^2，主要保护山地森林生态系统，属暖温带湿润区，类型为自然资源保护区。植物有连香树、山白树、香果树、杜仲、青檀、领春木、野大豆、延龄草、河南海棠、山桐子、山拐枣、巴山冷杉、红豆杉、望春花、河南杜鹃等 1500 种。脊椎动物有金钱豹、金雕、麝、大灵猫、水獭、红腹锦鸡、大鲵、画眉、啄木鸟等 170 种。

(9) 小秦岭自然保护区：1982 年，河南省人民政府批准建立。位于灵宝县西南，东经 110°24′~110°34′，北纬 34°24′~34°26′。海拔 1186~2413 m，总面积 41 km^2，主要保护山地混合森林生态系统，属暖温带湿润区，类型为自然资源保护区。维管束植物有油松、白皮松、栓皮栎、槲栎、辽东栎、蒙古栎、糠椴、水曲柳、大叶朴、华山松、铁杉、秦岭冷杉、红桦、金钱槭、黄檀、红豆杉、三桠乌药、三尖杉等共计 137 科 708 属 1958 种。陆栖脊椎动物有金钱豹、金猫、大灵猫、麝、斑羚、豺、水獭、红腹锦鸡、金雕、大鲵、野猪、狼、狐、青鼬、猪獾、豹猫、野猪等 200 种。

(10) 太白顶自然保护区：1982 年，河南省人民政府批准建立。位于桐柏县境内，东经 113°09′~113°24′，北纬 32°20′~32°28′。海拔 600~1140 m，总面积 69 km^2，主要保护森林生态系统及水源涵养林，属北亚热带湿润区，类型为多种用途的经营区。植物有香果树、杜仲、银杏、金钱槭、青檀、猕猴桃等2000余种。陆生脊椎动物有金钱豹、金雕、斑羚、水獭等200种。

(11) 新安曹村娃娃鱼自然保护区：1988年建立。位于孟津县境内。由环保部门主管。面积90 km^2，保护对象为大鲵及其生境。

(12) 天目山自然保护区：2001年12月建立。位于信阳市平桥区。总面积67 km^2。主要保护森林生态和野生动植物。类型为自然资源保护区。

(13) 宿鸭湖湿地自然保护区：2001年6月建立。位于汝南县境内。总面积200 km^2。主要保护湿地生态及鸟类。

(14) 湍河湿地自然保护区：2001年8月建立。位于内乡县境内。总面积45 km^2。主要保护湿地生态及鸟类。

(15) 丹江口水库湿地自然保护区：2001年8月建立。位于淅川县境内。总面积640 km^2。主要保护湿地生态及鸟类。

(16) 淮南湿地自然保护区：2001年12月建立。位于淮滨县境内。总面积34 km^2。主要保护湿地生态及鸟类。类型为自然资源保护区。

(17) 商城鲇鱼山湿地自然保护区：2002年12月建立。位于商城县境内。总面积58 km^2。主要保护湿地生态及鸟类。

第九节 自 然 区 划

在各种自然因素共同作用下，自然界被塑造成形形色色的自然综合体，或称为基础地理单元，这些综合体或单元之间，存在着不同程度的相似性和相异性。根据相似性或相异性的大小，可以合并或划分成具有一定地理特征的自然区域。在一个自然区域内，各综合体或地理单元之间，具有较大的相似性和较小的相异性，而不同的自然区域间相似性较小，相异性较大。通过自然区划，人们能够更容易地了解、认识自然区域的特征及产生区域分异的原因和过程，从而找到更合理的治理与利用的策略和措施。

根据前面各节对自然因素的认识与分析，将河南省划分为下述 7 个自然区域(图 1-12)。

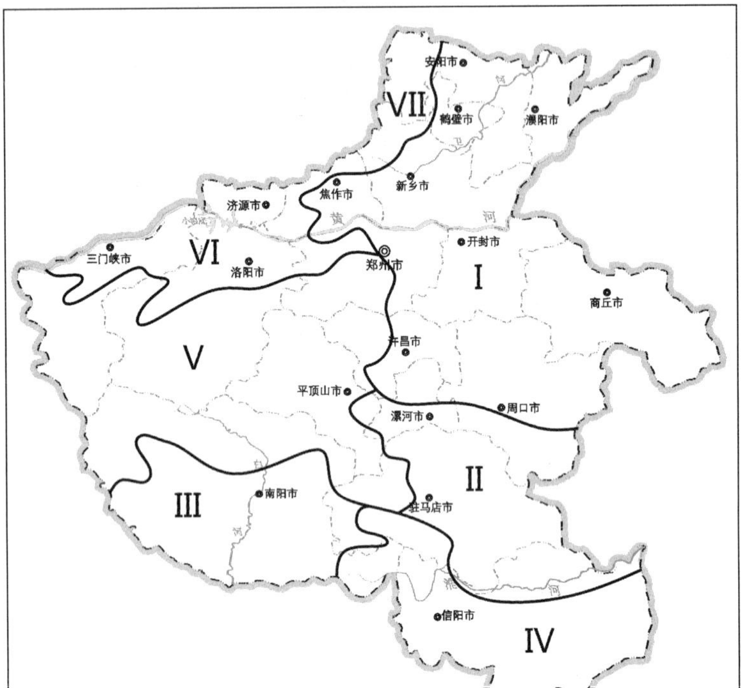

图 1-12 河南省自然区域图(依据时子明，1983 年资料重绘)

I. 黄河平原区；II. 淮河平原区；III. 南阳盆地区；IV. 桐柏-大别山地丘陵区；V. 豫西山地丘陵区；VI. 黄土台地丘陵区；VII. 太行山地丘陵区

一、黄河平原区

该区位于河南东北部，沙颍河以北，太行山、伏牛山及豫西黄土台地以东。地势西高东低，又以黄河为脊，向东南和东北倾斜。海拔 50~100 m，地表坡降 1/5000~1/8000。该区是华北地台凹陷低地的一部分，从中生代末期开始下沉，第三纪中期，下沉更快，第四纪时，黄河三角洲形成，该区即是黄河三角洲的上部。

该区属半干旱半湿润气候。年平均气温 13~14℃，1 月平均气温–2~0℃，7 月平均气温 27℃以上，日平均气温≥10℃的活动积温 4500~4700 日度。年降水量 600~700 mm，主要集中在 7~9 月。该区水资源丰富，黄河水量充足，可以引水灌溉，地下水大部分水质较好，埋藏较浅。

该区为悠久农业区，一年两熟或二年三熟。相对于山区，物种单纯，生物群落简单，更迭较快，因此，害虫发生频次高，危害严重。

二、淮河平原区

该区位于沙颍河以南，淮河干流以北，豫西山地以东。地势西高东低，海拔 40~50 m，地表坡降 1/6000~1/8000。该区也属华北台地的凹陷部分，但下降速度较慢，冲剂物堆积较薄，为 10~50 m。

该区属半湿润气候。年平均气温 14~15℃，1 月平均气温 0~1℃，7 月平均气温 28℃，日平均气温≥10℃的活动积温 4700~4800 日度。年降水量 800~900 mm，春旱概率较低，但夏秋易涝。

该区也是全省重要粮棉油产区，多一年两熟。

三、南阳盆地区

该区位于河南西南部，为南(阳)襄(樊)盆地的北半部，西、北、东为伏牛山、桐柏山所环绕，中间为堆积平原，地势北高南低，海拔 80~200 m，地表坡降 1/3000~1/5000。中生代白垩纪末期，四周山地隆起，南阳一带下陷成为盆地，第三纪继续下陷，并接受山地侵蚀物质的堆积，第四纪继续堆积，成为一片低平盆地。

该区属北亚热带的北缘，背山向阳，气候温和，年平均气温 15℃以上，1 月平均气温 1~2℃，7 月平均气温 28℃左右，日平均气温≥10℃的活动积温 4700~4800 日度。年降水量 900 mm，50%集中在夏季，且多暴雨。土质黏重，结构不良，耕作性能差，雨时容易积水，形成上浸。

该区是全省粮食作物和经济作物重要产区，一年两熟或二年三熟。

四、桐柏-大别山地丘陵区

该区位于淮河以南，南阳盆地以东，包括大别山地、桐柏山地及南阳盆地东侧的丘陵地。区内大都是浅山丘陵，海拔 300~600 m，山间谷地开阔平缓。该区为淮阳地盾的一部分，在中生代淮阳运动和燕山运动时期，发生皱褶与断层，第三纪喜马拉雅运动中，又受到很大影响，成为现在地形的骨架。

该区属北亚热带北部，气候温和，年平均气温 15℃以上，1 月平均气温 1~2℃，7 月平均气温 28℃，日平均气温≥10℃的活动积温 4800~4900 日度。年降水量 1000~1200 mm，一般集中在夏季。

该区生物资源丰富。适宜水稻、油菜、小麦、油料、麻类作物及茶树、油茶、油桐、马尾松、毛竹等生长。

五、豫西山地丘陵区

该区位于南阳盆地以北，黄土丘陵以南，包括伏牛山两侧的山地丘陵地区。海拔500~2400 m。该区在古生代寒武纪以前即已隆起，中生代的燕山运动和第三纪的喜马拉雅运动时，发生强烈的皱褶和断裂，并伴有岩浆活动，形成现代复杂的地貌。

该区气候复杂，各地差异较大。年平均气温12~14℃，1月平均气温−2~0℃，7月平均气温24~27℃，日平均气温≥10℃的活动积温3600~4400日度，1000 m以上更不足3000日度。年降水量800~900 mm，夏季降水强度大，多暴雨。

该区生物资源最为丰富，适宜林牧业发展。

六、黄土台地丘陵区

该区位于豫西山地丘陵和太行山地丘陵之间，呈东西狭长的带状，是西北黄土高原的一部分。在古生代以前已经隆起，中生代再度上升，第四纪冰期以后，又有大量黄土堆积，形成现代地形的基础。全区地貌类型复杂，地表沟谷纵横，支离破碎，植被稀少，水土流失严重。

该区属于半干旱区，气候温和。年平均气温14~15℃，1月平均气温0℃左右，7月平均气温27~28℃，日平均气温≥10℃的活动积温4400~4500日度。年降水量600 mm，干旱时间较长。

该区热量资源丰富，土壤自然肥力较高，宜林、宜农、宜果，缺水比较突出。

七、太行山地丘陵区

该区位于河南省西北部，由一条向东南凸出的弧形山脉及其脚下的浅山丘陵组成。海拔400~1500 m。山势陡峻，多峭壁悬崖和窄峡深谷，土层浅薄，基岩裸露。该区在中生代随着山西高原上升而隆起，第三纪有产生挠曲上升运动，第四纪以后仍处于不稳定状态。

该区地势较高，气温偏低。年平均气温13℃左右，1月平均气温−3~−2℃，7月平均气温27℃，日平均气温≥10℃的活动积温4200~4500日度，山顶仅有2500~2900日度。年降水量700 mm左右，夏季多暴雨，水土流失严重。

该区宜林面积大，宜多发展涵养水源林。

第二章　河南昆虫区系研究的历史进程

Chapter 2　The History of Research on Insect Fauna in Henan

第一节　古代(史前~1758 年)

河南是华夏民族的最早聚居地，是中华文明最重要的发源地，是中国历史上绝大部分时间的政治、经济和文化中心。从中国历史上第一个王朝夏朝在河南建都起，先后有夏、商、西周(成周洛邑)、东周、西汉(初期)、东汉、曹魏、西晋、北魏、隋、唐(含武周)、五代、北宋和金等 20 多个朝代在河南定都。夏商故都郑州、商都安阳、十三朝古都洛阳和七朝古都开封，占中国八大古都的 1/2。不过由于权力的角逐和更迭，河南也成为中国历史上战争和灾难最集中的一个地区，在历史上的不同时期，部分河南人为了逃避战乱而迁往异域他乡，这极大地促进了祖国很多地方的开发和中华文明的传播。

由于河南是中华文明的摇篮，华夏民族在长期的生存斗争和社会发展中逐渐积聚的对昆虫的认知和利用的经验，也大都起源自河南。

一、养　　蚕

全世界公认养蚕始于中国，家蚕 *Bombyx mori* Linnaeus 是由野蚕 *Bombyx mandarina* Moore 经过我们祖先长期饲养所创造的一个新的物种，是人类改造自然的一个伟大成就。但养蚕始于何时何人？不少古书认为“皇帝有熊氏命元妃西陵教民养蚕”(《通鉴前编》)。黄帝是传说中上古帝王轩辕氏的称号。姓公孙，生于轩辕之丘，故称为轩辕氏。建国于有熊(河南新郑)，亦称为有熊氏。黄帝在位时间很久，国势强盛，政治安定，文化进步，有许多发明和制作，如文字、音乐、历数、宫室、舟车、衣裳和指南车等。黄帝有四妃十嫔。正妃为西陵氏，名嫘祖，她亲自栽桑养蚕，教民纺织，人称她为“先蚕”，尊为“蚕神”。后人就认为养蚕为嫘祖所发明。其实对蚕的认识、家养和利用是一个漫长的历史时期，如果说黄帝征服诸侯，力定中原，鼓励农耕，总结推广养蚕技术，还较可信。开始养蚕的时间要比黄帝时代早得多，只是由于“西陵氏劝蚕稼，视蚕始此”(《蚕经》)。考古工作也提出了同样的佐证。

长期以来，人们将丝织品的最早发现锁定在公元前 2700 年浙江钱山漾留存的绢片、丝带和丝线，并确认这里是中国最早养蚕织丝的所在地，这时正是黄帝时代。但在 1981~1987 年对河南荥阳青台距今 5500 年前的新石器时代遗址的发掘中，文物工作者出土了两口婴幼儿的瓮棺。在一个瓮棺中，发现一个蹲坐姿势的婴幼儿头骨与肢骨上黏附有灰白色碳化丝织物。在另一个瓮棺内婴幼儿的腿骨和脚骨上也发现黏附有褐灰色碳化纺织物碎片及块状织物结块。这是迄今发现最早的丝绸实物，上海纺织科学研究院的鉴定证明，青台遗址出土的丝织残片是平纹组织的纨(纱)、绞经组织的罗的实物。罗的特征是质地轻薄，稀疏，丝缕纤细，是左右经相互绞绕后呈椒孔的丝织物。这表明，一是青台先民们已经能够进行多粒蚕茧合并抽丝，以适应制帛经丝纬丝的制作工艺，二是青台先民们的织造技术已经达到相当水平。

二、养　　蜂

养蜂不像养蚕那样有丝织品等出土文物可以佐证，文字的出现又较晚。虽然周尧提出养蜂的历史比养蚕还要更早些，但没有史料的证据。

3600 年前，商朝在郑州建立，传至第 19 帝盘庚，迁都殷(今河南安阳)，故商也称殷。在殷墟甲骨文中，专家们考证出大量的“蜜”字和“蜂”字。在周武王征讨殷纣王时，他的大旗上集聚了蜂群，武王使画其像于幡旗，以为吉兆。

周武王灭殷建周，建都于西安，历时 400 余年，是为西周(约公元前 11 世纪~前 771 年)，周平王东迁至洛阳，史称东周(公元前 770 年~前 256 年)。其时，在《诗经·周颂·小毖》有“莫予荓蜂”的诗句，这是“蜂”字的最早文献记载。而在《山海经》中则记述蜂巢的形状及饲养方法，“平逢之山，南望伊洛，……有神人焉，其状如人而二首，名曰骄虫，是为螫虫，实为蜂蜜之庐。其祠之，用一雄鸡，禳而勿杀。”平逢山，即今洛阳北的邙山。这是中国最早的养蜂文献。

三、有关昆虫的文字

中国有关昆虫的文字，实际上就是昆虫分类学，人们认识了不同的昆虫，就造出不同的字予以区分。汉字的出现相传是由仓颉创造的。仓颉氏是建都于今河南原阳县阳武镇的部落首领，后被轩辕氏打败，归附于轩辕氏开始了造字工作。到商殷时代，甲骨文中已有蚕、蜂、蜜、蝉、蝗、蛹、丝等象形字。《诗经》是中国古代(大多为周朝)诗歌的集大成，共有 305 篇，涉及昆虫 21 种(类)。《尔雅》是始于周代的众多学者编撰的最古老的百科全书，其中列出昆虫 61 种(类)，如蝼蛄、蜚蠊、蛲蛸、螗蜩、柞蟓、蜉蝣、蟋蟀、螳螂、螽斯、蚍蜉、螱、蠛蠓、蛷螋、蝤蛴等，许多是至今仍在应用的昆虫类群名称。

东汉时，汝南召陵(今河南漯河召陵区)人许慎(公元 54~147 年)著《说文解字》，这是我国第一部字典，该书收集 9431 字分列在 540 个部首中，其中虫字部共 153 字，与昆虫有关的字 109 个，如蛆、蛋、虻、蛾、蝶、蜾、蜢、蟋、螽、虱、蚋、蟫、蛣、蛰、蛴、蚔、蛉、螯、蠎、螟、萤、蚤、蟑、蠊、蠼、蜻、蜚、蝉、蝇、蚁、蝥、蝨、蛢、蚑、蛩、蚄、蚬等，几乎囊括了昆虫纲中的所有重要类群。

第二节　近代(1758~1949 年)

1758 年林奈发表了《自然系统》(第 10 版)，标志着现代昆虫学的开始。至 1949 年的近 200 年中，世界范围内，昆虫学蓬勃发展，中国的昆虫学教育与昆虫学研究，随着清朝的灭亡和中华民国的建立，逐步创始并发展。但中华文明的发祥地——中原地带，一直是被现代昆虫科学遗忘的处女地。

自 1640 年开始，特别是 1840 年鸦片战争以后，西方列强纷纷来中国采集昆虫标本，据赵铁桥统计，1640~1898 年，英国、俄国、法国等共有 334 人在中国各地进行采集，甚至掠夺活动，进入 20 世纪，日本、美国更是后来居上。但这些人的足迹很少沾染河南的大地，在外国人发表的中国昆虫中，也绝少以河南标本作为模式产地的。本节仅摘录一个事例：

1891~1894 年，俄国的 Г.Н.Потанин 和 М.Н.Березовский 一起深入河南、山西、甘肃、四川采集标本，带走昆虫标本 4000 件(王思明等，1995；仁国栋等，1999)。

中国的现代昆虫学科起始于 20 世纪前 10 年，邹树文、秉志、张巨伯等学成归国。河南的昆虫学科创建于 20 世纪 30 年代，在河南大学农学院，武兆发从事昆虫细胞研究，陈振铎讲授昆虫学。1941 年设立植物病虫害专业，陈振铎教授讲授昆虫学、昆虫分类、经济昆虫课程，何子平先生讲授昆虫形态、昆虫生理、园艺昆虫等。还对蝗虫、豌豆象、蚕豆象等进行研究。到 1949 年共毕业 5 届 22 人。

1909 年河南省设立农事试验场，1929 年内设病虫害股。

到 20 世纪 40 年代末，全国已知农业害虫 2834 种，其中河南仅有 18 种。

在胡经甫先生 1935~1941 年编撰出版的 6 卷《中国昆虫名录》中，共有 20 069 种昆虫，明确标明河南有分布的只有 1 种，同时标明“N. China”、“C. China”，我们认为应该包括河南的只有 67 种。

第三节　现代(1949~1978 年)

1949 年，新中国成立后，昆虫学科在全省各有关系统全面展开，大中专院校陆续开设植物保护、森林保护专业，省地县的技术推广系统均设立植物保护、森林保护机构，科研部门有植物保护和森林保护的研究所或研究室，粮食系统和卫生系统也有专职的技术人员，中国农业科学院在河南设立了棉花研究所和果树研究所，植物保护研究所 1973 年开始也驻扎河南。30 年中，虽然经历了“反右”、“大跃进”、“三年自然灾害”、“文革”等一系列非常时期，使得前进的道路变得异常复杂和曲折，但历史发展的长河还是奔腾不息、永往直前的。不仅使蝗虫、吸浆虫以及虫媒传染病得到根本控制，而且催育了昆虫区系分类学科的萌芽。

1956 年，苏寿祇等在开封和信阳进行了蚊类的调查。1956~1976 年，林业系统先后对大别山、桐柏山、伏牛山、黄河故道和广大平原地区组织过 6 次森林病虫害调查。1960 年 6~8 月，作为河南自然区划的内容之一，进行全省昆虫普查，由河南省科学技术委员会组织河南农学院、新乡师范学院、百泉农专等 6 所院校 600 余人，对全省进行昆虫普查，采集标本 10 000 多号，共计农林害虫 400 余种。1960 年和 1974~1975 年粮食系统开展河南省储藏物昆虫调查。1956 年和 1977 年 5~6 月，农业系统开展植物检疫性病虫害普查。此时期末，河南昆虫种类上升到 1000 多种。主要文献有：

吴铱等，1954，河南小麦沟金针虫的研究。昆虫学报，4(2)。
苏寿祇，屈孟卿，1956，河南开封及信阳鸡公山地区蚊类调查研究。昆虫学报，(2)。
丁文山，1964，河南省昆虫区划(草案)。河南农学院学报，(1)。
刘芹轩，1966，山楂红蜘蛛对内吸磷的抗性研究。昆虫学报，15(2)。
杨有乾，周亚君，1966，新郑枣尺蠖的生物学特性。林业科学，11(3)。
贺钟麟等，1975，河南农业昆虫图册。河南农学院铅印本。
杨有乾等，1975，河南园林昆虫图册。河南农学院铅印本。
葛凤翔，1975，河南平原农村的蝇类及季节消长的初步观察。昆虫学报，(1)。
陈启宗等，1975，贮粮害虫图册。北京：科学出版社。
刘孝纯，1974，玉米螟发生量测报初步研究。昆虫学报，17(4)。
申效诚，1975，玉米螟的综合防治。昆虫学报，18(2)。
高宗仁，1975，棉田“伏蚜”消长的初步观察。昆虫学报，18(2)。

第四节　当代(1978年至今)

一、昆虫分类区系的起步阶段(1978~1995年)

1978年，我国进入改革开放的时代。河南孕育已久的昆虫区系分类学科萌芽也顺利破土，茁壮成长。主要标志是：

(1) 开始招收昆虫分类的研究生。1978年，河南农学院贺钟麟教授、杨有乾教授开始招收研究生，第一届有时振亚、中效诚2人，培养方向为昆虫分类。

(2) 开始发表昆虫新种。1977~1982年，萧采瑜教授、张广学院士、郑乐怡教授、虞以新教授、朱传典教授以及王金言先生先后以河南标本作为模式命名了一批新种，1982年开始，省内昆虫学家葛凤翔、王治国、毛景英、时振亚开始命名新种，到1995年，以河南作为模式产地命名的新种有77种。

(3) 区系调查活动进一步深入开展。1978~1981 年农业厅组织全省植物保护人员进行河南省农业害虫天敌资源普查，采集标本10万件，计686种；1983~1985年农业厅又组织农林院校师生进行农业昆虫普查，共采集标本3431种；1980~1982年根据林业部的部署，组织全省森林保护人员和农林院校师生540人，对全省14个地市进行河南森林病虫普查，采集标本84 973号，计1200余种。1980~1982年和1989~1990年开展河南省粮食检疫性害虫调查。

(4) 昆虫分类队伍初步形成，分类区系的科学报告日益增多。主要有以葛凤翔先生为主的卫生昆虫分类团队，以王治国先生为主的直翅类昆虫分类团队，以时振亚先生为主的寄生蜂分类团队。以河南昆虫区系分类为主要内容的科学报告至少有下列近80篇：

于思勤，1986，河南省蛾类新纪录。河南农业科学，(7)：21~24。
于思勤，1987，河南省尺蛾科昆虫的初步研究。河南农业大学学报，21(1)：102~107。
于思勤，1988，河南省夜蛾科昆虫区系分析。河南农业科学，(2)：16~17。
毛景英等，1983，我国蜘蛛的两种新纪录及两种单性新发现的描述。白求恩医科大学学报，(增刊)：161~163。
毛景英等，1985，狼蛛两新种记述(蜘蛛目：狼蛛科)。动物分类学报，10(3)：263~267。
王治国，李东升，1984，河南省白蚁种类与危害林木种类。河南科学，(3)：25~27。
王治国，李东升，1984，河南省螽类调查及新种记述。河南科学，(1)：67~83。
王治国，李东升，1986，河南省的蝶类。河南科学，(1)。
王治国，王正用，马雪峰等，1987，内乡宝天曼自然保护区蝶类名录。河南科学，(4)。
王治国等，1990，河南蝶类志。郑州：河南科学技术出版社。
王治国，王正用，李东升，1990，河南蜻蜓目昆虫调查。河南科学，8(3，4)：78~94。
王治国，1994，中国长腹扇蟌属一新种(蜻蜓目，扇蟌科)。昆虫分类学报，16(2)：82~84。
王治国，1994，河南蝶类新纪录。河南科学，12(2)。
王正用，杨宗亮，王治国等，1991，河南内乡宝天曼自然保护区蜘蛛初步名录。河南科学，9(2)。
王裕文等，1992，河南异距蝗属一新种。昆虫分类学报，14(1)。
司胜利等，1990，河南金龟子的初步研究。河南农业大学学报，24(3)：346~355。
司胜利，时振亚，徐广等，1994，中国跳小蜂科昆虫区系初步分析。河南农业大学学报，28(4)：350~371。

司胜利，王高平，徐广等，1994，中国跳小蜂科初步名录。华北农学报，9(4)：87~93。
宁长申等，1991，河南省兔鼠猫犬寄生虫名录。河南农业大学学报，25(1)：80~87。
卢宝泉，1989，河南鸡公山蝗虫区系调查。河南农业大学学报，23(2)：179~181。
卢宝泉，1990，河南鸡公山地区陆生半翅目昆虫区系研究。河南农业大学学报，24(1)：92~97。
申效诚，1981，烟田细毛蝽的初步研究。河南农学院学报，15(3)：94~97。
申效诚，1981，许昌烟田昆虫群落组成及种群关系的研究。河南农学院学报，15(4)：85~104。
申效诚，1984，斑须蝽蝽卵蜂生物学特性的初步观察。昆虫知识，21(4)：173~175。
申效诚等，1991，河南省的昆虫种类及其经济意义。河南省昆虫学会第四次代表大会。
申效诚等，1993，河南省昆虫种类简报。河南农业大学学报，27(4)：395~398。
申效诚，1993，河南昆虫名录。北京：中国农业科学技术出版社。
申效诚，1994，河南省昆虫种类的估计及区系调查的建议。北京：中国昆虫学会成立50周年纪念大会暨学术讨论会。
刘维忠，1984，河南省畜禽寄生原虫、蜘蛛、昆虫名录。河南农学院学报，(1)：91~105。
朱传典等，1983，中国幽灵蛛属二新种(蜘蛛目：幽灵蛛科)。白求恩医科大学学报，(增刊)：135~137。
朱传典等，1983，河南省蜘蛛种类调查初报(一)、(二)。河南科技，(1)：12~16；(2)：6~10。
邱琼华等，1992，山西河南陕西三省交界处黄河流域的数种狼蛛。动物分类学报，17(1)。
杨有乾，1978，天敌昆虫。郑州：河南人民出版社。
杨有乾，1985，河南省森林昆虫区划初探。河南农业大学学报，19(2)：139~148。
杨有乾，1988，河南森林昆虫志。郑州：河南科学技术出版社。
杨有乾，司胜利，1994，河南省农业昆虫地理区划初探。华北农学报，9(2)：88~94。
杨连芳等，1992，中国小石蛾科六新种记述。昆虫分类学报，14(1)。
时振亚，1981，许昌附近果园昆虫群落组成调查报告。河南农学院学报，15(4)：105~121。
时振亚，1986，河南中部地区蚧虫寄生蜂的种类和生物学简记。昆虫天敌，8(1)：1~4。
时振亚，1986，河南省果树害虫寄生蜂调查初报(一)。河南农业科学，(12)：10~12。
时振亚，1987，河南省果树害虫寄生蜂调查初报(二)。河南农业科学，(1)：13~14。
时振亚，1987，中国宽缘金小蜂属二新纪录种。河南农业大学学报，21(3)：328~329。
时振亚，1987，中国跳小蜂科二新纪录种。昆虫分类学报，9(3)：118。
时振亚，1988，中国长孔姬蜂属一新种记述。昆虫分类学报，5(3，4)215~218。
时振亚，1992，河南花翅跳小蜂属研究及一新种。河南农业大学学报，26(1)：16~23。
时振亚，王合中，司胜利等，1994，中国刷盾跳小蜂属二新种。河南农业大学学报，28(1)：25~28。
陈由庠，1983，河南省螟蛾种类调查。百泉农专学报，11(2)：26~28。
陈启宗，1980，我国蛾类贮粮害虫成虫的外生殖器。郑州粮食学院学报，1(1)。
陈启宗，1984，我国常见贮粮昆虫的分布调查。郑州粮食学院学报，5(4)。
陈启宗等，1988，仓库昆虫图册。北京：科学出版社。
陈浩利，张尚仁，1995，河南太行山蝇类采集简报。河南预防医学杂志，(1)。
张志勇，1989，我国食用菌害虫初步名录。豫西农专学报，(1)：52~54。
张秀江，1986，河南省直翅目昆虫研究：1、蝗虫的种类和区系初报。河南科学，(3、4)：123~134。
郑祥义等，1987，河南麦田蚜茧蜂研究初报。河南农业大学学报，21(3)：314~320。
郑祥义，原国辉，1994，郑州地区花木蚜虫种类初报。河南农业大学学报，28(2)：161~165。
周亚君，1982，河南的天牛。河南农学院学报，16(1)：34~44。
屈孟卿，苏寿祇，李效应，1982，河南恙螨研究初报。河南医学院学报，(1)。
姜仲雪等，1981，利用性诱剂鉴定我国玉米螟及其分布的研究。河南农学院学报，15(4)：43~47。
姜仲雪等，1990，河南郑州许昌地区秆野螟属的近缘种研究。河南农业大学学报，24(3)：293~300。
祝长清，1987，河南农区步甲调查初报。昆虫天敌，9(4)：217~219。

胡益培，马淑健，1984，河南柑橘害虫调查初报。植物检疫，(1)。
胡益培，马淑健，1987，河南烟叶仓库害虫调查。中国烟草，(1)。
侯璋德，1983、1984，中牟地区灯下昆虫部分名录。河南农业科技，(6)：17~18；(12)：16~17。
侯陶谦，1986，中国松毛虫属及其近缘属的新种。昆虫分类学报，8(1、2)：75~83。
萧蓉萍等，1989，郑州市花木类蚧虫名录。河南农业大学学报，23(1)：88~95。
葛凤翔，1979，河南地区蝇类调查研究综述。河南预防医学杂志，(4)。
葛凤翔，1979，河南地区虻类种类及其分布。河南预防医学杂志，(4)。
葛凤翔等，1979，河南地区花蝇科采集小志。河南预防医学杂志，(4)。
葛凤翔，李书建，1985，河南省花蝇科二新种。动物学研究，(3)。
葛凤翔等，1985，嵩山农村鼠体革螨调查。河南预防医学杂志，(2)。
葛凤翔等，1985，嵩山鼠体寄生蚤的调查。河南预防医学杂志，(2)。
葛凤翔等，1987，嵩山农村鼠体吸虱的调查研究。中国媒介生物学及控制杂志，(2)。
葛凤翔，王守振等，1992，河南室内蜚蠊种类及分布的调查报告。中国媒介生物学及控制杂志，(6)。
葛凤翔，1994，河南地区吸血蠓种类分布及部分生态记述。中国媒介生物学及控制杂志，5(3)：360~364。
董景芳，问锦曾，1995，赫氏瘿潜蝇——中国新纪录。昆虫分类学报，17(1)。
薛银根等，1990，中国小石蛾科七新种记述。河南农业大学学报，24(1)：124~129。
薛银根等，1991，中国小石蛾科六新纪录种。河南农业大学学报，25(1)：19~23。

(5) 河南昆虫种类迅速增长。到 1993 年，全省昆虫，连同蜘蛛和螨类，共计 3850 种(申效诚，1993)。虽然只占中国种类的 7%，占世界种类的 0.4%，但和原来基础相比，增长速度已令人侧目。

1993 年，本书作者先后和时振亚、司胜利、王治国、牛瑶、张秀江等多次讨论如何持续发展河南昆虫分类区系工作，我们冷静分析了已有的成绩，深入探讨了不足和原因，制定了奋斗目标，提出了进一步的工作建议。这些集中反映在作者于 1994 年向中国昆虫学会成立 50 周年纪念大会和学术讨论会提交的论文“河南省昆虫种类的估计及区系调查的建议”。这篇文章后来收录到《中国科学技术文库 生物学卷》。现对文中的现状、目标和建议原文照录于下，以资检查以后的工作：

“河南省从事昆虫分类的专业工作者如同凤毛麟角，40 多年来虽有几次大型的普查，但能长期坚持调查只有很少几个类群；省外分类专家很少有兴趣到河南来采集标本；省内也很少有人将标本寄出进行鉴定；省内也缺乏论文发表园地吸引国内专业工作者整理手头的河南标本……，长此以往，形成了‘河南昆虫资源贫乏’的局面。”

“认为河南实际存在的昆虫种类至少应在 15 000 种左右。诚然，实现这一目标需要好几代人的努力，但目前我们应广泛地、长期不懈地开展区系调查，努力搞清我国现有种类在河南的分布。根据河南省实际力量，争取 2000 年达 6000 种，2010 年达 8000 种，2020 年达 9000 种。”

“(1) 动员全省 1000 多名植物保护工作者、近千名卫生防疫工作者及数百名粮食储藏工作者，增强昆虫区系观念，结合自己本职工作，拓宽昆虫识别范围，随时随地留心周围出现的昆虫，相当多的新种和新记录往往是在无意中捕到的。建议各县测报站都要建立一个标本室，积累一些标本，然后有目的地探索一类类群，日积月累，自然会有收获。

(2) 在全省要逐渐形成 30~50 人的相对专职的昆虫分类队伍，在各自的工作岗位上，结合本职工作，有计划有步骤地逐步整理一些类群，在广泛采集、积累标本的基础上，开展分类工作。省昆虫学会要成立分类区系专业委员会，进行组织协调工作及学术交流工作。

(3) 创造条件，吸引国内外昆虫专家来河南采集昆虫标本，最好由河南省科学技术委员会出资在资源保护区设立科学考察站，或者拿出一些经费，由学会邀请省外科学家来豫考察采集，以增加各地馆藏的河南产标本数量。

(4) 开辟论文发表园地，刊登河南产昆虫新种及新记录的论文，免收版面费，吸引国内分类学家优先整理手头的河南标本；昆虫在河南的分布以县为单位，各地县均可整理当地昆虫分布记录，以补充完善全省分布资料。

(5) 逐步创造条件，建立一个开放性的昆虫区系研究基地，以河南省专业分类工作者为主，可以邀请国内分类专家作为客座研究人员，分期分批来河南做短期研究，还可允许省内各地分类爱好者做研究学习；可举办新颖活泼的昆虫展览，对中小学生进行普及教育。”

二、昆虫分类区系的发展阶段(1996 年至今)

(一) 考察组织形式的探索与准备

原来举行的昆虫考察，成绩不小，但也有不足之处：①采集人员多是本科生和专科生，采集技术不专业，标本质量不高；②涉及类群少，采集效率低；③所采标本保管不善，损毁较多；④大都没有经过专业鉴定，没有充分实现科学价值。

为了探讨新的考察组织形式，我们登门求教，征询意见，换位思考，充分协商，最后商定一个“合作考察，分工负责，分享成果，实现双赢”的工作模式。主办方负责：①考察地点的确定和考察路线的踏查，以求高效率的采集；②提供省内吃、住、行、工作的便利条件；③考察论文的发表园地。享有：①鉴定后的考察结果；②一套副模标本和定名标本；③整体考察成果。参加方负责：①担负自己的出差费用；②提供给主办方鉴定结果；③返还主办方副模标本和定名标本。享有：①所采标本的所有权和保管权；②鉴定标本和发表论文的知识产权；③在主办方的园地上免费发表论文。

组织形式确定以后，我们还做了下列准备工作：①编辑出版《河南昆虫名录》，记录了截止于当时的河南已知昆虫(包括蜘蛛目和蜱螨目)30 目 372 科 2133 属 3850 种。这是河南省当时最为详尽的昆虫种类、分布及取食关系的基础资料，以作为新的起跑线；②创办了《河南昆虫分类区系研究》系列出版物，以备刊登大家的考察成果；③筹措经费；④协调部门关系，并踏查考察地点和路线。

一切准备就绪，1995 年在呼和浩特举行的第二届全国昆虫区系分类学术讨论会上，我们向全国昆虫分类学家发出了邀请，揭开了延续至今的河南昆虫科学考察的序幕。

(二) 科学考察活动

从 1996 年开始，到 2008 年，由申效诚研究员等牵头，先后组织省内外高等院校和科研院所 66 个单位的昆虫分类学家以及日本、丹麦、斯洛文尼亚等国专家，共计 494 人次来河南进行昆虫考察采集工作，先后考察了大别山、桐柏山、伏牛山、峭山、小秦岭、嵩山、太行山以及部分平原地区，考察地点 33 处(图 2-1)，涉及全省 11 个地市 24 个县(市)，总行程 33 000 km。共计采集昆虫标本 35 万多号。

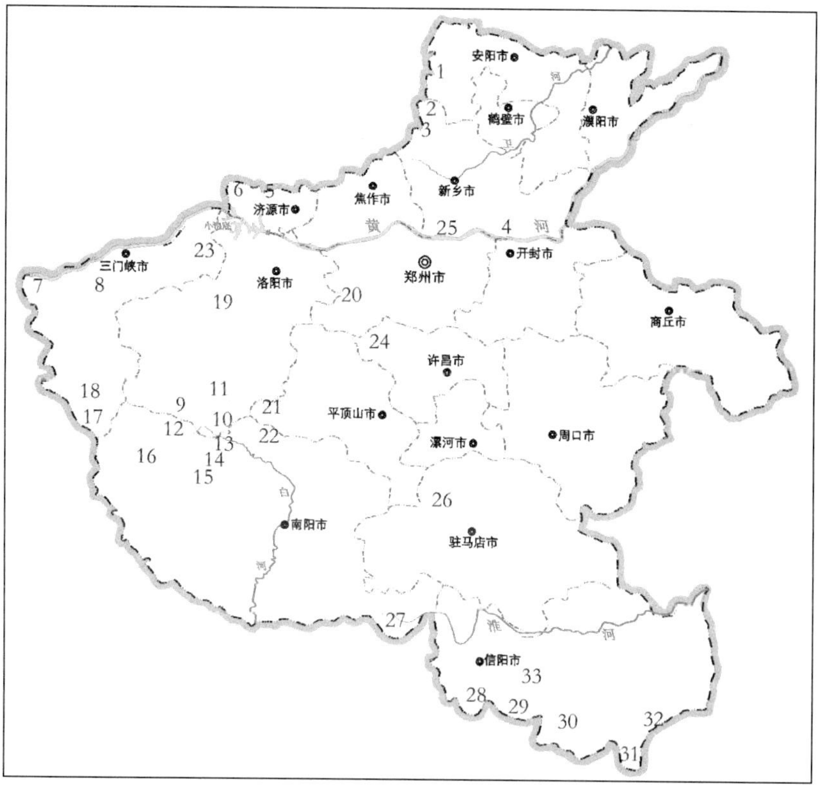

图 2-1　河南省 1996~2008 年昆虫考察地点

1. 林州石板岩；2. 辉县八里沟；3. 辉县关山；4. 封丘轩寨；5. 济源王屋山；6. 济源黄楝树；7. 灵宝亚武山；8. 陕县甘山；9. 栾川龙峪湾；10. 嵩县白云山；11. 嵩县天池山；12. 西峡黄石庵；13. 内乡宝天曼；14. 内乡葛条爬；15. 内乡夏馆；16. 西峡寨根；17. 卢氏大块地；18. 卢氏狮子坪；19 宜阳花果山；20. 登封少林寺；21. 鲁山石人山；22. 南召石人山；23. 义马露天煤矿；24. 禹州磨街；25. 郑州黄河滩；26. 遂平嵖岈山；27. 桐柏水帘洞；28. 信阳鸡公山；29. 罗山县灵山；30. 新县连康山；31. 商城黄楝树；32. 商城金岗台；33. 罗山县董寨

各次考察时间、地点与参加人员如下：

1. 1996 年 7 月 9~23 日

地点：栾川龙峪湾→嵩县白云山。

人员：队长：杨忠岐

副队长：彩万志　花保祯　殷海生

队员：杨集昆　彩万志　高明媛　徐纪恩　张爱霞	中国农业大学
杨忠岐	中国林业科学院
刘祖尧　章伟年　殷海生　傅荣恕	上海昆虫研究所
蔡　平	安徽农业大学
魏美才　文　军	中南林学院
肖　晖	中国科学院动物研究所
花保祯　田润刚　曾　涛　张文珠	西北农业大学
周长发	南京师范大学
张虎芳　李　军	南开大学
段办锁	内蒙古包头园林研究所
王备新	南京农业大学

时振亚	河南农业大学
王治国	河南省科学院
申效诚	河南省农业科学院
牛 瑶	河南师范大学
尚忠海 申富勇	河南省森林病虫害防治站
刑陇平	洛阳市森林病虫害防治站

2. 1996 年 8 月 20~27 日

地点：灵宝亚武山→卢氏大块地→西峡寨根。

人员：蔡 平	安徽农业大学
申效诚	河南省农业科学院

3. 1996 年 9 月 29 日~10 月 2 日

地点：鲁山石人山

人员：申效诚	河南省农业科学院

4. 1996 年 10 月 25~28 日

地点：商城黄柏山→信阳鸡公山

人员：申效诚	河南省农业科学院

5. 1997 年 7 月 9~13 日

地点：信阳鸡公山

人员：队长：彩万志

副队长：花保祯 蔡 平

队员：杨集昆 彩万志 王心丽 赵 芳 孙 路 李 竹	中国农业大学
杨忠岐	中国林业科学院
黄复生	中国科学院动物研究所
陈树椿	北京林业大学
虞国跃	北京市农林科学院
任树芝 张虎芳 李后魂 王淑霞	南开大学
蔡 平	安徽农业大学
魏美才 文 军	中南林学院
段半锁	内蒙古包头园林研究所
武三安	山西农业大学
陈学新	浙江农业大学
吴 鸿	浙江林学院
张雅林 花保祯 田润刚 冯纪年 吴海霞	西北农林大学
杜豫州	贵州农业大学
王备新	南京农业大学
郑发科	四川师范学院
时振亚 王高平	河南农业大学
申效诚 张志勇	河南省农业科学院
牛 瑶	河南师范大学
鄢广运	河南省森林病虫害防治站
敬广伟 陈 锋	河南省鸡公山自然保护区

6. 1997 年 8 月 14~17 日

地点：嵩县白云山→栾川龙峪湾

人员：申效诚 任应党 刘玉霞	河南省农业科学院

7. 1998 年 5 月 19~21 日

地点：嵩县白云山→栾川龙峪湾

人员：申效诚　　河南省农业科学院

8. 1998 年 6 月 3~6 日

地点：信阳鸡公山

人员：申效诚　　河南省农业科学院

牛　瑶　　河南师范大学

9. 1998 年 7 月 9~23 日

地点：内乡宝天曼→西峡黄石庵

人员：队长：李后魂

副队长：花保祯　盛茂领

队员：章有为　史永善　　中国科学院动物研究所

郑乐怡　任树芝　李后魂　张虎芳　　南开大学

盛茂领　孙淑萍　　国家林业局森林病虫害防治总站

武三安　　山西农业大学

陈学新　马　云　　浙江农业大学

吴　鸿　　浙江林学院

虞国跃　　北京市农林科学院

杜豫州　　贵州农业大学

魏美才　肖　炜　　中南林学院

花保祯　胡　健　张建民　　西北农业大学

王备新　　南京农业大学

董　民　胡学友　王景顺　吴秋芳　　中国农业大学

孙天申　王高平　　河南农业大学

牛　瑶　　河南师范大学

申效诚　任应党　　河南省农业科学院

裴海潮　申富勇　尚忠海　黄维正　　河南省森林病虫害防治站

苏定坤　王邦磊　李富学　　南阳市森林病虫害防治站

王正用　　河南省宝天曼自然保护区

10. 1998 年 8 月 16~23 日

地点：信阳鸡公山

人员：任应党　刘玉霞　　河南省农业科学院

11. 1999 年 5 月 18~27 日

地点：嵩县白云山→栾川龙峪湾→罗山县灵山

人员：杨　定　　中国农业大学

三枝丰平　　日本九州大学

杜豫州　　浙江农业大学

赛维思　　斯洛文尼亚自然博物馆

牛　瑶　　河南师范大学

尹新明　　河南农业大学

黄维正　　河南省森林病虫害防治站

申效诚　李玉英　　河南省农业科学院

12. 1999 年 7 月 9~22 日

地点：商城黄柏山→新县连康山→内乡宝天曼

人员：史永善　　中国科学院动物研究所
魏美才　　中南林学院
蔡　平　　安徽农业大学
牛　瑶　　河南师范大学
尹新明　　河南农业大学
申效诚　任应党　李玉英　　河南省农业科学院
柳远勤　　河南省新县林场

13. 2000 年 5 月 19 日~6 月 11 日

地点：罗山县灵山→桐柏水帘洞→卢氏大块地→陕县甘山→济源王屋山→济源黄楝树→登封少室山

人员：魏美才　钟义海　陈明利　　中南林学院
蔡　平　顾晓玲　　安徽农业大学
于海丽　　南开大学
申效诚　任应党　　河南省农业科学院
李富学　　南阳市森林病虫害防治站
唐有歧　　济源市森林病虫害防治站

14. 2000 年 9 月 8~18 日

地点：嵩县白云山→桐柏水帘洞→济源王屋山

人员：李后魂　　南开大学
卡绍特　　丹麦哥本哈根大学
刘宪伟　章伟年　　上海昆虫研究所
尹新明　　河南农业大学
申效诚　任应党　　河南省农业科学院

15. 2001 年 5 月 25 日~6 月 30 日

地点：嵩县白云山→栾川龙峪湾

人员：钟义海　　中南林学院
申效诚　李玉英　　河南省农业科学院

16. 2001 年 7 月 12~25 日

地点：信阳鸡公山→桐柏水帘洞→卢氏大块地→嵩县白云山

人员：林坚贞　　福建省农业科学院
葛斯琴　崔俊芝　董抗震　吴海霞　　中国科学院动物研究所
张丹丹　　南开大学
钟义海　　中南林学院
李　哲　白　明　　河北大学
王　俊　　安徽农业大学
牛　瑶　　河南师范大学
申效诚　李玉英　　河南省农业科学院

17. 2002 年 5 月 8~14 日

地点：辉县八里沟→南召宝天曼→南召石人山

人员：崔建新　王洪亮　　河南职业技术师范学院
申效诚　李玉英　　河南省农业科学院

18. 2002 年 7 月 11~26 日

地点：辉县八里沟→登封三皇寨→嵩县白云山

人员：陈祥盛　　贵州大学
杨明旭　　江西农业大学

李文柱　张丽杰	中国科学院动物研究所
刘志琦　高彩霞　鲍　荣　王孟卿	中国农业大学
林坚贞	福建省农业科学院
王新谱	南开大学
黄建华	广西师范大学
杨晋宇　杨秀娟	河北大学
姜吉刚	中南林学院
涂　丹	南昌大学
崔建新　王洪亮	河南职业技术师范学院
申效诚　任应党　刘玉霞　李玉英	河南省农业科学院

19. 2003 年 7 月 9~30 日

地点：嵩县白云山

人员：贺应科　梁旻雯	中南林学院
申效诚　范吉星　李敬波　薛贵收　牛静勇　申雁冰	
连家创　王文君　杨　涛　邱　礽　张丹丹　朱　药	
吕亚楠	郑州大学
牛　瑶	河南师范大学
李玉英	河南省农业科学院

20. 2004 年 5 月 8~12 日

地点：义马露天煤矿→禹州磨街

人员：任　东	首都师范大学
申效诚	郑州大学

21. 2004 年 7 月 9~25 日

地点：辉县八里沟→嵩县天池山→嵩县白云山→栾川龙峪湾→内乡宝天曼

人员：队长：朱明生

副队长：武春生

队员：朱明生　连伟光　张俊霞　董少杰	河北大学
武春生　陈富强	中国科学院动物研究所
周长发　李　鹏	南京师范大学
林坚贞	福建省农业科学院
张少冰　刘卫星	中南林学院
薛晓峰	南京农业大学
王志良　董　惠　张魁艳　严冰珍　崔建新	中国农业大学
许升全	陕西师范大学
李建科　黄进勇　孙浩　申效诚　谷晓沛　李敬波	郑州大学

22. 2005 年 7 月 6~26 日

地点：遂平嵖岈山→桐柏水帘洞→信阳鸡公山→罗山县董寨→新县连康山→商城金刚台→郑州黄河湿地

人员：张志升　张保石　张　蕊　刘世宁　王继良　高　超	河北大学
孙　浩	郑州大学

23. 2006 年 4 月 5~8 日

地点：内乡宝天曼

人员：申效诚　孙　浩　赵华东	郑州大学

24. 2006 年 4 月 19 日~8 月 15 日

地点：内乡宝天曼

人员：孙 浩(4月19日~7月8日)
赵华东(5月9日~8月15日)
谷晓沛 魏景伟 杨宗辉(4月19日~5月22日)
田军东(7月21日~8月15日)
王俊潮(8月1日~8月15日)
申效诚(4月19日~4月26日，5月15日~5月22日，6月19日~6月26日，7月21日~7月27日) 郑州大学
盛茂领(4月24日~4月26日) 国家林业局森林病虫害防治总站
李卫海 崔育思(5月15日~5月30日) 中国农业大学
张继(5月20日~6月7日) 南开大学
吕锦梅(5月20日~6月7日) 天津自然博物馆
钟义海 杨 青(6月19日~6月26日) 中南林学院

25. 2006年6月26~28日

地点：新县连康山自然保护区
人员：魏美才 肖 炜 钟义海 张少冰 游 群 晏毓晨
廖芳均 朱小妮 聂 梅 徐 翊 牛耕耘 杨 青 中南林业科技大学

26. 2006年7月20日~8月15日

地点：林州豫北大峡谷→辉县关山→济源王屋山→洛宁花果山→卢氏大块地→内乡宝天曼
人员：匡登辉 甄 卉 南开大学
张保石 翟 卉 朱立敏 杨玉霞 王凤艳 河北大学
张俊华 中国农业大学
任应党 河南省农业科学院
孙 浩 郑州大学

27. 2007年7月8日~21日

地点：嵩县白云山
人员：申效诚 路纪琪 赵华东 田军东 王俊潮 谢东明
郭彩茹 郭相保 刘 彬 马晓静 李耀召 郑州大学

28. 2007年7月24日~29日，9月13~19日

地点：济源王屋山，罗山县董寨林场
人员：赵华东 王俊潮 郑州大学

29. 2007年8月27日~9月3日

地点：济源黄楝树林场
人员：路纪琪 张书杰 赵华东 王俊潮 郭相保 刘 彬 郑州大学

30. 2008年8月11~14日

地点：内乡宝天曼→嵩县白云山
人员：薛大勇 肖 晖 胡婷玉 矫天扬 宋文惠 姜 楠 中国科学院动物研究所
彩万志 杨 定 刘星月 李 虎 中国农业大学
孙 浩 河南省农业科学院植物保护研究所

31. 2008年8月15~18日

地点：嵩县白云山
领队：卜文俊 任国栋 陈学新 申效诚
人员：薛大勇 肖 晖 胡婷玉 矫天扬 宋文惠 姜 楠 中国科学院动物研究所
彩万志 杨 定 刘星月 李 虎 张魁艳 曹亮明 中国农业大学

武三安　刘　锦　北京林业大学
李　涛　国家林业局森林病虫害防治总站
虞国跃　北京市农林科学院植物保护环境保护研究所
张爱环　北京农学院植物保护系
姚云志　黄建东　王建跃　谭京晶　王　莹　常华丽
胡　薇　徐卫东　陈　云　顾俊杰　杨　强　刘　楠
李婷婷　赵静霞　张　霄　刘平娟　刘晨曦　王美霞
郝建英　岳艳丽　李艳丽　张馨文　梁军辉　首都师范大学
卜文俊　李后魂　王淑霞　靳　青　甄　卉　张　晶　南开大学
吕锦梅　郝淑莲　天津自然博物馆
李利珍　上海师范大学
李宏亮　上海植物生理生态研究所
王宗庆　刘志萍　时书青　西南大学植物保护学院
任国栋　石福明　王新谱　冉红凡　吴琦琦　黄文静　河北大学生命科学学院
张　斌　刘　伟　内蒙古师范大学
崔　娟　李春光　吉林大学农学院
张春田　刘家宇　辽宁师范大学生命科学学院
白树崇　董文秀　王　帅　费旭东　姚志平　张学书　辽宁师范大学昆虫研究所
贾少波　山东聊城大学
蒋国芳　南京师范大学
薛晓峰　王　稹　宋子伟　南京农业大学
段亚妮　安徽农业大学
陈学新　时　敏　王漫漫　刘经贤　浙江大学
黄俊浩　王义平　王光钺　浙江林学院
杨建全　福建农林大学
谢令德　贺艳萍　董国清　潘　俊　武汉工业学院食品学院
谢广林　长江大学农学院
刘亦仁　段海生　周世力　许国权　江汉大学生命科学学院
游兰绍　谭济才　宋东宝　黄国华　谭　琳　刘　军
邓　欣　李　密　肖　蕾　李夕英　湖南农业大学
李泽建　张　媛　王晓华　赵　赴　中南林业科技大学
廖　力　徐森锋　珠海出入境检验检疫局
王　敏　范骁凌　陈宏伟　许再福　陈夕鹏　陈华燕　邱　波
程　玉　曾　洁　姚捷敏　洪纯丹　王诗虹　陈刘生　华南农业大学
李　强　陈国华　马　丽　云南农业大学
王丕玉　云南省寄生虫病防治所
史宏亮　西南林学院
宋琼章　侯晓晖　田珍灶　王颖娟　邓晗嵩　张　培　李　灿
蒋晓红　宋月华　李玉建　杨再华　李建达　邢济春　张争光
谢利霞　孟泽洪　张玉波　李红荣　乙天慈　阎　毅　贵州大学昆虫研究所
霍科科　陕西理工学院生物系
花保祯　房丽君　魏　琮　李　涛　王　琛　曹少杰
郑建武　颜　刚　马　娜　刘书宇　戴　武　吕　林　西北农林科技大学

黄建华 于志辉 孟江红 刘英奎	陕西师范大学
张志强 王慧琴	新疆大学
牛 瑶	河南师范大学
路纪琪 马晓静 王俊潮	郑州大学
崔建新 李卫海	河南科技学院
尹 健 熊建伟	河南信阳农业专科学校
李淑萍	河南商丘师范学院
李文亮	河南科技大学
范喜梅	河南焦作师范学院
刘顺通	河南省洛阳市农业科学研究院
任应党 孙 浩 申效诚	河南省农业科学院

(三) 标本鉴定与论文发表

昆虫考察过后，更多的专家参加到鉴定中来。截至2008年年底，连同其他小型考察、调查活动，共在国内外发表研究报告584篇。其中，学术期刊发表271篇，研究生毕业论文6篇，系列考察报告论文集6卷307篇。

(1) **国内外学术期刊上发表的论文**：共271篇，其中，国外发表94篇(SCI论文68篇)，国内学报级期刊论文122篇，其他期刊或出版物55篇：

马立名，林坚贞，2004，维螨属二新种(蜱螨亚纲，中气门目，维螨科)。动物分类学报，29(4)：711~717。

马立名，林坚贞，2005，中国美绥螨属一新种记述(蜱螨亚纲：革螨股：美绥螨科)。昆虫分类学报，27(1)：77~80。

马立名，林坚贞，2005，河南枝厉螨属二新种(蜱螨亚纲，革螨股，胭螨科)。动物分类学报，30(2)：350~354。

马立名，林坚贞，2005，寄螨科四新种记述(蜱螨亚纲，革螨股)。动物分类学报，30(1)：73~80。

马晓静，申效诚，2008，河南伏牛山南北坡昆虫区系的差异。《昆虫分类与分布》，北京：中国农业科学技术出版社，310~314。

于思勤，1998，中国夜蛾科昆虫区系初步研究。昆虫分类学报，20(1)：44~50。

王义平，时敏，何俊华等，2008，中国深沟茧蜂族分类研究及二新种记述(膜翅目：茧蜂科：茧锋亚科)。昆虫分类学报，30(3)：181~195。

王心丽，杨集昆，2002，河南省蝶角蛉一新种(脉翅目：蝶角蛉科)。动物分类学报，27(3)：562~564。

王守振，葛凤翔，董承教，1998，河南吸血虻类调查报告。医学动物防制。(3)。

王治国，1996，河南绿蟌属 *Mnais* 鉴定。河南科学，14(2)：168~174。

王治国，牛瑶，2002，中国蝴蝶新种记述(II)。昆虫分类学报，24(4)。

王治国，2003，中国华扇蟌属一新种(蜻蜓目：扇蟌科)。昆虫分类学报，25(1)：1~3。

王治国，2005，中国蝴蝶名录。河南科学，23(增刊)：1~113。

王治国，2006，河南蝉科昆虫调查(同翅目，蝉总科)。河南科学，24(2)。

王治国，2007，中国蜻蜓名录(昆虫纲，蜻蜓目)。河南科学，25(2)：219~238。

王俊潮，申效诚，2008，河南食蚜蝇区系特征及相似性分析。《昆虫分类与分布》，中国农业科学技术出版社，337~353。

王高平，李琳，时振亚，2000，中国啮小蜂亚科一新纪录种(膜翅目，姬小蜂科)。河南农业大学学报，34(1)。

王淑霞，郑哲民，李后魂，2000，中国叉木蛾属 *Metathrinca* 研究及三新种记述(鳞翅目，木蛾科)。昆虫分类学报，22(3)：229~234。
申效诚等，2001，河南省夜蛾科昆虫种类及区系比较研究。华北农学报，16(专辑)：1~5。
申效诚等，2001，河南山区1996—2000年昆虫考察报告，第二届中国(海峡两岸)昆虫学学术讨论会报告论文：4~8。
申效诚等，2002，华中三省的叶蝉科昆虫。《华中昆虫研究》，中国农业科学技术出版社：1~4。
申效诚，牛瑶等，2002，连康山自然保护区昆虫资源调查。《连康山自然保护区科学考察集》，北京：科学出版社：245~296。
申效诚，裴海潮，2002，河南省天蛾科昆虫区系特征分析。《昆虫学创新与发展》，北京：中国科学技术出版社，90~94。
申效诚，任应党，刘玉霞，2002，河南昆虫资源的新发现。河南农业科学，(1)。
申效诚，刘玉霞，任应党，2003，河南的钩蛾科和圆钩蛾科昆虫。《华中昆虫研究》，北京：中国农业出版社：1~3。
申效诚，2004，河南昆虫种类再报。《当代昆虫学研究》，北京：中国农业科学技术出版社：165~171。
申效诚，张书杰，2005，河南刺蛾科昆虫。《昆虫分类和昆虫多样性》，北京：中国科学技术出版社：264~266。
申效诚，张书杰，任应党，2007，昆虫区系的多元相似性比较。《昆虫学研究动态》，北京：中国农业科学技术出版社，131~137。
申效诚，孙浩，赵华东，2006，夜蛾科昆虫区系研究：I. 世界夜蛾的种类和产地。《全国生物多样性保护与外来物种入侵学术研讨会论文集》，北京：中国农业科学技术出版社：263~272。
申效诚，王爱萍，张书杰，2008，夜蛾科昆虫区系研究：II. 中国各省区夜蛾的分布及相似性分析。华北农学报，22(4)：161~156。
申效诚，任应党，孙浩，赵华东，2007，夜蛾科昆虫区系研究：III. 河南夜蛾的种类及区系特征。河南农业科学，(5)：54~56。
申效诚，张书杰，2007，中国夜蛾总科昆虫区系相似性分析。科学研究月刊，(12)：10~12。
申效诚，张书杰，孙浩，赵华东，2007，华中三省夜蛾的区系特征分析。《华中昆虫研究》，北京：中国农业大学出版社：53~57。
申效诚，孙浩，赵华东，2007，中国夜蛾科昆虫的物种多样性及分布格局的研究。昆虫学报，50 (7)：709~719。
申效诚，孙浩，赵华东，2008，昆虫区系多元相似性分析方法。生态学报，28(2)：849~854。
申效诚等，2008，昆虫区系多元相似性的简便计算公式及其贡献率。河南农业科学，(7)：67~69。
申效诚，2008，学习昆虫地理学的点滴感悟。《昆虫分类与分布》，北京：中国农业科学技术出版社：576~583。
石明旺，彩万志，1997，中国斯猎蝽属小汇。昆虫分类学报，19(3)：196~208。
冯纪年等，1998，中国小头蓟马属二新种。昆虫分类学报，20(4)：257~260。
冯纪年，杨晓娜，张桂玲，2007，中国领针蓟马分类研究(缨翅目：蓟马科)。动物分类学报，32(2)：451~454。
刘宪伟，王治国，1998，河南省螽斯类初步调查(直翅目)。河南科学，16(1)：66~76。
史明珠，陈浩利，2001，河南太行山蚊虫调查报告。河南预防医学杂志，(4)。
孙浩，申效诚，2008，河南蜘蛛的两种相似性聚类分析方法比较。《昆虫分类与分布》，北京：中国农业科学技术出版社：490~494。
孙长海，1997，毛翅目昆虫六新种记述。昆虫分类学报，19(4)：289~296。
孙淑萍，盛茂领，2008，拟新秘姬蜂属(膜翅目，姬蜂科)一新种。动物分类学报，33(4)：790~792。
孙淑萍，盛茂领，2007. 河南省锤举腹蜂属研究(膜翅目：举腹蜂科)。动物分类学报，32(1)：216~220。
任应党，刘玉霞，申效诚，2003，忍冬细蛾——危害金银花的中国昆虫新纪录。昆虫分类学报，25(3)：235~236。

任应党，刘玉霞，申效诚，2001，花生新珠蚧的生物学特性及防治研究。华北农学报，16(专辑)：48~52。
任应党，申效诚，2008，河南省大鳞翅类昆虫分布格局。《昆虫分类与分布》，北京：中国农业科学技术出版社，326~336。
肖云丽，李后魂，2009，中国连宇谷蛾属一新种记述(鳞翅目，谷蛾科)。动物分类学报，34(2)：234~236。
李琳，时振亚，韩艺，2001，中国花翅跳小蜂属一新种(膜翅目，跳小蜂科)。河南农业大学学报 35(3)：252~253。
李子忠等，2005，中国拟菱纹叶蝉属分类研究(半翅目：叶蝉科，殃叶蝉亚科)。动物分类学报，30(4)：794~797。
李子忠等，2005，中国斑翅叶蝉属二新种记述(半翅目：叶蝉科，殃叶蝉亚科)。动物分类学报，30(4)：798~800。
李书建，虞以新，1997，河南省阿蠓属新纪录及一新种。中国媒介生物学及控制杂志，8(2)：123~124。
李书建等，1999，河南省泉蝇属 3 新种描述(双翅目，花蝇科)。中国媒介生物学及控制杂志，10(4)。
李后魂，2003，华北落叶松鞘蛾和兴安落叶松鞘蛾形态学研究与再描述(鳞翅目：鞘蛾科)。昆虫分类学报，25(4)：295~302。
李后魂等，2001，中国果蛀蛾科分类学整理及新种记述。动物分类学报，26(1)：61~73。
李后魂，肖云丽，2009，中国太宇谷蛾属分类研究(鳞翅目，谷蛾科)。动物分类学报，34(2)：224~233。
李淑萍，王玉玲，2005，中国河南省盲蚁属一新种记述(膜翅目：蚁科)。昆虫分类学报，27(2)：157~160。
李淑萍，刘福林，杨红超，2008，河南洛阳地区蚂蚁种类和分布调查。《昆虫分类与分布》，北京：中国农业科学技术出版社：110~116。
李传仁等，2006，中国 *Galeatus* 属群记述(半翅目，网蝽科)。动物分类学报，31(2)：378~387。
李晓明，刘国卿，2007，中国杂盲蝽属二新种记述。动物分类学报，32(3)：674~679。
花保祯，周尧，1997，河南伏牛山蝎蛉记述。昆虫分类学报，19(4)：273~278。
杨玉霞，任国栋，2007，中国毛胫豆芫菁组分类研究。动物分类学报，32(3)：711~715。
杨彩玲，张雅林，1999，河南横脊叶蝉属一新种。《昆虫分类区系研究》，北京：中国农业出版社，43~45。
杨莲芳，王备新，冷科明，1997，伏牛山毛翅目昆虫七新种。昆虫分类学报，19(4)：279~288。
杨集昆，程桂芳，1997，河南省伏牛山毛蚊科三新种。昆虫分类学报，19(4)：303~307。
杨忠歧，杨宗武，魏建荣，1997，伏牛山小蜂科二新种。昆虫分类学报，19(4)：308~312。
时振亚，郑晓军，1997，河南蛾类分布新纪录。河南农业大学学报，31(3)。
时振亚，王高平，司胜利等，2001，榆毛萤叶甲啮小蜂——中国新纪录种。河南农业大学学报，35(4)。
吴鸿，杨集昆，1997，河南白云山菌蚊四新种。昆虫分类学报，19(4)：297~302。
肖晖等，2000，河南伏牛山区金小蜂调查及新种描述。动物分类学报，25(3)：330~336。
肖晖等，2001，中国棍角金小蜂属研究(膜翅目：金小蜂科)。动物分类学报，26(3)：342~245。
张少冰，魏美才，2008，中国三节叶蜂属三新种(膜翅目，三节叶蜂科)。动物分类学报，33(1)：170~175。
张志伟，李后魂，2009，拓尖蛾属在中国首次报道及一新种记述(鳞翅目，尖蛾科)动物分类学报，34(1)：46~48。
张雅林，张文珠，陈波，1997，河南伏牛山缘脊叶蝉亚科种类记述。昆虫分类学报，19(4)：235~245。
张雅林等，2004，中国新纪录属——兜小叶蝉属并记三新种(同翅目，叶蝉科，小叶蝉亚科，小绿叶蝉族)。动物分类学报，29(2)：276~280。
张建民等，2002，中国梳蓟马属一新种记述(缨翅目：蓟马科)。《华中昆虫研究》，北京：中国农业科学技术出版社：10~12。
张建民等，2003，中国指蓟马属一新种记述(缨翅目：蓟马科)。《华中昆虫研究 第二卷》，北京：中国农业出版社：12~15。
张艳星，盛茂领，2009，优姬蜂属中国一新记录(膜翅目，姬蜂科)。动物分类学报，34(1)：191~192。

陈祥盛，梁爱萍，2005，中国长突飞虱亚科分类研究及一新种记述(同翅目，蜡蝉总科，飞虱科)。动物分类学报，30(2)：123~129。
岑业文等，2002，中国沟顶叶蝉亚科四新种(同翅目：叶蝉科)。动物分类学报，27(1)：116~122。
杜艳丽，李后魂，王淑霞，2001，中国夜斑螟属 *Nyctegretis* Zeller 的研究。南开大学学报，34(4)：98~102。
林晓安，2005，河南兜姬蜂属一新种(膜翅目：姬蜂科)。昆虫分类学报，27(2)：136~139。
周长发，归鸿，苏翠荣，1997，河南省蜉蝣新种记述。昆虫分类学报，19(4)：268~272。
周辉凤，张桂玲，冯纪年，2008，中国片膜蓟马属一新种。昆虫分类学报，30(2)：91~94。
武三安，刘锦，2009，中国隙毡蚧属一新种(半翅目，毡蚧科)。动物分类学报，34(2)：221~223。
赵华东，申效诚，2008，中国灯蛾科昆虫的生物地理学研究。《昆虫分类与分布》，北京：中国农业科学技术出版社：381~388。
钟义海，魏美才，2007，中国方颜叶蜂属(膜翅目，叶蜂科)*opacifrons* 种团和 *sellata* 种团二新种。动物分类学报，32(4)：955~958。
钟花，杨连芳，Morse，2008，中国缺叉多距石蛾属六新种。动物分类学报，33(3)：600~607。
秦伟春，田会刚，杨定，2008，河南舞喜虻属二新种。动物分类学报，33(4)：796~798。
黄蓬英，花保祯，申效诚，2004，蝎蛉属 *Panorpa* 一新种记述(长翅目：蝎蛉科)。昆虫分类学报，26(1)：29~31。
彩万志，申效诚，1997，中国猎蝽属分类检索表及五新种记述。昆虫分类学报，19(4)：253~267。
袁锋等，1997，中国角蝉科一新属四新种。昆虫分类学报，19(3)：185~190。
郭付振等，2004，中国跗雄管蓟马属一新种记述(缨翅目，管蓟马科)。动物分类学报，29(4)：733~735。
傅荣恕等，1999，河南伏牛山自然保护区原尾虫群落结构的研究。动物学研究，20(5)：352~354。
傅荣恕，尹文英，1999，伏牛山地区土壤动物群落的初步研究。动物学研究，20(5)：396~398。
蔡平，申效诚，1997，横脊叶蝉四新种。昆虫分类学报，19(4)：246~252。
裴海潮等，2000，河南点刻姬蜂属一新种(膜翅目：姬蜂科)。昆虫分类学报，22(1)
盛茂领等，2001，中国隼姬蜂属一新种(膜翅目：姬蜂科)。动物分类学报，26(1)：78~80。
盛茂领等，2002，河南角姬蜂属二新种(膜翅目：姬蜂科)。昆虫学报，45(Suppl.)：96~98。
盛茂领等，2002，中国的克里姬蜂及一新种记述(膜翅目：姬蜂科)。昆虫学报，45 (Suppl.)：93~95。
盛茂领等，2002，河南省伏牛山嘎姬蜂族二新种记述(膜翅目：姬蜂科)。昆虫分类学报，27(4)：798~801。
盛茂领等，2002，中国北方地区寄生林木蛀虫的姬蜂种类名录。甘肃林业科技，27(3)：1~5。
盛茂领等，2004，中国兜姬蜂属分类研究(膜翅目，姬蜂科)。动物分类学报，29(4)：769~773。
盛茂领等，2005，中国隐姬蜂属(膜翅目，姬蜂科)研究。动物分类学报，30(2)：415~418。
盛茂领，孙淑萍，2007，中国的耕姬蜂属(膜翅目，姬蜂科)及一新种。动物分类学报，32(4)：962~965。
盛茂领，孙淑萍，2007，中国发现侵姬蜂属(膜翅目，姬蜂科)及一新种。动物分类学报，32(4)：959~961。
盛茂领，2008，中国特姬蜂属种类记述(膜翅目，姬蜂科)。动物分类学报，33(1)：164~169。
盛茂领，孙淑萍，2008，棘跗姬蜂属在中国首次发现并记述一新种。动物分类学报，33(3)：619~622。
盛茂领，申效诚，2008，长臀姬蜂属在河南首次发现并一新种记述。《昆虫分类与分布》，北京：中国农业科学技术出版社：33~36。
盛茂领，孙淑萍，2008，黑茧姬蜂属(膜翅目，姬蜂科)一新种。《昆虫分类与分布》，北京：中国农业科学技术出版社：37~39。
盛茂领，申效诚，2008，中国各省区姬蜂科昆虫的分布及多元相似性分析。《昆虫分类与分布》，北京：中国农业科学技术出版社：389~393。
薛晓峰，宋子伟，王稹，2008，中国羽爪瘿螨科区系分析。《昆虫分类与分布》，北京：中国农业科学技术出版社：289~297。
戴武，张雅林，2004，中国掌叶蝉属利叶蝉亚属分类研究(同翅目，叶蝉科，角顶叶蝉亚科)。动物分类学报，29(4)：742~748。

魏美才等，1997，中国茎蜂科分类研究 IV。昆虫分类学报，19(2)：145~152。

魏美才，牛耕耘，2007，中国粘叶蜂属一新种(膜翅目：叶蜂科)。昆虫分类学报，29(4)：301~305。

魏美才，牛耕耘，2008，中国突瓣叶蜂属一新种(膜翅目，叶蜂科)及于氏突瓣叶蜂雌性描述。动物分类学报，33(3)：615~618。

魏美才，牛耕耘，2008，中国细锤角叶蜂属一新种。昆虫分类学报，30(1)：57~60。

魏美才，牛耕耘，2009，中国叶蜂属二新种(膜翅目，叶蜂科)。动物分类学报，34(2)：241~247。

魏重生，蔡平，1998，广头叶蝉属二新种。昆虫分类学报，20(2)：119~122。

Bai Haiyan & Li Houhun, 2009, Review of *Spulerina* (Lepidoptera: Gracillariidae) from China, with description of three new species. *Oriental Insects*, 43: 33~44. **SCI**.

Bai Haiyan, Li Houhun & Kendrick, R. C., 2009, Microlepidoptera of Hong Kong: Checklist of Gracillariidae (Lepidoptera: Gracillarioidea). *SHILAP Revta. Lepid.*, 37(148):495~509. **SCI**.

Bidzilya O & Li Houhun, 2009, A review of the genus *Athrips* Billberg (Lepidoptera, Gelechiidae) in China. *Deutsche Entomologische Zeitschrift*, 56(2): 323~333. **SCI**.

BidzilyaO & Li Houhun, 2010, Review of the genus *Agnippe* (Lepidoptera: Gelechiidae) in the Palaearctic region. *European Journal of Entomology*, 107: 247~265.

Budashkin Y I & Li Houhun, 2009, Study on Chinese Acrolepiidae and Choreutidae (Insecta: Lepidoptera). *SHILAP Revta. Lrpid.*, 37(146): 179~189. **SCI**.

Dai Renhuai *et al.*, 2006, A new genus and species of Euscelinae (Hemiptera, Cicadellidae,) from China. *Acta Zootaxonomica Sinica*, 31(2):398~400.

Dong Hui, Yang Ding *et* Hayashi Toshihiko, 2006, Review of the species of *Poecilosomella* Duda (Diptera: Sphaeroceridae) from continental China. *Annalis Zoologica* 56(4): 643~655. **SCI**.

Du Xicui & Li Houhun, 2008, A review of *Tylostega* Meyrick from Mainland China (Lepidoptera: Crambidae: Spilomelinae), with descriptionsof four new species. *Zootaxa*, 1681: 51~61. **SCI**.

Du Xicui & Li Houhun, 2008, Review of the genus Neoanalthes Yamanaka & Kirpichnikova from China (Lepidoptera:Crambidae:Spilomelinae), with description of five new species. *Deutsche Entomologische Zeitschrift*, 55(2): 291~301. **SCI**.

Du Yanli *et al.*, 2002, A taxonomic study on the genus *Assara* Walker from China (Lepidoptera: Pyralidae: Phycitinae). *Acta Zootaxonomica Sinica*, 27(1)：8~19.

Du Yanli, Li Houhun & Wang Shuxia, 2002, The genus *Sacculocornutia* Roesler from China (Lepidoptera: Pyralidae: Phycitinae). *Animal Science*, 135~139, Xi'an: Shaanxi Normal University Press.

Du Yanli, Li Houhun & Wang Shuxia, 2002, A taxonomic study on genus *Ceroprepes* Zeller, 1867 from China (Lepidoptera: Pyralidae: Phycitinae). *SHILAP Revta. lepid.*, 30(118): 113~118.

Fan Ximei & Li Houhun, 2008, The genus *Issikiopteryx* (Lepidoptera: Lecithoceridae): Checklist and descriptions of new species. *Zootaxa*, 1725: 53~60. **SCI**.

Fan Ximei, Jin Qing and Li Houhun, 2008, Seven new species and a checklist of the genus *Thecobathra* Meyrick from China (Lepidoptera, Yponomeutidae). *Zootaxa*, 1821: 13~24. **SCI**.

Feng Ji-Nian, Guo Fu-Zhen *et* Duan Ban-Suo, 2006, A new species of the genus *Oidanothrips* Moulton from China (Thysannoptera, Phlaeothripidae). *Acta Zootaxonomica Sinica*, 31(1): 165~167.

Hao Shulian, Li Houhun *et* Wu Chunsheng, 2005, A review of the genus *Fuscoptilia* Arenberger (Lepidoptera: Pterophoridae). *Entomotaxonomia*, 27(2): 43~49.

Hao Shulian, Li Houhun *et* Wu Chunsheng, 2005, A study on the genus *Gillmeria* Tutt from China, with description of three new species (Lepidoptera: Pterophoridae). *Acta Zootaxonomica Sinica*, 30(1): 135~144.

Hao Shulian & Li Houhun, 2008, The genus *Pselnophorus* Wallengren from Mainland China, with description of a new species (Lepidoptera: Pterophoridae). *Zootaxa*, 1755: 61~67. **SCI**.

Hao Shulian, Kendrick R C & Li Houhun, 2008, Microlepidoptera of Hong Kong: Checklist of Pterophoridae, with description of one new species (Insecta, Lepidoptera). *Zootaxa*, 1821: 37~48. **SCI**.

He Junhua *et* Xu Zaifu, 2007, A new genus of Proctotrupinae (Hymanoptera:Proctotrupidae). *Entomotaxonomia*, 29(2): 152~156.

Huang Wen-Jing *et* Ren Guo-Dong。2009, The Chinese species of the genus *Platydema* Laporte *et* Brulle (Coleoptera, Tenebrionidae) with description of a new species. *Acta Zootaxonomica Sinica*, 34(3): 428~434.

Jiang Yuxia *et* Bu Wenjun, 2004, Six new species of the genus *Rhipidoxylomyia* from China (Diptera, Cecidomyiidae). *Acta Zootaxonomica Sinica*, 29(2):357~364.

Jin Qing *et* Wang Shuxia, 2008, Taxonomic revision of the genus *Metanonieuta* Meyrick (Lepidoptera, Yponomeutidae, Yponomeutinae). *Acta Zootaxonomica Sinica*, 33(1): 49~56.

Jin Qing, Wang Shuxia & Li Houhun, 2008, Catalogue of the family Sesiidae in China (Lepidoptera: Sesiidae). *SHILAP Revta. Lepid.*, 36(144): 507~526. **SCI**.

Jin Qing *et* Wang Shuxia, 2009, *Euhyponomeuta* new to China, with description of a new species (Lepidoptera:Yponomeutidae). *Orientalis Insects*, 43:271~273. **SCI**.

Khalaim, A. I. & Sheng, M.-L. 2009. Review of Tersilochinae (Hymenoptera, Ichneumonidae) of China, with descriptions of four new species. *ZooKeys*, 14: 67~81. **SCI**.

Li Chuanren *et al.*, 2000, Descriptions of two new species of *Elasmucha* Stal (Hemiptera: Acanthosomatidae) from China. In: Zhang Yalin, 2000, Systematic and faunistic research on Chinese insects. Beijing: China Agricultural Press. 96~101.

Li Houhun *et* Zheng zhemin, 1998, A systematic study on the genus *Dendrophilia* Ponomarenko, 1993 from China (Lepidoptera: Gelechiidae). *SHILAP Revta. Lepid.*, 26(102): 101~111.

Li Houhun *et* Zheng Zhemin, 1998, Notes on *Hypatima* and *Homoshelas* (Lepidoptera: Gelechidae) from the mainland of China, with descriptions of new species. *Entomotaxonomis*, 20(2):143~149.

Li Houhun *et al.*, 2002, Five new species and one new record of the genus *Stathmopoda* Herrich-Schaffer from China (Lepidoptera: Oecophoridae: Stathmopodinae). *Acta Zootaxonomica Sinica*, 27(2): 330~337.

Li Houhun *et* Wang Shuxia, 2002, First record of the genus *Hieromantis* Meyrick from China, with a description of one new species (Lepidoptera: Oecophoridae, Stathmopodinae). *Acta Entomologica Sinica*, 45(4): 503~506.

Li Houhun *et* Wang Shuxia, 2004, A study of *Macrobathra* Meyrick from China (Lepidoptera: Cosmopterigidae). *Acta Zootaxonomica Sinica*, 29(1): 147~152.

Li Hou-Hun *et* Fan Xi-mie, 2007, Study on the genus *Swammerdamia* Hubner (Lepidoptera, Yponomeutidae) from China, with descriptions of two new species. *Acta Zootaxonomica Sinica*, 32(3): 556~560.

Li Houhun, Zhen Hui, Kendrick, R. C. & Sterling, M. J., 2010, Microlepidoptera of Hong Kong: Taxonomic study on the genus *Dichomeris* Hubner, 1818, with descriptions of three new species (Lrpidoptera: Gelechiidae). *SHILAP Revta. Lepid.*, 38(149):67~89. **SCI**.

Li Wei-Chen *et* Li Hou-Hun, 2007, A study of genus *Miyakea* Marumo (Lepidoptera, Crambidae, Crambinae) from China, with description of one new species. *Acta Zootaxonomica Sinica*, 32(3): 564~567.

Li Weichun & Li Houhun, 2008, Two new species of *Roxita* Bleszynski (Lepidoptera: Crambidae: Crambinae) from China. *Entomological News*, 119(5): 477~482. **SCI**.

Li Weihai *et* Yang Ding, 2007. New species of the genus *Mesonemoura* (Plecoptera: Nemouridae) from China. *Aquatic Insects* 29(3): 173~180. **SCI**.

Li Weihai *et* Yang Ding, 2007. Two new species of *Nemoura* (Plecoptera: Nemouridae) from Henan, China.

Zootaxa, 1511: 65~68. **SCI**.

Li Weihai *et* Yang Ding, 2008, Two new records of stonefly superfamily Nemouroidea (Plecoptera) from Henan, China. 《Classification and Distribution of Insects in China》, China Agricultural Science and Technology Press, 52~56.

Li Weihai, Wang Yunbing *et* Yang Ding, 2010. Synopsis of the genus *Paraleuctra* (Plecoptera: Leuctridae) from China. *Zootaxa*, 2350: 46~52. **SCI**.

Li X M, Li H H & Wang S X, 2002, Catalogue of Crambinae of China (Lepidoptera: Pyraloidea, Pyralidae). *SHILAP Revta. Lepid.*, 30(117): 49~70.

Li Zhendong *et al.*, 2001, A systematic study on the genus *Deltophora* Janse from China (Lepidoptera: Gelechiidae). *Acta Zootaxonomica Sinica*, 27(1): 129~135.

Li Zhu, Cui Weina, Zhang Tingting & Yang Ding, 2009, New species of Beridinae (Diptera: Stratiomyidae) from China. *Entomotaxonomia*, 31(3): 161~171.

Li Zhu, Zhang Tingting & Yang Ding, 2009, Eleven new species of Beridinae (Diptera: Stratiomyidae) from China. *Entomotaxonomia*, 31(3): 206~220.

Liu Guoqing *et* Wang Hongjian, 2001, Genus *Cheilocapsus* Kirkaldy of Mainland China (Insecta: Hemiptera: Miridae: Mirinae). *Reichenbachia*, 37: 61~65.

Liu Xingyue *et* Yang Ding, 2005, Notes on the genus *Neochauliodes* Weele (Megaloptera: Corydalidae) from Henan, China. *Entomological Science*, 8: 293~300. **SCI**.

Liu Xingyue, Yang Ding, *et al.*, 2005, Phylogenetic review of the Chinese species *Acanthacorydalis* (Megaloptera, Corydalidae). *Zoologica Scripta*, 34(4): 373~387. **SCI**.

Liu Xingyue *et* Yang Ding, 2006, The genus *Sialis* Latreille, 1802 (Megaloptera: Sialidae) in Palaearctic China, with description of a new species. *Entomological Fennica.* 17: 394~399. **SCI**.

Luo, Youqing & Sheng, Maoling, 2010, The species of Rhimphoctona (Xylophylax) (Hymenoptera: Ichneumonidae: Campopleginae) parasitizing woodborers in China. *Journal of Insect Science* 10(4): 1~9. **SCI**.

Lv Jinmei & Li Houhun, 2007, A systematic study of the genus *Matsumuraesea* Issiki from China (Lepidoptera: Tortricidae: Olethreutinae). *Zootaxa*, 1606: 59~68. **SCI**.

Malicky, H. 2000, Some new caddisflies from Sabah, Nepal, India and China. ***Braueria***, 27:32~39.

Niu Gengyun *et* Wei Meicai, 2008, Three new species of the genus *Tenthredo* Linnaeus (Hymenoptera, Tenthredinidae). *Acta Zootaxonomica Sinica*, 33(3): 514~519.

Ren Yingdang & Li Houhun, 2006, A taxonomic review of the genus *Etielloides* Shibuya (Lepidoptera: Pyralidae: Phycitinae) from China, with description of a new species. *Oriental Insects*, 40: 135~144. **SCI**.

Saigusa, H. *et* Yang Ding, 2002, Empididae from Funiu Mountains, Henan, China (I). *Study Diptera* 9:519~543.

Sheng Maoling, 2000, The *Lissonota* (Hymenoptera:Ichneumonidae) from North China. *Entomologie*, 70: 189~197.

Sheng Maoling *et al.*, 2001, Ichneumonidae parasitizing saeflies from China (Hymenoptera). *Entomofauna*, 22(21): 413~420.

Sheng Maoling *et al.*, 2001, *Picardiella* Lichtenstein (Hymenoptera: Ichneumonidae) from China. *Linzer Biol. Beitr*. 33(2): 1195~1198.

Sheng Maoling *et al.*, 2001, Two new species of family Ichneumonidae (Hymenoptera). *Entomologia Sinica*, 8(1): 25~29.

Sheng Maoling, 2002, The Genus *Dolichomitus* Smith (Hymenoptera:Ichneumonidae) from North China.

Linzer Biol. Beitr, 34(1): 475~483.

Sheng Maoling *et al*., 2004, Subgenus *Moerophora* Forster of genus *Xorides* Latreille from north China (Hymenoptera: Ichneumonidae: Xoridinae). *Linzer Biol. Beitr*., 36(2): 1055~1059.

Sheng Maoling, 2006, A new genus and species of Poemeniini (Hymenoptera: Ichneumonidae) from China. *Proc. Entomol. Soc. Wash.* 108(3): 651~654. **SCI**.

Sheng Maoling, *et al.*, 2008, Species of subgenus *Xorides* Latreille (Hymenoptera, Ichneumonidae) parasitizing wiidbores in palearctic part of China. *Entomologica Fennica*, 19: 86~93. **SCI**.

Song, Z. W., Xue, X. F. & Hong, X. Y. (2007) Four new species and a new name in the genus *Rhyncaphytoptus* Keifer (Acari: Eriophyoidea: Diptilomiopidae) from China. *Zootaxa*, 1520, 57~68. **SCI**.

Trankner, A., Li Houhun & Matthias Nuss, 2009, On the systematics of *Anania* Hübner, 1823 (Pyraloidea: Crambidae: Pyraustinae). *Nota lepid.* 32(1): 63~80.

Wang Mengqing, Yang Ding *et* P. Grootaert, 2007, Notes on the *Neurigona* Rondani (Diptera, Dolichopodidae) from China mainland. *Zootaxa*, 1388: 25~43. **SCI**.

Wang Mengqing *et* Yang Ding, 2008. Species of *Chrysotus* Meigen in Palaearctic China (Diptera: Dolichopodidae). *Entomologica Fennica* 19: 232~240. **SCI**.

Wang Shuang shuang *et* Li Houhun, 2005, A taxonomic study on *Eudotricha* Zeller (Lepidoptera, Pyralidae, Pyralinae) in China. *Insect Science*, 12: 297~305. **SCI**.

Wang Shuxia *et al*., 2000, A study on the genus *Promalactis* Meyrick (Lepidoptera: Oecophoridae) from China: five new species and two new record species. *Entomologia Sinica*, 7(4): 289~298.

Wang Shuxia *et* Zheng Zhemin, 2000, Two new Oecophorid moths from China (Lepidoptera: Oecophoridae). *Acta Zootaxonomica Sinica*, 25(4): 431~433.

Wang Shuxia *et al.*, 2000, Descriptions of three new oecophorid moths from China (Lepidoptera: Oecophoridae). *Acta Scientiarum Naturalium Universitatis Nankaiensis*, 33(3): 70~72.

Wang Shuxia, Li Houhun *et* Liu Youqiao, 2001, Nine new species and two new records of the genus Periacma Meyrick from China (Lepidoptera: Oecophoridae). *Acta Zootaxonomica Sinica*, 26(3): 266~277.

Wang Shuxia *et* Li Houhun, 2002, The genus *Deuterogonia* Rebel, 1901 from China (Lepidoptera: Oecophoridae). *SHILAP Revta. Lipid.*, 30(117): 5~8.

Wang Shuxia *et* Li Houhun, 2002, A systematic study of the genus *Depressaria* Haworth, 1811 from China (Lepidoptera: Depressariidae). *Acta Scientiarum Naturalium Universitatis Nankaiensis*, 35(3): 93~101.

Wang Shuxia, 2002, A study of *Cryptolechia* Zeller (Lepidoptera:Oecophoridae) in China (1), with descriptions of fifteen new species. *Entomologia Sinica*, 9(3): 195~213.

Wang Shuxia *et* Li Houhun, 2003, A systematic study of the genus *Ripeacma* (Lepidoptera, Oecophoridae) from China. *Acta Entomologica Sinica*, 46(1): 68~75.

Wang Shuxia, 2004, A systematic study of *Autosticha* Meyrick from China, with description of twenty-three new species (Lepidoptera, Autostichidae). *Acta Zootaxonomica Sinica*, 29(1): 38~62.

Wang Shuxia *et* Li Houhun, 2004, A study on the genus *Promalactis* from China: Description of fifteen new species (Lepidoptra: Oecophoridae). *Oriental Insect*, 38: 1~25. **SCI**.

Wang Shuxia and Li Houhun, 2004, A systematic study of *Eonympha* Meyrick in the world (Lepidoptera: Oecophoridae). *Acta Entomologica Sinica*, 47(1): 93~98.

Wang Shuxia *et* Li Houhun, 2005, The genus *Irepacma* (Lepidoptera, Oecophoridae) from China, checklist, key to the species and descriptions of new species. *Acta Zoologica Academiae Scientiarum Hungaricae*, 51(2): 125~133. **SCI**.

Wang Shuxia, 2006, The *Cryptolechia* Zeller (Lepidoptera, Oecophoridae) of China (III) checklist and descriptions of new species. *Zootaxa*, 1195: 1~28. **SCI**.

Wang Shuxia, 2006, The genus *Pedioxestis* (Lepidoptera: Oecophoridae) from China, with descriptions of three new species. *Zootaxa*, 1330: 51~58. **SCI**.

Wang Shuxia. and Li Houhun, 2006, Review of the genus *Periacma* Meyrick (Lepidoptera, Oecophoridae) from China, with descriptions of four new species, *Journal of Natural History*, 40(41~43): 2371~2393. **SCI**.

Wang Shuxia, Jin Qing, 2007, A new species and newly reported female of the genus *Promalactis* Meyrick (Lepidoptera: Oecophoridae) from China. *Entomotaxonomia*, 29(4): 287~289. **SCI**.

Wang Shuxia *et* Sun Yingling, 2008, Two new species of *Oedematopoda* Zeller (Lepidoptera: Oecophoridae: Stathmopodinae) from China. *Entomotaxonomia*, 30(1): 36~38.

Wang Shuxia, Kendrick, R. C. *et* Steriling, P., 2009, Microlepidoptera of Hong Kong: Oecophoridae: the genus *Promalactis* Meyrick. *Zootaxa*, 2239: 31~44. **SCI**.

Wang Xinhua *et al*., 1998, *Qiniella*, a new orthoclad genus from China (Diptera:Chironomaidae). *Hydrobiologia*. 362: 103~106.

Wang Xingjian *et* Chen Xiaolin, 2004, Descriptions of two new species of the genus Loxoneura Macquart (Diptera, Platystomatidae) from China. *Acta Zootaxonomica Sinica*, 29(3): 582~585.

Wang Xinpu, Li Houhun & Wang Shuxia, 2002, Catalogue of the genus *Archips* Hubner from China, with description of one new species (Lepidoptera: Tortricidae: Tortricinae). *Animal Science*, 131~134, Xi'an: Shaanxi Normal University Press.

Wang Xinpu, Li Houhun & Wang Shuxia, 2003, A study in the genus *Homonopsis* from China (Lepidoptera: Tortricidae: Tortricinae). *Acta Zoologica cracoviensia*, 46(4): 339~345.

Wang Xinpu & Li Houhun, 2007, Review of the genus *Synochoneura* Obraztsov, with the description of a new species from China (Lepidoptera: Tortricidae). *Zootaxa*, 1547: 51~57. **SCI**.

Wei Meicai, 2003, Review of the sawfly genus *Filixungulia* Wei and a description of a new species (Hymenoptera, Tenthredinidae, Allantinae). *Acta Zootaxonomica Sinica*, 28(4): 729~732.

Wei Meicai *et* Nie Haiyan, 2004, On the sawfly genus *Jinia* with description of a new species (Hymenoptera, Tenthredinidae, Allantinae). *Acta Zootaxonomica Sinica*, 29 (4): 781~785.

Wei Meicai *et* Nie Haiyan, 2005, A new genus of Allantini from China (Hymenoptera, Tenthredinidae, Allantinae). *Acta Zootaxonomica Sinica*, 30(1): 166~169.

Wei Meicai *et* Niu Gengyun, 2007, Two new species of Selandrinae from China (Hymenoptera, Tenthredinidae). *Acta Zootaxonomica Sinica*, 32(4): 775~777.

Wei Meicai *et* Niu Gengyun, 2008, Two new species of Pamphiliidae (Hymenoptera, Sioricomorpha) from China. *Acta Zootaxonomica Sinica*, 33(1): 57~60.

Wu Hong, Zheng Leyi *et* Xu Huachao, 2001, Three new species of the genus *Mycomya* in China (Diptera: Mycetophilidae). *Acta Zootaxo. Sinica*. 26(4): 569~572.

Xiao Hui *et* Huang Dawei, 2001, A revision of genus *Rhaphitelus* Walker from China (Hymenoptera: Pteromalidae). *Acta Zootaxonomica Sinica* 26(3): 342~345.

Xiao Yunli & Li Houhun, 2006, A review of the genus *Monopis* Hübner from China (Lepidoptera: Tineidae: Tineinae). *Deutsche Entomologische Zeitschrift*, 53(2):193~212. **SCI**.

Xiao Yunli & Li Houhun, 2009, *Eudarcia* (Lepidoptera: Tineidae) from China, with descriptions of two new species. *Oriental Insecta*, 43: 307~313. **SCI**.

Xiao Yunli & Li Houhun, 2009, New tineid genus *Maculisclerotica* gen. nov. and three new species from China (Lepidoptera, Tineidae, Meessiinae). *Acta Zootaxonomica Sinica*, 34(4): 769~776.

Xiao Yunli & Li Houhun, 2010, Taxonomic study of the genus *Nemapogon* Schrank from China (Lepidoptera:

Tineidae). *Zootaxa*, 2401: 41~51. **SCI**.

Xu Zaifu, He Junhua *et* Ma Yun, 2003, Taxonomic notes on Chinese members of the genus *Holepyris* Kieffer (Hymenoptera, Bethylidae). *Acta Zootaxonomica Sinics*, 28(2): 323~332.

Xue, X. F. & Hong, X. Y. (2005) A new genus and eight new species of Phyllocoptini (Acari: Eriophyidae: Phyllocoptinae) from China. *Zootaxa*, 1039, 1~17. **SCI**.

Xue, X. F. & Hong, X. Y. (2005) Five new species of Diptilomiopidae from China (Acari: Eriophyoidea). *Zootaxa*, 1055, 49~59. **SCI**.

Xue, X. F. & Hong, X. Y. (2005) Five new species of the genus *Tetra* Keifer (Acari: Eriophyoidea) from China. *Zootaxa*, 1067, 37~48. **SCI**.

Xue, X. F. & Hong, X. Y. (2005) A taxonomic study on the genus *Aculus* Keifer from China (Acari: Eriophyoidea: Eriophyidae) with a description of six new species. *Transactions of the American Entomological Society*, 131(3+4): 387~401. **SCI**.

Xue, X. F. & Hong, X. Y. (2006) Eriophyoid mite fauna from Henan Province, central China (Acari: Eriophyoidea) with descriptions of five new species. *Zootaxa*, 1204, 1~30. **SCI**.

Xue, X. F., Song, Z. W. & Hong, X. Y. (2006) Four new species of Diptilomiopinae from China (Acari: Eriophyoidea: Diptilomiopidae). *Zootaxa*, 1160, 57~68. **SCI**.

Xue, X. F., Song, Z. W. & Hong, X. Y. (2007) Five new species and a new record of the genus *Aculops* Keifer (Acari: Eriophyidae: Phyllocoptinae) from China. *Zootaxa*, 1391, 57~68. **SCI**.

Xue, X. F., Song, Z. W. & Hong, X. Y. (2007) Seven new species of the genus *Epitrimerus* Nalepa (Acari: Eriophyidae: Phyllocoptinae) from China. *Zootaxa*, 1406, 1~15. **SCI**.

Xue, X. F., Song, Z. W. & Hong, X. Y. (2007) Five new species of the genus *Tegolophus* Keifer (Acari: Eriophyidae: Phyllocoptinae: Anthocoptini) from China. *Zootaxa*, 1525, 19~30. **SCI**.

Xue, X. F., Song, Z. W. & Hong, X. Y. (2008) Eight new species of the genus *Aculus* Keifer (Acari: Eriophyidae) from China. *Zootaxa*, 1721, 35~52. **SCI**.

Yang Ding, 1996, Six new species of Dolichopodinae from China (Diptera:Dolichopodidae). ***Entomologie***, 66: 85~89.

Yang Ding, 1999, New and little known species of Dolichopodidae from China (IV). ***Entomologie*** 69: 197~214.

Yang Ding and Patrick Grootaert, 1999, New and little known species of Dolichopodidae from China (V). ***Entomologie***, 69: 215~232.

Yao Gang, Yang Ding & Evenhuis Neal. 2009. Four new species and a new record species of *Villa* Lioy, 1864 from China (Diptera: Bombyliidae). Zootaxa, 2055: 49~60. **SCI**.

You Ping, Li Hou-Hun* and Chen Ke-Lin, 2002, Catalogue of the Nymphulinae and Musotiminae of China (Lepidoptera: Crambidae). *Fauna of China*, 4: 37~64.

You Ping, Li Houhun *et* Wang Shuxia, 2003, A study oh the genus *Nymphicula* Snellen, 1880 (Lepidoptera: Crambidae: Nymphulinae) from China, with description of one new species. *Entomotaxonomia*, 26(1): 67~72.

You Ping, Wang Shuxia *et* Li Houhun, 2003, Genus *Paracymoriza* Warren from China (Lepidoptera, Crambidae, Nymphulinae). *Aquatic Insects*, 25(3): 211~217. **SCI**.

Yu Haili *et* Li Houhun, 2001, A Taxonomic study on the genus *Thhecobathra* Meyrick, 1922 from China. *SHILAP Revta. Lepid.*, 29(114): 115~120.

Yu Haili and Li Houhun, 2002, Two new species of *Niphonympha* Meyrick from China (Insecta:Lepidoptera: Yponomeutidae). ***Reichinbachia Mus. Tierkde. Dresden*** 34, Nr.45.

Yu Haili & Li Houhun, 2004, Three new species of *Prays* Hubner, 1825 from China (Lepidoptera:

Yponomeutidae). *SHILAP Revta. Lepid.*, 32(125): 13~18.

Yu Haili *et* Li Houhun, 2006, A study on the genus *Phaecasiophora* Grote (Lepidoptera, Tortricidae, Olethreutinae) from the Mainland of China, with descriptions of five new species. *Entomologica Fennica.* 17: 34~45. **SCI**.

Yu Haili *et* Li Houhun, 2006, A review of the genus *Pseudohedya* Falkovitch from China, with description of two new species (Lepidoptera: Tortricidae: Plethreutinae). *Acta Entomologica Sinica*, 49(4): 664~670.

Yuan Gaixia, Zhang Li *et* Wang Shuxia, 2008, Review of the genus *Acria* Meyrick (Lepidoptera, Elachistidae) from China. *Acta Zootaxonomica Sinica*, 33(4): 685~690.

Zhang Aihuan *et* Li Houhun, 2004, A taxonomic study on the genus *Rhopalovalva* Kuznetzov, 1964 from China (Lepidoptera, Tortricidae, Olethreutinae). ***Nota Lepidopterologica*,** 27(2/3): 239~243.

Zhang Aihuan *et* Li Houhun, 2004, Taxonomic study on the genus *Antichlidas* (Lepidoptera: Tortricidae: Olethreutinae), with description of a new species. *Entomotaxonomia*, 26(3): 193~196.

Zhang Aihuan *et* Li Houhun, 2004, A systematic study on *Gibberifera* Obraztsov, 1946 from China (Lepidoptera: Tortricidae: Olethreutinae). *SHILAP Revista Lepid.*, 32(128): 289~295.

Zhang Aihuan, Li Houhun *et* Wang Shuxia, 2005, Study on the genus *Rhopobota* Lederer from China (Lepidoptera, Tortricidae, Olethreutinae). *Entomologica Fennica*, 16: 273~286. **SCI**.

Zhang Aihuan *et* Li Houhun, 2005, A systematic study on the genus *Pseudacroclita* Oku (Lepidoptera: Tortricidae: Olethreutinae). *Acta Entomologica Sinica*, 48(3): 396~400.

Zhang Aihuan *et* Li Houhun, 2005, A taxonomic study on the genus *Eucoenogenes* (Lepidoptera, Tortricidae, Olethreutinae) from China. *Entomotaxonomia*, 27(2): 125~130.

Zhang Aihuan *et* Li Houhun, 2005, Catalogue of Rucosmini from China (Lepidoptera: Tortricidae). *SHILAP Revista Lepid.*, 33(131): 265~298.

Zhang Aihuan & Li Houhun, 2006, A new genus and four new species of Eucosmini (Lepidoptera: Tortricidae: Olethreutinae) from China. *Oriental Insects*, 40: 145~152. **SCI**.

Zhang Dandan, Li Houhun & Wang Shuxia, 2002, A study on the genus *Paranomis*, with description of one new species (Lepidoptera: Crambidae: Pyraudtinae). Animal Science, 131~134, Xi'an: Shaanxi Normal University Press.

Zhang Dandan, Li Houhun & Wang Shuxia, 2004, Areview of *Ecpyrrhorrhoe* Hübner (Lrpidoptera: Crambidae: Pyraustinae) from China, with descriptions of new species. *Orienral Insects*, 38: 315~325. **SCI**.

Zhang Dandan *et* Li Houhun, 2005, A taxonomic study on *Palpita* Hubner from China (Lepidoptera: Crambidae, Pyraustinae, Spilomelini). *Acta Zootaxonomica Sinica*, 30(1): 144~149.

Zhang Junhua *et* Yang Ding, 2005, Review of the subgenus *Scatella* Rpbineau-Desvoidy, 1830 from China (Diptera: Ephydridae). *Zootaxa*, 931: 1~11. **SCI**.

Zhang Junhua *et* Yang Ding, 2006, Review of the species of the genus *Ochthera* from China (Diptera: Ephydridae). *Zootaxa*, 1206: 1~22. **SCI**.

Zhang Lili *et* Yang Ding, 2005, A study on the phylogeny of Dolichopodinae from the Palaearctic and Oriental Realms, with descriptions of three new genera (Diptera, Dolichopodidae). *Acta Zootaxonomica Sinica*, 30(1): 180~190.

Zhang Xu *et* Wang Shu-Xia, 2006, Systematic study of the genus *Kennelia* Rebel from China (Lepidoptera, Tortreicidae, Olethreutinae). *Acta Zootaxonomica Sinica*, 31(3): 613~616.

Zhang Xu *et* Wang Shuxia, 2006, A study of the genus *Semnostola* Diakonoff from China with the description of a new species (Lepidoptera: Tortricidae: Olethreutinae). *Zootaxa*, 1283: 37~45. **SCI**.

Zhang Xu *et* Wang Shu-Xia, 2007, A study of the genus *Sillybiphora* Kuznetsov (Lepidoptera, Tortricidae,

Olethreutinae). *Acta Zootexonomica Sinica*, 32(3): 561~563.

Zhang Xu & Li Houhun, 2007, A study on *Neoanathamna* Kawabe (Lepidoptera: Tortricidae: Olethreutinae) from China. *Oriental Insecta*, 41: 293~330. **SCI**.

Zhang Xu & Li Houhun, 2008, Review of the Chinese species of *Eupoecilia* Stephens (Lepidoptera: Tortricidae: Cochylini). *Zootaxa*, 1692: 55~68. **SCI**.

Zhang Xu, Li Houhun *et al*., 2008, Review of the genus Ancylis Hubner rom China (Lepidopters: Tortricidae: Olethreucinae). Journal of Natural History, 42(27~28): 1805~1839. SCI.

Zhang Zhiwei & Li Houhun, 2009, Taxonomic study of the genus *Ashibusa* Matsumura (Lepidoptera, Cosmopterigidae), with description of six new species in China. *Deutsche Entomologische Zeitschrift*, 56(2): 335~343. **SCI**.

Zhang Zhiwei & Li Houhun, 2010, The genus *Pancalia* Stephens (Lepidoptera: Cosmopterigidae) of China, with description of a new species. *Entomologica Fennica*, 20: 268~274. **SCI**.

Zhen Hui & Li Houhun, 2009, A review of *Pseudohypatopa* Sinev (Lepidoptera: Coleophoridae: Blastobasinae: Holcocerini), with description of two new species. *Entomologica Fennica*, 19: 241~247. **SCI**.

Zhou changfa *et* Zheng Leyi, 2004, A preliminary study on the genus *Caenis* (Ephemeroptera: Caenidae) from Chinese mainland, with description of a new species. *Entomotaxonomia*, 26 (1): 1~7.

Zhu Yajun, Yang Ding *et* K Masunaga, 2006, A new species of *Hydrophorus* (Diptera: Dolichopodidae), with a key to species from China. *Emtomological News*, 117(2): 253~256. **SCI**.

(2) 研究生毕业论文。

张保石，2007，河南省蜘蛛分类区系研究。河北大学博士论文。
导师：宋大祥院士，朱明生教授

王 俊，2004，河南省叶蝉分类区系研究。安徽农业大学硕士论文。
导师：蔡平教授

郭振超，2006，河南省鸡公山及伏牛山蚂蚁分类和区系研究。广西师范大学硕士论文。
导师：周善义教授

孙 浩，2007，河南省舟蛾科昆虫的物种多样性及分布格局研究。郑州大学硕士论文。
导师：申效诚教授

赵华东，2008，河南省灯蛾科昆虫物种多样性和分布格局研究。郑州大学硕士论文。
导师：申效诚教授

王俊潮，2008，河南省食蚜蝇科昆虫区系及分布格局。郑州大学本科生优秀论文。
指导教师：张书杰讲师

马晓静，2010，河南省螟蛾总科系统分类及生物地理学研究。郑州大学硕士论文。

(3) 考察报告论文集：共六卷，1994~2008 年，中国农业科学技术出版社出版。

《河南昆虫分类区系研究 第一卷》申效诚，时振亚主编。

这是开展河南昆虫区系研究尝试创办系列出版物的首卷。共编入包括杨集昆先生在内的 20 余位作者的 16 篇论文，报道产于河南的昆虫新种 9 个，中国、河南昆虫新记录种 41 个及河南昆虫名录补遗 167 种，还系统整理报道了世界烟草害虫种类，河南跳小蜂科及猎蝽科种类。

《河南昆虫分类区系研究 第二卷 伏牛山区昆虫》申效诚，时振亚主编。

该书是 1996 年由国内 30 多位分类学家参加的河南省昆虫考察队在伏牛山北坡考察的报告，共 84 篇论文。全书分三部分，第一部分是昆虫新种描述，包括蝽目、螳螂目、直翅目、蜉蝣目、缨翅目、半翅目、同翅目、蛇蛉目、长翅目、毛翅目、膜翅目、双翅目等共 215 个新种和 3 个新属；第二部分是各类群的考察报告，共计 25 个目 223 个科 973 个属 1583 种，其中，中国新记录属 7 个，中国新记录种 48 个，河南新记录目 3 个，河南新记录科 83 个，河南新记录属 444 个，河南新记录种 688 个；第三部分是河南昆虫名录补遗 173 种。

《河南昆虫分类区系研究　第三卷　鸡公山区昆虫》申效诚，邓桂芬主编。

该书是 1997 年由国内 30 多位分类学家参加的河南省昆虫考察队在鸡公山考察的报告，共 31 篇论文。全书分三部分，第一部分是昆虫新种描述，包括蛸目、缨翅目、同翅目、长翅目、鞘翅目、膜翅目、双翅目等共 24 个新种；第二部分是各类群的考察报告，共计 9 个目 78 个科 484 个属 656 种，其中，中国新记录属 1 个，中国新记录种 8 个，河南新记录科 6 个，河南新记录属 111 个，河南新记录种 232 个；第三部分是河南昆虫名录补遗 34 种。

《河南昆虫分类区系研究　第四卷　伏牛山南坡及大别山区昆虫》申效诚，裴海潮主编。

该书是 1998~1999 年由国内 40 多位分类学家参加的河南省昆虫考察队在伏牛山南坡和大别山区考察的报告，共 65 篇论文。全书分三部分，第一部分是昆虫新种描述，包括蛸目、直翅目、同翅目、鳞翅目、鞘翅目、膜翅目、双翅目等共 188 个新种和 4 个新属；第二部分是各类群的考察报告，共计 11 个目 112 个科 954 个属 1605 种，其中，中国新记录属 12 个，中国新记录种 39 个，河南新记录科 23 个，河南新记录属 305 个，河南新记录种 523 个；第三部分是河南昆虫名录补遗 59 种。16 开，660 千字，415 页，平装。

《河南昆虫分类区系研究　第五卷　太行山及桐柏山区昆虫》申效诚，赵永谦主编。

该书是河南省 2000~2002 年昆虫考察报告，共 72 篇论文。第一部分是新种描述，共有蛸目、同翅目、鳞翅目、双翅目、膜翅目的 192 个新种和 3 个新属；第二部分是考察报告，包括 9 目 76 科 805 属 1452 种，其中有中国新记录属 13 个，中国新记录种 42 个，河南新记录科 4 个，河南新记录属 180 个，河南新记录种 372 个；第三部分是河南昆虫名录补遗，共有 201 种。16 开，450 页，690 千字，平装。

《河南昆虫分类区系研究　第六卷　宝天曼自然保护区昆虫》申效诚，鲁传涛主编。

该书是河南省 2003~2006 年昆虫考察报告，共 39 篇论文。第一部分是新种描述和新种纪录，共有缨翅目、半翅目、广翅目、脉翅目、长翅目、鳞翅目、双翅目、膜翅目、蜱螨目的 154 个新种和 5 个新属；第二部分是考察报告，包括 7 目 102 科 738 属 1569 种，其中有中国新记录属 1 个，中国新记录种 3 个，河南新记录科 7 个，河南新记录属 153 个，河南新记录种 464 个；第三部分是昆虫区系组成及区系分析；第四部分是河南昆虫名录补遗，共有 177 种。16 开，431 页，600 千字，平装。

(四) 河南昆虫志系列

为了系统整理与报道河南昆虫资源状况，1996 年河南昆虫学会除决定开展考察外，还决定出版《河南昆虫志》。1997 年和 1999 年河南省昆虫学会出版了两卷昆虫志。2007 年，王治国先生出版了两卷。2009 年由河南省植物保护学会和河南省农业科学院植物保护研究所联合计划出版 10 卷，共计 14 卷。按时间顺序，各卷内容如下。

《河南昆虫志　鳞翅目　蝶类》王治国，牛瑶，陈棣华主编，1998，河南科学技术出版社。

记载河南蝶类 10 科 147 属 274 种，包括河南新记录种 41 种。系统介绍每种的中文名、学名、形态特征、生活习性、分布等，编排了分科、分属、分种检索表，有 84 幅翅脉图和 250 种雄外生殖器图，有标本彩图 837 幅。

《河南昆虫志　鞘翅目(一)》祝长清，朱东明，尹新明主编，1999，河南科学技术出版社。

该卷记述河南鞘翅目昆虫 30 科 266 属 528 种，其中，86 种为河南新记录，1 种为我国 II 级重点保护野生动物。有特征图 284 幅，彩色图 438 幅。16 开，414 页，700 千字，纸面圆脊精装，护封。

《河南蜻蜓志 蜻蜓目》王治国 编著，2007，河南科学技术出版社。

该卷是我国大陆地区第一部有原大彩色照片的地方蜻蜓志。共记述河南6总科15科61属96种蜻蜓。书中有463幅形态特征图，有彩版43个，彩图294幅。16开，189页，290千字，纸面平脊精装。

《河南直翅类昆虫志 螳螂目 蜚蠊目 等翅目 直翅目 蛸目 革翅目》王治国，张秀江主编，2007，河南科学技术出版社。

该卷记述河南直翅类昆虫6目41科150属320种。各目分概述和分类两部分，重点介绍每种的形态特征、生物学特性和分布，有分总科、科、属、种检索表。有精致的特征图1000余幅。16开，556页，767千字，纸面平脊精装。

《河南昆虫志 鳞翅目 螟蛾总科》李后魂，任应党编著，2009，科学出版社。

该卷介绍了螟蛾总科最新分类系统。根据实际标本记述了河南螟蛾总科昆虫2科12亚科146属277种，其中包括不少近期在国内外发表的新类群。书中编写了各级阶元的分类检索表，每个物种均包括详细的文献引证和成虫外部形态及外生殖器的描述。提供了成虫彩色照片和雌雄外生殖器照片共96个图版。16开，700千字，布面圆脊精装。

《河南昆虫志 双翅目 舞虻总科》杨定，王孟卿，朱雅君，张莉莉著，2010，科学出版社。

舞虻总科隶属于双翅目短角亚目，在系统演化上是虻类中最进化的类群。它们绝大多数是捕食性昆虫，是农作物、果树、林木及卫生害虫的天敌，对害虫起着一定的控制作用。该类群种类繁多、个体数量大、食性广、捕食能力强，为有益的天敌昆虫资源。该卷分为总论和各论两大部分，总论部分包括研究简史、形态特征、分类与系统发育、生物学及经济意义。各论部分系统记述了河南舞虻总科2科17亚科49属183种，其中包括22新种，编写科、亚科、属、种检索表，插图263幅。16开，750千字，布面圆脊精装。

《河南昆虫志 鳞翅目 刺蛾科 枯叶蛾科 舟蛾科 毒蛾科 灯蛾科 鹿蛾科》武春生，方承莱编著，2010，科学出版社。

该卷共记述刺蛾科26属43种、枯叶蛾科18属28种、舟蛾科9亚科60属110种、灯蛾科3亚科31属86种、毒蛾科2亚科16属50种及鹿蛾科2属10种。每一科都包括概论和各论两大部分。概论简述科的形态特征和生物学特性。各论中有分属和分种检索表，每一种都有文献引证、分布和形态描述。附有特征图和雌、雄外生殖器解剖图等插图248幅，成虫彩色照片326幅。16开，750千字，布面圆脊精装。

《河南昆虫志 膜翅目 姬蜂科》盛茂领，孙淑萍编著，2009，科学出版社。

该卷记述河南姬蜂科昆虫21亚科123属210种，其中新种25种，中国新记录属2属，中国新记录种19种，河南新记录属20属，河南新记录种31种。各阶元附有检索表。书末提供了姬蜂科主要参考文献，英文摘要，中文名及学名索引，177幅彩色照片。16开，500千字，布面圆脊精装。

《河南蜘蛛志》朱明生，张保石编著，2011，科学出版社。

该卷共记载河南蜘蛛31科161属363种。在总论中对蜘蛛的形态特征、生物学特性、分类系统以及在河南的分布情况作了介绍。各论中包括对属和种的形态特征、生物学特征和地理分布等的较详细记述以及分属、分种检索表。全书共有分类特征插图378幅。16开，700千字，布面圆脊精装。

此外，尚有4卷正在出版中。

(五) 河南昆虫区系现状

新中国成立60年来，河南昆虫区系分类工作从无到有，从小到大，从弱到强，经历了曲折和艰难，取得了长足的进步，彻底改变了河南“昆虫资源贫乏”的局面，跨入了昆虫资源大省行列。对照1994年提出的建议和目标，已逐步实现并超额完成。主要标志是：

(1) 全省重点测报站和各林场，建立了昆虫标本室，高校和科研单位的标本室也得到充实和加强，全国各地标本馆藏中，河南标本增加。

(2) 以昆虫分类学博士为核心的专业队伍已经形成，单林娜(师从杨莲芳教授)、牛瑶(师从郑哲民教授)、任应党(师从李后魂教授)、崔建新(师从彩万志教授)、李卫海(师从杨定教授)、梅象信(师从徐正会教授)、薛国喜(师从张雅林教授)等已先后学成到岗工作。

(3) 成功地邀请了众多昆虫分类学家来河南合作考察研究，实现了双赢。这种工作模式得到国内同行的普遍认可和高度评价。

(4) 创办了《河南昆虫分类区系研究》和《河南昆虫志》两个系列出版物，能够迅速、全面、系统地反映河南昆虫区系工作的新进展。

(5) 野外昆虫考察基地正在陆续建成。

(6) 河南省昆虫资源重点实验室的建立正在逐步落实。

(7) 目前全省昆虫物种(包括蜘蛛和蜱螨在内)总数为 32 目 580 科 4198 属 9272 种，比 1993 年的 29 目 372 科 2133 属 3850 种增加 1.41 倍。共发现昆虫新种 986 种，建立昆虫新属 17 个；发现中国新记录属 45 个，中国新记录种 200 个；发现河南新记录目 3 个，河南新记录科 200 个，河南新记录属近 2000 个，河南新记录种 4000 多个。该项研究的阶段性成果于 2002 年获河南省科技进步一等奖。

1) 共建立昆虫新属 17 个：

竖角蝉属 *Erecticornia* Yuan *et* Tian, 1997

模式种：栗翅竖角蝉 *Erecticornia castanopinnae* Yuan *et* Tian, 1997　嵩县白云山

管茎叶蝉属 *Fistulatus* Zhang, Zhang *et* Chen, 1997

模式种：中华管茎叶蝉 *Fistulatus sinensis* Zhang, Zhang *et* Chen, 1997　嵩县白云山

豫蛇蛉亚属 *Yuraphidia* Yang, 1998

双千豫蛇蛉 *Raphidia* (*Yuraphidia*) *duomilia* Yang, 1998　栾川龙峪湾

秦摇蚊属 *Qiniella* Wang *et* Seather, 1998

模式种：李氏秦摇蚊 *Qiniella lii* Wang *et* Seather, 1998　嵩县白云山

异颚叶蜂属 *Paraneugmenus* Wei *et* Nie, 1999

模式种：方角异颚叶蜂 *Aneugmenus mandibularis* Wei, 1997　陕西秦岭，西峡老界岭

三节长茎蜂属 *Trixiphidia* Wei, 1999

模式种：双色三节长颈蜂 *Trixiphidia bicoloricornis* Wei, 1999　内乡宝天曼

大长茎蜂属 *Megaxiphia* Wei, 1999

模式种：斑胸大长颈蜂 *Megaxiphia maculata* Wei, 1999　内乡宝天曼

合脊长茎蜂属 *Carinoxiphia* Wei, 1999

模式种：白角合脊长颈蜂 *Carinoxiphia albicornis* Wei, 1999　内乡宝天曼

镰瓣叶蜂属 *Curvatapenis* Wei, 2002

模式种：棕褐镰瓣叶蜂 *Chrvatapenis testaceous* wei, 2002　嵩县白云山

毛颜寡长足虻属 *Setihercostomus* Zhang *et* Yang, 2005

模式种：*Hercostomus zonalis* Yang, Yang *et* Li, 1998　栾川龙峪湾

准长毛长足虻属 *Ahypophyllus* Zhang *et* Yang, 2005

模式种：*Hypophyllus sinensis* Yang, 1996　栾川龙峪湾

申氏叶蜂属 *Shenia* Wei *et* Nie, 2005

模式种：红环申氏叶蜂 *Shenia rufocincta* Wei *et* Nie, 2005　嵩县白云山

网翅叶蝉属 *Reticulum* Dai, Li *et* Chen, 2006

模式种：横带网翅叶蝉 *Reticulum transvittatum* Dai, Li *et* Chen, 2006

长节姬蜂属 *Dolichotrochanter* Sheng, 2006

模式种：奇长节姬蜂 *Dolichotrochanter peculiaris* Sheng, 2006　陕县甘山

强脊细蜂属 *Carinaserphus* He *et* Xu, 2007

模式种：中华强脊细蜂 *Carinaserphus sinensis* He *et* Xu, 2007　栾川龙峪湾

申氏项蜂属 *Shenoxiphia* Wei *et* Niu, 2007

模式种：条斑申氏项蜂 *Shenoxiphia striata* Wei *et* Niu, 2007

异节茎蜂属 *Heterojanus* Wei *et* Shen, 2010

模式种：木兰异节茎蜂 *Heterojanus magnoliae* Wei *et* Shen, 2010

2) 发现昆虫新种 986 种，比改革开放的前 15 年 77 种增长 10 多倍。这 1063 个以河南作为模式产地的种类均在本书第四章名录中注明。

3) 各目的科属种数前后对比如表 2-1 所示，各个历史时期的昆虫资源如图 2-2 所示。

表 2-1　河南已知昆虫资源状况

目名	1993 年			2012 年		
	科数	属数	种数	科数	属数	种数
原尾纲	1	1	1	4	9	13
弹尾纲	2	2	2	7	15	21
双尾纲	0	0	0	2	2	4
石蛃目	0	0	0	1	3	3
衣鱼目	1	1	1	1	1	1
蜉蝣目	1	1	1	7	13	18
蜻蜓目	13	59	102	15	61	97
襀翅目	1	1	1	5	16	40
蜚蠊目	3	5	8	4	8	12
等翅目	2	5	17	2	6	21
螳螂目	1	5	11	4	8	18
革翅目	3	4	6	3	5	9
直翅目	7	79	146	27	117	247
蛸目	2	4	6	2	10	21
蝎目	2	2	3	3	4	14

续表

目名	1993年			2012年		
	科数	属数	种数	科数	属数	种数
食毛目	3	8	10	4	32	64
虱目	5	5	9	5	5	9
缨翅目	3	10	18	3	39	76
半翅目	51	324	508	87	573	1128
广翅目	1	1	1	2	4	12
蛇蛉目	0	0	0	2	3	3
脉翅目	6	10	20	7	24	41
鞘翅目	53	422	768	67	564	1094
捻翅目	1	1	1	1	2	2
长翅目	2	3	4	2	3	10
双翅目	36	169	350	54	391	994
蚤目	5	9	9	4	9	10
毛翅目	2	3	7	16	35	67
鳞翅目	56	632	1101	68	1324	2969
膜翅目	51	205	392	56	541	1479
蜘蛛目	30	94	231	40	180	414
蜱螨目	28	68	116	75	193	361
合计	372	2133	3850	580	4198	9272

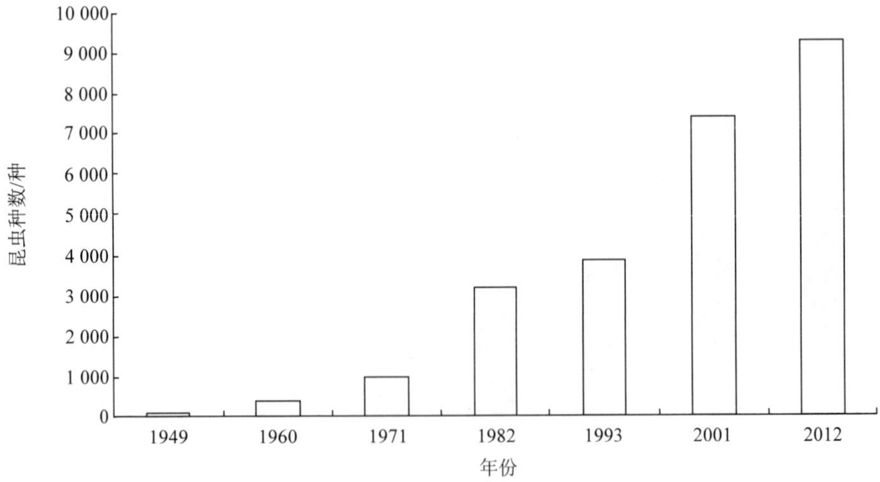

图 2-2 河南不同历史时期的昆虫资源状况

第三章　河南昆虫区系分析及地理区划

Chapter 3　Insect Fauna Analysis and Geographical Division of Henan

第一节　研 究 方 法

一、昆虫区系成分判别的原则

马世骏早在1959年就提出中国昆虫有古北成分、东洋成分、广布成分和中国-喜马拉雅4种区系成分，而且中国-喜马拉雅，即东亚成分是分布最广的区系成分，并在地理区划中，考虑到要把这一成分作为一个独立的整体予以安排。这个观点为不少学者接受(杨星科，1997；2000；2005；陈学新，1997；魏美才，1997)，但一直未受到广泛的重视。章士美先生的《中国农林昆虫地理分布》一书是中国昆虫地理方面的重要著作，影响力深远，书中详细描述了2005种主要农林昆虫的分布状况，并确定其区系性质，东洋种747种，古北种641种，广布种617种，东亚种类没有独立单列，而被分在前3种成分中。这虽然没有否定东亚种类的存在，但"屏蔽"掉了东亚成分的特征和价值；同样，这些"混"在古北种、东洋种或广布种里的"冒牌"种类也干扰了古北、东洋、广布种的分布规律，使得"东洋不洋，古北不北，广布不广"。这种分析方法至今仍在沿用。实际上章士美先生列举的这2005种分布较广、比较常见的农林昆虫的区系成分是，东洋种673种，古北种583种，广布种266种，东亚种483种。

中国的生物多样性为世人瞩目，任何有价值的多样性排序，中国(或喜马拉雅)都会赫然居前，如Myers(1998)确定的25个"热点地区"(hot spot)中，东喜马拉雅排在第10位；在称为"多样性特别丰富中心"(megadiversity center)的26个国家中，中国位居第3；在Barthlott等(1996)描绘的10个"多样带(diversity zone)"中，东喜马拉雅-云南中心位居第4。中国生物物种丰富，既不能归因于"地跨古北、东洋两界"，又不能归因于"宽阔的过渡带"，而是由于中国有一个特殊的物种起源、发生、分化、扩散中心，它孕育了中国大量的特有物种。例如，本书作者统计，世界27 000多种夜蛾中，东洋种类6000种，分布到中国的只有900多种，不足1/6，近2000种古北种类，分布到中国的不到700种，占1/3强。中国虽然地跨古北、东洋两区，但不是典型的古北区和典型的东洋区，扩散到中国的1600种古北、东洋种类占不到中国夜蛾3751种的45%，还有1900多种"土生土长"的东亚成分才是中国夜蛾区系的闪光之处。越是地方的，越是世界的。世人感兴趣的正是这些地方特有种类。它的起源与演化进程、扩散方式与途径、分布格局等对世人都具有极大吸引力。完美地破解它的密码是中国昆虫学人的职责与荣幸。我们必须投入极大的精力维护与提高东亚成分的整体性与独立性。

对一个物种区系性质的判别不是容易的事，如果能彻底了解其系统发育过程，自是非常幸运，但要求对每个昆虫物种都了解其系统发育过程，绝不是一个指日可待的事情。根据目前的分布状况判别区系性质，杨星科(2005)提出的几条标准是一个简便的、极具可操作性的方法，能够解决绝大部分物种性质的判别，在还没有更新的判别方法发表之前，我们采用杨星科教授提出的区系判别的原则。

(1) 广布种：跨古北、东洋两界或更大范围的种类；

(2) 古北种：典型古北界范围内或全北界范围内的种类；

(3) 东洋种：典型东洋界范围内分布的种类；

(4) 东亚种：分布于中国东部、南部及朝鲜半岛、日本的种类，不向北分布到西伯利亚等典型古北界，也不向南分布到越南等典型东洋界。根据其分布范围的大小，再分为中日种类、中国种类。

诚然，随着区系调查的深入，物种的分布会不断扩大，如今年河南发现一个新种，明年会在周边省份或更远的省份出现，以后又会在朝鲜或日本发现，能在俄罗斯或东南亚发现的概率会更小，这会使这个物种的区系性质发生变化，但又会有新的物种出现，这似乎是一个动态的平衡。

二、基础地理单元的划分

从事昆虫地理研究，必须把昆虫学家的分布资料转化为地理信息。确定合适的基础地理单元是保证充分承载和利用分布信息的关键。分布信息的记载多以行政区域为载体，直接利用行政区域作基础单元，虽然资料容易转化，但分析结果显然削弱，甚至掩盖了生态因素的效应。用经纬度或地理距离进行栅格化处理，必须有与之匹配的分布资料或与之适应的区系调查计划，将受到人力、财力、时间上的限制。俄罗斯的学者和中国学者张荣祖将全国划分为数十个“景观区”，是值得推荐的好办法，但“景观区”数量的多少要与分布资料及分析方法相适应。

河南昆虫分布记载虽然以县为单位，但县县之间调查深度很不平衡。本节将分别按行政区域和生态区域同时进行，并予以比较。行政区域按地级市为基础单元，除鹤壁市资料薄弱并入安阳外，共 17 个。生态区域按地势和气候条件，参考第一章河南自然条件区划方案，分为 11 个基础地理单元(图 3-1)。

(1) 太行山区：河南境内的太行山、云台山、王屋山和鳌背山。包括安阳市的林州、新乡市的辉县、焦作市的北部、济源市。

(2) 豫北平原：黄河以北的平原地区。包括濮阳市、安阳市(除林州)、新乡市(除辉县)、焦作市的中南部。

(3) 豫西丘陵台地河谷：黄河以南、伏牛山地以北的浅山丘陵、黄土台地及河谷平地。包括三门峡市(除卢氏)、洛阳市(除栾川、嵩县)、郑州市的登封和巩义、平顶山市的汝州。

(4) 豫东平原：黄河以南的沿黄平原。包括郑州市(除登封、巩义)、开封市、商丘市、许昌市、平顶山市的郏县和宝丰。

(5) 伏北山区：伏牛山脉的北坡山地。包括卢氏、栾川、嵩县、鲁山等县。

(6) 淮河平原：豫东平原以南、淮河主干流以北的平原。包括周口市、驻马店市(除泌阳)、漯河市、平顶山市的叶县和舞钢。

(7) 伏南山区：伏牛山脉的南坡山地。包括南阳市的西峡、内乡、南召、淅川等县。

(8) 南阳盆地：伏牛山以南的盆地平原地带。包括南阳市的邓州、镇平、新野、唐河、社旗、方城、卧龙区、宛城区。

(9) 桐柏山区：河南境内的桐柏山地。包括南阳市的桐柏县、驻马店市的泌阳县、信阳市的信阳县西部。

(10) 淮南平原：大别山以北、淮河主干流以南的平原。包括信阳市的固始、淮滨、潢川、光山、息县以及罗山县、信阳县的北部。

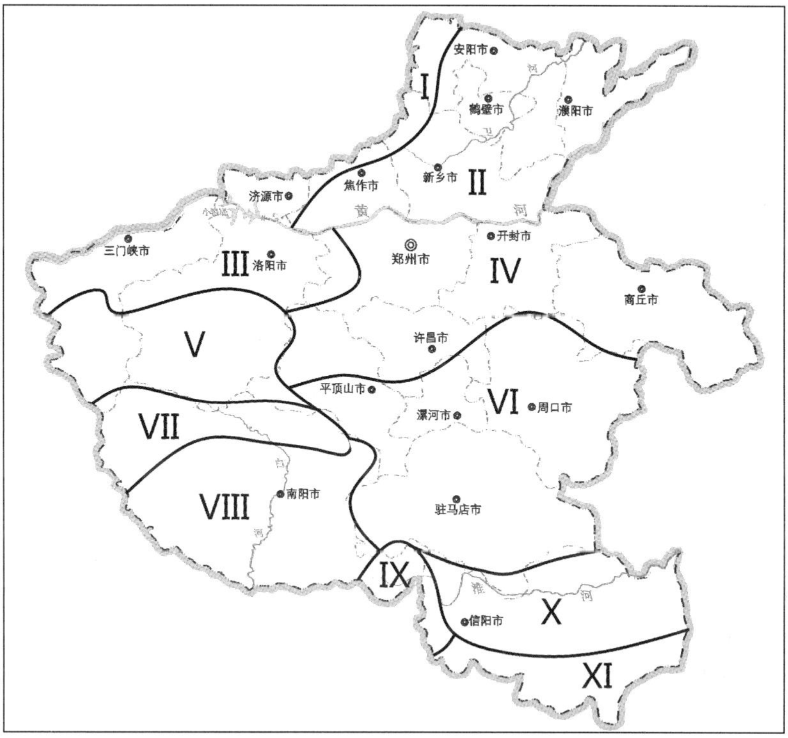

图 3-1 河南省基础地理单元的划分

(11) 大别山区：河南境内的大别山地。包括信阳县南部、罗山县南部、新县、商城。各地理单元和第一章各自然条件区划对应关系如表 3-1。

表 3-1 河南昆虫的基础地理单元和自然条件区划的对应关系

地理单元	地层	地貌	气候	水文	土壤	植被	动物	自然	内含保护区
太行山区	I-1	VI	VIII	II-3	I-5	I-2N	I	VII	G4
豫北平原	I-31	I-4a	VII	II-4N	I-2N	I-1N	IVN	IN	G7
豫西山区	I-2N	V	IIIN	II-1	I-1S	I-2C	II	VI	G6 S9 S11
豫东平原	I-32N	I-4bc	VI	II-4S	I-2S	I-1C	IVC	IS	G7
伏北山区	I-2S	IVN	IIIS	I-2N	I-6	I-2S	III	VN	G5 S1 S2 S3 S8
淮河平原	I-32S	I-5	V	I-3	I-3	I-1S	IVS	II	S13
伏南山区	II-11	IVS	IIN	I-2S	II-3	II-2N	V	VS	G1 G5 S4 S15
南阳盆地	II-12	II	IIS	I-4	II-2	II-2S	VI	III	G8 S5 S14
桐柏山区	II-3	III-2	IW	I-1W	II-4W	II-1W	VIIW	IVW	S10
淮南平原	II-13	I-3	IN	I-1N	II-1	II-1N	VIII	IVN	S12 S16
大别山区	II-3	III-1	IS	I-1S	II-4	II-1S	VIIE	IVS	G2 G3 S6 S7 S17

注：表内后缀字母 N. 北部；S. 南部；W. 西部；E. 东部；前缀字母：G. 国家级；S. 省级。

将本书第四章的河南昆虫种类及其分布资料分别按两类地理单元录入数据库，以备进行各个项目的统计分析。

三、数据库类型的选择

每类昆虫、每种昆虫，均有一定的分布范围，没有两类、两种昆虫的分布范围完全相同；每个地区均有一定的昆虫种类构成，没有两个地区的昆虫种类完全相同(章士美，1996)。因此，要分析一个地区昆虫的分布规律，并进行地理区划，必须有足够的昆虫种类和尽量全面的分布信息，如此浩繁的数据，只能通过数据库才能进行处理和分析。

本节采用微软 Access 数据库，处理资料，它比 Excel 具有如下优点：

(1) 表的顺序号和昆虫种类是固定的，删去一条记录(一种昆虫)，其顺序号也将删去，保证标记的惟一性；

(2) 对某列数据排序时，能保证整条记录左右联动，使资料不致混乱；

(3) 各列可以方便地左右移动，便于不同地区间进行比较；

(4) 庞大的数据库，可以方便地“筛选”出某类昆虫，变成一个小数据库单独分析；

(5) 所需统计数据可以在页面上直接得到，或通过“查询”方便获得；

(6) 数据录入，只录入 1，不录入 0。可节省建库的大部分时间。

数据库的建立、数据录入、数据的查询等都有专门的《入门》、《宝典》之类的说明书可以参考。而且我们使用的只是 Access 的很少一部分功能，关键是对所建数据库的熟练应用，才能快捷地得到所需数据。

四、多元相似性聚类分析方法

不同地区昆虫区系之间既相互联系，又各自独立发展，为了反映不同地区环境和自然条件演化史的共同性程度以及关系的密切程度，需要进行两个或多个地区间的比较分析(武吉华等，2004)。

为了进行这种比较，首先植物学领域提出了“相似性”的概念(Lorentz, 1858)，经过一个半世纪的发展，相似性已广泛应用到多个学科和多个领域，人们相继设计了十几种乃至数十种相似性系数(similarity coefficient)的计算方法(张鐿锂，1998)。特别是 Jaccard (1901)提出的相似性系数公式 $SI=C/(A+B-C)$，已成为两地区间诸多相似性计算中最基础、最常用、最直观的经典公式。

但令人遗憾的是，这些公式只能进行两地区的比较。在实际运用中，常常不止两个地区比较。当涉及多个地区比较时，一般都是根据两两地区间的相似性系数的大小，把两个相似性系数最大的地区的分布资料合并，再与其他地区比较，逐个进行聚类降阶处理，即目前多种教科书上所阐述的相似性聚类分析。需要指出的是，这个方法至少有两个问题，一是通过合并，改变了地区的性质，最后结果实际是两个合并后的新区之间的相似性系数，不是原来要比较的 N 个地区之间的相似性系数；二是由于合并，扩大了一些种类又缩小了另一些种类在计算中的作用，导致计算结果偏离。这种偏离在 5~7 个以下地区比较时，还可以容忍，更多地区比较时，不仅计算结果难以置信，聚类的顺序也发生畸变，反映不出地区间的真正关系。这种情况下，人们往往怀疑自己资料不完善，而不怀疑方法的缺陷性。因此我们至今，很难看到 10 个以上地区的相似性聚类分析结果。无疑，这影响了我国昆虫地理学的发展进程。实际上，我们目前不是缺少分布资料，而是缺少分析方法。

本书作者经过近 3 年的大量运算，提出了直接计算 n 个地区相似性系数的原理公式(申效诚等，2007，2008)：

$$\mathrm{SI}_{ab\cdots n}=[(\sum H_{ij})2/n+(\sum H_{ijk})3/n+\cdots+H_{ab\cdots n}]/[\sum S_i-\sum H_{ij}-2\sum H_{ijk}-\cdots-(n-1)H_{ab\cdots n}]$$

式中，SI 为相似性系数；H 为不同层次的共有种类数；S 为某地区的总种类数。该式的核心是对物种不同的共有程度给予不同的权重,跨越了两个地区和多个地区之间的门槛。

这个公式使 n 个系统之间的相似性系数的计算得以实现，但不同层次的共有种类的统计是一个十分乏味的工作，特别是昆虫种类很多的时候。因此本书作者紧接着又推导出多元相似性系数的简易计算公式(申效诚和王爱萍，2008)。

$$\mathrm{SI}=\sum H_i/nS=(\sum S_i-\sum T_i)/nS$$

式中，SI 为要比较的 n 个地区的相似性系数；S_i、T_i、H_i 为 i 地区的种类数、独有种类数、共有种类数，满足 $S_i-T_i=H_i$；S 为 n 个地区的总种类数。它的便利之处在于免去对共有种类的“层次”的关注度，只需每个地区的“独有”种类数即可，这些数据都可从查询页面上直接获得。这样，相似性系数可表述为参比的各地区的共有种类的算术平均数占总种类的比例。而 Jaccard 的经典公式是该公式在 n 为 2 时的一个特例。

用这个公式运算，简单得不须增加任何新的软件，只进行加减乘除四则运算，快捷得全国 30 多省(自治区、直辖市)数万种昆虫资料，分析过程只需 1 个工作日(不包括数据库录入时间)，省内 10 来个地区间的运算，仅需 1~2 个小时。由于快捷，运算成本降低，效率提高。最后运算结果是惟一的，不会得出多个结果，再去进行人为的“合意”过程。

由于能够直接计算多地区的相似性系数，因此也就不再需要合并降阶处理。直接计算多元相似性系数和不合并降阶处理，是新的多元相似性聚类分析法(multivariate similarity clustering analysis, MSCA)和传统的相似性聚类分析法的两点根本区别。

为了更具体、更直观地展现两种方法的结果，我们用同一套数据，用两种方法分别进行运算。河北大学朱明生教授和他的博士生、硕士生 2002~2006 年在河南 16 个自然保护区、国家森林公园采集蜘蛛，每次采集的月份、天数、地点、人员等都不相同。表 3-2 是汇总结果，共计 36 科 142 属 273 种。表的对角线上的加粗数字是各采集点的总种类，对角线上方是每两个采集点的共有种类数，对角线下方是与之对应的二元相似性系数。

表 3-2 各采集点间的共有种类数(上三角)和相似性系数(下三角)

地点	林州	辉县	济源	登封	宜阳	卢氏	栾川	天池	白云	内乡	遂平	桐柏	信阳	罗山	新县	商城
林州	**52**	35	18	9	14	16	19	18	11	20	7	11	12	14	8	9
辉县	0.354	**82**	21	14	20	24	31	30	21	33	7	16	20	26	14	18
济源	0.295	0.239	**27**	7	12	15	16	16	9	13	3	6	7	9	6	9
登封	0.141	0.157	0.171	**21**	5	6	8	8	4	9	2	7	11	10	5	6
宜阳	0.184	0.200	0.226	0.093	**38**	17	17	17	13	22	3	10	12	13	7	7
卢氏	0.193	0.229	0.254	0.097	0.250	**47**	22	21	13	21	4	8	9	8	5	8
栾川	0.188	0.261	0.203	0.099	0.191	0.237	**68**	33	29	35	5	17	18	19	10	14

续表

地点	林州	辉县	济源	登封	宜阳	卢氏	栾川	天池	白云	内乡	遂平	桐柏	信阳	罗山	新县	商城
天池	0.182	0.256	0.211	0.103	0.198	0.231	0.330	**65**	22	27	5	12	17	17	9	13
白云	0.115	0.181	0.123	0.056	0.163	0.146	0.309	0.224	**55**	31	2	7	9	11	3	8
内乡	0.157	0.229	0.124	0.084	0.198	0.174	0.273	0.203	0.261	**95**	3	17	19	24	14	18
遂平	0.113	0.076	0.073	0.056	0.058	0.044	0.063	0.065	0.025	0.028	**17**	6	2	2	1	2
桐柏	0.143	0.157	0.105	0.140	0.156	0.107	0.195	0.135	0.083	0.149	0.128	**36**	17	15	8	13
信阳	0.138	0.183	0.104	0.193	0.164	0.106	0.186	0.179	0.097	0.154	0.032	0.258	**47**	31	20	24
罗山	0.132	0.210	0.105	0.127	0.140	0.075	0.162	0.147	0.098	0.173	0.024	0.169	0.369	**69**	33	31
新县	0.091	0.125	0.092	0.083	0.093	0.058	0.098	0.090	0.031	0.112	0.017	0.111	0.262	0.412	**44**	25
商城	0.095	0.155	0.129	0.090	0.084	0.088	0.132	0.123	0.081	0.140	0.030	0.173	0.320	0.348	0.352	**52**

(一) 使用 MSCA 法的步骤

(1) 大体上判断各点间的聚类顺序。林县和辉县、栾川和天池、罗山和新县毫无疑问地聚在一起，各自成为一个分布区的核心。济源会和林县、辉县集聚，白云山、内乡会先后和栾川、天池集聚，信阳、商城、桐柏会先后和罗山、新县集聚。登封、宜阳、卢氏、遂平应分别和 3 个区尝试，决定在哪里更合适。聚类的成员以及先后顺序均以相似性系数的大小为准。

(2) 计算多个采集点间的相似性系数，决定各分布区的成员和顺序。可以从 3 个采集点开始算，也可以先算 16 个点的总相似性系数。理论上要计算 $C_{16}^{3}+C_{16}^{4}+\cdots+C_{16}^{16}$=65 399 个相似性系数，实际上只需计算 20 多个就可得出结果来。若要计算桐柏、信阳、罗山、新县、商城 5 地的相似性系数，建立 5 地的查询表(表 3-3)。

表 3-3　5 地的种类统计查询

桐柏	信阳	罗山	新县	商城	种类计数
					151
				1	13
			1		7
			1	1	2
		1			16
		1		1	5
		1	1		7
		1	1	1	6
	1				7
	1			1	2
	1		1	1	1
	1	1			6
	1	1		1	1
	1	1	1		4

续表

桐柏	信阳	罗山	新县	商城	种类计数
	1	1	1	1	9
1					15
1		1			1
1		1		1	1
:	:	:	:	:	:
:	:	:	:	:	:

已知 16 个采集点的总种类是 273 种，5 点的种类和为 36+47+69+44+52=248。

表 3-3 中，第 1 行的 151 是 5 地都没有分布的种类数，5 地的种类数是 273－151=122；每地的独有种类分别是每列的第 1 个记录的种类数，即 15，7，16，7，13 种，合计为 58 种，所以，5 地的相似性系数 SI=(248－58)÷5÷122=0.3115。更换地点或增添地点，只需按 4 次键即可，全部所需相似性系数的计算与比较不超过半个工作日。

(3) 绘制多元相似性聚类分析结果的支序图。图 3-2 是分析结果的支序图，在 0.25 的相似水平上分为 3 个分布区，A 区包括大别山、桐柏山以及和它们临近的遂平嵖岈山；B 区包括伏牛山南北坡采集点以及和它们邻近的宜阳花果山；C 区包括太行山采集点以及稍远的登封少林寺。16 个采集点的总相似性系数为 0.162。进一步的贡献率分析可知(申效诚和王爱萍，2008)，相似性贡献率大的地点有内乡宝天曼、辉县八里沟、罗山董寨、栾川龙峪湾、嵩县天池山等，相异性贡献率大的点有内乡宝天曼、林州大峡谷、嵩县天池山等。

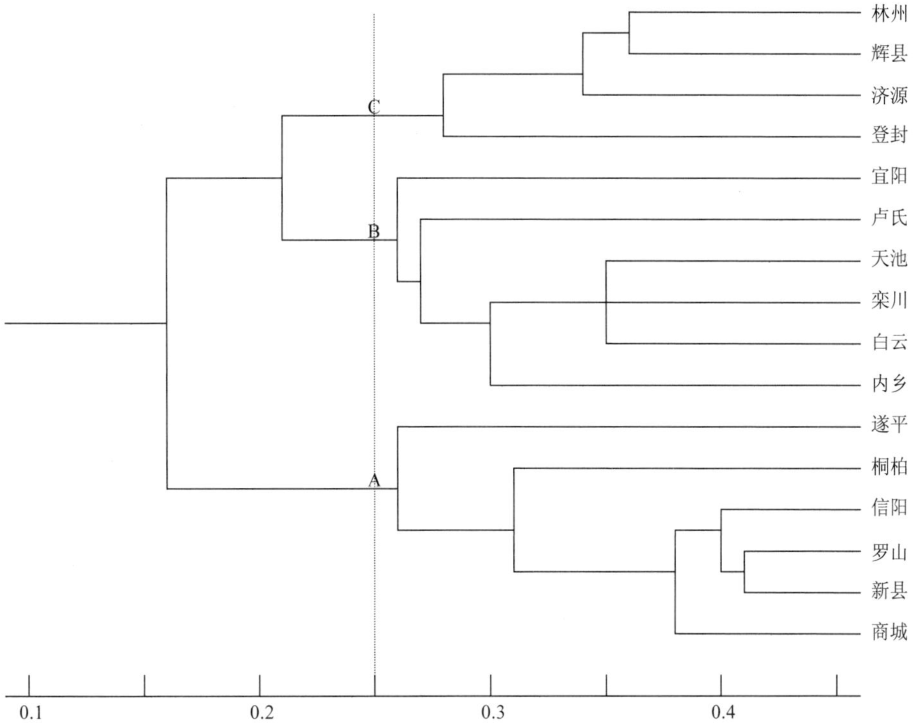

图 3-2 多元相似性聚类法的分析结果

(二) 与传统的相似性聚类分析法(SCA)比较

首先将林县和辉县、栾川和天池山、罗山和新县的分布资料合并起来，16 个地点变为 13 个，作出 13 个地点的二元相似性系数表，再选择相似性较高的地点进行合并，重新作出新的系数表。这样通过 8 个层次的合并，作出 8 个相似性表，得到的结果如图 3-3 所示，除信阳、罗山、新县、商城聚在一起合理外，其余不同山系的采集点杂乱地混在一起，看不出有任何生物学上和生态学上的意义和价值，而且难于在某种水平上划分出不同的地理分布区。

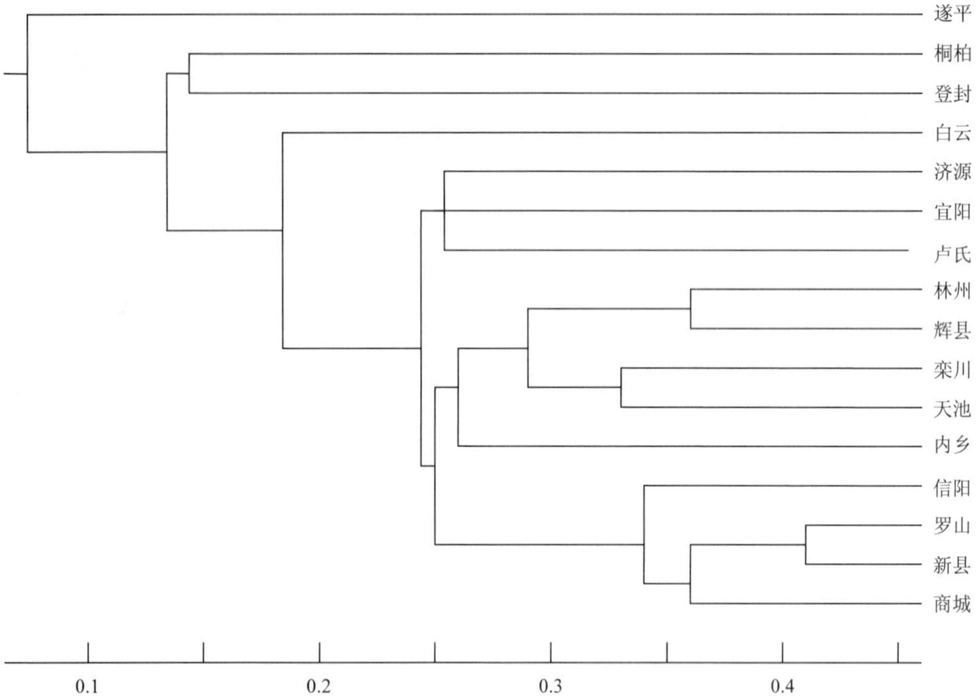

图 3-3 传统聚类方法的支序图

五、划分地理分布区的原则

利用多元相似性聚类分析结果进行分布地理区域划分时，掌握下列几项原则：

(1) 要有较多的生物类群、尽量多的生物物种和尽量全面的分布信息，但不意味着一定要全部的类群、全部的种类和全部的分布资料，更不意味着要等待那些还没发现的物种和未调查的可能分布地。

(2) 地理信息赖以承载的基础地理单元要以生态条件为主。以行政区域作为地理单元进行相似性分析探索地理分布的大致趋势也是有益的。

(3) 地理单元聚合为地理分布区要以相似性高为原则。

(4) 地理分布区的划分要以相同的相似性水平为标准。

(5) 地理分布区的数量以便于管理和利用为原则。

(6) 地理分布区名字宜简单明了，使人易懂易记，尽量避免过长和过于专业的词汇。

第二节　河南昆虫区系分析

一、河南昆虫区系构成

河南昆虫和蜘蛛、螨类共计 32 目 580 科 4198 属 9272 种，比开展考察前的 1993 年 3850 种，增长了 1.4 倍，已提前实现原定的 2010 年 8000 种和 2020 年 9000 种的目标。在目级水平上河南增加了双尾目、石蛃目、蛇蛉目；在科级水平上，由 372 科上升到 580 科，增加 55.9%；属级水平上，由 2133 属上升到 4198 属，增加近 1 倍。以河南为模式产地命名的新种由原来的 77 种上升到 1067 种，增加 12.8 倍(表 3-4)。

表 3-4　河南昆虫区系构成

目名	世界			中国			河南		
	科	属	种	科	属	种	科	属	种
原尾目	10	69	649	9	37	181	4	9	13
弹尾目	17	400	6000	14	81	277	7	15	21
双尾目	9	84	600	6	24	44	2	2	4
石蛃目	2	65	250	1	6	16	1	3	3
衣鱼目	3		250	3	10	11	1	1	1
蜉蝣目	23	310	2250	14	66	262	7	13	18
蜻蜓目	32	640	5626	19	170	777	15	61	97
襀翅目	28	381	3276	10	79	439	5	16	40
蜚蠊目	28	470	5584	6	76	340	4	8	12
等翅目	6		3000	5	46	531	2	6	21
螳螂目	11	400	2200	9	53	163	4	8	18
蛩蠊目	1	4	30	1	1	2	0	0	0
革翅目	11	219	2028	8	61	265	3	5	9
直翅目	74	4600	22 342	30	551	2519	27	117	247
蛸目	6	300	2500	5	66	342	2	10	21
纺足目	8		300	1	2	6	0	0	0
缺翅目	1	1	30	1	1	2	0	0	0
蛄目	37	300	4658	27	177	1648	3	4	14
食毛目	13	300	4500	6	124	906	4	32	64
虱目	17	42	500	11	22	97	5	5	9
缨翅目	5		6000	4	153	539	3	39	76
半翅目	137		84 500	127	2761	11 622	87	573	1128
广翅目	2		300	2	13	106	2	4	12
蛇蛉目	2		178	2	6	14	2	3	3

续表

目名	世界			中国			河南		
	科	属	种	科	属	种	科	属	种
脉翅目	20		5000	14	148	744	7	24	41
鞘翅目	160		350 000	151	3894	23 254	67	564	1094
捻翅目	6		400	6	9	23	1	2	2
长翅目	9	31	605	2	5	219	2	3	10
双翅目	130		120 000	99	1989	14 880	54	391	994
蚤目	16	239	2497	10	86	558	4	9	10
毛翅目	45	600	10 000	25	139	840	16	35	67
鳞翅目	150		200 000	95	3826	17 598	68	1324	2969
膜翅目	100		138 000	85	2122	11 954	56	541	1479
蜘蛛目	110	3823	41 992	67	679	3829	40	180	414
蜱螨目	456	2000	50 000	150	500	3000	75	193	361
合计	1674		1 074 393	1026	7983	97 708	580	4198	9272

全省昆虫中，以鳞翅目最为丰富，有 2969 种，其次是膜翅目，半翅目，鞘翅目，双翅目，这 5 目共有 7664 种，占总种类的 83%(表 3-4)。

与全国昆虫种类相比，河南种类占 9.5%，比例超过 10%的目有鳞翅目、膜翅目、蜻蜓目、螳螂目、缨翅目、广翅目、蛇蛉目、石蛃目、蜘蛛目、蜱螨目等。尚有 20 余目没有达到 10%。

与世界昆虫种类相比，河南种类占 0.86%，比原来 0.4% 提高 1 倍。比例超过 1%的目有鳞翅目、膜翅目、半翅目、蜻蜓目、蛇蛉目、缨翅目、长翅目、襀翅目、原尾目、广翅目等。

二、河南昆虫的区系成分

河南昆虫的各目种类及区系成分统计结果如表 3-5 所示。

表 3-5　各目区系成分统计

目别	科数	属数	种数	广布	古北	东洋	东亚		不明
							中日	中国	
原尾纲	4	9	13				2	11	
弹尾纲	7	13	21	3	3	3	11	1	
双尾纲	2	2	4		1		1	2	
石蛃目	1	3	3					2	1
衣鱼目	1	1	1			1			
蜉蝣目	7	13	18		4	1		10	3
蜻蜓目	15	61	97	1	2	31	25	38	

续表

目别	科数	属数	种数	广布	古北	东洋	东亚		不明
							中日	中国	
襀翅目	5	16	40		1			36	3
蜚蠊目	4	8	12	2	4	2	1	3	
等翅目	2	6	21					21	
螳螂目	4	8	18		2	7		8	1
革翅目	3	5	9		2	3	1	3	
直翅目	27	117	247	3	35	54	23	132	
竹节虫目	2	10	21			1	2	17	1
啮目	3	4	14	3	3		1	7	
食毛目	4	32	64	9	35	7	3		10
虱目	5	5	9	7	1			1	
缨翅目	3	39	76	9	12	24	8	22	1
半翅目	87	573	1128	73	226	207	164	362	96
广翅目	2	4	12			2		9	1
蛇蛉目	2	3	3					2	1
脉翅目	7	24	41	1	14	3	3	18	2
鞘翅目	67	564	1094	69	299	238	187	272	29
捻翅目	1	2	2					2	
长翅目	2	3	10					10	
双翅目	54	391	994	76	230	136	65	427	60
蚤目	4	9	10	4	3		1	2	
毛翅目	16	35	67		4	1	2	54	6
鳞翅目	68	1324	2969	109	712	675	562	880	31
膜翅目	56	541	1479	55	189	167	154	792	122
蜘蛛目	40	180	414	11	131	34	108	130	
蜱螨目	75	193	361	11	40	6	18	187	99
总计 32	580	4198	9272	446	1953	1603	1342	3461	467

总种类中，广布种类 446 种，所占比例最小，只有 4.82%；古北种类 1953 种，占 21.06%；东洋种类 1603 种，占 17.29%；东亚种类 4803 种，占 51.80%，居显著优势地位。各目相比，除食毛目为古北种类占优势外，大都是广布种最少，东亚种最多，古北和东洋种类，各有千秋，鞘翅目、双翅目以及蜘蛛目、蜱螨目的古北种多于东洋种，蜻蜓目、直翅目、缨翅目的东洋种多于古北种，而鳞翅目、膜翅目、半翅目的古北种和东洋种大体相等。

三、各行政区域的昆虫种类、区系成分与分布型

9272 种昆虫在全省各市分布非常不均匀，各市的总种类差异较大，山区占优势的南阳市、洛阳市和信阳市最多，都在 3000 种以上，全为平原的市则不足 1000 种，有山地

又有平原的市居中，17 个市平均为 1483±1026 种，较大的标准差说明分布的不均匀性。

各市昆虫的区系成分相同，但各成分的比例有所差异(表 3-6)，广布成分在各市数量差异不大，分布比较均匀，各市平均 174±38 种，与其他成分相比，数量都是最少，比例最低；东洋成分和古北成分在各市的数量已显现出山地和平原之间的差异，种类平均为 311±210 种和 394±200 种，已有较大的标准差，但所占比例基本稳定，分别为 21.5%±2.2%和 29.0%±3.8%；东亚成分在各市之间差异最为显著，有 6 个市东亚成分占优势地位，3 个市的东亚成分与古北成分相当，8 个市的东亚成分比例低于古北成分，种类平均为 561±564 种，所占比例为 32.0%±9.5%。由此可见，东亚种类的多寡是构成各地区不均匀分布的主要原因。

表 3-6 河南各市的昆虫种类及其区系成分

地区	总种类数	广布		东洋		古北		东亚		不明
		种数	比例/%	种数	比例/%	种数	比例/%	种数	比例/%	
安阳	1073	171	15.9	212	19.8	336	31.3	333	31.0	21
濮阳	597	130	21.8	133	22.3	189	31.7	132	22.1	13
新乡	1397	188	13.5	289	20.7	413	29.6	473	33.9	34
焦作	740	144	19.5	166	22.4	228	30.8	178	24.1	24
济源	1306	152	11.6	243	18.6	372	28.5	507	40.5	10
三门峡	1709	166	9.7	302	17.7	471	27.6	736	43.1	34
洛阳	3692	222	6.0	609	16.5	788	21.3	1920	52.0	155
郑州	1843	245	13.3	382	20.7	554	30.1	585	31.7	77
开封	882	154	17.5	194	22.0	296	33.6	214	24.3	24
商丘	880	159	18.1	199	22.6	278	31.6	218	24.8	26
许昌	1016	178	17.5	232	22.8	321	31.6	243	23.9	42
平顶山	880	136	15.5	208	23.6	250	28.4	254	29.0	31
漯河	644	136	21.1	148	23.0	199	30.9	153	23.8	8
周口	746	148	19.8	170	22.8	244	32.7	173	23.2	11
驻马店	810	145	17.9	189	23.3	249	30.7	200	25.1	24
南阳	3776	242	6.4	795	21.1	865	22.9	1774	47.0	100
信阳	3220	240	7.4	815	25.2	655	20.3	1449	44.9	61
全省	9272	446	4.9	1603	17.3	1953	21.1	4803	51.8	467

9261 种昆虫在各市的分布型(表 3-7)在理论上应有 106 761 种，即 $C_{17}^{1}+C_{17}^{2}+\cdots+C_{17}^{17}$ 种，但实际共有 913 种。种数最多的分布型为 3 个单区型，洛阳、南阳、信阳分别有 1293 种、984 种、830 种，其次是全省分布型，有 519 种；2 区型种类最丰富的是南阳和信阳(329 种)、南阳和洛阳(275 种)；3 区型主要是洛阳、南阳、信阳(165 种)和洛阳、南阳、三门峡(103 种)；4 区型是三门峡、洛阳、南阳、信阳，共 57 种。因此可以认为，河南昆虫的分布主要与有山区的市有关。

表 3-7　河南各市昆虫的主要分布型

安阳	濮阳	新乡	焦作	济源	三门峡	洛阳	郑州	开封	商丘	许昌	平顶山	漯河	周口	驻马店	南阳	信阳	种数
						1											1293
															1		984
																1	830
1	1	1	1	1	1	1	1	1	1	1	1	1	1	1	1	1	519
															1	1	329
						1									1		275
							1										245
					1												219
						1									1	1	165
				1													123
						1										1	109
					1	1											107
					1	1									1		103
		1															98
1																	66
											1						66
									1								60
					1										1		60
					1	1									1	1	57
							1									1	44

四、各生态区域的昆虫种类、区系成分与分布型

昆虫在全省 11 个生态区域内分布也是非常不均匀，各区的总种类差异较大，伏北山区、伏南山区和大别山区最多，都在 2800 种以上，其余各区均在 1000 种以上，11 个地区平均为 1889±887 种，较大的标准差说明分布的不均匀性(表 3-8)。

表 3-8　河南各生态区的昆虫种类及其区系成分

地区	总种类数	广布		东洋		古北		东亚		不明
		种数	比例/%	种数	比例/%	种数	比例/%	种数	比例/%	
太行山区	1752	170	9.7	334	19.1	495	28.3	740	42.2	13
豫北平原	1213	185	15.3	241	19.9	385	31.7	345	28.4	57
豫西山区	1831	186	10.2	346	18.9	531	29.0	722	39.4	46
豫东平原	1957	262	13.4	427	21.8	593	30.3	559	28.6	116
伏北山区	3671	200	5.4	593	16.2	779	21.2	1959	53.4	140
淮河平原	1001	161	16.1	228	22.8	308	30.8	274	27.4	30
伏南山区	2925	195	6.7	577	19.7	690	23.6	1424	48.7	39
南阳盆地	1082	163	15.1	248	22.9	313	28.9	292	27.0	66
桐柏山区	1489	161	10.8	395	26.5	345	23.2	568	38.1	20
淮南平原	1053	170	16.1	262	24.9	287	27.3	309	29.3	25

续表

地区	总种类数	广布		东洋		古北		东亚		不明
		种数	比例/%	种数	比例/%	种数	比例/%	种数	比例/%	
大别山区	2801	200	7.1	713	25.5	555	19.8	1293	46.2	40
全省	9272	446	4.9	1603	17.3	1953	21.1	4803	51.8	467

各地区昆虫都有 4 种区系成分，但各自的构成比例各不相同。

昆虫在 11 个生态区的分布型(表 3-9)理论上有 2047 种，即 $C_{11}^{1}+C_{11}^{2}+\cdots+C_{11}^{11}$ 种，但实际共有 560 种。种数最多的分布型为 3 个单区型，伏北山区、伏南山区、大别山区分别有 1505 种、750 种、730 种，其次是全省分布型，有 519 种；2 区型种类最丰富的是伏北山区和伏南山区(351 种)、伏北和大别山区(126 种)；3 区型主要是伏北山区、伏南山区、大别山区(109 种)和伏南山区、桐柏山区、大别山区(52 种)；4 区型最多的是伏北山区、伏南山区、桐柏山区、大别山区，共 59 种；6 区型是全山区型，共 82 种。比较 6 个山地区和 5 个平原区的种类，平均种数分别为 2412±851 种和 1261±396 种，方差为齐性，t=2.7630, df=9, p=0.0220，达到显著水平。以伏牛山-淮河为界，比较北方 6 区和南方 5 区，均值和标准差都很接近，差异不显著。因此可以认为，河南昆虫的分布主要与山区有关。

表 3-9 河南各生态区域的昆虫分布型

太行山区	豫北山区	豫西山区	豫东山区	伏北山区	淮河山区	伏南山区	南阳山区	桐柏山区	淮南山区	大别山区	种数
				1							1505
						1					750
										1	730
1	1	1	1	1	1	1	1	1	1	1	519
			1								420
				1		1					351
1											226
		1									189
								1			154
				1						1	126
	1										122
						1				1	112
				1		1				1	109
								1		1	101
1		1		1		1		1		1	82
									1		73
	1		1								70
1				1							64
				1		1		1		1	59
1		1		1		1					57
						1		1		1	52
		1		1							51

五、各区系成分的分布特点

(一) 广布成分

广布成分在河南有446种，其分布特点是：

(1) 分布面广：共有125种分布型，最主要的分布型是全省广布性，有120种。平均每种昆虫分布有4.9±4.2个生态区，远远高于其他成分。

(2) 分布均匀：最少的区有161种，最多的区有262种，为前者的1.63倍。11区平均187±29种。无论山地6区和平原5区相比，还是以伏牛山-淮河为界的南方5区和北方6区相比，采用成组数据比较，其差异均达不到显著水平。

(3) 比例最低：广布成分在各区数量都是最少。

(二) 东洋成分

东洋成分在河南有1603种，其分布特点是：

(1) 分布区域有局限：共有262个分布型，分布3区及其以下的种类有1129种，占70%以上，平均每种昆虫分布有2.9±2.9个生态区。

(2) 分布受地势和纬度的双重影响：最少的区有228种，最多的区713种，为前者的3.12倍，11个区平均397±165种，标准差已明显增大；6个山地区平均493±156种，5个平原区平均281±82种，方差齐性，t=2.7173, df=9, p=0.0237，地势的影响达到显著水平；南方5区平均439±202种，北方6区平均361±135种，纬度的影响虽已明显存在，但还达不到显著水平。

(3) 随着种类分布的北限，东洋成分从南向北呈梯形降低(图3-4)。1603种东洋成分在南方诸省都有分布，除40种在河南的北限不明外，有190种被阻在大别山，有46种停留在淮河以南，有362种阻在伏牛山，又有144种过不了黄河，停留到豫北有133种，其余继续北上，424种停在华北，能够越过燕山到达东北或西北的只是很少部分。这种梯状分布是由于东洋成分主产热带，向北逐渐扩散的大环境形成的，这里可以看到，大别山、伏牛山、燕山具有比较大的阻碍作用。

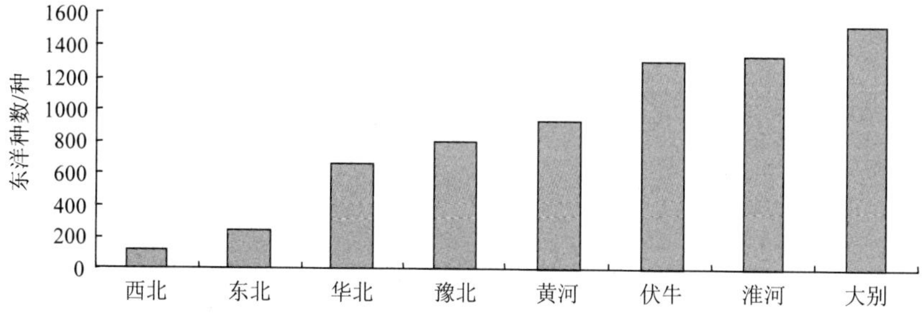

图3-4 由分布北限形成的东洋成分的梯状分布

(三) 古北成分

古北成分在河南有1953种，其分布特点是：

(1) 分布区域有局限：共有 285 个分布型，分布 3 区及其以下的种类有 1248 种，占 64%，平均每种昆虫分布有 3.0±3.0 个生态区。

(2) 分布受地势和纬度的双重影响：最少的区有 287 种，最多的区 779 种，为前者的 2.71 倍，11 个区平均 480±166 种，标准差和东洋成分相近；6 个山地区平均 566±152 种，5 个平原区平均 377±126 种，方差齐性，t=2.2049, df=9, p=0.0549，地势的影响接近显著水平；南方 5 区平均 438±170 种，北方 6 区平均 515±165 种，纬度的影响虽也存在，但达不到显著水平。

(3) 随着种类分布的南限，古北成分从北向南呈梯形降低(图 3-5)。1953 种古北成分在北方诸省都有分布，除 35 种在河南的南限不明外，有 41 种停留在豫北，不过黄河，有 83 种停留在黄河以南，有 203 种阻在伏牛山，又有 39 种过不了淮河，大别山阻挡有 85 种，其余 1343 种继续南下，有 138 种停在湖北等省，南岭拦截 796 种留在湖南等省，能够越过南岭到达广东广西的只剩 409 种，到达海南的只有 87 种。这种梯状分布是由于古北成分主产于俄罗斯、欧洲等地，向南逐渐扩散的大环境形成的，这里可以看到，伏牛山、大别山对古北种类的阻碍作用很有限，一直到达南岭，才被大量拦截。

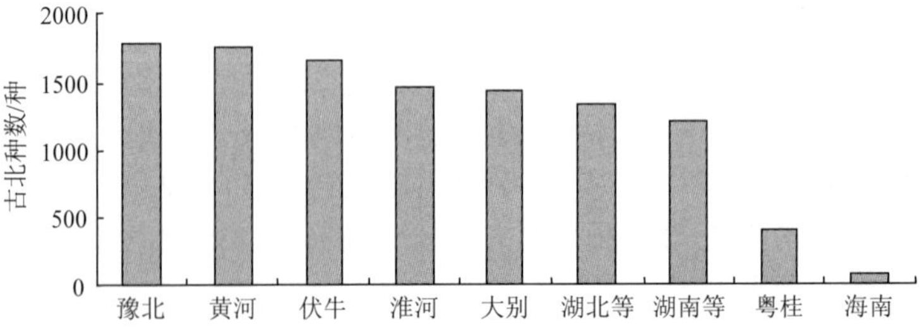

图 3-5 由分布南限形成的古北成分的梯状分布

由此证明，从北纬 25°的南岭到北纬 40°的燕山，是东洋成分向北扩散和古北成分向南扩散的主要区域，古北成分向南扩散比东洋成分向北扩散更容易和顺畅。两种成分的比例，在河南南部实现了转换，即诸多文献中提到的伏牛山-淮河是古北界和东洋界的分界线。这里，本书作者只强调是二者的比例发生了转换，至于是不是两大界的分界线，待在后面讨论。

(四) 东 亚 成 分

东亚成分在河南有 4803 种，其中，中国特有种类 3461 种，占东亚成分的 72.1%，占河南总种类的 37.3%。东亚成分的分布特点是：

(1) 分布区域更为狭窄。单区分布有 2449 种，2 区分布有 780 种，3 区分布有 366 种，三者合计共占总种类的 75%以上。平均每种昆虫分布有 2.0±2.0 个生态区。

(2) 地势对东亚成分分布影响显著。6 山地区平均 1117±535 种，5 个平原区平均 356±117 种，经分组数据比较，方差不齐性，t=3.3899，df=5.562，p=0.0165，达到显著水平；二者所占比例经对数转换，再分组比较，达到极显著水平(p=0.0002)。

(3) 总体上的优势地位无可撼动。全省昆虫中，东亚成分占 51.8%。11 个生态区中有 7 个区东亚成分占优势，其余 4 区稍少于古北成分。

六、河南为模式产地的种类分布

自 1975 年萧采瑜教授以安阳标本命名的河南昆虫第 1 个新种以来，至今共有 1067 个河南为模式产地的新种。占河南总种类的 11.48%。这些种类遍及蜉蝣目、蜻蜓目、襀翅目、等翅目、革翅目、直翅目、蝽目、蛄目、缨翅目、广翅目、蛇蛉目、脉翅目、鞘翅目、长翅目、双翅目、毛翅目、鳞翅目、膜翅目以及蜘蛛目、蜱螨目等 20 目的 130 科。尤以膜翅目(466 种)、双翅目(192 种)、半翅目(114 种)、鳞翅目(83 种)等发现的新种最多。表 3-10 中列出一些类群，这些类群不仅河南种类丰富，都占全国种类的 10%以上，而且新种数量占河南种类的较大比例。

表 3-10　河南一些科的新种数量及比例

目名	科名	中国		河南		河南占全国的比例/%	其中新种数	新种占河南的比例/%
		属	种	属	种			
蜻蜓目	扇蟌科	6	29	4	6	20.7	2	33.3
缨翅目	蓟马科	67	219	25	50	22.8	8	16.0
	管蓟马科	65	207	14	24	11.6	3	12.5
半翅目	叶蝉科	190	1475	101	280	16.5	86	30.9
	粉蚧科	67	180	15	32	17.8	6	18.8
广翅目	齿蛉科	10	96	3	10	10.4	3	30.0
毛翅目	等翅石蛾科	4	30	4	7	23.3	6	85.7
	多距石蛾科	6	40	3	5	12.5	4	80.0
	鳞石蛾科	8	42	4	6	14.3	3	50.0
	齿角石蛾科	2	10	1	2	20.0	2	100.0
	小石蛾科	5	26	3	13	50.0	4	30.8
双翅目	眼蕈蚊科	14	200	8	33	16.5	15	45.5
	舞虻科	45	414	21	76	18.4	56	73.7
	长足虻科	68	908	28	109	13.6	42	38.5
鳞翅目	织蛾科	28	215	23	70	32.6	30	42.9
	麦蛾科	78	400	33	66	16.5	7	10.6
膜翅目	扁蜂科	7	30	4	14	46.7	7	50.0
	三节叶蜂科	15	210	5	75	35.7	44	58.7
	锤角叶蜂科	12	41	2	11	26.8	7	63.6
	叶蜂科	300	2000	93	456	22.8	284	62.3
	项蜂科	9	22	6	8	36.4	7	87.5
	茎蜂科	13	50	6	9	18.0	3	33.3
	跳小蜂科	140	440	22	45	10.2	10	22.2
	姬蜂科	320	1900	157	290	15.3	75	25.9

这些新种的分布特点是：

(1) 分布区域最为狭窄：1067 种昆虫共有 44 种分布型，单区分布 835 种，占 78.2%，2 区分布 156 种，3 区分布 43 种，分布最广的一种是 6 区分布。平均每种分布 1.3±0.6 区。

(2) 这些新种大都是河南地方种：这些新种发现以后，随着各地的调查不断深入，分布范围会逐渐扩大，目前已有 205 种在省外有了分布，其中有 5 种在日本有了分布。种类最多的省份依次是陕西、浙江、四川、湖北、湖南、河北、贵州、福建、甘肃。其余 858 种是河南地方种类，占新种总数的 80%，其中以嵩县、内乡、栾川、卢氏、西峡、信阳、济源、罗山等县最多(表 3-11)。

表 3-11 河南 1067 个新种的模式产地

目别	原	石	蜉	蜻	襀	等	螳	革	直	蝻	蛄	缨	半	广	蛇	脉	鞘	长	双	毛	鳞	膜	蛛	螨	合计
新种	2	1	3	3	23	7	1	1	20	10	5	11	114	4	1	7	11	6	192	29	83	466	26	41	1067
安阳												1	7									2			10
林州																			3	2	3		1		9
新乡									1										1				1		3
封丘																	1								1
辉县												1	3	1					4		6	13	5	5	38
焦作																			1						1
济源				1									11		1			1	2		12	61	2		91
灵宝									1				4								1	3			9
陕县													7								2	19			28
渑池																						2			2
卢氏									4				20						5		6	100		1	136
栾川	1	1	3	1	4			1	4	1		4	26	3	1	2		3	43	13	2	92	3	16	224
嵩县			3	1	4			1	2	2		3	29	1	1	3		4	58	9	8	213	7	18	367
宜阳																			4		4		1		9
伊川																						1			1
洛阳	2					1													1						4
荥阳																							2		1
登封	1								1				3								6	9	2	2	24
郑州											4											9	1	1	15
中牟																						1			1
开封																			1						1
民权																						1			1
睢县																			1			1			2
许昌																						1			1

续表

目别	原	石	蜉	蜻	襀	等	螳	革	直	蛸	蛄	缨	半	广	蛇	脉	鞘	长	双	毛	鳞	膜	蛛	螨	合计
鲁山				1					1																2
南召																						1			1
内乡					10		1		7	3		1	31	2			2		36	3	41	122	15	3	277
西峡					4				3	5		1	10	2		2	7		12	1	13	42			102
漯河																						1			1
遂平											1												1		2
确山				1																					1
汝南																						2			2
桐柏									3	2			6								4	7	1		23
固始																					2				2
信阳					2	2	1		7	4		4	8				2	1	29	1	12	18	4		95
罗山					3	3			2	1			7						13	3	5	30	1		68
新县									1	2			12	1							11	4			31
商城							5		4	2			2	2								14	1		30

(3) 这些新种基本集中于山区：平原地带只有 43 种，其余均在山区，6 个山区平均 207±178 种，5 个平原区平均 9±7 种。纬度的影响基本不存在。

(4) 集中在山区的这些新种，又主要集中在伏牛山区：这些新种太行山区有 128 种，大别山区有 167 种，伏牛山区则有 785 种(表 3-11)。这是调查深入程度的差异，还是伏牛山的固有特征，有待以后继续深入工作以证实。

七、河南昆虫和其他省份的区系联系

(一) 河南昆虫在全国各省份的分布

河南的 9272 种昆虫，除 720 种河南特有种和少部分不明分布种类外，都与全国各省份以不同分布形式有着密切程度不同的联系(图 3-6)。

(1) 不同地理位置联系紧密程度不同：与周边省份的联系密切于较远省区；与中部省份联系密切于边远省区；与南方省份联系密切于北方省份；与东北、西南方向省份联系密切于西北、东南方向省份。最密切的省份，按共有种类数量计，依次是四川、浙江、湖北、福建、陕西、河北、湖南、云南等；按相似性系数计，依次是陕西、河北、湖北、湖南、浙江、江苏、四川、山东等；联系最少的省、自治区是青海、宁夏、新疆、西藏等。

(2) 不同省份联系的主导成分不同：黑龙江是以西伯利亚成分为主进行联系；新疆以中亚成分为典型特征；喜马拉雅种类来自西藏；广东、广西和海南则以印缅种类进行联系；中部省份和台湾主要是中国种类。

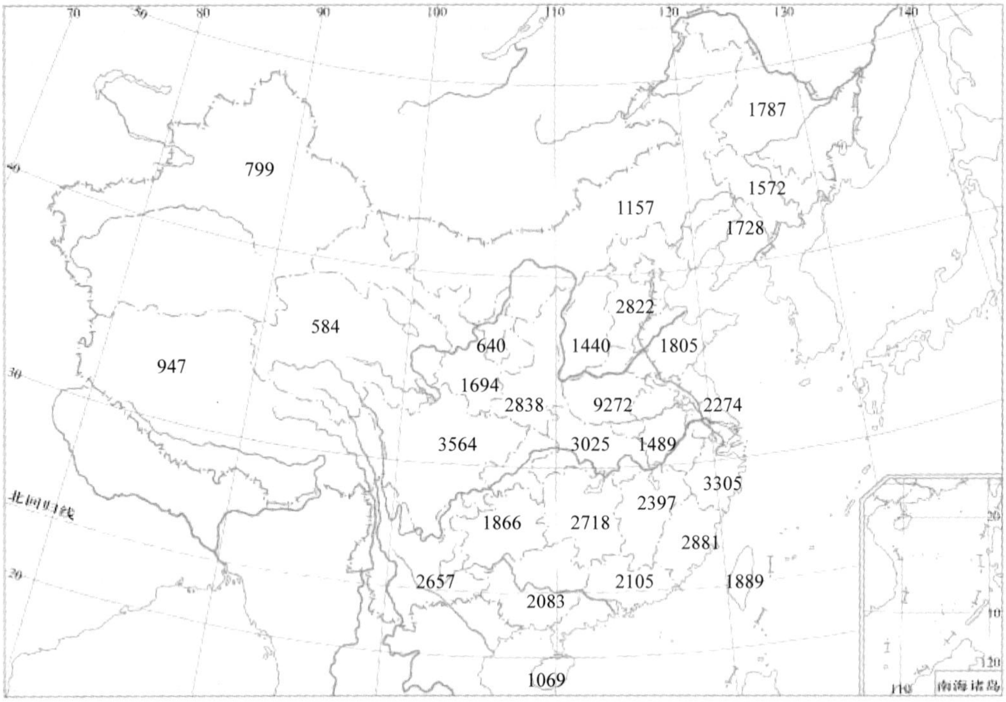

图 3-6 河南昆虫区系和其他省份的联系

(3) 不同区系成分在各省份的分布状况不同(表 3-12)：420 种广布成分在各省份分布广而均匀；古北成分和东洋成分自然是分别从北向南和从南向北逐渐减少；东亚成分主要在云南、河北、福建连成的三角形区域中的省份。

表 3-12 河南昆虫不同区系成分和其他省份的联系

省区	广布成分	东洋成分	古北成分	东亚成分	成分不明	合计
新疆	140	55	472	124	8	799
内蒙古	187	92	618	253	7	1157
宁夏	117	60	292	162	9	640
青海	103	49	301	125	6	584
西藏	143	353	212	233	6	947
黑龙江	202	145	980	441	19	1787
吉林	181	144	771	454	22	1572
辽宁	221	220	725	538	24	1728
河北	278	449	1034	1021	40	2822
山西	187	176	592	473	12	1440
山东	225	342	561	658	19	1805
陕西	228	487	836	1269	18	2838
甘肃	182	250	639	610	13	1694
安徽	167	398	337	563	24	1489

续表

省区	广布成分	东洋成分	古北成分	东亚成分	成分不明	合计
江苏	274	600	538	827	35	2274
湖北	262	773	627	1342	19	3025
浙江	287	926	648	1425	19	3305
福建	278	983	482	1115	23	2881
江西	221	763	442	947	24	2397
湖南	247	815	515	1127	14	2718
贵州	202	579	348	725	12	1866
四川	292	995	734	1510	33	3564
云南	276	1021	491	855	14	2657
台湾	227	783	283	578	18	1889
广东	263	901	277	656	8	2105
海南	131	574	87	274	3	1069
广西	231	841	275	731	5	2082
总计	446	1603	1953	4803	467	9272

(二) 河南山区和国内山区的比较

将河南的伏牛山区、桐柏-大别山区和国内已作调查的西藏地区、横断山区、长江三峡库区、武陵山区、陕南甘南的秦岭山区进行比较(表 3-13)，可以看出：

(1) 广布种类都很少，最多也不超过 10%。

(2) 东亚种类都很多，最少也有 46.8%，都占优势地位。

(3) 伏牛山区和秦岭山区几乎相同。两地区的区系组成比例非常相似。

(4) 桐柏-大别山区介于秦岭山区和三峡库区之间，三者相比，总种类、广布种类都很接近，差别在于大别山区的东洋种类多于秦岭山区而与三峡库区接近，古北种类多于三峡库区而与秦岭相似，东亚种类均少于后二者。

(5) 过渡性质突出。从伏牛山区到大别山区，实现了古北、东洋两种区系成分的转换过渡。

表 3-13　河南山区昆虫区系结构与国内其他地区的比较

地区	总种数	广布		东洋		古北		中日		中国		地方特有	
		种数	比例/%	种数	比例/%	种数	比例/%	种数	比例/%	种数	比例/%	种数	比例/%
伏牛山区	4831	240	5.0	849	17.6	1064	22.0	697	14.4	1437	29.7	544	11.3
桐柏-大别	3093	210	6.8	804	26.0	617	19.9	596	19.3	758	24.5	108	3.5
秦岭地区	3051	163	5.3	518	17.0	650	21.3	323	10.6	973	31.9	424	13.9
三峡库区	3223	164	5.2	830	26.2	362	11.4	582	16.7	987	31.1	298	9.4
西藏	2305	199	8.5	696	30.2	285	12.3	50	2.1	214	9.2	861	37.7
横断山区	4826	458	9.5	1507	31.2	539	11.2	91	1.9	403	8.3	1828	37.9
武陵山区	3590	380	9.6	1414	35.8	309	7.8	462	11.7	900	22.8	485	12.3

八、河南昆虫区系特征

通过以上分析，可以对河南昆虫区系特征总结概括如下。

(一) 河南昆虫物种丰富度高

生物多样性是人类生存和社会发展的物质基础。评估生物多样性最直观、最明确的方法是物种的丰富度。由分类学家提出的物种丰富度的数据不仅是进行多样性比较的最有用的指数，而且在世界大多数地区，是目前惟一能够得到的信息类型。因此，对特定地区、栖息地、生态系统的生物多样性的测量经常被简化为直接测量物种的丰富度(Jenkins，1992)。

河南拥有的9272种昆虫，占全国昆虫种类的9.5%。580科中，有将近1/4的科的种类占全国种类的15%以上(表3-14和表3-15)。与其他省份相比，估计在云南、四川、台湾、浙江、福建、广东、广西之后，和西藏、湖南、湖北、海南在同一水平上。

表3-14 河南昆虫种类较多的大中型科

科名	中国种数	河南种数	河南占全国的比例/%	科名	中国种数	河南种数	河南占全国的比例/%
蜻科	120	31	25.8	螟蛾总科	2000	387	19.4
斑翅蝗科	149	24	16.1	波纹蛾科	105	32	30.5
蓟马科	219	50	22.8	枯叶蛾科	216	39	18.1
叶蝉科	1475	280	19.0	天蛾科	187	75	40.1
粉蚧科	180	32	17.8	舟蛾科	516	154	29.8
蚧科	116	28	24.1	毒蛾科	343	73	21.3
缘蝽科	200	32	16.0	灯蛾科	558	125	22.4
同蝽科	100	23	23.0	夜蛾科	3751	681	18.2
蝽科	360	96	26.7	凤蝶科	122	30	24.6
瓢虫科	725	118	16.3	蛱蝶科	422	83	19.7
蚊科	370	63	17.0	三节叶蜂科	210	75	35.7
瘿蚊科	100	20	20.0	叶蜂科	2000	456	22.8
眼蕈蚊科	200	33	16.5	金小蜂科	250	56	22.4
舞虻科	414	76	18.4	姬小蜂科	150	31	20.5
麻蝇科	271	48	17.7	姬蜂科	1900	290	15.3
织蛾科	215	70	32.6	蚁科	650	150	23.1
麦蛾科	400	66	16.5	肖蛸科	114	22	19.3
卷蛾科	700	228	32.6	蟹蛛科	200	30	15.0
刺蛾科	230	61	26.5	跳蛛科	300	49	16.3

表 3-15　河南昆虫种类较多的小型科

科名	中国种数	河南种数	河南占全国的比例/%	科名	中国种数	河南种数	河南占全国的比例/%	科名	中国种类	河南种类	河南占全国的比例/%
蚖科	7	2	28.6	粉蠹科	8	5	62.5	项蜂科	22	8	36.4
棘䖴科	19	5	26.3	扁谷盗科	13	4	30.8	褶翅小蜂科	9	2	22.2
球䖴科	13	3	23.1	锯谷盗科	30	6	20.0	广肩小蜂科	40	12	30.0
副蛱蚇科	7	3	42.9	隐食甲科	25	5	20.0	旋小蜂科	24	9	37.5
四节蜉科	17	5	29.4	薪甲科	50	10	20.0	缘腹细蜂科	60	13	26.7
扇蟌科	29	6	20.7	扁薪甲科	5	4	80.0	马蜂科	40	12	30.0
绿䗛科	7	2	28.6	小蕈甲科	8	2	25.0	拟壁钱科	7	3	42.9
叉䗛科	61	17	27.9	方头甲科	10	2	20.0	漏斗蛛科	24	7	29.2
地鳖蠊科	7	2	28.6	刺股蝇科	7	2	28.6	米图蛛科	33	7	21.2
长颈螳科	6	2	33.3	胃蝇科	7	3	42.9	光盔蛛科	6	2	33.3
螳科	65	14	21.5	等翅石蛾科	30	7	23.3	管巢蛛科	96	20	20.8
蝼蛄科	6	3	50.0	瘤石蛾科	8	4	50.0	逍遥蛛科	53	14	26.4
蟋蟀科	70	19	27.1	齿角石蛾科	10	2	20.0	粉螨科	52	15	28.8
树蟋科	6	2	33.3	小石蛾科	26	13	50.0	食甜螨科	18	7	38.9
草螽科	50	12	24.0	潜蛾科	12	6	50.0	缝甲螨科	6	4	66.7
虱啮科	36	11	30.6	叶潜蛾科	8	2	25.0	上罗甲螨科	4	2	50.0
血虱科	7	3	42.9	细蛾科	100	20	20.0	懒甲螨科	4	2	50.0
毡蚧科	37	9	24.3	巢蛾科	85	30	35.3	副大翼甲螨科	3	2	66.7
负蝽科	7	2	28.6	尖蛾科	22	11	50.0	木单翼甲螨科	7	2	28.6
长蝽科	56	12	21.4	网蛾科	77	23	29.8	若甲螨科	12	5	41.7
跷蝽科	20	9	40.9	圆钩蛾科	11	3	27.3	菌甲螨科	7	2	28.6
姬缘蝽科	39	8	20.5	蛱蛾科	31	7	22.6	尖棱甲螨科	9	2	22.2
兜蝽科	10	4	40.0	蚕蛾科	44	10	22.7	洼甲螨科	15	3	20.0
龟蝽科	90	18	20.0	大蚕蛾科	72	18	25.0	阿斯甲螨科	4	2	50.0
蛇蛉科	5	2	40.0	箩纹蛾科	15	5	33.3	盖头甲螨科	3	2	66.7
皮蠹科	90	22	24.4	扁蜂科	30	14	46.7	奥甲螨科	21	7	33.3
蛛甲科	15	3	20.0	广背蜂科	4	2	50.0	盾珠甲螨科	10	2	20.0
长蠹科	30	9	30.0	锤角叶蜂科	41	11	26.8	邦甲螨科	6	2	33.3

(二) 河南昆虫区系以东亚成分为主体

马世骏早在 1959 年就提出中国昆虫的区系成分中，中国-喜马拉雅是分布最广的区系成分，并在地理区划中，考虑到要把这一成分作为一个独立的整体予以安排。这个观点为不少学者接受(杨星科，1997，2000，2005；陈学新，1997；魏美才，1997)，但一直未受到广泛的重视。章士美先生的《中国农林昆虫地理分布》一书是中国昆虫地理方面的重要著作，影响力深远，书中详细描述了 2005 种主要农林昆虫的分布状况，并确定其区系性质，东洋种 747 种，古北种 641 种，广布种 617 种，东亚种类没有独立单列，而被分在各类下面。这虽然没有否定东亚种类的存在，但“屏蔽”掉了东亚成分的特征和价值；同样，这些“混”在古北种、东洋种或广布种里的“冒牌”种类也干扰了古北、东洋、广布种的分布规律，使得“东洋不洋，古北不北，广布不广”。这种分析方法至今仍在沿用。实际上章士美先生列举的这2005种分布较广、比较常见的农林昆虫的区系成分是，东洋种673种，古北种583种，广布种266种，东亚种483种。

河南昆虫中东亚成分共4803种，占全省昆虫的51.8%，虽然不同地区、不同类群的成分比例不相同，但河南多数地区、多数类群都是东亚成分占主体地位。表3-16列出了6个主要昆虫目各5个种类最多的科的区系组成。30个科中有2/3的科东亚成分居优势地位，有40%的科东亚成分达到50%以上，舞虻科、三节叶蜂科、叶蜂科、长足虻科的东亚成分更达80%。

表3-16 河南主要科的区系成分

目	科	种类数	广布种类	东洋种类	古北种类	东亚种类	东亚所占比例/%	成分不明
直翅目	斑腿蝗科	37		9	4	24	64.9	
	网翅蝗科	28		2	6	20	71.4	
	蚱科	28	2	6	7	11	42.3	2
	斑翅蝗科	24	1	4	7	12	50.0	
	蟋蟀科	19		9	1	9	47.4	
半翅目	叶蝉科	280	5	16	20	197	70.4	42
	蝽科	96	5	33	20	29	32.2	9
	蚜科	70	15	21	12	21	30.0	1
	盾蚧科	56	15	8	13	16	30.2	4
	猎蝽科	51	1	23	3	20	42.6	4
鞘翅目	天牛科	219	2	48	48	119	53.8	2
	瓢虫科	118	4	33	32	47	39.8	2
	叶甲科	88	6	23	23	35	39.8	1
	步甲科	81	3	19	23	35	43.2	1
	象甲科	56	1	6	15	32	57.1	2
双翅目	长足虻科	109	1	9	10	89	81.7	
	食蚜蝇科	101	14	14	35	27	26.7	11
	舞虻科	76			3	73	96.1	
	蝇科	70	9	30	19	11	15.7	1
	寄蝇科	65	5	8	42	8	12.5	2
鳞翅目	夜蛾科	681	38	189	173	261	39.4	20
	尺蛾科	290	6	49	72	145	52.7	18
	草螟科	216	9	81	48	78	35.8	
	螟蛾科	171	15	35	41	73	44.5	7
	舟蛾科	154	3	41	41	69	44.8	
膜翅目	叶蜂科	456		17	21	393	88.3	25
	姬蜂科	290	14	35	59	151	54.5	31
	蚁科	150	5	44	13	56	43.8	32
	茧蜂科	77	10	8	19	29	37.7	11
	三节叶蜂科	75		4	2	69	92.0	
合计所占比例/%		4232	189	824	832	2159	51.8	228
			4.5	19.5	19.7	51.0		5.3

(三) 河南昆虫的古北成分和东洋成分具有典型的过渡特征

在中国东部北纬 25°~40°的近 2000 km 的宽阔地带，是古北成分和东洋成分互相渗透、重叠并随纬度增加而逐步变化的过渡地带。在河南南北 530 km 跨 5 个纬度的地带内，二者的比例变化幅度不大，但发生了主次地位的更替，即由南向北，由东洋成分多于古北成分逐步变为古北成分多于东洋成分。这个变化除了前面“各区系成分的分布特点”说明以外，表 3-17 再次选择一些主要类群按不同纬度进行统计，证明主次地位的更替发生在伏牛山-淮河一线。

表 3-17　河南几个重要昆虫类群的过渡性

类群	科数	分析种类	地带	东洋种	古北种	东洋：古北	广布种	东亚种	不明
直翅目蝗总科	5	107	1	10	13	1：1.30		23	
			2	10	13	1：1.30	1	33	
			3	9	7	1：0.78		25	
			4	10	9	1：0.90		29	
			5	18	8	1：0.44		39	
半翅目蝽总科	4	105	1	10	3	1：0.30	2	2	
			2	19	10	1：0.53	6	6	
			3	14	14	1：1.00	6	18	
			4	11	8	1：0.73	5	11	2
			5	27	12	1：0.44	6	22	1
鞘翅目叶甲总科	4	123	1	9	15	1：1.67	3	6	1
			2	16	19	1：1.19	3	11	2
			3	16	20	1：1.25	3	25	
			4	12	16	1：1.33	2	6	1
			5	15	14	1：0.93	3	9	1
双翅目有瓣蝇类	6	264	1	29	66	1：2.28	22	31	1
			2	26	53	1：2.04	19	11	1
			3	20	34	1：1.70	18	8	1
			4	34	60	1：1.76	18	24	1
			5	30	33	1：1.10	14	15	
鳞翅目夜蛾总科	7	1038	1	44	56	1：1.27	15	68	
			2	69	92	1：1.33	23	82	
			3	149	108	1：0.72	32	236	1
			4	125	94	1：0.75	29	202	1
			5	129	81	1：0.63	19	210	
膜翅目姬蜂总科	3	366	1	12	15	1：1.25	14	28	5
			2	20	27	1：1.35	15	36	11
			3	10	29	1：2.90	12	51	1
			4	32	37	1：1.16	15	111	10
			5	11	15	1：1.36	10	30	5
合计	29	2003	1	114	168	1：1.47	56	158	7
			2	160	214	1：1.34	67	179	14
			3	218	212	1：0.97	71	363	3
			4	224	224	1：1.00	69	383	15
			5	230	163	1：0.71	52	325	8

注：“地带”一栏数字：1. 太行山区和豫北平原；2. 豫西山区和豫东平原；3. 伏北山区和淮河平原；4. 伏南山区、南阳盆地和淮南平原；5. 桐柏山区和大别山区。

(四) 河南昆虫起源的古老性

古老性的主要标志是多界分布类群的存在。按照大陆漂移学说，在古生代以前，地球上陆地是聚在一起的联合古陆，到古生代后期，分裂为南北两块陆地，南边的冈瓦纳古陆又先后分裂出南美洲、非洲、南极洲、大洋洲和印巴次大陆，北边的劳亚古陆又分裂出北美洲、格陵兰岛和欧亚大陆，印巴次大陆向北漂移，和欧亚大陆结合，形成喜马拉雅山脉。这个漫长的大陆漂移过程正是昆虫的起源、分化、发育、扩散的过程。如果一个类群分布在几个动物地理界，可以推测它在大陆分裂前就已形成，相反若局限在一个地理界或更小的地理范围，可以认为其分化形成较晚。

以夜蛾科为例，全世界夜蛾截至 2005 年共 27 000 种，隶属 3364 属(申效诚，2006)，其中至少有 92 属是跨 4 界以上分布。中国夜蛾有 846 属 3751 种，4 界以上分布的属有 87 个，占世界广布属的近 95%。河南夜蛾 279 属 662 种，4 界以上分布的广布属有 65 个(表 3-18)，占世界广布属的 70%，占中国的 75%。在种级水平上，河南夜蛾中，至少有 32 种是分布于 3 界以上至全球分布。例如，小地老虎、棉铃虫、坑卫翅夜蛾、凡艳叶夜蛾、甜菜夜蛾、银辉夜蛾、聚猎夜蛾、象夜蛾、掌夜蛾等。

表 3-18　河南夜蛾科昆虫的广布型属

亚科	属名	中文名	界分布						世界种类	中国种类	河南种类
剑纹夜蛾亚科	*Acronicta*	剑纹夜蛾属	1	2		4	5		176	49	19
	Craniophora	首夜蛾属	1	2	3	4			24	16	5
	Simyra	刀夜蛾属	1	2	3		5		15	4	1
苔藓夜蛾亚科	*Cryphia*	藓夜蛾属	1	2	3	4	5		152	28	2
夜蛾亚科	*Agrotis*	地夜蛾属	1	2	3	4	5	6	334	37	6
	Euxoa	切夜蛾属	1	2	3		5	6	351	51	3
实夜蛾亚科	*Helicoverpa*	铃夜蛾属	1	2	3	4	5	6	20	3	2
	Heliothis	实夜蛾属	1	2	3	4	5	6	56	6	4
盗夜蛾亚科	*Aletia*	研夜蛾属	1	2	3	4	5		133	41	5
	Hadena	盗夜蛾属	1	2	3	4	5	6	187	16	4
	Leucania	黏夜蛾属	1	2	3	4	5	6	358	73	9
	Pseudaletia	拟黏夜蛾属	1	2		4		6	15	2	1
冬夜蛾亚科	*Cucullia*	冬夜蛾属	1	2	3		5	6	271	66	13
杂夜蛾亚科	*Amphipyra*	杂夜蛾属	1	2		4	5	6	48	21	7
	Apamea	秀夜蛾属	1	2	3		5	6	256	33	9
	Athetis	委夜蛾属	1	2	3	4		6	248	40	6
	Callopistria	散纹夜蛾属	1	2	3	4	5	6	130	25	9
杂夜蛾亚科	*Caradrina*	逸夜蛾属	1	2	3		5	6	161	16	1
	Chytonix	流夜蛾属	1	2	3		5	6	39	13	2
	Condica	点夜蛾属	1	2	3		5	6	80	9	3
	Cosmia	兜夜蛾属	1	2	3		5	6	38	17	6
	Dypterygia	暗翅夜蛾属	1	2			5	6	18	6	1
	Euplexia	锦夜蛾属	1	2	3	4	5		126	22	3

续表

亚科	属名	中文名	界分布						世界种类	中国种类	河南种类
	Oligia	禾夜蛾属	1	2	3	4	5	6	78	7	3
	Sesamia	蛀茎夜蛾属	1	2	3	4		6	60	10	1
	Spodoptera	灰翅夜蛾属		2	3	4	5	6	35	9	4
	Trachea	陌夜蛾属	1	2	3		5	6	23	10	4
丽夜蛾亚科	*Earias*	钻夜蛾属	1	2	3	4			50	9	4
	Acontia	绮夜蛾属	1	2	3	4	5	6	150	8	2
	Amyna	卫翅夜蛾属		2	3	4		6	35	7	4
	Araeopteron		1		3	4		6	29	1	1
	Corgatha	孔夜蛾属	1	2	3	4			110	13	2
绮夜蛾亚科	*Eublemma*	猎夜蛾属	1	2	3	4		6	322	28	6
	Eustrotia	文夜蛾属		2	3	4	5	6	89	6	3
	Lithacodia	俚夜蛾属	1	2	3	4	5	6	126	38	5
	Maliattha	瑙夜蛾属		2	3	4	5		61	17	5
	Oruza	巧夜蛾属		2	3	4	5	6	52	12	4
	Ozarba	弱夜蛾属		2	3	4	5	6	210	9	1
尾夜蛾亚科	*Eutelia*	尾夜蛾属	1	2	3		5	6	105	14	4
皮夜蛾亚科	*Nycteola*	皮夜蛾属	1	2	3	4	5	6	56	5	1
	Abrostola	隐金夜蛾属	1	2	3		5	6	40	8	2
	Agrapha	银纹夜蛾属	1	2	3		5		55	7	2
金翅夜蛾亚科	*Autographa*	丫纹夜蛾属	1	2			5	6	46	11	2
	Chrysodeixis	锞纹夜蛾属	1	2	3	4			33	8	2
	Trichoplusia	金弧夜蛾属	1	2	3	4		6	49	5	4
	Dysgonia	巾夜蛾属	1	2	3	4	5	6	244	25	10
裳夜蛾亚科	*Grammodes*	象夜蛾属	1	2	3	4			26	2	1
	Mocis	毛胫夜蛾属	1	2	3	4	5	6	39	9	6
	Anomis	桥夜蛾属		2	3	4	5	6	137	17	7
强喙夜蛾亚科	*Anticarsia*	煞夜蛾属		2	3	4		6	13	3	1
	Colobochyla	残夜蛾属	1		3	4	5		7	2	1
	Diomea	狄夜蛾属	1	2	3	4			19	6	2
	Eudocima	艳叶夜蛾属		2	3	4		6	43	7	2
	Hypocala	鹰夜蛾属		2	3	4		6	16	4	2
强喙夜蛾亚科	*Lygephila*	影夜蛾属	1	2	3		5		39	14	6
	Pangrapta	眉夜蛾属		2	3	4	5	6	92	30	15
	Plusiodonta	肖金夜蛾属		2	3	4	5	6	36	3	2
	Bertula	拟胸须夜蛾属	1	2		4		6	44	18	2
	Bleptina	尖须夜蛾属		2	3		5	6	72	14	2
长须夜蛾亚科	*Idia*	极夜蛾属	1	2	3		5		39	8	1
	Polypogon	镰须夜蛾属	1	2	3	4	5	6	97	39	9
	Simplicia	贫夜蛾属	1	2	3	4	5		54	11	5
髯须夜蛾亚科	*Hypena*	髯须夜蛾属	1	2	3	4	5	6	547	66	14
	Schrankia		1	2	3	4		6	41	3	1
瘤夜蛾亚科	*Nola*	瘤夜蛾属	1	2	3	4	5	6	170	40	4

注：界分布一栏的数字：1. 古北界；2. 东洋界；3. 非洲界；4. 澳洲界；5. 新北界；6. 新热带界。

(五) 河南昆虫突出的地域特异性

地域特异性主要表现在中国特有种和地方特有种的比例的多少。前已述及，河南昆虫总种类中，中国特有种类有 3461 种，占 37.3%，居于最高比例。表 3-19 更详细列出伏牛山 5 个采集点的结果。总数 2960 种昆虫中，地方特有种 570 种，占 19.3%，中国特有种 861 种，占 29.1%，二者已占总数的 48.3%，连同中日种类，东亚成分共占 61.9%。

表 3-19　伏牛山区主要采集点的昆虫区系成分及比例

采集点	地方特有	比例/%	中国特有	比例/%	中日种类	比例/%	古北成分	比例/%	广布成分	比例/%	东洋成分	比例/%	总种类数
卢氏大块地	120	25.4	109	23.1	67	14.2	86	18.2	16	3.4	74	15.7	472
栾川龙峪湾	176	17.7	345	34.6	143	14.4	151	15.2	26	2.6	155	15.6	996
嵩县白云山	274	20.3	416	30.8	173	12.8	231	17.1	38	2.8	220	16.3	1352
西峡老界岭	80	12.5	162	25.3	99	15.4	147	22.9	29	4.5	124	19.3	641
内乡宝天曼	178	15.3	294	25.3	170	14.6	246	21.5	52	4.5	223	19.2	1163
合计	570	19.3	861	29.1	402	13.6	539	18.2	90	3.0	498	16.8	2960

第三节　河南昆虫地理区划

一、各行政区域间的多元相似性分析

将按行政区域分布的数据库，用查询功能统计各市的总种类数、两市之间的共有种类数，计算出二元相似性系数表(表 3-20)。以相似性系数高为原则，大致可以确定几个重要市的聚类顺序和范围，然后计算多元相似性系数，予以验证或调整。

南阳、信阳的相似性系数 0.366 是它们和各市的相似性系数中最高的，它们可以先聚在一起，然后看到洛阳与南阳、信阳的系数为 0.322 和 0.265，在洛阳和各市的联系中，或各市和南阳、信阳的联系中，都是最高或较高的，可以初步确定这三市聚在一起，计算三者的相似性系数。漯河和濮阳最高，周口跟进；新乡和安阳密切，焦作跟进；开封和商丘密切，许昌跟进。再分别测算其余市和那个集团的相似性系数最高，然后计算各个集团间的关系，直到 17 个市的总相似性系数计算出来，绘出支序图(图 3-7)。

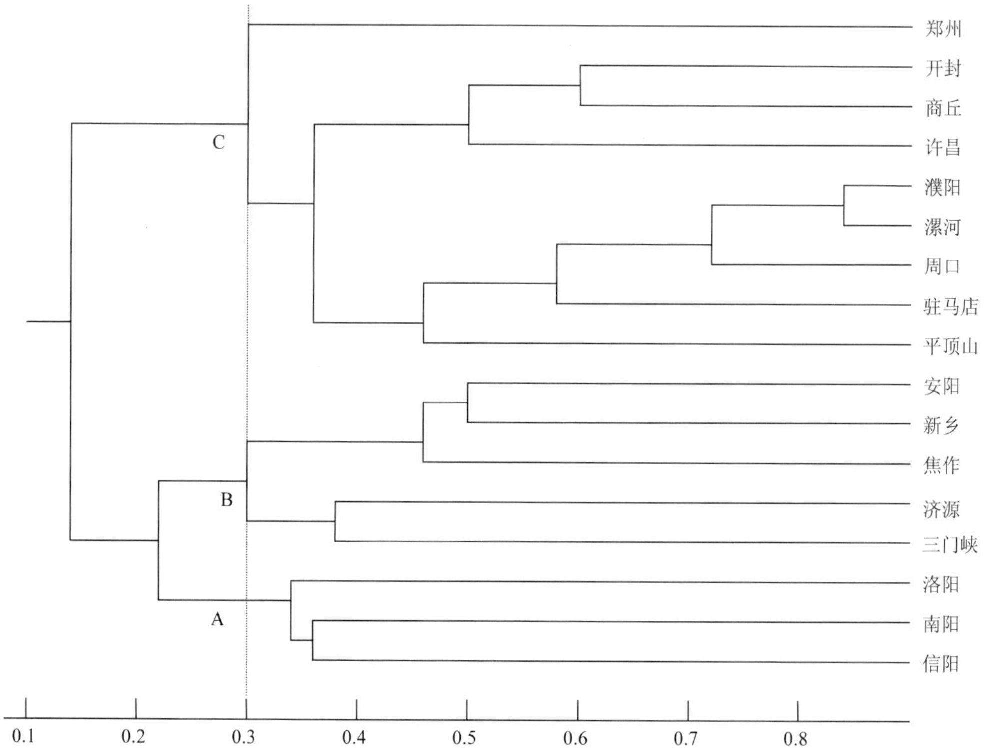

图 3-7　河南各行政区域昆虫的 MSCA 结果

图 3-7 显示，在 0.3 的水平上，17 个市分为 3 个分布区，A 区包括洛阳、南阳、信阳，它们都是以山区为主；B 区包括安阳、新乡、焦作、济源、三门峡 5 市，它们既有山地，又有平原；C 区 9 市都以平原为主。由此可以看出，以行政区域为基本地理单元

进行区系相似性分析，在参与单元不太多的情况下，尚能够基本反映出生态环境给昆虫区系带来的影响，能为地理区划带来一定的参考价值。

表 3-20 河南省各行政区域昆虫的共有种类数(上三角)和相似性系数(下三角)

地区	安阳	濮阳	新乡	焦作	济源	三门峡	洛阳	郑州	开封	商丘	许昌	平顶山	漯河	周口	驻马店	南阳	信阳
安阳	**1073**	585	825	598	673	676	788	791	654	635	658	577	570	603	607	817	796
濮阳	0.539	**597**	582	540	526	528	539	581	577	573	573	529	564	568	569	555	554
新乡	0.502	0.412	**1397**	646	727	742	946	919	697	667	695	607	581	624	630	977	951
焦作	0.492	0.677	0.433	**740**	578	591	633	635	588	566	608	566	541	548	564	631	642
济源	0.395	0.388	0.368	0.393	**1306**	818	925	722	552	545	569	606	531	540	555	981	878
三门峡	0.322	0.297	0.314	0.319	0.372	**1709**	1189	752	593	575	590	624	535	566	572	1162	951
洛阳	0.198	0.144	0.228	0.167	0.227	0.282	**3692**	972	663	642	679	696	542	587	627	1818	1449
郑州	0.372	0.313	0.396	0.326	0.297	0.269	0.213	**1843**	801	714	837	622	610	671	685	1067	1078
开封	0.503	0.640	0.441	0.569	0.338	0.297	0.170	0.416	**882**	672	662	551	571	615	609	686	697
商丘	0.482	0.639	0.414	0.537	0.333	0.286	0.163	0.355	0.617	**880**	638	547	575	627	608	666	667
许昌	0.461	0.551	0.405	0.530	0.325	0.277	0.169	0.414	0.536	0.507	**1016**	576	594	622	629	731	736
平顶山	0.419	0.558	0.363	0.537	0.384	0.318	0.180	0.296	0.545	0.451	0.436	**880**	538	550	554	723	675
漯河	0.497	0.833	0.398	0.642	0.375	0.295	0.143	0.325	0.598	0.608	0.557	0.546	**644**	582	584	573	577
周口	0.496	0.729	0.411	0.584	0.357	0.300	0.152	0.350	0.607	0.628	0.546	0.511	0.720	**746**	602	637	639
驻马店	0.476	0.679	0.399	0.572	0.356	0.294	0.162	0.348	0.562	0.562	0.525	0.488	0.671	0.631	**810**	684	703
南阳	0.203	0.145	0.233	0.162	0.239	0.269	0.322	0.234	0.173	0.167	0.180	0.184	0.149	0.164	0.175	**3776**	1874
信阳	0.228	0.170	0.260	0.194	0.240	0.239	0.265	0.271	0.205	0.194	0.210	0.197	0.176	0.192	0.211	0.366	**3220**

二、各生态区域间的多元相似性分析

将全省 11 个生态区域昆虫分布资料按上述步骤先编制二元相似性表(表 3-21)，再计算多元相似性系数，将相似性大的区域聚在一起，绘成聚类支序图(图 3-8)。

表 3-21 河南各生态区域昆虫的共有种类数(上三角)和相似性系数(下三角)

地区	太行	豫北	豫西	豫东	伏北	淮河	伏南	南阳	桐柏	淮南	大别
太行	**1752**	686	1022	766	1108	630	1034	635	832	620	1038
豫北	0.301	**1213**	779	970	635	695	645	723	593	712	656
豫西	0.399	0.344	**1831**	905	1093	684	1043	753	795	693	1001
豫东	0.258	0.442	0.314	**1957**	727	839	755	870	648	836	812
伏北	0.257	0.149	0.248	0.148	**3671**	625	1593	630	917	597	1307
淮河	0.297	0.458	0.318	0.397	0.154	**1001**	640	651	618	670	682
伏南	0.284	0.185	0.281	0.183	0.318	0.195	**2925**	678	983	621	1367
南阳	0.289	0.460	0.349	0.402	0.153	0.455	0.204	**1082**	604	740	674
桐柏	0.345	0.281	0.315	0.232	0.216	0.330	0.287	0.307	**1489**	577	1147
淮南	0.284	0.458	0.316	0.385	0.145	0.484	0.185	0.530	0.294	**1053**	658
大别	0.295	0.195	0.276	0.206	0.253	0.219	0.314	0.210	0.365	0.206	**2801**

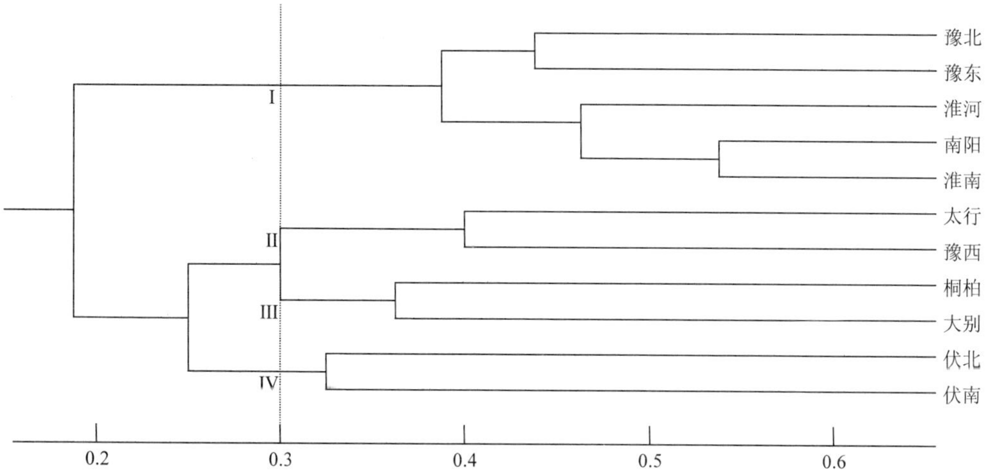

图 3-8　河南各生态区域的 MSCA 结果

支序图显示，全省在 0.3 的水平上，分为 4 个分布区：I 区为 5 个平原区；II 区为太行山区和豫西台地；III 区桐柏山地和大别山地；IV 区为伏牛山北坡和伏牛山南坡。这样的聚类结果把地理位置相近相连、地势地貌相似的地区分别集聚为不同的分布区是非常自然的、合理的，显示了分析方法的科学性，地理单元和分布资料的适用性。

由于做一次多元相似性分析是轻而易举的事情。使我们在做了全部种类的分析之后，有可能对不同分类阶元、不同区系成分、不同类群、不同种类数量和分布地数量进行分析，以探讨其与整体分析的区别与差异。

三、不同分类阶元分布的相似性分析

(一) 属级水平的相似性

全省昆虫、蜘蛛、蜱螨共计 4198 属，将 11 个生态区域的属级分布资料编制二元相似性系数表(表 3-22)，再依据系数大小计算多元相似性系数，绘出支序图(图 3-9)。

表 3-22　河南各生态区域昆虫的共有属数(上三角)和相似性系数(下三角)

地区	太行	豫北	豫西	豫东	伏北	淮河	伏南	南阳	桐柏	淮南	大别
太行	**1180**	545	803	634	902	530	876	515	697	498	866
豫北	0.368	**847**	605	721	545	526	549	562	482	544	546
豫西	0.495	0.407	**1246**	717	920	544	893	597	662	562	844
豫东	0.353	0.523	0.403	**1252**	682	634	679	668	560	626	700
伏北	0.379	0.227	0.379	0.255	**2102**	535	1210	538	780	516	1087
淮河	0.374	0.500	0.380	0.470	0.233	**730**	545	514	498	520	567
伏南	0.426	0.268	0.424	0.292	0.462	0.281	**1753**	566	805	522	1086
南阳	0.352	0.519	0.413	0.484	0.228	0.507	0.285	**797**	484	575	554
桐柏	0.456	0.342	0.406	0.322	0.329	0.390	0.404	0.356	**1046**	464	872
淮南	0.347	0.514	0.391	0.453	0.220	0.539	0.263	0.589	0.347	**755**	543
大别	0.431	0.273	0.402	0.311	0.401	0.305	0.462	0.286	0.466	0.285	**1696**

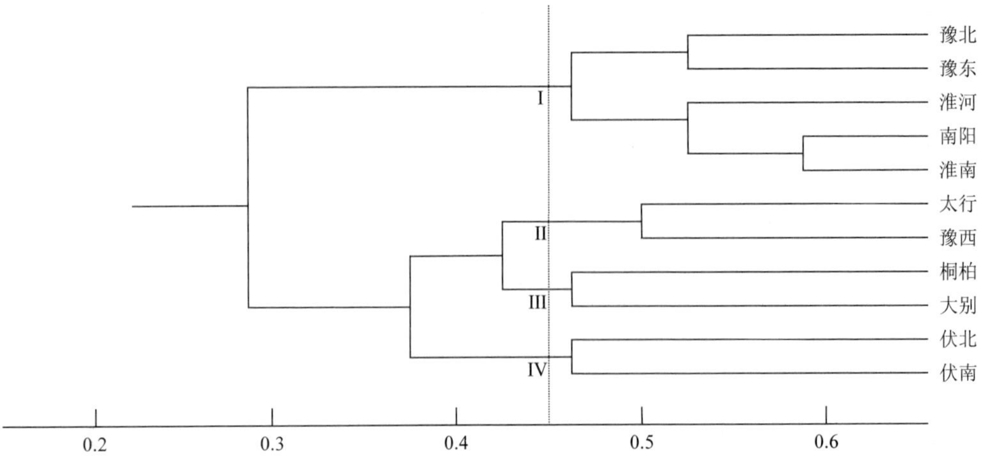

图 3-9 河南昆虫属级水平的 MSCA 结果

支序图显示，各生态区域聚类的顺序以及分布区的划分与种级结果是完全相同的。只是相似性水平有显著提高，整体相似性系数由 0.184 提高到 0.287，划分分布区的相似性水平由 0.300 提高到 0.450。这说明对于河南这一特定地理区域，使用属级分布资料仍可以有效地进行地理区划的分析。

(二) 科级水平的相似性

全省昆虫、蜘蛛、蜱螨共 580 科，仍按上述步骤将 11 个生态区域进行分析，得到系数表和支序图(表 3-23 和图 3-10)。可以看出以下变化：相似性水平进一步提高，无论山地和平原，均达到显著水平 0.500 以上，整体相似性系数为 0.492，也接近显著水平；在 0.5 的相似性水平上，可以分为山地和平原两区，在 0.6 水平上，伏牛山北坡独立一区，再往下细分，已失去生态学意义。这说明，科级水平的分布资料适合于国家以上层面的地理区域。在省级区域里，科级分布的差异太小，以至于不能作出实质性区分。

表 3-23 河南各生态区域昆虫的共有科数(上三角)和相似性系数(下三角)

地区	太行	豫北	豫西	豫东	伏北	淮河	伏南	南阳	桐柏	淮南	大别
太行	**262**	202	225	221	233	199	236	191	205	197	237
豫北	0.676	**239**	212	229	208	201	205	199	182	202	210
豫西	0.703	0.648	**238**	235	248	206	236	205	209	209	247
豫东	0.637	0.725	0.664	**306**	233	220	231	222	203	223	235
伏北	0.538	0.478	0.565	0.488	**404**	207	259	203	216	205	268
淮河	0.672	0.742	0.665	0.698	0.481	**233**	209	194	193	197	213
伏南	0.715	0.607	0.672	0.609	0.577	0.637	**304**	200	233	202	269
南阳	0.616	0.713	0.647	0.687	0.461	0.698	0.583	**239**	186	205	208
桐柏	0.692	0.615	0.668	0.594	0.506	0.692	0.694	0.637	**239**	179	227
淮南	0.659	0.745	0.679	0.703	0.473	0.730	0.601	0.765	0.609	**234**	210
大别	0.687	0.602	0.694	0.601	0.588	0.626	0.758	0.593	0.684	0.610	**320**

目级分布状况更不能显示各区域间的差异，整体相似性系数达 0.759，连山区和平原的差异也难于区分，所显示的差异主要是调查深度不同的人为差异。它大概只能适合于世界层面的应用，或者连世界层面也难于应用，因为“目”的数量毕竟太少。

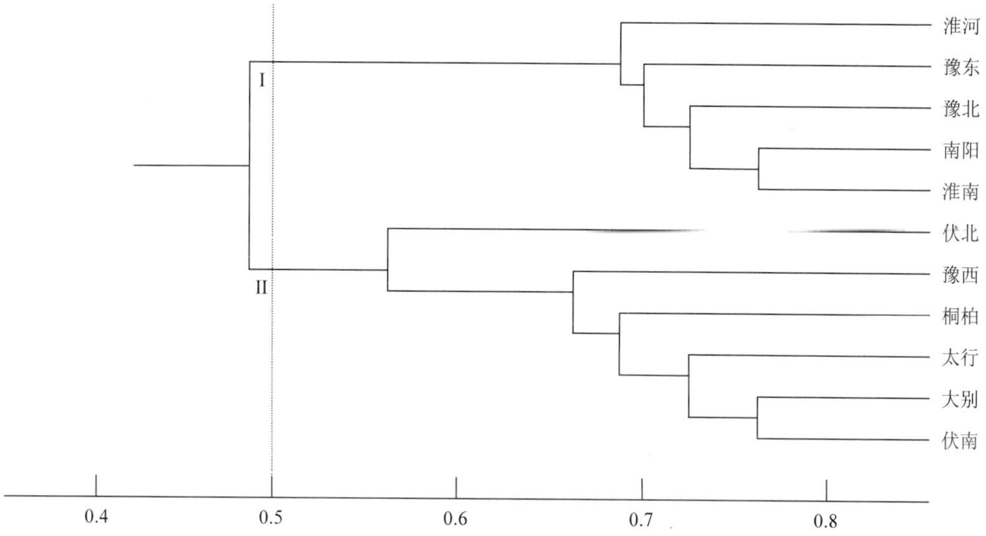

图 3-10 河南昆虫科级水平的 MSCA 结果

四、不同区系成分分布的相似性分析

(一) 东亚种类分布的相似性分析

东亚成分共 4803 种，二元相似性系数表和聚类支序图如下(表 3-24 和图 3-11)。用东亚成分分析所显示的区系亲疏关系和总种类的分析基本一致，各区域聚类的顺序和范围完全相同，各类分布区的相似性系数及总相似性系数均同步降低，划分 4 个分布区的相似性水平由 0.3 降为 0.25，整体相似性系数由 0.184 下降到 0.130。

表 3-24 东亚成分昆虫的共有种类数(上三角)和相似性系数(下三角)

地区	太行	豫北	豫西	豫东	伏北	淮河	伏南	南阳	桐柏	淮南	大别
太行	**740**	166	348	194	405	154	360	155	251	151	352
豫北	0.181	**345**	188	240	146	154	153	174	135	161	154
豫西	0.312	0.214	**722**	226	384	166	354	188	226	169	317
豫东	0.176	0.362	0.214	**558**	177	204	185	212	149	207	209
伏北	0.177	0.068	0.167	0.076	**1959**	151	705	152	296	140	481
淮河	0.179	0.331	0.200	0.325	0.073	**274**	158	156	144	158	170
伏南	0.199	0.095	0.198	0.103	0.262	0.103	**1424**	165	326	144	522
南阳	0.177	0.376	0.228	0.332	0.072	0.380	0.106	**292**	133	198	163
桐柏	0.237	0.174	0.212	0.097	0.133	0.206	0.196	0.183	**568**	133	399
淮南	0.168	0.327	0.196	0.314	0.066	0.372	0.091	0.491	0.179	**309**	166
大别	0.209	0.104	0.187	0.127	0.174	0.122	0.238	0.115	0.273	0.116	**1293**

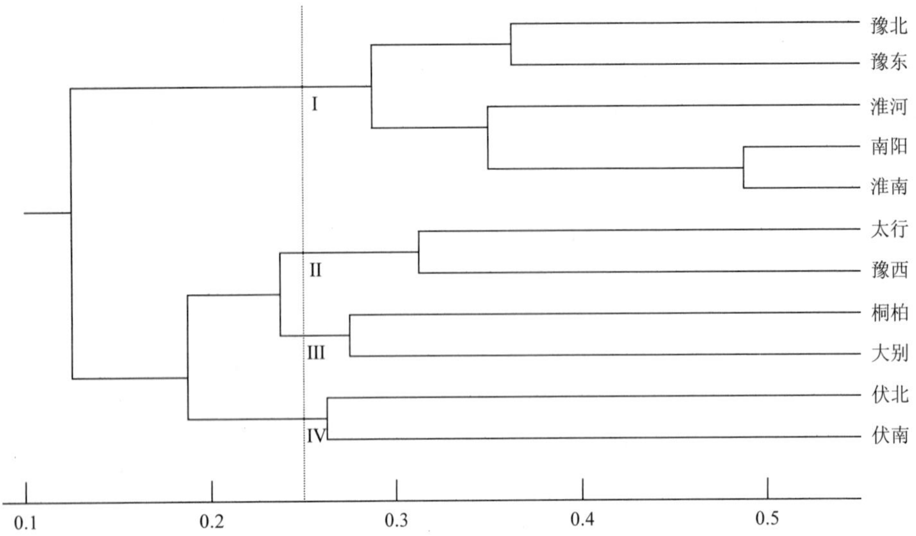

图 3-11 河南东亚种类的 MSCA 结果

(二) 广布种类分布的相似性分析

广布成分共 446 种，相似性分析结果如表 3-25 和图 3-12 所示。

与总种类的分析结果有较大差别，5 个平原地区的聚类顺序有所变化，豫北和豫东不再聚为一组，即显示不出纬度的影响；在 0.6 的水平上，太行山地、豫西台地分布区和桐柏山地、大别山地分布区成为一区，不符合生态学逻辑，在 0.65 水平上，虽然二者可以分开，但平原区的豫东将会独立为一区，把其他平原隔开，不符合地理学逻辑；各区、各类之间的相似性系数大幅度提高，整体相似性系数为 0.458。

表 3-25 广布成分昆虫的共有种类数(上三角)和相似性系数(下三角)

地区	太行	豫北	豫西	豫东	伏北	淮河	伏南	南阳	桐柏	淮南	大别
太行	**170**	131	149	140	144	124	141	126	138	130	149
豫北	0.585	**185**	148	177	129	138	134	143	129	147	138
豫西	0.720	0.664	**186**	162	146	132	149	141	136	139	149
豫东	0.479	0.656	0.566	**262**	142	156	149	156	134	162	147
伏北	0.637	0.504	0.608	0.444	**200**	125	155	126	140	129	156
淮河	0.599	0.663	0.614	0.584	0.530	**161**	130	131	132	136	132
伏南	0.626	0.545	0.642	0.484	0.646	0.575	**195**	130	144	132	156
南阳	0.609	0.698	0.684	0.580	0.532	0.679	0.570	**163**	124	143	128
桐柏	0.715	0.594	0.645	0.464	0.633	0.695	0.679	0.620	**161**	127	152
淮南	0.619	0.707	0.641	0.600	0.539	0.697	0.566	0.753	0.623	**170**	131
大别	0.674	0.559	0.629	0.467	0.639	0.576	0.653	0.545	0.727	0.548	**200**

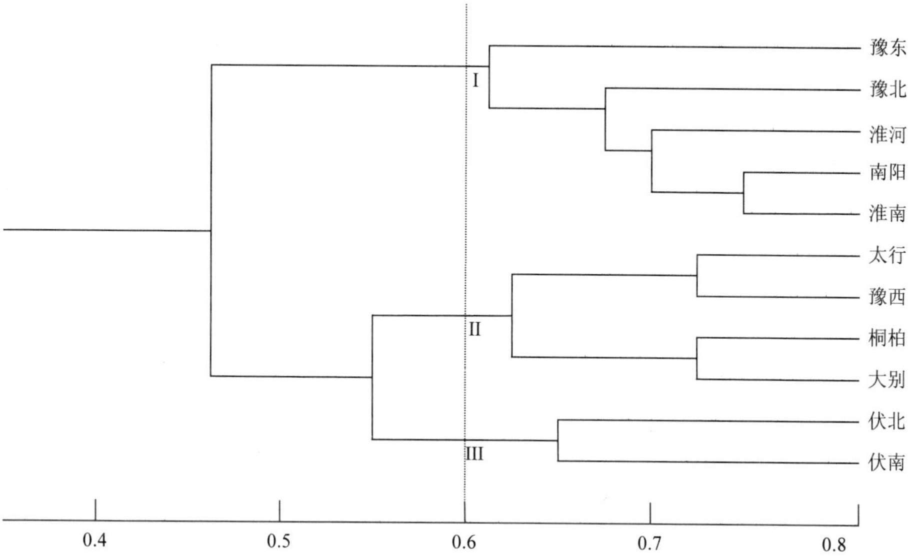

图 3-12　河南广布种类的 MSCA 结果

(三) 古北种类分布的相似性分析

古北种类共 1953 种，其分析结果显示在表 3-26 和图 3-13 中。

与总种类分析结果相比，5 个平原地区的聚类顺序有所改变，和广布成分一样，显示不出纬度的影响；6 个山区的聚类顺序没有改变；划分分布区的数量和范围没有变化；各个层次的相似性水平稍有提高，整体相似性系数为 0.236，划分分布区的标准由 0.3 变为 0.4。

表 3-26　古北成分昆虫的共有种类数(上三角)和相似性系数(下三角)

地区	太行	豫北	豫西	豫东	伏北	淮河	伏南	南阳	桐柏	淮南	大别
太行	**495**	229	313	249	333	202	302	203	240	194	280
豫北	0.352	**385**	257	310	211	231	207	234	186	217	203
豫西	0.439	0.391	**531**	296	340	219	317	241	236	213	293
豫东	0.297	0.464	0.351	**593**	236	271	230	266	194	246	237
伏北	0.354	0.222	0.351	0.208	**779**	198	405	200	252	190	350
淮河	0.336	0.501	0.353	0.430	0.223	**308**	191	210	190	210	207
伏南	0.342	0.239	0.351	0.218	0.381	0.237	**690**	209	261	188	337
南阳	0.336	0.505	0.400	0.416	0.224	0.511	0.263	**313**	185	215	199
桐柏	0.400	0.343	0.369	0.261	0.289	0.410	0.344	0.391	**345**	178	283
淮南	0.330	0.481	0.352	0.388	0.217	0.545	0.238	0.558	0.392	**287**	192
大别	0.364	0.276	0.369	0.260	0.356	0.316	0.371	0.297	0.459	0.295	**555**

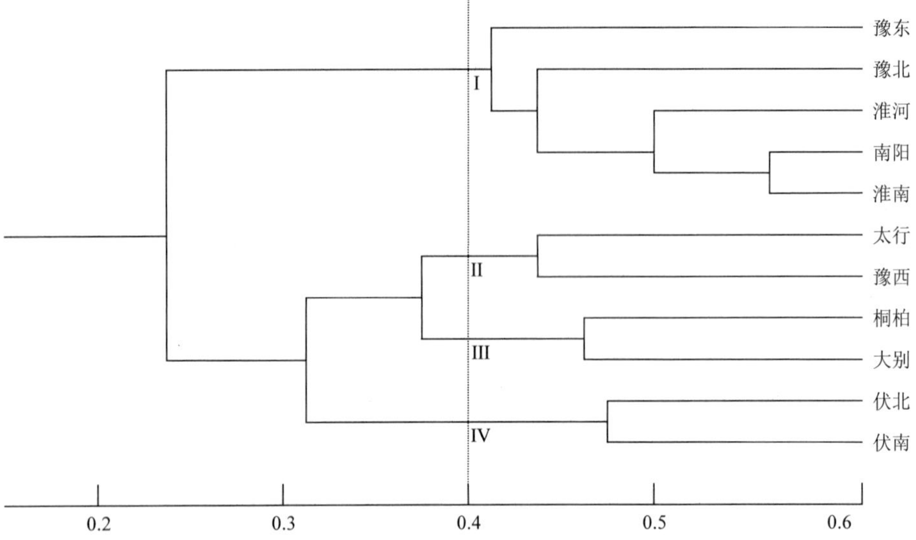

图 3-13 河南古北种类的 MSCA 结果

(四) 东洋种类分布的相似性分析

表 3-27 和图 3-14 是 1603 种东洋成分的多元相似性分析结果。

分析结果和古北成分结果相似，平原 5 区的聚类顺序有所改变，豫北平原首先和淮南平原聚在一起，有欠合理；山地 6 区没有改变；各层次的相似性水平均稍有提高，总体相似性系数为 0.222，划分分布区的标准由 0.3 变为 0.35。

表 3-27 东洋成分昆虫的共有种类数(上三角)和相似性系数(下三角)

地区	太行	豫北	豫西	豫东	伏北	淮河	伏南	南阳	桐柏	淮南	大别
太行	**334**	150	207	169	220	145	217	145	198	139	249
豫北	0.353	**241**	168	206	142	153	145	159	138	171	156
豫西	0.438	0.401	**346**	201	214	153	216	171	191	159	236
豫东	0.285	0.446	0.351	**427**	165	186	184	203	159	206	213
伏北	0.311	0.205	0.295	0.193	**593**	143	321	143	222	132	309
淮河	0.348	0.484	0.363	0.397	0.211	**228**	155	145	147	156	168
伏南	0.313	0.215	0.306	0.224	0.378	0.238	**577**	168	247	151	344
南阳	0.332	0.482	0.404	0.430	0.205	0.438	0.256	**248**	145	172	175
桐柏	0.373	0.277	0.347	0.240	0.290	0.309	0.341	0.291	**395**	134	304
淮南	0.304	0.515	0.354	0.427	0.183	0.476	0.219	0.509	0.256	**262**	163
大别	0.312	0.195	0.287	0.230	0.310	0.217	0.364	0.223	0.378	0.201	**713**

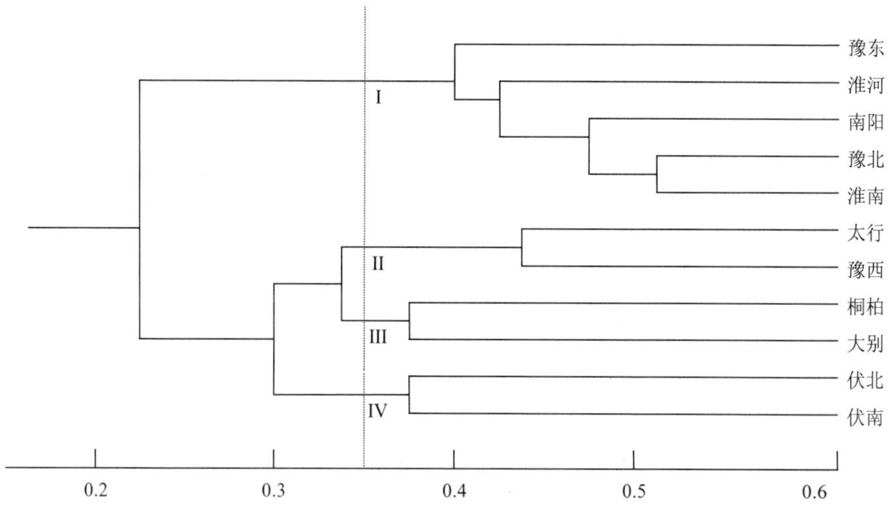

图 3-14 河南东洋种类的 MSCA 结果

通过 4 种区系成分的相似性分析，与总体分析相比，东亚成分的结果变化最小，古北成分及东洋成分的结果变化居中，广布成分的结果变化最大，不宜单独应用。

五、种类抽样对相似性分析的影响

(一) 对科 1/10 抽样

对 551 科的编号，用“**3”进行 1/10 的顺序抽样，共计涉及 23 目 69 科(亚科)996 种。相似性分析结果如表 3-28 和图 3-15 所示。令人惊异的是如此少的种类，其结果和全部种类的分析结果差异很小，除相似性系数有所提高外，聚类的顺序以及分布区的划分完全相同。

表 3-28 对科 1/10 顺序抽样后的共有种类数(上三角)和相似性系数(下三角)

地区	太行	豫北	豫西	豫东	伏北	淮河	伏南	南阳	桐柏	淮南	大别
太行	**288**	84	161	96	171	87	163	82	132	87	157
豫北	0.249	**133**	88	116	83	95	87	92	85	93	91
豫西	0.439	0.309	**240**	102	159	88	160	91	120	101	147
豫东	0.245	0.535	0.302	**200**	95	112	92	100	92	107	110
伏北	0.314	0.174	0.312	0.178	**428**	88	202	83	123	82	181
淮河	0.266	0.579	0.317	0.523	0.189	**126**	89	87	96	94	102
伏南	0.348	0.223	0.377	0.204	0.354	0.234	**344**	92	145	92	182
南阳	0.248	0.558	0.333	0.446	0.177	0.534	0.245	**124**	85	93	91
桐柏	0.360	0.328	0.363	0.288	0.238	0.398	0.354	0.340	**211**	93	179
淮南	0.263	0.547	0.375	0.480	0.172	0.580	0.241	0.578	0.375	**130**	104
大别	0.300	0.209	0.302	0.228	0.283	0.245	0.328	0.214	0.421	0.248	**393**

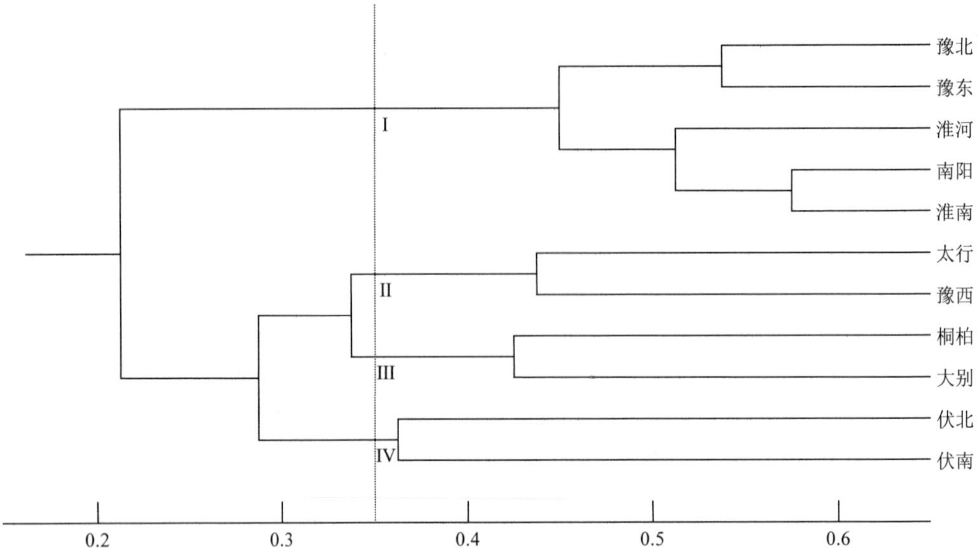

图 3-15 对科 1/10 抽样后的 MSCA 结果

(二) 对种的 1/10 抽样

对数据库中种类的编号按“**7”进行顺序抽样，共计 864 种。MSCA 结果如表 3-29 和图 3-16 所示。与全部种类的结果相比，除平原区的聚类顺序有所改变外，分布区的划分数量和划分标准都相同，甚至连整体相似性系数都是 0.184。

表 3-29 对种 1/10 顺序抽样后的共有种类数(上三角)和相似性系数(下三角)

地区	太行	豫北	豫西	豫东	伏北	淮河	伏南	南阳	桐柏	淮南	大别
太行	**164**	61	95	73	108	59	96	56	78	57	92
豫北	0.271	**122**	73	94	64	67	63	75	57	73	64
豫西	0.390	0.327	**174**	86	115	67	105	77	75	65	100
豫东	0.246	0.401	0.293	**206**	75	88	76	87	61	86	83
伏北	0.246	0.145	0.260	0.146	**383**	67	163	64	85	61	130
淮河	0.281	0.419	0.316	0.395	0.159	**105**	65	67	57	67	72
伏南	0.274	0.184	0.298	0.184	0.324	0.201	**283**	67	89	63	138
南阳	0.252	0.466	0.365	0.373	0.148	0.441	0.203	**114**	57	75	64
桐柏	0.351	0.284	0.319	0.217	0.196	0.310	0.270	0.295	**136**	54	103
淮南	0.269	0.465	0.300	0.377	0.142	0.459	0.192	0.510	0.284	**108**	65
大别	0.265	0.192	0.287	0.209	0.246	0.234	0.329	0.197	0.334	0.204	**275**

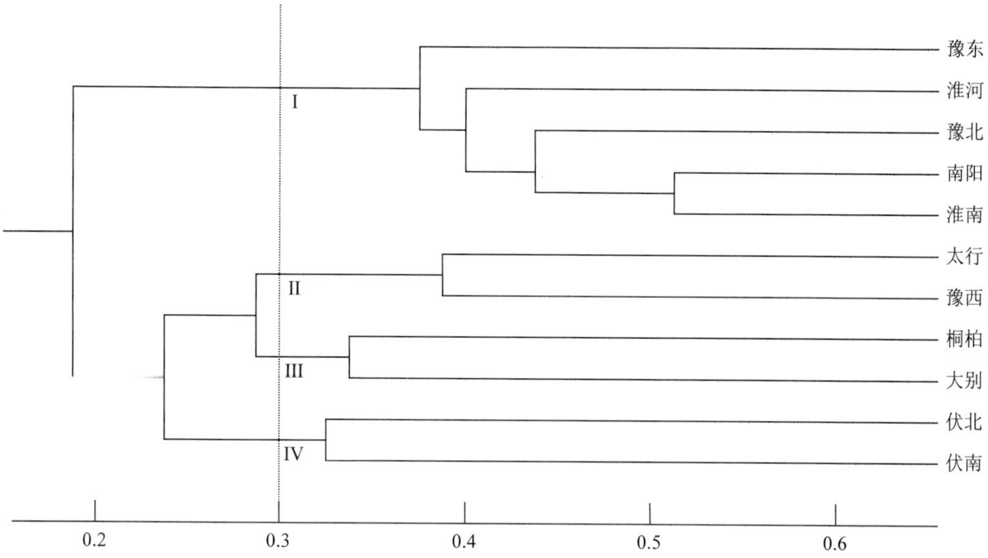

图 3-16 对种 1/10 抽样后的 MSCA 结果

(三) 属名首字母为 A 的种类

将 A 作为属名首字母进行筛选，共涉及 21 目 165 科 411 属的 1040 种，对其分布状况进行 MSCA 分析，结果为表 3-30 和图 3-17。与全部种类结果相比，区别主要有二，一是没有显示出平原区纬度的差异，5 个区逐步聚在一起；二是伏牛山南、北坡差异较大，在 0.35 的水平上被各自独立为一区。

表 3-30 按属名首字母 A 抽样后的共有种类数(上三角)和相似性系数(下三角)

地区	太行	豫北	豫西	豫东	伏北	淮河	伏南	南阳	桐柏	淮南	大别
太行	**222**	93	136	106	139	85	143	92	111	90	130
豫北	0.329	**154**	106	131	86	96	97	100	87	99	90
豫西	0.415	0.366	**242**	140	142	98	145	106	113	98	130
豫东	0.275	0.447	0.376	**270**	99	120	113	126	96	114	111
伏北	0.275	0.175	0.272	0.167	**423**	85	193	87	117	86	153
淮河	0.316	0.505	0.355	0.426	0.181	**132**	90	93	88	96	89
伏南	0.331	0.237	0.322	0.222	0.329	0.228	**353**	95	136	90	165
南阳	0.329	0.490	0.371	0.429	0.179	0.492	0.233	**150**	90	107	91
桐柏	0.362	0.331	0.347	0.259	0.233	0.367	0.329	0.353	**196**	84	150
淮南	0.325	0.495	0.329	0.379	0.178	0.530	0.221	0.569	0.327	**145**	89
大别	0.300	0.222	0.289	0.222	0.204	0.232	0.312	0.228	0.388	0.224	**341**

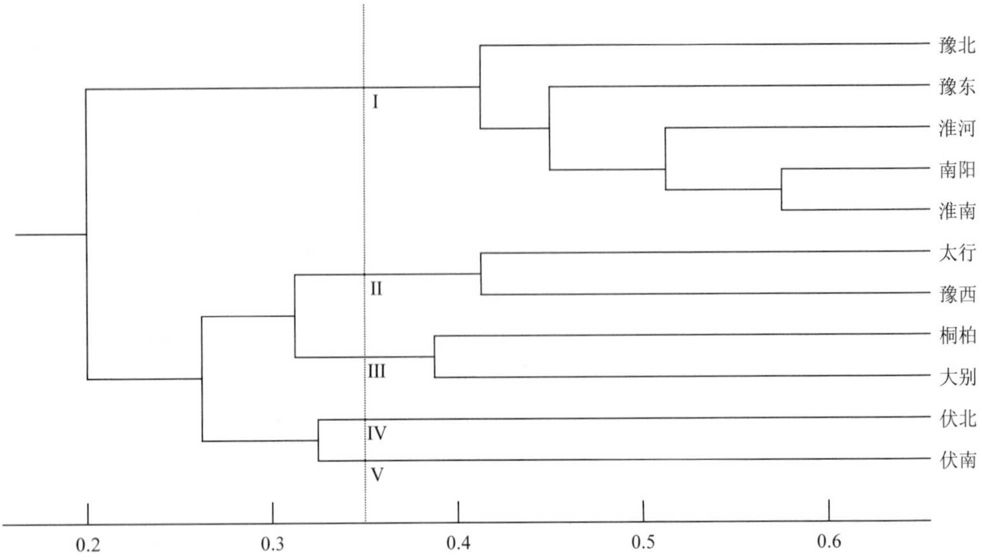

图 3-17 A 属种类的 MSCA 结果

(四) 种名首字母为 s 的种类

以 s 为种名首字母作为筛选条件，共涉及 29 目 305 科 964 属的 1213 种，对其分布状况进行多元相似性分析，结果如表 3-31 和图 3-18 所示。与全部结果相比，惟有伏牛山南、北坡差异稍大，在 0.3 的水平上被各自独立为一区，其余无明显差异。

表 3-31 种名首字母为 s 的昆虫的共有种类数(上三角)和相似性系数(下三角)

地区	太行	豫北	豫西	豫东	伏北	淮河	伏南	南阳	桐柏	淮南	大别
太行	**222**	85	125	86	145	75	130	76	105	71	133
豫北	0.280	**167**	92	129	77	85	77	87	71	86	77
豫西	0.378	0.293	**234**	112	125	82	121	85	95	83	115
豫东	0.217	0.431	0.292	**261**	92	102	93	111	79	94	105
伏北	0.240	0.125	0.197	0.132	**526**	77	200	74	108	68	152
淮河	0.280	0.419	0.300	0.364	0.135	**121**	74	76	76	76	80
伏南	0.288	0.171	0.256	0.176	0.292	0.182	**359**	83	111	71	154
南阳	0.272	0.408	0.301	0.392	0.126	0.427	0.203	**133**	71	85	78
桐柏	0.363	0.265	0.305	0.223	0.183	0.350	0.264	0.303	**172**	66	140
淮南	0.266	0.437	0.311	0.332	0.118	0.472	0.176	0.518	0.297	**116**	74
大别	0.306	0.177	0.248	0.210	0.211	0.207	0.280	0.195	0.371	0.191	**345**

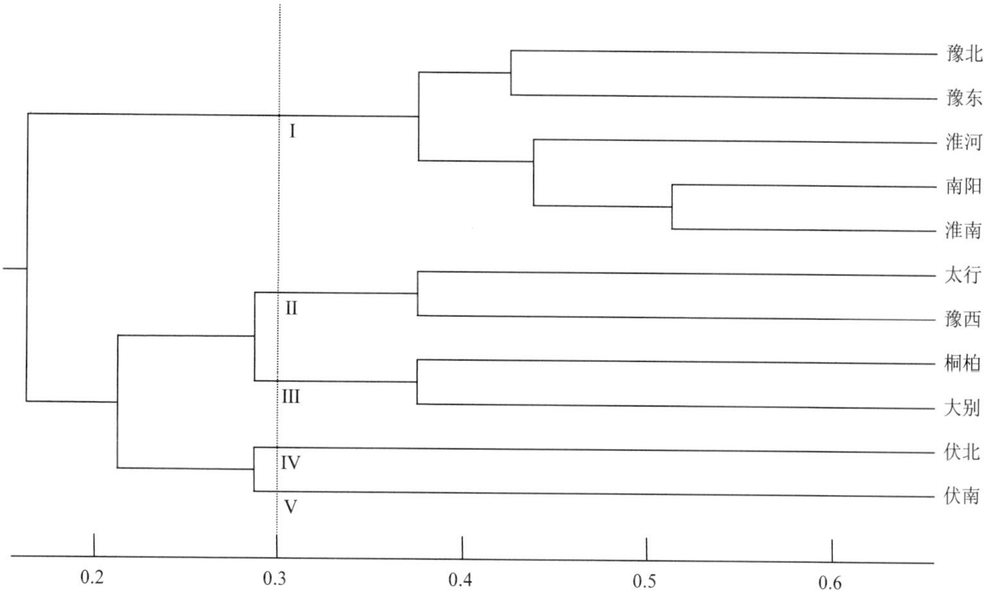

图 3-18　由 s 为首字母的种类的 MSCA 结果

(五) 除去全有种和独有种

在一些分析方法中，要求去掉各小区全部分布的种类和独有分布的种类，认为这些种类不起作用，其实它们的作用不可忽视。河南 9272 种昆虫在 11 个生态区域中的分布，去掉全布种和独有种后，共计 24 目 391 科 1990 属 3356 种。MSCA 结果为图 3-19。

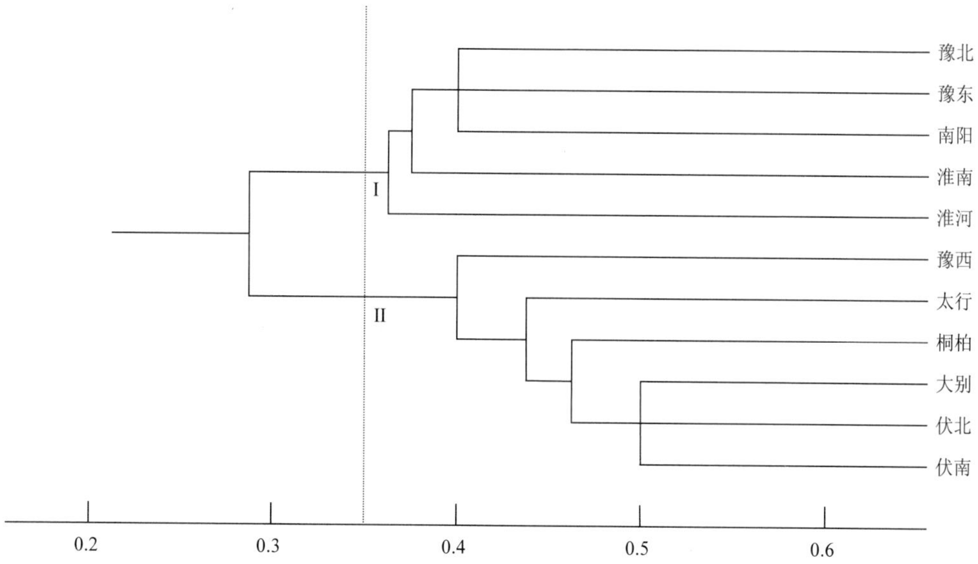

图 3-19　除去全有种和独有种的 MSCA 结果

与全部种类结果相比，种类规模并不算小，结果却相当糟糕，在0.35的水平上仅能显示出平原和山地的区别，在平原5区和山地6区内，看不出有生态学意义的差异。远远不及1/10抽样864种的辨别灵敏度。

六、单类群分布的相似性分析

与全部类群相比，各个类群都有自己的分布特征，任何一个类群都和全部类群的分析结果有着或多或少的差别，这既和类群本身的分布特点有关，又和调查深入程度的差别有关。

(一) 直翅目昆虫分布的相似性

直翅目昆虫共27科117属247种。图3-20是其MSCA结果，与全部种类相比，5个平原区的聚类顺序相同；6个山地区中，豫西台地、太行山地先后和伏牛山聚在一起；在0.35水平上，分为3个分布区。

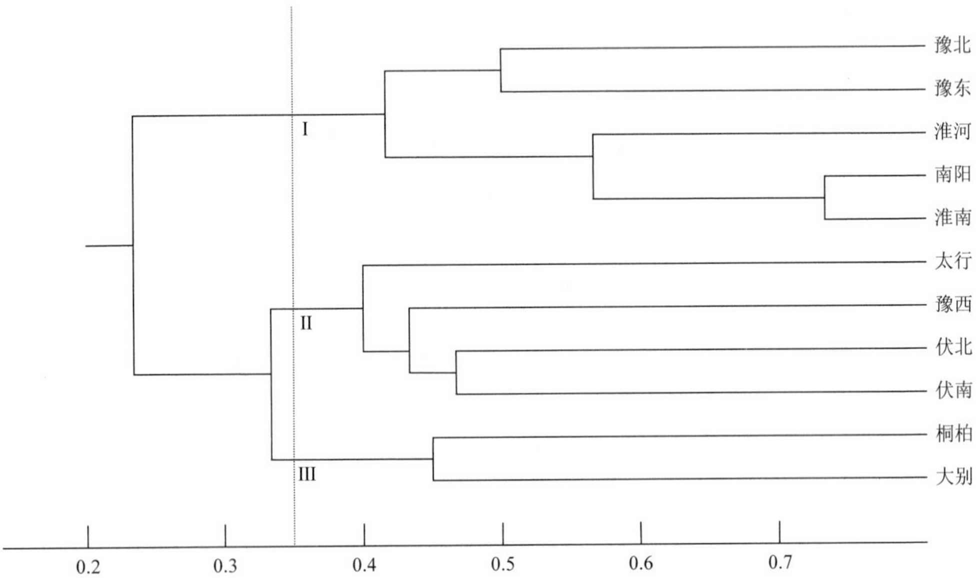

图3-20 河南直翅目昆虫的MSCA结果

(二) 半翅目昆虫分布的相似性

半翅目昆虫共87科573属1028种。其分析结果和全部种类结果差别较大(图3-21)，在0.35水平上分为5个分布区，东部平原4区聚在一起还比较合理；南阳盆地和桐柏山地聚类后，又先后和豫西台地及太行山地聚为一区，有违地理学逻辑；伏牛山南、北坡以及大别山地各自独立为一区。

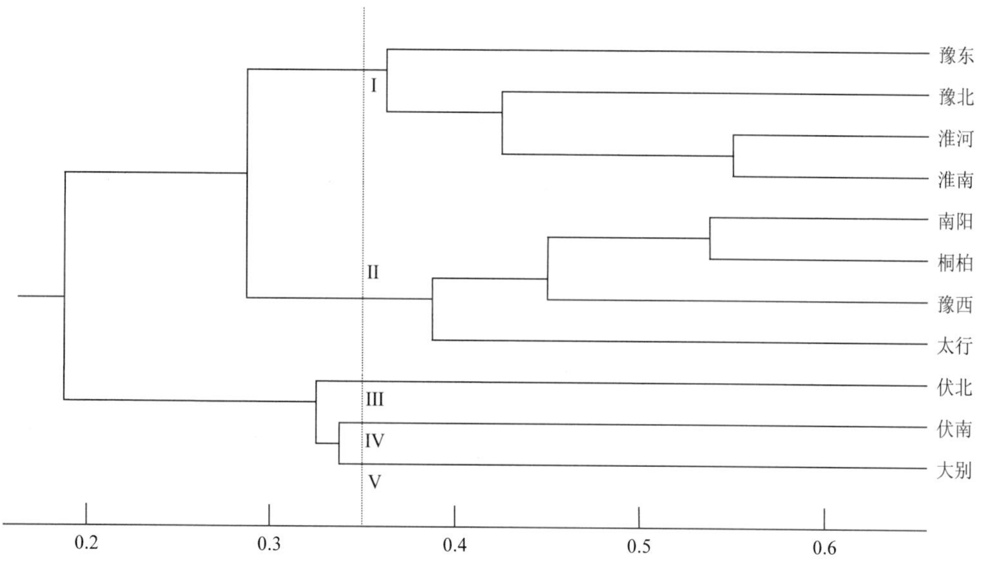

图 3-21　河南半翅目昆虫的 MSCA 结果

(三) 鞘翅目昆虫分布的相似性

鞘翅目昆虫共计 67 科 564 属 1094 种。在 0.4 水平上分为 4 个分布区(图 3-22)，黄河两岸 4 个生态区聚为一区；淮河源头及其两岸 4 个生态区聚为一区；伏牛山南坡以微小的差异离开北坡而和大别山聚在一起有些令人遗憾。鞘翅目结果和全部种类结果差异较大，可能与调查不够深入有关，这个种类最多的类群，由于采集难度较大，鉴定难度也大，工作开展比较滞后。

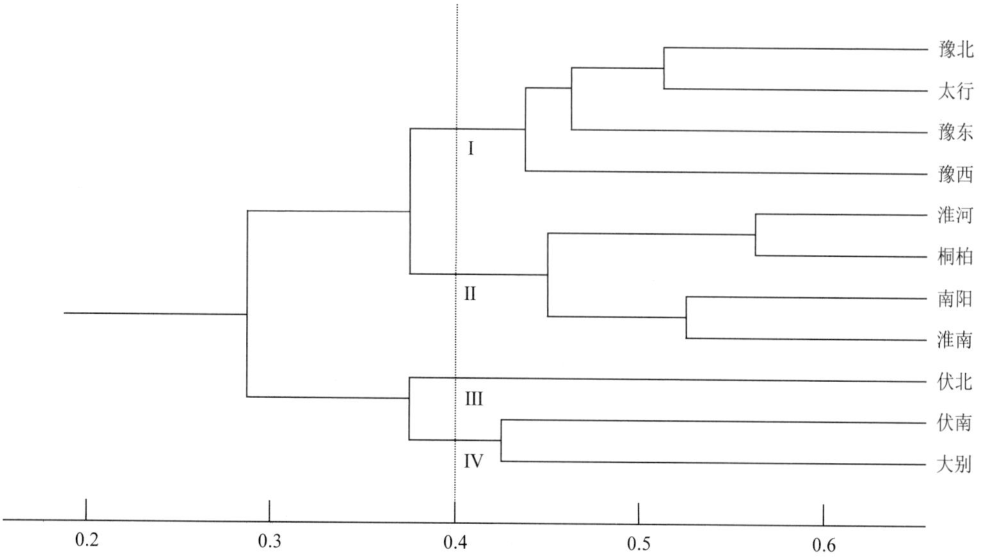

图 3-22　河南鞘翅目昆虫的 MSCA 结果

(四) 双翅目昆虫分布的相似性

双翅目昆虫共54科391属994种。在0.35的水平上分为5区(图3-23)，太行山地、豫西台地先后和北方3个平原区聚为一区，南方2个平原区聚为一区，伏牛山南、北坡由于各自都有不少独特种类，各自独立为一区。

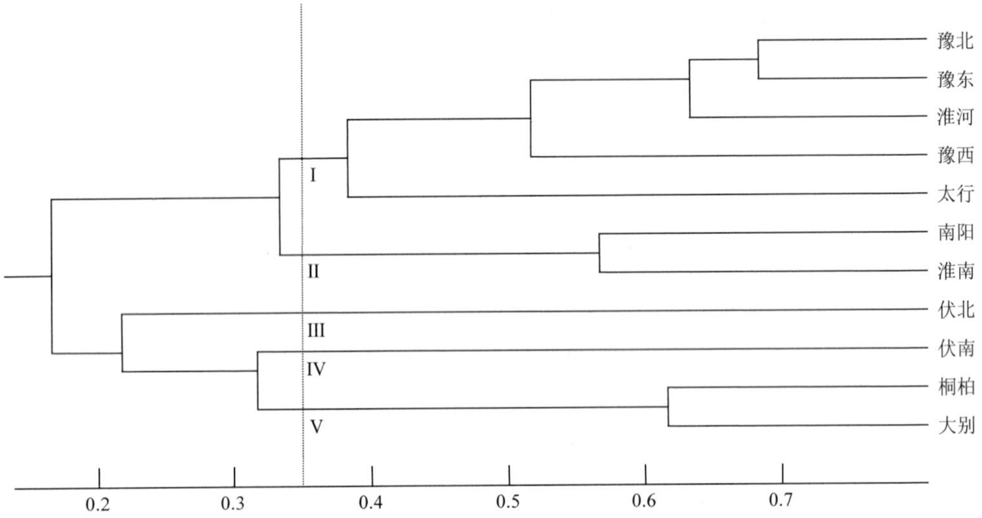

图3-23 河南双翅目昆虫的MSCA结果

(五) 鳞翅目昆虫分布的相似性

鳞翅目昆虫共68科1324属2969种。其MSCA结果比其他目都更接近全部种类的结果(图3-24)，主要区别在于平原5区被分成南、北两个区，似乎比较更为合理一些。

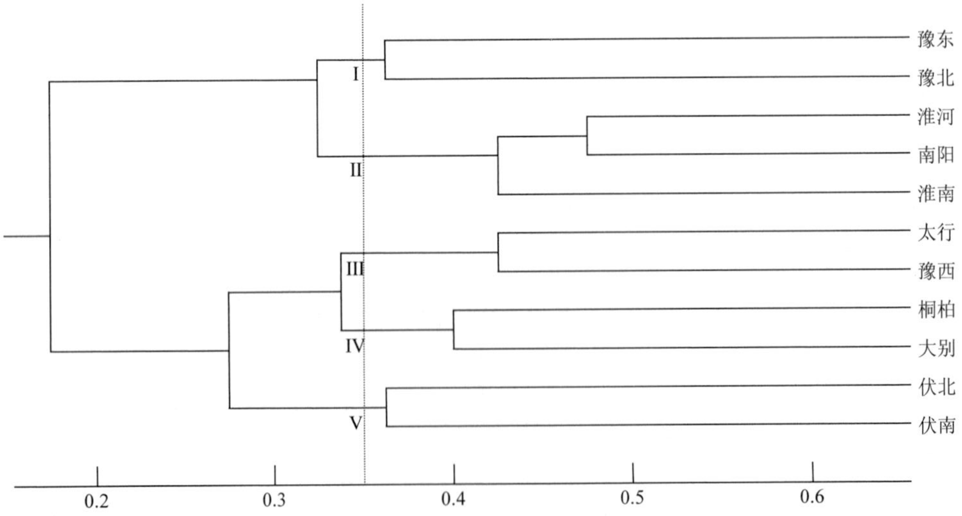

图3-24 河南鳞翅目昆虫的MSCA结果

(六) 膜翅目昆虫分布的相似性

膜翅目昆虫共 56 科 541 属 1479 种。其 MSCA 结果与全部种类结果相比(图 3-25)，主要不同一是桐柏山地种类最少，从而和平原诸区聚在一块，二是调查发现新种、新记录较多，分布比较狭窄，整体相似性水平降低。

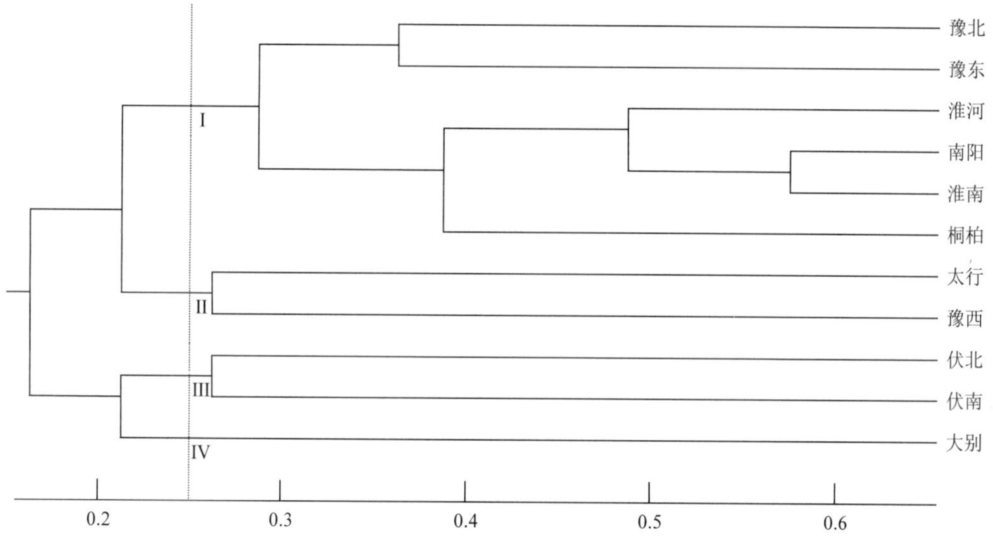

图 3-25　河南膜翅目昆虫的 MSCA 结果

七、减少分布地对相似性分析的影响

分布地是计算相似性的基础材料，收集积累昆虫的分布地比积累种类资料更困难，更烦琐。种类的真伪有分类学科作为最后诉庭，而附属于种类的分布地则没有这样幸运，即使是昆虫区系调查本身，也只是肯定某地有什么，并不证明无什么。因此昆虫的分布仿佛是一个没有终点的工作。那么，这是否意味着昆虫相似性比较以及地理区划工作的开展就遥遥无期，或者无可信任了呢？

(一) 分布地点扣减 10%

9272 种昆虫、蜘蛛和蜱螨在全省 11 个生态区域共有 20 775 个“种地”记录，在无序排列的情况下，按顺序抽样扣减 1/10，剩余 18 702 个记录。对其进行 MSCA 的结果为图 3-26。与全部分布地相比，各个生态区聚类的顺序基本不变；在保持分布区划分标准 0.3 不变的情况下，伏牛山南北坡被分为两区；各个层次的相似性系数都有所降低，整体相似性系数由 0.184 降为 0.173，减少 0.011，占 5.98%。

(二) 分布地点再扣减 10%

同样方法，再扣减 1/10 的分布记录，剩余 16 834 个记录，MSCA 结果如图 3-27 所示。聚类顺序没有变化，相似性系数进一步降低，整体相似性系数为 0.162，再次降低

0.011；在 0.3 水平上，桐柏山地和大别山地也各自分开。

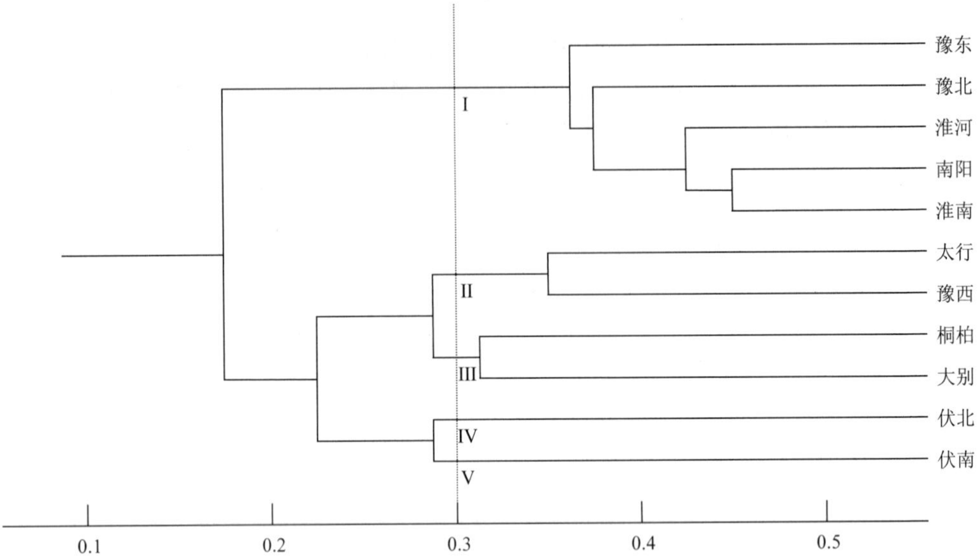

图 3-26 扣减 10%分布地的 MSCA 结果

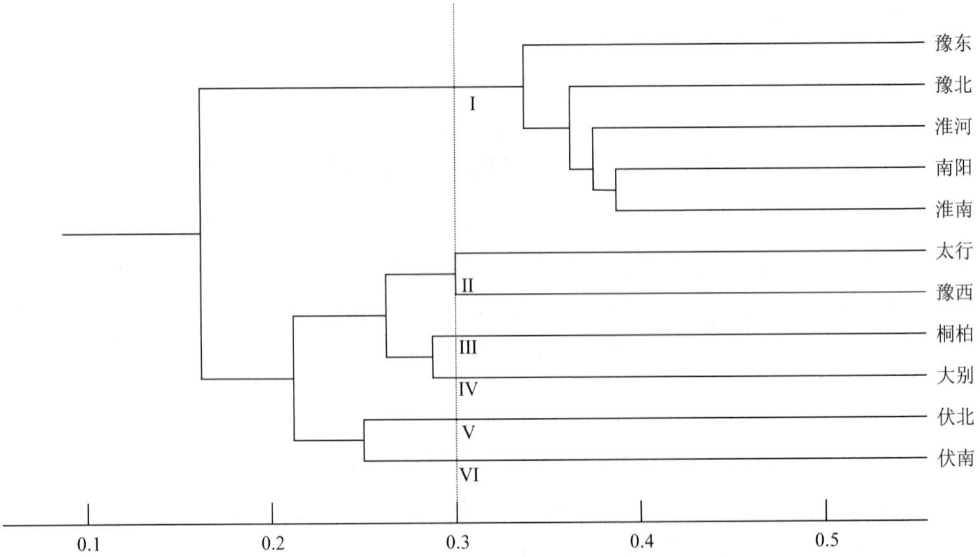

图 3-27 再次扣减 1/10 分布地后的 MSCA 结果

通过公式计算可以得知，本例中，种类数量不变情况下，增加 1 个分布地记录，整体相似性系数将增加：$1/nS=1/(11\times 9272)=0.000\,009\,8$

若增加 1 个种类 1 个分布地，整体相似性系数将会减少：

$$SI/(S+1)=0.184/(9272+1)=0.000\,019\,8$$

因此，在有足够多的类群和相当多的种类情况下，分布地的少量增减，只会使相似性系数适量地增减，不会引起聚类结构的变动。

八、河南昆虫地理区划和区域分异

按照生物地理区划的原则和实际的区系相似性分析结果，拟将全省分为 4 个昆虫地理小区(图 3-28)：①西北山地台地昆虫小区；②平原盆地昆虫小区；③伏牛山地昆虫小区；④桐柏大别山地昆虫小区。

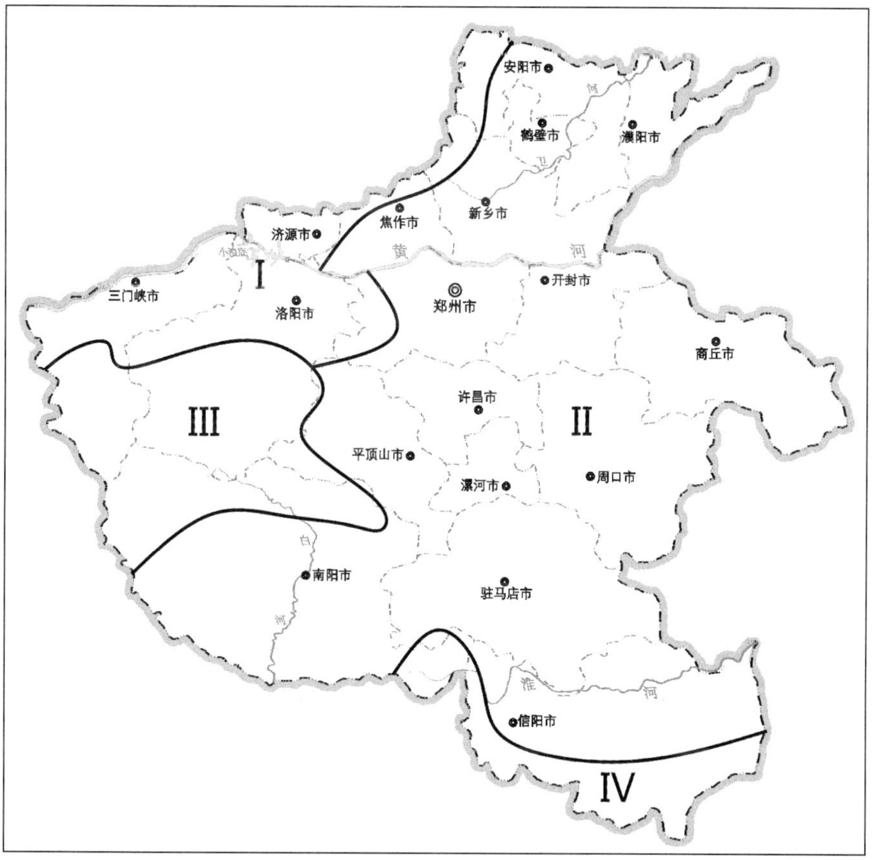

图 3-28　河南昆虫地理区划意见

I. 西北山地台地昆虫小区；II. 平原盆地昆虫小区；III. 伏牛山地昆虫小区；IV. 桐柏-大别山地昆虫小区

这里将分布区称为“小区”，是为将昆虫地理区划名称统一，建议将全球昆虫分区称为“界”和“亚界”(kingdom, subkingdom)，全国昆虫分区称为“区”和“亚区”(region, subregion)，省下称为“小区”(microregion)。

还需提出的是，河南地质上栾川-确山-固始大深裂和伏牛山-淮河的中国地理南北分界线，在河南昆虫地理区划上，没有显示出作用。伏牛山的南坡和北坡昆虫区系有较高的相似性，淮河两岸更没有足够的差异。这至少告诉我们，2000 m 的山脉对昆虫区系的影响没有预期的那么高。

4个昆虫地理小区中(表3-32)，相同之处是东亚成分都占优势地位。不同之处在于，桐柏-大别小区是惟一一个东洋种类多于古北种类的小区，其余3个小区中，伏牛山地小区的物种丰富度最高，东亚种类最多，发现新种最多；平原盆地小区物种丰富度最低，东亚种类也最少；西北山地台地小区居于二者之间。

表3-32 河南各昆虫地理小区的区域分异

昆虫地理小区	面积/km^2	昆虫种类	物种丰富度/(种/1000 km^2)	广布种	古北种	东洋种	东亚种	新种	不明
西北山地台地	23 500	2 561	108	207	713	473	1 114	145	64
平原盆地	93 000	2 638	28	285	744	575	858	48	176
伏牛山地	28 000	5 003	179	240	1064	849	2 678	785	172
桐柏-大别山地	22 500	3 143	140	209	617	804	1 462	167	61
总计	167 000	9 272	55	446	1 953	1 603	4 803	1 067	467

九、古北、东洋界在河南的分界讨论

河南处于昆虫区系过渡性的关键地带，有必要对古北、东洋两界在河南的分界线做一讨论。

关于中国东部古北、东洋两界分界线的争论已延续了至少100多年，马世骏(1959)细数了国内外各种意见之后，提出在北纬28°附近。章士美1963年根据近千种农业昆虫在秦岭以东分布的交叉情况，提出秦岭以东以淮河为分界线，大致在北纬32°附近，1996年又以1600多种昆虫的分布资料论证上述观点(章士美，1996)。柳支英等(1986)、陆宝麟等(1997)分别根据蚤目蚊科的研究，提出更靠南的北纬31°~32°的分界线。方三阳(1993)从森林昆虫的角度，提出与章士美基本相同的意见。国内外所有关于东洋、古北在中国东部分界线的定位，均在北纬25°~40°。

之所以成为热点问题，其原因一是从北纬25°~40°这么宽阔的过渡地带世界独有，问题敏感，容易引起学术界的高度关注；二是专家们所依据的昆虫类群仅是自己所熟悉的类群，范围较窄，而不同的类群组成成分不同，数量相等、势力均衡的分界线也就不同。古北成分比例大，分界线就偏南，东洋成分比例大，分界线就靠北；三是处于过渡关键地带的省份昆虫区系原来一直不清，令人难以决断；四是对昆虫区系性质判别不清，数量庞大的东亚成分不被认作一个整体，而被分散在其他3种成分中，难免有干扰之嫌。而惟一一个有见地的意见没有得到重视，苏联的А.Н.Формэов和Д.В.Панфилов于1959年提出："两大区分界线应划在北纬25度"，并认为"在这条界线上基本发生了热带印度马来亚区与亚热带古北区昆虫分类上与数量上优势统治地位的更替"，而且"还有另一个优点——可以分出十分特殊的东方昆虫区系类型"，否则"东方区系类型，不会看做独立的综合体，而被它所占领的地区，就只能利用不多的北方和南方种在古北区范围内的更北边与印度马来亚区之间分割”(马世骏，1959)。

讨论中国昆虫古北和东洋的分界，实际上不单单是古北种和东洋种的数量变化对比，更重要的是明确东亚种类的归属，它的优势地位不能使我们置之不理，它的分布特点又不符合典型古北种或典型东洋种的特征，把它们简单地分解到古北种、东洋种或广布种中，显然是一个不足取的方法。

作者用 100 多科 20 000 多种昆虫作为大样本，从全国各省份的宏观角度、河南省这一过渡关键地带的中观角度以及伏牛山南坡宝天曼国家级自然保护区的微观角度，用数理统计方法和直接对比的方法证实了，伏牛山-淮河是古北种类和东洋种类比例发生突变的“拐点”，把这里作为分界线，与中国动物地理区划(张荣祖，1979；1999；2004)和中国昆虫地理区划(章士美，1996)相同，所不同的是，这“仅仅”是古北种类和东洋种类谁占较大比例的分界线，不仅不是昆虫类群的全部，也不是昆虫类群的大部，二者只占昆虫种类的不到 40%(申效诚等，2009)。把这不到 40%的物种当做热点争来争去，是否有点不分主次、舍本求末之嫌？

东亚种类作为中国昆虫的主体，是中国生物物种多样性的主要标志，是中国昆虫地域特色的主要体现者，但这一“十分特殊的东方昆虫区系类型”缺乏足够的特有科，起码目前上升不到世界昆虫区系成分的高度。由于其分布区域主要在西南地区、华中地区、中国台湾、华北地区以及朝鲜半岛、日本，属于亚热带和温带，因此归属于古北成分较为合理。这样古北、东洋两界的分界线就会南移到北纬 25°，即南岭一带，中国昆虫东洋界的地域只剩下华南地区，包括云南南部、广西、广东、海南及南海诸岛。十分巧合的是这条界线与世界植物区系分区(塔赫他间，1978)以及中国植物区系分区(吴征镒等，1983)关于泛北极植物区、古热带植物区的分界线十分相似，只是后者稍微再靠南一些。考虑到虽然昆虫属于动物界的一个纲，由于中国动物地理分区只考虑的是陆生脊椎动物，特别是哺乳动物，而昆虫除极少数类群，如食毛目、虱目、蚤目外，绝大多数昆虫种类和植物有高度生态依赖性，因此昆虫和植物的两界分界线相似，应该是能够理解和接受的。如果把东亚种类归为东洋成分，两界分界线就北移到北纬 39.6°，即燕山一带，这将是更多人难以接受的。

因此，确定古北界和东洋界的分界线的首要问题是对东亚成分及其归属的认定，首要问题一解决，分界线的争论也就烟消云散，否则，很难形成统一意见。

第四节　河南昆虫区系研究中的机遇、前景与建议

河南省改革开放 30 年的昆虫区系研究，特别是近 15 年大规模的昆虫考察活动，取得了快速的发展，实现了由资源贫乏省份向资源大省的转变。这个转变，已得到省内各有关部门和国内同行的认可。开展工作的其他相关条件也得到根本改善。目前，是继续开展昆虫区系研究的最好机遇。

纵览整个昆虫王国，我们以往的工作只是揭开了河南神秘面纱的一角。相当多的目和科调查还不深入，更有不少的科还未触及；专业人才分散，不能发挥团队效益；科技支撑力量薄弱，不能长期坚持工作。目前距离河南省实际资源状况还有很大发展空间。最保守估计，河南省也应有昆虫 15 000 种，乐观估计应有 100 000 种。摆在我们面前的仍是任重道远的艰辛道路(表 3-33)。

表 3-33　河南昆虫资源探查程度的估计

目名	世界种类	中国种类	河南种类	河南占全国的比例/%	河南占世界的比例/%	研究深度
原尾纲	649	181	13	7.22	2.00	B
弹尾纲	6 000	277	21	7.58	0.35	C
双尾纲	600	44	4	9.09	0.67	C
石蛃目	250	16	3	18.75	1.20	C
衣鱼目	250	11	1	9.09	0.40	D
蜉蝣目	2 250	262	18	6.87	0.80	B
蜻蜓目	5 626	777	97	12.48	1.72	A
襀翅目	3 276	439	40	9.11	1.22	B
蜚蠊目	5 584	340	12	3.53	0.21	B
等翅目	3 000	531	21	3.95	0.70	A
蛩蠊目	29	2	0	0.00	0.00	E
螳螂目	2 200	163	18	11.04	0.82	B
革翅目	2 028	265	9	3.40	0.44	C
直翅目	22 342	2 519	247	9.81	1.11	A
蛸目	2 500	342	21	6.14	0.84	A
纺足目	300	6	0	0.00	0.00	E

续表

目名	世界种类	中国种类	河南种类	河南占全国的比例/%	河南占世界的比例/%	研究深度
缺翅目	29	2	0	0.00	0.00	E
蝎目	4 658	1 648	14	0.85	0.30	D
食毛目	4 500	906	64	7.06	1.42	D
虱目	500	97	9	9.28	1.80	C
缨翅目	6 000	539	76	14.10	1.27	A
半翅目	84 500	11 622	1 028	8.85	1.22	B
广翅目	300	106	12	11.32	4.00	A
蛇蛉目	178	14	3	21.43	1.69	A
脉翅目	5 000	744	41	5.51	0.82	C
鞘翅目	350 000	23 254	1 094	4.70	0.31	C
捻翅目	400	23	2	8.70	0.50	C
长翅目	605	219	10	4.57	1.65	C
双翅目	120 000	14 880	994	6.68	0.83	B
蚤目	2 497	558	10	1.79	0.40	C
毛翅目	10 000	840	67	7.98	0.67	B
鳞翅目	200 000	17 598	2 969	16.87	1.48	A
膜翅目	138 000	11 954	1 479	12.37	1.07	B
蜘蛛目	41 995	3 829	414	10.81	0.99	B
蜱螨目	50 000	3 000	361	12.03	0.72	B
合计	1 074 751	97 708	9 272	9.49	0.86	B

注：A. 调查已相当详细，掌握种类在应有种类的 80%以上；B. 做过深入的调查，掌握种类在 50%以上；C. 做过初步调查，掌握种类在 50%以下；D. 基本未调查，掌握种类在 10%以下；E. 当地没有分布，不需要调查。

为了使河南昆虫区系研究工作能够进一步深入、快速、持续发展，建议：

1. 提高认识

昆虫分类与区系研究是一项基础研究，是开展昆虫学各个领域研究，包括昆虫分子生物学研究的前置学科，无可逾越和替代。

昆虫分类学科不是深藏“象牙塔”里的“高雅”学科，它与生产实践有着紧密的、直接的联系，当生产上出现新的害虫，首先需要的是分类学家告诉他这是什么虫，因此，从某种意义上说，昆虫分类学家是比生产实践者更先前的实践者。

河南省有不重视基础研究的“传统”，革除这种偏见，绝非一朝一夕之功所能奏效。

2. 加大投入

昆虫分类区系研究并不需要太大的投入，但须长久持续下去，必须耐得住寂寞。河南省若能每年有 30 万~40 万元的支撑力度，肯定能在 5~10 年获得投入产出比很高的结果，使河南省再上一个新台阶，而这并不是河南省承受不了的负担。

3. 整合力量

目前河南省已有以博士、硕士为主的专业力量，但人员分散，各事其主，各自为战，不能统一协调和相互支撑。因此希望能建立一个真正意义上的省昆虫资源重点实验室，整合全省力量，使工作能卓有成效。

4. 建立基地

选择昆虫资源的关键地点，建立 5 或 6 个考察基地，方便省内外、国内外昆虫学家考察研究，也是对青少年进行科学普及的教育基地。

第四章　河南昆虫区系

Chapter 4　Insect Fauna in Henan

第一节　原　尾　纲
Class Protura

原尾纲原是昆虫纲中最原始的一个目，1907年由意大利Silvestri建立。我国原尾虫由杨集昆于1956年首次发现。现已由尹文英提升为原尾纲。

原尾虫通称“蚖”，身体微小，体长在2 mm以下，无触角，第一胸足前举似触角，缺复眼和单眼。终生生活于土壤中，尤喜潮湿而富有腐殖质的林区土壤。增节变态。

河南原来没有过原尾虫的调查，20世纪80年代，尹文英院士的团队人员曾在洛阳一带进行过调查。1996年进行昆虫考察时，傅荣恕在伏牛山区采集甲螨时，采到一批原尾虫，由尹文英院士鉴定。

原尾纲全世界共10科69属649种，全球广泛分布。中国记载9科37属181种，河南记录4科9属13种。

一、始蚖科 Protentomidae

本科全世界共6属42种，除新热带界外都有分布。中国记载4属10种，河南记录1属1种。

短跗新康蚖 *Neocondeellum brachytarsum* (Yin, 1977)

省内产地：栾川龙峪湾，嵩县白云山，洛阳。

分布：河南，上海，江苏，浙江，安徽，湖北，湖南，四川，重庆，贵州，陕西，北京，辽宁，吉林。

资料来源：尹文英等，1998，原尾目。《伏牛山区昆虫》，中国农业科学技术出版社。

二、檗蚖科 Berberentomidae

本科全世界共21属142种，全球分布。中国记载9属47种，河南记录3属4种。

天目山巴蚖 *Baculentulus tianmushanensis* (Yin, 1963)

省内产地：栾川龙峪湾，嵩县白云山，洛阳。

分布：河南，浙江，上海，江西，安徽，湖北，湖南，四川，重庆，贵州，云南，河北，辽宁，内蒙古。

资料来源：尹文英等，1998，原尾目。《伏牛山区昆虫》，中国农业科学技术出版社。

大同肯蚖 *Kenyentulus datongensis* Imadate *et* Yin, 1982

省内产地：洛阳。

分布：河南，山西，四川，北京。

资料来源：尹文英，1999，中国动物志　无脊椎动物　第十八卷　原尾纲。科学出版社。

河南肯蚖 *Kenyentulus henanensis* Yin, 1983

省内产地：栾川龙峪湾，登封(模式产地)，洛阳。

分布：河南，湖北，贵州，云南，江西，浙江，海南。

资料来源：尹文英等，1998，原尾目。《伏牛山区昆虫》，中国农业科学技术出版社。

河南新巴蚖 *Neobaculentulus henanensis* Yin, 1984

省内产地：洛阳(模式产地)。

分布：河南，湖南，贵州，四川。

资料来源：尹文英，1999，中国动物志　无脊椎动物　第十八卷　原尾纲。科学出版社。

三、蚖科 Acerentomidae

本科全世界共15属，分布于亚洲、欧洲、非洲、美洲和大洋洲。中国记载6属7种，河南记录2

属 2 种。

高绳线毛蚖 *Filientomon tacanawanum* (Imadate, 1956)

省内产地：栾川龙峪湾，嵩县白云山。

分布：河南，吉林，山西，河北，安徽，浙江；朝鲜，日本，韩国。

资料来源：尹文英等，1998，原尾目。《伏牛山区昆虫》，中国农业科学技术出版社。

华山蚖 *Huashanentulus huashanensis* Yin, 1980

省内产地：嵩县白云山。

分布：河南，陕西，甘肃，湖北。

资料来源：尹文英等，1998，原尾目。《伏牛山区昆虫》，中国农业科学技术出版社。

四、古蚖科 Eosentomidae

本科全世界共 10 属 260 种，全球分布。中国记载 6 属 78 种，河南记录 3 属 6 种。

巨刺异蚖 *Anisentomon magnispinosum* (Yin, 1965)

省内产地：登封。

分布：河南，江苏，浙江，陕西，四川。

资料来源：尹文英，1999，中国动物志 无脊椎动物 第十八卷 原尾纲。科学出版社。

短身古蚖 *Eosentomon brevicorpusculum* Yin, 1965

省内产地：洛阳，登封。

分布：河南，辽宁，陕西，河北，山东，安徽，江苏，浙江，江西，福建，湖北，湖南，广东，广西，四川，重庆，贵州。

资料来源：尹文英，1999，中国动物志 无脊椎动物 第十八卷 原尾纲。科学出版社。

栖霞古蚖 *Eosentomon chishiaensis* Yin, 1965

省内产地：栾川龙峪湾。

分布：河南，陕西，安徽，江苏，上海，浙江，湖北，湖南，广东。

资料来源：尹文英等，1998，原尾目。《伏牛山区昆虫》，中国农业科学技术出版社。

大眼古蚖 *Eosentomon megaglanum* Yin, 1990

省内产地：栾川龙峪湾，嵩县白云山。

分布：河南，陕西，湖北，湖南，四川，云南，贵州，福建。

资料来源：尹文英等，1998，原尾目。《伏牛山区昆虫》，中国农业科学技术出版社。

樱花古蚖 *Eosentomon sakura* Imadate *et* Yosii, 1959

省内产地：栾川龙峪湾，嵩县白云山。

分布：河南，安徽，江苏，上海，浙江，江西，湖北，湖南，四川，贵州，云南，福建，广东，广西，海南，台湾，香港；日本。

资料来源：尹文英等，1998，原尾目。《伏牛山区昆虫》，中国农业科学技术出版社。

梅花拟异蚖 *Pseudanisentomon meihwa* (Yin, 1965)

省内产地：洛阳，登封。

分布：河南，安徽，江苏，浙江，福建，湖南，贵州。

资料来源：尹文英，1999，中国动物志 无脊椎动物 第十八卷 原尾纲。科学出版社。

第二节　弹　尾　纲

Class Collembola

弹尾纲原是无翅亚纲中最大的一目，现已提升为弹尾纲。

弹尾纲昆虫俗称跳虫。体长多为 1~3 mm，身体圆筒形、球形、扁平形，体色多样，有触角，无真正的复眼，无翅；腹部生有腹管、弹器和握弹器，能跳跃。一般生活在潮湿场所或水面，以腐殖质、菌类、藻类为主要食物。表变态。两性生殖，少数单性生殖。

河南原来没有进行过跳虫的调查，1996 年进行昆虫考察时，傅荣恕在采集甲螨时，采到一批跳虫，并鉴定。

弹尾纲全世界共 17 科约 400 属 6000 种，中国记载 14 科 81 属 277 种，河南记录 7 科 15 属 21 种。

一、棘䖴科 Onychiuridae

本科全世界共 30 属 350 种，中国记载 3 属 19 种，河南记录 2 属 5 种。

黄棘䖴*Onychiurus flavescens* Kinoshita, 1916

省内产地：栾川龙峪湾，嵩县白云山。

分布：河南；日本。

资料来源：傅荣恕，田村浩志，1998，弹尾目。《伏牛山区昆虫》，中国农业科学技术出版社。

白棘䖴*Onychiurus folsomi* (Schaffer, 1900)

省内产地：嵩县白云山。

分布：河南，浙江；日本，澳大利亚，印度尼西亚；欧洲，北美。

资料来源：傅荣恕，田村浩志，1998，弹尾目。《伏牛山区昆虫》，中国农业科学技术出版社。

斯氏棘䖴*Onychiurus schoetti* (Lie-Pettersen, 1896)

省内产地：栾川龙峪湾。

分布：河南；日本。

资料来源：傅荣恕，田村浩志，1998，弹尾目。《伏牛山区昆虫》，中国农业科学技术出版社。

依田氏棘䖴*Onychiurus yodai* Yosii, 1966

省内产地：栾川龙峪湾，嵩县白云山。

分布：河南，吉林；日本，尼泊尔。

资料来源：傅荣恕，田村浩志，1998，弹尾目。《伏牛山区昆虫》，中国农业科学技术出版社。

吉井氏土䖴*Tullbergia yosii* Rusek, 1967

省内产地：栾川龙峪湾。

分布：河南，吉林，上海，浙江，湖南，广东；日本。

资料来源：傅荣恕，田村浩志，1998，弹尾目。《伏牛山区昆虫》，中国农业科学技术出版社。

二、球角䖴科 Hypogastruridae

本科全世界共 30 属 450 种，中国记载 4 属 13 种，河南记录 2 属 3 种。

普通球角䖴*Hypogastrura communis* (Folsom, 1897)

省内产地：嵩县白云山，洛阳，三门峡。

分布：河南，福建，台湾，香港；日本，印度尼西亚，印度，澳大利亚，新西兰；北美，南美，欧洲，非洲。

资料来源：申效诚，1993，河南昆虫名录。中国农业科学技术出版社。

双刺球角蛾*Hypogastrura duplicispinosa* Yosii, 1954

省内产地：嵩县白云山。

分布：河南，上海；朝鲜，日本。

资料来源：傅荣恕，田村浩志，1998，弹尾目。《伏牛山区昆虫》，中国农业科学技术出版社。

日本韦蛾*Willemia japonica* Yosii, 1970

省内产地：栾川龙峪湾。

分布：河南；日本。

资料来源：傅荣恕，田村浩志，1998，弹尾目。《伏牛山区昆虫》，中国农业科学技术出版社。

三、拟亚蛾科 Pseudachorutidae

本科全世界共 25 属 250 种，中国记载 4 属 9 种，河南记录 1 属 1 种。

派米拟亚蛾*Micranurida pygmaea* Barner, 1901

省内产地：栾川龙峪湾。

分布：河南；日本。

资料来源：傅荣恕，田村浩志，1998，弹尾目。《伏牛山区昆虫》，中国农业科学技术出版社。

四、疣蛾科 Neanuridae

本科全世界共 15 属 300 种，中国记载 5 属 17 种，河南记录 1 属 1 种。

阿罗叶蛾*Lobella aphoruroides* (Yosii, 1953)

省内产地：栾川龙峪湾。

分布：河南，浙江；日本，马来西亚。

资料来源：傅荣恕，田村浩志，1998，弹尾目。《伏牛山区昆虫》，中国农业科学技术出版社。

五、等节蛾科 Isotomidae

本科全世界共 75 属 350 种，中国记载 21 属 55 种，河南记录 5 属 6 种。

希达符蛾*Folsomia hidakana* Uchida *et* Tamura, 1968

省内产地：嵩县白云山。

分布：河南；日本。

资料来源：傅荣恕，田村浩志，1998，弹尾目。《伏牛山区昆虫》，中国农业科学技术出版社。

微点符蛾*Folsomia minipunctata* Zhao *et* Tamura, 1992

省内产地：栾川龙峪湾，嵩县白云山。

分布：河南，浙江。

资料来源：傅荣恕，田村浩志，1998，弹尾目。《伏牛山区昆虫》，中国农业科学技术出版社。

小裔符蛾*Folsomides parvulus* Stach, 1922

省内产地：栾川龙峪湾，嵩县白云山。

分布：河南，上海，浙江，湖南，贵州；全北区。

资料来源：傅荣恕，田村浩志，1998，弹尾目。《伏牛山区昆虫》，中国农业科学技术出版社。

类符蛾*Folsomina onychiurina* Denis, 1931

省内产地：栾川龙峪湾。

分布：河南，浙江，湖南，广东，西沙群岛；日本，澳大利亚。

资料来源：傅荣恕，田村浩志，1998，弹尾目。《伏牛山区昆虫》，中国农业科学技术出版社。

三刺等蛾*Isotoma trispinata* (MacGillivray, 1896)

省内产地：嵩县白云山。

分布：河南；日本。

资料来源：傅荣恕，田村浩志，1998，弹尾目。《伏牛山区昆虫》，中国农业科学技术出版社。

微小等蛛*Isotomiella minor* (Schaffer, 1900)

省内产地：嵩县白云山。

分布：河南，吉林，上海，浙江，湖北，湖南，广东，贵州；日本；欧洲，北美。

资料来源：傅荣恕，田村浩志，1998，弹尾目。《伏牛山区昆虫》，中国农业科学技术出版社。

六、长角蛛科 Entomobryidae

本科全世界共 50 属 800 种，中国记载 9 属 40 种，河南记录 2 属 3 种。

黑头刺齿蛛*Homidia nigrocephara* Uchida, 1943

省内产地：栾川龙峪湾。

分布：河南，台湾；日本。

资料来源：傅荣恕，田村浩志，1998，弹尾目。《伏牛山区昆虫》，中国农业科学技术出版社。

弯毛裸长角蛛*Sinella curviseta* Brook, 1882

省内产地：栾川龙峪湾。

分布：河南，江苏，上海，台湾；朝鲜，日本，印度，越南，俄罗斯；欧洲，北美。

资料来源：傅荣恕，田村浩志，1998，弹尾目。《伏牛山区昆虫》，中国农业科学技术出版社。

***Sinella dubiosa* Yosii, 1956**

省内产地：嵩县白云山，栾川龙峪湾。

分布：河南；日本。

资料来源：傅荣恕，田村浩志，1998，弹尾目。《伏牛山区昆虫》，中国农业科学技术出版社。

七、圆蛛科 Sminthuridae

本科全世界共 47 属 500 种，中国记载 13 属 31 种，河南记录 2 属 2 种。

穴居齿棘圆蛛*Arrhopalites antrobius* Yosii, 1954

省内产地：嵩县白云山，栾川龙峪湾。

分布：河南；日本。

资料来源：傅荣恕，田村浩志，1998，弹尾目。《伏牛山区昆虫》，中国农业科学技术出版社。

绿圆蛛*Sminthurus viridis* (Linnaeus, 1758)

省内产地：全省。

分布：河南，吉林，江西；日本，澳大利亚，俄罗斯(西伯利亚)；欧洲，北美，南美。

资料来源：申效诚，1993，河南昆虫名录。中国农业科学技术出版社。

第三节 双 尾 纲
Class Diplura

双尾虫于 1842 年首先被发现，1904 年建立双尾目，现提升为双尾纲。

双尾虫统称“虮”，体长 2~5 mm，少数种类可达 50 mm。无复眼和单眼，无翅，有气孔，腹部末端有一对分节的尾须或不分节的尾铗。一般生活在阴暗潮湿的土表腐殖质层的枯枝落叶、倒木下、腐朽树干中、石缝内，爬行迅速。多以微小的土壤动物、微生物、植物根和植物碎屑为食。表变态。两性生殖，体外受精。

河南原来没有进行过双尾虫的调查，1996 年进行昆虫考察时，傅荣恕在采集甲螨时，采到一批双尾虫，由谢荣栋鉴定。

双尾目全世界共 9 科约 84 属 600 种，中国记载 6 科 24 属 44 种，河南记录 2 科 2 属 4 种。

一、康虮科 Campodeidae

本科全世界共 40 属至少 154 种，中国记载 11 属 23 种，河南记录 1 属 1 种。

桑山美虮*Metriocampus kuwayamai* Silvestri, 1931

省内产地：嵩县白云山。

分布：河南，浙江，福建，湖南；日本。

资料来源：谢荣栋，1998，双尾目。《伏牛山区昆虫》，中国农业科学技术出版社。

二、副铗虮科 Parajapygidae

本科全世界共 3 属 12 种，中国记载 1 属 7 种，河南记录 1 属 3 种。

爱媚副铗虮*Parajapyx emeryanus* Silvestri, 1928

省内产地：具体不详。

分布：河南，河北，山西，陕西，北京，安徽，江苏，上海，浙江，江西，湖南，湖北，四川，云南，贵州；日本。

资料来源：谢荣栋，尹文英，1999，双尾目。《福建昆虫志 第一卷》，福建科学技术出版社。

华山副铗虮*Parajapyx hwashanensis* Chou, 1966

省内产地：栾川龙峪湾。

分布：河南，陕西，湖北，湖南，贵州。

资料来源：谢荣栋，1998，双尾目。《伏牛山区昆虫》，中国农业科学技术出版社。

黄副铗虮*Parajapyx isabellae* (Grassi, 1886)

省内产地：具体不详。

分布：河南，安徽，湖北，江苏，上海，浙江，湖南，贵州，四川，云南，广东；日本，美国(夏威夷)，阿根廷；南非，欧洲。

资料来源：谢荣栋，尹文英，1999，双尾目。《福建昆虫志 第一卷》，福建科学技术出版社。

第四节　昆虫纲：石蛃目

Class Insecta: Order Microcoryphia

石蛃原来属于缨尾目，20 世纪 80 年代，设立石蛃目。

石蛃身体近纺锤形，胸部较粗且背部拱起，体长不超过 20 mm。体表密被鳞片，有触角、复眼和单眼，有较长的下颚须和下唇须，腹部末端有 1 对侧尾丝和 1 根中尾丝。主要栖息于阴暗潮湿处，如苔藓地衣上、石缝中、石块下、枯枝落叶中，以植食性为主。善跳跃。

河南原来没有石蛃的记录，1996 年进行昆虫考察时，傅荣恕在栾川龙峪湾采到了石蛃，由张骏鉴定。2000 年 6 月上旬考察队在登封少室山下溪流中的石头上采到大量石蛃，2002 年 7 月中旬考察队在辉县八里沟也采到此类标本。

石蛃目全世界共 2 科 65 属 250 种，中国记载 1 科 6 属 16 种，河南记录 1 科 3 属 3 种。

石蛃科 Machilidae

本科全世界共 50 属 200 余种，中国记载 5 属 16 种，河南记录 3 属 3 种。

异蛃 *Allopsontus hummeli* (Silvestri, 1934)

省内产地：具体不详。

分布：河南，四川。

资料来源：张骏，1999，石蛃目。《昆虫分类》，南京师范大学出版社。

栾川跃蛃 *Pedetontinus luanchuanensis* Cheng, Yu *et* Zhang, 2011

省内产地：栾川龙峪湾(模式产地)。

分布：河南。

资料来源：程宏毅，俞丹娜，张加勇，2011，中国跃蛃属一新种记述。动物分类学报，36(1)：36~39。

跳蛃 *Pedetontus* sp.

省内产地：栾川龙峪湾。

分布：河南。

资料来源：张骏，1998，石蛃目。《伏牛山区昆虫》，中国农业科学技术出版社。

第五节　昆虫纲：衣鱼目
Class Insecta: Order Zygentoma

衣鱼目又称缨尾目 Thysanura，本目昆虫俗称衣鱼。身体纺锤形，背部扁平不拱起。体表多数密被鳞片，有金属光泽。触角长，丝状，复眼退化，多数无单眼。有 1 对尾须和细长的中尾丝。生活于野外和室内。

河南没有对衣鱼进行过采集和考察，室内种类人们平时可以看到。

衣鱼目全世界共 3 科 250 种，中国记载 3 科 10 属 11 种，河南记录 1 科 1 属 1 种。

衣鱼科 Lepismatidae

本科全世界至少有 6 属 107 种，中国记载 4 属 5 种，河南记录 1 属 1 种。

多毛栉衣鱼 *Ctenolepisma villosa* (Fabricius, 1775)

省内产地：全省。

分布：河南，陕西，湖北，江西，福建，台湾，广西；日本，印度尼西亚，印度。

资料来源：申效诚，1993，河南昆虫名录。中国农业科学技术出版社。

第六节　昆虫纲：蜉蝣目
Class Insecta: Order Ephemeroptera

蜉蝣目是有翅亚纲中的原始类群，中文通称“蜉”，英文名 mayfly。蜉蝣体态轻盈，小至中等大小。一对复眼发达，单眼 3 个，触角短。翅一般 2 对，膜质透明，翅脉原始，不能折叠，静止时竖立于体背，后翅小甚至无。成虫不食，存活时间很短。卵产于水中，幼虫水生，捕食藻类和水生无脊椎动物，又是鱼类的饵料，喜清洁溪流，可用于水质监测。

蜉蝣虽是常见昆虫，但河南并无科学记载。1996 年进行昆虫考察时，周长发，采集到一批蜉蝣，由归鸿教授鉴定。2004 年进行昆虫考察时，周长发再次来豫采集。

蜉蝣目全世界共 23 科 310 属 2250 种，中国记载 14 科 66 属 262 种，河南目前记录 7 科 13 属 18 种。

一、扁蜉科 Heptageniidae

本科全世界共 30 属 400 种，中国记载 10 属 24 种，河南记录 3 属 3 种。

宜兴似动蜉 *Cinygmina yixingensis* Wu *et* You, 1986

省内产地：嵩县白云山，栾川龙峪湾。

分布：河南，江苏。

资料来源：周长发，归鸿，苏翠荣，1998，蜉蝣目。《伏牛山区昆虫》，中国农业科学技术出版社。

透明高翔蜉 *Epeorus pellucidus* Brodsky, 1930

省内产地：嵩县白云山，栾川龙峪湾。

分布：河南；俄罗斯远东地区。

资料来源：周长发，归鸿，苏翠荣，1998，蜉蝣目。《伏牛山区昆虫》，中国农业科学技术出版社。

小扁蜉 *Heptagenia minor* She *et al.*, 1995

省内产地：嵩县白云山，栾川龙峪湾。

分布：河南，江苏，海南，福建，浙江。

资料来源：周长发，归鸿，苏翠荣，1998，蜉蝣目。《伏牛山区昆虫》，中国农业科学技术出版社。

二、四节蜉科 Baetidae

本科全世界共 42 属 500 种，中国记载 8 属 17 种，河南记录 3 属 5 种。

四节蜉 *Baetis* sp.①

省内产地：嵩县白云山，栾川龙峪湾。

分布：河南。

资料来源：周长发，归鸿，苏翠荣，1998，蜉蝣目。《伏牛山区昆虫》，中国农业科学技术出版社。

四节蜉 *Baetis* sp.②

省内产地：嵩县白云山，栾川龙峪湾。

分布：河南。

资料来源：周长发，归鸿，苏翠荣，1998，蜉蝣目。《伏牛山区昆虫》，中国农业科学技术出版社。

河南刺翅蜉 *Centroptilum henanensis* Zhou *et* Gui, 1997

省内产地：嵩县白云山，栾川龙峪湾(模式产地)。

分布：河南。

资料来源：周长发，归鸿，苏翠荣，1997，河南省蜉蝣新种记述。昆虫分类学报，19(4)：268~272。

黑脉假二翅蜉 *Pseudocleon nigrovenaus* Gui *et al.*, 1995

省内产地：嵩县白云山，栾川龙峪湾。

分布：河南，福建。

资料来源：周长发，归鸿，苏翠荣，1998，蜉蝣目。《伏牛山区昆虫》，中国农业科学技术出版社。

中国假二翅蜉 *Pseudocleon* sp.

省内产地：嵩县白云山，栾川龙峪湾。

分布：河南。

资料来源：周长发，归鸿，苏翠荣，1998，蜉蝣目。《伏牛山区昆虫》，中国农业科学技术出版社。

三、细裳蜉科 Leptophlebiidae

本科全世界共 136 属 400 种，中国记载 6 属 10 种，河南记录 1 属 1 种。

安徽宽基蜉 *Choroterpes anhuiensis* Wu *et* You, 1985

省内产地：嵩县白云山，栾川龙峪湾。

分布：河南，安徽。

资料来源：周长发，归鸿，苏翠荣，1998，蜉蝣目。《伏牛山区昆虫》，中国农业科学技术出版社。

四、河花蜉科 Potamanthidae

本科全世界共 3 属 23 种，中国记载 3 属 12 种，河南记录 1 属 1 种。

尤氏红纹蜉 *Rhoenanthus youi* (Wu *et* You, 1986)

省内产地：具体不详。

分布：河南，吉林，湖南，贵州。

资料来源：周长发，2006，蜉蝣目。《赤水桫椤景观昆虫》，贵州科技出版社。

五、蜉蝣科 Ephemeridae

本科全世界共 14 属 130 种，中国记载 4 属 35 种，河南记录 1 属 2 种。

徐氏蜉 *Ephemera hsui* Zhang *et al.*, 1995

省内产地：嵩县白云山，栾川龙峪湾。

分布：河南，湖南。

资料来源：周长发，归鸿，苏翠荣，1998，蜉蝣目。《伏牛山区昆虫》，中国农业科学技术出版社。

张家界蜉 *Ephemera zhangjiajiensis* Zhang *et al.*, 1995

省内产地：嵩县白云山。

分布：河南，湖南，浙江，福建。

资料来源：苏翠荣，周长发，1998，蜉蝣目。《龙王山昆虫》，中国林业出版社。

六、小蜉科 Ephemerellidae

本科全世界共 23 属 200 种，中国记载 9 属 30 种，河南记录 3 属 4 种。

御氏带肋蜉 *Cincticostella gosei* Allen., 1975

省内产地：嵩县白云山，栾川龙峪湾。

分布：河南，安徽，江苏，浙江，江西，云南；泰国。

资料来源：周长发，归鸿，苏翠荣，1998，蜉蝣目。《伏牛山区昆虫》，中国农业科学技术出版社。

隐足弯握蜉 *Drunella cryptomeria* Imanishi, 1937

省内产地：嵩县白云山，栾川龙峪湾。

分布：河南，东北，安徽，浙江，四川，云南；俄罗斯远东地区，朝鲜，日本。

资料来源：周长发，归鸿，苏翠荣，1998，蜉蝣目。《伏牛山区昆虫》，中国农业科学技术出版社。

长茎锯形蜉 *Serratella longipennis* Zhou *et* Gui, 1997

省内产地：嵩县白云山，栾川龙峪湾(模式产地)。

分布：河南。

资料来源：周长发，归鸿，苏翠荣，1997，河南省蜉蝣新种记述。昆虫分类学报，19(4)：268~272。

红锯形蜉 *Serratella rufa* Imanishi, 1937

省内产地：嵩县白云山，栾川龙峪湾。

分布：河南，安徽，江苏，浙江，江西，云南；东北；朝鲜，日本；俄罗斯远东。

资料来源：周长发，归鸿，苏翠荣，1998，蜉蝣目。《伏牛山区昆虫》，中国农业科学技术出版社。

七、细蜉科 Caenidae

本科全世界共 14 属 100 种，中国记载 1 属 2 种，河南记录 1 属 2 种。

黑铗细蜉 *Caenis nigroforceps* Zhou *et* Gui, 1997

省内产地：嵩县白云山，栾川龙峪湾(模式产地)。

分布：河南。

资料来源：周长发，归鸿，苏翠荣，1997，河南省蜉蝣新种记述。昆虫分类学报，19(4)：268~272。

近岸细蜉 *Caenis rivulorum* Eaton, 1884

省内产地：栾川龙峪湾。

分布：河南，黑龙江；俄罗斯；欧洲。

资料来源：Zhou Changfa, Zheng Leyi, 2004, A preliminary study on the genus *Caenis* (Ephemeroptera: Caenidae) from Chinese mainland, with description of a new species. *Entomotaxonomia*, 26 (1): 1~7.

第七节　昆虫纲：蜻蜓目

Class Insecta: Order Odonata

蜻蜓目昆虫俗称蜻蜓、豆娘，通称“蜻”、“蜓”、“蟌”，体形中大型，身体细长。复眼发达，触角短，咀嚼式口器。2 对翅发达，透明，翅脉复杂，不能折叠，竖立或平伸于体背。雄虫腹部第 2、第 3 节有构造复杂的副生殖器官，因此交配姿态特殊。成虫陆生，幼虫水生，均具有捕食性，重要天敌类群和重要水质监测类群。

河南蜻蜓目昆虫由河南省科学院王治国等人进行系统研究。

蜻蜓目全世界截至 2007 年 8 月共 32 科 640 属 5626 种，中国记载 19 科 170 属 777 种(王治国，2007)，河南记录 15 科 61 属 97 种。

一、蜓科 Aeshnidae

本科全世界共 51 属 427 种，中国记载 15 属 59 种，河南记录 5 属 6 种。

黑纹伟蜓 *Anax nigrafasciatus* Oguma, 1915

省内产地：辉县，济源，登封，内乡，信阳，商城。

分布：河南，黑龙江，河北，山西，甘肃，湖北，江苏，福建，台湾，贵州，广西，四川，云南，西藏；朝鲜，日本。

资料来源：王治国等，1990，河南蜻蜓目昆虫调查。河南科学，8(3, 4)：83~94。

碧伟蜓 *Anax parthenope julius* (Brauer, 1865)

省内产地：济源，浚县，灵宝，郑州，登封，西华，舞钢，内乡，信阳，商城。

分布：河南，河北，新疆，江苏，浙江，台湾，湖南，广东，广西，四川，云南，西藏；朝鲜，日本；亚洲东部。

资料来源：王治国等，1990，河南蜻蜓目昆虫调查。河南科学，8(3, 4)：83~94。

巴赛蜓 *Cephalaeschna patrorum* Needham, 1930

省内产地：灵宝，栾川，鲁山，内乡。

分布：河南，山西，四川，陕西，青海。

资料来源：王治国，1998，蜻蜓目。《伏牛山区昆虫》，中国农业科学技术出版社。

工纹长尾蜓 *Gynacantha bayadera* Selys, 1892

省内产地：内乡，桐柏，信阳，罗山，商城。

分布：河南，江苏，江西，广东，四川，台湾；印度尼西亚，马来西亚，缅甸，印度(锡金)。

资料来源：王治国，1998，蜻蜓目。《伏牛山区昆虫》，中国农业科学技术出版社。

米普蜓 *Planaeschna milnei* (Selys, 1883)

省内产地：卢氏，栾川，内乡。

分布：河南，河北，山西，浙江，江西，湖南，台湾；日本。

资料来源：王治国，1998，蜻蜓目。《伏牛山区昆虫》，中国农业科学技术出版社。

黑多棘蜓 *Polycanthagyna melanictera* (Selys, 1883)

省内产地：内乡，罗山。

分布：河南，浙江，四川，香港，台湾；日本。

资料来源：王治国，1998，蜻蜓目。《伏牛山区昆虫》，中国农业科学技术出版社。

二、春蜓科 Gomphidae

本科全世界共 95 属 952 种，中国记载 34 属 173 种，河南记录 15 属 20 种。

国姓异春蜓 *Anisogomphus koxingai* Chao, 1954

省内产地：具体不详。

分布：河南，云南，台湾，海南，香港。

资料来源：王治国，2007，河南蜻蜓志。河南科学技术出版社。

马奇异春蜓 *Anisogomphus maacki* (Selys, 1872)

省内产地：济源，卢氏，灵宝，栾川，登封，内乡。

分布：河南，辽宁，内蒙古，河北，山西，陕西，宁夏，湖北，广东，贵州，四川，云南；朝鲜，日本，俄罗斯(阿穆尔)。

资料来源：王治国，1998，蜻蜓目。《伏牛山区昆虫》，中国农业科学技术出版社。

和平亚春蜓 *Asiagomphus pacificus* (Chao, 1953)

省内产地：内乡，桐柏。

分布：河南，浙江，福建，台湾，湖南。

资料来源：王治国等，1990，河南蜻蜓目昆虫调查。河南科学，8(3, 4)：83~94。

三角亚春蜓 *Asiagomphus perlaetus* (Chao, 1953)

省内产地：商城。

分布：河南，福建，台湾。

资料来源：王治国等，1990，河南蜻蜓目昆虫调查。河南科学，8(3, 4)：83~94。

领纹缅春蜓 *Burmogomphus collaris* (Needham, 1929)

省内产地：商城。

分布：河南，河北，山东，湖北，江苏，浙江。

资料来源：王治国等，1990，河南蜻蜓目昆虫调查。河南科学，8(3, 4)：83~94。

索氏缅春蜓 *Burmogomphus sowerbyi* (Needham, 1930)

省内产地：西华。

分布：河南，湖北，江苏，福建，湖南，广西，贵州。

资料来源：王治国等，1990，河南蜻蜓目昆虫调查。河南科学，8(3, 4)：83~94。

双角戴春蜓 *Davidius bicornutus* Selys, 1878

省内产地：济源。

分布：河南，陕西，华北。

资料来源：王治国等，1990，河南蜻蜓目昆虫调查。河南科学，8(3, 4)：83~94。

弗氏戴春蜓 *Davidius fruhstorferi* Martin, 1904

省内产地：商城。

分布：河南，湖北，江苏，江西，浙江，福建，湖南，广西，贵州，四川。

资料来源：王治国，1998，蜻蜓目。《伏牛山区昆虫》，中国农业科学技术出版社。

平截戴春蜓 *Davidius truncus* Chao, 1954

省内产地：栾川，内乡。

分布：河南，浙江，福建。

资料来源：王治国，2007，河南蜻蜓志。河南科学技术出版社。

长腹春蜓 *Gastrogomphus abdominalis* (McLachlan, 1884)

省内产地：内乡，确山。

分布：河南，吉林，河北，山东，江苏，安徽，浙江，福建，湖北，湖南。

资料来源：王治国等，1990，河南蜻蜓目昆虫调查。河南科学，8(3, 4)：83~94。

联纹小叶春蜓 *Gomphidia confluens* Selys, 1878

省内产地：郑州，商城。

分布：河南，河北，山西，湖北，江苏，江西，浙江，福建，台湾，湖南，广西；日本，越南。

资料来源：王治国等，1990，河南蜻蜓目昆虫调查。河南科学，8(3, 4)：83~94。

小团扇春蜓 *Ictinogomphus rapax* (Rambur, 1842)

省内产地：西华，信阳，商城。

分布：河南，陕西，湖北，江西，浙江，江苏，福建，台湾，广东，广西，海南，四川。

资料来源：王治国等，1990，河南蜻蜓目昆虫调查。河南科学，8(3, 4)：83~94。

环纹环尾春蜓 *Lamelligomphus ringens* (Needham, 1930)

省内产地：济源，栾川，嵩县，登封，西峡，舞阳，内乡，桐柏，信阳，罗山，商城。

分布：河南，吉林，河北，山西，山东，浙江，福建，湖南，海南，四川，贵州，新疆，台湾；朝鲜。

资料来源：王治国，1998，蜻蜓目。《伏牛山区昆虫》，中国农业科学技术出版社。

江浙长足春蜓 *Merogomphus vandykri* Needham, 1930

省内产地：商城。

分布：河南，江苏，浙江。

资料来源：王治国，2007，河南蜻蜓志。河南科学技术出版社。

刀日春蜓 *Nihonogomphus cultratus* Chao *et* Wang, 1990

省内产地：确山(模式产地)。

分布：河南。

资料来源：王治国等，1990，河南蜻蜓目昆虫调查。河南科学，8(3, 4)：83~94。

大团扇春蜓 *Sinictinogomphus clavatus* (Fabricius, 1775)

省内产地：郑州，商城。

分布：河南，北京，吉林，山东，陕西，湖北，湖南，江苏，江西，福建，台湾，四川，贵州，云南，广西；朝鲜，日本，越南。

资料来源：王治国，2007，河南蜻蜓志。河南科学技术出版社。

长角华春蜓 *Sinogomphus scissus* (McLachlan, 1896)

省内产地：商城。

分布：河南，湖北，四川。

资料来源：王治国，2007，河南蜻蜓志。河南科学技术出版社。

小尖尾春蜓 *Stylogomphus tantulus* Chao, 1954

省内产地：内乡。

分布：河南，浙江，福建。

资料来源：王治国等，1990，河南蜻蜓目昆虫调查。河南科学，8(3, 4)：83~94。

奇特扩腹春蜓 *Stylurus occultus* (Selys, 1878)

省内产地：灵宝。

分布：河南，黑龙江，吉林，辽宁，天津，河北，甘肃，江西，台湾；日本。

资料来源：王治国等，1990，河南蜻蜓目昆虫调查。河南科学，8(3, 4)：83~94。

野居棘尾春蜓 *Trigomphus agricola* (Ris, 1916)

省内产地：确山，信阳。

分布：河南，山东，湖北，江苏，江西，浙江，福建。

资料来源：王治国等，1990，河南蜻蜓目昆虫调查。河南科学，8(3, 4)：83~94。

三、大蜓科 Cordulegasteridae

本科全世界共 4 属 50 种，中国记载 3 属 13 种，河南记录 2 属 2 种。

双斑圆臀大蜓 *Anotogaster kuchenbeiseri* (Forster, 1899)

省内产地：济源，辉县，栾川，内乡，信阳，罗山，新县，商城。

分布：河南，河北，湖北，安徽，江西，浙江，福建，湖南，广东，海南，四川，云南，西藏；日本。

资料来源：王治国，1998，蜻蜓目。《伏牛山区昆虫》，中国农业科学技术出版社。

晋大蜓 *Cordulegaster jinensis* Zhu *et* Han, 1992

省内产地：灵宝，栾川，内乡。

分布：河南，山西。

资料来源：王治国，1998，蜻蜓目。《伏牛山区昆虫》，中国农业科学技术出版社。

四、裂唇蜓科 Chlorogomphidae

本科全世界共3属46种，中国记载3属21种，河南记录1属1种。

侗乡华裂唇蜓 *Chlorogomphus tunti* Needham, 1930

省内产地：济源，栾川，内乡，商城。

分布：河南，四川，云南，湖南。

资料来源：王治国，1998，蜻蜓目。《伏牛山区昆虫》，中国农业科学技术出版社。

五、伪蜻科 Corduliidae

本科全世界共39属240种，中国记载5属17种，河南记录2属2种。

缘斑毛伪蜻 *Epitheca marginata* Selys, 1883

省内产地：确山，信阳。

分布：河南，河北，湖北，江苏，江西，浙江，福建，湖南，四川；朝鲜，日本。

资料来源：王治国等，1990，河南蜻蜓目昆虫调查。河南科学，8(3, 4)：83~94。

绿金光伪蜻 *Somatochlora dido* Needham, 1930

省内产地：卢氏，栾川，内乡。

分布：河南，黑龙江，四川。

资料来源：王治国，1998，蜻蜓目。《伏牛山区昆虫》，中国农业科学技术出版社。

六、大蜻科 Macromiidae

本科全世界共4属121种，中国记载2属22种，河南记录2属2种。

闪蓝丽大蜻 *Epophtalmia elegans* Brauer, 1865

省内产地：郑州，西华，确山，桐柏，信阳，罗山，商城。

分布：河南，北京，吉林，河北，陕西，山西，山东，湖北，湖南，福建，江西，台湾，广东，香港，广西，四川，贵州。

资料来源：王治国等，1990，河南蜻蜓目昆虫调查。河南科学，8(3, 4)：83~94。

摩尔弓大蜻 *Macromia moorei* Selys, 1874

省内产地：栾川，济源。

分布：河南，四川。

资料来源：王治国等，1990，河南蜻蜓目昆虫调查。河南科学，8(3, 4)：83~94。

七、蜻科 Libellulidae

本科全世界共141属969种，中国记载33属120种，河南记录15属31种。

锥腹蜻 *Acisoma panorpoides* Rambur, 1842

省内产地：郑州，确山，西华，桐柏，舞钢，信阳，商城。

分布：河南，陕西，山东，江苏，江西，浙江，福建，台湾，湖南，广东，海南，广西，云南，西藏；日本，菲律宾，印度尼西亚，马来西亚，斯里兰卡，印度。

资料来源：王治国等，1990，河南蜻蜓目昆虫调查。河南科学，8(3, 4)：83~94。

蓝额疏脉蜻 *Brachydiplax chalybea* Brauer, 1868

省内产地：信阳。

分布：河南，湖北，江西，江苏，浙江，福建，台湾，广东，云南；印度尼西亚，马来西亚，缅甸，印度。

资料来源：王治国等，1990，河南蜻蜓目昆虫调查。河南科学，8(3, 4)：83~94。

黄翅蜻 *Brachythemis contaminata* (Fabricius, 1793)

省内产地：郑州，西华，登封，桐柏，信阳，商城。

分布：河南，湖北，江苏，江西，浙江，福建，台湾，湖南，广东，海南，广西，云南，陕西；日本，斯里兰卡，缅甸，印度。

资料来源：王治国等，1990，河南蜻蜓目昆虫调查。河南科学，8(3, 4)：83~94。

红蜻 *Crocothemis servilia* (Drury, 1770)

省内产地：全省。

分布：河南，黑龙江，河北，山东，山西，甘肃，湖北，安徽，江苏，江西，浙江，福建，台湾，湖南，广东，香港，海南，广西，贵州，四川，云南，西藏；日本，菲律宾，印度尼西亚，马来西亚，斯里兰卡，缅甸，印度，澳大利亚；欧洲，非洲。

资料来源：王治国等，1990，河南蜻蜓目昆虫调查。河南科学，8(3, 4)：83~94。

多纹蜻 *Deielia phaon* (Selys, 1883)

省内产地：郑州，西华，信阳。

分布：河南，北京，河北，天津，陕西，山西，山东，江苏，江西，浙江，福建，湖南，台湾，广东，广西，四川，云南；朝鲜，日本。

资料来源：王治国等，1990，河南蜻蜓目昆虫调查。河南科学，8(3, 4)：83~94。

基斑蜻 *Libellula depressa* Linnaeus, 1758

省内产地：栾川，内乡，桐柏，信阳。

分布：河南，湖北，广东，湖南，四川，陕西，新疆，贵州。

资料来源：王治国，1998，蜻蜓目。《伏牛山区昆虫》，中国农业科学技术出版社。

闪绿广腹蜻 *Lyriothemis pachygastra* Selys, 1878

省内产地：郑州，舞阳，内乡，确山，桐柏，信阳，罗山，商城。

分布：河南，吉林，陕西，山东，湖北，湖南，江苏，江西，浙江，福建，广东，广西，四川，云南；朝鲜，日本。

资料来源：王治国等，1990，河南蜻蜓目昆虫调查。河南科学，8(3, 4)：83~94。

白尾灰蜻 *Orthetrum albistylum speciosum* Uhler, 1858

省内产地：全省。

分布：河南，江苏，浙江，江西，台湾，广西，云南，全国广布；朝鲜，日本。

资料来源：王治国，1998，蜻蜓目。《伏牛山区昆虫》，中国农业科学技术出版社。

黄痣灰蜻 *Orthetrum devium* Needham, 1930

省内产地：灵宝。

分布：河南，江苏，浙江，福建，广东，海南，广西，四川，云南，贵州，西藏。

资料来源：王治国等，1990，河南蜻蜓目昆虫调查。河南科学，8(3, 4)：83~94。

褐肩灰蜻 *Orthetrum japonicum internum* McLachlan, 1894

省内产地：郑州，内乡，确山，信阳，罗山，商城。

分布：河南，河北，湖北，江苏，浙江，江西，福建，台湾，湖南，海南，广东，香港，广西，四川，云南，西藏，陕西；日本，越南，孟加拉国，印度，尼泊尔，克什米尔；喜马拉雅。

资料来源：王治国等，1990，河南蜻蜓目昆虫调查。河南科学，8(3, 4)：83~94。

线痣灰蜻 *Orthetrum lineostigma* Selys, 1887

省内产地：辉县，济源，灵宝，郑州，登封，栾川，内乡，商城。

分布：河南，辽宁，山西，新疆，甘肃，河北，山东，湖北，江西，浙江，福建，广东，云南。

资料来源：王治国，1998，蜻蜓目。《伏牛山区昆虫》，中国农业科学技术出版社。

狭腹灰蜻 ***Orthetrum sabina* (Drury, 1770)**

省内产地：商城。

分布：河南，江苏，湖北，江西，浙江，福建，台湾，湖南，广东，海南，广西，四川，贵州，云南；日本，印度尼西亚，马来西亚，缅甸，印度。

资料来源：王治国等，1990，河南蜻蜓目昆虫调查。河南科学，8(3, 4)：83~94。

黑斑青灰蜻 ***Orthetrum triangulare melania* Selys, 1883**

省内产地：济源，卢氏，栾川，登封，舞钢，内乡，桐柏，信阳，罗山，商城。

分布：河南，北京，河北，山东，湖北，湖南，四川，贵州，云南，广西，浙江，江西，福建，广东，海南。

资料来源：王治国等，1990，河南蜻蜓目昆虫调查。河南科学，8(3, 4)：83~94。

青灰蜻 ***Orthetrum triangulare triangulare* (Selys, 1878)**

省内产地：济源，登封，栾川，舞钢，内乡，桐柏。

分布：河南，河北，陕西，山西，台湾，四川，西藏；日本，斯里兰卡，印度，克什米尔，印度尼西亚。

资料来源：王治国，1998，蜻蜓目。《伏牛山区昆虫》，中国农业科学技术出版社。

六斑曲缘蜻 ***Palpopleura sexmaculata* (Fabricius, 1787)**

省内产地：灵宝，桐柏，信阳，罗山，商城。

分布：河南，山西，湖北，浙江，福建，江西，台湾，湖南，广东，香港，海南，广西，贵州，四川，云南，西藏；日本，马来西亚，斯里兰卡，越南，印度，缅甸。

资料来源：王治国等，1990，河南蜻蜓目昆虫调查。河南科学，8(3, 4)：83~94。

黄蜻 ***Pantala flavesens* Fabricius, 1798**

省内产地：全省。

分布：河南，辽宁，吉林，山西，陕西，河北，湖北，江苏，江西，浙江，福建，湖南，广东，海南，广西，贵州，四川，云南，西藏，全国广布；日本，印度尼西亚，马来西亚，斯里兰卡，缅甸，印度。

资料来源：王治国，1998，蜻蜓目。《伏牛山区昆虫》，中国农业科学技术出版社。

暗色狭翅蜻 ***Potamarcha obscura* (Rambur, 1842)**

省内产地：济源。

分布：河南，台湾，广东，海南，香港，云南，西藏；日本，菲律宾，印度尼西亚，印度。

资料来源：王治国等，1990，河南蜻蜓目昆虫调查。河南科学，8(3, 4)：83~94。

玉带蜻 ***Pseudothemis zonata* (Burmeister, 1839)**

省内产地：全省。

分布：河南，河北，山东，湖北，湖南，江苏，浙江，江西，福建，台湾，广东，香港，广西，四川，贵州，陕西；朝鲜，日本，越南。

资料来源：王治国，1998，蜻蜓目。《伏牛山区昆虫》，中国农业科学技术出版社。

黑丽翅蜻 ***Rhyothemis fuliginosa* Selys, 1883**

省内产地：济源，郑州，桐柏，信阳，罗山，商城。

分布：河南，东北，河北，山东，湖北，江苏，江西，浙江，福建，湖南，广东，海南，广西，四川，贵州，云南，西藏；朝鲜，日本。

资料来源：王治国等，1990，河南蜻蜓目昆虫调查。河南科学，8(3, 4)：83~94。

大赤蜻 ***Sympetrum baccha* (Selys, 1884)**

省内产地：灵宝，桐柏，信阳，商城。

分布：河南，山东，四川，云南，贵州，浙江，江西，福建，台湾；朝鲜，日本。

资料来源：王治国等，1990，河南蜻蜓目昆虫调查。河南科学，8(3, 4)：83~94。

半黄赤蜻 *Sympetrum croceolum* (Selys, 1883)

省内产地：舞钢，信阳，商城。

分布：河南，黑龙江，河北，湖北，湖南，江苏，江西，福建，广东，广西，贵州，四川，西藏；朝鲜，日本。

资料来源：王治国等，1990，河南蜻蜓目昆虫调查。河南科学，8(3, 4)：83~94。

夏赤蜻 *Sympetrum darwinianum* (Selys, 1883)

省内产地：栾川，舞阳，内乡，桐柏，信阳，商城。

分布：河南，吉林，山东，山西，湖北，江西，浙江，福建，台湾，湖南，广东，广西，四川，贵州，云南；朝鲜，日本。

资料来源：王治国，1998，蜻蜓目。《伏牛山区昆虫》，中国农业科学技术出版社。

眉斑赤蜻 *Sympetrum eroticum* (Selys, 1883)

省内产地：辉县，灵宝，卢氏，栾川，内乡，舞钢，桐柏，信阳，商城。

分布：河南，河北，湖北，江西，湖南，福建，广西，贵州，四川，云南；朝鲜，日本。

资料来源：王治国，1998，蜻蜓目。《伏牛山区昆虫》，中国农业科学技术出版社。

秋赤蜻 *Sympetrum frequens* (Selys, 1883)

省内产地：灵宝，卢氏，内乡。

分布：河南，河北，江苏，福建，四川，云南；朝鲜，日本，蒙古国。

资料来源：王治国等，1990，河南蜻蜓目昆虫调查。河南科学，8(3, 4)：83~94。

旭光赤蜻 *Sympetrum hypomelas* (Selys, 1884)

省内产地：辉县，舞阳，内乡。

分布：河南，河北，江西，广东，广西，四川，贵州，西藏；印度，孟加拉国。

资料来源：王治国等，1990，河南蜻蜓目昆虫调查。河南科学，8(3, 4)：83~94。

黄腿赤蜻 *Sympetrum imitens* (Selys, 1872)

省内产地：辉县，济源，登封，内乡，商城。

分布：河南，黑龙江，辽宁，河北，广东，四川。

资料来源：王治国等，1990，河南蜻蜓目昆虫调查。河南科学，8(3, 4)：83~94。

褐顶赤蜻 *Sympetrum infuscatum* (Selys, 1883)

省内产地：内乡，信阳。

分布：河南，黑龙江，湖北，安徽，江西，浙江，福建，湖南，四川；朝鲜，日本。

资料来源：王治国等，1990，河南蜻蜓目昆虫调查。河南科学，8(3, 4)：83~94。

小黄赤蜻 *Sympetrum kunckeli* Selys, 1884

省内产地：栾川，内乡。

分布：河南，东北，北京，山东，山西，安徽，江苏，湖北，湖南，江西，福建，四川；朝鲜，日本。

资料来源：王治国等，1990，河南蜻蜓目昆虫调查。河南科学，8(3, 4)：83~94。

小赤蜻 *Sympetrum parvulum* Bartnef, 1912

省内产地：卢氏，栾川，内乡。

分布：河南，黑龙江，山西，四川；朝鲜，日本。

资料来源：王治国，1998，蜻蜓目。《伏牛山区昆虫》，中国农业科学技术出版社。

大黄赤蜻 *Sympetrum uniforme* (Selys, 1883)

省内产地：舞钢，信阳，商城。

分布：河南，吉林，北京，河北，山东，山西，湖北，浙江；朝鲜，日本。

资料来源：王治国等，1990，河南蜻蜓目昆虫调查。河南科学，8(3, 4)：83~94。

晓褐蜻 *Trithemis aurora* (Burmeister, 1839)

省内产地：内乡，桐柏。

分布：河南，湖北，浙江，福建，台湾，湖南，广东，香港，海南，广西，贵州，四川，云南；

日本，印度尼西亚，马来西亚，斯里兰卡，缅甸，印度。

资料来源：王治国等，1990，河南蜻蜓目昆虫调查。河南科学，8(3, 4)：83~94。

八、丽蟌科 Amphipterygidae

本科全世界共 4 属 9 种，中国记载 2 属 4 种，河南记录 1 属 1 种。

大丽蟌 *Philoganga robusta* Navas, 1936

省内产地：内乡，桐柏，商城。

分布：河南，浙江，福建，江西，四川，贵州，西藏。

资料来源：王治国等，1990，河南蜻蜓目昆虫调查。河南科学，8(3, 4)：83~94。

九、色蟌科 Calopterygidae

本科全世界共 20 属 175 种，中国记载 9 属 40 种，河南记录 4 属 5 种。

紫闪蟌 *Calaphaea consimilis* Mclachlan, 1894

省内产地：栾川，内乡。

分布：河南，湖北，浙江，江西，福建，湖南，广西，贵州，四川，云南；印度。

资料来源：王治国等，1990，河南蜻蜓目昆虫调查。河南科学，8(3, 4)：83~94。

黑色蟌 *Calopteryx atratum* Selys, 1853

省内产地：信阳，罗山，商城。

分布：河南，吉林，北京，山东，山西，江苏，浙江，福建，江西，湖北，湖南；日本。

资料来源：王治国等，1990，河南蜻蜓目昆虫调查。河南科学，8(3, 4)：83~94。

晕翅眉蟌 *Matrona basilaris* Selys, 1853

省内产地：辉县，济源，灵宝，卢氏，栾川，鲁山，西峡，内乡，桐柏，信阳，商城。

分布：河南，河北，山西，湖北，安徽，江苏，江西，浙江，福建，台湾，湖南，广东，海南，广西，贵州，四川，云南，西藏；越南，缅甸，印度。

资料来源：王治国，1998，蜻蜓目。《伏牛山区昆虫》，中国农业科学技术出版社。

褐翅眉蟌 *Matrona basilaris nigipectus* Selys, 1879

省内产地：卢氏，栾川，内乡，桐柏，商城。

分布：河南，湖北，湖南，福建，台湾，广东，海南；缅甸，印度。

资料来源：王治国，1998，蜻蜓目。《伏牛山区昆虫》，中国农业科学技术出版社。

绿蟌 *Mnais andersoni tenuis* (Ogima, 1913)

省内产地：济源，鲁山，内乡，桐柏，信阳，罗山，商城。

分布：河南，山西，浙江，台湾，广东，海南，四川，云南；越南，缅甸，泰国。

资料来源：王治国等，1990，河南蜻蜓目昆虫调查。河南科学，8(3, 4)：83~94。

一〇、溪蟌科 Euphaeidae

本科全世界共 9 属 69 种，中国记载 6 属 28 种，河南记录 1 属 1 种。

巨齿尾溪蟌 *Bayadera melanopteryx* Ris, 1912

省内产地：辉县，济源，栾川，内乡，桐柏。

分布：河南，山西，陕西，湖北，安徽，江苏，浙江，江西，福建，湖南，广东，贵州，四川。

资料来源：王治国等，1990，河南蜻蜓目昆虫调查。河南科学，8(3, 4)：83~94。

一一、山蟌科 Megapodagrionidae

本科全世界共 42 属 289 种，中国记载 9 属 17 种，河南记录 2 属 2 种。

藏山蟌 *Mesopodagrion tibetanum* McLachlan, 1896

省内产地：济源，灵宝，卢氏，栾川，内乡，商城。

分布：河南，陕西，山西，四川，湖北，湖南，浙江，福建，广东，广西，贵州，西藏，云南；印度，缅甸。

资料来源：王治国，1998，蜻蜓目。《伏牛山区昆虫》，中国农业科学技术出版社。

二星齿山蟌 *Rhipidolestes nectans* (Needham, 1928)

省内产地：内乡，桐柏。

分布：河南，江苏，浙江，福建。

资料来源：王治国等，1990，河南蜻蜓目昆虫调查。河南科学，8(3, 4)：83~94。

一二、扇蟌科 Platycnemidae

本科全世界共 26 属 209 种，中国记载 6 属 29 种，河南记录 4 属 6 种。

四斑长腹蟌 *Coeliccia didyma* (Selys, 1863)

省内产地：辉县，济源，内乡，桐柏，信阳，罗山，商城。

分布：河南，湖北，浙江，江西，福建，湖南，广东，海南，广西，贵州，四川，西藏。

资料来源：王治国等，1990，河南蜻蜓目昆虫调查。河南科学，8(3, 4)：83~94。

六斑长腹蟌 *Coeliccia sexmaculatus* Wang, 1994

省内产地：栾川(模式产地)。

分布：河南。

资料来源：王治国，1994，中国长腹扇蟌属一新种(蜻蜓目：扇蟌科)。昆虫分类学报，16(2)：82~84。

白狭扇蟌 *Copera annulata* (Selys, 1863)

省内产地：辉县，郑州，舞钢，桐柏，信阳，商城。

分布：河南，北京，河北，湖北，江苏，浙江，江西，福建，台湾，湖南，广东，广西，贵州，四川，云南，陕西；朝鲜，日本，印度尼西亚，马来西亚，印度，孟加拉国。

资料来源：王治国等，1990，河南蜻蜓目昆虫调查。河南科学，8(3, 4)：83~94。

白扇蟌 *Platycnemis foliacea foliacea* Selys, 1886

省内产地：全省。

分布：河南，北京，山西，江苏，江西，浙江，湖北，湖南，海南，四川，贵州。

资料来源：王治国，1998，蜻蜓目。《伏牛山区昆虫》，中国农业科学技术出版社。

粉白扇蟌 *Platycnemis phyllopoda* Djakonov, 1926

省内产地：济源，确山，灵宝，栾川，卢氏，内乡。

分布：河南，湖北，湖南，江苏，上海，浙江。

资料来源：王治国，1998，蜻蜓目。《伏牛山区昆虫》，中国农业科学技术出版社。

河南华扇蟌 *Sinocnemis henanese* Wang, 2003

省内产地：嵩县白云山(正模产地)，济源上架，鲁山石人山(副模产地)。

分布：河南。

资料来源：王治国，2003，中国华扇蟌属一新种(蜻蜓目：扇蟌科)。昆虫分类学报，25(1)：1~3。

一三、蟌科 Coenagrionidae

本科全世界共 91 属 1080 种，中国记载 13 属 75 种，河南记录 4 属 13 种。

杯斑小蟌 *Agriocnemis femina* (Brauer, 1868)

省内产地：济源，舞钢，信阳，商城。

分布：河南，湖北，台湾，浙江，福建，江西，湖南，广东，香港，海南，广西，四川，云南，陕西；日本，缅甸，孟加拉国，印度，马来西亚，印度尼西亚，澳大利亚。

资料来源：王治国等，1990，河南蜻蜓目昆虫调查。河南科学，8(3, 4)：83~94。

白腹小蟌 ***Agriocnemis lacteola*** **Selys, 1877**

省内产地：桐柏，商城。

分布：河南，湖北，湖南，浙江，江西，福建，江苏，海南，四川，贵州，云南；印度，孟加拉国，菲律宾，印度尼西亚。

资料来源：王治国等，1990，河南蜻蜓目昆虫调查。河南科学，8(3, 4)：83~94。

黄尾小蟌 ***Agriocnemis pygmaea*** **(Rambur, 1842)**

省内产地：桐柏，商城。

分布：河南，陕西，福建，江西，台湾，广东，海南，广西，四川；日本，马来西亚，斯里兰卡，印度，缅甸，菲律宾，印度尼西亚，澳大利亚。

资料来源：王治国等，1990，河南蜻蜓目昆虫调查。河南科学，8(3, 4)：83~94。

长尾黄蟌 ***Ceriagrion fallax*** **Ris, 1914**

省内产地：卢氏，栾川，内乡，商城。

分布：河南，陕西，湖北，浙江，福建，江西，台湾，湖南，广东，海南，贵州，四川，云南，西藏；印度，孟加拉国。

资料来源：王治国，1998，蜻蜓目。《伏牛山区昆虫》，中国农业科学技术出版社。

短尾黄蟌 ***Ceriagrion melanurum*** **Selys, 1876**

省内产地：辉县，舞钢，桐柏，信阳，商城。

分布：河南，陕西，湖北，湖南，江西，浙江，福建，台湾，广东，广西，贵州，四川，云南；朝鲜，日本。

资料来源：王治国等，1990，河南蜻蜓目昆虫调查。河南科学，8(3, 4)：83~94。

褐尾黄蟌 ***Ceriagrion rubiae*** **Laidlaw, 1916**

省内产地：舞钢，桐柏，信阳，商城。

分布：河南，湖北，浙江，福建，江西，四川；印度。

资料来源：王治国等，1990，河南蜻蜓目昆虫调查。河南科学，8(3, 4)：83~94。

显突尾蟌 ***Cercion barbatum*** **(Needham, 1930)**

省内产地：内乡，确山，桐柏，商城。

分布：河南，河北，山西，陕西，四川，江西，福建。

资料来源：王治国等，1990，河南蜻蜓目昆虫调查。河南科学，8(3, 4)：83~94。

黑脊尾蟌 ***Cercion calamorum*** **(Ris, 1916)**

省内产地：郑州，西华，桐柏，信阳，商城。

分布：河南，河北，湖北，江苏，安徽，浙江，江西，湖南，广西，四川；朝鲜，日本。

资料来源：王治国等，1990，河南蜻蜓目昆虫调查。河南科学，8(3, 4)：83~94。

蓝纹蟌 ***Cercion dyeri*** **(Fraser, 1919)**

省内产地：西华，桐柏，商城。

分布：河南，吉林，北京，河北，湖北，贵州，香港，台湾；印度。

资料来源：王治国等，1990，河南蜻蜓目昆虫调查。河南科学，8(3, 4)：83~94。

六纹蟌 ***Cercion sexlineatum*** **(Selys, 1883)**

省内产地：郑州，舞钢，西华，信阳。

分布：河南，山东，陕西，山西，江苏，浙江，台湾，广东，海南，广西；日本。

资料来源：王治国等，1990，河南蜻蜓目昆虫调查。河南科学，8(3, 4)：83~94。

二色瘦蟌 ***Ischnura lobata*** **Needham, 1930**

省内产地：济源，郑州，栾川，西华，桐柏，信阳，商城。

分布：河南，黑龙江，河北，山西，山东，新疆，湖北，江苏，江西，浙江，台湾，香港，贵州，四川，陕西；朝鲜，日本。

资料来源：王治国，1998，蜻蜓目。《伏牛山区昆虫》，中国农业科学技术出版社。

长叶瘦蟌 *Ischnura elegans* (Vander Linden, 1823)

省内产地：济源，郑州，西华，桐柏。

分布：河南，黑龙江，河北，台湾，广东，陕西，山西，新疆；日本，俄罗斯(西伯利亚)，蒙古国，印度；欧洲。

资料来源：王治国等，1990，河南蜻蜓目昆虫调查。河南科学，8(3, 4)：83~94。

青纹瘦蟌 *Ischnura senegalensis* (Rambur, 1842)

省内产地：信阳，商城。

分布：河南，山东，湖北，湖南，上海，浙江，江西，福建，台湾，广东，香港，广西，四川，云南，西藏，陕西；朝鲜，日本，印度尼西亚，马来西亚，斯里兰卡，缅甸，印度，菲律宾；非洲。

资料来源：王治国等，1990，河南蜻蜓目昆虫调查。河南科学，8(3, 4)：83~94。

一四、丝蟌科 Lestidae

本科全世界共 9 属 151 种，中国记载 4 属 22 种，河南记录 2 属 3 种。

黑脊蓝丝蟌 *Ceylonolestes birmanus* (Selys, 1891)

省内产地：内乡。

分布：河南，云南；缅甸。

资料来源：王治国等，1990，河南蜻蜓目昆虫调查。河南科学，8(3, 4)：83~94。

蓝丝蟌 *Ceylonolestes gracilis extraneus* Needham, 1862

省内产地：内乡，桐柏，信阳，商城。

分布：河南，江苏，浙江，江西，湖北，广西，云南；印度，斯里兰卡。

资料来源：王治国等，1990，河南蜻蜓目昆虫调查。河南科学，8(3, 4)：83~94。

蕾尾丝蟌 *Lestes nodalis* Selys, 1891

省内产地：内乡。

分布：河南，广西，云南，香港，台湾；印度，缅甸。

资料来源：王治国等，1990，河南蜻蜓目昆虫调查。河南科学，8(3, 4)：83~94。

一五、综蟌科 Chlorolestidae

本科全世界共 7 属 34 种，中国记载 2 属 11 种，河南记录 1 属 2 种。

褐腹绿综蟌 *Megalestes chengi* Chao, 1947

省内产地：栾川，内乡。

分布：河南，浙江，福建。

资料来源：王治国等，1990，河南蜻蜓目昆虫调查。河南科学，8(3, 4)：83~94。

褐尾绿综蟌 *Megalestes distans* Needham, 1930

省内产地：济源，栾川，内乡，商城。

分布：河南，山西，湖北，广西，贵州，四川。

资料来源：王治国等，1990，河南蜻蜓目昆虫调查。河南科学，8(3, 4)：83~94。

第八节　昆虫纲：襀翅目
Class Insecta: Order Plecoptera

襀翅目昆虫俗称石蝇，通称“蜻”，英文名stonefly。小至中型，体柔软，略扁平。头宽，复眼发达，触角丝状多节，前胸大，背板发达，2对翅膜质，翅脉多，中脉、肘脉间多横脉，后翅臀区发达，翅可折叠，平叠与体背。腹末有尾须1对。成虫多不取食，幼虫水生，取食小动物、植物碎屑或藻类。对水质敏感，可用于水质监测。

河南原来基本没有石蝇的记录，1997年、1998年杜予州参加河南昆虫考察，1999年又和斯洛文尼亚自然博物馆赛维思来河南采集，2006年杨定派其博士生李卫海参加考察采集。

襀翅目全世界截至2007年底共28科381属3276种，中国记载10科79属439种，河南记录5科16属40种。

一、扁襀科 Peltoperlidae

本科全世界共11属63种，中国记载3属11种，河南记录2属2种。

尖刺刺扁蜻*Cryptoperla stilifera* Sivec

省内产地：内乡宝天曼，栾川龙峪湾。

分布：河南，陕西，江西，湖南，福建，贵州。

资料来源：杜予州，1999，襀翅目。《伏牛山南坡及大别山区昆虫》，中国农业科学技术出版社。

翘叶小扁蜻*Microperla retroloba* (Wu)

省内产地：栾川龙峪湾。

分布：河南，陕西，甘肃，湖北。

资料来源：杜予州，1999，襀翅目。《伏牛山南坡及大别山区昆虫》，中国农业科学技术出版社。

二、绿襀科 Chloroperlidae

本科全世界共21属165种，中国记载4属7种，河南记录1属2种。

长突长绿蜻*Sweltsa longistyla* (Wu)

省内产地：内乡宝天曼，栾川龙峪湾。

分布：河南，陕西，甘肃，湖北。

资料来源：杜予州，1999，襀翅目。《伏牛山南坡及大别山区昆虫》，中国农业科学技术出版社。

反曲长绿蜻*Sweltsa recurvata* (Wu)

省内产地：内乡宝天曼，栾川龙峪湾。

分布：河南，甘肃。

资料来源：杜予州，1999，襀翅目。《伏牛山南坡及大别山区昆虫》，中国农业科学技术出版社。

三、襀科 Perlinae

本科全世界共63属947种，中国记载20属230种，河南记录6属15种。

钮蜻*Acroneuria* sp.

省内产地：栾川龙峪湾。

分布：河南。

资料来源：杜予州，1999，襀翅目。《伏牛山南坡及大别山区昆虫》，中国农业科学技术出版社。

梵蜻*Brahmana* sp.　(图版III-1)　(河南新记录属)

省内产地：嵩县白云山。

分布：河南。

刘氏钩蜻*Kamimuria liui* (Wu)

省内产地：内乡宝天曼，栾川龙峪湾。

分布：河南，陕西，湖北，四川，广西，贵州，云南，西藏。

资料来源：杜予州，1999，襀翅目。《伏牛山南坡及大别山区昆虫》，中国农业科学技术出版社。

钩蜻*Kamimuria* sp. ① (新种，另文发表)

省内产地：栾川龙峪湾，嵩县白云山。

分布：河南。

钩蜻*Kamimuria* sp. ② (新种，另文发表)

省内产地：内乡宝天曼，栾川龙峪湾，西峡黄石庵。

分布：河南。

钩蜻*Kamimuria* sp. ③ (新种，另文发表)

省内产地：信阳鸡公山。

分布：河南。

钩蜻*Kamimuris* sp. ④ (图版 III-2)

省内产地：嵩县白云山。

分布：河南。

黄色扣蜻*Kiotina biocellata* (Chu)

省内产地：信阳鸡公山，罗山灵山，栾川龙峪湾，嵩县白云山，内乡宝天曼。

分布：河南，陕西，浙江，江西，湖北，四川，福建，广西，贵州，云南。

资料来源：杜予州，1999，襀翅目。《伏牛山南坡及大别山区昆虫》，中国农业科学技术出版社。

扣蜻*Kiotina* sp. (新种，另文发表)

省内产地：罗山灵山。

分布：河南。

河南新蜻*Neoperla henana* Li, Wu *et* Zhang, 2011

省内产地：西峡老界岭(模式产地)。

分布：河南。

资料来源：李卫海等，2011，河南新蜻属一新种记述。动物分类学报，36(1)：33~35。

新蜻*Neoperla* sp. ① (新种，另文发表)

省内产地：信阳鸡公山，罗山灵山。

分布：河南。

新蜻*Neoperla* sp. ② (新种，另文发表)

省内产地：内乡宝天曼。

分布：河南。

新蜻*Neoperla* sp. ③ (新种，另文发表)

省内产地：内乡宝天曼。

分布：河南。

浙江襟蜻*Togoperla chekianensis* (Chu)

省内产地：罗山灵山。

分布：河南，浙江，广西，江西，贵州，湖北，湖南，福建。

资料来源：杜予州，1999，襀翅目。《伏牛山南坡及大别山区昆虫》，中国农业科学技术出版社。

襟蜻*Togoperla* sp.

省内产地：信阳鸡公山。

分布：河南。

资料来源：杜予州，1999，襀翅目。《伏牛山南坡及大别山区昆虫》，中国农业科学技术出版社。

四、卷襀科 Leuctridae

本科全世界共 14 属 278 种，中国记载 4 属 20 种，河南记录 2 属 4 种。

东方拟卷蜻*Paraleuctra orientalis* (Chu, 1928)

省内产地：栾川龙峪湾，嵩县白云山。

分布：河南，陕西，甘肃，浙江，湖南，四川，福建，云南；俄罗斯。

资料来源：杜予州，1999，襀翅目。《伏牛山南坡及大别山区昆虫》，中国农业科学技术出版社。

天目拟卷蜻*Paraleuctra tianmushana* Li *et* Yang, 2010

省内产地：嵩县白云山(副模产地)。

分布：河南，浙江。

资料来源：Li Weihai, Wang Yunbing *et* Yang Ding, 2010. Synopsis of the genus *Paraleuctra* (Plecoptera: Leuctridae) from China. *Zootaxa*, 2350: 46~52.

中华诺蜻*Rhopalopsole sinensis* Yang *et* Yang, 1963

省内产地：嵩县白云山。

分布：河南，湖北，贵州，广西。

资料来源：Li Weihai *et* Yang Ding, 2008, Two new records of stonefly superfamily Nemouroidea (Plecoptera) from Henan, China. 《昆虫分类与分布》，中国农业科学技术出版社。

诺蜻*Rhopalopsole* sp.

省内产地：信阳鸡公山，罗山灵山，栾川龙峪湾，内乡宝天曼，西峡黄石庵。

分布：河南。

资料来源：杜予州，1999，襀翅目。《伏牛山南坡及大别山区昆虫》，中国农业科学技术出版社。

五、叉襀科 Nemouridae

本科全世界共 22 属 521 种，中国记载 7 属 61 种，河南记录 5 属 17 种。

乳突倍叉蜻*Amphinemura mamillata* Li *et* Yang, 2008

省内产地：内乡宝天曼(模式产地)。

分布：河南。

资料来源：Li Weihai *et* Yang, Ding, 2008, Two new species and two new records of stonefly family Nemouridae from Henan (Plecoptera: Nemouroidea). 《宝天曼自然保护区昆虫》，中国农业科学技术出版社。

双突倍叉蜻*Amphinemura didyma* Zhu *et* Yang, 2002

省内产地：内乡宝天曼。

分布：河南，宁夏。

资料来源：Li Weihai *et* Yang, Ding, 2008, Two new species and two new records of stonefly family Nemouridae from Henan (Plecoptera: Nemouroidea). 《宝天曼自然保护区昆虫》，中国农业科学技术出版社。

倍叉蜻*Amphinemura* sp. ① (新种，另文发表)

省内产地：栾川龙峪湾。

分布：河南。

倍叉蜻*Amphinemura* sp. ② (新种，另文发表)

省内产地：嵩县白云山。

分布：河南。

依叉蜻*Illiesonemoura* sp. (新种，另文发表)

省内产地：罗山灵山。

分布：河南。

耳突印叉蜻*Indonemoura auriformis* Li *et* Yang, 2008

省内产地：内乡宝天曼(模式产地)。

分布：河南。

资料来源：Li Weihai *et* Yang, Ding, 2008, Two new species and two new records of stonefly family Nemouridae from Henan (Plecoptera: Nemouroidea). 《宝天曼自然保护区昆虫》，中国农业科学技术出版社。

嵌带中叉蜻*Mesonemoura tritaenis* Li *et* Yang, 2007

省内产地：内乡宝天曼(模式产地)。

分布：河南。

资料来源：Li Weihai *et* Yang Ding, 2007. Two new species and two new species of the genus *Mesonemoura* (Plecoptera: Nemouridae) from China. *Aquatic Insects*, 29(3): 173~180.

长突叉蜻*Nemoura atristrigata* Li *et* Yang, 2007

省内产地：内乡宝天曼(模式产地)。

分布：河南。

资料来源：Li Weihai *et* Yang Ding, 2007. Two new species of *Nemoura* (Plecoptera: Nemouridae) from Henan, China. *Zootaxa*, 1511: 65~68.

镰尾叉蜻*Nemoura janeti* (Wu)

省内产地：内乡宝天曼。

分布：河南，四川。

资料来源：Li Weihai *et* Yang, Ding, 2008, Two new species and two new records of stonefly family Nemouridae from Henan (Plecoptera: Nemouroidea). 《宝天曼自然保护区昆虫》，中国农业科学技术出版社。

细钩叉蜻*Nemoura meniscata* Li *et* Yang, 2007

省内产地：内乡宝天曼(模式产地)。

分布：河南。

资料来源：Li Weihai *et* Yang Ding, 2007. Two new species of *Nemoura* (Plecoptera: Nemouridae) from Henan, China. *Zootaxa*, 1511: 65~68.

乳突叉蜻*Nemoura papilla* Okamoto, 1922

省内产地：嵩县白云山。

分布：河南，甘肃，宁夏；日本，俄罗斯。

资料来源：Li Weihai & Yang Ding, 2008, Two new records of stonefly superfamily Nemouroidea (Plecoptera) from Henan, China. 《昆虫分类与分布》，中国农业科学技术出版社。

叉蜻*Nemoura* sp. ① (新种，另文发表)

省内产地：西峡黄石庵。

分布：河南。

叉蜻*Nemoura* sp. ② (新种，另文发表)

省内产地：西峡黄石庵。

分布：河南。

叉蜻*Nemoura* sp. ③ (新种，另文发表)

省内产地：内乡宝天曼。

分布：河南。

叉蜻*Nemoura* sp. ④ (新种，另文发表)

省内产地：内乡宝天曼。

分布：河南。

叉蜻*Nemoura* sp. ⑤ (新种，另文发表)

省内产地：嵩县白云山。

分布：河南。

叉蟦*Nemoura* sp. ⑥　(新种，另文发表)

省内产地：栾川龙峪湾。

分布：河南。

第九节 昆虫纲：蜚蠊目
Class Insecta: Order Blattodea

蜚蠊目昆虫俗称蟑螂、土鳖等，英文名 cockroach，统称“蠊”。体长 2~100 mm，体扁平，卵圆形，口器咀嚼式，触角丝状，复眼肾形。渐变态。适应性强，生活范围广。一般生活在石块、树皮、枯枝落叶、垃圾堆下，也有生活在朽木、各种洞穴、暖气隧道内，一些种类生活于居室内。食性杂，喜好糖和淀粉物质，能污染食物，传播病菌和寄生虫，成为卫生害虫，有些种类危害树木和栽培植物，也有些能作为中药材。

河南省蜚蠊种类鉴定主要是河南省科学院王治国等人的工作和卫生部门的工作，昆虫考察没有专门涉及。

蜚蠊目世界已知 28 科 470 属 5584 种，中国记载 6 科 76 属 340 种，河南已知 4 科 8 属 12 种。

一、蜚蠊科 Blattidae

本科世界各地已知 44 属 525 种，中国记载 10 属 39 种，河南已知 2 属 5 种。

东方蜚蠊 *Blatta orientalis* Linnaeus, 1758

省内产地：郑州，南阳，唐河，方城。

分布：河南，北京，新疆；北温带。

资料来源：申效诚，1993，河南昆虫名录。中国农业科学技术出版社。

美洲大蠊 *Periplaneta americana* (Linnaeus, 1758) (图版 I-1)

省内产地：郑州，洛阳，开封，焦作，内乡，信阳，商城。

分布：河南，北京，江苏，安徽，上海，福建，海南，广西，四川，贵州，云南；世界广布。

危害：大米，面粉，糠麸，面包，饼干，糖果，中药材，皮毛等。

资料来源：申效诚，1993，河南昆虫名录。中国农业科学技术出版社。

澳洲大蠊 *Periplaneta australariae* (Fabricius, 1775) (图版 I-2)

省内产地：郑州，南阳。

分布：河南，海南，广西，云南。

资料来源：申效诚，1993，河南昆虫名录。中国农业科学技术出版社。

黑褐大蠊 *Periplaneta fuliginosa* (Serville, 1839) (图版 I-3)

省内产地：信阳，南阳，洛阳，许昌。

分布：河南，北京，辽宁，安徽，江苏，上海，台湾，海南，四川，贵州，云南；日本；北美，南美。

资料来源：申效诚，1993，河南昆虫名录。中国农业科学技术出版社。

日本大蠊 *Periplaneta japonica* Karny, 1908 (图版 I-4)

省内产地：具体不详。

分布：河南，北京，江苏，上海，福建，海南，广西，四川，贵州，云南；世界广布。

资料来源：申效诚，1993，河南昆虫名录。中国农业科学技术出版社。

二、光蠊科 Epilampridae

本科世界各地已知 31 属 270 种，中国记载 6 属 29 种，河南已知 2 属 2 种。

黑带杆蠊 *Rhabdoblatta nigrovittata* Bey-Bienko, 1954 (图版 I-5)

省内产地：商城。

分布：河南，浙江，江西，福建，湖南，广东，四川，云南；越南。

资料来源：王治国等，2007，河南直翅类昆虫志。河南科学技术出版社。

似麻蠊 *Stictolampra similes* Bey-Bienko, 1954 (图版 I-6)

省内产地：商城。

分布：河南，福建。

资料来源：王治国等，2007，河南直翅类昆虫志。河南科学技术出版社。

三、姬蠊科 Phyllodromiidae

本科世界各地已知 209 属 1740 种，中国记载 26 属 118 种，河南已知 2 属 3 种。

拟德姬蠊 *Blattella lituricollis* (Walker, 1869) (图版 I-7)

省内产地：栾川，嵩县，内乡。

分布：河南，福建，广西，四川；日本。

资料来源：王治国等，2007，河南直翅类昆虫志。河南科学技术出版社。

日本姬蠊 *Blattella nipponica* Asahina, 1963 (图版 I-8)

省内产地：栾川龙峪湾，嵩县白云山，商城。

分布：河南，福建，广西，云南；缅甸，菲律宾，马来西亚，印度，美国(夏威夷)。

资料来源：刘宪伟，1998，蜚蠊目。《伏牛山区昆虫》，中国农业科学技术出版社。

中华歪尾蠊 *Symploce sinensis* (Walker, 1869) (图版 I-9)

省内产地：商城。

分布：河南，浙江，福建，台湾，四川，贵州，云南。

资料来源：王治国等，2007，河南直翅类昆虫志。河南科学技术出版社。

四、地鳖蠊科 Polyphagidae

本科世界各地已知 11 属 61 种，中国记载 2 属 7 种，河南已知 2 属 2 种。

中华真地鳖 *Eupolyphaga sinensis* (Walker, 1868) (图版 I-10)

省内产地：郑州，内乡，西峡。

分布：河南，河北，山西，内蒙古，辽宁，山东，江苏，浙江，湖南，陕西，甘肃，青海；俄罗斯。

资料来源：申效诚，1993，河南昆虫名录。中国农业科学技术出版社。

冀地鳖蠊 *Polyphaga plancyi* Bolivar, 1882 (图版 I-11)

省内产地：郑州，内乡，西峡。

分布：河南，河北，山西，内蒙古，辽宁，山东，江苏，浙江，湖南，陕西，甘肃，青海；俄罗斯。

资料来源：申效诚，1993，河南昆虫名录。中国农业科学技术出版社。

第一〇节 昆虫纲：等翅目
Class Insecta: Order Isoptera

等翅目昆虫俗称白蚁，英文名 termite。为多形态的社会性昆虫，有蚁王、蚁后、工蚁、兵蚁等严密分工，分工不同，形态及习性也不同。有翅成虫有 2 对形态、大小相等的翅，平叠于腹背，远长于腹部末端。兵蚁有强大的上颚。白蚁分布广泛，但集中于热带、亚热带。一般生活于低海拔的原始林区。居于树木、木材、堤坝及地下，对林木、建筑、家具、堤防安全危害很大。

河南接近白蚁分布的北界，区系调查主要是河南省科学院王治国等人的工作。

等翅目世界已知 6 科 3000 余种，中国记载 5 科 46 属 531 种，河南已知 2 科 6 属 21 种。

一、鼻白蚁科 Rhinotermitidae

本科世界已知 15 属，中国记载 7 属 222 种，河南已知 2 属 16 种。

尖唇散白蚁 *Reticulitermes aculabialis* Tsai *et* Huang, 1977

省内产地：具体不详。

分布：河南，陕西，甘肃，湖北，湖南，安徽，江苏，浙江，江西，福建，广东，广西，云南。

资料来源：王治国等，2007，河南直翅类昆虫志。河南科学技术出版社。

黑胸散白蚁 *Reticulitermes chinensis* Snyder, 1923

省内产地：林州，济源，博爱，孟州，郑州，新密，登封，洛阳，孟津，灵宝，嵩县，郏县，鲁山，许昌，舞阳，郾城，叶县，平顶山，漯河，西平，遂平，上蔡，汝南，新蔡，驻马店，泌阳，新野，唐河，邓州，内乡，淅川，确山，固始，商城，息县，罗山，光山，新县，信阳。

分布：河南，甘肃，河北，北京，山西，陕西，山东，安徽，江苏，上海，浙江，福建，江西，湖北，湖南，广西，四川，云南。

资料来源：王治国，1998，等翅目。《伏牛山区昆虫》，中国农业科学技术出版社。

锥颚散白蚁 *Reticulitermes conus* Xia *et* Fan, 1981

省内产地：商城。

分布：河南，四川。

资料来源：王治国等，2007，河南直翅类昆虫志。河南科学技术出版社。

幽兰散白蚁 *Reticulitermes cymbidii* Ping *et* Xu, 1992

省内产地：具体不详。

分布：河南，湖北。

资料来源：王治国，1998，等翅目。《伏牛山区昆虫》，中国农业科学技术出版社。

大别山散白蚁 *Reticulitermes dabieshanensis* Wang *et* Li, 1984

省内产地：商城(模式产地)。

分布：河南。

资料来源：王治国等，1984，河南省蜚类调查及新种记述。河南科学院学报，(1)：67~83。

黄胸散白蚁 *Reticulitermes flaviceps* (Oshima, 1911)

省内产地：固始，商城，光山，新县，信阳，桐柏。

分布：河南，山东，江苏，上海，台湾，江西，广东，四川。

资料来源：王治国等，2007，河南直翅类昆虫志。河南科学技术出版社。

褐缘散白蚁 *Reticulitermes fulvimarginalis* Wang *et* Li, 1984

省内产地：商城长竹园(模式产地)。

分布：河南。

资料来源：王治国等，1984，河南省蜚类调查及新种记述。河南科学院学报，(1)：67~83。

大囟散白蚁 *Reticulitermes gaoshi* Li *et* Ma, 1987

省内产地：信阳鸡公山(模式产地)。

分布：河南。

资料来源：李桂祥等，1987，中国散白蚁属二新种(等翅目：鼻白蚁科)。昆虫学报，30(1)：80~82。

圆唇散白蚁 *Reticulitermes labralis* Hsia *et* Fan, 1965

省内产地：洛阳。

分布：河南，北京，山东，安徽，江苏，上海，浙江。

资料来源：王治国等，2007，河南直翅类昆虫志。河南科学技术出版社。

细颚散白蚁 *Reticulitermes leptomandibularis* Hsia *et* Fan, 1965

省内产地：商城，信阳。

分布：河南，江苏，浙江，福建，广东，四川。

资料来源：王治国等，2007，河南直翅类昆虫志。河南科学技术出版社。

长螱散白蚁 *Reticulitermes longigulus* Ping *et* Li, 1992

省内产地：商城。

分布：河南，湖北。

资料来源：王治国等，2007，河南直翅类昆虫志。河南科学技术出版社。

长翅散白蚁 *Reticulitermes longipennes* Wang *et* Li, 1984

省内产地：商城黄柏山(模式产地)。

分布：河南。

资料来源：王治国等，1984，河南省螱类调查及新种记述。河南科学院学报，(1)：67~83。

清江散白蚁 *Reticulitermes qingjiangensis* Gao *et* Wang, 1982

省内产地：商城，信阳。

分布：河南，江苏。

资料来源：王治国等，2007，河南直翅类昆虫志。河南科学技术出版社。

黄肢散白蚁 *Reticulitermes speratus* (Kolbe, 1885)

省内产地：具体不详。

分布：河南，河北，山东，辽宁。

资料来源：王治国等，2007，河南直翅类昆虫志。河南科学技术出版社。

毛唇散白蚁 *Reticulitermes tricholabralis* Ping *et* Li, 1992

省内产地：信阳。

分布：河南，湖北。

资料来源：王治国等，2007，河南直翅类昆虫志。河南科学技术出版社。

扩头蔡白蚁 *Tsaitermes ampliceps* (Wang *et* Li, 1984)

省内产地：商城金岗台(模式产地)。

分布：河南。

资料来源：王治国等，1984，河南省螱类调查及新种记述。河南科学院学报，(1)：67~83。

二、白蚁科 Termitidae

本科世界已知 235 属，中国记载 31 属 234 种，河南已知 4 属 5 种。

黄翅大白蚁 *Macrotermes barneyi* Light, 1924

省内产地：新县。

分布：河南，安徽，江苏，湖北，湖南，浙江，江西，福建，广东，海南，四川，云南。

资料来源：王治国等，2007，河南直翅类昆虫志。河南科学技术出版社。

商城奇象白蚁 *Mironasutitermes shangchengensis* (Wang *et* Li, 1984)

省内产地：商城(模式产地)。

分布：河南。

资料来源：王治国等，1984，河南省蜚类调查及新种记述。河南科学院学报，(1)：67~83。

黑翅土白蚁 *Odontotermes formosanus* (Shiraki, 1909)

省内产地：洛阳，内乡，确山，商城，新县，信阳。

分布：河南，安徽，江苏，浙江，江西，福建，台湾，湖北，湖南，广东，海南，广西，四川，贵州，云南，陕西，甘肃。

资料来源：王治国等，2007，河南直翅类昆虫志。河南科学技术出版社。

洛阳土白蚁 *Odontotermes luoyangensis* Wang *et* Li, 1984

省内产地：洛阳龙门(模式产地)。

分布：河南。

资料来源：王治国等，1984，河南省蜚类调查及新种记述。河南科学院学报，(1)：67~83。

扬子江近歪白蚁 *Pericapritermes jangtsekiangensis* (Kemner, 1925)

省内产地：固始，商城，罗山，新县，信阳。

分布：河南，安徽，江苏，湖北，湖南。

资料来源：王治国等，2007，河南直翅类昆虫志。河南科学技术出版社。

第一节　昆虫纲：螳螂目
Class Insecta: Order Mantodea

螳螂目昆虫通称“螳”，英文名 mantis。中至大型，10~110 mm。体色绿或褐、灰，有的有金属色或花斑。体细长，或圆筒形，或扁平呈叶片状。头三角形，复眼发达，单眼 3 个，触角形状各异。前胸极度延长如颈。前翅皮革质，后翅膜质，臀区发达，雌性后翅通常退化。前足捕捉式，状如折刀。不完全变态。成幼虫均营自由生活，肉食性，是重要天敌类群之一。卵块称螵蛸，入药。

螳螂为常见昆虫，河南螳螂种类研究主要是牛瑶、王治国等人的工作。

螳螂目世界已知 11 科 400 属 2200 种，中国记载 9 科 53 属 163 种，河南已知 4 科 8 属 18 种。

一、花螳科 Hymenopodidae

本科世界已知 42 属，中国记载 10 属 35 种，河南已知 1 属 1 种。

郑氏原螳 *Anaxarcha zhengi* Ren *et* Wang, 1994

省内产地：卢氏，西峡，内乡。

分布：河南，陕西。

资料来源：王治国等，2007，河南直翅类昆虫志。河南科学技术出版社。

二、长颈螳科 Vatidae

本科世界已知 21 属，中国记载 1 属 6 种，河南已知 1 属 2 种。

壮屏顶螳 *Kishinoygeum robusta* Niu *et* Liu, 1998　(图版 II-1)

省内产地：内乡宝天曼(模式产地)。

分布：河南。

资料来源：牛瑶，刘保东，1998，伏牛山屏顶螳属一新种。《伏牛山区昆虫》，中国农业科学技术出版社。

陕西屏顶螳 *Kishinoygeum shanxiense* Yang, 1999

省内产地：西峡黄石庵。

分布：河南，陕西，山西。

资料来源：刘保东，牛瑶，1999，螳螂目。《伏牛山南坡及大别山区昆虫》，中国农业科学技术出版社。

三、螳科 Mantidae

本科世界已知 18 亚科 134 属，中国记载 29 属 65 种，河南已知 5 属 14 种。

薄翅螳 *Mantis religinsa* (Linnaeus, 1758)　(图版 II-8)

省内产地：全省各地。

分布：河南，黑龙江，吉林，辽宁，北京，河北，山西，新疆，江苏，上海，福建，广东，海南，四川，云南，西藏；亚洲，欧洲，非洲，大洋洲，美洲。

资料来源：牛瑶，刘保东，1998，螳螂目。《伏牛山区昆虫》，中国农业科学技术出版社。

绿污斑螳 *Statilia nemoralis* (Saussure, 1870)　(图版 II-2)

省内产地：信阳，商城。

分布：河南，江苏，福建，广东；泰国。

资料来源：申效诚，1993，河南昆虫名录。中国农业科学技术出版社。

黄褐污斑螳 *Statilia flavobrunea* Zhang *et* Li, 1983

省内产地：商城。

分布：河南，福建，浙江，四川，重庆。

资料来源：王治国等，2007，河南直翅类昆虫志。河南科学技术出版社。

绿褐污斑螳 *Statilia viridrunnea* Zhang *et* Li, 1983

省内产地：商城，固始，新县。

分布：河南，安徽，江苏，四川。

资料来源：王治国等，2007，河南直翅类昆虫志。河南科学技术出版社。

棕污斑螳 *Statilia maculata* (Thunberg, 1784) (图版 II-9)

省内产地：全省各地。

分布：河南，北京，山东，安徽，江苏，上海，浙江，江西，福建，台湾，湖南，广东，广西，海南，四川，重庆，云南，贵州，西藏；东南亚。

资料来源：牛瑶，刘保东，1998，螳螂目。《伏牛山区昆虫》，中国农业科学技术出版社。

狭翅大刀螳 *Tenodera anguscipennis* Saussure, 1842 (图版 II-10)

省内产地：全省各地。

分布：河南，宁夏，山东，安徽，江苏，上海，浙江，福建，湖北，广西；东南亚。

资料来源：牛瑶，刘保东，1998，螳螂目。《伏牛山区昆虫》，中国农业科学技术出版社。

短胸大刀螳 *Tenodera brevicollis* Beier, 1933 (图版 II-4)

省内产地：林州，济源。

分布：河南，辽宁，北京，山东，安徽，江苏，浙江，湖北，四川，贵州，云南，西藏；东南亚。

资料来源：牛瑶，刘保东，1998，螳螂目。《伏牛山区昆虫》，中国农业科学技术出版社。

斯大刀螳 *Tenodera stotzneri* Werner, 1929

省内产地：安阳，济源。

分布：河南，北京，湖北，四川，西藏。

资料来源：王治国等，2007，河南直翅类昆虫志。河南科学技术出版社。

枯叶大刀螳 *Tenodera aridifolia* (Stoll, 1813) (图版 II-3)

省内产地：信阳，商城。

分布：河南，江苏，浙江，福建，湖南，广东，海南，广西，四川，云南，贵州，西藏；东南亚。

资料来源：申效诚，1993，河南昆虫名录。中国农业科学技术出版社。

中华大刀螳 *Tenodera sinensis* Saussure, 1838 (图版 II-5)

省内产地：全省各地。

分布：河南，辽宁，北京，山东，安徽，江苏，上海，浙江，江西，福建，台湾，湖北，四川，贵州，西藏；朝鲜，日本，美国。

资料来源：牛瑶，刘保东，1998，螳螂目。《伏牛山区昆虫》，中国农业科学技术出版社。

广斧螳 *Hierodula patellifera* (Serville, 1839) (图版 II-6)

省内产地：全省各地。

分布：河南，北京，河北，陕西，山东，江苏，上海，浙江，福建，广东，海南，四川，贵州；日本，印度尼西亚，菲律宾；美洲。

资料来源：牛瑶，刘保东，1998，螳螂目。《伏牛山区昆虫》，中国农业科学技术出版社。

中华斧螳 *Hierodula chinensis* Werner, 1929

省内产地：信阳，商城。

分布：河南，北京，四川，广东。

资料来源：申效诚，1993，河南昆虫名录。中国农业科学技术出版社。

勇斧螳 *Hierodula membranacea* (Burmeister, 1838) (图版 II-7)

省内产地：商城。

分布：河南，安徽，浙江，湖南，广西，四川，西藏；印度，斯里兰卡。

资料来源：申效诚，1993，河南昆虫名录。中国农业科学技术出版社。

中华绿脉螳 *Pseudogousa sinensis* Tinkham, 1937

省内产地：卢氏，西峡。

分布：河南，海南。

资料来源：申效诚，1993，河南昆虫名录。中国农业科学技术出版社。

四、怪足螳科 Amorphoscelidae

本科世界已知 15 属，中国记载 1 属 1 种，河南已知 1 属 1 未定种。

怪足螳 *Amorphoscelis* sp.

省内产地：罗山涩港。

分布：河南。

资料来源：刘保东，牛瑶，1999，螳螂目。《伏牛山南坡及大别山区昆虫》，中国农业科学技术出版社。

第一二节　昆虫纲：革翅目
Class Insecta: Order Dermaptera

革翅目昆虫俗称蠼螋，英文名 earwig。体形狭长且扁平，口器咀嚼式，触角丝状，有复眼，单眼退化，前胸背板四方形，前翅革质，较短，后翅膜质，翅脉放射状。腹末有尾铗。不完全变态。昼伏夜出，杂食性。

革翅目昆虫虽然常见，但专业性研究主要是王治国等的工作，1996 年昆虫考察时，刘宪伟在伏牛山北坡做过调查，2003 年申效诚等在伏牛山南坡采集不少标本，有待鉴定。

革翅目世界已知 11 科 219 属 2028 种，中国记载 8 科 61 属 265 种，河南已知 3 科 5 属 9 种。

一、肥螋科 Anisolabididae

本科世界已知约 40 属 420 种，中国记载 7 属 28 种，河南已知 1 属 1 种。

环纹优博螋 *Euborellia annulata* (Fabricius, 1793)

省内产地：全省。

分布：河南，江苏，浙江，福建，台湾，湖北，湖南，海南，四川，云南，贵州；日本，菲律宾，印度尼西亚，澳大利亚，缅甸，印度，斯里兰卡。

资料来源：王治国等，2007，河南直翅类昆虫志。河南科学技术出版社。

二、蠼螋科 Labiduridae

本科世界已知约 20 属 150 种，中国记载 3 属 10 种，河南已知 1 属 1 种。

岸栖蠼螋 *Labidura riparia* (Pallas, 1773)　(图版 III-3)

省内产地：桐柏。

分布：河南，内蒙古，陕西，甘肃，新疆，河北，江苏，浙江，福建，湖北，湖南，广东，海南，四川，云南，贵州；俄罗斯，日本，越南，缅甸，印度，菲律宾；欧洲，北非。

资料来源：申效诚，1993，河南昆虫名录。中国农业科学技术出版社。

三、球螋科 Forficuloidae

本科世界已知 64 属 486 种，中国记载 27 属 121 种，河南已知 3 属 7 种。

瘤异螋 *Allodahlia scabriuscula* (Audinet-Serville, 1839)　(图版 III-4)

省内产地：栾川龙峪湾。

分布：河南，河北，湖北，湖南，台湾，甘肃，四川，贵州，云南，西藏；越南，缅甸，印度，斯里兰卡。

资料来源：刘宪伟，1998，革翅目。《伏牛山区昆虫》，中国农业科学技术出版社。

日本张铗螋 *Anechura japonica* (Bormans, 1880)　(图版 III-5)

省内产地：栾川龙峪湾，嵩县白云山。

分布：河南，陕西，湖北，四川，江苏，浙江，福建，湖南；俄罗斯，朝鲜，日本。

资料来源：刘宪伟，1998，革翅目。《伏牛山区昆虫》，中国农业科学技术出版社。

基白球螋 *Forficula albida* Liu, 2007

省内产地：嵩县白云山，栾川龙峪湾(模式产地)。

分布：河南。

资料来源：王治国等，2007，河南直翅类昆虫志。河南科学技术出版社。

达氏球螋 *Forficula davidi* Burr, 1905　(图版 III-6)

省内产地：栾川龙峪湾，嵩县白云山，内乡，西华。

分布：河南，宁夏，甘肃，陕西，山西，河北，山东，湖南，四川，云南。

资料来源：刘宪伟，1998，革翅目。《伏牛山区昆虫》，中国农业科学技术出版社。

迷卡球螋 *Forficula mikado* Burr, 1904

省内产地：全省。

分布：河南，黑龙江，吉林，辽宁；朝鲜，日本。

资料来源：申效诚，1993，河南昆虫名录。中国农业科学技术出版社。

瘦球螋 *Forficula splendida* Bey-Bienko, 1934

省内产地：栾川龙峪湾，嵩县白云山。

分布：河南，甘肃，四川。

资料来源：刘宪伟，1998，革翅目。《伏牛山区昆虫》，中国农业科学技术出版社。

斯氏球螋 *Forficula tomis scudderi* Bormans, 1880

省内产地：具体不详。

分布：河南，黑龙江，辽宁，河北，陕西，山西，宁夏；俄罗斯，朝鲜，日本。

资料来源：王治国等，2007，河南直翅类昆虫志。河南科学技术出版社。

第一三节　昆虫纲：直翅目
Class Insecta: Order Orthoptera

直翅目昆虫包括蝗虫、蟋蟀、螽斯、蝼蛄等。身体中到大型。头部圆形或圆锥形，复眼发达，下口式，口器咀嚼式，上颚发达，触角长而多节，丝状或剑状。翅发达，前翅狭长，皮革质，称为覆翅，有的种类退化，后翅膜质，臀区宽阔，能折叠于前翅下。在前足胫节或腹部第一节有听器。后足跳跃式或前足开掘式。腹部末端有明显的产卵器，刀状、矛状或瓣状。

自由活动，植栖、洞栖或土栖。听觉、视觉灵敏。能鸣叫。植食性，是农林业重要害虫。

不完全变态，两性生殖，卵产于土下。

河南是蝗虫严重危害的地区之一，历来比较重视。专业研究主要有牛瑶、张秀江、王治国、吕国强等的工作。昆虫考察中，刘祖尧、章伟年、殷海生、刘宪伟、徐升全等先后参加了 1996 年、2000 年、2004 年的采集活动，毕道英参加了标本鉴定。

直翅目全世界到 2007 年已知 24 总科 74 科 4600 属 22 342 种，中国记载 30 科 551 属 2519 种，河南记载 27 科 117 属 247 种。

一、刺翼蚱科 Scelimenidae

本科世界已知 32 属 329 种，中国记录 13 属 64 种，河南已知 2 属 4 种。

刺羊角蚱 *Criotettix bispinosus* (Dalman, 1818)　(图版 III-7)

省内产地：桐柏，信阳，商城。

分布：河南，上海，江苏，浙江，福建，台湾，江西，广东，海南，广西，四川，云南；印度，缅甸，菲律宾，越南，泰国，马来西亚，印度尼西亚。

资料来源：王治国等，2007，河南直翅类昆虫志。河南科学技术出版社。

日本羊角蚱 *Criotettix japonicus* (De Haan, 1842)　(图版 III-8)

省内产地：商城。

分布：河南，广东，广西，四川，云南；日本。

资料来源：王治国等，2007，河南直翅类昆虫志。河南科学技术出版社。

钝优角蚱 *Eucriotettix dohertyi* (Hancock, 1915)　(图版 III-9)

省内产地：信阳。

分布：河南，湖北，湖南，四川，贵州，云南，西藏；印度。

资料来源：王治国等，2007，河南直翅类昆虫志。河南科学技术出版社。

大优角蚱 *Eucriotettix grandis* (Hancock, 1912)　(图版 III-10)

省内产地：内乡，商城。

分布：河南，广东，广西，云南，四川，西藏；尼泊尔，印度。

资料来源：梁铬球等，1998，中国动物志 昆虫纲 第十二卷。科学出版社。

二、蚱科 Tetrigidae

本科世界已知 44 属 520 种，中国记载 16 属 220 种，河南已知 10 属 28 种。

武当山微翅蚱 *Alulatettix wudangshanensis* Wang *et* Zheng, 1997

省内产地：内乡，邓州，桐柏，栾川。

分布：河南，湖北。

资料来源：牛瑶等，1998，直翅目：蝗亚目。《伏牛山区昆虫》，中国农业科学技术出版社。

郑氏微翅蚱 *Alulatettix zhengi* Niu, 1994　(图版 IV-1)

省内产地：西峡，栾川，嵩县，鲁山(模式产地)。

分布：河南。

资料来源：牛瑶，1994，河南微翅蚱一新种。昆虫学研究，(1)：35~36。

印度柯蚱 *Coptotettix indicus* Hancock, 1912

省内产地：内乡。

分布：河南，云南；印度。

资料来源：王治国等，2007，河南直翅类昆虫志。河南科学技术出版社。

突眼蚱 *Ergatettix dorsifeorus* (Walker, 1871)

省内产地：济源，桐柏，商城。

分布：河南，福建，台湾，广东，广西，云南，四川，陕西，甘肃；印度，斯里兰卡，中亚。

资料来源：刘宪伟等，2002，直翅目。《太行山及桐柏山区昆虫》，中国农业科学技术出版社。

二斑悠背蚱 *Euparatettix bimaculatus* Zheng, 1993　(图版 IV-11)

省内产地：内乡，商城。

分布：河南，广西，浙江，福建，海南。

资料来源：王治国等，2007，河南直翅类昆虫志。河南科学技术出版社。

印悠背蚱 *Euparatettix indicus* (Bolivar, 1887)　(图版 IV-12)

省内产地：商城。

分布：河南，四川，云南，江苏；印度，缅甸，斯里兰卡。

资料来源：王治国等，2007，河南直翅类昆虫志。河南科学技术出版社。

河南台蚱 *Formosatettix henanensis* Liang, 1991　(图版 IV-2)

省内产地：信阳(模式产地)。

分布：河南。

资料来源：梁铬球，1991，台蚱属三新种(直翅目：蚱科)。中山大学学报，30(2): 111~118。

秦岭台蚱 *Formosatettix qinlingensis* Zheng, 1982　(图版 IV-3)

省内产地：灵宝，卢氏，栾川，西峡，内乡，嵩县。

分布：河南，陕西。

资料来源：牛瑶等，1998，直翅目：蝗亚目。《伏牛山区昆虫》，中国农业科学技术出版社。

宽背台蚱 *Formosatettix platynotus* Zheng *et* Wang, 1991　(图版 IV-4)

省内产地：信阳。

分布：河南，湖北，安徽。

资料来源：王治国等，2007，河南直翅类昆虫志。河南科学技术出版社。

大别山台蚱 *Formosatettix dabieshanensis* Zheng *et* Wang, 1991

省内产地：新县，商城(模式产地)。

分布：河南，湖北，安徽。

资料来源：梁铬球等，1998，中国动物志 昆虫纲 第十二卷。科学出版社。

卡台蚱 *Formosatettix karenkoensis* Tinkham, 1937

省内产地：信阳，桐柏。

分布：河南，台湾。

资料来源：王治国等，2007，河南直翅类昆虫志。河南科学技术出版社。

细庭蚱 *Hedotettix gracilis* (De Haan, 1843)　(图版 IV-10)

省内产地：栾川，嵩县。

分布：河南，湖北，福建，广东，广西，四川，云南，西藏，台湾；印度，巴基斯坦，孟加拉国，斯里兰卡，缅甸，泰国，越南，印度尼西亚。

资料来源：牛瑶等，1998，直翅目：蝗亚目。《伏牛山区昆虫》，中国农业科学技术出版社。

冠庭蚱 *Hedotettix cristitergus* Hancock, 1915　(图版 V-5)

省内产地：信阳。

分布：河南，湖北，广东，海南；印度。

资料来源：王治国等，2007，河南直翅类昆虫志。河南科学技术出版社。

突背米蚱 *Mishtshenkotettix gibberosa* Wang *et* Zheng, 1993　(图版 IV-5)

省内产地：信阳鸡公山。

分布：河南，安徽，湖北。

资料来源：牛瑶，1994，河南台蚱和突背米蚱雄性的描述。《河南昆虫分类区系研究 第一卷》，中国农业科学技术出版社。

毛长背蚱 *Paratettix hirsutus* Brunner van Watteuwyl, 1893　(图版 V-1)

省内产地：灵宝，卢氏，内乡，商城。

分布：河南，广东；印度，缅甸。

资料来源：王治国等，2007，河南直翅类昆虫志。河南科学技术出版社。

长翅长背蚱 *Paratettix uvarovi* Semenov, 1915　(图版 V-2)

省内产地：灵宝，卢氏，内乡，桐柏，信阳，商城。

分布：河南，吉林，新疆，甘肃，陕西，广东，广西，云南；俄罗斯，伊朗。

资料来源：刘宪伟等，2002，直翅目。《太行山及桐柏山区昆虫》，中国农业科学技术出版社。

卡尖顶蚱 *Teredorus carmichaeli* Hancock, 1915　(图版 V-3)

省内产地：内乡。

分布：河南，安徽，浙江，江西，福建，陕西；印度。

资料来源：梁铬球等，1998，中国动物志 昆虫纲 第十二卷。科学出版社。

曲缘尖顶蚱 *Teredorus camurimarginus* Zheng, 1998　(图版 V-4)

省内产地：内乡。

分布：河南，广西。

资料来源：王治国等，2007，河南直翅类昆虫志。河南科学技术出版社。

二斑蚱 *Tettix bipunctata* (Linnaeus, 1758)

省内产地：济源，林州。

分布：河南，内蒙古；俄罗斯，印度；欧洲。

资料来源：王治国等，2007，河南直翅类昆虫志。河南科学技术出版社。

波氏蚱 *Tettix bolivari* Saulcy, 1901　(图版 IV-6)

省内产地：栾川，内乡。

分布：河南，黑龙江，内蒙古，吉林，辽宁，新疆，甘肃，青海，宁夏，河北，山西，陕西，山东，江苏，安徽，浙江，江西，福建，台湾，广东，广西，贵州，西藏；俄罗斯，日本。

资料来源：王治国等，2007，河南直翅类昆虫志。河南科学技术出版社。

中华喀蚱 *Tettix ceperoi chinensis* Liang, 1998

省内产地：信阳。

分布：河南，广东。

资料来源：梁铬球等，1998，中国动物志 昆虫纲 第十二卷。科学出版社。

突背蚱 *Tetrix glochinota* Zhao, Niu *et* Zheng, 2010

省内产地：桐柏(模式产地)。

分布：河南。

资料来源：赵玲，牛瑶，郑哲民，2010，河南蚱属二新种记述(直翅目：蚱科)。四川动物，29(2)：197~199。

日本蚱 *Tettix japonica* (Bolivar, 1887)　(图版 IV-7)

省内产地：全省各地。

分布：全国各地；俄罗斯，日本。

资料来源：牛瑶等，1998，直翅目：蝗亚目。《伏牛山区昆虫》，中国农业科学技术出版社。

鸡公山蚱 *Tetrix jigongshanensis* Zhao, Niu *et* Zheng, 2010

省内产地：信阳鸡公山(模式产地)。

分布：河南。

资料来源：赵玲，牛瑶，郑哲民，2010，河南蚱属二新种记述(直翅目：蚱科)。四川动物，29(2)：197~199。

仿蚱 *Tettix simulans* (B. Bienko, 1929)　(图版 IV-8)

省内产地：信阳，商城。

分布：河南，内蒙古，陕西；俄罗斯，蒙古国。

资料来源：梁铬球等，1998，中国动物志 昆虫纲 第十二卷。科学出版社。

钻形蚱 *Tettix subulata* (Linnaeus, 1761)　(图版 IV-9)

省内产地：桐柏，信阳，商城。

分布：河南，内蒙古，陕西，安徽，福建，四川；俄罗斯；欧洲，美洲。

资料来源：梁铬球等，1998，中国动物志 昆虫纲 第十二卷。科学出版社。

隆背蚱 *Tettix tartara* (Bolivar, 1887)

省内产地：桐柏，商城。

分布：河南，甘肃；中亚。

资料来源：王治国等，2007，河南直翅类昆虫志。河南科学技术出版社。

细角蚱 *Tettix tenuicornis* (Sahlberg, 1839)

省内产地：信阳。

分布：河南，湖北，福建，广东，广西，海南；俄罗斯，蒙古国，日本；欧洲。

资料来源：王治国等，2007，河南直翅类昆虫志。河南科学技术出版社。

三、槌角蜢科 Gomphomastacidae

本科世界已知 13 属 74 种，中国记载 5 属 10 种，河南已知 1 属 6 种。

肛翘比蜢 *Pielomastax lobata* Wang, 1992　(图版 V-7)

省内产地：桐柏(模式产地)。

分布：河南。

资料来源：王裕文，1992，中国比蜢属一新种记述。昆虫学报，35(4)：252~256。

苏州比蜢 *Pielomastax soochouensis* Chang, 1937

省内产地：商城。

分布：河南，江苏，浙江。

资料来源：王治国等，2007，河南直翅类昆虫志。河南科学技术出版社。

细尾比蜢 *Pielomastax tenuicerca* Hsia *et* Liu, 1989

省内产地：栾川，内乡。

分布：河南，湖北。

资料来源：牛瑶等，1998，直翅目：蝗亚目。《伏牛山区昆虫》，中国农业科学技术出版社。

三齿比蜢 *Pielomastax tridentate* Zheng *et* Wang, 1993　(图版 V-8)

省内产地：商城，新县。

分布：河南，安徽，湖北。

资料来源：牛瑶，1999，直翅目：蟋螽科，槌角蜢科，斑腿蝗科。《伏牛山南坡及大别山区昆虫》，中国农业科学技术出版社。

异齿比蜢 *Pielomastax varidentata* Niu, 1994　(图版 V-9)

省内产地：栾川，鲁山石人山(模式产地)。

分布：河南。

资料来源：牛瑶，1994，河南比蜢属二新种。《河南昆虫分类区系研究 第一卷》，中国农业科学技术出版社。

郑氏比蜢 *Pielomastax zhengi* Niu, 1994 (图版 V-10)

省内产地：信阳鸡公山(模式产地)。

分布：河南。

资料来源：牛瑶，1994，河南比蜢属二新种。《河南昆虫分类区系研究 第一卷》，中国农业科学技术出版社。

四、蜢科 Eumastacidae

本科世界已知 23 属 110 种，中国记载 8 属 15 种，河南已知 1 属 1 种。

摹螳秦蜢 *China mantispoides* (Walk, 1951) (图版 V-6)

省内产地：桐柏，商城。

分布：河南，安徽，江苏，浙江；泰国。

资料来源：刘宪伟等，2002，直翅目。《太行山及桐柏山区昆虫》，中国农业科学技术出版社。

五、癞蝗科 Pamphagidae

本科世界已知 93 属 445 种，中国记载 13 属 39 种，河南仅知 1 属 1 种。

笨蝗 *Haplotropis brunneriana* Saussure, 1888 (图版 VI-1)

省内产地：全省。

分布：河南，江苏，安徽，山东，山西，河北，内蒙古，陕西，甘肃，辽宁，吉林，黑龙江；俄罗斯。

资料来源：申效诚，1993，河南昆虫名录。中国农业科学技术出版社。

六、锥头蝗科 Pyrgomorphidae

本科世界已知 149 属 475 种，中国记载 4 属 30 种，河南已知 2 属 5 种。

长额负蝗 *Atractomorpha lata* (Motschousky, 1866)

省内产地：封丘，灵宝，汝州，登封，叶县，信阳，固始等全省各地。

分布：河南，河北，北京，山东，上海，湖北，广东，广西，陕西；朝鲜，日本。

资料来源：申效诚，1993，河南昆虫名录。中国农业科学技术出版社。

柳枝负蝗 *Atractomorpha psittacina* (De Haan, 1842)

省内产地：灵宝。

分布：河南，云南；巴基斯坦，印度，泰国，缅甸，印度尼西亚，马来西亚，菲律宾。

资料来源：申效诚，1993，河南昆虫名录。中国农业科学技术出版社。

令箭负蝗 *Atractomorpha sagittaris* Bi *et* Hsia, 1981

省内产地：灵宝。

分布：河南，河北，北京，上海，福建，四川。

资料来源：王治国等，2007，河南直翅类昆虫志。河南科学技术出版社。

短额负蝗 *Atractomorpha sinensis* I. Bolivar, 1905 (图版 VI-2)

省内产地：全省各地。

分布：河南，北京，河北，山西，安徽，江苏，浙江，福建，上海，江西，山东，湖北，湖南，广东，广西，四川，云南，贵州，陕西，甘肃，青海，台湾；日本，越南。

资料来源：申效诚，1993，河南昆虫名录。中国农业科学技术出版社。

锥头蝗 *Pyrgomorpha conica* (Olivier, 1791)

省内产地：台前，范县。

分布：河南，新疆，甘肃；伊朗，阿富汗；欧洲，非洲。

资料来源：王治国等，2007，河南直翅类昆虫志。河南科学技术出版社。

七、斑腿蝗科 Catantopidae

本科世界已知 383 属 1231 种，中国记载 95 属 317 种，河南已知 18 属 37 种。

黑膝胸斑蝗 *Apalacris nigrogeniclata* Bi, 1984 (图版 VI-4)

省内产地：商城。

分布：河南，安徽，福建，广东，广西，四川，贵州。

资料来源：王治国等，2007，河南直翅类昆虫志。河南科学技术出版社。

异角胸斑蝗 *Apalacris varicornis* Walker, 1870 (图版 VI-3)

省内产地：信阳，商城。

分布：河南，陕西，云南，贵州，四川，福建，广东，广西，海南；印度，缅甸，马来西亚，越南，日本。

资料来源：王治国等，2007，河南直翅类昆虫志。河南科学技术出版社。

短星翅蝗 *Calliptamus abbreviatus* Ikonn., 1913 (图版 VI-5)

省内产地：全省各地。

分布：河南，黑龙江，吉林，辽宁，河北，内蒙古，山东，安徽，湖北，江西，江苏，浙江，广东，贵州，四川，甘肃，陕西；俄罗斯，蒙古国，朝鲜。

资料来源：申效诚，1993，河南昆虫名录。中国农业科学技术出版社。

黑腿星翅蝗 *Calliptamus barbarus* (Costa, 1836)

省内产地：原阳。

分布：河南，陕西，甘肃，宁夏；俄罗斯，巴基斯坦。

资料来源：王治国等，2007，河南直翅类昆虫志。河南科学技术出版社。

意大利蝗 *Calliptamus italicus* (Linnaeus, 1758)

省内产地：灵宝。

分布：河南，陕西，甘肃；伊朗，阿富汗；中亚，非洲。

资料来源：申效诚，1993，河南昆虫名录。中国农业科学技术出版社。

暗褐斑腿蝗 *Catantops innotabilis* (Walker, 1851) (图版 VI-8)

省内产地：商城，桐柏，信阳。

分布：河南；阿富汗，印度，日本。

资料来源：申效诚，1993，河南昆虫名录。中国农业科学技术出版社。

红褐斑腿蝗 *Catantops pinguis* (Stal, 1860) (图版 VI-7)

省内产地：信阳，商城，南阳，内乡，灵宝，济源，林州，叶县，新县，西峡，三门峡，桐柏，辉县，栾川。

分布：河南，河北，湖北，江苏，江西，浙江，福建，广东，广西，海南，陕西，四川，云南，贵州，台湾；阿富汗，印度，朝鲜。

资料来源：牛瑶等，1998，直翅目：蝗亚目。《伏牛山区昆虫》，中国农业科学技术出版社。

棉蝗 *Chondracris rosea* (De Geer, 1773) (图版 VI-6)

省内产地：全省各地。

分布：河南，内蒙古，河北，山东，陕西，四川，湖北，湖南，江苏，浙江，福建，云南，贵州，广西，广东，海南，台湾；朝鲜，日本。

资料来源：刘宪伟等，2002，直翅目。《太行山及桐柏山区昆虫》，中国农业科学技术出版社。

云南黑背蝗 *Eyprepocnemis yunnanensis* Zheng, 1982

省内产地：巩义，荥阳。

分布：河南，云南。

资料来源：王治国等，2007，河南直翅类昆虫志。河南科学技术出版社。

短翅黑背蝗 *Eyprepocnemis hokutensis* Shiraki, 1910 (图版 VI-9)

省内产地：商城，新县，固始，信阳，罗山。

分布：河南，江苏，江西，福建。

资料来源：牛瑶，1999，直翅目：蟋螽科，槌角蜢科，斑腿蝗科。《伏牛山南坡及大别山区昆虫》，中国农业科学技术出版社。

华阴腹露蝗 *Fruhstorferiola huayinensis* Bi *et* Xia, 1980 (图版 VII-1)

省内产地：内乡，西峡，卢氏，灵宝。

分布：河南，陕西。

资料来源：张秀江，1994，河南省秃蝗亚科裸蝗亚科种类及两新种。《河南昆虫分类区系研究 第一卷》，中国农业科学技术出版社。

峨眉腹露蝗 *Fruhstorferiola omei* (Rehn *et* Rehn, 1939) (图版 VI-10)

省内产地：内乡，西峡，桐柏。

分布：河南，陕西，甘肃，四川。

资料来源：张秀江，1994，河南省秃蝗亚科裸蝗亚科种类及两新种。《河南昆虫分类区系研究 第一卷》，中国农业科学技术出版社。

绿腿腹露蝗 *Fruhstorferiola viridifemorata* (Caud, 1921) (图版 VII-2)

省内产地：西峡，内乡，信阳，罗山，商城，桐柏。

分布：河南，江苏，浙江，湖北。

资料来源：张秀江，1994，河南省秃蝗亚科裸蝗亚科种类及两新种。《河南昆虫分类区系研究 第一卷》，中国农业科学技术出版社。

斑角蔗蝗 *Hieroglyphus annulicornis* (Shirubi, 1910) (图版 VII-3)

省内产地：西峡，内乡，固始，正阳，商城，淅川，中牟。

分布：河南，陕西，四川，贵州，云南，江苏，浙江，湖北，湖南，福建，广东，广西，江西，海南，台湾；印度，越南。

资料来源：申效诚，1993，河南昆虫名录。中国农业科学技术出版社。

无齿稻蝗 *Oxya adentata* Willemse, 1925 (图版 VII-4)

省内产地：辉县，济源，三门峡，信阳。

分布：河南，黑龙江，吉林，辽宁，内蒙古，陕西，青海，宁夏，甘肃。

资料来源：申效诚，1993，河南昆虫名录。中国农业科学技术出版社。

山稻蝗 *Oxya agarisa* Tsai, 1931 (图版 VII-5)

省内产地：桐柏，新县，商城。

分布：河南，湖北，江西，浙江，福建，广东，贵州，四川，甘肃。

资料来源：刘宪伟等，2002，直翅目。《太行山及桐柏山区昆虫》，中国农业科学技术出版社。

中华稻蝗 *Oxya chinensis* (Thunberg, 1825) (图版 VII-6)

上海稻蝗 *Oxya shanghaiensis* Willemse, 1925

省内产地：全省各地。

分布：河南，内蒙古，河北，山东，湖北，湖南，江苏，浙江，广东，广西，海南，陕西，甘肃，云南，四川，贵州；东南亚，大洋洲。

资料来源：申效诚，1993，河南昆虫名录。中国农业科学技术出版社。

小稻蝗 *Oxya hyla intricate* (Stal, 1861) (图版 VII-7)

省内产地：济源，新县，西峡，内乡，商城，信阳，汤阴。

分布：河南，陕西，甘肃，湖北，湖南，江苏，浙江，江西，福建，广东，广西，海南，云南，贵州，台湾；印度，马来西亚，菲律宾。

资料来源：申效诚，1993，河南昆虫名录。中国农业科学技术出版社。

日本稻蝗 *Oxya japonica* (Thunberg, 1824) (图版 VII-8)

省内产地：商城，新县，三门峡，信阳。

分布：河南，黑龙江，吉林，辽宁，内蒙古，陕西，甘肃；日本。

资料来源：申效诚，1993，河南昆虫名录。中国农业科学技术出版社。

西安稻蝗 *Oxya sianensis* Cheng, 1964

省内产地：灵宝，桐柏。

分布：河南，陕西。

资料来源：王治国等，2007，河南直翅类昆虫志。河南科学技术出版社。

日本黄脊蝗 *Patanga japonica* (I. Bolivar, 1898) (图版 VII-10)

省内产地：全省各地。

分布：河南，山东，江苏，安徽，浙江，江西，福建，陕西，甘肃，四川，贵州，云南，广西，广东，湖南，海南，台湾；朝鲜，日本，印度。

资料来源：刘宪伟等，2002，直翅目。《太行山及桐柏山区昆虫》，中国农业科学技术出版社。

伏牛山小蹦蝗 *Pedopodisma funiushana* Zhang, 1994 (图版 VII-9)

省内产地：卢氏，西峡(模式产地)。

分布：河南。

资料来源：张秀江，1994，河南省秃蝗亚科裸蝗亚科种类及两新种。《河南昆虫分类区系研究 第一卷》，中国农业科学技术出版社。

秦岭小蹦蝗 *Pedopodisma tsinlingensis* (Cheng, 1974)

省内产地：灵宝，卢氏，西峡。

分布：河南，陕西。

资料来源：王治国等，2007，河南直翅类昆虫志。河南科学技术出版社。

武当小蹦蝗 *Pedopodisma wudangshana* Wang, 1991

省内产地：内乡，西峡。

分布：河南，湖北。

资料来源：王治国等，2007，河南直翅类昆虫志。河南科学技术出版社。

橄榄秦岭蝗 *Qinlingacris elaeodes* Yin *et* Chou, 1979 (图版 VII-11)

省内产地：灵宝。

分布：河南，陕西。

资料来源：张秀江，1994，河南省秃蝗亚科裸蝗亚科种类及两新种。《河南昆虫分类区系研究 第一卷》，中国农业科学技术出版社。

太白秦岭蝗 *Qinlingacris taibaiensis* Yin *et* Chou, 1979

省内产地：灵宝。

分布：河南，陕西。

资料来源：张秀江，1994，河南省秃蝗亚科裸蝗亚科种类及两新种。《河南昆虫分类区系研究 第一卷》，中国农业科学技术出版社。

稻稞蝗 *Quilta oryzae* Uvarov, 1925

省内产地：罗山。

分布：河南，福建，广东，湖北。

资料来源：牛瑶，1999，直翅目：蟋螽科，槌角蜢科，斑腿蝗科。《伏牛山南坡及大别山区昆虫》，中国农业科学技术出版社。

长肢素木蝗 *Shirakiacris shirakii* (I. Bolivar, 1914) (图版 VIII-1)

省内产地：信阳，罗山，新县，商城，桐柏，确山，内乡，西峡，卢氏，栾川，三门峡，灵宝，济源，卫辉，林州，浚县。

分布：河南，河北，陕西，甘肃，山东，四川，江西，江苏，浙江，安徽，福建，广东，广西；巴基斯坦，朝鲜，日本。

资料来源：刘宪伟等，2002，直翅目。《太行山及桐柏山区昆虫》，中国农业科学技术出版社。

霍山蹦蝗 *Sinopodisma houshana* Huang, 1982　(图版 VIII-5)

省内产地：桐柏，信阳，罗山，新县，商城。

分布：河南，安徽。

资料来源：张秀江，1994，河南省秃蝗亚科裸蝗亚科种类及两新种。《河南昆虫分类区系研究 第一卷》，中国农业科学技术出版社。

卢氏蹦蝗 *Sinopodisma lushiensis* Zhang, 1994　(图版 VIII-6)

省内产地：卢氏(模式产地)。

分布：河南。

资料来源：张秀江，1994，河南省秃蝗亚科裸蝗亚科种类及两新种。《河南昆虫分类区系研究 第一卷》，中国农业科学技术出版社。

比氏蹦蝗 *Sinopodisma pieli* (Chang, 1940)

省内产地：桐柏，信阳，内乡，西峡，卢氏。

分布：河南，江西。

资料来源：申效诚，1993，河南昆虫名录。中国农业科学技术出版社。

短角直斑腿蝗 *Stenocatantops mistshenkoi* Willemse T., 1968　(图版 VIII-3)

省内产地：信阳，新县，商城，桐柏。

分布：河南，陕西，四川，贵州，云南；印度；东南亚。

资料来源：刘宪伟等，2002，直翅目。《太行山及桐柏山区昆虫》，中国农业科学技术出版社。

长角直斑腿蝗 *Stenocatantops splendens* (Thunberg, 1815)　(图版 VIII-4)

省内产地：商城，信阳。

分布：河南，云南，四川，广东，广西，福建，江西，浙江，江苏，海南，台湾；印度，菲律宾，马来西亚。

资料来源：王治国等，2007，河南直翅类昆虫志。河南科学技术出版社。

四川凸额蝗 *Traulia orientalis szetschuanensis* Ramme, 1941　(图版 VIII-7)

省内产地：卢氏，西峡，内乡，栾川，三门峡。

分布：河南，陕西，甘肃，云南，贵州，四川。

资料来源：申效诚，1993，河南昆虫名录。中国农业科学技术出版社。

短角外斑腿蝗 *Xenocatantops humilis brachycerus* Willemse C, 1932　(图版 VIII-2)

省内产地：林州，浚县，罗山，信阳，桐柏，开封，济源，灵宝，卢氏，栾川，嵩县，西峡，内乡，新县，三门峡，辉县。

分布：河南，河北，陕西，山东，湖北，江苏，浙江，福建，江西，广东，广西，海南，贵州，云南，四川，甘肃。

资料来源：牛瑶等，1998，直翅目：蝗亚目。《伏牛山区昆虫》，中国农业科学技术出版社。

红翅豫蝗 *Yupodisma rufipennis* Zhang *et* Xia, 1990　(图版 VIII-8)

省内产地：信阳，商城(模式产地)。

分布：河南。

资料来源：张秀江等，1990，河南蝗虫一新属一新种。昆虫分类学报，7(1)：1~4。

八、斑翅蝗科 Oedipodidae

本科世界已知 133 属 774 种，中国记载 36 属 149 种，河南已知 12 属 24 种。

绿纹蝗 *Aiolopus thalassinus* (Fabricius, 1781)

省内产地：灵宝。

分布：河南，新疆；俄罗斯，法国，印度，南非，肯尼亚。

资料来源：王治国等，2007，河南直翅类昆虫志。河南科学技术出版社。

花胫绿纹蝗 ***Aiolopus tanulus*** **(Fabricius, 1798)**　(图版 VIII-9)

省内产地：全省各地。

分布：河南，辽宁，河北，陕西，甘肃，宁夏，四川，云南，西藏，海南，台湾；印度，缅甸，斯里兰卡；东南亚，大洋洲。

资料来源：刘宪伟等，2002，直翅目。《太行山及桐柏山区昆虫》，中国农业科学技术出版社。

轮纹异痂蝗 ***Bryodemella tuberculatum dilutum*** **(Stal, 1813)**　(图版 VIII-10)

省内产地：登封，济源。

分布：河南，黑龙江，吉林，辽宁，内蒙古，河北，新疆，青海，山西，山东；俄罗斯，蒙古国。

资料来源：申效诚，1993，河南昆虫名录。中国农业科学技术出版社。

小赤翅蝗 ***Celes akalozubovi*** **Adelung, 1906**

省内产地：济源，灵宝，内乡，西峡。

分布：河南，黑龙江，吉林，辽宁，陕西，山西，宁夏，甘肃，青海，四川。

资料来源：王治国等，2007，河南直翅类昆虫志。河南科学技术出版社。

大赤翅蝗 ***Celes akitanus*** **(Shiraki, 1910)**　(图版 IX-1)

省内产地：林州，济源。

分布：河南，吉林，内蒙古，青海，河北，山西，山东；朝鲜，日本。

资料来源：王治国等，2007，河南直翅类昆虫志。河南科学技术出版社。

大垫尖翅蝗 ***Epacromius coerulipes*** **(Ivanov, 1887)**　(图版 IX-2)

省内产地：南阳，洛阳，民权，兰考，长垣，开封，西峡，登封，灵宝，永城。

分布：河南，黑龙江，吉林，辽宁，河北，内蒙古，新疆，宁夏，甘肃，青海，陕西，山西，山东，江苏，安徽；俄罗斯，日本。

资料来源：申效诚，1993，河南昆虫名录。中国农业科学技术出版社。

小垫尖翅蝗 ***Epacromius targestinus*** **(Charpentier, 1825)**　(图版 IX-3)

省内产地：灵宝。

分布：河南，新疆。

资料来源：王治国等，2007，河南直翅类昆虫志。河南科学技术出版社。

甘蒙尖翅蝗 ***Epacrimius targestinus extimus*** **B. Bienko, 1951**　(图版 IX-4)

省内产地：三门峡，灵宝。

分布：河南，吉林，内蒙古，陕西，甘肃，青海。

资料来源：申效诚，1993，河南昆虫名录。中国农业科学技术出版社。

云斑车蝗 ***Gastrimargus marmoratus*** **(Thunberg, 1815)**　(图版 IX-5)

省内产地：林州，辉县，灵宝，栾川，卢氏，内乡，确山，桐柏，新县，信阳，罗山，商城，西峡，鲁山，三门峡，济源。

分布：河南，山东，江苏，浙江，福建，四川，重庆，广东，广西，海南；朝鲜，日本，印度，缅甸，越南，泰国，菲律宾，马来西亚，印度尼西亚。

资料来源：申效诚，1993，河南昆虫名录。中国农业科学技术出版社。

宽胫异距蝗 ***Heteropternis latisterna*** **Wang *et* Xia, 1992**　(图版 IX-6)

省内产地：信阳鸡公山(模式产地)。

分布：河南。

资料来源：王裕文等，1992，河南异距蝗属一新种。昆虫分类学报，14(1)：8~10。

方异距蝗 ***Heteropternis respondens*** **(Walker, 1859)**　(图版 IX-7)

省内产地：桐柏，西峡，内乡，信阳，灵宝，鲁山，嵩县。

分布：河南，江苏，浙江，江西，福建，广东，广西，海南，湖北，陕西，甘肃，四川，云南，贵州，台湾；印度，尼泊尔，孟加拉国，斯里兰卡，缅甸，日本，菲律宾，印度尼西亚，马来西亚，泰国。

资料来源：牛瑶等，1998，直翅目：蝗亚目。《伏牛山区昆虫》，中国农业科学技术出版社。

大异距蝗 *Heteropternis robusta* B. Bienko, 1951 (图版 IX-8)

省内产地：商城。

分布：河南，四川，西藏。

资料来源：王治国等，2007，河南直翅类昆虫志。河南科学技术出版社。

赤胫异距蝗 *Heteropternis rufipes* (Shiraki, 1910) (图版 IX-9)

省内产地：信阳，桐柏，济源，鲁山。

分布：河南，河北，江苏，贵州，云南，台湾。

资料来源：申效诚，1993，河南昆虫名录。中国农业科学技术出版社。

东亚飞蝗 *Locusta migratoria manilensis* (Meyen, 1835) (图版 IX-10)

省内产地：全省各地。

分布：河南，辽宁，河北，山东，山西，陕西，安徽，江苏，湖北，浙江，福建，江西，湖南，贵州，台湾，广东，海南，广西，四川。

资料来源：申效诚，1993，河南昆虫名录。中国农业科学技术出版社。

亚洲小车蝗 *Oedaleus decorus asiaticus* B. Bienko, 1941

省内产地：范县，温县，孟州，灵宝。

分布：河南，内蒙古，宁夏，甘肃，青海，陕西，河北，山东；蒙古国，俄罗斯。

资料来源：王治国等，2007，河南直翅类昆虫志。河南科学技术出版社。

黑条小车蝗 *Oedaleus decorus decorus* (Germar, 1826)

省内产地：灵宝，焦作。

分布：河南，新疆，甘肃；阿富汗，叙利亚，伊拉克，俄罗斯，罗马尼亚，保加利亚，意大利，法国，利比亚。

资料来源：王治国等，2007，河南直翅类昆虫志。河南科学技术出版社。

黄胫小车蝗 *Oedaleus infernalis* Saussure, 1884 (图版 X-1)

省内产地：全省各地。

分布：河南，黑龙江，吉林，内蒙古，宁夏，甘肃，青海，陕西，山西，河北，北京，山东，江苏；日本，蒙古国，俄罗斯，韩国。

资料来源：申效诚，1993，河南昆虫名录。中国农业科学技术出版社。

红胫小车蝗 *Oedaleus manjius* Chang, 1929 (图版 X-2)

省内产地：桐柏，商城，信阳。

分布：河南，江苏，浙江，湖北，陕西，甘肃，四川，广西，福建，海南。

资料来源：刘宪伟等，2002，直翅目。《太行山及桐柏山区昆虫》，中国农业科学技术出版社。

草绿蝗 *Parapleurus alliaceus* (Cermar, 1817) (图版 X-3)

省内产地：商城。

分布：河南，黑龙江，陕西，甘肃，新疆，河北，四川，湖南；俄罗斯，朝鲜，日本；西欧，中亚。

资料来源：王治国等，2007，河南直翅类昆虫志。河南科学技术出版社。

黄翅踵蝗 *Pternoscirta caliginosa* (De Haan, 1842) (图版 X-4)

省内产地：商城，新县，桐柏，灵宝。

分布：河南，陕西，江苏，浙江，安徽，福建，广东，广西，四川，贵州，云南。

资料来源：申效诚，1993，河南昆虫名录。中国农业科学技术出版社。

红翅踵蝗 *Pternoscirta sauteri* (Karny, 1915) (图版 X-5)

省内产地：灵宝，桐柏，信阳，新县，商城。

分布：河南，陕西，安徽，江苏，浙江，福建，台湾，广东，广西，四川，贵州，云南。

资料来源：申效诚，1993，河南昆虫名录。中国农业科学技术出版社。

蒙古束颈蝗 *Sphingonotus mongolicus* Saussure, 1888 (图版 X-6)

省内产地：林州，济源，辉县，灵宝，西峡，桐柏，信阳。

分布：河南，黑龙江，吉林，辽宁，内蒙古，河北，陕西，甘肃，山西，山东；俄罗斯，蒙古国，朝鲜。

资料来源：王治国等，2007，河南直翅类昆虫志。河南科学技术出版社。

秦岭束颈蝗 *Sphingonotus tsinlingensis* Cheng *et al.*, 1963　(图版 X-7)

省内产地：济源，西峡，辉县，内乡。

分布：河南，陕西。

资料来源：王治国等，2007，河南直翅类昆虫志。河南科学技术出版社。

疣蝗 *Trilophidia annulata* (Thunberg, 1815)　(图版 X-8)

省内产地：全省各地。

分布：河南，黑龙江，吉林，辽宁，内蒙古，宁夏，甘肃，陕西，河北，山东，江苏，浙江，安徽，江西，福建，广东，广西，四川，贵州，云南，西藏；朝鲜，日本，印度。

资料来源：刘宪伟等，2002，直翅目。《太行山及桐柏山区昆虫》，中国农业科学技术出版社。

九、剑角蝗科 Acrididae

本科世界已知 142 属 467 种，中国记载 28 属 86 种，河南已知 6 属 13 种。

中华剑角蝗 *Acrida cinerea* Thunberg, 1815　(图版 X-10)

省内产地：全省各地。

分布：全国各地。

资料来源：刘宪伟等，2002，直翅目。《太行山及桐柏山区昆虫》，中国农业科学技术出版社。

荒地剑角蝗 *Acrida oxycephala* (Pall., 1771)

省内产地：灵宝，卢氏，三门峡，西峡，济源。

分布：河南，甘肃。

资料来源：王治国等，2007，河南直翅类昆虫志。河南科学技术出版社。

秦岭金色蝗 *Chrysacris qinlingensis* Zheng, 1983　(图版 XI-1)

省内产地：西峡，内乡，商城。

分布：河南，陕西。

资料来源：王治国等，2007，河南直翅类昆虫志。河南科学技术出版社。

曲线金色蝗 *Chrysacris sinucarinata* Zheng, 1988　(图版 XI-2)

省内产地：栾川，嵩县，内乡，西峡(模式产地)。

分布：河南。

资料来源：郑哲民，1988，金色蝗属二新种(直翅目，蝗总科)。陕西师范大学学报，16(Sup.)：20~23。

狭胸金色蝗 *Chrysacris stenosterna* Niu, 1994　(图版 X-9)

省内产地：信阳鸡公山(模式产地)。

分布：河南。

资料来源：牛瑶，1994，河南金色蝗属一新种。《河南昆虫分类区系研究 第一卷》，中国农业科学技术出版社。

圆翅蛛蚸蝗 *Gelastorhinus rotundatus* Shiraki, 1910　(图版 XI-3)

省内产地：商城。

分布：河南，江苏，贵州，台湾。

资料来源：王治国等，2007，河南直翅类昆虫志。河南科学技术出版社。

二色戛蝗 *Gonista bicolor* De Haan, 1842　(图版 XI-5)

省内产地：内乡，桐柏，信阳，新县，商城。

分布：河南，陕西，甘肃，四川，贵州，云南；伊朗。

资料来源：王治国等，2007，河南直翅类昆虫志。河南科学技术出版社。

中华夏蝗 *Gonista chinensis* Willemse, 1951 (图版 XI-4)

省内产地：信阳。

分布：河南，江苏。

资料来源：王治国等，2007，河南直翅类昆虫志。河南科学技术出版社。

异翅鸣蝗 *Mongolotettix anomopterus* (Caud., 1921) (图版 XI-6)

省内产地：商城，光山，罗山，信阳，桐柏，内乡，西峡，栾川，嵩县，卢氏，灵宝，鲁山，济源。

分布：河南，陕西，甘肃。

资料来源：牛瑶等，1998，直翅目：蝗亚目。《伏牛山区昆虫》，中国农业科学技术出版社。

条纹鸣蝗 *Mongolotettix japonicus* (I. Bolivar, 1898) (图版 XI-7)

省内产地：济源，登封，鲁山，桐柏，嵩县。

分布：河南，陕西，甘肃；蒙古国，俄罗斯，朝鲜，日本。

资料来源：牛瑶等，1998，直翅目：蝗亚目。《伏牛山区昆虫》，中国农业科学技术出版社。

僧帽佛蝗 *Phlaeoba infumata* Bremer, 1893 (图版 XI-8)

省内产地：信阳，商城。

分布：河南，四川，贵州，云南，湖北，江西，福建，台湾，湖南，广东，海南，广西；缅甸，印度，马来西亚。

资料来源：王治国等，2007，河南直翅类昆虫志。河南科学技术出版社。

中华佛蝗 *Phlaeoba sinensis* I. Bolivar, 1914 (图版 XI-9)

省内产地：信阳。

分布：河南，陕西，甘肃，四川，江苏，江西，福建，台湾，湖南，贵州，云南。

资料来源：王治国等，2007，河南直翅类昆虫志。河南科学技术出版社。

暗色佛蝗 *Phlaeoba tenebrosa* Walker, 1871

省内产地：信阳。

分布：河南，江苏，云南，西藏；越南。

资料来源：王治国等，2007，河南直翅类昆虫志。河南科学技术出版社。

一〇、网翅蝗科 Arcypteridae

本科世界已知 190 属 1088 种，中国记载 49 属 246 种，河南已知 8 属 28 种。

隆额网翅蝗 *Arcyptera coreana* Shiraki, 1930 (图版 XI-10)

省内产地：舞阳，内乡，桐柏，商城。

分布：河南，黑龙江，吉林，辽宁，内蒙古，河北，陕西，甘肃，山东，江苏，江西，四川；朝鲜。

资料来源：王治国等，2007，河南直翅类昆虫志。河南科学技术出版社。

网翅蝗 *Arcyptera fussa* (Pallas, 1773) (图版 XI-11)

省内产地：登封，内乡，桐柏。

分布：河南，新疆；蒙古国，俄罗斯。

资料来源：王治国等，2007，河南直翅类昆虫志。河南科学技术出版社。

青脊竹蝗 *Ceracris nigricornis* Walker, 1870 (图版 XI-12)

省内产地：信阳，商城，新县，桐柏。

分布：河南，陕西，甘肃，四川，贵州，云南，广西。

资料来源：刘宪伟等，2002，直翅目。《太行山及桐柏山区昆虫》，中国农业科学技术出版社。

大青脊竹蝗 *Ceracris nigricornis laeta* (I. Bolivar, 1914) (图版 XII-1)

省内产地：内乡，桐柏，商城。

分布：河南，广西，贵州，云南，四川。

资料来源：王治国等，2007，河南直翅类昆虫志。河南科学技术出版社。

黑翅雏蝗 ***Chorthippus aethalinus*** **(Zubovsky, 1899)**　(图版 XII-2)

省内产地：济源。

分布：河南，黑龙江，吉林，内蒙古，河北，山西，陕西，宁夏，甘肃；俄罗斯。

资料来源：王治国等，2007，河南直翅类昆虫志。河南科学技术出版社。

白纹雏蝗 ***Chorthippus albonemus*** **Cheng *et* Tu, 1964**　(图版 XII-3)

省内产地：济源，灵宝，卢氏，三门峡。

分布：河南，陕西，宁夏，甘肃，青海。

资料来源：王治国等，2007，河南直翅类昆虫志。河南科学技术出版社。

华北雏蝗 ***Chorthippus brunneus huabeiensis*** **Xia *et* Jin, 1982**　(图版 XII-4)

省内产地：灵宝。

分布：河南，黑龙江，吉林，辽宁，河北，北京，山西，内蒙古，宁夏，甘肃，陕西，新疆，青海，西藏。

资料来源：王治国等，2007，河南直翅类昆虫志。河南科学技术出版社。

中华雏蝗 ***Chorthippus chinensis*** **Tarbinsky, 1927**　(图版 XII-5)

省内产地：济源，灵宝，栾川，嵩县，卢氏，登封，西峡，内乡，方城，桐柏，信阳，商城。

分布：河南，四川，贵州，陕西，甘肃。

资料来源：牛瑶等，1998，直翅日：蝗亚日。《伏牛山区昆虫》，中国农业科学技术出版社。

狭翅雏蝗 ***Chorthippus dubius*** **(Zubovsky, 1898)**　(图版 XII-6)

省内产地：灵宝，卢氏。

分布：河南，黑龙江，吉林，辽宁，内蒙古，山西，河北，陕西，甘肃，青海，四川；俄罗斯，蒙古国，格鲁吉亚，哈萨克斯坦。

资料来源：王治国等，2007，河南直翅类昆虫志。河南科学技术出版社。

小翅雏蝗 ***Chorthippus fallax*** **(Zubovsky, 1899)**

省内产地：西峡，嵩县。

分布：河南，内蒙古，河北，山西，陕西，甘肃，宁夏，青海，新疆；俄罗斯。

资料来源：牛瑶等，1998，直翅目：蝗亚目。《伏牛山区昆虫》，中国农业科学技术出版社。

鹤立雏蝗 ***Chorthippus fuscipennis*** **(Caudell, 1921)**　(图版 XII-7)

省内产地：桐柏，信阳，商城，内乡。

分布：河南，山东，陕西，四川，江苏，浙江，江西，福建。

资料来源：王治国等，2007，河南直翅类昆虫志。河南科学技术出版社。

北方雏蝗 ***Chorthippus hammarstroemi*** **(Miram, 1906)**　(图版 XII-8)

省内产地：济源，三门峡，栾川，卢氏，内乡。

分布：河南，黑龙江，河北，北京，山西，山东，陕西，甘肃，宁夏。

资料来源：王治国等，2007，河南直翅类昆虫志。河南科学技术出版社。

夏氏雏蝗 ***Chorthippus hsiai*** **Cheng *et* Tu, 1964**　(图版 XII-9)

省内产地：桐柏，济源，灵宝，三门峡。

分布：河南，陕西，宁夏，甘肃，青海。

资料来源：刘宪伟等，2002，直翅目。《太行山及桐柏山区昆虫》，中国农业科学技术出版社。

东方雏蝗 ***Chorthippus intermedius*** **(B. Bienko, 1926)**　(图版 XII-10)

省内产地：灵宝，卢氏，内乡，西峡，嵩县。

分布：河南，黑龙江，吉林，辽宁，内蒙古，河北，山西，陕西，甘肃，宁夏，青海，四川，西藏；俄罗斯，蒙古国。

资料来源：牛瑶等，1998，直翅目：蝗亚目。《伏牛山区昆虫》，中国农业科学技术出版社。

侧翅雏蝗 ***Chorthippus latipennis*** **(I. Bolivar, 1898)**　(图版 XIII-1)

省内产地：济源，栾川。

分布：河南，内蒙古，河北，山西，山东；朝鲜，日本。

资料来源：王治国等，2007，河南直翅类昆虫志。河南科学技术出版社。

楼观雏蝗 *Chorthippus louguanensis* Cheng *et* Tu, 1964

省内产地：济源，三门峡，栾川，嵩县，内乡。

分布：河南，陕西，甘肃，宁夏。

资料来源：牛瑶等，1998，直翅目：蝗亚目。《伏牛山区昆虫》，中国农业科学技术出版社。

青藏雏蝗 *Chorthippus qingzangensis* Yin, 1984

省内产地：西峡。

分布：河南，黑龙江，内蒙古，山西，宁夏，甘肃，青海，新疆，西藏。

资料来源：王治国等，2007，河南直翅类昆虫志。河南科学技术出版社。

山东雏蝗 *Chorthippus shantungensis* Chang, 1939

省内产地：济源。

分布：河南，河北，山东，江苏。

资料来源：王治国等，2007，河南直翅类昆虫志。河南科学技术出版社。

中华暗蝗 *Dnopherula sinensis* (Uvarov, 1925) (图版 XIII-2)

省内产地：桐柏，信阳。

分布：河南，四川，云南。

资料来源：王治国等，2007，河南直翅类昆虫志。河南科学技术出版社。

无斑暗蝗 *Dnopherula svenhedini* (Sjostedt, 1933)

省内产地：桐柏，信阳，罗山，新县，商城，济源。

分布：河南，云南，四川，陕西，江西；泰国。

资料来源：郑哲民等，1998，中国动物志 昆虫纲 第十卷。科学出版社。

条纹暗蝗 *Dnopherula taeniatus* (Bolivar, 1902) (图版 XIII-3)

省内产地：济源，桐柏，信阳，商城。

分布：河南，云南，贵州，四川，广东，广西，江西，湖南；东南亚。

资料来源：王治国等，2007，河南直翅类昆虫志。河南科学技术出版社。

镇巴异爪蝗 *Euchorthippus chenbaensis* Tu *et* Cheng, 1964 (图版 XIII-4)

省内产地：济源，灵宝，三门峡，卢氏，栾川，西峡，内乡。

分布：河南，陕西。

资料来源：王治国等，2007，河南直翅类昆虫志。河南科学技术出版社。

周氏异爪蝗 *Euchorthippus choui* Zheng, 1980

省内产地：西峡，内乡。

分布：河南，陕西。

资料来源：王治国等，2007，河南直翅类昆虫志。河南科学技术出版社。

素色异爪蝗 *Euchorthippus unicolor* (Ikonnikov, 1913) (图版 XIII-5)

省内产地：济源，三门峡，栾川。

分布：河南，黑龙江，吉林，辽宁，河北，山西，陕西，甘肃，青海，宁夏。

资料来源：王治国等，2007，河南直翅类昆虫志。河南科学技术出版社。

条纹异爪蝗 *Euchorthippus vittatus* Zheng, 1980 (图版 XIII-6)

省内产地：济源，卢氏，灵宝，三门峡，栾川，西峡，内乡。

分布：河南，陕西，甘肃，山西。

资料来源：王治国等，2007，河南直翅类昆虫志。河南科学技术出版社。

红腹牧草蝗 *Omocestus haemorrhoidalis* (Charpentier, 1825)

省内产地：济源，桐柏。

分布：河南，内蒙古，新疆，甘肃，青海，西藏，山西。

资料来源：王治国等，2007，河南直翅类昆虫志。河南科学技术出版社。

宽翅曲背蝗 ***Pararcyptera microptera*** **(Ikonnikov, 1911)**

省内产地：郑州。

分布：河南，黑龙江，吉林，辽宁，内蒙古，甘肃，青海，陕西，山西，河北，山东；蒙古国，俄罗斯。

资料来源：王治国等，2007，河南直翅类昆虫志。河南科学技术出版社。

黄脊雷篦蝗 ***Rammeacris kiangsu*** **(Tsai, 1929)** (图版 XIII-7)

省内产地：信阳。

分布：河南，安徽，江苏，浙江，江西，福建，湖北，湖南，广东，广西，四川，云南。

资料来源：王治国等，2007，河南直翅类昆虫志。河南科学技术出版社。

一一、蚤蝼科 Tridactylidae

本科世界已知 14 属 139 种，中国记载 2 属 7 种，河南记录 1 属 1 种。

日本黑蚤蝼 ***Xya japonica*** **De Haan, 1842** (图版 XIII-8)

省内产地：全省各地。

分布：全国大部分省份。

资料来源：刘宪伟等，2002，直翅目。《太行山及桐柏山区昆虫》，中国农业科学技术出版社。

一二、蝼蛄科 Gryllotalpidae

本科世界已知 11 属 100 种，中国记载 1 属 6 种，河南已知 1 属 3 种。

河南蝼蛄 ***Gryllotalpa henana*** **Cai *et* Niu, 1998** (图版 XIII-9)

省内产地：西峡，内乡，信阳，罗山(模式产地)。

分布：河南。

资料来源：蔡伯歧，牛瑶，1998，河南省蝼蛄属一新种(直翅目：蝼蛄科)。《伏牛山区昆虫》，中国农业科学技术出版社。

东方蝼蛄 ***Gryllotalpa orientalis*** **Burmeister, 1939** (图版 XIII-10)

省内产地：全省各地。

分布：河南，黑龙江，吉林，辽宁，内蒙古，河北，北京，天津，山东，江苏，上海，浙江，福建，湖北，湖南，江西，广东，海南，广西，四川，贵州，云南，西藏，青海。

资料来源：申效诚，1993，河南昆虫名录。中国农业科学技术出版社。

华北蝼蛄 ***Gryllotalpa unispina*** **Saussure, 1847** (图版 XIII-11)

省内产地：全省各地。

分布：河南，吉林，辽宁，内蒙古，宁夏，甘肃，新疆，河北，北京，山西，江苏，安徽，湖北，江西，西藏。

资料来源：申效诚，1993，河南昆虫名录。中国农业科学技术出版社。

一三、蛉蟋科 Trigonidiidae

本科世界已知 72 属 570 种，中国记载 11 属 44 种，河南已知 4 属 7 种。

斑腿双针蟋 ***Dianemobius fascipes*** **(Walker, 1869)** (图版 XIV-1)

省内产地：郑州，内乡，内黄，商城，桐柏，灵宝。

分布：河南，吉林，内蒙古，河北，北京，山东，江苏，上海，浙江，湖北，江西，福建，台湾，广东，海南，四川，云南；缅甸，印度，斯里兰卡，印度尼西亚。

资料来源：刘宪伟等，2002，直翅目。《太行山及桐柏山区昆虫》，中国农业科学技术出版社。

黄角灰针蟋 ***Dianemobius flavoantennalis*** **(Shiraki, 1911)** (图版 XIV-2)

省内产地：商城。

分布：河南，山东，江苏，上海，浙江，江西，台湾。

资料来源：王治国等，2007，河南直翅类昆虫志。河南科学技术出版社。

斑翅灰针蟋 *Dianemobius taprobanensis* (Walker, 1869) (图版 XIV-3)

省内产地：栾川。

分布：河南，黑龙江，吉林，辽宁，上海，浙江，福建，湖北，江西，海南，广西，四川，云南。

资料来源：王治国等，2007，河南直翅类昆虫志。河南科学技术出版社。

双带拟蛉蟋 *Paratrigonidium bifasciatum* Shiraki, 1911 (图版 XIV-6)

省内产地：桐柏。

分布：河南，安徽，江苏，上海，浙江，江西，湖南，台湾，海南，四川。

资料来源：刘宪伟等，2002，直翅目。《太行山及桐柏山区昆虫》，中国农业科学技术出版社。

印度异针蟋 *Pteronemobius indicus* (Walker, 1869) (图版 XIV-4)

省内产地：灵宝，卢氏，栾川，郑州。

分布：河南，湖北，海南，云南；印度。

资料来源：王治国等，2007，河南直翅类昆虫志。河南科学技术出版社。

亮褐异针蟋 *Pteronemobius nitidus* (Bolivar, 1901) (图版 XIV-5)

省内产地：郑州。

分布：河南，河北，江苏，浙江，江西，湖南，福建，海南，广西，四川，云南。

资料来源：王治国等，2007，河南直翅类昆虫志。河南科学技术出版社。

虎甲蛉蟋 *Trigonidium cicindeloides* Rambur, 1839 (图版 XIV-7)

省内产地：安阳，汤阴，新乡，栾川，三门峡，灵宝，卢氏。

分布：河南，江苏，上海，福建，台湾，广东，广西，海南，四川，贵州，云南。

资料来源：王治国等，2007，河南直翅类昆虫志。河南科学技术出版社。

一四、蟋蟀科 Gryllidae

本科世界已知 108 属 1055 种，中国记载 20 属 70 种，河南已知 10 属 19 种。

缅甸甲蟋 *Acanthoplistus birmanus* Saussure, 1877

省内产地：商城。

分布：河南，江苏，上海，台湾，广东，海南，云南；缅甸。

资料来源：王治国等，2007，河南直翅类昆虫志。河南科学技术出版社。

粗点哑蟋 *Goniogryllus asperopunctatus* Wu *et* Wang, 1992 (图版 XIV-8)

省内产地：栾川，内乡。

分布：河南，浙江，湖南，广西，云南。

资料来源：毕道英等，1998，直翅目：螽斯亚目。《伏牛山区昆虫》，中国农业科学技术出版社。

刻点哑蟋 *Goniogryllus punctatus* Chopard, 1936 (图版 XIV-9)

省内产地：栾川，内乡，卢氏，嵩县，郑州。

分布：河南，湖北，湖南，浙江，福建，广西，四川，贵州，云南。

资料来源：毕道英等，1998，直翅目：螽斯亚目。《伏牛山区昆虫》，中国农业科学技术出版社。

短翅灶蟋 *Gryllodes sigillatus* (Walker, 1869) (图版 XIV-10)

省内产地：济源，新乡，郑州，许昌，商城。

分布：河南，黑龙江，辽宁，北京，山东，安徽，江苏，上海，江西，福建，湖南，广东，海南，广西，贵州，云南；朝鲜，日本，印度，美国(夏威夷)，墨西哥。

资料来源：申效诚，1993，河南昆虫名录。中国农业科学技术出版社。

双斑蟋 *Gryllus bimaculatus* De Geer, 1773 (图版 XIV-11)

省内产地：信阳，商城。

分布：河南，内蒙古，浙江，江西，福建，台湾，广东，香港，海南，广西，四川，云南，西藏；日本，菲律宾，印度尼西亚，新加坡。

资料来源：申效诚，1993，河南昆虫名录。中国农业科学技术出版社。

小棺头蟋 ***Loxoblemmus aomoriensis* Shiraki, 1930** (图版 XIV-12)

省内产地：罗山。

分布：河南，陕西，安徽，浙江，福建，湖北，湖南，海南，广西，四川，云南；日本。

资料来源：王治国等，2007，河南直翅类昆虫志。河南科学技术出版社。

窃棺头蟋 ***Loxoblemmus detactus* (Audinet-Serville, 1839)** (图版 XIV-13)

省内产地：郑州，栾川。

分布：河南，北京，陕西，安徽，江苏，浙江，江西，福建，台湾，广西，四川，贵州；印度，印度尼西亚。

资料来源：王治国等，2007，河南直翅类昆虫志。河南科学技术出版社。

多伊棺头蟋 ***Loxoblemmus doenitzi* Stein, 1881** (图版 XIV-14)

省内产地：内黄，郑州，中牟，登封，洛阳，驻马店，确山，商城。

分布：河南，辽宁，河北，北京，山西，陕西，山东，安徽，江苏，上海，浙江，江西，湖南，广西，四川，贵州；日本。

资料来源：王治国等，2007，河南直翅类昆虫志。河南科学技术出版社。

石首棺头蟋 ***Loxoblemmus equestris* Saussure, 1877** (图版 XIV-15)

省内产地：济源，卢氏，桐柏，信阳，商城。

分布：河南，辽宁，北京，安徽，江苏，上海，浙江，福建，江西，湖北，湖南，海南，广西，四川，云南，西藏；朝鲜，日本，菲律宾，新加坡，缅甸，印度，斯里兰卡，马来西亚，印度尼西亚。

资料来源：刘宪伟等，2002，直翅目。《太行山及桐柏山区昆虫》，中国农业科学技术出版社。

泰康棺头蟋 ***Loxoblemmus taicoun* Saussure, 1887** (图版 XV-1)

省内产地：卢氏。

分布：河南，北京，台湾，广西；日本，印度尼西亚。

资料来源：王治国等，2007，河南直翅类昆虫志。河南科学技术出版社。

小素蟋 ***Mitius minor* (Shiraki, 1911)** (图版 XV-2)

省内产地：桐柏。

分布：河南，江苏，上海，浙江，湖北，台湾；日本。

资料来源：王治国等，2007，河南直翅类昆虫志。河南科学技术出版社。

小姬蟋 ***Modicogryllus minusculus* (Walker, 1869)** (图版 XV-3)

省内产地：内黄，桐柏，济源。

分布：河南，山东，安徽，江苏，上海，浙江，福建，江西，广东，海南，广西，云南。

资料来源：刘宪伟等，2002，直翅目。《太行山及桐柏山区昆虫》，中国农业科学技术出版社。

黄脸油葫芦 ***Teleogryllus emma* (Ohmachi *et* Matsumura, 1951)** (图版 XV-4)

省内产地：灵宝，西华，郑州，登封，确山，舞钢，桐柏。

分布：河南，河北，北京，山西，陕西，山东，安徽，江苏，上海，浙江，福建，湖北，湖南，广东，海南，香港，广西，四川，贵州，云南；日本。

资料来源：刘宪伟等，2002，直翅目。《太行山及桐柏山区昆虫》，中国农业科学技术出版社。

银川油葫芦 ***Teleogryllus infernalis* (Saussure, 1877)** (图版 XV-5)

省内产地：灵宝，卢氏，济源，内黄。

分布：河南，黑龙江，吉林，辽宁，内蒙古，宁夏，甘肃，青海，河北，北京，山西；朝鲜，日本，俄罗斯(西伯利亚)。

资料来源：申效诚，1993，河南昆虫名录。中国农业科学技术出版社。

北京油葫芦 ***Teleogryllus mitratus* (Burmeister, 1838)** (图版 XV-6)

省内产地：郑州，商丘，许昌。

分布：河南，北京，江苏，福建，台湾，海南，广西，贵州，云南；日本，菲律宾，印度尼西亚，马来西亚，印度，尼泊尔。

资料来源：申效诚，1993，河南昆虫名录。中国农业科学技术出版社。

东方特蟋 *Turanogryllus eous* B. Bienko, 1956

省内产地：卢氏，济源，桐柏，商城。

分布：河南，山东。

资料来源：王治国等，2007，河南直翅类昆虫志。河南科学技术出版社。

长颚斗蟋 *Velarifictorus asperses* (Walker, 1869) (图版 XV-7)

省内产地：信阳。

分布：河南，北京，陕西，安徽，江苏，上海，浙江，江西，福建，广东，海南，广西，四川，贵州，云南；朝鲜，日本，菲律宾，斯里兰卡，印度，缅甸。

资料来源：王治国等，2007，河南直翅类昆虫志。河南科学技术出版社。

迷卡斗蟋 *Velarifictorus micado* (Saussure, 1877) (图版 XV-8)

省内产地：许昌，南阳，商城，桐柏，济源。

分布：河南，北京，山西，陕西，山东，江苏，上海，浙江，江西，福建，湖南，广东，广西，四川，贵州，云南，西藏；日本，印度，爪哇。

资料来源：刘宪伟等，2002，直翅目。《太行山及桐柏山区昆虫》，中国农业科学技术出版社。

丽斗蟋 *Velarifictorus ornatus* (Shiraki, 1911)

省内产地：桐柏，栾川。

分布：河南，山东，江苏，上海，浙江，江西，福建，湖北，湖南，四川，贵州，云南。

资料来源：毕道英等，1998，直翅目：螽斯亚目。《伏牛山区昆虫》，中国农业科学技术出版社。

一五、铁蟋科 Sclerogryllidae

本科世界已知 2 属 6 种，中国记载 1 属 3 种，河南已知 1 属 1 种。

刻点铁蟋 *Sclerogryllus punctatus* (Brunner, 1893) (图版 XV-9)

省内产地：桐柏。

分布：河南，安徽，江苏，浙江，台湾，海南，广西，云南。

资料来源：刘宪伟等，2002，直翅目。《太行山及桐柏山区昆虫》，中国农业科学技术出版社。

一六、蛛蟋科 Phalangopsidae

本科世界已知 58 属 200 余种，中国记载 1 属 18 种，河南已知 1 属 1 种。

日本钟蟋 *Homoeogryllus japonicus* (De Haan, 1842) (图版 XV-14)

省内产地：灵宝，卢氏，三门峡。

分布：河南，北京，山东，江苏，上海，浙江，福建，台湾，湖南，海南，广西；日本，菲律宾，印度，印度尼西亚。

资料来源：王治国等，2007，河南直翅类昆虫志。河南科学技术出版社。

一七、树蟋科 Oecanthidae

本科世界已知 3 属 70 种，中国记载 1 属 6 种，河南已知 1 属 2 种。

长瓣树蟋 *Oecanthus longicaudus* Matsumura, 1904 (图版 XV-10)

省内产地：卢氏，许昌，南阳，洛阳。

分布：河南，黑龙江，吉林，山西，陕西，浙江，江西，福建，湖南，广西，四川，贵州，云南；朝鲜，日本，俄罗斯(西伯利亚)。

资料来源：王治国等，2007，河南直翅类昆虫志。河南科学技术出版社。

黄树蟋 *Oecanthus rufescens* Serville, 1839 (图版 XV-11)

省内产地：信阳，桐柏，商城，栾川。

分布：河南，安徽，江苏，上海，浙江，福建，湖北，湖南，广东，海南，广西，四川，贵州，云南；日本，印度，斯里兰卡，新加坡，马来西亚，印度尼西亚。

资料来源：刘宪伟等，2002，直翅目。《太行山及桐柏山区昆虫》，中国农业科学技术出版社。

一八、蛞蟋科 Eneopteridae

本科世界已知 107 属 685 种，中国记载 18 属 40 种，河南已知 3 属 4 种。

长翅长额蟋 *Patiscus longipennis* Liu *et* Yin, 1993　(图版 XV-12)

省内产地：商城。

分布：河南，云南。

资料来源：王治国等，2007，河南直翅类昆虫志。河南科学技术出版社。

梨片蟋 *Truljalia hibinonis* (Matsumura, 1919)　(图版 XV-13)

省内产地：商城，许昌，商丘，开封，新乡，郑州，洛阳。

分布：河南，江苏，上海，浙江，江西，湖南，广西，四川，云南；日本。

资料来源：王治国等，2007，河南直翅类昆虫志。河南科学技术出版社。

瘤突片蟋 *Truljalia tylacantha* Wang *et* Woo, 1992

省内产地：商城。

分布：河南，安徽，浙江，福建，湖北，湖南，贵州，广西，四川。

资料来源：王治国等，2007，河南直翅类昆虫志。河南科学技术出版社。

云斑金蟋 *Xenogryllus marmoratus* (De Haan, 1842)　(图版 XV-15)

省内产地：商城。

分布：河南，安徽，江苏，上海，浙江，福建，台湾，广西；日本，新加坡，印度尼西亚。

资料来源：王治国等，2007，河南直翅类昆虫志。河南科学技术出版社。

一九、拟叶螽科 Pseudophyllidae

本科世界已知 251 属 988 种，中国记载 11 属 22 种，河南已知 1 属 1 种。

柯氏翡螽 *Phyllomimus klapperichi* Beier, 1954　(图版 XVI-1)

省内产地：商城，嵩县。

分布：河南，安徽，浙江，福建，湖南，广东，广西，四川。

资料来源：毕道英等，1998，直翅目：螽斯亚目。《伏牛山区昆虫》，中国农业科学技术出版社。

二〇、露螽科 Phaneropteridae

本科世界已知 336 属 2257 种，中国记载 21 属 78 种，河南已知 12 属 18 种。

云南安螽 *Anisotima yunnanea* Bey-Bienko, 1962

省内产地：嵩县。

分布：河南，福建，江西，湖南，四川，云南。

资料来源：刘宪伟等，1998，河南省螽斯类初步调查。河南科学，16(1)：66~76。

奇异安螽 *Anisotima dispar* Bey-Bienko, 1951

省内产地：嵩县。

分布：河南，湖北，湖南，四川。

资料来源：毕道英等，1998，直翅目：螽斯亚目。《伏牛山区昆虫》，中国农业科学技术出版社。

日本条螽 *Ducetia japonia* (Thunberg, 1815)　(图版 XVI-2)

省内产地：栾川，内乡，西峡，西华，桐柏，信阳，商城。

分布：河南，安徽，江苏，上海，浙江，福建，台湾，湖南，广东，海南，广西，贵州，云南，西藏；朝鲜，日本，菲律宾，新加坡，柬埔寨，印度尼西亚，印度，斯里兰卡，澳大利亚。

资料来源：刘宪伟等，2002，直翅目。《太行山及桐柏山区昆虫》，中国农业科学技术出版社。

贝氏掩耳螽 *Elimaea berezovskii* Bey-Bienko, 1951

省内产地：具体不详。

分布：河南，陕西，湖北，安徽，江西，四川，云南。

资料来源：杨星科，1997，长江三峡库区昆虫。重庆出版社。

秋掩耳螽 *Elimaea fallax* Bey- Bienko, 1951 (图版 XVI-3)

省内产地：商城，桐柏，西峡，内乡，卢氏，灵宝，济源。

分布：河南，辽宁，吉林，陕西，湖北，四川，云南；俄罗斯，朝鲜。

资料来源：刘宪伟等，1998，河南省螽斯类初步调查。河南科学，16(1)：66~76。

中华半掩耳螽 *Hemielimaea chinensis* Brunner von Wattenwyl, 1878 (图版 XVI-7)

省内产地：商城。

分布：河南，安徽，浙江，福建，湖北，湖南，广东，海南，广西，四川，贵州。

资料来源：刘宪伟等，1998，河南省螽斯类初步调查。河南科学，16(1)：66~76。

日本绿螽 *Holochlora japonica* Brunner von Wattenwyl, 1878 (图版 XVI-8)

省内产地：商城，桐柏，信阳。

分布：河南，安徽，江苏，上海，浙江，福建，湖南，广东，海南；朝鲜，日本；东南亚。

资料来源：刘宪伟等，1998，河南省螽斯类初步调查。河南科学，16(1)：66~76。

短突平背螽 *Isopsera brachystylata* Liu *et* Wang, 1998 (图版 XVI-9)

省内产地：灵宝，卢氏，栾川(模式产地)，内乡。

分布：河南。

资料来源：刘宪伟等，1998，河南省螽斯类初步调查。河南科学，16(1)：66~76。

显沟平背螽 *Isopsera sulcata* Bey-Bienko, 1955 (图版 XVI-10)

省内产地：商城。

分布：河南，安徽，浙江，江西，福建，湖南，海南，广西，四川，贵州；日本。

资料来源：刘宪伟等，1998，河南省螽斯类初步调查。河南科学，16(1)：66~76。

中华桑螽 *Kuwayamaea chinensis* (Brunner von Wattenwyl, 1878) (图版 XVI-4)

省内产地：灵宝，嵩县，栾川，西峡，内乡，信阳，商城。

分布：河南，安徽，江苏，上海，浙江，江西，福建，湖南，陕西，山西，甘肃。

资料来源：毕道英等，1998，直翅目：螽斯亚目。《伏牛山区昆虫》，中国农业科学技术出版社。

赤褐环螽 *Letana rubescens* (Stal, 1860) (图版 XVII-1)

省内产地：济源，内乡，桐柏，商城。

分布：河南，安徽，江苏，浙江，福建，湖北，湖南，广东，香港，广西，四川，云南，贵州；越南，老挝，泰国。

资料来源：刘宪伟等，1998，河南省螽斯类初步调查。河南科学，16(1)：66~76。

镰尾露螽 *Phaneroptera falcate* (Poda, 1761) (图版 XVI-5)

省内产地：辉县，郑州，灵宝，卢氏，西华，桐柏，信阳，商城。

分布：河南，黑龙江，吉林，河北，北京，新疆，甘肃，陕西，安徽，江苏，上海，浙江，福建，台湾，湖北，湖南，四川；朝鲜，日本；欧洲。

资料来源：刘宪伟等，2002，直翅目。《太行山及桐柏山区昆虫》，中国农业科学技术出版社。

瘦露螽 *Phaneroptera gracilis* Burmeister, 1838 (图版 XVI-6)

省内产地：桐柏，信阳，商城，栾川。

分布：河南，福建，湖北，广东，广西，四川，贵州，云南，西藏；越南，缅甸，马来西亚，印度尼西亚，尼泊尔，印度，斯里兰卡，澳大利亚。

资料来源：刘宪伟等，1998，河南省螽斯类初步调查。河南科学，16(1)：66~76。

黑角露螽 *Phaneroptera nigro-antennata* Brunner, von Wattenwyl, 1878 (图版 XVII-2)

省内产地：桐柏，信阳，商城，内乡，济源。

分布：河南，陕西，浙江，安徽，湖南，台湾，四川，贵州；朝鲜，日本。

资料来源：刘宪伟等，1998，河南省螽斯类初步调查。河南科学，16(1)：66~76。

截叶糙颈螽 *Rudiocllaris truncato-lobata* (Brunner von Wattenwyl, 1878)　(图版 XVII-3)

省内产地：商城，桐柏，信阳。

分布：河南，安徽，浙江，江西，福建，台湾，湖北，湖南，广东，海南，广西，四川，贵州，西藏；日本。

资料来源：刘宪伟等，1998，河南省螽斯类初步调查。河南科学，16(1)：66~76。

短裂素木螽 *Shirakisotima brevifissa* Wang *et* Liu, 1996　(图版 XVII-4)

省内产地：商城(模式产地)。

分布：河南。

资料来源：刘宪伟等，1998，河南省螽斯类初步调查。河南科学，16(1)：66~76。

长裂华绿螽 *Sinochlora longifissa* (Matsumura *et* Shiraki, 1908)　(图版 XVII-7)

省内产地：商城。

分布：河南，安徽，浙江，福建，江西，湖南，广东；日本。

资料来源：杨星科，1997，长江三峡库区昆虫。重庆出版社。

四川华绿螽 *Sinochlora szechuanensis* Tinkham, 1945　(图版 XVII-8)

省内产地：内乡，西峡，确山，桐柏，罗山，商城。

分布：河南，安徽，浙江，江西，福建，湖北，湖南，四川，贵州。

资料来源：刘宪伟等，1998，河南省螽斯类初步调查。河南科学，16(1)：66~76。

二一、纺织娘科 Mecopodidae

本科世界已知 54 属 139 种，中国记载 1 属 2 种，河南已知 1 属 2 种。

纺织娘 *Mecopoda elongate* (Linnaeus, 1758)

省内产地：济源王屋山。

分布：河南，陕西，山东，江苏，江西，浙江，福建，台湾，湖南，广东，香港，广西，贵州，四川，云南，西藏；日本，印度尼西亚，斯里兰卡，马来西亚，印度，澳大利亚。

资料来源：刘宪伟等，2002，直翅目。《太行山及桐柏山区昆虫》，中国农业科学技术出版社。

日本纺织娘 *Mecopoda nipponensis* (De Haan, 1842)　(图版 XVII-5)

省内产地：商城，信阳，桐柏。

分布：河南，山东，安徽，江苏，上海，浙江，江西，福建，四川，广西，贵州；日本。

资料来源：刘宪伟等，1998，河南省螽斯类初步调查。河南科学，16(1)：66~76。

二二、螽斯科 Tettigoniidae

本科世界已知 147 属 849 种，中国记载 15 属 54 种，河南已知 6 属 10 种。

格氏寰螽 *Atlanticus grahami* Tinkham, 1941　(图版 XVII-6)

省内产地：商城，信阳，桐柏。

分布：河南，湖北，四川。

资料来源：刘宪伟等，1998，河南省螽斯类初步调查。河南科学，16(1)：66~76。

江苏寰螽 *Atlanticus kiangsu* Ramme, 1939　(图版 XVII-9)

省内产地：商城。

分布：河南，安徽，江苏，上海，浙江，江西。

资料来源：刘宪伟等，1998，河南省螽斯类初步调查。河南科学，16(1)：66~76。

中华寰螽 *Atlanticus sinensis* Uvarov, 1924　(图版 XVII-10)

省内产地：嵩县，栾川，济源。

分布：河南，陕西，河北。

资料来源：毕道英等，1998，直翅目：螽斯亚目。《伏牛山区昆虫》，中国农业科学技术出版社。

布氏蝶螽 *Gampsocleis buergeri* (De Haan, 1842) (图版 XVII-11)

省内产地：商城，内乡，灵宝。

分布：河南，河北，内蒙古，吉林，黑龙江；日本。

资料来源：刘宪伟等，1998，河南省螽斯类初步调查。河南科学，16(1)：66~76。

优雅蝈螽 *Gampsocleis gratiosa* Brunner von Wattenwyl, 1862

省内产地：灵宝，济源。

分布：河南，山东，河北，北京。

资料来源：刘宪伟等，1998，河南省螽斯类初步调查。河南科学，16(1)：66~76。

中华蝈螽 *Gampsocleis sinensis* (Walker, 1869) (图版 XVII-12)

省内产地：辉县，三门峡，灵宝，卢氏，内乡。

分布：河南，安徽，江苏，上海，浙江，福建，台湾，湖南。

资料来源：刘宪伟等，1998，河南省螽斯类初步调查。河南科学，16(1)：66~76。

邦内特姬螽 *Metrioptera wesmael* (I. Bolivar, 1890) (图版 XVIII-1)

省内产地：商城，西峡，灵宝，嵩县。

分布：河南，四川，湖北，陕西，甘肃，北京，吉林，黑龙江；俄罗斯，日本。

资料来源：毕道英等，1998，直翅目：螽斯亚目。《伏牛山区昆虫》，中国农业科学技术出版社。

中华螽斯 *Tettigonia chinensis* Willemse, 1933 (图版 XVIII-2)

省内产地：商城，罗山，西峡，内乡，栾川，嵩县，卢氏。

分布：河南，陕西，湖北，湖南，福建，四川，贵州。

资料来源：毕道英等，1998，直翅目：螽斯亚目。《伏牛山区昆虫》，中国农业科学技术出版社。

中华尤螽 *Uvarovina chinensis* Ramme, 1939 (图版 XVIII-3)

省内产地：灵宝。

分布：河南，吉林，北京，山东。

资料来源：刘宪伟等，1998，河南省螽斯类初步调查。河南科学，16(1)：66~76。

鼓翅拟蝶螽 *Uvarovites inflata* (Uvarov, 1924) (图版 XVIII-4)

省内产地：商城，罗山，信阳。

分布：河南，山东，陕西，内蒙古，吉林，黑龙江；俄罗斯，朝鲜。

资料来源：刘宪伟等，1998，河南省螽斯类初步调查。河南科学，16(1)：66~76。

二三、硕螽科 Bradyporidae

本科世界各地已知 17 属 158 种，中国记载 4 属 16 种，河南已知 1 属 1 种。

宽肩硕螽 *Deracantha transverea* Uvarov, 1930 (图版 XVIII-5)

省内产地：登封。

分布：河南，北京，河北。

资料来源：刘宪伟等，1998，河南省螽斯类初步调查。河南科学，16(1)：66~76。

二四、草螽科 Conocephalidae

本科世界各地已知 172 属 872 种，中国记载 14 属 50 种，河南已知 6 属 12 种。

比尔锥尾螽 *Conanalus pieli* Tinkham, 1943 (图版 XVIII-6)

省内产地：商城，信阳，桐柏，内乡，西峡。

分布：河南，陕西，安徽，江西，湖南，四川。

资料来源：刘宪伟等，1998，河南省螽斯类初步调查。河南科学，16(1)：66~76。

中华草螽 *Conocephalus chinensis* (Redtenbacher, 1891) (图版 XVIII-9)

省内产地：郑州，商城。

分布：河南，黑龙江，陕西，宁夏，甘肃，江苏。

资料来源：刘宪伟等，1998，河南省螽斯类初步调查。河南科学，16(1)：66~76。

长瓣草螽 *Conocephalus gladiatus* (Redtenbacher, 1891) (图版 XVIII-10)

省内产地：商城，信阳，桐柏，内乡，西峡，栾川，灵宝，三门峡。

分布：河南，北京，上海，浙江，福建，湖北，湖南，广西，四川，贵州。

资料来源：刘宪伟等，1998，河南省螽斯类初步调查。河南科学，16(1)：66~76。

日本草螽 *Conocephalus japonicus* (Redtenbacher, 1891)

省内产地：具体不详。

分布：河南，河北，内蒙古，黑龙江，安徽，江苏，上海，福建，湖南，广东，广西，贵州，四川，台湾，香港；朝鲜，日本。

资料来源：刘宪伟等，2007，中国草螽属的研究及两新种记述。动物分类学报，32(2)：438~444。

长翅草螽 *Conocephalus longipennis* (De Haan, 1842) (图版 XIX-1)

省内产地：商城，信阳，桐柏。

分布：河南，安徽，上海，浙江，福建，台湾，湖南，广东，香港，海南，广西，四川，云南，西藏；日本，菲律宾，柬埔寨，印度尼西亚，缅甸，印度，斯里兰卡。

资料来源：刘宪伟等，1998，河南省螽斯类初步调查。河南科学，16(1)：66~76。

斑翅草螽 *Conocephalus maculates* (Le Guillou, 1841) (图版 XVIII-8)

省内产地：商城，信阳，桐柏，内乡，西峡。

分布：河南，北京，河北，江苏，上海，浙江，江西，福建，台湾，湖北，湖南，广东，香港，广西，四川，贵州，云南。

资料来源：刘宪伟等，1998，河南省螽斯类初步调查。河南科学，16(1)：66~76。

悦鸣草螽 *Conocephalus melas* (De Haan, 1842) (图版 XIX-2)

省内产地：商城，信阳，桐柏，西峡，灵宝。

分布：河南，安徽，江苏，浙江，福建，台湾，湖北，湖南，广东，广西，四川，贵州，云南。

资料来源：刘宪伟等，1998，河南省螽斯类初步调查。河南科学，16(1)：66~76。

鼻优草螽 *Euconocephalus nasutus* (Thunberg, 1815) (图版 XIX-3)

省内产地：信阳。

分布：河南，福建，台湾，广东，海南，广西，云南；日本，泰国，印度，印度尼西亚。

资料来源：刘宪伟等，1998，河南省螽斯类初步调查。河南科学，16(1)：66~76。

日本似织螽 *Hexacentrus japonicus* Karny, 1907 (图版 XIX-4)

省内产地：信阳，商城。

分布：河南；日本。

资料来源：王治国等，2007，河南直翅类昆虫志。河南科学技术出版社。

厚头拟喙螽 *Pseudorhynchus crassiceps* (De Haan, 1842) (图版 XVIII-7)

省内产地：全省各地。

分布：河南，安徽，上海，浙江，福建，台湾，湖南，贵州，西藏；日本，菲律宾，缅甸。

资料来源：刘宪伟等，1998，河南省螽斯类初步调查。河南科学，16(1)：66~76。

疑钩额螽 *Ruspolia dubius* (Redtenbacher, 1891) (图版 XIX-5)

省内产地：商城，信阳，桐柏，内乡，西峡。

分布：河南，安徽，浙江，江西，福建，台湾，湖北，湖南，广西，四川，贵州，云南。

资料来源：刘宪伟等，1998，河南省螽斯类初步调查。河南科学，16(1)：66~76。

黑胫钩额螽 *Ruspolia lineosa* (Walker, 1869) (图版 XIX-6)

省内产地：商城，信阳。

分布：河南，安徽，浙江，江西，福建，台湾，湖北，湖南，广西，四川，贵州，云南；东南亚。

资料来源：刘宪伟等，1998，河南省螽斯类初步调查。河南科学，16(1)：66~76。

二五、蛩螽科 Meconematidae

本科世界各地已知 77 属 506 种，中国记载 7 属 54 种，河南已知 4 属 11 种。

黑膝饰尾螽 *Cosmetura nigrogeniculata* Liu *et* Wang, 1998 (图版 XIX-7)

省内产地：内乡(模式产地)。

分布：河南。

资料来源：刘宪伟等，1998，河南省螽斯类初步调查。河南科学，16(1)：66~76。

中华赢蛩螽 *Nipponomeconema sinica* Liu *et* Wang, 1998 (图版 XIX-8)

省内产地：卢氏，内乡(模式产地)。

分布：河南。

资料来源：刘宪伟等，1998，河南省螽斯类初步调查。河南科学，16(1)：66~76。

河南杉螽 *Thaumaspis henanensis* Liu *et* Wang, 1998

省内产地：商城(模式产地)。

分布：河南。

资料来源：刘宪伟等，1998，河南省螽斯类初步调查。河南科学，16(1)：66~76。

双瘤剑螽 *Xiphidiopsis bituberculata* Ebaer, 1939 (图版 XIX-10)

省内产地：桐柏，灵宝。

分布：河南，安徽，浙江，湖南，广西；越南。

资料来源：刘宪伟等，1998，河南省螽斯类初步调查。河南科学，16(1)：66~76。

陈氏剑螽 *Xiphidiopsis cheni* Bey-Bienko, 1955 (图版 XIX-11)

省内产地：商城。

分布：河南，安徽，浙江，福建，江西，湖北，广东。

资料来源：刘宪伟等，1998，河南省螽斯类初步调查。河南科学，16(1)：66~76。

棒尾剑螽 *Xiphidiopsis clavata* Uvarov, 1933 (图版 XIX-9)

省内产地：桐柏，卢氏，西峡。

分布：河南，陕西，甘肃，湖北。

资料来源：刘宪伟等，1998，河南省螽斯类初步调查。河南科学，16(1)：66~76。

黑膝剑螽 *Xiphidiopsis geniculata* Bey-Bienko, 1962 (图版 XX-1)

省内产地：商城，信阳，内乡，西峡，卢氏，济源，栾川。

分布：河南，陕西，湖北，安徽，四川，贵州。

资料来源：毕道英等，1998，直翅目：螽斯亚目。《伏牛山区昆虫》，中国农业科学技术出版社。

贺氏剑螽 *Xiphidiopsis howardi* Tinkham, 1956 (图版 XX-2)

省内产地：商城，信阳，桐柏，内乡，西峡，灵宝，济源。

分布：河南，安徽，浙江，福建，湖北，湖南，广东，四川，贵州，陕西。

资料来源：刘宪伟等，1998，河南省螽斯类初步调查。河南科学，16(1)：66~76。

巨叉剑螽 *Xiphidiopsis megafurcula* Tinkham, 1944 (图版 XX-3)

省内产地：信阳，桐柏。

分布：河南，安徽，浙江，福建，江西，湖北，湖南，广东，广西，四川。

资料来源：刘宪伟等，1998，河南省螽斯类初步调查。河南科学，16(1)：66~76。

铃木剑螽 *Xiphidiopsis suzuki* (Matsumura *et* Shiraki, 1908) (图版 XX-4)

省内产地：商城，信阳，桐柏，西峡，济源。

分布：河南，山东，安徽，江苏，上海，浙江，福建，江西，湖北，湖南，广东，海南，四川，陕西，甘肃；日本。

资料来源：刘宪伟等，1998，河南省螽斯类初步调查。河南科学，16(1)：66~76。

云南剑螽 *Xiphidiopsis yunnanea* Bey-Binko, 1957　(图版 XX-5)

省内产地：信阳。

分布：河南，安徽，江苏，浙江，福建，湖北，广东，四川，贵州，云南；越南。

资料来源：刘宪伟等，1998，河南省螽斯类初步调查。河南科学，16(1)：66~76。

二六、驼螽科 Rhaphidophoridae

本科世界各地已知 36 属 278 种，中国记载 3 属 21 种，河南已知 1 属 4 种。

庭疾灶螽 *Tachycines asynamorus* Adelung, 1902　(图版 XX-6)

省内产地：商城，济源。

分布：河南，山东，江苏，上海，湖南，四川；日本，俄罗斯。

资料来源：刘宪伟等，1998，河南省螽斯类初步调查。河南科学，16(1)：66~76。

贝氏裸灶螽 *Tachycines berezowskii* Adelung, 1902　(图版 XX-8)

省内产地：卢氏。

分布：河南，浙江，四川，广西，云南。

资料来源：刘宪伟等，1998，河南省螽斯类初步调查。河南科学，16(1)：66~76。

中华疾灶螽 *Tachycines chinensis* Storozhenko, 1990　(图版 XX-7)

省内产地：内乡。

分布：河南，北京。

资料来源：刘宪伟等，1998，河南省螽斯类初步调查。河南科学，16(1)：66~76。

朝鲜疾灶螽 *Tachycines coreanus* Yamasaki, 1969　(图版 XX-9)

省内产地：商城。

分布：河南，黑龙江，吉林，辽宁，江苏，上海，浙江；朝鲜，日本。

资料来源：刘宪伟等，1998，河南省螽斯类初步调查。河南科学，16(1)：66~76。

二七、蟋螽科 Gryllacridae

本科世界各地已知 90 属 681 种，中国记载 14 属 34 种，河南已知 2 属 3 种。

佩摩姬蟋螽 *Metriogrykkacris permodesta* (Griffini, 1914)

省内产地：信阳。

分布：河南，安徽，浙江，江西，广东，香港；越南。

资料来源：刘宪伟等，1998，河南省螽斯类初步调查。河南科学，16(1)：66~76。

申氏杆蟋螽 *Phryganogryllacris sheni* Niu *et* Shi, 1999　(图版 XX-11)

省内产地：内乡(模式产地)。

分布：河南。

资料来源：牛瑶等，1999，河南伏牛山杆蟋螽属一新种(直翅目：蟋螽科)。《伏牛山南坡及大别山区昆虫》，中国农业科学技术出版社。

素色杆蟋螽 *Phryganogryllacris unicolor* Liu *et* Wang, 1998　(图版 XX-10)

省内产地：登封，栾川，嵩县(模式产地)，内乡，罗山，新乡，桐柏。

分布：河南，四川。

资料来源：刘宪伟等，1998，河南省螽斯类初步调查。河南科学，16(1)：66~76。

第一四节　昆虫纲：䗛目
Class Insecta: Order Phasmatodea

䗛目昆虫通称“竹节虫”，英文名 walking stick。大型有翅或无翅昆虫，身体细长，圆筒形，有的扁平如叶片状。前胸短，中后胸长，有翅种类前翅短，后翅发达。不完全变态。全为植食性。生活于树木、灌木或草丛中。

河南竹节虫考察前期主要有王治国等人的工作，昆虫考察中，陈树椿于 1997 年、1998 年参加考察队到信阳鸡公山、内乡宝天曼、西峡黄石庵采集，1999~2000 年，我们将采到的竹节虫标本送陈树椿鉴定。

本目全世界已知 6 科 300 属 3000 种，中国记载 5 科 65 属 336 种(陈树椿，2008)，河南已知 2 科 10 属 21 种，其中以河南作为模式产地的新种有 10 种。

一、䗛科 Phasmatidae

本科世界已知 87 属 500 种，中国记载 19 属 151 种，河南已知 4 属 14 种。

短须短肛䗛*Baculum brevicercatum* Chen, 1999

省内产地：西峡老界岭(模式产地)。

分布：河南。

资料来源：陈树椿等，1999，河南伏牛山短肛䗛属四新种(䗛目：䗛科)。《伏牛山南坡及大别山区昆虫》，中国农业科学技术出版社。

长须短肛䗛*Baculum dolichocercatum* Bi *et* Wang, 1998

省内产地：嵩县(模式产地)，桐柏，信阳，新县，西峡。

分布：河南。

资料来源：毕道英等，1998，河南省䗛目昆虫三新种(䗛目：䗛科，异䗛科)。《伏牛山区昆虫》，中国农业科学技术出版社。

畸股短肛䗛*Baculum femoratum* Chen, 1999

省内产地：内乡葛条爬(模式产地)。

分布：河南。

资料来源：陈树椿等，1999，河南伏牛山短肛䗛属四新种(䗛目：䗛科)。《伏牛山南坡及大别山区昆虫》，中国农业科学技术出版社。

间齿短肛䗛*Baculum interdentatum* Chen, 1999

省内产地：西峡老界岭，内乡宝天曼(模式产地)。

分布：河南。

资料来源：陈树椿等，1999，河南伏牛山短肛䗛属四新种(䗛目：䗛科)。《伏牛山南坡及大别山区昆虫》，中国农业科学技术出版社。

断沟短肛䗛*Baculum intersulcatum* Chen *et* He, 1991

省内产地：嵩县，西峡，内乡。

分布：河南，陕西，甘肃，湖北，湖南，四川，贵州。

资料来源：陈树椿等，1999，䗛目：䗛科，异䗛科。《伏牛山南坡及大别山区昆虫》，中国农业科学技术出版社。

异齿短肛䗛*Baculum irregulariter-dentatum* (Brunner-Wattenwyl, 1908)

省内产地：灵宝，卢氏，西峡，栾川，内乡，信阳。

分布：河南；日本。

资料来源：毕道英等，1998，䗛目。《伏牛山区昆虫》，中国农业科学技术出版社。

鸡公山短肛䗛*Baculum jigongshanense* Chen *et* Li, 1999

省内产地：信阳，新县，商城(模式产地)。

分布：河南。

资料来源：陈树椿等，1999，鸡公山䗛目二新种(䗛目：䗛科)。《鸡公山区昆虫》，中国农业科学技术出版社。

长角短肛䗛*Baculum longicornis* (Bi *et* Wang, 1998)

省内产地：栾川(模式产地)，嵩县，内乡，西峡。

分布：河南，山东，四川。

资料来源：毕道英等，1998，河南省䗛目昆虫三新种(䗛目：䗛科，异䗛科)。《伏牛山区昆虫》，中国农业科学技术出版社。

邻短肛䗛*Baculum vicinum* Chen, 1999

省内产地：信阳(模式产地)。

分布：河南。

资料来源：陈树椿等，1999，鸡公山䗛目二新种(䗛目：䗛科)。《鸡公山区昆虫》，中国农业科学技术出版社。

西峡短肛䗛*Baculum xixiaense* Chen, 1999

省内产地：西峡桦树盘(模式产地)。

分布：河南。

资料来源：陈树椿等，1999，河南伏牛山短肛䗛属四新种(䗛目：䗛科)。《伏牛山南坡及大别山区昆虫》，中国农业科学技术出版社。

岳西短肛䗛*Baculum yuexiense* (Chen *et* He, 1993)

省内产地：内乡，桐柏，信阳，商城。

分布：河南，安徽。

资料来源：陈树椿等，1999，䗛目：䗛科，异䗛科。《鸡公山区昆虫》，中国农业科学技术出版社。

长肛䗛*Entoria* sp.

省内产地：信阳鸡公山。

分布：河南。

资料来源：申效诚，1993，河南昆虫名录。中国农业科学技术出版社。

巫山拟短肛䗛*Parabaculum wushanense* (Chen *et* He, 1997)

省内产地：栾川，嵩县。

分布：河南，四川，陕西。

资料来源：陈树椿等，1999，䗛目：䗛科，异䗛科。《伏牛山南坡及大别山区昆虫》，中国农业科学技术出版社。

河南仿短肛䗛*Paraclitumnus henanensis* Chen, 2002

省内产地：桐柏水帘洞(模式产地)。

分布：河南。

资料来源：陈树椿，2002，河南仿短肛䗛属一新种。《太行山及桐柏山区昆虫》，中国农业科学技术出版社。

二、异䗛科 Heteronemiidae

本科世界已知 100 属 750 种，中国记载 40 属 169 种，河南已知 6 属 7 种。

细长足异䗛*Lonchodes confucias* Westwood, 1859

省内产地：西华，内乡，桐柏，信阳。

分布：河南，江苏。

资料来源：毕道英等，1998，蛸目。《伏牛山区昆虫》，中国农业科学技术出版社。

粗粒长足异蛸*Lonchodes illepidus* Brunner-Wattenwyl, 1907

省内产地：桐柏，信阳。

分布：河南，台湾；日本。

资料来源：毕道英等，1998，蛸目。《伏牛山区昆虫》，中国农业科学技术出版社。

腹锥小异蛸*Micadina conifera* Chen *et* He, 1997

省内产地：西峡，内乡，商城。

分布：河南，湖北，四川。

资料来源：毕道英等，1998，蛸目。《伏牛山区昆虫》，中国农业科学技术出版社。

河南副华枝蛸*Parasinophasma henanensis* (Bi *et* Wang, 1998)

省内产地：信阳，罗山，商城(模式产地)。

分布：河南，江西，浙江，四川，贵州，广西。

资料来源：毕道英等，1998，河南省蛸目昆虫三新种(蛸目：蛸科，异蛸科)。《伏牛山区昆虫》，中国农业科学技术出版社。

辽宁皮蛸*Phraortes liaoningensis* Chen *et* He, 1991

省内产地：商城。

分布：河南，内蒙古，山东，山西，河北，浙江，江苏。

资料来源：王治国等，2007，河南直翅类昆虫志。河南科学技术出版社。

截臀华枝蛸*Sinophasma truncata* (Shiraki, 1935)

省内产地：灵宝，卢氏，西峡，栾川，内乡，桐柏，信阳，新县，商城。

分布：河南，台湾。

资料来源：毕道英等，1998，蛸目。《伏牛山区昆虫》，中国农业科学技术出版社。

细颈管蛸*Sipyloidea sipylus* (Westwood, 1859)

省内产地：桐柏。

分布：河南，台湾；日本，越南，印度尼西亚。

资料来源：毕道英等，1998，蛸目。《伏牛山区昆虫》，中国农业科学技术出版社。

第一五节　昆虫纲：蝎目

Class Insecta: Order Psocoptera

蝎目昆虫俗称啮虫，通称“蝎”。身体微小，1~10 mm。柔弱，具长翅，也有短翅、小翅或无翅种类。头大，活动灵活，后唇基发达。翅膜质透明，有臀褶、翅痣，多呈屋脊状置于体背。以热带、亚热带、温带林区为多，也有生活于室内种类。植食性、菌食性，或危害储藏物品。

河南啮虫除粮食系统关于室内种类的研究外，野外种类基本没有涉及，昆虫考察也未采集，但可以肯定的是种类很多，有待进一步工作。

蝎目全世界共 37 科 300 多属 4658 种，中国记载 27 科 177 属 1648 种，河南记录 3 科 4 属 14 种。

一、窃蝎科 Trogiidae

本科全世界共 8 属 327 种，中国记载 2 属 3 种，河南记录 1 属 1 种。

尘虱 *Trogium pulsatorium* (Linnaeus, 1758)

省内产地：洛阳，安阳，登封，信阳，南阳。

分布：河南，吉林，辽宁，山东，山西，陕西，湖北，江苏，江西，浙江，福建，台湾，湖南，贵州，四川，云南；日本，全球性。

资料来源：申效诚，1993，河南昆虫名录。中国农业科学技术出版社。

二、虱蝎科 Liposcelididae

本科全世界共 8 属 160 种，中国记载 2 属 36 种，河南记录 1 属 11 种。

角虱蝎 *Liposcelis antennatoides* Li *et* Li, 1995

省内产地：郑州(模式产地)。

分布：河南。

资料来源：李志红，李法圣，1995，中国虱蝎属四新种(蝎目：虱蝎科)。北京农业大学学报，21(2)：215~222。

嗜卷虱蝎 *Liposcelis bostrychophila* Badonnel, 1931

省内产地：全省。

分布：河南，北京，山西，陕西，上海，浙江，江西，湖北，湖南，广东，四川，云南；世界广布。

寄主：书籍，昆虫标本，粮食。

资料来源：申效诚，1993，河南昆虫名录。中国农业科学技术出版社。

无色虱蝎 *Liposcelis decolor* (Pearman, 1925)

省内产地：全省。

分布：河南，北京，河北，山东，湖北，江西，湖南，广东；世界广布。

寄主：室内物品。

资料来源：李法圣，2002，中国蝎目志。科学出版社。

地虱蝎 *Liposcelis edaphica* Lienhard, 1990

省内产地：具体不详。

分布：河南；希腊。

资料来源：李法圣，2002，中国蝎目志。科学出版社。

嗜虫虱蝎 *Liposcelis entomophila* (Enderlein, 1907)

省内产地：全省。

分布：河南，黑龙江，北京，山东，湖北，江西，上海，浙江，广东；世界广布。

寄主：粮食，书籍，标本。

资料来源：李法圣，2002，中国蛄目志。科学出版社。

虚伪虱蛄*Liposcelis mendax* Pearman, 1946

省内产地：具体不详。

分布：河南；英国，法国，意大利，美国。

资料来源：李法圣，2002，中国蛄目志。科学出版社。

小眼虱蛄*Liposcelis paeta* Pearman, 1942

省内产地：全省。

分布：河南，湖北；世界广布。

寄主：室内物品。

资料来源：白旭光等，1997，中国储粮虱蛄昆虫两新记录及两已知种补记。中国粮油学报，12(1): 1~4。

红虱蛄*Liposcelis rufa* Broadhead, 1950

省内产地：具体不详。

分布：河南；安哥拉，智利，美国；欧洲。

资料来源：李法圣，2002，中国蛄目志。科学出版社。

饰红虱蛄*Liposcelis rufiornata* Li *et* Li, 1995

省内产地：郑州(模式产地)。

分布：河南。

资料来源：李志红，李法圣，1995，中国虱蛄属四新种(蛄目：虱蛄科)。北京农业大学学报，21(2): 215~222。

雕纹虱蛄*Liposcelis sculptilis* Li *et* Li, 1995

省内产地：郑州(模式产地)。

分布：河南。

资料来源：李志红，李法圣，1995，中国虱蛄属四新种(蛄目：虱蛄科)。北京农业大学学报，21(2): 215~222。

中华虱蛄*Liposcelis sinensis* Li *et* Li, 1995

省内产地：郑州(模式产地)。

分布：河南。

资料来源：李志红，李法圣，1995，中国虱蛄属四新种(蛄目：虱蛄科)。北京农业大学学报，21(2): 215~222。

三、蛄科 Psocidae

本科全世界共 50 属 862 种，中国记载 42 属 144 种，河南记录 2 属 2 种。

裂突新蓓蛄*Neoblaste partibilis* Li, 2002

省内产地：遂平(副模产地)。

分布：河南，北京，广西。

资料来源：李法圣，2002，中国蛄目志。科学出版社。

东京触蛄*Psococerastis tokyoensis* (Enderlein, 1906)

省内产地：嵩县白云山。

分布：河南，安徽，台湾；日本。

资料来源：申效诚，1998，蛄虫目。《伏牛山区昆虫》，中国农业科学技术出版社。

第一六节　昆虫纲：食毛目
Class Insecta: Order Mallophaga

食毛目昆虫俗称鸟虱。体小且扁，0.5~6 mm。头大，触角短，口器为特化的咀嚼式，足为攀缘式。渐变态。营外寄生生活于鸟类或兽类上，以寄主的羽毛、毛、皮肤分泌物为食，少数取食寄主血液，不侵袭人类。

食毛目全世界共 13 科 300 属 4500 种，中国记载 6 科 124 属 906 种，河南记录 4 科 32 属 64 种。

一、短角鸟虱科 Menoponidae

本科全世界共 71 属，中国记载 36 属 292 种，河南记录 9 属 23 种。

***Ciconiphilus decimfasciatus* (Boisduval *et* Lacordaire, 1835)**

省内产地：具体不详。

分布：河南，黑龙江，甘肃，青海，新疆，四川；日本，密克罗尼西亚；欧洲。

寄主：苍鹭，白鹭。

资料来源：Hua Lizhong, 2000, List of Chinese Insects. Vol.I.219~240.

***Colpocephalum eucarenum* Burmeister, 1838**

省内产地：具体不详。

分布：河南，新疆，青海，福建；中亚，非洲。

寄主：白鹈鹕。

资料来源：Hua Lizhong, 2000, List of Chinese Insects. Vol.I.219~240.

***Colpocephalum flavescens* (De Haan, 1829)**

省内产地：具体不详。

分布：河南，黑龙江，辽宁，山东，江西，福建，台湾，广东；日本；欧洲。

寄主：白尾海雕。

资料来源：Hua Lizhong, 2000, List of Chinese Insects. Vol.I.219~240.

***Colpocephalum fregilli* Denny, 1842**

省内产地：具体不详。

分布：河南，新疆，青海，内蒙古，河北，山东，四川，云南，西藏；日本；欧洲。

寄主：红嘴山鸦。

资料来源：Hua Lizhong, 2000, List of Chinese Insects. Vol.I.219~240.

***Colpocephalum nigrae* Price *et* Beer, 1965**

省内产地：具体不详。

分布：河南，新疆，内蒙古，吉林，河北，陕西，甘肃，福建，广东。

寄主：黑鹳。

资料来源：Hua Lizhong, 2000, List of Chinese Insects. Vol.I.219~240.

***Colpocephalum quadriseriatum* Picaglia, 1885**

省内产地：具体不详。

分布：河南，新疆，青海，黑龙江，辽宁，河北，山东，甘肃，西藏，广东；欧洲。

寄主：翘鼻麻鸭。

资料来源：Hua Lizhong, 2000, List of Chinese Insects. Vol.I.219~240.

***Colpocephalum subequale* Burmeister, 1838**

省内产地：具体不详。

分布：河南，新疆，内蒙古，黑龙江，辽宁，河北，山西，浙江，福建，广东，四川；克什米尔；

欧洲。

寄主：秃鼻乌鸦。

资料来源：Hua Lizhong, 2000, List of Chinese Insects. Vol.I.219~240.

***Eidmanniella brevipalpis* (Piaget, 1880)**

省内产地：具体不详。

分布：河南，新疆，青海，内蒙古，黑龙江，江西，湖南，广东；日本；欧洲。

寄主：普通鸬鹚。

资料来源：Hua Lizhong, 2000, List of Chinese Insects. Vol.I.219~240.

***Eureum cimicoides* Burmeister, 1833**

省内产地：具体不详。

分布：河南，新疆，内蒙古，青海，辽宁，河北，山东，湖北，四川；欧洲。

寄主：雨燕。

资料来源：Hua Lizhong, 2000, List of Chinese Insects. Vol.I.219~240.

***Kurodaia cryptostigmatis* (Nitzsch, 1861)**

省内产地：具体不详。

分布：河南，黑龙江，辽宁，河北，山东，陕西，四川，云南，西藏；欧洲南部。

寄主：纵纹腹小鸮。

资料来源：Hua Lizhong, 2000, List of Chinese Insects. Vol.I.219~240.

***Menacanthus fertilis* (Nitzsch, 1866)**

省内产地：具体不详。

分布：全国各地；日本，缅甸，俄罗斯(西伯利亚)；欧洲。

寄主：戴胜。

资料来源：Hua Lizhong, 2000, List of Chinese Insects. Vol.I.219~240.

火鸡短角鸟虱 *Menacanthus stramineus* (Nitzsch, 1818)

省内产地：具体不详。

分布：河南，河北，山东，江西，福建，广东，四川。

寄主：鸡。

资料来源：申效诚，1993，河南昆虫名录。中国农业科学技术出版社。

鸡短角鸟虱 *Menopon gallinae* (Linnaeus, 1758)

省内产地：郑州，许昌，淮阳。

分布：河南，陕西；欧洲，北美，世界广布。

寄主：鸡，白鹇。

资料来源：申效诚，1993，河南昆虫名录。中国农业科学技术出版社。

***Menopon kuntzi* Emerson, 1963**

省内产地：具体不详。

分布：河南，陕西，江苏，福建，湖南，四川。

寄主：灰胸竹鸡。

资料来源：Hua Lizhong, 2000, List of Chinese Insects. Vol.I.219~240.

***Myrsidea longipecta* (Uchida, 1917)**

省内产地：具体不详。

分布：河南，辽宁，福建，台湾，广东，海南，广西，四川，云南；日本，印度。

寄主：黑卷尾。

资料来源：Hua Lizhong, 2000, List of Chinese Insects. Vol.I.219~240.

***Myrsidea penisularis* Ansari, 1955**

省内产地：具体不详。

分布：河南，辽宁，河北，山东，湖北，江苏，福建，台湾，海南，四川，云南；印度。

寄主：黑卷尾。

资料来源：Hua Lizhong, 2000, List of Chinese Insects. Vol.I.219~240.

***Myrsidea rustica* (Giebel, 1874)**

省内产地：具体不详。

分布：河南，新疆，吉林，河北，甘肃，山东，福建，台湾，广东，海南，四川，云南，西藏；菲律宾，俄罗斯(西伯利亚)；欧洲。

寄主：家燕。

资料来源：Hua Lizhong, 2000, List of Chinese Insects. Vol.I.219~240.

***Myrsidea subdissimilis* Uchida, 1926**

省内产地：具体不详。

分布：河南，黑龙江，吉林，河北，甘肃，山东，安徽，江苏，云南，广西，海南；日本。

寄主：白腹蓝姬鹟。

资料来源：Hua Lizhong, 2000, List of Chinese Insects. Vol.I.219~240.

***Nosopon lucidum* (Rudow, 1869)**

省内产地：具体不详。

分布：河南，黑龙江，辽宁，河北，山东，陕西；欧洲。

寄主：红脚隼。

资料来源：Hua Lizhong, 2000, List of Chinese Insects. Vol.I.219~240.

***Nosopon minus* (Piaget, 1880)**

省内产地：具体不详。

分布：河南，黑龙江，内蒙古，河北，江西，福建，湖南，广东，广西，四川，西藏；印度。

寄主：雀鹰。

资料来源：Hua Lizhong, 2000, List of Chinese Insects. Vol.I.219~240.

鸭巨毛鸟虱 *Trinoton querquedulae* (Linnaeus, 1758)

省内产地：具体不详。

分布：河南，黑龙江，辽宁，河北，甘肃，青海，新疆，山东，台湾，海南。

寄主：绿头鸭。

资料来源：申效诚，1993，河南昆虫名录。中国农业科学技术出版社。

***Trinoton squalidum* Denny, 1842**

省内产地：具体不详。

分布：全国各地。

寄主：琵嘴鸭。

资料来源：Hua Lizhong, 2000, List of Chinese Insects. Vol.I.219~240.

***Trinoton verakopskeae* Eichler, 1981**

省内产地：具体不详。

分布：河南，从东北到华南。

寄主：花脸鸭。

资料来源：Hua Lizhong, 2000, List of Chinese Insects. Vol.I.219~240.

二、水鸟虱科 Laemobothriidae

本科世界共 1 属，中国记载 5 种，河南 2 种。

***Laemobothrion atrum* (Nitzsch, 1818)**

省内产地：具体不详。

分布：河南，新疆，吉林，河北，陕西，台湾，广东，海南，广西，云南，西藏；欧洲。

寄主：黑水鸡。

资料来源：Hua Lizhong, 2000, List of Chinese Insects. Vol.I.219~240.

***Laemobothrion chloropodis* (Schrank, 1803)**

省内产地：具体不详。

分布：河南，新疆，吉林，山东，广东，海南，广西，云南，西藏；印度；欧洲。

资料来源：Hua Lizhong, 2000, List of Chinese Insects. Vol.I.219~240.

三、长角鸟虱科 Philopteridae

本科全世界共 136 属，中国记载 77 属 581 种，河南记录 18 属 33 种。

***Alcedoecus nepalensis* Tendeiro, 1981**

省内产地：具体不详。

分布：河南，辽宁，河北，福建，广东，海南，广西，四川，云南；日本，印度。

寄主：冠鱼狗。

资料来源：Hua Lizhong, 2000, List of Chinese Insects. Vol.I.219~240.

***Aquanirmus bucomfishi* Edwards, 1965**

省内产地：具体不详。

分布：河南，新疆，黑龙江，辽宁，河北，山东，江苏，福建；俄罗斯(西伯利亚)；欧洲。

寄主：角鸊鷉。

资料来源：Hua Lizhong, 2000, List of Chinese Insects. Vol.I.219~240.

***Ardeicola goisagi* Uchida, 1953**

省内产地：具体不详。

分布：河南，黑龙江，吉林，辽宁，河北，山东，陕西，四川，湖北，湖南，浙江，福建，广东；欧洲。

寄主：夜鹭。

资料来源：Hua Lizhong, 2000, List of Chinese Insects. Vol.I.219~240.

***Ardeicola ixobrychae* Tuff, 1970**

省内产地：具体不详。

分布：河南，辽宁，河北，陕西，四川，云南，湖北，湖南，浙江，福建，广东；老挝，缅甸。

资料来源：Hua Lizhong, 2000, List of Chinese Insects. Vol.I.219~240.

***Ardeicola leucoproctus* (Nitzsch, 1866)**

省内产地：具体不详。

分布：河南，黑龙江，吉林，辽宁，河北，甘肃，陕西，山东，湖北，湖南，浙江，福建，广东；朝鲜，菲律宾。

寄主：草鹭。

资料来源：Hua Lizhong, 2000, List of Chinese Insects. Vol.I.219~240.

***Bruelia cyclothorax* (Burmeister, 1838)**

省内产地：具体不详。

分布：河南，新疆，黑龙江，吉林，辽宁，山东，江西，福建，四川，云南；俄罗斯(西伯利亚)；欧洲。

寄主：麻雀，燕雀。

资料来源：Hua Lizhong, 2000, List of Chinese Insects. Vol.I.219~240.

***Bucerocophorus latifrons* Piaget, 1885**

省内产地：具体不详。

分布：河南，新疆，青海，黑龙江，辽宁，河北，陕西，湖北，江苏，福建，四川，云南，西藏；日本；欧洲。

寄主：大杜鹃。

资料来源：Hua Lizhong, 2000, List of Chinese Insects. Vol.I.219~240.

Degeeriella nitzschi **(Giebel, 1874)**

省内产地：具体不详。

分布：河南，新疆，青海，黑龙江，河北，山西，陕西，甘肃，西藏；俄罗斯(西伯利亚)。

寄主：燕隼。

资料来源：Hua Lizhong, 2000, List of Chinese Insects. Vol.I.219~240.

Degeeriella quadraticollis **(Rudow, 1870)**

省内产地：具体不详。

分布：河南，黑龙江，辽宁，河北，陕西，山东，福建；俄罗斯。

寄主：红脚隼。

资料来源：Hua Lizhong, 2000, List of Chinese Insects. Vol.I.219~240.

Goniocotes rotundiiceps **Piaget, 1880**

省内产地：具体不详。

分布：河南，河北，陕西，湖北，安徽，贵州，四川。

寄主：白冠长尾雉。

资料来源：Hua Lizhong, 2000, List of Chinese Insects. Vol.I.219~240.

鸡褐圆鸟虱 *Goniodes dissimilis* Denny, 1842

省内产地：郑州，许昌，淮阳。

分布：河南，河北，陕西，江苏，福建，四川；日本；古北区，世界广布。

寄主：鸡。

资料来源：申效诚，1993，河南昆虫名录。中国农业科学技术出版社。

Ibidoecus clauses **(Giebel, 1874)**

省内产地：具体不详。

分布：河南，新疆，黑龙江，河北，甘肃，福建，台湾，广东，云南；日本；欧洲。

寄主：白琵鹭，黑头白鹮。

资料来源：Hua Lizhong, 2000, List of Chinese Insects. Vol.I.219~240.

Ibidoecus platalwaw **(Denny, 1842)**

省内产地：具体不详。

分布：河南，新疆，黑龙江，河北，陕西，江苏，福建，广东，四川，云南；日本；欧洲。

寄主：白琵鹭。

资料来源：Hua Lizhong, 2000, List of Chinese Insects. Vol.I.219~240.

Ibidoecus threskiornis **Bedford, 1929**

省内产地：具体不详。

分布：河南，新疆，黑龙江，河北，陕西，江苏，福建，广东，四川，云南；日本；欧洲。

寄主：黑头白鹮。

资料来源：Hua Lizhong, 2000, List of Chinese Insects. Vol.I.219~240.

鸡长角鸟虱 *Lipeurus caporis* (Linnaeus, 1758)

省内产地：郑州，许昌，淮阳。

分布：全国；日本，印度；北美，世界广布。

寄主：鸡，孔雀，环颈雉。

资料来源：申效诚，1993，河南昆虫名录。中国农业科学技术出版社。

Otidoecus tormalis **(Denny, 1842)**

省内产地：具体不详。

分布：河南，新疆，内蒙古，黑龙江，辽宁，河北，山东，陕西，江西，福建；俄罗斯(西伯利亚)。

寄主：大鸨。

资料来源：Hua Lizhong, 2000, List of Chinese Insects. Vol.I.219~240.

Oxylipeurus reevesi **Clay, 1938**

省内产地：具体不详。

分布：河南，山西，陕西，河北，贵州，四川。

寄主：白冠长尾雉。

资料来源：Hua Lizhong, 2000, List of Chinese Insects. Vol.I.219~240.

Pectinopygus forficulatus **(Nitzsch, 1866)**

省内产地：具体不详。

分布：河南，新疆，青海，福建；欧洲。

寄主：白鹈鹕。

资料来源：Hua Lizhong, 2000, List of Chinese Insects. Vol.I.219~240.

Pereipetasma altoasiaticum **Timmermann, 1954**

省内产地：具体不详。

分布：河南，新疆，青海，内蒙古，陕西，甘肃，四川，云南，西藏；印度；欧洲。

寄主：鹮嘴鹬。

资料来源：Hua Lizhong, 2000, List of Chinese Insects. Vol.I.219~240.

Philopterus mereulae **(Denny, 1852)**

省内产地：具体不详。

分布：河南，陕西，甘肃，四川，云南，海南。

寄主：乌鸫。

资料来源：Hua Lizhong, 2000, List of Chinese Insects. Vol.I.219~240.

Philopterus mukudori **Uchida, 1948**

省内产地：具体不详。

分布：河南，黑龙江，吉林，辽宁，内蒙古，山东，陕西，浙江，福建，江西，湖南，广东，广西；日本。

寄主：灰椋鸟。

资料来源：Hua Lizhong, 2000, List of Chinese Insects. Vol.I.219~240.

Quadraceps anagrapsus **(Nitzsch, 1866)**

省内产地：具体不详。

分布：河南，新疆，内蒙古，黑龙江，河北，山西，江苏，福建，台湾，广东，云南；俄罗斯。

寄主：须浮鸥。

资料来源：Hua Lizhong, 2000, List of Chinese Insects. Vol.I.219~240.

Quadraceps auratus **(De Haan, 1829)**

省内产地：具体不详。

分布：河南，辽宁，河北，山东，江苏，福建，台湾，湖南，广东，海南，广西，四川，云南；美国；欧洲。

寄主：蛎鹬。

资料来源：Hua Lizhong, 2000, List of Chinese Insects. Vol.I.219~240.

Quadraceps opacus **(Kellogg *et* Chapman, 1899)**

省内产地：具体不详。

分布：河南，黑龙江，辽宁，河北，山东，浙江，福建，江西，湖南，广东，广西，四川；尼泊尔。

寄主：剑鸻。

资料来源：Hua Lizhong, 2000, List of Chinese Insects. Vol.I.219~240.

Quadraceps punctatus **(Burmeister, 1838)**

省内产地：具体不详。

分布：河南，新疆，黑龙江，辽宁，山东，浙江，福建，江西，湖南，广东，广西，云南，西藏；

俄罗斯(西伯利亚)。

寄主：红嘴鸥。

资料来源：Hua Lizhong, 2000, List of Chinese Insects. Vol.I.219~240.

***Quadraceps sellatus* (Burmeister, 1838)**

省内产地：具体不详。

分布：河南，新疆，山东，陕西，湖南，四川，云南，西藏；俄罗斯(西伯利亚)，越南。

寄主：普通燕鸥。

资料来源：Hua Lizhong, 2000, List of Chinese Insects. Vol.I.219~240.

***Rallicola fulicae* (Denny, 1842)**

省内产地：具体不详。

分布：河南，新疆，青海，黑龙江，辽宁，河北，山东，陕西，甘肃，浙江，福建，江西，湖南，广东，广西，云南，西藏；欧洲。

寄主：白骨顶。

资料来源：Hua Lizhong, 2000, List of Chinese Insects. Vol.I.219~240.

***Rallicola microcephalus* Uchida, 1948**

省内产地：具体不详。

分布：河南，辽宁，河北，湖北，江苏，福建，台湾，湖南，广东，广西，四川，云南；日本。

寄主：黑水鸡，白胸苦恶鸟。

资料来源：Hua Lizhong, 2000, List of Chinese Insects. Vol.I.219~240.

***Rallicola minutus* (Nitzsch, 1866)**

省内产地：具体不详。

分布：河南，新疆，黑龙江，河北，山东，陕西，江苏，福建，广东，云南，西藏；欧洲。

寄主：黑水鸡，白骨顶。

资料来源：Hua Lizhong, 2000, List of Chinese Insects. Vol.I.219~240.

***Saemundssonia congener* (Giebel, 1874)**

省内产地：具体不详。

分布：河南，黑龙江，辽宁，河北，山东，安徽，江苏，福建，台湾，广东，海南；俄罗斯(堪察加)。

寄主：海鸥。

资料来源：Hua Lizhong, 2000, List of Chinese Insects. Vol.I.219~240.

***Saemundssonia humeralis* (Denny, 1842)**

省内产地：具体不详。

分布：河南，新疆，黑龙江，河北，山东，甘肃，福建，台湾，广东，海南，西藏；印度尼西亚；欧洲。

寄主：白腰杓鹬。

资料来源：Hua Lizhong, 2000, List of Chinese Insects. Vol.I.219~240.

***Saemundssonia mulleri* Eichler, 1942**

省内产地：具体不详。

分布：河南，新疆，内蒙古，黑龙江，山东，福建，台湾，广东，海南，云南，西藏；俄罗斯(西伯利亚)。

寄主：红嘴鸥。

资料来源：Hua Lizhong, 2000, List of Chinese Insects. Vol.I.219~240.

***Sturnidoecus bituberculatus* (Giebel, 1874)**

省内产地：具体不详。

分布：河南，辽宁，河北，山东，陕西，台湾，海南，四川，云南；印度。

寄主：黑卷尾。

资料来源：Hua Lizhong, 2000, List of Chinese Insects. Vol.I.219~240.

四、兽鸟虱科 Trichodectidae

本科全世界共 20 属，中国记载 6 属 33 种，河南记录 4 属 6 种。

牛鸟虱 *Damalinia boris* (Linnaeus, 1758)

省内产地：全省。

分布：河南，陕西，云南；日本，印度；西亚，欧洲。

资料来源：申效诚，1993，河南昆虫名录。中国农业科学技术出版社。

山羊鸟虱 *Damalinia caprae* (Gurlt, 1843)

省内产地：郑州。

分布：河南，陕西，新疆，河北；巴基斯坦。

资料来源：申效诚，1993，河南昆虫名录。中国农业科学技术出版社。

马鸟虱 *Damalinia equi* (Denny, 1842)

省内产地：郑州，泌阳。

分布：河南，内蒙古，陕西，新疆；蒙古国，印度(锡金)；欧洲。

资料来源：申效诚，1993，河南昆虫名录。中国农业科学技术出版社。

猫鸟虱 *Felicola subrostratus* (Burmeister, 1838)

省内产地：具体不详。

分布：河南，北京，陕西；日本，印度；欧洲，非洲。

资料来源：申效诚，1993，河南昆虫名录。中国农业科学技术出版社。

狗鸟虱 *Trichodectes canis* (De Geer, 1778)

省内产地：具体不详。

分布：河南，北京，陕西，香港，贵州；日本，印度；北美，欧洲。

资料来源：申效诚，1993，河南昆虫名录。中国农业科学技术出版社。

***Werneckiella fulva* (Emereson *et* Price, 1979)**

省内产地：具体不详。

分布：河南，河北，甘肃；喜马拉雅，非洲。

寄主：岩羊。

资料来源：Hua Lizhong, 2000, List of Chinese Insects. Vol.I.219~240.

第一七节　昆虫纲：虱目
Class Insecta: Order Anoplura

虱目昆虫俗称虱子，英文名 sucking lice。体小扁平无翅。体长 1~6 mm，头小，向前突出，复眼退化，无单眼，口器为特化的刺吸式。胸部 3 节愈合，足为攀缘式。渐变态。寄生于人体和真兽类，以吸血为生。重要卫生害虫。

虱目全世界共 17 科 42 属 500 种，中国已记载 11 科 22 属 97 种(金大雄，1999)，河南记录 5 科 5 属 9(亚)种。

一、血虱科 Haematopinidae

本科全世界共 1 属，中国记载 1 属 7 种，河南记录 1 属 3 种。

牛血虱 *Haematopinus eurysternus* (Nitzsch, 1818)

省内产地：全省。

分布：全国；日本，世界广布。

资料来源：申效诚，1993，河南昆虫名录。中国农业科学技术出版社。

猪血虱 *Haematopinus suis* (Linnaeus, 1758)

省内产地：全省。

分布：河南，新疆，内蒙古，山东，山西，陕西，湖北，江苏，浙江，福建，湖南，香港，贵州，云南，西藏；日本，世界广布。

资料来源：申效诚，1993，河南昆虫名录。中国农业科学技术出版社。

水牛血虱 *Haematopinus tuberculatus* (Burmeister, 1839)

省内产地：信阳，新县，商城。

分布：河南，湖北，江苏，浙江，福建，湖南，贵州，广西，四川，云南；日本，越南，印度尼西亚，印度；北美，欧洲，非洲。

资料来源：申效诚，1993，河南昆虫名录。中国农业科学技术出版社。

二、甲胁虱科 Hoplopleuridae

本科全世界共 1 属 115 种，中国记载 1 属 22 种，河南记录 1 属 2 种。

仓鼠甲胁虱 *Hoplopleura cricetuli* Ferris, 1951

省内产地：登封。

分布：河南，内蒙古，宁夏，北京，河北，山东，山西，陕西，云南。

寄主：大仓鼠，长尾仓鼠，黑线仓鼠。

资料来源：申效诚，1993，河南昆虫名录。中国农业科学技术出版社。

太平洋甲胁虱 *Hoplopleura pacifica* Ewing, 1935

省内产地：登封。

分布：河南，山西，安徽，福建，台湾，广东，海南，广西，贵州，云南；印度尼西亚，印度，巴基斯坦，美国，中南半岛。

资料来源：申效诚，1993，河南昆虫名录。中国农业科学技术出版社。

三、虱科 Pediculidae

本科全世界共 1 属 3 种，中国记载 1 属 1 种 2 亚种，河南记录 1 属 1 种 2 亚种。

人体虱 *Pediculus humanus capitis* De Geer, 1778

省内产地：全省。

分布：全国；日本，世界广布。

资料来源：申效诚，1993，河南昆虫名录。中国农业科学技术出版社。

人头虱 *Pediculus humanus corporis* De Geer, 1778

省内产地：全省。

分布：全国；日本，世界广布。

资料来源：申效诚，1993，河南昆虫名录。中国农业科学技术出版社。

四、阴虱科 Pthiridae

本科全世界共 1 属 2 种，中国记载 1 属 1 种，河南记录 1 属 1 种。

阴虱 *Phthirus pubis* Linnaeus, 1758

省内产地：全省。

分布：全国；世界广布。

资料来源：申效诚，1993，河南昆虫名录。中国农业科学技术出版社。

五、多板虱科 Polyplacidae

本科世界共 19 属，中国记载 7 属 33 种，河南记录 1 属 1 种。

棘多板虱 *Polyplax spinulosa* (Burmeister, 1893)

省内产地：登封。

分布：河南，山西，上海，福建，海南，广西，贵州，四川，云南；欧洲。

资料来源：申效诚，1993，河南昆虫名录。中国农业科学技术出版社。

第一八节　昆虫纲：缨翅目
Class Insecta: Order Thysanoptera

缨翅目昆虫俗称蓟马，英文名 thrips。体小，0.5~7 mm。触角 6~9 节，口器锉吸式。足跗节端部有可伸缩的端泡，翅狭长，翅脉简单或消失，翅缘具缨毛。无尾须。大多为植食性，生活于植物嫩梢、叶片、花及果实。也有菌食性或腐食性，生活于枯枝、树皮下或落叶层。少数种类为捕食性。

作为农林害虫和天敌，河南有一些记录。昆虫考察中，段半锁参加了 1996 年和 1997 年的采集活动，并鉴定标本，又和冯纪年等合作，发表了一些新种。

缨翅目全世界共 12 科 807 属 6000 种，中国记载 4 科 153 属 539 种，河南记录 3 科 40 属 76 种。

一、纹蓟马科 Aeolothripidae

本科全世界共 29 属 220 种，中国记载 4 属 15 种，河南记录 1 属 2 种。

横纹蓟马 *Aeolothrips fasciatus* (Linnaeus, 1758)

省内产地：栾川龙峪湾，信阳，南阳。

分布：全国各地；世界广布。

资料来源：段半锁等，1998，缨翅目。《伏牛山区昆虫》，中国农业科学技术出版社。

黑白纹蓟马 *Aeolothrips melaleucus* (Haliday, 1852)

省内产地：栾川龙峪湾，信阳鸡公山。

分布：河南，北京，内蒙古，山东，辽宁，吉林，宁夏，安徽；韩国；欧洲，北美。

资料来源：段半锁等，1998，缨翅目。《伏牛山区昆虫》，中国农业科学技术出版社。

二、蓟马科 Thripidae

本科全世界共 296 属 1500 种，中国记载 67 属 219 种，河南记录 25 属 50 种。

合欢阿焦蓟马 *Ajothrips* sp.

省内产地：栾川龙峪湾。

分布：河南。

资料来源：段半锁等，1998，缨翅目。《伏牛山区昆虫》，中国农业科学技术出版社。

玉米黄呆蓟马 *Anaphothrips obscurus* (Muller, 1776)

省内产地：信阳鸡公山。

分布：河南，河北，陕西，内蒙古，山西，新疆，宁夏，甘肃，辽宁，吉林，西藏，四川，江苏，浙江，福建，台湾，广东，贵州，海南；韩国，日本，马来西亚，蒙古国，俄罗斯(西伯利亚)，外高加索；非洲，欧洲，美洲，大洋洲。

资料来源：申效诚等，1998，河南昆虫名录补遗(二)。《伏牛山区昆虫》，中国农业科学技术出版社。

杨呆蓟马 *Anaphothrips populi* Zhang *et* Tong, 1992

省内产地：辉县(模式产地)。

分布：河南，甘肃。

资料来源：张维球等，1992，中国呆蓟马属种类及一新种记述(缨翅目；蓟马科)。动物分类学报，17(1)：71~74。

苏丹呆蓟马 *Anaphothrips sudanensis* Trybom, 1911

省内产地：信阳鸡公山。

分布：河南，江苏，浙江，福建，台湾，广东，广西，海南，云南，湖北，湖南，贵州，四川；

印度，苏丹，巴基斯坦，印度尼西亚，塞浦路斯，埃及，摩洛哥，澳大利亚；非洲，中亚。

资料来源：段半锁等，1999，缨翅目。《鸡公山区昆虫》，中国农业科学技术出版社。

菊花指蓟马 *Chirothrips chrysanthemumi* Zhang *et* Duan, 2003

省内产地：栾川龙峪湾(模式产地)。

分布：河南。

资料来源：张建民等，2003，中国指蓟马属一新种记述(缨翅目：蓟马科)。《华中昆虫研究 第二卷》，中国农业出版社。

袖指蓟马 *Chirothrips manicatus* Haliday, 1836

省内产地：栾川龙峪湾。

分布：河南，黑龙江，吉林，辽宁，河北，内蒙古，北京，江苏，江西，福建，湖北，广东，四川，云南，台湾，陕西，宁夏；韩国，日本，蒙古国；欧洲，北美。

资料来源：段半锁等，1998，缨翅目。《伏牛山区昆虫》，中国农业科学技术出版社。

段氏梳蓟马 *Ctenothrips duani* Zhang *et* Duan, 2002

省内产地：嵩县白云山(模式产地)。

分布：河南。

资料来源：张建民等，2002，中国梳蓟马属一新种记述(缨翅目：蓟马科)。《华中昆虫研究 第一卷》，中国农业科学技术出版社。

桂棍蓟马 *Dendrothrips mendax* Bhatti, 1971

省内产地：栾川龙峪湾。

分布：河南，福建，广东，广西，海南；印度。

资料来源：段半锁等，1998，缨翅目。《伏牛山区昆虫》，中国农业科学技术出版社。

黄羚蓟马 *Dorcadothrips xanthius* (Williams, 1917)

省内产地：信阳鸡公山。

分布：河南，台湾，广东，广西，海南，云南；韩国，日本，美国，巴西，西班牙。

资料来源：段半锁等，1999，缨翅目。《鸡公山区昆虫》，中国农业科学技术出版社。

裂片膜蓟马 *Ernothrips lobatus* (Bhatti, 1967)

省内产地：信阳鸡公山。

分布：河南，湖南，台湾，广东，海南；印度。

资料来源：段半锁等，1999，缨翅目。《鸡公山区昆虫》，中国农业科学技术出版社。

纵纹片膜蓟马 *Ernothrips longitudinalis* Zhou *et* Feng, 2008

省内产地：西峡黄石庵，内乡宝天曼(模式产地)。

分布：河南，陕西，湖北。

资料来源：周辉凤，张桂玲，冯纪年，2008，中国片膜蓟马属一新种。昆虫分类学报，30(2)：91~94。

花蓟马 *Frankliniella intonsa* (Trybom, 1895)

省内产地：栾川龙峪湾，信阳鸡公山。

分布：河南，中国各省份；韩国，日本，蒙古国，俄罗斯(西伯利亚)，土耳其，印度；欧洲。

资料来源：段半锁等，1998，缨翅目。《伏牛山区昆虫》，中国农业科学技术出版社。

禾蓟马 *Frankliniella tenuicornis* (Uzel, 1895)

省内产地：封丘，栾川。

分布：河南，北京，河北，山西，内蒙古，辽宁，吉林，山东，江苏，江西，福建，台湾，湖北，湖南，广东，广西，四川，云南，贵州，西藏，陕西，甘肃，青海，宁夏，新疆；朝鲜，日本，蒙古国，俄罗斯；中亚，欧洲，北美。

资料来源：申效诚等，1994，河南昆虫名录补遗(一)。《河南昆虫分类区系研究 第一卷》，中国农业科学技术出版社。

黑体颈片针蓟马 *Helionothrips aino* (Ishida, 1931)

省内产地：信阳鸡公山。

分布：河南，贵州，江西，台湾，云南，广东，广西，福建；日本，马来西亚。

资料来源：段半锁等，1999，缨翅目。《鸡公山区昆虫》，中国农业科学技术出版社。

游领针蓟马 *Helionothrips erraos* (Williams, 1916)

省内产地：具体不详。

分布：河南，台湾，云南，广东，广西；朝鲜，日本，英国；非洲，美洲。

资料来源：冯纪年，杨晓娜，张桂玲，2007，中国领针蓟马分类研究(缨翅目：蓟马科)。动物分类学报，32(2)：451~454。

温室网纹蓟马 *Heliothrips hawmorrhoidalis* (Bouche) Burmeister, 1838

省内产地：信阳鸡公山。

分布：河南，贵州，江西，台湾，云南，广东，广西，福建，四川；越南，印度，斯里兰卡。

资料来源：段半锁等，1999，缨翅目。《鸡公山区昆虫》，中国农业科学技术出版社。

齿裂扁蓟马 *Hydatothrips dentatus* (Steinweden *et* Moulton, 1930)

省内产地：具体不详。

分布：河南，北京，浙江，福建。

资料来源：申效诚等，1998，河南昆虫名录补遗(二)。《伏牛山区昆虫》，中国农业科学技术出版社。

伏牛山扁蓟马 *Hydatothrips funiuensis* Duan, 1998

省内产地：栾川龙峪湾(模式产地)，信阳鸡公山。

分布：河南。

资料来源：段半锁等，1998，河南伏牛山蓟马三新种记述(缨翅目)。《伏牛山区昆虫》，中国农业科学技术出版社。

茅草扁蓟马 *Hydatothrips proximus* Bhatti, 1975

省内产地：栾川龙峪湾，信阳鸡公山。

分布：河南，辽宁；印度。

资料来源：段半锁等，1998，缨翅目。《伏牛山区昆虫》，中国农业科学技术出版社。

端大蓟马 *Megalurothrips distalis* (Karny, 1913)

省内产地：栾川龙峪湾，信阳鸡公山。

分布：河南，河北，内蒙古，辽宁，吉林，黑龙江，贵州，湖北，江西，上海，浙江，四川，福建，台湾，山东，湖南，广东，广西，海南，云南，西藏；韩国，日本，印度，印度尼西亚，菲律宾，加罗林群岛，斐济，不丹，孟加拉国。

资料来源：段半锁等，1998，缨翅目。《伏牛山区昆虫》，中国农业科学技术出版社。

小头蓟马 *Microcephalothrips abdominalis* (Crawford, 1910)

省内产地：栾川龙峪湾，信阳鸡公山。

分布：河南，江苏，浙江，福建，湖北，湖南，江西，安徽，四川，河北，上海，广东，广西，台湾，海南，云南；日本，菲律宾，印度，斯里兰卡，澳大利亚，埃及，美国(夏威夷)；美洲，欧洲。

资料来源：段半锁等，1998，缨翅目。《伏牛山区昆虫》，中国农业科学技术出版社。

鸡公山小头蓟马 *Microcephalothrips jigongshanensis* Feng, 1998

省内产地：信阳鸡公山(模式产地)。

分布：河南。

资料来源：段半锁等，1999，缨翅目。《鸡公山区昆虫》，中国农业科学技术出版社。

豆喙蓟马 *Mycterothrips glycines* (Okamoto, 1911)

省内产地：信阳鸡公山。

分布：河南，江苏，浙江，北京，福建，台湾，广东，四川；日本。

资料来源：段半锁等，1999，缨翅目。《鸡公山区昆虫》，中国农业科学技术出版社。

细新绢蓟马 *Neohydatothrips gracilicornis* (Williams, 1916)

省内产地：栾川龙峪湾。

分布：河南；日本，摩洛哥，土耳其，以色列，伊朗；欧洲。

资料来源：段半锁等，1998，缨翅目。《伏牛山区昆虫》，中国农业科学技术出版社。

牛角花齿蓟马 *Odontothrips loti* (Haliday, 1852)

省内产地：信阳鸡公山。

分布：河南，内蒙古，河北，山西，陕西，甘肃，宁夏；蒙古国，日本，美国，俄罗斯(西伯利亚)；欧洲。

资料来源：段半锁等，1999，缨翅目。《鸡公山区昆虫》，中国农业科学技术出版社。

异色网纹蓟马 *Phibalothrips perinqueyi* (Faure, 1925)

省内产地：栾川龙峪湾。

分布：河南，广东，广西，云南；印度，南非。

资料来源：段半锁等，1998，缨翅目。《伏牛山区昆虫》，中国农业科学技术出版社。

桑伪棍蓟马 *Pseudodendrothrips mori* (Niwa, 1908)

省内产地：商丘，许昌，周口。

分布：河南，河北，江苏，浙江，福建，台湾，湖北，湖南，广东，广西，海南；朝鲜，日本，美国。

资料来源：申效诚，1993，河南昆虫名录。中国农业科学技术出版社。

茶黄硬蓟马 *Scirtothrips dorsalis* Hood, 1909

省内产地：信阳鸡公山。

分布：河南，安徽，江苏，浙江，福建，台湾，广东，广西，海南，云南；日本，印度，巴基斯坦，马来西亚，印度尼西亚，澳大利亚；非洲南部。

资料来源：申效诚等，1998，河南昆虫名录补遗(二)。《伏牛山区昆虫》，中国农业科学技术出版社。

肖长角六点蓟马 *Scolothrips dilongicornis* Han *et* Zhang, 1982

省内产地：全省。

分布：河南，北京，河北。

资料来源：申效诚，1993，河南昆虫名录。中国农业科学技术出版社。

塔六点蓟马 *Scolothrips takahashii* Priesner, 1950

省内产地：信阳鸡公山等全省各地。

分布：河南，湖北，湖南，北京，河北，辽宁，吉林，内蒙古，宁夏，山西，山东，上海，江苏，浙江，江西，福建，台湾，广东，广西，海南，四川，云南。

资料来源：段半锁等，1999，缨翅目。《鸡公山区昆虫》，中国农业科学技术出版社。

红带滑胸针蓟马 *Selenothrips rubrocinctus* (Giard, 1901)

省内产地：信阳鸡公山。

分布：河南，江苏，上海，江西，福建，湖北，湖南，四川，广东，台湾，海南，广西，云南；东南亚一带，非洲，大洋洲，南美洲。

资料来源：段半锁等，1999，缨翅目。《鸡公山区昆虫》，中国农业科学技术出版社。

淡角直鬃蓟马 *Stenchaetothrips albicornus* Zhang *et* Tong, 1990

省内产地：栾川龙峪湾。

分布：河南，海南，广西。

资料来源：段半锁等，1998，缨翅目。《伏牛山区昆虫》，中国农业科学技术出版社。

竹直鬃蓟马 *Stenchaetothrips bambusae* (Shumsher, 1946)

省内产地：信阳鸡公山。

分布：河南，江苏，广东，广西，福建，四川，海南，云南；印度，缅甸，日本。

资料来源：段半锁等，1999，缨翅目。《鸡公山区昆虫》，中国农业科学技术出版社。

稻直鬃蓟马 *Stenchaetothrips biformis* (Bagnall, 1913)

省内产地：栾川龙峪湾，信阳鸡公山。

分布：河南，河北，辽宁，及南方各省(自治区、直辖市)；韩国，日本，泰国，越南，尼泊尔，印度，斯里兰卡，巴基斯坦，孟加拉国，马来西亚，印度尼西亚，菲律宾，罗马尼亚，英国，巴西。

资料来源：段半锁等，1998，缨翅目。《伏牛山区昆虫》，中国农业科学技术出版社。

禾草直鬃蓟马 *Stenchaetothrips faurei* (Bhatti, 1962)

省内产地：信阳鸡公山。

分布：河南，山东，广东，海南；印度。

资料来源：段半锁等，1999，缨翅目。《鸡公山区昆虫》，中国农业科学技术出版社。

微直鬃蓟马 *Stenchaetothrips minutus* (Van Deverter, 1906)

省内产地：栾川龙峪湾，信阳鸡公山。

分布：河南，贵州，广东，广西，台湾；日本，印度，印度尼西亚，美国(夏威夷)，巴西。

资料来源：段半锁等，1998，缨翅目。《伏牛山区昆虫》，中国农业科学技术出版社。

张氏直鬃蓟马 *Stenchaetothrips zhangi* Duan, 1998

省内产地：栾川龙峪湾(模式产地)。

分布：河南。

资料来源：段半锁等，1998，河南伏牛山蓟马三新种记述(缨翅目)。《伏牛山区昆虫》，中国农业科学技术出版社。

草木樨近绢蓟马 *Sussericothrips melilotus* Han, 1991

省内产地：安阳(模式产地)，信阳鸡公山。

分布：河南，河北，内蒙古，陕西，山西，宁夏，甘肃。

资料来源：段半锁等，1999，缨翅目。《鸡公山区昆虫》，中国农业科学技术出版社。

蔷薇带蓟马 *Taeniothrips oreopilus* Priesner, 1935

省内产地：栾川龙峪湾。

分布：河南，广东，台湾；日本。

资料来源：段半锁等，1998，缨翅目。《伏牛山区昆虫》，中国农业科学技术出版社。

黄跗带蓟马 *Taeniothrips picipes* (Zettre, 1828)

省内产地：栾川龙峪湾。

分布：河南；日本，韩国；欧洲。

资料来源：段半锁等，1998，缨翅目。《伏牛山区昆虫》，中国农业科学技术出版社。

葱蓟马 *Thrips alliorum* (Priesner, 1935)

省内产地：信阳鸡公山等全省各地。

分布：河南，河北，新疆，陕西，江苏，浙江，福建，广东，广西，台湾；日本。

资料来源：段半锁等，1999，缨翅目。《鸡公山区昆虫》，中国农业科学技术出版社。

色蓟马 *Thrips coloratus* Schmutz, 1913

省内产地：信阳。

分布：河南，浙江，江西，台湾，湖北，湖南，广东，广西，海南，四川，云南，贵州，西藏；朝鲜，日本，印度，尼泊尔，巴基斯坦，斯里兰卡，印度尼西亚，巴布亚新几内亚，澳大利亚。

资料来源：申效诚等，1998，河南昆虫名录补遗(二)。《伏牛山区昆虫》，中国农业科学技术出版社。

八节黄蓟马 *Thrips flavidulus* (Bagnall, 1923)

省内产地：信阳鸡公山。

分布：河南，宁夏，内蒙古，河北，北京，辽宁，山东，江苏，安徽，浙江，江西，四川，福建，台湾，湖北，湖南，广东，广西，海南，贵州，云南，西藏；日本，韩国，印度，尼泊尔，斯里兰卡；东南亚地区。

资料来源：申效诚等，1999，河南昆虫名录补遗(三)。《鸡公山区昆虫》，中国农业科学技术出版社。

亮蓟马 *Thrips flavus* Schrank, 1776

省内产地：栾川龙峪湾，信阳鸡公山。

分布：河南，新疆，宁夏，内蒙古，山西，辽宁，吉林，山东，江苏，安徽，江西，湖南，浙江，广东，云南，海南，福建，台湾，贵州；日本，韩国，泰国，菲律宾，澳大利亚，印度；欧洲，北美，非洲。

资料来源：段半锁等，1998，缨翅目。《伏牛山区昆虫》，中国农业科学技术出版社。

闪黄蓟马 *Thrips florum* Schmutz, 1913

省内产地：栾川龙峪湾。

分布：河南；印度，斯里兰卡，缅甸，泰国，马来西亚，斐济，菲律宾，美国(夏威夷)。

资料来源：段半锁等，1998，缨翅目。《伏牛山区昆虫》，中国农业科学技术出版社。

丽蓟马 *Thrips formosanus* Priesner, 1934

省内产地：信阳鸡公山。

分布：河南，江苏，浙江，江西，四川，台湾，海南，贵州；日本，尼泊尔。

资料来源：段半锁等，1999，缨翅目。《鸡公山区昆虫》，中国农业科学技术出版社。

夏威夷蓟马 *Thrips hawiiensis* (Morgan, 1913)

省内产地：栾川龙峪湾，信阳鸡公山。

分布：河南，广东，广西，海南，台湾，四川，贵州，浙江，上海，江西，江苏，湖北，湖南，山西，云南，西藏；韩国，日本，泰国，越南，新加坡，印度，巴基斯坦，孟加拉国，马来西亚，斯里兰卡，菲律宾，印度尼西亚，巴布亚新几内亚，澳大利亚，新西兰，墨西哥，美国(夏威夷)。

资料来源：段半锁等，1998，缨翅目。《伏牛山区昆虫》，中国农业科学技术出版社。

东方蓟马 *Thrips orientalis* (Bagnall, 1915)

省内产地：信阳鸡公山。

分布：河南，福建，广东，台湾。

资料来源：段半锁等，1999，缨翅目。《鸡公山区昆虫》，中国农业科学技术出版社。

节瓜蓟马 *Thrips palmi* Karny, 1925

省内产地：栾川龙峪湾。

分布：河南，广东，广西，海南，香港，台湾；日本，印度，韩国，新喀里多尼亚，澳大利亚，苏丹；东南亚。

资料来源：段半锁等，1998，缨翅目。《伏牛山区昆虫》，中国农业科学技术出版社。

烟蓟马 *Thrips tabaci* Lindeman, 1889

省内产地：全省。

分布：河南，河北，山西，内蒙古，辽宁，吉林，山东，江苏，台湾，湖北，湖南，广东，海南，广西，四川，贵州，云南，西藏，陕西，甘肃，宁夏，新疆；朝鲜，日本，蒙古国，印度，世界广布。

资料来源：申效诚，1993，河南昆虫名录。中国农业科学技术出版社。

三、管蓟马科 Phlaeothripidae

本科全世界共 445 属 3000 种，中国记载 65 属 207 种，河南记录 14 属 24 种。

角棘管蓟马 *Acanthothrips nodicornis* (O. M. Reuter, 1880)

省内产地：具体不详。

分布：河南，宁夏；蒙古国，塔吉克斯坦，格鲁吉亚，土耳其，俄罗斯，匈牙利，捷克，斯洛伐克，波兰，保加利亚，阿尔巴尼亚，罗马尼亚，意大利，荷兰，瑞典，法国，瑞士，丹麦，西班牙，英国，美国。

资料来源：申效诚等，1999，河南昆虫名录补遗(三)。《鸡公山区昆虫》，中国农业科学技术出版社。

短管棒蓟马 *Bactrothrips brevitubus* Yakahashii, 1935

省内产地：栾川龙峪湾，信阳鸡公山。

分布：河南，浙江，安徽，福建，广东，海南，云南；日本。

资料来源：段半锁等，1998，缨翅目。《伏牛山区昆虫》，中国农业科学技术出版社。

芒果佳喙管蓟马 *Eurhynchothrips ordinarius* (Hood, 1919)

省内产地：具体不详。

分布：河南，宁夏，湖北，湖南，云南；印度。

资料来源：冯纪年等，2010，缨翅目。《六盘山无脊椎动物》，河北大学出版社。

榕母管蓟马 *Gynaikothrips ficorum* (Marchal, 1908)

省内产地：具体不详。

分布：河南，北京，福建，台湾，广东，海南，广西，云南；日本，泰国，越南，马来西亚，新加坡，印度，印度尼西亚；欧洲，北非，北美，南美。

资料来源：申效诚，1993，河南昆虫名录。中国农业科学技术出版社。

稻简管蓟马 *Haplothrips aculeatus* (Fabricius, 1803)

省内产地：信阳鸡公山。

分布：河南，内蒙古，新疆，甘肃，宁夏，陕西，山西，北京，河北，辽宁，吉林，黑龙江，山东，安徽，江苏，浙江，上海，江西，四川，台湾，福建，广东，广西，海南，湖南，湖北，贵州，云南，西藏；韩国，日本，外高加索；欧洲。

资料来源：段半锁等，1999，缨翅目。《鸡公山区昆虫》，中国农业科学技术出版社。

中华简管蓟马 *Haplothrips chinensis* Priesner, 1933

省内产地：栾川龙峪湾，信阳鸡公山。

分布：河南，内蒙古，新疆，宁夏，北京，辽宁，吉林，河北，四川，湖北，湖南，山东，江苏，江西，云南，浙江，广东，广西，海南，福建，台湾，陕西，安徽，西藏；韩国，日本。

资料来源：段半锁等，1998，缨翅目。《伏牛山区昆虫》，中国农业科学技术出版社。

草简管蓟马 *Haplothrips ganglboueri* Schmutz, 1913

省内产地：栾川龙峪湾，信阳鸡公山。

分布：河南，海南，浙江，上海，江西，江苏，山东，湖北，湖南，贵州，四川，台湾，福建，广东，广西，云南；日本，印度，印度尼西亚。

资料来源：段半锁等，1998，缨翅目。《伏牛山区昆虫》，中国农业科学技术出版社。

菊简管蓟马 *Haplothrips gowdeyi* (Franklin, 1908)

省内产地：栾川龙峪湾，信阳鸡公山。

分布：河南，福建，台湾，江西，湖南，浙江，贵州，广西，广东，海南，四川，云南，西藏；日本，印度，斯里兰卡。

资料来源：段半锁等，1998，缨翅目。《伏牛山区昆虫》，中国农业科学技术出版社。

库简管蓟马 *Haplothrips kurdjumovi* Karny, 1913

省内产地：栾川龙峪湾，信阳鸡公山。

分布：河南，内蒙古，宁夏，新疆，辽宁，吉林，黑龙江，四川，贵州，湖南，湖北，山东，江苏，安徽；蒙古国，俄罗斯(西伯利亚)；欧洲。

资料来源：段半锁等，1998，缨翅目。《伏牛山区昆虫》，中国农业科学技术出版社。

狭翅简管蓟马 *Haplothrips tenuipensis* Bagnall, 1918

省内产地：信阳鸡公山。

分布：河南，云南，西藏；印度，印度尼西亚。

资料来源：段半锁等，1999，缨翅目。《鸡公山区昆虫》，中国农业科学技术出版社。

麦简管蓟马 *Haplothrips tritici* (Kurdjumov, 1912)

省内产地：信阳鸡公山。

分布：河南，内蒙古，新疆，黑龙江，吉林，辽宁，宁夏，甘肃，陕西；蒙古国，韩国，摩洛哥，俄罗斯(西伯利亚)；欧洲。

资料来源：段半锁等，1999，缨翅目。《鸡公山区昆虫》，中国农业科学技术出版社。

钝鬃跗雄管蓟马 *Hoplandrothrips trucatoapicus* Guo, Feng *et* Duan, 2004

省内产地：嵩县白云山(模式产地)。

分布：河南。

资料来源：郭付振等，2004，中国跗雄管蓟马属一新种记述(缨翅目，管蓟马科)。动物分类学报，29(4)：733~735。

菌器管蓟马 *Hoplothrips fungosus* Moulton, 1928

省内产地：洛阳，三门峡。

分布：河南，北京，福建，台湾，广东，海南；日本，印度。

资料来源：申效诚，1993，河南昆虫名录。中国农业科学技术出版社。

东方武管蓟马 *Hoplothrips orientalis* (Ananthakrishnan, 1969)

省内产地：栾川龙峪湾。

分布：河南；印度。

资料来源：段半锁等，1998，缨翅目。《伏牛山区昆虫》，中国农业科学技术出版社。

短管滑管蓟马 *Liothrips brevitubus* Karny, 1912

省内产地：具体不详。

分布：河南，宁夏，台湾；印度，印度尼西亚。

资料来源：冯纪年等，2010，缨翅目。《六盘山无脊椎动物》，河北大学出版社。

黄角滑管蓟马 *Liothrips citricornis* (Moulton, 1928)

省内产地：信阳。

分布：河南，台湾，海南。

资料来源：申效诚等，1998，河南昆虫名录补遗(二)。《伏牛山区昆虫》，中国农业科学技术出版社。

赫拉德滑管蓟马 *Liothrips hradecensis* Uzel, 1895

省内产地：信阳鸡公山。

分布：河南，内蒙古，山东，四川；印度，外高加索；欧洲。

资料来源：段半锁等，1999，缨翅目。《鸡公山区昆虫》，中国农业科学技术出版社。

栎长吻蓟马 *Neoheegeria* sp.

省内产地：栾川龙峪湾。

分布：河南。

资料来源：段半锁等，1998，缨翅目。《伏牛山区昆虫》，中国农业科学技术出版社。

暗足岛管蓟马 *Nesothrips atropoda* Duan, 1998

省内产地：栾川龙峪湾(模式产地)，信阳鸡公山。

分布：河南。

资料来源：段半锁等，1998，河南伏牛山蓟马三新种记述(缨翅目)。《伏牛山区昆虫》，中国农业科学技术出版社。

短颈岛管蓟马 *Nesothrips brevicollis* (Bagnall, 1914)

省内产地：信阳鸡公山。

分布：河南，台湾；日本。

资料来源：段半锁等，1999，缨翅目。《鸡公山区昆虫》，中国农业科学技术出版社。

齿跗脊背管蓟马 *Oidanothrips notabilis* Feng, Guo *et* Duan, 2006

省内产地：嵩县白云山(模式产地)。

分布：河南。

资料来源：Feng Ji-Nian, Guo Fu-Zhen, Duan Ban-Suo, 2006, A new species of the genus *Oidanothrips* Moulton from China (Thysannoptera, Phlaeothripidae). *Acta Zootaxonomica Sinica*, 31(1)：165~167.

长颈眼管蓟马 *Ophthalmothrips longiceps* (Haga, 1975)

省内产地：栾川龙峪湾。

分布：河南，台湾；日本。

资料来源：段半锁等，1998，缨翅目。《伏牛山区昆虫》，中国农业科学技术出版社。

芒眼管蓟马 *Ophthalmothrips miscanthicola* (Haga, 1975)

省内产地：信阳鸡公山。

分布：河南，浙江，广东，福建，海南，四川；日本。

资料来源：段半锁等，1999，缨翅目。《鸡公山区昆虫》，中国农业科学技术出版社。

边腹曲管蓟马 *Rhaebothrips lativentris* Karny, 1913

省内产地：信阳鸡公山。

分布：河南，台湾；日本，美国；东南亚地区，非洲。

资料来源：段半锁等，1999，缨翅目。《鸡公山区昆虫》，中国农业科学技术出版社。

第一九节　昆虫纲：半翅目
Class Insecta: Order Hemiptera

半翅目包括原来的同翅目和半翅目。半翅目昆虫有蝉、蚜、蚧、粉虱、木虱、蝽，是昆虫纲中较大类群。虫体小到大型，具有刺吸式口器，吸取植物汁液，并能传播病害，是农林业的重要害虫，也有些种类是工业原料昆虫和药材昆虫。

由于与农林业关系密切，河南原来有一定的工作基础。昆虫考察中，郑乐怡、任树芝、张雅林、彩万志、蔡平、陈祥盛、武三安以及他们的博士生、硕士生多次参加采集考察。

半翅目全世界共 173 科 84 500 多种，中国记载 127 科 2761 属 11 622 种，河南记录 87 科 573 属 1128 种。

一、蜡蝉科 Fulgoridae

本科世界已知 120 属 700 种，中国已记载 23 属 50 多种，河南记录 2 属 2 种。

斑衣蜡蝉 *Lycorma delicatula* (White, 1845)

省内产地：灵宝亚武山，信阳鸡公山等全省各地。

分布：河南，河北，山西，山东，陕西，江苏，安徽，浙江，湖北，台湾，广东，云南，东北，北京，江西，四川，福建，广西；日本，印度，越南。

资料来源：殷海生等，1998，同翅目：蝉总科，沫蝉总科，蜡蝉总科。《伏牛山区昆虫》，中国农业科学技术出版社。

斑悲蜡蝉 *Penthicodes atomaria* (Weber, 1801)　(河南新记录属、种)　(图版 XXI-3)

省内产地：嵩县白云山。

分布：河南，江西；印度，马来西亚，印度尼西亚。

二、颜蜡蝉科 Eurybrachidae

本科世界已知 30 属 200 种，中国已记载 7 属 17 种，河南记录 1 属 1 种。

中华珞颜蜡蝉 *Loxocephala sinica* Chou *et* Huang, 1985

省内产地：嵩县白云山。

分布：河南，四川，陕西。

资料来源：殷海生等，1998，同翅目：蝉总科，沫蝉总科，蜡蝉总科。《伏牛山区昆虫》，中国农业科学技术出版社。

三、广翅蜡蝉科 Ricaniidae

本科世界已知 41 属 400 种，中国已记载 5 属 35 种，河南记录 2 属 6 种。

眼斑宽广蜡蝉 *Pochazia discreta* Melichar, 1898

省内产地：西峡寨根。

分布：河南，江苏，浙江，福建，江西，广东，海南，云南。

资料来源：殷海生等，1998，同翅目：蝉总科，沫蝉总科，蜡蝉总科。《伏牛山区昆虫》，中国农业科学技术出版社。

胡椒广蜡蝉 *Pochazia pipera* Distant, 1914

省内产地：信阳鸡公山。

分布：河南，福建，台湾，广东，海南，广西，云南；印度。

资料来源：田润刚，1999，同翅目：蝉总科，蜡蝉总科，沫蝉总科，角蝉总科。《鸡公山区昆虫》，

中国农业科学技术出版社。

电光宽广蜡蝉 *Pochazia zizzata* Chou *et* Lu, 1981

省内产地：栾川龙峪湾，嵩县白云山。

分布：河南，湖北，四川，甘肃。

资料来源：殷海生等，1998，同翅目：蝉总科，沫蝉总科，蜡蝉总科。《伏牛山区昆虫》，中国农业科学技术出版社。

可可广翅蜡蝉 *Ricania cacaonis* Chou *et* Lu, 1977

省内产地：信阳。

分布：河南，广东，海南，广西。

资料来源：申效诚，1993，河南昆虫名录。中国农业科学技术出版社。

八点广翅蜡蝉 *Ricania speculum* (Walker, 1851)

省内产地：卢氏狮子坪，郑州。

分布：河南，陕西，安徽，江苏，浙江，湖北，湖南，福建，台湾，广东，广西，云南；尼泊尔，印度，菲律宾，斯里兰卡，印度尼西亚。

资料来源：殷海生等，1998，同翅目：蝉总科，沫蝉总科，蜡蝉总科。《伏牛山区昆虫》，中国农业科学技术出版社。

柿广翅蜡蝉 *Ricania sublimbata* Jacobi, 1916

省内产地：卢氏狮子坪，西峡寨根。

分布：河南，黑龙江，山东，福建，江西，湖南，台湾，广东。

资料来源：殷海生等，1998，同翅目：蝉总科，沫蝉总科，蜡蝉总科。《伏牛山区昆虫》，中国农业科学技术出版社。

四、蛾蜡蝉科 Flatidae

本科世界已知 212 属 1000 种，中国已记载 17 属 37 种，河南记录 2 属 2 种。

碧蛾蜡蝉 *Geisha distinctissima* (Walker, 1858)

省内产地：嵩县白云山，栾川龙峪湾，信阳鸡公山。

分布：河南，东北，山东，江苏，江西，浙江，安徽，湖北，湖南，台湾，福建，广东，四川，贵州，云南；日本。

资料来源：殷海生等，1998，同翅目：蝉总科，沫蝉总科，蜡蝉总科。《伏牛山区昆虫》，中国农业科学技术出版社。

锈色蛾蜡蝉 *Seliza ferruginea* Walker, 1851

省内产地：信阳鸡公山。

分布：河南，安徽，浙江，福建，广东，云南，贵州，四川，湖南；印度。

资料来源：田润刚，1999，同翅目：蝉总科，蜡蝉总科，沫蝉总科，角蝉总科。《鸡公山区昆虫》，中国农业科学技术出版社。

五、扁蜡蝉科 Tropiduchidae

本科世界已知 100 属 400 种，中国已记载 22 属 35 种，河南记录 1 属 1 种。

娇弱鳎扁蜡蝉 *Tambinia debilis* Stal, 1859

省内产地：信阳鸡公山。

分布：河南，浙江，安徽，广东，台湾；日本，印度，马来西亚，斯里兰卡，新加坡。

资料来源：田润刚，1999，同翅目：蝉总科，蜡蝉总科，沫蝉总科，角蝉总科。《鸡公山区昆虫》，中国农业科学技术出版社。

六、飞虱科 Delphacidae

本科世界已知 300 余属 2000 余种，中国已记载 106 属 310 种，河南记录 13 属 17 种。

芦苇绿飞虱 *Chloriona tateyamana* Matsumura, 1935

省内产地：具体不详。

分布：河南，江苏，台湾；日本，蒙古国，俄罗斯。

寄主：芦苇。

资料来源：申效诚，1993，河南昆虫名录。中国农业科学技术出版社。

小叉额叉飞虱 *Garaga nagaragawana* (Matsumura, 1900)

省内产地：具体不详。

分布：河南，吉林，青海，湖北，安徽，江苏，江西，福建，湖南；朝鲜，日本，菲律宾；俄罗斯(西伯利亚)。

寄主：禾本科植物。

资料来源：申效诚，1993，河南昆虫名录。中国农业科学技术出版社。

褐背飞虱 *Harmalia sameshimai* (Matsumura *et* Ishihara, 1945)

省内产地：新乡。

分布：河南，江西，台湾；日本。

寄主：稻。

资料来源：申效诚，1993，河南昆虫名录。中国农业科学技术出版社。

灰飞虱 *Laodelphax striatellus* (Fallen, 1826)

省内产地：全省。

分布：河南，黑龙江，吉林，内蒙古，陕西，宁夏，甘肃，新疆，山西，河北，山东，湖北，安徽，江苏，江西，浙江，福建，台湾，湖南，广东，广西，贵州，四川，云南，西藏；朝鲜，日本，俄罗斯，蒙古国，菲律宾，印度尼西亚；欧洲。

寄主：稻，小麦，谷，玉米，高粱，稷，看麦娘。

资料来源：申效诚，1993，河南昆虫名录。中国农业科学技术出版社。

拟褐飞虱 *Nilaparvata bakeri* (Muir, 1917)

省内产地：信阳，新乡。

分布：河南，湖北，安徽，江苏，江西，浙江，福建，台湾，湖南，广东，广西，贵州，四川，云南；朝鲜，日本，菲律宾，斯里兰卡。

寄主：稻，假稻，雀稗。

资料来源：申效诚，1993，河南昆虫名录。中国农业科学技术出版社。

褐飞虱 *Nilaparvata lugens* (Stål, 1854)

省内产地：全省。

分布：河南，吉林，辽宁，山西，陕西，甘肃，河北，山东，湖北，安徽，江苏，江西，浙江，福建，台湾，湖南，广东，香港，广西，贵州，四川，云南，西藏；朝鲜，日本，菲律宾，印度，澳大利亚。

寄主：稻，麦，谷，玉米，甘蔗。

资料来源：申效诚，1993，河南昆虫名录。中国农业科学技术出版社。

伪褐飞虱 *Nilaparvata muiri* China, 1925

省内产地：郑州，新乡，信阳。

分布：河南，安徽，湖北，江苏，江西，浙江，福建，台湾，湖南，广东，广西，贵州，四川，云南；朝鲜，日本，越南。

寄主：稻，假稻，雀稗。

资料来源：申效诚，1993，河南昆虫名录。中国农业科学技术出版社。

沼泽派罗飞虱 *Paradelphacodes paludosa* (Flor, 1861)

省内产地：具体不详。

分布：河南，黑龙江，吉林，河北，山东，宁夏，甘肃，安徽，江苏，湖北，浙江，江西；日本，韩国，俄罗斯；欧洲。

资料来源：秦道正，2010，飞虱科。《六盘山无脊椎动物》，河北大学出版社。

长绿飞虱 *Saccharosydne procerus* (Matsmurs, 1906)

省内产地：具体不详。

分布：河南，吉林，辽宁，陕西，山东，湖北，安徽，江苏，江西，浙江，福建，台湾，湖南，广东，广西，贵州，四川，云南；朝鲜，日本，俄罗斯，菲律宾。

寄主：稻，茭白。

资料来源：申效诚，1993，河南昆虫名录。中国农业科学技术出版社。

白背飞虱 *Sogatella furcifera* (Harvath, 1899)

省内产地：全省。

分布：河南，黑龙江，吉林，辽宁，内蒙古，山西，陕西，甘肃，宁夏，河北，山东，湖北，安徽，江苏，江西，浙江，福建，台湾，湖南，广东，香港，广西，贵州，四川，云南，西藏；朝鲜，日本，俄罗斯，斯里兰卡，马来西亚，印度尼西亚，印度，澳大利亚。

寄主：稻，小麦，玉米，棉花，甘蔗，稗，竹。

资料来源：申效诚，1993，河南昆虫名录。中国农业科学技术出版社。

稗飞虱 *Sogatella vibix* (Haupt, 1927)

S. longifurcifera (Esaki *et* ishihara, 1947)

省内产地：信阳。

分布：河南，辽宁，陕西，甘肃，河北，山东，湖北，安徽，江苏，江西，浙江，福建，台湾，广东，香港，广西，贵州，四川，云南；朝鲜，日本，蒙古国，澳大利亚，新喀里多尼亚；欧洲，非洲。

寄主：稗，稷，小麦，千金子。

资料来源：申效诚，1993，河南昆虫名录。中国农业科学技术出版社。

芦苇长突飞虱 *Stenocranus matsumurai* Metcalf, 1943

省内产地：辉县松树坪，嵩县白云山。

分布：河南，吉林，甘肃，北京，河北，山西，福建，台湾，四川；俄罗斯，朝鲜，日本。

寄主：芦苇。

资料来源：陈祥盛，梁爱萍，2005，中国长突飞虱亚科分类研究及一新种记述(同翅目，蜡蝉总科，飞虱科)。动物分类学报，30(2)：123~129。

深色长头飞虱 *Terauchiana nigripennis* Kato, 1933

省内产地：辉县松树坪。

分布：河南，安徽；朝鲜，日本。

寄主：稻，禾本科植物。

资料来源：陈祥盛，梁爱萍，2005，中国长突飞虱亚科分类研究及一新种记述(同翅目，蜡蝉总科，飞虱科)。动物分类学报，30(2)：123~129。

浅色长头飞虱 *Terauchiana singularis* Matsumura, 1915

省内产地：辉县八里沟。

分布：河南，黑龙江，安徽，江苏；朝鲜，日本。

寄主：稻，禾本科植物。

资料来源：陈祥盛，梁爱萍，2005，中国长突飞虱亚科分类研究及一新种记述(同翅目，蜡蝉总科，飞虱科)。动物分类学报，30(2)：123~129。

白条飞虱 *Terthron albovatiatum* (Matsumura, 1900)

省内产地：郑州，新乡。

分布：河南，湖北，安徽，江苏，江西，浙江，福建，台湾，湖南，广东，广西，贵州，四川，云南；日本，马来西亚，斯里兰卡，越南，印度。

寄主：稗，雀稗，稻。

资料来源：申效诚，1993，河南昆虫名录。中国农业科学技术出版社。

黑边黄脊飞虱 *Toya propinqua neopropinqua* (Muir, 1917)

省内产地：郑州，新乡，南阳，信阳。

分布：河南，陕西，山东，湖北，安徽，江苏，江西，浙江，福建，台湾，湖南，广东，广西，贵州，四川，云南；日本，印度，马来西亚，菲律宾；欧洲，非洲，中美洲。

寄主：稻，甘蔗，稗，稷，假稻，马唐，雀稗。

资料来源：申效诚，1993，河南昆虫名录。中国农业科学技术出版社。

白脊飞虱 *Unkanodes sapporona* (Matsumura, 1935)

省内产地：郑州，新乡。

分布：河南，黑龙江，吉林，辽宁，陕西，甘肃，河北，山东，安徽，江苏，江西，浙江，福建，台湾，湖北，湖南，广东，贵州，四川，云南，西藏；朝鲜，日本，俄罗斯。

寄主：玉米，高粱，谷，小麦，稻，看麦娘。

资料来源：申效诚，1993，河南昆虫名录。中国农业科学技术出版社。

七、菱蜡蝉科 Cixiidae

本科世界已知 120 属 1000 种，中国已记载 17 属 90 多种，河南记录 2 属 2 种。

云斑安菱蜡蝉 *Andes marmorata* (Uhler, 1896)

省内产地：新乡，安阳。

分布：河南，北京，广西；朝鲜，日本。

资料来源：申效诚，1993，河南昆虫名录。中国农业科学技术出版社。

端斑脊菱蜡蝉 *Oliarus apicalis* (Uhler, 1896)

省内产地：信阳。

分布：河南，辽宁，陕西，湖北，江苏，浙江，福建，江西，广西，四川；日本。

资料来源：申效诚，1993，河南昆虫名录。中国农业科学技术出版社。

八、粒脉蜡蝉科 Meenoplidae

本科世界已知 11 属 80 种，中国已记载 7 属 24 种，河南记录 1 属 1 种。

花稻虱 *Nisia atrovenosa* (Letherry, 1888)

省内产地：信阳。

分布：河南，陕西，甘肃，湖北，安徽，江苏，浙江，福建，江西，湖南，台湾，广东，海南，广西，贵州，四川，云南；朝鲜，日本，越南，巴基斯坦，新加坡，印度尼西亚，菲律宾，斯里兰卡，斐济，马达加斯加；欧洲。

资料来源：申效诚，1993，河南昆虫名录。中国农业科学技术出版社。

九、象蜡蝉科 Dictyopharidae

本科世界已知 130 属 700 种，中国已记载 9 属 37 种，河南记录 2 属 3 种。

苹果象蜡蝉 *Dictyophara patruelis* (Stol, 1859)

省内产地：洛阳，信阳，许昌。

分布：河南，辽宁，山西，陕西，山东，湖北，江苏，江西，浙江，福建，台湾，广东，海南，广西，四川，云南；朝鲜，日本，马来西亚。

资料来源：申效诚，1993，河南昆虫名录。中国农业科学技术出版社。

中华象蜡蝉 *Dictyophara sinica* Walker, 1851

省内产地：桐柏，郾城。

分布：河南，河北，陕西，江苏，江西，浙江，福建，台湾，广东，海南，广西，四川，云南；朝鲜，日本，印度尼西亚，泰国，印度。

资料来源：申效诚等，1994，河南昆虫名录补遗(一)。《河南昆虫分类区系研究 第一卷》，中国农业科学技术出版社。

尖鼻象蜡蝉 *Saigona ussuriensis* (Lethierry, 1878)

省内产地：嵩县白云山。

分布：河南，东北，贵州；俄罗斯。

资料来源：殷海生等，1998，同翅目：蝉总科，沫蝉总科，蜡蝉总科。《伏牛山区昆虫》，中国农业科学技术出版社。

一〇、颖蜡蝉科 Achilidae

本科世界已知 100 属 300 种，中国已记载 22 属 60 种，河南记录 1 属 1 种。

广颖蜡蝉 *Catonidia sobrina* Uhler, 1896

省内产地：信阳鸡公山。

分布：河南，广西；日本。

资料来源：田润刚，1999，同翅目：蝉总科，蜡蝉总科，沫蝉总科，角蝉总科。《鸡公山区昆虫》，中国农业科学技术出版社。

一一、瓢蜡蝉科 Issidae

本科世界已知 200 属 1200 种，中国已记载 38 属 114 种，河南记录 2 属 2 种。

网纹圆瓢蜡蝉 *Gergithus reticulatus* Matsumura, 1916

省内产地：内乡。

分布：河南，台湾；日本。

资料来源：申效诚，1993，河南昆虫名录。中国农业科学技术出版社。

恶性席瓢蜡蝉 *Sivaloka damnosus* Chou *et* Lu, 1985

省内产地：信阳鸡公山。

分布：河南，陕西。

资料来源：田润刚，1999，同翅目：蝉总科，蜡蝉总科，沫蝉总科，角蝉总科。《鸡公山区昆虫》，中国农业科学技术出版社。

一二、蝉科 Cicadidae

本科世界已知 300 属 2000 余种，中国已记载 63 属 227 种，河南记录 19 属 28 种。

东北姬蝉 *Cicadetta chahrensis* (Kato, 1938)

省内产地：济源，灵宝，登封，内乡，信阳，商城。

分布：河南，东北，河北，西藏。

资料来源：王治国，2006，河南蝉科昆虫调查(同翅目：蝉科)。河南科学，24(1)：44~51。

绿姬蝉 *Cicadetta pellosoma* (Uhler, 1861)

省内产地：嵩县白云山，栾川龙峪湾，登封，灵宝。

分布：河南，辽宁，甘肃，新疆，河北，北京，山东，陕西，四川，江苏，香港；朝鲜，俄罗斯。

资料来源：殷海生等，1998，同翅目：蝉总科，沫蝉总科，蜡蝉总科。《伏牛山区昆虫》，中国农业科学技术出版社。

黑蚱蝉 *Cryptotympana atrata* (Fabricius, 1775)

省内产地：嵩县白云山，栾川龙峪湾等全省各地。

分布：河南，北京，内蒙古，天津，河北，陕西，山东，上海，浙江，安徽，江西，台湾，福建，湖南，广东，海南，广西，四川，云南，贵州。

资料来源：殷海生等，1998，同翅目：蝉总科，沫蝉总科，蜡蝉总科。《伏牛山区昆虫》，中国农业科学技术出版社。

桑黑蝉 *Cryptotympana japonensis* Kato, 1925

省内产地：全省。

分布：河南，辽宁，河北，山东，安徽，江西，浙江，湖北，湖南，广西；日本。

资料来源：申效诚，1993，河南昆虫名录。中国农业科学技术出版社。

中华真宁蝉 *Euterpnosia chinensis* Kato, 1940

省内产地：洛阳，南阳，信阳。

分布：河南，浙江。

资料来源：申效诚，1993，河南昆虫名录。中国农业科学技术出版社。

黑胡蝉 *Graptopsaltria nigrofuscata* (Motschulsky, 1866)

省内产地：商丘，开封，洛阳，南阳，信阳。

分布：河南，辽宁，陕西，江苏，江西，浙江，湖南，广东，广西，贵州，四川；朝鲜，日本，巴布亚新几内亚。

资料来源：申效诚，1993，河南昆虫名录。中国农业科学技术出版社。

黑翅红蝉 *Huechys sanguinea* (De Geer, 1773)

省内产地：洛阳，南阳，许昌，禹州，泌阳，确山，舞钢，商城，信阳。

分布：河南，山西，湖北，江苏，江西，浙江，福建，台湾，湖南，广东，香港，澳门，海南，广西，四川，贵州，云南，陕西；菲律宾，印度尼西亚，马来西亚，越南，印度，缅甸。

资料来源：申效诚，1993，河南昆虫名录。中国农业科学技术出版社。

合哑蝉 *Karenia caelatata* Distant, 1890

省内产地：卢氏，栾川，西峡，内乡。

分布：河南，陕西，四川，湖北，湖南，广西，福建。

资料来源：王治国，2006，河南蝉科昆虫调查(同翅目：蝉科)。河南科学，24(1)：44~51。

东北山蝉 *Leptopsalta admirabilis* Kato, 1927

省内产地：栾川，灵宝。

分布：河南，辽宁，陕西，宁夏，甘肃；朝鲜。

资料来源：王治国，2006，河南蝉科昆虫调查(同翅目：蝉科)。河南科学，24(1)：44~51。

雅氏山蝉 *Leptopsalta yamashitai* (Esaki *et* Ishihara, 1950)

省内产地：登封。

分布：河南，山西，甘肃，宁夏，陕西，浙江。

资料来源：王治国，2006，河南蝉科昆虫调查(同翅目：蝉科)。河南科学，24(1)：44~51。

南细蝉 *Leptosemia sakaii* (Matsumura, 1913)

省内产地：栾川，西峡，信阳，商城。

分布：河南，四川，湖北，浙江，江西，台湾；日本。

资料来源：王治国，2006，河南蝉科昆虫调查(同翅目：蝉科)。河南科学，24(1)：44~51。

松村细蝉 *Leptosemia takanonis* Matsumura, 1917

省内产地：信阳鸡公山。

分布：河南，四川，江西，浙江，福建，广东，广西；朝鲜，日本。

资料来源：田润刚，1999，同翅目：蝉总科，蜡蝉总科，沫蝉总科，角蝉总科。《鸡公山区昆虫》，中国农业科学技术出版社。

中华僚蝉 *Lyristes atrofasciatus* (Kirrkaldy, 1909)

省内产地：灵宝。

分布：河南，四川，云南，福建。

资料来源：王治国，2006，河南蝉科昆虫调查(同翅目：蝉科)。河南科学，24(1)：44~51。

蒙古寒蝉 *Meimuna mongolica* (Distant, 1881)

省内产地：洛阳，汝阳，泌阳，南阳，信阳，商城。

分布：河南，辽宁，内蒙古，陕西，河北，山东，安徽，江苏，浙江，福建，江西，湖北，湖南，广东，广西；朝鲜，蒙古国。

资料来源：王治国，2006，河南蝉科昆虫调查(同翅目：蝉科)。河南科学，24(1)：44~51。

松寒蝉 *Meimuna opalifera* Walker, 1850

省内产地：栾川，西峡，内乡，桐柏，信阳，罗山，商城。

分布：河南，河北，陕西，山东，安徽，江苏，浙江，福建，江西，湖北，湖南，台湾，广东，广西，贵州，四川；朝鲜，日本。

资料来源：王治国，2006，河南蝉科昆虫调查(同翅目：蝉科)。河南科学，24(1)：44~51。

草蝉 *Mogannia conica* (Germar, 1830)

省内产地：信阳鸡公山。

分布：河南，云南，西藏，广东，香港；越南，菲律宾，印度尼西亚，印度，尼泊尔，马来西亚。

资料来源：田润刚，1999，同翅目：蝉总科，蜡蝉总科，沫蝉总科，角蝉总科。《鸡公山区昆虫》，中国农业科学技术出版社。

绿草蝉 *Mogannia hebes* (Walker, 1858)

省内产地：栾川龙峪湾，浚县，桐柏，商城。

分布：河南，内蒙古，河北，湖北，安徽，江苏，江西，浙江，福建，台湾，广东，香港，广西，四川；朝鲜，日本，印度。

资料来源：田润刚，1999，同翅目：蝉总科，蜡蝉总科，沫蝉总科，角蝉总科。《鸡公山区昆虫》，中国农业科学技术出版社。

小草蝉 *Mogannia minuta* Maysumura, 1907

省内产地：洛阳，信阳。

分布：河南，台湾；日本。

资料来源：王治国，2006，河南蝉科昆虫调查(同翅目：蝉科)。河南科学，24(1)：44~51。

中华新螗蝉 *Neotanna sinensis* Ouchi, 1938

省内产地：信阳鸡公山。

分布：河南，浙江，安徽，湖南，广西，福建。

资料来源：田润刚，1999，同翅目：蝉总科，蜡蝉总科，沫蝉总科，角蝉总科。《鸡公山区昆虫》，中国农业科学技术出版社。

鸣鸣蝉 *Oncotympana maculaticolis* (Motschulsky, 1866)

省内产地：卢氏狮子坪，信阳鸡公山，济源，灵宝，栾川，内乡，舞钢，罗山，商城。

分布：河南，辽宁，河北，山西，湖北，湖南，四川，江西，江苏，安徽，浙江，台湾，贵州，山东，陕西，甘肃，新疆；朝鲜，日本。

资料来源：田润刚，1999，同翅目：蝉总科，蜡蝉总科，沫蝉总科，角蝉总科。《鸡公山区昆虫》，中国农业科学技术出版社。

震旦马蝉 *Platylomia pieli* Kato, 1938

省内产地：商城。

分布：河南，四川，湖南，江苏，江西，浙江，安徽，福建，广东，广西；越南。

资料来源：王治国，2006，河南蝉科昆虫调查(同翅目：蝉科)。河南科学，24(1)：44~51。

蟪蛄 *Platypleura kaemferi* (Fabricius, 1794)

省内产地：栾川龙峪湾，信阳鸡公山等全省各地。

分布：河南，辽宁，河北，山东，山西，陕西，安徽，江苏，浙江，福建，台湾，湖北，湖南，江西，广东，广西，海南，云南，贵州，四川，甘肃；俄罗斯，朝鲜，日本，马来西亚。

资料来源：田润刚，1999，同翅目：蝉总科，蜡蝉总科，沫蝉总科，角蝉总科。《鸡公山区昆虫》，

中国农业科学技术出版社。

蛉蛄 *Pycna repanda* (Linnaeus, 1758)

省内产地：栾川。

分布：河南，陕西，江西，浙江，台湾，湖南，四川，西藏，贵州，云南；缅甸，不丹，印度，克什米尔。

资料来源：王治国，2006，河南蝉科昆虫调查(同翅目：蝉科)。河南科学，24(1)：44~51。

毛蟪蛄 *Suisha coreana* (Matsumura, 1927)

省内产地：具体不详。

分布：河南，陕西，甘肃，江苏，浙江，湖北，湖南，广西；朝鲜，日本。

资料来源：申效诚等，1994，河南昆虫名录补遗(一)。《河南昆虫分类区系研究 第一卷》，中国农业科学技术出版社。

塘蝉 *Tanna japonensis* (Distant, 1892)

省内产地：商城。

分布：河南，四川，安徽，湖北，浙江，江西，湖南，福建，广西，西藏；朝鲜，日本，印度，老挝。

资料来源：王治国，2006，河南蝉科昆虫调查(同翅目：蝉科)。河南科学，24(1)：44~51。

九宁蝉 *Terpnosia nawi* Diatant, 1909

省内产地：信阳。

分布：河南，陕西，四川。

资料来源：申效诚，1993，河南昆虫名录。中国农业科学技术出版社。

黑瓣宁蝉 *Terpnosia nigricosta* (Motschulsky, 1866)

省内产地：济源，灵宝。

分布：河南，陕西，湖北；日本，俄罗斯。

资料来源：王治国，2006，河南蝉科昆虫调查(同翅目：蝉科)。河南科学，24(1)：44~51。

小黑宁蝉 *Terpnosia obscura* Kato, 1938

省内产地：嵩县白云山，栾川龙峪湾。

分布：河南，陕西，江西，江苏，福建。

资料来源：殷海生等，1998，同翅目：蝉总科，沫蝉总科，蜡蝉总科。《伏牛山区昆虫》，中国农业科学技术出版社。

一三、沫蝉科 Cercopidae

本科世界已知 245 属 1200 种，中国已记载 53 属 171 种，河南记录 4 属 4 种。

赤斑稻沫蝉 *Callitettix versicolor* (Fabricius, 1794)

省内产地：西峡寨根，信阳，洛阳。

分布：河南，湖北，湖南，广东，广西，安徽，浙江，江西，福建，四川，云南，贵州，陕西；印度，缅甸，马来西亚，越南，老挝，柬埔寨，泰国，日本。

资料来源：殷海生等，1998，同翅目：蝉总科，沫蝉总科，蜡蝉总科。《伏牛山区昆虫》，中国农业科学技术出版社。

东方丽沫蝉 *Cosmoscarta heros* (Fabricius, 1803)

省内产地：信阳鸡公山。

分布：河南，浙江，江西，四川，福建，广东，广西，海南，贵州，云南，西藏；越南，印度。

资料来源：田润刚，1999，同翅目：蝉总科，蜡蝉总科，沫蝉总科，角蝉总科。《鸡公山区昆虫》，中国农业科学技术出版社。

尤氏曙沫蝉 *Eoscartopsis assimilis* (Uhler, 1896)

省内产地：栾川龙峪湾。

分布：河南，黑龙江，吉林，河北，江苏，安徽，浙江，湖北，江西，福建，台湾，广东，广西，四川，贵州；俄罗斯，日本。

资料来源：田润刚，1999，同翅目：蝉总科，蜡蝉总科，沫蝉总科，角蝉总科。《鸡公山区昆虫》，中国农业科学技术出版社。

土黄沫蝉 *Petaphora maritima* (Matsmura, 1905)

省内产地：栾川龙峪湾。

分布：河南，江西，四川。

资料来源：田润刚，1999，同翅目：蝉总科，蜡蝉总科，沫蝉总科，角蝉总科。《鸡公山区昆虫》，中国农业科学技术出版社。

一四、尖胸沫蝉科 Aphrophoridae

本科世界已知 43 属 800 多种，中国已知 32 属 152 种，河南记录 9 属 19 种。

满洲里异长沫蝉 *Aphilaenus scutellatus* (Kato, 1933)

省内产地：嵩县白云山。

分布：河南，东北。

资料来源：田润刚，1999，同翅目：蝉总科，蜡蝉总科，沫蝉总科，角蝉总科。《鸡公山区昆虫》，中国农业科学技术出版社。

双斑菱沫蝉 *Aphrophora bipunctata* Melichar, 1902

省内产地：嵩县白云山。

分布：河南，安徽，浙江，江西，湖北，湖南，四川，台湾，福建，广东，广西，贵州，云南，内蒙古，山西，陕西，海南；日本。

资料来源：殷海生等，1998，同翅目：蝉总科，沫蝉总科，蜡蝉总科。《伏牛山区昆虫》，中国农业科学技术出版社。

柳前黄菱沫蝉 *Aphrophora costalis* Matsumura, 1903

省内产地：嵩县白云山。

分布：河南，黑龙江，青海。

资料来源：殷海生等，1998，同翅目：蝉总科，沫蝉总科，蜡蝉总科。《伏牛山区昆虫》，中国农业科学技术出版社。

松黄足菱沫蝉 *Aphrophora flavipes* Uhler, 1896

省内产地：洛阳，信阳，卢氏，栾川。

分布：河南，黑龙江，辽宁，河北，山东，湖北，安徽，江苏，浙江；朝鲜，日本。

资料来源：申效诚，1993，河南昆虫名录。中国农业科学技术出版社。

宽带尖胸沫蝉 *Aphrophora horizontalis* Kato, 1933

省内产地：信阳鸡公山。

分布：河南，安徽，浙江，湖北，湖南，江西，福建，台湾，广东，广西，四川，云南，贵州。

资料来源：田润刚，1999，同翅目：蝉总科，蜡蝉总科，沫蝉总科，角蝉总科。《鸡公山区昆虫》，中国农业科学技术出版社。

尖胸沫蝉 *Aphrophora intermedia* Uhler, 1896

省内产地：嵩县白云山，栾川龙峪湾，卢氏大块地。

分布：河南，黑龙江，陕西，浙江，四川，湖北，湖南，江西，福建，贵州，云南；日本。

资料来源：田润刚，1999，同翅目：蝉总科，蜡蝉总科，沫蝉总科，角蝉总科。《鸡公山区昆虫》，中国农业科学技术出版社。

毋忘尖胸沫蝉 *Aphrophora memorobilis* Walker, 1858

省内产地：嵩县白云山。

分布：河南，陕西，安徽，江苏，浙江，湖北，江西，湖南，福建，台湾，广东，广西，四川，云南，贵州；日本。

资料来源：田润刚，1999，同翅目：蝉总科，蜡蝉总科，沫蝉总科，角蝉总科。《鸡公山区昆虫》，中国农业科学技术出版社。

小白带尖胸沫蝉 *Aphrophora obliqua* Uhler, 1896

省内产地：嵩县白云山。

分布：河南，甘肃，陕西，安徽，浙江，湖北，江西，福建，广西，四川，贵州；日本。

资料来源：田润刚，1999，同翅目：蝉总科，蜡蝉总科，沫蝉总科，角蝉总科。《鸡公山区昆虫》，中国农业科学技术出版社。

四点菱沫蝉 *Aphrophora quadriguttata* Melichar, 1902

省内产地：嵩县白云山，栾川龙峪湾。

分布：河南，湖北，四川，陕西，江西，甘肃。

资料来源：殷海生等，1998，同翅目：蝉总科，沫蝉总科，蜡蝉总科。《伏牛山区昆虫》，中国农业科学技术出版社。

大连脊沫蝉 *Aphropsis gigas* (Kato, 1933)

省内产地：嵩县白云山，栾川龙峪湾。

分布：河南，山西，陕西，安徽，浙江，湖北，江西，福建，四川，云南，贵州。

资料来源：田润刚，1999，同翅目：蝉总科，蜡蝉总科，沫蝉总科，角蝉总科。《鸡公山区昆虫》，中国农业科学技术出版社。

鞘翅圆沫蝉 *Lepyronia coleopterata* Linnaeus, 1758

省内产地：嵩县白云山，栾川龙峪湾。

分布：河南，黑龙江，吉林，内蒙古，山西，陕西，新疆，湖北，江苏，贵州，四川；朝鲜，日本，俄罗斯；欧洲，北美。

资料来源：殷海生等，1998，同翅目：蝉总科，沫蝉总科，蜡蝉总科。《伏牛山区昆虫》，中国农业科学技术出版社。

冈田圆沫蝉 *Lepyronia okadae* (Matsumura, 1903)

省内产地：具体不详。

分布：河南，黑龙江，河北，山东，安徽，江西，浙江，福建，湖北，广东，广西，贵州，四川；朝鲜，日本。

资料来源：申效诚，1993，河南昆虫名录。中国农业科学技术出版社。

花中脊沫蝉 *Mesoptyelus fasciatus* Kato, 1933

省内产地：嵩县白云山。

分布：河南，陕西，山东，台湾，四川；俄罗斯。

资料来源：殷海生等，1998，同翅目：蝉总科，沫蝉总科，蜡蝉总科。《伏牛山区昆虫》，中国农业科学技术出版社。

女贞中脊沫蝉 *Mesoptyelus nigrifrons* Matsumura, 1903

省内产地：栾川龙峪湾，嵩县白云山。

分布：河南；日本。

资料来源：殷海生等，1998，同翅目：蝉总科，沫蝉总科，蜡蝉总科。《伏牛山区昆虫》，中国农业科学技术出版社。

条纹新长沫蝉 *Neophilaenu lineatus* (Linnaeus, 1758)

省内产地：嵩县白云山。

分布：河南，黑龙江，内蒙古，河北，山东，安徽，湖北，浙江，贵州，四川；朝鲜，日本，俄罗斯。

资料来源：田润刚，1999，同翅目：蝉总科，蜡蝉总科，沫蝉总科，角蝉总科。《鸡公山区昆虫》，中国农业科学技术出版社。

牧草长沫蝉 *Philaenus spumarius* (Linnaeus, 1758)

省内产地：嵩县白云山。

分布：河南，内蒙古。

资料来源：田润刚，1999，同翅目：蝉总科，蜡蝉总科，沫蝉总科，角蝉总科。《鸡公山区昆虫》，中国农业科学技术出版社。

白纹象沫蝉 *Philagra albinotata* Uhler, 1896

省内产地：嵩县白云山，栾川龙峪湾。

分布：河南，湖北，四川，贵州，陕西，江苏，安徽，浙江，江西，福建，广西，云南；日本。

资料来源：殷海生等，1998，同翅目：蝉总科，沫蝉总科，蜡蝉总科。《伏牛山区昆虫》，中国农业科学技术出版社。

皱胸华沫蝉 *Sinophora fosca* (Linnaeus, 1758)

省内产地·嵩县白云山。

分布：河南，湖北，四川。

资料来源：田润刚，1999，同翅目：蝉总科，蜡蝉总科，沫蝉总科，角蝉总科。《鸡公山区昆虫》，中国农业科学技术出版社。

松华沫蝉 *Sinophora maculosa* Melichar, 1902

省内产地：具体不详。

分布：河南，青海，湖北，四川。

资料来源：申效诚，1993，河南昆虫名录。中国农业科学技术出版社。

一五、叶蝉科 Cicadellidae

本科世界已知 40 亚科 2758 属 23 822 种，中国已记载 18 亚科 190 属 1475 种，河南记录 18 亚科 101 属 280 种，有 86 种的模式产地为河南。

(一) 毛叶蝉亚科 Hylicinae

弯突片胫叶蝉 *Balala curvata* Shen *et* Zhang, 1995

省内产地：灵宝亚武山。

分布：河南，湖北。

资料来源：蔡平等，1998，同翅目：叶蝉科。《伏牛山区昆虫》，中国农业科学技术出版社。

片胫叶蝉 *Balala fulvientris* (Walker, 1851)

省内产地：汝阳。

分布：河南，江西，台湾，贵州；印度，缅甸。

资料来源：蔡平等，1998，同翅目：叶蝉科。《伏牛山区昆虫》，中国农业科学技术出版社。

中国浆头叶蝉 *Nacolus sinensis* (Ouchi, 1938)

省内产地：卢氏淇河林场，陕县甘山，栾川，汝阳，济源王屋山，济源黄楝树。

分布：河南，陕西，安徽，浙江，湖北。

寄主：大豆，楝树，葛藤等。

资料来源：蔡平等，1998，同翅目：叶蝉科。《伏牛山区昆虫》，中国农业科学技术出版社。

(二) 窄颊叶蝉亚科 Ulopinae

短室瘢叶蝉 *Moonia brevita* Cai *et* Shen, 1999

省内产地：内乡宝天曼葛条爬(模式产地)，嵩县白云山。

分布：河南。

资料来源：蔡平等，1999，宝天曼叶蝉九新种(同翅目：叶蝉科)。《伏牛山南坡及大别山区昆虫》，中国农业科学技术出版社。

何氏瘢叶蝉 *Moonia hei* Cai *et* Shen, 1998

省内产地：嵩县白云山(模式产地)，内乡宝天曼，栾川龙峪湾。

分布：河南。

资料来源：蔡平等，1998，河南省叶蝉科新种记述(同翅目：叶蝉总科)。《伏牛山区昆虫》，中国农业科学技术出版社。

黑纹瘢叶蝉 *Moonia nigromaculata* Cai *et* Shen, 1999

省内产地：嵩县白云山(模式产地)。

分布：河南。

资料来源：王俊，2004，河南省叶蝉分类与区系研究。硕士论文。

(三) 耳叶蝉亚科 Ledrinae

葛耳叶蝉 *Kuohledra* sp.

省内产地：灵宝亚武山。

分布：河南。

资料来源：蔡平等，1998，同翅目：叶蝉科。《伏牛山区昆虫》，中国农业科学技术出版社。

心耳叶蝉 *Ledra cordata* Cai *et* Meng, 1991

省内产地：商城黄柏山，济源王屋山。

分布：河南，安徽，江苏，浙江，江西，陕西。

资料来源：蔡平等，1999，同翅目：叶蝉科。《伏牛山南坡及大别山区昆虫》，中国农业科学技术出版社。

明冠耳叶蝉 *Ledra hyalina* Kuoh *et* Cai, 1994

省内产地：内乡，民权。

分布：河南，安徽。

资料来源：蔡平等，1998，同翅目：叶蝉科。《伏牛山区昆虫》，中国农业科学技术出版社。

黑纹耳叶蝉 *Ledra nigrolineata* Kuoh *et* Cai, 1994

省内产地：内乡宝天曼葛条爬，罗山灵山，登封少林寺。

分布：河南，安徽，贵州。

资料来源：蔡平等，1999，同翅目：叶蝉科。《伏牛山南坡及大别山区昆虫》，中国农业科学技术出版社。

东方耳叶蝉 *Ledra orientalis* Ouchi, 1938

省内产地：商城黄柏山。

分布：河南，浙江。

资料来源：蔡平等，1999，同翅目：叶蝉科。《伏牛山南坡及大别山区昆虫》，中国农业科学技术出版社。

四脊耳叶蝉 *Ledra quadricarina* Walker, 1858

省内产地：内乡宝天曼葛条爬。

分布：河南，安徽，福建，广东；印度。

寄主：狗尾草，灌木。

资料来源：蔡平等，1999，同翅目：叶蝉科。《伏牛山南坡及大别山区昆虫》，中国农业科学技术出版社。

三角耳叶蝉 *Ledra trigona* Cai *et* Shen, 1999

省内产地：栾川龙峪湾，嵩县白云山玉皇顶(模式产地)。

分布：河南。

资料来源：蔡平等，1999，宝天曼叶蝉九新种(同翅目：叶蝉科)。《伏牛山南坡及大别山区昆虫》，中国农业科学技术出版社。

耳叶蝉 *Ledra* sp.

省内产地：内黄。

分布：河南。

资料来源：蔡平等，1998，同翅目：叶蝉科。《伏牛山区昆虫》，中国农业科学技术出版社。

肖点叶蝉 *Midoria* sp.

省内产地：嵩县白云山，新县连康山。

分布：河南。

资料来源：蔡平等，1998，同翅目：叶蝉科。《伏牛山区昆虫》，中国农业科学技术出版社。

淡缘肩叶蝉 *Paraconfucius pailidus* Cai, 1992

省内产地：栾川龙峪湾。

分布：河南，安徽，福建。

资料来源：蔡平等，1998，同翅目：叶蝉科。《伏牛山区昆虫》，中国农业科学技术出版社。

绿胸片头叶蝉 *Petalocephala viridis* Cai *et* He, 1997

省内产地：卢氏大块地。

分布：河南，四川。

资料来源：蔡平等，1998，同翅目：叶蝉科。《伏牛山区昆虫》，中国农业科学技术出版社。

黄斑角胸叶蝉 *Tituria flavimacula* Cai *et* Shen, 1998

省内产地：灵宝亚武山，嵩县白云山(模式产地)。

分布：河南。

资料来源：蔡平等，1998，河南省叶蝉科新种记述(同翅目：叶蝉总科)。《伏牛山区昆虫》，中国农业科学技术出版社。

宽冠角胸叶蝉 *Tituria platycorona* Cai, 1993

省内产地：卢氏大块地。

分布：河南，广东。

采集寄主：大麻。

资料来源：蔡平等，1998，同翅目：叶蝉科。《伏牛山区昆虫》，中国农业科学技术出版社。

锥冠角胸叶蝉 *Tituria pyramidata* Cai, 1993

省内产地：西峡寨根。

分布：河南，河北，四川，广西。

资料来源：蔡平等，1998，同翅目：叶蝉科。《伏牛山区昆虫》，中国农业科学技术出版社。

矢茎角胸叶蝉 *Tituria sagittata* Cai *et* Shen, 1999

省内产地：嵩县白云山(模式产地)。

分布：河南。

资料来源：蔡平等，1999，宝天曼叶蝉九新种(同翅目：叶蝉科)。《伏牛山南坡及大别山区昆虫》，中国农业科学技术出版社。

大麻角胸叶蝉 *Tituria sativa* Cai *et* Shen, 1998

省内产地：灵宝亚武山，卢氏狮子坪(模式产地)。

分布：河南。

采集寄主：大麻。

资料来源：蔡平等，1998，河南省叶蝉科新种记述(同翅目：叶蝉总科)。《伏牛山区昆虫》，中国农业科学技术出版社。

(四) 乌叶蝉亚科 Penthimiinae

凹缘乌叶蝉 *Penthimia arcuata* Cai *et* Shen, 1998

省内产地：嵩县白云山，卢氏淇河林场，栾川龙峪湾(模式产地)，信阳鸡公山。

分布：河南。

资料来源：蔡平等，1998，河南省叶蝉科新种记述(同翅目：叶蝉总科)。《伏牛山区昆虫》，中国农业科学技术出版社。

黑盾乌叶蝉 *Penthimia nigroscutellata* Cai *et* Shen, 1998

省内产地：嵩县白云山(模式产地)。

分布：河南。

资料来源：蔡平等，1998，河南省叶蝉科新种记述(同翅目：叶蝉总科)。《伏牛山区昆虫》，中国农业科学技术出版社。

茶乌叶蝉 *Penthimia theae* Matsumura, 1912

Penthimia testacea Kuoh

省内产地：郑州。

分布：河南，安徽，浙江，台湾；日本。

采集寄主：丁香。

资料来源：蔡平等，1998，同翅目：叶蝉科。《伏牛山区昆虫》，中国农业科学技术出版社。

突缘乌叶蝉 *Penthimia undata* Cai *et* Shen, 1998

省内产地：嵩县白云山，栾川龙峪湾(模式产地)。

分布：河南。

资料来源：蔡平等，1998，河南省叶蝉科新种记述(同翅目：叶蝉总科)。《伏牛山区昆虫》，中国农业科学技术出版社。

乌叶蝉 *Penthimia* sp.

省内产地：新县连康山。

分布：河南。

资料来源：蔡平等，1999，同翅目：叶蝉科。《伏牛山南坡及大别山区昆虫》，中国农业科学技术出版社。

(五) 离脉叶蝉亚科 Coelidiinae

背枝单突叶蝉 *Lodiana biungulata* Nielson, 1982

省内产地：嵩县。

分布：河南，湖北，浙江，广西，贵州，四川，云南。

资料来源：蔡平等，1998，同翅目：叶蝉科。《伏牛山区昆虫》，中国农业科学技术出版社。

钩茎单突叶蝉 *Lodiana hamularis* Xu, 2000

省内产地：新县连康山。

分布：河南，安徽，浙江，广西。

资料来源：蔡平等，1999，同翅目：叶蝉科。《伏牛山南坡及大别山区昆虫》，中国农业科学技术出版社。

霍山单突叶蝉 *Lodiana huoshanensis* Zhang, 1994

省内产地：新县连康山，信阳鸡公山。

分布：河南，安徽。

资料来源：蔡平等，1999，同翅目：叶蝉科。《伏牛山南坡及大别山区昆虫》，中国农业科学技术出版社。

尼氏单突叶蝉 *Lodiana nielsoni* Zhang, 1994

省内产地：新县连康山，内乡宝天曼葛条爬，信阳鸡公山。

分布：河南，甘肃，浙江，江西，福建，广西。

资料来源：蔡平等，1999，同翅目：叶蝉科。《伏牛山南坡及大别山区昆虫》，中国农业科学技术出版社。

黑胸单突叶蝉 *Lodiana nigridorsum* Cai *et* Shen, 1998

省内产地：信阳鸡公山，新县连康山(模式产地)。

分布：河南，海南。

资料来源：蔡平等，1998，河南省叶蝉科新种记述(同翅目：叶蝉总科)。《伏牛山区昆虫》，中国农业科学技术出版社。

齿片单突叶蝉 *Lodiana ritcheriina* Zhang, 1990

省内产地：内乡宝天曼，灵宝亚武山，卢氏狮子坪。

分布：河南，北京，陕西，甘肃，山西，安徽，四川。

采集寄主：大麻，大豆。

资料来源：蔡平等，1998，同翅目：叶蝉科。《伏牛山区昆虫》，中国农业科学技术出版社。

单突叶蝉 *Lodiana* sp.

省内产地：卢氏大块地。

分布：河南。

资料来源：蔡平等，1998，同翅目：叶蝉科。《伏牛山区昆虫》，中国农业科学技术出版社。

凹片叶蝉 *Thagria fossa* Nielson, 1977

省内产地：内乡宝天曼葛条爬。

分布：河南，浙江，江西，湖南，四川，云南，贵州，福建，广东；缅甸。

资料来源：蔡平等，1999，同翅目：叶蝉科。《伏牛山南坡及大别山区昆虫》，中国农业科学技术出版社。

(六) 大叶蝉亚科 Cicadellinae

双斑条大叶蝉 *Atkinsoniclla bimanculata* Cai *et* Shen, 1998

省内产地：栾川龙峪湾，嵩县白云山，卢氏淇河林场(模式产地)，内乡宝天曼，西峡黄石庵。

分布：河南，浙江。

资料来源：蔡平等，1998，河南省叶蝉科新种记述(同翅目：叶蝉总科)。《伏牛山区昆虫》，中国农业科学技术出版社。

隐斑条大叶蝉 *Atkinsoniclla dormana* Li, 1992

省内产地：卢氏淇河林场。

分布：河南，浙江，湖北，福建，贵州。

寄主：草本植物。

资料来源：蔡平等，1999，同翅目：叶蝉科。《伏牛山南坡及大别山区昆虫》，中国农业科学技术出版社。

黑盾条大叶蝉 *Atkinsoniclla nigroscuta* Zhang *et* Kuoh, 1993

省内产地：栾川龙峪湾。

分布：河南，陕西，福建。

资料来源：蔡平等，1998，同翅目：叶蝉科。《伏牛山区昆虫》，中国农业科学技术出版社。

工纹条大叶蝉 *Atkinsoniclla opponens* (Walker, 1851)

省内产地：内乡宝天曼，栾川龙峪湾，嵩县白云山。

分布：河南，福建，四川，贵州，广西，广东，海南；印度，缅甸，尼泊尔，老挝，泰国，越南，印度尼西亚，菲律宾。

寄主：大豆，苎麻，禾本科植物。

资料来源：蔡平等，1998，同翅目：叶蝉科。《伏牛山区昆虫》，中国农业科学技术出版社。

隐纹条大叶蝉 *Atkinsoniclla thalia* (Distant, 1918)

省内产地：内乡宝天曼，栾川龙峪湾，卢氏狮子坪。

分布：河南，陕西，河北，浙江，湖北，湖南，福建，海南，四川，贵州，广西，云南；印度，泰国，缅甸。

寄主：禾本科植物。

资料来源：蔡平等，1998，同翅目：叶蝉科。《伏牛山区昆虫》，中国农业科学技术出版社。

鄂凹大叶蝉 *Bothrogonia eana* Yang *et* Li, 1980

省内产地：栾川龙峪湾，卢氏狮子坪，新县连康山，商城黄楝树，信阳鸡公山。

分布：河南，湖北。

采集寄主：大麻，大豆。

资料来源：蔡平等，1998，同翅目：叶蝉科。《伏牛山区昆虫》，中国农业科学技术出版社。

华凹大叶蝉 *Bothrogonia sinica* Yang *et* Li, 1980

省内产地：信阳鸡公山，商城黄柏山，新县连康山，内乡宝天曼，栾川龙峪湾，罗山灵山，桐柏，西峡，遂平，卢氏淇河林场，济源王屋山。

分布：河南，陕西，安徽，浙江，江西，湖北，湖南，福建，云南。

寄主：葛藤，大豆，玉米，盐肤木，苹果，花椒，杜仲，杂灌木。

资料来源：蔡平等，1998，同翅目：叶蝉科。《伏牛山区昆虫》，中国农业科学技术出版社。

大青叶蝉 *Cicadella viridis* (Linnaeus, 1758)

省内产地：信阳鸡公山，新县连康山，内乡宝天曼，罗山灵山，陕县甘山，卢氏淇河林场，济源黄楝树，济源王屋山等全省各地。

分布：世界各陆地动物地理区，我国各地均有分布。

寄主：水稻，玉米，高粱，小米，茶，栗，小麦，甘蔗，麻，落花生，草莓，豆类，山芋，桑，梨，桃，苹果，杨，柳，洋槐等多种禾本科，豆科，十字花科，杨柳科，蔷薇科植物，共有 8 寄主 39 科，160 多种。

资料来源：申效诚，1993，河南昆虫名录。中国农业科学技术出版社。

白边大叶蝉 *Kolla paulula* (Walker, 1851)

省内产地：信阳鸡公山，新县连康山，内乡宝天曼，栾川龙峪湾，卢氏狮子坪，嵩县白云山，桐柏水帘洞，罗山灵山，卢氏淇河林场，陕县甘山水库，陕县甘山蝴蝶谷，济源王屋山，济源黄楝树。

分布：河南，河北，安徽，浙江，福建，四川，贵州，云南，广西，广东，海南，台湾，香港；泰国，越南，印度，斯里兰卡，缅甸，马来西亚，印度尼西亚。

寄主：葛藤，荆条，旱柳，银叶柳，垂柳，杨树，花椒，杂灌木，斑竹，大麻，大豆，苋菜，萝卜，玉米。

资料来源：蔡平等，1999，同翅目：叶蝉科。《鸡公山区昆虫》，中国农业科学技术出版社。

红脉窗翅叶蝉 *Mileewa rufivena* Cai *et* Kuoh, 1997

省内产地：新县连康山。

分布：河南，浙江，四川。

资料来源：蔡平等，1999，同翅目：叶蝉科。《伏牛山南坡及大别山区昆虫》，中国农业科学技术出版社。

窗翅叶蝉 *Mileewa* sp. ①

省内产地：嵩县白云山。

分布：河南。

资料来源：蔡平等，1998，同翅目：叶蝉科。《伏牛山区昆虫》，中国农业科学技术出版社。

窗翅叶蝉 *Mileewa* sp. ②

省内产地：新县连康山。

分布：河南。

资料来源：蔡平等，1999，同翅目：叶蝉科。《伏牛山南坡及大别山区昆虫》，中国农业科学技术出版社。

白云透大叶蝉 *Nanatka baiyunana* Cai *et* Shen, 1998

省内产地：嵩县白云山(模式产地)。

分布：河南。

资料来源：蔡平等，1998，河南省叶蝉科新种记述(同翅目：叶蝉总科)。《伏牛山区昆虫》，中国农业科学技术出版社。

(七) 横脊叶蝉亚科 Evacanthinae

三斑冠垠叶蝉 ***Boundarus trimaculatus*** **Li *et* Wang, 1986**

省内产地：具体不详。

分布：河南，陕西，四川。

资料来源：张雅林等，2005，同翅目：叶蝉总科。《秦岭西段及甘南地区昆虫》，科学出版社。

斜脊叶蝉 ***Bundera*** **sp.**

省内产地：嵩县白云山。

分布：河南。

资料来源：蔡平等，1998，同翅目：叶蝉科。《伏牛山区昆虫》，中国农业科学技术出版社。

黑带脊额叶蝉 ***Carinata nigrofasciata*** **Li *et* Wang, 1999**

省内产地：内乡宝天曼葛条爬。

分布：河南，甘肃，浙江。

资料来源：蔡平等，1999，同翅目：叶蝉科。《伏牛山南坡及大别山区昆虫》，中国农业科学技术出版社。

脊额叶蝉 ***Carinata*** **sp.**

省内产地：卢氏狮子坪。

分布：河南。

采集寄主：紫苏。

资料来源：蔡平等，1998，同翅目：叶蝉科。《伏牛山区昆虫》，中国农业科学技术出版社。

白脊凸冠叶蝉 ***Convexana albicarinata*** **Li, 1994**

省内产地：具体不详。

分布：河南，陕西，甘肃，湖北，四川，贵州。

资料来源：张雅林等，2005，同翅目：叶蝉总科。《秦岭西段及甘南地区昆虫》，科学出版社。

白斑横脊叶蝉 ***Evacanthus albomaculatus*** **Cai *et* Shen, 1997**

省内产地：内乡宝天曼，栾川龙峪湾(模式产地)，罗山灵山，桐柏水帘洞，济源王屋山。

分布：河南，浙江。

资料来源：蔡平等，1997，横脊叶蝉亚科四新种(同翅目：叶蝉科)。昆虫分类学报，19(4)：246~252。

叉突横脊叶蝉 ***Evacanthus bistigmanus*** **Li *et* Zhang, 1993**

省内产地：具体不详。

分布：河南，陕西，山西，浙江，湖北。

资料来源：张雅林等，2005，同翅目：叶蝉总科。《秦岭西段及甘南地区昆虫》，科学出版社。

淡脉横脊叶蝉 ***Evacanthus danmainus*** **Kuoh, 1980**

省内产地：具体不详。

分布：河南，黑龙江，吉林，陕西，甘肃，浙江，福建，贵州，四川，广西，西藏。

资料来源：张雅林等，2005，同翅目：叶蝉总科。《秦岭西段及甘南地区昆虫》，科学出版社。

梵净横脊叶蝉 ***Evacanthus fanjinganus*** **Li *et* Wang, 1999**

省内产地：内乡宝天曼，嵩县白云山。

分布：河南，贵州。

资料来源：蔡平等，1998，同翅目：叶蝉科。《伏牛山区昆虫》，中国农业科学技术出版社。

黄面横脊叶蝉 ***Evacanthus interruptus*** **(Linnaeus, 1758)**

省内产地：内乡宝天曼，栾川龙峪湾，嵩县白云山。

分布：河南，宁夏，陕西，浙江，西藏，贵州，云南，福建，台湾；朝鲜，日本，俄罗斯；欧洲，新北区。

寄主：玉米，小麦，黑麦，苜蓿，三叶草及其他禾本科植物。

资料来源：蔡平等，1998，同翅目：叶蝉科。《伏牛山区昆虫》，中国农业科学技术出版社。

宽索横脊叶蝉 *Evacanthus latus* Cai *et* Jiang, 1999

省内产地：卢氏淇河林场，内乡宝天曼(模式产地)。

分布：河南。

资料来源：蔡平等，2002，同翅目：叶蝉科。《太行山及桐柏山区昆虫》，中国农业科学技术出版社。

片突横脊叶蝉 *Evacanthus longianus* Yang *et* Zhang, 2000

省内产地：内乡宝天曼(模式产地)。

分布：河南。

资料来源：杨彩玲等，2000，河南横脊叶蝉属一新种。《昆虫分类区系研究》，中国农业出版社，中国农业科学技术出版社。

长突横脊叶蝉 *Evacanthus longus* Cai *et* Shen, 1997

省内产地：嵩县白云山，栾川龙峪湾(模式产地)，信阳鸡公山，内乡宝天曼，罗山灵山。

分布：河南，浙江。

资料来源：蔡平等，1997， 横脊叶蝉亚科四新种(同翅目：叶蝉科)。昆虫分类学报，19(4)：246~252。

曼坪横脊叶蝉 *Evacanthus manpingensis* Cai *et* Gu, 2002

省内产地：济源曼坪自然保护区(模式产地)。

分布：河南。

资料来源：蔡平等，2002，中国河南横脊叶蝉属一新种(同翅目：叶蝉科)。《太行山及桐柏山区昆虫》，中国农业科学技术出版社。

双突横脊叶蝉 *Evacanthus ogumae* Matsumura, 1911

省内产地：具体不详。

分布：河南，吉林，陕西，甘肃，浙江，贵州，四川，西藏。

资料来源：张雅林等，2005，同翅目：叶蝉总科。《秦岭西段及甘南地区昆虫》，科学出版社。

双突横脊叶蝉 *Evacanthus procerus* Cai *et* Shen, 1997

省内产地：嵩县白云山，栾川龙峪湾(模式产地)，内乡宝天曼。

分布：河南。

资料来源：蔡平等，1997， 横脊叶蝉亚科四新种(同翅目：叶蝉科)。昆虫分类学报，19(4)：246~252。

小字横脊叶蝉 *Evacanthus trimaculatus* Kuoh, 1987

省内产地：具体不详。

分布：河南，内蒙古，吉林，陕西，甘肃，湖北，西藏。

资料来源：张雅林等，2005，同翅目：叶蝉总科。《秦岭西段及甘南地区昆虫》，科学出版社。

大横脊叶蝉 *Evacanthus* sp. ①

省内产地：栾川龙峪湾。

分布：河南。

资料来源：蔡平等，1998，同翅目：叶蝉科。《伏牛山区昆虫》，中国农业科学技术出版社。

栾川横脊叶蝉 *Evacanthus* sp. ②

省内产地：栾川龙峪湾。

分布：河南。

资料来源：蔡平等，1998，同翅目：叶蝉科。《伏牛山区昆虫》，中国农业科学技术出版社。

小横脊叶蝉 *Evacanthus* sp. ③

省内产地：栾川龙峪湾。

分布：河南。

资料来源：蔡平等，1998，同翅目：叶蝉科。《伏牛山区昆虫》，中国农业科学技术出版社。

黑缝横脊叶蝉 *Evacanthus* sp. ④

省内产地：嵩县白云山。

分布：河南。

资料来源：蔡平等，1998，同翅目：叶蝉科。《伏牛山区昆虫》，中国农业科学技术出版社。

嵩县横脊叶蝉 *Evacanthus* sp. ⑤

省内产地：嵩县白云山。

分布：河南。

资料来源：蔡平等，1998，同翅目：叶蝉科。《伏牛山区昆虫》，中国农业科学技术出版社。

双斑角突叶蝉 *Taperus bimaculatus* Cai *et* Shen, 1997

省内产地：卢氏狮子坪，灵宝亚武山，嵩县白云山(模式产地)。

分布：河南。

资料来源：蔡平等，1997，横脊叶蝉亚科四新种(同翅目：叶蝉科)。昆虫分类学报，19(4)：246~252。

异色角突叶蝉 *Taperus discolor* Cai *et* Shen, 1999

省内产地：内乡宝天曼(模式产地)。

分布：河南。

资料来源：蔡平等，1999，宝天曼叶蝉九新种(同翅目：叶蝉科)。《伏牛山南坡及大别山区昆虫》，中国农业科学技术出版社。

角突叶蝉 *Taperus* sp.

省内产地：卢氏狮子坪。

分布：河南。

资料来源：蔡平等，1998，同翅目：叶蝉科。《伏牛山区昆虫》，中国农业科学技术出版社。

(八) 脊冠叶蝉亚科 Aphrodinae

带纹脊冠叶蝉 *Aphrodes daiwenicus* Kuoh, 1981

省内产地：济源黄楝树。

分布：河南，甘肃，陕西，西藏。

资料来源：蔡平等，2002，同翅目：叶蝉科。《太行山及桐柏山区昆虫》，中国农业科学技术出版社。

黄条脊冠叶蝉 *Aphrodes flavostriata* (Donovan, 1799)

省内产地：卢氏狮子坪。

分布：河南；国外分布地待查。

资料来源：蔡平等，1998，同翅目：叶蝉科。《伏牛山区昆虫》，中国农业科学技术出版社。

脊冠叶蝉 *Aphrodes* sp.

省内产地：卢氏狮子坪。

分布：河南。

资料来源：蔡平等，1998，同翅目：叶蝉科。《伏牛山区昆虫》，中国农业科学技术出版社。

(九) 铲头叶蝉亚科 Hecalinae

河南铲头叶蝉 *Hecalus henanus* Cai *et* Shen, 1998

省内产地：商城，新县(模式产地)。

分布：河南。

资料来源：蔡平等，1998，河南省叶蝉科新种记述(同翅目：叶蝉总科)。《伏牛山区昆虫》，中国农业科学技术出版社。

(一〇) 广头叶蝉亚科 Macropsinae

旱柳广头叶蝉 *Macropsis matsudnis* Cai *et* Wei, 1998

省内产地：西峡寨根(模式产地)。

分布：河南。

采集寄主：旱柳。

资料来源：蔡平等，1998，广头叶蝉属二新种(同翅目：叶蝉科)。昆虫分类学报，20(2)：119~122。

大麻广头叶蝉 *Macropsis cannabis* Cai *et* Wei, 1998

省内产地：卢氏狮子坪(模式产地)。

分布：河南。

采集寄主：大麻。

资料来源：蔡平等，1998，广头叶蝉属二新种(同翅目：叶蝉科)。昆虫分类学报，20(2)：119~122。

锥尾广头叶蝉 *Macropsis* sp. (新种，另文发表)

省内产地：卢氏淇河林场。

分布：河南。

资料来源：王俊，2004，河南省叶蝉分类与区系研究。硕士论文。

黑斑广头叶蝉 *Macropsis* sp. (新种，另文发表)

省内产地：济源王屋山，陕县甘山公园水库。

分布：河南。

资料来源：王俊，2004，河南省叶蝉分类与区系研究。硕士论文。

黑带广头叶蝉 *Macropsis* sp. (新种，另文发表)

省内产地：卢氏淇河林场。

分布：河南。

资料来源：王俊，2004，河南省叶蝉分类与区系研究。硕士论文。

锈盾广头叶蝉 *Macropsis* sp. (新种，另文发表)

省内产地：济源王屋山，登封少林寺。

分布：河南。

资料来源：王俊，2004，河南省叶蝉分类与区系研究。硕士论文。

广头叶蝉 *Macropsis* sp. ①

省内产地：栾川龙峪湾。

分布：河南。

资料来源：蔡平等，1998，同翅目：叶蝉科。《伏牛山区昆虫》，中国农业科学技术出版社。

端黑广头叶蝉 *Macropsis* sp. ②

省内产地：栾川龙峪湾。

分布：河南。

资料来源：蔡平等，1998，同翅目：叶蝉科。《伏牛山区昆虫》，中国农业科学技术出版社。

钝胸广头叶蝉 *Macropsis* sp. ③

省内产地：卢氏狮子坪。

分布：河南。

资料来源：蔡平等，1998，同翅目：叶蝉科。《伏牛山区昆虫》，中国农业科学技术出版社。

粗体广头叶蝉 *Macropsis* sp. ④

省内产地：嵩县白云山。

分布：河南。

资料来源：蔡平等，1998，同翅目：叶蝉科。《伏牛山区昆虫》，中国农业科学技术出版社。

库氏横皱叶蝉 *Oncopsis kurentsovi* Anufriev, 1977

省内产地：信阳鸡公山，嵩县白云山。

分布：河南，浙江；俄罗斯。

资料来源：蔡平等，1999，同翅目：叶蝉科。《鸡公山区昆虫》，中国农业科学技术出版社。

苹果横皱叶蝉 *Oncopsis mali* Matsumura, 1905

省内产地：嵩县白云山。

分布：河南，浙江，四川；日本。

资料来源：蔡平等，1998，同翅目：叶蝉科。《伏牛山区昆虫》，中国农业科学技术出版社。

(一一) 圆痕叶蝉亚科 Agallinae

二点圆痕叶蝉 *Agallia onukii* (Matsumura, 1932)

省内产地：内乡宝天曼，卢氏淇河林场，桐柏水帘洞，济源天坛山。

分布：河南，浙江；日本。

资料来源：蔡平等，1998，同翅目：叶蝉科。《伏牛山区昆虫》，中国农业科学技术出版社。

片茎网脉叶蝉 *Dryodurgades lamellaris* Vilbaste, 1968

省内产地：栾川龙峪湾，灵宝亚武山，卢氏狮子坪。

分布：河南；俄罗斯。

资料来源：蔡平等，1998，同翅目：叶蝉科。《伏牛山区昆虫》，中国农业科学技术出版社。

二叉网脉叶蝉 *Dryodurgades bifurcatus* Cai *et* Shen, 1999

省内产地：新县连康山(模式产地)，陕县甘山，桐柏水帘洞。

分布：河南，浙江。

资料来源：蔡平等，1999，大别山叶蝉六新种(同翅目：叶蝉科)。《伏牛山南坡及大别山区昆虫》，中国农业科学技术出版社。

(一二) 片角叶蝉亚科 Idiocerinae

黄盾长突叶蝉 *Amritodus flavoscutatus* Cai *et* Shen, 1998

省内产地：卢氏狮子坪(模式产地)，内乡宝天曼，陕县甘山。

分布：河南。

采集寄主：刚竹。

资料来源：蔡平等，1998，伏牛山区片角叶蝉亚科八新种(同翅目：叶蝉科)。《伏牛山区昆虫》，中国农业科学技术出版社。

灰色长突叶蝉 *Amritodus* sp. (新种，另文发表)

省内产地：桐柏水帘洞，罗山灵山。

分布：河南。

资料来源：王俊，2004，河南省叶蝉分类与区系研究。硕士论文。

黄面角突叶蝉 *Anidiocerus flavidus* Cai *et* Shen, 1998

省内产地：卢氏狮子坪(模式产地)。

分布：河南。

资料来源：蔡平等，1998，伏牛山区片角叶蝉亚科八新种(同翅目：叶蝉科)。《伏牛山区昆虫》，中国农业科学技术出版社。

暗褐片角叶蝉 *Idiocerus fuscus* Cai *et* Shen, 1998

省内产地：栾川龙峪湾(模式产地)。

分布：河南。

资料来源：蔡平等，1998，伏牛山区片角叶蝉亚科八新种(同翅目：叶蝉科)。《伏牛山区昆虫》，中国农业科学技术出版社。

黑纹片角叶蝉 *Idiocerus koreanus* Matsumura, 1915

省内产地：内乡宝天曼，西峡，济源王屋山。

分布：河南，宁夏，内蒙古；朝鲜，日本。

寄主：柳(旱柳，柽柳属等)，榆，水稻等。

资料来源：蔡平等，1998，同翅目：叶蝉科。《伏牛山区昆虫》，中国农业科学技术出版社。

宽凹片角叶蝉 *Idiocerus latus* Cai *et* Shen, 1998

省内产地：卢氏狮子坪，嵩县白云山(模式产地)。

分布：河南。

资料来源：蔡平等，1998，伏牛山区片角叶蝉亚科八新种(同翅目：叶蝉科)。《伏牛山区昆虫》，中国农业科学技术出版社。

黄栌宽突叶蝉 *Liocratus continuus* Cai *et* Shen, 1998

省内产地：栾川龙峪湾(模式产地)，桐柏水帘洞，罗山灵山，陕县甘山水库，济源王屋山，济源黄楝树，登封少林寺。

分布：河南。

采集寄主：黄栌，榆树。

资料来源：蔡平等，1998，伏牛山区片角叶蝉亚科八新种(同翅目：叶蝉科)。《伏牛山区昆虫》，中国农业科学技术出版社。

黄山宽突叶蝉 *Liocratus hwangsanus* (Kuoh *et* Fang, 1992)

省内产地：南召。

分布：河南，安徽。

采集寄主：水稻。

资料来源：蔡平等，1998，同翅目：叶蝉科。《伏牛山区昆虫》，中国农业科学技术出版社。

黑脉宽突叶蝉 *Liocratus nigrinervis* Cai *et* Shen, 1998

省内产地：栾川龙峪湾(模式产地)，内乡宝天曼，新县连康山，罗山灵山，桐柏水帘洞。

分布：河南，浙江。

资料来源：蔡平等，1998，伏牛山区片角叶蝉亚科八新种(同翅目：叶蝉科)。《伏牛山区昆虫》，中国农业科学技术出版社。

黑胸宽突叶蝉 *Liocratus nigripectus* Cai *et* He, 2001

省内产地：卢氏淇河林场，陕县甘山蝴蝶谷，济源王屋山。

分布：河南，浙江。

寄主：榆树，苹果。

资料来源：蔡平等，2002，同翅目：叶蝉科。《太行山及桐柏山区昆虫》，中国农业科学技术出版社。

申氏宽突叶蝉 *Liocratus sheni* Xu *et* Cai, 2002

省内产地：登封少林寺，卢氏淇河林场，陕县甘山(模式产地)。

分布：河南。

资料来源：徐桂兰等，2002，中国河南宽突叶蝉属一新种(同翅目：叶蝉科)。《太行山及桐柏山区昆虫》，中国农业科学技术出版社。

白带杨叶蝉 *Populicerus albostriatus* Cai *et* Shen, 1998

省内产地：栾川龙峪湾(模式产地)，卢氏淇河林场。

分布：河南。

资料来源：蔡平等，1998，伏牛山区片角叶蝉亚科八新种(同翅目：叶蝉科)。《伏牛山区昆虫》，中国农业科学技术出版社。

宽突凹唇叶蝉 *Tremulicerus amplificatus* Kuoh *et* Fang, 1986

省内产地：西峡寨根。

采集寄主：旱柳。

分布：河南，内蒙古。

资料来源：蔡平等，1998，同翅目：叶蝉科。《伏牛山区昆虫》，中国农业科学技术出版社。

无突凹唇叶蝉 *Tremulicerus destitutus* Cai *et* Shen, 1998

省内产地：栾川龙峪湾(模式产地)。

分布：河南。

资料来源：蔡平等，1998，伏牛山区片角叶蝉亚科八新种(同翅目：叶蝉科)。《伏牛山区昆虫》，中国农业科学技术出版社。

黄胸凹唇叶蝉 *Tremulicerus* sp. (新种，另文发表)

省内产地：济源王屋山。

分布：河南。

资料来源：王俊，2004，河南省叶蝉分类与区系研究。硕士论文。

黄绿凹唇叶蝉 *Tremulicerus* sp. (新种，另文发表)

省内产地：罗山灵山。

分布：河南。

资料来源：王俊，2004，河南省叶蝉分类与区系研究。硕士论文。

凹唇叶蝉 *Tremulicerus* sp.

省内产地：卢氏大块地。

分布：河南。

资料来源：蔡平等，1998，同翅目：叶蝉科。《伏牛山区昆虫》，中国农业科学技术出版社。

(一三) 叶蝉亚科 Iassinae

长突叶蝉 *Batracomorphus allionii* (Turton, 1802)

省内产地：信阳鸡公山，卢氏大块地。

分布：河南，浙江，云南；欧洲广泛分布。

寄主：刚竹。

资料来源：蔡平等，1998，同翅目：叶蝉科。《伏牛山区昆虫》，中国农业科学技术出版社。

棒突长突叶蝉 *Batracomorphus clavatus* Cai *et* Shen, 2010

省内产地：内乡宝天曼(模式产地)。

分布：河南。

资料来源：蔡平，沈雪林，2010，中国长突叶蝉属三新种记述(半翅目：叶蝉科：叶蝉亚科)。昆虫分类学报，32(Suppl)：13~19。

齿茎长突叶蝉 *Batracomorphus allionii* (Turton, 1802)

Batracomorphus dentatus (Kuoh, 1986)

省内产地：内乡宝天曼葛条爬，灵宝亚武山，卢氏狮子坪，西峡寨根，桐柏水帘洞，信阳鸡公山，济源王屋山。

分布：河南，云南，贵州，浙江；欧洲。

资料来源：蔡平等，1999，同翅目：叶蝉科。《伏牛山南坡及大别山区昆虫》，中国农业科学技术出版社。

足长突叶蝉 *Batracomorphus inachus* Knight, 1986

省内产地：内乡宝天曼葛条爬。

分布：河南；菲律宾。

资料来源：蔡平等，1999，同翅目：叶蝉科。《伏牛山南坡及大别山区昆虫》，中国农业科学技术出版社。

直缘长突叶蝉 *Batracomorphus lineatus* Cai *et* Shen, 2010

省内产地：信阳鸡公山(模式产地)。

分布：河南。

资料来源：蔡平，沈雪林，2010，中国长突叶蝉属三新种记述(半翅目：叶蝉科：叶蝉亚科)。昆虫分类学报，32(Suppl)：13~19。

松村长突叶蝉 *Batracomorphus matsumurai* (Metcalf, 1966)

省内产地：信阳鸡公山，新县连康山。

寄主：杂灌木。

分布：河南，四川，贵州，台湾。

资料来源：蔡平等，1999，同翅目：叶蝉科。《伏牛山南坡及大别山区昆虫》，中国农业科学技术出版社。

黑缘长突叶蝉 *Batracomorphus nigromarginattus* Cai *et* Shen, 1999

省内产地：新县连康山，信阳鸡公山(模式产地)。

分布：河南。

资料来源：蔡平等，1999，大别山叶蝉六新种(同翅目：叶蝉科)。《伏牛山南坡及大别山区昆虫》，中国农业科学技术出版社。

褐胸长突叶蝉 *Batracomorphus rinkihounis* (Matsumura, 1912)

省内产地：具体不详。

分布：河南，浙江，台湾。

资料来源：蔡平等，2001，叶蝉科。《天目山昆虫》，科学出版社。

铲突长突叶蝉 *Batracomorphus spadix* Cai *et* Shen, 2010

省内产地：内乡宝天曼(模式产地)。

分布：河南。

资料来源：蔡平，沈雪林，2010，中国长突叶蝉属三新种记述(半翅目：叶蝉科：叶蝉亚科)。昆虫分类学报，32(Suppl)：13~19。

浅绿长突叶蝉 *Batracomorphus viridulus* (Melichar, 1902)

省内产地：卢氏大块地。

分布：河南，湖北，浙江，四川，云南；朝鲜，日本。

资料来源：蔡平等，1998，同翅目：叶蝉科。《伏牛山区昆虫》，中国农业科学技术出版社。

新县长突叶蝉 *Batracomorphus xinxianensis* Cai *et* Shen, 1999

省内产地：新县连康山(模式产地)。

分布：河南。

资料来源：蔡平等，1999，大别山叶蝉六新种(同翅目：叶蝉科)。《伏牛山南坡及大别山区昆虫》，中国农业科学技术出版社。

绿色长突叶蝉 *Batracomorphus* sp.

省内产地：嵩县白云山。

分布：河南。

资料来源：蔡平等，1998，同翅目：叶蝉科。《伏牛山区昆虫》，中国农业科学技术出版社。

绿胸长突叶蝉 *Batracomorphus* sp.

省内产地：嵩县白云山。

分布：河南。

资料来源：蔡平等，1998，同翅目：叶蝉科。《伏牛山区昆虫》，中国农业科学技术出版社。

黄绿短头叶蝉 *Iassus chlorophana* (Melichar, 1903)

省内产地：信阳，西华。

分布：河南，内蒙古，甘肃，安徽，湖北，浙江，福建，江西，湖南，贵州，四川，云南，台湾；日本，印度，缅甸，斯里兰卡，孟加拉国，菲律宾。

资料来源：申效诚，1993，河南昆虫名录。中国农业科学技术出版社。

短头叶蝉 *Iassus lanio* (Linnaeus, 1761)

省内产地：嵩县白云山。

分布：河南；欧洲。

资料来源：蔡平等，1998，同翅目：叶蝉科。《伏牛山区昆虫》，中国农业科学技术出版社。

宽板短头叶蝉 *Iassus latus* Shen *et* Cai, 2010

省内产地：济源王屋山，内乡宝天曼(模式产地)。

分布：河南，内蒙古。

资料来源：沈雪林，蔡平，2010，短头叶蝉属一新种记述(半翅目：叶蝉科：叶蝉亚科)。昆虫分类学报，32(Suppl)：20~22。

松村短头叶蝉 *Iassus matsumurai* Metcalf, 1966

省内产地：信阳鸡公山。

分布：河南，四川，贵州，台湾；日本。

寄主：杂灌木。

资料来源：蔡平等，1999，同翅目：叶蝉科。《鸡公山区昆虫》，中国农业科学技术出版社。

二点翘缘叶蝉 *Krisna bimaculata* Cai *et* He, 1998

省内产地：罗山董寨(模式产地)，内乡宝天曼，商城黄柏山，新县连康山。

分布：河南，浙江。

资料来源：蔡平等，1998，伏牛山区叶蝉亚科五新种(同翅目：叶蝉科)。《伏牛山区昆虫》，中国农业科学技术出版社。

黑边翘缘叶蝉 *Krisna nigromarginata* Cai *et* He, 1998

省内产地：西峡寨根(模式产地)，卢氏大块地，内乡宝天曼。

分布：河南。

资料来源：蔡平等，1998，伏牛山区叶蝉亚科五新种(同翅目：叶蝉科)。《伏牛山区昆虫》，中国农业科学技术出版社。

红边翘缘叶蝉 *Krisna rufimarginata* Cai *et* He, 1998

省内产地：西峡寨根(模式产地)。

分布：河南。

资料来源：蔡平等，1998，伏牛山区叶蝉亚科五新种(同翅目：叶蝉科)。《伏牛山区昆虫》，中国农业科学技术出版社。

端叉曲突叶蝉 *Trocnadella furculata* Cai *et* He, 1998

省内产地：卢氏狮子坪(模式产地)。

分布：河南。

资料来源：蔡平等，1998，伏牛山区叶蝉亚科五新种(同翅目：叶蝉科)。《伏牛山区昆虫》，中国农业科学技术出版社。

锈盾曲突叶蝉 *Trocnadella rubiginosus* (Kuoh, 1986)

省内产地：嵩县白云山。

分布：河南，浙江，贵州，云南。

资料来源：蔡平等，1998，同翅目：叶蝉科。《伏牛山区昆虫》，中国农业科学技术出版社。

红褐曲突叶蝉 *Trocnadella* sp.

省内产地：西峡寨根。

分布：河南。

采集寄主：旱柳。

资料来源：蔡平等，1998，同翅目：叶蝉科。《伏牛山区昆虫》，中国农业科学技术出版社。

栗盾曲突叶蝉 *Trocnadella* sp.

省内产地：嵩县白云山。

分布：河南。

资料来源：蔡平等，1998，同翅目：叶蝉科。《伏牛山区昆虫》，中国农业科学技术出版社。

(一四) 沟顶叶蝉亚科 Selenocephalinae

八字纹肖顶带叶蝉 *Athysanopsis salicis* Matsumura, 1914

省内产地：新县连康山。

分布：河南，辽宁，北京，福建，贵州；朝鲜，日本。

寄主：柳。

资料来源：蔡平等，1999，同翅目：叶蝉科。《伏牛山南坡及大别山区昆虫》，中国农业科学技术出版社。

矢头沟冠叶蝉 *Bhatia sagittata* Cai *et* Shen, 1999

省内产地：新县连康山(模式产地)。

分布：河南。

资料来源：蔡平等，1999，大别山叶蝉六新种(同翅目：叶蝉科)。《伏牛山南坡及大别山区昆虫》，中国农业科学技术出版社。

阔颈叶蝉 *Drabescoides nuchalis* (Jacobi, 1943)

省内产地：新县连康山，内乡宝天曼，灵宝亚武山，栾川龙峪湾。

分布：河南，东北，北京，安徽，浙江，福建，台湾，湖南，广东，海南，广西，四川，陕西，新疆；朝鲜，日本，俄罗斯。

寄主：葛藤。

资料来源：张雅林等，1997，河南伏牛山缘脊叶蝉亚科种类记述(同翅目：叶蝉科)。昆虫分类学报，19(4)：235~245。

横带槽胫叶蝉 *Drabescus albofasciatus* Cai *et* He, 1998

省内产地：嵩县白云山(模式产地)。

分布：河南。

资料来源：蔡平等，1998，伏牛山区叶蝉亚科五新种(同翅目：叶蝉科)。《伏牛山区昆虫》，中国农业科学技术出版社。

白斑槽胫叶蝉 *Drabescus albomaculatus* Cai *et* Shen, 1996

省内产地：栾川龙峪湾，卢氏狮子坪(模式产地)。

分布：河南。

资料来源：蔡平等，1998，同翅目：叶蝉科。《伏牛山区昆虫》，中国农业科学技术出版社。

叉突槽胫叶蝉 *Drabesus furcatus* Cai *et* Jiang, 2002

省内产地：济源王屋山，桐柏水帘洞(模式产地)。

分布：河南。

寄主：旱柳。

资料来源：蔡平等，2002，中国河南槽胫叶蝉属一新种(同翅目：叶蝉科)。《太行山及桐柏山区昆虫》，中国农业科学技术出版社。

河南槽胫叶蝉 *Drabescus henanensis* Zhang *et* Zhang, 1997

省内产地：嵩县白云山，栾川龙峪湾(模式产地)。

分布：河南。

资料来源：张雅林等，1997，河南伏牛山缘脊叶蝉亚科种类记述(同翅目：叶蝉科)。昆虫分类学报，19(4)：235~245。

细茎槽胫叶蝉 *Drabescus minipenis* Zhang *et* Zhang, 1997

省内产地：内乡宝天曼葛条爬，栾川龙峪湾(模式产地)，卢氏大块地。

分布：河南，陕西，四川，云南，台湾。

资料来源：张雅林等，1997，河南伏牛山缘脊叶蝉亚科种类记述(同翅目：叶蝉科)。昆虫分类学

报，19(4)：235~245。

黄胸槽胫叶蝉 *Drabescus nigrifemoratus* (Matsumura, 1903)

省内产地：信阳鸡公山，新县连康山，内乡宝天曼，卢氏狮子坪。

分布：河南；日本。

资料来源：蔡平等，1999，同翅目：叶蝉科。《鸡公山区昆虫》，中国农业科学技术出版社。

赭面槽胫叶蝉 *Drabescus ochrifrons* Vilbaste, 1968

省内产地：信阳鸡公山，内乡宝天曼，栾川龙峪湾，卢氏狮子坪，桐柏水帘洞，罗山灵山。

分布：河南，浙江；俄罗斯滨海地区。

资料来源：蔡平等，1998，同翅目：叶蝉科。《伏牛山区昆虫》，中国农业科学技术出版社。

透翅槽胫叶蝉 *Drabescus pellucidus* Cai *et* Shen, 1999

省内产地：内乡宝天曼(模式产地)。

分布：河南。

资料来源：蔡平等，1999，宝天曼叶蝉九新种(同翅目：叶蝉科)。《伏牛山南坡及大别山区昆虫》，中国农业科学技术出版社。

沥青槽胫叶蝉 *Drabescus piceatus* Kuoh, 1985

省内产地：卢氏，济源，桐柏，上蔡。

分布：河南，云南，四川，贵州。

寄主：辣椒，黄楝树。

资料来源：张雅林等，1997，河南伏牛山缘脊叶蝉亚科种类记述(同翅目：叶蝉科)。昆虫分类学报，19(4)：235~245。

黄绿槽胫叶蝉 *Drabescus* sp.

省内产地：卢氏大块地。

分布：河南。

资料来源：蔡平等，1998，同翅目：叶蝉科。《伏牛山区昆虫》，中国农业科学技术出版社。

槽胫叶蝉 *Drabescus* sp.

省内产地：新县连康山。

分布：河南。

资料来源：蔡平等，1999，同翅目：叶蝉科。《伏牛山南坡及大别山区昆虫》，中国农业科学技术出版社。

管茎叶蝉属 *Fistulatus* Zhang *et* Zhang, 1997

模式种：中华管茎叶蝉 *Fistulatus sinensis* Zhang *et* Zhang, 1997

分布：中国。

资料来源：张雅林等，1997，河南伏牛山缘脊叶蝉亚科种类记述(同翅目：叶蝉科)。昆虫分类学报，19(4)：235~245。

黄脉管茎叶蝉 *Fistulatus luteolus* Cen *et* Cai, 2002

省内产地：内乡宝天曼(副模产地)。

分布：河南，浙江。

资料来源：岑业文等，2002，中国沟顶叶蝉亚科四新种(同翅目：叶蝉科)。动物分类学报，27(1)：116~122。

中华管茎叶蝉 *Fistulatus sinensis* Zhang *et* Zhang, 1997

省内产地：嵩县白云山(属模产地，模式产地)，内乡宝天曼。

分布：河南，河北，陕西。

资料来源：张雅林等，1997，河南伏牛山缘脊叶蝉亚科种类记述(同翅目：叶蝉科)。昆虫分类学报，19(4)：235~245。

条斑增脉叶蝉 *Kutara stiatus* (Anufriev, 1971)

省内产地：信阳鸡公山。

分布：河南；俄罗斯。

资料来源：蔡平等，1999，同翅目：叶蝉科。《鸡公山区昆虫》，中国农业科学技术出版社。

鹅颈脊翅叶蝉 *Parabolopona cygnea* Cai *et* Shen, 1999

省内产地：内乡宝天曼(模式产地)。

分布：河南。

资料来源：蔡平等，1999，宝天曼叶蝉九新种(同翅目：叶蝉科)。《伏牛山南坡及大别山区昆虫》，中国农业科学技术出版社。

黑点脊翅叶蝉 *Parabolopona guttata* (Uhler, 1896)

省内产地：内乡宝天曼。

分布：河南，湖北，湖南，台湾；日本。

资料来源：王俊，2004，河南省叶蝉分类与区系研究。硕士论文。

石原脊翅叶蝉 *Parabolopona ishihari* Webb, 1981

省内产地：罗山灵山，桐柏水帘洞。

分布：河南，陕西，浙江，湖北。

资料来源：蔡平等，2002，同翅目：叶蝉科。《太行山及桐柏山区昆虫》，中国农业科学技术出版社。

(一五) 角顶叶蝉亚科 Deltocephalinae

烟草嘎叶蝉 *Alobaldia tobae* (Matsumura, 1902)

省内产地：具体不详。

分布：河南，陕西，甘肃，东北，江苏，台湾，四川；朝鲜，日本，俄罗斯。

资料来源：张雅林等，2005，同翅目：叶蝉总科。《秦岭西段及甘南地区昆虫》，科学出版社。

斑翅纹顶叶蝉 *Amimenus mojiensis* (Matsumura, 1914)

省内产地：嵩县白云山。

分布：河南；日本。

资料来源：蔡平等，1998，同翅目：叶蝉科。《伏牛山区昆虫》，中国农业科学技术出版社。

带翅纹顶叶蝉 *Amimenus* sp.

省内产地：灵宝亚武山。

分布：河南。

资料来源：蔡平等，1998，同翅目：叶蝉科。《伏牛山区昆虫》，中国农业科学技术出版社。

***Erotettix* sp.**

省内产地：新县连康山。

分布：河南。

资料来源：蔡平等，1999，同翅目：叶蝉科。《伏牛山南坡及大别山区昆虫》，中国农业科学技术出版社。

印度顶带叶蝉 *Exitianus indicus* (Distant, 1908)

省内产地：内乡宝天曼，新县连康山，济源王屋山，陕县甘山，登封少林寺，桐柏桐柏山，罗山灵山。

分布：河南，陕西，甘肃，吉林，新疆，安徽，江苏，浙江，湖北，湖南，四川，贵州，云南，福建，台湾，广东，海南；日本，印度，尼泊尔，孟加拉国，斯里兰卡，菲律宾。

寄主：甘蔗，茶，水稻，水芙蓉，葛藤，禾本科杂草。

资料来源：蔡平等，1999，同翅目：叶蝉科。《伏牛山南坡及大别山区昆虫》，中国农业科学技术出版社。

横线顶带叶蝉 *Exitianus nanus* (Distant, 1908)

省内产地：内乡宝天曼葛条爬。

分布：河南，湖北，福建，台湾，广东，广西，海南，云南；印度。

寄主：落花生。

资料来源：蔡平等，1999，同翅目：叶蝉科。《伏牛山南坡及大别山区昆虫》，中国农业科学技术出版社。

片茎光叶蝉 *Futasujinus laminatus* Cai *et* Shen, 1999

省内产地：嵩县白云山，栾川龙峪湾(模式产地)。

分布：河南。

资料来源：蔡平等，1999，宝天曼叶蝉九新种(同翅目：叶蝉科)。《伏牛山南坡及大别山区昆虫》，中国农业科学技术出版社。

橙带拟菱纹叶蝉 *Hishimonoides aurifascialis* Kuoh, 1976

省内产地：辉县八里沟。

分布：河南，贵州，四川，云南。

资料来源：戴仁怀，2004，中国殃叶蝉亚科区系分类及系统发育研究。浙江大学博士学位毕业论文。

锯缘拟菱纹叶蝉 *Hishimonoides marginus* Li *et* Zhang, 2005

省内产地：辉县八里沟(模式产地)。

分布：河南。

资料来源：李子忠等，2005，中国拟菱纹叶蝉属分类研究(半翅目：叶蝉科，殃叶蝉亚科)。动物分类学报，30(4)：794~797。

弯茎拟菱纹叶蝉 *Hishimonoides recurvatis* Li, 1988

省内产地：新县连康山，栾川龙峪湾。

分布：河南，贵州。

寄主：刺梨，月季，玫瑰。

资料来源：蔡平等，1999，同翅目：叶蝉科。《伏牛山南坡及大别山区昆虫》，中国农业科学技术出版社。

拟菱纹叶蝉 *Hishimonoides sellatiformis* Ishihara, 1965

省内产地：新县连康山，罗山灵山。

分布：河南，河北，山东，安徽，江苏，浙江，台湾，广东，四川，云南；日本。

资料来源：蔡平等，1999，同翅目：叶蝉科。《伏牛山南坡及大别山区昆虫》，中国农业科学技术出版社。

豫拟菱纹叶蝉 *Hishimonoides yuensis* Cai *et* Shen, 1996

省内产地：栾川龙峪湾(模式产地)。

分布：河南。

资料来源：蔡平等，1998，同翅目：叶蝉科。《伏牛山区昆虫》，中国农业科学技术出版社。

腹钩菱纹叶蝉 *Hishimonus bucephalus* Emeljanov, 1969

省内产地：栾川龙峪湾，内乡宝天曼，新县连康山。

分布：河南；俄罗斯。

资料来源：蔡平等，1998，同翅目：叶蝉科。《伏牛山区昆虫》，中国农业科学技术出版社。

端钩菱纹叶蝉 *Hishimonus hamatua* Kuoh, 1976

省内产地：新县连康山，内乡宝天曼。

分布：河南，江西，福建，贵州。

寄主：苎麻。

资料来源：蔡平等，1999，同翅目：叶蝉科。《伏牛山南坡及大别山区昆虫》，中国农业科学技术出版社。

折缘菱纹叶蝉 *Hishimonus reflexus* Kuoh, 1976

省内产地：信阳鸡公山。

分布：河南，浙江，江西，贵州，福建。

资料来源：蔡平等，1999，同翅目：叶蝉科。《鸡公山区昆虫》，中国农业科学技术出版社。

凹缘菱纹叶蝉 *Hishimonus sellatus* (Uhler, 1896)

省内产地：信阳鸡公山，济源王屋山，登封少林寺，卢氏淇河林场，桐柏水帘洞，罗山灵山，新郑，郑州，西华。

分布：河南，山东，安徽，江苏，浙江，江西，湖北，贵州，福建；俄罗斯，日本。

寄主：大豆，绿豆，豇豆，芝麻，草莓，大麻，苎麻，茄，桑，泡桐，榆树，无花果，刺梨，枣，蔷薇。

资料来源：蔡平等，1999，同翅目：叶蝉科。《鸡公山区昆虫》，中国农业科学技术出版社。

稻叶蝉 *Inemadara oryzae* (Matsumura, 1902)

省内产地：栾川龙峪湾，西峡寨根，卢氏淇河林场，新县连康山等全省各地。

分布：河南，东北，陕西，安徽，浙江，贵州；朝鲜，日本。

寄主：葛藤，小麦，水稻等禾本科植物。

资料来源：蔡平等，1998，同翅目：叶蝉科。《伏牛山区昆虫》，中国农业科学技术出版社。

稻紫叶蝉 *Macrosteles fuscinervis* Matsumura, 1914

省内产地：具体不详。

分布：河南，湖北，江苏，江西，浙江，福建；日本，韩国。

资料来源：戴仁怀，2004，中国殃叶蝉亚科区系分类及系统发育研究。浙江大学博士学位毕业论文。

四点二叉叶蝉 *Macrosteles quadrimaculata* (Matsumura, 1900)

省内产地：信阳鸡公山，内乡宝天曼，郑州。

分布：河南，河北，新疆，安徽，福建，贵州；朝鲜，日本。

寄主：水稻，大麦，小麦及其他禾本科植物。

资料来源：蔡平等，1999，同翅目：叶蝉科。《鸡公山区昆虫》，中国农业科学技术出版社。

短板松村叶蝉 *Matsumurella curticauda* Anufriev, 1971

省内产地：罗山灵山，桐柏桐柏山，济源王屋山，济源黄楝树林场。

分布：河南，江苏。

资料来源：蔡平等，2002，同翅目：叶蝉科。《太行山及桐柏山区昆虫》，中国农业科学技术出版社。

双突松村叶蝉 *Matsumurella expansa* Emeljanov, 1972

省内产地：内乡宝天曼，内乡宝天曼葛条爬，西峡黄石庵。

分布：河南，吉林，山西，陕西，甘肃；日本，韩国，俄罗斯。

资料来源：戴武，2001，中国圆冠叶蝉族分类研究。西北农林科技大学硕士学位毕业论文。

长尾松村叶蝉 *Matsumurella longicauda* Anufriev, 1971

省内产地：罗山灵山。

分布：河南，浙江，江苏。

资料来源：蔡平等，2002，同翅目：叶蝉科。《太行山及桐柏山区昆虫》，中国农业科学技术出版社。

对突松村叶蝉 *Matsumurella minor* Emeljanov, 1977

省内产地：登封少林寺，陕县甘山。

分布：河南；蒙古国。

资料来源：蔡平等，2002，同翅目：叶蝉科。《太行山及桐柏山区昆虫》，中国农业科学技术出版社。

叉突松村叶蝉 *Matsumurella rurcata* Cai *et* Wang, 2002

省内产地：济源王屋山，济源天坛山，济源黄楝树林场(模式产地)。

分布：河南。

资料来源：蔡平等，2002，中国河南松村叶蝉属二新种(同翅目：叶蝉科)。《太行山及桐柏山区昆虫》，中国农业科学技术出版社。

单突松村叶蝉 *Matsumurella singularis* Cai *et* Wang, 2002

省内产地：济源王屋山，卢氏淇河林场，陕县甘山(模式产地)。

分布：河南。

资料来源：蔡平等，2002，中国河南松村叶蝉属二新种(同翅目：叶蝉科)。《太行山及桐柏山区昆虫》，中国农业科学技术出版社。

波缘马氏叶蝉 *Matsumurella* sp. (新种，另文发表)

省内产地：栾川龙峪湾，嵩县白云山，内乡宝天曼(模式产地)。

分布：河南，陕西。

资料来源：戴武，2001，中国圆冠叶蝉族分类研究。西北农林科技大学硕士学位毕业论文。

侧突马氏叶蝉 *Matsumurella* sp. (新种，另文发表)

省内产地：西峡黄石庵(模式产地)。

分布：河南。

资料来源：戴武，2001，中国圆冠叶蝉族分类研究。西北农林科技大学硕士学位毕业论文。

白星斑翅叶蝉 *Mimotettix albiguttatis* Li *et* Wang, 2005

省内产地：嵩县白云山(模式产地)。

分布：河南。

资料来源：李子忠等，2005，中国斑翅叶蝉属二新种记述(半翅目：叶蝉科，殃叶蝉亚科)。动物分类学报，30(4)：798~800。

黑纹斑翅叶蝉 *Mimotettix kawamurae* Matsumura, 1914

省内产地：桐柏桐柏山，登封少林寺，济源黄楝树林场，内乡宝天曼葛条爬，内乡宝天曼，西峡黄石庵。

分布：河南，陕西，甘肃，福建，湖南，贵州，台湾，广东，广西，海南；日本，韩国，俄罗斯。

寄主：禾本科植物。

资料来源：蔡平等，2002，同翅目：叶蝉科。《太行山及桐柏山区昆虫》，中国农业科学技术出版社。

纹翅叶蝉 *Nakaharanus maculisus* Kuoh, 1986

省内产地：辉县八里沟，登封少林寺，嵩县白云山。

分布：河南，贵州，云南。

资料来源：戴仁怀，2004，中国殃叶蝉亚科区系分类及系统发育研究。浙江大学博士学位毕业论文。

黑尾叶蝉 *Nephotettix cincticeps* (Uhler, 1896)

省内产地：西峡寨根，卢氏狮子坪，罗山灵山，桐柏桐柏山，新县连康山，济源黄楝树。

分布：河南，安徽，浙江，福建等国内各省份；朝鲜，日本，菲律宾；欧洲，非洲。

寄主：水稻，玉米，高粱，小米，小麦，谷子，稗草，看麦娘，游草，白菜，芥菜，萝卜，茭白，甘蔗，茶等。

资料来源：蔡平等，1998，同翅目：叶蝉科。《伏牛山区昆虫》，中国农业科学技术出版社。

双叉叉索叶蝉 *Neurotettix bifurcatus* Cai *et* Shen, 1999

省内产地：新县连康山(模式产地)。

分布：河南。

资料来源：蔡平等，1999，大别山叶蝉六新种(同翅目：叶蝉科)。《伏牛山南坡及大别山区昆虫》，中国农业科学技术出版社。

安氏圆纹叶蝉 *Norva anufrievi* Emeljanov, 1969

省内产地：栾川龙峪湾，济源王屋山，登封少林寺，桐柏水帘洞，罗山灵山。

分布：河南，安徽；俄罗斯，朝鲜，日本。

寄主：葛藤。

资料来源：蔡平等，1998，同翅目：叶蝉科。《伏牛山区昆虫》，中国农业科学技术出版社。

黄眼蛇叶蝉 *Ophiola flavopicta* Ishihara, 1953

省内产地：新县连康山。

分布：河南；日本。

资料来源：蔡平等，1999，同翅目：叶蝉科。《伏牛山南坡及大别山区昆虫》，中国农业科学技术出版社。

新东方叶蝉 *Orientus ishitae* (Matsumura, 1902)

省内产地：信阳鸡公山.

分布：河南，湖南；韩国，日本，俄罗斯，菲律宾，美国。

资料来源：戴武，2001，中国圆冠叶蝉族分类研究。西北农林科技大学硕士学位毕业论文。

斑点东方叶蝉 *Orientus* sp. (新种，另文发表)

省内产地：嵩县白云山(模式产地)。

分布：河南。

资料来源：戴武，2001，中国圆冠叶蝉族分类研究。西北农林科技大学硕士学位毕业论文。

网室叶蝉 *Orosius albicinctus* Diatant, 1918

省内产地：桐柏，渑池，延津，兰考。

分布：河南，河北，安徽，广东，贵州。

资料来源：申效诚等，1994，河南昆虫名录补遗(一)。《河南昆虫分类区系研究 第一卷》，中国农业科学技术出版社。

折板叶蝉 *Paralaevicephalus nigrifemoratus* (Matsumura, 1902)

省内产地：栾川龙峪湾，嵩县白云山，登封少林寺。

分布：河南，安徽，浙江，四川，福建，台湾；日本。

寄主：葛藤。

资料来源：蔡平等，2002，同翅目：叶蝉科。《太行山及桐柏山区昆虫》，中国农业科学技术出版社。

莫干山冠带叶蝉 *Paramesodes mokanshanae* Wilson, 1983

省内产地：栾川龙峪湾。

分布：河南，浙江，湖南，贵州，四川。

资料来源：蔡平等，1998，同翅目：叶蝉科。《伏牛山区昆虫》，中国农业科学技术出版社。

一点炎叶蝉 *Phlogotettix cyclops* (Mulsant *et* Rey, 1855)

省内产地：信阳鸡公山，内乡宝天曼，新县连康山，西峡，卢氏，登封少林寺，桐柏桐柏山，罗山灵山。

分布：河南，浙江，湖北，四川，贵州，福建，台湾；朝鲜，日本，俄罗斯，澳大利亚；欧洲。

寄主：水稻，苎麻，绞股蓝，茶，榆树及其他禾本科植物。

资料来源：蔡平等，1999，同翅目：叶蝉科。《鸡公山区昆虫》，中国农业科学技术出版社。

齿茎背突叶蝉 *Protensus dentatus* Zhang *et* Dai, 2001

省内产地：嵩县白云山(模式产地)。

分布：河南。

资料来源：张雅林等，2001，角顶叶蝉亚科一新属——背突叶蝉属(同翅目：叶蜂科)。昆虫分类学报，23(2)：93~100。

条沙叶蝉 *Psammotettix striatus* (Linné, 1758)

省内产地：罗山灵山。

分布：全国；广泛分布于世界各地。

寄主：水稻，小麦，大麦，雀麦，甜菜，茄子，甘蔗，大麻等。

资料来源：蔡平等，2002，同翅目：叶蝉科。《太行山及桐柏山区昆虫》，中国农业科学技术出

版社。

电光叶蝉 *Recilia dorsalis* (Motschulsky, 1859)

省内产地：罗山灵山，卢氏。

分布：河南，东北，陕西，安徽，江苏，浙江，江西，湖北，湖南，四川，贵州，福建，广东，台湾；朝鲜，日本，马来西亚，印度，斯里兰卡。

寄主：水稻，大麦，小麦，玉米，高粱，甘蔗，柑橘。

资料来源：蔡平等，1998，同翅目：叶蝉科。《伏牛山区昆虫》，中国农业科学技术出版社。

花冠纹叶蝉 *Recilia coronifera* (Marshall, 1866)

省内产地：内乡葛条爬。

分布：河南，辽宁，山东，陕西，甘肃，湖南；朝鲜，日本，俄罗斯，蒙古国；欧洲。

资料来源：段亚妮，2005，中国角顶叶蝉族分类研究。西北农林科技大学硕士学位毕业论文。

黑山纹叶蝉 *Recilia heuksandiensis* Kwon *et* Lee, 1979

省内产地：信阳鸡公山。

分布：河南，陕西，湖南，江西，福建，贵州，广西，海南。

资料来源：段亚妮，2005，中国角顶叶蝉族分类研究。西北农林科技大学硕士学位毕业论文。

黑环纹叶蝉 *Recilia schmidtgeni* (Wagner, 1839)

省内产地：登封少林寺，罗山灵山。

分布：河南，浙江，河北，湖北，广东；印度；欧洲。

资料来源：蔡平等，2002，同翅目：叶蝉科。《太行山及桐柏山区昆虫》，中国农业科学技术出版社。

横带网翅叶蝉 *Reticulum transvittatum* Dai, Li *et* Chen, 2006

省内产地：辉县八里沟(模式产地)。

分布：河南，贵州，云南。

资料来源：Dai Ren-Huai *et al*., 2006, A new genus and species of Euscelinae (Hemiptera, Cicadellidae,) from China. *Acta Zootaxonomica Sinica*, 31(2): 398~400.

拟带叶蝉 *Scaphoidella arboricola* Vilbaste, 1968

省内产地：济源王屋山，卢氏淇河林场，登封少林寺，桐柏桐柏山，新县连康山。

分布：河南，浙江；俄罗斯。

资料来源：蔡平等，1999，同翅目：叶蝉科。《伏牛山南坡及大别山区昆虫》，中国农业科学技术出版社。

白条带叶蝉 *Scaphoideus albovittatus* Matsumura, 1913

省内产地：内乡宝天曼葛条爬，桐柏桐柏山。

分布：河南，河北，贵州；朝鲜，日本，泰国。

寄主：水稻。

资料来源：蔡平等，1999，同翅目：叶蝉科。《伏牛山南坡及大别山区昆虫》，中国农业科学技术出版社。

橙横带叶蝉 *Scaphoideus aurantiacus* Kuoh, 1986

省内产地：灵宝亚武山。

分布：河南，云南。

资料来源：蔡平等，1998，同翅目：叶蝉科。《伏牛山区昆虫》，中国农业科学技术出版社。

长茎带叶蝉 *Scaphoideus changjinganus* Li, 1990

省内产地：新县连康山。

分布：河南，湖南，贵州，浙江。

资料来源：蔡平等，1999，同翅目：叶蝉科。《伏牛山南坡及大别山区昆虫》，中国农业科学技术出版社。

横带叶蝉 *Scaphoideus festivus* Matsumura, 1902

省内产地：嵩县白云山，西峡寨根，内乡宝天曼，信阳鸡公山，新县连康山。

分布：河南，陕西，浙江，湖南，四川，云南，贵州，福建，广东，海南，台湾；朝鲜，日本，印度，斯里兰卡。

寄主：水稻，茶，柑橘及其他禾本科植物。

资料来源：蔡平等，1999，同翅目：叶蝉科。《鸡公山区昆虫》，中国农业科学技术出版社。

箭带叶蝉 *Scaphoideus kumamotonis* Matsumura, 1914

省内产地：新县连康山，内乡宝天曼，桐柏桐柏山。

分布：河南，浙江，贵州；日本。

寄主：禾本科植物。

资料来源：蔡平等，2002，同翅目：叶蝉科。《太行山及桐柏山区昆虫》，中国农业科学技术出版社。

黑面带叶蝉 *Scaphoideus nigrifacies* Cai *et* Shen, 1999

省内产地：新县连康山(模式产地)。

分布：河南。

资料来源：蔡平等，1999，大别山叶蝉六新种(同翅目：叶蝉科)。《伏牛山南坡及大别山区昆虫》，中国农业科学技术出版社。

黑横带叶蝉 *Scaphoideus nitobei* Matsumura, 1914

省内产地：嵩县白云山。

分布：河南，福建，江西，贵州，台湾。

资料来源：蔡平等，1998，同翅目：叶蝉科。《伏牛山区昆虫》，中国农业科学技术出版社。

红色带叶蝉 *Scaphoideus rufilineatus* Li, 1990

省内产地：内乡宝天曼葛条爬，灵宝亚武山。

分布：河南，贵州。

资料来源：蔡平等，1999，同翅目：叶蝉科。《伏牛山南坡及大别山区昆虫》，中国农业科学技术出版社。

多色横带叶蝉 *Scaphoideus varius* Vilbaste, 1968

省内产地：具体不详。

分布：河南，浙江，贵州，台湾。

资料来源：蔡平，何俊华，顾晓玲，2001，叶蝉科。《天目山昆虫》，科学出版社。

带叶蝉 *Scaphoideus* sp.

省内产地：栾川龙峪湾。

分布：河南。

资料来源：蔡平等，1998，同翅目：叶蝉科。《伏牛山区昆虫》，中国农业科学技术出版社。

烟草木叶蝉 *Thamnotettix tobae* Matsumura, 1902

省内产地：信阳鸡公山，新县连康山。

分布：河南，江苏，四川；朝鲜，日本。

资料来源：蔡平等，1999，同翅目：叶蝉科。《鸡公山区昆虫》，中国农业科学技术出版社。

横带三叉叶蝉 *Trineurota* sp. (新种，另文发表)

省内产地：辉县八里沟(模式产地)。

分布：河南，贵州，云南。

资料来源：戴仁怀，2004，中国殃叶蝉亚科区系分类及系统发育研究。浙江大学博士学位毕业论文。

横带宽额叶蝉 *Usuironus limbicosta* (Jacobi, 1944)

省内产地：具体不详。

分布：河南，黑龙江，吉林，陕西，甘肃，安徽，江苏，湖北，湖南，浙江，福建，江西，贵州，广西；日本，韩国，蒙古国，俄罗斯，苏丹。

资料来源：戴仁怀，2004，中国殃叶蝉亚科区系分类及系统发育研究。浙江大学博士学位毕业论文。

白边宽额叶蝉 *Usuironus limbifera* (Matsumura, 1902)

Handianus limbifer (Matsumura, 1902)

省内产地：嵩县白云山，栾川龙峪湾，西峡黄石庵，内乡宝天曼，信阳鸡公山，罗山灵山，新县连康山，登封少林寺。

分布：河南，黑龙江，吉林，山西，陕西，甘肃，宁夏，浙江，湖南，贵州；日本，韩国，俄罗斯。

寄主：禾本科植物。

资料来源：蔡平等，1999，同翅目：叶蝉科。《鸡公山区昆虫》，中国农业科学技术出版社。

四斑宽额叶蝉 *Usuironus quadrimaculatus* Cai *et* Shen, 1999

省内产地：内乡宝天曼(模式产地)，陕县甘山森林公园。

分布：河南。

资料来源：蔡平等，1999，宝天曼叶蝉九新种(同翅目：叶蝉科)。《伏牛山南坡及大别山区昆虫》，中国农业科学技术出版社。

张氏黄叶蝉 *Xanthosotettix* sp. (新种，另文发表)

省内产地：西峡黄石庵(副模产地)。

分布：河南，陕西，湖南，四川。

资料来源：戴武，2001，中国圆冠叶蝉族分类研究。西北农林科技大学硕士学位毕业论文。

纵带尖头叶蝉 *Yanocephalus yanonis* Matsumura, 1902

省内产地：卢氏淇河林场，栾川龙峪湾，登封少林寺，桐柏县桐柏山，新县连康山。

分布：河南，山东，安徽，浙江，四川，贵州，福建；朝鲜，日本。

寄主：葛藤，黄豆，水稻及其他禾本科植物。

资料来源：蔡平等，1999，同翅目：叶蝉科。《伏牛山南坡及大别山区昆虫》，中国农业科学技术出版社。

(一六) 扩额叶蝉亚科 Xestocephalinae

四刺扩额叶蝉 *Xestocephalus binatus* Cai *et* He, 2001

省内产地：新县连康山(副模产地)。

分布：河南，浙江，贵州。

资料来源：蔡平等，2001，叶蝉科。《天目山昆虫》，科学出版社。

褐翅扩额叶蝉 *Xestocephalus iguchii* Matsumura, 1914

省内产地：卢氏淇河林场。

分布：河南，浙江，东北；日本。

资料来源：蔡平等，2002，同翅目：叶蝉科。《太行山及桐柏山区昆虫》，中国农业科学技术出版社。

四点扩额叶蝉 *Xestocephalus nikkoensis* Matsumura, 1914

省内产地：桐柏桐柏山，济源黄楝树。

分布：河南；日本。

资料来源：蔡平等，2002，同翅目：叶蝉科。《太行山及桐柏山区昆虫》，中国农业科学技术出版社。

扩额叶蝉 *Xestocephalus* sp.

省内产地：新县连康山。

分布：河南。

资料来源：蔡平等，1999，同翅目：叶蝉科。《伏牛山南坡及大别山区昆虫》，中国农业科学技术出版社。

(一七) 隐脉叶蝉亚科 Nirvaninae

中华消室叶蝉 *Chudania sinica* Zhang *et* Yang, 1990

省内产地：信阳鸡公山，卢氏狮子坪。

分布：陕西，河南，湖北，浙江，湖南，福建，广东，广西，四川，贵州。

寄主：茶，广玉兰，油桐，大麻，草本植物。

资料来源：蔡平等，1999，同翅目：叶蝉科。《鸡公山区昆虫》，中国农业科学技术出版社。

顶斑小板叶蝉 *Oniella excelsa* (Melicher, 1902)

省内产地：嵩县白云山。

分布：河南，贵州，四川。

资料来源：蔡平等，1998，同翅目：叶蝉科。《伏牛山区昆虫》，中国农业科学技术出版社。

黑带小板叶蝉 *Oniella honesta* (Mclicher, 1902)

省内产地：嵩县白云山。

分布：河南，四川；澳大利亚。

资料来源：蔡平等，1998，同翅目：叶蝉科。《伏牛山区昆虫》，中国农业科学技术出版社。

白头小板叶蝉 *Oniella leucocephala* Matsumura, 1912

省内产地：信阳鸡公山，罗山灵山，桐柏桐柏山，内乡宝天曼，卢氏狮子坪，栾川龙峪湾，嵩县白云山，登封少林寺，济源王屋山。

分布：河南，安徽，浙江，湖北，贵州，四川，福建；日本。

寄主：辣椒，核桃，榆树，赤杨。

资料来源：蔡平等，1999，同翅目：叶蝉科。《鸡公山区昆虫》，中国农业科学技术出版社。

三带小板叶蝉 *Oniella ternifasciatata* Cai *et* Ge, 2000

省内产地：卢氏狮子坪，灵宝亚武山，嵩县白云山。

分布：河南，福建。

资料来源：蔡平等，1998，同翅目：叶蝉科。《伏牛山区昆虫》，中国农业科学技术出版社。

白翅拟隐脉叶蝉 *Sophonia albula* Cai *et* Shen, 1998

省内产地：栾川龙峪湾，内乡宝天曼(模式产地)。

分布：河南。

资料来源：蔡平等，1998，河南省叶蝉科新种记述(同翅目：叶蝉总科)。《伏牛山区昆虫》，中国农业科学技术出版社。

白色拟隐脉叶蝉 *Sophonia albuma* Li *et* Wang, 1991

省内产地：信阳鸡公山，内乡宝天曼。

分布：河南，贵州，陕西，海南。

寄主：杂灌木。

资料来源：蔡平等，1999，同翅目：叶蝉科。《鸡公山区昆虫》，中国农业科学技术出版社。

红背拟隐脉叶蝉 *Sophonia aurantiaca* Cai *et* Shen, 1999

省内产地：内乡宝天曼葛条爬(模式产地)。

分布：河南。

资料来源：蔡平等，1999，宝天曼叶蝉九新种(同翅目：叶蝉科)。《伏牛山南坡及大别山区昆虫》，中国农业科学技术出版社。

黑缘拟隐脉叶蝉 *Sophonia nigromarginata* Cai *et* Shen, 1998

省内产地：灵宝亚武山，西峡寨根(模式产地)，卢氏狮子坪。

分布：河南。

资料来源：蔡平等，1998，河南省叶蝉科新种记述(同翅目：叶蝉总科)。《伏牛山区昆虫》，中国农业科学技术出版社。

红缘拟隐脉叶蝉 *Sophonia rubrolimbata* (Kuoh *et* Kuoh, 1986)

省内产地：内乡宝天曼，信阳鸡公山，新县连康山。

分布：河南，安徽，福建，四川，贵州，云南，台湾，海南。

寄主：水稻，葛藤。

资料来源：蔡平等，1999，同翅目：叶蝉科。《鸡公山区昆虫》，中国农业科学技术出版社。

赤条拟隐脉叶蝉 *Sophonia rufofascia* (Kuoh *et* Kuoh, 1986)

省内产地：新县连康山，内乡宝天曼葛条爬。

分布：河南，浙江，贵州，台湾；美国(夏威夷，加利福尼亚)。

寄主：香蕉，柑橘，番石榴，椰子，芒果，芋艿，木槿，兰花，水稻等植物。

资料来源：蔡平等，1999，同翅目：叶蝉科。《伏牛山南坡及大别山区昆虫》，中国农业科学技术出版社。

红线拟隐脉叶蝉 *Sophonia rufolineata* (Kuoh, 1973)

省内产地：嵩县白云山，内乡宝天曼，信阳鸡公山，新县连康山。

分布：河南，江西，浙江，福建。

寄主：葛藤。

资料来源：蔡平等，1999，同翅目：叶蝉科。《鸡公山区昆虫》，中国农业科学技术出版社。

拟隐脉叶蝉 *Sophonia* sp.

省内产地：灵宝亚武山。

分布：河南。

资料来源：蔡平等，1998，同翅目：叶蝉科。《伏牛山区昆虫》，中国农业科学技术出版社。

(一八) 小叶蝉亚科 Typhlocybinae

三角辜小叶蝉 *Aguriahana triangularis* (Matsumura, 1932)

省内产地：卢氏狮子坪。

分布：河南，陕西，江西，湖南，贵州；日本。

寄主：苹果。

资料来源：蔡平等，1998，同翅目：叶蝉科。《伏牛山区昆虫》，中国农业科学技术出版社。

浙江辜小叶蝉 *Aguriahana zheensis* Cai *et* He, 2002

省内产地：新县连康山。

分布：河南，安徽，浙江。

寄主：葛藤(叶片)。

资料来源：蔡平等，1999，同翅目：叶蝉科。《伏牛山南坡及大别山区昆虫》，中国农业科学技术出版社。

辜小叶蝉 *Aguriahana* sp.

省内产地：西峡。

分布：河南。

资料来源：蔡平等，1998，同翅目：叶蝉科。《伏牛山区昆虫》，中国农业科学技术出版社。

橙色长柄叶蝉 *Alebroides aurantinus* Cai *et* Shen, 1999

省内产地：信阳鸡公山(模式产地)，新县连康山。

分布：河南。

资料来源：蔡平等，1999，鸡公山叶蝉二新种(同翅目：叶蝉科)。《鸡公山区昆虫》，中国农业科学技术出版社。

鼎湖长柄叶蝉 *Alebroides dinghuensis* Chou *et* Zhang, 1987

省内产地：信阳鸡公山。

分布：河南，广东。

资料来源：蔡平等，1999，同翅目：叶蝉科。《鸡公山区昆虫》，中国农业科学技术出版社。

柳长柄叶蝉 *Alebroides salicis* (Vilbaste, 1968)

省内产地：信阳鸡公山。

分布：河南，陕西；俄罗斯，朝鲜。

寄主：*Salix sachalinensis*.

资料来源：蔡平等，1999，同翅目：叶蝉科。《鸡公山区昆虫》，中国农业科学技术出版社。

匀突长柄叶蝉 *Alebroides shirakiellus* (Matsumura, 1931)

省内产地：信阳鸡公山。

分布：河南，浙江，云南，台湾。

资料来源：秦道正，2003，中国小绿叶蝉族分类研究。西北农林科技大学博士学位毕业论文。

棉叶蝉 *Amrasca biguttula* (Ishida, 1913)

省内产地：西峡寨根等全省各地。

分布：河南，东北，河北，陕西，山东，安徽，江苏，浙江，江西，湖北，湖南，台湾，海南，广西；日本。

寄主：棉花。

资料来源：蔡平等，1998，同翅目：叶蝉科。《伏牛山区昆虫》，中国农业科学技术出版社。

蒙奥小叶蝉 *Austroasca mitfaevi* Dworakowska, 1970

省内产地：信阳鸡公山。

分布：河南，黑龙江，山东，山西，陕西，甘肃，福建，四川，云南，贵州，湖南，广东，广西；朝鲜，蒙古国。

资料来源：秦道正，2003，中国小绿叶蝉族分类研究。西北农林科技大学博士学位毕业论文。

中华端叉叶蝉 *Bhatasca* sp. (新种，另文发表)

省内产地：信阳鸡公山(副模产地)。

分布：河南，湖南，福建，甘肃，四川。

资料来源：秦道正，2003，中国小绿叶蝉族分类研究。西北农林科技大学博士学位毕业论文。

楝白小叶蝉 *Elbelus melianus* Kuoh, 1987

省内产地：新县连康山，郑州。

分布：河南，安徽，江苏，上海，浙江，江西，湖北，湖南，广东，广西，贵州，四川。

寄主：楝树。

资料来源：蔡平等，1998，同翅目：叶蝉科。《伏牛山区昆虫》，中国农业科学技术出版社。

云南白小叶蝉 *Elbelus yunnanensis* Chou *et* Ma, 1981

省内产地：内乡宝天曼，郑州，登封少林寺，济源黄楝树林场，信阳鸡公山，新县连康山。

分布：河南，福建，安徽，江西，江苏，上海，湖北，湖南，浙江，四川，贵州，广西，广东。

寄主：楝树，大麻，苘麻，棉。

资料来源：蔡平等，1999，同翅目：叶蝉科。《鸡公山区昆虫》，中国农业科学技术出版社。

阿尔泰小绿叶蝉 *Empoasca altaica* Vilbaste, 1965

省内产地：信阳鸡公山。

分布：河南；俄罗斯，蒙古国，朝鲜。

资料来源：蔡平等，1999，同翅目：叶蝉科。《鸡公山区昆虫》，中国农业科学技术出版社。

偏茎小绿叶蝉 *Empoasca decedens* Paoli, 1932

省内产地：信阳鸡公山。

分布：河南，甘肃，陕西；欧洲。

资料来源：蔡平等，1999，同翅目：叶蝉科。《鸡公山区昆虫》，中国农业科学技术出版社。

阔基小绿叶蝉 *Empoasca cienka* Dworakowska, 1982

省内产地：信阳鸡公山。

分布：河南，山东，陕西，湖南，贵州；朝鲜。

资料来源：秦道正，2003，中国小绿叶蝉族分类研究。西北农林科技大学博士学位毕业论文。

小绿叶蝉 *Empoasca flavescens* (Fabricius, 1794)

省内产地：全省。

分布：河南，东北，山东，山西，安徽，江苏，湖北，浙江，福建，江西，湖南，贵州，广东，海南，广西，四川，云南，西藏；朝鲜，日本，俄罗斯，斯里兰卡，印度；欧洲，非洲，南美洲。

资料来源：申效诚，1993，河南昆虫名录。中国农业科学技术出版社。

广道小绿叶蝉 *Empoasca hiromichi* (Matsumura, 1931)

省内产地：具体不详。

分布：河南，陕西，山东，湖南；日本。

资料来源：秦道正，2003，中国小绿叶蝉族分类研究。西北农林科技大学博士学位毕业论文。

鸡公山小绿叶蝉 *Empoasca jigongshana* Cai *et* Shen, 1999

省内产地：信阳鸡公山(模式产地)。

分布：河南。

资料来源：蔡平等，1999，鸡公山叶蝉二新种(同翅目：叶蝉科)。《鸡公山区昆虫》，中国农业科学技术出版社。

烟翅小绿叶蝉 *Empoasca limbifera* Matsumura, 1931

省内产地：嵩县白云山。

分布：河南，安徽，福建，贵州，云南；日本。

采集寄主：青蒿。

资料来源：蔡平等，1998，同翅目：叶蝉科。《伏牛山区昆虫》，中国农业科学技术出版社。

松田小绿叶蝉 *Empoasca marsudai* Dworakowska, 1972

省内产地：具体不详。

分布：河南，湖南；朝鲜，日本。

资料来源：秦道正，2003，中国小绿叶蝉族分类研究。西北农林科技大学博士学位毕业论文。

大贯小绿叶蝉 *Empoasca onukii* Matsuda, 1952

省内产地：信阳鸡公山。

分布：河南，甘肃，浙江，福建，湖南，四川，云南；日本，越南。

资料来源：秦道正，2003，中国小绿叶蝉族分类研究。西北农林科技大学博士学位毕业论文。

端黑小绿叶蝉 *Empoasca polyphemus* Matsumura, 1931

省内产地：信阳鸡公山。

分布：河南，甘肃，贵州；日本；欧洲。

资料来源：蔡平等，1999，同翅目：叶蝉科。《鸡公山区昆虫》，中国农业科学技术出版社。

假眼小绿叶蝉 *Empoasca vitis* (Gothe, 1875)

省内产地：信阳鸡公山。

分布：河南，安徽，江苏，湖北，浙江，四川，贵州，湖南，福建，云南，广西，广东，海南；日本。

寄主：茶。

资料来源：蔡平等，1999，同翅目：叶蝉科。《鸡公山区昆虫》，中国农业科学技术出版社。

刺突小绿叶蝉 *Empoasca* sp. (新种，另文发表)

省内产地：信阳鸡公山(模式产地)。

分布：河南。

资料来源：秦道正，2003，中国小绿叶蝉族分类研究。西北农林科技大学博士学位毕业论文。

桑斑叶蝉 *Erythroneura mori* Matsumura, 1910

省内产地：全省。

分布：河南，河北，山西，山东，安徽，江苏，江西，浙江，湖南，四川；日本。

资料来源：申效诚，1993，河南昆虫名录。中国农业科学技术出版社。

白雅小叶蝉 *Eurhadina alba* Dworakowska, 1978

省内产地：栾川龙峪湾，卢氏狮子坪，嵩县白云山。

分布：河南，湖南；日本。

寄主：青冈栎。

资料来源：蔡平等，1998，同翅目：叶蝉科。《伏牛山区昆虫》，中国农业科学技术出版社。

雅小叶蝉 *Eurhadina* sp.

省内产地：栾川龙峪湾。

分布：河南。

资料来源：蔡平等，1998，同翅目：叶蝉科。《伏牛山区昆虫》，中国农业科学技术出版社。

柿散零叶蝉 *Limassolla dispunctata* Chou *et* Ma, 1981

省内产地：卢氏狮子坪。

分布：河南，陕西，广东。

寄主：柿树。

资料来源：蔡平等，1998，同翅目：叶蝉科。《伏牛山区昆虫》，中国农业科学技术出版社。

河北零叶蝉 *Limassolla hebeiensis* Cai *et* Liang, 1992

省内产地：济源王屋山，博爱，罗山灵山。

分布：河南，河北，安徽，浙江。

寄主：柿树。

资料来源：蔡平等，1998，同翅目：叶蝉科。《伏牛山区昆虫》，中国农业科学技术出版社。

津氏斑小叶蝉 *Naratettix zini* Dworakowska, 1972

省内产地：卢氏狮子坪，嵩县白云山。

分布：河南，北京；朝鲜。

资料来源：蔡平等，1998，同翅目：叶蝉科。《伏牛山区昆虫》，中国农业科学技术出版社。

菱纹斑小叶蝉 *Naratettix zonatus* (Matsumura, 1915)

省内产地：卢氏淇河林场，嵩县白云山。

分布：河南，浙江，台湾；朝鲜，日本。

资料来源：蔡平等，1998，同翅目：叶蝉科。《伏牛山区昆虫》，中国农业科学技术出版社。

褐带蟠小叶蝉 *Paracyba soosi* Dworakowska, 1986

省内产地：新县连康山。

分布：河南，湖南；越南。

资料来源：蔡平等，1999，同翅目：叶蝉科。《伏牛山南坡及大别山区昆虫》，中国农业科学技术出版社。

烟翅菱脊叶蝉 *Parathaia infumata* Kuoh, 1982

省内产地：具体不详。

分布：河南，安徽，福建，江西，贵州。

资料来源：宋月华，李子忠等，2007，叶蝉科：小叶蝉亚科。《雷公山景观昆虫》，贵州科技出版社。

陕西沙小叶蝉 *Shadda shaanxiensis* Ma, 1981

省内产地：济源王屋山，登封少林寺，卢氏淇河林场。

分布：河南，甘肃，陕西。

寄主：葛藤。

资料来源：蔡平等，2002，同翅目：叶蝉科。《太行山及桐柏山区昆虫》，中国农业科学技术出

版社。

桃一点新小叶蝉 *Singapora shinshana* (Matsumura, 1932)

省内产地：具体不详。

分布：河南，安徽，福建，台湾，贵州。

资料来源：宋月华，李子忠等，2007，叶蝉科：小叶蝉亚科。《雷公山景观昆虫》，贵州科技出版社。

贝小叶蝉 *Typhlocyba babai* Ishihara, 1958

省内产地：嵩县白云山，卢氏淇河林场。

分布：河南，陕西，福建；日本，俄罗斯。

寄主：栎木，毛桃。

资料来源：蔡平等，1998，同翅目：叶蝉科。《伏牛山区昆虫》，中国农业科学技术出版社。

拟贝小叶蝉 *Typhlocyba parababai* Cai *et* Shen, 1998

省内产地：卢氏狮子坪(模式产地)。

分布：河南。

采集寄主：柿树。

资料来源：蔡平等，1998，河南省叶蝉科新种记述(同翅目：叶蝉总科)。《伏牛山区昆虫》，中国农业科学技术出版社。

斑纹栎小叶蝉 *Typhlocyba quercussimilis* Dworakowska, 1967

省内产地：卢氏狮子坪。

分布：河南，陕西，甘肃；蒙古国，俄罗斯。

资料来源：蔡平等，1998，同翅目：叶蝉科。《伏牛山区昆虫》，中国农业科学技术出版社。

桃一点叶蝉 *Typhlocyba sudra* (Distant, 1908)

省内产地：西峡寨根。

分布：河南，安徽，江苏，浙江，福建，贵州；印度。

采集寄主：桃树。

资料来源：蔡平等，1998，同翅目：叶蝉科。《伏牛山区昆虫》，中国农业科学技术出版社。

侧突兜小叶蝉 *Velu pleuroprominens* Zhang *et* Qin, 2004

省内产地：栾川龙峪湾(正模产地)。

分布：河南。

资料来源：张雅林等，2004，中国新纪录属——兜小叶蝉属并记三新种(同翅目，叶蝉科，小叶蝉亚科，小绿叶蝉族)。动物分类学报，29(2)：276~280。

葡萄斑叶蝉 *Zygina apicalis* Nawa, 1913

省内产地：栾川，灵宝，郑州等全省各地。

分布：河南，辽宁，河北，山东，安徽，江苏，浙江，福建，台湾，湖北，陕西；日本。

寄主：葡萄。

资料来源：蔡平等，1998，同翅目：叶蝉科(一)。《伏牛山区昆虫》，中国农业科学技术出版社。

血点斑叶蝉 *Zygina arachisi* (Matsumura, 1917)

省内产地：沈丘。

分布：河南，安徽，福建，台湾。

资料来源：申效诚等，1994，河南昆虫名录补遗。《河南昆虫分类区系研究 第一卷》，中国农业科学技术出版社。

黑胸斑叶蝉 *Zygina hirayamella* Matsumura, 1932

省内产地：栾川龙峪湾，西峡寨根，新县连康山。

分布：河南，北京，安徽，福建，贵州；日本。

寄主：葡萄，桑，苎麻，芝麻，花生，萝卜，葎草。

资料来源：蔡平等，1998，同翅目：叶蝉科。《伏牛山区昆虫》，中国农业科学技术出版社。

苹果塔叶蝉 *Zyginella mali* (Yang, 1965)

省内产地：卢氏淇河林场。

分布：河南，青海，宁夏，陕西；俄罗斯。

寄主：苹果，沙果，槟子，海棠。

资料来源：蔡平等，2002，同翅目：叶蝉科。《太行山及桐柏山区昆虫》，中国农业科学技术出版社。

一六、角蝉科 Membracidae

本科世界已知 400 属 3100 种，中国已记载 42 属 281 种，河南记录 10 属 15 种。

达氏秃角蝉 *Centrotoscellus davidi* (Fallou, 1891)

省内产地：信阳鸡公山。

分布：河南，北京，江苏，浙江，广东，海南；欧洲。

资料来源：田润刚，1999，同翅目：蝉总科，蜡蝉总科，沫蝉总科，角蝉总科。《鸡公山区昆虫》，中国农业科学技术出版社。

竖角蝉属 *Erecticornia* Yuan *et* Tian, 1997

模式种：栗翅竖角蝉 *Erecticornia castanopinnae* Yuan *et* Tian, 1997

分布：中国(河南)。

资料来源：Yuan Feng, Tian Rungang, 1997. A new genus and four new species of Membracidae (Homoptera) from China. *Entomotaxonomia*, 19(3):185~190.

栗翅竖角蝉 *Erecticornia castanopinnae* Yuan *et* Tian, 1997

省内产地：嵩县白云山(属模产地，模式产地)。

分布：河南，山西，陕西。

资料来源：Yuan Feng, Tian Rungang, 1997. A new genus and four new species of Membracidae (Homoptera) from China. *Entomotaxonomia*, 19(3):185~190.

黑圆角蝉 *Gargara genistae* (Fabricius, 1775)

省内产地：嵩县白云山，信阳鸡公山。

分布：河南，宁夏，陕西，山东，山西，江苏，浙江，湖南，四川；英国，法国，奥地利，西班牙，意大利，葡萄牙，美国，日本。

资料来源：田润刚，1999，同翅目：蝉总科，蜡蝉总科，沫蝉总科，角蝉总科。《鸡公山区昆虫》，中国农业科学技术出版社。

横带圆角蝉 *Gargara katoi* Metcalf *et* Wade, 1965

省内产地：具体不详。

分布：河南，黑龙江，吉林，辽宁，宁夏，陕西，山东，湖北，四川，广东，台湾；日本。

资料来源：袁锋等，2002，中国动物志 昆虫纲 第二十八卷。科学出版社。

大圆角蝉 *Gargara majuscula* Distant

省内产地：嵩县白云山。

分布：河南；印度。

资料来源：田润刚等，1998，同翅目：角蝉科。《伏牛山区昆虫》，中国农业科学技术出版社。

中华高冠角蝉 *Hypsauchenia chinensis* Chou, 1975

省内产地：信阳。

分布：河南，河北，湖南，贵州，四川。

资料来源：申效诚，1993，河南昆虫名录。中国农业科学技术出版社。

犀角蝉 *Jingkara hyalipunctata* Chou, 1964

省内产地：嵩县白云山，栾川龙峪湾。

分布：河南，湖南，湖北，江西，陕西，四川，云南，贵州。

资料来源：田润刚等，1998，同翅目：角蝉科。《伏牛山区昆虫》，中国农业科学技术出版社。

微卡圆角蝉 *Kotogargara parvula* (Lindberg, 1927)

省内产地：具体不详。

分布：河南，黑龙江，北京，河北，陕西，山西，四川，福建，云南；俄罗斯。

资料来源：袁锋等，2002，中国动物志 昆虫纲 第二十八卷。科学出版社。

羚羊矛角蝉 *Leptobelus gazella* Fairmaire, 1846

省内产地：嵩县白云山。

分布：河南，陕西，湖北，广东，四川，贵州；印度(锡金)。

资料来源：田润刚等，1998，同翅目：角蝉科。《伏牛山区昆虫》，中国农业科学技术出版社。

瘤耳角蝉 *Maurya paradosa* (Lethierry, 1876)

Maurya nodosa Funkhouser, 1940

省内产地：嵩县白云山。

分布：河南，黑龙江，辽宁，北京，山东，湖北，陕西，甘肃，四川，云南。

资料来源：田润刚等，1998，同翅目：角蝉科。《伏牛山区昆虫》，中国农业科学技术出版社。

秦岭耳角蝉 *Maurya qinlingensis* Yuan, 1988

省内产地：嵩县白云山。

分布：河南，北京，陕西，辽宁，甘肃，四川。

资料来源：田润刚等，1998，同翅目：角蝉科。《伏牛山区昆虫》，中国农业科学技术出版社。

栎耳角蝉 *Maurya querci* Yuan, 1988

省内产地：嵩县白云山。

分布：河南，陕西，辽宁，甘肃，四川，安徽，福建。

资料来源：田润刚等，1998，同翅目：角蝉科。《伏牛山区昆虫》，中国农业科学技术出版社。

背峰锯角蝉 *Pantaleon dorsalis* Matsumura, 1912

省内产地：信阳鸡公山。

分布：河南，陕西，河北，山东，湖北，安徽，江苏，浙江，福建，江西，台湾，贵州，四川，云南；日本。

资料来源：田润刚，1999，同翅目：蝉总科，蜡蝉总科，沫蝉总科，角蝉总科。《鸡公山区昆虫》，中国农业科学技术出版社。

油桐三刺角蝉 *Tricentrus aleuritis* Chou, 1975

省内产地：具体不详。

分布：河南，陕西，甘肃，湖北，安徽，江苏，江西，浙江，福建，湖南，广西，贵州，四川。

资料来源：申效诚等，1994，河南昆虫名录补遗(一)。《河南昆虫分类区系研究 第一卷》，中国农业科学技术出版社。

褐三刺角蝉 *Tricentrus brunneus* Funkhouser, 1918

省内产地：信阳鸡公山，嵩县白云山，栾川龙峪湾。

分布：河南，甘肃，陕西，山东，广西，贵州，云南；马来西亚，越南，新加坡，印度尼西亚。

资料来源：田润刚，1999，同翅目：蝉总科，蜡蝉总科，沫蝉总科，角蝉总科。《鸡公山区昆虫》，中国农业科学技术出版社。

一七、木虱科 Psyllidae

本科世界已知共 99 属 785 种，中国已记载 17 属 191 种，河南记录 5 属 12 种。

桑异脉木虱 *Anomoneura mori* Schwarz, 1896

省内产地：嵩县白云山，栾川龙峪湾。

分布：河南，辽宁，内蒙古，陕西，河北，山西，山东，湖北，江苏，浙江，湖南，四川；朝鲜，日本。

资料来源：李法圣等，1998，同翅目：木虱总科。《伏牛山区昆虫》，中国农业科学技术出版社。

中国梨喀木虱 *Cacopsylla chinensis* (Yang *et* Li, 1981)

省内产地：全省。

分布：河南，内蒙古，辽宁，陕西，宁夏，新疆，甘肃，河北，山西，山东，安徽，湖北，贵州，广东，台湾。

资料来源：申效诚，1993，河南昆虫名录。中国农业科学技术出版社。

轮纹喀木虱 *Cacopsylla verticillida* Li *et* Yang, 1989

省内产地：嵩县白云山。

分布：河南，陕西，甘肃，宁夏。

寄主植物：槭。

资料来源：李法圣等，1998，同翅目：木虱总科。《伏牛山区昆虫》，中国农业科学技术出版社。

胡颓子喀木虱 *Cacopsylla* sp.

省内产地：嵩县白云山。

分布：河南。

寄主植物：胡颓子。

资料来源：李法圣等，1998，同翅目：木虱总科。《伏牛山区昆虫》，中国农业科学技术出版社。

喀木虱 *Cacopsylla* sp.①

省内产地：嵩县白云山，栾川龙峪湾。

分布：河南。

资料来源：李法圣等，1998，同翅目：木虱总科。《伏牛山区昆虫》，中国农业科学技术出版社。

喀木虱 *Cacopsylla* sp.②

省内产地：嵩县白云山，栾川龙峪湾。

分布：河南。

资料来源：李法圣等，1998，同翅目：木虱总科。《伏牛山区昆虫》，中国农业科学技术出版社。

喀木虱 *Cacopsylla* sp.③

省内产地：嵩县白云山，栾川龙峪湾。

分布：河南。

资料来源：李法圣等，1998，同翅目：木虱总科。《伏牛山区昆虫》，中国农业科学技术出版社。

槐豆木虱 *Cyamophila willieti* (Wu, 1932)

省内产地：嵩县白云山，栾川龙峪湾。

分布：河南，内蒙古，陕西，宁夏，甘肃，北京，河北，山西，山东，安徽，江苏，湖北，湖南，贵州，云南，广东。

资料来源：李法圣等，1998，同翅目：木虱总科。《伏牛山区昆虫》，中国农业科学技术出版社。

合欢新羞木虱 *Neoacizzia jamatonica* (Kuwayama, 1908)

合欢羞木虱 *Acizzia jamatonica* (Kumayama, 1908)

省内产地：辉县百泉，嵩县白云山，栾川龙峪湾。

分布：河南，北京，山东，山西，陕西，甘肃，安徽，江苏，湖北，浙江，湖南，贵州，四川，云南，广西；日本。

资料来源：李法圣，2011，中国木虱志。科学出版社。

东方新羞木虱 *Neoacizzia sasakii* (Miyatake, 1963)

省内产地：辉县百泉，许昌。

分布：河南，北京，河北，山西，山东，陕西，甘肃，江苏，湖北，贵州，四川，广西；日本，韩国。

资料来源：李法圣，2011，中国木虱志。科学出版社。

白桦木虱 *Psylla aurea* Li, 2011

省内产地：栾川龙峪湾(副模产地)。

分布：河南，河北。

资料来源：李法圣，2011，中国木虱志。科学出版社。

木虱 *Psylla* sp.

省内产地：嵩县白云山。

分布：河南。

资料来源：李法圣等，1998，同翅目：木虱总科。《伏牛山区昆虫》，中国农业科学技术出版社。

一八、斑木虱科 Aphalaridae

本科世界已知共24属332种，中国已记载12属74种，河南记录2属7种。

带斑木虱 *Aphalara fasciata* Kuwayama, 1907

省内产地：嵩县白云山。

分布：河南，黑龙江，辽宁，安徽，湖北，浙江，福建，台湾，贵州，广东，广西；朝鲜，日本，俄罗斯。

资料来源：李法圣，2011，中国木虱志。科学出版社。

无斑边木虱 *Craspedolepta immaculata* Li, 1990

省内产地：栾川龙峪湾。

分布：河南，内蒙古，黑龙江，吉林，陕西，甘肃，宁夏，山西，四川；蒙古国，俄罗斯，德国，丹麦，瑞典；中亚。

资料来源：李法圣，2005，同翅目：木虱总科。《秦岭西段及甘南地区昆虫》，科学出版社。

带斑边木虱 *Craspedolepta kerzhneri* Loginova, 1963

省内产地：嵩县白云山。

分布：河南，黑龙江，吉林，山西，内蒙古，甘肃；俄罗斯。

寄主植物：蒿。

资料来源：李法圣等，1998，同翅目：木虱总科。《伏牛山区昆虫》，中国农业科学技术出版社。

脉斑边木虱 *Craspedolepta lineolata* Loginova, 1962

省内产地：嵩县白云山，栾川龙峪湾。

分布：河南，黑龙江，吉林，北京，河北，山西，山东，内蒙古，宁夏，陕西，甘肃，江苏，四川；蒙古国，哈萨克斯坦，格鲁吉亚，土库曼斯坦，塔吉克斯坦，亚美尼亚，吉尔吉斯斯坦，阿塞拜疆，乌兹别克斯坦，德国，丹麦，瑞典。

寄主植物：蒿。

资料来源：李法圣等，1998，同翅目：木虱总科。《伏牛山区昆虫》，中国农业科学技术出版社。

顶斑边木虱 *Craspedolepta terminara* Loginova, 1962

省内产地：嵩县白云山，栾川龙峪湾。

分布：河南，河北，甘肃，陕西，四川；俄罗斯(西伯利亚)，蒙古国；中亚。

寄主植物：蒿。

资料来源：李法圣等，1998，同翅目：木虱总科。《伏牛山区昆虫》，中国农业科学技术出版社。

多点木虱 *Craspedolepta multispina* Loginova, 1963

覆边木虱 *Craspedolepta topicalis* Loginova, 1965

省内产地：嵩县白云山，栾川龙峪湾。

分布：河南，黑龙江，山西，陕西，甘肃，宁夏，四川；俄罗斯的中西地区；中亚。

寄主植物：蒿。

资料来源：李法圣等，1998，同翅目：木虱总科。《伏牛山区昆虫》，中国农业科学技术出版社。

边木虱 *Craspedolepta* sp.

省内产地：嵩县白云山，栾川龙峪湾。

分布：河南。

寄主植物：不明。

资料来源：李法圣等，1998，同翅目：木虱总科。《伏牛山区昆虫》，中国农业科学技术出版社。

一九、叶木虱科 Euphylluridae

本科世界共记载 54 属 298 种，中国已知 18 属 32 种，河南 1 属 1 种。

香椿巴木虱 *Baharatiana toonae* Yang *et* Li, 1983

省内产地：栾川龙峪湾。

分布：河南，广西。

寄主植物：香椿。

资料来源：李法圣等，1998，同翅目：木虱总科。《伏牛山区昆虫》，中国农业科学技术出版社。

二〇、丽木虱科 Calophyidae

本科世界已知 12 属 82 种，中国已记载 4 属 20 种，河南记录 1 属 1 种。

黄栌丽木虱 *Calophya rhois* (Loer, 1879)

省内产地：嵩县白云山，栾川龙峪湾。

分布：河南，吉林，辽宁，宁夏，甘肃，陕西，山西，河北，山东，湖北，安徽，湖南，四川；欧洲。

寄主植物：黄栌。

资料来源：李法圣等，1998，同翅目：木虱总科。《伏牛山区昆虫》，中国农业科学技术出版社。

二一、幽木虱科 Euphaleridae

本科世界已知 19 属 228 种，中国记载 11 属 65 种，河南记录 2 属 2 种。

柑橘呆木虱 *Diaphorina citri* Kuwayyama, 1907

省内产地：西峡，淅川。

分布：河南，浙江，福建，台湾，广东，香港，澳门，海南，湖南，广西，贵州，四川，云南；日本，菲律宾，巴基斯坦，马来西亚，印度尼西亚，印度，澳大利亚。

资料来源：申效诚等，1994，河南昆虫名录补遗(一)。《河南昆虫分类区系研究 第一卷》，中国农业科学技术出版社。

野兰芝邻幽木虱 *Euphaleropsis indigoferisuga* Li, 2011

省内产地：嵩县白云山(副模产地)。

分布：河南，山西，湖北，甘肃，宁夏。

寄主植物：野兰芝。

资料来源：李法圣，2011，中国木虱志。科学出版社。

二二、裂木虱科 Carsidaridae

本科世界已知 11 属 52 种，中国已记载 4 属 10 种，河南记录 1 属 1 种。

梧桐裂木虱 *Carsidara limbata* (Euderlein, 1926)

省内产地：辉县百泉，嵩县白云山，栾川龙峪湾等全省各地。

分布：河南，辽宁，河北，山西，陕西，青海，山东，湖北，安徽，江苏，江西，浙江，福建，湖南，广东，贵州，四川。

资料来源：李法圣等，1998，同翅目：木虱总科。《伏牛山区昆虫》，中国农业科学技术出版社。

二三、个木虱科 Triozidae

本科世界已知 73 属 1127 种，中国已记载 28 属 289 种，河南记录 6 属 12 种。

黄花蒿线角木虱 *Bactericera artemicola* Li, 1995

省内产地：嵩县白云山。

分布：河南，黑龙江，吉林，北京，山西，陕西，甘肃，宁夏，湖北。

寄主植物：黄花蒿，蒿。

资料来源：李法圣等，1998，同翅目：木虱总科。《伏牛山区昆虫》，中国农业科学技术出版社。

蒿叶线角木虱 *Bactericera artemisisuga* Li, 1995

省内产地：嵩县白云山，栾川龙峪湾。

分布：河南，黑龙江，吉林。

寄主植物：黄花蒿，蒿。

资料来源：李法圣等，1998，同翅目：木虱总科。《伏牛山区昆虫》，中国农业科学技术出版社。

垂柳线角木虱 *Bactericera myohyangi* (Klimaszewski, 1968)

省内产地：嵩县白云山。

分布：河南，吉林，辽宁，北京，河北，内蒙古，山西，山东，甘肃，宁夏，江苏，贵州，广西；朝鲜，韩国，日本。

资料来源：李法圣，2011，中国木虱志。科学出版社。

线角木虱 *Bactericera* sp.

省内产地：嵩县白云山。

分布：河南。

资料来源：李法圣等，1998，同翅目：木虱总科。《伏牛山区昆虫》，中国农业科学技术出版社。

中华前个木虱 *Epitrioza sinica* Yang *et* Li, 1981

省内产地：嵩县白云山。

分布：河南，陕西。

寄主植物：鼠李。

资料来源：李法圣等，1998，同翅目：木虱总科。《伏牛山区昆虫》，中国农业科学技术出版社。

河南后个木虱 *Metatriozidus henananus* Li, 2011

省内产地：栾川龙峪湾(模式产地)。

分布：河南。

资料来源：李法圣，2011，中国木虱志。科学出版社。

中华毛个木虱 *Trichochermes sinicus* Yang *et* Li, 1985

省内产地：嵩县白云山，栾川龙峪湾。

分布：河南，吉林，辽宁，北京，河北，山西，陕西，甘肃，宁夏，湖北。

寄主植物：鼠李。

资料来源：李法圣等，1998，同翅目：木虱总科。《伏牛山区昆虫》，中国农业科学技术出版社。

黑色个木虱 *Trioza* sp.

省内产地：嵩县白云山，栾川龙峪湾。

分布：河南。

资料来源：李法圣等，1998，同翅目：木虱总科。《伏牛山区昆虫》，中国农业科学技术出版社。

绿色个木虱 *Trioza* sp.

省内产地：嵩县白云山。

分布：河南。

资料来源：李法圣等，1998，同翅目：木虱总科。《伏牛山区昆虫》，中国农业科学技术出版社。

粉个木虱 *Trioza* sp.

省内产地：嵩县白云山，栾川龙峪湾。

分布：河南。

寄主植物：松。

资料来源：李法圣等，1998，同翅目：木虱总科。《伏牛山区昆虫》，中国农业科学技术出版社。

花氏邻个木虱 *Triozopsis huai* Li, 2011

省内产地：嵩县白云山(模式产地)。

分布：河南。

资料来源：李法圣，2011，中国木虱志。科学出版社，中国农业科学技术出版社。

马尾松邻个木虱 *Triozopsis massonianus* Li, 2011

省内产地：嵩县白云山(副模产地)。

分布：河南，陕西。

资料来源：李法圣，2011，中国木虱志。科学出版社，中国农业科学技术出版社。

二四、球蚜科 Adelgidae

本科世界已知 8 属 50 种，中国已记载 6 属 21 种，河南记录 1 属 3 种。

松球蚜 *Pineus cembrae pinikoreanus* Zhang *et* Fang, 1983

省内产地：汝南。

分布：河南，黑龙江，辽宁，山东。

资料来源：申效诚，1993，河南昆虫名录。中国农业科学技术出版社。

华山松球蚜 *Pineus laevis* Maskell, 1885

省内产地：灵宝，嵩县，南召，汝南。

分布：河南，吉林，辽宁，安徽，江苏，浙江。

寄主：华山松，油松。

资料来源：杨有乾，1988，河南森林昆虫志。河南科学技术出版社。

油松球蚜 *Pineus* sp.

省内产地：汝阳，灵宝。

分布：河南。

寄主：油松，黑松。

资料来源：杨有乾，1988，河南森林昆虫志。河南科学技术出版社。

二五、根瘤蚜科 Phylloxeridae

本科世界已知 12 属 70 种，中国已记载 4 属 5 种，河南记录 1 属 1 种。

梨黄粉蚜 *Aphanostigma jaksuiense* (Kishida, 1924)

省内产地：全省。

分布：河南，辽宁，河北，山东，山西，陕西，安徽，江苏，台湾，四川；朝鲜，日本。

寄主：梨。

资料来源：申效诚，1993，河南昆虫名录。中国农业科学技术出版社。

二六、瘿绵蚜科 Pemphigidae

本科世界已知 53 属 260 种，中国已记载 33 属 144 种，河南记录 6 属 10 种。

榆绵蚜 *Eriosoma lanuginosum dilanuginosum* (Zhang, 1980)

省内产地：全省。

分布：河南，辽宁，河北，陕西，山东，浙江。

资料来源：申效诚，1993，河南昆虫名录。中国农业科学技术出版社。

杨枝瘿绵蚜 *Pemphigus immunis* Buckton, 1896

省内产地：具体不详。

分布：河南，黑龙江，吉林，辽宁，内蒙古，河北，北京，宁夏；欧洲，中亚，北美。

资料来源：申效诚，1993，河南昆虫名录。中国农业科学技术出版社。

杨柄叶瘿绵蚜 *Pemphigus matsumurai* Monzen, 1929

省内产地：全省。

分布：河南，黑龙江，吉林，辽宁，内蒙古，河北，北京，宁夏，湖北，贵州，云南；日本，俄罗斯(西伯利亚)。

资料来源：申效诚，1993，河南昆虫名录。中国农业科学技术出版社。

杨瘿绵蚜 *Pemphigus napaeus* Buckton, 1896

省内产地：郑州，兰考，民权，许昌。

分布：河南，新疆，青海，甘肃，陕西，辽宁，吉林，山东，四川；印度。

寄主：小叶杨，辽杨，唐柳。

资料来源：杨有乾，1988，河南森林昆虫志。河南科学技术出版社。

苹果根绵蚜 *Prociphilus kuwanai* Monzen, 1927

P. crataegicola Shinji, 1922; *P. pyri* Essig *et* Kuwana, 1918

省内产地：郑州，开封，灵宝。

分布：辽宁，山西，山东，陕西，湖北，四川，云南；朝鲜，日本。

资料来源：杨有乾，1988，河南森林昆虫志。河南科学技术出版社。

五倍子蚜 *Schlechtendalia chinensis* (Bell, 1848)

省内产地：南阳，信阳。

分布：河南，陕西，湖北，安徽，江苏，浙江，福建，江西，台湾，湖南，广东，海南，广西，贵州，四川，云南；朝鲜，日本。

资料来源：申效诚，1993，河南昆虫名录。中国农业科学技术出版社。

菜豆根蚜 *Smynthurodes betae* Westwood, 1849

省内产地：南阳。

分布：河南，山东，甘肃，青海，新疆；华北，华中，华东。

寄主：棉花，菜豆。

资料来源：张振中等，2000，棉根蚜的发生与防治。植物保护，26(1)：49。

秋四脉绵蚜 *Tetraneura akinire* Sasaki, 1904

省内产地：安阳，商丘。

分布：河南，黑龙江，辽宁，内蒙古，北京，天津，河北，山西，山东，江苏，上海，浙江，福建，台湾，湖北，湖南，广西，云南，甘肃，宁夏，新疆。

资料来源：张广学等，1999，中国动物志 昆虫纲 第十四卷。科学出版社。

中国四脉绵蚜 *Tetraneura chinensis* Mordvilko, 1924

省内产地：安阳。

分布：河南，北京，辽宁，河北，山西，内蒙古，山东，新疆；蒙古国。

资料来源：张广学等，1999，中国动物志 昆虫纲 第十四卷。科学出版社。

黑腹四脉绵蚜 *Tetraneura nigriabdominalis* (Sasaki, 1899)

省内产地：具体不详。

分布：河南，黑龙江，辽宁，吉林，内蒙古，河北，北京，天津，山西，山东，宁夏，新疆，江苏，湖北，浙江，福建，台湾，湖南，香港，广西，贵州，四川，云南；朝鲜，日本，蒙古国，菲律宾，印度尼西亚，巴基斯坦，泰国，尼泊尔，印度；欧洲，非洲。

资料来源：申效诚等，1994，河南昆虫名录补遗(一)。《河南昆虫分类区系研究 第一卷》，中国农业科学技术出版社。

二七、平翅绵蚜科 Pholeomyzidae

本科世界已知 1 属 1 种，中国已记载 1 属 1 种，河南记录 1 属 1 种。

杨平翅绵蚜 *Phloeomyzus passerinii zhangwuensis* Zhang, 1982

省内产地：郑州，许昌。

分布：河南，黑龙江，辽宁，河北，北京，山东，甘肃，宁夏，青海；伊朗，土耳其，摩洛哥，埃及；欧洲，北美。

寄主：小叶杨，加杨，银白杨。

资料来源：杨有乾，1988，河南森林昆虫志。河南科学技术出版社。

二八、群蚜科 Thelaxidae

本科世界已知 12 属 50 种，中国已记载 2 属 6 种，河南记录 1 属 1 种。

枫杨刻蚜 *Kurisakia onigurumi* (Shinji, 1923)

省内产地：具体不详。

分布：河南，辽宁，河北，山东，湖北，江苏，浙江，台湾，湖南，云南；朝鲜，日本。

寄主：枫杨。

资料来源：申效诚，1993，河南昆虫名录。中国农业科学技术出版社。

二九、大蚜科 Lachnidae

本科世界已知 18 属 350 种，中国已记载 13 属 85 种，河南记录 5 属 7 种。

马尾松大蚜 *Cinara formosana* (Takahashi, 1924)

省内产地：具体不详。

分布：河南，吉林，辽宁，宁夏，新疆，陕西，河北，江苏，浙江，福建，台湾，湖南，广东，广西，贵州，四川，云南；日本。

寄主：马尾松，松。

资料来源：申效诚，1993，河南昆虫名录。中国农业科学技术出版社。

松长足大蚜 *Cinara pinea* Mordvilko, 1895

省内产地：南召，桐柏，方城，确山，泌阳，信阳，罗山，新县。

分布：河南，黑龙江，吉林，辽宁，内蒙古，甘肃，宁夏，新疆，陕西，山西，河北，安徽，江苏，浙江，福建，台湾，湖北，江西，湖南，广西；朝鲜，日本。

寄主：油松，马尾松，赤松，黑松，华山松。

资料来源：杨有乾，1988，河南森林昆虫志。河南科学技术出版社。

柏大蚜 *Cinara tujafilina* (Del Guercio, 1909)

省内产地：郑州，开封，安阳，洛阳。

分布：河南，辽宁，陕西，宁夏，甘肃，新疆，北京，河北，山东，江苏，浙江，福建，台湾，江西，湖南，广东，广西，贵州，四川，云南；朝鲜，日本，尼泊尔，巴基斯坦，土耳其，澳大利亚；非洲，欧洲，北美。

寄主：柏，侧柏。

资料来源：杨有乾，1988，河南森林昆虫志。河南科学技术出版社。

黑长大蚜 *Eulachnus nigricola* (Pasek, 1953)

省内产地：具体不详。

分布；河南，福建，广西；捷克。

资料来源：张广学等，1999，蚜虫类。《福建昆虫志 第二卷》，福建科学技术出版社。

栗大蚜 *Lachnus tropicalis* (Van der Goot, 1916)

省内产地：信阳，确山，新县。

分布：河南，辽宁，吉林，山东，北京，河北，陕西，湖北，安徽，江苏，江西，浙江，福建，湖南，广东，广西，贵州，四川，云南；朝鲜，日本，印度，尼泊尔；东南亚。

寄主：栗，栎。

资料来源：申效诚，1993，河南昆虫名录。中国农业科学技术出版社。

柳长喙大蚜 *Stomaphis sinisalicis* Zhang, 1982

省内产地：具体不详。

分布：河南，辽宁，北京，宁夏，河北，山东。

寄主：柳，加杨。

资料来源：申效诚，1993，河南昆虫名录。中国农业科学技术出版社。

柳瘤大蚜 *Tuberolachnus salignus* (Gmelin, 1790)

省内产地：郑州，中牟，商丘，西华，扶沟，开封。

分布：河南，黑龙江，吉林，辽宁，内蒙古，宁夏，甘肃，青海，新疆，陕西，山西，北京，河北，山东，江苏，浙江，福建，台湾，广西，四川，云南；朝鲜，日本，印度尼西亚，印度，伊朗，以色列，土耳其，黎巴嫩；欧洲，非洲，北美。

寄主：柳。

资料来源：杨有乾，1988，河南森林昆虫志。河南科学技术出版社。

三〇、斑蚜科 Callaphididae

本科世界已知 60 属 400 种，中国已记载 46 属 135 种，河南记录 6 属 8 种。

日本绿斑蚜 *Chromocallis nirecola* (Shinji, 1933)

省内产地：郑州。

分布：河南，河北，甘肃，江苏。

寄主：榆树。

资料来源：郑祥义，原国辉，1994，郑州地区花木蚜虫种类初报。河南农业大学学报，28(2)：161~165。

榆绿斑蚜 *Chromocallis pumili* Zhang, 1982

省内产地：郑州，安阳。

分布：河南，北京，河北，甘肃，宁夏。

寄主：榆树。

资料来源：杨有乾，1988，河南森林昆虫志。河南科学技术出版社。

榆华毛蚜 *Sinochaitophorus maoi* Takahashi, 1936

省内产地：全省。

分布：河南，黑龙江，吉林，辽宁，河北，陕西，青海。

资料来源：杨有乾，1988，河南森林昆虫志。河南科学技术出版社。

竹纵斑蚜 *Takecallis arundinariae* (Essig, 1917)

省内产地：具体不详。

分布：河南，北京，山东，河北，甘肃，江西，浙江，台湾，湖南，广东，广西，四川，云南；朝鲜，日本；欧洲，北美。

寄主：竹。

资料来源：申效诚，1993，河南昆虫名录。中国农业科学技术出版社。

竹梢凸唇斑蚜 *Takecallis taiwanus* (Takahashi, 1926)

省内产地：郑州，南阳，信阳。

分布：河南，陕西，山东，江苏，上海，浙江，台湾，四川，云南；日本，新西兰；古北区，北美。

寄主：赤竹，刚竹，紫竹。

资料来源：杨有乾，1988，河南森林昆虫志。河南科学技术出版社。

三叶草彩斑蚜 *Therioaphis trifolii* (Monell, 1882)

省内产地：许昌，安阳。

分布：河南，吉林，辽宁，北京，河北，山西，陕西，甘肃，新疆，山东，云南。

寄主：苜蓿。

资料来源：申效诚，1993，河南昆虫名录。中国农业科学技术出版社。

榆长斑蚜 *Tinocallis saltans* (Nevaky, 1929)

省内产地：新乡，商丘，许昌。

分布：河南，黑龙江，辽宁，内蒙古，河北，宁夏，甘肃，青海，新疆，山东，上海，浙江，湖南，贵州；朝鲜，蒙古国；俄罗斯(西伯利亚)；欧洲。

寄主：榆树。

资料来源：申效诚，1993，河南昆虫名录。中国农业科学技术出版社。

库栗斑蚜 *Tuberculatus* (*nippocallis*) *kuricola* (Matsumura. 1917)

栗角斑蚜 *Nippocallis kuricola* (Matsumura, 1917)

省内产地：南阳，南召，西峡，信阳，罗山，新县。

分布：河南，辽宁，河北，山东，江西，台湾，广东，四川；朝鲜，日本。

寄主：栗，栎。

资料来源：杨有乾，1988，河南森林昆虫志。河南科学技术出版社。

三一、毛蚜科 Chaitophoridae

本科世界已知 13 属 140 多种，中国已记载 12 属 67 种，河南记录 2 属 6 种。

白杨毛蚜 *Chaitophorus populeti* (Panzer, 1801)

省内产地：郑州。

分布：河南，吉林，辽宁，河北，山东，新疆，江苏，四川，云南；阿富汗，印度；欧洲。

寄主：毛白杨。

资料来源：郑祥义，原国辉，1994，郑州地区花木蚜虫种类初报。河南农业大学学报，28(2)：161~165。

白毛蚜 *Chaitophorus populialbae* (Boyer de Fonscolombe, 1841)

省内产地：郑州。

分布：河南，宁夏，河北，山东，江苏，江西，福建。

寄主：毛白杨。

资料来源：郑祥义，原国辉，1994，郑州地区花木蚜虫种类初报。河南农业大学学报，28(2)：161~165。

日本柳毛蚜 *Chaitophorus salijaponicus* Essig *et* Kuwana, 1918

省内产地：具体不明。

分布：河南，山东，湖北，湖南，陕西，四川；日本，印度。

资料来源：申效诚，1993，河南昆虫名录。中国农业科学技术出版社。

柳黑毛蚜 *Chaitophorus saliniger* Shinji, 1929

省内产地：全省。

分布：河南，黑龙江，吉林，辽宁，内蒙古，陕西，宁夏，河北，山东，湖北，江苏，浙江，福建，台湾，江西，湖南，广西，贵州，云南；朝鲜，日本。

寄主：杨，柳，垂柳，杞柳，龙爪柳。

资料来源：杨有乾，1988，河南森林昆虫志。河南科学技术出版社。

三角枫多态毛蚜 *Periphyllus acerihabitans* Zhang, 1982

省内产地：郑州。

分布：河南，山东，浙江。

寄主：三角枫，五角枫。

资料来源：郑祥义，原国辉，1994，郑州地区花木蚜虫种类初报。河南农业大学学报，28(2)：161~165。

栾多态毛蚜 *Periphyllus koelreuteriae* (Takahashi, 1919)

省内产地：安阳。

分布：河南，辽宁，山东，江苏，台湾，浙江，四川；日本，俄罗斯(西伯利亚)。

寄主：栾树。

资料来源：申效诚，1993，河南昆虫名录。中国农业科学技术出版社。

三二、蚜科 Aphididae

本科世界已知 300 多属 3000 余种，中国已记载 109 属 469 种，河南记录 34 属 70 种。

苜蓿无网蚜 *Acyrthosiphon kondoi* Shinyi *et* Konto, 1938

省内产地：全省。

分布：河南，辽宁，北京，内蒙古，甘肃，山西，浙江，云南，西藏；朝鲜，日本，印度，巴基斯坦，澳大利亚，俄罗斯(西伯利亚)；非洲，北美。

资料来源：申效诚等，1994，河南昆虫名录补遗(一)。《河南昆虫分类区系研究 第一卷》，中国农业科学技术出版社。

豌豆蚜 *Acyrthosiphon pisum* (Harris, 1776)

省内产地：全省。

分布：全国；世界广布。

资料来源：申效诚，1993，河南昆虫名录。中国农业科学技术出版社。

中华忍冬圆尾蚜 *Amphicercidus sinilonicercicora* Zhang, 1989

省内产地：郑州。

分布：河南，山东，宁夏，云南。

寄主：金银花，金银木，黄荆。

资料来源：郑祥义，原国辉，1994，郑州地区花木蚜虫种类初报。河南农业大学学报，28(2): 161~165。

绣线菊蚜 *Aphis citricola* van der Goot, 1912

省内产地：全省。

分布：河南，山西，甘肃，内蒙古，河北，新疆，山东，浙江，台湾；朝鲜，日本；北美。

寄主：苹果，李，梨，桃，山楂，樱桃等。

资料来源：申效诚，1993，河南昆虫名录。中国农业科学技术出版社。

豆蚜 *Aphis craccivora* Koch, 1854

刺槐蚜 *Aphis robiniae* Machiati, 1885

刀豆黑蚜 *Aphis robiniae canavaliae* Zhang, 1981

省内产地：全省。

分布：全国；世界广布。

寄主：大豆，蚕豆，绿豆，菜豆，豇豆，苕子，苜蓿等。

资料来源：申效诚，1993，河南昆虫名录。中国农业科学技术出版社。

乌苏黑蚜 *Aphis craccivora usuana* Zhang, 1981

省内产地：郑州。

分布：河南，辽宁，吉林，山西，甘肃，新疆，河北，山东，湖南。

寄主：紫藤，百日红，红叶李，小叶黄杨。

资料来源：郑祥义，原国辉，1994，郑州地区花木蚜虫种类初报。河南农业大学学报，28(2): 161~165。

卫矛蚜 *Aphis euonymi* Fabricius, 1775

省内产地：具体不明。

分布：河南，河北，山东，福建，云南；欧洲。

资料来源：申效诚，1993，河南昆虫名录。中国农业科学技术出版社。

柳蚜 *Aphis farinose* Gmelia, 1790

省内产地：全省。

分布：河南，辽宁，吉林，北京，河北，甘肃，新疆，山西，山东，江西，福建，台湾，四川，云南；朝鲜，日本，菲律宾，印度尼西亚；欧洲，北美。

寄主：柳，垂柳，旱柳，龙爪柳。

资料来源：申效诚，1993，河南昆虫名录。中国农业科学技术出版社。

大豆蚜 *Aphis glycines* Matsumura, 1917

省内产地：全省。

分布：河南，黑龙江，吉林，辽宁，内蒙古，宁夏，北京，河北，山西，山东，浙江，福建，台湾，湖北，广东，广西，四川，云南，陕西；朝鲜，日本，泰国，菲律宾，马来西亚，印度。

寄主：鼠李，大豆。

资料来源：申效诚，1993，河南昆虫名录。中国农业科学技术出版社。

棉蚜 *Aphis gossypii* Glover, 1877

省内产地：全省。

分布：全国；世界广布。

寄主：鼠李，花椒，石榴，木槿，棉花，瓜类等。

资料来源：申效诚，1993，河南昆虫名录。中国农业科学技术出版社。

东亚接骨木蚜 *Aphis horii* Takahashi, 1923

省内产地：郑州。

分布：河南，辽宁，河北，山东，贵州，四川，云南；日本。

寄主：接骨木，桂花，百日红。

资料来源：郑祥义，原国辉，1994，郑州地区花木蚜虫种类初报。河南农业大学学报，28(2): 161~165。

艾蚜 *Aphis kurosawai* Takahashi, 1921

省内产地：洛阳，南阳，开封，郑州。

分布：河南，辽宁，河北，北京，甘肃，陕西，福建，台湾，湖南，四川；朝鲜，日本，尼泊尔。

寄主：艾蒿。

资料来源：申效诚，1993，河南昆虫名录。中国农业科学技术出版社。

夹竹桃蚜 *Aphis nerii* Boyer de Fonscolombe, 1841

萝藦蚜 *Aphis asclepiadis* Fitch, 1851

省内产地：全省。

分布：河南，辽宁，吉林，河北，山东，山西，甘肃，江苏，上海，浙江，江西，福建，台湾，湖南，广东，香港，广西，四川，云南；朝鲜，日本，印度尼西亚，马来西亚，印度；欧洲，非洲，美洲。

资料来源：申效诚，1993，河南昆虫名录。中国农业科学技术出版社。

杠柳蚜 *Aphis periplocophila* Zhang, 1983

省内产地：全省。

分布：河南，辽宁，河北，山东，陕西。

寄主：杠柳。

资料来源：申效诚，1993，河南昆虫名录。中国农业科学技术出版社。

苹果蚜 *Aphis pomi* De Geer, 1773

省内产地：全省。

分布：河南，辽宁，山西，陕西，甘肃，宁夏，新疆，河北，山东，江苏，浙江，福建，台湾，广东，四川，云南；朝鲜，日本；中亚，欧洲，非洲。

资料来源：申效诚，1993，河南昆虫名录。中国农业科学技术出版社。

中国槐蚜 *Aphis sophoricola* Zhang, 1981

省内产地：郑州，开封，兰考。

分布：河南，北京，山东，湖北，江苏。

寄主：国槐。

资料来源：申效诚，1993，河南昆虫名录。中国农业科学技术出版社。

紫藤蚜 *Aulacophoroides hoffmanni* (Takahashi, 1937)

省内产地：郑州。

分布：河南，山东，浙江。

寄主：紫藤，爬山虎。

资料来源：郑祥义，原国辉，1994，郑州地区花木蚜虫种类初报。河南农业大学学报，28(2)：161~165。

茄无网蚜 *Aulacorthum solani* (Kaltenbach, 1843)

省内产地：全省。

分布：河南，甘肃，浙江；日本，澳大利亚，新西兰；欧洲，北美。

资料来源：申效诚等，1994，河南昆虫名录补遗(一)。《河南昆虫分类区系研究 第一卷》，中国农业科学技术出版社。

李短尾蚜 *Brachycaydus helichrysi* (Kaltenbach, 1843)

省内产地：新乡，安阳。

分布：河南，黑龙江，吉林，辽宁，内蒙古，陕西，宁夏，新疆，河北，山东，江苏，浙江，福建，台湾，广西，云南；朝鲜，日本，泰国，尼泊尔，世界广布。

寄主：李，杏，梨，桃。

资料来源：申效诚，1993，河南昆虫名录。中国农业科学技术出版社。

李禾半蚜 *Brachysiphoniells montana* (Van der Goot, 1917)

省内产地：具体不详。

分布：河南，辽宁，河北，山东，浙江，台湾，广东，香港，四川，云南；日本，俄罗斯(西伯利亚)，萨哈林岛(库页岛)，马来西亚，泰国，尼泊尔，印度，越南，美国(夏威夷)。

资料来源：申效诚，1993，河南昆虫名录。中国农业科学技术出版社。

甘蓝蚜 *Breviciryne brassicae* (Linnaeus, 1758)

省内产地：全省。

分布：河南，黑龙江，吉林，辽宁，内蒙古，新疆，甘肃，青海，宁夏，河北，湖北，江西，浙江，福建，台湾，湖南，贵州，四川，云南；朝鲜，日本，巴基斯坦，澳大利亚；欧洲，北美。

寄主：甘蓝，花椰菜，白菜，萝卜等十字花科。

资料来源：申效诚，1993，河南昆虫名录。中国农业科学技术出版社。

飞帘钉毛蚜 *Capitophorus carduinus* (Walker, 1850)

省内产地：具体不详。

分布：河南，吉林，辽宁，甘肃，山东；印度，巴基斯坦。

资料来源：遗失。

河北蓟钉毛蚜 *Capitophorus evelaeagni* Zhang, 1980

省内产地：郑州。

分布：河南，河北，山东。

寄主：刺蓟，迎春花。

资料来源：郑祥义，原国辉，1994，郑州地区花木蚜虫种类初报。河南农业大学学报，28(2)：161~165。

蓼钉毛蚜爪哇亚种 *Capitophorus hippophaes javanicus* Hille Ris Lambers, 1953

省内产地：安阳。

分布：河南，黑龙江，吉林，辽宁，河北，北京，甘肃，新疆，山东，浙江，台湾，广东，四川，云南；日本，巴基斯坦，尼泊尔，印度；东南亚。

资料来源：申效诚，1993，河南昆虫名录。中国农业科学技术出版社。

楤木二尾蚜 *Cavariella araliae* Takahashi, 1921

省内产地：安阳。

分布：河南，黑龙江，江苏，浙江，福建，台湾，湖南，广东，云南；朝鲜，日本，印度。

资料来源：申效诚，1993，河南昆虫名录。中国农业科学技术出版社。

柳二尾蚜 *Cavariella salicicola* (Matsumura, 1917)

省内产地：郑州，开封，许昌，兰考。

分布：河南，吉林，辽宁，河北，山东，江苏，江西，浙江，福建，台湾，广东，贵州，四川，云南，西藏，宁夏；朝鲜，日本，印度。

资料来源：申效诚，1993，河南昆虫名录。中国农业科学技术出版社。

夏至草隐瘤蚜 *Cryptomyzus taoi* Hille Ris Lambers, 1963

省内产地：全省。

分布：河南，辽宁，河北，山东，浙江，福建，台湾，四川；日本，印度。

寄主：夏至草，益母草。

资料来源：申效诚，1993，河南昆虫名录。中国农业科学技术出版社。

车前圆尾蚜 *Dysaphis plantaginea* (Passerini, 1860)

省内产地：郑州。

分布：河南，河北，台湾，四川；日本；欧洲，北美。

寄主：大车前，平车前，小车前，万年青。

资料来源：郑祥义，原国辉，1994，郑州地区花木蚜虫种类初报。河南农业大学学报，28(2)：161~165。

藜蚜 *Hayhurtia atriplicis* (Linnaeus, 1761)

省内产地：全省。

分布：河南，辽宁，河北，北京，山东，宁夏，青海，新疆，湖南，广东，云南；朝鲜，日本，印度；中亚，欧洲，北美。

寄主：藜属植物。

资料来源：申效诚，1993，河南昆虫名录。中国农业科学技术出版社。

桃粉大尾蚜 *Hyalopterus amygdali* Blanchard, 1840

省内产地：全省。

分布：全国；世界广布。

寄主：杏，梅，桃，李，芦苇。

资料来源：申效诚，1993，河南昆虫名录。中国农业科学技术出版社。

印度修尾蚜 *Indomegoura indica* (van der Goot, 1916)

省内产地：具体不详。

分布：河南，北京，山东，甘肃，福建，台湾；日本，印度。

资料来源：张广学等，1999，蚜虫类。《福建昆虫志 第二卷》，福建科学技术出版社。

萝卜蚜 *Lipaphis erysimi* (Kaltenbach, 1843)

省内产地：全省。

分布：河南，辽宁，内蒙古，宁夏，甘肃，新疆，北京，河北，山东，山西，陕西，江苏，上海，福建，台湾，广东，四川，云南；朝鲜，日本，印度，印度尼西亚，伊拉克，以色列，埃及，美国，新西兰。

寄主：萝卜，白菜，芥菜，甘蓝，芜菁，油菜，菠菜，芹菜等。

资料来源：申效诚，1993，河南昆虫名录。中国农业科学技术出版社。

月季长尾蚜 *Longicaudus trihodus* (Walker, 1849)

省内产地：郑州，开封，洛阳。

分布：河南，北京，山东，江苏，陕西，甘肃，青海，湖南；朝鲜，日本，世界广布。

寄主：月季，蔷薇科植物。

资料来源：申效诚，1993，河南昆虫名录。中国农业科学技术出版社。

北海道小长管蚜 *Macrosiphoniella hokkaidensis* (Miyazaki, 1971)

省内产地：安阳。

分布：河南，辽宁，福建，云南；日本，萨哈林岛(库页岛)。

寄主：蒿属植物。

资料来源：申效诚，1993，河南昆虫名录。中国农业科学技术出版社。

怀德小长管蚜 *Macrosiphoniella huaidensis* Zhang, 1980

省内产地：具体不详。

分布：河南，吉林，辽宁。

资料来源：申效诚，1993，河南昆虫名录。中国农业科学技术出版社。

水蒿小长管蚜 *Macrosiphoniella kuwayamai* Takahashi, 1941

省内产地：具体不详。

分布：河南，黑龙江，吉林，陕西；朝鲜，日本。

寄主：水蒿，艾蒿。

资料来源：申效诚，1993，河南昆虫名录。中国农业科学技术出版社。

菊小长管蚜 *Macrosiphoniella sanborni* (Gillette, 1908)

省内产地：全省。

分布：河南，辽宁，甘肃，北京，河北，山东，江苏，台湾，广东；世界广布。

寄主：菊，野菊，艾，白蒿，茵陈。

资料来源：申效诚，1993，河南昆虫名录。中国农业科学技术出版社。

麦长管蚜 *Macrosiphum miscanthi* Takahashi

省内产地：全省。

分布：河南，辽宁，内蒙古，宁夏，甘肃，陕西，青海，新疆，山东，浙江，福建，台湾，湖北，湖南，广东，香港，广西，贵州，四川，西藏；印度，巴基斯坦，尼泊尔；亚洲，欧洲，非洲，北美。

寄主：小麦，大麦，燕麦，稻，糜子，高粱，玉米，甘蔗，禾本科牧草，狗尾草，芦苇。

资料来源：申效诚，1993，河南昆虫名录。中国农业科学技术出版社。

月季长管蚜 *Macrosiphum rosivorum* Zhang, 1980

省内产地：郑州，开封，洛阳。

分布：河南，山东，新疆。

寄主：月季，蔷薇。

资料来源：申效诚，1993，河南昆虫名录。中国农业科学技术出版社。

竹蚜 *Melanaphis bambusae* (Fullaway, 1910)

省内产地：洛宁，郑州，信阳，罗山，新县，商城，桐柏，镇平，西峡，博爱。

分布：河南，江苏，江西，浙江，福建，台湾，湖南，广东，四川，云南；朝鲜，日本，印度尼西亚，马来西亚，埃及，印度，美国(夏威夷)。

资料来源：申效诚，1993，河南昆虫名录。中国农业科学技术出版社。

高粱色蚜 *Melanaphis sacchari* (Zehntner, 1897)

省内产地：全省。

分布：河南，黑龙江，吉林，辽宁，内蒙古，北京，河北，陕西，山东，安徽，江苏，湖北，湖南，台湾，广东，广西，云南；朝鲜，韩国，日本，泰国，印度，菲律宾，马来西亚，印度尼西亚，美国(夏威夷)；大洋洲，非洲。

寄主：荻草，高粱，甘蔗。

资料来源：申效诚，1993，河南昆虫名录。中国农业科学技术出版社。

麦无网蚜 *Metopolophium dirhodum* (Walker, 1849)

省内产地：全省。

分布：河南，北京，河北，宁夏，甘肃，青海，新疆，山东，福建，四川，云南，西藏；亚洲北部，欧洲。

寄主：麦类，金银花，金银木，紫荆。

资料来源：郑祥义，原国辉，1994，郑州地区花木蚜虫种类初报。河南农业大学学报，28(2)：161~165。

金针瘤蚜 *Myzus hemerocallis* Takahashi, 1921

省内产地：全省。

分布：河南，北京，河北，甘肃，青海，台湾，广东；日本，俄罗斯(西伯利亚)。

寄主：金针菜。

资料来源：申效诚，1993，河南昆虫名录。中国农业科学技术出版社。

苹果瘤蚜 *Myzus malisuctus* (Shinji, 1921)

省内产地：全省。

分布：河南，黑龙江，辽宁，北京，甘肃，山东，江苏，广西，云南；朝鲜，日本。

寄主：苹果，海棠，沙果，梨。

资料来源：申效诚，1993，河南昆虫名录。中国农业科学技术出版社。

梅瘤蚜 *Myzus mumecola* (Matsumura, 1917)

省内产地：洛阳。

分布：河南，黑龙江，辽宁，内蒙古，北京，甘肃；日本。

寄主：杏，梅。

资料来源：申效诚，1993，河南昆虫名录。中国农业科学技术出版社。

桃蚜 *Myzus persicae* (Sulzer, 1776)

省内产地：全省。

分布：全国；世界广布。

寄主：烟草，棉花，豆类，十字花科，蔷薇科等，多食性。

资料来源：申效诚，1993，河南昆虫名录。中国农业科学技术出版社。

桃纵卷叶蚜 *Myzus tropicalis* Takahashi, 1923

省内产地：全省。

分布：河南，辽宁，山东，浙江，福建，台湾，四川，云南；日本，印度；北美。

寄主：桃，山桃。

资料来源：申效诚，1993，河南昆虫名录。中国农业科学技术出版社。

山楂圆瘤蚜 *Ovatus crataegarius* (Walker, 1850)

省内产地：洛阳，辉县，郑州，南阳。

分布：河南，辽宁，北京，河北，甘肃，新疆，江苏，浙江，台湾；朝鲜，日本，印度；欧洲，北美。

寄主：山楂，苹果，海棠，薄荷等。

资料来源：申效诚，1993，河南昆虫名录。中国农业科学技术出版社。

葎草瘤蚜 *Phorodon japonensis* Takahashi, 1965

省内产地：具体不明。

分布：河南，黑龙江，吉林，辽宁，北京，河北，山东，台湾，甘肃；朝鲜，日本；欧洲，北美。

资料来源：申效诚，1993，河南昆虫名录。中国农业科学技术出版社。

安阳粉毛蚜 *Pterocomma anyangense* Zhang, 1980

省内产地：安阳(模式产地)。

分布：河南。

寄主：黑杨。

资料来源：申效诚，1993，河南昆虫名录。中国农业科学技术出版社。

豫柳粉毛蚜 *Pterocomma henanense* Zhang, 1980

省内产地：安阳(模式产地)。

分布：河南。

寄主：柳。

资料来源：申效诚，1993，河南昆虫名录。中国农业科学技术出版社。

华杨粉毛蚜 *Pterocomma sinopopulifoliae* Zhang, 1980

省内产地：安阳。

分布：河南，河北，内蒙古，新疆。

寄主：小叶杨，白杨。

资料来源：申效诚，1993，河南昆虫名录。中国农业科学技术出版社。

玉米蚜 *Rhopalosiphum maidis* (Fitch, 1855)

省内产地：全省。

分布：河南，辽宁，河北，山东，陕西，宁夏，甘肃，新疆，江苏，江西，浙江，福建，台湾，湖南，香港，广西，云南；朝鲜，日本，巴基斯坦，印度尼西亚，泰国，印度，尼泊尔，世界广布。

寄主：玉米，高粱，谷，大麦，小麦，稻，甘蔗，禾本科杂草。

资料来源：申效诚，1993，河南昆虫名录。中国农业科学技术出版社。

莲缢管蚜 *Rhopalosiphum nymphaeae* (Linnaeus, 1767)

省内产地：郑州。

分布：河南，吉林，辽宁，宁夏，新疆，河北，山东，江苏，江西，浙江，福建，台湾，湖南，广东，香港，广西，四川；朝鲜，日本，印度，尼泊尔，巴基斯坦，印度尼西亚，泰国；非洲。

寄主：莲，睡莲，红叶李，榆叶梅，樱花。

资料来源：郑祥义，原国辉，1994，郑州地区花木蚜虫种类初报。河南农业大学学报，28(2): 161~165。

禾谷缢管蚜 *Rhopalosiphum padi* (Linnaeus, 1758)

省内产地：全省。

分布：河南，辽宁，内蒙古，山西，陕西，宁夏，新疆，甘肃，河北，山东，江苏，江西，浙江，福建，台湾，湖南，广东，香港，广西，云南，西藏；朝鲜，日本，俄罗斯(西伯利亚)，印度尼西亚，越南，尼泊尔，巴基斯坦，伊朗，伊拉克，埃及，约旦；欧洲，北美。

寄主：小麦，大麦，玉米，高粱，桃，李，梨，苹果等。

资料来源：申效诚，1993，河南昆虫名录。中国农业科学技术出版社。

红腹缢管蚜 *Rhopalosiphum rufiabdominalis* (Sasaki, 1899)

省内产地：郑州。

分布：河南，辽宁，陕西，宁夏，新疆，江西，浙江，福建，台湾，湖南，香港，四川；朝鲜，巴基斯坦，尼泊尔，印度，泰国。

寄主：榆叶梅，芦苇，红花。

资料来源：郑祥义，原国辉，1994，郑州地区花木蚜虫种类初报。河南农业大学学报，28(2): 161~165。

梨中华圆尾蚜 *Sappaphis sinipiricola* Zhang, 1980

省内产地：安阳。

分布：河南，辽宁，山东，湖南。

寄主：梨。

资料来源：申效诚，1993，河南昆虫名录。中国农业科学技术出版社。

麦二叉蚜 *Schizaphis graminum* (Rondni, 1847)

省内产地：全省。

分布：河南，黑龙江，吉林，内蒙古，新疆，甘肃，青海，宁夏，陕西，北京，河北，山西，山东，安徽，江苏，浙江，福建，台湾，江西，湖北，湖南，广东，广西，四川，西藏；朝鲜，日本，印度；北美，南美，东非，北非，地中海。

寄主：小麦，大麦，燕麦，黑麦，高粱等禾本科以及莎草科植物。

资料来源：申效诚，1993，河南昆虫名录。中国农业科学技术出版社。

梨二叉蚜 *Schizaphis piricola* (Matsumura, 1917)

省内产地：全省。

分布：河南，吉林，辽宁，内蒙古，河北，山东，山西，陕西，甘肃，青海，湖北，安徽，江苏，江西，福建，台湾，湖南，广西，四川，云南；朝鲜，日本，印度，巴基斯坦。

寄主：梨，棠梨，杜梨。

资料来源：申效诚，1993，河南昆虫名录。中国农业科学技术出版社。

中华莎草二叉蚜 *Schizaphis siniscirpi* Zhang, 1983

省内产地：全省。

分布：河南，福建。

寄主：莎草。

资料来源：申效诚，1993，河南昆虫名录。中国农业科学技术出版社。

胡萝卜微管蚜 *Semiaphis heraclei* (Takahashi, 1921)

省内产地：全省。

分布：河南，吉林，辽宁，甘肃，青海，北京，河北，山东，福建，台湾，云南；朝鲜，日本，印度，印度尼西亚，美国(夏威夷)。

寄主：胡萝卜，芹菜，香菜，金银花等。

资料来源：申效诚，1993，河南昆虫名录。中国农业科学技术出版社。

石楠修尾蚜 *Sinomegoura photiniae* (Takahashi, 1936)

省内产地：郑州。

分布：河南，湖北，浙江，台湾，广东；日本，印度。

寄主：石楠，紫荆。

资料来源：郑祥义，原国辉，1994，郑州地区花木蚜虫种类初报。河南农业大学学报，28(2)：161~165。

蔷薇绿长管蚜 *Sitobion ibarae* (Matsumura, 1917)

省内产地：具体不详。

分布：河南，山东，浙江，福建，台湾，广东，四川；日本，韩国，印度尼西亚。

资料来源：张广学等，1999，蚜虫类。《福建昆虫志 第二卷》，福建科学技术出版社。

橘蚜 *Toxoptera citricidus* (Kirkaldy, 1907)

省内产地：淅川，中牟。

分布：河南，湖北，江苏，江西，浙江，福建，台湾，湖南，广东，香港，广西，贵州，四川，云南，陕西；朝鲜，泰国，尼泊尔，越南；南美。

资料来源：申效诚等，1994，河南昆虫名录补遗(一)。《河南昆虫分类区系研究 第一卷》，中国农业科学技术出版社。

芒果蚜 *Toxoptera odinae* (van der Goot, 1917)

省内产地：信阳，南阳，新县，罗山，南召，桐柏。

分布：河南，北京，甘肃，陕西，山东，江苏，浙江，福建，台湾，江西，湖南，广东，广西，贵州，云南；朝鲜，日本，印度，印度尼西亚。

寄主：芒果，乌桕，盐肤木，漆树，梧桐，枫，栎等。

资料来源：申效诚，1993，河南昆虫名录。中国农业科学技术出版社。

樱桃瘿瘤头蚜 *Tuberocephalus higansakurae* (Monzen, 1927)

省内产地：豫西，豫北。

分布：河南，河北，山东，浙江；日本。

资料来源：申效诚等，1994，河南昆虫名录补遗(一)。《河南昆虫分类区系研究 第一卷》，中国农业科学技术出版社。

桃瘤头蚜 *Tuberocephalus momonis* (Matsumura, 1917)

省内产地：全省。

分布：河南，辽宁，北京，河北，山东，江苏，浙江，江西，福建，台湾，甘肃；朝鲜，日本。

寄主：桃，樱桃，李。

资料来源：申效诚，1993，河南昆虫名录。中国农业科学技术出版社。

樱桃瘤头蚜 *Tuberocephalus sakurae* (Matsumura, 1917)

省内产地：安阳，南阳，郑州。

分布：河南，辽宁，山东，江苏，浙江，台湾；朝鲜，日本。

寄主：樱桃，梅。

资料来源：申效诚，1993，河南昆虫名录。中国农业科学技术出版社。

莴苣指管蚜 *Uroleucon formosanum* (Takahashi, 1921)

省内产地：全省。

分布：河南，吉林，河北，山东，江苏，江西，浙江，福建，台湾，湖南，广东，香港，广西，四川；朝鲜，日本，印度，越南；俄罗斯(西伯利亚)。

寄主：莴苣，泥胡菜，苦荬菜。

资料来源：申效诚，1993，河南昆虫名录。中国农业科学技术出版社。

红花指管蚜 *Uroleucon gobonis* (Matsumura, 1917)

省内产地：周口，西华。

分布：河南，黑龙江，吉林，辽宁，甘肃，宁夏，新疆，河北，陕西，山东，江苏，福建，台湾；朝鲜，日本，印度，印度尼西亚。

寄主：红花，苍术，牛蒡。

资料来源：申效诚，1993，河南昆虫名录。中国农业科学技术出版社。

三三、粉虱科 Aleyrodidae

本科世界已知 163 属，中国已记载 34 属 181 种，河南记录 5 属 5 种。

黑刺粉虱 *Aleurocanthus spiniferus* (Quaintance, 1903)

省内产地：郑州，荥阳，许昌，淅川，西峡。

分布：河南，江苏，浙江，福建，台湾，江西，湖北，湖南，广东，香港，澳门，广西，贵州，四川，云南；日本，菲律宾，越南，印度尼西亚，泰国，印度，斯里兰卡，马来西亚，肯尼亚，坦桑尼亚，乌干达，毛里求斯，美国(夏威夷)。

寄主：橘，杨，柳，枫，茶，葡萄，梨，柿，栗，蔷薇。

资料来源：申效诚，1993，河南昆虫名录。中国农业科学技术出版社。

茶黑胶粉虱 *Aleurotrachelus camelliae* (Kuwana, 1911)

省内产地：信阳。

分布：河南，江西，浙江，福建，湖南；日本。

寄主：枣，茶，乌桕，柞。

资料来源：申效诚，1993，河南昆虫名录。中国农业科学技术出版社。

橘粉虱 *Dialeurodes citri* (Ashmead, 1885)

省内产地：郑州，许昌，平顶山，南阳，西峡，淅川，信阳。

分布：河南，河北，陕西，湖北，安徽，江苏，江西，浙江，福建，台湾，湖南，广东，广西，四川；日本，越南，泰国，印度，巴基斯坦，斯里兰卡，世界广布。

寄主：橘，栗，桃，柿，柞，桂花。

资料来源：申效诚，1993，河南昆虫名录。中国农业科学技术出版社。

茶粉虱 *Parabemisia myricae* (kuwana, 1927)

省内产地：信阳。

分布：河南，安徽，江苏，浙江，福建，台湾，广东，广西，四川；日本，马来西亚。

寄主：茶，橘，桃，李，梅，柿，桑。

资料来源：申效诚，1993，河南昆虫名录。中国农业科学技术出版社。

温室白粉虱 *Trialeurodes vaporariorum* (Westwood, 1856)

省内产地：郑州，安阳。

分布：河南，黑龙江，吉林，青海，河北，山东，江苏，江西，贵州，四川，云南；日本，菲律宾，斯里兰卡，马来西亚，印度，伊朗，俄罗斯，新西兰；欧洲，非洲，北美，南美。

寄主：黄瓜，豆类，番茄，花卉。

资料来源：申效诚，1993，河南昆虫名录。中国农业科学技术出版社。

三四、绵蚧科 Monophlebidae

本科世界已知 47 属 210 种，中国已记载 9 属 24 种，河南记录 2 属 5 种。

桑履绵蚧 *Drosicha contrahens* Walker, 1858

省内产地：全省。

分布：河南，吉林，辽宁，河北，陕西，山东，江苏，浙江，福建，台湾，广东，四川，云南；斯里兰卡。

寄主：桑，刺槐，枫杨，橘，泡桐，苹果，梨，乌桕，柳，榆，栎，女贞，白杨。

资料来源：申效诚，1993，河南昆虫名录。中国农业科学技术出版社。

日本履绵蚧(草履蚧)*Drosicha corpulenta* (Kuwanna, 1902)

省内产地：内乡葛条爬，西峡黄石庵，信阳鸡公山等全省各地。

分布：河南，河北，山西，内蒙古，山东，四川，云南，西藏；朝鲜，日本，俄罗斯。

寄主：栎，苹果，板栗，胡颓子，无花果，桃，柿，柳，槐，杨等植物枝干。

资料来源：武三安，1999，同翅目：蚧亚目。《鸡公山区昆虫》，中国农业科学技术出版社。

枣履绵蚧 *Drosicha* sp.

省内产地：内乡葛条爬。

分布：河南。

寄主：枣。

资料来源：武三安，1999，同翅目：蚧总科。《伏牛山南坡及大别山区昆虫》，中国农业科学技术出版社。

吹绵蚧 *Icerya purchasi* Maskell, 1878

省内产地：郑州，开封，南阳。

分布：河南，辽宁，内蒙古，河北，山东，山西，陕西，湖北，安徽，江苏，江西，浙江，福建，台湾，湖南，广东，香港，海南，广西，贵州，四川，云南，西藏；日本，俄罗斯，菲律宾，新加坡，斯里兰卡，印度，斐济，新西兰；欧洲，非洲，中美洲。

寄主：苹果，梨，桃，樱桃，葡萄，石榴，橘，柿，桑，茶，松，栗，柳，杨，刺槐，紫穗槐，夹竹桃，月季，木槿，冬青，马尾松等。

资料来源：杨有乾，1988，河南森林昆虫志。河南科学技术出版社。

银毛吹绵蚧 *Icerya seychellarum* (Westwood, 1855)

省内产地：郑州。

分布：河南，河北，湖北，江西，浙江，福建，台湾，湖南，广东，香港，广西，四川，云南，西藏；日本，新西兰；热带，亚热带。

寄主：柿，石榴，椿。

资料来源：萧蓉萍等，1989，郑州市花木类蚧虫名录。河南农业大学学报，23(1)。

三五、珠蚧科 Margarodidae

本科世界已知 11 属 100 种，中国已记载 4 属 13 种，河南记录 2 属 2 种。

中华松针蚧 *Matsucoccus sinensis* Chen, 1937

省内产地：郑州，开封，南阳，南召，灵宝，汝阳。

分布：河南，陕西，湖北，江苏，浙江，湖南。

寄主：油松，马尾松。

资料来源：杨有乾，1988，河南森林昆虫志。河南科学技术出版社。

花生新珠蚧 *Neomargarodes gossypii* Yang, 1979

棉根地珠蚧 *N. gossypii* Yang, 1979

新黑地珠蚧 *N. nigra* (Green, 1912)：Hou, 1986 错定

野菊新珠蚧 *N. chondrillae* Arch：Tang, 1995　错定

省内产地：开封，中牟，尉氏，新郑，新乡，偃师，内黄。

分布：河南，河北，山东，陕西。

寄主：花生，棉花。

资料来源：

1. 申效诚，1993，河南昆虫名录。中国农业科学技术出版社。
2. 杨集昆，1979，珠蚧科研究。昆虫分类学报，1(1)：35~48。
3. 侯璋德等，1986，新黑地珠蚧生物学特性及防治的研究。植物保护，12(1)。
4. 任应党等，2001，花生新珠蚧的生物学特性及防治研究。华北农学报，16(专辑)。
5. 武三安，2007，花生新珠蚧的学名考证。昆虫分类学报，29(3)。

三六、旌蚧科 Ortheziidae

本科世界已知20属199种，中国已记载5属11种，河南记录1属1种。

荨麻旌蚧 *Orthezia urticae* Linnaeus, 1758

省内产地：信阳鸡公山，内乡葛条爬。

分布：河南，山西，内蒙古，宁夏，云南，西藏；外高加索，土库曼，乌兹别克斯坦，哈萨克斯坦，吉尔吉斯斯坦，塔吉克斯坦，俄罗斯，阿尔及利亚，伊朗，朝鲜，日本。

寄主：荨麻，大戟，野蔷薇，蒿类，菊科，伞形花科，唇形花科等。

资料来源：武三安，1999，同翅目：蚧总科。《伏牛山南坡及大别山区昆虫》，中国农业科学技术出版社。

三七、粉蚧科 Pseudococcidae

本科世界已知220属1400种，中国已记载67属180种，河南记录15属32种。

拂子茅配粉蚧 *Allotrionymus calamagrostis* Wu, 1999

省内产地：内乡宝天曼(模式产地)。

分布：河南。

寄主：拂子茅。

资料来源：武三安，1999，河南伏牛山粉蚧科六新种记述(同翅目：蚧总科)。《伏牛山南坡及大别山区昆虫》，中国农业科学技术出版社。

细长配粉蚧 *Allotrionymus elongatus* Takahashi

省内产地：信阳鸡公山

分布：河南，内蒙古；日本。

寄主：拂子茅等禾本科杂草。

资料来源：武三安，1999，同翅目：蚧亚目。《鸡公山区昆虫》，中国农业科学技术出版社。

白尾安粉蚧 *Antonina crawii* Cockerell, 1900

省内产地：南阳烈士陵园，新郑，新乡。

分布：河南，北京，广东，广西，浙江，四川，云南，湖北，湖南，福建，台湾；朝鲜，日本，美国，法国，俄罗斯。

寄主：竹类枝杈处。

资料来源：武三安，1999，同翅目：蚧总科。《伏牛山南坡及大别山区昆虫》，中国农业科学技术出版社。

远东安粉蚧 *Antonina tesquorum* Danzig, 1971

省内产地：西峡黄石庵林场。

分布：河南，山西，内蒙古，宁夏；俄罗斯远东，蒙古国。

寄主：隐子草等禾本科杂草根部。

资料来源：武三安，1999，同翅目：蚧总科。《伏牛山南坡及大别山区昆虫》，中国农业科学技术出版社。

剪股颖平粉蚧 *Balanococcus agrostis* Wu, 1999

省内产地：西峡黄石庵林场(模式产地)。

分布：河南。

寄主：剪股颖。

资料来源：武三安，1999，河南伏牛山粉蚧科六新种记述(同翅目：蚧总科)。《伏牛山南坡及大别山区昆虫》，中国农业科学技术出版社。

高加索平粉蚧 *Balanococcus caucasicus* Danzig, 1985

省内产地：内乡宝天曼。

分布：河南；俄罗斯。

寄主：禾本科植物叶鞘下。

资料来源：武三安，1999，同翅目：蚧总科。《伏牛山南坡及大别山区昆虫》，中国农业科学技术出版社。

球坚鞘粉蚧 *Chaetococcus zonata* (Green, 1919)

省内产地：郑州。

分布：河南，安徽，江苏，浙江，福建，江西，湖北，湖南，广东，广西，四川，云南；菲律宾，斯里兰卡。

寄主：竹。

资料来源：萧蓉萍等，1989，郑州市花木类蚧虫名录。河南农业大学学报，23(1)。

黑龙江粒粉蚧 *Coccura suwakoensis* (Kuwana *et* Toyada, 1915)

C. ussuriensis (Borchsenius, 1936)

省内产地：具体不明。

分布：河南，黑龙江，内蒙古，广西，云南；日本；俄罗斯(西伯利亚)。

资料来源：申效诚，1993，河南昆虫名录。中国农业科学技术出版社。

蚁窝皑粉蚧 *Crisicoccus myrmecophilus* Wu, 1999

省内产地：内乡葛条爬(模式产地)。

分布：河南。

寄主：柘树[*Cudrania tricuspidata* (Carr.) Bur.]主干蚂蚁用细沙与泥筑成的巢内。

资料来源：武三安，1999，河南伏牛山粉蚧科六新种记述(同翅目：蚧总科)。《伏牛山南坡及大别山区昆虫》，中国农业科学技术出版社。

河南灰粉蚧 *Dysmicoccus henanensis* Wu, 1999

省内产地：内乡宝天曼(模式产地)。

分布：河南。

寄主：一种菊科植物根部。

资料来源：武三安，1999，河南伏牛山粉蚧科六新种记述(同翅目：蚧总科)。《伏牛山南坡及大别山区昆虫》，中国农业科学技术出版社。

中亚灰粉蚧 *Dysmicoccus multivorus* (Kiritshenko, 1935)

省内产地：南阳烈士陵园，西峡黄石庵，内乡葛条爬。

分布：河北，河南；意大利，波兰，匈牙利，乌兹别克斯坦，塔吉克斯坦，哈萨克斯坦。

寄主：蒲公英，锦葵，夏至草，菠菜，白羊草等。

资料来源：武三安，1999，同翅目：蚧总科。《伏牛山南坡及大别山区昆虫》，中国农业科学技术出版社。

枣星粉蚧 *Heliococcus zizyphi* Borchsenius, 1958

省内产地：郑州，开封，兰考，商丘，新乡，内黄，濮阳。

分布：河南，河北，山东，山西，江西。

寄主：枣。

资料来源：杨有乾，1988，河南森林昆虫志。河南科学技术出版社。

枇杷粉蚧 *Heliococcus* sp.

省内产地：郑州。

分布：河南。

寄主：枇杷。

资料来源：萧蓉萍等，1989，郑州市花木类蚧虫名录。河南农业大学学报，23(1)。

鲍氏新粉蚧 *Neotrionymus borchsenii* (Danzig, 1983)

省内产地：西峡黄石庵。

分布：河南；俄罗斯。

寄主：落草，剪股颖。

资料来源：武三安，1999，同翅目：蚧总科。《伏牛山南坡及大别山区昆虫》，中国农业科学技术出版社。

狗牙根新粉蚧 *Neotrionymus cynodontis* (Kiritshenko, 1932)

省内产地：内乡葛条爬，西峡黄石庵。

分布：河南；原南斯拉夫，土库曼斯坦，乌兹别克斯坦，塔吉克斯坦，埃及，希腊。

寄主：狗牙根，六月禾和拂子茅叶鞘下。

资料来源：武三安，1999，同翅目：蚧总科。《伏牛山南坡及大别山区昆虫》，中国农业科学技术出版社。

山西品粉蚧 *Peliococcus shanxiensis* Wu, 1999　(河南新记录属、种)

省内产地：封丘。

分布：河南，山西。

寄主：金银花(寄主新记录，能致金银花整株枯死，甚至成片死亡)。

资料来源：武三安，个人通讯。

白蜡绵粉蚧 *Phenacoccus fraxinus* Tang, 1977

省内产地：郑州。

分布：河南，河北，山西，浙江，福建，四川，西藏。

寄主：柿，白蜡树，乌桕，重阳木。

资料来源：萧蓉萍等，1989，郑州市花木类蚧虫名录。河南农业大学学报，23(1)。

***Phenacoccus incertus* Kiritshenko, 1940**

省内产地：西峡黄石庵林场。

分布：河南；乌克兰。

寄主：羊茅和针茅叶鞘下。

资料来源：武三安，1999，同翅目：蚧总科。《伏牛山南坡及大别山区昆虫》，中国农业科学技术出版社。

古北绵粉蚧 *Phenacoccus interruptus* Green, 1923

省内产地：内乡葛条爬。

分布：河南，内蒙古，宁夏；亚美尼亚，英国，法国，德国，希腊，匈牙利，意大利，哈萨克斯坦，朝鲜，波兰，俄罗斯，乌克兰，瑞士。

寄主：冰草，狗牙根，披碱草，羊茅，拂子茅。

资料来源：武三安，1999，同翅目：蚧总科。《伏牛山南坡及大别山区昆虫》，中国农业科学技术出版社。

羊草绵粉蚧 *Phenacoccus pennisectus* Tang, 1989

省内产地：内乡葛条爬。

分布：河南，内蒙古。

寄主：羊草，狗尾草，剪股颖根部。

资料来源：武三安，1999，同翅目：蚧总科。《伏牛山南坡及大别山区昆虫》，中国农业科学技术出版社。

柿长绵粉蚧 *Phenacoccus pergandei* Cockerell, 1896

省内产地：郑州，漯河，博爱，荥阳。

分布：河南，辽宁，陕西，山西，山东，浙江；朝鲜，日本，萨哈林岛(库页岛)。

寄主：柿，苹果，梨，桑，法桐，银杏。

资料来源：杨有乾，1988，河南森林昆虫志。河南科学技术出版社。

金盏菊绵粉蚧 *Phenacoccus solani* Ferris, 1918

省内产地：内乡宝天曼。

分布：河南；美国，南非，津巴布韦，巴西，墨西哥，马塞群岛。

寄主：金盏菊，烟草，马铃薯等多种植物。

资料来源：武三安，1999，同翅目：蚧总科。《伏牛山南坡及大别山区昆虫》，中国农业科学技术出版社。

橘臀纹粉蚧 *Planococcus citri* (Risso, 1813)

省内产地：郑州，荥阳，安阳，博爱，许昌。

分布：河南，宁夏，北京，湖北，江苏，江西，浙江，福建，台湾，湖南，广东，香港，广西，贵州，四川，云南，西藏；日本；欧洲，北美，南美。

寄主：橘，柿，泡桐，桑，松，杉，茶，苹果，梨，葡萄，银杏，石榴，梧桐，夹竹桃，紫荆，紫藤，牡丹，棉花，大豆，烟草，茄。

资料来源：杨有乾，1988，河南森林昆虫志。河南科学技术出版社。

柑栖粉蚧 *Pseudococcus calceolariae* (Maskell, 1879)

Pseudococcus gahani Green, 1915

省内产地：郑州。

分布：河南，内蒙古，湖北，江西，浙江，福建，台湾，湖南，广东，海南，广西，云南，香港；日本，美国(夏威夷)，墨西哥；亚洲热带地区。

寄主：苹果，梨，葡萄。

资料来源：萧蓉萍等，1989，郑州市花木类蚧虫名录。河南农业大学学报，23(1)。

康氏粉蚧 *Pseudococcus comstocki* (Kuwana, 1902)

省内产地：郑州，开封，兰考，安阳，新乡，商丘。

分布：河南，黑龙江，辽宁，内蒙古，河北，山西，山东，江苏，江西，浙江，福建，台湾，湖北，湖南，广东，广西，贵州，四川，云南，西藏；朝鲜，日本，斯里兰卡，印度；北美。

寄主：苹果，梨，李，杏，桃，柿，桑，栗，山楂，刺槐，梅，樱桃，石榴，葡萄，柳，枫，银杏，大叶黄杨，玉米，棉花，胡萝卜，南瓜，西瓜，黄瓜，番茄，菜豆。

资料来源：杨有乾，1988，河南森林昆虫志。河南科学技术出版社。

旧北蔗粉蚧 *Saccharicoccus penium* Williams, 1962

省内产地：内乡葛条爬。

分布：河南，山西，内蒙古，宁夏；英国，波兰，俄罗斯。

寄主：冰草，剪股颖，芒草，羊茅，早熟禾，羊草，拂子茅。

资料来源：武三安，1999，同翅目：蚧总科。《伏牛山南坡及大别山区昆虫》，中国农业科学技术出版社。

糖粉蚧 *Saccharicoccus sacchari* (Cockerell, 1895)

省内产地：郑州。

分布：河南，湖北，江西，浙江，福建，台湾，湖南，广东，香港，广西，四川，云南，西藏；日本，印度；热带，北美。

寄主：甘蔗。

资料来源：萧蓉萍等，1989，郑州市花木类蚧虫名录。河南农业大学学报，23(1)。

白草条粉蚧 *Trionymus circulus* Tang, 1988

省内产地：信阳鸡公山。

分布：河南，内蒙古。

寄主：白草。

资料来源：武三安，1999，同翅目：蚧亚目。《鸡公山区昆虫》，中国农业科学技术出版社。

蔗条粉蚧 *Trionymus diminutus* (Leonardi, 1918)

省内产地：开封。

分布：河南，台湾；俄罗斯；欧洲，北美。

寄主：甘蔗。

资料来源：申效诚，1993，河南昆虫名录。中国农业科学技术出版社。

伏牛条粉蚧 *Trionymus funiuensis* Wu, 1999

省内产地：西峡黄石庵林场(模式产地)。

分布：河南。

资料来源：武三安，1999，河南伏牛山粉蚧科六新种记述(同翅目：蚧总科)。《伏牛山南坡及大别山区昆虫》，中国农业科学技术出版社。

汤氏条粉蚧 *Trionymus tangi* Wu, 1999

省内产地：内乡宝天曼(模式产地)。

分布：河南。

寄主：拂子茅叶鞘卜。

资料来源：武三安，1999，河南伏牛山粉蚧科六新种记述(同翅目：蚧总科)。《伏牛山南坡及大别山区昆虫》，中国农业科学技术出版社。

北方条粉蚧 *Trionymus thulensis* Green, 1931

省内产地：西峡黄石庵林场。

分布：河南，内蒙古；英国，冰岛，匈牙利，法国，波兰。

寄主：冰草，剪股颖，须草，羊茅，芦苇，小麦，三毛草，针茅。

资料来源：武三安，1999，同翅目：蚧总科。《伏牛山南坡及大别山区昆虫》，中国农业科学技术出版社。

三八、链蚧科 Asterolecaniidae

本科世界已知 32 属 200 种，中国已记载 7 属 75 种，河南记录 2 属 2 种。

异并链蚧 *Asterodiaspis variabile* (Russell, 1941)

省内产地：汝阳。

分布：河南，山东；日本。

寄主：麻栎，栓皮栎。

资料来源：杨有乾，1988，河南森林昆虫志。河南科学技术出版社。

半球竹链蚧 *Bambusaspis hemisphaericum* (Kuwana, 1916)

省内产地：信阳，西峡。

分布：河南，江苏，浙江，福建，湖南，广东，四川；日本。

寄主：竹。

资料来源：杨有乾，1988，河南森林昆虫志。河南科学技术出版社。

三九、红蚧科 Kermesidae

本科世界已知 10 属 90 种，中国已记载 2 属 16 种，河南记录 1 属 2 种。

栗红蚧 *Kermes nawae* (Kuwanna, 1902)

省内产地：信阳鸡公山，新县。

分布：河南，江西，浙江，安徽，湖南，湖北，江苏，福建；日本。

寄主：栗。

资料来源：武三安，1999，同翅目：蚧亚目。《鸡公山区昆虫》，中国农业科学技术出版社。

麻栎绛蚧 *Kermes* sp.

省内产地：内乡葛条爬。

分布：河南。

寄主：麻栎。

资料来源：武三安，1999，同翅目：蚧总科。《伏牛山南坡及大别山区昆虫》，中国农业科学技术出版社。

四〇、毡蚧科 Eriococcidae

本科世界已知68属540种，中国已记载8属37种，河南记录4属9种。

柿白毡蚧 *Asiacornucoccus kaki* (Kuwana, 1931)

省内产地：郑州，荥阳，偃师，济源，博爱，封丘，许昌，郾城，西平。

分布：河南，辽宁，河北，山西，山东，安徽，湖北，浙江，湖南，广东，广西，贵州，四川，云南，西藏；日本。

寄主：柿。

资料来源：申效诚，1993，河南昆虫名录。中国农业科学技术出版社。

榆树枝毡蚧 *Eriococcus abeliceae* Kuwanna, 1932

省内产地：信阳鸡公山。

分布：河南，北京；日本。

寄主：小叶黄杨，榆树。

资料来源：武三安，1999，同翅目：蚧亚目。《鸡公山区昆虫》，中国农业科学技术出版社。

绣线菊毡蚧 *Eriococcus isacanthus* (Danzig, 1975)

省内产地：郑州。

分布：河南，其他分布地待查。

寄主：绣线菊。

资料来源：萧蓉萍等，1989，郑州市花木类蚧虫名录。河南农业大学学报，23(1)。

石榴毡蚧 *Eriococcus lagerstroemiae* (Kuwana, 1917)

省内产地：郑州，开封。

分布：河南，辽宁，内蒙古，河北，山东，山西，江苏，江西，四川，新疆；日本，印度。

寄主：石榴，紫薇，大豆，苹果。

资料来源：申效诚，1993，河南昆虫名录。中国农业科学技术出版社。

大豆毡蚧 *Eriococcus sojae* Kuwana, 1931

省内产地：郸城。

分布：河南，其他分布地待查。

寄主：大豆，小旋花，莴苣，甘薯，小蓟。

资料来源：申效诚，1993，河南昆虫名录。中国农业科学技术出版社。

竹鞘毡蚧 *Eriococcus transversus* Green, 1922

省内产地：郑州，开封。

分布：河南，江苏，浙江，福建，台湾，广西，四川；斯里兰卡。

寄主：竹。

资料来源：杨有乾，1988，河南森林昆虫志。河南科学技术出版社。

红桦隙毡蚧 *Kuwanina betala* Wu *et* Liu, 2009

省内产地：嵩县白云山(模式产地)。

分布：河南。

资料来源：武三安，刘锦，2009，中国隙毡蚧属一新种(半翅目，毡蚧科)。动物分类学报，34(2)：221~223。

东方根毡蚧 *Rhizoccus orientalis*(Danzig, 1975)

省内产地：内乡葛条爬，西峡黄石庵林场。

分布：河南，内蒙古；朝鲜，俄罗斯。

寄主：蒿类及草木犀根部。

资料来源：武三安，1999，同翅目：蚧总科。《伏牛山南坡及大别山区昆虫》，中国农业科学技术出版社。

毛竹根毡蚧 *Rhizococcus rugosus* (Wang, 1982)

省内产地：内乡葛条爬。

分布：河南，浙江。

寄主：竹类枝杈间。

资料来源：武三安，1999，同翅目：蚧总科。《伏牛山南坡及大别山区昆虫》，中国农业科学技术出版社。

四一、战蚧科 Phoenicococcidae

本科世界已知 1 属 20 种，中国已记载 1 属 3 种，河南记录 1 属 1 种。

马氏战蚧 *Phoenicococcus marlatti* Cockerell, 1911

省内产地：郑州。

分布：河南，山西，上海。

寄主：凤尾蕉。

资料来源：萧蓉萍等，1989，郑州市花木类蚧虫名录。河南农业大学学报，23(1)。

四二、蚧科 Coccidae

本科世界已知 126 属 850 多种，中国已记载 44 属 116 种，河南记录 14 属 28 种。

角蜡蚧 *Ceroplastes ceriferus* (Anderson, 1790)

省内产地：郑州，洛阳，汝阳，南阳，南召，镇平，信阳。

分布：河南，东北，河北，山东，湖北，江苏，江西，浙江，福建，台湾，湖南，广东，广西，四川，云南；日本，印度，斯里兰卡，澳大利亚，美国(夏威夷)，墨西哥，牙买加，美国，智利。

寄主：桑，松，柿，栗，杨，茶，橘，樱桃，杨梅，银杏，石榴，梨，苹果，李，杏，桃，夹竹桃。

资料来源：杨有乾，1988，河南森林昆虫志。河南科学技术出版社。

龟蜡蚧 *Ceroplastes floridensis* Comstock, 1881

省内产地：具体不明。

分布：河南，北京，山东，湖北，江苏，江西，浙江，福建，台湾，湖南，广西，四川；巴基斯坦，伊朗，土耳其，埃及，印度，斯里兰卡，马来西亚，澳大利亚，美国(夏威夷)；欧洲，非洲。

寄主：茶，橘，柿，梨，苹果，桃，梅，李，番石榴，夹竹桃，椿。

资料来源：申效诚，1993，河南昆虫名录。中国农业科学技术出版社。

小红蜡蚧 *Ceroplastes minor* Maskell, 1892

省内产地：郑州。

分布：河南，其他分布地待查。

寄主：罗汉松。

资料来源：萧蓉萍等，1989，郑州市花木类蚧虫名录。河南农业大学学报，23(1)。

伪角蜡蚧 *Ceroplastes pseudoceriferus* (Green, 1935)

省内产地：郑州，开封。

分布：河南，青海，湖北，江苏，江西，浙江，福建，台湾，湖南，广东，广西，四川，云南，西藏；东南亚。

寄主：石榴，玫瑰，茶，柿，柳，贴梗海棠。

资料来源：申效诚，1993，河南昆虫名录。中国农业科学技术出版社。

红蜡蚧 *Ceroplastes rubens* Maskell, 1892

枣龟蜡蚧 *Ceroplastes japonicus* Green, 1921

省内产地：全省。

分布：河南，东北，河北，山东，陕西，甘肃，湖北，安徽，江苏，江西，浙江，福建，台湾，湖南，广东，香港，广西，贵州，四川，云南，西藏；日本，菲律宾，马来西亚，斯里兰卡，印度，缅甸，印度尼西亚，澳大利亚，牙买加，美国。

寄主：枣，柿，苹果，橘，茶，桃，杨，法桐，夹竹桃，冬青，松，梨，李，杏，石榴，樱桃，槐，大叶黄杨，米兰，金橘，白玉兰。

资料来源：杨有乾，1988，河南森林昆虫志。河南科学技术出版社。

柿绿绵蜡蚧 *Chloropulvinaria aurantii* (Cockerell, 1896)

省内产地：开封。

分布：河南，河北，湖北，江苏，江西，浙江，福建，台湾，湖南，广东，广西，贵州，四川，云南；日本，伊朗，俄罗斯，美国。

寄主：海桐，夹竹桃。

资料来源：申效诚，1993，河南昆虫名录。中国农业科学技术出版社。

绿绵蜡蚧 *Chloropulvinaria flocifera* (Westwood, 1870)

省内产地：郑州。

分布：河南，辽宁，山东，山西，湖北，安徽，江苏，江西，浙江，福建，湖南，广东，广西，贵州，四川，云南；俄罗斯，土耳其，伊朗，印度，澳大利亚；欧洲，北美。

寄主：橘，金橘，桂花，冬青，卫矛。

资料来源：萧蓉萍等，1989，郑州市花木类蚧虫名录。河南农业大学学报，23(1)。

垫囊绿绵蜡蚧 *Chloropulvinaria psidii* (Maskell, 1892)

省内产地：郑州，开封。

分布：河南，湖北，江苏，江西，台湾，广东，香港，广西，云南；日本，斯里兰卡，新加坡，美国(夏威夷)；北美。

寄主：米兰，苹果，李，橘，杏，茶，柿，苏铁。

资料来源：萧蓉萍等，1989，郑州市花木类蚧虫名录。河南农业大学学报，23(1)。

褐软蚧 *Coccus hesperidum* (Linnaeus, 1758)

省内产地：郑州，开封。

分布：河南，辽宁，内蒙古，山东，山西，河北，湖北，江苏，江西，浙江，福建，台湾，湖南，广东，广西，贵州，四川，云南，西藏；日本，澳大利亚，美国；亚洲，欧洲，非洲。

寄主：橘，茶，苹果，梨，梅，杏，李，枣，葡萄，桃，夹竹桃，黄杨，石榴，桂花，银杏，万年青，金边龙舌兰。

资料来源：萧蓉萍等，1989，郑州市花木类蚧虫名录。河南农业大学学报，23(1)。

咖啡软蚧 *Coccus viridis* (Green, 1889)

省内产地：郑州，开封。

分布：河南，江苏，江西，浙江，福建，台湾，湖南，广东，广西，贵州，四川，云南；日本，菲律宾，印度尼西亚，马来西亚，缅甸，斯里兰卡，印度，美国，巴西；欧洲。

寄主：茶，橘，石榴，锦葵，海棠，冬青。

资料来源：萧蓉萍等，1989，郑州市花木类蚧虫名录。河南农业大学学报，23(1)。

朝鲜球坚蚧 *Didesmococcus koreanus* Borchsnius, 1955

省内产地：全省。

分布：河南，黑龙江，吉林，辽宁，内蒙古，陕西，甘肃，宁夏，青海，新疆，河北，山东，山西，湖北，福建，四川，云南；朝鲜。

寄主：桃，李，杏，樱桃，苹果，梨，梅，葡萄，枣，刺槐，柿，贴梗海棠。

资料来源：杨有乾，1988，河南森林昆虫志。河南科学技术出版社。

白蜡蚧 *Ericerus pela* (Chavannes, 1848)

省内产地：郑州，开封，商丘。

分布：河南，辽宁，河北，陕西，山东，湖北，江苏，江西，浙江，福建，湖南，广东，广西，贵州，四川，云南，西藏；朝鲜，日本；欧洲。

寄主：女贞，小叶女贞。

资料来源：申效诚，1993，河南昆虫名录。中国农业科学技术出版社。

枣大球蚧 *Eulecanium gigantea* (Shinji, 1935)

省内产地：全省。

分布：河南，内蒙古，河北，山西，宁夏，山东，安徽，江苏，湖南。

寄主：枣，柿，核桃，刺槐，玫瑰，槐。

资料来源：杨有乾，1988，河南森林昆虫志。河南科学技术出版社。

日本球蚧 *Eulecanium kunoensis* (Kuwana, 1907)

省内产地：许昌。

分布：河南，山东，江苏，浙江，福建；朝鲜，日本，美国。

寄主：梨，桃，李，苹果，杏，樱桃。

资料来源：杨有乾，1988，河南森林昆虫志。河南科学技术出版社。

皱大球蚧 *Eulecanium kuwanai* (Kanda, 1934)

省内产地：郑州，许昌，开封，漯河。

分布：河南，辽宁，河北，山西，山东；日本。

寄主：梨，桃，苹果，杏。

资料来源：杨有乾，1988，河南森林昆虫志。河南科学技术出版社。

桃球蚧 *Eulecanium tiliae* Linnaeus, 1758

Eulecanium coryli Linnaeus, 1758

省内产地：郑州，许昌，洛阳。

分布：河南，陕西；欧洲，中亚，北美。

寄主：桃。

资料来源：申效诚，1993，河南昆虫名录。中国农业科学技术出版社。

柿真绵蚧 *Eupulvinaria peregrine* (Signoret, 1873)

省内产地：郑州，许昌，漯河。

分布：河南，台湾；日本。

寄主：柿，三叶枫。

资料来源：申效诚，1993，河南昆虫名录。中国农业科学技术出版社。

石楠真绵蚧 *Eupulvinaria photiniae* (Kuwana, 1914)

省内产地：具体不详。

分布：河南，浙江；日本。

资料来源：武三安，2001，蚧总科。《天目山昆虫》，科学出版社。

橡胶盔蚧 *Parasaissetia nigra* (Nietner, 1861)

省内产地：郑州。

分布：河南，内蒙古，福建，台湾，广东，广西，云南；日本，菲律宾，印度尼西亚，斯里兰卡，印度，澳大利亚，南非，美国(夏威夷)；欧洲。

寄主：海桐，美人蕉，橘，桑，柳，番石榴，乌桕。

资料来源：萧蓉萍等，1989，郑州市花木类蚧虫名录。河南农业大学学报，23(1)。

水木坚蚧 *Parthenolecanium corni* (Bouche, 1844)

东方盔蜡蚧 *P. orientalis* Borchsenius, 1957

省内产地：全省。

分布：河南，辽宁，内蒙古，山东，湖北，江西，湖南；朝鲜，日本，俄罗斯；欧洲。

寄主：糖槭，刺槐，葡萄，桃，苹果，梨，核桃，李，杨，枣，杏，樱桃。

资料来源：杨有乾，1988，河南森林昆虫志。河南科学技术出版社。

桃盔蜡蚧 *Parthenolecanium persicae* (Fabricius, 1776)

省内产地：开封，兰考。

分布：河南，内蒙古，河北，陕西，湖北，浙江，湖南，云南。

寄主：桃。

资料来源：申效诚，1993，河南昆虫名录。中国农业科学技术出版社。

葡萄绵蜡蚧 *Pulvinaria betulae* (Linnaeus, 1758)

P. vitis (Linnaeus, 1758)

省内产地：郑州。

分布：河南，内蒙古，新疆；日本，俄罗斯；中亚，欧洲，北美。

寄主：葡萄。

资料来源：萧蓉萍等，1989，郑州市花木类蚧虫名录。河南农业大学学报，23(1)。

橘小绵蜡蚧 *Pulvinaria citricola* Kuwana, 1914

省内产地：郑州，开封。

分布：河南，江苏，江西，浙江，福建，湖南，四川，云南，西藏；日本，美国。

寄主：柿，橘。

资料来源：申效诚，1993，河南昆虫名录。中国农业科学技术出版社。

夹竹桃绵蜡蚧 *Pulvinaria nerii* Kanda, 1950

省内产地：郑州。

分布：河南，其他分布地待查。

寄主：夹竹桃。

资料来源：萧蓉萍等，1989，郑州市花木类蚧虫名录。河南农业大学学报，23(1)。

沙里圆球蚧 *Rhodococcus sariuoni* Borchsenius, 1955

省内产地：郑州。

分布：河南，吉林，辽宁，内蒙古，宁夏，新疆；朝鲜。

寄主：红叶李。

资料来源：萧蓉萍等，1989，郑州市花木类蚧虫名录。河南农业大学学报，23(1)。

咖啡盔蚧 *Saissetia coffeae* (Walker, 1852)

球盔蚧 *S. hemisphaerica* (Targioni, 1867)

省内产地：郑州。

分布：河南，内蒙古，山西，山东，河北，江西，浙江，福建，台湾，湖南，广东，广西；朝鲜，日本，菲律宾，印度，印度尼西亚，澳大利亚，美国(夏威夷)；非洲，欧洲。

寄主：吊兰，夹竹桃，扁竹，米兰，君子兰。

资料来源：萧蓉萍等，1989，郑州市花木类蚧虫名录。河南农业大学学报，23(1)。

杏球蚧 *Sphaeroleanium prunastri* (Fonscolombe)

省内产地：全省。

分布：河南，辽宁，陕西，甘肃，青海，新疆，河北，山东；日本，俄罗斯；欧洲，中亚，北美。

资料来源：申效诚，1993，河南昆虫名录。中国农业科学技术出版社。

日本纽绵蚧 *Takahashia japonica* (Cockerell, 1896)

省内产地：具体不明。

分布：河南，湖北，江苏，江西，浙江，福建，湖南，广东，四川；朝鲜，日本。

寄主：槐。

资料来源：申效诚，1998，河南昆虫名录补遗(二)。《伏牛山区昆虫》，中国农业科学技术出版社。

四三、盾蚧科 Diaspididae

本科世界已知448属2400多种，中国已记载109属512种，河南记录26属56种。

茶长本圆蚧 *Abgrallaspis cyanophylli* (Signoret, 1869)

省内产地：郑州。

分布：河南，湖北，安徽，江苏，江西，浙江，福建，台湾，湖南，广东，海南，广西，贵州，四川，云南；日本，热带。

寄主：仙人掌，昙花，茶。

资料来源：萧蓉萍等，1989，郑州市花木类蚧虫名录。河南农业大学学报，23(1)。

红肾圆盾蚧 *Aonidiella aurantii* (Maskell, 1878)

省内产地：郑州。

分布：河南，辽宁，内蒙古，河北，山东，陕西，山西，湖北，江苏，江西，浙江，福建，台湾，湖南，广东，香港，广西，贵州，四川，云南；日本，菲律宾，斯里兰卡，泰国，印度，伊朗，叙利亚，土耳其，以色列，澳大利亚，新西兰；欧洲，非洲，南北美洲。

寄主：橘，桑，山楂，梨，苹果，葡萄，夹竹桃，茶，松，银杏，芦荟，龙舌兰，君子兰，棕榈，苏铁，柳，柿。

资料来源：萧蓉萍等，1989，郑州市花木类蚧虫名录。河南农业大学学报，23(1)。

黄肾圆盾蚧 *Aonidiella citrine* (Coquillett, 1891)

省内产地：郑州。

分布：河南，山西，湖北，安徽，江苏，江西，浙江，福建，台湾，湖南，广东，海南，广西，贵州，四川，云南，西藏；日本，俄罗斯，印度；大洋洲，非洲，南北美洲。

寄主：佛手，橘，梨，葡萄，苹果，蔷薇，苏铁，棕榈，银边剑麻。

资料来源：萧蓉萍等，1989，郑州市花木类蚧虫名录。河南农业大学学报，23(1)。

杂食肾圆盾蚧 *Aonidiella inornata* McKenzie, 1938

省内产地：郑州。

分布：河南，内蒙古，辽宁，河北，台湾，广东，海南，云南；菲律宾，澳大利亚。

寄主：构骨，橘，苏铁，佛手，大叶黄杨。

资料来源：萧蓉萍等，1989，郑州市花木类蚧虫名录。河南农业大学学报，23(1)。

苏铁肾圆盾蚧 *Aonidiella sotetsu* (Takahashi, 1933)

省内产地：郑州。

分布：河南，香港，海南；东北，华北；日本。

寄主：苏铁，茉莉。

资料来源：萧蓉萍等，1989，郑州市花木类蚧虫名录。河南农业大学学报，23(1)。

紫杉肾圆盾蚧 *Aonidiella taxus* Leonardi, 1906

省内产地：郑州。

分布：河南，辽宁，台湾；朝鲜，日本，美国，巴西；欧洲。

寄主：罗汉松。

资料来源：萧蓉萍等，1989，郑州市花木类蚧虫名录。河南农业大学学报，23(1)。

日本圆盾蚧 *Aspidiotus japonica* Takagi, 1957

省内产地：南阳。

分布：河南；日本。

寄主：玉兰，女贞，茶。

资料来源：武三安，1999，同翅目：蚧总科。《伏牛山南坡及大别山区昆虫》，中国农业科学技术出版社。

常春藤圆盾蚧 *Aspidiotus nerii* Bouche, 1833

省内产地：郑州。

分布：河南，陕西，山东，湖北，江苏，江西，浙江，福建，台湾，湖南，广东，广西，贵州，四川，云南；日本，越南，菲律宾，斯里兰卡，印度，新西兰，美国(夏威夷)，加拿大，智利；欧洲，非洲。

寄主：仙客来，文竹，夹竹桃，常春藤，仙人掌，橘，木瓜，葡萄，桂花，丁香，万年青。

资料来源：萧蓉萍等，1989，郑州市花木类蚧虫名录。河南农业大学学报，23(1)。

玫瑰白轮盾蚧 *Aulacaspis rosae* (Bouche, 1834)

省内产地：郑州，许昌。

分布：河南，内蒙古，山西，陕西，河北，江苏，江西，浙江，福建，台湾，湖南，广东，海南，四川，西藏；朝鲜，日本，俄罗斯，伊朗，菲律宾，印度尼西亚，泰国，澳大利亚，斐济，新西兰，美国，加拿大，墨西哥，阿根廷，智利，秘鲁；欧洲。

寄主：月季，玫瑰，乌桕，米仔兰。

资料来源：萧蓉萍等，1989，郑州市花木类蚧虫名录。河南农业大学学报，23(1)。

月季白轮盾蚧 *Aulacaspis rosarum* Borchsenius, 1958

省内产地：信阳鸡公山，内乡葛条爬，郑州，开封，南阳。

分布：河南，四川，浙江，江苏，上海，江西，福建，广西，云南等地。

寄主：蔷薇，月季，刺梅和樟树等植物枝上。

资料来源：武三安，1999，同翅目：蚧总科。《伏牛山南坡及大别山区昆虫》，中国农业科学技术出版社。

乌桕白轮盾蚧 *Aulacaspis thoracica* (Robinson, 1917)

省内产地：郑州。

分布：河南，宁夏，北京，安徽，浙江，福建，广东，香港，广西，四川；菲律宾。

寄主：苏铁，乌桕。

资料来源：萧蓉萍等，1989，郑州市花木类蚧虫名录。河南农业大学学报，23(1)。

中华雪盾蚧 *Chionaspis chinensis* (Cockerell, 1896)

省内产地：郑州，开封，新乡。

分布：河南，陕西；日本，美国。

寄主：栎。

资料来源：杨有乾，1988，河南森林昆虫志。河南科学技术出版社。

黑褐圆盾蚧 *Cheysomphalus aonidum* (Linnaeus, 1758)

省内产地：郑州，开封。

分布：河南，内蒙古，河北，山东，湖北，江苏，江西，浙江，福建，台湾，湖南，广东，香港，海南，广西，贵州，四川，云南；日本，印度，斯里兰卡，澳大利亚，巴西，美国，巴巴多斯，毛里求斯，埃及；欧洲。

寄主：橘，银杏，冬青，椿，葡萄，栗，李，山茶，玫瑰，黄麻。

资料来源：申效诚，1993，河南昆虫名录。中国农业科学技术出版社。

酱褐圆盾蚧 *Cheysomphalus bifasciculatus* Ferris, 1938

省内产地：郑州，开封，南阳。

分布：河南，内蒙古，湖北，江苏，浙江，福建，台湾，江西，湖南，海南，广西；日本，俄罗斯，美国(夏威夷)。

寄主：橘，夹竹桃，苏铁，冬青，仙客来，茶，大叶黄杨，蜘蛛抱蛋。

资料来源：武三安，1999，同翅目：蚧总科。《伏牛山南坡及大别山区昆虫》，中国农业科学技术出版社。

红褐圆盾蚧 *Cheysomphalus dictyospermi* (Moryan, 1889)

省内产地：开封。

分布：河南，河北，山西，陕西，山东，湖北，江苏，江西，浙江，福建，台湾，湖南，广东，海南，广西，四川，云南；日本，美国，斐济，牙买加；非洲。

寄主：松，桂花，橘，苏铁。

资料来源：申效诚，1993，河南昆虫名录。中国农业科学技术出版社。

仙人掌白盾蚧 *Diaspis echinocacti* (Bouche, 1833)

省内产地：郑州。

分布：河南，内蒙古，北京，山西，江西，浙江，福建，台湾，湖南，广东，广西，云南，西藏；日本，俄罗斯，斐济，南非，美国(夏威夷)，墨西哥，巴西，秘鲁；欧洲，中亚。

寄主：仙人掌，蟹爪兰。

资料来源：萧蓉萍等，1989，郑州市花木类蚧虫名录。河南农业大学学报，23(1)。

冬青递叶盾蚧 *Dynaspidiotus britannicus* (Newstead, 1896)

省内产地：具体不详。

分布：河南，辽宁，内蒙古，甘肃，山西，陕西，山东，湖北，浙江，福建，江西，湖南，广东，四川，云南，西藏；土耳其，叙利亚，澳大利亚；欧洲，北美，非洲。

资料来源：周尧，曾涛，1999，盾蚧科。《福建昆虫志 第二卷》，福建科学技术出版社。

柏单蜕盾蚧 *Fiorinia externa* Ferris, 1942

省内产地：具体不详。

分布：河南，福建，广东，四川；日本；北美。

资料来源：周尧，曾涛，1999，盾蚧科。《福建昆虫志 第二卷》，福建科学技术出版社。

日本单蜕盾蚧 *Fiorinia japonica* (Kuwana, 1902)

省内产地：南阳，郑州。

分布：河南，北京，福建，台湾；日本。

寄主：紫杉，黑松，雪松，罗汉松的针叶上。

资料来源：武三安，1999，同翅目：蚧总科。《伏牛山南坡及大别山区昆虫》，中国农业科学技术出版社。

象鼻单蜕盾蚧 *Fiorinia proboscidaria* Green, 1900

省内产地：郑州。

分布：河南，浙江，福建，台湾，江西，广东，广西，四川，云南；日本，印度，斯里兰卡，斐济。

寄主：罗汉松，松，橘，茶。

资料来源：萧蓉萍等，1989，郑州市花木类蚧虫名录。河南农业大学学报，23(1)。

茶单蜕盾蚧 *Fiorinia theae* Green, 1900

省内产地：信阳。

分布：河南，福建，台湾，广西，云南。

寄主：茶，橘。

资料来源：申效诚，1993，河南昆虫名录。中国农业科学技术出版社。

槐长蛎盾蚧 *Insulaspis yanagicola* (Kuwana, 1925)

省内产地：开封。

分布：河南，山东，宁夏，新疆，四川，云南；朝鲜，日本，俄罗斯。

寄主：国槐。

资料来源：申效诚，1993，河南昆虫名录。中国农业科学技术出版社。

竹长盾蚧 *Kuwanaspis bambusae* (Kuwana, 1902)

竹长白蚧 *K. pseudolecaspis* (Kuwana, 1923)

省内产地：郑州，商城。

分布：河南，福建，台湾，云南。

寄主：竹，毛竹。

资料来源：杨有乾，1988，河南森林昆虫志。河南科学技术出版社。

梨蛎盾蚧 *Lepidosaphes pyrorum* Tang, 1977

省内产地：开封。

分布：河南，山西。

寄主：梨。

资料来源：申效诚，1993，河南昆虫名录。中国农业科学技术出版社。

柳蛎盾蚧 *Lepidosaphes salicina* Borchsnius, 1958

省内产地：全省。

分布：河南，黑龙江，吉林，辽宁，内蒙古，宁夏，甘肃，新疆；朝鲜，日本，俄罗斯。

寄主：柳，榆，核桃，桃，苹果，橘，栗，山楂，杨，葡萄，山茱萸，玫瑰。

资料来源：杨有乾，1988，河南森林昆虫志。河南科学技术出版社。

榆蛎盾蚧 *Lepidosaphes ulmi* (Linnaeus, 1758)

省内产地：郑州，商丘，民权，上蔡，汝南，西平，南召，西峡，方城，镇平。

分布：河南，黑龙江，吉林，辽宁，甘肃，宁夏，新疆，河北，山西，山东，湖北，安徽，江苏，江西，浙江，福建，台湾，湖南，广东，广西，四川，云南，西藏；日本，俄罗斯；欧洲，中亚，北美，南美。

寄主：榆，杨。

资料来源：杨有乾，1988，河南森林昆虫志。河南科学技术出版社。

蛎盾蚧 *Lepidosaphes* sp.

省内产地：内乡葛条爬。

寄主：柘树枝杈处，枸子木叶上。

分布：河南。

资料来源：武三安，1999，同翅目：蚧总科。《伏牛山南坡及大别山区昆虫》，中国农业科学技术出版社。

梨长白蚧 *Lopholeucaspis japonica* (Cockerell, 1897)

省内产地：全省。

分布：河南，辽宁，河北，山东，山西，湖北，安徽，江苏，江西，浙江，福建，台湾，湖南，广东，广西，四川；朝鲜，日本，俄罗斯，土耳其，美国，巴西。

寄主：苹果，梨，枣，栗，茶，蔷薇，海桐，槭，杜鹃花，丁香，三角枫，金橘，冬青，棕榈，芍药。

资料来源：杨有乾，1988，河南森林昆虫志。河南科学技术出版社。

梅牡蛎盾蚧 *Mytilaspis conchiformis* (Gmelin, 1789)

梅蛎盾蚧 *Lepidosaphes conchiformoides* Borchsenius, 1958

省内产地：郑州，开封。

分布：河南，辽宁，甘肃，河北，山东，湖北，安徽，浙江，福建，四川；朝鲜；欧洲。

寄主：苹果，梨，梅，樱桃。

资料来源：萧蓉萍等，1989，郑州市花木类蚧虫名录。河南农业大学学报，23(1)。

竹鞘绵盾蚧 *Odonaspis penicillata* Green

省内产地：郑州，开封。

分布：河南，内蒙古，山东，安徽，江苏，陕西，台湾，湖南，广东；朝鲜，日本，斯里兰卡；

非洲。

寄主：竹。

资料来源：申效诚，1993，河南昆虫名录。中国农业科学技术出版社。

东方蛎盾蚧 *Paralepidosaphes tubulorum* (Ferris, 1921)

省内产地：开封。

分布：河南，河北，江苏，浙江，福建，台湾，湖南，广东，广西，四川，云南；日本。

寄主：杨，柳，乌桕。

资料来源：申效诚，1993，河南昆虫名录。中国农业科学技术出版社。

黄杨粕片盾蚧 *Parlagena buxi* (Takahashi, 1936)

省内产地：郑州。

分布：河南，北京，陕西，江苏。

寄主：黄杨。

资料来源：萧蓉萍等，1989，郑州市花木类蚧虫名录。河南农业大学学报，23(1)。

中国黑星盾蚧 *Parlatoreopsis chinensis* (Marlatt, 1908)

省内产地：郑州，漯河。

分布：河南，辽宁，河北，山东，山西，新疆，台湾，广东，广西；日本，印度，埃及，美国。

寄主：红叶李。

资料来源：萧蓉萍等，1989，郑州市花木类蚧虫名录。河南农业大学学报，23(1)。

梨星蚧 *Parlatoreopsis pyri* (Marlatt, 1908)

省内产地：郑州，开封，商丘。

分布：河南，黑龙江，吉林，辽宁，河北，山东，新疆，江苏，福建。

寄主：苹果，梨，沙果。

资料来源：杨有乾，1988，河南森林昆虫志。河南科学技术出版社。

山茶片盾蚧 *Parlatoria camelliae* Comstoch, 1883

省内产地：郑州。

分布：河南，内蒙古，湖北，江西，浙江，福建，台湾，湖南，广东，海南，广西，云南；朝鲜，日本，俄罗斯，印度尼西亚，刚果。

寄主：茶花，山茶花。

资料来源：萧蓉萍等，1989，郑州市花木类蚧虫名录。河南农业大学学报，23(1)。

侧柏片盾蚧 *Parlatoria cupressi* Ferris, 1953

省内产地：郑州。

分布：河南，辽宁，宁夏，山西，北京，广西，云南；日本。

寄主：侧柏。

资料来源：萧蓉萍等，1989，郑州市花木类蚧虫名录。河南农业大学学报，23(1)。

糠片盾蚧 *Parlatoria pergandii* Comstock, 1881

省内产地：郑州。

分布：河南，内蒙古，北京，山西，陕西，青海，山东，湖北，江苏，江西，浙江，福建，台湾，湖南，广东，香港，广西，四川，云南，西藏；俄罗斯，日本，菲律宾，印度尼西亚，泰国，缅甸，印度，美国，南美，澳大利亚，新西兰；欧洲，中亚，非洲。

寄主：橘，金橘，枳，朱顶红。

资料来源：萧蓉萍等，1989，郑州市花木类蚧虫名录。河南农业大学学报，23(1)。

黄片盾蚧 *Parlatoria proteus* (Curtis, 1843)

省内产地：具体不明。

分布：河南，湖北，安徽，江苏，江西，浙江，福建，台湾，湖南，广东，香港，海南，广西，四川，云南，西藏；日本，斯里兰卡，马来西亚，菲律宾，印度尼西亚，印度；欧洲，中美洲。

寄主：苏铁，凤尾兰，龙舌兰，山茶。

资料来源：申效诚，1993，河南昆虫名录。中国农业科学技术出版社。

茶片盾蚧 *Parlatoria theae* Cockerell, 1896

省内产地：具体不明。

分布：河南，辽宁，宁夏，山东，湖北，江苏，江西，浙江，福建，台湾，湖南，广东，四川，云南；朝鲜，日本，俄罗斯，菲律宾，美国；欧洲，北非。

寄主：茶，苹果，梨，橘，葡萄，桃，李，樱桃，柿，杨梅。

资料来源：申效诚，1993，河南昆虫名录。中国农业科学技术出版社。

柑橘并盾蚧 *Pinnaspis aspidistrae* (Signoret, 1869)

省内产地：郑州。

分布：河南，内蒙古，山西，山东，湖北，安徽，江苏，江西，浙江，福建，台湾，湖南，广东，广西，四川，云南，西藏；日本，俄罗斯，菲律宾，印度尼西亚，斯里兰卡，泰国，印度，澳大利亚；欧洲，中亚，非洲，南北美洲。

寄主：橘，茶，银杏，万年青，麦冬，苏铁，金橘，罗汉松，秀墩草，吉祥草，佛手，冬青，枳，棕榈。

资料来源：萧蓉萍等，1989，郑州市花木类蚧虫名录。河南农业大学学报，23(1)。

黄杨并盾蚧 *Pinnaspis buxi* (Bouche, 1851)

省内产地：郑州。

分布：河南，山东，福建，台湾，湖南，海南，广西，四川，云南；日本，俄罗斯，菲律宾；欧洲，非洲，中北美洲。

寄主：黄杨。

资料来源：萧蓉萍等，1989，郑州市花木类蚧虫名录。河南农业大学学报，23(1)。

山茶并盾蚧 *Pinnaspis uniloba* (Kuwana, 1909)

省内产地：郑州。

分布：河南，湖北，江苏，江西，浙江，福建，台湾，湖南，广东，广西，贵州，四川，云南，西藏；日本，印度，美国(夏威夷)。

寄主：合欢，冬青，桂花，金橘，枳，山茶，黄檀，皂角，葛藤，茶，苏铁。

资料来源：萧蓉萍等，1989，郑州市花木类蚧虫名录。河南农业大学学报，23(1)。

蛇目网圆蚧 *Pseudaonidia duplex* (Cockerell, 1896)

省内产地：南阳，郑州。

分布：河南，河北，陕西，山东，江苏，浙江，湖北，江西，湖南，福建，广东，广西，四川，贵州，云南，台湾；日本，斯里兰卡；欧洲，美洲等地。

寄主：柿，桃，梨，葡萄，杏，樟树，冬青，柑橘，柚，山茶等植物的枝和叶片上。

资料来源：武三安，1999，同翅目：蚧总科。《伏牛山南坡及大别山区昆虫》，中国农业科学技术出版社。

牡丹网盾蚧 *Pseudaonidia paeoniae* (Cockerell, 1899)

省内产地：开封。

分布：河南，湖北，江西，浙江，台湾，湖南，广西，云南；日本，俄罗斯，美国；欧洲。

寄主：冬青，法桐，牡丹，山茶，山楂，葡萄，山药，椿。

资料来源：申效诚，1993，河南昆虫名录。中国农业科学技术出版社。

考氏白盾蚧 *Pseudaulacaspis cockerelli* (Cooley, 1897)

省内产地：郑州，信阳鸡公山。

分布：河南，浙江，广东，台湾；朝鲜，日本，印度，泰国，南非，马来西亚，俄罗斯，美国；大洋洲。

寄主：栎，无花果，重阳木，芒果，丁香，含笑，白兰，茶花，茉莉，山茶等。

资料来源：武三安，1999，同翅目：蚧亚目。《鸡公山区昆虫》，中国农业科学技术出版社。

金银花白盾蚧 *Pseudaulacaspis loncerae* Tang, 1986 (河南新记录种)

省内产地：封丘。

分布：河南，浙江。

寄主：金银花。

资料来源：武三安，个人通讯。

桑白盾蚧 *Pseudaulacaspis pentagona* (Targioni-Tozzetti, 1886)

省内产地：信阳鸡公山，南阳市区，内乡葛条爬，西峡黄石庵林场，封丘等全省各地。

分布：河南，黑龙江，吉林，辽宁，河北，内蒙古，山西，山东，江苏，浙江，安徽，湖北，湖南，福建，台湾，广东，广西，四川，云南，新疆；日本，印度，斯里兰卡，以色列，叙利亚，土耳其；欧洲，美洲以及大洋洲各地。

寄主：很杂，常见的寄主植物有：李，桃，杏，桑，梅，李，梨，榆，丁香，白蜡树，柑橘，山茶，茶树，胡桃，葡萄，醋栗等。

资料来源：武三安，1999，同翅目：蚧总科。《伏牛山南坡及大别山区昆虫》，中国农业科学技术出版社。

杨圆盾蚧 *Quadraspidiotus gigas* (Thiem *et* Gerneck, 1934)

省内产地：郑州。

分布：河南，黑龙江，吉林，内蒙古，河北，山西，新疆，青海，江苏，西藏；俄罗斯，土耳其；欧洲。

寄主：杨，柳。

资料来源：申效诚，1993，河南昆虫名录。中国农业科学技术出版社。

牡丹圆盾蚧 *Quadraspidiotus paeonicoi* Tang

省内产地：郑州。

分布：河南，其他分布地待查。

寄主：牡丹。

资料来源：萧蓉萍等，1989，郑州市花木类蚧虫名录。河南农业大学学报，23(1)。

梨园盾蚧 *Quadraspidiotus perniciosus* (Comstock, 1881)

省内产地：郑州，许昌。

分布：河南，黑龙江，吉林，辽宁，河北，山东，山西，陕西，新疆，湖北，安徽，江苏，江西，浙江，福建，台湾，湖南，广东，海南，广西，四川，云南，西藏；朝鲜，日本，美国，澳大利亚；欧洲。

寄主：梨，苹果，女贞，杨。

资料来源：杨有乾，1988，河南森林昆虫志。河南科学技术出版社。

杨齿盾蚧 *Quadraspidiotus slavanicus* (Green, 1934)

省内产地：郑州，中牟，濮阳。

分布：河南，辽宁，内蒙古，宁夏，甘肃，新疆，河北，山东，湖北，浙江，西藏。

寄主：杨，柳。

资料来源：杨有乾，1988，河南森林昆虫志。河南科学技术出版社。

竹线蛎蚧 *Takahashiella vermiformis* (Takahashi, 1930)

省内产地：信阳，罗山，光山，确山，泌阳，汝南。

分布：河南，广东，台湾。

寄主：竹。

资料来源：杨有乾，1988，河南森林昆虫志。河南科学技术出版社。

椰圆盾蚧 *Temnaspidiotus destructor* (Signoret, 1869)

省内产地：郑州。

分布：河南，辽宁，河北，山西，山东，湖北，江苏，浙江，福建，江西，湖南，台湾，广东，广西，贵州，四川，云南，西藏；日本，菲律宾，斯里兰卡，印度，印度尼西亚，意大利，墨西哥；

非洲。

寄主：橘，葡萄，杏，李，梅，樱桃，栗，金橘，苏铁，万年青，荫绣球。

资料来源：萧蓉萍等，1989，郑州市花木类蚧虫名录。河南农业大学学报，23(1)。

竹釉盾蚧 *Unachionaspis bambusae* (Cockerell, 1896)

省内产地：郑州。

分布：河南，湖北，安徽，江苏，江西，浙江，四川；日本。

寄主：竹。

资料来源：萧蓉萍等，1989，郑州市花木类蚧虫名录。河南农业大学学报，23(1)。

卫矛尖盾蚧 *Unaspis euoymi* (Comstocki, 1881)

省内产地：内乡葛条爬，郑州。

分布：河南，山西，辽宁，山东，广东；日本，土耳其，俄罗斯，亚美尼亚，格鲁吉亚，阿塞拜疆；北美，西欧。

寄主：卫矛，栾树等多种植物。

资料来源：武三安，1999，同翅目：蚧总科。《伏牛山南坡及大别山区昆虫》，中国农业科学技术出版社。

矢尖盾蚧 *Unaspis yanonensis* (Kuwana, 1923)

省内产地：郑州，开封，新乡，南阳，许昌，孟津。

分布：河南，内蒙古，陕西，甘肃，河北，湖北，安徽，江苏，浙江，福建，江西，湖南，广东，广西，贵州，四川，云南，西藏；朝鲜，日本。

寄主：橘，金橘，枸橘。

资料来源：杨有乾，1988，河南森林昆虫志。河南科学技术出版社。

四四、奇蝽科 Enicocephalidae

本科世界已知 55 属 405 种，中国已知 4 属 7 种，河南已知 1 属 1 种。

褐沟背奇蝽 *Oncylocotis shirozui* Miyamoto, 1965

省内产地：桐柏

分布：河南，四川，台湾。

资料来源：彩万志，崔建新，刘国卿等，河南昆虫志 半翅目：异翅亚目。出版中。

四五、水蝽科 Mesoveliidae

本科全世界已知 12 属 46 种，中国已知 1 属 2 种，河南已知 1 属 1 种。

背条原水蝽 *Mesovelia vittigera* Horváth, 1859

省内产地：许昌、郑州、漯河。

分布：河南，台湾；西北，西南；古北区，东洋区，澳洲区许多国家。

资料来源：彩万志，崔建新，刘国卿等，河南昆虫志 半翅目：异翅亚目。出版中。

四六、尺蝽科 Hydrometridae

本科全世界共 7 属 126 种，中国记载 1 属 8 种，河南记录 1 属 1 种。

白线原尺蝽 *Hydrometera albolineata* (Scott, 1874)

省内产地：潢川。

分布：河南，湖北，江苏，江西，福建，台湾，湖南，广东，广西，贵州，四川，云南；朝鲜，日本。

资料来源：杨新芳，1994，河南省半翅目昆虫新纪录。《河南昆虫分类区系研究 第一卷》，中国

农业科学技术出版社。

四七、黾蝽科 Gerridae

本科全世界共 67 属 751 种，中国记载 18 属 75 种，河南记录 1 属 2 种。

长翅大黾蝽 *Aquarius elongatus* (Uhler, 1896)

省内产地：全省。

分布：河南，山东，湖北，江苏，江西，浙江，福建，台湾，四川；日本。

资料来源：彩万志等，1999，河南省半翅目昆虫名录。《鸡公山区昆虫》，中国农业科学技术出版社。

圆臀大黾蝽 *Aquarius paludus* (Fabricius, 1794)

省内产地：全省。

分布：河南，黑龙江，辽宁，河北，湖北，江苏，江西，浙江，福建，台湾，广东，四川；朝鲜，日本，俄罗斯(阿穆尔)，泰国，缅甸，越南，印度；欧洲。

资料来源：彩万志等，1999，河南省半翅目昆虫名录。《鸡公山区昆虫》，中国农业科学技术出版社。

四八、宽蝽科 Veliidae

本科全世界目前已知 61 属 962 种。河南仅知 1 属 1 种。

小宽蝽 *Microvelia douglasi* Scott, 1874

省内产地：新乡。

分布：河南，湖北，福建，台湾，香港，四川，云南；日本，韩国，西太平洋岛屿。

资料来源：彩万志，崔建新，刘国卿等，河南昆虫志 半翅目：异翅亚目。出版中。

四九、蝎蝽科 Nepidae

本科全世界共 15 属 268 种，中国记载 5 属 16 种，河南记录 2 属 3 种。

日本壮蝎蝽 *Laccotrephes japonensis* Scott, 1874

省内产地：信阳，新乡。

分布：河南，湖北，江苏，江西，台湾，广东；朝鲜，日本，印度尼西亚，印度。

资料来源：彩万志等，1999，河南省半翅目昆虫名录。《鸡公山区昆虫》，中国农业科学技术出版社。

中华螳蝎蝽 *Ranatra chinensis* Mayr, 1865

省内产地：罗山，信阳。

分布：河南，黑龙江，吉林，辽宁，山西，陕西，河北，山东，湖北，安徽，江苏，江西，浙江，台湾，湖南，广东，四川，贵州；朝鲜，日本，印度，缅甸，俄罗斯(西伯利亚)。

资料来源：任树芝等，1999，半翅目。《鸡公山区昆虫》，中国农业科学技术出版社。

一色螳蝎蝽 *Ranatra unicolor* Scott, 1874

省内产地：息县。

分布：河南，黑龙江，辽宁，河北，湖北，安徽，江苏，浙江，福建，湖南，广东，香港，广西，四川；朝鲜，日本。

资料来源：彩万志等，1999，河南省半翅目昆虫名录。《鸡公山区昆虫》，中国农业科学技术出版社。

五〇、负蝽科 Belostomatidae

本科全世界共 9 属 160 种，中国记载 3 属 7 种，河南记录 2 属 2 种。

褐负蝽 *Diplonychus rusticus* (Fabricius, 1803)

省内产地：罗山，信阳鸡公山。

分布：河南，辽宁，河北，湖北，安徽，江苏，江西，福建，台湾，湖南，广东，香港，海南，四川；日本，菲律宾，印度尼西亚，马来西亚，斯里兰卡，泰国，缅甸，孟加拉国。

资料来源：任树芝等，1999，半翅目。《鸡公山区昆虫》，中国农业科学技术出版社。

大泐负蝽 *Lethocerus deyrollei* (Vuillefroy, 1864)

省内产地：辉县，信阳等全省各地。

分布：河南，北京，山西，湖北，安徽，江苏，江西，浙江，福建，台湾，湖南，广东，海南，广西，四川；菲律宾，印度尼西亚，马来西亚，缅甸，印度。

资料来源：彩万志等，1999，河南省半翅目昆虫名录。《鸡公山区昆虫》，中国农业科学技术出版社。

五一、划蝽科 Corixidae

本科全世界共 35 属 607 种，中国记载 12 属 57 种，河南记录 3 属 5 种。

厚跗夕划蝽 *Hesperocorixa crassipala* (Hungford, 1940)

省内产地：具体不详。

分布：河南，陕西，湖北；朝鲜。

资料来源：任树芝，2005，半翅目：划蝽科。《秦岭西段及甘南地区昆虫》，科学出版社。

萨棘小划蝽 *Micronecta sahlbergii* (Jakovlev, 1881)

省内产地；具体不详。

分布：河南，黑龙江，天津，江西，贵州，湖北，台湾；俄罗斯，朝鲜，日本。

资料来源：刘国卿，卜文俊，2009，河北动物志 半翅目 异翅亚目。中国农业科学技术出版社。

钟迂烁划蝽 *Sigara bellula* (Horvath, 1879)

省内产地；具体不详。

分布：河南，天津，山西，陕西，湖北，贵州，台湾；俄罗斯，朝鲜，日本。

资料来源：刘国卿，卜文俊，2009，河北动物志 半翅目 异翅亚目。中国农业科学技术出版社。

横纹划蝽 *Sigara substriata* Uhler, 1896

省内产地：全省。

分布：河南，辽宁，河北，山东，湖北，安徽，浙江，湖南，广东；朝鲜，日本，印度，俄罗斯(西伯利亚)。

资料来源：彩万志等，1999，河南省半翅目昆虫名录。《鸡公山区昆虫》，中国农业科学技术出版社。

烁划蝽 *Sigara* sp.

省内产地：信阳鸡公山。

分布：河南。

资料来源：任树芝等，1999，半翅目。《鸡公山区昆虫》，中国农业科学技术出版社。

五二、仰蝽科 Notonectidae

本科全世界共 11 属 400 种，中国记载 4 属 22 种，河南记录 3 属 4 种。

普小仰蝽 *Anisopos ogawarensis* Matsumura, 1915

省内产地：信阳鸡公山。

分布：河南，河北，江苏，江西，湖南，台湾，广东，广西，贵州，云南，四川；日本，印度，缅甸。

资料来源：任树芝等，1999，半翅目。《鸡公山区昆虫》，中国农业科学技术出版社。

华仰蝽 *Enithares sinica*(Stal, 1854)

省内产地：全省。

分布：河南，江苏，江西，浙江，福建，台湾，湖南，广东，香港，海南，四川；日本，越南，菲律宾，澳大利亚。

资料来源：彩万志等，1999，河南省半翅目昆虫名录。《鸡公山区昆虫》，中国农业科学技术出版社。

黑纹仰蝽 *Notonecta chinensis* Fallou, 1887

省内产地：信阳，罗山，商城。

分布：河南，黑龙江，辽宁，河北，陕西，湖北，安徽，江苏，江西，浙江，福建，湖南，广东；日本。

资料来源：杨新芳，1994，河南省半翅目昆虫新纪录。《河南昆虫分类区系研究 第一卷》，中国农业科学技术出版社。

碎斑大仰蝽 *Notonecta mandeni* Kirkaldy, 1897

省内产地：罗山，信阳鸡公山。

分布：河南，河北，江苏，江西，湖北，湖南，贵州，四川，广西；日本，印度，缅甸。

资料来源：任树芝等，1999，半翅目。《鸡公山区昆虫》，中国农业科学技术出版社。

五三、固蝽科 Pleidae

本科世界已知 3 属 38 种。我国已知 2 属 4 种。河南记录 1 属 1 种。

毛邻固蝽 *Paraplea indistinguenda* (Matsumura, 1905)

省内产地：新乡。

分布：河南，天津，黑龙江，台湾；朝鲜，日本，俄罗斯。

资料来源：彩万志，崔建新，刘国卿等，河南昆虫志 半翅目：异翅亚目。出版中。

五四、蜍蝽科 Ochteridae

本科全世界共 3 属 68 种，中国记载 1 属 1 种，河南有其分布记录。

蜍蝽 *Ochterus marginatus* (Latreille, 1804)

省内产地：具体不详。

分布：河南，内蒙古，河北，北京，天津，江苏，福建，四川，贵州。

资料来源：刘国卿，卜文俊，2009，河北动物志 半翅目 异翅亚目。中国农业科学技术出版社。

五五、跳蝽科 Saldidae

本科全世界共 29 属 335 种，中国记载 13 属近 50 种，河南记录 1 属 2 种。

泽跳蝽 *Saldula palustris* (Douglas, 1874)

省内产地：内乡。

分布：河南，黑龙江，内蒙古，新疆，青海，宁夏，河北，天津，陕西，甘肃，四川，云南，西藏。

资料来源：刘国卿，卜文俊，2009，河北动物志 半翅目 异翅亚目。中国农业科学技术出版社。

毛顶跳蝽 ***Saldula pilosella pilosella*** **(Thomson, 1871)**

省内产地：具体不详。

分布：河南，黑龙江，吉林，辽宁，内蒙古，河北，天津，山西，山东，陕西，江苏，四川，云南，西藏。

资料来源：刘国卿，卜文俊，2009，河北动物志 半翅目 异翅亚目。中国农业科学技术出版社。

五六、猎蝽科 Reduviidae

本科全世界共 981 属 6878 种，中国记载 118 属 400 种，河南记录 29 属 51 种。

淡带荆猎蝽 ***Acanthaspis cinsticrus*** **Stal, 1859**

省内产地：辉县，延津，修武，偃师，许昌，新安，南阳，信阳鸡公山。

分布：河南，辽宁，内蒙古，河北，山东，陕西，山西，湖北，安徽，江苏，江西，浙江，福建，湖南，广西，贵州，四川，云南；朝鲜，日本，缅甸，印度。

资料来源：路进生，彩万志，1994，河南省猎蝽科昆虫名录及一新亚种记述(半翅目：猎蝽总科)。《河南昆虫分类区系研究 第一卷》，中国农业科学技术出版社。

多氏田猎蝽 ***Agriosphodrus dohrni*** **(Signoret, 1862)**

省内产地：新安，桐柏，内乡，西峡，渑池，鲁山，信阳鸡公山。

分布：河南，甘肃，陕西，江苏，江西，浙江，福建，湖南，广东，海南，广西，贵州，四川，云南；日本，越南，印度。

资料来源：路进生，彩万志，1994，河南省猎蝽科昆虫名录及一新亚种记述(半翅目：猎蝽总科)。《河南昆虫分类区系研究 第一卷》，中国农业科学技术出版社。

华螳瘤蝽 ***Cnizocoris sinensis*** **Kormilov, 1957**

省内产地：辉县八里沟，灵宝，栾川。

分布：河南，内蒙古，河北，山西，陕西，甘肃，湖北。

资料来源：崔建新，彩万志，2008，半翅目。《宝天曼自然保护区昆虫》，中国农业科学技术出版社。

大土猎蝽 ***Coranus dilatatus*** **(Matsumura, 1913)**

省内产地：栾川龙峪湾，洛阳，济源。

分布：河南，黑龙江，吉林，辽宁，内蒙古，河北，陕西，甘肃，湖北；朝鲜，日本，蒙古国，俄罗斯(西伯利亚)。

资料来源：路进生，彩万志，1994，河南省猎蝽科昆虫名录及一新亚种记述(半翅目：猎蝽总科)。《河南昆虫分类区系研究 第一卷》，中国农业科学技术出版社。

中黑土猎蝽 ***Coranus lativentris*** **Jakovlev, 1890**

省内产地：安阳，修武。

分布：河南，北京，天津，河北，山东，山西，陕西；朝鲜，韩国。

资料来源：路进生，彩万志，1994，河南省猎蝽科昆虫名录及一新亚种记述(半翅目：猎蝽总科)。《河南昆虫分类区系研究 第一卷》，中国农业科学技术出版社。

环勺猎蝽 ***Cosmolestes annulipes*** **Distant, 1879**

省内产地：信阳。

分布：河南，江西，福建，海南，广东，广西，云南；缅甸，印度。

资料来源：路进生，彩万志，1994，河南省猎蝽科昆虫名录及一新亚种记述(半翅目：猎蝽总科)。《河南昆虫分类区系研究 第一卷》，中国农业科学技术出版社。

艳红猎蝽 ***Cydnocoris russatus*** **Stal, 1886**

省内产地：商城，信阳鸡公山。

分布：河南，陕西，甘肃，湖北，安徽，江苏，江西，浙江，福建，台湾，广东，海南，广西，贵州，四川；朝鲜，日本，越南。

资料来源：路进生，彩万志，1994，河南省猎蝽科昆虫名录及一新亚种记述(半翅目：猎蝽总科)。《河南昆虫分类区系研究 第一卷》，中国农业科学技术出版社。

八节黑猎蝽 *Ectrychotes andreae* (Thunberg, 1784)

省内产地：辉县，焦作，修武，获嘉，偃师，新安，卢氏，西峡，信阳鸡公山。

分布：河南，辽宁，北京，甘肃，陕西，湖北，江苏，江西，浙江，福建，台湾，湖南，广东，海南，广西，贵州，四川，云南；朝鲜，日本。

资料来源：路进生，彩万志，1994，河南省猎蝽科昆虫名录及一新亚种记述(半翅目：猎蝽总科)。《河南昆虫分类区系研究 第一卷》，中国农业科学技术出版社。

瘤素猎蝽 *Epidaus tuberosus* (Yang, 1940)

省内产地：嵩县白云山，嵩县天池山，栾川龙峪湾，内乡宝天曼，信阳鸡公山。

分布：河南，黑龙江，辽宁，陕西，河北，甘肃，湖北，安徽，江西，浙江，福建，湖南，广东，广西，四川，云南。

资料来源：崔建新，彩万志，2008，半翅目。《宝天曼自然保护区昆虫》，中国农业科学技术出版社。

原刺胫盲猎蝽 *Gallobelgicus typicus* Distant, 1906

省内产地：内乡。

分布：河南，湖北，贵州；印度，斯里兰卡。

资料来源：彩万志，崔建新，刘国卿等，河南昆虫志 半翅目：异翅亚目。出版中。

福建赤猎蝽 *Haematoloecha fokinensis* Distant, 1903

省内产地：信阳。

分布：河南，北京，江西，浙江，福建，湖南，广东，广西，云南。

资料来源：路进生，彩万志，1994，河南省猎蝽科昆虫名录及一新亚种记述(半翅目：猎蝽总科)。《河南昆虫分类区系研究 第一卷》，中国农业科学技术出版社。

异赤猎蝽 *Haematoloecha limbata* Miller, 1953

省内产地：辉县，偃师。

分布：河南，辽宁，北京，陕西，山西，湖北，浙江，福建，湖南，四川；朝鲜。

资料来源：路进生，彩万志，1994，河南省猎蝽科昆虫名录及一新亚种记述(半翅目：猎蝽总科)。《河南昆虫分类区系研究 第一卷》，中国农业科学技术出版社。

二色赤猎蝽 *Haematoloecha nigrorufa* (Stal, 1866)

省内产地：辉县，卢氏，新县，南阳，信阳鸡公山。

分布：河南，河北，陕西，山东，湖北，江苏，江西，浙江，福建，台湾，湖南，广东，香港，广西；朝鲜，日本。

资料来源：路进生，彩万志，1994，河南省猎蝽科昆虫名录及一新亚种记述(半翅目：猎蝽总科)。《河南昆虫分类区系研究 第一卷》，中国农业科学技术出版社。

褐菱猎蝽 *Isyndus obscurus* (Dallas, 1850)

省内产地：辉县，信阳鸡公山。

分布：河南，辽宁，陕西，甘肃，北京，山东，湖北，安徽，江苏，江西，浙江，福建，湖南，广东，海南，广西，四川，云南，西藏；朝鲜，日本，不丹，印度。

资料来源：任树芝等，1999，半翅目。《鸡公山区昆虫》，中国农业科学技术出版社。

淡色菱猎蝽 *Isyndus planicollis* (Lindberg, 1934)

省内产地；具体不详。

分布：河南，辽宁，天津，陕西，甘肃，湖北，四川，云南。

资料来源：刘国卿，卜文俊，2009，河北动物志 半翅目 异翅亚目。中国农业科学技术出版社。

亮钳猎蝽 *Labidocoris pectoralis* Stal, 1863

省内产地：平顶山，信阳鸡公山，商城。

分布：河南，甘肃，北京，山东，湖北，江苏，江西，浙江；日本。

资料来源：路进生，彩万志，1994，河南省猎蝽科昆虫名录及一新亚种记述(半翅目：猎蝽总科)。《河南昆虫分类区系研究 第一卷》，中国农业科学技术出版社。

广大蚊猎蝽 *Myiophanes tipulina* Reuter, 1881

省内产地：项城。

分布：河南，北京，河北，四川，上海，浙江，西藏；日本，澳大利亚；非洲。

资料来源：彩万志，崔建新，刘国卿等，河南昆虫志 半翅目：异翅亚目。出版中。

环足健猎蝽 *Neozirta eidmanni* (Taueber, 1930)

省内产地：济源，信阳。

分布：河南，北京，陕西，安徽，江苏，浙江，福建，广东，广西，海南。

资料来源：彩万志等，1999，河南省半翅目昆虫名录。《鸡公山区昆虫》，中国农业科学技术出版社。

双环普猎蝽 *Oncocephalus breviscutum* Reuter, 1882

省内产地：桐柏。

分布：河南，湖北，浙江，江西，湖南，香港；日本，印度尼西亚。

资料来源：路进生，彩万志，1994，河南省猎蝽科昆虫名录及一新亚种记述(半翅目：猎蝽总科)。《河南昆虫分类区系研究 第一卷》，中国农业科学技术出版社。

四纹普猎蝽 *Oncocephalus lineosus* Distant, 1904

省内产地：新乡。

分布：河南，陕西，江西，福建；新加坡，斯里兰卡。

资料来源：路进生，彩万志，1994，河南省猎蝽科昆虫名录及一新亚种记述(半翅目：猎蝽总科)。《河南昆虫分类区系研究 第一卷》，中国农业科学技术出版社。

南普猎蝽 *Oncocephalus philippinus* Lethierry, 1877

省内产地：辉县八里沟，许昌，新乡，焦作，修武，孟州，温县，南阳，信阳。

分布：河南，湖北，江苏，江西，福建，台湾，湖南，广东，广西，贵州，四川，云南；朝鲜，日本，菲律宾。

资料来源：崔建新，彩万志，2008，半翅目。《宝天曼自然保护区昆虫》，中国农业科学技术出版社。

盾普猎蝽 *Oncocephalus scutellaris* Reuter, 1881

省内产地：栾川龙峪湾。

分布：河南，江西，浙江，湖南，广东，广西，云南；印度尼西亚。

资料来源：彩万志等，1998，半翅目。《伏牛山区昆虫》，中国农业科学技术出版社。

短斑普猎蝽 *Oncocephalus simillimus* Reuter, 1888

省内产地：辉县，新安，许昌，济源。

分布：河南，黑龙江，辽宁，陕西，北京，湖北，江苏，江西，浙江，福建，湖南，广东，海南，广西，云南；朝鲜，日本，毛里求斯，俄罗斯(西伯利亚)。

资料来源：路进生，彩万志，1994，河南省猎蝽科昆虫名录及一新亚种记述(半翅目：猎蝽总科)。《河南昆虫分类区系研究 第一卷》，中国农业科学技术出版社。

褐锥绒猎蝽 *Opistoplatys mustela* Miller, 1954

省内产地：信阳鸡公山。

分布：河南，湖北，浙江；印度尼西亚。

资料来源：彩万志等，1999，河南省半翅目昆虫名录。《鸡公山区昆虫》，中国农业科学技术出版社。

日月盗猎蝽 *Pirates arcuatus* (Stal, 1870)

省内产地：许昌，郑州，禹州，南阳，内乡。

分布：河南，湖北，江苏，江西，浙江，福建，台湾，湖南，广东，香港，贵州，四川，云南；日本，菲律宾，印度尼西亚，印度，缅甸，斯里兰卡。

资料来源：彩万志等，1999，河南省半翅目昆虫名录。《鸡公山区昆虫》，中国农业科学技术出版社。

黄纹盗猎蝽 *Pirates atromaculatus* (Stal, 1870)

省内产地：辉县，许昌，郾城。

分布：河南，辽宁，北京，山西，山东，湖北，江苏，江西，浙江，福建，湖南，广东，香港，海南，广西，贵州，四川，云南；日本，越南，菲律宾，印度尼西亚，斯里兰卡，印度，缅甸。

资料来源：路进生，彩万志，1994，河南省猎蝽科昆虫名录及一新亚种记述(半翅目：猎蝽总科)。《河南昆虫分类区系研究 第一卷》，中国农业科学技术出版社。

茶褐盗猎蝽 *Pirates fulvescens* Lindberg, 1939

省内产地：辉县，郾城，许昌，信阳。

分布：河南，辽宁，山西，陕西，山东，北京，湖北。

资料来源：路进生，彩万志，1994，河南省猎蝽科昆虫名录及一新亚种记述(半翅目：猎蝽总科)。《河南昆虫分类区系研究 第一卷》，中国农业科学技术出版社。

污黑盗猎蝽 *Pirates turpis* Walker, 1873

省内产地：许昌，新乡，焦作，修武，获嘉，安阳，渑池，新安，郑州，许昌，禹州，平顶山，嵩县白云山，信阳。

分布：河南，黑龙江，吉林，陕西，河北，山东，湖北，江苏，江西，浙江，广东，香港，广西，贵州，四川，云南；朝鲜，日本，越南。

资料来源：彩万志等，1998，半翅目。《伏牛山区昆虫》，中国农业科学技术出版社。

棘猎蝽 *Polididus armatissimus* (Stal, 1859)

省内产地：信阳。

分布：河南，湖北，安徽，江西，浙江，福建，台湾，广东，香港，海南，广西，云南，西藏；朝鲜，日本，越南，菲律宾，印度尼西亚，斯里兰卡，马来西亚，缅甸，印度。

资料来源：路进生，彩万志，1994，河南省猎蝽科昆虫名录及一新亚种记述(半翅目：猎蝽总科)。《河南昆虫分类区系研究 第一卷》，中国农业科学技术出版社。

双刺胸猎蝽 *Pygolampis bidentata* (Goeze, 1778)

省内产地：辉县，新乡，焦作，修武，许昌，禹州，新县。

分布：河南，黑龙江，内蒙古，河北，山西，山东，湖北，江苏，台湾，广东，广西，云南；朝鲜，日本，印度尼西亚，俄罗斯(西伯利亚)；欧洲。

资料来源：路进生，彩万志，1994，河南省猎蝽科昆虫名录及一新亚种记述(半翅目：猎蝽总科)。《河南昆虫分类区系研究 第一卷》，中国农业科学技术出版社。

污刺胸猎蝽 *Pygolampis foeda* Stal, 1859

省内产地：辉县八里沟，许昌，新乡，焦作，修武。

分布：河南，辽宁，陕西，山东，湖北，江苏，江西，浙江，福建，广东，海南，广西，贵州，四川，云南；日本，菲律宾，印度尼西亚，斐济，斯里兰卡，缅甸，马来西亚，印度，澳大利亚。

资料来源：崔建新，彩万志，2008，半翅目。《宝天曼自然保护区昆虫》，中国农业科学技术出版社。

黑腹猎蝽指名亚种 *Reduvius fasciatus fasciatus* Reuter, 1887

省内产地：信阳鸡公山。

分布：河南，内蒙古，陕西，甘肃，山东，北京，四川。

资料来源：路进生，彩万志，1994，河南省猎蝽科昆虫名录及一新亚种记述(半翅目：猎蝽总科)。《河南昆虫分类区系研究 第一卷》，中国农业科学技术出版社。

黑腹猎蝽本土亚种 *Reduvius fasciatus domesticus* Lu *et* Cai, 1994

省内产地：济源黄楝树(模式产地)。

分布：河南，陕西。

资料来源：路进生，彩万志，1994，河南省猎蝽科昆虫名录及一新亚种记述(半翅目：猎蝽总科)。

《河南昆虫分类区系研究 第一卷》，中国农业科学技术出版社。

福氏猎蝽 *Reduvius froeschneri* Cai *et* Shen, 1997

省内产地：嵩县白云山，栾川龙峪湾(模式产地)。

分布：河南，陕西。

资料来源：Cai Wanzhi, Shen Xiaocheng, 1997, A key to Chinese species of *Reduvius* with descriptions of five new species (Heteroptera: reduviidae: Reduviinae). *Entomotaxonomia*, 19(4): 253~267.

红缘猎蝽 *Reduvius lateralis* Hsiao, 1976

省内产地：栾川龙峪湾，内乡宝天曼。

分布：河南，福建，广西，四川。

资料来源：崔建新，彩万志，2008，半翅目。《宝天曼自然保护区昆虫》，中国农业科学技术出版社。

独环历猎蝽 *Rhynocoris altaicus* (Kiritshenko, 1926)

省内产地：栾川龙峪湾，嵩县白云山。

分布：河南，新疆，内蒙古，北京，陕西；蒙古国。

资料来源：彩万志等，1998，半翅目。《伏牛山区昆虫》，中国农业科学技术出版社。

红彩历猎蝽 *Rhynocoris fuscipes* (Fabricius, 1787)

省内产地：登封，信阳。

分布：河南，吉林，江苏，湖北，浙江，福建，江西，湖南，台湾，广东，海南，广西，四川，云南，西藏；日本，印度尼西亚，斯里兰卡，印度。

资料来源：彩万志等，1999，河南省半翅目昆虫名录。《鸡公山区昆虫》，中国农业科学技术出版社。

云斑历猎蝽 *Rhynocoris intertus* (Distant, 1903)

省内产地：栾川龙峪湾，嵩县白云山，登封嵩山，信阳鸡公山，新安，内乡，商城。

分布：河南，陕西，安徽，江苏，江西，浙江，福建，湖北，湖南，四川；日本。

资料来源：任树芝等，1999，半翅目。《鸡公山区昆虫》，中国农业科学技术出版社。

黄缘历猎蝽 *Rhynocoris marginellus* Fabricius, 1803

省内产地：信阳鸡公山。

分布：河南，广东，广西，云南，海南；越南，印度，缅甸，斯里兰卡。

资料来源：路进生，彩万志，1994，河南省猎蝽科昆虫名录及一新亚种记述(半翅目：猎蝽总科)。《河南昆虫分类区系研究 第一卷》，中国农业科学技术出版社。

华斯猎蝽 *Scadra sinica* Shi *et* Cai, 1997

省内产地：嵩县白云山(模式产地)。

分布：河南，陕西，福建。

资料来源：彩万志等，1998，半翅目。《伏牛山区昆虫》，中国农业科学技术出版社。

轮刺猎蝽 *Scipinia horrida* (Stal, 1859)

省内产地：许昌。

分布：河南，陕西，甘肃，湖北，江西，浙江，福建，广东，海南，广西，贵州，四川，云南，西藏；日本，菲律宾，马来西亚，斯里兰卡，印度(锡金)，缅甸。

资料来源：路进生，彩万志，1994，河南省猎蝽科昆虫名录及一新亚种记述(半翅目：猎蝽总科)。《河南昆虫分类区系研究 第一卷》，中国农业科学技术出版社。

黄足锥头猎蝽 *Sirthenea flavipes* (Stal, 1855)

省内产地：辉县，获嘉，延津，焦作，卢氏，新安，漯河，郾城，许昌，汝州，周口，鲁山，平顶山，确山，南召，内乡，桐柏，信阳。

分布：河南，陕西，山东，湖北，安徽，江苏，江西，浙江，福建，台湾，湖南，广东，香港，海南，广西，贵州，四川，云南，西藏；日本，菲律宾，印度尼西亚，马来西亚，斯里兰卡，越南，印度。

资料来源：路进生，彩万志，1994，河南省猎蝽科昆虫名录及一新亚种记述(半翅目：猎蝽总科)。《河南昆虫分类区系研究 第一卷》，中国农业科学技术出版社。

红缘猛猎蝽 *Sphedanolestes gularis* Hsiao, 1979

省内产地：新县，嵩县，栾川，信阳鸡公山。

分布：河南，陕西，甘肃，湖北，安徽，浙江，福建，江西，湖南，广东，广西，贵州，四川，云南，西藏。

资料来源：任树芝等，1999，半翅目。《鸡公山区昆虫》，中国农业科学技术出版社。

环斑猛猎蝽 *Sphedanolestes impressicollis* (Stal, 1861)

省内产地：辉县八里沟，嵩县白云山、天池山，栾川龙峪湾，登封嵩山，商城，桐柏，新县，信阳鸡公山。

分布：河南，陕西，河北，山东，湖北，安徽，江苏，江西，浙江，福建，台湾，湖南，广东，香港，广西，贵州，四川，云南；朝鲜，日本，越南，印度。

资料来源：任树芝等，1999，半翅目。《鸡公山区昆虫》，中国农业科学技术出版社。

斑缘猛猎蝽 *Sphedanolestes subtilis* (Jakovlev, 1893)

省内产地：嵩县白云山，栾川龙峪湾。

分布：河南，山西，甘肃，湖北，浙江，福建，四川。

资料来源：彩万志等，1998，半翅目。《伏牛山区昆虫》，中国农业科学技术出版社。

淡舟猎蝽 *Staccia diluta* (Stal, 1859)

省内产地：光山。

分布：河南，湖北，江苏，江西，福建，广东，海南，广西，贵州，四川，云南；日本，印度尼西亚，斯里兰卡，越南，缅甸，印度，菲律宾。

资料来源：彩万志等，1999，河南省半翅目昆虫名录。《鸡公山区昆虫》，中国农业科学技术出版社。

广舟猎蝽 *Staccia laticollis* (Miller, 1940)

省内产地：辉县。

分布：河南，北京，陕西，湖南，福建，广西，云南；马来西亚。

资料来源：路进生，彩万志，1994，河南省猎蝽科昆虫名录及一新亚种记述(半翅目：猎蝽总科)。《河南昆虫分类区系研究 第一卷》，中国农业科学技术出版社。

敏猎蝽 *Thodelmus falleni* Stal, 1854

省内产地：信阳。

分布：河南，江西，福建，湖南，广东，海南，广西，贵州，四川，云南；斯里兰卡，印度尼西亚，缅甸，印度，巴基斯坦，澳大利亚。

资料来源：路进生，彩万志，1994，河南省猎蝽科昆虫名录及一新亚种记述(半翅目：猎蝽总科)。《河南昆虫分类区系研究 第一卷》，中国农业科学技术出版社。

瓦绒猎蝽 *Tribelocephala walkeri* China, 1940

省内产地：新乡。

分布：河南，香港，海南，云南。

资料来源：彩万志等，1999，河南省半翅目昆虫名录。《鸡公山区昆虫》，中国农业科学技术出版社。

黑脂猎蝽 *Velinus nodipes* Uhler, 1860

省内产地：济源，许昌，禹州，嵩县，鲁山，商城，信阳鸡公山。

分布：河南，湖北，江苏，浙江，福建，广东，香港，广西，贵州，四川，云南；朝鲜，日本。

资料来源：路进生，彩万志，1994，河南省猎蝽科昆虫名录及一新亚种记述(半翅目：猎蝽总科)。《河南昆虫分类区系研究 第一卷》，中国农业科学技术出版社。

淡裙猎蝽 *Yolinus albopustulatus* China, 1940

省内产地：桐柏，信阳鸡公山。

分布：河南，湖北，安徽，浙江，福建，江西，湖南，广东，贵州，四川。

资料来源：路进生，彩万志，1994，河南省猎蝽科昆虫名录及一新亚种记述(半翅目：猎蝽总科)。《河南昆虫分类区系研究 第一卷》，中国农业科学技术出版社。

五七、盲蝽科 Miridae

本科全世界共1300属10 400种，中国已记载700余种，河南记录36属64种。

三点苜蓿盲蝽 *Adelphocoris fasiaticollis* Reuter, 1903

省内产地：全省。

分布：河南，黑龙江，吉林，辽宁，内蒙古，河北，山东，山西，陕西，宁夏，甘肃，青海，新疆，湖北，安徽，江苏，江西，浙江，湖南，海南，四川。

资料来源：彩万志等，1999，河南省半翅目昆虫名录。《鸡公山区昆虫》，中国农业科学技术出版社。

乌须苜蓿盲蝽 *Adelphocoris fuscicornis* Hsiao, 1962

省内产地；具体不详。

分布：河南，河北，北京，天津，山西，甘肃。

资料来源：刘国卿，卜文俊，2009，河北动物志 半翅目 异翅亚目。中国农业科学技术出版社。

苜蓿盲蝽 *Adelphocoris lineolatus* (Geoze, 1778)

省内产地：全省。

分布：河南，黑龙江，吉林，辽宁，内蒙古，河北，山东，陕西，宁夏，甘肃，新疆，湖北，安徽，江苏，江西，浙江，湖南，四川；俄罗斯，朝鲜，日本，蒙古国，伊朗，土耳其，印度，小亚细亚，突尼斯，阿尔及利亚。

资料来源：彩万志等，1999，河南省半翅目昆虫名录。《鸡公山区昆虫》，中国农业科学技术出版社。

黑唇苜蓿盲蝽 *Adelphocoris nigritylus* Hsiao, 1962

省内产地：安阳。

分布：河南，河北，湖北，江苏，江西，四川。

资料来源：彩万志等，1999，河南省半翅目昆虫名录。《鸡公山区昆虫》，中国农业科学技术出版社。

淡须苜蓿盲蝽 *Adelphocoris reicheli* (Fieber, 1836)

省内产地：栾川。

分布：河南，河北，内蒙古，黑龙江，山东，宁夏；俄罗斯；欧洲。

资料来源：彩万志，崔建新，刘国卿等，河南昆虫志 半翅目：异翅亚目。出版中。

中黑苜蓿盲蝽 *Adelphocoris suturalis* (Jakovlev, 1882)

省内产地：安阳，永城，郸城，开封，中牟，灵宝，郾城，许昌，西平，西峡，固始。

分布：河南，黑龙江，吉林，辽宁，内蒙古，河北，山东，陕西，甘肃，湖北，安徽，江苏，江西，浙江，湖南，贵州，四川；朝鲜，日本，俄罗斯(西伯利亚)；欧洲。

资料来源：彩万志等，1999，河南省半翅目昆虫名录。《鸡公山区昆虫》，中国农业科学技术出版社。

棉二纹盲蝽 *Adelphocoris variabilis* (Uhler, 1896)

省内产地：安阳，新乡，郑州，许昌。

分布：河南，内蒙古，山东；日本，萨哈林岛(库页岛)。

资料来源：彩万志等，1999，河南省半翅目昆虫名录。《鸡公山区昆虫》，中国农业科学技术出版社。

突肩点盾盲蝽 *Alloeotomus humeralis* Zheng *et* Ma, 2004

省内产地：具体不详。

分布：河南，湖北，贵州，陕西，甘肃。

资料来源：彩万志，崔建新，刘国卿等，河南昆虫志 半翅目：异翅亚目。出版中。

皂荚后丽盲蝽 *Apolygus gleditsiicola* Lü *et* Zheng, 1997

省内产地：安阳(模式产地)。

分布：河南，河北。

资料来源：吕楠，郑乐怡，1997，后丽盲蝽属四新种记述(半翅目：盲蝽科)。动物分类学报，22(2)：162~168。

绿后丽盲蝽 *Apolygus lucorum* (Meyer-Dur, 1843)

省内产地：全省。

分布：河南，新疆，宁夏，青海，黑龙江，吉林，辽宁，河北，山东，山西，陕西，甘肃，安徽，江苏，湖北，浙江，福建，江西，湖南，广西，四川，云南；日本，俄罗斯，土耳其，罗马尼亚，匈牙利，保加利亚，英国。

资料来源：彩万志等，1999，河南省半翅目昆虫名录。《鸡公山区昆虫》，中国农业科学技术出版社。

斯氏后丽盲蝽 *Apolygus spinolae* (Meyer-Dur), 1841

省内产地：具体不详。

分布：河南，河北，浙江，四川；朝鲜，日本，俄罗斯；欧洲。

资料来源：郑乐怡等，2001，盲蝽科。《天目山昆虫》，科学出版社。

榆后丽盲蝽 *Apolygus ulmi* (Zheng *et* Wang, 1983)

榆丽盲蝽 *Lygus ulmi* Zheng *et* Wang, 1983

省内产地：安阳(模式产地)。

分布：河南，北京，湖北。

资料来源：彩万志等，1999，河南省半翅目昆虫名录。《鸡公山区昆虫》，中国农业科学技术出版社。

萧氏蕨盲蝽 *Bryocoris hsiao* Zheng *et* Liu, 1992

省内产地：栾川龙峪湾。

分布：河南，湖南，陕西，四川，西藏。

资料来源：彩万志，崔建新，刘国卿等，河南昆虫志 半翅目：异翅亚目。出版中。

隆背蕨盲蝽 *Bryocoris biquadrangulifer* (Reuter, 1906)

省内产地：栾川。

分布：河南，四川。

资料来源：彩万志，崔建新，刘国卿等，河南昆虫志 半翅目：异翅亚目。出版中。

异须微刺盲蝽 *Campylomma diversicornis* Reuter, 1878

省内产地：安阳，许昌，郑州，鄢陵，禹州。

分布：河南，河北，陕西，宁夏，新疆，广西，四川；伊朗，伊拉克，土耳其，沙特阿拉伯，俄罗斯。

资料来源：彩万志等，1999，河南省半翅目昆虫名录。《鸡公山区昆虫》，中国农业科学技术出版社。

显角微刺盲蝽 *Campylomma verbasci* (Meyer-Dur, 1843)

省内产地：安阳，许昌。

分布：河南，山东，湖北，江苏，江西，湖南，四川，云南。

资料来源：彩万志等，1999，河南省半翅目昆虫名录。《鸡公山区昆虫》，中国农业科学技术出版社。

狭领纹唇盲蝽 *Charagochilus angusticollis* Linnavuori, 1961

省内产地：焦作，安阳。

分布：河南，河北，山西，陕西，湖北，安徽，江西，浙江，福建，湖南，广东，海南，广西，贵州，四川，云南；俄罗斯远东地区，朝鲜，日本。

资料来源：彩万志等，1999，河南省半翅目昆虫名录。《鸡公山区昆虫》，中国农业科学技术出版社。

斑足乌毛盲蝽 *Cheilocapsus maculipes* Liu *et* Wang, 2001

省内产地：西峡老界岭(模式产地)。

分布：河南。

资料来源：Liu, G Q and Wang H J. 2001, Genus *Cheilocapsus* Kirkaldy of Mainland China (Insecta: Hemiptera: Miridae: Mirinae). *Reichenbachia*, 37: 61~65.

暗乌毛盲蝽 *Cheilocapsus nigrescens* Liu *et* Wang, 2001

省内产地：内乡宝天曼(副模产地)。

分布：河南，陕西。

资料来源：Liu, G Q and Wang H J. 2001, Genus *Cheilocapsus* Kirkaldy of Mainland China (Insecta: Hemiptera: Miridae: Mirinae). *Reichenbachia*, 37: 61~65.

乌毛盲蝽 *Cheilocapsus thibetanus* (Reuter, 1903)

省内产地：栾川。

分布：河南，宁夏，湖南，湖北，四川，西藏，福建，广西，云南，甘肃。

资料来源：彩万志，崔建新，刘国卿等，河南昆虫志 半翅目：异翅亚目。出版中。

多变光盲蝽 *Chilocrates patulus* (Walker, 1873)

省内产地：栾川龙峪湾。

分布：河南，陕西，甘肃，湖北，贵州，四川，云南，广西，西藏；缅甸，尼泊尔，不丹，印度。

资料来源：郑乐怡等，2004，中国动物志 昆虫纲 第三十三卷。科学出版社。

小黑盲蝽 *Chlamydatus pullus* (Reuter, 1870)

省内产地：安阳。

分布：河南，黑龙江，吉林，内蒙古，河北，山西，山东，陕西，宁夏，甘肃，新疆；俄罗斯。

资料来源：彩万志等，1999，河南省半翅目昆虫名录。《鸡公山区昆虫》，中国农业科学技术出版社。

花肢淡盲蝽 *Creontiades coloripes* Hsiao, 1963

省内产地：安阳。

分布：河南，山东，湖北，浙江，福建，湖南，广东，广西，四川。

资料来源：彩万志等，1999，河南省半翅目昆虫名录。《鸡公山区昆虫》，中国农业科学技术出版社。

直缘胝突盲蝽 *Cyllecoris rectus* Liu *et* Zheng, 2000

省内产地：安阳(模式产地)。

分布：河南。

资料来源：刘国卿等，2000，中国胝突盲蝽属记述。《昆虫分类区系研究》，中国农业出版社，102~109。

黑肩绿盲蝽 *Cyrtorrhinus lividipennis* Reuter, 1884

省内产地：安阳，新乡，许昌，郑州，原阳，信阳。

分布：河南，湖北，安徽，江苏，江西，浙江，福建，台湾，湖南，广东，海南，广西，贵州，四川，云南；朝鲜，日本，俄罗斯，越南。

资料来源：彩万志等，1999，河南省半翅目昆虫名录。《鸡公山区昆虫》，中国农业科学技术出版社。

黑食蚜盲蝽 *Deraeocoris punctulatus*(Fallen, 1807)

省内产地：许昌，郑州，兰考，周口，南阳。

分布：河南，河北，甘肃，青海，新疆，山东，江苏，江西，四川；日本，古北区。

资料来源：彩万志等，1999，河南省半翅目昆虫名录。《鸡公山区昆虫》，中国农业科学技术出

版社。

甘薯跃盲蝽 *Ectmetopterus micantulus* (Horvath, 1905)

省内产地：安阳。

分布：河南，甘肃，湖北，浙江，福建，湖南，四川；日本。

资料来源：彩万志等，1999，河南省半翅目昆虫名录。《鸡公山区昆虫》，中国农业科学技术出版社。

小欧盲蝽 *Europiella artemisiae* (Becker, 1864)

省内产地：安阳。

分布：河南，北京，天津，河北，山西，内蒙古，辽宁，吉林，黑龙江，安徽，江西，山东，湖北，四川，云南，陕西，宁夏，新疆；日本，俄罗斯，德国，奥地利，意大利，美国。

资料来源：彩万志，崔建新，刘国卿等，河南昆虫志 半翅目：异翅亚目。出版中。

棒角拟厚盲蝽 *Eurystylopsis clavicornis* (Jakovlev, 1890)

省内产地：栾川。

分布：河南，甘肃，浙江，福建，广西，四川，贵州，云南，广东，陕西。

资料来源：彩万志，崔建新，刘国卿等，河南昆虫志 半翅目：异翅亚目。出版中。

眼斑厚盲蝽 *Eurystylus coelestialium* (Kirkaldy, 1902)

省内产地：栾川龙峪湾。

分布：河南，河北，北京，天津，黑龙江，安徽，江苏，浙江，福建，江西，山东，湖南，贵州，陕西，四川，广东，广西；朝鲜，日本，俄罗斯远东地区。

资料来源：郑乐怡等，2004，中国动物志 昆虫纲 第三十三卷。科学出版社。

淡缘厚盲蝽 *Eurystylus costalis* Stal, 1870

省内产地：安阳。

分布：河南，河北，山东，湖北，安徽，江苏，福建，四川，云南；菲律宾，印度尼西亚，美国。

资料来源：彩万志等，1999，河南省半翅目昆虫名录。《鸡公山区昆虫》，中国农业科学技术出版社。

微小跳盲蝽 *Halticus minutus* Reuter, 1884

省内产地：安阳，夏邑，许昌，中牟，郑州。

分布：河南，安徽，江苏，江西，浙江，福建，台湾，广东，广西，四川，云南；越南，新加坡，斯里兰卡，印度。

资料来源：彩万志等，1999，河南省半翅目昆虫名录。《鸡公山区昆虫》，中国农业科学技术出版社。

黑跳盲蝽 *Halticus tibialis* Reuter

省内产地：夏邑，许昌，中牟。

分布：河南，福建，台湾，海南，四川；非洲。

资料来源：彩万志等，1999，河南省半翅目昆虫名录。《鸡公山区昆虫》，中国农业科学技术出版社。

黄盲蝽 *Lygus kalmi* (Linnaeus, 1758)

省内产地：安阳，许昌，郑州。

分布：河南，辽宁，甘肃，四川；日本，俄罗斯，土耳其。

资料来源：彩万志等，1999，河南省半翅目昆虫名录。《鸡公山区昆虫》，中国农业科学技术出版社。

东方草盲蝽 *Lygus orientalis* Aglyamzyanov, 1994

省内产地：安阳。

分布：河南，内蒙古，山西，陕西，甘肃，新疆；蒙古国，哈萨克斯坦，吉尔吉斯斯坦。

资料来源：郑乐怡等，2004，中国动物志 昆虫纲 第三十三卷。科学出版社。

牧草盲蝽 *Lygus pratensis* (Linnaeus, 1758)

省内产地：荥阳，开封，郾城，固始。

分布：河南，黑龙江，吉林，辽宁，内蒙古，河北，山西，陕西，宁夏，甘肃，青海，新疆，山东，安徽，福建，四川，西藏；俄罗斯，蒙古国，土耳其，日本，加拿大，美国，墨西哥。

资料来源：彩万志等，1999，河南省半翅目昆虫名录。《鸡公山区昆虫》，中国农业科学技术出版社。

斑草盲蝽 *Lygus punctatus* (Zetterstedt, 1838)

省内产地：栾川。

分布：河南，黑龙江，内蒙古；俄罗斯(西伯利亚)。

资料来源：彩万志，崔建新，刘国卿等，河南昆虫志 半翅目：异翅亚目。出版中。

长毛草盲蝽 *Lygus rugulipennis* (Poppius, 1911)

省内产地：安阳。

分布：河南，黑龙江，吉林，辽宁，内蒙古，河北，新疆，西藏，甘肃，青海；日本，俄罗斯远东地区；全北区。

资料来源：彩万志等，1999，河南省半翅目昆虫名录。《鸡公山区昆虫》，中国农业科学技术出版社。

烟草盲蝽 *Nesidiocoris tenuis* (Reuter, 1895)

Cyrtopeltis tenuis (Reuter, 1895)

Gallobelicus crassicornis Distant, 1904

省内产地：许昌，郑州，禹州，鄢陵等全省各地。

分布：全国；日本，斯里兰卡，尼泊尔，印度，缅甸，埃及，阿尔及利亚；东南亚。

资料来源：彩万志等，1999，河南省半翅目昆虫名录。《鸡公山区昆虫》，中国农业科学技术出版社。

直头盲蝽 *Orthocephalus funestus* Jakovlev, 1887

省内产地：栾川。

分布：河南，内蒙古，吉林，黑龙江，江苏，湖北，四川，陕西，甘肃，新疆；朝鲜，日本，俄罗斯(远东)。

资料来源：彩万志，崔建新，刘国卿等，河南昆虫志 半翅目：异翅亚目。出版中。

乌奥盲蝽 *Orthops udonis* (Matsumura, 1917)

省内产地：安阳。

分布：河南，北京，河北，山西，内蒙古，黑龙江，吉林，江苏，湖北，四川，云南。

资料来源：郑乐怡等，2002，中国奥盲蝽属及盲蝽亚科新分类单元(半翅目：盲蝽科)。动物分类学报，27(3)：498~507。

杂毛合垫盲蝽 *Orthotylus* (*Melanotrichus*) *flavoparsus* (Sahlberg, 1842)

杂毛盲蝽 *Melanotrichus flavosparsus* Sahlberg

省内产地：安阳。

分布：河南，甘肃，河北，山东；日本，俄罗斯，土耳其，突尼斯，美国；欧洲。

资料来源：彩万志等，1999，河南省半翅目昆虫名录。《鸡公山区昆虫》，中国农业科学技术出版社。

鳞毛吸血盲蝽 *Pherolepis aenescens* (Reuter, 1901)

省内产地：安阳。

分布：河南，内蒙古，北京，黑龙江，陕西，甘肃，宁夏；俄罗斯远东地区，蒙古国。

资料来源：彩万志，崔建新，刘国卿等，河南昆虫志 半翅目：异翅亚目。出版中。

长毛吸血盲蝽 *Pherolepis longipilus* Zhang *et* Liu, 2009

省内产地：安阳。

分布：河南，天津，陕西。

资料来源：彩万志，崔建新，刘国卿等，河南昆虫志 半翅目：异翅亚目。出版中。

宫本亮足盲蝽 *Phylus miyamotoi* Yasunaga, 1999

省内产地：栾川龙峪湾。

分布：河南，四川；日本。

资料来源：李晓明，刘国卿，2010，叶盲蝽族中国五新纪录种记述。昆虫分类学报，32(2)：100~106。

长植盲蝽 *Phytocoris longipennis* Flor, 1861

省内产地：登封嵩山。

分布：河南，内蒙古，黑龙江。

资料来源：彩万志，崔建新，刘国卿等，河南昆虫志 半翅目：异翅亚目。出版中。

黄束盲蝽 *Pilophorus aureus* Zou, 1983

省内产地：安阳(模式产地)。

分布：河南，北京，河北，山东。

资料来源：彩万志等，1999，河南省半翅目昆虫名录。《鸡公山区昆虫》，中国农业科学技术出版社。

朝鲜束盲蝽 *Pilophorus koreanus* Josifov

省内产地：信阳。

分布：河南；朝鲜。

资料来源：彩万志等，1999，河南省半翅目昆虫名录。《鸡公山区昆虫》，中国农业科学技术出版社。

亮束盲蝽 *Pilophorus lucidus* Linnavuori, 1962

省内产地：安阳。

分布：河南，山东，湖北；日本。

资料来源：彩万志等，1999，河南省半翅目昆虫名录。《鸡公山区昆虫》，中国农业科学技术出版社。

长毛束盲蝽 *Pilophorus setulosus* Horváth, 1905

省内产地：安阳，西峡。

分布：河南，天津，河北，内蒙古，黑龙江，山东，四川，贵州，西藏，陕西，甘肃，宁夏，新疆；日本，俄罗斯。

资料来源：彩万志，崔建新，刘国卿等，河南昆虫志 半翅目：异翅亚目。出版中。

龙江斜唇盲蝽 *Plagiognathus amurensis* Reuter, 1883

黑须盲蝽 *Plagiognathus nigricornis* Hsiao, 1963

省内产地：安阳。

分布：河南，河北，山东，湖北。

资料来源：彩万志等，1999，河南省半翅目昆虫名录。《鸡公山区昆虫》，中国农业科学技术出版社。

远东斜唇盲蝽 *Plagiognathus collaris* (Matsumura, 1911)

省内产地：栾川。

分布：河南，河北，黑龙江，吉林，内蒙古，湖北，四川，甘肃，宁夏，新疆；日本，俄罗斯。

资料来源：彩万志，崔建新，刘国卿等，河南昆虫志 半翅目：异翅亚目。出版中。

红楔异盲蝽 *Polymerus cognatus* (Fieber, 1858)

省内产地：全省。

分布：河南，河北，山东，甘肃，安徽，江苏，湖北，浙江，四川；俄罗斯，匈牙利，罗马尼亚，希腊，芬兰。

资料来源：彩万志等，1999，河南省半翅目昆虫名录。《鸡公山区昆虫》，中国农业科学技术出版社。

壮杂盲蝽 *Psallus fortis* Li *et* Liu, 2007

省内产地：栾川龙峪湾(模式产地)。

分布：河南。

资料来源：李晓明等，2007，中国杂盲蝽属二新种记述(半翅目，盲蝽科，叶盲蝽亚科)。动物分类学报，32(3)：674~679。

韩氏杂盲蝽 *Psallus hani* Zheng *et* Li, 1990

省内产地：安阳。

分布：河南。

资料来源：彩万志，崔建新，刘国卿等，河南昆虫志 半翅目：异翅亚目。出版中。

河南杂盲蝽 *Psallus henanensis* Li *et* Liu, 2007

省内产地：栾川龙峪湾(模式产地)。

分布：河南。

资料来源：李晓明等，2007，中国杂盲蝽属二新种记述(半翅目，盲蝽科，叶盲蝽亚科)。动物分类学报，32(3)：674~679。

苹果杂盲蝽 *Psallus mali* Zheng *et* Li, 1990

省内产地：栾川。

分布：河南，甘肃，陕西。

资料来源：彩万志，崔建新，刘国卿等，河南昆虫志 半翅目：异翅亚目。出版中。

紫斑突额盲蝽 *Pseudoloxops guttatus* Zou, 1987

省内产地：安阳。

分布：河南，河北，山东，陕西。

资料来源：彩万志等，1999，河南省半翅目昆虫名录。《鸡公山区昆虫》，中国农业科学技术出版社。

山地狭盲蝽 *Stenodema alpestris* Reuter, 1904

省内产地：嵩县，栾川，信阳鸡公山。

分布：河南，陕西，湖北，江西，福建，广西，四川，贵州，云南，甘肃。

资料来源：彩万志等，河南昆虫志 半翅目：异翅亚目。出版中。

赤条纤盲蝽 *Stenotus rubrovittatus*(Matsumura, 1913)

省内产地：安阳。

分布：河南，河北，江西；俄罗斯(西伯利亚)，萨哈林岛(库页岛)，日本。

资料来源：彩万志等，1999，河南省半翅目昆虫名录。《鸡公山区昆虫》，中国农业科学技术出版社。

日本军配盲蝽 *Stethoconus japonicus* Schumacher, 1917

省内产地：桐柏。

分布：河南，四川；日本，美国。

资料来源：彩万志，崔建新，刘国卿等，河南昆虫志 半翅目：异翅亚目。出版中。

扑氏军配盲蝽 *Stethoconus pyri* (Mella, 1869)

省内产地：郑州。

分布：河南，湖北，四川，贵州；俄罗斯，意大利。

资料来源：刘国卿等，2011，中国盲蝽科新种及新纪录。昆虫分类学报，33(1)：1~11。

条赤须盲蝽 *Trigonotylus coelestialium* (Kirkaldy, 1902)

省内产地：全省。

分布：河南，黑龙江，吉林，辽宁，内蒙古，河北，山东，山西，陕西，宁夏，新疆，湖北，江苏，江西，四川，云南；俄罗斯，朝鲜，日本；欧洲，北美。

资料来源：彩万志等，1999，河南省半翅目昆虫名录。《鸡公山区昆虫》，中国农业科学技术出版社。

红点平盲蝽 *Zanchius tarasovi* Kerzhner, 1987

省内产地：具体不详。

分布：河南，河北，陕西，甘肃；俄罗斯。

资料来源：刘国卿，卜文俊，2009，河北动物志 半翅目 异翅亚目。中国农业科学技术出版社。

五八、网蝽科 Tingidae

本科全世界共 260 属 2124 种，中国记载 50 属 150 种，河南记录 8 属 10 种。

满负板网蝽 *Cysteochila ponda* Drake, 1937

省内产地：嵩县，栾川。

分布：河南，江西，湖北，四川，福建，广西，云南。

资料来源：彩万志，崔建新，刘国卿等，河南昆虫志 半翅目：异翅亚目。出版中。

角菱背网蝽 *Eteoneus angusatus* Drake *et* Maa, 1953

省内产地：许昌，舞阳，洛阳，禹州，嵩县，鲁山，信阳。

分布：河南，湖北，江西，福建，湖南，广东，广西。

资料来源：彩万志等，1999，河南省半翅目昆虫名录。《鸡公山区昆虫》，中国农业科学技术出版社。

短贝脊网蝽 *Galeatus affinis* (Herrich-Schaeffer, 1835)

省内产地：新乡。

分布：河南，北京，天津，黑龙江，辽宁，河北，山东，山西，陕西，甘肃，安徽，浙江，福建，湖北，湖南，四川，重庆，广西，云南；朝鲜，日本，蒙古国，俄罗斯，美国；中亚，欧洲。

资料来源：李传仁等，2006，中国 *Galeatus* 属群记述(半翅目，网蝽科)。动物分类学报，31(2)：378~387。

膜肩网蝽 *Metasalis populi* (Takeya, 1932)

娇膜肩网蝽 *Hegesidemus habrus* Drake, 1966

省内产地：郑州，许昌，安阳，信阳。

分布：河南，河北，山西，陕西，甘肃，湖北，安徽，江苏，江西，浙江，台湾，广东，四川；朝鲜，日本，俄罗斯，印度；东南亚。

寄主：柳。

资料来源：郑乐怡等，1999，半翅目：异翅亚目。《伏牛山南坡及大别山区昆虫》，中国农业科学技术出版社。

小板网蝽 *Monostira discoidalis* (Jakovlev, 1883)

省内产地：具体不详。

分布：河南，内蒙古，宁夏，新疆；俄罗斯；中亚，欧洲。

资料来源：彩万志等，1999，河南省半翅目昆虫名录。《鸡公山区昆虫》，中国农业科学技术出版社。

钩樟冠网蝽 *Stephanitis ambigua* Horvath, 1912

省内产地：内乡葛条爬。

分布：河南，辽宁，河北，山东，山西，陕西，湖北，安徽，江苏，江西，浙江，福建，台湾，广东，广西，云南；朝鲜，日本。

寄主：冻绿。

资料来源：郑乐怡等，1999，半翅目：异翅亚目。《伏牛山南坡及大别山区昆虫》，中国农业科学技术出版社。

梨冠网蝽 *Stephanitis nashi* Esali *et* Takeya, 1931

省内产地：全省。

分布：河南，辽宁，河北，山东，山西，陕西，甘肃，湖北，安徽，江苏，江西，浙江，福建，台湾，湖南，广东，广西，四川；朝鲜，日本，俄罗斯。

资料来源：彩万志等，1999，河南省半翅目昆虫名录。《鸡公山区昆虫》，中国农业科学技术出版社。

卷刺菊网蝽 *Tingis buddleiae* Drake, 1930

省内产地：栾川龙峪湾。

分布：河南，陕西，四川。

资料来源：彩万志等，1998，半翅目。《伏牛山区昆虫》，中国农业科学技术出版社。

卷毛裸菊网蝽 *Tingis crispata* (Herrich-Schaeffer, 1838)

省内产地：内乡宝天曼。

分布：河南，内蒙古，台湾；俄罗斯，朝鲜，日本；欧洲。

资料来源：郑乐怡等，1999，半翅目：异翅亚目。《伏牛山南坡及大别山区昆虫》，中国农业科学技术出版社。

褐角肩网蝽 *Uhlerites debilis* (Uhler, 1896)

省内产地：罗山，信阳，商城。

分布：河南，东北，山西，陕西，湖北，安徽，台湾；朝鲜，日本，俄罗斯。

资料来源：彩万志等，1999，河南省半翅目昆虫名录。《鸡公山区昆虫》，中国农业科学技术出版社。

五九、姬蝽科 Nabidae

本科全世界共 31 属 386 种，中国记载 14 属 77 种，河南记录 6 属 15 种。

山高姬蝽 *Gorpis brevilineatus* (Scott, 1874)

省内产地：栾川龙峪湾，信阳鸡公山。

分布：河南，吉林，天津，河北，陕西，甘肃，湖北，湖南，浙江，福建，四川，广东，海南，云南；朝鲜，日本，俄罗斯。

资料来源：刘国卿，卜文俊，2009，河北动物志 半翅目 异翅亚目。中国农业科学技术出版社。

角肩高姬蝽 *Gorpis humeralis* (Distant, 1904)

省内产地：嵩县白云山。

分布：河南，陕西，湖北，湖南，贵州；印度，斯里兰卡。

资料来源：彩万志等，1998，半翅目。《伏牛山区昆虫》，中国农业科学技术出版社。

日本高姬蝽 *Gorpis japonicus* Kerzhner, 1868

省内产地：许昌，新乡，栾川，嵩县，信阳。

分布：河南，北京，陕西，山东，江西，浙江，福建，海南，贵州，四川；朝鲜，日本，俄罗斯。

资料来源：彩万志等，1999，河南省半翅目昆虫名录。《鸡公山区昆虫》，中国农业科学技术出版社。

泛希姬蝽 *Himacerus apterus* (Fabricius, 1798)

省内产地：济源，内乡宝天曼，栾川龙峪湾，嵩县白云山，嵩县天池山，信阳鸡公山。

分布：河南，黑龙江，内蒙古，河北，山西，陕西，青海，湖北，四川，云南，西藏；朝鲜，日本，俄罗斯，美国；欧洲。

资料来源：任树芝等，1999，半翅目。《鸡公山区昆虫》，中国农业科学技术出版社。

小姬蝽 *Nabis apicalis* Matsumura, 1913

省内产地：中牟，灵宝，嵩县白云山，栾川龙峪湾，驻马店，西峡，信阳鸡公山。

分布：河南，甘肃，湖北，江西，浙江，福建，广东，广西，贵州，四川；日本，俄罗斯。

资料来源：彩万志等，1998，半翅目。《伏牛山区昆虫》，中国农业科学技术出版社。

类原姬蝽亚洲亚种 *Nabis feroides mimoferus* Hsiao, 1964

省内产地：安阳，许昌，洛阳，南阳。

分布：河南，内蒙古，河北，甘肃，新疆，安徽，福建，四川，西藏；蒙古国，俄罗斯。

资料来源：彩万志等，1999，河南省半翅目昆虫名录。《鸡公山区昆虫》，中国农业科学技术出版社。

原姬蝽 *Nabis ferus* (Linnaeus, 1758)

省内产地：封丘，永城，中牟，夏邑，民权，沈丘，项城，灵宝，鲁山，固始，信阳。

分布：河南，内蒙古，新疆，台湾，广西；俄罗斯，日本，蒙古国，美国；欧洲。

资料来源：彩万志等，1999，河南省半翅目昆虫名录。《鸡公山区昆虫》，中国农业科学技术出版社。

波姬蝽 *Nabis potanini* Bianchi, 1897

省内产地：嵩县白云山，栾川龙峪湾，信阳鸡公山。

分布：河南，河北，陕西，湖北，贵州，四川，云南，西藏；欧洲。

资料来源：任树芝等，1999，半翅目。《鸡公山区昆虫》，中国农业科学技术出版社。

北姬蝽 *Nabis reuteri* Jakovlev, 1876

省内产地：中牟，沈丘。

分布：河南，黑龙江，吉林，内蒙古，河北，北京，天津，山东，陕西，甘肃；朝鲜，日本，俄罗斯。

资料来源：彩万志等，1999，河南省半翅目昆虫名录。《鸡公山区昆虫》，中国农业科学技术出版社。

华姬蝽 *Nabis sinoferus* Hsiao, 1964

省内产地：全省。

分布：河南，内蒙古，河北，山东，山西，陕西，甘肃，宁夏，青海，新疆，安徽，江苏，湖北，江西，广西，四川；蒙古国；中亚。

资料来源：彩万志等，1999，河南省半翅目昆虫名录。《鸡公山区昆虫》，中国农业科学技术出版社。

暗色姬蝽 *Nabis stenoferus* Hsiao, 1964

省内产地：封丘，永城，沈丘，项城，夏邑，郸城，中牟，栾川，确山，信阳鸡公山。

分布：河南，黑龙江，吉林，辽宁，河北，山西，山东，陕西，甘肃，新疆，湖北，安徽，江苏，江西，湖南，四川，云南；日本，俄罗斯(西伯利亚)。

资料来源：彩万志等，1999，河南省半翅目昆虫名录。《鸡公山区昆虫》，中国农业科学技术出版社。

山姬蝽 *Oranabis brevilineatus* (Scott, 1880)

省内产地：栾川龙峪湾，信阳鸡公山。

分布：河南，河北，浙江，湖北，四川，福建，广西，云南。

资料来源：任树芝等，1999，半翅目。《鸡公山区昆虫》，中国农业科学技术出版社。

角带花姬蝽 *Prostemma hilgendorffi* Stein, 1878

省内产地：修武，中牟，偃师。

分布：河南，河北，江苏，浙江，四川；朝鲜，日本，俄罗斯。

资料来源：彩万志等，1999，河南省半翅目昆虫名录。《鸡公山区昆虫》，中国农业科学技术出版社。

黄翅花姬蝽 *Prostemma flavipennis* Fukui, 1927

Prostemma kibortii Jakovlev, 1889

省内产地：罗山。

分布：河南，湖北，浙江，江西；俄罗斯，朝鲜，日本，蒙古国。

资料来源：彩万志等，1999，河南省半翅目昆虫名录。《鸡公山区昆虫》，中国农业科学技术出版社。

黑头光姬蝽 *Rhamphocoris hasagawai* (Ishihara, 1943)

省内产地：栾川龙峪湾。

分布：河南，台湾，云南。

资料来源：彩万志等，1998，半翅目。《伏牛山区昆虫》，中国农业科学技术出版社。

六〇、花蝽科 Anthocoridae

本科全世界共 71 属 455 种，中国记载 18 属 90 种，河南记录 5 属 9 种。

黑头叉胸花蝽 *Amphiareus obscuriceps* (Poppius, 1909)

省内产地：全省。

分布：河南，辽宁，内蒙古，河北，山东，江苏，浙江，福建，台湾，广东，海南，四川，云南；朝鲜，日本，俄罗斯。

资料来源：彩万志等，1999，河南省半翅目昆虫名录。《鸡公山区昆虫》，中国农业科学技术出版社。

欧花蝽 *Anthocoris nemorum* (Linnaeus, 1761)

省内产地：具体不详。

分布：河南，宁夏，广西，四川；欧洲。

资料来源：彩万志等，1999，河南省半翅目昆虫名录。《鸡公山区昆虫》，中国农业科学技术出版社。

小镰花蝽 *Cardiastethus exiguus* Poppius, 1913

省内产地：长垣。

分布：河南，山东，陕西，江苏，四川，浙江，上海，湖北，湖南，广西，海南，台湾；日本，印度，斯里兰卡；非洲。

资料来源：彩万志，崔建新，刘国卿等，河南昆虫志 半翅目：异翅亚目。出版中。

微小花蝽 *Orius minuts* (Linnaeus, 1758)

省内产地：全省。

分布：河南，辽宁，内蒙古，山东，甘肃，新疆，湖北，安徽，江苏，浙江，湖南，四川；俄罗斯；欧洲。

资料来源：彩万志等，1999，河南省半翅目昆虫名录。《鸡公山区昆虫》，中国农业科学技术出版社。

东亚小花蝽 *Orius sauteri* (Poppius, 1909)

省内产地；偃师。

分布：河南，黑龙江，吉林，辽宁，河北，北京，天津，山西，甘肃，湖北，湖南，四川；朝鲜，日本，俄罗斯。

资料来源：刘国卿，卜文俊，2009，河北动物志 半翅目 异翅亚目。中国农业科学技术出版社。

南方小花蝽 *Orius similis* Zheng, 1982

省内产地：许昌，洛阳，南阳。

分布：河南，山东，湖北，江苏。江西，浙江，福建，湖南，广东，广西，四川，云南，西藏；日本。

资料来源：彩万志等，1999，河南省半翅目昆虫名录。《鸡公山区昆虫》，中国农业科学技术出版社。

仓花蝽 *Xylocoris cursitans* (Fallen, 1807)

省内产地：全省。

分布：全国；全北区。

资料来源：彩万志等，1999，河南省半翅目昆虫名录。《鸡公山区昆虫》，中国农业科学技术出版社。

日浦仓花蝽 *Xylocoris hiurai* Kerzhner *et* Elov, 1976

省内产地：郑州，开封，长垣。

分布：河南，北京，天津，福建，广东；日本。

资料来源：刘国卿，卜文俊，2009，河北动物志 半翅目 异翅亚目。中国农业科学技术出版社。

黄褐花蝽 *Xylocoris galactinus* (Fieber, 1836)

省内产地：郑州，洛阳，商丘，信阳。

分布：河南，广西；日本，印度尼西亚，马达加斯加；全北区，非洲。

资料来源：彩万志等，1999，河南省半翅目昆虫名录。《鸡公山区昆虫》，中国农业科学技术出版社。

六一、细角花蝽科 Lyctocoridae

本科全世界共 1 属 27 种，中国记载 1 属 3 种，河南记录 1 属 1 种。

东方细角花蝽 *Lyctocoris beneficus* (Hiura, 1959)

省内产地：洛阳，南阳，南召，方城，镇平，内乡，社旗，唐河，邓州。

分布：河南，河北，山西，湖北，江苏，浙江；日本。

资料来源：彩万志等，1999，河南省半翅目昆虫名录。《鸡公山区昆虫》，中国农业科学技术出版社。

六二、臭蝽科 Cimicidae

本科全世界共 24 属 110 种，中国记载 2 属 3 种，河南记录 1 属 1 种。

温带臭虫 *Cimex lectularius* (Linnaeus, 1758)

省内产地：全省。

分布：全国；日本，全球性。

资料来源：彩万志等，1999，河南省半翅目昆虫名录。《鸡公山区昆虫》，中国农业科学技术出版社。

六三、扁蝽科 Aradidae

本科全世界共 233 属 1931 种，中国记载 34 属 147 种，河南记录 3 属 9 种。

皮扁蝽 *Aradus corticalis* (Linnaeus, 1758)

省内产地：栾川。

分布：河南，吉林，陕西；阿塞拜疆，俄罗斯，日本；欧洲。

资料来源：彩万志，崔建新，刘国卿等，河南昆虫志 半翅目：异翅亚目。出版中。

文扁蝽 *Aradus hieroglyphicus* Sahberg, 1878

省内产地：信阳，郑州。

分布：河南，北京，天津，宁夏，内蒙古，山西，新疆；俄罗斯，韩国，日本。

资料来源：彩万志，崔建新，刘国卿等，河南昆虫志 半翅目：异翅亚目。出版中。

东洋扁蝽 *Aradus orientalis* Bergroth, 1885

省内产地：辉县。

分布：河南；日本。

资料来源：彩万志，崔建新，刘国卿等，河南昆虫志 半翅目：异翅亚目。出版中。

刺扁蝽 *Aradus spinicollis* Jakovlev, 1880

省内产地：栾川龙峪湾。

分布：河南，黑龙江，陕西，湖北，福建，湖南，四川；日本，俄罗斯(西伯利亚)。

资料来源：彩万志等，1998，半翅目。《伏牛山区昆虫》，中国农业科学技术出版社。

郑氏扁蝽 *Aradus zhengi* Herss, 2001

省内产地：内乡宝天曼。

分布：河南，陕西，甘肃，宁夏，湖北。

资料来源：白晓拴等，2010，扁蝽科。《六盘山无脊椎动物》，河北大学出版社。

黑脊扁蝽 *Neuroctenus ater* (Jakovlev, 1878)

省内产地：嵩县，栾川。

分布：河南，陕西，吉林，北京，山西。

资料来源：彩万志，崔建新，刘国卿等，河南昆虫志 半翅目：异翅亚目。出版中。

素须脊扁蝽 *Neuroctenus castaneus* (Jakolev, 1878)

省内产地：嵩县、栾川。

分布：河南，吉林，陕西，甘肃，福建；俄罗斯。

资料来源：彩万志，崔建新，刘国卿等，河南昆虫志 半翅目：异翅亚目。出版中。

栎脊扁蝽 *Neuroctenus quercicola* Nagashima *et* Shono, 2003

省内产地：南阳。

分布：河南，湖北，福建。

资料来源：彩万志，崔建新，刘国卿等，河南昆虫志 半翅目：异翅亚目。出版中。

日本无脉扁蝽 *Paraneurus nipponicus* (Kormilev *et* Heiss, 1976)

省内产地：南阳。

分布：河南；日本。

资料来源：彩万志，崔建新，刘国卿等，河南昆虫志 半翅目：异翅亚目。出版中。

六四、跷蝽科 Berytidae

本科全世界共 36 属 172 种，中国记载 8 属 20 种，河南记录 6 属 9 种。

庐山华椎跷蝽 *Chinoneides lushanica* (Hsiao, 1974)

椎头跷蝽 *Neides lushanica* Hsiao, 1974

省内产地：嵩县白云山，栾川龙峪湾。

分布：河南，陕西，湖北，江西。

资料来源：崔建新，彩万志，2008，半翅目。《宝天曼自然保护区昆虫》，中国农业科学技术出版社。

娇背跷蝽 *Metacanthus pulchellus* (Dallas, 1852)

娇驼跷蝽 *Gampsocoris pulchellus* (Dallas, 1852)

省内产地：全省。

分布：河南，湖北，安徽，江苏，江西，浙江，湖南，广东，香港，海南，广西，四川，云南；印度。

资料来源：彩万志等，1999，河南省半翅目昆虫名录。《鸡公山区昆虫》，中国农业科学技术出版社。

光肩跷蝽 *Metatropis brevirostris* Hsiao, 1974

省内产地：嵩县，信阳鸡公山。

分布：河南，浙江，福建，广东；日本。

资料来源：任树芝等，1999，半翅目。《鸡公山区昆虫》，中国农业科学技术出版社。

齿肩跷蝽 *Metatropis denticollis* Lindberg, 1934

省内产地：嵩县白云山，栾川龙峪湾。

分布：河南，甘肃，四川，西藏。

资料来源：彩万志等，1998，半翅目。《伏牛山区昆虫》，中国农业科学技术出版社。

圆肩跷蝽 *Metatropis longirostris* Hsiao, 1974

省内产地：嵩县白云山，栾川龙峪湾，内乡宝天曼。

分布：河南，北京，湖北，江西，浙江，福建，西藏。

资料来源：崔建新，彩万志，2008，半翅目。《宝天曼自然保护区昆虫》，中国农业科学技术出版社。

肩跷蝽属一种 *Metatropis* sp.

省内产地：内乡宝天曼。

分布：河南。

寄主：丛枝蓼。

资料来源：郑乐怡等，1999，半翅目：异翅亚目。《伏牛山南坡及大别山区昆虫》，中国农业科学技术出版社。

锥头跷蝽属一种 *Neides* sp.

省内产地：内乡宝天曼。

分布：河南。

寄主：唇形科。

资料来源：郑乐怡等，1999，半翅目：异翅亚目。《伏牛山南坡及大别山区昆虫》，中国农业科学技术出版社。

锤胁跷蝽 *Yemma signatus* (Hsiao, 1974)

省内产地：辉县八里沟，嵩县白云山，栾川龙峪湾，确山。

分布：河南，河北，陕西，山东，湖北，江西，浙江，四川，云南，西藏。

资料来源：崔建新，彩万志，2008，半翅目。《宝天曼自然保护区昆虫》，中国农业科学技术出版社。

肩异跷蝽 *Yemmatropis dispar* (Hsiao, 1974)

省内产地：信阳鸡公山。

分布：河南，云南，西藏。

资料来源：彩万志等，1999，河南省半翅目昆虫名录。《鸡公山区昆虫》，中国农业科学技术出版社。

六五、杆长蝽科 Blissidae

本科全世界共 50 属 435 种，中国记载 8 属 35 种，河南记录 3 属 4 种。

大狭长蝽 *Dimorphopterus pallipes* (Distant, 1883)

省内产地：西峡桦树盘。

分布：河南，东北，广东；朝鲜，日本。

寄主：芦苇。

资料来源：郑乐怡等，1999，半翅目：异翅亚目。《伏牛山南坡及大别山区昆虫》，中国农业科学技术出版社。

高粱狭长蝽 *Dimorphopterus spinolae* (Signoret, 1857)

省内产地：郑州，兰考，商丘，长垣。

分布：河南，黑龙江，吉林，辽宁，内蒙古，河北，山东，陕西，浙江，福建，江西，湖南，广东，四川；日本，俄罗斯；北非。

资料来源：彩万志等，1999，河南省半翅目昆虫名录。《鸡公山区昆虫》，中国农业科学技术出版社。

中华巨股长蝽 *Macropes sinicus* Zheng *et* Zou, 1982

省内产地：信阳鸡公山。

分布：河南，福建，湖南，海南，广西，四川，云南。

资料来源：任树芝等，1999，半翅目。《鸡公山区昆虫》，中国农业科学技术出版社。

竹后刺长蝽 *Pirkimerus japonicus* (Hidaka, 1961)

省内产地：新县，信阳鸡公山。

分布：河南，湖北，江苏，江西，浙江，福建，湖南，四川；日本，越南。

资料来源：任树芝等，1999，半翅目。《鸡公山区昆虫》，中国农业科学技术出版社。

六六、莎长蝽科 Cymidae

本科中国记载 4 属 12 种，河南记录 1 属 1 种。

黄足蔺长蝽 *Ninomimus flavipes* (Matsumura, 1913)

省内产地：西峡桦树盘，栾川龙峪湾，信阳鸡公山。

分布：河南，湖北，江苏，江西，浙江，福建，广西，四川；日本，俄罗斯。

资料来源：郑乐怡等，1999，半翅目：异翅亚目。《伏牛山南坡及大别山区昆虫》，中国农业科学技术出版社。

六七、大眼长蝽科 Geocoridae

本科全世界共 25 属 274 种，中国记载 2 属 21 种，河南记录 1 属 2 种。

大眼长蝽 *Geocoris pallidipennis* (Costa, 1843)

省内产地：内乡宝天曼等全省各地。

分布：河南，河北，山东，山西，陕西，湖北，安徽，江苏，江西，浙江，贵州，四川，云南，西藏；菲律宾，印度，印度尼西亚。

资料来源：郑乐怡等，1999，半翅目：异翅亚目。《伏牛山南坡及大别山区昆虫》，中国农业科学技术出版社。

宽大眼长蝽 *Geocoris varius* (Uhler, 1860)

省内产地：安阳，新乡，嵩县白云山，栾川龙峪湾，洛阳，内乡葛条爬，许昌，淮阳，南阳，信阳鸡公山。

分布：河南，陕西，山西，湖北，江苏，江西，浙江，福建，台湾，湖南，广东，广西，贵州，四川，云南，西藏；日本。

资料来源：郑乐怡等，1999，半翅目：异翅亚目。《伏牛山南坡及大别山区昆虫》，中国农业科学技术出版社。

六八、翅室长蝽科 Heterogastridae

本科全世界共 24 属 100 种，河南记录 2 属 2 种。

中华异腹长蝽 *Heterogaster chinensis* Zou *et* Zheng, 1981

省内产地：信阳鸡公山。

分布：河南，湖北，江西，福建，湖南，贵州，四川。

资料来源：崔建新，彩万志等，1999，半翅目：长蝽科。《鸡公山区昆虫》，中国农业科学技术出版社。

台裂腹长蝽 *Nerthus taivanicus* (Bergroth, 1914)

省内产地：内乡宝天曼，信阳鸡公山。

分布：河南，湖北，浙江，福建，台湾，广东，海南，广西。

寄主：花椒。

资料来源：郑乐怡等，1999，半翅目：异翅亚目。《伏牛山南坡及大别山区昆虫》，中国农业科学技术出版社。

六九、梭长蝽科 Pachygronthidae

本科全世界共 13 属 78 种，中国记载 4 属 12 种，河南记录 1 属 1 种。

长须梭长蝽 *Pachygrontha antennata* (Uhler, 1860)

省内产地：嵩县白云山，栾川龙峪湾，确山，南阳，信阳鸡公山。

分布：河南，河北，山东，湖北，安徽，江苏，江西，浙江，福建，湖南，广西，四川，云南；朝鲜，日本，俄罗斯。

资料来源：崔建新，彩万志等，1999，半翅目：长蝽科。《鸡公山区昆虫》，中国农业科学技术出版社。

七〇、地长蝽科 Rhyparochromidae

本科全世界共 372 属 1850 种，中国记载 81 属 210 种，河南记录 12 属 13 种。

白边球胸长蝽 *Caridops albomarginatus* (Scott, 1874)

省内产地：栾川，信阳鸡公山。

分布：河南，湖北，浙江，福建，湖南，广东，四川；日本。

资料来源：崔建新，彩万志等，1999，半翅目：长蝽科。《鸡公山区昆虫》，中国农业科学技术出版社。

中国松果长蝽 *Gastrodes chinensis* Zheng, 1981

省内产地：信阳鸡公山。

分布：河南，湖北，广西。

资料来源：任树芝等，1999，半翅目。《鸡公山区昆虫》，中国农业科学技术出版社。

川鄂缢胸长蝽 *Gyndes sinensis* (Zheng, 1981)

川鄂缢胸长蝽 *Paraeucosmetus sinensis* Zheng, 1981

省内产地：内乡葛条爬。

分布：河南，湖北，四川。

资料来源：郑乐怡等，1999，半翅目：异翅亚目。《伏牛山南坡及大别山区昆虫》，中国农业科学技术出版社。

褐刺胫长蝽 *Horridipamera inconspicua* (Dallas, 1852)

省内产地：信阳鸡公山。

分布：河南，湖北，浙江，江西，云南；日本。

资料来源：彩万志，崔建新，刘国卿等，河南昆虫志 半翅目：异翅亚目。出版中。

短翅迅足长蝽 *Metochus abbreviatus* (Scott, 1874)

省内产地：信阳鸡公山。

分布：河南，湖北，江苏，江西，浙江，福建，台湾，湖南，广东，海南，广西，四川；日本，印度。

资料来源：崔建新，彩万志等，1999，半翅目：长蝽科。《鸡公山区昆虫》，中国农业科学技术出版社。

宽地长蝽 *Naphiellus irroratus* (Jakovllev, 1889)

省内产地：新乡。

分布：河南，辽宁，河北；蒙古国，俄罗斯。

资料来源：彩万志等，1999，河南省半翅目昆虫名录。《鸡公山区昆虫》，中国农业科学技术出版社。

东亚毛肩长蝽 *Neolethaeus dallasi* (Scott, 1874)

省内产地：辉县八里沟，栾川龙峪湾，内乡宝天曼葛条爬，西峡桦树盘，济源。

分布：河南，河北，山东，山西，湖北，江苏，江西，浙江，福建，台湾，湖南，广东，广西，四川，云南；朝鲜，日本。

资料来源：郑乐怡等，1999，半翅目：异翅亚目。《伏牛山南坡及大别山区昆虫》，中国农业科学技术出版社。

白斑狭地长蝽 *Panaorus albomaculatus* (Scott, 1874)

白斑地长蝽 *Rhyparochromus albomaculatus* (Scott, 1874)

省内产地：安阳，内乡大块地，信阳鸡公山。

分布：河南，吉林，河北，北京，天津，山西，陕西，湖北，江苏，广西，四川；朝鲜，日本；中亚。

资料来源：郑乐怡等，1999，半翅目：异翅亚目。《伏牛山南坡及大别山区昆虫》，中国农业科学技术出版社。

褐斑点列长蝽 *Paradieuches dissimilis* (Distant, 1883)

省内产地：栾川龙峪湾，信阳鸡公山。

分布：河南，湖北，福建，四川，云南；朝鲜，日本。

资料来源：崔建新，彩万志等，1999，半翅目：长蝽科。《鸡公山区昆虫》，中国农业科学技术出版社。

刺胸长蝽 *Paraporta megaspina* Zheng, 1981

省内产地：信阳。

分布：河南，浙江，江西，湖南，广东，广西。

资料来源：彩万志等，1999，河南省半翅目昆虫名录。《鸡公山区昆虫》，中国农业科学技术出版社。

中国斑长蝽 *Scolopostethus chinensis* Zheng, 1981

省内产地：栾川。

分布：河南，河北，湖北，江西，浙江，湖南，四川，云南，西藏。

资料来源：彩万志等，1999，河南省半翅目昆虫名录。《鸡公山区昆虫》，中国农业科学技术出版社。

小浅缢长蝽 *Stigmatonotum geniculatum* (Motschulsky, 1863)

省内产地：西峡桦树盘。

分布：河南，湖北，浙江，福建，湖南，广东，云南；日本。

资料来源：郑乐怡等，1999，半翅目：异翅亚目。《伏牛山南坡及大别山区昆虫》，中国农业科学技术出版社。

山地浅缢长蝽 *Stigmatonotum rufipes* (Motschulsky, 1866)

省内产地：内乡大块地。

分布：河南，黑龙江，湖北，浙江，湖南，四川；朝鲜，日本，俄罗斯。

资料来源：郑乐怡等，1999，半翅目：异翅亚目。《伏牛山南坡及大别山区昆虫》，中国农业科学技术出版社。

七一、束长蝽科 Malcidae

本科全世界共 3 属 29 种，中国记载 3 属 21 种，河南记录 2 属 2 种。

豆突眼长蝽 *Chauliops fallax* Scott, 1874

省内产地：安阳，沈丘，内乡大块地，栾川龙峪湾，信阳鸡公山。

分布：河南，河北，湖北，江西，浙江，福建，台湾，湖南，广东，广西，四川，云南，西藏；朝鲜，日本，斯里兰卡，泰国，印度。

资料来源：郑乐怡等，1999，半翅目：异翅亚目。《伏牛山南坡及大别山区昆虫》，中国农业科学技术出版社。

中国束长蝽 *Malcus sinicus* Stys, 1967

省内产地：辉县八里沟，内乡宝天曼，栾川龙峪湾，信阳。

分布：河南，陕西，浙江，江苏，福建，湖南，广东，广西，贵州，四川，云南。

资料来源：郑乐怡等，1999，半翅目：异翅亚目。《伏牛山南坡及大别山区昆虫》，中国农业科学技术出版社。

七二、长蝽科 Lygaeidae

本科全世界共 102 属 968 种，中国记载 5 属 56 种，河南记录 7 属 12 种。

黑头柄眼长蝽 *Aethalotus nigriventris* Horvath, 1914

省内产地：栾川龙峪湾。

分布：河南，福建，台湾，湖南，海南，广西，四川，云南；日本，越南。

资料来源：彩万志等，1998，半翅目。《伏牛山区昆虫》，中国农业科学技术出版社。

苇肿腮长蝽 *Arocatus melanostomus* Scott, 1874

省内产地：信阳鸡公山。

分布：河南，黑龙江，北京，陕西，湖北，江西，浙江，湖南，广东，海南；日本，俄罗斯(西伯利亚)。

资料来源：崔建新，彩万志等，1999，半翅目：长蝽科。《鸡公山区昆虫》，中国农业科学技术出版社。

红长蝽 *Lygaeus dohertyi* Distant, 1904

省内产地：许昌，郑州，偃师，嵩县白云山，栾川龙峪湾，内乡宝天曼。

分布：河南，陕西，四川，云南；缅甸。

资料来源：崔建新，彩万志，2008，半翅目。《宝天曼自然保护区昆虫》，中国农业科学技术出版社。

横带红长蝽 *Lygaeus epuestris* (Linnaeus, 1758)

省内产地：许昌，洛阳，偃师，嵩县，南阳，信阳鸡公山。

分布：河南，黑龙江，吉林，辽宁，内蒙古，河北，山西，陕西，宁夏，甘肃，青海，新疆，山东，湖北，安徽，江苏，海南，四川，云南，西藏；日本，蒙古国，俄罗斯，伊朗，土耳其，印度；欧洲，非洲。

资料来源：崔建新，彩万志等，1999，半翅目：长蝽科。《鸡公山区昆虫》，中国农业科学技术出版社。

角红长蝽 *Lygaeus hanseni* Jakovlev, 1883

省内产地：济源。

分布：河南，黑龙江，吉林，辽宁，内蒙古，河北，甘肃，湖北；俄罗斯，蒙古国，土耳其。

资料来源：彩万志等，1999，河南省半翅目昆虫名录。《鸡公山区昆虫》，中国农业科学技术出版社。

拟方红长蝽 *Lygaeus oreophilus* (Kiritshenko, 1931)

省内产地：内乡宝天曼，嵩县白云山，栾川龙峪湾，信阳鸡公山。

分布：河南，甘肃，湖北，四川，云南，西藏。

资料来源：郑乐怡等，1999，半翅目：异翅亚目。《伏牛山南坡及大别山区昆虫》，中国农业科学技术出版社。

拟红长蝽 *Lygaeus vicarius* Winker *et* Kerzhner, 1977

省内产地：信阳鸡公山。

分布：河南，湖北，贵州，四川，云南，西藏。

资料来源：任树芝等，1999，半翅目。《鸡公山区昆虫》，中国农业科学技术出版社。

谷子小长蝽 *Nysius ericae* (Schilling, 1929)

省内产地：辉县八里沟，安阳，兰考，中牟，郑州，许昌，内乡宝天曼，嵩县天池山，栾川龙峪湾，信阳鸡公山。

分布：河南，河北，陕西，湖北，江苏，江西，浙江，湖南，广东，海南，贵州，四川，云南，西藏。

资料来源：郑乐怡等，1999，半翅目：异翅亚目。《伏牛山南坡及大别山区昆虫》，中国农业科学技术出版社。

褐筒胸长蝽 *Pamerarma rustica* (Scott, 1874)

省内产地：辉县八里沟，信阳鸡公山。

分布：河南，湖北，福建，台湾，广东，海南，广西，云南；日本。

资料来源：崔建新，彩万志等，1999，半翅目：长蝽科。《鸡公山区昆虫》，中国农业科学技术出版社。

蒴长蝽 *Pylorgus* sp.

省内产地：内乡大块地。

分布：河南。

寄主：泡桐果实。

资料来源：郑乐怡等，1999，半翅目：异翅亚目。《伏牛山南坡及大别山区昆虫》，中国农业科学技术出版社。

斑脊长蝽 *Tropidothorax cruciger* (Motschulsky, 1860)

省内产地：安阳，辉县，新乡，许昌，栾川龙峪湾，南阳，信阳鸡公山。

分布：河南，河北，山东，陕西，安徽，江苏，江西，浙江，福建，台湾，湖南，广东，海南，广西，四川，云南，西藏；日本。

资料来源：崔建新，彩万志等，1999，半翅目：长蝽科。《鸡公山区昆虫》，中国农业科学技术出版社。

中国脊长蝽 *Tropidothorax sinensis* (Reuter, 1888)

省内产地；具体不详。

分布：河南，河北，北京，天津，甘肃，陕西，江苏，四川，云南，台湾，广东，广西；日本。

资料来源：刘国卿，卜文俊，2009，河北动物志 半翅目 异翅亚目。中国农业科学技术出版社。

七三、大红蝽科 Largidae

本科全世界共 13 属 106 种，中国记载 4 属 8 种，河南记录 1 属 2 种。

颈带点红蝽 *Physopelta cincticollis* Stal

省内产地：确山，栾川龙峪湾，内乡宝天曼，南阳，信阳鸡公山。

分布：河南，浙江，福建，湖北，广西，海南，台湾；印度。

资料来源：任树芝等，1999，半翅目。《鸡公山区昆虫》，中国农业科学技术出版社。

四斑红蝽 *Physopelta quadriguttata* Bergroth, 1894

省内产地：具体不详。

分布：河南，安徽，江西，福建，湖南，广东，四川；印度。

资料来源：杨星科，1997，长江三峡库区昆虫。重庆出版社。

七四、红蝽科 Pyrrhocoridae

本科全世界共 33 属 340 种，中国记载 12 属 36 种，河南记录 3 属 5 种。

离斑棉红蝽 *Dysdercus cingulatus* (Fabricius, 1775)

省内产地：沈丘，固始。

分布：河南，湖北，江西，浙江，福建，台湾，广东，香港，海南，广西，四川，云南；日本，菲律宾，斯里兰卡，缅甸，泰国，印度；大洋洲。

资料来源：彩万志等，1999，河南省半翅目昆虫名录。《鸡公山区昆虫》，中国农业科学技术出

版社。

叉带棉红蝽 *Dysdercus decussatus* Boisduval, 1835

省内产地：郑州，信阳。

分布：河南，台湾，香港，海南；日本，菲律宾。

资料来源：彩万志等，1999，河南省半翅目昆虫名录。《鸡公山区昆虫》，中国农业科学技术出版社。

先地红蝽 *Pyrrhocoris sibiricus* Kuschakewitsch, 1866

省内产地：新县，光山，罗山，信阳鸡公山，商城。

分布：河南，辽宁，内蒙古，河北，山东，江苏，浙江，福建，湖南，广东，西藏；朝鲜，日本，俄罗斯。

资料来源：彩万志等，1999，河南省半翅目昆虫名录。《鸡公山区昆虫》，中国农业科学技术出版社。

曲缘红蝽 *Pyrrhocoris sinuaticollis* Reuter, 1885

省内产地：信阳鸡公山。

分布：河南，北京，湖北，江苏，浙江，湖南，贵州，四川；日本，俄罗斯(西伯利亚)。

资料来源：任树芝等，1999，半翅目。《鸡公山区昆虫》，中国农业科学技术出版社。

直红蝽 *Pyrrhopeplus carduelis* (Stal, 1863)

省内产地：许昌，栾川龙峪湾，信阳鸡公山。

分布：河南，陕西，湖北，安徽，江苏，江西，浙江，福建，湖南，广东，香港，广西，西藏。

资料来源：任树芝等，1999，半翅目。《鸡公山区昆虫》，中国农业科学技术出版社。

七五、蛛缘蝽科 Alydidae

本科全世界共 45 属 254 种，中国记载 14 属 34 种，河南记录 5 属 6 种。

亚蛛缘蝽 *Alydus zichyi* Horvath, 1901

省内产地：信阳，安阳。

分布：河南，黑龙江，内蒙古，北京，山西，四川；俄罗斯。

资料来源：彩万志等，1999，河南省半翅目昆虫名录。《鸡公山区昆虫》，中国农业科学技术出版社。

异稻缘蝽 *Leptocorisa varicornis* Fabricius, 1803

省内产地：开封，沈丘，内乡，固始，信阳。

分布：河南，山东，江西，浙江，福建，台湾，湖南，广东，海南，广西，贵州，四川，云南，西藏；日本，印度尼西亚，马来西亚，斯里兰卡，缅甸，印度，澳大利亚。

资料来源：彩万志等，1999，河南省半翅目昆虫名录。《鸡公山区昆虫》，中国农业科学技术出版社。

黑长缘蝽 *Megalotomus junceus* (Scopoli, 1763)

省内产地：嵩县白云山，栾川龙峪湾，桐柏，信阳。

分布：河南，吉林，北京，山东，陕西，湖北，江苏，四川；俄罗斯；欧洲。

资料来源：彩万志等，1998，半翅目。《伏牛山区昆虫》，中国农业科学技术出版社。

副锤缘蝽 *Paramarcius puncticeps* Hsiao, 1964

省内产地：内乡宝天曼。

分布：河南，湖北，福建。

寄主：竹。

资料来源：郑乐怡等，1999，半翅目：异翅亚目。《伏牛山南坡及大别山区昆虫》，中国农业科学技术出版社。

条蜂缘蝽 *Riptortus linearis* (Fabricius, 1775)

省内产地：中牟，夏邑，沈丘，郾城，信阳鸡公山。

分布：河南，河北，陕西，湖北，安徽，江苏，江西，浙江，福建，台湾，湖南，广东，海南，广西，贵州，四川，云南；日本，菲律宾，斯里兰卡，马来西亚，缅甸，泰国，印度。

资料来源：王景顺，彩万志等，1999，半翅目：缘蝽科。《鸡公山区昆虫》，中国农业科学技术出版社。

点蜂缘蝽 *Riptortus pedestis* (Fabricius, 1775)

省内产地：中牟，沈丘，许昌，登封，嵩县天池山，嵩县白云山，栾川龙峪湾，登封嵩山，内乡宝天曼，固始，信阳鸡公山。

分布：河南，辽宁，河北，山西，陕西，湖北，安徽，江苏，江西，浙江，福建，台湾，湖南，广东，海南，广西，四川，云南，西藏；日本，越南，印度尼西亚，马来西亚，斯里兰卡，缅甸，印度。

寄主：漆树，黄栌，豆类。

资料来源：郑乐怡等，1999，半翅目：异翅亚目。《伏牛山南坡及大别山区昆虫》，中国农业科学技术出版社。

七六、缘蝽科 Coreidae

本科全世界共267属1884种(Henry, 2009)，中国记载63属200种，河南记录16属32种。

瘤缘蝽 *Acanthocoris scaber* (Linnaeus, 1763)

省内产地：许昌，新县，信阳鸡公山。

分布：河南，北京，陕西，山东，湖北，安徽，江苏，江西，浙江，福建，台湾，湖南，广东，海南，广西，贵州，四川，云南，西藏；日本，印度尼西亚，马来西亚，印度。

资料来源：任树芝等，1999，半翅目。《鸡公山区昆虫》，中国农业科学技术出版社。

斑背安缘蝽 *Anoplocnemis binotata* Distant, 1918

省内产地：许昌，栾川龙峪湾，嵩县天池山，嵩县白云山，登封嵩山，内乡宝天曼，信阳鸡公山。

分布：河南，山东，山西，陕西，湖北，安徽，江苏，江西，浙江，福建，湖南，广东，广西，四川，云南，西藏；印度。

资料来源：王景顺，彩万志等，1999，半翅目：缘蝽科。《鸡公山区昆虫》，中国农业科学技术出版社。

红背安缘蝽 *Anoplocnemis phasiana* (Fabricius, 1781)

省内产地：信阳鸡公山。

分布：河南，黑龙江，吉林，辽宁，北京，山东，陕西，湖北，江苏，江西，浙江，福建，台湾，湖南，广东，海南，广西，四川，云南，西藏；菲律宾，印度尼西亚，马来西亚，斯里兰卡，印度。

资料来源：王景顺，彩万志等，1999，半翅目：缘蝽科。《鸡公山区昆虫》，中国农业科学技术出版社。

肩勃缘蝽 *Breddinella humeralis* (Hsiao, 1963)

肩异缘蝽 *Pterygomia humeralis* Hsiao, 1963

省内产地：内乡宝天曼。

分布：河南，陕西，湖北，江西，湖南，福建，广东，海南，贵州，四川，云南。

资料来源：郑乐怡等，1999，半翅目：异翅亚目。《伏牛山南坡及大别山区昆虫》，中国农业科学技术出版社。

大棒缘蝽 *Clavigralloides tuberosa* (Hsiao, 1964)

省内产地：嵩县白云山，栾川龙峪湾。

分布：河南，湖北，浙江，福建，广东，四川，云南，西藏。

资料来源：彩万志等，1998，半翅目。《伏牛山区昆虫》，中国农业科学技术出版社。

禾棘缘蝽 *Cletus graminis* Hsiao *et* Cheng, 1964

省内产地：信阳鸡公山。

分布：河南，福建，广东，海南，广西，四川，云南。

资料来源：彩万志等，1999，河南省半翅目昆虫名录。《鸡公山区昆虫》，中国农业科学技术出版社。

短肩棘缘蝽 *Cletus pugnator* Fabricius, 1803

省内产地：新县，信阳。

分布：河南，江西，广西，贵州，云南；斯里兰卡，缅甸，印度。

资料来源：彩万志等，1999，河南省半翅目昆虫名录。《鸡公山区昆虫》，中国农业科学技术出版社。

稻棘缘蝽 *Cletus punctiger* (Dallas, 1852)

平肩棘缘蝽 *Cletus tenuis* Kiritshenko, 1916

省内产地：开封，许昌，嵩县，西平，确山，西峡，内乡宝天曼，南阳市郊，桐柏，固始，辉县，新县，鲁山，光山，罗山，信阳鸡公山。

分布：河南，北京，山东，陕西，湖北，江苏，江西，浙江，福建，台湾，湖南，广东，香港，海南，广西，四川，云南，西藏；日本，马来西亚，印度。

资料来源：郑乐怡等，1999，半翅目：异翅亚目。《伏牛山南坡及大别山区昆虫》，中国农业科学技术出版社。

宽棘缘蝽 *Cletus rusticus* Stal, 1851

省内产地：辉县八里沟，嵩县天池山、白云山，栾川龙峪湾，灵宝，内乡宝天曼，新县，信阳鸡公山。

分布：河南，陕西，湖北，安徽，江苏，江西，浙江，福建，台湾，湖南，香港，海南，广西，四川；朝鲜，日本。

寄主：丛枝蓼，酸模。

资料来源：郑乐怡等，1999，半翅目：异翅亚目。《伏牛山南坡及大别山区昆虫》，中国农业科学技术出版社。

长肩棘缘蝽 *Cletus trigonus* (Thunberg, 1783)

短肩棘缘蝽 *Cletus pugnator* Fabricius, 1803

省内产地：固始，新县，信阳。

分布：河南，陕西，湖北，江苏，江西，福建，台湾，湖南，广东，香港，广西，贵州，四川，云南，西藏；日本，菲律宾，印度尼西亚，斯里兰卡，缅甸，孟加拉国，印度。

资料来源：彩万志等，1999，河南省半翅目昆虫名录。《鸡公山区昆虫》，中国农业科学技术出版社。

波原缘蝽 *Coreus potanini* Jakovlev, 1890

省内产地：栾川龙峪湾，嵩县天池山，嵩县白云山，内乡宝天曼，信阳鸡公山。

分布：河南，内蒙古，新疆，甘肃，陕西，山西，河北，湖北，湖南，四川，云南，西藏。

资料来源：郑乐怡等，1999，半翅目：异翅亚目。《伏牛山南坡及大别山区昆虫》，中国农业科学技术出版社。

颗缘蝽 *Corimeris scabricornis* Panzer, 1809

省内产地：安阳，南阳，信阳。

分布：河南，内蒙古，新疆，陕西，山西，山东，河北，湖北，江苏，四川，西藏；朝鲜，日本，俄罗斯，蒙古国；中亚，欧洲。

资料来源：彩万志等，1999，河南省半翅目昆虫名录。《鸡公山区昆虫》，中国农业科学技术出版社。

褐奇缘蝽 *Derepteryx fuliginosa* (Uhler, 1860)

省内产地：新县，嵩县白云山，栾川，登封，罗山，信阳鸡公山。

分布：河南，黑龙江，陕西，甘肃，湖北，江苏，江西，浙江，福建，湖南，广东，四川；朝鲜，日本，俄罗斯。

资料来源：王景顺，彩万志等，1999，半翅目：缘蝽科。《鸡公山区昆虫》，中国农业科学技术出版社。

月肩奇缘蝽 *Derepteryx lunata* (Distant, 1900)

省内产地：栾川龙峪湾，嵩县天池山，内乡宝天曼，登封，信阳。

分布：河南，黑龙江，吉林，陕西，甘肃，湖北，江苏，江西，浙江，福建，湖南，广东，广西，四川，云南。

资料来源：崔建新，彩万志，2008，半翅目。《宝天曼自然保护区昆虫》，中国农业科学技术出版社。

扁角岗缘蝽 *Gonocerus lictor* Horvath, 1879

省内产地：商城。

分布：河南，湖北，江苏，江西，浙江，福建，湖南，广东，广西，四川。

资料来源：彩万志等，1999，河南省半翅目昆虫名录。《鸡公山区昆虫》，中国农业科学技术出版社。

长角岗缘蝽 *Gonocerus longicornis* Hsiao, 1964

省内产地：确山，罗山，信阳鸡公山。

分布：河南，江苏，江西，浙江，福建，广东，广西。

资料来源：任树芝等，1999，半翅目。《鸡公山区昆虫》，中国农业科学技术出版社。

广腹同缘蝽 *Homoeocerus dilatatus* Horvath, 1879

省内产地：嵩县白云山，栾川龙峪湾，卢氏，洛宁，登封嵩山，内乡葛条爬，信阳鸡公山，商城。

分布：河南，黑龙江，吉林，辽宁，陕西，山西，山东，河北，湖北，安徽，江苏，江西，浙江，福建，湖南，广东，贵州，四川，云南；朝鲜，日本，俄罗斯。

寄主：菜豆。

资料来源：郑乐怡等，1999，半翅目：异翅亚目。《伏牛山南坡及大别山区昆虫》，中国农业科学技术出版社。

锡兰同缘蝽 *Homoeocerus singalensis* Stal, 1873

省内产地：新县。

分布：河南，河北，湖北，江苏，江西，浙江，福建，广东，海南，广西，西藏；斯里兰卡。

资料来源：彩万志等，1999，河南省半翅目昆虫名录。《鸡公山区昆虫》，中国农业科学技术出版社。

纹须同缘蝽 *Homoeocerus striicornis* Scott, 1874

省内产地：辉县八里沟，修武，济源，嵩县天池山，内乡葛条爬，新县，信阳鸡公山。

分布：河南，北京，甘肃，湖北，江苏，江西，浙江，福建，台湾，湖南，广东，海南，广西，贵州，四川，云南；朝鲜，日本，斯里兰卡，印度。

资料来源：郑乐怡等，1999，半翅目：异翅亚目。《伏牛山南坡及大别山区昆虫》，中国农业科学技术出版社。

一点同缘蝽 *Homoeocerus unipunctatus* Thunbderg, 1783

省内产地：嵩县白云山，栾川龙峪湾。

分布：河南，山东，陕西，湖北，安徽，江苏，江西，浙江，福建，台湾，湖南，广东，香港，海南，广西，贵州，四川，云南，西藏；日本，印度尼西亚，马来西亚，斯里兰卡，缅甸，印度。

资料来源：彩万志等，1998，半翅目。《伏牛山区昆虫》，中国农业科学技术出版社。

瓦同缘蝽 *Homoeocerus walkerianus* Lethierry *et* Severin, 1894

省内产地：内乡葛条爬，新县，确山，信阳鸡公山。

分布：河南，陕西，山东，湖北，安徽，江苏，江西，浙江，福建，湖南，广东，香港，贵州，四川。

资料来源：郑乐怡等，1999，半翅目：异翅亚目。《伏牛山南坡及大别山区昆虫》，中国农业科学技术出版社。

黑缘蝽 *Hygia* (*Colpura*) sp.

省内产地：西峡桦树盘。

分布：河南。

资料来源：郑乐怡等，1999，半翅目：异翅亚目。《伏牛山南坡及大别山区昆虫》，中国农业科学技术出版社。

暗黑缘蝽 *Hygia opaca* (Uhler, 1860)

省内产地：辉县八里沟，嵩县天池山，内乡葛条爬，新县。

分布：河南，陕西，湖北，江苏，江西，浙江，福建，台湾，湖南，广东，广西，贵州，四川；朝鲜，日本。

资料来源：郑乐怡等，1999，半翅目：异翅亚目。《伏牛山南坡及大别山区昆虫》，中国农业科学技术出版社。

环胫黑缘蝽 *Hygia touchei* (Distant, 1901)

省内产地：新县，嵩县白云山，栾川龙峪湾，鲁山，信阳鸡公山。

分布：河南，陕西，湖北，江西，福建，湖南，广西，四川，云南，西藏；印度(锡金)。

资料来源：任树芝等，1999，半翅目。《鸡公山区昆虫》，中国农业科学技术出版社。

闽曼缘蝽 *Manocoreus vulgaris* Hsiao, 1964

省内产地：新县。

分布：河南，江西，浙江，福建，广东，湖南。

资料来源：彩万志等，1999，河南省半翅目昆虫名录。《鸡公山区昆虫》，中国农业科学技术出版社。

黑胫米缘蝽 *Mictis fuscipes* Hsiao, 1963

省内产地：新县，信阳鸡公山。

分布：河南，江西，浙江，福建，湖南，广东，广西，贵州，四川，云南。

资料来源：王景顺，彩万志等，1999，半翅目：缘蝽科。《鸡公山区昆虫》，中国农业科学技术出版社。

黄胫米缘蝽 *Mictis serina* Dallas, 1852

省内产地：信阳。

分布：河南，陕西，湖北，江西，浙江，福建，湖南，广东，香港，海南，广西，贵州，四川，云南，西藏。

资料来源：彩万志等，1999，河南省半翅目昆虫名录。《鸡公山区昆虫》，中国农业科学技术出版社。

曲胫米缘蝽 *Mictis tenebrosa* (Fabricius, 1787)

省内产地：许昌，禹州，鄢陵。

分布：河南，陕西，湖北，福建，湖南，广东，海南，广西，贵州，四川，云南，西藏；印度尼西亚，马来西亚，缅甸，印度。

资料来源：彩万志等，1999，河南省半翅目昆虫名录。《鸡公山区昆虫》，中国农业科学技术出版社。

波赭缘蝽 *Ochrochira potanini* Kiritshenko, 1916

省内产地：嵩县白云山，栾川龙峪湾，西峡老界岭，罗山董寨，信阳鸡公山。

分布：河南，河北，陕西，湖北，江西，福建，广西，四川，云南，西藏。

资料来源：郑乐怡等，1999，半翅目：异翅亚目。《伏牛山南坡及大别山区昆虫》，中国农业科学技术出版社。

钝肩普缘蝽 *Plinachtus bicoloripes* Scott, 1874

省内产地：登封，嵩县白云山，栾川龙峪湾，信阳。

分布：河南，辽宁，甘肃，河北，陕西，江西，湖北，四川，福建，广西，云南；朝鲜，日本。

资料来源：彩万志等，1998，半翅目。《伏牛山区昆虫》，中国农业科学技术出版社。

刺肩普缘蝽 *Plinachtus dissimillis* Hsiao, 1964

省内产地：信阳鸡公山。

分布：河南，山东，陕西，山西，湖北，江苏，江西，浙江，福建，广西，云南。

资料来源：王景顺，彩万志等，1999，半翅目：缘蝽科。《鸡公山区昆虫》，中国农业科学技术出版社。

满辟缘蝽 *Prionolomia mandarina* Distant, 1900

省内产地：栾川龙峪湾。

分布：河南，江苏，江西，福建，广东。

资料来源：彩万志等，1998，半翅目。《伏牛山区昆虫》，中国农业科学技术出版社。

七七、姬缘蝽科 Rhopalidae

本科全世界共 18 属 209 种，中国记载 14 属 39 种，河南记录 5 属 8 种。

亚姬缘蝽 *Corizus albomarginatus* Blote, 1934

省内产地：嵩县白云山。

分布：河南，内蒙古，陕西，山西，新疆，西藏；俄罗斯。

资料来源：彩万志等，1998，半翅目。《伏牛山区昆虫》，中国农业科学技术出版社。

粟缘蝽 *Liorhyssus hyalinus* (Fabricius, 1794)

省内产地：内乡宝天曼等全省各地。

分布：河南，黑龙江，内蒙古，河北，陕西，甘肃，宁夏，湖北，安徽，江苏，江西，广东，海南，广西，四川，云南，西藏；日本，俄罗斯，美国，墨西哥，智利；欧洲，北非。

资料来源：郑乐怡等，1999，半翅目：异翅亚目。《伏牛山南坡及大别山区昆虫》，中国农业科学技术出版社。

黄边迷缘蝽 *Myrmus lateralis* Hsiao, 1964

省内产地：登封，嵩山，信阳。

分布：河南，内蒙古，河北，山东；俄罗斯，朝鲜。

资料来源：彩万志等，1999，河南省半翅目昆虫名录。《鸡公山区昆虫》，中国农业科学技术出版社。

点伊缘蝽 *Rhopalus laetus* (Jacovlev, 1883)

Rhopalus notatus (Hsiao, 1963)

省内产地：嵩县白云山，栾川龙峪湾。

分布：河南，内蒙古，宁夏，黑龙江，河北，山西，甘肃，湖北，浙江，四川，云南，西藏；朝鲜，日本，蒙古国。

资料来源：彩万志等，1998，半翅目。《伏牛山区昆虫》，中国农业科学技术出版社。

黄伊缘蝽 *Rhopalus maculatus* (Fieber, 1837)

省内产地：夏邑，沈丘，兰考，民权，许昌，郑州，西平，内乡葛条爬，固始，信阳鸡公山。

分布：河南，黑龙江，吉林，辽宁，新疆，山东，河北，湖北，安徽，江苏，江西，浙江，福建，台湾，广东，广西，贵州，四川，云南；朝鲜，日本，蒙古国。

资料来源：郑乐怡等，1999，半翅目：异翅亚目。《伏牛山南坡及大别山区昆虫》，中国农业科学技术出版社。

褐伊缘蝽 *Rhopalus sapporensis* (Matsumura, 1905)

省内产地：辉县八里沟，栾川龙峪湾，嵩县白云山，内乡葛条爬，信阳鸡公山。

分布：河南，黑龙江，内蒙古，陕西，山西，河北，山东，湖北，安徽，江苏，江西，浙江，福建，湖南，广东，广西，贵州，四川，云南，西藏；俄罗斯，朝鲜，日本。

资料来源：郑乐怡等，1999，半翅目：异翅亚目。《伏牛山南坡及大别山区昆虫》，中国农业科学技术出版社。

开环姬缘蝽 *Stictopleurus minutus* Blote, 1934

省内产地：辉县八里沟，嵩县天池山，栾川龙峪湾，西峡桦树盘，信阳鸡公山。

分布：河南，黑龙江，吉林，辽宁，内蒙古，河北，山西，陕西，新疆，宁夏，湖北，江苏，江西，福建，台湾，湖南，四川，云南，西藏；日本。

资料来源：郑乐怡等，1999，半翅目：异翅亚目。《伏牛山南坡及大别山区昆虫》，中国农业科学技术出版社。

绿环缘蝽 *Stictopleurus subviridis* Hsiao, 1977

省内产地：栾川龙峪湾。

分布：河南，甘肃，四川，云南。

资料来源：彩万志等，1998，半翅目。《伏牛山区昆虫》，中国农业科学技术出版社。

七八、狭蝽科 Stenocephalidae

本科全世界共 2 属 30 余种，中国记载 1 属不足 10 种，河南记录 1 属 1 种。

长毛狭蝽 *Dicranocephalus femoralis* (Reuter, 1888)

省内产地：辉县，许昌。

分布：河南，河北，山西，甘肃，青海，新疆。

资料来源：彩万志等，1999，河南省半翅目昆虫名录。《鸡公山区昆虫》，中国农业科学技术出版社。

七九、异蝽科 Urostylidae

本科全世界共 11 属 170 种，中国记载 5 属 116 种，河南记录 4 属 13 种。

光华异蝽 *Tessaromerus licenti* Yang, 1939

省内产地：嵩县白云山，栾川龙峪湾。

分布：河南，河北，山西，云南。

资料来源：彩万志等，1998，半翅目。《伏牛山区昆虫》，中国农业科学技术出版社。

宽腹华异蝽 *Tessaromerus tuberlsus* Hsiao *et* Ching, 1977

省内产地：嵩县白云山，栾川龙峪湾。

分布：河南，四川。

资料来源：彩万志等，1998，半翅目。《伏牛山区昆虫》，中国农业科学技术出版社。

亮壮异蝽 *Urochela distincta* Distant, 1900

省内产地：内乡宝天曼，新县，信阳鸡公山。

分布：河南，河北，陕西，山西，湖北，江苏，浙江，福建，湖南，广西，贵州，四川，云南。

资料来源：崔建新，彩万志，2008，半翅目。《宝天曼自然保护区昆虫》，中国农业科学技术出版社。

短壮异蝽 *Urochela falloui* Reuter, 1888

省内产地：内乡宝天曼。

分布：河南，内蒙古，北京，山西，陕西，青海，湖北。

资料来源：崔建新，彩万志，2008，半翅目。《宝天曼自然保护区昆虫》，中国农业科学技术出版社。

花壮异蝽 *Urochela luteovaria* Distant, 1881

省内产地：开封，商丘，陕县，汝南，嵩县白云山，栾川龙峪湾，信阳鸡公山。

分布：河南，吉林，辽宁，河北，山西，陕西，宁夏，甘肃，青海，山东，湖北，江苏，江西，浙江，福建，湖南，广西，贵州，四川，云南；朝鲜，日本。

资料来源：任树芝等，1999，半翅目。《鸡公山区昆虫》，中国农业科学技术出版社。

无斑壮异蝽 *Urochela pollescens* (Jakovlev, 1890)

省内产地：内乡宝天曼，栾川。

分布：河南，山西，甘肃，四川，云南。

资料来源：崔建新，彩万志，2008，半翅目。《宝天曼自然保护区昆虫》，中国农业科学技术出版社。

红足壮异蝽 *Urochela quadrinotata* (Reuter, 1881)

省内产地：开封，商丘，登封，陕县，汝南，信阳。

分布：河南，黑龙江，吉林，辽宁，内蒙古，北京，山西，陕西；朝鲜，日本，俄罗斯。

资料来源：彩万志等，1999，河南省半翅目昆虫名录。《鸡公山区昆虫》，中国农业科学技术出版社。

黑足壮异蝽 *Urochela rubra* Yang, 1938

省内产地：内乡宝天曼。

分布：河南，福建，四川，西藏。

资料来源：郑乐怡等，1999，半翅目：异翅亚目。《伏牛山南坡及大别山区昆虫》，中国农业科学技术出版社。

淡边盲异蝽 *Urolabida marginata* Hsiao *et* Ching, 1977

省内产地：安阳(模式产地)。

分布：河南。

资料来源：申效诚，1993，河南昆虫名录。中国农业科学技术出版社。

环角娇异蝽 *Urostylis annulicornis* Scott, 1874

省内产地：西峡桦树盘，信阳鸡公山，嵩县白云山。

分布：河南，吉林，内蒙古，甘肃，陕西，湖北，四川；日本，蒙古国，萨哈林岛(库页岛)。

资料来源：郑乐怡等，1999，半翅目：异翅亚目。《伏牛山南坡及大别山区昆虫》，中国农业科学技术出版社。

匙突娇异蝽 *Urostylis striicornis* Scott, 1874

省内产地：嵩县白云山，栾川龙峪湾，济源。

分布：河南，陕西，湖北，江西，浙江，湖南，四川；朝鲜，日本，俄罗斯(西伯利亚)。

资料来源：彩万志等，1998，半翅目。《伏牛山区昆虫》，中国农业科学技术出版社。

黑门娇异蝽 *Urostylis westwoodi* Scott, 1874

省内产地：西峡。

分布：河南，河北，山西，陕西，山东，湖北，浙江，湖南，四川；朝鲜，日本。

资料来源：杨新芳，1994，河南省半翅目昆虫新纪录。《河南昆虫分类区系研究 第一卷》，中国农业科学技术出版社。

淡娇异蝽 *Urostylis yangi* Maa, 1947

省内产地：辉县，嵩县白云山，栾川龙峪湾，西峡，鲁山，内乡大块地，新县，罗山，信阳鸡公山。

分布：河南，河北，陕西，湖北，安徽，江苏，江西，浙江，福建，湖南，四川，云南。

寄主：栎属。

资料来源：郑乐怡等，1999，半翅目：异翅亚目。《伏牛山南坡及大别山区昆虫》，中国农业科学技术出版社。

八〇、同蝽科 Acanthosomatidae

本科全世界共45属180余种，中国记载9属100种，河南记录5属23种。

粗齿同蝽 *Acanthosoma crassicauda* Jakovlev, 1880

省内产地：辉县八里沟，西峡老界岭。

分布：河南，福建；朝鲜，日本，俄罗斯。

资料来源：郑乐怡等，1999，半翅目：异翅亚目。《伏牛山南坡及大别山区昆虫》，中国农业科学技术出版社。

伸展同蝽 *Acanthosoma expansum* Horvath, 1905

省内产地：西峡。

分布：河南，陕西，湖北，四川，云南，西藏；日本。

资料来源：杨新芳，1994，河南省半翅目昆虫新纪录。《河南昆虫分类区系研究 第一卷》，中国农业科学技术出版社。

细铗同蝽 *Acanthosoma forficula* Jakovlev, 1880

省内产地：嵩县白云山，内乡宝天曼。

分布：河南，湖北，江西，浙江，湖南，福建，云南；朝鲜，日本，俄罗斯(西伯利亚)。

资料来源：崔建新，彩万志，2008，半翅目。《宝天曼自然保护区昆虫》，中国农业科学技术出版社。

宽铗同蝽 *Acanthosoma labiduroides* Jakovlev, 1880

省内产地：栾川龙峪湾，嵩县白云山，信阳。

分布：河南，黑龙江，吉林，河北，山西，陕西，宁夏，甘肃，湖北，江西，浙江，湖南，贵州，四川，云南；朝鲜，日本，俄罗斯(西伯利亚)。

资料来源：崔建新，彩万志，2008，半翅目。《宝天曼自然保护区昆虫》，中国农业科学技术出版社。

黑背同蝽 *Acanthosoma nigrodorsum* Hsiao *et* Liu, 1977

省内产地：嵩县白云山，栾川龙峪湾。

分布：河南，山西，湖北，四川，云南。

资料来源：彩万志等，1998，半翅目。《伏牛山区昆虫》，中国农业科学技术出版社。

陕西同蝽 *Acanthosoma shansiensis* Hsiao *et* Liu, 1977

省内产地：栾川龙峪湾，嵩县白云山。

分布：河南，陕西，湖北。

资料来源：崔建新，彩万志，2008，半翅目。《宝天曼自然保护区昆虫》，中国农业科学技术出版社。

泛刺同蝽 *Acanthosoma spinicolle* Jakovlev, 1880

省内产地：信阳鸡公山。

分布：河南，黑龙江，吉林，辽宁，内蒙古，甘肃，新疆，河北，山西，陕西，湖北，四川，云南；朝鲜，蒙古国，俄罗斯。

资料来源：任树芝等，1999，半翅目。《鸡公山区昆虫》，中国农业科学技术出版社。

宽肩直同蝽 *Elasmostethus humeralis* Jakovlev, 1883

省内产地：嵩县白云山，栾川龙峪湾。

分布：河南，吉林，河北，山西，陕西，湖北，江西，福建，四川；朝鲜，日本，俄罗斯(西伯利亚)。

资料来源：彩万志等，1998，半翅目。《伏牛山区昆虫》，中国农业科学技术出版社。

甘肃直同蝽 *Elasmostethus kansuensis* Hsiao *et* Liu, 1977

省内产地：嵩县白云山，内乡葛条爬。

分布：河南，陕西，甘肃。

资料来源：郑乐怡等，1999，半翅目：异翅亚目。《伏牛山南坡及大别山区昆虫》，中国农业科学技术出版社。

钝肩直同蝽 *Elasmostethus nubilum* (Dallas, 1851)

省内产地：信阳。

分布：河南，吉林，山西，陕西，新疆，湖北，安徽，江西，浙江，福建，台湾，湖南，广东，香港，海南，广西，四川，云南，西藏；日本，俄罗斯，印度。

资料来源：彩万志等，1999，河南省半翅目昆虫名录。《鸡公山区昆虫》，中国农业科学技术出版社。

直同蝽属一种 *Elasmostethus* sp.

省内产地：西峡。

分布：河南。

资料来源：杨新芳，1994，河南省半翅目昆虫新纪录。《河南昆虫分类区系研究 第一卷》，中国农业科学技术出版社。

棕角匙同蝽 *Elasmucha angulare* Hsiao *et* Liu, 1977

省内产地：西峡。

分布：河南，湖北，福建，广西。

资料来源：彩万志等，1999，河南省半翅目昆虫名录。《鸡公山区昆虫》，中国农业科学技术出版社。

糙匙同蝽 *Elasmucha aspera* (Walker, 1867)

省内产地：嵩县，信阳鸡公山。

分布：河南，浙江，江西，云南；印度。

资料来源：任树芝等，1999，半翅目。《鸡公山区昆虫》，中国农业科学技术出版社。

构树匙同蝽 *Elasmucha broussonetiae* Li *et* Zheng, 2000

省内产地：内乡宝天曼(模式产地)。

分布：河南。

资料来源：李传仁等，2000，匙同蝽属两新种描述(半翅目：同蝽科)。《昆虫分类区系研究》，中国农业出版社，96~101。

娇匙同蝽 *Elasmucha decorata* Hisao *et* Liu, 1977

省内产地：嵩县白云山，栾川龙峪湾。

分布：河南，陕西，新疆，湖北，四川。

资料来源：彩万志等，1998，半翅目。《伏牛山区昆虫》，中国农业科学技术出版社。

背匙同蝽 *Elasmucha dorsalis* (Jakovlev, 1876)

省内产地：嵩县白云山，栾川龙峪湾，西峡老界岭。

分布：河南，辽宁，内蒙古，山西，陕西，甘肃，河北，湖北，安徽，江西，浙江，福建，湖南，广西，贵州；朝鲜，日本，蒙古国，俄罗斯(西伯利亚)。

资料来源：郑乐怡等，1999，半翅目：异翅亚目。《伏牛山南坡及大别山区昆虫》，中国农业科学技术出版社。

匙同蝽 *Elasmucha ferrugata* (Fabricius, 1787)

省内产地：嵩县。

分布：河南，黑龙江，青海，陕西，湖北，四川，云南，西藏；日本，蒙古国；欧洲。

资料来源：彩万志等，1999，河南省半翅目昆虫名录。《鸡公山区昆虫》，中国农业科学技术出版社。

齿匙同蝽 *Elasmucha fieberi* (Jakovlev, 1864)

省内产地：栾川龙峪湾，嵩县白云山。

分布：河南，内蒙古，河北，山西，陕西，甘肃，四川；俄罗斯；欧洲。

资料来源：崔建新，彩万志，2008，半翅目。《宝天曼自然保护区昆虫》，中国农业科学技术出版社。

灰匙同蝽 *Elasmucha grisea* (Linnaeus, 1758)

省内产地：嵩县白云山，栾川龙峪湾。

分布：河南，黑龙江，新疆，河北，湖北；蒙古国；欧洲。

资料来源：彩万志等，1998，半翅目。《伏牛山区昆虫》，中国农业科学技术出版社。

光腹匙同蝽 *Elasmucha laeviventris* Liu, 1979

省内产地：嵩县白云山，栾川龙峪湾。

分布：河南，湖北，福建，广西。

资料来源：彩万志等，1999，河南省半翅目昆虫名录。《鸡公山区昆虫》，中国农业科学技术出版社。

匙同蝽属一种 *Elasmucha* sp.

省内产地：内乡宝天曼、葛条爬。

分布：河南。

寄主：构树。

资料来源. 郑乐怡等，1999，半翅目：异翅亚目。《伏牛山南坡及大别山区昆虫》，中国农业科学技术出版社。

绿板同蝽 *Platacantha hochii* (Yang, 1933)

省内产地：嵩县白云山，栾川龙峪湾，内乡宝天曼，信阳鸡公山。

分布：河南，河北，湖北，陕西，新疆。

资料来源：郑乐怡等，1999，半翅目：异翅亚目。《伏牛山南坡及大别山区昆虫》，中国农业科学技术出版社。

伊锥同蝽 *Sastragala esakii* Hasegowa, 1959

省内产地：西峡，内乡宝天曼，信阳鸡公山。

分布：河南，湖北，江西，福建，台湾，湖南，广东，广西，四川；日本。

资料来源：郑乐怡等，1999，半翅目：异翅亚目。《伏牛山南坡及大别山区昆虫》，中国农业科学技术出版社。

八一、土蝽科 Cydnidae

本科全世界共 110 属 600 余种，中国记载 20 属 50 多种，河南记录 6 属 8 种。

长点哎土蝽 *Adomerus notatus* (Jakovlev, 1882)

省内产地：信阳鸡公山。

分布：河南，河北。

资料来源：彩万志，崔建新，刘国卿等，河南昆虫志 半翅目：异翅亚目。出版中。

短点哎土蝽 *Adomerus breviguttulus* (Hsiao, 1977)

Legnotus breviguttulus Hsiao

省内产地：辉县八里沟，嵩县白云山，栾川龙峪湾。

分布：河南，北京，山西，山东，江苏。

资料来源：崔建新，彩万志，2008，半翅目。《宝天曼自然保护区昆虫》，中国农业科学技术出版社。

三点哎土蝽 *Adomerus triguttulus* (Motschulsky, 1866)

Legnotus triguttulus Motschulsky

省内产地：信阳鸡公山。

分布：河南，内蒙古，北京，山西，陕西，湖北，浙江，四川，云南；日本，俄罗斯。

资料来源：彩万志等，1999，河南省半翅目昆虫名录。《鸡公山区昆虫》，中国农业科学技术出版社。

大鳖土蝽 *Adrisa magna* (Uhler, 1860)

省内产地：信阳，卢氏。

分布：河南，北京，湖北，江西，浙江，台湾，湖南，广东，香港，广西，四川；日本；东南亚。

资料来源：彩万志等，1999，河南省半翅目昆虫名录。《鸡公山区昆虫》，中国农业科学技术出

版社。

白边轮土蝽 *Canthophorus niriemarginatus* Scott, 1874

白边光土蝽 *Schirus niriemarginatus* (Scott, 1874)

省内产地：信阳。

分布：河南，内蒙古，河北，山西，陕西，甘肃，山东，江苏，云南；日本，俄罗斯；欧洲。

资料来源：彩万志等，1999，河南省半翅目昆虫名录。《鸡公山区昆虫》，中国农业科学技术出版社。

侏弗土蝽 *Fromundus pygmaeus* (Dallas, 1851)

侏地土蝽 *Geotomus pygmaeus* (Dallas, 1851)

省内产地：信阳，息县。

分布：河南，湖北，江西，台湾，湖南，广东，香港，海南，广西，四川，云南；日本，斯里兰卡，缅甸，马来西亚，新加坡，印度尼西亚，新喀里多尼亚，美国(夏威夷)。

资料来源：彩万志等，1999，河南省半翅目昆虫名录。《鸡公山区昆虫》，中国农业科学技术出版社。

青革土蝽 *Macroscytus subaenus* (Dallas, 1851)

省内产地：郑州，信阳，罗山。

分布：河南，河北，山东，山西，陕西，湖北，安徽，江苏，浙江，福建，台湾，湖南，广东，海南，广西，四川，云南；日本，印度尼西亚，马来西亚，缅甸，印度。

资料来源：彩万志等，1999，河南省半翅目昆虫名录。《鸡公山区昆虫》，中国农业科学技术出版社。

根土蝽 *Stibaropus formosanus* Takdo *et* Yamagihara, 1929

省内产地：郑州，中牟，兰考，巩义，原阳。

分布：河南，吉林，辽宁，内蒙古，河北，山东，山西，陕西，西北，江西，台湾；日本，俄罗斯(西伯利亚)。

资料来源：彩万志等，1999，河南省半翅目昆虫名录。《鸡公山区昆虫》，中国农业科学技术出版社。

八二、龟蝽科 Plataspidae

本科全世界共 59 属 560 余种，中国记载 7 属 90 余种，河南记录 2 属 18 种。

双列圆龟蝽 *Coptosoma bifaria* Montandon, 1896

省内产地：辉县八里沟，栾川龙峪湾，嵩县白云山，嵩县天池山，内乡宝天曼，信阳鸡公山。

分布：河南，湖北，安徽，福建，湖南，广西，四川，西藏；澳大利亚；东洋区。

资料来源：任树芝等，1999，半翅目。《鸡公山区昆虫》，中国农业科学技术出版社。

双痣圆龟蝽 *Coptosoma biguttula* Motschulsky, 1859

省内产地：内乡宝天曼、葛条爬，西峡桦树盘、塘子沟，信阳鸡公山。

分布：河南，黑龙江，吉林，内蒙古，北京，山西，陕西，青海，山东，江西，浙江，福建，湖南，广东，广西，四川，云南，西藏；朝鲜，日本，俄罗斯(西伯利亚)，美国。

资料来源：郑乐怡等，1999，半翅目：异翅亚目。《伏牛山南坡及大别山区昆虫》，中国农业科学技术出版社。

浙江圆龟蝽 *Coptosoma chekiana* Yang, 1934

省内产地：许昌，信阳。

分布：河南，浙江，福建，湖南，四川。

资料来源：彩万志等，1999，河南省半翅目昆虫名录。《鸡公山区昆虫》，中国农业科学技术出版社。

达圆龟蝽 *Coptosoma davidi* Montandon, 1897

省内产地：具体不详。

分布：河南，福建，广东，湖南，江西，四川，西藏；印度。

资料来源：彩万志等，1999，河南省半翅目昆虫名录。《鸡公山区昆虫》，中国农业科学技术出版社。

高山圆龟蝽 *Coptosoma montana* Hsiao *et* Jen, 1977

省内产地：信阳鸡公山。

分布：河南，江西，浙江。

资料来源：彩万志等，1999，河南省半翅目昆虫名录。《鸡公山区昆虫》，中国农业科学技术出版社。

孟达圆龟蝽 *Coptosoma munda* Bergroth, 1893

省内产地：栾川龙峪湾，驻马店，南阳，信阳。

分布：河南，湖南，福建，广东，海南。

资料来源：彩万志等，1998，半翅目。《伏牛山区昆虫》，中国农业科学技术出版社。

小黑圆龟蝽 *Coptosoma nigrella* Hsiao *et* Jen, 1977

省内产地：信阳鸡公山。

分布：河南，江苏，江西，浙江，福建，广西，贵州。

资料来源：彩万志等，1999，河南省半翅目昆虫名录。《鸡公山区昆虫》，中国农业科学技术出版社。

显著圆龟蝽 *Coptosoma notabilis* Montandon, 1894

省内产地：内乡宝天曼，栾川龙峪湾。

分布：河南，甘肃，陕西，湖北，安徽，江西，浙江，福建，湖南，广东，海南，广西，贵州，四川，云南，西藏。

资料来源：郑乐怡等，1999，半翅目：异翅亚目。《伏牛山南坡及大别山区昆虫》，中国农业科学技术出版社。

小饰圆龟蝽 *Coptosoma parvipicta* Montandon, 1893

省内产地：信阳鸡公山，新县。

分布：河南，安徽，浙江，福建，湖南，广东，广西，贵州；朝鲜，日本。

资料来源：任树芝等，1999，半翅目。《鸡公山区昆虫》，中国农业科学技术出版社。

子都圆龟蝽 *Coptosoma pulchella* Montandon, 1894

省内产地：信阳。

分布：河南，湖北，湖南，广东，贵州，四川，云南，西藏；印度，缅甸，印度尼西亚。

资料来源：彩万志等，1999，河南省半翅目昆虫名录。《鸡公山区昆虫》，中国农业科学技术出版社。

类变圆龟蝽 *Coptosoma simillima* Hsiao *et* Jen, 1977

省内产地：新县。

分布：河南，江西，福建，广东，海南，四川，云南，西藏。

资料来源：彩万志等，1999，河南省半翅目昆虫名录。《鸡公山区昆虫》，中国农业科学技术出版社。

多变圆龟蝽 *Coptosoma variegata* (Herrich-Schaeffer, 1844)

省内产地：具体不详。

分布：河南，江西，浙江，福建，湖南，广东，贵州，四川，云南，西藏；菲律宾，印度尼西亚，越南，缅甸，印度，斯里兰卡，巴布亚新几内亚，澳大利亚。

资料来源：彩万志等，1999，河南省半翅目昆虫名录。《鸡公山区昆虫》，中国农业科学技术出版社。

双峰豆龟蝽 *Megacopta bituminata* (Montandon, 1897)

省内产地：栾川龙峪湾，信阳。

分布：河南，湖北，江西，福建，广西，四川，云南。

资料来源：崔建新，彩万志，2008，半翅目。《宝天曼自然保护区昆虫》，中国农业科学技术出版社。

筛豆龟蝽 *Megacopta cribraria* (Fabricius, 1798)

省内产地：信阳，许昌，郑州，兰考。

分布：河南，山西，陕西，山东，湖北，江苏，江西，浙江，福建，湖南，广东，广西，四川，云南，西藏；朝鲜，日本，印度尼西亚，斯里兰卡，印度，缅甸。

资料来源：彩万志等，1999，河南省半翅目昆虫名录。《鸡公山区昆虫》，中国农业科学技术出版社。

圆头豆龟蝽 *Megacopta cycloceps* Hsiao *et* Jen, 1977

省内产地：内乡宝天曼、葛条爬。

分布：河南，广西，云南。

寄主：栎属，黄荆。

资料来源：郑乐怡等，1999，半翅目：异翅亚目。《伏牛山南坡及大别山区昆虫》，中国农业科学技术出版社。

狄豆龟蝽 *Megacopta distanti* (Montandon, 1895)

省内产地：栾川龙峪湾，信阳鸡公山。

分布：河南，北京，江西，福建，湖南，贵州，四川；印度。

资料来源：任树芝等，1999，半翅目。《鸡公山区昆虫》，中国农业科学技术出版社。

镶边豆龟蝽 *Megacopta fimbriata* (Distant, 1887)

省内产地：郑州，兰考，巩义，原阳，洛阳。

分布：河南，江西，贵州。

资料来源：彩万志等，1999，河南省半翅目昆虫名录。《鸡公山区昆虫》，中国农业科学技术出版社。

和豆龟蝽 *Megacopta horvathi* (Montandon, 1894)

省内产地：新县。

分布：河南，湖北，福建，江西，台湾，湖南，广东，广西，贵州，四川，云南。

资料来源：彩万志等，1999，河南省半翅目昆虫名录。《鸡公山区昆虫》，中国农业科学技术出版社。

八三、盾蝽科 Scutelleridae

本科全世界共 81 属 450 余种，中国记载 18 属 77 种，河南记录 6 属 9 种。

角盾蝽 *Cantao ocellatus* (Thunberg, 1784)

省内产地：信阳。

分布：河南，湖北，江西，浙江，福建，台湾，湖南，广东，香港，海南，广西，贵州，四川，云南，西藏；日本，菲律宾，印度尼西亚，斯里兰卡，马来西亚，印度(锡金)，缅甸，不丹，泰国，越南。

资料来源：彩万志等，1999，河南省半翅目昆虫名录。《鸡公山区昆虫》，中国农业科学技术出版社。

丽盾蝽 *Chrysocoris grandis* (Thunberg, 1783)

省内产地：许昌，洛阳，鄢陵，禹州。

分布：河南，湖北，江西，浙江，福建，台湾，湖南，广东，香港，澳门，海南，广西，贵州，四川，云南，西藏；日本，不丹，泰国，印度，越南，印度尼西亚。

资料来源：彩万志等，1999，河南省半翅目昆虫名录。《鸡公山区昆虫》，中国农业科学技术出版社。

紫蓝丽盾蝽 *Chrysocoris stolii* (Wolff, 1801)

省内产地：栾川龙峪湾。

分布：河南，甘肃，福建，台湾，广东，海南，广西，四川，云南，西藏；越南，缅甸，印度，斯里兰卡。

资料来源：彩万志等，1998，半翅目。《伏牛山区昆虫》，中国农业科学技术出版社。

麦扁盾蝽 *Eurygaster integriceps* Puton, 1881

省内产地：栾川，信阳。

分布：河南，黑龙江，内蒙古，陕西，新疆；俄罗斯，阿富汗，巴基斯坦；中亚，欧洲。

资料来源：彩万志等，1999，河南省半翅目昆虫名录。《鸡公山区昆虫》，中国农业科学技术出版社。

扁盾蝽 *Eurygaster testudinarius* (Geoffroy, 1785)

省内产地：许昌，西峡，内乡宝天曼，罗山，信阳鸡公山，商城。

分布：河南，黑龙江，内蒙古，河北，山西，陕西，山东，湖北，江苏，江西，浙江，福建，广东，四川；朝鲜，日本，蒙古国，巴基斯坦；东洋区。

资料来源：郑乐怡等，1999，半翅目：异翅亚目。《伏牛山南坡及大别山区昆虫》，中国农业科学技术出版社。

亮盾蝽 *Lamprocoris roylii* (Westwood, 1837)

省内产地：栾川。

分布：河南，浙江，福建，江西，湖南，广东，广西，贵州，四川，云南，西藏；印度，不丹。

资料来源：彩万志等，河南昆虫志 半翅目：异翅亚目。出版中。

斜纹宽盾蝽 *Poecilocoris dissimilis* Martin, 1902

省内产地：信阳。

分布：河南，湖北，江西，浙江，福建，湖南，广西，贵州，云南。

资料来源：彩万志等，1999，河南省半翅目昆虫名录。《鸡公山区昆虫》，中国农业科学技术出版社。

金绿宽盾蝽 *Poecilocoris lewisi* (Distant, 1883)

省内产地：登封，嵩县，南阳，信阳鸡公山。

分布：河南，黑龙江，吉林，辽宁，河北，山东，山西，陕西，湖北，安徽，江苏，江西，台湾，湖南，贵州，四川，云南，西藏；日本。

资料来源：彩万志等，1999，河南省半翅目昆虫名录。《鸡公山区昆虫》，中国农业科学技术出版社。

长盾蝽 *Scutellera perplex* (Westwood, 1837)

省内产地：许昌，信阳，商城。

分布：河南，广东，海南，广西，四川，云南；斯里兰卡，马来西亚，印度。

资料来源：彩万志等，1999，河南省半翅目昆虫名录。《鸡公山区昆虫》，中国农业科学技术出版社。

八四、兜蝽科 Dinidoridae

本科全世界共 16 属 65 种，中国记载 4 属 10 余种，河南记录 3 属 4 种。

九香蝽 *Coridius chinensis* (Dallas, 1851)

省内产地：信阳鸡公山。

分布：河南，陕西，湖北，安徽，江苏，江西，浙江，福建，台湾，湖南，广东，广西，贵州，四川，云南。

资料来源：彩万志等，1999，河南省半翅目昆虫名录。《鸡公山区昆虫》，中国农业科学技术出版社。

大皱蝽 *Cyclopelta obscura* (Lepeletier *et* Serville, 1828)

省内产地：罗山，商丘，开封。

分布：河南，山东，江西，浙江，福建，台湾，湖南，广东，海南，广西，贵州，四川，云南，西藏；菲律宾，印度尼西亚，马来西亚，越南，缅甸，印度。

资料来源：彩万志等，1999，河南省半翅目昆虫名录。《鸡公山区昆虫》，中国农业科学技术出版社。

小皱蝽 *Cyclopelta parva* Distant, 1900

省内产地：辉县，开封，商丘，民权，中牟，西华，登封，确山，泌阳，信阳。

分布：河南，黑龙江，内蒙古，山东，湖北，江苏，江西，浙江，福建，台湾，湖南，广东，海南，广西，贵州，四川，云南，西藏；日本，不丹，印度。

资料来源：彩万志等，1999，河南省半翅目昆虫名录。《鸡公山区昆虫》，中国农业科学技术出版社。

细角瓜蝽 *Megymenum gracilicorne* Dallas, 1851

省内产地：辉县，鲁山，嵩县，汝阳，信阳鸡公山。

分布：河南，陕西，山东，湖北，江苏，江西，浙江，福建，台湾，湖南，广东，香港，广西，贵州，四川；朝鲜，日本。

资料来源：彩万志等，1999，河南省半翅目昆虫名录。《鸡公山区昆虫》，中国农业科学技术出版社。

八五、朱蝽科 Parastrachiidae

本科全世界共 1 属 2 种，中国均有分布，河南记录 1 属 1 种。

日本朱蝽 *Parastrachia japonensis* (Scott, 1880)

省内产地：信阳鸡公山。

分布：河南，河北，山东，山西，陕西，安徽，江苏，湖北，浙江，福建，湖南，台湾，广东，海南，广西，四川，云南；日本，印度尼西亚，马来西亚，缅甸，印度。

资料来源：彩万志等，1999，河南省半翅目昆虫名录。《鸡公山区昆虫》，中国农业科学技术出版社。

八六、荔蝽科 Tessaratomidae

本科全世界共 55 属 240 种，中国记载 11 属 26 种，河南记录 3 属 3 种。

硕蝽 *Eurostus validus* Dallas, 1851

省内产地：辉县八里沟，登封嵩山，嵩县白云山，栾川龙峪湾，泌阳，新县，南阳，桐柏，确山，固始，南召，镇平，信阳鸡公山，商城。

分布：河南，河北，山东，陕西，湖北，安徽，江苏，江西，浙江，福建，台湾，湖南，广东，香港，海南，广西，贵州，四川，云南；越南，缅甸，老挝。

资料来源：任树芝等，1999，半翅目。《鸡公山区昆虫》，中国农业科学技术出版社。

暗绿巨蝽 *Eusthenes saevus* Stal, 1863

省内产地：新县，桐柏，南召，罗山，商城，信阳。

分布：河南，河北，湖北，安徽，江西，浙江，福建，广东，广西，四川，云南；不丹，印度。

资料来源：彩万志等，1999，河南省半翅目昆虫名录。《鸡公山区昆虫》，中国农业科学技术出版社。

荔蝽 *Tessaratoma papillosa* (Drury, 1773)

省内产地：南阳。

分布：河南，福建，台湾，江西，贵州，广东，广西，海南，云南；菲律宾，越南，缅甸，印度，泰国，马来西亚，斯里兰卡，印度尼西亚。

资料来源：彩万志，崔建新，刘国卿等，河南昆虫志 半翅目：异翅亚目。出版中。

八七、蝽科 Pentatomidae

本科全世界共 900 属 4700 种(Henry, 2009)，中国记载 130 属 360 种，河南记录 52 属 96 种。

尖头麦蝽 *Aelia acuminata* (Linnaeus, 1758)

省内产地：郑州，洛阳，许昌。

分布：河南，吉林，河北，陕西，甘肃，宁夏，新疆，山西，湖北，安徽，江苏，江西，浙江；俄罗斯；西亚，欧洲，北非。

资料来源：申效诚，1993，河南昆虫名录。中国农业科学技术出版社。

日本麦蝽 *Aelia fieberi* Scott, 1874

华麦蝽 *Aelia nasuta* Wagner, 1960

省内产地：嵩县天池山，辉县，新县，登封嵩山，信阳鸡公山。

分布：河南，黑龙江，吉林，辽宁，内蒙古，河北，山西，陕西，甘肃，山东，湖北，江苏，江西，浙江，福建，湖南，四川，云南，西藏；俄罗斯(西伯利亚)，朝鲜，日本。

资料来源：崔建新，彩万志，2008，半翅目。《宝天曼自然保护区昆虫》，中国农业科学技术出版社。

伊蝽 *Aenaria lewisi* (Scott, 1874)

省内产地：栾川龙峪湾。

分布：河南，河北，江苏，江西，浙江，福建，台湾，湖南，广东，广西，贵州，四川；日本。

资料来源：彩万志等，1998，半翅目。《伏牛山区昆虫》，中国农业科学技术出版社。

宽缘伊蝽 *Aenaria pinchii* Yang, 1934

省内产地：信阳鸡公山。

分布：河南，湖北，安徽，江苏，江西，浙江，福建，湖南，广东，广西，贵州，四川。

资料来源：任树芝等，1999，半翅目。《鸡公山区昆虫》，中国农业科学技术出版社。

日本羚蝽 *Alcimocoris japonensis* (Scott, 1880)

省内产地：信阳鸡公山。

分布：河南，陕西，湖北，江苏，浙江，台湾，广东，海南；日本。

资料来源：彩万志等，1999，河南省半翅目昆虫名录。《鸡公山区昆虫》，中国农业科学技术出版社。

甜菜实蝽 *Antheminia lunulatus* (Goeze, 1778)

甜菜果蝽 *Carpocoris lunulatus* (Goeze, 1778)

省内产地：郑州。

分布：河南，黑龙江，吉林，内蒙古，河北，山西，新疆；俄罗斯，土耳其，美国；欧洲。

资料来源：彩万志等，1999，河南省半翅目昆虫名录。《鸡公山区昆虫》，中国农业科学技术出版社。

多毛实蝽 *Antheminia varicornis* (Jakovlev, 1876)

省内产地：栾川龙峪湾，登封嵩山。

分布：河南，黑龙江，内蒙古，山西，陕西，新疆；俄罗斯，蒙古国，土耳其；中亚，欧洲。

资料来源：崔建新，彩万志，2008，半翅目。《宝天曼自然保护区昆虫》，中国农业科学技术出版社。

蠋蝽 *Arma chinensis* (Fallou, 1881)

省内产地：郑州，新乡，延津，安阳，兰考，偃师，汝阳，新野，舞阳，禹州，嵩县白云山，栾川龙峪湾，信阳鸡公山。

分布：河南，黑龙江，吉林，辽宁，内蒙古，河北，山西，陕西，甘肃，新疆，湖北，江西，浙江，湖南，广东，四川，云南；朝鲜，日本，俄罗斯；欧洲。

资料来源：任树芝等，1999，半翅目。《鸡公山区昆虫》，中国农业科学技术出版社。

驼蝽 *Brachycerocoris camelus* Costa, 1863

省内产地：内乡宝天曼、葛条爬，泌阳，确山，南阳，信阳鸡公山。

分布：河南，湖北，安徽，江苏，江西，浙江，福建，广东，广西；斯里兰卡。

资料来源：郑乐怡等，1999，半翅目：异翅亚目。《伏牛山南坡及大别山区昆虫》，中国农业科学技术出版社。

薄蝽 *Brachymna tenuis* Stal, 1861

省内产地：西峡，新县，信阳鸡公山。

分布：河南，湖北，安徽，江苏，江西，浙江，福建，湖南，广东，香港，贵州，四川，云南；日本。

资料来源：任树芝等，1999，半翅目。《鸡公山区昆虫》，中国农业科学技术出版社。

柑橘格蝽 *Cappaea taprobanensis* (Dallas, 1851)

省内产地：西峡。

分布：河南，湖北，江苏，福建，台湾，湖南，广东，海南，广西，四川，云南；印度尼西亚，斯里兰卡，缅甸，印度。

资料来源：彩万志等，1999，河南省半翅目昆虫名录。《鸡公山区昆虫》，中国农业科学技术出版社。

红角辉蝽 *Carbula crassiventris* (Dallas, 1849)

省内产地：信阳鸡公山。

分布：河南，黑龙江，山西，湖北，安徽，江苏，江西，浙江，福建，台湾，广东，海南，广西，贵州，四川，云南，西藏；日本，泰国，不丹，缅甸，印度。

资料来源：彩万志等，1999，河南省半翅目昆虫名录。《鸡公山区昆虫》，中国农业科学技术出版社。

辉蝽 *Carbula obtusangula* Reuter, 1881

省内产地：栾川龙峪湾，嵩县白云山，嵩县天池山，内乡葛条爬、宝天曼，西峡桦树盘，泌阳，信阳鸡公山。

分布：河南，河北，山东，山西，陕西，甘肃，青海，湖北，安徽，江西，浙江，福建，台湾，湖南，广东，广西，贵州，四川，云南；日本。

资料来源：郑乐怡等，1999，半翅目：异翅亚目。《伏牛山南坡及大别山区昆虫》，中国农业科学技术出版社。

北方辉蝽 *Carbula putoni* (Jakovlev, 1878)

省内产地：信阳鸡公山。

分布：河南，黑龙江，辽宁，河北，山东，湖北，四川，西藏；俄罗斯。

资料来源：任树芝等，1999，半翅目。《鸡公山区昆虫》，中国农业科学技术出版社。

凹肩辉蝽 *Carbula sinica* Hsiao *et* Cheng, 1977

省内产地：卢氏，嵩县白云山，栾川龙峪湾，西峡老界岭。

分布：河南，陕西，甘肃，湖北，浙江，广东，四川。

资料来源：郑乐怡等，1999，半翅目：异翅亚目。《伏牛山南坡及大别山区昆虫》，中国农业科学技术出版社。

紫翅果蝽 *Carpocoris pudicus* (Poda, 1761)

Carpocoris purpureipennis (De Geer, 1773)

省内产地：郑州，许昌，洛阳，嵩县，信阳。

分布：河南，黑龙江，吉林，辽宁，内蒙古，宁夏，陕西，甘肃，青海，新疆，河北，山西，山东，湖北，广东；俄罗斯，蒙古国，日本，伊朗，克什米尔，叙利亚，突尼斯，埃及，阿尔及利亚。

资料来源：彩万志等，1999，河南省半翅目昆虫名录。《鸡公山区昆虫》，中国农业科学技术出版社。

东亚果蝽 *Carpocoris seidenstiickeri* Tamanini, 1959

省内产地：栾川龙峪湾。

分布：河南，吉林，辽宁，内蒙古，河北，山东，陕西，广西；蒙古国，日本，俄罗斯(西伯利亚)；西亚，欧洲。

资料来源：彩万志等，1998，半翅目。《伏牛山区昆虫》，中国农业科学技术出版社。

峨嵋瘤蝽 *Cazira emeia* Zhang *et* Lin, 1982

省内产地：嵩县白云山，栾川龙峪湾。

分布：河南，陕西，甘肃，湖北，安徽，福建，湖南，广东，广西，四川，云南。

资料来源：彩万志等，1998，半翅目。《伏牛山区昆虫》，中国农业科学技术出版社。

峰瘤蝽 *Cazira horvathi* Breddin, 1903

省内产地：信阳鸡公山。

分布：河南，湖北，湖南，广东，海南，广西，贵州；越南。

资料来源：彩万志等，1999，河南省半翅目昆虫名录。《鸡公山区昆虫》，中国农业科学技术出版社。

无刺瘤蝽 *Cazira inerma* Yang, 1934

省内产地：信阳。

分布：河南，陕西，浙江，福建，湖南，贵州，四川。

资料来源：彩万志等，1999，河南省半翅目昆虫名录。《鸡公山区昆虫》，中国农业科学技术出版社。

双斑蝽 *Chalcopis glandulosa* (Wolff, 1811)

省内产地：新县，光山，罗山，信阳，商城。

分布：河南，山东，江苏，江西，福建，广东，海南，广西，云南；缅甸，越南，泰国，印度，斯里兰卡，印度尼西亚。

资料来源：彩万志，崔建新，刘国卿等，河南昆虫志 半翅目：异翅亚目。出版中。

中华岱蝽 *Dalpada cinctipes* Walker, 1867

省内产地：嵩县白云山，栾川龙峪湾，鲁山，登封嵩山，信阳鸡公山。

分布：河南，河北，陕西，甘肃，湖北，安徽，江苏，浙江，福建，湖南，广东，海南，广西，贵州，四川，云南；日本。

资料来源：任树芝等，1999，半翅目。《鸡公山区昆虫》，中国农业科学技术出版社。

绿岱蝽 *Dalpada smaragdina* (Walker, 1868)

省内产地：西峡，登封，新县，光山，固始，信阳。

分布：河南，陕西，湖北，安徽，江苏，江西，浙江，福建，台湾，湖南，广东，广西，贵州，四川，云南，西藏。

资料来源：彩万志等，1999，河南省半翅目昆虫名录。《鸡公山区昆虫》，中国农业科学技术出版社。

喙蝽 *Dinorhynchus dybowskyi* Jakovlev, 1876

省内产地：济源。

分布：河南，黑龙江，吉林，内蒙古，北京，山东；朝鲜，日本，俄罗斯(西伯利亚)。

资料来源：彩万志等，1999，河南省半翅目昆虫名录。《鸡公山区昆虫》，中国农业科学技术出版社。

剪蝽 *Diplorhinus furcatus* (Westwood, 1837)

省内产地：罗山。

分布：河南，河北，湖北，江西，浙江，福建，湖南，广东，香港，广西，贵州，四川，云南；印度，印度尼西亚。

资料来源：彩万志等，1999，河南省半翅目昆虫名录。《鸡公山区昆虫》，中国农业科学技术出版社。

斑须蝽 *Dolycoris baccarum* (Linnaeus, 1758)

省内产地：辉县八里沟，嵩县白云山，栾川龙峪湾，内乡宝天曼等全省各地。

分布：河南，黑龙江，吉林，辽宁，内蒙古，河北，山东，陕西，宁夏，甘肃，新疆，湖北，安徽，江苏，江西，浙江，福建，湖南，广东，海南，广西，贵州，四川，云南，西藏；俄罗斯，蒙古国，朝鲜，日本，巴基斯坦，印度，美国；欧洲，非洲。

资料来源：郑乐怡等，1999，半翅目：异翅亚目。《伏牛山南坡及大别山区昆虫》，中国农业科学技术出版社。

印度斑须蝽 *Dolycoris indicus* Stal, 1876

省内产地：郑州。

分布：河南，北京，江苏，江西，湖南，台湾，贵州，四川，云南，西藏；印度，缅甸。

资料来源：彩万志等，1999，河南省半翅目昆虫名录。《鸡公山区昆虫》，中国农业科学技术出版社。

滴蝽 *Dybowskyia reticulata* (Dallas, 1851)

省内产地：郑州。

分布：河南，云南；印度。

资料来源：彩万志，崔建新，刘国卿等，河南昆虫志 半翅目：异翅亚目。出版中。

历蝽 *Eocantheconidea concinna* (Walker, 1867)

历蝽 *Cantheconidea concinna* (Walker, 1867)

省内产地：汝州。

分布：河南，江西，浙江，福建，台湾，湖南，广东，香港，海南，广西，贵州，四川，云南，西藏；越南。

资料来源：彩万志等，1999，河南省半翅目昆虫名录。《鸡公山区昆虫》，中国农业科学技术出版社。

黑历蝽 *Eocanthecona thomsoni* (Distant, 1911)

省内产地：林州，内乡。

分布：河南，黑龙江，河北，浙江，湖北，江西，福建，四川，贵州。

资料来源：彩万志，崔建新，刘国卿等，河南昆虫志 半翅目：异翅亚目。出版中。

麻皮蝽 *Erthesina fullo* (Thunberg, 1783)

省内产地：嵩县白云山，栾川龙峪湾等全省各地。

分布：河南，黑龙江，吉林，辽宁，内蒙古，河北，山东，山西，陕西，甘肃，青海，湖北，安徽，江苏，江西，浙江，福建，台湾，湖南，广东，香港，海南，广西，贵州，四川，云南；日本，印度尼西亚，斯里兰卡，印度。

资料来源：彩万志等，1999，河南省半翅目昆虫名录。《鸡公山区昆虫》，中国农业科学技术出版社。

黄蝽 *Euryaspis flavescens* Distant, 1900

省内产地：西峡，项城，西平，夏邑，驻马店，固始，信阳鸡公山。

分布：河南，河北，山东，湖北，安徽，江苏，浙江，福建，湖南，广东，贵州，四川；印度尼西亚，

资料来源：任树芝等，1999，半翅目。《鸡公山区昆虫》，中国农业科学技术出版社。

菜蝽 *Eurydema dominulus* (Scopoli, 1763)

省内产地：新乡，郑州，中牟，嵩县白云山，栾川龙峪湾，登封嵩山，内乡宝天曼、葛条爬，西峡桦树盘、老界岭，确山，信阳鸡公山。

分布：河南，黑龙江，吉林，内蒙古，河北，山西，陕西，湖北，江苏，江西，浙江，福建，台湾，湖南，广东，海南，广西，贵州，四川，云南，西藏；俄罗斯(西伯利亚)，蒙古国，朝鲜，日本，

印度尼西亚，缅甸，印度；欧洲。

寄主：甘蓝。

资料来源：郑乐怡等，1999，半翅目：异翅亚目。《伏牛山南坡及大别山区昆虫》，中国农业科学技术出版社。

新疆菜蝽 *Eurydema ornata* (Linnaeus, 1758)

省内产地：济源，信阳鸡公山，许昌，陕县，灵宝。

分布：河南，内蒙古，甘肃，青海，新疆；俄罗斯(西伯利亚)；中亚，西亚，欧洲。

资料来源：彩万志等，1999，河南省半翅目昆虫名录。《鸡公山区昆虫》，中国农业科学技术出版社。

横纹菜蝽 *Eurydema gebleri* Kolenati, 1856

省内产地：郑州，开封，许昌，嵩县白云山，鲁山，陕县，灵宝，栾川龙峪湾，登封嵩山，西峡桦树盘，信阳鸡公山。

分布：河南，黑龙江，吉林，辽宁，内蒙古，河北，山东，山西，陕西，宁夏，甘肃，新疆，湖北，安徽，贵州，云南，四川，西藏；蒙古国，俄罗斯(西伯利亚)；欧洲。

寄主：甘蓝。

资料来源：郑乐怡等，1999，半翅目：异翅亚目。《伏牛山南坡及大别山区昆虫》，中国农业科学技术出版社。

云南菜蝽 *Eurydema pulchra* (Westwood, 1837)

省内产地：确山，信阳。

分布：河南，北京，四川，云南，西藏；印度尼西亚，缅甸，印度，日本。

资料来源：彩万志等，1999，河南省半翅目昆虫名录。《鸡公山区昆虫》，中国农业科学技术出版社。

厚蝽 *Exithemus assamensis* Distant, 1902

省内产地：信阳鸡公山。

分布：河南，浙江，福建，湖南，广东，广西，四川，云南；印度。

资料来源：彩万志等，1999，河南省半翅目昆虫名录。《鸡公山区昆虫》，中国农业科学技术出版社。

拟二星蝽 *Eysarcoris annamita* (Breddin, 1909)

省内产地：信阳鸡公山。

分布：河南，河北。陕西，湖北，江苏，江西，浙江，福建，湖南，广东，广西，贵州，四川，云南，西藏；越南。

资料来源：彩万志等，1999，河南省半翅目昆虫名录。《鸡公山区昆虫》，中国农业科学技术出版社。

黑斑二星蝽 *Eysarcoris fabricii* (Kirkaldy, 1904)

省内产地：嵩县，栾川，信阳鸡公山。

分布：河南，黑龙江，吉林，陕西，江西，福建，四川；日本，越南，俄罗斯(西伯利亚)；欧洲。

资料来源：任树芝等，1999，半翅目。《鸡公山区昆虫》，中国农业科学技术出版社。

二星蝽 *Eysarcoris guttiger* (Thunberg, 1783)

省内产地：安阳，沈丘，中牟，郾城，新县，嵩县白云山，栾川龙峪湾，登封嵩山，西平，内乡宝天曼、葛条爬、大块地，西峡桦树盘，罗山，固始，信阳鸡公山，商城。

分布：河南，内蒙古，甘肃，河北，山东，山西，陕西，湖北，安徽，江苏，江西，浙江，福建，台湾，湖南，广东，海南，广西，贵州，四川，云南，西藏；日本，斯里兰卡，印度，缅甸。

资料来源：郑乐怡等，1999，半翅目：异翅亚目。《伏牛山南坡及大别山区昆虫》，中国农业科学技术出版社。

锚纹二星蝽 *Eysarcoris montivagus* (Distant, 1902)

省内产地：信阳鸡公山。

分布：河南，河北，湖北，安徽，江苏，江西，浙江，福建，湖南，广东，海南，广西，贵州，四川，云南；越南，缅甸，印度。

资料来源：彩万志等，1999，河南省半翅目昆虫名录。《鸡公山区昆虫》，中国农业科学技术出版社。

广二星蝽 *Eysarcoris ventralis* (Westwood, 1837)

省内产地：安阳，封丘，许昌，郾城，鄢陵，禹州，嵩县白云山，嵩县天池山，栾川龙峪湾，登封嵩山，西平，固始。

分布：河南，吉林，河北，山西，陕西，湖北，安徽，江苏，江西，浙江，福建，台湾，广东，海南，广西，贵州，四川，云南，西藏；日本，印度尼西亚，斯里兰卡，泰国，老挝，缅甸，尼泊尔，印度。

资料来源：崔建新，彩万志，2008，半翅目。《宝天曼自然保护区昆虫》，中国农业科学技术出版社。

二星蝽属一种 *Eysarcoris* sp.

省内产地：内乡宝天曼。

分布：河南。

资料来源：郑乐怡等，1999，半翅目：异翅亚目。《伏牛山南坡及大别山区昆虫》，中国农业科学技术出版社。

黄肩青蝽 *Glaucias crassa* (Westwood, 1837)

省内产地：具体不详。

分布：河南，湖北，江西，浙江，福建，广东，广西，云南；越南，印度。

资料来源：黄复生，1987，云南森林昆虫，云南科技出版社。

青蝽 *Glaucisa subpunctatus* (Walker, 1867)

Glaucisa dorsalis (Dohrn)

省内产地：郑州，洛阳，栾川，嵩县，卢氏，汝阳。

分布：河南，江西，福建，台湾，湖南，广东，广西，云南；日本，越南，斯里兰卡。

资料来源：彩万志等，1999，河南省半翅目昆虫名录。《鸡公山区昆虫》，中国农业科学技术出版社。

拟谷蝽 *Gonopsimorpha ferruginea* Yang, 1934

省内产地：嵩县白云山，栾川龙峪湾。

分布：河南，湖北，江西，福建，海南。

资料来源：彩万志等，1998，半翅目。《伏牛山区昆虫》，中国农业科学技术出版社。

谷蝽 *Gonopsis affinis* (Uhler, 1860)

省内产地：辉县八里沟，鲁山，信阳鸡公山。

分布：河南，河北，山东，陕西，湖北，安徽，江苏，江西，浙江，福建，湖南，广东，海南，广西，四川，云南，西藏；朝鲜，日本。

资料来源：崔建新，彩万志，2008，半翅目。《宝天曼自然保护区昆虫》，中国农业科学技术出版社。

赤条蝽 *Graphosoma rubroloneata* (Westwood, 1873)

省内产地：辉县，新乡，中牟，登封嵩山，嵩县白云山，栾川龙峪湾，灵宝，确山，泌阳，淅川，南阳，西峡，桐柏，罗山，信阳鸡公山。

分布：河南，黑龙江，吉林，辽宁，内蒙古，河北，山东，山西，陕西，甘肃，青海，新疆，湖北，安徽，江苏，江西，浙江，福建，湖南，广东，广西，贵州，四川，云南；朝鲜，俄罗斯。

资料来源：任树芝等，1999，半翅目。《鸡公山区昆虫》，中国农业科学技术出版社。

茶翅蝽 *Halyomorpha halys* (Stal, 1855)

省内产地：嵩县天池山，内乡宝天曼，信阳鸡公山等全省各地。

分布：河南，吉林，辽宁，内蒙古，北京，山西，陕西，湖北，安徽，江苏，浙江，福建，台湾，湖南，广东，香港，广西，贵州，四川，云南，西藏；日本，印度尼西亚，马来西亚，越南，斯里兰卡，缅甸，印度，澳大利亚。

资料来源：郑乐怡等，1999，半翅目：异翅亚目。《伏牛山南坡及大别山区昆虫》，中国农业科学技术出版社。

卵圆蝽 *Hippota dorsalis* (Stal, 1869)

省内产地：新县，信阳鸡公山。

分布：河南，湖北，江西，福建，湖南，广东，四川，西藏；印度。

资料来源：任树芝等，1999，半翅目。《鸡公山区昆虫》，中国农业科学技术出版社。

灰全蝽 *Homalogonia grisea* Josifov *et* Kerzhner, 1976

省内产地：具体不详。

分布：河南，河北，山东，湖北，江西，浙江，广西，四川；朝鲜。

资料来源：彩万志等，1999，河南省半翅目昆虫名录。《鸡公山区昆虫》，中国农业科学技术出版社。

全蝽 *Homalogonia obtusa* (Walker, 1868)

省内产地：开封，嵩县白云山，栾川龙峪湾，西峡桦树盘，信阳鸡公山。

分布：河南，黑龙江，吉林，辽宁，内蒙古，河北，山东，山西，陕西，甘肃，湖北，江苏，江西，福建，广西，贵州，四川，云南，西藏；朝鲜，日本，俄罗斯，印度。

资料来源：郑乐怡等，1999，半翅目：异翅亚目。《伏牛山南坡及大别山区昆虫》，中国农业科学技术出版社。

松全蝽 *Homalogonia pinicola* Lin *et* Zhang, 1992

省内产地：具体不详。

分布：河南，甘肃，湖南，浙江，江西，福建，广西。

资料来源：彩万志，崔建新，刘国卿等，河南昆虫志 半翅目：异翅亚目。出版中。

全蝽属一种 *Homalogonia* sp.

省内产地：信阳鸡公山。

分布：河南。

资料来源：任树芝等，1999，半翅目。《鸡公山区昆虫》，中国农业科学技术出版社。

玉蝽 *Hoplistodera fergussoni* Distant, 1911

省内产地：栾川龙峪湾，嵩县白云山，内乡宝天曼，信阳鸡公山。

分布：河南，陕西，湖北，安徽，江苏，江西，浙江，福建，广东，海南，广西，贵州，四川，云南，西藏。

资料来源：郑乐怡等，1999，半翅目：异翅亚目。《伏牛山南坡及大别山区昆虫》，中国农业科学技术出版社。

红玉蝽 *Hoplistodera pulchra* Yang, 1934

省内产地：辉县，内乡，嵩县，栾川。

分布：河南，浙江，福建，四川，广西。

资料来源：彩万志，崔建新，刘国卿等，河南昆虫志 半翅目：异翅亚目。出版中。

剑蝽 *Iphiarusa compacta* (Distant, 1887)

省内产地：信阳鸡公山。

分布：河南，湖北，江西，福建，湖南，广东，四川；越南，缅甸，印度。

资料来源：彩万志等，1999，河南省半翅目昆虫名录。《鸡公山区昆虫》，中国农业科学技术出版社。

广蝽 *Laprius varicornis* (Dallas, 1851)

省内产地：许昌，鄢陵，禹州，西华，信阳鸡公山。

分布：河南，陕西，湖北，江苏，江西，福建，湖南，广东，海南，广西，四川，云南；日本，菲律宾，泰国，印度，俄罗斯(西伯利亚)。

资料来源：彩万志等，1999，河南省半翅目昆虫名录。《鸡公山区昆虫》，中国农业科学技术出版社。

弯角蝽 *Lelia decempunctata* (Motschulsky, 1859)

省内产地：内乡宝天曼，嵩县白云山，栾川龙峪湾，济源。

分布：河南，黑龙江，吉林，辽宁，内蒙古，河北，山东，山西，陕西，宁夏，甘肃，湖北，安徽，江苏，江西，浙江，湖南，广西，四川，云南；朝鲜，日本，俄罗斯(西伯利亚)。

资料来源：郑乐怡等，1999，半翅目：异翅亚目。《伏牛山南坡及大别山区昆虫》，中国农业科学技术出版社。

梭蝽 *Megarrhamphus hastatus* (Fabricius, 1803)

省内产地：中牟，新县，光山，信阳。

分布：河南，湖北，安徽，江苏，江西，浙江，福建，台湾，湖南，广东，香港，海南，广西，贵州，四川；日本，菲律宾，印度尼西亚，马来西亚，越南，泰国，缅甸，印度。

资料来源：彩万志等，1999，河南省半翅目昆虫名录。《鸡公山区昆虫》，中国农业科学技术出版社。

平尾梭蝽 *Megarrhamphus truncatus* (Westwood, 1837)

省内产地：具体不详。

分布：河南，北京，湖北，江苏，江西，福建，湖南，广东，海南，广西，西藏；日本，菲律宾，印度尼西亚，马来西亚，越南，泰国，缅甸，印度。

资料来源：彩万志等，1999，河南省半翅目昆虫名录。《鸡公山区昆虫》，中国农业科学技术出版社。

北曼蝽 *Menida disjecta* (Uhler, 1860)

省内产地：西峡，栾川龙峪湾。

分布：河南，黑龙江，辽宁，内蒙古，河北，山西，陕西，青海，甘肃，湖北，江西，湖南，广西，贵州，四川，西藏；俄罗斯(西伯利亚)，蒙古国，朝鲜，日本。

资料来源：彩万志等，1998，半翅目。《伏牛山区昆虫》，中国农业科学技术出版社。

宽曼蝽 *Menida lata* Yang, 1934

省内产地：嵩县白云山，栾川龙峪湾，遂平，信阳，新县，商城。

分布：河南，湖北，江苏，江西，浙江，福建，湖南，广东，海南，广西，四川。

资料来源：彩万志等，1998，半翅目。《伏牛山区昆虫》，中国农业科学技术出版社。

稻赤曼蝽 *Menida versicolor* (Gmelin, 1790)

省内产地：西峡。

分布：河南，湖北，江西，福建，台湾，广东，香港，海南，广西，贵州，四川，云南，西藏；日本，越南，印度尼西亚，缅甸，印度。

资料来源：杨新芳，1994，河南省半翅目昆虫新纪录。《河南昆虫分类区系研究 第一卷》，中国农业科学技术出版社。

紫蓝曼蝽 *Menida violacea* (Motschulsky, 1861)

省内产地：中牟，登封，新县，嵩县白云山，栾川龙峪湾，登封嵩山，西峡老界岭，信阳鸡公山。

分布：河南，吉林，辽宁，内蒙古，河北，山东，陕西，甘肃，湖北，安徽，江苏，江西，浙江，福建，湖南，广东，贵州，四川，云南；朝鲜，俄罗斯(西伯利亚)。

资料来源：郑乐怡等，1999，半翅目：异翅亚目。《伏牛山南坡及大别山区昆虫》，中国农业科学技术出版社。

大臭蝽 *Metonymia glandulosa*(Wolff, 1811)

省内产地：新县，光山，罗山，信阳，商城。

分布：河南，山东，湖北，江苏，江西，浙江，福建，台湾，湖南，广东，香港，海南，广西，贵州，云南；印度尼西亚，斯里兰卡，泰国，越南，缅甸，印度。

资料来源：彩万志等，1999，河南省半翅目昆虫名录。《鸡公山区昆虫》，中国农业科学技术出

版社。

稻绿蝽 *Nezara viridula* (Linnaeus, 1758)

黑须稻绿蝽 *Nezara antennata* Scott, 1874

省内产地：林县，鲁山，嵩县白云山，栾川龙峪湾，南召，内乡宝天曼，西峡桦树盘，信阳。

分布：河南，吉林，山东，河北，山西，甘肃，青海，湖北，安徽，江苏，江西，浙江，福建，台湾，湖南，广东，广西，贵州，四川，云南，西藏；朝鲜，日本，菲律宾，印度尼西亚，马来西亚，斯里兰卡，新加坡，越南，缅甸，克什米尔，印度，美国(夏威夷)，澳大利亚，新西兰；欧洲，中北美洲。

资料来源：郑乐怡等，1999，半翅目：异翅亚目。《伏牛山南坡及大别山区昆虫》，中国农业科学技术出版社。

稻褐蝽 *Niphe elongata* (Dallas, 1851)

省内产地：新县，商城，罗山，信阳。

分布：河南，陕西，山东，湖北，安徽，江苏，江西，浙江，福建，台湾，湖南，广东，海南，广西，贵州，四川，云南，西藏；越南，缅甸，老挝，印度。

资料来源：彩万志等，1999，河南省半翅目昆虫名录。《鸡公山区昆虫》，中国农业科学技术出版社。

浩蝽 *Okeanos quelpartensis* Distant, 1911

省内产地：嵩县白云山，嵩县天池山，栾川龙峪湾。

分布：河南，河北，陕西，湖北，江西，湖南，四川，云南；朝鲜，日本。

资料来源：崔建新，彩万志，2008，半翅目。《宝天曼自然保护区昆虫》，中国农业科学技术出版社。

碧蝽 *Palomena angulosa* Motschulsky, 1861

省内产地：嵩县白云山，栾川龙峪湾，信阳鸡公山。

分布：河南，黑龙江，吉林，山西，陕西，湖北，江西，浙江，福建，台湾，贵州，四川，云南，西藏；朝鲜，日本。

资料来源：任树芝等，1999，半翅目。《鸡公山区昆虫》，中国农业科学技术出版社。

川甘碧蝽 *Palomena haemorrhoidalis* Lindberg, 1934

省内产地：西峡桦树盘。

分布：河南，河北，陕西，甘肃，湖北，浙江，湖南，贵州，四川，云南，西藏；尼泊尔，缅甸。

资料来源：郑乐怡等，1999，半翅目：异翅亚目。《伏牛山南坡及大别山区昆虫》，中国农业科学技术出版社。

缘腹碧蝽 *Palomena limbata* Jakovlev, 1904

省内产地：登封嵩山。

分布：河南，甘肃，青海，四川，云南，西藏。

资料来源：彩万志等，1999，河南省半翅目昆虫名录。《鸡公山区昆虫》，中国农业科学技术出版社。

西藏碧蝽 *Palomena tibetana* Zheng *et* Ling, 1989

省内产地：许昌，西华。

分布：河南，山东，新疆，湖北，湖南，四川，西藏。

资料来源：彩万志等，1999，河南省半翅目昆虫名录。《鸡公山区昆虫》，中国农业科学技术出版社。

宽碧蝽 *Palomena viridissima* (Poda, 1761)

柳碧蝽 *Palomena amplificata* Distant, 1880

省内产地：许昌，确山，泌阳，西峡桦树盘，新县，光山，罗山，信阳鸡公山。

分布：河南，黑龙江，吉林，辽宁，内蒙古，河北，山东，山西，陕西，甘肃，青海，新疆，湖北，湖南，贵州，四川；朝鲜，蒙古国，印度，俄罗斯(西伯利亚)；欧洲；北非。

资料来源：郑乐怡等，1999，半翅目：异翅亚目。《伏牛山南坡及大别山区昆虫》，中国农业科学技术出版社。

卷蝽 *Paterculus elatus* (Yang, 1934)

省内产地：新县，光山，信阳鸡公山。

分布：河南，湖北，安徽，浙江，福建，江西，湖南，广东，广西，云南。

资料来源：任树芝等，1999，半翅目。《鸡公山区昆虫》，中国农业科学技术出版社。

角肩真蝽 *Pentatoma angulata* Hsiao *et* Cheng, 1977

省内产地：嵩县白云山，栾川龙峪湾。

分布：河南，吉林。四川，云南，西藏。

资料来源：彩万志等，1998，半翅目。《伏牛山区昆虫》，中国农业科学技术出版社。

红足真蝽 *Pentatoma rufipes* (Linnaeus, 1758)

省内产地：嵩县白云山，信阳鸡公山。

分布：河南，黑龙江，吉林，辽宁，内蒙古，河北，陕西，宁夏，甘肃，青海，新疆，湖北，浙江，四川，云南；朝鲜，日本，蒙古国，俄罗斯(西伯利亚)；欧洲。

资料来源：任树芝等，1999，半翅目。《鸡公山区昆虫》，中国农业科学技术出版社。

褐真蝽 *Pentatoma semiannulata* (Motschulsky, 1859)

Pentatoma armandi Fallou, 1881

省内产地：罗山，新县，嵩县白云山，栾川龙峪湾，内乡宝天曼，西峡老界岭，光山，商城，信阳鸡公山。

分布：河南，内蒙古，黑龙江，吉林，辽宁，陕西，甘肃，青海，浙江，四川，西藏；朝鲜，日本，俄罗斯。

资料来源：郑乐怡等，1999，半翅目：异翅亚目。《伏牛山南坡及大别山区昆虫》，中国农业科学技术出版社。

益蝽 *Picromerus lewisi* Scott, 1874

省内产地：许昌，登封嵩山，内乡宝天曼，信阳鸡公山。

分布：河南，黑龙江，吉林，辽宁，河北，山西，山东，陕西，新疆，湖北，安徽，江苏，江西，浙江，福建，台湾，湖南，广东，海南，广西，贵州，四川，云南，西藏；朝鲜，日本。

资料来源：任树芝等，1999，半翅目。《鸡公山区昆虫》，中国农业科学技术出版社。

璧蝽 *Piezodorus rubrofasciatus* (Fabricius, 1787)

省内产地：信阳。

分布：河南，陕西，山东，湖北，江苏，江西，浙江，福建，广东，香港，海南，广西，贵州，四川，云南；日本。

资料来源：彩万志等，1999，河南省半翅目昆虫名录。《鸡公山区昆虫》，中国农业科学技术出版社。

并蝽 *Pinthaeus humeralis* Horvath, 1911

省内产地：嵩县白云山，栾川龙峪湾，西峡桦树盘，信阳鸡公山。

分布：河南，吉林，辽宁，陕西，湖北，江西，福建，湖南，贵州，四川，云南，西藏。

资料来源：郑乐怡等，1999，半翅目：异翅亚目。《伏牛山南坡及大别山区昆虫》，中国农业科学技术出版社。

莽蝽 *Placosternum taurus* (Fabricius, 1781)

省内产地：新县，信阳，商城。

分布：河南，陕西，湖北，广东，海南，广西，云南；越南，马来西亚，泰国，缅甸，印度。

资料来源：彩万志等，1999，河南省半翅目昆虫名录。《鸡公山区昆虫》，中国农业科学技术出版社。

斑莽蝽 *Placosternum urus* Stal, 1876

省内产地：辉县八里沟，巩义，登封嵩山，信阳，新县，商城。

分布：河南，河北，山东，江西，福建，湖北，湖南，广西，贵州，四川，云南，西藏；斯里兰卡，印度。

资料来源：崔建新，彩万志，2008，半翅目。《宝天曼自然保护区昆虫》，中国农业科学技术出版社。

珀蝽 *Plautia fimbriata* (Fabricius, 1787)

省内产地：许昌，确山，泌阳，济源，信阳鸡公山。

分布：河南，河北，山东，陕西，湖北，安徽，江苏，江西，浙江，福建，台湾，湖南，广东，香港，海南，广西，贵州，云南，西藏；日本，菲律宾，马来西亚，印度尼西亚，斯里兰卡，印度。

资料来源：任树芝等，1999，半翅目。《鸡公山区昆虫》，中国农业科学技术出版社。

庐山珀蝽 *Plautia lushanica* Yang, 1934

省内产地：嵩县白云山，栾川龙峪湾，信阳鸡公山。

分布：河南，陕西，湖北，江西，浙江，福建，贵州，四川，云南。

资料来源：任树芝等，1999，半翅目。《鸡公山区昆虫》，中国农业科学技术出版社。

斯氏珀蝽 *Plautia stali* Scott, 1874

省内产地：内乡葛条爬，栾川龙峪湾。

分布：河南，吉林，辽宁，甘肃，陕西，河北，山西，山东，湖北，江苏，江西，浙江，福建，湖南，广东，广西，四川；朝鲜，日本。

资料来源：郑乐怡等，1999，半翅目：异翅亚目。《伏牛山南坡及大别山区昆虫》，中国农业科学技术出版社。

庐山润蝽 *Rhaphigaster genitalia* Yang, 1934

省内产地：信阳鸡公山。

分布：河南，江西，浙江。

资料来源：任树芝等，1999，半翅目。《鸡公山区昆虫》，中国农业科学技术出版社。

珠蝽 *Rubiconia intermedia* (Wolff, 1861)

省内产地：新县，嵩县白云山，栾川龙峪湾，登封嵩山，罗山，光山，信阳鸡公山。

分布：河南，黑龙江，吉林，辽宁，内蒙古，河北，山西，陕西，青海，甘肃，湖北，安徽，江苏，江西，浙江，福建，湖南，广西，贵州，四川；朝鲜，日本，俄罗斯，蒙古国；欧洲。

资料来源：彩万志等，1998，半翅目。《伏牛山区昆虫》，中国农业科学技术出版社。

圆颊珠蝽 *Rubiconia peltata* Jakovlev, 1890

省内产地；具体不详。

分布：河南，黑龙江，吉林，辽宁，内蒙古，河北，陕西，甘肃，安徽，湖北，浙江，江西，湖南，四川；朝鲜，日本，俄罗斯。

资料来源：刘国卿，卜文俊，2009，河北动物志 半翅目 异翅亚目。中国农业科学技术出版社。

弯刺黑蝽 *Scotinophara horvathi* Distant, 1883

省内产地：内乡宝天曼，信阳。

分布：河南，江西，福建，湖南，广东，海南，广西，贵州，四川，西藏；日本。

资料来源：郑乐怡等，1999，半翅目：异翅亚目。《伏牛山南坡及大别山区昆虫》，中国农业科学技术出版社。

稻黑蝽 *Scotinophara lurida* (Burmeister, 1834)

省内产地：中牟，新县，信阳。

分布：河南，河北，山东，湖北，安徽，江苏，江西，浙江，福建，台湾，湖南，广东，广西，香港，海南，贵州，四川，云南；朝鲜，日本，马来西亚，斯里兰卡，印度，印度尼西亚。

资料来源：彩万志等，1999，河南省半翅目昆虫名录。《鸡公山区昆虫》，中国农业科学技术出版社。

紫黑丸蝽 *Sepontia aenea* Distant, 1883

省内产地：信阳。

分布：河南，浙江；日本。

资料来源：彩万志等，1999，河南省半翅目昆虫名录。《鸡公山区昆虫》，中国农业科学技术出版社。

角胸蝽 *Tetroda histeroides* (Fabricius, 1789)

省内产地：信阳。

分布：河南，湖北，江苏，江西，浙江，福建，台湾，湖南，广东，海南，广西，贵州，四川，云南；日本，印度尼西亚，马来西亚，缅甸，印度。

资料来源：彩万志等，1999，河南省半翅目昆虫名录。《鸡公山区昆虫》，中国农业科学技术出版社。

点蝽 *Tolumnia latipes* (Dallas, 1851)

省内产地：栾川龙峪湾，登封嵩山。

分布：河南，陕西，湖北，江苏，浙江，福建，台湾，广东，香港，海南，广西，贵州，四川，云南，西藏；越南，马来西亚，印度尼西亚，泰国，缅甸，印度。

资料来源：彩万志等，1998，半翅目。《伏牛山区昆虫》，中国农业科学技术出版社。

突蝽 *Udonga spinidens* Distant, 1921

省内产地：信阳。

分布：河南，福建，陕西，湖北，浙江，江西，湖南，广东，广西，四川，云南，贵州，海南，西藏；越南。

资料来源：彩万志，崔建新，刘国卿等，河南昆虫志 半翅目：异翅亚目。出版中。

蓝蝽 *Zicrona caerula* (Linnaeus, 1758)

省内产地：辉县，新乡，商水，郸城，郾城，许昌，登封，鲁山，栾川，西平，泌阳，宜阳，嵩县，固始，信阳鸡公山。

分布：河南，黑龙江，吉林，辽宁，内蒙古，河北，山东，山西，陕西，青海，新疆，甘肃，湖北，安徽。江苏，江西，浙江，福建，台湾，湖南，广东，海南，广西，贵州，四川，云南；日本，俄罗斯，蒙古国，朝鲜，越南，缅甸，印度；非洲，北美，南美。

资料来源：彩万志等，1999，河南省半翅目昆虫名录。《鸡公山区昆虫》，中国农业科学技术出版社。

第二〇节　昆虫纲：广翅目
Class Insecta: Order Megaloptera

广翅目是一小目，俗称齿蛉、泥蛉、鱼蛉，是完全变态昆虫最原始类群。身体粗长，翅较宽大。成虫陆生，幼虫水生，均为捕食性。可作为一些害虫的天敌。幼虫对水质变化敏感，可用作生物监测。幼虫还可用作鱼类的食料，有的种类幼虫有药用价值。

广翅目全世界共 2 科 33 属 325 种，中国已记载 2 科 13 属 106 种，河南记录 2 科 4 属 12 种。

一、齿蛉科 Corydalidae

本科全世界共 26 属 253 种，中国记载 10 属 96 种(杨定等，2010)，河南记录 3 属 10 种。其中 3 种是以河南省作为模式产地发表的新种。

东方巨齿蛉 *Acanthacorydalis orientalis* (Machachlan, 1899)　(图版 XXI-4)

省内产地：汝阳，卢氏，灵宝，嵩县白云山，西峡黄石庵。

分布：河南，河北，山西，陕西，甘肃，安徽，浙江，江西，福建，湖北，广东，广西，四川，云南，贵州。

资料来源：杨 定等，2002，广翅目：齿蛉科。《太行山及桐柏山区昆虫》，中国农业科学技术出版社。

指突斑鱼蛉 *Neochauliodes digitiformis* Liu *et* Yang, 2005　(图版 XXI-5)

省内产地：商城黄柏山，新县连康山(模式产地)，信阳鸡公山。

分布：河南。

资料来源：Liu Xingyue, Yang Ding, 2005, Notes on the genus *Neochauliodes* Weele (Megaloptera: Corydalidae) from Henan, China. *Entomological Science*, 8:293~300.

碎斑鱼蛉 *Neochauliodes parasparsus* Liu *et* Yang, 2005　(图版 XXI-6)

省内产地：内乡宝天曼，嵩县白云山，西峡黄石庵，栾川龙峪湾(模式产地)，林州石板岩，辉县关山，宜阳花果山。

分布：河南，湖北，陕西，山西，甘肃，湖南。

资料来源：Liu Xingyue, Yang Ding, 2005, Notes on the genus *Neochauliodes* Weele (Megaloptera: Corydalidae) from Henan, China. *Entomological Science*, 8:293~300.

圆端斑鱼蛉 *Neochauliodes rotundatus* Tjeder, 1937

省内产地：辉县八里沟，辉县关山。

分布：河南，黑龙江，北京，河北，陕西，甘肃，湖北，四川，重庆。

资料来源：杨定，刘兴月，2010，中国动物志 昆虫纲 第五十一卷。科学出版社。

中华斑鱼蛉 *Neochauliodes sinensis* (Walker, 1853)　(图版 XXI-7)

省内产地：新县，嵩县，卢氏。

分布：河南，安徽，浙江，江西，福建，湖北，湖南，台湾，广东，广西，贵州。

资料来源：申效诚，1993，河南昆虫名录。中国农业科学技术出版社

小碎斑鱼蛉 *Neochauliodes sparsus* Liu *et* Yang, 2005　(图版 XXI-8)

省内产地：商城黄柏山，内乡宝天曼，栾川龙峪湾，西峡寨根，辉县八里沟(模式产地)，罗山灵山。

分布：河南，山东，福建。

资料来源：Liu Xingyue, Yang Ding, 2005, Notes on the genus *Neochauliodes* Weele (Megaloptera: Corydalidae) from Henan, China. *Entomological Science*, 8:293~300.

花边星齿蛉 *Protohermes costalis* (Walker, 1853) (图版 XXI-9)

省内产地：信阳，中牟，新安，灵宝，封丘，商城黄柏山。

分布：河南，河北，甘肃，安徽，浙江，江西，福建，台湾，湖北，湖南，广东，广西，四川，云南，贵州；日本，越南，印度，不丹。

资料来源：杨 定等，2002，广翅目：齿蛉科。《太行山及桐柏山区昆虫》，中国农业科学技术出版社。

古田星齿蛉 *Protohermes gutianensis* Yang *et* Yang, 1995 (图版 XXI-11)

省内产地：商城黄柏山。

分布：河南，甘肃，浙江，福建，江西，湖南，贵州，四川，重庆，广东，广西。

资料来源：杨 定等，2002，广翅目：齿蛉科。《太行山及桐柏山区昆虫》，中国农业科学技术出版社。

中华星齿蛉 *Protohermes sinensis* Yang *et* Yang, 1992 (图版 XXI-10)

省内产地：罗山灵山，济源黄楝树。

分布：河南，湖南，上海，浙江。

资料来源：杨 定等，2002，广翅目：齿蛉科。《太行山及桐柏山区昆虫》，中国农业科学技术出版社。

炎黄星齿蛉 *Protohermes xanthodes* Navas, 1913 (图版 XXII-1)

省内产地：商城黄柏山，西峡黄石庵，济源黄楝树。

分布：河南，辽宁，陕西，甘肃，山西，山东，北京，河北，安徽，浙江，江西，湖北，湖南，四川，云南，贵州，广东，广西；韩国，俄罗斯。

资料来源：杨 定等，2002，广翅目：齿蛉科。《太行山及桐柏山区昆虫》，中国农业科学技术出版社。

二、泥蛉科 Sialidae

本科全世界共 7 属 72 种，中国记载 3 属 10 种(杨定等，2010)，河南记录 1 属 2 种。

河南泥蛉 *Sialis henanensis* Liu *et* Yang, 2006 (图版 XXII-2)

省内产地：栾川龙峪湾(模式产地)。

分布：河南，陕西。

资料来源：Liu Xingyue, Yang Ding, 2006, The genus *Sialis* Latreille, 1802 (Megaloptera: Sialidae) in Palaearctic China, with description of a new species. *Entomological Fennica.* 17: 394~399.

泥蛉 *Sialis* sp.

省内产地：登封。

分布：河南。

资料来源：申效诚，1993，河南昆虫名录。中国农业科学技术出版社。

第二一节　昆虫纲：蛇蛉目
Class Insecta: Order Raphidioptera

蛇蛉目也是一个小目，因其头部能高高抬起，像一个伺机出击的蛇头而得名。前口式，咀嚼式口器，头扁平，基部收缩似颈，能自由活动。触角丝状。前胸普遍延长。前后翅近于相似，翅痣明显。雌虫产卵器长。

成幼虫均为陆生、树栖种类，肉食性。主要分布于北纬20°以北的地方。

河南原来没有记载，1996年杨集昆来河南考察时发现一新种，并建立一新亚属。后来我们又采到2或3种蛇蛉。

蛇蛉目全世界共2科33属225种，中国记载2科6属16种，河南记录2科3属3种。

一、蛇蛉科 Raphidiidae

本科全世界共27属199种，中国记载3属10种，河南记录2属2种。

西岳蛇蛉 *Agulla xiyue* Yang *et* Chou　(河南新记录属、种)

省内产地：栾川龙峪湾。

分布：河南，陕西。

双千蒙蛇蛉 *Mongoloraphidia doumilia* (Yang, 1998)　(图版 XXI-1)

省内产地：嵩县白云山，栾川龙峪湾(模式产地)，济源王屋山。

分布：河南。

资料来源：杨集昆，1998，双千豫蛇蛉新亚属新种记述(蛇蛉目：蛇蛉科)。《伏牛山区昆虫》，中国农业科学技术出版社。

二、盲蛇蛉科 Inocelliidae　(河南新记录科)

本科全世界共6属26种，中国2属5种，河南已知1属1未定种。

华盲蛇蛉 *Sininocellia* sp.　(河南新记录属)　(图版 XXI-2)

省内产地：嵩县白云山。

分布：河南。

第二二节　昆虫纲：脉翅目

Class Insecta: Order Neuroptera

脉翅目昆虫统称“蛉”，英文名 lacewings. 完全变态，口器咀嚼式。触角多为丝状或念珠状。两对翅膜质，纵脉多分支，横脉很多，使翅脉呈网状。

成幼虫均为捕食性，是农林业重要的害虫天敌。

脉翅目全世界共 18 科 670 属 5400 种，中国记载 14 科 148 属 744 种，河南记录 7 科 24 属 41 种。

一、粉蛉科 Coniopterygidae

本科全世界共 24 属 450 种，中国记载 11 属 70 种，河南记录 3 属 4 种。

粉蛉 *Coniopteryx* sp.

省内产地：嵩县白云山。

分布：河南。

资料来源：杨集昆，1998，脉翅目。《伏牛山区昆虫》，中国农业科学技术出版社。

直胫啮粉蛉 *Conwentzia orthotibia* Yang, 1974

省内产地：嵩县白云山。

分布：河南，甘肃，湖北，云南。

资料来源：杨集昆，1998，脉翅目。《伏牛山区昆虫》，中国农业科学技术出版社。

中华啮粉蛉 *Conwentzia sinica* Yang, 1974

省内产地：信阳，灵宝，登封。

分布：河南，陕西。

资料来源：申效诚，1993，河南昆虫名录。中国农业科学技术出版社。

重粉蛉 *Semidalis* sp.

省内产地：嵩县白云山。

分布：河南。

资料来源：杨集昆，1998，脉翅目。《伏牛山区昆虫》，中国农业科学技术出版社。

二、螳蛉科 Mantispidae

本科全世界共 44 属 400 种，中国记载 30 种，河南记录 1 属 1 种。

豫黑矢螳蛉 *Sagittalata yuata* Yang *et* Peng, 1998

省内产地：栾川龙峪湾(模式产地)。

分布：河南。

资料来源：杨集昆等，1998，伏牛山螳蛉一新种(脉翅目：螳蛉科)。《伏牛山区昆虫》，中国农业科学技术出版社。

三、褐蛉科 Hemerobiidae

本科全世界共 80 属 600 种，中国记载 17 属 120 种，河南记录 1 属 2 种。

全北褐蛉 *Hemerobius humuli* Linnaeus, 1758

省内产地：许昌。

分布：河南，辽宁，河北，山东，山西，陕西，湖北，江苏，江西，福建，湖南，四川，云南，西藏；日本，俄罗斯；欧洲，北美。

资料来源：申效诚，1993，河南昆虫名录。中国农业科学技术出版社。

脉纹褐蛉 *Hemerobius lacunasis* Navas, 1936

省内产地：许昌。

分布：河南，湖北，江西，福建，云南。

资料来源：申效诚，1993，河南昆虫名录。中国农业科学技术出版社。

四、草蛉科 Chrysopidae

本科全世界共100属1800种，中国记载27属246种，河南记录6属14种。

多斑草蛉 *Chrysopa intima* MacLachlam, 1893

省内产地：灵宝，信阳。

分布：河南，黑龙江，吉林，辽宁，内蒙古，山西，陕西，甘肃，湖北，四川，云南；俄罗斯，朝鲜，日本；欧洲。

资料来源：申效诚，1993，河南昆虫名录。中国农业科学技术出版社。

丽草蛉 *Chrysopa formosa* Brauer, 1850

省内产地：全省。

分布：河南，黑龙江，吉林，辽宁，内蒙古，北京，河北，山东，山西，陕西，宁夏，甘肃，青海，新疆，湖北，安徽，江苏，浙江，福建，江西，湖南，广东，贵州，四川，云南，西藏；蒙古国，俄罗斯，朝鲜，日本；欧洲。

资料来源：申效诚，1993，河南昆虫名录。中国农业科学技术出版社。

叶色草蛉 *Chrysopa phyllochroma* Wesmael, 1841

省内产地：许昌，民权，商丘，兰考，郑州，洛阳，安阳。

分布：河南，黑龙江，吉林，辽宁，内蒙古，北京，河北，山东，山西，陕西，甘肃，宁夏，新疆，湖北，安徽，江苏，浙江，福建，湖南，四川，西藏；朝鲜，日本，俄罗斯；欧洲。

资料来源：申效诚，1993，河南昆虫名录。中国农业科学技术出版社。

大草蛉 *Chrysopa pallens* (Ramber, 1838)

省内产地：全省。

分布：河南，黑龙江，吉林，辽宁，内蒙古，北京，河北，山东，山西，陕西，甘肃，宁夏，新疆，湖北，安徽，江苏，浙江，福建，台湾，江西，湖南，广东，海南，广西，贵州，四川，云南；俄罗斯，朝鲜，日本；欧洲。

资料来源：申效诚，1993，河南昆虫名录。中国农业科学技术出版社。

普通草蛉 *Chrysoperla carnea* (Stephens, 1836)

晋草蛉 *Chrysopa shansiensis* Kawayama, 1962

省内产地：郑州，许昌，开封，民权，西峡。

分布：河南，内蒙古，北京，河北，山东，山西，陕西，新疆，湖北，安徽，上海，广东，广西，四川，云南；古北区。

资料来源：申效诚，1993，河南昆虫名录。中国农业科学技术出版社。

松氏通草蛉 *Chrysoperla savioi* (Navas, 1933)

牯岭草蛉 *Chrysopa kulingensis* Navas, 1936

省内产地：嵩县白云山，信阳，新县，罗山，桐柏。

分布：河南，北京，山西，安徽，浙江，江西，福建，湖北，湖南，广东，广西，香港，贵州，云南。

资料来源：杨集昆，1998，脉翅目。《伏牛山区昆虫》，中国农业科学技术出版社。

日本通草蛉 *Chrysoperla nippoensis* (Okamoto, 1914)

Chrysoperla sinica Tjeder, 1936

省内产地：全省。

分布：河南，黑龙江，吉林，辽宁，内蒙古，北京，河北，山东，山西，陕西，甘肃，江苏，浙江，福建，广东，海南，广西，贵州，四川，云南；朝鲜，日本，俄罗斯，蒙古国，菲律宾。

资料来源：申效诚，1993，河南昆虫名录。中国农业科学技术出版社。

白线草蛉 *Cunctochrysa albolineata* (Kiligton, 1935)

省内产地：许昌。

分布：河南，北京，山西，福建，江西，湖北，四川，贵州，云南，西藏，陕西；俄罗斯；欧洲。

资料来源：申效诚，1993，河南昆虫名录。中国农业科学技术出版社。

窄带叉草蛉 *Dichochrysa angustivittata* Dong, Cui *et* Yang, 2004

省内产地：西峡太平镇。

分布：河南，福建，江西，贵州，四川。

资料来源：杨星科，2005，中国动物志 昆虫纲 第三十九卷。科学出版社。

海南叉草蛉 *Dichochrysa hainana* (Yang *et* Yang, 1990)

省内产地：信阳鸡公山，西峡太平镇。

分布：河南，湖北，海南，四川，云南。

资料来源：杨星科，2005，中国动物志 昆虫纲 第三十九卷。科学出版社。

重斑叉草蛉 *Dichochrysa illota* (Navas, 1908)

省内产地：西峡太平镇，内乡葛条爬。

分布：河南，北京，陕西，甘肃，湖北，四川。

资料来源：杨星科，2005，中国动物志 昆虫纲 第三十九卷。科学出版社。

九寨叉草蛉 *Dichochrysa jiuzhaigouana* Yang *et* Yang, 2005

省内产地：西峡太平镇(副模产地)。

分布：河南，四川。

资料来源：杨星科，2005，中国动物志 昆虫纲 第三十九卷。科学出版社。

亚非玛草蛉 *Mallada desjardinsi* (Navas, 1911)

省内产地：南阳。

分布：河南，湖北，浙江，福建，江西，湖南，台湾，广东，海南，广西，贵州，四川，云南，陕西；东洋区，非洲区。

资料来源：申效诚，1993，河南昆虫名录。中国农业科学技术出版社。

玉带尼草蛉 *Nineta vittata* (Weamael, 1815)

省内产地：嵩县白云山。

分布：河南，黑龙江，内蒙古，湖北，湖南，四川，陕西，宁夏，台湾；朝鲜，日本，俄罗斯；欧洲。

资料来源：杨集昆，1998，脉翅目。《伏牛山区昆虫》，中国农业科学技术出版社。

五、蚁蛉科 Myrmeleontidae

本科全世界共 193 属 1300 种，中国记载 70 种，河南记录 8 属 11 种。

长裳树蚁蛉 *Dendroleon javanus* Banks, 1915　(图版 XXII-5)

省内产地：内乡宝天曼。

分布：河南，陕西，四川，云南，贵州，湖北，湖南，浙江，福建；爪哇。

资料来源：王志良等，2008，脉翅目：蚁蛉科，蝶角蛉科。《宝天曼自然保护区昆虫》，中国农业科学技术出版社。

褐纹树蚁蛉 *Dendroleon pantherius* Fabricius　(图版 XXII-3)

省内产地：泌阳，确山，西华，封丘，信阳，南阳，卢氏。

分布：河南，河北，山东，湖北，江苏，江西，浙江，福建；欧洲。

资料来源：申效诚，1993，河南昆虫名录。中国农业科学技术出版社。

黑斑离蚁蛉 *Distoleon nigricanus* (Okamoto, 1910)　(图版 XXIII-2)

省内产地：辉县八里沟，内乡宝天曼。

分布：河南，东北，湖北，浙江，湖南；朝鲜，日本；欧洲。

资料来源：王志良等，2008，脉翅目：蚁蛉科，蝶角蛉科。《宝天曼自然保护区昆虫》，中国农业科学技术出版社。

陆溪蚁蛉 *Epacanthaclisis continentalis* Esben-Petersen　(图版 XXII-6)

省内产地：嵩县白云山，嵩县天池山，内乡宝天曼。

分布：河南，湖北，四川，云南，西藏。

资料来源：王志良等，2008，脉翅目：蚁蛉科，蝶角蛉科。《宝天曼自然保护区昆虫》，中国农业科学技术出版社。

中华东蚁蛉 *Euroleon sinicus* (Navas)

省内产地：全省。

分布：河南，吉林，内蒙古，河北，山东，青海，新疆，安徽，江苏，浙江，广东，海南，四川；蒙古国。

资料来源：于思勤等，1993，河南农业昆虫志。中国农业科学技术出版社。

朝鲜东蚁蛉 *Euroleon coreaus* Okamoto, 1924　(图版 XXII-8)

省内产地：具体不详。

分布：河南，内蒙古，河北，北京，山西，陕西，宁夏，甘肃，新疆，四川，贵州。

资料来源：工心丽等，2005，蚁蛉科。《贵州大沙河昆虫》，贵州人民出版社。

小华锦蚁蛉 *Gatzara decorilla* Yang　(图版 XXII-4)

省内产地：内乡宝天曼。

分布：河南，其他分布地待查。

资料来源：王志良等，2008，脉翅目：蚁蛉科，蝶角蛉科。《宝天曼自然保护区昆虫》，中国农业科学技术出版社。

白云蚁蛉 *Glenuroides japonicas* (MacLachlan, 1867)　(图版 XXIII-3)

省内产地：嵩县天池山，内乡宝天曼。

分布：河南，河北，山东，湖北，江苏，浙江，福建，江西，台湾，湖南，四川；朝鲜，日本。

资料来源：王志良等，2008，脉翅目：蚁蛉科，蝶角蛉科。《宝天曼自然保护区昆虫》，中国农业科学技术出版社。

追击大蚁蛉 *Heoclisis japonica* (MacLachlan, 1875)　(图版 XXIII-1)

省内产地：确山，西华，卢氏，灵宝，民权。

分布：河南，吉林，辽宁，河北，山东，陕西，甘肃，新疆，湖北，江苏，江西，浙江，湖南；朝鲜，日本。

资料来源：申效诚，1993，河南昆虫名录。中国农业科学技术出版社。

钩臀蚁蛉 *Myrmeleon bore* (Tjeder, 1941)　(图版 XXIII-4)

省内产地：内乡宝天曼。

分布：河南，湖北，台湾，四川，云南；日本；欧洲。

资料来源：王志良等，2008，脉翅目：蚁蛉科，蝶角蛉科。《宝天曼自然保护区昆虫》，中国农业科学技术出版社。

泛蚁蛉 *Myrmeleon formicarious* Linnaeus, 1767　(图版 XXII-7)

省内产地：内乡宝天曼，栾川龙峪湾。

分布：河南，吉林，内蒙古，山西，陕西，甘肃，新疆，江西，浙江，湖南，云南，贵州，西藏，台湾；朝鲜，日本，俄罗斯(西伯利亚)；欧洲。

资料来源：王志良等，2008，脉翅目：蚁蛉科，蝶角蛉科。《宝天曼自然保护区昆虫》，中国农业科学技术出版社。

六、蝶角蛉科 Ascalaphidae

本科全世界共 95 属 300 种，中国记载 10 属 30 种，河南记录 4 属 5 种。

黄花蝶角蛉 *Ascalaphus sibiricus* Evermann

省内产地：汝阳，灵宝。

分布：河南，黑龙江，吉林，辽宁，内蒙古，河北，陕西，青海，湖北，江西，浙江，四川；朝鲜，俄罗斯(西伯利亚)。

资料来源：申效诚，1993，河南昆虫名录。中国农业科学技术出版社。

黄脊蝶角蛉 *Hybris subjacens* (Walker, 1853)

省内产地：新县。

分布：河南，黑龙江，吉林，辽宁，内蒙古，山东，陕西，湖北，安徽，江苏，浙江，台湾，江西，湖南，广东，海南，广西，贵州，四川，云南；朝鲜，日本，越南。

资料来源：申效诚，1993，河南昆虫名录。中国农业科学技术出版社。

日完眼蝶角蛉 *Protidricerus japonicus* (MacLachlan, 1891) (图版 XXIII-5)

省内产地：嵩县白云山。

分布：河南，湖北，江西，浙江，广东，贵州，四川，西藏；日本。

资料来源：王志良等，2008，脉翅目：蚁蛉科，蝶角蛉科。《宝天曼自然保护区昆虫》，中国农业科学技术出版社。

狭翅完眼蝶角蛉 *Protidricerus steropterus* Wang *et* Yang, 2002 (图版 XXIII-6)

省内产地：嵩县白云山(正副模产地)。

分布：河南。

资料来源：王心丽等，2002，河南省蝶角蛉一新种(脉翅目：蝶角蛉科)。动物分类学报，27(3)：562~564。

长翅蝶角蛉 *Suphalacsa longialata* Yang, 1992 (图版 XXIII-7)

省内产地：嵩县天池山，栾川龙峪湾，内乡宝天曼。

分布：河南，其他分布地待查。

资料来源：王志良等，2008，脉翅目：蚁蛉科，蝶角蛉科。《宝天曼自然保护区昆虫》，中国农业科学技术出版社。

七、溪蛉科 Osmylidae

本科全世界已知百余种，中国记载 9 属 50 种，河南新发现 1 属 4 种。

***Osmylus biangulus* Wang *et* Liu, 2010**

省内产地：嵩县白云山(模式产地)。

分布：河南。

资料来源：Wang Yongjie & Liu Zhiqi, 2010, New species of *Osmylus* Latreille from Henan, China (Neuroptera: Osmylidae). *Zootaxa*, 2363: 60~68.

***Osmylus bipapillatus* Wang *et* Liu, 2010**

省内产地：内乡宝天曼(模式产地)。

分布：河南。

资料来源：Wang Yongjie & Liu Zhiqi, 2010, New species of *Osmylus* Latreille from Henan, China (Neuroptera: Osmylidae). *Zootaxa*, 2363: 60~68.

***Osmylus lucalatus* Wang *et* Liu, 2010**

省内产地：嵩县白云山(模式产地)。

分布：河南。

资料来源：Wang Yongjie & Liu Zhiqi, 2010, New species of *Osmylus* Latreille from Henan, China

(Neuroptera: Osmylidae). *Zootaxa*, 2363: 60~68.

Osmylus pachycaudatus **Wang *et* Liu, 2010**

省内产地：栾川龙峪湾(模式产地)。

分布：河南。

资料来源：Wang Yongjie & Liu Zhiqi, 2010, New species of *Osmylus* Latreille from Henan, China (Neuroptera: Osmylidae). *Zootaxa*, 2363: 60~68.

第二三节　昆虫纲：鞘翅目
Class Insecta: Order Coleoptera

鞘翅目昆虫统称“甲”，是生物界中最大的一目。其主要特征是体壁强烈角质化，前翅也演化为角质的鞘翅。

鞘翅目昆虫体壁坚硬，提高了对环境的抗逆能力，分布范围相当广泛，也带来了形态、习性上的分异。因此，既有农林业生产上的重要害虫，又有帮助人们控制害虫的天敌类群。更多的是维护生态平衡、保护环境的种类。

鞘翅目昆虫在河南原来有相当基础，本次考察，章有为先生以及鞘翅目组专家数次考察采集，虞国跃研究员对瓢虫科的采集等，都为甲虫区系增添了新的内容。

鞘翅目全世界共 350 000 种，中国已记载 152 科 3886 属 23 241 种，河南共记录 67 科 564 属 1094 种。

一、虎甲科 Cicindelidae

本科全世界共知 2000 种，中国已记载 22 属 220 种，河南共记录 7 属 20 种。

黄唇虎甲 *Cephalota chiloleuca* (Fischer von Waldheim, 1820)

省内产地：郑州，延津，许昌，南召。

分布：河南，河北，甘肃，浙江，广东，香港，云南；俄罗斯，土耳其。

资料来源：祝长清等，1999，河南昆虫志 鞘翅目(一)。河南科学技术出版社。

中国虎甲 *Cicindela chinensis* De Geer, 1774

省内产地：栾川，洛阳，中牟，方城，西峡，南阳，新野，桐柏，信阳，新县。

分布：河南，河北，甘肃，山东，江苏，浙江，江西，福建，广东，广西，云南，贵州；朝鲜，日本，越南。

资料来源：申效诚，1993，河南昆虫名录。中国农业科学技术出版社。

芽斑虎甲 *Cicindela gemmata* Faldermann, 1835

省内产地：中牟。

分布：河南，黑龙江，吉林，辽宁，青海，甘肃，新疆，山西，北京，河北，山东，四川，安徽，湖北，江西，福建，湖南，广西，云南；朝鲜，日本，俄罗斯(阿穆尔)，伊朗。

资料来源：申效诚，1993，河南昆虫名录。中国农业科学技术出版社。

斜斑虎甲 *Cicindela germanica obliguefasciata* Adams, 1817

省内产地：洛阳，许昌。

分布：河南，辽宁，新疆，河北，山东，山西。

资料来源：祝长清等，1999，河南昆虫志 鞘翅目(一)。河南科学技术出版社。

日本多型虎甲 *Cicindela hybrida japonensis* Chaudoir, 1863

省内产地：栾川，孟津，汝州。

分布：河南；日本。

资料来源：申效诚，1993，河南昆虫名录。中国农业科学技术出版社。

红翅多型虎甲 *Cicindela hybrida nitida* Lichtenstein, 1796

省内产地：济源，灵宝，洛宁，陕县，偃师，郑州，开封，西平，南阳，信阳，固始。

分布：河南，黑龙江，吉林，辽宁，内蒙古，河北，山西，甘肃，新疆，山东，安徽，江苏，福建，广东，云南；朝鲜，俄罗斯。

资料来源：申效诚，1993，河南昆虫名录。中国农业科学技术出版社。

铜翅多型虎甲 *Cicindela hybrida transbaicalica* Motschulsky, 1844

省内产地：安阳，封丘，修武，灵宝，洛宁，渑池，陕县，中牟，兰考，民权，西华，汝州，信阳。

分布：河南，黑龙江，吉林，辽宁，内蒙古，河北，甘肃，新疆，山东，安徽，江苏，福建，广东，云南；朝鲜，日本，俄罗斯。

资料来源：申效诚，1993，河南昆虫名录。中国农业科学技术出版社。

花斑虎甲 *Cicindela laetescripta* Motschulsky, 1860

省内产地：沁阳，修武，栾川，灵宝，偃师，中牟，尉氏，许昌，西峡，邓州，南阳，信阳。

分布：河南，黑龙江，内蒙古，河北，江西，福建，湖南，广西，云南；蒙古国，日本。

资料来源：申效诚，1993，河南昆虫名录。中国农业科学技术出版社。

月斑虎甲 *Cicindela lunulata* Fabricius

省内产地：济源，延津，许昌，夏邑，信阳。

分布：河南，辽宁，内蒙古，北京，河北，山西，甘肃，新疆，贵州；俄罗斯，伊朗，叙利亚，埃及；欧洲。

资料来源：申效诚，1993，河南昆虫名录。中国农业科学技术出版社。

深山虎甲 *Cicindela sachalinensis* Morawitz, 1862

省内产地：修武，延津，栾川，中牟。

分布：河南，吉林，内蒙古，甘肃，青海，山东，浙江，四川；朝鲜，日本，俄罗斯(阿穆尔)，萨哈林岛(库页岛)。

资料来源：章伟年等，1998，鞘翅目。《伏牛山区昆虫》，中国农业科学技术出版社。

三色虎甲 *Cicindela tricolor* Adams

省内产地：灵宝。

分布：河南，其他分布地待查。

资料来源：申效诚，1993，河南昆虫名录。中国农业科学技术出版社。

蓝长颈虎甲 *Collyris loochooensis* Kono, 1929

省内产地：安阳，信阳，罗山，桐柏，新县。

分布：河南，湖北，广西；日本。

资料来源：侯璋德等，2002，河南鞘翅目昆虫名录补遗。《太行山及桐柏山区昆虫》，中国农业科学技术出版社。

离斑虎甲 *Cosmodela separata* (Fleutiaux, 1893)

省内产地：信阳。

分布：河南，江苏，浙江，福建，湖北，湖南，云南。

资料来源：祝长清等，1999，河南昆虫志 鞘翅目(一)。河南科学技术出版社。

云纹虎甲 *Cylindera elisae* (Motschulsky, 1859)

省内产地：全省。

分布：河南，黑龙江，内蒙古，河北，北京，山西，甘肃，新疆，山东，安徽，江苏，上海，浙江，江西，台湾，湖北，广东，海南，云南；朝鲜，日本。

资料来源：申效诚，1993，河南昆虫名录。中国农业科学技术出版社。

双狭虎甲 *Cylindera gracilis* (Pallas, 1777)

省内产地：栾川，修武。

分布：河南，内蒙古，河北，山西，甘肃，新疆，山东，湖北，安徽，江苏，浙江，福建，台湾，江西，湖南，广东，四川，云南，西藏；朝鲜，日本，俄罗斯，蒙古国。

资料来源：申效诚，1993，河南昆虫名录。中国农业科学技术出版社。

星斑虎甲 *Cylindera kaleea* (Bates, 1866)

省内产地：林州，修武，延津，郑州，中牟，尉氏，许昌。

分布：河南，北京，河北，甘肃，山东，江苏，浙江，江西，台湾，四川，云南，贵州；印度。

资料来源：申效诚，1993，河南昆虫名录。中国农业科学技术出版社。

钳端虎甲 *Cylindera lobipennis* (Bates, 1888)

省内产地：信阳，商城。

分布：河南，山西，湖北，江苏，江西，浙江。

资料来源：申效诚，1993，河南昆虫名录。中国农业科学技术出版社。

断纹虎甲 *Lophyridia striolata* (Illiger, 1800)

省内产地：修武，延津，栾川，中牟，许昌，南召，邓州，信阳。

分布：河南，北京，河北，山东，江苏，浙江，江西，福建，台湾，湖北，广东，广西，云南，贵州；越南，柬埔寨，印度，印度尼西亚，菲律宾。

资料来源：申效诚，1993，河南昆虫名录。中国农业科学技术出版社。

膨边虎甲 *Lophyridia sumatrensis* (Herbst, 1806)

省内产地：修武，孟津，汝州，中牟，夏邑，许昌，信阳，罗山，商城。

分布：河南，河北，安徽，江苏，江西，台湾，湖北，广东，云南，贵州；日本，尼泊尔，缅甸，印度，印度尼西亚，马来西亚，斯里兰卡。

资料来源：申效诚，1993，河南昆虫名录。中国农业科学技术出版社。

镜面虎甲 *Myriochile specularis* (Chaudoir, 1845)

省内产地：全省。

分布：河南，安徽，江西，浙江，福建，湖北，广东，海南；日本，柬埔寨，印度尼西亚。

资料来源：申效诚，1993，河南昆虫名录。中国农业科学技术出版社。

二、步甲科 Carabidae

本科全世界已知 26 000 种，中国已记载 2220 种，河南共记录 35 属 81 种。

布氏细胫步甲 *Agonum buchanani* (Hope, 1831)

省内产地：信阳。

分布：河南，山东，安徽，江苏，浙江，江西，福建，台湾，湖北，广东，四川；朝鲜，日本，尼泊尔，缅甸，印度，斯里兰卡，印度尼西亚，马来西亚，菲律宾；北美。

资料来源：祝长清等，1999，河南昆虫志 鞘翅目(一)。河南科学技术出版社。

日本细胫步甲 *Agonum japonicum* (Motschulsky, 1860)

省内产地：许昌，信阳。

分布：河南，浙江，江西，福建，湖南，广东，广西，四川，云南，贵州；朝鲜，日本。

资料来源：祝长清等，1999，河南昆虫志 鞘翅目(一)。河南科学技术出版社。

半月锥须步甲 *Bembidion semilunium* Netolitzky, 1914

省内产地：灵宝，郑州，许昌。

分布：河南；日本。

资料来源：申效诚，1993，河南昆虫名录。中国农业科学技术出版社。

大气步甲 *Brachinus scotomedes* Redtenbacher, 1868

省内产地：许昌，信阳。

分布：河南，河北，陕西，湖北，安徽，江苏，浙江，福建，台湾，江西，湖南，广西，四川，云南；日本。

资料来源：祝长清等，1999，河南昆虫志 鞘翅目(一)。河南科学技术出版社。

狭颈气步甲 *Brachinus stenoderus* Bates, 1873

省内产地：许昌，南召。

分布：河南，湖北，安徽，江西，福建，贵州，四川，云南；朝鲜，日本，俄罗斯；东南亚。

资料来源：祝长清等，1999，河南昆虫志 鞘翅目(一)。河南科学技术出版社。

灿丽步甲 *Calleida splendidula* Fabricius, 1801

省内产地：许昌。

分布：河南，吉林，甘肃，江苏，浙江，江西，福建，湖北，湖南，广东，广西，四川，云南，贵州；日本，越南，柬埔寨，老挝，缅甸，印度，马来西亚，印度尼西亚，巴布亚新几内亚。

资料来源：祝长清等，1999，河南昆虫志 鞘翅目(一)。河南科学技术出版社。

拟类丽步甲 *Callistoides pericallus* Redtenbacter, 1867

省内产地：邓州，新野。

分布：河南，河北，湖北，安徽，江苏，江西，浙江，湖南；日本。

资料来源：祝长清等，1999，河南昆虫志 鞘翅目(一)。河南科学技术出版社。

金星步甲 *Calosoma chinense* Kirby, 1818

省内产地：全省。

分布：河南，黑龙江，吉林，辽宁，内蒙古，河北，山西，陕西，甘肃，宁夏，青海，山东，湖北，安徽，江苏，浙江，福建，江西，湖南，广东，广西，四川，云南；朝鲜，日本，俄罗斯。

资料来源：祝长清等，1999，河南昆虫志 鞘翅目(一)。河南科学技术出版社。

齿星步甲 *Calosoma denticolle* Gebler, 1833

省内产地：林州。

分布：河南，黑龙江，辽宁，内蒙古，河北，山西，新疆，山东，陕西；蒙古国，俄罗斯，罗马尼亚。

资料来源：祝长清等，1999，河南昆虫志 鞘翅目(一)。河南科学技术出版社。

暗星步甲 *Calosoma lugens* Chaudoir, 1869

省内产地：安阳，修武，沁阳，许昌，内乡，信阳，固始。

分布：河南，黑龙江，辽宁，内蒙古，河北，山西，山东，新疆；朝鲜，蒙古国，俄罗斯。

资料来源：祝长清等，1999，河南昆虫志 鞘翅目(一)。河南科学技术出版社。

大星步甲 *Calosoma maximoviczi* Morawitz, 1863

省内产地：安阳，栾川，巩义，中牟，南召，西峡，南阳，信阳。

分布：河南，黑龙江，辽宁，内蒙古，河北，山西，陕西，甘肃，山东，安徽，浙江，福建，江西，台湾，湖北，四川，云南；朝鲜，日本，俄罗斯。

资料来源：申效诚，1993，河南昆虫名录。中国农业科学技术出版社。

麻步甲 *Carabus brandti* Faldermann, 1835

省内产地：林州，灵宝，许昌，南召，邓州，信阳。

分布：河南，黑龙江，吉林，辽宁，内蒙古，河北，山西，陕西，甘肃，山东，浙江。

资料来源：申效诚，1993，河南昆虫名录。中国农业科学技术出版社。

鸡公山步甲 *Carabus casaleianus jigongshanicus* Kleinfeld, 1998

省内产地：信阳鸡公山(模式产地)。

分布：河南。

资料来源：Kleinfeld, F., 1998, *Emtomologische Zeitschrift*, 108 (1): 26~38.

瓦纹链步甲 *Carabus conciliator* Fischer von Waldcheim, 1822

省内产地：淅川，息县，信阳。

分布：河南，黑龙江，吉林，辽宁，北京；日本。

资料来源：申效诚，1993，河南昆虫名录。中国农业科学技术出版社。

伊步甲 *Carabus elysii* (Thompson, 1856)

省内产地：济源，信阳。

分布：河南，河北，湖北，安徽，江苏，江西，浙江，福建，台湾，湖南，四川；朝鲜。

资料来源：申效诚，1993，河南昆虫名录。中国农业科学技术出版社。

河南步甲 *Carabus honanensis* Hauser, 1921

省内产地：林州，洛宁，偃师，方城，南召，信阳。

分布：河南，河北。

资料来源：申效诚，1993，河南昆虫名录。中国农业科学技术出版社。

拉步甲 *Carabus lafossei* (Feisthamel, 1845)

省内产地：济源，洛宁，中牟，信阳，罗山，新县。

分布：河南，湖北，安徽，江苏，江西，浙江，福建，台湾，四川，云南。

资料来源：祝长清等，1999，河南昆虫志 鞘翅目(一)。河南科学技术出版社。

瘤鞘蓝步甲 *Carabus* sp.

省内产地：灵宝。

分布：河南。

资料来源：祝长清等，1999，河南昆虫志 鞘翅目(一)。河南科学技术出版社。

直胫步甲 *Charmosta lugens* (Chaudoir, 1869)

省内产地：沈丘，封丘，信阳。

分布：河南，东北，华北，山西；日本，蒙古国，俄罗斯(西伯利亚)。

资料来源：侯璋德等，2002，河南鞘翅目昆虫名录补遗。《太行山及桐柏山区昆虫》，中国农业科学技术出版社。

双斑青步甲 *Chlaenius bioculatus* Chaudoir, 1856

省内产地：确山。

分布：河南，吉林，河北，陕西，安徽，江苏，浙江，福建，台湾，湖北，湖南，广东，广西，四川，云南，贵州，西藏；印度，缅甸，斯里兰卡，马来西亚，印度尼西亚。

资料来源：祝长清等，1999，河南昆虫志 鞘翅目(一)。河南科学技术出版社。

黄边青步甲 *Chlaenius circumdatus* Brulle, 1835

省内产地：获嘉，沁阳，修武，延津，中牟，夏邑，许昌，信阳，商城。

分布：河南，黑龙江，吉林，辽宁，甘肃，青海，宁夏，陕西，河北，湖南，广东，广西，四川，云南，贵州，西藏；朝鲜，日本，俄罗斯，缅甸，印度，斯里兰卡，马来西亚，印度尼西亚。

资料来源：申效诚，1993，河南昆虫名录。中国农业科学技术出版社。

脊青步甲 *Chlaenius costiger* Chaudoir, 1856

省内产地：陕县，许昌，郸城，信阳。

分布：河南，陕西，湖北，安徽，江苏，浙江，江西，福建，台湾，广东，广西，四川，云南，贵州；朝鲜，日本，缅甸，印度，越南，柬埔寨，老挝。

资料来源：祝长清等，1999，河南昆虫志 鞘翅目(一)。河南科学技术出版社。

狭边青步甲 *Chlaenius inops* Chaudoir, 1856

省内产地：安阳，延津，郑州，中牟，许昌，陕县，长葛，邓州，南阳，信阳，固始，商城。

分布：河南，黑龙江，新疆，甘肃，陕西，河北，江苏，江西，福建，湖北，湖南，广东，广西，四川，云南，贵州；朝鲜，日本，泰国。

资料来源：申效诚，1993，河南昆虫名录。中国农业科学技术出版社。

麻青步甲 *Chlaenius junceus* Andrewes, 1923

省内产地：郑州，许昌，西峡，邓州，信阳。

分布：河南，黑龙江，吉林，辽宁，内蒙古，河北，陕西，湖北，安徽，浙江，福建，江西，湖南，广东，广西，贵州，四川，云南；蒙古国，爪哇。

资料来源：申效诚，1993，河南昆虫名录。中国农业科学技术出版社。

黄斑青步甲 *Chlaenius micans* Fabricius, 1792

省内产地：林州，济源，延津，沁阳，郑州，中牟，许昌，尉氏，邓州，信阳，固始，商城。

分布：河南，吉林，辽宁，内蒙古，青海，宁夏，陕西，河北，山东，江西，福建，湖北，湖南，广西，四川，贵州，云南；朝鲜，日本，印度，斯里兰卡，印度尼西亚。

资料来源：申效诚，1993，河南昆虫名录。中国农业科学技术出版社。

大黄缘青步甲 *Chlaenius nigricans* Wiedemann, 1921

省内产地：新乡，延津，灵宝，偃师，中牟，许昌，南阳，信阳，固始。

分布：河南，安徽，江苏，江西，福建，台湾，湖北，湖南，广西，四川，云南，贵州；印度，斯里兰卡，印度尼西亚，朝鲜，日本。

资料来源：祝长清等，1999，河南昆虫志 鞘翅目(一)。河南科学技术出版社。

淡足青步甲 *Chlaenius pallipes* Gebler, 1823

省内产地：林州，新乡，陕县，渑池，偃师，兰考，孟津，信阳。

分布：河南，黑龙江，吉林，辽宁，内蒙古，河北，山东，山西，新疆，青海，甘肃，宁夏，江苏，江西，浙江，福建，湖北，湖南，贵州，广西，四川，云南；朝鲜，日本，俄罗斯，蒙古国。

资料来源：祝长清等，1999，河南昆虫志 鞘翅目(一)。河南科学技术出版社。

后斑青步甲 *Chlaenius posticalis* Motschulsky, 1953

省内产地：林州，灵宝，洛宁，洛阳，偃师，郑州，许昌，邓州。

分布：河南，黑龙江，吉林，辽宁，内蒙古，宁夏，山西，河北，山东，湖北，安徽，江苏，江西，湖南，广东，广西，四川，云南；朝鲜，日本，俄罗斯。

资料来源：申效诚，1993，河南昆虫名录。中国农业科学技术出版社。

点沟青步甲 *Chlaenius praefectus* Bates, 1873

省内产地：洛宁，渑池，陕县，偃师，孟津，汝州，信阳。

分布：河南，湖北，江西，浙江，福建，湖南，广西，台湾，四川，云南；日本；东南亚。

资料来源：申效诚，1993，河南昆虫名录。中国农业科学技术出版社。

附边青步甲 *Chlaenius prostenus* Bates, 1873

省内产地：长葛，南召，信阳，光山，商城。

分布：河南，湖北，江西，福建，广西，四川，贵州；日本。

资料来源：申效诚，1993，河南昆虫名录。中国农业科学技术出版社。

丝青步甲 *Chlaenius sericimicans* Chaudoir, 1876

省内产地：许昌，西峡，邓州，桐柏，信阳，光山。

分布：河南，河北，湖北，安徽，江苏，江西，福建，湖南，广西，贵州，四川；日本。

资料来源：祝长清等，1999，河南昆虫志 鞘翅目(一)。河南科学技术出版社。

黄缘青步甲 *Chlaenius spoliatus* Rossi, 1790

省内产地：延津，灵宝，中牟，许昌，西峡，商城。

分布：河南，黑龙江，吉林，辽宁，内蒙古，新疆，河北，江苏，福建，台湾，湖北，湖南，广东，广西，四川，云南，贵州；朝鲜，日本，蒙古国，俄罗斯；欧洲。

资料来源：申效诚，1993，河南昆虫名录。中国农业科学技术出版社。

彩角青步甲 *Chlaenius touzalini* Andrewes, 1920

省内产地：许昌，林州。

分布：河南，河北，湖南，江西，云南；朝鲜。

资料来源：祝长清等，1999，河南昆虫志 鞘翅目(一)。河南科学技术出版社。

异角青步甲 *Chlaenius variicornus* Morawitz, 1863

省内产地：西峡，长垣，郾城。

分布：河南，辽宁，河北，甘肃，山东，湖北，安徽，江苏，江西，福建，湖南，广东，海南，广西，贵州，四川，云南；日本。

资料来源：侯璋德等，2002，河南鞘翅目昆虫名录补遗。《太行山及桐柏山区昆虫》，中国农业科学技术出版社。

逗斑青步甲 *Chlaenius virgulifer* Chaudoir, 1876

省内产地：许昌，邓州，信阳。

分布：河南，河北，陕西，安徽，江苏，浙江，江西，福建，台湾，湖北，湖南，广东，广西，四川，贵州，云南，西藏；朝鲜，日本。

资料来源：申效诚，1993，河南昆虫名录。中国农业科学技术出版社。

卫氏青步甲 *Chlaenius westwoodi* Putzeys, 1841

省内产地：具体不详。

分布：河南，其他分布地待查。

资料来源：申效诚，1993，河南昆虫名录。中国农业科学技术出版社。

栗小蝼步甲 *Clivina castanea* Westwood, 1837

省内产地：林州。

分布：河南，河北，陕西，新疆，山东，湖北，四川，江苏，江西，福建，台湾，广东，海南，广西，贵州，四川，云南；朝鲜，日本，印度，菲律宾，斯里兰卡。

资料来源：祝长清等，1999，河南昆虫志 鞘翅目(一)。河南科学技术出版社。

列小蝼步甲 *Clivina lewisi* Andrewes, 1927

省内产地：郸城。

分布：河南，湖北，江西，湖南，贵州，四川，云南；日本。

资料来源：侯璋德等，2002，河南鞘翅目昆虫名录补遗。《太行山及桐柏山区昆虫》，中国农业科学技术出版社。

页小蝼步甲 *Clivina lobata* Bonelli, 1813

省内产地：确山，西平。

分布：河南，湖北，台湾，四川；日本，缅甸，印度，斯里兰卡。

资料来源：侯璋德等，2002，河南鞘翅目昆虫名录补遗。《太行山及桐柏山区昆虫》，中国农业科学技术出版社。

苇小蝼步甲 *Clivina westwoodi* Putzeys, 1868

省内产地：郾城。

分布：河南，辽宁，湖北，台湾，广西，四川；日本，印度，斯里兰卡；东南亚。

资料来源：侯璋德等，2002，河南鞘翅目昆虫名录补遗。《太行山及桐柏山区昆虫》，中国农业科学技术出版社。

翅端残步甲 *Colpodes buchanani* Hope, 1831

省内产地：灵宝。

分布：河南，湖北，四川；朝鲜，日本，印度，菲律宾，印度尼西亚，斯里兰卡，尼泊尔；北美。

资料来源：侯璋德等，2002，河南鞘翅目昆虫名录补遗。《太行山及桐柏山区昆虫》，中国农业科学技术出版社。

日本残步甲 *Colpodes japonicus* Motschulsky, 1860

省内产地：鲁山，灵宝，栾川。

分布：河南，湖北，台湾，广西；朝鲜，日本。

资料来源：侯璋德等，2002，河南鞘翅目昆虫名录补遗。《太行山及桐柏山区昆虫》，中国农业科学技术出版社。

胫边步甲 *Craspedonotus tibialis* Schaum, 1863

省内产地：洛阳。

分布：河南，黑龙江，吉林，辽宁，内蒙古，河北，甘肃，安徽，湖北，湖南，江西，福建，台湾，广西，云南；朝鲜，日本。

资料来源：祝长清等，1999，河南昆虫志 鞘翅目(一)。河南科学技术出版社。

大背短胸步甲 *Curtonotus macronotus* Sols.

省内产地：许昌。

分布：河南，其他分布地待查。

资料来源：祝长清等，1999，河南昆虫志 鞘翅目(一)。河南科学技术出版社。

半猛步甲 *Cymindis daimio* Bates, 1873

省内产地：邓州，新野。

分布：河南，吉林，内蒙古，河北，山东，湖北；朝鲜，日本，俄罗斯，蒙古国；东南亚。

资料来源：祝长清等，1999，河南昆虫志 鞘翅目(一)。河南科学技术出版社。

偏额重唇步甲 *Diplocheila latifrons* Dejean, 1830

省内产地：许昌，邓州，信阳，商城。

分布：河南，河北，山东，湖北，安徽，江苏，浙江，福建，江西，湖南，广东，四川；朝鲜，日本，越南，印度，印度尼西亚。

资料来源：申效诚，1993，河南昆虫名录。中国农业科学技术出版社。

日本裂跗步甲 *Dischissus japonicus* Andrewes, 1933

省内产地：许昌，西峡，内乡。

分布：河南，湖北，江西，四川，台湾；日本。

资料来源：祝长清等，1999，河南昆虫志 鞘翅目(一)。河南科学技术出版社。

奇裂跗步甲 *Dischissus mirandus* Bates, 1873

省内产地：西峡，内乡。

分布：河南，陕西，四川，湖北，江苏，湖南，贵州，广东，广西，浙江，福建；日本。

资料来源：祝长清等，1999，河南昆虫志 鞘翅目(一)。河南科学技术出版社。

蠋步甲 *Dolichus halensis* (Schaller, 1783)

省内产地：全省。

分布：河南，黑龙江，辽宁，内蒙古，新疆，青海，甘肃，陕西，山西，河北，安徽，江苏，江西，福建，湖北，湖南，广西，四川，云南，贵州；朝鲜，日本，俄罗斯；欧洲。

资料来源：祝长清等，1999，河南昆虫志 鞘翅目(一)。河南科学技术出版社。

三穴蛛蝼步甲 *Dyschirius ovicottis* Putzeys, 1873

省内产地：郾城。

分布：河南，东北，湖北，江苏；朝鲜，日本。

资料来源：侯璋德等，2002，河南鞘翅目昆虫名录补遗。《太行山及桐柏山区昆虫》，中国农业科学技术出版社。

谷婪步甲 *Harpalus calceatus* (Duftschmid, 1812)

省内产地：陕县，孟津，郑州，中牟，许昌，汝州。

分布：河南，黑龙江，吉林，辽宁，内蒙古，新疆，河北，陕西，甘肃，安徽，江西，福建，四川；俄罗斯，朝鲜，日本；欧洲。

资料来源：申效诚，1993，河南昆虫名录。中国农业科学技术出版社。

大头婪步甲 *Harpalus capito* Morawitz, 1862

省内产地：灵宝，许昌，新野，信阳。

分布：河南，黑龙江，吉林，辽宁，内蒙古，甘肃，宁夏，山西，河北，陕西，山东，湖北，安徽，江苏，浙江，福建，江西，台湾，湖南，四川；朝鲜，日本，俄罗斯。

资料来源：申效诚，1993，河南昆虫名录。中国农业科学技术出版社。

铜绿婪步甲 *Harpalus chalcentus* Bates, 1873

省内产地：郸城，许昌，信阳。

分布：河南，吉林，宁夏，河北，江苏，江西，浙江，福建，湖北，湖南，广东，广西，四川，贵州；朝鲜，日本。

资料来源：祝长清等，1999，河南昆虫志 鞘翅目(一)。河南科学技术出版社。

毛婪步甲 *Harpalus griseus* (Panzer, 1797)

省内产地：林州，延津，栾川，郑州，中牟，长葛，许昌，郸城，邓州，信阳。

分布：河南，黑龙江，吉林，辽宁，河北，山西，陕西，甘肃，新疆，山东，安徽，江苏，浙江，江西，福建，台湾，湖北，湖南，广西，四川，云南，贵州；西亚，欧洲，北非。

资料来源：申效诚，1993，河南昆虫名录。中国农业科学技术出版社。

腻婪步甲 *Harpalus niigatanus* Schauberger, 1929

省内产地：郑州，许昌。

分布：河南，黑龙江，吉林，辽宁，内蒙古，河北，陕西，甘肃，安徽，广西，贵州，四川；

日本。

资料来源：祝长清等，1999，河南昆虫志 鞘翅目(一)。河南科学技术出版社。

淡鞘婪步甲 *Harpalus pallidipennis* Morawitz, 1862

省内产地：林州，延津，洛宁，郑州，许昌，方城，内乡，信阳。

分布：河南，黑龙江，吉林，辽宁，内蒙古，河北，山西，山东，陕西，甘肃，湖北，江苏，江西，福建，广西，四川，西藏；朝鲜，日本，蒙古国，俄罗斯。

资料来源：申效诚，1993，河南昆虫名录。中国农业科学技术出版社。

黑足婪步甲 *Harpalus roninus* Bates, 1873

省内产地：林州。

分布：河南，吉林，辽宁，河北，陕西，湖北，江苏，台湾，湖南，四川；朝鲜，日本。

资料来源：祝长清等，1999，河南昆虫志 鞘翅目(一)。河南科学技术出版社。

单齿婪步甲 *Harpalus simplicidens* Schauberger, 1929

省内产地：许昌。

分布：河南，黑龙江，吉林，内蒙古，甘肃，山西，河北，陕西，湖北，安徽，湖南，江苏，江西，四川，贵州，西藏；朝鲜，日本，蒙古国，俄罗斯。

资料来源：祝长清等，1999，河南昆虫志 鞘翅目(一)。河南科学技术出版社。

中华婪步甲 *Harpalus sinicus* Hope, 1845

省内产地：洛宁，郑州，中牟，许昌，信阳。

分布：河南，辽宁，河北，甘肃，山东，安徽，江苏，江西，浙江，福建，台湾，湖北，湖南，广西，四川，贵州，云南，西藏；朝鲜，日本，俄罗斯，越南，克什米尔。

资料来源：申效诚，1993，河南昆虫名录。中国农业科学技术出版社。

大毛婪步甲 *Harpalus vicarius* Harold, 1878

省内产地：许昌，林州。

分布：河南，黑龙江，内蒙古，河北，陕西，安徽，四川，湖北，西藏；朝鲜，日本，俄罗斯(西伯利亚)。

资料来源：祝长清等，1999，河南昆虫志 鞘翅目(一)。河南科学技术出版社。

毛盆步甲 *Lachnolebia cribricollis* Morawitz, 1862

省内产地：信阳。

分布：河南，黑龙江，吉林，辽宁，新疆，河北，江苏，浙江，福建，江西，湖北，湖南，广西，四川，云南；朝鲜，日本，俄罗斯(西伯利亚)。

资料来源：祝长清等，1999，河南昆虫志 鞘翅目(一)。河南科学技术出版社。

大劫步甲 *Lesticus magnus* Motschulsky, 1860

省内产地：林州，郑州，中牟，西华，信阳，息县，商城。

分布：河南，辽宁，内蒙古，河北，甘肃，陕西，山西，山东，湖北，安徽，江苏，浙江，江西，台湾，湖南，广西，四川，贵州；朝鲜，日本。

资料来源：申效诚，1993，河南昆虫名录。中国农业科学技术出版社。

黄斑小丽步甲 *Microcosmodes flavospilosus* Laferte, 1851

省内产地：林州，许昌，汝州，南召，邓州，信阳，商城。

分布：河南，陕西，湖北，安徽，广东，福建，台湾，广西，贵州，四川，云南；日本，越南，印度。

资料来源：祝长清等，1999，河南昆虫志 鞘翅目(一)。河南科学技术出版社。

黄缘心步甲 *Nebria livida* Linnaeus, 1758

省内产地：修武，获嘉，延津，灵宝，洛宁，渑池，陕县，孟津，兰考，许昌，汝州，方城，内乡，南阳。

分布：河南，吉林，辽宁，内蒙古，河北，山西，甘肃，青海，山东，江苏，江西，台湾，贵州，四川；朝鲜，日本，俄罗斯。

资料来源：申效诚，1993，河南昆虫名录。中国农业科学技术出版社。

黑卵步甲 *Oodes virens* Wiedemann, 1823

省内产地：固始。

分布：河南，中国；印度，斯里兰卡，日本；东南亚。

资料来源：侯璋德等，2002，河南鞘翅目昆虫名录补遗。《太行山及桐柏山区昆虫》，中国农业科学技术出版社。

三齿婪步甲 *Ophonus tridens* Morawitz, 1862

省内产地：信阳，息县，新安。

分布：河南，湖北；朝鲜，日本。

资料来源：侯璋德等，2002，河南鞘翅目昆虫名录补遗。《太行山及桐柏山区昆虫》，中国农业科学技术出版社。

四斑偏须步甲 *Panagaeus davidi* Fairmaire, 1887

省内产地：林州，偃师，南召。

分布：河南，北京，台湾。

资料来源：祝长清等，1999，河南昆虫志 鞘翅目(一)。河南科学技术出版社。

日本宽须步甲 *Panagaeus japonicus* Chaudoir, 1861

省内产地：中牟，固始，西峡，陕县，郾城。

分布：河南，江西；日本，俄罗斯(西伯利亚)。

资料来源：侯璋德等，2002，河南鞘翅目昆虫名录补遗。《太行山及桐柏山区昆虫》，中国农业科学技术出版社。

黄足隘步甲 *Patrobus flavipes* Motschulsky, 1864

省内产地：许昌，临颍。

分布：河南，东北，湖北，安徽，江苏，浙江，江西，湖南，四川；朝鲜，日本。

资料来源：申效诚，1993，河南昆虫名录。中国农业科学技术出版社。

黄毛角胸步甲 *Peronomerus auripilis* Bates, 1883

省内产地：林州，新乡，延津，中牟，许昌，汝州，邓州，信阳。

分布：河南，黑龙江，吉林，辽宁，河北，湖北，安徽，江苏，江西，湖南，广西，四川；日本，俄罗斯(乌苏里)。

资料来源：祝长清等，1999，河南昆虫志 鞘翅目(一)。河南科学技术出版社。

爪哇屁步甲 *Pheropsophus javanus* Dejean, 1825

省内产地：修武，泌阳，郑州，中牟，开封，兰考，许昌，息县。

分布：河南，江苏，浙江，江西，福建，台湾，湖北，湖南，广东，广西，四川，云南，贵州，西藏；越南，柬埔寨，缅甸，老挝，泰国，印度，马来西亚，巴布亚新几内亚。

资料来源：申效诚，1993，河南昆虫名录。中国农业科学技术出版社。

广屁步甲 *Pheropsophus occipitalis* (MacLeay, 1825)

省内产地：全省。

分布：河南，辽宁，内蒙古，甘肃，河北，安徽，江苏，上海，江西，福建，台湾，湖北，湖南，广东，广西，四川，云南，贵州；缅甸，印度，马来西亚，印度尼西亚，菲律宾。

资料来源：申效诚，1993，河南昆虫名录。中国农业科学技术出版社。

宽额步甲 *Platymetopus flavilabris* Fabricius, 1798

省内产地：许昌，商城。

分布：河南，江西，浙江，福建，台湾，广东，广西，云南；日本，印度；东南亚。

资料来源：祝长清等，1999，河南昆虫志 鞘翅目(一)。河南科学技术出版社。

赤纹扁步甲 *Platynus protensum* (Morawitz, 1863)

省内产地：新县，息县，南阳。

分布：河南，湖北，安徽，江苏，浙江，福建，台湾，广东，四川，云南；朝鲜，日本。

资料来源：侯璋德等，2002，河南鞘翅目昆虫名录补遗。《太行山及桐柏山区昆虫》，中国农业

科学技术出版社。

通缘步甲 *Pterostichus gebleri* Dejean, 1828

省内产地：济源，中牟，商丘，许昌。

分布：河南，黑龙江，吉林，辽宁，青海，甘肃，内蒙古，河北，福建，四川，云南；俄罗斯；中亚。

资料来源：祝长清等，1999，河南昆虫志 鞘翅目(一)。河南科学技术出版社。

双齿蝼步甲 *Scarites acutides* Chaudoir, 1855

省内产地：许昌。

分布：河南，甘肃，湖北，安徽，江苏，浙江，江西，福建，台湾，湖南，广西，四川，云南；日本。

资料来源：祝长清等，1999，河南昆虫志 鞘翅目(一)。河南科学技术出版社。

大蝼步甲 *Scarites sulcatus* Olivier, 1795

省内产地：三门峡，洛阳，中牟，开封，兰考，许昌，汝州，信阳，息县，新县。

分布：河南，东北，河北，江苏，浙江，福建，台湾，江西，贵州，广西，云南，西藏；朝鲜，日本，印度，印度尼西亚。

资料来源：申效诚，1993，河南昆虫名录。中国农业科学技术出版社。

单齿蝼步甲 *Scarites terricola* Bonelli, 1813

省内产地：三门峡，中牟，许昌，西华，邓州。

分布：河南，黑龙江，辽宁，内蒙古，河北，宁夏，甘肃，新疆，湖北，安徽，江苏，浙江，福建，台湾，江西，湖南，广东，广西，贵州，四川；朝鲜，日本，蒙古国，俄罗斯；欧洲，北非。

资料来源：祝长清等，1999，河南昆虫志 鞘翅目(一)。河南科学技术出版社。

背黑狭胸步甲 *Stenolophus connotatus* (Bates, 1873)

省内产地：林州，许昌，方城，南阳，邓州，信阳。

分布：河南，吉林，河北，湖北，安徽，江苏，江西，湖南，福建，广西，四川，云南；朝鲜，日本。

资料来源：申效诚，1993，河南昆虫名录。中国农业科学技术出版社。

虹彩圆胸步甲 *Stenolophus iridicolor* (Redtenbacher, 1867)

省内产地：郾城。

分布：河南，吉林，湖北，江苏，浙江，福建，台湾，江西，湖南，广西，贵州，四川，云南；朝鲜，日本。

资料来源：侯璋德等，2002，河南鞘翅目昆虫名录补遗。《太行山及桐柏山区昆虫》，中国农业科学技术出版社。

四斑小步甲 *Tachys gradates* Bates, 1873

省内产地：郾城。

分布：河南，河北，山东，湖北，江苏，江西，福建，湖南，四川；朝鲜，日本。

资料来源：侯璋德等，2002，河南鞘翅目昆虫名录补遗。《太行山及桐柏山区昆虫》，中国农业科学技术出版社。

三、棒角甲科 Paussidae

本科全世界已知 300 种，中国已记载 4 属 17 种，河南仅记录 1 属 1 种。

五斑扁棒角甲 *Platyrhopalus paussoides* Wasmann, 1904

省内产地：许昌，新乡，林州。

分布：河南，北京，陕西，山东，江西，台湾，湖北，湖南，四川；印度。

资料来源：祝长清等，1999，河南昆虫志 鞘翅目(一)。河南科学技术出版社。

四、圆甲科 Omophronidae

本科中国记载 1 属 2 种，河南记录 1 属 1 种。

河圆甲 *Omophron limbatus* Fabricius, 1776

Omophron aequalis Morawitz, 1863

省内产地：新乡，焦作，郑州，中牟，尉氏。

分布：河南，内蒙古，河北，湖北，浙江，福建，台湾，江西，广西，四川，云南；朝鲜，日本，俄罗斯；欧洲。

资料来源：侯璋德等，2002，河南鞘翅目昆虫名录补遗。《太行山及桐柏山区昆虫》，中国农业科学技术出版社。

五、沼梭甲科 Haliplidae

本科全世界已知 200 余种，中国记载 2 属 23 种，河南记录 1 属 2 种。

瑞氏沼梭甲 *Haliplus regimbarti* Zaitzev, 1907

省内产地：具体不详。

分布：河南，山东，陕西，江苏，湖北，浙江，福建，江西，湖南，贵州，台湾，四川，云南，广东，广西。

资料来源：贾凤龙，赵爽，2007，沼梭甲科。《雷公山景观昆虫》，贵州科技出版社。

中华水梭甲 *Peltodytes sinensis* (Hope, 1845)

省内产地：具体不详。

分布：河南，除西藏外全国各省；朝鲜，日本，越南，菲律宾。

资料来源：贾凤龙，2006，沼梭科。《梵净山景观昆虫》，贵州科技出版社。

六、豉甲科 Gyrinidae

本科全世界已知 900 多种，中国记载 7 属 50 种，河南记录 2 属 2 种。

东方豉甲 *Dineutus orientalis* Modeer, 1776

省内产地：郾城。

分布：河南，辽宁，河北，山东，湖北，江苏，江西，浙江，福建，台湾，湖南，广东，香港，海南，广西，贵州，四川，云南；印度，越南，老挝，印度尼西亚，朝鲜，日本，俄罗斯(西伯利亚)。

资料来源：侯璋德等，2002，河南鞘翅目昆虫名录补遗。《太行山及桐柏山区昆虫》，中国农业科学技术出版社。

小豉甲 *Gyrinus curtus* Motschulsky, 1866

省内产地：郾城。

分布：河南，辽宁，北京，江西；日本。

资料来源：侯璋德等，2002，河南鞘翅目昆虫名录补遗。《太行山及桐柏山区昆虫》，中国农业科学技术出版社。

七、龙虱科 Dytiscidae

本科全世界已知 4000 种，中国已记载 39 属 250 种(贾凤龙，2004)，河南共记录 8 属 12 种。

大龙虱 *Cybister japonicus* Sharp, 1873

省内产地：济源，获嘉，修武，延津，沁阳，中牟，许昌。

分布：河南，黑龙江，吉林，辽宁，北京，天津，河北，山东，台湾，广东，海南，广西，四川，云南，西藏；朝鲜，日本，俄罗斯。

资料来源：申效诚，1993，河南昆虫名录。中国农业科学技术出版社。

东方龙虱 *Cybister tripunctatus* (Olivier, 1795)

省内产地：济源，延津，修武，许昌，信阳，商城。

分布：河南，黑龙江，吉林，辽宁，河北，江苏，浙江，福建，台湾，湖北，湖南，广东，广西，海南，四川，云南，西藏，甘肃；朝鲜，日本。

资料来源：申效诚，1993，河南昆虫名录。中国农业科学技术出版社。

灰龙虱 *Erectes sticticus* (Linnaeus, 1758)

省内产地：栾川，延津，修武，陕县，偃师，中牟，尉氏，汝州，许昌，信阳，固始，商城。

分布：河南，黑龙江，吉林，辽宁，湖南，福建，台湾，陕西，广西，甘肃；世界广布(除大洋洲)。

资料来源：申效诚，1993，河南昆虫名录。中国农业科学技术出版社。

波纹龙虱 *Eretes sticus* Linnaeus, 1767

省内产地：郑州。

分布：河南，黑龙江，辽宁，河北，陕西，北京，山东，湖北，江苏，江西，浙江，福建，台湾，湖南，广东，香港，广西，贵州，四川，云南；印度，朝鲜，土耳其，菲律宾，墨西哥，澳大利亚。

资料来源：申效诚，1993，河南昆虫名录。中国农业科学技术出版社。

黄条龙虱 *Hydaticus bowyingi* Clark, 1864

省内产地：林州，中牟，信阳，商城。

分布：河南，北京，陕西，山东，江苏，安徽，浙江，江西，台湾，湖北，湖南，广西，四川，云南；朝鲜，日本。

资料来源：申效诚，1993，河南昆虫名录。中国农业科学技术出版社。

点线龙虱 *Hydaticus grammicus* Germar, 1830

省内产地：许昌，信阳。

分布：河南，黑龙江，吉林，辽宁，北京，河北，江苏，湖北，湖南，云南，海南，陕西，甘肃；朝鲜，日本；欧洲。

资料来源：祝长清等，1999，河南昆虫志 鞘翅目(一)。河南科学技术出版社。

点条龙虱 *Hydaticus rhantoides* Sharp, 1882

省内产地：许昌。

分布：河南，黑龙江，吉林，辽宁，上海，浙江，福建，江西，台湾，湖北，湖南，广东，海南，广西，四川，贵州，云南；日本，越南。

资料来源：祝长清等，1999，河南昆虫志 鞘翅目(一)。河南科学技术出版社。

密点瓢龙虱 *Hydrovatus subtilis* Sharp, 1882

H. adachii Kamiya, 1932

省内产地：郾城。

分布：河南，台湾；日本，老挝，泰国，印度尼西亚。

资料来源：侯璋德等，2002，河南鞘翅目昆虫名录补遗。《太行山及桐柏山区昆虫》，中国农业科学技术出版社。

东方沼龙虱 *Hyphydrus orientslis* Clark, 1863

省内产地：新乡，延津，修武，济源，信阳。

分布：河南，北京，河北，山东，江苏，上海，浙江，福建，台湾，湖北，广东，海南，广西，四川，贵州，云南。

资料来源：申效诚，1993，河南昆虫名录。中国农业科学技术出版社。

泥龙虱 *Ilybius apicalis* Sharp, 1873

省内产地：获嘉，修武，兰考。

分布：河南，黑龙江，吉林，辽宁，河北，陕西，新疆，山东，湖北，江西，台湾，四川；朝鲜，日本，蒙古国，萨哈林岛(库页岛)。

资料来源：申效诚，1993，河南昆虫名录。中国农业科学技术出版社。

豚龙虱 *Platambus fimbriatus* Sharp, 1884

省内产地：中牟，郾城，西峡。

分布：河南，吉林，华北，甘肃，江西，四川；朝鲜，日本。

资料来源：侯璋德等，2002，河南鞘翅目昆虫名录补遗。《太行山及桐柏山区昆虫》，中国农业科学技术出版社。

淋龙虱 *Rhantus suturalis* (MacLeay, 1825)

Rhantus pulverosus Stephens, 1828

省内产地：信阳，中牟，郾城。

分布：河南，黑龙江，吉林，辽宁，内蒙古，河北，山东，山西，甘肃，青海，新疆，湖北，江苏，江西，浙江，福建，台湾，广西，贵州，四川，云南，西藏；澳大利亚，朝鲜，日本，俄罗斯(西伯利亚)；欧洲，北非，北美。

资料来源：侯璋德等，2002，河南鞘翅目昆虫名录补遗。《太行山及桐柏山区昆虫》，中国农业科学技术出版社。

八、葬甲科 Silphidae

本科全世界已知 600 种，中国已记载 20 属 104 种，河南共记录 4 属 7 种。

红褐埋葬甲 *Calosilpha brunnicollis* (Kraatz, 1877)

省内产地：栾川龙峪湾。

分布：河南，台湾；日本。

资料来源：章伟年等，1998，鞘翅目。《伏牛山区昆虫》，中国农业科学技术出版社。

东亚尸葬甲 *Necrodes asiaticus* Portevin, 1922

省内产地：信阳鸡公山，栾川龙峪湾，嵩县白云山，卢氏狮子坪。

分布：河南，吉林，内蒙古，河北，新疆，湖北，江西，浙江，四川，云南，西藏；蒙古国，朝鲜，日本，俄罗斯，印度北部。

资料来源：章伟年等，1998，鞘翅目。《伏牛山区昆虫》，中国农业科学技术出版社。

三色负葬甲 *Nicrophorus concolor* Krants, 1877

省内产地：卢氏狮子坪，信阳鸡公山。

分布：河南，黑龙江，吉林，辽宁，内蒙古，河北，山东，山西，宁夏，湖北，安徽，江苏，浙江，福建，江西，湖南，广东，海南，广西，四川，云南，西藏；蒙古国，朝鲜，日本。

资料来源：章有为，1999，鞘翅目：金龟子总科及埋葬甲科，锹甲科。《伏牛山南坡及大别山昆虫》，中国农业科学技术出版社。

大红斑葬甲 *Nicrophorus japonicus* Harold, 1877

省内产地：安阳，封丘，灵宝，卢氏，中牟，兰考，尉氏，许昌，西平，南阳，信阳，固始，商城。

分布：河南，黑龙江，内蒙古，陕西，宁夏，甘肃，江西，上海，贵州；蒙古国，朝鲜，日本，俄罗斯。

资料来源：申效诚，1993，河南昆虫名录。中国农业科学技术出版社。

尼负葬甲 *Nicrophorus nepalensis* Hope, 1831

省内产地：郑州。

分布：河南，河北，山西，山东，湖北，湖南，台湾，浙江，福建，海南，广西，四川，贵州，云南；朝鲜，日本，越南，印度，尼泊尔，孟加拉国，印度尼西亚。

资料来源：章有为，1999，鞘翅目：金龟子总科及埋葬甲科，锹甲科。《伏牛山南坡及大别山昆虫》，中国农业科学技术出版社。

四斑负葬甲 *Nicrophorus quadripunctatus* Kraatz, 1877

省内产地：嵩县白云山，卢氏狮子坪，卢氏大块地。

分布：河南，东北；朝鲜，日本。

资料来源：章伟年等，1998，鞘翅目。《伏牛山区昆虫》，中国农业科学技术出版社。

双斑葬甲 *Ptomascopus plagiatus* Menetries, 1854

省内产地：安阳，新乡，封丘，灵宝，夏邑，许昌，南阳。

分布：河南，东北，河北，湖北，湖南；朝鲜，俄罗斯，日本。

资料来源：祝长清等，1999，河南昆虫志 鞘翅目(一)。河南科学技术出版社。

九、隐翅甲科 Staphylinidae

本科全世界共1500属35 000种，中国已记载780种，河南共记录5属9种。

大隐翅虫 *Creophilus maxillosus* (Linnaeus, 1758)

省内产地：洛阳，南阳。

分布：河南，黑龙江，内蒙古，河北，陕西，甘肃，宁夏，青海，新疆，湖北，江苏，江西，台湾，湖南，贵州，四川，云南，西藏；朝鲜，日本，俄罗斯，蒙古国，古巴；欧洲，北非，北美。

资料来源：申效诚，1993，河南昆虫名录。中国农业科学技术出版社。

黄足蚁形隐翅虫 *Paederus fuscipes* Curtis, 1823

省内产地：全省。

分布：河南，甘肃，湖北，安徽，江苏，浙江，福建，台湾，广东，香港，广西，贵州，四川；澳大利亚，日本；欧洲，非洲。

资料来源：申效诚，1993，河南昆虫名录。中国农业科学技术出版社。

黑足蚁形隐翅虫 *Paederus tamulus* Erichson, 1840

省内产地：全省。

分布：河南，江西，福建，台湾，湖南，广西，四川；日本，越南，印度，缅甸，斯里兰卡，新加坡，印度尼西亚。

资料来源：申效诚，1993，河南昆虫名录。中国农业科学技术出版社。

五点黑角隐翅虫 *Philonthus longicornis* Stephens, 1932

省内产地：郸城。

分布：河南，湖北，台湾；日本，菲律宾，世界广布。

资料来源：侯璋德等，2002，河南鞘翅目昆虫名录补遗。《太行山及桐柏山区昆虫》，中国农业科学技术出版社。

五点方盾隐翅虫 *Philonthus rectangulus* Sharp, 1874

省内产地：郸城。

分布：河南，东北，湖北，台湾；朝鲜，日本，印度，斯里兰卡，尼泊尔，泰国，阿富汗；欧洲。

资料来源：侯璋德等，2002，河南鞘翅目昆虫名录补遗。《太行山及桐柏山区昆虫》，中国农业科学技术出版社。

六点褐胸隐翅虫 *Philonthus rubricollis* motschulsky, 1858

省内产地：淮阳。

分布：河南，中国；印度。

资料来源：侯璋德等，2002，河南鞘翅目昆虫名录补遗。《太行山及桐柏山区昆虫》，中国农业科学技术出版社。

日本隐翅虫 *Priochirus japonicus* Sharp, 1889

省内产地：嵩县白云山。

分布：河南，湖南，台湾；日本。

资料来源：申效诚，1993，河南昆虫名录。中国农业科学技术出版社。

黑斑足突眼隐翅虫 *Stenus cicindeloides* (Shaller, 1783)

Stenus cicindela Sharp, 1874

省内产地：郑州，中牟，原阳，新乡。

分布：河南，台湾，香港，云南；朝鲜，日本，越南，蒙古国，俄罗斯；欧洲。

资料来源：申效诚，1993，河南昆虫名录。中国农业科学技术出版社。

小黑足突眼隐翅虫 *Stenus melanarius* Stephens, 1833

Stenus verecundus Sharp, 1874

省内产地：郑州。

分布：河南，台湾；日本，印度，越南，斯里兰卡。

资料来源：申效诚，1993，河南昆虫名录。中国农业科学技术出版社。

一〇、牙甲科 Hydrophilidae

本科全世界共 125 属 2500 种，中国已记载 26 属 140 种，河南共记录 6 属 6 种。

路氏刺鞘牙甲 *Berosus lewisius* Sharp, 1873

省内产地：具体不详。

分布：河南，黑龙江，吉林，辽宁，内蒙古，北京，河北，上海，浙江，江西，湖南，广东，广西，四川，云南；蒙古国，俄罗斯，朝鲜，韩国，日本，越南。

资料来源：杨星科，1997，长江三峡库区昆虫。重庆出版社。

乌苏里苍白牙甲 *Enochrus ussuriensis* Knisch, 1911

省内产地：具体不详。

分布：河南，黑龙江，吉林，辽宁，内蒙古，山西，陕西，新疆，湖北，四川；俄罗斯，日本。

资料来源：杨星科，1997，长江三峡库区昆虫。重庆出版社。

麦沟牙甲 *Helophorus auriculatus* Sharp, 1884

省内产地：鲁山，南召，嵩县。

分布：河南，黑龙江，湖北，浙江，福建，湖南，广西，四川，云南；日本。

资料来源：申效诚，1993，河南昆虫名录。中国农业科学技术出版社。

尖突巨牙甲 *Hydrous acuminatus* (Motschulsky, 1853)

省内产地：信阳，洛阳。

分布：全国广布；日本，缅甸，印度，印度尼西亚。

资料来源：杨星科，1997，长江三峡库区昆虫。重庆出版社。

丽长节牙甲 *Laccobius elegans* Gentili, 1979

省内产地：具体不详。

分布：河南，陕西，山东，福建；泰国，越南。

资料来源：贾凤龙，赵爽，2007，条脊牙甲科，牙甲科。《雷公山景观昆虫》，贵州科技出版社。

微小牙甲 *Sternolophus rufipes* (Fabricius, 1792)

省内产地：桐柏。

分布：河南，山东，湖北，江苏，江西，浙江，福建，台湾，广东，海南，广西，四川，云南，西藏；朝鲜，日本，印度，巴基斯坦，菲律宾，斯里兰卡，印度尼西亚，澳大利亚。

资料来源：侯璋德等，2002，河南鞘翅目昆虫名录补遗。《太行山及桐柏山区昆虫》，中国农业科学技术出版社。

一一、条脊牙甲科 Hydrochidae

日本条脊牙甲 *Hydrochus japonicus* Sharp, 1897

省内产地：具体不详。

分布：全国(除新疆，西藏，宁夏，甘肃，内蒙古)；日本，越南。

资料来源：贾凤龙，赵爽，2007，条脊牙甲科，牙甲科。《雷公山景观昆虫》，贵州科技出版社。

一二、阎甲科 Histeridae

本科全世界共200属约4000种，中国已记载42属200种，河南共记录4属5种。

麦氏阎甲 *Carcinops mayeti* Marseul, 1870

省内产地：信阳。

分布：河南，浙江，福建，湖北，湖南，江西，广东，广西；阿拉伯，埃及。

资料来源：申效诚，1993，河南昆虫名录。中国农业科学技术出版社。

黑矮阎甲 *Carcinops quattuordecimstriata* (Stephens, 1832)

省内产地：安阳。洛阳，商丘，郑州，中牟，登封，密县，荥阳，新郑，南召，方城，南阳，镇平，内乡，淅川，社旗，邓州，唐河，新野。

分布：河南，黑龙江，吉林，辽宁，内蒙古，河北，北京，山西，陕西，宁夏，青海，新疆，山东，安徽，江苏，上海，浙江，江西，湖北，湖南，广东，广西，海南，四川，云南，贵州；日本，世界广布。

资料来源：申效诚，1993，河南昆虫名录。中国农业科学技术出版社。

仓储阎甲 *Dendrophillus xavieri* Marseul, 1873

省内产地：安阳，洛阳，郑州，登封，方城，南阳，镇平，内乡，邓州，新野，唐河。

分布：河南，黑龙江，吉林，辽宁，内蒙古，河北，山西，陕西，宁夏，甘肃，新疆，山东，江苏，上海，浙江，江西，湖北，广西，云南，贵州；日本，俄罗斯(西伯利亚)；全北区。

资料来源：申效诚，1993，河南昆虫名录。中国农业科学技术出版社。

小艳阎甲 *Hister quinguestriatus* Motschulsky

省内产地：社旗。

分布：河南，其他分布地待查。

资料来源：申效诚，1993，河南昆虫名录。中国农业科学技术出版社。

铜金阎甲 *Saprinus esmistriatus* Scriba

省内产地：洛阳。

分布：河南，其他分布地待查。

资料来源：申效诚，1993，河南昆虫名录。中国农业科学技术出版社。

一三、锹甲科 Lucanide

本科全世界已知800种，中国已记载30属270种，河南共记录10属12种。

贺氏弯齿锹甲 *Dorcus curidens hopei* Saunders, 1854

省内产地：济源王屋山，内乡宝天曼，郑州。

分布：河南，上海，福建，台湾；朝鲜，日本，印度尼西亚，印度。

资料来源：任应党，刘宪伟，章伟年，2002，鞘翅目：锹甲科。《太行山及桐柏山区昆虫》，中国农业科学技术出版社。

大黑锹甲 *Eurytrachelus platymelus* Saunders, 1854

省内产地：商丘，民权，西峡，南阳，信阳。

分布：河南，河北，江西，福建，广东，广西，四川，云南；朝鲜，日本。

资料来源：申效诚，1993，河南昆虫名录。中国农业科学技术出版社。

台湾根锹甲 *Gnaphaloryx taiwanicus* Nakane *et* Matino, 1985

省内产地：栾川龙峪湾。

分布：河南，台湾。

资料来源：任应党，刘宪伟，章伟年，2002，鞘翅目：锹甲科。《太行山及桐柏山区昆虫》，中国农业科学技术出版社。

戴氏颅锹甲 *Lucanus dybowskyi* Parry, 1873

省内产地：栾川龙峪湾，卢氏狮子坪。

分布：河南，黑龙江；朝鲜，俄罗斯(远东)。

资料来源：任应党，刘宪伟，章伟年，2002，鞘翅目：锹甲科。《太行山及桐柏山区昆虫》，中国农业科学技术出版社。

帕里峡盾锹甲 *Nigidionus parri* Bates, 1866

省内产地：桐柏桐柏山。

分布：河南，福建，湖南。

资料来源：任应党，刘宪伟，章伟年，2002，鞘翅目：锹甲科。《太行山及桐柏山区昆虫》，中国农业科学技术出版社。

害群赢锹甲 *Nipponodorcus haitschunus* (Didier *et* Ssguy, 1952)

采集记录：栾川龙峪湾，内乡宝天曼。

分布：河南，浙江，福建，广西；朝鲜。

资料来源：任应党，刘宪伟，章伟年，2002，鞘翅目：锹甲科。《太行山及桐柏山区昆虫》，中国农业科学技术出版社。

红腿赢锹甲 *Nipponodorcus rubrofemoratus* (Vollenhoven, 1865)

省内产地：内乡宝天曼。

分布：河南，福建，湖南，台湾；朝鲜，日本。

资料来源：任应党，刘宪伟，章伟年，2002，鞘翅目：锹甲科。《太行山及桐柏山区昆虫》，中国农业科学技术出版社。

黑锹甲 *Odontolabis siva* Hope *et* Westwood, 1845

省内产地：具体不详。

分布：河南，湖北，江西，福建，台湾，湖南，广东，海南，广西，四川，云南，西藏；印度，不丹，缅甸，孟加拉国，老挝，越南。

资料来源：申效诚，1993，河南昆虫名录。中国农业科学技术出版社。

大卫棱锹甲 *Prismognathus davidis* Deyrolle, 1878

采集记录：灵宝亚武山，嵩县白云山。

分布：河南，北京，湖北，四川，云南，西藏；尼泊尔。

资料来源：任应党，刘宪伟，章伟年，2002，鞘翅目：锹甲科。《太行山及桐柏山区昆虫》，中国农业科学技术出版社。

布氏前锹甲 *Prosopocoilis blanchardi* (Parry, 1873)

省内产地：桐柏桐柏山，济源王屋山，信阳鸡公山，内黄，郑州。

分布：河南，河北，山西，陕西，江苏，浙江，台湾，湖北，四川，云南；蒙古国。

资料来源：任应党，刘宪伟，章伟年，2002，鞘翅目：锹甲科。《太行山及桐柏山区昆虫》，中国农业科学技术出版社。

大齿锹甲 *Prosopocoilis inclinatus* (Motschulsky, 1857)

Psolidoremes inclinatus Motschulsky

省内产地：信阳，南阳，民权，内黄。

分布：河南，甘肃，河北，山东，湖南，台湾；朝鲜，日本。

资料来源：申效诚，1993，河南昆虫名录。中国农业科学技术出版社。

巨锯锹甲 *Serrognathus titanus* (Boisduval, 1832)

采集记录：罗山灵山，郑州，民权，商丘，西峡，信阳。

分布：河南，辽宁，河北，江苏，上海，浙江，安徽，江西，福建，台湾，广东，广西，湖南，湖北，四川，贵州，云南，西藏；朝鲜，日本，越南，缅甸，印度，菲律宾。

资料来源：任应党，刘宪伟，章伟年，2002，鞘翅目：锹甲科。《太行山及桐柏山区昆虫》，中国农业科学技术出版社。

一四、粪金龟科 Geotrupidae

本科全世界已知 24 属 600 种，中国已记载 11 属 100 种，河南共记录 3 属 3 种。

戴锤角粪金龟 *Bolbotrypes davidis* (Fairmaire, 1891)

省内产地：全省。

分布：河南，黑龙江，吉林，辽宁，内蒙古，北京，江苏，江西，台湾；越南，柬埔寨，老挝，朝鲜。

资料来源：申效诚，1993，河南昆虫名录。中国农业科学技术出版社。

简述具角粪金龟 *Ceratophyus fischeri* Fischer, 1820

省内产地：全省。

分布：河南；俄罗斯(西伯利亚)。

资料来源：申效诚，1993，河南昆虫名录。中国农业科学技术出版社。

粪堆粪金龟 *Geotrupes stercorarius* Linnaeus, 1758

省内产地：全省。

分布：河南，黑龙江，吉林，辽宁，内蒙古，北京，山东，山西，甘肃；蒙古国，俄罗斯；欧洲。

资料来源：申效诚，1993，河南昆虫名录。中国农业科学技术出版社。

一五、红金龟科 Ochodaeidae

本科全世界已知 14 属 106 种，中国已记载 1 属 9 种，河南共记录 1 属 1 种。

锈红金龟 *Ochodaeus ferrugineus* Eschscholtz, 1818

省内产地：具体不详。

分布：河南，黑龙江，吉林，辽宁，内蒙古，河北，山西；俄罗斯。

资料来源：申效诚，1993，河南昆虫名录。中国农业科学技术出版社。

一六、蜉金龟科 Aphodiidae

本科全世界已知 338 属 1500 种，中国已记载 15 属 200 种，河南共记录 2 属 4 种。

两斑蜉金龟 *Aphodius elegans* Allibert, 1847

省内产地：洛阳。

分布：河南，甘肃，浙江，福建，江西，台湾，湖北，湖南，广东，海南，广西，四川，贵州，云南，西藏；日本，越南。

资料来源：申效诚，1993，河南昆虫名录。中国农业科学技术出版社。

直蜉金龟 *Aphodius rectus* Motschulsky, 1866

省内产地：渑池，灵宝，嵩县，中牟，郑州。

分布：河南，黑龙江，吉林，辽宁，内蒙古，北京，山西，山东，江苏，福建，台湾，四川；朝鲜，日本；俄罗斯，蒙古国，希腊。

资料来源：申效诚，1993，河南昆虫名录。中国农业科学技术出版社。

骚蜉金龟 *Aphodius sorex* (Fabricius, 1792)

省内产地：内乡万沟。

分布：河南，陕西，湖北，浙江，福建，江西，湖南，台湾，广东，广西；缅甸，印度，澳大利亚，南非。

资料来源：章有为，1999，鞘翅目：金龟子总科及埋葬甲科，锹甲科。《伏牛山南坡及大别山昆虫》，中国农业科学技术出版社。

杰皱蜉金龟 *Rhyssemus germanus* (Linnaeus, 1767)

省内产地：具体不详。

分布：河南；印度尼西亚；欧洲。

资料来源：申效诚，1993，河南昆虫名录。中国农业科学技术出版社。

一七、皮金龟科 Trogidae

本科全世界共 5 属 305 种，中国已记载 2 属 19 种，河南共记录 1 属 1 种。

鲍皮金龟 *Trox boucomonti* Paulian, 1933

省内产地：内乡葛条爬。

分布：河南，云南；越南。

资料来源：章有为，1999，鞘翅目：金龟子总科及埋葬甲科，锹甲科。《伏牛山南坡及大别山昆虫》，中国农业科学技术出版社。

一八、金龟科 Scarabaeidae

本科全世界已知 244 属 2300 种，中国已记载 23 属 255 种，河南记录 10 属 19 种。

叶凯蜣螂 *Caccobius jessoensis* Harold, 1867

省内产地：西峡黄石庵。

分布：河南；日本。

资料来源：章有为，1999，鞘翅目：金龟子总科及埋葬甲科，锹甲科。《伏牛山南坡及大别山昆虫》，中国农业科学技术出版社。

北凯蜣螂 *Caccobius sibiricus* Balthasar, 1935

省内产地：西峡黄石庵。

分布：河南，黑龙江，吉林，辽宁，甘肃；俄罗斯。

资料来源：章有为，1999，鞘翅目：金龟子总科及埋葬甲科，锹甲科。《伏牛山南坡及大别山昆虫》，中国农业科学技术出版社。

污黄凯蜣螂 *Caccobius sordidius* Harold, 1886

省内产地：西峡黄石庵。

分布：河南，黑龙江，山西，北京；朝鲜，俄罗斯。

资料来源：章有为，1999，鞘翅目：金龟子总科及埋葬甲科，锹甲科。《伏牛山南坡及大别山昆虫》，中国农业科学技术出版社。

神农洁蜣螂 *Catharsius molossus* (Linnaeus, 1758)

省内产地：全省。

分布：河南，河北，山西，山东，安徽，江苏，浙江，福建，江西，台湾，湖北，湖南，广东，海南，广西，四川，贵州，云南，西藏；越南，老挝，泰国，柬埔寨，缅甸，印度，尼泊尔，斯里兰卡，印度尼西亚，阿富汗。

资料来源：申效诚，1993，河南昆虫名录。中国农业科学技术出版社。

奥蜣螂 *Copris obenbergri* Balthasar, 1933

省内产地：西峡黄石庵。

分布：河南，四川，云南。

资料来源：章有为，1999，鞘翅目：金龟子总科及埋葬甲科，锹甲科。《伏牛山南坡及大别山昆虫》，中国农业科学技术出版社。

臭蜣螂 *Copris ochus* Motschulsky, 1860

省内产地：全省。

分布：河南，黑龙江。吉林。辽宁，内蒙古，甘肃，河北，山西，山东，江苏；蒙古国，朝鲜，日本。

资料来源：申效诚，1993，河南昆虫名录。中国农业科学技术出版社。

中华蜣螂 *Copris sinicus* Hope, 1842

省内产地：全省。

分布：河南，湖北，上海，江西，福建，广东；印度，缅甸，柬埔寨，老挝，泰国，越南，印度尼西亚。

资料来源：申效诚，1993，河南昆虫名录。中国农业科学技术出版社。

头镰角蜣螂 *Drepanocerus integriceps* Janssens, 1953

省内产地：内乡万沟，西峡黄石庵。

分布：河南，其他分布地待查。

资料来源：章有为，1999，鞘翅目：金龟子总科及埋葬甲科，锹甲科。《伏牛山南坡及大别山昆虫》，中国农业科学技术出版社。

墨侧裸蜣螂 *Gymnopleurus mopsus* (Pallas, 1781)

省内产地：全省。

分布：河南，黑龙江，吉林，辽宁，内蒙古，北京，山东，甘肃，新疆，湖北，江苏，江西，浙江，福建，台湾；朝鲜，蒙古国；欧洲。

资料来源：申效诚，1993，河南昆虫名录。中国农业科学技术出版社。

翘侧裸蜣螂 *Gymnopleurus sinuatus* (Olivier, 1789)

省内产地：全省。

分布：河南，河北，山西，山东，江苏，安徽，浙江，福建，台湾，湖北，湖南，广东，海南，广西，四川，贵州，云南；越南，缅甸，印度，尼泊尔。

资料来源：申效诚，1993，河南昆虫名录。中国农业科学技术出版社。

凹背利蜣螂 *Liatongus phanaeoides* (Westwood, 1840)

省内产地：西峡黄石庵。

分布：河南，陕西，甘肃，河北，山西，台湾，四川，贵州，云南；日本，越南，老挝，缅甸，印度。

资料来源：章有为，1999，鞘翅目：金龟子总科及埋葬甲科，锹甲科。《伏牛山南坡及大别山昆虫》，中国农业科学技术出版社。

镰双凹蜣螂 *Onitis falcatus* (Wulfen, 1786)

省内产地：全省。

分布：河南，河北，山东，安徽，江苏，浙江，福建，江西，台湾，湖北，广西。

资料来源：申效诚，1993，河南昆虫名录。中国农业科学技术出版社。

黑嗡蜣螂 *Onthophagus ater* Waterhouse, 1875

省内产地：西峡黄石庵。

分布：河南，甘肃，福建，台湾，四川；日本。

资料来源：章有为，1999，鞘翅目：金龟子总科及埋葬甲科，锹甲科。《伏牛山南坡及大别山昆虫》，中国农业科学技术出版社。

日本嗡蜣螂 *Onthophagus japonicus* Harold, 1874

省内产地：全省。

分布：河南，东北，台湾，贵州；朝鲜，日本，俄罗斯。

资料来源：申效诚，1993，河南昆虫名录。中国农业科学技术出版社。

婪嗡蜣螂 *Onthophagus lenzi* Harold, 1874

省内产地：中牟。

分布：河南，辽宁，河北，山西，甘肃，江苏；朝鲜，日本。

资料来源：申效诚，1993，河南昆虫名录。中国农业科学技术出版社。

独行嗡蜣螂 *Onthophagus solivagus* Harold, 1886

省内产地：西峡黄石庵。

分布：河南，东北，北京，山西，湖北，四川；朝鲜，日本，俄罗斯(西伯利亚)。

资料来源：章有为，1999，鞘翅目：金龟子总科及埋葬甲科，锹甲科。《伏牛山南坡及大别山昆虫》，中国农业科学技术出版社。

三角嗡蜣螂 *Onthophagus tricornis* (Wiederman, 1823)

省内产地：全省。

分布：河南，湖北，福建，台湾，广东，海南，广西；日本，越南，老挝，柬埔寨，缅甸，印度，印度尼西亚。

资料来源：申效诚，1993，河南昆虫名录。中国农业科学技术出版社。

台风蜣螂 *Scarabaeus typhoon* Fischer, 1823

省内产地：全省。

分布：河南，黑龙江，吉林，辽宁，内蒙古，河北，山西，山东，宁夏，陕西，甘肃，新疆，安徽，江苏，江西，浙江；朝鲜；南亚。

资料来源：申效诚，1993，河南昆虫名录。中国农业科学技术出版社。

斯氏蜣螂 *Sisyphus schaefferi* Linnaeus, 1758

省内产地：全省。

分布：河南，内蒙古，河北，山西；朝鲜，蒙古国；欧洲，中亚，北非。

资料来源：申效诚，1993，河南昆虫名录。中国农业科学技术出版社。

一九、犀金龟科 Dynastidae

本科全世界已知 207 属 1400 种，中国已记载 11 属 33 种，河南共记录 3 属 3 种。

双叉犀金龟 *Allomyrina dichotoma* (Linnaeus, 1758)

省内产地：栾川龙峪湾，内乡葛条爬，西峡黄石庵等全省各地。

分布：河南，吉林，河北，山东，陕西，甘肃，安徽，江苏，浙江，福建，台湾，湖北，湖南，广东，广西，海南，四川，云南，贵州；朝鲜，日本，老挝。

资料来源：申效诚，1993，河南昆虫名录。中国农业科学技术出版社。

华扁犀金龟 *Eophileurus chinensis* (Faldermann, 1835)

省内产地：全省。

分布：河南，河北，山西，山东，安徽，江苏，浙江，江西，福建，台湾，湖北，湖南，广东，海南，云南；朝鲜，日本，缅甸，不丹。

资料来源：申效诚，1993，河南昆虫名录。中国农业科学技术出版社。

阔胸禾犀金龟 *Pentoden mongolicus* Motschulsky, 1849

省内产地：全省。

分布：河南，黑龙江，吉林，辽宁，内蒙古，河北，陕西，宁夏，甘肃，青海，山东，江苏，浙江。

资料来源：申效诚，1993，河南昆虫名录。中国农业科学技术出版社。

二〇、丽金龟科 Rutelidae

本科全世界已知 3000 种，中国已记载 26 属 460 种，河南共记录 9 属 46 种。

毛喙丽金龟 *Adoretus hirsutus* Ohaus, 1914

省内产地：新乡，郑州，许昌，原阳，封丘，洛阳，灵宝，中牟，西峡。

分布：河南，河北，山西，陕西，江苏，浙江，福建，台湾，广西，贵州；印度尼西亚。

资料来源：申效诚，1993，河南昆虫名录。中国农业科学技术出版社。

茸喙丽金龟 *Adoretus puberulus* Motschulsky, 1835

省内产地：南阳，信阳。

分布：河南，河北，山西，陕西，甘肃。

资料来源：申效诚，1993，河南昆虫名录。中国农业科学技术出版社。

中喙丽金龟 *Adoretus sinicus* Burmeister, 1855

省内产地：安阳，内黄，洛阳，许昌。

分布：河南，山东，安徽，江苏，浙江，江西，福建，台湾，湖北，湖南，广东，香港，澳门；朝鲜，日本，印度，印度尼西亚，美国。

资料来源：申效诚，1993，河南昆虫名录。中国农业科学技术出版社。

斑喙丽金龟 *Adoretus tenuimaculatus* Waterhouse, 1875

省内产地：嵩县，栾川，内乡葛条爬等全省各地。

分布：河南，辽宁，河北，山西，山东，安徽，江苏，浙江，江西，福建，台湾，湖北，湖南，广东，广西，海南，四川，云南，贵州，陕西，甘肃；俄罗斯，朝鲜，日本，美国。

资料来源：申效诚，1993，河南昆虫名录。中国农业科学技术出版社。

白毛异丽金龟 *Anomala albopilosa* Hope, 1939

省内产地：嵩县白云山，信阳。

分布：河南，辽宁，河北，湖北，江苏，广西；朝鲜，日本。

资料来源：章伟年等，1998，鞘翅目。《伏牛山区昆虫》，中国农业科学技术出版社。

桐黑异丽金龟 *Anomala antiqua* (Gyllenhal, 1817)

省内产地：孟津，登封，宝丰，襄城，郾城，南召，淅川，桐柏，信阳，洛阳，中牟。

分布：河南，浙江，江西，福建，湖北，湖南，广东，广西，四川，贵州，云南；越南，缅甸，泰国，马来西亚，印度尼西亚。

资料来源：祝长清等，1999，河南昆虫志 鞘翅目(一)。河南科学技术出版社。

脊绿异丽金龟 *Anomala aulax* Wiedemann, 1823

省内产地：信阳，南阳。

分布：河南，安徽，浙江，江西，福建，台湾，湖北，湖南，广东，广西，海南，四川，贵州，云南；越南。

资料来源：申效诚，1993，河南昆虫名录。中国农业科学技术出版社。

铜绿异丽金龟 *Anomala corpulenta* Motschulsky, 1853

省内产地：内乡宝天曼，西峡太平镇，西峡寨根，信阳鸡公山等全省各地。

分布：河南，黑龙江，吉林，辽宁，河北，内蒙古，宁夏，陕西，山西，山东，安徽，江苏，浙江，江西，湖北，四川，甘肃；蒙古国，朝鲜。

资料来源：申效诚，1993，河南昆虫名录。中国农业科学技术出版社。

铜色异丽金龟 *Anomala cuprea* Hope, 1839

省内产地：信阳。

分布：河南，黑龙江，吉林，辽宁，内蒙古，河北，福建，广西；朝鲜，日本。

资料来源：申效诚，1993，河南昆虫名录。中国农业科学技术出版社。

红脚异丽金龟 *Anomala cupripes* Hope, 1839

省内产地：信阳，光山，南阳，许昌，郑州，中牟。

分布：河南，湖北，江苏，浙江，福建，台湾，江西，湖南，广东，香港，海南，广西，贵州，四川，云南；印度。

资料来源：申效诚，1993，河南昆虫名录。中国农业科学技术出版社。

樱桃异丽金龟 *Anomala daimiana* Harold, 1877

省内产地：信阳。

分布：河南，广西，四川；日本。

资料来源：申效诚，1993，河南昆虫名录。中国农业科学技术出版社。

斑黑异丽金龟 *Anomala ebinina* Fairmaire, 1886

省内产地：信阳，南阳。

分布：河南，内蒙古，河北，陕西，湖北，江苏，浙江，福建，江西，湖南，广东，广西，贵州，四川，云南。

资料来源：申效诚，1993，河南昆虫名录。中国农业科学技术出版社。

黄褐异丽金龟 *Anomala exoleta* Faldermann, 1835

省内产地：全省。

分布：河南，黑龙江，吉林，辽宁，内蒙古，河北，山西，宁夏，陕西，江苏，安徽，福建，湖北。

资料来源：申效诚，1993，河南昆虫名录。中国农业科学技术出版社。

褐色异丽金龟 *Anomala exoletoides* Lin, 2000

省内产地：封丘(模式产地)。

分布：河南，陕西。

资料来源：林平，2000，中国异丽金龟属一新种(鞘翅目：丽金龟科)。昆虫分类学报，22(2)：119~121。

宽翅异丽金龟 *Anomala expanse* Bates, 1866

省内产地：信阳，南阳。

分布：河南，台湾。

资料来源：申效诚，1993，河南昆虫名录。中国农业科学技术出版社。

小铜绿异丽金龟 *Anomala gudzenka* Jacobson, 1903

省内产地：郑州，信阳。

分布：河南，辽宁，河北。

资料来源：申效诚，1993，河南昆虫名录。中国农业科学技术出版社。

深绿异丽金龟 *Anomala heydeni* Frivaldszky, 1892

省内产地：信阳。

分布：河南，陕西，安徽，江苏，浙江，江西，福建，台湾，湖南，广东，广西，贵州，云南；越南。

资料来源：申效诚，1993，河南昆虫名录。中国农业科学技术出版社。

光亮异丽金龟 *Anomala lucens* Ballion, 1871

省内产地：信阳。

分布：河南，台湾；日本。

资料来源：申效诚，1993，河南昆虫名录。中国农业科学技术出版社。

侧斑异丽金龟 *Anomala luculenta* Erichson, 1847

省内产地：灵宝，洛阳，西峡，信阳。

分布：河南，黑龙江，吉林，辽宁，内蒙古，河北，山西，山东，江苏；蒙古国，朝鲜，俄罗斯。

资料来源：申效诚，1993，河南昆虫名录。中国农业科学技术出版社。

蒙古异丽金龟 *Anomala mongolica* Faldermann, 1835

省内产地：卢氏，南召，信阳，商城。

分布：河南，黑龙江，吉林，辽宁，内蒙古，河北，山东，湖北，福建；俄罗斯。

资料来源：申效诚，1993，河南昆虫名录。中国农业科学技术出版社。

大条异丽金龟 *Anomala osakana* Sawada, 1942

省内产地：信阳。

分布：河南；日本。

资料来源：申效诚，1993，河南昆虫名录。中国农业科学技术出版社。

油桐绿异丽金龟 *Anomala sierersi* Heyden, 1887

省内产地：桐柏，信阳。

分布：河南，东北，河北，山东，江苏，浙江，福建，江西，湖南，广西，贵州，四川；朝鲜，日本。

资料来源：申效诚，1993，河南昆虫名录。中国农业科学技术出版社。

弱脊异丽金龟 *Anomala sulcipennis* (Faldermann, 1888)

省内产地：内乡葛条爬，西峡太平镇，林州，卢氏，栾川，登封，桐柏，新县，信阳。

分布：河南，河北，山西，陕西，江苏，浙江，江西，福建，湖北，湖南，广东，广西，四川，贵州，甘肃。

资料来源：章有为，1999，鞘翅目：金龟子总科及埋葬甲科，锹甲科。《伏牛山南坡及大别山昆虫》，中国农业科学技术出版社。

三纹异丽金龟 *Anomala trivirgata* Fairmaire, 1888

省内产地：西峡太平镇。

分布：河南，陕西，甘肃，湖北，福建，贵州，四川，云南；越南，不丹，缅甸。

资料来源：章有为，1999，鞘翅目：金龟子总科及埋葬甲科，锹甲科。《伏牛山南坡及大别山昆虫》，中国农业科学技术出版社。

大绿异丽金龟 *Anomala virens* Lin, 1996

省内产地：内乡葛条爬。

分布：河南，福建。

资料来源：章有为，1999，鞘翅目：金龟子总科及埋葬甲科，锹甲科。《伏牛山南坡及大别山昆虫》，中国农业科学技术出版社。

透翅丽金龟 *Blitopertha conspurcata* Harold, 1878

省内产地：新乡。

分布：河南，辽宁，河北，陕西，山东；朝鲜，日本，俄罗斯。

资料来源：申效诚，1993，河南昆虫名录。中国农业科学技术出版社。

褐条丽金龟 *Blitopertha pallidipennis* Reitter, 1903

省内产地：兰考，南阳，桐柏，信阳。

分布：河南，黑龙江，吉林，辽宁，内蒙古，河北，山西，山东。

资料来源：申效诚，1993，河南昆虫名录。中国农业科学技术出版社。

蓝边矛丽金龟 *Callistethus plagiicollis* Fairmaire, 1885

省内产地：内乡宝天曼，西峡太平镇，嵩县白云山，信阳鸡公山等全省各地。

分布：河南，辽宁，河北，山西，陕西，山东，江苏，浙江，江西，福建，湖北，湖南，四川，云南，贵州，西藏，甘肃；俄罗斯，朝鲜，越南。

资料来源：章有为，1999，鞘翅目：金龟子总科及埋葬甲科，锹甲科。《伏牛山南坡及大别山昆虫》，中国农业科学技术出版社。

弓斑丽金龟 *Cyriopertha arcuata* Gebler, 1832

省内产地：安阳，林州，卫辉，新乡，原阳，封丘，孟津，渑池，中牟，登封，新郑，宝丰，许昌。

分布：河南，黑龙江，吉林，辽宁，内蒙古，河北，山西，宁夏；俄罗斯。

资料来源：申效诚，1993，河南昆虫名录。中国农业科学技术出版社。

中华彩丽金龟 *Mimela chinensis* Kirby, 1825　(河南新记录种)

省内产地：嵩县白云山。

分布：河南，甘肃，福建，江西，湖南，广东，海南，广西，四川，云南；中南半岛。

闽彩丽金龟 *Mimela fukiensis* Machatschke, 1955

省内产地：西峡太平镇。

分布：河南，安徽，浙江，福建，湖南。

资料来源：章有为，1999，鞘翅目：金龟子总科及埋葬甲科，锹甲科。《伏牛山南坡及大别山昆虫》，中国农业科学技术出版社。

粗绿彩丽金龟 *Mimela holosericea* Fabricius, 1789

省内产地：洛阳。

分布：河南，黑龙江，吉林，辽宁，内蒙古，河北，山西，山东，陕西，甘肃，青海；日本。

资料来源：申效诚，1993，河南昆虫名录。中国农业科学技术出版社。

小黑彩丽金龟 *Mimela parva* Liu, 1966

省内产地：嵩县，栾川，桐柏，信阳。

分布：河南，湖南，江西，福建，广东。

资料来源：祝长清等，1999，河南昆虫志 鞘翅目(一)。河南科学技术出版社。

草绿彩丽金龟 *Mimela passerinii* Hope, 1842

省内产地：内乡宝天曼。

分布：河南，东北，陕西，江西，广东，四川，云南，西藏；印度(锡金)，喜马拉雅，克什米尔。

资料来源：章有为，1999，鞘翅目：金龟子总科及埋葬甲科，锹甲科。《伏牛山南坡及大别山昆虫》，中国农业科学技术出版社。

陕草彩丽金龟 *Mimela passeriniimedian* Lin, 1993 (河南新记录种)

省内产地：嵩县白云山。

分布：河南，陕西，甘肃，湖北。

京绿彩丽金龟 *Mimela pekinensis* (Heyden, 1886)

省内产地：信阳。

分布：河南，河北，内蒙古，山西，陕西。

资料来源：申效诚，1993，河南昆虫名录。中国农业科学技术出版社。

墨绿彩丽金龟 *Mimela splendens* (Gyllenhal, 1817)

省内产地：栾川，夏邑，鲁山，南阳，桐柏，罗山，新县，西峡太平镇，信阳鸡公山。

分布：河南，黑龙江，吉林，辽宁，河北，陕西，山东，安徽，浙江，江西，福建，台湾，湖北，湖南，广东，广西，四川，贵州，云南；朝鲜，日本，越南，缅甸。

资料来源：申效诚，1993，河南昆虫名录。中国农业科学技术出版社。

黄闪彩丽金龟 *Mimela testaceoviridis* Blanchard, 1850

省内产地：栾川，登封，泌阳，桐柏，信阳。

分布：河南，河北，陕西，山东，安徽，江苏，浙江，江西，福建，台湾，湖北，湖南，四川。

资料来源：申效诚，1993，河南昆虫名录。中国农业科学技术出版社。

胸斑发丽金龟 *Phyllopertha diversa* Waterhouse, 1775

省内产地：信阳。

分布：河南，吉林，辽宁，山西，湖北，山东；朝鲜，日本。

资料来源：申效诚，1993，河南昆虫名录。中国农业科学技术出版社。

庭园发丽金龟 *Phyllopertha horticola* (Linnaeus, 1758)

省内产地：信阳。

分布：河南，黑龙江，吉林，辽宁，内蒙古，河北，山西，陕西，青海，新疆，西藏；蒙古国，俄罗斯；中亚，欧洲。

资料来源：祝长清等，1999，河南昆虫志 鞘翅目(一)。河南科学技术出版社。

蓝黑弧丽金龟 *Popillia cyanea* Hope, 1831

省内产地：嵩县白云山。

分布：河南，福建，湖北，湖南，广西，四川，云南，贵州，西藏；印度，越南，印度(锡金)。

资料来源：章伟年等，1998，鞘翅目。《伏牛山区昆虫》，中国农业科学技术出版社。

琉璃弧丽金龟 *Popillia flavossellata* Fairmaire, 1886

省内产地：新乡，郑州，开封，兰考，信阳，内乡葛条爬，西峡太平镇。

分布：河南，黑龙江，吉林，辽宁，河北，陕西，山东，安徽，江苏，浙江，江西，湖北，四川，云南，贵州；朝鲜，日本，越南。

资料来源：申效诚，1993，河南昆虫名录。中国农业科学技术出版社。

无斑弧丽金龟 *Popillia mutans* Newman, 1838

省内产地：嵩县白云山等全省各地。

分布：河南，甘肃，辽宁，河北，山西，山东，安徽，江苏，浙江，湖北，台湾，四川；朝鲜，日本，越南。

资料来源：章伟年等，1998，鞘翅目。《伏牛山区昆虫》，中国农业科学技术出版社。

曲带弧丽金龟 *Popillia pustulata* Fairmaire, 1887

省内产地：内乡葛条爬，信阳。

分布：河南，陕西，山东，江苏，浙江，江西，福建，湖北，湖南，广东，广西，四川，云南，贵州，甘肃；越南。

资料来源：申效诚，1993，河南昆虫名录。中国农业科学技术出版社。

中华弧丽金龟 *Popillia quadriguttata* (Fabricius, 1787)

省内产地：内乡葛条爬，西峡太平镇等全省各地。

分布：河南，黑龙江，吉林，辽宁，内蒙古，河北，山西，陕西，宁夏，甘肃，青海，山东，安徽，浙江，江西，福建，台湾，湖北，广东，广西，四川，贵州，云南；朝鲜，越南。

资料来源：章有为，1999，鞘翅目：金龟子总科及埋葬甲科，锹甲科。《伏牛山南坡及大别山昆虫》，中国农业科学技术出版社。

苹毛丽金龟 *Proagopertha lucidula* Faldermann, 1835

省内产地：全省。

分布：河南，黑龙江，吉林，辽宁，内蒙古，河北，山西，陕西，山东，湖北，江苏；俄罗斯。

资料来源：申效诚，1993，河南昆虫名录。中国农业科学技术出版社。

二一、鳃金龟科 Melolonthidae

本科全世界已知 10 000 种，中国已记载 49 属 500 种，河南共记录 18 属 49 种。

华阿鳃金龟 *Apogonia chinensis* Moser, 1918

省内产地：新乡，郑州，中牟，商丘，许昌，驻马店。

分布：河南，吉林，辽宁，河北，山西，陕西，山东，湖北，贵州；朝鲜。

资料来源：申效诚，1993，河南昆虫名录。中国农业科学技术出版社。

黑阿鳃金龟 *Apogonia cupreoviridis* Kolbe, 1886

省内产地：安阳，内黄，济源，虞城，许昌，宝丰，镇平。

分布：河南，黑龙江，辽宁，河北，北京，天津，山西，陕西，山东，安徽，江苏；朝鲜，日本，俄罗斯。

资料来源：申效诚，1993，河南昆虫名录。中国农业科学技术出版社。

福婆鳃金龟 *Brahmina faldermanni* Kraatz, 1892

省内产地：安阳，林州，内黄，新乡，原阳，灵宝，栾川，渑池，洛阳，孟津，郑州，商丘。

分布：河南，辽宁，河北，山西，甘肃，山东。

资料来源：申效诚，1993，河南昆虫名录。中国农业科学技术出版社。

波婆鳃金龟 *Brahmina potanini* (Semenov, 1881) (河南新记录种)

省内产地：嵩县白云山。

分布：河南，青海，甘肃，陕西，山西，四川。

小毛棕鳃金龟 *Brahmina rubetra* (Faldermann, 1835)

省内产地：渑池。

分布：河南，内蒙古，河北，山西，湖北，四川。

资料来源：申效诚，1993，河南昆虫名录。中国农业科学技术出版社。

粉白鳃金龟 *Cyphochilus insulanus* Moser, 1918

省内产地：洛阳，新乡。

分布：河南，台湾。

资料来源：申效诚，1993，河南昆虫名录。中国农业科学技术出版社。

戴双缺鳃金龟 *Diphycerus davidis* Fairmaire, 1878

省内产地：辉县，内黄，宁陵。

分布：河南，辽宁，河北，山西，陕西，贵州。

资料来源：祝长清等，1999，河南昆虫志 鞘翅目(一)。河南科学技术出版社。

红脚平爪鳃金龟 *Ectinohoplia rufipes* Motschulsky, 1860 (河南新记录属、种)

省内产地：嵩县白云山。

分布：河南，黑龙江，吉林，辽宁，山西，甘肃；俄罗斯，朝鲜。

姊妹平爪鳃金龟 *Ectinohoplia soror* Arrow, 1921 (河南新记录种)

省内产地：嵩县白云山。

分布：河南，陕西，甘肃，福建，广东，贵州。

二色希鳃金龟 *Hilyotrogus bicoloreus* (Heyden, 1887)

省内产地：内乡葛条爬，宝天曼，信阳。

分布：河南，辽宁，河北，北京，山西，甘肃，青海，四川，贵州；朝鲜，俄罗斯。

资料来源：章有为，1999，鞘翅目：金龟子总科及埋葬甲科，锹甲科。《伏牛山南坡及大别山昆虫》，中国农业科学技术出版社。

额臀大黑鳃金龟 *Holotrichia convexopyga* Moser, 1912

省内产地：郑州，南阳，桐柏，信阳。

分布：河南，黑龙江，辽宁，河北，山西，安徽，江西，湖北；朝鲜，日本，俄罗斯。

资料来源：申效诚，1993，河南昆虫名录。中国农业科学技术出版社。

矮臀大黑鳃金龟 *Holotrichia ernesti* Reitter, 1902

省内产地：安阳，新乡，孟津。

分布：河南，辽宁，内蒙古，河北，山东，山西；俄罗斯，朝鲜。

资料来源：申效诚，1993，河南昆虫名录。中国农业科学技术出版社。

拟毛黄鳃金龟 *Holotrichia formosana* Moser, 1909

省内产地：郑州，封丘，洛阳，开封，中牟，夏邑，商丘，虞城。

分布：河南，辽宁，河北，山西，山东，安徽，江苏，福建，台湾，四川，贵州。

资料来源：申效诚，1993，河南昆虫名录。中国农业科学技术出版社。

江南大黑鳃金龟 *Holotrichia gebleri* (Faldermann, 1835)

省内产地：信阳，息县，栾川龙峪湾。

分布：河南，安徽，江苏，上海，浙江。

资料来源：申效诚，1993，河南昆虫名录。中国农业科学技术出版社。

黑鳃金龟 *Holotrichia kiotonensis* Brenske, 1894

省内产地：许昌。

分布：河南，黑龙江，吉林，辽宁，江苏，福建，台湾；朝鲜，日本。

资料来源：申效诚，1993，河南昆虫名录。中国农业科学技术出版社。

宽齿爪鳃金龟 *Holotrichia lata* Brenske, 1892

省内产地：信阳。

分布：河南，安徽，江苏，浙江，江西，福建，台湾，湖北，湖南，广东，广西，四川，贵州。

资料来源：申效诚，1993，河南昆虫名录。中国农业科学技术出版社。

华北大黑鳃金龟 *Holotrichia oblita* (Faldermann, 1835)

省内产地：全省。

分布：河南，辽宁，内蒙古，河北，山西，陕西，宁夏，甘肃，山东，安徽，江苏，浙江，江西，四川；俄罗斯。

资料来源：申效诚，1993，河南昆虫名录。中国农业科学技术出版社。

卵斑鳃金龟 *Holotrichia ovata* Zhang, 1965

省内产地：栾川龙峪湾。

分布：河南，江苏，江西，福建，湖南，广东，海南，广西。

资料来源：章伟年等，1998，鞘翅目。《伏牛山区昆虫》，中国农业科学技术出版社。

暗黑鳃金龟 *Holotrichia parallela* Motschulsky, 1854

省内产地：内乡葛条爬，西峡太平镇等全省各地。

分布：河南，吉林，辽宁，河北，北京，天津，山西，陕西，甘肃，青海，山东，安徽，江苏，湖北，四川，云南，贵州；朝鲜，日本，俄罗斯。

资料来源：申效诚，1993，河南昆虫名录。中国农业科学技术出版社。

铅灰齿爪鳃金龟 *Holotrichia plumbea* Hope, 1845 (河南新记录种)

省内产地：嵩县白云山。

分布：河南，甘肃，安徽，江苏，浙江，福建，江西，贵州。

华脊鳃金龟 *Holotrichia sinensis* Hope, 1845

省内产地：信阳。

分布：河南，山东，湖北，江苏，江西，浙江，福建，台湾，湖南，广东，广西，贵州，四川，云南；印度。

资料来源：申效诚，1993，河南昆虫名录。中国农业科学技术出版社。

四川大黑鳃金龟 *Holotrichia szechuanensis* Chang, 1965

省内产地：内乡葛条爬，西峡太平镇。

分布：河南，陕西，甘肃，湖北，湖南，广西，贵州，四川。

资料来源：章有为，1999，鞘翅目：金龟子总科及埋葬甲科，锹甲科。《伏牛山南坡及大别山昆虫》，中国农业科学技术出版社。

棕色鳃金龟 *Holotrichia titanis* Reitter, 1902

省内产地：林州，辉县，修武，灵宝，卢氏，栾川，渑池，洛阳，内乡，信阳，罗山，新县。

分布：河南，吉林，辽宁，河北，陕西，山西，甘肃，山东，湖北，江苏，浙江，广西；朝鲜，俄罗斯。

资料来源：申效诚，1993，河南昆虫名录。中国农业科学技术出版社。

毛黄鳃金龟 *Holotrichia trichophora* (Fairmaire, 1891)

省内产地：全省。

分布：河南，辽宁，内蒙古，河北，天津，山西，陕西，甘肃，山东，安徽，江苏，浙江，江西，福建，湖北，四川，贵州。

资料来源：申效诚，1993，河南昆虫名录。中国农业科学技术出版社。

围绿单爪鳃金龟 *Hoplia cincticollis* (Faldermann, 1833)

省内产地：内黄，灵宝，郑州，中牟，兰考。

分布：河南，黑龙江，吉林，辽宁，内蒙古，河北，山东，宁夏，甘肃。

资料来源：申效诚，1993，河南昆虫名录。中国农业科学技术出版社。

黄绿单爪鳃金龟 *Hoplia communis* Waterhouse, 1875

省内产地：信阳。

分布：河南，湖北，广西，四川；日本。

资料来源：申效诚，1993，河南昆虫名录。中国农业科学技术出版社。

黑足单爪鳃金龟 *Hoplia moerens* Waterhouse, 1875

省内产地：信阳。

分布：河南，贵州；日本。

资料来源：申效诚，1993，河南昆虫名录。中国农业科学技术出版社。

半棕单爪鳃金龟 *Hoplia semicastanea* Fairmaire, 1887

省内产地：郑州，新乡。

分布：河南，黑龙江，吉林，辽宁，内蒙古，河北，山东，山西，甘肃，宁夏，新疆。

资料来源：申效诚，1993，河南昆虫名录。中国农业科学技术出版社。

灰胸突鳃金龟 *Hoplosternus incanus* Motschulsky, 1853

省内产地：内乡宝天曼，西峡寨根，洛阳，郑州，中牟，驻马店，南阳，信阳，泌阳，栾川。

分布：河南，黑龙江，吉林，辽宁，内蒙古，河北，山西，陕西，山东，浙江，江西，湖北，四川，贵州；朝鲜，俄罗斯。

资料来源：申效诚，1993，河南昆虫名录。中国农业科学技术出版社。

棕黄玛绢金龟 *Maladera brunnea* Linnaeus, 1758

省内产地：许昌，信阳。

分布：河南，其他分布地待查。

资料来源：申效诚，1993，河南昆虫名录。中国农业科学技术出版社。

日玛绢金龟 *Maladera japonica* Motschulsky, 1860

省内产地：安阳，南召。

分布：河南，湖北，湖南，浙江，台湾；朝鲜，日本。

资料来源：申效诚，1993，河南昆虫名录。中国农业科学技术出版社。

小阔胫玛绢金龟 *Maladera ovatula* Fairmaire, 1891

省内产地：全省。

分布：河南，黑龙江，吉林，辽宁，内蒙古，河北，山西，山东，安徽，江苏，浙江，广东，海南。

资料来源：申效诚，1993，河南昆虫名录。中国农业科学技术出版社。

阔胫玛绢金龟 *Maladera verticalis* Fairmaire, 1888

省内产地：内乡葛条爬，西峡太平镇等全省各地。

分布：河南，黑龙江，吉林，辽宁，河北，山东，山西，陕西；朝鲜。

资料来源：申效诚，1993，河南昆虫名录。中国农业科学技术出版社。

弟兄鳃金龟 *Melolontha frater* Arrow, 1913

省内产地：嵩县白云山等全省各地。

分布：河南，黑龙江，吉林，辽宁，内蒙古，河北，北京，山西，陕西，宁夏，青海，甘肃，山东，湖北，安徽，江苏，浙江，台湾，湖南，贵州，四川；蒙古国，朝鲜，日本。

资料来源：申效诚，1993，河南昆虫名录。中国农业科学技术出版社。

棕鳃金龟东亚亚种 *Melolontha hippocastani mongolica* Menetries, 1854

省内产地：嵩县白云山，洛阳，信阳。

分布：河南，内蒙古，河北，山西，陕西，宁夏，青海，甘肃，四川；蒙古国，俄罗斯。

资料来源：申效诚，1993，河南昆虫名录。中国农业科学技术出版社。

日本鳃金龟 *Melolontha japonica* Burmeister, 1855

省内产地：嵩县白云山，卢氏大块地，西峡寨根。

分布：河南，辽宁，湖北；日本。

资料来源：章伟年等，1998，鞘翅目。《伏牛山区昆虫》，中国农业科学技术出版社。

锈褐鳃金龟 *Melolontha rubiginosa* Fairmaire, 1889

省内产地：开封，郑州，洛阳，信阳。

分布：河南，湖北，江苏，浙江，福建，江西，湖南，广东，广西，贵州，四川，云南。

资料来源：祝长清等，1999，河南昆虫志 鞘翅目(一)。河南科学技术出版社。

小黄鳃金龟 *Metabolus flavescens* Brenke, 1892

省内产地：南阳，洛阳，林州。

分布：河南，辽宁，河北，山西，陕西，甘肃，山东，江苏，浙江；朝鲜。

资料来源：申效诚，1993，河南昆虫名录。中国农业科学技术出版社。

鲜黄鳃金龟 *Metabolus tumidifrons* Fairmaire, 1887

省内产地：全省。

分布：河南，吉林，辽宁，河北，山西，甘肃，山东，江苏，浙江，江西，湖南；朝鲜。

资料来源：申效诚，1993，河南昆虫名录。中国农业科学技术出版社。

眼绒鳃金龟 *Ophthalmoserica* sp.

省内产地：灵宝。

分布：河南。

资料来源：章伟年等，1998，鞘翅目。《伏牛山区昆虫》，中国农业科学技术出版社。

小云鳃金龟 *Polyphylla gracillicornis* Blanchard, 1871

省内产地：安阳，新乡，郑州，商丘，南阳，信阳。

分布：河南，辽宁，内蒙古，宁夏，青海，新疆，甘肃，河北，山西，陕西，四川。

资料来源：申效诚，1993，河南昆虫名录。中国农业科学技术出版社。

大云鳃金龟 *Polyphylla laticollis* Lewis, 1882

省内产地：安阳，内黄，新乡，封丘，商丘，宝丰，南阳，信阳，栾川龙峪湾，嵩县白云山。

分布：河南，吉林，辽宁，北京，河北，青海，宁夏，山西，山东，安徽，四川，云南，贵州；朝鲜，日本。

资料来源：申效诚，1993，河南昆虫名录。中国农业科学技术出版社。

金黄绢金龟 *Serica aureola* Murayama

省内产地：许昌，信阳。

分布：河南，台湾；朝鲜。

资料来源：祝长清等，1999，河南昆虫志 鞘翅目(一)。河南科学技术出版社。

东方绢金龟 *Serica orientalis* Motschulsky, 1857

省内产地：西峡太平镇等全省各地。

分布：河南，黑龙江，吉林，辽宁，内蒙古，河北，北京，天津，山西，陕西，甘肃，青海，山东，安徽，福建，台湾，四川，贵州；朝鲜，日本，俄罗斯。

资料来源：申效诚，1993，河南昆虫名录。中国农业科学技术出版社。

华索鳃金龟 *Sophrops chinensis* (Brenske, 1892)

省内产地：内乡葛条爬，西峡太平镇。

分布：河南，中国；越南。

资料来源：章有为，1999，鞘翅目：金龟子总科及埋葬甲科，锹甲科。《伏牛山南坡及大别山昆虫》，中国农业科学技术出版社。

条索鳃金龟 *Sophrops striata* (Brenske, 1892)

省内产地：内乡葛条爬。

分布：河南，中国；朝鲜。

资料来源：章有为，1999，鞘翅目：金龟子总科及埋葬甲科，锹甲科。《伏牛山南坡及大别山昆虫》，中国农业科学技术出版社。

小祖鳃金龟 *Tanyproctus parvus* Chang *et* Luo, 1981

省内产地：安阳，新乡，孟津。

分布：河南，山西，山东，江苏。

资料来源：申效诚，1993，河南昆虫名录。中国农业科学技术出版社。

爬皱鳃金龟 *Trematodes potanini* Semenov, 1902

省内产地：信阳，灵宝，渑池。

分布：河南，河北，山西，内蒙古，陕西，甘肃，山东。

资料来源：申效诚，1993，河南昆虫名录。中国农业科学技术出版社。

黑皱鳃金龟 *Trematodes tenebrioides* (Pallas, 1761)

省内产地：林州，范县，新乡，洛阳。

分布：河南，吉林，辽宁，内蒙古，北京，天津，河北，山西，陕西，宁夏，甘肃，青海，山东，安徽，江苏，江西，湖南，台湾；蒙古国，俄罗斯。

资料来源：申效诚，1993，河南昆虫名录。中国农业科学技术出版社。

二二、花金龟科 Cetoniidae

本科全世界已知 543 属 3000 种，中国已记载 56 属 340 种，河南记录 14 属 23 种。

赭翅臀花金龟 *Campsiura mirabilis* (Faldermann, 1835) （河南新记录属、种）

省内产地：嵩县白云山。

分布：河南，辽宁，河北，陕西，甘肃，贵州，广西，四川，云南。

长毛花金龟 *Cetonia magnifica* Ballion, 1870

省内产地：郑州，信阳。

分布：河南，黑龙江，吉林，辽宁，内蒙古，河北，山西，陕西，山东；俄罗斯，朝鲜，日本。

资料来源：申效诚，1993，河南昆虫名录。中国农业科学技术出版社。

白斑附花金龟 *Clintcrocera mundarlna* (Westwood, 1874)

省内产地：信阳，南阳，西峡太平镇。

分布：河南，辽宁，河北，陕西，山西，山东，湖北，湖南，广西，四川，云南。

资料来源：章有为，1999，鞘翅目：金龟子总科及埋葬甲科，锹甲科。《伏牛山南坡及大别山昆虫》，中国农业科学技术出版社。

褐鳞花金龟 *Cosmiomorpha modesta* Saunders, 1852

省内产地：洛阳，南阳，信阳，罗山。

分布：河南，河北，湖北，安徽，江苏，浙江，福建，台湾，江西，湖南，广东，海南，广西，贵州，四川，云南，西藏；印度，越南。

资料来源：申效诚，1993，河南昆虫名录。中国农业科学技术出版社。

肋凹缘花金龟 *Dicranobia potanini* (Kraatz, 1889)

省内产地：全省。

分布：河南，甘肃，陕西，四川，云南，西藏；印度。

资料来源：祝长清等，1999，河南昆虫志 鞘翅目(一)。河南科学技术出版社。

宽带鹿花金龟 *Dicranocephalus adamsi* Pascoe, 1863

省内产地：驻马店，信阳。

分布：河南，河北，山西，湖北，湖南，贵州，四川，云南，西藏；朝鲜，越南。

资料来源：申效诚，1993，河南昆虫名录。中国农业科学技术出版社。

布尔鹿花金龟 *Dicranocephalus bourgoini* Pouillande, 1914

省内产地：西峡，栾川。

分布：河南，陕西，台湾，湖南，四川。

资料来源：申效诚，1993，河南昆虫名录。中国农业科学技术出版社。

光斑鹿花金龟 *Dicranocephalus dabryi* Auzoux, 1869 （河南新记录种）

省内产地：嵩县白云山。

分布：河南，陕西，甘肃，湖北，四川，云南；朝鲜。

黄粉鹿花金龟 *Dicranocephalus wallichi bowringi* Pascoe, 1863

省内产地：栾川，西峡，南阳，信阳。

分布：河南，辽宁，河北，山东，江苏，江西，广东，四川，云南，贵州；印度，缅甸。

资料来源：申效诚，1993，河南昆虫名录。中国农业科学技术出版社。

平丽花金龟 *Euselates moupinensis* (Fairmaire, 1891) （河南新记录属、种）

省内产地：嵩县白云山。

分布：河南，陕西，甘肃，湖北，福建；国外分布广泛。

黄斑短突花金龟 *Glycyphana fulvistemma* (Motschulsky, 1860)

省内产地：洛阳。

分布：河南，黑龙江，吉林，辽宁，河北，山东，江苏，江西，福建，广西，云南，西藏；蒙古国，朝鲜，日本。

资料来源：申效诚，1993，河南昆虫名录。中国农业科学技术出版社。

皱莫花金龟 *Moseriana rugulosa* Ma, 1990 (河南新记录属、种)

省内产地：嵩县白云山。

分布：河南，陕西，甘肃，湖北，贵州，四川，云南。

褐斑背角花金龟 *Neophaedimus auzouxi* Lucas, 1870 (河南新记录属、种)

省内产地：嵩县白云山。

分布：河南，陕西，甘肃，湖北，四川。

斑青花金龟 *Oxycetonia bealiae* (Gory *et* Percheron, 1833)

省内产地：南阳，西峡，新县。

分布：河南，江苏，安徽，浙江，江西，福建，湖北，湖南，广东，广西，海南，四川，云南，贵州，西藏；越南，印度。

资料来源：申效诚，1993，河南昆虫名录。中国农业科学技术出版社。

小青花金龟 *Oxycetonia jucunda* (Faldermann, 1835)

省内产地：内乡等全省各地。

分布：河南，黑龙江，吉林，辽宁，内蒙古，山东，山西，陕西，甘肃，青海，新疆，湖北，安徽，江苏，浙江，福建，台湾，江西，湖南，广东，海南，广西，贵州，四川，云南，西藏；朝鲜，日本，俄罗斯，印度，不丹。

资料来源：申效诚，1993，河南昆虫名录。中国农业科学技术出版社。

褐锈花金龟 *Poecilophilides rusticola* (Burmeister, 1842)

省内产地：全省。

分布：河南，黑龙江，吉林，辽宁，河北，山西，陕西，山东，安徽，江苏，浙江，福建，四川，广西；朝鲜，日本，俄罗斯，蒙古国。

资料来源：申效诚，1993，河南昆虫名录。中国农业科学技术出版社。

凸绿星花金龟 *Protaetia aerata* (Erichson, 1834)

省内产地：全省。

分布：河南，黑龙江，河北，山东，江苏，浙江，江西，福建，湖南，广东，广西。

资料来源：祝长清等，1999，河南昆虫志 鞘翅目(一)。河南科学技术出版社。

白星花金龟 *Protaetia brevitarsis* (Lewis, 1879)

省内产地：全省。

分布：河南，黑龙江，吉林，辽宁，内蒙古，河北，山西，陕西，山东，安徽，江苏，浙江，江西，福建，台湾，湖北，湖南，四川，西藏；蒙古国，俄罗斯，朝鲜，日本。

资料来源：章伟年等，1998，鞘翅目。《伏牛山区昆虫》，中国农业科学技术出版社。

亮绿星花金龟 *Protaetia nitididorsia* (Fairmaire, 1889) (河南新记录种)

省内产地：嵩县白云山。

分布：河南，黑龙江，吉林，河北，山西，陕西，甘肃，湖北，安徽，江苏，浙江，江西，湖南，广东，贵州，四川，云南。

东方星花金龟 *Protaetia orientalis* Gory *et* Percheron, 1833

省内产地：郑州，信阳。

分布：河南，江苏，浙江，福建，台湾，香港；朝鲜，日本，克什米尔，喜马拉雅。

资料来源：申效诚，1993，河南昆虫名录。中国农业科学技术出版社。

日铜罗花金龟 *Rhomborrhina japonica* Hope, 1841

省内产地：信阳。

分布：河南，陕西，安徽，江苏，浙江，江西，福建，湖北，湖南，广东，广西，四川，云南，贵州；朝鲜，日本。

资料来源：申效诚，1993，河南昆虫名录。中国农业科学技术出版社。

黑罗花金龟 *Rhomborrhina nigra* Saunders, 1852

省内产地：具体不详。

分布：河南，河北，湖北，四川，浙江，福建，台湾，江西，湖南。

资料来源：申效诚，1993，河南昆虫名录。中国农业科学技术出版社。

绿色罗花金龟 *Rhomborrhina unicolor* Motschulsky, 1861

省内产地：信阳。

分布：河南，浙江，江西，福建，台湾，湖北，湖南，广东，广西，海南，四川，贵州；日本。

资料来源：申效诚，1993，河南昆虫名录。中国农业科学技术出版社。

二三、斑金龟科 Trichiidae

本科全世界已知 200 种，中国已记载 5 属 50 多种，河南共记录 2 属 2 种。

短毛斑金龟 *Lasiotrichius succinctus* (Pallas, 1781)

省内产地：内乡等全省各地。

分布：河南，黑龙江，吉林，辽宁，河北，山西，陕西，山东，江苏，浙江，福建，广西，四川，云南；日本，蒙古国，俄罗斯(西伯利亚)，古北区。

资料来源：申效诚，1993，河南昆虫名录。中国农业科学技术出版社。

毛腹斑金龟 *Trichius abdominalis* Meneville

省内产地：嵩县。

分布：河南，其他分布地待查。

资料来源：章伟年等，1998，鞘翅目。《伏牛山区昆虫》，中国农业科学技术出版社。

二四、吉丁甲科 Buprestidae

本科全世界共 13 000 种，中国记录 54 属 450 种，河南记载 6 属 15 种。

核桃小吉丁甲 *Agrilus lewisiellus* Kere, 1903

省内产地：宜阳，洛阳，栾川，卢氏，洛宁，西峡。

分布：河南，内蒙古，甘肃，山西，陕西，河北，山东；日本。

危害：核桃。

资料来源：申效诚，1993，河南昆虫名录。中国农业科学技术出版社。

苹果小吉丁甲 *Agrilus mali* Matsumura, 1924

省内产地：卢氏，栾川。

分布：河南，黑龙江，吉林，辽宁，河北，甘肃，青海，陕西，山东，湖北，广西；朝鲜，日本。

危害：苹果，海棠，沙果，萘子。

资料来源：申效诚，1993，河南昆虫名录。中国农业科学技术出版社。

柳小吉丁甲 *Agrilus nipponigena* Obenberger, 1927

省内产地：郑州，开封。

分布：河南，辽宁，河北，山东，浙江；日本。

危害：垂柳。

资料来源：申效诚，1993，河南昆虫名录。中国农业科学技术出版社。

柳干吉丁甲 *Agrilus sapporoensis* Obenberger, 1935

省内产地：开封，郑州，中牟，西华。

分布：河南；日本。

危害：柳。

资料来源：申效诚，1993，河南昆虫名录。中国农业科学技术出版社。

合欢小吉丁甲 *Agrilus* sp.

省内产地：宜阳，洛阳，郑州，南阳，镇平。

分布：河南。

危害：合欢。

资料来源：申效诚，1993，河南昆虫名录。中国农业科学技术出版社。

日本吉丁甲 *Chalcophora japonica* Gory, 1840

省内产地：西峡，南阳，确山，信阳，罗山，新县。

分布：河南，黑龙江，河北，湖北，安徽，江苏，浙江，福建，台湾，江西，湖南，广东，广西，四川；日本。

危害：松，杉。

资料来源：申效诚，1993，河南昆虫名录。中国农业科学技术出版社。

六星吉丁甲 *Chrysobothris succedanea* Saunders, 1895

省内产地：安阳，济源，郑州，南阳，新县。

分布：河南，黑龙江，吉林，辽宁，山东，宁夏，甘肃，青海，湖北，江苏，江西，浙江，湖南，香港，广西；朝鲜，日本。

危害：三角枫，枣，苹果，梨，桃，樱桃，杏。

资料来源：申效诚，1993，河南昆虫名录。中国农业科学技术出版社。

***Coraebus aequalipennis* Fairmaire, 1888**

省内产地：登封。

分布：河南，北京，河北，上海，江苏，福建，浙江，四川，西藏。

资料来源：刘玉双等，2005，中国纹吉丁属种类名录(鞘翅目：吉丁科)。《昆虫分类与多样性》，中国农业科学技术出版社。

金绿纹吉丁 *Coraebus aurofasciatus* (Hope, 1831)

Coraebus davidis Fairmaire, 1886

省内产地：登封。

分布：河南，湖北，湖南，江西，福建，贵州，四川，云南；越南，印度，尼泊尔。

资料来源：刘玉双等，2005，中国纹吉丁属种类名录(鞘翅目：吉丁科)。《昆虫分类与多样性》，中国农业科学技术出版社。

梨纹吉丁 *Coraebus rusticanus* Lewis, 1893

省内产地：登封，郑州。

分布：河南，湖北，江西；日本。

危害：梨。

资料来源：刘玉双等，2005，中国纹吉丁属种类名录(鞘翅目：吉丁科)。《昆虫分类与多样性》，中国农业科学技术出版社。

红缘绿吉丁甲 *Lampra bellula* Lewis, 1893

省内产地：安阳，新乡，郑州，南阳，信阳。

分布：河南，黑龙江，辽宁，内蒙古，河北，陕西，浙江，福建，湖南；朝鲜，日本。

危害：梨，桃，杏，山楂。

资料来源：申效诚，1993，河南昆虫名录。中国农业科学技术出版社。

桃绿吉丁甲 *Lampra kamikochiana* Obenberger, 1940

省内产地：郑州。

分布：河南，其他分布地待查；日本。

危害：桃，梨。

资料来源：申效诚，1993，河南昆虫名录。中国农业科学技术出版社。

梨金缘吉丁甲 *Lampra limbata* Gebler, 1832

省内产地：林州，济源，灵宝，栾川，郑州，开封，许昌，南阳，镇平。

分布：河南，黑龙江，吉林，辽宁，河北，西北，长江流域；蒙古国，俄罗斯。

危害：梨，苹果，杏，桃，山楂，沙果，花红。

资料来源：申效诚，1993，河南昆虫名录。中国农业科学技术出版社。

四黄斑吉丁甲 *Ptosima chinensis* Marseul, 1867

省内产地：洛阳，郑州，许昌。

分布：河南，河北，陕西，甘肃，湖北，江苏，福建，台湾，江西，湖南，广东，广西，贵州，云南；朝鲜，日本，越南。

危害：苹果，桃，李。

资料来源：申效诚，1993，河南昆虫名录。中国农业科学技术出版社。

二黄斑吉丁甲 *Ptosima* sp.

省内产地：信阳。

分布：河南。

危害：桃，李，橘。

资料来源：申效诚，1993，河南昆虫名录。中国农业科学技术出版社。

二五、叩甲科 Elateridae

本科全世界已知10 000种，中国已记载119属799种，河南共记录13属19种。

茶锥尾叩甲 *Agriotes sericatus* Schwarz, 1891

省内产地：洛阳，信阳。

分布：河南，河北，山东，安徽，江苏，浙江，福建，湖南。

资料来源：申效诚，1993，河南昆虫名录。中国农业科学技术出版社。

细胸锥尾叩甲(细胸叩头虫) *Agriotes subvittatus* Motschulsky, 1859

省内产地：全省。

分布：河南，黑龙江，吉林，辽宁，内蒙古，河北，山西，陕西，宁夏，甘肃，山东，江苏，福建，湖北；日本，俄罗斯。

资料来源：申效诚，1993，河南昆虫名录。中国农业科学技术出版社。

泥红槽缝叩甲 *Agrypnus argillaceus* (Solsky, 1870)

省内产地：具体不详。

分布：河南，吉林，辽宁，内蒙古，甘肃，湖北，台湾，广西，四川，云南，贵州，西藏；越南，柬埔寨，朝鲜，蒙古国，俄罗斯。

资料来源：Hua Lizhong, 2002, List of Chinese Insests, Vol. II. Zhongshan University Press. 80.

二瘤槽缝叩甲 *Agrypnus binotulus coreanus* Kishii, 1961

省内产地：具体不详。

分布：河南，辽宁，湖北，江西；朝鲜。

资料来源：江世宏，1993，昆虫标本名录。北京农业大学出版社。

双瘤槽缝叩甲 *Agrypnus bipapulatus* (Candeze, 1865)

省内产地：信阳。

分布：河南，吉林，辽宁，内蒙古，江苏，湖北，江西，福建，台湾，广西，四川，云南，贵州；朝鲜，日本。

资料来源：杨星科，1997，长江三峡库区昆虫。重庆出版社。

眼斑云叩甲 *Alaus oculatus* (Linnaeus, 1758)

省内产地：信阳。

分布：河南；北美。

资料来源：申效诚，1993，河南昆虫名录。中国农业科学技术出版社。

丽叩甲 *Campsosternus auratus* (Drury, 1773)

省内产地：具体不详。

分布：河南，浙江，江西，福建，台湾，湖北，湖南，广东，广西，海南，四川，云南，贵州；

越南，老挝，柬埔寨，日本。

资料来源：申效诚，1993，河南昆虫名录。中国农业科学技术出版社。

棘胸筒叩甲 *Ectinus sericeus* (Candeze, 1878)

Agriotes sericeus Candeze

省内产地：洛阳，信阳。

分布：河南，河北，山东，湖北，湖南，福建，贵州，四川；日本。

资料来源：申效诚，1993，河南昆虫名录。中国农业科学技术出版社。

西氏叩甲 *Elater sieboldi* (Candeze, 1873)

省内产地：信阳鸡公山。

分布：河南，甘肃，河北，浙江，江西，福建，台湾，广西，四川；朝鲜，日本。

资料来源：江世宏，1993，中国叩甲科昆虫名录。《昆虫标本名录》，北京农业大学出版社。

宝兴平额叩甲 *Homotechnes corymbitoides* Candeze, 1881

省内产地：具体不详。

分布：河南，河北，湖北，四川，江西。

资料来源：Hua Lizhong, 2002, List of Chinese Insests, Vol. II. Zhongshan University Press. 82.

暗角梳爪叩甲 *Melanotus brunnicornis* Schwarz, 1892

省内产地：具体不详。

分布：河南，河北。

资料来源：江世宏，1993，中国叩甲科昆虫名录。《昆虫标本名录》，北京农业大学出版社。

褐纹梳爪叩甲 *Melanotus caudex* Lewis, 1879

省内产地：原阳，延津，南阳，镇平，内乡。

分布：河南，黑龙江，吉林，辽宁，河北，山西，陕西，青海，湖北，湖南，广西；日本。

资料来源：申效诚，1993，河南昆虫名录。中国农业科学技术出版社。

拉氏梳爪叩甲 *Melanotus lameyi* Fleutiaux, 1918

省内产地：信阳鸡公山。

分布：河南，浙江，湖北，广东，广西，贵州；越南。

资料来源：杨星科，1997，长江三峡库区昆虫。重庆出版社。

朱腹梳爪叩甲 *Melanotus ventralis* Candeze, 1860

省内产地：信阳鸡公山。

分布：河南，江苏，浙江，江西，台湾，四川。

资料来源：江世宏，1993，中国叩甲科昆虫名录。《昆虫标本名录》，北京农业大学出版社。

台湾齿爪叩甲 *Platynychus formosanus* Matsumura, 1910

省内产地：具体不详。

分布：河南，甘肃，湖北，江西，台湾；琉球群岛。

资料来源：江世宏，1993，中国叩甲科昆虫名录。《昆虫标本名录》，北京农业大学出版社。

伪齿爪叩甲 *Platynychus nothus* (Candeze, 1865)

省内产地：安阳。

分布：河南，河北，甘肃，江苏，江西，福建，台湾，湖北，四川，贵州。

资料来源：杨星科，1997，长江三峡库区昆虫。重庆出版社。

沟线角叩甲(沟叩头虫)*Pleonomus canaliculatus* (Faldermann, 1835)

省内产地：全省。

分布：河南，辽宁，内蒙古，河北，陕西，甘肃，青海，山东，安徽，江苏，湖北。

资料来源：申效诚，1993，河南昆虫名录。中国农业科学技术出版社。

利角弓背叩甲 *Priopus angulatus* (Candeze, 1860)

省内产地：具体不详。

分布：河南，甘肃，江苏，江西，福建，台湾，湖北，广东，海南，香港，四川，贵州；越南，老挝，柬埔寨，马来西亚，新加坡。

资料来源：杨星科，1997，长江三峡库区昆虫。重庆出版社。

莱氏猛叩甲 *Tetrigus lewisi* Candeze, 1873

省内产地：林州。

分布：河南，甘肃，河北，陕西，山东，江苏，浙江，湖北，湖南，福建，台湾，广西；朝鲜，日本。

资料来源：江世宏，1993，中国叩甲科昆虫名录。《昆虫标本名录》，北京农业大学出版社。

二六、萤科 Lampyridae

本科全世界已知1900种，中国已记载15属115种，河南共记录3属3种。

夜光萤 *Lampyris noctiluca* (Linnaeus, 1767)

省内产地：信阳鸡公山。

分布：河南，贵州；亚洲，欧洲。

资料来源：侯璋德等，2002，河南鞘翅目昆虫名录补遗。《太行山及桐柏山区昆虫》，中国农业科学技术出版社。

黄萤 *Luciola lateralis* Motschulsky, 1860

省内产地：具体不详。

分布：河南，东北，江西；朝鲜，日本，俄罗斯(西伯利亚)。

资料来源：申效诚，1993，河南昆虫名录。中国农业科学技术出版社。

赤铜萤 *Lychnuris rufa* (Olivier, 1886)

省内产地：栾川龙峪湾。

分布：河南，中国；朝鲜，日本。

资料来源：章伟年等，1998，鞘翅目。《伏牛山区昆虫》，中国农业科学技术出版社。

二七、红萤科 Lycidae

本科全世界已知2900种，中国记载30属110种，河南记录1属1种。

***Macrolycus flabellatus* (Motschulsky, 1860)**

省内产地：修武。

分布：河南，吉林，内蒙古，台湾；朝鲜，日本，俄罗斯(西伯利亚)，蒙古国。

资料来源：侯璋德等，2002，河南鞘翅目昆虫名录补遗。《太行山及桐柏山区昆虫》，中国农业科学技术出版社。

二八、花萤科 Cantharidae

本科全世界已知3500种，中国已记载38属520种，河南共记录1属1种。

靛翅花萤 *Themus cyanipennis* Motschulsky, 1857

省内产地：嵩县，栾川。

分布：河南，吉林，江西；日本。

资料来源：章伟年等，1998，鞘翅目。《伏牛山区昆虫》，中国农业科学技术出版社。

二九、皮蠹科 Dermestidae

本科全世界已知53属800种，中国已记载12属90余种，河南共记录6属22种。

白带圆皮蠹 *Anthrenus latefasciatus* Reitter

省内产地：具体不详。

分布：河南，黑龙江，新疆，宁夏，山东，四川；朝鲜；小亚细亚；中亚。

危害：稻谷，面粉，干鱼，木耳，羊皮。

资料来源：申效诚，1993，河南昆虫名录。中国农业科学技术出版社。

标本圆皮蠹 *Anthrenus museorum* (Linnaeus, 1761)

省内产地：全省。

分布：河南，台湾；日本；古北区，北美。

资料来源：申效诚，1993，河南昆虫名录。中国农业科学技术出版社。

日本圆皮蠹 *Anthrenus nipponensis* Kalik *et* N. Ohbayashi, 1985

省内产地：郑州。

分布：河南，黑龙江，吉林，内蒙古，新疆，陕西，河北，山东，浙江，四川；朝鲜，日本。

资料来源：祝长清等，1999，河南昆虫志 鞘翅目(一)。河南科学技术出版社。

红圆皮蠹 *Anthrenus piceus* (Olivier, 1790)

Anthrenus pictruratus hintoni Mroczkowski

省内产地：郑州。

分布：河南，内蒙古，新疆，青海，甘肃，宁夏，陕西，河北，山东，湖南，四川。

资料来源：祝长清等，1999，河南昆虫志 鞘翅目(一)。河南科学技术出版社。

小圆皮蠹 *Anthrenus verbasci* (Linnaeus, 1767)

省内产地：全省。

分布：全国；世界广布。

危害：稻谷，麦类，大米，面粉，油料，枣，中药材，皮毛，丝织品，植物标本。

资料来源：申效诚，1993，河南昆虫名录。中国农业科学技术出版社。

褐毛皮蠹 *Attagenus augustatus gobicola* Frivaldszky, 1892

省内产地：洛阳，商丘。

分布：河南，内蒙古，甘肃，青海，新疆；蒙古国，俄罗斯。

危害：谷类，豆饼，油料。

资料来源：申效诚，1993，河南昆虫名录。中国农业科学技术出版社。

暗褐毛皮蠹 *Attagenus brunneus* Faldermann

省内产地：新乡，焦作，洛阳，郑州，许昌，漯河，平顶山，南阳。

分布：河南，内蒙古，新疆，河北；俄罗斯，阿富汗，巴基斯坦，美国。

资料来源：申效诚，1993，河南昆虫名录。中国农业科学技术出版社。

驼形毛皮蠹 *Attagenus cyphonoides* Reitter

省内产地：新乡，郑州。

分布：河南，内蒙古，新疆，陕西，河北，安徽，云南；俄罗斯，印度，阿富汗；中亚，北非。

资料来源：祝长清等，1999，河南昆虫志 鞘翅目(一)。河南科学技术出版社。

横带毛皮蠹 *Attagenus fasciatus* (Thunberg, 1795)

省内产地：郑州，洛阳。

分布：河南，云南，福建；印度，爪哇，埃及，美国(夏威夷)，牙买加，巴巴多斯。

资料来源：祝长清等，1999，河南昆虫志 鞘翅目(一)。河南科学技术出版社。

黑皮蠹 *Attagenus piceus* Olivier, 1790

省内产地：登封，密县，新郑，荥阳，方城，社旗，南召，南阳，内乡，镇平，西峡，淅川，邓州，新野，唐河，桐柏。

分布：河南，河北，台湾，贵州；朝鲜，日本；欧洲，美国。

危害：面粉，麦类，豆类，稻谷，大米，麸糠，毛皮，丝织品，中药材，花生，干鱼。

资料来源：申效诚，1993，河南昆虫名录。中国农业科学技术出版社。

黑毛皮蠹 *Attagenus unicolor japonicus* Reitter, 1877

省内产地：全省。

分布：河南，华北，华东，华中；朝鲜，日本，蒙古国。

危害：谷类，毛皮，毛织品，纸张。

资料来源：申效诚，1993，河南昆虫名录。中国农业科学技术出版社。

钩纹皮蠹 *Dermestes ater* De Geer, 1774

省内产地：全省。

分布：全国；世界广布。

危害：花生，豆类，饲料，皮毛，中药材。

资料来源：祝长清等，1999，河南昆虫志 鞘翅目(一)。河南科学技术出版社。

沟翅皮蠹 *Dermestes freudei* Kalik *et* Ohbayashi, 1982

省内产地：许昌，信阳。

分布：河南，黑龙江，内蒙古，陕西，河北，江西，广东，四川；朝鲜，日本。

资料来源：申效诚，1993，河南昆虫名录。中国农业科学技术出版社。

拟白腹皮蠹 *Dermestes frischi* Kugelann, 1792

省内产地：全省。

分布：河南，黑龙江，吉林，辽宁，河北，山西，陕西，宁夏，甘肃，青海，新疆，山东，浙江，福建，湖南，四川，云南；世界广布。

危害：大豆，皮张，干鱼，核桃，动物性药材。

资料来源：申效诚，1993，河南昆虫名录。中国农业科学技术出版社。

白腹皮蠹 *Dermestes maculatus* De Geer, 1774

省内产地：全省。

分布：全国；世界广布。

危害：皮张，干鱼，动物性药材。

资料来源：申效诚，1993，河南昆虫名录。中国农业科学技术出版社。

赤毛皮蠹 *Dermestes tessellatocollis* Motschulsky, 1859

省内产地：全省。

分布：全国；俄罗斯，朝鲜，日本，印度。

危害：干鱼，药材，花生，皮毛。

资料来源：申效诚，1993，河南昆虫名录。中国农业科学技术出版社。

波纹皮蠹 *Dermestes undulatus* Brahm, 1790

省内产地：许昌。

分布：河南，吉林，内蒙古，新疆，青海，甘肃，宁夏，西藏；亚洲，欧洲，非洲，北美。

资料来源：祝长清等，1999，河南昆虫志 鞘翅目(一)。河南科学技术出版社。

远东螵蛸皮蠹 *Thaumaglossa ovivorus* (Matsumura *et* Yokoyama, 1928)

省内产地：洛阳，郑州。

分布：河南，辽宁，新疆，北京，山东，安徽，江苏，浙江，江西，台湾，湖北，广西，四川，云南；日本。

取食：螳螂的卵块。

资料来源：祝长清等，1999，河南昆虫志 鞘翅目(一)。河南科学技术出版社。

百怪皮蠹 *Thylodrias contractus* Motschulsky, 1839

省内产地：全省。

分布：全国；日本，俄罗斯；欧洲，北非，北美。

危害：谷类，书画，档案，昆虫标本，稻谷，豆类。

资料来源：申效诚，1993，河南昆虫名录。中国农业科学技术出版社。

黑斑皮蠹 *Trogoderma glabrum* (Herbst, 1783)

省内产地：开封。

分布：河南，黑龙江，内蒙古，新疆，河北，山东，江苏，四川；俄罗斯；中亚，欧洲，北美。

资料来源：祝长清等，1999，河南昆虫志 鞘翅目(一)。河南科学技术出版社。

条斑皮蠹 *Trogoderma teukton* Beal, 1956

省内产地：新乡，焦作，郑州，许昌。

分布：河南，黑龙江，吉林，内蒙古，新疆，青海，甘肃，河北，山东，安徽，江苏；俄罗斯，日本，美国。

资料来源：祝长清等，1999，河南昆虫志 鞘翅目(一)。河南科学技术出版社。

花斑皮蠹 *Trogoderma variabile* Ballion

省内产地：全省。

分布：全国；蒙古国，朝鲜；中亚，北美。

危害：谷类，昆虫标本，蚕茧，原粮，油料，饼干，面包，糕点，干鱼，棉织品，丝织品，衣服，皮革，纸张，中药材。

资料来源：申效诚，1993，河南昆虫名录。中国农业科学技术出版社。

三〇、窃蠹科 Anobiidae

本科全世界共 100 属 1300 种，中国已记载 11 属 50 种，河南共记录 3 属 3 种。

烟草甲 *Lasioderma serricorne* (Fabricius, 1792)

省内产地：全省。

分布：河南，吉林，内蒙古，新疆，甘肃，陕西，广东，广西，海南，台湾，四川，云南，西藏；世界温暖地区。

危害：烟草，植物标本，植物性药材，谷类，粉类，面包，糕点，酒曲，枣，干鱼。

资料来源：申效诚，1993，河南昆虫名录。中国农业科学技术出版社。

梳角窃蠹 *Ptilineurus marmoratus* Reitter, 1877

省内产地：宜阳，伊川，洛阳，登封，内乡，唐河，邓州。

分布：河南，黑龙江，吉林，辽宁，内蒙古，河北，山东，山西，陕西，湖北，安徽，江苏，江西，台湾，湖南，贵州，四川，云南，广东，广西；日本；北美。

危害：植物性药材，烟草，枯朽木材，薯干，花生。

资料来源：申效诚，1993，河南昆虫名录。中国农业科学技术出版社。

药材甲 *Stegobium paniceum* (Linnaeus, 1761)

省内产地：全省。

分布：河南，吉林，内蒙古，新疆，青海，甘肃，河北，山东，安徽，浙江，江西，福建，台湾，湖北，湖南，广东，广西，四川，云南；世界广布。

危害：植物性药材，谷类，档案，茶叶，黄花菜，辣椒。

资料来源：申效诚，1993，河南昆虫名录。中国农业科学技术出版社。

三一、蛛甲科 Ptinidae

本科全世界共 57 属 500 种，中国已记载 4 属 15 种，河南共记录 3 属 3 种。

拟裸蛛甲 *Gibbium aequinoctiale* Boiedieu, 1854

省内产地：全省。

分布：全国；世界广布。

危害：谷类，纸张，动植物标本。

资料来源：祝长清等，1999，河南昆虫志 鞘翅目(一)。河南科学技术出版社。

褐蛛甲 *Pseudeurostus hilleri* (Reitter)

省内产地：全省。

分布：全国；日本，英国，德国，加拿大。

资料来源：申效诚，1993，河南昆虫名录。中国农业科学技术出版社。

日本蛛甲 *Ptinus japonicus* (Reitter)

省内产地：郑州，信阳。

分布：全国；日本，俄罗斯，印度，斯里兰卡。

资料来源：申效诚，1993，河南昆虫名录。中国农业科学技术出版社。

三二、长蠹科 Bostrichidae

本科全世界已知 43 属 450 种，中国已记载 14 属 30 种，河南共记录 6 属 9 种。

大竹蠹 *Bostrychopsis parallela* (Lesne, 1895)

省内产地：商丘。

分布：河南，湖北，浙江，江西，湖南，广东，广西，四川，云南；菲律宾，东洋区。

危害：竹制品，竹材。

资料来源：申效诚，1993，河南昆虫名录。中国农业科学技术出版社。

日本竹蠹 *Dinoderus japonicus* Lesne, 1895

省内产地：郑州，登封。

分布：河南，江苏，湖北，江西，浙江，福建，台湾，湖南，四川，广东，广西，贵州，云南；日本，印度，澳大利亚。

危害：竹木制品，中药材。

资料来源：祝长清等，1999，河南昆虫志 鞘翅目(一)。河南科学技术出版社。

竹蠹 *Dinoderus minutus* (Fabricius, 1775)

省内产地：安阳，洛阳，郑州，新郑，社旗，南阳，镇平，桐柏，西峡，淅川，唐河，邓州，新野。

分布：河南，辽宁，甘肃，陕西，山西，山东，安徽，江苏，江西，福建，湖北，湖南，广东，广西，四川，云南，贵州；全世界热带，亚热带。

危害：竹木制品，中药材，薯干，稻谷。

资料来源：祝长清等，1999，河南昆虫志 鞘翅目(一)。河南科学技术出版社。

双齿长蠹 *Heterobostrychus hamatipennis* (Lesne, 1895)

省内产地：安阳，洛阳，郑州，开封，许昌，信阳，光山。

分布：河南，辽宁，山东，湖北，江西，浙江，福建，台湾，广东，海南，广西，四川，云南；印度，马来西亚，菲律宾，毛里求斯，马达加斯加，日本。

危害：竹材，木材，

资料来源：申效诚，1993，河南昆虫名录。中国农业科学技术出版社。

角胸长蠹 *Heterobostrychus* sp.

省内产地：安阳，中牟，郑州，许昌。

分布：河南。

危害：竹材，木材。

资料来源：祝长清等，1999，河南昆虫志 鞘翅目(一)。河南科学技术出版社。

谷蠹 *Rhyzopertha dominica* (Fabricius, 1792)

省内产地：全省。

分布：全国绝大部分省区；全世界热带和亚热带及部分温带地区。

危害：谷类，木材，中药材，豆类，书籍，大麦，小麦，高粱，大米，糕点，干果，竹木制品。

资料来源：申效诚，1993，河南昆虫名录。中国农业科学技术出版社。

双棘长蠹 *Sinoxylon anale* Lesne, 1897

省内产地：郑州，信阳。

分布：河南，福建，湖南，四川，广东，广西，海南，台湾，四川，云南；印度，斯里兰卡，马来西亚，菲律宾，新西兰，澳大利亚。

危害：木材，槐。

资料来源：申效诚，1993，河南昆虫名录。中国农业科学技术出版社。

日本双棘长蠹 *Sinoxylon japonicum* Lesne, 1895

省内产地：洛阳。

分布：河南，河北，山东，陕西，甘肃，江苏，福建，台湾，广东，广西，云南；朝鲜，日本。

寄主：黄山栾树。

资料来源：赵化奇等，2000，日本双棘长蠹的新寄主及其生活习性。昆虫知识，37(5)。

洁长棒长蠹 *Xylothrips cathaicus* Reichardt, 1966

省内产地：开封。

分布：河南，河北。

资料来源：陈树椿，1990，洁长棒长蠹雄性的记述(鞘翅目：长蠹科)。动物分类学报，12(2)：255。

三三、粉蠹科 Lyctidae

本科全世界已知100种，中国已记载3属8种，河南共记录3属5种。

日本粉蠹 *Lyctoxylon japonum* Reitter

省内产地：信阳。

分布：河南，安徽，江苏，浙江，湖北，广西，四川，云南，贵州；日本，越南，印度。

危害：竹木材，家具，中药材。

资料来源：申效诚，1993，河南昆虫名录。中国农业科学技术出版社。

褐粉蠹 *Lyctus brunneus* (Stephens, 1830)

省内产地：新乡，焦作，郑州，开封，平顶山，许昌，漯河，驻马店，南阳，信阳。

分布：河南，辽宁，内蒙古，青海，宁夏，陕西，山西，河北，山东，安徽，江苏，上海，福建，台湾，湖北，湖南，广东，广西，海南，四川，云南，贵州；世界温带和热带。

危害：竹木制品，中药材。

资料来源：申效诚，1993，河南昆虫名录。中国农业科学技术出版社。

栎粉蠹 *Lyctus linearis* (Goeze, 1777)

省内产地：郑州，南阳，信阳。

分布：河南，内蒙古，新疆，山东，安徽，江苏，浙江，福建，湖南，广西；日本，古北区。

危害：栎、刺槐的木材及制品。

资料来源：申效诚，1993，河南昆虫名录。中国农业科学技术出版社。

中华粉蠹 *Lyctus sinensis* Lesne, 1911

省内产地：中牟，开封，郑州，鄢陵，南阳，信阳，光山，罗山。

分布：河南，辽宁，内蒙古，青海，宁夏，山西，河北，安徽，江苏，浙江，江西，福建，湖北，湖南，广西，四川，云南，贵州；朝鲜，日本。

危害：竹木材及制品，中药材。

资料来源：申效诚，1993，河南昆虫名录。中国农业科学技术出版社。

鳞毛粉蠹 *Minthea rugicollis* (Walker, 1858)

省内产地：郑州，信阳。

分布：河南，安徽，江苏，浙江，江西，福建，湖北，湖南，广东，广西，四川，云南，贵州；日本，印度，斯里兰卡；热带地区。

危害：竹木器材，日杂品，中药材。

资料来源：申效诚，1993，河南昆虫名录。中国农业科学技术出版社。

三四、谷盗科 Trogossitidae

本科全世界已知650种，中国已记载8属10种，河南共记录2属2种。

暹罗谷盗 *Lophocateres pusillus* (Klug, 1832)

省内产地：具体不详。

分布：河南，江苏，湖北，福建，四川，云南，广东，广西；世界热带、亚热带。

资料来源：张生芳等，2002，谷盗科。《福建昆虫志 第六卷》，福建科学技术出版社。

大谷盗 *Tenebroides mauritanicus* (Linnaeus, 1758)

省内产地：全省。

分布：全国；世界广布。

危害：粮食，食品，干果，药材。

资料来源：申效诚，1993，河南昆虫名录。中国农业科学技术出版社。

三五、郭公甲科 Cleridae

本科全世界已知 3000 种，中国已记载 35 属 150 种，河南共记录 4 属 4 种。

线条郭公甲 *Thanasimus substriatus* Gebler, 1841

省内产地：信阳。

分布：河南；朝鲜，日本，俄罗斯(西伯利亚)。

捕食：小蠹。

资料来源：申效诚，1993，河南昆虫名录。中国农业科学技术出版社。

暗褐郭公甲 *Thaneroclerus buquet* Lefebvre, 1835

省内产地：郑州，信阳。

分布：河南，辽宁，甘肃，上海，福建，广东，广西，四川，云南；日本，菲律宾，世界广布。

危害：烟叶。

资料来源：申效诚，1993，河南昆虫名录。中国农业科学技术出版社。

二带赤颈郭公甲 *Tillus notatus* Klug, 1842

省内产地：南阳。

分布：河南，内蒙古，河北，湖北，浙江，台湾，广东，广西；日本，菲律宾，越南，印度，马达加斯加。

捕食：小蠹。

资料来源：申效诚，1993，河南昆虫名录。中国农业科学技术出版社。

青带郭公甲 *Trichodes sinae* Chevrolat, 1874

省内产地：信阳。

分布：河南，吉林，辽宁，内蒙古，河北，山西，陕西，宁夏，青海，甘肃，新疆，湖北，浙江，江苏，湖南，四川；朝鲜。

捕食：小蠹，天牛。

资料来源：申效诚，1993，河南昆虫名录。中国农业科学技术出版社。

三六、隐跗郭公甲科 Corynetidae

本科全世界已知 3000 种，中国已记载 17 属 50 种，河南共记录 2 属 3 种。

赤颈郭公甲 *Necrobia ruficollis* (Fabricius, 1775)

省内产地：洛阳，南召，方城，南阳，唐河，邓州。

分布：河南，陕西，山东，安徽，上海，浙江，福建，湖北，广东，广西，四川，云南，贵州；日本，世界广布。

危害：皮张，干鱼，火腿，动物性药材，豆蔻。

资料来源：申效诚，1993，河南昆虫名录。中国农业科学技术出版社。

赤足郭公甲 *Necrobia rufipes* (De Geer, 1775)

省内产地：信阳，南阳，唐河，社旗。

分布：河南，内蒙古，陕西，安徽，上海，浙江，湖北，湖南，广东，广西，四川；日本，世界广布。

危害：干鱼，咸肉，生皮张，动物性药材。

资料来源：申效诚，1993，河南昆虫名录。中国农业科学技术出版社。

赤胸郭公甲 *Opetiopalpus obesus* Westwood

省内产地：具体不详。

分布：河南，上海，云南，广东。

危害：药材。

资料来源：申效诚，1993，河南昆虫名录。中国农业科学技术出版社。

三七、露尾甲科 Nitidulidae

本科昆虫一般为腐食性，生活于动植物质如谷类、干果、菌类、花卉、腐肉、骨骼、生皮张以及树皮下。

本科全世界已知3000种，中国已记载33属130种，河南共记录3属11种。

细胫露尾甲 *Carpophilus delkeskampi* Hisamatsu, 1963

省内产地：全省。

分布：河南，黑龙江，吉林，辽宁，新疆，青海，宁夏，甘肃，山西，河北，北京，天津，贵州，云南，广西，广东，福建；日本，菲律宾。

资料来源：申效诚，1993，河南昆虫名录。中国农业科学技术出版社。

脊胸露尾甲 *Carpophilus dimidiatus* (Fabricius, 1792)

省内产地：郾城，封丘。

分布：河南，福建，广东，云南；世界广布。

危害：大米，面粉，棉籽。

资料来源：申效诚等，1994，河南昆虫名录补遗(一)。《河南昆虫分类区系研究 第一卷》，中国农业科学技术出版社。

酱曲露尾甲 *Carpophilus hemipterus* (Linnaeus, 1758)

省内产地：郑州，登封，密县，中牟，洛阳，许昌，漯河，驻马店，信阳，南阳。

分布：河南，黑龙江，辽宁，内蒙古，山西，陕西，甘肃，青海，新疆，天津，安徽，福建，湖南，广东，广西，四川，云南，贵州；世界广布。

危害：枣，大米，蒜，花生，中药材。

资料来源：申效诚，1993，河南昆虫名录。中国农业科学技术出版社。

隆肩露尾甲 *Carpophilus humeralis* Fabricius, 1798

省内产地：信阳。

分布：河南，浙江，福建；亚洲，非洲，美洲。

危害：大米，糕点。

资料来源：申效诚，1993，河南昆虫名录。中国农业科学技术出版社。

干果露尾甲 *Carpophilus maculatus* Murray, 1864

省内产地：安阳，商丘，郑州，新郑，洛阳，信阳。南阳。

分布：河南，湖北，广东，广西；玻利尼西亚。

危害：花生，高粱，大米，面粉。

资料来源：申效诚，1993，河南昆虫名录。中国农业科学技术出版社。

大腋露尾甲 *Carpophilus marginellus* Motschulsky, 1858

省内产地：郑州，许昌，漯河，驻马店，南阳，信阳。

分布：河南，黑龙江，辽宁，内蒙古，山东，安徽，江苏，江西，福建，湖北，湖南，广东，广西，四川，云南，贵州；日本，印度，世界广布。

资料来源：祝长清等，1999，河南昆虫志 鞘翅目(一)。河南科学技术出版社。

隆胸露尾甲 *Carpophilus obsoletus* Erichson, 1843

省内产地：郑州，许昌，漯河，驻马店，信阳。

分布：河南，辽宁，陕西，安徽，浙江，江西，福建，湖北，湖南，广东，广西，四川，云南，贵州；日本，印度，泰国，斯里兰卡，世界广布。

危害：大米，面粉，油料，花生，豆饼，枣，干果，辣椒，中药材。

资料来源：申效诚，1993，河南昆虫名录。中国农业科学技术出版社。

凹胫露尾甲 *Carpophilus pilosellus* Motschulsky, 1858

省内产地：全省。

分布：全国；日本，印度，越南，新喀里多尼亚。

危害：谷类，油料。

资料来源：申效诚，1993，河南昆虫名录。中国农业科学技术出版社。

四纹露尾甲 *Nitidula carnaria* (Schaller, 1783)

省内产地：洛阳，郑州，许昌，驻马店，平顶山，南阳，信阳。

分布：河南，黑龙江，内蒙古，山西，陕西，宁夏，甘肃，青海，新疆，山东，安徽，江苏，上海，湖北，湖南；日本，蒙古国，俄罗斯(西伯利亚)，伊朗；欧洲，北美。

资料来源：申效诚，1993，河南昆虫名录。中国农业科学技术出版社。

花斑露尾甲 *Omosita colon* (Linnaeus, 1758)

省内产地：洛阳，郑州，许昌。

分布：河南，黑龙江，吉林，辽宁，内蒙古，山西，陕西，宁夏，甘肃，青海，新疆，河北，江苏，浙江；日本，蒙古国，俄罗斯(西伯利亚)；亚洲，欧洲，北美，南美。

资料来源：申效诚，1993，河南昆虫名录。中国农业科学技术出版社。

盘斑露尾甲 *Omosita discoidea* Fabricius, 1775

省内产地：郑州。

分布：河南，陕西，江苏，湖南，四川，广西；日本，俄罗斯(西伯利亚)；欧洲，北美。

资料来源：祝长清等，1999，河南昆虫志 鞘翅目(一)。河南科学技术出版社。

三八、扁谷盗科 Laemophloeidae

本科为重要仓储害虫，也有营捕食性生活种类。

本科全世界已知700种，中国已记载2属13种，河南共记录1属4种。

锈赤扁谷盗 *Cryptolestes ferrugineus* (Stephens, 1831)

省内产地：全省。

分布：全国；世界广布。

危害：谷类，油料，稻谷，小麦，大米，玉米，豆饼，药材。

资料来源：申效诚，1993，河南昆虫名录。中国农业科学技术出版社。

微扁谷盗 *Cryptolestes pusilloides* (Steel *et* Howe, 1817)

省内产地：信阳，新县。

分布：河南，云南；日本；东南亚，欧洲，非洲，大洋洲，北美洲，南美洲。

资料来源：祝长清等，1999，河南昆虫志 鞘翅目(一)。河南科学技术出版社。

长角扁谷盗 *Cryptolestes pusillus* (Schonherr, 1952)

省内产地：全省。

分布：河南，除台湾，西藏，新疆，内蒙古外各省区；世界广布。

危害：面粉，大米，稻谷，小麦，花生，玉米，高粱，麸糠，酒曲，糕点，干菜，干果，油料，中药材。

资料来源：申效诚，1993，河南昆虫名录。中国农业科学技术出版社。

土耳其扁谷盗 *Cryptolestes turcicus* (Grouville, 1876)

省内产地：全省。

分布：全国；世界广布。

危害：谷类，面粉，中药材。

资料来源：申效诚，1993，河南昆虫名录。中国农业科学技术出版社。

三九、锯谷盗科 Silvanidae

本科昆虫大部分生活于树皮下或腐朽植物质中，少数种类生活于仓储物中，成为重要而且分布广泛的仓库害虫。

本科全世界已知400种，中国已记载12属30种，河南共记录4属6种。

米扁虫 *Ahasverus advena* (Waltl, 1832)

省内产地：全省。

分布：全国；世界广布。

危害：原粮，中药材，枣，花生，辣椒。

资料来源：申效诚，1993，河南昆虫名录。中国农业科学技术出版社。

大眼锯谷盗 *Oryzaephilus mercator* (Fauvel, 1889)

省内产地：洛阳，南阳，许昌，平顶山。

分布：河南，云南，广东，广西，福建；日本，伊拉克；东南亚，欧洲，非洲，美洲。

危害：稻谷，大米，小麦，玉米，高粱，面粉，中药材。

资料来源：申效诚，1993，河南昆虫名录。中国农业科学技术出版社。

锯谷盗 *Oryzaephilus surinamensis* (Linnaeus, 1758)

省内产地：全省。

分布：全国；世界广布。

危害：谷类，豆类，中药材，面粉，薯干，花生，饼干，麸糠，莲籽。

资料来源：申效诚，1993，河南昆虫名录。中国农业科学技术出版社。

圆筒胸锯谷盗 *Silvanoprus cephalotes* (Reitter, 1876)

省内产地：全省。

分布：河南，河北，内蒙古，新疆，江苏，湖北，四川，云南；印度，斯里兰卡，尼泊尔，不丹，越南，马来西亚，印度尼西亚，巴布亚新几内亚，日本，坦桑尼亚。

危害：粮食，药材，烟叶。

资料来源：祝长清等，1999，河南昆虫志 鞘翅目(一)。河南科学技术出版社。

尖胸锯谷盗 *Silvanoprus scuticollis* (Walker, 1859)

省内产地：全省。

分布：河南，湖北，江苏，湖南，四川，云南，新疆；美国，日本；东南亚，非洲，南美。

危害：粮食，药材，烟叶。

资料来源：祝长清等，1999，河南昆虫志 鞘翅目(一)。河南科学技术出版社。

二针锯谷盗 *Silvanus bidentatus* (Fabricius, 1792)

省内产地：洛阳。

分布：河南，黑龙江，内蒙古，湖北，台湾，广西；印度，泰国，朝鲜，日本；欧洲，北美，中美，非洲。

危害：谷类，玉米。

资料来源：申效诚，1993，河南昆虫名录。中国农业科学技术出版社。

四〇、隐食甲科 Cryptophagidae

本科昆虫多为菌食性，取食发霉的动植物质，多见于仓库、加工厂内阴暗潮湿、下脚料堆积物或潮粮中。

本科全世界已知 600 种，中国已记载 9 属 25 种，河南共记录 2 属 5 种。

黄圆隐食甲 *Atomaria lewisi* Reitter, 1877

省内产地：郑州，洛阳，南阳，西峡。

分布：河南，黑龙江，内蒙古，山西，甘肃，湖北，台湾，广西；朝鲜，日本，俄罗斯(西伯利亚)，蒙古国，阿富汗，印度，越南，澳大利亚，巴布亚新几内亚；北美，南美，欧洲，南非。

资料来源：申效诚，1993，河南昆虫名录。中国农业科学技术出版社。

钩角隐食甲 *Cryptophagus acutangulus* Gyllenhal, 1828

省内产地：全省。

分布：全国；澳大利亚，日本，俄罗斯；欧洲，北美。

资料来源：申效诚，1993，河南昆虫名录。中国农业科学技术出版社。

窝隐食甲 *Cryptophagus cellaris* (Scopoli, 1763)

省内产地：许昌，南阳，信阳。

分布：河南，新疆，青海，甘肃，宁夏，内蒙古，陕西，安徽，四川，云南，西藏；朝鲜，日本，俄罗斯(西伯利亚)；亚洲，欧洲，北非，北美，南美。

资料来源：祝长清等，1999，河南昆虫志　鞘翅目(一)。河南科学技术出版社。

腐隐食甲 *Cryptophagus obsoletus* Reitter

省内产地：全省。

分布：河南，黑龙江，内蒙古，宁夏，甘肃，青海，新疆，山西，安徽，江苏，湖北，四川，云南，西藏；俄罗斯，蒙古国，英国；北美。

资料来源：祝长清等，1999，河南昆虫志　鞘翅目(一)。河南科学技术出版社。

施氏隐食甲 *Cryptophagus schimidti* Sturm, 1845

省内产地：安阳，信阳。

分布：河南；欧洲。

资料来源：申效诚，1993，河南昆虫名录。中国农业科学技术出版社。

四一、拟叩甲科 Languriidae

本科全世界已知 200 种，中国已记载 21 属 102 种，河南共记录 1 属 2 种。

褐蕈甲 *Cryptophilus integer* (Heer, 1838)

省内产地：洛阳，商丘。

分布：河南，除吉林，内蒙古，宁夏，青海，甘肃外的省区；欧洲，北美。

资料来源：申效诚，1993，河南昆虫名录。中国农业科学技术出版社。

黑带蕈甲 *Cryptophilus obliteratus* Reitter, 1874

省内产地：郑州。

分布：河南，内蒙古；日本。

资料来源：申效诚，1993，河南昆虫名录。中国农业科学技术出版社。

四二、瓢虫科 Coccinellidae

本科是著名的天敌类群，大部分种类捕食蚜虫、蚧虫、粉虱和叶螨，少部分种类为植食性和菌食性。

本科全世界共 329 属 5000 种，中国已记载 88 属 725 种(庞虹等，2004)，河南共记录 8 亚科 39 属 118 种。

(一) 红瓢虫亚科 Coccidulinae

红背粗眼瓢虫 *Coccidula rufa* (Herbst, 1873)

省内产地：安阳，林县，陕县。

分布：河南，新疆；欧洲。

资料来源：申效诚，1993，河南昆虫名录。中国农业科学技术出版社。

纯红粗眼瓢虫 *Coccidula unicolor* Reitter, 1890

省内产地：陕县。

分布：河南，新疆；伊朗，土耳其。

资料来源：申效诚，1993，河南昆虫名录。中国农业科学技术出版社。

澳洲瓢虫 *Rodolia cardinalis* (Mulsant, 1850)

省内产地：孟津，中牟。

分布：河南，江苏，上海，浙江，福建，台湾，江西，湖北，广东，香港，广西，四川，云南；澳大利亚，引至全球热带和亚热带。

资料来源：申效诚，1993，河南昆虫名录。中国农业科学技术出版社。

暗红瓢虫 *Rodolia concolor* (Lewis, 1879)

省内产地：封丘，许昌。

分布：河南，甘肃，北京；日本。

资料来源：申效诚，1993，河南昆虫名录。中国农业科学技术出版社。

红环瓢虫 *Rodolia limbata* (Motschusky, 1866)

省内产地：洛阳，汝州，信阳鸡公山。

分布：河南，北京，黑龙江，吉林，辽宁，河北，山西，陕西，江苏，上海，浙江，江西，湖北，四川，广东，广西，贵州，云南；朝鲜，日本，蒙古国，俄罗斯。

资料来源：虞国跃，1999，鞘翅目：瓢虫科，方头甲科。《鸡公山区昆虫》，中国农业科学技术出版社。

大红瓢虫 *Rodolia rufopilosa* Mulsant, 1850

省内产地：西峡，淅川，新县。

分布：河南，陕西，四川，湖北，江苏，浙江，福建，江西，湖南，广东，海南，贵州；日本，缅甸，印度，菲律宾，印度尼西亚。

资料来源：申效诚，1993，河南昆虫名录。中国农业科学技术出版社。

***Rodolia* sp.**

省内产地：内乡宝天曼，西峡黄石庵，西峡老界岭。

分布：河南。

资料来源：虞国跃，1999，鞘翅目：瓢虫科。《伏牛山南坡及大别山区昆虫》，中国农业科学技术出版社。

红褐粒眼瓢虫 *Sumnius brunneus* Jing, 1983

省内产地：信阳鸡公山，内乡宝天曼。

分布：河南，云南，四川，北京。

资料来源：虞国跃，1999，鞘翅目：瓢虫科，方头甲科。《鸡公山区昆虫》，中国农业科学技术出版社。

(二) 隐胫瓢虫亚科 Aspidimerinae

双斑隐胫瓢虫 *Aspidimerus matsumurai* Sasaji, 1968

省内产地：嵩县。

分布：河南，浙江，台湾，云南；越南。

资料来源：申效诚，1993，河南昆虫名录。中国农业科学技术出版社。

七斑隐势瓢虫 *Cryptogonus schraiki* Mader, 1933

省内产地：西峡黄石庵，西峡老界岭。

分布：河南，甘肃，四川，广西，云南。

资料来源：虞国跃等，2004，鞘翅目：瓢虫科。《广西十万大山地区昆虫》，中国林业出版社。

(三) 显盾瓢虫亚科 Hyperaspinae

黑背显盾瓢虫 *Hyperaspis amurensis* Weise, 1887

省内产地：信阳鸡公山，内乡宝天曼。

分布：河南，浙江；俄罗斯，韩国，日本。

资料来源：虞国跃，1999，鞘翅目：瓢虫科，方头甲科。《鸡公山区昆虫》，中国农业科学技术出版社。

六斑显盾瓢虫 *Hyperaspis gyotokui* Kamiya, 1963

省内产地：修武，延津。

分布：河南，河北，陕西，内蒙古，宁夏；日本。

资料来源：申效诚，1993，河南昆虫名录。中国农业科学技术出版社。

四斑显盾瓢虫 *Hyperaspis leechi* Miyatake, 1961

省内产地：温县，修武，获嘉，陕县，嵩县，中牟，新野。

分布：河南，北京，河北，山东，江苏，福建，湖北，浙江；朝鲜，蒙古国，俄罗斯(西伯利亚)。

资料来源：申效诚，1993，河南昆虫名录。中国农业科学技术出版社。

中华显盾瓢虫 *Hyperaspis sinensis* (Crotch, 1874)

省内产地：信阳鸡公山，内乡宝天曼，嵩县，南阳，息县，新县。

分布：河南，北京，江苏，浙江，安徽，江西，四川，福建，广东，广西，贵州；俄罗斯(西伯利亚)，韩国，日本。

资料来源：虞国跃，1999，鞘翅目：瓢虫科，方头甲科。《鸡公山区昆虫》，中国农业科学技术出版社。

(四) 小毛瓢虫亚科 Scymninae

长斑弯叶毛瓢虫 *Nephus koltzei* (Weise, 1887)

省内产地：安阳。

分布：河南，辽宁，河北，北京，陕西，山东，广西，四川，贵州；俄罗斯。

资料来源：申效诚，1993，河南昆虫名录。中国农业科学技术出版社。

内乡弯叶毛瓢虫 *Nephus* (*Bipunctatus*) *neixiangicus* Yu, 1999

省内产地：内乡宝天曼(模式产地)。

分布：河南。

资料来源：虞国跃，1999，河南伏牛山瓢虫科新种记述。《伏牛山南坡及大别山区昆虫》，中国农业科学技术出版社。

秭归弯叶毛瓢虫 *Nephus* (*Bipunctatus*) *ziguiensis* Yu, 1997

省内产地：信阳鸡公山，西峡黄石庵，内乡宝天曼。

分布：河南，湖北。

资料来源：虞国跃，1999，鞘翅目：瓢虫科。《伏牛山南坡及大别山区昆虫》，中国农业科学技术出版社。

双线弯叶毛瓢虫 *Nephus* (*Geminosipho*) *bilinearis* Yu, 1997

省内产地：内乡宝天曼。

分布：河南，湖北，四川，广东。

资料来源：虞国跃，1999，鞘翅目：瓢虫科。《伏牛山南坡及大别山区昆虫》，中国农业科学技术出版社。

弯斑方瓢虫 *Pseudoscymnus curvatus* Yu, 1999

省内产地：信阳鸡公山(模式产地)。

分布：河南。

资料来源：虞国跃，1999，河南鸡公山瓢虫科二新种记述。《鸡公山区昆虫》，中国农业科学技术出版社。

裂臀方瓢虫 *Pseudoscymnus dapae* Hoang, 1978

省内产地：信阳鸡公山。

分布：河南，广东，福建；越南。

资料来源：虞国跃，1999，鞘翅目：瓢虫科，方头甲科。《鸡公山区昆虫》，中国农业科学技术出版社。

双膜方瓢虫 *Pseudoscymnus disselasmatus* Pang *et* Huang, 1986

省内产地：信阳鸡公山，内乡宝天曼。

分布：河南，福建，广东。

资料来源：虞国跃，1999，鞘翅目：瓢虫科，方头甲科。《鸡公山区昆虫》，中国农业科学技术出版社。

黑方瓢虫 *Pseudoscymnus kurohime* (Miyatake, 1969)

省内产地：孟津，新野。

分布：河南，浙江，福建，台湾，广东，海南，广西，贵州，云南；日本，越南，密克罗尼西亚。

资料来源：申效诚，1993，河南昆虫名录。中国农业科学技术出版社。

黑背毛瓢虫 *Scymnus* (*Neopullus*) *babai* Sasaji, 1971

省内产地：郑州，延津，许昌，信阳，内乡宝天曼。

分布：河南，东北，北京，陕西，山东，江苏，上海，浙江，安徽，湖北，湖南，福建，云南；朝鲜，日本。

资料来源：虞国跃，1999，鞘翅目：瓢虫科。《伏牛山南坡及大别山区昆虫》，中国农业科学技术出版社。

黑襟毛瓢虫 *Scymnus* (*Neopullus*) *hoffmanni* Weise, 1879

省内产地：全省。

分布：河南，吉林，辽宁，北京，陕西，山东，江苏，台湾，江西，湖北，湖南，广西，浙江，福建，云南；朝鲜，日本。

资料来源：申效诚，1993，河南昆虫名录。中国农业科学技术出版社。

平叶毛瓢虫 *Scymnus* (*Neopullus*) *paralleus* Yu *et* Pang, 1994

省内产地：信阳鸡公山，西峡黄石庵，西峡老界岭。

分布：河南，北京，河北，山东。

资料来源：虞国跃，1999，鞘翅目：瓢虫科，方头甲科。《鸡公山区昆虫》，中国农业科学技术出版社。

套矛毛瓢虫 *Scymnus* (*Neopullus*) *thecacontus* Ren *et* Pang, 1993

省内产地：内乡宝天曼。

分布：河南，湖北，云南。

资料来源：虞国跃，1999，鞘翅目：瓢虫科。《伏牛山南坡及大别山区昆虫》，中国农业科学技术出版社。

长突毛瓢虫 *Scymnus* (*Neopullus*) *yamato* Kamiya, 1961

省内产地：中牟。

分布：河南，北京，河北，上海，江苏，福建，广东，四川；日本，越南。

资料来源：申效诚，1993，河南昆虫名录。中国农业科学技术出版社。

中黑小瓢虫 *Scymnus* (*Pullus*) *centralis* Kamiya, 1965

省内产地：西峡黄石庵。

分布：河南，福建，台湾，广东，海南；越南。

资料来源：虞国跃，1999，鞘翅目：瓢虫科。《伏牛山南坡及大别山区昆虫》，中国农业科学技术出版社。

锈色小瓢虫 *Scymnus* (*Pullus*) *dorcatomoides* Weise, 1879

省内产地：内乡宝天曼，西峡黄石庵。

分布：河南，台湾，四川；俄罗斯远东，朝鲜半岛，日本，越南。

资料来源：虞国跃，1999，鞘翅目：瓢虫科。《伏牛山南坡及大别山区昆虫》，中国农业科学技术出版社。

矛管小瓢虫 *Scymnus* (*Pullus*) *dorytatus* Pang, 1988

省内产地：内乡宝天曼。

分布：河南，湖北，福建，广东，四川，云南。

资料来源：庞虹等，2004，中国瓢虫物种多样性及其利用。广东科技出版社。

鸡公山小瓢虫 *Scymnus* (*Pullus*) *jigongshan* Yu, 1999

省内产地：信阳鸡公山(模式产地)，西峡黄石庵。

分布：河南。

资料来源：虞国跃，1999，河南鸡公山瓢虫科二新种记述。《鸡公山区昆虫》，中国农业科学技术出版社。

黑背小瓢虫 *Scymnus* (*Pullus*) *kawamurai* (Ohta, 1929)

省内产地：新乡，延津，修武，焦作，偃师，开封，兰考，许昌，西平，桐柏，新县，息县。

分布：河南，浙江，福建，湖北，广东，四川，云南；日本，印度。

资料来源：申效诚，1993，河南昆虫名录。中国农业科学技术出版社。

笔头小瓢虫 *Scymnus* (*Pullus*) *penicilliformis* Yu, 1999

省内产地：西峡黄石庵(模式产地)。

分布：河南。

资料来源：虞国跃，1999，河南伏牛山瓢虫科新种记述。《伏牛山南坡及大别山区昆虫》，中国农业科学技术出版社。

后斑小瓢虫 *Scymnus* (*Pullus*) *posticalis* Sicard, 1912

省内产地：信阳鸡公山，内乡宝天曼，西峡黄石庵。

分布：河南，陕西，湖北，四川，台湾，福建，广东，广西，贵州，云南；日本，缅甸，越南。

资料来源：虞国跃，1999，鞘翅目：瓢虫科，方头甲科。《鸡公山区昆虫》，中国农业科学技术出版社。

直缘小瓢虫 *Scymnus* (*Pullus*) *rectoides* Sasaji, 1971

省内产地：西峡黄石庵、桦树盘。

分布：河南；日本。

资料来源：虞国跃，1999，鞘翅目：瓢虫科。《伏牛山南坡及大别山区昆虫》，中国农业科学技术出版社。

柳端小瓢虫 *Scymnus* (*Pullus*) *rhamphiatus* Pang *et* Huang, 1985

省内产地：内乡宝天曼。

分布：河南，陕西，湖北，浙江，福建，四川，贵州。

资料来源：虞国跃，1999，鞘翅目：瓢虫科。《伏牛山南坡及大别山区昆虫》，中国农业科学技术出版社。

束小瓢虫 *Scymnus* (*Pullus*) *sodalis* Weise, 1923

省内产地：信阳鸡公山，内乡宝天曼。

分布：河南，江苏，浙江，福建，广东，台湾；日本，印度，尼泊尔，越南。

资料来源：虞国跃，1999，鞘翅目：瓢虫科。《伏牛山南坡及大别山区昆虫》，中国农业科学技术出版社。

箭管小瓢虫 *Scymnus* (*Pullus*) *toxosiphonius* Pang *et* Huang, 1986

省内产地：西峡黄石庵。

分布：河南，福建，云南。

资料来源：虞国跃，1999，鞘翅目：瓢虫科。《伏牛山南坡及大别山区昆虫》，中国农业科学技术出版社。

哑铃小瓢虫 *Scymnus*(*Pullus*)*yaling* Yu, 1999

省内产地：西峡黄石庵(模式产地)。

分布：河南。

资料来源：虞国跃，1999，鞘翅目：瓢虫科。《伏牛山南坡及大别山区昆虫》，中国农业科学技术出版社。

内囊小瓢虫 *Scymnus* (*Pullus*) *yangi* Yu *et* Pang, 1993

省内产地：内乡宝天曼。

分布：河南，浙江，福建，台湾，广东，海南；越南。

资料来源：虞国跃，1999，鞘翅目：瓢虫科。《伏牛山南坡及大别山区昆虫》，中国农业科学技术出版社。

长毛小毛瓢虫 *Scymnus* (*Scymnus*) *crinitus* Fürsch, 1966

省内产地：信阳鸡公山，西峡黄石庵，内乡宝天曼。

分布：河南，甘肃，四川，河北，湖北，陕西；俄罗斯，朝鲜。

资料来源：虞国跃，1999，鞘翅目：瓢虫科，方头甲科。《鸡公山区昆虫》，中国农业科学技术出版社。

长爪小毛瓢虫 *Scymnus* (*Scymnus*) *dolichonychus* Yu *et* Pang, 1994

省内产地：信阳鸡公山，西峡黄石庵。

分布：河南，陕西，湖北，湖南，浙江，四川，贵州。

资料来源：虞国跃，1999，鞘翅目：瓢虫科，方头甲科。《鸡公山区昆虫》，中国农业科学技术出版社。

长隆小毛瓢虫 *Scymnus* (*Scymnus*) *folchinii* Canepari, 1979

省内产地：安阳，新乡，许昌，宝丰，孟津，内乡。

分布：河南，河北，北京，山东，四川，湖北，浙江。

资料来源：虞国跃，1999，鞘翅目：瓢虫科。《伏牛山南坡及大别山区昆虫》，中国农业科学技术出版社。

连斑小毛瓢虫 *Scymnus* (*Scymnus*) *inderinensis* Mulsant, 1850

省内产地：安阳，濮阳，灵宝，陕县，偃师，西平，南阳。

分布：河南，河北，新疆，山东，陕西；蒙古国，俄罗斯，哈萨克斯坦；古北区。

资料来源：申效诚，1993，河南昆虫名录。中国农业科学技术出版社。

四斑小毛瓢虫 *Scymnus* (*Scymnus*) *mimulus* Capra *et* Fursch, 1967

省内产地：安阳，陕县，许昌，南阳。

分布：河南，河北，山东，福建，新疆，甘肃，陕西，贵州，内蒙古，宁夏，江西，浙江；德国，法国；古北区。

资料来源：申效诚，1993，河南昆虫名录。中国农业科学技术出版社。

肥厚小毛瓢虫 *Scymnus* (*Scymnus*) *pinguis* Yu, 1999

省内产地：内乡宝天曼，西峡黄石庵(模式产地)。

分布：河南，湖北。

资料来源：虞国跃，1999，河南伏牛山瓢虫科新种记述。《伏牛山南坡及大别山区昆虫》，中国农业科学技术出版社。

拳爪小毛瓢虫 *Scymnus (Scymnus) scapanulus* Pang *et* Huang, 1985

省内产地：内乡宝天曼，西峡黄石庵。

分布：河南，浙江，福建。

资料来源：虞国跃，1999，鞘翅目：瓢虫科。《伏牛山南坡及大别山区昆虫》，中国农业科学技术出版社。

阿穆尔食螨瓢虫 *Stethorus (Allostethorus) amurensis* Iablokoff-Khnzorian, 1972

省内产地：内乡宝天曼葛条爬。

分布：河南，陕西，北京，湖北；俄罗斯远东，朝鲜半岛。

资料来源：虞国跃，1999，鞘翅目：瓢虫科。《伏牛山南坡及大别山区昆虫》，中国农业科学技术出版社。

束管食螨瓢虫 *Stethorus (Allostethorus) chengi* Sasaji, 1968

省内产地：信阳鸡公山，内乡宝天曼，西峡黄石庵。

分布：河南，陕西，湖北，湖南，四川，台湾。

资料来源：虞国跃，1999，鞘翅目：瓢虫科，方头甲科。《鸡公山区昆虫》，中国农业科学技术出版社。

裂端食螨瓢虫 *Stethorus (Parastethorus) dichiapiculus* Xiao, 1992

省内产地：信阳鸡公山。

分布：河南，四川。

资料来源：虞国跃，1999，鞘翅目：瓢虫科，方头甲科。《鸡公山区昆虫》，中国农业科学技术出版社。

拟小食螨瓢虫 *Stethorus parapauperculus* Pang, 1966

省内产地：延津，新乡，陕县。

分布：河南，湖北，福建，广东，广西，海南，云南。

资料来源：申效诚，1993，河南昆虫名录。中国农业科学技术出版社。

深点食螨瓢虫 *Stethorus (Stethorus) punctillum* Weise, 1891

省内产地：信阳鸡公山等全省各地。

分布：河南，北京，黑龙江，辽宁，河北，新疆，宁夏，山东，浙江，四川，福建，江西，湖北；古北区。

资料来源：申效诚，1993，河南昆虫名录。中国农业科学技术出版社。

(五) 盔唇瓢虫亚科 Chilocorinae

红点唇瓢虫 *Chilocorus kuwanae* Silvestri, 1909

省内产地：信阳鸡公山，内乡宝天曼等全省各地。

分布：河南，北京，东北，宁夏，甘肃，河北，山西，陕西，山东，江苏，上海，安徽，江西，湖南，福建，广东，四川，云南；朝鲜，日本，俄罗斯，(引至)印度，意大利，美国。

资料来源：虞国跃，1999，鞘翅目：瓢虫科，方头甲科。《鸡公山区昆虫》，中国农业科学技术出版社。

黑缘红瓢虫 *Chilocorus rubidus* Hope, 1831

省内产地：内乡宝天曼，卢氏大块地等全省各地。

分布：河南，北京，东北，宁夏，内蒙古，甘肃，河北，陕西，山东，江苏，湖北，湖南，福建，广东，四川，云南，贵州，西藏；朝鲜，日本，俄罗斯，蒙古国，印度，澳大利亚。

资料来源：虞国跃，1999，鞘翅目：瓢虫科。《伏牛山南坡及大别山区昆虫》，中国农业科学技术出版社。

宽缘唇瓢虫 *Chilocorus rufitarsis* Motschulsky, 1853

省内产地：开封，信阳。

分布：河南，四川，浙江，福建，江西，贵州，广东，广西，云南。

资料来源：申效诚，1993，河南昆虫名录。中国农业科学技术出版社。

蒙古光瓢虫 *Exochomus mongol* Barovsky, 1922

省内产地：许昌，西华，封丘，济源。

分布：河南，辽宁，内蒙古，北京，河北，山东，江苏，浙江，陕西；蒙古国，朝鲜。

资料来源：申效诚，1993，河南昆虫名录。中国农业科学技术出版社。

艳色广盾瓢虫 *Platynaspis lewisii* Crotch, 1873

省内产地：新县，信阳鸡公山。

分布：河南，陕西，甘肃，江苏，上海，浙江，江西，台湾，福建，广东，广西，海南，云南；朝鲜，日本，缅甸，印度。

资料来源：虞国跃，1999，鞘翅目：瓢虫科，方头甲科。《鸡公山区昆虫》，中国农业科学技术出版社。

四斑广盾瓢虫 *Platynaspidius maculosus* (Weise, 1910)

省内产地：许昌，西峡黄石庵，内乡宝天曼。

分布：河南，陕西，江苏，湖北，福建，台湾，广西，广东，海南，贵州；越南。

资料来源：虞国跃，1999，鞘翅目：瓢虫科。《伏牛山南坡及大别山区昆虫》，中国农业科学技术出版社。

整胸寡节瓢虫 *Telsimia emarginata* Chapin, 1926

省内产地：安阳。

分布：河南，浙江，福建，江西，广东，广西，四川。

资料来源：申效诚，1993，河南昆虫名录。中国农业科学技术出版社。

中原寡节瓢虫 *Telsimia nigra centralis* Pang *et* Mao, 1979

省内产地：信阳鸡公山，内乡宝天曼。

分布：河南，四川，福建，云南。

资料来源：虞国跃，1999，鞘翅目：瓢虫科，方头甲科。《鸡公山区昆虫》，中国农业科学技术出版社。

(六) 小艳瓢虫亚科 Sticholotidinae

镰叶刀角瓢虫 *Serangium drepnicum* Xiao, 1993

省内产地：西峡黄石庵，西峡老界岭，内乡宝天曼。

分布：河南，湖北。

资料来源：虞国跃，1999，鞘翅目：瓢虫科。《伏牛山南坡及大别山区昆虫》，中国农业科学技术出版社。

刀角瓢虫 *Serangium japonicum* Chapin, 1940

省内产地：沈丘，中牟。

分布：河南，浙江，上海，福建，四川，台湾，湖北，广东，广西，贵州，云南，甘肃；朝鲜，日本。

资料来源：申效诚，1993，河南昆虫名录。中国农业科学技术出版社。

双斑长唇瓢虫 *Shirozuella bimaculata* Yu, 1999

省内产地：西峡黄石庵(模式产地)。

分布：河南。

资料来源：虞国跃，1999，河南伏牛山瓢虫科新种记述。《伏牛山南坡及大别山区昆虫》，中国农业科学技术出版社。

圆括长唇瓢虫 *Shirozuella parenthesis* Yu, 1999

省内产地：西峡黄石庵(模式产地)。

分布：河南。

资料来源：虞国跃，1999，河南伏牛山瓢虫科新种记述。《伏牛山南坡及大别山区昆虫》，中国农业科学技术出版社。

红额艳瓢虫 *Sticholotis ruficeps* Weise, 1902

省内产地：新县，息县。

分布：河南，广东；马来西亚，泰国，密克罗尼西亚。

资料来源：申效诚，1993，河南昆虫名录。中国农业科学技术出版社。

(七) 瓢虫亚科 Coccinellinae

二星瓢虫 *Adalia bipunctata* (Linnaeus, 1758)

省内产地：修武，延津，新乡，濮阳，灵宝，陕县，嵩县，洛阳，洛宁，偃师，民权，方城，社旗，西峡，新野，唐河，南阳。

分布：河南，黑龙江，吉林，辽宁，内蒙古，甘肃，河北，北京，宁夏，新疆，山东，山西，陕西，江苏，福建，浙江，江西，四川，西藏；亚洲，欧洲，非洲，北美。

资料来源：申效诚，1993，河南昆虫名录。中国农业科学技术出版社。

六斑异瓢虫 *Aiolocaria hexaspilota* (Hope, 1831)

省内产地：信阳鸡公山，内乡宝天曼，洛宁，新安，罗山，新县。

分布：河南，北京，吉林，内蒙古，甘肃，陕西，河北，湖北，四川，台湾，福建，贵州，云南，西藏；日本，印度(锡金)，尼泊尔，缅甸，俄罗斯，朝鲜。

资料来源：虞国跃，1999，鞘翅目：瓢虫科，方头甲科。《鸡公山区昆虫》，中国农业科学技术出版社。

展缘异点瓢虫 *Anisosticta kobensis* Lewis, 1896

省内产地：汝州，嵩县，郑州，中牟，兰考，陕县，安阳，濮阳，清丰，原阳，延津，封丘，新乡，辉县，卫辉，获嘉，修武，焦作，武陟，温县，济源，沁阳，孟县。

分布：河南，内蒙古，宁夏，北京，河北，陕西，山东，江苏，湖北，浙江，江西，湖南；朝鲜，日本，俄罗斯；欧洲，北美。

资料来源：申效诚，1993，河南昆虫名录。中国农业科学技术出版社。

隆缘异点瓢虫 *Anisosticta terminassianae* Beilawski, 1959

省内产地：延津。

分布：河南，甘肃，北京，福建；俄罗斯。

资料来源：申效诚，1993，河南昆虫名录。中国农业科学技术出版社。

细纹裸瓢虫 *Bothrocalvia albolineata* (Gyllenhal, 1808)

省内产地：陕县，信阳，新县，商城，桐柏。

分布：河南，湖南，福建，广东，广西，四川，云南，台湾；印度。

资料来源：申效诚，1993，河南昆虫名录。中国农业科学技术出版社。

中华裸瓢虫 *Calvia chinensis* (Mulsant, 1850)

省内产地：信阳，新县，南阳，许昌。

分布：河南，陕西，湖北，湖南，江苏，浙江，福建，江西，广东，广西，海南，四川，云南。

资料来源：申效诚，1993，河南昆虫名录。中国农业科学技术出版社。

枝斑裸瓢虫 *Calvia hauseri* (Mader, 1930)

省内产地：内乡宝天曼。

分布：河南，陕西，四川，云南，贵州，甘肃。

资料来源：虞国跃，1999，鞘翅目：瓢虫科。《伏牛山南坡及大别山区昆虫》，中国农业科学技术出版社。

四斑裸瓢虫 *Calvia muiri* (Timberlake, 1943)

省内产地：信阳鸡公山，内乡宝天曼，西峡黄石庵。

分布：河南，陕西，河北，浙江，江西，福建，广西，四川，贵州，云南，台湾；日本。

资料来源：虞国跃，1999，鞘翅目：瓢虫科，方头甲科。《鸡公山区昆虫》，中国农业科学技术出版社。

十五星裸瓢虫 *Calvia quindecimguttata* (Fabricius, 1777)

省内产地：信阳鸡公山，内乡宝天曼，新县，商城，桐柏，确山，南阳，西平，孟津，新乡。

分布：河南，陕西，甘肃，浙江，江西，四川，湖南，福建，广东，广西，云南，贵州；日本，蒙古国，俄罗斯至欧洲。

资料来源：虞国跃，1999，鞘翅目：瓢虫科，方头甲科。《鸡公山区昆虫》，中国农业科学技术出版社。

链纹裸瓢虫 *Calvia sicardi* (Mader, 1930)

省内产地：内乡宝天曼。

分布：河南，甘肃，陕西，湖南，四川，广西，云南。

资料来源：虞国跃，1999，鞘翅目：瓢虫科。《伏牛山南坡及大别山区昆虫》，中国农业科学技术出版社。

六斑月瓢虫 *Cheilomenes sexmaculata* Mulsant, 1850

省内产地：信阳鸡公山，内乡宝天曼，安阳，延津，修武，获嘉，温县，陕县，偃师，灵宝，中牟，许昌，郑州，长葛，鄢陵，汝州鲁山，南阳，新野，西峡，桐柏。

分布：河南，陕西，江苏，浙江，江西，湖南，四川，福建，台湾，广东，广西，海南，贵州，云南；日本，东南亚至澳大利亚，南亚，阿曼，阿富汗，塞舌尔。

资料来源：虞国跃，1999，鞘翅目：瓢虫科，方头甲科。《鸡公山区昆虫》，中国农业科学技术出版社。

五星瓢虫 *Coccinella quinquepunctata* Linneaus, 1758

省内产地：内乡宝天曼。

分布：河南，甘肃；俄罗斯，蒙古国；中亚至欧洲及北非。

资料来源：虞国跃，1999，鞘翅目：瓢虫科。《伏牛山南坡及大别山区昆虫》，中国农业科学技术出版社。

七星瓢虫 *Coccinella septempunctata* Linnaues, 1758

省内产地：信阳鸡公山，内乡宝天曼，嵩县白云山，栾川龙峪湾等全省各地。

分布：中国广泛分布(除海南)；印度，美国(引进)；东南亚，古北区。

资料来源：申效诚，1993，河南昆虫名录。中国农业科学技术出版社。

横斑瓢虫 *Coccinella transversoguttata* Faldermann, 1835

李斑瓢虫 *Coccinella geminopunctata* Liu

省内产地：内乡宝天曼，西峡黄石庵，嵩县白云山，栾川龙峪湾，卢氏，郸城。

分布：河南，黑龙江，陕西，甘肃，新疆，青海，河北，山西，四川，云南，西藏；俄罗斯，蒙古国；中亚，北美。

资料来源：虞国跃，1999，鞘翅目：瓢虫科。《伏牛山南坡及大别山区昆虫》，中国农业科学技术出版社。

十一星瓢虫 *Coccinella undecimpunctata* Linnaeus, 1758

省内产地：全省。

分布：河南，河北，山西，陕西，宁夏，甘肃，山东，新疆；欧洲，北美。

资料来源：申效诚，1993，河南昆虫名录。中国农业科学技术出版社。

双七星瓢虫 *Coccinula quatuordecimpunctata* (Linnaeus, 1758)

省内产地：修武，获嘉，新安，陕县，卢氏，泌阳。

分布：河南，黑龙江，吉林，辽宁，内蒙古，河北，北京，山西，陕西，宁夏，甘肃，新疆，山东，浙江，江西，湖北；日本，俄罗斯；古北区。

资料来源：申效诚，1993，河南昆虫名录。中国农业科学技术出版社。

梵纹菌瓢虫 *Halyzia sanscrita* Mulsant, 1853

省内产地：修武，获嘉，栾川，孟津，陕县，灵宝，嵩县白云山，卢氏狮子坪。

分布：河南，甘肃，河北，陕西，浙江，福建，台湾，江西，湖北，广西，四川，云南，贵州，西藏；印度(锡金)，不丹，也门。

资料来源：申效诚，1993，河南昆虫名录。中国农业科学技术出版社。

异色瓢虫 *Harmonia axyridis* (Pallas, 1773)

省内产地：信阳鸡公山，内乡宝天曼，西峡黄石庵等全省各地。

分布：中国广泛分布；日本，俄罗斯，朝鲜，蒙古国，法国和美国(引进)。

资料来源：申效诚，1993，河南昆虫名录。中国农业科学技术出版社。

红肩瓢虫 *Harmonia dimidiata* (Fabricius, 1781)

省内产地：新乡，洛阳，西华，信阳。

分布：河南，福建，台湾，浙江，江西，广东，广西，四川，西藏，云南；日本，尼泊尔，越南，印度，印度尼西亚。

资料来源：申效诚，1993，河南昆虫名录。中国农业科学技术出版社。

八斑和瓢虫 *Harmonia octomaculata* (Fabricius, 1781)

省内产地：安阳。

分布：河南，湖北，湖南，江西，浙江，福建，广东，海南，台湾，云南，贵州；日本，菲律宾，印度，印度尼西亚；大洋洲。

资料来源：申效诚，1993，河南昆虫名录。中国农业科学技术出版社。

隐斑瓢虫 *Harmonia yedoensis* (Takizawa, 1917)

省内产地：信阳鸡公山，内乡宝天曼，西峡，新野，桐柏，许昌，息县，商城。

分布：河南，北京，河北，陕西，山东，湖南，浙江，四川，台湾，福建，广东，广西，贵州；朝鲜，日本，越南。

资料来源：申效诚，1993，河南昆虫名录。中国农业科学技术出版社。

十三星瓢虫 *Hippodamia tredecimpunctata* (Linnaeus, 1758)

省内产地：全省。

分布：河南，吉林，内蒙古，河北，北京，甘肃，宁夏，新疆，陕西，山东，江苏，浙江，湖北，江西；朝鲜，日本，俄罗斯，阿富汗，哈萨克斯坦；欧洲，北美。

资料来源：申效诚，1993，河南昆虫名录。中国农业科学技术出版社。

多异瓢虫 *Hippodamia variegata* (Goeze, 1777)

省内产地：内乡宝天曼等全省各地。

分布：河南，北京，吉林，辽宁，陕西，甘肃，宁夏，新疆，内蒙古，河北，山东，山西，四川，福建，云南，西藏；印度；古北区。

资料来源：申效诚，1993，河南昆虫名录。中国农业科学技术出版社。

素菌瓢虫 *Illeis cincta* (Fabricius, 1798)

省内产地：全省。

分布：河南，湖北，江西，浙江；日本，印度，斯里兰卡，菲律宾，印度尼西亚。

资料来源：申效诚，1993，河南昆虫名录。中国农业科学技术出版社。

柯氏素瓢虫 *Illeis koebelei* Timberlake, 1943

省内产地：安阳，新乡，灵宝，陕县，孟津，开封，民权，许昌，遂平，西平，南阳，新野，信阳鸡公山。

分布：河南，陕西，河北，山西，四川，台湾，福建，广西，云南；朝鲜，日本，美国(夏威夷)。

资料来源：虞国跃，1999，鞘翅目：瓢虫科，方头甲科。《鸡公山区昆虫》，中国农业科学技术出版社。

陕西素瓢虫 *Illis shensiensis* Timberlake, 1943

省内产地：安阳，新乡，灵宝，开封，民权，许昌，遂平，南阳，信阳。

分布：河南，陕西，福建，台湾，云南。

资料来源：祝长清等，1999，河南昆虫志 鞘翅目(一)。河南科学技术出版社。

双带盘瓢虫 *Lemnia biplagiata* (Swartz, 1808)

省内产地：兰考，嵩县，陕县，卢氏，新安，泌阳，修武，获嘉。

分布：河南，浙江，江西，福建，台湾，湖北，广东，海南，广西，四川，云南，西藏；朝鲜，日本，印度，越南，印度尼西亚，马来西亚，菲律宾。

资料来源：祝长清等，1999，河南昆虫志 鞘翅目(一)。河南科学技术出版社。

周缘盘瓢虫 *Lemnia circumvelata* (Mulsant, 1850)

省内产地：内乡宝天曼，西峡黄石庵。

分布：河南，陕西，甘肃，浙江，台湾，广东；尼泊尔。

资料来源：虞国跃，1999，鞘翅目：瓢虫科。《伏牛山南坡及大别山区昆虫》，中国农业科学技术出版社。

红颈瓢虫 *Lemnia melanaria* (Mulsant, 1850)

省内产地：西峡，淅川，信阳鸡公山。

分布：河南，陕西，甘肃，湖北，四川，福建，台湾，江西，湖南，广东，海南，广西，贵州，云南，西藏；斯里兰卡，越南，印度，菲律宾。

资料来源：虞国跃，1999，鞘翅目：瓢虫科，方头甲科。《鸡公山区昆虫》，中国农业科学技术出版社。

黄斑盘瓢虫 *Lemnia saucia* (Mulsant, 1850)

省内产地：嵩县，中牟，信阳鸡公山。

分布：河南，陕西，甘肃，山东，河南，上海，浙江，四川，台湾，福建，江西，湖北，湖南，广东，广西，贵州，云南；日本，印度，尼泊尔，泰国，菲律宾。

资料来源：虞国跃，1999，鞘翅目：瓢虫科，方头甲科。《鸡公山区昆虫》，中国农业科学技术出版社。

白条菌瓢虫 *Macroilleis hauseri* Mader, 1926

省内产地：信阳鸡公山，内乡宝天曼，南阳，平顶山，淮阳，许昌，郸城，鲁山，宝丰，灵宝，陕县，孟津，新乡，济源。

分布：河南，陕西，甘肃，宁夏，湖北，四川，台湾，福建，湖南，广西，海南，贵州，云南，西藏；不丹。

资料来源：虞国跃，1999，鞘翅目：瓢虫科，方头甲科。《鸡公山区昆虫》，中国农业科学技术出版社。

稻红瓢虫 *Micraspis discolor* (Fabricius, 1798)

省内产地：许昌，南阳，新野，西峡，信阳，固始，商城。

分布：河南，江苏，浙江，江西，福建，台湾，湖北，湖南，广东，广西，四川，云南，贵州；日本，印度，斯里兰卡，菲律宾，印度尼西亚。

资料来源：申效诚，1993，河南昆虫名录。中国农业科学技术出版社。

十二斑巧瓢虫 *Oenopia bissexnotata* (Mulsant, 1850)

省内产地：全省。

分布：河南，黑龙江，吉林，辽宁，内蒙古，宁夏，青海，甘肃，新疆，河北，山东，浙江，江西，湖北，湖南，四川，贵州，陕西；俄罗斯。

资料来源：申效诚，1993，河南昆虫名录。中国农业科学技术出版社。

菱斑巧瓢虫 *Oenopia conglobata* (Linnaeus, 1758)

省内产地：安阳，新乡，获嘉，孟津，陕县，开封，许昌，西华。

分布：河南，河北，北京，内蒙古，山西，陕西，宁夏，甘肃，新疆，山东，湖北，浙江，福建，四川，西藏；蒙古国，俄罗斯，阿富汗；古北区。

资料来源：申效诚，1993，河南昆虫名录。中国农业科学技术出版社。

黄缘巧瓢虫 *Oenopia sauzeti* Mulsant, 1866

省内产地：西峡黄石庵，嵩县，中牟，鲁山，信阳。

分布：河南，陕西，甘肃，四川，台湾，湖北，福建，浙江，湖南，广东，广西，四川，贵州，云南，西藏；缅甸，印度，越南。

资料来源：申效诚，1993，河南昆虫名录。中国农业科学技术出版社。

梯斑巧瓢虫 *Oenopia scalaris* (Timberlake, 1943)

省内产地：内乡宝天曼。

分布：河南，北京，河北，福建，台湾，广东；朝鲜，日本半岛，越南，密克罗尼西亚。

资料来源：虞国跃，1999，鞘翅目：瓢虫科。《伏牛山南坡及大别山区昆虫》，中国农业科学技术出版社。

龟纹瓢虫 *Propylea japonica* (Thunberg, 1781)

省内产地：信阳鸡公山，内乡宝天曼，西峡黄石庵等全省各地。

分布：河南，北京，黑龙江，吉林，辽宁，新疆，甘肃，宁夏，河北，陕西，山东，湖北，江苏，上海，浙江，湖南，四川，台湾，福建，广东，广西，贵州，云南；日本，俄罗斯，朝鲜，越南，印度。

资料来源：申效诚，1993，河南昆虫名录。中国农业科学技术出版社。

黄室盘瓢虫 *Propylea luteopustulata* (Mulsant, 1866)

省内产地：内乡宝天曼等全省各地。

分布：河南，陕西，福建，台湾，江西，广东，广西，云南，西藏；印度，尼泊尔，不丹，缅甸，泰国。

资料来源：申效诚，1993，河南昆虫名录。中国农业科学技术出版社。

方斑瓢虫 *Propylea quatuordecimpunctata* (Linnaeus, 1758)

省内产地：卢氏，中牟，兰考。

分布：河南，黑龙江，辽宁，内蒙古，陕西，甘肃，新疆，江苏，浙江，江西，贵州；俄罗斯(西伯利亚)；欧洲，非洲。

资料来源：申效诚，1993，河南昆虫名录。中国农业科学技术出版社。

二十二星菌瓢虫 *Psyllobora vigintiduopunctata* (Linnaeus, 1758)

省内产地：全省。

分布：河南，内蒙古，河北，北京，山东，甘肃，新疆；古北区。

资料来源：申效诚，1993，河南昆虫名录。中国农业科学技术出版社。

十二斑褐菌瓢虫 *Vibidia duodecimguttata* (Poda, 1761)

省内产地：卢氏狮子坪，栾川龙峪湾，西峡寨根，信阳鸡公山等全省各地。

分布：河南，北京，吉林，青海，河北，陕西，甘肃，上海，湖北，湖南，江西，四川，福建，广西，贵州，云南；日本，俄罗斯，朝鲜，蒙古国，越南；西亚，中亚，欧洲。

资料来源：虞国跃，1999，鞘翅目：瓢虫科，方头甲科。《鸡公山区昆虫》，中国农业科学技术出版社。

(八) 食植瓢虫亚科 Epilachninae

端球崎齿瓢虫 *Afissula expansa* (Dieke, 1947)

省内产地：内乡宝天曼。

分布：河南，四川，云南。

资料来源：虞国跃，1999，鞘翅目：瓢虫科。《伏牛山南坡及大别山区昆虫》，中国农业科学技术出版社。

河南长崎齿瓢虫 *Afissula henanica* Yu, 1999

省内产地：西峡黄石庵(模式产地)。

分布：河南。

资料来源：虞国跃，1999，河南伏牛山瓢虫科新种记述。《伏牛山南坡及大别山区昆虫》，中国农业科学技术出版社。

尖翅食植瓢虫 *Epilachna acuta* (Weise, 1900)

省内产地：内乡宝天曼，西峡黄石庵。

分布：河南，陕西，甘肃。

资料来源：虞国跃，1999，鞘翅目：瓢虫科。《伏牛山南坡及大别山区昆虫》，中国农业科学技术出版社。

瓜茄瓢虫 *Epilachna admirabilis* Crotch, 1874

省内产地：新乡，开封，信阳鸡公山。

分布：河南，陕西，江苏，浙江，安徽，湖北，台湾，福建，江西，湖南，广东，广西，四川，云南；日本，泰国，缅甸。

资料来源：虞国跃，1999，鞘翅目：瓢虫科，方头甲科。《鸡公山区昆虫》，中国农业科学技术出版社。

安徽食植瓢虫 *Epilachna anhweiana* (Dieke, 1947)

省内产地：信阳鸡公山，内乡宝天曼。

分布：河南，安徽，江苏，广西，云南，陕西，甘肃。

资料来源：虞国跃，1999，鞘翅目：瓢虫科，方头甲科。《鸡公山区昆虫》，中国农业科学技术出版社。

端生食植瓢虫 *Epilachna apicilaris* Yu, 1999

省内产地：内乡宝天曼，西峡黄石庵(模式产地)。

分布：河南。

资料来源：虞国跃，1999，河南伏牛山瓢虫科新种记述。《伏牛山南坡及大别山区昆虫》，中国农业科学技术出版社。

中华食植瓢虫 *Epilachna chinensis* (Weise, 1912)

省内产地：嵩县白云山，栾川龙峪湾，信阳鸡公山。

分布：河南，陕西，安徽，浙江，福建，台湾，江西，湖南，广东，广西，贵州，云南；日本，越南。

资料来源：章伟年等，1998，鞘翅目。《伏牛山区昆虫》，中国农业科学技术出版社。

亚澳食植瓢虫 *Epilachna galerucinoides* Korschefsky, 1934

省内产地：信阳。

分布：河南，浙江，江西，台湾，广西，云南；泰国，斯里兰卡，印度尼西亚，澳大利亚。

资料来源：申效诚，1993，河南昆虫名录。中国农业科学技术出版社。

菱斑食植瓢虫 *Epilachna insignis* Gorham, 1892

省内产地：信阳，内乡宝天曼。

分布：河南，陕西，河北，山东，安徽，浙江，江西，福建，湖北，湖南，广东，广西，四川，云南。

资料来源：虞国跃，1999，鞘翅目：瓢虫科。《伏牛山南坡及大别山区昆虫》，中国农业科学技术出版社。

天平食植瓢虫 *Epilachna tianpingiensis* Pang *et* Mao, 1979

省内产地：信阳。

分布：河南，广西。

资料来源：申效诚，1993，河南昆虫名录。中国农业科学技术出版社。

马铃薯瓢虫 *Henosepilachna viginotioctomaculata* (Motschulsky, 1857)

省内产地：信阳鸡公山等全省各地。

分布：河南，黑龙江，辽宁，河北，山东，山西，甘肃，浙江，四川，福建，陕西，广西，云南，西藏；俄罗斯，朝鲜，日本，越南，尼泊尔，印度。

资料来源：虞国跃，1999，鞘翅目：瓢虫科，方头甲科。《鸡公山区昆虫》，中国农业科学技术出版社。

茄二十八星瓢虫 *Henosepilachna vigintioctopunctata* (Fabricius, 1775)

省内产地：信阳鸡公山，内乡宝天曼等全省各地。

分布：河南，河北，山东，陕西，江苏，浙江，安徽，四川，江西，湖南，湖北，福建，台湾，广东，广西，海南，贵州，云南，西藏；韩国南部，日本，印度，尼泊尔，缅甸，泰国，越南，印度尼西亚，巴布亚新几内亚，澳大利亚。

资料来源：虞国跃，1999，鞘翅目：瓢虫科，方头甲科。《鸡公山区昆虫》，中国农业科学技术出版社。

四三、薪甲科 Lathridiidae

本科昆虫以真菌孢子和菌丝为食，常发生于发霉的动植物质中。

本科全世界已知 600 种，中国已记载 11 属 50 种，河南共记录 5 属 10 种。

缩颈薪甲 *Cartodere constricta* (Gyllenhal, 1827)

省内产地：全省。

分布：全国；世界广布。

资料来源：申效诚，1993，河南昆虫名录。中国农业科学技术出版社。

脊突薪甲 *Enicmus histrio* Joy *et* Tomlin

省内产地：全省。

分布：全国；日本，印度，巴基斯坦，澳大利亚；欧洲。

资料来源：祝长清等，1999，河南昆虫志 鞘翅目(一)。河南科学技术出版社。

湿薪甲 *Enicmus minutus* (Linnaeus, 1767)

省内产地：洛阳，南阳，内乡，唐河，新野。

分布：河南，黑龙江，辽宁，内蒙古，北京，河北，天津，山西，陕西，宁夏，甘肃，青海，新疆，山东，江苏，上海，浙江，湖南，广西，四川，云南；古北区。

资料来源：申效诚，1993，河南昆虫名录。中国农业科学技术出版社。

四行薪甲 *Lathridius bergrothi* Reitter, 1880

省内产地：全省。

分布：全国；亚洲，欧洲，北美。

资料来源：祝长清等，1999，河南昆虫志 鞘翅目(一)。河南科学技术出版社。

方胸薪甲 *Lathridius transversus* Olivier, 1790

省内产地：具体不详。

分布：河南，河北，山东，山西，陕西，甘肃，青海，湖南，广东，广西；日本；欧洲，古北区。

资料来源：申效诚，1993，河南昆虫名录。中国农业科学技术出版社。

大眼小薪甲 *Microgramme argus* (Reitter, 1882)

省内产地：信阳。

分布：河南，江苏，云南；日本；欧洲，北非，北美。

资料来源：祝长清等，1999，河南昆虫志 鞘翅目(一)。河南科学技术出版社。

宽脊小薪甲 *Microgramme costulata* (Reitter, 1877)

省内产地：郑州，信阳。

分布：河南，内蒙古，甘肃，北京；日本；欧洲，北美。

资料来源：祝长清等，1999，河南昆虫志 鞘翅目(一)。河南科学技术出版社。

珠角小薪甲 *Microgramme filiformis* (Gyllenhal, 1827)

省内产地：郑州，漯河，信阳。

分布：河南，内蒙古，河北，陕西，新疆，四川，云南，福建；日本；欧洲，北美。

资料来源：祝长清等，1999，河南昆虫志 鞘翅目(一)。河南科学技术出版社。

红颈小薪甲 *Microgramme ruficollis* (Marsham, 1802)

省内产地：全省。

分布：河南，黑龙江，内蒙古，新疆，宁夏，山西，山东，安徽，江苏，上海，浙江，江西，福建，湖北，湖南，广东，广西，云南；日本；俄罗斯；欧洲，北非，北美，中美。

资料来源：申效诚，1993，河南昆虫名录。中国农业科学技术出版社。

东方薪甲 *Migneauxia orientalis* Reitter, 1877

省内产地：全省。

分布：全国；印度，日本；欧洲，南美。

资料来源：祝长清等，1999，河南昆虫志 鞘翅目(一)。河南科学技术出版社。

四四、扁薪甲科 Endomychidae

本科也以真菌为食，发生于仓储物中。

本科世界已知 34 属 107 种，中国记载 1 属 5 种，河南记录 1 属 4 种。

黄褐薪甲 *Holoparamecus caularum* (Aube)

省内产地：信阳。

分布：河南，江苏，福建，广东，云南；世界广布。

资料来源：祝长清等，1999，河南昆虫志 鞘翅目(一)。河南科学技术出版社。

扁薪甲 *Holoparamecus depressus* Curtis, 1833

省内产地：全省。

分布：河南，辽宁，内蒙古，河北，山西，陕西。甘肃，青海，新疆，山东，安徽，江苏，浙江，江西，福建，湖北，湖南，广东，广西，四川，云南，贵州；世界广布。

资料来源：祝长清等，1999，河南昆虫志 鞘翅目(一)。河南科学技术出版社。

椭圆薪甲 *Holoparamecus ellipticus* Wollaston, 1874

省内产地：全省。

分布：河南，吉林，辽宁，内蒙古，河北，山西，陕西，甘肃，青海，新疆，山东，江苏，安徽，浙江，江西，福建，湖北，湖南，广东，广西，四川，云南，贵州；日本。

资料来源：祝长清等，1999，河南昆虫志 鞘翅目(一)。河南科学技术出版社。

头角薪甲 *Holoparamecus signatus* Wollaston, 1874

省内产地：全省。

分布：河南，黑龙江，辽宁，内蒙古，新疆，陕西，山西，河北，山东，安徽，江苏，浙江，江西，福建，湖北，湖南，广东，广西，四川，云南，贵州；日本。

资料来源：祝长清等，1999，河南昆虫志 鞘翅目(一)。河南科学技术出版社。

四五、小蕈甲科 Mycetophagidae

本科全世界共 20 属 200 余种，中国已记载 3 属 8 种(任国栋等，2005)，河南共记录 1 属 2 种。

黄色小蕈甲 *Typhaea pallidula* Reitter, 1874

省内产地：安阳，郑州，唐河。

分布：河南，内蒙古，山西，陕西，浙江，广西，贵州；日本。

资料来源：申效诚，1993，河南昆虫名录。中国农业科学技术出版社。

小蕈甲 *Typhaea stercorea* (Linnaeus, 1758)

省内产地：安阳，郑州，登封，新郑，商丘，洛阳，信阳，南召，南阳，内乡，镇平，淅川，社旗，唐河，邓州，新野。

分布：全国；世界广布。

资料来源：申效诚，1993，河南昆虫名录。中国农业科学技术出版社。

四六、大蕈甲科 Erotylidae

本科世界已知 125 属 2500 种，中国记载 23 属 92 种(李静，任国栋，2005)，河南仅 2 属 2 种。

黄腹玉蕈甲 *Amblyopus flaviventris* Arrow, 1925

省内产地：具体不详。

分布：河南；日本。

资料来源：李静，任国栋，2007，中国玉蕈甲属一新种一新记录种(鞘翅目，大蕈甲科)。动物分类学报，32(3)：547~549。

波鲁莫蕈甲 *Megalodacne bellula* Lewis, 1883

省内产地：信阳鸡公山。

分布：河南，福建，浙江；日本。

资料来源：李静，任国栋，2010，中国莫蕈甲属二新记录种。昆虫分类学报，32(4)：264~266。

四七、小扁甲科 Monotomeidae

本科中国已记载 2 属 8 种，河南共记录 1 属 1 种。

出尾小扁甲 *Monotoma picipes* Herbst, 1793

省内产地：郑州，登封，密县，洛阳，南阳。

分布：河南，黑龙江，辽宁，内蒙古，甘肃，青海，新疆，天津，陕西，山东，上海，湖北，广西，四川，台湾；日本，俄罗斯；欧洲，世界广布。

取食：地脚粮。

资料来源：申效诚，1993，河南昆虫名录。中国农业科学技术出版社。

四八、坚甲科 Colydiidae

本科昆虫有的寄生天牛、吉丁和小蠹类的幼虫和蛹，有的取食真菌和腐朽树木。

本科全世界共 180 属 1375 种，中国已记载 13 属 17 种(任国栋等，2005)，河南共记录 2 属 2 种。

褐色坚甲 *Colobicus parilis* Pascoe, 1860

省内产地：郑州，信阳。

分布：河南，江苏，湖北，台湾，云南；印度，马来西亚，菲律宾，日本，澳大利亚。

资料来源：祝长清等，1999，河南昆虫志 鞘翅目(一)。河南科学技术出版社。

花绒坚甲 *Dastarcus longulus* Sharp, 1885

省内产地：洛阳，郑州，开封，许昌。

分布：河南，陕西，甘肃，山西，河北，山东，湖北，湖南，台湾；日本。

寄主：光肩星天牛，锈色粒肩天牛。

资料来源：申效诚，1993，河南昆虫名录。中国农业科学技术出版社。

四九、邻坚甲科 Murmidiidae

本科中国已记载 1 属 2 种，河南共记录 1 属 1 种。

小圆甲 *Murmidius ovalis* (Beck, 1817)

省内产地：信阳，南召，方城，西峡，南阳，镇平，社旗，唐河，新野。

分布：河南，黑龙江，辽宁，河北，陕西，新疆，山东，安徽，江苏，上海，浙江，福建，江西，湖北，湖南，广东，广西，四川，云南，贵州；日本；欧洲，南北美。

取食：碎稻谷，真菌，干果，肉粉。

资料来源：申效诚，1993，河南昆虫名录。中国农业科学技术出版社。

五〇、拟步甲科 Tenebrionidae

本科全世界共 1500 属 25 000 种，中国已知 248 属 1284 种，河南记录 26 属 43 种。

黑粉甲 *Alphitobius diaperinus* (Panzer, 1797)

省内产地：全省。

分布：河南，黑龙江，吉林，辽宁，内蒙古，河北，陕西，宁夏，江苏，上海，浙江，江西，广东，广西，云南，贵州；世界广布。

取食：发霉储藏物。

资料来源：任国栋等，2002，鞘翅目：拟步甲科。《太行山及桐柏山区昆虫》，中国农业科学技术出版社。

小粉甲 *Alphitobius laevigatus* Fabricius, 1781

曾用名：褐菌虫，小菌虫。

省内产地：全省。

分布：河南，广西，广东，贵州，河北，黑龙江，湖南，吉林，辽宁，内蒙古，山西，四川，云南，陕西，新疆，山东，江苏，上海，浙江，江西；世界广布。

危害：中药材，偶尔发现于粮仓。

资料来源：任国栋等，2002，鞘翅目：拟步甲科。《太行山及桐柏山区昆虫》，中国农业科学技术出版社。

二带粉菌甲 *Alphitophagus bifasciatus* Say, 1832

曾用名：二带黑菌虫。

省内产地：安阳，商丘，洛阳，郑州，登封，密县，新郑，信阳，南阳，方城，社旗，南召，内乡，镇平，西峡，淅川，邓州，唐河，新野，桐柏。

分布：河南，黑龙江，吉林，辽宁，内蒙古，河北，北京，天津，山西，陕西，宁夏，甘肃，新疆，山东，安徽，江苏，上海，浙江，江西，福建，台湾，湖北，广东，广西，海南，云南，贵州；欧洲，北美洲，大洋洲。

取食：发霉储藏物，下脚粮。

资料来源：任国栋等，2002，鞘翅目：拟步甲科。《太行山及桐柏山区昆虫》，中国农业科学技术出版社。

尖角阿垫甲 *Anaedus mroczkowskii* Kaszab, 1968

省内产地：罗山。

分布：河南，辽宁；朝鲜半岛。

资料来源：任国栋等，2002，鞘翅目：拟步甲科。《太行山及桐柏山区昆虫》，中国农业科学技术出版社。

四斑基菌甲 *Basanus erotyloides* Lewis, 1891

省内产地：洛阳。

分布：河南；日本，越南。

资料来源：任国栋等，2002，鞘翅目：拟步甲科。《太行山及桐柏山区昆虫》，中国农业科学技术出版社。

隆背双刺甲 *Bioramis* sp.

省内产地：登封嵩山少林寺。

分布：河南。

资料来源：任国栋等，2002，鞘翅目：拟步甲科。《太行山及桐柏山区昆虫》，中国农业科学技术出版社。

中华琵甲 *Blaps chinensis* Faldermann, 1835

省内产地：具体不详。

分布：河南，北京，河北，辽宁，内蒙古，山东，山西，陕西。

取食：取食干粮及其加工品。

资料来源：任国栋等，2002，鞘翅目：拟步甲科。《太行山及桐柏山区昆虫》，中国农业科学技术出版社。

日本琵甲 *Blaps japonensis* Marseul, 1879

省内产地：安阳，新乡，新野。

国内分布：河南，北京，河北，内蒙古，陕西，甘肃，青海，华东，华南，华中，湖北，江苏，江西，台湾，云南，四川，贵州；日本。

取食：动、植物碎粮及其加工品。

资料来源：任国栋等，2002，鞘翅目：拟步甲科。《太行山及桐柏山区昆虫》，中国农业科学技术出版社。

深沟粉盗 *Coelopalorus foveicollis* (Blair, 1930)

省内产地：洛阳。

分布：河南，山东，江苏，台湾，广东，海南，广西，云南；印度，斯里兰卡，马来西亚，印度尼西亚。

资料来源：申效诚，1993，河南昆虫名录。中国农业科学技术出版社。

瘦隐甲 *Crypticus latiusculus* Menetries, 1849

省内产地：具体不详。

分布：河南，甘肃，新疆；俄罗斯。

栖息环境：发现于粮仓，为害不详。

资料来源：任国栋等，2002，鞘翅目：拟步甲科。《太行山及桐柏山区昆虫》，中国农业科学技术出版社。

阿栉甲 *Cteniopinus altaicus* Gebler, 1830

省内产地：具体不详。

分布：河南，内蒙古，宁夏，陕西，甘肃；俄罗斯。

资料来源：王新谱等，2010，宁夏贺兰山昆虫。宁夏人民出版社。

波氏栉甲 *Cteniopinus potanini* Heyd, 1889

省内产地：具体不详。

分布：河南，东北，宁夏，河北，陕西，甘肃，四川；朝鲜，俄罗斯。

资料来源：王新谱等，2010，宁夏贺兰山昆虫。宁夏人民出版社。

窄跗栉甲 *Cteniopinus tenuitaisis* Borchmenn, 1930

省内产地：具体不详。

分布：河南，内蒙古，宁夏，陕西，甘肃；朝鲜。

资料来源：王新谱等，2010，宁夏贺兰山昆虫。宁夏人民出版社。

砚甲 *Cyphogenia funesta* Faldermann

省内产地：具体不详。

分布：河南，辽宁，甘肃，河北，天津，山西，山东。

资料来源：申效诚，1993，河南昆虫名录。中国农业科学技术出版社。

齿砚甲 *Cyphogenia rugipennis* (Faldermann, 1835)

省内产地：新乡，安阳。

分布：河南，辽宁，山西，甘肃，陕西，河北，山东。

取食：仓库动、植物干粮及其加工品。

资料来源：任国栋等，2002，鞘翅目：拟步甲科。《太行山及桐柏山区昆虫》，中国农业科学技术出版社。

断边菌甲 *Diaperis lewisi intersecta* Gebien, 1913

省内产地：具体不详。

分布：河南，湖北，台湾，贵州，广西，香港。

资料来源：杨秀娟，任国栋，2007，拟步甲科。《雷公山景观昆虫》，贵州科技出版社。

阔角谷甲 *Gnathocerus cornutus* Fabricius, 1798

省内产地：商丘。

分布：河南，内蒙古，四川，云南，贵州，江苏，福建，广东，广西；世界广布。

取食：大米，小麦，大麦，面粉，稻谷，油料种子和中药材。

资料来源：任国栋等，2002，鞘翅目：拟步甲科。《太行山及桐柏山区昆虫》，中国农业科学技术出版社。

双齿土甲 *Gonocephalum coriaceum* Motschulsky, 1857

省内产地：辉县八里沟，登封嵩山，西峡黄石庵，罗山灵山。

分布：河南，内蒙古，浙江，福建，湖南，广西，四川，贵州，陕西，甘肃，新疆；朝鲜，日本。

取食：成虫取食植物春芽，种子和落叶等，幼虫取食植物根茎部。

资料来源：任国栋，杨秀娟，2006，中国土壤拟步甲志 第一卷 土甲类。高等教育出版社。

网目土甲 *Gonocephalum reticularum* Motschulsky, 1854

省内产地：全省。

分布：河南，河北，黑龙江，吉林，内蒙古，宁夏，陕西，甘肃，青海，山西，山东，江苏，云南；俄罗斯，蒙古国，朝鲜半岛。

取食：成虫取食植物春芽，种子和落叶等，幼虫取食植物根茎部。

资料来源：任国栋等，2002，鞘翅目：拟步甲科。《太行山及桐柏山区昆虫》，中国农业科学技术出版社。

隆背垫甲 *Heterotarsus carinula* Marseul, 1876

省内产地：辉县。

分布：河南，甘肃，陕西，河北，上海，江苏，浙江，福建，台湾，江西，广西；俄罗斯(远东地区)，朝鲜半岛，越南，老挝，克什米尔。

资料来源：任国栋等，2002，鞘翅目：拟步甲科。《太行山及桐柏山区昆虫》，中国农业科学技术出版社。

蒙古高鳖甲 *Hypsosoma mongolica* Menetries, 1854

省内产地：信阳。

分布：河南，北京，河北，辽宁，山西，内蒙古。

资料来源：任国栋等，2010，中国土壤拟步甲志 第二卷 鳖甲类。科学出版社。

长头隐齿甲 *Latheticus oryzae* Waterhouse, 1880

长头谷盗。

省内产地：郑州，洛阳，安阳，信阳，南阳，镇平。

分布：河南，内蒙古，陕西，四川，云南，山西，河北，山东，江苏，上海，浙江，江西，湖南，湖北，广东，广西，云南，贵州；沙特阿拉伯，伊朗，埃及，美国；欧洲，非洲。

取食：大米，面粉，麸，干果和中药材等。

资料来源：任国栋等，2002，鞘翅目：拟步甲科。《太行山及桐柏山区昆虫》，中国农业科学技术出版社。

东方小垫甲 *Luprops orientalis* (Motschulsky, 1868)

中华垫甲 *Luprops sinensis* Marseul

省内产地：安阳，新乡，邓州

分布：河南，黑龙江，吉林，辽宁，内蒙古，河北，陕西，四川，云南，贵州，广西，湖北，湖南，江苏，安徽，浙江；朝鲜，日本。

栖息环境：粮仓及植被较好的山地和平原。

资料来源：任国栋等，2002，鞘翅目：拟步甲科。《太行山及桐柏山区昆虫》，中国农业科学技术出版社。

角漠鳖甲 *Melaxumia angulosa* (Gebler, 1832)

省内产地：登封。

分布：河南，山西，内蒙古；蒙古国，俄罗斯。

资料来源：任国栋等，2002，鞘翅目：拟步甲科。《太行山及桐柏山区昆虫》，中国农业科学技术出版社。

毛扁土甲 *Mesomorphus villiger* (Blanchard, 1853)

仓潜，毛扁足甲。

省内产地：郑州，洛阳，安阳，商丘，密县，新郑，信阳，南召，方城，南阳，镇平，内乡，社旗，唐河，邓州。

分布：河南，黑龙江，安徽，福建，广东，贵州，河北，湖北，湖南，江苏，辽宁，内蒙古，宁夏，山东，山西，陕西，四川，云南；澳大利亚，巴布亚新几内亚，朝鲜半岛，阿富汗，萨摩亚群岛，澳大利亚，日本，印度，马来西亚，马尔加什；热带非洲。

取食；成虫以草本植物活体或枯萎残体为食；幼虫地栖，以植物根部为食。

资料来源：任国栋等，2002，鞘翅目：拟步甲科。《太行山及桐柏山区昆虫》，中国农业科学技术出版社。

小隐甲 *Microcrypticus ziczac* (Motschulsky, 1873)

省内产地：洛阳，商丘，南阳，唐河，新野。

分布：河南，辽宁，内蒙古，陕西，四川，云南，贵州，山西，河北，山东，江苏，江西，湖北，湖南，浙江，安徽，福建，广东，广西；日本，阿富汗；热带美洲，热带亚洲及热带非洲，大洋洲。

取食：发霉储藏物，发霉中药材。

资料来源：任国栋等，2002，鞘翅目：拟步甲科。《太行山及桐柏山区昆虫》，中国农业科学技术出版社。

埃氏齿刺甲 *Oodescelis emmerichi* Kaszab, 1940

省内产地：登封。

分布：河南，陕西。

资料来源：任国栋等，2002，鞘翅目：拟步甲科。《太行山及桐柏山区昆虫》，中国农业科学技术出版社。

网目拟地甲 *Opatrum sabulosum* (Linnaeus, 1761)

省内产地：全省。

分布：河南，黑龙江，内蒙古，甘肃，新疆；蒙古国，俄罗斯；欧洲。

资料来源：申效诚，1993，河南昆虫名录。中国农业科学技术出版社。

类沙土甲 *Opatrum subaratum* Faldermann, 1835

沙潜。

省内产地：郑州，洛阳，商丘，安阳。

分布：河南，黑龙江，华东，吉林，辽宁，内蒙古，宁夏，山西，河北，陕西，山东，台湾；蒙古国，朝鲜半岛．哈萨克斯坦，俄罗斯远东。

取食：小麦，大麦，高粱，谷，黍，苜蓿，大豆，小豆，四季豆，花生，甜菜，棉花，亚麻，瓜类。

资料来源：任国栋等，2002，鞘翅目：拟步甲科。《太行山及桐柏山区昆虫》，中国农业科学技术出版社。

弯缘帕齿甲 *Palorus cerylonoides* (Pascoe, 1863)

省内产地：郑州，安阳，信阳，方城，南阳，社旗，唐河。

分布：河南，内蒙古，青海，陕西，四川，贵州，河北，山西，山东，江苏，江西，湖南，湖北，浙江，福建，广东，广西，海南；印度，缅甸，日本，印度尼西亚，菲律宾，巴布亚新几内亚，马达加斯加。

取食：面粉，中药材，碎粮粒。

资料来源：任国栋等，2002，鞘翅目：拟步甲科。《太行山及桐柏山区昆虫》，中国农业科学技术出版社。

姬帕齿甲 *Palorus ratzeburgi* (Wissman, 1848)

省内产地：全省。

分布：河南，黑龙江，吉林，辽宁，内蒙古，陕西，四川，云南，贵州，山西，河北，山东，江苏，江西，浙江，福建，湖北，湖南，广东，广西，安徽；美国，日本，小亚细亚，原南斯拉夫，德国，英国，葡萄牙，尼日利亚，突尼斯，马达加斯加。

经济意义：面粉，麦类，大米，稻谷，油料，饼干，糕点，中药材。

资料来源：任国栋等，2002，鞘翅目：拟步甲科。《太行山及桐柏山区昆虫》，中国农业科学技术出版社。

亚扁帕齿甲 *Palorus subdepressus* (Wollaston, 1864)

省内产地：郑州，安阳，商丘，信阳，南阳，西峡，唐河。

分布：河南，安徽，广东，广西，贵州，河北，湖南，湖北，江苏，江西，内蒙古，山东，陕西，四川，云南，浙江；日本，新加坡，缅甸，马来西亚，土耳其，叙利亚，黎巴嫩，葡萄牙，尼日利亚，埃及，东非，西非，美国，墨西哥，巴西。

经济意义：面粉，麦类，大米，稻谷，油料，饼干，糕点，中药材。

资料来源：任国栋等，2002，鞘翅目：拟步甲科。《太行山及桐柏山区昆虫》，中国农业科学技术出版社。

***Platydema fumosum* Lewis, 1894**

省内产地：信阳鸡公山。

分布：河南，福建，台湾；朝鲜，日本。

资料来源：Huang Wen-Jing *et* Ren Guo-Dong。2009, The Chinese species of the genus *Platydema* Laporte *et* Brulle (Coleoptera, Tenebrionidae) with description of a new species. *Acta Zootaxonomica Sinica*, 34(3): 428~434.

广西宽菌甲 *Platydema guangxicum* Schawaller, 2004

省内产地：内乡宝天曼。

分布：河南，广西。

资料来源：Huang Wen-Jing *et* Ren Guo-Dong。2009, The Chinese species of the genus *Platydema* Laporte *et* Brulle (Coleoptera, Tenebrionidae) with description of a new species. *Acta Zootaxonomica Sinica*, 34(3): 428~434.

***Platydema sauteri* Gebien, 1913**

省内产地：宜阳花果山。

分布：河南，安徽，台湾；日本。

资料来源：Huang Wen-Jing *et* Ren Guo-Dong。2009, The Chinese species of the genus *Platydema* Laporte *et* Brulle (Coleoptera, Tenebrionidae) with description of a new species. *Acta Zootaxonomica Sinica*, 34(3): 428~434.

达卫邻烁甲 *Plesiophthalmus davidis* Fairmaire, 1878

省内产地：信阳，罗山，登封，辉县。

分布：河南，北京，湖北。

资料来源：任国栋等，2002，鞘翅目：拟步甲科。《太行山及桐柏山区昆虫》，中国农业科学技术出版社。

***Plesiophthalmus spectabilis* Harold, 1875**

省内产地：桐柏。

分布：河南，河北，北京，浙江，华中，台湾；日本，韩国。

资料来源：任国栋等，2002，鞘翅目：拟步甲科。《太行山及桐柏山区昆虫》，中国农业科学技术出版社。

弯胫大粉甲 *Promethis valgipes valgipes* (Marseul, 1876)

省内产地：新乡，郑州，信阳

分布：河南，华中，华南，海南；朝鲜，日本。

取食：栎树朽木。

资料来源：任国栋等，2002，鞘翅目：拟步甲科。《太行山及桐柏山区昆虫》，中国农业科学技术出版社。

远东窄亮甲 *Stenophanes mesostena* (Solsky, 1875)

省内产地：登封嵩山。

分布：河南，东北；朝鲜，俄罗斯(东西伯利亚)。

资料来源：任国栋等，2002，鞘翅目：拟步甲科。《太行山及桐柏山区昆虫》，中国农业科学技术出版社。

黄粉虫 *Tenebrio molitor* Linnaeus, 1758

省内产地：商丘，信阳，南阳。

分布：河南，黑龙江，吉林，辽宁，内蒙古，新疆，宁夏，甘肃，陕西，四川，山西，河北，山东；世界广布。

取食：面粉，谷类，薯干，发霉储藏物。

资料来源：任国栋等，2002，鞘翅目：拟步甲科。《太行山及桐柏山区昆虫》，中国农业科学技术出版社。

黑粉虫 *Tenebrio obscurus* Fabricius, 1792

省内产地：安阳，商丘，洛阳，郑州，中牟，登封，密县，新郑，巩县，信阳，方城，社旗，南召，南阳，内乡，镇平，西峡，淅川，邓州，唐河，桐柏。

分布：河南，黑龙江，吉林，辽宁，新疆，内蒙古，宁夏，甘肃，陕西，四川，贵州，山西，河北，山东，江苏，安徽，浙江，福建，湖南，广东；世界广布。

取食：危害：面粉，谷类，薯干，发霉储藏物。

资料来源：任国栋等，2002，鞘翅目：拟步甲科。《太行山及桐柏山区昆虫》，中国农业科学技术出版社。

赤拟粉甲 *Tribolium castaneum* (Herbst, 1797)

省内产地：全省。

分布：全国各省市区；世界广布。

取食：面粉，谷类，麦，玉米，豆类，油料，药材，小米，稻谷，干果，蚕茧，干鱼，麸糠，饼干，糕点，枣，皮革，豆饼，昆虫标本。

资料来源：任国栋等，2002，鞘翅目：拟步甲科。《太行山及桐柏山区昆虫》，中国农业科学技术出版社。

杂拟粉甲 *Tribolium confusum* Jaquelin, 1868

省内产地：全省。

分布：河南，黑龙江，吉林，辽宁，内蒙古，河北，北京，天津，山西，陕西，新疆，山东，安徽，江苏，上海，浙江，江西，湖南，广东，广西，四川，云南，贵州。

资料来源：任国栋等，2002，鞘翅目：拟步甲科。《太行山及桐柏山区昆虫》，中国农业科学技术出版社。

五一、伪叶甲科 Lagriidae

本科全世界已知 2450 种，中国已记载 31 属 204 种，河南共记录 2 属 3 种。

细眼角伪叶甲 *Cerogria ommalata* Chen, 1997

省内产地：具体不详。

分布：河南，湖北，陕西，贵州。

资料来源：陈斌，朱玉香，2006，伪叶甲科。《梵净山景观昆虫》，贵州科技出版社。

黑背伪叶甲 *Lagria nigricollis* Hope, 1842

省内产地：博爱。

分布：河南，辽宁，宁夏，新疆，浙江，福建，江西，湖北，湖南，四川；朝鲜，日本，俄罗斯(西伯利亚)。

资料来源：申效诚，1993，河南昆虫名录。中国农业科学技术出版社。

多毛伪叶甲 *Lagria notabilis* Lewis, 1895

省内产地：鲁山，信阳。

分布：河南，贵州，台湾；日本。

资料来源：申效诚，1993，河南昆虫名录。中国农业科学技术出版社。

五二、蚁形甲科 Anthicidae

本科全世界共 100 属 3000 种，中国已记载 7 属 55 种(任国栋等，2005)，河南共记录 1 属 2 种。

谷蚁形甲 *Anthicus floralis* (Linnaeus, 1758)

省内产地：具体不详。

分布：河南，内蒙古，陕西，福建，台湾，湖南，广东，广西，云南；日本，蒙古国，菲律宾，世界广布。

资料来源：申效诚，1993，河南昆虫名录。中国农业科学技术出版社。

赤胸蚁形甲 *Anthicus* sp.

省内产地：郑州，洛阳，荥阳，方城，南阳，镇平，唐河，邓州。

分布：河南，黑龙江，北京，天津，河北，山西，山东，安徽，上海，浙江，湖北，广东，广西，四川，云南。

资料来源：申效诚，1993，河南昆虫名录。中国农业科学技术出版社。

五三、花蚤科 Mordellidae

本科全世界已知 100 属 1750 种，中国已记载 24 属 160 种，河南仅记录 1 属 1 种。

大麻花蚤 *Mordellistena pumila* Gyllenhal, 1810

省内产地：栾川。

分布：河南，内蒙古，甘肃，湖北；朝鲜，日本，俄罗斯；欧洲。

资料来源：侯璋德等，2002，河南鞘翅目昆虫名录补遗。《太行山及桐柏山区昆虫》，中国农业科学技术出版社。

五四、芫菁科 Meloidae

本科全世界共 120 属 3000 种，中国已记载 20 属 191 种(杨玉霞等，2005)，河南共记录 5 属 18 种。

中国豆芫菁 *Epicauta chinensis* Laporte, 1840

省内产地：全省。

分布：河南，黑龙江，吉林，辽宁，内蒙古，河北，北京，山西，陕西，甘肃，宁夏，山东，安徽，江苏，台湾，江西，湖南，四川；朝鲜，日本。

资料来源：祝长清等，1999，河南昆虫志 鞘翅目(一)。河南科学技术出版社。

存疑豆芫菁 *Epicauta dubia* Fabricius, 1781

省内产地：林州，孟州，洛宁，孟津，方城，西平。

分布：河南，黑龙江，吉林，辽宁，内蒙古，陕西，青海，宁夏，河北，北京，甘肃，湖北，江西，四川；俄罗斯。

资料来源：祝长清等，1999，河南昆虫志 鞘翅目(一)。河南科学技术出版社。

豆芫菁 *Epicauta gorhami* (Marseul, 1873)

省内产地：全省。

分布：河南，陕西，山东，安徽，江苏，浙江，江西，福建，台湾，湖北，湖南，广东，广西，海南，贵州，四川；日本。

资料来源：祝长清等，1999，河南昆虫志 鞘翅目(一)。河南科学技术出版社。

毛角豆芫菁 *Epicauta hirticornis* (Haag-Rutenberg, 1880)

省内产地：许昌，南阳。

分布：河南，台湾，广东，西藏；印度，越南。

资料来源：申效诚，1993，河南昆虫名录。中国农业科学技术出版社。

大头豆芫菁 *Epicauta megalocephala* Gebler, 1817

省内产地：郑州。

分布：河南，黑龙江，吉林，辽宁，内蒙古，河北，北京，山西，宁夏，四川；俄罗斯。

资料来源：祝长清等，1999，河南昆虫志 鞘翅目(一)。河南科学技术出版社。

暗头豆芫菁 *Epicauta obscurocephala* Reitter, 1905

省内产地：延津，洛阳，孟津，郑州，西华，许昌。

分布：河南，吉林，内蒙古，河北，北京，天津，山西，宁夏，陕西，山东，安徽，上海，浙江，江西，湖北。

资料来源：祝长清等，1999，河南昆虫志 鞘翅目(一)。河南科学技术出版社。

西伯利亚豆芫菁 *Epicauta sibirica* Pallas, 1777

省内产地：焦作，辉县，延津。

分布：河南，黑龙江，吉林，内蒙古，河北，宁夏，甘肃，青海，江苏，浙江，江西，湖北，湖南，广东，云南；日本，蒙古国，俄罗斯，越南。

资料来源：祝长清等，1999，河南昆虫志 鞘翅目(一)。河南科学技术出版社。

毛胫豆芫菁 *Epicauta tibialis* Waterhouse, 1871

省内产地：许昌，南阳，信阳。

分布：河南，江苏，江西，福建，湖南，广东，香港，广西，台湾，四川，云南；印度，喜马拉雅。

资料来源：祝长清等，1999，河南昆虫志 鞘翅目(一)。河南科学技术出版社。

花生豆芫菁 *Epicauta waterhousei* Haag-Rutenberg, 1889

省内产地：具体不详。

分布：河南，安徽，福建，台湾，湖北，海南，广西；印度。

资料来源：申效诚，1993，河南昆虫名录。中国农业科学技术出版社。

凹胸豆芫菁 *Epicauta xantusi* Kaszab, 1952

省内产地：郑州，孟州，许昌。

分布：河南，宁夏，河北，北京，陕西，山西，江苏，湖北，江西，广西，四川。

资料来源：祝长清等，1999，河南昆虫志 鞘翅目(一)。河南科学技术出版社。

红芫菁 *Horia tosana* Kono

省内产地：信阳。

分布：河南；日本。

资料来源：申效诚，1993，河南昆虫名录。中国农业科学技术出版社。

眼斑沟芫菁 *Hycleus cicharii* (Linnaeus, 1758)

省内产地：罗山董寨林场，商城金岗台，西峡白河，内乡宝天曼，修武，新安，中牟，南阳，内乡，信阳，固始。

分布：河南，吉林，宁夏，河北，陕西，甘肃，安徽，江苏，浙江，福建，台湾，江西，湖北，湖南，广东，广西，四川，云南；越南，印度。

资料来源：祝长清等，1999，河南昆虫志 鞘翅目(一)。河南科学技术出版社。

中突沟芫菁 *Hycleus medioinsignatus* (Fic, 1909)

省内产地：商城金岗台。

分布：河南，河北，山东，广西，四川，云南，西藏；蒙古国，尼泊尔。

资料来源：潘昭，任国栋，2011，中国沟芫菁属分类研究及一新种记述。动物分类学报，36(1): 179~197。

大斑沟芫菁 *Hycleus phaleratus* (Pallas, 1781)

省内产地：具体不详。

分布：河南，安徽，江苏，湖北，浙江，福建，江西，台湾，广东，广西，海南；四川，云南，西藏；巴基斯坦，尼泊尔，印度。

资料来源：潘昭，任国栋，2011，中国沟芫菁属分类研究及一新种记述。动物分类学报，36(1): 179~197。

绿芫菁 *Lytta caraganae* Pallas, 1798

省内产地：新乡，卫辉，洛宁，许昌，鲁山，内乡，信阳，新县，固始。

分布：河南，黑龙江，吉林，辽宁，内蒙古，河北，北京，山西，宁夏，甘肃，青海，新疆，陕西，山东，安徽，江苏，浙江，江西，湖北，湖南；朝鲜，日本，俄罗斯。

资料来源：祝长清等，1999，河南昆虫志 鞘翅目(一)。河南科学技术出版社。

似短胸短翅芫菁 *Lytta corvinus* (Marseul, 1876)

省内产地：郑州，许昌，鄢陵。

分布：河南，东北，河北，浙江；朝鲜，日本。

资料来源：祝长清等，1999，河南昆虫志 鞘翅目(一)。河南科学技术出版社。

苹斑芫菁 *Mylabris calida* (Pallas, 1782)

省内产地：济源，栾川，新安，西峡。

分布：河南，黑龙江，吉林，辽宁，内蒙古，新疆，河北，山东，山西，陕西，甘肃，江苏，湖北，浙江；俄罗斯，埃及；欧洲。

资料来源：祝长清等，1999，河南昆虫志 鞘翅目(一)。河南科学技术出版社。

大斑芫菁 *Mylabris phalerafa* (Pallas, 1781)

省内产地：安阳，焦作，济源，修武，洛宁，栾川，许昌，南阳，西峡，内乡，新野，信阳，固始。

分布：河南，吉林，陕西，河北，安徽，江苏，湖北，浙江，江西，福建，台湾，湖南，广东，广西，贵州，四川，西藏，云南；印度。

资料来源：祝长清等，1999，河南昆虫志 鞘翅目(一)。河南科学技术出版社。

五五、方头甲科 Cybocephalidae

本科全世界共 6 属 160 种，中国已记载 1 属 10 种，河南共记录 1 属 2 种。

内凹方头甲 *Cybocephalus concavus* Yu *et* Tian, 1995

省内产地：信阳鸡公山。

分布：河南，广西，海南。

资料来源：虞国跃，1999，鞘翅目：瓢虫科，方头甲科。《鸡公山区昆虫》，中国农业科学技术出版社。

盾蚧方头甲 *Cybocephalus nipponicus* Endro-Yonge, 1971

省内产地：郑州。

分布：河南，黑龙江，陕西，四川，广西，广东，台湾；日本。

捕食：桑白蚧。

资料来源：申效诚，1993，河南昆虫名录。中国农业科学技术出版社。

五六、天牛科 Cerambycidae

本科全世界已知 25 000 种，中国已记载 2500 种，河南共记录 5 亚科 112 属 219 种。

(一) 锯天牛亚科 Prioninae

沟翅土天牛 *Dorysthenes fossatus* Pascoe, 1857

省内产地：栾川龙峪湾，西峡，南阳。

分布：河南，湖南，浙江，福建。

危害：漆树的根。

资料来源：章伟年等，1998，鞘翅目。《伏牛山区昆虫》，中国农业科学技术出版社。

苹根土天牛 *Dorysthenes hugelii* Redtenbacher, 1848

省内产地：新县连康山，商城黄柏山。

分布：河南，云南；印度(锡金)，巴基斯坦，尼泊尔。

寄主：苹果、雪松、圣栎、乌桕、印度黄檀、杜鹃花、婆罗双树。

资料来源：郑晓军等，1999，鞘翅目：天牛科。《伏牛山南坡及大别山区昆虫》，中国农业科学技术出版社。

曲牙土天牛 *Dorysthenes hydropicus* (Pascoe, 1857)

省内产地：尉氏，中牟，开封，博爱，洛阳，汝南，确山，泌阳，信阳，罗山，南阳，西峡，内乡宝天曼。

分布：河南，内蒙古，陕西，河北，甘肃，山东，江西，江苏，浙江，湖南，广西，台湾。

寄主：杨柳、甘蔗、棉花、花生等植物根部。

资料来源：郑晓军等，1999，鞘翅目：天牛科。《伏牛山南坡及大别山区昆虫》，中国农业科学技术出版社。

大牙土天牛 *Dorysthenes paradoxus* (Faldermann, 1933)

省内产地：新乡，台前，开封，许昌，洛宁，汝南，南阳，信阳。

分布：河南，辽宁，内蒙古，甘肃，河北，山西，陕西，山东，江西，四川，贵州。

危害：玉米、高粱、杨、柳、泡桐等的根部。

资料来源：章伟年等，1998，鞘翅目。《伏牛山区昆虫》，中国农业科学技术出版社。

钩突土天牛 *Dorysthenes sternalis* (Fairmaire, 1902)

省内产地：新县连康山。

分布：河南，四川，云南；越南。

资料来源：郑晓军等，1999，鞘翅目：天牛科。《伏牛山南坡及大别山区昆虫》，中国农业科学技术出版社。

家扁天牛 *Eurypoda antennata* Saunders, 1853

省内产地：新县。

分布：河南，上海，浙江，湖南，贵州，广东，台湾。

危害：木材，木器，梁柱。

资料来源：祝长清等，1999，河南昆虫志 鞘翅目(一)。河南科学技术出版社。

樟扁锯天牛 *Eurypoda batesi* Gahan, 1894

省内产地：固始。

分布：河南，浙江，福建，湖南，贵州，四川，云南，海南；朝鲜，日本，老挝，泰国。

资料来源：侯璋德等，2002，河南鞘翅目昆虫名录补遗。《太行山及桐柏山区昆虫》，中国农业科学技术出版社。

芫天牛 *Mantitheus pekinensis* Fairmaire, 1889

省内产地：安阳，鲁山。

分布：河南，内蒙古，河北，北京，山西。

危害：苹果，刺槐。

资料来源：祝长清等，1999，河南昆虫志 鞘翅目(一)。河南科学技术出版社。

中华薄翅天牛 *Megopis sinica* (White, 1853)

省内产地：新县连康山，商城黄柏山等全省各地。

分布：河南，东北，河北，山西，陕西，山东，江苏，浙江，福建，安徽，江西，湖南，四川，广西，贵州，云南，台湾；朝鲜，日本，越南，缅甸，老挝，琉球群岛。

寄主：苦楝、泡桐、油桐、枫、核桃、构树、梧桐、苹果、枣、杨、柳、桑、榆、野桐、枥、栎、栗、白蜡、云杉、冷杉、松、思茅松。

资料来源：郑晓军等，1999，鞘翅目：天牛科。《伏牛山南坡及大别山区昆虫》，中国农业科学技术出版社。

狭胸天牛 *Philus antennatus* (Gyllenhal, 1817)

省内产地：南阳，淅川，新县。

分布：河南，河北，湖南，江西，浙江，福建，香港，海南；印度。

危害：柑橘，茶，松。

资料来源：祝长清等，1999，河南昆虫志 鞘翅目(一)。河南科学技术出版社。

蔗狭胸天牛 *Philus pallescens* Bates, 1866

省内产地：信阳。

分布：河南，四川，福建，广东，广西，台湾；日本。

危害：甘蔗。

资料来源：祝长清等，1999，河南昆虫志 鞘翅目(一)。河南科学技术出版社。

锯天牛 *Prionus insularis* Motschulsky, 1857

省内产地：信阳。

分布：河南，黑龙江，吉林，辽宁，内蒙古，河北，四川，浙江，台湾；朝鲜，日本。

危害：松，栎，榆，苹果，云杉，冷杉，扁柏等。

资料来源：祝长清等，1999，河南昆虫志 鞘翅目(一)。河南科学技术出版社。

库氏锯天牛 *Prionus kucerai* Drumont *et* Komiya, 2006

省内产地：具体不详。

分布：河南，山西，宁夏，陕西，甘肃。

资料来源：林美英等，2010，天牛科。《六盘山无脊椎动物》，河北大学出版社。

橘根接眼天牛 *Priotyrranus closteroides* (Thomson, 1877)

省内产地：南阳，新县连康山，商城黄柏山。

分布：河南，陕西，江西，江苏，福建，广西，云南，贵州，广东，海南，台湾，香港；越南。

危害：橘类之根。

资料来源：郑晓军等，1999，鞘翅目：天牛科。《伏牛山南坡及大别山区昆虫》，中国农业科学技术出版社。

(二) 花天牛亚科 Lepturinae

赤杨缘花天牛 *Anoplodera rubra dichroa* (Blanch, 1871)

省内产地：内乡宝天曼。

分布：河南，黑龙江，吉林，河北，山东，山西，陕西，湖北，浙江，福建，江西，湖南，贵州，四川；俄罗斯，朝鲜，日本。

寄主：赤杨、松。

资料来源：郑晓军等，1999，鞘翅目：天牛科。《伏牛山南坡及大别山区昆虫》，中国农业科学技术出版社。

斑角缘花天牛 *Anoplodera variicornis* (Dalman, 1817)

省内产地：全省。

分布：河南，黑龙江，内蒙古，陕西；朝鲜，日本，俄罗斯；北欧。

危害：冷杉，云杉，忍冬，松的枯干。

资料来源：祝长清等，1999，河南昆虫志 鞘翅目(一)。河南科学技术出版社。

台突肩花天牛 *Anoploderomorpha formosana* (Matsushita, 1933)

省内产地：西峡。

分布：河南，台湾，海南。

资料来源：祝长清等，1999，河南昆虫志 鞘翅目(一)。河南科学技术出版社。

中华锯花天牛 *Apatophysis sinica* (Semenov-Tian-Shanskij, 1901)

省内产地：内黄。

分布：河南，河北，山东，江西，四川。

危害：牡丹的茎基部和根部。

资料来源：祝长清等，1999，河南昆虫志 鞘翅目(一)。河南科学技术出版社。

红毛角花天牛 *Corennys conspicua* (Gahan, 1906)

省内产地：西峡。

分布：河南，陕西，河北，四川，云南，海南，西藏；缅甸。

资料来源：祝长清等，1999，河南昆虫志 鞘翅目(一)。河南科学技术出版社。

黑角散花天牛 *Corymbia succedanea* (Lewis, 1879)

省内产地：西峡，济源。

分布：河南，黑龙江，吉林，辽宁，河北，陕西，湖北，安徽，浙江，江西，湖南，四川；朝鲜，日本，俄罗斯。

资料来源：祝长清等，1999，河南昆虫志 鞘翅目(一)。河南科学技术出版社。

瘤胸金花天牛 *Gaurotes tuberculicollis* (Blandchard, 1871)

省内产地：济源，信阳。

分布：河南，内蒙古，陕西，湖北，四川，福建，西藏。

危害：麻栎。

资料来源：祝长清等，1999，河南昆虫志 鞘翅目(一)。河南科学技术出版社。

凹缘金花天牛 *Gaurotes ussuriensis* Blessig, 1873

省内产地：济源，栾川。

分布：河南，黑龙江，辽宁，河北；俄罗斯，朝鲜。

危害：杨，柳，核桃。

资料来源：祝长清等，1999，河南昆虫志 鞘翅目(一)。河南科学技术出版社。

蓝金花天牛 *Gaurotes virginea thalassina* (Schrank, 1781)

省内产地：西峡。

分布：河南，黑龙江，吉林，内蒙古，湖北，山西；俄罗斯，蒙古国；朝鲜，日本。

资料来源：祝长清等，1999，河南昆虫志 鞘翅目(一)。河南科学技术出版社。

曲纹花天牛 *Leptura arcuata* Panzer, 1793

省内产地：西峡，栾川，济源。

分布：河南，黑龙江，吉林，辽宁，内蒙古，河北，山东，陕西，甘肃，浙江，江西，四川；俄罗斯，朝鲜，日本；欧洲。

危害：云杉，冷杉，马尾松，雪松。

资料来源：章伟年等，1998，鞘翅目。《伏牛山区昆虫》，中国农业科学技术出版社。

十二斑花天牛 *Leptura duodecimguttata* Fabricius, 1801

省内产地：信阳。

分布：河南，黑龙江，吉林，辽宁，内蒙古，陕西，青海，浙江，福建，四川；蒙古国，朝鲜，日本，俄罗斯。

危害：柳树。

资料来源：祝长清等，1999，河南昆虫志 鞘翅目(一)。河南科学技术出版社。

异色花天牛 *Leptura thoracira* Creutzer

省内产地：全省。

分布：河南，黑龙江，吉林，辽宁，内蒙古，河北，新疆，贵州；俄罗斯，朝鲜，日本。

危害：白杨，白桦，日本冷杉。

资料来源：祝长清等，1999，河南昆虫志 鞘翅目(一)。河南科学技术出版社。

二点类华花天牛 *Metastrangalia thibetana* (Blauchard, 1871)

二点瘦花天牛 *Strangalia savioi* Pic, 1936

省内产地：信阳，嵩县白云山，内乡宝天曼。

分布：河南，陕西，湖北，浙江，福建，江西，湖南，四川，云南，贵州，西藏。

危害：水杉。

资料来源：黄建华等，2002，鞘翅目：天牛科。《太行山及桐柏山区昆虫》，中国农业科学技术出版社。

血翅松天牛 *Nivellia sanguinosa* (Gyllenhal, 1827)

省内产地：桐柏。

分布：河南，黑龙江，吉林，辽宁，内蒙古，河北，甘肃；朝鲜，日本，蒙古国，俄罗斯；欧洲。

资料来源：侯璋德等，2002，河南鞘翅目昆虫名录补遗。《太行山及桐柏山区昆虫》中国农业科学技术出版社。

松脊花天牛 *Stenocorus inquisitor japonicus* (Bates)

省内产地：全省。

分布：河南，黑龙江，吉林，辽宁；俄罗斯，朝鲜，日本；北欧。

危害：马尾松，雪松，椴松，日本赤松，鱼鳞松，冷杉。

资料来源：祝长清等，1999，河南昆虫志 鞘翅目(一)。河南科学技术出版社。

蚤瘦花天牛 *Strangalia fortunei* Pascoe, 1858

省内产地：信阳，济源，新县连康山，商城黄柏山。

分布：河南，辽宁，北京，河北，上海，安徽，江苏，浙江，江西，福建，湖北，湖南，广东，广西，贵州，四川。

资料来源：祝长清等，1999，河南昆虫志 鞘翅目(一)。河南科学技术出版社。

(三) 天牛亚科 Cerambycinae

金绒闪光天牛 *Aeolesthes chrysothrix* (Bates, 1873)

省内产地：嵩县白云山，栾川龙峪湾。

分布：河南，山东，陕西，湖北，浙江，台湾，贵州；日本。

资料来源：黄建华等，2002，鞘翅目：天牛科。《太行山及桐柏山区昆虫》，中国农业科学技术出版社。

皱胸闪光天牛 *Aeolesthes holosericea* Fabricius, 1787

省内产地：内乡宝天曼。

分布：河南，陕西，福建，广东，香港，海南，广西，四川，云南；印度，老挝，泰国，斯里兰卡，印度尼西亚。

寄主：栎类。

资料来源：时振亚等，1993，宝天曼自然保护区森林害虫初步调查。《宝天曼自然保护区科学考察集》，中国林业出版社。

中华闪光天牛 *Aeolesthes sinensis* Gahan, 1890

省内产地：信阳，南阳，西峡。

分布：河南，陕西，湖北，湖南，四川，福建，台湾，云南，广东，香港，海南，广西，贵州；缅甸。

危害：栎，柿，椿，酸枣。

资料来源：祝长清等，1999，河南昆虫志 鞘翅目(一)。河南科学技术出版社。

红足缨天牛 *Allotraeus grahami* Gressitt, 1937

省内产地：嵩县白云山。

分布：河南，福建，江西，湖南，广东，广西，四川，云南，西藏。

资料来源：黄建华等，2002，鞘翅目：天牛科。《太行山及桐柏山区昆虫》，中国农业科学技术出版社。

白角纹虎天牛 *Anaglyptus apicicornis* (Gressitt, 1938)

省内产地：全省。

分布：河南，陕西，甘肃，福建，湖南，四川，广东，广西，贵州。

资料来源：祝长清等，1999，河南昆虫志 鞘翅目(一)。河南科学技术出版社。

黄带纹虎天牛 *Anaglyptus subfasciatus* Pic, 1906

省内产地：郑州，南阳，信阳。

分布：河南；日本。

危害：杉、柏的枯枝。

资料来源：申效诚，1993，河南昆虫名录。中国农业科学技术出版社。

黄颈柄天牛 *Aphrodisium faldermannii* Saundors, 1850

省内产地：商城黄柏山。

分布：河南，华北，陕西，江苏，浙江，福建，江西，内蒙古，湖北，湖南，贵州，广东，四川，云南。

寄主：桃，李，杏。

资料来源：郑晓军等，1999，鞘翅目：天牛科。《伏牛山南坡及大别山区昆虫》，中国农业科学技术出版社。

台湾柄天牛 *Aphrodisium sauteri* Matsushita, 1933

省内产地：济源，嵩县，栾川，卢氏，洛阳，鲁山，南召，内乡，西峡。

分布：河南，台湾。

危害：栓皮栎，麻栎，青冈栎。

资料来源：祝长清等，1999，河南昆虫志 鞘翅目(一)。河南科学技术出版社。

桃红颈天牛 *Aromia bungii* Faldermann, 1835

省内产地：登封少林寺等全省各地。

分布：河南，黑龙江，吉林，辽宁，内蒙古，河北，山西，陕西，甘肃，山东，安徽，江苏，浙江，福建，江西，湖北，湖南，广东，广西，海南，四川，云南，贵州；朝鲜。

危害：桃，杏，李，樱桃，苹果，柳等。

资料来源：黄建华等，2002，鞘翅目：天牛科。《太行山及桐柏山区昆虫》，中国农业科学技术出版社。

杨红颈天牛 *Aromia moschata orientais* Plavilstshikov, 1932

省内产地：郑州、开封、郸城、夏邑、沈丘、郾城、固始。

分布：河南，黑龙江，吉林，辽宁，内蒙古，河北，陕西，甘肃，浙江，福建；朝鲜，日本，蒙古国，俄罗斯。

危害：杨，柳。

资料来源：侯璋德等，2002，河南鞘翅目昆虫名录补遗。《太行山及桐柏山区昆虫》，中国农业科学技术出版社。

红缘亚天牛 *Asias halodendri* (Pallas, 1776)

省内产地：全省。

分布：河南，黑龙江，吉林，辽宁，内蒙古，河北，山西，甘肃，陕西，宁夏，甘肃，新疆，山东，湖北，江苏，浙江，江西，湖南，台湾，贵州；俄罗斯，蒙古国，朝鲜。

危害：苹果，梨，枣，葡萄，榆，刺槐，枸杞。

资料来源：祝长清等，1999，河南昆虫志 鞘翅目(一)。河南科学技术出版社。

黑胸短虎天牛 *Brachyclytus singularis* Kraatz, 1879

省内产地：桐柏。

分布：河南，江苏；俄罗斯，朝鲜，日本。

危害：葡萄。

资料来源：申效诚，1993，河南昆虫名录。中国农业科学技术出版社。

杉青扁胸天牛 *Callidium chlorizans* (Solsky)

省内产地：洛阳。

分布：河南，内蒙古，河北，山西，陕西，宁夏，甘肃。

危害：杉。

资料来源：申效诚，1993，河南昆虫名录。中国农业科学技术出版社。

红翅扁胸天牛 *Callidium rudipenne* Motschulsky, 1860

省内产地：卢氏，桐柏。

分布：河南，河北，陕西，甘肃，江西，台湾；朝鲜，日本。

危害：杉，松，扁柏。

资料来源：申效诚，1993，河南昆虫名录。中国农业科学技术出版社。

棕扁胸天牛 *Callidium villosulum* Fairmaire, 1900

省内产地：郑州，信阳。

分布：河南，安徽，江苏，浙江，福建，江西，台湾，湖北，湖南，广东，广西，贵州，四川，云南。

危害：杉。

资料来源：申效诚，1993，河南昆虫名录。中国农业科学技术出版社。

中华蜡天牛 *Ceresium sinicum* White, 1855

省内产地：辉县八里沟，南阳，信阳。

分布：河南，东北，内蒙古，河北，北京，陕西，山东，江苏，浙江，福建，台湾，江西，湖北，湖南，广东，海南，广西，贵州，四川，云南，西藏；日本，泰国。

危害：桑，柑橘，楝，梨，苹果等的枯木或枯萎部分。

资料来源：黄建华等，2002，鞘翅目：天牛科。《太行山及桐柏山区昆虫》，中国农业科学技术出版社。

台湾蜡天牛 *Ceresium subuniforme* Schwatzer, 1925

省内产地：郑州。

分布：河南，台湾。

资料来源：祝长清等，1999，河南昆虫志 鞘翅目(一)。河南科学技术出版社。

橘光绿天牛 *Chelidonium argentatum* (Dalman, 1817)

省内产地：嵩县白云山，鲁山。

分布：河南，陕西，安徽，江苏，浙江，福建，江西，湖南，广东，广西，海南，四川，云南；印度，缅甸，越南，老挝。

危害：柑橘，柠檬。

资料来源：章伟年等，1998，鞘翅目。《伏牛山区昆虫》，中国农业科学技术出版社。

陷胸绿天牛 *Chelidonium safanicum* Plavilstshikov, 1934

省内产地：登封县少林寺。

分布：河南，四川。

资料来源：黄建华等，2002，鞘翅目：天牛科。《太行山及桐柏山区昆虫》，中国农业科学技术出版社。

日本长绿天牛 *Chloridolum japonicum* Harold, 1879

省内产地：南阳，桐柏，内乡宝天曼。

分布：河南，东北，山东，湖南，四川；朝鲜，日本。

寄主：栎类。

资料来源：时振亚等，1993，宝天曼自然保护区森林害虫初步调查。《宝天曼自然保护区科学考察集》，中国林业出版社。

紫缘长绿天牛 *Chloridolum lameeri* (Pic, 1900)

省内产地：济源，南召，西峡，桐柏，信阳。

分布：河南，湖北，山东，江苏，浙江，福建，台湾，江西，湖南，云南。

危害：栎，青桐，枫。

资料来源：祝长清等，1999，河南昆虫志 鞘翅目(一)。河南科学技术出版社。

榆长绿天牛 *Chloridolum provosti* (Fairmaire, 1887)

榆绿柄天牛 *Aphrodisium provosti* (Fairmaire, 1887)

省内产地：中牟，鲁山，南召，信阳，洛阳，汝阳。

分布：河南，内蒙古，北京，陕西，山东，湖北。

危害：榆，杨，梨。

资料来源：侯璋德等，2002，河南鞘翅目昆虫名录补遗。《太行山及桐柏山区昆虫》，中国农业科学技术出版社。

黄胸长绿天牛 *Chloridolum sieversi* (Ganglbauer, 1886)

省内产地：郑州，中牟，开封，尉氏，信阳，罗山。

分布：河南，黑龙江，吉林；朝鲜，俄罗斯。

危害：柳，栎。

资料来源：祝长清等，1999，河南昆虫志 鞘翅目(一)。河南科学技术出版社。

竹绿虎天牛 *Chlorophorus annularis* (Fabricius, 1878)

省内产地：桐柏，南阳，信阳，郑州。

分布：河南，吉林，辽宁，河北，陕西，安徽，江苏，浙江，江西，福建，台湾，湖北，湖南，广东，广西，海南，四川，云南，贵州，西藏；日本，印度，缅甸，泰国，马来西亚，印度尼西亚。

危害：竹，枫，苹果。

资料来源：申效诚，1993，河南昆虫名录。中国农业科学技术出版社。

刺槐绿虎天牛 *Chlorophorus diadema* (Motschulsky, 1853)

省内产地：济源，开封，郑州，许昌，宁陵，新县连康山，商城黄柏山。

分布：河南，吉林，黑龙江，河北，内蒙古，四川，陕西，湖北，广西，江西，山西，甘肃，山东，安徽，江苏，台湾，浙江，江西，福建，湖南，广东，广西，贵州，四川，云南；俄罗斯(西伯利亚)，蒙古国，朝鲜，日本。

寄主：刺槐、桦、樱桃、枣。

资料来源：郑晓军等，1999，鞘翅目：天牛科。《伏牛山南坡及大别山区昆虫》，中国农业科学技术出版社。

榄绿虎天牛 *Chlorophorus eleodes* Fairmaire, 1889

省内产地：修武，西峡。

分布：河南，陕西，新疆，湖北，广西，四川，贵州，云南，西藏。

危害：刺桐属植物。

资料来源：申效诚，1993，河南昆虫名录。中国农业科学技术出版社。

弧纹绿虎天牛 *Chlorophorus miwai* Gressitt, 1936

省内产地：栾川龙峪湾，内黄，济源，南阳，信阳，内乡宝天曼，新县连康山，商城黄柏山。

分布：河南，东北，山东，陕西，湖北，安徽，浙江，江西，湖南，福建，台湾，广东，广西，四川，贵州。

寄主：栎，柞。

资料来源：郑晓军等，1999，鞘翅目：天牛科。《伏牛山南坡及大别山区昆虫》，中国农业科学技术出版社。

杨柳绿虎天牛 *Chlorophorus motschulskyi* (Ganglbauer, 1861)

省内产地：开封，安阳。

分布：河南，黑龙江，吉林，辽宁，内蒙古，河北，山东，山西，陕西，甘肃，浙江，福建；朝鲜，萨哈林岛(库页岛)。

危害：杨，柳。

资料来源：申效诚，1993，河南昆虫名录。中国农业科学技术出版社。

散斑绿虎天牛 *Chlorophorus notabilis cuneatus* (Fairmaire)

省内产地：嵩县白云山，栾川龙峪湾，西峡，内乡宝天曼。

分布：河南，陕西，四川。

寄主：核桃。

资料来源：黄建华等，2002，鞘翅目：天牛科。《太行山及桐柏山区昆虫》，中国农业科学技术出版社。

十四斑绿虎天牛 *Chlorophorus quatuordecimmaculatus* Chevrolat, 1863

省内产地：淅川。

分布：河南，福建，湖南，贵州，四川，广东，广西，海南；印度，越南，老挝。

危害：葡萄。

资料来源：祝长清等，1999，河南昆虫志 鞘翅目(一)。河南科学技术出版社。

裂纹绿虎天牛 *Chlorophorus separatus* Gressitt, 1940

省内产地：信阳，新县连康山，商城黄柏山。

分布：河南，陕西，湖北，江西，浙江，福建，云南，四川，贵州，广西，广东，海南。

寄主：柞，栎。

资料来源：郑晓军等，1999，鞘翅目：天牛科。《伏牛山南坡及大别山区昆虫》，中国农业科学技术出版社。

六斑绿虎天牛 *Chlorophorus sexmaculatus* (Motschulsky, 1819)

省内产地：辉县八里沟，登封少林寺，南阳，西峡，内乡宝天曼。

分布：河南，黑龙江，吉林，辽宁，内蒙古，河北，山东，陕西，甘肃，青海，新疆，湖北，浙江，福建，江西，湖南，广西，四川，云南；朝鲜，俄罗斯，朝鲜，日本，蒙古国。

寄主：柞，栎。

资料来源：黄建华等，2002，鞘翅目：天牛科。《太行山及桐柏山区昆虫》，中国农业科学技术出版社。

长翅纤天牛 *Cleomenes longipennis* Gressitt, 1951

省内产地：济源。

分布：河南，陕西，湖北，台湾，四川，云南。

资料来源：祝长清等，1999，河南昆虫志 鞘翅目(一)。河南科学技术出版社。

花椒虎天牛 *Clytus validus* Fairmaire, 1896

省内产地：卢氏，栾川，洛宁。

分布：河南，山西，四川，云南，西藏。
危害：花椒。
资料来源：申效诚，1993，河南昆虫名录。中国农业科学技术出版社。

勾纹刺虎天牛 *Demonax bowringii* (Pascoe, 1859)
省内产地：西峡，信阳。
分布：河南，台湾，福建，江西，广东，广西，海南。
资料来源：祝长清等，1999，河南昆虫志 鞘翅目(一)。河南科学技术出版社。

松红胸天牛 *Dere reticulata* Gressitt, 1942
省内产地：信阳。
分布：河南，陕西，湖北，浙江，四川，西藏，云南；老挝。
危害：松。
资料来源：申效诚，1993，河南昆虫名录。中国农业科学技术出版社。

栎蓝红胸天牛 *Dere thoracica* White, 1855
省内产地：济源，宜阳，汝阳，泌阳，确山，桐柏，信阳，罗山。
分布：河南，河北，江苏，浙江，福建，湖南，广西，贵州，四川，云南；朝鲜，日本，老挝。
危害：栎，梨，合欢。
资料来源：申效诚，1993，河南昆虫名录。中国农业科学技术出版社。

二斑黑绒天牛 *Embrikstrandia bimaculata* (White, 1853)
省内产地：济源，郑州，平顶山，宝丰，鲁山，舞阳，信阳，罗山，新县。
分布：河南，陕西，山东，湖北，江苏，浙江，福建，台湾，江西，湖南，广东，广西，四川，云南，贵州。
危害：花椒，吴茱萸。
资料来源：祝长清等，1999，河南昆虫志 鞘翅目(一)。河南科学技术出版社。

黄带黑绒天牛 *Embrikstrandia unifasciata* (Ritsema, 1879)
省内产地：辉县八里沟，登封少林寺，商城黄柏山。
分布：河南，山西，湖北，安徽，江西，浙江，福建，广西，广东，海南，四川；越南，老挝，印度。
寄主：花椒。
资料来源：黄建华等，2002，鞘翅目：天牛科。《太行山及桐柏山区昆虫》，中国农业科学技术出版社。

油茶红天牛 *Erythrus blairi* Gressitt, 1939
省内产地：信阳。
分布：河南，东北，陕西，湖北，江苏，浙江，江西，福建，台湾，湖南，广东，海南，广西，贵州，云南。
危害：油茶，茶。
资料来源：申效诚，1993，河南昆虫名录。中国农业科学技术出版社。

弧斑红天牛 *Erythrus fortunei* White, 1853
省内产地：信阳。
分布：河南，河北，陕西，湖北，江苏，浙江，福建，台湾，江西，湖南，广东，广西，香港，四川，贵州，云南。
危害：油茶。
资料来源：申效诚，1993，河南昆虫名录。中国农业科学技术出版社。

二点红天牛 *Erythrus rubriceps* Pic, 1916
省内产地：信阳。
分布：河南，东北，湖北，福建，四川，云南。
危害：竹类。

资料来源：祝长清等，1999，河南昆虫志 鞘翅目(一)。河南科学技术出版社。

显纹虎天牛 *Grammographus notabilis* Pascoe, 1862

省内产地：栾川龙峪湾，南阳。

分布：河南，陕西，湖北，福建，台湾，广东，广西；朝鲜，日本。

资料来源：申效诚，1993，河南昆虫名录。中国农业科学技术出版社。

金斑缘天牛 *Margites auratonotatus* Pic, 1923

省内产地：新乡，济源，南阳。

分布：河南，湖北，江苏，浙江，上海，福建，台湾，江西，湖南，四川，广东，贵州。

危害：栎。

资料来源：祝长清等，1999，河南昆虫志 鞘翅目(一)。河南科学技术出版社。

黄绒缘天牛 *Margites fulvidus* (Pascoe, 1858)

省内产地：嵩县白云山，信阳。

分布：河南，黑龙江，吉林，辽宁，河北，陕西，湖北，山东，江西，四川，湖南，广东，福建，台湾，贵州，云南；日本。

危害：麻栎等半枯树干。

资料来源：黄建华等，2002，鞘翅目：天牛科。《太行山及桐柏山区昆虫》，中国农业科学技术出版社。

栗山天牛 *Massicus raddei* Blessig, 1872

省内产地：新乡，西峡，洛阳，信阳，新县连康山，商城黄柏山。

分布：河南，黑龙江，吉林，辽宁，河北，陕西，山西，湖北，安徽，江苏，福建，江西，山东，浙江，湖南，贵州，云南，四川，台湾；朝鲜，日本，前苏联。

寄主：栗、栎、桑、柞、苹果、柑橘、梅、泡桐、柯属。

资料来源：郑晓军等，1999，鞘翅目：天牛科。《伏牛山南坡及大别山区昆虫》，中国农业科学技术出版社。

桃褐天牛 *Nadezhdiella aurea* Gressitt, 1937

省内产地：内乡宝天曼。

分布：河南，辽宁，陕西，浙江，福建，江西，湖南，广东，四川，广西，贵州。

寄主：桃，梨。

资料来源：郑晓军等，1999，鞘翅目：天牛科。《伏牛山南坡及大别山区昆虫》，中国农业科学技术出版社。

橘褐天牛 *Nadezhdiella cantori* (Hope, 1845)

省内产地：南阳，西峡。

分布：河南，陕西，湖北，江苏，浙江，福建，江西，台湾，湖南，广东，广西，香港，海南，四川，云南，贵州；泰国。

危害：柑橘，葡萄。

资料来源：祝长清等，1999，河南昆虫志 鞘翅目(一)。河南科学技术出版社。

黑肿角天牛 *Neocerambyx mandarinus* Gressitt, 1939

省内产地：南阳。

分布：河南，陕西，山西，湖北，湖南，四川。

危害：油桐，桃树，苹果等。

资料来源：祝长清等，1999，河南昆虫志 鞘翅目(一)。河南科学技术出版社。

榆茶色天牛 *Oplatocera oberthuri* Gahan, 1906

省内产地：信阳。

分布：河南，陕西，湖南，广东，广西，四川，云南；不丹，印度(锡金)，尼泊尔。

危害：榆。

资料来源：祝长清等，1999，河南昆虫志 鞘翅目(一)。河南科学技术出版社。

赤天牛 *Oupyrrhidium cinnabarinum* Pic, 1872

省内产地：信阳。

分布：河南，黑龙江，辽宁，山东；朝鲜，俄罗斯。

危害：栎属植物。

资料来源：申效诚，1993，河南昆虫名录。中国农业科学技术出版社。

暗色跗虎天牛 *Perissus fairmairei* Gressitt, 1940

省内产地：辉县八里沟。

分布：河南，内蒙古，陕西，河北，华南。

资料来源：黄建华等，2002，鞘翅目：天牛科。《太行山及桐柏山区昆虫》，中国农业科学技术出版社。

黑跗虎天牛 *Perissus minicus* Gressitt *et* Rondon, 1970

省内产地：全省。

分布：河南，湖北，福建，广东，海南；老挝。

资料来源：祝长清等，1999，河南昆虫志　鞘翅目(一)。河南科学技术出版社。

红肩丽虎天牛 *Plagionotus christophi* (Kraatz, 1879)

省内产地：济源，确山，桐柏。

分布：河南，黑龙江，吉林，辽宁，河北，陕西，湖北，安徽；俄罗斯，朝鲜，日本。

危害：栎。

资料来源：申效诚，1993，河南昆虫名录。中国农业科学技术出版社。

多带天牛 *Polyzonus fasciatus* Fabricius, 1781

省内产地：登封少林寺，辉县松树坪，郑州，济源，洛阳，栾川，桐柏，信阳，罗山，新县连康山，商城黄柏山。

分布：河南，东北，河北，陕西，山西，山东，宁夏，甘肃，青海，湖北，安徽，浙江，江苏，贵州，江西，福建，湖南，广东，内蒙古，广西，贵州，四川，台湾；俄罗斯(西伯利亚)，朝鲜，日本，蒙古国。

寄主：柳、栗、菊、竹及伞形科植物。

资料来源：黄建华等，2002，鞘翅目：天牛科。《太行山及桐柏山区昆虫》，中国农业科学技术出版社。

长跗天牛 *Prothema signata* Pascoe, 1856

省内产地：新县。

分布：河南，华北，浙江，福建，江西，湖南，广东，海南，广西，贵州，西藏；越南，老挝。

危害：锥栗。

资料来源：祝长清等，1999，河南昆虫志　鞘翅目(一)。河南科学技术出版社。

帽斑紫天牛 *Purpuricenus lituratus* Ganglbauer, 1886

Purpuricenus petatifer Fairmaire, 1888

省内产地：济源，洛阳，鲁山，南召，南阳，西峡，桐柏，信阳。

分布：河南，吉林，辽宁，河北，陕西，甘肃，湖北，江苏，江西，湖南，广西，贵州，云南；俄罗斯，朝鲜，日本。

危害：苹果。

资料来源：祝长清等，1999，河南昆虫志　鞘翅目(一)。河南科学技术出版社。

圆斑紫天牛 *Purpuricenus sideriger* Fairmaire, 1888

省内产地：济源，登封，新安，泌阳，确山。

分布：河南，河北，陕西，湖北，江苏，江西，福建，湖南，四川；朝鲜。

危害：栎。

资料来源：祝长清等，1999，河南昆虫志　鞘翅目(一)。河南科学技术出版社。

二点紫天牛 *Purpuricenus spectabilis* Motschulsky, 1857

省内产地：信阳。

分布：河南，辽宁，河北，陕西，甘肃，湖北，江苏，浙江，福建，台湾，江西，湖南，贵州，四川，云南；朝鲜，日本。

危害：枣。

资料来源：祝长清等，1999，河南昆虫志 鞘翅目(一)。河南科学技术出版社。

竹紫天牛 *Purpuricenus temminckii* Guerin-Meneville, 1844

省内产地：卢氏，栾川，新县。

分布：河南，辽宁，河北，陕西，山东，江苏，浙江，江西，福建，台湾，湖北，湖南，广东，广西，贵州，四川，云南；朝鲜，日本，老挝。

危害：竹，枣。

资料来源：祝长清等，1999，河南昆虫志 鞘翅目(一)。河南科学技术出版社。

暗红折天牛 *Pyrestes haematica* Pascoe, 1857

省内产地：嵩县白云山，罗山，新县连康山，商城黄柏山。

分布：河南，河北，湖北，安徽，江苏，浙江，福建，江西，湖南，广东，香港，台湾，贵州；朝鲜，日本。

寄主：樟树。

资料来源：黄建华等，2002，鞘翅目：天牛科。《太行山及桐柏山区昆虫》，中国农业科学技术出版社。

皱胸折天牛 *Pyrestes rubricollis* Fairmaire, 1900

省内产地：信阳。

分布：河南，甘肃，江苏，浙江，福建，湖南，广东，云南。

危害：桑，柳，榆，栎，合欢。

资料来源：祝长清等，1999，河南昆虫志 鞘翅目(一)。河南科学技术出版社。

连纹艳虎天牛 *Rhaphuma elongate* Gressitt, 1940

省内产地：济源，西峡，内乡宝天曼。

分布：河南，陕西，山西，湖北，浙江，江西，湖南，海南，四川。

资料来源：郑晓军等，1999，鞘翅目：天牛科。《伏牛山南坡及大别山区昆虫》，中国农业科学技术出版社。

脊胸天牛 *Rhytidodera bowringii* White, 1853

省内产地：信阳，商城，固始，新县连康山。

分布：河南，湖北，安徽，江西，福建，湖南，广东，海南，广西，贵州，云南，四川，香港；缅甸，印度，爪哇。

寄主：朴树、芒果、人面子。

资料来源：郑晓军等，1999，鞘翅目：天牛科。《伏牛山南坡及大别山区昆虫》，中国农业科学技术出版社。

蓝丽天牛 *Rosalia coelestis* Semenov, 1911

省内产地：辉县八里沟，西峡，洛阳。

分布：河南，黑龙江，吉林，北京，陕西，河北，山东，广西；朝鲜，日本，俄罗斯(西伯利亚)。

危害：柳，栎，核桃。

资料来源：黄建华等，2002，鞘翅目：天牛科。《太行山及桐柏山区昆虫》，中国农业科学技术出版社。

粗鞘双条杉天牛 *Semanotus sinoauster* (Gressitt, 1951)

Semanotus bifasciatus sinoauster Gressitt

省内产地：郑州，兰考，民权，驻马店，南阳，信阳。

分布：河南，陕西，湖北，安徽，江苏，浙江，湖南，江西，福建，台湾，广东，广西，海南，四川，云南，贵州；日本。

危害：杉，松，柏。

资料来源：申效诚，1993，河南昆虫名录。中国农业科学技术出版社。

台湾峡天牛 *Stenhomalus taiwanus* Matsushita, 1933

省内产地：博爱，济源，封丘，郑州，洛阳，许昌，平顶山。

分布：河南，河北，山西，台湾；朝鲜，日本。

危害：花椒。

资料来源：祝长清等，1999，河南昆虫志 鞘翅目(一)。河南科学技术出版社。

拟蜡天牛 *Stenygrinum quadrinotatum* Bates, 1873

省内产地：西峡，洛阳，确山，泌阳，信阳。

分布：河南，黑龙江，吉林，辽宁，内蒙古，河北，陕西，山东，甘肃，湖北，安徽，江苏，浙江，福建，江西，台湾，湖南，广东，广西，四川，云南，贵州；朝鲜，日本，俄罗斯，菲律宾，马来西亚，越南，泰国，老挝，印度，缅甸。

危害：板栗，栎，油松。

资料来源：申效诚，1993，河南昆虫名录。中国农业科学技术出版社。

家茸天牛 *Trichoferus campestris* (Faldermann, 1853)

省内产地：登封少林寺，嵩县白云山等全省各地。

分布：河南，黑龙江，吉林，辽宁，内蒙古，河北，山东，山西，陕西，甘肃，青海，新疆，湖北，安徽，江苏，浙江，湖南，贵州，四川，云南，西藏；朝鲜，日本，蒙古国，俄罗斯。

危害：刺槐，榆，苹果，梨，泡桐，白蜡，油松，杨，柳，桦。新采伐的刺槐作椽木极易受害。

资料来源：黄建华等，2002，鞘翅目：天牛科。《太行山及桐柏山区昆虫》，中国农业科学技术出版社。

灰黄茸天牛 *Trichoferus guerryi* (Pic, 1915)

省内产地：济源。

分布：河南，河北，山东，陕西，湖北，四川，云南。

危害：槲。

资料来源：祝长清等，1999，河南昆虫志 鞘翅目(一)。河南科学技术出版社。

刺角天牛 *Trirachys orientalis* Hope, 1841

省内产地：全省。

分布：河南，河北，山东，山西，陕西，湖北，安徽，江苏，浙江，上海，福建，江西，台湾，海南，四川。

危害：柳，杨，槐，梨，柑橘，枣。

资料来源：祝长清等，1999，河南昆虫志 鞘翅目(一)。河南科学技术出版社。

桑脊虎天牛 *Xylotrechus chinensis* Chevrolat, 1852

省内产地：济源，鲁山，信阳。

分布：河南，辽宁，河北，陕西，山东，山西，甘肃，安徽，江苏，浙江，福建，江西，台湾，湖北，广东，广西，四川；朝鲜，日本。

危害：桑，苹果，梨，柑橘，葡萄。

资料来源：申效诚，1993，河南昆虫名录。中国农业科学技术出版社。

桦脊虎天牛 *Xylotrechus clarinus* Bates, 1884

省内产地：卢氏，鲁山，信阳鸡公山，登封嵩山。

分布：河南，黑龙江，吉林，辽宁，内蒙古，宁夏，陕西，甘肃，福建，湖南；朝鲜，日本，萨哈林岛(库页岛)。

资料来源：侯璋德等，2002，河南鞘翅目昆虫名录补遗。《太行山及桐柏山区昆虫》，中国农业科学技术出版社。

冷杉脊虎天牛 *Xylotrechus cuneipennis* (Kraatz, 1879)

省内产地：辉县八里沟。

分布：河南，黑龙江，新疆，河北，湖北；俄罗斯(西伯利亚)，朝鲜，日本。

资料来源：黄建华等，2002，鞘翅目：天牛科。《太行山及桐柏山区昆虫》，中国农业科学技术出版社。

咖啡脊虎天牛 *Xylotrechus grayii* White, 1855

省内产地：郑州。

分布：河南，河北，山东，陕西，甘肃，江苏，福建，台湾，湖北，湖南，广东，贵州，四川，云南，西藏；朝鲜，日本。

危害：榆，泡桐，忍冬。

资料来源：申效诚，1993，河南昆虫名录。中国农业科学技术出版社。

巨胸脊虎天牛 *Xylotrechus magnicollis* (Fairmaire, 1888)

省内产地：辉县八里沟，济源。

分布：河南，黑龙江，吉林，河北，山东，陕西，湖北，四川，浙江，福建，湖南，广东，海南，台湾，广西，云南；印度，缅甸，老挝，俄罗斯。

危害：栎。

资料来源：黄建华等，2002，鞘翅目：天牛科。《太行山及桐柏山区昆虫》，中国农业科学技术出版社。

葡萄脊虎天牛 *Xylotrechus pyrrhoderus* Bates, 1873

省内产地：民权，济源。

分布：河南，吉林，辽宁，山东，山西，陕西，湖北，江苏，浙江，福建，广西，贵州，四川；朝鲜，日本。

危害：葡萄。

资料来源：申效诚，1993，河南昆虫名录。中国农业科学技术出版社。

灭字脊虎天牛 *Xylotrechus quadripes* Chevrolat, 1863

省内产地：郑州，济源。

分布：河南，内蒙古，吉林，辽宁，湖北，江苏，浙江，湖南，四川，云南，广东，广西，海南，台湾；印度，缅甸，越南，老挝，泰国。

危害：山石榴。

资料来源：申效诚，1993，河南昆虫名录。中国农业科学技术出版社。

合欢双条天牛 *Xystrocera globosa* (Olivier, 1795)

省内产地：辉县八里沟，洛阳，平顶山，遂平，驻马店，西峡，内乡，南阳，桐柏，信阳。

分布：河南，黑龙江，吉林，辽宁，河北，山东，陕西，甘肃，湖北，安徽，江苏，浙江，福建，台湾，江西，湖南，广东，海南，广西，贵州，四川，云南；朝鲜，日本，印度，缅甸，泰国，马来西亚，印度尼西亚，菲律宾，埃及，美国(夏威夷)。

危害：合欢，桑，桃，槐。

资料来源：黄建华等，2002，鞘翅目：天牛科。《太行山及桐柏山区昆虫》，中国农业科学技术出版社。

黄条切缘天牛 *Zegriades aurovigatus* Gressitt, 1939

省内产地：新县。

分布：河南，湖北，安徽，四川，浙江，湖南，广西。

危害：栎，茶。

资料来源：祝长清等，1999，河南昆虫志 鞘翅目(一)。河南科学技术出版社。

(四) 沟胫天牛亚科 Lamiinae

肿柄锦天牛 *Acalolepta basicornis* Gahan, 1895

省内产地：西峡。

分布：河南，湖南，广西，云南；越南，老挝，印度(锡金)。

资料来源：祝长清等，1999，河南昆虫志 鞘翅目(一)。河南科学技术出版社。

栗灰锦天牛 *Acalolepta degenera* (Bates, 1873)

省内产地：登封少林寺，西峡，罗山，商城。

分布：河南，黑龙江，吉林，内蒙古，陕西，甘肃，山东，江苏，浙江，江西，福建，台湾，湖北，湖南，广东，广西，四川，云南，贵州；朝鲜，日本，俄罗斯。

资料来源：黄建华等，2002，鞘翅目：天牛科。《太行山及桐柏山区昆虫》，中国农业科学技术出版社。

金绒锦天牛 *Acalolepta permutans* (Pascoe, 1857)

省内产地：新县连康山，商城黄柏山。

分布：河南，华北，陕西，湖北，浙江，安徽，江苏，福建，江西，台湾，广西，四川，云南，湖南，广东，香港，贵州；越南，日本。

资料来源：郑晓军等，1999，鞘翅目：天牛科。《伏牛山南坡及大别山区昆虫》，中国农业科学技术出版社。

双斑锦天牛 *Acalolepta sublusca* (Thomson, 1857)

省内产地：新县，商城。

分布：河南，内蒙古，河北，陕西，山东，江苏，浙江，江西，福建，湖北，湖南，广东，海南，广西，贵州，四川，重庆；日本，越南，柬埔寨，马来西亚，老挝。

危害：大叶黄杨。

资料来源：申效诚，1993，河南昆虫名录。中国农业科学技术出版社。

灰长角天牛 *Acanthocinus aedilis* (Linnaeus, 1758)

省内产地：卢氏，西峡，新县连康山，商城黄柏山。

分布：河南，黑龙江，吉林，内蒙古，江西，河北，陕西，山东，湖北；俄罗斯(西伯利亚)，朝鲜，蒙古国；欧洲。

寄主：红松、云杉、油松、华山松。

资料来源：郑晓军等，1999，鞘翅目：天牛科。《伏牛山南坡及大别山区昆虫》，中国农业科学技术出版社。

小灰长角天牛 *Acanthocinus griseus* (Fabricius, 1792)

省内产地：嵩县白云山，卢氏，西峡。

分布：河南，黑龙江，吉林，辽宁，内蒙古，河北，陕西，甘肃，新疆，湖北，江西，浙江，福建，广东，广西，贵州；俄罗斯，朝鲜，日本；欧洲。

危害：松。

资料来源：章伟年等，1998，鞘翅目。《伏牛山区昆虫》，中国农业科学技术出版社。

苜蓿多节天牛 *Agapanthia amurensis* Kraatz, 1879

省内产地：栾川龙峪湾，渑池，洛阳，郑州，商城。

分布：河南，黑龙江，吉林，内蒙古，河北，山东，陕西，新疆，湖北，江苏，浙江，福建，江西，湖南，四川；朝鲜，日本，蒙古国，俄罗斯(西伯利亚)。

危害：苜蓿。

资料来源：申效诚，1993，《河南昆虫名录》。中国农业科学技术出版社。

微天牛 *Anaesthetobrium luteipenne* Pic, 1923

省内产地：许昌。

分布：河南，江苏，浙江；日本。

危害：桑。

资料来源：申效诚，1993，河南昆虫名录。中国农业科学技术出版社。

灰斑安天牛 *Annamanum albisparsum* (Gahan, 1888)

省内产地：全省。

分布：河南，江西，福建，湖南，广西，贵州。

资料来源：祝长清等，1999，河南昆虫志 鞘翅目(一)。河南科学技术出版社。

星天牛 *Anoplophore chinensis* (Forster, 1771)

省内产地：辉县松树坪，登封少林寺，内乡宝天曼，新县连康山，商城黄柏山等全省各地。

分布：河南，吉林，辽宁，河北，山东，安徽，江苏，浙江，福建，台湾，江西，山西，陕西，甘肃，湖北，湖南，云南，四川，贵州，广西，广东，海南；朝鲜，日本，缅甸；北美。

寄主：杨、柳、榆、刺槐、桑、苹果、橘、梨、桃、李、樱桃、核桃、枣、柠檬、橙、无花果、枇杷、花红、油桐、柳豆、木荷、桤木、油茶、茶、冬瓜木、柚木、悬铃木、冬青、杏、乌桕、木芙蓉、闽粤石楠。

资料来源：申效诚，1993，河南昆虫名录。中国农业科学技术出版社。

光肩星天牛 *Anoplophore glabripennis* (Motschulsky, 1853)

Anoplophore nobilis (Ganglbauer, 1890)

省内产地：全省。

分布：河南，黑龙江，吉林，辽宁，内蒙古，北京，河北，山东，山西，陕西，宁夏，甘肃，安徽，江苏，浙江，福建，四川，湖北，湖南，广西，贵州，云南，西藏；朝鲜，日本。

危害：杨，柳，榆，悬铃木，糖槭，刺槐，苹果，梨，柑橘，梅，樱桃。

资料来源：申效诚，1993，河南昆虫名录。中国农业科学技术出版社。

楝星天牛 *Anoplophore horsfieldi* (Hope, 1842)

省内产地：南阳。

分布：河南，陕西，安徽，江苏，浙江，福建，湖北，台湾，江西，湖南，广东，广西，贵州，四川，云南；越南，印度。

危害：楝。

资料来源：申效诚，1993，河南昆虫名录。中国农业科学技术出版社。

黑星天牛 *Anoplophore leechi* (Gahan, 1888)

省内产地：信阳。

分布：河南，河北，江苏，浙江，江西，湖北，湖南，台湾，四川。

危害：杨，柳，漆，板栗，栎。

资料来源：申效诚，1993，河南昆虫名录。中国农业科学技术出版社。

槐星天牛 *Anoplophore lurida* (Pascoe, 1856)

省内产地：登封少林寺，郑州，汝阳，许昌，漯河，驻马店，西平，汝南，西峡。

分布：河南，甘肃，华北，河北，江苏，浙江，江西，台湾，湖北，湖南，广西，四川。

危害：槐。

资料来源：申效诚，1993，河南昆虫名录。中国农业科学技术出版社。

胸斑星天牛 *Anoplophore macularia* (Thomson, 1865)

省内产地：全省。

分布：河南，黑龙江，吉林，辽宁，内蒙古，河北，台湾；日本。

危害：苹果，梨，柑橘，樱桃。

资料来源：申效诚，1993，河南昆虫名录。中国农业科学技术出版社。

粒肩天牛 *Apriona germari* (Hope, 1831)

省内产地：辉县松树坪，内乡宝天曼，新县连康山，商城黄柏山等全省各地。

分布：河南，浙江，江苏，辽宁，河北，山东，湖南，湖北，江西，四川，云南，陕西，福建，广东，海南，广西，台湾；越南，缅甸，印度，朝鲜，日本，老挝。

寄主：桑、柑橘、苹果、海棠、花红、杏、桃、樱桃、梨、无花果、枇杷、榆、杨、柳、柞、枫杨、楝、油桐、银杏、山楂。

资料来源：申效诚，1993，河南昆虫名录。中国农业科学技术出版社。

锈色粒肩天牛 *Apriona sweinsoni* (Hope, 1840)

省内产地：新乡，郑州，许昌，洛阳，尉氏。

分布：河南，江苏，福建，四川，贵州；越南，老挝，印度。

危害：槐，黄檀，紫柳。

资料来源：申效诚，1993，河南昆虫名录。中国农业科学技术出版社。

瘤胸簇天牛 *Aristobia hispida* (Saunder, 1853)

省内产地：中牟，洛阳，西峡，南召，信阳，罗山，新县。

分布：河南，河北，陕西，甘肃，安徽，江苏，浙江，江西，福建，台湾，湖北，湖南，广东，广西，海南，四川，贵州；越南。

危害：松，合欢，橘，桑，漆，油桐。

资料来源：申效诚，1993，河南昆虫名录。中国农业科学技术出版社。

碎斑簇天牛 *Aristobia voeti* Thomson, 1878

省内产地：信阳。

分布：河南，云南，广东，广西，福建；泰国，缅甸，老挝。

危害：栎。

资料来源：申效诚，1993，河南昆虫名录。中国农业科学技术出版社。

黄荆重突天牛 *Astathes episcopalis* Chevrolat, 1852

省内产地：辉县八里沟，济源，嵩县，西峡，南阳，信阳，罗山，新县连康山，商城黄柏山。

分布：河南，内蒙古，新疆，陕西，山西，江苏，安徽，浙江，江西，四川，福建，云南，贵州，广西，广东，台湾；朝鲜，日本。

寄主：黄荆、油桐、云南松、蓖麻。

资料来源：黄建华等，2002，鞘翅目：天牛科。《太行山及桐柏山区昆虫》，中国农业科学技术出版社。

黑跗眼天牛 *Bacchisa atritarsis* (Pic, 1912)

省内产地：全省。

分布：河南，辽宁，陕西，山东，安徽，浙江，江西，福建，湖北，湖南，广东，广西，四川，贵州。

危害：茶，核桃，枫杨。

资料来源：申效诚，1993，河南昆虫名录。中国农业科学技术出版社。

绿翅眼天牛 *Bacchisa atrocoerulea* Gressitt, 1951

省内产地：西峡。

分布：河南，陕西，台湾。

资料来源：祝长清等，1999，河南昆虫志 鞘翅目(一)。河南科学技术出版社。

梨眼天牛 *Bacchisa fortunei* (Thomson, 1857)

省内产地：全省。

分布：河南，吉林，甘肃，宁夏，青海，陕西，山西，山东，安徽，江苏，浙江，台湾，湖南，广东，广西，四川，贵州；朝鲜，日本。

危害：梨，杏，桃，苹果，海棠，山楂。

资料来源：申效诚，1993，河南昆虫名录。中国农业科学技术出版社。

橙斑白条天牛 *Batocera davidis* Deyrolle, 1878

省内产地：西峡，淅川，内乡，南召，信阳，罗山，息县。

分布：河南，陕西，湖北，浙江，湖南，江西，四川，贵州，云南，广东，福建，台湾；越南，老挝。

危害：油桐，苹果，栗，核桃，楝，栎。

资料来源：申效诚，1993，河南昆虫名录。中国农业科学技术出版社。

云斑白条天牛 *Batocera horsfieldi* (Hope, 1839)

省内产地：内乡宝天曼等全省各地。

分布：河南，吉林，河北，四川，陕西，江苏，浙江，福建，安徽，江西，湖北，湖南，云南，贵州，广西，广东，台湾；越南，日本，印度东北部，朝鲜。

寄主：桑、杨、柳、栗、栎、榕、榆、梓、苹果、梨树、枇杷、核桃、胡桃、山黄麻、乌桕、女贞、泡桐、桤木、山毛榉、白蜡。

资料来源：郑晓军等，1999，鞘翅目：天牛科。《伏牛山南坡及大别山区昆虫》，中国农业科学技术出版社。

台湾缨象天牛 *Cacia arisana* (Kano, 1933)

省内产地：全省。

分布：河南，台湾。

资料来源：祝长清等，1999，河南昆虫志 鞘翅目(一)。河南科学技术出版社。

柳枝豹天牛 *Coscinesthes porosa* Bates, 1890

省内产地：洛阳，汝阳，南阳，镇平，西峡。

分布：河南，陕西，四川，云南。

危害：柳，杨，桑。

资料来源：申效诚，1993，河南昆虫名录。中国农业科学技术出版社。

白带窝天牛 *Desisa subfasciata* Pascoe, 1862

省内产地：郑州，信阳，新县连康山，商城黄柏山。

分布：河南，湖北，浙江，云南，广东，海南；日本，印度，柬埔寨，老挝，越南。

寄主：桃、杏、大叶羊蹄甲、粗糠柴。

资料来源：郑晓军等，1999，鞘翅目：天牛科。《伏牛山南坡及大别山区昆虫》，中国农业科学技术出版社。

梨突天牛 *Diboma malina* Gressitt, 1951

省内产地：全省。

分布：河南，云南。

危害：梨。

资料来源：祝长清等，1999，河南昆虫志 鞘翅目(一)。河南科学技术出版社。

密条草天牛 *Eodorcadion virgatum* (Motschulsky, 1854)

省内产地：陕县。

分布：河南，内蒙古，河北，山西，陕西，浙江，湖南，贵州；朝鲜，蒙古国。

资料来源：侯璋德等，2002，河南鞘翅目昆虫名录补遗。《太行山及桐柏山区昆虫》中国农业科学技术出版社。

粗绿直脊天牛 *Eutetrapha chrysochloris* Bates, 1879

省内产地：西峡。

分布：河南，陕西，湖北，浙江，台湾，湖南，四川；日本。

资料来源：祝长清等，1999，河南昆虫志 鞘翅目(一)。河南科学技术出版社。

金绿直脊天牛 *Eutetrapha metallescens* (Motschulsky, 1860)

省内产地：登封少林寺，灵宝。

分布：河南，黑龙江，吉林，辽宁，河北，陕西；俄罗斯，朝鲜。

危害：柳。

资料来源：黄建华等，2002，鞘翅目：天牛科。《太行山及桐柏山区昆虫》，中国农业科学技术出版社。

小勾天牛 *Exocentrus tsuchimenus* Hayushi

省内产地：许昌。

分布：河南，其他分布地待查。

资料来源：侯璋德等，2002，河南鞘翅目昆虫名录补遗。《太行山及桐柏山区昆虫》，中国农业科学技术出版社。

桑井脊天牛 *Glenea centroguttata* Fairmaire, 1897

省内产地：登封少林寺，洛阳，信阳。

分布：河南，陕西，福建，台湾，广西，四川，云南，西藏；日本。

危害：桑。

资料来源：黄建华等，2002，鞘翅目：天牛科。《太行山及桐柏山区昆虫》，中国农业科学技术出版社。

十二星井脊天牛 *Glenea licenti* Pic, 1939

省内产地：栾川。

分布：河南，陕西，甘肃，宁夏，湖北，四川。

危害：核桃。

资料来源：祝长清等，1999，河南昆虫志 鞘翅目(一)。河南科学技术出版社。

双带粒翅天牛 *Lamiomimus gottschei* Kolbe, 1886

省内产地：洛阳，嵩县，鲁山，信阳，罗山，桐柏，栾川龙峪湾，内乡宝天曼。

分布：河南，黑龙江，吉林，辽宁，河北，江苏，浙江，安徽，江西，贵州，湖北，四川，陕西；朝鲜，前苏联。

寄主：杨、柳、檞、柞、栎、椿、油松、槐、枸。

资料来源：郑晓军等，1999，鞘翅目：天牛科。《伏牛山南坡及大别山区昆虫》，中国农业科学技术出版社。

黑角瘤筒天牛 *Linda atricornis* Pic, 1924

省内产地：信阳。

分布：河南，内蒙古，陕西，江苏，浙江，江西，福建，广东，四川，云南，贵州。

危害：苹果，梅，李。

资料来源：申效诚，1993，河南昆虫名录。中国农业科学技术出版社。

瘤筒天牛 *Linda femorata* (Chevrolat, 1852)

省内产地：西峡，信阳。

分布：河南，陕西，上海，浙江，江西，福建，台湾，广东，广西，四川，贵州。

危害：苹果。

资料来源：申效诚，1993，河南昆虫名录。中国农业科学技术出版社。

顶斑瘤筒天牛 *Linda fraterna* (Chevrolat, 1852)

省内产地：郑州，开封，许昌，汝州，南阳，信阳，罗山，新县连康山，商城黄柏山。

分布：河南，河北，江苏，浙江，福建，江西，云南，广西，广东，台湾，东北。

寄主：梨、桃、苹果、悬钩子、李、杏、梅、樱桃。

资料来源：郑晓军等，1999，鞘翅目：天牛科。《伏牛山南坡及大别山区昆虫》，中国农业科学技术出版社。

斑角瘤筒天牛 *Linda signaticornis* Scharzer, 1925

省内产地：登封县三皇寨。

分布：河南，江苏，台湾。

资料来源：黄建华等，2002，鞘翅目：天牛科。《太行山及桐柏山区昆虫》，中国农业科学技术出版社。

培甘弱脊天牛 *Menesia subphurata* (Gebler, 1825)

省内产地：西峡。

分布：河南，黑龙江，吉林，辽宁，河北，山西，陕西，山东，湖北，四川；蒙古国，俄罗斯，朝鲜，日本。

危害：核桃。

资料来源：祝长清等，1999，河南昆虫志 鞘翅目(一)。河南科学技术出版社。

峦纹象天牛 *Mesosa irrorata* Gressitt, 1939

省内产地：新县连康山。

分布：河南，湖北，浙江，江西，福建。

寄主：栎。

资料来源：郑晓军等，1999，鞘翅目：天牛科。《伏牛山南坡及大别山区昆虫》，中国农业科学技术出版社。

三带象天牛 *Mesosa longipennis* Bates, 1873

省内产地：全省。

分布：河南，河北，山西，甘肃，江苏，浙江，台湾；朝鲜，日本。

危害：栎，榆，楸，椿，槐，杨，柳。

资料来源：祝长清等，1999，河南昆虫志 鞘翅目(一)。河南科学技术出版社。

四点象天牛 *Mesosa myops* (Dalman, 1817)

省内产地：卢氏，栾川，嵩县，南召，南阳，信阳。

分布：河南，黑龙江，吉林，辽宁，内蒙古，河北，安徽，台湾，广东，四川；朝鲜，日本，俄罗斯，北欧。

危害：漆，核桃，苹果，榆，杨，柳。

资料来源：申效诚，1993，河南昆虫名录。中国农业科学技术出版社。

桑象天牛 *Mesosa perplexa* Pascoe, 1858

省内产地：西峡，淅川，鲁山。

分布：河南，黑龙江，吉林，辽宁，浙江，江西，福建，台湾；日本。

危害：桑，橘。

资料来源：申效诚，1993，河南昆虫名录。中国农业科学技术出版社。

异斑象天牛 *Mesosa stictica* Blanchard, 1871

省内产地：西峡，登封嵩山。

分布：河南，北京，山东，山西，陕西，甘肃，湖北，浙江，贵州，四川，云南，西藏。

资料来源：侯璋德等，2002，河南鞘翅目昆虫名录补遗。《太行山及桐柏山区昆虫》，中国农业科学技术出版社。

双环小粉天牛 *Microlenecamptus biocellatus* (Schwarzer, 1925)

省内产地：新县。

分布：河南，安徽，广东，台湾。

危害：桑。

资料来源：祝长清等，1999，河南昆虫志 鞘翅目(一)。河南科学技术出版社。

双簇污天牛 *Moechotypa diphysis* (Pascoe, 1871)

省内产地：嵩县白云山，济源，南召，西峡，信阳。

分布：河南，黑龙江，吉林，辽宁，内蒙古，河北，安徽，浙江，广西；俄罗斯，朝鲜。

危害：栎。

资料来源：黄建华等，2002，鞘翅目：天牛科。《太行山及桐柏山区昆虫》，中国农业科学技术出版社。

松墨天牛 *Monochamus alternatus* Hope, 1842

省内产地：郑州，灵宝，南阳，桐柏，信阳，内乡宝天曼，新县连康山，商城黄柏山。

分布：河南，河北，陕西，四川，湖南，贵州，江西，江苏，浙江，福建，云南，广西，广东，西藏，台湾，香港；日本，老挝。

寄主：苹果、栎、云南松、花红、思茅松、华山松、马尾松、冷衫、云杉、鸡眼藤、雪松、桧属、落叶松。

资料来源：郑晓军等，1999，鞘翅目：天牛科。《伏牛山南坡及大别山区昆虫》，中国农业科学技术出版社。

红足墨天牛 *Monochamus dubius* Gahan, 1895

省内产地：全省。

分布：河南，广东，福建，云南，西藏；越南，缅甸。

资料来源：祝长清等，1999，河南昆虫志 鞘翅目(一)。河南科学技术出版社。

缝刺墨天牛 *Monochamus gravidus* Pascoe, 1858

省内产地：信阳。

分布：河南，山东，福建。

资料来源：祝长清等，1999，河南昆虫志 鞘翅目(一)。河南科学技术出版社。

白星墨天牛 *Monochamus guttulatus* Gressitt, 1951

省内产地：郑州。

分布：河南，吉林，辽宁；俄罗斯，朝鲜。

危害：柳。

资料来源：申效诚，1993，河南昆虫名录。中国农业科学技术出版社。

麻斑墨天牛 *Monochamus sparsutus* Fairmaire, 1889

省内产地：登封少林寺，嵩县白云山，西峡，桐柏，南召，信阳。

分布：河南，浙江，四川，福建。

危害：栎。

资料来源：黄建华等，2002，鞘翅目：天牛科。《太行山及桐柏山区昆虫》，中国农业科学技术出版社。

橘墨天牛 *Monochamus subfasciatus* Bates, 1873

省内产地：信阳鸡公山。

分布：河南，江西，福建；日本。

资料来源：侯璋德等，2002，河南鞘翅目昆虫名录补遗。《太行山及桐柏山区昆虫》，中国农业科学技术出版社。

云杉小墨天牛 *Monochamus sutor* (Linnaeus, 1758)

省内产地：安阳，郑州，开封。

分布：河南，黑龙江，吉林，辽宁，内蒙古，青海，山东；朝鲜，日本，俄罗斯；欧洲。

危害：云杉，冷杉，落叶松，赤松。

资料来源：申效诚，1993，河南昆虫名录。中国农业科学技术出版社。

斑腿墨天牛 *Monochamus talianus* Pic, 1912

省内产地：许昌。

分布：河南，云南，西藏。

危害：松。

资料来源：祝长清等，1999，河南昆虫志 鞘翅目(一)。河南科学技术出版社。

云杉大墨天牛 *Monochamus urussovi* (Fischer, 1806)

省内产地：郑州，开封，洛阳，驻马店。

分布：河南，黑龙江，吉林，辽宁，内蒙古，河北，山东，陕西，江苏；朝鲜，日本，俄罗斯；北欧。

危害：云杉，冷杉，红松，落叶松。

资料来源：申效诚，1993，河南昆虫名录。中国农业科学技术出版社。

松巨瘤天牛 *Morimospasma paradoxum* Ganglbauer, 1890

省内产地：栾川。

分布：河南，陕西，甘肃，青海；湖北，四川。

危害：华山松，油松。

资料来源：祝长清等，1999，河南昆虫志 鞘翅目(一)。河南科学技术出版社。

隐斑半脊天牛 *Neoxantha amicta* Pascoe, 1856

省内产地：罗山。

分布：河南，湖北，上海，浙江，福建，江西，湖南，广西。

资料来源：祝长清等，1999，河南昆虫志 鞘翅目(一)。河南科学技术出版社。

拟吉丁天牛 *Niphona furcata* (Bates, 1873)

省内产地：洛阳，南阳，信阳。

分布：河南，山东，江苏，浙江，福建，台湾，四川，云南；日本。

危害：竹。

资料来源：申效诚，1993，河南昆虫名录。中国农业科学技术出版社。

黑翅脊筒天牛 *Nupserha infantula* Ganglbauer, 1889

省内产地：嵩县白云山，栾川龙峪湾，西峡，罗山。

分布：河南，河北，甘肃，陕西，湖北，浙江，江西，福建，湖南，广东，广西，贵州，四川，云南。

资料来源：黄建华等，2002，鞘翅目：天牛科。《太行山及桐柏山区昆虫》，中国农业科学技术出版社。

缘翅脊筒天牛 *Nupserha marginella* (Bates, 1873)

省内产地：济源，信阳，罗山，商城黄柏山。

分布：河南，黑龙江，吉林，辽宁，山东，江苏，浙江，江西，福建，贵州，广东，台湾；朝鲜，日本，俄罗斯。

寄主：苹果。

资料来源：郑晓军等，1999，鞘翅目：天牛科。《伏牛山南坡及大别山区昆虫》，中国农业科学技术出版社。

黄腹脊筒天牛 *Nupserha testaceipes* Pic, 1926

省内产地：登封少林寺，罗山。

分布：河南，山东，湖北，江苏，江西，福建，贵州，四川，广东，广西，海南。

资料来源：黄建华等，2002，鞘翅目：天牛科。《太行山及桐柏山区昆虫》，中国农业科学技术出版社。

黑点筒天牛 *Oberea atropunctata* Pic, 1916

省内产地：罗山。

分布：河南，安徽，浙江，广东，广西，云南，贵州。

资料来源：祝长清等，1999，河南昆虫志 鞘翅目(一)。河南科学技术出版社。

红角南亚筒天牛 *Oberea consentanea mausoni* Breuning

省内产地：信阳。

分布：河南，江西，福建，海南，广西，云南；越南，不丹，印度(锡金)，加里曼丹。

资料来源：祝长清等，1999，河南昆虫志 鞘翅目(一)。河南科学技术出版社。

台湾筒天牛 *Oberea formosana* Pic, 1911

省内产地：新县连康山，商城黄柏山。

分布：河南，陕西，四川，江西，海南，台湾；朝鲜。

寄主：樱桃、黄菠萝、川黄、樟、苹果。

资料来源：郑晓军等，1999，鞘翅目：天牛科。《伏牛山南坡及大别山区昆虫》，中国农业科学技术出版社。

暗翅筒天牛 *Oberea fuscipennis* (Chevrolat, 1852)

省内产地：信阳，罗山。

分布：河南，河北，江苏，浙江，江西，福建，台湾，湖南，广东，广西，四川，西藏。

危害：桑。

资料来源：申效诚，1993，河南昆虫名录。中国农业科学技术出版社。

日本筒天牛 *Oberea japonica* (Thunberg, 1787)

省内产地：栾川，桐柏。

分布：河南，黑龙江，吉林，辽宁，台湾；朝鲜，日本。

危害：桃，苹果，桑，杏，梨，梅，樱桃，山楂。

资料来源：申效诚，1993，河南昆虫名录。中国农业科学技术出版社。

黑腹筒天牛 *Oberea nigriventris* Bates, 1873

省内产地：登封少林寺，内乡宝天曼，新县连康山，商城黄柏山。

分布：河南，辽宁，内蒙古，河北，山东，四川，云南，江西，贵州，江苏，浙江，广东，海南，台湾；日本。

寄主：沙梨，梨。

资料来源：黄建华等，2002，鞘翅目：天牛科。《太行山及桐柏山区昆虫》，中国农业科学技术出版社。

灰翅筒天牛 *Oberea oculata* (Linnaeus, 1758)

省内产地：全省。

分布：河南，黑龙江，吉林，辽宁，内蒙古，山东；俄罗斯，朝鲜；中亚，欧洲。

危害：柳。

资料来源：祝长清等，1999，河南昆虫志 鞘翅目(一)。河南科学技术出版社。

黑尾筒天牛 *Oberea reductesignata* Pic, 1916

省内产地：登封县少室山。

分布：河南，湖北，福建，台湾。

资料来源：黄建华等，2002，鞘翅目：天牛科。《太行山及桐柏山区昆虫》，中国农业科学技术出版社。

黑点粉天牛 *Olenecamptus clarus* Pascoe, 1859

省内产地：林州，济源，封丘，郑州，罗山，桐柏。

分布：河南，黑龙江，吉林，辽宁，河北，陕西，江苏，浙江，江西，台湾，湖南，四川，贵州；朝鲜，日本。

危害：杨，桃，桑。

资料来源：申效诚，1993，河南昆虫名录。中国农业科学技术出版社。

榉白背粉天牛 *Olenecamptus cretaceus marginatus* Schwarzer, 1925

省内产地：商城，罗山，息县。

分布：河南，江苏，台湾；印度尼西亚。

危害：白檀，柳，榆，栎，桑，榉。

资料来源：申效诚，1993，河南昆虫名录。中国农业科学技术出版社。

中华八星粉天牛 *Olenecamptus octopustulatus chinensis* Dillon *et* Dillon, 1948

省内产地：栾川龙峪湾，洛阳，南阳，信阳，罗山。

分布：河南，湖北，江苏，浙江，福建，湖南，广东，四川。

危害：枫杨。

资料来源：祝长清等，1999，河南昆虫志 鞘翅目(一)。河南科学技术出版社。

苎麻双脊天牛 *Paraglenea fortunei* (Saundeas, 1853)

省内产地：登封少林寺，栾川龙峪湾，桐柏，信阳，内乡宝天曼，新县连康山，商城黄柏山。

分布：河南，河北，江苏，浙江，陕西，四川，安徽，江西，湖南，福建，云南，广西，广东；日本。

寄主：苎麻、木槿、桑、杉。

资料来源：黄建华等，2002，鞘翅目：天牛科。《太行山及桐柏山区昆虫》，中国农业科学技术出版社。

眼斑齿胫天牛 *Paraleprodera diophthalma* (Pascoe, 1856)

省内产地：洛阳，信阳。

分布：河南，浙江，江西，福建，湖南，广东，广西，四川。

危害：板栗。

资料来源：申效诚，1993，河南昆虫名录。中国农业科学技术出版社。

黄斑凹唇天牛 *Paranamera ankangensis* Chiang, 1981

省内产地：济源。

分布：河南，陕西。

危害：桃。

资料来源：申效诚，1993，河南昆虫名录。中国农业科学技术出版社。

中华蛛天牛 *Parechthistatus chinensis* Breuning, 1982

省内产地：郑州，内乡宝天曼。

分布：河南，陕西。

寄主：苹果。

资料来源：郑晓军等，1999，鞘翅目：天牛科。《伏牛山南坡及大别山区昆虫》，中国农业科学技术出版社。

橄榄梯天牛 *Pharsalia subgemmata* (Thomson, 1857)

省内产地：全省。

分布：河南，云南，广东，广西，海南；印度，缅甸，泰国，柬埔寨，老挝，印度尼西亚。

危害：橄榄属，榄仁树属。

资料来源：申效诚，1993，河南昆虫名录。中国农业科学技术出版社。

黄纹小筒天牛 *Phytoecia comes* (Bates, 1884)

省内产地：济源。

分布：河南，浙江，江西，福建，广东。

危害：漆树。

资料来源：申效诚，1993，河南昆虫名录。中国农业科学技术出版社。

菊小筒天牛 *Phytoecia rufiventris* Gautier, 1870

省内产地：洛阳，西峡，信阳。

分布：河南，黑龙江，吉林，辽宁，内蒙古，河北，山西，陕西，山东，安徽，江苏，浙江，江西，福建，台湾，广东，广西，四川，贵州；俄罗斯，朝鲜，日本。

危害：菊科植物。

资料来源：申效诚，1993，河南昆虫名录。中国农业科学技术出版社。

黄星天牛 *Psacothea hilaris* (Pascoe, 1857)

省内产地：辉县八里沟，嵩县白云山，洛阳，灵宝，南召，罗山，内乡宝天曼，新县连康山，商城黄柏山。

分布：河南，东北，河北，江苏，浙江，安徽，江西，四川，云南，陕西，贵州，广东，台湾；朝鲜，日本，越南。

寄主：桑、橘、柳、苹果、银杏、油桐、无花果、面包果。

资料来源：申效诚，1993，河南昆虫名录。中国农业科学技术出版社。

伪昏天牛 *Pseudanaesthetis langana* Pic, 1922

省内产地：全省。

分布：河南，陕西，浙江，江西，广东，海南；越南。

危害：桃，核桃，南酸枣。

资料来源：祝长清等，1999，河南昆虫志 鞘翅目(一)。河南科学技术出版社。

线竿天牛 *Pseudocalambius filiformis* Fairmaire, 1888

省内产地：西峡，信阳。

分布：河南，河北，山东，江苏，安徽，浙江，福建。

资料来源：祝长清等，1999，河南昆虫志 鞘翅目(一)。河南科学技术出版社。

棕竿天牛 *Pseudocalambius leptissimus* Gressitt, 1936

省内产地：全省。

分布：河南，福建，台湾。

资料来源：祝长清等，1999，河南昆虫志 鞘翅目(一)。河南科学技术出版社。

核桃竿天牛 *Pseudocalambius truncatus* Breuning, 1940

Pseudocalambius rufipennis Gressitt, 1942

省内产地：嵩县白云山，罗山，西峡。

分布：河南，陕西，西藏。

资料来源：祝长清等，1999，河南昆虫志 鞘翅目(一)。河南科学技术出版社。

白带坡天牛 *Pterolophia albanina* Gressitt, 1942

省内产地：新县连康山，商城黄柏山。

分布：河南，安徽，浙江，福建。

资料来源：郑晓军等，1999，鞘翅目：天牛科。《伏牛山南坡及大别山区昆虫》，中国农业科学技术出版社。

桑坡天牛 *Pterolophia annulata* (Chevrolat, 1845)

省内产地：许昌，驻马店。

分布：河南，江苏，浙江，四川，贵州，福建，广东，广西，海南；越南，缅甸。

危害：桑，木薯。

资料来源：申效诚，1993，河南昆虫名录。中国农业科学技术出版社。

柳坡天牛 *Pterolophia rigida* (Bates, 1873)

省内产地：西峡，信阳。

分布：河南，黑龙江，吉林，辽宁，河北，宁夏，甘肃，湖北，安徽，江苏，江西，浙江，福建，广西，贵州，四川；蒙古国，朝鲜，日本。

危害：柳，桑，榆，合欢，漆。

资料来源：祝长清等，1999，河南昆虫志 鞘翅目(一)。河南科学技术出版社。

锯角坡天牛 *Pterolophia serricornis* Gressitt, 1937

省内产地：嵩县白云山，信阳。

分布：河南，河北，浙江，福建，江西，湖北，四川。

危害：桑。

资料来源：章伟年等，1998，鞘翅目。《伏牛山区昆虫》，中国农业科学技术出版社。

坡天牛属一种 *Pterolophia* sp.

省内产地：嵩县白云山。

分布：河南。

资料来源：黄建华等，2002，鞘翅目：天牛科。《太行山及桐柏山区昆虫》，中国农业科学技术出版社。

桑缝角天牛 *Ropica subnotata* Pic, 1925

省内产地：南阳，信阳。

分布：河南，山东，湖北，江苏，浙江，香港。

危害：桑。

资料来源：申效诚，1993，河南昆虫名录。中国农业科学技术出版社。

双条楔天牛 *Saperda bilineaticollis* Pic, 1924

省内产地：许昌。

分布：河南，河北，陕西，甘肃，青海，湖北，江苏，四川。

危害：杨。

资料来源：申效诚，1993，河南昆虫名录。中国农业科学技术出版社。

山杨楔天牛 *Saperda carcharias* (Linnaeus, 1758)

省内产地：全省。

分布：河南，黑龙江，吉林，陕西，甘肃，新疆，湖北，江苏，湖南，贵州，四川；蒙古国，俄罗斯，朝鲜；欧洲。

危害：山杨，毛白杨，青刚柳，

资料来源：祝长清等，1999，河南昆虫志 鞘翅目(一)。河南科学技术出版社。

断条楔天牛 *Saperda interrupta* Gebler, 1825

Saperda interrupta laterimaculata Motschulsky

省内产地：嵩县白云山。

分布：河南，吉林，福建；俄罗斯(西伯利亚)，朝鲜，日本，蒙古国。

资料来源：章伟年等，1998，鞘翅目。《伏牛山区昆虫》，中国农业科学技术出版社。

青杨楔天牛 *Saperda populnea* (Linnaeus, 1758)

省内产地：全省。

分布：河南，黑龙江，吉林，辽宁，内蒙古，河北，山西，陕西，青海，新疆，山东，江苏；俄罗斯，蒙古国，朝鲜；欧洲。

危害：杨，柳。

资料来源：申效诚，1993，河南昆虫名录。中国农业科学技术出版社。

绿翅楔天牛 *Saperda viridipenni* Gressitt, 1951

省内产地：济源，栾川。

分布：河南，陕西。

资料来源：祝长清等，1999，河南昆虫志 鞘翅目(一)。河南科学技术出版社。

麻竖毛天牛 *Thyeslilla gebleri* (Faldermann, 1835)

省内产地：登封少林寺，济源，郑州，中牟，许昌，周口，驻马店，汝南，罗山，商城，西峡，内乡宝天曼。

分布：河南，东北，内蒙古，河北，山东，山西，陕西，江西，江苏，浙江，安徽，湖北，四川，福建，广东，台湾；俄罗斯(西伯利亚东部)，朝鲜，日本。

寄主：大麻、苎麻、棉花、蓟、苘麻、桑。

资料来源：黄建华等，2002，鞘翅目：天牛科。《太行山及桐柏山区昆虫》，中国农业科学技术出版社。

刺胸毡天牛 *Thylactus simulans* Gahan, 1890

省内产地：西峡，内乡宝天曼，新县连康山。

分布：河南，江西，浙江，湖南，贵州，云南；印度，越南，老挝。

寄主：梓树、马蹄荷。

资料来源：郑晓军等，1999，鞘翅目：天牛科。《伏牛山南坡及大别山区昆虫》，中国农业科学技术出版社。

樟泥色天牛 *Uraecha angusta* (Pascoe, 1856)

省内产地：西峡，罗山，新县连康山，商城黄柏山。

分布：河南，浙江，江西，陕西，贵州，福建，四川，广东，广西，西藏，台湾。

寄主：樟树、楠、油桐、柳。

资料来源：郑晓军等，1999，鞘翅目：天牛科。《伏牛山南坡及大别山区昆虫》，中国农业科学技术出版社。

泥色天牛 *Uraecha* sp.

省内产地：灵宝亚武山。

分布：河南。

资料来源：章伟年等，1998，鞘翅目。《伏牛山区昆虫》，中国农业科学技术出版社。

桑小枝天牛 *Xenolea tomentosa asiatica* (Pic, 1925)

省内产地：鲁山。

分布：河南，湖北，江西，浙江，四川，云南，广东，香港，海南，台湾，广西；越南，日本，印度。

危害：桑。

资料来源：申效诚，1993，河南昆虫名录。中国农业科学技术出版社。

石梓蓑天牛 *Xylorhiza adusta* (Wiedemann, 1819)

省内产地：驻马店。

分布：河南，湖北，江西，浙江，福建，四川，云南，贵州，广东，广西，海南；印度，缅甸，老挝，斯里兰卡，马来西亚，尼泊尔，印度尼西亚。

危害：石梓，臭黄荆。

资料来源：申效诚，1993，河南昆虫名录。中国农业科学技术出版社。

(五) 幽天牛亚科 Aseminae

凹胸短梗天牛 *Arhopalus oberthuri* Sharp, 1905

省内产地：鲁山，登封嵩山。

分布：河南，湖北，江西，福建，台湾，广西，云南，西藏。

资料来源：侯璋德等，2002，河南鞘翅目昆虫名录补遗。《太行山及桐柏山区昆虫》，中国农业科学技术出版社。

褐梗天牛 *Arhopalus rusticus* (Linnaeus, 1758)

省内产地：郑州，内乡宝天曼。

分布：河南，黑龙江，吉林，辽宁，内蒙古，陕西；俄罗斯，朝鲜，日本；北欧。

寄主：日本赤松、柳杉、日本扁柏、桧柏、冷杉、柏属。

资料来源：郑晓军等，1999，鞘翅目：天牛科。《伏牛山南坡及大别山区昆虫》，中国农业科学技术出版社。

赤短梗天牛 *Arhopalus unicolor* (Gahan, 1906)

省内产地：郑州。

分布：河南，河北，湖北，江苏，上海，浙江，福建，广东，海南，贵州，四川，云南；缅甸，印度，老挝，朝鲜，日本。

危害：松树。

资料来源：章伟年等，1998，鞘翅目。《伏牛山区昆虫》，中国农业科学技术出版社。

松幽天牛 *Asemum amurense* Kraatz, 1879

省内产地：信阳鸡公山。

分布：河南，黑龙江，吉林，辽宁，内蒙古，河北，山西，山东，陕西，宁夏，甘肃，青海，新疆，湖北，浙江，西藏；朝鲜，日本，蒙古国，俄罗斯。

资料来源：侯璋德等，2002，河南鞘翅目昆虫名录补遗。《太行山及桐柏山区昆虫》，中国农业科学技术出版社。

短角椎天牛 *Spondylis buprestoides* (Linnaeus, 1758)

省内产地：洛阳，信阳，罗山，商城。

分布：河南，黑龙江，吉林，辽宁，内蒙古，河北，陕西，安徽，江苏，浙江，江西，福建，台湾，广东，广西，海南，四川，云南，贵州；俄罗斯，朝鲜，日本，土耳其；北欧。

危害：马尾松，华山松，油松，日本赤松，柳杉，云杉，冷杉。

资料来源：祝长清等，1999，河南昆虫志 鞘翅目(一)。河南科学技术出版社。

光胸断眼天牛 *Tetropium castaneum* (Linnaeus, 1758)

省内产地：全省。

分布：河南，黑龙江，吉林，内蒙古，陕西，江西，云南，青海；蒙古国，俄罗斯，朝鲜，日本；北欧。

危害：马尾松，落叶松，云杉，冷杉，红皮云杉，鱼鳞云杉。

资料来源：祝长清等，1999，河南昆虫志 鞘翅目(一)。河南科学技术出版社。

五七、负泥虫科 Crioceridae

本科全世界已知2000种，中国已记载13属200种，河南共记录6属10种。

十四点负泥虫 *Crioceris quatuordecimpunctata* (Scopoli, 1763)

省内产地：新县。

分布：河南，黑龙江，吉林，辽宁，内蒙古，河北，山东，江苏，浙江，福建，台湾，湖南，广西；俄罗斯(西伯利亚)，朝鲜，日本；欧洲东部。

取食：竹，小麦。

资料来源：申效诚，1993，河南昆虫名录。中国农业科学技术出版社。

多齿水叶甲 *Donacia lenzi* Sehonfeldt, 1888

省内产地：具体不详。

分布：河南，湖北，安徽，江苏，台湾，江西，湖南，广西；朝鲜，日本，菲律宾。

取食：稻，藕。

资料来源：申效诚，1993，河南昆虫名录。中国农业科学技术出版社。

长腿水叶甲 *Donacia provosti* Fairmaire, 1885

省内产地：信阳。

分布：河南，黑龙江，辽宁，河北，山东，陕西，湖北，安徽，江苏，浙江，福建，台湾，江西，湖南，广东，海南，贵州，四川；俄罗斯(西伯利亚)，朝鲜，日本。

取食：稻，藕。

资料来源：申效诚，1993，河南昆虫名录。中国农业科学技术出版社。

蓝负泥虫 *Lema concinnipennis* Baly, 1865

省内产地：信阳。

分布：河南，河北，陕西，湖北，江苏，浙江，福建，台湾，江西，广东，海南，广西，四川，云南；俄罗斯，朝鲜，日本，菲律宾。

取食：鸭跖草，蓟，菊科植物。

资料来源：申效诚，1993，河南昆虫名录。中国农业科学技术出版社。

枸杞负泥虫 *Lema decempunctata* Gebler, 1830

省内产地：安阳，新乡。

分布：河南，内蒙古，河北，山东，山西，陕西，宁夏，青海，甘肃，新疆，江苏，浙江，福建，广东，四川，西藏；俄罗斯(西伯利亚)，朝鲜，日本。

取食：枸杞。

资料来源：申效诚，1993，河南昆虫名录。中国农业科学技术出版社。

鸭跖草负泥虫 *Lema diversa* Baly, 1873

省内产地：信阳。

分布：河南，黑龙江，吉林，辽宁，河北，山东，湖北，安徽，江苏，江西，浙江，福建，台湾，湖南，广东，广西，贵州，四川；朝鲜，日本。

取食：鸭跖草，黄精，菊科植物。

资料来源：申效诚，1993，河南昆虫名录。中国农业科学技术出版社。

红颈负泥虫 *Lilioceris ruficollis* (Baly, 1865)

省内产地：信阳。

分布：河南，黑龙江，吉林，内蒙古，河北，浙江，福建，湖南，广东，海南；朝鲜，日本。

取食：小麦。

资料来源：于思勤，1993，河南农业昆虫志。中国农业科学技术出版社。

水稻负泥虫 *Oulema oxyzae* (Kuwayama, 1929)

省内产地：信阳。

分布：河南，黑龙江，吉林，辽宁，陕西，湖北，浙江，福建，台湾，江西，湖南，广东，广西，贵州，四川，云南；朝鲜，日本，蒙古国。

取食：稻。

资料来源：申效诚，1993，河南昆虫名录。中国农业科学技术出版社。

谷子负泥虫 *Oulema tristis* (Herbst, 1786)

省内产地：开封，商丘，新乡。

分布：河南，黑龙江，吉林，辽宁，内蒙古，河北，山东，陕西，甘肃，湖北，江苏，浙江，贵州，四川；俄罗斯(阿穆尔，西伯利亚)，朝鲜，日本，蒙古国；欧洲。

取食：谷，高粱，玉米，小麦，大麦，稻。

资料来源：申效诚，1993，河南昆虫名录。中国农业科学技术出版社。

千斤拔叶甲 *Sagra moghanii* Chen, 1962

省内产地：鲁山，南阳，南召，西峡。

分布：河南，湖北，湖南，广西，云南。

取食：栎。

资料来源：申效诚，1993，河南昆虫名录。中国农业科学技术出版社。

五八、距甲科 Megalopodidae

本科世界共 250 余种，中国记载 6 属 55 种，河南记录 1 属 1 种。

白蜡梢距甲 *Temnaspis nankinea* (Pic, 1914)

省内产地：永城，宁陵。

分布：河南，山东，湖北，江苏，浙江，江西；朝鲜。

取食：白蜡条。

资料来源：申效诚，1993，河南昆虫名录。中国农业科学技术出版社。

五九、叶甲科 Chrysomelidae

本科全世界已知 20 000 种，中国已记载 200 属 1500 种，河南共记录 48 属 88 种。

钩殊角萤叶甲 *Agetocera deformocornis* Laborissiere, 1927

省内产地：桐柏水帘洞。

分布：河南，浙江，江西，湖北，湖南，海南，四川，云南，贵州，甘肃；越南。

资料来源：张丽杰等，2002，鞘翅目：叶甲科：萤叶甲亚科。《太行山及桐柏山区昆虫》，中国农业科学技术出版社。

白菜跳叶甲 *Altica viridicyanea* (Baly, 1874)

Haltica viridicyanea Baly, 1874

省内产地：开封，郑州，许昌。

分布：河南，黑龙江，吉林，河北，山西，山东，湖北，福建，广东，香港，广西，贵州，四川，云南；朝鲜，日本，印度，越南。

取食：白菜，萝卜。

资料来源：申效诚，1993，河南昆虫名录。中国农业科学技术出版社。

柳苗跳甲 *Altica weisei* Jacobson, 1892

省内产地：具体不详。

分布：河南，黑龙江，吉林，新疆，湖北，四川；朝鲜，蒙古国。

取食：柳树苗。

资料来源：申效诚，1993，河南昆虫名录。中国农业科学技术出版社。

杞柳跳甲 *Altica* sp.

省内产地：洛阳，汝阳，郑州，中牟，睢县，许昌，伊川，汝南。

分布：河南。

取食：杞柳。

资料来源：申效诚，1993，河南昆虫名录。中国农业科学技术出版社。

琉璃榆叶甲 *Ambrostoma fortunei* (Baly, 1860)

省内产地：信阳，汝南，郑州。

分布：河南，甘肃，湖北，江苏，安徽，浙江，江西，湖南，福建，广东，广西，四川，贵州。

取食：梨，榆。

资料来源：葛斯琴等，2002，鞘翅目：叶甲科：叶甲亚科。《太行山及桐柏山区昆虫》，中国农业科学技术出版社。

榆紫叶甲 *Ambrostoma quadriimpressum* Motschulsky, 1845

省内产地：信阳，汝南，西平，桐柏，南阳，

分布：河南，黑龙江，吉林，辽宁，内蒙古，河北，山西，宁夏，湖北，江苏，江西，贵州；俄罗斯(西伯利亚)，朝鲜，蒙古国。

取食：榆。

资料来源：申效诚，1993，河南昆虫名录。中国农业科学技术出版社。

玉米旋叶甲 *Apophylia flavovirens* Fairmaire, 1878

省内产地：具体不详。

分布：河南，吉林，河北，山西，湖北，安徽，浙江，福建，台湾，湖南，广东，香港，海南，广西，贵州，四川，西藏；朝鲜。

取食：玉米，谷。

资料来源：申效诚，1993，河南昆虫名录。中国农业科学技术出版社。

麦茎异跗萤叶甲 *Apophylia thalassina* Faldermann, 1835

省内产地：辉县八里沟，洛阳，嵩县，南阳。

分布：河南，吉林，辽宁，内蒙古，河北，山西，陕西，甘肃，安徽，浙江，湖北，江西，湖南，福建，台湾，广东，海南，广西，四川，贵州；朝鲜，越南。

取食：大麦，小麦，玉米，粟，紫苏。

资料来源：张丽杰等，2002，鞘翅目：叶甲科：萤叶甲亚科。《太行山及桐柏山区昆虫》，中国农业科学技术出版社。

黑足凹唇跳甲 *Argopus nigritarsis* (Gebler)

省内产地：嵩县白云山玉皇顶。

分布：河南，河北，山东，山西，湖北，陕西，江苏，浙江，江西，福建，四川，广西；俄罗斯(西伯利亚)；欧洲北部。

资料来源：王书永等，2002，鞘翅目：叶甲科：跳甲亚科。《太行山及桐柏山区昆虫》，中国农业科学技术出版社。

中华阿萤叶甲 *Arthrotus chinensis*(Baly)

省内产地：栾川龙峪湾。

分布：河南，陕西，浙江，湖北，湖南，福建，四川，贵州。

寄主：核桃。

资料来源：张丽杰等，2002，鞘翅目：叶甲科：萤叶甲亚科。《太行山及桐柏山区昆虫》，中国农业科学技术出版社。

细胸萤叶甲 *Asiorestia interpunctata* Motschulsky, 1859

省内产地：博爱，南阳，信阳。

分布：河南；日本，俄罗斯(西伯利亚)；欧洲。

取食：竹。

资料来源：申效诚，1993，河南昆虫名录。中国农业科学技术出版社。

印度黄守瓜 *Aulacophora indica* (Gmalin, 1790)

黄守瓜 *Aulacophora femoralis* (Motschulsky, 1857)

A. chiensis Chujo, 1942

省内产地：桐柏水帘洞等全省各地。

分布：河南，黑龙江，吉林，辽宁，河北，山东，山西，陕西，湖北，安徽，江苏，浙江，福建，台湾，江西，湖南，广东，香港，广西，贵州，四川，云南，西藏；俄罗斯(西伯利亚)，朝鲜，日本，越南，老挝，印度，泰国，柬埔寨，尼泊尔，斯里兰卡，菲律宾，巴布亚新几内亚，斐济。

取食：西瓜，甜瓜，南瓜，黄瓜，苹果，桃，梨。

资料来源：张丽杰等，2002，鞘翅目：叶甲科：萤叶甲亚科。《太行山及桐柏山区昆虫》，中国农业科学技术出版社。

黑足守瓜 *Aulacophora nigripennis* Motschulsky, 1841

省内产地：辉县八里沟。

分布：河南，黑龙江，河北，山西，陕西，甘肃，湖北，山东，安徽，江苏，浙江，江西，福建，台湾，湖南，广东，香港，海南，广西，贵州，四川；俄罗斯(西伯利亚)，朝鲜，日本，越南。

寄主：葫芦科。

资料来源：张丽杰等，2002，鞘翅目：叶甲科：萤叶甲亚科。《太行山及桐柏山区昆虫》，中国农业科学技术出版社。

黑条波萤叶甲 *Brachyphora nigrovittata* Jacoby, 1890

省内产地：栾川龙峪湾。

分布：河南，陕西，山西，江苏，浙江，湖北，江西，湖南，福建，广东，广西，四川，贵州。

寄主：四季豆，野豆，葛属。

资料来源：张丽杰等，2002，鞘翅目：叶甲科：萤叶甲亚科。《太行山及桐柏山区昆虫》，中国农业科学技术出版社。

麦跳甲 *Chaetocnema hortensis* (Geoffroy ap. Fourcroy, 1785)

省内产地：全省。

分布：河南，江苏；俄罗斯(西伯利亚)；中亚，欧洲。

取食：小麦，大麦，谷，高粱，稻。

资料来源：申效诚，1993，河南昆虫名录。中国农业科学技术出版社。

粟凹胫跳甲 *Chaetocnema ingenua* Baly, 1876

省内产地：开封，商丘，新乡。

分布：河南，黑龙江，吉林，内蒙古，河北，陕西，宁夏，甘肃，新疆，湖北，江苏，福建，湖南，广西，云南；日本。

取食：谷，小麦，高粱，稻。

资料来源：申效诚，1993，河南昆虫名录。中国农业科学技术出版社。

蒿金叶甲 *Chrysolina aurichalcea* (Mannerheim, 1825)

省内产地：卢氏狮子坪，嵩县白云山，济源黄楝树，信阳鸡公山。

分布：河南，黑龙江，吉林，辽宁，新疆，甘肃，北京，河北，山东，陕西，安徽，浙江，湖北，湖南，福建，台湾，广西，四川，贵州，云南；俄罗斯(西伯利亚)，朝鲜，日本，越南，缅甸。

寄主：*Artemisia* sp.。

资料来源：葛斯琴等，2002，鞘翅目：叶甲科：叶甲亚科。《太行山及桐柏山区昆虫》，中国农业科学技术出版社。

薄荷金叶甲 *Chrysolina exanthematica* (Wiedemann, 1821)

省内产地：卢氏淇河林场，嵩县白云山。

分布：河南，黑龙江，吉林，辽宁，青海，河北，江苏，安徽，浙江，湖北，江西，湖南，福建，广东，广西，贵州，四川，云南；俄罗斯(西伯利亚)，朝鲜，日本，印度。

寄主：薄荷 *Echinopsis multiplex*.。

资料来源：葛斯琴等，2002，鞘翅目：叶甲科：叶甲亚科。《太行山及桐柏山区昆虫》，中国农业科学技术出版社。

杨叶甲 *Chrysomela populi* Linnaeus, 1758

标本检视：卢氏狮子坪，济源黄楝树，新乡，封丘，博爱，洛宁，嵩县，栾川，灵宝，内乡，南阳，信阳。

分布：河南，黑龙江，吉林，辽宁，内蒙古，宁夏，甘肃，青海，新疆，北京，河北，山西，陕西，山东，江苏，安徽，浙江，湖北，江西，湖南，福建，广西，四川，贵州，云南，西藏；俄罗斯(西伯利亚)，朝鲜，日本，印度；亚洲(西部，北部)，欧洲，非洲北部。

寄主：*Populus* sp.。

资料来源：葛斯琴等，2002，鞘翅目：叶甲科：叶甲亚科。《太行山及桐柏山区昆虫》，中国农业科学技术出版社。

柳十二斑叶甲 *Chrysomela vigintipunctata* (Scopoli, 1763)

省内产地：卢氏大块地，栾川龙峪湾，郑州，许昌。

分布：河南，黑龙江，吉林，辽宁，甘肃，北京，河北，山西，陕西，宁夏，安徽，浙江，湖北，湖南，福建，台湾，江西，四川，贵州，云南；俄罗斯(西伯利亚)；欧洲。

寄主：柳 *Salix* sp.。

资料来源：葛斯琴等，2002，鞘翅目：叶甲科：叶甲亚科。《太行山及桐柏山区昆虫》，中国农业科学技术出版社。

黄腹丽萤叶甲 *Clitenella fulminans* (Faldermann, 1835)

省内产地：辉县松树坪，卢氏狮子坪。

分布：河南，内蒙古，河北，浙江，湖北，江西，湖南，福建，台湾，四川；蒙古国，越南。

寄主：朴树，樟树，野葡萄。

资料来源：张丽杰等，2002，鞘翅目：叶甲科：萤叶甲亚科。《太行山及桐柏山区昆虫》，中国农业科学技术出版社。

黄胸蓝叶甲 *Cneorane elegans* Baly, 1874

省内产地：信阳。

分布：河南，广东，贵州；朝鲜，日本。

取食：松，胡枝子。

资料来源：申效诚，1993，河南昆虫名录。中国农业科学技术出版社。

闽克萤叶甲 *Cneorane forkiensis* Weise, 1922

省内产地：嵩县，栾川。

分布：河南，山西，陕西，湖北，江苏，浙江，福建，湖南，贵州，四川。

资料来源：杨星科，1998，鞘翅目：叶甲科，萤叶甲亚科。《伏牛山区昆虫》，中国农业科学技术出版社。

胡枝子克萤叶甲 *Cneorane violaceipennis* Allard, 1889

省内产地：嵩县白云山，栾川龙峪湾，辉县八里沟，登封三皇寨，登封少林寺，信阳鸡公山。

分布：河南，黑龙江，吉林，辽宁，内蒙古，宁夏，新疆，甘肃，陕西，河北，山西，山东，江苏，安徽，浙江，湖北，江西，湖南，福建，台湾，广东，广西，四川，贵州；俄罗斯(西伯利亚)，朝鲜。

寄主：胡枝子。

资料来源：张丽杰等，2002，鞘翅目：叶甲科：萤叶甲亚科。《太行山及桐柏山区昆虫》，中国农业科学技术出版社。

菜无缘叶甲(大猿叶甲)*Colaphellus bowringii* (Baly, 1865)

省内产地：南阳，开封，兰考，民权，商丘。

分布：河南，黑龙江，吉林，辽宁，内蒙古，陕西，宁夏，甘肃，青海，北京，河北，山西，山东，江苏，浙江，湖北，江西，湖南，福建，广东，广西，四川，贵州，云南；越南。

寄主：*Brassica* sp., *Pekinensis* sp., *Rupr* sp., *Kaphanus* sp., *Capsella* sp., *Allium* sp., *Beta* sp., *Lactuca* sp.。

资料来源：葛斯琴等，2002，鞘翅目：叶甲科：叶甲亚科。《太行山及桐柏山区昆虫》，中国农业科学技术出版社。

丽色油菜叶甲 *Entomoscelis adonidis* Pallas, 1771

省内产地：郑州，登封，内黄。

分布：河南，新疆；俄罗斯(西伯利亚)，小亚细亚；欧洲，北美。

资料来源：申效诚，1993，河南昆虫名录。中国农业科学技术出版社。

东方油菜叶甲 *Entomoscelis orientalis* Motschulsky, 1860

省内产地：密县，南阳。

分布：河南，黑龙江，吉林，辽宁，内蒙古，河北，山西，陕西，湖北，江苏，浙江，广西；俄罗斯(西伯利亚)，朝鲜。

取食：油菜，白菜，甘蓝，萝卜，芫菁。

资料来源：申效诚，1993，河南昆虫名录。中国农业科学技术出版社。

茄毛跳甲 *Epitrix setosella* Fairmaire, 1888

省内产地：安阳，新乡。

分布：河南，黑龙江，河北，陕西，安徽，江苏，江西，福建，广东，广西。

取食：茄，烟。

资料来源：申效诚，1994，世界烟草害虫名录。《河南昆虫分类区系研究　第一卷》，中国农业科学技术出版社。

日埃萤叶甲 *Exosoma chujoi* (Nakane, 1958)

省内产地：嵩县白云山，栾川龙峪湾。

分布：河南，湖北，浙江，福建，湖南。

资料来源：杨星科，1998，鞘翅目：叶甲科，萤叶甲亚科。《伏牛山区昆虫》，中国农业科学技术出版社。

黑腹埃萤叶甲 *Exosoma nigriventris* (Ogloblin, 1936)

省内产地：嵩县白云山，栾川龙峪湾。

分布：河南，吉林，山东，陕西，山西，四川。

资料来源：杨星科，1998，鞘翅目：叶甲科，萤叶甲亚科。《伏牛山区昆虫》，中国农业科学技术出版社。

西康埃萤叶甲 *Exosoma sikanga* Gressitt *et* Kimoto, 1963

省内产地：嵩县白云山，栾川龙峪湾。

分布：河南，湖北，四川。

资料来源：杨星科，1998，鞘翅目：叶甲科，萤叶甲亚科。《伏牛山区昆虫》，中国农业科学技术出版社。

桑窝额萤叶甲 *Fleutiauxia armata* (Baly, 1784)

省内产地：嵩县白云山，栾川龙峪湾。

分布：河南，吉林，甘肃，湖北，安徽，浙江，湖南，四川；俄罗斯(西伯利亚)，朝鲜，日本。

资料来源：杨星科，1998，鞘翅目：叶甲科，萤叶甲亚科。《伏牛山区昆虫》，中国农业科学技术出版社。

葱跳甲 *Galeruca extensa* Motschulsky, 1861

省内产地：开封，郑州，许昌。

分布：河南，黑龙江，吉林，辽宁，福建，四川；俄罗斯(西伯利亚)，朝鲜，日本。

取食：葱，韭菜，蒜，白菜。

资料来源：申效诚，1993，河南昆虫名录。中国农业科学技术出版社。

黑脊萤叶甲 *Galeruca nigrolineata* Mannerheim, 1825

省内产地：郑州。

分布：河南，东北，内蒙古，新疆；蒙古国，哈萨克斯坦，吉尔吉斯斯坦。

资料来源：张丽杰等，2002，鞘翅目：叶甲科：萤叶甲亚科。《太行山及桐柏山区昆虫》，中国农业科学技术出版社。

韭跳甲 *Galeruca reichardti* Jacobson, 1925

省内产地：开封，郑州，许昌。

分布：河南，辽宁，河北，湖北，山东，甘肃，新疆，四川；俄罗斯(西伯利亚)，朝鲜。

取食：韭菜，葱，蒜。

资料来源：申效诚，1993，河南昆虫名录。中国农业科学技术出版社。

褐背小萤叶甲 *Galerucella grisescens* (Joannis, 1866)

省内产地：登封少林寺，信阳。

分布：河南，黑龙江，吉林，辽宁，内蒙古，新疆，河北，陕西，山东，江苏，安徽，浙江，湖北，江西，湖南，福建，台湾，广东，海南，广西，四川，贵州，云南，西藏；俄罗斯(西伯利亚)，朝鲜，日本，越南，印度，尼泊尔，泰国，老挝，印度尼西亚。

寄主：草莓属，蓼属，酸模属，珍珠梅属等。

资料来源：张丽杰等，2002，鞘翅目：叶甲科：萤叶甲亚科。《太行山及桐柏山区昆虫》，中国农业科学技术出版社。

二纹柱萤叶甲 *Gallerucida bifasciata* Motschulsky, 1860

省内产地：济源黄楝树，嵩县白云山，栾川龙峪湾，信阳。

分布：河南，黑龙江，吉林，辽宁，甘肃，河北，陕西，江苏，浙江，湖北，江西，湖南，福建，台湾，广西，四川，贵州，云南；俄罗斯(西伯利亚)，朝鲜，日本。

寄主：荞麦，桃，酸模，蓼，大黄等。

资料来源：张丽杰等，2002，鞘翅目：叶甲科：萤叶甲亚科。《太行山及桐柏山区昆虫》，中国农业科学技术出版社。

丽柱萤叶甲 *Gallerucida gloriosa* (Baly, 1861)

省内产地：嵩县白云山，辉县八里沟，登封三皇寨，登封少林寺，信阳鸡公山，桐柏水帘洞。

分布：河南，黑龙江，吉林，辽宁，河北，江苏，安徽，湖北，浙江，江西，湖南，福建，广东，四川，贵州；朝鲜，俄罗斯，越南。

寄主：蛇葡萄。

资料来源：张丽杰等，2002，鞘翅目：叶甲科：萤叶甲亚科。《太行山及桐柏山区昆虫》，中国农业科学技术出版社。

铜绿柱萤叶甲 *Gallerucida submetallica* Gressitt *et* Kimoto, 1963

省内产地：嵩县白云山，栾川龙峪湾。

分布：河南，内蒙古，浙江，湖南。

资料来源：杨星科，1998，鞘翅目：叶甲科，萤叶甲亚科。《伏牛山区昆虫》，中国农业科学技术出版社。

核桃扁叶甲指名亚种 *Gastrolina depressa depressa* Baly, 1859

省内产地：信阳鸡公山，南阳，西峡，泌阳，确山，鲁山，洛阳。

分布：河南，黑龙江，吉林，辽宁，河北，甘肃，陕西，江苏，安徽，浙江，湖北，湖南，福建，广东，广西，四川，贵州，云南；俄罗斯(西伯利亚)，朝鲜，日本。

寄主：核桃 *Perrottetia* sp.，枫杨 *Pterocarya stenoptera*.

资料来源：葛斯琴等，2002，鞘翅目：叶甲科：叶甲亚科。《太行山及桐柏山区昆虫》，中国农业科学技术出版社。

紫藤角胫叶甲 *Gonioctena sorbina* Weise

省内产地：信阳，确山，驻马店，南阳。

分布：河南；日本，俄罗斯(西伯利亚)。

取食：紫藤。

资料来源：申效诚，1993，河南昆虫名录。中国农业科学技术出版社。

杨瘤胸叶甲 *Hemipyxis flavipennis* Baly, 1874

省内产地：信阳。

分布：河南，香港；日本。

取食：杨。

资料来源：申效诚，1993，河南昆虫名录。中国农业科学技术出版社。

江苏沟胫跳甲 *Hemipyxis kiangsuana* (Chen, 1934)

省内产地：嵩县白云山。

分布：河南，江苏，湖北，浙江，湖南，四川，贵州，福建。

资料来源：王书永等，2002，鞘翅目：叶甲科：跳甲亚科。《太行山及桐柏山区昆虫》，中国农业科学技术出版社。

裸顶丝跳甲 *Hespera sericea* Weise, 1889

省内产地：栾川龙峪湾，嵩县白云山。

分布：河南，甘肃，湖北，浙江，福建，湖南，贵州，四川，广西，云南，西藏；越南，不丹，尼泊尔，印度北部。

寄主：木蓝属。

资料来源：王书永等，2002，鞘翅目：叶甲科：跳甲亚科。《太行山及桐柏山区昆虫》，中国农业科学技术出版社。

斑刻拟柱萤叶甲 *Laphris emarginata* Baly, 1864

省内产地：商城黄柏山。

分布：河南，安徽，浙江，江西，湖北，湖南，福建，台湾，广东，广西，四川，贵州。

寄主：猕猴桃。

资料来源：张丽杰等，2002，鞘翅目：叶甲科：萤叶甲亚科。《太行山及桐柏山区昆虫》，中国农业科学技术出版社。

棕角畸叶甲 *Linaeidea aenea* (Linnaeus, 1758)

省内产地：嵩县，栾川，新县。

分布：河南，黑龙江，陕西，江西；俄罗斯(西伯利亚)，朝鲜，日本；欧洲。

资料来源：章伟年等，1998，鞘翅目。《伏牛山区昆虫》，中国农业科学技术出版社。

绿色隶萤叶甲 *Liroetis aeneipennis* Weise, 1889

省内产地：嵩县白云山，栾川龙峪湾。

分布：河南，甘肃，湖北，湖南，四川。

资料来源：杨星科，1998，鞘翅目：叶甲科，萤叶甲亚科。《伏牛山区昆虫》，中国农业科学技术出版社。

葱黄寡毛跳甲 *Luperomorpha suturalia* Chen, 1938

省内产地：许昌，中牟。

分布：河南，吉林，内蒙古，河北，山西，江苏，安徽。

寄主：葱，韭，蒜。

资料来源：王书永等，2002，鞘翅目：叶甲科：跳甲亚科。《太行山及桐柏山区昆虫》，中国农业科学技术出版社。

凹翅长跗萤叶甲 *Monolepta bicavipennis* Chen, 1942

省内产地：嵩县白云山，栾川龙峪湾，登封三皇寨，登封少林寺。

分布：河南，陕西，山西，安徽，湖北，浙江，江西，台湾，湖南，贵州，云南。

寄主：核桃，水杉，栗属，银杏。

资料来源：张丽杰等，2002，鞘翅目：叶甲科：萤叶甲亚科。《太行山及桐柏山区昆虫》，中国农业科学技术出版社。

双斑长跗萤叶甲 *Monolepta hieroglyphica* (Motschulsky, 1858)

省内产地：卢氏狮子坪，许昌。

分布：河南，黑龙江，吉林，辽宁，内蒙古，河北，山西，陕西，甘肃，浙江，湖北，江西，湖南，福建，台湾，四川，贵州，云南；蒙古国，俄罗斯(西伯利亚)，朝鲜，日本，缅甸，泰国，柬埔寨，菲律宾，越南，马来西亚，印度尼西亚，老挝。

寄主：禾本科，十字花科，豆科，杨柳科。

资料来源：张丽杰等，2002，鞘翅目：叶甲科：萤叶甲亚科。《太行山及桐柏山区昆虫》，中国农业科学技术出版社。

二黑条长跗萤叶甲 *Monolepta nigrobilineata* Motschulsky, 1860

省内产地：具体不详。

分布：河南，东北，内蒙古，浙江，福建，湖南；日本。

取食：豆类，白菜，稻，玉米，甜瓜。

资料来源：申效诚，1993，河南昆虫名录。中国农业科学技术出版社。

竹笋长跗萤叶甲 *Monolepta pallidula* (Baly, 1874)

省内产地：博爱。

分布：河南，湖北，安徽，浙江，福建，台湾，江西，湖南，广东，香港，海南，广西，贵州，四川，云南，西藏；朝鲜，日本，越南，老挝，泰国。

取食：竹。

资料来源：申效诚，1993，河南昆虫名录。中国农业科学技术出版社。

黑端长跗萤叶甲 *Monolepta yama* Gressitt *et* Kimoto, 1963

省内产地：嵩县白云山，栾川龙峪湾。

分布：河南，湖北，浙江，江西，四川，贵州，云南。

资料来源：张丽杰等，2002，鞘翅目：叶甲科：萤叶甲亚科。《太行山及桐柏山区昆虫》，中国农业科学技术出版社。

瑶山长跗萤叶甲 *Monolepta yaosanica* Chen, 1942

省内产地：嵩县白云山，栾川龙峪湾。

分布：河南，陕西，湖北，浙江，福建，江西，广东。

取食：杨，榆。

资料来源：杨星科，1998，鞘翅目：叶甲科，萤叶甲亚科。《伏牛山区昆虫》，中国农业科学技术出版社。

双条蓝叶甲 *Oides bowringii* (Baly, 1863)

省内产地：信阳，南阳，洛阳。

分布：河南，湖北，浙江，福建，江西，湖南，广东，香港，广西，贵州，四川，云南；朝鲜，日本，越南。

取食：五味子。

资料来源：申效诚，1993，河南昆虫名录。中国农业科学技术出版社。

葡萄十星叶甲 *Oides decempunctata* (Billberg, 1808)

省内产地：信阳，汝南，确山，泌阳，桐柏，南阳，西峡，南召，偃师，兰考，民权。

分布：河南，吉林，内蒙古，河北，山东，山西，陕西，甘肃，湖北，安徽，江苏，浙江，福建，台湾，江西，湖南，广东，香港，海南，广西，贵州，四川，云南；朝鲜，日本，越南，老挝，柬埔寨。

取食：葡萄，花生，菊，南瓜，萝卜，桑。

资料来源：申效诚，1993，河南昆虫名录。中国农业科学技术出版社。

宽缘瓢萤叶甲 *Oides maculates* (Olivier, 1807)

省内产地：信阳鸡公山。

分布：河南，陕西，江苏，安徽，浙江，湖北，江西，湖南，福建，台湾，广东，广西，四川，贵州，云南；尼泊尔，印度(锡金)，缅甸，泰国，老挝，越南，柬埔寨，马来西亚，印度尼西亚。

寄主：葡萄。

资料来源：张丽杰等，2002，鞘翅目：叶甲科：萤叶甲亚科。《太行山及桐柏山区昆虫》，中国农业科学技术出版社。

黑跗瓢萤叶甲 *Oides tarsata* (Baly, 1865)

省内产地：嵩县白云山，栾川龙峪湾，鲁山，南召，西峡，确山，泌阳。

分布：河南，河北，安徽，江苏，浙江，江西，福建，湖北，湖南，广东，广西，海南，四川，贵州，西藏，陕西，甘肃；越南。

寄主：葡萄，乌蔹莓属。

资料来源：杨星科，1998，鞘翅目：叶甲科，萤叶甲亚科。《伏牛山区昆虫》，中国农业科学技术出版社。

漆树直缘跳甲 *Ophrida scaphoides* (Baly, 1865)

省内产地：具体不详。

分布：河南，陕西，甘肃，湖北，安徽，江苏，浙江，福建，台湾，江西，湖南，广东，香港，广西，贵州，四川，云南；越南，印度，泰国。

取食：漆树。

资料来源：虞佩玉，1996，中国经济昆虫志 第五十四册。科学出版社。

黑角直缘跳甲 *Ophrida spectabilis* (Baly, 1862)

省内产地：具体不详。

分布：河南，湖北，安徽，江苏，浙江，福建，台湾，江西，广东，香港，广西，贵州，四川，云南。

资料来源：申效诚，1993，河南昆虫名录。中国农业科学技术出版社。

黄斑直缘跳甲 *Ophrida xanthospilota* (Baly, 1881)

省内产地：嵩县白云山，桐柏水帘洞，登封少林寺。

分布：河南，河北，山东，湖北，四川。

寄主：黄栌。

资料来源：王书永等，2002，鞘翅目：叶甲科：跳甲亚科。《太行山及桐柏山区昆虫》，中国农业科学技术出版社。

黄腹后脊守瓜 *Paragetocera flavipes* Chen, 1942

省内产地：嵩县白云山，栾川龙峪湾，登封少林寺。

分布：河南，甘肃，陕西，湖北，浙江，湖南，云南，四川。

资料来源：张丽杰等，2002，鞘翅目：叶甲科：萤叶甲亚科。《太行山及桐柏山区昆虫》，中国农业科学技术出版社。

曲脊萤叶甲 *Paragetocera involuta* Laboissiere, 1929

省内产地：嵩县白云山，栾川龙峪湾。

分布：河南，湖北，台湾，贵州，四川，云南，西藏。

资料来源：杨星科，1998，鞘翅目：叶甲科，萤叶甲亚科。《伏牛山区昆虫》，中国农业科学技术出版社。

黑胸脊萤叶甲 *Paragetocera parvula parvula* Laboissiere, 1929

省内产地：嵩县白云山，栾川龙峪湾。

分布：河南，湖北，湖南，四川，云南。

资料来源：杨星科，1998，鞘翅目：叶甲科，萤叶甲亚科。《伏牛山区昆虫》，中国农业科学技术出版社。

梨金花虫 *Paropsides duodecimpustulata* Gebler, 1825

省内产地：博爱，汝阳，确山，汝南，信阳，新县，罗山。

分布：河南，江西，贵州；朝鲜，日本，俄罗斯(西伯利亚)，越南，印度。

取食：梨。

资料来源：申效诚，1993，河南昆虫名录。中国农业科学技术出版社。

梨斑叶甲 *Paropsides soriculata* (Swartz, 1808)

省内产地：信阳鸡公山。

分布：河南，吉林，辽宁，内蒙古，河北，山西，江苏，安徽，浙江，湖北，江西，湖南，福建，广东，广西，四川，贵州，云南；俄罗斯(西伯利亚)，朝鲜，日本，越南，缅甸，印度。

寄主：山楂，梨，杜梨 *Pyrus* sp.。

资料来源：葛斯琴等，2002，鞘翅目：叶甲科：叶甲亚科。《太行山及桐柏山区昆虫》，中国农业科学技术出版社。

无饰曲胫跳甲 *Pentamesa duodecimmaculata* Harold, 1876

Pentamesa inonata Chen *et* Wang, 1980

省内产地：嵩县白云山玉皇顶。

分布：河南，四川。

资料来源：王书永等，2002，鞘翅目：叶甲科：跳甲亚科。《太行山及桐柏山区昆虫》，中国农业科学技术出版社。

小猿叶虫 *Phaedon brassicae* Baly, 1874

省内产地：开封，商丘，许昌，周口。

分布：河南，东北，湖北，安徽，江苏，浙江，福建，台湾，江西，湖南，广东，广西，贵州，四川，云南；朝鲜，日本，越南。

取食：白菜，萝卜，芥菜，胡萝卜，葱。

资料来源：申效诚，1993，河南昆虫名录。中国农业科学技术出版社。

十八点椭圆叶甲 *Phola octodecimguttata* (Fabricius, 1775)

省内产地：新县。

分布：河南，陕西，湖北，安徽，福建，台湾，江西，湖南，广东，香港，海南，广西，贵州，四川，云南；日本，菲律宾，马来西亚，斯里兰卡，越南，缅甸，印度，巴布亚新几内亚。

资料来源：申效诚，1993，河南昆虫名录。中国农业科学技术出版社。

杨弗叶甲 *Phratora laticollis* (Suffrian, 1851)

省内产地：嵩县白云山玉皇顶。

分布：河南，黑龙江，吉林，辽宁，内蒙古，新疆，山西，陕西，四川，云南；蒙古国，俄罗斯(西伯利亚)；亚洲，欧洲，美洲。

寄主：*Populus tremula*, *Populus alba* (Europe).

资料来源：葛斯琴等，2002，鞘翅目：叶甲科：叶甲亚科。《太行山及桐柏山区昆虫》，中国农业科学技术出版社。

黑缘粗角跳甲 *Phygasia eschatia* Gressitt *et* Kimoto, 1963

省内产地：登封少林寺。

分布：河南，湖北，湖南，四川。

资料来源：王书永等，2002，鞘翅目：叶甲科：跳甲亚科。《太行山及桐柏山区昆虫》，中国农业科学技术出版社。

斑翅粗角跳甲 *Phygasia ornate* Baly, 1876

省内产地：信阳鸡公山。

分布：河南，湖北，浙江，江西，湖南，福建，台湾，四川，广西，贵州，海南，云南；缅甸，泰国，马来西亚，印度(安达曼群岛)。

资料来源：王书永等，2002，鞘翅目：叶甲科：跳甲亚科。《太行山及桐柏山区昆虫》，中国农

业科学技术出版社。

黄宽条跳甲 *Phyllotreta humilis* Weise, 1887

省内产地：全省。

分布：河南，黑龙江，内蒙古，河北，山东，山西，甘肃，江苏，浙江；俄罗斯(西伯利亚)，蒙古国。

取食：油菜，白菜，十字花科蔬菜。

资料来源：申效诚，1993，河南昆虫名录。中国农业科学技术出版社。

黄直条跳甲 *Phyllotreta rectilineata* Chen, 1939

省内产地：全省

分布：河南，黑龙江，山东，湖北，安徽，江苏，浙江，福建，江西，湖南，广东，海南，广西，贵州，四川，云南；日本，越南，老挝。

取食：油菜，白菜，十字花科蔬菜。

资料来源：申效诚，1993，河南昆虫名录。中国农业科学技术出版社。

黄曲条跳甲 *Phyllotreta striolata* (Fabricius, 1801)

省内产地：许昌。

分布：全国；朝鲜，日本，越南，泰国，柬埔寨，尼泊尔，印度尼西亚；全北区。

寄主：十字花科蔬菜。

资料来源：王书永等，2002，鞘翅目：叶甲科：跳甲亚科。《太行山及桐柏山区昆虫》，中国农业科学技术出版社。

黄狭条跳甲 *Phyllotreta vittula* Redtenbacher, 1849

省内产地：全省。

分布：河南，内蒙古，河北，山东，山西，甘肃，新疆，湖北；俄罗斯(西伯利亚)，阿尔及利亚，突尼斯；中亚，中欧。

取食：白菜，萝卜。

资料来源：申效诚，1993，河南昆虫名录。中国农业科学技术出版社。

柳圆叶甲(柳蓝叶甲)*Plagiodera versicolora* (Laicharting, 1781)

省内产地：全省。

分布：河南，黑龙江，吉林，辽宁，内蒙古，甘肃，宁夏，天津，北京，河北，山西，山东，陕西，江苏，安徽，浙江，湖北，江西，湖南，福建，台湾，贵州，四川，云南；日本，俄罗斯(西伯利亚)，印度；欧洲，非洲。

寄主：柳属。

资料来源：葛斯琴等，2002，鞘翅目：叶甲科：叶甲亚科。《太行山及桐柏山区昆虫》，中国农业科学技术出版社。

花椒潜跳甲 *Podagricomela shirahatai* (Chujo, 1957)

省内产地：安阳，林州。

分布：河南，山西，陕西，甘肃，四川。

取食：花椒。

资料来源：张勇，杨星科，2004，中国潜跳甲属分类研究(鞘翅目：叶甲科：跳甲亚科)。昆虫分类学报，27(4)：272~283。

黄色漆树跳甲 *Podontia lutea* (Olivier, 1890)

省内产地：南阳，西峡，卢氏，灵宝，嵩县。

分布：河南，陕西，甘肃，湖北，安徽，江苏，浙江，福建，台湾，江西，湖南，广东，香港，广西，贵州，四川，云南；东南亚。

取食：漆树。

资料来源：申效诚，1993，河南昆虫名录。中国农业科学技术出版社。

黄斑双行跳甲 *Pseudodera xanthospila* Baly, 1862

省内产地：信阳，商城。

分布：河南，江苏，浙江，福建，湖北，江西，湖南，广东，广西；日本。

寄主：菝葜，杉苗，油菜。

资料来源：王书永等，2002，鞘翅目：叶甲科：跳甲亚科。《太行山及桐柏山区昆虫》，中国农业科学技术出版社。

茄狭胸跳甲 *Psylliodes angusticollis* Baly, 1874

省内产地：许昌。

分布：河南，甘肃，湖北，福建，台湾，江西，湖南，广东，广西，贵州，四川，云南；朝鲜，日本，萨哈林岛(库页岛)，越南。

取食：茄，白菜，番茄。

资料来源：申效诚，1993，河南昆虫名录。中国农业科学技术出版社。

茄蚤跳甲 *Psylliodes balyi* Jacoby, 1884

省内产地：嵩县白云山，栾川龙峪湾。

分布：河南，江苏，福建，台湾，贵州，云南，西藏；日本，越南，柬埔寨，老挝，缅甸，尼泊尔，印度，马来西亚，菲律宾，印度尼西亚，澳大利亚。

寄主：茄。

资料来源：王书永等，2002，鞘翅目：叶甲科：跳甲亚科。《太行山及桐柏山区昆虫》，中国农业科学技术出版社。

枸杞跳甲 *Psylliodes obscurofasciata* Chen, 1933

省内产地：南阳。

分布：河南，河北，山西，陕西，宁夏，甘肃，台湾。

取食：枸杞。

资料来源：申效诚，1993，河南昆虫名录。中国农业科学技术出版社。

油菜蚤跳甲 *Psylliodes punctifrons* Baly, 1874

省内产地：嵩县白云山，栾川龙浴湾，登封县三皇寨，辉县巴里沟。

分布：河南，甘肃，河北，内蒙古，山西，陕西，江苏，湖北，安徽，浙江，江西，湖南，福建，台湾，广西，四川，贵州，云南，西藏；日本，越南北部。

寄主：茄子，十字花科蔬菜，油桐。

资料来源：王书永等，2002，鞘翅目：叶甲科：跳甲亚科。《太行山及桐柏山区昆虫》，中国农业科学技术出版社。

榆绿毛萤叶甲 *Pyrrhalta aenescens* (Fairmaire, 1878)

省内产地：郑州等全省各地。

分布：河南，吉林，内蒙古，甘肃，河北，山东，山西，陕西，江苏，台湾。

寄主：榆树。

资料来源：张丽杰等，2002，鞘翅目：叶甲科：萤叶甲亚科。《太行山及桐柏山区昆虫》，中国农业科学技术出版社。

榆黄毛萤叶甲 *Pyrrhalta maculicollis* Motschulsky, 1853

省内产地：全省。

分布：河南，黑龙江，吉林，辽宁，河北，陕西，甘肃，湖北，江苏，浙江，福建，江西，湖南，广东，广西；俄罗斯(西伯利亚)，朝鲜，日本。

取食：榆。

资料来源：申效诚，1993，河南昆虫名录。中国农业科学技术出版社。

细刻斯萤叶甲 *Sphenoraia micans* (Fairmaire, 1888)

省内产地：嵩县白云山，栾川龙峪湾。

分布：河南，浙江，湖南，福建，台湾，广东，广西，四川，贵州，西藏。

寄主：茜草科。

资料来源：张丽杰等，2002，鞘翅目：叶甲科：萤叶甲亚科。《太行山及桐柏山区昆虫》，中国

农业科学技术出版社。

黑背斯萤叶甲 *Sphenoraia nigra* Wang *et* Li, 2000

省内产地：栾川龙峪湾。

分布：河南，甘肃。

资料来源：张丽杰等，2002，鞘翅目：叶甲科：萤叶甲亚科。《太行山及桐柏山区昆虫》，中国农业科学技术出版社。

六〇、肖叶甲科 Eumolpidae

本科全世界已知9000种，中国已记载66属700种，河南共记录18属26种。

梨梢皱背叶甲 *Abiromorphus anceyi* Pic, 1924

省内产地：民权，兰考，西华，尉氏，宁陵，夏邑。

分布：河南，黑龙江，吉林，辽宁，河北，湖北，江苏，浙江，湖南，四川；朝鲜。

取食：梨，杨，柳，枣，桃。

资料来源：申效诚，1993，河南昆虫名录。中国农业科学技术出版社。

红胸丽叶甲 *Acrothinium cupricolle* Jacoby, 1888

省内产地：嵩县白云山。

分布：河南，江西，浙江，福建，海南，广西。

资料来源：章伟年等，1998，鞘翅目。《伏牛山区昆虫》，中国农业科学技术出版社。

葡萄丽叶甲 *Acrothinium gaschkevitschii* Motschulsky, 1860

省内产地：南阳，信阳，西平，汝阳，许昌。

分布：河南，华北，浙江，福建，台湾，江西，广西，贵州；俄罗斯(西伯利亚)，日本。

取食：葡萄，梨。

资料来源：申效诚，1993，河南昆虫名录。中国农业科学技术出版社。

钝角胸叶甲 *Basilepta davidi* (Lefevre, 1877)

省内产地：信阳，新县。

分布：河南，江苏，浙江，福建，台湾，江西，广东，香港，海南，广西，贵州，四川，云南；朝鲜，日本，越南。

取食：枫杨，核桃，杨，李，梅。

资料来源：申效诚，1993，河南昆虫名录。中国农业科学技术出版社。

褐足角胸叶甲 *Basilepta fulvipes* (Motschulsky, 1860)

省内产地：具体不详。

分布：河南，黑龙江，吉林，辽宁，内蒙古，河北，山东，山西，陕西，宁夏，湖北，江苏，浙江，福建，台湾，江西，湖南，广西，贵州，四川，云南；俄罗斯(西伯利亚)，朝鲜，日本，蒙古国。

资料来源：于思勤，1993，河南农业昆虫志。中国农业科学技术出版社。

葡萄叶甲 *Bromius obscurus* (Linnaeus, 1758)

省内产地：驻马店，许昌，洛阳，南阳，信阳。

分布：河南，黑龙江，河北，山西，甘肃，新疆，湖北，江苏，湖南，贵州，四川，云南；俄罗斯(西伯利亚)，朝鲜，日本，萨哈林(库页岛)；北美。

取食：葡萄。

资料来源：申效诚，1993，河南昆虫名录。中国农业科学技术出版社。

中华萝藦叶甲 *Chrysochus chinensis* Baly, 1859

省内产地：信阳，西华，洛阳，博爱，新乡。

分布：河南，黑龙江，吉林，辽宁，内蒙古，河北，山东，山西，陕西，甘肃，青海，湖北，江苏，浙江，福建，江西，湖南，广西，贵州，四川，云南，西藏；俄罗斯(西伯利亚)，朝鲜，日本。

取食：芋头，甘薯，棉花，茄，曼陀罗，萝藦，桑，梨。

资料来源：申效诚，1993，河南昆虫名录。中国农业科学技术出版社。

柳九星叶甲 *Chrysochus salicivera* Fairmaire

省内产地：开封，商丘，许昌，南阳。

分布：河南，其他分布地待查。

取食：杨，柳。

资料来源：申效诚，1993，河南昆虫名录。中国农业科学技术出版社。

亮叶甲 *Chrysolampra spledans* Baly, 1859

省内产地：信阳，商城。

分布：河南，湖北，安徽，江苏，浙江，福建，江西，湖南，广东，广西，贵州，四川，云南；越南，老挝，柬埔寨。

取食：樱桃，杉，杨。

资料来源：申效诚，1993，河南昆虫名录。中国农业科学技术出版社。

光背锯角叶甲 *Clytra laeviuscula* Ratzeburg, 1937

省内产地：新县。

分布：河南，黑龙江，吉林，辽宁，内蒙古，河北，山西，陕西，湖北，江苏，江西，湖南，贵州，四川，云南；俄罗斯(西伯利亚)，朝鲜，日本；欧洲。

取食：柳，桦，榆，杨。

资料来源：申效诚，1993，河南昆虫名录。中国农业科学技术出版社。

梳叶甲 *Clytrasoma palliatum* (Fabricius, 1848)

省内产地：平顶山。

分布：河南，湖北，江西，福建，台湾，湖南，广东，广西，贵州，四川，云南；日本，越南，老挝，泰国，尼泊尔，印度。

取食：刺槐。

资料来源：申效诚，1993，河南昆虫名录。中国农业科学技术出版社。

刺股沟臀叶甲 *Colaspoides opaca* Jacoby, 1888

省内产地：新县。

分布：河南，山东，江苏，江西，湖南，广东，广西，贵州，四川，云南。

取食：油茶，栗，枫香，大麻。

资料来源：申效诚，1993，河南昆虫名录。中国农业科学技术出版社。

甘薯叶甲 *Colasposoma dauricum* Mannerheim, 1849

省内产地：全省。

分布：河南，黑龙江，吉林，内蒙古，河北，山西，宁夏，陕西，甘肃，青海，新疆，山东，湖北，安徽，江苏，浙江，福建，江西，湖南，广东，海南，广西，贵州，四川，云南；俄罗斯(西伯利亚)，朝鲜，日本，蒙古国，缅甸，印度。

取食：甘薯，蕹菜。

资料来源：申效诚，1993，河南昆虫名录。中国农业科学技术出版社。

丽隐头叶甲 *Cryptocephalus festivus* Jacoby, 1890

省内产地：新县，信阳。

分布：河南，甘肃，湖北，江苏，浙江，福建，台湾，江西，贵州，四川。

取食：栎，枫杨，圣柳。

资料来源：申效诚，1993，河南昆虫名录。中国农业科学技术出版社。

酸枣隐头叶甲 *Cryptocephalus japanus* Baly, 1873

省内产地：博爱。

分布：河南，黑龙江，吉林，辽宁，河北，山东，陕西，甘肃，湖南；俄罗斯(西伯利亚)，朝鲜，日本。

取食：枣，酸枣。

资料来源：申效诚，1993，河南昆虫名录。中国农业科学技术出版社。

榆隐头叶甲 *Cryptocephalus lemniscatus* Suffrian, 1854

省内产地：新乡，南阳。

分布：河南，黑龙江，吉林，辽宁，内蒙古，河北，山东，山西，陕西，江西；蒙古国。

取食：榆。

资料来源：申效诚，1993，河南昆虫名录。中国农业科学技术出版社。

斑鞘隐头叶甲 *Cryptocephalus regalis* Geller, 1830

省内产地：信阳。

分布：河南，黑龙江，吉林，内蒙古，河北，山西，陕西，江苏，湖北，台湾；俄罗斯(西伯利亚)，朝鲜，日本。

取食：枣，酸枣，灌木。

资料来源：申效诚，1993，河南昆虫名录。中国农业科学技术出版社。

十四斑隐头叶甲 *Cryptocephalus tetradecaspilotus* Baly, 1873

省内产地：信阳。

分布：河南，辽宁，湖北，江苏，浙江，福建，台湾，江西，湖南，广东；日本。

取食：刺槐，枣。

资料来源：申效诚，1993，河南昆虫名录。中国农业科学技术出版社。

花背短柱叶甲 *Pachybrachys scriptidorsum* Morseul, 1875

省内产地：新县。

分布：河南，黑龙江，内蒙古，河北，山东，陕西，山西，湖北；俄罗斯(西伯利亚)，朝鲜。

取食：胡枝子。

资料来源：申效诚，1993，河南昆虫名录。中国农业科学技术出版社。

斑鞘豆肖叶甲 *Pagria signata* (Motschulsky, 1858)

省内产地：具体不明。

分布：河南，黑龙江，辽宁，河北，陕西，安徽，江苏，浙江，福建，江西，台湾，湖北，广东，广西，海南，四川，云南，西藏；朝鲜，日本，俄罗斯，越南，老挝，泰国，引导，菲律宾，印度尼西亚，关岛。

资料来源：谭娟杰等，2005，中国动物志 昆虫纲 第四十卷。科学出版社。

杨梢叶甲 *Parnops glasunowi* Jacobson, 1894

省内产地：内黄，范县，台前，封丘，睢县，宁陵，民权，兰考，中牟，开封，郑州，许昌，鄢陵，扶沟，西华。

分布：河南，黑龙江，吉林，辽宁，内蒙古，河北，山西，陕西，甘肃，青海，新疆，江苏；俄罗斯。

取食：杨，柳，梨。

资料来源：申效诚，1993，河南昆虫名录。中国农业科学技术出版社。

双带方额叶甲 *Physauchenia bifasciata* (Jacoby, 1888)

省内产地：新县，驻马店。

分布：河南，湖北，江苏，浙江，福建，台湾，江西，湖南，广东，海南，广西，贵州，四川，云南；朝鲜，日本，越南，印度。

取食：橘。

资料来源：申效诚，1993，河南昆虫名录。中国农业科学技术出版社。

绿缘扁角叶甲 *Platycorynus parnyi* Baly, 1864

省内产地：信阳，罗山，商城。

分布：河南，陕西，湖北，江苏，浙江，福建，江西，广东，海南，广西，贵州，四川；越南。

取食：杉，女贞。

资料来源：申效诚，1993，河南昆虫名录。中国农业科学技术出版社。

黑额光叶甲 *Smaragdina nigrifrons* (Hope)

省内产地：信阳。

分布：河南，其他分布地待查。

取食：柳，栗，榛，白茅，蒿。

资料来源：申效诚，1993，河南昆虫名录。中国农业科学技术出版社。

梨光叶甲 *Smaragdina semiaurantiaca* (Farmaire, 1888)

省内产地：博爱。

分布：河南，黑龙江，吉林，山东，陕西，湖北，江苏，浙江；朝鲜，日本。

取食：梨，榆，杏，苹果。

资料来源：申效诚，1993，河南昆虫名录。中国农业科学技术出版社。

合欢毛叶甲 *Trichochrysea nitidissima* (Jacoby, 1888)

省内产地：洛阳，舞阳，信阳。

分布：河南，浙江，福建，江西，湖南，广东，海南，广西，贵州，四川，云南。

取食：合欢，黄檀。

资料来源：申效诚，1993，河南昆虫名录。中国农业科学技术出版社。

六一、铁甲科 Hispidae

本科全世界已知7000种，中国已记载49属417种，河南共记录6属8种。

泡桐锯龟甲 *Basiprionota bisignata* (Boheman, 1862)

省内产地：安阳，林州，辉县，卢氏，栾川，洛阳，汝州，西峡，南阳，新县，罗山，信阳。

分布：河南，河北，山东，山西，陕西，甘肃，湖北，安徽，江苏，浙江，福建，江西，湖南，广东，广西，贵州，四川，云南；泰国，越南。

取食：泡桐，楸，梓。

资料来源：申效诚，1993，河南昆虫名录。中国农业科学技术出版社。

大锯龟甲 *Basiprionota chinensis* (Fabricius, 1798)

省内产地：栾川龙峪湾。

分布：河南，陕西，江苏，上海，浙江，江西，福建，广东，广西，四川。

资料来源：章伟年等，1998，鞘翅目。《伏牛山区昆虫》，中国农业科学技术出版社。

艾龟甲 *Cassida fuscorufa* Motschulsky, 1866

省内产地：安阳，新乡，洛阳，南阳。

分布：河南，黑龙江，辽宁，内蒙古，河北，山东，山西，甘肃，湖北，江苏，浙江，福建，台湾，江西，湖南，海南，广西，四川；俄罗斯(西伯利亚)，朝鲜，日本。

取食：艾。

资料来源：申效诚，1993，河南昆虫名录。中国农业科学技术出版社。

虾钳菜披龟甲 *Cassida piperata* Hope, 1842

省内产地：具体不详。

分布：河南，黑龙江，辽宁，河北，山东，陕西，湖北，江苏，浙江，福建，台湾，江西，广东，广西，贵州，四川，云南；俄罗斯(西伯利亚东部)，朝鲜，日本，菲律宾，越南。

资料来源：杨星科，1997，三峡库区昆虫。科学出版社。

锯齿叉趾铁甲 *Dactylispa angulosa* (Solsky, 1872)

省内产地：具体不详。

分布：河南，黑龙江，吉林，辽宁，河北，山东，山西，甘肃，湖北，安徽，江苏，浙江，福建，台湾，江西，湖南，广东，广西，贵州，四川，云南；俄罗斯(西伯利亚)，朝鲜，日本。

危害：栎，竹。

资料来源：申效诚，1993，河南昆虫名录。中国农业科学技术出版社。

水稻铁甲 *Dicladispa armigera* (Olivier, 1808)

省内产地：信阳。

分布：河南，黑龙江，陕西，湖北，江苏，浙江，福建，台湾，江西，广东，海南，广西，贵州，四川，云南；日本，俄罗斯(西伯利亚)。

危害：水稻，玉米，小麦，甘蔗，莎草，油菜。

资料来源：申效诚，1993，河南昆虫名录。中国农业科学技术出版社。

甘薯蜡龟甲 *Laccoptera quadrimaculata* (Thunberg, 1789)

省内产地：洛阳，西峡，信阳。

分布：河南，甘肃，湖北，江苏，浙江，福建，台湾，江西，湖南，广东，海南，广西，贵州，四川；越南，缅甸，尼泊尔，印度(锡金)，老挝，日本。

取食：甘薯。

资料来源：申效诚，1993，河南昆虫名录。中国农业科学技术出版社。

双斑尾龟甲 *Thlaspida biramosa* (Boheman, 1855)

中华龟甲 *Thlaspida chinensis* Speath, 1926

省内产地：信阳。

分布：河南，湖北，安徽，江苏，浙江，福建，台湾，湖南，广东，海南，贵州，四川，云南；朝鲜，日本，越南，马来西亚，老挝。

取食：桑，橘，泡桐。

资料来源：申效诚，1993，河南昆虫名录。中国农业科学技术出版社。

六二、豆象科 Bruchidae

本科全世界已知 1000 种，中国已记载 16 属 100 种，河南共记录 5 属 7 种。

紫穗槐豆象 *Acanthoscelides pallidipennis* Motschulsky

Acanthoscelides plagiatus Recihe *et* Saulcy, 1857 (错定)

省内产地：安阳，原阳，封丘，郑州，中牟，开封，洛阳，汝阳。

分布：河南，辽宁，内蒙古，北京，宁夏，陕西，新疆；俄罗斯。

危害：紫穗槐。

资料来源：申效诚，1993，河南昆虫名录。中国农业科学技术出版社。

皂荚豆象 *Bruchidius dorsalis* (Fabricius, 1839)

省内产地：安阳，新乡，洛阳，郑州，开封，信阳。

分布：河南，辽宁，河北，山东，陕西，甘肃，青海，新疆，安徽，江苏，福建，湖南，台湾，广西，贵州，四川，云南；日本，孟加拉国，印度，缅甸。

危害：皂角，豆类。

资料来源：申效诚，1993，河南昆虫名录。中国农业科学技术出版社。

合欢豆象 *Bruchidius terreus* (Sharp, 1886)

省内产地：开封，郑州。

分布：河南，辽宁，河北，山东，陕西，台湾；日本。

危害：合欢。

资料来源：申效诚，1993，河南昆虫名录。中国农业科学技术出版社。

豌豆象 *Bruchus pisorum* (Linnaeus, 1758)

省内产地：洛阳，许昌，南阳。

分布：河南，辽宁，内蒙古，河北，陕西，宁夏，甘肃，湖北，安徽，江苏，浙江，福建，台湾，江西，湖南，广东，广西，贵州，四川，云南；俄罗斯，日本；中亚，世界广布。

危害：豌豆。

资料来源：申效诚，1993，河南昆虫名录。中国农业科学技术出版社。

蚕豆象 *Bruchus rufimanus* (Boheman, 1833)

省内产地：信阳。

分布：河南，内蒙古，河北，陕西，湖北，安徽，江苏，浙江，福建，江西，湖南，广东，广西，贵州，四川，云南；日本；欧洲，世界广布。

危害：蚕豆。

资料来源：申效诚，1993，河南昆虫名录。中国农业科学技术出版社。

绿豆象 *Callosobruchus chinensis* (Linnaeus, 1758)

省内产地：全省。

分布：全国；世界广布。

资料来源：申效诚，1993，河南昆虫名录。中国农业科学技术出版社。

牵牛豆象 *Spermophagus sericeus* (Geoffroy, 1785)

省内产地：具体不详。

分布：河南，内蒙古，河北，陕西，甘肃，新疆，贵州；俄罗斯，日本，蒙古国；欧洲，中亚，西亚。

危害：牵牛种子。

资料来源：申效诚，1993，河南昆虫名录。中国农业科学技术出版社。

六三、蚁象科 Cyladidae

本科全世界已知 1300 种，中国已记载 34 属 60 种，河南共记录 1 属 1 种。

甘薯小象甲 *Cylas formicarius* (Fabricius, 1798)

省内产地：商丘，开封。

分布：河南，江苏，江西，浙江，福建，台湾，湖南，广东，香港，海南，广西，贵州，四川，云南；日本，印度；东南亚，北美，热带，亚热带。

危害：甘薯。

资料来源：申效诚，1993，河南昆虫名录。中国农业科学技术出版社。

六四、卷象科 Attelabidae

本科全世界已知 5000 种，中国已记载 24 属 320 种，河南共记录 6 属 14 种。

膝卷象 *Apoderus geniculatus* Jekel, 1860

省内产地：具体不详。

分布：河南，江苏，江西，福建，湖南，广东，贵州，四川，云南。

资料来源：杨星科，1997，三峡库区昆虫。科学出版社。

栗卷象 *Apoderus jekeli* Roelofs, 1874

省内产地：鲁山，信阳。

分布：河南，湖北；朝鲜，日本，俄罗斯(西伯利亚)。

资料来源：于思勤，1993，河南农业昆虫志。中国农业科学技术出版社。

梨绿卷象 *Byctiscus betulae* (Linnaeus, 1758)

省内产地：商丘，开封，民权，郑州。

分布：河南，黑龙江，吉林，辽宁，江西，贵州；俄罗斯，土耳其，叙利亚；欧洲。

危害：梨，苹果，白杨，山楂。

资料来源：申效诚，1993，河南昆虫名录。中国农业科学技术出版社。

杨绿卷象 *Byctiscus congener* Jekel, 1860

省内产地：卢氏，栾川。

分布：河南，黑龙江，湖北，福建；朝鲜，日本，俄罗斯(西伯利亚)。

危害：苹果，杨。

资料来源：申效诚，1993，河南昆虫名录。中国农业科学技术出版社。

葡萄绿卷象 *Byctiscus lacuaipennis* Jekel, 1860

省内产地：商丘，开封，民权，南阳。

分布：河南，东北，河北，陕西，湖北，安徽，江苏，江西，福建，台湾，广东，广西，四川，云南；朝鲜，日本，俄罗斯(西伯利亚)。

危害：葡萄。

资料来源：申效诚，1993，河南昆虫名录。中国农业科学技术出版社。

苹绿卷象 *Byctiscus princeps* (Solsky, 1872)

省内产地：林州，卢氏，栾川，信阳。

分布：河南，黑龙江，吉林，辽宁，河北，四川；朝鲜，日本，俄罗斯(西伯利亚)。

危害：苹果，梨，山楂，海棠，杏，榆，杨。

资料来源：申效诚，1993，河南昆虫名录。中国农业科学技术出版社。

皱纹绿卷象 *Byctiscus rugosus* Gebler, 1830

省内产地：信阳。

分布：河南，黑龙江，吉林，辽宁，内蒙古，河北，湖北，新疆；朝鲜，日本。

危害：栎。

资料来源：申效诚，1993，河南昆虫名录。中国农业科学技术出版社。

长颈切叶象甲 *Paracentrocorynus nigricollis* (Roclofs, 1874)

省内产地：信阳，新县，南阳，栾川。

分布：河南，湖北；日本。

危害：栎类。

资料来源：申效诚，1993，河南昆虫名录。中国农业科学技术出版社。

长头短尖卷象 *Paracycnotrachelus longiceps* Motschulsky, 1860

省内产地：具体不详

分布：河南，黑龙江，吉林，辽宁，河北，山东，山西，青海，湖北，安徽，江苏，江西，福建，台湾，广东，香港，四川，云南；俄罗斯(阿穆尔)，朝鲜，日本，俄罗斯(西伯利亚)。

资料来源：杨星科，1997，三峡库区昆虫。科学出版社。

栎卷象 *Paroplapoderus pardalis* Snellen van Vollenhoven, 1865

省内产地：南阳，信阳，新县。

分布：河南，广东，海南，贵州，四川；日本。

危害：青冈，桑，橘，桃。

资料来源：申效诚，1993，河南昆虫名录。中国农业科学技术出版社。

枫杨卷象 *Paroplapoderus semiamulatus* Jekel, 1860

省内产地：安阳，西峡，南阳，信阳。

分布：河南，河北，湖北，江苏，江西，福建，湖南，广东，贵州，云南。

危害：枫杨，核桃，白栎，青冈。

资料来源：申效诚，1993，河南昆虫名录。中国农业科学技术出版社。

栎小卷象 *Paroplapoderus vanvolxemi* Roelofs, 1875

省内产地：南阳，信阳，新县。

分布：河南，湖北，湖南；日本。

危害：栎，梨，茶，苹果，桃，杏，樱桃。

资料来源：申效诚，1993，河南昆虫名录。中国农业科学技术出版社。

朝鲜梨虎象 *Rhynchites coreanus* Kono

省内产地：林州，栾川，卢氏。

分布：河南，河北，山东，江西，湖南，广西，四川；朝鲜。

危害：梨。

资料来源：申效诚，1993，河南昆虫名录。中国农业科学技术出版社。

桃虎象 *Rhynchites heros* Roelofs, 1874

省内产地：新乡，郑州，商丘。

分布：河南，山西，山东，湖北，江苏，江西，湖南，广东，四川；朝鲜，日本，俄罗斯(西伯利亚)。

危害：桃。

资料来源：申效诚，1993，河南昆虫名录。中国农业科学技术出版社。

六五、长角象甲科 Anthribidae

本科全世界共记载 3000 种，中国已记载 53 属 130 种，河南共记录 1 属 1 种。

咖啡豆象 *Araecerus fasciculatus* (De Geer, 1775)

省内产地：安阳，商丘，郑州，中牟，登封，洛阳，信阳，方城，社旗，南召，南阳，内乡，镇平，西峡，淅川，邓州，新野，唐河，桐柏。

分布：河南，辽宁，内蒙古，河北，陕西，青海，甘肃，山东，湖北，安徽，江苏，浙江，福建，台湾，江西，湖南，广东，香港，广西，贵州，四川，云南；世界广布。

资料来源：申效诚，1993，河南昆虫名录。中国农业科学技术出版社。

六六、象甲科 Curculionidae

本科全世界共记载 3940 属 50 000 种，中国已记载 325 属近 1400 种，河南共记录 38 属 56 种。

橘长足象 *Alcidodes trifidus* (Pascoe, 1870)

省内产地：商丘，洛阳。

分布：河南，黑龙江，吉林，辽宁，河北，山东，陕西，湖北，安徽，江苏，浙江，福建，台湾，江西，湖南，广东，广西，贵州，四川，云南；日本。

危害：橘。

资料来源：申效诚，1993，河南昆虫名录。中国农业科学技术出版社。

梨花象 *Anthonomus pomorum* (Linnaeus, 1758)

省内产地：商丘，开封，洛阳。

分布：河南，辽宁，河北，山西，山东，青海，湖北，四川；萨哈林岛(库页岛)，俄罗斯(西伯利亚)，朝鲜，日本；欧洲。

危害：梨，桃。

资料来源：申效诚，1993，河南昆虫名录。中国农业科学技术出版社。

黄斑船象 *Baris displota* (Solsky, 1870)

省内产地：嵩县白云山。

分布：河南，黑龙江，河北，陕西，山西，湖南；俄罗斯，朝鲜，日本。

资料来源：章伟年等，1998，鞘翅目。《伏牛山区昆虫》，中国农业科学技术出版社。

甜菜象 *Bothynoderes punctiventris* Germar, 1794

省内产地：许昌，新乡，安阳。

分布：河南，黑龙江，内蒙古，河北，山东，山西，陕西，宁夏，甘肃，新疆；俄罗斯，土耳其；欧洲。

危害：甜菜，甜瓜，菠菜，藜，苋，蓼。

资料来源：申效诚，1993，河南昆虫名录。中国农业科学技术出版社。

胖遮眼象 *Callirhopalus sellatus* Marshall, 1919

省内产地：信阳。

分布：河南，河北，山西，陕西，甘肃；马来西亚。

危害：板栗。

资料来源：于思勤，1993，河南农业昆虫志。中国农业科学技术出版社。

小卵象 *Calomycterus obconicus* Chao, 1974

省内产地：许昌，南阳，栾川。

分布：河南，河北，江苏，浙江，陕西，四川，广东等地。

危害：刺槐，栎类等。

资料来源：申效诚，1993，河南昆虫名录。中国农业科学技术出版社。

金足绿象 *Chlorophanus auripes* Faust, 1897

省内产地：郑州，许昌，信阳，新县，商城，栾川。

分布：河南，内蒙古，河北，山西，甘肃，青海，湖北，广东，海南；朝鲜，日本。

危害：柳树，核桃，栎类等。

资料来源：申效诚，1993，河南昆虫名录。中国农业科学技术出版社。

黄绿象 *Chlorophanus lineolus* Motschulsky, 1954

省内产地：商丘，永城，民权，中牟，西华，洛阳，南阳。

分布：河南，河北，山东，陕西，甘肃，湖北，江苏，福建，台湾，江西，湖南，广东，广西，贵州，四川，云南。

危害：大豆，玉米，稻，麦，桃，梨，杨，苹果。

资料来源：申效诚，1993，河南昆虫名录。中国农业科学技术出版社。

柳绿象 *Chlorophanus sibiricus* Gyllenhyl, 1834

省内产地：全省。

分布：河南，黑龙江，吉林，辽宁，内蒙古，河北，山西，陕西，甘肃，青海，新疆，湖北，浙江，湖南，四川；朝鲜，日本，蒙古国，俄罗斯(西伯利亚)。

危害：杨，柳，苹果，桃。

资料来源：申效诚，1993，河南昆虫名录。中国农业科学技术出版社。

欧洲方喙象 *Cleonus piger* Scopoli, 1763

省内产地：登封。

分布：河南，黑龙江，辽宁，内蒙古，河北，山西，陕西，甘肃，青海，新疆，四川；俄罗斯(阿穆尔)，蒙古国，阿尔及利亚；欧洲。

资料来源：于思勤，1993，河南农业昆虫志。中国农业科学技术出版社。

柞栎象 *Curculio arakawai* Matsumura *et* Kono, 1928

Curculio dentipes Roelofs

省内产地：信阳，南阳，洛阳，栾川。

分布：河南，陕西，四川，河北，山东，江苏，江西，东北等地。

危害：栎类。

资料来源：申效诚，1993，河南昆虫名录。中国农业科学技术出版社。

油茶果象 *Curculio chiensis* Chevrolat, 1878

省内产地：信阳，新县。

分布：河南，陕西，湖北，江苏，浙江，福建，江西，湖南，广东，广西，贵州，四川，云南；日本。

危害：油茶，山茶，茶。

资料来源：申效诚，1993，河南昆虫名录。中国农业科学技术出版社。

同喙象 *Curculio conjugalis* (Faust, 1882)

省内产地：信阳。

分布：河南；俄罗斯(西伯利亚)，日本。

危害：栎。

资料来源：申效诚，1993，河南昆虫名录。中国农业科学技术出版社。

栗实象 *Curculio davidi* Fairmaire, 1878

省内产地：信阳，罗山，新县，光山，确山，西峡，卢氏，栾川，林县。

分布：河南，陕西，甘肃，辽宁，江苏，浙江，湖北，湖南，福建，广东，广西。

危害：板栗，栎类。

资料来源：申效诚，1993，河南昆虫名录。中国农业科学技术出版社。

棒实象 *Curculio dieckmanni* (Faust, 1887)

省内产地：栾川。

分布：河南，黑龙江，吉林，辽宁，河北，陕西，青海；朝鲜，日本，俄罗斯。

危害：榛子的果实。

资料来源：申效诚，1993，河南昆虫名录。中国农业科学技术出版社。

麻栎象 *Curculio robustus* (Roelofs, 1874)

省内产地：信阳，南阳。

分布：河南，河北，山东，江苏，浙江；日本。

危害：麻栎，栓皮栎。

资料来源：申效诚，1993，河南昆虫名录。中国农业科学技术出版社。

蒙栎象 *Curculio sikkimensis* (Heller, 1927)

省内产地：信阳，南阳。

分布：河南，辽宁，河北，陕西，甘肃；日本，印度。

危害：蒙古栎，板栗。

资料来源：申效诚，1993，河南昆虫名录。中国农业科学技术出版社。

竹大象 *Cyrtotrachelus longimanus* Fabricius, 1775

省内产地：洛宁，南阳，信阳。

分布：河南，江苏，浙江，福建，台湾，江西，湖南，广东，香港，广西，贵州，四川，云南；日本，斯里兰卡，菲律宾，印度尼西亚，越南，柬埔寨，缅甸，印度。

危害：竹。

资料来源：申效诚，1993，河南昆虫名录。中国农业科学技术出版社。

柳瘿象 *Dorytomus maculipennis* (Roelofs, 1874)

省内产地：洛阳，南阳，西峡，淅川。

分布：河南；日本。

危害：柳。

资料来源：申效诚，1993，河南昆虫名录。中国农业科学技术出版社。

核桃根颈象 *Dyscerus juglans* Chao, 1980

省内产地：栾川，卢氏，洛宁，汝阳，嵩县，西峡。

分布：河南，陕西，湖北，福建，四川，云南。

危害：核桃。

资料来源：申效诚，1993，河南昆虫名录。中国农业科学技术出版社。

稻根象 *Echinonemus squameus* Billberg, 1820

省内产地：郑州，新乡，信阳。

分布：河南，东北，河北，山东，陕西，甘肃，湖北，安徽，江苏，浙江，福建，台湾，江西，湖南，广东，海南，广西，贵州，四川，云南，西藏；日本，印度尼西亚。

危害：稻。

资料来源：申效诚，1993，河南昆虫名录。中国农业科学技术出版社。

宽肩象 *Ectatorhinis adamsi* Pascoe, 1871

省内产地：具体不详。

分布：河南，山东，陕西，湖北，安徽，江苏，浙江，福建，江西，湖南，广西，贵州，四川，云南，西藏；日本。

资料来源：陈元清，1988，林木种子果实象虫的识别与鉴定。森林病虫通讯，(1)。

金绿长毛象 *Enaptorrhinus alini* Voss, 1941

省内产地：信阳，新县。

分布：河南，黑龙江，吉林，辽宁。

危害：栎，油松，核桃。

资料来源：申效诚，1993，河南昆虫名录。中国农业科学技术出版社。

中华长毛象 *Enaptorrhinus sinensis* Waterhouse, 1853

省内产地：信阳，商城，栾川。

分布：河南，河北，山东，江苏，江西，浙江，湖南，广东，广西。

危害：栓皮栎，麻栎。

资料来源：申效诚，1993，河南昆虫名录。中国农业科学技术出版社。

臭椿沟眶象 *Eucryptorrhynchus brandti* Harold, 1881

省内产地：全省。

分布：河南，黑龙江，河北，山西，山东，陕西，甘肃，湖北，安徽，江苏，四川。

危害：椿。

资料来源：申效诚，1993，河南昆虫名录。中国农业科学技术出版社。

沟眶象 *Eucryptorrhynchus chiensis* (Olivier, 1790)

省内产地：全省。

分布：河南，辽宁，河北，山西，山东，陕西，甘肃，青海，湖北，安徽，江苏，福建，湖南，贵州，四川。

危害：椿。

资料来源：申效诚，1993，河南昆虫名录。中国农业科学技术出版社。

松大象 *Hylobius abietis* Linnaeus, 1758

省内产地：灵宝，栾川，南召，信阳。

分布：河南，黑龙江，吉林，辽宁，河北，陕西，甘肃，青海，新疆，湖北，安徽，江苏，福建，湖南，贵州，四川，云南；朝鲜，日本，俄罗斯(西伯利亚)；欧洲。

危害：松，核桃。

资料来源：申效诚，1993，河南昆虫名录。中国农业科学技术出版社。

蓝绿象 *Hypomyces squamosus* Fabricius, 1792

省内产地：全省。

分布：河南，湖北，安徽，甘肃，江苏，浙江，福建，台湾，江西，湖南，广东，香港，海南，广西，贵州，四川，云南；日本，菲律宾，马来西亚，印度尼西亚，泰国，柬埔寨，缅甸，印度，越南。

危害：杨，柳，刺槐，橘，苹果，柿，桑，茶，棉花，玉米，小麦。

资料来源：申效诚，1993，河南昆虫名录。中国农业科学技术出版社。

黄星象 *Lepyrus japonicus* Roelofs, 1873

省内产地：全省。

分布：河南，黑龙江，吉林，辽宁，内蒙古，河北，山东，山西，陕西，甘肃，湖北，安徽，江苏，浙江，福建，江西，湖南，贵州，四川，云南；俄罗斯(阿穆尔)，朝鲜，日本。

危害：杨，柳。

资料来源：申效诚，1993，河南昆虫名录。中国农业科学技术出版社。

黑龙江筒喙象 *Lixus amurensis* Faust, 1887

省内产地：灵宝，登封。

分布：河南，黑龙江，吉林，辽宁，河北，山西，陕西，甘肃，湖北，安徽，江苏，江西，浙江，湖南；俄罗斯(西伯利亚)。

危害：大豆，油菜。

资料来源：于思勤，1993，河南农业昆虫志。中国农业科学技术出版社。

锥喙筒喙象 *Lixus fairmairei* Faust, 1890

省内产地：信阳。

分布：河南，内蒙古，河北，山西，宁夏，甘肃，江苏。

资料来源：于思勤，1993，河南农业昆虫志。中国农业科学技术出版社。

筒喙象 *Lixus* sp.

省内产地：郑州。

分布：河南。

危害：杨，柳。

资料来源：申效诚，1993，河南昆虫名录。中国农业科学技术出版社。

暗褐圆筒象 *Macrocorynus capito* (Faust, 1887)

省内产地：栾川。

分布：河南，辽宁，北京，陕西，湖北，四川。

危害：栎类。

资料来源：申效诚，1993，河南昆虫名录。中国农业科学技术出版社。

大圆筒象 *Macrocorynus psittacinus* Redtenbacher, 1868

省内产地：信阳。

分布：河南，黑龙江，河北，湖北，江苏，浙江，福建，台湾，江西，湖南，广东，海南，贵州，四川，云南；日本。

危害：栎，青冈，栗。

资料来源：申效诚，1993，河南昆虫名录。中国农业科学技术出版社。

栗剪枝象 *Mecorhis cumulates* (Voss)

省内产地：信阳，罗山，光山，新县。

分布：河南，山东，江苏，福建，云南。

危害：栗，栎，柞。

资料来源：申效诚，1993，河南昆虫名录。中国农业科学技术出版社。

栗雪片象 *Niphades castanea* Chao, 1980

省内产地：新县，栾川。

分布：河南，陕西，甘肃，江西，湖南等。

危害：板栗。

资料来源：申效诚，1993，河南昆虫名录。中国农业科学技术出版社。

多变雪片象 *Niphades variegates* (Roelofs. 1873)

省内产地：信阳，灵宝。

分布：河南，东北，福建；俄罗斯(阿穆尔)，日本。

危害：栎，松。

资料来源：申效诚，1993，河南昆虫名录。中国农业科学技术出版社。

竹一字象 *Otidognathus davidis* Fairmaire, 1878

省内产地：信阳，新县，商城。

分布：河南，湖北，安徽，江苏，浙江，福建，江西，湖南，广东，广西，四川；日本。

危害：竹。

资料来源：申效诚，1993，河南昆虫名录。中国农业科学技术出版社。

小竹笋象 *Otidognathus jansoni* Roelofs, 1875

Otidognathus nigripictus Fairmaire, 1878

省内产地：新县，信阳。

分布：河南，湖北，江苏，浙江，福建，江西，湖南，海南，贵州，四川；日本。

危害：竹。

资料来源：申效诚，1993，河南昆虫名录。中国农业科学技术出版社。

长颈切叶象 *Paracentrocorynus nigricllis* (Roelofs, 1874)
省内产地：具体不详。
分布：河南，河北；日本。
资料来源：Hua Lizhong, 2002, List of Chinese insects. II. Zhongshan University Press.

苹切叶象 *Phyllobius longicornis* Roelofs, 1873
省内产地：信阳，洛阳。
分布：河南，东北；日本。
危害：苹果，梨，桃，杏，梅。
资料来源：申效诚，1993，河南昆虫名录。中国农业科学技术出版社。

棉尖象 *Phytoscaphus gossypii* Chao, 1974
省内产地：全省。
分布：河南，辽宁，内蒙古，河北，山东，陕西，甘肃，湖北，安徽，江苏，四川。
危害：棉花，玉米，大豆，大麻，烟草。
资料来源：申效诚，1993，河南昆虫名录。中国农业科学技术出版社。

银光球胸象 *Piazomias fausti* Frivoldszky, 1892
省内产地：安阳，新乡，新郑，信阳，罗山。
分布：河南，河北，湖北，安徽，江苏，江西，湖南，浙江。
危害：枣，桃，苹果，杏，梨，泡桐。
资料来源：申效诚，1993，河南昆虫名录。中国农业科学技术出版社。

隆胸球胸象 *Piazomias globulicollis* Faldermann, 1835
省内产地：郑州，新郑，许昌，罗山。
分布：河南，黑龙江，吉林，辽宁，内蒙古，河北，山东，甘肃，江苏，江西，四川。
危害：枣，栎。
资料来源：申效诚，1993，河南昆虫名录。中国农业科学技术出版社。

大球胸象 *Piazomias validus* Motschulsky, 1853
省内产地：郑州，中牟，新郑，罗山。
分布：河南，河北，山西，山东，安徽。
危害：枣，梨，桃，杏，桑，榆，杨，苹果，柳，豆类，甘薯。
资料来源：申效诚，1993，河南昆虫名录。中国农业科学技术出版社。

松梢木蠹象 *Pissodes nitidus* Roelofs, 1874
省内产地：灵宝，卢氏，栾川，南召。
分布：河南，黑龙江，吉林，辽宁，河北，陕西，甘肃，湖北；日本。
危害：松，油松。
资料来源：申效诚，1993，河南昆虫名录。中国农业科学技术出版社。

橘斜脊象 *Platymycteropsis mandarinus* Fairmaire, 1888
省内产地：信阳，南阳。
分布：河南，陕西，湖北，福建，江西，湖南。广东，广西；越南。
危害：橘，枫杨，花生，大豆，棉花。
资料来源：申效诚，1993，河南昆虫名录。中国农业科学技术出版社。

榆跳象 *Rhynchaenus alni* (Linnaeus, 1759)
省内产地：郑州，驻马店，汝南。
分布：河南，吉林，辽宁，内蒙古，河北，宁夏，江苏；加拿大；欧洲。
危害：榆。
资料来源：申效诚，1993，河南昆虫名录。中国农业科学技术出版社。

短喙木象 *Rhyncolus nefarious* Faust, 1885
省内产地：具体不详。

分布：河南；土耳其。

取食：朽木。

资料来源：申效诚，1993，河南昆虫名录。中国农业科学技术出版社。

枣飞象 *Scythropus yasumatsui* Kono *et* Morimoto

省内产地：内黄，濮阳，新乡，中牟，新郑。

分布：河南，辽宁，河北，山东，山西，陕西，江苏。

危害：枣，核桃，苹果，梨，杨，泡桐。

资料来源：申效诚，1993，河南昆虫名录。中国农业科学技术出版社。

苜蓿象 *Sitona tibialis* Herbst, 1795

省内产地：郑州，信阳，南阳。

分布：河南，陕西，湖北，安徽，江苏，浙江，福建，四川；俄罗斯(西伯利亚)；北美。

危害：紫云英，苜蓿，苕子，刺槐。

资料来源：申效诚，1993，河南昆虫名录。中国农业科学技术出版社。

玉米象 *Sitophilus zeamais* Motschulsky, 1855

省内产地：全省。

分布：河南，湖北，江西，广西，贵州；日本，世界广布。

危害：玉米。谷类，豆类，油料，面粉，干果，药材。

资料来源：申效诚，1993，河南昆虫名录。中国农业科学技术出版社。

菟丝子小爪象 *Smicronyx sculpticollis* Cascy, 1892

省内产地：新野。

分布：河南；美国。

取食：菟丝子。

资料来源：申效诚，1993，河南昆虫名录。中国农业科学技术出版社。

大灰象 *Sympiezomias velatus* (Chevrolat, 1845)

省内产地：全省。

分布：河南，黑龙江，吉林，辽宁，内蒙古，河北，山东，山西，陕西，甘肃，湖北，安徽，广东，香港，澳门，广西，贵州，四川；日本。

危害：杨，柳，苹果，桃，栗，橘，泡桐，核桃，松，紫穗槐，刺槐，桑，榆，梨，烟草，棉花，甘薯。

资料来源：申效诚，1993，河南昆虫名录。中国农业科学技术出版社。

黄褐纤毛象 *Tanymecus urbanus* Gyllenhyl

省内产地：信阳，确山，泌阳，中牟，尉氏，栾川。

分布：河南，东北，内蒙古，河北，宁夏，甘肃，青海，新疆，四川；俄罗斯。

危害：杨树，柳树，栎类等。

资料来源：申效诚，1993，河南昆虫名录。中国农业科学技术出版社。

蒙古土象 *Xylinophorus mongolicus* Faust, 1881

省内产地：全省。

分布：河南，黑龙江，吉林，辽宁，内蒙古，河北，北京，山东，四川；蒙古国，俄罗斯，朝鲜。

危害：刺槐，栗，栎，核桃，杨，枣，松，杏，泡桐，苹果，桃，梨，棉花，豆类，花生，瓜类，玉米。

资料来源：申效诚，1993，河南昆虫名录。中国农业科学技术出版社。

六七、小蠹科 Scolytidae

本科全世界共 6000 种，中国已记载 500 种，河南共记录 12 属 26 种。

马尾松梢小蠹 *Cryphalus massonianus* Tsai *et* Li, 1963

省内产地：西峡，南阳，信阳。

分布：河南，江苏，湖南，四川，云南。

危害：马尾松。

资料来源：申效诚，1993，河南昆虫名录。中国农业科学技术出版社。

额毛小蠹 *Cyrtogenius luteus* (Blandford, 1894)

省内产地：信阳。

分布：河南，陕西，江苏，江西，福建，湖南，广东，广西，四川，云南；日本。

危害：马尾松，油松，松。

资料来源：申效诚，1993，河南昆虫名录。中国农业科学技术出版社。

华山松大小蠹 *Dendroctonus armandi* Tsai *et* Li, 1963

省内产地：西峡，淅川。

分布：河南，甘肃，陕西，四川，湖北。

危害：华山松，油松。

资料来源：申效诚，1993，河南昆虫名录。中国农业科学技术出版社。

强大小蠹 *Dendroctonus valens* Le Conte

省内产地：焦作，济源。新乡。

分布：河南，陕西，山西，河北，北京；美洲。

危害：油松。

资料来源：杨星科，2005，外来入侵种——强大小蠹。中国林业出版社。

谷地柳黑小蠹 *Hylesinus tristis* Blandford, 1894

省内产地：洛阳。

分布：河南，台湾；朝鲜，日本。

资料来源：申效诚，1993，河南昆虫名录。中国农业科学技术出版社。

核桃咪小蠹 *Hypothenemus erectus* LeConte, 1876

省内产地：具体不详。

分布：河南，辽宁，河北，山西，陕西，甘肃，湖北，安徽，贵州，四川，云南；北美，中美。

资料来源：黄复生，1987，云南森林昆虫。云南科技出版社。

松六齿小蠹 *Ips acuminatus* Gyllenhal, 1827

省内产地：西峡，淅川，内乡，信阳。

分布：河南，黑龙江，吉林，辽宁，内蒙古，陕西，新疆，四川，湖南，云南；俄罗斯，蒙古国，朝鲜，日本；欧洲。

危害：油松，马尾松，华山松，云杉。

资料来源：申效诚，1993，河南昆虫名录。中国农业科学技术出版社。

松十二齿小蠹 *Ips sexdentatus* Boerner, 1767

省内产地：西峡，淅川，内乡，桐柏。

分布：河南，黑龙江，吉林，辽宁，内蒙古，陕西，四川，云南；俄罗斯；欧洲。

危害：油松，华山松，落叶松，云杉。

资料来源：申效诚，1993，河南昆虫名录。中国农业科学技术出版社。

落叶松八齿小蠹 *Ips subelongatus* Motschulsky, 1860

省内产地：郑州，开封。

分布：河南，黑龙江，吉林，辽宁，内蒙古，山西，云南；蒙古国。俄罗斯，日本。

危害：落叶松，松，云杉。

资料来源：申效诚，1993，河南昆虫名录。中国农业科学技术出版社。

云杉八齿小蠹 *Ips typogeaphus* (Linnaeus, 1758)

省内产地：郑州，开封。

分布：河南，黑龙江，吉林，辽宁，陕西，新疆，四川；俄罗斯，朝鲜，日本；欧洲。

危害：云杉，松，落叶松。

资料来源：申效诚，1993，河南昆虫名录。中国农业科学技术出版社。

松瘤小蠹 *Orthomicus erosus* Wollaston, 1875

省内产地：桐柏，信阳。

分布：河南，陕西，江苏，江西，福建，湖南，四川，云南；西亚，欧洲。

危害：松，马尾松，油松。

资料来源：申效诚，1993，河南昆虫名录。中国农业科学技术出版社。

柏肤小蠹 *Phloeosinus aubei* Perris, 1855

省内产地：全省。

分布：河南，北京，陕西，山东，江苏，台湾，四川。

危害：侧柏，杉。

资料来源：申效诚，1993，河南昆虫名录。中国农业科学技术出版社。

罗汉肤小蠹 *Phloeosinus perlatus* Chapuis, 1875

省内产地：新乡，商丘。

分布：河南，山东，四川，福建，台湾；日本。

危害：侧柏，杉。

资料来源：申效诚，1993，河南昆虫名录。中国农业科学技术出版社。

杉肤小蠹 *Phloeosinus sinensis* Schedl, 1953

省内产地：信阳，罗山，新县，光山。

分布：河南，陕西，四川，湖南，江西，福建。

危害：杉。

资料来源：申效诚，1993，河南昆虫名录。中国农业科学技术出版社。

长脐小蠹 *Scolytus parviclaviger* Yin *et* Huang, 1980

省内产地：安阳，濮阳，南乐，新乡。

分布：河南，山西。

危害：白榆。

资料来源：申效诚，1993，河南昆虫名录。中国农业科学技术出版社。

脐腹小蠹 *Scolytus schevyrewi* Semenov, 1902

省内产地：安阳，新乡。

分布：河南，黑龙江，内蒙古，宁夏，陕西；俄罗斯。

危害：榆，柳。

资料来源：申效诚，1993，河南昆虫名录。中国农业科学技术出版社。

多毛小蠹 *Scolytus seulensis* Murayama, 1930

省内产地：安阳，郑州，卢氏，洛阳，许昌，南阳，西峡。

分布：河南，黑龙江，吉林，辽宁，内蒙古，河北，北京，陕西，宁夏，甘肃，山东，江苏；朝鲜。

危害：桃，梨，杏，李，樱桃。

资料来源：申效诚，1993，河南昆虫名录。中国农业科学技术出版社。

微脐小蠹 *Scolytus shikisani* Niisima

省内产地：信阳，新县，商城。

分布：河南，山西；俄罗斯，日本。

危害：榆。

资料来源：申效诚，1993，河南昆虫名录。中国农业科学技术出版社。

黄须球小蠹 *Sphaerotrypes coimbatorensis* Stebbing, 1903

省内产地：栾川，洛阳，西峡，镇平，南阳。

分布：河南，河北，陕西，安徽，湖南，四川；印度。
危害：核桃，枫杨。
资料来源：申效诚，1993，河南昆虫名录。中国农业科学技术出版社。

核桃球小蠹 *Sphaerotrypes juglansi* Tsai *et* Yin, 1966
省内产地：卢氏，栾川，洛阳，南阳，西峡。
分布：河南，陕西，安徽。
危害：核桃，枫杨。
资料来源：申效诚，1993，河南昆虫名录。中国农业科学技术出版社。

榆球小蠹 *Sphaerotrypes ulmi* Tsai *et* Yin, 1966
省内产地：新乡，郑州，中牟，开封，尉氏，信阳，新县，商城。
分布：河南，陕西。
危害：榆。
资料来源：申效诚，1993，河南昆虫名录。中国农业科学技术出版社。

横坑切梢小蠹 *Tomicus minor* Hartig, 1834
省内产地：桐柏，南阳，西峡，信阳，新县。
分布：河南，黑龙江，吉林，辽宁，陕西，浙江，江西，台湾，湖南，四川，云南；日本，俄罗斯，丹麦，法国。
危害：松，油松，马尾松。
资料来源：申效诚，1993，河南昆虫名录。中国农业科学技术出版社。

纵坑切梢小蠹 *Tomicus piniperda* (Linnaeus, 1758)
省内产地：镇平，桐柏，南阳，西峡，信阳，新县。
分布：河南，吉林，辽宁，陕西，江苏，浙江，江西，福建，湖南，四川，云南；蒙古国；俄罗斯，朝鲜，日本。
危害：松，油松，马尾松。
资料来源：申效诚，1993，河南昆虫名录。中国农业科学技术出版社。

端齿材小蠹 *Xyleborus apicalis* Blandford
省内产地：具体不详。
分布：河南，云南。
资料来源：黄复生，1987，云南森林昆虫。云南科技出版社。

光滑材小蠹 *Xyleborus germanus* (Blandford)
省内产地：具体不详
分布：河南，其他分布地待查。
资料来源：申效诚，1993，河南昆虫名录。中国农业科学技术出版社。

泡桐材小蠹 *Xyleborus* sp.
省内产地：许昌，鄢陵，禹州，西华。
分布：河南。
危害：泡桐。
资料来源：申效诚，1993，河南昆虫名录。中国农业科学技术出版社。

第二四节 昆虫纲：捻翅目
Class Insecta: Order Strepsiptera

捻翅目昆虫俗称“捻翅虫”，统称“蝙”。本目昆虫雌雄异型，雄虫自由生活，前翅退化如平衡棒，后翅宽大，能飞翔，雌虫一般无翅无足，终生生活在寄主体内，头胸部露出寄主体外，无触角无眼，口器退化不取食。在头、胸部相连处有一个育腔口，幼虫孵化后，从此处爬出，再寻找新的寄主。

捻翅目昆虫的寄主主要是蜂、蚁、叶蝉、飞虱等。

捻翅目全世界共 6 科 400 种，中国记载 5 科 9 属 24 种，河南记录 1 科 2 属 2 种。

栉蝙科 Halictophagidae

本科全世界共 6 属 104 种，中国记载 3 属 11 种，河南记录 2 属 2 种。

二点栉蝙*Halictophagus bipunctatus* Yang

省内产地：全省。

分布：河南，其他分布地待查。

资料来源：申效诚，1993，河南昆虫名录。中国农业科学技术出版社。

拟蚤蝼蝙*Tridactyloxenos coniferus* Yang

省内产地：具体不详。

分布：河南，北京，辽宁。

资料来源：申效诚，1993，河南昆虫名录。中国农业科学技术出版社。

第二五节　昆虫纲：长翅目
Class Insecta: Order Mecoptera

长翅目昆虫统称“蝎蛉”。喜生活在潮湿的森林、峡谷以及植被茂密的地区。其主要特征是，体中型，细长，头部向腹面延伸成特殊的长喙，口器咀嚼式；触角长丝状；2 对翅膜质透明，十分相似，翅脉接近原始脉相。雄虫有显著的外生殖器，在腹末上翘似蝎尾。

长翅目昆虫捕食性，能捕食各种昆虫，亦能取食苔藓类植物。对环境变化敏感，可作为环境质量的指示生物。

长翅目河南原来基本无记载。考察中，花保祯教授采到大量标本，丰富了长翅目区系。2000 年，我们也采到数百头蝎蛉标本送给花保祯教授鉴定。

长翅目全世界共 9 科 31 属 605 种，中国记载 2 科 5 属 167 种，河南记录 2 科 3 属 10 种，其中 6 种为河南昆虫考察中发现的新种。

一、蚊蝎蛉科 Bittacidae

本科全世界共 15 属 171 种，中国记载 1 属 17 种，河南记录 1 属 2 种。

扁蚊蝎蛉 *Bittacus planus* Cheng, 1950

省内产地：嵩县白云山。

分布：河南，陕西。

资料来源：花保祯，周尧，1998，河南省伏牛山的蚊蝎蛉记述。《伏牛山区昆虫》，中国农业科学技术出版社。

纹翅蚊蝎蛉 *Bittacus strigatus* Hua *et* Chou, 1998

省内产地：嵩县白云山(模式产地)。

分布：河南。

资料来源：花保祯，周尧，1998，河南省伏牛山的蚊蝎蛉记述。《伏牛山区昆虫》，中国农业科学技术出版社。

二、蝎蛉科 Panorpidae

本科全世界共 3 属 377 种，中国记载 2 属 150 种，河南记录 2 属 8 种。

河南新蝎蛉 *Neopanorpa longiprocessa* Hua *et* Chou, 1997

省内产地：嵩县白云山，栾川龙峪湾(模式产地)。

分布：河南。

资料来源：花保祯等，1997，河南省伏牛山蝎蛉记述。昆虫分类学报，19(4): 273~278。

鸡公山新蝎蛉 *Neopanorpa jigongshanensis* Hua, 1999

省内产地：信阳鸡公山(模式产地)。

分布：河南。

资料来源：花保祯，1999，河南省鸡公山蝎蛉科一新种。鸡公山区昆虫，中国农业科学技术出版社。

申氏新蝎蛉 *Neopanorpa sheni* Hua *et* Chou, 1997

省内产地：嵩县白云山，栾川龙峪湾(模式产地)。

分布：河南。

资料来源：花保祯等，1997，河南省伏牛山蝎蛉记述。昆虫分类学报，19(4): 273~278。

华山蝎蛉 *Panorpa emarginata* Cheng, 1948

省内产地：嵩县白云山，栾川龙峪湾。

分布：河南，陕西。

资料来源：花保祯等，1997，河南省伏牛山蝎蛉记述。昆虫分类学报，19(4): 273~278。

伏牛山蝎蛉 *Panorpa funiushana* Hua *et* Chou, 1997

省内产地：嵩县白云山，栾川龙峪湾(模式产地)。

分布：河南。

资料来源：花保祯等，1997，河南省伏牛山蝎蛉记述。昆虫分类学报，19(4): 273~278。

大蝎蛉 *Panorpa magna* Chou *et* Wang, 1981

省内产地：嵩县白云山，栾川龙峪湾。

分布：河南，陕西。

资料来源：花保祯等，1997，河南省伏牛山蝎蛉记述。昆虫分类学报，19(4): 273~278。

六刺蝎蛉 *Panorpa sexspinosa* Cheng, 1949

省内产地：嵩县白云山，栾川龙峪湾。

分布：河南，陕西。

资料来源：花保祯等，1997，河南省伏牛山蝎蛉记述。昆虫分类学报，19(4): 273~278。

王屋山蝎蛉 *Panorpa wangwushana* Huang, Hua *et* Shen, 2004

省内产地：济源黄楝树，济源王屋山(模式产地)。

分布：河南。

资料来源：黄蓬英，花保祯，申效诚，2004，蝎蛉属 *Panorpa* 一新种记述(长翅目：蝎蛉科)。昆虫分类学报，26(1)：29~31。

第二六节　昆虫纲：双翅目
Class Insecta: Order Diptera

双翅目昆虫也是昆虫纲中较大的目，包括蚊、蠓、蚋、虻、蝇等。主要特征是只有 1 对膜质透明的前翅，后翅退化为平衡棒；口器刺吸式或舔吸式。

双翅目昆虫身体中型到微小。根据触角分为长角、短角和环裂 3 个亚目，食性有植食性、捕食性、腐食性、血食性等。是卫生害虫集中的类群，也有不少的农林害虫和天敌昆虫。

双翅目昆虫原来有一定的调查基础，这次考察种类增加 2.8 倍，杨定教授及其研究生们的连续调查，使舞虻总科的区系达到 185 种，其中新种有 98 种；杨集昆教授对长角亚目一些科的调查，史永善研究员对有瓣蝇类的调查，也都收获巨大。

双翅目全世界有 170 科 120 000 种，中国有 99 科 1989 属 14 880 种，河南记载 54 科 391 属 994 种。

一、大蚊科 Tipulidae

本科是白天和灯下比较常见的类群，但由于足容易断掉，一直没有专门采集。故至今所知甚少。下列种类是 1997 年中国农业大学在信阳鸡公山顺便采集的结果。

本科世界已知 17 000 种，中国记载 91 属 1129 种，河南已知 7 属 9 种。

环带尖头大蚊 *Brithura sancta* Alexander, 1929

省内产地：嵩县白云山，宜阳花果山。

分布：河南，河北，北京，湖北，浙江。

资料来源：杨定，2009，河北动物志 双翅目。中国农业科学技术出版社。

黄缘毛大蚊 *Eriocera flavimarginata* Yang, 1999

省内产地：信阳鸡公山(模式产地)。

分布：河南。

资料来源：杨定，1999，河南鸡公山沼大蚊科一新种(双翅目：大蚊总科)。《鸡公山区昆虫》，中国农业科学技术出版社。

变色棘膝大蚊 *Holorusia brobdignagia* (Westwood, 1876)

省内产地：信阳鸡公山。

分布：河南，四川，陕西，江西。

资料来源：杨定，1999，双翅目：大蚊总科。《鸡公山区昆虫》，中国农业科学技术出版社。

河南棘膝大蚊 *Holorusia henana* Yang, 1999

省内产地：信阳鸡公山(模式产地)。

分布：河南。

资料来源：杨定，1999，河南鸡公山大蚊科二新种(双翅目：大蚊总科)。《鸡公山区昆虫》，中国农业科学技术出版社。

黄斑大蚊 *Nephrotoma appendiculata* (Pierre, 1919)

省内产地：具体不详。

分布：河南，宁夏，内蒙古，山东，江苏；日本，韩国，俄罗斯；欧洲。

寄主：苜蓿。

资料来源：王新谱等，2010，宁夏贺兰山昆虫。宁夏人民出版社。

黑缘大蚊 *Nephrotoma sinensis* (Edwards, 1916)

省内产地：具体不详。

分布：河南，上海，台湾，广东；日本。

资料来源：申效诚，1993，《河南昆虫名录》，中国农业科学技术出版社。

双斑比栉大蚊 *Pselliophora bifascipennis* Brunetti, 1911

省内产地：信阳鸡公山。

分布：河南，黑龙江，浙江，河北，山东，江苏，广东；俄罗斯，朝鲜，日本。

资料来源：杨定，1999，双翅目：大蚊总科。《鸡公山区昆虫》，中国农业科学技术出版社。

新雅大蚊 *Tipula nova* Waeker, 1848

省内产地：信阳鸡公山。

分布：河南，山西，江西，江苏，湖北，浙江，福建，四川，云南，台湾，广东，香港，广西；日本。

资料来源：杨定，1999，双翅目：大蚊总科。《鸡公山区昆虫》，中国农业科学技术出版社。

鸡公山白环大蚊 *Tipuliodina jigongshana* Yang, 1999

省内产地：信阳鸡公山(模式产地)。

分布：河南。

资料来源：杨定，1999，河南鸡公山大蚊科二新种(双翅目：大蚊总科)。《鸡公山区昆虫》，中国农业科学技术出版社。

二、蚊科 Culicidae

本科世界已知 400 属 4000 种，中国记载 18 属 370 种，河南已知 10 属 63 种。

刺管伊蚊 *Aedes* (*Aedimorphus*) *caecus* (Theobald, 1901)

省内产地：豫南山区。

分布：河南，浙江，广西，海南，贵州，四川，云南；越南，缅甸，泰国，柬埔寨，印度，孟加拉国，马来西亚，新加坡，菲律宾，印度尼西亚。

资料来源：刘亦仁等，2008，双翅目：蚊科。《宝天曼自然保护区昆虫》，中国农业科学技术出版社。

刺扰伊蚊 *Aedes* (*Aedimorphus*) *vexans* (Meigen, 1830)

省内产地：豫南山区，豫西南山区，豫西北山区，黄淮平原。

分布：全国各省区；全北界，东洋界。

资料来源：申效诚，1993，河南昆虫名录。中国农业科学技术出版社。

侧白伊蚊 *Aedes* (*Finlaya*) *albotateralis* (Theobald, 1908)

省内产地：豫南山区。

分布：河南，福建，海南，广西，贵州，四川，云南，台湾；朝鲜，印度，印度尼西亚，马来西亚，尼泊尔，斯里兰卡。

资料来源：刘亦仁等，2008，双翅目：蚊科。《宝天曼自然保护区昆虫》，中国农业科学技术出版社。

棘刺伊蚊 *Aedes* (*Finlaya*) *elsiae* (Barraud, 1923)

省内产地：豫南山区，豫西南山区。

分布：河南，安徽，浙江，福建，台湾，江西，海南，贵州，广西，四川，云南，西藏；印度，马来西亚，泰国，越南。

资料来源：申效诚，1993，河南昆虫名录。中国农业科学技术出版社。

羽鸟伊蚊 *Aedes* (*Finlaya*) *hatorii* Yamada, 1921

省内产地：豫南山区，豫西南山区，豫西北山区。

分布：河南，吉林，浙江，福建，湖北，贵州，四川，台湾；朝鲜，日本。

资料来源：申效诚，1993，河南昆虫名录。中国农业科学技术出版社。

日本伊蚊 *Aedes* (*Finlaya*) *japonicus* (Theobald, 1901)

省内产地：豫南山区，豫西南山区，豫西北山区。

分布：河南，河北，浙江，福建，江西，台湾，湖北，湖南，海南，广西，贵州，四川，云南；日本，俄罗斯。

资料来源：申效诚，1993，河南昆虫名录。中国农业科学技术出版社。

朝鲜伊蚊 ***Aedes* (*Finlaya*)*koreicus* (Edwards, 1921)**

省内产地：豫南山区，豫西南山区，豫西北山区，黄淮平原。

分布：河南，黑龙江，吉林，辽宁，内蒙古，宁夏，河北，山西，湖北，四川，贵州；朝鲜，日本，俄罗斯。

资料来源：申效诚，1993，河南昆虫名录。中国农业科学技术出版社。

乳点伊蚊 ***Aedes* (*Finlaya*) *macfarianei* ((Edwards, 1914)**

省内产地：豫南山区。

分布：河南，福建。海南，广西，云南；越南，泰国，印度尼西亚。

资料来源：申效诚，1993，河南昆虫名录。中国农业科学技术出版社。

东瀛伊蚊 ***Aedes nipponicus* Lacasse *et* Yamacati, 1948**

省内产地：济源。

分布：河南，吉林，辽宁，河北，浙江，福建，台湾，江西，湖北，广西，贵州，云南；朝鲜，日本，俄罗斯。

资料来源：史明珠等，2001，河南太行山区蚊虫调查报告。河南预防医学杂志，12(4)：226~227。

类雪伊蚊 ***Aedes* (*Finlaya*) *niveoi* (Barraud, 1934)**

省内产地，豫南山区，豫西北山区，黄淮平原。

分布：河南，云南，香港；印度，印度尼西亚，越南，马来西亚。

资料来源：刘亦仁等，2008，双翅目：蚊科。《宝天曼自然保护区昆虫》，中国农业科学技术出版社。

金叶伊蚊 ***Aedes* (*Finlaya*) *oreophilus* (Edwards, 1916)**

省内产地：济源。

分布：河南，四川，云南；朝鲜，日本，印度。

资料来源：史明珠等，2001，河南太行山区蚊虫调查报告。河南预防医学杂志，12(4)：226~227。

美腹伊蚊 ***Aedes* (*Finlaya*) *pulchriventer* (Giles, 1901)**

省内产地：济源。

分布：河南，四川，贵州，云南，西藏，台湾；印度。

资料来源：史明珠等，2001，河南太行山区蚊虫调查报告。河南预防医学杂志，12(4)：226~227。

汉城伊蚊 ***Aedes* (*Finlaya*) *seoulensis* Yamada, 1921**

省内产地：济源。

分布：河南，辽宁，河北，山东，湖北，四川；朝鲜。

资料来源：史明珠等，2001，河南太行山区蚊虫调查报告。河南预防医学杂志，12(4)：226~227。

北部伊蚊 ***Aedes* (*Finlaya*) *tonkinensis* Galliard *et* Ngu, 1947**

省内产地：济源。

分布：河南，海南，广西，贵州，四川，云南；越南。

资料来源：史明珠等，2001，河南太行山区蚊虫调查报告。河南预防医学杂志，12(4)：226~227。

背点伊蚊 ***Aedes* (*Ochlerotatus*) *dorsalis* (Meigen, 1830)**

省内产地：豫南山区，豫西北山区，黄淮平原。

分布：河南，黑龙江，吉林，辽宁，内蒙古，河北，山西，山东，陕西，宁夏，甘肃，青海，新疆，安徽，江苏，浙江，台湾；日本，蒙古国，俄罗斯；北美，欧洲，北非。

资料来源：申效诚，1993，河南昆虫名录。中国农业科学技术出版社。

白纹伊蚊 ***Aedes* (*Stegomyia*) *albopiictus* (Skuse, 1894)**

省内产地：豫南山区，豫西南山区，豫西北山区，黄淮平原。

分布：河南，辽宁，河北，山西，陕西，山东，安徽，江苏，浙江，湖北，江西，湖南，福建，台湾，广东，广西，海南，四川，贵州，云南，西藏；东南亚各国。

资料来源：申效诚，1993，河南昆虫名录。中国农业科学技术出版社。

仁川伊蚊 *Aedes* (*Stegomyia*) *chemulpoensis* Yamada, 1921

省内产地：豫南山区，豫西南山区，黄淮平原。

分布：河南，吉林，辽宁，河北，甘肃，山西，山东，安徽，江苏，浙江，湖北，四川，云南；朝鲜半岛。

资料来源：申效诚，1993，《河南昆虫名录》。中国农业科学技术出版社。

缘纹伊蚊 *Aedes* (*Stegomyia*) *galloisi* Yamada, 1921

省内产地：豫西北山区。

分布：河南，吉林，辽宁；朝鲜，日本，俄罗斯(西伯利亚)。

资料来源：刘亦仁等，2008，双翅目：蚊科。《宝天曼自然保护区昆虫》，中国农业科学技术出版社。

马来伊蚊 *Aedes* (*Stegomyia*) *malayensis* Colles, 1962

省内产地：豫南山区。

分布：河南，浙江，福建，台湾，海南；东南亚。

资料来源：刘亦仁等，2008，双翅目：蚊科。《宝天曼自然保护区昆虫》，中国农业科学技术出版社。

新缘纹伊蚊 *Aedes neogalloisi* Chen *et* Chen, 2000

省内产地：济源(模式产地)。

分布：河南。

资料来源：陈浩利等，2000，河南伊蚊一新种(双翅目：蚊科)。动物分类学报，25(3)：341~344。

嗜人按蚊 *Anopheles* (*Anopheles*) *anthropophogus* Xu *et* Feng, 1975

省内产地：豫南山区。

分布：河南，安徽，江苏，浙江，福建，江西，湖北，湖南，广东，广西，海南，贵州，四川，云南。

资料来源：刘亦仁等，2008，双翅目：蚊科。《宝天曼自然保护区昆虫》，中国农业科学技术出版社。

巨型按蚊贝氏亚种 *Anopheles* (*Anopheles*) *gigas baileyi* Edwards, 1929

省内产地：黄淮平原。

分布：河南，安徽，台湾，广西，贵州，四川，云南，西藏；印度，缅甸，越南。

资料来源：申效诚，1993，河南昆虫名录。中国农业科学技术出版社。

朝鲜按蚊 *Anopheles* (*Anopheles*) *koreicus* Yamada *et* Watanabe, 1918

省内产地：豫南山区。

分布：河南，吉林，安徽，浙江；朝鲜，日本。

资料来源：申效诚，1993，河南昆虫名录。中国农业科学技术出版社。

贵阳按蚊 *Anopheles* (*Anopheles*) *kweiyangensis* Yao *et* Wu, 1944

省内产地：豫南山区。

分布：河南，安徽，浙江，福建，江西，湖北，湖南，广西，贵州，四川，云南。

资料来源：申效诚，1993，河南昆虫名录。中国农业科学技术出版社。

林氏按蚊 *Anopheles* (*Anopheles*) *lindesayi* Giles, 1900

省内产地：豫南山区，豫西南山区，豫西北山区，黄淮平原。

分布：河南，辽宁，河北，山西，山东，安徽，江苏，浙江。福建，台湾，江西，湖北，湖南，广东，海南，广西，贵州，四川，云南，西藏，陕西，宁夏，甘肃；缅甸，印度，尼泊尔，朝鲜，巴基斯坦，俄罗斯。

资料来源：申效诚，1993，河南昆虫名录。中国农业科学技术出版社。

中华按蚊 *Anopheles* (*Anopheles*) *sinesis* Wiedemann, 1828

省内产地：豫南山区，豫西南山区，豫西北山区，黄淮平原。

分布：河南，黑龙江，吉林，辽宁，内蒙古，河北，山西，山东，安徽，江苏，浙江，福建，台湾，江西，湖北，湖南，广东，海南，广西，贵州，四川，云南，西藏，陕西，宁夏，甘肃；越南，老挝，柬埔寨，苏门答腊，马来西亚，泰国，缅甸，印度，尼泊尔，朝鲜，日本。

资料来源：申效诚，1993，河南昆虫名录。中国农业科学技术出版社。

八代按蚊 *Anopheles* (*Anopheles*) *yatsushiroensis* Miyazaki, 1951

省内产地：豫南山区。

分布：河南，黑龙江，吉林，辽宁，内蒙古，河北，山东，江苏，四川，贵州，云南，陕西；朝鲜，日本。

资料来源：申效诚，1993，河南昆虫名录。中国农业科学技术出版社。

多斑按蚊 *Anopheles* (*Cella*) *maculates* Theobald, 1901

省内产地：豫南山区，豫西南山区。

分布：河南，安徽，云南，海，福建，台湾，江西，湖北，广西，贵州，西藏；印度，马来西亚，菲律宾，越南。

资料来源：申效诚，1993，河南昆虫名录。中国农业科学技术出版社。

微小按蚊 *Anopheles* (*Cella*) *minimus* Theobald, 1901

省内产地：豫南山区。

分布：河南，安徽，浙江，福建，台湾，江西，湖北，湖南，广东，海南，广西，贵州，四川；缅甸，孟加拉国，柬埔寨。

资料来源：申效诚，1993，河南昆虫名录。中国农业科学技术出版社。

潘氏按蚊 *Anopheles* (*Cella*) *pattoni* Christophers, 1926

省内产地：豫南山区，豫西南山区，豫西北山区，黄淮平原。

分布：河南，辽宁，河北，山西，山东，湖北，贵州，四川，云南，陕西，宁夏，甘肃。

资料来源：申效诚，1993，河南昆虫名录。中国农业科学技术出版社。

骚扰阿蚊 *Armigeres* (*Armigeres*) *subalbats* (Coqullott. 1898)

省内产地：豫南山区，豫西南山区，豫西北山区，黄淮平原。

分布：河南，河北，山西，安徽，江苏，浙江，福建，台湾，江西，湖北，湖南，广东，海南，广西，贵州，四川，云南，西藏，陕西，甘肃；朝鲜，日本半岛，缅甸，印度，柬埔寨，马来西亚，巴基斯坦，菲律宾，泰国，越南。

资料来源：申效诚，1993，河南昆虫名录。中国农业科学技术出版社。

黄色轲蚊 *Coquillettidia ochracea* (Theobald, 1903)

省内产地：豫南山区。

分布：河南，山东，浙江，江苏，云南；印度，印度尼西亚，朝鲜，日本半岛，马来西亚，泰国，菲律宾，巴布亚新几内亚。

资料来源：申效诚，1993，河南昆虫名录。中国农业科学技术出版社。

凶小库蚊 *Culex* (*Borraudius*) *modestus* Ficaibi, 1902

省内产地：豫南山区，黄淮平原。

分布：河南，黑龙江，吉林，辽宁，内蒙古，河北，山西，山东，安徽，江苏，浙江，湖南，四川，宁夏，甘肃，青海，新疆；俄罗斯，日本；欧洲，中亚。

资料来源：刘亦仁等，2008，双翅目：蚊科。《宝天曼自然保护区昆虫》，中国农业科学技术出版社。

二带喙库蚊 *Culex* (*Culex*) *bitaeniorhynchus* Giles, 1901

省内产地：豫南山区，豫西南山区，豫西北山区，黄淮平原。

分布：全国各省区(除陕西，青海)；世界广布。

资料来源：申效诚，1993，河南昆虫名录。中国农业科学技术出版社。

棕头库蚊 *Culex* (*Culex*) *fuscocephalus* Theobald, 1907

省内产地：豫南山区。

分布：河南，山西，山东，安徽，江苏，福建，台湾，江西，湖北，湖南，海南，广东，广西，贵州，四川，云南，西藏；印度，尼泊尔，越南，柬埔寨，老挝，泰国，缅甸，菲律宾，新加坡，马来西亚，斯里兰卡，印度尼西亚。

资料来源：申效诚，时振亚，1998，伏牛山区昆虫。中国农业科学技术出版社。

白雪库蚊 *Culex* (*Culex*) *gelidus* Theobald, 1901

省内产地：豫南山区，黄淮平原。

分布：河南，浙江，台湾，湖北，湖南，广东，海南，广西，贵州，四川，云南；日本，印度，巴基斯坦，越南，柬埔寨，马来西亚，新加坡，印度尼西亚，菲律宾，巴布亚新几内亚。

资料来源：刘亦仁等，2008，双翅目：蚊科。《宝天曼自然保护区昆虫》，中国农业科学技术出版社。

棕盾库蚊 *Culex* (*Culex*) *jacksoni* Edwards, 1934

省内产地：豫南山区，豫西南山区，豫西北山区。

分布：河南，黑龙江，吉林，辽宁，河北，山西，山东，安徽，江苏，浙江，福建，台湾，湖北，湖南，广东，海南，广西，贵州，四川，云南；印度，斯里兰卡，朝鲜半岛，俄罗斯。

资料来源：申效诚，1993，河南昆虫名录。中国农业科学技术出版社。

拟态库蚊 *Culex* (*Culex*) *mimeticus* Noe, 1859

省内产地：豫南山区，黄淮平原。

分布：全国各省区(除新疆，青海，内蒙古)；广布东洋界和古北界。

资料来源：申效诚，1993，河南昆虫名录。中国农业科学技术出版社。

小拟态库蚊 *Culex* (*Culex*) *mimulus* Edwards, 1915

省内产地：豫南山区，豫西南山区，黄淮平原。

分布：河南，安徽，江苏，浙江，福建，江西，台湾，湖北，湖南，广东，海南，广西，贵州，四川，云南，西藏，陕西，甘肃；印度，尼泊尔，斯里兰卡，马来西亚，新加坡，缅甸，泰国，越南，老挝，柬埔寨，菲律宾，印度尼西亚，巴布亚新几内亚。

资料来源：申效诚，1993，河南昆虫名录。中国农业科学技术出版社。

淡色库蚊 *Culex* (*Culex*) *pipiens pallens* Coquillett, 1898

省内产地：豫南山区，豫西南山区，豫西北山区，黄淮平原。

分布：河南，黑龙江，吉林，辽宁，内蒙古，河北，山西，山东，陕西，宁夏，甘肃，安徽，江苏，浙江，湖北；朝鲜半岛，日本。

资料来源：申效诚，1993，河南昆虫名录。中国农业科学技术出版社。

致倦库蚊 *Culex* (*Culex*) *pipiens quinquefasciatus* Say, 1823

省内产地：豫南山区，黄淮平原。

分布：河南，安徽，江苏，上海，浙江，杜绝，台湾，江西，湖北，湖南，广东，海南，广西，贵州，四川，云南，西藏，陕西；全球热带区。

资料来源：刘亦仁等，2008，双翅目：蚊科。《宝天曼自然保护区昆虫》，中国农业科学技术出版社。

伪杂鳞库蚊 *Culex* (*Culex*) *pseudovishnus* Colless, 1057

省内产地：豫南山区，豫西南山区，黄淮平原。

分布：河南，河北，山西，山东，安徽，江苏，浙江，福建，台湾，湖北，湖南，广东，海南，广西，贵州，四川，云南，西藏，甘肃，宁夏；印度，巴基斯坦，斯里兰卡，柬埔寨，越南，马来西亚，新加坡，印度尼西亚，菲律宾，日本。

资料来源：申效诚，1993，河南昆虫名录。中国农业科学技术出版社。

中华库蚊 *Culex* (*Culex*) *sinensis* Theobald, 1903

省内产地：豫南山区，黄淮平原。

分布：河南，河北，山东，安徽，江苏，浙江，福建，台湾，湖北，湖南，广东，海南，广西，贵州，四川，云南，宁夏，甘肃；广布古北界和东洋界。

资料来源：申效诚，1993，河南昆虫名录。中国农业科学技术出版社。

海滨库蚊 *Culex* (*Culex*) *sitiens* Wiedemann, 1828

省内产地：豫南山区。

分布：河南，山东，江苏，浙江，福建，台湾，海南，广西；广布东洋界等地区。

资料来源：刘亦仁等，2008，双翅目：蚊科。《宝天曼自然保护区昆虫》，中国农业科学技术出版社。

三带喙库蚊 *Culex* (*Culex*) *tritaeniorhynchus* Giles, 1901

省内产地：豫南山区，豫西南山区，豫西北山区，黄淮平原。

分布：全国和省区(除新疆，西藏)；广布东洋界和古北界。

资料来源：申效诚，1993，河南昆虫名录。中国农业科学技术出版社。

惠氏库蚊 *Culex* (*Culex*) *whitmorei* (Giles, 1904)

省内产地：豫南山区，豫西南山区。

分布：河南，山东，吉林，辽宁，安徽，江苏，浙江，福建，台湾，江西，湖北，湖南，广东，海南，广西，贵州，四川，云南，西藏；朝鲜，日本，俄罗斯，澳大利亚；东南亚。

资料来源：陆宝麟等，1997，中国动物志 昆虫纲 第八卷 双翅目蚊科。科学出版社。

迷走库蚊 *Culex* (*Culex*) *vagans* Wiedemann, 1828

省内产地：豫南山区，豫西南山区，黄淮平原。

分布：全国各省区(除新疆，青海，陕西)；俄罗斯，朝鲜，日本半岛。

资料来源：申效诚，1993，河南昆虫名录。中国农业科学技术出版社。

黑点库蚊 *Culex* (*Culiciomyia*) *nigropunctatus* Edwards, 1926

省内产地：豫南山区。

分布：河南，安徽，台湾，湖南，海南，广西，贵州，云南，西藏；印度，泰国，斯里兰卡，马来西亚，新加坡，菲律宾，印度尼西亚，日本。

资料来源：申效诚，1993，河南昆虫名录。中国农业科学技术出版社。

白胸库蚊 *Culex* (*Culiciomyia*) *pallidothorax* Theobald, 1905

省内产地：豫南山区。

分布：河南，山西，山东，安徽，江苏，浙江，福建，台湾，湖北，湖南，广东，海南，广西，四川，贵州，云南；印度，斯里兰卡，尼泊尔，缅甸，越南，老挝，柬埔寨，泰国，菲律宾，马来西亚，日本，巴布亚新几内亚。

资料来源：申效诚，1993，河南昆虫名录。中国农业科学技术出版社。

薛氏库蚊 *Culex* (*Culiciomyia*) *shebbearei* Barraued, 1924

省内产地：豫南山区，豫西北山区。

分布：河南，安徽，江苏，浙江，福建，江西，湖北，湖南，广东，贵州，四川，云南，西藏；印度，斯里兰卡，尼泊尔，缅甸，越南，老挝，柬埔寨，泰国，菲律宾，马来西亚，日本，巴布亚新几内亚。

资料来源：申效诚，时振亚，1998，《伏牛山区昆虫》。中国农业科学技术出版社。

短须库蚊 *Culex* (*Eumelanomyia*) *brevipalpis* (Giles, 1902)

省内产地：豫南山区。

分布：河南，安徽，浙江，福建，台湾，江西，湖南，海南，贵州，四川，云南；广布东洋界。

资料来源：刘亦仁等，2008，双翅目：蚊科。《宝天曼自然保护区昆虫》，中国农业科学技术出版社。

叶片库蚊 *Culex* (*Eumelanomyia*) *foliates* Brug. 1932

省内产地：豫南山区。

分布：河南，浙江，福建，台湾，湖北，广东，海南，广西，贵州，四川，云南；印度，尼泊尔，斯里兰卡，越南，泰国，菲律宾，马来西亚，印度尼西亚。

资料来源：刘亦仁等，2008，双翅目：蚊科。《宝天曼自然保护区昆虫》，中国农业科学技术出版社。

林氏库蚊 *Culex* (*Eumelanomyia*) *hayashii* Yamada, 1917

省内产地：豫南山区，豫西南山区。

分布：河南，吉林，辽宁，河北，北京，山东，安徽，江苏，浙江，福建，台湾，江西，湖南，广西，贵州，云南；俄罗斯，朝鲜，日本半岛。

资料来源：刘亦仁等，2008，双翅目：蚊科。《宝天曼自然保护区昆虫》，中国农业科学技术出版社。

马来库蚊 *Culex* (*Eumelanomyia*) *malayi* (Leicester, 1908)

省内产地：豫南山区。

分布：河南，山东，安徽，江苏，浙江，福建，台湾，湖北，湖南，广东，海南，广西，贵州，四川，云南，甘肃；印度，缅甸，马来西亚，印度尼西亚，柬埔寨，尼泊尔，巴布亚新几内亚，泰国，越南。

资料来源：申效诚，1993，河南昆虫名录。中国农业科学技术出版社。

幼小库蚊 *Culex* (*Lophoceraomyia*) *infantulus* Edwards, 1922

省内产地：具体不明。

分布：河南，安徽，江苏，江西，湖北，甘肃，湖南，浙江，福建，广东，广西，海南，四川，贵州，云南；印度，尼泊尔，斯里兰卡，缅甸，泰国，越南，马来西亚，菲律宾，日本，印度尼西亚。

资料来源：申效诚，1993，河南昆虫名录。中国农业科学技术出版社。

褐尾库蚊 *Culex* (*Lutzia*) *fuscanus* Wiedemann, 1820

省内产地：豫南山区，豫西南山区，黄淮平原。

分布：河南，河北，山西，山东，安徽，江苏，浙江，福建，台湾，江西，湖北，湖南，广东，海南，广西，贵州，四川，云南，陕西，宁夏，甘肃；广布东洋界，朝鲜，日本半岛，俄罗斯(西伯利亚)，澳大利亚。

资料来源：申效诚，1993，河南昆虫名录。中国农业科学技术出版社。

贪食库蚊 *Culex* (*Lutzia*) *halifaxi* Theobald, 1903

省内产地：豫南山区，豫西南山区，黄淮平原。

分布：河南，辽宁，河北，山东，安徽，江苏，浙江，福建，台湾，江西，湖北，湖南，广东，海南，广西，贵州，四川，云南，陕西，甘肃；广布东洋界，古北界。

资料来源：申效诚，1993，河南昆虫名录。中国农业科学技术出版社。

银带脉毛蚊 *Culiseta* (*Culiseta*) *niveitaeniata* (Theobald, 1907)

省内产地：济源，豫西南山区。

分布：河南，河北，山东，陕西，台湾，贵州，四川，云南，西藏；印度，巴基斯坦。

资料来源：史明珠等，2001，河南太行山区蚊虫调查报告。河南预防医学杂志，12(4)：226~227。

常型曼蚊 *Masonnia uniformis* (Theobald, 1901)

省内产地：豫南山区，豫西南山区。

分布：河南，河北，山西，山东，安徽，江苏，浙江，福建，台湾，江西，湖北，湖南，广东，海南，广西，四川，云南，陕西，甘肃；日本；东洋区，澳州区。

资料来源：申效诚，1993，河南昆虫名录。中国农业科学技术出版社。

类直脚蚊 *Orthopodomyia anopheloides* (Giles, 1903)

省内产地：豫南山区，豫西南山区。

分布：河南，江苏，安徽，浙江，江西，福建，湖北，湖南，海南，广西，四川，贵州，云南，台湾；日本，泰国，越南，马来西亚，印度尼西亚。

资料来源：申效诚，1993，河南昆虫名录。中国农业科学技术出版社。

竹生杵蚊 *Tripteroides* (*Tripteroides*) *bammbusa* (Yamada, 1917)

省内产地：豫南山区。

分布：河南，吉林，辽宁，浙江，安徽，湖北，湖南，江西，福建，海南，四川，贵州；朝鲜，日本半岛。

资料来源：申效诚，1993，河南昆虫名录。中国农业科学技术出版社。

新糊兰带蚊 *Uranolaenia* (*Pseudoficalbia*) *novobscura* Barraud, 1934

省内产地：豫南山区。

分布：河南，安徽，浙江，江西，福建，台湾，湖北，湖南，广东，广西，海南，贵州，四川，云南，西藏；日本，老挝，柬埔寨，泰国，印度，马来西亚。

资料来源：申效诚，1993，河南昆虫名录。中国农业科学技术出版社。

麦氏兰带蚊 *Uranolaenia* (*Uranolaenia*) *macfarianei* Edwards, 1914

省内产地：豫南山区。

分布：河南，安徽，浙江，福建，台湾，湖北，江西，湖南，广东，海南，广西，贵州，四川，云南；日本，越南，老挝，泰国，印度，马来西亚，印度尼西亚。

资料来源：申效诚，1993，河南昆虫名录。中国农业科学技术出版社。

三、摇蚊科 Chironomidae

本科世界已知 430 属 5000 余种，中国已记载 136 属 600 余种，河南已知 23 属 39 种。

彬布摇蚊 *Brillia modesta* (Meigen, 1830)

省内产地：栾川龙峪湾，嵩县白云山。

分布：河南，辽宁。

资料来源：王新华，1998，双翅目：摇蚊科。《伏牛山区昆虫》，中国农业科学技术出版社。

楔形苔摇蚊 *Bryophaenocladius cuneiformis* Armitag, 1987

省内产地：栾川龙峪湾，嵩县白云山。

分布：河南，辽宁，河北，湖北，湖南，福建，广西，海南，四川，重庆，贵州，云南，西藏，陕西，甘肃，宁夏；加那利群岛。

资料来源：王新华，1998，双翅目：摇蚊科。《伏牛山区昆虫》，中国农业科学技术出版社。

黄苔摇蚊 *Bryophaenocladius ictericus* (Meigen, 1830)

省内产地：具体不详。

分布：河南，辽宁，河北，山西，陕西，宁夏，四川。

资料来源：杨定，2009，河北动物志 双翅目。中国农业科学技术出版社。

拟裸须苔摇蚊 *Bryophaenocladius parimberbus* Du *et* Wang, 2010

省内产地：栾川龙峪湾(模式产地)。

分布：河南，陕西。

资料来源：杜晶，王新华，2010，中国苔摇蚊属具不明显下附器的三新种。动物分类学报，35(4)：750~755。

近似苔摇蚊 *Bryophaenocladius propinguus* (Brundin, 1947)

省内产地：栾川龙峪湾，嵩县白云山。

分布：河南，辽宁，河北，福建，湖南，海南，广西，四川，云南，贵州，西藏，甘肃，青海；欧洲。

资料来源：王新华，1998，双翅目：摇蚊科。《伏牛山区昆虫》，中国农业科学技术出版社。

稻摇蚊 *Chironomus oryzae* Matsumura

省内产地：郑州。

分布：河南，黑龙江，吉林，辽宁，内蒙古，河北，山西。

资料来源：申效诚，1993，河南昆虫名录。中国农业科学技术出版社。

羽摇蚊 *Chironomus plumosus* (Linnaeus, 1758)

省内产地：栾川龙峪湾，嵩县白云山。

分布：河南，辽宁，内蒙古，河北，湖北，青海，浙江，福建，西藏；世界广布(澳洲区除外)。

资料来源：王新华，1998，双翅目：摇蚊科。《伏牛山区昆虫》，中国农业科学技术出版社。

轮环足摇蚊 *Cricotopus annulator* Geotghebuer, 1927

省内产地：栾川龙峪湾，嵩县白云山。

分布：河南；加拿大。

资料来源：王新华，1998，双翅目：摇蚊科。《伏牛山区昆虫》，中国农业科学技术出版社。

双线环足摇蚊 *Cricotopus bicinctus* Meigen, 1818

省内产地：栾川龙峪湾，嵩县白云山。

分布：河南，辽宁，内蒙古，宁夏，甘肃，青海，河北，陕西，山东，江苏，浙江，湖北，福建，台湾，广东，海南，广西，四川，贵州，云南；世界性分布。

资料来源：王新华，1998，双翅目：摇蚊科。《伏牛山区昆虫》，中国农业科学技术出版社。

三轮环足摇蚊 *Cricotopus triannulator* (Macquart, 1826)

省内产地：栾川龙峪湾，嵩县白云山。

分布：河南，辽宁，甘肃，青海，四川；美国，加拿大，墨西哥。

资料来源：王新华，1998，双翅目：摇蚊科。《伏牛山区昆虫》，中国农业科学技术出版社。

缺损拟隐摇蚊 *Demicryptochironomus vulneratus* (Zettesdadt, 1838)

省内产地：栾川龙峪湾，嵩县白云山。

分布：河南，山东，浙江；俄罗斯；欧洲。

资料来源：王新华，1998，双翅目：摇蚊科。《伏牛山区昆虫》，中国农业科学技术出版社。

短距真开氏摇蚊 *Eukieffetiella brevicalcar* (Kieffer, 1911)

省内产地：栾川龙峪湾，嵩县白云山。

分布：河南；俄罗斯；欧洲。

资料来源：王新华，1998，双翅目：摇蚊科。《伏牛山区昆虫》，中国农业科学技术出版社。

额突雕翅摇蚊 *Glyptotendipes gripekoveni* (Kieffer, 1913)

省内产地：具体不详。

分布：河南，辽宁，宁夏，河北，天津，陕西，四川，广东；欧洲。

资料来源：杨定，2009，河北动物志 双翅目。中国农业科学技术出版社。

短叶哈摇蚊 *Harnischia curtilamellata* (Malloch, 1915)

省内产地：具体不详。

分布：河南，天津，湖北，贵州，海南；全北区，东洋区。

资料来源：王新华等，2009，摇蚊科。河北动物志 双翅目。中国农业科学技术出版社。

黑翅毛胸摇蚊 *Heleniella nebulosa* Andersen *et* Wang

省内产地：具体不详。

分布：河南，陕西，西藏，浙江，福建，贵州，四川；泰国。

资料来源：王新华等，2005，摇蚊科。《贵州大沙河昆虫》，贵州人民出版社。

敏捷沼摇蚊 *Limnophyes habilis* (Walker, 1856)

省内产地：栾川龙峪湾，嵩县白云山。

分布：河南；欧洲。

资料来源：王新华，1998，双翅目：摇蚊科。《伏牛山区昆虫》，中国农业科学技术出版社。

微沼摇蚊 *Limnophyes minimus* (Meigen, 1818)

省内产地：栾川龙峪湾，嵩县白云山。

分布：河南，辽宁，宁夏，河北，陕西，江苏，浙江，安徽，湖北，福建，广西，四川，云南，甘肃，贵州，内蒙古；北半球广布。

资料来源：王新华，1998，双翅目：摇蚊科。《伏牛山区昆虫》，中国农业科学技术出版社。

侧毛肛脊摇蚊 *Mesosmittia partrichortae* Saether, 1985

省内产地：栾川龙峪湾，嵩县白云山。

分布：河南，吉林，天津，山东，福建，湖南，贵州，青海；欧洲，北美，非洲。

资料来源：王新华，1998，双翅目：摇蚊科。《伏牛山区昆虫》，中国农业科学技术出版社。

软铗小摇蚊 *Microchironomus tener* (Kieffer, 1918)

省内产地：具体不详。

分布：河南，辽宁，河北，天津，山西，山东，安徽，江苏，浙江，福建，湖北，广东，海南，云南，青海，宁夏；全北区，东洋区，澳洲区。

资料来源：杨定，2009，河北动物志 双翅目。中国农业科学技术出版社。

黑带小突摇蚊 *Micropsectra atrofaciatus* (Kieffer, 1911)

省内产地：栾川龙峪湾，嵩县白云山。

分布：河南；黎巴嫩；欧洲，北非。

资料来源：王新华，1998，双翅目：摇蚊科。《伏牛山区昆虫》，中国农业科学技术出版社。

双齿小突摇蚊 *Micropsectra bidentata* (Goetghebuer, 1921)

省内产地：具体不详。

分布：河南，吉林，内蒙古，宁夏，河北，天津，甘肃，陕西，湖北，贵州，四川，云南，西藏，新疆；广泛分布于欧洲和亚洲。

资料来源：杨定，2009，河北动物志 双翅目。中国农业科学技术出版社。

等小突摇蚊 *Micropsectra chuzeprima* Sasa, 1984

省内产地：具体不详。

分布：河南，河北，宁夏，湖北，四川；日本。

资料来源：杨定，2009，河北动物志 双翅目。中国农业科学技术出版社。

幽暗直突摇蚊 *Orthocladius obumbratus* Johannsen, 1905

省内产地：栾川龙峪湾，嵩县白云山。

分布：河南；美国。

资料来源：王新华，1998，双翅目：摇蚊科。《伏牛山区昆虫》，中国农业科学技术出版社。

黑带拟美摇蚊 *Parameria cingulata* (Walker, 1856)

省内产地：栾川龙峪湾，嵩县白云山。

分布：河南；欧洲。

资料来源：王新华，1998，双翅目：摇蚊科。《伏牛山区昆虫》，中国农业科学技术出版社。

刺拟麦锤摇蚊 *Parametriocnemus stylatus* (Kieffer, 1924)

省内产地：栾川龙峪湾，嵩县白云山。

分布：河南，辽宁，内蒙古，河北，浙江，福建；日本，黎巴嫩，加拿大；欧洲。

资料来源：王新华，1998，双翅目：摇蚊科。《伏牛山区昆虫》，中国农业科学技术出版社。

隆尖拟矩摇蚊 *Paraphaenocladius exagitans* Johannsen

省内产地：具体不详。

分布：河南，宁夏，西藏，福建；美国，加拿大。

资料来源：王新华等，2003，摇蚊科。《福建昆虫志 第八卷》，福建科学技术出版社。

二色多足摇蚊 *Polypedilum acutum* Kieffer, 1915

省内产地：栾川龙峪湾，嵩县白云山。

分布：河南；欧洲。

资料来源：王新华，1998，双翅目：摇蚊科。《伏牛山区昆虫》，中国农业科学技术出版社。

白角多足摇蚊 *Polypedilum albicorne* (Meigen, 1838)

省内产地：栾川龙峪湾，嵩县白云山。

分布：河南；欧洲。

资料来源：王新华，1998，双翅目：摇蚊科。《伏牛山区昆虫》，中国农业科学技术出版社。

多摩多足摇蚊 *Polypedilum asakawaense* Sasa, 1980

省内产地：栾川龙峪湾，嵩县白云山。

分布：河南；日本。

资料来源：王新华，1998，双翅目：摇蚊科。《伏牛山区昆虫》，中国农业科学技术出版社。

双鬃多足摇蚊 *Polypedilum bisetosum* Wang, 1995

省内产地：栾川龙峪湾，嵩县白云山。

分布：河南，浙江。

资料来源：王新华，1998，双翅目：摇蚊科。《伏牛山区昆虫》，中国农业科学技术出版社。

膨大多足摇蚊 *Polypedilum convictum* (Walker, 1856)

省内产地：栾川龙峪湾，嵩县白云山。

分布：河南，北京，福建，湖北，海南，广东，云南，贵州，陕西；美国，加拿大；欧洲。

资料来源：王新华，1998，双翅目：摇蚊科。《伏牛山区昆虫》，中国农业科学技术出版社。

云集多足摇蚊 *Polypedilum nubifer* (Skuse, 1889)

省内产地：具体不详。

分布：河南，辽宁，内蒙古，天津，安徽，湖北，贵州，四川，云南，海南，陕西，宁夏，新疆；古北区，东洋区，非洲区，澳洲区。

资料来源：杨定，2009，河北动物志 双翅目。中国农业科学技术出版社。

筑波多足摇蚊 *Polypedilum taukubaense* (Sasa, 1980)

省内产地：栾川龙峪湾，嵩县白云山。

分布：河南，浙江，福建，湖北，广东，云南，贵州，陕西；日本。

资料来源：王新华，1998，双翅目：摇蚊科。《伏牛山区昆虫》，中国农业科学技术出版社。

李氏秦摇蚊 *Qiniella lii* Wang *et* Seather, 1998

省内产地：嵩县白云山(属模产地，模式产地)。

分布：河南。

资料来源：Wang Xinhua *et al*, 1998, *Qiniella* a new orthoclad genus from China (Diptera: Chironomaidae). *Hydrobiologia*, 362: 103~106.

深色趋流摇蚊 *Rheocricotopus atrips* (Kieffer, 1913)

省内产地：栾川龙峪湾，嵩县白云山。

分布：河南；黎巴嫩，亚速尔群岛。

资料来源：王新华，1998，双翅目：摇蚊科。《伏牛山区昆虫》，中国农业科学技术出版社。

散趋流摇蚊 *Rheocricotopus effuses* (Walker, 1856)

省内产地：栾川龙峪湾，嵩县白云山。

分布：河南，甘肃，陕西，浙江，福建，四川，云南，贵州；欧洲，北美。

资料来源：王新华，1998，双翅目：摇蚊科。《伏牛山区昆虫》，中国农业科学技术出版社。

裸尖施密摇蚊 *Smittia nudipennis* Goetghebuer, 1913

省内产地：栾川龙峪湾，嵩县白云山。

分布：河南，吉林，辽宁，台湾；日本；欧洲。

资料来源：王新华，1998，双翅目：摇蚊科。《伏牛山区昆虫》，中国农业科学技术出版社。

隆狭摇蚊 *Stenochironomus gibbus* (Fabricius)

省内产地：栾川龙峪湾，嵩县白云山。

分布：河南；欧洲。

资料来源：王新华，1998，双翅目：摇蚊科。《伏牛山区昆虫》，中国农业科学技术出版社。

高沟粗腹摇蚊 *Trissopelopia longimana* Geotghebuer, 1839

省内产地：栾川龙峪湾，嵩县白云山。

分布：河南；俄罗斯。

资料来源：王新华，1998，双翅目：摇蚊科。《伏牛山区昆虫》，中国农业科学技术出版社。

四、瘿蚊科 Cecidomyiidae

本科世界已知近 600 属 5400 种，中国记载 47 属 100 种，河南已知 15 属 20 种。

食蚜瘿蚊 *Aphidoletes meridinalis* Felt

省内产地：全省。

分布：河南，新疆。

资料来源：申效诚，1993，河南昆虫名录。中国农业科学技术出版社。

高粱瘿蚊 *Contarinia sorghicola* (Coquillett)

省内产地：全省。

分布：河南，湖北，江西，广东；世界广布。

资料来源：申效诚，1993，河南昆虫名录。中国农业科学技术出版社。

麦黄吸浆虫 *Contarinia tritici* (Kirby)

省内产地：全省。

分布：河南，内蒙古，山西，陕西，宁夏，甘肃，青海，湖北，江西，四川；日本；古北区。

资料来源：申效诚，1993，河南昆虫名录。中国农业科学技术出版社。

枣瘿蚊 *Contarinia* sp.

省内产地：内黄，新郑，中牟，兰考，濮阳。

分布：河南，河北，山东。

资料来源：杨秀元等，1981，中国森林昆虫名录。中国林业出版社。

枣叶瘿蚊 *Dasineura datifolia* Jiang

省内产地：新郑，中牟，兰考，内黄，濮阳。

分布：河南，其他分布地待查。

资料来源：申效诚，1993，河南昆虫名录。中国农业科学技术出版社。

菊瘿蚊 *Diarthronomyia hypogaea* Loew

省内产地：郑州，武陟，获嘉，温县。

分布：河南，台湾；日本；欧洲，北美。

资料来源：申效诚，1993，河南昆虫名录。中国农业科学技术出版社。

长铗指瘿蚊 *Didactylomia longimana* (Felt)

省内产地：具体不详。

分布：河南，黑龙江，福建，四川，海南；朝鲜，菲律宾，俄罗斯，立陶宛，法国，荷兰，波兰，美国，多米尼加。

资料来源：卜文俊等，2003，瘿蚊科(一)。《福建昆虫志 第八卷》，福建科学技术出版社。

灰树瘿蚊 *Lestremia cinerea* Macquart, 1826

省内产地：具体不详。

分布：河南，内蒙古，河北，陕西，甘肃，福建，广东，云南，四川；日本，俄罗斯；欧洲，北美洲，南美洲。

资料来源：卜文俊等，2003，瘿蚊科(一)。《福建昆虫志 第八卷》，福建科学技术出版社。

褐树瘿蚊 *Lwstremia leucophaea* (Meigen, 1818)

省内产地：具体不详。

分布：河南，河北，北京，山东，陕西，甘肃，福建，湖南，云南；日本，俄罗斯，美国(夏威夷)；欧洲，北美洲。

资料来源：卜文俊等，2003，瘿蚊科(一)。《福建昆虫志 第八卷》，福建科学技术出版社。

日本柳枝瘿蚊 *Lygocecis yangi* (Shinji, 1938)

省内产地：汝南。

分布：河南，山东；日本。

资料来源：申效诚，1993，河南昆虫名录。中国农业科学技术出版社。

嗜菇瘿蚊 *Mycophila fungicola* (Felter)

省内产地：洛阳，三门峡。

分布：河南，其他分布地待查。

资料来源：申效诚，1993，河南昆虫名录。中国农业科学技术出版社。

新墨皮瘿蚊 *Peromyia neomexicana* (Felt, 1913)

省内产地：具体不详。

分布：河南，黑龙江，内蒙古，河北，陕西，四川；俄罗斯，乌克兰，德国，美国，日本。

资料来源：杨定，2009，河北动物志 双翅目。中国农业科学技术出版社。

柳枝瘿蚊 *Rhabdophaga exsiccaus* Rubs.

省内产地：全省。

分布：河南。

资料来源：杨秀元等，1981，中国森林昆虫名录。中国林业出版社。

柳芽瘿蚊 *Rhabdophaga rosaria* Loew

省内产地：全省。

分布：河南，浙江，东北。

资料来源：杨秀元等，1981，中国森林昆虫名录。中国林业出版社。

柳干瘿蚊 *Rhabdophaga saliciperda* Duf.

省内产地：全省。

分布：河南，宁夏。

资料来源：杨秀元等，1981，中国森林昆虫名录。中国林业出版社。

柳梢瘿蚊 *Rhabdophaga salicis* Schrank

省内产地：全省。

分布：河南，湖北，浙江。

资料来源：杨秀元等，1981，中国森林昆虫名录。中国林业出版社。

圆板扇瘿蚊 *Rhipidoxylomyia orbiculata* Jiang *et* Bu, 2004

省内产地：栾川龙峪湾，嵩县白云山(正副模产地)。

分布：河南。

资料来源：Jiang Yuxia *et* Bu Wenjun, 2004, Six new species of the genus *Rhipidoxylomyia* from China (Diptera, Cecidomyiidae). *Acta Zootaxonomica Sinica*, 29(2)：357~364.

螨类寄生瘿蚊 *Silvestrina tyrophagi* Domb.

省内产地：全省。

分布：河南，安徽，贵州。

捕食：储粮螨类。

资料来源：陈启宗等，1988，仓库昆虫图册。科学出版社。

麦红吸浆虫 *Sitodiplosis mosellana* (Gehin, 1856)

省内产地：全省。

分布：河南，内蒙古，黑龙江，吉林，辽宁，河北，山东，山西，陕西，宁夏，甘肃，青海，安徽，江苏，湖北，浙江，江西，湖南，四川；日本；全北区。

资料来源：申效诚，1993，河南昆虫名录。中国农业科学技术出版社。

糜子吸浆虫 *Stenodiplosis panici* Plotnicov

省内产地：具体不详。

分布：河南，黑龙江，吉林，辽宁，陕西，宁夏，甘肃。

资料来源：申效诚，1993，河南昆虫名录。中国农业科学技术出版社。

五、眼蕈蚊科 Sciaridae

本科世界已知 81 属 2270 种，中国记载 14 属 200 多种，河南原来基本没有记录，1996 年杨集昆教授在河南采到 8 属 33 种，其中有新种 15 种。

利爪迟眼蕈蚊 *Bradysia acutiungula* Yang, Zhang *et* Yang, 1998

省内产地：嵩县白云山(模式产地)。

分布：河南。

资料来源：杨集昆等，1998，河南省新记录的眼蕈蚊及十五新种(双翅目：眼蕈蚊科)。《伏牛山区昆虫》，中国农业科学技术出版社。

臣瑾迟眼蕈蚊 *Bradysia chenjinae* Yang, Zhang *et* Yang, 1993

省内产地：栾川龙峪湾。

分布：河南，贵州。

资料来源：杨集昆，1998，双翅目：眼蕈蚊科。《伏牛山区昆虫》，中国农业科学技术出版社。

春贵迟眼蕈蚊 *Bradysia chunguii* Yang, Zhang *et* Yang, 1993

省内产地：栾川龙峪湾，嵩县白云山。

分布：河南，贵州。

资料来源：杨集昆，1998，双翅目：眼蕈蚊科。《伏牛山区昆虫》，中国农业科学技术出版社。

棒尾迟眼蕈蚊 *Bradysia clavulata* Yang, Zhang *et* Yang, 1998

省内产地：嵩县白云山(模式产地)。

分布：河南。

资料来源：杨集昆等，1998，河南省新记录的眼蕈蚊及十五新种(双翅目：眼蕈蚊科)。《伏牛山区昆虫》，中国农业科学技术出版社。

古田山迟眼蕈蚊 *Bradysia gutianshana* Yang, Zhang *et* Yang, 1995

省内产地：栾川龙峪湾。

分布：河南，贵州。

资料来源：杨集昆，1998，双翅目：眼蕈蚊科。《伏牛山区昆虫》，中国农业科学技术出版社。

河南迟眼蕈蚊 *Bradysia henana* Yang, Zhang *et* Yang, 1998

省内产地：嵩县白云山(模式产地)。

分布：河南。

资料来源：杨集昆等，1998，河南省新记录的眼蕈蚊及十五新种(双翅目：眼蕈蚊科)。《伏牛山区昆虫》，中国农业科学技术出版社。

六刺迟眼蕈蚊 *Bradysia hexacantha* Yang, Zhang *et* Yang, 1995

省内产地：栾川龙峪湾。

分布：河南，浙江。

资料来源：杨集昆，1998，双翅目：眼蕈蚊科。《伏牛山区昆虫》，中国农业科学技术出版社。

墩鞭迟眼蕈蚊 *Bradysia humiliflagella* Yang, Zhang *et* Yang, 1998

省内产地：栾川龙峪湾(模式产地)。

分布：河南。

资料来源：杨集昆等，1998，河南省新记录的眼蕈蚊及十五新种(双翅目：眼蕈蚊科)。《伏牛山区昆虫》，中国农业科学技术出版社。

龙峪湾迟眼蕈蚊 *Bradysia longyuwana* Yang, Zhang *et* Yang, 1998

省内产地：栾川龙峪湾(模式产地)。

分布：河南。

资料来源：杨集昆等，1998，河南省新记录的眼蕈蚊及十五新种(双翅目：眼蕈蚊科)。《伏牛山区昆虫》，中国农业科学技术出版社。

节刺迟眼蕈蚊 *Bradysia noduspina*Yang, Zhang *et* Yang, 1993

省内产地：栾川龙峪湾。

分布：河南，贵州。

资料来源：杨集昆，1998，双翅目：眼蕈蚊科。《伏牛山区昆虫》，中国农业科学技术出版社。

五指迟眼蕈蚊 *Bradysia pentadactyla* Yang, Zhang *et* Yang, 1998

省内产地：栾川龙峪湾(模式产地)。

分布：河南。

资料来源：杨集昆等，1998，河南省新记录的眼蕈蚊及十五新种(双翅目：眼蕈蚊科)。《伏牛山区昆虫》，中国农业科学技术出版社。

嵩县迟眼蕈蚊 *Bradysia songxiana* Yang, Zhang *et* Yang, 1998

省内产地：嵩县白云山(模式产地)。

分布：河南。

资料来源：杨集昆等，1998，河南省新记录的眼蕈蚊及十五新种(双翅目：眼蕈蚊科)。《伏牛山区昆虫》，中国农业科学技术出版社。

三毛迟眼蕈蚊 *Bradysia triseta* Yang, Zhang *et* Yang, 1995

省内产地：嵩县白云山。

分布：河南，浙江。

资料来源：杨集昆，1998，双翅目：眼蕈蚊科。《伏牛山区昆虫》，中国农业科学技术出版社。

基瘤迟眼蕈蚊 *Bradysia tuberculata* Yang, Zhang *et* Yang, 1995

省内产地：嵩县白云山。

分布：河南，浙江。

资料来源：杨集昆，1998，双翅目：眼蕈蚊科。《伏牛山区昆虫》，中国农业科学技术出版社。

万志迟眼蕈蚊 *Bradysia wanzhii* Yang, Zhang *et* Yang, 1998

省内产地：嵩县白云山(模式产地)

分布：河南。

资料来源：杨集昆等，1998，河南省新记录的眼蕈蚊及十五新种(双翅目：眼蕈蚊科)。《伏牛山区昆虫》，中国农业科学技术出版社。

威宁迟眼蕈蚊 *Bradysia weiningana* Yang, Zhang *et* Yang, 1993

省内产地：栾川龙峪湾。

分布：河南，贵州。

资料来源：杨集昆，1998，双翅目：眼蕈蚊科。《伏牛山区昆虫》，中国农业科学技术出版社。

效诚迟眼蕈蚊 *Bradysia xiaochengi* Yang, Zhang *et* Yang, 1998

省内产地：嵩县白云山(模式产地)。

分布：河南。

资料来源：杨集昆等，1998，河南省新记录的眼蕈蚊及十五新种(双翅目：眼蕈蚊科)。《伏牛山区昆虫》，中国农业科学技术出版社。

豫集迟眼蕈蚊 *Bradysia yucollectis* Yang, Zhang *et* Yang, 1998

省内产地：嵩县白云山(模式产地)。

分布：河南。

资料来源：杨集昆等，1998，河南省新记录的眼蕈蚊及十五新种(双翅目：眼蕈蚊科)。《伏牛山区昆虫》，中国农业科学技术出版社。

子忠迟眼蕈蚊 *Bradysia zizhongi* Yang, Zhang *et* Yang, 1993

省内产地：栾川龙峪湾。

分布：河南，贵州。

资料来源：杨集昆，1998，双翅目：眼蕈蚊科。《伏牛山区昆虫》，中国农业科学技术出版社。

白刺翼眼蕈蚊 ***Corynoptera albispina*** **Yang, Zhang *et* Yang, 1993**

省内产地：栾川龙峪湾。

分布：河南，贵州。

资料来源：杨集昆，1998，双翅目：眼蕈蚊科。《伏牛山区昆虫》，中国农业科学技术出版社。

异宽尾厉眼蕈蚊 ***Lycoriella abrevicaudata*** **Yang, Zhang *et* Yang, 1993**

省内产地：栾川龙峪湾。

分布：河南，贵州。

资料来源：杨集昆，1998，双翅目：眼蕈蚊科。《伏牛山区昆虫》，中国农业科学技术出版社。

长喙厉眼蕈蚊 ***Lycoriella longirostris*** **Yang, Zhang *et* Yang, 1995**

省内产地：嵩县白云山。

分布：河南，浙江。

资料来源：杨集昆，1998，双翅目：眼蕈蚊科。《伏牛山区昆虫》，中国农业科学技术出版社。

粗刺厉眼蕈蚊 ***Lycoriella rubustispina*** **Yang, Zhang *et* Yang, 1998**

省内产地：嵩县白云山(模式产地)。

分布：河南。

资料来源：杨集昆等，1998，河南省新记录的眼蕈蚊及十五新种(双翅目：眼蕈蚊科)。《伏牛山区昆虫》，中国农业科学技术出版社。

圆尾齿眼蕈蚊 ***Phorodonta cyclota*** **Yang, Zhang *et* Yang, 1995**

省内产地：嵩县白云山。

分布：河南，浙江。

资料来源：杨集昆，1998，双翅目：眼蕈蚊科。《伏牛山区昆虫》，中国农业科学技术出版社。

胖尾植眼蕈蚊 ***Phytasciara altilis*** **Yang, Zhang *et* Yang, 1998**

省内产地：嵩县白云山(模式产地)。

分布：河南。

资料来源：杨集昆等，1998，河南省新记录的眼蕈蚊及十五新种(双翅目：眼蕈蚊科)。《伏牛山区昆虫》，中国农业科学技术出版社。

瘦尾植眼蕈蚊 ***Phytasciara angustima*** **Yang, Zhang *et* Yang, 1998**

省内产地：栾川龙峪湾(模式产地)。

分布：河南。

资料来源：杨集昆等，1998，河南省新记录的眼蕈蚊及十五新种(双翅目：眼蕈蚊科)。《伏牛山区昆虫》，中国农业科学技术出版社。

内三刺植眼蕈蚊 ***Phytasciara endotriacantha*** **Yang, Zhang *et* Yang, 1995**

省内产地：栾川龙峪湾。

分布：河南，浙江。

资料来源：杨集昆，1998，双翅目：眼蕈蚊科。《伏牛山区昆虫》，中国农业科学技术出版社。

爪尾植眼蕈蚊 ***Phytasciara uncata*** **Yang, Zhang *et* Yang, 1993**

省内产地：栾川龙峪湾。

分布：河南，贵州。

资料来源：杨集昆，1998，双翅目：眼蕈蚊科。《伏牛山区昆虫》，中国农业科学技术出版社。

弯胫粪眼蕈蚊 ***Scatopsciara curvatibia*** **Yang, Zhang *et* Yang, 1993**

省内产地：栾川龙峪湾。

分布：河南，贵州。

资料来源：杨集昆，1998，双翅目：眼蕈蚊科。《伏牛山区昆虫》，中国农业科学技术出版社。

茂兰眼蕈蚊 ***Sciara molana*** **Yang, Zhang *et* Yang, 1993**

省内产地：栾川龙峪湾。

分布：河南，贵州。

资料来源：杨集昆，1998，双翅目：眼蕈蚊科。《伏牛山区昆虫》，中国农业科学技术出版社。

鞍形眼蕈蚊 *Sciara selliformis* Yang, Zhang *et* Yang, 1998

省内产地：嵩县白云山(模式产地)。

分布：河南。

资料来源：杨集昆等，1998，河南省新记录的眼蕈蚊及十五新种(双翅目：眼蕈蚊科)。《伏牛山区昆虫》，中国农业科学技术出版社。

双刺毛眼蕈蚊 *Trichosia bispinata* Yang, Zhang *et* Yang, 1998

省内产地：嵩县白云山(模式产地)。

分布：河南。

资料来源：杨集昆等，1998，河南省新记录的眼蕈蚊及十五新种(双翅目：眼蕈蚊科)。《伏牛山区昆虫》，中国农业科学技术出版社。

歪毛眼蕈蚊 *Trichosia obliquicapilli* Yang *et* Zhang, 1995

省内产地：嵩县白云山。

分布：河南，浙江，福建。

资料来源：杨集昆，1998，双翅目：眼蕈蚊科。《伏牛山区昆虫》，中国农业科学技术出版社。

六、菌蚊科 Mycetophilidae

本科世界已知 160 属 3400 余种，中国记载 30 属 320 种，河南已知 8 属 20 种。

白云埃菌蚊 *Epicypta baiyunshana* Wu *et* Yang, 1997

省内产地：嵩县白云山(模式产地)。

分布：河南。

资料来源：吴鸿等，1997，河南白云山菌蚊四新种。昆虫分类学报，19(4)：297~302。

黑缝埃菌蚊 *Epicypta fumigata* (Dziedzicki, 1923)

省内产地：嵩县白云山。

分布：河南；日本，俄罗斯，伊朗，奥地利，捷克，丹麦，法国，英国，意大利，荷兰，罗马尼亚，瑞典。

资料来源：吴鸿等，1997，河南白云山菌蚊四新种。昆虫分类学报，19(4)：297~302。

弯尾菌蚊 *Mycetophila curvicaudata* Wu, 1997

省内产地：信阳鸡公山。

分布：河南，浙江，湖北。

资料来源：吴鸿，1999，双翅目：菌蚊科。《鸡公山区昆虫》，中国农业科学技术出版社。

黑腹菌蚊 *Mycetophila oratorila* Wu *et* Yang, 1997

省内产地：嵩县白云山(模式产地)。

分布：河南。

资料来源：吴鸿等，1997，河南白云山菌蚊四新种。昆虫分类学报，19(4)：297~302。

极乐菌蚊 *Mycetophila paradisa* Wu *et* Wang, 1999

省内产地：信阳鸡公山(模式产地)。

分布：河南，浙江。

资料来源：吴鸿，1999，河南鸡公山菌蚊四新种(双翅目：菌蚊科)。《鸡公山区虫》，中国农业科学技术出版社。

似锯菌蚊 *Mycetophila prionoda* Wu *et* Wang, 1999

省内产地：信阳鸡公山(模式产地)。

分布：河南，浙江。

资料来源：吴鸿，1999，河南鸡公山菌蚊四新种(双翅目：菌蚊科)。《鸡公山区虫》，中国农业科学技术出版社。

申氏菌蚊 *Mycetophila sheni* Wu *et* Yang, 1997

省内产地：嵩县白云山(副模产地)。

分布：河南，浙江。

资料来源：吴鸿等，1997，河南白云山菌蚊四新种。昆虫分类学报，19(4)：297~302。

显著菌蚊 *Mycetophila sigillata* Dziedzichi, 1884

省内产地：信阳鸡公山。

分布：河南，浙江；俄罗斯，拉脱维亚，德国，英国，瑞士，芬兰，捷克，美国，加拿大。

资料来源：吴鸿，1999，双翅目：菌蚊科。《鸡公山区昆虫》，中国农业科学技术出版社。

林栖菌蚊 *Mycetophila sylvatica* Wu *et* Yang, 1997

省内产地：嵩县白云山(模式产地)。

分布：河南。

资料来源：吴鸿等，1997，河南白云山菌蚊四新种。昆虫分类学报，19(4)：297~302。

宝天曼真菌蚊 *Mycomya baotianmana* Wu, Zheng *et* Xu, 2001

省内产地：内乡宝天曼(模式产地)。

分布：河南。

资料来源：Wu Hong, Zheng Leyi, Xu Huachao, 2001, Three new species of the genus *Mycomya* in China (Diptera: Mycetophilidae). *Acta Zootaxo. Sinica*, 26(4): 560~572.

杂真菌蚊 *Mycomya permixta* Vaisanen, 1984

省内产地：信阳鸡公山。

分布：河南，内蒙古；俄罗斯，拉脱维亚，法国，荷兰，德国，波兰，英国，瑞典，芬兰，美国，加拿大。

资料来源：吴鸿，1999，双翅目：菌蚊科。《鸡公山区昆虫》，中国农业科学技术出版社。

中华新菌蚊 *Neoempheria sinica* Wu *et* Yang, 1992

省内产地：嵩县。

分布：河南，北京，河北，山西，上海，浙江，广西，贵州。

资料来源：吴鸿，1999，双翅目：菌蚊科。《鸡公山区昆虫》，中国农业科学技术出版社。

锥形新菌蚊 *Neoempheria subulata* Wu *et* Yang, 1995

省内产地：信阳鸡公山。

分布：河南，浙江。

资料来源：吴鸿，1999，双翅目：菌蚊科。《鸡公山区昆虫》，中国农业科学技术出版社。

三叶新菌蚊 *Neoempheria triloba* Wu *et* Yang, 1995

省内产地：具体不详。

分布：河南，陕西，浙江，广西。

资料来源：徐华潮，吴鸿等，2005，双翅目：菌蚊科。《秦岭西段及甘南地区昆虫》，科学出版社。

片尾巧菌蚊 *Phronia blattocauda* Wu *et* Yang, 1995

省内产地：信阳鸡公山。

分布：河南，浙江。

资料来源：吴鸿，1999，双翅目：菌蚊科。《鸡公山区昆虫》，中国农业科学技术出版社。

鸡公巧菌蚊 *Phronia jigongensis* Wu, 1999

省内产地：信阳鸡公山(模式产地)。

分布：河南。

资料来源：吴鸿，1999，河南鸡公山菌蚊四新种(双翅目：菌蚊科)。《鸡公山区虫》，中国农业科学技术出版社。

隐尾斯菌蚊 *Sceptonia cryptocauda* Chandler

省内产地：具体不详。

分布：河南，浙江，福建，贵州；英国。

资料来源：吴鸿，杨集昆，2003，菌蚊科。《福建昆虫志 第八卷》，福建科学技术出版社。

小菌蚊 *Sciara* sp.

省内产地：洛阳，三门峡。

分布：河南。

资料来源：申效诚，1993，河南昆虫名录。中国农业科学技术出版社。

光滑束菌蚊 *Zygomyia calvusa* Wu, 1999

省内产地：信阳鸡公山(模式产地)。

分布：河南。

资料来源：吴鸿，1999，河南鸡公山菌蚊四新种(双翅目：菌蚊科)。《鸡公山区虫》，中国农业科学技术出版社。

多毛束菌蚊 *Zygomyia setosa* Barendrecht, 1938

省内产地：信阳鸡公山。

分布：河南，浙江；德国，荷兰。

资料来源：吴鸿，1999，双翅目：菌蚊科。《鸡公山区昆虫》，中国农业科学技术出版社。

七、毛蚊科 Bibionidae

本科世界已知 7 属 749 余种，中国记载 7~145 多种，河南已知 1 属 4 种。

伏牛毛蚊 *Bibio funiuanus* Yang *et* Cheng, 1997

省内产地：栾川龙峪湾(模式产地)。

分布：河南。

资料来源：杨集昆等，1997，河南省伏牛山毛蚊科三新种(双翅目：长角亚目)。昆虫分类学报，19(4)：303~307。

长须毛蚊 *Bibio longipalpus* Yang *et* Cheng, 1997

省内产地：嵩县白云山(模式产地)。

分布：河南。

资料来源：杨集昆等，1997，河南省伏牛山毛蚊科三新种(双翅目：长角亚目)。昆虫分类学报，19(4)：303~307。

细跗毛蚊 *Bibio patilitarsalis* Luo *et* Yang, 1988 (河南新记录种)

省内产地：封丘。

分布：河南，云南。

资料来源：李竹，个人通信。

豫毛蚊 *Bibio yuanus* Yang *et* Cheng, 1997

省内产地：嵩县白云山(模式产地)。

分布：河南。

资料来源：杨集昆等，1997，河南省伏牛山毛蚊科三新种(双翅目：长角亚目)。昆虫分类学报，19(4)：303~307。

八、粪蚊科 Scatopsidae

本科世界已知 30 属 332 种，中国记载 8 属 10 种，河南已知 1 属 1 种。

粪蚊 *Scatopsid* sp.

省内产地：洛阳，三门峡。

分布：河南。

资料来源：申效诚，1993，河南昆虫名录。中国农业科学技术出版社。

九、白蛉科 Phlebotomidae

本科世界已知 5 属 600 种，中国记载 3 属 40 种，河南已知 2 属 5 种。

中华白蛉 *Phlebotomus chinensis* Newstead, 1843

省内产地：陕县。

分布：河南，吉林，辽宁，内蒙古，河北，山西，山东，安徽，江苏，湖北，海南，四川，贵州，云南，陕西，甘肃，宁夏，青海。

资料来源：陆宝麟等，2003，中国重要医学昆虫分类与鉴别。河南科学技术出版社。

江苏白蛉 *Phlebotomus kiangsuensis* Yai *et* Wu, 1936

省内产地：具体不详。

分布：河南，辽宁，山东，安徽，江苏，浙江，台湾，湖北，陕西，贵州。

资料来源：陆宝麟等，2003，中国重要医学昆虫分类与鉴别。河南科学技术出版社。

蒙古白蛉 *Phlebotomus mongolensis* Sinton, 1928

省内产地：具体不详。

分布：河南，辽宁，内蒙古，河北，山西，安徽，江苏，浙江，山东，湖北，陕西，甘肃，青海，宁夏，新疆。

资料来源：陆宝麟等，2003，中国重要医学昆虫分类与鉴别。河南科学技术出版社。

许氏司蛉 *Sergenteyia khawi* Raynal, 1936

省内产地：具体不详。

分布：河南，河北，北京，辽宁，山西，山东，陕西，甘肃。

资料来源：陆宝麟等，2003，中国重要医学昆虫分类与鉴别。河南科学技术出版社。

鳞喙司蛉 *Sergenteyia squamirostris* Newstead, 1923

省内产地：陕县。

分布：河南，吉林，辽宁，河北，山西，山东，安徽，江苏，福建，湖北，四川，陕西，甘肃，青海。

资料来源：陆宝麟等，2003，中国重要医学昆虫分类与鉴别。河南科学技术出版社。

一〇、殊蠓科 Anisopodidae

本科世界已知 6 属 155 种，中国记载 3 属 6 种，河南已知 1 属 1 种。

靓殊蠓 *Sylvicola adornatus* Yang *et* Cui, 1998

省内产地：嵩县白云山(副模产地)。

分布：河南，湖北，广西。

资料来源：杨集昆等，1998，河南省殊蠓科初报及一新种。《伏牛山区昆虫》，中国农业科学技术出版社。

一一、蠓科 Ceratopogonidae

本科世界已知 103 属 5155 种，中国记载 39 属 1015 种(虞以新，2006)，河南已知 12 属 48 种。

溅洒阿蠓 *Alluaudomyia asperata* Yu *et* Liu, 2006

省内产地：信阳鸡公山(模式产地)。

分布：河南。

资料来源：虞以新，2006，中国蠓科昆虫(一，二卷)。北京军事医学科学出版社。

随意阿蠓 *Alluaudomyia lucania* Lee *et* Yu, 1997

省内产地：信阳鸡公山(模式产地)。

分布：河南，贵州，云南。

资料来源：李书建，虞以新，1997，河南省阿蠓属新纪录及一新种(双翅目：蠓科)。中国媒介生

物学及控制杂志，8(2)：123~124。

守护阿蠓 *Alluaudomyia signosoma* Yu *et* Zhang, 2006

省内产地：信阳。

分布：河南，四川，福建，江苏。

资料来源：虞以新，2006，中国蠓科昆虫(一，二卷)。北京军事医学科学出版社。

三分阿蠓 *Alluaudomyia tripartite* Okada, 1962

省内产地：信阳。

分布：河南，江苏，安徽，湖北，福建，台湾，广西，四川。

资料来源：虞以新，2006，中国蠓科昆虫(一，二卷)。北京军事医学科学出版社。

展开裸蠓 *Atrichopogon* (*Atrichopogon*) *rictus* Yu *et* Yan, 2006

省内产地：信阳浉河公园(模式产地)。

分布：河南。

资料来源：虞以新，2006，中国蠓科昆虫(一，二卷)。北京军事医学科学出版社。

棕色裸蠓 *Atrichopogon* (*Lophomyidium*) *fusculus* (Coquillett, 1901)

省内产地：信阳鸡公山。

分布：河南，黑龙江，湖北，湖南，四川，贵州，云南；日本，爱沙尼亚，法国，英国，北欧，原南斯拉夫，加拿大，美国，巴西。

资料来源：虞以新，2006，中国蠓科昆虫(一，二卷)。北京军事医学科学出版社。

棕色贝蠓 *Bezzia brunus* Yu, 2006

省内产地：信阳浉河港(模式产地)。

分布：河南。

资料来源：虞以新，2006，中国蠓科昆虫(一，二卷)。北京军事医学科学出版社。

喇叭贝蠓 *Bezzia bucina* Lee *et* Yu, 1997

省内产地：信阳(模式产地)。

分布：河南。

资料来源：虞以新，2006，中国蠓科昆虫(一，二卷)。北京军事医学科学出版社。

棕股贝蠓 *Bezzia fuscifemoris* Remm, 1971

省内产地：信阳。

分布：河南，黑龙江，辽宁，湖北，广西，甘肃；俄罗斯。

资料来源：虞以新，2006，中国蠓科昆虫(一，二卷)。北京军事医学科学出版社。

内乡贝蠓 *Bezzia neixianga* Yu *et* Guo, 2006

省内产地：内乡宝天曼(模式产地)。

分布：河南。

资料来源：虞以新，2006，中国蠓科昆虫(一，二卷)。北京军事医学科学出版社。

浉河贝蠓 *Bezzia shihei* Yu *et* Li, 2006

省内产地：信阳浉河边(模式产地)。

分布：河南。

资料来源：虞以新，2006，中国蠓科昆虫(一，二卷)。北京军事医学科学出版社。

信阳贝蠓 *Bezzia xinyangensis* Yu, 2006

省内产地：信阳浉河港(模式产地)。

分布：河南。

资料来源：虞以新，2006，中国蠓科昆虫(一，二卷)。北京军事医学科学出版社。

新近短蠓 *Brachypogon* (*Brachypogon*) *neotericus* Yu *et* Zhang, 1991

省内产地：南阳，内乡。

分布：河南，湖北，四川。

资料来源：虞以新，2006，中国蠓科昆虫(一，二卷)。北京军事医学科学出版社。

稀少短蠓 *Brachypogon* (*Brachypogon*) *sparsus* Yu, 2006

省内产地：信阳浉河(模式产地)。

分布：河南，湖北。

资料来源：虞以新，2006，中国蠓科昆虫(一，二卷)。北京军事医学科学出版社。

缺陷短蠓 *Brachypogon* (*Brachypogon*) *vitiosus* (Winnertz, 1852)

省内产地：信阳。

分布：河南，湖北，黑龙江；日本，阿尔及利亚；欧洲；中亚。

资料来源：虞以新，2006，中国蠓科昆虫(一，二卷)。北京军事医学科学出版社。

信阳短蠓 *Brachypogon* (*Brachypogon*) *xingyangensis* Yu, 2006

省内产地：信阳浉河公园(模式产地)。

分布：河南。

资料来源：虞以新，2006，中国蠓科昆虫(一，二卷)。北京军事医学科学出版社。

珠海短蠓 *Brachypogon* (*Brachypogon*) *zhuhaiensis* Yu *et* Hao, 2006

省内产地：信阳。

分布：河南，广东。

资料来源：虞以新，2006，中国蠓科昆虫(一，二卷)。北京军事医学科学出版社。

肿足短蠓 *Brachypogon* (*Isohelea*) *dilatatus* Yu, 2006

省内产地：信阳浉河港(模式产地)。

分布：河南。

资料来源：虞以新，2006，中国蠓科昆虫(一，二卷)。北京军事医学科学出版社。

异域库蠓 *Culicoides* (*Avaritia*) *peregrinus* Kieffer, 1910

省内产地：具体不详。

分布：河南，内蒙古，河北，辽宁，福建，台湾，江西，广东，广西，海南，云南；印度，菲律宾，印度尼西亚，日本。

资料来源：虞以新，2006，中国蠓科昆虫(一，二卷)。北京军事医学科学出版社。

荒川库蠓 *Culicoidea* (*Beltranmyia*) *arakawai* Arakawa, 1910

省内产地：信阳，南阳，开封。

分布：河南，辽宁，吉林，河北，山西，安徽，江苏，上海，浙江，福建，台湾，江西，山东，湖北，湖南，广东，广西，海南，四川，重庆，贵州，云南，陕西；印度，日本；东南亚。

资料来源：申效诚，1993，河南昆虫名录。中国农业科学技术出版社。

环斑库蠓 *Culicoides* (*Beltranmyia*) *circumscriptus* Kieffer, 1918

省内产地：信阳，开封。

分布：河南，黑龙江，吉林，辽宁，河北，山西，内蒙古，江苏，浙江，福建，山东，湖北，广东，广西，海南，四川，重庆，云南，西藏，陕西，甘肃，青海，宁夏，新疆；突尼斯，土耳其，比利时，德国，挪威，以色列，保加利亚，阿塞拜疆，印度，日本，老挝，泰国；欧亚大陆，北非。

资料来源：申效诚，1993，河南昆虫名录。中国农业科学技术出版社。

日本库蠓 *Culicoides* (*Culicoides*) *nipponensis* Tokunaga, 1955

省内产地：信阳，南阳，开封。

分布：河南，吉林，辽宁，江苏，上海，浙江，安徽，福建，江西，台湾，山东，湖北，湖南，广东，广西，海南，四川，重庆，云南，西藏，青海；朝鲜，日本。

资料来源：申效诚，1993，河南昆虫名录。中国农业科学技术出版社。

端斑库蠓 *Culicoides* (*Fastus*) *erairai* Kono *et* Takahashi, 1940

省内产地：信阳。

分布：河南，黑龙江，吉林，辽宁，内蒙古，浙江，福建，江西，陕西，湖北，广东，广西，四川，云南，宁夏；日本。

资料来源：虞以新，2006，中国蠓科昆虫(一，二卷)。北京军事医学科学出版社。

原野库蠓 *Culicoides* (*Monoculicoides*) *homotomus* Kieffer, 1922

省内产地：具体不详。

分布：河南，黑龙江，吉林，辽宁，内蒙古，河北，山西，安徽，江苏，浙江，福建，台湾，江西，山东，湖北，湖南，广东，广西，海南，四川，重庆，云南，西藏，陕西，甘肃，青海，宁夏，新疆；日本，泰国，柬埔寨，马来西亚。

资料来源：申效诚，1993，河南昆虫名录。中国农业科学技术出版社。

开封库蠓 *Culicoides* (*Oecacta*) *kaifengensis* Yu, 1982

省内产地：开封(模式产地)。

分布：河南，山东，湖北，福建。

资料来源：虞以新，2006，中国重要蠓类的鉴别。《中国重要医学动物鉴定手册》，人民卫生出版社。

北京库蠓 *Culicoides* (*Oecacta*) *morisitai* Tokunaga, 1940

省内产地：具体不详。

分布：河南，内蒙古，河北，辽宁，安徽，江苏，上海，浙江，福建，台湾，山东，湖北，广东，海南，四川，云南，陕西，甘肃，新疆；日本。

资料来源：虞以新，2006，中国蠓科昆虫(一，二卷)。北京军事医学科学出版社。

尖喙库蠓 *Culicoides* (*Oecacta*) *oxystoma* Kieffer, 1910

省内产地：信阳，南阳，开封。

分布：河南，河北，山西，内蒙古，黑龙江，吉林，辽宁，安徽，江苏，上海，浙江，福建，台湾，江西，山东，湖北，湖南，广东，海南，广西，四川，重庆，贵州，云南，西藏，陕西，宁夏；印度。

资料来源：申效诚，1993，河南昆虫名录。中国农业科学技术出版社。

幻影库蠓 *Culicoides* (*Trithecoides*) *phasmatua* Liu *et* Yu, 1997

省内产地：信阳鸡公山(模式产地)。

分布：河南。

资料来源：刘春龙，虞以新，1997，河南省鸡公山库蠓调查及其一新种(双翅目：蠓科)。中国媒介生物学及控制杂志，8(2)：119~120。

淡盾毛蠓 *Dasyhelea* (*Dasyhelea*) *pallidiscutellata* Yu, 2006

省内产地：信阳(模式产地)。

分布：河南。

资料来源：虞以新，2006，中国蠓科昆虫(一，二卷)。北京军事医学科学出版社。

交连毛蠓 *Dasyhelea* (*Leptobranchia*) *contextus* Yu, 2006

省内产地：信阳浉河(模式产地)。

分布：河南，四川。

资料来源：虞以新，2006，中国蠓科昆虫(一，二卷)。北京军事医学科学出版社。

泸定毛蠓 *Dasyhelea* (*Prokempia*) *ludingensis* Zhang *et* Yu, 1996

省内产地：信阳，内乡。

分布：河南，北京，山西，江苏，浙江，安徽，福建，台湾，江西，山东，湖北，湖南，广东，香港，广西，海南，四川，重庆，云南，陕西，甘肃。

资料来源：虞以新，2006，中国蠓科昆虫(一，二卷)。北京军事医学科学出版社。

宽带毛蠓 *Dasyhelea* (*Pseudoculicoides*) *fasciigera* Kieffer, 1924

省内产地：洛阳，登封少林寺。

分布：河南，北京，河北，黑龙江，江苏，上海，福建，江西，湖北，湖南，广东，四川，云南，新疆；阿富汗，爱沙尼亚，俄罗斯。

资料来源：虞以新，2006，中国蠓科昆虫(一，二卷)。北京军事医学科学出版社。

西部毛蠓 *Dasyhelea* (*Pseudoculicoides*) *occasus* Zhang *et* Yu, 1996

省内产地：信阳，内乡。

分布：河南，河北，北京，山西，江苏，浙江，福建，台湾，江西，山东，湖北，湖南，广东，香港，广西，海南，四川，重庆，云南，陕西，甘肃。

资料来源：虞以新，2006，中国蠓科昆虫(一，二卷)。北京军事医学科学出版社。

斑点毛蠓 *Dasyhelea* (*sebessia*) *punctosa* Remm, 1993

省内产地：信阳鸡公山。

分布：河南，黑龙江；俄罗斯。

资料来源：虞以新，2006，中国蠓科昆虫(一，二卷)。北京军事医学科学出版社。

拜氏铗蠓 *Forcipomyia* (*Forcipomyia*) *bikanni* Chan *et* LeRoux, 1971

省内产地：登封少林寺。

分布：河南，广东，广西，四川；新加坡。

资料来源：虞以新，2006，中国蠓科昆虫(一，二卷)。北京军事医学科学出版社。

似郊铗蠓 *Forcipomyia* (*Forcipomyia*) *subfrigidus* Liu *et* Yu, 2001

省内产地：洛阳龙门(模式产地)。

分布：河南。

资料来源：虞以新，2006，中国蠓科昆虫(一，二卷)。北京军事医学科学出版社。

丹东蠛蠓 *Lasiohelea dandongensis* Ding *et* Yu, 1990

省内产地：信阳鸡公山。

分布：河南，辽宁，江苏。

资料来源：虞以新，2006，中国蠓科昆虫(一，二卷)。北京军事医学科学出版社。

儋县蠛蠓 *Lasiohelea danxianensis* Yu *et* Liu, 1982

省内产地：信阳鸡公山。

分布：河南，安徽，江苏，浙江，江西，湖北，四川，福建，台湾，广东，广西，云南，海南；新加坡。

资料来源：虞以新，2006，中国蠓科昆虫(一，二卷)。北京军事医学科学出版社。

隆起蠛蠓 *Lasiohelea eminenta* Yu, 2006

省内产地：信阳市郊(模式产地)。

分布：河南。

资料来源：虞以新，2006，中国蠓科昆虫(一，二卷)。北京军事医学科学出版社。

园圃蠛蠓 *Lasiohelea hortensis* Yu *et* Liu, 1981

省内产地：信阳。

分布：河南，湖北，湖南，浙江，福建，江西，广东，广西，重庆。

资料来源：虞以新，2006，中国蠓科昆虫(一，二卷)。北京军事医学科学出版社。

低飞蠛蠓 *Lasiohelea humilavolita* Yu *et* Liu, 1982

省内产地：内乡，桐柏。

分布：河南，甘肃，安徽，浙江，湖北，四川，重庆，贵州，江西，福建，台湾，广西，云南，海南；马来西亚。

资料来源：虞以新，2006，中国蠓科昆虫(一，二卷)。北京军事医学科学出版社。

趋光蠛蠓 *Lasiohelea phototropia* Yu *et* Zhang, 1982

省内产地：信阳，内乡。

分布：河南，安徽，江苏，浙江，江西，湖北，湖南，四川，福建，台湾，广东，海南，云南；印度尼西亚。

资料来源：虞以新，2006，中国蠓科昆虫(一，二卷)。北京军事医学科学出版社。

台湾蠛蠓 *Lasiohelea taiwana* Shiraki, 1913

省内产地：具体不详。

分布：河南，甘肃，山西，台湾，华南，华中，华东，西南；马来西亚，老挝，越南。

资料来源：申效诚，1993，河南昆虫名录。中国农业科学技术出版社。

孤单湿蠓 *Medeobezzia singularis* Yu, 1995

省内产地：信阳。

分布：河南，湖北。

资料来源：虞以新，2006，中国蠓科昆虫(一，二卷)。北京军事医学科学出版社。

裂茎须蠓 *Palpomyia abrupta* Yu, 2006

省内产地：信阳鸡公山(模式产地)。

分布：河南。

资料来源：虞以新，2006，中国蠓科昆虫(一，二卷)。北京军事医学科学出版社。

棕足须蠓 *Palpomyia fuscipeda* Yu *et* Liu, 2006

省内产地：信阳(副模产地)。

分布：河南，四川。

资料来源：虞以新，2006，中国蠓科昆虫(一，二卷)。北京军事医学科学出版社。

大勇辛蠓 *Sinhalohelea dayongi* Yu, 2003

省内产地：信阳(模式产地)。

分布：河南。

资料来源：虞以新，2006，中国蠓科昆虫(一，二卷)。北京军事医学科学出版社。

小棘柱蠓 *Stilobezzia* (*Stilobezzia*) *clavella* Yu, 2006

省内产地：信阳鸡公山(模式产地)。

分布：河南，四川，安徽。

资料来源：虞以新，2006，中国蠓科昆虫(一，二卷)。北京军事医学科学出版社。

一二、蚋科 Simuliidae

本科世界已知 24 属 1660 种(Crosskey, 1997)，中国记载 5 属 209 种(陈汉斌等，2003)，河南已知 1 属 22 种。

黄毛纺蚋 *Simulium aureohirtum* Brunetti, 1911

省内产地：博爱青天河，陕县甘山，信阳鸡公山。

分布：河南，湖北，湖南，江西，福建，广东，广西，海南，四川，云南，贵州，西藏；印度，泰国，菲律宾，马来西亚，印度尼西亚，斯里兰卡，日本，巴基斯坦。

资料来源：韦静，温小军，陈汉斌，2006，河南省山地蚋类调查研究(双翅目：蚋科)。贵州科学，24(3)：48~51。

双齿蚋 *Simulium bidentatum* (Shiraki, 1935)

省内产地：内乡宝天曼，南召宝天曼，栾川重渡沟，陕县甘山，新安豫西大峡谷，博爱青天河。

分布：河南，黑龙江，辽宁，山西，贵州，云南，青海，陕西，四川，湖北，湖南，江西，福建；日本，韩国。

资料来源：李峰等，1998，河南南阳蚋科昆虫的调查。医学动物防制，14(4)：33~34。

峨眉短蚋 *Simulium emiensis* An, Xu *et* Song, 1991

省内产地：修武云台山。

分布：河南，四川。

资料来源：韦静，温小军，陈汉斌，2006，河南省山地蚋类调查研究(双翅目：蚋科)。贵州科学，24(3)：48~51。

鞍阳蚋 *Simulium ephippioiodum* Chen *et* Wen, 1999

省内产地：信阳鸡公山，南召宝天曼，栾川重渡沟，修武云台山。

分布：河南，湖北，广西，贵州。

资料来源：韦静，温小军，陈汉斌，2006，河南省山地蚋类调查研究(双翅目：蚋科)。贵州科学，24(3)：48~51。

福州蚋 *Simulium fuzhouense* Zhang *et* Wang, 1991

省内产地：信阳鸡公山。

分布：河南，福建，江西。

资料来源：韦静，温小军，陈汉斌，2006，河南省山地蚋类调查研究(双翅目：蚋科)。贵州科学，24(3)：48~51。

河南纺蚋 *Simulium henanense* Wen, Wei *et* Chen, 2007

省内产地：修武云台山白龙潭(模式产地)。

分布：河南。

资料来源：温小军，韦静，陈汉彬，2007，河南省蚋属一新种(双翅目：蚋科)。昆虫分类学报，29(4)：290-292。

粗毛蚋 *Simulium hirtipannus* Puri, 1932

省内产地：内乡宝天曼，博爱青天河。

分布：河南，浙江，福建，贵州，广西；印度。

资料来源：李峰等，1998，河南南阳蚋科昆虫的调查。医学动物防制，14(4)：33~34。

利川蚋 *Simulium* sp. (新种，另文发表)

省内产地：修武云台山。

分布：河南，湖北。

资料来源：韦静，温小军，陈汉斌，2006，河南省山地蚋类调查研究(双翅目：蚋科)。贵州科学，24(3)：48~51。

庄氏短蚋 *Simulium omatum* Meigen, 1918

省内产地：新安豫西大峡谷，宜阳花果山，陕县甘山，博爱青天河。

分布：河南，吉林，辽宁，四川，云南，贵州；俄罗斯；中亚，中东，欧洲。

资料来源：韦静，温小军，陈汉斌，2006，河南省山地蚋类调查研究(双翅目：蚋科)。贵州科学，24(3)：48~51。

显著蚋 *Simulium prominentum* Chen *et* Zhang, 2002

省内产地：修武云台山。

分布：河南，贵州。

资料来源：韦静，温小军，陈汉斌，2006，河南省山地蚋类调查研究(双翅目：蚋科)。贵州科学，24(3)：48~51。

黔蚋 *Simulium qianense* Chen *et* Chen, 2001

省内产地：信阳鸡公山，南召宝天曼，栾川重渡沟，宜阳花果山，陕县甘山，博爱青天河，修武云台山。

分布：河南，湖北，湖南，江西，贵州，广西，四川。

资料来源：韦静，温小军，陈汉斌，2006，河南省山地蚋类调查研究(双翅目：蚋科)。贵州科学，24(3)：48~51。

秦氏蚋 *Simulium qini* Cao, Wang *et* Chen, 1993

省内产地：栾川重渡沟。

分布：河南，四川。

资料来源：韦静，温小军，陈汉斌，2006，河南省山地蚋类调查研究(双翅目：蚋科)。贵州科学，24(3)：48~51。

五条蚋 *Simulium quinguestriatum* (Shiraki, 1935)

省内产地：内乡宝天曼，南召宝天曼，罗山灵山，栾川重渡沟，陕县甘山，宜阳花果山，博爱青天河，修武云台山。

分布：河南，辽宁，湖北，湖南，江西，福建，四川，云南，广东，海南，广西，台湾，西藏；

日本，韩国，泰国。

资料来源：李峰等，1998，河南南阳蚋科昆虫的调查。医学动物防制，14(4)：33~34。

红色蚋 *Simulium rufibasis* Brunetti, 1911

省内产地：信阳鸡公山，南召宝天曼，栾川重渡沟，陕县甘山。

分布：河南，辽宁，湖北，湖南，福建，台湾，贵州，四川，云南；印度，巴基斯坦，缅甸，泰国，日本，韩国。

资料来源：韦静，温小军，陈汉斌，2006，河南省山地蚋类调查研究(双翅目：蚋科)。贵州科学，24(3)：48~51。

崎岛蚋 *Simulium sakishimaense* Takaoka, 1977

省内产地：信阳鸡公山。

分布：河南，湖北，浙江，福建，江西，台湾，海南，贵州，四川，云南；日本，泰国。

资料来源：韦静，温小军，陈汉斌，2006，河南省山地蚋类调查研究(双翅目：蚋科)。贵州科学，24(3)：48~51。

素木蚋 *Simulium shirakii* Kono *et* Takahasi, 1940

省内产地：陕县甘山。

分布：河南，福建，台湾，海南，广西。

资料来源：韦静，温小军，陈汉斌，2006，河南省山地蚋类调查研究(双翅目：蚋科)。贵州科学，24(3)：48~51。

纺蚋一种 *Simulium* sp.

省内产地：栾川重渡沟。

分布：河南。

资料来源：韦静，温小军，陈汉斌，2006，河南省山地蚋类调查研究(双翅目：蚋科)。贵州科学，24(3)：48~51。

绳蚋一种 *Simulium* sp.

省内产地：信阳鸡公山，罗山灵山。

分布：河南。

资料来源：韦静，温小军，陈汉斌，2006，河南省山地蚋类调查研究(双翅目：蚋科)。贵州科学，24(3)：48~51。

蚋一种 *Simulium* sp.

省内产地：栾川重渡沟，修武云台山。

分布：河南。

资料来源：韦静，温小军，陈汉斌，2006，河南省山地蚋类调查研究(双翅目：蚋科)。贵州科学，24(3)：48~51。

柃木蚋 *Simulium suzukii* Rubtsov, 1963

省内产地：宜阳花果山，博爱青天河，修武云台山。

分布：河南，江西，台湾，云南，香港；日本，韩国。

资料来源：韦静，温小军，陈汉斌，2006，河南省山地蚋类调查研究(双翅目：蚋科)。贵州科学，24(3)：48~51。

兴义蚋 *Simulium xingyiense* Chen *et* Zhang, 1998

省内产地：栾川重渡沟，陕县甘山，博爱青天河，修武云台山。

分布：河南，贵州，广西。

资料来源：韦静，温小军，陈汉斌，2006，河南省山地蚋类调查研究(双翅目：蚋科)。贵州科学，24(3)：48~51。

云台山蚋 *Simulium* sp. (新种，另文发表)

省内产地：修武云台山。

分布：河南。

资料来源：韦静，温小军，陈汉斌，2006，河南省山地蚋类调查研究(双翅目：蚋科)。贵州科学，24(3)：48~51。

一三、虻科 Tabanidae

本科世界已知 137 属 4400 种，中国记载 447 种，河南已知 5 属 42 种。

双斑黄虻 *Atylotus bivittateinus* Takahashi, 1916

省内产地：信阳，新县，桐柏，西峡，武陟。

分布：河南，黑龙江，吉林，辽宁，内蒙古，北京，山西，陕西，上海，江苏，浙江，福建，日本，俄罗斯。

资料来源：申效诚，1993，河南昆虫名录。中国农业科学技术出版社。

黄绿黄虻 *Atylotus horvathi* (Szilady, 1926)

省内产地：西平。

分布：河南；俄罗斯(远东)，朝鲜，日本。

资料来源：申效诚，1993，河南昆虫名录。中国农业科学技术出版社。

斜纹黄虻 *Atylotus karybenthinus* (Szilady, 1915)

省内产地：具体不详。

分布：河南，东北，华北，西北；俄罗斯；欧洲，中东。

资料来源：申效诚，1993，河南昆虫名录。中国农业科学技术出版社。

骚扰黄虻 *Atylotus miser* (Szilady, 1915)

省内产地：西平。

分布：河南，新疆，内蒙古，宁夏，青海，辽宁，吉林，河北，山西，山东，陕西，甘肃，安徽，江苏，湖北，浙江，福建，江西，湖南，贵州，广东，广西，四川，云南。

资料来源：陆宝麟等，2003，中国重要医学昆虫分类与鉴别。河南科学技术出版社。

四列黄虻 *Atylotus quadrifarius* Loew, 1874

省内产地：博爱，民权，西平，信阳，西峡。

分布：河南；蒙古国，摩洛哥；欧洲，中亚。

资料来源：申效诚，1993，河南昆虫名录。中国农业科学技术出版社。

舟山斑虻 *Chrysops chusanensis* Ouchi, 1939

省内产地：具体不详。

分布：河南，辽宁，山东，陕西，甘肃，安徽，湖北，浙江，福建，贵州，广东，广西，四川，云南。

资料来源：陆宝麟等，2003，中国重要医学昆虫分类与鉴别。河南科学技术出版社。

日本斑虻 *Chrysops japonicus* Wiedemann, 1828

省内产地：具体不详。

分布：河南，黑龙江，吉林；朝鲜，日本，俄罗斯(远东)。

资料来源：申效诚，1993，河南昆虫名录。中国农业科学技术出版社。

莫斑虻 *Chrysops mlokosiewiczi* Bigot, 1880

省内产地：具体不详。

分布：河南，新疆，内蒙古，宁夏，黑龙江，辽宁，吉林，河北，陕西，甘肃。

资料来源：陆宝麟等，2003，中国重要医学昆虫分类与鉴别。河南科学技术出版社。

黑斑斑虻 *Chrysops nigripes* Zetterstedt, 1838

省内产地：陕县，灵宝。

分布：河南，黑龙江，内蒙古；朝鲜，日本；北欧，北美。

资料来源：申效诚，1993，河南昆虫名录。中国农业科学技术出版社。

中华斑虻 *Chrysops sinensis* Walker, 1857

省内产地：西平。

分布：河南，吉林，辽宁，宁夏，河北，山西，山东，陕西，甘肃，安徽，江苏，湖北，浙江，福建，台湾，江西，湖南，贵州，广东，广西，四川，云南。

资料来源：陆宝麟等，2003，中国重要医学昆虫分类与鉴别。河南科学技术出版社。

密斑虻 *Chrysops suavis* Loew, 1858

省内产地：延津，济源，修武，武陟。

分布：河南，黑龙江，辽宁；朝鲜，日本，蒙古国，俄罗斯(远东)。

资料来源：申效诚，1993，河南昆虫名录。中国农业科学技术出版社。

广斑虻 *Chrysops vanderwulpi* Krober, 1929

省内产地：信阳，洛阳。

分布：河南，黑龙江，吉林，辽宁，宁夏，河北，山东，陕西，甘肃，安徽，江苏，湖北，浙江，福建，台湾，江西，湖南，贵州，广东，海南，广西，四川，云南。

资料来源：陆宝麟等，2003，中国重要医学昆虫分类与鉴别。河南科学技术出版社。

触角麻虻 *Haematopota antennata* (Shiraki, 1803)

省内产地：具体不详。

分布：河南，吉林，辽宁，山东，陕西，甘肃，江苏，湖北，浙江，台湾。

资料来源：陆宝麟等，2003，中国重要医学昆虫分类与鉴别。河南科学技术出版社。

浙江麻虻 *Haematopota chekiangensis* Ouchi, 1940

省内产地：栾川。

分布：河南，陕西，湖北，浙江，云南。

资料来源：申效诚，1993，河南昆虫名录。中国农业科学技术出版社。

台湾麻虻 *Haematopota formosana* Shiraki, 1918

省内产地：桐柏。

分布：河南，安徽，湖北，浙江，福建，台湾，贵州，广东，广西。

资料来源：申效诚，1993，河南昆虫名录。中国农业科学技术出版社。

北京麻虻 *Haematopota pekingensis* Liu, 1958

省内产地：具体不详。

分布：河南，辽宁，北京，山西。

资料来源：申效诚，1993，河南昆虫名录。中国农业科学技术出版社。

中华麻虻 *Haematopota sinensis* Ricardo, 1911

省内产地：西平。

分布：河南，吉林，辽宁，河北，山东，安徽，江苏，湖北，浙江，云南。

资料来源：陆宝麟等，2003，中国重要医学昆虫分类与鉴别。河南科学技术出版社。

白条瘤虻 *Hybomitra erberi* (Brauer, 1880)

省内产地：武陟。

分布：河南，新疆，宁夏，吉林，辽宁，陕西，甘肃。

资料来源：申效诚，1993，河南昆虫名录。中国农业科学技术出版社。

突额瘤虻 *Hybomitra montana* (Meigen, 1920)

省内产地：具体不详。

分布：河南，新疆，内蒙古，黑龙江，陕西，甘肃。

资料来源：申效诚，1993，河南昆虫名录。中国农业科学技术出版社。

太白山瘤虻 *Hybomitra taibaishanensis* Xu, 1985

省内产地：栾川。

分布：河南，陕西。

资料来源：申效诚，1993，河南昆虫名录。中国农业科学技术出版社。

原野虻 *Tabanus amaenus* Walker, 1848

省内产地：具体不详。

分布：河南，吉林，辽宁，河北，山东，陕西，甘肃，安徽，江苏，湖北，浙江，福建，江西，湖南，台湾，贵州，广东，海南，广西，四川，云南。

资料来源：陆宝麟等，2003，中国重要医学昆虫分类与鉴别。河南科学技术出版社。

佛光虻 *Tabanus buddha* Poetschinsky, 1887

省内产地：具体不详。

分布：河南，黑龙江，吉林，辽宁，宁夏，山东，陕西，甘肃，四川，云南。

资料来源：陆宝麟等，2003，中国重要医学昆虫分类与鉴别。河南科学技术出版社。

中华虻 *Tabanus chinensis* Ouchi, 1943

省内产地：栾川。

分布．河南，浙江，湖北。

资料来源：申效诚，1993，河南昆虫名录。中国农业科学技术出版社。

舟山虻 *Tabanus chusanensis* Ouchi, 1943

省内产地：具体不详。

分布：河南，浙江，福建。

资料来源：申效诚，1993，河南昆虫名录。中国农业科学技术出版社。

朝鲜虻 *Tabanus coreanus* Shiraki, 1932

省内产地：具体不详。

分布：河南，辽宁，山东，陕西，甘肃，安徽，江苏，湖北，浙江，福建，四川；朝鲜。

资料来源：申效诚，1993，河南昆虫名录。中国农业科学技术出版社。

汉斯虻 *Tabanus haysi* Philip, 1956

省内产地：具体不详。

分布：河南，辽宁，北京；朝鲜。

资料来源：申效诚，1993，河南昆虫名录。中国农业科学技术出版社。

鸡公山虻 *Tabanus jigongshanensis* Xu, 1983

省内产地：信阳鸡公山(模式产地)，叶县。

分布：河南，宁夏，陕西，甘肃，湖北，北京，山西。

资料来源：许荣满，1983，我国原虻属三新种记述(双翅目：虻科)。动物分类学报，8(1)：86~90。

江苏虻 *Tabanus kiangsuensis* Krober, 1933

省内产地：具体不详。

分布：河南，吉林，辽宁，河北，山东，陕西，安徽，江苏，湖北，浙江，福建，江西，湖南，台湾，贵州，广东，海南，广西，四川，云南。

资料来源：陆宝麟等，2003，中国重要医学昆虫分类与鉴别。河南科学技术出版社。

类高额虻 *Tabanus loukashkini* Philip, 1956

省内产地：具体不详。

分布：河南，黑龙江；朝鲜。

资料来源：申效诚，1993，河南昆虫名录。中国农业科学技术出版社。

庐山虻 *Tabanus lushanensis* Liu, 1962

省内产地：栾川。

分布：河南，陕西，湖北，江西，贵州，四川。

资料来源：申效诚，1993，河南昆虫名录。中国农业科学技术出版社。

华虻 *Tabanus mandarinus* Schiner, 1868

省内产地：新乡，修武，延津，济源。

分布：河南，黑龙江，辽宁，北京，上海，江苏，浙江，福建，湖北，广西，台湾；朝鲜，日本，俄罗斯(远东)。

资料来源：申效诚，1993，河南昆虫名录。中国农业科学技术出版社。

日本虻 *Tabanus nipponicus* Murdoch *et* Takahashi, 1969

省内产地：西平。

分布：河南，辽宁，陕西，甘肃，安徽，湖北，浙江，福建，四川，云南；日本。

资料来源：申效诚，1993，河南昆虫名录。中国农业科学技术出版社。

灰背虻 *Tabanus onoi* Murdoch *et* Takahashi, 1969

省内产地：具体不详。

分布：河南，黑龙江，辽宁。

资料来源：申效诚，1993，河南昆虫名录。中国农业科学技术出版社。

土灰虻 *Tabanus pallidiventris* Olsufjev, 1937

省内产地：具体不详。

分布：河南，内蒙古，宁夏，黑龙江，吉林，辽宁，河北，山东，陕西，甘肃，湖北，江苏，浙江，福建，四川，云南。

资料来源：陆宝麟等，2003，中国重要医学昆虫分类与鉴别。河南科学技术出版社。

多砂虻 *Tabanus sabuletorum* Loew, 1874

省内产地：具体不详。

分布：河南，新疆，内蒙古，宁夏，河北，陕西，甘肃。

资料来源：陆宝麟等，2003，中国重要医学昆虫分类与鉴别。河南科学技术出版社。

山东虻 *Tabanus shantungensis* Ouchi, 1943

省内产地：具体不详。

分布：河南，山东，陕西，甘肃，湖北，浙江，福建，贵州，四川。

资料来源：陆宝麟等，2003，中国重要医学昆虫分类与鉴别。河南科学技术出版社。

华广虻 *Tabanus signatipennis* Portschinsky, 1887

省内产地：西平。

分布：河南，吉林，辽宁，山东，陕西，江苏，湖北，浙江，福建，四川，云南，台湾，广东；朝鲜，日本，俄罗斯(远东)。

资料来源：申效诚，1993，河南昆虫名录。中国农业科学技术出版社。

亚柯虻 *Tabanus subcordiger* Liu, 1960

省内产地：具体不详。

分布：河南，辽宁，内蒙古，河北，山东，安徽，江苏，浙江，福建，湖北，四川，云南，贵州，陕西，甘肃，青海，宁夏。

资料来源：陆宝麟等，2003，中国重要医学昆虫分类与鉴别。河南科学技术出版社。

天目虻 *Tabanus tianmuensis* Liu, 1962

省内产地：具体不详。

分布：河南，陕西，甘肃，安徽，浙江，福建，江西，湖南，贵州，四川，云南。

资料来源：陆宝麟等，2003，中国重要医学昆虫分类与鉴别。河南科学技术出版社。

三重虻 *Tabanus trigeminus* Coquillett, 1898

省内产地：博爱，武陟，民权，西平，信阳。

分布：河南，辽宁，河北，山东，陕西，甘肃，安徽，江苏，浙江，福建，贵州，广西，四川，云南；日本。

资料来源：申效诚，1993，河南昆虫名录。中国农业科学技术出版社。

亚布力虻 *Tabanus yablonicus* Takagi, 1941

省内产地：具体不详。

分布：河南，黑龙江，北京，陕西。

资料来源：申效诚，1993，河南昆虫名录。中国农业科学技术出版社。

指角虻 *Tabanus yao* Macquart, 1855

省内产地：具体不详。

分布：河南，辽宁，北京，上海，江苏，浙江，江西，福建，四川，云南；朝鲜。

资料来源：申效诚，1993，河南昆虫名录。中国农业科学技术出版社。

一四、鹬虻科 Rhagionidae

本科世界已知 19 属 560 种，中国记载 9 属 82 种，河南已知 2 属 4 种。

乌翅金鹬虻 *Chrysopilus obscuralatus* Yang *et* Yang, 1989

省内产地：栾川龙峪湾。

分布：河南，陕西，宁夏。

资料来源：杨定等，2002，双翅目：鹬虻科，木虻科。《太行山及桐柏山区昆虫》，中国农业科学技术出版社。

河南鹬虻 *Rhagio henanensis* Yang, Zhu *et* Gao, 2002

省内产地：栾川龙峪湾(模式产地)。

分布：河南。

资料来源：杨定等，2002，河南鹬虻科二新种(双翅目：短角亚目)。《太行山及桐柏山区昆虫》，中国农业科学技术出版社。

申氏鹬虻 *Rhagio sheni* Yang, Zhu *et* Gao, 2002

省内产地：嵩县白云山(模式产地)。

分布：河南。

资料来源：杨定等，2002，河南鹬虻科二新种(双翅目：短角亚目)。《太行山及桐柏山区昆虫》，中国农业科学技术出版社。

中华鹬虻 *Rhagio sinensis* Yang *et* Yang, 1993

省内产地：栾川龙峪湾。

分布：河南，湖北，江西。

资料来源：杨定等，2002，双翅目：鹬虻科，木虻科。《太行山及桐柏山区昆虫》，中国农业科学技术出版社。

一五、木虻科 Xylomyidae

本科世界已知 4 属 136 种，中国记载 2 属 35 种，河南已知 1 属 1 种。

西峡木虻 *Xylomya xixiana* Yang, Gao *et* An, 2002

省内产地：西峡黄石庵(模式产地)。

分布：河南。

资料来源：杨定等，2002，河南木虻科一新种(双翅目：短角亚目)。《太行山及桐柏山区昆虫》，中国农业科学技术出版社。

一六、水虻科 Stratiomyidae

本科世界已知 386 属 2600 种，中国记载 50 属 221 种，河南已知 5 属 7 种。

刺突柱角水虻 *Beris spinosa* Li, Zhang *et* Yang, 2009

省内产地：嵩县白云山(模式产地)。

分布：河南，湖北。

资料来源：Li Zhu, Zhang Tingting & Yang Ding, 2009, Eleven new species of Beridinae (Diptera: Stratiomyidae) from China. *Entomotaxonomia*, 31(3): 206~220.

短突离眼水虻 *Chorisops brevis* Li, Cui *et* Yang, 2009

省内产地：嵩县白云山(模式产地)。

分布：河南。

资料来源：Li Zhu, Cui Weina, Zhang Tingting & Yang Ding, 2009, New species of Beridinae (Diptera: Stratiomyidae) from China. *Entomotaxonomia*, 31(3): 161~171.

平山水虻 *Odontomyia hirayamae* Matsumura, 1916

省内产地：修武。

分布：河南；日本。

资料来源：申效诚，1993，河南昆虫名录。中国农业科学技术出版社。

金黄指突水虻 *Ptecticus aurifer* (Walker, 1854)

省内产地：具体不详。

分布：河北，陕西，安徽。江苏，浙江，福建，台湾，湖南，广东，广西，贵州，四川，云南；日本，俄罗斯，印度；古北区，东洋区。

资料来源：申效诚等，1994，《河南昆虫分类区系研究 第一卷》。中国农业科学技术出版社。

舟山水虻 *Ptecticus similes* Aoki

省内产地：新乡，延津，修武，济源。

分布：河南，浙江。

资料来源：申效诚，1993，河南昆虫名录。中国农业科学技术出版社。

后架水虻 *Ptecticus tenebrifer* (Walker, 1849)

省内产地：修武。

分布：河南，北京，山东，安徽，江苏，浙江，台湾，湖南，贵州；朝鲜，日本，俄罗斯；日本。

资料来源：申效诚，1993，河南昆虫名录。中国农业科学技术出版社。

日本水虻 *Stratiomyia japonica* (van der Wulp, 1885)

省内产地：孟津，信阳。

分布：河南；日本，俄罗斯(西伯利亚)。

资料来源：申效诚，1993，河南昆虫名录。中国农业科学技术出版社。

一七、穴虻科 Vermileonidae (河南新记录科)

本科世界已知 10 属 60 种，中国记载 2 属 9 种，河南已知 1 未定种。

潜穴虻 *Vermiophis* sp. (河南新记录属)

省内产地：栾川龙峪湾。

分布：河南。

一八、窗虻科 Scenopinidae

本科世界已知 25 属 419 种，中国记载 2 属 5 种，河南已知 1 属 1 种。

窗虻 *Scenopinus fenestralis* Linnaeus, 1758

省内产地：全省。

分布：河南，几乎全国各省区；全球性分布。

捕食：仓库害虫。

资料来源：陈启宗等，1988，仓库昆虫图册。科学出版社。

一九、蜂虻科 Bombylidae

本科世界已知 15 亚科 233 属 5000 种，中国记载 27 属 160 种，河南已知 5 属 11 种。

虎形安蜂虻 *Anastoechus nitidulus* (Fabricius, 1794)

省内产地：郑州，中牟，开封，洛宁，延津，郸城，许昌，南阳，信阳。

分布：河南，河北；日本，美国；欧洲。

资料来源：申效诚，1993，河南昆虫名录。中国农业科学技术出版社。

山城乌蜂虻 *Anthax yamashiroensis* Matsumura, 1916

省内产地：修武，孟州，沁阳。

分布：河南；日本。

资料来源：申效诚，1993，河南昆虫名录。中国农业科学技术出版社。

天鹅绒蜂虻 *Bombylius major* Linnaeus, 1758

省内产地：郑州，许昌，孟津，济源。

分布：河南，吉林，山东，甘肃，青海，新疆，江西；日本，印度；欧洲，北美。

资料来源：申效诚，1993，河南昆虫名录。中国农业科学技术出版社。

中华姬蜂虻 *Systropus chinensis* (Bezzi, 1905)

省内产地：栾川龙峪湾。

分布：河南，河北，山东，广东。

资料来源：杨定，1998，双翅目：舞虻科，长足虻科，蜂虻科。《伏牛山区昆虫》，中国农业科学技术出版社。

长突姬蜂虻 *Systropus excisus* (Enderlein, 1926)

省内产地：栾川龙峪湾。

分布：河南，福建，广东，台湾；朝鲜。

资料来源：杨定，1998，双翅目：舞虻科，长足虻科，蜂虻科。《伏牛山区昆虫》，中国农业科学技术出版社。

河南姬蜂虻 *Systropus henanus* Yang *et* Yang, 1998

省内产地：栾川龙峪湾(模式产地)。

分布：河南。

资料来源：杨定等，1998，河南省姬蜂虻属一新种(双翅目：蜂虻科)。《伏牛山区昆虫》，中国农业科学技术出版社。

新渡户细腹长吻虻 *Systropus nitobei* Matsumura, 1916

省内产地：修武。

分布：河南；朝鲜，日本。

资料来源：申效诚，1993，河南昆虫名录。中国农业科学技术出版社。

齿突姬蜂虻 *Systropus serratus* Yang *et* Yang, 1995

省内产地：栾川龙峪湾，灵宝亚武山，卢氏大块地。

分布：河南，浙江。

资料来源：杨定，1998，双翅目：舞虻科，长足虻科，蜂虻科。《伏牛山区昆虫》，中国农业科学技术出版社。

黑角姬蜂虻 *Systropus submixus* (Seguy, 1963)

省内产地：灵宝亚武山。

分布：河南，山东。

资料来源：杨定，1998，双翅目：舞虻科，长足虻科，蜂虻科。《伏牛山区昆虫》，中国农业科学技术出版社。

铃木细腹长吻虻 *Systropus suzukii* Matsumura, 1916

省内产地：沁阳。

分布：河南；朝鲜，日本。

资料来源：申效诚，1993，河南昆虫名录。中国农业科学技术出版社。

***Villa aspros* Yao, Yang *et* Evenhuis, 2009**

省内产地：济源王屋山(模式产地)。

分布：河南，北京。

资料来源：Yao Gang, Yang Ding & Evenhuis Neal. 2009. Four new species and a new record species of *Villa* Lioy, 1864 from China (Diptera: Bombyliidae). *Zootaxa*, 2055: 49~60.

二〇、剑虻科 Therevidae

本科世界已知 124 属 1135 种，中国记载 10 属 26 种，河南已知 1 属 1 种。

河南粗柄剑虻 *Dialineura henanensis* Yang, 1999

省内产地：栾川龙峪湾(模式产地)。

分布：河南。

资料来源：杨定，1999，河南粗柄剑虻属一新种(双翅目：剑虻科)。《伏牛山南坡及大别山区昆虫》，中国农业科学技术出版社。

二一、食虫虻科 Asilidae

本科世界已知 510 多属 5600 种，中国记载 72 属 484 种，河南已知 22 属 32 种。

奈低胛食虫虻 *Acanthoppeura naxia* (Macquart, 1838)

省内产地：灵宝亚武山。

分布：河南，河北，陕西，甘肃，湖北，福建；奥地利，希腊，土耳其。

资料来源：史永善等，1999，双翅目：食虫虻科。《伏牛山南坡及大别山区昆虫》，中国农业科学技术出版社。

锥跗食虫虻 *Astochia metatarsata* Backer, 1913

省内产地：西峡黄石庵林场。

分布：河南，陕西，甘肃，湖南；伊朗。

资料来源：史永善等，1999，双翅目：食虫虻科。《伏牛山南坡及大别山区昆虫》，中国农业科学技术出版社。

肿跗食虫虻 *Astochia virgatipes* (Coquillet, 1899)

省内产地：西峡太平镇，济源，延津，洛宁，郸城，许昌，信阳，新野。

分布：河南，陕西，湖南；日本，罗马尼亚。

资料来源：史永善等，1999，双翅目：食虫虻科。《伏牛山南坡及大别山区昆虫》，中国农业科学技术出版社。

长带角食虫虻 *Ceraturgus cruciatus* Say

省内产地：西峡太平镇。

分布：河南，河北，内蒙古，陕西。

资料来源：史永善等，1999，双翅目：食虫虻科。《伏牛山南坡及大别山区昆虫》，中国农业科学技术出版社。

长须食虫虻 *Ceraturgus kawamurae* Matsumura, 1916

省内产地：修武。

分布：河南；日本。

资料来源：资料来源：申效诚，1993，河南昆虫名录。中国农业科学技术出版社。

残低颜食虫虻 *Cerdistus debilis* Becker, 1923

省内产地：内乡宝天曼，栾川龙峪湾，嵩县白云山，信阳鸡公山。

分布：河南，内蒙古，河北，陕西，湖北，福建。

资料来源：史永善等，1999，双翅目：食虫虻科。《伏牛山南坡及大别山区昆虫》，中国农业科学技术出版社。

齿斑低颜食虫虻 *Cerdistus denticulatus* (Loew, 1849)

省内产地：西峡太平镇。

分布：河南，陕西，贵州；亚洲，非洲。

资料来源：史永善等，1999，双翅目：食虫虻科。《伏牛山南坡及大别山区昆虫》，中国农业科学技术出版社。

长脚食虫虻 *Dasypogon japonicum* Bigot, 1878

省内产地：济源，修武。

分布：河南，江苏，湖南；日本。

资料来源：申效诚，1993，河南昆虫名录。中国农业科学技术出版社。

互突额食虫虻 *Dioctria lateralis* Meigen, 1804

省内产地：内乡宝天曼。

分布：河南；埃及，阿尔及利亚；欧洲。

资料来源：史永善等，1999，双翅目：食虫虻科。《伏牛山南坡及大别山区昆虫》，中国农业科学技术出版社。

细腹食虫虻 *Dioctria nakanensis* Matsumura, 1916

省内产地：沁阳。

分布：河南，台湾；日本。

资料来源：申效诚，1993，河南昆虫名录。中国农业科学技术出版社。

毛腹鬃腿食虫虻 *Hoplopheromerus hirtiventris* Becker, 1925

省内产地：西峡太平镇。

分布：河南，浙江，江西，湖南，四川，贵州。

资料来源：史永善等，1999，双翅目：食虫虻科。《伏牛山南坡及大别山区昆虫》，中国农业科学技术出版社。

丽毛腹食虫虻 *Laphria chrysotelus* Walker, 1855

省内产地：嵩县白云山。

分布：河南，广东，福建，台湾，海南。

资料来源：史永善等，1999，双翅目：食虫虻科。《伏牛山南坡及大别山区昆虫》，中国农业科学技术出版社。

姬白带食虫虻 *Lasiopogon cinctus* Fabricius, 1781

省内产地：焦作，修武。

分布：河南；俄罗斯。

资料来源：申效诚，1993，河南昆虫名录。中国农业科学技术出版社。

崂山细腹食虫虻 *Leptogater laoshanensis* Hsia, 1948

省内产地：灵宝亚武山。

分布：河南，山东。

资料来源：史永善等，1999，双翅目：食虫虻科。《伏牛山南坡及大别山区昆虫》，中国农业科学技术出版社。

箕面细腹食虫虻 *Leptogaster minomoensis* Matsumura, 1916

省内产地：修武。

分布：河南；日本。

资料来源：申效诚，1993，河南昆虫名录。中国农业科学技术出版社。

斯小食虫虻 *Microstylum spectum* (Wiedemann, 1828)

省内产地：济源。

分布：河南，浙江，湖南，台湾，广东，广西；日本；东洋区。

资料来源：申效诚，1993，河南昆虫名录。中国农业科学技术出版社。

日本钩胫食虫虻 *Molobratia japonicus* (Bigor, 1878)

省内产地：西峡太平镇。

分布：河南，江苏，湖南，福建，海南；日本。

资料来源：史永善等，1999，双翅目：食虫虻科。《伏牛山南坡及大别山区昆虫》，中国农业科学技术出版社。

曲毛弯顶食虫虻 ***Neoitamus angusticornis*** **(Loew, 1858)**

省内产地：偃师。

分布：河南；日本，俄罗斯(远东)。

资料来源：申效诚，1993，河南昆虫名录。中国农业科学技术出版社。

蓝弯顶食虫虻 ***Neoitamus cyanurus*** **Loew, 1849**

省内产地：卢氏狮子坪。

分布：河南，浙江，陕西，甘肃，湖北，湖南，福建，台湾；欧洲。

资料来源：史永善等，1999，双翅目：食虫虻科。《伏牛山南坡及大别山区昆虫》，中国农业科学技术出版社。

胖弯顶毛食虫虻 ***Neoitamus fertilis*** **Becker, 1925**

省内产地：栾川龙峪湾。

分布：河南，广东，海南，四川。

资料来源：史永善等，1999，双翅目：食虫虻科。《伏牛山南坡及大别山区昆虫》，中国农业科学技术出版社。

火红瘤颜食虫虻 ***Neolaparus vocatus*** **(Walker, 1849)**

省内产地：西峡太平镇。

分布：河南，湖南，福建，台湾，海南，广东；印度，印度尼西亚。

资料来源：史永善等，1999，双翅目：食虫虻科。《伏牛山南坡及大别山区昆虫》，中国农业科学技术出版社。

中国羽角食虫虻 ***Ommatius chinensis*** **(Fabricius, 1794)**

省内产地：济源，修武，卢氏，陕县，渑池，嵩县，孟津，巩义，郑州，尉氏，许昌。

分布：河南，江苏，浙江，广东，四川；朝鲜，日本，印度，印度尼西亚。

资料来源：申效诚，1993，河南昆虫名录。中国农业科学技术出版社。

胀翅羽角食虫虻 ***Ommatius dilatipennis*****, 1872**

省内产地：栾川龙峪湾。

分布：河南；印度尼西亚，菲律宾。

资料来源：史永善等，1999，双翅目：食虫虻科。《伏牛山南坡及大别山区昆虫》，中国农业科学技术出版社。

黑羽角食虫虻 ***Ommatus nigripes*** **(Becker, 1925)**

省内产地：西峡太平镇。

分布：河南，湖北，湖南，广东，海南，福建，台湾。

资料来源：史永善等，1999，双翅目：食虫虻科。《伏牛山南坡及大别山区昆虫》，中国农业科学技术出版社。

蕾潘蓬食虫虻 ***Pamponerus germanicus helveticus*** **(Mik, 1864)**

省内产地：内乡宝天曼。

分布：河南；瑞士。

资料来源：史永善等，1999，双翅目：食虫虻科。《伏牛山南坡及大别山区昆虫》，中国农业科学技术出版社。

白齿肛食虫虻 ***Philonicus albiceps*** **(Meigen, 1820)**

省内产地：西峡太平镇，孟县，陕县，南阳。

分布：河南，河北，内蒙古，陕西，湖北，福建，西藏；蒙古国，土耳其，伊朗；欧洲。

资料来源：史永善等，1999，双翅目：食虫虻科。《伏牛山南坡及大别山区昆虫》，中国农业科学技术出版社。

大食虫虻 ***Promachus yesonicus*** **Bigot, 1887**

省内产地：新乡，延津，修武，洛宁，孟津，偃师，巩义，郑州，尉氏，兰考，许昌，南阳，西峡，镇平，信阳。

分布：河南，山东，浙江，广西；日本。

资料来源：申效诚，1993，河南昆虫名录。中国农业科学技术出版社。

黄胫食虫虻 *Rhamphomyia itoi* Frey, 1953

省内产地：新野。

分布：河南；日本。

资料来源：申效诚，1993，河南昆虫名录。中国农业科学技术出版社。

横带条纹食虫虻 *Stichopogon albofasciatus* (Meigen, 1820)

省内产地：西峡太平镇。

分布：河南；土耳其，摩洛哥；欧洲。

资料来源：史永善等，1999，双翅目：食虫虻科。《伏牛山南坡及大别山区昆虫》，中国农业科学技术出版社。

蛛条纹食虫虻 *Stichopogon pygmaeus* (Macquarr, 1849)

省内产地：灵宝亚武山。

分布：河南；阿尔及利亚；非洲。

资料来源：史永善等，1999，双翅目：食虫虻科。《伏牛山南坡及大别山区昆虫》，中国农业科学技术出版社。

孔毛突食虫虻 *Tolmerus atripes* Loew, 1854

省内产地：内乡宝天曼。

分布：河南；欧洲。

资料来源：史永善等，1999，双翅目：食虫虻科。《伏牛山南坡及大别山区昆虫》，中国农业科学技术出版社。

亮籽角食虫虻 *Xenomyza claripennis* (Bromley, 1935)

省内产地：卢氏狮子坪。

分布：河南，福建，湖北。

资料来源：史永善等，1999，双翅目：食虫虻科。《伏牛山南坡及大别山区昆虫》，中国农业科学技术出版社。

二二、舞虻科 Empididae

本科过去河南基本无记录。1998—2006年间，中国农业大学杨定教授和他的研究生以及日本九州大学 Saigusa 教授来豫考察采集，发现 56 个新种，占考察总种类的 73.7%。

本科世界已知 179 属 4969 种，中国记载 45 属 414 种(Yang Ding *et al.*，2007)，河南已知 21 属 76 种。

中华按舞虻 *Anthalia sinensis* Saigusa *et* Yang, 2002

省内产地：栾川龙峪湾(模式产地)。

分布：河南。

资料来源：Saigusa *et* Yang, 2002, Empididae (Diptera) from Funiu mountains, Henan, China (I). *Studia Dipterologica*, 9(2): 519~543.

凹须裸螳舞虻 *Chelifera incisa* Saigusa *et* Yang, 2002

省内产地：嵩县白云山(模式产地)。

分布：河南。

资料来源：Saigusa *et* Yang, 2002, Empididae (Diptera) from Funiu mountains, Henan, China (I). *Studia Dipterologica*, 9(2): 519~543.

申氏裸螳舞虻 *Chelifera sheni* Saigusa *et* Yang, 2002

省内产地：嵩县白云山(正模产地)，栾川龙峪湾(副模产地)。

分布：河南。

资料来源：Saigusa *et* Yang, 2002, Empididae (Diptera) from Funiu mountains, Henan, China (I). *Studia Dipterologica*, 9(2): 519~543.

中华裸螳舞虻 *Chelifera sinensis* Yang *et* Yang, 1995

省内产地：栾川龙峪湾，嵩县白云山。

分布：河南，浙江。

资料来源：Saigusa *et* Yang, 2002, Empididae (Diptera) from Funiu mountains, Henan, China (I). *Studia Dipterologica*, 9(2): 519~543.

钩突鬃螳舞虻 *Chelipoda forcipata* Yang *et* Yang, 1992

省内产地：嵩县白云山，宜阳花果山，内乡宝天曼。

分布：河南，广西，海南。

资料来源：杨定等，2010，河南昆虫志 双翅目 舞虻总科。科学出版社。

武当鬃螳舞虻 *Chelipoda wudangensis* Yang *et* Yang, 1990

省内产地：栾川龙峪湾，内乡宝天曼。

分布：河南，湖北。

资料来源：Saigusa *et* Yang, 2002, Empididae (Diptera) from Funiu mountains, Henan, China (I). *Studia Dipterologica*, 9(2): 519~543.

栾川同室舞虻 *Chersodromia luanchuanensis* Yang, An *et* Gao, 2002

省内产地：栾川龙峪湾(模式产地)。

分布：河南。

资料来源：杨定等，2002，河南舞虻科新种记述。《太行山及桐柏山区昆虫》，中国农业科学技术出版社。

林州溪舞虻 *Clinocera linzhouensis* Yang, Wang, Zhu *et* Zhang, 2009

省内产地：林州石板岩(模式产地)。

分布：河南。

资料来源：杨定等，2010，河南昆虫志 双翅目 舞虻总科。科学出版社。

贵州显颊舞虻 *Crossopalpus guizhouanus* Yang *et* Yang, 1989

省内产地：嵩县白云山。

分布：河南，贵州。

资料来源：杨定等，2010，河南昆虫志 双翅目 舞虻总科。科学出版社。

云南显颊舞虻 *Crossopalpus yunnanensis* Yang, Gaimari *et* Grootaert, 2004

省内产地：宜阳花果山，内乡宝天曼。

分布：河南，北京，云南。

资料来源：杨定等，2010，河南昆虫志 双翅目 舞虻总科。科学出版社。

端黑隐肩舞虻 *Drapetis apiciniger* Yang, An *et* Gao, 2002

省内产地：内乡宝天曼(模式产地)，宜阳花果山，嵩县白云山。

分布：河南。

资料来源：杨定等，2002，河南舞虻科新种记述。《太行山及桐柏山区昆虫》，中国农业科学技术出版社。

河南黄隐肩舞虻 *Elaphropeza henanensis* Saigusa *et* Yang, 2002

省内产地：栾川龙峪湾(模式产地)。

分布：河南。

资料来源：Saigusa *et* Yang, 2002, Empididae (Diptera) from Funiu mountains, Henan, China (I). *Studia Dipterologica*, 9(2): 519~543.

花果山黄隐肩舞虻 *Elaphropeza huaguoshana* Yang, Wang, Zhu *et* Zhang, 2009

省内产地：宜阳花果山(模式产地)。

分布：河南。

资料来源：杨定等，2010，河南昆虫志 双翅目 舞虻总科。科学出版社。

长鬃缺脉舞虻 *Empis* (*Coptophlebia*) *longisetosa* Yang, Wang, Zhu *et* Zhang, 2009

省内产地：内乡宝天曼(模式产地)。

分布：河南。

资料来源：杨定等，2010，河南昆虫志 双翅目 舞虻总科。科学出版社。

张氏缺脉舞虻 *Empis* (*Coptophlebia*) *zhangae* Yang, Wang, Zhu *et* Zhang, 2009

省内产地：林州石板岩(模式产地)。

分布：河南。

资料来源：杨定等，2010，河南昆虫志 双翅目 舞虻总科。科学出版社。

弯茎舞虻 *Empis* (*Polyblepharis*) *curvipenis* Yang, Wang, Zhu *et* Zhang, 2009

省内产地：内乡宝天曼(模式产地)。

分布：河南。

资料来源：杨定等，2010，河南昆虫志 双翅目 舞虻总科。科学出版社。

异直脉舞虻 *Euthyneura abnormis* Saigusa *et* Yang, 2002

省内产地：嵩县白云山(模式产地)。

分布：河南。

资料来源：Saigusa *et* Yang, 2002, Empididae (Diptera) from Funiu mountains, Henan, China (I). *Studia Dipterologica*, 9(2): 519~543.

显痣直脉舞虻 *Euthyneura stigmata* Saigusa *et* Yang, 2002

省内产地：嵩县白云山(模式产地)。

分布：河南。

资料来源：Saigusa *et* Yang, 2002, Empididae (Diptera) from Funiu mountains, Henan, China (I). *Studia Dipterologica*, 9(2): 519~543.

齿突螳舞虻 *Hemerodromia serrata* Saigusa *et* Yang, 2002

省内产地：嵩县白云山(模式产地)。

分布：河南。

资料来源：Saigusa *et* Yang, 2002, Empididae (Diptera) from Funiu mountains, Henan, China (I). *Studia Dipterologica*, 9(2): 519~543.

尖须喜舞虻 *Hilara acutata* Qin, Tian *et* Yang, 2008

省内产地：内乡宝天曼(模式产地)。

分布：河南。

资料来源：秦伟春，田会刚，杨定，2008，河南喜舞虻属二新种。动物分类学报，33(4)：796~798。

白云山喜舞虻 *Hilara acutata baiyunshana* Yang, Wang, Zhu *et* Zhang, 2009

省内产地：嵩县白云山(模式产地)。

分布：河南。

资料来源：杨定等，2010，河南昆虫志 双翅目 舞虻总科。科学出版社。

黄角喜舞虻 *Hilara acutata flavantenna* Yang, Wang, Zhu *et* Zhang, 2009

省内产地：嵩县白云山(模式产地)。

分布：河南。

资料来源：杨定等，2010，河南昆虫志 双翅目 舞虻总科。科学出版社。

黑胫喜舞虻 *Hilara acutata nigritibialis* Yang, Wang, Zhu *et* Zhang, 2009

省内产地：栾川龙峪湾(模式产地)。

分布：河南。

资料来源：杨定等，2010，河南昆虫志 双翅目 舞虻总科。科学出版社。

申氏喜舞虻 *Hilara acutata sheni* Qin, Tian *et* Yang, 2008

省内产地：内乡宝天曼(模式产地)。

分布：河南。

资料来源：秦伟春，田会刚，杨定，2008，河南喜舞虻属二新种。动物分类学报，33(4)：796~798。

单鬃喜舞虻 *Hilara acutata singularis* Yang, Wang, Zhu *et* Zhang, 2009

省内产地：卢氏大块地(模式产地)。

分布：河南。

资料来源：杨定等，2010，河南昆虫志 双翅目 舞虻总科。科学出版社。

北方驼舞虻 *Hybos arctus* Yang *et* Yang, 1998

省内产地：林州石板岩，辉县八里沟。

分布：河南，黑龙江，北京。

资料来源：杨定等，2010，河南昆虫志 双翅目 舞虻总科。科学出版社。

白云山驼舞虻 *Hybos baiyunshanus* Saigusa *et* Yang, 2002

省内产地：嵩县白云山(模式产地)。

分布：河南。

资料来源：Saigusa *et* Yang, 2002, Empididae (Diptera) from Funiu mountains, Henan, China (I). *Studia Dipterologica*, 9(2): 519~543.

双色驼舞虻 *Hybos bicoloripes* Saigusa, 1963

省内产地：嵩县白云山。

分布：河南，湖北，四川；日本。

资料来源：杨定等，2002，双翅目：舞虻科。《太行山及桐柏山区昆虫》，中国农业科学技术出版社。

凹缘驼舞虻 *Hybos concavus* Yang *et* Yang, 1991

省内产地：栾川龙峪湾，嵩县白云山，嵩县天池山。

分布：河南，湖北。

资料来源：杨定等，2002，双翅目：舞虻科。《太行山及桐柏山区昆虫》，中国农业科学技术出版社。

粗胫驼舞虻 *Hybos crassatus* Saigusa *et* Yang, 2002

省内产地：嵩县白云山(模式产地)。

分布：河南。

资料来源：Saigusa *et* Yang, 2002, Empididae (Diptera) from Funiu mountains, Henan, China (I). *Studia Dipterologica*, 9(2): 519~543.

峨眉山驼舞虻 *Hybos emeishanus* Yang *et* Yang, 1989

省内产地：嵩县天池山。

分布：河南，四川。

资料来源：杨定等，2010，河南昆虫志 双翅目 舞虻总科。科学出版社。

剑突驼舞虻 *Hybos ensatus* Yang *et* Yang, 1986

省内产地：内乡宝天曼，嵩县白云山，栾川龙峪湾。

分布：河南，四川，广西，贵州。

资料来源：杨定等，2002，双翅目：舞虻科。《太行山及桐柏山区昆虫》，中国农业科学技术出版社。

粗腿驼舞虻 *Hybos grossipes* (Linnaeus, 1767)

省内产地：栾川龙峪湾，嵩县白云山。

分布：河南，吉林，内蒙古，甘肃，宁夏，陕西，山西，河北，四川；欧洲。

资料来源：杨定等，2002，双翅目：舞虻科。《太行山及桐柏山区昆虫》，中国农业科学技术出版社。

河南驼舞虻 *Hybos henanensis* Yang *et* Wang, 1998

省内产地：嵩县白云山(模式产地)。

分布：河南。

资料来源：杨定等，1998，河南舞虻科三新种(双翅目)。《伏牛山区昆虫》，中国农业科学技术出版社。

湖北驼舞虻 *Hybos hubeiensis* Yang *et* Yang, 1991

省内产地：栾川龙峪湾，西峡黄石庵。

分布：河南，湖北，甘肃。

资料来源：Saigusa *et* Yang, 2002, Empididae (Diptera) from Funiu mountains, Henan, China (I). *Studia Dipterologica*, 9(2): 519~543.

毛饰驼舞虻 *Hybos marginatus* Yang *et* Yang, 1989

省内产地：嵩县白云山。

分布：河南，四川。

资料来源：杨定等，2010，河南昆虫志 双翅目 舞虻总科。科学出版社。

东方驼舞虻 *Hybos orientalis* Yang *et* Yang, 1986

省内产地：嵩县白云山。

分布：河南，福建，广西。

资料来源：杨定等，2002，双翅目：舞虻科。《太行山及桐柏山区昆虫》，中国农业科学技术出版社。

白毛驼舞虻 *Hybos pallipilosus* Yang, An *et* Gao, 2002

省内产地：内乡宝天曼(模式产地)。

分布：河南。

资料来源：杨定等，2002，河南舞虻科新种记述。《太行山及桐柏山区昆虫》，中国农业科学技术出版社。

齿突驼舞虻 *Hybos serratus* Yang *et* Yang, 1992

省内产地：内乡宝天曼，嵩县白云山。

分布：河南，四川，贵州，广西。

资料来源：杨定等，2002，双翅目：舞虻科。《太行山及桐柏山区昆虫》，中国农业科学技术出版社。

武当驼舞虻 *Hybos wudanganus* Yang *et* Yang, 1991

省内产地：栾川龙峪湾，嵩县白云山，辉县八里沟，卢氏大块地。

分布：河南，湖北。

资料来源：杨定等，2002，双翅目：舞虻科。《太行山及桐柏山区昆虫》，中国农业科学技术出版社。

张氏驼舞虻 *Hybos zhangae* Yang, Wang, Zhu *et* Zhang, 2009

省内产地：嵩县白云山(模式产地)。

分布：河南。

资料来源：杨定等，2010，河南昆虫志 双翅目 舞虻总科。科学出版社。

中华小室舞虻 *Microphor sinensis* Saigusa *et* Yang, 2002

省内产地：嵩县白云山(正模产地)，栾川龙峪湾(副模产地)。

分布：河南。

资料来源：Saigusa *et* Yang, 2002, Empididae (Diptera) from Funiu mountains, Henan, China (I). *Studia Dipterologica*, 9(2): 519~543.

白云山长角舞虻 *Oedalea baiyunshana* Saigusa *et* Yang, 2002

省内产地：嵩县白云山(模式产地)。

分布：河南。

资料来源：Saigusa *et* Yang, 2002, Empididae (Diptera) from Funiu mountains, Henan, China (I). *Studia Dipterologica*, 9(2): 519~543.

侧突平须舞虻 *Platypalpus acuminatus* Saigusa *et* Yang, 2002

省内产地：嵩县白云山(模式产地)。

分布：河南。

资料来源：Saigusa *et* Yang, 2002, Empididae (Diptera) from Funiu mountains, Henan, China (I). *Studia Dipterologica*, 9(2): 519~543.

尖突须平须舞虻 *Platypalpus acutatus* Yang *et* Li, 2005

省内产地：内乡宝天曼。

分布：河南，河北。

资料来源：杨定等，2010，河南昆虫志 双翅目 舞虻总科。科学出版社。

黄端平须舞虻 *Platypalpus apiciflavus* Saigusa *et* Yang, 2002

省内产地：嵩县白云山(模式产地)，内乡宝天曼，卢氏大块地。

分布：河南。

资料来源：Saigusa *et* Yang, 2002, Empididae (Diptera) from Funiu mountains, Henan, China (I). *Studia Dipterologica*, 9(2): 519~543.

黑端平须舞虻 *Platypalpus apiciniger* Saigusa *et* Yang, 2002

省内产地：嵩县白云山(正模产地)，栾川龙峪湾(副模产地)。

分布：河南。

资料来源：Saigusa *et* Yang, 2002, Empididae (Diptera) from Funiu mountains, Henan, China (I). *Studia Dipterologica*, 9(2): 519~543.

宝天曼平须舞虻 *Platypalpus baotianmanensis* Yang, An *et* Gao, 2002

省内产地：内乡宝天曼(模式产地)。

分布：河南。

资料来源：杨定等，2002，河南舞虻科新种记述。《太行山及桐柏山区昆虫》，中国农业科学技术出版社。

双斑平须舞虻 *Platypalpus bimaculatus* Yang, Wang, Zhu *et* Zhang, 2009

省内产地：嵩县白云山(模式产地)。

分布：河南。

资料来源：杨定等，2010，河南昆虫志 双翅目 舞虻总科。科学出版社。

短距平须舞虻 *Platypalpus brevis* Yang, Wang, Zhu *et* Zhang, 2009

省内产地：内乡宝天曼(模式产地)。

分布：河南。

资料来源：杨定等，2010，河南昆虫志 双翅目 舞虻总科。科学出版社。

指突平须舞虻 *Platypalpus digitatus* Yang, An *et* Gao, 2002

省内产地：内乡宝天曼(模式产地)。

分布：河南。

资料来源：杨定等，2002，河南舞虻科新种记述。《太行山及桐柏山区昆虫》，中国农业科学技术出版社。

黄背平须舞虻 *Platypalpus flavidorsalis* Yang, Wang, Zhu *et* Zhang, 2009

省内产地：嵩县白云山，内乡宝天曼(模式产地)。

分布：河南。

资料来源：杨定等，2010，河南昆虫志 双翅目 舞虻总科。科学出版社。

黄侧平须舞虻 *Platypalpus flavilateralis* Yang, Wang, Zhu *et* Zhang, 2009

省内产地：内乡宝天曼(模式产地)。

分布：河南。

资料来源：杨定等，2010，河南昆虫志 双翅目 舞虻总科。科学出版社。

关山平须舞虻 *Platypalpus guanshanus* Yang, Wang, Zhu *et* Zhang, 2009

省内产地：辉县关山(模式产地)。

分布：河南。

资料来源：杨定等，2010，河南昆虫志 双翅目 舞虻总科。科学出版社。

河南平须舞虻 *Platypalpus henanensis* Saigusa *et* Yang, 2002

省内产地：嵩县白云山(模式产地)，栾川龙峪湾。

分布：河南。

资料来源：Saigusa *et* Yang, 2002, Empididae (Diptera) from Funiu mountains, Henan, China (I). *Studia Dipterologica*, 9(2): 519~543.

胡氏平须舞虻 *Platypalpus hui* Yang, An *et* Gao, 2002

省内产地：内乡宝天曼(模式产地)。

分布：河南。

资料来源：杨定等，2002，河南舞虻科新种记述。《太行山及桐柏山区昆虫》，中国农业科学技术出版社。

中斑平须舞虻 *Platypalpus medialis* Yang, Wang, Zhu *et* Zhang, 2009

省内产地：嵩县白云山(模式产地)。

分布：河南。

资料来源：杨定等，2010，河南昆虫志 双翅目 舞虻总科。科学出版社。

内乡平须舞虻 *Platypalpus neixiangensis* Yang, An *et* Gao, 2002

省内产地：内乡宝天曼(模式产地)。

分布：河南。

资料来源：杨定等，2002，河南舞虻科新种记述。《太行山及桐柏山区昆虫》，中国农业科学技术出版社。

白毛平须舞虻 *Platypalpus pallipilosus* Saigusa *et* Yang, 2002

省内产地：嵩县白云山(模式产地)。

分布：河南。

资料来源：Saigusa *et* Yang, 2002, Empididae (Diptera) from Funiu mountains, Henan, China (I). *Studia Dipterologica*, 9(2): 519~543.

王屋山平须舞虻 *Platypalpus wangwushanus* Yang, Wang, Zhu *et* Zhang, 2009

省内产地：济源王屋山(模式产地)。

分布：河南。

资料来源：杨定等，2010，河南昆虫志 双翅目 舞虻总科。科学出版社。

玉皇山平须舞虻 *Platypalpus yuhuangshanus* Yang, Wang, Zhu *et* Zhang, 2009

省内产地：卢氏大块地(模式产地)。

分布：河南。

资料来源：杨定等，2010，河南昆虫志 双翅目 舞虻总科。科学出版社。

宝天曼猎舞虻 *Rhamphomyia* (*Pararhamphomyia*) *baotianmana* Yang, Wang, Zhu *et* Zhang, 2009

省内产地：内乡宝天曼(模式产地)。

分布：河南。

资料来源：杨定等，2010，河南昆虫志 双翅目 舞虻总科。科学出版社。

小刺猎舞虻 *Rhamphomyia* (*Rhamphomyia*) *spinulosa* Yang, Wang, Zhu *et* Zhang, 2009

省内产地：内乡宝天曼(模式产地)。

分布：河南。

资料来源：杨定等，2010，河南昆虫志 双翅目 舞虻总科。科学出版社。

黑色隐脉驼舞虻 *Syndyas nigripes* (Zettersted, 1842)

省内产地：林州石板岩，辉县八里沟。

分布：河南，贵州，海南；奥地利，捷克，英国，芬兰，德国，匈牙利，意大利，荷兰，波兰，俄罗斯，瑞典，瑞士。

资料来源：杨定等，2010，河南昆虫志 双翅目 舞虻总科。科学出版社。

尖突柄驼舞虻 *Syneches acutatus* Saigusa *et* Yang, 2002

省内产地：罗山灵山(模式产地)。

分布：河南。

资料来源：Saigusa *et* Yang, 2002, Empididae (Diptera) from Funiu mountains, Henan, China (I). *Studia Dipterologica*, 9(2): 519~543.

宝天曼柄驼舞虻 *Syneches baotianmana* Yang, Wang, Zhu *et* Zhang, 2009

省内产地：内乡宝天曼(模式产地)。

分布：河南。

资料来源：杨定等，2010，河南昆虫志 双翅目 舞虻总科。科学出版社。

基黑柄驼舞虻 *Syneches basiniger* Yang *et* Wang, 1998

省内产地：嵩县白云山(正模产地)，栾川龙峪湾(副模产地)。

分布：河南，陕西。

资料来源：杨定等，1998，河南舞虻科三新种(双翅目)。《伏牛山区昆虫》，中国农业科学技术出版社。

叉突柄驼舞虻 *Syneches furcatus* Saigusa *et* Yang, 2002

省内产地：栾川龙峪湾(模式产地)。

分布：河南。

资料来源：Saigusa *et* Yang, 2002, Empididae (Diptera) from Funiu mountains, Henan, China (I). *Studia Dipterologica*, 9(2): 519~543.

李氏柄驼舞虻 *Syneches lii* Yang, Wang, Zhu *et* Zhang, 2009

省内产地：内乡宝天曼(模式产地)。

分布：河南。

资料来源：杨定等，2010，河南昆虫志 双翅目 舞虻总科。科学出版社。

栾川柄驼舞虻 *Syneches luanchuanensis* Yang *et* Wang, 1998

省内产地：栾川龙峪湾(模式产地)。

分布：河南。

资料来源：杨定等，1998，河南舞虻科三新种(双翅目)。《伏牛山区昆虫》，中国农业科学技术出版社。

斑翅柄驼舞虻 *Syneches muscarius* (Fabricius, 1794)

省内产地：林州石板岩。

分布：河南，山东，北京，湖北，湖南，贵州，福建；奥地利，捷克，斯洛伐克，英国，法国，德国，立陶宛，荷兰，波兰，俄罗斯，丹麦，瑞士。

资料来源：杨定等，2010，河南昆虫志 双翅目 舞虻总科。科学出版社。

齿突柄驼舞虻 *Syneches serratus* Yang, An *et* Gao, 2002

省内产地：栾川龙峪湾(模式产地)。

分布：河南。

资料来源：杨定等，2002，河南舞虻科新种记述。《太行山及桐柏山区昆虫》，中国农业科学技术出版社。

指突合室舞虻 *Tachydromia digitiformis* Saigusa *et* Yang, 2002

省内产地：嵩县白云山(正模产地)，栾川龙峪湾(副模产地)。

分布：河南。

资料来源：Saigusa *et* Yang, 2002, Empididae (Diptera) from Funiu mountains, Henan, China (I). *Studia Dipterologica*, 9(2): 519~543.

河南合室舞虻 *Tachydromia henanensis* Saigusa *et* Yang, 2002

省内产地：栾川龙峪湾(正模产地)，嵩县白云山(副模产地)。

分布：河南。

资料来源：Saigusa *et* Yang, 2002, Empididae (Diptera) from Funiu mountains, Henan, China (I). *Studia Dipterologica*, 9(2): 519~543.

龙峪湾合室舞虻 *Tachydromia longyuwana* Saigusa *et* Yang, 2002

省内产地：栾川龙峪湾(模式产地)。

分布：河南。

资料来源：Saigusa *et* Yang, 2002, Empididae (Diptera) from Funiu mountains, Henan, China (I). *Studia Dipterologica*, 9(2): 519~543.

黑腿显肩舞虻 *Tachypeza nigra* Yang *et* Yang, 1997

省内产地：嵩县白云山。

分布：河南，湖北。

资料来源：Saigusa *et* Yang, 2002, Empididae (Diptera) from Funiu mountains, Henan, China (I). *Studia Dipterologica*, 9(2): 519~543.

二三、长足虻科 Dolichopodidae

本科是重要捕食性类群，种类多，个体数量大，食性广，捕食能力强。

本科过去河南基本无记录。1998—2006 年间，中国农业大学杨定教授和他的研究生以及日本九州大学 Saigusa 教授来豫考察采集，发现 42 个新种，占考察总种类的 38.5%。

本科世界已知 17 亚科 226 属 6870 种，中国记载 10 亚科 72 属 1076 种，河南已知 28 属 109 种。

中华准长毛长足虻 *Ahypophyllus sinensis* (Yang, 1996)

中华长毛长足虻 *Hypophyllus sinensis* Yang, 1996

省内产地：栾川龙峪湾，西峡黄石庵，内乡宝天曼，嵩县白云山。

分布：河南，陕西，甘肃，湖北。

资料来源：杨定，1999，双翅目：长足虻科。《伏牛山南坡及大别山区昆虫》，中国农业科学技术出版社。

圆角全寡长足虻 *Allohercostomus rotundatus* (Yang *et* Saigusa, 1999)

省内产地：栾川龙峪湾。

分布：河南，陕西，四川；尼泊尔。

资料来源：杨定等，2010，河南昆虫志 双翅目 舞虻总科。科学出版社。

钩突雅长足虻 *Amblypsilopus ancistrioides* Yang, 1995

省内产地：嵩县白云山，栾川龙峪湾。

分布：河南，北京，陕西，湖北，山东。

资料来源：杨定，1999，双翅目：长足虻科。《伏牛山南坡及大别山区昆虫》，中国农业科学技术出版社。

鲍氏雅长足虻 *Amblypsilopus bouvieri* (Parent, 1927)

省内产地：辉县八里沟。

分布：河南，北京，陕西，江苏，福建，贵州。

资料来源：杨定等，2010，河南昆虫志 双翅目 舞虻总科。科学出版社。

头状雅长足虻 *Amblypsilopus cephalodinus* Yang, 1998

省内产地：西峡黄石庵，林州石板岩。

分布：河南，陕西，福建，云南。

资料来源：杨定，1999，双翅目：长足虻科。《伏牛山南坡及大别山区昆虫》，中国农业科学技术出版社。

粗须雅长足虻 *Amblypsilopus crassatus* Yang, 1997

省内产地：栾川龙峪湾，林州石板岩，辉县关山。

分布：河南，浙江，湖北，贵州，福建，云南，广东，广西；新加坡。

资料来源：杨定，1999，双翅目：长足虻科。《伏牛山南坡及大别山区昆虫》，中国农业科学技术出版社。

河南雅长足虻 *Amblypsilopus henanensis* Yang *et* Saigusa, 1999

省内产地：罗山灵山(模式产地)。

分布：河南。

资料来源：杨定，1999，河南长足虻科新种记述(双翅目：舞虻总科)。《伏牛山南坡及大别山区昆虫》，中国农业科学技术出版社。

湖北雅长足虻 *Amblypsilopus hubeiensis* Yang *et* Yang, 1997

省内产地：栾川龙峪湾。

分布：河南，湖北。

资料来源：杨定，1999，双翅目：长足虻科。《伏牛山南坡及大别山区昆虫》，中国农业科学技术出版社。

小雅长足虻 *Amblypsilopus humilis* (Becker, 1922)

省内产地：林州石板岩，栾川龙峪湾，嵩县天池山。

分布：河南，山东，陕西，贵州，云南，广东，广西，海南。

资料来源：杨定等，2010，河南昆虫志 双翅目 舞虻总科。科学出版社。

四川雅长足虻 *Amblypsilopus sichuanensis* Yang, 1997

省内产地：栾川龙峪湾。

分布：河南，陕西，湖北，四川。

资料来源：杨定，1999，双翅目：长足虻科。《伏牛山南坡及大别山区昆虫》，中国农业科学技术出版社。

中华雅长足虻 *Amblypailopus sinensis* Yang *et* Yang, 2003

省内产地：林州石板岩。

分布：河南，云南，贵州，西藏，广西，海南，福建。

资料来源：杨定等，2010，河南昆虫志 双翅目 舞虻总科。科学出版社。

亚裂雅长足虻 *Amblypsilopus subabruptus* Bickel *et* Wei, 1996

省内产地：林州石板岩。

分布：河南，贵州，四川，海南。

资料来源：杨定等，2010，河南昆虫志 双翅目 舞虻总科。科学出版社。

宽额隐脉长足虻 *Asyndetus latifrons* (Loew, 1857)

省内产地：内乡宝天曼。

分布：河南，台湾；古北区，东洋区。

资料来源：杨定，1999，双翅目：长足虻科。《伏牛山南坡及大别山区昆虫》，中国农业科学技术出版社。

黄斑短跗长足虻 *Chaetogonopterus luteicinctus* (Parent, 1926)

省内产地：内乡宝天曼，洛阳。

分布：河南，浙江，上海，福建，广东，广西，云南，贵州。

资料来源：杨定，1999，双翅目：长足虻科。《伏牛山南坡及大别山区昆虫》，中国农业科学技术出版社。

普通金长足虻 *Chrysosoma globiferum* (Wiedemann, 1830)

省内产地：林州石板岩，辉县八里沟。

分布：河南，天津，北京，河北，浙江，福建，四川，云南，贵州，台湾，广东，广西，海南；日本，美国(夏威夷)。

资料来源：杨定等，2010，河南昆虫志 双翅目 舞虻总科。科学出版社。

炎黄金长足虻 *Chrysosoma xanthodes* Yang *et* Li, 1998

省内产地：西峡黄石庵。

分布：河南，浙江。

资料来源：杨定，1999，双翅目：长足虻科。《伏牛山南坡及大别山区昆虫》，中国农业科学技术出版社。

神农架黄鬃长足虻 *Chrysotimus shennongjiaensis* Yang *et* Saigusa, 2001

省内产地：栾川龙峪湾。

分布：河南，陕西，湖北。

资料来源：杨定等，2010，河南昆虫志 双翅目 舞虻总科。科学出版社。

短须小异长足虻 *Chrysotus brevicercus* Wang *et* Yang, 2008

省内产地：嵩县白云山，嵩县天池山，栾川龙峪湾，内乡宝天曼(模式产地)。

分布：河南，山东。

资料来源：Wang Mengqing *et* Yang Ding, 2008. Species of *Chrysotus* Meigen in Palaearctic China (Diptera: Dolichopodidae). *Entomologica Fennica* 19: 232~240.

颓唐小异长足虻 *Chrysotus degener* Frey, 1917

省内产地：栾川龙峪湾，西峡黄石庵。

分布：河南，北京，广西，云南，台湾；缅甸，斯里兰卡，巴基斯坦，印度，俄罗斯。

资料来源：杨定等，2010，河南昆虫志 双翅目 舞虻总科。科学出版社。

洛阳小异长足虻 *Chrysotus luoyangensis* Wang *et* Yang, 2008

省内产地：栾川龙峪湾，信阳鸡公山(模式产地)。

分布：河南。

资料来源：Wang Mengqing *et* Yang Ding, 2008. Species of *Chrysotus* Meigen in Palaearctic China (Diptera: Dolichopodidae). *Entomologica Fennica* 19: 232~240.

伪密毛小异长足虻 *Chrysotus pseudocilipes* Hollis, 1964

省内产地：内乡宝天曼。

分布：河南，新疆，内蒙古。宁夏，甘肃，北京，山东，福建；尼泊尔。

资料来源：杨定等，2010，河南昆虫志 双翅目 舞虻总科。科学出版社。

毛跗毛瘤长足虻 *Condylostylus bifilus* (Wulp, 1892)

省内产地：西峡黄石庵。

分布：河南，贵州，四川，云南，广西；印度尼西亚。

资料来源：杨定，1999，双翅目：长足虻科。《伏牛山南坡及大别山区昆虫》，中国农业科学技术出版社。

佛坪毛瘤长足虻 *Condylostylus fupingensis* Yang *et* Saigusa, 2005

省内产地：内乡宝天曼。

分布：河南，陕西。

资料来源：杨定等，2010，河南昆虫志 双翅目 舞虻总科。科学出版社。

膝突毛瘤长足虻 *Condylostylus geniculatus* Yang, 1998

省内产地：辉县八里沟，嵩县白云山。

分布：河南，四川。

资料来源：杨定等，2010，河南昆虫志 双翅目 舞虻总科。科学出版社。

钩毛毛瘤长足虻 *Condylostylus luteicoxa* Parent, 1929

省内产地：信阳鸡公山。

分布：河南，陕西，湖北，四川，贵州，云南，浙江，福建，江西，湖南，广东，台湾；日本，印度。

资料来源：杨定，1999，双翅目：长足虻科。《伏牛山南坡及大别山区昆虫》，中国农业科学技

术出版社。

近膝毛瘤长足虻 *Condylostylus subgeniculatus* Yang *et* Saigusa, 2005

省内产地：辉县八里沟，嵩县天池山。

分布：河南，陕西，云南。

资料来源：杨定等，2010，河南昆虫志 双翅目 舞虻总科。科学出版社。

西峡毛瘤长足虻 *Condylostylus xixianus* Yang *et* Saigusa, 1999

省内产地：西峡黄石庵(模式产地)，辉县八里沟，林州石板岩。

分布：河南，北京，广西，云南。

资料来源：杨定，1999，河南长足虻科新种记述(双翅目：舞虻总科)。《伏牛山南坡及大别山区昆虫》，中国农业科学技术出版社。

全爪异长足虻 *Diaphorus anatoli* Negrobov, 1986

省内产地：西峡黄石庵

分布：河南，河北，宁夏；俄罗斯。

资料来源：杨定等，2010，河南昆虫志 双翅目 舞虻总科。科学出版社。

河南异长足虻 *Diaphorus henanensis* Yang *et* Saigusa, 1999

省内产地：罗山灵山(模式产地)。

分布：河南。

资料来源：杨定，1999，河南长足虻科新种记述(双翅目：舞虻总科)。《伏牛山南坡及大别山区昆虫》，中国农业科学技术出版社。

黑色异长足虻 *Diaphorus nigricans* Meigen, 1824

省内产地：西峡黄石庵，罗山灵山。

分布：河南，四川，云南，贵州，浙江；广布古北区，新北区，新热带区。

资料来源：Yang Ding, 1999, New and little known species of Dolichopodidae from China(V). *Entomologie*, 69: 215~232.

青城山异长足虻 *Diaphorus qingchengshanus* Yang *et* Grootaert, 1999

省内产地：罗山灵山。

分布：河南，四川，广东。

资料来源：杨定，1999，双翅目：长足虻科。《伏牛山南坡及大别山区昆虫》，中国农业科学技术出版社。

四齿异长足虻 *Diaphorus quadridentatus* Yang *et* Saigusa, 1999

省内产地：罗山灵山(模式产地)。

分布：河南。

资料来源：杨定，1999，河南长足虻科新种记述(双翅目：舞虻总科)。《伏牛山南坡及大别山区昆虫》，中国农业科学技术出版社。

白云巨口长足虻 *Diostracus baiyunshanus* Yang *et* Saigusa, 1999

省内产地：嵩县白云山(正模产地)，栾川龙峪湾(副模产地)。

分布：河南。

资料来源：杨定，1999，河南长足虻科新种记述(双翅目：舞虻总科)。《伏牛山南坡及大别山区昆虫》，中国农业科学技术出版社。

河南巨口长足虻 *Diostracus henanus* Yang, 1999

省内产地：内乡宝天曼(模式产地)。

分布：河南，陕西。

资料来源：Yang Ding, 1999, New and little known species of Dolichopodidae from China(V). *Entomologie*, 69: 215~232.

薄叶巨口长足虻 *Diostracus lamellatus* Wei *et* Liu, 1996

省内产地：宜阳花果山。

分布：河南，陕西，四川，贵州。

资料来源：杨定等，2010，河南昆虫志 双翅目 舞虻总科。科学出版社。

长尾巨口长足虻 *Diostracus longicercus* Zhu, Yang *et* Masunaga, 2007

省内产地：卢氏大块地(副模产地)。

分布：河南，陕西。

资料来源：杨定等，2010，河南昆虫志 双翅目 舞虻总科。科学出版社。

嵩县巨口长足虻 *Diostracus songxianus* Yang *et* Saigusa, 1999

省内产地：嵩县白云山(模式产地)。

分布：河南。

资料来源：杨定，1999，河南长足虻科新种记述(双翅目：舞虻总科)。《伏牛山南坡及大别山区昆虫》，中国农业科学技术出版社。

尖钩长足虻 *Dolichopus bigeniculatus* Parent, 1926

省内产地：嵩县白云山，西峡黄石庵，信阳鸡公山，罗山灵山。

分布：河南，北京，山东，陕西，四川，安徽，江苏，浙江。

资料来源：杨定，1999，双翅目：长足虻科。《伏牛山南坡及大别山区昆虫》，中国农业科学技术出版社。

河南长足虻 *Dolichopus henanus* Yang, 1999

省内产地：西峡黄石庵(模式产地)。

分布：河南。

资料来源：Yang Ding, 1999, New and little known species of Dolichopodidae from China(V). *Entomologie*, 69: 215~232.

罗山长足虻 *Dolichopus luoshanensis* Yang *et* Saigusa, 1999

省内产地：罗山灵山(模式产地)。

分布：河南。

资料来源：杨定，1999，河南长足虻科新种记述(双翅目：舞虻总科)。《伏牛山南坡及大别山区昆虫》，中国农业科学技术出版社。

南方长足虻 *Dolichopus meridionalis* Yang, 1996

省内产地：信阳鸡公山，罗山灵山。

分布：河南，云南，贵州，广西，广东。

资料来源：杨定，1999，双翅目：长足虻科。《伏牛山南坡及大别山区昆虫》，中国农业科学技术出版社。

长尾鬃长足虻 *Dolichopus nitidus* Fallen, 1823

省内产地：栾川龙峪湾。

分布：河南，上海；日本，爱尔兰，瑞典，芬兰，德国，荷兰，法国，捷克，奥地利，罗马尼亚，匈牙利，英国，意大利，西班牙，保加利亚，爱沙尼亚，俄罗斯，白俄罗斯。

资料来源：杨定等，2010，河南昆虫志 双翅目 舞虻总科。科学出版社。

羽鬃长足虻 *Dolichopus plumipes* (Scopoli, 1763)

省内产地：嵩县天池山。

分布：河南，黑龙江，河北，新疆，内蒙古，山西，青海，西藏；蒙古国，挪威，瑞典，芬兰，德国，瑞士，捷克，西班牙，波兰，保加利亚，丹麦，荷兰，奥地利，匈牙利，罗马尼亚，冰岛，法国，比利时，爱沙尼亚，白俄罗斯，俄罗斯，乌兹别克斯坦，格鲁吉亚，吉尔吉斯斯坦，土库曼斯坦，格陵兰岛；北美，南美。

资料来源：杨定等，2010，河南昆虫志 双翅目 舞虻总科。科学出版社。

基黄长足虻 *Dolichopus simulator* Parent, 1926

省内产地：嵩县白云山，栾川龙峪湾，信阳鸡公山，罗山灵山。

分布：河南，湖北，湖南，四川，云南，贵州，浙江，上海，福建，陕西，广西。

资料来源：杨定，1999，双翅目：长足虻科。《伏牛山南坡及大别山区昆虫》，中国农业科学技术出版社。

波密行脉长足虻 *Gymnopternus bomiensis* (Yang, 1996)

省内产地：洛阳，南阳。

分布：河南，湖北，浙江，广东，云南，西藏。

资料来源：杨定等，2010，河南昆虫志 双翅目 舞虻总科。科学出版社。

毛盾行脉长足虻 *Gymnopternus congruens* (Becker, 1922)

省内产地：栾川龙峪湾，内乡宝天曼，罗山灵山。

分布：河南，山东，贵州，浙江，福建，湖南，台湾，广东，广西，四川，云南，陕西，甘肃。

资料来源：杨定，1999，双翅目：长足虻科。《伏牛山南坡及大别山区昆虫》，中国农业科学技术出版社。

新行脉长足虻 *Gymnopternus novus* (Parent, 1926)

南京寡寡长足虻 *Hercostomus* (*Gymnopternus*) *nanjingensis* Yang, 1996

省内产地：栾川龙峪湾，西峡黄石庵，信阳鸡公山。

分布：河南，江苏，上海，湖北，广西。

资料来源：杨定，1999，双翅目：长足虻科。《伏牛山南坡及大别山区昆虫》，中国农业科学技术出版社。

群行脉长足虻 *Gymnopternus populus* (Wei, 1997)

天目山寡长足虻 *Hercostomus* (*Gymnopternus*) *tianmushanus* Yang, 1998

省内产地：内乡宝天曼，罗山灵山。

分布：河南，陕西，四川，贵州，浙江，云南，广西。

资料来源：杨定，1999，双翅目：长足虻科。《伏牛山南坡及大别山区昆虫》，中国农业科学技术出版社。

申氏行脉长足虻 *Gymnopternus sheni* Zhang *et* Yang, 2008

省内产地：卢氏大块地(模式产地)。

分布：河南。

资料来源：张莉莉等，2008，河南长足虻科二新种。《宝天曼自然保护区昆虫》，中国农业科学技术出版社。

亚群行脉长足虻 *Gymnopternus subpopulus* Wei, 1997

省内产地：洛阳。

分布：河南，山东，贵州。

资料来源：杨定等，2010，河南昆虫志 双翅目 舞虻总科。科学出版社。

尖角寡长足虻 *Hercostomus acutangulatus* Yang *et* Saigusa, 1999

省内产地：内乡宝天曼。

分布：河南，北京，四川。

资料来源：杨定等，2010，河南昆虫志 双翅目 舞虻总科。科学出版社。

尖须寡长足虻 *Hercostomus acutatus* Yang *et* Yang, 1995

省内产地：罗山灵山。

分布：河南，四川，浙江，广西，贵州。

资料来源：杨定，1999，双翅目：长足虻科。《伏牛山南坡及大别山区昆虫》，中国农业科学技术出版社。

北方寡长足虻 *Hercostomus arcticus* Yang, 1996

省内产地：洛阳。

分布：河南，黑龙江，北京，陕西。

资料来源：杨定等，2010，河南昆虫志 双翅目 舞虻总科。科学出版社。

北京寡长足虻 *Hercostomus beijingensis* Yang, 1996

省内产地：洛阳。

分布：河南，北京，陕西，湖北。

资料来源：杨定等，2010，河南昆虫志 双翅目 舞虻总科。科学出版社。

双生寡长足虻 *Hercostomus binatus* Yang, 1999

省内产地：内乡宝天曼(模式产地)。

分布：河南。

资料来源：Yang Ding, 1999, New and little known species of Dolichopodidae from China(IV). *Entomologie*, 69: 197~214.

棒寡长足虻 *Hercostomus clavatus* Wei, 1997

省内产地：内乡宝天曼。

分布：河南，陕西，贵州。

资料来源：杨定等，2010，河南昆虫志 双翅目 舞虻总科。科学出版社。

弯叶寡长足虻 *Hercostomus curvilobatus* Yang *et* Saigusa, 2002

省内产地：嵩县天池山。

分布：河南，陕西。

资料来源：杨定等，2010，河南昆虫志 双翅目 舞虻总科。科学出版社。

尖端寡长足虻 *Hercostomus cuspidiger* Yang *et* Saigusa, 1999

省内产地：罗山灵山(模式产地)。

分布：河南。

资料来源：杨定，1999，河南长足虻科新种记述(双翅目：舞虻总科)。《伏牛山南坡及大别山区昆虫》，中国农业科学技术出版社。

黄柄寡长足虻 *Hercostomus flaviscapus* Yang *et* Saigusa, 1999

省内产地：栾川龙峪湾(模式产地)。

分布：河南，陕西。

资料来源：杨定，1999，河南长足虻科新种记述(双翅目：舞虻总科)。《伏牛山南坡及大别山区昆虫》，中国农业科学技术出版社。

河南寡长足虻 *Hercostomus henanus* Yang, 1999

省内产地：内乡宝天曼(模式产地)。

分布：河南，陕西，四川。

资料来源：Yang Ding, 1999, New and little known species of Dolichopodidae from China(IV). *Entomologie*, 69: 197~214.

花果山寡长足虻 *Hercostomus huaguoensis* Zhang *et* Yang, 2007

省内产地：宜阳花果山(模式产地)。

分布：河南。

资料来源：杨定等，2010，河南昆虫志 双翅目 舞虻总科。科学出版社。

长叶寡长足虻 *Hercostomus longifolius* Yang *et* Saigusa, 1999

省内产地：罗山灵山(模式产地)。

分布：河南。

资料来源：杨定，1999，河南长足虻科新种记述(双翅目：舞虻总科)。《伏牛山南坡及大别山区昆虫》，中国农业科学技术出版社。

长毛寡长足虻 *Hercostomus longipilosus* Yang *et* Saigusa, 2001

省内产地：辉县八里沟，宜阳花果山，内乡宝天曼。

分布：河南，北京，贵州。

资料来源：杨定等，2010，河南昆虫志 双翅目 舞虻总科。科学出版社。

长鬃寡长足虻 *Hercostomus* (*Hercostomus*) *longisetus* Yang *et* Saigusa, 1999

省内产地：罗山灵山(模式产地)。

分布：河南。

资料来源：杨定，1999，河南长足虻科新种记述(双翅目：舞虻总科)。《伏牛山南坡及大别山区昆虫》，中国农业科学技术出版社。

龙峪湾寡长足虻 *Hercostomus longyuwanensis* Zhang *et* Yang, 2008

省内产地：栾川龙峪湾(模式产地)。

分布：河南。

资料来源：杨定等，2010，河南昆虫志 双翅目 舞虻总科。科学出版社。

罗山寡长足虻 *Hercostomus luoshanensis* Yang *et* Saigusa, 1999

省内产地：罗山灵山(模式产地)。

分布：河南，贵州。

资料来源：杨定，1999，河南长足虻科新种记述(双翅目：舞虻总科)。《伏牛山南坡及大别山区昆虫》，中国农业科学技术出版社。

跗鬃寡长足虻 *Hercostomus modificatus* Yang *et* Saigusa, 2002

省内产地：洛阳。

分布：河南，陕西。

资料来源：杨定等，2010，河南昆虫志 双翅目 舞虻总科。科学出版社。

白毛寡长足虻 *Hercostomus pallipilosus* Yang *et* Saigusa, 2002

省内产地：内乡宝天曼。

分布：河南，陕西。

资料来源：杨定等，2010，河南昆虫志 双翅目 舞虻总科。科学出版社。

大须寡长足虻 *Hercostomus potanini* Stachelberg, 1934

省内产地：栾川龙峪湾，西峡黄石庵，内乡宝天曼。

分布：河南，吉林，北京，甘肃，宁夏，陕西，四川，西藏。

资料来源：杨定，1999，双翅目：长足虻科。《伏牛山南坡及大别山区昆虫》，中国农业科学技术出版社。

神农架寡长足虻 *Hercostomus shennongjiaensis* Yang, 1997

省内产地：洛阳。

分布：河南，陕西，湖北。

资料来源：杨定等，2010，河南昆虫志 双翅目 舞虻总科。科学出版社。

钩寡长足虻 *Hercostomus takagii* Smirnov *et* Negrobov, 1979

省内产地：信阳鸡公山。

分布：河南，四川，广西，浙江，贵州；日本。

资料来源：杨定等，2010，河南昆虫志 双翅目 舞虻总科。科学出版社。

乌氏寡长足虻 *Hercostomus ulrichi* Yang, 1996

省内产地：嵩县白云山。

分布：河南，甘肃，四川。

资料来源：杨定，1999，双翅目：长足虻科。《伏牛山南坡及大别山区昆虫》，中国农业科学技术出版社。

武当山寡长足虻 *Hercostomus wudangshanus* Yang, 1997

省内产地：栾川龙峪湾。

分布：河南，湖北，北京，陕西，云南。

资料来源：杨定，1999，双翅目：长足虻科。《伏牛山南坡及大别山区昆虫》，中国农业科学技术出版社。

西峡寡长足虻 *Hercostomus xixianus* Yang, 1999

省内产地：西峡黄石庵(模式产地)，辉县八里沟。

分布：河南。

资料来源：Yang Ding, 1999, New and little known species of Dolichopodidae from China(IV). *Entomologie*, 69: 197~214.

宜阳寡长足虻 *Hercostomus yiyanganus* Zhang *et* Yang, 2008

省内产地：宜阳花果山(模式产地)。

分布：河南。

资料来源：张莉莉等，2008，河南长足虻科二新种。《宝天曼自然保护区昆虫》，中国农业科学技术出版社。

河南水长足虻 *Hydrophorus henanensis* Zhu, Yang *et* Masunaga, 2006

省内产地：嵩县白云山(模式产地)

分布：河南。

资料来源：Zhu Yajun, Yang Ding *et* K Masunaga, 2006, A new species of *Hydrophorus* (Diptera:Dolichopodidae), with a key to species from China. *Emtomological News*. 117(2): 253~256.

胫突水长足虻 *Hydrophorus praecox* (Lehmann, 1822)

省内产地：嵩县白云山。

分布：河南，辽宁，北京，山东，内蒙古，西藏，新疆，台湾；澳大利亚，新西兰；古北区广布，北美，南美。

资料来源：杨定，1999，双翅目：长足虻科。《伏牛山南坡及大别山区昆虫》，中国农业科学技术出版社。

茎刺水长足虻 *Hydrophorus viridis* (Meigen, 1824)

省内产地：嵩县白云山。

分布：河南，辽宁；古北区广布。

资料来源：杨定，1999，双翅目：长足虻科。《伏牛山南坡及大别山区昆虫》，中国农业科学技术出版社。

多斑联长足虻 *Liancalus maculosus* Yang, 1998

省内产地：嵩县白云山。

分布：河南，河北。

资料来源：杨定，1999，双翅目：长足虻科。《伏牛山南坡及大别山区昆虫》，中国农业科学技术出版社。

内乡聚脉长足虻 *Medetera neixiangensis* Yang *et* Saigusa, 1999

省内产地：内乡宝天曼(模式产地)。

分布：河南。

资料来源：杨定，1999，河南长足虻科新种记述(双翅目：舞虻总科)。《伏牛山南坡及大别山区昆虫》，中国农业科学技术出版社。

北京跗距长足虻 *Nepalomyia beijingensis* Wang *et* Yang, 2005

省内产地：嵩县天池山，内乡宝天曼。

分布：河南，北京。

资料来源：杨定等，2010，河南昆虫志 双翅目 舞虻总科。科学出版社。

短叉跗距长足虻 *Nepalomyia brevifurcata* (Yang *et* Saigusa, 2001)

省内产地：栾川龙峪湾。

分布：河南，北京，陕西。

资料来源：杨定等，2010，河南昆虫志 双翅目 舞虻总科。科学出版社。

河南跗距长足虻 *Nepalomyia henanensis* (Yang, Yang *et* Li, 1998)

Neurigonella henanensis Yang, Yang *et* Li, 1998

省内产地：嵩县白云山(模式产地)。

分布：河南。

资料来源：杨定等，1998，河南长足虻科三新种(双翅目)。《伏牛山区昆虫》，中国农业科学技术出版社。

胡氏跗距长足虻 *Nepalomyia hui* Wang *et* Yang, 2006

河南长角长足虻 *Machaerium henanense* Yang *et* Grootaert, 1999

省内产地：内乡宝天曼(模式产地)。

分布：河南。

资料来源：Yang Ding *et al*., 1999, New and little known species of Dolichopodidae from China(V). *Entomologie*, 69: 215~232；杨定等，2010，河南昆虫志 双翅目 舞虻总科。科学出版社。

河南脉长足虻 *Neurigona henana* Wang, Yang *et* Grootaert, 2007

省内产地：嵩县天池山(模式产地)。

分布：河南。

资料来源：Wang Mengqing, Yang Ding *et* P. Grootaert, 2007, Notes on the *Neurigona* Rondani (Diptera, Dolichopodidae) from China mainland. *Zootaxa*, 1388:25~43.

畸爪脉长足虻 *Neurigona micropyga* Negrobov, 1987

省内产地：内乡宝天曼。

分布：河南；日本，俄罗斯。

资料来源：Yang Ding, 1999, New and little known species of Dolichopodidae from China(IV). *Entomologie*, 69: 197~214.

尖角弓脉长足虻 *Paraclius acutatus* Yang *et* Li, 1998

省内产地：西峡黄石庵，内乡宝天曼，罗山灵山。

分布：河南，山东，四川，浙江，广西。

资料来源：杨定，1999，双翅目：长足虻科。《伏牛山南坡及大别山区昆虫》，中国农业科学技术出版社。

东方弓脉长足虻 *Paraclius inopinatus* (Parent, 1934)

省内产地：内乡宝天曼，信阳鸡公山。

分布：河南，四川，云南，广东；印度。

资料来源：杨定等，2010，河南昆虫志 双翅目 舞虻总科。科学出版社。

长角弓脉长足虻 *Paraclius longicornutus* Yang *et* Saigusa, 1999

省内产地：罗山灵山(模式产地)。

分布：河南，贵州。

资料来源：杨定，1999，河南长足虻科新种记述(双翅目：舞虻总科)。《伏牛山南坡及大别山区昆虫》，中国农业科学技术出版社。

中突直脉长足虻 *Paramedetera medialis* Yang *et* Saigusa, 1999

省内产地：罗山灵山(模式产地)。

分布：河南，四川，贵州。

资料来源：杨定，1999，河南长足虻科新种记述(双翅目：舞虻总科)。《伏牛山南坡及大别山区昆虫》，中国农业科学技术出版社。

异突锥长足虻 *Rhaphium dispar* Coquillett, 1898

省内产地：栾川龙峪湾。

分布：河南，贵州，四川，浙江，台湾；俄罗斯，日本。

资料来源：杨定等，2010，河南昆虫志 双翅目 舞虻总科。科学出版社。

黑鬃锥长足虻 *Rhaphium micans* (Meigen, 1824)

省内产地：西峡黄石庵，内乡宝天曼。

分布：河南，西藏，云南；广布古北区。

资料来源：杨定，1999，双翅目：长足虻科。《伏牛山南坡及大别山区昆虫》，中国农业科学技术出版社。

舞阳毛颜长足虻 *Setihercostomus wuyangensis* (Wei, 1997)

带须寡长足虻 *Hercostomus* (*Gymnopterus*) *zonalis* Yang, Yang *et* Li, 1998

省内产地：栾川龙峪湾(模式产地)，内乡宝天曼，信阳鸡公山。

分布：河南，陕西，四川，广东，广西，贵州。

资料来源：杨定等，1998，河南长足虻科三新种(双翅目)。《伏牛山区昆虫》，中国农业科学技术出版社。

粗端粗柄长足虻 *Sybistroma apicicrassus* (Yang *et* Saigusa, 2001)

省内产地：洛阳。

分布：河南，陕西。

资料来源：杨定等，2010，河南昆虫志 双翅目 舞虻总科。科学出版社。

双芒粗柄长足虻 *Sybistroma biaristatus* (Yang, 1999)

双芒粗柄长足虻 *Ludovicius biaristatus* Yang, 1999

省内产地：内乡宝天曼(模式产地)。

分布：河南，陕西，云南。

资料来源：Yang Ding, 1999, New and little known species of Dolichopodidae from China(IV). *Entomologie*, 69: 197~214.

短突粗柄长足虻 *Sybistroma brevidigitatus* (Yang *et* Saigusa, 2001)

省内产地：内乡宝天曼。

分布：河南，陕西。

资料来源：杨定等，2010，河南昆虫志 双翅目 舞虻总科。科学出版社。

指突粗柄长足虻 *Sybistroma digitiformis* (Yang, Yang *et* Li, 1996)

指突粗柄长足虻 *Ludovicius digitiformis* Yang, Yang *et* Li, 1998

省内产地：栾川龙峪湾(模式产地)。

分布：河南，陕西。

资料来源：杨定等，1998，河南长足虻科三新种(双翅目)。《伏牛山区昆虫》，中国农业科学技术出版社。

黄斑粗柄长足虻 *Sybistroma flavus* (Yang, 1996)

黄斑粗柄长足虻 *Ludovicius flavus* Yang, 1996

省内产地：栾川龙峪湾(模式产地)，内乡宝天曼。

分布：河南，陕西，四川。

资料来源：Yang Ding, 1996, Six new species of Dolichopodinae from China (Diptera, Dolichopodidae). *Entomologie*, 66: 85~89。

河南粗柄长足虻 *Sybistroma henanus* (Yang, 1996)

河南粗柄长足虻 *Ludovicius henanus* Yang, 1996

省内产地：嵩县白云山(模式产地)，栾川龙峪湾，内乡宝天曼。

分布：河南，陕西。

资料来源：Yang Ding, 1996, Six new species of Dolichopodinae from China (Diptera, Dolichopodidae). *Entomologie*, 66: 85~89。

长突粗柄长足虻 *Sybistroma longidigitatus* (Yang *et* Saigusa, 1999)

省内产地：辉县八里沟。

分布：河南，陕西。

资料来源：杨定等，2010，河南昆虫志 双翅目 舞虻总科。科学出版社。

内乡粗柄长足虻 *Sybistroma neixianganus* (Yang, 1999)

内乡粗柄长足虻 *Ludovicius neixianganus* Yang, 1999

省内产地：内乡宝天曼(模式产地)。

分布：河南，北京，陕西。

资料来源：Yang Ding, 1999, New and little known species of Dolichopodidae from China(IV). *Entomologie*, 69: 197~214.

申氏粗柄长足虻 *Sybistroma sheni* (Yang *et* Saigusa, 1999)

申氏粗柄长足虻 *Ludovicius sheni* Yang *et* Saigusa, 1999

省内产地：嵩县白云山(模式产地)。

分布：河南，陕西，北京。

资料来源：杨定，1999，河南长足虻科新种记述(双翅目：舞虻总科)。《伏牛山南坡及大别山区昆虫》，中国农业科学技术出版社。

河南嵌长足虻 *Syntormon henanensis* Yang *et* Saigusa, 1999

省内产地：嵩县白云山(模式产地)。

分布：河南，陕西，云南。

资料来源：杨定，1999，河南长足虻科新种记述(双翅目：舞虻总科)。《伏牛山南坡及大别山区昆虫》，中国农业科学技术出版社。

浅色嵌长足虻 *Syntormon pallipes* (Fabricius, 1794)

省内产地：内乡宝天曼。

分布：河南，新疆，青海，北京，贵州，陕西；爱尔兰，英国，瑞典，挪威，芬兰，丹麦，荷兰，德国，法国，奥地利，比利时，意大利，希腊，西班牙，葡萄牙，匈牙利，波兰，捷克，原南斯拉夫，俄罗斯，伊朗，阿富汗，土耳其，摩洛哥，阿尔及利亚，埃及，也门，扎伊尔；北非。

资料来源：杨定等，2010，河南昆虫志 双翅目 舞虻总科。科学出版社。

印度迅长足虻 *Tachytrechus indicus* Parent, 1934

省内产地：嵩县天池山。

分布：河南；印度。

资料来源：杨定等，2010，河南昆虫志 双翅目 舞虻总科。科学出版社。

黑足脉胝长足虻 *Teuchophorus nigrescus* Yang *et* Saigusa, 1999

省内产地：罗山灵山(模式产地)。

分布：河南。

资料来源：杨定，1999，河南长足虻科新种记述(双翅目：舞虻总科)。《伏牛山南坡及大别山区昆虫》，中国农业科学技术出版社。

中华脉胝长足虻 *Teuchophorus sinensis* Yang *et* Saigusa, 1999

省内产地：罗山灵山(模式产地)。

分布：河南，四川，浙江；韩国。

资料来源：杨定，1999，河南长足虻科新种记述(双翅目：舞虻总科)。《伏牛山南坡及大别山区昆虫》，中国农业科学技术出版社。

中华黄长足虻 *Xanthochlorus chinensis* Yang *et* Saigusa, 2005

省内产地：栾川龙峪湾，内乡宝天曼。

分布：河南，陕西。

资料来源：杨定等，2010，河南昆虫志 双翅目 舞虻总科。科学出版社。

河南黄长足虻 *Xanthochlorus henanensis* Wang, Yang *et* Grootaert, 2008

省内产地：内乡宝天曼(模式产地)。

分布：河南。

资料来源：杨定等，2010，河南昆虫志 双翅目 舞虻总科。科学出版社。

二四、尖翅蝇科 Lonchopteridae

本科世界已知 3 属 44 种，中国记载 3 属 10 种，河南已知 1 属 1 种。

长鬃暇尖翅蝇 *Spilolonchoptera longisetosa* Yang *et* Chen, 1998

省内产地：栾川龙峪湾(模式产地)。

分布：河南。

资料来源：杨集昆等，1998，河南尖翅蝇科初报及一新种(双翅目：无缝蝇类)。《伏牛山区昆虫》，中国农业科学技术出版社。

二五、叶蝇科 Milichiidae

本科世界已知 19 属 240 种，中国记载 5 属 12 种，河南已知 1 属 1 种。

锤角叶蝇 *Phyllomyza claviconis* Yang, 1998

省内产地：栾川龙峪湾(模式产地)。

分布：河南。

资料来源：杨集昆，1998，河南省新记录的叶蝇科及一新种(双翅目：无瓣蝇类)。《伏牛山区昆虫》，中国农业科学技术出版社。

二六、茎蝇科 Psilidae

本科世界已知 11 属 318 种，中国记载 6 属 53 种，河南已知 3 属 3 种。

斑顶茎蝇 *Chamaepsila maculatala* Wang *et* Yang, 1996

省内产地：嵩县。

分布：河南，河北，山西，甘肃。

资料来源：王心丽，1998，双翅目：茎蝇科。《伏牛山区昆虫》，中国农业科学技术出版社。

中国绒茎蝇 *Chyliza sinensis* Wang *et* Yang, 1996

省内产地：嵩县。

分布：河南，云南，陕西，山西，北京，内蒙古，浙江，海南，广西，贵州，安徽。

资料来源：王心丽，1998，双翅目：茎蝇科。《伏牛山区昆虫》，中国农业科学技术出版社。

三纹长角茎蝇 *Loxocera triplagata* Wang *et* Yang, 1996

省内产地：嵩县。

分布：河南，甘肃。

资料来源：王心丽，1998，双翅目：茎蝇科。《伏牛山区昆虫》，中国农业科学技术出版社。

二七、蚤蝇科 Phoridae

全世界已知 250 属 3400 种，中国已知 24 属 241 种(刘广纯等，2005)，河南现有记录为 2 属的 2 个未定种。

异蚤蝇属一种 *Megaselia* sp.

省内产地：洛阳，三门峡。

分布：河南。

寄主：平菇，金针菇。

资料来源：申效诚，1993，河南昆虫名录。中国农业科学技术出版社。

蚤蝇属一种 *Phora* sp.

省内产地：信阳，郑州，新乡。

分布：河南。

寄主：稻纵卷叶螟的重寄生者。

资料来源：申效诚，1993，河南昆虫名录。中国农业科学技术出版社。

二八、头蝇科 Pipunculidae

本科世界已知 21 属 1326 种，中国记载 10 属 50 余种，河南已知 2 属 5 种。

爪哇头蝇 *Pipunculus javanensis* de Meijere, 1907

省内产地：信阳。

分布：河南，台湾；日本，印度尼西亚，马来西亚，斯里兰卡，菲律宾，泰国，老挝，印度。

资料来源：申效诚，1993，河南昆虫名录。中国农业科学技术出版社。

黄足头蝇 *Pipunculus mutillatus* Loew, 1857

省内产地：信阳。

分布：河南，山西，湖南，台湾，广西，四川；日本，菲律宾，泰国，缅甸，印度。

资料来源：申效诚，1993，河南昆虫名录。中国农业科学技术出版社。

电光叶蝉头蝇 *Tomosvaryella inazumae* (Koizumi, 1960)

省内产地：修武，信阳。

分布：河南；日本。

资料来源：申效诚，1993，河南昆虫名录。中国农业科学技术出版社。

黑尾叶蝉头蝇 *Tomosvaryella oryzaetora* (Koizumi, 1959)

省内产地：偃师，修武，郑州，信阳，固始，商城。

分布：河南，湖北，江西，台湾，广东，四川；日本，菲律宾，马来西亚，泰国，印度。

资料来源：申效诚，1993，河南昆虫名录。中国农业科学技术出版社。

林栖头蝇 *Tomosvaryella sylvatica* (Meigen, 1824)

省内产地：信阳，修武。

分布：河南，台湾，广西；日本；欧洲，东洋区。

资料来源：申效诚，1993，河南昆虫名录。中国农业科学技术出版社。

二九、食蚜蝇科 Syrphidae

本科大部分种类的幼虫是蚜虫的捕食者，是自然界中蚜虫种群的重要控制力量。

本科河南原有记录 14 属 25 种。1998 年，中国科学院动物研究所史永善教授到内乡宝天曼和西峡黄石庵考察，2006—2008 年，郑州大学生物工程系学生王俊潮利用假期和课余时间采集，并送北京师范大学成新跃教授处鉴定，使河南记录达到中国种类的 13%以上。

本科世界已知 220 多属 5000 余种，中国记载 117 属 866 种，河南已知 39 属 101 种。

紫额异巴食蚜蝇 *Allobaccha apicalis* (Loew, 1858)

紫额食蚜蝇 *Baccha pulchrifrons* Aucten, 1893

省内产地：郑州，许昌。

分布：河南，吉林，陕西，甘肃，安徽，湖北，浙江，福建，江西，湖南，四川，云南，台湾，广东，广西；俄罗斯，日本，印度，斯里兰卡，菲律宾，马来西亚，印度尼西亚。

资料来源：申效诚，1993，河南昆虫名录。中国农业科学技术出版社。

爪哇异食蚜蝇 *Allograpta javana* (Wiedemann, 1824)

省内产地：内乡宝天曼，济源王屋山，罗山白云林区。

分布：河南，黑龙江，吉林，辽宁，陕西，四川，云南，海南，广西；朝鲜，日本，蒙古国，俄罗斯(西伯利亚)，斐济，美国(夏威夷)，澳大利亚。

资料来源：王俊潮，申效诚，2008，河南食蚜蝇区系特征及相似性分析。《昆虫分类与分布》，中国农业科学技术出版社。

切黑狭口食蚜蝇 *Asarkina ericetorum* (Fabricius, 1781)

省内产地：内乡宝天曼，罗山白云林区。

分布：河南，内蒙古，河北，陕西，甘肃，浙江，福建，江西，四川，云南，台湾，广东；菲律宾，印度，巴布亚新几内亚。

资料来源：成新跃，王俊潮，2008，双翅目：食蚜蝇科。《宝天曼自然保护区昆虫》，中国农业科学技术出版社。

黄腹狭口食蚜蝇 *Asarkina porcina* Coquillett, 1898

省内产地：济源王屋山，清丰，新乡，偃师，许昌，南阳。

分布：河南，黑龙江，辽宁，内蒙古，甘肃，河北，山西，陕西，江苏，浙江，福建，台湾，湖北，湖南，广西，四川，贵州，云南，西藏；日本，俄罗斯，印度(锡金)。

资料来源：申效诚，1993，河南昆虫名录。中国农业科学技术出版社。

短额巴食蚜蝇 *Baccha elongata* (Fabricius, 1775)

省内产地：内乡宝天曼。

分布：河南，辽宁，陕西，甘肃；俄罗斯；欧洲，新北区。

资料来源：成新跃，王俊潮，2008，双翅目：食蚜蝇科。《宝天曼自然保护区昆虫》，中国农业科学技术出版社。

纤细巴食蚜蝇 *Baccha maculata* Walker, 1852

省内产地：西峡太平镇，郑州，安阳，新乡，许昌，新野。

分布：河南，辽宁，河北，山西，陕西，安徽，浙江，湖北，湖南，福建，江西，湖南，台湾，四川，云南，西藏；朝鲜，日本；东南亚。

资料来源：史永善等，1999，双翅目：食蚜蝇科。《伏牛山南坡及大别山区昆虫》。

狭带贝食蚜蝇 *Betasyrphus serarius* (Wiedemann, 1830)

省内产地：西峡太平镇，内乡宝天曼，兰考，开封，尉氏，中牟，巩义，孟津，灵宝，许昌，南阳，新野。

分布：河南，黑龙江，辽宁，吉林，内蒙古，宁夏，甘肃，河北，山西，陕西，江苏，浙江，湖北，江西，湖南，福建，贵州，台湾，广东，海南，四川，云南，广西，西藏；俄罗斯，朝鲜，日本，巴布亚新几内亚，澳大利亚；东南亚。

资料来源：史永善等，1999，双翅目：食蚜蝇科。《伏牛山南坡及大别山区昆虫》，中国农业科学技术出版社。

锈端短毛蚜蝇 *Blera fallax* (Linnaeus, 1758)

省内产地：西峡太平镇。

分布：河南，黑龙江，吉林，内蒙古；日本，俄罗斯；欧洲。

资料来源：史永善等，1999，双翅目：食蚜蝇科。《伏牛山南坡及大别山区昆虫》，中国农业科学技术出版社。

长铜木蚜蝇 *Chalcosyrphus acoetes* (Seguy, 1948)

省内产地：栾川龙峪湾。

分布：河南，吉林，陕西，甘肃，江苏，云南；东洋区。

资料来源：成新跃，王俊潮，2008，双翅目：食蚜蝇科。《宝天曼自然保护区昆虫》，中国农业科学技术出版社。

黄毛黑蚜蝇 *Cheilosia chloris* (Meigen, 1822)

省内产地：内乡宝天曼。

分布：河南，河北，青海，湖北，四川；俄罗斯；欧洲。

资料来源：史永善等，1999，双翅目：食蚜蝇科。《伏牛山南坡及大别山区昆虫》，中国农业科学技术出版社。

黑足黑蚜蝇 *Cheilosia nigripes* (Meigen, 1822)

省内产地：内乡万沟林场。

分布：河南，吉林；俄罗斯，蒙古国，土耳其；欧洲。

资料来源：史永善等，1999，双翅目：食蚜蝇科。《伏牛山南坡及大别山区昆虫》，中国农业科学技术出版社。

维多利亚黑蚜蝇 *Cheilosia victoria* (Herve-Bazin, 1930)

省内产地：西峡太平镇。

分布：河南，陕西，甘肃，江西。

资料来源：史永善等，1999，双翅目：食蚜蝇科。《伏牛山南坡及大别山区昆虫》，中国农业科学技术出版社。

黑蚜蝇属 1 种 *Cheilosia* sp.

省内产地：嵩县白云山。

分布：河南。

资料来源：成新跃，王俊潮，2008，双翅目：食蚜蝇科。《宝天曼自然保护区昆虫》，中国农业科学技术出版社。

阿穆尔长角蚜蝇 *Chrysotoxum amurense* Violovitsh, 1973

省内产地：内乡宝天曼。

分布：河南，内蒙古，河北，陕西，四川；俄罗斯。

资料来源：成新跃，王俊潮，2008，双翅目：食蚜蝇科。《宝天曼自然保护区昆虫》，中国农业科学技术出版社。

隐条长角蚜蝇 *Chrysotoxum draco* Shannon, 1926

省内产地：内乡宝天曼。

分布：河南，湖北，浙江，湖南，四川。

资料来源：成新跃，王俊潮，2008，双翅目：食蚜蝇科。《宝天曼自然保护区昆虫》，中国农业科学技术出版社。

黄股长角蚜蝇 *Chrysotoxum festivum* (Linnaeus, 1758)

省内产地：卢氏大块地。

分布：河南，河北，黑龙江，辽宁，河北，陕西，湖南，新疆；印度，蒙古国，日本；欧洲。

资料来源：成新跃，王俊潮，2008，双翅目：食蚜蝇科。《宝天曼自然保护区昆虫》，中国农业科学技术出版社。

八斑长角食蚜蝇 *Chrysotoxum octomaculatum* Curtis, 1837

省内产地：济源王屋山。

分布：河南，黑龙江，辽宁，内蒙古，宁夏，河北，山西，陕西，甘肃，湖北，江苏，浙江，湖南，四川；日本，俄罗斯。

资料来源：王俊潮，申效诚，2008，河南食蚜蝇区系特征及相似性分析。《昆虫分类与分布》，中国农业科学技术出版社。

长角蚜蝇属 1 种 *Chrysotoxum* sp.

省内产地：嵩县白云山。

分布：河南。

资料来源：成新跃，王俊潮，2008，双翅目：食蚜蝇科。《宝天曼自然保护区昆虫》，中国农业科学技术出版社。

角纹毛食蚜蝇 *Dasysyrphus postclaviger* (Srys *et* Moucha, 1962)

省内产地：西峡太平镇。

分布：河南，陕西，甘肃，西藏；俄罗斯；欧洲。

资料来源：史永善等，1999，双翅目：食蚜蝇科。《伏牛山南坡及大别山区昆虫》，中国农业科学技术出版社。

毛食蚜蝇属 1 种 *Dasysyrphus* sp.

省内产地：嵩县白云山。

分布：河南。

资料来源：成新跃，王俊潮，2008，双翅目：食蚜蝇科。《宝天曼自然保护区昆虫》，中国农业科学技术出版社。

浅环边食蚜蝇 *Didea alnei* (Fellen, 1817)

省内产地：嵩县白云山，栾川龙峪湾。

分布：河南，宁夏，陕西，江西，四川，云南；朝鲜，日本，蒙古国，俄罗斯；欧洲，新北区。

资料来源：成新跃，王俊潮，2008，双翅目：食蚜蝇科。《宝天曼自然保护区昆虫》，中国农业科学技术出版社。

巨斑边食蚜蝇 *Didea fasciata* Macquart, 1834

省内产地：罗山灵山，安阳，郑州，中牟，开封，许昌。

分布：河南，山西，陕西，江苏，浙江，福建，四川，云南，台湾；日本，俄罗斯；欧洲，东洋区。

资料来源：成新跃，王俊潮，2008，双翅目：食蚜蝇科。《宝天曼自然保护区昆虫》，中国农业科学技术出版社。

宽带直脉食蚜蝇 *Dideoides coquilletti* (van der Goot, 1914)

省内产地：内乡宝天曼。

分布：河南，陕西，浙江，福建，江西，台湾，湖南，广东，广西，四川；日本；东洋区。

资料来源：成新跃，王俊潮，2008，双翅目：食蚜蝇科。《宝天曼自然保护区昆虫》，中国农业科学技术出版社。

卵腹直脉食蚜蝇 *Dideoides ovatus* Brunetti, 1908

省内产地：嵩县白云山。

分布：河南，陕西，湖南，四川，云南，广西；印度。

资料来源：成新跃，王俊潮，2008，双翅目：食蚜蝇科。《宝天曼自然保护区昆虫》，中国农业科学技术出版社。

斑翅食蚜蝇 *Dideopsis aegrotus* Fabricius, 1905

省内产地：巩义，中牟，罗山白云林区。

分布：河南，湖南，浙江，江西，福建，湖南，台湾，广东，海南，四川，云南；尼泊尔，印度，澳大利亚；东南亚。

资料来源：申效诚，1993，河南昆虫名录。中国农业科学技术出版社。

离缘垂边食蚜蝇 *Epistrophe grossulariae* (Meigen, 1822)

省内产地：西峡黄石庵林场。

分布：河南，内蒙古，吉林，辽宁，陕西；俄罗斯，蒙古国，日本；欧洲，北美。

资料来源：史永善等，1999，双翅目：食蚜蝇科。《伏牛山南坡及大别山区昆虫》，中国农业科学技术出版社。

艳扁食蚜蝇 *Epistrophe nitidicollis* (Meigen, 1822)

Syrphus nitidicollis Meigen

省内产地：孟津。

分布：河南，四川；日本，俄罗斯；欧洲，新北区。

资料来源：申效诚，1993，河南昆虫名录。中国农业科学技术出版社。

黑带细腹食蚜蝇 *Episyrphus balteatus* (De Geer, 1842)

省内产地：西峡太平镇，内乡宝天曼，郑州等全省各地。

分布：河南，黑龙江，吉林，辽宁，甘肃，河北，山西，陕西，江苏，湖北，浙江，江西，福建，湖南，广东，广西，四川，云南，宁夏，西藏；俄罗斯，蒙古国，日本，阿富汗；大洋洲，东洋区，欧洲，北非。

资料来源：史永善等，1999，双翅目：食蚜蝇科。《伏牛山南坡及大别山区昆虫》，中国农业科学技术出版社。

密毛食蚜蝇属 1 种 *Eriozona* sp.

省内产地：内乡宝天曼。

分布：河南。

资料来源：成新跃，王俊潮，2008，双翅目：食蚜蝇科。《宝天曼自然保护区昆虫》，中国农业科学技术出版社。

黑色斑眼蚜蝇 *Eristalinus aeneus* (Scopoli, 1763)

省内产地：郑州。

分布：河南，黑龙江，新疆，宁夏，西藏，黑龙江，吉林，甘肃，河北，山东，山西，陕西，江苏，浙江，湖南，福建，江西，广东，海南，广西，四川，云南；蒙古国，俄罗斯，阿富汗；古北区，新北区，东洋区，非洲区。

资料来源：成新跃，王俊潮，2008，双翅目：食蚜蝇科。《宝天曼自然保护区昆虫》，中国农业科学技术出版社。

棕腿斑眼食蚜蝇 *Eristalinus arvorum* (Fabricius, 1787)

省内产地：汝州，罗山白云林区。

分布：河南，江苏，福建，湖南，广东，海南，广西，云南，西藏；日本，印度，美国(夏威夷)；东洋区，澳州区。

资料来源：王俊潮，申效诚，2008，河南食蚜蝇区系特征及相似性分析。《昆虫分类与分布》，中国农业科学技术出版社。

钝黑离眼蚜蝇 *Eristalinus sepulchralis* (Linnaeus, 1758)

省内产地：郑州。

分布：河南，内蒙古，甘肃，新疆，辽宁，河北，山西，山东，陕西，甘肃，江苏，浙江，江西，湖南，湖北，广东，四川，西藏；日本，蒙古国，斯里兰卡，俄罗斯；欧洲，北非，东洋区。

资料来源：成新跃，王俊潮，2008，双翅目：食蚜蝇科。《宝天曼自然保护区昆虫》，中国农业科学技术出版社。

亮黑斑眼食蚜蝇 *Eristalinus tarsalis* (Macquart, 1855)

省内产地：郑州，汝州，罗山白云林区。

分布：河南，河北，陕西，甘肃，江苏，浙江，福建，湖南，台湾，广东，广西，四川，西藏；朝鲜，日本；东洋区。

资料来源：王俊潮，申效诚，2008，河南食蚜蝇区系特征及相似性分析。《昆虫分类与分布》，中国农业科学技术出版社。

短腹管蚜蝇 *Eristalis arbustorum* (Linnaeus, 1758)

省内产地：内乡夏馆，西峡太平镇，郑州。

分布：河南，黑龙江，吉林，辽宁，内蒙古，宁夏，甘肃，青海，新疆，河北，山西，山东，陕西，湖北，浙江，福建，四川，云南，西藏；俄罗斯，印度，伊朗，叙利亚，阿富汗；欧洲，北美，北非。

资料来源：史永善等，1999，双翅目：食蚜蝇科。《伏牛山南坡及大别山区昆虫》，中国农业科学技术出版社。

灰带管蚜蝇 *Eristalis cerealis* Fabricius, 1805

省内产地：西峡太平镇，内乡宝天曼，郑州。

分布：河南，甘肃，新疆，内蒙古，宁夏，青海，黑龙江，辽宁，河北，山西，山东，陕西，安徽，湖北，江苏，浙江，江西，湖南，福建，广东，四川，云南，西藏；俄罗斯，朝鲜，日本；东洋区。

资料来源：史永善等，1999，双翅目：食蚜蝇科。《伏牛山南坡及大别山区昆虫》，中国农业科学技术出版社。

喜马拉雅管蚜蝇 *Eristalis himalayensis* Brunetti, 1908

省内产地：西峡太平镇，嵩县白云山。

分布：河南，吉林，陕西，湖北，四川，云南，西藏；印度，缅甸，尼泊尔。

资料来源：史永善等，1999，双翅目：食蚜蝇科。《伏牛山南坡及大别山区昆虫》，中国农业科学技术出版社。

长尾管蚜蝇 *Eristalis tenax* (Linnaeus, 1758)

省内产地：西峡太平镇，内乡宝天曼，嵩县白云山，郑州。

分布：河南，宁夏，甘肃，辽宁，河北，山西，陕西，江苏，浙江，湖北，湖南，福建，广东，四川，云南，西藏；日本，俄罗斯，澳大利亚，新西兰；欧洲，非洲，北美，东洋区。

资料来源：史永善等，1999，双翅目：食蚜蝇科。《伏牛山南坡及大别山区昆虫》，中国农业科学技术出版社。

闪光平颜蚜蝇 *Eumerus lucidus* Loew, 1848

省内产地：西峡太平镇。

分布：河南，吉林，内蒙古，河北，山东，湖北，江西，浙江，四川，云南；俄罗斯；欧洲。

资料来源：史永善等，1999，双翅目：食蚜蝇科。《伏牛山南坡及大别山区昆虫》，中国农业科学技术出版社。

冲绳平颜蚜蝇 *Eumerus okinawaensis* Shiraki, 1930

省内产地：西峡太平镇。

分布：河南，福建，台湾，广东，广西，海南，云南，西藏；日本，菲律宾。

资料来源：史永善等，1999，双翅目：食蚜蝇科。《伏牛山南坡及大别山区昆虫》，中国农业科学技术出版社。

洋葱平颜蚜蝇 *Eumcrus strigatus* (Fallén, 1817)

省内产地：内乡万沟林场。

分布：河南，新疆，内蒙古，黑龙江，辽宁，甘肃，山西，山东，浙江，云南；俄罗斯，蒙古国；欧洲，北非，北美。

资料来源：史永善等，1999，双翅目：食蚜蝇科。《伏牛山南坡及大别山区昆虫》，中国农业科学技术出版社。

平颜蚜蝇属 1 种 *Eumerus* sp.

省内产地：内乡宝天曼。

分布：河南。

资料来源：成新跃，王俊潮，2008，双翅目：食蚜蝇科。《宝天曼自然保护区昆虫》，中国农业科学技术出版社。

铜鬃胸蚜蝇 *Ferdinandea cuprea* (Scopoli, 1763)

省内产地：内乡宝天曼。

分布：河南，吉林，山西，陕西，湖南，浙江，贵州，四川，云南；日本，俄罗斯；欧洲。

资料来源：成新跃，王俊潮，2008，双翅目：食蚜蝇科。《宝天曼自然保护区昆虫》，中国农业科学技术出版社。

黑额鬃胸食蚜蝇 *Ferdinandea nigrifrons* (Egger, 1860)

省内产地：济源王屋山。

分布：河南，甘肃；欧洲。

资料来源：王俊潮，申效诚，2008，河南食蚜蝇区系特征及相似性分析。《昆虫分类与分布》，中国农业科学技术出版社。

台湾缺伪蚜蝇 *Graptomyza formosana* Shiraki, 1930

省内产地：西峡太平镇。

分布：河南，浙江，四川，台湾。

资料来源：史永善等，1999，双翅目：食蚜蝇科。《伏牛山南坡及大别山区昆虫》，中国农业科学技术出版社。

连斑条胸食蚜蝇 *Helophilus continuus* Loew, 1854

省内产地：郑州。

分布：河南，新疆，内蒙古，宁夏，青海，黑龙江，河北，山西，甘肃；蒙古国，俄罗斯；新北区。

资料来源：王俊潮，申效诚，2008，河南食蚜蝇区系特征及相似性分析。《昆虫分类与分布》，中国农业科学技术出版社。

狭带条胸蚜蝇 *Helophilus virgatus* Coquillett, 1898

省内产地：内乡宝天曼，嵩县白云山，西峡黄石庵。

分布：河南，黑龙江，吉林，辽宁，河北，山西，陕西，江苏，湖北，浙江，福建，江西，湖南，四川，云南，西藏；日本，俄罗斯。

资料来源：成新跃，王俊潮，2008，双翅目：食蚜蝇科。《宝天曼自然保护区昆虫》，中国农业

科学技术出版社。

条胸蚜蝇属 1 种 *Helophilus* sp.

省内产地：内乡葛条爬。

分布：河南。

资料来源：成新跃，王俊潮，2008，双翅目：食蚜蝇科。《宝天曼自然保护区昆虫》，中国农业科学技术出版社。

短刺刺腿食蚜蝇 *Ischiodon scutallaris* (Fabricius, 1805)

省内产地：安阳，清丰，新乡，修武，延津，陕县，嵩县，偃师，郑州，中牟，兰考，杞县，尉氏，许昌，西平，南阳，新野，信阳，固始。

分布：河南，新疆，河北，山东，陕西，甘肃，江苏，江西，福建，江西，湖南，广东，广西，云南；日本，越南，印度；北非。

资料来源：申效诚，1993，河南昆虫名录。中国农业科学技术出版社。

黄盾壮食蚜蝇 *Ischyrosyrphus glaucius* (Linnaeus, 1758)

省内产地：济源，偃师，郑州，延津，许昌。

分布：河南，吉林，辽宁，内蒙古，福建；日本，蒙古国，俄罗斯；欧洲。

资料来源：申效诚，1993，河南昆虫名录。中国农业科学技术出版社。

黑盾壮食蚜蝇 *Ischyrosyrphus laternarius* (Muller, 1776)

省内产地：郑州，许昌，南阳，新野。

分布：河南，黑龙江，吉林，辽宁，内蒙古，河北，四川，福建，云南；日本，蒙古国，俄罗斯；欧洲。

资料来源：申效诚，1993，河南昆虫名录。中国农业科学技术出版社。

双色毛管蚜蝇 *Mallota bicolor* Sack, 1910

省内产地：济源黄楝树。

分布：河南，东北；俄罗斯(远东)。

资料来源：成新跃，王俊潮，2008，双翅目：食蚜蝇科。《宝天曼自然保护区昆虫》，中国农业科学技术出版社。

弯腹毛管蚜蝇 *Mallota curvigaster* Macguart, 1842

省内产地：西峡太平镇。

分布：河南，新疆，山东，浙江，四川，云南，台湾；印度，斯里兰卡，马来西亚，婆罗洲。

资料来源：史永善等，1999，双翅目：食蚜蝇科。《伏牛山南坡及大别山区昆虫》，中国农业科学技术出版社。

三色毛管蚜蝇 *Mallota tricolor* Loew, 1871

省内产地：内乡宝天曼。

分布：河南，黑龙江，吉林，河北，陕西，浙江，江西，四川；俄罗斯，土耳其；欧洲。

资料来源：史永善等，1999，双翅目：食蚜蝇科。《伏牛山南坡及大别山区昆虫》，中国农业科学技术出版社。

暗颊美蓝食蚜蝇 *Melangyna lasiophthalma* (Zettrtstedt, 1843)

省内产地：嵩县白云山。

分布：河南，内蒙古，宁夏，西藏，吉林，陕西，甘肃，四川，云南；日本，蒙古国，俄罗斯；欧洲。

资料来源：王俊潮，申效诚，2008，河南食蚜蝇区系特征及相似性分析。《昆虫分类与分布》，中国农业科学技术出版社。

方斑墨蚜蝇 *Melanostoma mellinum* (Linnaeus, 1758)

省内产地：郑州。

分布：河南，新疆，内蒙古，宁夏，青海，陕西，甘肃，黑龙江，吉林，辽宁，河北，湖北，江苏，浙江，福建，贵州，四川，云南，西藏，广西，海南；日本，蒙古国，伊朗，阿富汗；北非，欧洲，新北区。

资料来源：成新跃，王俊潮，2008，双翅目：食蚜蝇科。《宝天曼自然保护区昆虫》，中国农业科学技术出版社。

梯斑墨蚜蝇 *Melanostoma scalare* (Fabricius, 1794)

省内产地：全省。

分布：河南，新疆，内蒙古，宁夏，陕西，甘肃，辽宁，河北，山西，山东，湖北，江苏，浙江，福建，湖南，贵州，广东，广西，四川，云南，西藏，台湾；古北区，东洋区，非洲区。

资料来源：申效诚，1993，河南昆虫名录。中国农业科学技术出版社。

黄带狭腹食蚜蝇 *Meliscaeva cinctella* (Zetterstedt, 1843)

省内产地：嵩县白云山。

分布：河南，吉林，山西，陕西，甘肃，湖北，台湾，广西，四川，西藏；日本，蒙古国；俄罗斯，印度，斯里兰卡；欧洲，新北区。

资料来源：王俊潮，申效诚，2008，河南食蚜蝇区系特征及相似性分析。《昆虫分类与分布》，中国农业科学技术出版社。

狭腹食蚜蝇属 1 种 *Meliscaeva* sp.

省内产地：内乡宝天曼。

分布：河南。

资料来源：成新跃，王俊潮，2008，双翅目：食蚜蝇科。《宝天曼自然保护区昆虫》，中国农业科学技术出版社。

宽带后食蚜蝇 *Metasyrphus confrater* (Wiedemann, 1830)

省内产地：嵩县白云山。

分布：河南，辽宁，山西，陕西，甘肃，江苏，江西，湖南，福建，台湾，广东，贵州，四川，云南，西藏；日本，新几内亚岛；东洋区。

资料来源：成新跃，王俊潮，2008，双翅目：食蚜蝇科。《宝天曼自然保护区昆虫》，中国农业科学技术出版社。

大灰后食蚜蝇 *Metasyrphus corollae* (Fabricius, 1794)

省内产地：内乡宝天曼等全省各地。

分布：河南，新疆，内蒙古，宁夏，黑龙江，吉林，辽宁，河北，山西，陕西，甘肃，湖北，江苏，浙江，福建，江西，湖南，贵州，台湾，广西，四川，云南，西藏；日本，蒙古国，俄罗斯；北非，欧洲，东洋区。

资料来源：申效诚，1993，河南昆虫名录。中国农业科学技术出版社。

凹带后食蚜蝇 *Metasyrphus nitens* (Zetterstedt, 1843)

省内产地：修武，灵宝，卢氏，陕县，偃师，中牟，巩义，尉氏，兰考，杞县，许昌，新野。

分布：河南，黑龙江，吉林，辽宁，河北，山西，甘肃，江苏，浙江，江西，福建，四川，云南，宁夏，西藏；朝鲜，日本，蒙古国，俄罗斯，阿富汗；欧洲。

资料来源：申效诚，1993，河南昆虫名录。中国农业科学技术出版社。

小巢穴蚜蝇 *Microdon cauruleus* Brunetti, 1908

省内产地：内乡宝天曼。

分布：河南，广东，台湾；印度。

资料来源：成新跃，王俊潮，2008，双翅目：食蚜蝇科。《宝天曼自然保护区昆虫》，中国农业科学技术出版社。

净翅短腹蚜蝇 *Neocascia dispar* (Meigen, 1822)

省内产地：西峡太平镇。

分布：河南，内蒙古；蒙古国，俄罗斯；欧洲，中亚。

资料来源：史永善等，1999，双翅目：食蚜蝇科。《伏牛山南坡及大别山区昆虫》，中国农业科学技术出版社。

黄缘斜环蚜蝇 *Palumbia nova* (Hull, 1937)

省内产地：内乡宝天曼，西峡太平镇。

分布：河南，山西，湖南，云南，四川。

资料来源：史永善等，1999，双翅目：食蚜蝇科。《伏牛山南坡及大别山区昆虫》，中国农业科学技术出版社。

斜环蚜蝇属 1 种 *Palumbia* sp.

省内产地：嵩县白云山。

分布：河南。

资料来源：成新跃，王俊潮，2008，双翅目：食蚜蝇科。《宝天曼自然保护区昆虫》，中国农业科学技术出版社。

短舌小食蚜蝇 *Paragus compeditus* Wiedemann, 1830

省内产地：西峡黄石庵林场。

分布：河南，甘肃，新疆，内蒙古，宁夏，西藏，河北；伊朗，阿富汗；欧洲南部，北非。

资料来源：史永善等，1999，双翅目：食蚜蝇科。《伏牛山南坡及大别山区昆虫》，中国农业科学技术出版社。

锯盾小食蚜蝇 *Paragus crenulatus* Thomson, 1869

省内产地：郑州，许昌，洛阳，嵩县，渑池。

分布：河南，新疆，福建，四川，广东，广西，海南，云南；东洋区，澳洲区。

资料来源：申效诚，1993，河南昆虫名录。中国农业科学技术出版社。

豆扁小食蚜蝇 *Paragus fasciatus* Coquillett, 1898

省内产地：新乡，信阳。

分布：河南，宁夏，上海；日本，俄罗斯。

资料来源：申效诚，1993，河南昆虫名录。中国农业科学技术出版社。

四条小食蚜蝇 *Paragus quadrifasciatus* Meigen, 1822

省内产地：安阳，新乡，延津，修武，灵宝，陕县，孟津，偃师，巩义，中牟，尉氏，许昌，新野，信阳。

分布：河南，新疆，青海，西藏，黑龙江，河北，陕西，山西，山东，甘肃，江苏，湖北，浙江，四川，云南；朝鲜，日本，俄罗斯，伊朗，阿富汗；北非，欧洲。

资料来源：申效诚，1993，河南昆虫名录。中国农业科学技术出版社。

刻点小食蚜蝇 *Paragus tibialis* (Fallén, 1817)

省内产地：西峡太平镇，内乡葛条爬，内乡夏馆，新乡，沁阳，嵩县，郑州，许昌。

分布：河南，吉林，内蒙古，甘肃，新疆，河北，山西，陕西，江苏，浙江，湖北，湖南，福建，台湾，广东，广西，云南，四川，云南，贵州，海南，西藏；古北区，东洋区，非洲区。

资料来源：史永善等，1999，双翅目：食蚜蝇科。《伏牛山南坡及大别山区昆虫》，中国农业科学技术出版社。

环带拟食蚜蝇 *Parasyrphus annulatus* (Zetterstedt, 1838)

省内产地：嵩县白云山。

分布：河南，新疆；日本，蒙古国，俄罗斯；欧洲。

资料来源：王俊潮，申效诚，2008，河南食蚜蝇区系特征及相似性分析。《昆虫分类与分布》，中国农业科学技术出版社。

裸芒宽盾蚜蝇 *Phytomia errans* (Fabricius, 1787)

省内产地：内乡夏馆。

分布：河南，宁夏，陕西，甘肃，江苏，浙江，湖北，湖南，福建，江西，台湾，海南，广西，四川，云南，西藏；日本；东南亚。

资料来源：史永善等，1999，双翅目：食蚜蝇科。《伏牛山南坡及大别山区昆虫》，中国农业科学技术出版社。

羽角宽盾蚜蝇 *Phytomia zonata* (Fabricius, 1824)

省内产地：西峡太平镇，郑州。

分布：河南，黑龙江，辽宁，吉林，内蒙古，甘肃，河北，山西，山东，陕西，江苏，浙江，湖北，湖南，福建，广东，海南，广西，四川，云南；俄罗斯，日本；东南亚。

资料来源：史永善等，1999，双翅目：食蚜蝇科。《伏牛山南坡及大别山区昆虫》，中国农业科学技术出版社。

夜光缩颜蚜蝇 *Pipiza noctiluca* (Linnaeus, 1758)

省内产地：内乡葛条爬。

分布：河南，青海，吉林，河北，湖北，湖南，甘肃；俄罗斯；欧洲。

资料来源：成新跃，王俊潮，2008，双翅目：食蚜蝇科。《宝天曼自然保护区昆虫》，中国农业科学技术出版社。

四斑鼻颜蚜蝇 *Rhingia binotata* Brunetti, 1908

省内产地：嵩县白云山。

分布：河南，吉林，陕西，湖北，浙江，福建，湖南，台湾，广东，四川，贵州，云南，西藏；印度，尼泊尔。

资料来源：成新跃，王俊潮，2008，双翅目：食蚜蝇科。《宝天曼自然保护区昆虫》，中国农业科学技术出版社。

台湾鼻颜蚜蝇 *Rhingia formaosana* Shiraki, 1930

省内产地：嵩县白云山。

分布：河南，内蒙古，宁夏，陕西，湖北，福建，四川，云南，台湾，西藏。

资料来源：成新跃，王俊潮，2008，双翅目：食蚜蝇科。《宝天曼自然保护区昆虫》，中国农业科学技术出版社。

斜斑鼓额食蚜蝇 *Scaeva pyrastri* (Linnaeus, 1758)

省内产地：全省。

分布：河南，甘肃，新疆，内蒙古，宁夏，青海。黑龙江，辽宁，河北，山西，山东，陕西，江苏，浙江，江西，四川，云南，西藏；日本，蒙古国，俄罗斯，阿富汗；欧洲，北非，新北区。

资料来源：申效诚，1993，河南昆虫名录。中国农业科学技术出版社。

月斑鼓额食蚜蝇 *Scaeva selenitica* (Meigen, 1822)

省内产地：安阳，延津，济源，偃师，巩义，尉氏，中牟，许昌，西平，南阳，郑州。

分布：河南，黑龙江，吉林，辽宁，内蒙古，宁夏，甘肃，河北，山西，陕西，甘肃，江苏，浙江，江西，湖南，广西，四川，云南；蒙古国，俄罗斯，阿富汗；欧洲，东洋区。

资料来源：申效诚，1993，河南昆虫名录。中国农业科学技术出版社。

筒形细腹食蚜蝇 *Sphaerophoria cylindrica* (Say, 1824)

省内产地：安阳。

分布：河南，西藏；日本，新北区。

资料来源：申效诚，1993，河南昆虫名录。中国农业科学技术出版社。

印度细腹食蚜蝇 *Sphaerophoria indiana* Bigot, 1884

省内产地：西峡太平镇，内乡宝天曼，新乡，南阳，信阳。

分布：河南，黑龙江，吉林，河北，山西。陕西，甘肃，江苏，浙江，湖北，湖南，福建，广东，广西，贵州，四川，云南，西藏；朝鲜，日本，蒙古国，俄罗斯，阿富汗；东洋区。

资料来源：成新跃，王俊潮，2008，双翅目：食蚜蝇科。《宝天曼自然保护区昆虫》，中国农业科学技术出版社。

宽带细腹食蚜蝇 *Sphaerophoria macrogaster* (Thompsen, 1869)

省内产地：西峡太平镇。

分布：河南，东北，内蒙古，陕西，江苏，江西，四川；俄罗斯，蒙古国，朝鲜，日本，印度，尼泊尔，斯里兰卡，巴布亚新几内亚，澳大利亚。

资料来源：史永善等，1999，双翅目：食蚜蝇科。《伏牛山南坡及大别山区昆虫》，中国农业科学技术出版社。

长翅细腹食蚜蝇 *Sphaerophoria menthastri* (linnaeus, 1758)

省内产地：郑州，新乡，偃师，许昌，汝州，西平，南阳，信阳。

分布：河南，甘肃，浙江，江苏，四川，云南；日本，蒙古国，俄罗斯；欧洲，北非。

资料来源：申效诚，1993，河南昆虫名录。中国农业科学技术出版社。

短翅细腹食蚜蝇 *Sphaerophoria scripta* (Linnaeus, 1758)

省内产地：内乡宝天曼，郑州等全省各地。

分布：河南，甘肃，新疆，宁夏，陕西，山西，江苏，湖南，福建，贵州，四川，云南；日本，蒙古国，俄罗斯，阿富汗，印度，尼泊尔；非洲，欧洲，新北区。

资料来源：申效诚，1993，河南昆虫名录。中国农业科学技术出版社。

叉叶细腹食蚜蝇 *Sphaerophoria taeniata* (Meigen, 1822)

省内产地：西峡太平镇，内乡宝天曼。

分布：河南，内蒙古，西藏，黑龙江，吉林，河北，陕西，甘肃，云南；俄罗斯，蒙古国，日本；欧洲。

资料来源：史永善等，1999，双翅目：食蚜蝇科。《伏牛山南坡及大别山区昆虫》，中国农业科学技术出版社。

细腹食蚜蝇 1 种 *Sphaerophoria* sp.①

省内产地：内乡宝天曼，郑州。

分布：河南。

资料来源：成新跃，王俊潮，2008，双翅目：食蚜蝇科。《宝天曼自然保护区昆虫》，中国农业科学技术出版社。

细腹食蚜蝇 1 种 *Sphaerophoria* sp. ②

省内产地：郑州。

分布：河南。

资料来源：成新跃，王俊潮，2008，双翅目：食蚜蝇科。《宝天曼自然保护区昆虫》，中国农业科学技术出版社。

东方粗股食蚜蝇 *Syritta prientalis* Macquart, 1842

省内产地：汝州。

分布：河南，吉林，陕西，安徽，江苏，湖北，福建，湖南，贵州，台湾，广东，四川；印度，斯里兰卡。

资料来源：王俊潮，申效诚，2008，河南食蚜蝇区系特征及相似性分析。《昆虫分类与分布》，中国农业科学技术出版社。

黄环粗股食蚜蝇 *Syritta pipiens* (Linnaeus, 1758)

省内产地：嵩县白云山，济源王屋山，郑州，汝州。

分布：河南，新疆，内蒙古，宁夏，黑龙江，吉林，辽宁，河北，山西，陕西，甘肃，福建，云南；尼泊尔，美国；欧洲，非洲。

资料来源：王俊潮，申效诚，2008，河南食蚜蝇区系特征及相似性分析。《昆虫分类与分布》，中国农业科学技术出版社。

黑足食蚜蝇 *Syrphus vitripennis* Meigen, 1822

省内产地：嵩县白云山，内乡宝天曼，西峡太平镇。

分布：河南，宁夏，黑龙江，吉林，河北，山西，陕西，甘肃，浙江，湖南，福建，贵州，台湾，四川，云南，西藏；俄罗斯，蒙古国，日本，伊朗，阿富汗；欧洲，北美，东洋区。

资料来源：史永善等，1999，双翅目：食蚜蝇科。《伏牛山南坡及大别山区昆虫》，中国农业科学技术出版社。

长翅寡节食蚜蝇 *Triglyphus primus* Loew, 1840

省内产地：嵩县白云山。

分布：河南，河北，山东，陕西，甘肃，西藏；朝鲜，日本，俄罗斯；欧洲。

资料来源：王俊潮，申效诚，2008，河南食蚜蝇区系特征及相似性分析。《昆虫分类与分布》，中国农业科学技术出版社。

老君山蜂蚜蝇 *Volucella laojunshanana* Qiao *et* Qin, 2010

省内产地：栾川老君山(模式产地)。

分布：河南。

资料来源：乔璐曼，秦道正，2010，河南蜂蚜蝇属一新种记述。昆虫分类学报，32(2)：139~143。

黑蜂蚜蝇 *Volucella nigricans* Coquillett, 1898

省内产地：济源王屋山，西峡太平镇。

分布：河南，陕西，安徽，浙江，湖北，江西，湖南，福建，台湾，四川，广西；朝鲜，日本。

资料来源：史永善等，1999，双翅目：食蚜蝇科。《伏牛山南坡及大别山区昆虫》，中国农业科学技术出版社。

六斑蜂蚜蝇 *Volucella nigropicta* Portschinsky, 1884

省内产地：嵩县天池山。

分布：河南，河北；日本，俄罗斯。

资料来源：成新跃，王俊潮，2008，双翅目：食蚜蝇科。《宝天曼自然保护区昆虫》，中国农业科学技术出版社。

黄盾蜂蚜蝇 *Volucella pellucens tabanoides* Motschulsk, 1859

省内产地：嵩县天池山。

分布：河南，青海，黑龙江，吉林，辽宁，内蒙古，新疆，河北，山西，陕西，湖北，四川，云南；朝鲜，日本，蒙古国，俄罗斯。

资料来源：成新跃，王俊潮，2008，双翅目：食蚜蝇科。《宝天曼自然保护区昆虫》，中国农业科学技术出版社。

黑带蜂蚜蝇 *Volucella zonaria* (Poda, 1761)

省内产地：西峡太平镇，嵩县白云山。

分布：河南，内蒙古，吉林，甘肃，新疆；蒙古国，俄罗斯，伊朗；北非，欧洲。

资料来源：成新跃，王俊潮，2008，双翅目：食蚜蝇科。《宝天曼自然保护区昆虫》，中国农业科学技术出版社。

蜂蚜蝇属 1 种 *Volucella* sp.

省内产地：嵩县白云山。

分布：河南。

资料来源：成新跃，王俊潮，2008，双翅目：食蚜蝇科。《宝天曼自然保护区昆虫》，中国农业科学技术出版社。

圆斑宽扁食蚜蝇 *Xanthandrus comtus* (Harris, 1780)

省内产地：郑州。

分布：河南，内蒙古，黑龙江，吉林，陕西，甘肃，江苏，浙江，福建，四川，台湾，广东；朝鲜，日本，蒙古国，俄罗斯；欧洲，东洋区。

资料来源：王俊潮，申效诚，2008，河南食蚜蝇区系特征及相似性分析。《昆虫分类与分布》，中国农业科学技术出版社。

褐线黄斑食蚜蝇 *Xanthogramma coreanum* Shiraki, 1930

省内产地：西峡太平镇，嵩县白云山，内乡宝天曼。

分布：河南，辽宁，河北，陕西，湖南，四川，云南；朝鲜，俄罗斯。

资料来源：史永善等，1999，双翅目：食蚜蝇科。《伏牛山南坡及大别山区昆虫》，中国农业科学技术出版社。

扎幌黄斑食蚜蝇 *Xanthogramma sappotense* Matsumura, 1916

省内产地：偃师。

分布：河南，黑龙江，辽宁；日本，俄罗斯。

资料来源：申效诚，1993，河南昆虫名录。中国农业科学技术出版社。

无斑木蚜蝇 *Xylota amaculata* Yang *et* Cheng, 1996

省内产地：西峡太平镇。

分布：河南，吉林。

资料来源：史永善等，1999，双翅目：食蚜蝇科。《伏牛山南坡及大别山区昆虫》，中国农业科学技术出版社。

树木蚜蝇 *Xylota sylvarum* (Linnaeus, 1758)

省内产地：嵩县白云山，内乡宝天曼。

分布：河南，黑龙江；欧洲。

资料来源：成新跃，王俊潮，2008，双翅目：食蚜蝇科。《宝天曼自然保护区昆虫》，中国农业科学技术出版社。

三〇、隐芒蝇科 Cryptochaetidae

本科是珠蚧科昆虫的专性寄生者，体小，有蓝绿色金属光泽，触角上无芒，喜欢围绕人眼飞，容易发现和捕捉。

本科河南原来无记录，1996年中国农业大学杨集昆教授在栾川龙峪湾采到2个新种，本书作者在陕县甘山也曾采到过。考虑到珠蚧科是非常普遍的害虫，如豫东、豫北花生上的花生地珠蚧，本科昆虫也应比较广泛分布。

本科世界已知2属33种，中国记载1属12种，河南已知1属2种。

尖角隐芒蝇 *Cryptochaetum acuticornutum* Yang *et* Yang, 1998

省内产地：栾川龙峪湾(模式产地)。

分布：河南。

资料来源：杨集昆等，1998，河南隐芒蝇科初报及二新种(双翅目：无瓣蝇类)。《伏牛山区昆虫》，中国农业科学技术出版社。

中原隐芒蝇 *Cryptochaetum medianum* Yang *et* Yang, 1998

省内产地：栾川龙峪湾(模式产地)。

分布：河南。

资料来源：杨集昆等，1998，河南隐芒蝇科初报及二新种(双翅目：无瓣蝇类)。《伏牛山区昆虫》，中国农业科学技术出版社。

三一、斑腹蝇科 Chamaemyiidae

本科世界已知13属257种，中国记载4属18种，河南已知1属1未定种。

食蚜斑腹蝇 *Leucopis* sp.

省内产地：延津，汝州，郑州，兰考。

分布：河南。

资料来源：申效诚，1993，河南昆虫名录。中国农业科学技术出版社。

三二、刺股蝇科 Megamerinidae

本科世界已知4属18种，中国记载3属8种，河南已知2属2种。

中华前刺股蝇 *Protexata sinica* Yang, 1996

省内产地：栾川龙峪湾，嵩县白云山。

分布：河南，湖北，四川，浙江。

资料来源：杨集昆，1998，双翅目：尖翅蝇科，隐芒蝇科，叶蝇科，刺股蝇科，拙蝇科。《伏牛山区昆虫》，中国农业科学技术出版社。

神武旋刺股蝇 *Texara shenwuana* Yang, 1996

省内产地：栾川龙峪湾，嵩县白云山。

分布：河南，湖北。

资料来源：杨集昆，1998，双翅目：尖翅蝇科，隐芒蝇科，叶蝇科，刺股蝇科，拙蝇科。《伏牛山区昆虫》，中国农业科学技术出版社。

三三、拙蝇科 Dryomyzidae

本科世界已知6属25种，中国记载2属3种，河南已知1属1种。

丽拙蝇 *Dryomyza formosa* (Wiedemann, 1830)

省内产地：嵩县白云山。

分布：河南，浙江，湖南，台湾等南北 10 省区；朝鲜，日本，印度。

资料来源：杨集昆，1998，双翅目：尖翅蝇科，隐芒蝇科，叶蝇科，刺股蝇科，拙蝇科。《伏牛山区昆虫》，中国农业科学技术出版社。

三四、缟蝇科 Lauxaniidae

本科河南原来无记录，1998 年中国农业大学胡学友来内乡宝天曼、西峡黄石庵采集，由杨定教授鉴定出 7 种，其中 6 种为新种。

本科世界已知 159 属 1875 种，中国记载 16 属近 100 种，河南已知 1 属 7 种。

尖突同脉缟蝇 *Homoncura acututu* Yang, Zhu *et* Hu, 1999

省内产地：西峡黄石庵(模式产地)。

分布：河南。

资料来源：杨定等，1999，河南省缟蝇科新种记述(双翅目：无瓣蝇类)。《伏牛山南坡及大别山区昆虫》，中国农业科学技术出版社。

卷突同脉缟蝇 *Homoneura curvata* Yang, Zhu *et* Hu, 1999

省内产地：西峡黄石庵(模式产地)。

分布：河南。

资料来源：杨定等，1999，河南省缟蝇科新种记述(双翅目：无瓣蝇类)。《伏牛山南坡及大别山区昆虫》，中国农业科学技术出版社。

河南同脉缟蝇 *Homoneura henanensis* Yang, Zhu *et* Hu, 1999

省内产地：内乡宝天曼(正模产地)，西峡黄石庵(副模产地)。

分布：河南。

资料来源：杨定等，1999，河南省缟蝇科新种记述(双翅目：无瓣蝇类)。《伏牛山南坡及大别山区昆虫》，中国农业科学技术出版社。

多刺同脉缟蝇 *Homoneura polyacantha* Yang, Zhu *et* Hu, 1999

省内产地：西峡黄石庵(模式产地)。

分布：河南。

资料来源：杨定等，1999，河南省缟蝇科新种记述(双翅目：无瓣蝇类)。《伏牛山南坡及大别山区昆虫》，中国农业科学技术出版社。

斑腿同脉缟蝇 *Homoneura substigmata* Yang, Zhu *et* Hu, 1999

省内产地：西峡黄石庵(模式产地)。

分布：河南。

资料来源：杨定等，1999，河南省缟蝇科新种记述(双翅目：无瓣蝇类)。《伏牛山南坡及大别山区昆虫》，中国农业科学技术出版社。

缝鬃同脉缟蝇 *Homoneura suturalis* Yang, Zhu *et* Hu, 2003

省内产地：内乡宝天曼，西峡黄石庵。

分布：河南，福建。

资料来源：杨定等，1999，双翅目：缟蝇科。《伏牛山南坡及大别山区昆虫》，中国农业科学技术出版社。

带斑同脉缟蝇 *Homoneura zonalis* Yang, Zhu *et* Hu, 1999

省内产地：内乡宝天曼(正模产地)，嵩县白云山，西峡黄石庵(副模产地)。

分布：河南。

资料来源：杨定等，1999，河南省缟蝇科新种记述(双翅目：无瓣蝇类)。《伏牛山南坡及大别山区昆虫》，中国农业科学技术出版社。

三五、实蝇科 Trypetidae

本科世界已知500属4200种，中国记载124属567种，河南已知2属2种。

橘大实蝇 *Bactrocera minax* (Enderlein, 1920)

Tetradacus citri (Chen)

省内产地：西峡，淅川。

分布：河南，陕西，江苏，湖北，湖南，台湾，广西，贵州，四川，云南；日本。

资料来源：申效诚，1993，《河南昆虫名录》。中国农业科学技术出版社。

四斑楔实蝇 *Sphaeniscus atilius* (Walker, 1849)

省内产地：具体不详。

分布：河南，黑龙江，辽宁，山东，山西，陕西，江苏，湖北，浙江，福建，江西，湖南，台湾，广东，海南，广西，贵州，四川，云南；朝鲜，日本；东洋区，太平洋地区。

资料来源：申效诚，时振亚，1994，《河南昆虫分类区系研究 第一卷》。中国农业科学技术出版社。

三六、果蝇科 Drosophilidae

本科世界已知71属3957种，中国已记载40属603余种，河南已知1属2种。

银额果蝇 *Drosophila albomicans* Duda, 1924

省内产地：具体不详。

分布：河南，山东，上海，浙江，福建，台湾，广东，海南，广西，四川，云南；日本，越南，柬埔寨，泰国，马来西亚，缅甸，印度。

资料来源：薛万琦，1996，《中国蝇类》，辽宁科学技术出版社。

果蝇属一种 *Drosophila* sp.

省内产地：洛阳，三门峡。

分布：河南。

寄主：平菇，金针菇。

资料来源：申效诚，1993，《河南昆虫名录》。中国农业科学技术出版社。

三七、水蝇科 Ephydridae

本科世界已知125属1970种，中国已记载近30属100余种，河南已知9属14种。

黄趾平颜水蝇 *Athyroglossa glabra* Meigen, 1830

省内产地：嵩县白云山。

分布：河南；美国；欧洲。

资料来源：胡学友，1999，双翅目：水蝇科。《伏牛山南坡及大别山区昆虫》，中国农业科学技术出版社。

银唇短脉水蝇 *Brachydeutera ibari* Ninomiya, 1929

省内产地：嵩县白云山，栾川龙峪湾，罗山灵山。

分布：河南，北京，山东，台湾；美国(夏威夷)；日本；以色列；马得拉岛，俄罗斯。

资料来源：胡学友，1999，双翅目：水蝇科。《伏牛山南坡及大别山区昆虫》，中国农业科学技术出版社。

长足短脉水蝇 *Brachydeutera longipes* Hendel, 1913

省内产地：嵩县白云山。

分布：河南，台湾，香港；菲律宾，印度。

资料来源：胡学友，1999，双翅目：水蝇科。《伏牛山南坡及大别山区昆虫》，中国农业科学技术出版社。

稻水蝇 *Ephydra macellaria* Egger, 1862

省内产地：郑州，新乡。

分布：河南，宁夏，青海；欧洲。

资料来源：申效诚，1993，河南昆虫名录。中国农业科学技术出版社。

小灰毛眼水蝇 *Hydrellia griseola* Fallen, 1813

省内产地：嵩县白云山。

分布：河南，东北，华北，陕西，安徽，江苏，江西，浙江；美国，加拿大；欧洲。

资料来源：胡学友，1999，双翅目：水蝇科。《伏牛山南坡及大别山区昆虫》，中国农业科学技术出版社。

稻叶毛眼水蝇 *Hydrellia sinica* Fan *et* Xia, 1983

省内产地：信阳，新野，郑州。

分布：河南，吉林，陕西，安徽，江苏，浙江，四川。

资料来源：申效诚，1993，河南昆虫名录。中国农业科学技术出版社。

日本伊水蝇 *Ilythea japonica* Miyagi, 1977

省内产地：具体不详。

分布：河南，北京，宁夏，陕西，浙江；日本。

资料来源：张俊华，周丹，杨定，2010，水蝇科。《六盘山无脊椎动物》，河北大学出版社。

多斑伊水蝇 *Ilythea spilota*(Curtis, 1832)

采集地：卢氏大块地。

分布：河南，北京，陕西；澳大利亚，比利时，加那利群岛，捷克，爱沙尼亚，法罗群岛，芬兰，法国，德国，英国，匈牙利，意大利，荷兰，挪威，波兰，俄罗斯，瑞典。

资料来源：张俊华，杨定，2008，双翅目：水蝇科。《宝天曼自然保护区昆虫》，中国农业科学技术出版社。

尖唇粗腿水蝇 *Ochthera circularis* Cresson, 1926

省内产地：内乡宝天曼。

分布：河南，广东，广西，贵州，湖南，台湾；越南，印度，尼泊尔，斯里兰卡，印度尼西亚，马来西亚，菲律宾。

资料来源：Zhang Junhua *et* Yang Ding, 2006, Review of the species of the genus *Ochthera* from China (Diptera: Ephydridae). *Zootaxa*, 1206: 1~22.

双翼滨水蝇 *Parydra albipulvis* Miyagi, 1977

省内产地：具体不详。

分布：河南，宁夏；日本。

资料来源：张俊华，周丹，杨定，2010，水蝇科。《六盘山无脊椎动物》，河北大学出版社。

指突滨水蝇 *Parydra digital* Fan

省内产地：嵩县白云山。

分布：河南，其他分布地待查。

资料来源：胡学友，1999，双翅目：水蝇科。《伏牛山南坡及大别山区昆虫》，中国农业科学技术出版社。

磨光突额水蝇 *Psilopa polita* (Macquart, 1835)

省内产地：具体不详。

分布：河南，河北，北京，宁夏，新疆，陕西，浙江，福建，贵州，四川，云南，广东，广西，海南；日本，韩国，俄罗斯；欧洲。

资料来源：张俊华，周丹，杨定，2010，水蝇科。《六盘山无脊椎动物》，河北大学出版社。

河南温泉水蝇 *Scatella henanensis* Zhang *et* Yang, 2005

省内产地：嵩县白云山(模式产地)。

分布：河南。

资料来源：Zhang Jun-Hua, Yang Ding, 2005, Review of the subgenus *Scatella* Rpbineau- Desvoidy, 1830 from China (Diptera: Ephydridae). *Zootaxa*, 931: 1~11.

原温泉水蝇 *Scatella major* Becker, 1908

省内产地：嵩县白云山。

分布：河南；加那利群岛，马德拉群岛。

资料来源：胡学友，1999，双翅目：水蝇科。《伏牛山南坡及大别山区昆虫》，中国农业科学技术出版社。

三八、潜蝇科 Agromyzidae

本科世界已知 32 属 2954 种，中国记载 20 属 159 种，河南已知 5 属 9 种。

东方麦潜蝇 *Agromyza yanonis* (Matsumura, 1916)

省内产地：全省。

分布：河南，新疆，青海，江苏；日本；全北区，东洋区。

寄主：小麦。

资料来源：申效诚，1993，河南昆虫名录。中国农业科学技术出版社。

葱斑潜蝇 *Liriomyza chinensis* (Kato, 1949)

省内产地：郑州，许昌。

分布：河南，内蒙古，宁夏，黑龙江，辽宁，河北，山东，山西，福建，台湾，香港；日本；东洋区，古北区东部。

寄主：葱，洋葱。

资料来源：申效诚，1993，河南昆虫名录。中国农业科学技术出版社。

美洲斑潜蝇 *Liriomyza sutivae* Blanchard, 1938

省内产地：全省。

分布：河南，新疆，内蒙古，宁夏，黑龙江，吉林，辽宁，河北，北京，天津，山西，山东，陕西，甘肃，安徽，江苏，湖北，浙江，福建，江西，湖南，贵州，四川，云南，台湾，广东，海南，广西；津巴布韦，阿曼，也门；南美洲，北美洲，大洋洲。

资料来源：秦厚国，叶正襄，2002，美洲斑潜蝇研究。江西科学技术出版社。

沙打旺黑潜蝇 *Melanagromyza adsurgenis* Wenn, 1985

省内产地：睢县(模式产地)。

分布：河南。

寄主：沙打旺。

资料来源：问锦曾，1985，三种蛀茎潜蝇的记述。昆虫分类学报 7(2): 111~113。

豆杆黑潜蝇 *Melanagromyza sojae* (Zehntner, 1900)

省内产地：周口，许昌，宝丰。

分布：河南，黑龙江，吉林，河北，山东，陕西，安徽，江苏，上海，湖北，浙江，福建，江西，湖南，台湾，广东，广西；日本，印度，爪哇，菲律宾，澳大利亚；北非。

寄主：大豆。

资料来源：申效诚，1993，河南昆虫名录。中国农业科学技术出版社。

豆杆蛇潜蝇 *Ophiomyza phaseoli* (Tryon, 1895)

省内产地：郑州，许昌，周口。

分布：河南，新疆，福建，台湾，香港，四川；日本，菲律宾，印度尼西亚，斯里兰卡，印度，澳大利亚；非洲。

寄主：大豆。

资料来源：申效诚，1993，河南昆虫名录。中国农业科学技术出版社。

豌豆植潜蝇 *Phytomyza horticola* (Goureau, 1851)

省内产地：全省。

分布：河南，内蒙古，青海，东北，河北，山西，湖北，浙江，福建，江西，台湾，广西，四川；日本。

寄主：豌豆，大豆，蚕豆，豇豆，甜菜，马铃薯，亚麻，油菜，甘蓝，萝卜，黄瓜等。

资料来源：申效诚，1993，河南昆虫名录。中国农业科学技术出版社。

麦植潜蝇 *Phytomyza nigra* Meigen, 1830

省内产地：全省。

分布：河南，其他分布地待查；日本。

寄主：小麦。

资料来源：申效诚，1993，河南昆虫名录。中国农业科学技术出版社。

杨植潜蝇 *Phytomyza tridentata* Loew

省内产地：郑州，许昌，开封，民权，睢县。

分布：河南，其他分布地待查。

寄主：杨。

资料来源：申效诚，1993，河南昆虫名录。中国农业科学技术出版社。

三九、秆蝇科 Chloropidae

本科世界已知 160 属 2000 种，中国记载 67 属 223 种，河南已知 4 属 4 种。

稻秆蝇 *Chlorops oryzae* Matsumura, 1915

省内产地：沈丘，夏邑，封丘。

分布：河南，黑龙江，湖北，浙江，福建，江西，台湾，湖南，广东，广西，贵州，四川，云南；朝鲜，日本。

资料来源：于思勤等，1993，河南农业昆虫志。中国农业科学技术出版社。

麦秆蝇 *Meromyza saltatrix* Linnaeus, 1761

美洲秆蝇 *Meromyza americana* Fitch

省内产地：南阳，内乡，镇平，开封。

分布：河南，内蒙古，河北，山东，山西，宁夏，青海，甘肃，陕西，江苏，浙江；蒙古国，阿拉斯加；欧洲。

寄主：小麦。

资料来源：申效诚，1993，河南昆虫名录。中国农业科学技术出版社。

一点突额秆蝇 *Terusa frontata* (Becker, 1911)

省内产地：郑州。

分布：河南，台湾；日本。

资料来源：申效诚，1993，河南昆虫名录。中国农业科学技术出版社。

竹秆蝇 *Thaumatomyia* sp.

省内产地：郑州。

分布：河南。

寄主：竹。

资料来源：于思勤等，1993，河南农业昆虫志。中国农业科学技术出版社。

四〇、粪蝇科 Scathophagidae

本科世界已知 52 属 385 种，中国记载 8 属 36 种，河南已知 1 属 1 种。

小黄粪蝇 *Scathophaga stercoraria* (Linnaeus, 1758)

省内产地：全省。

分布：全国各省区；俄罗斯；亚洲，欧洲，北美洲，非洲。

资料来源：申效诚，1993，河南昆虫名录。中国农业科学技术出版社。

四一、小粪蝇科 Sphaeroceridae

本科世界已知 115 属 1575 种，中国记载 15 属 27 种，河南已知 4 属 6 种。

刺突雅小粪蝇 *Leptocera salatigae* (de Mejiere, 1914)

省内产地：具体不详。

分布：河南，河北，北京，宁夏，陕西，四川，云南，台湾。

资料来源：苏立新，刘广纯等，2010，小粪蝇科。《六盘山无脊椎动物》，河北大学出版社。

叠突欧小粪蝇 *Opacifron pseudimpudica* (Deeming, 1969)

省内产地：具体不详。

分布：河南，河北，北京，宁夏，陕西，浙江，福建，贵州，四川，云南，台湾，广西。

资料来源：苏立新，刘广纯等，2010，小粪蝇科。《六盘山无脊椎动物》，河北大学出版社。

环跗环斑小粪蝇 *Poecilosomella annulitibia* (Deeming, 1969)

采集地：卢氏大块地。

分布：河南；尼泊尔。

资料来源：董慧，杨定，2008，双翅目：小粪蝇科。《宝天曼自然保护区昆虫》，中国农业科学技术出版社。

叉环斑小粪蝇 *Poecilosomella furcata* (Duda, 1925)

采集地：内乡宝天曼。

分布：河南，云南，台湾；越南；马来西亚。

资料来源：董慧，杨定，2008，双翅目：小粪蝇科。《宝天曼自然保护区昆虫》，中国农业科学技术出版社。

多斑环斑小粪蝇 *Poecilosomella multipunctata* (Duda, 1925)

采集地：嵩县天池山、白云山。

分布：河南，台湾；印度；印度尼西亚；菲律宾。

资料来源：董慧，杨定，2008，双翅目：小粪蝇科。《宝天曼自然保护区昆虫》，中国农业科学技术出版社。

鞍伪丘小粪蝇 *Pseudocollinella jorlii* (Carles-Tolra, 1990)

省内产地：具体不详。

分布：河南，河北，北京，宁夏，陕西，贵州，四川，云南。

资料来源：苏立新，刘广纯等，2010，小粪蝇科。《六盘山无脊椎动物》，河北大学出版社。

四二、花蝇科 Anthomyiidae

本科世界已知 1200 种(范滋德等，1988)，中国已记载 86 属 500 种，河南已知 17 属 47 种。

翘尾球喙花蝇 *Acklandia aculeate* (Ringdahl, 1930)

省内产地：济源。

分布：河南，黑龙江，辽宁；俄罗斯，日本。

资料来源：陈浩利等，1995，河南太行山蝇类采集简报。河南预防医学杂志，6(1)：46~47。

粪种蝇 *Adia cinerella* (Fallen, 1825)

省内产地：全省。

分布：河南，新疆，内蒙古，宁夏，青海，黑龙江，吉林，辽宁，河北，山东，山西，陕西，甘肃，安徽，江苏，湖北，浙江，福建，江西，湖南，台湾，广东，海南，贵州，四川，云南，西藏；俄罗斯；亚洲，欧洲，北非，北美。

资料来源：申效诚，1993，河南昆虫名录。中国农业科学技术出版社。

横带花蝇 *Anthomyia illocata* Walker, 1856

省内产地：全省。

分布：河南，内蒙古，吉林，辽宁，河北，山东，山西，陕西，安徽，江苏，湖北，浙江，福建，江西，湖南，台湾，广东，广西，海南，贵州，四川，云南；朝鲜，日本，菲律宾，泰国，尼泊尔，印度，斯里兰卡，印度尼西亚；大洋洲。

资料来源：申效诚，1993，河南昆虫名录。中国农业科学技术出版社。

七星花蝇 *Anthomyia imbrida* Rondan, 1866

省内产地：济源。

分布：河南，河北，北京，山西，甘肃，四川，云南；小亚细亚，马来半岛；欧洲。

资料来源：陈浩利等，1995，河南太行山蝇类采集简报。河南预防医学杂志，6(1)：46~47。

复斑花蝇 *Anthomyia plurinotata* Brulle, 1832

省内产地：济源。

分布：河南，黑龙江，吉林，辽宁，甘肃，云南；欧洲。

资料来源：陈浩利等，1995，河南太行山蝇类采集简报。河南预防医学杂志，6(1)：46~47。

雨兆花蝇 *Anthomyia pluvialis* (Linnaeus, 1758)

省内产地：济源，豫西南山区。

分布：河南，黑龙江，辽宁，甘肃，青海，新疆，河北，四川；俄罗斯；欧洲，新北区。

资料来源：陈浩利等，1995，河南太行山蝇类采集简报。河南预防医学杂志，6(1)：46~47。

白斑拟花蝇 *Calythea nigricans* (Robineau-Desvoidy, 1830)

省内产地：济源。

分布：河南，辽宁，北京，甘肃，上海，四川；欧洲，北美，南美。

资料来源：陈浩利等，1995，河南太行山蝇类采集简报。河南预防医学杂志，6(1)：46~47。

草原拟花蝇 *Calythea pratincola* (Meigen *apud* Panzer, 1809)

省内产地：黄淮平原。

分布：河南，新疆，内蒙古，黑龙江，辽宁，甘肃，河北，北京，山西，云南，西藏；叙利亚；欧洲，北美洲。

资料来源：刘亦仁等，2008，双翅目：有瓣蝇类。《宝天曼自然保护区昆虫》，中国农业科学技术出版社。

鬃额拟花蝇 *Calythea setifrons* Ackland, 1968

省内产地：林州。

分布：河南，四川，贵州，云南，西藏；尼泊尔，印度(大吉岭)。

资料来源：申效诚，1993，河南昆虫名录。中国农业科学技术出版社。

葱地种蝇 *Delia antique* (Meigen, 1826)

省内产地：灵宝，民权，兰考，黄淮平原。

分布：河南，内蒙古，宁夏，青海，黑龙江，吉林，辽宁，河北，山东，山西，甘肃，上海，四川，云南；朝鲜，日本，俄罗斯；欧洲，北非，南北美洲。

资料来源：申效诚，1993，河南昆虫名录。中国农业科学技术出版社。

萝卜地种蝇 *Delia floralis* (Fallen, 1824)

省内产地：郑州，许昌，黄淮平原。

分布：河南，新疆，内蒙古，宁夏，青海，黑龙江，辽宁，河北，山西，云南；朝鲜，日本，俄罗斯；欧洲，北美洲。

资料来源：申效诚，1993，河南昆虫名录。中国农业科学技术出版社。

三刺地种蝇 *Delia longitheca* Suwa, 1974

省内产地：西峡，豫西南山区。

分布：河南，黑龙江，辽宁，山西，陕西，贵州，四川，云南；朝鲜，日本。

资料来源：申效诚，1993，河南昆虫名录。中国农业科学技术出版社。

毛尾地种蝇 *Delia planipalpis* (Stein, 1898)

毛尾地种蝇 *Delia pilipyga* (Villeneuve)

省内产地：全省。

分布：河南，内蒙古，黑龙江；日本；欧洲，北美洲。

资料来源：申效诚，1993，河南昆虫名录。中国农业科学技术出版社。

灰地种蝇 *Delia platura* (Meigen, 1828)

省内产地：全省。

分布：河南，新疆，内蒙古，青海，宁夏，西藏，黑龙江，吉林，辽宁，河北，山西，陕西，安徽，江苏，浙江，福建，江西，台湾，贵州，四川，云南；世界分布。

资料来源：申效诚，1993，河南昆虫名录。中国农业科学技术出版社。

梯叶地种蝇 *Delia quadrilateralis* Fen *et* Zhong, 1982

省内产地：济源。

分布：河南，西藏。

资料来源：陈浩利等，1995，河南太行山蝇类采集简报。河南预防医学杂志，6(1)：46~47。

方头柳花蝇 *Egle parva* Robineau-Desvoidy, 1830

省内产地：济源。

分布：河南，辽宁，甘肃，山西，陕西；日本，俄罗斯；欧洲。

资料来源：陈浩利等，1995，河南太行山蝇类采集简报。河南预防医学杂志，6(1)：46~47。

长板粪泉蝇 *Emmesomyia hasegawai* Suwa, 1979

省内产地：济源。

分布：河南，辽宁，江苏，浙江，四川；朝鲜，日本。

资料来源：陈浩利等，1995，河南太行山蝇类采集简报。河南预防医学杂志，6(1)：46~47。

大孔粪泉蝇 *Emmesomyia megastigmata* Ma, Mou *et* Fan, 1982

省内产地：西峡，豫西南山区。

分布：河南，辽宁，福建，海南，贵州，四川。

资料来源：申效诚，1993，河南昆虫名录。中国农业科学技术出版社。

东方粪泉蝇 *Emmesomyia oriens* Suwa, 1974

省内产地：豫南山区。

分布：河南，长白山区，浙江，海南，台湾，贵州，四川；日本。

资料来源：刘亦仁等，2008，双翅目：有瓣蝇类。《宝天曼自然保护区昆虫》，中国农业科学技术出版社。

亚绒粪泉蝇 *Emmesomyia social suwai* Ge *et* Fan, 1988

省内产地：西峡(模式产地)。

分布：河南，黑龙江，贵州，四川，云南。

资料来源：申效诚，1993，河南昆虫名录。中国农业科学技术出版社。

乡隰蝇 *Hydrophoria ruralis* (Meigen, 1825)

省内产地：济源，豫南山区。

分布：河南，黑龙江，吉林，辽宁，内蒙古，山西，上海，江苏，安徽，浙江，福建，四川，贵州，云南；朝鲜，日本，俄罗斯；欧洲，北美，南美。

资料来源：陈浩利等，1995，河南太行山蝇类采集简报。河南预防医学杂志，6(1)：46~47。

黑跗种蝇 *Hylemya nigrimana* (Meigen, 1826)

省内产地：济源。

分布：河南，青海，台湾，四川，云南；日本；欧洲。

资料来源：陈浩利等，1995，河南太行山蝇类采集简报。河南预防医学杂志，6(1)：46~47。

扭叶纤目花蝇 *Lasiomma octoguttatum* (Zetterstedt, 1845)

扭业纤目花蝇 *Lasiomma pectinierus* Hennig, 1968

省内产地：济源。

分布：河南，黑龙江，辽宁，北京，江苏，上海，安徽，湖南，福建，四川，西藏；北美洲。

资料来源：陈浩利等，1995，河南太行山蝇类采集简报。河南预防医学杂志，6(1)：46~47。

黑尾纤目花蝇 *Lasiomma strigilatum* (Zetterstedt, 1838)

省内产地：济源。

分布：河南，四川，西藏；尼泊尔；欧洲。

资料来源：陈浩利等，1995，河南太行山蝇类采集简报。河南预防医学杂志，6(1)：46~47。

束植蝇 *Leucophora sponsa* (Meigen, 1826)

省内产地：济源。

分布：河南，黑龙江，山西；欧洲。

资料来源：陈浩利等，1995，河南太行山蝇类采集简报。河南预防医学杂志，6(1)：46~47。

单条植蝇 *Leucophora unistriata* (Zetterstedt, 1838)

省内产地：济源。

分布：河南，黑龙江，辽宁，山西，上海，江苏；日本；欧洲，北美。

资料来源：陈浩利等，1995，河南太行山蝇类采集简报。河南预防医学杂志，6(1)：46~47。

节阳拟缘花蝇 *Meliniella nodula* Li, Cui *et* Fan, 1994

省内产地：卢氏小淇马河(模式产地)。

分布：河南。

资料来源：李书建等，1994，河南省花蝇科两新种描述。昆虫学研究集刊，11：129~132。

河南原泉蝇 *Nupedia henanensis* Ge *et* Fan, 1982

省内产地：西峡(模式产地)。

分布：河南。

资料来源：申效诚，1993，河南昆虫名录。中国农业科学技术出版社。

丁斑原泉蝇 *Nupedia linotaenia* Ma, 1988

省内产地：济源。

分布：河南，黑龙江，辽宁。

资料来源：陈浩利等，1995，河南太行山蝇类采集简报。河南预防医学杂志，6(1)：46~47。

根邻种蝇 *Paregle audacula* (Harris, 1780)

省内产地：济源。

分布：河南，黑龙江，吉林，辽宁，甘肃，青海，宁夏，山西，四川；澳大利亚；欧洲，北美。

资料来源：陈浩利等，1995，河南太行山蝇类采集简报。河南预防医学杂志，6(1)：46~47。

密胡邻种蝇 *Paregle densibarbata* Fan, 1982

省内产地：黄淮平原。

分布：河南，青海，宁夏，甘肃，四川，云南，西藏。

资料来源：申效诚，1993，河南昆虫名录。中国农业科学技术。

突额泉种蝇 *Pegohylemyia convexifrons* Fan, Chen *et* Chen, 1993

省内产地：新乡(模式产地)。

分布：河南。

资料来源：范滋德等，1993，河南省泉种蝇属一新种。昆虫分类学报，15(1)：59~61。

条盾泉种蝇 *Pegohylemyia peltophora* Li, Cui *et* Fan, 1994

省内产地：卢氏小淇马河(模式产地)。

分布：河南。

资料来源：李书建等，1994，河南省花蝇科两新种描述。昆虫学研究集刊，11：129~132。

三针泉种蝇 *Pegohylemyia tridentifera* (Suwa, 1986)

省内产地：黄淮平原。

分布：河南，其他分布地待查。

资料来源：申效诚，1993，河南昆虫名录。中国农业科学技术出版社。

基鬃泉蝇 *Pegomya basichaeta* Li, Liu *et* Fan, 1999

省内产地：卢氏淇河(模式产地)。

分布：河南。

资料来源：李书建等，1999，河南省泉蝇属 3 新种描述(双翅目，花蝇科)。中国媒介生物学及控制杂志，10(4)：241~245。

双色泉蝇 *Pegomya bicolor* (Hoffmannsegg, 1817)

省内产地：济源。

分布：河南，黑龙江，辽宁，甘肃，青海，上海，四川；欧洲。

资料来源：陈浩利等，1995，河南太行山蝇类采集简报。河南预防医学杂志，6(1)：46~47。

肖藜泉蝇 *Pegomya cunicularia* (Rondani, 1866)

省内产地：黄淮平原。

分布：河南，新疆，黑龙江，河北，北京，湖南，宁夏，四川；日本；欧洲，北非。

资料来源：申效诚，1993，河南昆虫名录。中国农业科学技术出版社。

双毛泉蝇 *Pegomya dilothrixa* Li, Liu *et* Fan, 1999

省内产地：卢氏淇河(模式产地)。

分布：河南。

资料来源：李书建等，1999，河南省泉蝇属 3 新种描述(双翅目，花蝇科)。中国媒介生物学及控制杂志，10(4)：241~245。

江苏泉蝇 *Pegomya kiangsuensis* Fan, 1964

省内产地：南阳，桐柏，信阳，罗山，新县。

分布：河南，安徽，江苏，上海，浙江，福建，江西，贵州，四川。

资料来源：申效诚，1993，河南昆虫名录。中国农业科学技术出版社。

毛笋泉蝇 *Pegomya phyllostachys* Fan, 1964

省内产地：信阳。

分布：河南，浙江，江西，湖南，四川。

资料来源：申效诚，1993，河南昆虫名录。中国农业科学技术出版社。

四条泉蝇 *Pegomya quadrivittata* Karl, 1935

省内产地：全省。

分布：河南，辽宁，浙江，福建，台湾，广东，贵州，四川，云南；朝鲜，日本，缅甸，马来西亚，印度，斯里兰卡。

资料来源：申效诚，1993，河南昆虫名录。中国农业科学技术出版社。

半圆泉蝇 *Pegomya semicircular* Li, Liu *et* Fan, 1999

省内产地：卢氏淇河(模式产地)。

分布：河南。

资料来源：李书建等，1999，河南省泉蝇属 3 新种描述(双翅目，花蝇科)。中国媒介生物学及控制杂志，10(4)：241~245。

弯叶草种蝇 *Phorbia curvifolia* Hsue, 1981

省内产地：济源。

分布：河南，辽宁。

资料来源：陈浩利等，1995，河南太行山蝇类采集简报。河南预防医学杂志，6(1)：46~47。

伏牛草种蝇 *Phorbia funiuensis* Ge *et* Li, 1993

省内产地：豫西北山区(模式产地)。

分布：河南。

资料来源：刘亦仁等，2008，双翅目：有瓣蝇类。《宝天曼自然保护区昆虫》，中国农业科学技术出版社。

墨草种蝇 *Phorbia morulella* Fan, Li *et* Cui, 1994

省内产地：卢氏淇马河(模式产地)。

分布：河南。

资料来源：范滋德等，1994，河南省草种蝇属二新种。昆虫学研究集刊，11：133~136。

筒腹草种蝇 *Phorbia simplisternita* Fan, Li *et* Cui, 1994

省内产地：卢氏淇马河(模式产地)。

分布：河南。

资料来源：范滋德等，1994，河南省草种蝇属二新种。昆虫学研究集刊，11：133~136。

缢头伪原泉蝇 *Pseudonupedia intersecta* (Meigen, 1829)

省内产地：济源。

分布：河南，吉林，甘肃，山西；欧洲，北美。

资料来源：陈浩利等，1995，河南太行山蝇类采集简报。河南预防医学杂志，6(1)：46~47。

四三、厕蝇科 Fanniidae

本科世界已知 4 属 270 种，中国记载 5 属 104 种，河南已知 1 属 4 种。

夏厕蝇 *Fannia canicularis* (Linnaeus, 1761)

省内产地：全省。

分布：全国；世界广布。

资料来源：申效诚，1993，河南昆虫名录。中国农业科学技术出版社。

白纹厕蝇 *Fannia leucosticta* (Meigen, 1838)

省内产地：具体不详。

分布：河南，辽宁，内蒙古，新疆，河北，山西，江苏，浙江，台湾；古北区，新北区，非洲区，澳洲区，东洋区。

资料来源：薛万琦，1996，蝇科。《中国蝇类》，辽宁科学技术出版社。

元厕蝇 *Fannia prisca* Stein, 1918

省内产地：三门峡。

分布：全国(除新疆，青海，西藏)；朝鲜，日本，蒙古国；东洋区，澳洲区。

资料来源：薛万琦，1996，蝇科。《中国蝇类》，辽宁科学技术出版社。

瘤胫厕蝇 *Fannia scalaris* (Fabricius, 1794)

省内产地：全省。

分布：全国；世界广布。

资料来源：申效诚，1993，河南昆虫名录。中国农业科学技术出版社。

四四、蝇科 Muscidae

本科世界已知 68 属 4200 种，中国记载 66 属 1396 种，河南已知 23 属 70 种。

黑须芒蝇 *Atherigona atripalpis* Malloch, 1925

省内产地：安阳，洛阳，光山。

分布：河南，江苏，浙江，湖南，福建，广东，海南，云南；缅甸，斯里兰卡，印度，尼泊尔；澳洲区。

资料来源：申效诚，1993，河南昆虫名录。中国农业科学技术出版社。

双毛芒蝇 *Atherigona biseta* Karl, 1939

省内产地：新乡。

分布：河南，黑龙江，吉林，辽宁，河北，山西，陕西，甘肃，四川，台湾；日本，俄罗斯。

资料来源：申效诚，1993，河南昆虫名录。中国农业科学技术出版社。

裸蹠芒蝇 *Atherigona falcate* (Thomson, 1869)

省内产地：郑州，洛阳，安阳，光山。

分布：河南，辽宁，河北，江苏，浙江，湖北，福建，台湾，广东，香港，海南；缅甸，斯里兰卡，印度，澳大利亚。

资料来源：申效诚，1993，河南昆虫名录。中国农业科学技术出版社。

黍芒蝇 *Atherigona miliaceae* Malloch, 1925

省内产地：濮阳。

分布：河南，北京，河北，吉林；印度，澳大利亚。

资料来源：问锦曾，1981，华北黍芒蝇的记述。昆虫分类学报，3(1)。

稻芒蝇 *Atherigona oryzae* Malloch, 1925

省内产地：光山，豫西南山区，黄淮平原。

分布：河南，辽宁，河北，江苏，上海，浙江，湖南，福建，台湾，广东，海南；日本，缅甸，斯里兰卡，巴基斯坦，印度尼西亚，印度，马来西亚，尼泊尔，菲律宾，澳大利亚。

资料来源：申效诚，1993，河南昆虫名录。中国农业科学技术出版社。

毛蹠芒蝇 *Atherigona reversura* Villeneuve, 1936

省内产地：光山，豫西南山区。

分布：河南，天津，河北，江苏，上海，浙江，湖北，湖南，四川，福建，台湾，广东，海南，云南。

资料来源：申效诚，1993，河南昆虫名录。中国农业科学技术出版社。

升斑裸池蝇 *Brontaea ascendens* (Stein, 1915)

省内产地：光山。

分布：河南，陕西，四川，湖南，江西，江苏，上海，浙江，福建，台湾，广东，海南，贵州，云南；日本，斯里兰卡，印度，泰国，缅甸，印度尼西亚。

资料来源：申效诚，1993，河南昆虫名录。中国农业科学技术出版社。

牛眼溜芒蝇 *Caricea boops* (Thomson, 1869)

省内产地：济源。

分布：河南，台湾，广东，香港；日本，印度，印度尼西亚。

资料来源：陈浩利等，1995，河南太行山蝇类采集简报。河南预防医学杂志，6(1)：46~47。

软毛秽蝇 *Coenosia mollicula* (Fellen, 1825)

省内产地：济源。

分布：河南，黑龙江，辽宁，山西；俄罗斯，土耳其；欧洲，北美。

资料来源：陈浩利等，1995，河南太行山蝇类采集简报。河南预防医学杂志，6(1)：46~47。

毛足秽蝇 *Coenosia strigipes* Stein, 1916

省内产地：济源。

分布：河南，黑龙江，辽宁，山西，中国南部；俄罗斯；欧洲，非洲热带区。

资料来源：陈浩利等，1995，河南太行山蝇类采集简报。河南预防医学杂志，6(1)：46~47。

四鬃毛蝇 *Dasyphora quadrisetosa* Zimin, 1951

省内产地：济源。

分布：河南，辽宁，宁夏，甘肃，湖北，四川。

资料来源：陈浩利等，1995，河南太行山蝇类采集简报。河南预防医学杂志，6(1)：46~47。

铜腹重毫蝇 *Dichaetomyia bibax* (Wiedemann, 1830)

省内产地：全省。

分布：河南，吉林，辽宁，内蒙古，河北，山西，四川，浙江，湖北，台湾，广东，广西，贵州，云南，西藏；日本，缅甸，泰国，印度，印度尼西亚，马来西亚，菲律宾。

资料来源：薛万琦，1996，蝇科。《中国蝇类》，辽宁科学技术出版社。

半透优毛蝇 *Eudasyphora semilutea* (Malloch, 1923)

省内产地：济源。

分布：河南，浙江，湖南，台湾，四川，云南；尼泊尔，印度尼西亚。

资料来源：陈浩利等，1995，河南太行山蝇类采集简报。河南预防医学杂志，6(1)：46~47。

绯胫纹蝇 *Graphomya rufitibia* Stein, 1918

省内产地：郑州，安阳，信阳，光山。

分布：河南，吉林，辽宁，河北，北京，天津，山东，山西，陕西，上海，浙江，湖北，江西，湖南，福建，台湾，广东，广西，云南，海南；朝鲜，日本，缅甸，斯里兰卡，巴基斯坦，印度，印度尼西亚；澳洲区。

资料来源：申效诚，1993，河南昆虫名录。中国农业科学技术出版社。

西方角蝇 *Haematobia irritans* (Linnaeus, 1758)

省内产地：全省。

分布：河南，北京，天津，河北，山西，内蒙古，辽宁，吉林，黑龙江，上海，江苏，江西，山东，湖北，湖南，四川，贵州，陕西，甘肃，青海，宁夏，新疆；朝鲜，韩国，日本，俄罗斯；中亚，欧洲，北非。

资料来源：范滋德等，2008，中国动物志 昆虫纲 第四十九卷。科学出版社。

黄膝角蝇 *Haematobia sanguisugens* Austen, 1903

省内产地：黄淮平原。

分布：河南，其他分布地待查。

资料来源：刘亦仁等，2008，双翅目：有瓣蝇类。《宝天曼自然保护区昆虫》，中国农业科学技术出版社。

骚血喙蝇 *Haematobosca perturbans* (Bezzi, 1907)

省内产地：全省。

分布：河南，黑龙江，吉林，辽宁，内蒙古，河北，北京，天津，山西，陕西；朝鲜，俄罗斯。

资料来源：申效诚，1993，河南昆虫名录。中国农业科学技术出版社。

刺血喙蝇 *Haematobosca sanguinolenta* (Austen, 1909)

省内产地：全省。

分布：河南，几乎全国；朝鲜，日本，泰国，越南，老挝，柬埔寨，缅甸，印度，尼泊尔，菲律宾，印度尼西亚，斯里兰卡；澳洲区。

资料来源：申效诚，1993，河南昆虫名录。中国农业科学技术出版社。

毁阳蝇 *Helina deleta* (Stein, 1914)

省内产地：济源。

分布：河南，黑龙江，辽宁，山西，内蒙古，宁夏，甘肃，青海，四川；日本；欧洲。

资料来源：陈浩利等，1995，河南太行山蝇类采集简报。河南预防医学杂志，6(1)：46~47。

林阳蝇 *Helina nemorum* (Stein, 1915)

省内产地：济源。

分布：河南，云南，四川，台湾；缅甸，印度。

资料来源：陈浩利等，1995，河南太行山蝇类采集简报。河南预防医学杂志，6(1)：46~47。

雁北阳蝇 *Helina yanbeiensis* Hsue *et* Wang, 1982

省内产地：豫西北山区。

分布：河南，山西。

资料来源：刘亦仁等，2008，双翅目：有瓣蝇类。《宝天曼自然保护区昆虫》，中国农业科学技术出版社。

曲脉齿股蝇 *Hydrotaea cyrtoneurina* (Zetterstedt, 1845)

省内产地：卢氏。

分布：河南，辽宁，陕西，甘肃，青海；朝鲜，蒙古国，土耳其，印度；欧洲，新热带区。

资料来源：申效诚，1993，河南昆虫名录。中国农业科学技术出版社。

隐齿股蝇 *Hydrotaea floccose* Macquart, 1835

省内产地：郑州。

分布：河南，辽宁，内蒙古，山西，河北，新疆，甘肃，青海，陕西，台湾；蒙古国，俄罗斯，伊朗，阿富汗，土耳其，叙利亚，摩洛哥，突尼斯；欧洲，北美洲。

资料来源：申效诚，1993，河南昆虫名录。中国农业科学技术出版社。

银眉齿股蝇 *Hydrotaea ignava* (Harris, 1780)

银眉黑蝇 *Ophyra leucostoma* (Wiedemann, 1817)

省内产地：豫南山区，豫西南山区，黄淮平原。

分布：河南，黑龙江，吉林，辽宁，内蒙古，新疆，河北，山东，陕西，甘肃，四川，安徽，江苏，浙江，江西，福建，云南；朝鲜，日本，俄罗斯，蒙古国，伊朗，土耳其，以色列，叙利亚，摩洛哥，阿尔及利亚，突尼斯，利比亚；北非，欧洲，新北区，东洋区，新热带区。

资料来源：薛万琦，1996，蝇科。《中国蝇类》，辽宁科学技术出版社。

台湾齿股蝇 *Hydrotaea jacobsoni* (Stein, 1919)

省内产地：豫南山区。

分布：河南，四川，台湾，广东；斯里兰卡，马来西亚，菲律宾，印度尼西亚。

资料来源：刘亦仁等，2008，双翅目：有瓣蝇类。《宝天曼自然保护区昆虫》，中国农业科学技术出版社。

暗额齿股蝇 *Hydrotaea obscurifrons* (Sabrosky, 1949)

暗额黑蝇 *Ophyra obscurifrons* Sabrosky, 1949

省内产地：全省。

分布：河南，辽宁，河北，陕西，甘肃，山东，四川，江苏，浙江，福建，广西；日本；东洋区。

资料来源：刘亦仁等，2008，双翅目：有瓣蝇类。《宝天曼自然保护区昆虫》，中国农业科学技术出版社。

毛足齿股蝇 *Hydrotaea pilipes* Stein, 1903

省内产地：卢氏，豫西北山区。

分布：河南，辽宁，甘肃，陕西；日本，俄罗斯；欧洲，北美洲。

资料来源：申效诚，1993，河南昆虫名录。中国农业科学技术出版社。

拟常齿股蝇 *Hydrotaea similes* Meade, 1887

省内产地：卢氏，豫西北山区。

分布：河南，辽宁，新疆，甘肃，陕西；日本，俄罗斯，以色列；欧洲。

资料来源：申效诚，1993，河南昆虫名录。中国农业科学技术出版社。

多刺齿股蝇 *Hydrotaea spinosata* Ye, Ma *et* Fan, 2006

省内产地：济源。

分布：河南，甘肃。

资料来源：范滋德等，2008，中国动物志 昆虫纲 第四十九卷。科学出版社。

鬃脉池蝇 *Limnophora setinerva* (Schnalb, 1845)

省内产地：具体不详。

分布：河南，吉林，辽宁，河北，山西，陕西，湖北，湖南，浙江，广东，广西，四川，贵州，云南；日本，以色列，土耳其；欧洲。

资料来源：吴鸿，1998，龙王山昆虫。中国林业出版社。

白点溜蝇 *Lispe leucospila* (Wiedemann, 1830)

省内产地：光山，信阳，豫西南山区。

分布：河南，山东，上海，浙江，福建，台湾，广东，海南，广西；东印度群岛，斯里兰卡，印度尼西亚，马来西亚，巴基斯坦，菲律宾；非洲区，澳洲区。

资料来源：申效诚，1993，河南昆虫名录。中国农业科学技术出版社。

东方溜蝇 *Lispe orientalis* Wiedemann, 1830

省内产地：济源，豫南山区，黄淮平原。

分布：河南，吉林，辽宁，河北，北京，山东，江苏，安徽，浙江，湖北，福建，台湾，广东，海南，广西，四川，云南；朝鲜，日本，印度，缅甸，斯里兰卡，印度尼西亚，马来西亚，巴基斯坦。

资料来源：陈浩利等，1995，河南太行山蝇类采集简报。河南预防医学杂志，6(1)：46~47。

天目溜蝇 *Lispe quaerens* (Villeneuve, 1936)

省内产地：济源，豫南山区。

分布：河南，吉林，辽宁，山西，浙江；中亚，欧洲。

资料来源：陈浩利等，1995，河南太行山蝇类采集简报。河南预防医学杂志，6(1)：46~47。

螯溜蝇 *Lispe tentaculata* (Degeer, 1776)

省内产地：济源。

分布：河南，黑龙江，吉林，辽宁，新疆，北京，河北，山西，山东；朝鲜，日本，蒙古国；印度北部；中亚，欧洲，北美。

资料来源：陈浩利等，1995，河南太行山蝇类采集简报。河南预防医学杂志，6(1)：46~47。

金尾墨蝇 *Mesembrina aurocaudata* Emden, 1965

省内产地：内乡宝天曼。

分布：河南，云南，西藏；缅甸。

生态习性：幼虫主要在有蹄类粪中发育，幼龄粪食性，捕食其他蝇类幼虫。成虫亦食人粪，为密林区产。

资料来源：史永善等，1999，双翅目：蝇科。《伏牛山南坡及大别山区昆虫》，中国农业科学技术出版社。

园莫蝇 *Morellia hortensia* (Wiedemann, 1824)

省内产地：光山，豫南山区，豫西南山区，豫西北山区。

分布：河南，黑龙江，吉林，辽宁，内蒙古，山西，陕西，山东，甘肃，新疆，江苏，上海，浙江，湖北，湖南，贵州，台湾，广东，广西，云南；朝鲜，日本，俄罗斯，印度，斯里兰卡，马来西亚，印度尼西亚，新加坡，巴布亚新几内亚，澳大利亚；非洲热带区。

资料来源：申效诚，1993，河南昆虫名录。中国农业科学技术出版社。

瘤胫莫蝇 *Morellia podagrica* (Loew, 1857)

省内产地：济源。

分布：河南，吉林，新疆；蒙古国，俄罗斯；欧洲，北美。

资料来源：陈浩利等，1995，河南太行山蝇类采集简报。河南预防医学杂志，6(1)：46~47。

中华莫蝇 *Morellia sinensis* Ouchi, 1942

省内产地：豫西南山区。

分布：河南，江苏，上海，浙江，江西，四川，台湾，云南，西藏。

资料来源：薛万琦，1996，蝇科。《中国蝇类》，辽宁科学技术出版社。

秋家蝇 *Musca autumnalis* De Geer, 1776

省内产地：豫南山区。

分布：河南，甘肃，青海，新疆；俄罗斯，印度，巴基斯坦，叙利亚，土耳其，以色列；欧洲，北非，新北区。

资料来源：刘亦仁等，2008，双翅目：有瓣蝇类。《宝天曼自然保护区昆虫》，中国农业科学技术出版社。

北栖家蝇 *Musca bezzii* Patton *et* Cragg, 1913

省内产地：光山。

分布：河南，黑龙江，吉林，辽宁，甘肃，陕西，山东，安徽，江苏，浙江，台湾，湖北，湖南，广东，海南，四川，云南，西藏；朝鲜，日本，俄罗斯，缅甸，印度，尼泊尔，马来西亚；古北区东部。

资料来源：申效诚，1993，河南昆虫名录。中国农业科学技术出版社。

逐畜家蝇 *Musca conducens* Walker, 1859

省内产地：全省。

分布：河南，辽宁，河北，陕西，山东，安徽，江苏，浙江，江西，福建，台湾，湖北，湖南，广东，海南，广西，四川，云南，西藏；朝鲜，日本，越南，菲律宾，印度尼西亚，加里曼丹，印度，斯里兰卡，缅甸，马来西亚，尼泊尔，泰国，埃塞俄比亚，巴布亚新几内亚；古北区南部。

资料来源：申效诚，1993，河南昆虫名录。中国农业科学技术出版社。

突额家蝇 *Musca convexifrons* Thomson, 1869

省内产地：西峡太平镇。

分布：河南，陕西，四川，云南，山东，江苏，上海，湖北，湖南，江西，浙江，福建，台湾，广东，海南，广西，香港；缅甸，印度，尼泊尔，斯里兰卡，印度尼西亚，马来西亚，菲律宾，日本。

资料来源：史永善等，1999，双翅目：蝇科。《伏牛山南坡及大别山区昆虫》，中国农业科学技术出版社。

家蝇 *Musca domestica* Linnaeus, 1758

省内产地：全省。

分布：全国；世界广布。

资料来源：薛万琦，1996，蝇科。《中国蝇类》，辽宁科学技术出版社。

牛耳家蝇 *Musca fletcheri* Patton *et* Senior-White, 1824

省内产地：豫南山区。

分布：河南，福建，海南，云南，西藏；马来西亚，老挝，泰国，斯里兰卡，印度。

资料来源：刘亦仁等，2008，双翅目：有瓣蝇类。《宝天曼自然保护区昆虫》，中国农业科学技术出版社。

台湾家蝇 *Musca formosana* Malloch, 1925

省内产地：豫南山区，黄淮平原。

分布：河南，福建，台湾，广东，海南，广西，四川，云南；菲律宾，马来西亚，印度，斯里兰卡，泰国，尼泊尔。

资料来源：刘亦仁等，2008，双翅目：有瓣蝇类。《宝天曼自然保护区昆虫》，中国农业科学技术出版社。

黑边家蝇 *Musca hervei* Villeneuve, 1922

省内产地：全省。

分布：河南，吉林，辽宁，河北，陕西，山东，安徽，江苏，浙江，江西，福建，湖北，湖南，云南，西藏；朝鲜，日本，缅甸，斯里兰卡，印度，尼泊尔。

资料来源：申效诚，1993，河南昆虫名录。中国农业科学技术出版社。

孕幼家蝇 *Musca larvipara* Portschinsky, 1910

省内产地：豫南山区。

分布：河南，新疆，内蒙古，宁夏，陕西，甘肃；蒙古国，俄罗斯；欧洲。

资料来源：刘亦仁等，2008，双翅目：有瓣蝇类。《宝天曼自然保护区昆虫》，中国农业科学技术出版社。

鱼尸家蝇 *Musca pattoni* Austen, 1910

省内产地：豫南山区，豫西南山区，豫西北山区。

分布：河南，海南，广西，云南；缅甸，斯里兰卡，印度，尼泊尔。

资料来源：刘亦仁等，2008，双翅目：有瓣蝇类。《宝天曼自然保护区昆虫》，中国农业科学技术出版社。

市蝇 *Musca sorbens* Wiedemann, 1830

省内产地：安阳，郑州，信阳，光山，三门峡。

分布：河南，辽宁，内蒙古，甘肃，新疆，陕西，山西，河北，山东，安徽，江苏，浙江，福建，台湾，湖北，湖南，广东，广西，海南，四川，云南；非洲区，东洋区，古北区南部。

资料来源：申效诚，1993，河南昆虫名录。中国农业科学技术出版社。

骚家蝇 *Musca tempestiva* Fallen, 1817

省内产地：郑州，黄淮平原。

分布：河南，吉林，辽宁，内蒙古，宁夏，甘肃，青海，新疆，陕西，山西，河北，山东，江苏，湖北，四川；朝鲜，日本，印度，俄罗斯；亚洲北部和南部，欧洲，北非，非洲区。

资料来源：申效诚，1993，河南昆虫名录。中国农业科学技术出版社。

黄腹家蝇 *Musca ventrosa* Wiedemann, 1839

省内产地：光山，信阳，周口。

分布：河南，河北，陕西，江苏，浙江，福建，台湾，湖北，广东，海南，广西，四川，云南；日本，加里曼丹，缅甸，斯里兰卡，印度，马来西亚，尼泊尔，菲律宾，印度尼西亚，泰国；澳洲区。

资料来源：申效诚，1993，河南昆虫名录。中国农业科学技术出版社。

狭额腐蝇 *Muscina angustifrons* (Loew, 1858)

省内产地：全省。

分布：河南，黑龙江，吉林，辽宁，河北，山西，山东，陕西，甘肃，新疆，安徽，江西，四川，广西；朝鲜，日本，俄罗斯。

资料来源：申效诚，1993，河南昆虫名录。中国农业科学技术出版社。

日本腐蝇 *Muscina japonica* Shinonaga, 1974

省内产地：全省。

分布：河南，吉林，辽宁，河北，山西；日本。

资料来源：申效诚，1993，河南昆虫名录。中国农业科学技术出版社。

牧场腐蝇 *Muscina pascuorum* (Meigen, 1826)

省内产地：全省。

分布：河南，黑龙江，吉林，辽宁，内蒙古，河北，山西，山东，新疆，江苏，浙江，云南；朝鲜，日本，蒙古国，俄罗斯；欧洲，北非，北美。

资料来源：申效诚，1993，河南昆虫名录。中国农业科学技术出版社。

厩腐蝇 *Muscina stabulans* (Fallen, 1817)

省内产地：全省。

分布：河南，黑龙江，吉林，辽宁，内蒙古，河北，北京，天津，山东，山西，陕西，甘肃，新疆，青海，四川，湖北，江苏，上海，浙江，云南，西藏；古北区，新北区，新热带区，澳洲区。

资料来源：刘亦仁等，2008，双翅目：有瓣蝇类。《宝天曼自然保护区昆虫》，中国农业科学技术出版社。

华中妙蝇 *Myospila meditabunda brunettiana* Enderlein, 1827

省内产地：黄淮平原。

分布：河南，湖北。

资料来源：刘亦仁等，2008，双翅目：有瓣蝇类。《宝天曼自然保护区昆虫》，中国农业科学技术出版社。

怯妙蝇 *Myospila pudica* (Stein, 1915)

省内产地：黄淮平原。

分布：河南，河北，湖南，台湾，云南；日本，印度尼西亚，菲律宾。

资料来源：刘亦仁等，2008，双翅目：有瓣蝇类。《宝天曼自然保护区昆虫》，中国农业科学技术出版社。

红缘妙蝇 *Myospila rufomarginata* (Malloch, 1925)

省内产地：济源。

分布：河南，湖南，四川，广东，云南；日本，缅甸，斯里兰卡，尼泊尔，泰国，印度尼西亚，菲律宾。

资料来源：陈浩利等，1995，河南太行山蝇类采集简报。河南预防医学杂志，6(1)：46~47。

绿额翠蝇 *Neomyia coeruleifrons* (Macquart, 1851)

省内产地：西峡太平镇，信阳。

分布：河南，浙江，湖北，湖南，福建，台湾，广西，广东，海南，四川，贵州，云南，西藏；日本，印度尼西亚，菲律宾，尼泊尔，泰国，老挝，马来西亚。

资料来源：史永善等，1999，双翅目：蝇科。《伏牛山南坡及大别山区昆虫》，中国农业科学技术出版社。

绿翠蝇 *Neomyia cornicina* (Fabricius, 1781)

省内产地：西峡太平镇，内乡宝天曼。

分布：河南，黑龙江，吉林，内蒙古，宁夏，甘肃，青海，新疆，四川，云南，西藏；日本，蒙古国，俄罗斯，印度，尼泊尔，巴基斯坦，美国；欧洲，全北区。

资料来源：史永善等，1999，双翅目：蝇科。《伏牛山南坡及大别山区昆虫》，中国农业科学技术出版社。

紫翠蝇 *Neomyia gavisa* (Walker, 1859)

省内产地：光山，豫西南山区。

分布：河南，陕西，甘肃，四川，云南，安徽，江苏，湖北，湖南，江西，浙江，福建，台湾，广西；缅甸，尼泊尔，印度，巴基斯坦，印度尼西亚，斯里兰卡。

资料来源：申效诚，1993，河南昆虫名录。中国农业科学技术出版社。

宽叶翠蝇 *Neomyia lalifolia* (Ni *et* Fan, 1986)

省内产地：豫南山区，黄淮平原。

分布：河南，云南。

资料来源：刘亦仁等，2008，双翅目：有瓣蝇类。《宝天曼自然保护区昆虫》，中国农业科学技术出版社。

蓝翠蝇 *Neomyia timorensis* (Robineau-Desvoidy, 1830)

省内产地：西峡太平镇，郑州，光山，三门峡。

分布：河南，辽宁，内蒙古，北京，河北，天津，山东，陕西，安徽，江苏，上海，浙江，四川，西藏，湖南，江西，云南，福建，台湾，广西，海南，广东，香港；日本，越南，缅甸，印度，帝汶，孟加拉国，斯里兰卡，印度尼西亚，尼泊尔，泰国，菲律宾，马来西亚。

资料来源：史永善等，1999，双翅目：蝇科。《伏牛山南坡及大别山区昆虫》，中国农业科学技术出版社。

斑跖黑蝇 *Ophyra chalcogaster* (Wiedemann, 1824)

斑蹠齿股蝇 *Hydrotaea chalcogaster* (Wiedemann, 1824)

省内产地：三门峡，鸡公山。

分布：河南，辽宁，河北，陕西，甘肃，山东，四川，安徽，江苏，湖北，浙江，云南，贵州，江西，湖南，福建，广东，广西，台湾；朝鲜，日本，蒙古国，俄罗斯；东洋区，非洲区，澳洲区，新北区，新热带区。

资料来源：范滋德等，2008，中国动物志 昆虫纲 第四十九卷。科学出版社。

厚环黑蝇 *Ophyra spinigera* Stein, 1910

厚环齿股蝇 *Hydrotaea spinigera* (Stein, 1910)

省内产地：修武，鸡公山。

分布：河南，黑龙江，吉林，辽宁，河北，陕西，甘肃，山东，四川，江苏，浙江，湖北，台湾，广东，广西，贵州，云南；朝鲜，日本，俄罗斯；东洋区，澳洲区。

资料来源：范滋德等，2008，中国动物志 昆虫纲 第四十九卷。科学出版社。

似金棘蝇 *Phaonia aureoloides* Hsue, 1984

省内产地：豫南山区。

分布：河南，辽宁。

资料来源：刘亦仁等，2008，双翅目：有瓣蝇类。《宝天曼自然保护区昆虫》，中国农业科学技术出版社。

棕斑棘蝇 *Phaonia fuscata* (Fallen, 1825)

省内产地：济源，豫南山区。

分布：河南，黑龙江，吉林，辽宁，山西，台湾；日本，俄罗斯，蒙古国；欧洲，中亚。

资料来源：陈浩利等，1995，河南太行山蝇类采集简报。河南预防医学杂志，6(1)：46~47。

拟金棘蝇 *Phaonia mimoaureola* Ma, Ge *et* Li, 1992

省内产地：信阳鸡公山(模式产地)。

分布：河南。

资料来源：范滋德，1992，中国常见蝇类检索表。科学出版社。

厩螫蝇 *Stomoxys calcitrans* (Linnaeus, 1758)

省内产地：西峡太平镇等全省各地。

分布：全国性；世界各地。

生态习性：幼虫主要孳生于畜粪中，其次在垃圾中。在成蝇高密度的场所附近的牲畜饲料如豆腐渣等亦有幼虫滋生。

资料来源：史永善等，1999，双翅目：蝇科。《伏牛山南坡及大别山区昆虫》，中国农业科学技术出版社。

印度螫蝇 *Stomoxys indicus* Picard, 1908

省内产地：全省。

分布：河南，河北，北京，天津，山西，宁夏，甘肃，陕西，山东，江苏，上海，浙江，江西，湖北，湖南，福建，台湾，广东，广西，海南，贵州，四川，云南；日本，越南，印度，缅甸，泰国，斯里兰卡，菲律宾，印度尼西亚，马来西亚，斐济，西萨摩亚，美国。

资料来源：薛万琦，1996，蝇科。《中国蝇类》，辽宁科学技术出版社。

四五、丽蝇科 Calliphoridae

本科世界已知 94 属 1100 种，中国记载 52 属 289 种，河南已知 19 属 35 种。

绯颜裸金蝇 *Achoetandrus rufifacies* (Macquart, 1842)

省内产地：信阳，黄淮平原。

分布：河南，山东，安徽，江苏，浙江，江西，福建，台湾，湖南，广东，海南，广西，四川，云南；日本，越南，澳大利亚及太平洋南岸诸岛；东洋区，澳洲区，古北区南缘。

资料来源：申效诚，1993，河南昆虫名录。中国农业科学技术出版社。

巨尾阿丽蝇 *Aldrichina grahami* (Aldrich, 1930)

省内产地：全省。

分布：全国(除新疆)；朝鲜，日本，印度，巴基斯坦，俄罗斯，东洋区，美国，格陵兰。

资料来源：申效诚，1993，河南昆虫名录。中国农业科学技术出版社。

三条阿里彩蝇 *Alikangiella vittata* (Peris, 1952)

省内产地：豫南山区。

分布：河南，浙江，福建，广西，云南，西藏；缅甸。

资料来源：薛万琦，1996，丽蝇科。《中国蝇类》，辽宁科学技术出版社。

新月陪丽蝇 *Bellardia menechma* (Seguy, 1934)

省内产地：黄淮平原。

分布：河南，辽宁，河北，陕西，山东，江苏，上海，浙江，湖南，四川，贵州，云南；朝鲜，日本。

资料来源：薛万琦，1996，丽蝇科。《中国蝇类》，辽宁科学技术出版社。

乌拉尔丽蝇 *Calliphora uralensis* Villeneuve, 1922

省内产地：内乡宝天曼。

分布：河南，黑龙江，河北，甘肃，青海，新疆，四川，西藏；蒙古国，俄罗斯，格陵兰；欧洲中部和北部。

生态习性：幼虫在人粪中滋生，成虫亦食粪。

资料来源：史永善等，1999，双翅目：丽蝇科。《伏牛山南坡及大别山区昆虫》，中国农业科学技术出版社。

红头丽蝇 *Calliphora vicina* Robineau-Desvoidy, 1830

省内产地：内乡夏馆，内乡宝天曼等全省各地。

分布：河南，黑龙江，吉林，辽宁，内蒙古，北京，河北，天津，山东，山西，陕西，宁夏，甘肃，青海，新疆，江苏，上海，湖北，江西，湖南，四川，云南，西藏；蒙古国，日本，印度，巴基斯坦，俄罗斯，美国，澳大利亚，新西兰；欧洲，北非，北美。

生态习性：幼虫主要是尸食性的，滋生在动物尸体中，较少在粪便中。

资料来源：史永善等，1999，双翅目：丽蝇科。《伏牛山南坡及大别山区昆虫》，中国农业科学技术出版社。

反吐丽蝇 *Calliphora vomitoria* (Linnaeus, 1758)

省内产地：全省。

分布：全国(除海南)；朝鲜，日本，菲律宾，印度，尼泊尔，蒙古国，阿富汗，俄罗斯；欧洲，新北区。

资料来源：申效诚，1993，河南昆虫名录。中国农业科学技术出版社。

大头金蝇 *Chrysomya megacephala* (Fabricius, 1794)

省内产地：安阳，济源，洛阳，三门峡，郑州，开封，商水，信阳，光山。

分布：全国(除新疆，青海，西藏)；朝鲜，日本，印度尼西亚，马来西亚，斐济，越南，阿富汗，伊朗，毛里求斯，西班牙，俄罗斯；非洲热带区，新热带区，东洋区，澳洲区。

资料来源：申效诚，1993，河南昆虫名录。中国农业科学技术出版社。

广额金蝇 *Chrysomya phaonis* (Seguy, 1928)

省内产地：豫南山区，豫西南山区，豫西北山区，黄淮平原。

分布：河南，辽宁，内蒙古，宁夏，甘肃，青海，陕西，山西，河北，山东，江西，四川，贵州，云南，西藏；印度北部，阿富汗。

资料来源：薛万琦，1996，丽蝇科。《中国蝇类》，辽宁科学技术出版社。

肥躯金蝇 *Chrysomya pinguis* (Walker, 1858)

省内产地：豫南山区，豫西南山区，豫西北山区，黄淮平原。

分布：河南，辽宁，内蒙古，甘肃，宁夏，陕西，山西，河北，山东，安徽，江苏，江西，浙江，福建，台湾，湖北，湖南，广东，海南，广西，四川，贵州，云南，西藏；朝鲜，日本，印度，斯里兰卡，马来西亚，菲律宾，越南，印度尼西亚。

资料来源：薛万琦，1996，丽蝇科。《中国蝇类》，辽宁科学技术出版社。

尸蓝蝇 *Cynomya mortuorum* (Linnaeus, 1758)

省内产地：西峡黄石庵。

分布：河南，新疆，内蒙古，甘肃，青海，黑龙江，吉林，辽宁，河北，山西，四川，云南，西藏；蒙古国，俄罗斯；欧洲，全北区。

生态习性：幼虫滋生在腐肉中。

资料来源：史永善等，1999，双翅目：丽蝇科。《伏牛山南坡及大别山区昆虫》，中国农业科学技术出版社。

黄足裸变丽蝇 *Gymnadichosia pusilla* (Villeneuve, 1927)

省内产地：济源。

分布：河南，辽宁，陕西，江苏，湖北，湖南，福建，台湾，四川，云南，西藏；日本，俄罗斯，缅甸。

资料来源：陈浩利等，1995，河南太行山蝇类采集简报。河南预防医学杂志，6(1)：46~47。

瘦叶带绿蝇 *Hemipyrellia ligurriens* (Wiedemann, 1830)

省内产地：光山，信阳。

分布：河南，陕西，江苏，浙江，江西，福建，台湾，湖北，湖南，广东，广西，四川，云南，西藏；朝鲜，日本，菲律宾，印度尼西亚，马来西亚，新加坡，泰国，印度，斯里兰卡；澳洲区。

资料来源：申效诚，1993，河南昆虫名录。中国农业科学技术出版社。

拟黑边依蝇 *Idiella euidielloides* Senior-White, 1923

省内产地：豫南山区。

分布：河南，福建，台湾，云南，西藏；印度，马来西亚，泰国，斯里兰卡，印度尼西亚，菲律宾。

资料来源：刘亦仁等，2008，双翅目：有瓣蝇类。《宝天曼自然保护区昆虫》，中国农业科学技术出版社。

三色依蝇 *Idiella tripertita* (Bigot, 1874)

省内产地：西峡太平镇，豫南山区。

分布：河南，北京，天津，山东，青海，宁夏，安徽，江苏，上海，浙江，四川，湖北，湖南，江西，福建，云南，西藏；印度(锡金)，缅甸，尼泊尔，菲律宾。

生态习性：成虫飞集在伞形科植物的花上，幼虫在猪体外吸食猪血。

资料来源：史永善等，1999，双翅目：丽蝇科。《伏牛山南坡及大别山区昆虫》，中国农业科学技术出版社。

崂山壶绿蝇 *Lucilia ampullacea laoshanensis* Quo, 1952

省内产地：西峡黄石庵，豫南山区。

分布：河南，黑龙江，吉林，辽宁，内蒙古，甘肃，河北，山西，山东；朝鲜。

生态习性：幼虫在鸟尸中采到。

资料来源：史永善等，1999，双翅目：丽蝇科。《伏牛山南坡及大别山区昆虫》，中国农业科学技术出版社。

南岭绿蝇 *Lucilia bazini* Seguy, 1934

省内产地：豫南山区。

分布：河南，甘肃，陕西，江苏，上海，浙江，江西，福建，台湾，海南，四川，贵州；日本，俄罗斯。

资料来源：申效诚，1993，河南昆虫名录。中国农业科学技术出版社。

叉叶绿蝇 *Lucilia caesar* (Linnaeus, 1758)

省内产地：济源，豫南山区。

分布：河南，黑龙江，吉林，辽宁，内蒙古，青海，新疆，河北，山西，陕西，山东，四川，贵州，云南；朝鲜，日本，俄罗斯；欧洲。

资料来源：陈浩利等，1995，河南太行山蝇类采集简报。河南预防医学杂志，6(1)：46~47。

铜绿蝇 *Lucilia cuprina cuprina* (Wiedemann, 1830)

省内产地：安阳，郑州，洛阳，信阳，光山。

分布：河南，辽宁，内蒙古，宁夏，山东，安徽，江苏，浙江，江西，福建，台湾，湖北，湖南，广东，海南，广西，四川，云南，西藏；朝鲜，日本，菲律宾，印度尼西亚，马来西亚，老挝，印度，巴基斯坦，沙特阿拉伯，阿富汗，埃及，斐济，澳大利亚；北非，北美洲，南美洲。

资料来源：申效诚，1993，河南昆虫名录。中国农业科学技术出版社。

亮绿蝇 *Lucilia illustris* (Meigen, 1826)

省内产地：内乡，西峡，安阳，郑州，洛阳，济源，光山，信阳。

分布：河南，黑龙江，吉林，辽宁，内蒙古，新疆，陕西，山西，北京，山东，江苏，上海，浙江，湖北，湖南，江西，贵州，福建，广西，广东；日本，俄罗斯，朝鲜，印度，缅甸，加拿大南部至墨西哥北部，澳大利亚；欧洲，北美。

生态习性：幼虫极喜尸体等动物性食物，垃圾，粪便上。

资料来源：史永善等，1999，双翅目：丽蝇科。《伏牛山南坡及大别山区昆虫》，中国农业科学技术出版社。

巴浦绿蝇 *Lucilia papunsis* Macquart, 1843

省内产地：信阳，豫西南山区。

分布：河南，甘肃，陕西，河北，安徽，江苏，浙江，江西，福建，台湾，湖北，广西，四川，贵州，云南；朝鲜，日本，老挝，印度，斯里兰卡，泰国，马来西亚，印度尼西亚，菲律宾，巴布亚新几内亚；澳洲区，非洲。

资料来源：申效诚，1993，河南昆虫名录。中国农业科学技术出版社。

紫绿蝇 *Lucilia porphyrina* (Walker, 1856)

省内产地：光山，豫南山区，豫西南山区，豫西北山区，黄淮平原。

分布：河南，陕西，山东，江苏，浙江，江西，福建，台湾，湖北，湖南，广东，海南，广西，四川，贵州，云南，西藏；朝鲜，日本，印度，马来西亚，斯里兰卡，印度尼西亚，菲律宾；澳洲区。

资料来源：申效诚，1993，河南昆虫名录。中国农业科学技术出版社。

丝光绿蝇 *Lucilia sericata* (Meigen, 1826)

省内产地：全省。

分布：全国；世界广布。

资料来源：薛万琦，1996，丽蝇科。《中国蝇类》，辽宁科学技术出版社。

沈阳绿蝇 *Lucilia shenyangensis* Fan, 1965

省内产地：郑州，豫南山区，豫西南山区，豫西北山区，黄淮平原。

分布：河南，黑龙江，辽宁，甘肃，宁夏，河北，陕西，山东，四川，云南，西藏；朝鲜，俄罗斯。

资料来源：申效诚，1993，河南昆虫名录。中国农业科学技术出版社。

川北变丽蝇 *Paradichosia chuanbeiensis* Chen *et* Fan, 1992

省内产地：济源。

分布：河南，四川。

资料来源：陈浩利等，1995，河南太行山蝇类采集简报。河南预防医学杂志，6(1)：46~47。

伏蝇 *Phormia regina* (Meigen, 1826)

省内产地：安阳，洛阳，郑州。

分布：河南，黑龙江，吉林，辽宁，内蒙古，宁夏，甘肃，青海，新疆，陕西，山西，河北，山东，江苏；朝鲜，日本，俄罗斯，墨西哥，美国，格陵兰；古北区，新北区东部。

资料来源：申效诚，1993，河南昆虫名录。中国农业科学技术出版社。

朝鲜拟粉蝇 *Polleniopsis chosenensis* Fan, 1965

省内产地：豫南山区。

分布：河南，辽宁；朝鲜，日本。

资料来源：刘亦仁等，2008，双翅目：有瓣蝇类。《宝天曼自然保护区昆虫》，中国农业科学技术出版社。

蒙古拟粉蝇 *Polleniopsis mongolica* Seguy, 1928

省内产地：中牟，豫南山区，豫西北山区，黄淮平原。

分布：河南，吉林，辽宁，内蒙古，青海，陕西，山西，河北，山东，江苏，湖北，四川；日本，蒙古国。

资料来源：申效诚，1993，河南昆虫名录。中国农业科学技术出版社。

中华粉腹丽蝇 *Pollenomyia sinensis* Seguy, 1935

省内产地：济源。

分布：河南，辽宁，宁夏，河北，北京，陕西，江苏，浙江，四川；日本，俄罗斯。

资料来源：陈浩利等，1995，河南太行山蝇类采集简报。河南预防医学杂志，6(1)：46~47。

青原丽蝇 *Protocalliphora azurea* (Fallen, 1816)

省内产地：豫西南山区，黄淮平原。

分布：河南，黑龙江，吉林，辽宁，内蒙古，宁夏，甘肃，青海，新疆，陕西，河北，山东，江苏，浙江，四川，贵州，云南；朝鲜，日本，蒙古国，俄罗斯，土耳其；欧洲，北非。

资料来源：刘亦仁等，2008，双翅目：有瓣蝇类。《宝天曼自然保护区昆虫》，中国农业科学技术出版社。

新陆原伏蝇 *Protophormia terraenovae* (Robineau-Desvoidy, 1830)

省内产地：郑州。

分布：河南，黑龙江，吉林，辽宁，内蒙古，宁夏，甘肃，青海，新疆，陕西，山西，河北，山东，江苏，四川，西藏；日本，俄罗斯，加拿大，美国，格陵兰；欧洲。

资料来源：申效诚，1993，河南昆虫名录。中国农业科学技术出版社。

异色口鼻蝇 *Stomorhina discolor* (Fabricius, 1794)

省内产地：济源，豫南山区，豫西南山区，豫西北山区，黄淮平原。

分布：河南，浙江，福建，台湾，海南，云南，西藏；日本，越南，泰国，巴基斯坦，印度，斯里兰卡，菲律宾，印度尼西亚，斐济。

资料来源：陈浩利等，1995，河南太行山蝇类采集简报。河南预防医学杂志，6(1)：46~47。

黑咀口鼻蝇 *Stomorhina melastoma* (Wiedemann, 1830)

省内产地：西峡黄石庵林场。

分布：河南，云南；印度尼西亚，印度，东喜马拉雅山，马六甲海峡，澳大利亚。

生态习性：幼虫寄生于蝗科的卵块中，也寄生于蜂类的。

资料来源：史永善等，1999，双翅目：丽蝇科。《伏牛山南坡及大别山区昆虫》，中国农业科学技术出版社。

不显口鼻蝇 *Stomorhina obsoleta* (Wiedemann, 1830)

省内产地：内乡夏馆，西峡太平镇。

分布：河南，黑龙江，山东，陕西，安徽，江苏，上海，浙江，湖北，湖南，江西，贵州，福建，广东，广西；日本，俄罗斯。

资料来源：史永善等，1999，双翅目：丽蝇科。《伏牛山南坡及大别山区昆虫》，中国农业科学技术出版社。

叉丽蝇 *Triceratopyga calliphoroides* Rohdendorf, 1931

省内产地：郑州，林州，济源，开封。

分布：河南，黑龙江，吉林，辽宁，内蒙古，青海，陕西，河北，山东，安徽，江苏，浙江，福建，四川，云南；朝鲜，日本，俄罗斯。

资料来源：申效诚，1993，河南昆虫名录。中国农业科学技术出版社。

四六、麻蝇科 Sarcophagidae

本科世界已知 112 属 2500 种，中国记载 98 属 441 种，河南已知 22 属 48 种。

长突摩蜂麻蝇 *Amobia distorta* (Allen, 1939)

省内产地：济源。

分布：河南，陕西，四川，台湾；朝鲜，日本，蒙古国，俄罗斯，美国；欧洲。

资料来源：陈浩利等，1995，河南太行山蝇类采集简报。河南预防医学杂志，6(1)：46~47。

红尾粪麻蝇 *Bercaea cruentata* (Meigen, 1826)

省内产地：郑州，豫南山区，豫西南山区，豫西北山区，黄淮平原。

分布：河南，黑龙江，内蒙古，北京，河北，山西，山东，陕西，宁夏，甘肃，新疆，青海，湖南，四川，云南；朝鲜，日本，蒙古国，俄罗斯，埃及，以色列，黎巴嫩，叙利亚，土耳其，伊拉克，沙特阿拉伯，也门，伊朗，阿富汗，印度，尼泊尔；欧洲，北非，北美洲，南美洲。

资料来源：薛万琦，1996，麻蝇科。《中国蝇类》，辽宁科学技术出版社。

线纹折麻蝇 *Blaesoxipha lapidosa* Pape, 1894

线纹折麻蝇 *Blaesoxipha campestris* (Robineau-Desvoidy, 1863)

省内产地：黄淮平原。

分布：河南，黑龙江，吉林，辽宁，内蒙古，河北，山西，新疆，江苏；古北区，苏丹，索马里。

资料来源：薛万琦，1996，麻蝇科。《中国蝇类》，辽宁科学技术出版社。

台湾别麻蝇 *Boettcherisca formosensis* Kirner *et* Lopes, 1961

省内产地：济源。

分布：河南，辽宁，四川，台湾。

资料来源：陈浩利等，1995，河南太行山蝇类采集简报。河南预防医学杂志，6(1)：46~47。

棕尾别麻蝇 *Boettcherisca peregrina* (Robineau-Desvoidy, 1830)

省内产地：全省。

分布：全国(除新疆，青海)；俄罗斯，印度，斯里兰卡，尼泊尔；澳洲区，东南亚。

资料来源：申效诚，1993，河南昆虫名录。中国农业科学技术出版社。

牯岭楔蜂麻蝇 *Eumetopiella koulingiana* (Seguy, 1941)

省内产地：郑州。

分布：河南，黑龙江，辽宁，北京，山东，江西，四川，云南，西藏。

资料来源：薛万琦，1996，麻蝇科。《中国蝇类》，辽宁科学技术出版社。

黑尾黑麻蝇 *Helicophagella melanura* (Meigen, 1826)

省内产地：内乡宝天曼，西峡黄石庵，豫南山区，豫西南山区，豫西南山区，黄淮平原。

分布：河南，黑龙江，吉林，辽宁，内蒙古，河北，北京，天津，山西，山东，陕西，宁夏，甘肃，新疆，安徽，江苏，上海，浙江，江西，湖北，湖南，四川，贵州，福建，台湾，广东，海南，广西，云南，西藏；朝鲜，日本，蒙古国，俄罗斯，阿富汗，伊朗，伊拉克，土耳其，巴勒斯坦，叙利亚，埃及，摩洛哥，阿尔及利亚，印度，马来西亚；北美。

生态习性：幼虫滋生在人粪缸，厕所，地表人粪块，猪牛粪，兽皮，腐败蔬菜瓜果，酱，泔脚和垃圾中。幼虫 4 月中旬出现，春季为高峰，10 月下旬后消失。

资料来源：史永善等，1999，双翅目：麻蝇科。《伏牛山南坡及大别山区昆虫》，中国农业科学技术出版社。

卷阳何麻蝇 *Hoa flexuosa* Ho, 1934

省内产地：中牟，豫南山区，豫西南山区，黄淮平原。

分布：河南，辽宁，河北，北京，山东，江苏，上海，陕西。

资料来源：申效诚，1993，河南昆虫名录。中国农业科学技术出版社。

侧突库麻蝇 *Kozlovea cetu* Chao *et* Chang, 1978

省内产地：济源。

分布：河南，北京，西藏。

资料来源：陈浩利等，1995，河南太行山蝇类采集简报。河南预防医学杂志，6(1)：46~47。

复斗库麻蝇 *Kozlovea tshernovi* Rohdendorf, 1937

省内产地：豫南山区。

分布：河南，中国；俄罗斯。

资料来源：刘亦仁等，2008，双翅目：有瓣蝇类。《宝天曼自然保护区昆虫》，中国农业科学技术出版社。

舞毒蛾克麻蝇 *Kramerea schuetzei* (Kramer, 1909)

省内产地：登封，豫南山区，黄淮平原。

分布：河南，黑龙江，吉林，辽宁，内蒙古，北京，山西，陕西，甘肃；朝鲜，日本，蒙古国，俄罗斯，阿塞拜疆，波兰，德国，捷克，匈牙利，保加利亚，原南斯拉夫。

资料来源：申效诚，1993，河南昆虫名录。中国农业科学技术出版社。

松毛虫缅麻蝇 *Lioproctia beesoni* (Senior-White, 1924)

松毛虫缅麻蝇 *Burmanomyia beesoni* (Senior-White, 1924)

省内产地：信阳，光山，罗山，商城，固始，息县，潢川，淮滨，新县。

分布：河南，安徽，江苏，上海，浙江，江西，福建，台湾，湖北，湖南，广东，广西，四川；日本，缅甸，泰国。

资料来源：申效诚，1993，河南昆虫名录。中国农业科学技术出版社。

盘突缅麻蝇 *Lioproctia pattoni* (Senior-White, 1924)

盘突缅麻蝇 *Burmanomyia pattoni* (Senior-White, 1924)

省内产地：登封，豫南山区。

分布：河南，湖北，台湾，四川，云南；越南，尼泊尔，印度，印度尼西亚。

资料来源：申效诚，1993，河南昆虫名录。中国农业科学技术出版社。

白头突额蜂麻蝇 *Metopia argyrocephala* Meigen, 1824

省内产地：西峡太平镇，内乡夏馆，光山。

分布：河南，黑龙江，北京，河北，内蒙古，青海，新疆，江苏，上海，浙江，福建，四川，云南，西藏，台湾；日本，俄罗斯；欧洲。

资料来源：史永善等，1999，双翅目：麻蝇科。《伏牛山南坡及大别山区昆虫》，中国农业科学技术出版社。

西班牙长鞘蜂麻蝇 *Miltogramma iberium* Villeneuve, 1912

省内产地：西峡太平镇。

分布：河南，辽宁，河北，山东，陕西，江苏，浙江，四川，福建，广东，广西，云南，西藏；朝鲜，日本，西班牙，阿尔及利亚，俄罗斯。

资料来源：史永善等，1999，双翅目：麻蝇科。《伏牛山南坡及大别山区昆虫》，中国农业科学技术出版社。

短突长鞘蜂麻蝇 *Miltogramma ibericum brachygonitum* Fan *et* Ge, 1993

省内产地：西峡(模式产地)。

分布：河南。

资料来源：范滋德等，1993。

山东肿额潘麻蝇 *Pandelleana protuberans shantungensis* Yeh, 1964

省内产地：西峡太平镇，内乡夏馆。

分布：河南，河北，山西，山东。

资料来源：史永善等，1999，双翅目：麻蝇科。《伏牛山南坡及大别山区昆虫》，中国农业科学技术出版社。

白头亚麻蝇 *Parasarcophaga albiceps* (Meigen, 1826)

省内产地：豫南山区，豫西南山区。

分布：河南，中国大部分省区；俄罗斯，朝鲜，日本，缅甸，印度，巴基斯坦，斯里兰卡，越南，菲律宾，印度尼西亚，巴布亚新几内亚，澳大利亚；欧洲。

资料来源：刘亦仁等，2008，双翅目：有瓣蝇类。《宝天曼自然保护区昆虫》，中国农业科学技术出版社。

华北亚麻蝇 *Parasarcophaga angarosinica* Rohdendorf, 1937

省内产地：豫西北山区，黄淮平原。

分布：河南，黑龙江，吉林，辽宁，河北，山东，陕西，宁夏，青海，江苏；俄罗斯。

资料来源：刘亦仁等，2008，双翅目：有瓣蝇类。《宝天曼自然保护区昆虫》，中国农业科学技术出版社。

短角亚麻蝇 *Parasarcophaga brevicornis* (Ho, 1934)

省内产地：内乡万沟林场，西峡黄石庵，豫南山区，豫西南山区，豫西北山区，黄淮平原。

分布：河南，北京，辽宁，河北，山东，江苏，湖北，四川，浙江，福建，广东，广西，云南；朝鲜，日本，泰国，缅甸，马来西亚，澳大利亚，俄罗斯。

资料来源：史永善等，1999，双翅目：麻蝇科。《伏牛山南坡及大别山区昆虫》，中国农业科学技术出版社。

肥须亚麻蝇 *Parasarcophaga crassipalpis* (Macquart, 1839)

省内产地：豫南山区，豫西南山区，豫西北山区，黄淮平原。

分布：河南，黑龙江，吉林，辽宁，内蒙古，河北，山东，陕西，宁夏，甘肃，新疆，青海，江苏，湖北，四川，西藏；朝鲜，日本，蒙古国，俄罗斯；地中海地区，欧洲，非洲南部，大洋洲部分地区，北美洲，南美洲部分地区。

资料来源：刘亦仁等，2008，双翅目：有瓣蝇类。《宝天曼自然保护区昆虫》，中国农业科学技术出版社。

酱亚麻蝇 *Parasarcophaga dux* (Thomson, 1868)

省内产地：西峡太平镇。

分布：河南，黑龙江，吉林，辽宁，内蒙古，河北，山东，宁夏，甘肃，安徽，江苏，浙江，湖北，四川，福建，台湾，广东，广西，云南；朝鲜，日本，泰国，缅甸，印度，斯里兰卡，印度尼西亚，菲律宾，关岛，美国(夏威夷)，澳大利亚，巴布亚新几内亚，萨摩亚。

生态习性：幼虫主要孳生于酱缸和腌制的咸菜缸中。

资料来源：史永善等，1999，双翅目：麻蝇科。《伏牛山南坡及大别山区昆虫》，中国农业科学技术出版社。

巨亚麻蝇 *Parasarcophaga gigas* (Thomas, 1949)

省内产地：豫南山区，豫西南山区。

分布：河南，辽宁，江苏，湖北，浙江，四川；朝鲜。

资料来源：刘亦仁等，2008，双翅目：有瓣蝇类。《宝天曼自然保护区昆虫》，中国农业科学技术出版社。

贪食亚麻蝇 *Parasarcophaga harpax* (Pandellé, 1896)

省内产地：内乡宝天曼。

分布：河南，吉林，辽宁，山东，宁夏，甘肃，新疆；朝鲜，日本，俄罗斯；欧洲，北美。

生态习性：幼虫寄生松毛虫。

资料来源：史永善等，1999，双翅目：麻蝇科。《伏牛山南坡及大别山区昆虫》，中国农业科学技术出版社。

兴隆亚麻蝇 *Parasarcophaga hinglungensis* Fan, 1964

省内产地：豫南山区。

分布：河南，湖北，浙江，海南。

资料来源：刘亦仁等，2008，双翅目：有瓣蝇类。《宝天曼自然保护区昆虫》，中国农业科学技术出版社。

巧亚麻蝇 Parasarcophaga idmais (Seguy, 1934)

省内产地：豫南山区。

分布：河南，宁夏，江苏，江西，浙江，广西，西藏；泰国，尼泊尔。

资料来源：薛万琦，1996，麻蝇科。《中国蝇类》，辽宁科学技术出版社。

波突亚麻蝇 *Parasarcophaga jaroschevskyi* Rohdendorf, 1937

省内产地：豫南山区，豫西南山区，黄淮平原。

分布：河南，吉林，辽宁，北京，河北，山东，陕西，宁夏；朝鲜，俄罗斯。

资料来源：刘亦仁等，2008，双翅目：有瓣蝇类。《宝天曼自然保护区昆虫》，中国农业科学技术出版社。

拟对岛亚麻蝇 *Parasarcophaga kanoi* (Park, 1962)

省内产地：豫南山区，黄淮平原。

分布：河南，黑龙江，吉林，辽宁，河北，山东，陕西，宁夏，甘肃，四川，江苏，湖北，江西，浙江；朝鲜，俄罗斯。

资料来源：刘亦仁等，2008，双翅目：有瓣蝇类。《宝天曼自然保护区昆虫》，中国农业科学技术出版社。

巨耳亚麻蝇 *Parasarcophaga macroauriculata* (Ho, 1932)

省内产地：西峡黄石庵，内乡夏馆。

分布：河南，北京，黑龙江，吉林，辽宁，河北，宁夏，甘肃，陕西，四川，江西，浙江，福建，云南，西藏；朝鲜，俄罗斯。

资料来源：史永善等，1999，双翅目：麻蝇科。《伏牛山南坡及大别山区昆虫》，中国农业科学技术出版社。

黄须亚麻蝇 *Parasarcophaga misera* (Walker, 1849)

省内产地：豫南山区，豫西南山区，豫西北山区，黄淮平原。

分布：河南，吉林，辽宁，河北，山东，陕西，甘肃，安徽，江苏，湖北，四川，江西，浙江，福建，台湾，广东，广西，云南；朝鲜，日本，缅甸，印度，斯里兰卡，菲律宾；澳洲区。

资料来源：薛万琦，1996，麻蝇科。《中国蝇类》，辽宁科学技术出版社。

秉氏亚麻蝇 *Parasarcophaga pingi* (Ho, 1934)

省内产地：内乡万沟林场，豫南山区，黄淮平原。

分布：河南，吉林，辽宁，河北，北京，宁夏，甘肃，四川，江苏，安徽，湖北，浙江，福建，广西；朝鲜，俄罗斯。

资料来源：史永善等，1999，双翅目：麻蝇科。《伏牛山南坡及大别山区昆虫》，中国农业科学技术出版社。

多突亚麻蝇 *Parasarcophaga polystylata* (Ho, 1934)

省内产地：豫西北山区，黄淮平原。

分布：河南，黑龙江，吉林，辽宁，河北，北京，山东，陕西，江苏，浙江，四川，广西；朝鲜，日本，俄罗斯。

资料来源：薛万琦，1996，麻蝇科。《中国蝇类》，辽宁科学技术出版社。

急钩亚麻蝇 *Parasarcophaga portschinskyi* Rohdendorf, 1937

省内产地：黄淮平原。

分布：河南，黑龙江，吉林，辽宁，内蒙古，北京，河北，山东，山西，宁夏，甘肃，新疆，青海，四川；蒙古国，乌克兰。

资料来源：薛万琦，1996，麻蝇科。《中国蝇类》，辽宁科学技术出版社。

褐须亚麻蝇 *Parasarcophaga sericea* (Walker, 1852)

省内产地：豫南山区，黄淮平原。

分布：河南，吉林，辽宁，内蒙古，河北，山东，陕西，甘肃，江苏，江西，浙江，福建，台湾，湖北，四川，广东，广西，云南；朝鲜，俄罗斯，印度，斯里兰卡，缅甸，马来西亚，印度尼西亚，菲律宾，巴布亚新几内亚，澳大利亚。

资料来源：薛万琦，1996，麻蝇科。《中国蝇类》，辽宁科学技术出版社。

野亚麻蝇 *Parasarcophaga similes* (Meade, 1876)

省内产地：豫南山区，豫西南山区，豫西北山区，黄淮平原。

分布：河南，黑龙江，吉林，辽宁，内蒙古，河北，北京，山西，山东，陕西，宁夏，甘肃，江苏，上海，江西，浙江，福建，湖北，广东，广西，四川，贵州；俄罗斯；欧洲，东南亚。

资料来源：刘亦仁等，2008，双翅目：有瓣蝇类。《宝天曼自然保护区昆虫》，中国农业科学技术出版社。

结节亚麻蝇 *Parasarcophaga tuberosa* (Pandelle, 1896)

省内产地：豫南山区，豫西南山区，豫西北山区，黄淮平原。

分布：河南，黑龙江，吉林，辽宁，河北，山东，宁夏，新疆，江苏，湖北，广西；朝鲜，日本，俄罗斯；欧洲，北非，北美。

资料来源：刘亦仁等，2008，双翅目：有瓣蝇类。《宝天曼自然保护区昆虫》，中国农业科学技术出版社。

小曲麻蝇 *Phallocheira minor* Rohdendorf, 1937

省内产地：登封，豫西北山区。

分布：河南，黑龙江，吉林，辽宁，山西，湖北；俄罗斯。

资料来源：申效诚，1993，河南昆虫名录。中国农业科学技术出版社。

华南球麻蝇 *Phallosphaera* (*Yunnanomyia*) *gravelyi* (Senior-White, 1924)

省内产地：豫南山区。

分布：河南，辽宁，浙江，福建，湖北，四川，台湾；朝鲜，日本，泰国，尼泊尔，印度。

资料来源：刘亦仁等，2008，双翅目：有瓣蝇类。《宝天曼自然保护区昆虫》，中国农业科学技术出版社。

鸡尾细麻蝇 *Pierretia caudagalli* (Boettcher, 1912)

省内产地：郑州，信阳，新野。

分布：河南，江苏，浙江，四川，福建，台湾，海南，云南。

资料来源：申效诚，1993，河南昆虫名录。中国农业科学技术出版社。

膝叶细麻蝇 *Pierretia genuforceps* (Thomas, 1949)

省内产地：信阳。

分布：河南，浙江，四川。

资料来源：申效诚，1993，河南昆虫名录。中国农业科学技术出版社。

瘦叶细麻蝇 *Pierretia graciliforceps* (Thomas, 1949)

省内产地：信阳。

分布：河南，江苏，浙江，湖北，湖南，四川。

资料来源：申效诚，1993，河南昆虫名录。中国农业科学技术出版社。

台南细麻蝇 *Pierretia josephi* (Boettcher, 1912)

省内产地：豫南山区，豫西南山区。

分布：河南，吉林，辽宁，河北，江苏，上海，浙江，江西，福建，台湾，湖南，海南，云南，贵州；朝鲜，日本；东南亚。

资料来源：刘亦仁等，2008，双翅目：有瓣蝇类。《宝天曼自然保护区昆虫》，中国农业科学技术出版社。

上海细麻蝇 *Pierretia ugamskii* (Rohdendorf, 1937)

省内产地：信阳，豫南山区，豫西南山区，豫西北山区，黄淮平原。

分布：河南，黑龙江，吉林，辽宁，河北，山东，江苏，上海，湖北；朝鲜，日本，俄罗斯。

资料来源：申效诚，1993，河南昆虫名录。中国农业科学技术出版社。

灰小翅蜂麻蝇 *Pterella grisra* (Meigen, 1824)

省内产地：内乡夏馆，西峡太平镇。

分布：河南，内蒙古；蒙古国，俄罗斯；欧洲。

生态习性：分布于古北区的森林草原带，幼虫在 *Cerceris* 属的泥蜂巢内。

资料来源：史永善等，1999，双翅目：麻蝇科。《伏牛山南坡及大别山区昆虫》，中国农业科学技术出版社。

红尾拉麻蝇 *Ravinia striata* (Fabricius, 1794)

省内产地：全省。

分布：河南，黑龙江，吉林，辽宁，内蒙古，河北，北京，天津，山西，山东，陕西，宁夏，甘肃，新疆，青海，江苏，湖北，湖南，四川，云南，贵州，西藏；朝鲜，日本，蒙古国，阿富汗，尼泊尔，巴基斯坦，印度，俄罗斯，伊朗，也门，沙特阿拉伯，伊拉克，叙利亚，黎巴嫩，巴勒斯坦；北非，欧洲。

资料来源：申效诚，1993，河南昆虫名录。中国农业科学技术出版社。

羚足鬃麻蝇 *Sarcorohdendorfia antilope* (Bottcher, 1913)

省内产地：豫南山区。

分布：河南，黑龙江，辽宁，湖北，浙江，台湾，海南，云南；朝鲜，日本，俄罗斯；大洋洲北部。

资料来源：薛万琦，1996，麻蝇科。《中国蝇类》，辽宁科学技术出版社。

拟东方辛麻蝇 *Seniorurhitea reciproca* (Walker, 1856)

省内产地：内乡万沟林场，信阳。

分布：河南，山东，陕西，江苏，上海，浙江，湖北，四川，福建，台湾，广东，海南，云南；泰国，缅甸，马来西亚，印度，斯里兰卡，新加坡，尼泊尔。

生态习性：幼虫滋生在牛肉中，鳞翅目幼虫，蝗类，天蛾科幼虫尸，软体动物，人粪和樗鸡科的蜡中。

资料来源：史永善等，1999，双翅目：麻蝇科。《伏牛山南坡及大别山区昆虫》，中国农业科学技术出版社。

立刺麻蝇 *Sinonipponia hervebazini* (Seguy, 1934)

省内产地：信阳。

分布：河南，辽宁，甘肃，江苏，上海，浙江，江西，湖北，四川，贵州，云南；朝鲜，日本，俄罗斯。

资料来源：申效诚，1993，河南昆虫名录。中国农业科学技术出版社。

四七、寄蝇科 Tachinidae

本科世界已知 1830 属，中国记载 274 属 1121 种，河南已知 39 属 65 种。

裸短尾寄蝇 *Aplomyia metallica* (Wiedemann, 1824)

省内产地：西峡太平镇，内乡夏馆。

分布：河南，上海，福建，台湾，广东，广西，西藏；日本，以色列，印度尼西亚，印度，菲律宾；非洲。

资料来源：史永善等，1999，双翅目：寄蝇科。《伏牛山南坡及大别山区昆虫》，中国农业科学技术出版社。

大型奥蜉寄蝇 *Austrophorocera grandis* (Macquart, 1851)

省内产地：豫南山区，黄淮平原。

分布：河南，辽宁，山东，江苏，浙江，湖南，广东，海南，广西，四川，云南；大洋洲东北部。

资料来源：赵建铭，1996，寄蝇科。《中国蝇类》，辽宁科学技术出版社。

红龙颜长足寄蝇 *Billaea carinifron* Fallén, 1820

省内产地：西峡太平镇。

分布：河南，其他分布地待查。

资料来源：史永善等，1999，双翅目：寄蝇科。《伏牛山南坡及大别山区昆虫》，中国农业科学技术出版社。

蚕饰腹寄蝇 *Blepharipa zebina* (Walker, 1847)

省内产地：西峡太平镇，信阳，南阳，鲁山，许昌，新乡，济源。

分布：河南，北京，黑龙江，吉林，辽宁，河北，山西，陕西，青海，浙江，江苏，江西，宁夏，福建，湖北，湖南，广东，广西，海南；日本。

寄主：西伯利亚松毛虫，赤松毛虫，思茅松毛虫，家蚕，柞蚕，蝙蝠蛾，榆毒蛾，松茸毒蛾。

资料来源：史永善等，1999，双翅目：寄蝇科。《伏牛山南坡及大别山区昆虫》，中国农业科学技术出版社。

黑鳞狭颊寄蝇 *Carcelia atricosta* Herting, 1961

省内产地：西峡太平镇。

分布：河南，山西，湖南；日本，法国，意大利，德国，英格兰，挪威，瑞典。

资料来源：史永善等，1999，双翅目：寄蝇科。《伏牛山南坡及大别山区昆虫》，中国农业科学技术出版社。

灰粉狭额寄蝇 *Carcelia bombycivara* Desvoidy, 1830

省内产地：黄淮平原。

分布：河南，黑龙江，辽宁，河北，江苏，湖北，浙江，福建，湖南，广东，海南，四川，云南；欧洲。

资料来源：刘亦仁等，2008，双翅目：有瓣蝇类。《宝天曼自然保护区昆虫》，中国农业科学技术出版社。

尖音狭颊寄蝇 *Carcelia bombylans* Robineau-Desvoidy, 1830

省内产地：西峡太平镇，许昌。

分布：河南，北京，黑龙江，山西，江苏，广东，云南；日本，法国，英格兰，德国，圣彼得堡，外高加索，俄罗斯(西伯利亚)，千岛群岛。

资料来源：史永善等，1999，双翅目：寄蝇科。《伏牛山南坡及大别山区昆虫》，中国农业科学技术出版社。

隔离狭颊寄蝇 *Carcelia excisa* (Fallen, 1820)

省内产地：郑州，豫南山区，黄淮平原。

分布：河南，黑龙江，辽宁，北京，内蒙古，江苏，浙江，福建，湖北，湖南，广东，云南，西藏；日本，印度，斯里兰卡，泰国，印度尼西亚；，欧洲。

资料来源：申效诚，1993，河南昆虫名录。中国农业科学技术出版社。

格纳狭颊寄蝇 *Carcelia gnava* (Meigen, 1824)

省内产地：西峡太平镇。

分布：河南，北京，黑龙江，辽宁，河北，山西，湖南，广西，四川，贵州；日本，英格兰，瑞典，俄罗斯(圣彼得堡，西伯利亚南部)，外高加索，萨哈林岛(库页岛)，法国。

资料来源：史永善等，1999，双翅目：寄蝇科。《伏牛山南坡及大别山区昆虫》，中国农业科学技术出版社。

善飞狭颊寄蝇 *Carcelia kockiana* Townsend, 1927

省内产地：西峡太平镇，豫南山区，豫西南山区，黄淮平原。

分布：河南，黑龙江，辽宁，北京，内蒙古，河北，山东，江苏，上海，浙江，福建，台湾，广东，广西，四川，云南，香港；日本，印度尼西亚，斯里兰卡，印度，菲律宾，马达加斯加；非洲。

寄主：棉铃虫，玉米螟，舞毒蛾，榆毒蛾，波纹夜蛾，黑条灯蛾，雀纹天蛾。

资料来源：史永善等，1999，双翅目：寄蝇科。《伏牛山南坡及大别山区昆虫》，中国农业科学技术出版社。

松毛虫狭颊寄蝇 *Carcelia matsukarehae* (Shima, 1969)

省内产地：信阳。

分布：河南，黑龙江，辽宁，北京，河北，陕西，山东，江苏，浙江，福建，江西，湖南，广西，四川，云南；日本，俄罗斯。

资料来源：赵建铭，1996，寄蝇科。《中国蝇类》，辽宁科学技术出版社。

巨狭颊寄蝇 *Carcelia nigrapex* Mesnil, 1944

省内产地：西峡太平镇。

分布：河南，江西。

资料来源：史永善等，1999，双翅目：寄蝇科。《伏牛山南坡及大别山区昆虫》，中国农业科学技术出版社。

细腹狭颊寄蝇 *Carcelia pollinosa* Mesnil, 1941

省内产地：西峡太平镇。

分布：河南，北京；日本；欧洲。

资料来源：史永善等，1999，双翅目：寄蝇科。《伏牛山南坡及大别山区昆虫》，中国农业科学技术出版社。

黄毛脉寄蝇 *Ceromyia silacea* (Meigen, 1824)

省内产地：偃师，黄淮平原。

分布：河南，黑龙江，辽宁，北京，上海，福建，台湾；日本，俄罗斯；欧洲。

资料来源：申效诚，1993，河南昆虫名录。中国农业科学技术出版社。

弯须赘寄蝇 *Drino curvipalpis* (Wulp, 1893)

省内产地：黄淮平原。

分布：河南，浙江，广东，海南，广西，四川，云南；斯里兰卡，马来西亚，尼泊尔，泰国，印度尼西亚，澳大利亚。

资料来源：刘亦仁等，2008，双翅目：有瓣蝇类。《宝天曼自然保护区昆虫》，中国农业科学技术出版社。

平庸赘寄蝇 *Drino inconspicua* (Meigen, 1830)

省内产地：西峡太平镇。

分布：河南，辽宁，河北，浙江，湖北，福建，广东，海南，广西，四川，贵州，云南，西藏；印度，德国，波兰；欧洲北部。

资料来源：史永善等，1999，双翅目：寄蝇科。《伏牛山南坡及大别山区昆虫》，中国农业科学技术出版社。

柔毛优寄蝇 *Eumea mitis* (Meigen, 1824)

省内产地：具体不详。

分布：河南，黑龙江，辽宁，山西，宁夏；日本，俄罗斯，外高加索，欧洲。

资料来源：张春田等，2010，寄蝇科。《六盘山无脊椎动物》，河北大学出版社。

伞裙追寄蝇 *Exorista civilis* (Rondani, 1859)

省内产地：全省。

分布：河南，吉林，北京，内蒙古，新疆，河北，山东，安徽，江苏，浙江，江西，广东，广西；蒙古国，俄罗斯；欧洲。

资料来源：赵建铭，1996，寄蝇科。《中国蝇类》，辽宁科学技术出版社。

日本追寄蝇 *Exorista japonica* (Townsend, 1909)

省内产地：新乡，延津，偃师，许昌，新野，南阳。

分布：河南，黑龙江，吉林，辽宁，北京，内蒙古，河北，山东，浙江，湖北，福建，台湾，广东，广西，四川，贵州，云南，西藏；日本，尼泊尔，印度，越南。

资料来源：申效诚，1993，河南昆虫名录。中国农业科学技术出版社。

古毒蛾追寄蝇 *Exorista larvarum* (Linnaeus, 1758)

省内产地：许昌。

分布：河南，黑龙江，吉林，辽宁，北京，内蒙古，新疆，青海，河北，山东，安徽，浙江，西藏；日本，蒙古国，巴勒斯坦，俄罗斯，埃及；欧洲。

资料来源：申效诚，1993，河南昆虫名录。中国农业科学技术出版社。

草地追寄蝇 *Exorista pratensis* (Robineav-Desvoidy, 1830)

省内产地：内乡夏馆，西峡太平镇。

分布：河南，黑龙江，吉林，辽宁，内蒙古，山西，河北，新疆，四川；朝鲜，日本，法国，意大利，摩洛哥。

资料来源：史永善等，1999，双翅目：寄蝇科。《伏牛山南坡及大别山区昆虫》，中国农业科学技术出版社。

毛虫追寄蝇 *Exorista rossica* Mesnil, 1960

省内产地：郑州，许昌，南阳。

分布：河南，吉林，辽宁，北京，内蒙古，宁夏，新疆，甘肃，河北，云南；土耳其；亚洲中部。

资料来源：申效诚，1993，河南昆虫名录。中国农业科学技术出版社。

家蚕追寄蝇 *Exorista sorbillans* (Wiedemann, 1830)

省内产地：许昌，信阳。

分布：河南，黑龙江，吉林，辽宁，北京，河北，上海，安徽，江苏，江西，福建，湖南，广东，广西，四川，云南；日本，蒙古国，俄罗斯；欧洲，非洲，大洋洲。

资料来源：申效诚，1993，河南昆虫名录。中国农业科学技术出版社。

红尾追寄蝇 *Exorista xanthaspis* (Wiedemann, 1830)

省内产地：安阳，新乡，开封，许昌，信阳。

分布：河南，辽宁，内蒙古，新疆，山东，安徽，江苏，浙江，江西，福建，湖南，台湾，广东，海南，广西，云南，西藏；广布东洋区，蒙古国，俄罗斯，法国，匈牙利，罗马尼亚，原南斯拉夫，埃及，津巴布韦，马达加斯加。

资料来源：赵建铭，1996，寄蝇科。《中国蝇类》，辽宁科学技术出版社。

彩艳宽额寄蝇 *Frontina laeta* Meigen, 1824

省内产地：新郑，郑州，内黄，中牟，兰考。

分布：河南，吉林，内蒙古，江苏，浙江；日本，俄罗斯，英国，挪威，瑞典，法国，德国。

资料来源：赵建铭，1996，寄蝇科。《中国蝇类》，辽宁科学技术出版社。

双斑膝芒寄蝇 *Gonia bimaculata* Wiedemann, 1819

省内产地：西峡太平镇，安阳，许昌，南阳。

分布：河南，北京，山西，山东，甘肃，青海，新疆，上海，福建；乌克兰，外高加索；中亚，非洲南部。

寄主：小地老虎，棉铃虫，桑尺蠖。

资料来源：史永善等，1999，双翅目：寄蝇科。《伏牛山南坡及大别山区昆虫》，中国农业科学技术出版社。

中华膝芒寄蝇 *Gonia chinensis* Wiedemann, 1824

省内产地：偃师，孟津，灵宝。

分布：河南，北京，山东，江苏，浙江，江西，湖南，福建，广西，贵州，云南，西藏；日本，乌兹别克斯坦，越南；亚洲中部。

资料来源：申效诚，1993，河南昆虫名录。中国农业科学技术出版社。

黑腹膝芒寄蝇 *Gonia picea* (Robineau-Desvoidy, 1830)

省内产地：许昌，南阳，信阳。

分布：河南，黑龙江，辽宁，北京，陕西，安徽，江苏，上海，四川，西藏；俄罗斯，土库曼斯坦，巴勒斯坦，德国，英国，瑞典，法国。

资料来源：申效诚，1993，河南昆虫名录。中国农业科学技术出版社。

银颜筒寄蝇 *Halidaya luteicornis* (Walker, 1861)

省内产地：信阳。

分布：河南，安徽，浙江，湖北，江西，福建，广东，广西，四川，贵州；日本，泰国，老挝，尼泊尔，马来西亚，斯里兰卡，印度，印度尼西亚，巴布亚新几内亚。

资料来源：申效诚，1993，河南昆虫名录。中国农业科学技术出版社。

矮海寄蝇 *Hyleorus elatus* (Meigen, 1838)

省内产地：信阳。

分布：河南，北京，黑龙江，辽宁，上海，浙江，河北，江苏，四川；德国。

资料来源：申效诚，1993，河南昆虫名录。中国农业科学技术出版社。

叉叶江寄蝇 *Janthinomyia elegans* (Matsum, 1945)

省内产地：内乡宝天曼。

分布：河南，黑龙江，北京，内蒙古，浙江，福建，四川；日本，俄罗斯。

资料来源：史永善等，1999，双翅目：寄蝇科。《伏牛山南坡及大别山区昆虫》，中国农业科学技术出版社。

饰额短须寄蝇 *Linnaemya comta* (Fallen, 1810)

省内产地：黄淮平原。

分布：河南，吉林，辽宁，北京，内蒙古，新疆，宁夏，甘肃，青海，河北，云南，西藏；印度，尼泊尔；亚洲中部，欧洲。

资料来源：申效诚，1993，河南昆虫名录。中国农业科学技术出版社。

裂肛短须寄蝇 *Linnaemya fissiglobula* Pandellé, 1895

省内产地：内乡宝天曼。

分布：河南，黑龙江，内蒙古；法国，西班牙，瑞士，德国，捷克，斯洛伐克。

资料来源：史永善等，1999，双翅目：寄蝇科。《伏牛山南坡及大别山区昆虫》，中国农业科学技术出版社。

欧短须寄蝇 *Linnaemya olsufjevi* Zimin, 1954

省内产地：内乡宝天曼。

分布：河南，内蒙古，新疆，山西，西藏；俄罗斯，乌克兰，哈萨克斯坦，法国，瑞士，瑞典，美国。

寄主：杨毒蛾。

资料来源：史永善等，1999，双翅目：寄蝇科。《伏牛山南坡及大别山区昆虫》，中国农业科学技术出版社。

俄罗斯短须寄蝇 *Linnaemya rossica* Zimin, 1954

省内产地：西峡太平镇。

分布：河南，黑龙江；古北区西部。

资料来源：史永善等，1999，双翅目：寄蝇科。《伏牛山南坡及大别山区昆虫》，中国农业科学技术出版社。

查禾短须寄蝇 *Linnaemya zachvatkini* Zimin, 1954

省内产地：延津，新野。

分布：河南，黑龙江，吉林，辽宁，北京，内蒙古，新疆，甘肃，青海，河北，福建，四川，云南，西藏；日本；古北区东部。

资料来源：申效诚，1993，河南昆虫名录。中国农业科学技术出版社，。

绿毛短须寄蝇 *Linnaemya zimini* Chao, 1962

省内产地：西峡太平镇，内乡宝天曼。

分布：河南，新疆。

资料来源：史永善等，1999，双翅目：寄蝇科。《伏牛山南坡及大别山区昆虫》，中国农业科学技术出版社。

伪利索寄蝇 *Lixophaga fallar* Mesnil, 1963

省内产地：西峡太平镇。

分布：河南，吉林，辽宁，山西，湖南，四川，广西；日本。

资料来源：史永善等，1999，双翅目：寄蝇科。《伏牛山南坡及大别山区昆虫》，中国农业科学技术出版社。

玉米螟厉寄蝇 *Lydella grisescens* Robineau-Desvoidy, 1830

省内产地：安阳，濮阳，新乡，焦作，济源，沁阳，修武，延津，商丘，兰考，夏邑，民权，偃师，孟津，栾川，嵩县，渑池，许昌，南阳，西峡，新野。

分布：河南，黑龙江，吉林，北京，内蒙古，河北，山西，陕西，山东，江苏，湖北，湖南，广东，广西，四川；蒙古国，俄罗斯，以色列，阿尔及利亚，德国，法国，意大利，瑞士，英国。

资料来源：申效诚，1993，河南昆虫名录。中国农业科学技术出版社。

大型美根寄蝇 *Meigenia majuscula* Rondani, 1859

省内产地：西峡太平镇。

分布：河南，黑龙江，辽宁，内蒙古，天津，河北，北京，青海，新疆，福建；越南；欧洲，非洲。

寄主：舞毒蛾。

资料来源：史永善等，1999，双翅目：寄蝇科。《伏牛山南坡及大别山区昆虫》，中国农业科学技术出版社。

大黑密克寄蝇 *Mikia micra* (Wulp, 1896)

省内产地：西峡太平镇。

分布：河南，云南；印度尼西亚，缅甸，老挝。

资料来源：史永善等，1999，双翅目：寄蝇科。《伏牛山南坡及大别山区昆虫》，中国农业科学技术出版社。

扎幌毛瓣寄蝇 *Nemoraea sapporensis* Kocha, 1969

省内产地：西峡太平镇。

分布：河南，北京，黑龙江，辽宁，山西，湖北，福建，四川，云南；日本。

资料来源：史永善等，1999，双翅目：寄蝇科。《伏牛山南坡及大别山区昆虫》，中国农业科学技术出版社。

双斑截尾寄蝇 *Nemorilla maculosa* (Meigen, 1824)

省内产地：郑州。

分布：河南，黑龙江，吉林，辽宁，北京，内蒙古，新疆，河北，天津，江苏，浙江，湖南，福建，台湾，广东，广西；日本，蒙古国，俄罗斯，以色列；欧洲。

资料来源：申效诚，1993，河南昆虫名录。中国农业科学技术出版社。

筒须新怯寄蝇 *Neophryxe psychidis* Townsend, 1916

省内产地：郑州，兰考，豫南山区，豫西南山区，豫西北山区，黄淮平原。

分布：河南，河北，江苏，上海，浙江，江西，湖南，广西，四川；日本，俄罗斯。

资料来源：申效诚，1993，河南昆虫名录。中国农业科学技术出版社。

筒腹奥斯渥寄蝇 *Oswaldia eggeri* Brauer *et* Bergenstamm, 1889

省内产地：西峡太平镇。

分布：河南，浙江，云南，西藏；俄罗斯，奥地利，德国。

资料来源：史永善等，1999，双翅目：寄蝇科。《伏牛山南坡及大别山区昆虫》，中国农业科学技术出版社。

蓝黑栉寄蝇 *Pales pavida* (Meigen, 1824)

省内产地：西峡太平镇。

分布：河南，黑龙江，北京，河北，陕西，浙江，湖南，福建，四川，云南，西藏；日本，以色列；欧洲。

寄主：黏虫，杨毒蛾，杠柳螟蛾，青刺蛾。

资料来源：史永善等，1999，双翅目：寄蝇科。《伏牛山南坡及大别山区昆虫》，中国农业科学技术出版社。

鬈须侧盾寄蝇 *Paratryphera barbatula* Rondani, 1859

省内产地：内乡宝天曼。

分布：河南，吉林，辽宁，北京，河北，山西，广东，广西，云南；日本，蒙古国，俄罗斯，以色列；欧洲。

资料来源：史永善等，1999，双翅目：寄蝇科。《伏牛山南坡及大别山区昆虫》，中国农业科学技术出版社。

黑角长须寄蝇 *Peleteria rubescens* (Robineau-Desvoidy, 1830)

省内产地：中牟。

分布：河南，黑龙江，内蒙古，新疆；古北区，北美。

资料来源：申效诚，1993，河南昆虫名录。中国农业科学技术出版社。

黏虫长须寄蝇 *Peleteria varia* (Fabricius, 1794)

省内产地：西峡太平镇，内乡夏馆，新乡，延津，偃师，孟津，灵宝，栾川，许昌，南阳，新野，信阳，固始。

分布：河南，北京，山西，内蒙古，河北，山东，陕西，甘肃，江苏，上海，浙江，福建，湖南，广东，广西，海南，四川，云南；欧洲从地中海至奥地利中部，俄罗斯(西伯利亚)，外高加索，哈萨克斯坦，克里米亚，库尔多维亚，意大利，马来西亚，印度尼西亚，菲律宾，尼泊尔，阿尔及利亚，印度(锡金)，泰国，巴布亚新几内亚(太平洋)；广泛分布热带非洲区，东洋区，大洋洲北部地区。

寄主：黏虫。

资料来源：史永善等，1999，双翅目：寄蝇科。《伏牛山南坡及大别山区昆虫》，中国农业科学技术出版社。

普通怯寄蝇 *Phryxe vulgaris* (Fallén, 1810)

省内产地：内乡宝天曼。

分布：河南，黑龙江，吉林，河北，北京，陕西，内蒙古，青海，云南；日本，蒙古国，俄罗斯，以色列，德国，法国，爱尔兰，英国，瑞士，瑞典，奥地利。

资料来源：史永善等，1999，双翅目：寄蝇科。《伏牛山南坡及大别山区昆虫》，中国农业科学技术出版社。

柔毛扁寄蝇 *Platymyia mitis* Meigen, 1824

省内产地：内乡宝天曼。

分布：河南，黑龙江，辽宁；欧洲。

寄主：松白小卷蛾。

资料来源：史永善等，1999，双翅目：寄蝇科。《伏牛山南坡及大别山区昆虫》，中国农业科学技术出版社。

金龟长喙寄蝇 *Prosena siberita* (Fabricius, 1775)

省内产地：洛阳，许昌，新野。

分布：河南，黑龙江，吉林，辽宁，北京，内蒙古，广东，海南，云南，西藏；日本，蒙古国，俄罗斯，英国，丹麦，德国，奥地利，意大利。

资料来源：申效诚，1993，河南昆虫名录。中国农业科学技术出版社。

红额拟膝芒寄蝇 *Pseudogonia rufifrons* (Wiedemann, 1830)

省内产地：安阳，延津，中牟，尉氏，巩义，孟津，许昌，淮阳，南阳，信阳。

分布：河南，北京，河北，山东，新疆，上海，江苏，浙江，福建，台湾，广东，海南，云南；日本，蒙古国，俄罗斯，巴勒斯坦，缅甸，印度，印度尼西亚，马来西亚，菲律宾，巴布亚新几内亚，澳大利亚，意大利，捷克，斯洛伐克，丹麦。

资料来源：赵建铭，1996，寄蝇科。《中国蝇类》，辽宁科学技术出版社。

稻苞虫赛寄蝇 *Pseudoperichaeta nigrolineata* (Walker, 1853)

省内产地：修武，嵩县，偃师，郑州，信阳，固始，商城。

分布：河南，辽宁，北京，河北，山西，新疆，山东，江苏，上海，浙江，江西，湖北，湖南，广西；日本。

资料来源：申效诚，1993，河南昆虫名录。中国农业科学技术出版社。

冠毛长唇寄蝇 *Siphona cristata* (Fabricius, 1805)

省内产地：黄淮平原。

分布：河南，黑龙江，吉林，北京，内蒙古，甘肃，青海，河北，浙江，福建，台湾，四川，贵州，云南，西藏；欧洲。

资料来源：申效诚，1993，河南昆虫名录。中国农业科学技术出版社。

突飞皮寄蝇 *Sisyropa prominens* (Walker, 1859)

省内产地：安阳。

分布：河南，浙江，福建，广东，广西，云南，台湾；巴布亚新几内亚，印度尼西亚，马来西亚，印度，英国，澳大利亚。

资料来源：赵建铭，1996，寄蝇科。《中国蝇类》，辽宁科学技术出版社。

火灯寄蝇 *Tachina ardens* (Zimin, 1929)

省内产地：西峡太平镇，内乡宝天曼。

分布：河南，辽宁，山西，甘肃，陕西，湖北，湖南，浙江，福建，四川，云南，贵州，西藏；俄罗斯远东地区。

资料来源：史永善等，1999，双翅目：寄蝇科。《伏牛山南坡及大别山区昆虫》，中国农业科学技术出版社。

小寄蝇 *Tachina iota* Chao *et* Arnaud, 1993

省内产地：西峡太平镇。

分布：河南，内蒙古；日本，蒙古国。

资料来源：史永善等，1999，双翅目：寄蝇科。《伏牛山南坡及大别山区昆虫》，中国农业科学技术出版社。

稻苞虫鞘寄蝇 *Thecocarcelia parnarae* Chao, 1976

省内产地：信阳。

分布：河南，陕西，浙江，湖北，湖南，福建，台湾，广东，海南，广西。

资料来源：申效诚，1993，河南昆虫名录。中国农业科学技术出版社。

暗黑柔寄蝇 *Thelaira nigripes* Fabricius, 1794

省内产地：西峡太平镇。

分布：河南，黑龙江，吉林，北京，青海，内蒙古，河北，山西，陕西，山东，江苏，上海，浙江，湖南，福建，四川，广西，云南，西藏；日本；欧洲。

资料来源：史永善等，1999，双翅目：寄蝇科。《伏牛山南坡及大别山区昆虫》，中国农业科学技术出版社。

软鬃寄蝇 *Vibrissina debilitata* (Pandellé, 1896)

省内产地：内乡宝天曼。

分布：河南，湖南；日本，俄罗斯；欧洲。

资料来源：史永善等，1999，双翅目：寄蝇科。《伏牛山南坡及大别山区昆虫》，中国农业科学技术出版社。

长角鬃寄蝇 *Vibrissina turrita* (Meigen, 1824)

省内产地：西峡太平镇。

分布：河南，吉林，辽宁，北京，山西，陕西，江苏，安徽，福建，湖南，广西，四川，云南，西藏；朝鲜，日本，圣彼得堡，外高加索，法国；欧洲北部。

资料来源：史永善等，1999，双翅目：寄蝇科。《伏牛山南坡及大别山区昆虫》，中国农业科学技术出版社。

茹蜗寄蝇 *Voria ruralis* (Fallen, 1810)

省内产地：西峡太平镇。

分布：河南，黑龙江，吉林，山西，内蒙古，新疆，云南。

资料来源：史永善等，1999，双翅目：寄蝇科。《伏牛山南坡及大别山区昆虫》，中国农业科学技术出版社。

变异温寄蝇 *Winthemia neowinthemioides* Townsend, 1927

省内产地：西峡太平镇。

分布：河南，北京，浙江，江西，台湾，西藏；菲律宾，印度尼西亚，马来西亚，巴布亚新几内亚，澳大利亚。

资料来源：史永善等，1999，双翅目：寄蝇科。《伏牛山南坡及大别山区昆虫》，中国农业科学技术出版社。

金黄彩寄蝇 *Zenilia dolosa* (Meigen, 1824)

省内产地：西峡太平镇。

分布：河南，黑龙江，吉林，辽宁，山西，内蒙古，河北，陕西，贵州，云南；日本，俄罗斯(西伯利亚南部)，外高加索，德国北部，意大利。

资料来源：史永善等，1999，双翅目：寄蝇科。《伏牛山南坡及大别山区昆虫》，中国农业科学技术出版社。

四八、胃蝇科 Gasterophilidae

本科世界已知 6 属 20 种，中国记载 1 属 7 种，河南已知 1 属 3 种。

赤尾胃蝇 *Gasterophilus haemorrhoidalis* (Linnaeus, 1758)

省内产地：漯河，驻马店，许昌，扶沟，确山，西平，新郑，泌阳。

分布：河南，黑龙江，内蒙古，新疆，青海，陕西，西藏；古北区，新北区。

寄主：幼虫寄生于马、驴的胃及直肠。

资料来源：申效诚，1993，河南昆虫名录。中国农业科学技术出版社。

肠胃蝇 *Gasterophilus intestinalis* (De Geer, 1776)

省内产地：漯河，驻马店，许昌，扶沟，确山，西平，新郑，泌阳。

分布：河南，黑龙江，内蒙古，甘肃，青海，陕西，山西，四川，云南，西藏；世界广布。

寄主：幼虫寄生于马、驴、骡的胃。

资料来源：申效诚，1993，河南昆虫名录。中国农业科学技术出版社。

黑腹胃蝇 *Gasterophilus pecorum* (Fabricius, 1794)

省内产地：漯河，驻马店，许昌，扶沟，确山，西平，新郑，泌阳。

分布：河南，黑龙江，内蒙古，新疆，陕西；印度；非洲区，古北区。

寄主：幼虫寄生于马、驴的胃。

资料来源：申效诚，1993，河南昆虫名录。中国农业科学技术出版社。

四九、狂蝇科 Oestridae

本科世界已知 5 属 21 种，中国记载 5 属 7 种，河南已知 1 属 1 种。

羊狂蝇 *Oestrus ovis* Linnaeus, 1758

省内产地：泌阳，驻马店，郑州。

分布：辽宁，内蒙古，新疆，青海，甘肃，陕西，山西，河北，广东；世界广布。

寄主：寄生于羊鼻腔。

资料来源：申效诚，1993，河南昆虫名录。中国农业科学技术出版社。

五〇、皮蝇科 Hypodermatidae

本科世界已知 11 属 38 种，中国记载 6 属 20 种，河南已知 1 属 1 种。

牛皮蝇 *Hypoderma bovis* (Linnaeus, 1758)

省内产地：新乡，郑州，许昌，驻马店。

分布：河南，内蒙古，新疆，青海，山西，西藏；亚洲，欧洲，北美洲，非洲，大洋洲。

寄主：寄生于黄牛皮下。

资料来源：申效诚，1993，河南昆虫名录。中国农业科学技术出版社。

五一、虱蝇科 Hippoboscidae

本科世界已知 22 属 200 种，中国记载 12 属 26 种，河南已知 1 属 1 种。

狗虱蝇 *Hippobosca longipennis* Fabricius, 1805

省内产地：信阳，兰考，民权。

分布：河南，辽宁，内蒙古，北京，河北，新疆，山西，山东，江苏，浙江，福建，湖南，广东，海南，云南；朝鲜，日本，俄罗斯，土耳其，巴基斯坦，伊朗，尼泊尔，埃及，黎巴嫩，突尼斯，阿尔及利亚，摩洛哥；欧洲中南部。

寄主：寄生于狗体表。

资料来源：申效诚，1993，河南昆虫名录。中国农业科学技术出版社。

五二、扁口蝇科 Platystommatidae

本科世界已知 123 属 1147 种，中国记载 16 属 57 种，河南已知 2 属 3 种。

离带肘角广口蝇 *Loxoneura disjuncta* Wang *et* Chen, 2004

省内产地：栾川龙峪湾(模式产地)。

分布：河南，四川。

资料来源：汪兴鉴等，2004，中国肘角广口蝇属二新种记述。动物分类学报，29(3): 582~585。

端斑皱蝇 *Rivellia apicalis* Hendel, 1934

省内产地：具体不详。

分布：河南，中国；日本。

资料来源：申效诚，1993，河南昆虫名录。中国农业科学技术出版社。

图斑皱蝇 *Rivellia depicta* Hennig, 1945

省内产地：具体不详。

分布：河南，东北。

资料来源：申效诚，1993，河南昆虫名录。中国农业科学技术出版社。

五三、沼蝇科 Sciomyzidae

本科世界已知 500 余种，中国已知 10 属 29 种，河南记载 1 属 1 种。

具刺长角沼蝇 *Sepedon spinipes* Scopoli

省内产地：具体不详。

分布：河南，北京，陕西，湖北，浙江，福建，湖南，广西，海南，四川，云南，新疆；全北区。

资料来源：李竹，2003，沼蝇科。《福建昆虫志 第八卷》，福建科学技术出版社。

五四、酪蝇科 Piophilidae

本科世界已知 14 属 80 种，中国记载 1 属 2 种，河南已知 1 属 1 种。

干酪蝇 *Piophila casei* (Linnaeus, 1758)

省内产地：具体不详。

分布：河南，江苏，福建；日本，世界广布。

资料来源：申效诚，1993，河南昆虫名录。中国农业科学技术出版社。

第二七节　昆虫纲：蚤目

Class Insecta: Order Siphonaptera

蚤目昆虫是一个十分特化的小目。体小而侧扁，无翅，体壁高度几丁质化，刺吸式口器，胸足发达，适于跳跃。

蚤目昆虫成虫靠吸食宿主的血液生存和繁衍后代，宿主多为兽类，少数种类寄生于鸟类或人类。不仅其叮刺吸血对人畜造成骚扰和危害，更可能是鼠疫、伤寒等重要疾病的传播媒介。幼虫蛆形，无眼无足，咀嚼式口器，取食有机物粉屑以及成虫排出的血粪粒。

河南对蚤目的了解很浅，本次考察也未触及。

蚤目全世界共 16 科 239 属 2497 种，中国记载 10 科 86 属 558 种，河南记录 4 科 9 属 10 种。

一、蚤科 Pulicidae

本科全世界共 26 属 205 种，中国记载 9 属 23 种，河南记录 3 属 3 种。

猫栉首蚤指名亚种 *Ctenocephalides felis felis* (Bouche, 1835)

省内产地：全省。

分布：河南，吉林，新疆，湖北，福建，广东，四川，贵州，云南；世界广布。

资料来源：申效诚，1993，河南昆虫名录。中国农业科学技术出版社。

人蚤 *Pulex irritans* Linnaeus, 1758

省内产地：全省。

分布：全国；世界广布。

资料来源：柳支英，1986，中国动物志 昆虫纲　第一卷 蚤目。科学出版社。

印鼠客蚤 *Xenopsylla cheopis* (Rothschild, 1903)

省内产地：全省。

分布：全国；世界广布。

资料来源：柳支英，1986，中国动物志 昆虫纲　第一卷 蚤目。科学出版社。

二、栉眼蚤科 Ctenophthalmidae

本科全世界共 40 属 560 种(不包括亚种)，中国记载 14 属 200 种，河南记录 2 属 3 种。

二齿新蚤 *Neopsylla bidentatiformis* (Wagner, 1893)

省内产地：登封。

分布：河南，内蒙古，黑龙江，吉林，辽宁，河北，山东，山西，陕西，甘肃，青海，宁夏，四川；朝鲜，蒙古国，俄罗斯。

资料来源：申效诚，1993，河南昆虫名录。中国农业科学技术出版社。

特新蚤 *Neopsylla specialis* Jordan, 1932

省内产地：具体不详。

分布：河南，北京，河北，山西，甘肃，江苏，湖北，浙江，福建，贵州，台湾，四川，云南，西藏。

资料来源：陆宝麟等，2003，中国重要医学昆虫分类与鉴别。河南科学技术出版社。

奇异狭臀蚤 *Stenischia mirabilis* Jordan, 1932

省内产地：登封。

分布：河南，湖北，四川，云南。

资料来源：申效诚，1993，河南昆虫名录。中国农业科学技术出版社。

三、细蚤科 Leptopsyllidae

本科全世界共 30 属 339 种，中国记载 17 属 180 种，河南记录 3 属 3 种。

丛鬃双蚤 *Amphipsylla vinogoradovi* Ioff, 1928

省内产地：登封。

分布：河南，新疆，内蒙古，黑龙江，吉林，河北，山西，陕西；蒙古国，俄罗斯。

资料来源：申效诚，1993，河南昆虫名录。中国农业科学技术出版社。

缓慢细蚤 *Leptopsylla segnis* (Schonherr, 1811)

省内产地：全省。

分布：河南，新疆，内蒙古，青海，西藏，黑龙江，山东，江苏，湖北，浙江，福建，台湾，贵州，四川，云南；世界广布。

资料来源：申效诚，1993，河南昆虫名录。中国农业科学技术出版社。

曲鬃怪蚤 *Paradoxopsyllus curvispinus* Miyajima *et* Koidzumi, 1909

省内产地：登封。

分布：河南，内蒙古，吉林，辽宁，河北，山西，陕西，甘肃，浙江，福建，江西；日本。

资料来源：申效诚，1993，河南昆虫名录。中国农业科学技术出版社。

四、角叶蚤科 Ceratophyllidae

本科全世界共 44 属 532 种，中国记载 20 属 156 种，河南记录 1 属 1 种。

不等单蚤 *Monopsylla anisus* (Rothschild, 1907)

省内产地：全省。

分布：全国(除西藏和新疆)；朝鲜，日本，俄罗斯。

资料来源：申效诚，1993，河南昆虫名录。中国农业科学技术出版社。

第二八节　昆虫纲：毛翅目
Class Insecta: Order Trichoptera

毛翅目昆虫统称“石蛾”，由于体表及翅面多毛而得名。体长 2~40 mm，体色较暗，褐色、黄褐色、灰色等，少有鲜艳者。头小，能自由活动，复眼大而左右远离，触角丝状多节，咀嚼式口器，但较退化，翅脉复杂。幼虫生活在各类清洁的水体中，常筑巢于石块缝隙，植食或肉食。

毛翅目昆虫是水生昆虫中最大类群之一，在淡水生态系统的能量流动中具有重要作用。可用作水质生物监测的指示生物。

毛翅目河南原来基础薄弱，20 世纪 90 年代初，薛银根做过一些调查，发表一些新种。科学考察中，王备新博士数次来豫采集，使毛翅目种类逐渐丰富起来。

毛翅目全世界共 47 科 608 属 13 574 种，中国记载 25 科 139 属 840 种，河南记录 16 科 35 属 67 种。

一、原石蛾科 Rhyacophilidae

本科全世界共 4 属 714 种，中国记载 2 属 100 种，河南记录 2 属 6 种。

那氏喜马原石蛾 *Himalopsyche navasi* Banks, 1940

省内产地：栾川龙峪湾。

分布：河南，四川，福建，江西，安徽。

资料来源：王备新等，1998，毛翅目。《伏牛山区昆虫》，中国农业科学技术出版社。

双带原石蛾 *Rhyacophila bivitta* Sun, 1997

省内产地：嵩县白云山，栾川龙峪湾(模式产地)。

分布：河南。

资料来源：孙长海，1997，毛翅目昆虫六新种记述。昆虫分类学报，19(4)：289~296。

***Rhyacophila euterpe* H Malicky *et* CH Sun, 2002**

省内产地：罗山灵山(模式产地)。

分布：河南。

资料来源：Malicky *et* Sun, 2002, 25 new species of Rhyacophilidae (Trichoptera) from China. Linzer biol Beitr 34(1): 541~561.

四裂臀原石蛾 *Rhyacophila quadrifida* Sun *et* Yang, 1995

省内产地：栾川龙峪湾。

分布：河南，陕西，四川。

资料来源：王备新等，1998，毛翅目。《伏牛山区昆虫》，中国农业科学技术出版社。

裂肢原石蛾 *Rhyacophila schismatica* Sun *et* Yang, 1995

省内产地：栾川龙峪湾。

分布：河南，江西。

资料来源：王备新等，1998，毛翅目。《伏牛山区昆虫》，中国农业科学技术出版社。

三角肛肢原石蛾 *Rhyacophila triangularis* Schmid, 1970

省内产地：栾川龙峪湾，嵩县白云山。

分布：河南，浙江，湖北，湖南。

资料来源：王备新等，1998，毛翅目。《龙王山昆虫》，中国林业出版社。

二、螯石蛾科 Hydrobiosidae

本科全世界共 47 属 379 种，主要分布于大洋洲和南美洲，中国记载 2 属 3 种，河南记录 1 属 1 未定种。

竖毛螯石蛾 *Apsilochorema* sp.

省内产地：嵩县白云山。

分布：河南。

资料来源：王备新等，1998，毛翅目。《伏牛山区昆虫》，中国农业科学技术出版社。

三、等翅石蛾科 Philopotamidae

本科全世界共 12 属 650 种，中国记载 4 属 30 种，河南记录 4 属 7 种。

钩肢缺叉等翅石蛾 *Chimarra hamularis* Sun, 1997

省内产地：嵩县白云山，栾川龙峪湾(模式产地)。

分布：河南。

资料来源：孙长海，1997，毛翅目昆虫六新种记述。昆虫分类学报，19(4)：289~296。

河南短室等翅石蛾 *Dolophilodes henanensis* Sun, 1997

省内产地：嵩县白云山，栾川龙峪湾(模式产地)。

分布：河南。

资料来源：孙长海，1997，毛翅目昆虫六新种记述。昆虫分类学报，19(4)：289~296。

矛突短室等翅石蛾 *Kisaura lanceolata* (Sun, 1997)

省内产地：栾川龙峪湾(模式产地)。

分布：河南。

资料来源：孙长海，1997，毛翅目昆虫六新种记述。昆虫分类学报，19(4)：289~296。

栉短室等翅石蛾 *Kisaura pectinata* (Ross, 1956)

省内产地：嵩县白云山。

分布：河南，浙江，广东。

资料来源：王备新等，1998，毛翅目。《伏牛山区昆虫》，中国农业科学技术出版社。

***Kisaura euandros* CH Sun *et* H Malicky, 2002**

省内产地：栾川龙峪湾(模式产地)。

分布：河南。

资料来源：Sun *et* Malicky, 2002, 22 new species of the Philopotamidae (Trichoptera) from China. Linzer Biol Beitr 34(1): 521~540.

***Kisaura eumaios* CH Sun *et* H Malicky, 2002**

省内产地：罗山灵山(模式产地)。

分布：河南。

资料来源：Sun *et* Malicky, 2002, 22 new species of the Philopotamidae (Trichoptera) from China. Linzer Biol Beitr 34(1): 521-540.

双片蠕形等翅石蛾 *Wormaldia bilamellata* Sun, 1997

省内产地：嵩县白云山(模式产地)。

分布：河南。

资料来源：孙长海，1997，毛翅目昆虫六新种记述。昆虫分类学报，19(4)：289~296。

四、蝶石蛾科 Psychomyiidae

本科全世界共 15 属 300 种，中国记载 2 属 30 种，河南记录 1 属 2 种。

指茎蝶石蛾 *Psychomyia dactylina* Sun, 1997

省内产地：栾川龙峪湾(模式产地)。

分布：河南。

资料来源：孙长海，1997，毛翅目昆虫六新种记述。昆虫分类学报，19(4)：289~296。

齿突蝶石蛾 *Psychomyia spinosa* Tian, 1993

省内产地：嵩县白云山，栾川龙峪湾。

分布：河南，云南。

资料来源：王备新等，1998，毛翅目。《伏牛山区昆虫》，中国农业科学技术出版社。

五、多距石蛾科 Polycentropodidae

本科全世界共 25 属 450 种，中国记载 6 属 40 种，河南记录 3 属 5 种。

等叶闭径多距石蛾 *Nyctiophylax adaequatus* Wang *et* Yang, 1997

省内产地：嵩县白云山(模式产地)。

分布：河南。

资料来源：杨莲芳等，1997，伏牛山毛翅目昆虫七新种。昆虫分类学报，19(4)：279~288。

弯枝缘脉多距石蛾 *Plectrocnemia sinualis* Wang *et* Yang, 1997

省内产地：嵩县白云山(模式产地)。

分布：河南。

资料来源：杨莲芳等，1997，伏牛山毛翅目昆虫七新种。昆虫分类学报，19(4)：279~288。

具沟缘脉多距石蛾 *Plectrocnemia uncata* Wang *et* Yang, 1997

省内产地：嵩县白云山(模式产地)。

分布：河南。

资料来源：杨莲芳等，1997，伏牛山毛翅目昆虫七新种。昆虫分类学报，19(4)：279~288。

扁平缺叉多距石蛾 *Polyplectropus explanatus* Li *et* Moose, 1997

省内产地：嵩县白云山。

分布：河南，江西，广东。

资料来源：钟花，均道芬，Moose JC，2008，中国缺叉多距石蛾属六新种(毛翅目，多距石蛾科)。动物分类学报，33(3)：600~607。

钩状缺叉多距石蛾 *Polyplectropus unciformis* Zhong, Jun *et* Moose, 2008

省内产地：信阳鸡公山(模式产地)。

分布：河南。

资料来源：钟花，均道芬，Moose JC，2008，中国缺叉多距石蛾属六新种(毛翅目，多距石蛾科)。动物分类学报，33(3)：600~607。

六、角石蛾科 Stenopsychidae

本科全世界共 3 属 100 种，中国记载 2 属 50 种，河南记录 1 属 1 种。

狭窄角石蛾 *Stenopsyche angustata* Martynov, 1930

省内产地：嵩县白云山，栾川龙峪湾。

分布：河南，陕西，四川，江西，福建，广东。

资料来源：王备新等，1998，毛翅目。《伏牛山区昆虫》，中国农业科学技术出版社。

七、纹石蛾科 Hydropsychidae

本科全世界共 60 属 1000 种，中国记载 12 属 150 种，河南记录 3 属 5 种。

卷背短脉纹石蛾 *Cheumatopsyche surgens* Li *et* Tian, 1990

省内产地：嵩县白云山，栾川龙峪湾。

分布：河南，湖南。

资料来源：王备新等，1998，毛翅目。《伏牛山区昆虫》，中国农业科学技术出版社。

***Hydropsyche cipus* H Malicky *et* P Chantaramongkol, 2000**

省内产地：罗山灵山(模式产地)。

分布：河南。

资料来源：Malichy *et al.,* 2002, Ein Beitrag zur Kenntnis asiatischer *Hydropsyche*-Arten (Trichoptora, Hydropsychidae). Linzer biol Beitr 32(2): 791~860.

柯隆侧枝纹石蛾 *Hydropsyche* (*Ceratopsyche*) *columnata* Martynov, 1931

省内产地：新安。

分布：河南，陕西，四川，贵州。

资料来源：李佑文等，1990，侧枝纹石蛾亚属中国种类记述。昆虫分类学报，12(2)。

截茎侧枝纹石蛾 *Hydropsyche* (*Ceratopsyche*) *penicillata* Martynov, 1935

省内产地：嵩县白云山，栾川龙峪湾。

分布：河南，福建，四川，云南，陕西。

资料来源：王备新等，1998，毛翅目。《伏牛山区昆虫》，中国农业科学技术出版社。

疗长角纹石蛾 *Macrostemum fostosum* Walker, 1852

省内产地：具体不详。

分布：河南，安徽，江苏，浙江，福建，台湾，广东，广西，海南，云南；泰国，印度(锡金)，马来西亚，印度尼西亚。

资料来源：申效诚，时振亚，1994，《河南昆虫分类区系研究 第一卷》。中国农业科学技术出版社。

八、鳞石蛾科 Lepidostomatidae

本科全世界共 30 属 350 种，中国记载 8 属 42 种，河南记录 4 属 6 种。

三指茎突鳞石蛾 *Dinarthrum tridigitum* Yang *et* Morse, 1997

省内产地：栾川龙峪湾。

分布：河南，湖北。

资料来源：王备新等，1998，毛翅目。《伏牛山区昆虫》，中国农业科学技术出版社。

盂须条鳞石蛾 *Goerodes propriopalpa* (Hwang, 1957)

省内产地：栾川龙峪湾。

分布：河南，福建。

资料来源：王备新等，1998，毛翅目。《伏牛山区昆虫》，中国农业科学技术出版社。

***Lepidostoma acutum* L Yang *et* JS Weaver, 2002**

省内产地：内乡宝天曼(模式产地)。

分布：河南。

资料来源：Tijdschr Entomol 145: 293, f 265~271.

黄褐鳞石蛾 *Lepidostoma flavum* (Ulmer, 1926)

省内产地：具体不详。

分布：河南，安徽，浙江，福建，江西，贵州，广西。

资料来源：杨连芳等，2004，毛翅目。《广西十万大山地区昆虫》，中国林业出版社。

***Lepidostoma multicavatum* L Yang *et* JS Weaver, 2002**

省内产地：西峡黄石庵(模式产地)。

分布：河南。

资料来源：Yang L. & J S Weaver, 2002, The Chinese Lepiclostomatidae (Trichoptera). Tijdschr Entomol 145: 291, f 239~244.

Paraphlegopteryx morsei **L Yang *et* JS Weaver, 2002,**

省内产地：内乡宝天曼(模式产地)。

分布：河南。

资料来源：Yang L. & J S Weaver, 2002, The Chinese Lepiclostomatidae (Trichoptera). Tijdschr Entomol 145: 269~270.

九、瘤石蛾科 Goeridae

本科全世界共 12 属 162 种，中国记载 1 属 8 种，河南记录 1 属 4 种。

广歧瘤石蛾 *Goera diversa* Yang, 1997

省内产地：栾川龙峪湾(模式产地)。

分布：河南。

资料来源：杨莲芳等，1997，伏牛山毛翅目昆虫七新种。昆虫分类学报，19(4)：279~288。

长针瘤石蛾 *Goera longispina* Ulmer, 1907

省内产地：栾川龙峪湾。

分布：河南，四川；菲律宾。

资料来源：王备新等，1998，毛翅目。《伏牛山区昆虫》，中国农业科学技术出版社。

马氏瘤石蛾 *Goera martynowi* Ulmer, 1932

省内产地：栾川龙峪湾。

分布：河南，北京，江苏，安徽，湖北，湖南，浙江，江西，四川。

资料来源：王备新等，1998，毛翅目。《伏牛山区昆虫》，中国农业科学技术出版社。

直肢瘤石蛾 *Goera recta* Yang *et* Morse, 1997

省内产地：栾川龙峪湾。

分布：河南，湖北。

资料来源：王备新等，1998，毛翅目。《伏牛山区昆虫》，中国农业科学技术出版社。

一〇、石蛾科 Phryganeidae

本科全世界共 15 属 100 种，中国记载 7 属 30 种，河南记录 1 属 2 种。

橙褐石蛾 *Eubasilissa mandarina* Schmid, 1959

省内产地：具体不详。

分布：河南，辽宁，宁夏，陕西，甘肃，四川。

资料来源：孙长海，杨莲芳，2010，毛翅目。《六盘山无脊椎动物》，河北大学出版社。

深色褐纹石蛾 *Eubasilissa regina* McLachlan, 1871　(图版 XXIII-8)

省内产地：嵩县白云山。

分布：河南，西藏，四川，山东，云南，台湾；日本，印度。

资料来源：王备新等，1998，毛翅目。《伏牛山区昆虫》，中国农业科学技术出版社。

一一、长角石蛾科 Leptoceridae

本科全世界共 50 属 1200 种，中国记载 13 属 160 种，河南记录 6 属 7 种。

圆叶并脉长角石蛾 *Adicella ellipsoidalis* Yang *et* Morse, 2000

省内产地：栾川龙峪湾。

分布：河南，江西。

资料来源：王备新等，1998，毛翅目。《伏牛山区昆虫》，中国农业科学技术出版社。

异眉突长角石蛾 *Ceraclea* (*Athripsodina*) *disemeiensis*, Yang, 1997

省内产地：栾川龙峪湾(模式产地)。

分布：河南。

资料来源：杨莲芳等，1997，伏牛山毛翅目昆虫七新种。昆虫分类学报，19(4)：279~288。

高枝须长角石蛾 *Mystacides superata* Yang *et* Morse, 2000

省内产地：嵩县白云山。

分布：河南，四川。

资料来源：王备新等，1998，毛翅目。《伏牛山区昆虫》，中国农业科学技术出版社。

栖长角石蛾 *Oecetis* sp.

省内产地：栾川龙峪湾。

分布：河南。

资料来源：王备新等，1998，毛翅目。《伏牛山区昆虫》，中国农业科学技术出版社。

银星长角石蛾 *Setodea argentata* Matsumura, 1906

省内产地：新乡。

分布：河南；日本。

资料来源：申效诚，1993，《河南昆虫名录》。中国农业科学技术出版社。

姬长角石蛾 *Setodea* sp.

省内产地：栾川龙峪湾。

分布：河南。

资料来源：王备新等，1998，毛翅目。《伏牛山区昆虫》，中国农业科学技术出版社。

秦岭叉长角石蛾 *Triaenodes qinglingensis* Yang *et* Morse, 2000

省内产地：栾川龙峪湾。

分布：河南，陕西，福建，江西，四川。

资料来源：王备新等，1998，毛翅目。《伏牛山区昆虫》，中国农业科学技术出版社。

一二、齿角石蛾科 Odontoceridae

本科全世界共 10 属 70 种，中国记载 2 属 10 种，河南记录 1 属 2 种。

锥状裸齿角石蛾 *Psilotreta daidalos* Malicky, 2000

省内产地：栾川龙峪湾(模式产地)。

分布：河南。

资料来源：Malicky, H., 2000, Some new caddisflies from Sabah, Nepal, India and China. *Braueria*, 27: 32~39.

深裂裸齿角石蛾 *Psiloterta daktylos* Malicky, 2000

省内产地：栾川龙峪湾(模式产地)。

分布：河南。

资料来源：Malicky, H., 2000, Some new caddisflies from Sabah, Nepal, India and China. *Braueria*, 27: 32~39.

一三、舌石蛾科 Glossosomatidae

本科全世界共 20 属 500 种，中国记载 3 属 30 种，河南记录 2 属 3 种。

魔舌石蛾 *Agapetus* sp. ①(新种，另文发表)

省内产地：栾川龙峪湾。

分布：河南。

资料来源：王备新等，1998，毛翅目。《伏牛山区昆虫》，中国农业科学技术出版社。

魔舌石蛾 *Agapetus* sp. ②(新种，另文发表)

省内产地：栾川龙峪湾。

分布：河南。

资料来源：王备新等，1998，毛翅目。《伏牛山区昆虫》，中国农业科学技术出版社。

等叶舌石蛾 *Glossosoma aequale* Banks, 1940

省内产地：栾川龙峪湾。

分布：河南，四川。

资料来源：王备新等，1998，毛翅目。《伏牛山区昆虫》，中国农业科学技术出版社。

一四、沼石蛾科 Limnephilidae

本科全世界共 130 属 1100 种，中国记载 20 多属 122 种，河南记录 1 属 1 种。

背角伪突沼石蛾 *Pseudostenophylax dorsoproceris* Leng *et* Yang, 1997

省内产地：嵩县白云山(模式产地)。

分布：河南。

资料来源：杨莲芳等，1997，伏牛山毛翅目昆虫七新种。昆虫分类学报，19(4)：279-288。

一五、细翅石蛾科 Molannidae

本科全世界共 3 属 25 种，中国记载 3 属 3 种，河南记录 1 属 2 种。

***Molannodes ephialtes* Malicky, 2000**

省内产地：嵩县白云山(模式产地)。

分布：河南。

资料来源：Malicky, H., 2000, Some new caddisflies from Sabah, Nepal, India and China. *Braueria*, 27: 32~39.

***Molannodes* sp. (♀)**

省内产地：嵩县白云山。

分布：河南。

资料来源：王备新等，1998，毛翅目。《伏牛山区昆虫》，中国农业科学技术出版社。

一六、小石蛾科 Hydroptilidae

本科全世界共 36 属 800 种，中国记载 5 属 26 种，河南记录 3 属 13 种。

尖角小石蛾 *Hydroptila acutangutata* Yang *et* Wang, 1997

省内产地：栾川龙峪湾(模式产地)。

分布：河南。

资料来源：杨莲芳等，1997，伏牛山毛翅目昆虫七新种。昆虫分类学报，19(4)：279~288。

伊朗小石蛾 *Hydroptila bajgirana* Botosaneanu, 1983

省内产地：林县。

分布：河南；伊朗。

资料来源：薛银根等，1991，中国小石蛾科六新纪录种。河南农业大学学报，25(1)：19~23。

匙小石蛾 *Hydroptila cochlearis* Xue *et* Yang, 1990

省内产地：林县(模式产地)。

分布：河南，贵州，四川。

资料来源：薛银根，1990，中国小石蛾科七新种记述。河南农业大学学报，24(1)：124~129。

丹氏小石蛾 *Hydroptila dampfi* Ulmer, 1929

省内产地：林县。

分布：河南，江苏，黑龙江，安徽，陕西，湖北，贵州，四川，云南；德国。

资料来源：薛银根等，1991，中国小石蛾科六新纪录种。河南农业大学学报，25(1)：19~23。

奇异小石蛾 *Hydroptila extrema* Kumanski, 1990

省内产地：栾川龙峪湾。

分布：河南，浙江；朝鲜。

资料来源：王备新等，1998，毛翅目。《伏牛山区昆虫》，中国农业科学技术出版社。

短肢小石蛾 *Hydroptila giama* Olan, 1989

省内产地：具体不详。

分布：河南；朝鲜。

资料来源：田立新等，1996，中国经济昆虫志 第四十九册 毛翅目(一)。科学出版社。

莫氏小石蛾 *Hydroptila moselyi* Ulmer, 1932

省内产地：林县，新安。

分布：河南，北京，陕西，贵州，四川，云南，广西；韩国。

资料来源：薛银根等，1992，河南省小石蛾科分类研究。河南农业大学学报，26(4)。

星期四小石蛾 *Hydroptila thuna* Olan, 1989

Hydroptila apiculata Yang *et* Xie, 1992

省内产地：林县。

分布：河南，湖北，江苏，安徽，浙江，福建，江西，四川，广西，海南，云南；越南，印度。

资料来源：薛银根等，1992，河南省小石蛾科分类研究。河南农业大学学报，26(4)。

三角小石蛾 *Hydroptila triangula* Xue *et* Yang, 1990

省内产地：林县(模式产地)。

分布：河南，广西。

资料来源：薛银根，1990，中国小石蛾科七新种记述。河南农业大学学报，24(1)：124~129。

缘脉直毛小石蛾 *Orthotrichia costalis* (Curtis, 1834)

省内产地：郑州。

分布：河南，湖北，江苏，广西；古北区。

资料来源：薛银根等，1992，河南省小石蛾科分类研究。河南农业大学学报，26(4)。

特氏直毛小石蛾 *Orthotrichia trugetti* Mosely, 1930

省内产地：郑州。

分布：河南，湖北，江苏。

资料来源：薛银根等，1992，河南省小石蛾科分类研究。河南农业大学学报，26(4)。

宝天尖毛小石蛾 *Oxyethira baotianensis* Xie, Luo *et* Gao, 1992

省内产地：内乡(模式产地)。

分布：河南。

资料来源：薛银根等，1992，河南省小石蛾科分类研究。河南农业大学学报，26(4)。

三带尖毛小石蛾 *Oxyethira ecornuta* Morton, 1893

省内产地：林县。

分布：河南；全北区。

资料来源：薛银根等，1991，中国小石蛾科六新纪录种。河南农业大学学报，25(1)：19~23。

第二九节　昆虫纲：鳞翅目
Class Insecta: Order Lepidoptera

鳞翅目昆虫统称“蛾”、“蝶”。是仅次于鞘翅目的第二大目。主要特征是，两对膜质翅及全身满覆鳞片；成虫口器一般为虹吸式；幼虫蠋形，腹足具趾钩；蛹一般为被蛹。

成虫个体大小相差极大，翅展由 4 mm 到 300 mm。大多生活于陆地环境。

幼虫几乎全为植食性，是农林业害虫的重要类群，但也有一些种类对人类生产生活贡献甚大，如家蚕、蝙蛾、观赏蝶类等。

鳞翅目昆虫在河南原来已有相当基础，通过考察，仍获得较大收获，种类数增加 1.49 倍。李后魂教授、王淑霞教授对麦蛾科、织蛾科、卷蛾科、螟蛾科等小蛾类多次深入细致调查，其种类大幅度增加，织蛾科种类已达全国种类的 28%以上，通过薛大勇、武春生研究员的采集及对大蛾类标本的鉴定，也有大量新记录发现。

鳞翅目全世界已知 150 科 200 000 种，我国记载 95 科 3826 属 17 598 种，河南记载 68 科 1324 属 2969 种。

一、蛉蛾科 Neopseustidae

本科全世界共 4 属 12 种，中国记载 2 属 6 种，河南记录 1 属 1 种。

原蛉蛾 *Neopseustis calliglauca* Meyrick, 1909　(图版 XXIV-1)

省内产地：嵩县白云山，辉县关山。

分布：河南，云南，四川，湖南；印度。

资料来源：申效诚，2008，鳞翅目：蛉蛾科，长角蛾科。《宝天曼自然保护区昆虫》，中国农业科学技术出版社。

二、蝙蝠蛾科 Hepialidae

本科全世界共 80 属 500 种，中国记载 7 属 82 种(朱弘复等，2004)，河南记录 1 属 5 种。

柳蝙蛾 *Phassus excrescens* Butler, 1877

省内产地：信阳。

分布：河南，黑龙江，吉林，辽宁，内蒙古，河北，山东，安徽，江西，广西；日本，俄罗斯(西伯利亚)。

资料来源：申效诚，1993，河南昆虫名录。中国农业科学技术出版社。

湖南蝙蛾 *Phassus hunanensis* Chu *et* Wang, 1985

省内产地：内乡宝天曼。

分布：河南，湖南，江西，海南。

资料来源：牛瑶，1999，鳞翅目：蝠蛾科。《伏牛山南坡及大别山区昆虫》，中国农业科学技术出版社。

凸缘蝙蛾 *Phassus nankingi* Daniel, 1940

省内产地：信阳，洛阳，汝阳。

分布：河南，安徽，江西，江苏。

资料来源：申效诚，1993，河南昆虫名录。中国农业科学技术出版社。

点蝙蛾 *Phassus sinensis* Moore, 1877　(图版 XXIV-3)

省内产地：济源，汝阳，泌阳，新县，罗山。

分布：河南，吉林，山东，陕西，湖北，安徽，江苏，浙江，江西，湖南，海南，贵州，四川；日本，俄罗斯(西伯利亚)，印度。

资料来源：申效诚，1993，河南昆虫名录。中国农业科学技术出版社。

小蝙蛾 *Phassus* sp.

省内产地：罗山董寨。

分布：河南。

资料来源：牛瑶，1999，鳞翅目：蝠蛾科。《伏牛山南坡及大别山区昆虫》，中国农业科学技术出版社。

三、长角蛾科 Adelidae

本科全世界共 10 属 385 种，中国记载 3 属 25 种，河南记录 1 属 3 种。

大黄长角蛾 *Nemophora amurensis* Alpheraky, 1897 (图版 XXIV-2)

省内产地：嵩县白云山。

分布：河南，黑龙江，陕西，青海，江西，四川；日本。

习性：喜欢成群聚落在千里光叶片上。

资料来源：申效诚，2008，鳞翅目：蛉蛾科，长角蛾科。《宝天曼自然保护区昆虫》，中国农业科学技术出版社。

黑白长角蛾 *Nemophora askoldella* Milliere, 1879

省内产地：内乡宝天曼。

分布：河南，东北；日本，俄罗斯。

形态：前翅中部白色宽横带内外侧各有一条银色窄带和一条黑色窄带，从前缘贯通后缘，而不是止于中部。诱虫灯下采到。

资料来源：申效诚，2008，鳞翅目：蛉蛾科，长角蛾科。《宝天曼自然保护区昆虫》，中国农业科学技术出版社。

***Nemophora ochsenheimerella* Hubner, 1813**

省内产地：栾川龙峪湾。

分布：河南；日本。

资料来源：申效诚等，1999，鳞翅目：箩纹蛾科，巢蛾科，波纹蛾科，网蛾科，长角蛾科。《伏牛山南坡及大别山区昆虫》，中国农业科学技术出版社。

四、冠潜蛾科 Tischeriidae

本科全世界共 1 属 100 种，中国记载 1 属 1 种，河南记录 1 属 1 种。

李冠潜蛾 *Tischeria gaunacella* Duponchel, 1843

省内产地：灵宝，南阳。

分布：河南，华北；小亚细亚;欧洲。

资料来源：申效诚，1993，河南昆虫名录。中国农业科学技术出版社。

五、谷蛾科 Tineidae

本科全世界已知 360 属 2500 种，中国已知 39 属 96 种(李后魂等，2012)，河南现有记录 12 属 18 种。

***Eudarcia orbiculidomus* (Sakai *et* Saigusa, 1999)**

省内产地：辉县八里沟。

分布：河南，河北；日本。

资料来源：Xiao Yunli & Li Houhun, 2009, *Eudarcia* (Lepidoptera: Tineidae) from China, with descriptions of two new species. *Oriental Insecta*, 43: 307~313.

喙太宇谷蛾 *Gerontha rostriformis* Li *et* Xiao, 2009

省内产地：西峡黄石庵(模式产地)。

分布：河南。

资料来源：李后魂，肖云丽，2009，中国太宇谷蛾属分类研究(鳞翅目，谷蛾科)。动物分类学报，34(2)：224~233。

食丝谷蛾 *Hapsifera brabata* Christoph, 1881

省内产地：三门峡。

分布：河南，浙江；日本。

寄主：黑木耳。

资料来源：申效诚，1993，河南昆虫名录。中国农业科学技术出版社。

褐斑谷蛾 *Homalopsycha agglutinata* Meyrick, 1932

省内产地：全省。

分布：河南，黑龙江，辽宁，内蒙古，新疆，甘肃，宁夏，山西，北京，湖南，江西；日本，俄罗斯。

寄主：小麦，高粱，大米。

资料来源：申效诚，1993，河南昆虫名录。中国农业科学技术出版社。

弯刺骨斑地谷蛾 *Maculisclerotica curvispinea* Xiao *et* Li, 2009

省内产地：内乡宝天曼，桐柏水帘洞，西峡黄石庵，济源黄楝树，内乡夏馆(模式产地)。

分布：河南。

资料来源：Xiao Yunli & Li Houhun, 2009, New tineid genus *Maculisclerotica* gen. nov. and three new species from China (Lepidoptera, Tineidae, Meessiinae). *Acta Zootaxonomica Sinica*, 34(4): 769~776.

梯斑谷蛾 *Monopis monachella* (Hübner, 1796)

省内产地：济源王屋山，辉县八里沟，登封嵩山，嵩县白云山，内乡葛条爬，西峡黄石庵，桐柏水帘洞。

分布：河南，辽宁，黑龙江，河北，天津，山东，浙江，湖北，江西，湖南，贵州，台湾，四川，云南，广东，海南，广西，西藏，陕西，新疆；日本，菲律宾，印度尼西亚，斯里兰卡；欧洲，非洲，北美，南美。

寄主：皮毛，动物残骸。

资料来源：申效诚，1993，河南昆虫名录。中国农业科学技术出版社。

月斑谷蛾 *Monopis semorbiculata* Xiao *et* Li, 2006

省内产地：嵩县白云山(副模产地)。

分布：河南，陕西，甘肃，四川，贵州。

资料来源：Xiao Yunli & Li Houhun, 2006, A review of the genus *Monopis* Hübner from China (Lepidoptera: Tineidae: Tineinae). *Deutsche Entomologische Zeitschrift*, 53(2): 193~212.

镰斑谷蛾 *Monopis trapezoides* Petersen *et* Gaedike, 1993

省内产地：内乡宝天曼，桐柏水帘洞，罗山灵山，辉县八里沟。

分布：河南，甘肃，湖北，安徽，浙江，贵州。

资料来源：Xiao Yunli & Li Houhun, 2006, A review of the genus *Monopis* Hübner from China (Lepidoptera: Tineidae: Tineinae). *Deutsche Entomologische Zeitschrift*, 53(2): 193~212.

赭斑谷蛾 *Monopis zagulajevi* Gaedike, 2000

省内产地：内乡宝天曼。

分布：河南，陕西，浙江，湖南，贵州，四川，广西；俄罗斯。

资料来源：Xiao Yunli & Li Houhun, 2006, A review of the genus *Monopis* Hübner from China (Lepidoptera: Tineidae: Tineinae). *Deutsche Entomologische Zeitschrift*, 53(2): 193~212.

***Nemapogon bidentata* Xiao *et* Li, 2010**

省内产地：嵩县白云山，西峡黄石庵(模式产地)。

分布：河南，陕西。

资料来源：Xiao Yunli & Li Houhun, 2010, Taxonomic study of the genus *Nemapogon* Schrank from

China (Lepidoptera: Tineidae). *Zootaxa*, 2401: 41~51.

Nemapogon robusta **Gaedike, 2000**

省内产地：辉县关山。

分布：河南，黑龙江；俄罗斯。

资料来源：Xiao Yunli & Li Houhun, 2010, Taxonomic study of the genus *Nemapogon* Schrank from China (Lepidoptera: Tineidae). *Zootaxa*, 2401: 41~51.

四点巢谷蛾 *Nitiditinea tugurialis* Meyrick, 1932

四点谷蛾 *Tinea tugurialis* Meyrick

省内产地：全省。

分布：河南，新疆，甘肃，宁夏，陕西，北京，天津，全国；日本；中亚，西亚，欧洲。

寄主：发霉粮食，麸糠，面粉，花生，中药材。

资料来源：申效诚，1993，河南昆虫名录。中国农业科学技术出版社。

蔗扁辉谷蛾 *Opogona sacchari* (Bojer, 1856) (河南新记录属、种)

省内产地：郑州。

分布：河南，河北，北京，全国广泛分布；美国，日本；非洲，拉丁美洲。

寄主：巴西木，玉米，香蕉，果树等 100 多种植物。

异连宇谷蛾 *Rhodobates asymmetricus* Xiao *et* Li, 2009

省内产地：内乡宝天曼(模式产地)。

分布：河南。

资料来源：肖云丽，李后魂，2009，中国连宇谷蛾属一新种记述(鳞翅目，谷蛾科)。动物分类学报，34(2)：234~236。

无花果谷蛾 *Tinea fictrix* Meyrick, 1914

省内产地：济源王屋山，罗山灵山，桐柏水帘洞。

分布：河南，甘肃，广东，台湾；印度，马来西亚，孟加拉国，澳大利亚。

资料来源：李后魂等，2012，秦岭小蛾类。科学出版社。

螺谷蛾 *Tinea omechlopis* Meyrick, 1928

省内产地：登封嵩山。

分布：河南，河北，天津，内蒙古，山东，陕西，甘肃，新疆；俄罗斯；中亚。

资料来源：李后魂等，2012，秦岭小蛾类。科学出版社。

灰褐谷蛾 *Tinea translucens* Meyrick, 1917

Tinea metonella Pierce & Metcalfe, 1934

省内产地：具体不详。

分布：河南，湖北，福建；日本，印度，斯里兰卡，伊朗，俄罗斯，埃及，突尼斯，扎伊尔，刚果，南非，美国，智利，澳大利亚；欧洲。

资料来源：刘友樵等，2001，谷蛾科。《福建昆虫志 第五卷》，福建科学技术出版社。

幕谷蛾 *Tineola bisselliella* (Hummel, 1823)

省内产地：具体不详。

分布：河南，西藏，北京，广东，陕西，新疆；世界广布。

寄主：皮毛，地毯，衣服，鱼粉，干肉。

资料来源：申效诚，1993，河南昆虫名录。中国农业科学技术出版社。

六、蓑蛾科 Psychidae

本科全世界共已知 200 属 600 种，中国记载 24 属 54 种，河南记录 6 属 8 种。

碧皑蓑蛾 *Acanthopsyche bipars* Walker, 1865

省内产地：具体不详。

分布：河南，辽宁，北京，山东，湖北，浙江，福建，江西，湖南，广东，海南，广西，四川。
寄主：核桃，榆，刺槐，松。
资料来源：申效诚，1993，河南昆虫名录。中国农业科学技术出版社。

白囊蓑蛾 *Chalioides kondonis* Kondo, 1922

省内产地：全省。
分布：河南，河北，山东，山西，安徽，江苏，浙江，福建，江西，湖南，广东，广西，贵州，四川。
寄主：杨，柳，刺槐，苹果，桃，悬铃木等。
资料来源：申效诚，1993，河南昆虫名录。中国农业科学技术出版社。

松巢蓑蛾 *Clania crameri* Westwood, 1854

省内产地：信阳，新县。
分布：河南，安徽，福建，江西，湖南，广东，海南，广西，贵州；斯里兰卡，印度尼西亚。
寄主：松，刺槐，核桃，桃，槭。
资料来源：申效诚，1993，河南昆虫名录。中国农业科学技术出版社。

小巢蓑蛾 *Clania minuscula* Butler, 1912

省内产地：信阳，南阳，商丘，郑州，民权，中牟。
分布：河南，山西，山东，湖北，江苏，浙江，福建，台湾，江西，湖南，广东，广西，贵州，四川，云南；日本。
寄主：苹果，茶，刺槐，棉花，李，樱桃，石榴，葡萄等。
资料来源：申效诚，1993，河南昆虫名录。中国农业科学技术出版社。

大巢蓑蛾 *Clania variegata* (Snellen, 1879)

省内产地：全省。
分布：河南，河北，山西，陕西，山东，湖北，安徽，江苏，浙江，福建，台湾，江西，湖南，广东，贵州，四川，云南；日本，斯里兰卡，马来西亚，印度。
寄主：泡桐，杨，柳，榆，桑，苹果，棉花，玉米，悬铃木等。
资料来源：申效诚，1993，河南昆虫名录。中国农业科学技术出版社。

***Eosolenobia zouhari* Dierl, 1984**

省内产地：具体不详。
分布：河南，山西，山东，陕西，安徽，江苏，湖北，浙江，福建，江西，台湾，广东，湖南，贵州，四川，云南，西藏；日本，印度，马来西亚。
资料来源：Hua Lizhong, 2005, List of Chinese Insects vol III, 19.

褐蓑蛾 *Mahasena colona* Sonan, 1935

省内产地：信阳。
分布：河南，福建，台湾，江西，湖南，贵州。
寄主：茶。
资料来源：申效诚，1993，河南昆虫名录。中国农业科学技术出版社。

柿蓑蛾 *Pachythelia unicolor* Hubner

省内产地：具体不详。
分布：河南，北京，福建，全国。
资料来源：Hua Lizhong, 2005, List of Chinese Insects vol III, 19.

七、细蛾科 Gracillariidae

本科全世界已知 98 属 1809 种，中国记载 24 属 100 种，河南记录 6 属 20 种。

大豆细蛾 *Acrocercops coerulea* Meyrick

省内产地：周口，商丘，许昌。

分布：河南，台湾；印度。

寄主：大豆。

资料来源：申效诚，1993，河南昆虫名录。中国农业科学技术出版社。

南烛尖细蛾 *Acrocercops transecta* Meyrick, 1931

省内产地：嵩县白云山，信阳鸡公山。

分布：河南，陕西，湖北，河北，安徽，浙江，湖南，海南，四川，贵州，云南，台湾；日本，韩国，俄罗斯远东地区。

资料来源：李后魂等，2012，秦岭小蛾类。科学出版社。

***Caloptilia celtidis* Kumata, 1982**

省内产地：辉县八里沟。

分布：河南，安徽，甘肃，贵州，海南，湖北，湖南，江西，陕西，四川，浙江，香港；日本。

资料来源：Bai Haiyan, Li Houhun & Kendrick, R. C., 2009, Microlepidoptera of Hong Kong: Checklist of Gracillariidae (Lepidoptera: Gracillarioidea). *SHILAP Revta. Lepid.*, 37(148): 495~500.

黑丽细蛾 *Caloptilia kurokoi* Kumata, 1966

省内产地：嵩县白云山，桐柏水帘洞。

分布：河南，浙江，湖南，贵州；日本。

资料来源：李后魂等，2012，秦岭小蛾类。科学出版社。

起丽细蛾 *Caloptilia rhois* Kumata, 1982

省内产地：内乡宝天曼。

分布：河南，安徽，浙江，福建，湖北，湖南，江西，贵州，四川，陕西，甘肃，香港；朝鲜，日本。

资料来源：Bai Haiyan, Li Houhun & Kendrick, R. C., 2009, Microlepidoptera of Hong Kong: Checklist of Gracillariidae (Lepidoptera: Gracillarioidea). *SHILAP Revta. Lepid.*, 37(148): 495~500.

栗丽细蛾 *Caloptilia sapporella* (Matsumura, 1931)

省内产地：辉县八里沟，登封嵩山，嵩县白云山，内乡宝天曼，桐柏水帘洞，罗山灵山。

分布：河南，甘肃，天津，黑龙江，安徽，浙江，江西，湖南，贵州；日本，韩国，俄罗斯远东地区。

资料来源：李后魂等，2012，秦岭小蛾类。科学出版社。

丽细蛾 *Caloptilia stigmatella* (Fabricius, 1781)

省内产地：嵩县白云山，内乡宝天曼，西峡黄石庵。

分布：河南，黑龙江，河北，山西，陕西，甘肃，新疆，宁夏，浙江，湖南，贵州，四川；蒙古国，日本，印度，俄罗斯，塔吉克斯坦，土库曼斯坦；欧洲，北美。

资料来源：李后魂，2010，细蛾科。《六盘山无脊椎动物》，河北大学出版社。

茶丽细蛾 *Caloptilia theivora* (Walsingham, 1891)

省内产地：罗山灵山。

分布：河南，安徽，浙江，福建，甘肃，广东，香港，广西，贵州，海南，湖北，湖南，江西，四川，台湾，云南；印度，印度尼西亚，朝鲜，日本，斯里兰卡，泰国，越南，马来西亚，文莱。

资料来源：Bai Haiyan, Li Houhun & Kendrick, R. C., 2009, Microlepidoptera of Hong Kong: Checklist of Gracillariidae (Lepidoptera: Gracillarioidea). *SHILAP Revta. Lepid.*, 37(148): 495~500.

斑细蛾 *Calybites phasianipennella* (Hubner, 1813)

省内产地：具体不详。

分布：河南，黑龙江，内蒙古，吉林，北京，天津，山西，陕西，甘肃，新疆，宁夏，青海，西藏，安徽，湖北，浙江，台湾，湖南，贵州，四川，广东；韩国，日本，印度，印度尼西亚，泰国，俄罗斯，巴基斯坦，土库曼斯坦；欧洲。

资料来源：李后魂，2010，细蛾科。《六盘山无脊椎动物》，河北大学出版社。

纹细蛾 *Leucospilapteryx omisselle* (Stainton, 1848)

省内产地：西峡黄石庵，内乡宝天曼。

分布：河南，陕西，甘肃，河北，天津，山西。黑龙江，安徽，湖南，贵州，云南，宁夏；日本，俄罗斯；欧洲。

资料来源：李后魂等，2012，秦岭小蛾类。科学出版社。

槐细蛾 *Phyllonorycter acaciella* (Duponchel, 1843)

省内产地：郑州，信阳。

分布：河南；俄罗斯；欧洲，中亚。

寄主：国槐。

资料来源：申效诚，1993，河南昆虫名录。中国农业科学技术出版社。

忍冬细蛾 *Phyllonorycter lonicerae* (Kumata, 1963)

省内产地：封丘。

分布：河南；日本。

寄主：金银花。

资料来源：任应党，刘玉霞，申效诚，2003，忍冬细蛾——危害金银花的中国昆虫新记录。昆虫分类学报，25(3)：235~236。

银纹细蛾 *Phyllonorycter malivorella* (Matsumura)

省内产地：许昌，宝丰，郑州。

分布：河南，东北，河北。

寄主：桃，梨，苹果，樱桃。

资料来源：申效诚，1993，河南昆虫名录。中国农业科学技术出版社。

柳细蛾 *Phyllonorycter pastorella* (Zeller, 1864)

省内产地：郑州，开封。

分布：河南，华北，西北；朝鲜，日本，俄罗斯；中亚，欧洲。

寄主：柳，杨。

资料来源：申效诚，1993，河南昆虫名录。中国农业科学技术出版社。

杨细蛾 *Phyllonorycter populifoliella* (Treitschke, 1833)

省内产地：新乡，郑州，许昌。

寄主：杨。

分布：河南，新疆；中亚，欧洲。

资料来源：申效诚，1993，河南昆虫名录。中国农业科学技术出版社。

金纹细蛾 *Phyllonorycter ringoniella* (Matsumura, 1931)

省内产地：全省。

分布：河南，辽宁，山东，山西，陕西，甘肃，安徽，江西，四川；朝鲜，日本，俄罗斯。

寄主：苹果，梨，桃，李，樱桃，海棠，山楂。

资料来源：申效诚，1993，河南昆虫名录。中国农业科学技术出版社。

梨潜皮细蛾 *Spulerina astaurota* (Meyrick, 1922)

Acrocercops astaurota Meyrick

省内产地：登封嵩山等全省各地。

分布：河南，辽宁，河北，山东，陕西，西北，华东，华中，江苏；日本，印度。

寄主：梨，苹果，李，海棠。

资料来源：Bai Haiyan & Li Houhun, 2009, Review of *Spulerina* (Lepidoptera: Gracillariidae) from China, with description of three new species. *Oriental Insects*, 43: 33~44.

***Spulerina corticicola* Kumata, 1964**

省内产地：嵩县白云山。

分布：河南，浙江，贵州；日本，俄罗斯(远东)。

资料来源：Bai Haiyan & Li Houhun, 2009, Review of *Spulerina* (Lepidoptera: Gracillariidae) from China, with description of three new species. *Oriental Insects*, 43: 33~44.

胡枝子皮细蛾 *Spulerina dissotoma* (Meyrick, 1931)

省内产地：西峡黄石庵。

分布：河南，浙江，福建，湖南，台湾，云南；印度，日本，韩国，俄罗斯远东地区。

资料来源：Bai Haiyan & Li Houhun, 2009, Review of *Spulerina* (Lepidoptera: Gracillariidae) from China, with description of three new species. *Oriental Insects*, 43: 33~44.

***Spulerina virgulata* Kumata *et* Kuroko, 1988**

省内产地：固始祖师庙。

分布：河南，湖南；日本。

资料来源：Bai Haiyan & Li Houhun, 2009, Review of *Spulerina* (Lepidoptera: Gracillariidae) from China, with description of three new species. *Oriental Insects*, 43: 33~44.

八、举肢蛾科 Heliodinidae

本科全世界共 55 种，中国记载 9 属 20 种，河南记录 2 属 3 种。

核桃举肢蛾 *Atrijuglans hetauhei* Yang, 1977

省内产地：林县，辉县，济源，荥阳，嵩县，卢氏，栾川，西峡。

寄主：核桃。

分布：河南，河北，山西，陕西，山东，甘肃，安徽，四川。

资料来源：申效诚，1993，河南昆虫名录。中国农业科学技术出版社。

桃举肢蛾 *Stathmopoda auriferella* (Walker, 1864)

省内产地：许昌，郑州，商丘，夏邑。

寄主：桃。

分布：河南，华北，江西，台湾；日本，菲律宾，印度尼西亚，斯里兰卡，巴基斯坦，印度，澳大利亚，马达加斯加；非洲。

资料来源：申效诚，1993，河南昆虫名录。中国农业科学技术出版社。

柿举肢蛾 *Starhmopoda massinissa* Meyrick, 1906

省内产地：博爱，荥阳，济源，孟津，灵宝，林州，郑州，巩义，南阳。

寄主：柿。

分布：河南，河北，山西，山东，陕西，安徽，江苏，台湾；日本，斯里兰卡。

资料来源：申效诚，1993，河南昆虫名录。中国农业科学技术出版社。

九、冠翅蛾科 Ypsolophidae

本科全世界 5 属约 200 种，中国记载 1 属 28 种，河南已知 1 属 2 种。

双斜冠翅蛾 *Ypsolopha parallela* (Caradja, 1939)

省内产地：辉县八里沟，济源王屋山，内乡宝天曼。

分布：河南，甘肃，山西，天津，四川；韩国，日本，俄罗斯。

资料来源：李后魂等，2012，秦岭小蛾类。科学出版社。

白条冠翅蛾 *Ypsolopha strigosa* (Butler, 1879)

省内产地：济源王屋山，登封嵩山，嵩县白云山。

分布：河南，山西，天津；韩国，日本。

资料来源：李后魂等，2012，秦岭小蛾类。科学出版社。

一〇、潜蛾科 Lyonetiidae

本科全世界共 29 属 200 种，中国记载 6 属 12 种，河南记录 4 属 6 种。

豆潜蛾 *Bucculatrix auripic* Matsumura

省内产地：商丘，周口，许昌。

寄主：大豆。

分布：河南，四川。

资料来源：申效诚，1993，河南昆虫名录。中国农业科学技术出版社。

旋纹潜蛾 *Leucoptera scitella* Zeller, 1839

省内产地：全省。

寄主：苹果，梨，山楂，海棠，沙果。

分布：河南，辽宁，河北，陕西，山西，四川；欧洲。

资料来源：申效诚，1993，河南昆虫名录。中国农业科学技术出版社。

杨白潜蛾 *Leucoptera susinela* Herrich-Schaffer, 1855

省内产地：全省。

寄主：杨。

分布：河南，河北，东北，华东；日本；欧洲。

资料来源：申效诚，1993，河南昆虫名录。中国农业科学技术出版社。

桃潜蛾 *Lyonetia clerkella* Linnaeus, 1758

省内产地：南阳，信阳，洛阳，许昌，汝阳，灵宝，林县。

寄主：桃，苹果，梨，杏，李，樱桃。

分布：河南，黑龙江，河北，山西，山东，青海，甘肃，江西，广西，台湾；日本，罗马尼亚，印度；欧洲。

资料来源：申效诚，1993，河南昆虫名录。中国农业科学技术出版社。

银纹潜蛾 *Lyonetia prunifoliella* (Hubner, 1796)

省内产地：具体不详。

分布：河南，辽宁，山东，山西，陕西，华东，西北；朝鲜，日本。

资料来源：Hua Lizhong, 2005, List of Chinese insects vol III, 13

黑黄潜蛾 *Opagona nippinica* Stringer

省内产地：新乡，信阳。

寄主：阔叶树木。

分布：河南，其他分布地待查。

资料来源：申效诚，1993，河南昆虫名录。中国农业科学技术出版社。

一一、叶潜蛾科 Phyllocnistidae

本科全世界共 3 属 95 种，中国记载 2 属 8 种，河南记录 1 属 2 种。

柑橘叶潜蛾 *Phyllocnistis citrella* Stainton, 1856

省内产地：淅川，西峡。

寄主：橘。

分布：河南，湖北，江苏，江西，浙江，福建，台湾，湖南，广东，广西，四川；日本，斯里兰卡，印度，越南，印度尼西亚，澳大利亚；非洲。

资料来源：申效诚，1993，河南昆虫名录。中国农业科学技术出版社。

杨银叶潜蛾 *Phyllocnistis saligna* Zeller, 1839

省内产地：全省。

寄主：杨，柳。

分布：河南，辽宁，吉林，河北，宁夏，台湾；日本，俄罗斯，印度；欧洲。

资料来源：申效诚，1993，河南昆虫名录。中国农业科学技术出版社。

一二、菜蛾科 Plutellidae

本科全世界共 54 属 383 种，中国记载 3 属 13 种，河南记录 1 属 1 种。

小菜蛾 *Plutella xylostella* (Lineanius, 1758)

省内产地：罗山灵山，桐柏水帘洞，陕县甘山，济源王屋山，登封嵩山等全省各地。

寄主：白菜，甘蓝，萝卜，油菜，洋葱，马铃薯。

分布：河南，东北，内蒙古，陕西，山东，江苏，浙江，台湾，江西，广东，广西，海南，四川；日本；东南亚，欧洲，世界广布。

资料来源：于海丽等，2002，鳞翅目：菜蛾科，巢蛾科，雕蛾科。《太行山及桐柏山区昆虫》，中国农业科学技术出版社。

一三、邻菜蛾科 Acrolepiidae

本科中国记载 10 种，河南记录 1 属 1 种。

***Acrolepiopsis sapporensis* (Matsumura, 1931)**

省内产地：嵩县白云山，内乡宝天曼，信阳鸡公山。

分布：河南，湖北，贵州；蒙古国，俄罗斯，朝鲜，日本，美国(夏威夷)。

资料来源：Budashkin, Y. I. & Li Houhun, 2009, Study on Chinese Acrolepiidae and Choreutidae (Insecta: Lepidoptera). *SHILAP Revta. Lrpid.*, 37(146): 179~189.

一四、巢蛾科 Yponomeutidae

本科全世界共 198 属 800 种，中国记载 14 属 85 种(李后魂，2012)，河南记录 11 属 30 种。

苹异银蛾 *Argyresthia assimilis* Moriuti, 1977

省内产地：嵩县白云山。

分布：河南，陕西，甘肃，湖北；日本。

资料来源：李后魂等，2012，秦岭小蛾类。科学出版社。

桦银蛾 *Argyresthia brockeella* (Hübner, 1805)

省内产地：嵩县白云山。

分布：河南，陕西，甘肃，吉林，新疆；日本，俄罗斯；欧洲。

资料来源：李后魂等，2012，秦岭小蛾类。科学出版社。

苹果银蛾 *Argyresthia conjugella* Zeller, 1839

省内产地：许昌。

寄主：苹果。

分布：河南，东北，山西，山东；日本，小亚细亚；欧洲，北非。

资料来源：申效诚，1993，河南昆虫名录。中国农业科学技术出版社。

侧柏种子银蛾 *Argyresthia sabinae* Morluti, 1965

省内产地：商丘，开封。

寄主：侧柏。

分布：河南，山东；日本。

资料来源：申效诚，1993，河南昆虫名录。中国农业科学技术出版社。

银带巢蛾 *Cedestis exiguata* Moriuti, 1977

省内产地：内乡宝天曼。

分布：河南；日本；欧洲。

资料来源：李后魂等，2012，秦岭小蛾类。科学出版社。

圆常巢蛾 *Euhyponomeuta rotunda* Jin *et* Wang, 2009

省内产地：济源王屋山，济源黄楝树，登封嵩山(正副模产地)。

分布：河南，安徽，山西，天津。

资料来源：Jin Qing, Wang Shuxia, 2009, *Euhyponomeuta* new to China, with description of a new species (Lepidoptera:Yponomeutidae). *Orientalis Insects*, 43: 271~273.

金冠褐巢蛾 *Metanomeuta fulvicrinis* Meyrick, 1935

省内产地：内乡宝天曼，陕县甘山，济源王屋山，嵩县白云山，卢氏大块地。

分布：河南，安徽，浙江，福建，湖北，湖南，江西，贵州，广西，四川；日本。

资料来源：于海丽等，2002，鳞翅目：菜蛾科，巢蛾科，雕蛾科。《太行山及桐柏山区昆虫》，中国农业科学技术出版社。

矛雪巢蛾 *Niphonympha varivera* Yu *et* Li, 2002

省内产地：西峡黄石庵，内乡宝天曼(正副模产地)。

分布：河南，贵州，陕西，甘肃。

资料来源：Yu Haili and Li Houhun, 2002, Two new species of *Niphonympha* Meyrick from China (Insecta: Lepidoptera: Yponomeutidae). *Reichinbachia Mus. Tierkde. Dresden* 34(45): 375~380.

平淡伪巢蛾 *Prays inconspicus* Yu *et* Li, 2004

省内产地：陕县甘山(模式产地)。

分布：河南，宁夏。

资料来源：Yu Haili & Li Houhun, 2004, Three new species of *Prays* Hubner, 1825 from China (Lepidoptera: Yponomcutidae). *SHILAP Revta. Lepid.*, 32(125): 13~18.

淡褐腹巢蛾 *Swammerdamia pyrella* (De Villers, 1789)

省内产地：许昌。

分布：河南；日本，俄罗斯；欧洲，北美。

资料来源：申效诚，1993，河南昆虫名录。中国农业科学技术出版社。

天则异巢蛾 *Teinoptila bolidias* (Meyrick, 1913)

省内产地：卢氏狮子坪，信阳鸡公山，嵩县白云山，内乡宝天曼。

分布：河南，浙江，湖北，湖南，云南，陕西；泰国。

资料来源：范喜梅等，2008，鳞翅目：巢蛾科。《宝天曼自然保护区昆虫》，中国农业科学技术出版社。

枫香小白巢蛾 *Thecobathra lambda* (Moriuti, 1963)

省内产地：罗山灵山，桐柏水帘洞。

寄主：枫香。

分布：河南，四川，台湾，浙江，江西，湖南，湖北，贵州，重庆。

资料来源：于海丽等，2002，鳞翅目：菜蛾科，巢蛾科，雕蛾科。《太行山及桐柏山区昆虫》，中国农业科学技术出版社。

庐山小白巢蛾 *Thecobathra sororiata* Moriuti, 1971

省内产地：内乡宝天曼，桐柏水帘洞，信阳鸡公山。

分布：河南，浙江，安徽，江西，四川，湖南，江苏，福建，陕西，贵州。

资料来源：于海丽等，2002，鳞翅目：菜蛾科，巢蛾科，雕蛾科。《太行山及桐柏山区昆虫》，中国农业科学技术出版社。

丽长角巢蛾 *Xyrosaris lichneuta* Meyrick, 1918

省内产地：济源黄楝树，桐柏水帘洞。

分布：河南，湖北，浙江，河北，江苏，湖南，台湾；日本，印度。

寄主：南蛇藤，垂丝卫矛。

资料来源：于海丽等，2002，鳞翅目：菜蛾科，巢蛾科，雕蛾科。《太行山及桐柏山区昆虫》，中国农业科学技术出版社。

短臂长角巢蛾 *Xyrosaris* sp. (新种，正在发表之中)

省内产地：桐柏水帘洞(正模产地)。

分布：河南，湖北，甘肃。

资料来源：于海丽等，2002，鳞翅目：菜蛾科，巢蛾科，雕蛾科。《太行山及桐柏山区昆虫》，中国农业科学技术出版社。

东方巢蛾 *Yponomeuta anatolicus* Stringer, 1930

省内产地：信阳鸡公山，罗山灵山，桐柏水帘洞，西峡黄石庵，陕县甘山。

寄主：卫矛。

分布：河南，黑龙江，吉林，浙江，安徽，山东，陕西，甘肃；日本。

资料来源：于海丽等，2002，鳞翅目：菜蛾科，巢蛾科，雕蛾科。《太行山及桐柏山区昆虫》，中国农业科学技术出版社。

光亮巢蛾 *Yponomeuta catharotis* Meyrick, 1935

省内产地：嵩县白云山，登封嵩山少林寺，宜阳花果山，内乡宝天曼，桐柏水帘洞，罗山灵山，卢氏狮子坪，陕县甘山，济源王屋山。

分布：河南，江苏，湖南，吉林，陕西，甘肃，宁夏。

资料来源：于海丽等，2002，鳞翅目：菜蛾科，巢蛾科，雕蛾科。《太行山及桐柏山区昆虫》，中国农业科学技术出版社。

灰巢蛾 *Yponomeuta cinefactus* Meyrick, 1935

省内产地：内乡宝天曼，西峡黄石庵，卢氏狮子坪，嵩县白云山，嵩县天池山，登封嵩山少林寺，辉县八里沟，辉县关山，罗山灵山寺，桐柏水帘洞。

分布：河南，浙江，江苏，陕西，河北，甘肃，辽宁；俄罗斯。

资料来源：于海丽等，2002，鳞翅目：菜蛾科，巢蛾科，雕蛾科。《太行山及桐柏山区昆虫》，中国农业科学技术出版社。

稠李巢蛾 *Yponomeuta evonymellus* (Linnaeus, 1758)

省内产地：嵩县白云山，登封嵩山少林寺，内乡宝天曼，林州石板岩，洛阳，南阳，信阳，灵宝，林县。

分布：河南，北京，河北，山西，内蒙古，辽宁，吉林，黑龙江，上海，江苏，浙江，江西，湖北，湖南，四川，云南，西藏，陕西，甘肃，新疆；日本，印度，韩国，俄罗斯；欧洲，北美。

寄主：稠李，苹果，欧洲李，欧洲花楸，欧洲酸樱桃。

资料来源：范喜梅等，2008，鳞翅目：巢蛾科。《宝天曼自然保护区昆虫》，中国农业科学技术出版社。

冬青卫矛巢蛾 *Yponomeuta griseatus* Moriuti, 1977

省内产地：登封嵩山少林寺，内乡宝天曼。

分布：河南，上海，浙江，安徽，江西，山东，陕西；日本。

寄主：冬青卫矛。

资料来源：范喜梅等，2008，鳞翅目：巢蛾科。《宝天曼自然保护区昆虫》，中国农业科学技术出版社。

瘤枝卫矛巢蛾 *Yponomeuta kanaiellus* Matsumura, 1931

省内产地：嵩县白云山，内乡宝天曼，桐柏水帘洞。

寄主：齿毛卫矛。

分布：河南，黑龙江，吉林，浙江，河北，陕西；日本。

寄主：瘤枝卫矛，齿毛卫矛。

资料来源：于海丽等，2002，鳞翅目：菜蛾科，巢蛾科，雕蛾科。《太行山及桐柏山区昆虫》，中国农业科学技术出版社。

苹果巢蛾 *Yponomeuta padella* (Linnaeus, 1758)

省内产地：洛阳，灵宝，安阳，洛宁，西峡，南召。

分布：河南，北京，河北，山西，内蒙古，辽宁，黑龙江，陕西，甘肃，青海；日本；欧洲，北美。

资料来源：申效诚，1993，河南昆虫名录。中国农业科学技术出版社。

多斑巢蛾 *Yponomeuta polysticta* Butler, 1879

省内产地：嵩县白云山。

分布：河南，内蒙古，福建，江西，湖南，四川，贵州，陕西；日本；欧洲。

资料来源：范喜梅等，2008，鳞翅目：巢蛾科。《宝天曼自然保护区昆虫》，中国农业科学技术出版社。

卫矛巢蛾 *Yponomeuta polystigmellus* Felder, 1862

省内产地：卢氏狮子坪，嵩县白云山，信阳鸡公山，辉县八里沟，安阳，洛阳，南阳。

分布：河南，内蒙古，江西，湖南，四川，陕西，甘肃；日本。

寄主：卫矛，栎。

资料来源：范喜梅等，2008，鳞翅目：巢蛾科。《宝天曼自然保护区昆虫》，中国农业科学技术出版社。

二十点巢蛾 *Yponomeuta sedellus* Treitschke, 1832

Yponomeuta vigintipunctatus (Retzius, 1783)

省内产地：嵩县白云山，宜阳花果山，卢氏大块地，济源王屋山，罗山灵山，桐柏水帘洞。

分布：河南，山东，上海，安徽，黑龙江，甘肃，浙江；日本，俄罗斯远东地区；欧洲。

寄主：裂鳞景天，红子佛甲草，玉米石。

资料来源：李后魂等，2012，秦岭小蛾类。科学出版社。

同伴巢蛾 *Yponomeuta sociatus* Moriuti, 1972

省内产地：嵩县白云山，内乡宝天曼，内乡夏馆，西峡黄石庵。

分布：河南，江西，四川；日本。

寄主：南蛇藤。

资料来源：范喜梅等，2008，鳞翅目：巢蛾科。《宝天曼自然保护区昆虫》，中国农业科学技术出版社。

垂丝卫矛巢蛾 *Yponomeuta solitariellus* Moriuti, 1977

省内产地：内乡宝天曼，嵩县白云山，宜阳花果山，济源黄楝树。

分布：河南，山西，浙江，甘肃；日本。

寄主：垂丝卫矛。

资料来源：于海丽等，2002，鳞翅目：菜蛾科，巢蛾科，雕蛾科。《太行山及桐柏山区昆虫》，中国农业科学技术出版社。

大翼卫矛巢蛾 *Yponomeuta spodocrossus* Meyrick, 1935

省内产地：嵩县白云山。

分布：河南，陕西，甘肃；日本。

寄主：大翼卫矛，南蛇藤。

资料来源：范喜梅等，2008，鳞翅目：巢蛾科。《宝天曼自然保护区昆虫》，中国农业科学技术出版社。

合欢巢蛾 *Yponomeuta* sp.

省内产地：郑州，开封。

分布：河南。

资料来源：申效诚，1993，河南昆虫名录。中国农业科学技术出版社。

东京巢蛾 *Yponomeuta tokyonellus* Matsumura, 1931

省内产地：桐柏水帘洞。

分布：河南，北京，河北，上海，江苏，安徽，江西，宁夏，天津，黑龙江，辽宁；日本。

寄主：卫矛。

资料来源：于海丽等，2002，鳞翅目：菜蛾科，巢蛾科，雕蛾科。《太行山及桐柏山区昆虫》，中国农业科学技术出版社。

一五、雕蛾科 Glyphipterygidae

本科全世界共 30 属 345 种，中国记载 11 属 38 种，河南记录 3 属 3 种。

白沟雕蛾 *Glyphipterix semiflavana* Issiki

省内产地：信阳鸡公山。

分布：河南，陕西，江西，东北，华中，华东；日本。

资料来源：李后魂等，1999，鳞翅目：麦蛾科，祝蛾科，雕蛾科，巢蛾科。《鸡公山区昆虫》，中国农业科学技术出版社。

***Hamadaula anisocentra* (Meyrick)**

省内产地：桐柏水帘洞。

分布：河南，河北，天津，陕西，四川。

资料来源：于海丽等，2002，鳞翅目：菜蛾科，巢蛾科，雕蛾科。《太行山及桐柏山区昆虫》，中国农业科学技术出版社。

***Tebenna micalis* (Mann, 1857)**

省内产地：固始祖师庙。

分布：河南，湖北，江西，浙江，西藏；日本，俄罗斯，尼泊尔，阿富汗，小亚细亚，伊朗，新西兰；中亚，欧洲。

资料来源：Budashkin, Y. I. & Li Houhun, 2009, Study on Chinese Acrolepiidae and Choreutidae (Insecta: Lepidoptera). *SHILAP Revta. Lrpid.*, 37(146): 179~189.

一六、木蠹蛾科 Cossidae

本科全世界共 115 属 700 种，中国记载 13 属 61 种(花保祯等，1990)，河南记录 5 属 11 种。

芳香木蠹蛾 *Cossus cossus orientalis* Gaede, 1929 (图版 XXIV-4)

省内产地：全省。

分布：河南，辽宁，内蒙古，河北，山西，宁夏，甘肃，青海，陕西，山东；朝鲜，日本，俄罗斯。

寄主：柳，杨，栎，桃，榆，刺槐，白蜡，稠李，核桃。

资料来源：申效诚，1993，河南昆虫名录。中国农业科学技术出版社。

湖南木蠹蛾 *Cossus hunanensis* Daniel, 1940

省内产地：栾川龙峪湾，嵩县白云山。

分布：河南，安徽，江西，湖南，广西。

资料来源：花保祯，1998，鳞翅目：木蠹蛾科。《伏牛山区昆虫》，中国农业科学技术出版社。

蒙古木蠹蛾 *Cossus mengolicus* Erschoff, 1882

省内产地：具体不详。

分布：河南，黑龙江，吉林，内蒙古，河北，山西，山东，新疆，陕西，江苏，浙江。

资料来源：Hua Lizhong, 2005, List of Chinese insects vol III, 17。

小木蠹蛾 *Holcocerus insularis* Staudinger, 1892

省内产地：新乡，辉县，洛阳，西华，南阳，桐柏。

分布：河南，黑龙江，吉林，辽宁，内蒙古，河北，山东，宁夏，陕西，安徽，江苏，江西，福建，湖南。

寄主：山楂，榆，构树，丁香，国槐，苹果，栎，核桃，白蜡。

资料来源：申效诚，1993，河南昆虫名录。中国农业科学技术出版社。

日本木蠹蛾 *Holcocerus japonicus* Gaede, 1929

省内产地：洛阳，新乡，郑州。

分布：河南，辽宁，河北，山东，安徽，江苏，江西，浙江，湖南，贵州，四川；日本。

寄主：柳，榆，栎，桃，国槐，白蜡。

资料来源：申效诚，1993，河南昆虫名录。中国农业科学技术出版社。

柳干蠹蛾 *Holcocerus vicarius* (Walker, 1865)

省内产地：全省。

分布：河南，黑龙江，吉林，辽宁，内蒙古，河北，山东，山西，陕西，甘肃，宁夏，安徽，江苏，台湾，四川，云南；朝鲜，日本，俄罗斯，越南。

寄主：榆，刺槐，麻栎，柳，杨，栎，苹果，栗，山楂，核桃。

资料来源：申效诚，1993，河南昆虫名录。中国农业科学技术出版社。

灰苇蠹蛾 *Phragmataecia castanea* Hubner, 1790

省内产地：信阳，驻马店，汝南。

分布：河南，黑龙江，吉林，河北，新疆，台湾，广东，贵州，西藏；日本，土耳其，印度，斯里兰卡，马达加斯加，欧洲，非洲。

寄主：芦苇。

资料来源：申效诚，1993，河南昆虫名录。中国农业科学技术出版社。

六星豹蠹蛾 *Xyleutes perona* (Le Guillou, 1841)

Zeuzera leuconotum Butler, 1844

省内产地：具体不详。

分布：河南，湖北，江西，湖南，广东，广西，四川，云南；印度，缅甸，斯里兰卡，印度尼西亚，巴布亚新几内亚。

寄主：茶，栎，枣，核桃，杨，榆，桦，麻栎，水青冈，槭，白蜡，山茶。

资料来源：申效诚，1993，河南昆虫名录。中国农业科学技术出版社。

咖啡豹蠹蛾 *Zeuzera coffeae* Nietner, 1861

省内产地：全省。

分布：河南，山东，陕西，安徽，江苏，江西，浙江，福建，台湾，广东，香港，海南，广西，贵州，四川，云南；印度尼西亚，斯里兰卡，印度，巴布亚新几内亚，日本。

寄主：苹果，梨，桃，核桃，枣，柿，石榴，蓖麻，茶，棉花。

资料来源：申效诚，1993，河南昆虫名录。中国农业科学技术出版社。

多斑豹蠹蛾 *Zeuzera multistrigata* Moore, 1881

省内产地：栾川龙峪湾，嵩县白云山，卢氏狮子坪，内乡宝天曼。

分布：河南，辽宁，河北，云南，四川，陕西，贵州，广西，湖北，江西。

资料来源：花保祯，1998，鳞翅目：木蠹蛾科。《伏牛山区昆虫》，中国农业科学技术出版社。

梨豹蠹蛾 *Zeuzera pyrina* Linnaeus, 1761 (图版 XXIV-5)

省内产地：中牟。

分布：河南，江苏，江西，浙江，福建，湖南，广东，广西，云南；俄罗斯(西伯利亚)，北美，印度，朝鲜，日本；欧洲，北非。

寄主：梨，苹果，杏，茶，樱桃，杨，榆。

资料来源：于思勤等，1993，河南农业昆虫志。河南科学技术出版社。

一七、小潜蛾科 Elachistidae

河南现有记录为 4 属 9 种。

苹凹宽蛾 *Acria ceramitis* Meyrick, 1908

省内产地：桐柏水帘洞，罗山灵山，内乡葛条爬。

分布：河南，陕西，甘肃，湖北，山东，上海，江西，湖南，贵州，四川；印度，朝鲜，日本。

寄主：苹果。

资料来源：王淑霞，2002，鳞翅目：织蛾科，木蛾科，宽蛾科。《太行山及桐柏山区昆虫》，中

国农业科学技术出版社。

异凹宽蛾 *Acria emarginella* (Donoran, 1804)

省内产地：嵩县白云山。

分布：河南，天津，四川，浙江；日本，印度，菲律宾。

资料来源：王淑霞等，2008，中国凹宽蛾属修订(小潜蛾科，宽蛾亚科)。动物分类学报，33(4)：685~690。

雪凹宽蛾 *Acria nivalis* Wang *et* Li, 1999

省内产地：内乡宝天曼(模式产地)。

分布：河南。

资料来源：王淑霞，1999，鳞翅目：织蛾科。《伏牛山南坡及大别山区昆虫》，中国农业科学技术出版社。

二点异宽蛾 *Agonopterix costaemacullella* (Christoph, 1882)

省内产地：内乡宝天曼，新乡。

分布：河南，浙江，云南，贵州，台湾；日本，印度，俄罗斯。

资料来源：王淑霞，1999，鳞翅目：织蛾科。《伏牛山南坡及大别山区昆虫》，中国农业科学技术出版社。

钩异宽蛾 *Agonopterix kaekeritziana* (Linnaeus, 1758)

省内产地：内乡宝天曼。

分布：河南；日本。

资料来源：王淑霞，1999，鳞翅目：织蛾科。《伏牛山南坡及大别山区昆虫》，中国农业科学技术出版社。

多异宽蛾 *Agonopterix multiplicella* (Erschoff, 1877)

省内产地：内乡夏馆，登封嵩山，西峡黄石庵。

分布：河南，陕西，甘肃，湖北，河北，天津，山东，广西，四川，贵州，云南，西藏，宁夏；立陶宛，俄罗斯，丹麦，日本，罗马尼亚。

资料来源：王淑霞，1999，鳞翅目：织蛾科。《伏牛山南坡及大别山区昆虫》，中国农业科学技术出版社。

托异宽蛾 *Agonopterix takamukui* (Matsumura, 1931)

省内产地：西峡黄石庵。

分布：河南；日本。

资料来源：王淑霞，1999，鳞翅目：织蛾科。《伏牛山南坡及大别山区昆虫》，中国农业科学技术出版社。

申氏宽蛾 *Depressaria sheni* Wang *et* Li, 2002

省内产地：内乡宝天曼(正模产地)。

分布：河南，湖北，辽宁，黑龙江。

资料来源：Wang Shuxia *et* Li Houhun, 2002, A systematic study of the genus *Depressaria* Haworth, 1811 from China (Lepidoptera: Depressariidae). *Acta Scientiarum Naturalium Universitatis Nankaiensis*, 35(3): 93~101.

陕西草蛾 *Ethmia shensicola* Amsel, 1969

省内产地：卢氏狮子坪。

分布：河南，陕西，甘肃，宁夏。

资料来源：李后魂等，2012，秦岭小蛾类。科学出版社。

一八、木蛾科 Xyloryctidae

本科全世界已知 86 属 1200 种(王淑霞，2005)，河南现有记录为 4 属 10 种。

德尔塔隆木蛾 *Aeolanthes deltogramma* Meyrick, 1923

省内产地：内乡宝天曼，桐柏水帘洞。

分布：河南；印度。

资料来源：王淑霞，1999，鳞翅目：织蛾科。《伏牛山南坡及大别山区昆虫》，中国农业科学技术出版社。

红隆木蛾 *Aeolanthes erythrantis* Meyrick, 1935

省内产地：西峡黄石庵，内乡宝天曼，内乡夏馆，陕县甘山，卢氏淇河，登封嵩山。

分布：河南，江苏，台湾，贵州。

资料来源：王淑霞，1999，鳞翅目：织蛾科。《伏牛山南坡及大别山区昆虫》，中国农业科学技术出版社。

梨半红隆木蛾 *Aeolanthes semiostrina* Meyrick, 1935

省内产地：具体不详。

分布：河南，陕西，浙江，福建，湖南，贵州；朝鲜。

资料来源：李后魂等，2012，秦岭小蛾类。科学出版社。

茶木蛾 *Linoclostis gonatias* Meyrick

省内产地：信阳鸡公山。

分布：河南，安徽，浙江，福建，台湾，江西，湖南，广东，广西，贵州，四川；印度。

寄主：茶树，油茶，相思树。

资料来源：王淑霞，1999，鳞翅目：织蛾科。《鸡公山区昆虫》，中国农业科学技术出版社。

银叉木蛾 *Metathrinca argentea* Wang, Zheng *et* Li, 2000

省内产地：信阳鸡公山(模式产地)。

分布：河南，安徽，四川，福建。

资料来源：王淑霞，郑哲民，李后魂，2000，中国叉木蛾属 *Metathrinca* 研究及三新种记述(鳞翅目，木蛾科)。昆虫分类学报，22(3)：229~234。

铁杉叉木蛾 *Metathrinca tsugensis*(Kearfott, 1910)

省内产地：西峡黄石庵，罗山灵山寺，桐柏水帘洞。

分布：河南，安徽，江西，台湾；日本。

寄主：铁杉，冷杉，云杉。

资料来源：王淑霞，1999，鳞翅目：织蛾科。《伏牛山南坡及大别山区昆虫》，中国农业科学技术出版社。

邻木蛾 *Odites approximans* (Caradja, 1927)

省内产地：济源王屋山。

分布：河南，四川。

资料来源：李后魂，2002，鳞翅目：麦蛾科，祝蛾科，列蛾科，蛀果蛾科。《太行山及桐柏山区昆虫》，中国农业科学技术出版社。

灰皮木蛾 *Odites barbellatus* Park *et* Wu, 1997

省内产地：信阳鸡公山。

分布：河南，安徽，江西，福建。

资料来源：李后魂等，1999，鳞翅目：麦蛾科，祝蛾科，雕蛾科，巢蛾科。《鸡公山区昆虫》，中国农业科学技术出版社。

梅木蛾 *Odites issikii* (Takahashi, 1930)

省内产地：桐柏水帘洞，内乡夏馆，西峡黄石庵，西华，商丘，周口。

分布：河南，新疆，内蒙古，宁夏，青海，辽宁，河北，陕西，江西，四川；日本。

寄主：樱花，梅，李。

资料来源：李后魂，2002，鳞翅目：麦蛾科，祝蛾科，列蛾科，蛀果蛾科。《太行山及桐柏山区昆虫》，中国农业科学技术出版社。

二点木蛾 *Odites xenophaea* Meyrick, 1931

省内产地：内乡夏馆，西峡黄石庵。

分布：河南，广东；朝鲜，日本。

资料来源：李后魂等，1999，鳞翅目：斑蛾科，麦蛾科，祝蛾科。《伏牛山南坡及大别山区昆虫》，中国农业科学技术出版社。

一九、织蛾科 Oecophoridae

本科全世界已知 326 属 3150 种，中国已知 28 属 215 种(王淑霞，2006)，河南现有记录为 23 属 70 种，占全国种类的 32.1%，占世界种类的 2.16%，以河南省作为模式产地发表的新种有 30 个，占河南种类的 43.5%。

核桃展足蛾 *Atrijuglans hetaohei* Yang, 1977

省内产地：西峡黄石庵，内乡宝天曼，林州石板岩，辉县八里沟。

分布：河南，北京，甘肃，贵州，河北，山东，山西，陕西，四川，台湾；朝鲜，日本，俄罗斯(远东)。

资料来源：Wang Shuxia, 2006, Oecophoridae of China (Insecta: Lepidoptera). Science Press, Beijing, 235.

野卡织蛾 *Casmara agronoma* Meyrick, 1925

省内产地：西峡黄石庵。

分布：河南，浙江，湖南，湖北，安徽，江西，浙江，福建，广东，广西，贵州；韩国，日本，印度。

资料来源：王淑霞，1999, 鳞翅目：织蛾科。《伏牛山南坡及大别山区昆虫》，中国农业科学技术出版社。

榆织蛾 *Cheimophila salicella* (Hubner, 1796)

省内产地：新乡，汝南，驻马店。

分布：河南，黑龙江，吉林，辽宁，内蒙古；欧洲。

寄主：榆树。

资料来源：申效诚，1993，河南昆虫名录。中国农业科学技术出版社。

花茎隐织蛾 *Cryptolechia anthaedeaga* Wang, 2002

省内产地：内乡宝天曼(模式产地)。

分布：河南。

资料来源：Wang Shuxia, 2002, A study of *Cryptolechia* Zeller (Lepidoptera: Oecophoridae) in China (1), with descriptions of fifteen new species. *Entomologia Sinica*, 9(3):195~213.

***Cryptolechia concolora* Wang, 2006**

省内产地：卢氏大块地(模式产地)。

分布：河南。

资料来源：Wang Shuxia, 2006, Oecophoridae of China (Insecta: Lepidoptera). Science Press, Beijing., 115.

伪黄昏隐织蛾 *Cryptolechia falsivespertina* Wang, 2002

省内产地：嵩县白云山。

分布：河南，河北，湖北，陕西，四川。

资料来源：Wang Shuxia, 2006, Oecophoridae of China (Insecta: Lepidoptera). Science Press, Beijing, 121.

鸡公山隐织蛾 *Cryptolechia jigongshanica* Wang, 2002

省内产地：信阳鸡公山(模式产地)。

分布：河南。

资料来源：Wang Shuxia, 2002, A study of *Cryptolechia* Zeller (Lepidoptera: Oecophoridae) in China (1), with descriptions of fifteen new species. *Entomologia Sinica*, 9(3): 195~213.

月隐织蛾 *Cryptolechia luniformis* Wang, 2006

省内产地：内乡宝天曼。

分布：河南，广东，广西。

资料来源：王淑霞等，2008，鳞翅目：织蛾科，尖蛾科，木蛾科，列蛾科。《宝天曼自然保护区昆虫》，中国农业科学技术出版社。

大黄隐织蛾 *Cryptolechia malacobyrsa* Meyrick, 1921

省内产地：信阳鸡公山，内乡夏馆，西峡黄石庵。

分布：河南，江西，四川，陕西，福建，台湾，贵州；朝鲜，日本。

资料来源：王淑霞，1999，鳞翅目：织蛾科。《伏牛山南坡及大别山区昆虫》，中国农业科学技术出版社。

小袋隐织蛾 *Cryptolechia microbyrsa* Wang, 2002

省内产地：内乡宝天曼，信阳鸡公山(模式产地)。

分布：河南。

资料来源：Wang Shuxia, 2002, A study of *Cryptolechia* Zeller (Lepidoptera: Oecophoridae) in China (1), with descriptions of fifteen new species. *Entomologia Sinica*, 9(3):195~213.

奇异隐织蛾 *Cryptolechia mirabilis* Wang, 2002

省内产地：信阳鸡公山(模式产地)。

分布：河南，江西。

资料来源：Wang Shuxia, 2002, A study of *Cryptolechia* Zeller (Lepidoptera: Oecophoridae) in China (1), with descriptions of fifteen new species. *Entomologia Sinica*, 9(3):195~213.

点带隐织蛾 *Cryptolechia stictifascia* Wang, 2002

省内产地：罗山灵山。

分布：河南，陕西，福建，贵州。

资料来源：Wang Shuxia, 2006, Oecophoridae of China (Insecta: Lepidoptera). Science Press, Beijing, 151.

斜带隐织蛾 *Cryptolechia torophanes* Meyrick, 1935

省内产地：内乡宝天曼。

分布：河南，陕西，浙江；朝鲜。

资料来源：王淑霞，1999，鳞翅目：织蛾科。《伏牛山南坡及大别山区昆虫》，中国农业科学技术出版社。

伪黄昏隐织蛾 *Cryptolechia zeloxantha* Meyrick, 1934

省内产地：卢氏大块地，嵩县白云山。

分布：河南，河北，湖北，四川，陕西。

资料来源：王淑霞等，2008，鳞翅目：织蛾科，尖蛾科，木蛾科，列蛾科。《宝天曼自然保护区昆虫》，中国农业科学技术出版社。

郑氏隐织蛾 *Cryptolechia zhengi* Wang, 2002

省内产地：内乡宝天曼(副模产地)。

分布：河南，陕西，甘肃。

资料来源：Wang Shuxia, 2002, A study of *Cryptolechia* Zeller (Lepidoptera: Oecophoridae) in China (1), with descriptions of fifteen new species. *Entomologia Sinica*, 9(3):195~213.

***Deuterogonia fascobscura* Wamg *et* Li, 2002**

省内产地：济源王屋山(模式产地)。

分布：河南。

资料来源：Wang Shuxia *et* Li Houhun, 2002, The genus *Deuterogonia* Rebel, 1901 from China

(Lepidoptera: Oecophoridae). *SHILAP Revta. Lipid.*, 30(117): 5~8.

河南棱织蛾 *Deuterogonia henanensis* Wang *et* Li, 2000

省内产地：内乡宝天曼(模式产地)。

分布：河南。

资料来源：Wang Shuxia *et al.*, 2002, Descriptions of three new Oecophorid moths from China (Lepidoptera: Oecophoridae). 南开大学学报(自然科学版)，33(3)：70~72。

***Deuterogonia pudorina* (Wocke, 1857)**

省内产地：辉县八里沟。

分布：河南，黑龙江，台湾；朝鲜，日本，德国，奥地利，波兰，捷克，斯洛文尼亚，匈牙利，拉脱维亚，俄罗斯。

资料来源：Wang Shuxia, 2006, Oecophoridae of China (Insecta: Lepidoptera). Science Press, Beijing, 12.

多斑露织蛾 *Endrosis maculosa* Wang *et* Li, 2000

省内产地：罗山灵山寺，桐柏水帘洞。

分布：河南，陕西。

资料来源：王淑霞，2002，鳞翅目：织蛾科，木蛾科，宽蛾科。《太行山及桐柏山区昆虫》，中国农业科学技术出版社。

龟圆织蛾 *Eonympha chelonina* Wang *et* Zheng, 2000

省内产地：内乡宝天曼(正副模产地)，辉县关山。

分布：河南，陕西。

资料来源：Wang Shuxia *et* Zheng Zhemin, 2000, Two new Oecophorid moths from China (Lepidoptera: Oecophoridae). *Acta Zootaxonomica Sinica*, 25(4): 431~433.

洁点展足蛾 *Hieromantis kurokoi* Yasuda, 1988

省内产地：罗山灵山寺，登封少林寺。

分布：河南，河北，陕西，湖北，贵州；日本。

资料来源：Li Houhun *et* Wang Shuxia, 2002, First record of the genus *Hieromantis* Meyrick from China, with a description of one new species (Lepidoptera: Oecophoridae, Stathmopodinae). *Acta Entomologica Sinica*, 45(4)503~506.

申点展足蛾 *Hieromantis sheni* Li *et* Wang, 2002

省内产地：西峡黄石庵，信阳鸡公山，登封少林寺(模式产地)。

分布：河南，河北，江西。

资料来源：Li Houhun *et* Wang Shuxia, 2002, First record of the genus *Hieromantis* Meyrick from China, with a description of one new species (Lepidoptera: Oecophoridae, Stathmopodinae). *Acta Entomologica Sinica*, 45(4)503~506.

淡伪带织蛾 *Irepacma pallidia* Wang *et* Zheng, 1997

省内产地：济源王屋山，罗山灵山寺。

分布：河南，甘肃，陕西。

资料来源：王淑霞，2002，鳞翅目：织蛾科，木蛾科，宽蛾科。《太行山及桐柏山区昆虫》，中国农业科学技术出版社。

虎杖灯织蛾 *Lamprystica igneola* Stringer, 1930

省内产地：信阳鸡公山，罗山灵山寺。

寄主：虎杖。

分布：河南，江西；日本。

资料来源：王淑霞，2002，鳞翅目：织蛾科，木蛾科，宽蛾科。《太行山及桐柏山区昆虫》，中国农业科学技术出版社。

黄枯织蛾 *Lasiochira xanthacma* (Meyrick, 1938)

省内产地：内乡宝天曼。

分布：河南，陕西，云南，贵州。

资料来源：王淑霞，1999，鳞翅目：织蛾科。《伏牛山南坡及大别山区昆虫》，中国农业科学技术出版社。

雪恒织蛾 *Letogenes festalis* Meyrick, 1930

省内产地：内乡宝天曼.

分布：河南；俄罗斯(乌苏里南部)。

资料来源：李后魂等，2012，秦岭小蛾类。科学出版社。

杉木球果织蛾 *Macrobathra flavidus* Qian *et* Liu, 1997

省内产地：罗山灵山寺，桐柏水帘洞，信阳鸡公山。

寄主：杉木。

分布：河南，福建。

资料来源：王淑霞，2002，鳞翅目：织蛾科，木蛾科，宽蛾科。《太行山及桐柏山区昆虫》，中国农业科学技术出版社。

米仓织蛾 *Martyringa xeraula* (Meyrick, 1910)

省内产地：信阳鸡公山，西峡黄石庵，济源王屋山，桐柏水帘洞，南召，南阳，内乡，社旗，邓州，新野。

分布：全国各地；泰国，日本，印度，朝鲜；北美等。

寄主：大米，大豆，花生，麸糠，中药材。

资料来源：申效诚，1993，河南昆虫名录。中国农业科学技术出版社。

竹红展足蛾 *Oedematopoda ignipicta* (Butler, 1881)

省内产地：宜阳花果山，济源王屋山。

分布：河南，陕西，河北，江西；朝鲜，日本等。

生物学：幼虫捕食竹子上的蚜虫。

资料来源：王淑霞，2002，鳞翅目：织蛾科，木蛾科，宽蛾科。《太行山及桐柏山区昆虫》，中国农业科学技术出版社。

济源红展足蛾 *Oedematopoda jiyuanica* Wang, 2008

省内产地：济源王屋山(模式产地)。

分布：河南。

资料来源：Wang Shixia *et* Sun Yingling, 2008, Two new species of *Oedematopoda* Zeller (Lepidoptera: Oecophoridae: Stathmopodinae) from China. *Entomotaxonomia*, 30(1): 36~38.

***Pedioxestis concaviuscula* Wang, 2006**

省内产地：罗山灵山，济源王屋山(模式产地)。

分布：河南。

资料来源：Wang Shuxia, 2006, The genus *Pedioxestis* (Lepidoptera: Oecophoridae) from China, with descriptions of three new species. *Zootaxa*, 1330: 51~58.

锈平织蛾 *Pedioxestis ferruginea* Wang *et* Zheng, 2000

省内产地：西峡黄石庵，内乡宝天曼(正副模产地)。

分布：河南，陕西，湖北，贵州。

资料来源：Wang Shuxia *et* Zheng Zhemin, 2000, Two new Oecophorid moths from China (Lepidoptera: Oecophoridae). *Acta Zootaxonomica Sinica*, 25(4): 431~433.

尖颚带织蛾 *Periacma acutignatha* Wang, Li *et* Liu, 2001

省内产地：内乡宝天曼(正副模产地)。

分布：河南。

资料来源：Wang Shuxia, Li Houhun *et* Liu Youqiao, 2001, Nine new species and two new records of the genus Periacma Meyrick from China (Lepidoptera: Oecophoridae). *Acta Zootaxonomica Sinica*, 26(3):266~277.

澄城带织蛾 *Periacma chengchengensis* Wang *et* Zheng, 1995

省内产地：西峡黄石庵，内乡夏馆。

分布：河南，陕西。

资料来源：王淑霞，1999，鳞翅目：织蛾科。《伏牛山南坡及大别山区昆虫》，中国农业科学技术出版社。

褐带织蛾 *Periacma delegata* Meyrick, 1914

省内产地：林州石板岩，内乡葛条爬，辉县八里沟。

分布：河南，北京，河北，天津，黑龙江，安徽，山东，陕西，台湾；朝鲜，日本。

资料来源：王淑霞等，2008，鳞翅目：织蛾科，尖蛾科，木蛾科，列蛾科。《宝天曼自然保护区昆虫》，中国农业科学技术出版社。

周至带织蛾 *Periacma zhouzhiensis* Wang *et* Zheng, 1995

省内产地：辉县关山，济源黄楝树，登封嵩山，内乡宝天曼，西峡黄石庵，内乡夏馆。

分布：河南，陕西。

资料来源：王淑霞，1999，鳞翅目：织蛾科。《伏牛山南坡及大别山区昆虫》，中国农业科学技术出版社。

斜锦织蛾 *Promalactis autoclina* Meyrick, 1935

省内产地：内乡夏馆，西峡黄石庵。

分布：河南；日本，韩国。

资料来源：Wang Shuxia, Li Houhun *et* Zheng Zhemin, 2000, A study on the genus *Promalactis* Meyrick (Lepidoptera: Oecophoridae) from China: five new species and two new record species. *Entomologia Sinica*, 7(4): 289~298.

宝天曼锦织蛾 *Promalactis baotianmanensis* Wang, Li *et* Zheng, 2000

省内产地：内乡宝天曼(正副模产地)。

分布：河南。

资料来源：Wang Shuxia, Li Houhun *et* Zheng Zhemin, 2000, A study on the genus *Promalactis* Meyrick (Lepidoptera: Oecophoridae) from China: five new species and two new record species. *Entomologia Sinica*, 7(4): 289~298.

双带锦织蛾 *Promalactis bitaenia* Park *et* Park, 1998

省内产地：罗山灵山寺，桐柏水帘洞。

分布：河南；韩国。

资料来源：Wang Shuxia, Li Houhun *et* Zheng Zhemin, 2000, A study on the genus *Promalactis* Meyrick (Lepidoptera: Oecophoridae) from China: five new species and two new record species. *Entomologia Sinica*, 7(4): 289~298.

丽头锦织蛾 *Promalactis colacephala* Wang, Li *et* Zheng, 2000

省内产地：内乡宝天曼(模式产地)。

分布：河南。

资料来源：Wang Shuxia, Li Houhun *et* Zheng Zhemin, 2000, A study on the genus *Promalactis* Meyrick (Lepidoptera: Oecophoridae) from China: five new species and two new record species. *Entomologia Sinica*, 7(4): 289~298.

拟银锦织蛾 *Promalactis falsijezonica* Wang *et* Zheng, 1998

省内产地：内乡夏馆，西峡黄石庵，内乡宝天曼。

分布：河南，湖北，陕西，甘肃，贵州。

资料来源：王淑霞，1999，鳞翅目：织蛾科。《伏牛山南坡及大别山区昆虫》，中国农业科学技术出版社。

凤县锦织蛾 *Promalactis fengxianica* Wang, Zheng *et* Li, 1997

省内产地：内乡宝天曼。

分布：河南，陕西。

资料来源：王淑霞，1999，鳞翅目：织蛾科。《伏牛山南坡及大别山区昆虫》，中国农业科学技术出版社。

***Promalactis fuscimaculata* Wang, 2006**

省内产地：内乡宝天曼(模式产地)。

分布：河南。

资料来源：Wang Shuxia, 2006, Oecophoridae of China (Insecta: Lepidoptera). Science Press, Beijing.

饰带锦织蛾 *Promalactis infulata* Wang, Li *et* Zheng, 2000

省内产地：信阳鸡公山(模式产地)。

分布：河南。

资料来源：Wang Shuxia, Li Houhun *et* Zheng Zhemin, 2000, A study on the genus *Promalactis* Meyrick (Lepidoptera: Oecophoridae) from China: five new species and two new record species. *Entomologia Sinica*, 7(4): 289~298.

济源锦织蛾 *Promalactis jiyuanica* Wang, 2006

省内产地：济源王屋山(模式产地)。

分布：河南，贵州，香港。

资料来源：Wang Shuxia, 2006, Oecophoridae of China (Insecta: Lepidoptera). Science Press, Beijing.

***Promalactis latijuxta* Wang *et* Li, 2004**

省内产地：罗山灵山(模式产地)。

分布：河南。

资料来源：Wang Shuxia *et* Li Houhun, 2004, A study on the genus *Promalactis* from China: Description of fifteen new species (Lepidoptra: Oecophoridae). *Oriental Insect*, 38:1~25.

内乡锦织蛾 *Promalactis neixiangensis* Wang, 2007

省内产地：内乡宝天曼(模式产地)。

分布：河南。

资料来源：Wang Shuxia, Jin Qing, 2007, A new species and newly reported female of the genus *Promalactis* Meyrick (Lepidoptera: Oecophoridae) from China. *Entomotaxonomia*, 29(4): 287~289.

朴锦织蛾 *Promalactis parki* Lvovsky, 1986

省内产地：内乡宝天曼，罗山灵山寺，桐柏水帘洞，登封嵩山，信阳鸡公山。

分布：河南，河北，天津，浙江，湖南，云南，甘肃，东北；俄罗斯(远东)。

资料来源：王淑霞，2002，鳞翅目：织蛾科，木蛾科，宽蛾科。《太行山及桐柏山区昆虫》，中国农业科学技术出版社。

***Promalactis parvignatha* Wang *et* Li, 2004**

省内产地：卢氏大块地(模式产地)。

分布：河南。

资料来源：Wang Shuxia *et* Li Houhun, 2004, A study on the genus *Promalactis* from China: Description of fifteen new species (Lepidoptra: Oecophoridae). *Oriental Insect*, 38: 1~25.

丽线锦织蛾 *Promalactis pulchra* Wang, Zheng *et* Li, 1997

省内产地：内乡宝天曼。

分布：河南，陕西，甘肃。

资料来源：王淑霞，1999，鳞翅目：织蛾科。《伏牛山南坡及大别山区昆虫》，中国农业科学技术出版社。

四斑锦织蛾 *Promalactis quadrimacularis* Wang *et* Zheng, 1998

省内产地：宜阳花果山，辉县关山，罗山灵山寺，西峡黄石庵，内乡夏馆。

分布：河南，陕西，天津。

资料来源：王淑霞，1999，鳞翅目：织蛾科。《伏牛山南坡及大别山区昆虫》，中国农业科学技术出版社。

红锦织蛾 *Promalactis rubra* Wang, Zheng *et* Li, 1997

省内产地：卢氏淇河，卢氏狮子坪，登封嵩山，罗山灵山寺，桐柏水帘洞，陕县甘山，内乡宝天曼。

分布：河南，陕西。

资料来源：王淑霞，1999，鳞翅目：织蛾科。《伏牛山南坡及大别山区昆虫》，中国农业科学技术出版社。

***Promalactis similipulchra* Wang, 2006**

省内产地：内乡宝天曼，嵩县白云山(模式产地)。

分布：河南。

资料来源：Wang Shuxia, 2006, Oecophoridae of China (Insecta: Lepidoptera).: Science Press, Beijing.

多刺锦织蛾 *Promalactis spinosa* Wang *et* Li, 2004

省内产地：卢氏大块地(模式产地)，内乡宝天曼。

分布：河南。

资料来源：Wang Shuxia *et* Li Houhun, 2004, A study on the genus *Promalactis* from China: Description of fifteen new species (Lepidoptra: Oecophoridae). *Oriental Insect*, 38: 1~25.

点线锦织蛾 *Promalactis suzukiella* (Matsumura, 1931)

省内产地：罗山灵山寺，林州石板岩，辉县关山，济源王屋山，济源黄楝树，桐柏水帘洞，信阳鸡公山，内乡夏馆，西峡黄石庵。

分布：河南，陕西，江西，四川，福建，天津，甘肃，贵州；朝鲜，日本。

资料来源：王淑霞，1999，鳞翅目：织蛾科。《伏牛山南坡及大别山区昆虫》，中国农业科学技术出版社。

三线锦织蛾 *Promalactis trilineata* Wang *et* Zheng, 1998

省内产地：陕县甘山，济源王屋山。

分布：河南，陕西，天津。

资料来源：Wang Shuxia, 2006, Oecophoridae of China (Insecta: Lepidoptera). Science Press, Beijing.

***Promalactis varimorpha* Wang *et* Li, 2004**

省内产地：登封少林寺，济源王屋山(模式产地)。

分布：河南。

资料来源：Wang Shuxia *et* Li Houhun, 2004, A study on the genus *Promalactis* from China: Description of fifteen new species (Lepidoptra: Oecophoridae). *Oriental Insect*, 38: 1~25.

枯仿织蛾 *Pseudodoxia achlyphanes* Meyrick, 1934

省内产地：信阳鸡公山。

分布：河南，江西；日本。

资料来源：王淑霞，1999，鳞翅目：织蛾科。《鸡公山区昆虫》，中国农业科学技术出版社。

***Punctulata palliptera* Wang, 2006**

省内产地：内乡宝天曼(模式产地)。

分布：河南。

资料来源：Wang Shuxia, 2006, Oecophoridae of China (Insecta: Lepidoptera). Science Press, Beijing, 160.

尖翅斑织蛾 *Ripeacma acuminiptera* Wang *et* Li, 1999

省内产地：内乡夏馆(模式产地)，西峡黄石庵，信阳鸡公山。

分布：河南。

资料来源：王淑霞，1999，鳞翅目：织蛾科。《伏牛山南坡及大别山区昆虫》，中国农业科学技

术出版社。

佛坪斑织蛾 *Ripeacma fopingensis* Wang *et* Zheng, 1995

省内产地：内乡夏馆。

分布：河南，陕西。

资料来源：王淑霞，1999，鳞翅目：织蛾科。《伏牛山南坡及大别山区昆虫》，中国农业科学技术出版社。

秦岭斑织蛾 *Ripeacma qinlingensis* Wang *et* Zheng, 1995

省内产地：内乡宝天曼。

分布：河南，陕西。

资料来源：王淑霞，1999，鳞翅目：织蛾科。《伏牛山南坡及大别山区昆虫》，中国农业科学技术出版社。

桃展足蛾 *Stathmopoda auriferella* (Walker, 1864)

省内产地：辉县关山，济源王屋山，登封嵩山，罗山灵山寺，桐柏水帘洞。

分布：河南，四川，陕西，上海，台湾；日本，印度，朝鲜，斯里兰卡，澳大利亚。

资料来源：王淑霞，2002，鳞翅目：织蛾科，木蛾科，宽蛾科。《太行山及桐柏山区昆虫》，中国农业科学技术出版社。

宝天曼展足蛾 *Stathmopoda baotianmana* Li *et* Wang, 2002

省内产地：内乡宝天曼(模式产地)。

分布：河南，河北。

资料来源：Li Houhun *et* Wang Shuxia, 2002, Five new species and one new record of the genus Stathmopoda Herrich-Schaffer from China (Lepidoptera:Oecophoridae: Stathmopodinae). *Acta Zootaxonomica Sinica*, 27(2):330~337.

丽展足蛾 *Stathmopoda callopis* Meyrick, 1913

省内产地：辉县关山，宜阳花果山，西峡黄石庵，内乡夏馆。

分布：河南，江西；印度。

资料来源：Li Houhun *et* Wang Shuxia, 2002, Five new species and one new record of the genus *Stathmopoda* Herrich-Schaffer from China (Lepidoptera:Oecophoridae: Stathmopodinae). *Acta Zootaxonomica Sinica*, 27(2):330~337.

饰纹展足蛾 *Stathmopoda commode* Meyrick, 1913

省内产地：辉县关山，辉县八里沟。

分布：河南，安徽，贵州，浙江，江西，四川，台湾，西藏；印度。

资料来源：Wang Shuxia, 2006, Oecophoridae of China (Insecta: Lepidoptera). Science Press, Beijing, 229.

黄胸展足蛾 *Stathmopoda flavithoracalis* Li *et* Wang, 2002

省内产地：内乡宝天曼(正副模产地)。

分布：河南，贵州。

资料来源：Li Houhun *et* Wang Shuxia, 2002, Five new species and one new record of the genus *Stathmopoda* Herrich-Schaffer from China (Lepidoptera:Oecophoridae: Stathmopodinae). *Acta Zootaxonomica Sinica*, 27(2):330~337.

白光展足蛾 *Stathmopoda opiticaspis* Meyrick, 1931

省内产地：罗山灵山寺。

分布：河南，江西；朝鲜，日本，奥地利。

资料来源：王淑霞，2002，鳞翅目：织蛾科，木蛾科，宽蛾科。《太行山及桐柏山区昆虫》，中国农业科学技术出版社。

红胸展足蛾 *Stathmopoda ruflthoracalis* Li *et* Wang, 2002

省内产地：内乡宝天曼，内乡夏馆(模式产地)。

分布：河南。

资料来源：Li Houhun *et* Wang Shuxia, 2002, Five new species and one new record of the genus *Stathmopoda* Herrich-Schaffer from China (Lepidoptera:Oecophoridae: Stathmopodinae). *Acta Zootaxonomica Sinica*, 27(2):330~337.

黑缘酪织蛾 *Tyrolimnas anthraconesa* Meyrick, 1934

省内产地：宜阳花果山，辉县关山，桐柏水帘洞，西峡黄石庵，内乡夏馆。

分布：河南，陕西，江西，四川；朝鲜，日本，越南。

资料来源：王淑霞，1999，鳞翅目：织蛾科。《伏牛山南坡及大别山区昆虫》，中国农业科学技术出版社。

二〇、祝蛾科 Lecithoceridae

本科全世界共800种，中国记载 45属206种，河南记录10属15种。

块三角祝蛾 *Deltoplastis commatopa* Meyrick, 1932

省内产地：内乡宝天曼。

分布：河南，湖北，江西，湖南，四川，贵州，台湾。

资料来源：李后魂等，2012，秦岭小蛾类。科学出版社。

台湾福利祝蛾 *Frisilia homalistis* Meyrick, 1935

省内产地：西峡黄石庵，内乡宝天曼，桐柏水帘洞，信阳鸡公山。

分布：河南，湖北，台湾。

资料来源：李后魂等，2012，秦岭小蛾类。科学出版社。

平素祝蛾 *Homaloxestis myeloxesta* Meyrick, 1932

省内产地：内乡宝天曼。

分布：河南，贵州，云南，台湾；日本。

资料来源：李后魂等，2012，秦岭小蛾类。科学出版社。

黄银祝蛾 *Issikiopteryx fornicata* (Wu *et* Liu, 1993)

省内产地：内乡宝天曼。

分布：河南，陕西，福建。

资料来源：李后魂等，1999，鳞翅目：斑蛾科，麦蛾科，祝蛾科。《伏牛山南坡及大别山区昆虫》，中国农业科学技术出版社。

三花银祝蛾 *Issikiopteryx trichacera* (Wu, 1993)

省内产地：嵩县白云山，内乡宝天曼。

分布：河南，安徽，贵州。

资料来源：Fan Ximei & Li Houhun, 2008, The genus *Issikiopteryx* (Lepidoptera: Lecithoceridae): Checklist and descriptions of new species. *Zootaxa*, 1725: 53~60.

带宽银祝蛾 *Issikiopteryx zonosphaera* (Meyrick, 1935)

省内产地：济源王屋山，登封嵩山，内乡宝天曼。

分布：河南，浙江，安徽，陕西，湖南，江西。

资料来源：李后魂，2002，鳞翅目：麦蛾科，祝蛾科，列蛾科，蛀果蛾科。《太行山及桐柏山区昆虫》，中国农业科学技术出版社。

竖平祝蛾 *Lecithocera erecta* Meyrick, 1935

省内产地：内乡宝天曼，洛阳。

分布：河南，陕西，甘肃，湖北，安徽，浙江，福建，江西，湖南，广东，广西，四川，贵州，云南。

资料来源：李后魂等，2012，秦岭小蛾类。科学出版社。

粗梗平祝蛾 *Lecithocera tylobathra* Meyrick, 1931

省内产地：辉县八里沟，内乡宝天曼，桐柏水帘洞，信阳鸡公山。

分布：河南，陕西，甘肃，湖北，河北，北京，天津，湖南，四川，贵州，云南。

资料来源：李后魂等，2012，秦岭小蛾类。科学出版社。

黄阔祝蛾 *Lecitholaxa thiodora* (Meyrick, 1914)

省内产地：信阳鸡公山。

分布：河南，北京，江苏，浙江，江西，福建，湖南，广东，海南，四川，贵州，台湾；日本。

资料来源：武春生，1997，中国动物志 昆虫纲 第七卷。科学出版社。

丝槐祝蛾 *Sarisophora serena* Gozmány, 1978

省内产地：卢氏狮子坪。

分布：河南，陕西，甘肃。

资料来源：李后魂等，2012，秦岭小蛾类。科学出版社。

花匙唇祝蛾 *Spatulignatha olaxana* Wu, 1994

省内产地：具体不详。

分布：河南，陕西，湖北，浙江，福建，江西，湖南，四川，贵州，云南，西藏。

资料来源：李后魂等，2012，秦岭小蛾类。科学出版社。

楔白斑祝蛾 *Thubana leucosphena* Meyrick, 1931

省内产地：西峡黄石庵。

分布：河南，湖北，安徽，浙江，福建，江西，湖南，贵州。

资料来源：李后魂等，2012，秦岭小蛾类。科学出版社。

八瘤祝蛾 *Torodora octavana* (Meyrick, 1911)

省内产地：嵩县白云山，内乡宝天曼。

分布：河南，陕西，甘肃，湖北，安徽，浙江，福建，湖南，四川，海南，贵州，云南；印度。

资料来源：李后魂等，2012，秦岭小蛾类。科学出版社。

炬瘤祝蛾 *Torodora torrifacta* Gozmány, 1978

省内产地：内乡宝天曼，宜阳花果山。

分布：河南，湖北，四川。

资料来源：李后魂等，2012，秦岭小蛾类。科学出版社。

越南瘤祝蛾 *Torodora vietnamensis* Park, 2007

省内产地：嵩县白云山，内乡宝天曼。

分布：河南，甘肃，湖北，福建，江西，湖南，广西，海南，贵州，云南；越南。

资料来源：李后魂等，2012，秦岭小蛾类。科学出版社。

二一、绢蛾科 Scythridae

本科全世界共 15 属 370 种，中国记载 3 属 6 种，河南记录 1 属 1 种。

中华绢蛾 *Scythris sinensis* Felder *et* Rogenhofer, 1875

省内产地：商丘。

分布：河南，陕西，甘肃，宁夏，河北，天津，辽宁，吉林，浙江，台湾；日本，韩国，俄罗斯(西伯利亚)；欧洲。

寄主：蒺藜。

资料来源：申效诚，1993，河南昆虫名录。中国农业科学技术出版社。

二二、尖蛾科 Cosmopterygidae

本科全世界共 140 属 1200 种，中国记载 12 属 22 种，河南记录 9 属 11 种。

***Ashibusa sinensis* Zhang *et* Li, 2009**

省内产地：内乡宝天曼，西峡黄石庵，信阳鸡公山，辉县八里沟，登封少林寺(副模产地)。

分布：河南，安徽，福建，甘肃，贵州，湖北，江西，陕西，天津，浙江。

资料来源：Zhang Zhiwei & Li Houhun, 2009, Taxonomic study of the genus *Ashibusa* Matsumura (Lepidoptera, Cosmopterigidae), with description of six new species in China. *Deutsche Entomologische Zeitschrift*, 56(2): 335~343.

银线尖蛾 *Cosmopteryx fulminella* Stringer, 1930

省内产地：许昌，商丘。

分布：河南，河北，江西；日本。

寄主：苹果，禾本科植物。

资料来源：申效诚，1993，河南昆虫名录。中国农业科学技术出版社。

黑白尖蛾 *Labdia niphosticta* (Meyrick, 1936)

省内产地：辉县八里沟，西峡黄石庵。

分布：河南，河北，天津，山东，安徽，湖南，贵州；日本。

资料来源：李后魂等，2012，秦岭小蛾类。科学出版社。

黄迈尖蛾 *Macrobathra flavidus* Qian *et* Liu, 1997

省内产地：固始，罗山灵山，桐柏水帘洞，信阳鸡公山。

分布：河南，甘肃，湖北，福建，广西，贵州。

资料来源：Li Houhun *et* Wang Shuxia, 2004, A study of *Macrobathra* Meyrick from China (Lepidoptera: Cosmopterigidae). *Acta Zootaxonomica Sinica*, 29(1): 147~152.

诺迈尖蛾 *Macrobathra nomaea* Meyrick, 1914

省内产地：登封嵩山，林州石板岩，宜阳花果山，罗山董寨，辉县八里沟，内乡宝天曼。

分布：河南，北京，贵州，陕西，天津；斯里兰卡。

资料来源：Li Houhun et Wang Shuxia, 2004, A study of *Macrobathra* Meyrick from China (Lepidoptera: Cosmopterigidae). *Acta Zootaxonomica Sinica*, 29(1): 147~152.

面模尖蛾 *Meleonoma facialis* Li *et* Wang, 2002

省内产地：信阳鸡公山(副模产地)，辉县关山。

分布：河南，陕西，甘肃，江西，四川，云南，贵州。

资料来源：李后魂等，2002，中国模尖蛾属研究及二新种记述。昆虫学报，45(2)。

***Pancalia isshikii amurella* Gaedike, 1967**

省内产地：辉县八里沟。

分布：河南，河北，天津，陕西，福建；俄罗斯(远东)。

资料来源：Zhang Zhiwei & Li Houhun, 2010, The genus *Pancalia* Stephens (Lepidoptera: Cosmopterigidae) of China, with description of a new species. *Entomologica Fennica*, 20: 268~274.

茶梢尖蛾 *Parametriotes theae* Kuznetsov

省内产地：信阳。

分布：河南，安徽，江苏，江西，浙江，福建，湖南，广东，广西，贵州，四川，云南。

寄主：茶，山茶，油茶。

资料来源：申效诚，1993，河南昆虫名录。中国农业科学技术出版社。

梨瘿华蛾 *Sinitinea pyrigalla* Yang, 1977

省内产地：全省。

寄主：梨。

分布：河南，辽宁，北京，河北，山西，陕西，山东，安徽，江苏，湖北，江西，浙江，福建，广西。

资料来源：申效诚，1993，河南昆虫名录。中国农业科学技术出版社。

梨梢华蛾 *Sinitinea* sp.

省内产地：许昌。

寄主：梨。

分布：河南，河北，辽宁，山东，安徽，江苏。

资料来源：申效诚，1993，河南昆虫名录。中国农业科学技术出版社。

直拓尖蛾 *Tolliella truncatula* Zhang *et* Li, 2009

省内产地：内乡宝天曼(模式产地)。

分布：河南。

资料来源：张志伟，李后魂，2009，拓尖蛾属在中国首次报道及一新种记述(鳞翅目，尖蛾科)。动物分类学报，34(1)：46~48。

二三、列蛾科 Autostichidae

本科全世界已知 67 属 308 种(王淑霞，2005)，中国已记载 1 属 26 种，河南现有记录为 1 属 6 种，其中 4 种是以本省为模式产地。

连斑列蛾 *Autosticha conjugipunctata* Wang, 2004

省内产地：内乡宝天曼(模式产地)。

分布：河南，陕西，甘肃。

资料来源：Wang Shuxia, 2004, A systematic study of *Autosticha* Meyrick from China, with description of twenty-three new species (Lepidoptera, Autostichidae). *Acta Zootaxonomica Sinica*, 29(1): 38~62.

双列蛾 *Autosticha dimochla* Meyrick, 1935

省内产地：桐柏水帘洞。

分布：河南，安徽，山东，湖南，江苏；朝鲜。

资料来源：李后魂，2002，鳞翅目：麦蛾科，祝蛾科，列蛾科，蛀果蛾科。《太行山及桐柏山区昆虫》，中国农业科学技术出版社。

多斑列蛾 *Autosticha maculosa* wang, 2004

省内产地：信阳鸡公山(正模产地)，内乡宝天曼(副模产地)。

分布：河南，陕西，江西。

资料来源：Wang Shuxia, 2004, A systematic study of *Autosticha* Meyrick from China, with description of twenty-three new species (Lepidoptera, Autostichidae). *Acta Zootaxonomica Sinica*, 29(1): 38~62.

小喜列蛾 *Autosticha microphilodema* Wang, 2004

省内产地：内乡宝天曼，西峡黄石庵(模式产地)。

分布：河南，河北。

资料来源：Wang Shuxia, 2004, A systematic study of *Autosticha* Meyrick from China, with description of twenty-three new species (Lepidoptera, Autostichidae). *Acta Zootaxonomica Sinica*, 29(1): 38~62.

和列蛾 *Autosticha modicella*(Christoph, 1882)

省内产地：济源王屋山，登封嵩山，内乡宝天曼，罗山灵山寺，桐柏水帘洞。

分布：河南，陕西，江西，黑龙江，内蒙古，四川，天津，贵州；日本。

资料来源：李后魂，2002，鳞翅目：麦蛾科，祝蛾科，列蛾科，蛀果蛾科。《太行山及桐柏山区昆虫》，中国农业科学技术出版社。

二瓣列蛾 *Autosticha valvifida* Wang, 2004

省内产地：内乡宝天曼(副模产地)。

分布：河南，云南，湖北。

资料来源：Wang Shuxia, 2004, A systematic study of *Autosticha* Meyrick from China, with description of twenty-three new species (Lepidoptera, Autostichidae). *Acta Zootaxonomica Sinica*, 29(1): 38~62.

二四、麦蛾科 Gelechiidae

本科全世界共近 500 属 4000 种，中国记载 84 属 391 种，河南记录 33 属 66 种，其中 7 种是以河南省作为模式产地的新种。

胡枝子树麦蛾 *Agnippe albidorsella* (Snellen, 1884)

胡枝子树麦蛾 *Evippe albidorsella* (Snellen, 1884)

省内产地：济源黄楝树，内乡宝天曼，罗山灵山寺，西峡黄石庵，嵩县白云山。

分布：河南，甘肃，宁夏，浙江，河北，天津，北京，陕西，山东，江苏，安徽，江西，西藏；朝鲜，日本，俄罗斯(滨海地区，阿穆尔地区)。

资料来源：Bidzilya, O. & Li Houhun, 2010, Review of the genus *Agnippe* (Lepidoptera: Gelechiidae) in the Palaearctic region. *European Journal of Entomology*, 107: 247~265.

新树麦蛾 *Agnippe novisyrictis* (Li, 1993)

新树麦蛾 *Evippe novisyrictis* Li, 1993

省内产地：辉县八里沟。

分布：河南，河北，陕西，甘肃；俄罗斯(滨海地区)。

资料来源：Bidzilya, O. & Li Houhun, 2010, Review of the genus *Agnippe* (Lepidoptera: Gelechiidae) in the Palaearctic region. *European Journal of Entomology*, 107: 247~265.

杏树麦蛾 *Agnippe syrictis* (Meyrick, 1936)

杏树麦蛾 *Evippe syrictis* (Meyrick, 1936)

省内产地：辉县八里沟，信阳鸡公山。

分布：河南，宁夏，陕西，河北，北京，天津；朝鲜，日本，俄罗斯。

资料来源：Bidzilya, O. & Li Houhun, 2010, Review of the genus *Agnippe* (Lepidoptera: Gelechiidae) in the Palaearctic region. *European Journal of Entomology*, 107: 247-265.

绣线菊背麦蛾 *Anacampsis solemnella* (Christoph, 1882)

省内产地：登封少林寺，济源黄楝树，西峡黄石庵。

分布：河南，黑龙江，辽宁，北京，陕西，四川，安徽，江苏，浙江；俄罗斯，朝鲜，日本，加拿大，美国。

寄主：绣线菊，桃，杏，李，桂花等。

资料来源：李后魂等，1999，鳞翅目：斑蛾科，麦蛾科，祝蛾科。《伏牛山南坡及大别山区昆虫》，中国农业科学技术出版社。

甜枣条麦蛾 *Anarsia bipinnata* (Meyrick, 1932)

省内产地：济源王屋山，信阳鸡公山。

分布：河南，陕西，甘肃，青海，安徽，贵州；韩国，日本，俄罗斯(远东)。

寄主：甜枣，霍香蓟，茶条槭，栎。

资料来源：李后魂等，1999，鳞翅目：麦蛾科，祝蛾科，雕蛾科，巢蛾科。《鸡公山区昆虫》，中国农业科学技术出版社。

桃条麦蛾 *Anarsia lineatella* Zeller, 1839

省内产地：安阳，新乡，南召。

分布：河南，河北，陕西，甘肃，新疆；伊朗，阿富汗，土耳其；欧洲，北非，北美。

资料来源：申效诚，1993，河南昆虫名录。中国农业科学技术出版社。

丽带麦蛾 *Aristotelia calloptera* Omelko, 1999

省内产地：济源黄楝树。

分布：河南；俄罗斯(远东)。

资料来源：李后魂，2002，鳞翅目：麦蛾科，祝蛾科，列蛾科，蛀果蛾科。《太行山及桐柏山区昆虫》，中国农业科学技术出版社。

Athrips polymaculella **Park, 1991**

省内产地：内乡宝天曼，济源王屋山。

分布：河南；韩国，俄罗斯。

资料来源：Bidzilya, O. & Li Houhun, 2009, A review of the genus *Athrips* Billberg (Lepidoptera, Gelechiidae) in China. *Deutsche Entomologische Zeitschrift*, 56(2): 323~333.

淡翅苔麦蛾 *Bryotropha palliptera* Li *et* Wang, 1999

省内产地：内乡宝天曼(模式产地)。

分布：河南，河北，贵州。

资料来源：李后魂等，1999，鳞翅目：斑蛾科，麦蛾科，祝蛾科。《伏牛山南坡及大别山区昆虫》，中国农业科学技术出版社。

冠麦蛾 *Capidentalis claviformis* (Park, 1993)

省内产地：固始祖师。

分布：河南，陕西，甘肃，安徽；朝鲜，俄罗斯。

资料来源：李后魂，2002，中国麦蛾。南开大学出版社。

梨麦蛾 *Carbatina picrocarpa* Meyrick, 1913

省内产地：新乡，商丘。

分布：河南，东北；日本，印度。

资料来源：申效诚，1993，河南昆虫名录。中国农业科学技术出版社。

栎离瓣麦蛾 *Chorivalva bisaccula* Omelko, 1988

省内产地：信阳鸡公山。

分布：河南，陕西；韩国，俄罗斯。

资料来源：李后魂等，1999，鳞翅目：麦蛾科，祝蛾科，雕蛾科，巢蛾科。《鸡公山区昆虫》。中国农业科学技术出版社。

青冈指麦蛾 *Dactylethrella tegulifera* (Meyrick, 1932)

省内产地：内乡宝天曼，西峡黄石庵。

分布：河南，陕西，甘肃；朝鲜，日本，俄罗斯(远东)。

寄主：蒙古栎，青冈，麻栎。

资料来源：李后魂等，1999，鳞翅目：斑蛾科，麦蛾科，祝蛾科。《伏牛山南坡及大别山区昆虫》，中国农业科学技术出版社。

指角麦蛾 *Deltophora digitiformis* Li, Li *et* Wang, 2002

省内产地：登封嵩山，济源黄楝树(正副模产地)。

分布：河南，天津，北京。

资料来源：Li Zhendong, Li Houhun *et* Wang Shuxia, 2002, A systematic study on the genus *Deltophora* Janse from China (Lepidoptera: Gelechiidae). *Acta Zootaxonomica Sinica*, 27(1): 129~135.

方瓣角麦蛾 *Deltophora quadrativalvata* Li, Li *et* Wang, 2002

省内产地：登封嵩山(副模产地)，辉县关山，林州石板岩，宜阳花果山。

分布：河南，河北。

资料来源：Li Zhendong, Li Houhun *et* Wang Shuxia, 2002, A systematic study on the genus *Deltophora* Janse from China (Lepidoptera: Gelechiidae). *Acta Zootaxonomica Sinica*, 27(1): 129~135.

大斑林麦蛾 *Dendrophilia grandimacularis* Li *et* Zheng, 1998

省内产地：信阳鸡公山，西峡黄石庵。

分布：河南，江西。

资料来源：李后魂等，1999，鳞翅目：麦蛾科，祝蛾科，雕蛾科，巢蛾科。《鸡公山区昆虫》，中国农业科学技术出版社。

河南林麦蛾 *Dendrophilia henanensis* Li *et* Zheng, 1998

省内产地：固始祖师(模式产地)。

分布：河南。

资料来源：Li Houhun, Zheng Zhemin, 1998, A systematic study on the genus *Dendrophilia* Ponomarenko, 1993 from China (Lepidoptera: Gelechiidae). *SHILAP Revta. Lepid.*, 26(102): 101~111.

中带林麦蛾 *Dendrophilia mediofasciana* (Park, 1991)

省内产地：内乡夏馆，内乡宝天曼，西峡黄石庵。

分布：河南，陕西，甘肃，江西；朝鲜，日本，俄罗斯(远东)。

资料来源：李后魂等，1999，鳞翅目：斑蛾科，麦蛾科，祝蛾科。《伏牛山南坡及大别山区昆虫》，中国农业科学技术出版社。

灌县林麦蛾 *Dendrophilia saxigera* (Meyrick, 1931)

省内产地：信阳鸡公山，内乡夏馆，西峡黄石庵。

分布：河南，陕西，四川，江西，湖南，台湾。

资料来源：李后魂等，1999，鳞翅目：斑蛾科，麦蛾科，祝蛾科。《伏牛山南坡及大别山区昆虫》，中国农业科学技术出版社。

玉山林麦蛾 *Dendrophilia yushanica* Li *et* Zheng, 1998

省内产地：信阳鸡公山，内乡夏馆。

分布：河南，江西。

资料来源：李后魂等，1999，鳞翅目：斑蛾科，麦蛾科，祝蛾科。《伏牛山南坡及大别山区昆虫》，中国农业科学技术出版社。

灰棕麦蛾 *Dichomeris acritopa* Meyrick, 1935

省内产地：具体不详。

分布：河南，宁夏，山西，陕西，江苏，浙江，江西，湖南，云南。

资料来源：李后魂，2010，麦蛾科。《六盘山无脊椎动物》，河北大学出版社。

杉木球果棕麦蛾 *Dichomeris bimaculata* Liu *et* Qian, 1994

省内产地：固始祖师。

分布：河南，安徽，浙江，福建，江西，湖北，湖南，广东，广西，四川，贵州，陕西。

资料来源：李后魂，2002，中国麦蛾。南开大学出版社。

布氏棕麦蛾 *Dichomeris bulawskii* Ponomarenko *et* Park, 1996

省内产地：西峡黄石庵。

分布：河南；俄罗斯(远东)。

资料来源：李后魂等，1999，鳞翅目：斑蛾科，麦蛾科，祝蛾科。《伏牛山南坡及大别山区昆虫》，中国农业科学技术出版社。

山楂棕麦蛾 *Dichomeris derasella* (Denis *et* Schiffermuller, 1775)

Dichomeris fasciella (Hübner, 1796)

省内产地：桐柏水帘洞，西峡黄石庵，宜阳花果山，辉县关山，林州石板岩，济源王屋山，济源黄楝树。

分布：河南，陕西，宁夏，青海，浙江，贵州，河北，天津，辽宁，安徽，福建，甘肃；朝鲜，土耳其，俄罗斯；欧洲。

寄主：山楂，桃，黑刺李，樱桃，欧洲木莓，悬钩子。

资料来源：李后魂等，1999，鳞翅目：斑蛾科，麦蛾科，祝蛾科。《伏牛山南坡及大别山区昆虫》，中国农业科学技术出版社。

远东棕麦蛾 *Dichomeris chinganella* (Christoph, 1882)

Dichomeris fareasta Park, 1994

省内产地：济源黄楝树，内乡宝天曼。

分布：河南，宁夏，天津；韩国，俄罗斯。

资料来源：李后魂等，1999，鳞翅目：斑蛾科，麦蛾科，祝蛾科。《伏牛山南坡及大别山区昆虫》，中国农业科学技术出版社。

褐棕麦蛾 *Dichomeris fuscahopa* Li *et* Zheng, 1996

省内产地：内乡夏馆，内乡宝天曼，西峡黄石庵。

分布：河南，陕西，浙江，贵州。

资料来源：李后魂等，1999，鳞翅目：斑蛾科，麦蛾科，祝蛾科。《伏牛山南坡及大别山区昆虫》，中国农业科学技术出版社。

桃棕麦蛾 *Dichomeris heriguronis* (Matsumura, 1931)

Dichomeris picrocarpa (Meyrick, 1913)

省内产地：济源王屋山，桐柏水帘洞，罗山灵山寺，内乡夏馆，内乡宝天曼。

分布：河南，黑龙江，陕西，湖北，江西，浙江，福建，贵州，云南，台湾；印度，朝鲜，日本；北美。

寄主：桃，樱桃，杏，李，东京樱花，梅，梨等。

资料来源：Li Houhun, Zhen Hui, Kendrick, R. C. & Sterling, M. J., 2010, Microlepidoptera of Hong Kong: *Taxonomic* study on the genus Dichomeris Hubner, 1818, with descriptions of three new species (Lrpidoptera: Gelechiidae). *SHILAP Revta. Lepid.*, 38(149): 67~89.

霍棕麦蛾 *Dichomeris hodgesi* Li *et* Zheng, 1996

省内产地：内乡夏馆，西峡黄石庵。

分布：河南，陕西，甘肃，江西。

资料来源：李后魂等，1999，鳞翅目：斑蛾科，麦蛾科，祝蛾科。《伏牛山南坡及大别山区昆虫》，中国农业科学技术出版社。

棒瓣棕麦蛾 *Dichomeris japonicella* (Zeller, 1877)

省内产地：罗山灵山寺，内乡夏馆，内乡宝天曼，西峡黄石庵林场。

分布：河南；日本，俄罗斯。

资料来源：李后魂，2002，鳞翅目：麦蛾科，祝蛾科，列蛾科，蛀果蛾科。《太行山及桐柏山区昆虫》，中国农业科学技术出版社。

螳棕麦蛾 *Dichomeris manticopodina* Li *et* Zheng, 1996

省内产地：桐柏水帘洞。

分布：河南，陕西。

资料来源：李后魂，2002，鳞翅目：麦蛾科，祝蛾科，列蛾科，蛀果蛾科。《太行山及桐柏山区昆虫》，中国农业科学技术出版社。

内乡棕麦蛾 *Dichomeris neixiangensis* Li *et* Wang, 1999

省内产地：内乡宝天曼(模式产地)。

分布：河南。

资料来源：李后魂等，1999，鳞翅目：斑蛾科，麦蛾科，祝蛾科。《伏牛山南坡及大别山区昆虫》，中国农业科学技术出版社。

黑缘棕麦蛾 *Dichomeris obsepta* (Meyrick, 1935)

省内产地：桐柏水帘洞，西峡黄石庵。

分布：河南，湖北，湖南，江苏，浙江，江西，安徽，四川，甘肃，广东，香港。

资料来源：李后魂等，1999，鳞翅目：斑蛾科，麦蛾科，祝蛾科。《伏牛山南坡及大别山区昆虫》，中国农业科学技术出版社。

鸡血藤棕麦蛾 *Dichomeris oceanis* Meyrick, 1920

省内产地：桐柏水帘洞，内乡夏馆，内乡宝天曼，西峡黄石庵。

分布：河南，北京，山东，陕西，甘肃，安徽，浙江，福建，台湾，黑龙江，贵州；朝鲜，日本，俄罗斯(远东)。

寄主：紫藤，多花紫藤，栎，国槐，鸡血藤等。

资料来源：李后魂等，1999，鳞翅目：斑蛾科，麦蛾科，祝蛾科。《伏牛山南坡及大别山区昆虫》，中国农业科学技术出版社。

长须棕麦蛾 *Dichomeris okadai* (Moriuti, 1982)

省内产地：宜阳花果山，济源王屋山，内乡夏馆，西峡黄石庵。

分布：河南，陕西，安徽，湖北，贵州，浙江；日本，俄罗斯(远东)。

资料来源：李后魂等，1999，鳞翅目：斑蛾科，麦蛾科，祝蛾科。《伏牛山南坡及大别山区昆虫》，中国农业科学技术出版社。

栎棕麦蛾 *Dichomeris quercicola* Meyrick, 1921

省内产地：内乡夏馆。

分布：河南，北京，陕西，甘肃，湖南，安徽，江西；印度，朝鲜，日本，俄罗斯(远东)。

资料来源：李后魂等，1999，鳞翅目：斑蛾科，麦蛾科，祝蛾科。《伏牛山南坡及大别山区昆虫》，中国农业科学技术出版社。

艾棕麦蛾 *Dichomeris rasilella* (Herrich-Schäffer, 1854)

省内产地：济源王屋山，桐柏水帘洞，卢氏狮子坪，内乡宝天曼，内乡夏馆，西峡黄石庵，辉县八里沟 。

分布：河南，黑龙江，辽宁，河北，天津，陕西，甘肃，宁夏，青海，四川，云南，湖北，湖南，安徽，江西，贵州，浙江，福建，台湾，广西，香港；朝鲜，日本，俄罗斯；欧洲。

寄主：艾，矢车菊等。

资料来源：李后魂等，1999，鳞翅目：斑蛾科，麦蛾科，祝蛾科。《伏牛山南坡及大别山区昆虫》，中国农业科学技术出版社。

胡桃棕麦蛾 *Dichomeris sparsella* (Christoph, 1882)

省内产地：内乡夏馆，西峡黄石庵。

分布：河南，黑龙江，湖北；朝鲜，日本，俄罗斯。

资料来源：李后魂，2002，中国麦蛾。南开大学出版社。

白桦棕麦蛾 *Dichomeris ustalella* (Fabricius, 1794)

省内产地：内乡宝天曼，罗山灵山寺。

分布：河南，甘肃，江西，浙江；朝鲜，日本，俄罗斯(远东)；欧洲。

寄主：垂枝桦，榛，欧洲榛，欧洲鹅耳枥，梅，苹果，枹栎，欧洲水青冈，柳，椴树，槭树。

资料来源：李后魂，2002，鳞翅目：麦蛾科，祝蛾科，列蛾科，蛀果蛾科。《太行山及桐柏山区昆虫》，中国农业科学技术出版社。

岳坝棕麦蛾 *Dichomeris yuebana* Li *et* Zheng, 1996

省内产地：信阳鸡公山。

分布：河南，陕西，四川。

资料来源：李后魂等，1999，鳞翅目：麦蛾科，祝蛾科，雕蛾科，巢蛾科。《鸡公山区昆虫》，中国农业科学技术出版社。

异脉筛麦蛾 *Ethmiopsis prosectrix* Meyrick, 1935

省内产地：林州石板岩，辉县关山，内乡夏馆，西峡黄石庵。

分布：河南，陕西，山东，浙江，上海。

资料来源：李后魂等，1999，鳞翅目：斑蛾科，麦蛾科，祝蛾科。《伏牛山南坡及大别山区昆虫》，中国农业科学技术出版社。

三角发麦蛾 *Faristenia triangula* Li *et* Zheng, 1998

省内产地：内乡宝天曼。

分布：河南，陕西。

资料来源：甄卉，李后魂，2008，鳞翅目：麦蛾科。《宝天曼自然保护区昆虫》，中国农业科学技术出版社。

乌苏里发麦蛾 *Faristenia ussuriella* Ponomarenko, 1991

省内产地：内乡宝天曼。

分布：河南，江西，陕西，甘肃；朝鲜，俄罗斯(远东)。

寄主：蒙古栎。

资料来源：甄卉，李后魂，2008，鳞翅目：麦蛾科。《宝天曼自然保护区昆虫》，中国农业科学技术出版社。

刺槐种子麦蛾 *Gelechia* sp.

省内产地：南阳，安阳，郑州。

分布：河南。

资料来源：申效诚，1993，河南昆虫名录。中国农业科学技术出版社。

甘薯阳麦蛾 *Helcystogramma triannulella* (Herrich-Schäffer, 1854)

甘薯麦蛾 *Brachmia macroscopa* Meyrick, 1932

省内产地：林州石板岩，内乡夏馆，固始祖师等全省各地。

分布：广泛分布于我国甘薯等寄主分布区；朝鲜，日本，俄罗斯，印度；中亚地区和欧洲中南部。

寄主：甘薯，蕹菜，木槿，月光花，牵牛花，田旋花，打碗花等。

资料来源：甄卉，李后魂，2008，鳞翅目：麦蛾科。《宝天曼自然保护区昆虫》，中国农业科学技术出版社。

拟蛮麦蛾 *Homoshelas epichthonia* Meyrick, 1935

省内产地：济源王屋山，内乡宝天曼，西峡黄石庵。

分布：河南，陕西，江苏，台湾。

资料来源：李后魂等，1999，鳞翅目：斑蛾科，麦蛾科，祝蛾科。《伏牛山南坡及大别山区昆虫》，中国农业科学技术出版社。

申氏拟蛮麦蛾 *Homoshelas sheni* Li *et* Wang, 1999

省内产地：内乡宝天曼，西峡黄石庵(模式产地)。

分布：河南，贵州。

资料来源：李后魂等，1999，鳞翅目：斑蛾科，麦蛾科，祝蛾科。《伏牛山南坡及大别山区昆虫》，中国农业科学技术出版社。

优蛮麦蛾 *Hypatima excellentella* Ponomarenko, 1991

省内产地：固始祖师。

分布：河南，安徽，江西，陕西，甘肃，台湾；朝鲜，日本，俄罗斯。

资料来源：李后魂，2002，中国麦蛾。南开大学出版社。

栎蛮麦蛾 *Hypatima venefica* Ponomarenko, 1991

省内产地：内乡宝天曼。

分布：河南；朝鲜，日本，俄罗斯(远东)。

资料来源：李后魂等，1999，鳞翅目：斑蛾科，麦蛾科，祝蛾科。《伏牛山南坡及大别山区昆虫》，中国农业科学技术出版社。

白线荚麦蛾 *Mesophleps albilinella* (Park, 1990)

省内产地：林州石板岩，宜阳花果山，辉县关山，济源王屋山，信阳鸡公山，内乡夏馆，内乡宝天曼。

分布：河南，陕西，甘肃，贵州，河北，天津；韩国，日本。

资料来源：李后魂等，1999，鳞翅目：麦蛾科，祝蛾科，雕蛾科，巢蛾科。《鸡公山区昆虫》，中国农业科学技术出版社。

刺槐荚麦蛾 *Mesophleps subluriana* (Park, 1990)

省内产地：宜阳花果山。

分布：河南，河北，山西，陕西，贵州，山东，湖北，安徽，江苏；朝鲜。

资料来源：甄卉，李后魂，2008，鳞翅目：麦蛾科。《宝天曼自然保护区昆虫》，中国农业科学技术出版社。

黄尖翅麦蛾 *Metzneris inflammatella* (Christoph, 1882)

省内产地：内乡宝天曼。

分布：河南，黑龙江，吉林，上海，浙江，四川，云南；朝鲜，日本，俄罗斯。

资料来源：李后魂，2002，中国麦蛾。南开大学出版社。

蜜柠麦蛾 *Pexicopia melitolicna* (Meyrick, 1935)

省内产地：内乡宝天曼。

分布：河南，江苏，安徽，江西，山东。

资料来源：甄卉，李后魂，2008，鳞翅目：麦蛾科。《宝天曼自然保护区昆虫》，中国农业科学技术出版社。

饰光麦蛾 *Photodotis adornata* Omelko, 1993

省内产地：内乡宝天曼，西峡黄石庵，嵩县白云山，卢氏狮子坪。

分布：河南，陕西，甘肃，天津，黑龙江，安徽，云南；朝鲜，俄罗斯远东地区。

资料来源：李后魂等，2012，秦岭小蛾类。科学出版社。

浅光麦蛾 *Photodotis palens* Omelko, 1993

省内产地：辉县八里沟。

分布：河南，陕西，贵州；朝鲜，俄罗斯远东地区。

资料来源：李后魂等，2012，秦岭小蛾类。科学出版社。

马铃薯块茎蛾 *Phthorimaea operculella* Zeller, 1873

省内产地：许昌。

分布：河南，陕西，山西，湖南，重庆，云南，贵州；世界广布。

寄主：马铃薯，烟草，茄。

资料来源：申效诚，1993，河南昆虫名录。中国农业科学技术出版社。

棉红铃虫 *Platyedra gossypiella* (Saunders, 1844)

省内产地：全省。

分布：河南，除青海、宁夏、新疆外全国各省；世界广布。

资料来源：申效诚，1993，河南昆虫名录。中国农业科学技术出版社。

栎伪黑麦蛾 *Pseudotelphusa acrobrunella* Park, 1992

省内产地：卢氏大块地，内乡宝天曼，固始。

寄主：栎。

分布：河南；朝鲜。

资料来源：李后魂，2002，鳞翅目：麦蛾科，祝蛾科，列蛾科，蛀果蛾科。《太行山及桐柏山区昆虫》，中国农业科学技术出版社。

核桃楸粗翅麦蛾 *Psoricoptera gibbosella* (Zellar, 1839)

省内产地：内乡宝天曼。

分布：河南，黑龙江，甘肃，青海，湖北，江西，天津；朝鲜，日本，土耳其，哈萨克斯坦，俄罗斯；欧洲，北非。

寄主：核桃楸，苹果，山楂。

资料来源：李后魂，2002，中国麦蛾。南开大学出版社。

麦蛾 *Sitotroga cerealella* (Olivier, 1789)

省内产地：信阳鸡公山，内乡夏馆，内乡宝天曼，卢氏大块地，辉县关山等全省各地。

分布：全国；世界广布。

资料来源：李后魂等，1999，鳞翅目：斑蛾科，麦蛾科，祝蛾科。《伏牛山南坡及大别山区昆虫》，中国农业科学技术出版社。

河南柄麦蛾 *Syncopacma henanensis* Li *et* Wang, 1999

省内产地：内乡宝天曼(模式产地)。

分布：河南。

资料来源：李后魂等，1999，鳞翅目：斑蛾科，麦蛾科，祝蛾科。《伏牛山南坡及大别山区昆虫》，中国农业科学技术出版社。

黑星麦蛾 *Telphusa chloroderces* Meyrick

省内产地：全省。

分布：河南，黑龙江，吉林，辽宁，河北，山东，山西，陕西，甘肃，江苏，浙江。

资料来源：申效诚，1993，河南昆虫名录。中国农业科学技术出版社。

斑黑麦蛾 *Telphusa euryzeucta* Meyrick, 1922

省内产地：信阳鸡公山，内乡夏馆，内乡宝天曼，西华。

分布：河南，陕西，甘肃，青海，北京，天津，河北，山西，山东，江西，上海，东北。

资料来源：李后魂等，1999，鳞翅目：麦蛾科，祝蛾科，雕蛾科，巢蛾科。《鸡公山区昆虫》，中国农业科学技术出版社。

斜纹麦蛾 *Thiotricha obliquata* (Matsumura, 1931)

省内产地：内乡宝天曼。

分布：河南，湖北；日本，俄罗斯。

资料来源：李后魂，2002，中国麦蛾。南开大学出版社。

狭纹麦蛾 *Thiotricha pontifera* Meyrick, 1932

省内产地：宜阳花果山，林州石板岩。

分布：河南，吉林，安徽；朝鲜，日本，俄罗斯(远东)。

资料来源：甄卉，李后魂，2008，鳞翅目：麦蛾科。《宝天曼自然保护区昆虫》，中国农业科学技术出版社。

斑纹麦蛾 *Thiotricha tylephora* Meyrick, 1935

省内产地：具体不详。

分布：河南，天津，湖北，湖南，浙江，四川，陕西；日本。

资料来源：李后魂，王淑霞等，2009，河北动物志　鳞翅目　小蛾类。中国农业科学技术出版社。

圆托麦蛾 *Tornodox tholocharda* Meyrick, 1921

省内产地：信阳鸡公山，宜阳花果山，内乡夏馆，内乡宝天曼，西峡黄石庵。

分布：河南，陕西，甘肃，浙江，四川，江西，广东；朝鲜，日本。

资料来源：李后魂等，1999，鳞翅目：麦蛾科，祝蛾科，雕蛾科，巢蛾科。《鸡公山区昆虫》，中国农业科学技术出版社。

二五、遮颜蛾科 Blastobasidae

全世界已知约200种，中国目前记录4种，河南记录2属2种。

林弯遮颜蛾 *Hypatopa silvestrella* Kuznetzov, 1984

省内产地：内乡宝天曼。

分布：河南；韩国，俄罗斯。

资料来源：李后魂等，2012，秦岭小蛾类。科学出版社。

双角新遮颜蛾 *Neoblastobasis biceratala* (Park, 1984)

省内产地：林州石板岩，辉县八里沟，济源王屋山，宜阳花果山，西峡黄石庵，内乡宝天曼，桐柏水帘洞。

分布：河南，甘肃，湖北，山西，天津，吉林，湖南，贵州；日本，韩国，俄罗斯。

资料来源：李后魂等，2012，秦岭小蛾类。科学出版社。

二六、鞘蛾科 Coleophoridae

本科全世界已知16属1500种，中国已知2属150种(李后魂，2005)，河南现有记录2属3种。

兴安落叶松鞘蛾 *Coleophora obducta* (Meyrick, 1931)

省内产地：卢氏。

分布：河南，黑龙江，吉林，辽宁，内蒙古，河北；朝鲜，日本，俄罗斯。

资料来源：李后魂，2003，华北落叶松鞘蛾和兴安落叶松鞘蛾形态学研究与再描述(鳞翅目：鞘蛾科)。昆虫分类学报，25(4)：295~302。

华北落叶松鞘蛾 *Coleophora sinensis* Yang, 1983

省内产地：具体不详。

分布：河南，河北，山西，内蒙古。

资料来源：李后魂，2003，华北落叶松鞘蛾和兴安落叶松鞘蛾形态学研究与再描述(鳞翅目：鞘蛾科)。昆虫分类学报，25(4)：295~302。

***Pseudohypatopa longicornutella* Park, 1989**

省内产地：罗山县灵山。

分布：河南，天津，福建，湖北，陕西；朝鲜，俄罗斯(远东)。

资料来源：Zhen Hui & Li Houhun, 2009, A review of *Pseudohypatopa* Sinev (Lepidoptera: Coleophoridae: Blastobasinae: Holcocerini), with description of two new species. *Entomologica Fennica*, 19: 241~247.

二七、卷蛾科 Tortricidae

本科全世界共有 1000 余属 9000 多种(Brown, 2005)，中国记载 229 属 1163 种，河南记录 86 属 228 种。

(一) 卷蛾亚科 Tortricinae

梣长翅卷蛾 *Acleris affinatana* (Snallen, 1883)

省内产地：桐柏水帘洞。

分布：河南，甘肃，湖北，黑龙江，山东，四川，贵州；韩国，日本，俄罗斯远东地区。

资料来源：李后魂等，2012，秦岭小蛾类。科学出版社。

细纹长翅卷蛾 *Acleris conchyloides* (Walsingham, 1900)

省内产地：内乡宝天曼，嵩县白云山，卢氏狮子坪，陕县甘山，宜阳花果山。

分布：河南，陕西，甘肃，宁夏，湖北；日本。

资料来源：王新谱等，2010，卷蛾科。《六盘山无脊椎动物》，河北大学出版社。

黄斑长翅卷蛾 *Acleris fimbriana* (Thunberg *et* Becklin, 1791)

省内产地：全省。

分布：河南，辽宁，河北，天津，山东，山西，陕西；朝鲜，日本，俄罗斯；欧洲。

寄主：桃，李，杏，梨，苹果，海棠。

资料来源：申效诚，1993，河南昆虫名录。中国农业科学技术出版社。

白褐长翅卷蛾 *Acleris japonica* (Walsingham, 1900)

省内产地：具体不详。

分布：河南，天津，陕西，甘肃，台湾；朝鲜，日本，俄罗斯(远东)。

资料来源：李后魂，王淑霞等，2009，河北动物志 鳞翅目 小蛾类。中国农业科学技术出版社。

杜鹃长翅卷蛾 *Acleris laterana* (Fabricius, 1794)

省内产地：嵩县白云山，卢氏狮子坪。

分布：河南，黑龙江，天津，山东，湖北，浙江，广西，贵州，陕西，甘肃；朝鲜，日本，俄罗斯(远东)，中欧。

资料来源：李后魂，王淑霞等，2009，河北动物志 鳞翅目 小蛾类。中国农业科学技术出版社。

褐带长翅卷蛾 *Acleris leechi* (Walsingham, 1900)

省内产地：内乡宝天曼，宜阳花果山。

分布：河南，陕西，湖北，黑龙江，辽宁，安徽；韩国，日本，俄罗斯远东地区。

资料来源：李后魂等，2012，秦岭小蛾类。科学出版社。

美丽长翅卷蛾 *Acleris pulchella* Kawabe, 1963

省内产地：嵩县白云山。

分布：河南，福建，台湾；韩国，日本。

资料来源：李后魂等，2012，秦岭小蛾类。科学出版社。

腹齿长翅卷蛾 *Acleris recula* Razowski, 1974

省内产地：卢氏狮子坪。

分布：河南，浙江。

资料来源：李后魂等，2012，秦岭小蛾类。科学出版社。

榆白长翅卷蛾 *Acleris ulmicola* (Meyrick, 1930)

省内产地：内乡宝天曼。

分布：河南，陕县，甘肃，北京，河北，内蒙古，吉林，黑龙江，山东，西藏，青海，宁夏，台湾；韩国，日本，俄罗斯(远东)。

寄主：榆。

资料来源：张续，李后魂，2008，鳞翅目：卷蛾科。《宝天曼自然保护区昆虫》，中国农业科学技术出版社。

棉褐带卷蛾 *Adoxophyes orana orana* (Fisher von Roslerstamm, 1834)

省内产地：内乡宝天曼，辉县，济源，兰考，灵宝，罗山，汝南，陕县，嵩县，桐柏，西华，西峡，信阳，郑州。

分布：河南，河北，山东，安徽，江苏，浙江，福建，湖北，湖南，广东，广西，海南，四川，贵州，甘肃，台湾；日本，印度，新加坡，印度尼西亚；欧洲。

寄主：棉花，苹果，梨，山楂，桃，杏，李，橘，榆，杨，刺槐，樱桃，茶，蔷薇，桦，柳，忍冬。

资料来源：申效诚，1993，河南昆虫名录。中国农业科学技术出版社。

菊双纹卷蛾 *Aethes cnicana* (Westwood, 1854)

省内产地：内乡宝天曼。

分布：河南，天津，吉林，黑龙江，陕西；日本，俄罗斯；欧洲。

资料来源：张续，李后魂，2008，鳞翅目：卷蛾科。《宝天曼自然保护区昆虫》，中国农业科学技术出版社。

多齿双纹卷蛾 *Aethes hoenei* Razowski, 1964

省内产地：卢氏大块地。

分布：河南，浙江，江西，湖南，陕西。

资料来源：张续，李后魂，2008，鳞翅目：卷蛾科。《宝天曼自然保护区昆虫》，中国农业科学技术出版社。

直线双纹卷蛾 *Aethes rectilineana* (Caradja, 1939)

省内产地：嵩县白云山，登封嵩山。

分布：河南，山东，湖北，安徽；日本，蒙古国。

资料来源：李后魂等，2012，秦岭小蛾类。科学出版社。

隐黄卷蛾 *Archips arcanus* Razowski, 1977

省内产地：内乡宝天曼，桐柏水帘洞，陕县甘山。

分布：河南，北京，浙江，湖南，陕西，云南。

资料来源：李后魂，王淑霞等，2009，河北动物志 鳞翅目 小蛾类。中国农业科学技术出版社。

后黄卷蛾 *Archips asiaticus* Walsingham, 1900

省内产地：内乡宝天曼，郑州，登封，济源，罗山，陕县，嵩县，桐柏，信阳。

分布：河南，北京，天津，吉林，江苏，浙江，安徽，福建，江西，山东，湖南，广东，广西，四川，贵州，陕西，甘肃；韩国，日本。

寄主：苹果，梨，李，花椒。

资料来源：张续，李后魂，2008，鳞翅目：卷蛾科。《宝天曼自然保护区昆虫》，中国农业科学技术出版社。

梨黄卷蛾 *Archips breviplicana* Walsingham, 1900

省内产地：宜阳花果山，开封，商丘。

分布：河南，黑龙江，吉林；朝鲜，日本，俄罗斯。

寄主：梨，苹果。

资料来源：申效诚，1993，河南昆虫名录。中国农业科学技术出版社。

天目山黄卷蛾 *Archips compitalis* Razowski, 1977

省内产地：信阳鸡公山，桐柏水帘洞，内乡宝天曼。

分布：河南，陕西，甘肃，安徽，浙江，福建，江西，湖北，湖南，广西，四川，贵州，云南；越南。

资料来源：Wang Xinpu, Li Houhun & Wang Shuxia, 2002, Catalogue of the genus *Archips* Hubner from China, with description of one new species (Lepidoptera: Tortricidae: Tortricinae). *Animal Science*, Xi'an: Shaanxi Normal University Press, 131~134.

苹黄卷蛾 *Archips ingentanus* (Christoph, 1881)

省内产地：西华，民权。

分布：河南，黑龙江；朝鲜，日本，俄罗斯。

寄主：苹果，梨，栎，茶，冷杉，艾蒿，荨麻。

资料来源：于思勤等，1993，河南农业昆虫志。河南科学技术出版社。

落黄卷蛾 *Archips issikii* Kodama, 1960

省内产地：具体不详。

分布：河南，黑龙江，辽宁，天津，陕西，青海，新疆；朝鲜，日本，俄罗斯。

资料来源：Wang Xinpu, Li Houhun & Wang Shuxia, 2002, Catalogue of the genus *Archips* Hubner from China, with description of one new species (Lepidoptera: Tortricidae: Tortricinae). *Animal Science*, Xi'an: Shaanxi Normal University Press, 131~134.

亮黄卷蛾 *Archips limatus* Razowski, 1977

省内产地：卢氏狮子坪。

分布：河南，陕西，宁夏，贵州。

资料来源：Wang Xinpu, Li Houhun & Wang Shuxia, 2002, Catalogue of the genus *Archips* Hubner from China, with description of one new species (Lepidoptera: Tortricidae: Tortricinae). *Animal Science*, Xi'an: Shaanxi Normal University Press, 131~134.

云杉黄卷蛾 *Archips oporanus* (Linnaeus, 1758)

云杉黄卷蛾 *Archips piceana* (Linnaeus)

省内产地：桐柏水帘洞，信阳。

分布：河南，黑龙江，辽宁。

寄主：云杉，雪松，松，落叶松，冷杉，铁杉。

资料来源：申效诚，1993，河南昆虫名录。中国农业科学技术出版社。

蔷薇黄卷蛾 *Archips rosanus* (Linnaeus, 1758)

省内产地：内乡宝天曼。

分布：河南，黑龙江，辽宁，河北，天津，陕西，青海；朝鲜，日本，俄罗斯(远东)；欧洲。

资料来源：李后魂，王淑霞等，2009，河北动物志 鳞翅目 小蛾类。中国农业科学技术出版社。

美黄卷蛾 *Archips sayonae* Kawabe, 1985

省内产地：具体不详。

分布：河南，安徽，浙江，福建，江西，湖北，四川，重庆，贵州。

资料来源：Wang Xinpu, Li Houhun & Wang Shuxia, 2002, Catalogue of the genus *Archips* Hubner from China, with description of one new species (Lepidoptera: Tortricidae: Tortricinae). *Animal Science*, Xi'an: Shaanxi Normal University Press, 131~134.

柑橘黄卷蛾 *Archips seminubilis* (Meyrick, 1929)

省内产地：内乡宝天曼。

分布：河南，浙江，安徽，福建，江西，湖南，广东，海南，四川，云南，台湾；越南，爪哇，印度。

资料来源：张续，李后魂，2008，鳞翅目：卷蛾科。《宝天曼自然保护区昆虫》，中国农业科学技术出版社。

永黄卷蛾 *Archips tharsaleopus* (Meyrick, 1935)

省内产地：卢氏狮子坪。

分布：河南，河北，浙江，陕西，甘肃，贵州，四川。

资料来源：李后魂，王淑霞等，2009，河北动物志 鳞翅目 小蛾类。中国农业科学技术出版社。

楼黄卷蛾 *Archips xylosteanus* (Linnaeus, 1758)

省内产地：具体不详。

分布：河南，东北，华北，华中；朝鲜，日本，俄罗斯；欧洲。

寄主：杨，柳，榆，茶，松，苹果，梨，李，栎，杏，椴，悬钩子。

资料来源：申效诚，1993，河南昆虫名录。中国农业科学技术出版社。

茨坪卷蛾 *Argyrotaenia* (*Calala*) *angustilineata* (Walsingham, 1900)

省内产地：内乡宝天曼。

分布：河南，安徽，江西，湖南；日本。

资料来源：张续，李后魂，2008，鳞翅目：卷蛾科。《宝天曼自然保护区昆虫》，中国农业科学技术出版社。

九江卷蛾 *Argyrotaenia* (*Argyrotaenia*) *liratana* (Christoph, 1881)

省内产地：内乡宝天曼。

分布：河南，黑龙江，安徽，福建，江西，湖南，四川，云南，陕西，青海；日本，印度。

寄主：幼虫危害双子叶植物的枯枝落叶。

资料来源：张续，李后魂，2008，鳞翅目：卷蛾科。《宝天曼自然保护区昆虫》，中国农业科学技术出版社。

短烟卷蛾 *Capua reclina* Razowski, 1978

省内产地：卢氏狮子坪。

分布：河南，陕西。

资料来源：李后魂等，2012，秦岭小蛾类。科学出版社。

花楸烟卷蛾 *Capua vulgana* (Frolish, 1828) (河南新记录属、种)

省内产地：嵩县白云山。

分布：河南，黑龙江，吉林，山东，四川；俄罗斯远东地区，小亚细亚；欧洲。

异色卷蛾 *Choristoneura diversana* (Hubner, 1817)

省内产地：信阳。

分布：河南，黑龙江；日本，俄罗斯；欧洲。

寄主：杨，柳，栎，榆，松，梨，樱桃，云杉，冷杉，槭，桦，落叶松，丁香，忍冬，赤杨，山毛榉。

资料来源：申效诚，1993，河南昆虫名录。中国农业科学技术出版社。

尖色卷蛾 *Choristoneura evanidana* (Kennel, 1901)

省内产地：内乡宝天曼。

分布：河南，黑龙江，河北，天津，浙江，湖北，陕西，甘肃，四川；朝鲜，日本，俄罗斯(远东)。

资料来源：李后魂，王淑霞等，2009，河北动物志 鳞翅目 小蛾类。中国农业科学技术出版社。

角色卷蛾 *Choristoneura lafauryana* (Ragonot, 1875)

省内产地：内乡宝天曼。

分布：河南，辽宁，吉林，黑龙江，贵州；韩国，日本，俄罗斯；欧洲各国。

寄主：菊科，杨柳科，杜鹃花科，蔷薇科，杨梅科，芸香科，锦葵科。

资料来源：张续，李后魂，2008，鳞翅目：卷蛾科。《宝天曼自然保护区昆虫》，中国农业科学技术出版社。

南色卷蛾 *Choristoneura longicellanus* (Walsingham, 1900)

南川卷蛾 *Hoshinoa longicellana* (Walsingham, 1900)

省内产地：信阳鸡公山，桐柏水帘洞，内乡宝天曼等全省各地。

分布：河南，陕西，甘肃，湖北，天津，河北，江苏，浙江，四川，贵州；韩国，日本，俄罗斯远东地区。

资料来源：申效诚，1993，河南昆虫名录。中国农业科学技术出版社。

棕色卷蛾 *Choristoneura luticostana* (Christoph, 1888)

省内产地：具体不详。

分布：河南，黑龙江，吉林，陕西，湖北，四川，宁夏；韩国，日本，俄罗斯。

资料来源：王新谱等，2010，卷蛾科。《六盘山无脊椎动物》，河北大学出版社。

棉双斜卷蛾 *Clepsis pallidana* (Fabricius, 1776)

棉双斜卷蛾 *Clepsis strigana* (Hubner)

省内产地：郑州。

分布：河南，黑龙江，吉林，内蒙古，北京，河北，天津，山东，新疆，青海，四川，陕西，甘肃；朝鲜，日本，俄罗斯；欧洲。

寄主：棉花，大麻，苜蓿，绣线菊，锦鸡儿。

资料来源：申效诚，1993，河南昆虫名录。中国农业科学技术出版社。

忍冬双斜卷蛾 *Clepsis rurinana* (Linnaeus, 1758)

省内产地：信阳鸡公山，桐柏水帘洞，内乡宝天曼，卢氏狮子坪。

分布：河南，黑龙江，吉林，辽宁，河北，北京，天津，山东，山西，安徽，浙江，湖北，湖南，陕西，甘肃，青海，宁夏，贵州，四川；朝鲜，日本，俄罗斯(远东)；中亚，欧洲。

资料来源：李后魂，王淑霞等，2009，河北动物志 鳞翅目 小蛾类。中国农业科学技术出版社。

一带灰纹卷蛾 *Cochylidia moguntiana* (Roslerstamm, 1864)

省内产地：嵩县白云山。

分布：河南，黑龙江，北京，山东，陕西，安徽；俄罗斯，阿富汗；欧洲。

资料来源：李后魂等，2012，秦岭小蛾类。科学出版社。

尖瓣灰纹卷蛾 *Cochylidia richteriana* (Fischer *et* Roslerstamm, 1837) (河南新记录种)

省内产地：郑州。

分布：河南，东北，华北，华中，华东，西北；蒙古国，韩国，日本，俄罗斯；欧洲。

亚洲窄纹卷蛾 *Cochylimorpha asiana* (Kennel, 1899) (河南新记录种)

省内产地：嵩县白云山。

分布：河南，黑龙江，北京，河北，陕西，山东，甘肃，青海；蒙古国，俄罗斯，伊朗，阿富汗，利比亚。

褐斑窄纹卷蛾 *Cochylimorpha cultana* (Lederer, 1855) (河南新记录种)

省内产地：嵩县白云山。

分布：河南，吉林，山东，山西，陕西，青海；俄罗斯；欧洲。

尖突窄纹卷蛾 *Cochylimorpha cuspidata* (Ge, 1992)

省内产地：内乡宝天曼，嵩县白云山，登封嵩山，辉县八里沟。

分布：河南，陕西，甘肃，湖北，河北，北京，天津，内蒙古，山西，黑龙江，辽宁，安徽，宁夏，新疆；韩国。

资料来源：李后魂等，2012，秦岭小蛾类。科学出版社。

双带窄纹卷蛾 *Cochylimorpha hedemanniana* (Snellen, 1883) (河南新记录种)

省内产地：内乡宝天曼。

分布：河南，黑龙江，北京，陕西，山西，安徽，江苏，云南；俄罗斯。

红带窄纹卷蛾 *Cochylimorpha nankinensis* (Razowski, 1964)

省内产地：具体不详。

分布：河南，陕西，甘肃，湖北，江苏，浙江；韩国。

资料来源：李后魂等，2012，秦岭小蛾类。科学出版社。

褐带弧翅卷蛾 *Croesia leechi* (Walsingham, 1900) (河南新记录属、种)

省内产地：嵩县白云山。

分布：河南，黑龙江，辽宁，陕西，湖北，安徽；朝鲜，日本，俄罗斯。

黄色弧翅卷蛾 *Croesia lutescentis* Liu *et* Bai, 1987 (河南新记录种)

省内产地：嵩县白云山，内乡宝天曼。

分布：河南，湖北。

马醉木达卷蛾 *Daemilus fulva* (Filipjev, 1962)

省内产地：内乡宝天曼。

分布：河南，福建，江西，贵州；韩国，日本，俄罗斯远东地区。

资料来源：李后魂等，2012，秦岭小蛾类。科学出版社。

膨叉卷蛾 *Diplocalyptis congruentana* (Kennel, 1901)

省内产地：具体不详。

分布：河南，陕西，湖北，黑龙江，福建，江西，湖南，广西，四川，贵州，云南；韩国，日本，俄罗斯远东地区。

资料来源：李后魂等，2012，秦岭小蛾类。科学出版社。

景天山卷蛾 *Eana penziana* (Thunberg, 1791)

省内产地：信阳。

分布：河南，黑龙江，北京；俄罗斯；欧洲。

寄主：景天，锦鸡儿。

资料来源：申效诚，1993，河南昆虫名录。中国农业科学技术出版社。

双条银纹卷蛾 *Eugnosta dives* (Butler, 1878) (河南新记录属、种)

省内产地：嵩县白云山。

分布：河南，黑龙江，吉林，辽宁，山东，陕西，江苏；日本，俄罗斯。

三斑银纹卷蛾 *Eugnosta hydrargyrana mongolica* Razowski, 1970 (河南新记录种)

省内产地：嵩县白云山。

分布：河南，北京，山东，陕西；蒙古国。

环针单纹卷蛾 *Eupoecilia ambiguella* (Hubner, 1796)

省内产地：内乡宝天曼，济源王屋山，辉县八里沟，登封嵩山，卢氏大块地，桐柏水帘洞，嵩县白云山。

分布：河南，安徽，福建，甘肃，贵州，河北，天津，山西，黑龙江，浙江，湖北，湖南，江西，陕西，四川，新疆，云南；朝鲜，日本，蒙古国，俄罗斯，印度；欧洲。

资料来源：Zhang Xu & Li Houhun, 2008, Review of the Chinese species of *Eupoecilia* Stephens (Lepidoptera: Tortricidae: Cochylini). *Zootaxa*, 1692: 55~68.

狭小单纹卷蛾 *Eupoecilia angustana* (Hübner, 1799)

省内产地：嵩县白云山，内乡宝天曼。

分布：河南，黑龙江，吉林，北京，陕西，山东，安徽；日本，俄罗斯；欧洲。

资料来源：Zhang Xu & Li Houhun, 2008, Review of the Chinese species of *Eupoecilia* Stephens (Lepidoptera: Tortricidae: Cochylini). *Zootaxa*, 1692: 55~68.

金翅单纹卷蛾 *Eupoecilia citrinana* Razowski, 1960

省内产地：宜阳花果山，内乡宝天曼，嵩县白云山。

分布：河南，北京，河北，黑龙江，吉林，湖南，陕西；朝鲜，日本，俄罗斯。

资料来源：张续，李后魂，2008，鳞翅目：卷蛾科。《宝天曼自然保护区昆虫》，中国农业科学技术出版社。

泰丛卷蛾 *Gnorismoneura orientis* (Filipjev, 1962)

省内产地：具体不详。

分布：河南，黑龙江，河北，天津，陕西，山西，甘肃，宁夏，山东；朝鲜，日本，俄罗斯(远东)。

资料来源：李后魂，王淑霞等，2009，河北动物志 鳞翅目 小蛾类。中国农业科学技术出版社。

结丛卷蛾 *Gnorismoneura zyzzogeton* Razowski, 1977

省内产地：嵩县白云山。

分布：河南，陕西，江苏，安徽，浙江，湖南，云南。

资料来源：李后魂等，2012，秦岭小蛾类。科学出版社。

河北狭纹卷蛾 *Gynnidomorpha permixtana* (Schiffermuller *et* Denis, 1775) (河南新记录种)

省内产地：郑州。

分布：河南，北京，辽宁，河北，山东，陕西，上海，湖南，四川；日本，蒙古国，俄罗斯，阿富汗；欧洲。

锈红狭纹卷蛾 *Gynnidomorpha rubricana* (Peyerimhoff, 1877)

省内产地：嵩县白云山。

分布：河南，吉林，新疆；欧洲。

资料来源：李后魂等，2012，秦岭小蛾类。科学出版社。

断带尾卷蛾 *Homonopsis mutilate* Wang, Li *et* Wang, 2003

省内产地：嵩县白云山(模式产地)。

分布：河南，河北，湖南，四川，贵州。

资料来源：Wang Xinpu, Li Houhun & Wang Shuxia, 2003, A study in the genus *Homonopsis* from China (Lepidoptera: Tortricidae: Tortricinae). *Acta Zoologica cracoviensia*, 46(4): 339~345.

截圆卷蛾 *Neocalyptis angustilineana* (Walsingham, 1900)

省内产地：信阳鸡公山。

分布：河南，陕西，天津，安徽，浙江，福建，江西，湖南；朝鲜，日本，俄罗斯(远东)。

资料来源：李后魂，王淑霞等，2009，河北动物志 鳞翅目 小蛾类。中国农业科学技术出版社。

细圆卷蛾 *Neocalyptis liratana* (Christoph, 1881)

省内产地：信阳鸡公山，卢氏狮子坪，陕县甘山。

分布：河南，陕西，天津，河北，黑龙江，安徽，浙江，福建，湖南，四川，云南，贵州，甘肃，青海，台湾；韩国，日本，俄罗斯(远东)。

资料来源：张爱环等，2005，卷蛾科(二)。《贵州大沙河昆虫》，贵州人民出版社。

黄褐卷蛾 *Pandemis chlorograpta* Meyrick, 1921

省内产地：内乡宝天曼。

分布：河南，黑龙江，北京，陕西，甘肃，浙江，福建，江西，贵州，四川；日本。

资料来源：李后魂，王淑霞等，2009，河北动物志 鳞翅目 小蛾类。中国农业科学技术出版社。

新褐卷蛾 *Pandemis chondrillana* (Herrich-Schäffer, 1860)

省内产地：内乡宝天曼。

分布：河南，青海，新疆；小亚细亚，俄罗斯(西伯利亚)；中亚，欧洲南部。

寄主：蔷薇科：苹果。

资料来源：张续，李后魂，2008，鳞翅目：卷蛾科。《宝天曼自然保护区昆虫》，中国农业科学技术出版社。

松褐卷蛾 *Pandemis cinnamomeana* (Treitschke, 1830)

省内产地：内乡宝天曼，济源王屋山，嵩县白云山。

分布：河南，天津，河北，黑龙江，浙江，江西，湖北，湖南，四川，重庆，云南，陕西；韩国，日本，俄罗斯(远东)；欧洲各国。

寄主：蔷薇科，杨柳科，榆科，松科，槭树科，壳斗科，桦木科，越橘科。

资料来源：张续，李后魂，2008，鳞翅目：卷蛾科。《宝天曼自然保护区昆虫》，中国农业科学技术出版社。

桃褐卷蛾 *Pandemis dumetana* (Treitschke, 1835)

省内产地：中牟。

分布：河南，黑龙江，北京，湖北，青海，云南；朝鲜，日本，俄罗斯，印度；欧洲。

寄主：胡桃楸，鼠李，水曲柳，藜，地榆，常春藤，苹果。

资料来源：于思勤等，1993，河南农业昆虫志。河南科学技术出版社。

长褐卷蛾 *Pandemis emptycta* Meyrick, 1937

省内产地：内乡宝天曼，辉县，卢氏，洛阳，嵩县。

分布：河南，北京，河北，湖北，四川，贵州，陕西，甘肃，宁夏。

资料来源：张续，李后魂，2008，鳞翅目：卷蛾科。《宝天曼自然保护区昆虫》，中国农业科学技术出版社。

苹褐卷蛾 *Pandemis heparana* (Denis *et* Schiffermuller, 1775)

省内产地：全省。

分布：河南，东北，华北，华东，华中，西北；朝鲜，日本，俄罗斯，印度；欧洲。

寄主：苹果，梨，桃，杏，樱桃，桑，绣线菊。

资料来源：申效诚，1993，河南昆虫名录。中国农业科学技术出版社。

暗褐卷蛾 *Pandemis phaiopteron* Razowski, 1978

省内产地：具体不详。

分布：河南，河北，内蒙古，陕西，甘肃，青海，宁夏，四川。

寄主：苹果，梨，桃，樱桃，榆，桦，栎。

资料来源：申效诚，1993，河南昆虫名录。中国农业科学技术出版社。

直褐卷蛾 *Pandemis rectipenita* Liu *et* Bai, 1982

省内产地：内乡宝天曼。

分布：河南，西藏。

资料来源：张续，李后魂，2008，鳞翅目：卷蛾科。《宝天曼自然保护区昆虫》，中国农业科学技术出版社。

黑缘褐纹卷蛾 *Phalonidia zygota* Razowski, 1964 （河南新记录属、种）

省内产地：嵩县白云山。

分布：河南，黑龙江，北京，山东，青海；日本，蒙古国，俄罗斯。

毛茛星卷蛾 *Propiromorpha rhodophana* (Herrich-Schaffer, 1851)

省内产地：具体不详。

分布：河南，甘肃，黑龙江，山东，四川；俄罗斯；欧洲。

资料来源：李后魂等，2012，秦岭小蛾类。科学出版社。

黄次卷蛾 *Pseudargyrotoza conwagana* (Fabricius, 1775)

省内产地：内乡宝天曼，宜阳花果山，嵩县白云山。

分布：河南，吉林，四川，陕西；韩国，日本，俄罗斯(远东)，尼泊尔，小亚细亚；欧洲。

寄主：木犀科，小檗科。

资料来源：张续，李后魂，2008，鳞翅目：卷蛾科。《宝天曼自然保护区昆虫》，中国农业科学技术出版社。

樱桃铅卷蛾 *Ptycholoma imitator* (Walsingham, 1900)

省内产地：内乡宝天曼。

分布：河南，吉林，黑龙江，福建；韩国，日本。

寄主：蔷薇科，杨柳科，榆科，桦木科。

资料来源：张续，李后魂，2008，鳞翅目：卷蛾科。《宝天曼自然保护区昆虫》，中国农业科学技术出版社。

环铅卷蛾 *Ptycholoma lecheana* (Linnaeus, 1758)

省内产地：内乡宝天曼，济源王屋山。

分布：河南，辽宁，吉林，黑龙江，湖南，陕西；韩国，日本，俄罗斯(远东)；欧洲。

资料来源：张续，李后魂，2008，鳞翅目：卷蛾科。《宝天曼自然保护区昆虫》，中国农业科学技术出版社。

珍珠彩翅卷蛾 *Spatalistis christophana* (Walsingham, 1900)

省内产地：内乡宝天曼，西峡黄石庵。

分布：河南，陕西，甘肃，湖北，辽宁，浙江，江西，湖南，台湾；韩国，日本，俄罗斯远东地区。

资料来源：李后魂等，2012，秦岭小蛾类。科学出版社。

灰综卷蛾 *Syndemis musculana* (Hübner, 1796—1799)

省内产地：内乡宝天曼。

分布：河南，吉林，黑龙江；韩国，日本，俄罗斯(远东)；中欧各国。

资料来源：张续，李后魂，2008，鳞翅目：卷蛾科。《宝天曼自然保护区昆虫》，中国农业科学技术出版社。

宽板毛垫卷蛾 *Synochoneura taipaishani* (Caradja, 1939)

省内产地：卢氏大块地。

分布：河南，贵州，陕西。

资料来源：Wang Xinpu & Li Houhun, 2007, Review of the genus *Synochoneura* Obraztsov, with the description of a new species from China (Lepidoptera: Tortricidae). *Zootaxa*, 1547: 51~57.

针卷蛾 *Tortrix sinapina* (Butler, 1899)

省内产地：内乡宝天曼。

分布：河南，河北，山西，陕西，湖北；朝鲜，日本，俄罗斯(远东)。

资料来源：李后魂，王淑霞等，2009，河北动物志 鳞翅目 小蛾类。中国农业科学技术出版社。

紫特卷蛾 *Tosirips perpulchranus* (Kennel, 1901)

省内产地：内乡宝天曼。

分布：河南，辽宁，吉林，黑龙江，贵州，台湾；韩国，日本，俄罗斯(远东)；中欧。

寄主：木犀科：水曲柳。

资料来源：张续，李后魂，2008，鳞翅目：卷蛾科。《宝天曼自然保护区昆虫》，中国农业科学技术出版社。

(二) 小卷蛾亚科 Olethreutinae

大斑镰翅小卷蛾 *Ancylis amplimacula* Falkovitsh, 1965

省内产地：陕县甘山，辉县八里沟。

分布：河南，陕西；俄罗斯(远东)。

资料来源：Zhang Xu, Li Houhun *et al*., 2008, Review of the genus *Ancylis* Hubner from China (Lepidopters: Tortricidae: Olethreucinae). Journal of Natural History, 42(27~28): 1805~1839.

豌豆镰翅小卷蛾 *Ancylis badiana* (Denis *et* Schiffermüller, 1775)

省内产地：内乡宝天曼，辉县八里沟，嵩县白云山，宜阳花果山。

分布：河南，北京，河北，黑龙江，浙江，江西，四川，陕西；蒙古国，韩国，日本(北海道，本州)，俄罗斯；欧洲。

寄主：千屈菜科；豆科：车轴草，豌豆。

资料来源：张续，李后魂，2008，鳞翅目：卷蛾科。《宝天曼自然保护区昆虫》，中国农业科学技术出版社。

灰斑镰翅小卷蛾 *Ancylis hemicatharta* Meyrick, 1935

省内产地：内乡宝天曼，嵩县白云山，卢氏大块地。

分布：河南，贵州，陕西。

资料来源：张续，李后魂，2008，鳞翅目：卷蛾科。《宝天曼自然保护区昆虫》，中国农业科学技术出版社。

条斑镰翅小卷蛾 *Ancylis loktini* Kuznetsov, 1969

省内产地：桐柏水帘洞。

分布：河南，黑龙江，内蒙古，河北，北京，天津，宁夏，陕西；俄罗斯。

资料来源：Zhang Xu, Li Houhun *et al.*, 2008, Review of the genus *Ancylis* Hubner from China (Lepidopters: Tortricidae: Olethreucinae). *Journal of Natural History*, 42(27~28): 1805~1839.

半圆镰翅小卷蛾 *Ancylis obtusana* (Haworth, [1811])

省内产地：信阳鸡公山，内乡宝天曼。

分布：河南，安徽，甘肃，陕西，山西，浙江，青海，贵州；朝鲜，日本，俄罗斯，土耳其；欧洲。

资料来源：Zhang Xu, Li Houhun *et al.*, 2008, Review of the genus *Ancylis* Hubner from China (Lepidopters: Tortricidae: Olethreucinae). *Journal of Natural History*, 42(27~28): 1805~1839.

端叉镰翅小卷蛾 *Ancylis partitana* (Christoph, 1881)

省内产地：内乡宝天曼，卢氏大块地，陕县甘山。

分布：河南，东北，内蒙古，陕西；韩国，日本，俄罗斯。

资料来源：张续，李后魂，2008，鳞翅目：卷蛾科。《宝天曼自然保护区昆虫》，中国农业科学技术出版社。

枣镰翅小卷蛾 *Ancylis sativa* Liu, 1979

省内产地：内乡宝天曼，西峡黄石庵，辉县八里沟，桐柏水帘洞，郑州，兰考，新乡，内黄。

分布：河南，天津，河北，山西，浙江，安徽，福建，山东，湖北，湖南，四川，贵州，云南，陕西，甘肃；韩国。

寄主：枣，酸枣。

资料来源：申效诚，1993，河南昆虫名录。中国农业科学技术出版社。

钝镰翅小卷蛾 *Ancylis sculpta* Meyrick, 1912

省内产地：内乡宝天曼，登封嵩山，桐柏水帘洞。

分布：河南，天津，陕西，安徽，山东，湖北，湖南，四川，贵州；朝鲜。

资料来源：Zhang Xu, Li Houhun *et al.*, 2008, Review of the genus *Ancylis* Hubner from China (Lepidopters: Tortricidae: Olethreucinae). *Journal of Natural History*, 42(27~28): 1805~1839.

苹镰翅小卷蛾 *Ancylis selenana* (Guenee, 1845)

省内产地：内乡宝天曼，卢氏大块地，桐柏水帘洞，西峡。

分布：河南，黑龙江，河北，天津，陕西，甘肃，安徽，湖北，浙江，贵州，云南；朝鲜，日本，俄罗斯；欧洲。

寄主：苹果，山楂，梨。

资料来源：Zhang Xu, Li Houhun *et al.*, 2008, Review of the genus *Ancylis* Hubner from China (Lepidopters: Tortricidae: Olethreucinae). *Journal of Natural History*, 42(27~28): 1805~1839.

鼠李镰翅小卷蛾 *Ancylis unculana* (Haworth, [1811])

省内产地：辉县八里沟，济源王屋山，嵩县白云山，登封嵩山，卢氏大块地，桐柏水帘洞。

分布：河南，黑龙江，吉林，河北，天津，陕西，安徽，湖北，湖南，贵州，四川；朝鲜，俄罗斯，哈萨克斯坦，伊朗；欧洲。

资料来源：Zhang Xu, Li Houhun *et al.*, 2008, Review of the genus *Ancylis* Hubner from China (Lepidopters: Tortricidae: Olethreucinae). *Journal of Natural History*, 42(27~28): 1805~1839.

褐镰翅小卷蛾 *Ancylis upupana* (Treitschke, 1835)

省内产地：内乡宝天曼。

分布：河南，内蒙古，黑龙江，陕西；韩国，日本，俄罗斯(远东)；欧洲。

资料来源：张续，李后魂，2008，鳞翅目：卷蛾科。《宝天曼自然保护区昆虫》，中国农业科学技术出版社。

斜斑小卷蛾 *Andrioplecta oxystaura* (Meyrick, 1935)

省内产地：罗山灵山。

分布：河南，陕西，安徽，江苏，上海，浙江，江西，湖南，四川，贵州；泰国。

资料来源：李后魂等，2012，秦岭小蛾类。科学出版社。

普龙斜斑小卷蛾 *Andrioplecta phuluangensis* Komai, 1992

省内产地：罗山灵山，西峡黄石庵。

分布：河南；泰国。

资料来源：李后魂等，2012，秦岭小蛾类。科学出版社。

三角褐小卷蛾 *Antichlidas trigonia* Zhang *et* Li, 2004

省内产地：内乡夏馆(正模产地)，桐柏水帘洞，罗山灵山(副模产地)。

分布：河南，湖北。

资料来源：Zhang Aihuan *et* Li Houhun, 2004, Taxonomic study on the genus *Antichlidas* (Lepidoptera: Tortricidae: Olethreutinae), with description of a new species. *Entomotaxonomia*, 26(3): 193~196.

点基斜纹小卷蛾 *Apotomia capreana* Hubner, [1817]

省内产地：固始祖师庙。

分布：河南，河北，宁夏，内蒙古，陕西，甘肃；俄罗斯；欧洲，北美。

资料来源：王新谱等，2010，宁夏贺兰山昆虫。宁夏人民出版社。

双角小卷蛾 *Argyroploce euryopis* (Meyrick, 1937)

省内产地：内乡宝天曼，嵩县白云山，宜阳花果山。

分布：河南，宁夏，陕西，云南。

资料来源：王新谱等，2010，卷蛾科。《六盘山无脊椎动物》，河北大学出版社。

阔瓣小卷蛾 *Argyroploce platycremna* Meyrick, 1935

省内产地：桐柏水帘洞。

分布：河南，甘肃，浙江，福建，湖南，贵州，台湾；日本。

资料来源：李后魂等，2012，秦岭小蛾类。科学出版社。

褐水小卷蛾 *Aterpia flavens* Falkovitsh, 1966

省内产地：内乡宝天曼。

分布：河南，黑龙江；俄罗斯。

资料来源：张续，李后魂，2008，鳞翅目：卷蛾科。《宝天曼自然保护区昆虫》，中国农业科学技术出版社。

金水小卷蛾 *Aterpia flavipunctana* (Christoph, 1882)

省内产地：嵩县白云山，固始祖师庙。

分布：河南，陕西，湖北，天津，福建，湖南，广东；韩国，日本，俄罗斯。

资料来源：李后魂等，2012，秦岭小蛾类。科学出版社。

尖翅小卷蛾 *Bactra furfurata* (Haworth, 1811)

尖翅小卷蛾 *Bactra lancealana* (Hubner)

省内产地：商丘。

分布：河南，黑龙江，山东，浙江，江西，青海；日本，俄罗斯；欧洲，北美洲，大洋洲。

寄主：灯芯草，羊胡子草，莎草，席草。

资料来源：申效诚，1993，河南昆虫名录。中国农业科学技术出版社。

小凹尖翅小卷蛾 *Bactra lacteana* Caradja, 1916

省内产地：桐柏水帘洞，西峡黄石庵，卢氏狮子坪。

分布：河南，陕西，内蒙古，黑龙江，天津，山东，浙江，福建，江西，广西，海南，贵州，青海，新疆；韩国，日本，俄罗斯(西伯利亚)，蒙古国，高加索山脉，哈萨克斯坦，丹麦，匈牙利，波兰，瑞士。

资料来源：李后魂等，2012，秦岭小蛾类。科学出版社。

莎草尖翅小卷蛾 *Bactra minima* Meyrick, 1909

莎草尖翅小卷蛾 *Bactra phaeopis* Meyrick

省内产地：桐柏水帘洞，商丘。

分布：河南，陕西，湖北，河北，山东，贵州，新疆，台湾；斯里兰卡，巴布亚新几内亚，尼泊尔，菲律宾，沙特阿拉伯，澳大利亚，帝汶，所罗门。

寄主：莎草。

资料来源：申效诚，1993，河南昆虫名录。中国农业科学技术出版社。

沪草小卷蛾 *Celypha capnodesma* (Meyrick, 1922)

省内产地：登封嵩山。

分布：河南，上海，四川。

资料来源：李后魂等，2012，秦岭小蛾类。科学出版社。

香草小卷蛾 *Celypha cespitana* (Hübner, 1814—1817)

省内产地：宜阳花果山，卢氏狮子坪，内乡宝天曼，陕县甘山，桐柏水帘洞，西峡黄石庵。

分布：河南，天津，河北，内蒙古，吉林，黑龙江，山东，湖北，广东，四川，贵州，云南，陕西，甘肃，青海，宁夏，新疆；日本，俄罗斯；欧洲。

寄主：百里香等草本植物。

资料来源：张续，李后魂，2008，鳞翅目：卷蛾科。《宝天曼自然保护区昆虫》，中国农业科学技术出版社。

草小卷蛾 *Celypha flavipalpana* (Herrich-Schäffer, 1848)

省内产地：信阳鸡公山，桐柏水帘洞，罗山灵山，内乡宝天曼，西峡黄石庵，嵩县白云山，登封嵩山，卢氏狮子坪。

分布：河南，黑龙江，吉林，内蒙古，河北，北京，天津，山东，安徽，浙江，湖北，湖南，贵州，四川，陕西，甘肃，青海，新疆；日本，俄罗斯；欧洲。

资料来源：李后魂，王淑霞等，2009，河北动物志 鳞翅目 小蛾类。中国农业科学技术出版社。

扭异形小卷蛾 *Cryptophlebia distorta* (Hampson, 1905)

省内产地：内乡宝天曼。

分布：河南，安徽，浙江，福建，湖北，湖南，广东，贵州；日本。

资料来源：李后魂等，2012，秦岭小蛾类。科学出版社。

荔枝异形小卷蛾 *Cryptophlebia ombrodelta* (Lower, 1898)

省内产地：登封嵩山，桐柏水帘洞，郑州，汝阳，洛阳。

分布：河南，河北，江苏，浙江，湖南，广东，广西，贵州，四川，云南，台湾，陕西，宁夏；日本，马来西亚；大洋洲。

寄主：皂角，槐，荔枝。

资料来源：申效诚，1993，河南昆虫名录。中国农业科学技术出版社。

黑龙江小卷蛾 *Cydia amurensis* (Danilevsky, 1968)

省内产地：卢氏狮子坪，嵩县白云山。

分布：河南，河北，浙江；蒙古国，俄罗斯。

资料来源：李后魂，王淑霞等，2009，河北动物志 鳞翅目 小蛾类。中国农业科学技术出版社。

栗黑小卷蛾 *Cydia glandicolana* (Danilevsky, 1968) (河南新记录种)

省内产地：信阳鸡公山。

分布：河南，甘肃，宁夏，河北，天津；朝鲜，日本，俄罗斯。

栗白小卷蛾 *Cydia kurokoi* (Amsel, 1960)

栗小卷蛾 *Laspeyresia splendana* (Hubner)

省内产地：南阳，信阳。

分布：河南，陕西，甘肃；朝鲜，日本。

寄主：栗，栎，核桃，榛，山毛榉。

资料来源：申效诚，1993，河南昆虫名录。中国农业科学技术出版社。

方小卷蛾 *Cydia quadrocellana* (Walsingham, 1900)

省内产地：嵩县白云山。

分布：河南，宁夏，浙江，四川；日本。

资料来源：王新谱等，2010，卷蛾科。《六盘山无脊椎动物》，河北大学出版社。

国槐小卷蛾 *Cydia trasias* (Meyrick, 1928)

省内产地：濮阳，南乐，清丰。

分布：河南，北京，河北，山东，陕西；日本。

寄主：国槐，龙爪槐。

资料来源：申效诚，1993，河南昆虫名录。中国农业科学技术出版社。

豆微小卷蛾 *Dichrorampha alaicana* Rebel, 1910

省内产地：具体不详。

分布：河南，河北，四川，新疆；俄罗斯；中亚。

资料来源：李后魂，王淑霞等，2009，河北动物志 鳞翅目 小蛾类。中国农业科学技术出版社。

伊微小卷蛾 *Dichrorampha latiflavana* Caradja, 1916

省内产地：内乡宝天曼，卢氏狮子坪。

分布：河南，陕西，黑龙江；日本，俄罗斯。

资料来源：张续，李后魂，2008，鳞翅目：卷蛾科。《宝天曼自然保护区昆虫》，中国农业科学技术出版社。

草黑小卷蛾 *Endothenia carbonana* (Doubleday, 1859) (河南新记录种)

省内产地：嵩县白云山。

分布：河南，河北，吉林，福建

水苏黑小卷蛾 *Endothenia nigricostata* (Haworth, 1811)

省内产地：偃师。

分布：河南，北京，黑龙江，吉林，青海；朝鲜，日本，俄罗斯；欧洲。

寄主：水苏，野芝麻。

资料来源：刘友樵等，2002, 中国动物志 昆虫纲 第二十七卷。科学出版社。

白块小卷蛾 *Epiblema autolitha* (Meyrick, 1931)

省内产地：济源王屋山，卢氏狮子坪，西峡黄石庵，桐柏水帘洞，信阳鸡公山。

分布：河南，陕西，天津，河北，吉林，黑龙江，浙江，湖北，湖南，安徽，福建，广东，四川，贵州，甘肃；韩国，日本。

资料来源：张续，李后魂，2008，鳞翅目：卷蛾科。《宝天曼自然保护区昆虫》，中国农业科学技术出版社。

巴塘白斑小卷蛾 *Epiblema batangensis* (Caradja, 1939)

省内产地：嵩县白云山。

分布：河南，四川，云南。

资料来源：Zhang Aihuan *et* Li Houhun, 2005, Catalogue of Rucosmini from China (Lepidoptera: Tortricidae). *SHILAP Revista Lepid.*, 33(131): 265~298.

白钩小卷蛾 *Epiblema foenella* (Linnaeus, 1758)

省内产地：济源王屋山，登封嵩山，辉县关山，鲁山石人山，卢氏狮子坪，嵩县白云山，西峡黄石庵，内乡宝天曼，固始祖师庙。

分布：河南，天津，河北，内蒙古，黑龙江，吉林，安徽，江苏，浙江，福建，山东，湖北，湖南，广西，四川，云南，陕西，宁夏，贵州，甘肃，青海，新疆，台湾；蒙古国，韩国，日本，泰国，印度，俄罗斯，哈萨克斯坦；中亚。

寄主：菊科，禾本科。

资料来源：张续，李后魂，2008，鳞翅目：卷蛾科。《宝天曼自然保护区昆虫》，中国农业科学技术出版社。

连白斑小卷蛾 *Epiblema junctana* (Herrich-Schaffer, 1856)

省内产地：卢氏狮子坪，登封嵩山。

分布：河南；伊朗，俄罗斯，哈萨克斯坦，瑞典；中亚，欧洲。

资料来源：Zhang Aihuan *et* Li Houhun, 2005, Catalogue of Rucosmini from China (Lepidoptera: Tortricidae). *SHILAP Revista Lepid.*, 33(131): 265~298.

白薇小卷蛾 *Epiblema tetragonana* (Stephens, 1834)

省内产地：卢氏大块地。

分布：河南，北京，吉林，黑龙江；俄罗斯；欧洲。

资料来源：张续，李后魂，2008，鳞翅目：卷蛾科。《宝天曼自然保护区昆虫》，中国农业科学技术出版社。

栎叶小卷蛾 *Epinotia bicolor* (Walsingham, 1900)

省内产地：内乡宝天曼，西峡黄石庵，登封嵩山，辉县关山，济源王屋山，罗山灵山，桐柏水帘洞，固始祖师庙。

分布：河南，天津，河北，福建，湖北，湖南，四川，陕西，甘肃，贵州，台湾；韩国，日本，越南，印度。

寄主：壳斗科。

资料来源：张续，李后魂，2008，鳞翅目：卷蛾科。《宝天曼自然保护区昆虫》，中国农业科学技术出版社。

林叶小卷蛾 *Epinotia nemorivaga* (Tengstrom, 1848)

省内产地：卢氏狮子坪。

分布：河南，四川，贵州，陕西，甘肃；中欧。

资料来源：Zhang Aihuan *et* Li Houhun, 2005, Catalogue of Rucosmini from China (Lepidoptera: Tortricidae). *SHILAP Revista Lepid.*, 33(131): 265~298.

偃松叶小卷蛾 *Epinotia pinicola* Kuznetsov, 1969

省内产地：宜阳花果山，嵩县白云山。

分布：河南，四川；朝鲜，日本，俄罗斯。

资料来源：Zhang Aihuan *et* Li Houhun, 2005, Catalogue of Rucosmini from China (Lepidoptera: Tortricidae). *SHILAP Revista Lepid.*, 33(131): 265~298.

松叶小卷蛾 *Epinotia rubiginosana* (Herrich-Schaffer, 1851)

省内产地：灵宝，南召。

分布：河南，陕西，江西，华北，华中，华东，西北；日本，俄罗斯；欧洲。

寄主：油松。

资料来源：申效诚，1993，河南昆虫名录。中国农业科学技术出版社。

褐叶小卷蛾 *Epinotia ustulana* (Hübner, 1813)

省内产地：内乡宝天曼。

分布：河南，东北，华中，华北，西北；欧洲。

寄主：悬钩子。

资料来源：张续，李后魂，2008，鳞翅目：卷蛾科。《宝天曼自然保护区昆虫》，中国农业科学技术出版社。

浅褐花小卷蛾 *Eucosma aemulana* (Schlager, 1849)

省内产地：嵩县白云山，桐柏水帘洞。

分布：河南，天津，山西，安徽，浙江，福建，四川，陕西，甘肃，贵州；韩国，俄罗斯，德国。

资料来源：张爱环等，2005，卷蛾科(二)。《贵州大沙河昆虫》，贵州人民出版社。

盾花小卷蛾 *Eucosma aspidiscana* (Hubner, 1817)

省内产地：卢氏狮子坪。

分布：河南，安徽，陕西，甘肃。

资料来源：Zhang Aihuan *et* Li Houhun, 2005, Catalogue of Rucosmini from China (Lepidoptera: Tortricidae). *SHILAP Revista Lepid.*, 33(131): 265~298.

灰花小卷蛾 *Eucosma cana* (Haworth, 1811)

省内产地：卢氏狮子坪，嵩县白云山，西峡黄石庵，内乡宝天曼。

分布：河南，浙江，福建，广东，云南，陕西，甘肃，新疆；日本，俄罗斯，哈萨克斯坦；中亚，欧洲。

资料来源：Zhang Aihuan *et* Li Houhun, 2005, Catalogue of Rucosmini from China (Lepidoptera: Tortricidae). *SHILAP Revista Lepid.*, 33(131): 265~298.

***Eucosma catharaspis* (Meyrick, 1922)**

省内产地：具体不详。

分布：河南，吉林，上海，安徽；朝鲜，日本，俄罗斯。

资料来源：Zhang Aihuan *et* Li Houhun, 2005, Catalogue of Rucosmini from China (Lepidoptera: Tortricidae). *SHILAP Revista Lepid.*, 33(131): 265~298.

黄斑花小卷蛾 *Eucosma flavispecula* Kuznetsov, 1964

省内产地：具体不详。

分布：河南，陕西，甘肃，宁夏，安徽；蒙古国，韩国，日本，俄罗斯；欧洲，北美。

资料来源：王新谱等，2010，卷蛾科。《六盘山无脊椎动物》，河北大学出版社。

艾花小卷蛾 *Eucosma metzneriana* (Treitschke, 1830)

省内产地：登封嵩山，嵩县白云山，内乡宝天曼，固始祖师庙。

分布：河南，黑龙江，陕西，甘肃，新疆，湖北，江西，广西，西藏；朝鲜，蒙古国，日本，伊朗，俄罗斯，哈萨克斯坦，匈牙利；欧洲，北非。

资料来源：Zhang Aihuan *et* Li Houhun, 2005, Catalogue of Rucosmini from China (Lepidoptera: Tortricidae). *SHILAP Revista Lepid.*, 33(131): 265~298.

千岛花小卷蛾 *Eucosma ommatoptera kurilensis* Kuznetsov, 1968

省内产地：嵩县白云山。

分布：河南，云南；俄罗斯。

资料来源：李后魂等，2012，秦岭小蛾类。科学出版社。

韦花小卷蛾 *Eucosma wimmerana* (Treitschke, 1835)

省内产地：卢氏狮子坪。

分布：河南，天津，河北，陕西，甘肃，新疆；蒙古国，日本，俄罗斯，哈萨克斯坦；中欧。

资料来源：Zhang Aihuan *et* Li Houhun, 2005, Catalogue of Rucosmini from China (Lepidoptera: Tortricidae). *SHILAP Revista Lepid.*, 33(131): 265~298.

鄂圆点小卷蛾 *Eudemis lucina* Liu *et* Bai, 1982

省内产地：内乡宝天曼。

分布：河南，陕西，湖北，吉林，浙江。

资料来源：李后魂等，2012，秦岭小蛾类。科学出版社。

栎圆点小卷蛾 *Eudemis porphyrana* (Hübner, 1796—1799)

省内产地：内乡宝天曼，嵩县白云山，卢氏狮子坪，宜阳花果山。

分布：河南，陕西，甘肃，湖北，黑龙江，吉林，浙江，福建，江西，广东，四川，贵州；日本，俄罗斯；欧洲。

资料来源：李后魂等，2012，秦岭小蛾类。科学出版社。

球瓣圆斑小卷蛾 *Eudemopsis pompholycias* (Meyrick, 1935)

省内产地：内乡宝天曼。

分布：河南，浙江，福建，湖南，四川；日本。

资料来源：李后魂等，2012，秦岭小蛾类。科学出版社。

指状圆斑小卷蛾 *Eudemopsis ramiformis* Liu *et* Bai, 1982

省内产地：具体不详。

分布：河南，陕西，湖北，湖南，四川，贵州。

资料来源：李后魂等，2012，秦岭小蛾类。科学出版社。

栗菲小卷蛾 *Fibuloides aestuosa* (Meyrick, 1912)

栗绿小卷蛾 *Eucoenogenes aestuosa* (Meyrick, 1912)

省内产地：嵩县白云山。

分布：河南，辽宁，安徽，湖北，浙江，广西，四川，云南；朝鲜，日本，印度，孟加拉国。

资料来源：Zhang Aihuan *et* Li Houhun, 2005, Catalogue of Rucosmini from China (Lepidoptera: Tortricidae). *SHILAP Revista Lepid.*, 33(131): 265~298.

日菲小卷蛾 *Fibuloides japonica* (Kawabe, 1978)

日绿小卷蛾 *Eucoenogenes japonica* Kawabe, 1978

省内产地：罗山灵山，桐柏水帘洞，信阳鸡公山。

分布：河南，安徽，浙江，福建，湖北，四川，陕西，贵州，台湾；韩国，日本。

资料来源：张爱环等，2005，卷蛾科(二)。《贵州大沙河昆虫》，贵州人民出版社。

东支小卷蛾 *Fulcrifera orientis* (Kuznetsov, 1966)

省内产地：陕县甘山。

分布：河南，黑龙江，吉林，河北，陕西，四川；日本，俄罗斯。

资料来源：李后魂，王淑霞等，2009，河北动物志 鳞翅目 小蛾类。中国农业科学技术出版社。

柳突小卷蛾 *Gibberifera glaciate* (Meyrick, 1907)

省内产地：内乡宝天曼，嵩县白云山。

分布：河南，湖南，四川，云南，贵州，西藏，台湾；泰国，印度，尼泊尔，巴基斯坦。

寄主：柳属 *Salix* sp.

资料来源：张续，李后魂，2008，鳞翅目：卷蛾科。《宝天曼自然保护区昆虫》，中国农业科学技术出版社。

杨突小卷蛾 *Gibberifera simplana* (Fischer von Roslerstamm, 1836)

省内产地：嵩县白云山。

分布：河南，吉林，河北，陕西，甘肃，湖北，湖南，台湾；朝鲜，日本，俄罗斯；欧洲。

资料来源：Zhang Aihuan *et* Li Houhun, 2004, A systematic study on *Gibberifera* Obraztsov, 1946 from China (Lepidoptera: Tortricidae: Olethreutinae). *SHILAP Revista Lepid.*, 32(128): 289~295.

麻小食心虫 *Grapholitha delineana* Walker, 1863

省内产地：信阳鸡公山，桐柏水帘洞，内乡宝天曼，登封嵩山，济源王屋山，郑州，商丘。

分布：河南，陕县，甘肃，湖北，黑龙江，北京，天津，河北，安徽，江西，浙江，福建，四川；日本，乌克兰，外高加索，俄罗斯(阿穆尔)地区；中欧，南欧。

寄主：大麻，葎草。

资料来源：申效诚，1993，河南昆虫名录。中国农业科学技术出版社。

李小食心虫 *Grapholitha funebrana* (Treitschke, 1835)

省内产地：新乡，洛阳，偃师。

分布：河南，黑龙江，北京，河北，宁夏，甘肃，新疆；日本，俄罗斯；欧洲。

寄主：李，杏，樱桃，桃。

资料来源：申效诚，1993，河南昆虫名录。中国农业科学技术出版社。

苹小食心虫 *Grapholitha inopinata* (Heinrich, 1928)

省内产地：郑州，民权，西华，辉县。

分布：河南，黑龙江，河北，甘肃；朝鲜，日本，俄罗斯。

寄主：苹果，梨，沙果，海棠，山楂，桃。

资料来源：申效诚，1993，河南昆虫名录。中国农业科学技术出版社。

梨小食心虫 *Grapholitha molesta* (Busck, 1916)

省内产地：全省。

分布：河南，辽宁，吉林，北京，河北，天津，山东，江苏，江西，广西，云南，陕西，宁夏，新疆；朝鲜，日本，澳大利亚；欧洲，北美。

寄主：梨，苹果，李，枣，梅，山楂，桃，杏，海棠。

资料来源：申效诚，1993，河南昆虫名录。中国农业科学技术出版社。

油松球果小卷蛾 *Gravitarmata margarotana* (Heinemann, 1863)

省内产地：南阳，洛阳，南召，西峡，方城，灵宝，信阳。

分布：河南，辽宁，山西，山东，安徽，江苏，浙江，江西，湖北，湖南，广东，广西，四川，贵州，云南，陕西，甘肃；日本，俄罗斯；欧洲。

寄主：马尾松，油松，华山松，赤松，云杉，冷杉。

资料来源：申效诚，1993，河南昆虫名录。中国农业科学技术出版社。

杨柳小卷蛾 *Gypsonoma minutana* (Hübner, 1796—1799)

省内产地：罗山灵山，内乡宝天曼，西峡黄石庵，郑州，许昌，南阳，新乡，安阳，周口，商丘。

分布：河南，黑龙江，北京，河北，山东，山西，陕西，青海，宁夏，新疆；日本，俄罗斯；欧洲，北非。

寄主：杨，柳。

资料来源：申效诚，1993，河南昆虫名录。中国农业科学技术出版社。

伪柳小卷蛾 *Gypsonoma oppressana* (Treitschke, 1835)

省内产地：嵩县白云山。

分布：河南，四川，陕西，甘肃，青海，宁夏，新疆；俄罗斯，哈萨克斯坦；欧洲。

资料来源：Zhang Aihuan *et* Li Houhun, 2005, Catalogue of Rucosmini from China (Lepidoptera: Tortricidae). *SHILAP Revista Lepid.*, 33(131): 265~298.

丽江柳小卷蛾 *Gypsonoma rubescens* Kuznetsov, 1971

省内产地：内乡宝天曼。

分布：河南，天津，陕西，青海，贵州，四川，云南。

资料来源：Zhang Aihuan *et* Li Houhun, 2005, Catalogue of Rucosmini from China (Lepidoptera: Tortricidae). *SHILAP Revista Lepid.*, 33(131): 265~298.

伴柳小卷蛾 *Gypsonoma sociana* (Haworth, 1811)

省内产地：陕县甘山。

分布：河南，甘肃；日本，英国。

资料来源：Zhang Aihuan *et* Li Houhun, 2005, Catalogue of Rucosmini from China (Lepidoptera: Tortricidae). *SHILAP Revista Lepid.*, 33(131): 265~298.

素纹广翅小卷蛾 *Hedya abjecta* Falkovitsh, 1962

省内产地：罗山灵山。

分布：河南，宁夏，陕西；俄罗斯。

资料来源：王新谱等，2010，卷蛾科。《六盘山无脊椎动物》，河北大学出版社。

异广翅小卷蛾 *Hedya auricristana* (Walsingham, 1900)

省内产地：内乡宝天曼。

分布：河南，浙江，贵州；日本。

资料来源：李后魂等，2012，秦岭小蛾类。科学出版社。

铅广翅小卷蛾 *Hedya corni* Oku, 1974

省内产地：卢氏狮子坪。

分布：河南，陕西，甘肃；日本。

资料来源：李后魂等，2012，秦岭小蛾类。科学出版社。

柞广翅小卷蛾 *Hedya inornata* (Walsingham, 1900)

省内产地：桐柏水帘洞，西峡黄石庵，内乡宝天曼，宜阳花果山。

分布：河南，陕西，吉林，广东，贵州；韩国，日本，俄罗斯；欧洲。

资料来源：李后魂等，2012，秦岭小蛾类。科学出版社。

黑广翅小卷蛾 *Hedya perspicuana* (Kennei, 1901)

省内产地：嵩县白云山。

分布：河南，黑龙江，吉林，宁夏，江西，四川；韩国，俄罗斯。

资料来源：王新谱等，2010，卷蛾科。《六盘山无脊椎动物》，河北大学出版社。

刺广翅小卷蛾 *Hedya subretracta* (Kawabe, 1976)

省内产地：嵩县白云山，内乡宝天曼。

分布：河南，陕西，湖南，四川，贵州；日本。

资料来源：李后魂等，2012，秦岭小蛾类。科学出版社。

日月潭广翅小卷蛾 *Hedya sunmoonlakensis* Kawabe, 1993

省内产地：桐柏水帘洞，西峡黄石庵，内乡宝天曼，登封嵩山。

分布：河南，陕西，安徽，浙江，福建，湖南，台湾。

资料来源：李后魂等，2012，秦岭小蛾类。科学出版社。

缘广翅小卷蛾 *Hedya trushimaensis* Kawabe, 1978

省内产地：桐柏水帘洞，登封嵩山。

分布：河南，天津，贵州；日本。

资料来源：李后魂等，2012，秦岭小蛾类。科学出版社。

灰广翅小卷蛾 *Hedya vicinana* (Ragonot, 1894)

省内产地：内乡宝天曼，嵩县白云山。

分布：河南，内蒙古，黑龙江，吉林，河北，陕西，甘肃，青海，宁夏，四川，云南，台湾；日本，俄罗斯。

资料来源：王新谱等，2010，卷蛾科。《六盘山无脊椎动物》，河北大学出版社。

华广翅小卷蛾 *Hedya walsinghami* Oku, 1974

省内产地：西峡黄石庵，内乡宝天曼。

分布：河南，陕西；日本。

资料来源：李后魂等，2012，秦岭小蛾类。科学出版社。

***Hetereucosma fasciaria* Zhang *et* Li, 2006**

省内产地：罗山灵山(模式产地)。

分布：河南，福建。

资料来源：Zhang Aihuan & Li Houhun, 2006, A new genus and four new species of Eucosmini (Lepidoptera: Tortricidae: Olethreutinae) from China. *Oriental Insects*, 40: 145~152.

鼠李尖顶小卷蛾 *Kennelia xylinana* (Kennel, 1900)

省内产地：内乡宝天曼。

分布：河南，甘肃，贵州，黑龙江，吉林，河北，陕西，宁夏，四川，湖北，浙江；朝鲜，日本，俄罗斯远东地区。

资料来源：Zhang Xu *et* Wang Shu-Xia, 2006, Systematic study of the genus *Kennelia* Rebel from China (Lepidoptera, Tortreicidae, Olethreutinae). *Acta Zootaxonomica Sinica*, 31 (3): 613~616.

大豆食心虫 *Leguminivora glycinivorella* (Matsumura, 1898)

省内产地：桐柏水帘洞，陕县甘山，许昌，周口，商丘，兰考，郑州，信阳。

分布：河南，黑龙江，吉林，内蒙古，北京，天津，山西，江西，浙江，福建，湖北，湖南，四川，贵州，西藏，陕西，甘肃，宁夏；朝鲜，日本，俄罗斯，越南，印度。

寄主：大豆，苦参。

资料来源：申效诚，1993，河南昆虫名录。中国农业科学技术出版社。

褐瘦花小卷蛾 *Lepteucosma huebneriana* (Kocak, 1980)

省内产地：内乡宝天曼，罗山灵山。

分布：河南，黑龙江，吉林，河北，安徽，浙江，福建，湖北，湖南，广东，广西，贵州，西北；韩国，日本，俄罗斯；欧洲。

资料来源：张爱环等，2005，卷蛾科(二)。《贵州大沙河昆虫》，贵州人民出版社。

朴氏瘦花小卷蛾 *Lepteucosma parki* (Bae, 1997)

省内产地：嵩县白云山，内乡宝天曼，信阳鸡公山。

分布：河南，陕西，甘肃，四川；韩国。

资料来源：李后魂等，2012，秦岭小蛾类。科学出版社。

泰国瘦花小卷蛾 *Lepteucosma siamensis* (Kawabe, 1989)

省内产地：卢氏狮子坪。

分布：河南，吉林。湖南，广西，四川，贵州，云南，西藏；泰国。

资料来源：李后魂等，2012，秦岭小蛾类。科学出版社。

榆花翅小卷蛾 *Lobesia aeolope* Meyrich, 1907

省内产地：桐柏水帘洞。

分布：河南，黑龙江，陕西，安徽，浙江，江西，四川，福建，广东，广西，海南，云南，台湾；日本，印度，苏门答腊，马达加斯加；非洲。

资料来源：杨星科，1997，长江三峡库区昆虫。重庆出版社。

桑花翅小卷蛾 *Lobesia ambigua* Diakonoff, 1954

省内产地：陕县甘山。

分布：河南，甘肃，湖北，山东，浙江，福建，江西，湖南，贵州，云南，台湾；日本，泰国，印度尼西亚。

资料来源：李后魂等，2012，秦岭小蛾类。科学出版社。

杉梢花翅小卷蛾 *Lobesia cunninghamiacola* (Liu *et* Bai, 1977)

杉梢小卷蛾 *Polychrosis cunninghamiacola* Liu *et* Bai

省内产地：信阳，新县，罗山，泌阳，桐柏水帘洞。

分布：河南，甘肃，湖北，安徽，江苏，江西，湖南，福建，海南，台湾。

寄主：杉。

资料来源：申效诚，1993，河南昆虫名录。中国农业科学技术出版社。

巨花翅小卷蛾 *Lobesia macroptera* Liu *et* Bae, 1994

省内产地：内乡宝天曼，嵩县白云山，宜阳花果山。

分布：河南，陕西，吉林，四川；日本。

资料来源：李后魂等，2012，秦岭小蛾类。科学出版社。

落叶松花翅小卷蛾 *Lobesia virulenta* Bae *et* Komai, 1991

省内产地：西峡黄石庵，内乡宝天曼。

分布：河南，甘肃，黑龙江，安徽，上海，浙江，福建，湖南，四川，贵州，台湾；韩国，日本。

资料来源：李后魂等，2012，秦岭小蛾类。科学出版社。

保花翅小卷蛾 *Lobesia yasudai* Bae *et* Komai, 1991

省内产地：信阳鸡公山。

分布：河南，陕西，甘肃，湖北，黑龙江，山西，安徽，湖南，云南；韩国，日本。

资料来源：李后魂等，2012，秦岭小蛾类。科学出版社。

苦楝小卷蛾 *Loboschiza koenigiana* (Fabricius, 1775)

Enarmonia koenigiana Fabricius

Rhadinoscolops koenigiana (Fabricius)

省内产地：桐柏水帘洞，罗山灵山，信阳，新县，息县，商丘，永城。

分布：河南，江西，福建，台湾；日本，印度；大洋洲。

寄主：苦楝。

资料来源：申效诚，1993，河南昆虫名录。中国农业科学技术出版社。

豆小卷蛾 *Matsumuraeses phaseoli* (Matsumura, 1900)

省内产地：辉县关山，内乡宝天曼，陕县甘山，嵩县白云山，商丘，兰考，开封，郑州，许昌。

分布：河南，黑龙江，吉林，辽宁，内蒙古，河北，天津，山西，山东，陕西，江西，江苏，湖北，四川，贵州，西藏，甘肃；朝鲜，日本，俄罗斯，尼泊尔，印度尼西亚。

寄主：豆类，苜蓿，苕子，草木樨。

资料来源：Lv Jinmei & Li Houhun, 2007, A systematic study of the genus *Matsumuraesea* Issiki from China (Lepidoptera: Tortricidae: Olethreutinae). *Zootaxa*, 1606: 59~68.

邻豆小卷蛾 *Matsumuraeses vicina* Kuznetzov, 1973

省内产地：内乡宝天曼。

分布：河南，安徽，浙江，广西；日本。

资料来源：Lv Jinmei & Li Houhun, 2007, A systematic study of the genus *Matsumuraesea* Issiki from China (Lepidoptera: Tortricidae: Olethreutinae). *Zootaxa*, 1606: 59~68.

黑脉小卷蛾 *Megaherpystis melanoneura* (Meyrick, 1912)

省内产地：内乡宝天曼，固始祖师庙，济源王屋山，桐柏水帘洞。

分布：河南，山东，安徽，福建，湖北，湖南，广东，广西，四川，陕西，贵州，台湾；韩国，日本，越南，印度。

资料来源：张续，李后魂，2008，鳞翅目：卷蛾科。《宝天曼自然保护区昆虫》，中国农业科学技术出版社。

圆后黑小卷蛾 *Metendothenia atropunctana* (Zetterstedt, 1839)

省内产地：嵩县白云山。

分布：河南，黑龙江，吉林，河北，四川；古北区。

资料来源：李后魂，王淑霞等，2009，河北动物志　鳞翅目　小蛾类。中国农业科学技术出版社。

大樟小卷蛾 *Neoanathamna marmarocyma* (Meyrick, 1931)

省内产地：嵩县白云山，登封嵩山。

分布：河南，陕西，福建，贵州，云南。

资料来源：Zhang Xu & Li Houhun, 2007, A study on *Neoanathamna* Kawabe (Lepidoptera: Tortricidae: Olethreutinae) from China. *Oriental Insecta*, 41: 293~330.

玫双刺小卷蛾 *Notocilia rosaecolana* (Doubleday, 1850)

省内产地：济源王屋山，陕县甘山，登封嵩山，卢氏狮子坪，桐柏水帘洞。

分布：河南，黑龙江，吉林，辽宁，北京，河北，福建，江西，湖北，湖南，四川，陕西，贵州，甘肃；蒙古国，韩国，日本，伊朗，俄罗斯；中亚，欧洲。

资料来源：张爱环等，2005，卷蛾科(二)。《贵州大沙河昆虫》，贵州人民出版社。

栎小卷蛾 *Olethreutes captiosana* (Falkovitsh, 1960)

省内产地：卢氏狮子坪，陕县甘山。

分布：河南，黑龙江，吉林，内蒙古，河北，陕西，甘肃，青海，宁夏，新疆；朝鲜，日本，俄罗斯；欧洲。

资料来源：李后魂，王淑霞等，2009，河北动物志 鳞翅目 小蛾类。中国农业科学技术出版社。

栗小卷蛾 *Olethreutes castaneanum* (Walsingham, 1900)

省内产地：宜阳花果山，陕县甘山，登封嵩山，卢氏狮子坪，西峡黄石庵，内乡宝天曼。

分布：河南，陕西，甘肃，湖北，河北，天津，辽宁，吉林，黑龙江，安徽，浙江，江西，贵州，四川，青海；韩国，日本。

资料来源：李后魂等，2012，秦岭小蛾类。科学出版社。

梅花小卷蛾 *Olethreutes dolosana* (Kennel, 1901)

省内产地：宜阳花果山，陕县甘山，嵩县白云山，西峡黄石庵，内乡宝天曼，信阳鸡公山。

分布：河南，黑龙江，吉林，河北，天津，山东，浙江，福建，湖北，湖南，贵州，四川，云南，山西，甘肃；日本，俄罗斯。

资料来源：李后魂，王淑霞等，2009，河北动物志 鳞翅目 小蛾类。中国农业科学技术出版社。

双小卷蛾 *Olethreutes doubledayana* (Barrett, 1872)

省内产地：具体不详。

分布：河南，黑龙江，吉林，河北，天津，安徽，湖北，陕西；朝鲜，日本，俄罗斯；欧洲。

资料来源：李后魂，王淑霞等，2009，河北动物志 鳞翅目 小蛾类。中国农业科学技术出版社。

溲疏小卷蛾 *Olethreutes electana* (Kennel, 1901)

省内产地：内乡宝天曼，济源王屋山，卢氏狮子坪，陕县甘山。

分布：河南，北京，天津，河北，吉林，黑龙江，浙江，安徽，四川，云南，甘肃；日本，俄罗斯。

资料来源：张续，李后魂，2008，鳞翅目：卷蛾科。《宝天曼自然保护区昆虫》，中国农业科学技术出版社。

桑小卷蛾 *Olethreutes mori* (Metsumura, 1900)

省内产地：内乡宝天曼。

分布：河南，辽宁，天津，湖北，陕西，甘肃，西藏；朝鲜，日本，俄罗斯。

资料来源：李后魂，王淑霞等，2009，河北动物志 鳞翅目 小蛾类。中国农业科学技术出版社。

倒卵小卷蛾 *Olethreutes obovata* (Walsingham, 1900)

省内产地：陕县甘山，登封嵩山，西峡黄石庵。

分布：河南，陕西，湖北，河北，天津，安徽，浙江，湖南，广西，贵州；韩国，日本，俄罗斯。

资料来源：李后魂等，2012，秦岭小蛾类。科学出版社。

山楂超小卷蛾 *Pammene crataegicola* Liu *et* Komai, 1993

省内产地：具体不详。

分布：河南，河北，吉林，辽宁，山东，江苏。

资料来源：刘友樵等，2002，中国动物志 昆虫纲 第二十七卷。科学出版社。

林超小卷蛾 *Pammene nemorosa* Kuzaetzov, 1968

省内产地：卢氏狮子坪。

分布：河南，甘肃；俄罗斯南部滨海地区。

资料来源：李后魂等，2012，秦岭小蛾类。科学出版社。

云杉超小卷蛾 *Pammene ochsenheimeriana* (Lienig *et* Zeller, 1846)

省内产地：西峡黄石庵。

分布：河南，黑龙江，天津，河北，贵州，陕西，甘肃；俄罗斯；欧洲。

资料来源：李后魂，王淑霞等，2009，河北动物志 鳞翅目 小蛾类。中国农业科学技术出版社。

翻副超小卷蛾 *Parapammene reversa* Komai, 1999

省内产地：罗山灵山，登封嵩山，宜阳花果山。

分布：河南，陕县；日本。

资料来源：李后魂等，2012，秦岭小蛾类。科学出版社。

褪色刺小卷蛾 *Pelochrista decolorana* (Freyer, 1842)

省内产地：登封嵩山，西峡黄石庵，内乡宝天曼。

分布：河南，天津，河北，内蒙古，黑龙江，安徽，陕西，甘肃，新疆；蒙古国，朝鲜，日本，俄罗斯；欧洲。

资料来源：Zhang Aihuan *et* Li Houhun, 2005, Catalogue of Rucosmini from China (Lepidoptera: Tortricidae). *SHILAP Revista Lepid.*, 33(131): 265~298.

疏端小卷蛾 *Phaecasiophora diluta* Diakonoff, 1973

省内产地：信阳鸡公山，桐柏水帘洞，内乡宝天曼。

分布：河南，福建；印度，印度尼西亚。

资料来源：李后魂等，2012，秦岭小蛾类。科学出版社。

卢氏端小卷蛾 *Phaecasiophora lyshina* Yu *et* Li, 2006

省内产地：卢氏大块地(模式产地)。

分布：河南，湖南，贵州。

资料来源：Yu Haili *et* Li Houhun, 2006, A study on the genus *Phaecasiophora* Grote (Lepidoptera, Tortricidae, Olethreutinae) from the Mainland of China, with descriptions of five new species. *Entomologica Fennica*, 17: 34~45.

黄斑拟顶小卷蛾 *Pseudacroclita luteispecula* (Kuznetsov, 1979)

省内产地：桐柏水帘洞。

分布：河南，湖南；俄罗斯。

资料来源：Zhang Aihuan *et* Li Houhun, 2005, A systematic study on the genus *Pseudacroclita* Oku (Lepidoptera: Tortricidae: Olethreutinae). *Acta Entomologica Sinica*, 48(3): 396~400.

刘氏发小卷蛾 *Pseudohedya liui* Yu *et* Li, 2006

省内产地：济源王屋山(模式产地)。

分布：河南。

资料来源：Yu Haili *et* Li Houhun, 2006, A review of the genus *Pseudohedya* Falkovitch from China, with description of two new species (Lepidoptera: Tortricidae: Plethreutinae). *Acta Entomologica Sinica*, 49(4): 664~670.

瑞发小卷蛾 *Pseudohedya retracta* Falkovitch, 1962

省内产地：济源王屋山，辉县八里沟，西峡黄石庵，内乡宝天曼，内乡葛条爬。

分布：河南，天津，湖北，广东，四川，甘肃；朝鲜，日本，俄罗斯。

资料来源：Yu Haili *et* Li Houhun, 2006, A review of the genus *Pseudohedya* Falkovitch from China, with description of two new species (Lepidoptera: Tortricidae: Plethreutinae). *Acta Entomologica Sinica*, 49(4): 664~670.

精细小卷蛾 *Psilacantha pryeri* (Walsingham, 1900)

省内产地：信阳鸡公山，内乡宝天曼。

分布：河南，陕西，湖北，安徽，浙江，福建，江西，湖南，贵州；日本，印度，斯里兰卡。

资料来源：李后魂等，2012，秦岭小蛾类。科学出版社。

银实小卷蛾 *Retinia coeruleostriana* (Caradja, 1939)

省内产地：宜阳花果山，卢氏狮子坪，嵩县白云山，内乡宝天曼。

分布：河南，北京，河北，山西，陕西，甘肃，福建，四川，云南；日本，俄罗斯。

资料来源：Zhang Aihuan *et* Li Houhun, 2005, Catalogue of Rucosmini from China (Lepidoptera: Tortricidae). *SHILAP Revista Lepid.*, 33(131): 265~298.

松实小卷蛾 *Retinia cristata* (Walsingham, 1900)

松实小卷蛾 *Petrova cristata* (Walsingham)

省内产地：内乡宝天曼，西峡黄石庵，桐柏水帘洞，信阳鸡公山，开封，郑州。

分布：河南，黑龙江，辽宁，北京，河北，山西，山东，陕西，安徽，江苏，湖北，浙江，江西，湖南，台湾，广东，广西，四川，云南；朝鲜，日本。

寄主：松，柏，马尾松，赤松。

资料来源：申效诚，1993，河南昆虫名录。中国农业科学技术出版社。

筒小卷蛾 *Rhopalovalva grapholitana* (Caradja, 1916)

省内产地：固始祖师庙，辉县关山。

分布：河南，东北，上海，安徽，江西，陕西，甘肃，宁夏；朝鲜，俄罗斯。

资料来源：Zhang Aihuan *et* Li Houhun, 2004, A taxonomic study on the genus *Rhopalovalva* Kuznetzov, 1964 from China (Lepidoptera, Tortricidae, Olethreutinae). *Nota Lepidopterologica*, 27(2/3):239~243.

圆筒小卷蛾 *Rhopalovalva orbiculata* Zhang *et* Li, 2004

省内产地：嵩县白云山(模式产地)。

分布：河南，福建，湖南，广西，贵州。

资料来源：Zhang Aihuan *et* Li Houhun, 2005, Catalogue of Rucosmini from China (Lepidoptera: Tortricidae). *SHILAP Revista Lepid.*, 33(131): 265~298.

卵筒小卷蛾 *Rhopalovalva ovata* Zhang *et* Li, 2004

省内产地：嵩县白云山(模式产地)。

分布：河南，湖南。

资料来源：Zhang Aihuan *et* Li Houhun, 2005, Catalogue of Rucosmini from China (Lepidoptera: Tortricidae). *SHILAP Revista Lepid.*, 33(131): 265~298.

丽筒小卷蛾 *Rhopalovalva pulchra* (Butler, 1879)

省内产地：桐柏水帘洞，西峡黄石庵。

分布：河南，浙江，福建；韩国，日本，俄罗斯。

资料来源：李后魂等，2012，秦岭小蛾类。科学出版社。

李黑痣小卷蛾 *Rhopobota latipennis* (Walsingham, 1900)

省内产地：嵩县白云山。

分布：河南，黑龙江，江西；日本，俄罗斯(远东)。

资料来源：Zhang Aihuan, Li Houhun *et* Wang Shuxia, 2005, Study on the genus *Rhopobota* Lederer from China (Lepidoptera, Tortricidae, Olethreutinae). *Entomologica Fennica*, 16:273~286

苹黑痣小卷蛾 *Rhopobota naevana* (Hubner, 1817)

省内产地：信阳鸡公山，登封少林寺，嵩县白云山，内乡宝天曼。

分布：河南，黑龙江，吉林，辽宁，内蒙古，河北，天津，安徽，浙江，福建，江西，湖北，湖南，广东，四川，云南，陕西，贵州，西藏，甘肃，台湾；蒙古国，韩国，日本，印度，斯里兰卡，俄罗斯；欧洲。

资料来源：Zhang Aihuan, Li Houhun *et* Wang Shuxia, 2005, Study on the genus *Rhopobota* Lederer from China (Lepidoptera, Tortricidae, Olethreutinae). *Entomologica Fennica*, 16:273~286.

奥氏黑痣小卷蛾 *Rhopobota okui* Nasu, 2000

省内产地：西峡黄石庵。

分布：河南，广东，四川，贵州；日本。

资料来源：Zhang Aihuan, Li Houhun *et* Wang Shuxia, 2005, Study on the genus *Rhopobota* Lederer from China (Lepidoptera, Tortricidae, Olethreutinae). *Entomologica Fennica*, 16:273~286.

马尾松梢小卷蛾 *Rhyacionia dativa* Heinrich, 1928

省内产地：具体不详。

分布：河南，吉林，江苏，安徽，浙江，江西，山东，湖北，广东，四川，台湾；朝鲜，日本，俄罗斯；欧洲。

资料来源：Zhang Aihuan *et* Li Houhun, 2005, Catalogue of Rucosmini from China (Lepidoptera:

Tortricidae). *SHILAP Revista Lepid.*, 33(131): 265~298.

夏梢小卷蛾 *Rhyacionia duplana* (Hubner, 1813)

省内产地：具体不详。

分布：河南，河北，辽宁，陕西，山西，山东；日本；欧洲。

寄主：油松，赤松，黑松。

资料来源：刘友樵等，2002，中国动物志 昆虫纲 第二十七卷。科学出版社。

松梢小卷蛾 *Rhyacionia pinicolana* (Doubleday, 1850)

省内产地：辉县关山，卢氏狮子坪，嵩县白云山。

分布：河南，黑龙江，吉林，辽宁，内蒙古，河北，山西，陕西，福建，江西，贵州；朝鲜，日本，俄罗斯；欧洲。

寄主：油松。

资料来源：Zhang Aihuan *et* Li Houhun, 2005, Catalogue of Rucosmini from China (Lepidoptera: Tortricidae). *SHILAP Revista Lepid.*, 33(131): 265~298.

光轮小卷蛾 *Rudisociaria expeditana* (Snellen, 1883)

省内产地：具体不详。

分布：河南，吉林，宁夏，陕西，四川；日本。

资料来源：王新谱等，2010，卷蛾科。《六盘山无脊椎动物》，河北大学出版社。

大褐斑小卷蛾 *Semnostola magnifica* (Kuznetzov, 1964)

省内产地：济源王屋山，嵩县白远山，辉县八里沟。

分布：河南，东北，陕西，湖南，贵州；朝鲜，日本，俄罗斯(远东)。

资料来源：Zhang Xu *et* Wang Shuxia, 2006, A study of the genus *Semnostola* Diakonoff from China with the description of a new species (Lepidoptera: Tortricidae: Olethreutinae). *Zootaxa*, 1283: 37~45.

三角褐斑小卷蛾 *Semnostola triangulate* Nasu *et* Kogi, 1997

省内产地：陕县甘山。

分布：河南；日本。

资料来源：Zhang Xu *et* Wang Shuxia, 2006, A study of the genus *Semnostola* Diakonoff from China with the description of a new species (Lepidoptera: Tortricidae: Olethreutinae). *Zootaxa*, 1283: 37~45.

庐原小卷蛾 *Sillybiphora devia* Kuznetsov, 1964

省内产地：内乡宝天曼。

分布：河南，东北，安徽，湖北，江西；日本，俄罗斯。

资料来源：Zhang Xu, Wang Shu-Xia, 2007, A study of the genus *Sillybiphora* Kuznetsov (Lepidoptera, Tortricidae, Olethreutinae). *Acta Zootexonomica Sinica*, 32(3): 561~563.

桃白小卷蛾 *Spilonota albicana* (Motschulsky, 1866)

省内产地：内乡宝天曼，辉县关山，林县石板岩，济源王屋山，灵宝，卢氏狮子坪，嵩县白云山，西峡黄石庵，信阳鸡公山。

分布：河南，天津，河北，黑龙江，浙江，福建，湖北，湖南，四川，贵州，陕西，甘肃；韩国，日本，俄罗斯。

寄主：苹果，梨，桃，李，山楂，樱桃，海棠，杏。

资料来源：张续，李后魂，2008，鳞翅目：卷蛾科。《宝天曼自然保护区昆虫》，中国农业科学技术出版社。

松白小卷蛾 *Spilonota eremitana* Moriuti, 1972

省内产地：嵩县白云山，内乡宝天曼。

分布：河南，黑龙江，安徽，湖北，贵州；日本，俄罗斯；欧洲。

资料来源：张爱环等，2005，卷蛾科(二)。《贵州大沙河昆虫》，贵州人民出版社。

芽白小卷蛾 *Spilonota lechriaspis* Meyrick, 1932

省内产地：登封嵩山，郑州，林州，辉县，中牟，兰考，西华，禹州，灵宝，南阳，信阳。

分布：河南，东北，华北，华东，华中；朝鲜，日本。

寄主：苹果，梨，山楂，花红，李。

资料来源：申效诚，1993，河南昆虫名录。中国农业科学技术出版社。

苹白小卷蛾 *Spilonota ocellana* (Schiffermuller *et* Denis, 1775)

省内产地：郑州，开封。

分布：河南，东北，华北，华中，华东，华南；朝鲜，日本，俄罗斯；欧洲，北美。

寄主：苹果，梨，杏，李，桃，山楂，樱桃。

资料来源：申效诚，1993，河南昆虫名录。中国农业科学技术出版社。

梨白小卷蛾 *Spilonota pyrusicola* Liu *et* Liu, 1994

省内产地：具体不详。

分布：河南，北京，辽宁。

资料来源：刘友樵等，2002，中国动物志 昆虫纲 第二十七卷。科学出版社。

棕白小卷蛾 *Spilonota semirufana* (Christoph, 1881)

省内产地：登封嵩山，西峡黄石庵，内乡宝天曼。

分布：河南，黑龙江，吉林，天津；朝鲜，日本，俄罗斯。

资料来源：Zhang Aihuan *et* Li Houhun, 2005, Catalogue of Rucosmini from China (Lepidoptera: Tortricidae). *SHILAP Revista Lepid.*, 33(131): 265~298.

白云巨小卷蛾 *Statherotis towadaensis* Kawabe, 1978

省内产地：内乡宝天曼，嵩县白云山。

分布：河南；韩国，日本，俄罗斯。

资料来源：李后魂等，2012，秦岭小蛾类。科学出版社。

苏明小卷蛾 *Statherotmantis shicotana* (Kuznetsov, 1969)

省内产地：嵩县白云山，卢氏狮子坪。

分布：河南，河北，天津，山东，湖北，湖南，广西；日本，俄罗斯；欧洲。

资料来源：李后魂，王淑霞等，2009，河北动物志 鳞翅目 小蛾类。中国农业科学技术出版社。

桉小卷蛾 *Strepsicrates coriariae* Oku, 1974

省内产地：内乡宝天曼，西峡黄石庵。

分布：河南，福建，湖北，湖南，广东，广西，贵州，甘肃；日本。

资料来源：张爱环等，2005，卷蛾科(二)。《贵州大沙河昆虫》，贵州人民出版社。

三角曲小卷蛾 *Strophedra magna* Komai, 1999

省内产地：西峡黄石庵。

分布：河南，天津；日本。

资料来源：李后魂等，2012，秦岭小蛾类。科学出版社。

栎曲小卷蛾 *Strophedra nitidana* (Fabricius, 1794)

柳超小卷蛾 *Pammene nitidiana* Fabricius, 1794

省内产地：郑州，许昌。

分布：河南，吉林；俄罗斯；欧洲。

寄主：柳。

资料来源：申效诚，1993，河南昆虫名录。中国农业科学技术出版社。

白色线小卷蛾 *Zeiraphera demutata* (Walsingham, 1900)

省内产地：嵩县白云山，内乡宝天曼，罗山灵山。

分布：河南，黑龙江，吉林，陕西，甘肃；朝鲜，日本，俄罗斯；欧洲。

资料来源：Zhang Aihuan *et* Li Houhun, 2005, Catalogue of Rucosmini from China (Lepidoptera: Tortricidae). *SHILAP Revista Lepid.*, 33(131): 265~298.

维线小卷蛾 *Zeiraphera virinea* Falkovitsh, 1965

省内产地：嵩县白云山。

分布：河南，吉林，湖南，四川，贵州；韩国，日本，俄罗斯。

资料来源：张爱环等，2005，卷蛾科(二)。《贵州大沙河昆虫》，贵州人民出版社。

二八、透翅蛾科 Sesiidae

本科全世界共 151 属 1370 种，中国记载 35 属 113 种，河南记录 4 属 6 种。

栗透翅蛾 *Aegeria molybdoceps* Hampson, 1919

省内产地：信阳。

分布：河南，山东，江西，福建，湖南。

寄主：栗。

资料来源：申效诚，1993，河南昆虫名录。中国农业科学技术出版社。

桑透翅蛾 *Paradoxecia pieli* Lieu, 1935

省内产地：民权，商丘。

分布：河南，山西，陕西，江苏，浙江，江西，贵州，四川。

寄主：桑。

资料来源：申效诚，1993，河南昆虫名录。中国农业科学技术出版社。

葡萄透翅蛾 *Paranthrene regalis* (Butler, 1878)

省内产地：郑州，许昌，汝州。

分布：河南，辽宁，陕西，山东，江苏，江西，浙江，福建，四川；朝鲜，日本。

寄主：葡萄。

资料来源：申效诚，1993，河南昆虫名录。中国农业科学技术出版社。

杨树透翅蛾 *Paranthrene rhingiaeformis* Hubner, 1790

省内产地：许昌，郑州，灵宝。

分布：河南，内蒙古，东北，河北，山西，湖南；小亚细亚，叙利亚，阿尔及利亚；欧洲。

寄主：杨，柳。

资料来源：申效诚，1993，河南昆虫名录。中国农业科学技术出版社。

白杨透翅蛾 *Paranthrene tabaniformis* (Rottemberg, 1775)

省内产地：全省。

分布：河南，黑龙江，吉林，内蒙古，河北，山西，陕西，新疆，湖北，安徽，江苏，浙江，广东，湖南，四川；中亚，欧洲。

寄主：杨，毛白杨，小叶杨，青杨，银白杨，柳。

资料来源：申效诚，1993，河南昆虫名录。中国农业科学技术出版社。

海棠透翅蛾 *Synanthedon unocingulata* Bartel, 1912

Synanthedon haitangvora Yang, 1977

省内产地：全省。

分布：河南，河北，北京，天津，辽宁；日本。

寄主：海棠，苹果，梨，李，梅，樱桃，杏，桃。

资料来源：Jin Qing, Wang Shuxia & Li Houhun, 2008, Catalogue of the family Sesiidae in China (Lepidoptera: Sesiidae). *SHILAP Revta. Lepid.*, 36(144): 507~526.

二九、斑蛾科 Zygaenidae

本科全世界共 147 属 800 种，中国记载 55 属 200 余种，河南记录 13 属 23 种。

竹小斑蛾 *Artona funeralis* Butler, 1879

省内产地：西峡，南阳，信阳。

分布：河南，湖北，安徽，江苏，江西，浙江，福建，台湾，湖南，广东，四川，云南；朝鲜，日本，印度。

资料来源：申效诚，1993，河南昆虫名录。中国农业科学技术出版社。

透翅小斑蛾 *Artona octomacutata aegerioides* Walker, 1861

省内产地：具体不详。

分布：河南，黑龙江，河北，山西，陕西，湖北，浙江，福建，江西，贵州；朝鲜，日本，俄罗斯(西伯利亚)。

资料来源：申效诚，1993，河南昆虫名录。中国农业科学技术出版社。

马尾松旭锦斑蛾 *Campylotes desgodinsi* Oberthur, 1884

省内产地：信阳。

分布：河南，山西，安徽，浙江，江西，贵州，四川，云南，西藏；印度。

资料来源：申效诚，1993，河南昆虫名录。中国农业科学技术出版社。

黄纹旭锦斑蛾 *Campylotes pratti* Leech, 1890

省内产地：信阳。

分布：河南，湖北，江西，福建，湖南，贵州，四川。

资料来源：申效诚，1993，河南昆虫名录。中国农业科学技术出版社。

白带锦斑蛾 *Chalcosia remota* (Walker, 1854)

省内产地：嵩县白云山，栾川龙峪湾，内乡宝天曼，信阳鸡公山，罗山灵山。

分布：河南，安徽，江西，湖南，江苏；朝鲜，日本。

资料来源：李后魂等，1999，鳞翅目：斑蛾科，麦蛾科，祝蛾科。《伏牛山南坡及大别山区昆虫》，中国农业科学技术出版社。

灿斑蛾 *Clelea bella* Alberti, 1954

省内产地：卢氏狮子坪。

分布：河南，陕西，浙江，贵州。

资料来源：李后魂等，2012，秦岭小蛾类。科学出版社。

李拖尾锦斑蛾 *Elcysma westwoodi* Vollenhoven, 1863

省内产地：南阳，信阳，桐柏。

分布：河南，黑龙江，江西，福建，湖南，云南；朝鲜，日本，俄罗斯。

资料来源：申效诚，1993，河南昆虫名录。中国农业科学技术出版社。

茶柄脉锦斑蛾 *Eterusia aedea* (Clerck, 1763)

省内产地：信阳，新县，商城，固始，桐柏，西峡。

分布：河南，江苏，浙江，安徽，江西，湖南，贵州，四川，广西，云南，台湾；日本，印度，斯里兰卡。

资料来源：申效诚等，2002，鳞翅目：斑蛾科，螟蛾科，刺蛾科。《太行山及桐柏山区昆虫》，中国农业科学技术出版社。

黄柄脉锦斑蛾 *Eterusia aedea magnifica* Butler

省内产地：桐柏水帘洞。

分布：河南，安徽，江西，湖南，云南；印度。

资料来源：申效诚等，2002，鳞翅目：斑蛾科，螟蛾科，刺蛾科。《太行山及桐柏山区昆虫》，中国农业科学技术出版社。

三色柄脉锦斑蛾 *Eterusia tricolor* Hope, 1841

省内产地：信阳。

分布：河南，海南，广西；印度(锡金)，缅甸，不丹。

资料来源：申效诚，1993，河南昆虫名录。中国农业科学技术出版社。

重阳木斑蛾 *Histia rhodope* Cramer, 1775

省内产地：具体不详。

分布：河南，山西，湖北，安徽，江苏，江西，浙江，福建，台湾，湖南，广东，海南，广西，四川，云南；日本，印度尼西亚，缅甸，印度。

资料来源：申效诚，1993，河南昆虫名录。中国农业科学技术出版社。

梨叶斑蛾 *Illiberis pruni* Dyar, 1905　(图版 XXIV-7)

省内产地：全省。

分布：河南，黑龙江，吉林，辽宁，河北，山东，山西，陕西，甘肃，宁夏，青海，湖北，江苏，江西，浙江，福建，湖南，广东，广西，云南；日本，俄罗斯(西伯利亚)。

资料来源：申效诚，1993，河南昆虫名录。中国农业科学技术出版社。

杏叶斑蛾 *Illiberis psychina* Oberthur, 1880

省内产地：具体不详。

分布：河南，辽宁，河北，山西，山东，陕西，湖北，江西。

资料来源：申效诚，1993，河南昆虫名录。中国农业科学技术出版社。

柞树叶斑蛾 *Illiberis sinensis* Walker, 1854

省内产地：登封，密县。

分布：河南，黑龙江，内蒙古，河北，山东，湖北，江苏，浙江，湖南，广东，华西；朝鲜，日本，俄罗斯，印度。

资料来源：申效诚，1993，河南昆虫名录。中国农业科学技术出版社。

华叶斑蛾 *Illiberis sinica* Moore

省内产地：具体不详。

分布：河南，辽宁，陕西，江苏，华北；日本。

资料来源：Hua Lizhong, 2005, List of Chinese insects vol III, 26.

葡萄叶斑蛾 *Illiberis tenuis* Butler, 1877　(图版 XXIV-6)

省内产地：嵩县白云山，信阳，汝阳，民权，兰考。

分布：河南，吉林，甘肃，河北，山东，江苏，江西，四川；朝鲜，日本，俄罗斯。

资料来源：申效诚，1993，河南昆虫名录。中国农业科学技术出版社。

亮翅叶斑蛾 *Illiberis translucida* (Poujade, 1884)

省内产地：内乡夏馆，内乡宝天曼，西峡黄石庵。

分布：河南，四川，湖南，浙江。

资料来源：李后魂等，1999，鳞翅目：斑蛾科，麦蛾科，祝蛾科。《伏牛山南坡及大别山区昆虫》，中国农业科学技术出版社。

榆叶斑蛾 *Illiberis ulmivora* Graeser, 1888

省内产地：开封，郑州。

分布：河南，河北，山西，山东，陕西，浙江。

资料来源：申效诚，1993，河南昆虫名录。中国农业科学技术出版社。

白带新锦斑蛾 *Neochalcosia remota* (Walker, 1854)

省内产地：罗山灵山，桐柏水帘洞，内乡宝天曼，宜阳花果山。

分布：河南，陕西，甘肃，辽宁，山东，安徽，江苏，浙江，福建，江西，湖北，湖南，广西，云南，台湾；朝鲜，日本。

资料来源：李后魂等，2012，秦岭小蛾类。科学出版社。

环带锦斑蛾 *Pidorus euchromioides* (Walker, 1854)

省内产地：桐柏水帘洞，西峡黄石庵。

分布：河南，山东，江西，湖南，江苏；朝鲜，日本。

资料来源：李后魂等，1999，鳞翅目：斑蛾科，麦蛾科，祝蛾科。《伏牛山南坡及大别山区昆虫》，中国农业科学技术出版社。

大叶黄杨长毛斑蛾 *Pryeria sinica* Moore, 1877

省内产地：信阳鸡公山。

分布：河南，吉林，辽宁，河北，安徽，江苏，浙江；朝鲜，日本。

资料来源：申效诚，1993，河南昆虫名录。中国农业科学技术出版社。

赤眉锦斑蛾 *Rhodopsona costata* Walker, 1854

省内产地：具体不详。

分布：河南，福建，江西，湖南，海南，华北，华中，华西。

资料来源：申效诚，1993，河南昆虫名录。中国农业科学技术出版社。

殊边黄点黑斑蛾 *Soritia proprimarginata* (Prout, 1918)

省内产地：内乡宝天曼。

分布：河南；泰国。

资料来源：李后魂等，2012，秦岭小蛾类。科学出版社。

三〇、刺蛾科 Limacodidae

本科全世界已知 270 属 1000 多种，中国记载 64 属 230 种，河南记录 32 属 61 种。

四痣丽刺蛾 *Altha adala* (Moore, 1859)

省内产地：具体不详。

分布：河南，山东，江西，云南；越南，印度，斯里兰卡，印度尼西亚。

资料来源：申效诚，1993，河南昆虫名录。中国农业科学技术出版社。

喜马钩纹刺蛾 *Atosia himalayana* Holloway, 1986

省内产地：内乡葛条爬，罗山灵山，辉县八里沟。

分布：河南，湖北，湖南，广西，海南，四川，云南，甘肃；印度，尼泊尔，缅甸，越南。

资料来源：武春生等，2008，鳞翅目：刺蛾科。《宝天曼自然保护区昆虫》，中国农业科学技术出版社。

锯纹歧刺蛾 *Austropoda dentatus* (Oberthur, 1879)

省内产地：西峡黄石庵，内乡葛条爬。

分布：河南，北京，吉林，黑龙江，浙江，山东，湖北，贵州，陕西；日本，俄罗斯。

资料来源：申效诚等，1999，鳞翅目：钩蛾科，螟蛾科，敌蛾科，刺蛾科。《伏牛山南坡及大别山区昆虫》，中国农业科学技术出版社。

背刺蛾 *Belippa horrida* Walker, 1865

省内产地：内乡宝天曼，桐柏水帘洞，罗山灵山，辉县八里沟。

分布：河南，黑龙江，浙江，福建，江西，山东，湖北，湖南，广西，海南，四川，云南，陕西，台湾；日本，尼泊尔。

资料来源：申效诚等，2002，鳞翅目：斑蛾科，螟蛾科，刺蛾科。《太行山及桐柏山区昆虫》，中国农业科学技术出版社。

拟三纹环刺蛾 *Birthosea trigrammoidea* Wu *et* Fang, 2008

省内产地：罗山灵山，济源黄楝树，辉县八里沟，桐柏水帘洞。

分布：河南，北京，辽宁，浙江，山东，陕西。

资料来源：武春生等，2008，鳞翅目：刺蛾科。《宝天曼自然保护区昆虫》，中国农业科学技术出版社。

长腹凯刺蛾 *Caissa longisaccula* Wu *et* Fang, 2008

省内产地：桐柏水帘洞，登封少林寺，罗山灵山。

分布：河南，北京，辽宁，山东，浙江，安徽，福建，湖北，湖南，广西，四川，贵州。

资料来源：武春生等，2008，鳞翅目：刺蛾科。《宝天曼自然保护区昆虫》，中国农业科学技术出版社。

灰双线刺蛾 *Cania bilineata* (Walker, 1855)

省内产地：鲁山石人山，济源黄楝树，登封少林寺，桐柏水帘洞。

分布：河南，江苏，浙江，江西，福建，台湾，广东，四川，云南；越南，印度，马来西亚，印度尼西亚。

资料来源：申效诚等，1998，鳞翅目：螟蛾科，斑蛾科，刺蛾科。《伏牛山区昆虫》，中国农业科学技术出版社。

客刺蛾 *Ceratonema retractatum* (Walker, 1865)

省内产地：嵩县白云山。

分布：河南，陕西，甘肃，湖北，黑龙江，青海，浙江，江西，湖南，四川，广东，云南，西藏；印度(锡金)。

分布：河南，黑龙江，江西，山东，湖北，湖南，云南，西藏，陕西，甘肃，青海；印度(锡金)，尼泊尔。

资料来源：武春生等，2008，鳞翅目：刺蛾科。《宝天曼自然保护区昆虫》，中国农业科学技术出版社。

仿姹刺蛾 *Chalcoscelides castaneipars* (Moore, 1865)

省内产地：栾川龙峪湾，卢氏大块地，内乡宝天曼，西峡黄石庵。

分布：河南，江西，湖南，四川，云南；尼泊尔，印度(锡金)，印度尼西亚。

分布：河南，江西，广西，湖北，湖南，四川，云南，西藏，陕西，台湾；印度(锡金)，尼泊尔，缅甸，印度尼西亚。

资料来源：申效诚等，1998，鳞翅目：螟蛾科，斑蛾科，刺蛾科。《伏牛山区昆虫》，中国农业科学技术出版社。

迷刺蛾 *Chibiraga banghaasi* (Hering *et* Hopp, 1927)

省内产地：嵩县白云山，栾川龙峪湾，罗山灵山，辉县八里沟，内乡葛条爬。

分布：河南，辽宁，浙江，江西，山东，湖北，四川，云南，陕西，台湾；俄罗斯(远东地区)。

资料来源：申效诚等，1999，鳞翅目：钩蛾科，螟蛾科，敌蛾科，刺蛾科。《伏牛山南坡及大别山区昆虫》，中国农业科学技术出版社。

八字刺蛾 *Cochlidion christophi* Graes, 1888

省内产地：西峡黄石庵，内乡宝天曼，嵩县白云山。

分布：河南，北京。

资料来源：申效诚等，2002，鳞翅目：斑蛾科，螟蛾科，刺蛾科。《太行山及桐柏山区昆虫》，中国农业科学技术出版社。

艳刺蛾 *Demonarosa rufotessellata* (Moore, 1879)

省内产地：内乡葛条爬，西峡黄石庵，商城黄柏山，新县连康山，罗山灵山，辉县八里沟。

分布：河南，浙江，安徽，福建，江西，山东，湖南，广东，广西，海南，四川，云南，台湾；日本，印度(锡金)，缅甸。

资料来源：申效诚等，1999，鳞翅目：钩蛾科，螟蛾科，敌蛾科，刺蛾科。《伏牛山南坡及大别山区昆虫》，中国农业科学技术出版社。

褐带刺蛾 *Euphlyctina* sp.

省内产地：罗山灵山，桐柏水帘洞，登封少林寺。

分布：河南，北京，内蒙古。

资料来源：申效诚等，2002，鳞翅目：斑蛾科，螟蛾科，刺蛾科。《太行山及桐柏山区昆虫》，中国农业科学技术出版社。

汉刺蛾 *Hampsonella dentata* (Hampson, 1892)

省内产地：鲁山县石人山，西峡黄石庵，内乡宝天曼，西峡黄石庵，信阳鸡公山，登封少林寺，栾川龙峪湾，嵩县白云山。

分布：河南，湖北，湖南，广西，四川，陕西，甘肃；印度(锡金)。

资料来源：武春生等，2008，鳞翅目：刺蛾科。《宝天曼自然保护区昆虫》，中国农业科学技术出版社。

长须刺蛾 *Hyphorma minax* Walker, 1865

省内产地：商城黄柏山，新县连康山。

分布：河南，浙江，福建，江西，湖北，湖南，广东，广西，海南，四川，云南，甘肃；印度(锡金)，尼泊尔，越南，印度尼西亚。

资料来源：申效诚等，1999，鳞翅目：钩蛾科，螟蛾科，敌蛾科，刺蛾科。《伏牛山南坡及大别山区昆虫》，中国农业科学技术出版社。

漪刺蛾 *Iraga rugosa* (Wileman, 1911)

省内产地：内乡宝天曼，西峡黄石庵，商城黄柏山，辉县八里沟。

分布：河南，浙江，江西，福建，广东，海南，湖北，湖南，四川，贵州，云南，陕西，甘肃，台湾。

资料来源：申效诚等，1999，鳞翅目：钩蛾科，螟蛾科，敌蛾科，刺蛾科。《伏牛山南坡及大别山区昆虫》，中国农业科学技术出版社。

皱焰刺蛾 *Iragoides crispa* (Swinhoe, 1890)

省内产地：嵩县白云山。

分布：河南，湖北，广西，四川，云南，西藏，陕西，甘肃；尼泊尔，印度(锡金)。

资料来源：武春生等，2008，鳞翅目：刺蛾科。《宝天曼自然保护区昆虫》，中国农业科学技术出版社。

线焰刺蛾 *Iragoides lineofusca* Wu *et* Fang, 2008

采集记录：嵩县白云山，西峡黄石庵，内乡宝天曼。

分布：河南，安徽，江西，福建，湖北，海南，四川，陕西。

资料来源：武春生等，2008，鳞翅目：刺蛾科。《宝天曼自然保护区昆虫》，中国农业科学技术出版社。

蜜焰刺蛾 *Iragoides melli* (Hering, 1931)

省内产地：栾川龙峪湾，桐柏水帘洞，商城黄柏山，罗山灵山。

分布：河南，浙江，安徽，福建，江西，湖北，湖南，广东，广西，海南，四川，贵州，云南，台湾。

资料来源：武春生等，2008，鳞翅目：刺蛾科。《宝天曼自然保护区昆虫》，中国农业科学技术出版社。

灰白铃刺蛾 *Kitanola albigrisea* Wu *et* Fang, 2008

省内产地：嵩县白云山。

分布：河南，陕西，甘肃。

资料来源：武春生等，2008，鳞翅目：刺蛾科。《宝天曼自然保护区昆虫》，中国农业科学技术出版社。

蔡氏铃刺蛾 *Kitanola caii* Wu *et* Fang, 2008

省内产地：鲁山县石人山，栾川龙峪湾。

分布：河南，安徽，甘肃。

资料来源：武春生等，2009，河南昆虫志 鳞翅目 刺蛾科 枯叶蛾科 舟蛾科 灯蛾科 毒蛾科 鹿蛾科。科学出版社。

枯刺蛾 *Mahanta quadrilinea* Moore, 1878

省内产地：西峡黄石庵。

分布：河南，台湾，四川，云南；印度(锡金)。

资料来源：申效诚等，1999，鳞翅目：钩蛾科，螟蛾科，敌蛾科，刺蛾科。《伏牛山南坡及大别山区昆虫》，中国农业科学技术出版社。

祖娅枯刺蛾 *Mahanta tanyae* Solovyer, 2005

采集记录：西峡黄石庵，嵩县白云山。

分布：河南，湖北，湖南，四川，陕西，甘肃，台湾。

资料来源：武春生等，2009，河南昆虫志 鳞翅目 刺蛾科 枯叶蛾科 舟蛾科 灯蛾科 毒蛾科 鹿蛾科。科学出版社。

迹银纹刺蛾 *Miresa kwangtungensis* Hering, 1931

省内产地：商城黄柏山，西峡黄石庵。

分布：河南，辽宁，河北，福建，江西，湖北，湖南，台湾，广东，广西，海南，四川，贵州，云南；日本，印度，克什米尔地区。

资料来源：申效诚等，1999，鳞翅目：钩蛾科，螟蛾科，敌蛾科，刺蛾科。《伏牛山南坡及大别山区昆虫》，中国农业科学技术出版社。

线银纹刺蛾 *Miresa urga* Hering, 1933

省内产地：商城黄柏山，新县连康山，内乡宝天曼，辉县八里沟。

分布：河南，陕西，四川，云南。

资料来源：申效诚等，1999，鳞翅目：钩蛾科，螟蛾科，敌蛾科，刺蛾科。《伏牛山南坡及大别山区昆虫》，中国农业科学技术出版社。

黄刺蛾 *Monema flavescens* Walker, 1855

省内产地：嵩县白云山，内乡宝天曼，西峡黄石庵，商城黄柏山，新县连康山，罗山灵山，桐柏水帘洞，登封少林寺，辉县八里沟。

分布：河南全省，除新疆、西藏目前尚无记录外，几乎遍布其他省区；朝鲜，日本，俄罗斯(西伯利亚)。

资料来源：申效诚等，1998，鳞翅目：螟蛾科，斑蛾科，刺蛾科。《伏牛山区昆虫》，中国农业科学技术出版社。

银眉刺蛾 *Narosa doenia* (Moore, 1859)

省内产地：罗山灵山，辉县八里沟，内乡葛条爬。

分布：河南，云南；越南，印度，斯里兰卡，印度尼西亚。

资料来源：申效诚等，2002，鳞翅目：斑蛾科，螟蛾科，刺蛾科。《太行山及桐柏山区昆虫》，中国农业科学技术出版社。

白眉刺蛾 *Narosa edoensis* Kawada, 1930

省内产地：辉县八里沟。

分布：河南，辽宁，河北，山东，浙江，贵州。

资料来源：申效诚等，2002，鳞翅目：斑蛾科，螟蛾科，刺蛾科。《太行山及桐柏山区昆虫》，中国农业科学技术出版社。

光眉刺蛾 *Narosa fulgens* (Leech, 1889)

省内产地：内乡宝天曼，辉县八里沟。

分布：河南，北京，浙江，安徽，福建，江西，山东，湖北，湖南，广西，海南，四川，云南，甘肃，台湾；朝鲜，日本。

资料来源：武春生等，2008，鳞翅目：刺蛾科。《宝天曼自然保护区昆虫》，中国农业科学技术出版社。

梨娜刺蛾 *Narosoideus flavidorsalis* (Staudinger, 1887)

省内产地：信阳鸡公山，内乡宝天曼，西峡黄石庵，商城黄柏山，桐柏水帘洞，陕县甘山，嵩县白云山，登封少林寺，辉县八里沟。

分布：河南，北京，吉林，黑龙江，陕西，河北，山西，山东，江苏，浙江，湖北，江西，台湾，广东，广西，四川，贵州，云南；朝鲜，日本，俄罗斯。

资料来源：申效诚等，1999，鳞翅目：钩蛾科，螟蛾科，敌蛾科，刺蛾科。《伏牛山南坡及大别山区昆虫》，中国农业科学技术出版社。

黄娜刺蛾 *Narosoideus fuscicostalis* (Fixsen, 1887)

省内产地：具体不详。

分布：河南，甘肃，辽宁，河北，山东，浙江；朝鲜。

资料来源：申效诚，1993，河南昆虫名录。中国农业科学技术出版社。

狡娜刺蛾 *Narosoideus vulpinus* (Wileman, 1911)

省内产地：内乡宝天曼，商城黄柏山，辉县八里沟。

分布：河南，浙江，福建，江西，山东，湖北，湖南，广西，海南，四川，云南，陕西，甘肃，台湾。

资料来源：申效诚等，2002，鳞翅目：斑蛾科，螟蛾科，刺蛾科。《太行山及桐柏山区昆虫》，中国农业科学技术出版社。

斜纹刺蛾 *Oxyplax ochracea* (Moore, 1883)

省内产地：桐柏水帘洞。

分布：河南，湖北，江苏，浙江，江西，广东，广西，云南；斯里兰卡，印度，印度尼西亚。

资料来源：申效诚等，2002，鳞翅目：斑蛾科，螟蛾科，刺蛾科。《太行山及桐柏山区昆虫》，中国农业科学技术出版社。

灰斜纹刺蛾 *Oxyplax pallivitta* (Moore, 1877)

采集记录：桐柏水帘洞。

分布：河南，江苏，浙江，安徽，福建，山东，广东，广西，海南，四川，台湾；日本，泰国，马来西亚，印度尼西亚。

资料来源：武春生等，2008，鳞翅目：刺蛾科。《宝天曼自然保护区昆虫》，中国农业科学技术出版社。

两色绿刺蛾 *Parasa bicolor* (Walker, 1855)

省内产地：新县连康山，商城黄柏山。

分布：河南，上海，浙江，江西，湖北，湖南，福建，广西，重庆，四川，云南，台湾；缅甸，印度(锡金)，印度尼西亚。

资料来源：申效诚等，2002，鳞翅目：斑蛾科，螟蛾科，刺蛾科。《太行山及桐柏山区昆虫》，中国农业科学技术出版社。

窄黄缘绿刺蛾 *Parasa consocia* Walker, 1865

省内产地：嵩县白云山，信阳鸡公山，桐柏水帘洞，栾川龙峪湾，登封少林寺，济源黄楝树，辉县八里沟。

分布：河南，北京，天津，河北，辽宁，黑龙江，江苏，浙江，江西，山东，湖北，广东，福建；朝鲜，日本，俄罗斯。

资料来源：武春生等，2008，鳞翅目：刺蛾科。《宝天曼自然保护区昆虫》，中国农业科学技术出版社。

双齿绿刺蛾 *Parasa hilarata* (Stdudinger, 1887)

省内产地：嵩县白云山，信阳鸡公山，内乡宝天曼，罗山灵山，西峡黄石庵，卢氏狮子坪，栾川龙峪湾，济源黄楝树，济源王屋山。

分布：河南，北京，天津，河北，吉林，黑龙江，上海，浙江，福建，江西，湖北，湖南，广西，四川，云南，陕西，甘肃，台湾；日本，俄罗斯。

资料来源：申效诚等，1998，鳞翅目：螟蛾科，斑蛾科，刺蛾科。《伏牛山区昆虫》，中国农业科学技术出版社。

丽绿刺蛾 *Parasa lepida* (Cramer, 1779)

省内产地：嵩县白云山，西峡黄石庵，内乡宝天曼，栾川龙峪湾，卢氏大块地，济源黄楝树，辉县八里沟，信阳。

分布：河南，河北，江苏，浙江，江西，湖北，湖南，福建，广东，广西，四川，贵州，云南，西藏，陕西，甘肃；日本，印度，克什米尔地区，越南，斯里兰卡，印度尼西亚。

资料来源：申效诚等，1998，鳞翅目：螟蛾科，斑蛾科，刺蛾科。《伏牛山区昆虫》，中国农业科学技术出版社。

漫绿刺蛾 *Parasa ostia* Swinhoe, 1902

省内产地：嵩县白云山，卢氏大块地。

分布：河南，四川，云南；印度。

资料来源：申效诚等，2002，鳞翅目：斑蛾科，螟蛾科，刺蛾科。《太行山及桐柏山区昆虫》，中国农业科学技术出版社。

迹斑绿刺蛾 *Parasa pastoralis* Butler, 1855

省内产地：内乡宝天曼，西峡黄石庵，罗山灵山，商城黄柏山，新县连康山，信阳鸡公山，桐柏水帘洞，陕县甘山，登封少林寺，辉县八里沟。

分布：河南，吉林，浙江，江西，四川，云南；越南，印度(锡金)，不丹，尼泊尔，巴基斯坦，印度尼西亚。

资料来源：申效诚等，1999，鳞翅目：钩蛾科，螟蛾科，敌蛾科，刺蛾科。《伏牛山南坡及大别山区昆虫》，中国农业科学技术出版社。

肖媚绿刺蛾 *Parasa pseudorepanda* Hering, 1933

省内产地：栾川龙峪湾，内乡宝天曼，西峡黄石庵。

分布：河南，陕西，甘肃，湖北，湖南，江西，广西，四川，云南。

资料来源：申效诚等，1998，鳞翅目：螟蛾科，斑蛾科，刺蛾科。《伏牛山区昆虫》，中国农业科学技术出版社。

中国绿刺蛾 *Parasa sinica* Moore, 1877

省内产地：嵩县白云山，内乡宝天曼，西峡黄石庵，栾川龙峪湾，济源王屋山，罗山灵山，桐柏水帘洞。

分布：河南，黑龙江，吉林，辽宁，山东，江苏，浙江，江西，台湾，湖北，贵州，云南；朝鲜，日本，俄罗斯。

资料来源：申效诚，1993，河南昆虫名录。中国农业科学技术出版社。

宽黄缘绿刺蛾 *Parasa tessellata* Moore, 1877

省内产地：辉县八里沟，西峡黄石庵，内乡宝天曼，内乡葛条爬，商城黄柏山，新县连康山，罗山灵山，信阳鸡公山，桐柏水帘洞。

分布：河南，江苏，浙江，江西，湖北，湖南，广东，广西，四川，贵州，陕西，甘肃。

资料来源：武春生等，2008，鳞翅目：刺蛾科。《宝天曼自然保护区昆虫》，中国农业科学技术出版社。

波带绿刺蛾 *Parasa undulate* (Cai, 1983)

省内产地：嵩县白云山。

分布：河南，安徽，湖北，四川，云南，陕西，甘肃。

资料来源：武春生等，2008，鳞翅目：刺蛾科。《宝天曼自然保护区昆虫》，中国农业科学技术出版社。

枣奕刺蛾 *Phlossa conjuncta* (Walker, 1855)

省内产地：内乡宝天曼，西峡黄石庵，商城黄柏山，新县连康山，罗山灵山，辉县八里沟，嵩县白云山。

分布：河南，北京，河北，辽宁，黑龙江，江苏，浙江，安徽，福建，江西，山东，湖北，湖南，广东，广西，海南，四川，贵州，云南，西藏，陕西，甘肃，台湾；朝鲜，日本，印度(锡金)，尼泊尔，泰国，越南。

资料来源：申效诚等，1999，鳞翅目：钩蛾科，螟蛾科，敌蛾科，刺蛾科。《伏牛山南坡及大别山区昆虫》，中国农业科学技术出版社。

茶弈刺蛾 *Phlossa fasciata* (Moore, 1888)

省内产地：栾川龙峪湾，信阳。

分布：河南，浙江，福建，江西，湖北，湖南，广东，广西，海南，四川，贵州，云南，陕西，台湾；印度，尼泊尔。

资料来源：武春生等，2008，鳞翅目：刺蛾科。《宝天曼自然保护区昆虫》，中国农业科学技术出版社。

奇奕刺蛾 *Phlossa thaumasta* (Hering, 1933)

省内产地：信阳鸡公山。

分布：河南，江苏，江西，福建，湖北，四川，贵州，云南，陕西。

资料来源：申效诚等，2002，鳞翅目：斑蛾科，螟蛾科，刺蛾科。《太行山及桐柏山区昆虫》，中国农业科学技术出版社。

贝绒刺蛾 *Phocoderma betis* Druce, 1896

省内产地：具体不详。

分布：河南，陕西，甘肃，湖北，黑龙江，湖南，广西，海南，四川，云南，贵州；泰国，越南。

资料来源：李后魂等，2012，秦岭小蛾类。科学出版社。

绒刺蛾 *Phocoderma velutina* (Koller, [1844]1888)

省内产地：西峡黄石庵，内乡宝天曼。

分布：河南，黑龙江，吉林，湖北，湖南，广东，广西，海南，四川，云南，贵州，西藏，陕西，甘肃；印度(锡金)，尼泊尔，缅甸，马来西亚。

资料来源：申效诚等，1999，鳞翅目：钩蛾科，螟蛾科，敌蛾科，刺蛾科。《伏牛山南坡及大别山区昆虫》，中国农业科学技术出版社。

角齿刺蛾 *Rhamnosa kwangtungensis* Hering, 1931

省内产地：内乡宝天曼，西峡黄石庵，商城黄柏山，信阳鸡公山，桐柏水帘洞，登封少林寺，辉县八里沟。

分布：河南，陕西，甘肃，湖北，浙江，福建，江西，湖南，广东，广西，四川；朝鲜。

资料来源：申效诚等，1999，鳞翅目：钩蛾科，螟蛾科，敌蛾科，刺蛾科。《伏牛山南坡及大别山区昆虫》，中国农业科学技术出版社。

锯齿刺蛾 *Rhamnosa dentifera* Hering *et* Hoppe, 1927

省内产地：内乡宝天曼，嵩县白云山，辉县八里沟，桐柏水帘洞，西峡黄石庵，商城黄柏山，信阳鸡公山，登封少林寺，济源黄楝树。

分布：河南，浙江，山东，湖北，陕西，甘肃。

资料来源：武春生等，2008，鳞翅目：刺蛾科。《宝天曼自然保护区昆虫》，中国农业科学技术出版社。

河南齿刺蛾 *Rhamnosa henanensis* Wu, 2008

省内产地：内乡宝天曼(模式产地)。

分布：河南。

资料来源：武春生等，2008，河南齿刺蛾属一新种(鳞翅目：刺蛾科)。《宝天曼自然保护区昆虫》，中国农业科学技术出版社。

纵带球须刺蛾 *Scopelodes contracta* Walker, 1855

省内产地：信阳鸡公山，商城黄柏山，新县连康山，辉县八里沟，桐柏水帘洞。

分布：河南，北京，江苏，浙江，江西，湖北，广东，广西，海南，陕西，甘肃，台湾；日本，印度(锡金)。

资料来源：申效诚等，1999，鳞翅目：钩蛾科，螟蛾科，敌蛾科，刺蛾科。《伏牛山南坡及大别山区昆虫》，中国农业科学技术出版社。

灰褐球须刺蛾 *Scopelodes sericea* Butler, 1880

Scopelodes tantula melli Hering, 1931

省内产地：商城黄柏山大庙，桐柏水帘洞。

分布：河南，浙江，福建，江西，湖北，广东，广西，海南，四川，贵州，云南，甘肃。

资料来源：武春生等，2008，鳞翅目：刺蛾科。《宝天曼自然保护区昆虫》，中国农业科学技术出版社。

黄褐球须刺蛾 *Scopelodes testacea* Butler, 1886

省内产地：桐柏水帘洞，商城黄柏山，新县连康山，罗山灵山，信阳鸡公山。

分布：河南，云南，浙江，广东，广西；印度，斯里兰卡，马来西亚，印度尼西亚。

资料来源：申效诚等，2002，鳞翅目：斑蛾科，螟蛾科，刺蛾科。《太行山及桐柏山区昆虫》，中国农业科学技术出版社。

幽球须刺蛾 *Scopelodes ursine* Butler, 1886 (河南新记录种)

省内产地：辉县八里沟。

分布：河南，河北，江苏，广东，广西，四川，云南；印度(锡金)，克什米尔。

窄斑褐刺蛾 *Setora baibarana* (Matsumura, 1931)

Setora suberecta Hering, 1931

省内产地：嵩县白云山。

分布：河南，福建，湖北，四川，云南，陕西，台湾；印度，尼泊尔，缅甸。

资料来源：武春生等，2008，鳞翅目：刺蛾科。《宝天曼自然保护区昆虫》，中国农业科学技术出版社。

铜斑褐刺蛾 *Setora nitens* (Walker, 1855)

省内产地：鲁山石人山。

分布：河南，江西，广西，云南；印度尼西亚。

资料来源：于思勤等，1993，河南农业昆虫志。河南科学技术出版社。

桑褐刺蛾 *Setora sinensis* Moore, 1877

Thosea postornata (Hampson, 1900)

省内产地：信阳鸡公山，栾川龙峪湾，新县连康山，卢氏大块地，陕县甘山，登封少林寺，济源王屋山，辉县八里沟，嵩县白云山，内乡葛条爬。

分布：河南，北京，江苏，浙江，福建，台湾，江西，山东，湖北，湖南，广东，广西，海南，四川，云南，陕西，甘肃，台湾；印度(锡金)，尼泊尔。

资料来源：申效诚，1993，河南昆虫名录。中国农业科学技术出版社。

暗扁刺蛾 *Thosea loesa* (Moore, 1859)

省内产地：西峡黄石庵，嵩县白云山。

分布：河南，台湾，福建，广西，云南；印度，印度尼西亚。

资料来源：申效诚等，1999，鳞翅目：钩蛾科，螟蛾科，敌蛾科，刺蛾科。《伏牛山南坡及大别山区昆虫》，中国农业科学技术出版社。

中国扁刺蛾 *Thosea sinensis* (Walker, 1855)

省内产地：内乡宝天曼，商城黄柏山，桐柏水帘洞，陕县甘山，登封少林寺，济源王屋山，辉县八里沟。

分布：河南，东北，北京，河北，辽宁，山东，安徽，江苏，浙江，福建，江西，湖北，湖南，广东，广西，海南，四川，贵州，云南，陕西，甘肃，台湾，香港；韩国，越南。

资料来源：申效诚等，1999，鳞翅目：钩蛾科，螟蛾科，敌蛾科，刺蛾科。《伏牛山南坡及大别山区昆虫》，中国农业科学技术出版社。

三一、蛀果蛾科 Carposinidae

本科全世界共 31 属 302 种，中国记载 8 属 23 种(李后魂等，2001)，河南记录 2 属 3 种。

山茱萸蛀果蛾 *Carposina coreana* Kim, 1955

山茱萸蛀果蛾 *Asiacarposina cornisvora* Yang, 1982

省内产地：南召，内乡，西峡，淅川。

分布：河南，陕西，山西；韩国。

寄主：山茱萸。

资料来源：申效诚，1993，河南昆虫名录。中国农业科学技术出版社。

桃蛀果蛾 *Carposina sasakii* Matsumura, 1900

省内产地：河南各地。

寄主：樱桃属植物，桃，苹果等。

分布：河南，黑龙江，吉林，辽宁，河北，山东，安徽，江苏，浙江，湖南，山西，陕西，青海，宁夏等；俄罗斯(远东)，朝鲜，日本；北美。

资料来源：李后魂，2002，鳞翅目：麦蛾科，祝蛾科，列蛾科，蛀果蛾科。《太行山及桐柏山区昆虫》，中国农业科学技术出版社。

断斑洁蛀果蛾 *Meridarchis excisa* (Walsingham, 1900)

省内产地：卢氏淇河。

分布：河南，湖北，陕西；日本，俄罗斯(远东)。

资料来源：李后魂等，2001，中国蛀果蛾科分类学整理及新种记述(鳞翅目：粪蛾总科)。动物分类学报，26(1)：61~71。

三二、羽蛾科 Pterophoridae

本科全世界共 90 属近 1160 种(郝淑莲，2005)，中国记载 46 属 174 种，河南记录为 10 属 17 种。

金羽蛾 *Agdistis* sp.

省内产地：商丘，睢县。

分布：河南。

寄主：甘薯。

资料来源：申效诚，1993，河南昆虫名录。中国农业科学技术出版社。

郑氏少脉羽蛾 *Crombrugghia zhengi* (Hao, Li *et* Wang, 2002)

省内产地：内乡宝天曼，嵩县白云山。

分布：河南，陕西，甘肃，湖北，新疆。

资料来源：李后魂等，2012，秦岭小蛾类。科学出版社。

甘薯异羽蛾 *Emmelina monodactylus* (Linnaeus, 1758)

甘薯羽蛾 *Pterophorus monodactylus* Linnaeus

省内产地：全省。

分布：河南，陕西，甘肃，湖北，河北，北京，天津，黑龙江，山东，浙江，福建，江西，四川，青海，宁夏，新疆；日本，印度；中亚，欧洲，非洲北部，北美。

寄主：甘薯，旋花。

资料来源：申效诚，1993，河南昆虫名录。中国农业科学技术出版社。

胡枝子小羽蛾 *Fuscoptilia emarginata* (Snellen, 1884)

省内产地：登封少林寺，西峡黄石庵，内乡宝天曼，桐柏水帘洞。

分布：河南，北京，河北，山西，内蒙古，黑龙江，安徽，福建，江西，山东，贵州，陕西，甘肃；朝鲜，日本，俄罗斯。

资料来源：Hao Shulian, Li Houhun *et* Wu Chunsheng, 2005, A review of the genus *Fuscoptilia* Arenberger (Lepidoptera: Pterophoridae). *Entomotaxonomia*, 27(1)：43~49.

佳诺小羽蛾 *Fuscoptilia jarosi* Arenberger, 1991

省内产地：嵩县白云山。

分布：河南；朝鲜。

资料来源：Hao Shulian, Li Houhun *et* Wu Chunsheng, 2005, A review of the genus *Fuscoptilia* Arenberger (Lepidoptera: Pterophoridae). *Entomotaxonomia*, 27(1)：43~49.

细锥羽蛾 *Gillmeria stenoptiloides* (Filipjev, 1927)

省内产地：嵩县白云山。

分布：河南，北京，河北，吉林，内蒙古，四川，宁夏，甘肃；蒙古，日本，俄罗斯；北美。

资料来源：Hao Shulian, Li Houhun *et* Wu Chunsheng, 2005, A study on the genus *Gillmeria* Tutt from China, with description of three new species (Lepidoptera: Pterophoridae). *Acta Zootaxonomica Sinica*, 30(1): 135~144.

白滑羽蛾 *Hellinsia albidactyla* (Yano, 1963)

省内产地：辉县八里沟，济源王屋山，卢氏狮子坪。

分布：河南，山西，陕西，甘肃，河北，黑龙江，吉林，安徽，四川，贵州，宁夏，新疆；朝鲜，日本，俄罗斯。

资料来源：李后魂等，2012，秦岭小蛾类。科学出版社。

端滑羽蛾 *Hellinsia distincta* (Herrich-Schaffer, 1855)

省内产地：嵩县白云山。

分布：河南，黑龙江，吉林，安徽，江苏，上海，四川，陕西，贵州，青海；日本，印度，阿富汗，挪威，瑞典，芬兰，丹麦，吉尔吉斯斯坦，拉脱维亚，白俄罗斯，俄罗斯，德国，波兰，捷克，斯洛伐克，匈牙利，罗马尼亚，法国，荷兰，比利时，瑞士，奥地利，意大利，希腊。

资料来源：郝淑莲等，2005，羽蛾科。《贵州大沙河昆虫》，贵州人民出版社。

点斑滑羽蛾 *Hellinsia inulae* (Zeller, 1852)

省内产地：西峡黄石庵。

分布：河南，河北，北京，天津，黑龙江，山东，安徽，陕西，青海，宁夏，新疆；尼泊尔，土耳其；欧洲，非洲北部。

资料来源：李后魂，王淑霞等，2009，河北动物志 鳞翅目 小蛾类。中国农业科学技术出版社。

乳滑羽蛾 *Hellinsia lacteola* (Yano, 1963)

省内产地：具体不详。

分布：河南，天津，山西，江苏，河北；朝鲜，日本。

资料来源：李后魂，王淑霞等，2009，河北动物志 鳞翅目 小蛾类。中国农业科学技术出版社。

艾蒿滑羽蛾 *Hellinsia lienigiana* (Zeller, 1852)

省内产地：嵩县白云山，桐柏水帘洞，济源王屋山。

分布：河南，北京，天津，河北，上海，安徽，浙江，福建，江西，山东，湖北，湖南，广西，四川，贵州，陕西，宁夏，台湾，香港；世界广布。

资料来源：Hao Shulian, Kendrick, R. C. & Li Houhun, 2008, Microlepidoptera of Hong Kong: Checklist of Pterophoridae, with description of one new species (Insecta, Lepidoptera). *Zootaxa*, 1821: 37~48.

裂日羽蛾 *Nippoptilia issikii* Yano, 1961

省内产地：宜阳花果山。

分布：河南，四川；日本，尼泊尔。

资料来源：李后魂等，2012，秦岭小蛾类。科学出版社。

小日羽蛾 *Nippoptilia minor* Hori, 1933

省内产地：许昌，郑州，新乡。

分布：河南，安徽，湖南，江西，上海；朝鲜，日本。

寄主：甘薯。

资料来源：申效诚，1993，河南昆虫名录。中国农业科学技术出版社。

葡萄日羽蛾 *Nippoptilia vitis* (Sasaki, 1913)

省内产地：嵩县白云山，内乡宝天曼，信阳鸡公山。

分布：河南，陕西，宁夏，贵州，北京，河北，山西，安徽，浙江，福建，江西，湖北，湖南，广西，台湾；朝鲜，日本，泰国，印度，尼泊尔。

资料来源：Hao Shulian, Kendrick, R. C. & Li Houhun, 2008, Microlepidoptera of Hong Kong: Checklist of Pterophoridae, with description of one new species (Insecta, Lepidoptera). *Zootaxa*, 1821: 37~48.

华丽片羽蛾 *Platyptilia calodactyla* (Denis *et* Schiffermuller, 1775)

省内产地：陕县甘山。

分布：河南，河北，青海，宁夏，四川，香港；古北区。

资料来源：Hao Shulian, Kendrick, R. C. & Li Houhun, 2008, Microlepidoptera of Hong Kong: Checklist of Pterophoridae, with description of one new species (Insecta, Lepidoptera). *Zootaxa*, 1821: 37~48.

款冬羽蛾 *Pselnophorus vilis* (Butler, 1881)

省内产地：内乡宝天曼，宜阳花果山。

分布：河南，河北，黑龙江，江苏，上海，浙江，福建，江西，海南；日本，俄罗斯。

资料来源：Hao Shulian & Li Houhun, 2008, The genus *Pselnophorus* Wallengren from Mainland China, with description of a new species (Lepidoptera: Pterophoridae). *Zootaxa*, 1755: 61~67.

褐秀羽蛾 *Stenoptilodes taprobanes* (Felder *et* Rogenhofer, 1875)

省内产地：嵩县白云山。

分布：河南，内蒙古，天津，山东，安徽，浙江，福建，江西，湖北，湖南，广东，海南，贵州，四川，云南，陕西，台湾，香港；世界广布。

资料来源：Hao Shulian, Kendrick, R. C. & Li Houhun, 2008, Microlepidoptera of Hong Kong: Checklist of Pterophoridae, with description of one new species (Insecta, Lepidoptera). *Zootaxa*, 1821: 37~48.

三三、网蛾科 Thyrididae

本科全世界共 96 属 600 种，中国记载 20 属 127 种，河南记录 7 属 23 种。

树形拱肩网蛾 *Camptochilus aurea* Butler, 1881 (图版 XXIV-9)

省内产地：内乡宝天曼，西峡黄石庵，卢氏狮子坪。

分布：河南，北京，陕西，湖北，湖南，江西，四川，广西，福建，云南，西藏；日本。

资料来源：申效诚等，1999，鳞翅目：箩纹蛾科，巢蛾科，波纹蛾科，网蛾科，长角蛾科。《伏牛山南坡及大别山区昆虫》，中国农业科学技术出版社。

叉纹拱肩网蛾 *Camptochilus bisulcus* Chu *et* Wang, 1991

省内产地：内乡宝天曼。

分布：河南，四川，福建。

资料来源：申效诚等，1999，鳞翅目：箩纹蛾科，巢蛾科，波纹蛾科，网蛾科，长角蛾科。《伏牛山南坡及大别山区昆虫》，中国农业科学技术出版社。

金盏拱肩网蛾 *Camptochilus sinuosus* Warren, 1896

省内产地：信阳鸡公山，内乡宝天曼，罗山灵山，商城黄柏山。

分布：河南，湖南，湖北，江西，福建，四川，广西，海南；印度。

资料来源：申效诚等，1999，鳞翅目：箩纹蛾科，巢蛾科，波纹蛾科，网蛾科，长角蛾科。《伏牛山南坡及大别山区昆虫》，中国农业科学技术出版社。

三线拱肩网蛾 *Camptochilus trilineatus* Chu *et* Wang, 1991 (河南新记录种)

省内产地：嵩县白云山。

分布：河南，湖北，江西，湖南，福建，广西，海南，四川，云南，西藏。

黑蝉网蛾 *Glanycus tricolor* Moore, 1879

省内产地：罗山灵山。

分布：河南，四川，云南。

资料来源：申效诚等，1999，鳞翅目：箩纹蛾科，巢蛾科，波纹蛾科，网蛾科，长角蛾科。《伏牛山南坡及大别山区昆虫》，中国农业科学技术出版社。

绢网蛾 *Herdonia osacesalis* Walker, 1859

省内产地：郑州，洛阳，遂平，辉县，开封。

分布：河南，海南，云南；日本，巴基斯坦，缅甸，印度(锡金)。

寄主：石榴。

资料来源：申效诚，1993，河南昆虫名录。中国农业科学技术出版社。

角斑绢网蛾 *Herdonia papuensis* Warren, 1907

省内产地：具体不详。

分布：河南，安徽，湖北，湖南，福建，江西，海南，广西，四川，贵州，云南；巴布亚新几内亚。

寄主：石榴，番石榴。

资料来源：朱弘复等，1996，中国动物志 昆虫纲 第五卷。科学出版社。

蜂形网蛾 *Hyperthyris aperta* Leecu, 1889　(河南新记录属、种)

省内产地：嵩县白云山。

分布：河南，江苏，浙江，江西，四川。

中线赭网蛾 *Rhodoneura atristrigulalis* Hampson, 1869

省内产地：具体不详。

分布：河南，河北，湖北，云南，西藏；不丹。

寄主：栗。

资料来源：申效诚等，1994，《河南昆虫分类区系研究　第一卷》。中国农业科学技术出版社。

直线网蛾 *Rhodoneura erecta* (Leech, 1889)

省内产地：罗山灵山，栾川龙峪湾，卢氏狮子坪。

分布：河南，四川，江西，广西，云南，台湾；日本。

寄主：栎，胡桃。

资料来源：申效诚等，1999，鳞翅目：箩纹蛾科，巢蛾科，波纹蛾科，网蛾科，长角蛾科。《伏牛山南坡及大别山区昆虫》，中国农业科学技术出版社。

枈网蛾 *Rhodoneura exusta* Butler

省内产地：新县。

分布：河南，河北，江西；日本，印度。

寄主：栗。

资料来源：申效诚，1993，河南昆虫名录。中国农业科学技术出版社。

中带网蛾 *Rhodoneura midfascia* Chu *et* Wang, 1991

省内产地：内乡宝天曼，卢氏狮子坪。

分布：河南，北京，湖北，甘肃。

资料来源：申效诚等，1999，鳞翅目：箩纹蛾科，巢蛾科，波纹蛾科，网蛾科，长角蛾科。《伏牛山南坡及大别山区昆虫》，中国农业科学技术出版社。

后中线网蛾 *Rhodoneura pallida* (Butler, 1879)　(河南新记录种)

省内产地：嵩县白云山。

分布：河南，河北，四川；日本，印度。

褐线银网蛾 *Rhodoneura strigatula* Felder, 1859　(河南新记录种)

省内产地：内乡宝天曼。

分布：河南，湖北，浙江，福建，江西，湖南，四川，广西，云南。

壮硕网蛾 *Rhodoneura vitulla* Guenee, 1877

省内产地：信阳鸡公山。

分布：河南，台湾；日本。

资料来源：申效诚等，1999，《鸡公山区昆虫》，中国农业科学技术出版社。

叉斜线网蛾 *Striglina bifida* Chu *et* Wang, 1991　(图版 XXIV-10)

省内产地：西峡黄石庵，商城黄柏山。

分布：河南，湖南，江西。

资料来源：申效诚等，1999，鳞翅目：箩纹蛾科，巢蛾科，波纹蛾科，网蛾科，长角蛾科。《伏牛山南坡及大别山区昆虫》，中国农业科学技术出版社。

二点斜线网蛾 *Striglina bispota* Chu *et* Wang, 1991

省内产地：嵩县白云山。

分布：河南，江苏，浙江，江西，湖南，云南，海南，广西，西藏。

资料来源：李后魂等，2012，秦岭小蛾类。科学出版社。

隐圈线网蛾 *Striglina feindrehala* Chu *et* Wang, 1991 (河南新记录种)

省内产地：嵩县白云山。

分布：河南，福建，四川，广东，海南。

红斜线网蛾 *Striglina roseus* (Gaede, 1932) (河南新记录种)

省内产地：内乡宝天曼。

分布：河南，湖北，浙江，湖南，贵州，四川。

梯斜线网蛾 *Striglina scalaria* Chu *et* Wang, 1991

省内产地：卢氏狮子坪。

分布：河南，浙江，福建。

资料来源：李后魂等，2012，秦岭小蛾类。科学出版社。

一点斜线网蛾 *Striglina scitaria* Walker, 1862

省内产地：桐柏，信阳鸡公山。

分布：河南，黑龙江，江苏，江西，浙江，福建，四川；朝鲜，日本，印度，马来西亚；大洋洲。

资料来源：申效诚等，1999，《鸡公山区昆虫》，中国农业科学技术出版社。

直斜线网蛾 *Striglina stricta* Chu *et* Wang, 1991 (河南新记录种)

省内产地：内乡宝天曼。

分布：河南，江西，广西。

尖尾网蛾 *Thyris fenestrella* Scopli, 1763 (图版 XXIV-8)

省内产地：嵩县白云山，卢氏狮子坪。

分布：河南，黑龙江，吉林，北京，江苏，湖北，浙江，福建，新疆；亚洲，北欧。

资料来源：李后魂等，2012，秦岭小蛾类。科学出版社。

三四、螟蛾科 Pyralidae

本科和下面的草螟科组成螟蛾总科，世界共 25 000 种，中国 2000 种。本科世界 1060 属 6800 多种，中国记录 171 属 518 种，河南记录 75 属 171 种。

棕褐峰斑螟 *Acrobasis birgitella* (Roesler, 1975)

棕褐锥斑螟 *Conobathra birgitella* Roesler, 1975

省内产地：内乡宝天曼。

分布：河南，黑龙江，河北，山东，安徽，湖北，湖南，江苏，浙江，贵州，台湾；朝鲜，日本，俄罗斯。

资料来源：张丹丹等，2002，鳞翅目：螟蛾科。《太行山及桐柏山区昆虫》，中国农业科学技术出版社。

头饰峰斑螟 *Acrobasis comptella* Ragonot, 1887

省内产地：桐柏水帘洞。

分布：河南，河北；美国。

寄主：橡树。

资料来源：张丹丹等，2002，鳞翅目：螟蛾科。《太行山及桐柏山区昆虫》，中国农业科学技术出版社。

芽峰斑螟 *Acrobasis cymindella* (Ragonot, 1893)

省内产地：济源王屋山，嵩县白云山，内乡宝天曼。

分布：河南，云南；俄罗斯。

资料来源：匡登辉，王一平，李后魂，2008，鳞翅目：螟蛾科。《宝天曼自然保护区昆虫》，中国农业科学技术出版社。

拟峰斑螟 *Acrobasis eva* Roesler *et* Küppers, 1981

省内产地：济源王屋山。

分布：河南，贵州；印度，苏门答腊。

资料来源：张丹丹等，2002，鳞翅目：螟蛾科。《太行山及桐柏山区昆虫》，中国农业科学技术出版社。

黄带峰斑螟 *Acrobasis flavifasciella* Yamanaka, 1990

省内产地：济源王屋山，西峡黄石庵。

分布：河南，河北，贵州；朝鲜，日本。

资料来源：匡登辉，王一平，李后魂，2008，鳞翅目：螟蛾科。《宝天曼自然保护区昆虫》，中国农业科学技术出版社。

***Acrobasis indigenella* (Zeller, 1848)**

省内产地：内乡夏馆。

分布：河南；美国。

寄主：樱桃，梅子，李子。

资料来源：张丹丹等，2002，鳞翅目：螟蛾科。《太行山及桐柏山区昆虫》，中国农业科学技术出版社。

白条峰斑螟 *Acrobasis injunctella* (Christoph, 1881)

省内产地：桐柏水帘洞，内乡夏馆，嵩县白云山，登封嵩山，济源王屋山。

分布：河南，辽宁，天津，河北，陕西，江苏，江西，湖北，贵州；朝鲜，日本。

资料来源：张丹丹等，2002，鳞翅目：螟蛾科。《太行山及桐柏山区昆虫》，中国农业科学技术出版社。

井上峰斑螟 *Acrobasia inouei* Ren, 2012

Conobathra tricolorella Inoue *et al.*, 1982

省内产地：嵩县白云山，内乡宝天曼，桐柏水帘洞。

分布：河南，陕西，湖北，天津，江苏，安徽，浙江，湖南，四川；日本。

资料来源：李后魂等，2012，秦岭小蛾类。科学出版社。

***Acrobasis modisequa* Meyrick, 1939**

省内产地：西峡黄石庵。

分布：河南；苏门答腊。

资料来源：张丹丹等，2002，鳞翅目：螟蛾科。《太行山及桐柏山区昆虫》，中国农业科学技术出版社。

秀峰斑螟 *Acrobasis obrutella* (Christoph, 1881)

省内产地：林州石板岩，辉县八里沟，济源王屋山，登封嵩山，宜阳花果山，嵩县白云山，内乡宝天曼，西峡黄石庵。

分布：河南，陕西，甘肃，湖北，吉林，河北，安徽，浙江，福建，江西，湖南，广东，广西，四川，贵州，台湾；俄罗斯，日本，苏门答腊。

资料来源：张丹丹等，2005，螟蛾科。《习水景观昆虫》，贵州科技出版社。

钝小峰斑螟 *Acrobasis obtusella* (Hübner, 1796)

省内产地：陕县甘山。

分布：河南，陕西，河北，天津，内蒙古，广西，贵州；俄罗斯，巴勒斯坦；欧洲。

资料来源：李后魂等，2012，秦岭小蛾类。科学出版社。

红带峰斑螟 *Acrobasis rufizonella* Ragonot, 1887

红带额斑螟 *Conobathra rufizonella* (Ragonot), 1887

省内产地：宜阳花果山，辉县关山，济源王屋山，桐柏水帘洞，西峡黄石庵，嵩县白云山，内乡夏馆。

分布：河南，天津，河北，安徽，浙江，福建，广东，贵州，云南，陕西，甘肃，宁夏；朝鲜，日本。

资料来源：匡登辉，王一平，李后魂，2008，鳞翅目：螟蛾科。《宝天曼自然保护区昆虫》，中国农业科学技术出版社。

污鳞峰斑螟 *Acrobasis squalidella* Christoph, 1881

省内产地：宜阳花果山，济源王屋山，罗山灵山寺，桐柏水帘洞。

分布：河南，黑龙江，辽宁，浙江，安徽，江西，湖北，湖南，四川，贵州，云南，陕西；朝鲜，日本，俄罗斯。

资料来源：匡登辉，王一平，李后魂，2008，鳞翅目：螟蛾科。《宝天曼自然保护区昆虫》，中国农业科学技术出版社。

基黄峰斑螟 *Acrobasis subflavella* (Inoue, 1982)

省内产地：罗山灵山。

分布：河南，甘肃，四川；日本，俄罗斯。

资料来源：李后魂等，2012，秦岭小蛾类。科学出版社。

果叶峰斑螟 *Acrobasis tokiella* (Rugonot, 1890)

省内产地：内乡宝天曼，西峡黄石庵，洛阳，南阳，新乡。

分布：河南，黑龙江，湖北，浙江，福建，江西，湖南，贵州，云南；朝鲜，日本。

资料来源：申效诚，1993，河南昆虫名录。中国农业科学技术出版社。

梅峰斑螟 *Acrobasis vaccinii* Riley, 1884

省内产地：桐柏水帘洞，罗山灵山寺，陕县甘山。

分布：河南，河北，浙江；美国。

寄主：梅。

资料来源：张丹丹等，2002，鳞翅目：螟蛾科。《太行山及桐柏山区昆虫》，中国农业科学技术出版社。

米缟螟 *Aglossa dimidiate* (Haworth, 1810)

省内产地：全省。

分布：河南，黑龙江，河北，山东，山西，江苏，浙江，福建，湖北，湖南，安徽，贵州，四川，广东，云南，青海，新疆，内蒙古；日本，印度，缅甸。

资料来源：申效诚，1993，河南昆虫名录。中国农业科学技术出版社。

棕黄拟峰斑螟 *Anabasis fusciflavida* Du, Song *et* Wu, 2005

省内产地：辉县关山，济源王屋山，宜阳花果山，内乡宝天曼。

分布：河南，黑龙江，吉林，山西，安徽，浙江，湖北，湖南，广东，广西，四川，贵州，云南，陕西，甘肃，宁夏。

资料来源：匡登辉，王一平，李后魂，2008，鳞翅目：螟蛾科。《宝天曼自然保护区昆虫》，中国农业科学技术出版社。

二点织螟 *Aphomis zelleri* (Joannis, 1932)

省内产地：陕县甘山，济源王屋山，济源黄楝树，桐柏水帘洞等全省各地。

分布：河南，新疆，内蒙古，青海，吉林，北京，河北，陕西，湖北，四川，广东；朝鲜，日本，斯里兰卡，英国。

资料来源：申效诚，1993，河南昆虫名录。中国农业科学技术出版社。

黑脉厚须螟 *Arctioblepsis rubide* Felder *et* Felder, 1862

Propachys nigrivena Walker, 1863

省内产地：信阳鸡公山，罗山灵山，商城黄柏山，新县连康山。

分布：河南，浙江，江西，四川，福建，台湾，广东；印度(锡金)。

资料来源：申效诚等，2002，鳞翅目：斑蛾科，螟蛾科，刺蛾科。《太行山及桐柏山区昆虫》，中国农业科学技术出版社。

中国软斑螟 *Asclerobia sinensis* (Caradja, 1937)

省内产地：辉县关山，辉县八里沟，济源王屋山，林州石板岩，嵩县白云山，信阳鸡公山。

分布：河南，北京，天津，河北，黑龙江，安徽，山东，四川，云南，陕西，甘肃。

资料来源：匡登辉，王一平，李后魂，2008，鳞翅目：螟蛾科。《宝天曼自然保护区昆虫》，中国农业科学技术出版社。

台湾蛀果斑螟 *Assara formosana* Yashiyasu, 1991

省内产地：宜阳花果山，济源王屋山，桐柏水帘洞。

分布：河南，浙江，福建，湖南，四川，贵州，广西，广东，台湾。

资料来源：李后魂等，2009，河南昆虫志 鳞翅目 螟蛾总科。科学出版社。

黑松蛀果斑螟 *Assara funerella* (Ragonot, 1901)

省内产地：内乡宝天曼，济源王屋山，桐柏水帘洞，罗山灵山寺，固始祖师庙乡。

分布：河南，甘肃，浙江，贵州，云南，广西；朝鲜，日本。

寄主：黑松。

资料来源：Du Yanli, Li Houhun *et* Wang Shuxia, 2002, A taxonomic study on the genus *Assara* Walker from China (Lepidoptera: Pyralidae: Phycitinae). *Acta Zootaxonomica Sinica*, 27(1): 8~19.

松蛀果斑螟 *Assara hoeneella* Roesler, 1965

省内产地：宜阳花果山，林州石板岩，济源王屋山，内乡宝天曼，固始县祖师庙乡，桐柏水帘洞，信阳鸡公山。

分布：河南，天津，山西，江苏，浙江，福建，湖北，湖南，广东，重庆，四川，贵州；日本。

寄主：马尾松。

资料来源：Du Yanli, Li Houhun *et* Wang Shuxia, 2002, A taxonomic study on the genus *Assara* Walker from China (Lepidoptera: Pyralidae: Phycitinae). *Acta Zootaxonomica Sinica*, 27(1): 8~19.

白斑蛀果斑螟 *Assara korbi* (Caradja, 1910)

省内产地：内乡宝天曼，西峡黄石庵。

分布：河南，天津，浙江，湖北，陕西，甘肃；日本。

寄主：幼虫取食鸦胆子 *Rhus javanica* 上的五倍子 *Schlechtendalia chinensis*。

资料来源：匡登辉，王一平，李后魂，2008，鳞翅目：螟蛾科。《宝天曼自然保护区昆虫》，中国农业科学技术出版社。

苍白蛀果斑螟 *Assara pallidella* Yamanaka, 1994

省内产地：林州石板岩，辉县关山，桐柏水帘洞，罗山灵山寺，固始县祖师庙乡，信阳鸡公山，西峡黄石庵。

分布：河南，安徽，福建，湖北，湖南，广东，贵州；日本。

资料来源：Du Yanli, Li Houhun *et* Wang Shuxia, 2002, A taxonomic study on the genus *Assara* Walker from China (Lepidoptera: Pyralidae: Phycitinae). *Acta Zootaxonomica Sinica*, 27(1): 8~19.

芒果蛀果斑螟 *Assara seminivalis* (Turner, 1904)

省内产地：西峡黄石庵。

寄主：芒果。

分布：河南，浙江，贵州，台湾；印度尼西亚，斯里兰卡，澳大利亚，印度(锡金)，北部湾，马来西亚。

资料来源：张丹丹等，2002，鳞翅目：螟蛾科。《太行山及桐柏山区昆虫》，中国农业科学技术出版社。

突蛀果斑螟 *Assara tumidula* Du, Li *et* Wang, 2002

省内产地：信阳鸡公山(副模产地)，内乡宝天曼，宜阳花果山，林州石板岩。

分布：河南，天津，浙江，福建，湖北，湖南，四川，贵州，甘肃，广西。

资料来源：Du Yanli, Li Houhun *et* Wang Shuxia, 2002, A taxonomic study on the genus *Assara* Walker from China (Lepidoptera: Pyralidae: Phycitinae). *Acta Zootaxonomica Sinica*, 27(1): 8~19.

油桐金斑螟 *Aurana vinaccella* (Inoue, 1963)

省内产地：桐柏水帘洞，罗山灵山寺。

分布：河南，安徽，浙江，江西，福建，湖北，湖南，广西，四川，贵州，陕西，甘肃，云南，西藏；日本，印度尼西亚。

资料来源：徐家生，任应党，李后魂，2005，螟蛾科。《贵州大沙河昆虫》，贵州人民出版社。

干果斑螟 *Cadra cautella* (Walker, 1863)

省内产地：全省。

分布：河南，湖北，江西，四川，广东，台湾，云南；日本，缅甸；欧洲。

资料来源：申效诚，1993，河南昆虫名录，中国农业科学技术出版社。

葡萄果斑螟 *Cadra figulilella* (Gregson, 1871)

省内产地：全省。

分布：全国；世界广布。

资料来源：申效诚，1993，河南昆虫名录。中国农业科学技术出版社。

白条紫斑螟 *Calguia defiguralis* Walker, 1863

省内产地：信阳鸡公山。

分布：河南，河北，天津，浙江，福建，江西，湖北，湖南，广东，四川，贵州，云南，西藏，陕西；日本，印度，斯里兰卡，印度尼西亚，澳大利亚。

资料来源：徐家生，任应党，李后魂，2005，螟蛾科。《贵州大沙河昆虫》，贵州人民出版社。

圆瘤翅斑螟 *Caradjaria asiatella* Roesler, 1975

省内产地：内乡宝天曼。

分布：河南，北京，湖北，湖南，重庆，四川，西藏，陕西。

资料来源：李后魂等，2009，河南昆虫志 鳞翅目 螟蛾总科。科学出版社。

蒙歧角螟 *Cataprosopus monstrosus* Butler, 1881

省内产地：陕县甘山。

分布：河南；朝鲜，日本。

资料来源：申效诚等，2002，鳞翅目：斑蛾科，螟蛾科，刺蛾科。《太行山及桐柏山区昆虫》，中国农业科学技术出版社。

黑基栉角斑螟 *Ceroprepes atribasilaris* Du, Song *et* Yang, 2005

省内产地：内乡宝天曼。

分布：河南，福建，广西，四川，云南，西藏。

资料来源：李后魂等，2009，河南昆虫志 鳞翅目 螟蛾总科。科学出版社。

棕栉角斑螟 *Ceroprepes fusconebulella* Yamanaka *et* Kippichnikova, 2000

省内产地：罗山灵山寺。

分布：河南，河北，辽宁，宁夏；俄罗斯。

资料来源：张丹丹等，2002，鳞翅目：螟蛾科。《太行山及桐柏山区昆虫》，中国农业科学技术出版社。

黑纹栉角斑螟 *Ceroprepes nigrolineatella* Shibuya, 1927

省内产地：嵩县白云山，内乡宝天曼。

分布：河南，天津，河北，吉林，广西，贵州，云南，陕西，甘肃，青海，宁夏；朝鲜，日本。

资料来源：李后魂等，2009，河南昆虫志 鳞翅目 螟蛾总科。科学出版社。

圆斑栉角斑螟 *Ceroprepes ophthalmicella* (Christoph, 1881)

省内产地：林州石板岩，宜阳花果山，辉县关山，济源王屋山，嵩县白云山，卢氏大块地，卢氏狮子坪，内乡宝天曼。

分布：河南，天津，山西，浙江，福建，山东，湖北，湖南，重庆，四川，贵州，云南，陕西，甘肃；日本，印度。

资料来源：匡登辉，王一平，李后魂，2008，鳞翅目：螟蛾科。《宝天曼自然保护区昆虫》，中国农业科学技术出版社。

异色栉角斑螟 *Ceroprepes patriciella* Zeller, 1867

省内产地：内乡宝天曼，卢氏狮子坪。

分布：河南，四川，贵州，甘肃，宁夏；日本，印度(锡金)，克什米尔，印度，斯里兰卡，印度尼西亚。

资料来源：匡登辉，王一平，李后魂，2008，鳞翅目：螟蛾科。《宝天曼自然保护区昆虫》，中国农业科学技术出版社。

米螟 *Corcyra cephalonica* Staint, 1866

省内产地：全省。

分布：河南，广东；世界广布。

资料来源：申效诚，1993，河南昆虫名录。中国农业科学技术出版社。

伊锥歧角螟 *Cotachena histricalis* (Walker, 1859)

省内产地：林州石板岩，辉县关山，宜阳花果山，信阳鸡公山，内乡宝天曼，商城黄柏山，栾川龙峪湾。

分布：河南，江苏，浙江，江西，湖北，湖南，广东，四川，贵州，西藏，台湾；日本，印度(锡金)，斯里兰卡。

资料来源：申效诚等，1999，鳞翅目：螟蛾科等。《鸡公山区昆虫》，中国农业科学技术出版社。

高粱穗隐斑螟 *Cryptoblabes gnidiella* (Millere, 1864)

省内产地：遂平，周口，商丘。

分布：河南，江苏，广东，广西，云南；亚洲，欧洲，非洲，南美洲。

资料来源：申效诚，1993，河南昆虫名录。中国农业科学技术出版社。

原位隐斑螟 *Cryptoblabes sita* Roesler *et* Küppers, 1979

省内产地：济源王屋山，宜阳花果山，卢氏狮子坪，内乡宝天曼。

分布：河南，浙江，福建，湖北，广东，贵州；印度尼西亚。

资料来源：匡登辉，王一平，李后魂，2008，鳞翅目：螟蛾科。《宝天曼自然保护区昆虫》，中国农业科学技术出版社。

秀驼斑螟 *Cyphita rufofusella* (Caradja, 1931)

省内产地：宜阳花果山，辉县关山，辉县八里沟，林州石板岩，济源王屋山，登封嵩山，嵩县白云山，西峡黄石庵，内乡宝天曼。

分布：河南，天津，河北，吉林，浙江，安徽，福建，江西，湖北，湖南，广东，广西，四川，贵州，云南，陕西，甘肃，台湾；俄罗斯，日本，印度尼西亚。

资料来源：匡登辉，王一平，李后魂，2008，鳞翅目：螟蛾科。《宝天曼自然保护区昆虫》，中国农业科学技术出版社。

柞褐叶螟 *Datanoides fasciata* Butler, 1878

省内产地：罗山灵山。

分布：河南，黑龙江，内蒙古，山东，江苏，湖南，四川；朝鲜，日本，俄罗斯。

资料来源：申效诚等，2002，鳞翅目：斑蛾科，螟蛾科，刺蛾科。《太行山及桐柏山区昆虫》，中国农业科学技术出版社。

丘突双裂斑螟 *Didia indra* Roesler *et* Kuppers, 1981

省内产地：具体不详。

分布：河南，湖南，贵州：印度尼西亚。

资料来源：张丹丹等，2006，螟蛾科。《梵净山景观昆虫》，贵州科技出版社。

冷杉梢斑螟 *Dioryctria abietella* (Denis *et* Schiffermüller, 1775)

省内产地：内乡宝天曼。

分布：河南，黑龙江，吉林，辽宁，河北，陕西，江苏，湖北，浙江，湖南，广东，广西，四川，贵州，云南。宁夏，青海；朝鲜，日本半岛，俄罗斯；北美。

资料来源：李后魂等，2012，秦岭小蛾类。科学出版社。

栗色梢斑螟 *Dioryctria castanea* Bradley, 1969

省内产地：具体不详。

分布：河南，辽宁，河北，安徽，浙江，江西，贵州，陕西；印度。

资料来源：张丹丹等，2006，螟蛾科。《梵净山景观昆虫》，贵州科技出版社。

昆明松梢斑螟 *Dioryctria kunmingnella* Wang *et* Sung, 1985

省内产地：卢氏淇河。

寄主：云南松。

分布：河南，云南。

资料来源：张丹丹等，2002，鳞翅目：螟蛾科。《太行山及桐柏山区昆虫》，中国农业科学技术出版社。

果梢斑螟 *Dioryctria pryeri* Ragonot, 1893

松果梢斑螟 *Dioryctria mendacella* Staudinger

省内产地：南召，嵩县，栾川，灵宝，信阳，内乡宝天曼。

分布：河南，北京，天津，河北，山西，辽宁，吉林，黑龙江，江苏，浙江，安徽，江西，山东，湖北，湖南，广东，四川，陕西，甘肃，台湾；朝鲜，日本。

寄主：赤松，白皮松，油松，马尾松，华山松，黑松，云杉，落叶松，黄山松。

资料来源：申效诚，1993，河南昆虫名录。中国农业科学技术出版社。

树脂梢斑螟 *Dioryctria resiniphila* Segerer *et* Pröse, 1997

省内产地：内乡宝天曼。

分布：河南，黑龙江，青海，新疆；希腊。

资料来源：李后魂等，2009，河南昆虫志 鳞翅目 螟蛾总科。科学出版社。

微红梢斑螟 *Dioryctria rubella* Hampson, 1901

省内产地：内乡宝天曼，桐柏水帘洞，罗山灵山寺，固始祖师庙。

分布：河南，北京，天津，河北，山西，内蒙古，辽宁，吉林，黑龙江，上海，江苏，浙江，安徽，福建，江西，山东，湖北，湖南，广东，广西，海南，四川，贵州，云南，陕西，青海，台湾；朝鲜，日本，菲律宾，俄罗斯；欧洲。

寄主：马尾松，黑松，红松，赤松，樟子松，白皮松，华山松，黄小松，油松，湿地松，火炬松，云杉等。

资料来源：张丹丹等，2002，鳞翅目：螟蛾科。《太行山及桐柏山区昆虫》，中国农业科学技术出版社。

松梢斑螟 *Dioryctria splendidella* Herrich-Schaeffer, 1849

省内产地：卢氏大块地，嵩县白云山，栾川龙峪湾。

分布：河南，黑龙江，辽宁，河北，江苏；朝鲜，日本，俄罗斯；欧洲。

资料来源：申效诚等，2002，鳞翅目：斑蛾科，螟蛾科，刺蛾科。《太行山及桐柏山区昆虫》，中国农业科学技术出版社。

云南梢斑螟 *Dioryctria yuennanella* Caradja, 1937

省内产地：卢氏淇河。

寄主：华山松，黑松。

分布：河南，浙江，云南。

资料来源：李后魂等，2009，河南昆虫志 鳞翅目 螟蛾总科。科学出版社。

井上长颚斑螟 *Edulicodes inoueella* Roesler, 1972

Vinicia gypsopa

省内产地：信阳鸡公山，罗山灵山寺。

分布：河南，上海，浙江，湖北，云南，贵州，陕西，广东；日本，印度尼西亚，澳大利亚。

资料来源：李后魂等，2012，秦岭小蛾类。科学出版社。

褐条毛拟斑螟 *Emmalocera bifidella* Wiloman

省内产地：郑州。

分布：河南；日本。

资料来源：申效诚，1993，河南昆虫名录。中国农业科学技术出版社。

水稻毛拟斑螟 *Emmalocera gensanalis* South, 1901

省内产地：信阳。

分布：河南，天津，河北，江苏，安徽，福建，江西，山东，湖北，湖南，四川，贵州，云南；朝鲜，日本。

寄主：水稻，稗。

资料来源：李后魂等，2009，河南昆虫志 鳞翅目 螟蛾总科。科学出版社。

黄翅毛拟斑螟 *Emmalocera venosella* Wiloman, 1911

省内产地：郑州，新乡。

分布：河南；日本。

资料来源：申效诚，1993，河南昆虫名录。中国农业科学技术出版社。

金黄歧角螟 *Endotricha admirabilis* Kirpichnikova, 2003

省内产地：信阳鸡公山。

分布：河南；俄罗斯(远东)。

资料来源：Wang Shuangshuang *et* Li Houhun, 2005, A taxonomic study on *Endotricha* Zeller (Lepidoptera, Pyralidae, Pyralinae) in China. *Insect Science*, 12: 297~305.

并脉歧角螟 *Endotricha consocia* (Butler, 1879)

省内产地：辉县关山，宜阳花果山，济源王屋山，卢氏大块地，信阳鸡公山。

分布：河南，北京，天津，江苏，浙江，福建，江西，湖北，广西，海南，四川，贵州，甘肃，台湾；日本。

资料来源：Wang Shuangshuang *et* Li Houhun, 2005, A taxonomic study on *Endotricha* Zeller (Lepidoptera, Pyralidae, Pyralinae) in China. *Insect Science*, 12: 297~305.

缘斑歧角螟 *Endotricha costoemaculalis* Christoph, 1881

省内产地：嵩县白云山。

分布：河南，河北，浙江，湖北，广东，贵州，西藏；朝鲜，日本，印度(锡金)，俄罗斯(远东)。

资料来源：Wang Shuangshuang *et* Li Houhun, 2005, A taxonomic study on *Endotricha* Zeller (Lepidoptera, Pyralidae, Pyralinae) in China. *Insect Science*, 12: 297~305.

纹歧角螟 *Endotricha icelusalis* (Walker, 1859)

省内产地：栾川龙峪湾，卢氏狮子坪。

分布：河南，陕西，河北，辽宁，吉林，黑龙江，安徽，江苏，浙江，湖北，江西，湖南，广东，广西，四川，云南，贵州，新疆；日本，印度，俄罗斯(西伯利亚)；欧洲。

资料来源：申效诚等，1999，鳞翅目：螟蛾科等。《鸡公山区昆虫》，中国农业科学技术出版社。

库氏歧角螟 *Endotricha kuznetzovi* Whalley, 1963

省内产地：辉县关山，林州石板岩，卢氏大块地，宜阳花果山。

分布：河南，北京，河北，辽宁，黑龙江，江苏，安徽，广西，海南，四川，陕西；朝鲜，日本，俄罗斯(远东)。

资料来源：李后魂等，2009，河南昆虫志 鳞翅目 螟蛾总科。科学出版社。

黄带歧角螟 *Endotricha mesenterialis* (Walker, 1859)

省内产地：商丘。

分布：河南，北京，浙江，湖北，台湾，广东，四川，云南；日本，缅甸，印度，斯里兰卡，马来西亚，印度尼西亚。

资料来源：申效诚，1993，河南昆虫名录。中国农业科学技术出版社。

橄绿歧角螟 *Endotricha olivacealis*(Bremer, 1864)

省内产地：登封嵩山，卢氏淇河，信阳鸡公山，济源黄楝树，济源王屋山，桐柏水帘洞，罗山灵山寺，陕县甘山，内乡宝天曼，宜阳花果山，辉县关山，林州石板岩。

分布：河南，北京，天津，河北，山东，安徽，湖北，浙江，江西，湖南，福建，台湾，广东，广西，海南，贵州，四川，云南，西藏，甘肃；俄罗斯，朝鲜，日本，缅甸，尼泊尔，印度，印度尼西亚。

资料来源：张丹丹等，2002，鳞翅目：螟蛾科。《太行山及桐柏山区昆虫》，中国农业科学技术出版社。

玫歧角螟 *Endotricha portialis* Walker, 1859

省内产地：登封少林寺，信阳鸡公山，栾川龙峪湾。

分布：河南，北京，河北，山西，山东，陕西，宁夏，湖北，浙江，福建，江西，湖南，贵州，台湾，广东，广西，云南；日本，印度尼西亚。

资料来源：申效诚等，2002，鳞翅目：斑蛾科，螟蛾科，刺蛾科。《太行山及桐柏山区昆虫》，中国农业科学技术出版社。

紫歧角螟 *Endotricha punicea* Whalley, 1963

采集记录：信阳鸡公山。

分布：河南，湖北，海南，西藏，甘肃。

资料来源：Wang Shuangshuang *et* Li Houhun, 2005, A taxonomic study on *Endotricha* Zeller (Lepidoptera, Pyralidae, Pyralinae) in China. *Insect Science*, 12: 297~305.

烟草粉斑螟 *Ephestia elutella* Hubner, 1796

省内产地：许昌，商丘。

分布：河南，宁夏，青海，北京，陕西，甘肃，江苏，湖北，浙江，湖南，广东，四川，云南；印度尼西亚，印度，斯里兰卡，俄罗斯，澳大利亚；北美，南美；欧洲。

资料来源：申效诚，1993，河南昆虫名录。中国农业科学技术出版社。

齿纹丛螟 *Epilepia dentata* (Matsumura *et* Shibuya, 1927)

省内产地：辉县八里沟。

分布：河南，天津，河北，浙江，福建，湖北，湖南，广西，四川，贵州，台湾；朝鲜，日本。

资料来源：李后魂等，2009，河南昆虫志 鳞翅目 螟蛾总科。科学出版社。

果荚斑螟 *Etiella hollandella* (Ragonot, 1893)

省内产地：鲁山石人山。

分布：河南，云南；朝鲜，日本。

资料来源：申效诚等，1998，鳞翅目：螟蛾科，斑蛾科，刺蛾科。《伏牛山区昆虫》，中国农业科学技术出版社。

豆荚斑螟 *Etiella zinckenella* (Trietschke, 1832)

省内产地：桐柏水帘洞，罗山灵山寺，西峡黄石庵，内乡夏馆，登封嵩山，陕县甘山，宜阳花果山，辉县关山，辉县八里沟，林州石板岩，济源黄楝树，济源王屋山。

分布：河南，天津，河北，内蒙古，安徽，福建，山东，湖北，湖南，广东，四川，贵州，云南，陕西，甘肃，宁夏，新疆；世界性分布，但目前在英国，美国(夏威夷)，新西兰及北欧，太平洋的一些岛屿未见报道。

寄主：大豆，豌豆，绿豆，豇豆，扁豆，菜豆，刺槐等。

资料来源：张丹丹等，2002，鳞翅目：螟蛾科。《太行山及桐柏山区昆虫》，中国农业科学技术出版社。

双裂类荚斑螟 *Etielloides bipartitellus* (Leech, 1889)

省内产地：陕县甘山。

分布：河南，陕西；朝鲜，日本。

资料来源：张丹丹等，2002，鳞翅目：螟蛾科。《太行山及桐柏山区昆虫》，中国农业科学技术

出版社。

考氏类荚斑螟 *Etielloides kogii* Yamanaka, 1998

省内产地：卢氏淇河，内乡宝天曼。

分布：河南，陕西；朝鲜，日本。

资料来源：张丹丹等，2002，鳞翅目：螟蛾科。《太行山及桐柏山区昆虫》，中国农业科学技术出版社。

长须类荚斑螟 *Etielloides longipalpia* Ren *et* Li, 2006

省内产地：内乡宝天曼。

分布：河南，福建，贵州。

资料来源：李后魂等，2009，河南昆虫志 鳞翅目 螟蛾总科。科学出版社。

散类荚斑螟 *Etielloides sejunctellus* (Christoph, 1881)

省内产地：内乡宝天曼，卢氏淇河。

分布：河南，福建，广西，贵州，陕西；朝鲜，日本，俄罗斯。

资料来源：Ren Yingdang & Li Houhun, 2006, A taxonomic review of the genus *Etielloides* Shibuya (Lepidoptera: Pyralidae: Phycitinae) from China, with description of a new species. *Oriental Insects*, 40: 135~144.

***Eulogia ochrifrontella* (Zeller, 1875)**

省内产地：内乡夏馆。

分布：河南；美国。

资料来源：张丹丹等，2002，鳞翅目：螟蛾科。《太行山及桐柏山区昆虫》，中国农业科学技术出版社。

前白暗斑螟 *Euzophera albicostalis* Hampson, 1903

省内产地：具体不详。

分布：河南，陕西，河北，天津，山东，新疆；伊拉克，伊朗，阿富汗，克什米尔，俄罗斯。

资料来源：李后魂等，2012，秦岭小蛾类。科学出版社。

双斑暗斑螟 *Euzophera* (*Euzophera*) *albipunctella* Ragonot, 1887

省内产地：济源王屋山。

分布：河南，天津，河北，湖北，新疆；俄罗斯。

资料来源：李后魂等，2009，河南昆虫志 鳞翅目 螟蛾总科。科学出版社。

巴塘暗斑螟 *Euzophera batangensis* Caradja, 1939

省内产地：宜阳花果山，桐柏水帘洞。

分布：河南，天津，河北，江苏，浙江，福建，山东，湖北，湖南，广东，四川，云南，西藏，陕西；韩国，日本。

寄主：木麻黄，相思树，杉木，柑橘，金丝枣，枇杷，杏，杨，柳，榆，刺槐，核桃，日本粟等。

资料来源：张丹丹等，2002，鳞翅目：螟蛾科。《太行山及桐柏山区昆虫》，中国农业科学技术出版社。

双线暗斑螟 *Euzophera* (*Euzophera*) *bigella* (Zeller, 1848)

省内产地：宜阳花果山，辉县关山，卢氏大块地，林州石板岩，济源王屋山，桐柏水帘洞，西峡黄石庵，罗山灵山寺，信阳鸡公山。

寄主：枇杷，榅桲，核桃，苹果，白碧桃，石榴，葡萄。

分布：河南，河北，湖北，江西，湖南，广西；日本，法国，德国，意大利，阿尔巴尼亚，土耳其，意大利，伊拉克，伊朗，阿富汗，尼泊尔，英国。

资料来源：张丹丹等，2002，鳞翅目：螟蛾科。《太行山及桐柏山区昆虫》，中国农业科学技术出版社。

丽暗斑螟 *Euzophera charlottae* (Rebel, 1914)

省内产地：桐柏水帘洞。

分布：河南，河北；摩洛哥，匈牙利，罗马尼亚，原南斯拉夫，黎巴嫩，叙利亚，巴勒斯坦。

资料来源：张丹丹等，2002，鳞翅目：螟蛾科。《太行山及桐柏山区昆虫》，中国农业科学技术出版社。

果暗斑螟 *Euzophera (Euzophera) egeriella* (Milliere, 1869)

省内产地：具体不详。

寄主：油松，马尾松，杉木。

分布：河南，河北，福建，宁夏；欧洲。

资料来源：李后魂等，2009，河南昆虫志 鳞翅目 螟蛾总科。科学出版社。

煤褐暗斑螟 *Euzophera fuliginosella* Heinemann, 1865

省内产地：陕县甘山，宜阳花果山，辉县关山。

分布：河南，天津，河北，陕西，青海；德国，法国，荷兰，俄罗斯。

资料来源：张丹丹等，2002，鳞翅目：螟蛾科。《太行山及桐柏山区昆虫》，中国农业科学技术出版社。

锐瓣巢斑螟 *Faveria acutivalva* Ren *et* Li, 2012

省内产地：桐柏水帘洞(副模产地)。

分布：河南，陕西，湖北，天津，浙江，重庆，四川，云南；印度，日本。

资料来源：李后魂等，2012，秦岭小蛾类。科学出版社。

双色叉斑螟 *Furcata dichromella* (Ragonot, 1893)

省内产地：具体不详。

分布：河南，浙江，湖北，四川，陕西，贵州；日本。

资料来源：张丹丹等，2005，螟蛾科。《习水景观昆虫》，贵州科技出版社。

曲纹叉斑螟 *Furcata karenkolla* (Shibuya, 1928)

省内产地：宜阳花果山，辉县关山，济源王屋山，栾川龙峪湾，嵩县白云山，卢氏狮子坪，内乡宝天曼。

分布：河南，河北，浙江，安徽，福建，湖北，湖南，广西，四川，贵州，陕西，甘肃，台湾。

资料来源：匡登辉，王一平，李后魂，2008，鳞翅目：螟蛾科。《宝天曼自然保护区昆虫》，中国农业科学技术出版社。

欧氏叉斑螟 *Furcata ohkunii* (Shibuya, 1928)

省内产地：内乡宝天曼，桐柏水帘洞，信阳鸡公山。

分布：河南，陕西，甘肃，安徽，浙江，福建，湖北，湖南，广西，四川，贵州，台湾。

资料来源：李后魂等，2012，秦岭小蛾类。科学出版社。

拟双色叉斑螟 *Furcata paradichromella* (Yamanaka, 1980)

省内产地：桐柏水帘洞，内乡宝天曼，辉县关山。

分布：河南，河北，山东，浙江，湖北，湖南，广西，贵州，陕西，甘肃；日本。

资料来源：匡登辉，王一平，李后魂，2008，鳞翅目：螟蛾科。《宝天曼自然保护区昆虫》，中国农业科学技术出版社。

拟叉纹叉斑螟 *Furcata pseudodichromella* (Yamanaka, 1980)

采集记录：林州石板岩，辉县关山，辉县八里沟，济源王屋山，登封嵩山少林寺，嵩县白云山，卢氏大块地，内乡宝天曼，桐柏水帘洞，信阳鸡公山。

分布：河南，天津，河北，山东，浙江，安徽，福建，湖北，湖南，广西，四川，贵州，陕西，甘肃，新疆；日本。

资料来源：李后魂等，2009，河南昆虫志 鳞翅目 螟蛾总科。科学出版社。

蜡螟 *Galleria mellonella* (Linnaeus, 1758)

省内产地：郑州，许昌。

分布：河南，广西，广东，云南；日本，印度及世界各地。

资料来源：申效诚，1993，河南昆虫名录。中国农业科学技术出版社。

亮雕斑螟 *Glyptoteles leucacrinella* Zeller, 1848

省内产地：辉县关山，宜阳花果山，林州石板岩，济源黄楝树，济源王屋山，卢氏大块地，内乡宝天曼，西峡黄石庵，桐柏水帘洞，信阳鸡公山，罗山灵山寺，固始祖师庙。

分布：河南，北京，天津，河北，吉林，黑龙江，浙江，湖北，湖南，四川，贵州，云南，陕西，甘肃，青海，宁夏，新疆；中欧。

资料来源：徐家生，任应党，李后魂，2005，螟蛾科。《贵州大沙河昆虫》，贵州人民出版社。

尖裸斑螟 *Gymnancyla termacerba* Liu *et* Li, 2010

省内产地：辉县八里沟(模式产地)。

分布：河南，内蒙古，黑龙江，辽宁，河北，天津，山东，陕西，宁夏。

资料来源：刘家宇，李后魂，2010，中国裸斑螟属分类研究，动物分类学报，35(3)：619~626。

黑褐双纹螟 *Herculis japonica* Warren, 1891

省内产地：商城黄柏山，桐柏水帘洞，新县连康山。

分布：河南，湖北，四川，广东；朝鲜，日本。

资料来源：申效诚等，2002，鳞翅目：斑蛾科，螟蛾科，刺蛾科。《太行山及桐柏山区昆虫》，中国农业科学技术出版社。

灰巢螟 *Hypsopygia glaucinalis* (Linnaeus, 1758)

省内产地：登封嵩山，固始，洛阳。

分布：河南，陕西，甘肃，湖北，北京，河北，天津，内蒙古，黑龙江，吉林，辽宁，山东，江苏，浙江，福建，江西，湖南目光的，海南，四川，贵州，云南，青海，台湾；朝鲜，日本；欧洲。

资料来源：李后魂等，2012，秦岭小蛾类。科学出版社。

蜂巢螟 *Hypsopygia mauritalis* (Boisduval, 1833)

省内产地：嵩县白云山，商城黄柏山，商丘，郑州，永城。

分布：河南，新疆，青海，陕西，辽宁，河北，上海，湖北，浙江，湖南，江西，台湾，广东，广西，四川，云南；日本，缅甸，印度，印度尼西亚，马达加斯加。

资料来源：申效诚，1993，河南昆虫名录。中国农业科学技术出版社。

赤巢螟 *Hypsopygia pelasgalis* (Walker, 1859)

赤双纹螟 *Herculis pelasgalis* (Walker, 1859)

省内产地：商城黄柏山，信阳鸡公山，济源，中牟。

分布：河南，河北，山东，江苏，浙江，湖北，湖南，福建，台湾，广东，广西，海南，四川，贵州，陕西，台湾；朝鲜，日本。

资料来源：申效诚，1993，河南昆虫名录。中国农业科学技术出版社。

黄尾巢螟 *Hypsopygia postflava* (Hampson, 1893)

省内产地：罗山灵山寺，桐柏水帘洞，济源黄楝树，卢氏狮子坪，嵩县白云山。

分布：河南，浙江，四川，台湾，广东，贵州；日本，印度。

资料来源：张丹丹等，2002，鳞翅目：螟蛾科。《太行山及桐柏山区昆虫》，中国农业科学技术出版社。

尖须巢螟 *Hypsopygia racilialis* (Walker, 1859)

尖须双纹螟 *Herculia racilialis* (Walker, 1859)

省内产地：辉县八里沟，桐柏水帘洞，信阳鸡公山。

分布：河南，江苏，浙江，福建，江西，湖北，广东，陕西，台湾。

资料来源：李后魂等，2009，河南昆虫志 鳞翅目 螟蛾总科。科学出版社。

褐巢螟 *Hypsopygia regina* (Butler, 1879)

省内产地：信阳鸡公山，内乡宝天曼，西峡黄石庵，嵩县白云山，卢氏狮子坪，济源黄楝树，桐柏水帘洞，罗山灵山寺。

分布：河南，河北，内蒙古，浙江，福建，江西，湖北，湖南，四川，台湾，广东，广西，海南，云南，贵州，陕西，甘肃；日本，印度，泰国，不丹，斯里兰卡。

资料来源：申效诚等，2002，鳞翅目：斑蛾科，螟蛾科，刺蛾科。《太行山及桐柏山区昆虫》，中国农业科学技术出版社。

红缘卡斑螟 *Kaurava rufimarginella* (Hampson, 1896)

省内产地：罗山灵山寺，信阳鸡公山，桐柏水帘洞。

分布：河南，浙江，安徽，福建，广东，贵州，云南，甘肃；不丹，斯里兰卡，印度尼西亚(苏门答腊)，所罗门群岛。

资料来源：李后魂等，2009，河南昆虫志 鳞翅目 螟蛾总科。科学出版社。

暗纹沟须丛螟 *Lamida obscura* (Moore, 1888)

省内产地：桐柏水帘洞。

分布：河南，浙江，福建，江西，湖南，广西，海南，云南，台湾；日本，印度，不丹。

资料来源：李后魂等，2009，河南昆虫志 鳞翅目 螟蛾总科。科学出版社。

红褐鳞丛螟 *Lepidogma kiiensis* Marumo, 1920

省内产地：卢氏狮子坪。

分布：河南，浙江，福建；日本。

资料来源：李后魂等，2009，河南昆虫志 鳞翅目 螟蛾总科。科学出版社。

黑基鳞丛螟 *Lepidogma melanobasis* Hampson, 1906

省内产地：林州石板岩，辉县关山，济源王屋山，宜阳花果山，西峡黄石庵，卢氏狮子坪。

分布：河南，天津，辽宁，浙江，福建，湖北，湖南，广西，四川，贵州，云南，西藏；日本。

资料来源：匡登辉，王一平，李后魂，2008，鳞翅目：螟蛾科。《宝天曼自然保护区昆虫》，中国农业科学技术出版社。

黄鳞丛螟 *Lepidogma tamaricalis* (Mann, 1873)

省内产地：内乡宝天曼。

分布：河南，湖北，四川；日本，印度，意大利，西班牙。

寄主：柽柳。

资料来源：李后魂等，2009，河南昆虫志 鳞翅目 螟蛾总科。科学出版社。

日本彩丛螟 *Lista ficki* (Chiristoph, 1881)

省内产地：林州石板岩，辉县关山，济源王屋山。

分布：河南，天津，河北，江苏，浙江，福建，江西，湖北，广东，广西，贵州，陕西；日本。

资料来源：匡登辉，王一平，李后魂，2008，鳞翅目：螟蛾科。《宝天曼自然保护区昆虫》，中国农业科学技术出版社。

长臂彩丛螟 *Lista haraldusalis* (Walker, 1859)

省内产地：罗山灵山，信阳鸡公山，桐柏水帘洞，卢氏狮子坪，宜阳花果山。

分布：河南，湖北，河北，山西，安徽，江苏，浙江，福建，广东，广西，海南，四川，云南，贵州，台湾；朝鲜，日本，缅甸，印度，印度尼西亚，斯里兰卡，俄罗斯远东地区。

资料来源：李后魂等，2012，秦岭小蛾类。科学出版社。

缀叶丛螟 *Locastra muscosalis* (Walker, 1865)

省内产地：商城黄柏山，栾川龙峪湾，林州石板岩，济源王屋山，卢氏狮子坪，桐柏水帘洞，信阳鸡公山，登封，巩义，洛阳，南阳。

分布：河南，北京，河北，山东，安徽，江苏，福建，江西，台湾，广东，广西，云南；日本，印度(锡金)，斯里兰卡。

资料来源：申效诚，1993，河南昆虫名录。中国农业科学技术出版社。

油桐卷斑螟 *Longiculcita vinaceella abstractella* Roesler, 1975

省内产地：桐柏水帘洞。

寄主：油桐，山合欢。

分布：河南，陕西，安徽，浙江，湖北，江西，湖南，福建，广西，四川，贵州。

资料来源：张丹丹等，2002，鳞翅目：螟蛾科。《太行山及桐柏山区昆虫》，中国农业科学技术

出版社。

栗实螟 *Mampava bipunctella* Ragonot, 1888

省内产地：开封，郑州，许昌，新乡，兰考。

分布：河南，辽宁，河北，山西，山东，江苏，浙江，台湾，广东；日本，印度。

资料来源：申效诚，1993，河南昆虫名录。中国农业科学技术出版社。

眼斑蝶斑螟 *Morosaphycita maculata* (Staudinger, 1876)

省内产地：西峡黄石庵，内乡宝天曼，桐柏水帘洞，固始。

分布：河南，陕西，甘肃，河北，天津，山东，安徽，江苏，浙江，湖南，四川，台湾；朝鲜，日本。

资料来源：李后魂等，2012，秦岭小蛾类。科学出版社。

双色云斑螟 *Nephopterix bicolorella* Leech, 1889

省内产地：林州石板岩，内乡宝天曼，济源黄楝树，登封嵩山，陕县甘山，桐柏水帘洞。

分布：河南，天津，河北，浙江，福建，湖北，湖南，重庆，四川，贵州，云南，甘肃，西藏；朝鲜，日本。

资料来源：张丹丹等，2002，鳞翅目：螟蛾科。《太行山及桐柏山区昆虫》，中国农业科学技术出版社。

烟灰云斑螟 *Nephopterix fumella* (Eversmann, 1844)

省内产地：陕县甘山。

分布：河南，河北，云南；俄罗斯，日本；欧洲。

资料来源：李后魂等，2009，河南昆虫志 鳞翅目 螟蛾总科。科学出版社。

白角云斑螟 *Nephopterix maenamii* Inoue, 1959

省内产地：宜阳花果山，桐柏水帘洞，罗山灵山寺。

分布：河南，浙江，福建，江西，湖北；朝鲜，日本。

资料来源：匡登辉，王一平，李后魂，2008，鳞翅目：螟蛾科。《宝天曼自然保护区昆虫》，中国农业科学技术出版社。

梨云斑螟 *Nephopterix pirivorella* Matsumura, 1900

省内产地：全省。

分布：河南，黑龙江，吉林，辽宁，河北，山东，山西，陕西，宁夏，青海，安徽，江西，江苏，浙江，湖北，福建，四川，云南，广西；朝鲜，日本，俄罗斯。

资料来源：申效诚，1993，河南昆虫名录。中国农业科学技术出版社。

山东云斑螟 *Nephopterix shantungella* Roesler, 1969

省内产地：宜阳花果山，林州石板岩，济源王屋山。

分布：河南，天津，河北，内蒙古，吉林，山东，安徽，湖北，陕西。

资料来源：匡登辉，王一平，李后魂，2008，鳞翅目：螟蛾科。《宝天曼自然保护区昆虫》，中国农业科学技术出版社。

黑缘白丛螟 *Noctuides melanophia* Staudinger, 1892

省内产地：罗山灵山寺。

分布：河南，浙江，安徽，江西，福建，湖南，广东，海南，四川，贵州，云南，台湾；日本，印度尼西亚，印度，不丹，斯里兰卡。

资料来源：匡登辉，王一平，李后魂，2008，鳞翅目：螟蛾科。《宝天曼自然保护区昆虫》，中国农业科学技术出版社。

三角夜斑螟 *Nyctegretis triangulella* Ragonot, 1901

省内产地：林州石板岩，桐柏水帘洞，固始县祖师庙乡，信阳鸡公山。

分布：河南，天津，河北，黑龙江，辽宁，吉林，浙江，安徽，湖北，湖南，云南，甘肃；日本，意大利。

寄主：油桐，山槐。

资料来源：张丹丹等，2002，鳞翅目：螟蛾科。《太行山及桐柏山区昆虫》，中国农业科学技术出版社。

渣云翅斑螟 *Oncocera* (*Laodamia*) *faecella* (Zeller, 1839)

省内产地：济源王屋山，林州石板岩。

分布：河南，河北，吉林，黑龙江，贵州，新疆，甘肃，青海；中欧，南欧(英国，荷兰除外)。

资料来源：匡登辉，王一平，李后魂，2008，鳞翅目：螟蛾科。《宝天曼自然保护区昆虫》，中国农业科学技术出版社。

红云翅斑螟 *Oncocera semirubella* (Scopoli, 1763)

省内产地：宜阳花果山，辉县关山，卢氏大块地，林州石板岩，内乡宝天曼，信阳鸡公山，西峡黄石庵，栾川龙峪湾，商城黄柏山，新县连康山，桐柏水帘洞，罗山灵山寺，济源王屋山，辉县八里沟。

分布：河南，北京，天津，河北，内蒙古，吉林，黑龙江，江苏，浙江，安徽，福建，江西，山东，湖北，湖南，广东，广西，四川，贵州，云南，陕西，甘肃，青海，宁夏，新疆，台湾；日本，俄罗斯，印度，英国，保加利亚，匈牙利。

寄主：紫花苜蓿，百脉草，白苜蓿。

资料来源：匡登辉，王一平，李后魂，2008，鳞翅目：螟蛾科。《宝天曼自然保护区昆虫》，中国农业科学技术出版社。

栗叶瘤丛螟 *Orthaga achatina* (Butler, 1878)

省内产地：信阳鸡公山，罗山灵山，桐柏水帘洞，卢氏狮子坪，济源王屋山，济源黄楝树，登封少林寺，鲁山石人山，林州石板岩。

分布：河南，辽宁，福建，江苏，江西，湖北，湖南，陕西，四川，贵州，云南；朝鲜，日本。

资料来源：申效诚等，2002，鳞翅目：斑蛾科，螟蛾科，刺蛾科。《太行山及桐柏山区昆虫》，中国农业科学技术出版社。

盐肤木瘤丛螟 *Orthaga euadrusalis* Walker, 1859

省内产地：信阳鸡公山。

分布：河南，安徽，浙江，福建，江西，湖南，广东，广西，四川，贵州，云南；日本，印度尼西亚，印度(锡金)，斯里兰卡。

资料来源：申效诚等，1999，鳞翅目：螟蛾科等。《鸡公山区昆虫》，中国农业科学技术出版社。

橄绿瘤丛螟 *Orthaga olivacea* (Warren, 1891)

省内产地：鲁山石人山，信阳鸡公山。

分布：河南，湖北，浙江，福建，台湾，海南，广西，四川，云南；日本。

资料来源：申效诚等，1998，鳞翅目：螟蛾科，斑蛾科，刺蛾科。《伏牛山区昆虫》，中国农业科学技术出版社。

樟叶瘤丛螟 *Orthaga onerata* (Butler, 1879)

省内产地：辉县关山。

分布：河南，天津，江苏，浙江，福建，江西，湖北，广西，贵州，云南，台湾；日本，印度。

寄主：樟树。

资料来源：李后魂等，2009，河南昆虫志 鳞翅目 螟蛾总科。科学出版社。

灰直纹螟 *Orthopygia glaucinalis* (Linnaeus, 1758)

省内产地：登封嵩山，济源黄楝树，嵩县白云山，商城黄柏山，新县连康山。

分布：河南，东北，江苏，湖北，广东；朝鲜，日本；欧洲。

寄主：牲畜干饲料。

资料来源：申效诚等，2002，鳞翅目：斑蛾科，螟蛾科，刺蛾科。《太行山及桐柏山区昆虫》，中国农业科学技术出版社。

金双点螟 *Orybina flaviplaga* Walker, 1863

省内产地：信阳鸡公山，罗山灵山，商城黄柏山，栾川龙峪湾，桐柏水帘洞。

分布：河南，黑龙江，吉林，辽宁，北京，天津，河北，山西，山东，浙江，福建，江西，四川，台湾，湖北，湖南，广东，广西，云南，陕西，甘肃；俄罗斯，朝鲜，日本，印度，缅甸；欧洲。

资料来源：申效诚等，2002，鳞翅目：斑蛾科，螟蛾科，刺蛾科。《太行山及桐柏山区昆虫》，中国农业科学技术出版社。

紫双点螟 *Orybina plangonalis* Walker, 1859

省内产地：罗山灵山寺，桐柏水帘洞，内乡宝天曼，嵩县白云山，卢氏狮子坪。

分布：河南，江苏，浙江，江西，湖北，四川，台湾，云南，广东，陕西；朝鲜，印度(锡金)，缅甸。

资料来源：张丹丹等，2002，鳞翅目：螟蛾科。《太行山及桐柏山区昆虫》，中国农业科学技术出版社。

艳双点螟 *Orybina regalis* (Leech, 1889)

省内产地：桐柏水帘洞，栾川龙峪湾，信阳鸡公山，内乡宝天曼，西峡黄石庵，罗山灵山，商城黄柏山。

寄主：柑橘。

分布：河南，江苏，浙江，湖北，江西，湖南，台湾，广东，广西，四川，贵州；缅甸，印度。

资料来源：申效诚等，2002，鳞翅目：斑蛾科，螟蛾科，刺蛾科。《太行山及桐柏山区昆虫》，中国农业科学技术出版社。

一点缀螟 *Paralipsa gularis* (Zeller, 1877)

省内产地：全省。

分布：河南，河北，江苏，浙江，江西，四川，福建，云南；朝鲜，日本，印度，英国，美国。

资料来源：申效诚，1993，河南昆虫名录。中国农业科学技术出版社。

淡瘿斑螟 *Pempelia ellenella* (Roesler, 1975)

省内产地：桐柏水帘洞，罗山灵山寺，登封嵩山，林州石板岩，宜阳花果山，辉县关山，济源黄楝树，济源王屋山，卢氏大块地，内乡宝天曼。

分布：河南，北京，天津，河北，江苏，浙江，安徽，江西，福建，山东，湖北，湖南，广东，广西，四川，贵州，陕西，甘肃，宁夏，新疆，台湾；朝鲜。

资料来源：匡登辉，王一平，李后魂，2008，鳞翅目：螟蛾科。《宝天曼自然保护区昆虫》，中国农业科学技术出版社。

亮斑瘿斑螟 *Pempelia maculata* (Staudinger, 1876)

省内产地：内乡宝天曼，桐柏水帘洞，西峡黄石庵，固始祖师庙。

分布：河南，天津，河北，江苏，浙江，安徽，山东，湖南，四川，云南，陕西，甘肃，台湾；朝鲜，日本。

资料来源：匡登辉，王一平，李后魂，2008，鳞翅目：螟蛾科。《宝天曼自然保护区昆虫》，中国农业科学技术出版社。

暗瘿斑螟 *Pempelia morosalis* (Saalmüller, 1880)

省内产地：内乡夏馆，固始县祖师庙乡。

分布：河南，甘肃，安徽，陕西；日本，印度，斯里兰卡。

资料来源：张丹丹等，2002，鳞翅目：螟蛾科。《太行山及桐柏山区昆虫》，中国农业科学技术出版社。

棘刺类斑螟 *Phycitodes albatellus* (Ragonot, 1887)

省内产地：桐柏水帘洞，济源黄楝树。

分布：河南，新疆，西藏，天津，河北，山西，陕西，吉林，湖北，湖南；日本，俄罗斯；中亚，欧洲。

资料来源：张丹丹等，2002，鳞翅目：螟蛾科。《太行山及桐柏山区昆虫》，中国农业科学技术出版社。

绒同类斑螟 *Phycitodes binaevella* (Hübner, [1810—1813])

省内产地：宜阳花果山。

寄主：蓟，小蓟，紫菀，菊，艾。

分布：河南，河北，浙江，湖南，贵州，云南；日本，阿富汗，土耳其，芬兰，丹麦，德国，波兰，英国，法国，葡萄牙，意大利，摩洛哥。

资料来源：李后魂等，2009，河南昆虫志 鳞翅目 螟蛾总科。科学出版社。

黑缘类斑螟 *Phycitodes nigrilimbella* (Ragonot, 1887)

省内产地：内乡宝天曼。

分布：河南，湖北，贵州；巴勒斯坦，伊朗。

资料来源：李后魂等，2009，河南昆虫志 鳞翅目 螟蛾总科。科学出版社。

前白类斑螟 *Phycitodes subcretacella* (Ragonot, 1901)

白边同斑螟 *Homoeosoma subcretacella* Ragonot

省内产地：林州石板岩，嵩县白云山。

分布：河南，天津，河北，江苏，浙江，山东，湖北，湖南，四川，贵州，陕西，甘肃，青海，新疆；日本。

资料来源：匡登辉，王一平，李后魂，2008，鳞翅目：螟蛾科。《宝天曼自然保护区昆虫》，中国农业科学技术出版社。

三角类斑螟 *Phycitodes triangulella* (Ragonot, 1901)

省内产地：具体不详。

分布：河南，内蒙古，山西，湖北，湖南，江西，江苏，云南，贵州；日本。

资料来源：徐家生，任应党，李后魂，2005，螟蛾科。《贵州大沙河昆虫》，贵州人民出版社。

印度谷斑螟 *Plodia interpunctella* Hubner, 1810

省内产地：全省。

分布：河南，北京，河北，山西，山东，陕西，江苏，浙江，福建，江西，湖北，湖南，广东，四川，贵州，甘肃，青海，新疆；朝鲜，日本，斯里兰卡，印度；欧洲，北美。

资料来源：申效诚，1993，河南昆虫名录。中国农业科学技术出版社。

水稻多拟斑螟 *Polyocha gensanalis* (South, 1901)

省内产地：信阳。

分布：河南，河北，江西，江苏，贵州，云南；朝鲜。

资料来源：申效诚，1993，河南昆虫名录。中国农业科学技术出版社。

铜色幻拟斑螟 *Postemmalocera cuprella* (Caradja, 1935)

省内产地：林州石板岩，辉县关山，济源王屋山，桐柏水帘洞。

分布：河南，江苏，湖北，贵州，陕西。

资料来源：匡登辉，王一平，李后魂，2008，鳞翅目：螟蛾科。《宝天曼自然保护区昆虫》，中国农业科学技术出版社。

南京伪峰斑螟 *Pseudacrobasis nankingella* Roesler, 1975

省内产地：济源王屋山，辉县关山，宜阳花果山。

分布：河南，吉林，上海，江苏，浙江，福建，江西，湖北，湖南，广东，广西，四川，贵州，陕西，甘肃，台湾；日本；欧洲。

资料来源：李后魂等，2009，河南昆虫志 鳞翅目 螟蛾总科。科学出版社。

铜带拟果斑螟 *Pseudocadra cuprotaeniella* (Christoph, 1881)

省内产地：桐柏水帘洞，罗山灵山寺，内乡夏馆，嵩县白云山。

分布：河南，河北，浙江，云南，四川，甘肃；朝鲜，日本，俄罗斯；欧洲。

资料来源：张丹丹等，2002，鳞翅目：螟蛾科。《太行山及桐柏山区昆虫》，中国农业科学技术出版社。

微拟果斑螟 *Pseudocadra micronella* (Inoue, 1959)

省内产地：具体不详。

分布：河南，贵州；日本。

资料来源：张丹丹等，2005，螟蛾科。《习水景观昆虫》，贵州科技出版社。

暗纹拟果斑螟 *Pseudocadra obscurella* Roesler, 1965

省内产地：济源王屋山，内乡宝天曼，桐柏水帘洞，罗山灵山寺。

分布：河南，浙江，福建，湖南，重庆，贵州，云南；俄罗斯，尼泊尔。

资料来源：匡登辉，王一平，李后魂，2008，鳞翅目：螟蛾科。《宝天曼自然保护区昆虫》，中国农业科学技术出版社。

泰山簇斑螟 *Psorosa taishanella* Roesler, 1975

省内产地：济源王屋山，信阳鸡公山。

分布：河南，天津，河北，吉林，辽宁，山东，湖北，陕西；朝鲜，日本。

资料来源：李后魂等，2009，河南昆虫志 鳞翅目 螟蛾总科。科学出版社。

紫斑谷螟 *Pyralis farinalis* Linnaeus, 1758

省内产地：许昌，郑州，信阳，内乡宝天曼。

分布：河南，河北，山东，陕西，江苏，浙江，湖南，四川，台湾，广东，广西；世界广布。

资料来源：申效诚，1993，河南昆虫名录。中国农业科学技术出版社。

拟紫斑谷螟 *Pyralis lienigialis*(Zeller, 1843)

省内产地：具体不详。

分布：河南，湖北，福建，广东，四川；欧洲。

资料来源：申效诚，1993，河南昆虫名录。中国农业科学技术出版社。

金黄螟 *Pyralis regalis* (Denis *et* Schiffermuller, 1775)

省内产地：济源黄楝树，桐柏水帘洞，陕县甘山，登封嵩山，济源王屋山，嵩县白云山，内乡宝天曼，西峡黄石庵，罗山灵山，固始祖师庙。

分布：河南，黑龙江，吉林，河北，台湾，广东；朝鲜，日本，俄罗斯。

资料来源：张丹丹等，2002，鳞翅目：螟蛾科。《太行山及桐柏山区昆虫》，中国农业科学技术出版社。

***Rhodophaea dulcella* Haworth**

省内产地：桐柏水帘洞。

分布：河南，河北，甘肃，青海，黑龙江，天津，安徽，陕西，浙江；俄罗斯。

资料来源：张丹丹等，2002，鳞翅目：螟蛾科。《太行山及桐柏山区昆虫》，中国农业科学技术出版社。

黄须腹刺斑螟 *Sacculocornutia flavipalpella* Yamanaka, 1990

省内产地：济源王屋山，卢氏淇河林场。

分布：河南，天津，浙江，贵州；日本。

资料来源：李后魂等，2009，河南昆虫志 鳞翅目 螟蛾总科。科学出版社。

中国腹刺斑螟 *Sacculocornutia sinicolella* (Caradja, 1926)

省内产地：济源王屋山，宜阳花果山，内乡宝天曼，桐柏水帘洞，罗山灵山寺，固始祖师庙。

分布：河南，天津，河北，上海，浙江，安徽，湖北，湖南，贵州，陕西，甘肃；日本。

资料来源：匡登辉，王一平，李后魂，2008，鳞翅目：螟蛾科。《宝天曼自然保护区昆虫》，中国农业科学技术出版社。

郑氏腹刺斑螟 *Sacculocornutia zhengi* Du, Li *et* Wang, 2002

省内产地：信阳鸡公山(副模产地)，林州石板岩，辉县关山，宜阳花果山，济源王屋山，内乡宝天曼，固始祖师庙。

分布：河南，天津，河北，安徽，湖北，湖南，陕西。

资料来源：Du Yanli, Li Houhun & Wang Shuxia, The genus *Sacculocornutia* Roesler from China

(Lepidoptera: Pyralidae: Phycitinae). *Animal Science*, Xi'an: Shaanxi Normal University Press, 135~139.

小脊斑螟 *Salebria ellenella* Roesler, 1975

省内产地：林州石板岩，辉县八里沟，济源王屋山，登封嵩山，宜阳花果山，卢氏狮子坪，内乡宝天曼，桐柏水帘洞，罗山灵山。

分布：河南，陕西，甘肃，湖北，河北，北京，天津，山东，安徽，江苏，浙江，福建，江西，广东，广西，四川，贵州，宁夏，新疆，台湾；朝鲜。

资料来源：李后魂等，2012，秦岭小蛾类。科学出版社。

柳阴翅斑螟 *Sciota adelphella* (Fischer von Roslerstamm, 1836)

省内产地：郑州，陕县。

分布：河南，辽宁，内蒙古，河北，山东，湖北，福建，海南，四川；朝鲜，日本；欧洲。

资料来源：申效诚，1993，河南昆虫名录。中国农业科学技术出版社。

烟灰阴翅斑螟 *Sciota fumella* (Eversmann, 1844)

省内产地：陕县甘山。

分布：河南，河北，云南；俄罗斯，日本；欧洲。

资料来源：李后魂等，2012，秦岭小蛾类。科学出版社。

银翅亮斑螟 *Selagia argyrella* Denis *et* Schiffermüller, 1775

省内产地：济源王屋山，林州石板岩，卢氏狮子坪，西峡黄石庵。

分布：河南，天津，河北，内蒙古，山东，四川，西藏，青海，陕西，宁夏，新疆；中欧，亚洲。

资料来源：匡登辉，王一平，李后魂，2008，鳞翅目：螟蛾科。《宝天曼自然保护区昆虫》，中国农业科学技术出版社。

白条匙须斑螟 *Spatulipalpia albistrialis* Hampson, 1912

省内产地：桐柏水帘洞。

分布：河南，安徽，湖北，浙江，湖南，重庆，四川，广东，广西，贵州，云南；朝鲜，日本，印度，斯里兰卡。

资料来源：张丹丹等，2002，鳞翅目：螟蛾科。《太行山及桐柏山区昆虫》，中国农业科学技术出版社。

缘斑缨须螟 *Stemmatophora valida* (Butler, 1879)

省内产地：信阳鸡公山。

分布：河南，江苏，浙江，福建，江西，湖北，湖南，广东，海南，四川，云南，台湾；日本，印度。

资料来源：李后魂等，2009，河南昆虫志 鳞翅目 螟蛾总科。科学出版社。

红缘纹丛螟 *Stericta asopialis* (Snellen, 1890)

省内产地：林州石板岩，辉县关山，济源王屋山，宜阳花果山，卢氏大块地，嵩县白云山。

分布：河南，浙江，安徽，福建，湖北，广西，四川，贵州，云南；日本，印度(锡金)，不丹。

资料来源：匡登辉，王一平，李后魂，2008，鳞翅目：螟蛾科。《宝天曼自然保护区昆虫》，中国农业科学技术出版社。

垂斑纹丛螟 *Stericta flacopuncta* Inoue *et* Sasaki, 1995

省内产地：林州石板岩，卢氏大块地，济源王屋山。

分布：河南，河北，广西，四川，贵州，云南；日本。

资料来源：匡登辉，王一平，李后魂，2008，鳞翅目：螟蛾科。《宝天曼自然保护区昆虫》，中国农业科学技术出版社。

黄环纹丛螟 *Stericta haraldusalis* Walker, 1857

省内产地：栾川龙峪湾。

分布：河南，黑龙江，山西，湖北，上海，福建，台湾，广东，海南，云南；朝鲜，日本，俄罗斯，加里曼丹，印度尼西亚，印度，缅甸。

资料来源：申效诚等，1999，鳞翅目：钩蛾科，螟蛾科，敌蛾科，刺蛾科。《伏牛山南坡及大别

山区昆虫》，中国农业科学技术出版社。

黑基纹丛螟 *Stericta kogii* (Inoue *et* Sasaki, 1995)

省内产地：内乡宝天曼，林州石板岩，辉县关山，济源王屋山，宜阳花果山。

分布：河南，天津，河北，辽宁，浙江，福建，湖北，广西，海南；日本。

资料来源：匡登辉，王一平，李后魂，2008，鳞翅目：螟蛾科。《宝天曼自然保护区昆虫》，中国农业科学技术出版社。

白带网丛螟 *Teliphasa albifusa*(Hampson, 1896)

省内产地：林州石板岩，辉县关山，济源王屋山，嵩县白云山。

分布：河南，天津，浙江，福建，湖北，广西，四川，云南，台湾；朝鲜，日本，印度(锡金)。

资料来源：匡登辉，王一平，李后魂，2008，鳞翅目：螟蛾科。《宝天曼自然保护区昆虫》，中国农业科学技术出版社。

阿米网丛螟 *Teliphasa amica* (Butler, 1879)

省内产地：林州石板岩，辉县关山，济源王屋山，桐柏水帘洞，栾川龙峪湾，信阳鸡公山。

分布：河南，天津，浙江，江西，福建，湖北，广西，四川，云南；日本。

资料来源：申效诚等，2002，鳞翅目：斑蛾科，螟蛾科，刺蛾科。《太行山及桐柏山区昆虫》，中国农业科学技术出版社。

大豆网丛螟 *Teliphasa elegans* (Butler, 1881)

省内产地：内乡宝天曼，西峡黄石庵，商城黄柏山，信阳鸡公山，卢氏狮子坪，辉县八里沟。

分布：河南，天津，河北，陕西，湖北，湖南，福建，贵州，广西；朝鲜，日本。

资料来源：申效诚等，1999，鳞翅目：钩蛾科，螟蛾科，敌蛾科，刺蛾科。《伏牛山南坡及大别山区昆虫》，中国农业科学技术出版社。

麻楝棘丛螟 *Termioptycha margarita* Butler, 1879

省内产地：栾川龙峪湾，信阳鸡公山，内乡宝天曼，西峡黄石庵，商城黄柏山。

分布：河南，浙江，台湾；朝鲜，日本。

资料来源：申效诚等，1999，鳞翅目：螟蛾科等。《鸡公山区昆虫》，中国农业科学技术出版社。

黄褐棘丛螟 *Termioptycha nigrescens* (Warren, 1891)

省内产地：登封嵩山。

分布：河南，湖南，广西；日本。

资料来源：李后魂等，2009，河南昆虫志 鳞翅目 螟蛾总科。科学出版社。

曲小茸斑螟 *Trachycera curvella* (Ragonot, 1893)

省内产地：宜阳花果山，陕县甘山，罗山灵山寺。

分布：河南，天津，河北，黑龙江，江西，四川，贵州，云南，甘肃，青海；日本，俄罗斯；欧洲。

资料来源：匡登辉，王一平，李后魂，2008，鳞翅目：螟蛾科。《宝天曼自然保护区昆虫》，中国农业科学技术出版社。

山楂茸斑螟 *Trachycera suavella* (Zincken, 1818)

省内产地：济源黄楝树，内乡宝天曼。

分布：河南，天津，河北，湖北，甘肃，青海；俄罗斯；欧洲，北美。

寄主：野李树，野梅树，刺梨，山楂。

资料来源：李后魂等，2009，河南昆虫志 鳞翅目 螟蛾总科。科学出版社。

黄头长须螟 *Trebania flavifrontalis* (Leech, 1889)

省内产地：商城黄柏山，信阳鸡公山，卢氏狮子坪。

分布：河南，江苏，浙江，福建，江西，湖南，台湾，广东，海南；日本。

资料来源：申效诚等，1999，鳞翅目：钩蛾科，螟蛾科，敌蛾科，刺蛾科。《伏牛山南坡及大别山区昆虫》，中国农业科学技术出版社。

金翅窝丛螟 *Trichotophysa jucundalis* (Walker, 1866)

省内产地：卢氏狮子坪，嵩县白云山，内乡宝天曼，宜阳花果山，卢氏大块地。

分布：河南，福建，湖北，广西；日本，印度，不丹，斯里兰卡。

资料来源：李后魂等，2009，河南昆虫志 鳞翅目 螟蛾总科。科学出版社。

双突槌须斑螟 *Trisides bisignata* Walker, 1863

省内产地：内乡宝天曼，陕县甘山。

分布：河南，浙江，安徽，福建，湖北，湖南，四川，云南；朝鲜，日本，马来西亚，印度尼西亚。

资料来源：李后魂等，2009，河南昆虫志 鳞翅目 螟蛾总科。科学出版社。

三五、草螟科 Crambidae

本科和螟蛾科组成螟蛾总科，本科河南记录为 105 属 216 种。

斜斑双环野螟 *Achyra massalis* (Walker, 1859)

省内产地：郑州，新乡，辉县八里沟。

分布：河南，台湾；印度，尼泊尔，斯里兰卡，阿富汗，伊朗，澳大利亚；非洲西部。

资料来源：李后魂等，2009，河南昆虫志 鳞翅目 螟蛾总科。科学出版社。

白桦角须野螟 *Agrotera nemoralis* (Scopoli, 1763)

采集记录：林州石板岩，辉县关山，内乡宝天曼，固始祖师庙。

分布：河南，北京，天津，河北，黑龙江，山东，安徽，江苏，浙江，福建，贵州，广西，四川，云南，陕西，甘肃，台湾；朝鲜，日本，俄罗斯；欧洲。

寄主：白桦，千金榆。

资料来源：杜喜翠，李卫春，李后魂，2008，鳞翅目：草螟科。《宝天曼自然保护区昆虫》，中国农业科学技术出版社。

后角须野螟 *Agrotera posticalis* Wileman, 1911

省内产地：桐柏水帘洞。

分布：河南，安徽，四川，陕西，台湾；韩国，日本。

资料来源：李后魂等，2009，河南昆虫志 鳞翅目 螟蛾总科。科学出版社。

褐翅棘趾野螟 *Anania egentalis* (Christoph, 1881)

省内产地：辉县八里沟，登封嵩山，嵩县白云山。

分布：河南，河北，湖北，四川，贵州；日本，俄罗斯。

资料来源：徐家生，任应党，李后魂，2005，螟蛾科。《贵州大沙河昆虫》，贵州人民出版社。

元参棘趾野螟 *Anania varbascalis* (Schiffermüller *et* Denis, 1775)

省内产地：林州石板岩，辉县关山，辉县八里沟，宜阳花果山，卢氏大块地，济源王屋山，南召，桐柏水帘洞，信阳鸡公山，登封嵩山。

寄主：艾草。

分布：河南，天津，河北，山西，福建，湖南，广东，四川，贵州，云南，陕西，青海；朝鲜，日本，印度，斯里兰卡，西亚，俄罗斯(远东)；欧洲。

资料来源：张丹丹等，2002，鳞翅目：螟蛾科。《太行山及桐柏山区昆虫》，中国农业科学技术出版社。

稻巢草螟 *Ancylolomia japonica* Zeller, 1877

省内产地：辉县关山，林州石板岩，内乡夏馆，西峡黄石庵，商城黄柏山，辉县八里沟，宜阳花果山，卢氏狮子坪，桐柏水帘洞，中牟。

分布：河南，北京，天津，河北，辽宁，黑龙江，安徽，江苏，浙江，福建，江西，山东，湖北，湖南，台湾，广东，香港，广西，海南，四川，云南，贵州，西藏。陕西，甘肃；俄罗斯(乌苏里)，朝鲜，日本，缅甸，泰国，印度，斯里兰卡，南非。

寄主：水稻茎叶。

资料来源：张丹丹等，2002，鳞翅目：螟蛾科。《太行山及桐柏山区昆虫》，中国农业科学技术出版社。

芝麻荚野螟 *Antigastra catalaunalis* Duponchel, 1831

省内产地：商丘。

分布：河南，江苏，江西，湖北，广东，广西，台湾；缅甸，泰国，印度，斯里兰卡，印度尼西亚。

资料来源：申效诚，1993，河南昆虫名录。中国农业科学技术出版社。

白斑翅野螟 *Bocchoris inspersalis* (Zeller, 1852)

省内产地：罗山灵山，新县连康山，桐柏水帘洞。

分布：河南，河北，甘肃，浙江，福建，湖南，贵州，台湾，广东，香港，海南，广西，四川，云南；日本，缅甸，印度，印度尼西亚，不丹，斯里兰卡；非洲。

资料来源：申效诚等，2002，鳞翅目：斑蛾科，螟蛾科，刺蛾科。《太行山及桐柏山区昆虫》，中国农业科学技术出版社。

白杨缀叶野螟 *Botyodes asialis* Guenee, 1854

省内产地：郑州，许昌。

分布：河南，北京，河北，福建，江西，台湾，湖南，广东，四川，云南；缅甸，泰国，印度(锡金)，斯里兰卡，印度尼西亚；非洲东南部。

资料来源：申效诚，1993，河南昆虫名录。中国农业科学技术出版社。

黄翅缀叶野螟 *Botyodes diniasalis* (Walker, 1859)

省内产地：桐柏水帘洞，嵩县白云山，信阳鸡公山，内乡宝天曼，西峡黄石庵，济源王屋山。

分布：河南，北京，河北，内蒙古，辽宁，安徽，上海，江苏，浙江，福建，山东，湖北，贵州，四川，云南，陕西，宁夏，台湾，广东，海南，广西；朝鲜，日本，缅甸，印度。

寄主：白杨。

资料来源：张丹丹等，2002，鳞翅目：螟蛾科。《太行山及桐柏山区昆虫》，中国农业科学技术出版社。

大黄缀叶野螟 *Botyodes principalis* Guenee, 1889

省内产地：郑州，许昌，遂平。

分布：河南，安徽，浙江，江西，湖北，四川，福建，台湾，广东，云南；日本，印度。

资料来源：申效诚，1993，河南昆虫名录。中国农业科学技术出版社。

狭瓣暗野螟 *Bradina angustalis* Yamanaka, 1984

省内产地：信阳鸡公山。

分布：河南，江苏，湖北，甘肃；日本。

资料来源：李后魂等，2009，河南昆虫志 鳞翅目 螟蛾总科。科学出版社。

白点暗野螟 *Bradina atopalis* (Walker, 1858)

省内产地：辉县八里沟，辉县关山，嵩山登封少林寺，林州石板岩，济源王屋山，宜阳花果山。

分布：河南，北京，天津，河北，辽宁，上海，浙江，福建，山东，湖北，广东，广西，四川，云南，陕西，台湾；日本。

资料来源：李后魂等，2009，河南昆虫志 鳞翅目 螟蛾总科。科学出版社。

黄褐暗野螟 *Bradina geminalis* Caradja, 1927

省内产地：内乡宝天曼。

分布：河南，安徽，福建，江西，湖北，广西，海南，四川，贵州，云南；韩国，日本。

资料来源：李后魂等，2009，河南昆虫志 鳞翅目 螟蛾总科。科学出版社。

白缘苇野螟 *Calamochrous acutellus* Eversmann, 1842

省内产地：信阳，商丘，永城，民权。

分布：河南，江苏，上海，湖北，湖南，浙江，安徽；朝鲜，日本，俄罗斯；东欧。

资料来源：申效诚，1993，河南昆虫名录。中国农业科学技术出版社。

威氏缘斑野螟 *Callibotys wilemani* Munroe *et* Mutuura, 1969

省内产地：桐柏水帘洞。

分布：河南；日本。

资料来源：李后魂等，2009，河南昆虫志 鳞翅目 螟蛾总科。科学出版社。

长须曲角野螟 *Camptomastix hisbonalis* (Walker, 1859)

省内产地：陕县甘山，登封嵩山，嵩县白云山，信阳鸡公山，林州石板岩，宜阳花果山。

分布：河南，天津，福建，江西，山东，湖北，湖南，广东，四川，云南，陕西，西藏，香港，台湾；日本，马来西亚，婆罗洲，印度。

资料来源：李后魂等，2009，河南昆虫志 鳞翅目 螟蛾总科。科学出版社。

胭翅野螟 *Carminibotys carminalis* (Caradja, 1925)

省内产地：信阳鸡公山。

分布：河南，浙江，广东，广西，贵州，云南；日本。

资料来源：李后魂等，2009，河南昆虫志 鳞翅目 螟蛾总科。科学出版社。

黑点大水螟 *Cataclysta midas* Butler, 1881

省内产地：西峡寨根。

分布：河南，江西；朝鲜，日本。

资料来源：申效诚等，1998，鳞翅目：螟蛾科，斑蛾科，刺蛾科。《伏牛山区昆虫》，中国农业科学技术出版社。

褐边螟 *Catagela adjurella* Walker, 1863

省内产地：信阳鸡公山。

分布：河南，陕西，山东，江苏，安徽，浙江，福建，江西，湖北，湖南，广东，广西，海南，云南；印度，斯里兰卡。

资料来源：申效诚，1993，河南昆虫名录。中国农业科学技术出版社。

岷山目草螟 *Catoptria mienshani* Bleszynski, 1965

省内产地：宜阳花果山，嵩县白云山，卢氏狮子坪，卢氏大块地，内乡宝天曼。

分布：河南，内蒙古，河北，山西，西藏，陕西，甘肃，宁夏，贵州。

资料来源：杜喜翠，李卫春，李后魂，2008，鳞翅目：草螟科。《宝天曼自然保护区昆虫》，中国农业科学技术出版社。

藏目草螟 *Catoptria thibetica* Bleszynski, 1965

省内产地：内乡宝天曼。

分布：河南，四川，西藏。

资料来源：杜喜翠，李卫春，李后魂，2008，鳞翅目：草螟科。《宝天曼自然保护区昆虫》，中国农业科学技术出版社。

粟灰螟 *Chilo infuscatellus* Snellen, 1890

省内产地：兰考，开封，商丘，民权，杞县，中牟，新乡。

分布：河南，吉林，辽宁，内蒙古，河北，山东，山西，陕西，甘肃，台湾，广东，广西；朝鲜，印度，马来西亚。

寄主：谷，高粱，甘蔗，黍等。

资料来源：申效诚，1993，河南昆虫名录。中国农业科学技术出版社。

芦禾草螟 *Chilo luteellus* (Motschulsky, 1866)

省内产地：具体不详。

分布：河南，黑龙江，内蒙古，河北，山东，安徽，江苏，湖南，广东，香港，广西；朝鲜，日本，菲律宾。

资料来源：Li, X. M., Li, H. H. & Wang, S. X., 2002, Catalogue of Crambinae of China (Lepidoptera: Pyraloidea, Pyralidae). *SHILAP Revta. Lepid.*, 30(117): 49~70.

蔗茎条草螟 *Chilo sacchariphagus stramineellus* (Caradja, 1926)

省内产地：鲁山。

分布：河南，河北，山东，安徽，江苏，浙江，湖北，湖南，江西，福建，台湾，广东。

寄主：高粱，甘蔗，玉米，粟，麻。

资料来源：申效诚等，1998，河南昆虫名录补遗(二)。《伏牛山区昆虫》，中国农业科学技术出版社。

二化螟 *Chilo suppressalis* (Walker, 1863)

省内产地：卢氏大块地，宜阳花果山，固始祖师刘楼，桐柏水帘洞，内乡宝天曼，信阳，南阳，新乡，郑州。

分布：河南，黑龙江，辽宁，河北，天津，山东，陕西，安徽，江苏，浙江，湖南，江西，湖北，四川，贵州，福建，台湾，广东，广西，云南；埃及，马来西亚，印度尼西亚，菲律宾，印度，朝鲜，日本。

寄主：禾本科和十字花科。水稻，陆稻，茭白，野茭白，玉米，粟，甘蔗，高粱，稗，芦苇，李氏禾(游草)，白羊草(孔颖草)，野古草，黄背草(茅草)，扭鞘香茅(香草)，白茅，秋飘拂草，小畦畔飘拂草，海荆三棱，马唐，辣蓼；发生严重又加害：甘蔗，甘蓝，白菜，芜菁，萝卜，油菜，大豆，葱，姜，蕉藕，莲蓬(柄及空枝)，慈姑。

资料来源：张丹丹等，2002，鳞翅目：螟蛾科。《太行山及桐柏山区昆虫》，中国农业科学技术出版社。

高粱条螟 *Chilo venosatum* Walker, 1863

省内产地：全省。

分布：河南，内蒙古，河北，山东，江苏，湖北，福建，台湾，广东；越南，印度，马来西亚，埃及。

资料来源：Li, X. M., Li, H. H. & Wang, S. X., 2002, Catalogue of Crambinae of China (Lepidoptera: Pyraloidea, Pyralidae). *SHILAP Revta. Lepid.*, 30(117): 49~70.

黑斑金草螟 *Chrysoteuchia atrosignata* (Zeller, 1879)

省内产地：固始祖师刘楼，罗山灵山寺，桐柏水帘洞，信阳鸡公山，内乡宝天曼，西峡黄石庵，鲁山石人山，栾川龙峪湾。

分布：河南，黑龙江，河北，安徽，江苏，浙江，湖南，四川，福建，云南，湖北，江西，贵州，广西，陕西，甘肃；朝鲜，日本。

资料来源：张丹丹等，2002，鳞翅目：螟蛾科。《太行山及桐柏山区昆虫》，中国农业科学技术出版社。

四边形金草螟 *Chrysoteuchia culmella* (Linnaeus, 1758)

省内产地：宜阳花果山。

分布：河南，新疆；欧洲，北美。

资料来源：杜喜翠，李卫春，李后魂，2008，鳞翅目：草螟科。《宝天曼自然保护区昆虫》，中国农业科学技术出版社。

角突金草螟 *Chrysoteuchia disasterella* Bleszynski, 1965

省内产地：内乡宝天曼，卢氏淇河，陕县甘山，辉县八里钩。

分布：河南，河北，湖北，陕西，宁夏。

资料来源：李后魂等，2009，河南昆虫志 鳞翅目 螟蛾总科。科学出版社。

金黄镰翅野螟 *Circobotys aurealis* (Leech, 1889)

省内产地：罗山灵山，桐柏水帘洞，信阳鸡公山，栾川龙峪湾。

分布：河南，浙江，福建，广东，四川，贵州；朝鲜，日本，俄罗斯。

资料来源：申效诚等，2002，鳞翅目：斑蛾科，螟蛾科，刺蛾科。《太行山及桐柏山区昆虫》，中国农业科学技术出版社。

黄斑镰翅野螟 *Circobotys butleri* (South, 1901)

省内产地：桐柏水帘洞。

分布：河南，浙江，湖北。

资料来源：李后魂等，2009，河南昆虫志 鳞翅目 螟蛾总科。科学出版社。

横线镰翅野螟 *Circobotys heterogenalis* (Bremer, 1864)

省内产地：登封嵩山少林寺，辉县八里沟，辉县关山，林州石板岩，宜阳花果山。

分布：河南，河北，山西，江苏，福建，江西，山东，湖南，贵州；朝鲜，日本，俄罗斯。

资料来源：李后魂等，2009，河南昆虫志 鳞翅目 螟蛾总科。科学出版社。

圆斑黄缘禾螟 *Cirrhochrista brizoalis* Walker, 1859

省内产地：信阳，南阳。

分布：河南，湖北，四川，台湾，广东，云南；朝鲜，日本，印度，印度尼西亚，澳大利亚。

资料来源：申效诚，1993，河南昆虫名录。中国农业科学技术出版社。

稻纵卷叶螟 *Cnaphalocrocis medinalis* (Guenee, 1854)

省内产地：济源王屋山，嵩县白云山，桐柏水帘洞，信阳鸡公山，内乡宝天曼等全省各地。

分布：河南，黑龙江，吉林，辽宁，河北，北京，内蒙古，山东，安徽，江苏，浙江，福建，江西，台湾，湖北，湖南，广东，广西，四川，云南，贵州，陕西；朝鲜，日本，越南，印度，印度尼西亚，菲律宾，泰国，马来西亚，斯里兰卡，缅甸，巴布亚新几内亚；大洋洲。

寄主：禾本科植物。

资料来源：申效诚等，2002，鳞翅目：斑蛾科，螟蛾科，刺蛾科。《太行山及桐柏山区昆虫》，中国农业科学技术出版社。

锈黄锥斑螟 *Conobathra rufizonella* (Ragonot, 1887)

省内产地：具体不详。

分布：河南，宁夏，陕西，甘肃，贵州；朝鲜，日本。

资料来源：张丹丹，杜艳丽，尤平，李后魂，2006，螟蛾科 草螟科。《梵净山景观昆虫》，贵州科技出版社。

桃蛀野螟 *Conogethes punctiferalis* (Guenee, 1854)

省内产地：林州石板岩，辉县八里沟，桐柏水帘洞，济源黄楝树，济源王屋山，陕县甘山，罗山灵山寺，登封嵩山，嵩县白云山，内乡宝天曼，信阳鸡公山，栾川龙峪湾，商城黄柏山。

分布：河南，辽宁，天津，河北，山西，山东，陕西，安徽，江苏，浙江，湖南，江西，湖北，四川，贵州，福建，台湾，广东，广西，云南，西藏；朝鲜，日本，印度，斯里兰卡，印度尼西亚。

寄主：桃，梨，李，向日葵，小向日葵，爪叶向日葵，高粱，柿，蓖麻，玉米，石榴，枇杷，柑橘，无花果，樱桃，板栗，马尾松，棉，姜。

资料来源：申效诚，1993，河南昆虫名录。中国农业科学技术出版社。

***Crambus antipinellus* Inoue**

省内产地：灵宝亚武山。

分布：河南；日本。

资料来源：申效诚等，1998，鳞翅目：螟蛾科，斑蛾科，刺蛾科。《伏牛山区昆虫》，中国农业科学技术出版社。

***Crambus argyrophorus* Butler, 1878**

省内产地：信阳鸡公山，罗山灵山，栾川龙峪湾。

分布：河南，中国；日本。

资料来源：申效诚等，1999，鳞翅目：螟蛾科等。《鸡公山区昆虫》，中国农业科学技术出版社。

双斑草螟 *Crambus bipartellus* South, 1901

省内产地：嵩县白云山，卢氏狮子坪。

分布：河南，河北，黑龙江，浙江，福建，湖北，四川，云南，陕西，甘肃，宁夏；缅甸。

资料来源：李后魂等，2009，河南昆虫志 鳞翅目 螟蛾总科。科学出版社。

黑纹草螟 *Crambus nigriscriptellus* South, 1901

省内产地：桐柏水帘洞，罗山灵山寺，内乡宝天曼，卢氏淇河。

分布：河南，云南，浙江，湖北，湖南，福建，四川，江苏。

资料来源：张丹丹等，2002，鳞翅目：螟蛾科。《太行山及桐柏山区昆虫》，中国农业科学技术出版社。

银光草螟 *Crambus perlellus* (Scopoli, 1763)

省内产地：嵩县白云山。

分布：河南，河北，山西，内蒙古，吉林，黑龙江，江西，四川，云南，西藏，甘肃，青海，宁夏，新疆；日本，英国，西班牙，意大利；北非。

寄主：银针草。

资料来源：李后魂等，2009，河南昆虫志 鳞翅目 螟蛾总科。科学出版社。

细条草螟 *Crambus virgatellus* Wileman, 1911

省内产地：桐柏水帘洞。

分布：河南，浙江，湖北，安徽，四川，云南，贵州；朝鲜，日本。

资料来源：张丹丹等，2002，鳞翅目：螟蛾科。《太行山及桐柏山区昆虫》，中国农业科学技术出版社。

黄绒野螟 *Crocidophora auratalis* (Warren, 1895)

省内产地：内乡夏馆，辉县八里沟，辉县关山。

分布：河南，天津，河北，广东，贵州；日本。

资料来源：李后魂等，2009，河南昆虫志 鳞翅目 螟蛾总科。科学出版社。

竹弯茎野螟 *Crypsiptya coclesalis* (Walker, 1859)

竹织叶野螟 *Algedonia coclesalis* Walker, 1859

省内产地：宜阳花果山，桐柏水帘洞，信阳鸡公山，罗山灵山，信阳，新县，桐柏，西峡，南召，内乡，泌阳，洛宁，博爱，郑州，罗山。

分布：河南，北京，上海，江苏，浙江，湖北，广东，广西，四川，贵州，云南，台湾；日本，缅甸，马来西亚，印度尼西亚，印度，爪哇。

资料来源：杜喜翠，李卫春，李后魂，2008，鳞翅目：草螟科。《宝天曼自然保护区昆虫》，中国农业科学技术出版社。

竹淡黄野螟 *Demobotys pervulgalis* (Hampson, 1913)

省内产地：嵩县白云山，内乡宝天曼，鲁山县石人山，桐柏水帘洞，罗山灵山寺。

分布：河南，浙江，江苏，福建，江西，广东，台湾，湖南，广西，贵州，陕西；朝鲜，日本，缅甸。

寄主：竹子。

资料来源：申效诚等，1998，鳞翅目：螟蛾科，斑蛾科，刺蛾科。《伏牛山区昆虫》，中国农业科学技术出版社。

黄翅绢野螟 *Diaphania caesalis* (Walker, 1859)

省内产地：鲁山石人山。

分布：河南，福建，广东，云南；越南，缅甸，印度，印度尼西亚，菲律宾，新加坡等。

资料来源：申效诚等，1998，鳞翅目：螟蛾科，斑蛾科，刺蛾科。《伏牛山区昆虫》，中国农业科学技术出版社。

齿纹绢野螟 *Diaphania crithusalis* (Walker, 1859)

省内产地：鲁山石人山。

分布：河南，湖南，四川，贵州，福建，台湾，广东，云南；越南，印度(锡金)。

资料来源：申效诚等，1998，鳞翅目：螟蛾科，斑蛾科，刺蛾科。《伏牛山区昆虫》，中国农业科学技术出版社。

瓜绢野螟 *Diaphania indica* (Saunders, 1851)

省内产地：嵩县白云山，信阳鸡公山，西峡黄石庵，桐柏水帘洞。

分布：河南，天津，山东，湖北，安徽，江苏，浙江，福建，江西，四川，广东，台湾，广西，四川，云南，贵州；朝鲜，日本，印度尼西亚，澳大利亚。

资料来源：申效诚等，2002，鳞翅目：斑蛾科，螟蛾科，刺蛾科。《太行山及桐柏山区昆虫》，中国农业科学技术出版社。

黄杨绢野螟 *Diaphania perspectalis* (Walker, 1859)

省内产地：信阳鸡公山，罗山灵山，商城黄柏山，栾川龙峪湾。

分布：河南，陕西，天津，安徽，江苏，湖北，湖南，浙江，福建，四川，广东，西藏；朝鲜，日本，印度。

资料来源：申效诚等，2002，鳞翅目：斑蛾科，螟蛾科，刺蛾科。《太行山及桐柏山区昆虫》，中国农业科学技术出版社。

狭带绢野螟 *Diaphania pryeri* Butler, 1879

省内产地：桐柏水帘洞，信阳鸡公山，内乡宝天曼，栾川龙峪湾，新县连康山。

分布：河南，湖北，湖南，浙江，广东，海南；日本。

资料来源：申效诚等，2002，鳞翅目：斑蛾科，螟蛾科，刺蛾科。《太行山及桐柏山区昆虫》，中国农业科学技术出版社。

褐纹翅野螟 *Diasemia accalis* (Walker, 1859)

省内产地：内乡宝天曼，桐柏水帘洞，信阳鸡公山，固始祖师庙。

分布：河南，湖北，河北，江苏，浙江，安徽，福建，湖南，广东，香港，广西，四川，贵州，云南，西藏，台湾；朝鲜，日本，缅甸，印度。

资料来源：杜喜翠，李卫春，李后魂，2008，鳞翅目：草螟科。《宝天曼自然保护区昆虫》，中国农业科学技术出版社。

裂缘野螟 *Diplopseustis perieresalis* (Walker, 1859)

省内产地：西峡黄石庵。

分布：河南，上海，浙江，安徽，福建，贵州，台湾，香港；日本，马来西亚，印度尼西亚，婆罗洲，印度，斯里兰卡，斐济，新西兰，大洋洲。

资料来源：李后魂等，2009，河南昆虫志 鳞翅目 螟蛾总科。科学出版社。

指状细突野螟 *Ecpyrrhorrhoe digitaliformis* Zhang, Li *et* Wang, 2004

省内产地：信阳鸡公山。

分布：河南，浙江。

资料来源：Zhang Dandan, Li Houhun & Wang Shuxia, 2004, A review of *Ecpyrrhorrhoe* Hübner (Lrpidoptera: Crambidae: Pyraustinae) from China, with descriptions of new species. *Orienral Insects*, 38: 315~325.

梳齿细突野螟 *Ecpyrrhorrhoe puralis* (South, 1901)

省内产地：信阳鸡公山。

分布：河南，河北，山东，广东；日本。

资料来源：Zhang Dandan, Li Houhun & Wang Shuxia, 2004, A review of *Ecpyrrhorrhoe* Hübner (Lrpidoptera: Crambidae: Pyraustinae) from China, with descriptions of new species. *Orienral Insects*, 38: 315~325.

红纹细突野螟 *Ecpyrrhorrhoe rubiginalis* (Hübner, 1796)

省内产地：济源王屋山。

分布：河南，北京，天津，内蒙古，广东，陕西，新疆；日本；除北欧以外的欧洲。

资料来源：李后魂等，2009，河南昆虫志 鳞翅目 螟蛾总科。科学出版社。

泰山齿纹草螟 *Elethyia taishanensis* (Caradja *et* Meyrick, 1936)

省内产地：内乡宝天曼。

分布：河南，天津，河北，内蒙古，黑龙江，安徽，山东，湖北，陕西，青海，甘肃，宁夏。

资料来源：李后魂等，2009，河南昆虫志 鳞翅目 螟蛾总科。科学出版社。

流纹塘水螟 *Elophila difflualis* (Snellen, 1880)

省内产地：桐柏水帘洞。

分布：河南，浙江，福建，湖南，广东，海南，云南，台湾；日本，印度。

寄主：水鳖，满江红，青萍，水萍，槐叶苹，水浮莲。

资料来源：李后魂等，2009，河南昆虫志 鳞翅目 螟蛾总科。科学出版社。

黄纹塘水螟 *Elophila fengwhanalis* Pryer, 1877

省内产地：信阳，商丘，永城。

分布：河南，宁夏，江苏，浙江，江西，湖北，安徽，广东；朝鲜，日本。

资料来源：申效诚，1993，河南昆虫名录。中国农业科学技术出版社。

棉塘水螟 *Elophila interruptalis* (Pryer, 1877)

棉水螟 *Nymphula interruptalis* (Pryer)

省内产地：中牟。

分布：河南，黑龙江，吉林，河北，天津，山东，陕西，江苏，上海，浙江，福建，安徽，江西，湖南，广东，四川，云南；朝鲜，日本，俄罗斯。

资料来源：申效诚，1993，河南昆虫名录。中国农业科学技术出版社。

华突塘水螟 *Elophila sinicalis* (Hampson, 1897)

省内产地：桐柏。

分布：河南，江苏，浙江，安徽，福建，湖北，贵州；日本，越南。

寄主：紫萍，水鳖。

资料来源：李后魂等，2009，河南昆虫志 鳞翅目 螟蛾总科。科学出版社。

塘水螟 *Elophila stagnata* (Donovan, 1906)

Nymphula stagnata (Donovan)

省内产地：栾川龙峪湾，罗山灵山。

分布：河南，黑龙江，河北，江苏，浙江，四川，湖北，广东，云南；日本，俄罗斯；欧洲。

资料来源：申效诚等，1999，鳞翅目：螟蛾科等。《鸡公山区昆虫》，中国农业科学技术出版社。

褐萍塘水螟 *Elophila turbata* (Butler, 1881)

褐萍水螟 *Nymphula turbata* (Butler)

省内产地：商城，固始，郸城。

分布：河南，黑龙江，吉林，辽宁，北京，天津，河北，山东，安徽，江苏，浙江，湖北，福建，台湾，湖南，重庆，四川，云南，贵州，陕西，广东，广西；朝鲜，日本，俄罗斯。

资料来源：于思勤等，1993，河南农业昆虫志。河南科学技术出版社。

海斑水螟 *Eoophyla halialis* (Walker, 1859)

省内产地：内乡夏馆。

分布：河南，湖北，浙江，湖南，江西，福建，广东，广西，海南，四川，贵州；印度，尼泊尔，阿富汗，孟加拉国，越南。

资料来源：张丹丹等，2002，鳞翅目：螟蛾科。《太行山及桐柏山区昆虫》，中国农业科学技术出版社。

丽斑水螟 *Eoophyla peribocalis* (Walker, 1859)

省内产地：陕县甘山。

分布：河南，浙江，四川，云南；越南，印度，斯里兰卡，也门。

资料来源：Li Houhun, You Ping *et* Wang Shuxia, 2003, A systematic study of the genus *Eoophyla* Swinhoe in China, with descriptions of two new species (Lepidoptera: Crambidae, Nymphulinae). *Acta Zootaxonomica Sinica*, 28(2): 295~301.

华斑水螟 *Eoophyla sinensis* (Hampson, 1897)

省内产地：林州石板岩，济源黄楝树，登封县嵩山，陕县甘山，卢氏狮子坪，嵩县白云山，内乡夏馆，内乡宝天曼，西峡黄石庵。

分布：河南，河北，四川，陕西，安徽，浙江，江苏，湖北；泰国，尼泊尔，日本。

资料来源：张丹丹等，2002，鳞翅目：螟蛾科。《太行山及桐柏山区昆虫》，中国农业科学技术出版社。

网拱翅野螟 *Epipagis cancellalis* Zeller, 1852

省内产地：栾川龙峪湾。

分布：河南，福建，台湾，海南；泰国，印度，缅甸，斯里兰卡，印度尼西亚，澳大利亚；非洲。

资料来源：申效诚等，2002，鳞翅目：斑蛾科，螟蛾科，刺蛾科。《太行山及桐柏山区昆虫》，中国农业科学技术出版社。

旱柳原野螟 *Euclasta stötznerin* (Caradja, 1927)

Proteuclasta stötznerin(Caradja)

省内产地：林州石板岩，辉县关山，辉县八里沟，宜阳花果山，登封嵩山，济源王屋山，济源黄楝树，卢氏狮子坪，卢氏大块地，内乡宝天曼，西峡黄石庵，辉县，登封，许昌，郑州，博爱。

分布：河南，北京，天津，河北，山西，内蒙古，吉林，黑龙江，福建，山东，湖北，四川，西藏，陕西，甘肃，宁夏；蒙古国。

寄主：旱柳。

资料来源：张丹丹等，2002，鳞翅目：螟蛾科。《太行山及桐柏山区昆虫》，中国农业科学技术出版社。

长茎优苔螟 *Eudonia puellaris* Sasaki, 1991

省内产地：内乡宝天曼，林州石板岩。

分布：河南，陕西，甘肃，湖北，河北，天津，辽宁，江苏，浙江，福建，四川，贵州，云南，台湾；日本，俄罗斯。

资料来源：李后魂等，2012，秦岭小蛾类。科学出版社。

黄翅叉环野螟 *Eumorphobotys eumorphalis* (Caradja, 1925)

省内产地：桐柏水帘洞，罗山灵山寺。

分布：河南，江苏，浙江，安徽，福建，江西，湖南，广东，广西，四川，贵州，云南。

资料来源：李后魂等，2009，河南昆虫志 鳞翅目 螟蛾总科。科学出版社。

夏枯草线须野螟 *Eurrhypara hortulata* (Linnaeus, 1758)

省内产地：内乡宝天曼，卢氏狮子坪。

分布：河南，山西，吉林，江苏，广东，云南，陕西，甘肃，青海；欧洲。

寄主：夏枯草。

资料来源：杜喜翠，李卫春，李后魂，2008，鳞翅目：草螟科。《宝天曼自然保护区昆虫》，中国农业科学技术出版社。

叶展须野螟 *Eurrhyparodes bracteolalis* Zeller, 1852

省内产地：嵩县白云山，桐柏水帘洞。

分布：河南，山西，陕西，安徽，江苏，湖北，浙江，福建，四川，贵州，台湾，广东，广西，云南；日本，缅甸，泰国，印度尼西亚，印度，斯里兰卡，澳大利亚。

资料来源：申效诚等，2002，鳞翅目：斑蛾科，螟蛾科，刺蛾科。《太行山及桐柏山区昆虫》，中国农业科学技术出版社。

双斑薄翅野螟 *Evergestis junctalis* (Warren, 1892)

省内产地：嵩县白云山，陕县甘山，卢氏狮子坪，内乡宝天曼。

分布：河南，黑龙江，河北，湖北，陕西，四川，云南；朝鲜，日本，俄罗斯。

资料来源：申效诚等，2002，鳞翅目：斑蛾科，螟蛾科，刺蛾科。《太行山及桐柏山区昆虫》，中国农业科学技术出版社。

钩状黄草螟 *Flavocrambus aridellus* (South, 1901)

省内产地：宜阳花果山，济源王屋山，卢氏大块地，卢氏狮子坪，嵩县白云山，西峡黄石庵，内乡宝天曼。

分布：河南，黑龙江，安徽，湖北，广东，陕西，甘肃。

资料来源：杜喜翠，李卫春，李后魂，2008，鳞翅目：草螟科。《宝天曼自然保护区昆虫》，中国农业科学技术出版社。

黑杂黄草螟 *Flavocrambus striatellus* Leech, 1889

省内产地：内乡宝天曼。

分布：河南；朝鲜，日本。

资料来源：申效诚等，2002，鳞翅目：斑蛾科，螟蛾科，刺蛾科。《太行山及桐柏山区昆虫》，中国农业科学技术出版社。

琥珀微草螟 *Glaucocharis electra* (Bleszynski, 1965)

省内产地：宜阳花果山，济源王屋山，辉县关山，卢氏大块地。

分布：河南，天津，陕西，浙江，福建，湖北，广西，四川，贵州。

资料来源：杜喜翠，李卫春，李后魂，2008，鳞翅目：草螟科。《宝天曼自然保护区昆虫》，中国农业科学技术出版社。

六浦微草螟 *Glaucocharis mutuurella* (Bleszynski, 1965)

省内产地：桐柏水帘洞。

分布：河南，福建，浙江，湖北；日本。

资料来源：李后魂等，2009，河南昆虫志 鳞翅目 螟蛾总科。科学出版社。

肾形微草螟 *Glaucocharis reniella* Wang *et* Sung, 1988

省内产地：内乡宝天曼，嵩县白云山。

分布：河南，福建，湖北，湖南，广西，四川，贵州，云南。

资料来源：李后魂等，2009，河南昆虫志 鳞翅目 螟蛾总科。科学出版社。

亚白线微草螟 *Glaucocharis subalbilinealis* (Bleszynski, 1965)

省内产地：桐柏水帘洞。

分布：河南，陕西，安徽，江苏，浙江，湖北，江西，湖南，贵州，香港，广西，四川，云南；朝鲜。

寄主：玉米苗，大麦，小麦。

资料来源：张丹丹等，2002，鳞翅目：螟蛾科。《太行山及桐柏山区昆虫》，中国农业科学技术出版社。

双纹绢丝野螟 *Glyphodes duplicalis* Inoue, Munroe *et* Mutuura, 1981

省内产地：桐柏水帘洞，卢氏狮子坪。

分布：河南，福建，江西，湖北，湖南，广西，贵州，甘肃；日本。

资料来源：李后魂等，2009，河南昆虫志 鳞翅目 螟蛾总科。科学出版社。

台湾绢丝野螟 *Glyphodes formosanus* (Shibuya, 1928)

省内产地：罗山灵山寺，嵩县白云山，内乡宝天曼，宜阳花果山，卢氏大块地。

分布：河南，福建，湖北，四川，陕西，甘肃，台湾；日本。

资料来源：李后魂等，2009，河南昆虫志 鳞翅目 螟蛾总科。科学出版社。

齿斑绢丝野螟 *Glyphodes onychinalis* (Guenée, 1854)

省内产地：桐柏水帘洞。

分布：河南，安徽，福建，湖北，广东，四川，云南，贵州，西藏，台湾；朝鲜，日本，越南，缅甸，印度尼西亚，印度，澳大利亚，南非，埃塞俄比亚。

资料来源：李后魂等，2009，河南昆虫志 鳞翅目 螟蛾总科。科学出版社。

桑绢丝野螟 *Glyphodes pyloalis* (Walker, 1859)

省内产地：桐柏水帘洞，济源黄楝树，济源王屋山，辉县八里沟，罗山灵山寺，登封嵩山，嵩县白云山，辉县关山，宜阳花果山，信阳鸡公山，栾川龙峪湾。

分布：河南，东北，北京，天津，河北，江苏，湖北，浙江，福建，陕西，台湾，广东，广西，四川，云南；朝鲜，日本，越南，斯里兰卡，印度(锡金)，缅甸。

寄主：桑。

资料来源：张丹丹等，2002，鳞翅目：螟蛾科。《太行山及桐柏山区昆虫》，中国农业科学技术出版社。

四斑绢丝野螟 *Glyphodes quadrimaculalis* (Bremer *et* Grey, 1853)

省内产地：济源王屋山，宜阳花果山，辉县关山，辉县八里沟，林州石板岩，登封嵩山，桐柏水帘洞，嵩县白云山，栾川龙峪湾，信阳鸡公山，内乡宝天曼，商城黄柏山。

分布：河南，天津，河北，山西，辽宁，吉林，黑龙江，浙江，福建，山东，湖北，广东，四川，云南，贵州，陕西，甘肃，青海，宁夏；朝鲜，日本，俄罗斯(远东)。

资料来源：张丹丹等，2002，鳞翅目：螟蛾科。《太行山及桐柏山区昆虫》，中国农业科学技术出版社。

黑缘犁角野螟 *Goniorhynchus butyrosa* (Butler, 1879)

省内产地：桐柏水帘洞，嵩县白云山，卢氏狮子坪，栾川龙峪湾，辉县八里沟，辉县关山。

分布：河南，河北，江苏，浙江，安徽，福建，湖北，湖南，广东，广西，四川，贵州，云南，台湾；日本，越南，印度。

资料来源：李后魂等，2009，河南昆虫志 鳞翅目 螟蛾总科。科学出版社。

宽缘犁角野螟 *Goniorhynchus clausalis* (Christoph, 1881)

省内产地：卢氏狮子坪，嵩县白云山。

分布：河南，北京，河北，湖北，陕西；日本，俄罗斯(远东)。

资料来源：李后魂等，2009，河南昆虫志 鳞翅目 螟蛾总科。科学出版社。

黑环犁角野螟 *Goniorhynchus exempiaris* Hampson, 1898

省内产地：栾川龙峪湾，西峡黄石庵。

分布：河南，江西；日本。

资料来源：申效诚等，1999，鳞翅目：螟蛾科等。《鸡公山区昆虫》，中国农业科学技术出版社。

黄犁角野螟 *Goniorhynchus marginalis* Warren, 1895

省内产地：内乡宝天曼，卢氏大块地，卢氏狮子坪，嵩县白云山，宜阳花果山。

分布：河南，甘肃，福建，四川；日本，印度(锡金)。

资料来源：申效诚等，2002，鳞翅目：斑蛾科，螟蛾科，刺蛾科。《太行山及桐柏山区昆虫》，中国农业科学技术出版社。

棉卷叶野螟 *Haritalodes derogata* (Fabricius, 1775)

Syllepta derogata Fabricius

Notarcha derogata (Fabricius, 1775)

省内产地：辉县关山，济源黄楝树，卢氏大块地，卢氏狮子坪，嵩县白云山，登封嵩山，内乡宝天曼，桐柏水帘洞，信阳鸡公山，罗山灵山寺，商城黄柏山。

分布：河南，北京，天津，河北，山西，内蒙古，江苏，浙江，安徽，福建，江西，山东，湖北，湖南，广东，广西，四川，云南，贵州，陕西，台湾；朝鲜，日本，越南，缅甸，泰国，新加坡，印度尼西亚，菲律宾，印度，美国(夏威夷)，非洲，南美洲。

寄主：锦葵科植物为主，棉，大陆棉，木槿，黄蜀葵，芙蓉，扶桑，秋葵，蜀葵，锦葵，冬葵，野棉花，梧桐。

资料来源：申效诚，1993，河南昆虫名录。中国农业科学技术出版社。

菜心野螟 *Hellula undalis* (Fabricius, 1781)

省内产地：桐柏水帘洞等全省各地。

分布：河南，东北，北京，河北，山东，江苏，浙江，福建，湖北，湖南，陕西，四川，云南，广东，广西，台湾；日本，印度；欧洲，大洋洲，非洲。

资料来源：申效诚，1993，河南昆虫名录。中国农业科学技术出版社。

暗切叶野螟 *Herpetogramma fuscescens* (Warren, 1892)

省内产地：嵩县白云山。

分布：河南，天津，河北，安徽，湖北，四川，陕西，西藏，台湾；日本，印度。

资料来源：李后魂等，2009，河南昆虫志 鳞翅目 螟蛾总科。科学出版社。

稻切叶野螟 *Herpetogramma licarsisalis* (Walker, 1859)

Psara licarsisalis (Walker)

省内产地：中牟。

分布：河南，江苏，浙江，福建，湖南，江西，台湾，广东，广西，云南；越南，朝鲜，日本，印度尼西亚，斯里兰卡，印度(锡金)，马来西亚，澳大利亚。

资料来源：申效诚，1993，河南昆虫名录。中国农业科学技术出版社。

葡萄切叶野螟 *Herpetogramma luctuosalis* (Guenee, 1854)

葡萄卷叶野螟 *Syllepta luctuosalis* (Guenee, 1854)

省内产地：林州石板岩，辉县关山，济源王屋山，嵩县白云山，栾川龙峪湾，卢氏大块地，宜阳花果山，西峡黄石庵，桐柏水帘洞，登封嵩山，信阳鸡公山。

分布：河南，黑龙江，吉林，内蒙古，河北，北京，陕西，山东，安徽，江苏，浙江，江西，湖北，湖南，福建，台湾，广东，广西，四川，贵州，云南；俄罗斯(西伯利亚)，朝鲜，日本，越南，印度，缅甸，斯里兰卡，新加坡，印度尼西亚；欧洲，非洲东部，南美洲。

寄主：葡萄。

资料来源：张丹丹等，2002，鳞翅目：螟蛾科。《太行山及桐柏山区昆虫》，中国农业科学技术出版社。

黄斑切叶野螟 *Herpetogramma ochrimaculalis* (South, 1901)

省内产地：济源王屋山，林州石板岩，宜阳花果山，信阳鸡公山。

分布：河南，甘肃，安徽，福建，湖北，贵州，广西，四川；日本。

资料来源：杜喜翠，李卫春，李后魂，2008，鳞翅目：草螟科。《宝天曼自然保护区昆虫》，中国农业科学技术出版社。

狭翅切叶野螟 *Herpetogramma pseudomagna* Yamanaka, 1976

省内产地：林州石板岩，宜阳花果山。

分布：河南，浙江，福建，湖北，四川，甘肃；日本。

资料来源：李后魂等，2009，河南昆虫志 鳞翅目 螟蛾总科。科学出版社。

褐翅切叶野螟 *Herpetogramma rudis* (Warren, 1892)

省内产地：内乡宝天曼。

分布：河南，浙江，安徽，福建，湖北，四川，贵州，云南，西藏，陕西；日本，印度。

资料来源：李后魂等，2009，河南昆虫志 鳞翅目 螟蛾总科。科学出版社。

黑点蚀叶野螟 *Lamprosema commixta* (Butler, 1879)

省内产地：信阳鸡公山，嵩县白云山，卢氏狮子坪，卢氏大块地，商城黄柏山，罗山灵山，桐柏水帘洞，栾川龙峪湾，济源王屋山，辉县关山，林州石板岩，宜阳花果山，内乡宝天曼，登封嵩山。

分布：河南，四川，江西，福建，台湾，海南；日本，越南，印度，斯里兰卡。

资料来源：申效诚等，2002，鳞翅目：斑蛾科，螟蛾科，刺蛾科。《太行山及桐柏山区昆虫》，中国农业科学技术出版社。

花生蚀叶野螟 *Lamprosema diemenalis* (Guenee, 1854)

省内产地：西峡。

分布：河南，江苏，浙江，福建，四川，台湾，海南；越南，印度，印度尼西亚；美洲。

资料来源：于思勤等，1993，河南农业昆虫志。河南科学技术出版社。

暗褐蚀叶野螟 *Lamprosema indistincta* Warren, 1892

省内产地：内乡宝天曼。

分布：河南，江西，四川。

资料来源：申效诚等，1999，鳞翅目：钩蛾科，螟蛾科，敌蛾科，刺蛾科。《伏牛山南坡及大别山区昆虫》，中国农业科学技术出版社。

萨摩蚀叶野螟 *Lamprosema satsumalis* South

省内产地：鲁山石人山，栾川龙峪湾，西峡黄石庵。

分布：河南，浙江，江西，福建，四川；日本。

资料来源：申效诚等，1998，鳞翅目：螟蛾科，斑蛾科，刺蛾科。《伏牛山区昆虫》，中国农业科学技术出版社。

黑斑蚀叶野螟 *Lamprosema sibirialis* (Millière, 1879)

Lamprosema maculalis (South, 1901)

省内产地：辉县八里沟，济源黄楝树，济源王屋山，登封嵩山，内乡宝天曼，罗山灵山寺，嵩县白云山，桐柏水帘洞，信阳鸡公山。

分布：河南，湖北，北京，天津，河北，黑龙江，安徽，福建，江西，四川，贵州，陕西；朝鲜，日本。

资料来源：李后魂等，2009，河南昆虫志 鳞翅目 螟蛾总科。科学出版社。

黄环蚀叶野螟 *Lamprosema tampiusalis* (Walker, 1859)

省内产地：桐柏水帘洞，信阳鸡公山，内乡宝天曼。

分布：河南，安徽，湖北，福建，江西，广东；日本，婆罗洲，印度尼西亚，印度(锡金)。

资料来源：李后魂等，2009，河南昆虫志 鳞翅目 螟蛾总科。科学出版社。

黑顶白翅野螟 *Leucinodes apicalis* Hampson, 1896

省内产地：鲁山石人山。

分布：河南，浙江，海南；印度，斯里兰卡。

资料来源：申效诚等，1998，鳞翅目：螟蛾科，斑蛾科，刺蛾科。《伏牛山区昆虫》，中国农业科学技术出版社。

艾锥额野螟 *Loxostege aeruginalis* (Hübner, 1796)

省内产地：卢氏狮子坪，济源黄楝树，济源王屋山，陕县甘山，登封嵩山。

寄主：艾草。

分布：河南，北京，天津，河北，山西，湖北，陕西，青海；欧洲。

资料来源：张丹丹等，2002，鳞翅目：螟蛾科。《太行山及桐柏山区昆虫》，中国农业科学技术出版社。

网锥额野螟 *Loxostege sticticalis* (Linnaeus, 1761)

省内产地：嵩县白云山，新乡，安阳，中牟。

分布：河南，吉林，北京，天津，河北，山西，江苏，新疆，内蒙古，宁夏，青海，西藏，陕西，甘肃，四川；亚洲北部，欧洲，北美。

资料来源：申效诚，1993，河南昆虫名录。中国农业科学技术出版社。

尖锥额野螟 *Loxostege verticalis* (Linnaeus, 1758)

省内产地：具体不详。

分布：河南，黑龙江，山东，陕西，江苏，四川，云南；朝鲜，日本，印度，俄罗斯；欧洲。

资料来源：申效诚，1993，河南昆虫名录。中国农业科学技术出版社。

饰光水螟 *Luma ornatalis* (Leech, 1899)

省内产地：桐柏县水帘洞。

分布：河南，江苏，浙江，湖北，湖南，福建，广东，四川；印度。

资料来源：张丹丹等，2002，鳞翅目：螟蛾科。《太行山及桐柏山区昆虫》，中国农业科学技术出版社。

扶桑四点野螟 *Lygropia quaternalis* Zeller, 1852

省内产地：桐柏水帘洞。

分布：河南，北京，河北，陕西，台湾，广东，四川，云南，贵州；印度，缅甸，斯里兰卡，澳大利亚；南非，西非。

资料来源：申效诚等，2002，鳞翅目：斑蛾科，螟蛾科，刺蛾科。《太行山及桐柏山区昆虫》，中国农业科学技术出版社。

杂粮刷须野螟 *Marasmia trapezalis* Guenee, 1854

省内产地：安阳，新乡。

分布：河南，福建，台湾，广东；印度(锡金)，越南，印度尼西亚；非洲，北美。

资料来源：申效诚，1993，河南昆虫名录。中国农业科学技术出版社。

豆荚野螟 *Maruca vitrata* (Fabricius, 1787)

Maruca testulalis (Geyer, 1832)

省内产地：桐柏水帘洞，嵩县白云山，卢氏大块地，卢氏狮子坪，宜阳花果山，信阳鸡公山，内乡宝天曼，西峡黄石庵，陕县甘山，林州石板岩，济源王屋山。

分布：河南，北京，天津，河北，山西，内蒙古，江苏，浙江，安徽，福建，山东，湖北，湖南，广东，广西，海南，四川，贵州，云南，陕西，台湾；朝鲜，日本，印度，斯里兰卡，尼日利亚，坦桑尼亚，澳大利亚，美国(夏威夷)。

寄主：菜豆，豌豆，豇豆，扁豆，绿豆，洋刀豆，大豆，葛藤，玉米。

资料来源：张丹丹等，2002，鳞翅目：螟蛾科。《太行山及桐柏山区昆虫》，中国农业科学技术出版社。

双斑伸喙野螟 *Mecyna dissipatalis* (Lederer, 1863)

省内产地：嵩县白云山。

分布：河南，安徽，福建，湖北，广东，广西，海南，四川，陕西，台湾；日本，印度(锡金)，斯里兰卡。

资料来源：李后魂等，2009，河南昆虫志 鳞翅目 螟蛾总科。科学出版社。

黄伸喙野螟 *Mecyna gilvata* Fabricius, 1794

省内产地：西峡，淅川，鲁山。

分布：河南，北京，河北，青海，内蒙古；印度，斯里兰卡，叙利亚，巴基斯坦；欧洲。

资料来源：于思勤等，1993，河南农业昆虫志，河南科学技术出版社。

贯众伸喙野螟 *Mecyna gracilis* (Butler, 1879)

省内产地：林州石板岩，辉县八里沟，陕县甘山，商丘。

分布：河南，黑龙江，北京，天津，河北，山东，陕西，湖北，安徽，福建，江西，台湾；朝鲜，日本，俄罗斯。

资料来源：申效诚，1993，河南昆虫名录。中国农业科学技术出版社。

迟伸喙野螟 *Mecyna segnalis* Leech, 1889

省内产地：桐柏水帘洞，罗山灵山寺，信阳鸡公山，西峡黄石庵，栾川龙峪湾。

分布：河南；朝鲜，日本。

资料来源：张丹丹等，2002，鳞翅目：螟蛾科。《太行山及桐柏山区昆虫》，中国农业科学技术出版社。

杨芦伸喙野螟 *Mecyna tricolor* (Butler, 1879)

省内产地：卢氏狮子坪，嵩县白云山，林州石板岩，辉县关山，宜阳花果山，济源王屋山。

分布：河南，北京，河北，山西，黑龙江，浙江，福建，山东，湖北，湖南，广东，四川，贵州，云南，甘肃，台湾；朝鲜，日本。

资料来源：李后魂等，2009，河南昆虫志 鳞翅目 螟蛾总科。科学出版社。

菜野螟 *Mesographe forficalis* Linnaeus, 1758

省内产地：嵩县白云山。

分布：河南，黑龙江，山西，四川，广东，云南；朝鲜，日本，印度(锡金)，俄罗斯；欧洲，北美。

资料来源：申效诚，1993，河南昆虫名录。中国农业科学技术出版社。

污斑纹野螟 *Metoeca foedalis* (Guenée, 1854)

污斑蚀叶野螟 *Nacoleia foedalis* (Guenee, 1854)

省内产地：嵩县白云山，内乡宝天曼，鲁山。

分布：河南，浙江，安徽，福建，江西，山东，山西，湖北，广东，海南，台湾，四川，云南，西藏；日本，印度尼西亚，加里曼丹岛，斯里兰卡，澳大利亚；非洲。

资料来源：李后魂等，2009，河南昆虫志 鳞翅目 螟蛾总科。科学出版社。

条纹野螟 *Mimetebulea arctialis* Munroe *et* Mutuuta, 1968

省内产地：辉县八里沟，信阳鸡公山，罗山灵山寺。

分布：河南，江苏，浙江，福建，湖北，湖南，四川，贵州。

资料来源：徐家生，任应党，李后魂，2005，螟蛾科。《贵州大沙河昆虫》，贵州人民出版社。

金双带草螟 *Miyakea raddeellus* (Caradja, 1910)

省内产地：西峡黄石庵，内乡夏馆，桐柏水帘洞，登封嵩山，辉县八里沟，济源王屋山。

分布：河南，北京，天津，广西，贵州，河北，山西，黑龙江，陕西，湖北，安徽，浙江，西藏；朝鲜，俄罗斯，

资料来源：Li Wei-Chen, Li Hou-Hun, 2007, A study of genus *Miyakea* Marumo (Lepidoptera, Crambidae, Crambinae) from China, with description of one new species. *Acta Zootaxonomica Sinica*, 32(3): 564~567.

***Neoanalthes abludens* Du *et* Li, 2008**

省内产地：内乡宝天曼(模式产地)。

分布：河南。

资料来源：Du Xicui & Li Houhun, 2008, Review of the genus *Neoanalthes* Yamanaka & Kirpichnikova from China (Lepidoptera: Crambidae: Spilomelinae), with description of five new species. *Deutsche Entomologische Zeitschrift*, 55(2): 291~301.

***Neoanalthes variabilis* Du *et* Li, 2008**

省内产地：内乡宝天曼，卢氏大块地(模式产地)。

分布：河南，天津，安徽。

资料来源：Du Xicui & Li Houhun, 2008, Review of the genus *Neoanalthes* Yamanaka & Kirpichnikova from China (Lepidoptera: Crambidae: Spilomelinae), with description of five new species. *Deutsche Entomologische Zeitschrift*, 55(2): 291~301.

三点并脉草螟 *Neopediasia mixtalis* (Walker, 1863)

省内产地：桐柏水帘洞，卢氏狮子坪，卢氏大块地，宜阳花果山，罗山灵山寺，内乡宝天曼。

寄主：玉米，麦类等。

分布：河南，黑龙江，吉林，天津，河北，山西，山东，江苏，浙江，湖南，湖北，四川，云南，甘肃，青海；朝鲜，日本，俄罗斯(远东地区)。

资料来源：张丹丹等，2002，鳞翅目：螟蛾科。《太行山及桐柏山区昆虫》，中国农业科学技术出版社。

黄缘云纹野螟 *Nephelobotys nephelistalis* (Hampson, 1913)

省内产地：内乡宝天曼。

分布：河南，浙江，福建，江西，湖北，广东，广西，四川；印度。

资料来源：李后魂等，2009，河南昆虫志 鳞翅目 螟蛾总科。科学出版社。

灯草雪禾螟 *Niphadoses dengcaolites* Wang, Sung *et* Li, 1978

省内产地：中牟。

分布：河南，江苏，福建，湖北，湖南，江西。

资料来源：申效诚，1993，河南昆虫名录。中国农业科学技术出版社。

稻雪禾螟 *Niphadoses gilviberbis* (Zeller, 1863)

省内产地：中牟。

分布：河南，江苏，安徽，江西，广东，云南；印度，缅甸，斯里兰卡。

资料来源：申效诚，1993，河南昆虫名录。中国农业科学技术出版社。

麦牧野螟 *Nomophila noctuella* (Schiffermuller *et* Denis, 1775)

省内产地：济源黄楝树，济源王屋山，嵩县白云山，信阳鸡公山等全省各地。

分布：河南，内蒙古，宁夏。西藏，陕西，河北，北京，天津，山东，江苏，湖北，台湾，贵州，广东，四川，云南；亚洲，西欧，北美。

资料来源：申效诚，1993，河南昆虫名录。中国农业科学技术出版社。

茶须野螟 *Nosophora semitritalis* Lederer, 1863

省内产地：辉县关山，辉县八里沟，济源王屋山。

分布：河南，安徽，浙江，福建，江西，湖北，湖南，广东，四川，云南，台湾，贵州，甘肃；日本，缅甸，印度尼西亚，菲律宾，印度(锡金)。

寄主：茶树。

资料来源：杜喜翠，李卫春，李后魂，2008，鳞翅目：草螟科。《宝天曼自然保护区昆虫》，中国农业科学技术出版社。

浅目水螟 *Nymphicula blandialis* (Walker, 1859)

省内产地：内乡宝天曼，内乡夏馆。

分布：河南，江苏，浙江，福建，广东，广西，台湾，贵州，云南；朝鲜，日本，马来西亚，印度尼西亚，印度，斯里兰卡，尼日利亚，几内亚，斐济。

资料来源：You Ping, Li Houhun *et* Wang Shuxia, 2003, A study oh the genus *Nymphicula* Snellen, 1880 (Lepidoptera: Crambidae: Nymphulinae) from China, with description of one new species. *Entomotaxonomia*, 26(1): 67~72.

豆啮叶野螟 *Omiodes indicate* (Fabricius, 1775)

豆蚀叶野螟 *Lamprosema indicata* Fabricius

省内产地：嵩县白云山，桐柏水帘洞，信阳，许昌，郑州，中牟。

分布：河南，河北，江苏，浙江，福建，四川，台湾，广东；日本，印度；非洲，美洲。

资料来源：申效诚，1993，河南昆虫名录。中国农业科学技术出版社。

三纹啮叶野螟 *Omiodes tristrialis* (Bremer, 1864)

三纹蚀叶野螟 *Lamprosema tristrialis* Bremer

省内产地：内乡宝天曼，西峡。

分布：河南，河北，山东，安徽，江苏，湖北，浙江，福建，江西，湖南，广东，台湾，四川；朝鲜，日本，印度(锡金)，印度尼西亚，俄罗斯。

资料来源：于思勤等，1993，河南农业昆虫志。河南科学技术出版社。

褐钝额野螟 *Opsibotys fuscalis* (Denis *et* Schiffermüller, 1775)

省内产地：嵩县白云山，内乡宝天曼。

分布：河南，上海，浙江，甘肃，青海；日本；欧洲。

资料来源：李后魂等，2009，河南昆虫志 鳞翅目 螟蛾总科。科学出版社。

亚洲玉米螟 *Ostrinia furnacalis* (Guenee, 1854)

省内产地：济源黄楝树，济源王屋山，登封嵩山，桐柏水帘洞，信阳白云山，内乡宝天曼，西峡黄石庵等全省各地。

分布：河南，黑龙江，吉林，辽宁，内蒙古，天津，河北，山东，安徽，江苏，湖北，湖南，四川，贵州，云南，陕西，甘肃；朝鲜，日本，越南，缅甸，马来西亚，印度尼西亚，新加坡，菲律宾，印度(锡金)，斯里兰卡，俄罗斯，密克罗尼西亚，巴布亚新几内亚，新不列颠，澳大利亚。

寄主：玉米，高粱，大麦，水稻，甘蔗，芦苇，大麻，棉花，苍耳，向日葵，大豆，豌豆，马铃薯，番茄，茄子，大麻，甜菜。

资料来源：申效诚，1993，河南昆虫名录。中国农业科学技术出版社。

背点杆野螟 *Ostrinia dorsirittala* (Moore)

省内产地：郑州，许昌。

分布：河南，其他分布地待查。

资料来源：姜仲雪等，1990，河南郑州许昌地区杆野螟属的近缘种研究。河南农业大学学报 24(3): 293~300。

杂草蛀螟 *Ostrinia obrumbratalis* (Lederer)

省内产地：郑州，许昌。

分布：河南，其他分布地待查。

资料来源：姜仲雪等，1990，河南郑州许昌地区杆野螟属的近缘种研究。河南农业大学学报 24(3): 293~300。

苍耳螟 *Ostrinia orientalis* Mutuura *et* Munroe, 1970

省内产地：郑州，许昌。

分布：河南，黑龙江，内蒙古，福建；俄罗斯(西伯利亚)。

资料来源：姜仲雪等，1990，河南郑州许昌地区杆野螟属的近缘种研究。河南农业大学学报 24(3): 293~300。

款冬玉米螟 *Ostrinia scapulalis* (Walker, 1859)

省内产地：郑州，许昌，中牟。

分布：河南，内蒙古，黑龙江，吉林，辽宁，河北，山西，山东，陕西，安徽，江苏，湖北，浙江，福建，江西，台湾，广东，广西，云南，西藏；欧洲，北美。

资料来源：姜仲雪等，1990，河南郑州许昌地区杆野螟属的近缘种研究。河南农业大学学报 24(3): 293~300。

豆杆野螟 *Ostrinia zealis* (Guenee, 1854)

省内产地：郑州，许昌。

分布：河南，陕西，甘肃，山东，江苏，湖北，浙江，福建，台湾，湖南，广东，四川，云南；日本，印度北部，俄罗斯远东地区。

资料来源：姜仲雪等，1990，河南郑州许昌地区杆野螟属的近缘种研究。河南农业大学学报 24(3): 293~300。

黄环绢须野螟 *Palpita annulata* (Fabricius, 1794)

省内产地：内乡宝天曼。

分布：河南，江苏，浙江，江西，福建，湖北，湖南，广东，四川，云南，台湾；日本，印度尼西亚，菲律宾，印度，斯里兰卡，澳大利亚。

寄主：野石榴。

资料来源：杜喜翠，李卫春，李后魂，2008，鳞翅目：草螟科。《宝天曼自然保护区昆虫》，中国农业科学技术出版社。

弯囊绢须野螟 *Palpita hypohomalia* Inoue, 1996

省内产地：内乡宝天曼。

分布：河南，贵州，台湾。

资料来源：李后魂等，2009，河南昆虫志 鳞翅目 螟蛾总科。科学出版社。

白蜡绢须野螟 *Palpita nigropunctalis* (Bremer, 1864)

省内产地：济源王屋山，嵩县白云山，卢氏狮子坪，内乡宝天曼。

寄主：白蜡树，木樨，女贞，梧桐，丁香，橄榄。

分布：河南，东北，陕西，甘肃，河北，山西，江苏，湖北，浙江，四川，贵州，福建，台湾，云南，西藏；朝鲜，日本，越南，印度尼西亚，印度，斯里兰卡，菲律宾。

资料来源：张丹丹等，2002，鳞翅目：螟蛾科。《太行山及桐柏山区昆虫》，中国农业科学技术

出版社。

小绢须野螟 *Palpita parvifraterna* Inoue, 1999

省内产地：桐柏水帘洞。

分布：河南，福建，江西，湖北，广东，广西，四川，贵州，香港。

资料来源：Zhang Dandan *et* Li Houhun, 2005, A taxonomic study on *Palpita* Hubner from China (Lepidoptera: Crambidae, Pyraustinae, Spilomelini). *Acta Zootaxonomica Sinica*, 30(1):144~149.

断纹波水螟 *Paracymoriza distinctalis* (Leech, 1889)

省内产地：卢氏大块地。

分布：河南，浙江，湖北，湖南，广东，广西，四川，贵州，台湾。

资料来源：You Ping, Wang Shuxia *et* Li Houhun, 2003, Genus *Paracymoriza* Warren from China (Lepidoptera, Crambidae, Nymphulinae). *Aquatic Insects*, 25(3): 211~217.

洁波水螟 *Paracymoriza prodigalis* (Leech, 1889)

省内产地：林州石板岩，济源王屋山，宜阳花果山，西峡黄石庵，内乡宝天曼，内乡夏馆。

分布：河南，河北，山东，陕西，湖北，浙江，四川，福建，广东，贵州，台湾；朝鲜，日本。

资料来源：张丹丹等，2002，鳞翅目：螟蛾科。《太行山及桐柏山区昆虫》，中国农业科学技术出版社。

郑氏宽突野螟 *Paranomis zhengi* Zhang, Li *et* Wang, 2002

省内产地：嵩县白云山(模式产地)。

分布：河南。

资料来源：Zhang Dandan, Li Houhun & Wang Shuxia, 2002, A study on the genus *Paranomis*, with description of one new species (Lepidoptera: Crambidae: Pyraudtinae). *Animal Science*, Xi'an: Shaanxi Normal University Press, 131~134.

小筒水螟 *Parapoynx diminutalis* Snellen, 1880

省内产地：桐柏县水帘洞。

分布：河南，天津，山东，陕西，湖南，贵州，广东，浙江，上海，台湾，四川，云南；菲律宾，尼泊尔，印度，阿富汗，斯里兰卡，缅甸，泰国，越南，印度尼西亚；非洲南部。

资料来源：张丹丹等，2002，鳞翅目：螟蛾科。《太行山及桐柏山区昆虫》，中国农业科学技术出版社。

稻筒水螟 *Parapoynx vittalis* (Bremer, 1864)

省内产地：中牟。

分布：河南，山东，江苏，浙江，湖南，陕西，福建，广东，台湾；朝鲜，日本。

资料来源：申效诚，1993，河南昆虫名录。中国农业科学技术出版社。

乌苏里褶缘野螟 *Paratalanta ussurialis* (Bremer, 1864)

省内产地：桐柏水帘洞，内乡宝天曼。

分布：河南，黑龙江，福建，湖北，四川，贵州，云南，陕西，宁夏，台湾；朝鲜，日本，俄罗斯(远东)。

资料来源：李后魂等，2009，河南昆虫志 鳞翅目 螟蛾总科。科学出版社。

小黑野螟 *Phlyctaenia stachydalis* (Germar, 1821)

省内产地：桐柏水帘洞，嵩县白云山。

分布：河南，湖北；日本；欧洲。

资料来源：李后魂等，2009，河南昆虫志 鳞翅目 螟蛾总科。科学出版社。

饰纹宽带草螟 *Platytes ornatellus* (Leech, 1889)

省内产地：宜阳花果山，内乡宝天曼，卢氏大块地，卢氏狮子坪，林州石板岩，济源王屋山，辉县关山，辉县八里沟，嵩县白云山，登封嵩山，西峡黄石庵。

分布：河南，北京，天津，河北，山西，山东，内蒙古，黑龙江，吉林，安徽，浙江，江西，湖北，四川，贵州，陕西，甘肃，宁夏，西藏，青海；俄罗斯(乌苏里)，朝鲜，日本；中亚。

资料来源：杜喜翠，李卫春，李后魂，2008，鳞翅目：草螟科。《宝天曼自然保护区昆虫》，中国农业科学技术出版社。

枇杷扇野螟 *Pleuroptya balteata* (Fabricius, 1798)

Syllepta balteata (Fabricius)

省内产地：内乡宝天曼，桐柏水帘洞，信阳鸡公山。

分布：河南，陕西，湖北，浙江，福建，江西，四川，云南，西藏，台湾；朝鲜，日本，越南，印度尼西亚，印度，斯里兰卡，法国，原南斯拉夫；非洲。

寄主：枇杷，栗，柞树，黄连木，乳香。

资料来源：申效诚等，2002，鳞翅目：斑蛾科，螟蛾科，刺蛾科。《太行山及桐柏山区昆虫》，中国农业科学技术出版社。

三条扇野螟 *Pleuroptya chlorophanta* (Butler, 1878)

省内产地：罗山灵山寺，桐柏水帘洞，嵩县白云山，内乡宝天曼，西峡黄石庵，栾川龙峪湾，宜阳花果山，卢氏大块地，卢氏狮子坪，林州石板岩，辉县关山。

分布：河南，陕西，湖北，天津，河北，内蒙古，江苏，浙江，安徽，福建，江西，山东，湖南，广东，广西，四川，宁夏，台湾；朝鲜，日本。

寄主：栗，柿，泡桐，梧桐，栎类。

资料来源：张丹丹等，2002，鳞翅目：螟蛾科。《太行山及桐柏山区昆虫》，中国农业科学技术出版社。

二斑扇野螟 *Pleuroptya deficiens* (Moore, 1887)

省内产地：信阳鸡公山。

分布：河南，福建，湖北，广东，四川，贵州，台湾；日本，印度，斯里兰卡。

资料来源：李后魂等，2009，河南昆虫志 鳞翅目 螟蛾总科。科学出版社。

亮斑扇野螟 *Pleuroptya expictalis* (Christoph, 1881)

省内产地：内乡宝天曼。

分布：河南，天津；韩国，日本。

资料来源：李后魂等，2009，河南昆虫志 鳞翅目 螟蛾总科。科学出版社。

四目扇野螟 *Pleuroptya inferior* (Hampson, 1898)

省内产地：林州石板岩，济源王屋山，辉县关山，辉县八里沟，登封嵩山，信阳鸡公山，罗山灵山寺，桐柏水帘洞。

分布：河南，陕西，湖北，江苏，浙江，四川，台湾；朝鲜，日本，印度。

资料来源：张丹丹等，2002，鳞翅目：螟蛾科。《太行山及桐柏山区昆虫》，中国农业科学技术出版社。

窗斑扇野螟 *Pleuroptya mundalis* (South, 1901)

Syllepte mundalis (South)

省内产地：宜阳花果山，嵩县白云山，卢氏大块地，卢氏狮子坪。

分布：河南，福建，湖北，陕西，台湾，云南。

资料来源：杜喜翠，李卫春，李后魂，2008，鳞翅目：草螟科。《宝天曼自然保护区昆虫》，中国农业科学技术出版社。

四斑扇野螟 *Pleuroptya quadrimaculalis* (Kollar *et* Redtenbacher, 1844)

Syllepta quadrimaculalis Kollar

省内产地：栾川龙峪湾，嵩县白云山，卢氏狮子坪，卢氏大块地，宜阳花果山，西峡寨根，信阳鸡公山，内乡宝天曼，商城黄柏山。

分布：河南，黑龙江，辽宁，河北，山东，湖北，浙江，江西，四川，福建，台湾，贵州，广东，云南；日本，印度(锡金)，印度尼西亚，俄罗斯。

资料来源：申效诚等，2002，鳞翅目：斑蛾科，螟蛾科，刺蛾科。《太行山及桐柏山区昆虫》，中国农业科学技术出版社。

淡黄扇野螟 *Pleuroptya sabinusalis* (Walker, 1859)

省内产地：嵩县白云山，信阳鸡公山。

分布：河南，福建，湖北，西藏，台湾；马来西亚，印度尼西亚。

资料来源：李后魂等，2009，河南昆虫志 鳞翅目 螟蛾总科。科学出版社。

大白斑野螟 *Polythlipta liquidalis* Leech, 1889

省内产地：桐柏水帘洞，信阳鸡公山，商城黄柏山，新县连康山，内乡宝天曼。

分布：河南，陕西，江苏，浙江，湖北，湖南，四川，福建，贵州，广东，海南，广西，云南；朝鲜，日本。

资料来源：申效诚等，2002，鳞翅目：斑蛾科，螟蛾科，刺蛾科。《太行山及桐柏山区昆虫》，中国农业科学技术出版社。

黄纹银草螟 *Pseudargyria interruptella* (Walker, 1866)

省内产地：桐柏水帘洞，卢氏大块地，卢氏狮子坪，卢氏淇河，宜阳花果山，罗山灵山寺，济源黄楝树，济源王屋山，辉县关山，林州石板岩，内乡夏馆，内乡宝天曼，信阳鸡公山，栾川龙峪湾，商城黄柏山，新县连康山。

分布：河南，云南，陕西，甘肃，天津，河北，山东，安徽，浙江，湖北，福建，江西，湖南，贵州，台湾，广东，四川，江苏；朝鲜，日本。

资料来源：张丹丹等，2002，鳞翅目：螟蛾科。《太行山及桐柏山区昆虫》，中国农业科学技术出版社。

芬氏羚野螟 *Pseudebulea fentoni* Butler, 1881

省内产地：济源王屋山，宜阳花果山，卢氏狮子坪，辉县八里沟，辉县关山，嵩县白云山。

分布：河南，河北，浙江，福建，湖北，湖南，广西，四川，贵州；俄罗斯，朝鲜，日本，印度(锡金)，印度尼西亚。

资料来源：杜喜翠，李卫春，李后魂，2008，鳞翅目：草螟科。《宝天曼自然保护区昆虫》，中国农业科学技术出版社。

稻黄缘白草螟 *Pseudocatharylla inclaralis* (Walker, 1863)

省内产地：具体不详。

分布：河南，江苏，浙江，广东。

资料来源：申效诚，1993，河南昆虫名录。中国农业科学技术出版社。

纯白草螟 *Pseudocatharylla simplex* (Zeller, 1877)

省内产地：卢氏狮子坪。

分布：河南，北京，天津，河北，黑龙江，江苏，浙江，福建，湖北，湖南，广西，四川，西藏，陕西，甘肃，台湾；日本，俄罗斯(远东)。

资料来源：李后魂等，2009，河南昆虫志 鳞翅目 螟蛾总科。科学出版社。

泡桐卷野螟 *Pycnarmon cribrata* (Fbricius, 1794)

省内产地：桐柏水帘洞。

分布：河南，辽宁，河北，陕西，安徽，湖北，福建，湖南，台湾，广东，广西，四川，云南；朝鲜，日本，越南，缅甸，印度，斯里兰卡，印度尼西亚；东非，南非。

资料来源：申效诚等，2002，鳞翅目：斑蛾科，螟蛾科，刺蛾科。《太行山及桐柏山区昆虫》，中国农业科学技术出版社。

乳翅卷野螟 *Pycnarmon lactiferalis* (Walker, 1859)

省内产地：济源王屋山，桐柏水帘洞，嵩县白云山。

分布：河南，黑龙江，吉林，河北，湖北，浙江，陕西，四川，台湾，贵州，广东，云南，甘肃；朝鲜，日本，缅甸，印度尼西亚，印度，斯里兰卡。

资料来源：张丹丹等，2002，鳞翅目：螟蛾科。《太行山及桐柏山区昆虫》，中国农业科学技术出版社。

双环卷野螟 *Pycnarmon meritalis* (Walker, 1859)

省内产地：栾川龙峪湾。

分布：河南，河北，湖北，台湾，广东；日本，泰国，印度(锡金)，斯里兰卡，印度尼西亚，澳大利亚。

资料来源：申效诚等，1999，鳞翅目：螟蛾科等。《鸡公山区昆虫》，中国农业科学技术出版社。

豹纹卷野螟 *Pycnarmon pantherata* (Butler, 1878)

省内产地：辉县关山，辉县八里沟，宜阳花果山，卢氏狮子坪，嵩县白云山，内乡宝天曼，西峡黄石庵，罗山灵山，桐柏水帘洞，商城黄柏山。

分布：河南，湖北，安徽，江苏，浙江，福建，四川，陕西，台湾；朝鲜，日本。

资料来源：申效诚等，2002，鳞翅目：斑蛾科，螟蛾科，刺蛾科。《太行山及桐柏山区昆虫》，中国农业科学技术出版社。

显纹卷野螟 *Pycnarmon radiata* (Warren, 1896)

省内产地：嵩山登封少林寺，卢氏狮子坪，内乡夏馆，内乡宝天曼，罗山灵山寺，济源王屋山，桐柏水帘洞，西峡黄石庵。

分布：河南，安徽，福建，湖北，广东，广西，陕西，甘肃，香港；印度；中欧。

资料来源：李后魂等，2009，河南昆虫志 鳞翅目 螟蛾总科。科学出版社。

角翅野螟 *Pyradena mirifica* (Caradja, 1931)

省内产地：嵩县白云山。

分布：河南，福建，山东，湖北，四川。

资料来源：李后魂等，2009，河南昆虫志 鳞翅目 螟蛾总科。科学出版社。

黄纹野螟 *Pyrausta aurata* (Scopoli, 1763)

省内产地：固始祖师刘楼，信阳鸡公山，罗山灵山寺，桐柏水帘洞。

分布：河南，河北，黑龙江，江苏，福建，湖北，湖南，四川，陕西，新疆；蒙古国，朝鲜，日本，阿富汗，伊朗，土耳其，叙利亚；欧洲，北非。

资料来源：李后魂等，2009，河南昆虫志 鳞翅目 螟蛾总科。科学出版社。

褐小野螟 *Pyrausta cespitalis* (Denis *et* Schiffermuller, 1775)

省内产地：卢氏狮子坪，济源王屋山，新乡。

分布：河南，上海，北京，天津，河北，内蒙古，新疆，宁夏，青海，陕西，甘肃，四川；朝鲜，日本；欧洲。

资料来源：申效诚，1993，河南昆虫名录。中国农业科学技术出版社。

黄缘红带野螟 *Pyrausta contigualis* South, 1901

省内产地：辉县八里沟。

分布：河南，天津，河北，辽宁，四川，贵州，陕西，甘肃；朝鲜，日本。

资料来源：李后魂等，2009，河南昆虫志 鳞翅目 螟蛾总科。科学出版社。

烟翅野螟 *Pyrausta fuliginata* Yamanaka, 1978

省内产地：登封嵩山少林寺。

分布：河南，河北，山东；朝鲜，日本。

资料来源：李后魂等，2009，河南昆虫志 鳞翅目 螟蛾总科。科学出版社。

边缘野螟 *Pyrausta limbata* (Butler, 1879)

省内产地：固始祖师刘楼，桐柏水帘洞，罗山灵山寺。

分布：河南，上海，福建，广东，贵州，华中，华西；朝鲜，日本。

资料来源：李后魂等，2009，河南昆虫志 鳞翅目 螟蛾总科。科学出版社。

蚪纹野螟 *Pyrausta mutuurai* Inoue, 1982

省内产地：登封嵩山。

分布：河南，内蒙古，浙江，福建，四川，云南，贵州；朝鲜，日本。

资料来源：徐家生，任应党，李后魂，2005，螟蛾科。《贵州大沙河昆虫》，贵州人民出版社。

直纹野螟 *Pyrausta noctualis* Yamanaka, 1978

省内产地：陕县甘山，济源王屋山，济源黄楝树。

分布：河南，天津，河北；朝鲜，日本。

资料来源：李后魂等，2009，河南昆虫志 鳞翅目 螟蛾总科。科学出版社。

山香野螟 *Pyrausta panopealis* (Walker, 1859)

省内产地：固始县祖寺庙乡刘楼，桐柏水帘洞。

分布：河南，北京，河北，浙江，福建，湖北，台湾；朝鲜，日本，印度(锡金)，尼泊尔，印度，泰国，印度尼西亚，菲律宾，澳大利亚，美国；新热带区，非洲。

资料来源：李后魂等，2009，河南昆虫志 鳞翅目 螟蛾总科。科学出版社。

紫苏野螟 *Pyrausta phoenicealis* Hubner, 1818

省内产地：中牟，偃师。

分布：河南，北京，河北，浙江，福建，台湾；日本，印度(锡金)，澳大利亚；非洲，美洲。

资料来源：申效诚，1993，河南昆虫名录。中国农业科学技术出版社。

黄斑野螟 *Pyrausta pullatalis* (Christoph, 1881)

省内产地：辉县八里沟，辉县关山，内乡宝天曼。

分布：河南，河北，贵州，陕西；日本，俄罗斯。

资料来源：李后魂等，2009，河南昆虫志 鳞翅目 螟蛾总科。科学出版社。

红黄野螟 *Pyrausta tithonialis* Zeller, 1872

省内产地：罗山灵山寺，内乡夏馆，嵩县白云山，陕县甘山，栾川龙峪湾，辉县关山。

分布：河南，新疆，青海，陕西，甘肃，内蒙古，河北，山东，四川；朝鲜，日本，蒙古国，俄罗斯。

资料来源：张丹丹等，2002，鳞翅目：螟蛾科。《太行山及桐柏山区昆虫》，中国农业科学技术出版社。

豆野螟 *Pyrausta varialis* Bremer, 1864

省内产地：桐柏。

分布：河南，黑龙江，四川，西藏；朝鲜，日本，俄罗斯。

资料来源：于思勤等，1993，河南农业昆虫志。河南科学技术出版社。

黄斑紫翅野螟 *Rehimena phrynealis* (Walker, 1859)

省内产地：卢氏大块地，林州石板岩，宜阳花果山，登封嵩山，济源王屋山，桐柏水帘洞，陕县甘山，嵩县白云山，信阳鸡公山。

分布：河南，北京，天津，河北，安徽，湖北，江苏，浙江，湖南，广东，海南，云南；马来西亚，印度尼西亚，印度。

资料来源：张丹丹等，2002，鳞翅目：螟蛾科。《太行山及桐柏山区昆虫》，中国农业科学技术出版社。

***Roxita acutispinata* Li *et* Li, 2008**

省内产地：西峡黄石庵，内乡夏馆，济源王屋山(模式产地)。

分布：河南。

资料来源：Li Weichun & Li Houhun, 2008, Two new species of *Roxita* Bleszynski (Lepidoptera: Crambidae: Crambinae) from China. *Entomological News*, 119(5): 477~482.

莎草禾螟 *Schoenobius forficellus* (Thunberg, 1794)

省内产地：新乡，中牟。

分布：河南，内蒙古，北京，天津，河北，广西；欧洲。

资料来源：申效诚，1993，河南昆虫名录。中国农业科学技术出版社。

大禾螟 *Schoenobius gigantellus* (Schiffermuller *et* Denis, 1775)

省内产地：信阳，新乡，中牟。

分布：河南，内蒙古，宁夏，陕西，北京，天津，河北，山东，江苏，上海，广东；朝鲜，日本，俄罗斯，英国，瑞典。

资料来源：申效诚，1993，河南昆虫名录。中国农业科学技术出版社。

三化螟 *Scirpophaga incertulas* (Walker, 1863)

省内产地：商城黄柏山，信阳鸡公山。

分布：河南，山东，江苏，浙江，安徽，福建，江西，湖北，湖南，四川，陕西，云南，贵州，广东，广西，台湾；日本，印度，斯里兰卡，缅甸。

资料来源：申效诚，1993，河南昆虫名录。中国农业科学技术出版社。

荸荠白禾螟 *Scirpophaga praelata* (Scopoli, 1832)

省内产地：新乡，中牟。

分布：河南，黑龙江，天津，河北，安徽，江苏，浙江，福建，江西，台湾，广东，广西，甘肃；日本，伊朗，叙利亚，澳大利亚；欧洲。

资料来源：申效诚，1993，河南昆虫名录。中国农业科学技术出版社。

突囊苔螟 *Scoparia ancipitella* (La Harpe, 1855)

省内产地：卢氏狮子坪。

分布：河南，陕西，甘肃，黑龙江，吉林，河北，四川，宁夏，新疆；欧洲。

资料来源：李后魂等，2012，秦岭小蛾类。科学出版社。

囊刺苔螟 *Scoparia congestalis* Walker, 1859

省内产地：内乡宝天曼，卢氏狮子坪。

分布：河南，陕西，甘肃，湖北，天津，安徽，江苏，浙江，福建，江西，湖南，广西，四川，贵州，云南，西藏，台湾，香港；韩国，日本，俄罗斯。

资料来源：李后魂等，2012，秦岭小蛾类。科学出版社。

狭翅苔螟 *Scoparia isochroalis* Hampson, 1907

省内产地：内乡宝天曼，嵩县白云山，卢氏狮子坪。

分布：河南，天津，浙江，安徽，福建，湖北，湖南，广西，四川，贵州，西藏，云南，陕西，台湾；日本。

资料来源：杜喜翠，李卫春，李后魂，2008，鳞翅目：草螟科。《宝天曼自然保护区昆虫》，中国农业科学技术出版社。

日本苔螟 *Scoparia nipponalis* Inoue, 1982

省内产地：内乡宝天曼，济源王屋山，嵩县白云山。

分布：河南，山西；日本。

资料来源：李后魂等，2009，河南昆虫志 鳞翅目 螟蛾总科。科学出版社。

楸蠹野螟 *Sinomphisa plagialis* (Wileman, 1911)

Omphisa plagialis Wileman

省内产地：桐柏水帘洞，卢氏狮子坪，信阳鸡公山，内乡宝天曼，登封嵩山。

分布：河南，辽宁，北京，天津，河北，山东，安徽，江苏，浙江，陕西，湖北，四川，贵州；朝鲜，日本。

资料来源：申效诚等，2002，鳞翅目：斑蛾科，螟蛾科，刺蛾科。《太行山及桐柏山区昆虫》，中国农业科学技术出版社。

伞双突野螟 *Sitodroa palealis* (Schiffermuller et Denis, 1775)

伞锥额野螟 *Loxostege palealis* Schiffermuller *et* Denis

省内产地：鲁山石人山，林州石板岩。

分布：河南，新疆，黑龙江，河北，山西，山东，陕西，江苏，湖北，广东，云南；朝鲜，印度，日本，俄罗斯(西伯利亚)；欧洲。

资料来源：申效诚等，2002，鳞翅目：斑蛾科，螟蛾科，刺蛾科。《太行山及桐柏山区昆虫》，中国农业科学技术出版社。

黄翅双突野螟 *Sitodroa umbrosalis* (Warren, 1892)

黄翅锥额野螟 *Loxostege umbrosalis* Warren

省内产地：鲁山石人山，卢氏狮子坪，桐柏水帘洞。

分布：河南，北京，山西，浙江，四川，海南；朝鲜，日本。

资料来源：申效诚等，1998，鳞翅目：螟蛾科，斑蛾科，刺蛾科。《伏牛山区昆虫》，中国农业科学技术出版社。

甜菜青野螟 *Spoladea recurvalis* (Fabricius, 1775)

甜菜白带野螟 *Hymenia recurvalis* (Fabricius)

省内产地：卢氏大块地，嵩县白云山，桐柏水帘洞。

分布：河南，吉林，辽宁，内蒙古，北京，天津，河北，山西，山东，陕西，安徽，湖北，江西，湖南，福建，台湾，广东，广西，四川，云南，贵州，西藏；朝鲜，日本，印度，斯里兰卡，印度尼西亚；非洲，北美。

寄主：甜菜。

资料来源：申效诚等，2002，鳞翅目：斑蛾科，螟蛾科，刺蛾科。《太行山及桐柏山区昆虫》，中国农业科学技术出版社。

纹窗水螟 *Stegothyris diagonalis* (Guenee, 1854)

省内产地：商城黄柏山，新县连康山。

分布：河南，台湾，广东，云南；缅甸，印度，印度尼西亚。

资料来源：申效诚等，1999，鳞翅目：钩蛾科，螟蛾科，敌蛾科，刺蛾科。《伏牛山南坡及大别山区昆虫》，中国农业科学技术出版社。

三环狭野螟 *Stenia charonialis* (Walker, 1859)

三环须水螟 *Mabra charonialis* (Walker)

省内产地：林州石板岩，鲁山石人山，嵩县白云山，桐柏水帘洞，信阳鸡公山。

分布：河南，黑龙江，天津，河北，山东，安徽，江苏，上海，浙江，福建，湖北，湖南，贵州，四川，台湾，甘肃，西藏；朝鲜，日本。

资料来源：申效诚等，1998，鳞翅目：螟蛾科，斑蛾科，刺蛾科。《伏牛山区昆虫》，中国农业科学技术出版社。

稻显纹纵卷水螟 *Susumia exigua* (Butler, 1879)

省内产地：具体不详。

分布：河南，广西，广东；日本。

资料来源：申效诚，1993，河南昆虫名录。中国农业科学技术出版社。

齿纹卷叶野螟 *Syllepta invalidalis* South, 1901

省内产地：桐柏水帘洞，卢氏大块地，林州石板岩，济源黄楝树，济源王屋山。

分布：河南，天津，河北，浙江，湖北，安徽，福建，江西，广东，四川，陕西；韩国，日本。

资料来源：张丹丹等，2002，鳞翅目：螟蛾科。《太行山及桐柏山区昆虫》，中国农业科学技术出版社。

斑点卷叶野螟 *Syllepta maculalis* Leech, 1889

省内产地：桐柏水帘洞。嵩县白云山，内乡宝天曼，西峡黄石庵。

分布：河南，黑龙江，福建，江西，四川，广东，湖南，台湾；日本。

资料来源：申效诚等，2002，鳞翅目：斑蛾科，螟蛾科，刺蛾科。《太行山及桐柏山区昆虫》，中国农业科学技术出版社。

宁波卷叶野螟 *Syllepta ningpoalis* Leech, 1889

省内产地：内乡宝天曼。

分布：河南，江苏，浙江，福建，四川，广东，贵州；印度(锡金)。

资料来源：申效诚等，1999，鳞翅目：钩蛾科，螟蛾科，敌蛾科，刺蛾科。《伏牛山南坡及大别山区昆虫》，中国农业科学技术出版社。

豆卷叶野螟 *Syllepta ruralis* Scopoli, 1763

省内产地：栾川龙峪湾。

分布：河南，东北，台湾；朝鲜，日本，印度，印度尼西亚，英国，德国。

资料来源：申效诚，1993，河南昆虫名录。中国农业科学技术出版社。

曲纹卷叶野螟 *Syllepte segnalis* (Leech, 1889)

省内产地：济源王屋山，辉县关山，辉县八里沟，嵩县白云山，卢氏狮子坪，登封嵩山，桐柏水帘洞，罗山灵山寺，信阳。

分布：河南，河北；韩国，俄罗斯。

资料来源：杜喜翠，李卫春，李后魂，2008，鳞翅目：草螟科。《宝天曼自然保护区昆虫》，中国农业科学技术出版社。

台湾卷叶野螟 *Syllepta taiwanalis* Shibuya, 1928

省内产地：鲁山石人山，嵩县白云山。

分布：河南，安徽，湖北，福建，台湾，贵州；日本。

资料来源：申效诚等，1998，鳞翅目：螟蛾科，斑蛾科，刺蛾科。《伏牛山区昆虫》，中国农业科学技术出版社。

细条纹野螟 *Tabidia strigiferalis* Hampson, 1900

细条纹野螟 *Epipagis strigiferalis* (Hampson, 1900)

省内产地：桐柏水帘洞，嵩山登封少林寺，内乡宝天曼，林州石板岩，卢氏大块地。

分布：河南，天津，河北，辽宁，黑龙江，浙江，安徽，福建，湖北，海南，四川，贵州，陕西，甘肃；韩国，俄罗斯(伯力)。

资料来源：李后魂等，2009，河南昆虫志 鳞翅目 螟蛾总科。科学出版社。

弯齿柔野螟 *Tenerobotys subfumalis* Munroe *et* Mutuura, 1971

省内产地：信阳鸡公山，桐柏水帘洞，济源黄楝树。

分布：河南，湖南，台湾。

资料来源：李后魂等，2009，河南昆虫志 鳞翅目 螟蛾总科。科学出版社。

红缘须歧野螟 *Trichophysetis rufoterminalis* (Christoph, 1881)

省内产地：桐柏水帘洞，嵩县白云山，内乡夏馆，辉县关山。

分布：河南，河北，浙江，安徽，福建，湖北，湖南，广东，贵州，云南，陕西，台湾；日本，印度，俄罗斯(远东)。

资料来源：李后魂等，2009，河南昆虫志 鳞翅目 螟蛾总科。科学出版社。

黄尾蛀禾螟 *Tryporyza nivella* (Fabricius, 1794)

省内产地：具体不详。

分布：河南，江苏，浙江，湖北，台湾，广东，福建；日本，印度，斯里兰卡，缅甸，印度尼西亚。

资料来源：申效诚，1993，河南昆虫名录。中国农业科学技术出版社。

梳角栉野螟 *Tylostega pectinata* Du *et* Li, 2008

省内产地：宜阳花果山(副模产地)。

分布：河南，山西，湖北，安徽，福建，广西，贵州，云南，甘肃。

资料来源：Du Ximei & Li Houhun, 2008, A review of *Tylostega* Meyrick from Mainland China (Lepidoptera: Crambidae: Spilomelinae), with descriptions of four new species. *Zootaxa*, 1681: 51~61.

锯角栉野螟 *Tylostega serrata* Du *et* Li, 2008

省内产地：卢氏狮子坪，嵩县白云山(模式产地)。

分布：河南，广西，甘肃。

资料来源：Du Ximei & Li Houhun, 2008, A review of *Tylostega* Meyrick from Mainland China (Lepidoptera: Crambidae: Spilomelinae), with descriptions of four new species. *Zootaxa*, 1681: 51~61.

淡黄栉野螟 *Tylostega tylostegalis* (Hampson, 1900)

省内产地：内乡夏馆，桐柏水帘洞，信阳鸡公山，辉县八里沟，辉县关山，嵩山登封少林寺，林州石板岩，济源王屋山，卢氏大块地。

分布：河南，河北，江苏，浙江，福建，江西，广东，四川，贵州，陕西，台湾；韩国，日本，俄罗斯。

资料来源：李后魂等，2009，河南昆虫志 鳞翅目 螟蛾总科。科学出版社。

黄黑纹野螟 *Tyspanodes hypsalis* Warren, 1891

省内产地：信阳鸡公山，内乡宝天曼，桐柏水帘洞，商城黄柏山，卢氏狮子坪。

分布：河南，河北，安徽，江苏，湖北，浙江，福建，江西，四川，台湾，贵州，广东，海南，广西，陕西，甘肃；朝鲜，日本，印度(锡金)。

资料来源：申效诚等，2002，鳞翅目：斑蛾科，螟蛾科，刺蛾科。《太行山及桐柏山区昆虫》，中国农业科学技术出版社。

橙黑纹野螟 *Tyspanodes striata* (Butler, 1879)

省内产地：嵩县白云山，灵宝亚武山，卢氏大块地，信阳鸡公山，桐柏水帘洞，商城黄柏山。

分布：河南，山东，江苏，湖北，浙江，福建，江西，四川，云南，贵州，湖南，广东，台湾，广西，陕西，甘肃；朝鲜，日本。

资料来源：申效诚等，2002，鳞翅目：斑蛾科，螟蛾科，刺蛾科。《太行山及桐柏山区昆虫》，中国农业科学技术出版社。

锈黄缨突野螟 *Udea ferruginalis* (Hübner, 1796)

省内产地：济源王屋山，嵩县白云山，西峡黄石庵，内乡宝天曼，周口，商丘，许昌。

分布：河南，天津，河北，山东，青海，江苏，浙江，湖北，湖南，福建，台湾，广东，广西，四川，贵州，云南，陕西，甘肃；日本，印度(锡金)，斯里兰卡。

资料来源：申效诚，1993，河南昆虫名录。中国农业科学技术出版社。

粗缨突野螟 *Udea lugubralis* (Leech, 1889)

省内产地：内乡宝天曼，卢氏狮子坪，嵩县白云山。

分布：河南，浙江，福建，湖北，湖南，四川，贵州，陕西，云南；朝鲜，日本，俄罗斯。

资料来源：杜喜翠，李卫春，李后魂，2008，鳞翅目：草螟科。《宝天曼自然保护区昆虫》，中国农业科学技术出版社。

银翅黄纹草螟 *Xanthocrambus argentarius* (Staudinger, 1867)

省内产地：陕县甘山。

分布：河南，河北，山西，内蒙古，辽宁，黑龙江，四川，陕西，甘肃，青海，宁夏，新疆；哈萨克斯坦，俄罗斯。

资料来源：李后魂等，2009，河南昆虫志 鳞翅目 螟蛾总科。科学出版社。

三六、波纹蛾科 Thyatiridae

本科全世界共54属240种，中国记载26属105种(赵仲苓，2004)，目前河南记录为13属32种。

怪影波纹蛾 *Euparyphasma maxima* (Leech, 1888) (图版 XXV-1) (河南新记录属、种)

省内产地：嵩县白云山。

分布：河南，湖北，湖南，陕西；日本。

陕篝波纹蛾 *Gaurena fletcheri* Werny, 1966 (图版 XXV-2)

省内产地：嵩县白云山，卢氏大块地，卢氏狮子坪，陕县甘山，信阳鸡公山。

分布：河南，陕西。

资料来源：时振亚等，1998，鳞翅目：箩纹蛾科，巢蛾科，波纹蛾科。《伏牛山区昆虫》，中国农业科学技术出版社。

拟花篝波纹蛾 *Gaurena gemelle* Leech, 1900 (河南新记录种)

省内产地：嵩县白云山。

分布：河南，陕西，甘肃，湖北，湖南，四川，云南，西藏；尼泊尔。

阔华波纹蛾 *Habrosyna conscripta* Warren, 1912 (图版 XXV-3)

省内产地：嵩县白云山。

分布：河南，四川，云南，西藏，陕西；尼泊尔，印度(锡金)。

资料来源：任应党等，2002，鳞翅目：波纹蛾科，圆钩蛾科，钩蛾科，尺蛾科。《太行山及桐柏山区昆虫》，中国农业科学技术出版社。

足华波纹蛾 *Habrosyne fraternal* Moore, 1888

省内产地：桐柏水帘洞。

分布：河南，浙江，福建，湖北，湖南，江西，广东，广西，海南，四川，云南，西藏；日本，越南，尼泊尔，印度(锡金)，不丹，缅甸，印度。

资料来源：任应党等，2002，鳞翅目：波纹蛾科，圆钩蛾科，钩蛾科，尺蛾科。《太行山及桐柏山区昆虫》，中国农业科学技术出版社。

华波纹蛾 *Habrosyne pyritoides* (Hufnagel, 1767)

省内产地：嵩县白云山，陕县甘山，信阳鸡公山。

分布：河南，黑龙江，吉林，辽宁，北京，河北，陕西；朝鲜，日本，俄罗斯；欧洲。

资料来源：时振亚等，1998，鳞翅目：箩纹蛾科，巢蛾科，波纹蛾科。《伏牛山区昆虫》，中国农业科学技术出版社。

红华波纹蛾 *Habrosyne sanguinea* Moore, 1882 (图版 XXV-5)

省内产地：栾川龙峪湾，内乡宝天曼。

分布：河南，四川，西藏；印度，缅甸。

资料来源：时振亚等，1998，鳞翅目：箩纹蛾科，巢蛾科，波纹蛾科。《伏牛山区昆虫》，中国农业科学技术出版社。

银华波纹蛾 *Habrosyne violacea* (Fixsen, 1887) (河南新记录种)

省内产地：嵩县白云山。

分布：河南，陕西，甘肃，湖北，浙江，福建，湖南，四川，云南，西藏；尼泊尔，缅甸，印度(锡金)。

点波纹蛾 *Horipsestis aenea* (Wilemam, 1911) (河南新记录属、种)

省内产地：嵩县白云山。

分布：河南，湖北，湖南，福建，江西，台湾。

边波纹蛾 *Horithyatira decorate* (Moore, 1881) (图版 XXV-6) (河南新记录属、种)

省内产地：嵩县白云山。

分布：河南，云南，西藏；尼泊尔，不丹，缅甸，印度。

瑞大波纹蛾 *Macrothyatira conspicua* (Leech, 1900) (河南新记录种)

省内产地：嵩县白云山。

分布：河南，陕西，湖北，福建，湖南，四川，云南，西藏；尼泊尔。

带大波纹蛾 *Macrothyatira fasciata* (Houlbert, 1921) (河南新记录种)

省内产地：内乡宝天曼。

分布：河南，山西，陕西，湖北，湖南，四川，云南。

大波纹蛾 *Macrothyatira flavida* (Butler, 1885) (图版 XXV-4)

黄波纹蛾 *Thyatira flavida* Butler

省内产地：卢氏狮子坪，卢氏大块地，嵩县白云山。

分布：河南，四川；印度。

资料来源：时振亚等，1998，鳞翅目：箩纹蛾科，巢蛾科，波纹蛾科。《伏牛山区昆虫》，中国农业科学技术出版社。

长大波纹蛾 *Macrothyatira oblonga* (Poujade, 1887)　(河南新记录种)

省内产地：嵩县白云山。

分布：河南，陕西，湖南，四川，云南；缅甸，印度。

禾大波纹蛾 *Macrothyatira stramineata* (Warren, 1912)　(河南新记录种)

省内产地：嵩县白云山。

分布：河南，湖北，湖南，四川，云南；印度。

亚波纹蛾 *Mesopsestis undosa* (Wileman, 1911)

省内产地：嵩县白云山。

分布：河南；日本。

资料来源：时振亚等，1998，鳞翅目：箩纹蛾科，巢蛾科，波纹蛾科。《伏牛山区昆虫》，中国农业科学技术出版社。

米波纹蛾 *Mimopsestis basalis* (Wileman, 1911)　(图版 XXV-7)

省内产地：嵩县白云山，内乡宝天曼。

分布：河南，湖北，湖南；日本。

资料来源：时振亚等，1998，鳞翅目：箩纹蛾科，巢蛾科，波纹蛾科。《伏牛山区昆虫》，中国农业科学技术出版社。

湿米波纹蛾 *Mimopsestis circumdata* Houlbert, 1921　(图版 XXV-8)

省内产地：鲁山石人山。

分布：河南，湖北，四川。

资料来源：时振亚等，1998，鳞翅目：箩纹蛾科，巢蛾科，波纹蛾科。《伏牛山区昆虫》，中国农业科学技术出版社。

滴米波纹蛾 *Mimopsestis determinata* Bryk, 1943

省内产地：鲁山石人山。

分布：河南，四川，云南；印度，缅甸。

资料来源：时振亚等，1998，鳞翅目：箩纹蛾科，巢蛾科，波纹蛾科。《伏牛山区昆虫》，中国农业科学技术出版社。

异波纹蛾 *Parapsestis argenteopicta* (Oberthur, 1897)

省内产地：卢氏狮子坪，嵩县白云山。

分布：河南，黑龙江，吉林，辽宁，北京，山西，河北，浙江，湖北，湖南，四川，陕西，甘肃；朝鲜，日本，俄罗斯。

资料来源：时振亚等，1998，鳞翅目：箩纹蛾科，巢蛾科，波纹蛾科。《伏牛山区昆虫》，中国农业科学技术出版社。

华异波纹蛾 *Parapsestis lichenea* (Hampson, 1893)　(图版 XXVI-2)　(河南新记录种)

省内产地：嵩县白云山，内乡宝天曼。

分布：河南，陕西，四川，云南；尼泊尔，印度(锡金)。

珠异波纹蛾 *Parapsestis meleagris* (Houlbert, 1921)　(图版 XXVI-1)　(河南新记录种)

省内产地：嵩县白云山。

分布：河南，陕西，甘肃，湖北，浙江，福建，江西，湖南，四川，云南；缅甸。

乌异波纹蛾 *Parapsestis umbrosa* Wileman, 1911

省内产地：栾川龙峪湾。

分布：河南；日本。

资料来源：时振亚等，1998，鳞翅目：箩纹蛾科，巢蛾科，波纹蛾科。《伏牛山区昆虫》，中国农业科学技术出版社。

螺美波纹蛾 *Psidopala apicalis* (Leech, 1900)　(河南新记录属、种)

省内产地：嵩县白云山。

分布：河南，陕西，甘肃，四川。

宽太波纹蛾 *Tethea ampliata* (Butler, 1878)

省内产地：信阳鸡公山。

分布：河南，黑龙江，吉林，辽宁，内蒙古，山西，山东，浙江，江西，台湾，湖北，湖南，四川，云南，陕西，甘肃；朝鲜，日本，俄罗斯。

资料来源：申效诚等，1999，《鸡公山区昆虫》，中国农业科学技术出版社。

褐太波纹蛾 *Tethea fusca* Werny, 1966 (图版 XXVI-3)

省内产地：罗山灵山，桐柏水帘洞，卢氏大块地，卢氏狮子坪，陕县甘山，济源王屋山，登封少林寺，内乡宝天曼，西峡黄石庵。

分布：河南，云南。

资料来源：申效诚等，1999，鳞翅目：箩纹蛾科，巢蛾科，波纹蛾科，网蛾科，长角蛾科。《伏牛山南坡及大别山区昆虫》，中国农业科学技术出版社。

藕太波纹蛾 *Tethea oberthuri* (Leech, 1900) (河南新记录种)

省内产地：内乡宝天曼。

分布：河南，湖北，湖南，福建，四川，云南，西藏，台湾；缅甸，印度。

点太波纹蛾 *Tethea octogesima* (Butler, 1878)

省内产地：信阳鸡公山。

分布：河南，浙江，湖北，湖南，四川，陕西，云南，台湾；日本。

资料来源：申效诚等，1999，《鸡公山区昆虫》，中国农业科学技术出版社。

太波纹蛾 *Tethea ocularis* (Linnaeus, 1767)

省内产地：嵩县白云山。

分布：河南，黑龙江，吉林，辽宁，内蒙古，河北，陕西，甘肃，青海，宁夏，新疆；朝鲜，日本，俄罗斯，小亚细亚，欧洲。

资料来源：申效诚等，1999，《鸡公山区昆虫》，中国农业科学技术出版社。

小太波纹蛾 *Tethea or* (Schiffermuller *et* Denis, 1776)

省内产地：卢氏大块地，嵩县白云山，内乡宝天曼，西峡黄石庵。

分布：河南，黑龙江，吉林，辽宁，内蒙古，河北，山西，陕西，甘肃，青海，新疆；朝鲜，日本，俄罗斯，小亚细亚，欧洲。

资料来源：申效诚等，1999，鳞翅目：箩纹蛾科，巢蛾科，波纹蛾科，网蛾科，长角蛾科。《伏牛山南坡及大别山区昆虫》，中国农业科学技术出版社。

红波纹蛾 *Thyatira rubrescens* Werny, 1966

省内产地：信阳。

分布：河南，安徽，浙江，福建，江西，湖北，湖南，广东，广西，海南，四川，云南，西藏，陕西，台湾；印度。

资料来源：赵仲苓，2004，中国动物志 昆虫纲 第三十六卷。科学出版社。

***Togaria tancrei* (Graeser, 1888)**

省内产地：鲁山石人山。

分布：河南；日本。

资料来源：时振亚等，1998，鳞翅目：箩纹蛾科，巢蛾科，波纹蛾科。《伏牛山区昆虫》，中国农业科学技术出版社。

三七、圆钩蛾科 Cyclidiidae

本科全世界共 3 属 15 种，中国记载 3 属 11 种，河南记录为 2 属 3(亚)种。

洋麻圆钩蛾 *Cyclidia substigmaria substigmaria* (Hubner, 1825)

省内产地：嵩县白云山。

分布：河南，云南，海南，安徽，四川，湖北，台湾；日本，越南。

资料来源：申效诚等，1998，鳞翅目：圆钩蛾科，钩蛾科。《伏牛山区昆虫》，中国农业科学技术出版社。

褐爪突圆钩蛾 *Cyclidia substigmaria brunna* Chu *et* Wang, 1987 (图版 XXVI-5)

省内产地：罗山灵山，信阳鸡公山。

分布：河南，浙江，福建，四川，云南。

资料来源：申效诚等，1999，《鸡公山区昆虫》，中国农业科学技术出版社。

银线尖顶圆钩蛾 *Mimozethes argentilinearia* (Leech, 1897) (图版 XXVI-4)

省内产地：鲁山石人山。

分布：河南，台湾；日本。

资料来源：申效诚等，1998，鳞翅目：圆钩蛾科，钩蛾科。《伏牛山区昆虫》，中国农业科学技术出版社。

三八、钩蛾科 Drepanidae

本科全世界共 114 属 800 种，中国记载 26 属 196 种，河南记录为 15 属 35 种。

(一) 钩蛾亚科 Drepaninae

窗距钩蛾 *Agnidra fenestra* (Leech, 1898) (图版 XXVII-6) (河南新记录种)

省内产地：嵩县白云山。

分布：河南，陕西，甘肃，湖北，四川，云南，西藏；缅甸。

栎距钩蛾 *Agnidra scabiosa fixseni* (Bryk, 1887)

省内产地：桐柏水帘洞，陕县甘山，济源王屋山，济源黄楝树，卢氏狮子坪，西峡寨根，商城黄柏山，商城黄柏山大庙，新县连康山。

分布：河南，东北，台湾，浙江，福建，江苏，湖北，湖南，陕西，江西，四川，广西；朝鲜，日本。

资料来源：申效诚等，1998，鳞翅目：圆钩蛾科，钩蛾科。《伏牛山区昆虫》，中国农业科学技术出版社。

中华豆斑钩蛾 *Auzata chinensis* Leech, 1898 (图版 XXVI-7)

省内产地：嵩县白云山。

分布：河南，湖南，四川，西藏。

资料来源：任应党等，2002，鳞翅目：波纹蛾科，圆钩蛾科，钩蛾科，尺蛾科。《太行山及桐柏山区昆虫》，中国农业科学技术出版社。

净豆斑钩蛾 *Auzata plana* Chu *et* Wang, 1988

省内产地：桐柏水帘洞，济源王屋山，栾川龙峪湾，信阳鸡公山。

分布：河南，四川。

资料来源：申效诚等，1998，鳞翅目：圆钩蛾科，钩蛾科。《伏牛山区昆虫》，中国农业科学技术出版社。

透豆斑钩蛾 *Auzata semilucida* Chu *et* Wang, 1988 (图版 XXVI-8) (河南新记录种)

省内产地：嵩县白云山。

分布：河南，四川。

短线豆斑钩蛾 *Auzata superba* (Butler, 1878) (河南新记录种)

省内产地：嵩县白云山。

分布：河南，山西，陕西，湖北，浙江；朝鲜，日本，俄罗斯。

网卑钩蛾 *Betalbara acaminata* (Leech, 1890) (图版 XXVII-1) (河南新记录属、种)

省内产地：嵩县白云山。

分布：河南，河北，陕西，湖北，湖南，广西，四川；日本。

栎卑钩蛾 *Betalbara robusta* (Oberthur, 1916) (河南新记录种)

省内产地：内乡宝天曼。

分布：河南，陕西，甘肃，湖北，福建，广西，四川，云南。

直线卑钩蛾 *Betalbara violacea* (Butler, 1889) (河南新记录种)

省内产地：嵩县白云山。

分布：河南，湖北，浙江，四川，海南，广西，云南，台湾；印度。

美钩蛾 *Callicilix abraxata* Butler, 1885 (图版 XXVI-6)

省内产地：嵩县白云山。

分布：河南，四川，贵州，湖南，台湾，广西，西藏；日本，印度。

资料来源：申效诚等，1998，鳞翅目：圆钩蛾科，钩蛾科。《伏牛山区昆虫》，中国农业科学技术出版社。

豆点丽钩蛾 *Callidrepana gemina* Watson, 1968 (图版 XXVII-2)

省内产地：桐柏水帘洞，栾川龙峪湾，嵩县白云山，卢氏狮子坪，卢氏大块地，内乡宝天曼。

分布：河南，四川，江西，福建，广西；印度。

资料来源：申效诚等，1998，鳞翅目：圆钩蛾科，钩蛾科。《伏牛山区昆虫》，中国农业科学技术出版社。

豆点丽钩蛾广东亚种 *Callidrepana gemina curta* Watson, 1968 (图版 XXVII-3) (河南新记录亚种)

省内产地：嵩县白云山。

分布：河南，福建，浙江，广东，广西，湖北，四川。

肾点丽钩蛾 *Callidrepana patrana* Moore, 1865

省内产地：嵩县白云山。

分布：河南，四川，福建，湖北，浙江，江西，广西，云南，台湾；印度，缅甸，老挝。

资料来源：申效诚等，1998，鳞翅目：圆钩蛾科，钩蛾科。《伏牛山区昆虫》，中国农业科学技术出版社。

掌绮钩蛾 *Cilix tatsienluica* Oberthur, 1917 (图版 XXVI-9) (河南新记录属、种)

省内产地：嵩县白云山。

分布：河南，河北，山西，陕西，湖北，四川，云南。

钳钩蛾 *Didymana bidens* (Leech, 1890) (图版 XXVII-4)

省内产地：嵩县白云山。

分布：河南，湖北，陕西，四川，云南，广西，福建；缅甸。

资料来源：申效诚等，1998，鳞翅目：圆钩蛾科，钩蛾科。《伏牛山区昆虫》，中国农业科学技术出版社。

赤杨镰钩蛾 *Drepana curvatula* (Borkhauser, 1790)

省内产地：嵩县白云山，栾川龙峪湾。

分布：河南，黑龙江，吉林，河北；朝鲜，日本，德国。

资料来源：申效诚等，1998，鳞翅目：圆钩蛾科，钩蛾科。《伏牛山区昆虫》，中国农业科学技术出版社。

二点镰钩蛾 *Drepana dispilata* Warren, 1922 (图版 XXVII-5)

省内产地：卢氏狮子坪，卢氏大块地。

分布：河南，四川，云南，陕西，甘肃，西藏；印度(锡金)，缅甸。

资料来源：申效诚等，1998，鳞翅目：圆钩蛾科，钩蛾科。《伏牛山区昆虫》，中国农业科学技术出版社。

中华大窗钩蛾 *Macrauzata maxima chinensis* Inoue, 1960

省内产地：罗山灵山，桐柏水帘洞，商城黄柏山，新县连康山。

分布：河南，四川，福建，浙江，湖北，陕西。

资料来源：申效诚等，1999，鳞翅目：钩蛾科，螟蛾科，敌蛾科，刺蛾科。《伏牛山南坡及大别

山区昆虫》，中国农业科学技术出版社。

短铃钩蛾 ***Macrocilix mysticata brevinotata*** **Watson, 1968** (图版 XXVII-13)

省内产地：嵩县白云山，卢氏狮子坪，内乡宝天曼。

分布：河南，湖北，陕西，四川。

资料来源：申效诚等，1998，鳞翅目：圆钩蛾科，钩蛾科。《伏牛山区昆虫》，中国农业科学技术出版社。

倍线钩蛾 ***Nordstroemia duplicata*** **(Warren, 1922)** (图版 XXVII-7)

省内产地：栾川龙峪湾，商城黄柏山。

分布：河南，浙江，云南；印度。

资料来源：申效诚等，1999，鳞翅目：钩蛾科，螟蛾科，敌蛾科，刺蛾科。《伏牛山南坡及大别山区昆虫》，中国农业科学技术出版社。

日本线钩蛾 ***Nordstroemia japonica*** **(Moore, 1877)**

省内产地：济源黄楝树，卢氏狮子坪，桐柏水帘洞，嵩县白云山。

分布：河南，浙江，上海，福建，湖北，湖南，陕西，四川，海南；日本。

资料来源：申效诚等，1998，鳞翅目：圆钩蛾科，钩蛾科。《伏牛山区昆虫》，中国农业科学技术出版社。

单线钩蛾 ***Nordstroemia unilinea*** **Chu *et* Wang, 1988** (图版 XXVII-10) (河南新记录种)

省内产地：嵩县白云山。

分布：河南，福建。

星线钩蛾 ***Nordstroemia vira*** **(Moore, 1866)**

省内产地：信阳鸡公山。

分布：河南，湖北，福建，四川，西藏；印度(锡金)，缅甸。

资料来源：申效诚等，1999，《鸡公山区昆虫》，中国农业科学技术出版社。

古钩蛾浅斑亚种 ***Palaeodrepana harpagula bitorosa*** **Watson, 1968**

省内产地：卢氏狮子坪，卢氏大块地。

分布：河南，湖北，陕西，四川，福建。

资料来源：申效诚等，1998，鳞翅目：圆钩蛾科，钩蛾科。《伏牛山区昆虫》，中国农业科学技术出版社。

古钩蛾指名亚种 ***Palaeodrepana harpagula harpagula*** **(Esper, 1786)** (图版 XXVII-8)

省内产地：桐柏水帘洞，卢氏狮子坪，陕县甘山，济源王屋山，嵩县白云山，内乡宝天曼，西峡黄石庵。

分布：河南，黑龙江，吉林，北京，河北，四川，陕西，甘肃；日本；欧洲。

资料来源：申效诚等，1999，鳞翅目：钩蛾科，螟蛾科，敌蛾科，刺蛾科。《伏牛山南坡及大别山区昆虫》，中国农业科学技术出版社。

三线钩蛾 ***Pseudalbara parvula*** **(Leech, 1890)** (图版 XXVII-9)

省内产地：桐柏水帘洞，信阳鸡公山，内乡宝天曼。

分布：河南，北京，河北，黑龙江，四川，浙江；朝鲜，日本；欧洲。

资料来源：申效诚等，1998，鳞翅目：圆钩蛾科，钩蛾科。《伏牛山区昆虫》，中国农业科学技术出版社。

仲黑缘黄钩蛾 ***Tridrepana crocea*** **(Leech, 1889)**

省内产地：商城黄柏山，新县连康山。

分布：河南，浙江，福建，湖南，江西，四川，云南；日本。

资料来源：申效诚等，1999，鳞翅目：钩蛾科，螟蛾科，敌蛾科，刺蛾科。《伏牛山南坡及大别山区昆虫》，中国农业科学技术出版社。

伯黑缘黄钩蛾 ***Tridrepana unispina*** **Watson, 1957** (河南新记录种)

省内产地：嵩县白云山。

分布：河南，山东，江西，云南，福建，台湾，广西，四川；日本。

(二) 山钩蛾亚科 Oretinae

二线山钩蛾 *Oreta bilineata* Chu *et* Wang, 1987

省内产地：济源王屋山。

分布：河南，四川，甘肃，湖北。

资料来源：任应党等，2002，鳞翅目：波纹蛾科，圆钩蛾科，钩蛾科，尺蛾科。《太行山及桐柏山区昆虫》，中国农业科学技术出版社。

荚蒾山钩蛾 *Oreta eminens* (Bryk, 1943) (图版 XXVII-12) (河南新记录种)

省内产地：嵩县白云山。

分布：河南，福建，云南；朝鲜，日本。

交让木山钩蛾 *Oreta insignis* (Butler, 1877) (河南新记录种)

省内产地：内乡宝天曼。

分布：河南，湖北，福建，江西，贵州，四川，广西，海南，云南，台湾；日本。

接骨木山钩蛾 *Oreta loochooana* Swinhoe, 1902 (图版 XXVII-11)

省内产地：嵩县白云山。

分布：河南，山东，福建，台湾，江西，湖南，陕西，甘肃，四川，宁夏，贵州，湖北，海南；日本。

资料来源：申效诚等，1998，鳞翅目：圆钩蛾科，钩蛾科。《伏牛山区昆虫》，中国农业科学技术出版社。

华夏山钩蛾 *Oreta pavaca sinensis* Watson, 1967 (河南新记录种)

省内产地：嵩县白云山。

分布：河南，陕西，甘肃，湖北，浙江，福建，海南，广西，四川。

黄带山钩蛾 *Oreta pulchripes* Butler, 1877

省内产地：济源王屋山，卢氏大块地，新县连康山。

分布：河南，河北，湖南，福建，广西，四川，云南，西藏；朝鲜，日本，俄罗斯。

资料来源：申效诚等，1998，鳞翅目：圆钩蛾科，钩蛾科。《伏牛山区昆虫》，中国农业科学技术出版社。

网山钩蛾 *Oreta vatama acutula* Watson, 1967

省内产地：嵩县白云山。

分布：河南，甘肃，四川，云南。

资料来源：任应党等，2002，鳞翅目：波纹蛾科，圆钩蛾科，钩蛾科，尺蛾科。《太行山及桐柏山区昆虫》，中国农业科学技术出版社。

三九、凤蛾科 Epicopeiidae

本科全世界共 7 属 48 种，中国记载 1 属 17 种(亚种)，河南记录为 1 属 2 种。

浅翅凤蛾 *Epicopeia hainesi sinicaria* Leech, 1912 (图版 XXVII-14)

省内产地：栾川龙峪湾。

分布：河南，湖北，四川，福建，广西，浙江。

资料来源：申效诚等，1999，《鸡公山区昆虫》，中国农业科学技术出版社。

榆凤蛾 *Epicopeia mencia* Moore, 1912

省内产地：济源，汝阳，南阳，信阳。

分布：河南，黑龙江，吉林，辽宁，河北，山西，山东，甘肃，湖北，安徽，江苏，江西，浙江，福建，湖南，贵州，四川，云南；朝鲜，日本。

资料来源：申效诚，1993，河南昆虫名录。中国农业科学技术出版社。

四〇、燕蛾科 Uraniidae

本科全世界共 93 属 876 种，中国记载 12 属 25 种。河南记录为 1 属 1 种。

斜线燕蛾 *Acropteris iphiata* Guenee, 1857

省内产地：信阳鸡公山。

分布：河南，东北，华北，陕西，湖北，江苏，浙江，江西，湖南，海南，贵州，西藏；朝鲜，日本，俄罗斯(乌苏里)，印度，缅甸。

资料来源：申效诚等，1999，《鸡公山区昆虫》，中国农业科学技术出版社。

四一、蛱蛾科 Epiplemidae

本科全世界共 94 属 600 种，中国记载 12 属 48 种，河南记录为 5 属 7 种。

单斜线蛱蛾 *Auzea arenosa* (Butler, 1880) (河南新记录属、种)

省内产地：内乡宝天曼，商城黄柏山，新县连康山。

分布：河南，四川；喜马拉雅，印度。

四线白蛱蛾 *Epiplema evanescens* Alpheraky, 1897 (图版 XXVIII-1) (河南新记录种)

省内产地：卢氏大块地。

分布：河南，山西，湖北，四川。

后三齿蛱蛾 *Epiplema flavistriga* Warren, 1901 (河南新记录种)

省内产地：内乡宝天曼。

分布：河南，江西，福建，台湾；日本，印度。

黑星蛱蛾 *Epiplema moza* (Butler, 1878)

省内产地：内乡宝天曼。

分布：河南，江西，广西；日本。

资料来源：申效诚等，1999，鳞翅目：钩蛾科，螟蛾科，敌蛾科，刺蛾科。《伏牛山南坡及大别山区昆虫》，中国农业科学技术出版社。

斑蝶蛱蛾 *Nossa nelcinna* (Moore, 1874) (图版 XXVIII-2) (河南新记录属、种)

省内产地：嵩县白云山。

分布：河南，河北，陕西，广东，海南，广西，四川，贵州；克什米尔，喜马拉雅。

粉蝶蛱蛾 *Parabraxas davidi* (Oberthur, 1855) (河南新记录属、种)

省内产地：卢氏大块地。

分布：河南，四川，云南，西藏。

小字黄蛱蛾 *Psychostrophia melanargia* Butler, 1877 (河南新记录属、种)

省内产地：嵩县白云山。

分布：河南，黑龙江；日本。

四二、尺蛾科 Geometridae

本科全世界共 1850 属 20 000 种，中国记载 2000 余种，河南记录为 166 属 290 种。

(一) 姬尺蛾亚科 Sterrhinae

小紫线尺蛾 *Calothysanis amatarcompta* Prout

省内产地：洛阳。

分布：河南，其他分布地待查。

资料来源：申效诚，1993，河南昆虫名录。中国农业科学技术出版社。

线尺蛾 *Calothysanis apicirosea* Peout, 1935

省内产地：栾川龙峪湾。

分布：河南；日本。

资料来源：申效诚，1998，鳞翅目：尺蛾科。《伏牛山区昆虫》，中国农业科学技术出版社。

紫线尺蛾 *Calothysanis comptaria* Walker, 1862

省内产地：栾川龙峪湾，郑州，许昌，南阳，信阳，林州，西华，中牟，汝南，确山。

分布：河南，北京，台湾；朝鲜，日本。

资料来源：申效诚等，1999，《鸡公山区昆虫》，中国农业科学技术出版社。

曲姬尺蛾 *Idaea remissa* (Wileman, 1911)

曲小尺蛾 *Sterrha remissa* Wileman

省内产地：信阳鸡公山。

分布：河南；日本。

资料来源：申效诚等，1999，《鸡公山区昆虫》，中国农业科学技术出版社。

中国姬尺蛾 *Idaea sinicata* (Walker, 1861)

省内产地：桐柏水帘洞。

分布：河南，台湾。

资料来源：Skou，P. *et al.*，2002，鳞翅目：尺蛾科。《太行山及桐柏山区昆虫》，中国农业科学技术出版社。

白眼尺蛾 *Problepsis albidior* Warren, 1899

省内产地：罗山灵山，鲁山县石人山。

分布：河南，甘肃，湖北，湖南，四川，海南，台湾，华南；印度，印度尼西亚。

资料来源：申效诚，1998，鳞翅目：尺蛾科。《伏牛山区昆虫》，中国农业科学技术出版社。

长眉眼尺蛾 *Problepsis changmei* Yang, 1978

省内产地：许昌，郑州，商丘，中牟，桐柏。

分布：河南，河北，陕西。

资料来源：申效诚，1993，河南昆虫名录。中国农业科学技术出版社。

接眼尺蛾 *Problepsis conjunctiva* (Warren, 1893)

省内产地：桐柏水帘洞。

分布：河南，台湾；印度。

资料来源：Skou，P. *et al.*，2002，鳞翅目：尺蛾科。《太行山及桐柏山区昆虫》，中国农业科学技术出版社。

黑条眼尺蛾 *Problepsis diazoma* Prout, 1938

省内产地：嵩县白云山，信阳鸡公山，内乡宝天曼，桐柏水帘洞，陕县甘山，济源王屋山，罗山灵山，商城黄柏山，新县连康山。

分布：河南，湖北，湖南，江西，浙江；日本。

资料来源：申效诚，1998，鳞翅目：尺蛾科。《伏牛山区昆虫》，中国农业科学技术出版社。

佳眼尺蛾 *Problepsis eucircota* Prout, 1913

省内产地：具体不详。

分布：河南，甘肃，上海，浙江，湖北，湖南，江西，福建，广西，四川，贵州；朝鲜，日本。

资料来源：薛大勇等，2005，鳞翅目：尺蛾科。《秦岭西段及甘南地区昆虫》，科学出版社。

眼尺蛾 *Problepsis minuta* Inoue, 1958

省内产地：许昌。

分布：河南，海南；朝鲜，日本。

资料来源：申效诚，1993，河南昆虫名录。中国农业科学技术出版社。

猫眼尺蛾 *Problepsis superans* (Butler, 1885)

省内产地：嵩县白云山，内乡宝天曼，西峡黄石庵，罗山灵山，商城黄柏山。

分布：河南，甘肃，辽宁，陕西，湖北，湖南，浙江，台湾，西藏；朝鲜，日本，俄罗斯。

寄主：水蜡树。

资料来源：申效诚，1993，河南昆虫名录。中国农业科学技术出版社。

杨岩尺蛾 *Scopula caricaeia* Keutli

省内产地：商丘，泌阳，汝南，郑州，民权，永城。

分布：河南，黑龙江，华北。

资料来源：申效诚，1993，河南昆虫名录。中国农业科学技术出版社。

伊岩尺蛾 *Scopula ignobilis* (Warren, 1901)

省内产地：栾川龙峪湾。

分布：河南，湖北，江西，台湾；朝鲜，日本。

资料来源：申效诚等，1999，《鸡公山区昆虫》，中国农业科学技术出版社。

距岩尺蛾 *Scopula impersonata* Walker, 1861

省内产地：商丘，永城。

分布：河南，华北，甘肃，湖北，江苏，浙江，福建，台湾，湖南；日本。

寄主：柳。

资料来源：申效诚，1993，河南昆虫名录。中国农业科学技术出版社。

亚雅岩尺蛾 *Scopula ornata subornata* Prout, 1913

省内产地：信阳鸡公山，栾川龙峪湾。

分布：河南；日本。

资料来源：申效诚等，1999，《鸡公山区昆虫》，中国农业科学技术出版社。

沙岩尺蛾 *Scopula salsumaria* Leech

省内产地：郑州，许昌。

分布：河南，其他分布地待查。

资料来源：申效诚，1993，河南昆虫名录。中国农业科学技术出版社。

忍冬尺蛾 *Somatina indicataria* Walker

省内产地：信阳鸡公山，桐柏水帘洞，罗山灵山，商城黄柏山，新县连康山。

分布：河南，东北，华中，陕西；朝鲜，日本。

寄主：忍冬。

资料来源：申效诚等，1999，鳞翅目：尺蛾科。《伏牛山南坡及大别山区昆虫》，中国农业科学技术出版社。

玫尖紫线尺蛾 *Timandra apicirosea* (Prout, 1935)　(河南新记录属、种)

省内产地：嵩县白云山。

分布：河南，内蒙古，甘肃，江西，湖南，西藏；日本，俄罗斯。

(二) 花尺蛾亚科 Larentiinae

点线异序尺蛾 *Agnibesa punctilinearia* (Leech, 1897)

省内产地：嵩县白云山。

分布：河南，四川，云南，陕西，甘肃。

资料来源：任应党等，2002，鳞翅目：波纹蛾科，圆钩蛾科，钩蛾科，尺蛾科。《太行山及桐柏山区昆虫》，中国农业科学技术出版社。

睡莲白尺蛾 *Asthena nymphaeata* (Staidinger, 1897)　(河南新记录属、种)

省内产地：嵩县白云山。

分布：河南，河北，北京，陕西，甘肃，湖南，四川；朝鲜，日本，俄罗斯。

窝尺蛾 *Atopophysa indistincta* (Butler, 1889)　(河南新记录属、种)

省内产地：内乡宝天曼。

分布：河南，陕西，甘肃，湖北，湖南，四川，云南，西藏；印度，尼泊尔。

环纹尺蛾广斑亚种 *Calleulype whitelyi leechi* Inoue, 1955

省内产地：陕县甘山，栾川龙峪湾。

分布：河南，湖北；朝鲜，日本。

资料来源：任应党等，2002，鳞翅目：波纹蛾科，圆钩蛾科，钩蛾科，尺蛾科。《太行山及桐柏山区昆虫》，中国农业科学技术出版社。

环纹尺蛾指名亚种 *Calleulype whitelyi whitelyi* (Butler, 1897)

省内产地：嵩县白云山。

分布：河南，湖北，陕西，甘肃；日本，俄罗斯。

资料来源：任应党等，2002，鳞翅目：波纹蛾科，圆钩蛾科，钩蛾科，尺蛾科。《太行山及桐柏山区昆虫》，中国农业科学技术出版社。

常春藤回纹尺蛾 *Chartographa compositata compositata* (Guenee, 1857)

省内产地：罗山灵山，桐柏水帘洞，信阳鸡公山，商城黄柏山。

分布：河南，华北，山东，湖北，湖南，江西，浙江，朝鲜，日本。

资料来源：申效诚等，1999，《鸡公山区昆虫》，中国农业科学技术出版社。

云南松回纹尺蛾 *Chartographa fabiolaria* (Oberthur, 1884)

省内产地：桐柏水帘洞，济源王屋山，济源黄楝树，嵩县白云山，信阳鸡公山，内乡宝天曼，商城黄柏山。

分布：河南，陕西，湖南，北京，甘肃，浙江，江西，台湾，湖北，广西，四川，云南，贵州；朝鲜。

寄主：云南松。

资料来源：申效诚，1998，鳞翅目：尺蛾科。《伏牛山区昆虫》，中国农业科学技术出版社。

黑回纹尺蛾 *Chartographa intersectaria* (Leech, 1897)

省内产地：嵩县白云山。

分布：河南，四川。

资料来源：任应党等，2002，鳞翅目：波纹蛾科，圆钩蛾科，钩蛾科，尺蛾科。《太行山及桐柏山区昆虫》，中国农业科学技术出版社。

葡萄回纹尺蛾 *Chartographa ludovicaria* (Oberthur, 1879)

省内产地：嵩县白云山，内乡宝天曼。

分布：河南，黑龙江，北京，湖北，湖南，四川，云南，陕西，甘肃；朝鲜，俄罗斯。

资料来源：申效诚，1998，鳞翅目：尺蛾科。《伏牛山区昆虫》，中国农业科学技术出版社。

茎涤尺蛾中国亚种 *Dysstroma truncata sinensis* Heydemann, 1929

省内产地：嵩县白云山。

分布：河南，甘肃，青海，四川，云南，西藏。

资料来源：任应党等，2002，鳞翅目：波纹蛾科，圆钩蛾科，钩蛾科，尺蛾科。《太行山及桐柏山区昆虫》，中国农业科学技术出版社。

狭折线尺蛾 *Ecliptopera angustaria* (Leech, 1897)

省内产地：桐柏水帘洞，内乡宝天曼。

分布：河南，四川。

资料来源：申效诚等，1999，鳞翅目：尺蛾科。《伏牛山南坡及大别山区昆虫》，中国农业科学技术出版社。

方折线尺蛾 *Ecliptopera benigna* (Prout, 1915)

省内产地：内乡宝天曼，西峡黄石庵。

分布：河南，安徽，浙江，湖南，江西，台湾，广西，四川。

资料来源：申效诚等，1999，鳞翅目：尺蛾科。《伏牛山南坡及大别山区昆虫》，中国农业科学技术出版社。

屈折线尺蛾 *Ecliptopera substituta* (Walker, 1866)

省内产地：嵩县白云山。

分布：河南，云南，西藏；印度，不丹，尼泊尔。

资料来源：任应党等，2002，鳞翅目：波纹蛾科，圆钩蛾科，钩蛾科，尺蛾科。《太行山及桐柏山区昆虫》，中国农业科学技术出版社。

绣纹折线尺蛾 *Ecliptopera umbrosaria* (Motschulsky, 1861)

省内产地：卢氏狮子坪，商城黄柏山，新县连康山。

分布：河南，黑龙江，吉林，北京，河北，湖南，台湾，四川；朝鲜，日本，蒙古国，俄罗斯。

资料来源：申效诚，1998，鳞翅目：尺蛾科。《伏牛山区昆虫》，中国农业科学技术出版社。

金纹焰尺蛾 *Electrophaes fulgidaria* (Leech, 1897)

省内产地：内乡宝天曼。

分布：河南，四川，云南，西藏；印度(锡金)。

资料来源：申效诚等，1999，鳞翅目：尺蛾科。《伏牛山南坡及大别山区昆虫》，中国农业科学技术出版社。

阔焰尺蛾 *Electrophaes tsermosaria* (Oberthur, 1894)

省内产地：嵩县白云山。

分布：河南，湖北，湖南，四川，云南，西藏。

资料来源：任应党等，2002，鳞翅目：波纹蛾科，圆钩蛾科，钩蛾科，尺蛾科。《太行山及桐柏山区昆虫》，中国农业科学技术出版社。

黄带晓尺蛾 *Eois pluristrigata* (Moore, 1868)

省内产地：嵩县白云山。

分布：河南，四川，湖北，湖南；印度(锡金)，尼泊尔。

资料来源：任应党等，2002，鳞翅目：波纹蛾科，圆钩蛾科，钩蛾科，尺蛾科。《太行山及桐柏山区昆虫》，中国农业科学技术出版社。

白眉洲尺蛾 *Epirrhoe brephos* (Oberthur, 1884)　(河南新记录属、种)

省内产地：嵩县白云山。

分布：河南，甘肃，青海，湖北，台湾，四川，云南，西藏。

习性：成虫白天活动，像蝶一样在花间飞舞。

细纹尺蛾 *Eulithis convergenata* (Bremer, 1864)

回纹尺蛾 *Chartographa convergenata* Bremer

省内产地：嵩县白云山，鲁山石人山，内乡宝天曼。

分布：河南，黑龙江，甘肃；日本，俄罗斯。

资料来源：任应党等，2002，鳞翅目：波纹蛾科，圆钩蛾科，钩蛾科，尺蛾科。《太行山及桐柏山区昆虫》，中国农业科学技术出版社。

云纹尺蛾 *Eulithis pyropata* (Hubner, 1809)

省内产地：济源王屋山。

分布：河南，吉林；日本，俄罗斯，德国。

资料来源：任应党等，2002，鳞翅目：波纹蛾科，圆钩蛾科，钩蛾科，尺蛾科。《太行山及桐柏山区昆虫》，中国农业科学技术出版社。

苹小花尺蛾 *Eupithecia insignita* Hubner

省内产地：商丘。

分布：河南，河北；日本。

资料来源：申效诚，1993，河南昆虫名录。中国农业科学技术出版社。

黑斑褥尺蛾 *Eustroma aerosa* (Butler, 1878)

省内产地：卢氏大块地，嵩县白云山，内乡宝天曼。

分布：河南，湖南，北京，河北，福建，四川，云南，陕西，甘肃；朝鲜，日本，俄罗斯。

资料来源：申效诚，1998，鳞翅目：尺蛾科。《伏牛山区昆虫》，中国农业科学技术出版社。

旷褥尺蛾 *Eustroma inextricata* (Walker, 1866)

省内产地：卢氏大块地。

分布：河南，湖南，四川，西藏；印度，尼泊尔，缅甸。

资料来源：申效诚，1998，鳞翅目：尺蛾科。《伏牛山区昆虫》，中国农业科学技术出版社。

网褥尺蛾 *Eustroma reticulata* ([Denis *et* Schiffermuller], 1775)

省内产地：嵩县白云山。

分布：河南，黑龙江，内蒙古，甘肃，湖北，四川，云南；朝鲜，日本，俄罗斯；欧洲。

资料来源：任应党等，2002，鳞翅目：波纹蛾科，圆钩蛾科，钩蛾科，尺蛾科。《太行山及桐柏山区昆虫》，中国农业科学技术出版社。

汇纹尺蛾 *Evecliptopera decurrens decurrens* (Moore, 1888)

散折线尺蛾 *Ecliptopera decurrens illitata* Wileman

省内产地：西峡寨根，商城黄柏山。

分布：河南，陕西，湖北，江西，福建，四川；印度(锡金)，不丹。

资料来源：申效诚，1998，鳞翅目：尺蛾科。《伏牛山区昆虫》，中国农业科学技术出版社。

半黄枯叶尺蛾 *Gandaritis flavescens* Xue, 1992

省内产地：具体不详。

分布：河南，湖北，湖南，陕西，甘肃。

资料来源：薛大勇，1999，中国动物志 昆虫纲 第十五卷。科学出版社。

中国枯叶尺蛾 *Gandaritis sinicaria* Leech, 1897

省内产地：卢氏大块地，鲁山石人山，桐柏水帘洞，内乡宝天曼。

分布：河南，四川，浙江，湖北，湖南，陕西，甘肃，安徽，江西，福建，广西，台湾；印度。

资料来源：申效诚，1998，鳞翅目：尺蛾科。《伏牛山区昆虫》，中国农业科学技术出版社。

灰涛尺蛾 *Glaucorhoe unduliferaria* (Motschulsky, 1861)

省内产地：嵩县白云山。

分布：河南，四川，湖北，甘肃，山西，吉林，黑龙江；朝鲜，日本，俄罗斯。

资料来源：任应党等，2002，鳞翅目：波纹蛾科，圆钩蛾科，钩蛾科，尺蛾科。《太行山及桐柏山区昆虫》，中国农业科学技术出版社。

白尖历尺蛾 *Hastina stenozona* Prout, 1926

省内产地：嵩县白云山。

分布：河南，四川，湖北，云南；印度，缅甸。

资料来源：任应党等，2002，鳞翅目：波纹蛾科，圆钩蛾科，钩蛾科，尺蛾科。《太行山及桐柏山区昆虫》，中国农业科学技术出版社。

榆异翅尺蛾 *Heterophleps confusa* (Wileman, 1911)

省内产地：具体不详。

分布：河南，黑龙江，辽宁；朝鲜，日本，俄罗斯。

寄主：榆。

资料来源：申效诚，1993，河南昆虫名录。中国农业科学技术出版社。

奇带尺蛾 *Heterothera postalbida* (Wileman, 1911)

省内产地：嵩县白云山。

分布：河南，陕西，甘肃，上海，浙江，湖南，四川，云南；朝鲜，日本，俄罗斯。

资料来源：Skou，P. *et al.*，2002，鳞翅目：尺蛾科。《太行山及桐柏山区昆虫》，中国农业科学技术出版社。

赤尖水尺蛾 *Hydrelia sanguiniplaga* Swihhoe, 1902

省内产地：嵩县白云山。

分布：河南，四川，湖北，甘肃，云南；缅甸。

资料来源：任应党等，2002，鳞翅目：波纹蛾科，圆钩蛾科，钩蛾科，尺蛾科。《太行山及桐柏山区昆虫》，中国农业科学技术出版社。

淡网尺蛾 *Laciniodes denigrata* Warren, 1896

省内产地：卢氏大块地。

分布：河南，黑龙江，吉林，辽宁，北京，内蒙古，山西，甘肃，青海，四川，云南，西藏；朝鲜，日本，俄罗斯，蒙古国，印度。

资料来源：申效诚，1998，鳞翅目：尺蛾科。《伏牛山区昆虫》，中国农业科学技术出版社。

网尺蛾 *Laciniodes plurilinearia* (Moore, 1868) (河南新记录种)

省内产地：信阳鸡公山。

分布：河南，湖北，湖南，四川，云南，西藏，甘肃；印度(锡金)，缅甸，尼泊尔。

单网尺蛾 *Laciniodes unistirpis* (Butler, 1878)

省内产地：栾川龙峪湾。

分布：河南，湖北，湖南，江西，四川，福建，广西；朝鲜，日本。

资料来源：申效诚等，1999，《鸡公山区昆虫》，中国农业科学技术出版社。

四川云雾丽翅尺蛾 *Lampropteryx argentilineata nitidaria* (Leech, 1897)

省内产地：嵩县白云山。

分布：河南，甘肃，青海，台湾，四川，西藏。

资料来源：薛大勇，1999，中国动物志 昆虫纲 第十五卷。科学出版社。

敏丽翅尺蛾 *Lampropteryx minna* (Butler, 1881)

省内产地：卢氏大块地。

分布：河南，内蒙古；朝鲜，日本，俄罗斯。

资料来源：申效诚，1998，鳞翅目：尺蛾科。《伏牛山区昆虫》，中国农业科学技术出版社。

亚叉脉尺蛾 *Leptosegna asiatica* (Warren, 1893)

省内产地：具体不详。

分布：河南，山东，山西，甘肃，湖北，湖南，广西，四川，云南，西藏；印度(锡金)。

资料来源：薛大勇，1999，中国动物志 昆虫纲 第十五卷。科学出版社。

四川黑岛尺蛾 *Melanthia procellata szechuanensis* (Wehrli, 1931)

省内产地：卢氏大块地，嵩县白云山。

分布：河南，山西，甘肃，湖北，湖南，四川，台湾；日本。

资料来源：任应党等，2002，鳞翅目：波纹蛾科，圆钩蛾科，钩蛾科，尺蛾科。《太行山及桐柏山区昆虫》，中国农业科学技术出版社。

草莓尺蛾 *Mesoleuca albicillata* (Linnaeus, 1758)

省内产地：新乡。

分布：河南，黑龙江，吉林，内蒙古；俄罗斯；欧洲。

寄主：草莓，悬钩子，覆盆子。

资料来源：申效诚，1993，河南昆虫名录。中国农业科学技术出版社。

小玷尺蛾 *Naxidia glaphyra* Wehrli, 1931

省内产地：嵩县白云山。

分布：河南，四川，湖北，湖南。

资料来源：任应党等，2002，鳞翅目：波纹蛾科，圆钩蛾科，钩蛾科，尺蛾科。《太行山及桐柏山区昆虫》，中国农业科学技术出版社。

点玷尺蛾 *Naxidia punctata* (Butler, 1880)

省内产地：内乡宝天曼。

分布：河南，湖南，四川，西藏；印度。

资料来源：申效诚等，1999，鳞翅目：尺蛾科。《伏牛山南坡及大别山区昆虫》，中国农业科学技术出版社。

泛尺蛾 *Orthonama obstipata* (Fabricius, 1794)

省内产地：桐柏水帘洞，商丘，中牟，新乡。

分布：河南，辽宁，内蒙古，北京，河北，山东，甘肃，上海，浙江，福建，湖南，广西，四川，云南，西藏；全世界(除澳大利亚)。

资料来源：Skou，P. *et al.*，2002，鳞翅目：尺蛾科。《太行山及桐柏山区昆虫》，中国农业科学技术出版社。

旋毛瓣尺蛾 *Paralygris contorta* Warren, 1900

省内产地：具体不详。

分布：河南，湖北，台湾，广西，四川。

资料来源：薛大勇，1999，中国动物志 昆虫纲 第十五卷。科学出版社。

凌幅尺蛾 *Photoscotosia atrostrigata* (Bremer, 1864)

省内产地：卢氏大块地。

分布：河南，吉林，辽宁，湖北，湖南，台湾；日本，俄罗斯。

资料来源：任应党等，2002，鳞翅目：波纹蛾科，圆钩蛾科，钩蛾科，尺蛾科。《太行山及桐柏山区昆虫》，中国农业科学技术出版社。

橘斑幅尺蛾 *Photoscotosia miniosata* (Walker, 1862)

省内产地：具体不详。

分布：河南，甘肃，湖南，台湾，四川，贵州，云南，西藏；印度(锡金)，巴基斯坦。

资料来源：薛大勇，1999，中国动物志 昆虫纲 第十五卷。科学出版社。

重列幅尺蛾 *Photoscotosia polysticha* Prout, 1940

省内产地：嵩县白云山。

分布：河南，西藏；尼泊尔。

资料来源：任应党等，2002，鳞翅目：波纹蛾科，圆钩蛾科，钩蛾科，尺蛾科。《太行山及桐柏山区昆虫》，中国农业科学技术出版社。

双色翡尺蛾 *Piercia bipartaria* (Leech, 1897)

省内产地：桐柏水帘洞。

分布：河南，甘肃，四川，云南；缅甸。

资料来源：Skou，P. *et al.*，2002，鳞翅目：尺蛾科。《太行山及桐柏山区昆虫》，中国农业科学技术出版社。

缺距汝尺蛾 *Rheumaptera alternata* (Christoph, 1881) (河南新记录种)

省内产地：嵩县白云山。

分布：河南，内蒙古，甘肃，青海，山东，四川，云南，西藏；日本，俄罗斯。

青海黑波汝尺蛾 *Rheumaptera lugens maculifera* (Warnecke, 1938)

省内产地：嵩县白云山。

分布：河南，青海，西藏。

资料来源：任应党等，2002，鳞翅目：波纹蛾科，圆钩蛾科，钩蛾科，尺蛾科。《太行山及桐柏山区昆虫》，中国农业科学技术出版社。

阔掷尺蛾 *Scotopteryx eurypeda* (Prout, 1937)

省内产地：陕县甘山。

分布：河南，甘肃，福建，四川，云南，西藏。

资料来源：任应党等，2002，鳞翅目：波纹蛾科，圆钩蛾科，钩蛾科，尺蛾科。《太行山及桐柏山区昆虫》，中国农业科学技术出版社。

胆尺蛾 *Teinoloba perspicillato* Yazaki, 1995

省内产地：卢氏大块地，南召石人山，嵩县白云山。

分布：河南，湖南；尼泊尔。

资料来源：任应党等，2002，鳞翅目：波纹蛾科，圆钩蛾科，钩蛾科，尺蛾科。《太行山及桐柏

山区昆虫》，中国农业科学技术出版社。

星缘扇尺蛾 *Telenomeuta punctimarginaria* (Leech, 1891) (河南新记录属、种)

省内产地：嵩县白云山。

分布：河南，甘肃，湖北，浙江，福建，台湾，四川；日本。

双白毛漆尺蛾 *Trichodezia kindermanni* (Bremer, 1864)

省内产地：嵩县白云山。

分布：河南，四川，东北；日本，俄罗斯。

资料来源：任应党等，2002，鳞翅目：波纹蛾科，圆钩蛾科，钩蛾科，尺蛾科。《太行山及桐柏山区昆虫》，中国农业科学技术出版社。

庐光尺蛾 *Triphosa lugens* Bastelberger, 1909

省内产地：嵩县白云山。

分布：河南，台湾，西藏。

资料来源：任应党等，2002，鳞翅目：波纹蛾科，圆钩蛾科，钩蛾科，尺蛾科。《太行山及桐柏山区昆虫》，中国农业科学技术出版社。

洁尺蛾 *Tyloptera bella* (Butler, 1878)

点波尺蛾 *Microloba bella* Butler

省内产地：信阳鸡公山，栾川龙峪湾，桐柏水帘洞，卢氏狮子坪，济源王屋山。

分布：河南，黑龙江，吉林，辽宁，浙江，福建，江西，台湾，湖北，湖南，广西，四川，云南，陕西，甘肃；朝鲜，日本，俄罗斯，缅甸。

资料来源：任应党等，2002，鳞翅目：波纹蛾科，圆钩蛾科，钩蛾科，尺蛾科。《太行山及桐柏山区昆虫》，中国农业科学技术出版社。

拉维尺蛾 *Venusia laria* Oberthur, 1893

省内产地：嵩县白云山，内乡宝天曼。

分布：河南，湖北，福建，四川，云南，西藏；日本。

资料来源：申效诚等，1999，鳞翅目：尺蛾科。《伏牛山南坡及大别山区昆虫》，中国农业科学技术出版社。

花园潢尺蛾 *Xanthorhoe hortensiaria* (Graeser, 1889)

省内产地：桐柏水帘洞。

分布：河南，黑龙江，北京，湖南，四川，云南；日本，俄罗斯。

资料来源：Skou，P. *et al.*，2002，鳞翅目：尺蛾科。《太行山及桐柏山区昆虫》，中国农业科学技术出版社。

乌云潢尺蛾 *Xanthorhoe muscicapata* (Christoph, 1881)

省内产地：嵩县白云山。

分布：河南、华北，北京，台湾，四川；朝鲜，日本，俄罗斯。

资料来源：Skou，P. *et al.*，2002，鳞翅目：尺蛾科。《太行山及桐柏山区昆虫》，中国农业科学技术出版社。

盈潢尺蛾 *Xanthorhoe saturata* (Guenee, 1857)

省内产地：新乡。

分布：河南，甘肃，浙江，湖南，台湾，福建，海南，广西，四川，云南，西藏；日本，印度。

资料来源：薛大勇，1999，中国动物志 昆虫纲 第十五卷。科学出版社。

直线黑点尺蛾 *Xenortholitha euthygramma* (Wehrli, 1924)

省内产地：桐柏水帘洞。

分布：河南、北京，上海，江苏，浙江，福建，湖北，湖南，四川。

资料来源：Skou，P. *et al.*，2002，鳞翅目：尺蛾科。《太行山及桐柏山区昆虫》，中国农业科学技术出版社。

凸黑点尺蛾 *Xenortholitha exacra* (Wehrli, 1931)

省内产地：嵩县白云山。

分布：河南，四川，云南，湖南。

资料来源：任应党等，2002，鳞翅目：波纹蛾科，圆钩蛾科，钩蛾科，尺蛾科。《太行山及桐柏山区昆虫》，中国农业科学技术出版社。

(三) 星尺蛾亚科 Oenochrominae

女贞尺蛾 *Naxa seriaria* (Guenee, 1857)

省内产地：嵩县白云山，信阳鸡公山，内乡宝天曼，西峡黄石庵，罗山灵山。

分布：河南，东北，北京；朝鲜，日本，俄罗斯。

资料来源：申效诚，1998，鳞翅目：尺蛾科。《伏牛山区昆虫》，中国农业科学技术出版社。

二线沙尺蛾 *Sarcinodes carnearia* Guenee

省内产地：郑州。

分布：河南，台湾，广东，海南，四川，云南；印度，缅甸。

资料来源：申效诚，1993，河南昆虫名录。中国农业科学技术出版社。

(四) 尺蛾亚科 Geometrinae

萝摩艳青尺蛾 *Agathia carissima* Butler, 1878

省内产地：卢氏狮子坪，济源王屋山，济源黄楝树，登封少林寺，嵩县白云山，栾川龙峪湾，信阳鸡公山，中牟。

分布：河南，东北，北京，陕西，四川；朝鲜，日本。

资料来源：申效诚，1998，鳞翅目：尺蛾科。《伏牛山区昆虫》，中国农业科学技术出版社。

焦斑艳青尺蛾 *Agathia visenda curvifiniens* Prout, 1917

省内产地：商城黄柏山。

分布：河南，华东，湖北，江西，广东，四川；朝鲜，日本。

资料来源：申效诚等，1999，鳞翅目：尺蛾科。《伏牛山南坡及大别山区昆虫》，中国农业科学技术出版社。

迷仿锈腰青尺蛾 *Chlorissa amphitritaria* (Oberthur, 1879)

省内产地：信阳鸡公山.

分布：河南，江西，福建，广西；日本，俄罗斯。

资料来源：韩红香，薛大勇，2011，中国动物志 昆虫纲 第五十四卷。科学出版社。

藏仿锈腰青尺蛾 *Chlorissa gelida* (Butler, 1889)

省内产地：栾川龙峪湾，灵宝亚武山，卢氏狮子坪，信阳鸡公山，内乡宝天曼，商城黄柏山。

分布：河南，湖南，西藏；印度，巴基斯坦。

资料来源：申效诚，1998，鳞翅目：尺蛾科。《伏牛山区昆虫》，中国农业科学技术出版社。

遗仿锈腰青尺蛾 *Chlorissa obliterate* (Walker, 1863)

省内产地：新乡。

分布：河南，黑龙江，河北，山东，山西，甘肃，江苏，浙江，福建，湖南，四川；俄罗斯，朝鲜，日本半岛。

资料来源：韩红香，薛大勇，2011，中国动物志 昆虫纲 第五十四卷。科学出版社。

堇瓷尺蛾 *Chlororithra missioniaria* Oberthur, 1916

省内产地：嵩县白云山，内乡宝天曼。

分布：河南，北京，云南。

资料来源：韩红香，薛大勇，2011，中国动物志 昆虫纲 第五十四卷。科学出版社。

长纹绿尺蛾 *Comibaena argentataria* (Leech, 1897)

省内产地：罗山灵山，桐柏水帘洞。

分布：河南，华中，湖北，福建，广东，台湾；朝鲜，日本。

资料来源：任应党等，2002，鳞翅目：波纹蛾科，圆钩蛾科，钩蛾科，尺蛾科。《太行山及桐柏山区昆虫》，中国农业科学技术出版社。

栎绿尺蛾 *Comibaena quadrinotata* Butler, 1889

省内产地：灵宝亚武山，卢氏狮子坪，信阳鸡公山，内乡宝天曼，桐柏水帘洞，商城黄柏山，新县连康山。

分布：河南，黑龙江，湖北，江西，浙江，福建，广东，海南，四川，西藏；朝鲜，日本。

资料来源：韩红香，薛大勇，2011，中国动物志 昆虫纲 第五十四卷。科学出版社。

申效诚，1998，鳞翅目：尺蛾科。《伏牛山区昆虫》，中国农业科学技术出版社。

黑点绿尺蛾 *Comibaena nigromacularia* (Leech, 1897)

省内产地：内乡宝天曼，嵩县白云山，信阳鸡公山。

分布：河南，黑龙江，甘肃，湖北，安徽，江西，福建，台湾，四川；朝鲜，日本，俄罗斯。

资料来源：申效诚等，1999，鳞翅目：尺蛾科。《伏牛山南坡及大别山区昆虫》，中国农业科学技术出版社。

肾纹绿尺蛾 *Comibaena procumbaria* Pryer, 1877

省内产地：信阳鸡公山，桐柏水帘洞，罗山灵山，济源王屋山，济源黄楝树，商城黄柏山。

分布：河南，北京，上海，浙江，四川，台湾；日本。

资料来源：申效诚等，1999，《鸡公山区昆虫》，中国农业科学技术出版社。

亚肾纹绿尺蛾 *Comibaena subprocumbaria* (Oberthur, 1916)

省内产地：信阳鸡公山.

分布：河南，河北，甘肃，江苏，浙江，湖北，江西，湖南，福建，广西，海南，四川，云南，西藏。

资料来源：韩红香，薛大勇，2011，中国动物志 昆虫纲 第五十四卷。科学出版社。

隐角斑绿尺蛾 *Comibaena takasago* Okano, 1960

省内产地：内乡宝天曼。

分布：河南，湖南，台湾。

资料来源：韩红香，薛大勇，2011，中国动物志 昆虫纲 第五十四卷。科学出版社。

坦氏绿尺蛾 *Comibaena tancrei* (Graeser, 1890)

省内产地：内乡宝天曼。

分布：河南，黑龙江，吉林，内蒙古；俄罗斯(阿穆尔，乌苏里)，朝鲜半岛。

资料来源：申效诚等，1999，鳞翅目：尺蛾科。《伏牛山南坡及大别山区昆虫》，中国农业科学技术出版社。

平纹绿尺蛾 *Comibaena tenuisaria* (Graeser, 1889)

省内产地：嵩县白云山，内乡宝天曼。

分布：河南，陕西，山西，甘肃，安徽，江苏，福建；朝鲜半岛，俄罗斯。

资料来源：韩红香，薛大勇，2011，中国动物志 昆虫纲 第五十四卷。科学出版社。

亚四目绿尺蛾 *Comostola subtiliaria* (Bremer, 1864)

省内产地：桐柏水帘洞，信阳鸡公山。

分布：河南，东北，湖南，广西，日本，俄罗斯。

资料来源：申效诚等，1999，《鸡公山区昆虫》，中国农业科学技术出版社。

赤线尺蛾 *Culpinia diffusa* (Walker, 1861)

省内产地：商丘。

分布：河南，东北，浙江，四川，陕西，台湾；日本。

寄主：桑，艾蒿。

资料来源：申效诚，1993，河南昆虫名录。中国农业科学技术出版社。

赭点峰尺蛾 *Dindica para para* Swinhoe, 1891

省内产地：鲁山县石人山。

分布：河南，四川，江西，云南，湖北，湖南，福建，广西，甘肃；泰国，印度，不丹。

资料来源：申效诚，1998，鳞翅目：尺蛾科。《伏牛山区昆虫》，中国农业科学技术出版社。

豹涡尺蛾 *Dindicodes davidaria* (Poujade, 1895) (河南新记录种)

豹垂耳尺蛾 *Pachyodes davidaria* Poujade, 1895

省内产地：内乡宝天曼。

分布：河南，陕西，甘肃，湖南，四川。

美彩青尺蛾 *Eucyclodes aphrodite* (Prout, 1933)

省内产地：嵩县白云山。

分布：河南，陕西，甘肃，江苏，上海，江西，湖北，湖南，广西，四川，重庆，云南。

资料来源：韩红香，薛大勇，2011，中国动物志 昆虫纲 第五十四卷。科学出版社。

枯斑翠尺蛾 *Eucyclodes difficta* (Walker, 1861)

枯斑翠尺蛾 *Ochrognesia difficta* Walker

省内产地：栾川龙峪湾，罗山灵山，商城黄柏山，确山，沈丘。

分布：河南，黑龙江，吉林，辽宁，北京，内蒙古，河北，陕西，甘肃，山西，山东，安徽，湖北，江西，湖南，福建，广西，云南，四川；俄罗斯，朝鲜，日本。

资料来源：申效诚等，1999，《鸡公山区昆虫》，中国农业科学技术出版社。

彩青尺蛾 *Eucyclodes gavissima* (Walker, 1861)

省内产地：桐柏水帘洞。

分布：河南，湖北，湖南，四川，广西，陕西，甘肃，西藏。

资料来源：任应党等，2002，鳞翅目：波纹蛾科，圆钩蛾科，钩蛾科，尺蛾科。《太行山及桐柏山区昆虫》，中国农业科学技术出版社。

肖彩青尺蛾 *Eucyclodes omeica* (Chu, 1981)

肖枯斑翠尺蛾 *Chloromachia omeica* Chu

省内产地：栾川龙峪湾。

分布：河南，四川。

资料来源：申效诚，1998，鳞翅目：尺蛾科。《伏牛山区昆虫》，中国农业科学技术出版社。

白脉青尺蛾 *Geometra albovenaria* Bremer, 1864

省内产地：内乡宝天曼，嵩县白云山。

分布：河南，北京，四川，云南，黑龙江，吉林，内蒙古，山西，陕西，湖南，甘肃；俄罗斯，朝鲜，日本。

资料来源：申效诚等，1999，鳞翅目：尺蛾科。《伏牛山南坡及大别山区昆虫》，中国农业科学技术出版社。

宽线青尺蛾 *Geometra euryagyia* (Prout, 1922)

省内产地：嵩县白云山。

分布：河南，陕西，甘肃，云南。

资料来源：韩红香，薛大勇，2011，中国动物志 昆虫纲 第五十四卷。科学出版社。

曲白带青尺蛾 *Geometra glaucaria* Menetries, 1858

省内产地：济源王屋山，嵩县白云山，栾川龙峪湾，信阳鸡公山。

分布：河南，黑龙江，吉林，辽宁，内蒙古，北京，陕西，甘肃；俄罗斯，朝鲜，日本。

资料来源：申效诚，1998，鳞翅目：尺蛾科。《伏牛山区昆虫》，中国农业科学技术出版社。

蝶青尺蛾 *Geometra papilionaria* (Linnaeus, 1758)

省内产地：嵩县白云山，栾川龙峪湾，内乡宝天曼。

分布：河南，黑龙江，吉林，辽宁，内蒙古，河北，山西；俄罗斯，日本；朝鲜半岛；欧洲。

资料来源：申效诚，1998，鳞翅目：尺蛾科。《伏牛山区昆虫》，中国农业科学技术出版社。

云青尺蛾 *Geometra symaria* Obertnur, 1916

省内产地：嵩县白云山。

分布：河南，陕西，甘肃，湖北，四川，云南。

资料来源：韩红香，薛大勇，2011，中国动物志 昆虫纲 第五十四卷。科学出版社。

乌苏里青尺蛾 *Geometra ussuriensis* Sauber, 1915

省内产地：灵宝亚武山，罗山灵山，桐柏水帘洞，信阳鸡公山。

分布：河南，陕西，甘肃，黑龙江，四川，浙江，湖北；俄罗斯，朝鲜，日本。

资料来源：申效诚，1998，鳞翅目：尺蛾科。《伏牛山区昆虫》，中国农业科学技术出版社。

直脉青尺蛾 *Geometra valida* Felder *et* Rogenhofer, 1875

省内产地：嵩县白云山，栾川龙峪湾，信阳鸡公山，桐柏水帘洞，卢氏狮子坪，陕县甘山，济源王屋山，济源黄楝树，内乡宝天曼，西峡黄石庵，罗山灵山。

分布：河南，黑龙江，吉林，北京，内蒙古，宁夏，山东，浙江，陕西，江西，湖南，福建，四川，甘肃；俄罗斯，朝鲜，日本。

寄主：栎，橡，檫，栗。

资料来源：申效诚，1998，鳞翅目：尺蛾科。《伏牛山区昆虫》，中国农业科学技术出版社。

金边无疆青尺蛾 *Hemistola simplex* warren, 1899

省内产地：信阳鸡公山。

分布：河南，甘肃，浙江，湖南，福建，台湾，四川。

资料来源：韩红香，薛大勇，2011，中国动物志 昆虫纲 第五十四卷。科学出版社。

细线无缰青尺蛾 *Hemistola tenuilinea* (Alpheraky, 1897)

省内产地：信阳鸡公山。

分布：河南，湖南，辽宁，台湾；朝鲜，日本。

资料来源：申效诚等，1999，《鸡公山区昆虫》，中国农业科学技术出版社。

红颜锈腰青尺蛾 *Hemithea aestivaria* (Hubner, 1799)

省内产地：桐柏，中牟。

分布：河南，黑龙江，湖北，江苏，广东，贵州；朝鲜，日本，西班牙。

资料来源：申效诚，1993，河南昆虫名录。中国农业科学技术出版社。

奇锈腰青尺蛾 *Hemithea krakenaria* Holloway, 1996

省内产地：信阳鸡公山.

分布：河南，浙江，福建，广西，四川，云南；马来西亚。

资料来源：韩红香，薛大勇，2011，中国动物志 昆虫纲 第五十四卷。科学出版社。

红边绣腰青尺蛾 *Hemithea rubrifrons* Warren

省内产地：鲁山县石人山。

分布：河南，西藏；印度，不丹。

资料来源：申效诚，1998，鳞翅目：尺蛾科。《伏牛山区昆虫》，中国农业科学技术出版社。

乌苏介青尺蛾 *Idiochlora ussuriaria* (Bremer, 1864)

省内产地：信阳鸡公山。

分布：河南，浙江，四川，云南，台湾；俄罗斯，朝鲜，日本半岛。

资料来源：韩红香，薛大勇，2011，中国动物志 昆虫纲 第五十四卷。科学出版社。

青辐射尺蛾 *Iotaphora admirabilis* Oberthus, 1883

省内产地：嵩县白云山，信阳鸡公山，内乡宝天曼，桐柏水帘洞，罗山灵山，商城黄柏山。

分布：河南，黑龙江，北京，江西，陕西，甘肃，浙江，广西，四川；俄罗斯。

资料来源：申效诚，1998，鳞翅目：尺蛾科。《伏牛山区昆虫》，中国农业科学技术出版社。

黄辐射尺蛾 *Iotaphora iridicolor* Butler, 1880

省内产地：辉县，信阳。

分布：河南，黑龙江，山西，四川，西藏；印度(锡金)。

寄主：胡桃楸。

资料来源：申效诚，1993，河南昆虫名录。中国农业科学技术出版社。

中国巨青尺蛾 *Limbatochlamys rothorni* Rothschild, 1894

省内产地：桐柏水帘洞，嵩县白云山，灵宝亚武山，内乡宝天曼，西峡黄石庵。

分布：河南，江西，四川，湖北，湖南，云南，广西，浙江，福建。

资料来源：申效诚，1998，鳞翅目：尺蛾科。《伏牛山区昆虫》，中国农业科学技术出版社。

江浙冠尺蛾 *Lophophelma iterans* (Prout, 1926)

江浙垂耳尺蛾 *Pachyodes iterans* (Prout, 1926)

省内产地：卢氏狮子坪，卢氏大块地，嵩县白云山，商城黄柏山，新县连康山。

分布：河南，湖南，上海，浙江，江西，广西，海南，四川，山西，甘肃。

资料来源：申效诚，1998，鳞翅目：尺蛾科。《伏牛山区昆虫》，中国农业科学技术出版社。

锯翅尖尾尺蛾 *Maxates coelataria* (Walker, 1861)

省内产地：具体不详。

分布：河南，广东，海南；印度，斯里兰卡，缅甸，新加坡，印度尼西亚。

寄主：柳，李。

资料来源：申效诚，1993，河南昆虫名录。中国农业科学技术出版社。

续尖尾尺蛾 *Maxates grandificaria* (Graeser, 1890)

省内产地：信阳鸡公山。

分布：河南，甘肃，山东，上海，江苏，湖北，浙江，湖南，台湾，四川；俄罗斯，朝鲜，日本半岛。

资料来源：韩红香，薛大勇，2011，中国动物志 昆虫纲 第五十四卷。科学出版社。

青尖尾尺蛾 *Maxates illiturata* (Walker, 1863)

尖尾尺蛾 *Gelasma illiturata* Walker, 1863

省内产地：桐柏水帘洞，卢氏大块地，济源王屋山，登封少林寺，信阳，南阳。

分布：河南，上海，福建，台湾，湖南；朝鲜，日本。

寄主：桃，樱桃。

资料来源：申效诚，1993，河南昆虫名录。中国农业科学技术出版社。

三叉绿尺蛾 *Mixochlora vittata* (Moore, 1868)

三叉镰翅绿尺蛾 *Tanaorhinus vittata* Moore

省内产地：商城黄柏山。

分布：河南，江西，福建，四川；日本，印度。

资料来源：申效诚等，1999，鳞翅目：尺蛾科。《伏牛山南坡及大别山区昆虫》，中国农业科学技术出版社。

双线新青尺蛾 *Neohipparchus vallata* (Butler, 1878)

省内产地：商城黄柏山。

分布：河南，陕西，甘肃，山西，江西，湖南，四川，西藏，台湾；朝鲜，日本，印度(锡金)。

资料来源：申效诚等，1999，鳞翅目：尺蛾科。《伏牛山南坡及大别山区昆虫》，中国农业科学技术出版社。

金星垂耳尺蛾 *Pachyodes amplificata* (Walker, 1862) (河南新记录种)

省内产地：嵩县白云山。

分布：河南，甘肃，浙江，江西，湖南，广西，四川。

亚海绿尺蛾 *Pelagodes subquararia* (Inoue, 1876)

省内产地：信阳鸡公山。

分布：河南，江西，湖北，湖南，福建，台湾，广东，广西，海南；日本。

资料来源：韩红香，薛大勇，2011，中国动物志 昆虫纲 第五十四卷。科学出版社。

粉尺蛾 *Pingasa alba brunnescens* Prout, 1913

省内产地：商城黄柏山。

分布：河南，湖北，江西，浙江，福建，湖南，广东，广西，贵州；日本。

资料来源：申效诚等，1999，鳞翅目：尺蛾科。《伏牛山南坡及大别山区昆虫》，中国农业科学技术出版社。

广州粉尺蛾 *Pingasa chlora crenaria* Guenee, 1857

省内产地：信阳鸡公山，内乡宝天曼。

分布：河南，台湾，广东，香港，海南，广西，西藏；印度，斯里兰卡，泰国，马来西亚。

资料来源：申效诚等，1999，《鸡公山区昆虫》，中国农业科学技术出版社。

染尺蛾 *Psilotagma decorate* Warren, 1894

染垂耳尺蛾 *Pachyodes decorata* (Warren, 1894)

省内产地：桐柏水帘洞，嵩县白云山，栾川龙峪湾，内乡宝天曼。

分布：河南，湖北，湖南，四川，陕西，甘肃；不丹。

资料来源：申效诚，1998，鳞翅目：尺蛾科。《伏牛山区昆虫》，中国农业科学技术出版社。

褐镰翅青尺蛾 *Tanaorhinus reciprocatus confuciarius* Walker, 1861

省内产地：嵩县白云山。

分布：河南，华北，湖北，江西，福建，台湾，海南，湖南，广西，贵州，四川，云南，西藏；朝鲜，日本。

资料来源：任应党等，2002，鳞翅目：波纹蛾科，圆钩蛾科，钩蛾科，尺蛾科。《太行山及桐柏山区昆虫》，中国农业科学技术出版社。

菊四目绿尺蛾 *Thetidia albocostaria* (Bremer, 1864)

菊四目绿尺蛾 *Euchloris albocostaria* Bremer

省内产地：嵩县白云山，桐柏水帘洞，济源王屋山，济源黄楝树，信阳鸡公山。

分布：河南，黑龙江，内蒙古，陕西，甘肃，青海，山西，安徽，湖南；朝鲜，日本，俄罗斯。

寄主：菊，艾。

资料来源：申效诚，1998，鳞翅目：尺蛾科。《伏牛山区昆虫》，中国农业科学技术出版社。

白点二线绿尺蛾 *Thetidia smaragdaria* (Fabricius, 1787)

省内产地：灵宝。

分布：河南，内蒙古，甘肃，青海，新疆；俄罗斯，小亚细亚，印度；欧洲。

资料来源：韩红香，薛大勇，2011，中国动物志 昆虫纲 第五十四卷。科学出版社。

缺口青尺蛾 *Timandromorpha discolor* (Warren, 1896)

缺口镰翅青尺蛾 *Tanaorhinus discolor* Warren, 1896

省内产地：卢氏大块地，嵩县白云山，信阳鸡公山。

分布：河南，浙江，四川，广东，台湾；日本，印度，缅甸。

资料来源：申效诚，1998，鳞翅目：尺蛾科。《伏牛山区昆虫》，中国农业科学技术出版社。

小缺口青尺蛾 *Timandromorpha enervate* Inoue, 1944

省内产地：嵩县白云山，内乡宝天曼，信阳鸡公山。

分布：河南，陕西，甘肃，湖北，浙江，江西，湖南，福建，台湾，四川；朝鲜，日本半岛。

资料来源：韩红香，薛大勇，2011，中国动物志 昆虫纲 第五十四卷。科学出版社。

赞青尺蛾 *Xenozancla versicolor* Warren, 1893

省内产地：内乡宝天曼。

分布：河南，河北，北京，山东，陕西，湖北，广西，四川；印度。

资料来源：韩红香，薛大勇，2011，中国动物志 昆虫纲 第五十四卷。科学出版社。

(五) 灰尺蛾亚科 Ennominae

马尾松点尺蛾 *Abraxas flavisinuata* Warren, 1894

省内产地：中牟。

分布：河南，湖北，浙江，湖南，贵州；日本。

资料来源：申效诚，1993，河南昆虫名录。中国农业科学技术出版社。

醋栗尺蛾 *Abraxas grossulariata* Linnaeus, 1758

省内产地：嵩县白云山。

分布：河南，黑龙江，内蒙古，陕西；朝鲜，日本，俄罗斯；西亚，欧洲。

资料来源：任应党等，2002，鳞翅目：波纹蛾科，圆钩蛾科，钩蛾科，尺蛾科。《太行山及桐柏山区昆虫》，中国农业科学技术出版社。

卫矛尺蛾 *Abraxas miranda* Butler, 1878

省内产地：桐柏。

分布：河南，东北，江西；日本。

资料来源：申效诚，1993，河南昆虫名录。中国农业科学技术出版社。

铅灰金星尺蛾 *Abraxas plumbeata* Cockerell, 1906

省内产地：信阳鸡公山。

分布：河南，湖南，江西，福建，广东，广西。

资料来源：申效诚等，1999，《鸡公山区昆虫》，中国农业科学技术出版社。

丝棉木金星尺蛾 *Abraxas suspecta* Warren, 1894

省内产地：卢氏大块地，陕县甘山，济源王屋山，嵩县白云山，栾川龙峪湾，信阳鸡公山，内乡宝天曼，罗山灵山，商城黄柏山。

分布：河南，陕西，甘肃，内蒙古，山西，上海，江苏，湖北，江西，湖南，台湾，四川；朝鲜，日本，俄罗斯。

资料来源：申效诚，1998，鳞翅目：尺蛾科。《伏牛山区昆虫》，中国农业科学技术出版社。

榛金星尺蛾 *Abraxas sylvota* (Scopoli, 1762)

榛金星尺蛾 *Calospilos sylvota* Scopoli

省内产地：济源王屋山，信阳，中牟。

分布：河南，内蒙古，江苏，浙江，山西，海南，陕西，甘肃；朝鲜，日本，俄罗斯；中亚，中欧。

寄主：榛，榆，山毛榉，稠李，桦。

资料来源：任应党等，2002，鳞翅目：波纹蛾科，圆钩蛾科，钩蛾科，尺蛾科。《太行山及桐柏山区昆虫》，中国农业科学技术出版社。

白皮奥尺蛾 *Alcis amoenaria* Staudinger

省内产地：确山。

分布：河南，黑龙江；俄罗斯(乌苏里)。

寄主：云杉，冷杉。

资料来源：申效诚，1993，河南昆虫名录。中国农业科学技术出版社。

杉霜尺蛾 *Alcis angulifera* Butler, 1878

省内产地：确山，信阳。

分布：河南，黑龙江，内蒙古，陕西；朝鲜，日本，俄罗斯。

寄主：云杉，冷杉。

资料来源：申效诚，1993，河南昆虫名录。中国农业科学技术出版社。

白鹿尺蛾 *Alcis diprosopa* (Wehrli, 1943)

省内产地：嵩县白云山。

分布：河南，四川，湖北，湖南，广西，福建，陕西，甘肃。

资料来源：任应党等，2002，鳞翅目：波纹蛾科，圆钩蛾科，钩蛾科，尺蛾科。《太行山及桐柏山区昆虫》，中国农业科学技术出版社。

灰鹿尺蛾 *Alcis grisea* Butler

省内产地：信阳鸡公山，商城黄柏山，桐柏水帘洞，嵩县白云山。

分布：河南，湖北，浙江；日本。

资料来源：申效诚等，1999，《鸡公山区昆虫》，中国农业科学技术出版社。

颍鹿尺蛾 *Alcis ningpoaria* (Prout, 1915) (河南新记录种)

省内产地：嵩县白云山。

分布：河南，陕西，江苏，浙江，江西，湖南，广东，四川。

弯弓鹿尺蛾 *Alcis repandata* (Linnaeus, 1758)

省内产地：鲁山县石人山。

分布：河南，四川，内蒙古，青海，陕西，甘肃；俄罗斯；欧洲。

资料来源：申效诚，1998，鳞翅目：尺蛾科。《伏牛山区昆虫》，中国农业科学技术出版社。

针叶霜尺蛾 *Alcis secundaria* (Esper)

省内产地：信阳，南阳，济源。

分布：河南，黑龙江；俄罗斯；欧洲。

寄主：松，椴，云杉。

资料来源：申效诚，1993，河南昆虫名录。中国农业科学技术出版社。

掌尺蛾 *Amraica superans* (Butler, 1878)

省内产地：嵩县白云山，栾川龙峪湾，卢氏狮子坪，陕县甘山，罗山灵山，商城黄柏山，新县连康山。

分布：河南，东北，华中，台湾；朝鲜，日本。

资料来源：申效诚，1998，鳞翅目：尺蛾科。《伏牛山区昆虫》，中国农业科学技术出版社。

锯翅尺蛾 *Angerona glandinaria* Motschulsky

省内产地：信阳，泌阳，民权，睢县。

分布：河南，东北，内蒙古；朝鲜，日本，俄罗斯。

寄主：柳，李，桦，忍冬，木莓。

资料来源：申效诚，1993，河南昆虫名录。中国农业科学技术出版社。

抵黑尺蛾 *Anticypella diffusaria* (Leech, 1897)

省内产地：内乡宝天曼，西峡黄石庵。

分布：河南，黑龙江，辽宁，内蒙古，北京，山西，陕西，甘肃，江苏，浙江，湖北，湖南，四川，云南；俄罗斯，朝鲜。

资料来源：申效诚等，1999，鳞翅目：尺蛾科。《伏牛山南坡及大别山区昆虫》，中国农业科学技术出版社。

麻斑觅尺蛾 *Antipetelia rivulosa* Butler

省内产地：商城黄柏山。

分布：河南，湖南；日本。

资料来源：申效诚等，1999，鳞翅目：尺蛾科。《伏牛山南坡及大别山区昆虫》，中国农业科学技术出版社。

缘斑妖尺蛾 *Apeira latimarginaria* (Leech, 1897) (河南新记录属、种)

省内产地：嵩县白云山。

分布：河南，陕西，甘肃，湖北，浙江，湖南，四川，西藏。

沙枣尺蛾 *Apochima cinerarius* Erschoff

省内产地：全省。

分布：河南，河北，天津，陕西，甘肃，宁夏，内蒙古，新疆。

寄主：沙枣，柳，杨，杏，苹果，花红，槐，梨，槭，桑，榆。

资料来源：申效诚，1993，河南昆虫名录。中国农业科学技术出版社。

梨尺蛾 *Apochima cinerarius pyri* Yang, 1978

省内产地：新乡，郑州，开封，封丘，兰考，商丘，中牟。

分布：河南，河北，山东，山西，安徽。

寄主：梨，苹果，山楂，李，柳，杨。

资料来源：申效诚，1993，河南昆虫名录。中国农业科学技术出版社。

桑褐翅尺蛾 *Apochima excavate* Dyar, 1905

桑褐翅尺蛾 *Zamacra excavata* Dyar

省内产地：许昌，郑州，中牟，新郑，灵宝，陕县，确山，博爱，商丘，民权。

分布：河南，北京，河北，陕西，宁夏；朝鲜，日本。

寄主：桑，苹果，梨，杨，槐，刺槐，核桃。

资料来源：申效诚，1993，河南昆虫名录。中国农业科学技术出版社。

四点离隐尺蛾 *Apoheterolocha quadraria* (Leech, 1897) (河南新记录属、种)

省内产地：嵩县白云山。

分布：河南，陕西，甘肃，湖北，湖南，四川，云南，西藏；喜马拉雅西北部。

染弥尺蛾 *Arichanna antiplasta* Prout, 1915

省内产地：卢氏大块地。

分布：河南，湖南，北京，四川，西藏。

资料来源：申效诚，1998，鳞翅目：尺蛾科。《伏牛山区昆虫》，中国农业科学技术出版社。

黄星尺蛾 *Arichanna melanaria fraterna* (Butler, 1878)

省内产地：卢氏狮子坪，陕县甘山，济源王屋山，嵩县白云山，栾川龙峪湾，内乡宝天曼。

分布：河南，黑龙江，辽宁，内蒙古，河北，山西，四川，湖南，陕西，甘肃，福建；朝鲜，日本，蒙古国，俄罗斯。

资料来源：申效诚，1998，鳞翅目：尺蛾科。《伏牛山区昆虫》，中国农业科学技术出版社。

大造桥虫 *Ascotis selenaria* (Denis *et* Schiffermuller, 1775)

省内产地：桐柏水帘洞等全省各地。

分布：河南，江苏，浙江，四川，广西，贵州，吉林，北京，陕西，甘肃；朝鲜，日本，印度，斯里兰卡；非洲。

寄主：棉花，豆类，花生，小蓟，艾。

资料来源：申效诚，1993，河南昆虫名录。中国农业科学技术出版社。

山枝子尺蛾 *Aspilates geholaria* Oberthur

省内产地：南阳，许昌，信阳，汝南，鲁山，登封，济源。

分布：河南，华北，陕西，内蒙古。

寄主：山枝子，草木樨，洋槐。

资料来源：申效诚，1993，河南昆虫名录。中国农业科学技术出版社。

二白点尺蛾 *Aspilates sminnovi* Romanoff

省内产地：中牟。

分布：河南，吉林，内蒙古；俄罗斯。

资料来源：申效诚，1993，河南昆虫名录。中国农业科学技术出版社。

娴尺蛾 *Auaxa cesadaria* Walker, 1860

省内产地：桐柏水帘洞，济源王屋山，信阳鸡公山，内乡宝天曼，罗山灵山，新县连康山。

分布：河南，宁夏，甘肃，四川，江西，浙江，陕西，湖南，广东，广西，云南，贵州，西藏；朝鲜，日本，印度。

资料来源：申效诚等，1999，《鸡公山区昆虫》，中国农业科学技术出版社。

桦尺蛾 *Biston betularia* (Linnaeus, 1758)

省内产地：安阳，林州，辉县，灵宝。

分布：河南，东北，内蒙古，陕西，甘肃，青海，山西，四川，云南，西藏；朝鲜，日本，俄罗斯，印度；北美，西欧。

寄主：桦，杨，椴，法桐，榆，栎，槐。

资料来源：申效诚，1993，河南昆虫名录。中国农业科学技术出版社。

双云尺蛾 *Biston comitata* (Warren, 1899)

省内产地：嵩县白云山，栾川龙峪湾，卢氏狮子坪，内乡宝天曼，西峡黄石庵，商城黄柏山，新县连康山。

分布：河南，东北，辽宁，陕西，甘肃，浙江，湖北，湖南，福建，台湾，广西，四川，云南；朝鲜，日本，俄罗斯，印度。

资料来源：申效诚，1998，鳞翅目：尺蛾科。《伏牛山区昆虫》，中国农业科学技术出版社。

白鹰尺蛾 *Biston contectaria* (Walker, 1863)　(河南新记录种)

省内产地：嵩县白云山。

分布：河南，陕西，甘肃，湖北，湖南，福建，广西，云南；印度，尼泊尔。

焦边尺蛾 *Bizia aexaria* Walker, 1860

省内产地：嵩县白云山，栾川龙峪湾，信阳鸡公山，内乡宝天曼，新县连康山，罗山灵山，桐柏水帘洞，济源土屋山，济源黄楝树。

分布：河南，华西，吉林，福建；朝鲜，日本。

资料来源：申效诚，1998，鳞翅目：尺蛾科。《伏牛山区昆虫》，中国农业科学技术出版社。

三节条尺蛾 *Boarmia roboraria* Schiffermuller, 1776

省内产地：嵩县白云山。

分布：河南，东北；日本，俄罗斯。

资料来源：任应党等，2002，鳞翅目：波纹蛾科，圆钩蛾科，钩蛾科，尺蛾科。《太行山及桐柏山区昆虫》，中国农业科学技术出版社。

粉蝶尺蛾 *Bupalus vestalis* Staudinger, 1897

省内产地：卢氏大块地。

分布：河南，黑龙江，吉林；日本，俄罗斯(西伯利亚)。

资料来源：任应党等，2002，鳞翅目：波纹蛾科，圆钩蛾科，钩蛾科，尺蛾科。《太行山及桐柏山区昆虫》，中国农业科学技术出版社。

油桐尺蛾 *Buzura suppressaria* Guenee, 1857

省内产地：桐柏水帘洞，罗山灵山，商城黄柏山，新县连康山。

分布：河南，四川，湖南，浙江，福建，广西；印度，缅甸。

资料来源：申效诚等，1999，鳞翅目：尺蛾科。《伏牛山南坡及大别山区昆虫》，中国农业科学技术出版社。

云尺蛾 *Buzura thibetaria* Oberthur, 1884

省内产地：信阳。

分布：河南，四川，贵州，浙江，华中，华西。

寄主：茶。

资料来源：申效诚，1993，河南昆虫名录。中国农业科学技术出版社。

四川灰边白沙尺蛾 *Cabera griseolimbata apotaeniata* Wehrli, 1939

省内产地：栾川龙峪湾，桐柏水帘洞，信阳鸡公山，罗山灵山，新县连康山。

分布：河南，四川，广西，湖南，浙江；日本。

资料来源：申效诚，1998，鳞翅目：尺蛾科。《伏牛山区昆虫》，中国农业科学技术出版社。

金盅尺蛾 *Calicha ornataria* (Leech, 1891)　(河南新记录属、种)

省内产地：嵩县白云山。

分布：河南，陕西，甘肃，江苏，浙江，湖南，广西，四川；朝鲜，日本，俄罗斯。

槐尺蛾 *Chiasmia cinerearia cinerearia* (Bremer *et* Grey, 1853)

槐尺蛾 *Semiothisa cinerearia* Bremer *et* Grey

省内产地：罗山灵山，桐柏水帘洞，卢氏大块地，济源王屋山，登封少林寺，信阳鸡公山，栾川龙峪湾。

分布：河南，黑龙江，吉林，辽宁，宁夏，北京，天津，河北，山西，山东，安徽，浙江，江苏，湖北，江西，台湾，陕西，甘肃，广西，四川，西藏；朝鲜，日本。

寄主：槐，国槐。

资料来源：申效诚等，1999，《鸡公山区昆虫》，中国农业科学技术出版社。

双斜线尺蛾 *Conchia mundataria* Cramer

省内产地：桐柏水帘洞，卢氏狮子坪，陕县甘山，济源王屋山，济源黄楝树，信阳鸡公山，西峡黄石庵。

分布：河南，黑龙江，内蒙古，陕西，江苏；俄罗斯，朝鲜，日本。

资料来源：申效诚等，1999，《鸡公山区昆虫》，中国农业科学技术出版社。

毛穿孔尺蛾 *Corymica arnearia* Walker, 1860

省内产地：桐柏水帘洞，商城黄柏山，新县连康山。

分布：河南，湖北，四川，台湾，海南；朝鲜，日本。

资料来源：申效诚等，1999，鳞翅目：尺蛾科。《伏牛山南坡及大别山区昆虫》，中国农业科学技术出版社。

光穿孔尺蛾 *Corymica specularia* (Moore, 1868)

省内产地：桐柏水帘洞，卢氏大块地，济源王屋山，嵩县白云山，信阳鸡公山，内乡宝天曼，西峡黄石庵。

分布：河南，湖南，浙江，四川，广西，陕西，甘肃。

资料来源：申效诚等，1999，《鸡公山区昆虫》，中国农业科学技术出版社。

三线灰黄尺蛾 *Corypha incongruaria* Walker

省内产地：信阳鸡公山。

分布：河南，江西；日本。

资料来源：申效诚等，1999，《鸡公山区昆虫》，中国农业科学技术出版社。

木撩尺蛾 *Culcula panterinaria* (Bremer *et* Grey, 1853)

省内产地：嵩县白云山，栾川龙峪湾，信阳鸡公山，内乡宝天曼，西峡黄石庵，桐柏水帘洞，罗山灵山，商城黄柏山，新县连康山。

分布：河南，河北，山东，山西，内蒙古，四川，陕西，甘肃，辽宁，北京，安徽，浙江，湖北，湖南，江西，福建，台湾，广西，贵州；朝鲜，日本，印度。

资料来源：申效诚，1998，鳞翅目：尺蛾科。《伏牛山区昆虫》，中国农业科学技术出版社。

近摩尺蛾 *Cusiala stipitaria* Oberthur, 1880

省内产地：嵩县白云山。

分布：河南；朝鲜，日本。

资料来源：任应党等，2002，鳞翅目：波纹蛾科，圆钩蛾科，钩蛾科，尺蛾科。《太行山及桐柏山区昆虫》，中国农业科学技术出版社。

洪达尺蛾 *Dalima honei* Wehrli, 1923

省内产地：嵩县白云山。

分布：河南，湖南，江苏，浙江，广西，四川，西藏，陕西，甘肃。

资料来源：任应党等，2002，鳞翅目：波纹蛾科，圆钩蛾科，钩蛾科，尺蛾科。《太行山及桐柏山区昆虫》，中国农业科学技术出版社。

赭达尺蛾 *Dalima ocrearia* Leech, 1897

省内产地：内乡宝天曼。

分布：河南，湖北，华西。

资料来源：申效诚等，1999，鳞翅目：尺蛾科。《伏牛山南坡及大别山区昆虫》，中国农业科学技术出版社。

枞歹尺蛾 *Deileptenia ribeata* Clerck, 1759

省内产地：安阳，林州，汝阳，泌阳，桐柏。

分布：河南，黑龙江；朝鲜，日本。

寄主：栎，桦，杉，松，枞。

资料来源：申效诚，1993，河南昆虫名录。中国农业科学技术出版社。

黄缘伯尺蛾 *Diaprepesilla flavomarginaria* (Bremer, 1864) (河南新记录属、种)

省内产地：嵩县白云山。

分布：河南，内蒙古，辽宁，山西，甘肃，湖南；朝鲜，俄罗斯。

八角尺蛾 *Dilophodes elegans sinica* Prout

省内产地：信阳，南阳，陕县。

分布：河南，内蒙古，广西，云南。

寄主：八角，茴香。

资料来源：申效诚，1993，河南昆虫名录。中国农业科学技术出版社。

杜尺蛾 *Duliophyle agitata* (Butler, 1878)

省内产地：桐柏水帘洞。

分布：河南，湖北；日本。

资料来源：Skou，P. *et al.*，2002，鳞翅目：尺蛾科。《太行山及桐柏山区昆虫》，中国农业科学技术出版社。

四川杜尺蛾 *Duliophyle agitate angustaria* (Leech, 1897) (河南新记录亚种)

省内产地：嵩县白云山。

分布：河南，北京，陕西，甘肃，浙江，福建，湖南，四川，西藏。

大杜尺蛾 *Duliophyle majusularia* (Leech, 1897)

省内产地：桐柏水帘洞。

分布：河南，湖南，福建，陕西，甘肃；日本。

资料来源：任应党等，2002，鳞翅目：波纹蛾科，圆钩蛾科，钩蛾科，尺蛾科。《太行山及桐柏山区昆虫》，中国农业科学技术出版社。

刺槐埃尺蛾 *Ectropis bistortata* Goeze

省内产地：民权，洛宁，宜阳，灵宝。

分布：河南，其他分布地待查。

寄主：刺槐。

资料来源：申效诚，1993，河南昆虫名录。中国农业科学技术出版社。

鞍形埃尺蛾 *Ectropis crepuscularia* (Denis *et* Schiffermuller, 1775)

省内产地：桐柏水帘洞。

分布：河南，黑龙江，吉林，辽宁，内蒙古，甘肃，福建，湖南，广西，贵州，四川；朝鲜，日本；欧洲。

资料来源：Skou，P. *et al.*，2002，鳞翅目：尺蛾科。《太行山及桐柏山区昆虫》，中国农业科学技术出版社。

外斑埃尺蛾 *Ectropis excellens* (Butler, 1884)

省内产地：内黄，封丘，尉氏，洛宁，汝州，偃师。

分布：河南，江西，浙江，广西，贵州；朝鲜，日本，俄罗斯(西伯利亚)。

寄主：刺槐，榆，花生，豆类，棉花，苜蓿，甘薯，杨，柳，栎，栗，苹果，梨。

资料来源：申效诚，1993，河南昆虫名录。中国农业科学技术出版社。

茶埃尺蛾 *Ectropis obliqua* (Warren, 1914)

省内产地：登封。

分布：河南，湖北，浙江，福建，湖南；日本。

寄主：茶。

资料来源：申效诚，1993，河南昆虫名录。中国农业科学技术出版社。

黄蟠尺蛾 *Eilicrinia flava* (Moore, 1888)

省内产地：卢氏大块地，桐柏水帘洞，信阳鸡公山，商城黄柏山，新县连康山。

分布：河南，湖北，湖南，浙江，台湾，海南，陕西；印度(锡金)。

资料来源：申效诚等，1999，《鸡公山区昆虫》，中国农业科学技术出版社。

示卑尺蛾 *Endropiodes indictinaria* (Bremer, 1864)

省内产地：卢氏大块地，信阳鸡公山。

分布：河南，吉林，陕西，甘肃；俄罗斯，朝鲜，日本。

资料来源：申效诚等，1999，《鸡公山区昆虫》，中国农业科学技术出版社。

秋黄尺蛾 *Ennomos autumnaria* (Werneburg, 1859)

省内产地：内乡宝天曼。

分布：河南，陕西，甘肃，青海，内蒙古；俄罗斯，朝鲜，日本；欧洲。

资料来源：申效诚等，1999，鳞翅目：尺蛾科。《伏牛山南坡及大别山区昆虫》，中国农业科学技术出版社。

小秋黄尺蛾 *Ennomos infidelis* (Prout, 1929) (河南新记录种)

省内产地：嵩县白云山。

分布：河南，内蒙古，辽宁，陕西，甘肃；日本，俄罗斯。

枯黄惑尺蛾 *Epholca auratilis* Prout, 1934 (河南新记录属、种)

省内产地：嵩县白云山。

分布：河南，北京，陕西，甘肃，湖北，浙江，广西，四川，云南。

胡桃尺蛾 *Ephoria arenosa* (Butler, 1878)

省内产地：鲁山县石人山。

分布：河南，黑龙江，吉林；朝鲜，日本，俄罗斯。

资料来源：申效诚，1998，鳞翅目：尺蛾科。《伏牛山区昆虫》，中国农业科学技术出版社。

落叶松尺蛾 *Erannis ankeraria* Staudinger

省内产地：睢县。

分布：河南，东北；匈牙利。

寄主：落叶松。

资料来源：申效诚，1993，河南昆虫名录。中国农业科学技术出版社。

细枝树尺蛾 *Erebomorpha fulguraria intervolans* Wehrli, 1860

省内产地：卢氏大块地，内乡宝天曼，商城黄柏山，新县连康山。

分布：河南，四川，湖北，湖南，广西，云南。

资料来源：申效诚，1998，鳞翅目：尺蛾科。《伏牛山区昆虫》，中国农业科学技术出版社。

金沙尺蛾 *Euchristophia cumulata* (Christoph, 1881)

Pogonitis cumulata Christoph

省内产地：卢氏狮子坪，嵩县白云山，桐柏水帘洞，信阳鸡公山，商城黄柏山，栾川龙峪湾，内乡宝天曼。

分布：河南，台湾；日本。

资料来源：Skou，P. *et al.*，2002，鳞翅目：尺蛾科。《太行山及桐柏山区昆虫》，中国农业科学技术出版社。

中国金沙尺蛾 *Euchristophia cumulata sinobia* (Wehrli, 1939)

省内产地：具体不详。

分布：河南，浙江，广西，陕西，甘肃。
资料来源：杨星科，1997，长江三峡库区昆虫。重庆出版社。

黄斑滨尺蛾 *Exangerona prattiaria* Leech, 1891
省内产地：内乡宝天曼。
分布：河南，中国；日本。
资料来源：申效诚等，1999，鳞翅目：尺蛾科。《伏牛山南坡及大别山区昆虫》，中国农业科学技术出版社。

赭尾尺蛾 *Exurapteryx aristidaria* (Oberthur, 1911) (河南新记录属、种)
省内产地：嵩县白云山。
分布：河南，陕西，安徽，湖北，浙江，福建，江西，湖南，贵州，广西，四川，云南；缅甸。

黑紫片尺蛾 *Fascellina chromataria nigrochromaria* Inoue
省内产地：卢氏大块地，西峡寨根，鲁山石人山。
分布：河南，江西，台湾，中国；日本。
资料来源：申效诚，1998，鳞翅目：尺蛾科。《伏牛山区昆虫》，中国农业科学技术出版社。

洞魑尺蛾 *Garaeus specularis* Moore, 1868
省内产地：内乡宝天曼。
分布：河南，甘肃，湖北，江苏，江西，湖南，四川，云南，西藏；朝鲜，日本；欧洲。
资料来源：申效诚等，1999，鳞翅目：尺蛾科。《伏牛山南坡及大别山区昆虫》，中国农业科学技术出版社。

雕幽尺蛾 *Gnophos accipitraria* Prout, 1915 (河南新记录属、种)
省内产地：嵩县白云山。
分布：河南，陕西，甘肃，湖北，四川，云南。

依枝尺蛾 *Hemerophila emaria* Bremer
省内产地：桐柏水帘洞，济源王屋山，新县连康山。
分布：河南，东北，华北，广东；朝鲜，日本，俄罗斯。
资料来源：申效诚等，1999，鳞翅目：尺蛾科。《伏牛山南坡及大别山区昆虫》，中国农业科学技术出版社。

柑橘尺蛾 *Hemerophila subplagiata* Walker
省内产地：具体不详。
分布：河南，湖北，江苏，上海，台湾，海南，四川；印度，日本。
资料来源：于思勤等，1993，河南农业昆虫志。河南科学技术出版社。

玲隐尺蛾 *Heterolocha aristonaria* (Walker, 1860)
省内产地：济源王屋山，信阳鸡公山。
分布：河南，辽宁，上海，浙江，湖南，四川，广西；朝鲜，日本，越南。
资料来源：申效诚等，1999，《鸡公山区昆虫》，中国农业科学技术出版社。

拉隐尺蛾 *Heterolocha laminaria* Wehrli, 1937
省内产地：桐柏水帘洞。
分布：河南，华西；日本，伊朗；亚洲东北部。
资料来源：Skou，P. *et al.*，2002，鳞翅目：尺蛾科。《太行山及桐柏山区昆虫》，中国农业科学技术出版社。

黄玫隐尺蛾 *Heterolocha subroseata* Warren, 1894 (河南新记录种)
省内产地：嵩县白云山。
分布：河南，陕西，甘肃，湖北，浙江，湖南，四川，云南。

缨封尺蛾 *Hydatocapnia fimbriata* Yazaki, 1987
省内产地：信阳鸡公山，罗山灵山，新县连康山，栾川龙峪湾。
分布：河南，湖南，江西，海南；菲律宾。

资料来源：申效诚等，1999，《鸡公山区昆虫》。中国农业科学技术出版社。

黄斑紫云尺蛾 *Hypephyra flavimacularia* Leech, 1897

省内产地：卢氏大块地。

分布：河南，华中，华西。

资料来源：任应党等，2002，鳞翅目：波纹蛾科，圆钩蛾科，钩蛾科，尺蛾科。《太行山及桐柏山区昆虫》，中国农业科学技术出版社。

紫云尺蛾 *Hypephyra terrosa* Butler, 1889

省内产地：商城黄柏山。

分布：河南，湖北，江苏，江西，福建，湖南，广东，广西，四川，云南，西藏；日本，印度，马来西亚，印度尼西亚。

资料来源：申效诚等，1999，鳞翅目：尺蛾科。《伏牛山南坡及大别山区昆虫》，中国农业科学技术出版社。

红双线免尺蛾 *Hyperythra oblique* (Warren, 1894)

红双线尺蛾 *Syrrhodia obliqua* (Warren)

省内产地：济源王屋山，商城黄柏山，新县连康山。

分布：河南，北京，河北，山东，江苏，浙江，江西，湖南，广东，广西，四川，贵州，陕西，甘肃。

资料来源：申效诚等，1999，鳞翅目：尺蛾科。《伏牛山南坡及大别山区昆虫》，中国农业科学技术出版社。

尘尺蛾 *Hypomecis punctinalis conferenda* (Butler, 1878)

尘尺蛾 *Serraca punctinalis conferenda* Butler

省内产地：西华，确山，泌阳，南阳，信阳，桐柏。

分布：河南，东北，内蒙古，山西，安徽，浙江，湖北，江西，湖南，四川，福建，广西，贵州，陕西，甘肃；朝鲜，日本，俄罗斯。

寄主：栗，栎，苹果，蔷薇。

资料来源：申效诚，1993，河南昆虫名录。中国农业科学技术出版社。

钩翅尺蛾 *Hyposidra aquilaria* (Walker, 1862)　(河南新记录属、种)

省内产地：嵩县白云山。

分布：河南，陕西，甘肃，福建，湖南，贵州，广西，四川，云南，西藏；印度(锡金)。

茶用克尺蛾 *Junkowskia athleta* Oberthur

省内产地：桐柏水帘洞，信阳鸡公山，内乡宝天曼，商城黄柏山。

分布：河南，广东，江苏，浙江，湖南，贵州；朝鲜，日本，俄罗斯。

资料来源：申效诚等，1999，《鸡公山区昆虫》，中国农业科学技术出版社。

小用克尺蛾 *Junkowskia fuscaria* Leech, 1891

省内产地：桐柏水帘洞。

分布：河南，甘肃，湖北，江苏，浙江，湖南，广东，贵州，四川；朝鲜，日本。

资料来源：Skou，P. *et al.*，2002，鳞翅目：尺蛾科。《太行山及桐柏山区昆虫》，中国农业科学技术出版社。

双线边尺蛾 *Leptomiza bilinearia* (Leech, 1897)　(河南新记录种)

省内产地：嵩县白云山。

分布：河南，陕西，甘肃，湖北，浙江。

粉红边尺蛾 *Leptomiza crenularia* (Leech, 1897)

省内产地：嵩县白云山，陕县甘山，济源王屋山，内乡宝天曼。

分布：河南，四川。

资料来源：申效诚等，1999，《鸡公山区昆虫》，中国农业科学技术出版社。

缘点尺蛾 *Lomaspilis marginata amurensis* (Heydemann, 1881) （河南新记录种）

省内产地：嵩县白云山。

分布：河南，内蒙古，黑龙江，山西，陕西，甘肃；朝鲜，日本。俄罗斯。

尖角缘点尺蛾 *Lomaspilis simplicior acutangulata* Butler

省内产地：嵩县白云山，桐柏水帘洞。

分布：河南；日本。

资料来源：Skou，P. *et al.*，2002，鳞翅目：尺蛾科。《太行山及桐柏山区昆虫》，中国农业科学技术出版社。

云褶尺蛾 *Lomographa eximia* (Oberthur, 1923)

省内产地：信阳鸡公山。

分布：河南，湖南，浙江，四川。

资料来源：申效诚等，1999，《鸡公山区昆虫》，中国农业科学技术出版社。

二缘室小尺蛾 *Lomographa hyriaria* Warren

省内产地：信阳鸡公山，桐柏水帘洞，济源黄楝树，西峡黄石庵，新县连康山。

分布：河南，江西，浙江；朝鲜，日本。

资料来源：申效诚等，1999，《鸡公山区昆虫》，中国农业科学技术出版社。

橄榄斜灰尺蛾 *Loxotephria olivacea* Warren, 1905

省内产地：桐柏水帘洞。

分布：河南，浙江，湖南，海南，台湾，广东，云南；缅甸。

资料来源：Skou，P. *et al.*，2002，鳞翅目：尺蛾科。《太行山及桐柏山区昆虫》，中国农业科学技术出版社。

辉尺蛾 *Luxiaria mitorrhaphes* Prout, 1925 （河南新记录属、种）

省内产地：嵩县白云山。

分布：河南，吉林，北京，江苏，湖北，福建，台湾，湖南，贵州，广东，海南，广西，四川，云南，西藏，甘肃；日本，缅甸，印度(锡金)，不丹。

默蛮尺蛾 *Medasima corticaria* (Leech, 1897)

省内产地：陕县甘山。

分布：河南，四川，云南，西藏。

资料来源：任应党等，2002，鳞翅目：波纹蛾科，圆钩蛾科，钩蛾科，尺蛾科。《太行山及桐柏山区昆虫》，中国农业科学技术出版社。

桑尺蛾 *Menophra atrilinearia* (Butler, 1881)

桑尺蛾 *Phthonandria atrilineata* Butler

省内产地：罗山灵山，济源王屋山，嵩县白云山，桐柏水帘洞，信阳鸡公山，内乡宝天曼，西峡黄石庵。

分布：河南，江苏，浙江，安徽，江西，贵州，广东，河北，陕西，四川，台湾；朝鲜，日本。

资料来源：申效诚，1998，鳞翅目：尺蛾科。《伏牛山区昆虫》，中国农业科学技术出版社。

灰展尺蛾 *Menophra emaria* (Bremer, 1864)

省内产地：桐柏水帘洞。

分布：河南，东北，河北，甘肃，陕西，江西，湖南；朝鲜，日本，俄罗斯(西伯利亚)。

资料来源：Skou，P. *et al.*，2002，鳞翅目：尺蛾科。《太行山及桐柏山区昆虫》，中国农业科学技术出版社。

中国后星尺蛾 *Metabraxas clerica inconfusa* Warren, 1894

省内产地：嵩县白云山。

分布：河南，湖北，湖南，广西，四川，西藏，陕西，甘肃。

资料来源：任应党等，2002，鳞翅目：波纹蛾科，圆钩蛾科，钩蛾科，尺蛾科。《太行山及桐柏山区昆虫》，中国农业科学技术出版社。

凸翅小盅尺蛾 *Microcalicha catotaeniaria* (Poujade, 1895) (河南新记录属、种)

省内产地：内乡宝天曼。

分布：河南，陕西，甘肃，山东，浙江，湖北，湖南，广东，广西，四川，云南。

三线皎尺蛾 *Myrteta angelica* Butler, 1881

省内产地：卢氏大块地，内乡宝天曼。

分布：河南，浙江，台湾；日本。

资料来源：申效诚，1998，鳞翅目：尺蛾科。《伏牛山区昆虫》，中国农业科学技术出版社。

清波皎尺蛾 *Myrteta tinagmaria* (Guenee, 1857)

省内产地：信阳鸡公山。

分布：河南，华北，华东，华南，湖南，西南；日本。

资料来源：申效诚，1998，鳞翅目：尺蛾科。《伏牛山区昆虫》，中国农业科学技术出版社。

泼墨尺蛾 *Ninodes splendens* (Butler, 1878)

省内产地：罗山灵山，桐柏水帘洞，济源王屋山，济源黄楝树，栾川龙峪湾。

分布：河南，内蒙古，北京，山东，上海，湖北，湖南，四川，福建，陕西，甘肃；日本。

资料来源：申效诚等，1999，鳞翅目：尺蛾科。《伏牛山南坡及大别山区昆虫》，中国农业科学技术出版社。

散长翅尺蛾 *Obeidia conspurcata* Leech, 1897 (河南新记录种)

省内产地：嵩县白云山。

分布：河南，陕西，甘肃，湖北，湖南，贵州，四川。

巨长翅尺蛾 *Obeidia gigantearia* Leech, 1897

省内产地：栾川龙峪湾，灵宝亚武山，卢氏狮子坪，卢氏大块地，内乡宝天曼，西峡黄石庵。

分布：河南，湖北，湖南，四川，云南，贵州，台湾，江西，浙江，陕西，甘肃；缅甸。

资料来源：申效诚，1998，鳞翅目：尺蛾科。《伏牛山区昆虫》，中国农业科学技术出版社。

择长翅尺蛾 *Obeidia tigrata neglecta* Thierry-Mieg, 1899

省内产地：嵩县白云山，栾川龙峪湾，内乡宝天曼，西峡黄石庵。

分布：河南，湖北，湖南，华北，江西，辽宁，陕西，甘肃；朝鲜。

资料来源：申效诚，1998，鳞翅目：尺蛾科。《伏牛山区昆虫》，中国农业科学技术出版社。

贫贡尺蛾 *Odontopera arida* Butler, 1878

贫贡尺蛾 *Gonodontis arida* Butler

省内产地：嵩县白云山。

分布：河南；日本。

资料来源：任应党等，2002，鳞翅目：波纹蛾科，圆钩蛾科，钩蛾科，尺蛾科。《太行山及桐柏山区昆虫》，中国农业科学技术出版社。

贡尺蛾 *Odontopera aurata* prout, 1915

贡尺蛾 *Gonodontis aurata* Prout

省内产地：卢氏大块地，卢氏狮子坪，济源王屋山，嵩县白云山，信阳鸡公山。

分布：河南，四川；日本。

资料来源：申效诚，1998，鳞翅目：尺蛾科。《伏牛山区昆虫》，中国农业科学技术出版社。

茶贡尺蛾 *Odontopera bilinearia coryphodes* (Wehrli, 1940)

茶贡尺蛾 *Gonodontis bilinearia coryphodes* Wehrli

省内产地：汝阳，西峡。

分布：河南，湖北，湖南，江西，福建，广西，四川，云南，贵州，西藏，甘肃。

寄主：茶。

资料来源：申效诚，1993，河南昆虫名录。中国农业科学技术出版社。

核桃四星尺蛾 *Ophthalmodes albosignaria juglandaria* Oberthur

省内产地：嵩县白云山，信阳鸡公山，桐柏水帘洞，登封少林寺，内乡宝天曼，商城黄柏山。

分布：河南，河北，山西，北京，江苏，浙江，湖北，江西，湖南，广西，四川，云南，陕西，甘肃；朝鲜，日本，俄罗斯。

资料来源：申效诚，1998，鳞翅目：尺蛾科。《伏牛山区昆虫》，中国农业科学技术出版社。

带四星尺蛾 *Ophthalmodes cordularia* (Swinhoe, 1893)

省内产地：嵩县白云山。

分布：河南，陕西，甘肃，湖南，江西，浙江，台湾，广东，海南，广西，四川，云南；印度(锡金)。

资料来源：任应党等，2002，鳞翅目：波纹蛾科，圆钩蛾科，钩蛾科，尺蛾科。《太行山及桐柏山区昆虫》，中国农业科学技术出版社。

四星尺蛾 *Ophthalmodes irrorataria* (Bremer *et* Grey, 1853)

省内产地：济源王屋山，嵩县白云山，信阳鸡公山。

分布：河南，东北，华北，山东，江西，湖南，福建，广西，四川，浙江，云南，陕西，甘肃，台湾；俄罗斯，朝鲜，日本。

资料来源：申效诚，1998，鳞翅目：尺蛾科。《伏牛山区昆虫》，中国农业科学技术出版社。

中华四星尺蛾 *Ophthalmodes sinensium* Oberthur

省内产地：栾川龙峪湾。

分布：河南，四川。

资料来源：申效诚等，1999，《鸡公山区昆虫》，中国农业科学技术出版社。

叉尾尺蛾 *Ourapteryx brachycera* Wehrli

省内产地：嵩县白云山。

分布：河南，云南。

资料来源：申效诚，1998，鳞翅目：尺蛾科。《伏牛山区昆虫》，中国农业科学技术出版社。

四川尾尺蛾 *Ourapteryx ebuleata szechuana* Wehrli, 1954

省内产地：商丘。

分布：河南，四川。

资料来源：申效诚，1993，河南昆虫名录。中国农业科学技术出版社。

偏黑尾尺蛾 *Ourapteryx latimarginaria* Leech, 1897

省内产地：嵩县白云山，卢氏大块地。

分布：河南，湖南，四川，云南，西藏。

资料来源：申效诚，1998，鳞翅目：尺蛾科。《伏牛山区昆虫》，中国农业科学技术出版社。

柿尾尺蛾 *Ourapteryx maculicaudaria* Motachulsky, 1866

省内产地：栾川龙峪湾，信阳鸡公山。

分布：河南，浙江，江西；日本。

资料来源：申效诚，1998，鳞翅目：尺蛾科。《伏牛山区昆虫》，中国农业科学技术出版社。

点尾尺蛾 *Ourapteryx nigrociliaris* Leech, 1891

省内产地：内乡。

分布：河南，湖南，江西，福建，台湾，四川，贵州，西藏，陕西，甘肃。

寄主：粗榧。

资料来源：申效诚，1993，河南昆虫名录。中国农业科学技术出版社。

雪尾尺蛾 *Ourapteryx nivea* Butler, 1884

省内产地：桐柏水帘洞，卢氏狮子坪，陕县甘山，济源王屋山，嵩县白云山，信阳鸡公山，内乡宝天曼，罗山灵山，商城黄柏山。

分布：河南，浙江；日本。

资料来源：申效诚，1998，鳞翅目：尺蛾科。《伏牛山区昆虫》，中国农业科学技术出版社。

接骨木尾尺蛾 *Ourapteryx sambucaria* Linnaeus, 1758

省内产地：桐柏，信阳。

分布：河南，东北，云南；日本，蒙古国，俄罗斯，伊朗；西欧。

寄主：接骨木，忍冬，柳，椴，常春藤。

资料来源：申效诚，1993，河南昆虫名录。中国农业科学技术出版社。

细夹尺蛾 *Pareclipsis gracilis* (Butler, 1879)

省内产地：鲁山县石人山。

分布：河南，台湾；日本。

资料来源：申效诚，1998，鳞翅目：尺蛾科。《伏牛山区昆虫》，中国农业科学技术出版社。

晶尺蛾 *Peratophyga hyalinata* (Kollar, 1844) （河南新记录属、种）

省内产地：内乡宝天曼。

分布：河南，陕西，甘肃，青海，湖北，江西，湖南，台湾，海南，四川，云南，西藏；日本，越南，缅甸，印度。

拟柿星尺蛾 *Percnia albinigerata* Warren, 1896

省内产地：嵩县白云山，桐柏水帘洞，信阳鸡公山，内乡宝天曼，西峡黄石庵，罗山灵山，商城黄柏山，新县连康山。

分布：河南，湖北，湖南，江苏，安徽，浙江，江西，台湾，福建，广西，贵州，陕西，甘肃；朝鲜，日本。

寄主：柿，核桃。

资料来源：申效诚，1998，鳞翅目：尺蛾科。《伏牛山区昆虫》，中国农业科学技术出版社。

川匀点尺蛾 *Percnia belluaria sifanica* Wehrli, 1939

省内产地：栾川龙峪湾，内乡宝天曼。

分布：河南，湖北，湖南，四川，云南。

资料来源：申效诚，1998，鳞翅目：尺蛾科。《伏牛山区昆虫》，中国农业科学技术出版社。

柿星尺蛾 *Percnia giraffata* (Guenee, 1857)

省内产地：嵩县白云山，桐柏水帘洞，信阳鸡公山，内乡宝天曼，西峡黄石庵，罗山灵山。

分布：河南，河北，山西，四川，安徽，台湾；朝鲜，日本，越南，缅甸，印度，印度尼西亚，俄罗斯。

资料来源：申效诚，1998，鳞翅目：尺蛾科。《伏牛山区昆虫》，中国农业科学技术出版社。

散斑点尺蛾 *Percnia luridaria* (Leech, 1897)

省内产地：卢氏狮子坪。

分布：河南，湖南，江苏，福建，广西，四川，广西，贵州，甘肃。

资料来源：申效诚，1998，鳞翅目：尺蛾科。《伏牛山区昆虫》，中国农业科学技术出版社。

槭烟尺蛾 *Phthonosema invenustaria* (Leech, 1891)

省内产地：洛阳，汝阳，南阳。

分布：河南，华西；朝鲜，日本，俄罗斯东南部。

寄主：槭，柳，漆，卫矛。

资料来源：申效诚，1993，河南昆虫名录。中国农业科学技术出版社。

锯线烟尺蛾 *Phthonosema serratilinearia* (Leech, 1897) （河南新记录种）

省内产地：嵩县白云山。

分布：河南，北京，山东，陕西，甘肃，江苏，浙江，湖北，湖南，贵州，四川。

苹烟尺蛾 *Phthonosema tendinosaria* (Bremer, 1864)

省内产地：嵩县白云山。

分布：河南，四川，黑龙江，内蒙古；朝鲜，日本。

资料来源：申效诚，1998，鳞翅目：尺蛾科。《伏牛山区昆虫》，中国农业科学技术出版社。

斧木纹尺蛾 *Plagodis dolabraria* (Linnaeus, 1767)

省内产地：卢氏大块地，内乡宝天曼。

分布：河南，江苏，浙江，湖北，湖南，四川，陕西，甘肃；俄罗斯，日本；欧洲。

资料来源：申效诚等，1999，鳞翅目：尺蛾科。《伏牛山南坡及大别山区昆虫》，中国农业科学技术出版社。

魈尺蛾 *Prionodonta amethystina* Warren

省内产地：嵩县白云山。

分布：河南，湖南，广西；印度。

资料来源：任应党等，2002，鳞翅目：波纹蛾科，圆钩蛾科，钩蛾科，尺蛾科。《太行山及桐柏山区昆虫》，中国农业科学技术出版社。

鹊傲尺蛾 *Proteostrenia pica* Wileman, 1911

省内产地：信阳鸡公山。

分布：河南；日本。

资料来源：申效诚等，1999，《鸡公山区昆虫》，中国农业科学技术出版社。

并链白尖尺蛾 *Pseudomiza cruentaria* (Moore, 1868)

省内产地：内乡宝天曼。

分布：河南，台湾，西藏；印度。

资料来源：申效诚等，1999，鳞翅目：尺蛾科。《伏牛山南坡及大别山区昆虫》，中国农业科学技术出版社。

白尖尺蛾 *Pseudomiza cruentaria flavescens* (Swinhoe, 1906)

省内产地：嵩县白云山。

分布：河南，湖北，湖南，四川，云南，西藏；印度。

资料来源：任应党等，2002，鳞翅目：波纹蛾科，圆钩蛾科，钩蛾科，尺蛾科。《太行山及桐柏山区昆虫》，中国农业科学技术出版社。

紫白尖尺蛾 *Pseudomiza obliquaria* (Leech, 1897)

省内产地：桐柏水帘洞，陕县甘山，卢氏大块地，济源王屋山，登封少林寺，内乡宝天曼，商城黄柏山，新县连康山。

分布：河南，湖北，浙江，江西，福建，湖南，台湾，海南，广西，四川，云南，西藏，陕西，甘肃；尼泊尔。

资料来源：申效诚等，1999，鳞翅目：尺蛾科。《伏牛山南坡及大别山区昆虫》，中国农业科学技术出版社。

灰佐尺蛾 *Rikiosatoa grisea* (Butler, 1878)

省内产地：桐柏水帘洞。

分布：河南，中国；朝鲜，日本。

资料来源：Skou，P. *et al.*，2002，鳞翅目：尺蛾科。《太行山及桐柏山区昆虫》，中国农业科学技术出版社。

四月尺蛾 *Selenia tetralunaria* (Hufnagel, 1769)

省内产地：内乡宝天曼。

分布：河南，东北，内蒙古，陕西，甘肃，台湾；朝鲜，日本，俄罗斯；欧洲。

资料来源：申效诚等，1999，鳞翅目：尺蛾科。《伏牛山南坡及大别山区昆虫》，中国农业科学技术出版社。

合欢庶尺蛾 *Semiothisa defixaria* (Walker, 1861)

省内产地：桐柏水帘洞，卢氏大块地，济源王屋山，济源黄楝树，栾川龙峪湾，信阳鸡公山，内乡宝天曼，西峡黄石庵，罗山灵山，商城黄柏山，新县连康山。

分布：河南，山东，湖北，湖南，四川，广西，江西，福建，甘肃；朝鲜，日本。

资料来源：申效诚，1998，鳞翅目：尺蛾科。《伏牛山区昆虫》，中国农业科学技术出版社。

常庶尺蛾 *Semiothisa normata* (Alpheraky, 1892)

省内产地：嵩县白云山。

分布：河南，湖南，甘肃，青海，台湾，四川，西藏；俄罗斯，朝鲜，日本。

资料来源：申效诚等，1999，《鸡公山区昆虫》，中国农业科学技术出版社。

雨庶尺蛾 *Semiothisa pluviata* (Fabricius)

省内产地：嵩县白云山，桐柏水帘洞，内乡宝天曼。

分布：河南，黑龙江，江苏，江西，浙江，湖北，湖南，广东，广西，四川，云南，西藏；朝鲜，日本，俄罗斯，印度，缅甸，越南。

资料来源：申效诚，1998，鳞翅目：尺蛾科。《伏牛山区昆虫》，中国农业科学技术出版社。

上海庶尺蛾 *Semiothisa shanghaisaria* Walker, 1862

省内产地：栾川龙峪湾，内乡宝天曼。

分布：河南，东北，江苏；朝鲜，日本。

资料来源：申效诚等，1999，《鸡公山区昆虫》，中国农业科学技术出版社。

玫缘俭尺蛾 *Spilopera roseimarginaria* Leech, 1897

省内产地：嵩县白云山。

分布：河南，湖南，山西，甘肃，湖北，四川，陕西。

资料来源：任应党等，2002，鳞翅目：波纹蛾科，圆钩蛾科，钩蛾科，尺蛾科。《太行山及桐柏山区昆虫》，中国农业科学技术出版社。

白银瞳尺蛾 *Tasta argozana* Prout, 1926

省内产地：嵩县白云山。

分布：河南，湖南，台湾，四川，云南，陕西，甘肃；缅甸。

资料来源：任应党等，2002，鳞翅目：波纹蛾科，圆钩蛾科，钩蛾科，尺蛾科。《太行山及桐柏山区昆虫》，中国农业科学技术出版社。

沙灰尺蛾 *Tephrina arenaceria* (Schiffmuller *et* Denis, 1775)

省内产地：商丘。

分布：河南，华北；朝鲜，日本，俄罗斯，伊朗；欧洲。

寄主：苜蓿。

资料来源：申效诚，1993，河南昆虫名录。中国农业科学技术出版社。

黄蝶尺蛾 *Thinopteryx crocoptera* (Koller, 1844)

省内产地：卢氏大块地，陕县甘山，济源王屋山，桐柏水帘洞，商城黄柏山，新县连康山。

分布：河南，四川，台湾，广东；印度，朝鲜，日本。

资料来源：申效诚等，1999，鳞翅目：尺蛾科。《伏牛山南坡及大别山区昆虫》，中国农业科学技术出版社。

川滇细玉臂尺蛾 *Xandrames albofasciata tromodes* Wehrli, 1943

省内产地：嵩县白云山。

分布：河南，湖南，湖北，陕西，甘肃，福建，四川，云南，西藏。

资料来源：申效诚，1998，鳞翅目：尺蛾科。《伏牛山区昆虫》，中国农业科学技术出版社。

黑玉臂尺蛾 *Xandrames dholaria sericea* Butler, 1868

省内产地：嵩县白云山，桐柏水帘洞，信阳鸡公山，内乡宝天曼，罗山灵山，商城黄柏山。

分布：河南，四川，陕西，甘肃，湖北，湖南，浙江，福建，云南；朝鲜，日本，越南，印度，尼泊尔。

资料来源：申效诚，1998，鳞翅目：尺蛾科。《伏牛山区昆虫》，中国农业科学技术出版社。

(六) 亚 科 不 明

枣尺蛾 *Chihuo zao* Yang, 1978

省内产地：新郑，中牟，西华，郑州，尉氏，开封，兰考，内黄，浚县，清丰，濮阳，商丘，封丘，镇平，郸城，禹州。

分布：河南，河北，山西，山东。

寄主：枣。

资料来源：申效诚，1993，河南昆虫名录。中国农业科学技术出版社。

北京尺蛾 *Epipristis trunsiens* Stereck

省内产地：信阳，汝南，西平，南阳，洛阳，驻马店，汝阳，灵宝，中牟，济源。

分布：河南，北京，内蒙古。

资料来源：申效诚，1993，河南昆虫名录。中国农业科学技术出版社。

榆津尺蛾 *Jinchihuo honesta* (Prout)

省内产地：中牟，商丘。

分布：河南，河北，山东。

寄主：榆，刺槐。

资料来源：申效诚，1993，河南昆虫名录。中国农业科学技术出版社。

刺槐尺蛾 *Napocheima robiniae* Chu, 1979

省内产地：安阳，洛宁，宜阳，民权。

分布：河南，陕西。

寄主：刺槐。

资料来源：申效诚，1993，河南昆虫名录。中国农业科学技术出版社。

美虎斑尺蛾 *Polythrena miegata* Poujade, 1895

省内产地：内乡宝天曼。

分布：河南，四川，云南。

资料来源：申效诚等，1999，鳞翅目：尺蛾科。《伏牛山南坡及大别山区昆虫》，中国农业科学技术出版社。

中国虎尺蛾 *Xanthabraxas hemionata* (Guenee, 1857)

省内产地：商城黄柏山。

分布：河南，华北，湖北，安徽，浙江，福建，江西，湖南，广东，广西，四川，贵州。

资料来源：申效诚等，1999，鳞翅目：尺蛾科。《伏牛山南坡及大别山区昆虫》，中国农业科学技术出版社。

枣小尺蛾 *Yinchie zaohui* Yang, 1978

省内产地：许昌，郑州，安阳。

分布：河南，河北，山西。

寄主：枣。

资料来源：申效诚，1993，河南昆虫名录。中国农业科学技术出版社。

四三、蚕蛾科 Bombycidae

本科全世界共 47 属 468 种，中国记载 14 属 44 种，河南记录 7 属 10 种。

三线茶蚕蛾 *Andraca bipunctata* Walker, 1862

省内产地：济源王屋山，嵩县白云山。

分布：河南，安徽，浙江，福建，台湾，江西，湖南，广东，广西，海南，贵州，云南；印度(锡金)，印度尼西亚。

资料来源：刘玉霞等，2002，鳞翅目：蚕蛾科，大蚕蛾科，枯叶蛾科，带蛾科，天蛾科。《太行山及桐柏山区昆虫》，中国农业科学技术出版社。

家蚕 *Bombyx mori* Linnaeus, 1758

省内产地：全省。

分布：全国；印度；欧洲。

资料来源：申效诚，1993，河南昆虫名录。中国农业科学技术出版社。

一点钩翅蚕蛾 *Mustilia hepatica* Moore, 1879 (图版 XXVIII-4)

省内产地：嵩县白云山。

分布：河南，江西，福建，广西，海南，云南，西藏；印度(锡金)。

资料来源：刘玉霞等，2002，鳞翅目：蚕蛾科，大蚕蛾科，枯叶蛾科，带蛾科，天蛾科。《太行山及桐柏山区昆虫》，中国农业科学技术出版社。

多齿翅蚕蛾 *Oberthueria caeca* (Oberthur, 1880) (图版 XXVIII-3)

省内产地：内乡宝天曼，嵩县白云山。

分布：河南，黑龙江，吉林，辽宁，河北，福建，广西，四川，云南，陕西，甘肃；日本，俄罗斯。

资料来源：申效诚等，1999，鳞翅目：蚕蛾科，大蚕蛾科，枯叶蛾科。《伏牛山南坡及大别山区昆虫》，中国农业科学技术出版社。

单齿翅蚕蛾 *Oberthueria falcigera* Butler, 1878

省内产地：卢氏大块地，陕县甘山，济源王屋山，信阳。

分布：河南，黑龙江，吉林，辽宁，陕西，甘肃，江西；日本。

资料来源：刘玉霞等，2002，鳞翅目：蚕蛾科，大蚕蛾科，枯叶蛾科，带蛾科，天蛾科。《太行山及桐柏山区昆虫》，中国农业科学技术出版社。

透点蚕蛾 *Prismosticta hyalinata* Butler, 1885

省内产地：新县连康山。

分布：河南，广西，浙江，福建，云南；日本。

资料来源：申效诚等，1999，鳞翅目：蚕蛾科，大蚕蛾科，枯叶蛾科。《伏牛山南坡及大别山区昆虫》，中国农业科学技术出版社。

桑蟥蚕蛾 *Rondotia menciana* Moore, 1885

省内产地：嵩县白云山。

分布：河南，河北，山东，山西，湖北，湖南，江苏，安徽，浙江，江西，福建，广东，海南，广西，四川，云南，陕西；印度，朝鲜。

资料来源：时振亚等，1998，鳞翅目：天蛾科，蚕蛾科，大蚕蛾科，枯叶蛾科。《伏牛山区昆虫》，中国农业科学技术出版社。

白弧野蚕蛾 *Theophila albicurva* Chu *et* Wang, 1993 (图版 XXVIII-5)

省内产地：桐柏水帘洞。

分布：河南，湖北，云南。

资料来源：刘玉霞等，2002，鳞翅目：蚕蛾科，大蚕蛾科，枯叶蛾科，带蛾科，天蛾科。《太行山及桐柏山区昆虫》，中国农业科学技术出版社。

野蚕蛾 *Theophila mamdarina* (Moore, 1912)

省内产地：嵩县白云山，信阳鸡公山，内乡宝天曼，商城黄柏山。

分布：河南，黑龙江，吉林，辽宁，内蒙古，河北，山西，山东，安徽，江苏，湖北，江西，湖南，台湾，广东，广西，云南，西藏，陕西，甘肃；朝鲜，日本。

资料来源：时振亚等，1998，鳞翅目：天蛾科，蚕蛾科，大蚕蛾科，枯叶蛾科。《伏牛山区昆虫》，中国农业科学技术出版社。

直线野蚕蛾 *Theophila religiosa* Helfer, 1837

省内产地：罗山灵山，桐柏水帘洞，济源黄楝树，济源王屋山，嵩县白云山，信阳鸡公山，内乡宝天曼。

分布：河南，湖北，湖南，云南。

资料来源：时振亚等，1998，鳞翅目：天蛾科，蚕蛾科，大蚕蛾科，枯叶蛾科。《伏牛山区昆虫》，中国农业科学技术出版社。

四四、大蚕蛾科 Saturniidae

本科全世界共 149 属 1300 种，中国记载 17 属 89 种，河南记录 10 属 18 种。

短尾大蚕蛾 *Actias artemis* (Bremer *et* Grey, 1853)

省内产地：西峡。

分布：河南，黑龙江，吉林，华北，江西，浙江，湖南，广东，广西，四川，陕西；俄罗斯，日本。

资料来源：申效诚，1993，河南昆虫名录。中国农业科学技术出版社。

长尾大蚕蛾 *Actias dubernardi* (Oberthur, 1897)　(图版 XXIX-1，2)

省内产地：嵩县白云山，商城黄柏山，新县连康山。

分布：河南，陕西，山西，安徽，湖北，江西，浙江，湖南，福建，广东，贵州，广西，四川，云南。

寄主：日本落叶松。并非诸多文献中的阔叶植物。

资料来源：时振亚等，1998，鳞翅目：天蛾科，蚕蛾科，大蚕蛾科，枯叶蛾科。《伏牛山区昆虫》，中国农业科学技术出版社。

黄尾大蚕蛾 *Actias heterogyna* Mell, 1914　(图版 XXX-1)

省内产地：罗山灵山。

分布：河南，湖北，安徽，江西，浙江，湖南，海南，广东，广西，四川，云南，西藏。

资料来源：刘玉霞等，2002，鳞翅目：蚕蛾科，大蚕蛾科，枯叶蛾科，带蛾科，天蛾科。《太行山及桐柏山区昆虫》，中国农业科学技术出版社。

绿尾大蚕蛾 *Actias selene ningpoana* Felder, 1913　(图版 XXIX-3)

省内产地：罗山灵山，桐柏水帘洞，卢氏大块地，卢氏狮子坪，陕县甘山，济源王屋山，济源黄楝树，嵩县白云山，信阳鸡公山，内乡宝天曼，西峡黄石庵，商城黄柏山，新县连康山。

分布：河南，黑龙江，吉林，辽宁，河北，江苏，湖北，浙江，湖南，江西，广东，福建，广西，海南，台湾，四川，云南，西藏；日本，印度，越南。

资料来源：时振亚等，1998，鳞翅目：天蛾科，蚕蛾科，大蚕蛾科，枯叶蛾科。《伏牛山区昆虫》，中国农业科学技术出版社。

华尾大蚕蛾 *Actias sinensis* Walker, 1913

省内产地：栾川龙峪湾，鲁山县石人山。

分布：河南，湖北，安徽，浙江，福建，江西，湖南，广东，海南，广西，四川，云南；印度。

资料来源：时振亚等，1998，鳞翅目：天蛾科，蚕蛾科，大蚕蛾科，枯叶蛾科。《伏牛山区昆虫》，中国农业科学技术出版社。

锈斑丁目大蚕蛾 *Aglia ferenigra* Th. Mieg, 1913　(图版 XXX-2)

省内产地：卢氏大块地，内乡宝天曼。

分布：河南，四川，山西，青海。

资料来源：刘玉霞等，2002，鳞翅目：蚕蛾科，大蚕蛾科，枯叶蛾科，带蛾科，天蛾科。《太行山及桐柏山区昆虫》，中国农业科学技术出版社。

柞蚕 *Antheraea pernyi* Guerin-Menecille, 1855

省内产地：南阳，南召，鲁山，西峡。

分布：河南，黑龙江，吉林，辽宁，河北，山东，江苏，浙江，湖北，湖南，贵州，四川，云南；日本，俄罗斯；欧洲。

资料来源：申效诚，1993，河南昆虫名录。中国农业科学技术出版社。

半目大蚕蛾 *Antheraea yamamai* Guerin-Meneville, 1861

省内产地：信阳。

分布：河南，山东，江西，湖南，四川，云南；朝鲜，日本。

资料来源：朱弘复等，1996，中国昆虫志 昆虫纲 第五卷。科学出版社。

乌桕大蚕蛾 *Attacus atlas* (Linnaeus, 1758)

省内产地：信阳。

分布：河南，安徽，浙江，湖南，福建，江西，广东，海南，贵州，广西，四川，云南，台湾；印度，缅甸，印度尼西亚。

资料来源：申效诚，1993，河南昆虫名录。中国农业科学技术出版社。

银杏大蚕蛾 *Dictyoploca japonica* Moore, 1862

省内产地：具体不详。

分布：河南，黑龙江，吉林，辽宁，河北，山东，湖北，陕西，江西，湖南，四川，贵州，广西，广东，海南，台湾。

资料来源：申效诚，1993，河南昆虫名录。中国农业科学技术出版社。

樟蚕 *Eriogyna pyretorum* Westwood, 1847

省内产地：商城黄柏山，信阳，南阳，林州，济源，郑州。

分布：河南，东北，河北，山东，湖南，江西，四川，福建，广西，广东，俄罗斯，印度，越南。

资料来源：申效诚，1993，河南昆虫名录。中国农业科学技术出版社。

藤豹大蚕蛾 *Loepa anthera* Jordan, 1911

省内产地：嵩县白云山，鲁山县石人山。

分布：河南，湖北，浙江，福建，湖南，广东，海南，广西，四川，西藏，云南；印度，中南半岛。

资料来源：时振亚等，1998，鳞翅目：天蛾科，蚕蛾科，大蚕蛾科，枯叶蛾科。《伏牛山区昆虫》，中国农业科学技术出版社。

黄豹大蚕蛾 *Loepa katinka* Westwood, 1848 (图版 XXIX-4)

省内产地：罗山灵山，桐柏水帘洞，卢氏大块地，嵩县白云山，信阳鸡公山，商城黄柏山，新县连康山。

分布：河南，河北，宁夏，湖北，安徽，福建，浙江，四川，江西，广东，海南，广西，云南，西藏；印度。

资料来源：时振亚等，1998，鳞翅目：天蛾科，蚕蛾科，大蚕蛾科，枯叶蛾科。《伏牛山区昆虫》，中国农业科学技术出版社。

豹大蚕蛾 *Loepa oberthuri* Leech, 1890

省内产地：西峡，嵩县白云山。

分布：河南，四川，陕西，湖北，江西，福建，湖南，广东，海南，广西，贵州，四川，云南，西藏；印度，越南。

资料来源：时振亚等，1998，鳞翅目：天蛾科，蚕蛾科，大蚕蛾科，枯叶蛾科。《伏牛山区昆虫》，中国农业科学技术出版社。

蓖麻蚕 *Philosamia cynthia ricina* Donovan, 1798 (图版 XXXI-3)

省内产地：全省。

分布：全国；印度，意大利，菲律宾，朝鲜，日本。

资料来源：申效诚，1993，河南昆虫名录。中国农业科学技术出版社。

樗蚕 *Philosamia cynthia cynthia* (Drurvy, 1773)

省内产地：罗山灵山，桐柏水帘洞，嵩县白云山，信阳鸡公山，内乡宝天曼，西峡黄石庵。

分布：河南，河北，吉林，辽宁，山西，山东，陕西，安徽，江西，江苏，浙江，福建，湖北，湖南，广东，海南，广西，四川，贵州，云南，西藏，台湾，甘肃；朝鲜，日本。

资料来源：申效诚，1993，河南昆虫名录。中国农业科学技术出版社。

曲线透目大蚕蛾 *Rhodinia jankowskii* Oberthur, 1881 (图版 XXXI-2)

省内产地：济源王屋山，鲁山石人山。

分布：河南，辽宁，黑龙江。

资料来源：时振亚等，1998，鳞翅目：天蛾科，蚕蛾科，大蚕蛾科，枯叶蛾科。《伏牛山区昆虫》，中国农业科学技术出版社。

猫目大蚕蛾 *Salassa thespis* Leech, 1898 (图版 XXXI-1)

省内产地：栾川龙峪湾。

分布：河南，陕西，湖北，福建，四川，云南，西藏。

资料来源：时振亚等，1998，鳞翅目：天蛾科，蚕蛾科，大蚕蛾科，枯叶蛾科。《伏牛山区昆虫》，中国农业科学技术出版社。

四五、蚬蛾科 Lemoniidae (河南新记录科)

本科全世界共 2 属 41 种，中国记载 1 属 1 种，河南记录 1 属 1 种。

蒲公英蚬蛾 *Lemonia taraxaci* Esper, 1909 (图版 XXVIII-6) (河南新记录属、种)

省内产地：嵩县白云山，栾川龙峪湾，卢氏大块地，内乡宝天曼，桐柏水帘洞。

分布：河南，陕西，甘肃，湖北，福建，广西，四川；日本。

寄主：蒲公英。

四六、锚纹蛾科 Callidulidae (河南新记录科)

本科全世界共 9 属 78 种，中国记载 4 属 7 种，河南记录 1 属 1 种。

锚纹蛾 *Pterodecta felderi* Bremer, 1912 (河南新记录属、种)

省内产地：嵩县白云山。

分布：河南，陕西，甘肃，四川。

四七、箩纹蛾科 Brahmaeidae

本科全世界共 5 属 30 种，中国记载 3 属 15 种，河南记录 2 属 5 种。

黄褐箩纹蛾 *Brahmaea certhia* Fabricius, 1793 (图版 XXXII-1)

省内产地：具体不详。

分布：河南，黑龙江，山西，陕西，湖北，安徽，江苏，江西，浙江，四川；朝鲜，俄罗斯。

资料来源：申效诚，1993，河南昆虫名录。中国农业科学技术出版社。

角突箩纹蛾 *Brahmaea goniata* Zhang *et* Yang, 1994

省内产地：灵宝(副模产地)。

分布：河南，陕西，浙江。

资料来源：张秀荣等，1994，水蜡蛾属一新种。昆虫分类学报，16 (4)：275~277。

紫光箩纹蛾 *Brahmaea porphyrio* Chu *et* Wang, 1977

省内产地：嵩县白云山，信阳鸡公山，内乡宝天曼，罗山灵山，商城黄柏山。

分布：河南，浙江，江西。

资料来源：时振亚等，1998，鳞翅目：箩纹蛾科，巢蛾科，波纹蛾科。《伏牛山区昆虫》，中国农业科学技术出版社。

青球箩纹蛾 *Brahmophthalma hearseyi* White, 1928

省内产地：具体不详。

分布：河南，江西，福建，广东，海南，湖南，广西，贵州，四川，云南；印度(锡金)，缅甸，印度尼西亚。

资料来源：申效诚，1993，河南昆虫名录。中国农业科学技术出版社。

枯球箩纹蛾 *Brahmophthalma wallichii* (Gray, 1888) (图版 XXXII-2)

省内产地：栾川龙峪湾，内乡宝天曼。

分布：河南，云南，四川，湖北，台湾；印度。

资料来源：时振亚等，1998，鳞翅目：箩纹蛾科，巢蛾科，波纹蛾科。《伏牛山区昆虫》，中国

农业科学技术出版社。

四八、枯叶蛾科 Lasiocampidae

本科全世界共 170 多属 2200 种，中国记载 39 属 216 种(武春生，2006)，河南记录 18 属 39 种，占中国种类的 18.06%。

稠李枯叶蛾 *Amurilla subpurpurea dieckmanni* (Graeser, 1888)

省内产地：鲁山县石人山。

分布：河南，黑龙江；朝鲜，日本，俄罗斯。

资料来源：时振亚等，1998，鳞翅目：天蛾科，蚕蛾科，大蚕蛾科，枯叶蛾科。《伏牛山区昆虫》，中国农业科学技术出版社。

甘肃李枯叶蛾 *Amurilla subpurpurea gansuensis* (Bang-Haas, 1939)

省内产地：嵩县白云山。

分布：河南，陕西，甘肃。

资料来源：武春生，2008，鳞翅目：枯叶蛾科。《宝天曼自然保护区昆虫》，中国农业科学技术出版社。

双线枯叶蛾 *Arguda decurtata* Moore, 1879

省内产地：具体不详。

分布：河南，浙江，福建，江西，湖南，云南，西藏；尼泊尔，印度，越南，泰国。

资料来源：申效诚，1993，河南昆虫名录。中国农业科学技术出版社。

三线枯叶蛾 *Arguda vinata* (Moore, 1865)

省内产地：嵩县白云山。

分布：河南，福建，江西，湖北，湖南，广西，四川，云南，西藏，陕西；尼泊尔，印度(锡金)，越南。

资料来源：时振亚等，1998，鳞翅目：天蛾科，蚕蛾科，大蚕蛾科，枯叶蛾科。《伏牛山区昆虫》，中国农业科学技术出版社。

杉小枯叶蛾 *Cosmotriche lobulina lobulina* ([Denis *et* Schiffermuller], 1775)

杉小毛虫 *Cosmotriche lunigera* (Esper, 1783)

省内产地：嵩县白云山。

分布：河南，黑龙江，吉林，辽宁；日本，俄罗斯，朝鲜，蒙古国；欧洲。

资料来源：时振亚等，1998，鳞翅目：天蛾科，蚕蛾科，大蚕蛾科，枯叶蛾科。《伏牛山区昆虫》，中国农业科学技术出版社。

蓝灰小毛虫 *Cosmotriche monotona monotosa*(Daniel, 1953)

省内产地：嵩县白云山，内乡宝天曼，卢氏大块地，卢氏狮子坪，鲁山县石人山。

分布：河南，陕西，湖北，甘肃，青海。

资料来源：时振亚等，1998，鳞翅目：天蛾科，蚕蛾科，大蚕蛾科，枯叶蛾科。《伏牛山区昆虫》，中国农业科学技术出版社。

思茅松毛虫 *Dendrolimus kikuchii* Matsumura, 1927

省内产地：商城黄柏山。

分布：河南，云南，四川，贵州，甘肃，广东，广西，湖南，江西，浙江，福建，台湾，安徽，湖北；越南北部。

资料来源：申效诚等，1999，鳞翅目：蚕蛾科，大蚕蛾科，枯叶蛾科。《伏牛山南坡及大别山区昆虫》，中国农业科学技术出版社。

宁陕松毛虫 *Dendrolimus ningshanensis* Tsai *et* Hou, 1976

省内产地：罗山灵山。

分布：河南，陕西。

资料来源：申效诚等，1999，鳞翅目：蚕蛾科，大蚕蛾科，枯叶蛾科。《伏牛山南坡及大别山区昆虫》，中国农业科学技术出版社。

马尾松毛虫 *Dendrolimus punctatus* (Walker, 1855)

省内产地：嵩县白云山，信阳鸡公山，桐柏水帘洞，罗山董寨林场，信阳，新县，光山，罗山，商城，固始，泌阳，确山，桐柏，唐河，南阳，遂平。

分布：河南，江苏，浙江，安徽，福建，江西，湖北，湖南，广东，海南，广西，四川，贵州，云南，陕西，台湾。

资料来源：申效诚，1993，河南昆虫名录。中国农业科学技术出版社。

文山松毛虫 *Dendrolimus punctatus wenshanensis* Tsai *et* Liu, 1964

省内产地：内乡宝天曼，西峡黄石庵。

分布：河南，云南，贵州，广西。

资料来源：申效诚等，1999，鳞翅目：蚕蛾科，大蚕蛾科，枯叶蛾科。《伏牛山南坡及大别山区昆虫》，中国农业科学技术出版社。

赤松毛虫 *Dendrolimus spectabillis* Butler, 1877

省内产地：安阳，林州，济源黄楝树，平顶山。

分布：河南，辽宁，江苏，山东，河北；朝鲜，日本。

资料来源：申效诚，1993，河南昆虫名录。中国农业科学技术出版社。

明纹柏松毛虫 *Dendrolimus suffuscus illustratus* Lajonquiere, 1973

省内产地：济源黄楝树，辉县八里沟，新乡。

分布：河南，河北，山东，山西，内蒙古，陕西。

资料来源：刘玉霞等，2002，鳞翅目：蚕蛾科，大蚕蛾科，枯叶蛾科，带蛾科，天蛾科。《太行山及桐柏山区昆虫》，中国农业科学技术出版社。

侧柏松毛虫 *Dendrolimus suffuscus suffuscus* Lajonquiere, 1973

省内产地：济源，新乡。

分布：河南，山东。

资料来源：申效诚，1993，河南昆虫名录。中国农业科学技术出版社。

落叶松毛虫 *Dendrolimus superans* (Butler, 1877)

省内产地：罗山灵山。

分布：河南，黑龙江，吉林，辽宁，内蒙古，河北，北京，山东，新疆；俄罗斯，朝鲜，日本。

资料来源：申效诚等，1999，鳞翅目：蚕蛾科，大蚕蛾科，枯叶蛾科。《伏牛山南坡及大别山区昆虫》，中国农业科学技术出版社。

油松毛虫 *Dendrolimus tabulaeformis* Tsai *et* Liu, 1962

省内产地：嵩县白云山，三门峡。

分布：河南，辽宁，河北，山西，陕西，甘肃，四川，山东。

资料来源：申效诚等，1999，鳞翅目：蚕蛾科，大蚕蛾科，枯叶蛾科。《伏牛山南坡及大别山区昆虫》，中国农业科学技术出版社。

阿纹枯叶蛾 *Euthrix albomaculata* (Bremer, 1861)

竹斑枯叶蛾 *Philudoria albomaculata* Bremer

省内产地：嵩县白云山，信阳。

分布：河南，黑龙江，江苏，湖北，四川，陕西；朝鲜，日本。

资料来源：武春生，2008，鳞翅目：枯叶蛾科。《宝天曼自然保护区昆虫》，中国农业科学技术出版社。

竹纹枯叶蛾 *Euthrix laeta* (Walker, 1855)

竹黄毛虫 *Philudoria laeta* Walker

省内产地：嵩县白云山，栾川龙峪湾，卢氏大块地，信阳鸡公山，商城黄柏山。

分布：河南，山西，江苏，安徽，浙江，福建，湖北，湖南，江西，广东，广西，海南，四川，台湾，云南，陕西，甘肃；俄罗斯，朝鲜，日本，印度，斯里兰卡，尼泊尔，越南，泰国，马来西亚，印度尼西亚。

资料来源：时振亚等，1998，鳞翅目：天蛾科，蚕蛾科，大蚕蛾科，枯叶蛾科。《伏牛山区昆虫》，中国农业科学技术出版社。

杨褐枯叶蛾 *Gastropacha populifolia* (Esper, 1784)

省内产地：罗山灵山，桐柏水帘洞，鲁山县石人山，卢氏大块地，卢氏狮子坪，陕县甘山，济源王屋山，济源黄楝树，登封少林寺，嵩县白云山，栾川龙峪湾，内乡宝天曼，西峡黄石庵，信阳鸡公山，商城黄柏山。

分布：河南，内蒙古，黑龙江，辽宁，河北，山西，山东，安徽，江苏，湖北，浙江，江西，湖南，贵州，四川，云南，陕西，甘肃，青海；俄罗斯，朝鲜，日本；欧洲。

资料来源：时振亚等，1998，鳞翅目：天蛾科，蚕蛾科，大蚕蛾科，枯叶蛾科。《伏牛山区昆虫》，中国农业科学技术出版社。

北李褐枯叶蛾 *Gastropacha quercifolia cerridifolia* Felder *et* Felder, 1862

省内产地：罗山灵山，桐柏水帘洞，卢氏大块地，陕县甘山，信阳鸡公山，嵩县白云山，内乡宝天曼。

分布：河南，黑龙江，吉林，辽宁，北京，内蒙古，河北，山西，山东，安徽，湖北，甘肃，宁夏，青海，新疆，云南；朝鲜，日本，俄罗斯；欧洲。

资料来源：时振亚等，1998，鳞翅目：天蛾科，蚕蛾科，大蚕蛾科，枯叶蛾科。《伏牛山区昆虫》，中国农业科学技术出版社。

伏牛杂毛虫 *Kunugia brunnea funiuensis* (Hou, 1986)

伏牛杂毛虫 *Cyclophragma funiuensis* Hou

省内产地：西峡太平镇(模式产地)。

分布：河南，陕西。

资料来源：申效诚，1993，河南昆虫名录。中国农业科学技术出版社。

太白杂毛虫 *Kunugia tamsi taibaiensis* (Hou, 1986)

省内产地：嵩县白云山。

分布：河南，陕西。

资料来源：武春生，2008，鳞翅目：枯叶蛾科。《宝天曼自然保护区昆虫》，中国农业科学技术出版社。

黄斑波纹杂毛虫 *Kunugia undans fasciatella* (Menetries, 1858)

黄斑波纹杂毛虫 *Cyclophragma undans fasciatella* Menetries

省内产地：嵩县白云山。

分布：河南，黑龙江，吉林，辽宁，内蒙古，河北，北京，山西，陕西，甘肃。

资料来源：时振亚等，1998，鳞翅目：天蛾科，蚕蛾科，大蚕蛾科，枯叶蛾科。《伏牛山区昆虫》，中国农业科学技术出版社。

波纹杂毛虫 *Kunugia undans undans* (Walker, 1855)

波纹杂毛虫 *Cyclophragma undans* (Walker)

省内产地：信阳鸡公山，鲁山石人山。

分布：河南，内蒙古，黑龙江，江苏，安徽，浙江，江西，福建，台湾，湖北，湖南，广东，广西，四川，云南，西藏，陕西，甘肃，宁夏；印度，巴基斯坦。

资料来源：时振亚等，1998，鳞翅目：天蛾科，蚕蛾科，大蚕蛾科，枯叶蛾科。《伏牛山区昆虫》，中国农业科学技术出版社。

油茶大枯叶蛾 *Lebeda nobilis sinica* Lajonquiere, 1979

省内产地：嵩县白云山，栾川龙峪湾，信阳，陕县。

分布：河南，江苏，浙江，安徽，福建，江西，湖北，湖南，广西，陕西。

资料来源：武春生，2008，鳞翅目：枯叶蛾科。《宝天曼自然保护区昆虫》，中国农业科学技术

出版社。

黄褐幕枯叶蛾 *Malacosoma neustria testacea* (Motschulsky, 1861)

省内产地：济源王屋山，济源黄楝树，嵩县白云山，平顶山。

分布：河南，北京，河北，山西，内蒙古，辽宁，吉林，黑龙江，江苏，浙江，安徽，江西，山东，湖北，湖南，四川，陕西，甘肃，青海，台湾；朝鲜，日本，俄罗斯。

资料来源：时振亚等，1998，鳞翅目：天蛾科，蚕蛾科，大蚕蛾科，枯叶蛾科。《伏牛山区昆虫》，中国农业科学技术出版社。

苹枯叶蛾 *Odonestis pruni* (Linnaeus, 1758)

省内产地：桐柏水帘洞，济源王屋山，济源黄楝树，嵩县白云山，栾川龙峪湾，卢氏大块地，鲁山县石人山，信阳鸡公山，内乡宝天曼，西峡黄石庵，罗山灵山，商城黄柏山，新县连康山，民权，西华，遂平，安阳。

分布：河南，黑龙江，辽宁，河北，北京，内蒙古，山西，山东，安徽，浙江，江西，福建，湖北，湖南，广西，四川，云南，甘肃；朝鲜，日本；欧洲。

资料来源：时振亚等，1998，鳞翅目：天蛾科，蚕蛾科，大蚕蛾科，枯叶蛾科。《伏牛山区昆虫》，中国农业科学技术出版社。

橘黄滇枯叶蛾 *Paradoxopla mandarina* Zolotuhin *et* Witt, 2004

省内产地，嵩县白云山，栾川龙峪湾，卢氏大块地。

分布：河南，陕西。

资料来源：武春生，2008，鳞翅目：枯叶蛾科。《宝天曼自然保护区昆虫》，中国农业科学技术出版社。

东北栎枯叶蛾 *Paralebeda femorata femorata* (Menetries, 1855)

东北栎毛虫 *Paralebeda plagifera femorata* (Menetries)

省内产地：嵩县白云山，栾川龙峪湾，卢氏大块地。

分布：河南，黑龙江，辽宁，北京，山东，浙江，江西，湖北，湖南，广西，四川，贵州，云南，山西，甘肃；俄罗斯，朝鲜，蒙古国。

资料来源：时振亚等，1998，鳞翅目：天蛾科，蚕蛾科，大蚕蛾科，枯叶蛾科。《伏牛山区昆虫》，中国农业科学技术出版社。

栎枯叶蛾 *Paralebeda plagifera* (Walker, 1855)

省内产地：嵩县白云山，内乡宝天曼，西峡黄石庵，商城黄柏山。

分布：河南，浙江，安徽，江西，福建，广东，广西；印度，尼泊尔，越南，泰国。

资料来源：时振亚等，1998，鳞翅目：天蛾科，蚕蛾科，大蚕蛾科，枯叶蛾科。《伏牛山区昆虫》，中国农业科学技术出版社。

白斑榆枯叶蛾 *Phyllodesma neadequata* Zolotuhin *et* Witt, 2004

省内产地：济源黄楝树，平顶山。

分布：河南，陕西。

资料来源：武春生，2008，鳞翅目：枯叶蛾科。《宝天曼自然保护区昆虫》，中国农业科学技术出版社。

栎黑枯叶蛾 *Pyrosis eximia* Oberthur, 1880

省内产地：嵩县白云山，栾川龙峪湾。

分布：河南，江苏，山西，四川，云南，陕西：朝鲜，俄罗斯。

资料来源：武春生，2008，鳞翅目：枯叶蛾科。《宝天曼自然保护区昆虫》，中国农业科学技术出版社。

杨黑枯叶蛾 *Pyrosis idiota* Graeser, 1888

白杨毛虫 *Bhima idiota* (Graeser, 1888)

省内产地：具体不详。

分布：河南，黑龙江，吉林，辽宁，内蒙古，河北，山西，陕西；朝鲜，日本，俄罗斯。

资料来源：申效诚，1993，河南昆虫名录。中国农业科学技术出版社。

杉黑枯叶蛾 *Pyrosis undulosa* (Walker, 1855)

曲纹枯叶蛾 *Bhima undulosa* (Walker)

省内产地：栾川龙峪湾。

分布：河南，陕西；印度，斯里兰卡，尼泊尔。

资料来源：申效诚等，1999，鳞翅目：蚕蛾科，大蚕蛾科，枯叶蛾科。《伏牛山南坡及大别山区昆虫》，中国农业科学技术出版社。

日光枯叶蛾 *Somadasys brevivenis brevivenis* (Butler, 1885)

省内产地：嵩县白云山。

分布：河南，陕西；日本。

资料来源：武春生，2008，鳞翅目：枯叶蛾科。《宝天曼自然保护区昆虫》，中国农业科学技术出版社。

月光枯叶蛾 *Somadasys lunatus* Lajonquiere, 1973

省内产地：嵩县白云山，卢氏大块地，内乡宝天曼。

分布：河南，河北，山西，陕西。

资料来源：申效诚等，1999，鳞翅目：蚕蛾科，大蚕蛾科，枯叶蛾科。《伏牛山南坡及大别山区昆虫》，中国农业科学技术出版社。

新光枯叶蛾 *Somadasys saturatus* Zolotuhin, 2001

省内产地：嵩县白云山，内乡宝天曼。

分布：河南，湖北，湖南，四川，云南。

资料来源：武春生，2008，鳞翅目：枯叶蛾科。《宝天曼自然保护区昆虫》，中国农业科学技术出版社。

拟痕枯叶蛾 *Syrastrenopsis moltrechti* Gruenberg, 1914

省内产地：鲁山县石人山。

分布：河南，吉林；俄罗斯。

资料来源：武春生，2008，鳞翅目：枯叶蛾科。《宝天曼自然保护区昆虫》，中国农业科学技术出版社。

大陆刻缘枯叶蛾 *Takanea excisa yangtsei* Lajonquiere, 1973

省内产地：嵩县白云山，内乡宝天曼。

分布：河南，福建，云南，四川，西藏，陕西，甘肃。

资料来源：时振亚等，1998，鳞翅目：天蛾科，蚕蛾科，大蚕蛾科，枯叶蛾科。《伏牛山区昆虫》，中国农业科学技术出版社。

大黄枯叶蛾 *Trabala vishnou gigantina* Yang, 1978

省内产地：嵩县白云山，鲁山石人山，信阳鸡公山，内乡宝天曼，西峡黄石庵，商城黄柏山。

分布：河南，北京，山西，内蒙古，陕西，甘肃。

资料来源：申效诚等，1999，鳞翅目：蚕蛾科，大蚕蛾科，枯叶蛾科。《伏牛山南坡及大别山区昆虫》，中国农业科学技术出版社。

四九、带蛾科 Eupterotidae

本科全世界共 54 属 300 种，中国记载 12 属 45 种，河南记录 2 属 3 种。

褐斑带蛾 *Apha subdives* Walker, 1856

省内产地：嵩县白云山，鲁山石人山。

分布：河南，福建，云南；印度。

资料来源：刘玉霞等，2002，鳞翅目：蚕蛾科，大蚕蛾科，枯叶蛾科，带蛾科，天蛾科。《太行山及桐柏山区昆虫》，中国农业科学技术出版社。

褐带蛾 ***Paliarisa cervina*** **Moore, 1865** (图版 XXVIII-7)

省内产地：罗山灵山，济源王屋山，卢氏狮子坪。

分布：河南，广西，云南；印度，缅甸。

资料来源：刘玉霞等，2002，鳞翅目：蚕蛾科，大蚕蛾科，枯叶蛾科，带蛾科，天蛾科。《太行山及桐柏山区昆虫》，中国农业科学技术出版社。

灰褐带蛾 ***Paliarisa sinensis*** **Rothschild**

省内产地：灵宝。

分布：河南，湖北，湖南，四川，云南。

资料来源：申效诚，1993，河南昆虫名录。中国农业科学技术出版社。

五〇、天蛾科 Sphingidae

本科全世界共 196 属 1050 种，中国记载 54 属 187 种(朱弘复等，1997)，河南记录 32 属 75 种。

(一) 面形天蛾亚科 Acherontiinae

鬼脸天蛾 ***Acherontia lachesis*** **(Fabricius, 1798)** (图版 L-1)

省内产地：嵩县白云山，内乡宝天曼。

分布：河南，甘肃，湖南，福建，台湾，广东，海南，广西，云南；日本，印度，斯里兰卡，缅甸。

寄主：茄科，木樨科，唇形科。

资料来源：时振亚等，1998，鳞翅目：天蛾科，蚕蛾科，大蚕蛾科，枯叶蛾科。《伏牛山区昆虫》，中国农业科学技术出版社。

芝麻鬼脸天蛾 ***Acherontia styx*** **Westwood, 1848** (图版 L-2)

省内产地：桐柏水帘洞，济源王屋山，信阳鸡公山，商城黄柏山。

分布：河南，河北，山东，山西，江苏，浙江，湖南，湖北，江西，台湾，广东，广西，海南，云南，甘肃；朝鲜，日本，印度，缅甸，斯里兰卡。

寄主：芝麻，茄科，豆科，木樨科，唇形科。

资料来源：王高平等，1999，鳞翅目：天蛾科。《伏牛山南坡及大别山区昆虫》，中国农业科学技术出版社。

绒星天蛾 ***Dolbina tancrei*** **Staudinger, 1887** (图版 L-3)

省内产地：桐柏水帘洞，卢氏狮子坪，陕县甘山，嵩县白云山，内乡宝天曼，商城黄柏山，新县连康山。

分布：河南，黑龙江，河北，陕西；朝鲜，日本，印度。

寄主：水蜡，女贞。

资料来源：王高平等，1999，鳞翅目：天蛾科。《伏牛山南坡及大别山区昆虫》，中国农业科学技术出版社。

甘薯天蛾 ***Herse convolvuli*** **(Linnaeus, 1759)** (图版 L-4)

省内产地：桐柏水帘洞，济源王屋山，栾川龙峪湾，嵩县白云山，信阳鸡公山，内乡宝天曼，罗山灵山，商城黄柏山，新县连康山等全省各地。

分布：河南，河北，山东，山西，安徽，浙江，广东，台湾；朝鲜，日本，印度，俄罗斯，英国。

寄主：甘薯，牵牛花，旋花，扁豆，赤小豆。

资料来源：王高平等，1999，鳞翅目：天蛾科。《伏牛山南坡及大别山区昆虫》，中国农业科学技术出版社。

松黑天蛾 ***Hyloicus caliguneus sinicus*** **Rothschild *et* Jordan, 1903** (图版 L-5)

省内产地：卢氏大块地，嵩县白云山，栾川龙峪湾。

分布：河南，河北，北京，黑龙江，江苏，上海，陕西，甘肃；日本，俄罗斯。

寄主：松。

资料来源：王高平等，1999，鳞翅目：天蛾科。《伏牛山南坡及大别山区昆虫》，中国农业科学技术出版社。

松针天蛾 *Hyloicus pinastri morio* Rothschild *et* Jordan, 1903

松针天蛾 *Sphinx caligineus* Butler

省内产地：具体不详。

分布：河南，浙江，云南，四川。

寄主：马尾松，油松。

资料来源：申效诚，1993，河南昆虫名录。中国农业科学技术出版社。

桂花天蛾 *Kentrochrysalis consimilis* Rothschild *et* Jordan, 1903

省内产地：洛阳，南阳，民权。

分布：河南，河北，黑龙江，陕西；朝鲜。

寄主：银桂。

资料来源：申效诚，1993，河南昆虫名录。中国农业科学技术出版社。

白须天蛾 *Kentrochrysalis sieversi* Alpheraky, 1760 (图版 L-6)

省内产地：栾川龙峪湾，内乡宝天曼，西峡黄石庵。

分布：河南，北京，河北，黑龙江，陕西。

寄主：木樨科。

资料来源：王高平等，1999，鳞翅目：天蛾科。《伏牛山南坡及大别山区昆虫》，中国农业科学技术出版社。

大背天蛾 *Meganoton analis* (Felder, 1874) (图版 L-7)

省内产地：栾川龙峪湾。

分布：河南，浙江，福建，广东，广西，海南，四川，云南；印度。

资料来源：时振亚等，1998，鳞翅目：天蛾科，蚕蛾科，大蚕蛾科，枯叶蛾科。《伏牛山区昆虫》，中国农业科学技术出版社。

丁香天蛾 *Psilogramma increta* (Walker, 1965)

省内产地：灵宝亚武山，卢氏狮子坪，西峡寨根，桐柏水帘洞，信阳鸡公山。

分布：河南，山西，内蒙古，黑龙江，湖北，湖南，广东，广西，海南，浙江，福建，江西，台湾，四川，云南，陕西，甘肃；朝鲜，日本。

寄主：丁香，梧桐，女贞。

资料来源：时振亚等，1998，鳞翅目：天蛾科，蚕蛾科，大蚕蛾科，枯叶蛾科。《伏牛山区昆虫》，中国农业科学技术出版社。

霜天蛾 *Psilogramma menephron* (Cramer, 1780)

省内产地：济源黄楝树，嵩县白云山，内乡宝天曼，桐柏水帘洞，商城黄柏山。

分布：河南，河北，山西，山东，安徽，江苏，浙江，江西，福建，台湾，湖南，广东，广西，云南，四川，陕西，甘肃；朝鲜，日本，印度，斯里兰卡，缅甸，菲律宾，印度尼西亚；大洋洲。

寄主：丁香，梧桐，女贞，泡桐，梓，楸，水蜡。

资料来源：时振亚等，1998，鳞翅目：天蛾科，蚕蛾科，大蚕蛾科，枯叶蛾科。《伏牛山区昆虫》，中国农业科学技术出版社。

红节天蛾 *Sphinx ligustri constricta* Butler, 1885

省内产地：西峡，泌阳。

分布：河南，北京，东北，华北；朝鲜，日本；欧洲，非洲。

寄主：水蜡，丁香，橘。

资料来源：申效诚，1993，河南昆虫名录。中国农业科学技术出版社。

(二) 云纹天蛾亚科 Ambulicinae

黄脉天蛾 *Amorpha amurensis* Staudinger, 1892 (图版 LI-2)

省内产地：卢氏狮子坪，嵩县白云山，西峡黄石庵。

分布：河南，华北，东北，西南；日本，俄罗斯。

寄主：杨，桦，椴。

资料来源：时振亚等，1998，鳞翅目：天蛾科，蚕蛾科，大蚕蛾科，枯叶蛾科。《伏牛山区昆虫》，中国农业科学技术出版社。

中国天蛾 *Amorpha sinica* Rothschild *et* Jordan, 1903

省内产地：罗山灵山，新县连康山。

分布：河南，湖南，广东，广西，贵州；印度。

寄主：榆，柳。

资料来源：王高平等，1999，鳞翅目：天蛾科。《伏牛山南坡及大别山区昆虫》，中国农业科学技术出版社。

眼斑天蛾 *Callambulyx orbita* Chu *et* Wang, 1980 (河南新记录种)

省内产地：嵩县白云山。

分布：河南，陕西，甘肃，湖南，海南，云南。

榆绿天蛾 *Callambulyx tatarinovi* (Bremer, 1853) (图版 LI-3)

省内产地：陕县甘山，济源王屋山，济源黄楝树，嵩县白云山，桐柏水帘洞，信阳鸡公山，西峡黄石庵，罗山灵山，商城黄柏山。

分布：河南，黑龙江，吉林，辽宁，河北，山东，山西，宁夏，陕西，甘肃；朝鲜，日本，俄罗斯。

寄主：榆，柳。

资料来源：时振亚等，1998，鳞翅目：天蛾科，蚕蛾科，大蚕蛾科，枯叶蛾科。《伏牛山区昆虫》，中国农业科学技术出版社。

西昌榆绿天蛾 *Callambulyx tatarinovi sichangensis* Chu *et* Wang, 1980

省内产地：内乡宝天曼，嵩县白云山。

分布：河南，四川，陕西。

资料来源：时振亚等，1998，鳞翅目：天蛾科，蚕蛾科，大蚕蛾科，枯叶蛾科。《伏牛山区昆虫》，中国农业科学技术出版社。

南方豆天蛾 *Clanis bilineata bilineata* (Walker, 1866) (图版 LI-1)

省内产地：栾川龙峪湾。

分布：河南，浙江，江西，湖南，广东，海南，广西，陕西，甘肃；印度。

寄主：豆科。

资料来源：时振亚等，1998，鳞翅目：天蛾科，蚕蛾科，大蚕蛾科，枯叶蛾科。《伏牛山区昆虫》，中国农业科学技术出版社。

豆天蛾 *Clanis bilineata tsingtauica* Mell, 1922

省内产地：嵩县白云山，内乡宝天曼，商城黄柏山，新县连康山等全省各地。

分布：全国；朝鲜，日本，印度。

寄主：大豆，刺槐。

资料来源：申效诚，1993，河南昆虫名录。中国农业科学技术出版社。

洋槐天蛾 *Clanis deucalion* (Walker, 1856) (图版 LI-4)

省内产地：济源黄楝树，嵩县白云山，桐柏水帘洞，信阳鸡公山，罗山灵山，商城黄柏山，新县连康山。

分布：河南，辽宁，山东，江苏，浙江，湖南，海南，四川，陕西，甘肃；印度。

寄主：豆科。

资料来源：时振亚等，1998，鳞翅目：天蛾科，蚕蛾科，大蚕蛾科，枯叶蛾科。《伏牛山区昆虫》，中国农业科学技术出版社。

甘蔗天蛾 *Leucophlebia lineata* Westwood, 1848

省内产地：商城黄柏山大庙。

分布：河南，北京，河北，浙江，江西，台湾，广东，广西，云南；印度，斯里兰卡，马来西亚，菲律宾。

寄主：甘蔗。

资料来源：王高平等，1999，鳞翅目：天蛾科。《伏牛山南坡及大别山区昆虫》，中国农业科学技术出版社。

椴六点天蛾 *Marumba dyras* (Walker, 1856) (图版 LI-5)

省内产地：嵩县白云山，内乡宝天曼。

分布：河南，辽宁，河北，江苏，浙江，江西，湖南，广东，海南，云南，陕西，甘肃；印度，斯里兰卡。

寄主：椴。

资料来源：时振亚等，1998，鳞翅目：天蛾科，蚕蛾科，大蚕蛾科，枯叶蛾科。《伏牛山区昆虫》，中国农业科学技术出版社。

苹六点天蛾 *Marumba gaschkewitschi carstanjeni* (Staudinger, 1913)

省内产地：洛阳。

分布：河南，黑龙江，吉林，辽宁，甘肃。

寄主：苹果，桃，枣，李。

资料来源：申效诚，1993，河南昆虫名录。中国农业科学技术出版社。

梨六点天蛾 *Marumba gaschkewitschi complacens* Walker, 1864 (图版 LI-6)

省内产地：嵩县白云山，西峡黄石庵，桐柏水帘洞，商城黄柏山。

分布：河南，湖北，湖南，江苏，浙江，四川，陕西，甘肃。

寄主：梨，桃，苹果，枣，葡萄，杏，李，樱桃。

资料来源：时振亚等，1998，鳞翅目：天蛾科，蚕蛾科，大蚕蛾科，枯叶蛾科。《伏牛山区昆虫》，中国农业科学技术出版社。

枣桃六点天蛾 *Marumba gaschkewitschi gaschkewitschi* (Bremer *et* Grey, 1853)

省内产地：罗山灵山，陕县甘山，桐柏水帘洞，济源黄楝树，内乡宝天曼。

分布：河南，河北，山东，山西。

寄主：桃，枣，樱桃，苹果，梨，杏，李，葡萄，海棠。

资料来源：刘玉霞等，2002，鳞翅目：蚕蛾科，大蚕蛾科，枯叶蛾科，带蛾科，天蛾科。《太行山及桐柏山区昆虫》，中国农业科学技术出版社。

菩提六点天蛾 *Marumba jankowskii* (Oberthur, 1880) (图版 LII-1)

省内产地：卢氏大块地，罗山灵山，商城黄柏山。

分布：河南，黑龙江，吉林，辽宁；朝鲜，日本。

寄主：菩提，枣，椴。

资料来源：王高平等，1999，鳞翅目：天蛾科。《伏牛山南坡及大别山区昆虫》，中国农业科学技术出版社。

黄边六点天蛾 *Marumba maacki* (Bremer, 1895) (图版 LII-2)

省内产地：济源黄楝树，卢氏狮子坪，内乡宝天曼。

分布：河南，黑龙江；俄罗斯。

寄主：栎。

资料来源：王高平等，1999，鳞翅目：天蛾科。《伏牛山南坡及大别山区昆虫》，中国农业科学技术出版社。

枇杷六点天蛾 *Marumba spectabilis* Butler, 1875　(图版 LI-7)

省内产地：卢氏大块地，嵩县白云山，内乡宝天曼，桐柏水帘洞，商城黄柏山。

分布：河南，浙江。

寄主：枇杷。

资料来源：王高平等，1999，鳞翅目：天蛾科。《伏牛山南坡及大别山区昆虫》，中国农业科学技术出版社。

栗六点天蛾 *Marumba sperchius* Menentries, 1857　(图版 LII-3)

省内产地：济源王屋山，济源黄楝树，嵩县白云山，内乡宝天曼，商城黄柏山，新县连康山。

分布：河南，黑龙江，吉林，辽宁，河北，山东，湖南，台湾，广东，海南，广西，陕西；朝鲜，日本，俄罗斯，印度。

寄主：栗，栎，核桃。

资料来源：时振亚等，1998，鳞翅目：天蛾科，蚕蛾科，大蚕蛾科，枯叶蛾科。《伏牛山区昆虫》，中国农业科学技术出版社。

日本鹰翅天蛾 *Oxyambulyx japonica* Rothschild, 1894　(图版 LII-4)

省内产地：卢氏大块地，卢氏狮子坪，陕县甘山，济源王屋山，嵩县白云山。

分布：河南，陕西，台湾，海南，四川，甘肃；朝鲜，日本。

寄主：槭。

资料来源：时振亚等，1998，鳞翅目：天蛾科，蚕蛾科，大蚕蛾科，枯叶蛾科。《伏牛山区昆虫》，中国农业科学技术出版社。

栎鹰翅天蛾 *Oxyambulyx liturata* (Butler, 1875)　(图版 LII-5)

省内产地：内乡宝天曼，信阳鸡公山。

分布：河南，广东，广西，海南，四川；印度(锡金)，菲律宾，印度尼西亚。

寄主：栎，核桃。

资料来源：王高平等，1999，鳞翅目：天蛾科。《伏牛山南坡及大别山区昆虫》，中国农业科学技术出版社。

鹰翅天蛾 *Oxyambulyx ochracea* (Butler, 1885)　(图版 LII-6)

省内产地：桐柏水帘洞，陕县甘山，济源王屋山，济源黄楝树，嵩县白云山，信阳鸡公山，内乡宝天曼，商城黄柏山，新县连康山。

分布：河南，河北，辽宁，江苏，浙江，江西，福建，湖南，台湾，广东，海南，广西，四川，陕西，甘肃；日本，印度，缅甸。

寄主：核桃，槭。

资料来源：时振亚等，1998，鳞翅目：天蛾科，蚕蛾科，大蚕蛾科，枯叶蛾科。《伏牛山区昆虫》，中国农业科学技术出版社。

核桃鹰翅天蛾 *Oxyambulyx schauffelbergeri* (Bremer *et* Grey, 1853)　(图版 LII-7)

省内产地：内乡宝天曼，信阳鸡公山，商城黄柏山，新县连康山。

分布：河南，辽宁，河北，浙江，福建，湖南，广东，广西，海南，云南；朝鲜，日本。

寄主：枫杨，核桃，栎。

资料来源：王高平等，1999，鳞翅目：天蛾科。《伏牛山南坡及大别山区昆虫》，中国农业科学技术出版社。

构月天蛾 *Parum colligata* (Walker, 1856)　(图版 LIII-2)

省内产地：嵩县白云山，陕县甘山，桐柏水帘洞，信阳鸡公山，内乡宝天曼，西峡黄石庵，罗山灵山，商城黄柏山。

分布：河南，吉林，辽宁，河北，山东，湖南，湖北，四川，广东，海南，广西，贵州，陕西，甘肃，台湾；日本，印度，斯里兰卡，缅甸。

寄主：构树，桑。

资料来源：时振亚等，1998，鳞翅目：天蛾科，蚕蛾科，大蚕蛾科，枯叶蛾科。《伏牛山区昆虫》，

中国农业科学技术出版社。

月天蛾 *Parum porphyria* (Butler, 1877)

省内产地：商城黄柏山，新县连康山。

分布：河南，四川，陕西，甘肃；印度(锡金)。

寄主：桑科。

资料来源：王高平等，1999，鳞翅目：天蛾科。《伏牛山南坡及大别山区昆虫》，中国农业科学技术出版社。

盾天蛾 *Phyllosphingia dissimilis dissimilis* Bremer, 1861

省内产地：嵩县白云山。

分布：河南，黑龙江，吉林，辽宁，山东，河北，浙江，湖南，台湾，海南，甘肃；日本，印度。

寄主：核桃，柳。

资料来源：时振亚等，1998，鳞翅目：天蛾科，蚕蛾科，大蚕蛾科，枯叶蛾科。《伏牛山区昆虫》，中国农业科学技术出版社。

紫光盾天蛾 *Phyllosphingia dissimilis sinensis* Jordan, 1928 (图版 LIII-1)

省内产地：桐柏水帘洞，卢氏大块地，卢氏狮子坪，济源王屋山，嵩县白云山，信阳鸡公山，内乡宝天曼，西峡黄石庵，商城黄柏山，新县连康山。

分布：河南，黑龙江，河北，北京，山东，广东，广西，海南，贵州，陕西，甘肃；日本，印度。

寄主：核桃，山核桃。

资料来源：时振亚等，1998，鳞翅目：天蛾科，蚕蛾科，大蚕蛾科，枯叶蛾科。《伏牛山区昆虫》，中国农业科学技术出版社。

齿翅三线天蛾 *Polyptychus dentatus* (Cramer, 1777)

省内产地：西峡。

分布：河南，海南，广西，甘肃；印度，斯里兰卡，菲律宾。

寄主：厚壳树，破布木。

资料来源：申效诚，1993，河南昆虫名录。中国农业科学技术出版社。

杨目天蛾 *Smerithus caecus* Menetries, 1857

省内产地：全省。

分布：河南，黑龙江，吉林，河北；日本，俄罗斯。

寄主：杨，柳。

资料来源：申效诚，1993，河南昆虫名录。中国农业科学技术出版社。

北方蓝目天蛾 *Smerithus planus alticola* Clark, 1934 (图版 LIII-3)

省内产地：卢氏狮子坪。

分布：河南，吉林，河北，山东。

寄主：柳，杨，桃。

资料来源：时振亚等，1998，鳞翅目：天蛾科，蚕蛾科，大蚕蛾科，枯叶蛾科。《伏牛山区昆虫》，中国农业科学技术出版社。

四川蓝目天蛾 *Smerithus planus jannanus* Clark, 1928

省内产地：栾川龙峪湾，西峡黄石庵。

分布：河南，四川，陕西，甘肃。

资料来源：时振亚等，1998，鳞翅目：天蛾科，蚕蛾科，大蚕蛾科，枯叶蛾科。《伏牛山区昆虫》，中国农业科学技术出版社。

蓝目天蛾 *Smerithus planus planus* Walker, 1856

省内产地：内乡宝天曼。

分布：河南，河北，山东，山西，宁夏，甘肃，内蒙古，黑龙江，吉林，辽宁；朝鲜，日本，俄罗斯。

寄主：柳，桃，樱桃，苹果，沙果，梅等。

资料来源：王高平等，1999，鳞翅目：天蛾科。《伏牛山南坡及大别山区昆虫》，中国农业科学技术出版社。

(三) 透翅天蛾亚科 Sesiinae

咖啡透翅天蛾 *Cephonodes hylas* (Linnaeus, 1771) (河南新记录属、种)

省内产地：汝州寄料。

分布：河南，云南，广西，台湾；澳大利亚，日本，缅甸，印度，斯里兰卡，西非。

大黑边天蛾 *Haemorrhagia alternata* Butler, 1900

省内产地：栾川龙峪湾。

分布：河南，辽宁，浙江，甘肃；日本。

寄主：茜草科。

资料来源：时振亚等，1998，鳞翅目：天蛾科，蚕蛾科，大蚕蛾科，枯叶蛾科。《伏牛山区昆虫》，中国农业科学技术出版社。

后黄黑边天蛾 *Haemorrhagia radians* (Walker, 1856)

省内产地：桐柏水帘洞，西峡黄石庵。

分布：河南，黑龙江，长江流域；朝鲜，日本。

资料来源：王高平等，1999，鳞翅目：天蛾科。《伏牛山南坡及大别山区昆虫》，中国农业科学技术出版社。

木蜂天蛾 *Sataspes tagalica* Boisduval, 1875

省内产地：内乡宝天曼。

分布：河南，湖南，云南，四川，浙江，广东；印度，菲律宾。

寄主：葡萄。

资料来源：王高平等，1999，鳞翅目：天蛾科。《伏牛山南坡及大别山区昆虫》，中国农业科学技术出版社。

黄胫木蜂天蛾 *Sataspes tagalica collaris* Rothschild *et* Jordan, 1903

省内产地：鲁山。

分布：河南，广东，海南，甘肃；缅甸，印度。

寄主：葡萄。

资料来源：于思勤等，1993，河南农业昆虫志。河南科学技术出版社。

(四) 蜂形天蛾亚科 Philampelinae

缺角天蛾 *Acosmeryx castanea* Rothschild *et* Jordan, 1903 (图版 LIII-4)

省内产地：桐柏水帘洞，商城黄柏山，新县连康山。

分布：河南，四川，云南，湖南，台湾；日本。

寄主：葡萄，乌蔹莓。

资料来源：王高平等，1999，鳞翅目：天蛾科。《伏牛山南坡及大别山区昆虫》，中国农业科学技术出版社。

黄点缺角天蛾 *Acosmeryx miskini* (Murray, 1933)

省内产地：信阳。

分布：河南，广东，海南，广西；澳大利亚，巴布亚新几内亚。

寄主：葡萄，葛藤，猕猴桃。

资料来源：于思勤等，1993，河南农业昆虫志。河南科学技术出版社。

葡萄缺角天蛾 *Acosmeryx naga* (Moore, 1857) (图版 LIII-5)

省内产地：济源王屋山，济源黄楝树，信阳鸡公山，内乡宝天曼。

分布：河南，北京，湖南，河北，浙江，广东，海南，广西，贵州；朝鲜，日本，印度。

寄主：葡萄，猕猴桃，爬山虎，葛藤。

资料来源：王高平等，1999，鳞翅目：天蛾科。《伏牛山南坡及大别山区昆虫》，中国农业科学技术出版社。

赭绒缺角天蛾 *Acosmeryx sericeus* (Walker, 1856)

省内产地：信阳鸡公山。

分布：河南，广东，广西，海南，云南；印度，菲律宾。

寄主：葡萄，猕猴桃。

资料来源：申效诚等，1999，鳞翅目：天蛾科，蚕蛾科，大蚕蛾科，枯叶蛾科。《鸡公山区昆虫》，中国农业科学技术出版社。

葡萄天蛾 *Ampelophaga rubiginosa rubiginosa* Bremmer *et* Grey, 1853 (图版 LIII-6)

省内产地：罗山灵山，桐柏水帘洞，陕县甘山，济源王屋山，济源黄楝树，登封少林寺，嵩县白云山，信阳鸡公山，内乡宝天曼，西峡黄石庵，商城黄柏山，新县连康山。

分布：河南，河北，山西，山东，黑龙江，吉林，辽宁，江苏，安徽，浙江，福建，江西，湖北，湖南，广东，海南，四川，陕西，甘肃，宁夏；朝鲜，日本。

寄主：葡萄，黄荆，乌蔹莓。

资料来源：时振亚等，1998，鳞翅目：天蛾科，蚕蛾科，大蚕蛾科，枯叶蛾科。《伏牛山区昆虫》，中国农业科学技术出版社。

绒绿天蛾 *Angonyx testacea* (Walker, 1850)

省内产地：内乡宝天曼。

分布：河南，福建，湖南，广东，广西，海南；印度，缅甸，斯里兰卡，马来西亚。

资料来源：王高平等，1999，鳞翅目：天蛾科。《伏牛山南坡及大别山区昆虫》，中国农业科学技术出版社。

团角锤天蛾 *Gurelca hyas* (Walker, 1856)

省内产地：桐柏水帘洞，新县连康山。

分布：河南，江苏，浙江，长江流域，华南，台湾；印度，马来西亚，缅甸，菲律宾。

寄主：茜草，鸡眼藤，牛皮冻。

资料来源：王高平等，1999，鳞翅目：天蛾科。《伏牛山南坡及大别山区昆虫》，中国农业科学技术出版社。

青背长喙天蛾 *Macroglossum bombylans* (Boisduval, 1875)

省内产地：嵩县白云山，内乡宝天曼。

分布：河南，北京，河北，湖南，海南，甘肃；日本，印度。

寄主：茜草科，野木瓜。

资料来源：王高平等，1999，鳞翅目：天蛾科。《伏牛山南坡及大别山区昆虫》，中国农业科学技术出版社。

九节木长喙天蛾 *Macroglossum fringilla* (Boisduval, 1875)

省内产地：嵩县白云山。

分布：河南，湖南，广东；印度，菲律宾，马来西亚。

寄主：九节木。

资料来源：刘玉霞等，2002，鳞翅目：蚕蛾科，大蚕蛾科，枯叶蛾科，带蛾科，天蛾科。《太行山及桐柏山区昆虫》，中国农业科学技术出版社。

黑长喙天蛾 *Macroglossum pyrrhosticta* (Butler, 1875)

省内产地：桐柏水帘洞。

分布：河南，东北，华北，四川，广东；日本，越南，印度，马来西亚。

寄主：牛皮冻。

资料来源：刘玉霞等，2002，鳞翅目：蚕蛾科，大蚕蛾科，枯叶蛾科，带蛾科，天蛾科。《太行山及桐柏山区昆虫》，中国农业科学技术出版社。

小豆长喙天蛾 *Macroglossum stellatarum* (Linnaeus, 1758)

省内产地：济源王屋山，内乡宝天曼，嵩县白云山，郑州。

分布：河南，吉林，辽宁，内蒙古，甘肃，青海，新疆，河北，山东，山西，浙江，湖北，湖南，四川，广东，海南；朝鲜，日本，越南，印度，尼日利亚；欧洲。

寄主：茜草，小豆，篷子菜，土三七。

资料来源：王高平等，1999，鳞翅目：天蛾科。《伏牛山南坡及大别山区昆虫》，中国农业科学技术出版社。

斑腹长喙天蛾 *Macroglossum variegatum* Rothschild *et* Jordan, 1903

省内产地：郾城。

分布：河南，福建，广东，海南，广西，甘肃。

寄主：凉喉茶。

资料来源：于思勤等，1993，河南农业昆虫志。河南科学技术出版社。

(五) 斜纹天蛾亚科 Choerocampinae

条背天蛾 *Cechenena lineosa* (Walker, 1856) (图版 LIII-7)

省内产地：嵩县白云山，栾川龙峪湾，卢氏狮子坪，信阳鸡公山，内乡宝天曼，西峡黄石庵，商城黄柏山，新县连康山。

分布：河南，河北，湖北，湖南，四川，台湾，福建，广东，广西，海南，云南，贵州，西藏，陕西，江西；日本，越南，印度，缅甸，斯里兰卡，马来西亚，印度尼西亚。

寄主：凤仙花，葡萄。

资料来源：时振亚等，1998，鳞翅目：天蛾科，蚕蛾科，大蚕蛾科，枯叶蛾科。《伏牛山区昆虫》，中国农业科学技术出版社。

平背天蛾 *Cechenena minor* (Butler, 1934) (图版 LIV-2)

省内产地：桐柏水帘洞，济源王屋山，济源黄楝树，栾川龙峪湾，信阳鸡公山，西峡黄石庵。

分布：河南，湖南，浙江，台湾，福建，广东，海南；印度，泰国，马来西亚。

寄主：何首乌，伞萝夷。

资料来源：时振亚等，1998，鳞翅目：天蛾科，蚕蛾科，大蚕蛾科，枯叶蛾科。《伏牛山区昆虫》，中国农业科学技术出版社。

猫眼白眉天蛾 *Celerio euphorbiae* Linnaeus, 1758

省内产地：许昌。

分布：河南，四川，山东。

寄主：猫儿眼。

资料来源：申效诚，1993，河南昆虫名录。中国农业科学技术出版社。

深色白眉天蛾 *Celerio gallii* (Rollemburg, 1775)

省内产地：内乡宝天曼。

分布：河南，北京，河北，内蒙古，黑龙江；朝鲜，日本，印度。

寄主：猫儿眼。

资料来源：王高平等，1999，鳞翅目：天蛾科。《伏牛山南坡及大别山区昆虫》，中国农业科学技术出版社。

沙枣白眉天蛾 *Celerio hippophaes* (Esper, 1934)

省内产地：安阳，许昌，济源，汝阳，南阳。

分布：河南，宁夏，新疆，内蒙古；俄罗斯，德国，西班牙。

寄主：沙枣。

资料来源：申效诚，1993，河南昆虫名录。中国农业科学技术出版社。

八字白眉天蛾 *Celerio lineate livornica* (Esper, 1779) (图版 LIV-1)

省内产地：内乡宝天曼。

分布：河南，宁夏，黑龙江，台湾；日本，印度；欧洲，非洲，北美。

寄主：沙枣，葡萄，酸模。

资料来源：王高平等，1999，鳞翅目：天蛾科。《伏牛山南坡及大别山区昆虫》，中国农业科学技术出版社。

红天蛾 *Pergesa elpenor lewisi* (Butler, 1875) (图版 LIV-3)

省内产地：嵩县白云山，西峡黄石庵，桐柏水帘洞，商城黄柏山。

分布：河南，吉林，河北，四川，台湾，陕西，甘肃；朝鲜，日本。

寄主：凤仙花，千屈菜，葡萄。

资料来源：时振亚等，1998，鳞翅目：天蛾科，蚕蛾科，大蚕蛾科，枯叶蛾科。《伏牛山区昆虫》，中国农业科学技术出版社。

锯线白肩天蛾 *Rhagastis acuta aurifera* (Butler, 1928)

省内产地：内乡宝天曼。

分布：河南，广西，云南；印度(锡金)，不丹。

资料来源：王高平等，1999，鳞翅目：天蛾科。《伏牛山南坡及大别山区昆虫》，中国农业科学技术出版社。

华中白肩天蛾 *Rhagastis mongoliana centrosinaria* Chu *et* Wang, 1980 (图版 LIV-5)

省内产地：栾川龙峪湾，桐柏水帘洞，罗山灵山，商城黄柏山。

分布：河南，江西，湖南，浙江，广西，陕西，甘肃。

寄主：葡萄，小蘖。

资料来源：时振亚等，1998，鳞翅目：天蛾科，蚕蛾科，大蚕蛾科，枯叶蛾科。《伏牛山区昆虫》，中国农业科学技术出版社。

白肩天蛾 *Rhagastis mongoliana mongoliana* (Butler, 1875)

省内产地：嵩县白云山，信阳鸡公山，内乡宝天曼，西峡黄石庵。

分布：河南，湖南，黑龙江，吉林，辽宁，内蒙古，河北，山西，福建，广东，海南，贵州，广西，台湾；朝鲜，日本，俄罗斯。

寄主：葡萄，乌蔹莓，凤仙花，伏牛花，小蘖，绣球花。

资料来源：时振亚等，1998，鳞翅目：天蛾科，蚕蛾科，大蚕蛾科，枯叶蛾科。《伏牛山区昆虫》，中国农业科学技术出版社。

斜绿天蛾 *Rhyncholaba acteus* (Cramer, 1779)

省内产地：西峡，卢氏，西平，信阳。

分布：河南，广东，广西，海南，四川，云南；印度，斯里兰卡，越南，缅甸，印度尼西亚。

寄主：天南星，葡萄，芋，秋海棠。

资料来源：申效诚，1993，河南昆虫名录。中国农业科学技术出版社。

斜纹天蛾 *Theretra clotho clotho* (Drury, 1773)

省内产地：嵩县白云山，桐柏水帘洞，信阳鸡公山。

分布：河南，江苏，湖北，湖南，江西，云南，浙江，福建，台湾，广东，广西，海南，贵州；日本，印度，斯里兰卡，菲律宾，印度尼西亚，马来西亚。

寄主：木槿，白粉藤，青紫藤，葡萄科。

资料来源：时振亚等，1998，鳞翅目：天蛾科，蚕蛾科，大蚕蛾科，枯叶蛾科。《伏牛山区昆虫》，中国农业科学技术出版社。

雀纹天蛾 *Theretra japonica* (Orza, 1869) (图版 LIV-4)

省内产地：嵩县白云山，信阳鸡公山，商城黄柏山。

分布：河南，黑龙江，吉林，辽宁，内蒙古，河北，山西，山东，安徽，江苏，浙江，福建，台湾，湖北，湖南，江西，广东，海南，广西，四川，陕西，甘肃，青海；俄罗斯，朝鲜，日本。

寄主：葡萄，野葡萄，常春藤，爬山虎，绣球花。

资料来源：时振亚等，1998，鳞翅目：天蛾科，蚕蛾科，大蚕蛾科，枯叶蛾科。《伏牛山区昆虫》，中国农业科学技术出版社。

青背斜纹天蛾 *Theretra nessus* (Drury, 1773)

省内产地：郾城。

分布：河南，福建，台湾，广东，海南，广西。

寄主：芋，水葱。

资料来源：于思勤等，1993，河南农业昆虫志。河南科学技术出版社。

芋双线天蛾 *Theretra oldenlandiae* (Fabricius, 1775) (图版 LIV-6)

省内产地：桐柏水帘洞，嵩县白云山，商城黄柏山。

分布：河南，河北，山东，安徽，江西，广东，广西，四川，浙江，江苏，台湾，海南，陕西，甘肃；朝鲜，日本，印度，斯里兰卡，巴布亚新几内亚，缅甸；大洋洲。

寄主：芋，甘薯，黄麻，凤仙花，葡萄，山核桃。

资料来源：时振亚等，1998，鳞翅目：天蛾科，蚕蛾科，大蚕蛾科，枯叶蛾科。《伏牛山区昆虫》，中国农业科学技术出版社。

芋单线天蛾 *Theretra pinastrana* Rothschild *et* Jordan, 1903

省内产地：兰考。

分布：河南，陕西，湖南，福建，台湾，广东，海南；日本，越南，缅甸，印度，斯里兰卡，马来西亚，印度尼西亚。

资料来源：申效诚，1993，河南昆虫名录。中国农业科学技术出版社。

五一、舟蛾科 Notodontidae

本科全世界共 725 属 3000 种，中国记载 137 属 516 种(武春生等，2003)，河南记录 71 属 154 种。

(一) 蕊舟蛾亚科 Dudusinae

著蕊舟蛾 *Dudusa nobilis* Walker, 1865

省内产地：西峡，灵宝。

分布：河南，北京，浙江，湖北，广西，海南，陕西，台湾；泰国，越南。

资料来源：申效诚，1993，河南昆虫名录。中国农业科学技术出版社。

壮蕊舟蛾 *Dudusa obesa* Schintlmeister *et* Fang, 2001

省内产地：内乡宝天曼，嵩县白云山。

分布：河南，北京，浙江，湖北，广西，海南，陕西，台湾；印度，缅甸。

资料来源：武春生等，2003，中国昆虫志 昆虫纲 第三十一卷 鳞翅目 舟蛾科。科学出版社。

黑蕊舟蛾 *Dudusa sphingiformis* Moore, 1872

省内产地：嵩县白云山，陕县甘山，信阳鸡公山，内乡宝天曼，西峡黄石庵。

分布：河南，河北，山东，湖北，浙江，安徽，江西，湖南，福建，广西，陕西，四川，贵州，云南，甘肃；越南，朝鲜，日本，印度(锡金)，缅甸。

资料来源：王治国等，1998，鳞翅目：舟蛾科。《伏牛山区昆虫》，中国农业科学技术出版社。

黄二星舟蛾 *Euhampsonia cristata* (Butler, 1877)

省内产地：嵩县白云山，栾川龙峪湾，桐柏水帘洞，信阳鸡公山，陕县甘山，内乡宝天曼，西峡黄石庵，罗山灵山，商城黄柏山，辉县八里沟。

分布：河南，黑龙江，吉林，辽宁，内蒙古，北京，河北，山西，山东，江苏，安徽，浙江，江西，陕西，四川，湖北，湖南，云南，甘肃；朝鲜，日本，俄罗斯，缅甸。

资料来源：王治国等，1998，鳞翅目：舟蛾科。《伏牛山区昆虫》，中国农业科学技术出版社。

锯齿星舟蛾 *Euhampsonia serratifera* Sugi, 1994

[凹缘舟蛾 *Euhampsonia niveiceps* (Walker)]

省内产地：济源王屋山，嵩县白云山，内乡宝天曼，宜阳花果山。

分布：河南，浙江，福建，湖北，湖南，陕西，四川，云南；泰国，越南，缅甸。

资料来源：申效诚等，2002，鳞翅目：夜蛾总科。《太行山及桐柏山区昆虫》，中国农业科学技术出版社。

辛二星舟蛾 *Euhampsonia sinjaevi* Schintlmeister, 1997 (河南新记录种)

省内产地：嵩县白云山。

分布：河南，陕西，甘肃，湖北，湖南，四川，云南；越南。

银二星舟蛾 *Euhampsonia splendida* (Oberthur, 1881)

省内产地：嵩县白云山，桐柏水帘洞，信阳鸡公山，内乡宝天曼，西峡黄石庵，新县连康山，辉县关山，济源王屋山。

分布：河南，黑龙江，吉林，辽宁，北京，河北，陕西，山东，安徽，江西，浙江，湖北，湖南；朝鲜，日本，俄罗斯。

资料来源：王治国等，1998，鳞翅目：舟蛾科。《伏牛山区昆虫》，中国农业科学技术出版社。

钩翅舟蛾 *Gangarides dharma* Moore, 1865

省内产地：嵩县白云山，信阳鸡公山，内乡宝天曼，新县连康山，西峡寨根，林州石板岩，辉县关山，辉县八里沟，商城黄柏山。

分布：河南，辽宁，河北，陕西，湖北，江西，浙江，福建，湖北，湖南，广东，广西，海南，四川，云南，西藏，甘肃；朝鲜，印度，泰国，越南，缅甸，孟加拉国。

资料来源：王治国等，1998，鳞翅目：舟蛾科。《伏牛山区昆虫》，中国农业科学技术出版社。

红褐甘舟蛾 *Gangaridopsis dercetis* Schintlmeister, 1989

省内产地：鲁山县石人山，信阳鸡公山。

分布：河南，浙江，江西，福建，湖南；日本。

资料来源：王治国等，1998，鳞翅目：舟蛾科。《伏牛山区昆虫》，中国农业科学技术出版社。

点舟蛾 *Stigmatophorina hammamelis* Mell, 1922

省内产地：商城黄柏山，内乡宝天曼，嵩县白云山，鲁山石人山。

分布：河南，安徽，江西，浙江，福建，湖北，湖南，广东，广西，四川，云南。

资料来源：申效诚等，2002，鳞翅目：夜蛾总科。《太行山及桐柏山区昆虫》，中国农业科学技术出版社。

窦舟蛾 *Zaranga pannosa* Moore, 1884

省内产地：卢氏大块地，鲁山县石人山，内乡宝天曼，嵩县白云山，栾川龙峪湾。

分布：河南，甘肃，陕西，山西，四川，湖北，云南，西藏；韩国，印度，越南。

资料来源：王治国等，1998，鳞翅目：舟蛾科。《伏牛山区昆虫》，中国农业科学技术出版社。

(二) 广舟蛾亚科 Platychasminae

褐斑绿舟蛾 *Cyphanta chortochroa* Hampson, [1893]

省内产地：嵩县白云山。

分布：河南，陕西，云南；越南，尼泊尔，印度西北部。

资料来源：武春生等，2008，鳞翅目：舟蛾科。《宝天曼自然保护区昆虫》，中国农业科学技术出版社。

广舟蛾 *Platychasma virgo* Butler, 1881

省内产地：嵩县白云山，内乡宝天曼。

分布：河南，湖北，陕西；朝鲜，日本。

资料来源：武春生等，2008，鳞翅目：舟蛾科。《宝天曼自然保护区昆虫》，中国农业科学技术出版社。

(三) 角茎舟蛾亚科 Biretinae

竹篦舟蛾 *Besaia* (*Basaia*) *goddrica* (Schaus, 1928)

纵褶竹舟蛾 *Bireta goddreca* Schaus

省内产地：卢氏狮子坪。

分布：河南，陕西，江苏，浙江，江西，福建，湖南，广东，四川；泰国，越南。

资料来源：申效诚，1993，河南昆虫名录。中国农业科学技术出版社。

独拟皮舟蛾 *Besaia* (*Mimopydna*) *insignis* (Leech, 1898)

省内产地：嵩县白云山。

分布：河南，湖北，四川。

资料来源：武春生等，2008，鳞翅目：舟蛾科。《宝天曼自然保护区昆虫》，中国农业科学技术出版社。

观音箩舟蛾 *Ceira guanyin* Schintlmeisterer *et* Fang, 2001

省内产地：商城。

分布：河南，江西，广东。

资料来源：申效诚，1993，河南昆虫名录。中国农业科学技术出版社。

竹箩舟蛾 *Ceira retrofusca* (de Joannis, 1907)

竹箩舟蛾 *Norraca retrofusca* Joannis

省内产地：卢氏狮子坪，罗山灵山，新县连康山，嵩县白云山。

分布：河南，上海，江苏，湖南，浙江，江西，广东；越南。

资料来源：申效诚等，1999，鳞翅目：舟蛾科，毒蛾科。《伏牛山南坡及大别山区昆虫》，中国农业科学技术出版社。

黄檀丑舟蛾 *Hyperaeschra pallida* Butler, 1880　(河南新记录属、种)

省内产地：嵩县白云山。

分布：河南，江西，福建，广西，海南，贵州，云南；印度，尼泊尔，新加坡，菲律宾，越南。

竹窄翅舟蛾 *Niganda griseicollis* (Kiriakoff, 1962)

省内产地：新县连康山。

分布：河南，福建，江西，广东，广西。

资料来源：武春生等，2008，鳞翅目：舟蛾科。《宝天曼自然保护区昆虫》，中国农业科学技术出版社。

异圩舟蛾 *Periergos dispar* (Kriakoff, 1962)

省内产地：内乡宝天曼。

分布：河南，江苏，浙江，江西，福建，湖南，广西，四川，云南。

资料来源：武春生等，2008，鳞翅目：舟蛾科。《宝天曼自然保护区昆虫》，中国农业科学技术出版社。

皮纡舟蛾 *Periergos magna* (Matsumura, 1920)

省内产地：内乡。

分布：河南，福建，广东，台湾，广西，四川，云南。

资料来源：申效诚，1993，河南昆虫名录。中国农业科学技术出版社。

(四) 蚁舟蛾亚科 Stauropinae

曲良舟蛾 *Benbowia callista* Schintlmeister, 1997

省内产地：内乡宝天曼。

分布：河南，浙江，江西，湖北，广西，海南，四川，云南；尼泊尔，印度(锡金)，泰国，越南北部。

资料来源：武春生等，2008，鳞翅目：舟蛾科。《宝天曼自然保护区昆虫》，中国农业科学技术出版社。

显昏舟蛾 *Betashachia angustipennis* Matsumura, 1925

省内产地：嵩县白云山，内乡宝天曼。

分布：河南，浙江，江西，湖北，湖南，福建，台湾；印度尼西亚。

资料来源：武春生等，2008，鳞翅目：舟蛾科。《宝天曼自然保护区昆虫》，中国农业科学技术出版社。

黑带二尾舟蛾 *Cerura felina* Butler, 1877

省内产地：全省。

分布：河南，辽宁，北京，河北，甘肃；朝鲜，日本。

资料来源：申效诚，1993，河南昆虫名录。中国农业科学技术出版社。

杨二尾舟蛾 *Cerura menciana* Moore, 1877

省内产地：嵩县白云山，西峡寨根。

分布：河南，黑龙江，吉林，辽宁，内蒙古，北京，天津，河北，山西，山东，安徽，江苏，上海，浙江，福建，江西，台湾，湖北，湖南，广东，海南，四川，云南，西藏，陕西，宁夏，甘肃，青海；朝鲜，日本，越南。

资料来源：王治国等，1998，鳞翅目：舟蛾科。《伏牛山区昆虫》，中国农业科学技术出版社。

白二尾舟蛾 *Cerura tattakana* Matsumura, 1927

[大新二尾舟蛾 *Neocerura wisei* (Swinhou)]

省内产地：桐柏水帘洞，信阳鸡公山，内乡宝天曼。

分布：河南，四川，浙江，江苏，湖北，湖南，台湾，云南，陕西；日本，越南。

资料来源：申效诚等，1999，《鸡公山区昆虫》，中国农业科学技术出版社。

灰舟蛾 *Cnethodona grisescens* Staudinger, 1887

省内产地：嵩县石人山，桐柏水帘洞，信阳鸡公山，内乡宝天曼，罗山灵山，商城黄柏山。

分布：河南，北京，河北，山西，黑龙江，吉林，辽宁，浙江，江西，福建，台湾，湖南，湖北，广西，四川，陕西，甘肃；朝鲜，日本，俄罗斯。

资料来源：王治国等，1998，鳞翅目：舟蛾科。《伏牛山区昆虫》，中国农业科学技术出版社。

疹灰舟蛾 *Cnethodonta pustulifer* (Oberthür, 1911)

省内产地：桐柏水帘洞，内乡宝天曼，罗山灵山，商城黄柏山，信阳鸡公山，鲁山县石人山，嵩县白云山，登封少林寺。

分布：河南，湖北，四川，陕西，甘肃，云南；越南。

资料来源：武春生等，2008，鳞翅目：舟蛾科。《宝天曼自然保护区昆虫》，中国农业科学技术出版社。

斑纷舟蛾 *Fentonia baibarana* Matsumura, 1929

省内产地：罗山灵山。

分布：河南，浙江，福建，江西，湖北，湖南，广西，海南，四川，云南，台湾，甘肃。

资料来源：武春生等，2008，鳞翅目：舟蛾科。《宝天曼自然保护区昆虫》，中国农业科学技术出版社。

曲纷舟蛾 *Fentonia excurvata* (Hampson, [1893])

省内产地：嵩县白云山，内乡宝天曼，信阳鸡公山，商城黄柏山。

分布：河南，福建，江西，广西，海南，四川，云南；尼泊尔，印度(锡金)，越南北部。

资料来源：武春生等，2008，鳞翅目：舟蛾科。《宝天曼自然保护区昆虫》，中国农业科学技术出版社。

栎纷舟蛾 *Fentonia ocypete* (Bremer, 1816)

省内产地：嵩县白云山，桐柏水帘洞，信阳鸡公山，内乡宝天曼，西峡黄石庵，罗山灵山，商城黄柏山，辉县八里沟，辉县关山，济源王屋山，宜阳花果山，登封少林寺。

分布：河南，黑龙江，吉林，辽宁，河北，北京，山西，陕西，湖北，湖南，江苏，浙江，江西，福建，广西，四川，重庆，贵州，云南，甘肃；朝鲜，日本，俄罗斯。

资料来源：王治国等，1998，鳞翅目：舟蛾科。《伏牛山区昆虫》，中国农业科学技术出版社。

涟纷舟蛾 *Fentonia parabolica* (Matsumura, 1925)

省内产地：内乡宝天曼，西峡黄石庵，桐柏水帘洞，罗山灵山，栾川龙峪湾。

分布：河南，江西，浙江，福建，湖北，湖南，海南，甘肃，台湾。

资料来源：申效诚等，1999，鳞翅目：舟蛾科，毒蛾科。《伏牛山南坡及大别山区昆虫》，中国农业科学技术出版社。

燕尾舟蛾 *Furcula furcula* (Clerck, 1759)

腰带燕尾舟蛾 *Harpyia lanigera* (Butler)

绯燕尾舟蛾 *Harpyia sangaica* Moore

省内产地：济源王屋山，嵩县白云山，内乡宝天曼，新县连康山，栾川龙峪湾，灵宝亚武山。

分布：河南，黑龙江，吉林，内蒙古，河北，宁夏，新疆，陕西，山西，湖北，江苏，浙江，甘肃，四川，云南；朝鲜，日本，俄罗斯。

资料来源：王治国等，1998，鳞翅目：舟蛾科。《伏牛山区昆虫》，中国农业科学技术出版社。

栎枝背舟蛾 *Harpyia umbrosa* (Staudinger, 1892)

栎枝背舟蛾 *Hybocampa umbrosa* (Staudinger)

省内产地：罗山灵山，桐柏水帘洞，嵩县白云山，内乡宝天曼，登封少林寺，宜阳花果山，辉县八里沟。

分布：河南，黑龙江，北京，河北，山西，山东，江苏，浙江，湖北，湖南，陕西，四川，云南；朝鲜，日本。

资料来源：王治国等，1998，鳞翅目：舟蛾科。《伏牛山区昆虫》，中国农业科学技术出版社。

对纷舟蛾 *Hemifentonia mandschurica* (Oberthur, 1911)

对纷舟蛾 *Hemifentonia inconspicua* (Kiriakoff)

省内产地：宜阳。

分布：河南，浙江，江西，湖北，广西，四川，贵州。

资料来源：申效诚，1993，河南昆虫名录。中国农业科学技术出版社。

云舟蛾 *Neopheosia fasciata* (Moore, 1888)

省内产地：辉县八里沟，嵩县白云山，信阳鸡公山，内乡宝天曼，罗山灵山，桐柏水帘洞，商城黄柏山，新县连康山。

分布：河南，黑龙江，北京，河北，安徽，陕西，江西，浙江，福建，台湾，湖北，湖南，广东，海南，四川，贵州，云南，西藏，甘肃；印度(锡金)，缅甸，泰国，越南，印度尼西亚，菲律宾，日本。

资料来源：王治国等，1998，鳞翅目：舟蛾科。《伏牛山区昆虫》，中国农业科学技术出版社。

白缘刹舟蛾 *Parachadisra atrifusa* (Hampsin, 1897)

省内产地：嵩县白云山，内乡宝天曼

分布：河南，浙江，福建，湖南，广西，陕西；越南，印度北部。

资料来源：武春生等，2008，鳞翅目：舟蛾科。《宝天曼自然保护区昆虫》，中国农业科学技术出版社。

艾涟舟蛾 *Shachia eingana* (Schaus, 1928)

省内产地：嵩县白云山，内乡宝天曼。

分布：河南，湖北，四川，山西。

资料来源：武春生等，2008，鳞翅目：舟蛾科。《宝天曼自然保护区昆虫》，中国农业科学技术出版社。

龙眼蚁舟蛾 *Stauropus alternus* Walker, 1855

省内产地：民权。

分布：河南，广东，海南，云南，台湾，香港；印度，缅甸，越南，印度尼西亚，马来西亚，菲律宾。

资料来源：申效诚，1993，河南昆虫名录。中国农业科学技术出版社。

茅莓蚁舟蛾 *Stauropus basalis* Moore, 1877

省内产地：济源王屋山，登封少林寺，内乡宝天曼，罗山灵山，商城黄柏山，新县连康山，嵩县白云山，西峡寨根，西夏黄石庵，辉县八里沟。

分布：河南，黑龙江，北京，河北，山西，山东，湖北，江苏，浙江，福建，江西，湖南，台湾，广西，四川，贵州，云南，陕西，甘肃；朝鲜，日本，俄罗斯，越南。

资料来源：申效诚等，1999，鳞翅目：舟蛾科，毒蛾科。《伏牛山南坡及大别山区昆虫》，中国农业科学技术出版社。

苹蚁舟蛾 *Stauropus fagi* (Linnaeus, 1758)

苹蚁舟蛾 *Stauropus persimilis* Butler

省内产地：济源黄楝树，嵩县白云山，栾川龙峪湾，宜阳花果山，内乡宝天曼。

分布：河南，吉林，河北，山东，山西，甘肃，安徽，浙江，广西，四川，黑龙江，内蒙古，陕西；朝鲜，日本，俄罗斯。

资料来源：王治国等，1998，鳞翅目：舟蛾科。《伏牛山区昆虫》，中国农业科学技术出版社。

白斑胯舟蛾 *Syntypistis comatus* (Leech, 1898)

省内产地：内乡宝天曼，卢氏狮子坪，西峡寨根，嵩县白云山。

分布：河南，安徽，江西，福建，台湾，湖北，湖南，广东，西藏，四川，云南，陕西，甘肃；印度，缅甸，泰国，越南，马来西亚，印度尼西亚，菲律宾。

资料来源：王治国等，1998，鳞翅目：舟蛾科。《伏牛山区昆虫》，中国农业科学技术出版社。

青胯舟蛾 *Syntypistis cyanea* (Leech, 1889)

省内产地：信阳鸡公山，新县连康山。

分布：河南，浙江，福建，江西，广东，云南，台湾；朝鲜，日本，越南。

资料来源：武春生等，2008，鳞翅目：舟蛾科。《宝天曼自然保护区昆虫》，中国农业科学技术出版社。

葩胯舟蛾 *Syntypistis parcevirens* (de Joannis, 1929)

省内产地：嵩县白云山，内乡宝天曼，信阳鸡公山。

分布：河南，福建，湖北，湖南，四川，云南，陕西，甘肃；越南，缅甸。

资料来源：武春生等，2008，鳞翅目：舟蛾科。《宝天曼自然保护区昆虫》，中国农业科学技术出版社。

普胯舟蛾 *Syntypistis pryeri* (Leech, 1889) (河南新记录种)

省内产地：内乡宝天曼。

分布：河南，陕西，甘肃，湖北，浙江，福建，湖南，台湾，广西，四川，云南；朝鲜，日本。

亚红胯舟蛾 *Syntypistis subgeneris* (Strand, 1915)

省内产地：桐柏水帘洞，内乡宝天曼，罗山灵山，商城黄柏山，嵩县白云山，登封少林寺。

分布：河南，安徽，江苏，浙江，福建，江西，湖南，广东，广西，海南，台湾；朝鲜，日本，印度(锡金)，越南。

资料来源：武春生等，2008，鳞翅目：舟蛾科。《宝天曼自然保护区昆虫》，中国农业科学技术出版社。

微灰胯舟蛾 *Syntypistis subgriseoviridis* (Kiriakoff, 1963)

省内产地：嵩县白云山。

分布：河南，江苏，江西，浙江，湖北，湖南，台湾，广西，四川，陕西，甘肃。

资料来源：申效诚等，1999，《鸡公山区昆虫》，中国农业科学技术出版社。

胜胯舟蛾 *Syntypistis victor* Schintlmeister *et* Fang, 2001

省内产地：内乡宝天曼，嵩县白云山。

分布：河南，北京，辽宁，湖北，陕西。

资料来源：武春生等，2008，鳞翅目：舟蛾科。《宝天曼自然保护区昆虫》，中国农业科学技术出版社。

苔胯舟蛾 *Syntypistis viridipicta* (Wileman, 1910)

苔胯白舟蛾 *Quadricalcarifera viridipicta* (Wileman)

省内产地：信阳鸡公山，新县连康山。

分布：河南，福建，台湾；日本。

资料来源：申效诚等，1999，《鸡公山区昆虫》，中国农业科学技术出版社。

核桃美舟蛾 *Uropyia meticulodina* (Oberthur, 1884)

省内产地：桐柏水帘洞，卢氏大块地，卢氏狮子坪，陕县甘山，济源王屋山，登封少林寺，嵩县白云山，信阳鸡公山，内乡宝天曼，西峡黄石庵，罗山灵山，商城黄柏山，新县连康山，西峡寨根，辉县八里沟。

分布：河南，黑龙江，吉林，辽宁，北京，河北，山东，江苏，浙江，江西，福建，湖北，湖南，陕西，甘肃，四川，云南，广西，贵州；朝鲜，日本，俄罗斯。

资料来源：王治国等，1998，鳞翅目：舟蛾科。《伏牛山区昆虫》，中国农业科学技术出版社。

梨威舟蛾 *Wilemanus bidentatus* (Wileman, 1911)

梨威舟蛾乌苏里亚种 *Wilemanus bidentatus ussuriensis* (Pungeler, 1912)

省内产地：桐柏水帘洞，信阳鸡公山，内乡宝天曼，西峡黄石庵，商城黄柏山，新县连康山。

分布：河南，黑龙江，辽宁，北京，河北，山西，山东，安徽，江苏，浙江，福建，江西，陕西，湖北，湖南，广东，广西，四川，贵州，云南；朝鲜，俄罗斯。

资料来源：申效诚等，1999，《鸡公山区昆虫》，中国农业科学技术出版社。

(五) 舟蛾亚科 Notodontinae

锯纹林舟蛾 *Drymonia dodonides* (Staudinger, 1887)

省内产地：嵩县白云山。

分布：河南，黑龙江，吉林，陕西；朝鲜，日本，俄罗斯。

资料来源：武春生等，2008，鳞翅目：舟蛾科。《宝天曼自然保护区昆虫》，中国农业科学技术出版社。

布氏娓舟蛾 *Ellida branickii* (Oberthur, 1881)

布氏娓舟蛾 *Urodonta branickii* Oberthur

省内产地：卢氏狮子坪，嵩县白云山，内乡宝天曼。

分布：河南，陕西，湖北；朝鲜，日本。

资料来源：申效诚等，1999，鳞翅目：舟蛾科，毒蛾科。《伏牛山南坡及大别山区昆虫》，中国农业科学技术出版社。

同心舟蛾 *Homocentridia concentrica* (Oberthur, 1911)

省内产地：卢氏大块地，嵩县白云山，栾川龙峪湾，内乡宝天曼。

分布：河南，江苏，安徽，浙江，江西，福建，湖北，湖南，四川，云南，陕西，甘肃。

资料来源：王治国等，1998，鳞翅目：舟蛾科。《伏牛山区昆虫》，中国农业科学技术出版社。

皮霭舟蛾 *Hupodonta corticalis* Butler, 1877

省内产地：嵩县白云山，栾川龙峪湾，内乡宝天曼。

分布：河南，浙江，福建，湖北，湖南，云南，陕西，甘肃，台湾；朝鲜，日本，俄罗斯。

资料来源：武春生等，2008，鳞翅目：舟蛾科。《宝天曼自然保护区昆虫》，中国农业科学技术出版社。

木霭舟蛾 *Hupodonta lignea* Mutsumura, 1919

省内产地：内乡宝天曼，嵩县白云山。

分布：河南，北京，湖南，四川，云南，陕西，甘肃，台湾；日本。

资料来源：申效诚等，1999，鳞翅目：舟蛾科，毒蛾科。《伏牛山南坡及大别山区昆虫》，中国农业科学技术出版社。

丽霭舟蛾 *Hupodonta pulcherrima* (Moore, 1865)

省内产地：嵩县白云山。

分布：河南，湖南，四川，浙江，西藏，台湾；印度(锡金)，尼泊尔。

资料来源：王治国等，1998，鳞翅目：舟蛾科。《伏牛山区昆虫》，中国农业科学技术出版社。

冠舟蛾 *Lophocosma atriplaga* Staudinger, 1887

省内产地：西峡黄石庵。

分布：河南，黑龙江，吉林，北京，河北，陕西；朝鲜，日本，俄罗斯。

资料来源：申效诚等，1999，鳞翅目：舟蛾科，毒蛾科。《伏牛山南坡及大别山区昆虫》，中国农业科学技术出版社。

中介冠舟蛾 *Lophocosma intermedia* Kiriakoff, 1963

省内产地：嵩县白云山，栾川龙峪湾，卢氏大块地，西峡黄石庵，内乡宝天曼。

分布：河南，浙江，湖北，湖南，云南，陕西。

资料来源：武春生等，2008，鳞翅目：舟蛾科。《宝天曼自然保护区昆虫》，中国农业科学技术出版社。

弯臂冠舟蛾 *Lophocosma nigrilinea* (Leech, 1899)

弯臂冠舟蛾 *Lophocosma aurvatum* Gaede

省内产地：栾川龙峪湾，卢氏大块地，内乡宝天曼，西峡黄石庵，嵩县白云山，辉县八里沟。

分布：河南，山西，湖北，湖南，浙江，台湾，陕西，甘肃，四川。

资料来源：申效诚等，1999，鳞翅目：舟蛾科，毒蛾科。《伏牛山南坡及大别山区昆虫》，中国农业科学技术出版社。

间掌舟蛾 *Mesophalera sigmata* (Butler, 1877)

省内产地：灵宝。

分布：河南，浙江，福建，江西，山东，湖南，广东，广西，四川，台湾；朝鲜，日本。

资料来源：申效诚，1993，河南昆虫名录。中国农业科学技术出版社。

戒心舟蛾 *Metriaeschra zhubajie* Schintlmeister *et* Fang, 2001

省内产地：内乡宝天曼。

分布：河南，湖北，湖南，四川，陕西，甘肃。

资料来源：武春生等，2008，鳞翅目：舟蛾科。《宝天曼自然保护区昆虫》，中国农业科学技术出版社。

安新林舟蛾 *Neodrymonia* (*Neodrymonia*) *anna* Schintlmeister, 1989

省内产地：嵩县白云山，内乡宝天曼。

分布：河南，浙江，福建，湖北，湖南，广东，广西，四川；朝鲜。

资料来源：武春生等，2008，鳞翅目：舟蛾科。《宝天曼自然保护区昆虫》，中国农业科学技术出版社。

朝鲜新林舟蛾 *Neodrymonia* (*Neodrymonia*) *coreana* Matsumura, 1922

省内产地：嵩县白云山，内乡宝天曼，商城黄柏山，新县连康山。

分布：河南，山东，江苏，浙江，福建，江西，湖南，广东，四川，云南；朝鲜。

资料来源：王治国等，1998，鳞翅目：舟蛾科。《伏牛山区昆虫》，中国农业科学技术出版社。

缘纹新林舟蛾 *Neodrymonia* (*Neodrymonia*) *marginalis* (Matsumura, 1925) (河南新记录种)

省内产地：内乡宝天曼。

分布：河南，黑龙江，安徽，江苏，湖北，浙江，福建，江西，湖南，台湾，广东，广西，四川；朝鲜，日本。

连点新林舟蛾 *Neodrymonia* (*Neodrymonia*) *seriatopunctata* (Matsumura, 1925)

省内产地：桐柏水帘洞，商城黄柏山。

分布：河南，浙江，湖南，海南，台湾，陕西；尼泊尔，印度(锡金)，越南，泰国。

资料来源：武春生等，2008，鳞翅目：舟蛾科。《宝天曼自然保护区昆虫》，中国农业科学技术出版社。

胜白边舟蛾 *Nerice aemulator* Schintlmeister *et* Fang, 2001

省内产地：嵩县白云山。

分布：河南，四川，云南，西藏。

资料来源：武春生等，2008，鳞翅目：舟蛾科。《宝天曼自然保护区昆虫》，中国农业科学技术出版社。

榆白边舟蛾 *Nerice davidi* Oberthur, 1881

榆白边舟蛾 *Nericoides davidi* (Oberthur)

省内产地：济源黄楝树，桐柏水帘洞，嵩县白云山，灵宝亚武山，西峡寨根。

分布：河南，黑龙江，吉林，辽宁，内蒙古，河北，山东，山西，安徽，江苏，江西，陕西，湖北，甘肃；朝鲜，日本，俄罗斯。

资料来源：王治国等，1998，鳞翅目：舟蛾科。《伏牛山区昆虫》，中国农业科学技术出版社。

朴娜舟蛾 *Norracoides basinotata* (Wileman, 1910)

省内产地：确山。

分布：河南，上海，江苏，浙江，福建，江西，湖北，广东，海南，台湾；韩国。

资料来源：申效诚，1993，河南昆虫名录。中国农业科学技术出版社。

白线舟蛾 *Notodonta albicosta* (Matsumura, 1920)

白线类齿舟蛾 *Mimodonta albicosta* Matsumura

省内产地：嵩县白云山，内乡宝天曼。

分布：河南；日本。

资料来源：王治国等，1998，鳞翅目：舟蛾科。《伏牛山区昆虫》，中国农业科学技术出版社。

灰色舟蛾 *Notodonta griseotincta* Wileman, 1910

省内产地：内乡宝天曼。

分布：河南，福建，台湾。

资料来源：武春生等，2008，鳞翅目：舟蛾科。《宝天曼自然保护区昆虫》，中国农业科学技术出版社。

瑰舟蛾 *Notodonta roscida* Kiriakoff, 1963

省内产地：嵩县白云山，内乡宝天曼。

分布：河南，湖北，陕西，甘肃。

资料来源：武春生等，2008，鳞翅目：舟蛾科。《宝天曼自然保护区昆虫》，中国农业科学技术出版社。

烟灰舟蛾 *Notodonta torva* (Hubner, 1803) (河南新记录种)

省内产地：嵩县白云山。

分布：河南，内蒙古，黑龙江，吉林，北京，山西，陕西，湖北；日本，俄罗斯(西伯利亚)；欧洲。

仿白边舟蛾 *Paranerice hoenei* Kiriakoff, 1963

省内产地：济源黄楝树，嵩县白云山，桐柏水帘洞，信阳鸡公山，内乡宝天曼，栾川龙峪湾，济源王屋山，西峡黄石庵，林州石板岩，辉县八里沟，宜阳花果山，博爱，灵宝。

分布：河南，辽宁，北京，河北，山西，陕西，甘肃。

资料来源：王治国等，1998，鳞翅目：舟蛾科。《伏牛山区昆虫》，中国农业科学技术出版社。

著内斑舟蛾 *Peridea aliena* (Staudinger, 1892)

省内产地：卢氏狮子坪，陕县甘山，嵩县白云山，栾川龙峪湾，内乡宝天曼，辉县关山。

分布：河南，四川，陕西，山西，吉林，黑龙江，湖南；朝鲜，日本，俄罗斯。

资料来源：王治国等，1998，鳞翅目：舟蛾科。《伏牛山区昆虫》，中国农业科学技术出版社。

分内斑舟蛾锈色亚种 *Peridea dichroma rubrica* Schinthmeister *et* Fang, 2001 (河南新记录种)

省内产地：嵩县白云山。

分布：河南，陕西，甘肃，湖北，四川，贵州。

厄内斑舟蛾 *Peridea elzet* Kiriakoff, 1963

[糙内斑舟蛾 *Peridea trachitso* (Oberthur)]

省内产地：济源王屋山，宜阳花果山，嵩县白云山，栾川龙峪湾，内乡宝天曼，西峡黄石庵，桐柏水帘洞，商城黄柏山，新县连康山。

分布：河南，北京，辽宁，江苏，浙江，福建，江西，湖北，湖南，四川，云南，陕西，甘肃；朝鲜，日本。

资料来源：王治国等，1998，鳞翅目：舟蛾科。《伏牛山区昆虫》，中国农业科学技术出版社。

濛内斑舟蛾 *Peridea gigantea* Butler, 1877

省内产地：信阳。

分布：河南，黑龙江，吉林，内蒙古；朝鲜，日本，俄罗斯。

资料来源：申效诚，1993，河南昆虫名录。中国农业科学技术出版社。

赭小内斑舟蛾 *Peridea graeseri* (Staudinger, 1892)

省内产地：辉县关山，济源王屋山，宜阳花果山，嵩县白云山，内乡宝天曼，信阳。

分布：河南，黑龙江，吉林，北京，山西，陕西，甘肃，湖北，台湾；朝鲜，日本，俄罗斯。

资料来源：申效诚，1993，河南昆虫名录。中国农业科学技术出版社。

扇内斑舟蛾 *Peridea grahami* (Schaus, 1928)

省内产地：栾川龙峪湾，嵩县白云山，内乡宝天曼。

分布：河南，北京，河北，山西，陕西，湖北，湖南，四川，云南，甘肃，台湾；越南，缅甸。

资料来源：王治国等，1998，鳞翅目：舟蛾科。《伏牛山区昆虫》，中国农业科学技术出版社。

侧带内斑舟蛾 *Peridea lativitta* (Wileman, 1911)

省内产地：桐柏水帘洞，卢氏大块地，济源王屋山，罗山灵山，西峡黄石庵，信阳鸡公山，嵩县白云山，内乡宝天曼，卢氏狮子坪，陕县甘山，灵宝亚武山，栾川龙峪湾，辉县关山，林州石板岩。

分布：河南，吉林，黑龙江，辽宁，北京，山西，山东，浙江，湖北，四川，陕西；俄罗斯，朝鲜，日本。

资料来源：王治国等，1998，鳞翅目：舟蛾科。《伏牛山区昆虫》，中国农业科学技术出版社。

卵内斑舟蛾 *Peridea moltrechti* (Oberthur, 1911)

省内产地：栾川龙峪湾，鲁山县石人山，嵩县白云山，内乡宝天曼。

分布：河南，北京，河北，黑龙江，吉林，山西，湖南，四川，陕西；朝鲜，日本。

资料来源：王治国等，1998，鳞翅目：舟蛾科。《伏牛山区昆虫》，中国农业科学技术出版社。

杨剑舟蛾 *Pheosia rimosa* Packard, 1864 (河南新记录属、种)

省内产地：嵩县白云山。

分布：河南，北京，山西，内蒙古，黑龙江，吉林，陕西，甘肃，新疆，台湾；朝鲜，日本，俄罗斯。

歧夙舟蛾 *Pheosiopsis abludo* Schintlmeister *et* Fang, 2001

省内产地：嵩县白云山，内乡宝天曼。

分布：河南，湖北，山西。

资料来源：武春生等，2008，鳞翅目：舟蛾科。《宝天曼自然保护区昆虫》，中国农业科学技术出版社。

喜夙舟蛾 *Pheosiopsis cinerea* (Butler, 1879)

夙舟蛾 *Suzukia cinerea* (Butler)

丽夙舟蛾 *Suzukia formosana* Okano

省内产地：内乡宝天曼，嵩县白云山，鲁山县石人山。

分布：河南，黑龙江，吉林，北京，山西，浙江，湖北，湖南，四川，云南，陕西，甘肃，台湾；朝鲜，日本，俄罗斯。

资料来源：申效诚等，2002，鳞翅目：夜蛾总科。《太行山及桐柏山区昆虫》，中国农业科学技术出版社。

噶夙舟蛾 *Pheosiopsis gaedei* Schintlmeister, 1989

省内产地：嵩县白云山，内乡宝天曼

分布：河南，浙江，湖北，湖南，云南，陕西；越南。

资料来源：武春生等，2008，鳞翅目：舟蛾科。《宝天曼自然保护区昆虫》，中国农业科学技术出版社。

平夙舟蛾 *Pheosiopsis li* Schintlmeister, 1997

省内产地：嵩县白云山。

分布：河南，陕西，云南；越南。

资料来源：武春生等，2008，鳞翅目：舟蛾科。《宝天曼自然保护区昆虫》，中国农业科学技术出版社。

顶夙舟蛾 *Pheosiopsis plutenkoi* Schintlmeister *et* Fang, 2001

省内产地：卢氏大块地，内乡宝天曼。

分布：河南，陕西。

资料来源：武春生等，2008，鳞翅目：舟蛾科。《宝天曼自然保护区昆虫》，中国农业科学技术出版社。

弱拟纷舟蛾 *Pseudofentonia diluta* (Hampson, 1910)

峨眉回舟蛾 *Disparia abraama* (Schaus)

省内产地：鲁山县石人山。

分布：河南，江苏，浙江，江西，湖北，湖南，福建，广东，广西，海南，四川，重庆，贵州，云南，台湾；日本，缅甸，印度(锡金)，尼泊尔，泰国，越南，马来西亚，印度尼西亚。

资料来源：王治国等，1998，鳞翅目：舟蛾科。《伏牛山区昆虫》，中国农业科学技术出版社。

苔岩舟蛾陕甘亚种 *Rachiades lichenicolor murzini* Schintlmeister *et* Fang, 2001

省内产地：陕县甘山，济源黄楝树，内乡宝天曼，商城黄柏山，新县连康山，信阳鸡公山，嵩县白云山，西峡黄石庵，栾川龙峪湾。

分布：河南，北京，湖北，陕西，甘肃。

资料来源：武春生等，2008，鳞翅目：舟蛾科。《宝天曼自然保护区昆虫》，中国农业科学技术出版社。

大半齿舟蛾 *Semidonta basalis* (Moore, 1865)

省内产地：罗山灵山，新县连康山，嵩县白云山，内乡宝天曼，商城黄柏山。

分布：河南，浙江，福建，江西，湖北，湖南，广东，广西，海南，四川，云南，陕西，甘肃，台湾；印度，尼泊尔，泰国，越南。

资料来源：武春生等，2008，鳞翅目：舟蛾科。《宝天曼自然保护区昆虫》，中国农业科学技术出版社。

半齿舟蛾 *Semidonta biloba* (Oberthur, 1880)

省内产地：罗山灵山，新县连康山。

分布：河南，黑龙江，吉林；朝鲜，日本。

资料来源：申效诚等，1999，鳞翅目：舟蛾科，毒蛾科。《伏牛山南坡及大别山区昆虫》，中国农业科学技术出版社。

沙舟蛾 *Shaka atrovittata* (Bremer, 1861)

省内产地：陕县甘山，济源黄楝树，信阳鸡公山，内乡宝天曼，商城黄柏山，新县连康山。

分布：河南，黑龙江，吉林，辽宁，北京，河北，山西，陕西，安徽，江西，湖南，四川，云南，甘肃，台湾；俄罗斯，朝鲜，日本。

资料来源：申效诚等，1999，《鸡公山区昆虫》，中国农业科学技术出版社。

(六) 羽齿舟蛾亚科 Ptilodoninae

大齿舟蛾 *Allodonta plebeja*(Oberthur, 1880)

暗大齿舟蛾 *Takadonta coreana* (Matsumura)

省内产地：鲁山县石人山，嵩县白云山，栾川龙峪湾，内乡宝天曼。

分布：河南，北京，辽宁，湖北，云南，陕西，甘肃；朝鲜，俄罗斯。

资料来源：王治国等，1998，鳞翅目：舟蛾科。《伏牛山区昆虫》，中国农业科学技术出版社。

暗齿舟蛾 *Allodontoides tenebrosa* (Moore, 1866)

暗齿舟蛾 *Scotodonta tenebrosa* (Moore)

省内产地：西峡黄石庵。

分布：河南，浙江，台湾，四川，云南；印度(锡金)，越南。

资料来源：申效诚等，1999，鳞翅目：舟蛾科，毒蛾科。《伏牛山南坡及大别山区昆虫》，中国农业科学技术出版社。

暗齿舟蛾中原亚种 *Allodontoides tenebrosa chinensis* Wu *et* Sun, 2008

采集记录：嵩县白云山(模式产地)，西峡黄石庵，商城黄柏山，新县连康山，桐柏水帘洞。

分布：河南。

资料来源：武春生等，2008，暗齿舟蛾一新亚种记述(鳞翅目：舟蛾科)。《宝天曼自然保护区昆虫》，中国农业科学技术出版社。

后齿舟蛾 *Epodonta lineata* (Oberthür, 1881)

省内产地：嵩县白云山，栾川龙峪湾，内乡宝天曼。

分布：河南，江西，湖北，湖南，四川，贵州，陕西，甘肃；朝鲜，日本，俄罗斯。

资料来源：武春生等，2008，鳞翅目：舟蛾科。《宝天曼自然保护区昆虫》，中国农业科学技术出版社。

怪舟蛾 *Hagapteryx admirabilis* (Sdaudinger, 1887)

省内产地：栾川龙峪湾，桐柏水帘洞，商城黄柏山，新县连康山。

分布：河南，河北，黑龙江，浙江，江西，福建，湖北，甘肃；日本，俄罗斯。

资料来源：王治国等，1998，鳞翅目：舟蛾科。《伏牛山区昆虫》，中国农业科学技术出版社。

珍尼怪舟蛾 *Hagapteryx janae* Schintlmeister *et* Fang, 2001

省内产地：辉县关山，济源王屋山，宜阳花果山，嵩县白云山，商城黄柏山，内乡宝天曼，桐柏水帘洞。

分布：河南，陕西，四川。

资料来源：武春生等，2008，鳞翅目：舟蛾科。《宝天曼自然保护区昆虫》，中国农业科学技术出版社。

歧怪舟蛾 *Hagapteryx mirabilior* (Oberthur, 1911) (河南新记录种)

省内产地：嵩县白云山，内乡宝天曼，桐柏水帘洞，商城黄柏山。

分布：河南，北京，吉林，浙江，福建，江西，湖北，湖南，四川，云南，陕西，甘肃；朝鲜，日本，俄罗斯，越南。

海南异齿舟蛾 *Hexafrenum hainanensis* Wu *et* Fang, 2004 (河南新记录种)

省内产地：嵩县白云山，卢氏大块地，西峡黄石庵，信阳鸡公山。

分布：河南，海南。

白颈异齿舟蛾 *Hexafrenum leucodera* (Staudinger, 1892)

明白颈异齿舟蛾 *Allodenta sikkima leucodera* (Staudinger)

省内产地：辉县关山，宜阳花果山，卢氏大块地，嵩县白云山，西峡黄石庵，内乡宝天曼，信阳鸡公山，桐柏水帘洞，商城黄柏山，新县连康山。

分布：河南，黑龙江，吉林，辽宁，北京，河北，山西，浙江，福建，湖北，四川，云南，陕西，甘肃，青海，台湾；朝鲜，日本，俄罗斯。

资料来源：申效诚等，1999，鳞翅目：舟蛾科，毒蛾科。《伏牛山南坡及大别山区昆虫》，中国农业科学技术出版社。

斑异齿舟蛾 *Hexafrenum maculifer* Matsumura, 1925

省内产地：鲁山县石人山。

分布：河南，浙江，福建，四川，云南；越南。

资料来源：王治国等，1998，鳞翅目：舟蛾科。《伏牛山区昆虫》，中国农业科学技术出版社。

白纹扁齿舟蛾 *Hiradonta alboaccentuata* (Oberthur, 1911)

省内产地：林州石板岩，宜阳花果山，嵩县白云山，内乡宝天曼，信阳鸡公山，辉县八里沟，栾川龙峪湾。

分布：河南，北京，湖北，浙江，江西，四川，云南，西藏，陕西，甘肃。

资料来源：武春生等，2008，鳞翅目：舟蛾科。《宝天曼自然保护区昆虫》，中国农业科学技术出版社。

黑纹扁齿舟蛾 *Hiradonta chi*(Bang-Haas, 1927)

省内产地：济源黄楝树，宜阳花果山。

分布：河南，北京，河北，甘肃。

资料来源：武春生等，2008，鳞翅目：舟蛾科。《宝天曼自然保护区昆虫》，中国农业科学技术出版社。

扁齿舟蛾 *Hiradonta takaonis* Matsumura, 1924

省内产地：鲁山石人山，栾川龙峪湾，内乡宝天曼。

分布：河南，北京，湖北，江西，陕西；朝鲜，日本。

资料来源：王治国等，1998，鳞翅目：舟蛾科。《伏牛山区昆虫》，中国农业科学技术出版社。

双线亥齿舟蛾 *Hyperaeschrella nigribasis* (Hampsom, 1892) (河南新记录属、种)

省内产地：内乡宝天曼。

分布：河南，湖北，浙江，福建，江西，广西，海南，台湾，四川，云南，甘肃；印度，泰国，缅甸，越南，巴基斯坦。

冠齿舟蛾 *Lophontosia cuculus* (Staudinger, 1887)

省内产地：济源王屋山，鲁山县石人山，内乡宝天曼。

分布：河南，黑龙江，吉林，山西，江苏，浙江，陕西；朝鲜，日本，俄罗斯。

资料来源：王治国等，1998，鳞翅目：舟蛾科。《伏牛山区昆虫》，中国农业科学技术出版社。

北京冠齿舟蛾 *Lophontosia draesekei* Bang-Haas, 1927 (河南新记录种)

省内产地：嵩县白云山。

分布：河南，北京，陕西，甘肃，江苏。

中国冠齿舟蛾 *Lophontosia sinensis* (Moore, 1877)

省内产地：鲁山县石人山。

分布：河南，上海，江苏，浙江。

资料来源：王治国等，1998，鳞翅目：舟蛾科。《伏牛山区昆虫》，中国农业科学技术出版社。

肖齿舟蛾 *Odontosina nigronervata* Gaede, 1933

省内产地：嵩县白云山。

分布：河南，陕西，云南。

资料来源：申效诚等，1999，《鸡公山区昆虫》，中国农业科学技术出版社。

灰羽舟蛾 *Pterostoma griseum* (Bremer, 1861)

省内产地：罗山灵山。

分布：河南，北京，黑龙江，吉林，内蒙古，河北，山西，陕西，四川，云南北部，甘肃；朝鲜，日本，俄罗斯。

资料来源：申效诚等，1999，鳞翅目：舟蛾科，毒蛾科。《伏牛山南坡及大别山区昆虫》，中国农业科学技术出版社。

红羽舟蛾 *Pterostoma hoenei* Kiriakoff, 1963

省内产地：林州石板岩，卢氏狮子坪，辉县八里沟，嵩县白云山。

分布：河南，北京，河北，山西，陕西，甘肃。

资料来源：申效诚等，2002，鳞翅目：夜蛾总科。《太行山及桐柏山区昆虫》，中国农业科学技术出版社。

毛羽舟蛾 *Pterostoma pterostomina* (Kiriakoff, 1963)

省内产地：信阳鸡公山，桐柏水帘洞，罗山灵山。

分布：河南，湖南。

资料来源：武春生等，2008，鳞翅目：舟蛾科。《宝天曼自然保护区昆虫》，中国农业科学技术出版社。

槐羽舟蛾 *Pterostoma sinicum* Moore, 1877

省内产地：林州石板岩，济源王屋山，桐柏水帘洞，信阳鸡公山，西峡黄石庵，罗山灵山，辉县八里沟，嵩县白云山。

分布：河南，黑龙江，辽宁，北京，河北，山西，山东，安徽，江苏，上海，浙江，福建，江西，陕西，湖北，湖南，广西，四川，云南，西藏，甘肃；朝鲜，日本，俄罗斯。

资料来源：申效诚等，1999，鳞翅目：舟蛾科，毒蛾科。《伏牛山南坡及大别山区昆虫》，中国农业科学技术出版社。

富羽齿舟蛾 *Ptilodon ladislai* (Oberthur, 1879)

富舟蛾 *Fusapteryx ladislai* (Oberthur)

省内产地：鲁山石人山，嵩县白云山，内乡宝天曼。

分布：河南，黑龙江，吉林，辽宁，陕西，甘肃；朝鲜，日本，俄罗斯。

资料来源：王治国等，1998，鳞翅目：舟蛾科。《伏牛山区昆虫》，中国农业科学技术出版社。

拟粗羽齿舟蛾 *Ptilodon pseudorobusta* Schintlmeister *et* Fang, 2001

省内产地：栾川龙峪湾，内乡宝天曼。

分布：河南，吉林，陕西。

资料来源：武春生等，2008，鳞翅目：舟蛾科。《宝天曼自然保护区昆虫》，中国农业科学技术出版社。

绚羽齿舟蛾 *Ptilodon saturata* (Walker, 1865)

省内产地：济源王屋山，嵩县白云山，栾川龙峪湾，内乡宝天曼。

分布：河南，北京，河北，吉林，浙江，四川，云南，陕西，甘肃；印度北部，缅甸，尼泊尔，不丹，缅甸，越南。

资料来源：武春生等，2008，鳞翅目：舟蛾科。《宝天曼自然保护区昆虫》，中国农业科学技术出版社。

荫华舟蛾 *Spatalina umbrosa* (Leech, 1898)

省内产地：内乡宝天曼。

分布：河南，黑龙江，广东，四川，云南，陕西；尼泊尔，印度(锡金)，缅甸，泰国，越南。

资料来源：武春生等，2008，鳞翅目：舟蛾科。《宝天曼自然保护区昆虫》，中国农业科学技术出版社。

土舟蛾 *Togepteryx velutina* (Oberthur, 1880)

省内产地：嵩县白云山，内乡宝天曼。

分布：河南，黑龙江，吉林，江西，湖南，湖北，贵州；朝鲜，日本，俄罗斯。

资料来源：王治国等，1998，鳞翅目：舟蛾科。《伏牛山区昆虫》，中国农业科学技术出版社。

(七) 掌舟蛾亚科 Phalerinae

白斑掌舟蛾 *Phalera albizziae* Mell, 1931

省内产地：内乡宝天曼，栾川龙峪湾。

分布：河南，湖北，陕西，广东。

资料来源：武春生等，2008，鳞翅目：舟蛾科。《宝天曼自然保护区昆虫》，中国农业科学技术出版社。

宽掌舟蛾 *Phalera alpherakyi* Leech, 1898 (河南新记录种)

省内产地：嵩县白云山。

分布：河南，北京，山西，陕西，甘肃，江苏，湖北，浙江，福建，广西，四川，云南；越南。

窄掌舟蛾 *Phalera angustipennis* Matsumura, 1919

省内产地：辉县关山，辉县八里沟，济源王屋山，嵩县白云山，登封少林寺。

分布：河南，辽宁；朝鲜，日本。

资料来源：武春生等，2008，鳞翅目：舟蛾科。《宝天曼自然保护区昆虫》，中国农业科学技术出版社。

栎掌舟蛾 *Phalera assimilis* (Bremer *et* Grey, 1852)

省内产地：林州石板岩，辉县八里沟，辉县关山，济源王屋山，嵩县白云山，登封少林寺，西峡黄石庵，南召，商城黄柏山，罗山灵山，信阳鸡公山，新县连康山。

分布：河南，辽宁，北京，山西，山东，河北，安徽，湖北，江苏，浙江，福建，江西，湖南，广西，海南，云南，陕西，四川，甘肃，台湾；朝鲜，日本，俄罗斯。

资料来源：申效诚等，1999，鳞翅目：舟蛾科，毒蛾科。《伏牛山南坡及大别山区昆虫》，中国农业科学技术出版社。

高粱掌舟蛾 *Phalera combusta* (Walker, 1855)

高粱舟蛾 *Dinara combusta* (Walker)

省内产地：全省。

分布：河南，北京，河北，福建，广西，云南，台湾；印度，越南，缅甸，印度尼西亚，马来西亚，菲律宾。

寄主：高粱，玉米，甘蔗。

资料来源：申效诚，1993，河南昆虫名录。中国农业科学技术出版社。

苹掌舟蛾 *Phalera flavescens* (Bremer *et* Grey, 1852)

省内产地：林州石板岩，辉县关山，灵宝亚武山，宜阳花果山，嵩县白云山，内乡宝天曼，桐柏水帘洞，商城黄柏山，新县连康山，罗山灵山，信阳鸡公山。

分布：河南，黑龙江，辽宁，北京，河北，山西，江苏，上海，浙江，福建，江西，山东，湖北，湖南，广东，广西，海南，四川，贵州，云南，陕西，甘肃，台湾；朝鲜，日本，俄罗斯，缅甸。

资料来源：王治国等，1998，鳞翅目：舟蛾科。《伏牛山区昆虫》，中国农业科学技术出版社。

刺槐掌舟蛾 *Phalera grotei* Moore, 1859

刺槐掌舟蛾 *Phalera birmicola* (Bryk)

省内产地：林州石板岩，辉县关山，济源王屋山，信阳鸡公山，西峡黄石庵，罗山灵山，商城黄柏山，新县连康山。

分布：河南，辽宁，北京，河北，山东，安徽，江苏，浙江，福建，江西，湖北，湖南，广东，广西，海南，四川，贵州，云南；朝鲜，印度，尼泊尔，缅甸，越南，印度尼西亚，马来西亚。

寄主：刺槐，刺桐。

资料来源：申效诚等，1999，《鸡公山区昆虫》，中国农业科学技术出版社。

壮掌舟蛾 *Phalera hadrian* Schintlmeister, 1989

省内产地：栾川龙峪湾，西峡寨根，西峡黄石庵，商城黄柏山。

分布：河南，浙江，湖北，四川，贵州，陕西，甘肃。

资料来源：武春生等，2008，鳞翅目：舟蛾科。《宝天曼自然保护区昆虫》，中国农业科学技术出版社。

黄条掌舟蛾 *Phalera huangtiao* Schintlmeister *et* Fang, 2001 (河南新记录种)

省内产地：内乡。

分布：河南，广西，云南；越南，泰国，缅甸。

小掌舟蛾 *Phalera minor* Nagano, 1916

省内产地：林州石板岩，辉县关山，济源王屋山，嵩县白云山，西峡黄石庵，罗山灵山，商城黄柏山，新县连康山。

分布：河南，浙江，湖北，湖南，四川，云南，陕西；朝鲜，日本。

资料来源：武春生等，2008，鳞翅目：舟蛾科。《宝天曼自然保护区昆虫》，中国农业科学技术出版社。

昏掌舟蛾 *Phalera obscura* Wileman, 1910

省内产地：内乡宝天曼。

分布：河南，河北，浙江，福建，江西，广东。

资料来源：武春生等，2008，鳞翅目：舟蛾科。《宝天曼自然保护区昆虫》，中国农业科学技术出版社。

拟宽掌舟蛾 *Phalera schintlmeisteri* Wu *et* Fang, 2004

省内产地：辉县关山，宜阳花果山，嵩县白云山，内乡宝天曼，西峡黄石庵，商城黄柏山。

分布：河南，浙江，福建，湖北，湖南，四川，贵州，云南，陕西。

资料来源：武春生等，2008，鳞翅目：舟蛾科。《宝天曼自然保护区昆虫》，中国农业科学技术出版社。

脂掌舟蛾 *Phalera sebrus* Schintlmeister, 1989 (河南新记录种)

省内产地：内乡宝天曼。

分布：河南，陕西，甘肃，浙江，福建，广东，海南，云南。

榆掌舟蛾 *Phalera takasagoensis* Matsumura, 1919

[榆掌舟蛾 *Phalera fuscescens* Butler]

省内产地：嵩县白云山，信阳鸡公山，罗山灵山，商城黄柏山，新县连康山，登封少林寺。

分布：河南，黑龙江，辽宁，内蒙古，北京，河北，山东，安徽，江苏，浙江，江西，福建，湖南，陕西，云南，甘肃，台湾；朝鲜，日本。

资料来源：王治国等，1998，鳞翅目：舟蛾科。《伏牛山区昆虫》，中国农业科学技术出版社。

灰掌舟蛾 *Phalera torpida* Walker, 1865

省内产地：栾川龙峪湾，西峡寨根。

分布：河南，浙江，福建，广东，广西，海南，安徽，江西，湖南，四川，云南；印度(锡金)，越南，泰国。

资料来源：王治国等，1998，鳞翅目：舟蛾科。《伏牛山区昆虫》，中国农业科学技术出版社。

栎蚕舟蛾 *Phalerodonta bombycina* (Oberthur, 1880) (河南新记录属、种)

省内产地：嵩县白云山。

分布：河南，东北，山东，陕西，安徽，江苏，浙江，福建，江西，四川；朝鲜，日本，俄罗斯。

(八) 扇舟蛾亚科 Pygaerinae

伪奇舟蛾 *Allata laticostalis* (Hampson, 1900)

银刀奇舟蛾 *Allata argyropeza* (Oberthur)

半明奇舟蛾 *Allata laticostalis* (Hampson)

省内产地：罗山灵山，桐柏水帘洞，卢氏狮子坪，陕县甘山，济源王屋山，嵩县白云山，栾川龙峪湾，西峡寨根，内乡宝天曼，信阳鸡公山，商城黄柏山，新县连康山。

分布：河南，北京，河北，山西，浙江，福建，江西，湖北，广西，陕西，云南，四川，甘肃；印度，阿富汗，巴基斯坦，越南。

资料来源：王治国等，1998，鳞翅目：舟蛾科。《伏牛山区昆虫》，中国农业科学技术出版社。

新奇舟蛾 *Allata sikkima* (Moore, 1879)

明肩新奇舟蛾 *Neophyta costalis* (Moore)

新奇舟蛾 *Neophyta sikkima* (Moore)

省内产地：卢氏大块地，陕县甘山，嵩县白云山，栾川龙峪湾，西峡寨根，内乡宝天曼，信阳鸡公山，罗山灵山，新鲜连康山，商城黄柏山，桐柏水帘洞。

分布：河南，浙江，福建，江西，湖南，广东，广西，海南，四川，贵州，云南，陕西，甘肃；印度(锡金)，越南，马来西亚，印度尼西亚。

资料来源：王治国等，1998，鳞翅目：舟蛾科。《伏牛山区昆虫》，中国农业科学技术出版社。

短扇舟蛾 *Clostera albosigma curtuloides* (Erschoff, 1870)

短扇舟蛾 *Clostera curtuloides* Erschoff

省内产地：嵩县白云山，灵宝亚武山。

分布：河南，黑龙江，吉林，北京，河北，山西，陕西，青海，甘肃，云南；朝鲜，日本，俄罗斯；北美。

资料来源：王治国等，1998，鳞翅目：舟蛾科。《伏牛山区昆虫》，中国农业科学技术出版社。

杨扇舟蛾 *Clostera anachoreta* ([Denis *et* Schiffermuller], 1775)

省内产地：桐柏水帘洞，卢氏大块地，嵩县白云山。

分布：河南，黑龙江，吉林，辽宁，北京，河北，山西，内蒙古，山东，安徽，江苏，上海，浙江，福建，江西，台湾，湖北，湖南，四川，云南，西藏，陕西，宁夏，甘肃，青海，新疆；朝鲜，日本，俄罗斯，印度，斯里兰卡，印度尼西亚；欧洲。

资料来源：王治国等，1998，鳞翅目：舟蛾科。《伏牛山区昆虫》，中国农业科学技术出版社。

分月扇舟蛾 *Clostera anastomosis* (Linnaeus, 1758)

省内产地：栾川龙峪湾，桐柏水帘洞，商城黄柏山，信阳鸡公山，内乡宝天曼。

分布：河南，黑龙江，吉林，辽宁，内蒙古，河北，江苏，安徽，浙江，福建，江西，湖北，湖南，青海，四川，贵州，云南，陕西，甘肃，新疆；朝鲜，日本，蒙古国，俄罗斯；欧洲。

资料来源：申效诚等，1999，《鸡公山区昆虫》。中国农业科学技术出版社。

柳扇舟蛾 *Clostere pallida* (Walker, 1855)

柳扇舟蛾 *Clostera rufa* (Lub)

省内产地：嵩县白云山。

分布：河南，广西，四川，云南，西藏；印度，尼泊尔，泰国，缅甸，越南。

资料来源：申效诚等，2002，鳞翅目：夜蛾总科。《太行山及桐柏山区昆虫》，中国农业科学技术出版社。

光锦舟蛾秦巴亚种 *Ginshachia phoebe shanguang* Schintlmeister *et* Fang, 2001 (河南新记录属、种)

省内产地：内乡宝天曼。

分布：河南，陕西，甘肃，四川，广西。

杨谷舟蛾 *Gluphisia crenata* (Esper, 1785) (河南新记录属、种)

省内产地：嵩县白云山。

分布：河南，黑龙江，吉林，河北，山西，陕西，甘肃，江苏，湖北，浙江，四川，云南；朝鲜，日本，俄罗斯；欧洲，北美。

金纹角翅舟蛾 *Gonoclostera argentana* (Oberthur, 1914)

省内产地：嵩县白云山，卢氏狮子坪，卢氏大块地，陕县甘山，内乡宝天曼，西峡黄石庵。

分布：河南，北京，河北，湖北，四川，云南，湖南，甘肃，陕西。

资料来源：王治国等，1998，鳞翅目：舟蛾科。《伏牛山区昆虫》，中国农业科学技术出版社。

角翅舟蛾 *Gonoclostera timonides* (Bremer, 1861)

省内产地：全省。

分布：河南，黑龙江，吉林，辽宁，北京，山东，安徽，江苏，上海，浙江，江西，湖北，湖南，陕西，甘肃；朝鲜，日本，俄罗斯。

资料来源：申效诚，1993，河南昆虫名录。中国农业科学技术出版社。

强小舟蛾 *Micromelalopha adrian* Schintlmeister, 1989

省内产地：内乡宝天曼。

分布：河南，浙江，福建，江西，湖北，湖南，广东。

资料来源：武春生等，2008，鳞翅目：舟蛾科。《宝天曼自然保护区昆虫》，中国农业科学技术出版社。

赭小舟蛾 *Micromelalopha haemorrhoidalis* Kiriakoff, 1963

省内产地：嵩县白云山，栾川龙峪湾，内乡宝天曼，辉县八里沟，卢氏狮子坪，桐柏水帘洞。

分布：河南，北京，内蒙古，湖北，四川，云南，西藏，陕西，甘肃。

资料来源：武春生等，2008，鳞翅目：舟蛾科。《宝天曼自然保护区昆虫》，中国农业科学技术出版社。

杨小舟蛾 *Micromelalopha sieversi* (Staudinger, 1892)

杨小舟蛾 *Micromelalopha troglodyta* (Graeser)

省内产地：嵩县白云山，栾川龙峪湾，内乡宝天曼。

分布：河南，黑龙江，吉林，北京，河北，山西，山东，安徽，江苏，浙江，江西，湖北，湖南，陕西，四川，云南，西藏；朝鲜，日本，俄罗斯。

资料来源：申效诚等，1999，《鸡公山区昆虫》。中国农业科学技术出版社。

锈玫舟蛾 *Rosama ornata* (Oberthur, 1884)

省内产地：陕县甘山，新县连康山。

分布：河南，黑龙江，辽宁，北京，河北，江苏，上海，浙江，湖北，湖南，广东，台湾，云南；朝鲜，日本，俄罗斯。

资料来源：申效诚等，2002，鳞翅目：夜蛾总科。《太行山及桐柏山区昆虫》，中国农业科学技术出版社。

丽金舟蛾 *Spatalia dives* Oberthur, 1884

省内产地：济源王屋山，济源黄楝树，灵宝亚武山，嵩县白云山，辉县八里沟，内乡宝天曼，信阳鸡公山。

分布：河南，黑龙江，吉林，辽宁，湖北，湖南，贵州，陕西，台湾；朝鲜，日本，俄罗斯。

资料来源：王治国等，1998，鳞翅目：舟蛾科。《伏牛山区昆虫》，中国农业科学技术出版社。

艳金舟蛾 *Spatalia doerriesi* Graeser, 1888

省内产地：桐柏水帘洞，济源王屋山，济源黄楝树，登封少林寺，嵩县白云山，信阳鸡公山，内乡宝天曼，西峡黄石庵，西峡寨根，罗山灵山，商城黄柏山，新县连康山。

分布，河南，黑龙江，吉林，内蒙古，湖北，陕西，甘肃，四川；朝鲜，日本，俄罗斯。

资料来源：王治国等，1998，鳞翅目：舟蛾科。《伏牛山区昆虫》，中国农业科学技术出版社。

富金舟蛾 *Spatalia plusiotis* (Oberthur, 1880)

省内产地：内乡宝天曼，嵩县白云山。

分布：河南，黑龙江，吉林，河北，北京，浙江，湖北，湖南，四川，陕西，甘肃；俄罗斯，朝鲜，日本。

资料来源：申效诚等，1999，鳞翅目：舟蛾科，毒蛾科。《伏牛山南坡及大别山区昆虫》，中国农业科学技术出版社。

(九) 异舟蛾亚科 Thaumetopoeinae

三线雪舟蛾 *Gazalina chrysolopha* (Kollar, 1844)

省内产地：林州石板岩，辉县八里沟，栾川龙峪湾，嵩县白云山，内乡宝天曼。

分布：河南，湖北，湖南，广西，海南，陕西，四川，贵州，云南，西藏，甘肃；印度(锡金)，巴基斯坦，尼泊尔。

资料来源：王治国等，1998，鳞翅目：舟蛾科。《伏牛山区昆虫》，中国农业科学技术出版社。

五二、毒蛾科 Lymantriidae

本科全世界共 344 属 2785 种，中国记载 39 属 418 种，河南记录 17 属 73 种。

茶白毒蛾 *Arctornis alba* (Bremer, 1861)

省内产地：嵩县白云山，信阳。

分布：河南，黑龙江，吉林，辽宁，河北，山东，安徽，江苏，浙江，江西，福建，台湾，湖北，湖南，广东，广西，四川，贵州，云南，陕西；朝鲜，日本，俄罗斯。

寄主：茶，油茶，柞，栎，榛。

资料来源：申效诚，1993，河南昆虫名录。中国农业科学技术出版社。

须白毒蛾 *Arctornis hemilabda* Collenette, 1938

省内产地：嵩县白云山，内乡宝天曼。

分布：河南，湖南。

资料来源：武春生等，2009，河南昆虫志 鳞翅目 刺蛾科 枯叶蛾科 舟蛾科 灯蛾科 毒蛾科 鹿蛾科。科学出版社。

白毒蛾 *Arctornis l-nifrum* (Muller, 1764)

省内产地：林州石板岩，济源王屋山，卢氏狮子坪，嵩县白云山，栾川龙峪湾，宜阳花果山，内乡宝天曼。

分布：河南，黑龙江，吉林，辽宁，河北，山东，安徽，江苏，浙江，福建，湖北，湖南，四川，云南，陕西；朝鲜，日本，俄罗斯；欧洲。

寄主：山毛榉，栎，鹅耳枥，榛，桦，苹果，山楂，榆，杨，柳。

资料来源：时振亚等，1998，鳞翅目：毒蛾科。《伏牛山区昆虫》，中国农业科学技术出版社。

雪白毒蛾 *Arctornis nivea* Chao, 1987

省内产地：济源王屋山，卢氏狮子坪，嵩县白云山，内乡宝天曼。

分布：河南，北京。

资料来源：武春生等，2009，河南昆虫志 鳞翅目 刺蛾科 枯叶蛾科 舟蛾科 灯蛾科 毒蛾科 鹿蛾科。科学出版社。

杉丽毒蛾 *Calliteara abietis* (Schiffermuller *et* Denis, 1776)

冷杉茸毒蛾 *Dasychira abietis* Schiffermuller

省内产地：罗山灵山。

分布：河南，黑龙江，内蒙古；俄罗斯；欧洲。

寄主：云杉，冷杉，落叶松，红松，侧柏。

资料来源：申效诚，1993，河南昆虫名录。中国农业科学技术出版社。

点丽毒蛾 *Calliteara angulata* (Hampson, 1895) (河南新记录种)

省内产地：内乡宝天曼。

分布：河南，湖北，浙江，福建，湖南，广东，海南，台湾；缅甸，印度(锡金)，马来西亚。

松丽毒蛾 *Calliteara axutha* (Collenette, 1934)

松茸毒蛾 *Dasychira axutha* Collenette

省内产地：嵩县白云山，洛阳，洛宁，南阳，桐柏，内乡宝天曼。

分布：河南，浙江，福建，江西，湖北，湖南，广东，广西，陕西。

寄主：马尾松，油松。

资料来源：申效诚，1993，河南昆虫名录。中国农业科学技术出版社。

火丽毒蛾 *Calliteara complicata* (Walker, 1865)

火茸毒蛾 *Dasychira complicata* Walker

省内产地：卢氏大块地，嵩县白云山。

分布：河南，广西，四川，云南，西藏，陕西；印度(锡金)。

资料来源：申效诚等，2002，鳞翅目：夜蛾总科。《太行山及桐柏山区昆虫》，中国农业科学技术出版社。

连丽毒蛾 *Calliteara conjuncta* (Wileman, 1911)

连茸毒蛾 *Dasychira conjuncta* Wileman

省内产地：确山，泌阳。

分布：河南，黑龙江，吉林，辽宁，内蒙古，北京，河北，山东，安徽，福建，江西，湖北，湖南，四川，云南，陕西；朝鲜，日本，俄罗斯。

寄主：栎，杨，椴，重阳木，刺槐，枫香，马尾松。

资料来源：申效诚，1993，河南昆虫名录。中国农业科学技术出版社。

织结丽毒蛾 *Calliteara contecta* (Chao, 1986)

织结茸毒蛾 *Dasychira contexta* Chao

省内产地：济源黄楝树。

分布：河南，四川，云南，台湾。

资料来源：申效诚等，2002，鳞翅目：夜蛾总科。《太行山及桐柏山区昆虫》，中国农业科学技术出版社。

线丽毒蛾 *Calliteara grotei* (Moore, 1859)

线茸毒蛾 *Dasychira grotei* Moore

省内产地：具体不详。

分布：河南，浙江，福建，湖北，湖南，广东，广西，四川，云南，台湾；印度。

寄主：泡桐，可可。

资料来源：赵仲苓，1993。

无忧花丽毒蛾 *Calliteara horsfieldi* (Saunders, 1851)

省内产地：内乡宝天曼。

分布：河南，江苏，湖北，浙江，福建，江西，湖南，贵州，云南，广东，海南，广西；新加坡，印度，斯里兰卡，印度尼西亚。

资料来源：武春生等，2009，河南昆虫志 鳞翅目 刺蛾科 枯叶蛾科 舟蛾科 灯蛾科 毒蛾科 鹿蛾科。科学出版社。

污丽毒蛾 *Calliteara illinita* (Chao, 1986)

省内产地：具体不详。

分布：河南，陕西，湖北，福建。

资料来源：武春生等，2009，河南昆虫志 鳞翅目 刺蛾科 枯叶蛾科 舟蛾科 灯蛾科 毒蛾科 鹿蛾科。科学出版社。

结丽毒蛾 *Calliteara lunulata* (Butler, 1877)

结茸毒蛾 *Dasychira lunulata* Butler

省内产地：卢氏大块地，内乡宝天曼。

分布：河南，黑龙江，吉林，辽宁，河北，浙江，福建，湖北，湖南，广东，陕西；朝鲜，日本，俄罗斯。

寄主：栎，栗。

资料来源：申效诚等，1999，鳞翅目：舟蛾科，毒蛾科。《伏牛山南坡及大别山区昆虫》，中国

农业科学技术出版社。

雀丽毒蛾 *Calliteara melli* (Collenette, 1934)

雀茸毒蛾 *Dasychira melli* Collenette

省内产地：商城黄柏山。

分布：河南，江苏，浙江，江西，福建，湖北，湖南，广东，广西，四川。

寄主：杉。

资料来源：申效诚等，1999，鳞翅目：舟蛾科，毒蛾科。《伏牛山南坡及大别山区昆虫》，中国农业科学技术出版社。

晰结丽毒蛾 *Calliteara oxygnathe* (Collenette, 1936)

省内产地：嵩县白云山，卢氏大块地，陕县甘山，济源黄楝树。

分布：河南，陕西，四川，云南。

资料来源：武春生等，2009，河南昆虫志 鳞翅目 刺蛾科 枯叶蛾科 舟蛾科 灯蛾科 毒蛾科 鹿蛾科。科学出版社。

福丽毒蛾 *Calliteara phloeobares* (Collenette, 1938) (河南新记录种)

省内产地：嵩县白云山。

分布：河南，山东，陕西，江苏，福建，四川。

拟杉丽毒蛾 *Calliteara pseudabietis* Butler, 1885

拟杉茸毒蛾 *Dasychira pseudabietis* (Butler)

省内产地：信阳。

分布：河南，黑龙江，吉林，辽宁，内蒙古；朝鲜，日本，俄罗斯。

寄主：落叶松，杉，桧，栎，苹果。

资料来源：于思勤等，1993，河南农业昆虫志。河南科学技术出版社。

丽毒蛾 *Calliteara pudibunda* (Linnaeus, 1758)

茸毒蛾 *Dasychira pudibunda* Linnaeus

省内产地：卢氏大块地，嵩县白云山，内乡宝天曼，南阳，南召。

分布：河南，黑龙江，吉林，辽宁，河北，山西，山东，陕西，台湾；朝鲜，日本，俄罗斯；欧洲。

寄主：桦，鹅耳枥，山毛榉，栎，栗，橡，榛，椴，杨，柳。

资料来源：申效诚，1993，河南昆虫名录。中国农业科学技术出版社。

刻丽毒蛾日本亚种 *Calliteara taiwana aurifera* (Scriba, 1919)

省内产地：嵩县白云山。

分布：河南，陕西，浙江，四川，云南；日本。

资料来源：武春生等，2009，河南昆虫志 鳞翅目 刺蛾科 枯叶蛾科 舟蛾科 灯蛾科 毒蛾科 鹿蛾科。科学出版社。

肾毒蛾 *Cifuna locuples* Walker, 1855

省内产地：桐柏水帘洞，卢氏狮子坪，栾川龙峪湾。

分布：河南，黑龙江，吉林，辽宁，河北，山西，山东，江苏，安徽，浙江，江西，福建，湖北，湖南，广东，广西，四川，云南，西藏；朝鲜，日本，俄罗斯，越南，印度。

寄主：大豆，小豆，绿豆，苜蓿，棉花，紫藤，樱桃，海棠，柿，柳，榆。

资料来源：申效诚等，2002，鳞翅目：夜蛾总科。《太行山及桐柏山区昆虫》，中国农业科学技术出版社。

叉带黄毒蛾 *Euproctis angulata* Matsumura, 1927

省内产地：桐柏水帘洞，商城黄柏山。

分布：河南，江西，浙江，福建，台湾，湖北，湖南，广东，广西，西藏，陕西。

寄主：刺槐。

资料来源：申效诚等，1999，鳞翅目：舟蛾科，毒蛾科。《伏牛山南坡及大别山区昆虫》，中国

农业科学技术出版社。

乌桕黄毒蛾 *Euproctis bipunctapex* (Hampson, 1891)

省内产地：新乡，信阳，桐柏，鲁山石人山。

分布：河南，江苏，上海，浙江，福建，江西，台湾，湖北，湖南，广东，广西，四川，云南，西藏，陕西；新加坡，印度。

寄主：乌桕，油桐，杨，桑，女贞，茶，栎，樟，苹果，桃，柿，大豆，甘薯，南瓜。

资料来源：申效诚，1993，河南昆虫名录。中国农业科学技术出版社。

黑腹黄毒蛾 *Euproctis crocea urbis* Strana

省内产地：具体不详。

分布：河南，江西，云南；澳大利亚。

资料来源：申效诚，1993，河南昆虫名录。中国农业科学技术出版社。

弧星黄毒蛾 *Euproctis decussata* (Moore, 1877)

省内产地：信阳。

分布：河南，广东，广西，四川，云南；印度，斯里兰卡。

资料来源：于思勤等，1993，河南农业昆虫志。河南科学技术出版社。

半带黄毒蛾 *Euproctis digramma* (Guerin, 1929~1930)

省内产地：信阳。

分布：河南，江西，广东，广西；缅甸，印度，印度尼西亚。

寄主：梨。

资料来源：于思勤等，1993，河南农业昆虫志。河南科学技术出版社。

折带黄毒蛾 *Euproctis flava* (Bremer, 1861)

省内产地：嵩县白云山，西峡黄石庵，内乡宝天曼，桐柏水帘洞，信阳鸡公山，商城黄柏山。

分布：河南，黑龙江，吉林，辽宁，内蒙古，河北，山西，山东，安徽，江苏，浙江，江西，福建，湖北，湖南，广东，广西，贵州，四川，云南，陕西，甘肃；朝鲜，日本，俄罗斯。

寄主：樱桃，梨，苹果，桃，梅，李，海棠，柿，蔷薇，栎，山毛榉，刺槐。

资料来源：申效诚等，1999，《鸡公山区昆虫》，中国农业科学技术出版社。

岩黄毒蛾 *Euproctis flavotriangulata* Gaede, 1932

省内产地：辉县八里沟，嵩县白云山，栾川龙峪湾，内乡宝天曼，桐柏水帘洞。

分布：河南，北京，陕西，四川，江西，湖南，河北，浙江，福建，云南。

寄主：核桃。

资料来源：时振亚等，1998，鳞翅目：毒蛾科。《伏牛山区昆虫》，中国农业科学技术出版社。

火黄毒蛾 *Euproctis glaphyra* Collenette, 1936

省内产地：嵩县白云山。

分布：河南，四川，云南。

资料来源：武春生等，2009，河南昆虫志 鳞翅目 刺蛾科 枯叶蛾科 舟蛾科 灯蛾科 毒蛾科 鹿蛾科。科学出版社。

梯带黄毒蛾 *Euproctis montis* (Leech, 1890) (河南新记录种)

省内产地：嵩县白云山。

分布：河南，河北，陕西，甘肃，湖北，浙江，福建，江西，湖南，广东，广西，四川，云南，西藏。

云星黄毒蛾 *Euproctis niphonis* (Butler, 1881)

省内产地：信阳鸡公山。

分布：河南，黑龙江，吉林，辽宁，内蒙古，河北，山西，山东，浙江，江西，湖北，湖南，四川，陕西；朝鲜，日本，俄罗斯。

寄主：刺槐，茶，醋栗，榛。

资料来源：赵仲苓，2003，中国动物志 昆虫纲 第三十卷。科学出版社。

角斑黄毒蛾 *Euproctis pinoptera* Collenette, 1939

省内产地：内乡宝天曼。

分布：河南，广东，广西；越南。

资料来源：武春生等，2009，河南昆虫志 鳞翅目 刺蛾科 枯叶蛾科 舟蛾科 灯蛾科 毒蛾科 鹿蛾科。科学出版社。

漫星黄毒蛾 *Euproctis plana* Walker, 1865 (河南新记录种)

省内产地：内乡宝天曼。

分布：河南，湖北，湖南，福建，江西，广东，广西，海南，四川，云南，陕西，香港；菲律宾，印度，印度尼西亚。

寄主：栎。

茶黄毒蛾 *Euproctis pseudoconspersa* Strand, 1914 (河南新记录种)

省内产地：信阳鸡公山。

分布：河南，安徽，江苏，浙江，福建，江西，台湾，湖北，湖南，广东，广西，四川，贵州，云南，西藏，陕西，甘肃；日本。

寄主：茶，油茶，柑橘，樱桃，柿，梨，乌桕，玉米。

环黄毒蛾 *Euproctis recurvata* Leech, 1899

省内产地：具体不详。

分布：河南，湖北，上海，浙江，江西，四川。

资料来源：申效诚，1993，河南昆虫名录。中国农业科学技术出版社。

北部湾黄毒蛾 *Euproctis tonkinensis* Strand, 1918

省内产地：内乡宝天曼。

分布：河南，广东，海南；越南。

资料来源：武春生等，2009，河南昆虫志 鳞翅目 刺蛾科 枯叶蛾科 舟蛾科 灯蛾科 毒蛾科 鹿蛾科。科学出版社。

幻带黄毒蛾 *Euproctis varians* (Walker, 1855)

省内产地：商城黄柏山大庙。

分布：河南，河北，山西，山东，安徽，江苏，浙江，福建，江西，台湾，湖北，湖南，广东，广西，四川，云南，陕西；印度，马来西亚。

寄主：橘，茶，油茶。

资料来源：赵仲苓，2003，中国动物志　第三十卷　昆虫纲。科学出版社。

云黄毒蛾 *Euproctis xuthonepha* Collenette, 1938

省内产地：嵩县白云山，内乡宝天曼。

分布：河南，河北，北京，陕西，四川。

资料来源：武春生等，2009，河南昆虫志 鳞翅目 刺蛾科 枯叶蛾科 舟蛾科 灯蛾科 毒蛾科 鹿蛾科。科学出版社。

拟星黄毒蛾 *Euproctis* sp.

省内产地：嵩县白云山，内乡宝天曼。

分布：河南。

资料来源：武春生等，2009，河南昆虫志 鳞翅目 刺蛾科 枯叶蛾科 舟蛾科 灯蛾科 毒蛾科 鹿蛾科。科学出版社。

苔棕毒蛾 *Ilema eurydice* (Butler, 1885)

苔肾毒蛾 *Cifuna eurydice* (Butler)

省内产地：鲁山石人山，内乡宝天曼，西峡黄石庵，商城黄柏山，新县连康山。

分布：河南，江西，福建，湖南，广东，四川；日本。

寄主：葡萄，山楂，苹果。

资料来源：时振亚等，1998，鳞翅目：毒蛾科。《伏牛山区昆虫》，中国农业科学技术出版社。

白线棕毒蛾 *Ilema jankowskii* (Oberthur, 1884)

省内产地：具体不详。

分布：河南，黑龙江，陕西，甘肃，湖北，江苏，浙江，江西，湖南；日本，俄罗斯。

资料来源：赵仲苓，2003，中国动物志 昆虫纲 第三十卷。科学出版社。

榆黄足毒蛾 *Ivela ochropoda* (Eversmann, 1847)

省内产地：卢氏大块地，栾川龙峪湾，嵩县白云山，西峡黄石庵，内乡宝天曼。桐柏水帘洞等全省各地。

分布：河南，黑龙江，吉林，辽宁，内蒙古，河北，陕西，山西，山东；朝鲜，日本，俄罗斯。

寄主：榆。

资料来源：申效诚，1993，河南昆虫名录。中国农业科学技术出版社。

素毒蛾 *Laelia coenosa* (Hubner, 1804)

省内产地：鲁山石人山，许昌。

分布：河南，黑龙江，吉林，辽宁，内蒙古，河北，山西，山东，安徽，江苏，浙江，福建，江西，台湾，湖北，湖南，广东，广西，云南，陕西；朝鲜，日本，越南，俄罗斯；欧洲。

寄主：稻，芦苇，荻，牧草，杨，榆，桂，葵。

资料来源：申效诚，1993，河南昆虫名录。中国农业科学技术出版社。

脂素毒蛾 *Laelia gigantea* Hampson, 1885

省内产地：鲁山石人山。

分布：河南，浙江；日本。

寄主：竹。

资料来源：申效诚，1993，河南昆虫名录。中国农业科学技术出版社。

杨雪毒蛾 *Leucoma candida* (Staudinger, 1892)

杨雪毒蛾 *Stilpnotia candida* Staudinger

省内产地：新乡，安阳，郑州。

分布：河南，黑龙江，吉林，辽宁，河北，山西，山东，安徽，江苏，浙江，福建，江西，湖北，湖南，四川，云南，陕西，甘肃，青海；朝鲜，日本，俄罗斯。

寄主：杨，柳。

资料来源：申效诚，1993，河南昆虫名录。中国农业科学技术出版社。

雪毒蛾 *Leucoma salisis* (Linnaeus, 1758)

柳雪毒蛾 *Stilpnotia salisis* (Linnaeus)

省内产地：全省。

分布：河南，黑龙江，吉林，辽宁，内蒙古，河北，山西，陕西，青海，宁夏，甘肃，新疆，西藏；蒙古国，朝鲜，日本，俄罗斯；欧洲，北美。

寄主：杨，柳，榛，槭。

资料来源：申效诚，1993，河南昆虫名录。中国农业科学技术出版社。

黄黑丛毒蛾 *Locharna flavopica* (Chao, 1985)

省内产地：内乡宝天曼。

分布：河南，浙江，湖北，湖南，云南。

资料来源：武春生等，2009，河南昆虫志 鳞翅目 刺蛾科 枯叶蛾科 舟蛾科 灯蛾科 毒蛾科 鹿蛾科。科学出版社。

丛毒蛾 *Locharna strigipennis* (Moore, 1879)

黄羽毒蛾 *Pida strigipennis* (Moore)

省内产地：济源黄楝树，卢氏狮子坪，嵩县白云山，内乡宝天曼，信阳，商城黄柏山，新县连康山。

分布：河南，江苏，浙江，安徽，江西，台湾，湖北，四川，云南，西藏；缅甸，马来西亚，斯里兰卡，印度。

资料来源：申效诚等，1999，鳞翅目：舟蛾科，毒蛾科。《伏牛山南坡及大别山区昆虫》，中国农业科学技术出版社。

肘纹毒蛾 *Lymantria bantaizana* Matsumura, 1933

省内产地：郑州，许昌。

分布：河南，河北，陕西，甘肃；日本。

寄主：核桃。

资料来源：申效诚，1993，河南昆虫名录。中国农业科学技术出版社。

络毒蛾 *Lymantria concolor* Walker, 1855 (河南新记录种)

省内产地：内乡宝天曼。

分布：河南，陕西，浙江，湖南，台湾，四川，云南，西藏；越南，印度(锡金)。

舞毒蛾 *Lymantria dispar* (Linnaeus, 1758)

省内产地：罗山灵山，桐柏水帘洞，济源王屋山，嵩县白云山。

分布：河南，黑龙江，吉林，辽宁，内蒙古，河北，山东，山西，陕西，甘肃，宁夏，青海，新疆；朝鲜，日本，俄罗斯；欧洲。

寄主：栎，柞，槭，椴，鹅耳枥，黄檀，核桃，杨，柳，桦，榆，苹果，樱桃，山楂，柿，桑，松，杉，稻，麦。

资料来源：时振亚等，1998，鳞翅目：毒蛾科。《伏牛山区昆虫》，中国农业科学技术出版社。

条毒蛾 *Lymantria dissoluda* Swinhoe, 1903

省内产地：郑州，信阳。

分布：河南，安徽，江苏，浙江，福建，江西，台湾，湖北，湖南，广东，广西，四川，云南。

寄主：马尾松，油松，柏，栎。

资料来源：申效诚，1993，河南昆虫名录。中国农业科学技术出版社。

核桃毒蛾 *Lymantria juglandis* Chao, 1984 (河南新记录种)

省内产地：辉县八里沟。

分布：河南，北京，河北，山东，陕西。

寄主：核桃。

芒果毒蛾 *Lymantria marginata* Walker, 1855

省内产地：栾川龙峪湾，嵩县白云山，卢氏大块地，内乡宝天曼，西峡黄石庵。

分布：河南，陕西，四川，云南，广东，广西，江西，福建，浙江，湖北，湖南；印度(锡金)。

资料来源：时振亚等，1998，鳞翅目：毒蛾科。《伏牛山区昆虫》，中国农业科学技术出版社。

栎毒蛾 *Lymantria mathura* Moore, 1865

省内产地：嵩县白云山，内乡宝天曼，西峡黄石庵，商城黄柏山。

分布：河南，河北，山西，黑龙江，吉林，辽宁，山东，江苏，台湾，湖南，四川，云南，陕西；朝鲜，日本，印度。

寄主：栎，苹果，梨，栗，榉，青冈。

资料来源：时振亚等，1998，鳞翅目：毒蛾科。《伏牛山区昆虫》，中国农业科学技术出版社。

模毒蛾 *Lymantria monacha* (Linnaeus, 1758)

省内产地：卢氏大块地，嵩县白云山，栾川龙峪湾，内乡宝天曼。

分布：河南，黑龙江，吉林，辽宁，浙江，江西，台湾，广东，广西，海南，内蒙古，贵州，云南，西藏，四川，陕西；朝鲜，日本，土耳其，俄罗斯；欧洲。

寄主：杉，松，栎，椴，榆，桦，槭，柳，苹果，杏，榛。

资料来源：时振亚等，1998，鳞翅目：毒蛾科。《伏牛山区昆虫》，中国农业科学技术出版社。

枫毒蛾 *Lymantria nebulosa* Wileman, 1910

枫毒蛾 *Lymantria umbrifera* Willeman

省内产地：桐柏水帘洞。

分布：河南，安徽，江苏，浙江，福建，江西，台湾，湖北，湖南，广东，广西，四川。

寄主：枫。

资料来源：申效诚等，2002，鳞翅目：夜蛾总科。《太行山及桐柏山区昆虫》，中国农业科学技术出版社。

虹毒蛾 *Lymantria serva* Fabricius, 1793 (河南新记录种)

省内产地：桐柏水帘洞。

分布：河南，陕西，湖北，福建，江西，湖南，广东，广西，台湾，四川，云南；印度(锡金)，菲律宾，马来西亚。

白斜带毒蛾 *Numenes albofascia* (Leech, 1888)

省内产地：嵩县白云山，内乡宝天曼。

分布：河南，湖北，湖南，浙江，福建，云南，陕西，甘肃；朝鲜，日本。

资料来源：时振亚等，1998，鳞翅目：毒蛾科。《伏牛山区昆虫》，中国农业科学技术出版社。

叉斜带毒蛾 *Numenes separata* Leech, 1890

黄斜带毒蛾 *Numenes disparilis separata* Leech

省内产地：嵩县白云山，栾川龙峪湾，信阳鸡公山，内乡宝天曼，西峡黄石庵。

分布：河南，浙江，湖北，四川，陕西，甘肃，广西。

资料来源：时振亚等，1998，鳞翅目：毒蛾科。《伏牛山区昆虫》，中国农业科学技术出版社。

古毒蛾 *Orgyia antiqua* (Linnaeus, 1758)

省内产地：南阳，南召，信阳，鲁山石人山。

分布：河南，黑龙江，吉林，辽宁，内蒙古，河北，山西，山东，安徽，浙江，湖北，湖南，西藏，陕西，甘肃，青海，宁夏；朝鲜，日本，蒙古国，俄罗斯；欧洲，北非，北美。

寄主：杨，柳，桦，栎，云杉，松，榛，山毛榉，梨，杏，苹果。

资料来源：申效诚，1993，河南昆虫名录。中国农业科学技术出版社。

灰顶竹毒蛾 *Pantana droa* Swinhoe

省内产地：具体不详。

分布：河南，浙江，广东，香港。

寄主：竹。

资料来源：申效诚，1993，河南昆虫名录。中国农业科学技术出版社。

暗竹毒蛾 *Pantana pluto* (Leech, 1890)

省内产地：鲁山县石人山。

分布：河南，江西，福建，湖南，湖北，四川，云南，贵州，台湾。

寄主：竹。

资料来源：时振亚等，1998，鳞翅目：毒蛾科。《伏牛山区昆虫》，中国农业科学技术出版社。

侧柏毒蛾 *Parocneria furva* (Leech, 1888)

省内产地：内乡宝天曼，开封，郑州，西华，登封，鲁山，南召，信阳。

分布：河南，黑龙江，吉林，辽宁，内蒙古，河北，山西，山东，安徽，江苏，浙江，湖北，湖南，陕西；日本。

寄主：侧柏，扁柏。

资料来源：申效诚，1993，河南昆虫名录。中国农业科学技术出版社。

黑褐盗毒蛾 *Porthesia atereta* Collenette, 1932

省内产地：嵩县白云山，内乡宝天曼，桐柏水帘洞，信阳鸡公山。

分布：河南，安徽，浙江，江西，福建，台湾，湖北，湖南，广东，广西，四川，贵州，云南，西藏，甘肃；马来半岛。

寄主：泡桐，法桐，茶，栗。

资料来源：申效诚等，2002，鳞翅目：夜蛾总科。《太行山及桐柏山区昆虫》，中国农业科学技术出版社。

戟盗毒蛾 *Porthesia kurosawai* Inoue, 1956

省内产地：卢氏狮子坪，栾川龙峪湾，嵩县白云山，桐柏水帘洞，信阳鸡公山。

分布：河南，福建，台湾，广西，四川，河北，湖北，湖南，江西，辽宁，安徽，江苏，浙江；朝鲜，日本。

寄主：刺槐，茶，油茶，苹果，柑橘。

资料来源：申效诚等，2002，鳞翅目：夜蛾总科。《太行山及桐柏山区昆虫》，中国农业科学技术出版社。

豆盗毒蛾 *Porthesia piperita* (Oberthur, 1880)

省内产地：卢氏狮子坪，桐柏水帘洞。

分布：河南，黑龙江，吉林，辽宁，内蒙古，河北，山西，山东，安徽，江苏，浙江，江西，福建，湖北，湖南，广东，四川，陕西；朝鲜，日本，俄罗斯。

寄主：茶，楸，豆类。

资料来源：申效诚等，2002，鳞翅目：夜蛾总科。《太行山及桐柏山区昆虫》，中国农业科学技术出版社。

双线盗毒蛾 *Porthesia scintillans* (Walker, 1856)

省内产地：信阳鸡公山。

分布：河南，浙江，福建，台湾，湖南，广东，广西，四川，云南，陕西；缅甸，马来西亚，新加坡，印度尼西亚，巴基斯坦，印度，斯里兰卡。

寄主：刺槐，茶，柑橘，梨，泡桐，栎，乌桕，蓖麻，玉米，棉花。

资料来源：申效诚，1993，河南昆虫名录。中国农业科学技术出版社。

盗毒蛾 *Porthesia similis*(Fueszly, 1775)

省内产地：济源王屋山，济源黄楝树等全省各地。

分布：河南，黑龙江，吉林，辽宁，内蒙古，河北，山东，江苏，浙江，福建，江西，台湾，湖北，湖南，广西，陕西，青海；朝鲜，日本，俄罗斯；欧洲。

寄主：柳，杨，桦，榛，山毛榉，栎，李，山楂，苹果，梨，桑，洋槐，桃，泡桐，梧桐。

资料来源：申效诚，1993，河南昆虫名录。中国农业科学技术出版社。

白点足毒蛾 *Redoa cygnopsis* (Collenette, 1934)

省内产地：内乡宝天曼。

分布：河南，安徽，湖北，浙江，福建，江西，湖南，贵州，广东。

资料来源：武春生等，2009，河南昆虫志 鳞翅目 刺蛾科 枯叶蛾科 舟蛾科 灯蛾科 毒蛾科 鹿蛾科。科学出版社。

灰斑台毒蛾 *Teia ericae* (Germar, 1818)

灰斑古毒蛾 *Orgyia ericae* Germar

省内产地：具体不详。

分布：河南，黑龙江，吉林，辽宁，河北，陕西，甘肃，青海，宁夏；欧洲。

寄主：柳，杨，桦，水青冈，栎，沙枣。

资料来源：申效诚，1993，河南昆虫名录。中国农业科学技术出版社。

角斑台毒蛾 *Teia gonostigma* (Linnaeus, 1767)

角斑古毒蛾 *Orgyia gonostigma* (Linnaeus)

省内产地：鲁山石人山。

分布：河南，黑龙江，吉林，辽宁，内蒙古，北京，河北，山西，山东，江苏，浙江，湖北，湖南，贵州，陕西，甘肃，宁夏；朝鲜，日本；欧洲。

寄主：苹果，梨，桃，杏，山楂，花楸，法桐，柳，榆，杨，桦，鹅耳枥，山毛榉，泡桐，落叶松。

资料来源：赵仲苓，2003，中国动物志 昆虫纲 第三十卷。科学出版社。

平纹台毒蛾 *Teia parallela* (Gaede, 1932)

省内产地：内乡宝天曼。

分布：河南，北京，河北，湖北，湖南，陕西，四川，甘肃。

资料来源：武春生等，2009，河南昆虫志 鳞翅目 刺蛾科 枯叶蛾科 舟蛾科 灯蛾科 毒蛾科 鹿蛾科。科学出版社。

五三、灯蛾科 Arctiidae

本科全世界已知800属5000种，中国记载133属558种(方承莱，2000)，河南记录37属125种。

(一) 苔蛾亚科 Lithosiinae

煤色滴苔蛾 *Agrisius fuliginosus* Moore, 1872

省内产地：新县连康山，桐柏水帘洞，罗山灵山，商城黄柏山。

分布：河南，江苏，浙江，江西，湖北，湖南，四川；日本，尼泊尔。

资料来源：申效诚等，1999，鳞翅目：苔蛾科，灯蛾科，拟灯蛾科，鹿蛾科，虎蛾科。《伏牛山南坡及大别山区昆虫》，中国农业科学技术出版社。

煤色滴苔蛾白色亚种 *Agrisius fuliginosus albida* (Daniel, 1952)

省内产地：商城黄柏山大庙。

分布：河南，江苏，浙江，江西，湖北。

资料来源：方承莱等，2008，鳞翅目：灯蛾科。《宝天曼自然保护区昆虫》，中国农业科学技术出版社。

滴苔蛾 *Agrisius guttivitta* Walker, 1855

省内产地：嵩县白云山。

分布：河南，陕西，浙江，安徽，江西，湖北，湖南，广西，四川；印度(锡金)。

资料来源：方承莱等，2008，鳞翅目：灯蛾科。《宝天曼自然保护区昆虫》，中国农业科学技术出版社。

肉色艳苔蛾 *Asura carnea* (Poujade, 1886) (河南新记录种)

省内产地：内乡宝天曼。

分布：河南，陕西，甘肃，湖北，四川。

粗艳苔蛾 *Asura dasara* (Moore, 1859)

省内产地：内乡宝天曼。

分布：河南，陕西，浙江，江西，湖北，湖南，福建，广西，海南，四川，西藏；喜马拉雅西北(国外部分)，缅甸，印度，印度尼西亚。

资料来源：方承莱等，2008，鳞翅目：灯蛾科。《宝天曼自然保护区昆虫》，中国农业科学技术出版社。

褐脉艳苔蛾 *Asura esmia* (Swinhoe, 1894)

省内产地：内乡宝天曼。

分布：河南，浙江，江西，湖南，湖北，四川，云南；缅甸。

资料来源：方承莱等，2008，鳞翅目：灯蛾科。《宝天曼自然保护区昆虫》，中国农业科学技术出版社。

拟暗脉艳苔蛾 *Asura mentions* Fang, 1993

省内产地：内乡宝天曼，内乡葛条爬，嵩县白云山，西峡黄石庵。

分布：河南，湖北，陕西。

资料来源：方承莱等，2008，鳞翅目：灯蛾科。《宝天曼自然保护区昆虫》，中国农业科学技术出版社。

条纹艳苔蛾 *Asura strigipennis* (Herrich-Schaffer, 1855)

省内产地：嵩县白云山，内乡葛条爬，卢氏狮子坪。

分布：河南，江苏，浙江，江西，福建，台湾，湖北，湖南，广东，广西，四川，云南，西藏，陕西，甘肃；印度，印度尼西亚。

资料来源：申效诚等，1998，鳞翅目：苔蛾科，灯蛾科，鹿蛾科，虎蛾科。《伏牛山区昆虫》，中国农业科学技术出版社。

点艳苔北米亚种 *Asura unipuncta megala* Hampson, 1900

省内产地：内乡宝天曼，内乡葛条爬，嵩县白云山，登封少室山，栾川龙峪湾，信阳鸡公山，罗山灵山，济源王屋山，济源黄楝树，灵宝亚武山，西峡寨根。

分布：河南，河北，山西，陕西，山东，湖北，四川。

资料来源：方承莱等，2008，鳞翅目：灯蛾科。《宝天曼自然保护区昆虫》，中国农业科学技术出版社。

艳苔蛾属一种 *Asura* sp.①

省内产地：灵宝亚武山。

分布：河南。

资料来源：武春生等，2009，河南昆虫志 鳞翅目 刺蛾科 枯叶蛾科 舟蛾科 灯蛾科 毒蛾科 鹿蛾科。科学出版社。

艳苔蛾属一种 *Asura* sp.②

省内产地：内乡宝天曼。

分布：河南，

资料来源：武春生等，2009，河南昆虫志 鳞翅目 刺蛾科 枯叶蛾科 舟蛾科 灯蛾科 毒蛾科 鹿蛾科。科学出版社。

均带金苔蛾 *Chrysorabdia equivitta* Fang, 1986

省内产地：嵩县白云山。

分布：河南，陕西，四川，云南。

资料来源：方承莱等，2008，鳞翅目：灯蛾科。《宝天曼自然保护区昆虫》，中国农业科学技术出版社。

小白雪苔蛾 *Cyana alba* (Moore, 1878)

小白雪苔蛾 *Chionaema alba* Moore

省内产地：具体不详。

分布：河南，浙江，华北。

资料来源：申效诚，1993，河南昆虫名录。中国农业科学技术出版社。

白颈雪苔蛾 *Cyana albicollis* Fang, 1992

省内产地：内乡宝天曼。

分布：河南，四川。

资料来源：方承莱等，2008，鳞翅目：灯蛾科。《宝天曼自然保护区昆虫》，中国农业科学技术出版社。

蛛雪苔蛾 *Cyana ariadne* (Elwes, 1890)

蛛雪苔蛾 *Chionaema ariadne* (Elwes)

省内产地：卢氏狮子坪，西峡寨根，桐柏水帘洞，信阳鸡公山，内乡宝天曼。

分布：河南，江苏，浙江，福建，江西，湖北，海南，四川。

资料来源：申效诚等，1998，鳞翅目：苔蛾科，灯蛾科，鹿蛾科，虎蛾科。《伏牛山区昆虫》，中国农业科学技术出版社。

猩红雪苔蛾 *Cyana coccinea* (Moore, 1878)

猩红雪苔蛾 *Chionaema coccinea* (Moore)

省内产地：济源王屋山。

分布：河南，北京，山西，陕西，广东，海南，广西，四川，云南；越南，缅甸，印度(锡金)。

资料来源：申效诚等，2002，鳞翅目：夜蛾总科。《太行山及桐柏山区昆虫》，中国农业科学技术出版社。

合雪苔蛾 *Cyana connectilis* Fang, 1992 (河南新记录种)

省内产地：内乡宝天曼。

分布：河南，陕西，甘肃，湖北。

美雪苔蛾 *Cyana distincta* (Rothschild, 1912)

美雪苔蛾 *Chionaema distincta* Rothschild

省内产地：卢氏狮子坪，林州石板岩，商城黄柏山，栾川龙峪湾。

分布：河南，福建，四川，云南，西藏；缅甸。

资料来源：申效诚等，1998，鳞翅目：苔蛾科，灯蛾科，鹿蛾科，虎蛾科。《伏牛山区昆虫》，中国农业科学技术出版社。

黄雪苔蛾 *Cyana dohertyi*(Elwes, 1890)

省内产地：嵩县白云山。

分布：河南，陕西，四川，云南；喜马拉雅西北(国外部分)。

资料来源：方承莱等，2008，鳞翅目：灯蛾科。《宝天曼自然保护区昆虫》，中国农业科学技术出版社。

红束雪苔蛾 *Cyana fasciola*(Elwes, 1890)

省内产地：信阳鸡公山。

分布：河南，江苏，浙江，湖北，湖南，安徽，广东。

资料来源：方承莱等，2008，鳞翅目：灯蛾科。《宝天曼自然保护区昆虫》，中国农业科学技术出版社。

优雪苔蛾 *Cyana hamata* (Walker, 1854)

优雪苔蛾 *Chionaema hamata* (Walker)

省内产地：内乡宝天曼，内乡葛条爬，嵩县白云山，西峡寨根，栾川龙峪湾，济源王屋山，辉县关山，陕县甘山，灵宝亚武山，罗山灵山，信阳鸡公山，桐柏水帘洞，新县连康山。

分布：河南，陕西，江苏，浙江，江西，福建，湖北，湖南，广东，广西，海南，四川，贵州，台湾，云南；朝鲜，日本。

资料来源：申效诚等，1998，鳞翅目：苔蛾科，灯蛾科，鹿蛾科，虎蛾科。《伏牛山区昆虫》，中国农业科学技术出版社。

橘红雪苔蛾 *Cyana interrogationis* (Pujade, 1886)

省内产地：嵩县白云山。

分布：河南，江苏，浙江，江西，湖北，湖南，福建，广西，海南，四川。

资料来源：方承莱等，2008，鳞翅目：灯蛾科。《宝天曼自然保护区昆虫》，中国农业科学技术出版社。

明雪苔蛾 *Cyana phaedra* (Leech, 1889)

省内产地：内乡宝天曼。

分布：河南，陕西，浙江，江西，湖北，湖南，四川，云南。

资料来源：方承莱等，2008，鳞翅目：灯蛾科。《宝天曼自然保护区昆虫》，中国农业科学技术出版社。

草雪苔蛾 *Cyana pratti* (Elwes, 1890)

草雪苔蛾 *Chionaema pratti* (Elwes)

省内产地：嵩县白云山。

分布：河南，辽宁，河北，山西，江苏，浙江，湖北，湖南，江西，陕西，甘肃。

资料来源：申效诚等，1998，鳞翅目：苔蛾科，灯蛾科，鹿蛾科，虎蛾科。《伏牛山区昆虫》，中国农业科学技术出版社。

血红雪苔蛾 *Cyana sanguinea* (Bremer *et* Grey, 1852)

血红雪苔蛾 *Chionaema sanguinea* (Bremer *et* Grey)

省内产地：济源黄楝树，嵩县白云山，陕县甘山，信阳鸡公山，罗山灵山，商城黄柏山。

分布：河南，黑龙江，北京，河北，山西，陕西，湖北，湖南，广西，四川，云南，台湾。

资料来源：申效诚等，1998，鳞翅目：苔蛾科，灯蛾科，鹿蛾科，虎蛾科。《伏牛山区昆虫》，中国农业科学技术出版社。

雪苔蛾属一种 *Cyana* sp.

省内产地：罗山灵山.

分布：河南。

资料来源：武春生等，2009，河南昆虫志 鳞翅目 刺蛾科 枯叶蛾科 舟蛾科 灯蛾科 毒蛾科 鹿蛾科。科学出版社。

亲土苔蛾 *Eilema affineola* (Bremer, 1864)

省内产地：内乡葛条爬。

分布：河南，河北，陕西，山西；朝鲜，俄罗斯(西伯利亚)，日本。

资料来源：方承莱等，2008，鳞翅目：灯蛾科。《宝天曼自然保护区昆虫》，中国农业科学技术出版社。

耳土苔蛾 *Eilema auriflua* (Moore, 1878)

省内产地：内乡宝天曼。

分布：河南，浙江，福建，江西，湖北，湖南，广东，广西，四川；印度(锡金)。

资料来源：方承莱等，2008，鳞翅目：灯蛾科。《宝天曼自然保护区昆虫》，中国农业科学技术出版社。

缘点土苔蛾 *Eilema costipuncta* (Leech, 1890)

省内产地：内乡宝天曼，西峡黄石庵，罗山灵山，桐柏水帘洞，卢氏狮子坪，信阳鸡公山。

分布：河南，山东，安徽，浙江，江西，福建，台湾，湖北，湖南，陕西，四川。

资料来源：申效诚等，1999，《鸡公山区昆虫》，中国农业科学技术出版社。

筛土苔蛾 *Eilema cribrata* (Staudinger, 1887)

省内产地：具体不详。

分布：河南，黑龙江，吉林，湖北，广西，四川，云南，西藏，陕西；朝鲜，日本。

资料来源：申效诚，1993，河南昆虫名录。中国农业科学技术出版社。

雪土苔蛾 *Eilema degenerella* (Walker, 1863)

省内产地：嵩县白云山。

分布：河南，甘肃，山东，福建，上海，广西；日本。

资料来源：方承莱等，2008，鳞翅目：灯蛾科。《宝天曼自然保护区昆虫》，中国农业科学技术出版社。

黄边土苔蛾 *Eilema fumidisca* (Hampson, 1894)

省内产地：鲁山县石人山。

分布：河南，上海，四川；缅甸，印度(锡金)。

资料来源：申效诚等，1998，鳞翅目：苔蛾科，灯蛾科，鹿蛾科，虎蛾科。《伏牛山区昆虫》，中国农业科学技术出版社。

灰土苔蛾 *Eilema griceola* (Hubner, 1827)

省内产地：具体不详。

分布：河南，黑龙江，吉林，辽宁，北京，山西，山东，安徽，浙江，江西，福建，湖南，广西，四川，云南，陕西，甘肃；朝鲜，日本，尼泊尔，印度(锡金)；欧洲。

资料来源：申效诚，1993，河南昆虫名录。中国农业科学技术出版社。

粉鳞土苔蛾 *Eilema moorei* (Leech, 1890)

省内产地：济源黄楝树，登封少林寺，嵩县白云山，鲁山县石人山。

分布：河南，北京，山西，陕西，浙江，江西，湖北，湖南，四川，云南，甘肃。

资料来源：申效诚等，1998，鳞翅目：苔蛾科，灯蛾科，鹿蛾科，虎蛾科。《伏牛山区昆虫》，中国农业科学技术出版社。

黄土苔蛾 *Eilema nigripoda* (Bremer, 1852)

省内产地：内乡宝天曼，嵩县白云山，鲁山县石人山。

分布：河南，上海，浙江，福建，广西，陕西，甘肃；日本。

资料来源：申效诚等，1998，鳞翅目：苔蛾科，灯蛾科，鹿蛾科，虎蛾科。《伏牛山区昆虫》，中国农业科学技术出版社。

前痣土苔蛾 *Eilema stigma* Fang, 2000 (河南新记录种)

省内产地：嵩县白云山。

分布：河南，陕西，甘肃，湖北，福建，广西，四川，云南。

荫土苔蛾 *Eilema suffuse* (Leech, 1899)

省内产地：内乡宝天曼，内乡葛条爬，嵩县白云山。

分布：河南，湖北，四川。

资料来源：方承莱等，2008，鳞翅目：灯蛾科。《宝天曼自然保护区昆虫》，中国农业科学技术出版社。

乌土苔蛾 *Eilema ussurica* (Daniel, 1954)

省内产地：内乡宝天曼，内乡葛条爬。

分布：河南，黑龙江，辽宁，河北，山西，甘肃，陕西，山东，浙江，江苏，湖北，湖南，云南；朝鲜。

资料来源：方承莱等，2008，鳞翅目：灯蛾科。《宝天曼自然保护区昆虫》，中国农业科学技术出版社。

土苔蛾属一种 *Eilema* sp.

省内产地：辉县八里沟。

分布：河南。

资料来源：武春生等，2009，河南昆虫志 鳞翅目 刺蛾科 枯叶蛾科 舟蛾科 灯蛾科 毒蛾科 鹿蛾科。科学出版社。

窄条荷苔蛾 *Ghoria angustifascia* (Fang, 1886) (河南新记录种)

省内产地：内乡宝天曼。

分布：河南，陕西，甘肃，四川。

头褐荷苔蛾 *Ghoria collitoides* Butler, 1885 (河南新记录种)

省内产地：嵩县白云山。

分布：河南，黑龙江，吉林，辽宁，陕西，甘肃，湖北，湖南，台湾，四川，云南；日本。

头橙荷苔蛾 *Ghoria gigantea* (Oberthur, 1879)

头橙华苔蛾 *Agylla gigantea* (Oberthur)

省内产地：嵩县白云山，内乡宝天曼，西峡黄石庵。

分布：河南，黑龙江，吉林，辽宁，河北，山西，陕西，浙江，甘肃；朝鲜，日本，俄罗斯。

资料来源：申效诚等，1998，鳞翅目：苔蛾科，灯蛾科，鹿蛾科，虎蛾科。《伏牛山区昆虫》，中国农业科学技术出版社。

锯角荷苔蛾 *Ghoria serrata* (Fang, 1986)

省内产地：嵩县白云山。

分布：河南，湖北。

资料来源：方承莱等，2008，鳞翅目：灯蛾科。《宝天曼自然保护区昆虫》，中国农业科学技术出版社。

台日苔蛾 *Heliorabdia taiwana* (Wileman, 1910)

省内产地：嵩县白云山，内乡宝天曼。

分布：河南，福建，台湾，云南。

资料来源：申效诚等，1999，《鸡公山区昆虫》。中国农业科学技术出版社。

红阳苔蛾 *Heliosia rufa* (Leech, 1890)

省内产地：嵩县白云山。

分布：河南，陕西，甘肃，湖北。

资料来源：方承莱等，2008，鳞翅目：灯蛾科。《宝天曼自然保护区昆虫》，中国农业科学技术出版社。

黄灰佳苔蛾 *Hypeugoa flavogrisea* Leech, 1899

省内产地：内乡宝天曼，嵩县白云山，鲁山县石人山。

分布：河南，河北，山西，陕西，甘肃，山东，湖北，湖南，江苏，浙江，江西，云南，四川。

资料来源：申效诚等，1998，鳞翅目：苔蛾科，灯蛾科，鹿蛾科，虎蛾科。《伏牛山区昆虫》，中国农业科学技术出版社。

四点苔蛾 *Lithosia quadra* (Linnaeus, 1758)

省内产地：嵩县白云山。

分布：河南，黑龙江，吉林，辽宁，内蒙古，山东，湖南，广西，四川，云南，陕西，甘肃；日本，俄罗斯；欧洲。

资料来源：申效诚等，1999，《鸡公山区昆虫》，中国农业科学技术出版社。

乌闪网苔蛾 *Macrobrochis staudingeri* (Alpheraky, 1897)

省内产地：内乡宝天曼，西峡黄石庵，嵩县白云山。

分布：河南，吉林，陕西，湖北，湖南，江西，福建，台湾，四川，云南，甘肃；朝鲜，日本，尼泊尔。

资料来源：申效诚等，1999，鳞翅目：苔蛾科，灯蛾科，拟灯蛾科，鹿蛾科，虎蛾科。《伏牛山南坡及大别山区昆虫》，中国农业科学技术出版社。

异美苔蛾 *Miltochrista aberans* Butler, 1877

省内产地：济源黄楝树，济源王屋山，登封少林寺，鲁山石人山，登封少室山，栾川龙峪湾，嵩县白云山，内乡宝天曼，桐柏水帘洞，信阳鸡公山。

分布：河南，黑龙江，吉林，陕西，江苏，浙江，江西，福建，湖北，湖南，广东，海南，台湾，四川；朝鲜，日本。

资料来源：申效诚等，1998，鳞翅目：苔蛾科，灯蛾科，鹿蛾科，虎蛾科。《伏牛山区昆虫》，中国农业科学技术出版社。

俏美苔蛾 *Miltochrista convexa* Wileman, 1910

省内产地：新县连康山。

分布：河南，浙江，福建，江西，台湾，湖南，广东，广西，四川，云南。

资料来源：申效诚等，1999，鳞翅目：苔蛾科，灯蛾科，拟灯蛾科，鹿蛾科，虎蛾科。《伏牛山南坡及大别山区昆虫》，中国农业科学技术出版社。

十字美苔蛾 *Miltochrista cruciata* (Walder, 1862)

省内产地：嵩县白云山。

分布：河南，四川，云南；印度(锡金)，印度尼西亚。

资料来源：方承莱等，2008，鳞翅目：灯蛾科。《宝天曼自然保护区昆虫》，中国农业科学技术出版社。

黑缘美苔蛾 *Miltochrista delineata* (Walker, 1854) (河南新记录种)

省内产地：嵩县白云山。

分布：河南，陕西，甘肃，江苏，湖北，浙江，福建，台湾，江西，湖南，广东，广西，四川，云南。

齿美苔蛾 *Miltochrista dentifascia* Hampson, 1894

省内产地：灵宝亚武山，卢氏狮子坪，卢氏大块地，栾川龙峪湾，西峡寨根，罗山灵山，信阳鸡公山，商城黄柏山，新县连康山。

分布：河南，福建，江西，广西，海南，台湾，云南，西藏；印度，缅甸。

资料来源：申效诚等，1998，鳞翅目：苔蛾科，灯蛾科，鹿蛾科，虎蛾科。《伏牛山区昆虫》，中国农业科学技术出版社。

曲美苔蛾 *Miltochrista flexuosa* Leech, 1899 (河南新记录种)

省内产地：内乡宝天曼。

分布：河南，陕西，甘肃，湖北，浙江，福建，湖南，四川，云南。

愉美苔蛾 *Miltochrista jucunda* Fang, 1991

省内产地：内乡宝天曼，嵩县白云山，信阳鸡公山，卢氏狮子坪，卢氏大块地，商城黄柏山大庙，西峡黄石庵，商城黄柏山，新县连康山，济源王屋山，辉县八里沟。

分布：河南，广东，江西。

资料来源：方承莱等，2008，鳞翅目：灯蛾科。《宝天曼自然保护区昆虫》，中国农业科学技术出版社。

红边美苔蛾 *Miltochrista marginis* (Fang, 1991)

省内产地：内乡宝天曼。

分布：河南，陕西，湖北，四川。

资料来源：方承莱等，2008，鳞翅目：灯蛾科。《宝天曼自然保护区昆虫》，中国农业科学技术出版社。

美苔蛾 *Miltochrista miniata* (Forster, 1771)

省内产地：内乡宝天曼，栾川龙峪湾，嵩县白云山。

分布：河南，黑龙江，辽宁，河北，内蒙古，山西，福建，四川；俄罗斯，朝鲜，日本；欧洲。

资料来源：申效诚等，1998，鳞翅目：苔蛾科，灯蛾科，鹿蛾科，虎蛾科。《伏牛山区昆虫》，中国农业科学技术出版社。

黄黑脉美苔蛾 *Miltochrista nigrovena* Fang, 2000

省内产地：内乡宝天曼。

分布：河南，湖北。

资料来源：方承莱等，2008，鳞翅目：灯蛾科。《宝天曼自然保护区昆虫》，中国农业科学技术出版社。

东方美苔蛾 *Miltochrista orientalis* Daniel, 1951

省内产地：内乡宝天曼。

分布：河南，浙江，福建，江西，湖北，广东，广西，海南，四川，云南，西藏，台湾；尼泊尔。

资料来源：申效诚等，1999，鳞翅目：苔蛾科，灯蛾科，拟灯蛾科，鹿蛾科，虎蛾科。《伏牛山南坡及大别山区昆虫》，中国农业科学技术出版社。

黄边美苔蛾 *Miltochrista pallida* (Bremer, 1864)

省内产地：具体不详。

分布：河南，黑龙江，辽宁，陕西，河北，山东，安徽，江苏，浙江，江西，福建，台湾，湖北，湖南，广西，四川，云南；朝鲜，日本。

资料来源：杨星科，1997，长江三峡库区昆虫。重庆出版社。

硃美苔蛾 *Miltochrista pulchra* Butler, 1877

省内产地：桐柏水帘洞，内乡宝天曼，内乡葛条爬，西峡黄石庵，西峡寨根，卢氏狮子坪，济源王屋山，嵩县白云山。

分布：河南，黑龙江，河北，陕西，北京，山东，浙江，福建，江西，湖北，湖南，四川，云南；朝鲜，日本。

资料来源：申效诚等，1998，鳞翅目：苔蛾科，灯蛾科，鹿蛾科，虎蛾科。《伏牛山区昆虫》，中国农业科学技术出版社。

玫美苔蛾 *Miltochrista rosacea* (Bremer, 1861)

省内产地：具体不详。

分布：河南，河北，山西，湖北，湖南，福建，四川，陕西，甘肃；朝鲜。

资料来源：申效诚，1993，河南昆虫名录。中国农业科学技术出版社。

优美苔蛾 *Miltochrista striata* (Bremer *et* Grey, 1851)

省内产地：林州石板岩，登封少林寺，嵩县白云山，信阳鸡公山，西峡黄石庵，内乡宝天曼，商城黄柏山，新县连康山。

分布：河南，吉林，河北，山东，甘肃，陕西，江苏，浙江，江西，福建，湖北，湖南，广东，广西，海南，四川，云南；日本。

资料来源：申效诚等，1998，鳞翅目：苔蛾科，灯蛾科，鹿蛾科，虎蛾科。《伏牛山区昆虫》，中国农业科学技术出版社。

之美苔蛾 *Miltochrista ziczac* (Walker, 1856)

省内产地：济源王屋山，嵩县白云山，内乡宝天曼。

分布：河南，山西，陕西，江苏，浙江，福建，江西，湖北，湖南，广东，广西，四川，云南，台湾。

资料来源：申效诚等，1998，鳞翅目：苔蛾科，灯蛾科，鹿蛾科，虎蛾科。《伏牛山区昆虫》，中国农业科学技术出版社。

泥苔蛾 *Pelosia muscerda* (Hufangel, 1768)

省内产地：内乡宝天曼。

分布：河南，黑龙江，吉林，浙江，江西，福建，江苏，湖南，广西，四川，海南，台湾，云南；日本；欧洲。

资料来源：方承莱等，2008，鳞翅目：灯蛾科。《宝天曼自然保护区昆虫》，中国农业科学技术出版社。

昏干苔蛾 *Siccia v-nigra* Hampson, 1900

省内产地：嵩县白云山。

分布：河南，黑龙江，河北，甘肃，上海，浙江，四川。

资料来源：方承莱等，2008，鳞翅目：灯蛾科。《宝天曼自然保护区昆虫》，中国农业科学技术出版社。

甘痣苔蛾 *Stigmatophora conjuncta* Fang, 1991 (河南新记录种)

省内产地：内乡宝天曼。

分布：河南，北京，陕西，甘肃，湖北，广西。

黄痣苔蛾 *Stigmatophora flava* (Bremer *et* Grey, 1852)

省内产地：内乡葛条爬，嵩县白云山，栾川龙峪湾，西峡黄石庵，信阳鸡公山。

分布：河南，黑龙江，吉林，辽宁，河北，山东，山西，陕西，新疆，甘肃，江苏，浙江，福建，江西，台湾，湖北，湖南，广东，四川，贵州，云南；朝鲜，日本。

寄主：玉米，高粱，桑，牛毛毡。

资料来源：申效诚等，1999，《鸡公山区昆虫》。中国农业科学技术出版社。

明痣苔蛾 *Stigmatophora micans* (Bremer *et* Grey, 1852)

省内产地：桐柏水帘洞。

分布：河南，黑龙江，吉林，辽宁，内蒙古，河北，山西，陕西，甘肃，山东，江苏，湖北，四川；朝鲜。

资料来源：申效诚等，2002，鳞翅目：夜蛾总科。《太行山及桐柏山区昆虫》，中国农业科学技术出版社。

玫痣苔蛾 *Stigmatophora rhodophila* (Walker, 1864)

省内产地：内乡宝天曼，安阳，商丘，永城，柘城。

分布：河南，黑龙江，吉林，河北，山西，陕西，山东，浙江，江西，福建，湖北，湖南，广西，四川，云南；朝鲜，日本。

寄主：牛毛毡。

资料来源：申效诚，1993，河南昆虫名录。中国农业科学技术出版社。

橙颚苔蛾 *Strysopha aurantiaca* Fang, 2000

省内产地：内乡宝天曼，嵩县白云山。

分布：河南，云南，四川。

资料来源：方承莱等，2008，鳞翅目：灯蛾科。《宝天曼自然保护区昆虫》，中国农业科学技术出版社。

线斑苏苔蛾 *Thysanoptyx brevimacula* (Alpheraky, 1897)　(河南新记录属、种)

省内产地：嵩县白云山。

分布：河南，陕西，湖北，四川。

圆斑苏苔蛾 *Thysanoptyx signata* (Walker, 1854)　(河南新记录种)

省内产地：内乡宝天曼。

分布：河南，陕西，甘肃，湖北，浙江，福建，江西，湖南，广西，四川，云南。

白黑瓦苔蛾 *Vamuna ramelana* (Moore, 1865)

白黑华苔蛾 *Agylla ramelana* (Moore)

省内产地：内乡宝天曼，嵩县白云山，信阳鸡公山。

分布：河南，福建，江西，湖北，湖南，广西，海南，四川，云南，西藏；印度(锡金)，印度尼西亚。

资料来源：申效诚等，1999，《鸡公山区昆虫》。中国农业科学技术出版社。

(二) 灯蛾亚科 Arctiinae

大丽灯蛾 *Aglaomorpha histrio* (Walker, 1855)

大丽灯蛾 *Callimorpha histrio* Walker

省内产地：宜阳花果山，嵩县白云山，栾川龙峪湾，西峡寨根，内乡葛条爬，信阳鸡公山，罗山灵山。

分布：河南，吉林，安徽，江苏，浙江，福建，江西，湖北，湖南，广西，四川，贵州，云南，台湾；日本，俄罗斯，朝鲜。

寄主：油茶，杉木。

资料来源：申效诚等，1998，鳞翅目：苔蛾科，灯蛾科，鹿蛾科，虎蛾科。《伏牛山区昆虫》，中国农业科学技术出版社。

红缘灯蛾 *Aloa lactinea* (Cremer, 1777)

红缘灯蛾 *Amsacta lactinea* (Cremer)

省内产地：桐柏水帘洞。

分布：河南，辽宁，河北，山西，山东，安徽，江苏，浙江，福建，台湾，陕西，湖北，湖南，广东，海南，广西，四川，云南，西藏；朝鲜，日本，缅甸，斯里兰卡，尼泊尔。

寄主：玉米，大豆，谷子，棉花，芝麻，高粱，向日葵，绿豆，紫穗槐。

资料来源：申效诚等，2002，鳞翅目：夜蛾总科。《太行山及桐柏山区昆虫》，中国农业科学技术出版社。

豹灯蛾 *Arctia caja* (Linnaeus, 1758)

省内产地：全省。

分布：河南，黑龙江，吉林，辽宁，内蒙古，河北，山西，陕西，宁夏，新疆；朝鲜，日本，印度，美国；欧洲。

寄主：甘蓝，蚕豆，菊，桑，醋栗，接骨木，大麻。

资料来源：申效诚，1993，河南昆虫名录。中国农业科学技术出版社。

仿首丽灯蛾 *Callimorpha equitalis* (Koller, 1844)

省内产地：栾川龙峪湾。

分布：河南，湖南，四川，云南，陕西，甘肃；印度(锡金)，缅甸。

资料来源：申效诚等，1998，鳞翅目：苔蛾科，灯蛾科，鹿蛾科，虎蛾科。《伏牛山区昆虫》，中国农业科学技术出版社。

首丽灯蛾 *Callimorpha principalis* (Kollar, 1844)

省内产地：内乡宝天曼，栾川龙峪湾，嵩县白云山。

分布：河南，黑龙江，浙江，江西，湖北，湖南，福建，四川，云南，西藏，陕西，甘肃；印度(锡金)，缅甸，尼泊尔。

资料来源：申效诚等，1998，鳞翅目：苔蛾科，灯蛾科，鹿蛾科，虎蛾科。《伏牛山区昆虫》，中国农业科学技术出版社。

花布灯蛾 *Camptoloma interiorata* (Walker, 1864)

省内产地：济源黄楝树，罗山灵山，桐柏水帘洞，嵩县白云山，内乡宝天曼。

分布：河南，黑龙江，辽宁，河北，山东，安徽，江苏，浙江，福建，湖北，江西，湖南，广东，广西，四川，云南，陕西，甘肃；日本。

寄主：麻栎，槲，乌桕，柳。

资料来源：申效诚等，1998，鳞翅目：苔蛾科，灯蛾科，鹿蛾科，虎蛾科。《伏牛山区昆虫》，中国农业科学技术出版社。

白雪灯蛾 *Chionarctia nivens* (Menetries, 1859)

白雪灯蛾 *Spilosoma nivens* (Menetries)

省内产地：林州石板岩，宜阳花果山，辉县关山，辉县八里沟，嵩县白云山，内乡宝天曼，西峡黄石庵，信阳鸡公山。

分布：河南，黑龙江，吉林，辽宁，河北，内蒙古，陕西，山东，浙江，福建，江西，湖北，湖南，广西，四川，云南，贵州，甘肃；朝鲜，日本。

寄主：高粱，大豆，小麦，黍，车前，蒲公英。

资料来源：申效诚等，1998，鳞翅目：苔蛾科，灯蛾科，鹿蛾科，虎蛾科。《伏牛山区昆虫》，中国农业科学技术出版社。

洁白雪灯蛾 *Chionarctia pura* (Leech, 1899)

洁雪灯蛾 *Spilosoma pura* Leech

省内产地：内乡宝天曼，嵩县白云山。

分布：河南，陕西，四川，贵州，云南。

资料来源：申效诚等，2002，鳞翅目：夜蛾总科。《太行山及桐柏山区昆虫》，中国农业科学技术出版社。

四枝灯蛾 *Cladarctia quadriramosa* (Kollar, 1844)

四枝顶灯蛾 *Estigmene quadriramosa* (Kollar)

省内产地：鲁山县石人山。

分布：河南，西藏；印度(锡金)，尼泊尔，喜马拉雅西北(国外部分)，克什米尔地区。

资料来源：申效诚等，1998，鳞翅目：苔蛾科，灯蛾科，鹿蛾科，虎蛾科。《伏牛山区昆虫》，中国农业科学技术出版社。

黑条灰灯蛾 *Creatonotos gangis* (Linnaeus, 1763)

省内产地：济源王屋山，桐柏水帘洞。

分布：河南，辽宁，安徽，江苏，浙江，江西，福建，台湾，湖北，湖南，广东，广西，四川，云南，西藏；印度，尼泊尔，斯里兰卡，缅甸，马来西亚，新加坡，印度尼西亚，巴基斯坦，澳大利亚。

寄主：桑，茶，甘蔗，柑橘，大豆，咖啡。

资料来源：申效诚等，2002，鳞翅目：夜蛾总科。《太行山及桐柏山区昆虫》，中国农业科学技

术出版社。

八点灰灯蛾 *Creatonotos transiens* (Walker, 1855)

省内产地：内乡宝天曼，内乡葛条爬，栾川龙峪湾，卢氏大块地，卢氏狮子坪，罗山灵山，桐柏水帘洞，信阳鸡公山。

分布：河南，山西，陕西，山东，安徽，江苏，浙江，江西，福建，台湾，湖北，湖南，广东，海南，广西，贵州，四川，云南，西藏，甘肃；印度(锡金)，缅甸，菲律宾，印度尼西亚。

寄主：桑，茶，稻，柑橘，柏木，法桐。

资料来源：申效诚等，1999，《鸡公山区昆虫》。中国农业科学技术出版社。

肖褐带东灯蛾 *Eospilarctia jordansi* (Daniel, 1943)

肖褐带污灯蛾 *Spilarctia jordansi* Daniel

省内产地：桐柏水帘洞，卢氏大块地，卢氏狮子坪，栾川龙峪湾。

分布：河南，云南。

资料来源：申效诚等，1998，鳞翅目：苔蛾科，灯蛾科，鹿蛾科，虎蛾科。《伏牛山区昆虫》，中国农业科学技术出版社。

褐带东灯蛾 *Eospilarctia lewisi* (Butler, 1855)

褐带污灯蛾 *Spilarctia lewisi* Butler

省内产地：内乡宝天曼，卢氏狮子坪，卢氏大块地，嵩县白云山，栾川龙峪湾。

分布：河南，浙江，江西，四川，陕西，湖北，湖南，广西，云南，甘肃；日本。

资料来源：申效诚等，1998，鳞翅目：苔蛾科，灯蛾科，鹿蛾科，虎蛾科。《伏牛山区昆虫》，中国农业科学技术出版社。

赭褐带东灯蛾 *Eospilarctia nehallenia*(Oberthiir, 1911)

省内产地：嵩县白云山。

分布：河南，陕西，四川，云南，台湾。

资料来源：方承莱等，2008，鳞翅目：灯蛾科。《宝天曼自然保护区昆虫》，中国农业科学技术出版社。

黄臀灯蛾 *Epatolmis caesarea* (Goeze, 1781)

黄臀黑污灯蛾 *Spilarctia caesarea* (Goeze)

省内产地：内乡葛条爬。

分布：河南，黑龙江，吉林，辽宁，内蒙古，河北，山西，山东，江苏，江西，湖南，四川，云南，陕西；俄罗斯，日本，土耳其，欧洲。

寄主：柳，蒲公英，车前，珍珠菜。

资料来源：方承莱等，2008，鳞翅目：灯蛾科。《宝天曼自然保护区昆虫》，国农业科学技术出版社。

新丽灯蛾 *Euleechia bieti*(Oberthur, 1833)

省内产地：嵩县白云山。

分布：河南，湖北，四川，云南，浙江，陕西，山西，甘肃。

资料来源：方承莱等，2008，鳞翅目：灯蛾科。《宝天曼自然保护区昆虫》，中国农业科学技术出版社。

伪姬白望灯蛾 *Lemyra anormala*(Daniel, l943)

省内产地：内乡宝天曼，嵩县白云山，桐柏水帘洞，信阳鸡公山，罗山灵山。

分布：河南，浙江，江西，福建，湖南，湖北，陕西。

资料来源：方承莱等，2008，鳞翅目：灯蛾科。《宝天曼自然保护区昆虫》，中国农业科学技术出版社。

奇特望灯蛾 *Lemyra imparilis*(Butler, 1877)

省内产地：嵩县白云山。

分布：河南，辽宁，北京，山东，江西，福建，湖南；日本。

资料来源：方承莱等，2008，鳞翅目：灯蛾科。《宝天曼自然保护区昆虫》，中国农业科学技术出版社。

漆黑望灯蛾 *Lemyra infernalis* (Butler, 1877)

漆黑污灯蛾 *Spilarctia infernalis* (Butler)

省内产地：嵩县白云山。

分布：河南，北京，辽宁，浙江，湖北，湖南，陕西，甘肃；日本。

寄主：桑，梨，樱桃，苹果，柳，枹树。

资料来源：申效诚等，1998，鳞翅目：苔蛾科，灯蛾科，鹿蛾科，虎蛾科。《伏牛山区昆虫》，中国农业科学技术出版社。

淡黄望灯蛾 *Lemyra jankowskii* (Oberthur, 1881)

淡黄污灯蛾 *Spilarctia jankowskii* (Oberthur)

省内产地：内乡宝天曼，嵩县白云山，郑州，许昌，鲁山。

分布：河南，黑龙江，吉林，辽宁，北京，河北，山西，陕西，青海，江苏，浙江，湖北，广西，四川，云南，西藏。

资料来源：方承莱等，2008，鳞翅目：灯蛾科。《宝天曼自然保护区昆虫》，中国农业科学技术出版社。

梅尔望灯蛾 *Lemyra melli*(Daniel, 1943)

省内产地：内乡宝天曼，内乡葛条爬，嵩县白云山，卢氏狮子坪，卢氏大块地。

分布：河南，黑龙江，吉林，辽宁，山西，陕西，河北，甘肃；海参崴。

资料来源：方承莱等，2008，鳞翅目：灯蛾科。《宝天曼自然保护区昆虫》，中国农业科学技术出版社。

多条望灯蛾 *Lemyra multivittata* (Moore, 1865)

多条污灯蛾 *Spilarctia multivittata assama* (Rothschild)

省内产地：桐柏水帘洞，卢氏大块地，卢氏狮子坪。

分布：河南，云南，西藏；印度(锡金)，缅甸，尼泊尔。

资料来源：申效诚等，2002，鳞翅目：夜蛾总科。《太行山及桐柏山区昆虫》，中国农业科学技术出版社。

斜线望灯蛾 *Lemyra obliquivitta* (Moore, 1879)

省内产地：内乡宝天曼平坊，罗山灵山。

分布：河南，浙江，湖南，四川，云南，西藏；尼泊尔，印度(锡金)。

资料来源：方承莱等，2008，鳞翅目：灯蛾科。《宝天曼自然保护区昆虫》，中国农业科学技术出版社。

茸望灯蛾 *Lemyra pilosa* (Rothschild, 1910)

省内产地：内乡宝天曼，嵩县白云山，罗山灵山。

分布：河南，云南；印度。

资料来源：方承莱等，2008，鳞翅目：灯蛾科。《宝天曼自然保护区昆虫》，中国农业科学技术出版社。

柔望灯蛾 *Lemyra pilosoides* (Daniel, 1943)

省内产地：内乡葛条爬，内乡宝天曼，嵩县白云山，卢氏大块地，卢氏狮子坪。

分布：河南，四川，云南。

资料来源：方承莱等，2008，鳞翅目：灯蛾科。《宝天曼自然保护区昆虫》，中国农业科学技术出版社。

点线望灯蛾 *Lemyra punctilinea* (Moore, 1879)

斜带污灯蛾 *Spilarctia rubitincta punctilinea* (Moore)

省内产地：内乡宝天曼，罗山灵山。

分布：河南，云南，陕西，四川，西藏；尼泊尔，巴基斯坦，印度(锡金)。

资料来源：申效诚等，1999，鳞翅目：苔蛾科，灯蛾科，拟灯蛾科，鹿蛾科，虎蛾科。《伏牛山南坡及大别山区昆虫》，中国农业科学技术出版社。

姬白望灯蛾 *Lemyra rhodophila* (Walker, 1864)

姬白污灯蛾 *Spilarctia rhodophila* Walker

省内产地：南阳，南召。

分布：河南，西藏；巴基斯坦，印度(锡金)，缅甸，尼泊尔。

资料来源：申效诚，1993，河南昆虫名录。中国农业科学技术出版社。

望灯蛾 *Lemyra* sp.①

省内产地：信阳鸡公山。

分布：河南。

资料来源：武春生等，2009，河南昆虫志 鳞翅目 刺蛾科 枯叶蛾科 舟蛾科 灯蛾科 毒蛾科 鹿蛾科。科学出版社。

异点望灯蛾 *Lemyra* sp.②

省内产地：内乡宝天曼。

分布：河南。

资料来源：武春生等，2009，河南昆虫志 鳞翅目 刺蛾科 枯叶蛾科 舟蛾科 灯蛾科 毒蛾科 鹿蛾科。科学出版社。

点望灯蛾 *Lemyra* sp.③

省内产地：嵩县白云山。

分布：河南。

资料来源：武春生等，2009，河南昆虫志 鳞翅目 刺蛾科 枯叶蛾科 舟蛾科 灯蛾科 毒蛾科 鹿蛾科。科学出版社。

乳黄望灯蛾 *Lemyra* sp.④

省内产地：内乡宝天曼。

分布：河南。

资料来源：武春生等，2009，河南昆虫志 鳞翅目 刺蛾科 枯叶蛾科 舟蛾科 灯蛾科 毒蛾科 鹿蛾科。科学出版社。

粉蝶灯蛾 *Nyctemera adversata* (Schaller, 1788)

粉蝶灯蛾 *Nyctemera plagifera* Walker

省内产地：嵩县白云山，桐柏水帘洞，信阳鸡公山，西峡黄石庵，商城黄柏山。

分布：河南，内蒙古，北京，江苏，湖北，湖南，浙江，江西，四川，台湾，福建，广东，广西，海南，云南，西藏，甘肃；日本，印度，缅甸，马来西亚，印度尼西亚。

寄主：柑橘，菊科，无花果，狗舌草。

资料来源：申效诚等，2002，鳞翅目：夜蛾总科。《太行山及桐柏山区昆虫》，中国农业科学技术出版社。

亚麻篱灯蛾 *Phragmatobia fuliginosa* (Linnaeus, 1758)

省内产地：周口。

分布：河南，黑龙江，吉林，辽宁，内蒙古，新疆，青海，宁夏，甘肃，陕西，河北，山西，四川；日本，加拿大，美国；西亚，欧洲。

寄主：亚麻，酸模，蒲公英，勿忘草。

资料来源：申效诚，1993，河南昆虫名录。中国农业科学技术出版社。

黄灯蛾 *Rhyparia purpurata* (Linnaeus, 1758)

省内产地：内乡宝天曼。

分布：河南，黑龙江，吉林，辽宁，新疆，内蒙古，甘肃；朝鲜，日本，法国，瑞士，德国，意大利，希腊。

寄主：艾，车前。

资料来源：申效诚等，1999，鳞翅目：苔蛾科，灯蛾科，拟灯蛾科，鹿蛾科，虎蛾科。《伏牛山南坡及大别山区昆虫》，中国农业科学技术出版社。

肖浑黄灯蛾 *Rhyparioides amurensis* (Bremer, 1861)

省内产地：商城黄柏山，罗山灵山，桐柏水帘洞，嵩县白云山，内乡宝天曼，西峡黄石庵。

分布：河南，黑龙江，吉林，辽宁，内蒙古，河北，山西，陕西，山东，江苏，浙江，福建，江西，湖北，湖南，广西，四川，云南，甘肃；朝鲜，日本。

寄主：栎，柳，榆。

资料来源：申效诚等，1998，鳞翅目：苔蛾科，灯蛾科，鹿蛾科，虎蛾科。《伏牛山区昆虫》，中国农业科学技术出版社。

红点浑黄灯蛾 *Rhyparioides subvaria* (Walker, 1855)

省内产地：具体不详。

分布：河南，华北，安徽，浙江，江西，福建，湖北，湖南，广西，四川；朝鲜，日本。

资料来源：申效诚，1993，河南昆虫名录。中国农业科学技术出版社。

净污灯蛾 *Spilarctia album* (Bremer *et* Grey, 1853)

净雪灯蛾 *Spilosoma album* (Bremer *et* Grey)

省内产地：辉县关山，济源王屋山，林州石板岩，辉县八里沟，栾川龙峪湾，嵩县白云山，内乡宝天曼，西峡黄石庵，桐柏水帘洞，商城黄柏山。

分布：河南，吉林，河北，山西，陕西，甘肃，浙江，江西，福建，湖北，湖南，广西，四川，云南，贵州；朝鲜。

资料来源：申效诚等，1998，鳞翅目：苔蛾科，灯蛾科，鹿蛾科，虎蛾科。《伏牛山区昆虫》，中国农业科学技术出版社。

黑须污灯蛾 *Spilarctia casigneta* (Kollar, 1844)

省内产地：内乡宝天曼。

分布：河南，陕西，甘肃，浙江，湖北，湖南，广西，福建，四川，云南，西藏；印度(锡金)，克什米尔地区。

资料来源：方承莱等，2008，鳞翅目：灯蛾科。《宝天曼自然保护区昆虫》，中国农业科学技术出版社。

昏斑污灯蛾 *Spilarctia irregularis* (Rothschild, 1910)

省内产地：济源王屋山。

分布：河南，湖北，湖南，四川，云南，甘肃。

资料来源：方承莱等，2008，鳞翅目：灯蛾科。《宝天曼自然保护区昆虫》，中国农业科学技术出版社。

污灯蛾 *Spilarctia lutea* (Hufnagel, 1766)

黄腹灯蛾 *Spilarctia lubricipeda* Linnaeus

省内产地：具体不详。

分布：河南，黑龙江，吉林，辽宁，内蒙古，河北，陕西，新疆；朝鲜，日本，俄罗斯；欧洲。

资料来源：申效诚，1993，河南昆虫名录。中国农业科学技术出版社。

尘污灯蛾 *Spilarctia obliqua* (Walker, 1855)

省内产地：内乡宝天曼，嵩县白云山，辉县关山，林州石板岩，桐柏水帘洞。

分布：河南，江苏，浙江，福建，台湾，广东，广西，云南，四川，西藏，陕西；朝鲜，日本，印度(锡金)，尼泊尔，缅甸，不丹。

寄主：萝卜，桑，棉，花生，芝麻。

资料来源：申效诚等，2002，鳞翅目：夜蛾总科。《太行山及桐柏山区昆虫》，中国农业科学技术出版社。

黑带污灯蛾 *Spilarctia quercii* (Oberthur, 1910)

省内产地：卢氏大块地，陕县甘山，济源王屋山，嵩县白云山，栾川龙峪湾，内乡宝天曼。

分布：河南，山西，陕西，甘肃，青海，湖北，湖南，四川，云南。

资料来源：申效诚等，2002，鳞翅目：夜蛾总科。《太行山及桐柏山区昆虫》，中国农业科学技术出版社。

强污灯蛾 *Spilarctia robusta* (Leech, 1899)

省内产地：嵩县白云山，西峡黄石庵，栾川龙峪湾，鲁山石人山，信阳鸡公山，桐柏水帘洞，卢氏狮子坪，陕县甘山。

分布：河南，北京，陕西，山东，江苏，浙江，福建，江西，湖北，湖南，广东，四川，云南，甘肃。

资料来源：申效诚等，1998，鳞翅目：苔蛾科，灯蛾科，鹿蛾科，虎蛾科。《伏牛山区昆虫》，中国农业科学技术出版社。

连星污灯蛾 *Spilarctia seriactopunctata* (Motschulsky, 1860)

省内产地：信阳鸡公山。

分布：河南，黑龙江，吉林，江西，福建，四川，陕西；朝鲜，日本。

寄主：苹果，蔬菜，桑。

资料来源：申效诚等，1999，《鸡公山区昆虫》。中国农业科学技术出版社。

土白污灯蛾 *Spilarctia strigatula* (Walker, 1855)

省内产地：西峡黄石庵。

分布：河南，云南；缅甸，印度尼西亚。

资料来源：方承莱等，2008，鳞翅目：灯蛾科。《宝天曼自然保护区昆虫》，中国农业科学技术出版社。

人纹污灯蛾 *Spilarctia subcarnea* (Walker, 1855)

省内产地：登封少林寺，林州石板岩，商城黄柏山，济源黄楝树，桐柏水帘洞，信阳鸡公山。

分布：河南，黑龙江，吉林，辽宁，内蒙古，河北，山西，山东，安徽，江苏，浙江，福建，湖北，湖南，江西，广东，台湾，广西，四川，贵州，云南，陕西，甘肃；朝鲜，日本，菲律宾。

寄主：桑，木槿，豆类，十字花科。

资料来源：申效诚等，1999，《鸡公山区昆虫》。中国农业科学技术出版社。

污灯蛾属一种 *Spilarctia* sp.

省内产地：罗山灵山。

分布：河南。

资料来源：武春生等，2009，河南昆虫志 鳞翅目 刺蛾科 枯叶蛾科 舟蛾科 灯蛾科 毒蛾科 鹿蛾科。科学出版社。

黄星雪灯蛾 *Spilosoma lubricipedum* (Linnaeus, 1758)

星白雪灯蛾 *Spilosoma menthastri* (Esper)

省内产地：嵩县白云山，内乡宝天曼，西峡黄石庵，桐柏水帘洞。

分布：河南，东北，河北，内蒙古，陕西，江苏，浙江，安徽，江西，福建，湖北，四川，贵州，云南；朝鲜，日本；欧洲。

寄主：甜菜，桑，薄荷，蒲公英。

资料来源：申效诚等，2002，鳞翅目：夜蛾总科。《太行山及桐柏山区昆虫》，中国农业科学技术出版社。

红星雪灯蛾 *Spilosoma punctarium* (Stoll, 1782)

省内产地：内乡宝天曼，内乡葛条爬，嵩县白云山，西峡黄石庵，桐柏水帘洞。

分布：河南，黑龙江，吉林，辽宁，陕西，北京，江苏，安徽，浙江，江西，湖北，湖南，四川，贵州，云南，台湾；日本，俄罗斯(西伯利亚)。

资料来源：方承莱等，2008，鳞翅目：灯蛾科。《宝天曼自然保护区昆虫》，中国农业科学技术出版社。

稀点雪灯蛾 *Spilosoma urticae* (Esper, 1789)

省内产地：具体不详。

分布：河南，黑龙江，河北，山东，江苏，浙江，新疆；欧洲。

寄主：桑，酸模，薄荷。

资料来源：申效诚，1993，河南昆虫名录。中国农业科学技术出版社。

(三) 拟灯蛾亚科 Hypsinae

杉微拟灯蛾 *Digma abietis* Leech, 1889

省内产地：卢氏狮子坪，内乡宝天曼，西峡黄石庵，栾川龙峪湾，桐柏水帘洞，罗山灵山，商城黄柏山，新县连康山。

分布：河南，安徽，湖北，湖南，江苏，江西，广西。

资料来源：申效诚等，1999，鳞翅目：苔蛾科，灯蛾科，拟灯蛾科，鹿蛾科，虎蛾科。《伏牛山南坡及大别山区昆虫》，中国农业科学技术出版社。

五四、瘤蛾科 Nolidae

本科全世界共 35 属 647 种，中国记载 13 属 70 种，河南记录 2 属 5 种。

苹米瘤蛾 *Mimerastria mandschuriana* (Oberthur, 1880)

省内产地：具体不详。

分布：河南，黑龙江，河北，福建，江西，湖南，四川；朝鲜，日本，俄罗斯。

资料来源：申效诚，1993，河南昆虫名录。中国农业科学技术出版社。

栎点瘤蛾 *Nola confusalis* (Herrich-Schaffer, 1847)

栎点瘤蛾 *Celama confusalis* Herrich-Schaffer

省内产地：商丘。

分布：河南，华北，江苏，四川，西藏；日本，俄罗斯；欧洲。

资料来源：申效诚，1993，河南昆虫名录。中国农业科学技术出版社。

核桃瘤蛾 *Nola distributa* (Walker, 1862)

省内产地：郑州，开封，洛阳，南阳。

分布：河南，河北，山西，陕西，江苏，台湾，云南；印度(锡金)，不丹，缅甸，印度尼西亚，马达加斯加。

资料来源：申效诚，1993，河南昆虫名录。中国农业科学技术出版社。

石榴瘤蛾 *Nola phaea* Lower, 1900

省内产地：具体不详。

分布：河南，湖北，四川；喜马拉雅。

资料来源：申效诚，1993，河南昆虫名录。中国农业科学技术出版社。

稻穗点瘤蛾 *Nola taeniata* Snellen, 1875

稻穗点瘤蛾 *Celama taeniata* (Snellen)

省内产地：郾城。

分布：河南，华中，华东，福建，台湾，云南；朝鲜，日本，印度，缅甸，斯里兰卡，印度尼西亚，澳大利亚。

资料来源：于思勤等，1993，河南农业昆虫志。河南科学技术出版社。

五五、鹿蛾科 Ctenuchidae

本科全世界共 200 属 2000 种，中国记载 8 属 122 种，河南记录 2 属 13 种。

白角鹿蛾 *Amata acrospila* (Felder, 1869)　(图版 XXVIII-9)

省内产地：西峡黄石庵，罗山灵山，商城黄柏山。

分布：河南，江苏，浙江，江西，福建。

资料来源：申效诚等，1999，鳞翅目：苔蛾科，灯蛾科，拟灯蛾科，鹿蛾科，虎蛾科。《伏牛山南坡及大别山区昆虫》，中国农业科学技术出版社。

分鹿蛾 *Amata divisa* (Walker, 1854)

省内产地：嵩县白云山，内乡宝天曼。

分布：河南，云南，广东，江西，湖南；印度(锡金)，缅甸，泰国。

资料来源：申效诚等，1998，鳞翅目：苔蛾科，灯蛾科，鹿蛾科，虎蛾科。《伏牛山区昆虫》，中国农业科学技术出版社。

广鹿蛾 *Amata emma* (Butler, 1876) (图版 XXVIII-8)

省内产地：桐柏水帘洞，济源黄楝树，济源王屋山，卢氏狮子坪，西峡寨根，罗山灵山，商城黄柏山。

分布：河南，河北，山东，陕西，江苏，浙江，福建，江西，湖北，湖南，广东，广西，四川，贵州，云南，台湾；印度，缅甸，日本。

资料来源：申效诚等，1998，鳞翅目：苔蛾科，灯蛾科，鹿蛾科，虎蛾科。《伏牛山区昆虫》，中国农业科学技术出版社。

黑鹿蛾 *Amata ganssuensis* (Grum-Grshimailo, 1891)

省内产地：济源黄楝树，西峡寨根。

分布：河南，黑龙江，内蒙古，河北，山西，陕西，甘肃，青海，山东。

资料来源：申效诚等，2002，鳞翅目：夜蛾总科。《太行山及桐柏山区昆虫》，中国农业科学技术出版社。

蕾鹿蛾 *Amata germana* (Felder, 1862)

省内产地：嵩县白云山，内乡葛条爬，卢氏狮子坪，桐柏水帘洞，罗山灵山，西峡寨根，商城黄柏山，西峡黄石庵，信阳鸡公山。

分布：河南，东北，华东，华南，云南，陕西，甘肃。

资料来源：申效诚等，1998，鳞翅目：苔蛾科，灯蛾科，鹿蛾科，虎蛾科。《伏牛山区昆虫》，中国农业科学技术出版社。

挂墩鹿蛾 *Amata kuatuna* Obraztsov, 1966

省内产地：信阳鸡公山，罗山灵山。

分布：河南，福建。

资料来源：武春生等，2008，鳞翅目：鹿蛾科。《宝天曼自然保护区昆虫》，中国农业科学技术出版社。

明鹿蛾 *Amata lucerna* (Wileman, 1910)

省内产地：桐柏水帘洞，信阳鸡公山，内乡葛条爬，西峡寨根，西峡黄石庵。

分布：河南，四川，云南，西藏，台湾。

资料来源：申效诚等，1999，《鸡公山区昆虫》。中国农业科学技术出版社。

牧鹿蛾 *Amata pascus* (Leech, 1889)

省内产地：信阳鸡公山，商城黄柏山大庙，罗山灵山。

分布：河南，陕西，甘肃，江苏，浙江，福建，江西，广西，四川，西藏。

资料来源：申效诚等，1999，《鸡公山区昆虫》。中国农业科学技术出版社。

中华鹿蛾 *Amata sinensis* Rothschild, 1910

省内产地：西峡黄石庵，商城黄柏山大庙。

分布：河南，福建，湖北，湖南，四川，贵州。

资料来源：武春生等，2008，鳞翅目：鹿蛾科。《宝天曼自然保护区昆虫》，中国农业科学技术出版社。

红腹新鹿蛾 *Caeneressa graduata* (Hampson, 1858)

采集记录：济源黄楝树。

分布：河南，江南。

资料来源：武春生等，2008，鳞翅目：鹿蛾科。《宝天曼自然保护区昆虫》，中国农业科学技术出版社。

近新鹿蛾 *Caeneressa proxima* Obraztsov, 1957

省内产地：罗山灵山，信阳鸡公山。

分布：河南，江苏，福建，江西，湖南，广东。

资料来源：申效诚等，2002，鳞翅目：夜蛾总科。《太行山及桐柏山区昆虫》，中国农业科学技术出版社。

红带新鹿蛾 *Caeneressa rubrozonata* (Poujade, 1886)

省内产地：信阳鸡公山，罗山灵山。

分布：河南，浙江，福建，四川，西藏。

资料来源：武春生等，2008，鳞翅目：鹿蛾科。《宝天曼自然保护区昆虫》，中国农业科学技术出版社。

透新鹿蛾 *Caeneressa swinhoei* (Leech, 1898)

省内产地：嵩县白云山，内乡宝天曼。

分布：河南，江西，四川。

资料来源：武春生等，2008，鳞翅目：鹿蛾科。《宝天曼自然保护区昆虫》，中国农业科学技术出版社。

五六、虎蛾科 Agaristidae

本科全世界共 126 属 506 种，中国记载 12 属 44 种，河南记录 3 属 7 种。

选彩虎蛾 *Episteme lectrix* Linnaeus, 1764 (图版 XXX-6)

省内产地：罗山灵山，信阳鸡公山，卢氏狮子坪。

分布：河南，湖北，四川，云南，贵州，浙江，江西，台湾，湖南。

资料来源：申效诚等，1998，鳞翅目：苔蛾科，灯蛾科，鹿蛾科，虎蛾科。《伏牛山区昆虫》，中国农业科学技术出版社。

黄修虎蛾 *Sarbanissa flavida* Leech, 1890 (图版 XXX-3)

省内产地：桐柏水帘洞，嵩县白云山，内乡宝天曼，西峡黄石庵。

分布：河南，四川，湖南，云南，江西。

资料来源：申效诚等，1998，鳞翅目：苔蛾科，灯蛾科，鹿蛾科，虎蛾科。《伏牛山区昆虫》，中国农业科学技术出版社。

小修虎蛾 *Sarbanissa mandarina* Leech, 1890 (图版 XXX-5)

省内产地：信阳鸡公山，西峡寨根。

分布：河南，湖北，四川，湖南，云南，江西。

资料来源：申效诚等，1998，鳞翅目：苔蛾科，灯蛾科，鹿蛾科，虎蛾科。《伏牛山区昆虫》，中国农业科学技术出版社。

葡萄修虎蛾 *Sarbanissa subflava* Moore, 1877

省内产地：罗山灵山，桐柏水帘洞，信阳鸡公山，商城黄柏山，新县连康山。

分布：河南，河北，黑龙江，辽宁，山东，湖北，江西，广东，贵州；朝鲜，日本。

寄主：葡萄，爬山虎。

资料来源：申效诚等，1999，鳞翅目：苔蛾科，灯蛾科，拟灯蛾科，鹿蛾科，虎蛾科。《伏牛山南坡及大别山区昆虫》，中国农业科学技术出版社。

白云修虎蛾 *Sarbanissa transiens* (Walker, 1865) (图版 XXX-4)

修虎蛾 *Sarbanissa subalba* Leech

省内产地：嵩县白云山。

分布：河南，湖南，云南；印度，缅甸，马来西亚，印度尼西亚。

寄主：葡萄，爬山虎。

资料来源：申效诚等，1998，鳞翅目：苔蛾科，灯蛾科，鹿蛾科，虎蛾科。《伏牛山区昆虫》，中国农业科学技术出版社。

艳修虎蛾 *Sarbanissa venusta*(Leech, 1888)

省内产地：洛阳。

分布：河南，江苏，浙江，湖北，四川，云南；朝鲜，日本。

寄主：葡萄，爬山虎。

资料来源：申效诚，1993，河南昆虫名录。中国农业科学技术出版社。

豪虎蛾 *Scrobigera amatrix* (Westwood, 1848) (图版 XXX-7) (河南新记录属、种)

省内产地：嵩县白云山。

分布：河南，浙江，福建，四川，湖北；印度。

五七、夜蛾科 Noctuidae

本科全世界截至 2004 年底共 3212 属 26 299 种，中国记载 820 属 3751 种，河南记录 279 属 681 种。

(一) 毛夜蛾亚科 Pantheinae

鼠色标夜蛾 *Colocasia mus* (Oberthur, 1884)

省内产地：卢氏。

分布：河南，黑龙江，河北，湖南；朝鲜，日本，俄罗斯(阿穆尔)。

寄主：桦，桤木。

资料来源：衡雪梅，2002，河南省夜蛾科昆虫名录补遗。《太行山及桐柏山区昆虫》，中国农业科学技术出版社。

缤夜蛾 *Moma alpium* (Osbeck, 1778) (图版 XXXII-3)

省内产地：嵩县白云山，信阳鸡公山，内乡宝天曼，西峡黄石庵，商城黄柏山大庙，新县连康山，博爱，洛阳，嵩县，西峡，内乡，南阳，信阳，新县，商城。

分布：河南，黑龙江，河北，湖北，江西，福建，四川，云南；朝鲜，日本，俄罗斯；欧洲。

寄主：栎，桦，山毛榉。

资料来源：申效诚，1998，鳞翅目：夜蛾科。《伏牛山区昆虫》，中国农业科学技术出版社。

黄颈缤夜蛾 *Moma fulvicollis* Lattin, 1949 (图版 XXXII-4)

省内产地：西峡寨根，西峡黄石庵。

分布：河南，河北，黑龙江，江西，四川，云南；日本。

资料来源：申效诚，1998，鳞翅目：夜蛾科。《伏牛山区昆虫》，中国农业科学技术出版社。

广缤夜蛾 *Moma tsushimana* Sugi, 1982

省内产地：罗山灵山，桐柏水帘洞。

分布：河南，黑龙江，四川，江西；日本。

资料来源：申效诚，2002，鳞翅目：夜蛾总科。《太行山及桐柏山区昆虫》，中国农业科学技术出版社。

睨夜蛾 *Smilepholcia luteifascia* (Hampson, 1894)

黄带后夜蛾 *Trisuloides luteifascia* Hampson

省内产地：鲁山县石人山。

分布：河南，云南；印度(锡金)。

资料来源：申效诚，1998，鳞翅目：夜蛾科。《伏牛山区昆虫》，中国农业科学技术出版社。

镶夜蛾 *Trichosea champa* (Moore, 1879)

省内产地：卢氏狮子坪，卢氏大块地。

分布：河南，山西，陕西，湖南，湖北，黑龙江，福建，江西，四川，贵州，西藏，云南；朝鲜，日本，印度(锡金)，斯里兰卡，俄罗斯。

寄主：柃木。

资料来源：申效诚，1998，鳞翅目：夜蛾科。《伏牛山区昆虫》，中国农业科学技术出版社。

白斑后夜蛾 *Trisuloides c-album* (Leech, 1900) (图版 XXXII-9) (河南新记录种)

省内产地：嵩县白云山。

分布：河南，湖北，湖南。

污后夜蛾 *Trisuloides contaminata* Draudt, 1937 (图版 XXXII-6)

省内产地：卢氏狮子坪，卢氏大块地。

分布：河南，陕西，山东，湖北，浙江，江西，广西，四川，云南，台湾，湖南，西藏；日本，印度(锡金)。

资料来源：申效诚，2002，鳞翅目：夜蛾总科。《太行山及桐柏山区昆虫》，中国农业科学技术出版社。

角后夜蛾 *Trisuloides cornelia* (Staudinger, 1888) (图版 XXXII-7)

省内产地：栾川龙峪湾，西峡黄石庵，卢氏大块地，陕县甘山。

分布：河南，黑龙江，内蒙古；俄罗斯。

资料来源：申效诚等，1999，鳞翅目：夜蛾科。《伏牛山南坡及大别山区昆虫》，中国农业科学技术出版社。

后夜蛾 *Trisuloides sericea* Butler, 1881 (图版 XXXII-8)

省内产地：嵩县白云山，信阳鸡公山，内乡宝天曼，罗山灵山，商城黄柏山，新县连康山。

分布：河南，湖北，江西，福建，广西，四川，云南，台湾，湖南，西藏；日本，印度(锡金)。

寄主：栎属。

资料来源：申效诚，1998，鳞翅目：夜蛾科。《伏牛山区昆虫》，中国农业科学技术出版社。

(二) 剑纹夜蛾亚科 Acronictinae

桦剑纹夜蛾 *Acronicta alni* (Linnaeus, 1767) (图版 XXXIII-1)

省内产地：鲁山县石人山。

分布：河南，黑龙江，陕西；日本；欧洲。

寄主：桦，山毛榉，桤木，梾木。

资料来源：申效诚，1998，鳞翅目：夜蛾科。《伏牛山区昆虫》，中国农业科学技术出版社。

白斑剑纹夜蛾 *Acronicta catocaloida* (Graeser, 1888)

省内产地：桐柏水帘洞，荥阳，鲁山，卢氏，栾川，镇平。

分布：河南，黑龙江，河北，山西，浙江；朝鲜，日本，俄罗斯。

寄主：向日葵。

资料来源：衡雪梅，2002，河南省夜蛾科昆虫名录补遗。《太行山及桐柏山区昆虫》，中国农业科学技术出版社。

威剑纹夜蛾 *Acronicta digna* (Butler, 1881)

省内产地：鲁山县石人山，荥阳，卢氏，栾川，镇平。

分布：河南，黑龙江，湖北，湖南；朝鲜，日本，俄罗斯。

资料来源：申效诚，1998，鳞翅目：夜蛾科。《伏牛山区昆虫》，中国农业科学技术出版社。

戟剑纹夜蛾 *Acronicta euphorbiae* (Denis *et* Schiffermuller, 1775) (河南新记录种)

省内产地：辉县八里沟。

分布：河南，新疆，黑龙江，河北，山西，西藏；土耳其；欧洲。

虚剑纹夜蛾 *Acronicta expergita* Draudt, 1937

省内产地：桐柏水帘洞。

分布：河南，陕西，湖南。

资料来源：申效诚，2002，鳞翅目：夜蛾总科。《太行山及桐柏山区昆虫》，中国农业科学技术出版社。

榆剑纹夜蛾 *Acronicta hercules* (Felder *et* Rogenhofer, 1874) (图版 XXXIII-7)

省内产地：信阳鸡公山，许昌，郑州，中牟。

分布：河南，河北，黑龙江，福建，云南；日本，俄罗斯。

寄主：榆。

资料来源：申效诚，1993，河南昆虫名录。中国农业科学技术出版社。

桃剑纹夜蛾 *Acronicta intermedia* Warren, 1909 (图版 XXXIII-6)

桃剑纹夜蛾 *Acronicta incretata* Hampson

省内产地：信阳鸡公山，嵩县白云山，郑州，安阳，台前，兰考，民权，尉氏，许昌，宜阳，遂平，内乡。

分布：河南，内蒙古，河北，福建，四川；朝鲜，日本。

寄主：桃，梨，樱桃，苹果，杏，李，核桃，山楂，梅，柳，杨，榆。

资料来源：申效诚，2002，鳞翅目：夜蛾总科。《太行山及桐柏山区昆虫》，中国农业科学技术出版社。

剑纹夜蛾 *Acronicta leporina* (Linnaeus, 1758)

省内产地：民权，商丘。

分布：河南，黑龙江，青海，新疆：日本，俄罗斯；欧洲。

寄主：杨。

资料来源：申效诚，1993，河南昆虫名录。中国农业科学技术出版社。

晃剑纹夜蛾 *Acronicta leucocuspis* (Butler, 1878)

省内产地：郑州，民权，许昌，汝南，南阳。

分布：河南，河北，山东，云南；朝鲜，日本。

寄主：苹果，山楂，梨，桃，桑。

资料来源：申效诚，1993，河南昆虫名录。中国农业科学技术出版社。

桑剑纹夜蛾 *Acronicta major* (Bremer, 1861) (图版 XXXIII-2)

省内产地：信阳鸡公山，内乡宝天曼，桐柏水帘洞，郑州，林州，新郑，商丘，许昌，汝南，南阳。

分布：河南，黑龙江，陕西，湖北，湖南，四川，云南；日本，俄罗斯。

寄主：桑，桃，杏，梅，李，柑橘。

资料来源：申效诚，1993，河南昆虫名录。中国农业科学技术出版社。

丝剑纹夜蛾 *Acronicta metaxantha* (Hampson, 1909) (河南新记录种)

省内产地：内乡宝天曼。

分布：河南，河北，山西，陕西，湖北，湖南，四川。

小剑纹夜蛾 *Acronicta omorii* Matsumura, 1926

省内产地：商丘，夏邑，永城，郾城，灵宝，西峡

分布：河南，河北；日本。

资料来源：申效诚，1993，河南昆虫名录。中国农业科学技术出版社。

霜剑纹夜蛾 *Acronicta pruinosa* (Guenee, 1852)

利剑纹夜蛾 *Acronicta consanguis* Butler

省内产地：许昌，郑州。

分布：河南，黑龙江，江苏，湖北，西藏；日本，印度(锡金)。

寄主：梨，胡颓子。

资料来源：申效诚，1993，河南昆虫名录。中国农业科学技术出版社。

赛剑纹夜蛾 *Acronicta psi* (Linnaeus, 1758) (图版 XXXIII-4) (河南新记录种)

省内产地：嵩县白云山。

分布：河南，黑龙江，新疆，山西，浙江，湖南；欧洲。

尘剑纹夜蛾 *Acronicta pulverosa* (Hampson, 1909)

省内产地：桐柏水帘洞。

分布：河南，河北，江苏；日本。

资料来源：Karsholt *et al.*，2002，鳞翅目：夜蛾科。《太行山及桐柏山区昆虫》，中国农业科学技术出版社。

辐剑纹夜蛾 *Acronicta radiata* (Warren, 1909)

省内产地：鲁山县石人山。

分布：河南，新疆；阿富汗。

资料来源：申效诚，1998，鳞翅目：夜蛾科。《伏牛山区昆虫》，中国农业科学技术出版社。

苏剑纹夜蛾 *Acronicta raphael* (Oberthur, 1884) (图版 XXXIII-5) (河南新记录种)

省内产地：嵩县白云山。

分布：河南，黑龙江；俄罗斯。

梨剑纹夜蛾 *Acronicta rumicis* (Linnaeus, 1758) (图版 XXXIII-3)

省内产地：内乡宝天曼，西峡黄石庵，罗山灵山，桐柏水帘洞，陕县甘山，卢氏狮子坪，济源王屋山，郑州，安阳，林州，内黄，封丘，开封，许昌，信阳。

分布：河南，江苏，浙江，福建，四川，湖北，湖南，贵州，云南，新疆；日本，叙利亚，土耳其，俄罗斯；欧洲。

寄主：梨，桃，苹果，山楂，梅，杨，柳。

资料来源：申效诚，1993，河南昆虫名录。中国农业科学技术出版社。

果剑纹夜蛾 *Acronicta strigosa* (Denis *et* Schiffermuller, 1775)

省内产地：嵩县白云山，信阳鸡公山，商城黄柏山，罗山灵山，中牟，许昌，西华，淮阳，西平，汝南。

分布：河南，黑龙江，内蒙古，福建，四川，云南；朝鲜，日本，俄罗斯；欧洲。

寄主：桃，苹果，梨，山楂，李。

资料来源：申效诚，1993，河南昆虫名录。中国农业科学技术出版社。

紫剑纹夜蛾 *Acronicta subpurpurea* (Matsumura, 1926)

省内产地：桐柏水帘洞。

分布：河南，浙江，湖南；日本。

资料来源：申效诚，2002，鳞翅目：夜蛾总科。《太行山及桐柏山区昆虫》，中国农业科学技术出版社。

承剑纹夜蛾 *Acronicta succedens* Draudt, 1937

省内产地：桐柏水帘洞。

分布：河南，湖南，云南。

资料来源：Karsholt *et al.*, 2002，鳞翅目：夜蛾科。《太行山及桐柏山区昆虫》，中国农业科学技术出版社。

暗钝夜蛾 *Anacronicta caliginia* (Butler, 1881) (图版 XXXIV-2)

暗后夜蛾 *Trisuloides caliginia* Butler

省内产地：卢氏狮子坪。

分布：河南，河北，黑龙江，山西，陕西，浙江，湖南，湖北，江西，四川，贵州，云南；朝鲜，日本，俄罗斯。

郁钝夜蛾 *Anacronicta infausta* (Walker, 1856) (河南新记录种)

省内产地：西峡。

分布：河南，湖北，湖南，四川，云南；印度，缅甸，孟加拉国。

明钝夜蛾 *Anacronicta nitida* (Butler, 1878) (图版 XXXIV-1)

明后夜蛾 *Trisuloides nitida* Butler

省内产地：嵩县白云山，商城黄柏山大庙

分布：河南，黑龙江，浙江，江西，福建，湖南，江苏，云南，四川，贵州；日本。

资料来源：申效诚，1998，鳞翅目：夜蛾科。《伏牛山区昆虫》，中国农业科学技术出版社。

冷靛夜蛾 *Belciades niveola* (Motschulsky, 1866) (图版 XXXII-5)

省内产地：嵩县白云山。

分布：河南，河北，黑龙江，吉林，湖南，浙江，西藏；朝鲜，日本。

资料来源：申效诚，1998，鳞翅目：夜蛾科。《伏牛山区昆虫》，中国农业科学技术出版社。

缘夜蛾 *Bryophilina mollicula* (Graeser, 1888 [1889])

省内产地：桐柏水帘洞。

分布：河南、黑龙江、四川；日本，俄罗斯(西伯利亚)。

资料来源：Karsholt *et al.*, 2002，鳞翅目：夜蛾科。《太行山及桐柏山区昆虫》，中国农业科学技术出版社。

白黑首夜蛾 *Craniophora albonigra* (Herz, 1904) (河南新记录种)

省内产地：嵩县白云山。

分布：河南，黑龙江，河北，山西，湖北，四川；朝鲜。

黑点首夜蛾 *Craniophora harmandi* (Poujade, 1898) (河南新记录种)

省内产地：桐柏水帘洞。

分布：河南，湖北，四川，云南；朝鲜，日本，俄罗斯，印度(锡金)。

毛首夜蛾 *Craniophora inquieta* Draudt, 1950 (图版 XXXIV-3)

省内产地：卢氏狮子坪，郾城。

分布：河南，黑龙江，河北，浙江；日本。

资料来源：申效诚，2002，鳞翅目：夜蛾总科。《太行山及桐柏山区昆虫》，中国农业科学技术出版社。

女贞首夜蛾 *Craniophora ligustri* (Denis *et* Schiffermuller, 1775) (图版 XXXIV-4)

省内产地：卢氏狮子坪。

分布：河南，河北，黑龙江，四川，云南；日本，俄罗斯；欧洲。

寄主：女贞，桤木，桉。

资料来源：申效诚，1998，鳞翅目：夜蛾科。《伏牛山区昆虫》，中国农业科学技术出版社。

帕首夜蛾 *Craniophora pacifica* Filipjev, 1927

省内产地：栾川龙峪湾。

分布：河南；日本，俄罗斯(阿穆尔)。

资料来源：申效诚，1998，鳞翅目：夜蛾科。《伏牛山区昆虫》，中国农业科学技术出版社。

条青夜蛾 *Diphtherocome fasciata* (Moore, 1888) (河南新记录种)

省内产地：内乡宝天曼。

分布：河南，陕西，四川，云南；印度。

黑条青夜蛾 *Diphtherocome marmorea* (Leech, 1900) (图版 XXXIV-5)

黑条翠夜蛾 *Daseochaeta marmorea* (Leech)

省内产地：内乡宝天曼。

分布：河南，陕西，云南，四川。

资料来源：申效诚等，1999，鳞翅目：夜蛾科。《伏牛山南坡及大别山区昆虫》，中国农业科学技术出版社。

饰青夜蛾 *Diphtherocome pallida* (Moore, 1867) (图版 XXXIV-6)

饰翠夜蛾 *Daseochaeta pallida* (Moore)

省内产地：卢氏大块地。

分布：河南，陕西，甘肃，云南，四川，西藏；印度(锡金)。

资料来源：申效诚，2002，鳞翅目：夜蛾总科。《太行山及桐柏山区昆虫》，中国农业科学技术出版社。

娓青夜蛾 *Diphtherocome vivida* (Leech, 1900)

省内产地：登封嵩山。

分布：河南，陕西，四川。

资料来源：衡雪梅，2002，河南省夜蛾科昆虫名录补遗。《太行山及桐柏山区昆虫》，中国农业科学技术出版社。

贫斋夜蛾 *Gerbathodes paupera* (Staudinger, 1892)

省内产地：桐柏水帘洞。

分布：河南，台湾；日本。

资料来源：Karsholt *et al*., 2002，鳞翅目：夜蛾科。《太行山及桐柏山区昆虫》，中国农业科学技术出版社。

绿孔雀夜蛾 *Nacna malachites* (Oberthus, 1880) (图版 XXXIII-8)

省内产地：嵩县白云山，郑州，许昌，西峡。

分布：河南，黑龙江，辽宁，山西，福建，四川，云南，西藏；日本，俄罗斯，印度。

寄主：松。

资料来源：申效诚，1993，河南昆虫名录。中国农业科学技术出版社。

刀夜蛾 *Simyra nervosa* (Denis *et* Schiffermuller, 1775) (河南新记录属、种)

省内产地：荥阳。

分布：河南，新疆；俄罗斯；欧洲。

寄主：大戟，酸模。

梦夜蛾 *Subleiconycta palshkovi* (Filipjev, 1937) (图版 XXXV-1) (河南新记录属、种)

省内产地：嵩县白云山。

分布：河南，黑龙江，河北，江苏，浙江，江西，湖南，云南；日本，俄罗斯。

纶夜蛾 *Thalatha sinens* (Walker, 1857)

检查标本：西峡黄石庵。

分布：河南，福建，四川，云南；印度，缅甸。

寄主：齐墩果。

资料来源：衡雪梅，2002，河南省夜蛾科昆虫名录补遗。《太行山及桐柏山区昆虫》，中国农业科学技术出版社。

兴山纶夜蛾 *Thalatha xingshana* Chen, 1999

省内产地：桐柏水帘洞。

分布：河南，湖北。

资料来源：申效诚，2002，鳞翅目：夜蛾总科。《太行山及桐柏山区昆虫》，中国农业科学技术出版社。

(三) 苔藓夜蛾亚科 Bryophilinae

斑藓夜蛾 *Cryphia granitalis* (Butler, 1881) (河南新记录种)

省内产地：嵩县白云山。

分布：河南，黑龙江，河北，山东，江苏，浙江，湖南，江西，福建；日本，俄罗斯。

绿藓夜蛾 *Cryphia prasina* (Draudt, 1950) (图版 XXVIII-10)

省内产地：嵩县白云山。

分布：河南，河北，山西。

寄主：苔藓。

资料来源：申效诚，2002，鳞翅目：夜蛾总科。《太行山及桐柏山区昆虫》，中国农业科学技术出版社。

(四) 夜蛾亚科 Noctuinae

邹地夜蛾 *Agrotis clavis* (Hufnagel, 1766)

邹地老虎 *Agrotis corticea* (Denis *et* Schiffermuller)

省内产地：郑州，中牟。

分布：河南，黑龙江，河北，青海，四川；日本，印度(锡金)；中亚，欧洲，非洲。

寄主：桑，树木幼苗。

资料来源：申效诚，1993，河南昆虫名录。中国农业科学技术出版社。

警纹地夜蛾 *Agrotis exclamationis* (Linnaeus, 1758)

省内产地：内乡宝天曼，西峡黄石庵。

分布：河南，内蒙古，青海，新疆，云南，西藏；俄罗斯；欧洲。

寄主：甘蓝，繁缕，车前，酸模，藜。

资料来源：申效诚，1993，河南昆虫名录。中国农业科学技术出版社。

小地老虎 *Agrotis ipsilon* (Hufnagel, 1766) (图版 XXXIV-7)

省内产地：栾川龙峪湾，嵩县白云山，信阳鸡公山，内乡宝天曼，西峡黄石庵，罗山灵山，桐柏水帘洞，卢氏大块地，陕县甘山，济源王屋山，登封少林寺等全省各地。

分布：全国；世界广布。

寄主：棉花，玉米，高粱，烟草，小麦，大麦，豌豆，大麻，马铃薯，芝麻，花生，向日葵，大豆，油菜，谷，甘薯，荞麦，蚕豆，绿豆，豇豆，甜菜，菠菜，洋葱，辣椒，茄，番茄，蒜，西瓜，甜瓜，苜蓿，松，红松，马尾松，油松，椴，杨，泡桐，刺槐，槐，苹果，梨，桃，葡萄，茶，桑。

资料来源：申效诚，1993，河南昆虫名录。中国农业科学技术出版社。

黄地老虎 *Agrotis segetum* (Denis *et* Schiffermuller, 1775) (图版 XXXIV-8)

省内产地：栾川龙峪湾，嵩县白云山，信阳鸡公山，内乡宝天曼，西峡黄石庵，济源王屋山等全省各地。

分布：全国；欧洲，非洲，亚洲。

寄主：棉花，玉米，高粱，烟草，小麦，豌豆，大麻，马铃薯，花生，向日葵，油菜，甜菜，蔬菜，番茄，西瓜，甜瓜，松，柏，云杉，杨，柳，苹果，梨，桃。

资料来源：申效诚，1993，河南昆虫名录。中国农业科学技术出版社。

大地老虎 *Agrotis tokionis* Butler, 1881

省内产地：济源王屋山等全省各地。

分布：全国；日本，俄罗斯。

寄主：棉花，玉米，高粱，烟草，小麦，大麦，豌豆，芝麻，谷，蚕豆，豇豆，菠菜，苋菜，白菜，辣椒，茄，葱，洋葱，苜蓿，泡桐，刺槐，苹果，梨。

资料来源：申效诚，1993，河南昆虫名录。中国农业科学技术出版社。

三叉地老虎 *Agrotis trifurca* Eversmann, 1837

省内产地：郑州，许昌。

分布：河南，黑龙江，内蒙古，青海，新疆，陕西；俄罗斯。

寄主：高粱，玉米，谷，甜菜，烟草，苍耳，车前。

资料来源：申效诚，1993，河南昆虫名录。中国农业科学技术出版社。

绿组夜蛾 *Anaplectoides prasina* (Denis *et* Schiffermuller, 1775)

省内产地：鲁山县石人山。

分布：河南，黑龙江，内蒙古，新疆；日本；欧洲。

资料来源：申效诚，1998，鳞翅目：夜蛾科。《伏牛山区昆虫》，中国农业科学技术出版社。

黄绿组夜蛾 *Anaplectoides virens* (Butler, 1878) (图版 XXXV-2)

省内产地：嵩县白云山，栾川龙峪湾。

分布：河南，黑龙江，甘肃，湖北，云南；朝鲜，日本，印度。

资料来源：申效诚，2002，鳞翅目：夜蛾总科。《太行山及桐柏山区昆虫》，中国农业科学技术出版社。

朽木夜蛾 *Axylia putris* (Linnaeus, 1761)

省内产地：卢氏狮子坪，嵩县白云山，栾川龙峪湾，陕县，灵宝，中牟，封丘，民权，永城，西峡，信阳。

分布：河南，黑龙江，河北，山西，新疆，湖北，湖南，四川；朝鲜，日本，印度(锡金)；欧洲。

寄主：繁缕，车前。

资料来源：申效诚，1993，河南昆虫名录。中国农业科学技术出版社。

融卡夜蛾 *Chersotis deplanata* (Eversmann, 1843) (河南新记录属、种)

省内产地：嵩县白云山。

分布：河南，新疆，青海，黑龙江，河北，浙江；俄罗斯。

棕色歹夜蛾 *Diarsia brunnea urupina* (Bryk, 1942) (河南新记录种)

省内产地：嵩县白云山。

分布：河南，黑龙江，山西，陕西，四川；俄罗斯。

灰歹夜蛾 *Diarsia canescens* (Butler, 1878)

省内产地：栾川龙峪湾，罗山灵山，商城黄柏山，商城黄柏山大庙，新县连康山。

分布：河南，河北，内蒙古，黑龙江，湖北，江西，四川，新疆，青海；朝鲜，日本，印度，缅甸；欧洲。

寄主：紫云英，蔬菜，酸模，车前，茶。

资料来源：申效诚等，1999，鳞翅目：夜蛾科。《伏牛山南坡及大别山区昆虫》，中国农业科学技术出版社。

郁歹夜蛾 *Diarsia claudia* Boursin, 1963

省内产地：郑州。

分布：河南，四川，云南，西藏；印度(锡金)，尼泊尔。

资料来源：申效诚，1993，河南昆虫名录。中国农业科学技术出版社。

污歹夜蛾 *Diarsia coenostola* Boursin, 1954 (河南新记录种)

省内产地：嵩县白云山。

分布：河南，山西，陕西。

分歹夜蛾 *Diarsia deparca* (Butler, 1879) (河南新记录种)

省内产地：郑州。

分布：河南，湖北，福建，四川，云南，西藏；日本，印度，斯里兰卡。

黑点歹夜蛾 *Diarsia nigrosigna* (Moore, 1881) (图版 XXXV-8)

省内产地：郾城。

分布：河南，湖南，云南，西藏；印度(锡金)。

资料来源：衡雪梅，2002，河南省夜蛾科昆虫名录补遗。《太行山及桐柏山区昆虫》，中国农业科学技术出版社。

多纹歹夜蛾 *Diarsia polytaenia* Boursin, 1954 (河南新记录种)

省内产地：桐柏水帘洞。

分布：河南，陕西，安徽，浙江。

东风夜蛾 *Eurois occulta* (Linnaeus, 1758) (河南新记录属、种)

省内产地：辉县八里沟。

分布：河南，黑龙江。

厉切夜蛾 *Euxoa lidia* (Cramer, 1782) (河南新记录种)

省内产地：灵宝。

分布：河南，黑龙江，内蒙古，甘肃；印度；欧洲。

白边切夜蛾 *Euxoa oberthuri* (Leech, 1900)

省内产地：信阳，南阳，洛阳，安阳，台前，辉县，汝阳，中牟。

分布：河南，黑龙江，吉林，内蒙古，河北，四川，云南，西藏；朝鲜，日本。

寄主：粟，高粱，玉米，大豆，甜菜。

资料来源：申效诚，1993，河南昆虫名录。中国农业科学技术出版社。

黑麦切夜蛾 *Euxoa tritici* (Linnaeus, 1761)

省内产地：荥阳。

分布：河南，黑龙江，内蒙古，新疆，河北，西藏；俄罗斯，蒙古国，土耳其；欧洲。

资料来源：申效诚，1993，河南昆虫名录。中国农业科学技术出版社。

茶色狭翅夜蛾 *Hermonassa cecilia* Butler, 1878 (图版 XXXV-3)

省内产地：嵩县白云山，信阳鸡公山，栾川龙峪湾，罗山灵山，桐柏水帘洞，卢氏大块地，陕县甘山，济源王屋山，商丘，民权，睢县，永城，南阳。

分布：河南，江西，四川，西藏；日本。

寄主：棉花，苜蓿，刺槐，泡桐。

资料来源：Karsholt *et al.*，2002，鳞翅目：夜蛾科。《太行山及桐柏山区昆虫》，中国农业科学技术出版社。

狭翅夜蛾 *Hermonassa consignata* Walker, 1865

省内产地：灵宝亚武山，罗山灵山，卢氏大块地。

分布：河南，西藏，青海，江西；印度(锡金)。

资料来源：申效诚，1998，鳞翅目：夜蛾科。《伏牛山区昆虫》，中国农业科学技术出版社。

盗狭翅夜蛾 *Hermonassa hoenei* Boursin, 1967 (河南新记录种)

省内产地：内乡宝天曼。

分布：河南，陕西，云南。

淡狭翅夜蛾 *Hermonassa pallidula* (Leech, 1900) (图版 XXXV-4)

省内产地：卢氏大块地。

分布：河南，青海，四川，云南，西藏。

资料来源：申效诚，1998，鳞翅目：夜蛾科。《伏牛山区昆虫》，中国农业科学技术出版社。

缘狭翅夜蛾 *Hermonassa roesleri* Boursin, 1967 (河南新记录种)

省内产地：内乡宝天曼。

分布：河南，陕西，四川。

斑狭翅夜蛾 *Hermonassa stigmatica* Warren, 1912

省内产地：内乡宝天曼，西峡黄石庵。

分布：河南，青海，四川，西藏；不丹，印度(锡金)。

资料来源：申效诚等，1999，鳞翅目：夜蛾科。《伏牛山南坡及大别山区昆虫》，中国农业科学技术出版社。

褐宽翅夜蛾 *Naenia contaminata* (Walker, 1865)

省内产地：具体不详。

分布：河南，黑龙江，山东，湖北，安徽，江苏，浙江，江西，四川；朝鲜，日本，俄罗斯。

资料来源：申效诚，1993，河南昆虫名录。中国农业科学技术出版社。

拱模夜蛾 *Noctua chardonyi* (Boisduval, 1929) (河南新记录属、种)

省内产地：辉县八里沟。

分布：河南，新疆，内蒙古，黑龙江，河北，甘肃；蒙古国；欧洲。

芒胫夜蛾 *Nyssocnemis eversmanni* (Lederer, 1853) (河南新记录属、种)

省内产地：济源王屋山。

分布：河南，新疆，黑龙江，河北；俄罗斯(西伯利亚)。

黑剑狼夜蛾 *Ochropleura draesekei* (Corti, 1928) (河南新记录种)

省内产地：辉县八里沟。

分布：河南，黑龙江，吉林，河北。

红棕狼夜蛾 *Ochropleura ellapsa* (Corti, 1927)

省内产地：鲁山县石人山，西峡黄石庵。

分布：河南，四川，云南，西藏。

资料来源：申效诚，1998，鳞翅目：夜蛾科。《伏牛山区昆虫》，中国农业科学技术出版社。

焰色狼夜蛾 *Ochropleura flammatra* (Denis *et* Schiffermuler, 1775)

省内产地：荥阳，郸城。

分布：河南，新疆，湖北，福建，西藏；印度；西亚，欧洲。

寄主：蒲公英，草莓。

资料来源：衡雪梅，2002，河南省夜蛾科昆虫名录补遗。《太行山及桐柏山区昆虫》，中国农业科学技术出版社。

灰褐狼夜蛾 *Ochropleura ignara* (Staudinger, 1896)

省内产地：荥阳。

分布：河南，内蒙古，山西；蒙古国，土耳其；欧洲。

资料来源：衡雪梅，2002，河南省夜蛾科昆虫名录补遗。《太行山及桐柏山区昆虫》，中国农业科学技术出版社。

缪狼夜蛾 *Ochropleura musiva* (Hubner, [1803]) (图版 XXXV-5)

省内产地：中牟，灵宝，郾城，商丘，郸城。

分布：河南，黑龙江，内蒙古，甘肃，新疆，湖北；俄罗斯；欧洲。

资料来源：衡雪梅，2002，河南省夜蛾科昆虫名录补遗。《太行山及桐柏山区昆虫》，中国农业科学技术出版社。

铅色狼夜蛾 *Ochropleura plumbea* (Alpheraky, 1887)

省内产地：具体不详。

分布：河南，新疆，西藏；俄罗斯，蒙古国；中亚。

资料来源：申效诚，1993，河南昆虫名录。中国农业科学技术出版社。

翠色狼夜蛾 *Ochropleura praecox* (Linnaeus, 1758) (图版 XXXV-7)

省内产地：南阳。

分布：河南，黑龙江，吉林，辽宁，内蒙古，河北，山东，陕西，青海，湖北，浙江，江西，西藏；朝鲜，日本，蒙古国，俄罗斯，北美，印度，斯里兰卡；欧洲。

寄主：桃，梨，柳，山楂，葡萄，繁缕，蒿。

资料来源：申效诚，1993，河南昆虫名录。中国农业科学技术出版社。

夕狼夜蛾 *Ochropleura refulgens* (Warren, 1900) (河南新记录种)

省内产地：嵩县白云山。

分布：河南，河北，山西，甘肃，浙江，四川，云南，西藏；印度，克什米尔地区。

衍狼夜蛾 *Ochropleura stentzi* (Lederer, 1853)

省内产地：鲁山县石人山。

分布：河南，河北，黑龙江，内蒙古，云南，西藏，新疆，青海；日本，俄罗斯，印度(锡金)；中亚。

资料来源：申效诚，1998，鳞翅目：夜蛾科。《伏牛山区昆虫》，中国农业科学技术出版社。

基角狼夜蛾 *Ochropleura triangularis* Moore, 1867 (图版 XXXV-6)

省内产地：内乡宝天曼，陕县甘山，济源王屋山。

分布：河南，陕西，甘肃，湖北，台湾，四川，云南，西藏；印度，日本。

资料来源：申效诚等，1999，鳞翅目：夜蛾科。《伏牛山南坡及大别山区昆虫》，中国农业科学技术出版社。

蚀夜蛾 *Oxytripia orbiculosa* (Esper, 1799)

省内产地：陕县，封丘。

分布：河南，吉林，内蒙古，河北，甘肃，青海，新疆，湖北，浙江；日本；欧洲。

寄主：鸢尾科。

资料来源：衡雪梅，2002，河南省夜蛾科昆虫名录补遗。《太行山及桐柏山区昆虫》，中国农业科学技术出版社。

疆夜蛾 *Peridroma saucia* (Hubner, [1808]1827)

省内产地：鲁山县石人山。

分布：河南，西藏，宁夏，甘肃，湖北，湖南，四川，云南；土耳其，叙利亚；欧洲，美洲，北非。

寄主：玉米，小麦，马铃薯，豆类，瓜类，蔬菜，高粱，牧草。

资料来源：申效诚，1998，鳞翅目：夜蛾科。《伏牛山区昆虫》，中国农业科学技术出版社。

小罕夜蛾 *Perissandria dizyx* (Pungeler, 1906) (河南新记录属、种)

省内产地：内乡宝天曼。

分布：河南，青海，山西，浙江，云南，西藏。

冬麦异夜蛾 *Protexarnis confinis* (Staudinger, 1881)

省内产地：许昌。

分布：河南，河北，宁夏，甘肃，青海，新疆；俄罗斯，伊朗；中亚。

寄主：小麦。

资料来源：申效诚，1993，河南昆虫名录。中国农业科学技术出版社。

泛异夜蛾 *Protexarnis paralia* (Corti *et* Draudt, 1933)

省内产地：淅川。

分布：河南，青海，新疆。

资料来源：衡雪梅，2002，河南省夜蛾科昆虫名录补遗。《太行山及桐柏山区昆虫》，中国农业科学技术出版社。

冬麦沁夜蛾 *Rhyacia auguridis* (Rothschild, 1914)

省内产地：郾城。

分布：河南，新疆，西藏；俄罗斯；中亚，欧洲，北非。

寄主：小麦。

资料来源：申效诚，1993，河南昆虫名录。中国农业科学技术出版社。

扇夜蛾 *Sineugrapha disgnosta* (Boursin, 1948) (图版 XXXVI-1)

省内产地：栾川龙峪湾，鲁山县石人山，内乡宝天曼，商城黄柏山，商城黄柏山大庙，新县连康山。

分布：河南，黑龙江，湖北，江西，福建；日本。

资料来源：申效诚，1998，鳞翅目：夜蛾科。《伏牛山区昆虫》，中国农业科学技术出版社。

紫棕扇夜蛾 *Sineugraphe exusta* (Butler, 1878) (图版 XXXVI-2)

省内产地：嵩县白云山，内乡宝天曼，桐柏水帘洞。

分布：河南，湖北，黑龙江，湖南，江西，四川，贵州；朝鲜，日本，俄罗斯。

资料来源：申效诚，1998，鳞翅目：夜蛾科。《伏牛山区昆虫》，中国农业科学技术出版社。

后扇夜蛾 *Sineugraphe stolidoprocta* Boursin, 1954 (河南新记录种)

省内产地：嵩县白云山。

分布：河南，陕西，甘肃，浙江。

矛夜蛾 *Spaelotis ravida* (Denis *et* Schiffermuller, 1775)

昏模夜蛾 *Noctua ravida* Schiffermuller

省内产地：许昌，南阳，台前。

分布：河南，黑龙江，内蒙古，青海，新疆，河北，江苏；朝鲜，日本，印度；西亚，欧洲。

资料来源：申效诚，1993，河南昆虫名录。中国农业科学技术出版社。

卑矛夜蛾 *Spaelotis sinophysa* Boursin, 1955　(河南新记录种)

省内产地：嵩县白云山。

分布：河南，河北，陕西。

黑纹地老虎 *Spaelotis valida* (Walker, 1865)

省内产地：郑州，许昌。

分布：河南，华北；朝鲜，日本。

资料来源：申效诚，1993，河南昆虫名录。中国农业科学技术出版社。

饰鲁夜蛾 *Xestia agalma* (Pungeler, 1900)

省内产地：西峡。

分布：河南，青海，西藏。

资料来源：衡雪梅，2002，河南省夜蛾科昆虫名录补遗。《太行山及桐柏山区昆虫》，中国农业科学技术出版社。

八字地老虎 *Xestia c-nigrum* (Linnaeus, 1758)　(图版 XXXVI-5)

省内产地：内乡宝天曼，西峡黄石庵，卢氏大块地，卢氏狮子坪，陕县甘山等全省各地。

分布：全国；美洲，欧洲，亚洲。

寄主：小麦，玉米，谷，高粱，芝麻，大豆，甘薯，茄，番茄，马铃薯，杨，泡桐，槐，松，茶，桃，葡萄，桑。

资料来源：申效诚，1993，河南昆虫名录。中国农业科学技术出版社。

内灰鲁夜蛾 *Xestia diagrapha* (Boursin, 1963)　(河南新记录种)

省内产地：内乡宝天曼。

分布：河南，陕西，四川，云南，西藏。

润鲁夜蛾 *Xestia dilatata* (Butler, 1879)

省内产地：济源王屋山。

分布：河南，河北，江苏，湖南；日本，印度。

资料来源：申效诚，2002，鳞翅目：夜蛾总科。《太行山及桐柏山区昆虫》，中国农业科学技术出版社。

兀鲁夜蛾东方亚种 *Xestia ditrapezium orientalis* Boursin, 1963　(图版 XXXVI-6)　(河南新记录种)

省内产地：嵩县白云山。

分布：河南，河北，黑龙江，内蒙古，吉林，四川，新疆；日本。

褐纹鲁夜蛾 *Xestia fuscostigma* (Bremer, 1861)

省内产地：鲁山县石人山，内乡宝天曼，嵩县白云山。

分布：河南，黑龙江，陕西，湖北，台湾，湖南，四川，云南；朝鲜，日本，俄罗斯(阿穆尔)。

资料来源：申效诚，2002，鳞翅目：夜蛾总科。《太行山及桐柏山区昆虫》，中国农业科学技术出版社。

大三角鲁夜蛾 *Xestia kollari* (Lederer, 1853)　(图版 XXXVI-3)

省内产地：卢氏狮子坪，卢氏大块地，桐柏水帘洞，嵩县白云山。

分布：河南，河北，黑龙江，内蒙古，江西，云南，湖南，陕西，山东，新疆；日本，俄罗斯。

资料来源：申效诚，1998，鳞翅目：夜蛾科。《伏牛山区昆虫》，中国农业科学技术出版社。

效鹰鲁夜蛾 *Xestia pseudaccipiter* (Boursin, 1948)　(河南新记录种)

省内产地：嵩县白云山。

分布：河南，山西，陕西，四川，云南，西藏。

棕肾鲁夜蛾 *Xestia renalis* (Moore, 1881)

省内产地：灵宝，信阳。

分布：河南，湖南，四川，云南，西藏；克什米尔。

资料来源：衡雪梅，2002，河南省夜蛾科昆虫名录补遗。《太行山及桐柏山区昆虫》，中国农业科学技术出版社。

绿鲁夜蛾 *Xestia semiherbida* (Walker, 1857)

省内产地：嵩县白云山。

分布：河南，安徽，福建，四川，西藏；日本，印度(锡金)，尼泊尔。

资料来源：Karsholt *et al*., 2002，鳞翅目：夜蛾科。《太行山及桐柏山区昆虫》，中国农业科学技术出版社。

前黄鲁夜蛾 *Xestia stupenda* (Butler, 1878)　(图版 XXXVI-4)

省内产地：灵宝亚武山，嵩县白云山。

分布：河南，黑龙江，河北，江苏，浙江，江西，广东，湖南，西藏，陕西；朝鲜，日本。

资料来源：申效诚，1998，鳞翅目：夜蛾科。《伏牛山区昆虫》，中国农业科学技术出版社。

三角地老虎 *Xestia triangulum* (Hufnagel, 1766)

省内产地：栾川龙峪湾，嵩县白云山，开封，民权，西华，信阳。

分布：河南，黑龙江，湖北，西藏；印度；欧洲。

寄主：李，山楂，柳，繁缕，酸模。

资料来源：申效诚，1993，河南昆虫名录。中国农业科学技术出版社。

显鲁夜蛾 *Xestia versuta* (Pungeler, 1908)　(河南新记录种)

省内产地：嵩县白云山。

分布：河南，山西，甘肃，陕西，青海；朝鲜，俄罗斯。

(五) 实夜蛾亚科 Heliothinae

曙夜蛾 *Adisura atkinsoni* Moore, 1861

省内产地：荥阳。

分布：河南，江苏，湖北，湖南，江西，四川；印度(锡金)，斯里兰卡。

资料来源：衡雪梅，2002，河南省夜蛾科昆虫名录补遗。《太行山及桐柏山区昆虫》，中国农业科学技术出版社。

棉铃虫 *Helicoverpa armigera* (Hubner, [1809])

省内产地：济源王屋山，桐柏水帘洞等全省各地。

分布：全国；世界广布。

寄主：棉花，玉米，小麦，高粱，大豆，烟草，番茄，茄，辣椒，南瓜，芝麻，向日葵，苜蓿，苘麻，亚麻，蓖麻，泡桐，木槿，苹果，梨，橘，葡萄，桃，李，银杏，草莓，万寿菊。

资料来源：申效诚，1993，河南昆虫名录。中国农业科学技术出版社。

烟青虫 *Helicoverpa assulta* (Guenee, 1852)

省内产地：嵩县白云山，信阳鸡公山，西峡黄石庵，陕县甘山，济源王屋山，登封少林寺，桐柏水帘洞等全省各地。

分布：全国；朝鲜，日本，缅甸，印度；非洲。

寄主：烟草，棉花，玉米，高粱，大豆，番茄，茄，辣椒，南瓜，甘薯，马铃薯，苎麻，向日葵，泡桐，苹果，石竹。

资料来源：申效诚，1993，河南昆虫名录。中国农业科学技术出版社。

焰实夜蛾 *Heliothis fervens* Butler, 1881

省内产地：信阳鸡公山。

分布：河南，黑龙江，河北，湖北，湖南，江西，西藏；日本。

资料来源：衡雪梅，2002，河南省夜蛾科昆虫名录补遗。《太行山及桐柏山区昆虫》，中国农业科学技术出版社。

花实夜蛾 *Heliothis ononis* (Denis *et* Schiffermuller, 1775)

省内产地：荥阳。

分布：河南，黑龙江，内蒙古，青海，湖北，湖南，四川；欧洲，美洲。

寄主：亚麻，芒柄花。

资料来源：衡雪梅，2002，河南省夜蛾科昆虫名录补遗。《太行山及桐柏山区昆虫》，中国农业科学技术出版社。

点实夜蛾 *Heliothis peltigera* (Denis *et* Schiffermuller, 1775)

省内产地：郸城。

分布：河南，新疆，西藏；伊朗，土耳其，叙利亚；欧洲，非洲。

寄主：芒柄花，蚤缀。

资料来源：申效诚，1993，河南昆虫名录。中国农业科学技术出版社。

实夜蛾 *Heliothis viriplaca* (Hufnagel, 1766)

省内产地：西峡黄石庵。

分布：河南，河北，黑龙江，新疆，江苏，云南；日本，印度，缅甸，叙利亚；欧洲。

寄主：棉花，苜蓿，豌豆，大豆，亚麻，大麻，甜菜，烟草，玉米，甘薯，花生，桃，李，柿，葡萄，苹果，梨，柳穿鱼，矢车菊。

资料来源：申效诚，1993，河南昆虫名录。中国农业科学技术出版社。

矛柔夜蛾 *Masalia galathaea* (Wallengren, 1856)

矛短胫夜蛾 *Timora lanceolata* (Walker)

省内产地：荥阳，郸城。

分布：河南，四川；印度；非洲，南美。

寄主：艾，藜。

资料来源：衡雪梅，2002，河南省夜蛾科昆虫名录补遗。《太行山及桐柏山区昆虫》，中国农业科学技术出版社。

盾宽胫夜蛾 *Protoschinia scutatus* (Staudinger, 1895)

省内产地：灵宝。

分布：河南，内蒙古，河北；蒙古国。

资料来源：衡雪梅，2002，河南省夜蛾科昆虫名录补遗。《太行山及桐柏山区昆虫》，中国农业科学技术出版社。

宽胫夜蛾 *Protoschinia scutosa* (Denis *et* Schiffermuller, 1775)　(图版 XXXVI-7)

宽胫夜蛾 *Melicleptria scutosa* (Denis *et* Schiffermuller)

省内产地：郑州，许昌，中牟，封丘，商丘，民权，新郑，荥阳，陕县，灵宝，卢氏，郸城，淮阳，信阳。

分布：河南，内蒙古，河北，山东，江苏，湖北；朝鲜，日本，印度；欧洲，北美。

寄主：艾，藜。

资料来源：申效诚，1993，河南昆虫名录。中国农业科学技术出版社。

焰夜蛾 *Pyrrhia umbra* (Hufnagel, 1766)

省内产地：嵩县白云山，民权。

分布：河南，河北，黑龙江，新疆，陕西，山东，浙江，湖北，湖南，西藏；朝鲜，日本，俄罗斯，印度，伊朗；欧洲，北美。

寄主：烟草，大豆，油菜，荞麦。

资料来源：申效诚，1998，鳞翅目：夜蛾科。《伏牛山区昆虫》，中国农业科学技术出版社。

(六) 盗夜蛾亚科 Hadeninae

黄褐研夜蛾 *Aletia bani* Sugi, 1977 (图版 XXXVI-8) (河南新记录种)

省内产地：嵩县白云山。

分布：河南，湖北；日本。

角线研夜蛾 *Aletia conigera* (Denis *et* Schiffermuller, 1775) (河南新记录种)

角线寡夜蛾 *Sideridis conigera* (Schiffermuller)

省内产地：卢氏，栾川。

分布：河南，黑龙江，内蒙古，山西，河北；欧洲。

白杖研夜蛾 *Aletia l-album* (Linnaeus, 1767)

白杖黏夜蛾 *Leucania l-albun* (Linnaeus)

省内产地：具体不详。

分布：河南，甘肃，福建，云南；印度(锡金)；欧洲，北非。

资料来源：衡雪梅，2002，河南省夜蛾科昆虫名录补遗。《太行山及桐柏山区昆虫》，中国农业科学技术出版社。

祝研夜蛾 *Aletia peyeri* (Leech, 1900)

祝黏夜蛾 *Leucania peyeri* Leech

省内产地：睢县。

分布：河南，湖北，福建，广西，贵州；日本。

资料来源：申效诚，1993，河南昆虫名录。中国农业科学技术出版社。

柔研夜蛾 *Aletia placida* (Butler, 1878)

柔黏夜蛾 *Leucania placida* (Butler)

省内产地：嵩县白云山，栾川龙峪湾，桐柏水帘洞。

分布：河南，江苏，浙江，湖北，海南，广西，四川；朝鲜，日本。

资料来源：申效诚，2002，鳞翅目：夜蛾总科。《太行山及桐柏山区昆虫》，中国农业科学技术出版社。

岐研夜蛾 *Aletia salebrosa* (Butler, 1878) (河南新记录种)

省内产地：内乡宝天曼。

分布：河南，湖北，浙江，福建，江西，四川；日本。

甜侃夜蛾 *Conisania suavina* Draudt, 1950

省内产地：桐柏水帘洞。

分布：河南；日本。

资料来源：Karsholt *et al*., 2002，鳞翅目：夜蛾科。《太行山及桐柏山区昆虫》，中国农业科学技术出版社。

灰歧夜蛾 *Discestra furca* (Eversmann, 1852) (河南新记录种)

省内产地：辉县八里沟。

分布：河南，山西，新疆；蒙古国，俄罗斯，挪威。

申歧夜蛾 *Discestra furcula* (Staudinger, 1889)

省内产地：中牟，灵宝，南召。

分布：河南，甘肃，青海，新疆；克什米尔；中亚。

资料来源：衡雪梅，2002，河南省夜蛾科昆虫名录补遗。《太行山及桐柏山区昆虫》，中国农业科学技术出版社。

梳跗盗夜蛾 *Hadena aberrans* (Eversmann, 1856)

歧梳跗夜蛾 *Anepia aberrans* (Eversmann)

省内产地：灵宝亚武山。

分布：河南，黑龙江，陕西，山东；日本。

资料来源：申效诚，1998，鳞翅目：夜蛾科。《伏牛山区昆虫》，中国农业科学技术出版社。

斑盗夜蛾 *Hadena confusa* (Hufnagel, 1766)

斑灰夜蛾 *polia conspersa* Schiffermuller

省内产地：嵩县白云山。

分布：河南，黑龙江，内蒙古，新疆，青海，山西，山东；蒙古国，土耳其；欧洲，非洲。

寄主：剪秋罗，麦瓶草。

资料来源：申效诚，2002，鳞翅目：夜蛾总科。《太行山及桐柏山区昆虫》，中国农业科学技术出版社。

间盗夜蛾 *Hadena corrupta* (Herz, 1898) (河南新记录种)

省内产地：嵩县白云山。

分布：河南，青海，黑龙江，河北；日本，俄罗斯。

唳盗夜蛾 *Hadena rivularis* (Fabricius, 1775)

唳灰夜蛾 *Polia cucubali* Schiffermuller

省内产地：栾川龙峪湾，罗山灵山。

分布：河南，黑龙江，河北，浙江，江西，湖南，四川，云南；朝鲜，日本；西亚，欧洲。

寄主：麦瓶草，剪秋罗。

资料来源：申效诚等，1999，鳞翅目：夜蛾科。《伏牛山南坡及大别山区昆虫》，中国农业科学技术出版社。

中华蓬夜蛾 *Haderonia chinensis* (Draudt, 1950) (河南新记录属、种)

省内产地：济源王屋山。

分布：河南，山西，四川，云南，西藏。

角网夜蛾 *Heliophobus dissectus* Walker, 1865 (河南新记录属、种)

省内产地：桐柏水帘洞。

分布：河南，浙江，福建，湖南，海南，云南；日本，菲律宾，印度(锡金)，斯里兰卡。

后甘夜蛾 *Hypobarathra icterias* (Eversmann, 1864) (河南新记录属、种)

省内产地：嵩县白云山。

分布：河南，黑龙江，内蒙古，河北，山西，甘肃，西藏；俄罗斯。

艺夜蛾 *Hyssia cavernosa* (Eversmann, 1842) (河南新记录属、种)

省内产地：辉县八里沟。

分布：河南，新疆，黑龙江，河北；俄罗斯。

桦安夜蛾 *Lacanobia contigua* (Denis *et* Schiffermuller, 1775)

桦灰夜蛾 *Polia contigua* (Denis *et* Schiffermuller)

省内产地：栾川，封丘。

分布：河南，黑龙江，辽宁，内蒙古，新疆，山东；日本，俄罗斯；欧洲。

寄主：桦，栎。

资料来源：申效诚，1993，河南昆虫名录。中国农业科学技术出版社。

白线安夜蛾 *Lacanobia pisi* (Linnaeus, 1758)

白线灰夜蛾 *Polia pisi* Linnaeus

省内产地：永城。

分布：河南，黑龙江，新疆；蒙古国；欧洲。

寄主：蕨类，山萝卜。

资料来源：申效诚，1993，河南昆虫名录。中国农业科学技术出版社。

安夜蛾 *Lacanobia w-latinum* (Hufnagel, 1766)

锯灰夜蛾 *Polia w-latinum* Hufnagel

省内产地：商丘。

分布：河南，黑龙江，陕西，甘肃，新疆；伊朗；欧洲。

寄主：蓼，繁缕，染料木。

资料来源：申效诚，1993，河南昆虫名录。中国农业科学技术出版社。

仿劳黏夜蛾 *Leucania insecuta* Walker, 1865

省内产地：内乡宝天曼。

分布：河南，河北，江苏，福建，云南；日本。

资料来源：申效诚等，1999，鳞翅目：夜蛾科。《伏牛山南坡及大别山区昆虫》，中国农业科学技术出版社。

点线黏夜蛾 *Leucania lineatissima* (Warren, 1912)

省内产地：具体不详。

分布：河南，湖南，四川；印度(锡金)。

资料来源：申效诚，1993，河南昆虫名录。中国农业科学技术出版社。

白点黏夜蛾 *Leucania loreyi* (Duponchel, 1827)

省内产地：嵩县白云山。

分布：河南，山东，宁夏，湖北，江苏，浙江，福建，台湾，江西，湖南，广东，贵州，四川，云南，西藏；日本，印度，缅甸，菲律宾，印度尼西亚。

寄主：稻，甘蔗，玉米，谷。

资料来源：申效诚，1993，河南昆虫名录。中国农业科学技术出版社。

庸黏夜蛾 *Leucania mesotrostina* (Draudt, 1950) (图版 XXXVII-1) (河南新记录种)

省内产地：嵩县白云山。

分布：河南，陕西，云南。

瘠黏夜蛾 *Leucania pallidior* Draudt, 1950

省内产地：济源王屋山。

分布：河南，湖北，湖南，四川，云南。

资料来源：申效诚，2002，鳞翅目：夜蛾总科。《太行山及桐柏山区昆虫》，中国农业科学技术出版社。

白钩黏夜蛾 *Leucania proxima* Leech, 1900

省内产地：鲁山县石人山。

分布：河南，河北，四川，云南，西藏。

资料来源：申效诚，1998，鳞翅目：夜蛾科。《伏牛山区昆虫》，中国农业科学技术出版社。

淡脉黏夜蛾 *Leucania roseilinea* Walker, 1862 (河南新记录种)

省内产地：桐柏水帘洞。

分布：河南，江苏，江西，福建，广东，海南；印度，斯里兰卡，新加坡，马来西亚。

绒黏夜蛾 *Leucania velutina* Eversmann, 1856

寡夜蛾 *Sideridis velutina* Eversmann

省内产地：罗山灵山。

分布：河南，河北，黑龙江，内蒙古，新疆；俄罗斯，蒙古国。

资料来源：申效诚等，1999，鳞翅目：夜蛾科。《伏牛山南坡及大别山区昆虫》，中国农业科学技术出版社。

白脉黏夜蛾 *Leucania venalba* Moore, 1867

省内产地：卢氏狮子坪，陕县甘山。

分布：河南，河北，湖北，福建，海南；印度，斯里兰卡，新加坡；大洋洲。

寄主：稻，玉米，小麦。

资料来源：申效诚，2002，鳞翅目：夜蛾总科。《太行山及桐柏山区昆虫》，中国农业科学技术出版社。

甘蓝夜蛾 *Mamestra brassicae* (Linnaeus, 1758)

省内产地：嵩县白云山，内乡宝天曼，西峡黄石庵。

分布：河南，黑龙江，吉林，辽宁，内蒙古，华北，四川，西藏，湖北；日本，俄罗斯，印度；欧洲。

寄主：甘蓝，花椰菜，球茎甘蓝，白菜，萝卜，油菜，甜菜，马铃薯，甘薯，高粱，玉米，小麦，大麦，棉花，大麻，豆类，瓜类，烟草，甘蔗，茄，番茄，桑，柳，柏，葡萄，橘，芸苔，胡萝卜，葱，蚕豆，豌豆。

资料来源：申效诚，1993，河南昆虫名录。中国农业科学技术出版社。

乌夜蛾 *Melanchra persicariae* (Linnaeus, 1761)　(图版 XXXVII-6)

白肾灰夜蛾 *Polia persicariae* Linnaeus

省内产地：嵩县白云山，郑州，中牟，鲁山，南阳，信阳。

分布：河南，河北，黑龙江，内蒙古，山东，山西，四川，云南；日本，俄罗斯；欧洲。

寄主：柳，桦，楸，桑，草本植物。

资料来源：申效诚，1993，河南昆虫名录。中国农业科学技术出版社。

曲线秘夜蛾 *Mythimna divergens* Butler, 1878　(图版 XXXVII-2)

省内产地：内乡宝天曼，罗山灵山。

分布：河南，黑龙江，陕西，甘肃，四川，湖北；朝鲜，日本。

资料来源：申效诚等，1999，鳞翅目：夜蛾科。《伏牛山南坡及大别山区昆虫》，中国农业科学技术出版社。

宏秘夜蛾 *Mythimna grandis* Butler, 1878

省内产地：嵩县白云山，中牟，嵩县，卢氏，栾川。

分布：河南，甘肃，湖北，四川；朝鲜，日本。

寄主：地杨梅。

资料来源：申效诚，1993，河南昆虫名录。中国农业科学技术出版社。

红翅秘夜蛾 *Mythimna rufipennis* Butler, 1878

省内产地：桐柏水帘洞。

分布：河南；日本。

资料来源：Karsholt *et al*., 2002，鳞翅目：夜蛾科。《太行山及桐柏山区昆虫》，中国农业科学技术出版社。

秘夜蛾 *Mythimna turca* (Linnaeus, 1761)　(图版 XXXVII-4)

省内产地：嵩县白云山，新乡，洛阳，陕县，灵宝，卢氏，栾川，驻马店，信阳。

分布：河南，黑龙江，湖北，江西，四川；日本，俄罗斯；欧洲。

寄主：桑，杂草。

资料来源：申效诚，1993，河南昆虫名录。中国农业科学技术出版社。

白矢夜蛾 *Odontestra potanini* (Alpheraky, 1895)

省内产地：陕县。

分布：河南，四川，云南；印度。

资料来源：衡雪梅，2002，河南省夜蛾科昆虫名录补遗。《太行山及桐柏山区昆虫》，中国农业科学技术出版社。

红缘矢夜蛾 *Odontestra roseomarginata* Draudt, 1950　(河南新记录种)

省内产地：桐柏水帘洞。

分布：河南，浙江，湖南，四川。

联梦尼夜蛾 *Orthosia carnipennis* (Butler, 1878)

省内产地：商丘，陕县，西峡。

分布：河南，黑龙江；日本。

资料来源：申效诚，1993，河南昆虫名录。中国农业科学技术出版社。

刻梦尼夜蛾 *Orthosia cruda* (Denis *et* Schiffermuller, 1775)

省内产地：安阳。

分布：河南，吉林，青海，福建；土耳其；欧洲。

寄主：柳，槲。

资料来源：申效诚，1993，河南昆虫名录。中国农业科学技术出版社。

歌梦尼夜蛾 *Orthosia gothica* (Linnaeus, 1758)

省内产地：陕县。

分布：河南，黑龙江，内蒙古，新疆；欧洲。

寄主：柳，栎，山楂。

资料来源：衡雪梅，2002，河南省夜蛾科昆虫名录补遗。《太行山及桐柏山区昆虫》，中国农业科学技术出版社。

灵梦尼夜蛾 *Orthosia limbata* (Butler, 1879) (河南新记录种)

省内产地：桐柏水帘洞。

分布：河南，湖北，江苏。

东小眼夜蛾 *Panolis exquisita* Draudt, 1950

省内产地：嵩县白云山。

分布：河南，浙江，福建，云南。

资料来源：申效诚等，1999，鳞翅目：夜蛾科。《鸡公山区昆虫》，中国农业科学技术出版社。

松小眼夜蛾 *Panolis japonica* Draudt, 1935 (河南新记录种)

省内产地：内乡宝天曼。

分布：河南，黑龙江；日本；欧洲。

注：成虫 4 月下旬出现，5 月上旬结束。

围连环夜蛾 *Perigrapha circumducta* (Lederer, 1865)

省内产地：荥阳，灵宝，卢氏，西平。

分布：河南，内蒙古，新疆，山西；中亚。

寄主：槐。

资料来源：申效诚，1993，河南昆虫名录。中国农业科学技术出版社。

虚连环夜蛾 *Perigrapha uniformis* Draudt, 1950 (河南新记录种)

省内产地：嵩县白云山。

分布：河南，山东，山西，陕西。

逆灰夜蛾 *Polia abnormis* Draudt, 1950 (河南新记录种)

省内产地：嵩县白云山。

分布：河南，山西，陕西。

蒙灰夜蛾 *Polia bombycina* (Hufnagel, 1766) (河南新记录种)

省内产地：嵩县白云山。

分布：河南，新疆，青海，黑龙江，内蒙古，河北，山东；朝鲜，日本，蒙古国；欧洲。

淡缘灰夜蛾 *Polia costirufa* Draudt, 1950

省内产地：陕县。

分布：河南，黑龙江，内蒙古，新疆，青海，山西，山东，四川；蒙古国，土耳其，阿尔及利亚；欧洲。

资料来源：衡雪梅，2002，河南省夜蛾科昆虫名录补遗。《太行山及桐柏山区昆虫》，中国农业科学技术出版社。

中黑灰夜蛾 *Polia fasciata* (Leech, 1889)

省内产地：西峡。

分布：河南，浙江，湖南，江西，四川。

资料来源：衡雪梅，2002，河南省夜蛾科昆虫名录补遗。《太行山及桐柏山区昆虫》，中国农业

科学技术出版社。

鹏灰夜蛾 *Polia goliath* (Oberthur, 1880) (图版 XXXVII-3)

省内产地：鲁山县石人山。

分布：河南，河北，黑龙江，甘肃，山西，湖北，四川；朝鲜，日本，俄罗斯。

资料来源：申效诚，1998，鳞翅目：夜蛾科。《伏牛山区昆虫》，中国农业科学技术出版社。

红棕灰夜蛾 *Polia illoba* (Butler, 1878)

省内产地：洛阳，中牟，汝阳，内乡，南阳，信阳。

分布：河南，黑龙江，河北，陕西，山东，江苏，浙江，江西，福建；朝鲜，日本。

寄主：桑，棉花，苜蓿，甜菜，大豆，荞麦，胡萝卜，萝卜，葱，小麦，菊，牛蒡，樱桃，紫苏，繁缕，酸模，藜。

资料来源：申效诚，1993，河南昆虫名录。中国农业科学技术出版社。

灰夜蛾 *Polia nebulosa* (Hufnagel, 1766) (图版 XXXVII-5)

省内产地：郑州，许昌，民权。

分布：河南，黑龙江，山西，甘肃，青海，新疆；朝鲜，日本，蒙古国；欧洲。

寄主：桦，柳，榆。

资料来源：申效诚，1993，河南昆虫名录。中国农业科学技术出版社。

黏虫 *Pseudaletia separata* (Walker, 1865) (图版 XXXVII-7)

黏虫 *Leucania separata* (Walker)

省内产地：嵩县白云山，信阳鸡公山，内乡宝天曼，西峡黄石庵，罗山灵山，桐柏水帘洞，卢氏大块地，卢氏狮子坪，陕县甘山，登封少林寺等全省各地。

分布：全国(除新疆，西藏)；印澳地区，东南亚。

寄主：稻，小麦，高粱，玉米。

资料来源：申效诚，1993，河南昆虫名录。中国农业科学技术出版社。

糜夜蛾 *Senta flammea* (Curtis, 1828)

省内产地：郑州。

分布：河南，海南；日本；欧洲。

寄主：稻，芦苇。

资料来源：申效诚，1993，河南昆虫名录。中国农业科学技术出版社。

掌夜蛾 *Tiracola plagiata* (Walker, 1857) (图版 XXXVII-8)

省内产地：信阳鸡公山，内乡宝天曼，桐柏水帘洞。

分布：河南，山东，浙江，福建，台湾，湖南，海南，四川，云南，西藏；印度，斯里兰卡，印度尼西亚；大洋洲，美洲。

寄主：萝卜，茶，柑橘。

资料来源：申效诚等，1999，鳞翅目：夜蛾科。《伏牛山南坡及大别山区昆虫》，中国农业科学技术出版社。

(七) 冬夜蛾亚科 Cuculliinae

长线毛眼冬夜蛾 *Blepharita longilinea* (Draudt, 1950) (河南新记录属、种)

省内产地：辉县八里沟。

分布：河南，山西，陕西。

樱毛眼冬夜蛾 *Blepharita satura* (Denis *et* Schiffermuller, 1776) (河南新记录种)

省内产地：商丘。

分布：河南，黑龙江，新疆；朝鲜；欧洲。

寄主：樱桃，忍冬，葎草。

黍睫冬夜蛾 ***Blepharosis paspa*** **(Pungeler, 1900)**

省内产地：嵩县白云山。

分布：河南，甘肃，青海，云南，西藏；印度。

资料来源：申效诚，2002，鳞翅目：夜蛾总科。《太行山及桐柏山区昆虫》，中国农业科学技术出版社。

奥峦冬夜蛾 ***Conistra fragariae*** **(Vieweg, 1790)** (河南新记录属、种)

省内产地：西峡，南召。

分布：河南，黑龙江；日本，俄罗斯；欧洲。

碧银冬夜蛾 ***Cucullia argentea*** **(Hufnagel, 1766)**

省内产地：西峡寨根。

分布：河南，河北，黑龙江，内蒙古，新疆，西藏；日本；欧洲。

寄主：蒿。

资料来源：申效诚，1998，鳞翅目：夜蛾科。《伏牛山区昆虫》，中国农业科学技术出版社。

黄条冬夜蛾 ***Cucullia biornata*** **Fische *et* Waldheim, 1840**

省内产地：陕县，封丘。

分布：河南，内蒙古，辽宁，新疆，河北；俄罗斯。

资料来源：衡雪梅，2002，河南省夜蛾科昆虫名录补遗。《太行山及桐柏山区昆虫》，中国农业科学技术出版社。

长冬夜蛾 ***Cucullia elongata*** **(Butler, 1880)** (图版 XXXVIII-1)

省内产地：嵩县白云山。

分布：河南，辽宁，黑龙江，青海，新疆；印度；日本。

资料来源：申效诚，1993，河南昆虫名录。中国农业科学技术出版社。

莴苣冬夜蛾 ***Cucullia fraterna*** **Butler, 1878**

省内产地：中牟。

分布：河南，吉林，辽宁，浙江；日本；欧洲。

寄主：莴苣。

资料来源：衡雪梅，2002，河南省夜蛾科昆虫名录补遗。《太行山及桐柏山区昆虫》，中国农业科学技术出版社。

蒿冬夜蛾 ***Cucullia fraudatrix*** **Eversmann, 1837**

省内产地：西平。

分布：河南，吉林，辽宁，浙江；日本；欧洲。

寄主：莴苣。

资料来源：衡雪梅，2002，河南省夜蛾科昆虫名录补遗。《太行山及桐柏山区昆虫》，中国农业科学技术出版社。

富冬夜蛾 ***Cucullia fuchsiana*** **Eversmann, 1842**

省内产地：鲁山县石人山。

分布：河南，河北，内蒙古，黑龙江，新疆，青海；蒙古国，俄罗斯。

寄主：扫帚艾。

资料来源：申效诚，1998，鳞翅目：夜蛾科。《伏牛山区昆虫》，中国农业科学技术出版社。

倭冬夜蛾 ***Cucullia humilis*** **Boursin, 1941** (河南新记录种)

省内产地：嵩县白云山。

分布：河南，山西，陕西。

勒冬夜蛾 ***Cucullia ledereri*** **Staudinger, 1892**

省内产地：嵩县白云山。

分布：河南，黑龙江；日本，俄罗斯。

寄主：紫菀。

资料来源：申效诚，2002，鳞翅目：夜蛾总科。《太行山及桐柏山区昆虫》，中国农业科学技术出版社。

斑冬夜蛾 *Cucullia maculosa* Staudinger, 1888

省内产地：灵宝亚武山，卢氏狮子坪，卢氏大块地，嵩县白云山。

分布：河南，河北，黑龙江；日本，俄罗斯。

资料来源：申效诚，1998，鳞翅目：夜蛾科。《伏牛山区昆虫》，中国农业科学技术出版社。

贯冬夜蛾 *Cucullia perforate* Bremer, 1861 (河南新记录种)

省内产地：辉县八里沟。

分布：河南，黑龙江，河北，山东，福建；朝鲜，日本，俄罗斯。

内冬夜蛾 *Cucullia scopariae* Dorfmeister, 1853

省内产地：中牟。

分布：河南，黑龙江；俄罗斯；欧洲。

寄主：扫帚艾。

资料来源：衡雪梅，2002，河南省夜蛾科昆虫名录补遗。《太行山及桐柏山区昆虫》，中国农业科学技术出版社。

银装冬夜蛾 *Cucullia splendida* (Stoll, 1782)

银装冬夜蛾 *Argyromata splendida* (Stoll)

省内产地：灵宝。

分布：河南，内蒙古，甘肃，青海，新疆；蒙古国，俄罗斯。

资料来源：衡雪梅，2002，河南省夜蛾科昆虫名录补遗。《太行山及桐柏山区昆虫》，中国农业科学技术出版社。

艾菊冬夜蛾 *Cucullia tanaceti* (Denis *et* Schiffermuller, 1775)

省内产地：鲁山县石人山。

分布：河南，青海，新疆；土耳其；欧洲。

寄主：艾菊，艾蒿。

资料来源：申效诚，1998，鳞翅目：夜蛾科。《伏牛山区昆虫》，中国农业科学技术出版社。

摊巨冬夜蛾 *Meganephria tancrei* Graeser, 1888 (河南新记录属、种)

省内产地：鲁山石人山。

分布：河南，黑龙江，陕西；俄罗斯。

野爪冬夜蛾 *Oncocnemis campicola* Lederer, 1853

省内产地：嵩县白云山。

分布：河南，黑龙江，内蒙古，甘肃，新疆，河北，山东，福建；蒙古国，俄罗斯。

寄主：豆科。

资料来源：申效诚，1993，河南昆虫名录。中国农业科学技术出版社。

准爪冬夜蛾 *Oncocnemis exacta* Christoph, 1887

省内产地：西峡。

分布：河南，新疆；蒙古国；中亚。

资料来源：衡雪梅，2002，河南省夜蛾科昆虫名录补遗。《太行山及桐柏山区昆虫》，中国农业科学技术出版社。

太白展冬夜蛾 *Polymixis shensiana* (Draudt, 1950) (河南新记录属、种)

省内产地：内乡宝天曼。

分布：河南，陕西，甘肃。

绵鹰冬夜蛾 *Valeria mienshani* Draudt, 1950 (河南新记录属、种)

省内产地：嵩县白云山。

分布：河南，河北，山西。

柳美冬夜蛾 *Xanthia fulvago* (Clerck, 1759) (河南新记录种)

省内产地：嵩县白云山。

分布：河南，新疆，黑龙江，山西，陕西；日本；欧洲。

日美冬夜蛾 *Xanthia japonago* (Wileman *et* West, 1929)

省内产地：鲁山石人山。

分布：河南，黑龙江，江西；日本。

资料来源：申效诚等，1999，鳞翅目：夜蛾科。《伏牛山南坡及大别山区昆虫》，中国农业科学技术出版社。

白点美冬夜蛾 *Xanthia ocellaris* (Borkhausen, 1792)

省内产地：西峡。

分布：河南，新疆；欧洲，北非。

资料来源：衡雪梅，2002，河南省夜蛾科昆虫名录补遗。《太行山及桐柏山区昆虫》，中国农业科学技术出版社。

(八) 杂夜蛾亚科 Amphipyrinae

间纹炫夜蛾 *Actinotia intermedia* Bremer, 1861 (图版 XXXVIII-2)

间纹德夜蛾 *Lepidodelta intermedia* Bremer

省内产地：嵩县白云山，信阳鸡公山，内乡宝天曼，桐柏水帘洞。

分布：河南，黑龙江，陕西，浙江，福建，四川，湖北，湖南，海南，云南；日本，印度，斯里兰卡，朝鲜；非洲。

资料来源：申效诚，1998，鳞翅目：夜蛾科。《伏牛山区昆虫》，中国农业科学技术出版社。

沪齐夜蛾 *Allocosmia hoenei* (Bang-Haas, 1927)

朝线夜蛾 *Elydna coreana* Matsumura

省内产地：信阳鸡公山，内乡宝天曼，桐柏水帘洞。

分布：河南，江苏。

资料来源：申效诚等，1999，鳞翅目：夜蛾科。《鸡公山区昆虫》，中国农业科学技术出版社。

亚奂夜蛾 *Amphipoea asiatica* (Burrows, 1911) (河南新记录种)

省内产地：辉县八里沟。

分布：河南，新疆，黑龙江，山西，陕西，四川，云南；日本；中亚。

波奂夜蛾 *Amphipoea burrowsi* (Chapman, 1912)

省内产地：卢氏大块地，内乡宝天曼，嵩县白云山。

分布：河南，黑龙江；俄罗斯，日本。

资料来源：申效诚，1998，鳞翅目：夜蛾科。《伏牛山区昆虫》，中国农业科学技术出版社。

麦奂夜蛾 *Amphipoea fuscosa* (Freyer, 1830)

省内产地：卢氏狮子坪，鲁山县石人山。

分布：河南，黑龙江，内蒙古，青海，新疆，浙江，西藏，山西，河北，湖北，湖南，云南；朝鲜，日本，俄罗斯；欧洲。

寄主：小麦，大麦，玉米。

资料来源：申效诚，1998，鳞翅目：夜蛾科。《伏牛山区昆虫》，中国农业科学技术出版社。

北奂夜蛾 *Amphipoea ussuriensis* (Petersen, 1914)

省内产地：卢氏大块地，内乡宝天曼，嵩县白云山。

分布：河南，黑龙江，辽宁，四川，云南，湖北；日本。

资料来源：申效诚，1998，鳞翅目：夜蛾科。《伏牛山区昆虫》，中国农业科学技术出版社。

暗杂夜蛾 *Amphipyra erebina* Butler, 1878

省内产地：信阳鸡公山。

分布：河南，黑龙江，湖北，云南；朝鲜，日本，俄罗斯。

资料来源：申效诚等，1999，鳞翅目：夜蛾科。《鸡公山区昆虫》，中国农业科学技术出版社。

紫黑杂夜蛾 *Amphipyra livida* (Denis *et* Schifffermuller, 1775) (图版 XXXVIII-3)

紫黑扁身夜蛾 *Amphipyra corvina* Motschulsky

省内产地：嵩县白云山，信阳鸡公山，内乡宝天曼，商城黄柏山。

分布：河南，黑龙江，新疆，江苏，江西，湖北，贵州，云南；朝鲜，日本，印度，俄罗斯。

寄主：蒲公英。

资料来源：申效诚，1998，鳞翅目：夜蛾科。《伏牛山区昆虫》，中国农业科学技术出版社。

大红裙杂夜蛾 *Amphipyra monolitha* Guenee, 1852 (图版 XXXVIII-6)

省内产地：卢氏狮子坪，信阳鸡公山，内乡宝天曼，嵩县白云山。

分布：河南，黑龙江，辽宁，河北，湖北，江西，福建，四川，云南，广东，湖南，西藏；朝鲜，日本，印度，俄罗斯；欧洲。

资料来源：申效诚，1998，鳞翅目：夜蛾科。《伏牛山区昆虫》，中国农业科学技术出版社。

蔷薇杂夜蛾 *Amphipyra perflua* (Fabricius, 1787) (图版 XXXVIII-5)

省内产地：卢氏大块地。

分布：河南，河北，山西，陕西，黑龙江，新疆，西藏，江苏，湖北，湖南，云南，贵州；朝鲜，日本，俄罗斯，印度；欧洲。

寄主：蒲公英。

资料来源：申效诚，1998，鳞翅目：夜蛾科。《伏牛山区昆虫》，中国农业科学技术出版社。

果杂夜蛾 *Amphipyra pyramidea* (Linnaeus, 1758)

省内产地：郏县，西峡，栾川。

分布：河南，黑龙江，河北，湖北，江西，广东，四川；日本，印度，伊朗；欧洲。

资料来源：于思勤等，1993，河南农业昆虫志。河南科学技术出版社。

桦杂夜蛾 *Amphipyra schrenckii* Menetres, 1859 (图版 XXXVIII-4)

省内产地：鲁山县石人山，内乡宝天曼。

分布：河南，黑龙江，陕西，湖北；朝鲜，日本，俄罗斯。

寄主：桦。

资料来源：申效诚，1998，鳞翅目：夜蛾科。《伏牛山区昆虫》，中国农业科学技术出版社。

匀杂夜蛾 *Amphipyra tripartita* Butler, 1878

省内产地：卢氏狮子坪，卢氏大块地。

分布：河南，江西，湖北，湖南，贵州，四川；朝鲜，日本。

资料来源：申效诚，1998，鳞翅目：夜蛾科。《伏牛山区昆虫》，中国农业科学技术出版社。

斜额夜蛾 *Antha grata* (Butler, 1881)

省内产地：内乡宝天曼。

分布：河南，黑龙江，福建，云南，贵州；朝鲜，日本，印度，俄罗斯。

资料来源：申效诚等，1999，鳞翅目：夜蛾科。《伏牛山南坡及大别山区昆虫》，中国农业科学技术出版社。

笋秀夜蛾 *Apamea apameoides* (Draudt, 1950)

省内产地：具体不详。

分布：河南，浙江，湖南；日本。

寄主：竹笋及多种杂草。

资料来源：申效诚，1993，河南昆虫名录。中国农业科学技术出版社。

毁秀夜蛾 *Apamea aquila oriens* Warren, 1837 (图版 XXXIX-1)

毁秀夜蛾 *Apamea funereal* Heinemann

省内产地：鲁山县石人山。

分布：河南，湖北，河北，黑龙江，江西，四川；朝鲜，日本。

资料来源：申效诚，1998，鳞翅目：夜蛾科。《伏牛山区昆虫》，中国农业科学技术出版社。

亚秀夜蛾 *Apamea askoldis* (Oberthur, 1880) (图版 XXXIX-4)

省内产地：栾川龙峪湾，内乡宝天曼。

分布：河南，黑龙江，新疆，湖北，福建，四川；日本，俄罗斯，印度。

资料来源：申效诚，1998，鳞翅目：夜蛾科。《伏牛山区昆虫》，中国农业科学技术出版社。

旋秀夜蛾 *Apamea crenata* (Hufnagel, 1766) (图版 XXXIX-3) (河南新记录种)

省内产地：嵩县白云山。

分布：河南，黑龙江，青海，新疆，四川；日本；欧洲。

齿秀夜蛾 *Apamea cuneatoides* Poole, 1989

省内产地：光山，罗山。

分布：河南，福建；日本。

寄主：竹笋。

资料来源：申效诚，1993，河南昆虫名录。中国农业科学技术出版社。

暗秀夜蛾 *Apamea illyria* Freyer, 1846

省内产地：商丘，永城。

分布：河南，黑龙江，陕西；日本；欧洲。

资料来源：申效诚，1993，河南昆虫名录。中国农业科学技术出版社。

卡秀夜蛾 *Apamea kawadai* Sugi, 1955

省内产地：栾川龙峪湾。

分布：河南；日本。

资料来源：申效诚，1998，鳞翅目：夜蛾科。《伏牛山区昆虫》，中国农业科学技术出版社。

晓秀夜蛾 *Apamea schawerdae* (Draeseke, 1928) (图版 XXXIX-2) (河南新记录种)

省内产地：嵩县白云山。

分布：河南，陕西，四川，云南。

朋秀夜蛾 *Apamea sodalis* (Butler, 1878) (河南新记录种)

省内产地：鲁山。

分布：河南，山西，四川；日本，印度。

秀夜蛾 *Apamea sordens* (Hufnagel, 1766)

省内产地：具体不详。

分布：河南，黑龙江，内蒙古，甘肃，青海，新疆，四川，云南；日本；欧洲。

寄主：小麦，蒲公英。

资料来源：申效诚，1993，河南昆虫名录。中国农业科学技术出版社。

纹秀夜蛾 *Apamea striata* Haruta, 1958 (图版 XXXIX-5) (河南新记录种)

省内产地：嵩县白云山。

分布：河南，云南；日本。

白斑委夜蛾 *Athetis albisignata* (Oberthur, 1879) (河南新记录种)

省内产地：嵩县白云山。

分布：河南，黑龙江，陕西；朝鲜，日本，俄罗斯。

委夜蛾 *Athetis furvula* (Hübner, 1808)

省内产地：桐柏水帘洞。

分布：河南，黑龙江，内蒙古，辽宁，新疆，河北；日本，东欧。

资料来源：Karsholt *et al*., 2002，鳞翅目：夜蛾科。《太行山及桐柏山区昆虫》，中国农业科学技术出版社。

石委夜蛾 *Athetis lapidea* Wileman, 1911

省内产地：桐柏水帘洞。

分布：河南，四川；日本。

资料来源：Karsholt *et al.*, 2002，鳞翅目：夜蛾科。《太行山及桐柏山区昆虫》，中国农业科学技术出版社。

二点委夜蛾 *Athetis lepigone* (Moschler, 1860)

省内产地：中牟，陕县，项城，夏邑，郸城，郾城，新安。

分布：河南，河北；朝鲜，日本，俄罗斯(阿穆尔)；欧洲。

资料来源：申效诚，1993，河南昆虫名录。中国农业科学技术出版社。

线委夜蛾 *Athetis lineosa* (Moore, 1881)　(图版 XXXVIII-7)

省内产地：信阳鸡公山，卢氏狮子坪，西峡寨根，鲁山县石人山。

分布：河南，河北，浙江，江西，福建，湖北，湖南，海南，广西，四川，云南；日本，印度。

资料来源：申效诚，1998，鳞翅目：夜蛾科。《伏牛山区昆虫》，中国农业科学技术出版社。

倭委夜蛾 *Athetis stellata* (Moore, 1882)

倭线夜蛾 *Elydna truncipennis* Hampson

省内产地：卢氏狮子坪，鲁山县石人山。

分布：河南，江西，福建，四川，西藏，华北，湖南；朝鲜，日本，印度(锡金)，斯里兰卡。

资料来源：申效诚，1998，鳞翅目：夜蛾科。《伏牛山区昆虫》，中国农业科学技术出版社。

涤灿夜蛾 *Aucha dizyx* Draudt, 1950

省内产地：罗山灵山，桐柏水帘洞。

分布：河南，江苏，江西，云南。

资料来源：申效诚，2002，鳞翅目：夜蛾总科。《太行山及桐柏山区昆虫》，中国农业科学技术出版社。

暗杰夜蛾 *Auchmis inextricata* (Moore, 1881)

省内产地：栾川。

分布：河南，四川；印度。

寄主：小蘗。

资料来源：衡雪梅，2002，河南省夜蛾科昆虫名录补遗。《太行山及桐柏山区昆虫》，中国农业科学技术出版社。

沙杰夜蛾 *Auchmis saga* (butler, 1878)　(图版 XXXVIII-8)　(河南新记录种)

省内产地：嵩县白云山。

分布：河南，山东，黑龙江；朝鲜，日本。

洼夜蛾 *Balsa malana* (Fitch, 1856)　(图版 XXXIX-7)

省内产地：卢氏大块地。

分布：河南，黑龙江，吉林，陕西，青海；日本，俄罗斯(阿穆尔)；北美。

寄主：苹果。

资料来源：申效诚，2002，鳞翅目：夜蛾总科。《太行山及桐柏山区昆虫》，中国农业科学技术出版社。

斑夜蛾 *Borbotana nivifascia* Walker, 1858

省内产地：商丘。

分布：河南，云南；印度(锡金)，马来西亚。

资料来源：衡雪梅，2002，河南省夜蛾科昆虫名录补遗。《太行山及桐柏山区昆虫》，中国农业科学技术出版社。

黑纹干夜蛾 *Busseola longistriga* (Draudt, 1950)　(河南新记录属、种)

省内产地：嵩县白云山。

分布：河南，河北，山西，陕西。

埃散纹夜蛾 *Callopistria aethiops* Butler, 1878

省内产地：桐柏水帘洞。

分布：河南，湖南，海南；朝鲜，日本，印度。

资料来源：申效诚，2002，鳞翅目：夜蛾总科。《太行山及桐柏山区昆虫》，中国农业科学技术出版社。

白线散纹夜蛾 *Callopistria albolineola* (Graeser, 1888) (图版 XXXIX-8)

省内产地：嵩县白云山，内乡宝天曼，西峡黄石庵，商城黄柏山大庙，桐柏水帘洞，济源王屋山，济源黄楝树。

分布：河南，黑龙江，河北；日本，俄罗斯。

资料来源：申效诚，1998，鳞翅目：夜蛾科。《伏牛山区昆虫》，中国农业科学技术出版社。

弧角散纹夜蛾 *Callopistria duplicans* Walker, 1857

省内产地：信阳鸡公山，罗山灵山，商城黄柏山，商城黄柏山大庙，新县连康山。

分布：河南，山东，江苏，浙江，江西，福建，四川，台湾，海南；朝鲜，日本，印度，缅甸。

资料来源：申效诚等，1999，鳞翅目：夜蛾科。《鸡公山区昆虫》，中国农业科学技术出版社。

散纹夜蛾 *Callopistria juventina* (Stoll, 1782) (图版 XXXIX-9)

省内产地：嵩县白云山，信阳鸡公山，内乡宝天曼，商城黄柏山，罗山灵山，桐柏水帘洞。

分布：河南，黑龙江，江苏，江西，浙江，福建，湖北，湖南，海南，广西，四川；日本，俄罗斯，印度；欧洲，美洲。

寄主：蕨类。

资料来源：申效诚，1998，鳞翅目：夜蛾科。《伏牛山区昆虫》，中国农业科学技术出版社。

红棕散纹夜蛾 *Callopistria placodoides* (Guenee, 1852)

省内产地：桐柏水帘洞，郸城，陕县，淅川，确山。

分布：河南，湖南，浙江，福建，海南，云南；印度，马来西亚，印度尼西亚。

寄主：蕨类。

资料来源：申效诚，2002，鳞翅目：夜蛾总科。《太行山及桐柏山区昆虫》，中国农业科学技术出版社。

嵌白散纹夜蛾 *Callopistria quadralba* (Draudt, 1950)

省内产地：淅川大寺。

分布：河南，四川，云南。

资料来源：衡雪梅，2002，河南省夜蛾科昆虫名录补遗。《太行山及桐柏山区昆虫》，中国农业科学技术出版社。

红晕散纹夜蛾 *Callopistria repleta* Walker, 1858 (图版 XXXIX-10)

省内产地：嵩县白云山，商城黄柏山大庙，桐柏水帘洞。

分布：河南，黑龙江，山西，陕西，浙江，福建，湖北，湖南，海南，广西，四川，云南；印度，朝鲜，日本，俄罗斯。

资料来源：申效诚，1998，鳞翅目：夜蛾科。《伏牛山区昆虫》，中国农业科学技术出版社。

沟散纹夜蛾 *Callopistria rivularis* Walker, 1857

省内产地：栾川龙峪湾。

分布：河南，福建，广东，海南，广西，西藏；印度，日本；大洋洲。

资料来源：申效诚等，1999，鳞翅目：夜蛾科。《伏牛山南坡及大别山区昆虫》，中国农业科学技术出版社。

脉散纹夜蛾 *Callopistria venata* Leech, 1900

省内产地：郑州。

分布：河南，湖北，浙江，福建；印度。

资料来源：申效诚，1993，河南昆虫名录。中国农业科学技术出版社。

华逸夜蛾 *Caradrina eutapaishana* Berio, 1977 (河南新记录属、种)

省内产地：内乡宝天曼。

分布：河南，河北，陕西。

维夜蛾 *Chalconyx ypsilon* (Butler, 1879) (图版 XXXIX-12)
丫纹哲夜蛾 *Gerbathodes ypsilon* Butler
省内产地：栾川龙峪湾，信阳鸡公山，西峡黄石庵，桐柏水帘洞。
分布：河南，河北，陕西，浙江；日本。
资料来源：申效诚，1998，鳞翅目：夜蛾科。《伏牛山区昆虫》，中国农业科学技术出版社。

白夜蛾 *Chasminodes albinitens* (Bremer, 1861) (图版 XXXIX-18) (河南新记录种)
省内产地：桐柏水帘洞，嵩县白云山。
分布：河南，黑龙江，河北，山西，陕西，江苏，浙江，湖南；朝鲜，日本。

雪白夜蛾 *Chasminodes niveus* Yang, 1964
省内产地：光山。
分布：河南，四川。
资料来源：申效诚，1993，河南昆虫名录。中国农业科学技术出版社。

白点流夜蛾 *Chytonix albiquadrata* Draudt, 1950 (河南新记录种)
省内产地：内乡宝天曼。
分布：河南，江苏，湖北，浙江，福建，湖南，

黑斑流夜蛾 *Chytonix albonotata* (Staudinger, 1892) (图版 XXXIX-11)
省内产地：嵩县白云山。
分布：河南，黑龙江，四川，云南；日本。
资料来源：申效诚，1998，鳞翅目：夜蛾科。《伏牛山区昆虫》，中国农业科学技术出版社。

白纹点夜蛾 *Condica albigutta* (Wileman, 1912)
省内产地：桐柏水帘洞。
分布：河南，湖南，海南，台湾。
资料来源：申效诚，2002，鳞翅目：夜蛾总科。《太行山及桐柏山区昆虫》，中国农业科学技术出版社。

素点夜蛾 *Condica capensis* (Guenee, 1852) (河南新记录种)
省内产地：内乡宝天曼。
分布：河南，湖北，湖南，江西，福建，台湾，广东，海南，西藏；印度，缅甸，斯里兰卡，马来西亚，菲律宾，印度尼西亚；大洋洲，非洲。

易点夜蛾 *Condica illecta* (Walker, 1865)
省内产地：桐柏水帘洞。
分布：河南，海南，云南；印度。
寄主：藿香蓟，金鸡菊。
资料来源：申效诚，2002，鳞翅目：夜蛾总科。《太行山及桐柏山区昆虫》，中国农业科学技术出版社。

曲纹兜夜蛾 *Cosmia camptostigma* (Menetres, 1859) (图版 XXXIX-16)
省内产地：内乡宝天曼，桐柏水帘洞，济源王屋山。
分布：河南，黑龙江，内蒙古；日本，俄罗斯。
资料来源：申效诚等，1999，鳞翅目：夜蛾科。《伏牛山南坡及大别山区昆虫》，中国农业科学技术出版社。

小兜夜蛾 *Cosmia exigua* (Butler, 1881)
省内产地：鲁山县石人山，内乡宝天曼。
分布：河南，黑龙江，新疆，湖北；日本，俄罗斯。
资料来源：申效诚等，1999，鳞翅目：夜蛾科。《伏牛山南坡及大别山区昆虫》，中国农业科学技术出版社。

黄缨兜夜蛾 *Cosmia flavifimbria* (Hampson, 1910) (图版 XXXIX-14) (河南新记录种)
省内产地：内乡宝天曼。

分布：河南，云南，西藏；印度。

凡兜夜蛾 *Cosmia moderata* (Staudinger, 1888)

省内产地：鲁山县石人山。

分布：河南，黑龙江，云南；日本，俄罗斯。

资料来源：申效诚，1998，鳞翅目：夜蛾科。《伏牛山区昆虫》，中国农业科学技术出版社。

白斑兜夜蛾 *Cosmia restituta* Walker, 1857 (图版 XXXIX-13)

省内产地：栾川龙峪湾，内乡宝天曼。

分布：河南，黑龙江，甘肃；日本，俄罗斯，印度，尼泊尔。

资料来源：申效诚等，1999，鳞翅目：夜蛾科。《伏牛山南坡及大别山区昆虫》，中国农业科学技术出版社。

血兜夜蛾 *Cosmia sanguinea* Sugi, 1955

省内产地：内乡宝天曼。

分布：河南；日本。

资料来源：申效诚等，1999，鳞翅目：夜蛾科。《伏牛山南坡及大别山区昆虫》，中国农业科学技术出版社。

一色兜夜蛾 *Cosmia unicolor* (Staudinger, 1892) (图版 XXXIX-15) (河南新记录种)

省内产地：嵩县白云山。

分布：河南，黑龙江，内蒙古，陕西；俄罗斯。

暗翅夜蛾 *Dypterygia caliginosa* (Walker, 1858)

省内产地：罗山灵山。

分布：河南，河北，陕西，浙江，福建，湖北，湖南，海南，四川，云南，贵州；日本。

资料来源：申效诚等，1999，鳞翅目：夜蛾科。《伏牛山南坡及大别山区昆虫》，中国农业科学技术出版社。

迪夜蛾 *Dyrzela plagiata* Walker, 1858 (河南新记录属、种)

省内产地：灵宝，信阳。

分布：河南，广东，海南；印度，缅甸，斯里兰卡。

寄主：扁担杆属。

井夜蛾 *Dysmilichia gemella* (Leech, 1889)

省内产地：桐柏水帘洞，卢氏狮子坪。

分布：河南，河北，黑龙江，浙江，江西，福建；朝鲜，日本。

资料来源：申效诚，1998，鳞翅目：夜蛾科。《伏牛山区昆虫》，中国农业科学技术出版社。

希夜蛾 *Eucarta amethystina* (Hubner, 1803)

省内产地：具体不详。

分布：河南，黑龙江，湖北；朝鲜，日本；欧洲。

寄主：野胡萝卜，前胡。

资料来源：衡雪梅，2002，河南省夜蛾科昆虫名录补遗。《太行山及桐柏山区昆虫》，中国农业科学技术出版社。

直线希夜蛾 *Eucarta arcta* Lederer, 1853

直线禾夜蛾 *Oligia arcta* (Lederer)

省内产地：郑州。

分布：河南，黑龙江，新疆，福建；朝鲜，日本，俄罗斯。

资料来源：申效诚，1993，河南昆虫名录。中国农业科学技术出版社。

窄直希夜蛾 *Eucarta arctides* (Staudinger, 1888)

省内产地：鲁山，陕县。

分布：河南，黑龙江，河北，湖北；日本，俄罗斯。

资料来源：衡雪梅，2002，河南省夜蛾科昆虫名录补遗。《太行山及桐柏山区昆虫》，中国农业

科学技术出版社。

白斑锦夜蛾 *Euplexia albovittata* Moore, 1867　(图版 XXXIX-17)

省内产地：内乡宝天曼。

分布：河南，浙江，福建，湖南，海南，四川，云南；印度(锡金)。

资料来源：申效诚等，1999，鳞翅目：夜蛾科。《伏牛山南坡及大别山区昆虫》，中国农业科学技术出版社。

文锦夜蛾 *Euplexia literata* (Moore, 1882)　(河南新记录种)

省内产地：桐柏水帘洞。

分布：河南，湖北，江苏，浙江，江西，湖南，海南，云南；日本，印度(锡金)。

锦夜蛾 *Euplexia lucipara* (Linnaeus, 1758)

省内产地：鲁山县石人山。

分布：河南，黑龙江，湖北，四川，云南；日本，俄罗斯；北美。

寄主：大豆，女贞，毛茛，桦。

资料来源：申效诚，1998，鳞翅目：夜蛾科。《伏牛山区昆虫》，中国农业科学技术出版社。

后黄东夜蛾 *Euromoia subpulchra* (Alpheraky, 1897)　(河南新记录属、种)

省内产地：桐柏水帘洞。

分布：河南，陕西，湖北，福建；朝鲜，日本。

宏遗夜蛾 *Fagitana gigantean* Draudt, 1950　(河南新记录属、种)

省内产地：内乡宝天曼。

分布：河南，黑龙江，陕西，浙江，云南；日本。

健构夜蛾 *Gortyna fortis* (Butler, 1878)

省内产地：嵩县白云山。

分布：河南，黑龙江，陕西，浙江，福建；日本。

资料来源：Karsholt *et al.*, 2002，鳞翅目：夜蛾科。《太行山及桐柏山区昆虫》，中国农业科学技术出版社。

中赫夜蛾 *Hadjina chinensis* (Wallengren, 1860)　(河南新记录属、种)

省内产地：嵩县白云山。

分布：河南，黑龙江，河北，江西，四川；朝鲜，日本，印度，克什米尔地区。

斑筱夜蛾 *Hoplodrina implacata* (Wileman *et* West, 1929)

省内产地：桐柏水帘洞。

分布：河南，湖北，湖南，四川。

资料来源：Karsholt *et al.*, 2002，鳞翅目：夜蛾科。《太行山及桐柏山区昆虫》，中国农业科学技术出版社。

日雅夜蛾 *Iambia japonica* Sugi, 1958

省内产地：桐柏水帘洞，罗山灵山。

分布：河南，福建，广西；日本。

资料来源：申效诚，2002，鳞翅目：夜蛾总科。《太行山及桐柏山区昆虫》，中国农业科学技术出版社。

贯雅夜蛾 *Iambia transversa* (Moore, 1882)

省内产地：西峡。

分布：河南，山东，湖北，云南；日本，印度，不丹；非洲。

资料来源：衡雪梅，2002，河南省夜蛾科昆虫名录补遗。《太行山及桐柏山区昆虫》，中国农业科学技术出版社。

逸色夜蛾 *Ipimorpha retusa* (Linnaeus, 1761)

省内产地：鲁山县石人山，内乡宝天曼，嵩县白云山。

分布：河南，黑龙江，新疆；日本，俄罗斯；欧洲。

寄主：杨，柳。

资料来源：申效诚，1998，鳞翅目：夜蛾科。《伏牛山区昆虫》，中国农业科学技术出版社。

杨逸色夜蛾 *Ipimorpha subtusa* (Denis *et* Schiffermuller, 1775)

省内产地：内乡。

分布：河南，广东；印度，缅甸，斯里兰卡；欧洲。

寄主：杨，柳。

资料来源：申效诚，1993，河南昆虫名录。中国农业科学技术出版社。

铜光毡夜蛾 *Lasiplexia cupreomicans* Draudt, 1950

省内产地：卢氏。

分布：河南，湖南，云南。

资料来源：衡雪梅，2002，河南省夜蛾科昆虫名录补遗。《太行山及桐柏山区昆虫》，中国农业科学技术出版社。

独夜蛾 *Nikara castanea* Moore, 1882

省内产地：栾川龙峪湾，嵩县白云山。

分布：河南，四川；印度(锡金)。

资料来源：申效诚，2002，鳞翅目：夜蛾总科。《太行山及桐柏山区昆虫》，中国农业科学技术出版社。

乏夜蛾 *Niphonix segregata* (Butler, 1878) (图版 XL-3)

葎草流夜蛾 *Chytonix segregata* (Butler)

省内产地：嵩县白云山，信阳鸡公山，西峡黄石庵，济源王屋山，桐柏水帘洞。

分布：河南，河北，黑龙江，云南；朝鲜，日本，俄罗斯。

寄主：葎草。

资料来源：申效诚，1998，鳞翅目：夜蛾科。《伏牛山区昆虫》，中国农业科学技术出版社。

白点雍夜蛾 *Oederemia esox* Draudt, 1950 (河南新记录属、种)

省内产地：内乡宝天曼。

分布：河南，陕西，江苏，浙江，湖南，云南。

克禾夜蛾 *Oligia khasiana* (Hampson, 1894) (河南新记录种)

省内产地：桐柏水帘洞。

分布：河南，陕西，江苏，浙江，云南；不丹，印度。

竹笋禾夜蛾 *Oligia vulgaris* (Butler, 1886)

省内产地：新县连康山，商城黄柏山，商城黄柏山大庙。

分布：河南，江苏，浙江，江西，湖北，湖南，福建，云南；日本。

寄主：竹笋。

资料来源：申效诚等，1999，鳞翅目：夜蛾科。《伏牛山南坡及大别山区昆虫》，中国农业科学技术出版社。

曲线禾夜蛾 *Oligia vulnerata* (Butler, 1878)

省内产地：桐柏水帘洞，商丘，永城。

分布：河南，黑龙江，河北，湖北，江西；日本。

资料来源：Karsholt *et al.*，2002，鳞翅目：夜蛾科。《太行山及桐柏山区昆虫》，中国农业科学技术出版社。

白斑胖夜蛾 *Orthogonia canimaculata* Warren, 1911 (图版 XL-1)

省内产地：嵩县白云山。

分布：河南，浙江，四川。

资料来源：申效诚，1998，鳞翅目：夜蛾科。《伏牛山区昆虫》，中国农业科学技术出版社。

胖夜蛾 *Orthogonia sera* Felder *et* Felder, 1862 (图版 XL-2)

省内产地：嵩县白云山，商城黄柏山。

分布：河南，浙江，江西，四川，云南；日本。

寄主：紫穗槐。

资料来源：申效诚，1998，鳞翅目：夜蛾科。《伏牛山区昆虫》，中国农业科学技术出版社。

围星夜蛾 *Perigea cyclicoides* Draudt, 1950　(河南新记录种)

省内产地：嵩县白云山。

分布：河南，河北，陕西，江苏，浙江，福建，湖南。

云星夜蛾 *Perigea polimera* (Hampson, 1908)

省内产地：嵩县白云山。

分布：河南，湖北，福建，广东，海南，四川；印度。

资料来源：申效诚，2002，鳞翅目：夜蛾总科。《太行山及桐柏山区昆虫》，中国农业科学技术出版社。

福衫夜蛾 *Phlogophora beatrix* Butler, 1878　(图版 XLI-1)　(河南新记录种)

省内产地：嵩县白云山。

分布：河南，湖南，西藏；日本。

紫褐衫夜蛾 *Phlogophora subpurpurea* Leech, 1900　(图版 XLI-2)　(河南新记录种)

省内产地：嵩县白云山。

分布：河南，甘肃，四川，云南，西藏；印度。

朴夜蛾 *Plusilla rosalia* Staudinger, 1892

省内产地：中牟，淮阳，郸城，项城，卢氏，桐柏。

分布：河南，黑龙江，江苏，湖北；俄罗斯。

资料来源：申效诚，1993，河南昆虫名录。中国农业科学技术出版社。

霉裙剑夜蛾 *Polyphaenis oberthuri* Staudinger, 1892

省内产地：鲁山，栾川，西峡。

分布：河南，黑龙江，陕西，新疆，湖北，福建，湖南，贵州，四川，云南；朝鲜，俄罗斯。

资料来源：陈一心，1993。

绿影裙剑夜蛾 *Polyphaenis subviridis* (Butler, 1878)　(河南新记录种)

省内产地：内乡宝天曼。

分布：河南，湖北，江苏，浙江，江西，湖南，云南；日本。

比星普夜蛾 *Prospalta contigua* Leech, 1900

省内产地：郸城，陕县。

分布：河南，陕西，福建，四川；印度。

资料来源：衡雪梅，2002，河南省夜蛾科昆虫名录补遗。《太行山及桐柏山区昆虫》，中国农业科学技术出版社。

肾星普夜蛾 *Prospalta leucospila* Walker, 1857

省内产地：西峡。

分布：河南，云南；印度(锡金)，马来西亚。

资料来源：衡雪梅，2002，河南省夜蛾科昆虫名录补遗。《太行山及桐柏山区昆虫》，中国农业科学技术出版社。

聚星普夜蛾 *Prospalta sigeria* Leech, 1900

聚星夜蛾 *Perigea sigeria* Leech

省内产地：卢氏狮子坪，西峡寨根，陕县甘山，济源王屋山。

分布：河南，四川，湖南，浙江。

资料来源：申效诚，1998，鳞翅目：夜蛾科。《伏牛山区昆虫》，中国农业科学技术出版社。

殿夜蛾 *Pygopteryx suava* Staudinger, 1887

省内产地：济源王屋山。

分布：河南，河北，山东，黑龙江；日本。

资料来源：申效诚，2002，鳞翅目：夜蛾总科。《太行山及桐柏山区昆虫》，中国农业科学技术出版社。

纹幻夜蛾 *Sasunaga basiplaga* Warren, 1912

省内产地：嵩县白云山。

分布：河南，西藏；印度，巴布亚新几内亚。

资料来源：申效诚，2002，鳞翅目：夜蛾总科。《太行山及桐柏山区昆虫》，中国农业科学技术出版社。

稻蛀茎夜蛾(大螟)*Sesamia inferens* (Walker, 1856)

省内产地：郑州，南阳，信阳。

分布：河南，江苏，浙江，福建，台湾，湖北，四川；日本，印度，缅甸，斯里兰卡，马来西亚，新加坡，印度尼西亚，菲律宾。

寄主：稻，小麦，黍，玉米，甘蔗，芦苇。

资料来源：申效诚，1993，河南昆虫名录。中国农业科学技术出版社。

袭夜蛾 *Sidemia bremeri* (Erschov, 1870)

袭夜蛾 *Sidemia speciosa* Bremer

省内产地：具体不详。

分布：河南，黑龙江，陕西；俄罗斯。

资料来源：申效诚，1993，河南昆虫名录。中国农业科学技术出版社。

克袭夜蛾 *Sidemia spilogramma* (Rambur, 1871)

省内产地：新安。

分布：河南，黑龙江，内蒙古，河北，山东，江苏，湖南；俄罗斯。

资料来源：衡雪梅，2002，河南省夜蛾科昆虫名录补遗。《太行山及桐柏山区昆虫》，中国农业科学技术出版社。

日月明夜蛾 *Sphragifera biplaga* (Walker, 1865) (图版 XL-5)

省内产地：嵩县白云山，栾川龙峪湾，内乡宝天曼，信阳鸡公山，卢氏狮子坪，桐柏水帘洞，罗山灵山，登封少林寺，西峡黄石庵、西峡寨根，商城黄柏山。

分布：河南，河北，湖北，湖南，江苏，浙江，贵州；朝鲜，日本。

资料来源：申效诚，1993，河南昆虫名录。中国农业科学技术出版社。

斑明夜蛾 *Sphragifera maculata* (Hampson, 1894) (河南新记录种)

省内产地：内乡宝天曼。

分布：河南，四川；缅甸。

大斑明夜蛾 *Sphragifera magniplaga* Chen, 1986 (图版 XL-6) (河南新记录种)

省内产地：嵩县白云山，信阳鸡公山，内乡宝天曼，栾川龙峪湾。

分布：河南，四川。

小斑明夜蛾 *Sphragifera mioplaga* Chen, 1986 (图版 XL-7) (河南新记录种)

省内产地：内乡宝天曼，嵩县白云山，栾川龙峪湾。

分布：河南，湖北。

丹日明夜蛾 *Sphragifera sigillata* (Menetres, 1859) (图版 XL-4)

省内产地：罗山灵山，桐柏水帘洞，济源黄楝树，嵩县白云山，信阳鸡公山，辉县八里沟，栾川龙峪湾，商城黄柏山，内乡宝天曼，陕县甘山。

分布：河南，黑龙江，辽宁，陕西，浙江，江西，湖北，湖南，四川，云南，贵州，宁夏，甘肃；朝鲜，日本，俄罗斯。

资料来源：申效诚，1993，河南昆虫名录。中国农业科学技术出版社。

微斑明夜蛾 *Sphragifera minutplaga* Shen *et* Ma sp. nov. (图 1、2，图版 XL-8)

翅展 26~30 mm.。头部及胸部白色，下唇须褐色。前翅白色微带黄色，一黄褐色斜纹自前缘脉中部外斜伸至肾纹处，肾纹模糊，颜色淡，边界不清晰；近顶角处有一暗褐色的亚顶斑，呈月牙形，其末端黑色；基线仅在前缘脉呈一黑点；内线隐约可见，淡黄褐色，波曲状；外线黄褐色，波曲状；亚端线双线，黄褐色，波曲状，外侧一条细弱，内侧一条为一宽带，其外侧边缘清晰，向内颜色渐浅，内侧边缘模糊；端线由不规则黑点组成，缘毛淡黄色。后翅白色微带黄色，端部褐色；腹部浅黄色(图 6)。

雄性外生殖器(图 1)：钩形突粗壮，似长矛，端部削尖，抱器瓣宽，端部尖，腹缘近端部有一弧形凹陷，抱钩粗长，阳茎端基环宽扁形，阳茎粗，长度与抱器瓣相当，内囊有一粗圆拉长的葫芦形角状器。

雌性外生殖器(图 2)：前表皮突细短，后表皮突粗长，后表皮突长约为前表皮突的 2 倍；交配孔狭长；围孔片骨化，基部粗，与囊导管连接处细；囊导管粗短，基部骨化长约为交配囊的 2/5；交配囊基部大，端部削尖，端部顶端轻微骨化，散布微刺突；囊突位于交配囊近基部，小长条状，上布满微刺突。

正模：♂，河南嵩县白云山，1400 m, 33°39′N 111°49′E, 2003-Ⅶ-14，邱礽采。副模：1♂2♀♀，同正模；4♂♂2♀♀，河南内乡宝天曼，1400 m, 33°31′N 111°55′E, 2006-Ⅵ-21~30，申效诚、孙浩、赵华东采。模式标本保存在河南省农业科学院植物保护研究所昆虫标本室。

该新种在外部形态上与 *Sphragifera mioplaga* 最为相似，主要区别在于：新种的前翅亚顶斑微小，新月形，外线、亚端线、端线明显；雄性外生殖器抱器瓣端部尖，抱钩粗长。后者的前翅亚顶斑较大，半月形，其后有黑斑和大面积暗区；雄外生殖器抱器瓣端部钝圆，抱钩端部膨大。

图 1　雄性外生殖器(male genitalia)

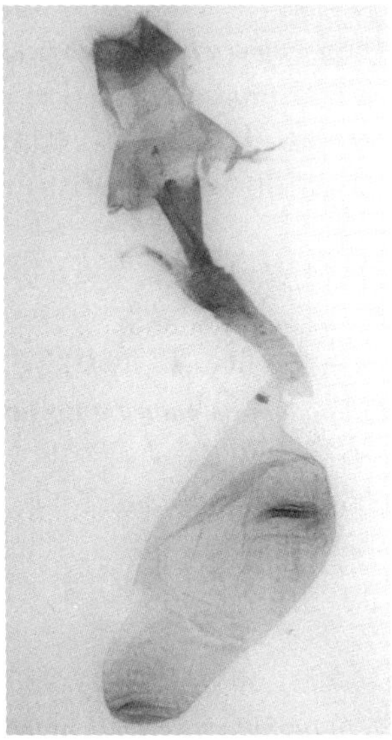

图 2　雌性外生殖器(female genitalia)

词源：新种学名由拉丁文“*minut* (微小的)”和“*plaga* (色纹)”组成，意指前翅亚顶斑微小。

Adult wing expanse 26~30 mm. Head and thorax white. Forewing yellowish white, with a yellowish brown oblique streak from middle of costal margin to reniform; the subapical blotch darkbrown, crescent. Antemedial line faint, postmedial and subterminal lines distinct, yellowish brown. Hindwing yellowish white, terminal area light brown. The valva with sharp head, clasper long.

This new species is similar to *Sphragifera mioplaga*, but differs from it by forewing with the subapical patch tiny and crescent, valva with sharp head, clasper large long. In the latter species, subapical patch larger, semicircle, valva with blunt heat, clasper with large round head.

Holotype: ♂, Baiyun mountain, 1400 m, 33°39′N，111°49′E, Songxian County, Henan Province, 14-Ⅶ-2003, collected by Qiu Reng. Paratypes: 1♂2 ♀♀, the same with Holotype; 4♂♂2♀♀, Baotianman Natural

Reserve, 1400 m, 33°31′N，111°55′E, Neixiang County, Henan Province, 21~30-Ⅵ-2006, collected by Shen Xiao-Cheng, Sun Hao and Zhao Hua-Dong. All the type specimens are deposited in the Insect Collection, Institute of Plant Protection, Henan Academy of Agricultural Sciences

Etymology: The species name is derived from the Latin words "*minut*" and "*plaga*", which refers to its tiny subapical patch.

淡剑灰翅夜蛾 *Spodoptera depravata* (Butler, 1879)

淡剑袭夜蛾 *Sidemia depravata* Butler

省内产地：桐柏水帘洞。

分布：河南，江苏，浙江，福建，湖北，湖南；日本。

寄主：稻，谷，结缕草。

资料来源：Karsholt *et al.*，2002，鳞翅目：夜蛾科。《太行山及桐柏山区昆虫》，中国农业科学技术出版社。

甜菜夜蛾 *Spodoptera exigua* (Hubner, 1808)

贪夜蛾 *Laphygma exigua* (Hubner)

省内产地：全省。

分布：河南，华北，华东，华中，华南，西南；日本，印度，缅甸；欧洲，非洲，大洋洲。

寄主：甜菜，棉花，玉米，蔬菜，茄，葱，马铃薯，辣椒，豆类，莴苣，番茄，侧柏，泡桐。

资料来源：申效诚，1993，河南昆虫名录。中国农业科学技术出版社。

斜纹夜蛾 *Spodoptera litura* (Fabricius, 1775)

斜纹夜蛾 *Prodenia litura* (Fabricius)

省内产地：嵩县白云山，桐柏水帘洞等全省各地。

分布：河南，山东，江苏，浙江，福建，湖南，广东，广西，海南，云南，贵州；亚洲热带，非洲。

寄主：甘薯，棉花，芋头，荷，向日葵，烟草，芝麻，玉米，高粱，稻，瓜类，豆类，甘蓝，白菜，苋菜，茄，番茄，辣椒，马铃薯，花生，泡桐，茶，桑，橘，苹果，葡萄，梨。

资料来源：申效诚，1993，河南昆虫名录。中国农业科学技术出版社。

灰翅夜蛾 *Spodoptera mauritia* Boisduval, 1833

省内产地：中牟，许昌。

分布：河南，山东，江苏，浙江，福建，湖南，广东，广西，海南，云南；印度，缅甸，泰国，马来西亚；非洲，大洋洲。

寄主：稻，小麦，高粱，玉米，甘蔗等禾本科植物及芝麻，棉花，蔬菜，芋头，茄，花生，绿豆，杨，柳。

资料来源：申效诚，1993，河南昆虫名录。中国农业科学技术出版社。

干纹夜蛾 *Staurophora celsia* (Linnaeus, 1758) (河南新记录属、种)

省内产地：济源王屋山。

分布：河南，新疆，内蒙古，黑龙江，河北，山东；欧洲。

陌夜蛾 *Trachea atriplicis* (Linnaeus, 1758) (图版 XLI-3)

省内产地：信阳鸡公山，桐柏水帘洞，武陟，郑州，中牟。

分布：河南，黑龙江，江西，福建，湖南；日本，俄罗斯；欧洲。

寄主：鲁梅克斯牧草(蓼科)。

资料来源：Karsholt *et al.*，2002，鳞翅目：夜蛾科。《太行山及桐柏山区昆虫》，中国农业科学技术出版社。

白斑陌夜蛾 *Trachea auriplena* (Walker, 1857)

省内产地：西峡寨根，鲁山石人山，济源黄楝树。

分布：河南，湖北，湖南，浙江，福建，云南，四川，江西，西藏；日本，印度，斯里兰卡，朝鲜。

资料来源：申效诚，1998，鳞翅目：夜蛾科。《伏牛山区昆虫》，中国农业科学技术出版社。

黑环陌夜蛾 *Trachea melanospila* Kollar, 1844

省内产地：卢氏，信阳。

分布：河南，黑龙江，湖北，海南，四川，云南；印度。

资料来源：衡雪梅，2002，河南省夜蛾科昆虫名录补遗。《太行山及桐柏山区昆虫》，中国农业科学技术出版社。

韭绿陌夜蛾 *Trachea prasinatra* Draudt, 1950　(河南新记录种)

省内产地：内乡宝天曼。

分布：河南，陕西，山西，浙江，四川。

明带夜蛾 *Triphaenopsis lucilla* Butler, 1878

明裙剑夜蛾 *Polyphaenis lucilla* Butler

省内产地：栾川龙峪湾。

分布：河南，黑龙江，福建，湖南，西藏；日本，俄罗斯(阿穆尔)。

资料来源：申效诚，1998，鳞翅目：夜蛾科。《伏牛山区昆虫》，中国农业科学技术出版社。

美带夜蛾 *Triphaenopsis pulcherrima* (Moore, 1867)

美裙剑夜蛾 *Polyphaenis pulcherrima* (Moore)

省内产地：栾川龙峪湾。

分布：河南，黑龙江，湖北，江西，福建，贵州，四川，西藏；印度(锡金)，俄罗斯。

资料来源：申效诚，1998，鳞翅目：夜蛾科。《伏牛山区昆虫》，中国农业科学技术出版社。

条夜蛾 *Virgo datanidia* (Butler, 1885)　(河南新记录属、种)

省内产地：桐柏水帘洞。

分布：河南，黑龙江，陕西，浙江，湖南；日本，俄罗斯。

路夜蛾 *Xenotrachea albidisca* (Moore, 1867)　(图版 XLI-4)

白肾陌夜蛾 *Trachea albidisca* (Moore)

省内产地：嵩县白云山。

分布：河南，湖南，广东，广西，海南，四川，云南；印度。

资料来源：申效诚等，1999，鳞翅目：夜蛾科。《鸡公山区昆虫》，中国农业科学技术出版社。

(九) 丽夜蛾亚科 Chloephorinae

碧夜蛾 *Bena prasinana* (Linnaeus, 1761)　(河南新记录属、种)

省内产地：内乡宝天曼，嵩县白云山。

分布：河南，内蒙古；欧洲。

鼎点钻夜蛾 *Earias cupreoviridis* (Walker, 1862)

省内产地：信阳鸡公山，西峡黄石庵。

分布：河南，江苏，浙江，台湾，广东，湖北，湖南，四川，云南，西藏；朝鲜，日本，印度，印度尼西亚；非洲。

寄主：棉花，蜀葵，冬葵，苘麻，向日葵，黄麻，木槿，苹果，杨，柳。

资料来源：申效诚，1993，河南昆虫名录。中国农业科学技术出版社。

粉缘钻夜蛾 *Earias pudicana* Staudinger, 1887

省内产地：西峡黄石庵，商城黄柏山，桐柏水帘洞。

分布：河南，河北，山西，黑龙江，辽宁，宁夏，山东，江苏，浙江，江西，湖北，湖南，四川；朝鲜，日本，俄罗斯，印度。

寄主：杨，柳，棉花。

资料来源：申效诚，1993，河南昆虫名录。中国农业科学技术出版社。

翠纹钻夜蛾 *Earias rittella* (Fabricius, 1794)

翠纹钻夜蛾 *Earias fabia* Stal

省内产地：全省。

分布：河南，江苏，浙江，江西，台湾，湖北，湖南，广东，广西，四川，云南，贵州；印度；东南亚，大洋洲。

寄主：棉花，麻，冬葵，扶桑，木槿。

资料来源：申效诚，1993，河南昆虫名录。中国农业科学技术出版社。

玫斑钻夜蛾 *Earias roseifera* Butler, 1881

省内产地：桐柏水帘洞。

分布：河南，河北，浙江，湖北，湖南，四川；日本，越南，印度。

寄主：杜鹃花。

资料来源：Karsholt *et al.*, 2002，鳞翅目：夜蛾科。《太行山及桐柏山区昆虫》，中国农业科学技术出版社。

旋夜蛾 *Eligma narcissus* (Cramer, 1776) (图版 XLI-5)

省内产地：嵩县白云山，信阳鸡公山，内乡宝天曼，桐柏水帘洞等全省各地。

分布：河南，河北，山东，福建，浙江，湖北，四川，云南；日本，印度，马来西亚，菲律宾，印度尼西亚。

寄主：椿，梨，苹果，橘，桃。

资料来源：申效诚，1993，河南昆虫名录。中国农业科学技术出版社。

银斑砌石夜蛾 *Gabala argentata* Butler, 1878

省内产地：嵩县白云山，南召。

分布：河南，浙江，江西，湖南，广东，海南，西藏；朝鲜，日本，印度，缅甸。

寄主：盐肤木，栎。

资料来源：申效诚，1993，河南昆虫名录。中国农业科学技术出版社。

霜夜蛾 *Gelastocera exusta* Butler, 1877

省内产地：信阳鸡公山，桐柏水帘洞。

分布：河南，湖北，湖南，海南，四川，西藏；日本。

资料来源：申效诚，1993，河南昆虫名录。中国农业科学技术出版社。

黑肾蜡丽夜蛾 *Kerala decipiens* (Butler, 1879)

省内产地：鲁山县石人山。

分布：河南，黑龙江，内蒙古，湖南，四川；日本，俄罗斯。

资料来源：申效诚，1998，鳞翅目：夜蛾科。《伏牛山区昆虫》，中国农业科学技术出版社。

土夜蛾 *Macrochthonia fervens* Butler, 1881

省内产地：内乡宝天曼，西峡黄石庵，桐柏水帘洞。

分布：河南，黑龙江，江苏，浙江，江西，湖北；日本。

资料来源：申效诚等，1999，鳞翅目：夜蛾科。《伏牛山南坡及大别山区昆虫》，中国农业科学技术出版社。

饰夜蛾 *Pseudoips fagana* (Fabricius, 1794) (图版 XLI-7)

省内产地：内乡宝天曼，陕县甘山，桐柏水帘洞。

分布：河南，黑龙江，西藏；日本，俄罗斯；欧洲。

资料来源：申效诚等，1999，鳞翅目：夜蛾科。《伏牛山南坡及大别山区昆虫》，中国农业科学技术出版社。

内黄血斑夜蛾 *Siglophora sanguinolenta* (Moore, 1888)

省内产地：卢氏狮子坪，桐柏水帘洞。

分布：河南，浙江，湖南，广西，西藏，四川；印度(锡金)，印度尼西亚。

资料来源：申效诚，1998，鳞翅目：夜蛾科。《伏牛山区昆虫》，中国农业科学技术出版社。

胡桃豹夜蛾 *Sinna extrema* (Walker, 1854) (图版 XLI-8)

省内产地：嵩县白云山，信阳鸡公山，内乡宝天曼，西峡黄石庵，商城黄柏山，新县连康山，陕县甘山，桐柏水帘洞。

分布：河南，黑龙江，陕西，江苏，浙江，江西，福建，湖北，湖南，海南，四川；日本。

资料来源：申效诚，1993，河南昆虫名录。中国农业科学技术出版社。

佳俊夜蛾 *Westermannia nobilis* Draudt, 1950

省内产地：鲁山。

分布：河南，浙江。

资料来源：陈一心，1999，中国动物志 昆虫纲 第十六卷。科学出版社。

俊夜蛾 *Westermannia superba* Hubner, 1823 (图版 XXIX-5)

省内产地：新县连康山，西峡黄石庵，桐柏水帘洞。

分布：河南，福建，湖南，广东，云南；印度，斯里兰卡，新加坡，印度尼西亚，日本。

寄主：榄仁树。

资料来源：申效诚等，1999，鳞翅目：夜蛾科。《伏牛山南坡及大别山区昆虫》，中国农业科学技术出版社。

黄夜蛾 *Xanthodes albago* Fabricius, 1794

黄夜蛾 *Xanthodes malvae* Esper

省内产地：郑州，荥阳，许昌，新乡，洛阳，卢氏，中牟，郸城，沈丘，镇平，西峡，桐柏。

分布：河南，湖北，湖南，台湾，海南，云南，西藏；印度，缅甸，斯里兰卡；欧洲，非洲。

寄主：锦葵，花葵，苘麻，大豆。

资料来源：申效诚，1993，河南昆虫名录。中国农业科学技术出版社。

焦条黄夜蛾 *Xanthodes graellsii* Feisthamel, 1837

省内产地：中牟，荥阳，新郑，郸城，郾城，镇平。

分布：河南，湖北，湖南，台湾，广东，云南，西藏；日本，印度，缅甸；欧洲，非洲。

寄主：棉花。

资料来源：申效诚，1993，河南昆虫名录。中国农业科学技术出版社。

犁纹黄夜蛾 *Xanthodes transversa* Guenee, 1852

省内产地：中牟，郸城，郾城，淅川。

分布：河南，湖北，湖南，台湾，广东，云南，西藏；日本，印度，缅甸；欧洲，非洲。

寄主：白术。

资料来源：申效诚，1993，河南昆虫名录。中国农业科学技术出版社。

(一〇) 绮夜蛾亚科 Acontiinae

两色绮夜蛾 *Acontia bicolora* Leech, 1889

省内产地：信阳鸡公山，内乡宝天曼，商城黄柏山，商城黄柏山大庙，栾川龙峪湾，桐柏水帘洞。

分布：河南，河北，山东，江苏，浙江，福建，江西，湖北，湖南，贵州；朝鲜，日本。

寄主：扶桑。

资料来源：申效诚等，1999，鳞翅目：夜蛾科。《伏牛山南坡及大别山区昆虫》，中国农业科学技术出版社。

迭绮夜蛾 *Acontia disrupta* (Warren, 1913)

省内产地：桐柏固庙。

分布：河南，广东，海南。

资料来源：衡雪梅，2002，河南省夜蛾科昆虫名录补遗。《太行山及桐柏山区昆虫》，中国农业科学技术出版社。

坑卫翅夜蛾 *Amyna octo* (Guenee, 1852)

坑翅夜蛾 *Ilattia octo* (Guenee)

省内产地：桐柏水帘洞，郑州，许昌，周口，南阳。

分布：河南，河北，山东，山西，江苏，浙江，湖南；世界广布。

寄主：大豆，绿豆，豆类，苹果。

资料来源：Karsholt *et al.*，2002，鳞翅目：夜蛾科。《太行山及桐柏山区昆虫》，中国农业科学技术出版社。

卫翅夜蛾 *Amyna punctum* Fabricius, 1794

省内产地：信阳。

分布：河南，山东，江苏，浙江，福建，台湾，广东，海南，云南，西藏；印度(锡金)，缅甸，斯里兰卡，新加坡，印度尼西亚；非洲。

寄主：棉花。

资料来源：申效诚，1993，河南昆虫名录。中国农业科学技术出版社。

肾卫翅夜蛾 *Amyna renalis* (Moore, 1882)

省内产地：西峡。

分布：河南，海南，四川，云南；印度。

资料来源：衡雪梅，2002，河南省夜蛾科昆虫名录补遗。《太行山及桐柏山区昆虫》，中国农业科学技术出版社。

星卫翅夜蛾 *Amyna stellata* Butler, 1878

省内产地：中牟。

分布：河南，广东，广西；日本。

资料来源：衡雪梅，2002，河南省夜蛾科昆虫名录补遗。《太行山及桐柏山区昆虫》，中国农业科学技术出版社。

***Araeopteron amoena* Inoue, 1958**

省内产地：桐柏水帘洞。

分布：河南；日本。

资料来源：Karsholt *et al.*, 2002，鳞翅目：夜蛾科。《太行山及桐柏山区昆虫》，中国农业科学技术出版社。

土孔夜蛾 *Corgatha argillacea* (Butler, 1879)

省内产地：鲁山县石人山。

分布：河南，河北；朝鲜，日本。

资料来源：申效诚，1998，鳞翅目：夜蛾科。《伏牛山区昆虫》，中国农业科学技术出版社。

柑橘孔夜蛾 *Corgatha dictaria* (Walker, 1861)

省内产地：永城，沈丘，固始，西峡，淅川。

分布：河南，江苏，浙江，四川；日本。

寄主：柑橘类。

资料来源：申效诚，1993，河南昆虫名录。中国农业科学技术出版社。

甘薯卷绮夜蛾 *Cretonia vegetus* (Swinhoe, 1885)

省内产地：桐柏水帘洞。

分布：河南，福建，广东，海南，广西，贵州，云南；印度，缅甸，斯里兰卡。

寄主：甘薯，茉栾藤。

资料来源：申效诚，2002，鳞翅目：夜蛾总科。《太行山及桐柏山区昆虫》，中国农业科学技术出版社。

谐夜蛾 *Emmelia trabealis* (Scopoli, 1763)

省内产地：信阳鸡公山，西峡黄石庵，陕县甘山，济源黄楝树，兰考，中牟。

分布：河南，河北，黑龙江，内蒙古，新疆，江苏，广东；叙利亚，土耳其，伊朗，朝鲜，日本；

欧洲，非洲。

寄主：甘薯，田旋花。

资料来源：申效诚，1993，河南昆虫名录。中国农业科学技术出版社。

桃红猎夜蛾 *Eublemma amasina* (Eversmann, 1942)

省内产地：郑州，许昌。

分布：河南，黑龙江，河北，陕西，江苏，湖北；朝鲜，日本；欧洲。

寄主：菊科，豆科。

资料来源：申效诚，1993，河南昆虫名录。中国农业科学技术出版社。

灰猎夜蛾 *Eublemma arcuinna* (Hubner, 1790)

省内产地：中牟，荥阳，新郑，陕县，卢氏，郸城，郾城，镇平。

分布：河南，黑龙江，内蒙古，新疆，陕西，河北，山东；朝鲜；西亚，欧洲。

资料来源：申效诚，1993，河南昆虫名录。中国农业科学技术出版社。

涡猎夜蛾 *Eublemma cochylioides* (Guenee, 1852)

省内产地：西峡。

分布：河南，台湾，云南；印度，斯里兰卡，印度尼西亚；大洋洲，非洲。

资料来源：衡雪梅，2002，河南省夜蛾科昆虫名录补遗。《太行山及桐柏山区昆虫》，中国农业科学技术出版社。

二红猎夜蛾 *Eublemma dimidialis* (Fabricius, 1794)

省内产地：郑州，中牟。

分布：河南，浙江，福建，台湾，湖北，湖南，海南；日本，印度，斯里兰卡，印度尼西亚。

寄主：豇豆，小豆。

资料来源：申效诚，1993，河南昆虫名录。中国农业科学技术出版社。

聚猎夜蛾 *Eublemma ragusana* (Freyer, 1845) (河南新记录种)

省内产地：辉县八里沟。

分布：河南，河北，山东；日本，印度，缅甸，印度尼西亚；大洋洲，非洲，欧洲。

泛红猎夜蛾 *Eublemma roseana* (Moore, 1881)

省内产地：封丘，中牟，西平，西峡，固始。

分布：河南，广东，海南；印度，斯里兰卡，澳大利亚。

资料来源：衡雪梅，2002，河南省夜蛾科昆虫名录补遗。《太行山及桐柏山区昆虫》，中国农业科学技术出版社。

暗边文夜蛾 *Eustrotia marginata* (Walker, 1866)

省内产地：西峡。

分布：河南，广东；印度，缅甸，印度尼西亚。

资料来源：衡雪梅，2002，河南省夜蛾科昆虫名录补遗。《太行山及桐柏山区昆虫》，中国农业科学技术出版社。

小文夜蛾 *Eustrotia noloides* (Butler, 1879)

省内产地：中牟，长葛。

分布：河南，江苏；日本。

资料来源：申效诚，1993，河南昆虫名录。中国农业科学技术出版社。

文夜蛾 *Eustrotia uncula* (Clerck, 1759)

省内产地：西峡。

分布：河南，黑龙江；日本；欧洲。

资料来源：衡雪梅，2002，河南省夜蛾科昆虫名录补遗。《太行山及桐柏山区昆虫》，中国农业科学技术出版社。

黄斑展夜蛾 *Hyperstrotia flavipuncta* (Leech, 1889) (图版 XXX-8) (河南新记录属、种)

省内产地：嵩县白云山。

分布：河南；日本。

黑俚夜蛾 *Lithacodia atrata* (Butler, 1881)

省内产地：栾川龙峪湾，罗山灵山，桐柏水帘洞。

分布：河南，黑龙江，吉林，福建，四川；日本。

资料来源：申效诚等，1999，鳞翅目：夜蛾科。《伏牛山南坡及大别山区昆虫》，中国农业科学技术出版社。

稻俚夜蛾 *Lithacodia distinguenda* (Staudinger, 1888) (河南新记录种)

省内产地：桐柏水帘洞。

分布：河南，黑龙江，江西，福建，广西；朝鲜，日本，俄罗斯。

亭俚夜蛾 *Lithacodia gracilior* Draudt, 1950 (图版 XXXI-4)

省内产地：栾川龙峪湾，灵宝亚武山，卢氏大块地。

分布：河南，河北，陕西，湖南。

资料来源：申效诚，1998，鳞翅目：夜蛾科。《伏牛山区昆虫》，中国农业科学技术出版社。

白肾俚夜蛾 *Lithacodia martjanovi* (Tschetverikov, 1904) (图版 XXXI-5)

白肾文夜蛾 *Eustrotia martjanovi* Tschetverikov

省内产地：安阳，商丘，中牟，淮阳，陕县，镇平。

分布：河南，黑龙江，内蒙古；俄罗斯。

资料来源：申效诚，1993，河南昆虫名录。中国农业科学技术出版社。

木俚夜蛾 *Lithacodia nemorum* (Oberthur, 1880) (图版 XXXI-6)

省内产地：内乡宝天曼，罗山灵山，桐柏水帘洞，陕县甘山。

分布：河南，黑龙江，河北，山西，新疆；朝鲜，日本，俄罗斯。

资料来源：申效诚等，1999，鳞翅目：夜蛾科。《伏牛山南坡及大别山区昆虫》，中国农业科学技术出版社。

白臀俚夜蛾 *Lithacodia pygarga* (Hufnagel, 1766) (河南新记录种)

省内产地：嵩县白云山。

分布：河南，黑龙江；朝鲜，日本；欧洲。

小冠微夜蛾 *Lophomilia polybapta* (Butler, 1879)

省内产地：西峡黄石庵，罗山灵山，桐柏水帘洞。

分布：河南，江苏；朝鲜，日本。

资料来源：申效诚等，1999，鳞翅目：夜蛾科。《伏牛山南坡及大别山区昆虫》，中国农业科学技术出版社。

美蝠夜蛾 *Lophoruza pulcherrima* (Butler, 1879)

省内产地：信阳鸡公山，内乡宝天曼。

分布：河南，河北，广西，四川；朝鲜，日本。

寄主：菝葜，牛尾菜。

资料来源：申效诚等，1999，鳞翅目：夜蛾科。《伏牛山南坡及大别山区昆虫》，中国农业科学技术出版社。

白斑瑙夜蛾 *Maliattha melaleuca* (Hampson, 1910)

省内产地：桐柏水帘洞，卢氏大块地，登封少林寺。

分布：河南，湖北，湖南，浙江。

资料来源：申效诚，2002，鳞翅目：夜蛾总科。《太行山及桐柏山区昆虫》，中国农业科学技术出版社。

桃红瑙夜蛾 *Maliattha rosacea* (Leech, 1889)

省内产地：桐柏水帘洞。

分布：河南，河北，浙江；日本。

资料来源：Karsholt *et al.*, 2002，鳞翅目：夜蛾科。《太行山及桐柏山区昆虫》，中国农业科学技

术出版社。

玲瑙夜蛾 *Maliattha separata* Walker, 1863

省内产地：桐柏水帘洞。

分布：河南，福建，广东，海南；缅甸，印度，斯里兰卡，马来西亚，印度尼西亚。

资料来源：Karsholt *et al.*, 2002，鳞翅目：夜蛾科。《太行山及桐柏山区昆虫》，中国农业科学技术出版社。

标瑙夜蛾 *Maliattha signifera* (Walker, 1857)

标俚夜蛾 *Lithacodia signifera* Walker

省内产地：信阳鸡公山，桐柏水帘洞。

分布：河南，河北，江苏，江西，湖北，广东，广西；朝鲜，日本，印度，斯里兰卡，缅甸，马来西亚；大洋洲。

资料来源：申效诚，2002，鳞翅目：夜蛾总科。《太行山及桐柏山区昆虫》，中国农业科学技术出版社。

路瑙夜蛾 *Maliattha vialis* (Moore, 1882)

路俚夜蛾 *Lithacodia vialis* Moore

省内产地：嵩县白云山，鲁山县石人山，信阳鸡公山，西峡黄石庵，新县连康山，罗山灵山，桐柏水帘洞。

分布：河南，河北，黑龙江，江西，浙江，湖南，福建，台湾，四川；日本，印度(锡金)，朝鲜。

资料来源：申效诚，1998，鳞翅目：夜蛾科。《伏牛山区昆虫》，中国农业科学技术出版社。

稻螟蛉夜蛾 *Naranga aenescens* Moore, 1881

省内产地：信阳，南阳，郑州，中牟。

分布：河南，河北，陕西，江苏，江西，福建，台湾，湖南，广西，云南；朝鲜，日本，缅甸，印度尼西亚。

寄主：稻，高粱，玉米，茭白，稗，茅草。

资料来源：申效诚，1993，河南昆虫名录。中国农业科学技术出版社。

***Narangoides haemorranta* Hampson, 1910**

省内产地：桐柏水帘洞。

分布：河南；日本。

资料来源：Karsholt *et al.*, 2002，鳞翅目：夜蛾科。《太行山及桐柏山区昆虫》，中国农业科学技术出版社。

粉条巧夜蛾 *Oruza divisa* (Walker, 1862)　(图版 XXXI-7)

省内产地：桐柏水帘洞，封丘，中牟，西平，西峡，桐柏，固始。

分布：河南，江苏，江西，福建，海南；日本，印度，斯里兰卡，新加坡，印度尼西亚；非洲。

资料来源：Karsholt *et al.*, 2002，鳞翅目：夜蛾科。《太行山及桐柏山区昆虫》，中国农业科学技术出版社。

奇巧夜蛾 *Oruza mira* (Butler, 1879)　(图版 XXXI-8)

省内产地：罗山灵山，商城黄柏山，商城黄柏山大庙。

分布：河南，黑龙江，安徽，湖北；朝鲜，日本；非洲。

资料来源：申效诚等，1999，鳞翅目：夜蛾科。《伏牛山南坡及大别山区昆虫》，中国农业科学技术出版社。

紫褐巧夜蛾 *Oruza obliquaria* Marumo, 1936

省内产地：桐柏水帘洞。

分布：河南，四川；日本。

资料来源：申效诚，2002，鳞翅目：夜蛾总科。《太行山及桐柏山区昆虫》，中国农业科学技术出版社。

亚巧夜蛾 *Oruza submira* Sugi, 1982

省内产地：桐柏水帘洞。

分布：河南；日本。

资料来源：Karsholt *et al.*, 2002，鳞翅目：夜蛾科。《太行山及桐柏山区昆虫》，中国农业科学技术出版社。

弱夜蛾 *Ozarba punctigera* Walker, 1865

省内产地：桐柏水帘洞，淅川，西峡。

分布：河南，江苏，浙江，湖北，贵州；朝鲜，日本，印度；大洋洲。

资料来源：申效诚，2002，鳞翅目：夜蛾总科。《太行山及桐柏山区昆虫》，中国农业科学技术出版社。

赭灰裴夜蛾 *Perynea ruficeps* (Walker, 1864)

省内产地：桐柏水帘洞。

分布：河南，四川；日本，斯里兰卡，马来西亚。

资料来源：申效诚，2002，鳞翅目：夜蛾总科。《太行山及桐柏山区昆虫》，中国农业科学技术出版社。

姬夜蛾 *Phyllophila obliterata* (Rambur, 1833)

省内产地：封丘，中牟，永城，郸城，淮阳，郾城，淅川，西峡，桐柏。

分布：河南，黑龙江，内蒙古，新疆，陕西，河北，山东，江苏，浙江，江西，福建，湖北；西亚，欧洲。

寄主：蒿，除虫菊。

资料来源：申效诚，1993，河南昆虫名录。中国农业科学技术出版社。

瑕夜蛾 *Sinocharis korbae* Pungeler, 1912 (河南新记录属、种)

省内产地：济源王屋山。

分布：河南，黑龙江，吉林；朝鲜，日本。

交兰纹夜蛾 *Stenoloba confusa* (Leech, 1889)

省内产地：罗山灵山，商城黄柏山，新县连康山，桐柏水帘洞。

分布：河南，浙江，福建，湖南，广西，四川，云南；日本。

资料来源：申效诚等，1999，鳞翅目：夜蛾科。《伏牛山南坡及大别山区昆虫》，中国农业科学技术出版社。

兰纹夜蛾 *Stenoloba jankowskii* (Oberthur, 1884) (图版 XLI-6)

省内产地：卢氏狮子坪，内乡宝天曼，商城黄柏山，新县连康山。

分布：河南，黑龙江，浙江，江西，湖南，云南；日本。

资料来源：申效诚，1998，鳞翅目：夜蛾科。《伏牛山区昆虫》，中国农业科学技术出版社。

海兰纹夜蛾 *Stenoloba marina* Draudt, 1950

省内产地：鲁山县石人山。

分布：河南，浙江，湖南，广东，广西。

资料来源：申效诚，1998，鳞翅目：夜蛾科。《伏牛山区昆虫》，中国农业科学技术出版社。

漾筑夜蛾 *Zurobata vacillans* (Walker, 1864) (河南新记录属、种)

省内产地：卢氏狮子坪，卢氏大块地。

分布：河南，云南；印度，缅甸，斯里兰卡，新加坡，印度尼西亚。

(一一) 尾夜蛾亚科 Euteliinae

月殿尾夜蛾 *Anuga lunulata* Moore, 1867 (图版 XLII-1)

省内产地：栾川龙峪湾，嵩县白云山，卢氏狮子坪，内乡宝天曼，西峡黄石庵，罗山灵山，商城黄柏山，桐柏水帘洞。

分布：河南，浙江，云南，四川，福建，湖南，西藏；印度(锡金)。

资料来源：申效诚，1998，鳞翅目：夜蛾科。《伏牛山区昆虫》，中国农业科学技术出版社。

折纹殿尾夜蛾 *Anuga multiplicans* Walker, 1858　(图版 XLII-2)

省内产地：嵩县白云山，栾川龙峪湾，内乡宝天曼，西峡黄石庵，罗山灵山，商城黄柏山，桐柏水帘洞。

分布：河南，浙江，福建，湖南，四川，广东，海南，云南，贵州；印度(锡金)，斯里兰卡，缅甸，新加坡。

资料来源：申效诚等，1999，鳞翅目：夜蛾科。《鸡公山区昆虫》，中国农业科学技术出版社。

鹿尾夜蛾 *Eutelia adulatricoides* (Mell, 1943)

省内产地：桐柏水帘洞。

分布：河南，福建，海南；印度，斯里兰卡。

资料来源：Karsholt *et al.*, 2002，鳞翅目：夜蛾科。《太行山及桐柏山区昆虫》，中国农业科学技术出版社。

滑尾夜蛾 *Eutelia blandiatrix* Hampson, 1912　(图版 XLII-3)

省内产地：栾川龙峪湾。

分布：河南，浙江，湖南，海南，四川，云南；日本。

资料来源：申效诚，1998，鳞翅目：夜蛾科。《伏牛山区昆虫》，中国农业科学技术出版社。

漆尾夜蛾 *Eutelia geyeri* (Felder *et* Rogenhofer, 1874)

省内产地：嵩县白云山，信阳鸡公山，内乡宝天曼，罗山灵山，桐柏水帘洞。

分布：河南，浙江，江西，江苏，福建，湖南，云南，四川，西藏；印度，日本。

寄主：盐肤木。

资料来源：申效诚等，1999，鳞翅目：夜蛾科。《伏牛山南坡及大别山区昆虫》，中国农业科学技术出版社。

钩尾夜蛾 *Eutelia hamulatrix* Draudt, 1950

省内产地：桐柏水帘洞，卢氏狮子坪，陕县甘山，济源王屋山，济源黄楝树，新乡，许昌，郸城，郾城，镇平，信阳，固始。

分布：河南，陕西，安徽，浙江，四川。

寄主：苜蓿，椿。

资料来源：申效诚，1993，河南昆虫名录。中国农业科学技术出版社。

(一二) 蕊夜蛾亚科 Stictoplerinae

长翅脊蕊夜蛾 *Lophoptera longipunnis* (Moore, 1882)

长翅蕊夜蛾 *Sadarsa longipunnis* Moore

省内产地：商丘。

分布：河南，湖南，台湾，广西，云南，西藏；印度(锡金)。

资料来源：申效诚，1993，河南昆虫名录。中国农业科学技术出版社。

暗裙脊蕊夜蛾 *Lophoptera squammigera* (Guenee, 1852)

省内产地：固始。

分布：河南，湖南，台湾，广东，海南，西藏；越南，印度，斯里兰卡；大洋洲。

寄主：糠柴。

资料来源：衡雪梅，2002，河南省夜蛾科昆虫名录补遗。《太行山及桐柏山区昆虫》，中国农业科学技术出版社。

蕊夜蛾 *Stictoptera cuculloides* Guenee, 1852

省内产地：鲁山。

分布：河南，江西，海南，西藏；日本，马来西亚，新加坡，印度尼西亚，斯里兰卡。

寄主：红厚壳，藤黄。

资料来源：衡雪梅，2002，河南省夜蛾科昆虫名录补遗。《太行山及桐柏山区昆虫》，中国农业科学技术出版社。

灰蕊夜蛾 *Stictoptera grisea* Moore, 1867

省内产地：洛阳。

分布：河南，云南，海南；印度，马来西亚，新加坡。

资料来源：申效诚，1993，河南昆虫名录。中国农业科学技术出版社。

玉蕊夜蛾 *Stictoptera semialba* (Walker, 1863)

省内产地：豫南。

分布：河南，云南，海南；印度，马来西亚，新加坡，印度尼西亚。

资料来源：申效诚，1993，河南昆虫名录。中国农业科学技术出版社。

(一三) 皮夜蛾亚科 Sarrothripinae

枫杨癣皮夜蛾 *Blenina quinaria* Moore, 1882

省内产地：信阳鸡公山。

分布：河南，浙江，安徽，江西，湖南，海南，四川，云南，西藏，陕西；印度。

寄主：枫杨。

资料来源：申效诚等，1999，鳞翅目：夜蛾科。《鸡公山区昆虫》，中国农业科学技术出版社。

柿癣皮夜蛾 *Blenina senex* (Butler, 1878)

省内产地：嵩县白云山，中牟。

分布：河南，江苏，浙江，江西，福建，湖南，海南，广西，四川，云南；朝鲜，日本。

寄主：柿。

资料来源：申效诚，1993，河南昆虫名录。中国农业科学技术出版社。

暗影饰皮夜蛾 *Characoma ruficirra* (Hampson, 1905)

省内产地：罗山，信阳，新县。

分布：河南，山东，江西；日本，印度(锡金)。

寄主：栗。

资料来源：申效诚，1993，河南昆虫名录。中国农业科学技术出版社。

癞皮夜蛾 *Iscadia inexacta* (Walker, 1858)

癞皮夜蛾 *Gadirtha inexacta* Walker

省内产地：嵩县白云山，桐柏水帘洞。

分布：河南，江苏，浙江，江西，福建，台湾，广东，广西，海南，湖北，湖南，贵州；印度(锡金)，缅甸，新加坡。

寄主：乌桕。

资料来源：申效诚，1993，河南昆虫名录。中国农业科学技术出版社。

缘斑癞皮夜蛾 *Iscadia uniformis* (Sugi, 1982)

省内产地：桐柏水帘洞。

分布：河南，广东，海南；日本。

寄主：卫矛。

资料来源：Karsholt *et al.*, 2002，鳞翅目：夜蛾科。《太行山及桐柏山区昆虫》，中国农业科学技术出版社。

曲缘皮夜蛾 *Negritothripa hampsoni* (Wileman, 1911)

罕氏美皮夜蛾 *Lamprothripa hampseni* Wileman

省内产地：西峡黄石庵，桐柏水帘洞，新县连康山，栾川龙峪湾，罗山灵山，济源黄楝树。

分布：河南，浙江；日本。

寄主：栎。

资料来源：申效诚等，1999，鳞翅目：夜蛾科。《伏牛山南坡及大别山区昆虫》，中国农业科学技术出版社。

洼皮夜蛾 *Nolathripa lactaria* (Graeser, 1892)　(图版 XLII-4)

苹美皮夜蛾 *Lamprothripa lactaria* Graeser

省内产地：栾川龙峪湾，信阳鸡公山，内乡宝天曼，卢氏狮子坪，桐柏水帘洞。

分布：河南，黑龙江，河北，山西，辽宁，浙江，湖南，江西，海南，四川，贵州，陕西，甘肃；日本，俄罗斯。

寄主：苹果，枇杷。

资料来源：申效诚，1998，鳞翅目：夜蛾科。《伏牛山区昆虫》，中国农业科学技术出版社。

皮夜蛾 *Nycteola revayana* (Scopoli, 1772)

皮夜蛾 *Sarrothripus revayana* Scopoli

省内产地：郾城，信阳。

分布：河南，黑龙江，新疆，陕西，江苏，西藏；日本，印度；西亚，欧洲，非洲，美洲。

寄主：柳，栎。

资料来源：申效诚，1993，河南昆虫名录。中国农业科学技术出版社。

显长角皮夜蛾 *Risoba prominens* Moore, 1881

省内产地：信阳鸡公山，济源王屋山。

分布：河南，河北，湖北，浙江，福建，江西，湖南，广西，海南，四川，云南；印度，缅甸，马来西亚，新加坡。

寄主：使君子，紫檀。

资料来源：申效诚等，1999，鳞翅目：夜蛾科。《鸡公山区昆虫》，中国农业科学技术出版社。

细皮夜蛾 *Selepa celtis* Moore, 1858

省内产地：鲁山县石人山。

分布：河南，江苏，浙江，江西，福建，广东，海南，广西，湖北，四川；印度，菲律宾，斯里兰卡，印度尼西亚。

寄主：芒果，枇杷，菠萝蜜，八宝树。

资料来源：申效诚，1998，鳞翅目：夜蛾科。《伏牛山区昆虫》，中国农业科学技术出版社。

(一四) 金翅夜蛾亚科 Plusiinae

大隐金夜蛾 *Abrostola major* Dufay, 1958

省内产地：卢氏大块地。

分布：河南，中国；日本。

资料来源：申效诚，1998，鳞翅目：夜蛾科。《伏牛山区昆虫》，中国农业科学技术出版社。

隐金夜蛾 *Abrostola triplasia* (Linnaeus, 1758)　(图版 XLII-5)

省内产地：许昌，商丘。

分布：河南，河北，黑龙江，新疆，湖北，江西，浙江，湖南，贵州，四川；日本，叙利亚，土耳其；欧洲。

寄主：葎草，荨麻，野芝麻。

资料来源：申效诚，1993，河南昆虫名录。中国农业科学技术出版社。

银纹夜蛾 *Acanthoplusia agnata* (Staudinger, 1892)　(图版 XLII-6)

省内产地：嵩县白云山，信阳鸡公山，内乡宝天曼，西峡黄石庵，罗山灵山，桐柏水帘洞，济源王屋山等全省各地。

分布：全国；朝鲜，日本，俄罗斯。

寄主：大豆，豆类，蔬菜，泡桐，竹，十字花科。

资料来源：申效诚，1993，河南昆虫名录。中国农业科学技术出版社。

瓜夜蛾 *Anadevidia hebetata* (Walker, 1889)　(图版 XLII-7)

省内产地：卢氏狮子坪，栾川龙峪湾，济源王屋山。

分布：河南，陕西，江西，广东，四川，云南；朝鲜，日本，印度。

寄主：瓜类。

资料来源：申效诚，2002，鳞翅目：夜蛾总科。《太行山及桐柏山区昆虫》，中国农业科学技术出版社。

葫芦夜蛾 *Anadevidia peponis* (Fabricius, 1775)

省内产地：桐柏水帘洞，郑州，封丘，中牟，内乡。

分布：河南，吉林，河北，山东，陕西，湖北，安徽，江苏，浙江，福建，江西，广东，贵州，四川，云南；日本，俄罗斯，印度，斯里兰卡；大洋洲。

寄主：葫芦，南瓜，桑。

资料来源：申效诚，2002，鳞翅目：夜蛾总科。《太行山及桐柏山区昆虫》，中国农业科学技术出版社。

海南银纹夜蛾 *Argyrogramma signata* Fabricius, 1775

大豆金斑蛾 *Plusia signata* Fabricius, 1775

省内产地：全省。

分布：河南，华中；印度。

资料来源：申效诚，1993，河南昆虫名录。中国农业科学技术出版社。

满丫纹夜蛾 *Autographa mandarina* (Freyer, 1846)

省内产地：栾川龙峪湾，济源王屋山。

分布：河南，河北，黑龙江，新疆；俄罗斯，日本。

寄主：胡萝卜。

资料来源：申效诚，2002，鳞翅目：夜蛾总科。《太行山及桐柏山区昆虫》，中国农业科学技术出版社。

黑点丫纹夜蛾 *Autographa nigrisigna* (Walker, 1858)

省内产地：嵩县白云山，栾川龙峪湾，信阳鸡公山，内乡宝天曼，罗山灵山，桐柏水帘洞，济源王屋山，济源黄楝树。

分布：河南，河北，山西，陕西，甘肃，青海，湖北，安徽，浙江，江西，湖南，广东，广西，贵州，四川，云南，西藏；日本，印度。

寄主：豌豆，白菜，甘蓝，苜蓿

资料来源：申效诚，1998，鳞翅目：夜蛾科。《伏牛山区昆虫》，中国农业科学技术出版社。

银辉夜蛾 *Chrysodeixis chalcytes* Esper

省内产地：鲁山县石人山，济源王屋山。

分布：河南，河北，黑龙江，山东，陕西，新疆，湖北，江苏，浙江，福建，台湾，江西，广东，贵州，云南；朝鲜，日本，印度，缅甸，菲律宾，印度尼西亚；非洲，欧洲，大洋洲。

寄主：荨麻，鼠尾草，蓝蓟，夏至草，榕。

资料来源：申效诚，1998，鳞翅目：夜蛾科。《伏牛山区昆虫》，中国农业科学技术出版社。

南方锞纹夜蛾 *Chrysodeixis eriosoma* (Doubleday, 1843)　(图版 XLII-9)

南方银纹夜蛾 *Argyrogramma eriosoma* (Doubleday)

省内产地：信阳鸡公山，嵩县白云山。

分布：河南，河北，山东，湖北，江苏，浙江，福建，台湾，江西，湖南，广东，贵州；日本，印度，斯里兰卡，印度尼西亚，缅甸；非洲，大洋洲。

寄主：十字花科。

资料来源：申效诚，2002，鳞翅目：夜蛾总科。《太行山及桐柏山区昆虫》，中国农业科学技术出版社。

白条夜蛾 *Ctenoplusia albostriata* (Bremer *et* Grey, 1853) (图版 XLII-8)

省内产地：嵩县白云山，信阳鸡公山，桐柏水帘洞。

分布：河南，河北，陕西，湖北，广东；朝鲜，日本；非洲。

寄主：菊科。

资料来源：申效诚，1998，鳞翅目：夜蛾科。《伏牛山区昆虫》，中国农业科学技术出版社。

比八纹夜蛾 *Diachrysia bieti* (Oberthur, 1884) (图版 XLII-11)

比八纹夜蛾 *Plusia bieti* Oberthur

省内产地：内乡宝天曼。

分布：河南，河北，四川；日本。

资料来源：申效诚等，1999，鳞翅目：夜蛾科。《伏牛山南坡及大别山区昆虫》，中国农业科学技术出版社。

金翅夜蛾 *Diachrysia chrysitis* (Linnaeus, 1758)

金翅夜蛾 *Plusia chrysitis* Linnaeus

省内产地：郑州，许昌。

分布：河南，黑龙江，陕西；欧洲。

寄主：牛蒡，荨麻，野芝麻。

资料来源：申效诚，1993，河南昆虫名录。中国农业科学技术出版社。

碧金翅夜蛾 *Diachrysia nadeja* (Oberthur, 1880)

碧金翅夜蛾 *Plusia nadeja* Oberthur

省内产地：嵩县白云山。

分布：河南，黑龙江，辽宁，山西，陕西；日本。

资料来源：申效诚，1998，鳞翅目：夜蛾科。《伏牛山区昆虫》，中国农业科学技术出版社。

饰金翅夜蛾 *Erythroplusia ornatissima* Walker, 1858 (图版 XLII-10)

省内产地：嵩县白云山，卢氏大块地，鲁山石人山。

分布：河南，黑龙江，湖北，福建，贵州；朝鲜，日本。

资料来源：申效诚，2002，鳞翅目：夜蛾总科。《太行山及桐柏山区昆虫》，中国农业科学技术出版社。

滴纹夜蛾 *Erythroplusia pyropia* (Butler, 1879)

省内产地：桐柏水帘洞，陕县甘山。

分布：河南，台湾，贵州，云南；朝鲜，日本。

资料来源：申效诚，2002，鳞翅目：夜蛾总科。《太行山及桐柏山区昆虫》，中国农业科学技术出版社。

珠纹夜蛾 *Erythroplusia rutilifrons* (Walker, 1858)

省内产地：信阳鸡公山，桐柏水帘洞，商城黄柏山。

分布：河南，河北，黑龙江，浙江，西藏；日本。

资料来源：申效诚等，1999，鳞翅目：夜蛾科。《伏牛山南坡及大别山区昆虫》，中国农业科学技术出版社。

瘦银锭夜蛾 *Macdunnoughia confusa*(Stephens, 1850)

省内产地：济源王屋山，郑州，民权，商丘，许昌。

分布：河南，黑龙江，新疆，陕西；朝鲜，日本，印度，伊朗，土耳其；欧洲。

寄主：蔬菜，杨。

资料来源：申效诚，1993，河南昆虫名录。中国农业科学技术出版社。

银锭夜蛾 *Macdunnoughia crassisigna* (Warren, 1913) (图版 XLII-12)

省内产地：嵩县白云山，桐柏水帘洞，卢氏大块地，济源王屋山，济源黄楝树，郑州，开封，民权，商丘，永城，睢县，许昌。

分布：河南，吉林，河北，宁夏，甘肃，新疆，陕西，湖北，安徽，江苏，江西，浙江，福建，贵州，云南；印度，朝鲜，日本。

寄主：菊，牛蒡，胡萝卜，杨。

资料来源：申效诚，1993，河南昆虫名录。中国农业科学技术出版社。

淡银纹夜蛾 *Macdunnoughia purissima* (Butler, 1878) (图版 XLII-13)

淡银纹夜蛾 *Puriplusia purissima* Butler

省内产地：嵩县白云山，信阳鸡公山，内乡宝天曼，罗山灵山，桐柏水帘洞，济源王屋山。

分布：河南，河北，湖北，陕西，四川，贵州；朝鲜，日本。

资料来源：申效诚，1993，河南昆虫名录。中国农业科学技术出版社。

稻金斑夜蛾 *Plusia putnami* Grote, 1873

Chrysaspidea festata (Graeser, 1889)

Plusia festata Graeser

省内产地：商丘，民权。

分布：河南，黑龙江，宁夏，湖北，江苏；朝鲜，日本。

寄主：稻。

资料来源：申效诚，1993，河南昆虫名录。中国农业科学技术出版社。

黑银纹夜蛾 *Sclerogenia jessica* (Butler, 1878)

Autographa jessica Bulter, 1878

省内产地：内乡宝天曼，卢氏大块地。

分布：河南，台湾；日本。

资料来源：申效诚等，1999，鳞翅目：夜蛾科。《伏牛山南坡及大别山区昆虫》，中国农业科学技术出版社。

亮锌纹夜蛾 *Syngrapha ain* (Hochewarth, 1785)

省内产地：郑州。

分布：河南，新疆；日本，俄罗斯；欧洲。

资料来源：申效诚，1993，河南昆虫名录。中国农业科学技术出版社。

道纹夜蛾 *Trichoplusia daubei* (Boisduval, 1840)

道纹夜蛾 *Argyrogramma daubei* (Boisduval)

省内产地：具体不详。

分布：河南，江苏，广东；印度(锡金)，尼泊尔；欧洲。

寄主：苦荬菜。

资料来源：申效诚，1993，河南昆虫名录。中国农业科学技术出版社。

中金弧夜蛾 *Trichoplusia intermixta* (Warren, 1913) (图版 XLII-14)

中金弧夜蛾 *Diachrysia intermixta* (Warren)

省内产地：信阳鸡公山，内乡宝天曼，济源王屋山。

分布：河南，河北，陕西，福建，四川；印度，越南，印度尼西亚。

寄主：胡萝卜，菊，蓟，牛蒡。

资料来源：申效诚，2002，鳞翅目：夜蛾总科。《太行山及桐柏山区昆虫》，中国农业科学技术出版社。

粉斑夜蛾 *Trichoplusia ni* (Hubner, 1803)

省内产地：嵩县白云山，济源王屋山，郑州，兰考，许昌。

分布：河南，陕西，福建，湖北，广东；日本，印度；欧洲，非洲。

寄主：荨麻，棉花，茄，莴苣，芥蓝。

资料来源：申效诚，1993，河南昆虫名录。中国农业科学技术出版社。

金弧夜蛾 *Trichoplusia orichalcea* (Fabricius, 1775)

金弧夜蛾 *Diachrysia orichalcea* (Fabricius)

省内产地：内乡宝天曼，民权。

分布：河南，湖北，广东，云南；印度，斯里兰卡，印度尼西亚；欧洲，非洲。

寄主：莴苣，甘蓝，菠菜，芥蓝，金鸡菊。

资料来源：申效诚，1993，河南昆虫名录。中国农业科学技术出版社。

(一五) 裳夜蛾亚科 Catocalinae

飞扬阿夜蛾 *Achaea janata* Linnaeus, 1758

省内产地：民权。

分布：河南，山东，福建，台湾，湖北，湖南，广东，广西，云南；日本，印度，缅甸；大洋洲。

寄主：蓖麻，飞扬草。

资料来源：申效诚，1993，河南昆虫名录。中国农业科学技术出版社。

苎麻夜蛾 *Arcte coerula* (Guenee, 1852)

苎麻夜蛾 *Cocytodes caerulea* Guenee

省内产地：信阳鸡公山，桐柏水帘洞，周口，汝南，驻马店。

分布：河南，河北，山东，浙江，江西，福建，湖北，湖南，广东，海南，四川，云南；日本，印度(锡金)，斯里兰卡。

寄主：苎麻，黄麻，亚麻，大豆，橘，葡萄，桃。

资料来源：申效诚，2002，鳞翅目：夜蛾总科。《太行山及桐柏山区昆虫》，中国农业科学技术出版社。

斜线关夜蛾 *Artena dotata* (Fabricius, 1794)　(图版 XLIII-1)

橘肖毛翅夜蛾 *Lagoptera dotata* Fabricius

省内产地：信阳鸡公山，济源王屋山，登封少林寺，桐柏水帘洞，郑州，南阳。

分布：河南，陕西，湖北，湖南，江苏，浙江，江西，福建，台湾，广东，四川，云南，贵州；印度，缅甸，新加坡。

寄主：橘，桃，梨，苹果。

资料来源：申效诚，2002，鳞翅目：夜蛾总科。《太行山及桐柏山区昆虫》，中国农业科学技术出版社。

白肾裳夜蛾 *Catocala agitatrix* Graeser, 1889　(图版 XLIII-2)

省内产地：嵩县白云山，内乡宝天曼，通许，西华，睢县，宜阳。

分布：河南，黑龙江；俄罗斯，日本。

寄主：棠梨，稠李。

资料来源：申效诚，1998，鳞翅目：夜蛾科。《伏牛山区昆虫》，中国农业科学技术出版社。

显裳夜蛾 *Catocala deuteronympha* Staudinger, 1861

省内产地：卢氏大块地。

分布：河南，陕西，河北，黑龙江，湖南，福建；日本，俄罗斯。

资料来源：申效诚，1998，鳞翅目：夜蛾科。《伏牛山区昆虫》，中国农业科学技术出版社。

茂裳夜蛾 *Catocala doerriesi* Staudinger, 1888

省内产地：栾川龙峪湾，内乡宝天曼。

分布：河南，湖北，黑龙江；俄罗斯。

资料来源：申效诚，1998，鳞翅目：夜蛾科。《伏牛山区昆虫》，中国农业科学技术出版社。

柳裳夜蛾 *Catocala electa* (Vieweg, 1790)

省内产地：嵩县白云山，林州，洛阳，灵宝，中牟，开封，汝阳，西华，内乡。

分布：河南，黑龙江，山东，湖北，新疆；朝鲜，日本；欧洲。

寄主：柳，杨。

资料来源：申效诚，1993，河南昆虫名录。中国农业科学技术出版社。

缟裳夜蛾 *Catocala fraxini* (Linnaeus, 1758)

省内产地：卢氏大块地，鲁山石人山。

分布：河南，陕西，黑龙江，内蒙古，安徽，云南，西藏，新疆；日本，俄罗斯；欧洲。

寄主：杨，柳，槭，榆，栲。

资料来源：申效诚，1998，鳞翅目：夜蛾科。《伏牛山区昆虫》，中国农业科学技术出版社。

椴裳夜蛾 *Catocala lara* Bremer, 1861 (图版 XLIII-4)

省内产地：灵宝亚武山，卢氏大块地。

分布：河南，河北，黑龙江，辽宁；朝鲜，日本。

寄主：椴。

资料来源：申效诚，1998，鳞翅目：夜蛾科。《伏牛山区昆虫》，中国农业科学技术出版社。

裳夜蛾 *Catocala nupta* (Linnaeus, 1767) (图版 XLIII-3)

省内产地：嵩县白云山。

分布：河南，河北，黑龙江，辽宁，新疆，福建，四川，西藏；朝鲜，日本；欧洲。

寄主：杨，柳，柿，枣。

资料来源：申效诚，1998，鳞翅目：夜蛾科。《伏牛山区昆虫》，中国农业科学技术出版社。

鸱裳夜蛾 *Catocala patala* Felder *et* Rogenhofer, 1874

省内产地：栾川龙峪湾，信阳鸡公山，内乡宝天曼，商城黄柏山，洛阳，宜阳，西峡，驻马店，泌阳，南召。

分布：河南，黑龙江，浙江，江西，福建，宁夏；日本，印度。

寄主：藤，梨。

资料来源：申效诚，1993，河南昆虫名录。中国农业科学技术出版社。

鸮裳夜蛾 *Catocala pataloides* Mell, 1931 (河南新记录种)

省内产地：嵩县白云山。

分布：河南，江西，广东。

鹿裳夜蛾 *Catocala proxencta* Alpheraky, 1895

省内产地：商丘，荥阳，西平。

分布：河南，黑龙江；蒙古国。

资料来源：申效诚，1993，河南昆虫名录。中国农业科学技术出版社。

淘裳夜蛾 *Catocala puerpera* (Giorna, 1791)

省内产地：西峡。

分布：河南，青海，新疆；欧洲，西亚，非洲。

寄主：杨，柳。

资料来源：衡雪梅，2002，河南省夜蛾科昆虫名录补遗。《太行山及桐柏山区昆虫》，中国农业科学技术出版社。

斯裳夜蛾 *Catocala. separans* Leech, 1889

省内产地：西峡黄石庵。

分布：河南；朝鲜，日本，土耳其。

资料来源：申效诚等，1999，鳞翅目：夜蛾科。《伏牛山南坡及大别山区昆虫》，中国农业科学技术出版社。

月望夜蛾 *Clytie sublunaris* (Staudinger, 1889)

省内产地：荥阳。

分布：河南，新疆；中亚。

资料来源：衡雪梅，2002，河南省夜蛾科昆虫名录补遗。《太行山及桐柏山区昆虫》，中国农业科学技术出版社。

灰素纹夜蛾 *Cortyta grisea* (Leech, 1900)

省内产地：中牟，镇平，西峡。

分布：河南，山东，江苏，浙江，江西，湖南，贵州；日本。

资料来源：申效诚，1993，河南昆虫名录。中国农业科学技术出版社。

月牙巾夜蛾 *Dysgonia analis* (Guenee, 1852)

月牙巾夜蛾 *Parallelia analis* Guenee

省内产地：具体不详。

分布：河南，广东，云南，台湾；印度，缅甸，斯里兰卡，印度尼西亚。

资料来源：申效诚，1993，河南昆虫名录。中国农业科学技术出版社。

玫瑰巾夜蛾 *Dysgonia arctotaenia* (Guenee, 1852)

省内产地：嵩县白云山，内乡宝天曼，西峡黄石庵，罗山灵山，桐柏水帘洞，郑州，中牟，许昌。

分布：河南，河北，江苏，浙江，江西，福建，湖北，广东，广西，四川，云南，贵州，台湾；朝鲜，日本，印度，斯里兰卡，缅甸，斐济。

寄主：玫瑰。

资料来源：申效诚，1998，鳞翅目：夜蛾科。《伏牛山区昆虫》，中国农业科学技术出版社。

弓巾夜蛾 *Dysgonia arcuata* (Moore, 1877)

污巾夜蛾 *Dysgonia curvata* (Leech)

省内产地：许昌，郑州，中牟。

分布：河南，浙江，台湾，福建，海南；朝鲜，日本，印度，斯里兰卡，印度尼西亚。

资料来源：申效诚，1993，河南昆虫名录。中国农业科学技术出版社。

小直巾夜蛾 *Dysgonia dulcis* (Butler, 1878)

省内产地：具体不详。

分布：河南，河北，湖北，湖南，福建，台湾；朝鲜，日本。

资料来源：申效诚，1993，河南昆虫名录。中国农业科学技术出版社。

宽巾夜蛾 *Dysgonia fulvotaenia* (Guenee, 1852)

省内产地：具体不详。

分布：河南，浙江，福建，台湾，广东，海南，云南；日本，印度，缅甸，斯里兰卡，孟加拉国，马来西亚，新加坡，印度尼西亚。

资料来源：申效诚，1993，河南昆虫名录。中国农业科学技术出版社。

霉巾夜蛾 *Dysgonia maturata* Walker, 1858 (图版 XLIII-5)

省内产地：嵩县白云山，信阳鸡公山，内乡宝天曼，西峡黄石庵，济源王屋山，郑州，民权，许昌。

分布：河南，山东，浙江，福建，台湾，江西，江苏，海南，四川，云南，贵州；印度，马来西亚，朝鲜，日本。

寄主：紫穗槐。

资料来源：申效诚，1998，鳞翅目：夜蛾科。《伏牛山区昆虫》，中国农业科学技术出版社。

小折巾夜蛾 *Dysgonia obscura* (Bremer *et* Grey, 1853) (河南新记录种)

省内产地：嵩县白云山。

分布：河南，黑龙江，河北，山东，江苏；朝鲜。

柚巾夜蛾 *Dysgonia palumba* (Guenee, 1852)

省内产地：郸城。

分布：河南，广东，广西，海南，台湾；印度，缅甸，斯里兰卡，印度尼西亚，新加坡。

资料来源：衡雪梅，2002，河南省夜蛾科昆虫名录补遗。《太行山及桐柏山区昆虫》，中国农业科学技术出版社。

肾巾夜蛾 *Dysgonia praetermissa* (Warren, 1913)

省内产地：桐柏水帘洞。

分布：河南，湖南，浙江，福建，台湾，江西，云南；印度。

资料来源：申效诚，2002，鳞翅目：夜蛾总科。《太行山及桐柏山区昆虫》，中国农业科学技术出版社。

石榴巾夜蛾 *Dysgonia stuposa* (Fabricius, 1794)

省内产地：嵩县白云山，西峡黄石庵，桐柏水帘洞，郑州，许昌，开封，周口，南阳。

分布：河南，河北，山东，江苏，浙江，江西，福建，台湾，湖北，广东，海南，四川，云南；朝鲜，日本，印度，斯里兰卡，菲律宾，印度尼西亚。

寄主：石榴。

资料来源：申效诚，1993，河南昆虫名录。中国农业科学技术出版社。

白缘光裳夜蛾 *Ephesia actaea* (Felder *et* Rogenhofer, 1874) (图版 XLIII-7)

省内产地：卢氏狮子坪，信阳鸡公山。

分布：河南，湖北；日本。

寄主：栎。

资料来源：申效诚，1998，鳞翅目：夜蛾科。《伏牛山区昆虫》，中国农业科学技术出版社。

布光裳夜蛾 *Ephesia butleri* (Leech, 1900) (图版 XLIV-1)

省内产地：内乡宝天曼，西峡黄石庵，罗山灵山，桐柏水帘洞，济源王屋山，济源黄楝树。

分布：河南，福建，四川，贵州，云南，西藏。

资料来源：申效诚等，1999，鳞翅目：夜蛾科。《伏牛山南坡及大别山区昆虫》，中国农业科学技术出版社。

鸽光裳夜蛾 *Ephesia columbina* (Leech, 1900) (图版 XLIII-8)

省内产地：卢氏狮子坪，卢氏大块地，内乡宝天曼，商城黄柏山，嵩县白云山。

分布：河南，湖北，四川，浙江，湖南，江西，西藏。

资料来源：申效诚，1998，鳞翅目：夜蛾科。《伏牛山区昆虫》，中国农业科学技术出版社。

栎光裳夜蛾 *Ephesia dissimilis* (Bremer, 1861) (图版 XLIV-2)

省内产地：嵩县白云山，卢氏狮子坪，卢氏大块地，内乡宝天曼。

分布：河南，湖北，黑龙江，陕西，云南；日本，俄罗斯。

寄主：栎。

资料来源：申效诚，1998，鳞翅目：夜蛾科。《伏牛山区昆虫》，中国农业科学技术出版社。

意光裳夜蛾 *Ephesia ella* (Butler, 1877)

省内产地：内乡宝天曼，西峡黄石庵。

分布：河南，黑龙江，四川；日本。

资料来源：申效诚等，1999，鳞翅目：夜蛾科。《伏牛山南坡及大别山区昆虫》，中国农业科学技术出版社。

兴光裳夜蛾 *Ephesia eminens* (Staudinger, 1892) (图版 XLIV-3)

省内产地：内乡宝天曼。

分布：河南，黑龙江，湖南，浙江。

资料来源：申效诚等，1999，鳞翅目：夜蛾科。《伏牛山南坡及大别山区昆虫》，中国农业科学技术出版社。

光裳夜蛾 *Ephesia fulminea chekiangensis* Mell, 1933

省内产地：信阳鸡公山，罗山灵山，商城黄柏山，罗山灵山，桐柏水帘洞，济源王屋山，济源黄楝树。

分布：河南，黑龙江，浙江。

寄主：山楂，杏，桃，梅，梨，樱桃，李，槲。

资料来源：申效诚等，1999，鳞翅目：夜蛾科。《伏牛山南坡及大别山区昆虫》，中国农业科学技术出版社。

珀光裳夜蛾 *Ephesia helena* (Eversmann, 1857)

省内产地：许昌，郑州。

分布：河南，黑龙江，内蒙古，河北，江苏；蒙古国。

寄主：蔬菜，灌木。

资料来源：申效诚，1993，河南昆虫名录。中国农业科学技术出版社。

珠光裳夜蛾 *Ephesia invasa* (Leech, 1900)　(河南新记录种)

省内产地：嵩县白云山。

分布：河南，陕西，湖北，江苏，四川。

雍光裳夜蛾 *Ephesia jonasii* (Butler, 1877)　(图版 XLIV-5)　(河南新记录种)

省内产地：嵩县白云山。

分布：河南，云南；日本。

圣光裳夜蛾 *Ephesia nagioides* Wileman, 1924

圣光裳夜蛾 *Ephesia sancta* Butler

省内产地：嵩县白云山，灵宝亚武山，信阳鸡公山。

分布：河南，黑龙江，云南，江西，台湾；日本。

资料来源：申效诚，1998，鳞翅目：夜蛾科。《伏牛山区昆虫》，中国农业科学技术出版社。

白光裳夜蛾 *Ephesia nivea* (Butler, 1877)　(图版 XLIV-4)　(河南新记录种)

省内产地：嵩县白云山。

分布：河南，浙江，湖南，四川；日本，印度，缅甸，斯里兰卡，印度尼西亚。

前光裳夜蛾 *Ephesia praegnax* (Walker, 1857)

省内产地：桐柏水帘洞。

分布：河南，黑龙江，江苏，江西，四川；朝鲜，日本。

寄主：栎。

资料来源：申效诚，2002，鳞翅目：夜蛾总科。《太行山及桐柏山区昆虫》，中国农业科学技术出版社。

柞光裳夜蛾 *Ephesia streckeri* (Staudinger, 1888)

省内产地：内乡宝天曼。

分布：河南，黑龙江；日本，俄罗斯。

寄主：栎。

资料来源：申效诚等，1999，鳞翅目：夜蛾科。《伏牛山南坡及大别山区昆虫》，中国农业科学技术出版社。

屈光裳夜蛾 *Ephesia triphaenoides* (Oberthur, 1881)

省内产地：许昌。

分布：河南，山东，湖南。

寄主：苹果，梨。

资料来源：申效诚，1993，河南昆虫名录。中国农业科学技术出版社。

放线耳夜蛾 *Ercheia multilinea* Swinhoe, 1902

省内产地：灵宝，信阳。

分布：河南，广东；马来西亚，印度尼西亚；大洋洲。

资料来源：衡雪梅，2002，河南省夜蛾科昆虫名录补遗。《太行山及桐柏山区昆虫》，中国农业科学技术出版社。

雪耳夜蛾 *Ercheia niveostrigata* Warren, 1913

省内产地：信阳鸡公山，内乡宝天曼，西峡黄石庵，商城黄柏山，桐柏水帘洞。

分布：河南，江苏，浙江，福建，湖南，四川；日本。

资料来源：申效诚等，1999，鳞翅目：夜蛾科。《伏牛山南坡及大别山区昆虫》，中国农业科学技术出版社。

阴耳夜蛾 *Ercheia umbrosa* Butler, 1881　(图版 XLIV-6)

省内产地：信阳鸡公山，桐柏水帘洞，灵宝，西峡。

分布：河南，江西，广东，海南，贵州，四川；日本。

资料来源：申效诚等，1999，鳞翅目：夜蛾科。《鸡公山区昆虫》，中国农业科学技术出版社。

目夜蛾 *Erebus crepuscularis* (Linnaeus, 1758)

省内产地：信阳鸡公山，商城黄柏山，新县连康山。

分布：河南，湖北，浙江，江西，福建，湖南，四川，广东，海南，广西，云南；日本，印度，斯里兰卡，缅甸，新加坡，印度尼西亚。

资料来源：申效诚等，1999，鳞翅目：夜蛾科。《鸡公山区昆虫》，中国农业科学技术出版社。

玉线目夜蛾 *Erebus gemmans* (Guenee, 1852)

省内产地：具体不详。

分布：河南，福建，四川，云南；不丹，印度，孟加拉国。

资料来源：申效诚，1993，河南昆虫名录。中国农业科学技术出版社。

卷裳目夜蛾 *Erebus macrops* (Linnaeus, 1770)

卷裳魔目夜蛾 *Eupatula macrops* Linnaeus

省内产地：洛阳，信阳。

分布：河南，江西，福建，广东，海南，四川，云南；日本，印度(锡金)，尼泊尔，缅甸，斯里兰卡。

寄主：灌木。

资料来源：申效诚，1993，河南昆虫名录。中国农业科学技术出版社。

毛目夜蛾 *Erebus pilosa* (Leech, 1900) (图版 XLV-1，2)

省内产地：嵩县白云山。

分布：河南，湖北，浙江，江西，福建，四川。

资料来源：申效诚，1998，鳞翅目：夜蛾科。《伏牛山区昆虫》，中国农业科学技术出版社。

象夜蛾 *Grammodes geometrica* (Fabricius, 1775)

中带三角夜蛾 *Chalciope geometrica* (Fabricius)

省内产地：桐柏水帘洞，民权，西华，桐柏，鲁山。

分布：河南，山东，福建，台湾，湖北，湖南，海南，四川，云南；印度，缅甸，斯里兰卡，印度尼西亚，新加坡；西亚，欧洲，非洲，大洋洲。

寄主：石榴，橘，悬钩子，蓖麻，马林果。

资料来源：申效诚，1998，鳞翅目：夜蛾科。《伏牛山区昆虫》，中国农业科学技术出版社。

朴变色夜蛾 *Hypopyra feniseca* Guenee, 1852 (图版 XLV-3)

朴变色夜蛾 *Enmonodia feniseca* Guenee

省内产地：内乡宝天曼。

分布：河南，山东，福建，四川，贵州；印度(锡金)，印度尼西亚。

资料来源：申效诚等，1999，鳞翅目：夜蛾科。《伏牛山南坡及大别山区昆虫》，中国农业科学技术出版社。

变色夜蛾 *Hypopyra vespertilio* (Fabricius, 1787)

变色夜蛾 *Enmonodia vespertilio* Fabricius

省内产地：罗山灵山，辉县，栾川，商丘，柘城。

分布：河南，山东，江苏，浙江，江西，福建，广东，海南，云南；日本，印度，缅甸，印度尼西亚。

寄主：藤，楹树，苹果，梨。

资料来源：申效诚，1993，河南昆虫名录。中国农业科学技术出版社。

比夜蛾 *Leucomelas juvenilis* (Bremer, 1861)

省内产地：嵩县白云山。

分布：河南，黑龙江，陕西；俄罗斯。

资料来源：申效诚等，1999，鳞翅目：夜蛾科。《鸡公山区昆虫》，中国农业科学技术出版社。

选拟三角夜蛾 *Melapia electaria* (Bremer, 1864)

选毛胫夜蛾 *Mocis electaria* (Bremer)

省内产地：郸城。

分布：河南，黑龙江，河北，浙江；朝鲜，日本。

资料来源：衡雪梅，2002，河南省夜蛾科昆虫名录补遗。《太行山及桐柏山区昆虫》，中国农业科学技术出版社。

蚪目夜蛾 *Metopta rectifasciata* (Menetres, 1863)

省内产地：内乡宝天曼，商城黄柏山，桐柏水帘洞。

分布：河南，江苏，浙江，江西，福建，台湾，湖南；朝鲜，日本。

寄主：菝葜，牛尾菜，苹果，桃，梨。

资料来源：申效诚等，1999，鳞翅目：夜蛾科。《伏牛山南坡及大别山区昆虫》，中国农业科学技术出版社。

奚毛胫夜蛾 *Mocis ancilla* (Warren, 1913)

省内产地：桐柏水帘洞，陕县甘山，登封少林寺，卢氏，鲁山，确山，信阳。

分布：河南，黑龙江，河北，山东，江苏，浙江，福建，湖南；朝鲜，日本。

寄主：葛。

资料来源：申效诚，2002，鳞翅目：夜蛾总科。《太行山及桐柏山区昆虫》，中国农业科学技术出版社。

懈毛胫夜蛾 *Mocis annetta* (Butler, 1878)　(图版 XLIV-8)

省内产地：嵩县白云山，信阳鸡公山，内乡宝天曼，新县连康山，郑州，许昌，商丘。

分布：河南，山东，江苏，浙江，福建，湖北，湖南，四川；朝鲜，日本。

寄主：大豆，豆类。

资料来源：申效诚，1993，河南昆虫名录。中国农业科学技术出版社。

奸毛胫夜蛾 *Mocis dolosa* (Butler, 1880)

省内产地：具体不详。

分布：河南，河北，山东，江苏，浙江，福建，台湾，云南；日本。

资料来源：申效诚，1993，河南昆虫名录。中国农业科学技术出版社。

实毛胫夜蛾 *Mocis frugalis* (Fabricius, 1775)

毛跗夜蛾 *Remigea frugalis* (Fabricius)

省内产地：郑州，许昌。

分布：河南，福建，台湾，广东，广西，海南，云南；印度(锡金)，缅甸，斯里兰卡，马来西亚，新加坡，印度尼西亚；大洋洲。

寄主：竹，稻。

资料来源：申效诚，1993，河南昆虫名录。中国农业科学技术出版社。

宽毛胫夜蛾 *Mocis laxa* (Walker, 1858)

省内产地：鲁山县石人山。

分布：河南，浙江，湖北，湖南，江西，云南；印度(锡金)。

资料来源：申效诚，1998，鳞翅目：夜蛾科。《伏牛山区昆虫》，中国农业科学技术出版社。

毛胫夜蛾 *Mocis undata* (Fabricius, 1775)

省内产地：嵩县白云山，桐柏水帘洞。

分布：河南，河北，山东，江苏，浙江，江西，福建，台湾，湖南，广东，贵州，云南；朝鲜，日本，印度，斯里兰卡，缅甸，新加坡，菲律宾，印度尼西亚；非洲。

寄主：橘，鱼藤，山马蝗。

资料来源：申效诚，1993，河南昆虫名录。中国农业科学技术出版社。

晦刺裳夜蛾 *Mormonia abamita* (Bremer *et* Grey, 1853)

省内产地：济源，郑州，许昌。

分布：河南，河北，山东，江苏，江西，福建。

寄主：苹果，梨。

资料来源：申效诚，1993，河南昆虫名录。中国农业科学技术出版社。

苹刺裳夜蛾 *Mormonia bella* (Butler, 1877)

省内产地：内乡宝天曼，西峡黄石庵。

分布：河南，黑龙江；日本。

寄主：苹果。

资料来源：申效诚等，1999，鳞翅目：夜蛾科。《伏牛山南坡及大别山区昆虫》，中国农业科学技术出版社。

栎刺裳夜蛾 *Mormonia dula* (Bremer, 1861) (图版 XLIII-6)

省内产地：嵩县白云山。

分布：河南，黑龙江，内蒙古；俄罗斯，日本。

寄主：栎，槲。

资料来源：申效诚，1998，鳞翅目：夜蛾科。《伏牛山区昆虫》，中国农业科学技术出版社。

安钮夜蛾 *Ophiusa tirhaca* (Cramer, 1777) (图版 XLIV-7)

青安钮夜蛾 *Anua tirhaca* Cramer

省内产地：信阳鸡公山，商城黄柏山，桐柏水帘洞，郑州，中牟，开封，泌阳。

分布：河南，陕西，山东，江苏，江西，浙江，福建，广东，广西，湖北，四川，云南，贵州；土耳其，印度(锡金)，斯里兰卡，菲律宾；欧洲，非洲。

寄主：石榴，漆，橘。

资料来源：申效诚，1993，河南昆虫名录。中国农业科学技术出版社。

橘安钮夜蛾 *Ophiusa triphaenoides* (Walker, 1858)

橘安钮夜蛾 *Anua triphaenoides* Walker

省内产地：信阳鸡公山，桐柏水帘洞。

分布：河南，山东，浙江，江西，福建，湖南，广东，台湾，海南，云南；印度，缅甸。

寄主：橘。

资料来源：申效诚等，1999，鳞翅目：夜蛾科。《鸡公山区昆虫》，中国农业科学技术出版社。

同纹夜蛾 *Pericyma albidentaria* (Freyer, 1842)

省内产地：商丘。

分布：河南，新疆；俄罗斯；西亚，北非。

寄主：欧骆驼刺。

资料来源：申效诚，1993，河南昆虫名录。中国农业科学技术出版社。

绕环夜蛾 *Spirama helicina* (Hubner, 1825)

日本旋目夜蛾 *Speiredonia japonica* Guenee

省内产地：栾川龙峪湾，信阳鸡公山，内乡宝天曼，罗山灵山，商城黄柏山，新县连康山。

分布：河南，浙江，湖北，江西，四川，广东；日本。

资料来源：申效诚等，1999，鳞翅目：夜蛾科。《伏牛山南坡及大别山区昆虫》，中国农业科学技术出版社。

环夜蛾 *Spirama retorta* (Clerck, 1759) (图版 XLV-4)

旋目夜蛾 *Speiredonia retorta* Clerck

晦目夜蛾 *Speiredonia martha* Butler

省内产地：嵩县白云山，信阳鸡公山，西峡黄石庵，内乡宝天曼，商城黄柏山，新县连康山，罗山灵山，桐柏水帘洞，卢氏狮子坪，陕县甘山，济源王屋山，济源黄楝树，登封少林寺等全省各地。

分布：河南，辽宁，山东，江苏，浙江，湖南，湖北，江西，四川，福建，云南，广东；朝鲜，日本，印度，斯里兰卡，缅甸，马来西亚。

寄主：合欢，泡桐，桃。

资料来源：申效诚，1998，鳞翅目：夜蛾科。《伏牛山区昆虫》，中国农业科学技术出版社。

庸肖毛翅夜蛾 *Thyas juno* (Dalman, 1823) (图版 XLVI-1)

肖毛翅夜蛾 *Lagoptera juno* Dalman

省内产地：嵩县白云山，内乡宝天曼，桐柏水帘洞，济源王屋山，济源黄楝树等全省各地。

分布：河南，黑龙江，辽宁，河北，山东，安徽，湖北，湖南，浙江，江西，福建，海南，四川，云南，贵州；日本，印度。

寄主：栗，核桃，苹果，木槿，李，桦，橘，梨，桃。

资料来源：申效诚等，1999，鳞翅目：夜蛾科。《伏牛山南坡及大别山区昆虫》，中国农业科学技术出版社。

分夜蛾 *Trigonodes hyppasia* (Cramer, 1779)

省内产地：镇平。

分布：河南，湖北，台湾，福建，江西，广东，海南，广西，四川，云南；日本，印度，缅甸，斯里兰卡，菲律宾，印度尼西亚；大洋洲，非洲。

寄主：三叶豆。

资料来源：衡雪梅，2002，河南省夜蛾科昆虫名录补遗。《太行山及桐柏山区昆虫》，中国农业科学技术出版社。

木叶夜蛾 *Xylophylla punctifascia* (Leech, 1900) (图版 XLVI-2)

省内产地：商城黄柏山，桐柏水帘洞，郑州，许昌。

分布：河南，浙江，湖北，四川，云南。

资料来源：申效诚等，1999，鳞翅目：夜蛾科。《伏牛山南坡及大别山区昆虫》，中国农业科学技术出版社。

(一六) 强喙夜蛾亚科 Ophiderinae

白斑烦夜蛾 *Aedia leucomelas* (Linnaeus, 1758) (河南新记录属、种)

省内产地：嵩县白云山。

分布：河南，福建，台湾，贵州，四川，云南，广东，海南，广西；日本；西亚，欧洲，北非。

凡夜蛾 *Anachrostis nigripunctalis* (Wileman, 1911)

省内产地：桐柏水帘洞，鲁山。

分布：河南；日本。

资料来源：陈一心，1999，中国动物志 昆虫纲 第十六卷。科学出版社。

坎桥夜蛾 *Anomis commoda* (Butler, 1878)

省内产地：罗山灵山，商城黄柏山，商城黄柏山大庙，桐柏水帘洞。

分布：河南，湖南，台湾；日本。

资料来源：衡雪梅，2002，河南省夜蛾科昆虫名录补遗。《太行山及桐柏山区昆虫》，中国农业科学技术出版社。

若桥夜蛾 *Anomis figlina* Butler, 1889

省内产地：桐柏水帘洞。

分布：河南，福建；日本，印度。

资料来源：申效诚，2002，鳞翅目：夜蛾总科。《太行山及桐柏山区昆虫》，中国农业科学技术出版社。

小桥夜蛾 *Anomis flava* (Fabricius, 1775)

橙棉夜蛾 *Anomis fimbriago* Stephens, 1829

省内产地：内乡宝天曼，西峡黄石庵，桐柏水帘洞，嵩县白云山，新乡，安阳，商丘，民权，兰考，汝阳，确山，桐柏，南阳，信阳。

分布：全国棉区(除西北)；欧洲，亚洲，非洲。

寄主：棉花，木槿，蜀葵，苘麻，烟草，锦葵，苹果，冬苋，木耳菜，橘，芒果，番石榴。

资料来源：申效诚，1993，河南昆虫名录。中国农业科学技术出版社。

超桥夜蛾 *Anomis fulvida* Guenee, 1852 (图版 XLV-8)

省内产地：信阳鸡公山，罗山灵山，桐柏水帘洞，济源王屋山，洛阳，汝阳，商丘，民权，周口，太康；沈丘，泌阳，确山。

分布：河南，山东，浙江，江西，福建，广东，四川，云南；印度，斯里兰卡，缅甸，印度尼西亚；大洋洲。

寄主：木槿，棉花，芒果，橘，黄皮。

资料来源：申效诚，1993，河南昆虫名录。中国农业科学技术出版社。

黄麻桥夜蛾 *Anomis involuta* (Walker, 1857)

黄麻桥夜蛾 *Anomis sabulifera* (Guenee)

省内产地：民权。

分布：河南，浙江，广东，西藏；日本，印度，缅甸，斯里兰卡；非洲。

寄主：黄麻。

资料来源：申效诚，1993，河南昆虫名录。中国农业科学技术出版社。

巨桥夜蛾 *Anomis maxima* Berio, 1956

省内产地：济源王屋山。

分布：河南，江苏，浙江，广东。

资料来源：申效诚，2002，鳞翅目：夜蛾总科。《太行山及桐柏山区昆虫》，中国农业科学技术出版社。

中桥夜蛾 *Anomis mesogona* (Walker, 1857)

省内产地：信阳鸡公山，内乡宝天曼，西峡黄石庵，商城黄柏山大庙，嵩县白云山，安阳，台前，桐柏。

分布：河南，河北，黑龙江，山东，浙江，福建，湖北，湖南，海南，贵州，云南；印度，朝鲜，日本，马来西亚。

寄主：柿，醋栗，红悬钩。

资料来源：申效诚，1993，河南昆虫名录。中国农业科学技术出版社。

干煞夜蛾 *Anticarsia irrorata* (Fabricius, 1781)

省内产地：中牟。

分布：河南，浙江，福建，湖南，广东，海南，云南；日本，印度；非洲。

寄主：葛藤。

资料来源：衡雪梅，2002，河南省夜蛾科昆虫名录补遗。《太行山及桐柏山区昆虫》，中国农业科学技术出版社。

大棱夜蛾 *Arytrura musculus* (Menetres, 1859)

省内产地：具体不详。

分布：河南，黑龙江，福建，贵州；朝鲜，日本；欧洲。

资料来源：申效诚，1993，河南昆虫名录。中国农业科学技术出版社。

镰大棱夜蛾 *Arytrura subfalcata* (Menetres, 1859)

省内产地：具体不详。

分布：河南，黑龙江，江苏。

资料来源：申效诚，1993，河南昆虫名录。中国农业科学技术出版社。

清隘夜蛾 *Autophila cataphanes* (Hubner, 1813) (河南新记录属、种)

省内产地：嵩县白云山。

分布：河南，新疆，黑龙江，河北，甘肃，山东；朝鲜，日本；欧洲。

印夜蛾 *Bamra albicola* (Walker, 1858)

省内产地：罗山灵山，桐柏水帘洞，济源王屋山。

分布：河南，江苏，浙江，台湾，湖南，广东；印度，马来西亚，印度尼西亚。

资料来源：申效诚，2002，鳞翅目：夜蛾总科。《太行山及桐柏山区昆虫》，中国农业科学技术出版社。

新靛夜蛾 *Belciana staudingeri* (Leech, 1900)

省内产地：罗山灵山，桐柏水帘洞。

分布：河南，山西，浙江，湖南；朝鲜。

资料来源：申效诚，2002，鳞翅目：夜蛾总科。《太行山及桐柏山区昆虫》，中国农业科学技术出版社。

寒锉夜蛾 *Blasticorhinus ussuriensis* (Bremer, 1861)　(图版 XLVI-9)

省内产地：内乡宝天曼。

分布：河南，黑龙江，江苏，浙江，福建，湖南；朝鲜，日本，俄罗斯。

寄主：紫藤。

资料来源：申效诚等，1999，鳞翅目：夜蛾科。《伏牛山南坡及大别山区昆虫》，中国农业科学技术出版社。

黄畸夜蛾 *Bocula pallens* (Moore, 1882)

省内产地：淅川。

分布：河南，福建，云南；印度。

资料来源：衡雪梅，2002，河南省夜蛾科昆虫名录补遗。《太行山及桐柏山区昆虫》，中国农业科学技术出版社。

齿斑畸夜蛾 *Bocula quadrilineata* (Walker, 1858)

畸夜蛾 *Borsippa quadrilineata* Walker

省内产地：嵩县白云山，信阳鸡公山，罗山灵山，商城黄柏山，商城黄柏山大庙，新县连康山，内乡宝天曼，西峡黄石庵，罗山灵山，登封少林寺，桐柏水帘洞。

分布：河南，浙江，福建，广西，四川；印度(锡金)。

寄主：蔬菜，灌木。

资料来源：申效诚，1993，河南昆虫名录。中国农业科学技术出版社。

胞短栉夜蛾 *Brevipecten consanguis* Leech, 1900

省内产地：罗山灵山，桐柏水帘洞，济源王屋山，济源黄楝树，中牟，洛阳，宜阳，内乡，南阳，信阳。

分布：河南，山东，江苏，福建，湖北，湖南，海南，广西，四川，云南。

资料来源：申效诚，1993，河南昆虫名录。中国农业科学技术出版社。

霜壶夜蛾 *Calyptra albivirgata* (Hampson, 1926)　(图版 XLV-5)　(河南新记录种)

省内产地：嵩县白云山。

分布：河南，湖南，四川；日本。

翎壶夜蛾 *Calyptra gruesa* (Draudt, 1950)　(图版 XLV-6)　(河南新记录种)

省内产地：内乡宝天曼，嵩县白云山。

分布：河南，陕西，湖北，浙江，湖南；日本。

平嘴壶夜蛾 *Calyptra lata* (Butler, 1881)　(图版 XLV-7)

平嘴壶夜蛾 *Oraesia lata* Butler

省内产地：嵩县白云山，信阳鸡公山，内乡宝天曼，西峡黄石庵，罗山灵山，商城黄柏山，桐柏水帘洞，济源王屋山，登封少林寺，郑州，淅川。

分布：河南，河北，黑龙江，山东，福建，云南；朝鲜，日本。

寄主：柑橘，木槿，紫堇，唐松草。

资料来源：申效诚，1998，鳞翅目：夜蛾科。《伏牛山区昆虫》，中国农业科学技术出版社。

疖角壶夜蛾 *Calyptra minuticornis* (Guenee, 1852)

省内产地：内乡宝天曼，桐柏水帘洞。

分布：河南，浙江，福建，广东；印度，斯里兰卡，印度尼西亚。

寄主：木防己，橘。

资料来源：申效诚，1993，河南昆虫名录。中国农业科学技术出版社。

壶夜蛾 *Calyptra thalictri* (Borkhausen, 1790)

壶夜蛾 *Calyptra capucina* Esper

省内产地：嵩县白云山，民权，嵩县。

分布：河南，黑龙江，辽宁，新疆，山东，浙江，福建，四川，云南；朝鲜，日本；欧洲。

寄主：梨，桃，葡萄，唐松草。

资料来源：申效诚，1993，河南昆虫名录。中国农业科学技术出版社。

客来夜蛾 *Chrysorithrum amata* (Bremer *et* Grey, 1853) (图版 XLV-9)

省内产地：嵩县白云山，信阳鸡公山，罗山灵山，桐柏水帘洞，卢氏大块地，陕县甘山，济源王屋山，林州，封丘，济源，洛阳，汝阳，西峡。

分布：河南，内蒙古，黑龙江，辽宁，河北，陕西，山东，浙江，福建，云南；朝鲜，日本。

寄主：胡枝子。

资料来源：申效诚，1993，河南昆虫名录。中国农业科学技术出版社。

筱客来夜蛾 *Chrysorithrum flavomaculata* (Bremer, 1861)

省内产地：民权。

分布：河南，黑龙江，内蒙古，河北，陕西，浙江，云南；日本。

寄主：豆科。

资料来源：申效诚，1993，河南昆虫名录。中国农业科学技术出版社。

盔胸夜蛾 *Coarica fasciata* Moore, 1882

省内产地：卢氏狮子坪。

分布：河南，湖北；印度。

资料来源：申效诚，2002，鳞翅目：夜蛾总科。《太行山及桐柏山区昆虫》，中国农业科学技术出版社。

残夜蛾 *Colobochyla salicalis* (Denis *et* Schiffermuller, 1775)

省内产地：内乡宝天曼，西峡黄石庵。

分布：河南，河北，黑龙江，辽宁，新疆，山东，福建；伊朗，土耳其，日本；欧洲。

寄主：杨，柳。

资料来源：申效诚等，1999，鳞翅目：夜蛾科。《伏牛山南坡及大别山区昆虫》，中国农业科学技术出版社。

斑蕊夜蛾 *Cymatophotopsis sinuata* (Moore, 1879)

省内产地：内乡宝天曼。

分布：河南，福建，四川；印度，孟加拉国。

资料来源：申效诚等，1999，鳞翅目：夜蛾科。《伏牛山南坡及大别山区昆虫》，中国农业科学技术出版社。

三斑蕊夜蛾 *Cymatophotopsis trimaculata* (Bremer, 1861) (图版 XLVI-3)

省内产地：嵩县白云山，信阳鸡公山，内乡宝天曼，商城黄柏山，罗山灵山，桐柏水帘洞，新乡，封丘，西峡。

分布：河南，河北，黑龙江，山东，福建，湖南，广西，云南；朝鲜，日本。

寄主：鼠李。

资料来源：申效诚，1993，河南昆虫名录。中国农业科学技术出版社。

红尺夜蛾 *Naganoella timandra* Alpheraky, 1897

Dierna timandra Alpheraky, 1897

省内产地：信阳鸡公山，内乡宝天曼，罗山灵山，桐柏水帘洞，陕县甘山，济源王屋山，济源黄楝树。

分布：河南，黑龙江，吉林，河北，浙江，福建；朝鲜，日本。

资料来源：申效诚等，1999，鳞翅目：夜蛾科。《伏牛山南坡及大别山区昆虫》，中国农业科学技术出版社。

曲带双衲夜蛾 *Dinumma deponens* Walker, 1858 (图版 XLVI-4)

省内产地：内乡宝天曼，商城黄柏山，桐柏水帘洞，登封少林寺，嵩县白云山，民权，睢县，鲁山，南召，南阳。

分布：河南，山东，江苏，浙江，江西，福建，湖南，广东，广西，云南；朝鲜，日本，印度。

寄主：樱桃，合欢。

资料来源：申效诚，1993，河南昆虫名录。中国农业科学技术出版社。

黑斑狄夜蛾 *Diomea jankowskii* (Oberthur, 1880) (图版 XLVI-5) (河南新记录种)

省内产地：嵩县白云山。

分布：河南，黑龙江，河北，云南；朝鲜，日本。

狄夜蛾 *Diomea rotundata* Walker, 1857

省内产地：西峡。

分布：河南，西藏；印度(锡金)，斯里兰卡。

资料来源：衡雪梅，2002，河南省夜蛾科昆虫名录补遗。《太行山及桐柏山区昆虫》，中国农业科学技术出版社。

褐灰角衣夜蛾 *Ectogonia opalina* Butler, 1879

省内产地：桐柏水帘洞，郾城，西峡，固始。

分布：河南，黑龙江，江苏，浙江；日本。

资料来源：申效诚，2002，鳞翅目：夜蛾总科。《太行山及桐柏山区昆虫》，中国农业科学技术出版社。

白线蓖夜蛾 *Episparis liturata* (Fabricius, 1787)

省内产地：栾川龙峪湾，内乡宝天曼，西峡黄石庵，罗山灵山，新县连康山。

分布：河南，浙江，安徽，江西，湖北，湖南，广东，广西，四川，云南，甘肃；印度，斯里兰卡，印度尼西亚，缅甸。

资料来源：申效诚，1998，鳞翅目：夜蛾科。《伏牛山区昆虫》，中国农业科学技术出版社。

涟蓖夜蛾 *Episparis tortuosalis* Moore, 1867

省内产地：鲁山县石人山。

分布：河南，海南，广西；印度(锡金)。

寄主：麻楝。

资料来源：申效诚，1998，鳞翅目：夜蛾科。《伏牛山区昆虫》，中国农业科学技术出版社。

中南夜蛾 *Ericeia inangulata* Guenee, 1852

省内产地：信阳鸡公山，桐柏水帘洞。

分布：河南，湖南，福建，海南，广西，云南；印度，斯里兰卡，缅甸；大洋洲。

寄主：黄檀，含羞草，黑荆树。

资料来源：申效诚等，1999，鳞翅目：夜蛾科。《鸡公山区昆虫》，中国农业科学技术出版社。

厚夜蛾 *Erygia apicalis* Guenee, 1852

省内产地：卢氏狮子坪，栾川龙峪湾。

分布：河南，湖南，浙江，福建，广西，广东，海南，四川，台湾；朝鲜，日本，印度，澳大利亚。

寄主：刀豆。

资料来源：申效诚，1998，鳞翅目：夜蛾科。《伏牛山区昆虫》，中国农业科学技术出版社。

凡艳叶夜蛾 *Eudocima fullonica* (Clerck, 1764) (图版 XLVI-7)

落叶夜蛾 *Ophideres fullonica* Linnaeus

省内产地：嵩县白云山，郑州，沈丘，洛阳，南阳，信阳。

分布：河南，黑龙江，山东，江苏，浙江，福建，台湾，湖南，广东，海南，广西，四川，云南；

朝鲜，日本；非洲，大洋洲。

寄主：葡萄，苹果，桃，李，梨，橘，木通。

资料来源：申效诚，1993，河南昆虫名录。中国农业科学技术出版社。

枯艳叶夜蛾 *Eudocima tyrannus* (Guenee, 1852) (图版 XLVI-8)

枯叶夜蛾 *Adris tyrannus* Guenee

省内产地：西峡黄石庵，郑州，开封，遂平。

分布：河南，辽宁，河北，山东，江苏，浙江，台湾，湖北，广西，四川；日本，印度。

寄主：苹果，梨，葡萄，桃，通草。

资料来源：申效诚等，1999，鳞翅目：夜蛾科。《伏牛山南坡及大别山区昆虫》，中国农业科学技术出版社。

锯翅夜蛾 *Goniocraspidum ennomoides* Hampson, 1894

省内产地：具体不详。

分布：河南，西藏；印度。

资料来源：申效诚，1993，河南昆虫名录。中国农业科学技术出版社。

斜线哈夜蛾 *Hamodes butleri* (Leech, 1900)

省内产地：中牟。

分布：河南，湖南，福建，海南，四川，云南，贵州。

资料来源：衡雪梅，2002，河南省夜蛾科昆虫名录补遗。《太行山及桐柏山区昆虫》，中国农业科学技术出版社。

白点朋闪夜蛾 *Hypersypnoides astrigera* (Butler, 1885)

省内产地：西峡，信阳。

分布：河南，浙江，福建，江西，海南，四川，云南；日本。

资料来源：衡雪梅，2002，河南省夜蛾科昆虫名录补遗。《太行山及桐柏山区昆虫》，中国农业科学技术出版社。

湛朋闪夜蛾 *Hypersypnoides distincta* (Leech, 1889)

省内产地：桐柏水帘洞。

分布：河南，湖南，江西。

资料来源：申效诚，2002，鳞翅目：夜蛾总科。《太行山及桐柏山区昆虫》，中国农业科学技术出版社。

粉点朋闪夜蛾 *Hypersypnoides punctosa* (Walker, 1865) (图版 XLVII-1)

省内产地：卢氏大块地，桐柏水帘洞。

分布：河南，福建，湖南，海南，云南；日本，印度。

资料来源：申效诚，2002，鳞翅目：夜蛾总科。《太行山及桐柏山区昆虫》，中国农业科学技术出版社。

鹰夜蛾 *Hypocala deflorata* (Fabricius, 1794)

柿梢鹰夜蛾 *Hypocala moorei* Butler

省内产地：信阳鸡公山，桐柏水帘洞，陕县甘山，济源王屋山，济源黄楝树，嵩县白云山，安阳，新乡，栾川，洛阳，柘城，南召，淅川。

分布：河南，河北，山东，福建，广东，海南，四川，云南，贵州；日本，印度，泰国。

寄主：柿。

资料来源：申效诚，1993，河南昆虫名录。中国农业科学技术出版社。

苹梢鹰夜蛾 *Hypocala subsatura* Guenee, 1852 (图版 XLVII-2)

省内产地：嵩县白云山，栾川龙峪湾，信阳鸡公山，内乡宝天曼，罗山灵山，桐柏水帘洞，陕县甘山等全省各地。

分布：河南，河北，内蒙古，辽宁，甘肃，陕西，山东，江苏，浙江，福建，台湾，广东，海南，云南，西藏；日本，印度。

寄主：苹果，栎。

资料来源：申效诚，1998，鳞翅目：夜蛾科。《伏牛山区昆虫》，中国农业科学技术出版社。

沟翅夜蛾 *Hypospila bolinoides* Guenee, 1852

省内产地：桐柏水帘洞，中牟。

分布：河南，山东，湖南，广东，海南，云南；印度，斯里兰卡，马来西亚，印度尼西亚。

寄主：合欢。

资料来源：申效诚，2002，鳞翅目：夜蛾总科。《太行山及桐柏山区昆虫》，中国农业科学技术出版社。

蓝条夜蛾 *Ischyja manlia* (Cramer, 1766) (图版 XLVII-10)

省内产地：信阳鸡公山，卢氏大块地。

分布：河南，山东，浙江，福建，湖南，广东，海南，广西，云南；印度，缅甸，斯里兰卡；印度尼西亚，菲律宾。

寄主：榄仁树，樟。

资料来源：申效诚等，1999，鳞翅目：夜蛾科。《鸡公山区昆虫》，中国农业科学技术出版社。

戟夜蛾 *Lacera alope* (Cramer, 1780)

省内产地：桐柏水帘洞。

分布：河南，浙江，福建，湖南，海南，四川；日本，印度，缅甸，斯里兰卡；非洲。

寄主：避霜花，铁屎米。

资料来源：申效诚，2002，鳞翅目：夜蛾总科。《太行山及桐柏山区昆虫》，中国农业科学技术出版社。

斑戟夜蛾 *Lacera procellosa* Butler, 1877 (图版 XLVI-6)

省内产地：桐柏水帘洞。

分布：河南，湖南，台湾，江西，海南，西藏；日本，印度，斯里兰卡，菲律宾，印度尼西亚。

寄主：云实。

资料来源：申效诚，2002，鳞翅目：夜蛾总科。《太行山及桐柏山区昆虫》，中国农业科学技术出版社。

勒夜蛾 *Laspeyria flexula* (Denis *et* Schiffermuller, 1775)

省内产地：嵩县白云山，豫南。

分布：河南，黑龙江，云南；欧洲。

寄主：栎，松，云杉，梅衣，地衣。

资料来源：申效诚，2002，鳞翅目：夜蛾总科。《太行山及桐柏山区昆虫》，中国农业科学技术出版社。

***Luceria fletcheri* Inoue, 1958**

省内产地：桐柏水帘洞。

分布：河南，台湾；日本。

资料来源：Karsholt *et al.*, 2002，鳞翅目：夜蛾科。《太行山及桐柏山区昆虫》，中国农业科学技术出版社。

平影夜蛾 *Lygephila lubrica* (Freyer, 1846) (河南新记录种)

省内产地：嵩县白云山。

分布：河南，新疆，内蒙古，河北，山西，陕西；蒙古国。

巨影夜蛾 *Lygephila maxima* (Bremer, 1861) (图版 XLVII-4)

巨黑颈夜蛾 *Eccrita maxima* Bremer

省内产地：灵宝亚武山，卢氏狮子坪，卢氏大块地，内乡宝天曼，嵩县白云山。

分布：河南，黑龙江，山东，福建；朝鲜，日本，俄罗斯。

寄主：禾本科。

资料来源：申效诚，1998，鳞翅目：夜蛾科。《伏牛山区昆虫》，中国农业科学技术出版社。

黑缘影夜蛾 *Lygephila nigricostata* (Graeser, 1890) (河南新记录种)

省内产地：济源王屋山。

分布：河南，新疆，内蒙古，黑龙江，河北，陕西，四川，云南，西藏；日本。

直影夜蛾 *Lygephila recta* (Bremer, 1864)

直紫脖夜蛾 *Toxocampa recta* Bremer

省内产地：灵宝亚武山，嵩县白云山，济源王屋山，济源黄楝树。

分布：河南，江西，浙江，湖南，四川，云南，西藏；朝鲜，日本。

寄主：胡颓子。

资料来源：申效诚，1998，鳞翅目：夜蛾科。《伏牛山区昆虫》，中国农业科学技术出版社。

蚕豆影夜蛾 *Lygephila viciae* (Hubner, 1822) (图版 XLVII-3) (河南新记录种)

省内产地：内乡宝天曼，嵩县白云山。

分布：河南，新疆，内蒙古，黑龙江，河北，山西，山东，陕西，浙江，云南；欧洲。

焚影夜蛾 *Lygephila vulcanea* (Bremer, 1881)

焚紫脖夜蛾 *Toxocampa vulcanea* Butler

省内产地：栾川龙峪湾。

分布：河南，山西，黑龙江；日本。

资料来源：申效诚，1998，鳞翅目：夜蛾科。《伏牛山区昆虫》，中国农业科学技术出版社。

灰薄夜蛾 *Mecodina cineracea* (Butler, 1879)

灰薄夜蛾 *Araeognatha cineracea* Butler

省内产地：信阳鸡公山，内乡宝天曼，罗山灵山，新县连康山。

分布：河南，江西，海南，贵州；日本。

资料来源：申效诚等，1999，鳞翅目：夜蛾科。《鸡公山区昆虫》，中国农业科学技术出版社。

大斑薄夜蛾 *Mecodina subcostalis* (Walker, 1865)

省内产地：罗山灵山。

分布：河南，河北，浙江，福建，湖北，广西；朝鲜，日本。

资料来源：申效诚，1993，河南昆虫名录。中国农业科学技术出版社。

紫灰薄夜蛾 *Mecodina subviolacea* (Butler, 1881) (河南新记录种)

省内产地：桐柏水帘洞。

分布：河南，江苏，浙江，湖南，四川；朝鲜，日本，印度。

***Micreremites pyraloides* Sugi, 1982**

省内产地：桐柏水帘洞。

分布：河南；日本。

资料来源：Karsholt *et al*., 2002，鳞翅目：夜蛾科。《太行山及桐柏山区昆虫》，中国农业科学技术出版社。

嘴壶夜蛾 *Oraesia emarginata* (Fabricius, 1794)

省内产地：中牟。

分布：河南，山东，江苏，浙江，福建，台湾，广东，海南，广西，云南；朝鲜，日本，印度。

寄主：桃，梨，苹果，葡萄。

资料来源：申效诚，1993，河南昆虫名录。中国农业科学技术出版社。

鸟嘴壶夜蛾 *Oraesia excavata* (Butler, 1878) (图版 XLVII-5)

省内产地：信阳鸡公山，商城黄柏山，商城黄柏山大庙，桐柏水帘洞，周口，太康，泌阳。

分布：河南，山东，江苏，浙江，福建，台湾，湖南，广东，广西，云南；朝鲜，日本。

寄主：银杏，苹果，梨，葡萄，桃，橘，芒果。

资料来源：申效诚等，1999，鳞翅目：夜蛾科。《鸡公山区昆虫》，中国农业科学技术出版社。

褐翅眉夜蛾 *Pangrapta adusta* (Leech, 1900)

省内产地：陕县。

分布：河南，湖北，湖南，四川；日本。

资料来源：衡雪梅，2002，河南省夜蛾科昆虫名录补遗。《太行山及桐柏山区昆虫》，中国农业科学技术出版社。

白痣眉夜蛾 *Pangrapta albistigma* (Hampson, 1898)

省内产地：内乡宝天曼，栾川龙峪湾。

分布：河南，河北，陕西，浙江，湖北，四川；朝鲜，日本，印度。

资料来源：申效诚等，1999，鳞翅目：夜蛾科。《伏牛山南坡及大别山区昆虫》，中国农业科学技术出版社。

灰眉夜蛾 *Pangrapta cana* (Leech, 1900)

省内产地：鲁山县石人山，内乡宝天曼。

分布：河南，浙江，江西，福建。

资料来源：申效诚，1998，鳞翅目：夜蛾科。《伏牛山区昆虫》，中国农业科学技术出版社。

黄斑眉夜蛾 *Pangrapta flavomacula* Staudinger, 1888

省内产地：嵩县白云山。

分布：河南，黑龙江，江苏，福建，湖南；朝鲜，日本，俄罗斯。

资料来源：申效诚，1998，鳞翅目：夜蛾科。《伏牛山区昆虫》，中国农业科学技术出版社。

旗眉夜蛾 *Pangrapta mandarina* (Leech, 1900) (河南新记录种)

省内产地：内乡宝天曼。

分布：河南，陕西，湖北，湖南，海南。

苹眉夜蛾 *Pangrapta obscurata* (Butler, 1879)

省内产地：内乡宝天曼，罗山灵山，郑州，许昌，南阳。

分布：河南，河北，黑龙江，山东，湖南；朝鲜，日本。

寄主：苹果，梨。

资料来源：申效诚等，1999，鳞翅目：夜蛾科。《伏牛山南坡及大别山区昆虫》，中国农业科学技术出版社。

饰眉夜蛾 *Pangrapta ornata* (Leech, 1900) (图版 XLVII-6)

省内产地：罗山灵山，桐柏水帘洞。

分布：河南，江苏，浙江，湖北，湖南。

资料来源：申效诚等，1999，鳞翅目：夜蛾科。《伏牛山南坡及大别山区昆虫》，中国农业科学技术出版社。

波眉夜蛾 *Pangrapta porphyrea* (Butler, 1879)

省内产地：嵩县白云山。

分布：河南，福建；日本。

资料来源：申效诚，2002，鳞翅目：夜蛾总科。《太行山及桐柏山区昆虫》，中国农业科学技术出版社。

遮眉夜蛾 *Pangrapta similistigma* Warren, 1913 (图版 XLVII-9)

省内产地：西峡。

分布：河南，浙江，四川。

资料来源：衡雪梅，2002，河南省夜蛾科昆虫名录补遗。《太行山及桐柏山区昆虫》，中国农业科学技术出版社。

鳞眉夜蛾 *Pangrapta squamea* (Leech, 1900)

省内产地：信阳鸡公山，商城黄柏山。

分布：河南，湖北，浙江，云南。

资料来源：申效诚等，1999，鳞翅目：夜蛾科。《伏牛山南坡及大别山区昆虫》，中国农业科学技术出版社。

纱眉夜蛾 *Pangrapta textilis* (Leech, 1889)

省内产地：商城黄柏山。

分布：河南，河北，山东，浙江，福建；朝鲜。

资料来源：申效诚等，1999，鳞翅目：夜蛾科。《伏牛山南坡及大别山区昆虫》，中国农业科学技术出版社。

三线眉夜蛾 *Pangrapta trilineata* (Leech, 1900)

省内产地：荥阳。

分布：河南，江苏，浙江，江西，湖南，广东，海南，贵州，四川。

资料来源：衡雪梅，2002，河南省夜蛾科昆虫名录补遗。《太行山及桐柏山区昆虫》，中国农业科学技术出版社。

浓眉夜蛾 *Pangrapta trimantesalis* (Walker, 1858)

省内产地：信阳鸡公山，罗山灵山，商城黄柏山，商城黄柏山大庙，新县连康山。

分布：河南，江苏，浙江，福建，云南；印度，朝鲜，日本。

资料来源：申效诚等，1999，鳞翅目：夜蛾科。《伏牛山南坡及大别山区昆虫》，中国农业科学技术出版社。

淡眉夜蛾 *Pangrapta umbrosa* (Leech, 1900)

省内产地：罗山灵山，桐柏水帘洞，卢氏大块地。

分布：河南，陕西，浙江，江西，湖北，海南，云南；日本。

资料来源：申效诚，2002，鳞翅目：夜蛾总科。《太行山及桐柏山区昆虫》，中国农业科学技术出版社。

点眉夜蛾 *Pangrapta vasava* (Butler, 1881)

省内产地：罗山灵山，桐柏水帘洞，博爱，封丘，中牟，长葛，郸城，鲁山，西平，郾城，内乡，南阳，固始。

分布：河南，黑龙江，山东，江苏，湖北；朝鲜，日本。

寄主：榆。

资料来源：申效诚，2002，鳞翅目：夜蛾总科。《太行山及桐柏山区昆虫》，中国农业科学技术出版社。

戚夜蛾 *Paragabara flavomacula* (Oberthur, 1880)

黄斑残夜蛾 *Colobochyla flavomacula* (Oberthur)

省内产地：封丘，固始。

分布：河南，黑龙江，河北，江苏；朝鲜，日本。

资料来源：衡雪梅，2002，河南省夜蛾科昆虫名录补遗。《太行山及桐柏山区昆虫》，中国农业科学技术出版社。

黄戚夜蛾 *Paragabara ochreipennis* Sugi, 1962

省内产地：桐柏水帘洞。

分布：河南；日本。

资料来源：Karsholt *et al.*, 2002，鳞翅目：夜蛾科。《太行山及桐柏山区昆虫》，中国农业科学技术出版社。

***Paragona inchoata* (Wileman, 1911)**

省内产地：桐柏水帘洞。

分布：河南；日本。

资料来源：Karsholt *et al.*, 2002，鳞翅目：夜蛾科。《太行山及桐柏山区昆虫》，中国农业科学技术出版社。

双线卷裙夜蛾 *Plecoptera bilinealis* (Leech, 1889)

省内产地：桐柏水帘洞，鲁山。

分布：河南，江苏，浙江。

资料来源：申效诚，2002，鳞翅目：夜蛾总科。《太行山及桐柏山区昆虫》，中国农业科学技术出版社。

纯肖金夜蛾 *Plusiodonta casta* (Butler, 1878) (河南新记录种)

省内产地：嵩县白云山。

分布：河南，黑龙江，山东，江苏，湖北，浙江，福建，湖南；朝鲜，日本。

肖金夜蛾 *Plusiodonta coelonota* (Kollar, 1844)

省内产地：信阳鸡公山，内乡宝天曼，商城黄柏山，新县连康山，桐柏水帘洞。

分布：河南，福建；印度，斯里兰卡，缅甸，印度尼西亚。

资料来源：申效诚等，1999，鳞翅目：夜蛾科。《鸡公山区昆虫》，中国农业科学技术出版社。

洒夜蛾 *Psimada quadripennis* Walker, 1858 (河南新记录属、种)

省内产地：嵩县白云山。

分布：河南，河北，福建，广东，海南，广西，云南；印度，斯里兰卡，缅甸。

涓夜蛾 *Rivula sericealis* (Scopoli, 1763)

省内产地：桐柏水帘洞，商丘，封丘，中牟，荥阳，郾城，淅川。

分布：河南，黑龙江，江苏，云南；日本；欧洲。

寄主：短柄草。

资料来源：衡雪梅，2002，河南省夜蛾科昆虫名录补遗。《太行山及桐柏山区昆虫》，中国农业科学技术出版社。

***Scedopla diffusa* Sugi, 1959**

省内产地：桐柏水帘洞。

分布：河南；日本。

资料来源：Karsholt *et al*., 2002，鳞翅目：夜蛾科。《太行山及桐柏山区昆虫》，中国农业科学技术出版社。

棘翅夜蛾 *Scoliopteryx libatrix* (Linnaeus, 1758) (图版 XLVII-7)

省内产地：卢氏狮子坪，鲁山。

分布：河南，内蒙古，黑龙江，辽宁，浙江，台湾，湖北，湖南，四川，云南，贵州，西藏，陕西，甘肃，青海，新疆；朝鲜，日本，俄罗斯；欧洲，非洲，北美。

寄主：杨，柳。

资料来源：申效诚，1998，鳞翅目：夜蛾科。《伏牛山区昆虫》，中国农业科学技术出版社。

铃斑翅夜蛾 *Serrodes campana* Guenee, 1852

省内产地：封丘，中牟。

分布：河南，浙江，广东，海南，广西，四川，云南；印度，孟加拉国，缅甸，斯里兰卡，印度尼西亚；大洋洲，非洲。

寄主：无患子。

资料来源：衡雪梅，2002，河南省夜蛾科昆虫名录补遗。《太行山及桐柏山区昆虫》，中国农业科学技术出版社。

大析夜蛾 *Sypnoides amplifascia* (Warren, 1914)

省内产地：信阳鸡公山，罗山灵山，桐柏水帘洞。

分布：河南，浙江，福建，四川。

资料来源：申效诚等，1999，鳞翅目：夜蛾科。《鸡公山区昆虫》，中国农业科学技术出版社。

粉蓝析夜蛾 *Sypnoides cyanivitta* (Moore, 1867)

省内产地：商城黄柏山大庙，鲁山。

分布：河南，四川；印度，孟加拉国。

资料来源：申效诚等，1999，鳞翅目：夜蛾科。《伏牛山南坡及大别山区昆虫》，中国农业科学技术出版社。

赫析夜蛾 *Sypnoides hercules* (Butler, 1881)

省内产地：西峡寨根，信阳鸡公山，罗山灵山，桐柏水帘洞。

分布：河南，江西，浙江，西藏；日本。

资料来源：申效诚，1998，鳞翅目：夜蛾科。《伏牛山区昆虫》，中国农业科学技术出版社。

克析夜蛾 *Sypnoides kirbyi* (Butler, 1881) (图版 XLVIII-4) (河南新记录种)

省内产地：嵩县白云山。

分布：河南，浙江，海南，四川；印度(锡金)。

浅褐析夜蛾 *Sypnoides lilacina* (Leech, 1900) (图版 XLVIII-1)

省内产地：济源王屋山。

分布：河南，四川；缅甸。

资料来源：申效诚，2002，鳞翅目：夜蛾总科。《太行山及桐柏山区昆虫》，中国农业科学技术出版社。

层析夜蛾 *Sypnoides missionaria* Berio, 1958 (图版 XLVIII-2) (河南新记录种)

省内产地：嵩县白云山。

分布：河南，湖北，四川。

肘析夜蛾 *Sypnoides olena* (Swinhoe, 1893) (图版 XLVIII-3)

省内产地：罗山灵山。

分布：河南，浙江，福建，云南。

资料来源：申效诚等，1999，鳞翅目：夜蛾科。《伏牛山南坡及大别山区昆虫》，中国农业科学技术出版社。

涂析夜蛾 *Sypnoides picta* (Butler, 1877)

省内产地：西峡寨根，信阳鸡公山，内乡宝天曼，商城黄柏山，新县连康山。

分布：河南，黑龙江，辽宁，浙江，湖南，云南，西藏；朝鲜，日本，印度(锡金)。

寄主：槲，绞股蓝，悬钩子，栓皮栎。

资料来源：申效诚，1998，鳞翅目：夜蛾科。《伏牛山区昆虫》，中国农业科学技术出版社。

褐析夜蛾 *Sypnoides prunosa* (Moore, 1883)

省内产地：内乡宝天曼，桐柏水帘洞。

分布：河南，福建，四川，云南；印度(锡金)。

资料来源：申效诚等，1999，鳞翅目：夜蛾科。《伏牛山南坡及大别山区昆虫》，中国农业科学技术出版社。

单析夜蛾 *Sypnoides simplex* (Leech, 1900)

省内产地：西峡。

分布：河南，陕西，浙江，湖南，福建，广西，四川。

资料来源：衡雪梅，2002，河南省夜蛾科昆虫名录补遗。《太行山及桐柏山区昆虫》，中国农业科学技术出版社。

窗夜蛾 *Thyrostipa sphaeriophora* (Moore, 1867) (河南新记录属、种)

省内产地：内乡宝天曼。

分布：河南，江苏，湖北，湖南，福建，广西；印度，孟加拉国，加里曼丹。

(一七) 髯须夜蛾亚科 Hypeninae

燕夜蛾 *Aventiola pusilla* (Butler, 1879)

省内产地：嵩县白云山，内乡宝天曼，罗山灵山，桐柏水帘洞。

分布：河南，河北，黑龙江，四川，江苏；日本。

寄主：地衣。

资料来源：申效诚，1998，鳞翅目：夜蛾科。《伏牛山区昆虫》，中国农业科学技术出版社。

双色卜夜蛾 *Bomolocha bicoloralis* Graeser, 1888 [1889]

省内产地：桐柏水帘洞。

分布：河南，黑龙江，湖北；日本，俄罗斯。

资料来源：Karsholt *et al*., 2002，鳞翅目：夜蛾科。《太行山及桐柏山区昆虫》，中国农业科学技术出版社。

分色卜夜蛾 *Bomolocha bipartite* Staudinger, 1892　(图版 XLVIII-5)　(河南新记录种)

省内产地：嵩县白云山。

分布：河南，黑龙江，湖北；日本，俄罗斯(西伯利亚东南部)。

满卜夜蛾 *Bomolocha mandarina* (Leech, 1900)　(图版 XLVIII-6)

省内产地：卢氏狮子坪，卢氏大块地，内乡宝天曼，桐柏水帘洞，陕县甘山，济源王屋山，嵩县白云山。

分布：河南，云南，四川，江西，浙江，福建，湖北，湖南，西藏；日本。

资料来源：申效诚，1998，鳞翅目：夜蛾科。《伏牛山区昆虫》，中国农业科学技术出版社。

缩卜夜蛾 *Bomolocha obductaliis* (Walker, 1858)

省内产地：信阳鸡公山，鲁山。

分布：河南，新疆，福建，四川，西藏；印度。

资料来源：申效诚等，1999，鳞翅目：夜蛾科。《鸡公山区昆虫》，中国农业科学技术出版社。

显卜夜蛾 *Bomolocha perspicua* (Leech, 1900)　(图版 XLVIII-7)

省内产地：桐柏水帘洞。

分布：河南，湖北，四川；日本。

资料来源：Karsholt *et al*., 2002，鳞翅目：夜蛾科。《太行山及桐柏山区昆虫》，中国农业科学技术出版社。

张卜夜蛾 *Bomolocha rhombaris* (Guenee, 1854)　(图版 XLVIII-8)

省内产地：栾川龙峪湾，信阳鸡公山，商城黄柏山，商城黄柏山大庙，新县连康山，陕县甘山，桐柏水帘洞。

分布：河南，江苏，浙江，福建，湖南，广西，四川，西藏；印度，缅甸。

资料来源：申效诚，1998，鳞翅目：夜蛾科。《伏牛山区昆虫》，中国农业科学技术出版社。

污卜夜蛾 *Bomolocha squalida* (Butler, 1879)　(图版 XLVIII-10)

省内产地：嵩县白云山，栾川龙峪湾，罗山灵山，商城黄柏山，商城黄柏山大庙，新县连康山。

分布：河南，江西，福建，湖南，四川；朝鲜，日本。

资料来源：申效诚，1998，鳞翅目：夜蛾科。《伏牛山区昆虫》，中国农业科学技术出版社。

阴卜夜蛾 *Bomolocha stygiana* (Butler, 1878)

省内产地：内乡宝天曼。

分布：河南，浙江，江西，西藏；朝鲜，日本。

资料来源：申效诚等，1999，鳞翅目：夜蛾科。《伏牛山南坡及大别山区昆虫》，中国农业科学技术出版社。

齐卜夜蛾 *Bomolocha zilla* (Butler, 1879)　(图版 XLVIII-9)　(河南新记录种)

省内产地：嵩县白云山。

分布：河南，黑龙江，湖北；朝鲜，日本。

胸须夜蛾 *Cidariplura gladiata* Butler, 1879　(河南新记录种)

省内产地：桐柏水帘洞。

分布：河南，湖北，湖南，福建，四川；日本。

徽胸须夜蛾 *Cidariplura signata* (Butler, 1879)

省内产地：新县连康山。

分布：河南，江西，湖南；朝鲜，日本。

资料来源：申效诚等，1999，鳞翅目：夜蛾科。《伏牛山南坡及大别山区昆虫》，中国农业科学

技术出版社。

弓须亥夜蛾 *Hydrillodes repugnalis* (Walker, 1863)

弓须亥夜蛾 *Hydrillodes morosa* Butler

省内产地：信阳鸡公山，卢氏大块地。

分布：河南，山东，福建，台湾，湖南，广东，广西，西藏；日本，印度，斯里兰卡，马来西亚。

寄主：化香的枯叶。

资料来源：申效诚等，1999，鳞翅目：夜蛾科。《鸡公山区昆虫》，中国农业科学技术出版社。

曲口髯须夜蛾 *Hypena abducalis* Walker, 1858

省内产地：陕县。

分布：河南，河北，湖南，江西，福建，四川，云南，西藏；日本，印度。

资料来源：衡雪梅，2002，河南省夜蛾科昆虫名录补遗。《太行山及桐柏山区昆虫》，中国农业科学技术出版社。

斜线髯须夜蛾 *Hypena amica* (Butler, 1878)

阿两色夜蛾 *Dichromia amica* Butler

省内产地：栾川龙峪湾，内乡宝天曼，罗山灵山，桐柏水帘洞，济源王屋山。

分布：河南，东北，浙江，湖北；朝鲜，日本。

寄主：苎麻。

资料来源：申效诚，1998，鳞翅目：夜蛾科。《伏牛山区昆虫》，中国农业科学技术出版社。

肖髯须夜蛾 *Hypena iconicalis* Walker, 1858

省内产地：陕县，西峡。

分布：河南，台湾，广西，海南，四川，西藏；印度，马来西亚，印度尼西亚，斯里兰卡。

寄主：山蚂蝗属。

资料来源：衡雪梅，2002，河南省夜蛾科昆虫名录补遗。《太行山及桐柏山区昆虫》，中国农业科学技术出版社。

清髯须夜蛾 *Hypena indicatalis* (Walker, 1858)

清卜馍夜蛾 *Bomolocha indicatalis* (Walker)

省内产地：内乡宝天曼。

分布：河南，湖南，福建，海南，广西；朝鲜，日本，印度，马来西亚。

寄主：苎麻。

资料来源：申效诚等，1999，鳞翅目：夜蛾科。《伏牛山南坡及大别山区昆虫》，中国农业科学技术出版社。

肯髯须夜蛾 *Hypena kengkalis* Bremer, 1864 (河南新记录种)

省内产地：嵩县白云山。

分布：河南，河北，湖北；朝鲜，日本，俄罗斯。

拉髯须夜蛾 *Hypena labatalis* Walker, 1858

省内产地：中牟，夏邑，淮阳，西平。

分布：河南，云南；印度(锡金)，斯里兰卡。

资料来源：衡雪梅，2002，河南省夜蛾科昆虫名录补遗。《太行山及桐柏山区昆虫》，中国农业科学技术出版社。

赭黄髯须夜蛾 *Hypena obesalis* Treitschke, 1829

参卜馍夜蛾 *Bomolocha obesalis* Treitschke

省内产地：郑州，许昌，中牟。

分布：河南，黑龙江，河北，云南；欧洲。

寄主：荨麻，小麦。

资料来源：申效诚，1993，河南昆虫名录。中国农业科学技术出版社。

窄带髯须夜蛾 *Hypena occatua* Moore, 1882

省内产地：桐柏水帘洞。

分布：河南，河北；日本，印度。

寄主：苎麻。

资料来源：申效诚，2002，鳞翅目：夜蛾总科。《太行山及桐柏山区昆虫》，中国农业科学技术出版社。

髯须夜蛾 *Hypena proboscidalis* Linnaeus, 1758 (图版 XLVIII-13)

省内产地：驻马店，汝南，内乡，信阳，中牟。

分布：河南，黑龙江，新疆，湖北，四川，西藏；日本，印度；欧洲，北非。

寄主：荨麻，葎草，水苏，羊角芹。

资料来源：申效诚，1993，河南昆虫名录。中国农业科学技术出版社。

子髯须夜蛾 *Hypena quadralis* (Walker, 1858)

姊两色夜蛾 *Dichromia quadralis* Walker

省内产地：鲁山县石人山。

分布：河南，云南，西藏；印度(锡金)，缅甸，日本。

资料来源：申效诚，1998，鳞翅目：夜蛾科。《伏牛山区昆虫》，中国农业科学技术出版社。

马蹄髯须夜蛾 *Hypena sagitta* (Fabricius, 1775)

马蹄两色夜蛾 *Dichromia sagitta* Fabricius

省内产地：嵩县白云山。

分布：河南，湖南，福建，广东，海南，广西，云南，贵州；印度，斯里兰卡，缅甸，日本。

寄主：娃儿藤。

资料来源：申效诚，1998，鳞翅目：夜蛾科。《伏牛山区昆虫》，中国农业科学技术出版社。

线髯须夜蛾 *Hypena strigatus* (Fbricius, 1798)

省内产地：郸城。

分布：河南，浙江，湖南；朝鲜，日本，印度。

资料来源：衡雪梅，2002，河南省夜蛾科昆虫名录补遗。《太行山及桐柏山区昆虫》，中国农业科学技术出版社。

两色髯须夜蛾 *Hypena trigonalis* (Guenee, 1854) (图版 XLVIII-11)

两色夜蛾 *Dichromia trigonalis* Guenee

省内产地：信阳鸡公山，鲁山县石人山，新县连康山，济源王屋山。

分布：河南，山东，浙江，江西，福建，四川，云南，贵州，西藏；朝鲜，日本，印度。

寄主：苎麻。

资料来源：申效诚，1998，鳞翅目：夜蛾科。《伏牛山区昆虫》，中国农业科学技术出版社。

豆髯须夜蛾 *Hypena tristalis* Lederer, 1853 (图版 XLVIII-12)

豆卜馍夜蛾 *Bomolocha tristalis* Lederer

省内产地：嵩县白云山，栾川龙峪湾，西峡黄石庵，济源王屋山。

分布：河南，河北，黑龙江，内蒙古，新疆，山西，湖北，福建，云南，西藏；日本，俄罗斯。

寄主：大豆，刺槐。

资料来源：申效诚，1998，鳞翅目：夜蛾科。《伏牛山区昆虫》，中国农业科学技术出版社。

洁口夜蛾 *Rhynchina cramboides* (Butler, 1879)

省内产地：桐柏水帘洞。

分布：河南，山东，湖南，四川，西藏；日本。

资料来源：Karsholt *et al*., 2002，鳞翅目：夜蛾科。《太行山及桐柏山区昆虫》，中国农业科学技术出版社。

丑齿口夜蛾 *Rhynchodontodes plusioides* (Butler, 1879)

省内产地：淅川大寺。

分布：河南，山西，江苏，浙江，江西，海南，四川；朝鲜，日本。

资料来源：衡雪梅，2002，河南省夜蛾科昆虫名录补遗。《太行山及桐柏山区昆虫》，中国农业科学技术出版社。

***Schrankia costaestrigalis* (Stephens, 1834)**

省内产地：桐柏水帘洞。

分布：河南；欧洲。

资料来源：Karsholt *et al*., 2002，鳞翅目：夜蛾科。《太行山及桐柏山区昆虫》，中国农业科学技术出版社。

(一八) 长须夜蛾亚科 Herminiinae

闪疖夜蛾 *Adrapsa simplex* (Butler, 1879) (河南新记录属、种)

省内产地：桐柏水帘洞。

分布：河南，湖北，浙江，福建，海南，四川；日本。

异拟胸须夜蛾 *Bertula hisbonalis* Walker, 1858 (河南新记录属、种)

省内产地：信阳鸡公山。

分布：河南，湖北，湖南，福建，海南；日本，孟加拉国。

条拟胸须夜蛾 *Bertula spacoalis* (Walker, 1859) (河南新记录种)

省内产地：嵩县白云山。

分布：河南，河北，湖南，江西，福建，四川；日本。

白线尖须夜蛾 *Bleptina albolinealis* Leech, 1900

省内产地：西峡。

分布：河南，湖南，江西，福建，浙江，广西，四川。

资料来源：衡雪梅，2002，河南省夜蛾科昆虫名录补遗。《太行山及桐柏山区昆虫》，中国农业科学技术出版社。

并线尖须夜蛾 *Bleptina parallela* Leech, 1900

省内产地：内乡宝天曼。

分布：河南，浙江，江西，福建，湖南，海南，四川。

资料来源：申效诚等，1999，鳞翅目：夜蛾科。《伏牛山南坡及大别山区昆虫》，中国农业科学技术出版社。

白肾夜蛾 *Edessena gentiusalis* Walker, 1858 (河南新记录种)

省内产地：内乡宝天曼。

分布：河南，河北，福建，湖南，四川，云南，西藏；日本。

钩白肾夜蛾 *Edessena hamada* Felder *et* Rogenhofer, 1874 (图版 XLVII-8)

省内产地：栾川龙峪湾，嵩县白云山，西峡寨根，内乡宝天曼，西峡黄石庵，罗山灵山，商城黄柏山，新县连康山，罗山灵山，桐柏水帘洞。

分布：河南，河北，江西，湖北，湖南，四川，云南，贵州；日本。

资料来源：申效诚，1998，鳞翅目：夜蛾科。《伏牛山区昆虫》，中国农业科学技术出版社。

白点厚角夜蛾 *Hadennia incongruens* (Butler, 1879) (图版 XLIX-1)

省内产地：嵩县白云山。

分布：河南，湖北；日本。

资料来源：申效诚，2002，鳞翅目：夜蛾总科。《太行山及桐柏山区昆虫》，中国农业科学技术出版社。

枥长须夜蛾 *Herminia nemoralis* (Fabricius, 1775)

枥镰须夜蛾 *Zanclognatha nemoralis* Fabricius

省内产地：桐柏水帘洞，信阳鸡公山。

分布：河南，内蒙古，四川，云南；日本；欧洲。
寄主：鹅耳枥。
资料来源：申效诚等，1999，鳞翅目：夜蛾科。《鸡公山区昆虫》，中国农业科学技术出版社。

灰长须夜蛾 *Herminia tarsicrinalis* (Knoch, 1782)
灰镰须夜蛾 *Zanclognatha tarsicrinalis* Knoch
省内产地：商丘，民权，永城。
分布：河南，黑龙江，河北，江苏；朝鲜，日本；欧洲。
资料来源：申效诚，1993，河南昆虫名录。中国农业科学技术出版社。

中影单跗夜蛾 *Hipoepa fractalis* (Guenée, 1854)
省内产地：桐柏水帘洞。
分布：河南，西藏；日本，缅甸，印度，斯里兰卡；非洲。
资料来源：Karsholt *et al*., 2002，鳞翅目：夜蛾科。《太行山及桐柏山区昆虫》，中国农业科学技术出版社。

白斑极夜蛾 *Idia curvipalpis* (Butler, 1879)
省内产地：桐柏水帘洞。
分布：河南，浙江，湖南；日本。
资料来源：Karsholt *et al*. 2002，鳞翅目：夜蛾科。《太行山及桐柏山区昆虫》，中国农业科学技术出版社。

悲疽夜蛾 *Nodaria tristis* (Butler, 1879)
省内产地：桐柏水帘洞。
分布：河南，浙江，湖南，云南；日本。
资料来源：Karsholt *et al*., 2002，鳞翅目：夜蛾科。《太行山及桐柏山区昆虫》，中国农业科学技术出版社。

邻奴夜蛾 *Paracolax contigua* (Leech, 1900)
省内产地：桐柏水帘洞。
分布：河南，湖北，四川；日本。
资料来源：Karsholt *et al*., 2002，鳞翅目：夜蛾科。《太行山及桐柏山区昆虫》，中国农业科学技术出版社。

黄肾奴夜蛾 *Paracolax pryeri* (Butler, 1879)　(图版 XLIX-2)
省内产地：桐柏水帘洞。
分布：河南，浙江，湖南，福建；日本。
寄主：杉树枯叶。
资料来源：Karsholt *et al*., 2002，鳞翅目：夜蛾科。《太行山及桐柏山区昆虫》，中国农业科学技术出版社。

灰缘贫夜蛾 *Simplicia mistacalis* (Guenee, 1854)
灰缘贫夜蛾 *Simplicia marginata* Moore
省内产地：栾川龙峪湾。
分布：河南，台湾，海南，四川，云南，西藏；印度(锡金)，缅甸，斯里兰卡。
资料来源：申效诚，1998，鳞翅目：夜蛾科。《伏牛山区昆虫》，中国农业科学技术出版社。

曲线贫夜蛾 *Simplicia niphona* (Butler, 1878)　(图版 XLIX-4)
雪疽夜蛾 *Nodaria niphona* Butler
省内产地：嵩县白云山，信阳鸡公山，内乡宝天曼，商城黄柏山，桐柏水帘洞，郑州，中牟，许昌。
分布：河南，内蒙古，河北，浙江，福建，台湾，湖南，海南，广西，云南，西藏；日本。
寄主：紫穗槐。
资料来源：申效诚，1993，河南昆虫名录。中国农业科学技术出版社。

黑点贫夜蛾 *Simplicia rectalis* (Eversmann, 1942) (图版 XLIX-3)

省内产地：罗山灵山。

分布：河南，黑龙江，江苏；朝鲜，日本；欧洲。

资料来源：申效诚，2002，鳞翅目：夜蛾总科。《太行山及桐柏山区昆虫》，中国农业科学技术出版社。

斜线贫夜蛾 *Simplicia schaldusalis* (Walker, 1858)

省内产地：嵩县白云山，鲁山县石人山。

分布：河南，云南，贵州，西藏；斯里兰卡，新加坡，印度尼西亚。

资料来源：申效诚，1998，鳞翅目：夜蛾科。《伏牛山区昆虫》，中国农业科学技术出版社。

贫夜蛾 *Simplicia xanthoma* Prout, 1928

省内产地：桐柏水帘洞。

分布：河南；印度尼西亚。

资料来源：Karsholt *et al.*, 2002，鳞翅目：夜蛾科。《太行山及桐柏山区昆虫》，中国农业科学技术出版社。

黑斑辛夜蛾 *Sinarella nigrisigna* (Leech, 1900)

省内产地：桐柏水帘洞。

分布：河南，湖北，江西；日本。

资料来源：Karsholt *et al.*, 2002，鳞翅目：夜蛾科。《太行山及桐柏山区昆虫》，中国农业科学技术出版社。

角镰须夜蛾 *Zanclognatha angulina* (Leech, 1900) (图版 XLIX-5)

省内产地：卢氏狮子坪，信阳鸡公山，内乡宝天曼，商城黄柏山，商城黄柏山大庙，新 县连康山，桐柏水帘洞。

分布：河南，湖北，湖南，福建，海南，云南，四川。

资料来源：申效诚，1998，鳞翅目：夜蛾科。《伏牛山区昆虫》，中国农业科学技术出版社。

杉镰须夜蛾 *Zanclognatha griselda* (Butler, 1879)

省内产地：桐柏水帘洞。

分布：河南，福建；朝鲜，日本；欧洲。

寄主：杉。

资料来源：Karsholt *et al.*, 2002，鳞翅目：夜蛾科。《太行山及桐柏山区昆虫》，中国农业科学技术出版社。

犹镰须夜蛾 *Zanclognatha incerta* (Leech, 1900)

省内产地：桐柏水帘洞。

分布：河南，湖北，四川。

资料来源：申效诚，2002，鳞翅目：夜蛾总科。《太行山及桐柏山区昆虫》，中国农业科学技术出版社。

常镰须夜蛾 *Zanclognatha lilacina* (Butler, 1879)

省内产地：罗山灵山，桐柏水帘洞。

分布：河南，浙江，江西，福建；日本。

资料来源：申效诚，2002，鳞翅目：夜蛾总科。《太行山及桐柏山区昆虫》，中国农业科学技术出版社。

镰须夜蛾 *Zanclognatha lunalis* (Scopoli, 1763)

省内产地：栾川龙峪湾，内乡宝天曼，济源王屋山。

分布：河南，黑龙江，新疆，浙江，湖北；日本；欧洲。

资料来源：申效诚，2002，鳞翅目：夜蛾总科。《太行山及桐柏山区昆虫》，中国农业科学技术出版社。

斜镰须夜蛾 *Zanclognatha oblique* Staudinger, 1892　(图版 XLIX-8)　(河南新记录种)

省内产地：嵩县白云山。

分布：河南，黑龙江，西藏；日本，俄罗斯。

白斑镰须夜蛾 *Zanclognatha reticulates* (Leech, 1900)　(河南新记录种)

省内产地：桐柏水帘洞。

分布：河南，湖北，浙江，福建，广西，四川，西藏；日本。

叔灰镰须夜蛾 *Zanclognatha subgriselda* Sugi, 1959　(图版 XLIX-6)　(河南新记录种)

省内产地：嵩县白云山。

分布：河南，浙江，福建；日本。

蠕镰须夜蛾 *Zanclognatha vermiculata* (Leech, 1900)　(图版 XLIX-7)

省内产地：嵩县白云山。

分布：河南，四川。

资料来源：申效诚，2002，鳞翅目：夜蛾总科。《太行山及桐柏山区昆虫》，中国农业科学技术出版社。

五八、弄蝶科 Hesperiidae

本科全世界共 520 属 3500 种，中国记载 77 属 367 种，河南记录 28 属 47 种。

白弄蝶 *Abraximorpha davidii* (Mabille, 1876)

省内产地：济源，栾川，内乡，桐柏，商城。

分布：河南，山西，湖北，陕西，四川，浙江，云南，广东，海南；缅甸，越南，马来西亚。

资料来源：牛瑶等，1999，鳞翅目：蝶亚目。《伏牛山南坡及大别山区昆虫》，中国农业科学技术出版社。

河伯锷弄蝶 *Aeromachus inachus* (Menetries, 1859)

省内产地：罗山，商城，新县。

分布：河南，山西，山东，东北，浙江，陕西，湖北，江西，福建，台湾，四川，贵州，云南；朝鲜，日本。

资料来源：牛瑶等，1999，鳞翅目：蝶亚目。《伏牛山南坡及大别山区昆虫》，中国农业科学技术出版社。

栾川黄斑弄蝶 *Ampittia luanchuanensis* Wang *et* Niu, 2002

省内产地：栾川(模式产地)。

分布：河南。

资料来源：王治国等，2002，中国蝴蝶新种记述(II)。昆虫分类学报，24(4)：中国农业科学技术出版社。

小黄斑弄蝶 *Ampittia nana* (Leech, 1890)

省内产地：商城，新县。

分布：河南，江苏，浙江，湖北，福建，湖南，四川。

资料来源：牛瑶等，1999，鳞翅目：蝶亚目。《伏牛山南坡及大别山区昆虫》，中国农业科学技术出版社。

钩形黄斑弄蝶 *Ampittia virgata virgata* (Leech, 1890)

省内产地：灵宝，内乡。

分布：河南，湖北，湖南，江西，浙江，福建，广东，广西，四川。

资料来源：王治国等，1998，鳞翅目：锤角亚目。《伏牛山区昆虫》，中国农业科学技术出版社。

腌翅弄蝶 *Astictopterus jama* Felder *et* Felder, 1860

省内产地：具体不详。

分布：河南，湖北，江西，浙江，广东，广西，海南，云南。

资料来源：王爱萍等，2008，河南省蝶类多样性及分布格局。《宝天曼自然保护区昆虫》，中国

农业科学技术出版社。

刺胫弄蝶 *Baoris farri farri* (Moore, 1878)

省内产地：信阳，商城。

分布：河南，福建，广东，香港，海南。

资料来源：申效诚，1993，河南昆虫名录。中国农业科学技术出版社。

双色舟弄蝶 *Barca bicolor* (Oberthur, 1896)

省内产地：嵩县。

分布：河南，陕西，四川，云南，福建；越南。

资料来源：王治国等，1998，鳞翅目：锤角亚目。《伏牛山区昆虫》，中国农业科学技术出版社。

绿伞弄蝶 *Bibasis striata* (Hewitson, 1867)

省内产地：内乡。

分布：河南，江苏，江西，浙江，四川，云南。

资料来源：申效诚，1993，河南昆虫名录。中国农业科学技术出版社。

黄斑银弄蝶 *Carterocephalus alcinoides* Lee, 1962

省内产地：济源。

分布：河南，陕西，云南。

资料来源：周尧，1994，中国蝶类志。河南科学技术出版社。

三斑银弄蝶 *Carterocephalus argyrostigma* (Eversmann, 1851)

省内产地：鲁山县尧山。

分布：河南，新疆。

资料来源：杨一帆，2009，河南蝶类三新记录种。河南科学，27(10)：1224~1225。

白斑银弄蝶 *Carterocephalus dieckmanni dieckmanni* (Graeser, 1888)

省内产地：灵宝。

分布：河南，黑龙江，北京，陕西。

资料来源：王治国等，1998，河南昆虫志 鳞翅目 蝶类。河南科学技术出版社。

斑星弄蝶 *Celaenorrhinus maculosus* (Felder *et* Felder, 1867)

省内产地：内乡，新县。

分布：河南，湖北，浙江，江苏，福建，四川，台湾；蒙古国。

资料来源：牛瑶等，1999，鳞翅目：蝶亚目。《伏牛山南坡及大别山区昆虫》，中国农业科学技术出版社。

小星弄蝶 *Celaenorrhinus ratna* Fruhstorfer, 1908

省内产地：内乡。

分布：河南，台湾。

资料来源：王爱萍等，2008，河南省蝶类多样性及分布格局。《宝天曼自然保护区昆虫》，中国农业科学技术出版社。

绿弄蝶 *Choaspes benjaminii* (Guerin-Meneville, 1843)

省内产地：罗山，信阳，商城，新县。

分布：河南，陕西，浙江，湖北，江西，福建，台湾，广东，广西，香港，云南；印度，斯里兰卡；东南亚。

资料来源：牛瑶等，1999，鳞翅目：蝶亚目。《伏牛山南坡及大别山区昆虫》，中国农业科学技术出版社。

明窗弄蝶 *Coladenia agnioides* Elwes *et* Edwards, 1897

省内产地：具体不详。

分布：河南，浙江，福建，海南；印度，泰国，马来西亚。

资料来源：周尧，1994，中国蝶类志。河南科学技术出版社。

小斑窗弄蝶 *Coladenia hoenei* Evans, 1939

省内产地：内乡。

分布：河南，浙江，福建，广东；不丹。

资料来源：王治国等，1998，河南昆虫志 鳞翅目 蝶类。河南科学技术出版社。

幽窗弄蝶 *Coladenia sheila* Evans, 1939

省内产地：内乡，栾川。

分布：河南，陕西，浙江，广东。

资料来源：牛瑶等，1999，鳞翅目：蝶亚目。《伏牛山南坡及大别山区昆虫》，中国农业科学技术出版社。

梳翅弄蝶 *Ctenoptilum vasava* Moore, 1857

省内产地：内乡，栾川，罗山，信阳。

分布：河南，陕西，浙江，江西，四川，河北，江苏，云南；老挝，缅甸，泰国，印度。

资料来源：牛瑶等，1999，鳞翅目：蝶亚目。《伏牛山南坡及大别山区昆虫》，中国农业科学技术出版社。

黑弄蝶 *Daimio tethys* (Menetries, 1857)

省内产地：内乡，西峡，罗山，商城，新县，栾川，陕县。

分布：河南，黑龙江，吉林，辽宁，北京，河北，山东，山西，陕西，浙江，湖北，湖南，江西，福建，海南，台湾，四川，云南，甘肃；朝鲜，日本，缅甸北部。

资料来源：牛瑶等，1999，鳞翅目：蝶亚目。《伏牛山南坡及大别山区昆虫》，中国农业科学技术出版社。

深山珠弄蝶 *Erynnis montanus* (Bremer, 1861)

省内产地：嵩县，栾川，内乡。

分布：河南，山东，山西，东北，陕西，青海，四川，云南，浙江；俄罗斯(西伯利亚)，朝鲜，日本。

资料来源：王治国等，1998，鳞翅目：锤角亚目。《伏牛山区昆虫》，中国农业科学技术出版社。

珠弄蝶 *Erynnis tages popoviana* (Nordmann, 1851)

省内产地：辉县，灵宝，登封。

分布：河南，黑龙江，吉林，辽宁，山西，青海，陕西，山东，浙江。

资料来源：申效诚，1993，河南昆虫名录。中国农业科学技术出版社。

无趾弄蝶 *Hasora anura china* Evans, 1949

省内产地：信阳，商城。

分布：河南，陕西，浙江，江西，福建，台湾，香港，海南，四川，云南。

资料来源：申效诚，1993，河南昆虫名录。中国农业科学技术出版社。

链弄蝶 *Heteropterus morpheus* (Pollar, 1771)

省内产地：灵宝。

分布：河南，黑龙江，吉林，辽宁，内蒙古，河北，山西，陕西；朝鲜，俄罗斯，小亚细亚，土耳其，乌克兰，匈牙利，波兰，德国，法国。

资料来源：周尧，1994，中国蝶类志。河南科学技术出版社。

双带弄蝶 *Lobocla bifasciata* (Bremer *et* Grey, 1853)

省内产地：济源，内乡，西峡，桐柏，信阳。

分布：河南，北京，河北，黑龙江，辽宁，山西，陕西，甘肃，湖北，四川，浙江，福建，广东，台湾，云南，西藏；朝鲜，俄罗斯。

资料来源：王治国等，1998，鳞翅目：锤角亚目。《伏牛山区昆虫》，中国农业科学技术出版社。

黄赭弄蝶 *Ochlodes crataeis* (Leech, 1893)

省内产地：济源，灵宝，卢氏，栾川，嵩县，鲁山，内乡。

分布：河南，陕西，浙江，四川。

资料来源：王治国等，1998，鳞翅目：锤角亚目。《伏牛山区昆虫》，中国农业科学技术出版社。

宽边赭弄蝶 *Ochlodes ochracea* (Bremer, 1861)

省内产地：内乡，西峡。

分布：河南，陕西，浙江，黑龙江，辽宁，甘肃；朝鲜，俄罗斯，日本。

资料来源：牛瑶等，1999，鳞翅目：蝶亚目。《伏牛山南坡及大别山区昆虫》，中国农业科学技术出版社。

白斑赭弄蝶 *Ochlodes subhyalina* (Bremer *et* Grey, 1853)

省内产地：辉县，济源，灵宝，卢氏，栾川，嵩县，内乡，桐柏，信阳，商城。

分布：河南，吉林，辽宁，内蒙古，北京，黑龙江，江苏，湖北，山东，四川，福建，广西，江西，西藏。

资料来源：王治国等，1998，鳞翅目：锤角亚目。《伏牛山区昆虫》，中国农业科学技术出版社。

小赭弄蝶 *Ochlodes venata* (Bremer *et* Grey, 1853)

省内产地：济源，栾川，嵩县，鲁山，商城。

分布：河南，黑龙江，河北，山西，山东，江西，福建，四川，西藏，陕西，甘肃；蒙古国，俄罗斯，韩国，日本，小亚细亚；欧洲。

资料来源：王治国等，1998，鳞翅目：锤角亚目。《伏牛山区昆虫》，中国农业科学技术出版社。

曲纹稻弄蝶 *Parnara ganga* Evans, 1937

省内产地：桐柏，信阳，罗山，商城，栾川。

分布：河南，陕西，山东，江西，浙江，香港，海南，四川，贵州，云南。

资料来源：王治国等，1998，鳞翅目：锤角亚目。《伏牛山区昆虫》，中国农业科学技术出版社。

直纹稻弄蝶 *Parnara guttata* (Bremer *et* Grey, 1853)

省内产地：全省。

分布：河南，黑龙江，宁夏，河北，山东，江苏，安徽，湖北，江西，湖南，浙江，福建，台湾，广东，广西，四川，贵州，云南，陕西，甘肃；俄罗斯，韩国，日本，越南，老挝，缅甸，印度，马来西亚。

资料来源：王治国等，1998，鳞翅目：锤角亚目。《伏牛山区昆虫》，中国农业科学技术出版社。

幺纹稻弄蝶 *Parnara naso* (Fabricius, 1798)

省内产地：信阳。

分布：河南，北京，陕西，贵州，四川，云南，浙江，江西，福建，台湾，广东，海南。

资料来源：王爱萍等，2008，河南省蝶类多样性及分布格局。《宝天曼自然保护区昆虫》，中国农业科学技术出版社。

南亚谷弄蝶 *Pelopidas agna* (Moore, 1865)

省内产地：信阳。

分布：河南，陕西，四川，云南，贵州，广西，浙江，福建，江西，台湾，广东，海南。

资料来源：王爱萍等，2008，河南省蝶类多样性及分布格局。《宝天曼自然保护区昆虫》，中国农业科学技术出版社。

隐纹谷弄蝶 *Pelopidas mathias* (Fabricius, 1798)

省内产地：栾川，内乡，桐柏，信阳，罗山，商城。

分布：河南，北京，陕西，甘肃，山西，山东，浙江，江西，福建，台湾，湖北，湖南，广西，四川，云南，贵州。

资料来源：王治国等，1998，鳞翅目：锤角亚目。《伏牛山区昆虫》，中国农业科学技术出版社。

中华谷弄蝶 *Pelopidas sinensis* (Mabille, 1877)

省内产地：济源，栾川，内乡，桐柏。

分布：河南，陕西，山西，安徽，浙江，江西，福建，台湾，湖北，广东，四川，贵州，云南，西藏。

资料来源：王治国等，1998，鳞翅目：锤角亚目。《伏牛山区昆虫》，中国农业科学技术出版社。

黑标孔弄蝶 *Polytremis mencia* (Moore, 1877)

省内产地：新县连康山。

分布：河南，浙江，江苏，上海，江西。

资料来源：牛瑶等，1999，鳞翅目：蝶亚目。《伏牛山南坡及大别山区昆虫》，中国农业科学技术出版社。

曲纹孔弄蝶 *Polytremis pellucida* (Murrya, 1875)

省内产地：新县。

分布：河南，黑龙江，吉林，辽宁，山西，江苏，浙江，江西，福建，台湾，湖北，广西，贵州，四川；朝鲜，日本。

资料来源：申效诚，1993，河南昆虫名录。中国农业科学技术出版社。

黄室弄蝶 *Potanthus confuclus* (Felder *et* Felder, 1862)

省内产地：济源，卢氏，栾川，内乡，桐柏，信阳，罗山，商城。

分布：河南，湖北，江西，浙江，福建，台湾，广东，海南，广西，云南。

资料来源：王治国等，1998，鳞翅目：锤角亚目。《伏牛山区昆虫》，中国农业科学技术出版社。

伪籼弄蝶 *Pseudoborbo bevani* (Moore, 1878)

省内产地：灵宝，栾川。

分布：河南，湖北，湖南，浙江，江西，福建，广东，陕西；越南，缅甸，印度。

资料来源：王治国等，1998，鳞翅目：锤角亚目。《伏牛山区昆虫》，中国农业科学技术出版社。

花弄蝶华南亚种 *Pyrgus maculatus bocki* (Oberthur, 1893)

省内产地：全省山区。

分布：河南，江西，浙江，福建。

资料来源：王治国等，1998，鳞翅目：锤角亚目。《伏牛山区昆虫》，中国农业科学技术出版社。

锦葵花弄蝶 *Pyrgus malvae* (Linnaeus, 1785)

省内产地：平顶山。

分布：河南，黑龙江。

资料来源：杨一帆，2009，河南蝶类三新纪录种。河南科学，27(10)：1224~1225。

飒弄蝶 *Satarupa gopala* Moore, 1865

省内产地：济源，灵宝，栾川，嵩县，内乡，西峡，陕县，桐柏。

分布：河南，陕西，甘肃，湖南，江西，四川，东北，浙江，福建，广西，海南；越南，印度(锡金)，马来西亚，印度尼西亚。

资料来源：王治国等，1998，鳞翅目：锤角亚目。《伏牛山区昆虫》，中国农业科学技术出版社。

蛱型飒弄蝶 *Satarupa nymphalis* (Speyer, 1879)

省内产地：西峡黄石庵，陕县甘山。

分布：河南，黑龙江，吉林，辽宁，四川，陕西；朝鲜。

资料来源：牛瑶等，1999，鳞翅目：蝶亚目。《伏牛山南坡及大别山区昆虫》，中国农业科学技术出版社。

花饰弄蝶 *Spialia sertorius* (Hoffmannsegg, 1804)

省内产地：济源。

分布：河南，其他分布地待查。

资料来源：王治国等，1998，河南昆虫志 鳞翅目 蝶类。河南科学技术出版社。

长斑陀弄蝶 *Thoressa submacula* (Leech, 1890)

省内产地：商城。

分布：河南，江苏，浙江，福建。

资料来源：王治国等，1998，河南昆虫志 鳞翅目 蝶类。河南科学技术出版社。

豹弄蝶 *Thymelicus leoninus* (Bremer, 1878)

省内产地：具体不详。

分布：河南，黑龙江，内蒙古，青海，甘肃，陕西，山西，浙江，四川，云南。

资料来源：王爱萍等，2008，河南省蝶类多样性及分布格局。《宝天曼自然保护区昆虫》，中国农业科学技术出版社。

黑豹弄蝶 *Thymelicus sylvaticus* (Bremer, 1861)

省内产地：内乡，西峡，罗山，商城，全省山区。

分布：河南，山东，山西，黑龙江，辽宁，山西，甘肃，湖北，江西；朝鲜，日本。

资料来源：王治国等，1998，鳞翅目：锤角亚目。《伏牛山区昆虫》，中国农业科学技术出版社。

五九、凤蝶科 Papilionidae

本科全世界共32属约600种，中国记载20属122种，河南记录9属30种。

宽尾凤蝶 *Agehana elwesi* (Leech, 1889)

省内产地：栾川龙峪湾，鲁山，信阳。

分布：河南，广东，广西，浙江，福建，江西，湖北，湖南，陕西，贵州，四川。

资料来源：牛瑶等，1999，鳞翅目：蝶亚目。《伏牛山南坡及大别山区昆虫》，中国农业科学技术出版社。

麝凤蝶 *Byasa alcinous* (Klug, 1836)

省内产地：内乡，西峡，栾川，嵩县，南召，罗山，商城，新县，陕县。

分布：河南，中国各地；日本，老挝，越南。

资料来源：牛瑶等，1999，鳞翅目：蝶亚目。《伏牛山南坡及大别山区昆虫》，中国农业科学技术出版社。

中华麝凤蝶 *Byasa confuse* (Rothschild, 1895)

省内产地：具体不详。

分布：河南，黑龙江，吉林，辽宁，河北，山东，山西，陕西，甘肃，湖北，安徽，江苏，福建，台湾，江西，广东，海南，西藏，四川，广西，云南；朝鲜，日本，越南。

资料来源：王爱萍等，2008，河南省蝶类多样性及分布格局。《宝天曼自然保护区昆虫》，中国农业科学技术出版社。

长尾麝凤蝶 *Byasa impediens* (Rothschild, 1895)

省内产地：济源。

分布：河南，浙江，福建，台湾，江西，湖南，四川。

资料来源：王治国等，1998，河南昆虫志 鳞翅目 蝶类。河南科学技术出版社。

灰绒麝凤蝶 *Byasa mencius* (Felder *et* Felder, 1862)

省内产地：内乡，西峡，栾川，罗山，商城，新县，陕县。

分布：河南，陕西，甘肃，浙江，福建，四川，云南；越南，缅甸。

资料来源：牛瑶等，1999，鳞翅目：蝶亚目。《伏牛山南坡及大别山区昆虫》，中国农业科学技术出版社。

突缘麝凤蝶 *Byasa plutonius* (Oberthür, 1876)

省内产地：西部山区，辉县关后沟。

分布：河南，陕西，四川，云南，西藏；印度(锡金)，不丹。

资料来源：牛瑶等，1999，鳞翅目：蝶亚目。《伏牛山南坡及大别山区昆虫》，中国农业科学技术出版社。

白斑麝凤蝶 *Byasa polyeuctes lama* (Oberthur, 1876)

省内产地：灵宝。

分布：河南，四川。

资料来源：王治国等，1998，河南昆虫志 鳞翅目 蝶类。河南科学技术出版社。

青凤蝶 *Graphium sarpedon* (Linnaeus, 1758)

省内产地：罗山，内乡宝天曼，信阳鸡公山。

分布：河南，陕西，湖北，湖南，四川，云南，西藏，江西，浙江，福建，广东，广西，海南，台湾，香港；印度，尼泊尔，斯里兰卡，不丹，缅甸，泰国，印度尼西亚，日本等。

资料来源：牛瑶等，1999，鳞翅目：蝶亚目。《伏牛山南坡及大别山区昆虫》，中国农业科学技术出版社。

中华虎凤蝶李氏亚种 *Luehdorfia chinensis leei* Chou, 1994

省内产地：嵩县，灵宝，卢氏，栾川，南召，鲁山，内乡，西峡。

分布：河南，陕西。

资料来源：王治国等，1998，鳞翅目：锤角亚目。《伏牛山区昆虫》，中国农业科学技术出版社。

红珠凤蝶 *Pachliopta aristolochiae* (Fabricius, 1775)

省内产地：罗山，商城，新县。

分布：河南，河北，陕西，江西，浙江，四川，广东，广西，云南，香港，台湾。

资料来源：牛瑶等，1999，鳞翅目：蝶亚目。《伏牛山南坡及大别山区昆虫》，中国农业科学技术出版社。

红基美凤蝶 *Papilio alcmenor* Felder, 1864

省内产地：内乡，桐柏。

分布：河南，陕西，湖北，湖南，四川，云南，海南，西藏；不丹，尼泊尔，缅甸，印度。

资料来源：牛瑶等，1999，鳞翅目：蝶亚目。《伏牛山南坡及大别山区昆虫》，中国农业科学技术出版社。

碧凤蝶 *Papilio bianor* Cramen, 1777

省内产地：栾川，内乡，罗山，商城，新县，陕县，全省山区。

分布：河南，黑龙江，吉林，辽宁，河北，山西，甘肃，青海，陕西，湖北，安徽，江苏，浙江，福建，台湾，江西，湖南，广东，海南，广西，四川；朝鲜，日本，越南，印度，缅甸。

资料来源：牛瑶等，1999，鳞翅目：蝶亚目。《伏牛山南坡及大别山区昆虫》，中国农业科学技术出版社。

牛郎凤蝶 *Papilio bootes* Westwood, 1842

省内产地：灵宝，栾川。

分布：河南，四川，云南，陕西；缅甸。

资料来源：牛瑶等，1999，鳞翅目：蝶亚目。《伏牛山南坡及大别山区昆虫》，中国农业科学技术出版社。

穹翠凤蝶 *Papilio dialis* Leech, 1893

省内产地：济源，新乡，栾川，内乡，罗山，商城，新县，陕县。

分布：河南，陕西，浙江，江西，山西，河北，广西，福建，台湾；缅甸，柬埔寨，泰国，越南，老挝。

资料来源：牛瑶等，1999，鳞翅目：蝶亚目。《伏牛山南坡及大别山区昆虫》，中国农业科学技术出版社。

红带美凤蝶 *Papilio erythrotaenieta* Wang *et* Niu, 2002

省内产地：栾川(模式产地)。

分布：河南。

资料来源：王治国等，2002，中国蝴蝶新种记述(II)。昆虫分类学报，24(4)：276~284。

玉斑凤蝶 *Papilio helenus* Linnaeus, 1758

省内产地：信阳。

分布：河南，浙江，福建，台湾，江西，湖南，广东，香港，海南，广西，贵州，四川，云南；朝鲜，日本，菲律宾，印度尼西亚，马来西亚，斯里兰卡，泰国，印度，缅甸。

资料来源：王治国等，1998，河南昆虫志 鳞翅目 蝶类。河南科学技术出版社。

长斑凤蝶 *Papilio longimacula* Wang *et* Niu, 2002

省内产地：罗山(模式产地)。

分布：河南。

资料来源：王治国等，2002，中国蝴蝶新种记述(II)。昆虫分类学报，24(4)：276~284。

绿带翠凤蝶 *Papilio maacki* Menetries, 1858

省内产地：洛宁，栾川，信阳。

分布：河南，河北，四川，云南，湖北，江西，北京，黑龙江，吉林，台湾；朝鲜，日本，俄罗斯(东西伯利亚)。

资料来源：牛瑶等，1999，鳞翅目：蝶亚目。《伏牛山南坡及大别山区昆虫》，中国农业科学技术出版社。

金凤蝶 *Papilio machaon* Linnaeus, 1758

省内产地：罗山，陕县，内乡，西峡。

分布：河南，中国各地；俄罗斯等；欧洲，北非，北美。

资料来源：王治国等，1998，鳞翅目：锤角亚目。《伏牛山区昆虫》，中国农业科学技术出版社。

美妹金凤蝶 *Papilio macilentus* Janson, 1877

省内产地：栾川，内乡，桐柏，信阳，罗山，商城，陕县。

分布：河南，辽宁，陕西，甘肃，浙江，福建，四川；朝鲜，日本，俄罗斯。

资料来源：王治国等，1998，鳞翅目：锤角亚目。《伏牛山区昆虫》，中国农业科学技术出版社。

巴黎翠凤蝶中原亚种 *Papilio paris chinensis* Rothschild, 1895

省内产地：内乡。

分布：河南，陕西，浙江，福建，广东，香港。

资料来源：王治国等，1998，河南昆虫志 鳞翅目 蝶类。河南科学技术出版社。

玉带凤蝶 *Papilio polytes* Linnaeus, 1758

省内产地：信阳，罗山，陕县等全省各地。

分布：河南，中国除东北，西北以外的广大地区；印度，泰国，马来西亚，印度尼西亚，日本。

资料来源：王治国等，1998，鳞翅目：锤角亚目。《伏牛山区昆虫》，中国农业科学技术出版社。

蓝凤蝶 *Papilio protenor* Cramer, 1779

省内产地：罗山，商城，新县，全省山区。

分布：河南，辽宁，陕西，甘肃，山东，湖北，安徽，浙江，福建，台湾，江西，湖南，广东，海南，广西，贵州，四川，云南，西藏；印度(锡金)，尼泊尔，不丹，缅甸，越南，朝鲜，日本。

资料来源：牛瑶等，1999，鳞翅目：蝶亚目。《伏牛山南坡及大别山区昆虫》，中国农业科学技术出版社。

柑橘凤蝶 *Papilio xuthus* Linnaeus, 1967

省内产地：栾川，内乡，陕县，罗山，商城，新县等全省各地。

分布：河南，中国各地；缅甸，朝鲜，日本，越南，俄罗斯(阿穆尔)，菲律宾，印度。

资料来源：王治国等，1998，鳞翅目：锤角亚目。《伏牛山区昆虫》，中国农业科学技术出版社。

金斑剑凤蝶 *Pazala alebion* (Gray, 1852)

省内产地：信阳鸡公山。

分布：河南，陕西，江西，浙江，四川，云南，福建，广东，台湾；印度。

资料来源：牛瑶等，1999，鳞翅目：蝶亚目。《伏牛山南坡及大别山区昆虫》，中国农业科学技术出版社。

升天剑凤蝶 *Pazala euroa* (Leech, 1893)

省内产地：罗山灵山。

分布：河南，湖北，浙江，福建，台湾，江西，广东，广西，贵州，四川，云南，西藏；巴基斯坦，尼泊尔，不丹，缅甸，印度(锡金)。

资料来源：牛瑶等，1999，鳞翅目：蝶亚目。《伏牛山南坡及大别山区昆虫》，中国农业科学技

术出版社。

华夏剑凤蝶 *Pazela mandarina* (Oberthur, 1876)

省内产地：灵宝，栾川。

分布：河南，浙江，四川，云南。

资料来源：王治国等，1998，河南昆虫志 鳞翅目 蝶类。河南科学技术出版社。

乌克兰剑凤蝶 *Pazela tamerlana* (Oberthur, 1876)

省内产地：灵宝，栾川。

分布：河南，陕西，湖北，江西，四川，云南，西藏。

资料来源：王治国等，1998，鳞翅目：锤角亚目。《伏牛山区昆虫》，中国农业科学技术出版社。

丝带凤蝶 *Sericinus montelus* (Donovan, 1798)

省内产地：内乡，栾川，陕县，罗山，商城，新县，全省丘陵浅山。

分布：河南，黑龙江，吉林，辽宁，河北，山西，江苏，陕西，甘肃，宁夏，山东，湖北，安徽，浙江，福建，江西，湖南，广西，四川；朝鲜，日本，俄罗斯(阿穆尔)。

资料来源：王治国等，1998，鳞翅目：锤角亚目。《伏牛山区昆虫》，中国农业科学技术出版社。

金裳凤蝶 *Troides aeacus* (Felder *et* Felder, 1860)

省内产地：内乡宝天曼。

分布：河南，陕西，湖北，江苏，浙江，福建，江西，湖南，广东，广西，云南，西藏，台湾；泰国，越南，缅甸，印度。

资料来源：牛瑶等，1999，鳞翅目：蝶亚目。《伏牛山南坡及大别山区昆虫》，中国农业科学技术出版社。

六〇、绢蝶科 Parnassiidae

本科全世界共 3 属 65 种，中国记载 2 属 45 种，河南记录 1 属 3 种。

红珠绢蝶 *Parnassius bremeri* Bremer, 1864

省内产地：具体不详。

分布：河南，黑龙江，吉林，辽宁，内蒙古，河北，北京，山东，陕西，甘肃，宁夏，新疆。

资料来源：王爱萍等，2008，河南省蝶类多样性及分布格局。《宝天曼自然保护区昆虫》，中国农业科学技术出版社。

冰清绢蝶 *Parnassius glacialis* Butler, 1866

省内产地：栾川，嵩县，辉县，济源，灵宝，登封，鲁山，确山，内乡，桐柏，信阳。

分布：河南，黑龙江，吉林，辽宁，山东，山西，陕西，甘肃，贵州，云南，浙江，安徽；朝鲜，日本。

资料来源：牛瑶等，1999，鳞翅目：蝶亚目。《伏牛山南坡及大别山区昆虫》，中国农业科学技术出版社。

小红珠绢蝶 *Parnassius nomion* Fischer *et* Waldheim, 1823

省内产地：济源。

分布：河南，黑龙江，吉林，辽宁，内蒙古，北京，河北，甘肃，宁夏，青海，新疆，陕西，四川；朝鲜，俄罗斯，哈萨克斯坦，阿拉斯加。

资料来源：王治国等，1998，河南昆虫志 鳞翅目 蝶类。河南科学技术出版社。

六一、粉蝶科 Pieridae

本科全世界共 86 属 1300 种，中国记载 26 属 172 种，河南记录 8 属 29 种。

橙翅襟粉蝶 *Anthocharis bambusarum* Oberthur, 1876

省内产地：商城。

分布：河南，湖北，江苏，浙江，陕西。

资料来源：牛瑶等，1999，鳞翅目：蝶亚目。《伏牛山南坡及大别山区昆虫》，中国农业科学技术出版社。

红襟粉蝶 *Anthocharis cardamines* (Linnaeus, 1758)

省内产地：灵宝，桐柏，信阳。

分布：河南，黑龙江，吉林，辽宁，宁夏，甘肃，山西，青海，新疆，西藏，陕西，湖北，江苏，浙江，福建，四川，西藏；朝鲜，日本，俄罗斯。

资料来源：王治国等，1998，河南昆虫志 鳞翅目 蝶类。河南科学技术出版社。

黄尖襟粉蝶 *Anthocharis scolymus* Butler, 1866

省内产地：济源，栾川，嵩县，内乡，桐柏，信阳。

分布：河南，黑龙江，吉林，辽宁，青海，山西，陕西，河北，湖北，浙江，福建，江西，湖南，贵州，四川；朝鲜，日本，俄罗斯(西伯利亚)。

资料来源：牛瑶等，1999，鳞翅目：蝶亚目。《伏牛山南坡及大别山区昆虫》，中国农业科学技术出版社。

绢粉蝶 *Aporia crataegi* (Linnaeus, 1758)

省内产地：栾川，嵩县，内乡，西峡。

分布：河南，黑龙江，吉林，辽宁，内蒙古，河北，山东，山西，陕西，宁夏，甘肃，青海，新疆，湖北，安徽，浙江，四川，西藏；俄罗斯，西欧，地中海地区，朝鲜，日本；非洲北部。

资料来源：牛瑶等，1999，鳞翅目：蝶亚目。《伏牛山南坡及大别山区昆虫》，中国农业科学技术出版社。

锯纹绢粉蝶 *Aporia goutellei* (Oberthur, 1886)

省内产地：灵宝。

分布：河南，甘肃，陕西，四川，云南，西藏。

资料来源：王治国等，1998，河南昆虫志 鳞翅目 蝶类。河南科学技术出版社。

小檗绢粉蝶 *Aporia hippie* (Bremer, 1861)

省内产地：嵩县，栾川。

分布：河南，黑龙江，吉林，内蒙古，河北，陕西，山西，甘肃，宁夏，青海，台湾，四川，云南，西藏；朝鲜，日本，蒙古国，俄罗斯(西伯利亚)。

资料来源：王治国等，1998，鳞翅目：锤角亚目。《伏牛山区昆虫》，中国农业科学技术出版社。

灰姑娘绢粉蝶 *Aporia intercostata* Dany-Haas, 1927

省内产地：栾川，嵩县。

分布：河南，陕西，甘肃。

资料来源：王治国等，1998，鳞翅目：锤角亚目。《伏牛山区昆虫》，中国农业科学技术出版社。

大绢粉蝶 *Aporia largeteaui* (Oberthur, 1881)

省内产地：内乡。

分布：河南，陕西，湖北，浙江，福建，江西，湖南，广东，广西，贵州，四川，云南。

资料来源：申效诚，1993，河南昆虫名录。中国农业科学技术出版社。

酪色绢粉蝶 *Aporia potanini* Alpheraky, 1889

省内产地：济源，灵宝。

分布：河南，辽宁，甘肃，华西。

资料来源：申效诚，1993，河南昆虫名录。中国农业科学技术出版社。

箭纹绢粉蝶 *Aporia procris procris* Leech, 1890

省内产地：灵宝。

分布：河南，陕西，甘肃，新疆，四川，云南，西藏。

资料来源：周尧，1994，中国蝶类志。河南科学技术出版社。

秦岭绢粉蝶 *Aporia tsinglingica* (Verity, 1911)

省内产地：灵宝。

分布：河南，陕西。

资料来源：王治国等，1998，河南昆虫志 鳞翅目 蝶类。河南科学技术出版社。

斑缘豆粉蝶 *Colias erate* (Esper, 1803)

省内产地：内乡，西峡，罗山，新县等全省各地。

分布：河南，新疆，西藏，北京，黑龙江，江苏，福建，四川，云南，台湾；从东欧，克什米尔到日本都有分布。

资料来源：牛瑶等，1999，鳞翅目：蝶亚目。《伏牛山南坡及大别山区昆虫》，中国农业科学技术出版社。

橙黄豆粉蝶 *Colias fieldii* Menetries, 1855

省内产地：西峡，内乡，栾川，陕县等全省各地。

分布：河南，黑龙江，内蒙古，河北，山东，山西，陕西，甘肃，青海，湖北，湖南，广东，广西，贵州，四川，云南，西藏；印度，尼泊尔，缅甸，泰国等。

资料来源：牛瑶等，1999，鳞翅目：蝶亚目。《伏牛山南坡及大别山区昆虫》，中国农业科学技术出版社。

豆粉蝶 *Colias hyale* (Linnaeus, 1758)

省内产地：具体不详。

分布：河南，内蒙古，陕西，湖北，湖南，浙江，江苏，吉林，宁夏，新疆；欧洲。

资料来源：王爱萍等，2008，河南省蝶类多样性及分布格局。《宝天曼自然保护区昆虫》，中国农业科学技术出版社。

宽边黄粉蝶 *Eurema hecabe* (Linnaeus, 1758)

省内产地：内乡，西峡，栾川，陕县，罗山，商城，新县。

分布：河南，黑龙江，吉林，辽宁，河北，山东，山西，陕西，甘肃，湖北，安徽，江苏，浙江，福建，江西，广东，广西，贵州，四川，云南，西藏；朝鲜，日本，菲律宾，印度尼西亚，马来西亚，缅甸，泰国，印度，孟加拉国。

资料来源：牛瑶等，1999，鳞翅目：蝶亚目。《伏牛山南坡及大别山区昆虫》，中国农业科学技术出版社。

尖角黄粉蝶 *Eurema laeta bethesba* (Janson, 1878)

省内产地：罗山，商城。

分布：河南，黑龙江，辽宁，山西，山东，湖北，江苏，浙江，福建，台湾，江西，广东，香港；朝鲜，日本。

资料来源：周尧，1994，中国蝶类志。河南科学技术出版社。

圆翅钩粉蝶 *Gonepteryx amintha* Blancnard, 1871

省内产地：灵宝，内乡，西峡，商城。

分布：河南，陕西，浙江，福建，江西，广东，四川，云南，台湾，西藏。

资料来源：牛瑶等，1999，鳞翅目：蝶亚目。《伏牛山南坡及大别山区昆虫》，中国农业科学技术出版社。

尖钩粉蝶 *Gonepteryx mahaguru* Gistel, 1857

省内产地：栾川，内乡，嵩县，西峡，南召，罗山，商城，新县。

分布：河南，东北，华北，浙江，陕西，福建，四川，云南，西藏，台湾；朝鲜，日本，印度，缅甸。

资料来源：牛瑶等，1999，鳞翅目：蝶亚目。《伏牛山南坡及大别山区昆虫》，中国农业科学技术出版社。

钩粉蝶 *Gonepteryx rhamni* (Linnaeus, 1758)

省内产地：登封，栾川，内乡，西峡，陕县，商城。

分布：河南，北京，黑龙江，吉林，新疆，宁夏，甘肃，云南，浙江，江西，福建，湖北；朝鲜，日本；欧洲。

资料来源：牛瑶等，1999，鳞翅目：蝶亚目。《伏牛山南坡及大别山区昆虫》，中国农业科学技术出版社。

突角小粉蝶 *Leptidea amurensis* (Menetries, 1858)

省内产地：辉县，济源，灵宝，栾川，嵩县，登封，鲁山，内乡，陕县。

分布：河南，黑龙江，吉林，辽宁，河北，山东，山西，陕西，甘肃，宁夏，新疆；朝鲜，日本；中亚。

资料来源：牛瑶等，1999，鳞翅目：蝶亚目。《伏牛山南坡及大别山区昆虫》，中国农业科学技术出版社。

荠小粉蝶 *Leptidea gigantea* (Leech, 1890)

省内产地：济源，栾川，西峡，鲁山，内乡。

分布：河南，黑龙江，陕西，湖北，贵州，华西。

资料来源：王治国等，1998，鳞翅目：锤角亚目。《伏牛山区昆虫》，中国农业科学技术出版社。

莫氏小粉蝶 *Leptidea morsei* (Fenton, 1882)

省内产地：济源，灵宝，栾川，鲁山，内乡。

分布：河南，陕西，黑龙江，吉林，甘肃，新疆，河北，山西；朝鲜，日本；欧洲。

资料来源：牛瑶等，1999，鳞翅目：蝶亚目。《伏牛山南坡及大别山区昆虫》，中国农业科学技术出版社。

锯纹小粉蝶 *Leptidea serrata* Lee, 1955

省内产地：灵宝，嵩县，栾川。

分布：河南，陕西，黑龙江，云南。

资料来源：牛瑶等，1999，鳞翅目：蝶亚目。《伏牛山南坡及大别山区昆虫》，中国农业科学技术出版社。

东方菜粉蝶 *Pieris canidia* Sparrman, 1767

省内产地：郑州，栾川，嵩县，内乡，西峡，桐柏。

分布：河南，黑龙江，吉林，河北，山东，山西，陕西，甘肃，青海，湖北，安徽，江苏，浙江，福建，台湾，江西，湖南，广东，香港，海南，广西，贵州，四川，云南；朝鲜，日本，越南，老挝，缅甸，柬埔寨，泰国，土耳其。

资料来源：牛瑶等，1999，鳞翅目：蝶亚目。《伏牛山南坡及大别山区昆虫》，中国农业科学技术出版社。

黑脉粉蝶 *Pieris melete* Menetries, 1857

省内产地：栾川，嵩县，内乡，西峡，鲁山，信阳，罗山，商城，新县。

分布：河南，黑龙江，吉林，辽宁，陕西，浙江，福建，江西，湖北，湖南，广东，广西，贵州，四川，云南，西藏；朝鲜，日本，俄罗斯(阿穆尔，西伯利亚)。

资料来源：牛瑶等，1999，鳞翅目：蝶亚目。《伏牛山南坡及大别山区昆虫》，中国农业科学技术出版社。

暗脉菜粉蝶 *Pieris napi* (Linnaeus, 1758)

省内产地：全省。

分布：河南，黑龙江，吉林，辽宁，陕西，浙江，贵州，四川，云南，西藏；印度，缅甸；欧洲，北美。

资料来源：王治国等，1998，鳞翅目：锤角亚目。《伏牛山区昆虫》，中国农业科学技术出版社。

菜粉蝶 *Pieris rapae* Linnaeus, 1758

省内产地：内乡，西峡，栾川，嵩县，罗山，商城，新县，陕县等全省各地。

分布：河南，中国大部分地区；整个北温带，包括美洲北部直到印度北部。

资料来源：王治国等，1998，鳞翅目：锤角亚目。《伏牛山区昆虫》，中国农业科学技术出版社。

云粉蝶 *Pontia daplidice* Linnaeus, 1758

省内产地：内乡，西峡，罗山等全省各地。

分布：中国各地；俄罗斯(西伯利亚)；非洲北部，西亚，中亚。

资料来源：王治国等，1998，鳞翅目：锤角亚目。《伏牛山区昆虫》，中国农业科学技术出版社。

云粉蝶青岛亚种 *Pontia daplidice avidia* (Fruhstorfer, 1908)

省内产地：洛阳，嵩县。

分布：河南，北京，山西，山东，河北，内蒙古，江苏，上海。

资料来源：魏忠民等，2005，中国云粉蝶属分类研究(鳞翅目：粉蝶科)。动物分类学报，30(4)：中国农业科学技术出版社。

六二、眼蝶科 Satyridae

本科全世界共240属3000种，中国记载55属424种，河南记录22属51种。

阿芬眼蝶 *Aphantopus hyperanthus* (Linnaeus, 1758)

省内产地：灵宝，嵩县，鲁山，内乡，西峡。

分布：河南，黑龙江，河北，陕西，宁夏，甘肃，福建，四川，云南，西藏；朝鲜；东亚，欧洲。

资料来源：牛瑶等，1999，鳞翅目：蝶亚目。《伏牛山南坡及大别山区昆虫》，中国农业科学技术出版社。

箭纹粉眼蝶 *Callarge sagitta* (Leech, 1890)

省内产地：灵宝。

分布：河南，陕西，四川。

资料来源：王治国等，1998，河南昆虫志 鳞翅目 蝶类。河南科学技术出版社。

牧女珍眼蝶 *Coenonympha amaryllis* (Stoll, 1782)

省内产地：内乡，西峡，罗山，全省山区。

分布：河南，陕西，黑龙江，吉林，辽宁，河北，内蒙古，甘肃，浙江，新疆，福建；朝鲜，俄罗斯。

资料来源：牛瑶等，1999，鳞翅目：蝶亚目。《伏牛山南坡及大别山区昆虫》，中国农业科学技术出版社。

爱珍眼蝶 *Coenonympha oedippus* (Fabricius, 1787)

省内产地：辉县，登封，内乡，西峡，陕县。

分布：河南，黑龙江，吉林，辽宁，北京，山东，山西，甘肃，陕西，江西；朝鲜，日本；欧洲。

资料来源：牛瑶等，1999，鳞翅目：蝶亚目。《伏牛山南坡及大别山区昆虫》，中国农业科学技术出版社。

绢眼蝶 *Daridina armandi* Oberthur, 1879

省内产地：济源，灵宝，嵩县，栾川，登封，内乡，西峡。

分布：河南，北京，辽宁，山西，陕西，甘肃，湖北，西藏。

资料来源：牛瑶等，1999，鳞翅目：蝶亚目。《伏牛山南坡及大别山区昆虫》，中国农业科学技术出版社。

勇红眼蝶 *Erebia alcmena leechuanlungi* Yuan, 2008

省内产地：灵宝老鸦岔(模式产地)。

分布：河南。

资料来源：袁峰，2008，中国勇红眼蝶一新亚种记述。昆虫分类学报，30(4)：266~270。

多眼蝶 *Kirinia epaminondas* (Staudinger, 1887)

省内产地：济源，灵宝，栾川，陕县，商城。

分布：河南，黑龙江，辽宁，北京，山东，山西，甘肃，陕西，湖北，四川，浙江，江西，福建；朝鲜，俄罗斯(西伯利亚)。

资料来源：牛瑶等，1999，鳞翅目：蝶亚目。《伏牛山南坡及大别山区昆虫》，中国农业科学技术出版社。

斗毛眼蝶 *Lasiommata deidamia* (Eversmenn, 1851)

省内产地：内乡，西峡，罗山，全省丘陵山地。

分布：河南，黑龙江，吉林，辽宁，北京，河北，山东，山西，宁夏，甘肃，青海，陕西，四川，湖北，福建；朝鲜，日本。

资料来源：牛瑶等，1999，鳞翅目：蝶亚目。《伏牛山南坡及大别山区昆虫》，中国农业科学技术出版社。

白条黛眼蝶 *Lethe albolineata* (Poujade, 1884)

省内产地：栾川，西峡。

分布：河南，江西，四川。

资料来源：牛瑶等，1999，鳞翅目：蝶亚目。《伏牛山南坡及大别山区昆虫》，中国农业科学技术出版社。

布氏黛眼蝶 *Lethe butleri* Leech, 1889

省内产地：栾川，内乡，桐柏。

分布：河南，江西，浙江，福建，台湾，湖北，湖南，广东，广西，云南。

资料来源：王治国等，1998，鳞翅目：锤角亚目。《伏牛山区昆虫》，中国农业科学技术出版社。

棕褐黛眼蝶 *Lethe christophi* (Leech, 1891)

省内产地：信阳，罗山。

分布：河南，湖北，浙江，江西，福建，台湾，湖南，广东，四川。

资料来源：牛瑶等，1999，鳞翅目：蝶亚目。《伏牛山南坡及大别山区昆虫》，中国农业科学技术出版社。

奇纹黛眼蝶 *Lethe cyrene* Leech, 1890

省内产地：栾川，内乡，西峡。

分布：河南，湖北。

资料来源：牛瑶等，1999，鳞翅目：蝶亚目。《伏牛山南坡及大别山区昆虫》，中国农业科学技术出版社。

苔娜黛眼蝶 *Lethe diana* (Butler, 1866)

省内产地：栾川，嵩县，内乡，商城。

分布：河南，吉林，辽宁，甘肃，陕西，河北，湖北，浙江，江西，福建，广东，贵州，四川；朝鲜，日本，萨哈林岛(库页岛)，印度。

资料来源：牛瑶等，1999，鳞翅目：蝶亚目。《伏牛山南坡及大别山区昆虫》，中国农业科学技术出版社。

黛眼蝶 *Lethe dura* (Marshall, 1882)

省内产地：信阳，栾川重渡沟。

分布：河南，陕西，湖北，浙江，江西，台湾，海南，四川。

资料来源：王爱萍等，2008，河南省蝶类多样性及分布格局。《宝天曼自然保护区昆虫》，中国农业科学技术出版社。

直带黛眼蝶 *Lethe lanaris* Butler, 1877

省内产地：内乡，商城。

分布：河南，湖北，江西，浙江，福建，湖南，广东，海南，四川，云南。

资料来源：王治国等，1998，河南昆虫志 鳞翅目 蝶类。河南科学技术出版社。

弧带黛眼蝶 *Lethe marginalis* (Motschulsky, 1860)

省内产地：卢氏，栾川，嵩县，鲁山，内乡，商城。

分布：河南，黑龙江，吉林，辽宁，甘肃，陕西，湖北，江西，浙江，湖南，四川，云南；朝鲜，日本，俄罗斯(阿穆尔)。

资料来源：王治国等，1998，鳞翅目：锤角亚目。《伏牛山区昆虫》，中国农业科学技术出版社。

黑带黛眼蝶 *Lethe nigrifascia* Leech, 1890

省内产地：卢氏，栾川，内乡。

分布：河南，陕西，甘肃，宁夏，湖北，湖南。

资料来源：王治国等，1998，鳞翅目：锤角亚目。《伏牛山区昆虫》，中国农业科学技术出版社。

蛇神黛眼蝶 *Lethe satyrina* Butler, 1871

省内产地：栾川，内乡，商城。

分布：河南，陕西，江西，湖北，浙江，上海，福建，湖南，广东，贵州，四川，西藏。

资料来源：牛瑶等，1999，鳞翅目：蝶亚目。《伏牛山南坡及大别山区昆虫》，中国农业科学技术出版社。

淡黄黛眼蝶 *Lethe syrcis* (Hewitson, 1863)

省内产地：商城。

分布：河南，黑龙江，陕西，江西，浙江，福建，广东，广西，四川。

资料来源：王治国等，1998，河南昆虫志 鳞翅目 蝶类。河南科学技术出版社。

黄环链眼蝶 *Lopinga achine* (Scopoli, 1763)

省内产地：栾川，内乡，西峡。

分布：河南，黑龙江，吉林，辽宁，甘肃，宁夏，青海，陕西，湖北；朝鲜，日本。

资料来源：牛瑶等，1999，鳞翅目：蝶亚目。《伏牛山南坡及大别山区昆虫》，中国农业科学技术出版社。

白点舜眼蝶 *Loxerebia albipunctata* Leech, 1890

省内产地：具体不详。

分布：河南，北京，甘肃，湖北，四川。

资料来源：王爱萍等，2008，河南省蝶类多样性及分布格局。《宝天曼自然保护区昆虫》，中国农业科学技术出版社。

白瞳舜眼蝶 *Loxerebia saxicala* (Oberthur, 1876)

省内产地：济源，灵宝，栾川，卢氏，内乡，陕县，西峡，信阳，商城。

分布：河南，辽宁，陕西，北京，湖北，四川，西藏。

资料来源：王治国等，1998，河南昆虫志 鳞翅目 蝶类。河南科学技术出版社。

蓝斑丽眼蝶 *Mandarinia regalis* (Leech, 1889)

省内产地：商城，新县。

分布：河南，陕西，江苏，安徽，湖北，浙江，福建，江西，广东，海南，四川；越南，缅甸，印度，泰国，菲律宾，斯里兰卡。

资料来源：王治国等，1998，河南昆虫志 鳞翅目 蝶类。河南科学技术出版社。

亚洲白眼蝶 *Melanargia asiatica* Oberthur *et* Houlbert

省内产地：灵宝。

分布：河南，吉林，陕西。

资料来源：王治国等，1998，河南昆虫志 鳞翅目 蝶类。河南科学技术出版社。

白眼蝶 *Melanargia halimede* (Menetries, 1859)

省内产地：商城。

分布：河南，北京，河北，山西，山东，甘肃，宁夏，青海，陕西，湖北，四川。

资料来源：王爱萍等，2008，河南省蝶类多样性及分布格局。《宝天曼自然保护区昆虫》，中国农业科学技术出版社。

黑纱白眼蝶 *Melanargia lugens* Honrath, 1888

省内产地：罗山，商城，信阳。

分布：河南，浙江，陕西，江苏，华中。

资料来源：牛瑶等，1999，鳞翅目：蝶亚目。《伏牛山南坡及大别山区昆虫》，中国农业科学技术出版社。

曼丽白眼蝶 *Melanargia meridionalis* Felder, 1862

省内产地：济源，登封，灵宝，栾川，嵩县，卢氏，鲁山，内乡，西峡，陕县，西华，商城。

分布：河南，陕西，浙江，甘肃，江西；朝鲜，俄罗斯。

资料来源：牛瑶等，1999，鳞翅目：蝶亚目。《伏牛山南坡及大别山区昆虫》，中国农业科学技术出版社。

暮眼蝶 *Melanitis leda* Linnaeus, 1758

省内产地：济源，确山，商城。

分布：河南，陕西，山东，浙江，江西，福建，台湾，湖北，湖南，广东，广西，四川；朝鲜，日本，印度，克什米尔，菲律宾，澳大利亚；热带非洲。

资料来源：王治国等，1998，河南昆虫志 鳞翅目 蝶类。河南科学技术出版社。

蛇眼蝶 *Minois dryas* (Scopoli, 1763)

省内产地：内乡，西峡，罗山，新县，全省丘陵山地。

分布：河南，黑龙江，山东，河北，山西，陕西，新疆，浙江，江西，福建；朝鲜，日本，欧洲至西伯利亚。

资料来源：牛瑶等，1999，鳞翅目：蝶亚目。《伏牛山南坡及大别山区昆虫》，中国农业科学技术出版社。

拟稻眉眼蝶 *Mycalesis francisca* (Stoll, 1780)

省内产地：陕县，济源，登封，栾川。

分布：河南，辽宁，陕西，浙江，江西，福建，广东，广西，海南，台湾；朝鲜，日本。

资料来源：牛瑶等，1999，鳞翅目：蝶亚目。《伏牛山南坡及大别山区昆虫》，中国农业科学技术出版社。

稻眉眼蝶 *Mycalesis gotama* Moore, 1857

省内产地：内乡，西峡，确山，罗山，商城，新县。

分布：河南，辽宁，甘肃，陕西，湖北，安徽，浙江，湖南，江西，福建，台湾，广东，广西，四川，贵州，云南，西藏；越南，朝鲜，日本，缅甸，泰国，老挝。

资料来源：牛瑶等，1999，鳞翅目：蝶亚目。《伏牛山南坡及大别山区昆虫》，中国农业科学技术出版社。

田园荫眼蝶 *Neope agrestis* (Oberthur, 1876)

省内产地：嵩县，西峡。

分布：河南，陕西，浙江，福建，湖南，四川，贵州，云南；印度，泰国。

资料来源：牛瑶等，1999，鳞翅目：蝶亚目。《伏牛山南坡及大别山区昆虫》，中国农业科学技术出版社。

蒙链荫眼蝶 *Neope muirheadi* Felder, 1862

省内产地：内乡，信阳，罗山，商城，新县。

分布：河南，陕西，湖北，四川，浙江，江西，福建，广东，云南，海南，台湾，贵州；越南，泰国，老挝。

资料来源：牛瑶等，1999，鳞翅目：蝶亚目。《伏牛山南坡及大别山区昆虫》，中国农业科学技术出版社。

奥荫眼蝶 *Neope oberthuri* Leech, 1891

省内产地：西峡。

分布：河南，四川，云南。

资料来源：王治国等，1998，河南昆虫志 鳞翅目 蝶类。河南科学技术出版社。

黄斑荫眼蝶 *Neope pulaha* (Moore, 1857)

省内产地：商城。

分布：河南，陕西，湖北，江西，浙江，四川，云南，西藏；印度(锡金)，缅甸，克什米尔，不丹，喜马拉雅。

资料来源：王治国等，1998，河南昆虫志 鳞翅目 蝶类。河南科学技术出版社。

中原荫眼蝶 *Neope ramose* Leech, 1890

省内产地：具体不详。

分布：河南，湖北，浙江，江西，陕西，四川，云南，西藏。

资料来源：王爱萍等，2008，河南省蝶类多样性及分布格局。《宝天曼自然保护区昆虫》，中国农业科学技术出版社。

丝链荫眼蝶 *Neope yama* (Moore, 1857)

省内产地：栾川，内乡，商城。

分布：河南，湖北，陕西，四川，云南，浙江，福建，江西，湖南，广东；印度，缅甸。

资料来源：牛瑶等，1999，鳞翅目：蝶亚目。《伏牛山南坡及大别山区昆虫》，中国农业科学技术出版社。

宁眼蝶 *Ninguta schrenchii* (Menetries, 1859)

省内产地：内乡，商城。

分布：河南，黑龙江，吉林，辽宁，河北，陕西，湖北，福建，四川，云南，西藏；朝鲜，日本，俄罗斯(阿穆尔)，萨哈林岛(库页岛)。

资料来源：牛瑶等，1999，鳞翅目：蝶亚目。《伏牛山南坡及大别山区昆虫》，中国农业科学技术出版社。

娜娜酒眼蝶 *Oeneis nanna* Menetries, 1859

省内产地：灵宝。

分布：河南，黑龙江，吉林，辽宁，河北，新疆；朝鲜，蒙古国，俄罗斯(阿穆尔)。

资料来源：王治国等，1998，河南昆虫志 鳞翅目 蝶类。河南科学技术出版社。

古眼蝶 *Palaeonympha opalina* Butler, 1871

省内产地：栾川，嵩县，内乡，西峡，罗山，商城，陕县。

分布：河南，陕西，湖北，浙江，福建，江西，四川，台湾，湖南，广东，西藏。

资料来源：牛瑶等，1999，鳞翅目：蝶亚目。《伏牛山南坡及大别山区昆虫》，中国农业科学技术出版社。

网眼蝶 *Rhaphicera dumicola* (Oberthur, 1876)

省内产地：济源，栾川，内乡。

分布：河南，陕西，湖北，江西，浙江，广东，四川，西藏。

资料来源：王治国等，1998，鳞翅目：锤角亚目。《伏牛山区昆虫》，中国农业科学技术出版社。

藏眼蝶 *Tatinga tibetana* Oberthur, 1886

省内产地：济源，灵宝，鲁山，内乡，西峡。

分布：河南，内蒙古，河北，陕西，宁夏，甘肃，青海，湖北，四川，云南，西藏。

资料来源：王治国等，1998，鳞翅目：锤角亚目。《伏牛山区昆虫》，中国农业科学技术出版社。

东北矍眼蝶 *Ypthima argus* Butler, 1866

省内产地：全省山区。

分布：河南，黑龙江，吉林，辽宁，河北，陕西，青海，浙江，福建，湖南，台湾，广东，海南，广西，贵州，四川；朝鲜，日本，俄罗斯(阿穆尔)，印度。

资料来源：王治国等，1998，河南昆虫志 鳞翅目 蝶类。河南科学技术出版社。

链纹矍眼蝶 *Ypthima balda* (Fabricius, 1775)

省内产地：济源，灵宝，栾川，舞阳，内乡，信阳，商城，新县，罗山。

分布：河南，黑龙江，吉林，辽宁，山西，甘肃，青海，湖北，浙江，福建，台湾，江西，湖南，广东，香港，海南，广西，四川，云南，西藏；朝鲜，日本，俄罗斯(阿穆尔)，菲律宾，印度(锡金)，尼泊尔，不丹，马来西亚，缅甸，巴基斯坦。

资料来源：牛瑶等，1999，鳞翅目：蝶亚目。《伏牛山南坡及大别山区昆虫》，中国农业科学技术出版社。

中华矍眼蝶 *Ypthima chinensis* Leech, 1892

省内产地：内乡，栾川，罗山，商城，新县，陕县，全省山区。

分布：河南，陕西，河北，山东，浙江，福建，江西，湖北，湖南，广东，海南，广西，四川。

资料来源：牛瑶等，1999，鳞翅目：蝶亚目。《伏牛山南坡及大别山区昆虫》，中国农业科学技术出版社。

幽矍眼蝶 *Ypthima conjuncta* Leech, 1891

省内产地：济源，栾川，嵩县，鲁山，内乡，桐柏。

分布：河南，陕西，云南，贵州，四川，浙江，江西，湖北，福建，广西，广东，海南。

资料来源：牛瑶等，1999，鳞翅目：蝶亚目。《伏牛山南坡及大别山区昆虫》，中国农业科学技术出版社。

黎桑矍眼蝶 *Ypthima lisandra* (Cramer, 1782)

省内产地：商城。

分布：河南，广东，海南，台湾，云南。

资料来源：王爱萍等，2008，河南省蝶类多样性及分布格局。《宝天曼自然保护区昆虫》，中国农业科学技术出版社。

乱云矍眼蝶 *Ypthima megalomma* Butler, 1874

省内产地：济源，栾川，嵩县，内乡，信阳，罗山。

分布：河南，辽宁，河北，陕西，湖北，浙江，四川，云南；缅甸。

资料来源：牛瑶等，1999，鳞翅目：蝶亚目。《伏牛山南坡及大别山区昆虫》，中国农业科学技术出版社。

东亚矍眼蝶 *Ypthima motschulskyi* (Bremer *et* Grey, 1852)

省内产地：信阳。

分布：河南，黑龙江，吉林，辽宁，北京，河北，陕西，甘肃，安徽，江苏，浙江，江西，湖北，海南，四川；朝鲜，日本。

资料来源：王爱萍等，2008，河南省蝶类多样性及分布格局。《宝天曼自然保护区昆虫》，中国农业科学技术出版社。

拟矍眼蝶 *Ypthima pseudobalda* Shou *et* Yuan, 2006

省内产地：平顶山。

分布：河南，东北，山西，湖北。

资料来源：杨一帆，2009，河南蝶类三新纪录种。河南科学，27(10)：1224~1225。

大波矍眼蝶 *Ypthima tappana* Matsumura, 1909

省内产地：内乡，桐柏，商城。

分布：河南，湖北，江西，台湾，广东，四川。

资料来源：王治国等，1998，鳞翅目：锤角亚目。《伏牛山区昆虫》，中国农业科学技术出版社。

六三、斑蝶科 Danaidae

本科全世界共 12 属 180 种，中国记载 6 属 34 种，河南记录 2 属 3 种。

金斑蝶 *Danaus chrysippus* (Linnaeus, 1758)

省内产地：遂平。

分布：河南，湖北，四川，江西，福建，台湾，广东，广西，海南，陕西，云南；澳大利亚；南欧，非洲，亚洲西部到东南亚。

资料来源：牛瑶等，1999，鳞翅目：蝶亚目。《伏牛山南坡及大别山区昆虫》，中国农业科学技术出版社。

虎纹斑蝶 *Danaus genutia* (Cramer, 1779)

省内产地：内乡。

分布：河南，浙江，福建，台湾，江西，湖南，广东，香港，海南，广西，贵州，四川，云南，西藏；日本，土耳其，伊朗，越南，柬埔寨，菲律宾，印度尼西亚，巴布亚新几内亚；欧洲。

资料来源：申效诚，1993，河南昆虫名录。中国农业科学技术出版社。

大绢斑蝶 *Parantica sita sita* (Kollar, 1844)

省内产地：信阳。

分布：河南，浙江，江西，广东，香港，海南，广西，四川，云南，西藏；朝鲜，日本，印度，缅甸，马来西亚，印度尼西亚。

资料来源：王治国等，1998，河南昆虫志 鳞翅目 蝶类。河南科学技术出版社。

六四、蛱蝶科 Nymphalidae

本科全世界共 270 属 4000 种，中国记载 90 属 422 种，河南记录 39 属 83 种。

黑条伞蛱蝶 *Aldania raddei* (Bremer, 1861)

省内产地：栾川，内乡。

分布：河南，陕西，黑龙江，吉林，辽宁；俄罗斯(东西伯利亚)。

资料来源：牛瑶等，1999，鳞翅目：蝶亚目。《伏牛山南坡及大别山区昆虫》，中国农业科学技术出版社。

柳紫闪蛱蝶 *Apatura ilia* (Denis *et* Schiffermuller, 1775)

省内产地：新县，内乡等全省各地。

分布：河南，黑龙江，吉林，辽宁，内蒙古，河北，山西，陕西，宁夏，青海，甘肃，新疆，山东，湖北，江苏，浙江，福建，江西，湖南，广东，海南，贵州，四川，云南；朝鲜，日本；欧洲。

资料来源：牛瑶等，1999，鳞翅目：蝶亚目。《伏牛山南坡及大别山区昆虫》，中国农业科学技术出版社。

紫闪蛱蝶 *Apatura iris* (Linnaeus, 1767)

省内产地：济源，栾川，西峡，内乡。

分布：河南，黑龙江，吉林，河北，山东，山西，甘肃，陕西，宁夏，青海，湖北，安徽，浙江，湖南，四川；朝鲜，日本；欧洲。

资料来源：牛瑶等，1999，鳞翅目：蝶亚目。《伏牛山南坡及大别山区昆虫》，中国农业科学技术出版社。

曲带闪蛱蝶 *Apatura laverna* Leech, 1892

省内产地：西峡。

分布：河南，吉林，辽宁，陕西，河北，贵州，四川，云南。

资料来源：王治国等，1998，河南昆虫志 鳞翅目 蝶类。河南科学技术出版社。

布网蜘蛱蝶 *Araschnia burejana* Oberthur, 1861

省内产地：灵宝。

分布：河南，黑龙江，吉林，辽宁，陕西，湖北，浙江，四川，云南，西藏；朝鲜，日本，俄罗斯(阿穆尔)。

资料来源：王治国等，1998，河南昆虫志 鳞翅目 蝶类。河南科学技术出版社。

曲纹蜘蛱蝶 *Araschnia doris* Leech, 1892

省内产地：栾川，嵩县，鲁山，内乡，西峡。

分布：河南，陕西，湖北，四川，浙江，福建，湖南，云南。

资料来源：牛瑶等，1999，鳞翅目：蝶亚目。《伏牛山南坡及大别山区昆虫》，中国农业科学技术出版社。

绿豹蛱蝶 *Argynnis paphia* (Linnaeus, 1764)

省内产地：内乡，西峡，罗山，商城，全省山地。

分布：河南，黑龙江，吉林，辽宁，河北，陕西，山西，宁夏，甘肃，湖北，浙江，福建，台湾，江西，湖南，广东，四川，云南，西藏；朝鲜，日本；欧洲，非洲。

资料来源：牛瑶等，1999，鳞翅目：蝶亚目。《伏牛山南坡及大别山区昆虫》，中国农业科学技术出版社。

斐豹蛱蝶 *Argyreus hyperbius* (Linnaeus, 1763)

省内产地：内乡，西峡，罗山，商城，新县等全省各地。

分布：河南，黑龙江，吉林，辽宁，河北，山西，山东，陕西，宁夏，青海，甘肃，新疆，湖北，安徽，江苏，浙江，福建，台湾，江西，湖南，广东，香港，海南，广西，贵州，四川，云南，西藏；朝鲜，日本，菲律宾，印度尼西亚，缅甸，泰国，不丹，尼泊尔，阿富汗，印度，巴基斯坦，孟加拉国，斯里兰卡。

资料来源：牛瑶等，1999，鳞翅目：蝶亚目。《伏牛山南坡及大别山区昆虫》，中国农业科学技术出版社。

老豹蛱蝶 *Argyronome laodice* (Pallas, 1771)

省内产地：罗山，商城，新县等全省各地。

分布：河南，黑龙江，吉林，辽宁，河北，山西，陕西，青海，甘肃，新疆，湖北，江苏，浙江，福建，台湾，江西，湖南，贵州，四川，云南，西藏；朝鲜，日本，印度；中亚，欧洲。

资料来源：牛瑶等，1999，鳞翅目：蝶亚目。《伏牛山南坡及大别山区昆虫》，中国农业科学技术出版社。

红老豹蛱蝶 *Argyronome ruslana* (Motschulsky, 1866)

省内产地：灵宝。

分布：河南，吉林，辽宁，陕西，宁夏，河北，湖北，湖南，四川，华东；朝鲜，日本。

资料来源：王治国等，1998，河南昆虫志 鳞翅目 蝶类。河南科学技术出版社。

幸福带蛱蝶 *Athyma fortuna* Leech, 1889

省内产地：商城，罗山，新县。

分布：河南，陕西，湖北，江西，浙江，福建，台湾，广东，四川。

资料来源：牛瑶等，1999，鳞翅目：蝶亚目。《伏牛山南坡及大别山区昆虫》，中国农业科学技术出版社。

虬眉带蛱蝶 *Athyma opalina constricta* Alpheraky, 1889

省内产地：内乡。

分布：河南，陕西，浙江，江西，广东，四川，云南，西藏。

资料来源：周尧，1994，中国蝶类志。河南科学技术出版社。

倒钩带蛱蝶 *Athyma recurva* Leech, 1892

省内产地：西峡老界岭。

分布：河南，湖北，四川。

资料来源：牛瑶等，1999，鳞翅目：蝶亚目。《伏牛山南坡及大别山区昆虫》，中国农业科学技术出版社。

小豹蛱蝶 *Brenthis daphne ochroleuca* (Fruhstorfer)

省内产地：济源，卢氏，灵宝，西峡，内乡。

分布：河南，黑龙江，吉林，宁夏，山西，甘肃，陕西，浙江，福建，云南。

资料来源：王治国等，1998，鳞翅目：锤角亚目。《伏牛山区昆虫》，中国农业科学技术出版社。

大卫绢蛱蝶 *Calinaga davidis* Oberthur, 1879

省内产地：济源，嵩县，栾川，鲁山，内乡，商城。

分布：河南，辽宁，陕西，湖北，四川，浙江，西藏。

资料来源：牛瑶等，1999，鳞翅目：蝶亚目。《伏牛山南坡及大别山区昆虫》，中国农业科学技术出版社。

曲纹银豹蛱蝶 *Childrena zenobia* (Leech, 1890)

省内产地：济源，灵宝，栾川，嵩县，登封，鲁山，内乡，陕县。

分布：河南，吉林，辽宁，陕西，北京，四川，云南，西藏；印度。

资料来源：牛瑶等，1999，鳞翅目：蝶亚目。《伏牛山南坡及大别山区昆虫》，中国农业科学技术出版社。

黄带铠蛱蝶 *Chitoria fasciola* (Leech, 1890)

省内产地：栾川。

分布：河南，陕西，四川。

资料来源：王治国等，1998，鳞翅目：锤角亚目。《伏牛山区昆虫》，中国农业科学技术出版社。

武铠蛱蝶 *Chitoria ulupi* (Doherty, 1889)

省内产地：罗山，信阳，陕县，济源。

分布：河南，辽宁，浙江，福建，台湾，江西，湖南，广东，四川，云南，西藏；朝鲜，印度。

资料来源：牛瑶等，1999，鳞翅目：蝶亚目。《伏牛山南坡及大别山区昆虫》，中国农业科学技术出版社。

山西珍蛱蝶 *Clossiana gong splendens* Murayama

省内产地：灵宝。

分布：河南，山西。

资料来源：王治国等，1998，河南昆虫志　鳞翅目　蝶类。河南科学技术出版社。

青豹蛱蝶 *Damora sagana* (Doubleday, 1847)

省内产地：内乡，桐柏，罗山，商城，新县。

分布：河南，黑龙江，吉林，辽宁，河北，陕西，浙江，福建，江西，湖南，广东，广西，贵州，四川；朝鲜，日本，蒙古国，俄罗斯(西伯利亚)。

资料来源：牛瑶等，1999，鳞翅目：蝶亚目。《伏牛山南坡及大别山区昆虫》，中国农业科学技术出版社。

长纹电蛱蝶 *Dichorragia nesseus* Grose-Smith, 1893

省内产地：栾川，嵩县，内乡。

分布：河南，陕西，浙江，广东，四川，云南。

资料来源：王治国等，1998，鳞翅目：锤角亚目。《伏牛山区昆虫》，中国农业科学技术出版社。

明窗蛱蝶 *Dilipa fenestra* (Leech, 1891)

省内产地：内乡，南召，桐柏。

分布：河南，辽宁，河北，陕西，山西，湖北，浙江，四川；朝鲜。

资料来源：牛瑶等，1999，鳞翅目：蝶亚目。《伏牛山南坡及大别山区昆虫》，中国农业科学技术出版社。

绿裙边翠蛱蝶 *Euthalia niepelti* Strand, 1916

省内产地：全省。

分布：河南，浙江，福建，广东，海南，广西。

资料来源：王爱萍等，2008，河南省蝶类多样性及分布格局。《宝天曼自然保护区昆虫》，中国农业科学技术出版社。

西藏翠蛱蝶 *Euthalia thibetana* (Poujade, 1885)

省内产地：栾川，内乡，商城。

分布：河南，陕西，浙江，福建，江西，湖南，广东，贵州，四川，云南。

资料来源：王治国等，1998，鳞翅目：锤角亚目。《伏牛山区昆虫》，中国农业科学技术出版社。

灿福蛱蝶 *Fabriciana adippe* (Denis *et* Schiffermuller, 1776)

省内产地：内乡，西峡，商城，罗山，陕县。

分布：河南，黑龙江，吉林，辽宁，河北，山东，陕西，湖北，江苏，浙江，四川，云南，西藏；朝鲜，日本，俄罗斯(西伯利亚)；中亚。

资料来源：王治国等，1998，鳞翅目：锤角亚目。《伏牛山区昆虫》，中国农业科学技术出版社。

蟾福蛱蝶 *Fabriciana nerippe* (Felder *et* Felder, 1862)

省内产地：辉县，济源，登封，内乡，商城。

分布：河南，东北，北京，河北，宁夏，甘肃，陕西，湖北，浙江，四川；朝鲜，日本。

资料来源：王治国等，1998，河南昆虫志 鳞翅目 蝶类。河南科学技术出版社。

银白蛱蝶 *Helcyra subalba* (Poujade, 1885)

省内产地：内乡，信阳，罗山，商城，新县。

分布：河南，陕西，湖北，浙江，四川，福建，江西，广东。

资料来源：牛瑶等，1999，鳞翅目：蝶亚目。《伏牛山南坡及大别山区昆虫》，中国农业科学技术出版社。

黑脉蛱蝶 *Hestina assimilis* (Linnaeus, 1758)

省内产地：济源，内乡，西峡，嵩县，栾川，罗山，商城，新县，陕县。

分布：河南，黑龙江，辽宁，河北，山西，陕西，甘肃，山东，湖北，浙江，福建，台湾，江西，湖南，广东，广西，贵州，四川，云南，西藏；朝鲜，日本。

资料来源：牛瑶等，1999，鳞翅目：蝶亚目。《伏牛山南坡及大别山区昆虫》，中国农业科学技术出版社。

绿脉蛱蝶 *Hestina mena nigrivena* (Leech)

省内产地：济源，内乡，西峡。

分布：河南，北京，河北，山西，陕西，浙江，福建，香港，四川。

资料来源：王治国等，1998，河南昆虫志 鳞翅目 蝶类。河南科学技术出版社。

拟斑脉蛱蝶 *Hestina persimilis* (Westwood, 1850)

省内产地：济源，栾川，陕县，内乡。

分布：河南，陕西，河北，山西，福建，浙江，台湾；朝鲜，日本，印度。

资料来源：牛瑶等，1999，鳞翅目：蝶亚目。《伏牛山南坡及大别山区昆虫》，中国农业科学技术出版社。

美眼蛱蝶 *Junonia almana* (Linnaeus, 1758)

省内产地：内乡，桐柏，商城，罗山，新县。

分布：河南，河北，陕西，四川，湖北，湖南，江苏，浙江，江西，福建，广东，广西，海南，香港，台湾；日本，巴基斯坦，斯里兰卡，印度(锡金)，尼泊尔，不丹，孟加拉国，缅甸，泰国，老挝，越南，柬埔寨，印度尼西亚，马来西亚，新加坡。

资料来源：牛瑶等，1999，鳞翅目：蝶亚目。《伏牛山南坡及大别山区昆虫》，中国农业科学技术出版社。

翠蓝眼蛱蝶 *Junonia orithya* (Linnaeus, 1758)

省内产地：内乡，桐柏，信阳，罗山，商城，新县。

分布：河南，陕西，湖北，浙江，江西，湖南，广东，广西，云南，香港，福建，台湾；日本，澳大利亚；中东，南亚，东南亚，非洲，南美(中北部)，北美(南部)。

资料来源：牛瑶等，1999，鳞翅目：蝶亚目。《伏牛山南坡及大别山区昆虫》，中国农业科学技术出版社。

琉璃蛱蝶 *Kaniska canace* (Linnaeus, 1767)

省内产地：内乡，西峡，罗山，商城，新县，陕县，全省山区。

分布：河南，东北，河北，陕西，江苏，江西，浙江，福建，湖南，广东，香港，海南，广西，贵州，四川，云南；朝鲜，日本；南亚，东南亚。

资料来源：牛瑶等，1999，鳞翅目：蝶亚目。《伏牛山南坡及大别山区昆虫》，中国农业科学技术出版社。

王氏黑三角蛱蝶 *Lelecella limenitoides wangi* Chou

省内产地：灵宝，西峡，内乡。

分布：河南，陕西。

资料来源：王治国等，1998，河南昆虫志 鳞翅目 蝶类。河南科学技术出版社。

重眉线蛱蝶 *Limenitis amphyssa* Menetries, 1859

省内产地：陕县，灵宝，栾川。

分布：河南，黑龙江，吉林，辽宁，陕西，湖北，四川；朝鲜，俄罗斯(阿穆尔)。

资料来源：牛瑶等，1999，鳞翅目：蝶亚目。《伏牛山南坡及大别山区昆虫》，中国农业科学技术出版社。

巧克力线蛱蝶 *Limenitis ciocolatina* Poujade, 1885

省内产地：济源，嵩县，栾川，内乡，西峡。

分布：河南，吉林，陕西，新疆，湖北，四川，西藏。

资料来源：牛瑶等，1999，鳞翅目：蝶亚目。《伏牛山南坡及大别山区昆虫》，中国农业科学技术出版社。

愁眉线蛱蝶 *Limenitis disjucta* Leech, 1890

省内产地：灵宝。

分布：河南，陕西，湖北，四川。

资料来源：王治国等，1998，河南昆虫志 鳞翅目 蝶类。河南科学技术出版社。

断眉线蛱蝶 *Limenitis doerriesi* Staudinger, 1890

省内产地：栾川，内乡，商城。

分布：河南，黑龙江，吉林，湖北，福建，云南；朝鲜，俄罗斯。

资料来源：牛瑶等，1999，鳞翅目：蝶亚目。《伏牛山南坡及大别山区昆虫》，中国农业科学技术出版社。

扬眉线蛱蝶 *Limenitis helmanni* Lederer, 1853

省内产地：栾川，嵩县，登封，鲁山，内乡，信阳，罗山，商城，新县。

分布：河南，黑龙江，吉林，河北，山西，陕西，甘肃，青海，新疆，湖北，江西，浙江，福建，四川；朝鲜，俄罗斯。

资料来源：牛瑶等，1999，鳞翅目：蝶亚目。《伏牛山南坡及大别山区昆虫》，中国农业科学技术出版社。

戟眉线蛱蝶 *Limenitis homeyeri* Tancre, 1881

省内产地：嵩县，栾川，内乡，西峡。

分布：河南，黑龙江，吉林，辽宁，浙江，云南，四川；朝鲜，俄罗斯。

资料来源：牛瑶等，1999，鳞翅目：蝶亚目。《伏牛山南坡及大别山区昆虫》，中国农业科学技术出版社。

横眉线蛱蝶 *Limenitis molrechti* Kardakaff

省内产地：内乡，西峡，陕县，栾川，济源。

分布：河南，湖北，陕西，山西，黑龙江，河北，宁夏；朝鲜。

资料来源：牛瑶等，1999，鳞翅目：蝶亚目。《伏牛山南坡及大别山区昆虫》，中国农业科学技术出版社。

乌苏里红线蛱蝶 *Limenitis populi ussuriensis* Staudinger

省内产地：灵宝。

分布：河南，黑龙江，内蒙古，甘肃，山西，陕西，新疆，四川，云南，西藏；俄罗斯。

资料来源：王治国等，1998，鳞翅目：锤角亚目。《伏牛山区昆虫》，中国农业科学技术出版社。

残锷线蛱蝶 *Limenitis sulpitia* (Cramer, 1779)

省内产地：信阳，罗山，商城，新县。

分布：河南，黑龙江，湖北，浙江，江西，福建，台湾，广东，广西，海南，四川；越南，缅甸，印度。

资料来源：牛瑶等，1999，鳞翅目：蝶亚目。《伏牛山南坡及大别山区昆虫》，中国农业科学技术出版社。

折线蛱蝶 *Limenitis sydyi* Lederer, 1853

省内产地：济源，栾川，内乡，西峡，陕县，商城。

分布：河南，山西，陕西，甘肃，湖北，江西，浙江，四川，新疆，黑龙江，吉林，辽宁，云南；蒙古国，朝鲜，俄罗斯(西伯利亚)。

资料来源：牛瑶等，1999，鳞翅目：蝶亚目。《伏牛山南坡及大别山区昆虫》，中国农业科学技术出版社。

拟缕蛱蝶 *Litinga mimica* (Poujade, 1885)

省内产地：济源，内乡，西峡。

分布：河南，吉林，辽宁，陕西，湖北，四川。

资料来源：牛瑶等，1999，鳞翅目：蝶亚目。《伏牛山南坡及大别山区昆虫》，中国农业科学技术出版社。

网蛱蝶 *Melitaea diamina* Lang, 1789

省内产地：灵宝，栾川，嵩县，内乡，西峡。

分布：河南，河北，山西，黑龙江，陕西，甘肃，宁夏，云南；朝鲜，日本，俄罗斯(西伯利亚)；欧洲南部和中部。

资料来源：牛瑶等，1999，鳞翅目：蝶亚目。《伏牛山南坡及大别山区昆虫》，中国农业科学技术出版社。

斑网蛱蝶 *Melitaea didymoides* Eversmann, 1847

省内产地：辉县，济源，内黄，灵宝，登封，郑州，鲁山。

分布：河南，河北，北京，黑龙江，吉林，山西，山东，陕西，宁夏，青海，甘肃，新疆；朝鲜，日本，蒙古国，哈萨克斯坦，俄罗斯。

资料来源：牛瑶等，1999，鳞翅目：蝶亚目。《伏牛山南坡及大别山区昆虫》，中国农业科学技术出版社。

大网蛱蝶 *Melitaea scotosia* Butler, 1878

省内产地：辉县，济源，灵宝，栾川，内乡，西峡。

分布：河南，陕西，甘肃，新疆，黑龙江，吉林，辽宁，河北，山西，山东；日本，蒙古国，朝鲜。

资料来源：牛瑶等，1999，鳞翅目：蝶亚目。《伏牛山南坡及大别山区昆虫》，中国农业科学技术出版社。

迷蛱蝶 *Mimathyma chevana* (Moore, 1865)

省内产地：卢氏，内乡。

分布：河南，陕西，湖北，四川，江西，浙江，福建，云南。

资料来源：牛瑶等，1999，鳞翅目：蝶亚目。《伏牛山南坡及大别山区昆虫》，中国农业科学技术出版社。

长眉迷蛱蝶 *Mimathyma nycteis* (Menetries, 1859)

省内产地：济源。

分布：河南，黑龙江，吉林，辽宁，陕西，山西，福建；朝鲜，俄罗斯。

资料来源：周尧，1994，中国蝶类志。河南科学技术出版社。

白斑迷蛱蝶 *Mimathyma schrenckii* (Menetries, 1859)

省内产地：济源，栾川，内乡，西峡，陕县。

分布：河南，黑龙江，吉林，辽宁，河北，山西，甘肃，陕西，四川，云南，湖北，浙江，福建；朝鲜，俄罗斯。

资料来源：牛瑶等，1999，鳞翅目：蝶亚目。《伏牛山南坡及大别山区昆虫》，中国农业科学技术出版社。

云豹蛱蝶 *Nephargynnis anadyomene* (Felder *et* Felder, 1862)

省内产地：内乡，西峡，栾川，罗山，商城，陕县，全省山区。

分布：河南，黑龙江，吉林，辽宁，山东，山西，宁夏，陕西，甘肃，湖北，湖南，江西，浙江，福建；朝鲜，日本，俄罗斯(西伯利亚西部)；中亚。

资料来源：牛瑶等，1999，鳞翅目：蝶亚目。《伏牛山南坡及大别山区昆虫》，中国农业科学技术出版社。

重环蛱蝶 *Neptis alwina* (Bremer *et* Grey, 1852)

省内产地：济源，灵宝，栾川，内乡，西峡，桐柏，商城，罗山，新县。

分布：河南，吉林，辽宁，陕西，山西，北京，湖北，浙江，福建，湖南，贵州，四川，云南；朝鲜，日本，蒙古国。

资料来源：牛瑶等，1999，鳞翅目：蝶亚目。《伏牛山南坡及大别山区昆虫》，中国农业科学技术出版社。

羚环蛱蝶 *Neptis antilope* Leech, 1890

省内产地：济源，栾川，嵩县，鲁山，内乡。

分布：河南，北京，陕西，湖北，四川，浙江，广东，云南。

资料来源：牛瑶等，1999，鳞翅目：蝶亚目。《伏牛山南坡及大别山区昆虫》，中国农业科学技术出版社。

折环蛱蝶 *Neptis beroe* Leech, 1890

省内产地：栾川，内乡，西峡。

分布：河南，四川，浙江，云南。

资料来源：牛瑶等，1999，鳞翅目：蝶亚目。《伏牛山南坡及大别山区昆虫》，中国农业科学技术出版社。

周氏环蛱蝶 *Neptis choui* Yuan *et* Wang, 1994

省内产地：济源，栾川。

分布：河南，陕西。

资料来源：牛瑶等，1999，鳞翅目：蝶亚目。《伏牛山南坡及大别山区昆虫》，中国农业科学技术出版社。

中环蛱蝶 *Neptis hylas* (Linnaeus, 1758)

省内产地：栾川，嵩县，内乡，确山，桐柏，商城。

分布：河南，黑龙江，吉林，辽宁，河北，甘肃，陕西，湖北，江西，浙江，福建，香港，广东，海南，广西，四川，云南，西藏；朝鲜，日本，斯里兰卡，印度尼西亚，马来西亚，越南，缅甸，泰国，印度。

资料来源：王治国等，1998，鳞翅目：锤角亚目。《伏牛山区昆虫》，中国农业科学技术出版社。

伊洛环蛱蝶 *Neptis ilos* Fruhstorfer, 1909

省内产地：西峡。

分布：河南，吉林，辽宁，台湾，四川。

资料来源：王治国等，1998，河南昆虫志 鳞翅目 蝶类。河南科学技术出版社。

啡环蛱蝶 *Neptis philyra* Menetries, 1858

省内产地：济源，栾川，内乡，罗山，陕县，商城。

分布：河南，陕西，黑龙江，吉林，辽宁，台湾，浙江，福建，广东，云南；朝鲜，日本，俄罗斯(东西伯利亚)。

资料来源：牛瑶等，1999，鳞翅目：蝶亚目。《伏牛山南坡及大别山区昆虫》，中国农业科学技术出版社。

朝鲜环蛱蝶 *Neptis philyroides* Staudinger, 1887

省内产地：济源，栾川，陕县，内乡。

分布：河南，黑龙江，吉林，辽宁，湖北，台湾，浙江，福建，四川，陕西；朝鲜，俄罗斯。

资料来源：牛瑶等，1999，鳞翅目：蝶亚目。《伏牛山南坡及大别山区昆虫》，中国农业科学技术出版社。

链环蛱蝶 *Neptis pryeri* Butler, 1871

省内产地：济源，灵宝，卢氏，栾川，嵩县，鲁山，内乡，西峡，桐柏，罗山，商城。

分布：河南，黑龙江，吉林，辽宁，台湾，陕西，四川，湖北，江苏，浙江，福建，江西，湖南，广东，四川，云南；朝鲜，日本，俄罗斯(阿穆尔)。

资料来源：牛瑶等，1999，鳞翅目：蝶亚目。《伏牛山南坡及大别山区昆虫》，中国农业科学技术出版社。

单环蛱蝶 *Neptis rivularis* (Scopoli, 1763)

省内产地：辉县，济源，灵宝，栾川，嵩县，卢氏，登封，鲁山，内乡，西峡。

分布：河南，黑龙江，吉林，辽宁，陕西，甘肃，青海，湖北，四川，台湾；俄罗斯(西伯利亚)，朝鲜，蒙古国，日本；欧洲中部。

资料来源：牛瑶等，1999，鳞翅目：蝶亚目。《伏牛山南坡及大别山区昆虫》，中国农业科学技术出版社。

断环蛱蝶 *Neptis sankara* (Kollar, 1844)

省内产地：陕县，内乡。

分布：河南，陕西，湖北，四川，浙江，福建，台湾，江西，广东，广西，云南，西藏；印度，克什米尔，缅甸，马来西亚。

资料来源：牛瑶等，1999，鳞翅目：蝶亚目。《伏牛山南坡及大别山区昆虫》，中国农业科学技术出版社。

小环蛱蝶 *Neptis sappho* (Pallas, 1771)

省内产地：辉县，济源，灵宝，卢氏，登封，鲁山，郑州，平顶山，确山，内乡，西峡，栾川，嵩县，陕县，桐柏，罗山，商城，新县。

分布：河南，吉林，辽宁，陕西，河北，山西，浙江，四川，云南，台湾；朝鲜，日本，印度，巴基斯坦，远东；欧洲。

资料来源：牛瑶等，1999，鳞翅目：蝶亚目。《伏牛山南坡及大别山区昆虫》，中国农业科学技术出版社。

黄环蛱蝶 *Neptis themis* Leech, 1893

省内产地：栾川，内乡，西峡。

分布：河南，黑龙江，吉林，辽宁，河北，湖北，陕西，浙江，福建，四川，甘肃，云南。

资料来源：牛瑶等，1999，鳞翅目：蝶亚目。《伏牛山南坡及大别山区昆虫》，中国农业科学技术出版社。

提环蛱蝶 *Neptis thisbe* Menetries, 1859

省内产地：嵩县，栾川，内乡，西峡。

分布：河南，黑龙江，吉林，辽宁，陕西，湖北，台湾，湖南，广东，四川，云南；朝鲜，俄罗斯(东西伯利亚)。

资料来源：牛瑶等，1999，鳞翅目：蝶亚目。《伏牛山南坡及大别山区昆虫》，中国农业科学技术出版社。

黄缘蛱蝶 *Nymphalis antiopa* (Linnaeus, 1758)

省内产地：具体不详。

分布：河南，黑龙江，吉林，辽宁，北京，河北，宁夏，甘肃，陕西，内蒙古，青海，新疆，云南；朝鲜，日本；欧洲。

资料来源：郑晓军等，1994，河南省蛱蝶科二新纪录种。《河南昆虫分类区系研究 第一卷》，中国农业科学技术出版社。

朱蛱蝶 *Nymphalis xanthomelas* (Denis *et* Schiffermuller, 1776)

省内产地：灵宝，嵩县，栾川，鲁山，内乡，罗山。

分布：河南，黑龙江，吉林，辽宁，内蒙古，河北，山西，甘肃，陕西，宁夏，青海，新疆，山东，浙江，台湾，湖南，四川；朝鲜，日本；欧洲。

资料来源：牛瑶等，1999，鳞翅目：蝶亚目。《伏牛山南坡及大别山区昆虫》，中国农业科学技术出版社。

白斑俳蛱蝶 *Parasarpa albomaculata* (Leech, 1891)

省内产地：栾川。

分布：河南，陕西，四川，西藏。

资料来源：王治国等，1998，鳞翅目：锤角亚目。《伏牛山区昆虫》，中国农业科学技术出版社。

中华黄葩蛱蝶 *Patsuia sinensis* (Oberthur, 1876)

省内产地：灵宝，嵩县，内乡。

分布：河南，辽宁，内蒙古，陕西，山西，甘肃，云南。

资料来源：牛瑶等，1999，鳞翅目：蝶亚目。《伏牛山南坡及大别山区昆虫》，中国农业科学技术出版社。

秦菲蛱蝶 *Phaedyma chinga* Eliot, 1969

省内产地．济源。

分布：河南，陕西，湖北。

资料来源：王治国等，1998，河南昆虫志 鳞翅目 蝶类。河南科学技术出版社。

白钩蛱蝶 *Polygonia c-album* (Linnaeus, 1758)

省内产地：罗山，新县等全省各地。

分布：河南，河北，陕西，甘肃，宁夏，青海，湖北，浙江，福建，江西，四川，云南，西藏；朝鲜，日本，尼泊尔，不丹，印度(锡金)；欧洲。

资料来源：牛瑶等，1999，鳞翅目：蝶亚目。《伏牛山南坡及大别山区昆虫》，中国农业科学技术出版社。

黄钩蛱蝶 *Polygonia c-aureum* (Linnaeus, 1758)

省内产地：罗山等全省各地。

分布：河南，黑龙江，吉林，辽宁，河北，山东，陕西，宁夏，甘肃，湖北，安徽，江苏，浙江，福建，台湾，江西，湖南，广东，贵州，四川，云南；朝鲜，蒙古国，日本，越南，俄罗斯(西伯利亚)。

资料来源：牛瑶等，1999，鳞翅目：蝶亚目。《伏牛山南坡及大别山区昆虫》，中国农业科学技术出版社。

二尾蛱蝶 *Polyura narcaea* (Hewitson, 1854)

省内产地：内乡，罗山，新县，陕县，全省山地。

分布：河南，辽宁，河北，山东，山西，陕西，甘肃，湖北，湖南，江苏，浙江，江西，福建，贵州，四川，云南，广西，广东，台湾；印度，缅甸，泰国，越南。

资料来源：牛瑶等，1999，鳞翅目：蝶亚目。《伏牛山南坡及大别山区昆虫》，中国农业科学技术出版社。

大紫蛱蝶 *Sasakia charonda* (Hewitson, 1863)

省内产地：济源，栾川，鲁山，内乡，确山，罗山，新县，陕县。

分布：河南，东北，河北，山西，陕西，湖北，浙江，福建，台湾，江西，湖南，广东，贵州；朝鲜，日本。

资料来源：牛瑶等，1999，鳞翅目：蝶亚目。《伏牛山南坡及大别山区昆虫》，中国农业科学技术出版社。

黑紫蛱蝶 *Sasakia funebris* (Leech, 1891)

省内产地：西峡老界岭。

分布：河南，福建，浙江，台湾，广东，四川；缅甸。

资料来源：牛瑶等，1999，鳞翅目：蝶亚目。《伏牛山南坡及大别山区昆虫》，中国农业科学技术出版社。

锦瑟蛱蝶 *Seokia pratti* (Leech, 1891)

省内产地：灵宝，栾川，西峡。

分布：河南，黑龙江，吉林，陕西，湖北，福建，浙江，四川。

资料来源：牛瑶等，1999，鳞翅目：蝶亚目。《伏牛山南坡及大别山区昆虫》，中国农业科学技术出版社。

帅蛱蝶 *Sephisa chandra* (Moore, 1858)

省内产地：具体不详。

分布：河南，浙江，江西，福建，台湾，广东，海南，四川，西藏。

资料来源：王爱萍等，2008，河南省蝶类多样性及分布格局。《宝天曼自然保护区昆虫》，中国农业科学技术出版社。

黄帅蛱蝶 *Sephisa princeps* (Fixsen, 1887)

省内产地：济源，栾川，嵩县，内乡，桐柏。

分布：河南，黑龙江，吉林，河北，山西，湖北，四川，陕西，甘肃，江西，浙江，福建，湖南，广东，贵州；朝鲜。

资料来源：牛瑶等，1999，鳞翅目：蝶亚目。《伏牛山南坡及大别山区昆虫》，中国农业科学技术出版社。

银斑豹蛱蝶 *Speyeria aglaja clavimacula* (Matsumura)

省内产地：济源，栾川，嵩县。

分布：河南，黑龙江，吉林，辽宁，河北，宁夏，甘肃，山西，陕西，青海，山东。

资料来源：王治国等，1998，鳞翅目：锤角亚目。《伏牛山区昆虫》，中国农业科学技术出版社。

猫蛱蝶 *Timelaea maculata* (Bremer *et* Grey, 1853)

省内产地：内乡，西峡，陕县，罗山，商城，新县，全省丘陵山地。

分布：河南，辽宁，河北，陕西，甘肃，青海，湖北，安徽，江西，浙江，福建，台湾，四川，西藏。

资料来源：王治国等，1998，鳞翅目：锤角亚目。《伏牛山区昆虫》，中国农业科学技术出版社。

小红蛱蝶 *Venessa cardui* (Linnaeus, 1758)

省内产地：全省。

分布：全国；世界广布。

资料来源：王治国等，1998，鳞翅目：锤角亚目。《伏牛山区昆虫》，中国农业科学技术出版社。

大红蛱蝶 *Vanessa indica* (Herbst, 1794)

省内产地：内乡，罗山等全省各地。

分布：全国；亚洲东部，欧洲，非洲西北部。

资料来源：王治国等，1998，鳞翅目：锤角亚目。《伏牛山区昆虫》，中国农业科学技术出版社。

六五、珍蝶科 Acraeidae

本科全世界共 7 属 260 种，中国记载 1 属 3 种，河南记录 1 属 1 种。

苎麻珍蝶 *Acraea issoria* (Hubner, 1818)

省内产地：罗山，新县。

分布：河南，吉林，湖北，浙江，江西，福建，湖南，四川，云南，西藏，广东，广西，海南，台湾；印度，缅甸，泰国，越南，印度尼西亚，菲律宾。

资料来源：牛瑶等，1999，鳞翅目：蝶亚目。《伏牛山南坡及大别山区昆虫》，中国农业科学技术出版社。

六六、喙蝶科 Libytheidae

本科全世界共 2 属 12 种，中国记载 1 属 3 种，河南记录 1 属 1 种。

朴喙蝶 *Libythea celtis chinensis* Fruhstorfer, 1908

省内产地：内乡，西峡，栾川，嵩县，陕县，罗山，商城，新县，全省山地。

分布：河南，河北，北京，辽宁，山西，陕西，甘肃，湖南，湖北，浙江，福建，四川，广西，台湾；日本，印度，缅甸，泰国，斯里兰卡；欧洲。

资料来源：牛瑶等，1999，鳞翅目：蝶亚目。《伏牛山南坡及大别山区昆虫》，中国农业科

学技术出版社。

六七、蚬蝶科 Riodinidae

本科全世界共 130 属 1500 种，中国记载 7 属 34 种，河南记录 1 属 1 种。

银纹尾蚬蝶 *Dodona eugenes* Bates, [1868]

省内产地：内乡。

分布：河南，江西，浙江，福建，台湾，广东，海南，四川，云南，西藏；越南，不丹，尼泊尔，印度，缅甸，泰国，马来西亚。

资料来源：王治国等，1998，河南昆虫志 鳞翅目 蝶类。河南科学技术出版社。

六八、灰蝶科 Lycaenidae

本科全世界共 470 属 5000 种，中国记载 157 属 680 种，河南记录 44 属 84 种。

东北梳灰蝶 *Ahlbergia frivaldszkyi* (Lederer, 1855)

省内产地：栾川龙峪湾。

分布：河南，黑龙江，吉林，辽宁，内蒙古，陕西，新疆，浙江，福建；朝鲜，日本，俄罗斯。

资料来源：牛瑶等，1999，鳞翅目：蝶亚目。《伏牛山南坡及大别山区昆虫》，中国农业科学技术出版社。

浓蓝梳灰蝶 *Ahlbergia prodiga* Johnson, 1992

省内产地：济源，内乡。

分布：河南，浙江，湖南，云南。

资料来源：王治国等，1998，河南昆虫志 鳞翅目 蝶类。河南科学技术出版社。

婀灰蝶 *Albulina orbitula* (Prunner, 1798)

省内产地：具体不详。

分布：河南，山西，云南，西藏；印度；欧洲。

资料来源：周尧，1994，中国蝶类志。河南科学技术出版社。

秦岭婀灰蝶 *Albulina qinlingensis* Wang, 1995

省内产地：灵宝(模式产地)。

分布：河南，陕西。

资料来源：王治国等，1998，河南昆虫志 鳞翅目 蝶类。河南科学技术出版社。

丫灰蝶 *Amblopala avidiena* (Hewitson, 1877)

省内产地：栾川，内乡。

分布：河南，陕西，湖北，江西，江苏，浙江，福建，台湾；印度。

资料来源：牛瑶等，1999，鳞翅目：蝶亚目。《伏牛山南坡及大别山区昆虫》，中国农业科学技术出版社。

青灰蝶 *Antigius attilia* (Bremer, 1861)

省内产地：济源，灵宝，嵩县，鲁山，内乡，西峡。

分布：河南，黑龙江，吉林，辽宁，北京，湖北，浙江，台湾；蒙古国，朝鲜，日本。

资料来源：牛瑶等，1999，鳞翅目：蝶亚目。《伏牛山南坡及大别山区昆虫》，中国农业科学技术出版社。

癞灰蝶 *Araragi enthea* (Janson, 1877)

省内产地：卢氏，嵩县，鲁山，内乡。

分布：河南，黑龙江，吉林，辽宁，河北，湖北，四川，浙江，台湾；朝鲜，俄罗斯，日本。

资料来源：牛瑶等，1999，鳞翅目：蝶亚目。《伏牛山南坡及大别山区昆虫》，中国农业科学技术出版社。

华夏爱灰蝶 *Aricia chinensis* Murray, 1874

省内产地：具体不详。

分布：河南，北京，陕西，新疆。

资料来源：王爱萍等，2008，河南省蝶类多样性及分布格局。《宝天曼自然保护区昆虫》，中国农业科学技术出版社。

中华爱灰蝶 *Aricia mandschurica* (Staudinger, 1892)

省内产地：浚县，郑州，济源，灵宝。

分布：河南，黑龙江，辽宁，内蒙古。

资料来源：王治国等，1998，河南昆虫志 鳞翅目 蝶类。河南科学技术出版社。

精灰蝶 *Artopoetes pryeri* (Murray, 1873)

省内产地：具体不详。

分布：河南，黑龙江，吉林，辽宁，河北，陕西；朝鲜，日本，俄罗斯(阿穆尔)。

资料来源：王爱萍等，2008，河南省蝶类多样性及分布格局。《宝天曼自然保护区昆虫》，中国农业科学技术出版社。

华山呃灰蝶 *Athamanthia svenhedini* (Nordstrom, 1935)

省内产地：灵宝。

分布：河南，陕西，甘肃。

资料来源：王爱萍等，2008，河南省蝶类多样性及分布格局。《宝天曼自然保护区昆虫》，中国农业科学技术出版社。

雾驳灰蝶 *Bothrinia nebulosa* Leech, 1890

省内产地：辉县，济源，灵宝，栾川，鲁山，内乡。

分布：河南，黑龙江，吉林，陕西，宁夏，湖北。

资料来源：王治国等，1998，鳞翅目：锤角亚目。《伏牛山区昆虫》，中国农业科学技术出版社。

扣靛灰蝶 *Caerulea coelestis* (Alpheraky, 1897)

省内产地：具体不详。

分布：河南，四川。

资料来源：王爱萍等，2008，河南省蝶类多样性及分布格局。《宝天曼自然保护区昆虫》，中国农业科学技术出版社。

靛灰蝶 *Caerulea coeligena* (Oberthur, 1876)

省内产地：内乡。

分布：河南，陕西，四川，湖北，云南。

资料来源：王治国等，1998，河南昆虫志 鳞翅目 蝶类。河南科学技术出版社。

琉璃灰蝶中国亚种 *Celastrina argiola caphis* (Fruhstofer, 1922)

省内产地：内乡，西峡，罗山，陕县等全省各地。

分布：河南，河北，山东，辽宁，黑龙江，陕西，山西，甘肃，青海，江西，湖南，福建，浙江，四川，云南。

寄主：苦参，胡枝子，灯台树，梨，苹果。

资料来源：牛瑶等，1999，鳞翅目：蝶亚目。《伏牛山南坡及大别山区昆虫》，中国农业科学技术出版社。

华西琉璃灰蝶 *Celastrina hersilia* (Leech, 1893)

省内产地：鲁山石人山。

分布：河南，福建，浙江，湖北，江苏；尼泊尔。

资料来源：牛瑶等，1999，鳞翅目：蝶亚目。《伏牛山南坡及大别山区昆虫》，中国农业科学技术出版社。

金灰蝶 *Chrysozephyrus brillantinus* (Staudinger, 1887)

省内产地：济源，嵩县，鲁山，内乡，商城。

分布：河南，吉林，辽宁，陕西。

资料来源：牛瑶等，1999，鳞翅目：蝶亚目。《伏牛山南坡及大别山区昆虫》，中国农业科学技术出版社。

雷氏金灰蝶 *Chrysozephyrus leii* Chou

省内产地：鲁山石人山。

分布：河南，陕西。

资料来源：牛瑶等，1999，鳞翅目：蝶亚目。《伏牛山南坡及大别山区昆虫》，中国农业科学技术出版社。

斯金灰蝶 *Chrysozephyrus smaragdinus* (Bremer, 1861)

省内产地：嵩县，鲁山，内乡，西峡。

分布：河南，陕西，湖北，黑龙江，吉林；朝鲜，日本，俄罗斯(阿穆尔)。

资料来源：牛瑶等，1999，鳞翅目：蝶亚目。《伏牛山南坡及大别山区昆虫》，中国农业科学技术出版社。

珂灰蝶 *Cordelia kitawaku* Koiwaya

省内产地：济源。

分布：河南，陕西。

资料来源：王治国等，1998，河南昆虫志 鳞翅目 蝶类。河南科学技术出版社。

尖翅银灰蝶 *Curetis acuta* Moore, 1877

省内产地：辉县，内乡，罗山，商城，新县。

分布：河南，陕西，浙江，江西，湖北，福建，海南，西藏，广西，四川，云南，台湾；朝鲜，日本，印度，泰国。

资料来源：牛瑶等，1999，鳞翅目：蝶亚目。《伏牛山南坡及大别山区昆虫》，中国农业科学技术出版社。

北方蓝灰蝶 *Everes argiades hellotia* (Menetries, 1857)

省内产地：全省。

分布：河南，黑龙江，吉林，北京，河北，陕西，山东，江苏，浙江，湖北，四川，云南；朝鲜，日本。

资料来源：王治国等，1998，鳞翅目：锤角亚目。《伏牛山区昆虫》，中国农业科学技术出版社。

亲艳灰蝶 *Favonius cognatus* Staudinger, 1892

省内产地：内乡，西峡，陕县，栾川，嵩县，登封。

分布：河南，陕西，甘肃，黑龙江，辽宁，宁夏，青海；朝鲜，日本。

资料来源：牛瑶等，1999，鳞翅目：蝶亚目。《伏牛山南坡及大别山区昆虫》，中国农业科学技术出版社。

艳灰蝶 *Favonius orientalis* (Murray, 1875)

省内产地：济源。

分布：河南，黑龙江，辽宁，内蒙古，北京，宁夏，青海，陕西，山西，江西，浙江，湖南，贵州；朝鲜，日本，俄罗斯(阿穆尔)。

资料来源：王治国等，1998，河南昆虫志 鳞翅目 蝶类。河南科学技术出版社。

里白艳灰蝶 *Favonius saphirinus* Staudinger, 1887

省内产地：西峡。

分布：河南，东北；朝鲜，日本，俄罗斯(阿穆尔)。

资料来源：王治国等，1998，河南昆虫志 鳞翅目 蝶类。河南科学技术出版社。

翠艳灰蝶 *Favomius taxila* (Bremer, 1861)

省内产地：具体不详。

分布：河南，陕西，湖北，甘肃，四川；俄罗斯。

资料来源：王爱萍等，2008，河南省蝶类多样性及分布格局。《宝天曼自然保护区昆虫》，中国农业科学技术出版社。

暗色艳灰蝶 *Favonius ultramarinus* Fixsen, 1887

省内产地：济源，登封，西峡。

分布：河南，辽宁，四川；朝鲜，日本。

资料来源：王治国等，1998，河南昆虫志 鳞翅目 蝶类。河南科学技术出版社。

中华花灰蝶 *Flos chinensis* (Felder *et* Felder, 1865)

省内产地：具体不详：

分布：河南，江苏，上海，湖北，四川，云南；印度(锡金)，不丹。

资料来源：王爱萍等，2008，河南省蝶类多样性及分布格局。《宝天曼自然保护区昆虫》，中国农业科学技术出版社。

冈村工灰蝶 *Gonerilia okamurai* Koiwaya, 1996

省内产地：具体不详。

分布：河南，陕西，四川。

资料来源：王爱萍等，2008，河南省蝶类多样性及分布格局。《宝天曼自然保护区昆虫》，中国农业科学技术出版社。

佩工灰蝶 *Gonerilia pesthis* Wang *et* Chou, 1998

省内产地：内乡宝天曼(模式产地)，陕县甘山。

分布：河南，陕西。

资料来源：牛瑶等，1999，鳞翅目：蝶亚目。《伏牛山南坡及大别山区昆虫》，中国农业科学技术出版社。

银线工灰蝶 *Gonerilia thespis* (Leech, 1890)

省内产地：济源，灵宝，栾川，鲁山，内乡。

分布：河南，辽宁，陕西，四川，甘肃。

资料来源：王治国等，1998，河南昆虫志 鳞翅目 蝶类。河南科学技术出版社。

工灰蝶属一种 *Gonerilia* sp.

省内产地：内乡宝天曼。

分布：河南。

资料来源：牛瑶等，1999，鳞翅目：蝶亚目。《伏牛山南坡及大别山区昆虫》，中国农业科学技术出版社。

浓紫彩灰蝶 *Heliophorus ila* (de Niceville, 1896)

省内产地：嵩县，栾川。

分布：河南，辽宁，陕西，福建，江西，台湾，广东，海南，广西，四川；马来西亚，印度(锡金)，不丹，缅甸，印度尼西亚。

资料来源：王治国等，1998，鳞翅目：锤角亚目。《伏牛山区昆虫》，中国农业科学技术出版社。

莎菲彩灰蝶 *Heliophorus saphir* (Blanchard, 1871)

省内产地：内乡，西峡，栾川，嵩县，卢氏，鲁山。

分布：河南，云南，四川，广西，甘肃；缅甸，印度，不丹。

资料来源：牛瑶等，1999，鳞翅目：蝶亚目。《伏牛山南坡及大别山区昆虫》，中国农业科学技术出版社。

尧灰蝶 *Iozephyrus betulinus* (Staudinger, 1887)

省内产地：具体不详。

分布：河南，黑龙江，吉林，陕西，四川；俄罗斯，朝鲜。

资料来源：王爱萍等，2008，河南省蝶类多样性及分布格局。《宝天曼自然保护区昆虫》，中国农业科学技术出版社。

黄灰蝶 *Japonica lutea* (Hewitson, 1865)

省内产地：嵩县，内乡，西峡。

分布：河南，东北，河北，陕西，山西，甘肃，宁夏，湖北，浙江，台湾；朝鲜，日本，俄罗斯(阿穆尔)。

资料来源：牛瑶等，1999，鳞翅目：蝶亚目。《伏牛山南坡及大别山区昆虫》，中国农业科学技术出版社。

亮灰蝶 *Lampides boeticus* (Linnaeus, 1767)

省内产地：郑州，新乡。

分布：河南，陕西，浙江，福建，台湾，江西，广东，香港，海南，贵州，四川，云南；日本，南太平洋，澳大利亚；欧洲，北非，南亚。

资料来源：王治国等，1998，河南昆虫志 鳞翅目 蝶类。河南科学技术出版社。

红珠灰蝶 *Lycaeides argyrognomon* (Bergstraesser, 1779)

省内产地：辉县，济源，浚县，灵宝，登封，郑州，西华。

分布：河南，黑龙江，吉林，辽宁，河北，山东，山西，陕西，甘肃，青海，新疆，朝鲜，日本。

资料来源：王治国等，1998，河南昆虫志 鳞翅目 蝶类。河南科学技术出版社。

橙灰蝶 *Lycaena dispar* (Haworth, 1803)

Thersamonia dispar (Haworth)

省内产地：辉县，信阳。

分布：河南，黑龙江，吉林，内蒙古，北京，河北，陕西，湖北，四川；朝鲜。

资料来源：王爱萍等，2008，河南省蝶类多样性及分布格局。《宝天曼自然保护区昆虫》，中国农业科学技术出版社。

东北橙灰蝶 *Lycaena dispar borodowskyi* (Grum-Grshimailo)

省内产地：辉县，信阳。

分布：河南，黑龙江，吉林，北京，河北，陕西。

资料来源：王治国等，1998，河南昆虫志 鳞翅目 蝶类。河南科学技术出版社。

红灰蝶 *Lycaena phlaeas* (Linnaeus, 1761)

省内产地：内乡，西峡，罗山。

分布：河南，黑龙江，吉林，辽宁，河北，北京，宁夏，浙江，福建，江西，湖南，广西，陕西，江苏，西藏；朝鲜，日本；北非，欧洲。

资料来源：牛瑶等，1999，鳞翅目：蝶亚目。《伏牛山南坡及大别山区昆虫》，中国农业科学技术出版社。

大斑霾灰蝶 *Maculinea arionides* (Staudinger, 1887)

省内产地：具体不详。

分布：河南，黑龙江，吉林，辽宁，河北，山西，四川，西藏；朝鲜，俄罗斯。

资料来源：周尧，1994，中国蝶类志。河南科学技术出版社。

胡麻霾灰蝶 *Maculinea teleia* (Bergstrasser, 1779)

省内产地：济源，灵宝。

分布：河南，黑龙江，吉林，辽宁，青海，北京，河北，陕西，山西，山东；朝鲜，日本，俄罗斯。

资料来源：王治国等，1998，河南昆虫志 鳞翅目 蝶类。河南科学技术出版社。

黑灰蝶 *Niphanda fusca* (Bremer *et* Grey, 1852)

省内产地：内乡，西峡，商城，全省山地。

分布：河南，黑龙江，吉林，辽宁，河北，山东，山西，陕西，甘肃，青海，浙江，湖南，湖北，江西，四川，福建；韩国，日本。

取食：蚜虫及木虱的分泌物。

资料来源：牛瑶等，1999，鳞翅目：蝶亚目。《伏牛山南坡及大别山区昆虫》，中国农业科学技术出版社。

锯灰蝶 *Orthomiella pontis* (Elwes, 1887)

省内产地：内乡，商城。

分布：河南，陕西，江苏，浙江，福建，湖北，广东；印度(锡金)。

资料来源：王治国等，1998，河南昆虫志 鳞翅目 蝶类。河南科学技术出版社。

中华锯灰蝶 *Orthomiella sinensis* (Elwes, 1941)

省内产地：栾川，嵩县，鲁山。

分布：河南，陕西，湖北，浙江，江西。

资料来源：牛瑶等，1999，鳞翅目：蝶亚目。《伏牛山南坡及大别山区昆虫》，中国农业科学技术出版社。

白灰蝶 *Phengaris atroguttata* (Oberthur, 1876)

省内产地：栾川。

分布：河南，四川，云南，台湾；越南，泰国，印度。

资料来源：王治国等，1998，河南昆虫志 鳞翅目 蝶类。河南科学技术出版社。

豆灰蝶 *Plebejus argus* (Linnaeus, 1758)

省内产地：具体不详。

分布：河南，黑龙江，吉林，辽宁，河北，山东，山西，陕西，甘肃，宁夏，青海，新疆，浙江，湖南，四川；朝鲜，日本；欧洲。

资料来源：王爱萍等，2008，河南省蝶类多样性及分布格局。《宝天曼自然保护区昆虫》，中国农业科学技术出版社。

中原眼灰蝶 *Polyommatus eros boisduvalli* (Herrich-Schaffer, 1844)

省内产地：登封，郑州。

分布：河南；俄罗斯。

资料来源：王治国等，1998，河南昆虫志 鳞翅目 蝶类。河南科学技术出版社。

酢浆灰蝶 *Pseudozizeeria maha* (Kollar, 1844)

省内产地：罗山等全省各地。

分布：河南，黑龙江，浙江，江西，福建，广东，海南，广西，四川，台湾，甘肃；朝鲜，日本，马来西亚，泰国，巴基斯坦，印度，尼泊尔，缅甸，泰国。

资料来源：牛瑶等，1999，鳞翅目：蝶亚目。《伏牛山南坡及大别山区昆虫》，中国农业科学技术出版社。

蓝燕灰蝶 *Rapala caerulea* (Bremer *et* Grey, 1853)

省内产地：辉县，济源，登封，罗山，商城。

分布：河南，黑龙江，辽宁，内蒙古，河北，山东，甘肃，浙江，江苏，福建，台湾，云南；朝鲜。

资料来源：牛瑶等，1999，鳞翅目：蝶亚目。《伏牛山南坡及大别山区昆虫》，中国农业科学技术出版社。

霓纱燕灰蝶 *Rapala nissa* (Kollar, 1844)

省内产地：罗山，陕县。

分布：河南，黑龙江，河北，陕西，湖北，江西，浙江，广西，云南，台湾；马来西亚，泰国，印度。

资料来源：牛瑶等，1999，鳞翅目：蝶亚目。《伏牛山南坡及大别山区昆虫》，中国农业科学技术出版社。

白带燕灰蝶 *Rapala repercussa* (Leech, 1890)

省内产地：内乡，栾川。

分布：河南，湖北，浙江，四川。

资料来源：牛瑶等，1999，鳞翅目：蝶亚目。《伏牛山南坡及大别山区昆虫》，中国农业科学技术出版社。

彩燕灰蝶 *Rapala selira* (Moore, 1874)

省内产地：栾川，登封，内乡，确山，信阳，罗山，商城。

分布：河南，黑龙江，辽宁，甘肃，陕西，浙江，云南，西藏；印度。

资料来源：牛瑶等，1999，鳞翅目：蝶亚目。《伏牛山南坡及大别山区昆虫》，中国农业科学技术出版社。

幽斯灰蝶 *Satyrium iyonis* Oxta *et* Kusunoki, 1957

省内产地：具体不详。

分布：河南，吉林，陕西，甘肃，青海，四川。

资料来源：王爱萍等，2008，河南省蝶类多样性及分布格局。《宝天曼自然保护区昆虫》，中国农业科学技术出版社。

普斯灰蝶 *Satyrium prunoides* (Staudinger, 1887)

省内产地：具体不详。

分布：河南，辽宁，北京，陕西，湖北，四川；朝鲜。

资料来源：王爱萍等，2008，河南省蝶类多样性及分布格局。《宝天曼自然保护区昆虫》，中国农业科学技术出版社。

红斑斯灰蝶 *Satyrium rubicundulum* (Leech, 1890)

省内产地：嵩县，栾川。

分布：河南，河北，山西，陕西，湖北，四川。

资料来源：王治国等，1998，鳞翅目：锤角亚目。《伏牛山区昆虫》，中国农业科学技术出版社。

钩茎斯灰蝶 *Satyrium uncatum* Wang *et* Niu, 2002

省内产地：西峡(模式产地)。

分布：河南。

资料来源：王治国等，2002，中国蝴蝶新种记述(II)。昆虫分类学报，24(4)：中国农业科学技术出版社。

珞灰蝶 *Scolitantides orion* (Pallas, 1771)

省内产地：辉县，济源，登封，内乡，西峡，栾川，嵩县，陕县。

分布：河南，黑龙江，辽宁，河北，陕西，甘肃，新疆，西藏，湖北，福建，云南；朝鲜，日本，俄罗斯(西伯利亚)；欧洲。

资料来源：牛瑶等，1999，鳞翅目：蝶亚目。《伏牛山南坡及大别山区昆虫》，中国农业科学技术出版社。

陕西灰蝶 *Shaanxiana takashimai* Koiwaya, 1993

省内产地：西峡，内乡。

分布：河南，陕西。

资料来源：王治国等，1998，河南昆虫志 鳞翅目 蝶类。河南科学技术出版社。

华西生灰蝶 *Sinthusa chandrana grotei* (Moore, 1884)

省内产地：栾川。

分布：河南，浙江，福建，广东，香港，广西，四川，云南；印度。

资料来源：王治国等，1998，河南昆虫志 鳞翅目 蝶类。河南科学技术出版社。

拉生灰蝶 *Sinthusa rayata* Riley, 1939

省内产地：具体不详。

分布：河南，陕西，四川。

资料来源：王爱萍等，2008，河南省蝶类多样性及分布格局。《宝天曼自然保护区昆虫》，中国农业科学技术出版社。

莲纹银线灰蝶 *Spindasis lohita zoilus* (Moore)

省内产地：西峡。

分布：河南；国外分布地待查。

资料来源：王治国等，1998，河南昆虫志 鳞翅目 蝶类。河南科学技术出版社。

三星银线灰蝶 *Spindasis syama* (Horsfield, 1829)

省内产地：鲁山，西峡，内乡。

分布：河南，吉林，湖北，福建，江西，湖南，四川，广西，台湾，广东，海南，云南；印度，马来西亚，印度尼西亚。

资料来源：王治国等，1998，河南昆虫志 鳞翅目 蝶类。河南科学技术出版社。

阔痣乌灰蝶 *Strymonidia eximia* (Fixsen, 1887)

省内产地：辉县，济源，栾川，嵩县，登封，内乡，商城。

分布：河南，黑龙江，吉林，辽宁，内蒙古，北京，河北，山东，陕西，甘肃，浙江，福建，台湾，广东，四川，云南；朝鲜。

资料来源：王治国等，1998，鳞翅目：锤角亚目。《伏牛山区昆虫》，中国农业科学技术出版社。

大乌灰蝶 *Strymonidia grandis* (Felder *et* Felder, 1862)

省内产地：信阳，罗山，商城。

分布：河南，浙江，福建，江西。

资料来源：王治国等，1998，河南昆虫志 鳞翅目 蝶类。河南科学技术出版社。

奥乌灰蝶 *Strymonidia ornata* (Leech, 1890)

省内产地：内乡，西峡，全省山地。

分布：河南，河北，陕西，湖北，四川。

资料来源：牛瑶等，1999，鳞翅目：蝶亚目。《伏牛山南坡及大别山区昆虫》，中国农业科学技术出版社。

双线乌灰蝶 *Strymonidia percomis* (Leech, 1893)

省内产地：济源。

分布：河南，黑龙江，山西，陕西，甘肃，四川。

资料来源：王治国等，1998，河南昆虫志 鳞翅目 蝶类。河南科学技术出版社。

苹果乌灰蝶 *Strymonidia pruni* (Linnaeus)

省内产地：济源，鲁山，内乡。

分布：河南，黑龙江，山西，陕西，四川。

资料来源：王治国等，1998，鳞翅目：锤角亚目。《伏牛山区昆虫》，中国农业科学技术出版社。

狭痣乌灰蝶 *Strymonidia spini lalior* (Fixsen, 1887)

省内产地：济源，登封。

分布：河南，北京，陕西；朝鲜。

资料来源：王治国等，1998，河南昆虫志 鳞翅目 蝶类。河南科学技术出版社。

小乌灰蝶 *Strymonidia* sp.

省内产地：西峡。

分布：河南。

资料来源：王治国等，1998，河南昆虫志 鳞翅目 蝶类。河南科学技术出版社。

泰乌灰蝶 *Strymonidia thalia* Leech, 1893

省内产地：济源。

分布：河南，陕西，湖北。

资料来源：王治国等，1998，河南昆虫志 鳞翅目 蝶类。河南科学技术出版社。

维乌灰蝶 *Strymonidia v-album* (Oberthur, 1893)

省内产地：济源，鲁山。

分布：河南，陕西，湖北，四川。

资料来源：王治国等，1998，河南昆虫志 鳞翅目 蝶类。河南科学技术出版社。

蚜灰蝶 *Taraka hamada* (Druce, 1875)

省内产地：信阳，桐柏，罗山，商城。

分布：河南，辽宁，山东，江西，江苏，浙江，四川，福建，台湾，广东，海南，云南；印度(锡金)，不丹，缅甸，泰国，越南，马来西亚，印度尼西亚，朝鲜，日本。

资料来源：牛瑶等，1999，鳞翅目：蝶亚目。《伏牛山南坡及大别山区昆虫》，中国农业科学技术出版社。

线灰蝶 *Thecla betulinus* Staudinger

省内产地：陕县，内乡。

分布：河南，浙江，黑龙江，吉林；朝鲜；亚洲北部到欧洲西部与北部。

资料来源：牛瑶等，1999，鳞翅目：蝶亚目。《伏牛山南坡及大别山区昆虫》，中国农业科学技术出版社。

点玄灰蝶 *Tongeia filicandis* (Pryer, 1877)

省内产地：内乡，西峡，栾川，罗山，新县。

分布：河南，黑龙江，山东，山西，陕西，四川，浙江，江西，台湾。

资料来源：牛瑶等，1999，鳞翅目：蝶亚目。《伏牛山南坡及大别山区昆虫》，中国农业科学技术出版社。

玄灰蝶 *Tongeia fischeri* (Eversman, 1843)

省内产地：辉县，灵宝，登封，栾川，鲁山。

分布：河南，黑龙江，辽宁，河北，山东，山西，陕西，浙江，福建，江西，台湾；朝鲜，日本，俄罗斯(阿穆尔，西伯利亚)。

资料来源：王治国等，1998，河南昆虫志 鳞翅目 蝶类。河南科学技术出版社。

长尾玄灰蝶 *Tongeia potanini* (Alpheraky, 1899)

省内产地：内乡，桐柏。

分布：河南，陕西，四川，浙江，广东，海南。

资料来源：王治国等，1998，河南昆虫志 鳞翅目 蝶类。河南科学技术出版社。

少林玄灰蝶 *Tongeia shaolinensis* Wang *et* Niu, 2002

省内产地：登封(模式产地)。

分布：河南。

资料来源：王治国等，2002，中国蝴蝶新种记述(II)。昆虫分类学报，24(4)：276~284。

范赭灰蝶 *Ussuriana fani* Koiwaya, 1993

省内产地：具体不详。

分布：河南，陕西。

资料来源：王爱萍等，2008，河南省蝶类多样性及分布格局。《宝天曼自然保护区昆虫》，中国农业科学技术出版社。

赭灰蝶 *Ussuriana michaelis* (Oberthur, 1880)

省内产地：灵宝，嵩县，内乡，西峡。

分布：河南，吉林，辽宁，陕西，甘肃，浙江，福建；朝鲜，俄罗斯(阿穆尔)。

资料来源：牛瑶等，1999，鳞翅目：蝶亚目。《伏牛山南坡及大别山区昆虫》，中国农业科学技术出版社。

华灰蝶 *Wagimo signata* Butler, 1882

省内产地：济源，灵宝，登封，郑州，栾川，内乡。

分布：河南，辽宁，河北，浙江；朝鲜，日本。

资料来源：王治国等，1998，鳞翅目：锤角亚目。《伏牛山区昆虫》，中国农业科学技术出版社。

斜纹华灰蝶 *Wagimo sulgeri* (Oberthur, 1908)

省内产地：济源。

分布：河南，浙江，福建，台湾。

资料来源：王治国等，1998，鳞翅目：锤角亚目。《伏牛山区昆虫》，中国农业科学技术出版社。

华灰蝶属一种 *Wagimo* sp.

省内产地：陕县，内乡。

分布：河南。

资料来源：牛瑶等，1999，鳞翅目：蝶亚目。《伏牛山南坡及大别山区昆虫》，中国农业科学技术出版社。

第三〇节　昆虫纲：膜翅目
Class Insecta: Order Hymenoptera

膜翅目昆虫统称“蜂”，是世界上大目之一。主要特征是，具咀嚼式口器，2 对膜质翅，前大后小，翅钩连接，具衣鱼形产卵器。

膜翅目昆虫身体大小悬殊，生活习性复杂，有植食性、捕食性、寄生性等，寄生性和捕食性种类是农林业生产上可供利用的重要天敌类群。不少膜翅目昆虫是植物的传粉者。蜜蜂养殖已成为重要产业，用于食品、医疗保健、化工等。

河南膜翅目昆虫记录原来有一定基础。科学考察中，魏美才教授带领研究生先后进行十多批次的考察，获得了丰富的叶蜂区系资料，使河南省叶蜂区系在中国乃至东亚叶蜂区系格局中都具有十分重要的地位。国家林业局森林病虫害防治总站的盛茂领教授及其同事多次来河南采集，使发现的姬蜂种类成倍增加，达到全国种类的 15%。

膜翅目全世界共近 100 科 120 000 种，中国已记载 85 科 2122 属 11 954 种，河南共记录 56 科 541 属 1479 种。

一、扁蜂科 Pamphiliidae

本科全世界共 8 属 160 种，中国已记载 7 属 30 种，河南共记录 4 属 14 种。

异构阿扁蜂 *Acantholyda dimorpha* Maa, 1944

省内产地：信阳鸡公山。

分布：河南，浙江，江西，福建，湖南。

资料来源：魏美才等，1999，膜翅目：叶蜂科，三节叶蜂科，扁叶蜂科。《鸡公山区昆虫》，中国农业科学技术出版社。

伏牛山阿扁蜂 *Acantholyda funiushana* Wei, 1998

省内产地：嵩县白云山(模式产地)。

分布：河南。

资料来源：Wei Meicai *et al*., 1998, New species of Pamphiliidae (Hymenoptera) of Mt. Funiu.《伏牛山区昆虫》，中国农业科学技术出版社。

松阿扁蜂 *Acantholyda posticalis* Matsumura, 1912

省内产地：灵宝，卢氏。

分布：河南，黑龙江，山东，山西，湖南；朝鲜，日本，蒙古国，俄罗斯；欧洲。

资料来源：申效诚，1993，河南昆虫名录。中国农业科学技术出版社。

大刻阿扁蜂 *Acantholyda punctacephala* Wei, 2002

省内产地：嵩县白云山(模式产地)，济源黄楝树。

分布：河南。

资料来源：魏美才等，2002，河南扁蜂科二新种。《太行山及桐柏山区昆虫》，中国农业科学技术出版社。

白角腮扁蜂 *Cephalcia alboflagellaria* Wei, 1998

省内产地：嵩县白云山(模式产地)。

分布：河南。

资料来源：Wei Meicai *et al*., 1998, New species of Pamphiliidae (Hymenoptera) of Mt. Funiu.《伏牛山区昆虫》，中国农业科学技术出版社。

黑胫腮扁蜂 *Cephalcia nigrotibialis* Wei, 2008

省内产地：内乡宝天曼(模式产地)。

分布：河南。

资料来源：魏美才等，2008，2003—2006 年河南叶蜂考察报告。《宝天曼自然保护区昆虫》，中国农业科学技术出版社。

天目山腮扁蜂 *Cephalcia tienmua* Maa, 1949

省内产地：新县连康山。

分布：河南，浙江。

资料来源：魏美才等，2008，2003—2006 年河南叶蜂考察报告。《宝天曼自然保护区昆虫》，中国农业科学技术出版社。

梨腮扁蜂 *Cephalcia* sp.

省内产地：信阳。

分布：河南。

资料来源：申效诚，1993，河南昆虫名录。中国农业科学技术出版社。

黑脉齿扁蜂 *Onycholyda nigronervis* Wei, 1998

省内产地：嵩县白云山(模式产地)，栾川龙峪湾。

分布：河南。

资料来源：Wei Meicai *et al*., 1998, New species of Pamphiliidae (Hymenoptera) of Mt. Funiu.《伏牛山区昆虫》，中国农业科学技术出版社。

白转齿扁蜂 *Onycholyda odaesana* Shinohara *et* Byun, 1993

Onycholyda leucotrochantera Wei, 1999

省内产地：信阳鸡公山，郑州。

分布：河南，安徽，浙江，湖南；韩国。

资料来源：魏美才等，2008，2003—2006 年河南叶蜂考察报告。《宝天曼自然保护区昆虫》，中国农业科学技术出版社。

陕西齿扁蜂 *Onycholyda shaanxiana* Shinohara, 1999

省内产地：内乡宝天曼。

分布：河南，陕西。

资料来源：魏美才等，2008，2003—2006 年河南叶蜂考察报告。《宝天曼自然保护区昆虫》，中国农业科学技术出版社。

方顶齿扁蜂 *Onycholyda subquadrata* (Maa, 1944)

省内产地：内乡宝天曼。

分布：河南，内蒙古，福建，四川，陕西，湖南，广西，北京。

资料来源：魏美才等，2008，2003—2006 年河南叶蜂考察报告。《宝天曼自然保护区昆虫》，中国农业科学技术出版社。

盛氏扁蜂 *Pamphilius shengi* Wei, 1999

省内产地：内乡宝天曼(模式产地)，西峡老界岭。

分布：河南。

资料来源：魏美才等，1999，河南伏牛山南坡扁蜂科扁蜂属一新种。《伏牛山南坡及大别山区昆虫》，中国农业科学技术出版社。

钟氏扁蜂 *Pamphilius zhongi* Wei, 2002

省内产地：栾川龙峪湾(模式产地)。

分布：河南。

资料来源：魏美才等，2002，河南扁蜂科二新种。《太行山及桐柏山区昆虫》，中国农业科学技术出版社。

二、广背蜂科 Megalodontidae

本科全世界共 6 属 45 种，中国已记载 1 属 4 种，河南记录 1 属 2 种。

朝鲜广背蜂 *Megalodontes coreensis* Takeuchi, 1927

省内产地：栾川龙峪湾。

分布：河南，河北，陕西；东北亚。

资料来源：魏美才等，1998，膜翅目：叶蜂亚目，树蜂亚目，茎蜂亚目。《伏牛山区昆虫》，中国农业科学技术出版社。

远东广背蜂 *Megalodontes spiraeae* (Klug, 1824)

省内产地：嵩县白云山。

分布：河南。

资料来源：魏美才等，2008，2003—2006 年河南叶蜂考察报告。《宝天曼自然保护区昆虫》，中国农业科学技术出版社。

三、三节叶蜂科 Argidae

本科全世界共 54 属 800 种，中国已记载 15 属 210 种，河南共记录 5 属 75 种，其中作为模式产地的有 44 种。

开室黄腹三节叶蜂 *Arge apertella* Wei, 1999

省内产地：新县老庙(模式产地)。

分布：河南。

资料来源：魏美才等，1999，河南大别山区叶蜂十五新种。《伏牛山南坡及大别山区昆虫》，中国农业科学技术出版社。

黑尾黄腹三节叶蜂 *Arge baishanzua* Wei, 1995

省内产地：罗山灵山。

分布：河南，陕西，湖北，湖南，浙江。

资料来源：魏美才等，2002，膜翅目：叶蜂亚目，茸蜂亚目，树蜂亚目，茎蜂亚目。《太行山及桐柏山区昆虫》，中国农业科学技术出版社。

粗短黄腹三节蜂 *Arge brevigastera* Wei, 1999

省内产地：内乡宝天曼(模式产地)。

分布：河南。

资料来源：魏美才等，1999，伏牛山南坡三节叶蜂科六新种。《伏牛山南坡及大别山区昆虫》，中国农业科学技术出版社。

无斑黄腹三节叶蜂 *Arge geei* Rohwer, 1913

省内产地：内乡宝天曼，登封少林寺，新县连康山。

分布：河南，湖南，浙江，香港，台湾，云南。

资料来源：魏美才等，1999，膜翅目：叶蜂亚目，树蜂亚目，梨室蜂亚目，茎蜂亚目。《伏牛山南坡及大别山区昆虫》，中国农业科学技术出版社。

日本黄腹三节叶蜂 *Arge nipponensis* Rohwer, 1910

省内产地：西华，周口，登封少林寺，登封三皇寨，陕县甘山公园，卢氏大块地，卢氏淇河林场，内乡宝天曼，桐柏桐柏山，信阳鸡公山，罗山灵山，新县老庙，商城黄柏山。

分布：河南，内蒙古，山西，陕西，河北，江苏，安徽，上海，浙江，江西，湖北，湖南，四川，福建，广东，广西，贵州；朝鲜，日本，俄罗斯。

资料来源：魏美才等，1999，膜翅目：叶蜂亚目，树蜂亚目，梨室蜂亚目，茎蜂亚目。《伏牛山南坡及大别山区昆虫》，中国农业科学技术出版社。

刻颜黄腹三节叶蜂 *Arge obtusitheca* Wei, 1999

省内产地：商城黄柏山(模式产地)，罗山灵山，新县老庙，栾川龙峪湾，嵩县天池山。

分布：河南，湖南，浙江，福建。

资料来源：魏美才等，1999，河南大别山区叶蜂十五新种。《伏牛山南坡及大别山区昆虫》，中国农业科学技术出版社。

普氏黄腹三节叶蜂 *Arge przhevalskii* Gussakovskij, 1935

省内产地：栾川龙峪湾，信阳鸡公山，西峡老界岭，桐柏水帘洞，商城黄柏山，新县老庙。

分布：河南，内蒙古，四川。

资料来源：魏美才等，1998，膜翅目：叶蜂亚目，树蜂亚目，茎蜂亚目。《伏牛山区昆虫》，中国农业科学技术出版社。

背斑黄腹三节叶蜂 *Arge victoriae* Kirby, 1882

省内产地：栾川龙峪湾，嵩县白云山，信阳鸡公山。

分布：河南，浙江，湖南，香港，台湾，云南。

资料来源：魏美才等，1998，膜翅目：叶蜂亚目，树蜂亚目，茎蜂亚目。《伏牛山区昆虫》，中国农业科学技术出版社。

列斑黄腹三节叶蜂 *Arge xanthogaster* (Cameron, 1876)

省内产地：陕县甘山公园，栾川龙峪湾，桐柏桐柏山，罗山灵山，商城黄柏山，新县连康山。

分布：河南，吉林，陕西，湖北，江西，湖南，四川，重庆，浙江，贵州，福建，广东，广西，香港，西藏；印度。

资料来源：魏美才等，1999，膜翅目：叶蜂亚目，树蜂亚目，梨室蜂亚目，茎蜂亚目。《伏牛山南坡及大别山区昆虫》，中国农业科学技术出版社。

短室红腹三节叶蜂 *Arge* sp. (新种，另文发表)

省内产地：辉县松树坪。

分布：河南。

资料来源：资料来源：魏美才等，2008，2002 年河南叶蜂考察报告。《宝天曼自然保护区昆虫》，中国农业科学技术出版社。

陈氏黑头三节叶蜂 *Arge chenshuchuni* Wei, 1999

省内产地：西峡桦树盘(模式产地)，嵩县白云山，栾川龙峪湾。

分布：河南。

资料来源：魏美才等，1999，伏牛山南坡三节叶蜂科六新种。《伏牛山南坡及大别山区昆虫》，中国农业科学技术出版社。

华中黑头三节叶蜂 *Arge huazhongia* Wei, 1998

省内产地：嵩县白云山(模式产地)，登封少林寺，济源黄楝树。

分布：河南，陕西，四川，甘肃。

资料来源：文军等，1998，伏牛山三节叶蜂科新种记述。《伏牛山区昆虫》，中国农业科学技术出版社。

何氏黑头三节叶蜂 *Arge hei* Wei, 1999

省内产地：新县老庙(模式产地)，商城黄柏山。

分布：河南，北京，吉林，陕西，湖北。

资料来源：魏美才等，1999，河南大别山区叶蜂十五新种。《伏牛山南坡及大别山区昆虫》，中国农业科学技术出版社。

黑基黑头三节叶蜂 *Arge melanocoxa* Wei, 1998

省内产地：嵩县白云山(副模产地)，济源愚公林场，卢氏大块地，内乡宝天曼，辉县八里沟。

分布：河南，湖北。

资料来源：文军等，1998，伏牛山三节叶蜂科新种记述。《伏牛山区昆虫》，中国农业科学技术出版社。

黑肩黑头三节叶蜂 *Arge nigrocollinia* Wei, 1997

省内产地：嵩县白云山。

分布：河南，云南。

资料来源：魏美才等，2008，2003—2006 年河南叶蜂考察报告。《宝天曼自然保护区昆虫》，中国农业科学技术出版社。

尖鞘环腹三节叶蜂 *Arge acutiformis* Wei, 1999

省内产地：内乡宝天曼(模式产地)，嵩县白云山，栾川龙峪湾。

分布：河南，陕西。

资料来源：魏美才等，1999，伏牛山南坡三节叶蜂科六新种。《伏牛山南坡及大别山区昆虫》，中国农业科学技术出版社。

双节环腹三节叶蜂 *Arge mali* (Takahashi, 1906)

省内产地：登封少室山。

分布：河南，湖北。

资料来源：魏美才等，2002，膜翅目：叶蜂亚目，茸蜂亚目，树蜂亚目，茎蜂亚目。《太行山及桐柏山区昆虫》，中国农业科学技术出版社。

片角黑毛三节叶蜂 *Arge imitator* Takeuchi, 1939

省内产地：栾川龙峪湾，嵩县白云山，桐柏桐柏山。

分布：河南，湖南，浙江；日本。

资料来源：魏美才等，1998，膜翅目：叶蜂亚目，树蜂亚目，茎蜂亚目。《伏牛山区昆虫》，中国农业科学技术出版社。

长突黑毛三节叶蜂 *Arge longidigita* Wei, 1998

省内产地：嵩县白云山(模式产地)。

分布：河南。

资料来源：文军等，1998，伏牛山三节叶蜂科新种记述。《伏牛山区昆虫》，中国农业科学技术出版社。

长顶黑毛三节叶蜂 *Arge longivertica* Wei, 1999

省内产地：商城黄柏山(模式产地)。

分布：河南。

资料来源：魏美才等，1999，河南大别山区叶蜂十五新种。《伏牛山南坡及大别山区昆虫》，中国农业科学技术出版社。

柄室黑毛三节叶蜂 *Arge petiodiscoidalis* Wei, 1999

省内产地：内乡宝天曼(模式产地)。

分布：河南，浙江，福建。

资料来源：魏美才等，1999，伏牛山南坡三节叶蜂科六新种。《伏牛山南坡及大别山区昆虫》，中国农业科学技术出版社。

杜鹃黑毛三节叶蜂 *Arge similis* (Vollenheven, 1860)

省内产地：辉县八里沟，登封少林寺，嵩县白云山，栾川龙峪湾，内乡宝天曼，桐柏水帘洞，信阳鸡公山，罗山灵山，商城黄柏山，新县老庙。

分布：河南，陕西，山东，浙江，江西，湖北，湖南，福建，台湾，广东，广西，四川，贵州，西藏；日本，印度。

资料来源：魏美才等，1998，膜翅目：叶蜂亚目，树蜂亚目，茎蜂亚目。《伏牛山区昆虫》，中国农业科学技术出版社。

嵩县黑毛三节叶蜂 *Arge songxiana* Wei, 2002

省内产地：嵩县白云山(模式产地)。

分布：河南。

资料来源：魏美才等，2002，河南三节叶蜂科五新种。《太行山及桐柏山区昆虫》，中国农业科

学技术出版社。

半刃黑毛三节叶蜂 *Arge szechuanica* Malaise, 1935

省内产地：栾川龙峪湾，嵩县白云山，卢氏狮子坪，陕县甘山公园，济源愚公林场，信阳鸡公山，商城黄柏山，新县老庙。

分布：河南，山东，陕西，江苏，湖北，浙江，福建，湖南，四川，贵州。

资料来源：魏美才等，1998，膜翅目：叶蜂亚目，树蜂亚目，茎蜂亚目。《伏牛山区昆虫》，中国农业科学技术出版社。

截板黑毛三节叶蜂 *Arge truncatilina* Wei, 1999

省内产地：商城黄柏山(模式产地)，新县老庙。

分布：河南。

资料来源：魏美才等，1999，河南大别山区叶蜂十五新种。《伏牛山南坡及大别山区昆虫》，中国农业科学技术出版社。

文氏黑毛三节叶蜂 *Arge wenjuni* Wei, 1999

省内产地：信阳鸡公山(模式产地)。

分布：河南。

资料来源：魏美才等，1999，鸡公山叶蜂九新种。《鸡公山区昆虫》，中国农业科学技术出版社。

信阳黑毛三节叶蜂 *Arge xinyangensis* Wei, 1999

省内产地：信阳鸡公山(模式产地)，罗山灵山。

分布：河南。

资料来源：魏美才等，1999，鸡公山叶蜂九新种。《鸡公山区昆虫》，中国农业科学技术出版社。

短鞘黑毛三节叶蜂 *Arge* sp. (新种，另文发表)

省内产地：栾川龙峪湾。

分布：河南。

资料来源：魏美才等，2008，2003—2006 年河南叶蜂考察报告。《宝天曼自然保护区昆虫》，中国农业科学技术出版社。

小眼黑毛三节叶蜂 *Arge* sp. (新种，另文发表)

省内产地：嵩县白云山。

分布：河南。

资料来源：魏美才等，2008，2002 年河南叶蜂考察报告。《宝天曼自然保护区昆虫》，中国农业科学技术出版社。

垂鞘黑毛三节叶蜂 *Arge* sp. (新种，另文发表)

省内产地：具体不详。

分布：河南。

资料来源：魏美才等，2008，2003—2006 年河南叶蜂考察报告。《宝天曼自然保护区昆虫》，中国农业科学技术出版社。

小室淡毛三节叶蜂 *Arge cellella* Wei, 2002

省内产地：栾川龙峪湾(模式产地)。

分布：河南。

资料来源：文军等，2002，河南三节叶蜂科三新种。《太行山及桐柏山区昆虫》，中国农业科学技术出版社。

陈氏淡毛三节叶蜂 *Arge cheni* Wei, 1999

省内产地：信阳鸡公山(模式产地)，罗山灵山，商城黄柏山，新县老庙。

分布：河南，湖北，广西，浙江，福建。

资料来源：魏美才等，1999，鸡公山叶蜂九新种。《鸡公山区昆虫》，中国农业科学技术出版社。

齿瓣淡毛三节叶蜂 *Arge dentipenis* Wei, 1998

省内产地：栾川龙峪湾(副模产地)，罗山灵山，信阳鸡公山，新县连康山。

分布：河南，江西，贵州，河北，湖北，湖南，陕西。

资料来源：文军等，1998，伏牛山三节叶蜂科新种记述。《伏牛山区昆虫》，中国农业科学技术出版社。

长角淡毛三节叶蜂 *Arge dolichocerina* Wei, 2002

省内产地：具体不详。

分布：河南，其他分布地待查。

资料来源：魏美才等，2008，河南省叶蜂种类名录。《宝天曼自然保护区昆虫》，中国农业科学技术出版社。

完带淡毛三节叶蜂 *Arge entirea* Wei, 2002

省内产地：嵩县白云山(模式产地)。

分布：河南。

资料来源：魏美才等，2002，河南三节叶蜂科五新种。《太行山及桐柏山区昆虫》，中国农业科学技术出版社。

线斑淡毛三节叶蜂 *Arge lineotibislis* Wei, 1998

省内产地：栾川龙峪湾(模式产地)，嵩县白云山。

分布：河南。

资料来源：文军等，1998，伏牛山三节叶蜂科新种记述。《伏牛山区昆虫》，中国农业科学技术出版社。

灵山淡毛三节叶蜂 *Arge lingshana* Wei, 1999

省内产地：罗山灵山(模式产地)。

分布：河南。

资料来源：魏美才等，1999，河南叶蜂新种记述。《伏牛山南坡及大别山区昆虫》，中国农业科学技术出版社。

舌板淡毛三节叶蜂 *Arge lingulopygia* Wei, 1998

省内产地：新县连康山。

分布：河南，浙江，江西，福建，湖南，贵州。

资料来源：魏美才等，2008，2003—2006 年河南叶蜂考察报告。《宝天曼自然保护区昆虫》，中国农业科学技术出版社。

栾川淡毛三节叶蜂 *Arge luanchuana* Wei, 1998

省内产地：栾川龙峪湾(模式产地)。

分布：河南。

资料来源：文军等，1998，伏牛山三节叶蜂科新种记述。《伏牛山区昆虫》，中国农业科学技术出版社。

简瓣淡毛三节叶蜂 *Arge melanocephalica* Wei, 1998

省内产地：商城黄柏山。

分布：河南，浙江，湖南，重庆，广西。

资料来源：魏美才等，1999，膜翅目：叶蜂亚目，树蜂亚目，梨室蜂亚目，茎蜂亚目。《伏牛山南坡及大别山区昆虫》，中国农业科学技术出版社。

小凹淡毛三节叶蜂 *Arge minitincisita* Wei, 2002

省内产地：卢氏大块地(模式产地)。

分布：河南，河北。

资料来源：魏美才等，2002，河南三节叶蜂科五新种。《太行山及桐柏山区昆虫》，中国农业科学技术出版社。

毛瓣淡毛三节叶蜂 *Arge pilopenis* Wei, 2002

省内产地：济源愚公林场(模式产地)，登封少林寺，辉县八里沟。

分布：河南，内蒙古，北京，河北。

资料来源：文军等，2002，河南三节叶蜂科三新种。《太行山及桐柏山区昆虫》，中国农业科学技术出版社。

横带淡毛三节叶蜂 *Arge potanini*(Jakovlev, 1882)

省内产地：济源黄楝树，卢氏大块地。

分布：甘肃，河南，陕西。

资料来源：魏美才等，2002，膜翅目：叶蜂亚目，茸蜂亚目，树蜂亚目，茎蜂亚目。《太行山及桐柏山区昆虫》，中国农业科学技术出版社。

刻颜淡毛三节叶蜂 *Arge punctafrontalis* Wei *et* Nie, 1998

省内产地：嵩县白云山，栾川龙峪湾。

分布：河南，浙江，湖南。

资料来源：魏美才等，2002，膜翅目：叶蜂亚目，茸蜂亚目，树蜂亚目，茎蜂亚目。《太行山及桐柏山区昆虫》，中国农业科学技术出版社。

秦岭淡毛三节叶蜂 *Arge qinlingia* Wei, 1998

省内产地：栾川龙峪湾(模式产地)，嵩县白云山，内乡宝天曼，罗山灵山，新县连康山，登封少室山，登封三皇寨，辉县八里沟，辉县松树坪。

分布：河南，陕西，北京，湖北，浙江，福建，湖南，贵州，云南。

资料来源：文军等，1998，伏牛山三节叶蜂科新种记述。《伏牛山区昆虫》，中国农业科学技术出版社。

长斑淡毛三节叶蜂 *Arge radialis* Gussakovskij, 1935

省内产地：信阳鸡公山，新县连康山。

分布：河南，陕西，云南，贵州。

资料来源：魏美才等，1999，膜翅目：叶蜂科，三节叶蜂科，扁叶蜂科。《鸡公山区昆虫》，中国农业科学技术出版社。

红唇淡毛三节叶蜂 *Arge rufoclypeata* Wei, 2002

省内产地：嵩县白云山(模式产地)。

分布：河南。

资料来源：魏美才等，2002，河南三节叶蜂科五新种。《太行山及桐柏山区昆虫》，中国农业科学技术出版社。

半红淡毛三节叶蜂 *Arge semirufina* Wei, 2002

省内产地：嵩县白云山(模式产地)。

分布：河南。

资料来源：文军等，2002，河南三节叶蜂科三新种。《太行山及桐柏山区昆虫》，中国农业科学技术出版社。

中华淡毛三节叶蜂 *Arge sinensis* Wei, 2003

省内产地：罗山林场。

分布：河南，吉林，辽宁，浙江，江西，福建，湖北，湖南，广西，四川，贵州；日本。

资料来源：魏美才等，2003，三节叶蜂科。《福建昆虫志 第七卷》，福建科学技术出版社。

截鞘淡毛三节叶蜂 *Arge truncatatheca* Wei, 1998

省内产地：栾川龙峪湾(模式产地)，嵩县白云山。

分布：河南。

资料来源：文军等，1998，伏牛山三节叶蜂科新种记述。《伏牛山区昆虫》，中国农业科学技术出版社。

瘤鞘淡毛三节叶蜂 *Arge tuberculatheca* Wei, 1998

省内产地：栾川龙峪湾(模式产地)，济源黄楝树，济源愚公林场，嵩县白云山，内乡宝天曼。

分布：河南。

资料来源：文军等，1998，伏牛山三节叶蜂科新种记述。《伏牛山区昆虫》，中国农业科学技术

出版社。

鼓鞘淡毛三节叶蜂 *Arge tympanotheca* Wei, 1998

省内产地：栾川龙峪湾(模式产地)。

分布：河南。

资料来源：文军等，1998，伏牛山三节叶蜂科新种记述。《伏牛山区昆虫》，中国农业科学技术出版社。

杨氏淡毛三节叶蜂 *Arge yangi* Wei, 1999

省内产地：内乡宝天曼(模式产地)，罗山灵山。

分布：河南，陕西，湖南。

资料来源：魏美才等，1999，伏牛山南坡三节叶蜂科六新种。《伏牛山南坡及大别山区昆虫》，中国农业科学技术出版社。

浅斑淡毛三节叶蜂 *Arge zonalis* Matsumura, 1911

省内产地：栾川龙峪湾，嵩县白云山。

分布：河南，其他分布地待查。

资料来源：魏美才等，1998，膜翅目：叶蜂亚目，树蜂亚目，茎蜂亚目。《伏牛山区昆虫》，中国农业科学技术出版社。

淡毛截唇三节叶蜂 *Arge* sp. (新种，另文发表)

=*A. sauteri*:Wei, not Enslin, 1911

省内产地：新县老庙。

分布：河南，浙江，江西，福建，贵州，台湾。

资料来源：魏美才等，1999，膜翅目：叶蜂亚目，树蜂亚目，梨室蜂亚目，茎蜂亚目。《伏牛山南坡及大别山区昆虫》，中国农业科学技术出版社。

肖氏截唇三节叶蜂 *Arge xiaoweii* Wei, 1999

省内产地：内乡宝天曼(模式产地)，罗山灵山，辉县八里沟。

分布：河南，浙江，福建，湖南，海南。

资料来源：魏美才等，1999，伏牛山南坡三节叶蜂科六新种。《伏牛山南坡及大别山区昆虫》，中国农业科学技术出版社。

洪氏斑胫三节叶蜂 *Arge hongweii* Wei, 1999

省内产地：商城黄柏山(模式产地)，信阳鸡公山，新县老庙。

分布：河南，浙江，福建，湖南。

资料来源：魏美才等，1999，河南大别山区叶蜂十五新种。《伏牛山南坡及大别山区昆虫》，中国农业科学技术出版社。

横脊斑胫三节叶蜂 *Arge transcarinata* Wei, 1999

省内产地：新县老庙(模式产地)。

分布：河南。

资料来源：魏美才等，1999，河南大别山区叶蜂十五新种。《伏牛山南坡及大别山区昆虫》，中国农业科学技术出版社。

脊颜混毛三节叶蜂 *Arge pseudosiluncula* Wei, 1998

省内产地：商城黄柏山。

分布：河南，浙江。

资料来源：魏美才等，1999，膜翅目：叶蜂亚目，树蜂亚目，梨室蜂亚目，茎蜂亚目。《伏牛山南坡及大别山区昆虫》，中国农业科学技术出版社。

榆红胸三节叶蜂 *Arge captiva* (Smith, 1874)

省内产地：栾川，嵩县，兰考，开封，尉氏，信阳，息县。

分布：河南，吉林，辽宁，内蒙古，宁夏，北京，河北，陕西，山东，上海，福建，湖北，贵州；日本，韩国。

资料来源：魏美才等，1998，膜翅目：叶蜂亚目，树蜂亚目，茎蜂亚目。《伏牛山区昆虫》，中国农业科学技术出版社。

榆红胸三节叶蜂黑胸亚种 *Arge captiva watanabei* Takeuchi, 1932

省内产地：罗山灵山，新县老庙。

分布：河南；日本。

资料来源：魏美才等，1999，膜翅目：叶蜂亚目，树蜂亚目，梨室蜂亚目，茎蜂亚目。《伏牛山南坡及大别山区昆虫》，中国农业科学技术出版社。

异眼红胸三节叶蜂 *Arge sanguinolenta* Mocsary, 1909

省内产地：内乡宝天曼，栾川龙峪湾，嵩县白云山。

分布：河南，黑龙江，甘肃，河北，陕西；东亚。

资料来源：魏美才等，1999，膜翅目：叶蜂亚目，树蜂亚目，梨室蜂亚目，茎蜂亚目。《伏牛山南坡及大别山区昆虫》，中国农业科学技术出版社。

脊颜红胸三节叶蜂 *Arge vulnerata* Mocsary, 1909

=*A. rejecta*: Wei, not Kirby, 1982

省内产地：辉县八里沟，嵩县白云山，栾川龙峪湾，陕县甘山公园，桐柏桐柏山，信阳鸡公山，罗山灵山，新县老庙。

分布：河南，吉林，陕西，浙江，江西，四川，湖北，湖南，福建，贵州，台湾，广西；越南。

资料来源：魏美才等，1998，膜翅目：叶蜂亚目，树蜂亚目，茎蜂亚目。《伏牛山区昆虫》，中国农业科学技术出版社。

细角红胸三节叶蜂 *Arge* sp. (新种，另文发表)

省内产地：辉县松树坪，辉县西莲寺，辉县八里沟，登封少林寺。

分布：河南。

资料来源：魏美才等，2008，2002 年河南叶蜂考察报告。《宝天曼自然保护区昆虫》，中国农业科学技术出版社。

黑缘钳鞘三节叶蜂 *Arge marginellia* Wei, 2002

省内产地：卢氏大块地(模式产地)，嵩县白云山。

分布：河南。

资料来源：魏美才等，2002，河南三节叶蜂科五新种。《太行山及桐柏山区昆虫》，中国农业科学技术出版社。

蔷薇黄腹叶蜂 *Arge pagana* Panzer, 1798

省内产地：郑州，洛阳，西华，信阳。

分布：河南，河北，北京，山西，陕西，湖北，江苏，福建，广东；朝鲜，日本，蒙古国；欧洲。

资料来源：申效诚，1993，河南昆虫名录。中国农业科学技术出版社。

天目斑腹三节叶蜂 *Arge tianmushana* Wei, 1998

省内产地：桐柏桐柏山。

分布：河南，浙江。

资料来源：魏美才等，2002，膜翅目：叶蜂亚目，茸蜂亚目，树蜂亚目，茎蜂亚目。《太行山及桐柏山区昆虫》，中国农业科学技术出版社。

黑毛似三节叶蜂 *Cibdela melanomela* Wei, 1999

省内产地：信阳鸡公山(模式产地)，桐柏水帘洞，罗山灵山，新县连康山。

分布：河南。

资料来源：魏美才等，1999，鸡公山叶蜂九新种。《鸡公山区昆虫》，中国农业科学技术出版社。

浙江似三节叶蜂 *Cibdela zhejiangia* Wei, 1998

省内产地：新县老庙。

分布：河南，浙江。

资料来源：魏美才等，1999，膜翅目：叶蜂亚目，树蜂亚目，梨室蜂亚目，茎蜂亚目。《伏牛山

南坡及大别山区昆虫》，中国农业科学技术出版社。

黄褐小头三节叶蜂 *Pampsilota* sp. (新种，另文发表)

省内产地：嵩县白云山，嵩县天池山。

分布：河南。

资料来源：魏美才等，2008，2003—2006 年河南叶蜂考察报告。《宝天曼自然保护区昆虫》，中国农业科学技术出版社。

隆盾脊颜三节叶蜂 *Sterictiphora elevata* Wei, 1998

省内产地：嵩县白云山(模式产地)。

分布：河南。

资料来源：文军等，1998，伏牛山三节叶蜂科新种记述。《伏牛山区昆虫》，中国农业科学技术出版社。

李氏脊颜三节叶蜂 *Sterictiphora lii* Wei, 1998

省内产地：罗山灵山。

分布：河南，陕西，湖北。

资料来源：魏美才等，2002，膜翅目：叶蜂亚目，茸蜂亚目，树蜂亚目，茎蜂亚目。《太行山及桐柏山区昆虫》，中国农业科学技术出版社。

柄臀脊颜三节叶蜂 *Sterictiphora pedicella* Wei, 1998

省内产地：罗山灵山，桐柏桐柏山。

分布：河南。

资料来源：魏美才等，2002，膜翅目：叶蜂亚目，茸蜂亚目，树蜂亚目，茎蜂亚目。《太行山及桐柏山区昆虫》，中国农业科学技术出版社。

长角小头三节叶蜂 *Tanyphatnidea erythraea* (Gussakovskij, 1835)

省内产地：栾川龙峪湾，嵩县白云山。

分布：河南，四川。

资料来源：魏美才等，1998，膜翅目：叶蜂亚目，树蜂亚目，茎蜂亚目。《伏牛山区昆虫》，中国农业科学技术出版社。

长角尖鞘三节叶蜂 *Tanyphatnidea nualsriae* Togashi, 1975

省内产地：嵩县白云山。

分布：河南，四川，广西，贵州；泰国，尼泊尔。

资料来源：魏美才，1997，中国三节叶蜂科分类研究 IV 中国小头三节叶蜂族研究附二新种记述(膜翅目)。昆虫分类学报，19(增刊)，35~42。

四、锤角叶蜂科 Cimbicidae

本科全世界共 21 属 130 种，中国已记载 12 属 41 种，河南共记录 2 属 11 种，其中作为模式产地的有 7 种。

别氏裂齿锤角叶蜂 *Abia berezowskii* Seminov, 1896

省内产地：卢氏大块地，内乡宝天曼，嵩县天池山。

分布：河南，湖北，浙江，湖南，四川，云南；朝鲜，日本。

资料来源：魏美才等，1999，膜翅目：叶蜂亚目，树蜂亚目，梨室蜂亚目，茎蜂亚目。《伏牛山南坡及大别山区昆虫》，中国农业科学技术出版社。

小垫裂齿锤角叶蜂 *Abia niui* Wei, 1999

省内产地：内乡宝天曼(模式产地)。

分布；河南。

资料来源：魏美才等，1999，伏牛山南坡锤角叶蜂科三新种。《伏牛山南坡及大别山区昆虫》，中国农业科学技术出版社。

双环细锤角叶蜂 *Leptocimbex bicinctata* Wei, 2002

省内产地：嵩县白云山(模式产地)。

分布：河南。

资料来源：魏美才等，2002，河南锤角叶蜂科三新种。《太行山及桐柏山区昆虫》，中国农业科学技术出版社。

歧脊细锤角叶蜂 *Leptocimbex divergens* Wei *et* Deng, 2002

省内产地：桐柏桐柏山(模式产地)，罗山灵山。

分布：河南。

资料来源：魏美才等，2002，河南锤角叶蜂科三新种。《太行山及桐柏山区昆虫》，中国农业科学技术出版社。

伏牛山细锤角叶蜂 *Leptocimbex funiushana* Wei, 1999

省内产地：内乡宝天曼(模式产地)。

分布：河南。

资料来源：魏美才等，1999，伏牛山南坡锤角叶蜂科三新种。《伏牛山南坡及大别山区昆虫》，中国农业科学技术出版社。

槭细锤角叶蜂 *Leptocimbex gracilenta* (Mocsary, 1904)

省内产地：罗山灵山，新县连康山。

分布：河南，黑龙江，江西，浙江，湖南，四川；朝鲜，俄罗斯。

资料来源：魏美才等，2002，膜翅目：叶蜂亚目，茸蜂亚目，树蜂亚目，茎蜂亚目。《太行山及桐柏山区昆虫》，中国农业科学技术出版社。

格氏细锤角叶蜂 *Leptocimbex grahami* Malaise, 1939

省内产地：栾川龙峪湾，西峡黄石庵，陕县甘山公园，卢氏淇河林场，辉县八里沟，辉县西莲寺。

分布：河南，四川，湖北。

资料来源：魏美才等，1998，膜翅目：叶蜂亚目，树蜂亚目，茎蜂亚目。《伏牛山区昆虫》，中国农业科学技术出版社。

条斑细锤角叶蜂 *Leptocimbex linealis* Wei, 1999

省内产地：内乡宝天曼(模式产地)，嵩县白云山，罗山灵山，商城黄柏山。

分布：河南。

资料来源：魏美才等，1999，伏牛山南坡锤角叶蜂科三新种。《伏牛山南坡及大别山区昆虫》，中国农业科学技术出版社。

莫氏细锤角叶蜂 *Leptocimbex mocsaryi* Malaise, 1939

省内产地：西峡黄石庵，新县连康山。

分布：河南，四川；越南。

资料来源：魏美才等，1999，膜翅目：叶蜂亚目，树蜂亚目，梨室蜂亚目，茎蜂亚目。《伏牛山南坡及大别山区昆虫》，中国农业科学技术出版社。

黑腰细锤角叶蜂 *Leptocimbex nigropropodea* Wei, 2002

省内产地：卢氏大块地(模式产地)。

分布：河南。

资料来源：魏美才等，2002，河南锤角叶蜂科三新种。《太行山及桐柏山区昆虫》，中国农业科学技术出版社。

愈节细锤角叶蜂 *Leptocimbex zhongi* Wei, 2008

省内产地：内乡宝天曼(模式产地)。

分布：河南。

资料来源：魏美才等，2008，中国细锤角叶蜂属一新种。昆虫分类学报，30(1)：中国农业科学技术出版社。

五、松叶蜂科 Diprionidae

本科全世界共 11 属 85 种，中国已记载 7 属 32 种，河南共记录 1 属 1 种。

黄褐新松叶蜂 *Neodiprion sertifer* (Geoffroy, 1785)

省内产地：信阳，南阳。

分布：河南，安徽；日本。

资料来源：申效诚，1993，河南昆虫名录。中国农业科学技术出版社。

六、叶蜂科 Tenthredinidae

本科全世界共 430 属 5000 种，中国已记载 300 属 2000 种，河南共记录 93 属 456 种，其中作为模式产地的有 284 种。

台湾异基叶蜂 *Abeleses formosanus* Enslin, 1911

省内产地：罗山灵山，商城黄柏山，登封少室山。

分布：河南，陕西，安徽，重庆，四川，浙江，江西，福建，广东，广西，台湾，中国特有种。

资料来源：魏美才等，1999，膜翅目：叶蜂亚目，树蜂亚目，梨室蜂亚目，茎蜂亚目。《伏牛山南坡及大别山区昆虫》，中国农业科学技术出版社。

中华斑柄叶蜂 *Abusarbia sinica* Wei, 1998

省内产地：商城黄柏山。

分布：河南，浙江，四川，广东，贵州。

资料来源：魏美才等，1999，膜翅目：叶蜂亚目，树蜂亚目，梨室蜂亚目，茎蜂亚目。《伏牛山南坡及大别山区昆虫》，中国农业科学技术出版社。

多斑钝颊叶蜂 *Aglaostigma bicolor* Wei, 2002

省内产地：嵩县白云山(模式产地)，卢氏大块地。

分布：河南，四川。

资料来源：魏美才，2002，河南省钝颊叶蜂属五新种。《太行山及桐柏山区昆虫》，中国农业科学技术出版社。

短脉钝颊叶蜂 *Aglaostigma brevinervis* Wei, 2002

省内产地：嵩县白云山(模式产地)。

分布：河南。

资料来源：魏美才，2002，河南省钝颊叶蜂属五新种。《太行山及桐柏山区昆虫》，中国农业科学技术出版社。

蔡氏钝颊叶蜂 *Aglaostigma caii* Wei, 2002

省内产地：卢氏大块地(模式产地)。

分布：河南。

资料来源：魏美才，2002，河南省钝颊叶蜂属五新种。《太行山及桐柏山区昆虫》，中国农业科学技术出版社。

美丽钝颊叶蜂 *Aglaostigma elegans* Wei *et* Nie, 1999

省内产地：内乡宝天曼(模式产地)。

分布：河南，湖南，贵州。

资料来源：魏美才等，1999，河南伏牛山南坡叶蜂亚科新类群。《伏牛山南坡及大别山区昆虫》，中国农业科学技术出版社。

平片钝颊叶蜂 *Aglaostigma flatoposttergitia* Wei, 1998

省内产地：嵩县白云山(模式产地)。

分布：河南。

资料来源：魏美才等，1998，伏牛山钝颊叶蜂属五新种。《伏牛山区昆虫》，中国农业科学技术

出版社。

黑腹钝颊叶蜂 *Aglaostigma melanogastera* Wei, 2002

省内产地：济源愚公林场(模式产地)，栾川龙峪湾，灵山罗山。

分布：河南。

资料来源：魏美才，2002，河南省钝颊叶蜂属五新种。《太行山及桐柏山区昆虫》，中国农业科学技术出版社。

黑角钝颊叶蜂 *Aglaostigma nigrocornis* Wei, 1998

省内产地：嵩县白云山(模式产地)。

分布：河南，四川。

资料来源：魏美才等，1998，伏牛山钝颊叶蜂属五新种。《伏牛山区昆虫》，中国农业科学技术出版社。

长鞘钝颊叶蜂 *Aglaostigma occipitosa* Malaise, 1931

省内产地：卢氏大块地，济源黄楝树，卢氏淇河林场，济源愚公林场，栾川龙峪湾，嵩县白云山，登封少室山。

分布：辽宁，河北，河南，贵州，浙江，湖南，四川；俄罗斯(西伯利亚)，日本。

资料来源：魏美才等，2002，膜翅目：叶蜂亚目，茸蜂亚目，树蜂亚目，茎蜂亚目。《太行山及桐柏山区昆虫》，中国农业科学技术出版社。

长柄钝颊叶蜂 *Aglaostigma petiolatena* Wei, 2002

省内产地：卢氏大块地(模式产地)。

分布：河南。

资料来源：魏美才，2002，河南省钝颊叶蜂属五新种。《太行山及桐柏山区昆虫》，中国农业科学技术出版社。

双环钝颊叶蜂 *Aglaostigma pieli* Takeuchi, 1938

省内产地：嵩县白云山，卢氏大块地。

分布：河南，浙江，湖北，福建，湖南，四川，贵州。

资料来源：魏美才等，2002，膜翅目：叶蜂亚目，茸蜂亚目，树蜂亚目，茎蜂亚目。《太行山及桐柏山区昆虫》，中国农业科学技术出版社。

秦岭钝颊叶蜂 *Aglaostigma qinlingia* Wei, 1998

省内产地：嵩县白云山(模式产地)，西峡老界岭。

分布：河南。

资料来源：魏美才等，1998，伏牛山钝颊叶蜂属五新种。《伏牛山区昆虫》，中国农业科学技术出版社。

光盾钝颊叶蜂 *Aglaostigma scutellaris* Wei *et* Nie, 1999

省内产地：嵩县白云山(模式产地)，济源黄楝树，卢氏大块地，郑州。

分布：河南。

资料来源：魏美才等，1999，河南叶蜂新种记述。《伏牛山南坡及大别山区昆虫》，中国农业科学技术出版社。

无柄钝颊叶蜂 *Aglaostigma sesselia* Wei, 1998

省内产地：嵩县白云山(模式产地)，栾川龙峪湾，卢氏大块地，内乡宝天曼。

分布：河南，湖北，湖南。

资料来源：魏美才等，1998，伏牛山钝颊叶蜂属五新种。《伏牛山区昆虫》，中国农业科学技术出版社。

中华钝颊叶蜂 *Aglaostigma sinensis* Malise, 1945

省内产地：具体不详。

分布：河南，湖北，四川。

资料来源：魏美才等，2008，河南省叶蜂种类名录。《宝天曼自然保护区昆虫》，中国农业科学

技术出版社。

曲斑钝颊叶蜂 *Aglaostigma zigzaga* Wei, 1998

省内产地：栾川龙峪湾(模式产地)。

分布：河南。

资料来源：魏美才等，1998，伏牛山钝颊叶蜂属五新种。《伏牛山区昆虫》，中国农业科学技术出版社。

黑唇平背叶蜂 *Allantus luctifer* (Smith, 1874)

省内产地：嵩县白云山，栾川龙峪湾，内乡宝天曼。

分布：河南，黑龙江，吉林，辽宁，内蒙古，北京，天津，山东，江苏，安徽，湖北，上海，浙江，江西，福建，广西；日本，俄罗斯(东西伯利亚)。

资料来源：魏美才等，1998，膜翅目：叶蜂亚目，树蜂亚目，茎蜂亚目。《伏牛山区昆虫》，中国农业科学技术出版社。

白唇平背叶蜂 *Allantus nigrocaeruleus* (Smith, 1874)

省内产地：嵩县白云山，栾川龙峪湾，内乡宝天曼，信阳鸡公山，罗山灵山，商城黄柏山，新县老庙。

分布：河南，吉林，北京，天津，安徽，陕西，湖北，江苏，浙江，江西，福建，湖南，广西，贵州，云南。

资料来源：魏美才等，1998，膜翅目：叶蜂亚目，树蜂亚目，茎蜂亚目。《伏牛山区昆虫》，中国农业科学技术出版社。

黑眶前室叶蜂 *Allomorpha nigriceps* Wei, 1997

省内产地：嵩县白云山。

分布：河南，浙江，福建，江西，湖南。

资料来源：魏美才等，1998，膜翅目：叶蜂亚目，树蜂亚目，茎蜂亚目。《伏牛山区昆虫》，中国农业科学技术出版社。

黑胫长室叶蜂 *Alphostromboceros nigritibia* Wei, 1998

省内产地：嵩县白云山(模式产地)，西峡老界岭，灵宝亚武山，内乡宝天曼。

分布：河南，湖南，陕西。

资料来源：Nie Haiyan *et al.*, 1998, Six new species of selandriidae from mt. Funiu (Hymenoptera: Tenthredinoidea).《伏牛山区昆虫》，中国农业科学技术出版社。

黑距长室叶蜂 *Alphostromboceros nigrocalca* Wei *et* Nie, 1999

省内产地：内乡宝天曼(模式产地)，嵩县白云山，卢氏大块地。

分布：河南，四川，浙江，湖北，湖南。

资料来源：魏美才等，1999，伏牛山南坡蕨叶蜂科新类群。《伏牛山南坡及大别山区昆虫》，中国农业科学技术出版社。

尖刃狭背叶蜂 *Ametastegia acutiserrula* Wei, 1999

省内产地：商城黄柏山(模式产地)。

分布：河南。

资料来源：魏美才等，1999，河南大别山区叶蜂十五新种。《伏牛山南坡及大别山区昆虫》，中国农业科学技术出版社。

尖鞘狭背叶蜂 *Ametastegia acutitheca* Wei, 2009

省内产地：栾川龙峪湾(模式产地)。

分布：河南。

资料来源：牛耕耘，魏美才，2009，中国平背叶蜂亚科(膜翅目，叶蜂科)三新种。动物分类学报，34(1)：161~165。

白跗狭背叶蜂 *Ametastegia leucotarsis* Wei, 1999

省内产地：栾川龙峪湾(模式产地)。

分布：河南，浙江，湖南，福建。

资料来源：魏美才等，1999，河南叶蜂新种记述。《伏牛山南坡及大别山区昆虫》，中国农业科学技术出版社。

褐鳞狭背叶蜂 *Ametastegia rufotegularis* Wei, 2009

省内产地：辉县八里沟(模式产地)。

分布：河南。

资料来源：牛耕耘，魏美才，2009，中国平背叶蜂亚科(膜翅目，叶蜂科)三新种。动物分类学报，34(1)：161~165。

刻唇狭背叶蜂 *Ametastegia rugoclypeata* Wei, 1999

省内产地：新县老庙(模式产地)。

分布：河南。

资料来源：魏美才等，1999，河南大别山区叶蜂十五新种。《伏牛山南坡及大别山区昆虫》，中国农业科学技术出版社。

中华狭背叶蜂 *Ametastegia sinica* Wei, 1998

省内产地：栾川龙峪湾(模式产地)。

分布：河南，浙江，四川，湖南，福建。

资料来源：魏美才等，1998，伏牛山平背亚科五新种。《伏牛山区昆虫》，中国农业科学技术出版社。

小膜凹颚叶蜂 *Aneugmenus cenchrus* Wei, 1997

省内产地：嵩县白云山，栾川龙峪湾，内乡宝天曼，西峡黄石庵。

分布：河南，陕西，湖北，湖南，四川，贵州，江西。

资料来源：魏美才等，1998，膜翅目：叶蜂亚目，树蜂亚目，茎蜂亚目。《伏牛山区昆虫》，中国农业科学技术出版社。

日本凹颚叶蜂 *Aneugmenus japonicus* Rohwer, 1910

省内产地：桐柏桐柏山，罗山灵山，内乡宝天曼。

分布：河南，陕西，江苏，江西，浙江，福建，湖南，广西，台湾；日本，东北亚。

资料来源：魏美才等，2002，膜翅目：叶蜂亚目，茸蜂亚目，树蜂亚目，茎蜂亚目。《太行山及桐柏山区昆虫》，中国农业科学技术出版社。

黄带凹颚叶蜂 *Aneugmenus pteridii* Malaise, 1944

省内产地：桐柏桐柏山，内乡宝天曼。

分布：河南，安徽，湖北，江西，浙江，福建，四川，湖南，广西，贵州，云南；缅甸。

资料来源：魏美才等，2002，膜翅目：叶蜂亚目，茸蜂亚目，树蜂亚目，茎蜂亚目。《太行山及桐柏山区昆虫》，中国农业科学技术出版社。

美丽异实叶蜂 *Anhoplocampa fumosa* Wei, 1998

省内产地：嵩县白云山。

分布：河南，四川。

资料来源：魏美才等，2002，膜翅目：叶蜂亚目，茸蜂亚目，树蜂亚目，茎蜂亚目。《太行山及桐柏山区昆虫》，中国农业科学技术出版社。

沟顶异脊叶蜂 *Apeptamena verticina* Wei, 1998

省内产地：栾川龙峪湾(副模产地)。

分布：河南，云南。

资料来源：Nie Haiyan *et al*., 1998, Six new species of selandriidae from mt. Funiu (Hymenoptera: Tenthredinoidea).《伏牛山区昆虫》，中国农业科学技术出版社。

刻胸秋叶蜂 *Apethymus kolthoffi*(Forsius, 1927)

省内产地：嵩县白云山。

分布：河南，黑龙江，陕西，山西，江苏。

资料来源：魏美才等，2002，膜翅目：叶蜂亚目，茸蜂亚目，树蜂亚目，茎蜂亚目。《太行山及桐柏山区昆虫》，中国农业科学技术出版社。

光胸秋叶蜂 *Apethymus pleuritanus* Wei, 1999

省内产地：内乡宝天曼(模式产地)，嵩县白云山。

分布：河南。

资料来源：魏美才等，1999，伏牛山南坡平背叶蜂亚科二新种。《伏牛山南坡及大别山区昆虫》，中国农业科学技术出版社。

红胸弯脉叶蜂 *Arla evodiae* (Xiao, 1993)

省内产地：嵩县天池山。

分布：河南，贵州，四川，广西。

资料来源：魏美才等，2008，2003—2006 年河南叶蜂考察报告。《宝天曼自然保护区昆虫》，中国农业科学技术出版社。

黄盾亚室叶蜂 *Asiemphytus esakii* Takeuchi, 1933

省内产地：商城黄柏山。

分布：河南，江西，浙江，台湾。

资料来源：魏美才等，1999，膜翅目：叶蜂亚目，树蜂亚目，梨室蜂亚目，茎蜂亚目。《伏牛山南坡及大别山区昆虫》，中国农业科学技术出版社。

斑唇亚室叶蜂 *Asiemphytus maculoclypeatus* Wei, 2002

省内产地：济源黄楝树(模式产地)，卢氏淇河林场，卢氏大块地，嵩县白云山，陕县甘山公园。

分布：河南，四川，湖南。

资料来源：魏美才等，2002，河南省平背叶蜂亚科三新种。《太行山及桐柏山区昆虫》，中国农业科学技术出版社。

红头亚室叶蜂 *Asiemphytus rufocephalus* Wei, 1997

省内产地：栾川龙峪湾。

分布：河南，陕西，四川。

资料来源：魏美才等，1998，膜翅目：叶蜂亚目，树蜂亚目，茎蜂亚目。《伏牛山区昆虫》，中国农业科学技术出版社。

日本残青叶蜂 *Athalia japonensis* (Klug, 1815)

省内产地：郑州，开封，兰考，辉县西莲寺，辉县八里沟。

分布：河南，黑龙江，吉林，宁夏，河北，北京，山西，江苏，台湾，四川；朝鲜，日本，俄罗斯(东西伯利亚)，印度。

资料来源：魏美才等，2008，2002 年河南叶蜂考察报告。《宝天曼自然保护区昆虫》，中国农业科学技术出版社。

黑胫残青叶蜂 *Athalia proxima* (Klug, 1815)

省内产地：桐柏桐柏山，信阳鸡公山，罗山灵山，新县老庙。

分布：河南，黑龙江，吉林，辽宁，陕西，山西，甘肃，河北，安徽，江苏，上海，江西，浙江，福建，湖北，湖南，四川，广西，海南，西藏，香港；日本，印度，马来西亚，缅甸，印度尼西亚。

资料来源：魏美才等，1999，膜翅目：叶蜂科，三节叶蜂科，扁叶蜂科。《鸡公山区昆虫》，中国农业科学技术出版社。

短斑残青叶蜂 *Athalia rosae ruficornis* Jacovlev

省内产地：具体不详。

分布：河南，黑龙江，吉林，辽宁，内蒙古，青海，宁夏，甘肃，北京，天津，河北，陕西，江苏，安徽，上海，浙江，福建，台湾，江西，湖北，广西，四川，云南，西藏；俄罗斯，朝鲜，日本，喜马拉雅。

资料来源：杨星科，1997，长江三峡库区昆虫。重庆出版社。

黑肩残青叶蜂 *Athalia scapulata* Konow, 1903

省内产地：嵩县白云山，栾川龙峪湾，卢氏大块地。

分布：河南，甘肃，宁夏，湖北，四川，云南，西藏；缅甸。

资料来源：魏美才等，1998，膜翅目：叶蜂亚目，树蜂亚目，茎蜂亚目。《伏牛山区昆虫》，中国农业科学技术出版社。

明翅狭腹叶蜂 *Athlophorus caprae* Forsius, 1936

省内产地：栾川龙峪湾。

分布：河南，湖北，四川，贵州；缅甸，苏门答腊。

资料来源：魏美才等，2008，2003—2006 年河南叶蜂考察报告。《宝天曼自然保护区昆虫》，中国农业科学技术出版社。

纤弱狭腹叶蜂 *Athlophorus placidus* Konow, 1898

省内产地：栾川龙峪湾。

分布：河南，浙江，福建，贵州，四川，云南，广西。

资料来源：魏美才等，1998，膜翅目：叶蜂亚目，树蜂亚目，茎蜂亚目。《伏牛山区昆虫》，中国农业科学技术出版社。

黑头狭腹叶蜂 *Athlophorus* sp. (新种，另文发表)

省内产地：辉县八里沟。

分布：河南。

资料来源：魏美才等，2008，2002 年河南叶蜂考察报告。《宝天曼自然保护区昆虫》，中国农业科学技术出版社。

美丽短胫叶蜂 *Belesempria fumosa* (Wei, 2002)

美丽大基叶蜂 *Beleses fumosa* Wei, 2002

省内产地：嵩县白云山(模式产地)。

分布：河南。

资料来源：魏美才，2002，河南基叶蜂亚科三新种。《太行山及桐柏山区昆虫》，中国农业科学技术出版社。

短毛大基叶蜂 *Beleses brachypolosis* Wei, 2001

省内产地：桐柏水帘洞。

分布：河南，福建。

资料来源：魏美才等，2002，膜翅目：叶蜂亚目，茸蜂亚目，树蜂亚目，茎蜂亚目。《太行山及桐柏山区昆虫》，中国农业科学技术出版社。

中华大基叶蜂 *Beleses sinensis* Wei, 2002

省内产地：济源黄楝树(模式产地)。

分布：河南，浙江。

资料来源：魏美才，2002，河南基叶蜂亚科三新种。《太行山及桐柏山区昆虫》，中国农业科学技术出版社。

黑尾大基叶蜂 *Beleses stigmaticalis* (Cameron, 1876)

省内产地：卢氏大块地。

分布：河南，天津，湖北，四川，浙江。

资料来源：魏美才等，2002，膜翅目：叶蜂亚目，茸蜂亚目，树蜂亚目，茎蜂亚目。《太行山及桐柏山区昆虫》中国农业科学技术出版社。

黑鳞大基叶蜂 *Beleses tegularis* Wei, 2002

省内产地：陕县甘山公园(模式产地)。

分布：河南。

资料来源：魏美才，2002，河南基叶蜂亚科三新种。《太行山及桐柏山区昆虫》，中国农业科学技术出版社。

黄褐基叶蜂 ***Beleses unicolor*** **Wei, 1999**

省内产地：内乡宝天曼(模式产地)。

分布：河南，陕西，四川。

资料来源：魏美才等，1999，伏牛山南坡蔺叶蜂科新类群。《伏牛山南坡及大别山区昆虫》，中国农业科学技术出版社。

长柄卜氏叶蜂 ***Bua petiolata*** **Wei, 2002**

省内产地：嵩县白云山(模式产地)。

分布：河南。

资料来源：魏美才，2002，河南蔺叶蜂亚科五新种。《太行山及桐柏山区昆虫》，中国农业科学技术出版社。

黑腹脉柄叶蜂 ***Busarbidea nigriventris*** **Wei**

省内产地：商城黄柏山，新县老庙。

分布：河南，湖北，湖南，浙江。

资料来源：魏美才等，1999，膜翅目：叶蜂亚目，树蜂亚目，梨室蜂亚目，茎蜂亚目。《伏牛山南坡及大别山区昆虫》，中国农业科学技术出版社。

秦岭脉柄叶蜂 ***Busarbidea qinlingia*** **Wei, 1997**

省内产地：内乡宝天曼。

分布：河南，陕西，湖北，湖南。

资料来源：魏美才等，1999，膜翅目：叶蜂亚目，树蜂亚目，梨室蜂亚目，茎蜂亚目。《伏牛山南坡及大别山区昆虫》，中国农业科学技术出版社。

宽沟脉柄叶蜂 ***Busarbidea verticina*** **Wei, 2002**

省内产地：嵩县白云山(正模产地)，内乡宝天曼(副模产地)。

分布：河南。

资料来源：魏美才等，2002，河南蕨叶蜂科三新种。《太行山及桐柏山区昆虫》，中国农业科学技术出版社。

双叶粘叶蜂 ***Caliroa bilobatina*** **Wei, 2002**

省内产地：罗山灵山(模式产地)。

分布：河南。

资料来源：魏美才，2002，河南粘叶蜂属三新种。《太行山及桐柏山区昆虫》，中国农业科学技术出版社。

短脉粘叶蜂 ***Caliroa brevinerva*** **Wei, 2002**

省内产地：罗山灵山(模式产地)。

分布：河南。

资料来源：魏美才，2002，河南粘叶蜂属三新种。《太行山及桐柏山区昆虫》，中国农业科学技术出版社。

陈氏粘叶蜂 ***Caliroa cheni*** **Wei, 2002**

省内产地：罗山灵山(模式产地)。

分布：河南。

资料来源：魏美才，2002，河南粘叶蜂属三新种。《太行山及桐柏山区昆虫》，中国农业科学技术出版社。

波粘叶蜂 ***Caliroa curvata*** **Wei, 1997**

省内产地：罗山灵山。

分布：河南，江西。

资料来源：魏美才等，2002，膜翅目：叶蜂亚目，茸蜂亚目，树蜂亚目，茎蜂亚目。《太行山及桐柏山区昆虫》，中国农业科学技术出版社。

刘氏粘叶蜂 *Caliroa liui* Wei, 2001

省内产地：罗山灵山，桐柏桐柏山。

分布：河南，陕西，湖南，浙江，福建，贵州。

资料来源：魏美才等，2002，膜翅目：叶蜂亚目，茸蜂亚目，树蜂亚目，茎蜂亚目。《太行山及桐柏山区昆虫》，中国农业科学技术出版社。

狭瓣粘叶蜂 *Caliroa paralella* Wei, 1998

省内产地：罗山灵山。

分布：河南，浙江。

资料来源：魏美才等，2002，膜翅目：叶蜂亚目，茸蜂亚目，树蜂亚目，茎蜂亚目。《太行山及桐柏山区昆虫》，中国农业科学技术出版社。

半环粘叶蜂 *Caliroa semicincta* Wei, 2007

省内产地：具体不详。

分布：河南，其他分布地待查。

资料来源：魏美才等，2008，河南省叶蜂种类名录。《宝天曼自然保护区昆虫》，中国农业科学技术出版社。

文氏窗似叶蜂 *Canonarea weni* Wei, 1998

省内产地：嵩县白云山(模式产地)。

分布：河南。

资料来源：Nie Haiyan *et al*., 1998, Six new species of selandriidae from mt. Funiu (Hymenoptera: Tenthredinoidea).《伏牛山区昆虫》，中国农业科学技术出版社。

短尾枝角叶蜂 *Cladius similis* Wei, 2001

省内产地：栾川龙峪湾。

分布：河南，其他分布地待查。

资料来源：魏美才等，1998，膜翅目：叶蜂亚目，树蜂亚目，茎蜂亚目。《伏牛山区昆虫》，中国农业科学技术出版社。

白唇小唇叶蜂 *Clypea alboclypea* Wei, 2002

省内产地：卢氏大块地(副模产地)。

分布：河南，湖北，湖南。

资料来源：魏美才等，2002，河南省平背叶蜂亚科三新种。《太行山及桐柏山区昆虫》，中国农业科学技术出版社。

黑腹小唇叶蜂 *Clypea nigroventris* Wei, 1998

省内产地：栾川龙峪湾(模式产地)。

分布：河南。

资料来源：魏美才等，1998，伏牛山平背亚科五新种。《伏牛山区昆虫》，中国农业科学技术出版社。

中华小唇叶蜂 *Clypea sinica* Wei, 1997

省内产地：内乡宝天曼。

分布：河南，湖北，四川，浙江，江西，福建，湖南，广西，贵州，云南。

资料来源：魏美才等，2008，2003—2006年河南叶蜂考察报告。《宝天曼自然保护区昆虫》，中国农业科学技术出版社。

无带大跗叶蜂 *Craesus eglabratus* Wei, 1999

省内产地：商城黄柏山(模式产地)，罗山灵山。

分布：河南，浙江。

资料来源：魏美才等，1999，河南大别山区叶蜂十五新种。《伏牛山南坡及大别山区昆虫》，中国农业科学技术出版社。

胡桃大跗叶蜂 *Craesus juglandis* Benes, 1990

省内产地：栾川龙峪湾。

分布：河南，其他分布地待查。

资料来源：魏美才等，1998，膜翅目：叶蜂亚目，树蜂亚目，茎蜂亚目。《伏牛山区昆虫》，中国农业科学技术出版社。

棕褐镰瓣叶蜂 *Curvatapenis testaceous* Wei, 2002

省内产地：嵩县白云山(属模产地) (模式产地)，卢氏大块地。

分布：河南。

资料来源：魏美才，2002，中国叶蜂亚科一新属新种。《太行山及桐柏山区昆虫》，中国农业科学技术出版社。

黑腹顶脉叶蜂 *Dineura blanki* Wei, 2002

省内产地：卢氏大块地(模式产地)。

分布：河南。

资料来源：魏美才，2002，中国顶脉叶蜂属 *Dineura* Dahlbom 一新种。《太行山及桐柏山区昆虫》，中国农业科学技术出版社。

卡氏麦叶蜂 *Dolerus cameroni* Kirby

省内产地：河南(具体不详)。

分布：河南，内蒙古，甘肃，河北，北京，山西，江苏，上海，湖北，福建，四川。

资料来源：杨星科，1997，长江三峡库区昆虫。重庆出版社。

多型麦叶蜂指名亚种 *Dolerus germanicus germanicus* (Fabricius, 1775)

省内产地：内乡宝天曼。

分布：河南，内蒙古，辽宁，北京，山西，陕西，湖北；俄罗斯(西伯利亚)；中亚，欧洲。

资料来源：魏美才等，2008，2003—2006 年河南叶蜂考察报告。《宝天曼自然保护区昆虫》，中国农业科学技术出版社。

黑缨麦叶蜂 *Dolerus guishanicollis* Wei, 1999

省内产地：信阳鸡公山(副模产地)。

分布：河南，浙江。

资料来源：魏美才等，1999，鸡公山叶蜂九新种。《鸡公山区昆虫》，中国农业科学技术出版社。

河南麦叶蜂 *Dolerus henanicus* Wei, 1999

省内产地：信阳鸡公山(模式产地)。

分布：河南。

资料来源：魏美才等，1999，鸡公山叶蜂九新种。《鸡公山区昆虫》，中国农业科学技术出版社。

日本麦叶蜂 *Dolerus japonicus* Kirby, 1882

省内产地：嵩县白云山。

分布：河南，其他分布地待查。

资料来源：魏美才等，1998，膜翅目：叶蜂亚目，树蜂亚目，茎蜂亚目。《伏牛山区昆虫》，中国农业科学技术出版社。

麦叶蜂 *Dolerus tritici* Chu, 1949

省内产地：全省。

分布：河南，青海，河北，山西，山东，江苏，湖北，浙江，四川。

资料来源：申效诚，1993，河南昆虫名录。中国农业科学技术出版社。

浙江拟齿角叶蜂 *Edenticornia zhejiangensis* Wei, 2002

省内产地：新县连康山老庙。

分布：河南，浙江，江西，湖南，贵州。

资料来源：魏美才等，2008，2003—2006 年河南叶蜂考察报告。《宝天曼自然保护区昆虫》，中国农业科学技术出版社。

黑胫近曲叶蜂 *Emphystegia nigrotibia* Wei, 1998

省内产地：辉县西莲寺。

分布：河南，浙江。

资料来源：魏美才等，2008，2002 年河南叶蜂考察报告。《宝天曼自然保护区昆虫》，中国农业科学技术出版社。

邻孔近曲叶蜂 *Emphystegia paraporia* Wei, 1998

省内产地：嵩县白云山(模式产地)，栾川龙峪湾。

分布：河南。

资料来源：魏美才等，1998，伏牛山平背亚科五新种。《伏牛山区昆虫》，中国农业科学技术出版社。

黑胫曲叶蜂 *Emphytus nigrotibialis* (Rohwer, 1911)

省内产地：嵩县白云山，栾川龙峪湾。

分布：河南，其他分布地待查。

资料来源：魏美才等，1998，膜翅目：叶蜂亚目，树蜂亚目，茎蜂亚目。《伏牛山区昆虫》，中国农业科学技术出版社。

脊额佛叶蜂 *Euforsius carinifrons* Wei, 1998

省内产地：嵩县白云山(模式产地)，济源黄楝树。

分布：河南。

资料来源：Nie Haiyan *et al*., 1998, Six new species of selandriidae from mt. Funiu (Hymenoptera: Tenthredinoidea).《伏牛山区昆虫》，中国农业科学技术出版社。

白腹真片叶蜂 *Eutomostethus albientralina* Wei *et* Niu, 2009

省内产地：嵩县白云山(模式产地)。

分布：河南。

资料来源：牛耕耘，魏美才，2009，中国真片叶蜂属(膜翅目，叶蜂科)四新种。动物分类学报，34(3)：596~603。

宝天曼真片叶蜂 *Eutomostethus baotianmanicus* Wei, 1999

省内产地：内乡宝天曼(模式产地)。

分布：河南。

资料来源：魏美才等，1999，伏牛山南坡蔺叶蜂科新类群。《伏牛山南坡及大别山区昆虫》，中国农业科学技术出版社。

短室真片叶蜂 *Eutomostethus brevicellus* Wei *et* Niu, 2009

省内产地：栾川龙峪湾(模式产地)。

分布：河南，陕西，湖北，贵州。

资料来源：牛耕耘，魏美才，2009，中国真片叶蜂属(膜翅目，叶蜂科)四新种。动物分类学报，34(3)：596~603。

华中真片叶蜂 *Eutomostethus centralius* Wei, 2002

省内产地：罗山灵山(模式产地)。

分布：河南，湖北。

资料来源：魏美才，2002，河南蔺叶蜂亚科五新种。《太行山及桐柏山区昆虫》，中国农业科学技术出版社。

革纹真片叶蜂 *Eutomostethus coriaceous* Wei, 2002

省内产地：嵩县白云山(模式产地)。

分布：河南。

资料来源：魏美才，2002，河南蔺叶蜂亚科五新种。《太行山及桐柏山区昆虫》，中国农业科学技术出版社。

台湾真片叶蜂 *Eutomostethus formosanus* Enslin

省内产地：嵩县白云山，栾川龙峪湾。

分布：河南，北京，安徽，江苏，浙江，江西，福建，湖北，湖南，广东，海南，广西，四川，贵州，云南。

资料来源：魏美才等，1998，膜翅目：叶蜂亚目，树蜂亚目，茎蜂亚目。《伏牛山区昆虫》，中国农业科学技术出版社。

狭突真片叶蜂 *Eutomostethus lineitubercula* Wei *et* Niu, 2009

省内产地：嵩县白云山(模式产地)。

分布：河南。

资料来源：牛耕耘，魏美才，2009，中国真片叶蜂属(膜翅目，叶蜂科)四新种。动物分类学报，34(3)：596~603。

长齿真片叶蜂 *Eutomostethus longidentus* Wei, 2003

省内产地：新县连康山老庙。

分布：河南，河北，浙江，福建，江西，贵州，广西，四川。

资料来源：魏美才等，2008，2003—2006 年河南叶蜂考察报告。《宝天曼自然保护区昆虫》，中国农业科学技术出版社。

亮背真片叶蜂 *Eutomostethus metallicus* (Sato, 1928)

省内产地：嵩县白云山，栾川龙峪湾，内乡宝天曼，信阳鸡公山。

分布：河南，湖北，浙江，江西，福建，四川，广西；东亚。

资料来源：魏美才等，1998，膜翅目：叶蜂亚目，树蜂亚目，茎蜂亚目。《伏牛山区昆虫》，中国农业科学技术出版社。

假亮真片叶蜂 *Eutomostethus pseudometallicus* Wei, 2009

省内产地：嵩县白云山(模式产地)，嵩县天池山，栾川龙峪湾，内乡宝天曼，信阳鸡公山，登封嵩山。

分布：河南，陕西，河北。

资料来源：牛耕耘，魏美才，2009，中国真片叶蜂属(膜翅目，叶蜂科)四新种。动物分类学报，34(3)：596~603。

平刃真片叶蜂 *Eutomostethus* sp. (新种，另文发表)

省内产地：嵩县白云山，登封三皇寨。

分布：河南。

资料来源：魏美才等，2008，2002 年河南叶蜂考察报告。《宝天曼自然保护区昆虫》，中国农业科学技术出版社。

细角真片叶蜂 *Eutomostethus tenuicornis* Wei, 2002

省内产地：具体不详。

分布：河南，其他分布地待查。

资料来源：魏美才等，2008，河南省叶蜂种类名录。《宝天曼自然保护区昆虫》，中国农业科学技术出版社。

三色真片叶蜂 *Eutomostethus tricolor* (Malaise, 1932)

省内产地：罗山灵山。

分布：河南，吉林，辽宁，河北，北京，山西，甘肃，陕西，浙江，福建，湖南，四川，广西，云南，台湾，西藏；俄罗斯(东西伯利亚)，日本。

资料来源：魏美才等，2002，膜翅目：叶蜂亚目，茸蜂亚目，树蜂亚目，茎蜂亚目。《太行山及桐柏山区昆虫》，中国农业科学技术出版社。

张氏真片叶蜂 *Eutomostethus zhangi* Wei, 2002

省内产地：嵩县白云山。

分布：河南，浙江，福建，湖南。

资料来源：魏美才等，2008，2002 年河南叶蜂考察报告。《宝天曼自然保护区昆虫》，中国农业科学技术出版社。

中原狭蕨叶蜂 *Ferna centralis* Wei, 2002

省内产地：卢氏大块地(模式产地)。

分布：河南。

资料来源：魏美才等，2002，河南省平背叶蜂亚科三新种。《太行山及桐柏山区昆虫》，中国农业科学技术出版社。

细跗细爪叶蜂 *Filixungulia cylindrica* Wei, 2003

省内产地：卢氏大块地(模式产地)，嵩县白云山。

分布：河南。

资料来源：Wei Meicai, 2003, Review of the sawfly genus *Filixungulia* Wei and a description of a new species (Hymenoptera: Tenthredinidae, Allantinae). *Acta Zootaxonomica Sinica*, 28(4)729~732.

紫兰平颖叶蜂 *Formosempria metallica* Wei, 2001

省内产地：桐柏水帘洞。

分布：河南，湖北，浙江，福建。

资料来源：魏美才等，2002，膜翅目：叶蜂亚目，茸蜂亚目，树蜂亚目，茎蜂亚目。《太行山及桐柏山区昆虫》，中国农业科学技术出版社。

细角半基叶蜂 *Hemibeleses gracilicornis* Wei, 1999

省内产地：内乡宝天曼(副模产地)。

分布：河南，四川。

资料来源：魏美才等，1999，伏牛山南坡蔺叶蜂科新类群。《伏牛山南坡及大别山区昆虫》，中国农业科学技术出版社。

陈氏窗胸叶蜂 *Hemitaxonus cheni* Wei, 2002

省内产地：卢氏大块地(模式产地)。

分布：河南。

资料来源：魏美才等，2002，河南蕨叶蜂科三新种。《太行山及桐柏山区昆虫》，中国农业科学技术出版社。

刘氏窗胸叶蜂 *Hemitaxonus liui* Wei, 2005

省内产地：栾川龙峪湾(副模产地)。

分布：河南，浙江，湖南，四川，贵州。

资料来源：魏美才等，2005，三节叶蜂科，锤角叶蜂科，叶蜂科。《贵州大沙河昆虫》，贵州人民出版社。

纹腹窗胸叶蜂 *Hemitaxonus minomensis* Takeuchi, 1929

省内产地：栾川龙峪湾。

分布：河南，其他分布地待查。

资料来源：魏美才等，1998，膜翅目：叶蜂亚目，树蜂亚目，茎蜂亚目。《伏牛山区昆虫》，中国农业科学技术出版社。

黄唇窗胸叶蜂 *Hemitaxonus rufoclypeus* Wei, 1998

省内产地：嵩县白云山(模式产地)，西峡老界岭。

分布：河南。

资料来源：Nie Haiyan *et al*., 1998, Six new species of selandriidae from mt. Funiu (Hymenoptera: Tenthredinoidea).《伏牛山区昆虫》，中国农业科学技术出版社。

文氏窗胸叶蜂 *Hemitaxonus weni* (Wei, 1998)

省内产地：嵩县白云山。

分布：河南。

资料来源：魏美才等，2008，河南省叶蜂种类名录。《宝天曼自然保护区昆虫》，中国农业科学

技术出版社。

梨实蜂 *Hoplocampa pyricola* Rhower, 1924

省内产地：郑州，洛阳，新乡，信阳。

分布：河南，辽宁，河北，山西，山东，陕西，安徽，江苏，湖北，浙江，四川。

资料来源：申效诚，1993，河南昆虫名录。中国农业科学技术出版社。

李实蜂 *Hoplocampa* sp.

省内产地：洛阳，偃师。

分布：河南，河北，山西，山东，陕西，安徽，江苏，四川。

资料来源：申效诚，1993，河南昆虫名录。中国农业科学技术出版社。

东方壮并叶蜂 *Jermakia sibirica* (Krichbaumer, 1869)

省内产地：卢氏大块地，嵩县白云山。

分布：河南，黑龙江，吉林，辽宁，内蒙古，甘肃，新疆，陕西，河北，北京，山东，上海，浙江，湖北，四川；东北亚。

资料来源：魏美才等，1998，膜翅目：叶蜂亚目，树蜂亚目，茎蜂亚目。《伏牛山区昆虫》，中国农业科学技术出版社。

黑斑金叶蜂 *Jinia nigromacula* Wei *et* Nie, 2004

省内产地：济源黄楝树(正模产地)。

分布：河南，陕西，四川。

资料来源：Wei Meicai *et* Nie Haiyan, 2004, On the sawfly genus *Jinia* with description of a new species (Hymenoptera, Tenthredinidae, Allantinae). *Acta Zootaxonomica Sinica*, 29(4): 781~785.

黑足隐斑叶蜂 *Lagidina nigripes* Wei *et* Nie, 2002

省内产地：嵩县白云山(模式产地)。

分布：河南。

资料来源：魏美才等，2002，河南省隐斑叶蜂属一新种。《太行山及桐柏山区昆虫》，中国农业科学技术出版社。

黑肩隐斑叶蜂 *Lagidina nigrocollis* Wei *et* Nie, 1999

省内产地：嵩县白云山(模式产地)。

分布：河南，湖北。

资料来源：魏美才等，1999，河南叶蜂新种记述。《伏牛山南坡及大别山区昆虫》，中国农业科学技术出版社。

端白凹眼叶蜂 *Loderus apicalis* Wei, 2002

省内产地：陕县甘山公园(模式产地)。

分布：河南，陕西，湖北。

资料来源：魏美才，2002，河南凹眼叶蜂属一新种。《太行山及桐柏山区昆虫》，中国农业科学技术出版社。

粗角大曲叶蜂 *Macremphytus crassicornis* Wei, 1997

省内产地：商城黄柏山。

分布：河南，浙江，贵州。

资料来源：魏美才等，1999，膜翅目：叶蜂亚目，树蜂亚目，梨室蜂亚目，茎蜂亚目。《伏牛山南坡及大别山区昆虫》，中国农业科学技术出版社。

斑胫宽腹叶蜂 *Macrophya annulitibia* Takeuchi, 1933

省内产地：栾川龙峪湾，嵩县白云山。

分布：河南，吉林；朝鲜，日本。

资料来源：魏美才等，1998，膜翅目：叶蜂亚目，树蜂亚目，茎蜂亚目。《伏牛山区昆虫》，中国农业科学技术出版社。

白端宽腹叶蜂 *Macrophya apicalis* (Smith, 1874)

省内产地：嵩县白云山，栾川龙峪湾，卢氏大块地，内乡宝天曼，西峡老界岭。

分布：河南，吉林；日本，东北亚。

资料来源：魏美才等，1998，膜翅目：叶蜂亚目，树蜂亚目，茎蜂亚目。《伏牛山区昆虫》，中国农业科学技术出版社。

缩臀钩瓣叶蜂 *Macrophya constrictila* Wei *et* Chen, 2002

省内产地：济源黄楝树(模式产地)。

分布：河南。

资料来源：Chen Mingli *et al*., 2002, Six new species of *Macrophya* Dahlbom from Mt. Funiu (Hymenoptera: Tenthredinidae).《太行山及桐柏山区昆虫》，中国农业科学技术出版社。

朝鲜钩瓣叶蜂 *Macrophya coreana* Takeuchi, 1937

省内产地：嵩县白云山，嵩县天池山，内乡宝天曼。

分布：河南，内蒙古，北京，河北；朝鲜。

资料来源：魏美才等，2008，2003—2006 年河南叶蜂考察报告。《宝天曼自然保护区昆虫》，中国农业科学技术出版社。

肿跗钩瓣叶蜂 *Macrophya crassitarsalina* Wei *et* Chen, 2002

省内产地：嵩县白云山(模式产地)。

分布：河南，陕西，湖南。

资料来源：魏美才等，2002，河南伏牛山钩瓣叶蜂属五新种。《太行山及桐柏山区昆虫》，中国农业科学技术出版社。

远环宽腹叶蜂 *Macrophya farannulata* Wei, 1998

省内产地：嵩县白云山(模式产地)，栾川龙峪湾，卢氏大块地，济源黄楝树。

分布：河南。

资料来源：魏美才等，1998，河南伏牛山宽腹叶蜂属新种记述。《伏牛山区昆虫》，中国农业科学技术出版社。

平刃钩瓣叶蜂 *Macrophya flactoserrula* Wei *et* Chen, 2002

省内产地：嵩县白云山(模式产地)。

分布：河南。

资料来源：魏美才等，2002，河南伏牛山钩瓣叶蜂属五新种。《太行山及桐柏山区昆虫》，中国农业科学技术出版社。

黄斑宽腹叶蜂 *Macrophya flavomaculata*(Cameron, 1876)

省内产地：栾川龙峪湾，卢氏淇河林场，西峡桦树盘，商城黄柏山。

分布：河南，湖北，浙江，福建，江西，贵州。

资料来源：魏美才等，1998，膜翅目：叶蜂亚目，树蜂亚目，茎蜂亚目。《伏牛山区昆虫》，中国农业科学技术出版社。

黄痣钩瓣叶蜂 *Macrophya fulvostigmata* Wei *et* Chen, 2002

省内产地：济源愚公林场(模式产地)，卢氏大块地。

分布：河南。

资料来源：Chen Mingli *et al*., 2002, Six new species of *Macrophya* Dahlbom from Mt. Funiu (Hymenoptera: Tenthredinidae).《太行山及桐柏山区昆虫》，中国农业科学技术出版社。

伏牛宽腹叶蜂 *Macrophya funiushana* Wei, 1998

省内产地：嵩县白云山(模式产地)，栾川龙峪湾，卢氏大块地，内乡宝天曼。

分布：河南。

资料来源：魏美才等，1998，河南伏牛山宽腹叶蜂属新种记述。《伏牛山区昆虫》，中国农业科学技术出版社。

密纹宽腹叶蜂 *Macrophya histrioides* Wei, 1998

省内产地：嵩县白云山(模式产地)，陕县甘山公园。

分布：河南。

资料来源：魏美才等，1998，河南伏牛山宽腹叶蜂属新种记述。《伏牛山区昆虫》，中国农业科学技术出版社。

浅碟钩瓣叶蜂 *Macrophya hyaloptera* Wei *et* Nie, 2003

省内产地：嵩县白云山。

分布：河南，浙江，江西，福建。

资料来源：魏美才等，2002，膜翅目：叶蜂亚目，茸蜂亚目，树蜂亚目，茎蜂亚目。《太行山及桐柏山区昆虫》，中国农业科学技术出版社。

白跗钩瓣叶蜂 *Macrophya leucotarsalina* Wei *et* Chen, 2002

省内产地：济源愚公林场(模式产地)。

分布：河南。

资料来源：Chen Mingli *et al*., 2002, Six new species of *Macrophya* Dahlbom from Mt. Funiu (Hymenoptera: Tenthredinidae).《太行山及桐柏山区昆虫》，中国农业科学技术出版社。

大跗钩瓣叶蜂 *Macrophya megafossa* Wei *et* Niu, 2008

省内产地：嵩县白云山(模式产地)

分布：河南。

资料来源：魏美才等，2008，2003—2006年河南叶蜂考察报告。《宝天曼自然保护区昆虫》，中国农业科学技术出版社。

暗唇钩瓣叶蜂 *Macrophya melanoclypea* Wei, 2002

省内产地：信阳鸡公山(模式产地)，登封少室山，济源愚公林场，济源黄楝树，卢氏淇河林场，陕县甘山公园，罗山灵山，桐柏水帘洞。

分布：河南。

资料来源：魏美才等，2002，河南伏牛山钩瓣叶蜂属五新种。《太行山及桐柏山区昆虫》，中国农业科学技术出版社。

黑唇宽腹叶蜂 *Macrophya melanolabria* Wei, 1998

省内产地：嵩县白云山(模式产地)，栾川龙峪湾，卢氏大块地，西峡老界岭，西峡桦树盘，罗山灵山。

分布：河南，陕西。

资料来源：魏美才等，1998，河南伏牛山宽腹叶蜂属新种记述。《伏牛山区昆虫》，中国农业科学技术出版社。

点斑钩瓣叶蜂 *Macrophya minutiluna* Wei *et* Chen, 2002

省内产地：嵩县白云山(模式产地)。

分布：河南。

资料来源：魏美才等，2002，河南伏牛山钩瓣叶蜂属五新种。《太行山及桐柏山区昆虫》，中国农业科学技术出版社。

黑足钩瓣叶蜂 *Macrophya nigripes* Wei, 1999

省内产地：具体不详。

分布：河南，其他分布地待查。

资料来源：魏美才等，2008，河南省叶蜂种类名录。《宝天曼自然保护区昆虫》，中国农业科学技术出版社。

黑领钩瓣叶蜂 *Macrophya nigrocolliana* Wei, 2002

省内产地：具体不详。

分布：河南，其他分布地待查。

资料来源：魏美才等，2008，河南省叶蜂种类名录。《宝天曼自然保护区昆虫》，中国农业科学

技术出版社。

拟带宽腹叶蜂 *Macrophya parapompilina* Wei *et* Nie, 1999

省内产地：内乡宝天曼(模式产地)，卢氏大块地，嵩县白云山，西峡老界岭。

分布：河南。

资料来源：魏美才等，1999，河南伏牛山南坡叶蜂亚科新类群。《伏牛山南坡及大别山区昆虫》，中国农业科学技术出版社。

长鞘宽腹叶蜂 *Macrophya parimitator* Wei, 1998

省内产地：嵩县白云山(模式产地)，内乡宝天曼。

分布：河南。

资料来源：魏美才等，1998，河南伏牛山宽腹叶蜂属新种记述。《伏牛山区昆虫》，中国农业科学技术出版社。

五斑钩瓣叶蜂 *Macrophya pentanalia* Wei *et* Chen, 2002

省内产地：济源黄楝树(模式产地)。

分布：河南，河北。

资料来源：Chen Mingli *et al*., 2002, Six new species of *Macrophya* Dahlbom from Mt. Funiu (Hymenoptera: Tenthredinidae).《太行山及桐柏山区昆虫》，中国农业科学技术出版社。

寡齿钩瓣叶蜂 *Macrophya pseudoannulitibia* Wei *et* Niu, 2010

省内产地：具体不详。

分布：河南，宁夏，甘肃，湖北，四川。

资料来源：魏美才等，2010，叶蜂科。《六盘山无脊椎动物》，河北大学出版社。

反刻宽腹叶蜂 *Macrophya revertana* Wei, 1998

省内产地：嵩县白云山(模式产地)，栾川龙峪湾，卢氏大块地，济源愚公林场，济源黄楝树。

分布：河南，四川。

资料来源：魏美才等，1998，河南伏牛山宽腹叶蜂属新种记述。《伏牛山区昆虫》，中国农业科学技术出版社。

红胫钩瓣叶蜂 *Macrophya rubitibia* Wei *et* Chen, 2002

省内产地：济源黄楝树(模式产地)。

分布：河南，浙江。

资料来源：Chen Mingli *et al*., 2002, Six new species of *Macrophya* Dahlbom from Mt. Funiu (Hymenoptera: Tenthredinidae).《太行山及桐柏山区昆虫》，中国农业科学技术出版社。

红唇宽腹叶蜂 *Macrophya rufoclypeata* Wei, 1998

省内产地：嵩县白云山(模式产地)。

分布：河南。

资料来源：魏美才等，1998，河南伏牛山宽腹叶蜂属新种记述。《伏牛山区昆虫》，中国农业科学技术出版社。

红股钩瓣叶蜂 *Macrophya sanguinolenta* (Gmelin, 1790)

省内产地：栾川龙峪湾。

分布：河南，黑龙江，吉林，内蒙古，山西；朝鲜，日本，蒙古国，土耳其；欧洲。

资料来源：魏美才等，2002，膜翅目：叶蜂亚目，茸蜂亚目，树蜂亚目，茎蜂亚目。《太行山及桐柏山区昆虫》，中国农业科学技术出版社。

申氏宽腹叶蜂 *Macrophya sheni* Wei, 1998

省内产地：嵩县白云山(模式产地)，栾川龙峪湾，卢氏大块地，济源黄楝树，内乡宝天曼。

分布：河南。

资料来源：魏美才等，1998，河南伏牛山宽腹叶蜂属新种记述。《伏牛山区昆虫》，中国农业科学技术出版社。

淡痣钩瓣叶蜂 *Macrophya stigmaticalis* Wei, 2002

省内产地：嵩县白云山。

分布：河南，贵州。

资料来源：魏美才等，2008，2002 年河南叶蜂考察报告。《宝天曼自然保护区昆虫》，中国农业科学技术出版社。

刻盾宽腹叶蜂 *Macrophya tattakanoides* Wei, 1998

省内产地：嵩县白云山(模式产地)，卢氏大块地，内乡宝天曼。

分布：河南，湖北。

资料来源：魏美才等，1998，河南伏牛山宽腹叶蜂属新种记述。《伏牛山区昆虫》，中国农业科学技术出版社。

横脊钩瓣叶蜂 *Macrophya tripidona* Wei *et* Chen, 2002

省内产地：嵩县白云山(模式产地)。

分布：河南。

资料来源：魏美才等，2002，河南伏牛山钩瓣叶蜂属五新种。《太行山及桐柏山区昆虫》，中国农业科学技术出版社。

烟翅钩瓣叶蜂 *Macrophya typhanoptera* Wei *et* Nie, 1999

省内产地：罗山灵山(模式产地)。

分布：河南。

资料来源：魏美才等，1999，河南叶蜂新种记述。《伏牛山南坡及大别山区昆虫》，中国农业科学技术出版社。

忍冬钩瓣叶蜂 *Macrophya vacillans* Malaise, 1931

省内产地：济源黄楝树。

分布：河南，黑龙江，吉林，辽宁，山西；俄罗斯(西伯利亚)，朝鲜。

资料来源：魏美才等，2002，膜翅目：叶蜂亚目，茸蜂亚目，树蜂亚目，茎蜂亚目。《太行山及桐柏山区昆虫》，中国农业科学技术出版社。

糙板宽腹叶蜂 *Macrophya vittata* Mallach, 1936

省内产地：嵩县白云山，卢氏大块地，内乡宝天曼。

分布：河南，河北，湖北，浙江，湖南，四川。

资料来源：魏美才等，1998，膜翅目：叶蜂亚目，树蜂亚目，茎蜂亚目。《伏牛山区昆虫》，中国农业科学技术出版社。

文氏钩瓣叶蜂 *Macrophya weni* Wei, 1998

省内产地：嵩县白云山(模式产地)，栾川龙峪湾，济源黄楝树，济源愚公林场，内乡宝天曼。

分布：河南，北京，陕西。

资料来源：魏美才等，1998，河南伏牛山宽腹叶蜂属新种记述。《伏牛山区昆虫》，中国农业科学技术出版社。

钟氏钩瓣叶蜂 *Macrophya zhongi* Wei *et* Chen, 2002

省内产地：济源黄楝树(模式产地)，嵩县白云山，陕县甘山公园，桐柏桐柏山。

分布：河南。

资料来源：Chen Mingli *et al*., 2002, Six new species of *Macrophya* Dahlbom from Mt. Funiu (Hymenoptera: Tenthredinidae).《太行山及桐柏山区昆虫》，中国农业科学技术出版社。

淡足玛叶蜂 *Mallachiella albipes* Wei, 1998

省内产地：栾川龙峪湾(模式产地)，嵩县白云山。

分布：河南。

资料来源：魏美才等，1998，伏牛山平背叶蜂亚科五新种。《伏牛山区昆虫》，中国农业科学技术出版社。

红头狭脉叶蜂 *Megadineura rufocephala* Wei, 2002

省内产地：济源愚公林场(模式产地)。

分布：河南。

资料来源：魏美才等，2002，河南突瓣叶蜂科五新种。《太行山及桐柏山区昆虫》，中国农业科学技术出版社。

粗角巨片叶蜂 *Megatomostethus crassicornis* (Rohwer, 1910)

省内产地：栾川龙峪湾。

分布：河南，其他分布地待查。

资料来源：魏美才等，1998，膜翅目：叶蜂亚目，树蜂亚目，茎蜂亚目。《伏牛山区昆虫》，中国农业科学技术出版社。

黑转巨片叶蜂 *Megatomostethus maurus* (Rohwer, 1916)

省内产地：辉县八里沟。

分布：河南，湖南，台湾，广西，云南。

资料来源：魏美才等，2008，2002 年河南叶蜂考察报告。《宝天曼自然保护区昆虫》，中国农业科学技术出版社。

绿丽金兰叶蜂 *Metallopeus chlorometallicus* Wei, 1998

省内产地：嵩县白云山(模式产地)。

分布：河南。

资料来源：魏美才等，1998，伏牛山侧跗叶蜂和金叶蜂属四新种。《伏牛山区昆虫》，中国农业科学技术出版社。

白跗昧潜叶蜂 *Metallus* sp. (新种，另文发表)

省内产地：辉县八里沟。

分布：河南。

资料来源：魏美才等，2008，2002 年河南叶蜂考察报告。《宝天曼自然保护区昆虫》，中国农业科学技术出版社。

圆鞘叶刃叶蜂 *Monophadnoides* sp. (新种，另文发表)

省内产地：嵩县白云山。

分布：河南。

资料来源：魏美才等，2008，2003—2006 年河南叶蜂考察报告。《宝天曼自然保护区昆虫》，中国农业科学技术出版社。

中华短角叶蜂 *Monophadnus sinicus* Wei

省内产地：具体不详。

分布：河南，其他分布地待查。

资料来源：魏美才等，2008，河南省叶蜂种类名录。《宝天曼自然保护区昆虫》，中国农业科学技术出版社。

贺氏突瓣叶蜂 *Nematus hei* Wei *et* Niu, 2008

省内产地：嵩县白云山。

分布：河南，其他分布地待查。

资料来源：魏美才等，2008，河南省叶蜂种类名录。《宝天曼自然保护区昆虫》，中国农业科学技术出版社。

白跗突瓣叶蜂 *Nematus leucotarsalinia* Wei, 2002

省内产地：嵩县白云山(模式产地)。

分布：河南。

资料来源：魏美才，2002，河南突瓣叶蜂属新种和新亚种。《太行山及桐柏山区昆虫》，中国农业科学技术出版社。

绿柳突瓣叶蜂 *Nematus ruyanus* Wei, 2002

省内产地：陕县甘山公园(模式产地)。

分布：河南，天津，甘肃。

资料来源：魏美才，2002，河南突瓣叶蜂属新种和新亚种。《太行山及桐柏山区昆虫》，中国农业科学技术出版社。

申氏突瓣叶蜂 *Nematus sheni* Wei, 1999

省内产地：商城黄柏山(模式产地)。

分布：河南。

资料来源：魏美才等，1999，河南大别山区叶蜂十五新种。《伏牛山南坡及大别山区昆虫》，中国农业科学技术出版社。

小须突瓣叶蜂黑胸亚种 *Nematus trochantera ruficephalima* Wei, 2002

省内产地：卢氏狮子坪(模式产地)。

分布：河南。

资料来源：魏美才，2002，河南突瓣叶蜂属新种和新亚种。《太行山及桐柏山区昆虫》，中国农业科学技术出版社。

于氏突瓣叶蜂 *Nematus yuae* Wei, 2002

省内产地：卢氏淇河林场(模式产地)。

分布：河南，湖南。

资料来源：魏美才，2002，河南突瓣叶蜂属新种和新亚种。《太行山及桐柏山区昆虫》，中国农业科学技术出版社。

垂直新柄叶蜂 *Neobusarbidea* sp. (新种，另文发表)

省内产地：具体不详。

分布：河南。

资料来源：魏美才等，2008，河南省叶蜂种类名录。《宝天曼自然保护区昆虫》，中国农业科学技术出版社。

中华栉齿叶蜂 *Neoclia sinensis* Malaise, 1937

省内产地：内乡宝天曼。

分布：河南，江苏，安徽，湖北，四川，浙江，云南。

资料来源：魏美才等，1999，膜翅目：叶蜂亚目，树蜂亚目，梨室蜂亚目，茎蜂亚目。《伏牛山南坡及大别山区昆虫》，中国农业科学技术出版社。

宽颊线缝叶蜂 *Neostromboceros dentiserra* Malaise, 1944

省内产地：内乡宝天曼。

分布：河南；缅甸。

资料来源：魏美才等，1999，膜翅目：叶蜂亚目，树蜂亚目，梨室蜂亚目，茎蜂亚目。《伏牛山南坡及大别山区昆虫》，中国农业科学技术出版社。

分离线缝叶蜂 *Neostromboceros disjunctus* Wei *et* Nie, 1999

省内产地：内乡宝天曼(模式产地)。

分布：河南。

资料来源：魏美才等，1999，伏牛山南坡蕨叶蜂科新类群。《伏牛山南坡及大别山区昆虫》，中国农业科学技术出版社。

梁氏侧齿叶蜂 *Neostromboceros liangae* Wei, 2007

省内产地：嵩县白云山(模式产地)。

分布：河南。

资料来源：Wei Meicai *et* Niu Gengyun, 2007, Two new species of Selandrinae from China (Hymenoptera, Tenthredinidae). *Acta Zootaxonomica Sinica*, 32(4): 775~777.

黑肩侧齿叶蜂 *Neostromboceros nigrocollis* Wei, 1998

省内产地：嵩县白云山(模式产地)。

分布：河南。

资料来源：Nie Haiyan *et al*., 1998, Six new species of selandriidae from mt. Funiu (Hymenoptera: Tenthredinoidea).《伏牛山区昆虫》，中国农业科学技术出版社。

日本侧齿叶蜂 *Neostromboceros nipponicus* Takeuchi, 1941

省内产地：罗山灵山，栾川龙峪湾，内乡宝天曼，西峡桦树盘。

分布：河南，山东，安徽，湖北，浙江，福建，湖南，江西，四川，广西，贵州，云南；日本。

资料来源：魏美才等，2002，膜翅目：叶蜂亚目，茸蜂亚目，树蜂亚目，茎蜂亚目。《太行山及桐柏山区昆虫》，中国农业科学技术出版社。

列毛侧齿叶蜂 *Neostromboceros pseudodubius* Wei, 2001

省内产地：桐柏县桐柏山。

分布：河南，浙江，福建，湖南，广西。

资料来源：魏美才等，2002，膜翅目：叶蜂亚目，茸蜂亚目，树蜂亚目，茎蜂亚目。《太行山及桐柏山区昆虫》，中国农业科学技术出版社。

反斑侧齿叶蜂 *Neostromboceros revetina* Wei *et* Nie, 1999

省内产地：内乡宝天曼(模式产地)，新县老庙。

分布：河南，浙江，湖南。

资料来源：魏美才等，1999，伏牛山南坡蕨叶蜂科新类群。《伏牛山南坡及大别山区昆虫》，中国农业科学技术出版社。

细角侧齿叶蜂 *Neostromboceros tenuicornis* Wei, 1997

省内产地：内乡宝天曼。

分布：河南，四川，贵州。

资料来源：魏美才等，1999，膜翅目：叶蜂亚目，树蜂亚目，梨室蜂亚目，茎蜂亚目。《伏牛山南坡及大别山区昆虫》，中国农业科学技术出版社。

童氏侧齿叶蜂 *Neostromboceros tongi* Wei *et* Nie, 1999

省内产地：西峡老界岭(模式产地)。

分布：河南，湖南。

资料来源：魏美才等，1999，伏牛山南坡蕨叶蜂科新类群。《伏牛山南坡及大别山区昆虫》，中国农业科学技术出版社。

白唇侧齿叶蜂 *Neostromboceros tonkinensis* Forsius, 1931

省内产地：桐柏县桐柏山，罗山灵山，商城黄柏山。

分布：河南，浙江，江西，湖南，福建，四川，重庆，云南；越南。

资料来源：魏美才等，1999，膜翅目：叶蜂亚目，树蜂亚目，梨室蜂亚目，茎蜂亚目。《伏牛山南坡及大别山区昆虫》，中国农业科学技术出版社。

凹唇平缝叶蜂 *Nesoselandria incisa* Wei, 2002

省内产地：罗山灵山(模式产地)。

分布：河南。

资料来源：魏美才等，2002，河南蕨叶蜂科三新种。《太行山及桐柏山区昆虫》，中国农业科学技术出版社。

牛氏平缝叶蜂 *Nesoselandria niui* Wei, 1999

省内产地：信阳鸡公山(模式产地)。

分布：河南。

资料来源：魏美才等，1999，河南大别山区叶蜂十五新种。《伏牛山南坡及大别山区昆虫》，中国农业科学技术出版社。

三沟平缝叶蜂 *Nesoselandria trisulcata* Wei, 1999

省内产地：商城黄柏山(模式产地)。

分布：河南。

资料来源：魏美才等，1999，河南大别山区叶蜂十五新种。《伏牛山南坡及大别山区昆虫》，中国农业科学技术出版社。

张氏平缝叶蜂 *Nesoselandria zhangae* Wei *et* Niu, 2007

省内产地：内乡宝天曼(模式产地)。

分布：河南。

资料来源：Wei Meicai, Niu Gengyun, 2007, Two new species of Selandrinae from China (Hymenoptera, Tenthredinidae). *Acta Zootaxonomica Sinica*, 32(4): 775~777.

黄褐畸距叶蜂 *Nesotaxonus fulvus* (Cameron, 1877)

省内产地：嵩县白云山，栾川龙峪湾，卢氏淇河林场，桐柏桐柏山，商城黄柏山。

分布：河南，北京，安徽，陕西，湖北，上海，浙江，四川，重庆，福建，广西，云南，台湾；日本。

资料来源：魏美才等，1998，膜翅目：叶蜂亚目，树蜂亚目，茎蜂亚目。《伏牛山区昆虫》，中国农业科学技术出版社。

中国多齿叶蜂 *Nesotomostethus continentialis* Malaise, 1935

省内产地：栾川龙峪湾，济源愚公林场。

分布：河南，甘肃。

资料来源：魏美才等，2002，膜翅目：叶蜂亚目，茸蜂亚目，树蜂亚目，茎蜂亚目。《太行山及桐柏山区昆虫》，中国农业科学技术出版社。

淡斑珠角叶蜂 *Onychostethomostus insularis* (Rohwer, 1916)

省内产地：栾川龙峪湾，内乡宝天曼。

分布：河南，北京，浙江，湖北，四川，台湾。

资料来源：魏美才等，1998，膜翅目：叶蜂亚目，树蜂亚目，茎蜂亚目。《伏牛山区昆虫》，中国农业科学技术出版社。

尖唇方颜叶蜂 *Pachyprotasis acutilabria* Wei, 1998

省内产地：嵩县白云山(模式产地)，栾川龙峪湾。

分布：河南。

资料来源：Wei Meicai *et al.*, 1998, Eleven new species of *Pachyprotarsis* Hartig from Funiushan (Hymenoptera: Tenthredinidae).《伏牛山区昆虫》，中国农业科学技术出版社。

白环方颜叶蜂 *Pachyprotasis alboannulata* Forsius, 1936

省内产地：内乡宝天曼。

分布：河南，四川，浙江；缅甸。

资料来源：魏美才等，1999，膜翅目：叶蜂亚目，树蜂亚目，梨室蜂亚目，茎蜂亚目。《伏牛山南坡及大别山区昆虫》，中国农业科学技术出版社。

环跗方颜叶蜂 *Pachyprotasis antennata* (Klug, 1814)

省内产地：济源愚公林场，济源黄楝树，嵩县白云山，卢氏大块地。

分布：河南，河北，甘肃，宁夏，湖南；古北亚界。

资料来源：魏美才等，2002，膜翅目：叶蜂亚目，茸蜂亚目，树蜂亚目，茎蜂亚目。《太行山及桐柏山区昆虫》，中国农业科学技术出版社。

吕氏方颜叶蜂 *Pachyprotasis antennata* ssp. (新亚种，另文发表)

省内产地：栾川龙峪湾，内乡宝天曼(模式产地)。

分布：河南。

资料来源：魏美才等，2008，2003—2006 年河南叶蜂考察报告。《宝天曼自然保护区昆虫》，中国农业科学技术出版社。

白云方颜叶蜂 *Pachyprotasis baiyuna* Wei *et* Nie, 1999

省内产地：嵩县白云山(模式产地)。

分布：河南。

资料来源：魏美才等，1999，河南叶蜂新种记述。《伏牛山南坡及大别山区昆虫》，中国农业科学技术出版社。

双环方颜叶蜂 *Pachyprotasis bicinctata* Wei *et* Zhong, 2002

省内产地：卢氏大块地(模式产地)。

分布：河南。

资料来源：钟义海，2002，中国方颜叶峰属分类研究。中南林学院硕士毕业论文。

双斑方颜叶蜂 *Pachyprotasis bimaculofemorata* Wei *et* Nie, 1999

省内产地：嵩县白云山(模式产地)。

分布：河南。

资料来源：魏美才等，1999，河南叶蜂新种记述。《伏牛山南坡及大别山区昆虫》，中国农业科学技术出版社。

短角方颜叶蜂 *Pachyprotasis brevicornis* Wei *et* Zhong, 2002

省内产地：嵩县白云山(模式产地)，卢氏大块地，栾川龙峪湾。

分布：河南，宁夏，四川，贵州，湖北。

资料来源：魏美才等，2002，河南西部方颜叶蜂属九新种。《太行山及桐柏山区昆虫》，中国农业科学技术出版社。

蔡氏方颜叶蜂 *Pachyprotasis caii* Wei, 1998

省内产地：嵩县白云山(模式产地)，栾川龙峪湾，卢氏大块地，内乡宝天曼，西峡桦树盘、黄石庵。

分布：河南。

资料来源：Wei Meicai *et al*., 1998, Eleven new species of *Pachyprotarsis* Hartig from Funiushan (Hymenoptera: Tenthredinidae).《伏牛山区昆虫》，中国农业科学技术出版社。

多环方颜叶蜂 *Pachyprotasis cinctata* Wei *et* Zhong, 2002

省内产地：卢氏大块地(模式产地)，栾川龙峪湾。

分布：河南。

资料来源：魏美才等，2002，河南西部方颜叶蜂属九新种。《太行山及桐柏山区昆虫》，中国农业科学技术出版社。

环股方颜叶蜂 *Pachyprotasis cinctulata* Wei *et* Zhong, 2002

省内产地：嵩县白云山(模式产地)。

分布：河南。

资料来源：魏美才等，2002，河南西部方颜叶蜂属九新种。《太行山及桐柏山区昆虫》，中国农业科学技术出版社。

隆盾方颜叶蜂 *Pachyprotasis eleviscutellis* Wei *et* Nie, 1999

省内产地：西峡老界岭(模式产地)，卢氏大块地，嵩县白云山。

分布：河南。

资料来源：聂海燕等，1999，河南伏牛山南坡细叶蜂属六新种。《伏牛山南坡及大别山区昆虫》，中国农业科学技术出版社。

长角方颜叶蜂 *Pachyprotasis eulongicornis* Wei *et* Nie, 1999

省内产地：商城黄柏山(模式产地)。

分布：河南，浙江。

资料来源：魏美才等，1999，河南大别山区叶蜂十五新种。《伏牛山南坡及大别山区昆虫》，中国农业科学技术出版社。

黄足方颜叶蜂 *Pachyprotasis flavipes* (Cameron, 1902)

省内产地：嵩县白云山，栾川龙峪湾，内乡宝天曼，西峡老界岭。

分布：河南，四川，湖北；喜马拉雅。

资料来源：魏美才等，1998，膜翅目：叶蜂亚目，树蜂亚目，茎蜂亚目。《伏牛山区昆虫》，中国农业科学技术出版社。

黄头方颜叶蜂 *Pachyprotasis flavocapita* Wei *et* Zhong, 2002

省内产地：嵩县白云山(模式产地)。

分布：河南。

资料来源：魏美才等，2002，河南西部方颜叶蜂属九新种。《太行山及桐柏山区昆虫》，中国农业科学技术出版社。

褐基方颜叶蜂 *Pachyprotasis fulvocoxis* Wei *et* Zhong, 2002

省内产地：嵩县白云山(模式产地)。

分布：河南。

资料来源：魏美才等，2002，河南西部方颜叶蜂属九新种。《太行山及桐柏山区昆虫》，中国农业科学技术出版社。

褐斑方颜叶蜂 *Pachyprotasis fulvomaculata* Wei *et* Zhong, 2002

省内产地：卢氏大块地(模式产地)。

分布：河南。

资料来源：魏美才等，2002，河南西部方颜叶蜂属九新种。《太行山及桐柏山区昆虫》，中国农业科学技术出版社。

河南方颜叶蜂 *Pachyprotasis henanica* Wei *et* Zhong, 2002

省内产地：嵩县白云山(模式产地)。

分布：河南。

资料来源：钟义海等，2002，河南伏牛山方颜叶蜂属六新种。《太行山及桐柏山区昆虫》，中国农业科学技术出版社。

小条方颜叶蜂 *Pachyprotasis lineatella* Wei *et* Nie, 1999

省内产地：内乡宝天曼(模式产地)，济源愚公林场。

分布：河南，浙江，湖南，贵州。

资料来源：聂海燕等，1999，河南伏牛山南坡细叶蜂属六新种。《伏牛山南坡及大别山区昆虫》，中国农业科学技术出版社。

条股方颜叶蜂 *Pachyprotasis lineatifemorata* Wei *et* Nie, 1999

省内产地：内乡宝天曼(模式产地)。

分布：河南。

资料来源：聂海燕等，1999，河南伏牛山南坡细叶蜂属六新种。《伏牛山南坡及大别山区昆虫》，中国农业科学技术出版社。

纹基方颜叶蜂 *Pachyprotasis lineicoxis* Malaise, 1931

省内产地：卢氏大块地，嵩县白云山，栾川龙峪湾。

分布：河南，吉林，辽宁，贵州；俄罗斯(东西伯利亚)。

资料来源：魏美才等，2002，膜翅目：叶蜂亚目，茸蜂亚目，树蜂亚目，茎蜂亚目。《太行山及桐柏山区昆虫》，中国农业科学技术出版社。

线足方颜叶蜂 *Pachyprotasis lineipediba* Wei *et* Zhong, 2002

省内产地：嵩县白云山(模式产地)，卢氏大块地。

分布：河南。

资料来源：Wei Meicai *et al.*, 2002, Three new taxa of *Pachyprotasis* Hartig from Mt. Funiushan, Henan, China (Hymenoptera: Tenthredinidae).《太行山及桐柏山区昆虫》，中国农业科学技术出版社。

斑足方颜叶蜂 *Pachyprotasis maculopediba* Wei *et* Zhong, 2002

省内产地：卢氏大块地(模式产地)，嵩县白云山。

分布：河南。

资料来源：钟义海等，2002，河南伏牛山方颜叶蜂属六新种。《太行山及桐柏山区昆虫》，中国

农业科学技术出版社。

侧斑方颜叶蜂 *Pachyprotasis maculopleurita* Wei *et* Zhong, 2002

省内产地：济源黄楝树(模式产地)。

分布：河南，甘肃。

资料来源：钟义海等，2002，河南伏牛山方颜叶蜂属六新种。《太行山及桐柏山区昆虫》，中国农业科学技术出版社。

斑胫方颜叶蜂 *Pachyprotasis maculotibialis* Wei *et* Zhong, 2002

省内产地：济源黄楝树(模式产地)。

分布：河南。

资料来源：魏美才等，2002，河南西部方颜叶蜂属九新种。《太行山及桐柏山区昆虫》，中国农业科学技术出版社。

大唇方颜叶蜂 *Pachyprotasis magnilabria* Wei, 1998

省内产地：栾川龙峪湾(模式产地)，嵩县白云山。

分布：河南。

资料来源：Wei Meicai *et al*., 1998, Eleven new species of *Pachyprotarsis* Hartig from Funiushan (Hymenoptera: Tenthredinidae).《伏牛山区昆虫》，中国农业科学技术出版社。

黑腹方颜叶蜂 *Pachyprotasis melanogastera* Wei, 1998

省内产地：嵩县白云山(模式产地)，栾川龙峪湾，卢氏大块地，西峡老界岭。

分布：河南。

资料来源：Wei Meicai *et al*., 1998, Eleven new species of *Pachyprotarsis* Hartig from Funiushan (Hymenoptera: Tenthredinidae).《伏牛山区昆虫》，中国农业科学技术出版社。

黑体方颜叶蜂 *Pachyprotasis melanosoma* Wei *et* Zhong, 2002

省内产地：嵩县白云山(模式产地)。

分布：河南，甘肃。

资料来源：钟义海等，2002，河南伏牛山方颜叶蜂属六新种。《太行山及桐柏山区昆虫》，中国农业科学技术出版社。

微斑方颜叶蜂 *Pachyprotasis micromaculata* Wei *et* Nie, 1998

省内产地：嵩县白云山(模式产地)，卢氏大块地，内乡宝天曼。

分布：河南。

资料来源：Wei Meicai *et al*., 1998, Eleven new species of *Pachyprotarsis* Hartig from Funiushan (Hymenoptera: Tenthredinidae).《伏牛山区昆虫》，中国农业科学技术出版社。

内乡方颜叶蜂 *Pachyprotasis neixiangensis* Wei *et* Zhong, 2007

省内产地：内乡宝天曼(模式产地)。

分布：河南。

资料来源：钟义海，魏美才，2007，中国方颜叶蜂属(膜翅目，叶蜂科)*opacifrons* 种团和 *sellata* 种团二新种。动物分类学报，32(4): 955~958。

黑唇方颜叶蜂 *Pachyprotasis nigroclypeata* Wei *et* Nie, 1998

省内产地：栾川龙峪湾(模式产地)，济源愚公林场，内乡宝天曼。

分布：河南。

资料来源：Wei Meicai *et al*., 1998, Eleven new species of *Pachyprotarsis* Hartig from Funiushan (Hymenoptera: Tenthredinidae).《伏牛山区昆虫》，中国农业科学技术出版社。

黑背方颜叶蜂 *Pachyprotasis nigrodorsata* Wei *et* Nie, 1999

省内产地：嵩县白云山(模式产地)。

分布：河南。

资料来源：魏美才等，1999，河南叶蜂新种记述。《伏牛山南坡及大别山区昆虫》，中国农业科学技术出版社。

光背方颜叶蜂 *Pachyprotasis nitididorsata* Wei *et* Zhong, 2002

省内产地：嵩县白云山(模式产地)。

分布：河南。

资料来源：魏美才等，2002，河南西部方颜叶蜂属九新种。《太行山及桐柏山区昆虫》，中国农业科学技术出版社。

粗额方颜叶蜂 *Pachyprotasis opacifrons* Malaise, 1945

省内产地：嵩县白云山。

分布：河南，其他分布地待查。

资料来源：魏美才等，1998，膜翅目：叶蜂亚目，树蜂亚目，茎蜂亚目。《伏牛山区昆虫》，中国农业科学技术出版社。

副色方颜叶蜂 *Pachyprotasis parasubtilis* Wei, 1998

省内产地：嵩县白云山(模式产地)，栾川龙峪湾，内乡宝天曼。

分布：河南。

资料来源：Wei Meicai *et al.*, 1998, Eleven new species of *Pachyprotarsis* Hartig from Funiushan (Hymenoptera: Tenthredinidae).《伏牛山区昆虫》，中国农业科学技术出版社。

离刃方颜叶蜂 *Pachyprotasis pingi* Wei *et* Zhong, 2002

省内产地：嵩县白云山(模式产地)，卢氏大块地。

分布：河南。

资料来源：魏美才等，2002，河南西部方颜叶蜂属九新种。《太行山及桐柏山区昆虫》，中国农业科学技术出版社。

秦岭方颜叶蜂 *Pachyprotasis qinlingica* Wei *et* Nie, 1998

省内产地：栾川龙峪湾(模式产地)，嵩县白云山，内乡宝天曼。

分布：河南。

资料来源：Wei Meicai *et al.*, 1998, Eleven new species of *Pachyprotarsis* Hartig from Funiushan (Hymenoptera: Tenthredinidae).《伏牛山区昆虫》，中国农业科学技术出版社。

红端方颜叶蜂 *Pachyprotasis rubiapicilia* Wei *et* Nie, 1999

省内产地：内乡宝天曼(模式产地)。

分布：河南。

资料来源：聂海燕等，1999，河南伏牛山南坡细叶蜂属六新种。《伏牛山南坡及大别山区昆虫》，中国农业科学技术出版社。

锈斑方颜叶蜂 *Pachyprotasis rubiginosa* Wei *et* Nie, 1999

省内产地：内乡宝天曼(模式产地)。

分布：河南。

资料来源：聂海燕等，1999，河南伏牛山南坡细叶蜂属六新种。《伏牛山南坡及大别山区昆虫》，中国农业科学技术出版社。

红环方颜叶蜂 *Pachyprotasis rufocinctilia* Wei, 1998

省内产地：嵩县白云山(模式产地)。

分布：河南。

资料来源：Wei Meicai *et al.*, 1998, Eleven new species of *Pachyprotarsis* Hartig from Funiushan (Hymenoptera: Tenthredinidae).《伏牛山区昆虫》，中国农业科学技术出版社。

骨刃方颜叶蜂 *Pachyprotasis scleroserrula* Wei *et* Zhong, 2007

省内产地：辉县西莲寺，栾川龙峪湾(模式产地)。

分布：河南。

资料来源：钟义海，魏美才，2007，中国方颜叶蜂属(膜翅目，叶蜂科)*opacifrons* 种团和 *sellata* 种团二新种。动物分类学报，32(4): 955~958。

环斑方颜叶蜂 *Pachyprotasis sellata* Malaise, 1945

省内产地：嵩县白云山，内乡宝天曼。

分布：河南；缅甸北部。

资料来源：魏美才等，1998，膜翅目：叶蜂亚目，树蜂亚目，茎蜂亚目。《伏牛山区昆虫》，中国农业科学技术出版社。

窄带方颜叶蜂 *Pachyprotasis senjensis bandana* Wei *et* Zhong, 2002

省内产地：嵩县白云山(模式产地)，卢氏大块地，卢氏淇河林场，陕县甘山公园。

分布：河南，陕西，甘肃。

资料来源：Wei Meicai *et al*., 2002, Three new taxa of *Pachyprotasis* Hartig from Mt. Funiushan, Henan, China (Hymenoptera: Tenthredinidae).《太行山及桐柏山区昆虫》，中国农业科学技术出版社。

盛氏方颜叶蜂 *Pachyprotasis shengi* Wei *et* Nie, 1999

省内产地：内乡宝天曼(模式产地)，卢氏大块地，西峡老界岭，嵩县白云山。

分布：河南。

资料来源：聂海燕等，1999，河南伏牛山南坡细叶蜂属六新种。《伏牛山南坡及大别山区昆虫》，中国农业科学技术出版社。

嵩栾方颜叶蜂 *Pachyprotasis songluanensis* Wei *et* Zhong, 2002

省内产地：嵩县白云山(模式产地)，栾川龙峪湾。

分布：河南。

资料来源：钟义海等，2002，河南伏牛山方颜叶蜂属六新种。《太行山及桐柏山区昆虫》，中国农业科学技术出版社。

短环方颜叶蜂 *Pachyprotasis* sp. (新种，另文发表)

省内产地：辉县西莲寺(模式产地)。

分布：河南。

资料来源：魏美才等，2008，2002年河南叶蜂考察报告。《宝天曼自然保护区昆虫》，中国农业科学技术出版社。

尖刃方颜叶蜂 *Pachyprotasis* sp. (新种，另文发表)

省内产地：内乡宝天曼，嵩县白云山(模式产地)。

分布：河南，湖南。

资料来源：魏美才等，2008，2003—2006年河南叶蜂考察报告。《宝天曼自然保护区昆虫》，中国农业科学技术出版社。

栾川方颜叶蜂 *Pachyprotasis* sp. (新种，另文发表)

省内产地：栾川龙峪湾(模式产地)。

分布：河南。

资料来源：魏美才等，2008，2003—2006年河南叶蜂考察报告。《宝天曼自然保护区昆虫》，中国农业科学技术出版社。

黄跗方颜叶蜂 *Pachyprotasis subtilis* Malaise, 1945

省内产地：嵩县白云山，内乡宝天曼，西峡黄石庵。

分布：河南，贵州，陕西，重庆；缅甸，印度。

资料来源：魏美才等，1998，膜翅目：叶蜂亚目，树蜂亚目，茎蜂亚目。《伏牛山区昆虫》，中国农业科学技术出版社。

沟盾方颜叶蜂 *Pachyprotasis sulciscutellis* Wei *et* Zhong, 2002

省内产地：嵩县白云山(模式产地)。

分布：河南，四川。

资料来源：Wei Meicai *et al*., 2002, Three new taxa of *Pachyprotasis* Hartig from Mt. Funiushan, Henan, China (Hymenoptera: Tenthredinidae).《太行山及桐柏山区昆虫》，中国农业科学技术出版社。

孙氏方颜叶蜂 *Pachyprotasis sunae* Wei *et* Nie, 1999

省内产地：西峡老界岭(模式产地)。

分布：河南。

资料来源：魏美才等，1999，河南叶蜂新种记述。《伏牛山南坡及大别山区昆虫》，中国农业科学技术出版社。

田氏方颜叶蜂 *Pachyprotasis tiani* Wei, 1998

省内产地：嵩县白云山(模式产地)，栾川龙峪湾，卢氏大块地，卢氏淇河林场，西峡老界岭。

分布：河南，河北，湖南，四川，广东。

资料来源：Wei Meicai *et al*., 1998, Eleven new species of *Pachyprotarsis* Hartig from Funiushan (Hymenoptera: Tenthredinidae).《伏牛山区昆虫》，中国农业科学技术出版社。

王氏方颜叶蜂 *Pachyprotasis wangi* Wei *et* Zhong, 2002

省内产地：栾川龙峪湾(模式产地)，嵩县白云山。

分布：河南，甘肃，云南。

资料来源：钟义海等，2002，河南伏牛山方颜叶蜂属六新种。《太行山及桐柏山区昆虫》，中国农业科学技术出版社。

文氏方颜叶蜂 *Pachyprotasis weni* Wei, 1998

省内产地：嵩县白云山(模式产地)，栾川龙峪湾。

分布：河南。

资料来源：Wei Meicai *et al*., 1998, Eleven new species of *Pachyprotarsis* Hartig from Funiushan (Hymenoptera: Tenthredinidae).《伏牛山区昆虫》，中国农业科学技术出版社。

左氏方颜叶蜂 *Pachyprotasis zuoae* Wei *et* Zhong, 2005

省内产地：嵩县白云山(副模产地)。

分布：河南，湖南，贵州。

资料来源：魏美才等，2008，2002年河南叶蜂考察报告。《宝天曼自然保护区昆虫》，中国农业科学技术出版社。

白足异颚叶蜂 *Paraneugmenus mandibularis* (Wei, 1997)

省内产地：嵩县白云山，西峡老界岭。

分布：河南，陕西。

资料来源：魏美才等，2002，膜翅目：叶蜂亚目，茸蜂亚目，树蜂亚目，茎蜂亚目。《太行山及桐柏山区昆虫》，中国农业科学技术出版社。

黑唇副元叶蜂 *Parasiobla attenata* Rohwer, 1916

省内产地：栾川龙峪湾，内乡宝天曼。

分布：河南，江苏，浙江，福建，湖南。

资料来源：魏美才等，1998，膜翅目：叶蜂亚目，树蜂亚目，茎蜂亚目。《伏牛山区昆虫》，中国农业科学技术出版社。

红胸副元叶蜂 *Parasiobla rufothoracina* Wei, 1998

省内产地：栾川龙峪湾(模式产地)，嵩县白云山。

分布：河南。

资料来源：魏美才等，1998，伏牛山平背叶蜂亚科五新种。《伏牛山区昆虫》，中国农业科学技术出版社。

张氏副元叶蜂 *Parasiobla zhangi* Wei, 1997

省内产地：卢氏大块地。

分布：河南，甘肃，陕西，湖南，重庆。

资料来源：魏美才等，2002，膜翅目：叶蜂亚目，茸蜂亚目，树蜂亚目，茎蜂亚目。《太行山及桐柏山区昆虫》，中国农业科学技术出版社。

热氏副元叶蜂 *Parasiobla zhelochovtsevi* Vitasaari *et* Zinovjev, 1991

省内产地：嵩县白云山，栾川龙峪湾，卢氏大块地，卢氏淇河林场，西峡黄石庵，西峡老界岭。

分布：河南，吉林，北京，陕西，四川，湖北，湖南；俄罗斯(东西伯利亚)。

资料来源：魏美才等，1998，膜翅目：叶蜂亚目，树蜂亚目，茎蜂亚目。《伏牛山区昆虫》，中国农业科学技术出版社。

窝陷瘤角叶蜂 *Phymatocera foveata* Wei, 1998

省内产地：嵩县白云山(模式产地)。

分布：河南。

资料来源：Nie Haiyan *et al.*, 1998, Five new sawflies from Funiushan (Hymenoptera: Tenthredinoidea).《伏牛山区昆虫》，中国农业科学技术出版社。

膜窝瘤角叶蜂 *Phymatocera membra* Wei, 2002

省内产地：嵩县白云山(模式产地)。

分布：河南。

资料来源：魏美才，2002，河南蔺叶蜂亚科五新种。《太行山及桐柏山区昆虫》，中国农业科学技术出版社。

中华瘤角叶蜂 *Phymatocera sinica* Wei, 2002

省内产地：济源黄楝树(模式产地)。

分布：河南。

资料来源：魏美才，2002，河南蔺叶蜂亚科五新种。《太行山及桐柏山区昆虫》，中国农业科学技术出版社。

陈氏弯眶叶蜂 *Phymatoceridea cheni* Wei, 2005

省内产地：辉县八里沟。

分布：河南，湖北，浙江，贵州，广西，云南。

资料来源：魏美才等，2008，2003—2006 年河南叶蜂考察报告。《宝天曼自然保护区昆虫》，中国农业科学技术出版社。

光额弯眶叶蜂 *Phymatoceridea glabrifrons* Wei, 1999

省内产地：商城黄柏山(模式产地)。

分布：河南，浙江。

资料来源：魏美才等，1999，河南大别山区叶蜂十五新种。《伏牛山南坡及大别山区昆虫》，中国农业科学技术出版社。

姜氏弯眶叶蜂 *Phymatoceridea* sp. (新种，另文发表)

省内产地：嵩县白云山(模式产地)。

分布：河南。

资料来源：魏美才等，2008，2002 年河南叶蜂考察报告。《宝天曼自然保护区昆虫》，中国农业科学技术出版社。

齿爪双窝叶蜂 *Phymatoceriola dentata* Wei, 1998

省内产地：嵩县白云山(模式产地)。

分布：河南。

资料来源：Nie Haiyan *et al.*, 1998, Five new sawflies from Funiushan (Hymenoptera: Tenthredinoidea).《伏牛山区昆虫》，中国农业科学技术出版社。

柳厚壁叶蜂 *Pontania caprea* Linnaeus, 1758

省内产地：安阳，内黄，濮阳，新乡，郑州，开封，兰考，睢县。

分布：河南。

资料来源：杨秀元等，1981，中国林业昆虫名录。中国林业出版社。

柳双瘿叶蜂 *Pontania dolichura* (G. G. Thomson, 1871)

Pontania robbinsi Bonson, 1935

省内产地：安阳，内黄，濮阳，新乡，郑州。

分布：河南，其他分布地待查。

资料来源：申效诚，1993，河南昆虫名录。中国农业科学技术出版社。

黑转似栉叶蜂 *Priophorus melanotus* Wei, 2002

省内产地：卢氏大块地(模式产地)。

分布：河南。

资料来源：魏美才等，2002，河南突瓣叶蜂科五新种。《太行山及桐柏山区昆虫》，中国农业科学技术出版社。

黑跗拟栉叶蜂 *Priophorus nigrotarsalis* Wei, 1998

省内产地：栾川龙峪湾(模式产地), 嵩县白云山。

分布：河南。

资料来源：Nie Haiyan *et al.*, 1998, Five new sawflies from Funiushan (Hymenoptera: Tenthredinoidea).《伏牛山区昆虫》，中国农业科学技术出版社。

淡足拟栉叶蜂 *Priophorus pallipes* (Lepeletier, 1823)

省内产地：嵩县白云山，栾川龙峪湾。

分布：河南，其他分布地待查。

资料来源：魏美才等，2008，河南省叶蜂种类名录。《宝天曼自然保护区昆虫》，中国农业科学技术出版社。

大顶简栉叶蜂 *Priophorus verticinus* Wei, 2002

省内产地：济源黄楝树(模式产地)。

分布：河南。

资料来源：魏美才等，2002，河南突瓣叶蜂科五新种。《太行山及桐柏山区昆虫》，中国农业科学技术出版社。

单齿锤缘叶蜂 *Pristiphora appendiculata* (Hartig, 1837)

Pristiphora pallipes Lepeletier, 1823

省内产地：内乡宝天曼。

分布：河南；国外分布地待查。

资料来源：魏美才等，1999，河南叶蜂新种记述。《伏牛山南坡及大别山区昆虫》，中国农业科学技术出版社。

彩氏锉叶蜂 *Pristiphora caiwanzhii* Wei, 1998

省内产地：栾川龙峪湾(模式产地)。

分布：河南。

资料来源：Nie Haiyan *et al.*, 1998, Five new sawflies from Funiushan (Hymenoptera: Tenthredinoidea).《伏牛山区昆虫》，中国农业科学技术出版社。

红环槌缘叶蜂 *Pristiphora erichsoni* (Hartig, 1837)

松红腹叶蜂 *Nematus erichsoni* Hartig

省内产地：南阳，信阳，新县。

分布：河南，其他分布地待查。

资料来源：申效诚，1993，河南昆虫名录。中国农业科学技术出版社。

李氏锉叶蜂 *Pristiphora lii* Wei, 1998

省内产地：嵩县白云山(模式产地)。

分布：河南。

资料来源：Nie Haiyan *et al.*, 1998, Five new sawflies from Funiushan (Hymenoptera: Tenthredinoidea).《伏牛山区昆虫》，中国农业科学技术出版社。

黑尾锉叶蜂 *Pristiphora melanopygiolia* Wei, 1999

省内产地：信阳鸡公山(模式产地)。

分布：河南。

资料来源：魏美才等，1999，鸡公山叶蜂九新种。《鸡公山区昆虫》，中国农业科学技术出版社。

寡节锤缘叶蜂 *Pristiphora oligalucina* Wei, 2002

省内产地：济源愚公林场(模式产地)。

分布：河南。

资料来源：魏美才等，2002，河南突瓣叶蜂科五新种。《太行山及桐柏山区昆虫》，中国农业科学技术出版社。

中华锤缘叶蜂 *Pristiphora sinensis* Wong, 1977

省内产地：商城黄柏山。

分布：河南，北京，河北，山东，山西，江苏，湖北，浙江，湖南，福建。

资料来源：魏美才等，1999，膜翅目：叶蜂亚目，树蜂亚目，梨室蜂亚目，茎蜂亚目。《伏牛山南坡及大别山区昆虫》，中国农业科学技术出版社。

钟氏锤缘叶蜂 *Pristiphora zhongi* Wei, 2002

省内产地：嵩县白云山(模式产地)。

分布：河南。

资料来源：魏美才等，2002，河南突瓣叶蜂科五新种。《太行山及桐柏山区昆虫》，中国农业科学技术出版社。

红胸狄并叶蜂 *Propodea rotundiventris* (Cameron, 1876)

省内产地：嵩县白云山，卢氏大块地，内乡宝天曼，西峡老界岭。

分布：河南，安徽，湖北，湖南，西藏；印度(锡金)，喜马拉雅。

资料来源：魏美才等，1999，膜翅目：叶蜂亚目，树蜂亚目，梨室蜂亚目，茎蜂亚目。《伏牛山南坡及大别山区昆虫》，中国农业科学技术出版社。

脊额狭并叶蜂 *Propodea* sp. (新种，另文发表)

省内产地：嵩县白云山(模式产地)。

分布：河南。

资料来源：魏美才等，2008，2003—2006 年河南叶蜂考察报告。《宝天曼自然保护区昆虫》，中国农业科学技术出版社。

黄角狭并叶蜂 *Propodea* sp. (新种，另文发表)

省内产地：嵩县白云山(模式产地)。

分布：河南。

资料来源：魏美才等，2008，2003—2006 年河南叶蜂考察报告。《宝天曼自然保护区昆虫》，中国农业科学技术出版社。

朝鲜原曲叶蜂 *Protemphytus coreanus* (Takeuchi, 1927)

省内产地：辉县八里沟，嵩县天池山，栾川龙峪湾，内乡宝天曼。

分布：河南，山东，东北；东北亚。

资料来源：魏美才等，2008，2003—2006 年河南叶蜂考察报告。《宝天曼自然保护区昆虫》，中国农业科学技术出版社。

异丽叶蜂一种 *Pseudolinomorpha* sp.

省内产地：具体不详。

分布：河南。

资料来源：魏美才等，2008，河南省叶蜂种类名录。《宝天曼自然保护区昆虫》，中国农业科学技术出版社。

中华浅沟叶蜂 *Pseudostromboceros sinensis* Forsius, 1927

省内产地：桐柏桐柏山，嵩县白云山，栾川龙峪湾，内乡宝天曼，西峡桦树盘，信阳鸡公山，新县老庙，商城黄柏山。

分布：辽宁，内蒙古，北京，河北，陕西，河南，山东，江苏，安徽，湖北，浙江，江西，福建，湖南，广西，四川，贵州，云南。

资料来源：魏美才等，2002，膜翅目：叶蜂亚目，茸蜂亚目，树蜂亚目，茎蜂亚目。《太行山及桐柏山区昆虫》，中国农业科学技术出版社。

斑背任氏叶蜂 *Rena maculata* Wei, 1997

省内产地：卢氏淇河林场。

分布：河南，宁夏。本属十分稀有。

资料来源：魏美才等，2002，膜翅目：叶蜂亚目，茸蜂亚目，树蜂亚目，茎蜂亚目。《太行山及桐柏山区昆虫》，中国农业科学技术出版社。

敛眼齿唇叶蜂 *Rhogogaster convergens* Malaise, 1931

省内产地：嵩县白云山，济源黄楝树。

分布：河南；国外分布地待查。

资料来源：魏美才等，2002，膜翅目：叶蜂亚目，茸蜂亚目，树蜂亚目，茎蜂亚目。《太行山及桐柏山区昆虫》，中国农业科学技术出版社。

黄股齿唇叶蜂 *Rhogogaster femorata* Wei, 2002

省内产地：济源愚公林场(模式产地)。

分布：河南。

资料来源：魏美才等，2002，河南省齿唇叶蜂属二新种。《太行山及桐柏山区昆虫》，中国农业科学技术出版社。

强壮齿唇叶蜂 *Rhogogaster robusta* Jakovlev, 1891

省内产地：嵩县白云山，卢氏大块地，济源黄楝树。

分布：河南，甘肃，北京，湖北，浙江。

资料来源：魏美才等，2002，膜翅目：叶蜂亚目，茸蜂亚目，树蜂亚目，茎蜂亚目。《太行山及桐柏山区昆虫》，中国农业科学技术出版社。

暗痣齿唇叶蜂 *Rhogogaster stigmata* Wei, 2002

省内产地：嵩县白云山(模式产地)，卢氏淇河林场，济源黄楝树，陕县甘山公园。

分布：河南。

资料来源：魏美才等，2002，河南省齿唇叶蜂属二新种。《太行山及桐柏山区昆虫》，中国农业科学技术出版社。

褐腹短叶蜂 *Rocalia fusca* Naito *et* Huang, 1992

省内产地：卢氏大块地。

分布：河南，四川。

资料来源：魏美才等，2002，膜翅目：叶蜂亚目，茸蜂亚目，树蜂亚目，茎蜂亚目。《太行山及桐柏山区昆虫》，中国农业科学技术出版社。

白唇角瓣叶蜂 *Senoclidea decora* (Konow, 1898)

省内产地：栾川龙峪湾，内乡宝天曼，信阳鸡公山，罗山灵山，商城黄柏山，新县老庙。

分布：河南，北京，陕西，山东，江苏，浙江，江西，福建，湖北，湖南，四川，贵州，广东，广西，云南，台湾；缅甸。

资料来源：魏美才等，1998，膜翅目：叶蜂亚目，树蜂亚目，茎蜂亚目。《伏牛山区昆虫》，中国农业科学技术出版社。

中华角瓣叶蜂 *Senoclidea sinica* Wei, 1997

省内产地：罗山灵山。

分布：河南，山东，浙江，江西，四川，湖北。中国特有种。

资料来源：魏美才等，2002，膜翅目：叶蜂亚目，茸蜂亚目，树蜂亚目，茎蜂亚目。《太行山及桐柏山区昆虫》，中国农业科学技术出版社。

红环申氏叶蜂 *Shenia rufocincta* Wei *et* Nie, 2005

省内产地：嵩县白云山(属模产地，模式产地)。

分布：河南。

资料来源：Wei Meicai *et* Nie Haiyan, 2005, A new genus of Allantini from China (Hymenoptera, Tenthredinidae, Allantinae). *Acta Zootaxonomica Sinica*, 30(1): 166~169.

尖盾侧跗叶蜂 *Siobla acutiscutella* Wei, 1999

省内产地：内乡宝天曼(模式产地)。

分布：河南。

资料来源：魏美才等，1999，河南伏牛山南坡叶蜂亚科新类群。《伏牛山南坡及大别山区昆虫》，中国农业科学技术出版社。

尖鞘侧跗叶蜂 *Siobla acutithecus* Niu *et* Wei, 2010

省内产地：嵩县白云山，内乡宝天曼(模式产地)。

分布：河南，湖北，陕西，山西，四川。

资料来源：牛耕耘，魏美才，2010，中国侧跗叶蜂属五新种，动物分类学报，35(4)：911~921。

三斑侧跗叶蜂 *Siobla cavaleriei* Malaise, 1945

省内产地：卢氏大块地，嵩县白云山。

分布：河南，四川。

资料来源：魏美才等，2002，膜翅目：叶蜂亚目，茸蜂亚目，树蜂亚目，茎蜂亚目。《太行山及桐柏山区昆虫》，中国农业科学技术出版社。

三环侧跗叶蜂 *Siobla frigida*(Mocsary, 1909)

省内产地：卢氏淇河林场。

分布：河南，陕西，湖北，四川。

资料来源：魏美才等，2002，膜翅目：叶蜂亚目，茸蜂亚目，树蜂亚目，茎蜂亚目。《太行山及桐柏山区昆虫》，中国农业科学技术出版社。

矢斑侧跗叶蜂淡斑亚种 *Siobla fulvolobata transferra* Wei, 2002

省内产地：罗山灵山(模式产地)，桐柏桐柏山。

分布：河南，江西。

资料来源：魏美才等，2002，河南省侧跗叶蜂属新种和新亚种。《太行山及桐柏山区昆虫》，中国农业科学技术出版社。

黄缘侧跗叶蜂 *Siobla fulvomarginata* Wei *et* Nie, 1999

省内产地：罗山灵山(模式产地)，桐柏桐柏山。

分布：河南，湖南，浙江，福建。

资料来源：魏美才等，1999，河南叶蜂新种记述。《伏牛山南坡及大别山区昆虫》，中国农业科学技术出版社。

刘氏侧跗叶蜂 *Siobla liui* Wei, 1998

省内产地：嵩县白云山(模式产地)，栾川龙峪湾，卢氏大块地，内乡宝天曼，西峡老界岭。

分布：河南，湖北，湖南。

资料来源：魏美才等，1998，伏牛山侧跗叶蜂和金叶蜂属四新种。《伏牛山区昆虫》，中国农业科学技术出版社。

尖鞘侧跗叶蜂 *Siobla pseudoplesis* Niu *et* Wei, 2010

省内产地：具体不详。

分布：河南，宁夏，陕西，湖北，四川。

资料来源：魏美才等，2010，叶蜂科。《六盘山无脊椎动物》，河北大学出版社。

网刻侧跗叶蜂 *Siobla reticulatis* Wei, 1998

省内产地：嵩县白云山(模式产地)，栾川龙峪湾。

分布：河南。

资料来源：魏美才等，1998，伏牛山侧跗叶蜂和金叶蜂属四新种。《伏牛山区昆虫》，中国农业科学技术出版社。

红基侧跗叶蜂 *Siobla rufopropodea* Wei, 1998

省内产地：栾川龙峪湾(模式产地)。

分布：河南。

资料来源：魏美才等，1998，伏牛山侧跗叶蜂和金叶蜂属四新种。《伏牛山区昆虫》，中国农业科学技术出版社。

斑柄侧跗叶蜂 *Siobla rufoscapa* Wei, 2002

省内产地：嵩县白云山(模式产地)。

分布：河南，陕西。

资料来源：魏美才等，2002，河南省侧跗叶蜂属新种和新亚种。《太行山及桐柏山区昆虫》，中国农业科学技术出版社。

申氏侧跗叶蜂 *Siobla sheni* Wei, 2002

省内产地：嵩县白云山(模式产地)。

分布：河南。

资料来源：魏美才等，2002，河南省侧跗叶蜂属新种和新亚种。《太行山及桐柏山区昆虫》，中国农业科学技术出版社。

刺胸侧跗叶蜂 *Siobla spinola* Wei *et* Niu, 2006

省内产地：具体不详。

分布：河南，其他分布地待查。

资料来源：魏美才等，2008，河南省叶蜂种类名录。《宝天曼自然保护区昆虫》，中国农业科学技术出版社。

褐黄侧跗叶蜂黄腹亚种 *Siobla straminea immaculata* Wei, 2002

省内产地：罗山灵山(模式产地)。

分布：河南。

资料来源：魏美才等，2002，河南省侧跗叶蜂属新种和新亚种。《太行山及桐柏山区昆虫》，中国农业科学技术出版社。

近眼侧跗叶蜂 *Siobla sturmi plesia* Malaise, 1945

省内产地：嵩县白云山，卢氏大块地，内乡宝天曼，西峡老界岭。

分布：河南，四川。

资料来源：魏美才等，1998，膜翅目：叶蜂亚目，树蜂亚目，茎蜂亚目。《伏牛山区昆虫》，中国农业科学技术出版社。

高突侧跗叶蜂 *Siobla tuberculatana* Wei, 2002

省内产地：卢氏大块地(模式产地)，嵩县白云山。

分布：河南，湖北。

资料来源：魏美才等，2002，河南省侧跗叶蜂属新种和新亚种。《太行山及桐柏山区昆虫》，中国农业科学技术出版社。

环丽侧跗叶蜂 *Siobla venusta* (Konow, 1903)

省内产地：卢氏大块地，嵩县白云山，栾川龙峪湾，内乡宝天曼，西峡桦树盘。

分布：河南，内蒙古，北京，甘肃，湖北，浙江，湖南，四川。

资料来源：魏美才等，2002，膜翅目：叶蜂亚目，茸蜂亚目，树蜂亚目，茎蜂亚目。《太行山及桐柏山区昆虫》，中国农业科学技术出版社。

环丽侧跗叶蜂罗氏亚种 *Siobla venusta rohweri* Malaise, 1945

省内产地：具体不详。

分布：河南，其他分布地待查。

资料来源：魏美才等，2008，河南省叶蜂种类名录。《宝天曼自然保护区昆虫》，中国农业科学技术出版社。

黑毛侧跗叶蜂 *Siobla villosa* Malaise, 1945

省内产地：嵩县白云山。

分布：河南，甘肃。

资料来源：魏美才等，2002，膜翅目：叶蜂亚目，茸蜂亚目，树蜂亚目，茎蜂亚目。《太行山及桐柏山区昆虫》，中国农业科学技术出版社。

黄足侧跗叶蜂 *Siobla zenaida* (Dovnar-Zapolskij, 1930)

省内产地：济源愚公林场，卢氏大块地，嵩县白云山，卢氏淇河林场，济源黄楝树。

分布：河南，陕西，北京，四川；东北亚。

资料来源：魏美才等，2002，膜翅目：叶蜂亚目，茸蜂亚目，树蜂亚目，茎蜂亚目。《太行山及桐柏山区昆虫》，中国农业科学技术出版社。

钟氏侧跗叶蜂 *Slobla zhongi* Wei, 2002

省内产地：嵩县白云山(模式产地)，栾川龙峪湾，卢氏大块地。

分布：河南。

资料来源：魏美才等，2002，河南省侧跗叶蜂属新种和新亚种。《太行山及桐柏山区昆虫》，中国农业科学技术出版社。

杨直角叶蜂 *Stauronematus compressicornis* (Fabricius, 1804)

省内产地：栾川龙峪湾，内乡宝天曼。

分布：河南，新疆；全北界。

资料来源：魏美才等，1999，膜翅目：叶蜂亚目，树蜂亚目，梨室蜂亚目，茎蜂亚目。《伏牛山南坡及大别山区昆虫》，中国农业科学技术出版社。

钟氏狭刻叶蜂 *Stenodimorphopteryx* sp. (新种，另文发表)

省内产地：具体不详。

分布：河南。

资料来源：魏美才等，2008，河南省叶蜂种类名录。《宝天曼自然保护区昆虫》，中国农业科学技术出版社。

中华上脊叶蜂 *Stigmatzona sinensis* Malaise, 1945

省内产地：济源黄楝树。

分布：河南，湖北，四川。

资料来源：魏美才等，2002，膜翅目：叶蜂亚目，茸蜂亚目，树蜂亚目，茎蜂亚目。《太行山及桐柏山区昆虫》，中国农业科学技术出版社。

斑盾长柄叶蜂 *Strombocerina delicatula* (Fallen, 1808)

省内产地：卢氏大块地，嵩县白云山，栾川龙峪湾，内乡宝天曼。

分布：河南，黑龙江，吉林，内蒙古，陕西，浙江，贵州；朝鲜，日本，萨哈林岛(库页岛)；欧洲，古北亚界广布种。

资料来源：魏美才等，2002，膜翅目：叶蜂亚目，茸蜂亚目，树蜂亚目，茎蜂亚目。《太行山及桐柏山区昆虫》，中国农业科学技术出版社。

白领元叶蜂 *Taxonus albocollinia* Wei, 1998

省内产地：栾川龙峪湾(正模产地)，嵩县白云山(副模产地)。

分布：河南。

资料来源：Wei Meicai *et al*., 1998, New species of *Taxonus* Hartig from Funiushan (Hymenoptera: Tenthredinidae).《伏牛山区昆虫》，中国农业科学技术出版社。

川陕元叶蜂 *Taxonus chuanshanicus* Wei, 1977

省内产地：栾川龙峪湾，嵩县白云山。

分布：河南，陕西，湖南，四川。

资料来源：Wei Meicai *et al*., 1998, New species of *Taxonus* Hartig from Funiushan (Hymenoptera: Tenthredinidae).《伏牛山区昆虫》，中国农业科学技术出版社。

扁角元叶蜂 *Taxonus compressicornis* Wei, 1998

省内产地：嵩县白云山(模式产地)，卢氏大块地，栾川龙峪湾。

分布：河南，陕西。

资料来源：Wei Meicai *et al*., 1998, New species of *Taxonus* Hartig from Funiushan (Hymenoptera: Tenthredinidae).《伏牛山区昆虫》，中国农业科学技术出版社。

锈色元叶蜂 *Taxonus ferrugatus* Wei, 1997

省内产地：栾川龙峪湾。

分布：河南，其他分布地待查。

资料来源：魏美才等，1998，膜翅目：叶蜂亚目，树蜂亚目，茎蜂亚目。《伏牛山区昆虫》，中国农业科学技术出版社。

蓬莱元叶蜂 *Taxonus formosacolus* (Rohwer, 1916)

省内产地：嵩县白云山，栾川龙峪湾，内乡宝天曼，西峡老界岭。

分布：河南，浙江，江西，福建，台湾，广西，湖北，四川。

资料来源：魏美才等，1998，膜翅目：叶蜂亚目，树蜂亚目，茎蜂亚目。《伏牛山区昆虫》，中国农业科学技术出版社。

白基元叶蜂 *Taxonus leucocoxus* Wei, 1998

省内产地：卢氏大块地，灵山县罗山。

分布：河南，湖南，江西，浙江。

资料来源：魏美才等，2002，膜翅目：叶蜂亚目，茸蜂亚目，树蜂亚目，茎蜂亚目。《太行山及桐柏山区昆虫》，中国农业科学技术出版社。

刘氏元叶蜂 *Taxonus liu* Wei *et* Niu, 2009

省内产地：嵩县白云山(模式产地)。

分布：河南。

资料来源：牛耕耘，魏美才，2009，中国平背叶蜂亚科(膜翅目，叶蜂科)三新种。动物分类学报，34(1)：161~165。

大元叶蜂 *Taxonus major* (Malaise, 1957)

省内产地：商城黄柏山。

分布：河南，湖北，浙江，江西。

资料来源：魏美才等，1999，膜翅目：叶蜂亚目，树蜂亚目，梨室蜂亚目，茎蜂亚目。《伏牛山南坡及大别山区昆虫》，中国农业科学技术出版社。

秦岭元叶蜂 *Taxonus qinlinginus* Wei, 1998

省内产地：嵩县白云山(模式产地)，卢氏大块地，卢氏淇河林场，栾川龙峪湾。

分布：河南，四川。

资料来源：Wei Meicai *et al*., 1998, New species of *Taxonus* Hartig from Funiushan (Hymenoptera: Tenthredinidae).《伏牛山区昆虫》，中国农业科学技术出版社。

方顶黑突叶蜂 *Tenthredo abruptifrons* Malaise, 1945

Tenthredo yingdangi Wei, 2002

省内产地：嵩县白云山(模式产地)，卢氏大块地。

分布：河南，湖北。

资料来源：魏美才等，2002，申效诚先生等采集的河南叶蜂新类群。《太行山及桐柏山区昆虫》，中国农业科学技术出版社。

尖刃细斑叶蜂 *Tenthredo acutiserrulana* Wei, 2002

省内产地：济源黄楝树(模式产地)，卢氏大块地，嵩县白云山。

分布：河南，吉林，四川，宁夏。

资料来源：魏美才等，2002，河南叶蜂属绿斑组五新种。《太行山及桐柏山区昆虫》，中国农业科学技术出版社。

平刃短角叶蜂 *Tenthredo ahaina* Nie *et* Wei, 2002

省内产地：栾川龙峪湾(模式产地)。

分布：河南。

资料来源：聂海燕等，2002，河南叶蜂属短角组六新种和新亚种。《太行山及桐柏山区昆虫》，中国农业科学技术出版社。

阿丽突刺叶蜂 *Tenthredo aliana* Wei, 2002

省内产地：卢氏大块地(模式产地)。

分布：河南，四川。

资料来源：魏美才等，2002，河南叶蜂属九新种。《太行山及桐柏山区昆虫》，中国农业科学技术出版社。

中斑亚黄叶蜂 *Tenthredo allocestanella* Wei, 2002

省内产地：卢氏大块地(模式产地)。

分布：河南，四川。

资料来源：魏美才等，2002，河南叶蜂属九新种。《太行山及桐柏山区昆虫》，中国农业科学技术出版社。

黄尾短角叶蜂 *Tenthredo analis* (Andre)

省内产地：栾川龙峪湾。

分布：河南，其他分布地待查。

资料来源：魏美才等，1998，膜翅目：叶蜂亚目，树蜂亚目，茎蜂亚目。《伏牛山区昆虫》，中国农业科学技术出版社。

黑腹平斑叶蜂 *Tenthreso becquartti* Takauchi, 1940

省内产地：具体不详。

分布：河南，其他分布地待查。

资料来源：魏美才等，2008，河南省叶蜂种类名录。《宝天曼自然保护区昆虫》，中国农业科学技术出版社。

细条绿斑叶蜂 *Tenthredo beryllica* Malaise, 1945

省内产地：嵩县白云山。

分布：河南，四川。

资料来源：魏美才等，1998，膜翅目：叶蜂亚目，树蜂亚目，茎蜂亚目。《伏牛山区昆虫》，中国农业科学技术出版社。

钩纹绿斑叶蜂 *Tenthredo bilineacornis* Wei, 1998

省内产地：嵩县白云山(模式产地)，栾川龙峪湾，卢氏大块地，内乡宝天曼，西峡老界岭，桦树盘。

分布：河南，陕西，湖北。

资料来源：Wei Meicai *et al*., 1998, Sixteen new species of the genus *Temthredo* from Funiushan.《伏牛山区昆虫》，中国农业科学技术出版社。

双斑长角叶蜂 *Tenthredo bimacuclypea* Wei, 1998

省内产地：嵩县白云山(模式产地)，栾川龙峪湾，卢氏大块地，陕县甘山公园，西峡老界岭。

分布：河南，河北。

资料来源：魏美才等，1998，河南伏牛山叶蜂属五新种。《伏牛山区昆虫》，中国农业科学技术出版社。

短毛褐腹叶蜂 *Tenthredo brevipilosila* Wei, 2002

省内产地：嵩县白云山(模式产地)。

分布：河南。

资料来源：魏美才等，2002，河南叶蜂属六新种。《太行山及桐柏山区昆虫》，中国农业科学技术出版社。

短刃白端叶蜂 *Tenthredo breviserrata* Wei, 1998

省内产地：嵩县白云山(模式产地)，内乡宝天曼。

分布：河南，四川。

资料来源：Nie Haiyan *et al*., 1998, Fourteen new species of *Tenthredo* From Funiushan (Hymenoptera: Tenthredinidae).《伏牛山区昆虫》，中国农业科学技术出版社。

短顶短角叶蜂 *Tenthredo brevivertexila* Nie *et* Wei, 2002

省内产地：嵩县白云山(模式产地)，卢氏大块地，卢氏淇河林场，济源黄楝树。

分布：河南。

资料来源：聂海燕等，2002，河南叶蜂属短角组六新种和新亚种。《太行山及桐柏山区昆虫》，中国农业科学技术出版社。

淡顶绿斑叶蜂 *Tenthredo bullifera* Malaise, 1945

省内产地：嵩县白云山。

分布：河南，北京，河北，陕西，四川，云南。

资料来源：魏美才等，1998，膜翅目：叶蜂亚目，树蜂亚目，茎蜂亚目。《伏牛山区昆虫》，中国农业科学技术出版社。

翠痣绿斑叶蜂 *Tenthredo callostigmata* Wei, 1998

省内产地：嵩县白云山(模式产地)。

分布：河南。

资料来源：Wei Meicai *et al*., 1998, Sixteen new species of the genus *Temthredo* from Funiushan.《伏牛山区昆虫》，中国农业科学技术出版社。

钝脊斑黄叶蜂 *Tenthredo carinilania* Wei, 1998

省内产地：嵩县白云山(模式产地)，卢氏大块地，栾川龙峪湾。

分布：河南。

资料来源：魏美才等，1998，河南伏牛山叶蜂属五新种。《伏牛山区昆虫》，中国农业科学技术出版社。

脊颚突绿叶蜂 *Tenthrodo carinomandibularis* Wei *et* Nie, 1997

省内产地：具体不详。

分布：河南，河北，山西，宁夏，陕西，甘肃，湖北，四川，重庆。

资料来源：魏美才等，2010，叶蜂科。《六盘山无脊椎动物》，河北大学出版社。

顶斑亚黄叶蜂 *Tenthredo cestanella* Wei, 1998

省内产地：嵩县白云山(模式产地)，济源黄楝树，内乡宝天曼。

分布：河南。

资料来源：Wei Meicai *et al*., 1998, Sixteen new species of the genus *Temthredo* from Funiushan.《伏牛山区昆虫》，中国农业科学技术出版社。

程氏斑黄叶蜂 *Tenthredo chenghanhuai* Wei, 2002

省内产地：内乡宝天曼(模式产地)，卢氏大块地。

分布：河南，湖北，四川。

资料来源：魏美才等，2002，申效诚先生等采集的河南叶蜂新类群。《太行山及桐柏山区昆虫》，中国农业科学技术出版社。

半条绿斑叶蜂 *Tenthredo chloralancenia* Wei, 1998

省内产地：栾川龙峪湾(模式产地)。

分布：河南。

资料来源：Wei Meicai *et al*., 1998, Sixteen new species of the genus *Temthredo* from Funiushan.《伏牛山区昆虫》，中国农业科学技术出版社。

锚附烟黄叶蜂 *Tenthredo concaviappendix* Wei, 1999

省内产地：信阳鸡公山(模式产地)。

分布：河南，浙江。

资料来源：魏美才等，1999，鸡公山叶蜂九新种。《鸡公山区昆虫》，中国农业科学技术出版社。

扁长高突叶蜂 *Tenthredo convergenomma* Wei, 1998

省内产地：嵩县白云山(模式产地)，卢氏大块地。

分布：河南。

资料来源：Wei Meicai *et al*., 1998, Sixteen new species of the genus *Temthredo* from Funiushan.《伏牛山区昆虫》，中国农业科学技术出版社。

紫端斑翅叶蜂 *Tenthredo cyanapicilla* Wei, 1998

省内产地：嵩县白云山(模式产地)。

分布：河南。

资料来源：魏美才等，1998，河南伏牛山叶蜂属五新种。《伏牛山区昆虫》，中国农业科学技术出版社。

修长蓝腹叶蜂 *Tenthredo cyanigaster* Wei *et* Nie, 1999

省内产地：内乡宝天曼(模式产地)，卢氏大块地。

分布：河南，四川。

资料来源：聂海燕等，1999，河南伏牛山南坡叶蜂属六新种。《伏牛山南坡及大别山区昆虫》，中国农业科学技术出版社。

三斑槌腹叶蜂 *Tenthredo dolochomisca* Wei *et* Niu, 2008

省内产地：新县连康山老庙(模式产地)。

分布：河南，浙江。

资料来源：Wei Meicai *et* Niu Gemhyun, 2008, Three new species of the genus *Tenthredo* Linnaeus (Hymenoptera, Tenthredinidae) from China. *Acta Zootaxonomica Sinica*, 33(3): 514~519.

亮翅窝板叶蜂 *Tenthredo eburnea* (Mocsary, 1909)

省内产地：嵩县白云山。

分布：河南，浙江。

资料来源：魏美才等，2002，膜翅目：叶蜂亚目，茸蜂亚目，树蜂亚目，茎蜂亚目。《太行山及桐柏山区昆虫》，中国农业科学技术出版社。

雅致绿痣叶蜂 *Tenthredo elegansoma* Wei, 1998

省内产地：嵩县白云山(模式产地)，栾川龙峪湾，卢氏大块地，内乡宝天曼，西峡桦树盘。

分布：河南。

资料来源：Nie Haiyan *et al*., 1998, Fourteen new species of *Tenthredo* From Funiushan (Hymenoptera: Tenthredinidae).《伏牛山区昆虫》，中国农业科学技术出版社。

黑胸绿痣叶蜂 *Tenthredo elegansomatoida* Wei *et* Nie, 1999

省内产地：内乡宝天曼(模式产地)。

分布：河南。

资料来源：聂海燕等，1999，河南伏牛山南坡叶蜂属六新种。《伏牛山南坡及大别山区昆虫》，中国农业科学技术出版社。

等节横斑叶蜂 *Tenthredo equalia* Wei, 2002

省内产地：卢氏大块地(模式产地)。

分布：河南。

资料来源：魏美才等，2002，河南西部叶蜂属七新种。《太行山及桐柏山区昆虫》，中国农业科学技术出版社。

褐腹白端叶蜂 *Tenthredo ferruginea* Schrank, 1776

省内产地：陕县甘山公园。

分布：河南，吉林，内蒙古，河北，青海，新疆；俄罗斯(西伯利亚)；中亚，欧洲。

资料来源：魏美才等，2002，膜翅目：叶蜂亚目，茸蜂亚目，树蜂亚目，茎蜂亚目。《太行山及

桐柏山区昆虫》，中国农业科学技术出版社。

黑唇白端叶蜂 *Tenthredo ferruginiella* Wei, 2002

省内产地：济源黄楝树(模式产地)，卢氏大块地。

分布：河南，湖北，四川，青海。

资料来源：魏美才等，2002，河南叶蜂属白端组三新种。《太行山及桐柏山区昆虫》，中国农业科学技术出版社。

多环黑黄叶蜂指名亚种 *Tenthredo finschi finschi* Kirby, 1882

省内产地：嵩县白云山。

分布：河南，其他分布地待查。

资料来源：魏美才等，1998，膜翅目：叶蜂亚目，树蜂亚目，茎蜂亚目。《伏牛山区昆虫》，中国农业科学技术出版社。

多环黑黄叶蜂淡痣亚种 *Tenthredo finschi pallidistigma* Malaise, 1945

省内产地：卢氏大块地，栾川龙峪湾。

分布：河南，黑龙江，辽宁，吉林，浙江，四川；俄罗斯(西伯利亚)，日本。

资料来源：魏美才等，2002，膜翅目：叶蜂亚目，茸蜂亚目，树蜂亚目，茎蜂亚目。《太行山及桐柏山区昆虫》，中国农业科学技术出版社。

平胸高突叶蜂 *Tenthredo flatopectalina* Wei, 2002

省内产地：卢氏大块地(模式产地)。

分布：河南。

资料来源：魏美才等，2002，河南叶蜂属六新种。《太行山及桐柏山区昆虫》，中国农业科学技术出版社。

双环斑翅叶蜂 *Tenthredo flavobalteata* Cameron, 1876

省内产地：新县连康山老庙。

分布：河南，上海，浙江，福建，湖南，贵州，香港，四川。

资料来源：魏美才等，2008，2003—2006 年河南叶蜂考察报告。《宝天曼自然保护区昆虫》，中国农业科学技术出版社。

褐黄亚黄叶蜂 *Tenthredo flavobrunneus* Malaise

省内产地：嵩县白云山。

分布：河南，其他分布地待查。

资料来源：魏美才等，1998，膜翅目：叶蜂亚目，树蜂亚目，茎蜂亚目。《伏牛山区昆虫》，中国农业科学技术出版社。

方斑中带叶蜂 *Tenthredo formosula* Wei, 2002

省内产地：郑州(模式产地)，嵩县白云山，陕县甘山公园。

分布：河南。

资料来源：魏美才等，2002，河南叶蜂属六新种。《太行山及桐柏山区昆虫》，中国农业科学技术出版社。

突刃槌腹叶蜂 *Tenthredo fortunii* Kirby, 1882

台湾槌腹叶蜂 *Tenthredo formosana* Enslin 1911

省内产地：罗山灵山。

分布：河南，浙江，江西，福建，湖南。

资料来源：魏美才等，2002，膜翅目：叶蜂亚目，茸蜂亚目，树蜂亚目，茎蜂亚目。《太行山及桐柏山区昆虫》，中国农业科学技术出版社。

黑端斑黄叶蜂 *Tenthredo fulviterminata* Wei, 1998

省内产地：栾川龙峪湾(模式产地)。

分布：河南。

资料来源：魏美才等，1998，河南伏牛山叶蜂属五新种。《伏牛山区昆虫》，中国农业科学技术

出版社。

黄腰黑角叶蜂 *Tenthredo fulvocinctila* Wei, 2002

省内产地：嵩县白云山(模式产地)。

分布：河南。

资料来源：魏美才等，2002，河南叶蜂属六新种。《太行山及桐柏山区昆虫》，中国农业科学技术出版社。

伏牛山斑黄叶蜂 *Tenthredo funiushana* Wei, 1998

省内产地：嵩县白云山(模式产地)，卢氏大块地。

分布：河南，陕西。

资料来源：Nie Haiyan *et al.*, 1998, Fourteen new species of *Tenthredo* From Funiushan (Hymenoptera: Tenthredinidae).《伏牛山区昆虫》，中国农业科学技术出版社。

黑端刺斑叶蜂 *Tenthredo fuscoterminata* Marlatt, 1898

省内产地：济源黄楝树。

分布：河南，黑龙江，吉林，辽宁，北京，陕西，河北，湖北，浙江，四川，云南；朝鲜，日本，俄罗斯(东西伯利亚)。

资料来源：魏美才等，2002，膜翅目：叶蜂亚目，茸蜂亚目，树蜂亚目，茎蜂亚目。《太行山及桐柏山区昆虫》，中国农业科学技术出版社。

宽域低突叶蜂 *Tenthrodo gigas* Malaise, 1931

省内产地：具体不详。

分布：河南，黑龙江，吉林，辽宁，河北，宁夏，陕西，甘肃，湖南，四川；东北亚。

资料来源：魏美才等，2010，叶蜂科。《六盘山无脊椎动物》，河北大学出版社。

光颚绿斑叶蜂 *Tenthredo glatofrontalina* Wei, 2002

省内产地：济源愚公林场(模式产地)。

分布：河南。

资料来源：魏美才等，2002，河南叶蜂属绿斑组五新种。《太行山及桐柏山区昆虫》，中国农业科学技术出版社。

环额绿斑叶蜂 *Tenthredo grahami* Malaise, 1945

省内产地：西峡老界岭。

分布：河南，陕西，四川，西藏。

资料来源：魏美才等，1999，膜翅目：叶蜂亚目，树蜂亚目，梨室蜂亚目，茎蜂亚目。《伏牛山南坡及大别山区昆虫》，中国农业科学技术出版社。

河南绿斑叶蜂 *Tenthredo henanica* Wei, 2002

省内产地：济源愚公林场(模式产地)，栾川龙峪湾，嵩县白云山。

分布：河南。

资料来源：魏美才等，2002，河南叶蜂属绿斑组五新种。《太行山及桐柏山区昆虫》，中国农业科学技术出版社。

红唇蓝腹叶蜂 *Tenthredo hongchuna* Wei, 2002

省内产地：卢氏大块地(模式产地)。

分布：河南。

资料来源：魏美才等，2002，河南叶蜂属六新种。《太行山及桐柏山区昆虫》，中国农业科学技术出版社。

环角斑黄叶蜂 *Tenthredo indigena* Malaise, 1945

省内产地：嵩县白云山。

分布：河南，四川。

资料来源：魏美才等，2002，膜翅目：叶蜂亚目，茸蜂亚目，树蜂亚目，茎蜂亚目。《太行山及桐柏山区昆虫》，中国农业科学技术出版社。

弱烟平斑叶蜂 *Tenthredo indistinctiva* Wei, 2002

省内产地：灵宝亚武山(模式产地)。

分布：河南。

资料来源：魏美才等，2002，申效诚先生等采集的河南叶蜂新类群。《太行山及桐柏山区昆虫》，中国农业科学技术出版社。

大斑短角叶蜂 *Tenthrodo japonica* (Mocsary, 1909)

省内产地：具体不详。

分布：河南，宁夏，陕西，甘肃，湖北，浙江，广东，四川；日本，俄罗斯(西伯利亚)。

资料来源：魏美才等，2010，叶蜂科。《六盘山无脊椎动物》，河北大学出版社。

大齿亚黄叶蜂 *Tenthredo jiuzhaigoua* Wei, 1997

Tenthredo magnidentella Wei, 1998

省内产地：嵩县白云山(模式产地)，栾川龙峪湾，卢氏大块地，济源黄楝树，济源愚公林场。

分布：河南，湖北。

资料来源：Wei Meicai *et al*., 1998, Sixteen new species of the genus *Temthredo* from Funiushan.《伏牛山区昆虫》，中国农业科学技术出版社。

圆斑纤腹叶蜂 *Tenthredo jozana* (Matsumura, 1912)

省内产地：嵩县白云山，卢氏大块地，济源愚公林场。

分布：河南，陕西，湖北，四川；日本，俄罗斯(东西伯利亚)。

资料来源：魏美才等，1998，膜翅目：叶蜂亚目，树蜂亚目，茎蜂亚目。《伏牛山区昆虫》，中国农业科学技术出版社。

大斑长颚叶蜂 *Tenthredo leucosterna* (Malaise, 1933)

Tenthredo pseudocontraria Wei, 1998

省内产地：嵩县白云山(模式产地)，栾川龙峪湾，卢氏大块地，济源愚公林场，陕县甘山公园，内乡宝天曼，西峡桦树盘。

分布：河南，湖北，陕西，浙江，广东。

资料来源：Wei Meicai *et al*., 1998, Sixteen new species of the genus *Temthredo* from Funiushan.《伏牛山区昆虫》，中国农业科学技术出版社。

线缘长颚叶蜂 *Tenthredo lineimarginata* Wei, 2002

省内产地：嵩县白云山(模式产地)，栾川龙峪湾。

分布：河南。

资料来源：聂海燕等，2002，河南叶蜂属长颚组二新种。《太行山及桐柏山区昆虫》，中国农业科学技术出版社。

黄胸窝板叶蜂 *Tenthredo linjinweii* Wei *et* Nie, 2001

省内产地：罗山灵山。

分布：河南，福建。

资料来源：魏美才等，2002，膜翅目：叶蜂亚目，茸蜂亚目，树蜂亚目，茎蜂亚目。《太行山及桐柏山区昆虫》，中国农业科学技术出版社。

黑胫长颚叶蜂 *Tenthredo longimandibularis* Wei, 1998

省内产地：嵩县白云山(模式产地)。

分布：河南。

资料来源：Wei Meicai *et al*., 1998, Sixteen new species of the genus *Temthredo* from Funiushan.《伏牛山区昆虫》，中国农业科学技术出版社。

长刃槌腹叶蜂 *Tenthredo longiserrula* Wei, 2002

省内产地：罗山灵山(模式产地)。

分布：河南，浙江。

资料来源：魏美才等，2002，河南西部叶蜂属七新种。《太行山及桐柏山区昆虫》，中国农业科

学技术出版社。

长突绿斑叶蜂 *Tenthredo longitubercula* Wei, 1998

省内产地：嵩县白云山(模式产地)，栾川龙峪湾，卢氏大块地，内乡宝天曼，西峡老界岭。

分布：河南，陕西，四川。

资料来源：Wei Meicai *et al*., 1998, Sixteen new species of the genus *Temthredo* from Funiushan.《伏牛山区昆虫》，中国农业科学技术出版社。

吕氏横斑叶蜂 *Tenthredo lunani* Wei, 2008

省内产地：嵩县白云山(副模产地)。

分布：河南，陕西，湖北。

资料来源：Wei Meicai *et* Niu Gemhyun, 2008, Three new species of the genus Tenthredo Linnaeus (Hymenoptera, Tenthredinidae) from China. *Acta Zootaxonomica Sinica*, 33(3): 514~519.

卢氏刺黄叶蜂 *Tenthredo lushicola* Wei, 2002

省内产地：卢氏大块地(模式产地)。

分布：河南。

资料来源：魏美才等，2002，申效诚先生等采集的河南叶蜂新类群。《太行山及桐柏山区昆虫》，中国农业科学技术出版社。

斑股亚黄叶蜂 *Tenthredo maculofemoratila* Wei, 2002

省内产地：陕县甘山公园(模式产地)。

分布：河南。

资料来源：魏美才等，2002，河南西部叶蜂属七新种。《太行山及桐柏山区昆虫》，中国农业科学技术出版社。

大斑绿斑叶蜂 *Tenthredo magnimaculatia* Wei, 2002

省内产地：嵩县白云山(模式产地)，卢氏大块地，卢氏淇河林场。

分布：河南。

资料来源：魏美才等，2002，河南叶蜂属绿斑组五新种。《太行山及桐柏山区昆虫》，中国农业科学技术出版社。

宽斑环角叶蜂 *Tenthredo margaretella* (Rohwer)

省内产地：嵩县白云山。

分布：河南，其他分布地待查。

资料来源：魏美才等，1998，膜翅目：叶蜂亚目，树蜂亚目，茎蜂亚目。《伏牛山区昆虫》，中国农业科学技术出版社。

黑顶高突叶蜂 *Tenthredo mesomelas* Linnaeus, 1758

省内产地：陕县甘山公园，嵩县白云山，卢氏大块地，卢氏淇河林场，济源黄楝树，济源愚公林场，栾川龙峪湾。

分布：河南，黑龙江，吉林，辽宁，甘肃，河北，陕西，四川；日本；东北亚，欧洲，古北亚界北部常见种类。

资料来源：魏美才等，2002，膜翅目：叶蜂亚目，茸蜂亚目，树蜂亚目，茎蜂亚目。《太行山及桐柏山区昆虫》，中国农业科学技术出版社。

小凹斑翅叶蜂 *Tenthredo microexcisa* Wei, 1998

省内产地：嵩县白云山(模式产地)，内乡宝天曼。

分布：河南。

资料来源：魏美才等，1998，河南伏牛山叶蜂属五新种。《伏牛山区昆虫》，中国农业科学技术出版社。

小眼斑黄叶蜂 *Tenthredo micrommota* Wei, 2002

省内产地：卢氏大块地(模式产地)。

分布：河南，湖南。

资料来源：魏美才等，2002，河南叶蜂属九新种。《太行山及桐柏山区昆虫》，中国农业科学技术出版社。

光滑细斑叶蜂 *Tenthredo mossafila* Wei, 2002

省内产地：嵩县白云山(模式产地)。

分布：河南。

资料来源：魏美才等，2002，河南叶蜂属九新种。《太行山及桐柏山区昆虫》，中国农业科学技术出版社。

多带短角叶蜂 *Tenthredo multicinctalia* Nie *et* Wei, 2002

省内产地：嵩县白云山(模式产地)。

分布：河南。

资料来源：聂海燕等，2002，河南叶蜂属短角组六新种和新亚种。《太行山及桐柏山区昆虫》，中国农业科学技术出版社。

多齿绿斑叶蜂 *Tenthredo multidentella* Wei, 1998

省内产地：嵩县白云山(模式产地)，栾川龙峪湾，卢氏大块地，济源黄楝树，内乡宝天曼。

分布：河南，陕西。

资料来源：Wei Meicai *et al*., 1998, Sixteen new species of the genus *Temthredo* from Funiushan.《伏牛山区昆虫》，中国农业科学技术出版社。

多斑白端叶蜂 *Tenthredo multimaculata* Wei, 2002

省内产地：嵩县白云山(模式产地)，栾川龙峪湾。

分布：河南。

资料来源：魏美才等，2002，河南叶蜂属白端组三新种。《太行山及桐柏山区昆虫》，中国农业科学技术出版社。

宽条绿斑叶蜂 *Tenthredo nephritica* Malaise, 1945

省内产地：嵩县白云山，栾川龙峪湾，卢氏大块地，济源黄楝树，内乡宝天曼，西峡老界岭。

分布：河南，陕西，四川，湖北，湖南，贵州，重庆；缅甸。

资料来源：魏美才等，1998，膜翅目：叶蜂亚目，树蜂亚目，茎蜂亚目。《伏牛山区昆虫》，中国农业科学技术出版社。

黑额亚黄叶蜂 *Tenthredo nigrofrontalinia* Wei, 1998

省内产地：栾川龙峪湾(模式产地)，嵩县白云山，陕县甘山公园，卢氏大块地，济源黄楝树，济源愚公林场，内乡宝天曼。

分布；河南，四川。

资料来源：Wei Meicai *et al*., 1998, Sixteen new species of the genus *Temthredo* from Funiushan.《伏牛山区昆虫》，中国农业科学技术出版社。

黑柄亚黄叶蜂 *Tenthredo nigroscapulatina* Wei, 2002

省内产地：嵩县白云山(模式产地)，济源愚公林场，卢氏大块地。

分布：河南。

资料来源：魏美才等，2002，河南西部叶蜂属七新种。《太行山及桐柏山区昆虫》，中国农业科学技术出版社。

牛氏白端叶蜂 *Tenthredo niui* Wei, 1998

省内产地：嵩县白云山(模式产地)，卢氏大块地。

分布：河南，湖北。

资料来源：Nie Haiyan *et al*., 1998, Fourteen new species of *Tenthredo* From Funiushan (Hymenoptera: Tenthredinidae).《伏牛山区昆虫》，中国农业科学技术出版社。

钝突斑黄叶蜂 *Tenthredo obtusicorninata* Wei *et* Nie, 1999

省内产地：内乡宝天曼(模式产地)，栾川龙峪湾，灵宝亚武山。

分布：河南，北京，河北，陕西。

资料来源：聂海燕等，1999，河南伏牛山南坡叶蜂属六新种。《伏牛山南坡及大别山区昆虫》，中国农业科学技术出版社。

寡斑白端叶蜂 *Tenthredo oligoleucomacula* Wei, 1998

省内产地：嵩县白云山(模式产地)。

分布：河南，湖北。

资料来源：Nie Haiyan *et al.*, 1998, Fourteen new species of *Tenthredo* From Funiushan (Hymenoptera: Tenthredinidae).《伏牛山区昆虫》，中国农业科学技术出版社。

长突突绿叶蜂 *Tenthrodo omega* (Takeuchi, 1936)

省内产地：具体不详。

分布：河南，河北，山西，宁夏，陕西，甘肃，湖北，四川；日本，东北亚。

资料来源：魏美才等，2010，叶蜂科。《六盘山无脊椎动物》，河北大学出版社。

缩眶绿黄叶蜂 *Tenthredo parafrontalinia* Wei *et* Nie, 1999

省内产地：内乡宝天曼(模式产地)。

分布：河南。

资料来源：聂海燕等，1999，河南伏牛山南坡叶蜂属六新种。《伏牛山南坡及大别山区昆虫》，中国农业科学技术出版社。

窄带横斑叶蜂 *Tenthredo parapompilina* Wei *et* Nie, 1999

省内产地：内乡宝天曼(模式产地)，卢氏大块地。

分布：河南，湖南，浙江。

资料来源：聂海燕等，1999，河南伏牛山南坡叶蜂属六新种。《伏牛山南坡及大别山区昆虫》，中国农业科学技术出版社。

斑唇细蓝叶蜂 *Tenthredo pararegia* Wei, 2002

省内产地：卢氏大块地(模式产地)，嵩县白云山。

分布：河南，北京。

资料来源：魏美才等，2002，申效诚先生等采集的河南叶蜂新类群。《太行山及桐柏山区昆虫》，中国农业科学技术出版社。

黑腰白端叶蜂 *Tenthredo pararubiapicilia* Wei, 2008

省内产地：内乡宝天曼(模式产地)。

分布：河南。

资料来源：Wei Meicai *et* Niu Gemhyun, 2008, Three new species of the genus Tenthredo Linnaeus (Hymenoptera, Tenthredinidae) from China. *Acta Zootaxonomica Sinica*, 33(3): 514~519.

纹眶翠绿叶蜂 *Tenthredo paratrunca* Wei *et* Niu, 2010

省内产地：具体不详。

分布：河南，宁夏，甘肃，湖北，四川，青海，西藏。

资料来源：魏美才等，2010，叶蜂科。《六盘山无脊椎动物》，河北大学出版社。

黑柄长颚叶蜂 *Tenthredo plagiocephalia* Wei, 2002

省内产地：济源愚公林场(模式产地)，嵩县白云山。

分布：河南。

资料来源：聂海燕等，2002，河南叶蜂属长颚组二新种。《太行山及桐柏山区昆虫》，中国农业科学技术出版社。

脊盾横斑叶蜂 *Tenthredo pompilina* Malaise, 1945

省内产地：嵩县白云山，栾川龙峪湾。

分布：河南，陕西，浙江，江西，湖南，四川，云南；缅甸。

资料来源：魏美才等，1998，膜翅目：叶蜂亚目，树蜂亚目，茎蜂亚目。《伏牛山区昆虫》，中国农业科学技术出版社。

黑柄短角叶蜂 *Tenthredo potanini* (Jakovlev, 1899)

省内产地：嵩县白云山，栾川龙峪湾，卢氏大块地。

分布：河南，甘肃，四川。

资料来源：魏美才等，1998，膜翅目：叶蜂亚目，树蜂亚目，茎蜂亚目。《伏牛山区昆虫》，中国农业科学技术出版社。

纹跗细斑叶蜂 *Tenthredo pseudoberyllica* Wei, 2002

省内产地：卢氏大块地(模式产地)。

分布：河南。

资料来源：魏美才等，2002，河南叶蜂属九新种。《太行山及桐柏山区昆虫》，中国农业科学技术出版社。

宽带突绿叶蜂 *Tenthredo pseudobullifera* Wei *et* Niu, 2010

省内产地：具体不详。

分布：河南，北京，河北，山西，宁夏，陕西，重庆，四川，云南。

资料来源：魏美才等，2010，叶蜂科。《六盘山无脊椎动物》，河北大学出版社。

弧底亚黄叶蜂 *Tenthredo pseudocestanella* Wei, 1998

省内产地：嵩县白云山(模式产地)，栾川龙峪湾，济源黄楝树。

分布：河南，甘肃。

资料来源：Wei Meicai *et al*., 1998, Sixteen new species of the genus *Temthredo* from Funiushan.《伏牛山区昆虫》，中国农业科学技术出版社。

淡痣长颚叶蜂 *Tenthredo pseudofinschi* Wei *et* Niu, 2010

省内产地：具体不详。

分布：河南，宁夏，陕西，湖北，四川，重庆，云南。

资料来源：魏美才等，2010，叶蜂科。《六盘山无脊椎动物》，河北大学出版社。

半环翠绿叶蜂 *Tenthredo pseudograhami* Wei, 2002

省内产地：嵩县白云山(模式产地)，卢氏大块地。

分布：河南，陕西，四川。

资料来源：魏美才等，2002，河南叶蜂属九新种。《太行山及桐柏山区昆虫》，中国农业科学技术出版社。

痕纹绿斑叶蜂 *Tenthredo pseudonephritica* Wei, 1998

省内产地：嵩县白云山(模式产地)，栾川龙峪湾，卢氏大块地，内乡宝天曼，西峡老界岭。

分布：河南，甘肃。

资料来源：Wei Meicai *et al*., 1998, Sixteen new species of the genus *Temthredo* from Funiushan.《伏牛山区昆虫》，中国农业科学技术出版社。

黄胫长颚叶蜂 *Tenthredo pseudopallidistigma* Wei *et* Niu, 2010

省内产地：具体不详。

分布：河南，宁夏，甘肃，陕西。

资料来源：魏美才等，2010，叶蜂科。《六盘山无脊椎动物》，河北大学出版社。

拟紫腹短角叶蜂 *Tenthredo pseudopurpureiventris* Wei, 1998

省内产地：嵩县白云山(模式产地)。

分布：河南。

资料来源：Nie Haiyan *et al*., 1998, Fourteen new species of *Tenthredo* From Funiushan (Hymenoptera: Tenthredinidae).《伏牛山区昆虫》，中国农业科学技术出版社。

刻颜白环叶蜂 *Tenthredo puncticinctina* Wei, 1998

省内产地：嵩县白云山(模式产地)，栾川龙峪湾，卢氏大块地，内乡宝天曼。

分布：河南。

资料来源：Nie Haiyan *et al*., 1998, Fourteen new species of *Tenthredo* From Funiushan (Hymenoptera:

Tenthredinidae).《伏牛山区昆虫》，中国农业科学技术出版社。

黄胫短角叶蜂 *Tenthredo punctimaculiger* Wei, 1998

省内产地：栾川龙峪湾(模式产地)，卢氏大块地，嵩县白云山。

分布：河南。

资料来源：Wei Meicai *et al*., 1998, Sixteen new species of the genus *Temthredo* from Funiushan.《伏牛山区昆虫》，中国农业科学技术出版社。

秦岭白端叶蜂 *Tenthredo qinlingica* Wei, 1998

省内产地：嵩县白云山(模式产地)，西峡老界岭。

分布：河南，陕西。

资料来源：Nie Haiyan *et al*., 1998, Fourteen new species of *Tenthredo* From Funiushan (Hymenoptera: Tenthredinidae).《伏牛山区昆虫》，中国农业科学技术出版社。

黄突亚蓝叶蜂 *Tenthredo regia* Malaise

省内产地：嵩县白云山。

分布：河南，其他分布地待查。

资料来源：魏美才等，1998，膜翅目：叶蜂亚目，树蜂亚目，茎蜂亚目。《伏牛山区昆虫》，中国农业科学技术出版社。

反斑长角叶蜂 *Tenthredo reversimaculeta* Wei, 2002

省内产地：嵩县白云山(模式产地)，卢氏大块地。

分布：河南。

资料来源：魏美才等，2002，河南叶蜂属九新种。《太行山及桐柏山区昆虫》，中国农业科学技术出版社。

长角白端叶蜂 *Tenthredo rubiapicilina* Wei, 2002

省内产地：济源愚公林场(模式产地)，卢氏大块地，卢氏淇河林场。

分布：河南。

资料来源：魏美才等，2002，河南叶蜂属白端组三新种。《太行山及桐柏山区昆虫》，中国农业科学技术出版社。

红眶白端叶蜂 *Tenthredo rubiobitava* Wei, 2002

省内产地：嵩县白云山(模式产地)。

分布：河南。

资料来源：魏美才等，2002，河南叶蜂属九新种。《太行山及桐柏山区昆虫》，中国农业科学技术出版社。

红胫环腹叶蜂 *Tenthredo rubritibialina* Wei, 2002

省内产地：嵩县白云山(模式产地)。

分布：河南。

资料来源：魏美才等，2002，河南叶蜂属九新种。《太行山及桐柏山区昆虫》，中国农业科学技术出版社。

褐光白端叶蜂 *Tenthredo rufoglabrata* Wei, 1998

省内产地：嵩县白云山(模式产地)。

分布：河南。

资料来源：Nie Haiyan *et al*., 1998, Fourteen new species of *Tenthredo* From Funiushan (Hymenoptera: Tenthredinidae).《伏牛山区昆虫》，中国农业科学技术出版社。

红胫白环叶蜂 *Tenthredo rufotibianella* Wei, 1998

省内产地：嵩县白云山(模式产地)。

分布：河南。

资料来源：Nie Haiyan *et al*., 1998, Fourteen new species of *Tenthredo* From Funiushan (Hymenoptera: Tenthredinidae).《伏牛山区昆虫》，中国农业科学技术出版社。

纹额绿斑叶蜂 *Tenthredo rugifrontalisa* Wei, 2002

省内产地：嵩县白云山(模式产地)，卢氏大块地，卢氏淇河林场，栾川龙峪湾。

分布：河南。

资料来源：魏美才等，2002，河南叶蜂属绿斑组五新种。《太行山及桐柏山区昆虫》，中国农业科学技术出版社。

三黄短角叶蜂 *Tenthredo sanhuangica* Nie *et* Wei, 2002

省内产地：济源黄楝树(模式产地)。

分布：河南。

资料来源：聂海燕等，2002，河南叶蜂属短角组六新种和新亚种。《太行山及桐柏山区昆虫》，中国农业科学技术出版社。

黄眶长角叶蜂 *Tenthredo sauteri* (Rohwer, 1916)

省内产地：新县连康山老庙。

分布：河南，湖北，浙江，福建，江西，台湾，贵州，广西。

资料来源：魏美才等，2008，2003—2006 年河南叶蜂考察报告。《宝天曼自然保护区昆虫》，中国农业科学技术出版社。

断带窝板叶蜂 *Tenthredo seminfuscalia* Wei, 2002

省内产地：卢氏大块地(模式产地)。

分布：河南。

资料来源：魏美才等，2002，河南西部叶蜂属七新种。《太行山及桐柏山区昆虫》，中国农业科学技术出版社。

申氏亚黄叶蜂 *Tenthredo sheni* Wei, 1998

省内产地：嵩县白云山(模式产地)，卢氏大块地，济源黄楝树，西峡桦树盘。

分布：河南。

资料来源：Nie Haiyan *et al.*, 1998, Fourteen new species of *Tenthredo* From Funiushan (Hymenoptera: Tenthredinidae).《伏牛山区昆虫》，中国农业科学技术出版社。

时氏黑角叶蜂 *Tenthredo shii* Wei, 1998

省内产地：栾川龙峪湾(模式产地)，嵩县白云山。

分布：河南。

资料来源：Nie Haiyan *et al.*, 1998, Fourteen new species of *Tenthredo* From Funiushan (Hymenoptera: Tenthredinidae).《伏牛山区昆虫》，中国农业科学技术出版社。

中华烟黄叶蜂 *Tenthredo sinensis* Mallach, 1933

省内产地：商城黄柏山。

分布：河南，湖北，浙江，广东。

资料来源：魏美才等，1999，膜翅目：叶蜂亚目，树蜂亚目，梨室蜂亚目，茎蜂亚目。《伏牛山南坡及大别山区昆虫》，中国农业科学技术出版社。

红腹环角叶蜂 *Tenthredo sordidezonata* Malaise, 1945

省内产地：嵩县白云山，栾川龙峪湾。

分布：河南，陕西，河北，四川，重庆，广西。

资料来源：魏美才等，2002，膜翅目：叶蜂亚目，茸蜂亚目，树蜂亚目，茎蜂亚目。《太行山及桐柏山区昆虫》，中国农业科学技术出版社。

条斑亚黄叶蜂 *Tenthredo striaticornis* Malaise, 1945

省内产地：嵩县白云山，卢氏大块地，卢氏淇河林场，西峡老界岭。

分布：河南，湖南，四川。

资料来源：魏美才等，1998，膜翅目：叶蜂亚目，树蜂亚目，茎蜂亚目。《伏牛山区昆虫》，中国农业科学技术出版社。

光额绿斑叶蜂 *Tenthredo subflava* Malaise, 1945

省内产地：栾川龙峪湾。

分布：河南；缅甸。

资料来源：魏美才等，2002，膜翅目：叶蜂亚目，茸蜂亚目，树蜂亚目，茎蜂亚目。《太行山及桐柏山区昆虫》，中国农业科学技术出版社。

黑角亚黄叶蜂 *Tenthredo subnigrocornia* Wei *et* Nie, 1999

省内产地：内乡宝天曼(模式产地)，嵩县白云山。

分布：河南。

资料来源：聂海燕等，1999，河南伏牛山南坡叶蜂属六新种。《伏牛山南坡及大别山区昆虫》，中国农业科学技术出版社。

刺胸黑黄叶蜂 *Tenthredo szechunnica* Malaise, 1945

省内产地：嵩县白云山，卢氏大块地。

分布：河南，湖北，贵州。

资料来源：魏美才等，2002，膜翅目：叶蜂亚目，茸蜂亚目，树蜂亚目，茎蜂亚目。《太行山及桐柏山区昆虫》，中国农业科学技术出版社。

纤弱绿斑叶蜂 *Tenthredo tenuisomania* Wei, 1998

省内产地：嵩县白云山(模式产地)。

分布：河南。

资料来源：Wei Meicai *et al*., 1998, Sixteen new species of the genus *Temthredo* from Funiushan.《伏牛山区昆虫》，中国农业科学技术出版社。

东缘平斑叶蜂 *Tenthredo terratila* Wei *et* Nie, 2002

省内产地：嵩县白云山(模式产地)，卢氏淇河林场。

分布：河南，贵州。

资料来源：魏美才等，2002，河南西部叶蜂属七新种。《太行山及桐柏山区昆虫》，中国农业科学技术出版社。

天目亚黄叶蜂 *Tenthredo tianmushanica* Takeuchi, 1940

省内产地：嵩县白云山，栾川龙峪湾，灵宝亚武山，卢氏大块地，内乡宝天曼，西峡老界岭，桦树盘。

分布：河南，北京，陕西，湖北，四川，浙江，云南。

资料来源：魏美才等，1998，膜翅目：叶蜂亚目，树蜂亚目，茎蜂亚目。《伏牛山区昆虫》，中国农业科学技术出版社。

淡基高突叶蜂 *Tenthredo triangulifera* Malaise, 1945

省内产地：嵩县白云山。

分布：河南，四川。

资料来源：魏美才等，1998，膜翅目：叶蜂亚目，树蜂亚目，茎蜂亚目。《伏牛山区昆虫》，中国农业科学技术出版社。

三突绿斑叶蜂 *Tenthredo tridentoclypeata* Wei, 1998

省内产地：嵩县白云山(模式产地)，卢氏大块地，内乡宝天曼。

分布：河南，陕西。

资料来源：Wei Meicai *et al*., 1998, Sixteen new species of the genus *Temthredo* from Funiushan.《伏牛山区昆虫》，中国农业科学技术出版社。

截唇绿斑叶蜂 *Tenthredo trunca* Konow, 1908

省内产地：嵩县白云山，栾川龙峪湾。

分布：河南，甘肃，陕西，四川，西藏。

资料来源：魏美才等，2002，膜翅目：叶蜂亚目，茸蜂亚目，树蜂亚目，茎蜂亚目。《太行山及桐柏山区昆虫》，中国农业科学技术出版社。

黄尾短角叶蜂单带亚种 *Tenthredo ussuriensis unicinctasa* Nie *et* Wei, 2002

省内产地：济源愚公林场(模式产地)，济源黄楝树，嵩县白云山，陕县甘山公园，登封少室山，卢氏淇河林场，罗山灵山，桐柏县桐柏山。

分布：河南，北京，天津，河北，浙江，湖南。

资料来源：聂海燕等，2002，河南叶蜂属短角组六新种和新亚种。《太行山及桐柏山区昆虫》，中国农业科学技术出版社。

文氏黄角叶蜂 *Tenthredo wenjuni* Wei, 1998

省内产地：嵩县白云山(模式产地)，卢氏大块地。

分布：河南。

资料来源：Nie Haiyan *et al*., 1998, Fourteen new species of *Tenthredo* From Funiushan (Hymenoptera: Tenthredinidae).《伏牛山区昆虫》，中国农业科学技术出版社。

黄胸黄角叶蜂 *Tenthredo xanthopleurita* Wei, 1998

省内产地：嵩县白云山(模式产地)，济源黄楝树，卢氏大块地，卢氏淇河林场，陕县甘山公园，西峡老界岭。

分布：河南，湖南。

资料来源：Nie Haiyan *et al*., 1998, Fourteen new species of *Tenthredo* From Funiushan (Hymenoptera: Tenthredinidae).《伏牛山区昆虫》，中国农业科学技术出版社。

断突平斑叶蜂 *Tenthredo xanthotarsis* Cameron, 1876

省内产地：辉县八里沟。

分布：河南，内蒙古，山西；日本。

资料来源：魏美才等，2008，2003—2006年河南叶蜂考察报告。《宝天曼自然保护区昆虫》，中国农业科学技术出版社。

亮黄环腹叶蜂 *Tenthredo xysta* Wei, 2002

省内产地：嵩县白云山(模式产地)。

分布：河南，贵州。

资料来源：魏美才等，2002，河南叶蜂属六新种。《太行山及桐柏山区昆虫》，中国农业科学技术出版社。

尹氏长角叶蜂 *Tenthredo yinae* Wei, 1999

省内产地：信阳鸡公山(模式产地)，卢氏大块地，卢氏淇河林场。

分布：河南。

资料来源：魏美才等，1999，鸡公山叶蜂九新种。《鸡公山区昆虫》，中国农业科学技术出版社。

黄胸短角叶蜂 *Tenthredo yinkehei* Wei *et* Niu, 2009

省内产地：嵩县白云山(模式产地)。

分布：河南。

资料来源：魏美才，牛耕耘，2009，中国叶蜂属二新种(膜翅目，叶蜂科)。动物分类学报，34(2): 241~247。

钟氏条角叶蜂 *Tenthredo zhongi* Wei *et* Nie, 2002

省内产地：卢氏大块地(模式产地)。

分布：河南。

资料来源：魏美才等，2002，河南西部叶蜂属七新种。《太行山及桐柏山区昆虫》，中国农业科学技术出版社。

朱氏短角叶蜂 *Tenthredo zhui* Wei, 2002

省内产地：嵩县白云山(模式产地)。

分布：河南。

资料来源：聂海燕等，2002，河南叶蜂属短角组六新种和新亚种。《太行山及桐柏山区昆虫》，中国农业科学技术出版社。

台岛合叶蜂 *Tenthredopsis insularis insularis* Takeuchi, 1927

省内产地：西峡桦树盘。在河南省内分布广泛。

分布：河南，甘肃，浙江，湖北，福建，台湾，湖南，广西，四川，云南；缅甸。

资料来源：魏美才等，1999，膜翅目：叶蜂亚目，树蜂亚目，梨室蜂亚目，茎蜂亚目。《伏牛山南坡及大别山区昆虫》，中国农业科学技术出版社。

黑唇合叶蜂 *Tenthredopsis insularis nigroclypea* Wei *et* Niu, 2008

省内产地：栾川龙峪湾，嵩县白云山，内乡宝天曼(模式产地)。

分布：河南。

资料来源：魏美才等，2008，2003—2006年河南叶蜂考察报告。《宝天曼自然保护区昆虫》，中国农业科学技术出版社。

黄角合叶蜂 *Tenthredopsis insularis ruficornis* Malaise, 1945

省内产地：嵩县白云山，栾川龙峪湾，内乡宝天曼。

分布：河南，甘肃，河北，湖北，浙江，西藏；缅甸。

资料来源：魏美才等，2008，2003—2006年河南叶蜂考察报告。《宝天曼自然保护区昆虫》，中国农业科学技术出版社。

单环岛合叶蜂 *Tenthredopsis insularic unicincta* Wei, 2002

省内产地：嵩县白云山(模式产地)。

分布：河南。

资料来源：魏美才等，1998，膜翅目：叶蜂亚目，树蜂亚目，茎蜂亚目。《伏牛山区昆虫》，中国农业科学技术出版社。

闭缘合叶蜂 *Tenthredopsis nassata* (L., 1767)

省内产地：嵩县白云山，西峡桦树盘。

分布：河南，黑龙江，吉林，内蒙古，陕西，湖北；古北界。

资料来源：魏美才等，1998，膜翅目：叶蜂亚目，树蜂亚目，茎蜂亚目。《伏牛山区昆虫》，中国农业科学技术出版社。

黑红合叶蜂 *Tenthredopsis nigrorufa* (Malaise, 1945)

省内产地：嵩县白云山。

分布：河南；缅甸。

资料来源：魏美才等，1999，河南叶蜂新种记述。《伏牛山南坡及大别山区昆虫》，中国农业科学技术出版社。

短跗富槛叶蜂 *Togashia brevitarsis* Wei, 1997

省内产地：西峡老界岭，内乡宝天曼。

分布：河南，陕西，四川。

资料来源：魏美才等，1999，膜翅目：叶蜂亚目，树蜂亚目，梨室蜂亚目，茎蜂亚目。《伏牛山南坡及大别山区昆虫》，中国农业科学技术出版社。

烟翅简栉叶蜂 *Trichiocampus* sp. (新种，另文发表)

省内产地：登封少林寺(模式产地)。

分布：河南。

资料来源：魏美才等，2008，2002年河南叶蜂考察报告。《宝天曼自然保护区昆虫》，中国农业科学技术出版社。

白股简栉叶蜂 *Trichiocampus* sp. (新种，另文发表)

省内产地：辉县八里沟(模式产地)。

分布：河南。

资料来源：魏美才等，2008，2002年河南叶蜂考察报告。《宝天曼自然保护区昆虫》，中国农业科学技术出版社。

长柄半片叶蜂 *Umegatomostethus* sp. (新种，另文发表)

省内产地：卢氏大块地(模式产地)。

分布：河南，内蒙古。

资料来源：魏美才等，2002，膜翅目：叶蜂亚目，茸蜂亚目，树蜂亚目，茎蜂亚目。《太行山及桐柏山区昆虫》，中国农业科学技术出版社。

微小半片叶蜂 *Umegatomostethus* sp. (新种，另文发表)

省内产地：辉县八里沟(模式产地)。

分布：河南。

资料来源：魏美才等，2008，2002年河南叶蜂考察报告。《宝天曼自然保护区昆虫》，中国农业科学技术出版社。

斑腹单齿叶蜂 *Ungulia fasciativentris* Malaise, 1961

省内产地：嵩县白云山，栾川龙峪湾，内乡宝天曼。

分布：河南，湖北，湖南，贵州，四川，云南；缅甸。

资料来源：魏美才等，1998，膜翅目：叶蜂亚目，树蜂亚目，茎蜂亚目。《伏牛山区昆虫》，中国农业科学技术出版社。

单环纵脊叶蜂 *Xenapatidea monomera* Wei, 1999

省内产地：内乡宝天曼(模式产地)。

分布：河南，贵州，福建。

资料来源：魏美才等，1999，伏牛山南坡平背叶蜂亚科二新种。《伏牛山南坡及大别山区昆虫》，中国农业科学技术出版社。

寡毛纵脊叶蜂 *Xenapatidea procincta* (Konow, 1903)

省内产地：栾川龙峪湾，信阳鸡公山。

分布：河南，安徽，湖北，浙江，江西，福建，湖南，四川，贵州，云南。

资料来源：魏美才等，1998，膜翅目：叶蜂亚目，树蜂亚目，茎蜂亚目。《伏牛山区昆虫》，中国农业科学技术出版社。

七、茸蜂科 Blasticotomidae

本科全世界共2属13种，中国记载2属7种，河南共记录1属1种。

刻腹三节茸蜂 *Runaria punctata* Wei 1999

省内产地：桐柏桐柏山。

分布：河南，其他分布地待查。

资料来源：魏美才等，2002，膜翅目：叶蜂亚目，茸蜂亚目，树蜂亚目，茎蜂亚目。《太行山及桐柏山区昆虫》，中国农业科学技术出版社。

八、树蜂科 Siricidae

本科全世界共11属95种，中国已记载6属54种，河南共记录3属6种。

云杉大树蜂 *Sirex gigas* Linnaeus, 1758

省内产地：具体不详。

分布：河南，黑龙江，河北，山西，甘肃，青海，新疆；俄罗斯；欧洲。

资料来源：申效诚，1993，河南昆虫名录。中国农业科学技术出版社。

松树蜂 *Sirex nitobei* Matsumura, 1912

省内产地：栾川。

分布：河南，河北，陕西，云南；朝鲜，日本。

资料来源：申效诚，1993，河南昆虫名录。中国农业科学技术出版社。

云杉树蜂 *Sirex piceus* Xiao *et* Wu, 1983

省内产地：信阳。

分布：河南，青海。

资料来源：申效诚，1993，河南昆虫名录。中国农业科学技术出版社。

黑顶树蜂 *Tremex apicalis* Matsumura, 1912

省内产地：全省。

分布：河南，吉林，辽宁，河北，陕西，湖北，江苏，浙江，四川；朝鲜，日本。

资料来源：申效诚，1993，河南昆虫名录。中国农业科学技术出版社。

烟角树蜂 *Tremex fuscicornis* (Fabricius, 1787)

省内产地：洛阳，栾川，信阳。

分布：河南，内蒙古，黑龙江，吉林，辽宁，河北，山西，陕西，湖北，江苏，浙江，福建，江西，台湾，湖南，西藏；朝鲜，日本，俄罗斯(西伯利亚)，澳大利亚；欧洲。

资料来源：申效诚，1993，河南昆虫名录。中国农业科学技术出版社。

黄肩长尾树蜂 *Xeris spectrum spectrum* (Linnaeus. 1758)

省内产地：栾川龙峪湾。

分布：河南，北京，黑龙江，吉林，内蒙古，山西，新疆，青海，甘肃，台湾；日本；欧洲，北美洲。

资料来源：魏美才等，1999，膜翅目：叶蜂亚目，树蜂亚目，梨室蜂亚目，茎蜂亚目。《伏牛山南坡及大别山区昆虫》，中国农业科学技术出版社。

九、项蜂科 Xiphydriidae

本科全世界共 23 属 100 种，中国已记载 14 属 27 种，河南共记录 6 属 8 种，其中 7 个新种，并建立 4 个新属。

白角合脊项蜂 *Carinoxiphia albicornis* Wei, 1999

省内产地：内乡宝天曼(属模产地) (模式产地)。

分布：河南。

资料来源：魏美才等，1999，伏牛山南坡长项蜂科三新属新种。《伏牛山南坡及大别山区昆虫》，中国农业科学技术出版社。

红头真长项蜂 *Euxiphydria potanini* (Jakovlev, 1891)

省内产地：栾川龙峪湾，卢氏淇河林场，内乡宝天曼。

分布：河南，甘肃；朝鲜，日本，俄罗斯远东地区。

资料来源：魏美才等，1998，膜翅目：叶蜂亚目，树蜂亚目，茎蜂亚目。《伏牛山区昆虫》，中国农业科学技术出版社。

中华异须项蜂 *Heteroxiphia* sp. (新种，另文发表)

省内产地：济源黄楝树(模式产地)。

分布：河南。

资料来源：魏美才等，2002，膜翅目：叶蜂亚目，茸蜂亚目，树蜂亚目，茎蜂亚目。《太行山及桐柏山区昆虫》，中国农业科学技术出版社。

斑胸大项蜂 *Megaxiphia maculata* Wei, 1999

省内产地：内乡宝天曼(属模产地) (模式产地)，济源黄楝树。

分布：河南。

资料来源：魏美才等，1999，伏牛山南坡长颈蜂科三新属新种。《伏牛山南坡及大别山区昆虫》，中国农业科学技术出版社。

黑尾大项蜂 *Megaxiphia* sp. (新种，另文发表)

省内产地：卢氏淇河林场(模式产地)。

分布：河南。

资料来源：魏美才等，2002，膜翅目：叶蜂亚目，茸蜂亚目，树蜂亚目，茎蜂亚目。《太行山及桐柏山区昆虫》，中国农业科学技术出版社。

黑角大项蜂 *Megaxiphia* sp. (新种，另文发表)

省内产地：内乡宝天曼(模式产地)。

分布：河南。

资料来源：魏美才等，2008，2003—2006年河南叶蜂考察报告。《宝天曼自然保护区昆虫》，中国农业科学技术出版社，中国农业科学技术出版社。

条斑申氏项蜂 *Shenoxiphia striata* Wei *et* Niu (新属新种，另文发表)

省内产地：具体不详。

分布：河南。

资料来源：魏美才等，2008，河南省叶蜂种类名录。《宝天曼自然保护区昆虫》，中国农业科学技术出版社。

双色三节项蜂 *Trixiphidia bicoloricornis* Wei, 1999

省内产地：内乡宝天曼峰顶(属模产地) (模式产地)。

分布：河南。

资料来源：魏美才等，1999，伏牛山南坡长颈蜂科三新属新种。《伏牛山南坡及大别山区昆虫》，中国农业科学技术出版社。

一〇、茎蜂科 Cephidae

本科全世界共16属130种，中国已记载15属47种，河南共记录6属9种，其中新种3个，并建立1个新属。

黄颚细茎蜂 *Calameuta mandibularis* Wei, 1995

省内产地：栾川龙峪湾。

分布：河南，湖北。

资料来源：魏美才等，1999，膜翅目：叶蜂亚目，树蜂亚目，梨室蜂亚目，茎蜂亚目。《伏牛山南坡及大别山区昆虫》，中国农业科学技术出版社。

点斑茎蜂 *Cephus brachycercus* Thomson

省内产地：卢氏大块地。

分布：河南，青海，陕西。

资料来源：魏美才等，2002，膜翅目：叶蜂亚目，茸蜂亚目，树蜂亚目，茎蜂亚目。《太行山及桐柏山区昆虫》，中国农业科学技术出版社。

麦茎蜂 *Cephus pygmaeus* (Linnaeus, 1767)

省内产地：全省。

分布：河南，甘肃，青海，四川。

资料来源：申效诚，1993，河南昆虫名录。中国农业科学技术出版社。

陈氏哈茎蜂 *Hartigia cheni* Wei, 1999

省内产地：内乡宝天曼(模式产地)。

分布：河南。

资料来源：魏美才等，1999，河南伏牛山南坡茎蜂科一新种。《伏牛山南坡及大别山区昆虫》，中国农业科学技术出版社。

黑胫哈茎蜂 *Hartigia nigrotibialis* Wei *et* Nie, 1997

省内产地：具体不详。

分布：河南，宁夏，甘肃，陕西。

资料来源：魏美才等，2010，茎蜂科。《六盘山无脊椎动物》，河北大学出版社。

梨简脉茎蜂 *Janus piri* Okamoto *et* Muramatsu, 1925

省内产地：全省。

分布：河南，河北，山东，甘肃，湖北，江苏，江西，浙江，福建，湖南，四川；朝鲜，俄罗斯，北欧。

资料来源：申效诚，1993，河南昆虫名录。中国农业科学技术出版社。

申氏简脉茎蜂 *Janus sheni* Wei *et* Nie, 1997

省内产地：郑州(模式产地)。

分布：河南。

资料来源：魏美才等，1997，中国茎蜂科分类研究 IV。昆虫分类学报，19(2)：145~152。

异颚张茎蜂 *Jungicephus mandibularis* Maa, 1949

省内产地：栾川龙峪湾。

分布：河南，河北。

资料来源：魏美才等，1998，膜翅目：叶蜂亚目，树蜂亚目，茎蜂亚目。《伏牛山区昆虫》，中国农业科学技术出版社。

木兰异节茎蜂 *Heterojanus magnolina* Wei *et* Xiao, 2011

省内产地：南召(属模产地，模式产地)。

分布：河南。

资料来源：Wei Meicai, Xiao Wei, 2011, A new genus and a new species of Cephidae (Hymenoptera) from China With a Key to genera of Hartiglini s. str. *Jpn. J. Syst. Ent.*, 17(2): 185~191.

一一、钩腹蜂科 Trigonalyidae

本科全世界共 90 种，中国已记载 6 属 18 种，河南共记录 1 属 2 种。

切纹钩腹蜂 *Poecilogonalos intermedia* Chen, 1949

省内产地：具体不详。

分布：河南，浙江，湖南，云南。

资料来源：2001，何俊华等，钩腹蜂科。《天目山昆虫》，科学出版社。

带纹钩腹蜂 *Poecilogonalos unifasciatas* Chen, 1949

省内产地：具体不详。

分布：河南，浙江，福建。

资料来源：何俊华等，2001，钩腹蜂科。《天目山昆虫》，科学出版社。

一二、举腹蜂科 Aulacidae

本科全世界共 115 种，中国记载 2 属 11 种，河南 1 属 4 种。

白跗锤举腹蜂 *Pristaulacus albitarsatus* Sun *et* Sheng, 2007

省内产地：栾川龙峪湾(模式产地)。

分布：河南。

资料来源：孙淑萍，盛茂领，2007，河南省锤举腹蜂属研究(膜翅目：举腹蜂科)。动物分类学报，32(1)：216~220。

喀锤举腹蜂 *Pristaulacus karinulus* Smith, 2001

省内产地：嵩县白云山，罗山灵山。

分布：河南，江苏，台湾；印度。

资料来源：孙淑萍，盛茂领，2007，河南省锤举腹蜂属研究(膜翅目：举腹蜂科)。动物分类学报，32(1)：216~220。

黑足举腹蜂 *Pristaulacus memnonius* Sun *et* Sheng, 2007

省内产地：罗山灵山(模式产地)。

分布：河南。

资料来源：孙淑萍，盛茂领，2007，河南省锤举腹蜂属研究(膜翅目：举腹蜂科)。动物分类学报，32(1)：216~220。

脊锤举腹蜂 *Pristaulacus porcatus* Sun *et* Sheng, 2007

省内产地：罗山灵山(模式产地)。

分布：河南。

资料来源：孙淑萍，盛茂领，2007，河南省锤举腹蜂属研究(膜翅目：举腹蜂科)。动物分类学报，32(1)：216~220。

一三、褶翅蜂科 Gasteruptiidae

本科全世界共 500 种，中国已记载 1 属 8 种，河南共记录 1 属 1 种。

日本褶翅蜂 *Gasteruption japonicum* Cameron, 1888

省内产地：信阳。

分布：河南，浙江；日本。

资料来源：申效诚，1993，河南昆虫名录。中国农业科学技术出版社。

一四、冠蜂科 Stephanidae

本科全世界共 11 属 296 种，中国已记载 4 属 16 种，河南共记录 1 属 1 未定种。

吉丁大腿冠蜂 *Mechischus* sp.

省内产地：栾川县龙峪湾。

分布：河南。

资料来源：杨忠歧，1998，膜翅目：冠蜂总科，瘿蜂总科，小蜂总科，姬蜂总科。《伏牛山区昆虫》，中国农业科学技术出版社。

一五、枝跗瘿蜂科 Ibaliidae

本科全世界共 2 属 13 种，中国已记载 2 属 5 种，河南共记录 1 属 1 种。

枝跗瘿蜂 *Ibalia* sp.

省内产地：郑州。

寄主：烟角树蜂。

分布：河南。

资料来源：申效诚，1993，河南昆虫名录。中国农业科学技术出版社。

一六、光翅瘿蜂科 Liopteridae

本科全世界共 14 属 80 种，中国已记载 2 属 4 种，河南共记录 1 属 2 未定种。

吉丁光翅瘿蜂 *Paramblynotus* sp.①

省内产地：嵩县白云山。

分布：河南。

寄主：窄吉丁。

资料来源：杨忠歧，1998，膜翅目：冠蜂总科，瘿蜂总科，小蜂总科，姬蜂总科。《伏牛山区昆虫》，中国农业科学技术出版社。

短索光翅瘿蜂 *Paramblynotus* sp.②

省内产地：栾川县龙峪湾。

分布：河南。

寄主：窄吉丁及其他吉丁幼虫。

资料来源：杨忠歧，1998，膜翅目：冠蜂总科，瘿蜂总科，小蜂总科，姬蜂总科。《伏牛山区昆虫》，中国农业科学技术出版社。

一七、环腹瘿蜂科 Figitidae

本科全世界共 13 属 125 种，河南共记录 2 属 2 未定种。

黄足瘿蜂 *Charips* sp.

省内产地：具体不详。

分布：河南。

资料来源：申效诚，1993，河南昆虫名录。中国农业科学技术出版社。

蚜虫环腹瘿蜂 *Figites* sp.

省内产地：信阳，许昌。

分布：河南。

资料来源：申效诚，1993，河南昆虫名录。中国农业科学技术出版社。

一八、瘿蜂科 Cynipidae

本科全世界共 44 属 1000 种，中国已记载 16 属 30 种，河南共记录 2 属 3 种。

柞枝球瘿瘿蜂 *Diplolepis japonica* (Ashmead, 1904)

槲柞瘿蜂 *Cynips mukaigawae* Mukaigawae, 1922

省内产地：信阳，罗山，光山，新县，西峡，淅川。

分布：河南，吉林，辽宁，浙江，贵州；日本。

资料来源：申效诚，1993，河南昆虫名录。中国农业科学技术出版社。

栎叶瘿蜂 *Diplolepis agama* (Hartig, 1737)

省内产地：信阳，罗山，新县。

分布：河南，山东；欧洲。

资料来源：申效诚，1993，河南昆虫名录。中国农业科学技术出版社。

栗瘿蜂 *Dryocosmus kuriphilus* Yasumatsu, 1951

省内产地：林州，确山，桐柏，信阳，罗山，新县，固始。

分布：河南，辽宁，河北，北京，天津，山东，陕西，安徽，江苏，浙江，福建，江西，湖北，湖南，广东，广西；日本。

资料来源：申效诚，1993，河南昆虫名录。中国农业科学技术出版社。

一九、褶翅小蜂科 Leucospidae

本科全世界共 4 属 134 种，中国已记载 1 属 9 种，河南共记录 1 属 2 种。

日本褶翅小蜂 *Leucospis japonica* Walker, 1871

省内产地：武陟，许昌，栾川县龙峪湾。

分布：河南，河北，北京，江苏，浙江，江西，四川，台湾，云南，贵州；俄罗斯，朝鲜，日本，尼泊尔，印度。

寄主：木材蛀孔中的泥蜂幼虫，蜜蜂及蜾蠃幼虫。

资料来源：杨忠歧，1998，膜翅目：冠蜂总科，瘿蜂总科，小蜂总科，姬蜂总科。《伏牛山区昆虫》，中国农业科学技术出版社。

脊胸褶翅小蜂 *Leucospis* sp.

省内产地：栾川县龙峪湾。

分布：河南。

寄主：同日本褶翅小蜂。

资料来源：杨忠歧，1998，膜翅目：冠蜂总科，瘿蜂总科，小蜂总科，姬蜂总科。《伏牛山区昆

虫》，中国农业科学技术出版社。

二〇、小蜂科 Chalcididae

本科全世界共 70 属 1400 种，中国已记载 20 属 166 种，河南共记录 4 属 9 种。

无脊大腿小蜂 *Brachymeria excarinata* Gahan, 1925

省内产地：修武，南阳，信阳。

分布：河南，新疆，江苏，浙江，江西，福建，台湾，湖北，广东，海南，广西，四川，贵州；日本，印度，泰国，新加坡，菲律宾，越南，老挝，埃及。

寄主：稻纵卷叶螟，小菜蛾。

资料来源：申效诚，1993，河南昆虫名录。中国农业科学技术出版社。

寄蝇大腿小蜂 *Brachymeria fiskei* (Crawford, 1910)

省内产地：全省。

分布：河南，江苏，江西，浙江，福建，湖南；朝鲜，日本，印度。

资料来源：申效诚，1993，河南昆虫名录。中国农业科学技术出版社。

广大腿小蜂 *Brachymeria lasus* (Walker, 1841)

省内产地：全省。

分布：河南，河北，北京，天津，陕西，江苏，安徽，浙江，上海，江西，福建，台湾，湖北，湖南，广东，海南，广西，四川，贵州，云南；朝鲜，日本，菲律宾，印度尼西亚，越南，缅甸，印度，斐济，美国(夏威夷)，巴布亚新几内亚，澳大利亚。

寄主：初寄生或重寄生。鳞翅目，膜翅目，双翅目的很多种类。

资料来源：何俊华等，2001，小蜂科。《天目山昆虫》，科学出版社。

麻蝇大腿小蜂 *Brachymeria minuta* (Linnaeus, 1767)

省内产地：具体不详。

分布：河南，黑龙江，内蒙古，河北，北京，山西，陕西，宁夏，甘肃，新疆，江苏，浙江，福建，台湾，湖北，广东，贵州，云南；亚洲，欧洲，大洋洲，北非。

寄主：麻蝇科和丽蝇科的一些种类。

资料来源：何俊华等，2001，小蜂科。《天目山昆虫》，科学出版社。

红腿大腿小蜂 *Brachymeria podagrica* (Fabricius, 1787)

省内产地：信阳，新野，南阳，许昌，修武。

分布：河南，黑龙江，内蒙古，河北，北京，陕西，甘肃，山东，安徽，浙江，江西，福建，台湾，广东，广西，贵州，香港；朝鲜，日本，菲律宾，马来西亚，泰国，尼泊尔，蒙古国，俄罗斯，印度尼西亚，越南，老挝，印度，澳大利亚；欧洲，非洲，北美。

资料来源：何俊华等，2001，小蜂科。《天目山昆虫》，科学出版社。

次生大腿小蜂 *Brachymeria secundaria* (Ruschka, 1922)

省内产地：全省。

分布：河南，辽宁，内蒙古，北京，山西，江苏，江西，浙江，福建，湖南，广东，海南，广西，四川，贵州，云南；日本，菲律宾，印度，俄罗斯；欧洲。

寄主：姬蜂科和茧蜂科。

资料来源：何俊华等，2001，小蜂科。《天目山昆虫》，科学出版社。

青冈梳角小蜂 *Chirocera glauca* Yang, 1997

省内产地：栾川县龙峪湾(模式产地)。

分布：河南。

资料来源：杨忠歧等，1997，伏牛山小蜂科二新种。昆虫分类学报，19(4)：308~312。

松毛虫凸腿小蜂 *Kiechbaumerella dendrolimi* Sheng *et* Zhong, 1987

省内产地：具体不详。

分布：河南，北京，陕西，安徽，江苏，浙江，江西，福建，湖北，湖南，广东，广西，云南。

资料来源：何俊华等，2001，小蜂科。《天目山昆虫》，科学出版社。

吉丁锥腹小蜂 *Trigonura chrysobathra* Yang, 1997

省内产地：栾川县龙峪湾(模式产地)。

分布：河南。

寄主：栎吉丁甲。

资料来源：杨忠歧等，1997，伏牛山小蜂科二新种。昆虫分类学报，19(4)：308~312。

二一、广肩小蜂科 Eurytomidae

本科全世界共 73 属 1100 种，中国已记载 10 属 54 种，河南共记录 3 属 13 种。

天蛾广肩小蜂 *Eurytoma manilensis* Ashmead

省内产地：许昌，尉氏。

分布：河南，江苏。

寄主：柳天蛾。

资料来源：申效诚，1993，河南昆虫名录。中国农业科学技术出版社。

刺蛾广肩小蜂 *Eurytoma monemae* Ruschka, 1918

省内产地：全省。

分布：河南，浙江，天津；印度，斯里兰卡。

寄主：黄刺蛾。

资料来源：申效诚，1993，河南昆虫名录。中国农业科学技术出版社。

刺槐种子广肩小蜂 *Eurytoma philorobinae* Liao

省内产地：全省。

分布：河南，辽宁，宁夏，新疆，甘肃，河北，北京，天津，山东，陕西，江苏，湖北，湖南，云南。

寄主：刺槐。

资料来源：申效诚，1993，河南昆虫名录。中国农业科学技术出版社。

黄楝种子广肩小蜂 *Eurytoma plotnikovi* Nikolskaya

省内产地：林州，济源，修武，焦作，洛阳，嵩县，栾川，汝阳，西峡。

分布：河南，河北，山西，陕西，江苏；哈萨克斯坦，伊朗；欧洲。

寄主：黄楝。

资料来源：申效诚，1993，河南昆虫名录。中国农业科学技术出版社。

玫瑰广肩小蜂 *Eurytoma rosae* Nees

省内产地：具体不详。

分布：河南，辽宁，山东，北京，陕西，湖南，江西。

资料来源：范迪，1993，山东林木昆虫志。中国林业出版社。

杏仁广肩小蜂 *Eurytoma samaonovi* Wass.

省内产地：安阳，新乡，商丘，偃师，洛阳。

分布：河南，辽宁，河北，山西，陕西，新疆。

寄主：杏。

资料来源：申效诚，1993，河南昆虫名录。中国农业科学技术出版社。

刺胫广肩小蜂 *Eurytoma setigera* Mayr, 1878

省内产地：具体不详。

分布：河南，辽宁，河北，山东，陕西，安徽，浙江，福建，江西，湖南，广西，云南；俄罗斯；中亚，西欧。

寄主：栗瘿蜂。

资料来源：申效诚，1993，河南昆虫名录。中国农业科学技术出版社。

黏虫广肩小蜂 *Eurytoma verticillata* (Fabricius, 1798)

省内产地：信阳，新野，中牟，尉氏，安阳。

分布：河南，浙江，江西，福建，湖南，广东，贵州；日本；欧洲，北美。

寄主：螟蛉悬茧姬蜂，黏虫绒茧蜂，螟蛉绒茧蜂，二化螟绒茧蜂，弄蝶绒茧蜂，稻纵卷叶螟绒茧蜂，稻纵卷叶螟长体茧蜂，黏虫悬茧蜂，螟蛉悬茧蜂，螟蛉脊茧蜂，眼蝶脊茧蜂，螟黑纹茧蜂等。

资料来源：申效诚，1993，河南昆虫名录。中国农业科学技术出版社。

桃天蛾广肩小蜂 *Eurytoma* sp.

省内产地：许昌。

分布：河南。

寄主：桃天蛾。

资料来源：申效诚，1993，河南昆虫名录。中国农业科学技术出版社。

广肩小蜂 *Eurytoma* sp.

省内产地：栾川龙峪湾，嵩县白云山。

分布：河南。

资料来源：肖晖，1998，膜翅目：小蜂总科。《伏牛山区昆虫》，中国农业科学技术出版社。

柏蠹黄色广肩小蜂 *Phleudecatoma platycladi* Yang, 1996

省内产地：西峡木寨林场。

分布：河南，陕西，贵州，云南。

寄主：柏肤小蠹。

资料来源：杨忠歧，1996，中国小蠹虫寄生蜂。科学出版社。

刚竹泰广肩小蜂 *Tetramesa phyllostachitis* Gahan, 1922

省内产地：信阳，南阳，西峡。

寄主：竹。

分布：河南，山东，安徽，浙江，福建，湖南；日本，俄罗斯，美国。

资料来源：申效诚，1993，河南昆虫名录。中国农业科学技术出版社。

泰广肩小蜂 *Tetramesa* sp.

省内产地：栾川龙峪湾，嵩县白云山。

分布：河南。

资料来源：肖晖，1998，膜翅目：小蜂总科。《伏牛山区昆虫》，中国农业科学技术出版社。

二二、长尾小蜂科 Torymidae

本科全世界共 66 属 1500 种，中国已记载 13 属 62 种，河南共记录 3 属 3 种。

***Callimomus* sp.**

省内产地：栾川龙峪湾，嵩县白云山。

分布：河南。

资料来源：肖晖，1998，膜翅目：小蜂总科。《伏牛山区昆虫》，中国农业科学技术出版社。

中华螳小蜂 *Podagrion chinensis* Ashmead, 1886

省内产地：全省。

分布：河南，浙江，福建，江西；欧洲，美洲。

寄主：螳螂。

资料来源：申效诚，1993，河南昆虫名录。中国农业科学技术出版社。

中华长尾小蜂 *Torymus sinensis* Kamijp, 1982

省内产地：具体不详。

分布：河南，辽宁，河北，北京，山东，陕西，安徽，浙江，江西，湖南，广西，云南；日本。

资料来源：何俊华等，2006，中国林木害虫天敌昆虫。中国林业出版社。

二三、刻腹小蜂科 Ormyridae

本科全世界共 3 属 60 种，中国已记载 1 属数种，河南记录 1 属 1 种。

具点刻腹小蜂 *Oemyrus punctiger* Westwood, 1832

省内产地：具体不详。

分布：河南，山东，陕西，河北，浙江，安徽，江西。

资料来源：编委会，1993，山东林木昆虫志。中国林业出版社。

二四、蚁小蜂科 Eucharitidae

本科全世界共 55 属 330 种，中国记载 2 属 2 种，河南共记录 1 属 1 未定种。

蚁小蜂 *Eucharis* sp.

省内产地：栾川龙峪湾，嵩县白云山。

分布：河南。

资料来源：肖晖，1998，膜翅目：小蜂总科。《伏牛山区昆虫》，中国农业科学技术出版社。

二五、巨胸小蜂科 Perilampidae

本科全世界共 26 属 230 种，中国已记载 4 属 8 种，河南共记录 1 属 4 种。

翠绿巨胸小蜂 *Perilampus prasinus* Nikolakaya, 1952

省内产地：新野。

分布：河南，新疆，青海，黑龙江，华北。

重寄主：鳞翅类，叶蜂，蝇类。

资料来源：申效诚，1993，河南昆虫名录。中国农业科学技术出版社。

墨玉巨胸小蜂 *Perilampus tristis* Mayr, 1905

省内产地：西平。

分布：河南，黑龙江，河北，甘肃，新疆；俄罗斯；欧洲。

重寄主：银纹夜蛾。

资料来源：申效诚，1993，河南昆虫名录。中国农业科学技术出版社。

巨胸小蜂 *Perilampus* sp.①

省内产地：栾川龙峪湾，嵩县白云山。

分布：河南。

资料来源：肖晖，1998，膜翅目：小蜂总科。《伏牛山区昆虫》，中国农业科学技术出版社。

巨胸小蜂 *Perilampus* sp.②

省内产地：栾川龙峪湾，嵩县白云山。

分布：河南。

资料来源：肖晖，1998，膜翅目：小蜂总科。《伏牛山区昆虫》，中国农业科学技术出版社。

二六、金小蜂科 Pteromalidae

本科全世界共 587 属 3463 种，中国已记载 70 余属 250 多种(黄大卫等，2005)，河南共记录 37 属 56 种。

大头蟀卵金小蜂 *Acroclisoides sinica* (Huang *et* Liao, 1988)

省内产地：栾川龙峪湾。

分布：河南，北京，山西，湖北，云南。

寄主：蝽卵。

资料来源：肖晖等，2000，河南伏牛山区金小蜂调查及一新种描述。动物分类学报，25(3)：330~336。

榆痣斑金小蜂 *Acrocormus ulmi* Yang, 1996

省内产地：汝南(副模产地)。

分布：河南，黑龙江，内蒙古，北京，甘肃，新疆。

寄主：脐腹小蠹。

资料来源：杨忠歧，1996，中国小蠹虫寄生蜂。科学出版社。

***Ammeia pulchella* Delucchi**

省内产地：栾川龙峪湾。

分布：河南，其他分布地待查。

资料来源：肖晖，1998，膜翅目：小蜂总科。《伏牛山区昆虫》，中国农业科学技术出版社。

***Anisopteromalus* sp.**

省内产地：栾川龙峪湾。

分布：河南。

资料来源：肖晖，1998，膜翅目：小蜂总科。《伏牛山区昆虫》，中国农业科学技术出版社。

龟蜡蚧长盾金小蜂 *Anysis* sp.

省内产地：内黄，濮阳，郑州，中牟。新郑。

分布：河南。

寄主：枣龟蜡蚧。

资料来源：申效诚，1993，河南昆虫名录。中国农业科学技术出版社。

钝缘脊柄金小蜂 *Asaphes suspensus* (Nees, 1834)

省内产地：栾川龙峪湾，嵩县白云山。

分布：河南，云南，四川，新疆，西藏，河北，黑龙江，北京，广东，福建，陕西，吉林；日本；欧洲，古北区。

寄主：白菜蚜。

资料来源：肖晖等，2000，河南伏牛山区金小蜂调查及一新种描述。动物分类学报，25(3)：330~336。

蚜茧蜂金小蜂 *Asaphes vulgaris* Walker, 1835

省内产地：全省。

分布：河南，浙江；美国；欧洲。

寄主：蚜茧蜂。

资料来源：申效诚，1993，河南昆虫名录。中国农业科学技术出版社。

***Capellia* sp.**

省内产地：栾川龙峪湾。

分布：河南。

资料来源：肖晖，1998，膜翅目：小蜂总科。《伏牛山区昆虫》，中国农业科学技术出版社。

果树小蠹四斑金小蜂 *Cheiropachus quadrum* (Fabricius, 1787)

省内产地：具体不详。

分布：河南，新疆，内蒙古，宁夏，青海，黑龙江，吉林，辽宁，河北，山东，山西，陕西。

资料来源：何俊华等，2006，中国林木害虫天敌昆虫。中国林业出版社。

厚头金小蜂 *Coelopisthia* sp.

省内产地：嵩县白云山。

分布：河南，陕西。

资料来源：肖晖等，2000，河南伏牛山区金小蜂调查及一新种描述。动物分类学报，25(3)：330~336。

红铃虫金小蜂 *Dibrachys cavus* (Walker, 1835)

省内产地：新乡，嵩县，偃师，南阳。

分布：河南，山东，山西，陕西，安徽，江苏，上海，浙江，湖北，湖南，四川；朝鲜，英国，美国，加拿大，俄罗斯，捷克；北非。

寄主：红铃虫，杨小舟蛾，中国齿腿姬蜂。

资料来源：申效诚，1993，河南昆虫名录。中国农业科学技术出版社。

黑青金小蜂 *Dibrachys* sp.

省内产地：嵩县白云山。

分布：河南。

资料来源：肖晖，1998，膜翅目：小蜂总科。《伏牛山区昆虫》，中国农业科学技术出版社。

松蠹狄金小蜂 *Dinotiscus armandi* Yang, 1987

省内产地：嵩县白云山。

分布：河南，陕西，云南。

寄主：华山松大小蠹，长毛干小蠹的幼虫。

资料来源：杨忠歧，1998，膜翅目：冠蜂总科，瘿蜂总科，小蜂总科，姬蜂总科。《伏牛山区昆虫》，中国农业科学技术出版社。

方痣小蠹狄金小蜂 *Dinotiscus eupterus* (Walker, 1836)

省内产地：栾川县龙峪湾。

分布：河南，陕西，甘肃，黑龙江；日本；欧洲，北美。

寄主：华山松及油松上的多种小蠹幼虫及蛹。

资料来源：杨忠歧，1998，膜翅目：冠蜂总科，瘿蜂总科，小蜂总科，姬蜂总科。《伏牛山区昆虫》，中国农业科学技术出版社。

梢小蠹狄金小蜂 *Dinotiscus qinlingensis* Yang, 1996

省内产地：嵩县白云山。

分布：河南，陕西秦岭林区。

寄主：华山松梢小蠹幼虫。

资料来源：杨忠歧，1998，膜翅目：冠蜂总科，瘿蜂总科，小蜂总科，姬蜂总科。《伏牛山区昆虫》，中国农业科学技术出版社。

双邻金小蜂 *Dipara* sp.

省内产地：嵩县白云山。

分布：河南。

资料来源：肖晖，1998，膜翅目：小蜂总科。《伏牛山区昆虫》，中国农业科学技术出版社。

圆形赘须金小蜂 *Halticoptera circulus* (Walker, 1833)

省内产地：郑州。

分布：河南，新疆，内蒙古，宁夏，河北，北京，山东，陕西，甘肃，江苏，浙江，福建，江西，湖南，云南，西藏；欧洲，北美。

寄主：豆杆黑潜蝇。

资料来源：申效诚，时振亚，1994，《河南昆虫分类区系研究　第一卷》。中国农业科学技术出版社。

赘须金小蜂 *Halticoptera* sp.

省内产地：栾川龙峪湾。

分布：河南。

资料来源：肖晖，1998，膜翅目：小蜂总科。《伏牛山区昆虫》，中国农业科学技术出版社。

基角长胸肿腿金小蜂 *Heydenia angularicornis* Yang, 1996

省内产地：栾川县龙峪湾。

分布：河南，陕西，北京。

寄主：材小蠹及吉丁甲幼虫。

资料来源：杨忠歧，1998，膜翅目：冠蜂总科，瘿蜂总科，小蜂总科，姬蜂总科。《伏牛山区昆虫》，中国农业科学技术出版社。

长尾肿腿金小蜂 *Heydenia* sp.

省内产地：栾川县龙峪湾。

分布：河南。

寄主：吉丁及小蠹幼虫。

资料来源：杨忠歧，1998，膜翅目：冠蜂总科，瘿蜂总科，小蜂总科，姬蜂总科。《伏牛山区昆虫》，中国农业科学技术出版社。

等齿金小蜂 *Isocyrtus* sp.

省内产地：栾川龙峪湾。

分布：河南。

资料来源：肖晖 1998，膜翅目：小蜂总科。《伏牛山区昆虫》，中国农业科学技术出版社。

棱脊丽金小蜂 *Lamprotatus carinatus* Huang *et* Lu, 1993

省内产地：鲁山县(模式产地)。

分布：河南，湖北。

资料来源：黄大卫等，1993，丽金小蜂属一新种。动物学集刊，10：401~403。

米象金小蜂 *Lariophagus distinguendus* (Forster, 1840)

省内产地：具体不详。

分布：河南，河北，浙江，四川，广西，云南；世界广布。

寄主：玉米象，烟草甲。

资料来源：申效诚，1993，河南昆虫名录。中国农业科学技术出版社。

麦瑞金小蜂 *Merismus* sp.

省内产地：栾川龙峪湾，嵩县白云山。

分布：河南。

资料来源：肖晖，1998，膜翅目：小蜂总科。《伏牛山区昆虫》，中国农业科学技术出版社。

毛翅迈金小蜂 *Mesopolobus anogmoides* Graham, 1969

省内产地：嵩县白云山。

分布：河南，河北；英国。

资料来源：肖晖等，2000，河南伏牛山区金小蜂调查及一新种描述。动物分类学报，25(3)：330~336。

珠角迈金小蜂 *Mesopolobus teliformis* (Walker, 1834)

省内产地：嵩县白云山。

分布：河南，陕西，宁夏，甘肃；英国，瑞典，法国，德国，捷克。

资料来源：肖晖，1998，膜翅目：小蜂总科。《伏牛山区昆虫》，中国农业科学技术出版社。

华肿脉金小蜂 *Metacolus sinicus* Yang, 1996

省内产地：西峡，栾川龙峪湾。

分布：河南，陕西，甘肃，北京，云南，江苏，内蒙古。

寄主：多种小蠹幼虫。

资料来源：杨忠歧，1998，膜翅目：冠蜂总科，瘿蜂总科，小蜂总科，姬蜂总科。《伏牛山区昆虫》，中国农业科学技术出版社。

榆蝶胸肿腿金小蜂 *Oodera pumila* Yang, 1996

省内产地：栾川县龙峪湾。

分布：河南，黑龙江。

寄主：吉丁及小蠹幼虫。

资料来源：杨忠歧，1998，膜翅目：冠蜂总科，瘿蜂总科，小蜂总科，姬蜂总科。《伏牛山区昆虫》，中国农业科学技术出版社。

蚜虫宽缘金小蜂 *Pachyneuron aphidis* (Bouche, 1834)

省内产地：全省。

分布：河南，浙江；以色列；欧洲。

寄主：桃蚜，麦长管蚜，桃粉大尾蚜，蚜茧蜂。

资料来源：申效诚，1993，河南昆虫名录。中国农业科学技术出版社。

盔蚧宽缘金小蜂 *Pachyneuron concolor* Gorster

省内产地：郑州。

分布：河南，其他分布地待查。

寄主：水木坚蚧。

资料来源：申效诚，1993，河南昆虫名录。中国农业科学技术出版社。

食蚜蝇宽缘金小蜂 *Pachyneuron formosum* Walker, 1833

省内产地：郑州，许昌。

分布：河南，内蒙古，黑龙江，辽宁，河北，山西，宁夏，甘肃，新疆，山东，上海，浙江，福建，广东，广西，云南；英国，法国，德国，意大利。

寄主：食蚜蝇。

资料来源：申效诚，1993，河南昆虫名录。中国农业科学技术出版社。

大宽缘金小蜂 *Pachyneuron grande* Thomson, 1878

省内产地：郑州。

分布：河南，北京，陕西，新疆，云南；欧洲。

寄主：食蚜蝇。

资料来源：申效诚，1993，河南昆虫名录。中国农业科学技术出版社。

松毛虫宽缘金小蜂 *Pachyneuron solitarium* (Hartig, 1838)

省内产地：栾川，长葛，中牟，尉氏。

分布：河南，黑龙江，吉林，甘肃，新疆，北京，陕西，江苏，浙江，湖南，广东，广西，云南；日本，德国，捷克。

寄主：松毛虫。

资料来源：申效诚，1993，河南昆虫名录。中国农业科学技术出版社。

宽缘金小蜂 *Pachyneuron* sp.

省内产地：栾川龙峪湾。

分布：河南。

资料来源：肖晖，1998，膜翅目：小蜂总科。《伏牛山区昆虫》，中国农业科学技术出版社。

飞虱卵金小蜂 *Panstenon oxylus* (Walker, 1834)

省内产地：嵩县白云山。

分布：河南，宁夏，河北，辽宁，四川，广东，海南，福建；英国，爱尔兰，丹麦，芬兰，德国，奥地利；中欧。

寄主：稻飞虱卵。

资料来源：肖晖，1998，膜翅目：小蜂总科。《伏牛山区昆虫》，中国农业科学技术出版社。

锥盾琶茹金小蜂 *Parurios conoidea* Xiao *et* Huang, 2000

省内产地：嵩县白云山(模式产地)。

分布：河南。

资料来源：肖晖等，2000，河南伏牛山区金小蜂调查及一新种描述。动物分类学报，25(3)：330~336。

黄栌小蠹璞金小蜂 *Platygerrhus* sp.

省内产地：栾川县龙峪湾，嵩县白云山。

分布：河南。

寄主：危害黄栌枝干的梢小蠹幼虫。

资料来源：杨忠歧，1998，膜翅目：冠蜂总科，瘿蜂总科，小蜂总科，姬蜂总科。《伏牛山区昆虫》，中国农业科学技术出版社。

凤蝶金小蜂 *Pteromalus puparum* (Linnaeus)

省内产地：安阳，修武，新乡，郑州，中牟，尉氏，开封，兰考，夏邑，许昌，信阳。

分布：河南，江苏，浙江，四川，云南；世界广布。

寄主：菜粉蝶，玉带凤蝶，柑橘凤蝶，白钩蛱蝶等。

资料来源：申效诚，1993，河南昆虫名录。中国农业科学技术出版社。

金小蜂 *Pteromalus* sp.

省内产地：栾川龙峪湾，嵩县白云山。

分布：河南。

资料来源：肖晖，1998，膜翅目：小蜂总科。《伏牛山区昆虫》，中国农业科学技术出版社。

松扁腹长尾金小蜂 *Pycnetron curculionidis* Gahan, 1925

省内产地：信阳，嵩县白云山。

寄主：危害华山松，油松的木蠹象，六齿小蠹及十二小蠹的幼虫，蛹。

分布：河南，台湾；菲律宾。

资料来源：杨忠歧，1998，膜翅目：冠蜂总科，瘿蜂总科，小蜂总科，姬蜂总科。《伏牛山区昆虫》，中国农业科学技术出版社。

狭棍角金小蜂 *Rhaphitelus angustus* Kamijor, 1981

省内产地：嵩县白云山。

分布：河南；日本。

资料来源：肖晖等，2000，河南伏牛山区金小蜂调查及一新种描述。动物分类学报，25(3): 330~336。

桃蠹棍角金小蜂 *Rhaphitelus maculatus* Walker, 1834

省内产地：具体不详。

分布：河南，新疆，内蒙古，宁夏，青海，黑龙江，吉林，辽宁，河北，山东，山西，陕西。

资料来源：何俊华等，2006，中国林木害虫天敌昆虫。中国林业出版社。

长痣罗葩金小蜂 *Rhopalicus tutela* (Walker, 1836)

省内产地：嵩县白云山，栾川县龙峪湾。

分布：河南，黑龙江，陕西，青海，甘肃，浙江，云南；日本；欧洲，北美。

寄主：华山松大小蠹，横坑切梢小蠹幼虫。

资料来源：杨忠歧，1998，膜翅目：冠蜂总科，瘿蜂总科，小蜂总科，姬蜂总科。《伏牛山区昆虫》，中国农业科学技术出版社。

木小蠹长尾金小蜂 *Roptrocerus xylophagorum* (Ratzeburg, 1844)

省内产地：嵩县白云山。

分布：河南，我国大部分省区；前苏联，印度，美国，加拿大，墨西哥；欧洲。

寄主：油松及华山松上的多种小蠹幼虫和蛹。

资料来源：杨忠歧，1998，膜翅目：冠蜂总科，瘿蜂总科，小蜂总科，姬蜂总科。《伏牛山区昆虫》，中国农业科学技术出版社。

蝇蛹金小蜂 *Spalangia* sp.

省内产地：栾川龙峪湾。

分布：河南。

资料来源：肖晖，1998，膜翅目：小蜂总科。《伏牛山区昆虫》，中国农业科学技术出版社。

雅斯夫金小蜂 *Sphegigaster venusta* Huang, 1990

省内产地：睢县(模式产地)。

分布：河南。

寄主：沙打旺茎中的一种潜蝇。

资料来源：黄大卫，1990，中国斯夫金小蜂属。动物学集刊，7：267~283。

狭体毛链金小蜂 *Systasis angustula* Graham, 1969

省内产地：嵩县白云山，栾川龙峪湾。

分布：河南，北京，天津，四川；古北区。

资料来源：肖晖等，2000，河南伏牛山区金小蜂调查及一新种描述。动物分类学报，25(3): 330~336。

拟跳毛链金小蜂 *Systasis encyrtoides* Walker, 1834

省内产地：栾川龙峪湾。

分布：河南，吉林，陕西，浙江，福建；英国，瑞典，捷克。

资料来源：肖晖，1998，膜翅目：小蜂总科。《伏牛山区昆虫》，中国农业科学技术出版社。

微毛链金小蜂 *Systasis parvula* Thomson, 1876

省内产地：栾川龙峪湾。

分布：河南，北京，陕西，黑龙江，河北，新疆，湖南，福建，海南；古北区。

资料来源：肖晖等，2000，河南伏牛山区金小蜂调查及一新种描述。动物分类学报 25(3)：330~336。

小蠹蚁形金小蜂 *Theocolax phloeosini* Yang, 1989

省内产地：西峡，嵩县白云山。

分布：河南，陕西，北京，贵州，江苏等省市。

寄主：小蠹幼虫。

资料来源：杨忠歧，1998，膜翅目：冠蜂总科，瘿蜂总科，小蜂总科，姬蜂总科。《伏牛山区昆虫》，中国农业科学技术出版社。

廖氏截尾金小蜂 *Tomicobia liaoi* Yang, 1987

省内产地：嵩县白云山。

分布：河南，陕西秦岭林区。

寄主：华山松大小蠹及六齿小蠹成虫。

资料来源：杨忠歧，1998，膜翅目：冠蜂总科，瘿蜂总科，小蜂总科，姬蜂总科。《伏牛山区昆虫》，中国农业科学技术出版社。

暗绿截尾金小蜂 *Tomicobia seitneri* (Ruschka), 1924

省内产地：嵩县白云山。

分布：河南，黑龙江；欧洲。

寄主：六齿小蠹。

资料来源：杨忠歧，1996，中国小蠹虫寄生蜂。科学出版社。

长盾金小蜂 *Tomocera* sp.

省内产地：郑州。

分布：河南。

寄主：白蜡绵粉蚧。

资料来源：申效诚，1993，河南昆虫名录。中国农业科学技术出版社。

绒茧灿金小蜂 *Trichomalopsis apanteloctenus* (Crawford, 1911)

省内产地：安阳，延津，修武，陕县，栾川，偃师，郑州，中牟，尉氏，兰考，夏邑，长葛，许昌，新野，信阳。

分布：河南，吉林，辽宁，北京，江苏，湖北，浙江，福建，江西，台湾，广东，广西，贵州，四川，云南；印度。

资料来源：申效诚，1993，河南昆虫名录。中国农业科学技术出版社。

负泥虫金小蜂 *Trichomalopsis shirakii* Crawford, 1913

省内产地：延津，中牟，尉氏，新野。

分布：河南，湖北，江西，浙江，湖南，台湾，贵州；日本。

寄主：稻负泥虫。

资料来源：申效诚，1993，河南昆虫名录。中国农业科学技术出版社。

长体金小蜂 *Trigonoderus* sp.

省内产地：嵩县白云山。

分布：河南。

资料来源：肖晖，1998，膜翅目：小蜂总科。《伏牛山区昆虫》，中国农业科学技术出版社。

二七、旋小蜂科 Eupelmidae

本科全世界共 71 属 750 种，中国已记载 11 属 45 种，河南共记录 4 属 9 种。

平腹小蜂 *Anastatus* sp.①

省内产地：栾川龙峪湾，嵩县白云山。

分布：河南。

资料来源：肖晖，1998，膜翅目：小蜂总科。《伏牛山区昆虫》，中国农业科学技术出版社。

麻皮蝽卵平腹小蜂 *Anastatus* sp.②

省内产地：许昌。

分布：河南。

寄主：麻皮蝽。

资料来源：申效诚，1993，河南昆虫名录。中国农业科学技术出版社。

斑衣卵平腹小蜂 *Anastatus* sp.③

省内产地：郑州，新乡。

分布：河南。

寄主：斑衣蜡蝉。

资料来源：申效诚，1993，河南昆虫名录。中国农业科学技术出版社。

蝉卵旋小蜂 *Cerambicobius* sp.

省内产地：新乡。

分布：河南。

寄主：蝉卵。

资料来源：申效诚，1993，河南昆虫名录。中国农业科学技术出版社。

小蠹脊额旋小蜂 *Eupelmus carinifrons* Yang, 1996

省内产地：西峡木寨林场(副模产地)。

分布：河南，北京，云南。

寄主：柏肤小蠹。

资料来源：杨忠歧，1996，中国小蠹虫寄生蜂。科学出版社。

小蠹尾带旋小蜂 *Eupelmus urozonus* Dalman, 1820

省内产地：西峡。

分布：河南，辽宁，北京，山东，陕西，浙江，福建，湖南，广西，云南，西藏，内蒙古；亚洲，欧洲，大洋洲。

寄主：栗瘿蜂，柏肤小蠹。

资料来源：杨忠歧，1996，中国小蠹虫寄生蜂。科学出版社。

北京扁胫旋小蜂 *Metapelma beijingensis* Yang, 1996

省内产地：栾川县龙峪湾。

分布：河南，北京。

寄主：危害核桃枝干的六星吉丁及窄吉丁幼虫。

资料来源：杨忠歧，1998，膜翅目：冠蜂总科，瘿蜂总科，小蜂总科，姬蜂总科。《伏牛山区昆虫》，中国农业科学技术出版社。

张氏扁胫旋小蜂 *Metapelma zhangi* Yang, 1996

省内产地：嵩县车村(副模产地)。

分布：河南，北京。

寄主：可能为华山大小蠹。

资料来源：杨忠歧，1996，中国小蠹虫寄生蜂。科学出版社。

长尾扁胫旋小蜂 *Metapelma* sp.

省内产地：栾川县龙峪湾。

分布：河南。

寄主：危害核桃枝干的六星吉丁及窄吉丁幼虫。

资料来源：杨忠歧，1998，膜翅目：冠蜂总科，瘿蜂总科，小蜂总科，姬蜂总科。《伏牛山区昆虫》，中国农业科学技术出版社。

二八、跳小蜂科 Encyrtidae

本科全世界共 513 属 3000 种，中国已记载 140 属 440 种(李宏亮等，私人通信)，河南共记录 22 属 45 种。

长棒跳小蜂 *Anabrolepis* sp.

省内产地：郑州，新乡。

分布：河南。

寄主：桑白蚧。

资料来源：申效诚，1993，河南昆虫名录。中国农业科学技术出版社。

暗色长索跳小蜂 *Anagyrus fuscus* Shi, Si *et* Wang, 1994

省内产地：郑州(模式产地)。

分布：河南。

寄主：竹鞘绒粉蚧。

资料来源：时振亚等，1994，中国长索跳小蜂属二新种。《河南昆虫分类区系研究 第一卷》，中国农业科学技术出版社。

河南长索跳小蜂 *Anagyrus henanensis* Shi, Si *et* Wang, 1994

省内产地：郑州(模式产地)。

分布：河南。

资料来源：时振亚等，1994，中国长索跳小蜂属二新种。《河南昆虫分类区系研究 第一卷》，中国农业科学技术出版社。

绵粉蚧长索跳小蜂 *Anagyrus schoenherri* Westwood, 1837

省内产地：郑州，漯河。

分布：河南，陕西，浙江；日本，伊朗，俄罗斯，德国，荷兰。

寄主：白蜡绵粉蚧。

资料来源：申效诚，1993，河南昆虫名录。中国农业科学技术出版社。

红蜡蚧扁角跳小蜂 *Anicetus beneficus* Ishii *et* Yasumatsu, 1954

省内产地：安阳，内黄。

分布：河南，安徽，江苏，上海，浙江，福建，江西，湖南，贵州，广东，广西，四川；日本。

寄主：枣龟蜡蚧，红蜡蚧。

资料来源：申效诚，1993，河南昆虫名录。中国农业科学技术出版社。

蜡蚧扁角长尾跳小蜂 *Anicetus ceroplastis* Ishii, 1928

省内产地：新乡。

分布：河南，山东，陕西，安徽，江苏，浙江，福建，江西，湖南，贵州，广东，海南，四川；日本。

寄主：枣龟蜡蚧。

资料来源：申效诚，1993，河南昆虫名录。中国农业科学技术出版社。

蜡蚧扁角短尾跳小蜂 *Anicetus ohgushii* Tachikawa, 1958

省内产地：安阳，内黄。

分布：河南，陕西，浙江，福建，江西，湖南，贵州，广东，四川；日本。

寄主：枣龟蜡蚧，红蜡蚧。

资料来源：申效诚，1993，河南昆虫名录。中国农业科学技术出版社。

***Anusia* sp.**

省内产地：栾川龙峪湾，嵩县白云山。

分布：河南。

资料来源：肖晖，1998，膜翅目：小蜂总科。《伏牛山区昆虫》，中国农业科学技术出版社。

蚜虫跳小蜂 *Aphidencyrtus aphidivorus* (Mayr, 1875)

省内产地：郑州，嵩县，兰考，夏邑，许昌，南阳，信阳。

分布：河南，黑龙江，河北，山东，湖北，浙江，湖南，广东，香港，四川；印度；中亚，欧洲，北美。

寄主：棉蚜，麦长管蚜，豆蚜，桃蚜，刺槐蚜，桃粉大尾蚜。

资料来源：申效诚，1993，河南昆虫名录。中国农业科学技术出版社。

白胫寡节跳小蜂 *Arrhenophagus albitibiae* Grirault

省内产地：郑州。

分布：河南，香港。

寄主：考氏白盾蚧。

资料来源：司胜利等，1994，河南省跳小蜂六新记录种。《河南昆虫分类区系研究 第一卷》，中国农业科学技术出版社。

不列颠花角跳小蜂 *Blastothrix britannica* Girault, 1918

省内产地：郑州。

分布：河南；欧洲。

寄主：皱大球蚧。

资料来源：徐志宏等，2004，中国介壳虫寄生蜂志。上海科学技术出版社。

中国花角跳小蜂 *Blastothrix chinensis* Shi, 1990

省内产地：新县(模式产地)。

分布：河南，浙江。

寄主：栗绛蚧。

资料来源：时振亚，1990，中国花角跳小蜂属一新种一新纪录。昆虫学报，33(4)：362~365。

桑名花角跳小蜂 *Blastothrix kuwanai* Sugonjaev, 1989

省内产地：郑州，许昌。

分布：河南，山东；日本。

寄主：桃球蜡蚧，枣球蜡蚧，日本球蜡蚧。

资料来源：时振亚等，1992，中国跳小蜂科一新种三新记录种。河南农业大学学报 26(4)：347~352。

盔蚧花角跳小蜂 *Blastothrix longipennis* Howard, 1881

省内产地：民权，中牟。

分布：河南；欧洲，北美，南美。

寄主：褐盔蜡蚧。

资料来源：时振亚等，1994，河南省跳小蜂已知属种检索表。《河南昆虫分类区系研究 第一卷》，中国农业科学技术出版社。

球蚧花角跳小蜂 *Blastothrix sericea* (Dalman, 1820)

省内产地：郑州，中牟，民权，许昌，漯河。

分布：河南，新疆，宁夏，甘肃，陕西，山西，湖南；欧洲，北美。

寄主：东方盔蜡蚧，皱大球蚧，枣大球蚧，朝鲜球坚蚧。

资料来源：申效诚，1993，河南昆虫名录。中国农业科学技术出版社。

郑州纹翅跳小蜂 *Cerapteroceroides zhengzhouensis* Shi, 1988

省内产地：郑州(模式产地)。

分布：河南。

寄主：日本龟蜡蚧。

资料来源：时振亚，1988，中国纹翅跳小蜂属一新种。动物分类学报，13(1)：72~74。

长缘刷盾跳小蜂 *Cheiloneurus clariger* Thomson, 1876

省内产地：郑州。

分布：河南，辽宁，河北，陕西，浙江，江西，湖南，四川，广西；日本，俄罗斯，英国，瑞典，匈牙利，奥地利，西班牙。

寄主：皱大球蚧。

资料来源：时振亚等，1994，河南省跳小蜂已知属种检索表。《河南昆虫分类区系研究 第一卷》，中国农业科学技术出版社。

绵粉蚧刷盾跳小蜂 *Cheiloneurus phenacocci* Shi, 1994

省内产地：郑州，漯河(模式产地)。

分布：河南，陕西。

寄主：绵粉蚧。

资料来源：时振亚等，1994，中国刷盾跳小蜂属二新种。河南农业大学学报 28(1)25~28。

细角刷盾跳小蜂 *Cheiloneurus tenuicornis* Ishii, 1928

省内产地：具体不详。

分布：河南，山东，陕西；日本；欧洲。

寄主：栎绛蚧。

资料来源：时振亚等，1992，中国跳小蜂一新种三新纪录种。河南农业大学学报，26(4)：347~351。

***Cocenocercus* sp.**

省内产地：栾川龙峪湾，嵩县白云山。

分布：河南。

资料来源：肖晖，1998，膜翅目：小蜂总科。《伏牛山区昆虫》，中国农业科学技术出版社。

双带巨角跳小蜂 *Comperiella bifasciata* Howard, 1906

省内产地：郑州，洛阳。

分布：河南，山东，江苏，上海，浙江，江西，福建，湖南，台湾，广东，广西，四川，云南，贵州；日本，印度，印度尼西亚。

寄主：桂花上的盾蚧；白玉兰上的日本纽绵蚧。

资料来源：司胜利等，1994，河南省跳小蜂六新记录种。《河南昆虫分类区系研究 第一卷》，中国农业科学技术出版社。

单带巨角跳小蜂 *Comperiella unifasciata* Ishii, 1925

省内产地：郑州。

分布：河南，安徽，上海，浙江，福建，江西，广东，四川；日本，印度，印度尼西亚，斐济。

寄主：梨圆蚧。

资料来源：时振亚等，1994，河南省跳小凤已知属种检索表。《河南昆虫分类区系研究 第一卷》，中国农业科学技术出版社。

刷盾短缘跳小蜂 *Encyrtus sasakii* Ishii, 1928

省内产地：郑州，许昌。

分布：河南，辽宁，河北，陕西，宁夏，浙江，江西，湖南；日本。

寄主：枣大球蚧。

资料来源：申效诚，1993，河南昆虫名录。中国农业科学技术出版社。

桑白蚧斑翅跳小蜂 *Epitetracnemus comis* Noyes *et* Ren, 1987

省内产地：郑州，新乡，许昌。

分布：河南，福建，广东。

寄主：桑白蚧。

资料来源：司胜利等，1994，河南省跳小蜂六新记录种。《河南昆虫分类区系研究 第一卷》，中国农业科学技术出版社。

柳蛎蚧斑翅跳小蜂 *Epitetracnemus extranea* (Timberlake, 1920)

省内产地：郑州。

分布：河南，黑龙江，福建，广西，四川；日本。

寄主：梨圆蚧。

资料来源：司胜利等，1994，河南省跳小蜂六新记录种。《河南昆虫分类区系研究 第一卷》，中国农业科学技术出版社。

瓢虫隐尾跳小蜂 *Homalotylus flaminus* Dalman, 1820

省内产地：新野。

分布：河南，陕西，湖北，浙江，福建，江西，湖南，广东，香港，广西，贵州，云南；日本；欧洲，全球性。

寄主：多种瓢虫。

资料来源：申效诚，1993，河南昆虫名录。中国农业科学技术出版社。

中华瓢虫跳小蜂 *Homalotylus sinensis* Xu *et* He, 1997

省内产地：安阳(模式产地)。

分布：河南，山西，浙江。

资料来源：徐志宏等，1997，中国瓢虫跳小蜂属四新种(膜翅目：跳小蜂科)。武夷科学，13：85~93。

棉铃虫多胚跳小蜂 *Litomastix heliothis* Liao, 1987

省内产地：安阳。

分布：河南，辽宁。

寄主：棉铃虫。

资料来源：司胜利等，1994，河南省跳小蜂六新记录种。《河南昆虫分类区系研究 第一卷》，中国农业科学技术出版社。

绵蚧阔柄跳小蜂 *Metaphycus pulvinariae* (Howard, 1881)

省内产地：全省。

分布：河南，吉林，陕西，上海，浙江，福建，江西，湖北，湖南，贵州，广东，四川；日本，美国，加拿大。

寄主：白蜡绵粉蚧，朝鲜球坚蚧。

资料来源：时振亚等，1994，河南省跳小蜂已知属种检索表。《河南昆虫分类区系研究 第一卷》，中国农业科学技术出版社。

蜡蚧阔柄跳小蜂 *Metaphycus tamakatakaigawa* Tachikawa, 1957

省内产地：具体不详。

分布：河南，浙江，湖南，四川；日本。

寄主：朝鲜球坚蚧。

资料来源：时振亚等，1994，河南省跳小蜂已知属种检索表。《河南昆虫分类区系研究 第一卷》，中国农业科学技术出版社。

安阳花翅跳小蜂 *Microteryx anyangensis* Xu, 2002

省内产地：安阳(模式产地)。

分布：河南。

寄主：日本蜡蚧。

资料来源：Xu Zhihong, 2002, Revision of the genus *Microteryx* Thomson of China (Hymenoptera: Encyrtidae). *Zoologische Mededeligen Leiden*, 76(17):27. xii.: 211~270.

龟蜡蚧花翅跳小蜂 *Microterys ceroplastae* Prinsloo, 1975

省内产地：郑州，漯河。

分布：河南，江西，浙江。

寄主：枣龟蜡蚧，皱大球蚧。

资料来源：时振亚等，1994，河南省跳小蜂已知属种检索表。《河南昆虫分类区系研究 第一卷》，中国农业科学技术出版社。

周氏花翅跳小蜂 *Microterys choui* Xu, 2000

省内产地：许昌(副模产地)。

分布：河南，山西。

寄主：朝鲜球坚蚧，枣大球蚧。

资料来源：Xu Zhihong, Shen Qiang *et* Xu Qiyao, 2000, Notes on genus *Microterys* (Hymenoptera: Encyrtidae) from China.《昆虫分类区系研究》，中国农业出版社。

柯氏花翅跳小蜂 *Microterys clauseni* Compere, 1926

省内产地：新乡，郑州，新郑，许昌，信阳。

分布：河南，河北，山东，陕西，江苏，安徽。浙江，江西，湖南，贵州；日本。

寄主：枣龟蜡蚧，朝鲜球坚蚧。

资料来源：时振亚等，1994，河南省跳小蜂已知属种检索表。《河南昆虫分类区系研究 第一卷》，中国农业科学技术出版社。

朝鲜球坚蚧花翅跳小蜂 *Microterys didesmococco* Shi, Si *et* Wang, 1992

省内产地：郑州(模式产地)。

分布：河南，山东，北京，浙江。

寄主：朝鲜球坚蚧。

资料来源：时振亚等，1992，河南花翅跳小蜂属研究及一新种。河南农业大学学报，26(1)：16~23。

绒蚧花翅跳小蜂 *Microterys eriococci* Li, Shi *et* Han, 2001

省内产地：郑州(模式产地)。

分布：河南。

资料来源：李琳，时振亚，韩艺，2001，中国花翅跳小蜂属一新种(膜翅目，跳小蜂科)。河南农业大学学报，35(3)：252~253。

桑名花翅跳小蜂 *Microterys kuwanai* Ishii, 1928

省内产地：郑州。

分布：河南，浙江，湖南；日本。

寄主：皱大球蚧。

资料来源：时振亚等，1992，河南花翅跳小蜂属研究及一新种。河南农业大学学报，26(1)：16~23。

卵柄花翅跳小蜂 *Microterys ovaliscape* Xu, 2002

省内产地：郑州。

分布：河南。

寄主：竹鞘绒粉蚧。

资料来源：Xu Zhihong, 2002, Revision of the genus *Microteryx* Thomson of China (Hymenoptera: Encyrtidae). *Zoologische Mededeligen Leiden*, 76(17):27. xii.: 211~270.

红黄花翅跳小蜂 *Microterys rufofulvus* Ishii, 1928

省内产地：具体不详。

分布：河南，陕西，浙江，江西；日本。

资料来源：时振亚等，1994，河南省跳小凤已知属种检索表。《河南昆虫分类区系研究 第一卷》，中国农业科学技术出版社。

美丽花翅跳小蜂 *Microterys speciosus* Ishii, 1923

省内产地：安阳，内黄，漯河。

分布：河南，浙江，福建，江西，湖南，台湾，广西，四川；日本。

寄主：枣龟蜡蚧。

资料来源：时振亚等，1994，河南省跳小凤已知属种检索表。《河南昆虫分类区系研究 第一卷》，

中国农业科学技术出版社。

贝氏东方跳小蜂 *Oriencyrtus beybienkoi* Sugonjaev *et* Trjapitzin, 1974

省内产地：郑州。

分布：河南，山西，陕西；俄罗斯。

寄主：皱大球蚧。

资料来源：徐广，时振亚，1996，中国跳小蜂科三新记录种(膜翅目：跳小蜂科)。河南农业大学学报，30(2)：121。

红蚧细柄跳小蜂 *Psilophrys tenuicornis* Graham, 1969

省内产地：新县。

分布：河南，河北，浙江，福建，贵州，广东，四川；欧洲。

寄主：板栗红蚧。

资料来源：时振亚，1987，中国跳小蜂二新纪录种。昆虫分类学报，9(3)：188。

蚜蝇跳小蜂 *Syrphophagus nigrocyaneus* Ashmead, 1886

省内产地：郑州。

分布：河南，江西；美国。

寄主：黑带食蚜蝇，长扁食蚜蝇。

资料来源：申效诚，1993，河南昆虫名录。中国农业科学技术出版社。

nr. *Tromosonisca* sp.

省内产地：栾川龙峪湾，嵩县白云山。

分布：河南。

资料来源：肖晖，1998，膜翅目：小蜂总科。《伏牛山区昆虫》，中国农业科学技术出版社。

绒蚧皂马跳小蜂 *Zaomma eriococci* (Tachikawa, 1963)

省内产地：郑州。

分布：河南，浙江，湖南；日本。

资料来源：徐志宏等，2004，中国介壳虫寄生蜂志。上海科学技术出版社。

微食皂马跳小蜂 *Zaomma lambinus* Walker, 1838

省内产地：郑州，西华。

分布：河南，甘肃，青海，江苏，上海，浙江，湖北，湖南，福建，广东；日本，印度，菲律宾，印度尼西亚，俄罗斯；欧洲。

寄主：日本蜡蚧。

资料来源：司胜利等，1994，河南省跳小蜂六新记录种。《河南昆虫分类区系研究　第一卷》，中国农业科学技术出版社。

二九、蚜小蜂科 Aphelinidae

本科全世界共 45 属 1000 种，中国已记载 20 属 210 种，河南共记录 5 属 9 种。

金黄蚜小蜂 *Aphytis chrysomphali* (Mercet, 1912)

省内产地：郑州。

分布：河南，浙江，江苏，上海，江西，台湾，贵州，四川，福建，广东，香港；日本，印度；欧洲，大洋洲，南北美洲，北非。

寄主：桑白蚧。

资料来源：申效诚，1993，河南昆虫名录。中国农业科学技术出版社。

双带花角蚜小蜂 *Azotus perspeciosus* (Girault, 1916)

省内产地：郑州。

分布：河南，上海，浙江，福建，陕西，四川；日本，美国，法国，意大利。

寄主：桑白蚧。

资料来源：黄健，1994，中国蚜小蜂科分类。重庆出版社。

成都食蚧蚜小蜂 *Coccophagus chengtuensis* Sugonjaev *et* Peng, 1960

省内产地：具体不详。

分布：河南，四川。

寄主：朝鲜球坚蚧。

资料来源：黄健，1994，中国蚜小蜂科分类。重庆出版社。

夏威夷食蚧蚜小蜂 *Coccophagus hawaiiensis* Timberlake, 1926

省内产地：安阳，内黄，新乡，郑州。

分布：河南，北京，山东，江苏，浙江，福建，台湾，广东，四川，贵州，云南；日本，美国(夏威夷)。

寄主：枣龟蜡蚧。

资料来源：黄健，1994，中国蚜小蜂科分类。重庆出版社。

赖食蚧蚜小蜂 *Coccophagus lycimnia* (Walker, 1839)

省内产地：许昌，中牟，郑州。

分布：河南，河北，北京，山东，浙江，福建，江西；日本，印度，澳大利亚，俄罗斯；欧洲，北美洲。

寄主：东方盔蜡蚧，杏球蚧，褐软蚧，朝鲜球坚蚧。

资料来源：黄健，1994，中国蚜小蜂科分类。重庆出版社。

黑色食蚧蚜小蜂 *Coccophagus yoshidae* Nakayama, 1921

省内产地：安阳，内黄，新乡。

分布：河南，北京，山东，江苏，上海，浙江，江西，福建，广东，四川；日本。

寄主：枣龟蜡蚧。

资料来源：申效诚，1993，河南昆虫名录。中国农业科学技术出版社。

瘦柄花翅蚜小蜂 *Marietta carnesi* Howard, 1910

省内产地：郑州，新乡。

分布：河南，陕西，江苏，上海，浙江，福建，广东，香港，四川；澳大利亚，美国(夏威夷)，印度，日本，毛里求斯，俄罗斯，北美，西班牙。

寄主：桑白蚧。

资料来源：申效诚，1993，河南昆虫名录。中国农业科学技术出版社。

豹纹花翅蚜小蜂 *Marietta picta* (Andre, 1878)

省内产地：安阳，内黄。

分布：河南，河北，上海，四川，湖南，新疆；俄罗斯(远东)，哈萨克斯坦，高加索；欧洲。

寄主：枣龟蜡蚧。

资料来源：申效诚，1993，河南昆虫名录。中国农业科学技术出版社。

中华四节蚜小蜂 *Pteroptrix chinrnsis* (Howard, 1907)

省内产地：新乡，郑州，许昌。

分布：河南，河北，江苏，浙江，福建，广东，广西，四川；俄罗斯；欧洲，北美。

寄主：梨圆蚧，桑白蚧，皱大球蚧，东方盔蜡蚧。

资料来源：黄健，1994，中国蚜小蜂科分类。重庆出版社。

三〇、姬小蜂科 Eulophidae

本科全世界共 331 属 3200 种，中国已记载 50 属 193 种，河南记录 15 属 31 种。

奇尖头姬小蜂 *Acrias tauricornis* Yang, 1996

省内产地：嵩县车村(模式产地)。

分布：河南，陕西，江苏，北京。

寄主：毛小蠹，六齿小蠹。

资料来源：杨忠歧，1996，中国小蠹虫寄生蜂。科学出版社。

小麦潜蝇姬小蜂 *Camedo* sp.

省内产地：具体不详。

分布：河南。

寄主：小麦植潜蝇。

资料来源：申效诚，1993，河南昆虫名录。中国农业科学技术出版社。

柠黄姬小蜂 *Cirrospilus pictus* (Nees, 1834)

省内产地：延津。

分布：河南，江苏；朝鲜，日本；欧洲，北美。

寄主：二化螟绒茧蜂。

资料来源：申效诚，1993，河南昆虫名录。中国农业科学技术出版社。

稻苞虫兔唇姬小蜂 *Dimmockia secunda* (Crawford, 1910)

Sympiesis parnarae (Chu *et* Liao, 1982)

省内产地：郑州，南阳，信阳。

分布：河南，陕西，安徽，江苏，湖北，浙江，福建，江西，湖南，贵州，广东，海南，广西，四川，云南。

寄主：稻纵卷叶螟，稻苞虫，稻眼蝶，隐纹稻苞虫，横带驼姬蜂，广黑点瘤姬蜂，稻苞虫凹眼姬蜂，黄眶离缘姬蜂，弄蝶绒茧蜂，稻纵卷叶螟绒茧蜂，螟蛉绒茧蜂，拟螟蛉绒茧蜂，稻苞虫赛寄蝇，银颜筒寄蝇。

资料来源：申效诚，1993，河南昆虫名录。中国农业科学技术出版社。

***Elachertus inunctus* Nees, 1834**

省内产地：具体不详。

分布：河南，吉林，甘肃，江苏，湖北，台湾，广东；古北区。

资料来源：朱朝东，黄大卫，2005，膜翅目：姬小蜂科。《秦陵西段及甘南地区昆虫》，科学出版社。

***Elachertus simithorax* (Girault, 1915)**

省内产地：具体不详。

分布：河南，甘肃，福建，台湾，云南；澳大利亚。

资料来源：朱朝东，黄大卫，2005，膜翅目：姬小蜂科。《秦陵西段及甘南地区昆虫》，科学出版社。

蝉卵姬小蜂 *Euderus* sp.

省内产地：新乡。

分布：河南。

寄主：蝉卵。

资料来源：申效诚，1993，河南昆虫名录。中国农业科学技术出版社。

***Eulophus abdominalis* Nees, 1834**

省内产地：具体不详。

分布：河南，河北，江苏，浙江，江西，台湾，湖北，贵州，云南；欧洲，古北区。

资料来源：朱朝东等，2001，姬小蜂科。《天目山昆虫》，科学出版社。

螟蛉裹尸姬小蜂 *Euplectrus noctuidiphagus* Yasumatsu, 1953

省内产地：延津，郑州，偃师，南阳，信阳。

分布：河南，山东，安徽，江苏，湖北，浙江，福建，江西，湖南，贵州，广东，广西，四川，云南。

寄主：稻螟蛉，黏虫。

资料来源：申效诚，1993，河南昆虫名录。中国农业科学技术出版社。

瓢虫姬小蜂 *Oomyzus scaposus* (Thomson, 1878)

省内产地：郑州，南召。

分布：河南，山东，江西，福建，云南；印度，印度尼西亚，巴基斯坦，斯里兰卡，美国，埃及；欧洲。

寄主：龟纹瓢虫。

资料来源：申效诚，1993，河南昆虫名录。中国农业科学技术出版社。

菜蛾奥啮小蜂 *Oomyzus sokolowskii* Kurdumov, 1912

省内产地：具体不详。

分布：河南，辽宁，北京，山西，江苏，上海，湖北，浙江，福建，湖南，台湾，广西，云南；国外广布。

资料来源：何俊华等，2004，浙江蜂类志。科学出版社。

白跗柄腹姬小蜂 *Pediobius atamiensis* (Ashmead, 1904)

省内产地：信阳。

分布：河南，陕西，安徽，江苏，浙江，江西，湖南，广东，四川；日本。

寄主：松毛虫，螟蛉姬小蜂。

资料来源：申效诚，1993，河南昆虫名录。中国农业科学技术出版社。

瓢虫柄腹姬小蜂 *Pediobius foveolatus* (Crawford, 1912)

省内产地：具体不详。

分布：河南，浙江，江西；印度，日本。

寄主：马铃薯瓢虫。

资料来源：申效诚，1993，河南昆虫名录。中国农业科学技术出版社。

稻苞虫柄腹姬小蜂 *Pediobius mitsukurii* (Ashmead, 1904)

省内产地：郑州，修武，延津，西平，信阳。

分布：河南，江苏，湖北，浙江，福建，江西，湖南，贵州，广东，四川；日本。

寄主：稻纵卷叶螟，稻苞虫，稻眼蝶。

资料来源：申效诚，1993，河南昆虫名录。中国农业科学技术出版社。

潜蛾柄腹姬小蜂 *Pediobius pyrgo* (Walker, 1839)

省内产地：延津。

分布：河南，山东，江苏，浙江，福建，江西，湖北，湖南，贵州，广东，四川；日本。

寄主：梨潜皮蛾。

资料来源：申效诚，1993，河南昆虫名录。中国农业科学技术出版社。

小蠹扁体啮小蜂 *Planotetrastichus scolyti* Yang, 1996

省内产地：嵩县(副模产地)。

分布：河南，陕西，内蒙古。

资料来源：杨忠岐，1996，中国小蠹虫寄生蜂。科学出版社。

***Platyplectrus laeviscuta* (Thomson, 1878)**

省内产地：具体不详。

分布：河南，甘肃，湖北，福建，湖南，台湾，海南，广西，云南，西藏；古北区。

资料来源：朱朝东，黄大卫，2004，膜翅目：姬小蜂科。《广西十万大山地区昆虫》，中国林业出版社。

***Pnigalio phragmitis* (Erdos, 1954)**

省内产地：具体不详。

分布：河南，河北，北京，内蒙古，宁夏，陕西，山东，浙江，江西，湖北，湖南，福建，四川，贵州，云南；古北区。

资料来源：朱朝东等，2001，姬小蜂科。《天目山昆虫》，科学出版社。

螟蛉狭面姬小蜂 *Stenomesius tabashii* (Nakayama, 1929)

省内产地：信阳。

分布：河南，湖北，江苏，浙江；朝鲜。

寄主：稻螟蛉。

资料来源：申效诚，1993，河南昆虫名录。中国农业科学技术出版社。

瓢虫啮小蜂 *Tetrastichus coccinellae* Kurdjumov, 1912

省内产地：具体不详。

分布：河南，山东，浙江，湖南，广东，云南；印度；欧洲，非洲。

寄主：七星瓢虫，十一星瓢虫，双斑唇瓢虫。

资料来源：何俊华等，2004，浙江蜂类志。科学出版社。

榆毛萤叶甲啮小蜂 *Tetrastichus gallerucae* (Fonscolombe)

省内产地：郑州。

分布：河南；俄罗斯。

资料来源：时振亚，王高平，司胜利等，2001，榆毛萤叶甲啮小蜂——中国新纪录种。河南农业大学学报，35(4)。

霍氏啮小蜂 *Tetrastichus howard* (Olliff, 1893)

省内产地：延津。

分布：河南，浙江；印度。

寄主：二化螟。

资料来源：申效诚，1993，河南昆虫名录。中国农业科学技术出版社。

蜡蚧锈腰啮小蜂 *Tetrastichus murakamii* Sugonjaev

省内产地：新郑。

分布：河南；俄罗斯。

资料来源：王高平，李琳，时振亚，2000，中国啮小蜂亚科一新纪录种(膜翅目，姬小蜂科)。河南农业大学学报，34(1)。

螟卵啮小蜂 *Tetrastichus schoenobii* Gerriere, 1931

省内产地：固始，延津。

分布：河南，安徽，江苏，浙江，福建，湖北，湖南，江西，贵州，广东，广西。

寄主：三化螟，莎草禾螟。

资料来源：申效诚，1993，河南昆虫名录。中国农业科学技术出版社。

稻纵卷叶螟啮小蜂 *Tetrastichus shaxinensis* Liao, 1987

省内产地：信阳，郑州。

分布：河南，江苏，湖北，浙江，福建，江西，湖南，广东，广西，云南。

寄主：稻纵卷叶螟。

资料来源：申效诚，1993，河南昆虫名录。中国农业科学技术出版社。

蜡蚧褐腰啮小蜂 *Tetrastichus* sp.

省内产地：新郑。

寄主：枣龟蜡蚧。

分布：河南。

资料来源：申效诚，1993，河南昆虫名录。中国农业科学技术出版社。

梨茎蜂啮小蜂 *Tetrastichus* sp.

省内产地：许昌，郑州。

寄主：梨茎蜂。

分布：河南。

资料来源：申效诚，1993，河南昆虫名录。中国农业科学技术出版社。

板栗红蚧啮小蜂 *Tetrastichus* sp.

省内产地：新县。

寄主：板栗红蚧。

分布：河南。

资料来源：申效诚，1993，河南昆虫名录。中国农业科学技术出版社。

榆蓝叶甲啮小蜂 *Tetrastichus* sp.

省内产地：许昌，上蔡，南阳。

寄主：榆蓝叶甲。

分布：河南。

资料来源：申效诚，1993，河南昆虫名录。中国农业科学技术出版社。

球蚧啮小蜂 *Tetrastichus* sp.

省内产地：郑州。

分布：河南。

资料来源：申效诚，1993，河南昆虫名录。中国农业科学技术出版社。

啮小蜂 *Tetrastichus* sp.

省内产地：栾川龙峪湾，嵩县白云山。

分布：河南。

资料来源：肖晖，1998，膜翅目：小蜂总科。《伏牛山区昆虫》，中国农业科学技术出版社。

三一、扁股小蜂科 Elasmidae

本科全世界共 1 属 200 种，中国已记载 1 属 20 种，河南共记录 1 属 3 种。

赤带扁股小蜂 *Elasmus cnaphalocrocis* Liao, 1987

省内产地：郑州，信阳。

分布：河南，安徽，浙江，湖北，福建，江西，湖南，贵州；马来西亚。

寄主：稻纵卷叶螟，稻纵卷叶螟绒茧蜂，拟螟蛉绒茧蜂。

资料来源：申效诚，1993，河南昆虫名录。中国农业科学技术出版社。

白足扁股小蜂 *Elasmus corbetti* Ferriere, 1930

省内产地：郑州，信阳，新野。

分布：河南，安徽，湖北，浙江，福建，江西，湖南，贵州，广东，广西，云南；马来西亚。

寄主：稻纵卷叶螟，稻纵卷叶螟绒茧蜂。

资料来源：申效诚，1993，河南昆虫名录。中国农业科学技术出版社。

食心虫扁股小蜂 *Elasmus* sp.

省内产地：南召。

寄主：梨小食心虫，梨云翅斑螟。

分布：河南。

资料来源：申效诚，1993，河南昆虫名录。中国农业科学技术出版社。

三二、赤眼蜂科 Trichogrammatidae

本科全世界共 74 属 532 种，中国已记载 42 属 169 种，河南共记录 3 属 11 种。

褐腰赤眼蜂 *Paracentrobia andoi* (Ishii, 1956)

省内产地：具体不详。

分布：河南，安徽，江苏，上海，湖北，浙江，福建，江西，湖南，台湾，贵州，广东，海南，广西，四川，云南；日本，马来西亚。

寄主：黑尾叶蝉。

资料来源：林乃铨，1994，中国赤眼蜂分类。福建科学技术出版社。

核桃楸卷叶象赤眼蜂 *Poropoea longicornis* Viggiani, 1968

省内产地：栾川龙峪湾，嵩县白云山。

分布：河南，江苏，福建。

寄主：核桃楸卷叶象的卵。

资料来源：杨忠歧，1998，膜翅目：冠蜂总科，瘿蜂总科，小蜂总科，姬蜂总科。《伏牛山区昆虫》，中国农业科学技术出版社。

刺槐卷叶象赤眼蜂 *Poropoea* sp.

省内产地：栾川县龙峪湾。

分布：河南。

寄主：刺槐卷叶象的卵。

资料来源：杨忠歧，1998，膜翅目：冠蜂总科，瘿蜂总科，小蜂总科，姬蜂总科。《伏牛山区昆虫》，中国农业科学技术出版社。

圆翅赤眼蜂 *Poropoea* sp.

省内产地：栾川龙峪湾，嵩县白云山。

分布：河南。

资料来源：肖晖，1998，膜翅目：小蜂总科。《伏牛山区昆虫》，中国农业科学技术出版社。

螟黄赤眼蜂 *Trichogramma chilonis* Ishii, 1941

省内产地：全省。

分布：河南，辽宁，河北，北京，山东，山西，陕西，安徽，江苏，湖北，浙江，福建，江西，湖南，贵州，广东。广西，云南；印度，东洋区。

寄主：玉米螟，松毛虫，卷叶蛾，黏虫，二化螟，三化螟，稻纵卷叶螟，稻螟蛉，稻苞虫。

资料来源：申效诚，1993，河南昆虫名录。中国农业科学技术出版社。

舟蛾赤眼蜂 *Trichogramma closterae* Pang *et* Chen, 1974

省内产地：全省。

分布：河南，河北，北京，山西，山东，安徽，浙江，云南。

寄主：柳毒蛾，黄刺蛾，杨扇舟蛾，稻纵卷叶螟，稻苞虫，星白雪灯蛾。

资料来源：申效诚，1993，河南昆虫名录。中国农业科学技术出版社。

松毛虫赤眼蜂 *Trichogramma dendrolimi* Matsumura, 1926

省内产地：全省。

分布：河南，辽宁，北京，山西，陕西，安徽，湖北，浙江，福建，江西，湖南，贵州，广东，广西；朝鲜，日本，俄罗斯(西伯利亚)。

寄主：松毛虫，玉米螟，柞蚕，蓖麻蚕，米蛾，棉铃虫，粟灰螟，稻纵卷叶螟，黏虫，三化螟，二化螟，稻螟蛉，稻苞虫等。

资料来源：申效诚，1993，河南昆虫名录。中国农业科学技术出版社。

稻螟赤眼蜂 *Trichogramma japonicum* Ashmead, 1904

省内产地：信阳。

分布：河南，辽宁，安徽，江苏，湖北，浙江，福建，江西，湖南，贵州，广东，广西，四川；朝鲜，日本，印度，泰国，越南，菲律宾，马来西亚。

寄主：二化螟，三化螟，褐边螟，大螟，稻纵卷叶螟，稻螟蛉，禾灰翅夜蛾，黏虫，稻苞虫，稻眼蝶，莎草禾螟。

资料来源：申效诚，1993，河南昆虫名录。中国农业科学技术出版社。

黏虫赤眼蜂 *Trichogramma leucaniae* Pang *et* Chen, 1974

省内产地：信阳，漯河，许昌。

分布：河南，山东。

寄主：黏虫。

资料来源：申效诚，1993，河南昆虫名录。中国农业科学技术出版社。

玉米螟赤眼蜂 *Trichogramma ostriniae* Pang *et* Chen, 1974

省内产地：全省。

分布：河南，辽宁，河北，北京，山东，山西，安徽，江苏，湖北，浙江，福建，江西；美国(夏威夷)。

寄主：玉米螟，黄刺蛾，三化螟，稻纵卷叶螟，稻螟蛉，稻苞虫。

资料来源：申效诚，1993，河南昆虫名录。中国农业科学技术出版社。

显棒赤眼蜂 *Trichogramma semblidis* (Aurivillius, 1897)

省内产地：具体不详。

分布：河南，江苏；印度；欧洲，北美。

资料来源：庞雄飞等，1987，中国经济昆虫志　第三十四册　膜翅目小蜂总科，科学出版社。

三三、缨小蜂科 Mymaridae

本科全世界共 95 属 1300 种，中国已记载 20 多属 200 余种，河南共记录 3 属 3 种。

稻虱缨小蜂 *Anagrus nilaparvatae* Pang *et* Wang, 1985

省内产地：信阳，南阳。

分布：河南，陕西，安徽，江苏，湖北，浙江，福建，江西，湖南，贵州，广东，广西，云南，四川。

寄主：灰飞虱，褐飞虱，白背飞虱，稗飞虱。

资料来源：申效诚，1993，河南昆虫名录。中国农业科学技术出版社。

盾蚧缨小蜂 *Erythmelus* sp.

省内产地：郑州。

寄主：梨圆蚧。

分布：河南。

资料来源：申效诚，1993，河南昆虫名录。中国农业科学技术出版社。

***Macrocamptoptera* sp.**

省内产地：栾川龙峪湾，嵩县白云山。

分布：河南。

资料来源：肖晖，1998，膜翅目：小蜂总科。《伏牛山区昆虫》，中国农业科学技术出版社。

三四、细蜂科 Proctotrupidae

本科全世界共 29 属 360 多种，中国已记载 18 属 77 种，河南共记录 2 属 2 种。

中华强脊细蜂 *Carinaserphus sinensis* He *et* Xu, 2007

省内产地：栾川龙峪湾(模式产地，属模产地)。

分布：河南。

资料来源：He Junhua, Xu Zaifu, 2007, A new genus of Proctotrupinae (Hymanoptera: Proctotrupidae). *Entomotaxonomia*, 29(2): 152~156.

中华细蜂 *Proctotrupes sinensis* He *et* Fan, 2004

省内产地：安阳(副模产地)。

分布：河南，吉林，北京，河北，浙江，江西，湖北，贵州。

资料来源：何俊华等，2004，浙江蜂类志。科学出版社。

三五、缘腹细蜂科 Scelionidae

本科全世界共 168 属 2696 种，中国已记载 8 属 60 种，河南共记录 3 属 13 种。

飞蝗黑卵蜂 *Scelio uvarovi* Ogloblin, 1927

省内产地：全省。

寄主：东亚飞蝗，大垫尖翅蝗，中华蚱蜢，稻蝗，负蝗。

分布：河南，山东，安徽，江苏，浙江，湖南；古北区。

资料来源：申效诚，1993，河南昆虫名录。中国农业科学技术出版社。

草蛉黑卵蜂 *Telenomus acrobates* Giard, 1895

省内产地：全省。

分布：河南，新疆，河北，山东，山西，陕西，湖北，浙江，湖南，四川；日本，俄罗斯；欧洲。

寄主：大草蛉，中华草蛉。

资料来源：申效诚，1993，河南昆虫名录。中国农业科学技术出版社。

黄胸黑卵蜂 *Telenomus angustatus* Thomson, 1861

省内产地：具体不详。

分布：河南，辽宁，河北，山东，山西，陕西，浙江，四川，广东。

寄主：土灰虻卵块。

资料来源：何俊华等，2004，浙江蜂类志。科学出版社。

黏虫黑卵蜂 *Telenomus cirphivorus* Liu, 1954

省内产地：郑州，许昌，漯河。

分布：河南，黑龙江，吉林，辽宁，山东，江苏，四川；朝鲜，日本。

寄主：黏虫。

资料来源：申效诚，1993，河南昆虫名录。中国农业科学技术出版社。

杨扇舟蛾黑卵蜂 *Telenomus closterae* Wu *et* Chen, 1980

省内产地：全省。

分布：河南，北京，浙江，贵州，广西。

寄主：杨扇舟蛾。

资料来源：申效诚，1993，河南昆虫名录。中国农业科学技术出版社。

松毛虫黑卵蜂 *Telenimus dendrolimi* (Matsumura, 1925)

Telenomus dendrolimusi Chu, 1937

省内产地：信阳。

分布：河南，辽宁，河北，山东，安徽，江苏，湖北，浙江，福建，江西，湖南，贵州，四川，云南，广东，广西；朝鲜，日本。

寄主：松毛虫卵。

资料来源：申效诚，1993，河南昆虫名录。中国农业科学技术出版社。

等腹黑卵蜂 *Telenomus dignus* Gahan, 1925

省内产地：延津。

分布：河南，安徽，江苏，湖北，浙江，福建，江西，湖南，台湾，广东，海南，广西，贵州，四川，云南；菲律宾，印度，巴基斯坦，日本。

寄主：三化螟，莎草禾螟。

资料来源：申效诚，1993，河南昆虫名录。中国农业科学技术出版社。

茶毒蛾黑卵蜂 *Telenomus euproctidis* Wilcox, 1920

省内产地：具体不详。

分布：河南，陕西，湖北，浙江，福建，江西，湖南，贵州，广西；日本。

资料来源：何俊华等，2006，中国林木害虫天敌昆虫。中国林业出版社。

稻蝽小黑卵蜂 *Telenomus gifuensis* Ashmead, 1904

省内产地：郑州，中牟，许昌，延津。

分布：河南，山东，江苏，浙江；日本。

寄主：斑须蝽，稻黑蝽，稻褐蝽，稻绿蝽。

资料来源：申效诚，1993，河南昆虫名录。中国农业科学技术出版社。

稻苞虫黑卵蜂 *Telenomus parnarae* Wu *et* Chen, 1979

省内产地：郑州，延津。

分布：河南，陕西，湖北，浙江，江西，贵州，四川。

寄主：稻苞虫，黏虫。

资料来源：申效诚，1993，河南昆虫名录。中国农业科学技术出版社。

大螟黑卵蜂 *Telenomus sesamiae* Wu *et* Chen, 1979

省内产地：延津。

分布：河南，浙江，四川。

寄主：大螟。

资料来源：申效诚，1993，河南昆虫名录。中国农业科学技术出版社。

稻蝽沟卵蜂 *Trissolcus mitsukurii* (Ashmead, 1904)

省内产地：信阳，固始，南阳。

分布：河南，山东，安徽，湖北，浙江，福建，江西，湖南，贵州，广东，广西，四川，云南。

寄主：稻褐蝽，稻绿蝽。

资料来源：申效诚，1993，河南昆虫名录。中国农业科学技术出版社。

斑须蝽蝽卵蜂 *Trissolcus nigripedius* (Nakagawa, 1900)

省内产地：郑州，许昌。

分布：河南，山东，浙江；朝鲜，日本。

寄主：斑须蝽。

资料来源：山岸健三等，1994，中国蝽卵蜂属一新记录种。《河南昆虫分类区系研究　第一卷》，中国农业科学技术出版社。

三六、广腹细蜂科 Platygasteridae

本科全世界共 1100 种，中国已记载 10 种，河南共记录 1 属 1 种。

柳瘿蚊广腹细蜂 *Platygaster error* Fitch

省内产地：许昌。

分布：河南，江苏，湖北。

寄主：柳瘿蚊。

资料来源：申效诚，1993，河南昆虫名录。中国农业科学技术出版社。

三七、分盾细蜂科 Ceraphronidae

本科全世界共 14 属 360 种，中国已记载 3 属 3 种，河南共记录 1 属 1 种。

菲岛分盾细蜂 *Ceraphron manilae* Ashmead, 1904

省内产地：全省。

分布：河南，湖北，浙江，福建，江西，湖南，贵州，台湾，云南；菲律宾。

寄主：螟蛉悬茧姬蜂，螟黑钝唇姬蜂，弄蝶绒茧蜂，稻纵卷叶螟绒茧蜂，螟蛉绒茧蜂，稻纵卷叶螟长体茧蜂，稻眼蝶脊茧蜂，螟蛉脊茧蜂，黏虫悬茧蜂，黑腹螯蜂，稻虱红螯蜂。

资料来源：申效诚，1993，河南昆虫名录。中国农业科学技术出版社。

三八、姬蜂科 Ichneumonidae

本科全世界共 15 000 种，中国已记载 466 属 1996 种，河南共记录 157 属 290 种，其中作为模式产地的有 75 种，占全省种类的 25.9%。

褐棘跗姬蜂 *Aconias ruficoxalis* Sheng *et* Sun, 2008

省内产地：西峡黄石庵，嵩县白云山(模式产地)。

分布：河南。

资料来源：盛茂领等，2008，棘跗姬蜂属在中国首次发现并记述一新种。动物分类学报，33(3)：619~622。

螟虫顶姬蜂 *Acropimpla persimilis* (Ashmead, 1906)

省内产地：罗山灵山，内乡宝天曼，信阳鸡公山，陕县甘山。

分布：河南，黑龙江，辽宁，北京，山东，陕西，湖北，浙江，四川；朝鲜，日本，俄罗斯。

资料来源：盛茂领等，2009，河南昆虫志 膜翅目 姬蜂科。科学出版社。

斑足顶姬蜂 *Acropimpla pictipes* (Gravenhorst, 1829)

省内产地：内乡宝天曼。

分布：河南，黑龙江，吉林，河北，甘肃；日本；欧洲。

资料来源：刘经贤，2009，中国瘤姬蜂亚科分类研究。浙江大学博士学位论文。

游走巢姬蜂指名亚种 *Acroricnus ambulator ambulator* (Smith, 1874)

省内产地：内乡宝天曼，西峡老界岭，罗山灵山。

分布：河南，黑龙江，辽宁，北京，山西，山东，江苏，浙江，福建，台湾，湖北，湖南，广东，广西，四川，云南；朝鲜，日本，俄罗斯。

资料来源：盛茂领等，1999，膜翅目：姬蜂科。《伏牛山南坡及大别山区昆虫》，中国农业科学技术出版社。

游走巢姬蜂中华亚种 *Acroricnus ambulatus chinensis* Uchida, 1940

省内产地：西峡老界岭，内乡宝天曼，罗山灵山。

分布：河南，江西，浙江，湖南，四川，贵州。

资料来源：盛茂领等，1999，膜翅目：姬蜂科。《伏牛山南坡及大别山区昆虫》，中国农业科学技术出版社。

窄环非姬蜂 *Afrephialtes latiannulatus* (Cameron, 1907)

省内产地：内乡宝天曼。

分布：河南，广西，贵州，四川，云南，湖南；印度，斯里兰卡。

资料来源：盛茂领等，2009，河南昆虫志 膜翅目 姬蜂科。科学出版社。

台湾非姬蜂黑基亚种 *Afrephialtes taiwanus nigricoxis* Gupta *et* Tiker, 1976

省内产地：内乡宝天曼。

分布：河南，台湾；瓜哇(印度尼西亚)

资料来源：盛茂领等，1999，膜翅目：姬蜂科。《伏牛山南坡及大别山区昆虫》，中国农业科学技术出版社。

台湾非姬蜂指名亚种 *Afrephialtes taiwanus taiwanus* Gupta *et* Tiker, 1976

省内产地：内乡宝天曼。

分布：河南，台湾。

资料来源：盛茂领等，1999，膜翅目：姬蜂科。《伏牛山南坡及大别山区昆虫》，中国农业科学技术出版社。

稻苞虫阿格姬蜂 *Agrypon japonicum* (Uchida, 1928)

稻苞虫弧脊姬蜂 *Trichonotus japonicus*

省内产地：修武，郑州，中牟，许昌，遂平，内乡，南阳，新野，信阳。

分布：河南，陕西，安徽，江苏，浙江，江西，湖南，福建；日本。

资料来源：申效诚，1993，河南昆虫名录。中国农业科学技术出版社。

褐黄菲姬蜂 *Allophatnus fulvitergus* (Tosquinet, 1903)

省内产地：具体不详。

分布：河南，山东，浙江，江西，湖南，台湾，四川，福建；日本，印度，印度尼西亚。

资料来源：何俊华等，1996，中国经济昆虫志 第五十一册 膜翅目 姬蜂科。科学出版社。

被毛副姬蜂 *Alloplasta tomentosa* (Gravenhorst, 1829)

省内产地：内乡宝天曼。

分布：河南，辽宁；俄罗斯，奥地利，比利时，保加利亚，法国，德国，匈牙利，意大利，波兰，罗马尼亚。

资料来源：盛茂领等，2009，河南昆虫志 膜翅目 姬蜂科。科学出版社。

环跗钝杂姬蜂台湾亚种 *Amblyjoppa annulitarsis horishana* (Matsumura, 1912)

省内产地：嵩县白云山。

分布：河南，浙江，江西，福建，台湾，贵州，广西，云南。

资料来源：盛茂领等，2009，河南昆虫志 膜翅目 姬蜂科。科学出版社。

基钝杂姬蜂 *Amblyjoppa basalis* (Uchida, 1925)

省内产地：内乡宝天曼。

分布：河南；日本。

资料来源：盛茂领等，2009，河南昆虫志 膜翅目 姬蜂科。科学出版社。

斑栖姬蜂 *Amphibulus albimaculatus* Sheng, 1999

省内产地：西峡老界岭(模式产地)。

分布：河南。

资料来源：盛茂领等，1999，伏牛山恩姬蜂族二新种。《伏牛山南坡及大别山区昆虫》，中国农业科学技术出版社。

朝鲜肿跗姬蜂 *Anomalon coreanum* (Uchida, 1928)

省内产地：西峡老界岭。

分布：河南，辽宁，河北，北京，湖北；朝鲜，日本，蒙古国。

资料来源：盛茂领等，2009，河南昆虫志 膜翅目 姬蜂科。科学出版社。

黑基臭姬蜂 *Apechthis capulifera* (Kriechbaumer, 1887)

采集记录：内乡宝天曼。

分布：河南，甘肃，河北，黑龙江，湖南，内蒙古，山西，四川，台湾；奥地利，保加利亚，捷克，斯洛伐克，德国，朝鲜，日本，拉脱维亚，挪威，波兰，罗马尼亚，俄罗斯，瑞典，瑞士，乌克兰。

资料来源：孙淑萍等，2008，膜翅目：姬蜂科。《宝天曼自然保护区昆虫》，中国农业科学技术出版社。

四齿钩尾姬蜂 *Apechthis quadridentata* (Thomson, 1877)

省内产地：内乡宝天曼。

分布：河南，黑龙江，吉林，河北，浙江；古北区。

资料来源：刘经贤，2009，中国瘤姬蜂亚科分类研究。浙江大学博士学位论文。

褐臭姬蜂 *Apechthis rufata* (Gmelin, 1790)

黄条长尾姬蜂 *Ephialtes rufatus* (Gmelin, 1790)

省内产地：西峡老界岭，嵩县白云山。

分布：河南，黑龙江，吉林，辽宁，甘肃，浙江，湖北，湖南；朝鲜，日本，俄罗斯；欧洲。

资料来源：盛茂领等，2009，河南昆虫志 膜翅目 姬蜂科。科学出版社。

悦离沟姬蜂 *Apocryptus gratus* Sheng *et* Sun, 2002

省内产地：西峡老界岭(模式产地)，内乡宝天曼。

分布：河南。

资料来源：盛茂领等，2002，河南省伏牛山嘎姬蜂族二新种记述。动物分类学报，27(4)：798~801。

缩曲脊姬蜂 *Apophua evanescens* (Ratzeburg, 1848)

省内产地：栾川龙峪湾，信阳鸡公山。

分布：河南；印度，俄罗斯，立陶宛，拉脱维亚，巴基斯坦，日本；欧洲。

资料来源：盛茂领等，2009，河南昆虫志 膜翅目 姬蜂科。科学出版社。

斑耕姬蜂 *Arotes maculates* Sheng *et* Sun, 2007

省内产地：内乡宝天曼(模式产地)，嵩县白云山。

分布：河南。

资料来源：盛茂领，孙淑萍，2007，中国的耕姬蜂属(膜翅目，姬蜂科)及一新种。动物分类学报，32(4)：962~965。

棕角双洼姬蜂 *Arthula brunneocornis* Cameron, 1900

省内产地：罗山灵山。

分布：河南，广西；印度。

资料来源：盛茂领等，1999，膜翅目：姬蜂科。《伏牛山南坡及大别山区昆虫》，中国农业科学技术出版社。

台湾双洼姬蜂 *Arthula formosana* (Uchida, 1931)

省内产地：信阳鸡公山。

分布：河南，台湾，广西，云南。

资料来源：何俊华等，1999，膜翅目：姬蜂科。《鸡公山区昆虫》，中国农业科学技术出版社。

节阿斯姬蜂 *Astiphromma jezoense* Uchida, 1928

省内产地：栾川龙峪湾，嵩县白云山，内乡宝天曼。

分布：河南，台湾；印度，缅甸，尼泊尔，朝鲜，日本，俄罗斯。

资料来源：盛茂领等，2009，河南昆虫志 膜翅目 姬蜂科。科学出版社。

点阿斯姬蜂 *Astiphromma punctatum* Uchida, 1933

省内产地：嵩县白云山。

分布：河南；日本。

资料来源：盛茂领等，2009，河南昆虫志 膜翅目 姬蜂科。科学出版社。

伍氏阿斯姬蜂 *Astiphromma watanabei* (Uchida, 1929)

省内产地：西峡老界岭，嵩县白云山。

分布：河南；朝鲜，日本，俄罗斯。

资料来源：盛茂领等，2009，河南昆虫志 膜翅目 姬蜂科。科学出版社。

福建镰颚姬蜂 *Atopotrophos fukienensis* Chao, 1958

省内产地：济源黄楝树。

分布：河南，福建。

资料来源：盛茂领等，2009，河南昆虫志 膜翅目 姬蜂科。科学出版社。

褐颜镰颚姬蜂 *Atopotrophos rufifacialis* Sheng, 2009

省内产地：内乡宝天曼(模式产地)。

分布：河南。

资料来源：盛茂领等，2009，河南昆虫志 膜翅目 姬蜂科。科学出版社。

粪蝇沟姬蜂 *Atractodes gravidus* Gravenhorst, 1829

省内产地：偃师。

分布：河南，浙江。

资料来源：申效诚，1993，河南昆虫名录。中国农业科学技术出版社。

夹色奥姬蜂 *Auberteterus alternecoloratus* (Cushman, 1929)

Centeterus alternecoloratus Cushman

省内产地：南阳，汝州。

分布：河南，江苏，湖北，浙江，福建，江西，湖南，台湾，广东，广西，四川，贵州，云南；印度。

资料来源：申效诚，1993，河南昆虫名录。中国农业科学技术出版社。

褐巴达姬蜂 *Baltazaria ruficoxalis* Sheng, 2009

省内产地：内乡宝天曼(模式产地)。

分布：河南。

资料来源：盛茂领等，2009，河南昆虫志 膜翅目 姬蜂科。科学出版社。

斑栉姬蜂 *Banchus pictus* Fabricius, 1798

省内产地：内乡宝天曼。

分布：河南，吉林，甘肃；俄罗斯；欧洲。

资料来源：盛茂领等，2009，河南昆虫志 膜翅目 姬蜂科。科学出版社。

伏牛短胫姬蜂 *Barycnemis funiuensis* Sheng, 2002

省内产地：嵩县白云山(模式产地)。

分布：河南。

资料来源：Sheng Maoling, 2002, A new species of genus *Barycnemis* from China (Hymenoptera: Ichneumonidae).《太行山及桐柏山区昆虫》，中国农业科学技术出版社。

坐轭姬蜂 *Barylypa insidiator* (Förster, 1878)

省内产地：安阳，郑州，新郑。

分布：河南，新疆，山西；朝鲜，拉脱维亚，立陶宛，蒙古国，俄罗斯；欧洲。

寄主：刺槐外斑尺蠖。

资料来源：盛茂领等，2009，河南昆虫志 膜翅目 姬蜂科。科学出版社。

枣尺蠖轭姬蜂 *Barylypa* sp.

省内产地：郑州，新郑。

分布：河南。

资料来源：申效诚，1993，河南昆虫名录。中国农业科学技术出版社。

毛头泥甲姬蜂 *Bathythrix hirticeps* (Cameron, 1909)

省内产地：西峡老界岭。

分布：河南；印度。

资料来源：盛茂领等，1999，膜翅目：姬蜂科。《伏牛山南坡及大别山区昆虫》，中国农业科学技术出版社。

负泥虫沟姬蜂 *Bathythrix kuwanae* Viereck, 1912

省内产地：郑州，修武，偃师，陕县，灵宝，尉氏，杞县，夏邑，新野，信阳。

分布：河南，黑龙江，吉林，山东，陕西，湖南，浙江，福建，江西，贵州，广东，广西，四川，云南。

资料来源：申效诚，1993，河南昆虫名录。中国农业科学技术出版社。

强脊草蛉姬蜂 *Brachycyrtus nawaii* Ashmead, 1906

省内产地：具体不详。

分布：河南，河北，陕西，湖北，浙江，福建，江西，广东，四川；日本，菲律宾。

资料来源：申效诚，1993，河南昆虫名录。中国农业科学技术出版社。

北京短脉姬蜂 *Brachynervus beijingensis* Wang, 1983

省内产地：新乡。

分布：河南，北京。

资料来源：何俊华等，1996，中国经济昆虫志 第五十一册 膜翅目 姬蜂科。科学出版社。

暗足短食姬蜂 *Brachyzapus atripedalis* (Sheng, 2001)

Zabrachypus atripedalis Sheng, 2001

省内产地：内乡宝天曼(模式产地)。

分布：河南。

资料来源：Sheng Maoling *et al*., 2001, Two new species of family Ichneumonidae (Hymenoptera). *Entomologia Sinica* 8(1): 25~29.

汇短食姬蜂 *Brachyzapus* sp. (新种，另文发表)

省内产地：栾川龙峪湾(模式产地)。

分布：河南。

资料来源：刘经贤，2009，中国瘤姬蜂亚科分类研究。浙江大学博士学位论文。

余氏短食姬蜂 *Brachyzapus* sp. (新种，另文发表)

省内产地：内乡宝天曼(模式产地)。

分布：河南。

资料来源：刘经贤，2009，中国瘤姬蜂亚科分类研究。浙江大学博士学位论文。

东方毛沟姬蜂 *Brussinocryptus orientalis* (Uchida, 1932)

省内产地：罗山灵山。

分布：河南，辽宁；朝鲜，日本。

资料来源：盛茂领等，1999，膜翅目：姬蜂科。《伏牛山南坡及大别山区昆虫》，中国农业科学技术出版社。

河南拟新祕姬蜂 *Caenocryptoides henanensis* Sun *et* Sheng, 2008

省内产地：内乡宝天曼(模式产地)。

分布：河南。

资料来源：孙淑萍，盛茂领，2008，拟新祕姬蜂属一新种。动物分类学报，33(4)：790~792。

棉铃虫齿唇姬蜂 *Campoletis chlorideae* Uchida, 1957

省内产地：全省。

分布：河南，辽宁，北京，山东，山西，陕西，湖北，江苏，浙江，江西，湖南，台湾，贵州，四川，云南；朝鲜，日本，印度，孟加拉国，巴基斯坦，毛里求斯，叙利亚。

资料来源：申效诚，1993，河南昆虫名录。中国农业科学技术出版社。

黑足凹眼姬蜂 *Casinaria nigripes* Gravenhorst, 1829

省内产地：灵宝，卢氏，陕县，嵩县，偃师，巩义，杞县，西平。

分布：河南，黑龙江，吉林，辽宁，内蒙古，北京，河北，山东，陕西，山西，安徽，江苏，江西，浙江，福建，湖北，湖南，广东，广西，贵州，四川，云南；俄罗斯，波兰。

资料来源：申效诚，1993，河南昆虫名录。中国农业科学技术出版社。

稻苞虫凹眼姬蜂 *Casinaria pedunculata* (Szepligeti, 1908)

省内产地：信阳，新野，汝州，嵩县。

分布：河南，安徽，江西，浙江，福建，台湾，湖北，湖南，广东，广西，四川，贵州，云南；印度，印度尼西亚，俄罗斯。

资料来源：申效诚，1993，河南昆虫名录。中国农业科学技术出版社。

螟蛉悬茧姬蜂 *Charops bicolor* (Szepligeti, 1906)

省内产地：全省。

分布：河南，吉林，辽宁，山东，陕西，安徽，江苏，江西，浙江，福建，台湾，湖南，广东，广西，海南，四川，贵州，云南；朝鲜，日本；东南亚。

资料来源：申效诚，1993，河南昆虫名录。中国农业科学技术出版社。

短翅悬茧姬蜂 *Charops brachypterum* (Cameron, 1897)

省内产地：罗山灵山，新野。

分布：河南，浙江，江西，湖北，湖南，福建，广东，广西，云南，贵州，台湾；印度，菲律宾，印度尼西亚，斯里兰卡。

资料来源：盛茂领等，1999，膜翅目：姬蜂科。《伏牛山南坡及大别山区昆虫》，中国农业科学技术出版社。

刻条悬茧姬蜂 *Charops striatus* (Uchida, 1932)

省内产地：罗山灵山。

分布：河南，广东，台湾；日本，俄罗斯。

资料来源：盛茂领等，2009，河南昆虫志 膜翅目 姬蜂科。科学出版社。

朝鲜绿姬蜂 *Chlorocryptus coreanus* (Szepligeti, 1916)

省内产地：内乡宝天曼，罗山灵山，登封少林寺。

分布：河南，辽宁，黑龙江，吉林，内蒙古，陕西，浙江，福建，台湾，广西，四川；朝鲜。

资料来源：盛茂领等，1999，膜翅目：姬蜂科。《伏牛山南坡及大别山区昆虫》，中国农业科学技术出版社。

紫绿姬蜂 *Chlorocryptus purpuratus* (Smith, 1852)

省内产地：西峡老界岭，全省。

分布：河南，北京，山西，山东，陕西，湖北，江苏，上海，浙江，福建，江西，湖南，广西，四川，贵州，云南；印度，马来西亚，尼泊尔。

资料来源：申效诚，1993，河南昆虫名录。中国农业科学技术出版社。

稻纵卷叶螟黄脸姬蜂 *Chorinacus facialis* Chao, 1981

省内产地：信阳，新野。

分布：河南，湖北，浙江，福建，江西，湖南，广东，广西，贵州，四川，云南。

资料来源：申效诚，1993，河南昆虫名录。中国农业科学技术出版社。

软点刻姬蜂 *Cisaris mitis* Pei *et* Sheng, 2000

省内产地：西峡老界岭(模式产地)。

分布：河南。

资料来源：裴海潮等，2000，河南点刻姬蜂属一新种。昆虫分类学报，22(1)：71~73。

褐网姬蜂 *Clatha brunneola* Sheng, 2009

省内产地：罗山灵山(模式产地)。

分布：河南。

资料来源：盛茂领等，2009，河南昆虫志 膜翅目 姬蜂科。科学出版社。

白面损锉姬蜂 *Cnastis albifacialis* Sheng, 2009

省内产地：内乡宝天曼，嵩县白云山(模式产地)。

分布：河南。

资料来源：盛茂领等，2009，河南昆虫志 膜翅目 姬蜂科。科学出版社。

满点黑瘤姬蜂 *Coccygomimus aethiops* (Curtis, 1828)

稻苞虫黑瘤姬蜂 *Coccygomimus parnarae* Viereck

省内产地：西峡老界岭，内乡宝天曼，罗山灵山等全省各地。

分布：河南，黑龙江，辽宁，河北，山东，陕西，上海，安徽，江西，浙江，福建，台湾，湖北，湖南，广东，海南，广西，四川，贵州，云南；朝鲜，日本，俄罗斯；欧洲。

资料来源：盛茂领等，1999，膜翅目：姬蜂科。《伏牛山南坡及大别山区昆虫》，中国农业科学技术出版社。

舞毒蛾黑瘤姬蜂 *Coccygomimus disparis* (Viereck, 1911)

省内产地：登封少林寺，安阳，博爱，灵宝，郑州，巩义，尉氏，中牟，兰考，许昌，禹州，鲁山，沈丘，确山，新野。

分布：河南，黑龙江，吉林，辽宁，内蒙古，河北，山西，山东，陕西，甘肃，宁夏，湖北，安徽，江苏，浙江，福建，江西，湖南，贵州，四川，云南，西藏。

资料来源：申效诚，1993，河南昆虫名录。中国农业科学技术出版社。

古北黑瘤姬蜂 *Coccygomimus instigator* (Fabricius, 1793)

省内产地：陕县，卢氏。

分布：河南，新疆，内蒙古，宁夏，青海，黑龙江，甘肃，湖南，台湾；朝鲜，日本，俄罗斯，德国。

资料来源：申效诚，1993，河南昆虫名录。中国农业科学技术出版社。

野蚕黑瘤姬蜂 *Coccygomimus luctuosus* (Smith, 1874)

省内产地：西峡老界岭，信阳鸡公山，罗山灵山，内乡宝天曼，栾川龙峪湾，济源黄楝树，郑州，巩义，尉氏，兰考，渑池，许昌，南阳，新野，桐柏。

分布：河南，辽宁，北京，江苏，浙江，江西，四川，福建，台湾，贵州；朝鲜，日本，俄罗斯。

资料来源：何俊华等，1999，膜翅目：姬蜂科。《鸡公山区昆虫》，中国农业科学技术出版社。

日本黑瘤姬蜂 *Coccygomimus nipponicus* (Uchida, 1928)

省内产地：罗山灵山，内乡宝天曼，济源黄楝树，嵩县白云山，信阳鸡公山。

分布：河南，河北，辽宁，江苏，安徽，浙江，江西，湖北，湖南，四川，云南，贵州，台湾；日本，俄罗斯。

资料来源：盛茂领等，1999，膜翅目：姬蜂科。《伏牛山南坡及大别山区昆虫》，中国农业科学技术出版社。

细长臀姬蜂 *Coleocentrus lineacus* Sheng *et* Shen, 2008

省内产地：内乡宝天曼(模式产地)。

分布：河南。

资料来源：盛茂领，申效诚，2008，长臀姬蜂属在河南首次发现并一新种记述。《昆虫分类与分布》，中国农业科学技术出版社。

叶氏扁股姬蜂 *Collapsifemura* sp. (新种，另文发表)

省内产地：内乡宝天曼(模式产地)。

分布：河南，浙江。

资料来源：刘经贤，2009，中国瘤姬蜂亚科分类研究。浙江大学博士学位论文。

褐圆胸姬蜂 *Colpotrochia fusca* Matsumura, 1931

省内产地：内乡宝天曼，罗山灵山。

分布：河南；朝鲜，日本，俄罗斯。

资料来源：盛茂领等，2009，河南昆虫志 膜翅目 姬蜂科。科学出版社。

洁圆胸姬蜂 *Colpotrochia* (*Colpotrochia*) *munda* Momoi, 1966

省内产地：西峡老界岭。

分布：河南；日本。

资料来源：盛茂领等，1999，膜翅目：姬蜂科。《伏牛山南坡及大别山区昆虫》，中国农业科学技术出版社。

毛圆胸姬蜂中华亚种 *Colpotrochia* (*Colpotrochia*) *pilosa sinensis* Uchida, 1949

省内产地：内乡宝天曼。

分布：河南，江西，浙江，福建，广东，贵州，江苏；日本。

资料来源：盛茂领等，1999，膜翅目：姬蜂科。《伏牛山南坡及大别山区昆虫》，中国农业科学技术出版社。

斑角姬蜂 *Cosmoconus maculiventris* Sheng, 2002

省内产地：西峡老界岭(模式产地)。

分布：河南。

资料来源：盛茂领等，2002，河南角姬蜂属二新种(膜翅目：姬蜂科)。昆虫学报 45(Suppl.)：96~98。

西峡角姬蜂 *Cosmoconus xixiaensis* Sheng, 2002

省内产地：西峡老界岭(模式产地)，内乡宝天曼，卢氏大块地。

分布：河南。

资料来源：盛茂领等，2002，河南角姬蜂属二新种(膜翅目：姬蜂科)。昆虫学报 45(Suppl.)：96~98。

河南隐姬蜂 *Cryptopimpla henanensis* Sheng, 2005

省内产地：西峡老界岭，嵩县白云山(正副模产地)，卢氏大块地。

分布：河南。

资料来源：盛茂领等，2005，中国隐姬蜂属(膜翅目，姬蜂科)研究。动物分类学报，30(2)：415~418。

地蚕大凹姬蜂指名亚种 *Ctenichneumon panzeri panzeri* (Wesmael, 1845)

省内产地：内乡宝天曼。

分布：河南，浙江，江西，贵州，广东；俄罗斯，伊朗，阿尔及利亚；欧洲。

资料来源：何俊华等，1996，中国经济昆虫志 第五十一册 膜翅目 姬蜂科。科学出版社。

地蚕大凹姬蜂黄盾亚种 *Ctenichneumon panzeri suzukii* (Matsumura, 1912)

省内产地：具体不详。

分布：河南，河北，广东，广西，四川，云南；朝鲜，日本。

资料来源：何俊华等，1996，中国经济昆虫志 第五十一册 膜翅目 姬蜂科。科学出版社。

高山栉足姬蜂 *Ctenopelma altitudinis* (Heinrich, 1953)

省内产地：灵宝。

分布：河南；俄罗斯，乌克兰，哈萨克斯坦，波兰，奥地利。

资料来源：盛茂领等，2009，河南昆虫志 膜翅目 姬蜂科。科学出版社。

亮栉足姬蜂 *Ctenopelma luciferum* (Gravenhorst, 1829)

省内产地：卢氏。

分布：河南，甘肃，辽宁，吉林，山西；日本，俄罗斯；欧洲。

资料来源：盛茂领等，2009，河南昆虫志 膜翅目 姬蜂科。科学出版社。

黑胸栉足姬蜂 *Ctenopelma melanothoracica* Sheng, 2009

省内产地：内乡宝天曼(模式产地)。

分布：河南。

资料来源：盛茂领等，2009，河南昆虫志 膜翅目 姬蜂科。科学出版社。

褐栉足姬蜂 *Ctenopelma rufescentis* Sheng, 2009

省内产地：内乡宝天曼(模式产地)。

分布：河南。

资料来源：盛茂领等，2009，河南昆虫志 膜翅目 姬蜂科。科学出版社。

隘洼唇姬蜂 *Cylloceria aino* (Uchida, 1928)

省内产地：内乡宝天曼。

分布：河南，内蒙古，宁夏；日本，俄罗斯。

资料来源：盛茂领等，2009，河南昆虫志 膜翅目 姬蜂科。科学出版社。

黑洼唇姬蜂 *Cylloceria melancholica* (Gravenhorst, 1820)

省内产地：内乡宝天曼。

分布：河南，内蒙古，宁夏；蒙古国，立陶宛，拉脱维亚，吉尔吉斯斯坦，伊朗；欧洲，北美。

资料来源：盛茂领等，2009，河南昆虫志 膜翅目 姬蜂科。科学出版社。

乌苏里洼唇姬蜂 *Cylloceria ussuriensis* Humala, 2002

省内产地：卢氏。

分布：河南，辽宁；俄罗斯。

资料来源：盛茂领等，2009，河南昆虫志 膜翅目 姬蜂科。科学出版社。

河南登姬蜂 *Dentimachus henanicus* Sheng, 2009

省内产地：内乡宝天曼(模式产地)。

分布：河南。

资料来源：盛茂领等，2009，河南昆虫志 膜翅目 姬蜂科。科学出版社。

台湾弯尾姬蜂 *Diadegma akoensis* (Shiraki, 1917)

省内产地：安阳，修武，灵宝，栾川，偃师，郑州，许昌，信阳，南阳，西峡，新野。

分布：河南，安徽，湖北，上海，浙江，福建，江西，湖南，台湾，贵州，广东，海南，广西，四川，云南；日本。

资料来源：申效诚，1993，河南昆虫名录。中国农业科学技术出版社。

半闭弯尾姬蜂 *Diadegma semiclausum* (Hellen, 1949)

省内产地：新乡，许昌。

分布：河南，北京，山东，山西，宁夏，新疆，台湾；东洋区，古北区，澳大利亚。

寄主：小菜蛾。

资料来源：刘树生等，2004，小菜蛾重要寄生蜂——半闭弯尾姬蜂在中国的地理分布植物保护学报，31(1)：13~20。

颈双缘姬蜂 *Diadromus collaris* (Gravenhorst, 1829)

省内产地：具体不详。

分布：河南，内蒙古，北京，天津，宁夏，山西，浙江；印度，巴基斯坦，新西兰，澳大利亚，汤加，斐济，俄罗斯，瑞典，意大利。

资料来源：何俊华等，1996，中国经济昆虫志 第五十一册 膜翅目 姬蜂科。科学出版社。

民权长凹姬蜂 *Diaparsis minquanensis* Sheng *et* Wu, 1999

省内产地：民权(模式产地)。

分布：河南。

资料来源：Sheng M-L, Wu L-Z *et al*, 1999, A new species of the genus *Diaparsis* (Hymenoptera: Ichneumonidae) parasitizing *Lema decempunctata* with a new record from China. *Scientia Silvae Sinicae*, 35: 66~68.

黑斑嵌翅姬蜂 *Dicamptus nigropictus* (Matsumura, 1912)

省内产地：西峡老界岭，嵩县白云山，渑池，灵宝，陕县，孟津，偃师，南召，信阳。

分布：河南，陕西，浙江，福建，江西，湖南，台湾，贵州，广东，广西，四川，云南；朝鲜，日本，印度，老挝，文莱，马来西亚。

资料来源：盛茂领等，1999，膜翅目：姬蜂科。《伏牛山南坡及大别山区昆虫》，中国农业科学技术出版社。

紫窄痣姬蜂 *Dictyonotus purpurascens* (Smith, 1874)

省内产地：栾川。

分布：河南，吉林，辽宁，河北，山东，陕西，浙江，江西，湖北，四川；朝鲜，日本，俄罗斯。

资料来源：申效诚，1993，河南昆虫名录。中国农业科学技术出版社。

花胫蚜蝇姬蜂 *Diplazon laetatorius* (Fabricius, 1781)

省内产地：嵩县白云山，安阳，新乡，延津，封丘，获嘉，焦作，修武，沁阳，灵宝，陕县，孟津，偃师，郑州，中牟，尉氏，兰考，夏邑，许昌，长葛，西华，西平，信阳，新野。

分布：河南，黑龙江，辽宁，内蒙古，河北，山西，陕西，宁夏，甘肃，新疆，山东，安徽，江苏，浙江，江西，福建，台湾，湖北，湖南，广东，广西，四川，贵州，云南；世界广布。

资料来源：盛茂领等，1999，膜翅目：姬蜂科。《伏牛山南坡及大别山区昆虫》，中国农业科学技术出版社。

短兜姬蜂 *Dolichomitus brevissimus* Sheng, 2009

省内产地：济源(模式产地)。

分布：河南。

资料来源：盛茂领等，2009，河南昆虫志 膜翅目 姬蜂科。科学出版社。

济源兜姬蜂 *Dolichomitus jiyuanensis* Lin, 2005

省内产地：济源，卢氏(正副模产地)

分布：河南，河北。

资料来源：林晓安，2005，河南兜姬蜂属一新种(膜翅目：姬蜂科)。昆虫分类学报，27(2)：136~139。

中齿兜姬蜂 *Dolichomitus mesocentrus* (Gravenhorst, 1829)

省内产地：内乡宝天曼。

分布：河南，黑龙江，吉林，辽宁，北京，陕西，甘肃；朝鲜，日本，俄罗斯；欧洲。

资料来源：盛茂领等，2009，河南昆虫志 膜翅目 姬蜂科。科学出版社。

收获兜姬蜂 *Dolichomitus messor* (Gravenhorst, 1829)

省内产地：内乡宝天曼。

分布：河南，辽宁，吉林，黑龙江，陕西，新疆；俄罗斯，美国；欧洲。

资料来源：盛茂领等，2010，中国林木蛀虫天敌姬蜂。科学出版社。

纳喀兜姬蜂 *Dolichomitus nakamurai* (Uchida, 1928)

省内产地：栾川龙峪湾。

分布：河南，浙江；日本。

资料来源：Sheng Maoling *et al.*, 2002, The genus *Delichomitus* Smith (Hymenoptera: Ichneumonidae) from North China. *Linzer Biol. Beitr.* 34/1, 475~483.

杨兜姬蜂 *Dolichomitus populneus* (Ratzeburg, 1848)

省内产地：内乡宝天曼。

分布：河南，黑龙江，吉林，辽宁，河北，山西；俄罗斯；欧洲。

资料来源：盛茂领等，2009，河南昆虫志 膜翅目 姬蜂科。科学出版社。

嵩兜姬蜂 *Dolichomitus songxianicus* Sheng, 2004

省内产地：嵩县白云山(正模产地)。

分布：河南。

资料来源：盛茂领等，2004，中国兜姬蜂属分类研究(膜翅目：姬蜂科)。动物分类学报，29(4)：769~773。

亮兜姬蜂 *Dolichomitus splendidus* Sheng, 2002

省内产地：内乡宝天曼(模式产地)

分布：河南。

资料来源：Sheng Maoling *et al.*, 2002, The genus *Delichomitus* Smith (Hymenoptera: Ichneumonidae) from North China. *Linzer Biol. Beitr.* 34/1, 475~483.

奇长节姬蜂 *Dolichotrochanter peculiaris* Sheng, 2006

省内产地：陕县甘山(模式产地)。

分布：河南。

资料来源：Sheng Maoling, 2006, A new genus and species of Poemeniini (Hymenoptera: Ichneumonidae) from China. *Proc. Entomol. Soc. Wash.* 108(3)：651~654.

具区切顶姬蜂 *Dyspetes areolatus* He *et* Wan, 1987

省内产地：内乡宝天曼，西峡老界岭。

分布：河南，四川。

资料来源：盛茂领等，1999，膜翅目：姬蜂科。《伏牛山南坡及大别山区昆虫》，中国农业科学技术出版社。

西伯利亚端脊姬蜂 *Echthrus reluctator sibiricus* Kokujev, 1903

省内产地：内乡宝天曼。

分布：河南，黑龙江，吉林，辽宁；蒙古国，朝鲜，日本，俄罗斯。

资料来源：盛茂领等，2009，河南昆虫志 膜翅目 姬蜂科。科学出版社。

辽宁恩姬蜂 *Endasys liaoningensis* Wang, Sun, Ma *et* Sheng, 1996

省内产地：西峡老界岭。

分布：河南，辽宁，吉林。

资料来源：Sheng Maoling *et al*, 2001, Ichneumonidae parasitizing saeflies from China (Hymenoptera). *Entomofauna*, 22(21)：413~420.

申氏恩姬蜂 *Endasys sheni* Sheng, 1999

省内产地：内乡宝天曼(模式产地)。

分布：河南，辽宁。

资料来源：盛茂领等，1999，伏牛山恩姬蜂族二新种。《伏牛山南坡及大别山区昆虫》，中国农业科学技术出版社。

高氏细颚姬蜂 *Enicospilus gauldi* Nikam, 1980

省内产地：信阳鸡公山。

分布：河南，黑龙江，吉林，陕西，江苏，浙江，江西，湖南，福建，贵州，云南；印度。

资料来源：何俊华等，1999，膜翅目：姬蜂科。《鸡公山区昆虫》，中国农业科学技术出版社。

大坐腹姬蜂 *Enizemum giganteum* Uchida, 1957

省内产地：内乡宝天曼。

分布：河南，河北，陕西，甘肃；日本。

资料来源：何俊华等，1996，中国经济昆虫志 第五十一册 膜翅目 姬蜂科。科学出版社。

北海道长尾姬蜂 *Ephialtes hokkaidonis* Uchida, 1928

省内产地：陕县甘山。

分布：河南，黑龙江，吉林，辽宁；朝鲜，日本，俄罗斯；欧洲。

寄主：黑木蠹象。

资料来源：盛茂领等，2002，中国北方地区寄生林木蛀虫的姬蜂种类名录。甘肃林业科技，27(3)：1~5。

泛长尾姬蜂 *Ephialtes manifestator* (Linnaeus, 1758)

采集记录：林州。

分布：河南，甘肃；印度，日本，俄罗斯，奥地利，比利时，保加利亚，原南斯拉夫，捷克，斯洛伐克，丹麦，爱沙尼亚，芬兰，英国，罗马尼亚，西班牙，瑞士，瑞典，塔吉克斯坦，土耳其，法国，德国，匈牙利，意大利，哈萨克斯坦，拉脱维亚，立陶宛，荷兰，挪威，波兰，美国，加拿大。

资料来源：孙淑萍等，2008，膜翅目：姬蜂科。《宝天曼自然保护区昆虫》，中国农业科学技术出版社。

匙长尾姬蜂 *Ephialtes spatulatus* (Townes, 1960)

省内产地：济源黄楝树。

分布：河南；古北区，新北区。

资料来源：刘经贤，2009，中国瘤姬蜂亚科分类研究。浙江大学博士学位论文。

黑上皱姬蜂 *Epirhyssa flavobalteata melaina* Sheng, 2009

省内产地：栾川龙峪湾(正模产地)，登封少室山(副模产地)。

分布：河南，福建，台湾；印度。

资料来源：盛茂领等，2009，河南昆虫志 膜翅目 姬蜂科。科学出版社。

宽颚上皱姬蜂 *Epirhyssa latimandibularis* Hu *et* Wang, 1994

省内产地：登封少林寺，陕县甘山，内乡宝天曼，栾川龙峪湾。

分布：河南，浙江。

资料来源：盛茂领等，2009，河南昆虫志 膜翅目 姬蜂科。科学出版社。

北海道上皱姬蜂 *Epirhyssa sapporensis* Uchida, 1928

省内产地：济源黄楝树。

分布：河南；日本。

资料来源：盛茂领等，2009，河南昆虫志 膜翅目 姬蜂科。科学出版社。

中华钝唇姬蜂 *Eriborus sinicus* (Holmgren, 1868)

省内产地：信阳，新野。

分布：河南，江苏，浙江，福建，台湾，广东，云南；菲律宾，美国(夏威夷)。

资料来源：申效诚，1993，河南昆虫名录。中国农业科学技术出版社。

大螟钝唇姬蜂 *Eriborus terebrans* (Gravenhorst, 1829)

省内产地：内乡宝天曼，信阳，新野，许昌，长葛，偃师，安阳。

分布：河南，黑龙江，吉林，辽宁，河北，山西，山东，陕西，江苏，浙江，福建，广东，四川，云南；朝鲜，日本，俄罗斯，法国，意大利，匈牙利。

资料来源：申效诚，1993，河南昆虫名录。中国农业科学技术出版社。

稻纵卷叶螟钝唇姬蜂 *Eriborus vulgaris* (Morley, 1912)

省内产地：郑州，新野。

分布：河南，湖北，浙江，福建，江西，湖南，台湾，广东，广西，四川，云南；日本，印度。

资料来源：申效诚，1993，河南昆虫名录。中国农业科学技术出版社。

钝唇姬蜂 *Eriborus* sp.

省内产地：许昌。

寄主：梨小食心虫。

分布：河南。

资料来源：申效诚，1993，河南昆虫名录。中国农业科学技术出版社。

锯角优姬蜂 *Euceros serricornis* (Haliday, 1838)

省内产地：内乡宝天曼。

分布：河南，宁夏；朝鲜，日本，蒙古国，俄罗斯；欧洲。

资料来源：盛茂领等，2009，河南昆虫志 膜翅目 姬蜂科。科学出版社。

湖北曲爪姬蜂 *Eugalta hubeiensis* He, 1996

省内产地：栾川龙峪湾，内乡宝天曼，信阳鸡公山。

分布：河南，吉林，湖北。

资料来源：何俊华等，1999，膜翅目：姬蜂科。《鸡公山区昆虫》，中国农业科学技术出版社。

地蚕大铗姬蜂 *Eutanyacra picta* (Schrank, 1776)

省内产地：许昌。

分布：河南，新疆，内蒙古，宁夏，黑龙江，吉林，辽宁，河北，山西，陕西，甘肃，江苏，湖北，湖南，贵州，广西，四川，云南；朝鲜，蒙古国，俄罗斯；欧洲。

资料来源：申效诚，1993，河南昆虫名录。中国农业科学技术出版社。

具瘤爱姬蜂 *Exeristes roborator* Fabricius, 1793

省内产地：民权林场。

分布：河南，辽宁，内蒙古，天津，山西，浙江，湖南，台湾，广西；印度，巴基斯坦，密克罗尼西亚；欧洲。

资料来源：何俊华等，1996，中国经济昆虫志 第五十一册 膜翅目 姬蜂科。科学出版社。

嵩黑茧姬蜂 *Exetastes songicus* Sheng *et* Sun, 2008

省内产地：嵩县白云山(模式产地)。

分布：河南。

资料来源：盛茂领，孙淑萍，2008，黑茧姬蜂属(膜翅目，姬蜂科)一新种。《昆虫分类与分布》，中国农业科学技术出版社。

二化螟沟姬蜂 *Gambrus wadai* (Uchida, 1936)

省内产地：信阳，新野。

分布：河南，山东，江苏，安徽，浙江；日本。

资料来源：申效诚，1993，河南昆虫名录。中国农业科学技术出版社。

短尾雕背姬蜂 *Glypta breviterebra* Momoi, 1963

省内产地：内乡宝天曼。

分布：河南；日本。

资料来源：盛茂领等，2009，河南昆虫志 膜翅目 姬蜂科。科学出版社。

渑池长孔姬蜂 *Goedartia mianchiensis* Shi, 1988

省内产地：渑池(模式产地)。

分布：河南。

资料来源：申效诚，1993，河南昆虫名录。中国农业科学技术出版社。

横带驼姬蜂 *Goryphus basilaris* Holmgren, 1868

省内产地：信阳，西平，安阳。

分布：河南，陕西，湖北，安徽，江苏，浙江，福建，台湾，江西，湖南，广东，海南，广西，贵州，四川，云南；马来西亚，琉球群岛，缅甸，印度，印度尼西亚。

寄主：马尾松毛虫，桃蛀野螟，菜粉蝶，稻纵卷叶螟。

资料来源：申效诚，1993，河南昆虫名录。中国农业科学技术出版社。

无脊驼姬蜂 *Goryphus incarinalis* Sheng, 2009

省内产地：罗山灵山(模式产地)。

分布：河南。

资料来源：盛茂领等，2009，河南昆虫志 膜翅目 姬蜂科。科学出版社。

斑驼姬蜂 *Goryphus maculatus* Sheng, 2009

省内产地：内乡宝天曼(模式产地)。

分布：河南。

资料来源：盛茂领等，2009，河南昆虫志 膜翅目 姬蜂科。科学出版社。

黄盾驼姬蜂 *Goryphus mesoxanthus mesoxanthus* (Brulle)

省内产地：罗山灵山。

分布：河南，广西；印度，印度尼西亚，泰国，新加坡，马来西亚。

资料来源：盛茂领等，1999，膜翅目：姬蜂科。《伏牛山南坡及大别山区昆虫》，中国农业科学技术出版社。

花胸姬蜂 *Gotra octocincta* (Ashmead, 1906)

省内产地：光山，罗山，固始，泌阳，确山，桐柏，新野，唐河，邓州，渑池。

分布：河南，陕西，安徽，江苏，浙江，福建，江西，湖北，湖南，广东，广西，四川，贵州，云南；朝鲜，日本。

寄主：马尾松毛虫，赤松毛虫。

资料来源：申效诚，1993，河南昆虫名录。中国农业科学技术出版社。

喜马拉雅聚瘤姬蜂 *Gregopimpla himalayensis* (Cameron, 1899)

省内产地：内乡葛条爬，济源黄楝树，南阳，尉氏。

分布：河南，黑龙江，吉林，辽宁，河北，山东，山西，陕西，安徽，湖北，浙江，江西，湖南，贵州，台湾，广西，云南；朝鲜，日本，印度。

资料来源：申效诚，1993，河南昆虫名录。中国农业科学技术出版社。

桑蟥聚瘤姬蜂 *Gregopimpla kuwanae* (Viereck, 1912)

省内产地：安阳，延津，修武，巩义，商丘，许昌，新野，信阳。

分布：河南，黑龙江，辽宁，河北，山东，山西，陕西，安徽，江苏，浙江，江西，湖北，湖南，四川，贵州，云南；朝鲜，日本，印度。

资料来源：盛茂领等，1999，膜翅目：姬蜂科。《伏牛山南坡及大别山区昆虫》，中国农业科学技术出版社。

东方曲趾姬蜂 *Hadrodactylus orientalis* Uchida, 1930

省内产地：具体不详。

分布：河南，辽宁，陕西，江苏，浙江；朝鲜，日本，俄罗斯。

资料来源：何俊华等，1996，中国经济昆虫志 第五十一册 膜翅目 姬蜂科。科学出版社。

细甜沟姬蜂 *Hedycryptus tenniabdominalis* (Uchida, 1930)

省内产地：西峡老界岭，内乡宝天曼，罗山灵山。

分布：河南，辽宁，江西；日本。

寄主：白斑黄枝尺蛾 *Parectropis extersaria* (Hubner)

资料来源：盛茂领等，1999，膜翅目：姬蜂科。《伏牛山南坡及大别山区昆虫》，中国农业科学技术出版社。

颚甲腹姬蜂 *Hemigaster madibularis* Uchida, 1940

省内产地：信阳鸡公山。

分布：河南，浙江，江西，湖南，四川，台湾，广西。

资料来源：何俊华等，1999，膜翅目：姬蜂科。《鸡公山区昆虫》，中国农业科学技术出版社。

台湾甲腹姬蜂 *Hemigaster taiwana* (Sonan, 1932)

省内产地：内乡宝天曼，栾川龙峪湾，信阳鸡公山。

分布：河南，江西，浙江，台湾。

资料来源：盛茂领等，1999，膜翅目：姬蜂科。《伏牛山南坡及大别山区昆虫》，中国农业科学技术出版社。

草蛉亨姬蜂 *Hemiteles* sp.

省内产地：具体不详。

分布：河南。

资料来源：申效诚，1993，河南昆虫名录。中国农业科学技术出版社。

松毛虫异足姬蜂 *Heteropelma amictum* (Fabricius, 1775)

省内产地：信阳鸡公山，西峡老界岭，内乡宝天曼，嵩县白云山。

分布：河南，吉林，辽宁，陕西，江苏，浙江，江西，四川，台湾，福建，广东，广西，贵州，云南；朝鲜，日本，菲律宾，尼泊尔，缅甸，印度，印度尼西亚，伊朗，俄罗斯，英国，瑞典等。

资料来源：何俊华等，1999，膜翅目：姬蜂科。《鸡公山区昆虫》，中国农业科学技术出版社。

黄跗异足姬蜂 *Heteropelma fulvitarse* Cameron, 1899

省内产地：内乡宝天曼。

分布：河南，四川，福建，广东，台湾，西藏；印度，老挝，缅甸，尼泊尔，朝鲜，俄罗斯，土库曼斯坦，奥地利，德国。

资料来源：盛茂领等，2009，河南昆虫志 膜翅目 姬蜂科。科学出版社。

长白山驼姬蜂 *Hybomischos changbaishanus* He, 1996

省内产地：栾川龙峪湾。

分布：河南，山西，吉林。

资料来源：盛茂领等，1999，膜翅目：姬蜂科。《伏牛山南坡及大别山区昆虫》，中国农业科学技术出版社。

松毛虫黑胸姬蜂 *Hyposoter takagii* (Matsumura, 1926)

省内产地：尉氏，兰考。

分布：河南，黑龙江，内蒙古，河北，山西，陕西，江苏，浙江，福建，湖南，广东，广西，云南；朝鲜，日本。

资料来源：申效诚，1993，河南昆虫名录。中国农业科学技术出版社。

稻毛虫花茧姬蜂 *Hyposoter* sp.

省内产地：延津。

分布：河南。

资料来源：申效诚，1993，河南昆虫名录。中国农业科学技术出版社。

黄带姬蜂 *Ichneumon yumyum* Kriechbaumer, 1895

省内产地：嵩县白云山。

分布：河南，贵州；朝鲜，日本，俄罗斯。

资料来源：盛茂领等，2009，河南昆虫志 膜翅目 姬蜂科。科学出版社。

毛足滑姬蜂 *Idiolispa villosa* Sheng, 1999

省内产地：内乡宝天曼(模式产地)。

分布：河南。

资料来源：Sheng Maoling *et al*., 1999, A new species of genus *Idiolispa* from China (Hymenoptera: Ichneumonidae).《伏牛山南坡及大别山区昆虫》，中国农业科学技术出版社。

北海道瘦角姬蜂 *Ischnoceros sapporensis* Uchida, 1928

采集记录：内乡宝天曼。

分布：河南；日本。

资料来源：孙淑萍等，2008，膜翅目：姬蜂科。《宝天曼自然保护区昆虫》，中国农业科学技术

出版社。

黑尾姬蜂 *Ischnojoppa luteator* (Fabeicius, 1798)

省内产地：沁阳。

分布：河南，江苏，湖北，浙江，福建，江西，湖南，贵州，台湾，广东，广西，四川，云南，西藏；朝鲜，日本，菲律宾，印度尼西亚，新加坡，马来西亚，缅甸，印度，斯里兰卡，澳大利亚。

资料来源：申效诚，1993，河南昆虫名录。中国农业科学技术出版社。

拟横沟姬蜂 *Ischnus inquisitorius assimilis* (Uchida, 1930)

省内产地：内乡宝天曼。

分布：河南；俄罗斯库页岛，美国阿拉斯加。

资料来源：盛茂领等，2009，河南昆虫志 膜翅目 姬蜂科。科学出版社。

斑横沟姬蜂 *Ischnus inquisitorius maculipropoda* Sheng, 2009

省内产地：罗山灵山(模式产地)。

分布：河南。

资料来源：盛茂领等，2009，河南昆虫志 膜翅目 姬蜂科。科学出版社。

勇姬蜂 *Itamoplex* sp.

省内产地：罗山灵山。

分布：河南。

资料来源：盛茂领等，1999，膜翅目：姬蜂科。《伏牛山南坡及大别山区昆虫》，中国农业科学技术出版社。

松毛虫埃姬蜂 *Itoplectis alternans epinotiae* Uchida, 1928

省内产地：内乡宝天曼，嵩县白云山，济源黄楝树，新乡，郑州，许昌，南阳。

分布：河南，黑龙江，吉林，辽宁，内蒙古，山东，山西，陕西，甘肃，湖北，浙江，湖南，四川，重庆，贵州，云南；蒙古国，朝鲜，日本，俄罗斯。

资料来源：盛茂领等，1999，膜翅目：姬蜂科。《伏牛山南坡及大别山区昆虫》，中国农业科学技术出版社。

喜马拉雅埃姬蜂 *Itoplectis himalayensis* Gupta, 1968

省内产地：嵩县白云山。

分布：河南，云南；印度。

资料来源：盛茂领等，2009，河南昆虫志 膜翅目 姬蜂科。科学出版社。

螟蛉埃姬蜂 *Itoplectis naranyae* (Ashmead, 1906)

青虫扁姬蜂 *Nesopimpla naranyae* Ashmead

省内产地：安阳，延津，孟津，灵宝，郑州，尉氏，兰考，夏邑，西平，西峡，信阳，固始，商城。

分布：河南，辽宁，河北，山东，山西，陕西，安徽，江苏，上海，浙江，江西，福建，台湾，湖北，湖南，广东，海南，广西，四川，贵州，云南；朝鲜，日本，俄罗斯，美国(夏威夷)，墨西哥。

资料来源：申效诚，1993，河南昆虫名录。中国农业科学技术出版社。

乍姬蜂 *Javra* sp.①

省内产地：罗山灵山。

分布：河南。

资料来源：盛茂领等，1999，膜翅目：姬蜂科。《伏牛山南坡及大别山区昆虫》，中国农业科学技术出版社。

乍姬蜂 *Javra* sp.②

省内产地：内乡宝天曼。

分布：河南。

资料来源：盛茂领等，1999，膜翅目：姬蜂科。《伏牛山南坡及大别山区昆虫》，中国农业科学技术出版社。

申氏克里姬蜂 *Kristotomus sheni* Sheng, 2002

省内产地：栾川龙峪湾(模式产地)，嵩县白云山。

分布：河南。

资料来源：盛茂领等，2002，中国的克里姬蜂及一新种记述(膜翅目：姬蜂科)，昆虫学报 45 (Suppl.)：93~95。

申氏侵姬蜂 *Lamachus sheni* Sheng *et* Sun, 2007

省内产地：内乡宝天曼(模式产地)。

分布：河南。

资料来源：盛茂领，孙淑萍，2007，中国发现侵姬峰属(膜翅目，姬蜂科)及一新种。动物分类学报，32(4)：959~961。

黑背隆侧姬蜂 *Latibulus nigrinotum* (Uchida, 1936)

省内产地：内乡宝天曼，信阳鸡公山，罗山灵山。

分布：河南，江西，台湾；朝鲜，日本。

资料来源：何俊华等，1999，膜翅目：姬蜂科。《鸡公山区昆虫》，中国农业科学技术出版社。

毛光瘤姬蜂 *Liotryphon crassiseta* (Thomson, 1877)

省内产地：陕县甘山。

分布：河南；俄罗斯；中亚，欧洲。

资料来源：盛茂领等，2009，河南昆虫志 膜翅目 姬蜂科。科学出版社。

线缺沟姬蜂 *Lissonota lineolaris* (Gmelin, 1790)

链缺沟姬蜂 *Lissonota catenator* (Panzer, 1804)

省内产地：卢氏大块地，嵩县白云山。

分布：河南，河北；俄罗斯；欧洲。

资料来源：盛茂领等，1999，膜翅目：姬蜂科。《伏牛山南坡及大别山区昆虫》，中国农业科学技术出版社。

内乡缺沟姬蜂 *Lissonota neixiangica* Sheng, 2000

省内分布：内乡宝天曼(模式产地)。

分布：河南。

资料来源：Sheng Maoling, 2000, The genus *Lissonota* (*Hymenoptera*: *Ichneumonidae*) from North China. *Entomologie*, 70: 189~197.

申氏缺沟姬蜂 *Lissonota sheni* Sheng, 2000

省内产地：栾川龙峪湾(模式产地)。

分布：河南。

资料来源：Sheng Maoling, 2000, The genus *Lissonota* (*Hymenoptera*: *Ichneumonidae*) *from North China. Entomologie*, 70: 189~197.

河南缺沟姬蜂 *Lissonota henanensis* Sheng, 2009

纹缺沟姬蜂 *Lissonota striata* Sheng, 2000

省内产地：内乡宝天曼(模式产地)。

分布：河南，辽宁。

资料来源：Sheng Maoling, 2000, The genus *Lissonota* (*Hymenoptera*: *Ichneumonidae*) from North China. *Entomologie*, 70: 189~197.

蛀虫缺沟姬蜂 *Lissonota terebrans* Sheng, 2000

省内产地：内乡宝天曼(模式产地)，西峡老界岭。

分布：河南，辽宁。

资料来源：Sheng Maoling, 2000, The genus *Lissonota* (*Hymenoptera*: *Ichneumonidae*) from North China. *Entomologie*, 70: 189~197.

等角额姬蜂 *Listrognathus* (*Fenestula*) *aequabilis* Uchida, 1952

省内产地：内乡宝天曼。

分布：河南；日本。

资料来源：盛茂领等，2009，河南昆虫志 膜翅目 姬蜂科。科学出版社。

朝角额姬蜂中华亚种 *Listrognathus* (*Listrognathus*) *coreensis chinensis* Kamath, 1968

省内产地：罗山灵山。

分布：河南，江西，广东。

资料来源：盛茂领等，2009，河南昆虫志 膜翅目 姬蜂科。科学出版社。

云南角额姬蜂 *Listrognathus* (*Listrognatha*) *yunnanensis* He *et* Chen, 2006

省内产地：嵩县白云山，内乡宝天曼，西峡老界岭，罗山灵山。

分布：河南，云南。

资料来源：盛茂领等，2009，河南昆虫志 膜翅目 姬蜂科。科学出版社。

角额姬蜂 *Listrognatha* (*Listrognatha*) sp. (新种，另文发表)

省内产地：罗山灵山。

分布：河南。

资料来源：盛茂领等，1999，膜翅目：姬蜂科。《伏牛山南坡及大别山区昆虫》，中国农业科学技术出版社。

齿突兰紫姬蜂 *Livipurpurata dentiexserta* Wang, 1994

省内产地：西峡老界岭，卢氏。

分布：河南，浙江，福建。

资料来源：盛茂领等，2009，河南昆虫志 膜翅目 姬蜂科。科学出版社。

斑壕姬蜂 *Lycorina flavomaculata* Sheng, 2009

省内产地：内乡宝天曼(模式产地)。

分布：河南。

资料来源：盛茂领等，2009，河南昆虫志 膜翅目 姬蜂科。科学出版社。

顶梢卷叶蛾壕姬蜂 *Lycorina spilonotae* Chao, 1980

省内产地：郑州，许昌，南召。

分布：河南，河北，北京，山东，辽宁。

资料来源：申效诚，1993，河南昆虫名录。中国农业科学技术出版社。

螟蛉折唇姬蜂 *Lysibia* sp.

省内产地：新野，修武。

分布：河南。

资料来源：申效诚，1993，河南昆虫名录。中国农业科学技术出版社。

长尾曼姬蜂 *Mansa longicauda* Uchida, 1940

省内产地：西峡老界岭，内乡宝天曼。

分布：河南，江西，湖南，浙江，台湾。

资料来源：盛茂领等，1999，膜翅目：姬蜂科。《伏牛山南坡及大别山区昆虫》，中国农业科学技术出版社。

腹大头姬蜂 *Megacara abdominalis* Sheng, 1999

省内产地：西峡老界岭(模式产地)，内乡宝天曼。

分布：河南。

资料来源：盛茂领等，1999，大头姬蜂属记述。《伏牛山南坡及大别山区昆虫》，中国农业科学技术出版社。

拟大头姬蜂 *Megacara similis* Sheng, 1999

省内产地：内乡宝天曼(模式产地)，西峡老界岭。

分布：河南。

资料来源：盛茂领等，1999，大头姬蜂属记述。《伏牛山南坡及大别山区昆虫》，中国农业科学技术出版社。

汤氏角突姬蜂 *Megalomya townesi* He, 1991

省内产地：内乡宝天曼。

分布：河南，江西，浙江。

资料来源：盛茂领等，1999，膜翅目：姬蜂科。《伏牛山南坡及大别山区昆虫》，中国农业科学技术出版社。

花斑马尾姬蜂 *Megarhyssa gloriosa* (Matsumura, 1912)

省内产地：许昌，洛阳。

分布：河南，辽宁，河北，山东，陕西，湖南；朝鲜，日本，俄罗斯。

资料来源：申效诚，1993，河南昆虫名录。中国农业科学技术出版社。

北海道马尾姬蜂 *Megarhyssa jezoensis* (Matsumura, 1912)

省内产地：济源。

分布：河南，辽宁，吉林，北京，河北，山东，陕西，湖南；朝鲜，日本。

资料来源：何俊华等，1996，中国经济昆虫志 第五十一册 膜翅目 姬蜂科。科学出版社。

斑翅马尾姬蜂 *Megarhyssa praecellens* (Tosquinet, 1889)

省内产地：内乡宝天曼，洛阳，内黄，辉县，温县，许昌，汝南。

分布：河南，辽宁，内蒙古，北京，河北，陕西，宁夏，甘肃，上海，湖北，浙江，福建，湖南，四川，重庆，台湾，香港，云南；俄罗斯，朝鲜，日本，越南，老挝。

资料来源：申效诚，1993，河南昆虫名录。中国农业科学技术出版社。

斑翅马尾姬蜂骄亚种 *Megarhyssa praecellens superbiens* (Morley, 1913)

省内产地：具体不详。

分布：河南，辽宁，河北，陕西，上海，浙江，福建，湖北，湖南；朝鲜，日本，越南，老挝，印度。

资料来源：何俊华等，1996，中国经济昆虫志 第五十一册 膜翅目 姬蜂科。科学出版社。

短尾菱室姬蜂 *Mesochorus brevicaudus* Sheng, 2009

省内产地：内乡宝天曼(模式产地)。

分布：河南。

资料来源：盛茂领等，2009，河南昆虫志 膜翅目 姬蜂科。科学出版社。

敛菱室姬蜂 *Mesochorus convergens* Sun *et* Sheng, 2009

省内产地：嵩县白云山(模式产地)。

分布：河南。

资料来源：盛茂领等，2009，河南昆虫志 膜翅目 姬蜂科。科学出版社。

盘背菱室姬蜂 *Mesochorus discitergus* (Say, 1836)

省内产地：内乡宝天曼，栾川龙峪湾等全省各地。

分布：河南，吉林，辽宁，安徽，江苏，湖北，浙江，福建，湖南，广东，广西，四川，云南，贵州；世界广布。

资料来源：盛茂领等，1999，膜翅目：姬蜂科。《伏牛山南坡及大别山区昆虫》，中国农业科学技术出版社。

哈氏菱室姬蜂 *Mesochorus hashimotoi* Kusigemati, 1985

省内产地：嵩县白云山，内乡宝天曼。

分布：河南，吉林，台湾；日本，尼泊尔。

资料来源：盛茂领等，2009，河南昆虫志 膜翅目 姬蜂科。科学出版社。

依菱室姬蜂 *Mesochorus ichneutese* Uchida, 1955

省内产地：嵩县白云山，内乡宝天曼。

分布：河南；朝鲜，日本。

资料来源：盛茂领等，2009，河南昆虫志 膜翅目 姬蜂科。科学出版社。

库菱室姬蜂 *Mesochorus kuwayamae* Matsumura, 1926

省内产地：嵩县白云山。

分布：河南；日本，俄罗斯。

资料来源：盛茂领等，2009，河南昆虫志 膜翅目 姬蜂科。科学出版社。

光菱室姬蜂 *Mesochorus politus* Gravenhorst, 1829

省内产地：嵩县白云山。

分布：河南；缅甸，朝鲜，日本，俄罗斯；欧洲。

资料来源：盛茂领等，2009，河南昆虫志 膜翅目 姬蜂科。科学出版社。

塔菱室姬蜂 *Mesochorus tattakensis* Uchida, 1933

省内产地：西峡老界岭，内乡宝天曼，栾川龙峪湾。

分布：河南，台湾。

资料来源：盛茂领等，2009，河南昆虫志 膜翅目 姬蜂科。科学出版社。

窄环厕蝇姬蜂 *Mesoleptus laticinctus* (Walker, 1872)

省内产地：具体不详。

分布：河南，黑龙江，辽宁，安徽，江苏，浙江，江西，福建，台湾，湖北，湖南，广西，四川；朝鲜，日本，俄罗斯。

资料来源：何俊华等，1996，中国经济昆虫志 第五十一册 膜翅目 姬蜂科。科学出版社。

***Metopius* (*Ceratopius*) *vandykei* Michener, 1941**

省内产地：具体不详。

分布：河南，其他分布地待查。

资料来源：申效诚等，1994，《河南昆虫分类区系研究　第一卷》。中国农业科学技术出版社。

斜隼姬蜂 *Neliopishus inclivatus* Sheng *et* Sun, 2001

省内产地：内乡宝天曼(模式产地)。

分布：河南。

资料来源：Sheng Maolin *et al.*, 2001, A new species of genus *Neliopisthus* from China (Hymenoptera: Ichneumonidae). *Acta Zootaxonomica Sinica*, 26(1)：78~80.

黄斑长足姬蜂 *Nematopodius* (*Nematopodius*) *flavoguttatus* Uchida, 1930

省内产地：嵩县白云山，栾川龙峪湾，内乡宝天曼，西峡老界岭。

分布：河南；日本。

资料来源：盛茂领等，2009，河南昆虫志 膜翅目 姬蜂科。科学出版社。

东方新模姬蜂 *Neotypue nobilitator orientalis* Uchida, 1930

省内产地：具体不详。

分布：河南，黑龙江，辽宁，江苏，浙江，福建，湖南，台湾，广东。

资料来源：申效诚，1993，河南昆虫名录。中国农业科学技术出版社。

锐新凿姬蜂 *Neoxorides longiacer* Sheng, 1998

省内产地：西峡老界岭。

分布：河南，辽宁。

资料来源：盛茂领等，1999，膜翅目：姬蜂科。《伏牛山南坡及大别山区昆虫》，中国农业科学技术出版社。

甘蓝夜蛾拟瘦姬蜂 *Netelia ocellaris* (Thomson, 1888)

省内产地：安阳，新乡，原阳，延津，焦作，济源，灵宝，陕县，伊川，新安，偃师，郑州，中牟，尉氏，兰考，民权，夏邑，长葛，许昌，驻马店，南阳，新野，信阳，罗山。

分布：河南，辽宁，甘肃，山西，江苏，浙江，福建，台湾，广东，云南。

资料来源：申效诚，1993，河南昆虫名录。中国农业科学技术出版社。

东方拟瘦姬蜂 *Netelia orientalis* (Cameron, 1905)

省内产地：具体不详。

分布：河南，山东，浙江，湖南，台湾，广西。

资料来源：申效诚，1993，河南昆虫名录。中国农业科学技术出版社。

日钩姬蜂 *Nippocryptus* sp.

省内产地：罗山灵山。

分布：河南。

资料来源：盛茂领等，1999，膜翅目：姬蜂科。《伏牛山南坡及大别山区昆虫》，中国农业科学技术出版社。

米齿姬蜂 *Odontocolon microclausum* Uchida, 1955

省内产地：嵩县白云山，内乡宝天曼。

分布：河南，辽宁，吉林。

资料来源：孙淑萍等，2008，膜翅目：姬蜂科。《宝天曼自然保护区昆虫》，中国农业科学技术出版社。

尼齿姬蜂 *Odontocolon nikkoense* (Ashmead, 1906)

省内产地：内乡宝天曼。

分布：河南，内蒙古，吉林，辽宁；朝鲜，日本，俄罗斯。

资料来源：盛茂领等，2010，中国林木蛀虫天敌姬蜂。科学出版社。

褐齿姬蜂 *Odontocolon rufum* (Uchida, 1928)

省内产地：栾川龙峪湾，西峡老界岭。

分布：河南，吉林，辽宁；俄罗斯，波兰，瑞典。

资料来源：盛茂领等，2009，河南昆虫志 膜翅目 姬蜂科。科学出版社。

日本欧姬蜂 *Opheltes japonicus* (Cushman, 1924)

省内产地：内乡宝天曼。

分布：河南，甘肃，吉林，辽宁；日本。

资料来源：孙淑萍等，2008，膜翅目：姬蜂科。《宝天曼自然保护区昆虫》，中国农业科学技术出版社。

夜蛾瘦姬蜂 *Ophion luteus* (Linnaeus, 1758)

省内产地：新乡，原阳，获嘉，延津，焦作，修武，沁阳，温县，孟州，伊川，新安，偃师，郑州，兰考，许昌，禹州，遂平，南阳，西峡，信阳，西平，长葛。

分布：全国大多省区；古北区。

资料来源：申效诚，1993，河南昆虫名录。中国农业科学技术出版社。

黑包姬蜂 *Perispuda nigra* Sheng, 2009

省内产地：内乡宝天曼(模式产地)。

分布：河南。

资料来源：盛茂领等，2009，河南昆虫志 膜翅目 姬蜂科。科学出版社。

长白山白眶姬蜂 *Perithous changbaishanus* (He, 1996)

省内产地：栾川龙峪湾。

分布：河南，吉林，山西。

资料来源：盛茂领等，2009，河南昆虫志 膜翅目 姬蜂科。科学出版社。

指突白框姬蜂台湾亚种 *Perithous digitalis taiwanensis* Gupta, 1982

省内产地：卢氏大块地。

分布：河南，台湾。

资料来源：刘经贤，2009，中国瘤姬蜂亚科分类研究。浙江大学博士学位论文。

贵州白框姬蜂 *Perithous guizhouensis* He, 1996

省内产地：嵩县白云山。

分布：河南，贵州。

资料来源：刘经贤，2009，中国瘤姬蜂亚科分类研究。浙江大学博士学位论文。

朝鲜暗色姬蜂 *Phaenolobus koreanus* Uchida, 1932

省内产地：西峡老界岭。

分布：河南，吉林，河北，四川；朝鲜。

资料来源：盛茂领等，1999，膜翅目：姬蜂科。《伏牛山南坡及大别山区昆虫》，中国农业科学技术出版社。

方室暗色姬蜂 *Phaenolobus quadratareas* Wang, 1992

省内产地：嵩县白云山，内乡宝天曼。

分布：河南，湖北。

资料来源：盛茂领等，2009，河南昆虫志 膜翅目 姬蜂科。科学出版社。

壮暗色姬蜂 *Phaenolobus trunekii* Uchida, 1955

省内产地：栾川龙峪湾。

分布：河南，辽宁，河北；朝鲜。

资料来源：盛茂领等，1999，膜翅目：姬蜂科。《伏牛山南坡及大别山区昆虫》，中国农业科学技术出版社。

玉米螟厚唇姬蜂 *Phaeogenes eguchii* Uchida, 1935

省内产地：新野。

分布：河南，黑龙江，吉林，辽宁，内蒙古，山东，山西，陕西，江苏，四川；朝鲜。

资料来源：申效诚，1993，河南昆虫名录。中国农业科学技术出版社。

浮姬蜂 *Phobetes* sp.

省内产地：内乡宝天曼。

分布：河南。

资料来源：孙淑萍等，2008，膜翅目：姬蜂科。《宝天曼自然保护区昆虫》，中国农业科学技术出版社。

无点短梳姬蜂 *Phytodietus* (*Phytodietus*) *impunctus* Sheng, 2009

省内产地：内乡宝天曼，嵩县白云山(模式产地)。

分布：河南。

资料来源：盛茂领等，2009，河南昆虫志 膜翅目 姬蜂科。科学出版社。

斑短梳姬蜂 *Phytodietus* (*Phytodietus*) *maculatus* Sheng, 2009

省内产地：嵩县白云山，内乡宝天曼(模式产地)。

分布：河南。

资料来源：盛茂领等，2009，河南昆虫志 膜翅目 姬蜂科。科学出版社。

刺足短梳姬蜂 *Phytodietus* (*Phytodietus*) *spinipes* (Cameron, 1905)

省内产地：嵩县白云山。

分布：河南，云南，台湾；缅甸，印度，印度尼西亚，斯里兰卡。

资料来源：盛茂领等，1999，膜翅目：姬蜂科。《伏牛山南坡及大别山区昆虫》，中国农业科学技术出版社。

短梳姬蜂 *Phytodietus* sp.

省内产地：具体不详。

寄主：芽白小卷蛾。

分布：河南。

资料来源：申效诚，1993，河南昆虫名录。中国农业科学技术出版社。

褐毕卡姬蜂 *Picardiella cervina* Sheng, 2001

省内产地：内乡宝天曼(模式产地)。

分布：河南。

资料来源：Sheng Maoling *et al*, 2001, *Picardiella* Lichtenstein (Hymenoptera: Ichneumonidae) from China. *Linzer Biol. Beitr*. 33/2, 1195~1198.

黑毕卡姬蜂 *Picardiella melanoceucus* (Gravenhorst, 1829)

省内产地：内乡宝天曼。

分布：河南；俄罗斯；欧洲。

资料来源：Sheng Maoling *et al*, 2001, *Picardiella* Lichtenstein (Hymenoptera: Ichneumonidae) from China. *Linzer Biol. Beitr*. 33/2, 1195~1198.

白环黑瘤姬蜂 *Pimpla alboannulata* Uchida, 1928

省内产地：内乡宝天曼，嵩县白云山。

分布：河南，黑龙江，吉林，湖北，浙江，湖南，贵州，广西，四川，云南；朝鲜，日本，俄罗斯。

资料来源：盛茂领等，2009，河南昆虫志 膜翅目 姬蜂科。科学出版社。

布鲁黑瘤姬蜂 *Pimpla brumha* (Gupta *et* Saxena, 1987)

省内产地：内乡宝天曼。

分布：河南，浙江，福建，广东，广西，贵州，云南；印度。

资料来源：刘经贤，2009，中国瘤姬蜂亚科分类研究。浙江大学博士学位论文。

脊额黑瘤姬蜂 *Pimpla carinifrons* (Cameron, 1899)

采集记录：内乡宝天曼。

分布：河南，广西，湖南，四川，台湾，西藏，云南，浙江；印度，老挝，缅甸，尼泊尔，越南。

资料来源：孙淑萍等，2008，膜翅目：姬蜂科。《宝天曼自然保护区昆虫》，中国农业科学技术出版社。

股黑瘤姬蜂 *Pimpla femorella* Kasparyan, 1974

省内产地：济源黄楝树，内乡宝天曼，嵩县白云山。

分布：河南，黑龙江，吉林，宁夏；俄罗斯。

资料来源：刘经贤，2009，中国瘤姬蜂亚科分类研究。浙江大学博士学位论文。

黄须黑瘤姬蜂 *Pimpla flavipalpis* Cameron, 1899

省内产地：内乡宝天曼。

分布：河南，内蒙古，黑龙江，云南，台湾；印度，缅甸，尼泊尔。

资料来源：盛茂领等，2009，河南昆虫志 膜翅目 姬蜂科。科学出版社。

沁源针尾姬蜂 *Pion qinyuanensis* Chen, Sheng *et* Miao, 1998

采集记录：内乡宝天曼。

分布：河南，山西，陕西。

资料来源：孙淑萍等，2008，膜翅目：姬蜂科。《宝天曼自然保护区昆虫》，中国农业科学技术出版社。

亚洲嗜蛛姬蜂 *Polysphincta asiatica* Kusigemati, 1985

省内产地：内乡宝天曼。

分布：河南，台湾；日本。

资料来源：盛茂领等，2009，河南昆虫志 膜翅目 姬蜂科。科学出版社。

橙锯缘姬蜂 *Priopoda aurantiaca* Sheng, 2009

省内产地：嵩县白云山(模式产地)。

分布：河南。

资料来源：盛茂领等，2009，河南昆虫志 膜翅目 姬蜂科。科学出版社。

中华齿腿姬蜂 *Pristomerus chinensis* Ashmead, 1906

省内产地：内乡宝天曼等全省各地。

分布：河南，辽宁，吉林，黑龙江，北京，陕西，江苏，安徽，浙江，江西，湖北，湖南，四川，广东，台湾；朝鲜，日本。

资料来源：盛茂领等，1999，膜翅目：姬蜂科。《伏牛山南坡及大别山区昆虫》，中国农业科学技术出版社。

褐齿腿姬蜂 *Pristomerus rufiabdominalis* Uchida, 1928

省内产地：内乡宝天曼。

分布：河南；日本，俄罗斯，乌克兰，匈牙利，波兰，罗马尼亚，保加利亚。

资料来源：盛茂领等，2009，河南昆虫志 膜翅目 姬蜂科。科学出版社。

广齿腿姬蜂 *Pristomerus vulnerator* (Panzer, 1799)

省内产地：郑州，许昌。

分布：河南，黑龙江，河北，山东，陕西，江苏，上海，安徽，浙江；朝鲜，日本，俄罗斯，英国。

寄主：梨瘤蛾。

资料来源：何俊华等，2006，中国林木害虫天敌昆虫。中国林业出版社。

全脊伪瘤姬蜂 *Pseudopimpla carinata* He *et* Chen, 1990

省内产地：卢氏。

分布：河南，河北，山东，辽宁，

资料来源：盛茂领等，2009，河南昆虫志 膜翅目 姬蜂科。科学出版社。

光腰伪瘤姬蜂 *Pseudopimpla glabripropodeum* He *et* Chen, 1990

省内产地：内乡宝天曼。

分布：河南，湖南，浙江。

资料来源：盛茂领等，2009，河南昆虫志 膜翅目 姬蜂科。科学出版社。

无斑暗姬蜂 *Rhimphoctona* (*Xylophylax*) *immaculate* Luo *et* Sheng, 2010

省内产地：内乡宝天曼(模式产地)。

分布：河南。

资料来源：Luo, Youqing & Sheng, Maoling, 2010, The species of *Rhimphoctona* (Xylophylax) (Hymenoptera: Ichneumonidae: Campopleginae) parasitizing woodborers in China. *Journal of Insect Science* 10(4): 1~9.

黑背皱背姬蜂 *Rhyssa persuasoria* (Linnaeus, 1758)

省内产地：具体不详。

分布：河南，新疆，内蒙古，黑龙江，吉林，辽宁，河北，云南；印度，朝鲜，日本，蒙古国，俄罗斯；欧洲，北美。

资料来源：盛茂领等，2010，中国林木蛀虫天敌姬蜂。科学出版社。

梨瘿华蛾曲姬蜂 *Scambus* sp.

省内产地：郑州，许昌。

寄主：梨瘿华蛾。

分布：河南。

资料来源：申效诚，1993，河南昆虫名录。中国农业科学技术出版社。

长角齿胫姬蜂 *Scolobates longicornis* Gravenhorst, 1829

省内产地：内乡宝天曼，嵩县白云山。

分布：河南；朝鲜，拉脱维亚，爱沙尼亚，乌克兰，芬兰，德国，波兰，瑞典。

资料来源：盛茂领等，2009，河南昆虫志 膜翅目 姬蜂科。科学出版社。

黑胸齿胫姬蜂 *Scolobates melanothoracicus* Sheng, 2009

省内产地：内乡宝天曼(模式产地)。

分布：河南。

资料来源：盛茂领等，2009，河南昆虫志 膜翅目 姬蜂科。科学出版社。

火红齿胫姬蜂 *Scolobates pyrthosoma* He *et* Tong, 1992

省内产地：罗山灵山，内乡宝天曼。

分布：河南，湖南，江苏。

资料来源：盛茂领等，1999，膜翅目：姬蜂科。《伏牛山南坡及大别山区昆虫》，中国农业科学技术出版社。

黄褐齿胫姬蜂 *Scolobates testaceus* Morley, 1913

省内产地：内乡宝天曼，罗山灵山。

分布：河南，江苏，浙江，湖北，广西，福建，台湾；印度，日本。

资料来源：盛茂领等，1999，膜翅目：姬蜂科。《伏牛山南坡及大别山区昆虫》，中国农业科学技术出版社。

楔形淅姬蜂 *Seleucus cuneiformis* Holmgren, 1860

省内产地：内乡宝天曼。

分布：河南；日本，俄罗斯；欧洲。

资料来源：孙淑萍，张松山，盛茂领，2008，中国发现淅姬蜂属(膜翅目：姬蜂科)。《宝天曼自然保护区昆虫》，中国农业科学技术出版社。

黄带蓑瘤姬蜂 *Sericopimpla sagrae albicincta* Morley, 1913

省内产地：具体不详。

分布：河南，浙江，台湾。

资料来源：申效诚，1993，河南昆虫名录。中国农业科学技术出版社。

蓑瘤姬蜂索氏亚种 *Sericopimpla sagrae sauteri* (Cushman, 1933)

省内产地：信阳鸡公山，罗山灵山，新县，桐柏，西峡，鲁山，中牟，沁阳。

分布：河南，辽宁，浙江，湖北，湖南，四川，台湾，福建，广东，贵州；日本。

资料来源：何俊华等，1999，膜翅目：姬蜂科。《鸡公山区昆虫》，中国农业科学技术出版社。

白毛角姬蜂 *Seticornuta albopilosa* (Lameron, 1907)

省内产地：内乡宝天曼。

分布：河南；印度，缅甸，斯里兰卡。

资料来源：盛茂领等，1999，膜翅目：姬蜂科。《伏牛山南坡及大别山区昆虫》，中国农业科学技术出版社。

棱柄姬蜂 *Sinophorus* sp.

省内产地：罗山灵山。

分布：河南。

资料来源：盛茂领等，1999，膜翅目：姬蜂科。《伏牛山南坡及大别山区昆虫》，中国农业科学技术出版社。

黑单距姬蜂 *Sphinctus ater* Sheng, 2009

省内产地：栾川龙峪湾(模式产地)。

分布：河南。

资料来源：盛茂领等，2009，河南昆虫志 膜翅目 姬蜂科。科学出版社。

中华单距姬蜂 *Sphinctus chinensis* Uchida, 1930

省内产地：栾川龙峪湾。

分布：河南，辽宁；朝鲜。

资料来源：盛茂领等，1999，膜翅目：姬蜂科。《伏牛山南坡及大别山区昆虫》，中国农业科学技术出版社。

黄污翅姬蜂 *Spilopteron flavicans* Sheng, 2009

省内产地：内乡宝天曼(模式产地)。

分布：河南。

资料来源：盛茂领等，2009，河南昆虫志 膜翅目 姬蜂科。科学出版社。

四川污翅姬蜂 *Spilopteron sichuanense* Wang, 1997

省内产地：西峡老界岭。

分布：河南，四川。

资料来源：盛茂领等，2009，河南昆虫志 膜翅目 姬蜂科。科学出版社。

点尖腹姬蜂 *Stenichneumon appropinquans* (Cameron, 1897)

省内产地：嵩县白云山。

分布：河南，甘肃，湖北，浙江，福建，台湾，贵州，广西，四川，云南；印度，斯里兰卡，朝鲜。

资料来源：盛茂领等，2009，河南昆虫志 膜翅目 姬蜂科。科学出版社。

斑色姬蜂 *Syzeuctus maculates* Sheng, 2009

省内产地：内乡宝天曼(模式产地)。

分布：河南。

资料来源：盛茂领等，2009，河南昆虫志 膜翅目 姬蜂科。科学出版社。

三宝色姬蜂 *Syzeuctus sambonis* Uchida, 1928

采集记录：内乡宝天曼，西峡老界岭。

分布：河南，山东；朝鲜，日本。

资料来源：孙淑萍等，2008，膜翅目：姬蜂科。《宝天曼自然保护区昆虫》，中国农业科学技术出版社。

散色姬蜂 *Syzeuctus sparsus* Sheng, 2009

省内产地：内乡宝天曼，商城黄柏山(模式产地)。

分布：河南。

资料来源：盛茂领等，2009，河南昆虫志 膜翅目 姬蜂科。科学出版社。

高冈色姬蜂 *Syzeuctus takaozanus* Uchida, 1928

省内产地：内乡宝天曼。

分布：河南；日本。

资料来源：盛茂领等，2009，河南昆虫志 膜翅目 姬蜂科。科学出版社。

阿特姬蜂 *Teleutaea arisana* Sonan, 1936

省内产地：西峡老界岭，卢氏大块地，嵩县白云山。

分布：河南，辽宁，台湾。

资料来源：盛茂领等，1999，膜翅目：姬蜂科。《伏牛山南坡及大别山区昆虫》，中国农业科学技术出版社。

侧特姬蜂 *Teleutaea pleuralis* Sheng, 2008

省内产地：济源(模式产地)。

分布：河南。

资料来源：盛茂领，2008，中国特姬蜂属种类记述(膜翅目，姬蜂科)。动物分类学报，33(1)：164~169。

赤特姬蜂 *Teleutaea rufa* Sheng, 2008

省内产地：西峡老界岭(模式产地)。

分布：河南。

资料来源：盛茂领，2008，中国特姬蜂属种类记述(膜翅目，姬蜂科)。动物分类学报，33(1)：164~169。

螟黄抱缘姬蜂 *Temelucha biguttula* (Munakata, 1910)

省内产地：修武，沁阳，兰考，新野，信阳。

分布：河南，辽宁，河北，山西，安徽，江苏，江西，浙江，福建，台湾，湖北，湖南，四川，云南，贵州，广东；朝鲜，日本，印度尼西亚，美国(夏威夷)。

资料来源：申效诚，1993，河南昆虫名录。中国农业科学技术出版社。

菲岛抱缘姬蜂 *Temelicha philippinensis* (Ashmead, 1904)

省内产地：信阳，新野。

分布：河南，河北，安徽，江苏，上海，江西，浙江，福建，台湾，湖北，湖南，广东，海南，广西，四川，贵州，云南；菲律宾，泰国，马来西亚，印度。

资料来源：申效诚，1993，河南昆虫名录。中国农业科学技术出版社。

三化螟抱缘姬蜂 *Temelucha stangli* (Ashmead, 1904)

省内产地：陕县。

分布：河南，湖北，福建，贵州，广东，海南，广西，四川，云南；菲律宾，马来西亚，泰国，印度

资料来源：申效诚，1993，河南昆虫名录。中国农业科学技术出版社。

黏虫棘领姬蜂 *Therion circumflexum* (Linnaeus, 1758)

松毛虫棘领姬蜂 *Therion giganteum* (Gravenhorst)

省内产地：灵宝，栾川，巩义，信阳。

分布：河南，黑龙江，吉林，辽宁，内蒙古，甘肃，新疆，北京，河北，江西，浙江，台湾；朝鲜，蒙古国，日本，俄罗斯，波兰，芬兰，比利时，英国，以色列；北美。

资料来源：申效诚，1993，河南昆虫名录。中国农业科学技术出版社。

红斑棘领姬蜂 *Therion rufomaculatum* (Uchida, 1928)

省内产地：具体不详。

分布：河南，湖北，浙江，四川，台湾，广东，贵州，西藏。

资料来源：申效诚，1993，河南昆虫名录。中国农业科学技术出版社。

脊褪囊爪姬蜂腹斑亚种 *Theronia atalantae gestator* (Thunberg, 1822)

省内产地：信阳鸡公山，新野。

分布：河南，黑龙江，辽宁，北京，江苏，浙江，湖南，四川，贵州，云南；朝鲜，日本，俄罗斯(西伯利亚)。

资料来源：何俊华等，1999，膜翅目：姬蜂科。《鸡公山区昆虫》，中国农业科学技术出版社。

细格囊爪姬蜂指名亚种 *Theronia clathrata clathrata* Krieger, 1899

省内产地：西峡老界岭，内乡宝天曼。

分布：河南，湖南，台湾；印度，印度尼西亚，马来西亚，菲律宾，斯里兰卡。

资料来源：盛茂领等，1999，膜翅目：姬蜂科。《伏牛山南坡及大别山区昆虫》，中国农业科学技术出版社。

黑纹囊爪姬蜂 *Theronia zebra diluta* Gupba, 1962

省内产地：郑州，中牟。

分布：河南，黑龙江，江苏，浙江，福建，江西，湖南，台湾，广东，广西，贵州，四川，云南；日本。

资料来源：申效诚，1993，河南昆虫名录。中国农业科学技术出版社。

弱脊囊爪姬蜂 *Theronia* sp. (新种，另文发表)

省内产地：内乡宝天曼(模式产地)。

分布：河南，浙江，湖北，贵州。

资料来源：刘经贤，2009，中国瘤姬蜂亚科分类研究。浙江大学博士学位论文。

白纹斗姬蜂 *Torbda albivittatus* Sheng *et* Sun, 2002

省内产地：西峡老界岭(模式产地)。

分布：河南。

资料来源：盛茂领等，2002，河南省伏牛山嘎姬蜂族二新种记述。动物分类学报，27(4)：798~801。

黑斗姬蜂 *Torbda nigra* Sheng *et* Sun, 2010

省内产地：济源王屋山(模式产地)。

分布：河南。

资料来源：盛茂领等，2010，中国林木蛀虫天敌姬蜂。科学出版社。

黄框离缘姬蜂 *Trathala flavo-orbitalis* (Cameron, 1907)

省内产地：安阳，延津，获嘉，修武，济源，灵宝，陕县，嵩县，偃师，中牟，兰考，杞县，许昌，淅川，新野，信阳，固始，商城。

分布：河南，除西北及西藏外广布；远东，密克罗西亚，美国(夏威夷)。

资料来源：申效诚，1993，河南昆虫名录。中国农业科学技术出版社。

斑三齿姬蜂 *Triancyra maculate* Sheng *et* Pan, 2001

省内产地：内乡宝天曼(模式产地)。

分布：河南。

资料来源：Sheng Maoling *et al.*, 2001, Two new species of family Ichneumonidae (Hymenoptera). *Entomologia Sinica*, 8(1)：25~29.

色三钩姬蜂 *Triancyra tricolorata* Sheng *et* Sun, 2008

省内产地：陕县甘山(模式产地)，内乡宝天曼。

分布：河南。

资料来源：盛茂领等，2008，河南的三钩姬蜂属。《宝天曼自然保护区昆虫》，中国农业科学计术出版社。

黄星聚蛛姬蜂 *Tromatobia flavistellata* Uchida *et* Momoi, 1957

省内产地：河南新乡。

分布：河南，辽宁，河北，江苏，湖北，浙江，福建，台湾，江西，湖南，贵州，广东，四川，云南。

资料来源：申效诚，1993，河南昆虫名录。中国农业科学技术出版社。

斑聚蛛姬蜂 *Tromatobia maculata* Momoi, 1970

省内产地：内乡宝天曼。

分布：河南；日本。

资料来源：盛茂领等，2009，河南昆虫志 膜翅目 姬蜂科。科学出版社。

弄蝶武姬蜂 *Ulesta agitata* (Matsumura *et* Uchida, 1926)

省内产地：信阳，南阳。

分布：河南，陕西，安徽，江苏，湖北，浙江；朝鲜，日本。

资料来源：申效诚，1993，河南昆虫名录。中国农业科学技术出版社。

稻纵卷叶螟白星姬蜂 *Vulgichneumon diminutus* (Matsumura, 1912)

省内产地：信阳，西峡。

分布：河南，湖北，浙江，福建，江西，湖南，台湾，广东，广西，四川，云南；日本。

资料来源：申效诚，1993，河南昆虫名录。中国农业科学技术出版社。

黏虫白星姬蜂 *Vulgichneumon leucaniae* (Uchida, 1924)

省内产地：安阳，修武，栾川，嵩县，孟津，偃师，尉氏，兰考，夏邑，许昌，新野，信阳。

分布：河南，辽宁，北京，山东，江苏，湖北，浙江，江西；日本，俄罗斯。

资料来源：申效诚，1993，河南昆虫名录。中国农业科学技术出版社。

短尾黑点瘤姬蜂 *Xanthopimpla brachyparea* Krieger, 1914

省内产地：具体不详。

分布：河南，台湾；日本，印度，泰国。

资料来源：杨秀元，吴坚，1981，中国森林昆虫名录。中国林业出版社。

无斑黑点瘤姬蜂 *Xanthopimpla flavolineata* Cameron, 1907

省内产地：郑州，延津。

分布：河南，湖北，浙江，福建，江西，湖南，台湾，广东，海南，广西，四川，贵州，云南；老挝，菲律宾，马来西亚，印度尼西亚，印度，缅甸，斯里兰卡。

资料来源：申效诚，1993，河南昆虫名录。中国农业科学技术出版社。

松毛虫黑点瘤姬蜂 *Xanthopimpla pedator* Fabricius, 1775

省内产地：郑州，兰考，长葛，许昌，西峡，桐柏，新县，息县。

分布：河南，山东，陕西，安徽，江苏，上海，浙江，江西，福建，台湾，湖北，湖南，广东，海南，香港，广西，四川，贵州，云南；东南亚。

资料来源：申效诚，1993，河南昆虫名录。中国农业科学技术出版社。

广黑点瘤姬蜂 *Xanthopimpla punctata* Fabricius, 1781

省内产地：全省。

分布：河南，河北，山东，陕西，安徽，江苏，上海，浙江，江西，福建，台湾，湖北，湖南，广东，海南，香港，广西，四川，贵州，云南，西藏；世界东方广布。

资料来源：申效诚，1993，河南昆虫名录。中国农业科学技术出版社。

螟黑点瘤姬蜂 *Xanthopimpla stemmator* (Thunberg, 1822)

省内产地：兰考，西平，南阳，郑州。

分布：河南，福建，台湾，广东，广西，云南；日本，老挝，菲律宾，印度等。

资料来源：申效诚，1993，河南昆虫名录。中国农业科学技术出版社。

乌跃姬蜂 *Xenoschesis* (*Polycinetis*) *ustulata* (Desvignes, 1856)

省内产地：嵩县白云山。

分布：河南，黑龙江；蒙古国，俄罗斯；欧洲。

资料来源：盛茂领等，2009，河南昆虫志 膜翅目 姬蜂科。科学出版社。

白斑上凿姬蜂 *Xorides* (*Epixorides*) *albimaculatus* Sheng, 1999

省内产地：栾川龙峪湾(模式产地)。

分布：河南。

资料来源：盛茂领等，1999，伏牛山凿姬蜂属研究。《伏牛山南坡及大别山区昆虫》，中国农业科学技术出版社。

魏氏高凿姬蜂 *Xorides* (*Gonophonus*) *weii* Sheng, 2002

省内产地：登封少室山(模式产地)。

分布：河南。

资料来源：盛茂领，2002，河南凿姬蜂属一新种。《太行山及桐柏山区昆虫》，中国农业科学技术出版社。

伏牛齿凿姬蜂 *Xorides* (*Moerophora*) *funiuensis* Sheng, 1999

省内产地：栾川龙峪湾(模式产地)，嵩县白云山。

分布：河南。

资料来源：盛茂领等，1999，伏牛山凿姬蜂属研究。《伏牛山南坡及大别山区昆虫》，中国农业科学技术出版社。

济源齿凿姬蜂 *Xorides* (*Moerophora*) *jiyuanensis* Sheng, 2004

省内产地：济源黄楝树(模式产地)。

分布：河南。

资料来源：Sheng Maoling *et al*, 2004, Subgenus *Moerophora* Forster of genus *Xorides* Latreille from north China (Hymenoptera: Ichneumonidae: Xoridinae). *Linzer Biol. Beitr*. 36/2, 1055~1059.

叉凿姬蜂 *Xorides* (*Xorides*) *furcatus* Liu *et* Sheng, 1998

省内产地：渑池(模式产地)。

分布：河南。

资料来源：盛茂领等，2009，河南昆虫志 膜翅目 姬蜂科。科学出版社。

长尾凿姬蜂 *Xorides* (*Xorides*) *longicaudus* Sheng *et* Wen, 2008

省内产地：陕县甘山(模式产地)。

分布：河南，宁夏。

资料来源：Sheng Maoling, *et al.*, 2008, Species of subgenus *Xorides* Latreille (Hymenoptera, Ichneumonidae) parasitizing wiidbores in palearctic part of China. *Entomologica Fennica*, 19: 86~93.

木蠹象凿姬蜂 *Xorides* (*Xorides*) *pissodius* Sheng *et* Wen, 2008

省内产地：嵩县白云山。

分布：河南，甘肃。

资料来源：Sheng Maoling, *et al.*, 2008, Species of subgenus *Xorides* Latreille (Hymenoptera, Ichneumonidae) parasitizing wiidbores in palearctic part of China. *Entomologica Fennica*, 19: 86~93.

隐凿姬蜂 *Xorides (Xorides) sepulchralis*(Holmgren, 1860)

省内产地：栾川龙峪湾。

分布：河南，辽宁，吉林，黑龙江；日本，俄罗斯，瑞典，芬兰等。

资料来源：盛茂领等，1999，伏牛山凿姬蜂属研究。《伏牛山南坡及大别山区昆虫》，中国农业科学技术出版社。

斑颜褚姬蜂 *Xoridesopus maculifacialis* Sheng, 2009

省内产地：内乡宝天曼(模式产地)。

分布：河南。

资料来源：盛茂领等，2009，河南昆虫志 膜翅目 姬蜂科。科学出版社。

黑基褚姬蜂 *Xoridesopus nigricoxatus* Sheng, 2009

省内产地：内乡宝天曼(模式产地)。

分布：河南。

资料来源：盛茂领等，2009，河南昆虫志 膜翅目 姬蜂科。科学出版社。

海辅齿姬蜂 *Yamatarotes evanidus* Momoi, 1968

省内产地：嵩县白云山。

分布：河南，四川。

资料来源：盛茂领等，2009，河南昆虫志 膜翅目 姬蜂科。科学出版社。

小野姬蜂 *Yezoceryx angustus* Chiu, 1971

省内产地：西峡老界岭。

分布：河南，台湾。

资料来源：盛茂领等，1999，膜翅目：姬蜂科。《伏牛山南坡及大别山区昆虫》，中国农业科学技术出版社。

黄褐野姬蜂 *Yezoceryx fulvus* Wang, 1982

省内产地：内乡宝天曼。

分布：河南，四川。

资料来源：盛茂领等，2009，河南昆虫志 膜翅目 姬蜂科。科学出版社。

高山野姬蜂 *Yezoceryx montana* Chiu, 1971

省内产地：内乡宝天曼，林州。

分布：河南，湖南，台湾。

寄主：红脂大小蠹。

资料来源：盛茂领等，1999，膜翅目：姬蜂科。《伏牛山南坡及大别山区昆虫》，中国农业科学技术出版社。

山居野姬蜂 *Yezoceryx monticola* Chao, 1981

省内产地：西峡老界岭。

分布：河南，福建。

资料来源：盛茂领等，1999，膜翅目：姬蜂科。《伏牛山南坡及大别山区昆虫》，中国农业科学技术出版社。

黑尾盛雕姬蜂 *Zaglyptus iwatal* (Uchida, 1936)

省内产地：沈丘。

分布：河南，江苏，安徽，湖北，浙江，福建，贵州，云南；朝鲜，日本，俄罗斯。

资料来源：刘经贤，2009，中国瘤姬蜂亚科分类研究。浙江大学博士学位论文。

多色盛雕姬蜂 *Zaglyptus multicolor* (Gravenborst, 1829)

省内产地：内乡宝天曼，西峡黄石庵，卢氏大块地。

分布：河南，黑龙江，辽宁，新疆，宁夏，浙江，福建，贵州，四川，广东，广西，云南；古北区。

资料来源：刘经贤，2009，中国瘤姬蜂亚科分类研究。浙江大学博士学位论文。

白基多印姬蜂 *Zatypoda albicoxa* (Walker, 1874)

省内产地：西峡老界岭，罗山灵山。

分布：河南，黑龙江，江苏，浙江，湖南，四川，贵州，云南；日本，俄罗斯。

资料来源：盛茂领等，1999，膜翅目：姬蜂科。《伏牛山南坡及大别山区昆虫》，中国农业科学技术出版社。

三九、茧蜂科 Braconidae

本科全世界共 45 亚科 10 000 种，中国已记载 32 亚科 250 属 1643 种，河南共记录 35 属 82 种。

稻眼蝶脊茧蜂 *Aleiodes coxalis* (Spinoda, 1808)

省内产地：新乡。

分布：河南，安徽，浙江，江西，湖北，四川，福建；意大利。

寄主：稻眼蝶。

资料来源：申效诚，1993，河南昆虫名录。中国农业科学技术出版社。

异脊茧蜂 *Aleiodes dispar* (Curtis, 1834)

省内产地：信阳鸡公山。

分布：河南，吉林，北京，江苏，浙江，安徽，湖北，湖南，四川，福建，广西，贵州，云南；古北区。

资料来源：陈学新等，1999，膜翅目：茧蜂科。《鸡公山区昆虫》，中国农业科学技术出版社。

松毛虫脊茧蜂 *Aleiodes esenbeckii* (Hartig, 1838)

省内产地：灵宝，栾川。

分布：河南，黑龙江，吉林，辽宁，北京，山东，陕西，新疆，安徽，江苏，浙江，江西，福建，台湾，湖北，湖南，广东，广西，四川，云南；朝鲜，日本，蒙古国，德国，意大利，俄罗斯，奥地利，匈牙利，阿富汗。

资料来源：申效诚，1993，河南昆虫名录。中国农业科学技术出版社。

腹脊茧蜂 *Aleiodes gastritor* (Thunberg, 1822)

省内产地：郑州，许昌，信阳。

分布：河南，吉林，辽宁，内蒙古，河北，北京，山西，安徽，江苏，浙江，福建，台湾，湖南，广东，广西，四川，西藏；日本；欧洲。

寄主：桑尺蠖。

资料来源：申效诚，1993，河南昆虫名录。中国农业科学技术出版社。

细足脊茧蜂 *Aleiodes gracilipes* (Telenga, 1941)

省内产地：信阳鸡公山。

分布：河南，浙江，湖南，福建，广西，贵州，云南；前苏联。

资料来源：陈学新等，1999，膜翅目：茧蜂科。《鸡公山区昆虫》，中国农业科学技术出版社。

黏虫脊茧蜂 *Aleiodes mythimnae* He *et* Chen, 1988

省内产地：信阳鸡公山。

分布：河南，黑龙江，吉林，浙江，湖北，四川，福建，广东，广西，贵州，云南；古北区西部。

资料来源：陈学新等，1999，膜翅目：茧蜂科。《鸡公山区昆虫》，中国农业科学技术出版社。

螟蛉脊茧蜂 *Aleiodes narangae*(Rohwer, 1934)

省内产地：灵宝，偃师，中牟，兰考，夏邑，许昌，新野。

分布：河南，江苏，浙江，江西，福建，台湾，湖南，广东，广西，四川，贵州，云南；日本，泰国，马来西亚，菲律宾，印度。

资料来源：申效诚，1993，河南昆虫名录。中国农业科学技术出版社。

淡脉脊茧蜂 *Aleiodes pallidinervus* (Cameron, 1910)

省内产地：信阳鸡公山。

分布：河南，吉林，浙江，湖北，湖南，四川，广西，贵州，云南；日本。

资料来源：陈学新等，1999，膜翅目：茧蜂科。《鸡公山区昆虫》，中国农业科学技术出版社。

硕脊茧蜂 *Aleiodes praetor* (Reinhard, 1863)

省内产地：新乡。

分布：河南，黑龙江，吉林，辽宁，内蒙古，北京，江苏，浙江，福建，湖北；法国，匈牙利，英国，德国，芬兰，意大利，比利时，俄罗斯，朝鲜，日本。

资料来源：何俊华等，2000，中国动物志 昆虫纲 十八卷。科学出版社。

折半脊茧蜂 *Aleiodes ruficornis* (Herrich-Schaffer, 1838)

省内产地：郑州，新乡。

分布：河南，黑龙江，吉林，辽宁，新疆，北京，河北，山东，山西，陕西，甘肃，浙江，湖北，四川，贵州，云南；遍及古北区。

资料来源：何俊华等，2000，中国动物志 昆虫纲 十八卷。科学出版社。

中华茧蜂 *Amyosoma chinensis* (Szepligeti, 1902)

省内产地：新乡，中牟，偃师，新野，信阳。

分布：河南，山东，安徽，上海，湖北，江西，湖南，浙江，福建，台湾，广东，广西，贵州，四川，云南；朝鲜，日本，菲律宾，印度，印度尼西亚，巴基斯坦。

资料来源：申效诚，1993，河南昆虫名录。中国农业科学技术出版社。

长兴绒茧蜂 *Apanteles changhingensis* Chu, 1937

省内产地：夏邑，偃师。

分布：河南，浙江，福建，四川。

寄主：马尾松毛虫。

资料来源：申效诚，1993，河南昆虫名录。中国农业科学技术出版社。

稻纵卷叶螟绒茧蜂 *Apanteles cypris* Nixon, 1965

省内产地：郑州，修武，中牟，开封，兰考，夏邑，偃师，许昌，南阳，信阳，商城，固始。

分布：河南，陕西，山东，安徽，江苏，上海，浙江，福建，台湾，湖北，湖南，广东，广西，四川，贵州，云南。

资料来源：申效诚，1993，河南昆虫名录。中国农业科学技术出版社。

卷叶蛾绒茧蜂 *Apanteles* sp.

省内产地：郑州。

寄主：芽白小卷蛾。

分布：河南。

资料来源：申效诚，1993，河南昆虫名录。中国农业科学技术出版社。

阿里山革腹茧蜂 *Ascogaster arisanica* Sonan, 1932

省内产地：具体不详。

分布：河南，吉林，北京，宁夏，陕西，甘肃，湖北，浙江，湖南，贵州，四川，云南，广东，广西，海南，台湾；日本，韩国。

资料来源：谭江丽，柴宏飞，何俊华等，2010，茧蜂科。《六盘山无脊椎动物》，河北大学出版社。

铂金革腹茧蜂 *Ascogaster perkinsi* Huddleston, 1984

省内产地：具体不详。

分布：河南，宁夏，福建，浙江，湖南，贵州，广东，台湾；日本，韩国。

资料来源：谭江丽，柴宏飞，何俊华等，2010，茧蜂科。《六盘山无脊椎动物》，河北大学出版社。

四齿革腹茧蜂 ***Ascogaster quadridentata*** **Wesmael, 1835**

省内产地：具体不详。

分布：河南，黑龙江，吉林，辽宁，河北，北京，宁夏，陕西，浙江，福建，湖南，贵州，四川，云南，广东，广西，台湾；日本，韩国，朝鲜，俄罗斯，土耳其，土库曼斯坦，美国，新西兰；欧洲。

资料来源：谭江丽，柴宏飞，何俊华等，2010，茧蜂科。《六盘山无脊椎动物》，河北大学出版社。

网皱革腹茧蜂 ***Ascogaster reticulatus*** **Watanabe, 1967**

省内产地：具体不详。

分布：河南，北京，山东，山西，陕西，安徽，江苏，浙江，福建，江西，台湾，广西，云南；日本，韩国，捷克。

资料来源：申效诚，1993，河南昆虫名录。中国农业科学技术出版社。

卷叶蛾甲腹茧蜂 ***Ascogaster*** **sp.**

省内产地：郑州。

寄主：芽白小卷蛾。

分布：河南。

资料来源：申效诚，1993，河南昆虫名录。中国农业科学技术出版社。

天牛始刻柄茧蜂 ***Atanycolus initiator*** **Fabricius, 1793**

省内产地：嵩县白云山。

分布：河南，东北，内蒙古，山西；日本，俄罗斯，印度；欧洲。

资料来源：杨忠岐，1998，膜翅目：冠蜂总科，瘿蜂总科，小蜂总科，姬蜂总科。《伏牛山区昆虫》，中国农业科学技术出版社。

菲岛腔室茧蜂 ***Aulacocentrum philippinensis*** **(Ashmead, 1904)**

省内产地：灵宝，陕县，偃师，兰考，南阳，信阳，息县，固始。

分布：河南，山西，陕西，浙江，湖北，湖南，台湾，广西，四川，重庆，云南；日本，印度，菲律宾。

寄主：桑螟，稻纵卷叶螟，杨卷叶野螟。

资料来源：申效诚，1993，河南昆虫名录。中国农业科学技术出版社。

豆食心虫闭腔茧蜂 ***Bassus glycinivorellae*** **(Watanabe, 1938)**

省内产地：具体不详。

分布：河南，吉林，辽宁，宁夏，山东，湖北，福建；日本。

资料来源：谭江丽，柴宏飞，何俊华等，2010，茧蜂科。《六盘山无脊椎动物》，河北大学出版社。

紫胶白虫茧蜂 ***Bracon greeni*** **Ashmead, 1896**

省内产地：延津。

分布：河南，福建，湖南，贵州，广东，广西，海南，四川，云南；印度，斯里兰卡。

资料来源：申效诚，1993，河南昆虫名录。中国农业科学技术出版社。

黄胸茧蜂 ***Bracon isomera*** **(Cushman, 1931)**

省内产地：修武，延津，偃师，中牟，许昌，新野，信阳。

分布：河南，江苏，湖北，浙江，江西，湖南，四川；朝鲜。

资料来源：申效诚，1993，河南昆虫名录。中国农业科学技术出版社。

黑胸茧蜂 ***Bracon nigrorufum*** **(Cushman, 1931)**

省内产地：延津，修武，陕县，偃师，郑州，兰考，许昌，南阳，唐河，新野，信阳。

分布：河南，山东，江苏，湖北，浙江，江西，湖南；朝鲜。

资料来源：申效诚，1993，河南昆虫名录。中国农业科学技术出版社。

螟黑纹茧蜂 ***Bracon onukii*** **Watanabe, 1932**

省内产地：修武，偃师，中牟，兰考，许昌，南阳，信阳。

分布：河南，辽宁，山东，陕西，山西，安徽，江苏，浙江，江西，湖北，湖南，台湾，广东，海南，广西，四川，云南；朝鲜，日本。

资料来源：申效诚，1993，河南昆虫名录。中国农业科学技术出版社。

爪象茧蜂 *Bracon* sp.

省内产地：新野。

寄主：兔丝小爪象。

分布：河南。

资料来源：申效诚，1993，河南昆虫名录。中国农业科学技术出版社。

派氏拟喙茧蜂 *Ceamnoptoides pappi* (Sharkey, 1996)

省内产地：内乡宝天曼。

分布：河南；日本，韩国。

资料来源：van Achterberg C and Chen X X, 2004, Six new genera of Braconidae (Hymenoptera) from China. *Zool. Med. Leiden*, 78(2): 77~100.

桃小甲腹茧蜂 *Chelonus chinensis* Zhang

省内产地：濮阳，安阳。

分布：河南，其他分布地待查。

资料来源：申效诚，1993，河南昆虫名录。中国农业科学技术出版社。

螟甲腹茧蜂 *Chelonus munakatae* Munakata, 1912

省内产地：延津，修武，夏邑，兰考，偃师，许昌，汝州，长葛，西平，新野，信阳，固始，商城。

分布：河南，内蒙古，辽宁，河北，北京，山东，山西，江苏，浙江，湖南，四川，福建，台湾，贵州，云南；朝鲜，日本。

资料来源：申效诚，1993，河南昆虫名录。中国农业科学技术出版社。

红铃虫甲腹茧蜂 *Chelonus pectinophorae* (Cushman, 1931)

省内产地：延津，修武，偃师，南阳，新野。

分布：河南，黑龙江，安徽，江苏，上海，浙江，江西，湖北，台湾，四川，云南；朝鲜，日本。

资料来源：申效诚，1993，河南昆虫名录。中国农业科学技术出版社。

光头横纹茧蜂 *Clinocentrus politus* Chen *et* He, 1997

省内产地：信阳鸡公山。

分布：河南，浙江，四川，福建，贵州。

资料来源：陈学新等，1999，膜翅目：茧蜂科。《鸡公山区昆虫》，中国农业科学技术出版社。

斑足横纹茧蜂 *Clinocentrus zebripes* Chen *et* He, 1997

省内产地：信阳鸡公山。

分布：河南，四川，福建，广西。

资料来源：陈学新等，1999，膜翅目：茧蜂科。《鸡公山区昆虫》，中国农业科学技术出版社。

***Coccygidium angusturum* (Bhat *et* Gupta, 1977)**

省内产地：内乡宝天曼。

分布：河南，安徽，江西，浙江，福建，湖北，广东，海南，四川，云南。

资料来源：陈学新等，2001，茧蜂科。《天目山昆虫》，科学出版社。

秦岭刻鞭茧蜂 *Coeloides qinlingensis* Dang *et* Yang, 1989

省内产地：嵩县白云山。

分布：河南，陕西，甘肃，云南。

资料来源：杨忠歧，1998，膜翅目：冠蜂总科，瘿蜂总科，小蜂总科，姬蜂总科。《伏牛山区昆虫》，中国农业科学技术出版社。

二化螟盘绒茧蜂 *Cotesia chilonis* (Munakata, 1912)

二化螟绒茧蜂 *Apanteles chilonis* Munakata

省内产地：中牟。

分布：河南，安徽，湖北，浙江，福建，江西，湖南，贵州，四川。

资料来源：申效诚，1993，河南昆虫名录。中国农业科学技术出版社。

金刚钻盘绒茧蜂 *Cotesia eguchii* (Waranabe, 1935)

金刚钻绒茧蜂 *Apanteles* sp.

省内产地：信阳。

分布：河南，河北，山东，山西，陕西，湖北，浙江，湖南，四川；朝鲜。

寄主：鼎点金刚钻。

资料来源：申效诚，1993，河南昆虫名录。中国农业科学技术出版社。

螟黄足盘绒茧蜂 *Cotesia flavipes* (Cameron, 1891)

螟黄足绒茧蜂 *Apanteles flavipes* (Cameron)

省内产地：郑州，商丘，许昌，孟津，偃师，新野。

分布：河南，浙江，湖北，湖南，台湾，广东；日本，马来西亚，菲律宾，印度，巴基斯坦，斯里兰卡，澳大利亚，毛里求斯。

寄主：大螟，二化螟，三化螟，棉铃虫，

资料来源：申效诚，1993，河南昆虫名录。中国农业科学技术出版社。

菜粉蝶盘绒茧蜂 *Cotesia glomeratus* (Linnaeus, 1758)

省内产地：新乡，济源，封丘，延津，原阳，获嘉，焦作，修武，温县，孟州，沁阳，灵宝，栾川，偃师，郑州，开封，杞县，兰考，许昌，信阳。

分布：河南，东北，内蒙古，山西，陕西，江苏，上海，浙江，湖南，四川；日本，印度，美国，加拿大；欧洲，非洲北部。

资料来源：申效诚，1993，河南昆虫名录。中国农业科学技术出版社。

黏虫盘绒茧蜂 *Cotesia kariyai* (Watanabe, 1937)

黏虫绒茧蜂 *Apanteles kariyai* Watanabe

省内产地：信阳，南阳，中牟。

分布：河南，黑龙江，吉林，辽宁，河北，山东，山西，陕西，安徽，江苏，湖北，浙江，江西，湖南，贵州，广西，四川，云南。

资料来源：申效诚，1993，河南昆虫名录。中国农业科学技术出版社。

桃天蛾盘绒茧蜂 *Cotesia miyoshii* (Watanabe, 1932)

省内产地：具体不详。

分布：河南，辽宁，北京，山东，江苏，湖北，浙江；日本。

寄主：桃天蛾。

资料来源：申效诚，1993，河南昆虫名录。中国农业科学技术出版社。

松毛虫盘绒茧蜂 *Cotesia ordinarius* (Ratzeburg, 1844)

松毛虫绒茧蜂 *Apanteles ordinarius* (Ratzeburg)

省内产地：尉氏。

分布：河南，黑龙江，吉林，辽宁，陕西，江苏，浙江，湖南，广西；日本，俄罗斯；欧洲。

寄主：松毛虫。

资料来源：申效诚，1993，河南昆虫名录。中国农业科学技术出版社。

螟蛉盘绒茧蜂 *Cotesia ruficrus* (Haliday, 1834)

省内产地：安阳，新乡，延津，修武，长垣，灵宝，嵩县，孟津，偃师，中牟，兰考，开封，夏邑，南阳，新野，信阳，固始，商城。

分布：河南，黑龙江，吉林，辽宁，河北，北京，山东，陕西，安徽，江苏，上海，浙江，江西，福建，台湾，湖北，湖南，广东，广西，四川，贵州，云南；朝鲜，日本，菲律宾，印度，斯里兰卡；大洋洲，非洲，欧洲。

寄主：黏虫，棉小卷桥虫，棉铃虫，斜纹夜蛾，稻纵卷叶螟，二化螟，稻苞虫，稻螟蛉。

资料来源：申效诚，1993，河南昆虫名录。中国农业科学技术出版社。

拟螟蛉盘绒茧蜂 *Cotesia* sp.

省内产地：修武，中牟，夏邑。

分布：河南，陕西，湖北，安徽，江苏，上海，浙江，福建，江西，湖南，广东，广西，四川。

寄主：稻纵卷叶螟。

资料来源：申效诚，1993，河南昆虫名录。中国农业科学技术出版社。

黑角长喙茧蜂 *Cremnops desertor* (Linnaeus, 1758)

省内产地：具体不详。

分布：河南，辽宁，山西，新疆，浙江，江西，湖北，湖南，台湾，福建，广东，四川，贵州；朝鲜，日本，俄罗斯，印度，缅甸；欧洲。

资料来源：陈学新等，2001，茧蜂科。《天目山昆虫》，科学出版社。

稻潜蝇离颚茧蜂 *Dacnusa* sp.

省内产地：信阳，新野。

分布：河南，湖北，浙江，江西，湖南，广东，四川。

寄主：稻叶毛眼水蝇。

资料来源：申效诚，1993，河南昆虫名录。中国农业科学技术出版社。

瓢虫茧蜂 *Dinocampus coccinellae* (Schrank, 1802)

省内产地：全省。

分布：河南，北京，河北，山东，陕西，山西，新疆，上海，浙江，福建，台湾，广东，广西，四川，云南；全世界(除新西兰和美国夏威夷)。

资料来源：申效诚，1993，河南昆虫名录。中国农业科学技术出版社。

弄蝶长绒茧蜂 *Dolichogenidea baoris* (Wilkinson, 1930)

弄蝶绒茧蜂 *Apanteles baoris* Wilkinson

省内产地：新乡，修武，延津，灵宝，偃师，中牟，开封，新野，信阳。

分布：河南，山东，江苏，浙江，江西，湖北，湖南；马来西亚。

寄主：稻苞虫。

资料来源：申效诚，1993，河南昆虫名录。中国农业科学技术出版社。

木蠹象茧蜂 *Eubazus semirogosus* (Nees, 1813)

省内产地：嵩县白云山。

分布：河南；欧洲。

资料来源：杨忠歧，1998，膜翅目：冠蜂总科，瘿蜂总科，小蜂总科，姬蜂总科。《伏牛山区昆虫》，中国农业科学技术出版社。

三化螟稻绒茧蜂 *Exotyza schoenobii* (Wilkinson, 1932)

三化螟绒茧蜂 *Apanteles schoenobii* Wilkinson

省内产地：信阳，安阳。

分布：河南，江苏，浙江，江西，福建，湖北，湖南，台湾，贵州，广东，广西，四川，云南；印度，菲律宾。

寄主：三化螟。

资料来源：申效诚，1993，河南昆虫名录。中国农业科学技术出版社。

枯叶蛾雕绒茧蜂 *Glyptapanteles liparidis* (Bouche, 1834)

枯叶蛾绒茧蜂 *Apanteles lipanidis* (Bouche)

省内产地：修武，灵宝，孟津，偃师，郑州，许昌，信阳。

分布：河南，内蒙古，黑龙江，吉林，辽宁，山西，陕西，浙江，湖南，台湾，广西；日本，俄罗斯，美国；欧洲。

寄主：松毛虫。

资料来源：申效诚，1993，河南昆虫名录。中国农业科学技术出版社。

麦蛾柔茧蜂 *Habrobracon hebetor* (Say, 1836)

省内产地：全省。

分布：全国；世界广布。

资料来源：申效诚，1993，河南昆虫名录。中国农业科学技术出版社。

稻螟黑茧蜂 *Habrobracon* sp.

省内产地：新野，信阳。

分布：河南。

寄主：二化螟。

资料来源：申效诚，1993，河南昆虫名录。中国农业科学技术出版社。

暗滑茧蜂 *Homolobus infumator* (Lyle, 1914)

省内产地：信阳鸡公山。

分布：河南，黑龙江，吉林，陕西，甘肃，新疆，浙江，江西，湖南，四川，福建，台湾，贵州，云南；日本；全北区，东洋区和新热带区。

资料来源：陈学新等，1999，膜翅目：茧蜂科。《鸡公山区昆虫》，中国农业科学技术出版社。

截距滑茧蜂 *Homolobus truncator* (Say, 1828)

省内产地：郑州，新乡。

分布：河南，黑龙江，吉林，辽宁，内蒙古，河北，北京，山西，陕西，甘肃，宁夏，新疆，江苏，浙江，江西，台湾，四川，贵州；日本；全北区，新热带区，东洋区。

寄主：小地老虎，棉大造桥虫。

资料来源：何俊华等，2000，中国动物志　昆虫纲　十八卷。科学出版社。

稻纵卷叶螟索翅茧蜂 *Hormius moniliatus* (Nees, 1812)

省内产地：新野。

分布：河南，浙江，四川，云南。

寄主：稻纵卷叶螟。

资料来源：申效诚，1993，河南昆虫名录。中国农业科学技术出版社。

赤腹深沟茧蜂 *Iphiaulax imposter* (Scopoli, 1763)

省内产地：郸城。

分布：河南，陕西，江苏，浙江，江西；朝鲜，日本，俄罗斯；欧洲，北非，北美。

资料来源：于思勤等，1993，河南农业昆虫志。河南科学技术出版社。

长尾深沟茧蜂 *Iphiaulax mactator* (Klug, 1817)

省内产地：新乡。

分布：河南，吉林，内蒙古；德国，波兰，匈牙利，俄罗斯，捷克，斯洛伐克，伊朗，意大利，哈萨克斯坦。

资料来源：王义平，时敏，何俊华等，2008，中国深沟茧蜂族分类研究及二新种记述(膜翅目：茧蜂科：茧锋亚科)。昆虫分类学报，30(3)：181~195。

腰带长体茧蜂 *Macrocentrus cingulum* Brischke, 1882

省内产地：新乡等全省各地。

分布：河南，黑龙江，吉林，辽宁，北京，河北，天津，山西，山东，江苏，上海，浙江，江西，湖北，四川。

寄主：亚洲玉米螟。

资料来源：何俊华等，2000，中国动物志　昆虫纲　十八卷。科学出版社。

稻纵卷叶螟长体茧蜂 *Macrocentrus cnapholocrocis* He *et* Lou, 1993

省内产地：信阳，灵宝，宝丰，汝州，南召。

分布：河南，甘肃，安徽，江苏，浙江，江西，福建，湖北，广东，海南，广西，四川，贵州，云南；韩国，菲律宾。

资料来源：申效诚，1993，河南昆虫名录。中国农业科学技术出版社。

螟虫长体茧蜂 *Macrocentrus linearis* (Nees, 1812)

省内产地：新乡，郑州，兰考。

分布：河南，吉林，新疆，甘肃，山东，安徽，江苏，浙江，江西，广西，四川，重庆，贵州，云南。

寄主：梨星毛虫，苹褐卷蛾，棉褐带卷蛾。

资料来源：申效诚，1993，河南昆虫名录。中国农业科学技术出版社。

渡边长体茧蜂 *Macrocentrus watanabei* van Achterberg, 1993

省内产地：博爱。

分布：河南，黑龙江，辽宁，陕西，江苏，安徽，湖北，广东，四川，贵州；日本。

寄主：微红梢斑螟。

资料来源：何俊华等，2000，中国动物志 昆虫纲 十八卷。科学出版社。

日本鳞跨茧蜂 *Meteoridea japonensis* Shenefelt *et* Muesebeck, 1957

省内产地：信阳鸡公山。

分布：河南，河北；日本。

资料来源：陈学新等，1999，膜翅目：茧蜂科。《鸡公山区昆虫》，中国农业科学技术出版社。

黏虫悬茧蜂 *Meteorus gyrator* (Thunberg, 1822)

省内产地：信阳。

分布：河南，黑龙江，吉林，辽宁，河北，北京，陕西，山西，江苏，上海，浙江，福建，江西，贵州，广东，四川，云南。

资料来源：申效诚，1993，河南昆虫名录。中国农业科学技术出版社。

螟蛉悬茧蜂 *Meteorus narangae* Sonan, 1943

省内产地：新乡，陕县，灵宝。

分布：河南，吉林，湖北，江西，福建，台湾，广东，广西，四川，云南；朝鲜，日本。

寄主：稻螟蛉。

资料来源：申效诚，1993，河南昆虫名录。中国农业科学技术出版社。

斑痣悬茧蜂 *Meteorus pulchricornis* (Wesmael, 1835)

省内产地：全省。

分布：河南，黑龙江，吉林，河北，陕西，山西，安徽，江苏，浙江，江西，湖北，湖南，贵州，四川；古北区，北非。

寄主：四星尺蛾，人纹污灯蛾，梨小食心虫，甜菜夜蛾，黏虫，斜纹夜蛾，稻苞虫等。

资料来源：申效诚，1993，河南昆虫名录。中国农业科学技术出版社。

伏虎悬茧蜂 *Meteorus rubens* Nees, 1811

省内产地：具体不详。

分布：河南，内蒙古，吉林，山西，陕西，福建，贵州，四川，云南；古北区，新北区，新热带区。

资料来源：申效诚，1993，河南昆虫名录。中国农业科学技术出版社。

方室悬茧蜂 *Meteorus* sp.

省内产地：新乡。

分布：河南。

寄主：甜菜夜蛾。

资料来源：申效诚，1993，河南昆虫名录。中国农业科学技术出版社。

食心虫纵条小茧蜂 *Microdus* sp.

省内产地：辉县，许昌。

分布：河南。

寄主：梨小食心虫，桃白小卷蛾，苹果瘤蛾。

资料来源：申效诚，1993，河南昆虫名录。中国农业科学技术出版社。

稻螟小腹茧蜂 *Microgaster russata* Haliday, 1834

省内产地：新乡，灵宝，偃师，中牟，兰考，许昌，南阳，新野，信阳。

分布：河南，辽宁，北京，山东，陕西，安徽，江苏，湖北，浙江，福建，江西，湖南，贵州，广西，四川，云南；日本，印度尼西亚，俄罗斯，西欧。

资料来源：申效诚，1993，河南昆虫名录。中国农业科学技术出版社。

赛氏小腹茧蜂 *Microgaster szelenyii* Papp, 1976

省内产地：具体不详。

分布：河南，吉林，辽宁，浙江，贵州；朝鲜。

资料来源：许维岸等，2001，茧蜂科：小腹茧蜂属。《天目山昆虫》，科学出版社。

中红侧沟茧蜂 *Microplitis mediator* (Haliday, 1834)

省内产地：具体不详。

分布：河南，黑龙江，辽宁，内蒙古，河北，陕西，山西，山东，新疆，江苏，浙江；蒙古国，日本，印度尼西亚；欧洲。

资料来源：陈学新等，2001，茧蜂科。《天目山昆虫》，科学出版社。

瘤侧沟茧蜂 *Microplitis tuberculifer* (Wesmael, 1837)

省内产地：具体不详。

分布：河南，黑龙江，吉林，辽宁，北京，河北，山东，新疆，湖北，四川，台湾，福建，贵州，浙江；古北区。

资料来源：陈学新等，2001，茧蜂科。《天目山昆虫》，科学出版社。

中华软背茧蜂 *Myosoma Chinensis* (Szepligeti, 1902)

省内产地：信阳鸡公山。

分布：河南，浙江，湖北，湖南，四川，福建，台湾，广东；古北区，东洋区和非洲区。

资料来源：陈学新等，1999，膜翅目：茧蜂科。《鸡公山区昆虫》，中国农业科学技术出版社。

天牛基齿茧蜂 *Odontobracon* sp.

省内产地：延津，灵宝，渑池，孟津，夏邑，新野，信阳。

寄主：天牛。

分布：河南。

资料来源：申效诚，1993，河南昆虫名录。中国农业科学技术出版社。

天牛茧蜂 *Parabrulleia shibuensis* (Matsumura, 1912)

省内产地：偃师。

分布：河南，湖北，浙江，江西，福建；日本。

资料来源：申效诚，1993，河南昆虫名录。中国农业科学技术出版社。

黄愈腹茧蜂 *Phanerotoma flava* Ashmead, 1906

省内产地：全省。

分布：河南，辽宁，甘肃，安徽，浙江，福建，江苏，湖北，湖南，台湾，贵州，广东，广西，四川。

资料来源：申效诚，1993，河南昆虫名录。中国农业科学技术出版社。

食心虫白茧蜂 *Phanerotoma planifrons* (Nees, 1813)

省内产地：安阳，辉县，中牟，夏邑，许昌。

寄主：大豆食心虫，梨小食心虫，桑螟，瓜绢螟。

分布：河南，黑龙江，吉林，浙江，台湾，四川；朝鲜，日本，斯里兰卡，俄罗斯；中亚，西亚，欧洲，北美。

资料来源：申效诚，1993，河南昆虫名录。中国农业科学技术出版社。

冈田长柄茧蜂 *Streblocera okadai* Watanabe, 1942

省内产地：具体不详。

分布：河南，吉林，辽宁，河北，陕西，山东，安徽，江苏，浙江，福建，湖北，湖南，云南；

日本，俄罗斯。

资料来源：陈学新等，2001，茧蜂科。《天目山昆虫》，科学出版社。

中牟长柄茧蜂 *Streblocera zhongmouensis* Wang, 1982

省内产地：中牟(模式产地)。

分布：河南。

资料来源：申效诚等，1998，河南昆虫名录补遗(二)。《伏牛山区昆虫》，中国农业科学技术出版社。

两色刺足茧蜂 *Zombrus bicolor* (Enderlein, 1912) (河南新记录种)

省内产地：嵩县白云山。

分布：河南，北京，陕西，安徽，湖北，浙江，福建，江西，湖南，台湾，四川，贵州，广东，海南，广西；日本。

酱色刺足茧蜂 *Zombrus sjostedti* (Fahringer, 1929)

省内产地：许昌。

分布：河南，内蒙古，黑龙江，河北，北京，山西，陕西，宁夏，新疆，安徽，江苏；朝鲜，日本，俄罗斯。

寄主：家茸天牛幼虫。

资料来源：申效诚，1993，河南昆虫名录。中国农业科学技术出版社。

四〇、蚜茧蜂科 Aphidiidae

本科全世界共 500 种，中国已记载至少 14 属 120 种，河南共记录 7 属 12 种。

苦艾蚜茧蜂 *Aphidius absinthii* Marshall, 1896

省内产地：具体不详。

分布：河南，吉林，辽宁，北京，河北，山东，江苏，湖北，浙江，福建，江西，湖南，台湾，贵州，香港，云南；日本，韩国，美国；欧洲。

资料来源：申效诚等，1994，《河南昆虫分类区系研究 第一卷》。中国农业科学技术出版社。

阿维蚜茧蜂 *Aphidius ervi* Haliday, 1834

省内产地：具体不详。

分布：河南，湖北，台湾；日本，古北区。

寄主：麦长管蚜，麦二叉蚜。

资料来源：申效诚，1993，河南昆虫名录。中国农业科学技术出版社。

燕蚜茧蜂 *Aphidius evenae* Haliday, 1834

省内产地：偃师，郸城，南阳，信阳。

分布：河南，新疆，黑龙江，吉林，辽宁，河北，北京，天津，山东，山西，陕西，甘肃，安徽，江苏，上海，湖北，浙江，福建，江西，湖南，贵州，广东，云南；日本；欧洲。

寄主：玉米蚜，麦长管蚜，麦二叉蚜，禾谷缢管蚜。

资料来源：申效诚，1993，河南昆虫名录。中国农业科学技术出版社。

烟蚜茧蜂 *Aphidius gifuensis* Ashmead, 1906

省内产地：新乡，武陟，郑州，兰考，济源，许昌，信阳。

分布：河南，黑龙江，吉林，辽宁，内蒙古，河北，北京，天津，山东，山西，陕西，江苏，上海，浙江，江西，福建，台湾，湖北，湖南，广东，海南，广西，四川，重庆，贵州，云南；日本，韩国，美国(夏威夷)。

寄主：桃蚜，棉蚜，萝卜蚜，麦长管蚜，麦二叉蚜，麦无网蚜。

资料来源：申效诚，1993，河南昆虫名录。中国农业科学技术出版社。

菜少脉蚜茧蜂 *Diaeretiella rapae* Curtis, 1855

省内产地：安阳，新乡，延津，郑州，偃师，中牟，尉氏，巩义，兰考，许昌，新野，信阳。

分布：河南，新疆，内蒙古，黑龙江，吉林，辽宁，河北，北京，天津，山东，陕西，上海，浙江，福建，台湾，湖北，江西，湖南，贵州，广东，广西，四川，云南，西藏；世界各大洲。

寄主：甘蓝蚜，桃蚜，棉蚜，萝卜蚜，麦长管蚜，麦二叉蚜，禾谷缢管蚜。

资料来源：申效诚，1993，河南昆虫名录。中国农业科学技术出版社。

黍蚜茧蜂 *Ephedrus nacheri* Quilis, 1934

省内产地：具体不详。

分布：河南，新疆，吉林，北京，天津，山东，山西，陕西，甘肃，湖北，浙江，福建，湖南，广东，四川；日本；欧洲。

寄主：禾谷缢管蚜，麦长管蚜，麦二叉蚜，棉蚜，桃蚜。

资料来源：申效诚，1993，河南昆虫名录。中国农业科学技术出版社。

桃瘤蚜茧蜂 *Ephedrus persicae* Froggatt, 1904

省内产地：许昌。

分布：河南，北京，山东，陕西，甘肃，江苏，湖北，浙江，福建，台湾，贵州，广东，香港，云南；日本，爱尔兰，捷克；非洲，大洋洲，北美。

寄主：桃蚜，甘蓝蚜，竹蚜，麦长管蚜。

资料来源：申效诚，1993，河南昆虫名录。中国农业科学技术出版社。

麦蚜茧蜂 *Ephedrus plagiator* (Nees, 1811)

省内产地：安阳，修武，郑州，许昌，西平，南阳，信阳。

分布：河南，新疆，黑龙江，河北，北京，天津，山东，山西，甘肃，湖北，浙江，福建，台湾，江西，湖南，广东，广西，云南；日本，美国；欧洲。

寄主：麦长管蚜，桃蚜。

资料来源：申效诚，1993，河南昆虫名录。中国农业科学技术出版社。

棉蚜茧蜂 *Lysiphlebia japonica* (Ashmead, 1957)

省内产地：延津，偃师，南阳。

分布：河南，黑龙江，吉林，辽宁，河北，山东，山西，湖北，江苏，江西，福建，台湾，湖南，广东，广西，贵州，四川，云南；朝鲜，日本，印度。

寄主：棉蚜，豆蚜，刺槐蚜，桃蚜，麦二叉蚜，高粱蚜。

资料来源：申效诚，1993，河南昆虫名录。中国农业科学技术出版社。

柳柄瘤蚜茧蜂 *Lysiphlebus salicaphis* (Fitch, 1855)

省内产地：郑州，许昌。

寄主：白杨毛蚜。

分布：河南，其他分布地待查。

资料来源：申效诚，1993，河南昆虫名录。中国农业科学技术出版社。

烟少毛蚜茧蜂 *Pauesia* sp.

省内产地：巩义，中牟，尉氏，许昌。

分布：河南。

寄主：桃蚜。

资料来源：申效诚，1993，河南昆虫名录。中国农业科学技术出版社。

棉短瘤蚜茧蜂 *Trioxys rietscheli* Machauer

省内产地：信阳，南阳。

分布：河南，湖北，四川。

寄主：棉蚜。

资料来源：申效诚，1993，河南昆虫名录。中国农业科学技术出版社。

四一、螯蜂科 Dryinidae

本科全世界共 150 属 1200 种，中国已记载 21 属 210 种，河南共记录 7 属 14 种。

蔡氏单爪螯蜂 *Anteon caii* Xu, He *et* Olmi, 2002

省内产地：嵩县白云山(模式产地)。

分布：河南。

资料来源：Xu, Z., He, J. and Olmi, M., 1996, Description of new specius of Dryinidae from China (Hymanoptera: Dryinidae). *Frustula Entomologica* (Nuova Serie), 22: 1~22.

伏牛单爪螯蜂 *Anteon funiuense* Xu, He *et* Olmi, 2002

省内产地：栾川龙峪湾(模式产地)。

分布：河南。

资料来源：Xu, Z., He, J. and Olmi, M., 1996, Description of new specius of Dryinidae from China (Hymanoptera: Dryinidae). *Frustula Entomologica* (Nuova Serie), 22: 1~22.

河南单爪螯蜂 *Anteon henanense* Xu, He *et* Olmi, 2002

省内产地：栾川龙峪湾(模式产地)。

分布：河南。

资料来源：Xu, Z., He, J. and Olmi, M., 1996, Description of new specius of Dryinidae from China (Hymanoptera: Dryinidae). *Frustula Entomologica* (Nuova Serie), 22: 1~22.

旧单爪螯蜂 *Anteon priscum* Olmi, 1989

省内产地：嵩县白云山。

分布：河南，浙江，福建，陕西，台湾；泰国，马来西亚，印度尼西亚。

资料来源：何俊华，许再福，2002，中国动物志 昆虫纲 第二十九卷。科学出版社。

邦单爪螯蜂 *Anteon provinciale* Olmi, 1989

省内产地：栾川龙峪湾。

分布：河南；菲律宾。

资料来源：何俊华，许再福，2002，中国动物志 昆虫纲 第二十九卷。科学出版社。

尼泊尔常足螯蜂 *Aphelopus nepalensis* Olmi, 1984

省内产地：栾川龙峪湾。

分布：河南；日本，尼泊尔。

资料来源：何俊华，许再福，2002，中国动物志 昆虫纲 第二十九卷。科学出版社。

黑头常足螯蜂 *Aphelopus nigriceps* Kieffer, 1905

省内产地：栾川龙峪湾。

分布：河南；欧洲。

资料来源：何俊华，许再福，2002，中国动物志 昆虫纲 第二十九卷。科学出版社。

黑角常足螯蜂 *Aphelopus nigricornis* Xu, He *et* Olmi, 1999

省内产地：栾川龙峪湾。

分布：河南，浙江。

资料来源：许再福等，2001，螯蜂科，梨头蜂科。《天目山昆虫》，科学出版社。

布氏螯蜂 *Dryinus browni* Ashmead, 1905

斑衣蜡蝉螯蜂 *Dryinus lycormae* Yang, 1994

省内产地：汝南(副模产地)等全省各地。

分布：河南，北京，福建，海南，香港；菲律宾，老挝，斯里兰卡，马来西亚。

寄主：斑衣蜡蝉。

资料来源：杨集昆，1994，斑衣蜡蝉螯蜂新种及生物学纪要。《河南昆虫分类区系研究 第一卷》，中国农业科学技术出版社。

两色食虱螯蜂 *Echthrodelphax fairchildii* R. C. L. Perkins, 1903

两色螯蜂 *Echthrodelphax bicolor* Esaki *et* Hashimoto

省内产地：郑州，信阳。

分布：河南，黑龙江，吉林，辽宁，安徽，江苏，浙江，福建，江西，湖北，湖南，广东，广西，海南，四川，云南，陕西，台湾；日本，印度尼西亚，马来西亚，菲律宾，印度，美国(夏威夷)。

寄主：灰飞虱，白背飞虱，褐飞虱，长绿飞虱。

资料来源：申效诚，1993，河南昆虫名录。中国农业科学技术出版社。

黑双距螯蜂 *Gonatopus nigricans* (R. C. L. Perkins, 1905)

稻虱黑邻螯蜂 *Paragonatopus fulgori* (Nakagawa)

省内产地：信阳。

分布：河南，北京，安徽，江苏，上海，浙江，福建，江西，湖北，湖南，广东，广西，海南，贵州，四川，云南，陕西；印度尼西亚，马来西亚，泰国，美国(夏威夷)，澳大利亚，斐济。

寄主：灰飞虱，白背飞虱，褐飞虱。

资料来源：申效诚，1993，河南昆虫名录。中国农业科学技术出版社。

稻虱红单节螯蜂 *Haplogonatopus apicalis* R. C. L. Perkins, 1905

稻虱红螯蜂 *Haplogonatopus japonica* Esaki *et* Hashimoto

省内产地：郑州，新乡，信阳。

分布：河南，黑龙江，辽宁，山东，安徽，江苏，上海，浙江，福建，台湾，江西，湖北，湖南，广东，海南，广西，贵州，四川，云南，陕西；印度，斯里兰卡，马来西亚，菲律宾，泰国，日本，澳大利亚。

寄主：灰飞虱，白背飞虱，褐飞虱。

资料来源：申效诚，1993，河南昆虫名录。中国农业科学技术出版社。

黑腹单节螯蜂 *Haplogonatopus oratorius* (Westwood, 1833)

黑腹螯蜂 *Haplogonatopus atratus* Esaki *et* Hashimoto

省内产地：郑州，南阳，信阳。

分布：河南，北京，黑龙江，辽宁，山东，安徽，江苏，上海，浙江，福建，台湾，江西，湖北，湖南，广东，广西，贵州，四川，云南，陕西，新疆；朝鲜，日本，俄罗斯；欧洲，中亚。

寄主：灰飞虱，白背飞虱，褐飞虱，长绿飞虱。

资料来源：申效诚，1993，河南昆虫名录。中国农业科学技术出版社。

黑矛螯蜂 *Lonchodryinus niger* He *et* Xu, 2002

省内产地：栾川龙峪湾(副模产地)。

分布：河南，陕西。

资料来源：何俊华，许再福，2002，中国动物志 昆虫纲 第二十九卷。科学出版社。

四二、肿腿蜂科 Bethylidae

本科全世界共 104 属 1840 种，中国已记载 16 属 34 种，河南共记录 3 属 3 种。

日本棱角肿腿蜂 *Goniozus japonicus* Ashmead, 1904

省内产地：郑州，许昌。

分布：河南，上海，浙江，台湾；朝鲜，日本。

寄主：芽白小卷蛾。

资料来源：申效诚，1993，河南昆虫名录。中国农业科学技术出版社。

瘦全肿腿蜂 *Holepyris macilentus* Xu, He *et* Ma, 2003

省内产地：内乡宝天曼(正副模产地)。

分布：河南。

资料来源：Xu Zaifu, He Junhua *et* Ma Yun, 2003, Taxonomic notes on Chinese members of the genus *Holepyris* Kieffer (Hymenoptera, Bethylidae). *Acta Zootaxonomica Sinics*, 28(2): 323~332.

管氏硬皮肿腿蜂 *Sclerodermus guani* Xiao *et* Wu, 1983

省内产地：新乡，博爱，济源，郑州，许昌，平顶山，信阳。

分布：河南，辽宁，北京，河北，山东，山西，陕西，甘肃，青海，江苏，上海，浙江，福建，湖南，广东；美国。

寄主：台湾狭天牛，青杨枝天牛。

资料来源：申效诚，1993，河南昆虫名录。中国农业科学技术出版社。

四三、青蜂科 Chrysididae

本科全世界共 82 属 2423 种，中国已记载 13 属 100 种，河南共记录 1 属 1 种。

上海青蜂 *Chrysis shanghaiensis* (Smith, 1874)

省内产地：全省。

分布：河南，辽宁，河北，山东，山西，陕西，江苏，上海，浙江，江西，湖北，湖南，台湾，广西；朝鲜，日本，印度，泰国，印度尼西亚，美国。

寄主：黄刺蛾。

资料来源：申效诚，1993，河南昆虫名录。中国农业科学技术出版社。

四四、钩土蜂科 Tiphiidae

本科全世界共 7 亚科 25 属，中国已记载 7 属 101 种，河南共记录 1 属 5 种。

北方钩土蜂 *Tiphia borealis* Chen *et* Yang, 1990

省内产地：孟津。

分布：河南，内蒙古，宁夏，陕西。

资料来源：陈乃中等，1990，内蒙古钩土蜂属三新种(膜翅目：钩土蜂科)。昆虫分类学报，12(1)。

黑金龟钩土蜂 *Tiphia phyllophagae* Allen *et* Jaynes, 1930

省内产地：延津，陕县。

分布：河南，江苏，浙江，福建；朝鲜，日本，印度。

寄主：金龟子幼虫。

资料来源：申效诚，1993，河南昆虫名录。中国农业科学技术出版社。

日本丽金龟钩土蜂 *Tiphia popilliavora* Rohwer, 1924

省内产地：陕县。

分布：河南，黑龙江，吉林，北京，山西，陕西，山东，江苏，浙江，福建；朝鲜，日本。

寄主：金龟子幼虫。

资料来源：申效诚，1993，河南昆虫名录。中国农业科学技术出版社。

春黑小钩土蜂 *Tiphia vernalis* Rohwer, 1924

省内产地：延津。

分布：河南，江苏，浙江，福建，江西；朝鲜，日本。

寄主：豆金龟。

资料来源：申效诚，1993，河南昆虫名录。中国农业科学技术出版社。

黄带钩土蜂 *Tiphia* sp.

省内产地：宝丰，许昌。

分布：河南。

寄主：暗黑鳃金龟，黑绒鳃金龟，铜绿丽金龟。

资料来源：申效诚，1993，河南昆虫名录。中国农业科学技术出版社。

四五、土蜂科 Scoliidae

本科全世界共 300 种，中国已记载 6 属 90 余种，河南共记录 2 属 8 种。

白毛长腹土蜂 *Campsomeris annulata* (Fabricius, 1793)

省内产地：延津，修武，灵宝，陕县，渑池，孟津，中牟，尉氏，开封，民权，夏邑，许昌，宝丰，西华，新野，信阳，固始。

分布：河南，河北，山东，安徽，江苏，浙江，江西，福建，台湾，湖北，广东，四川，贵州，云南；朝鲜，日本，印度，印度尼西亚，菲律宾。

寄主：大黑鳃金龟，铜绿丽金龟。

资料来源：申效诚，1993，河南昆虫名录。中国农业科学技术出版社。

金毛长腹土蜂 *Campsomeris prismatica* (Smith, 1855)

省内产地：安阳，郑州，汝阳，渑池，许昌，宝丰，陕县，新野，南阳，信阳。

分布：河南，山东，安徽，江苏，浙江，江西，福建，台湾，广东，贵州；朝鲜，日本，俄罗斯，印度，印度尼西亚。

寄主：铜绿丽金龟。

资料来源：申效诚，1993，河南昆虫名录。中国农业科学技术出版社。

黑长腹土蜂 *Campsomeris schulthest* Betrem, 1928

省内产地：修武。

分布：河南，安徽，浙江，广东，广西，四川，云南；朝鲜，日本。

寄主：金龟子幼虫。

资料来源：申效诚，1993，河南昆虫名录。中国农业科学技术出版社。

大斑土蜂 *Scolia clypeata* Sickman, 1894

省内产地：新乡，修武，许昌。

分布：河南，内蒙古，北京，河北，山东，山西，陕西，安徽，江苏，四川；印度，俄罗斯。

寄主：白星花金龟。

资料来源：申效诚，1993，河南昆虫名录。中国农业科学技术出版社。

日本土蜂 *Scolia japonica* Smith, 1873

省内产地：沁阳，嵩县，宝丰。

分布：河南，东北，河北，山西，甘肃，山东，安徽，福建，江西，广东；朝鲜，日本，俄罗斯。

寄主：油桐绿丽金龟，铜绿丽金龟。

资料来源：申效诚，1993，河南昆虫名录。中国农业科学技术出版社。

眼斑土蜂 *Scolia oculata* (Matsumura, 1911)

省内产地：新乡，新野。

分布：河南，北京，山东，浙江，台湾；朝鲜，日本，俄罗斯。

寄主：金龟子幼虫。

资料来源：申效诚，1993，河南昆虫名录。中国农业科学技术出版社。

四点土蜂 *Scolia quadripunctata* Linnaeus, 1781

省内产地：焦作。

分布：河南，吉林，北京，山东，安徽，江苏，上海，浙江，福建，四川；日本，印度，俄罗斯，缅甸。

寄主：金龟子幼虫。

资料来源：申效诚，1993，河南昆虫名录。中国农业科学技术出版社。

索氏土蜂 *Scolia sauteri* Betrem, 1928

省内产地：具体不详。

分布：河南，山东，浙江，福建，台湾；日本。

资料来源：何俊华，2001，土蜂科。《天目山昆虫》，科学出版社。

四六、蚁科 Formicidae

本科全世界共 20 亚科 300 多属 12 000 种，中国已记载 127 属 890 种，河南共记录 42 属 150 种。

(一) 猛蚁亚科 Ponerinae

西福氏钝猛蚁 *Amblyopone silvestrii* (Wheeler, 1928)

省内产地：嵩县玉皇顶。

分布：河南，浙江，台湾；日本。

资料来源：周善义等，2002，膜翅目：蚁科。《太行山及桐柏山区昆虫》，中国农业科学技术出版社。

大隐猛蚁 *Cryptopone gigas* Wu *et* Wang, 1995

分布：民权，睢县，宁陵，夏邑，虞城，永城，商丘，济源。

分布：河南，安徽，云南。

资料来源：李淑萍等，2008，膜翅目：蚁科。《宝天曼自然保护区昆虫》，中国农业科学技术出版社。

拟大隐猛蚁 *Cryptopone pseudogigas* Zhou *et* Zheng

省内产地：周口，太康，西华，淮阳，扶沟，郸城，沈丘，商水。

分布：河南，湖北，广西。

资料来源：王玉玲，2008，河南周口地区蚂蚁多样性调查。昆虫知识，45(1)：146~149。

邵氏姬猛蚁 *Hypoponera sauteri* (Wheeler, 1906)

省内产地：辉县八里沟，信阳鸡公山。

分布：河南，湖南，云南，贵州，安徽，台湾；朝鲜，日本。

资料来源：周善义等，2002，膜翅目：蚁科。《太行山及桐柏山区昆虫》，中国农业科学技术出版社。

大齿猛蚁 *Odontomachus haematodus* (Linnaeus, 1758)

省内产地：西峡老界岭，栾川龙峪湾，信阳鸡公山。

分布：河南，北京，浙江，福建，湖南，广西，香港，海南；印度，斯里兰卡，美国，巴西。

资料来源：郭振超，2006，河南省鸡公山及伏牛山蚂蚁分类和区系研究。广西师范大学硕士论文。

山大齿猛蚁 *Odontomachus monticola* (Emery, 1891)

省内产地：信阳鸡公山，济源。

分布：河南，北京，河北，江苏，上海，浙江，福建，台湾，湖北，湖南，广东，香港，海南，广西，四川，云南；日本，缅甸，泰国，印度，斯里兰卡，菲律宾，巴布亚新几内亚。

资料来源：郭振超，2006，河南省鸡公山及伏牛山蚂蚁分类和区系研究。广西师范大学硕士论文。

敏捷厚结蚁 *Pachycondyla astute* F. Smith, 1858

省内产地：辉县八里沟，辉县松树坪，登封县少室山，太康，扶沟，西华，尉氏，杞县。

分布：河南，北京，山东，江苏，上海，江西，湖北，湖南，安徽，云南，贵州，四川，浙江，福建，广西，广东，海南，台湾，香港，澳门；亚洲，大洋洲。

资料来源：周善义等，2002，膜翅目：蚁科。《太行山及桐柏山区昆虫》，中国农业科学技术出版社。

中华厚结蚁 *Pachycondyla chinensis* (Emery, 1895)

省内产地：信阳鸡公山，商丘市睢阳区、宁陵、虞城、民权、睢县。

分布：河南，江苏，上海，安徽。浙江，福建，台湾，香港，广西；日本。

资料来源：郭振超，2006，河南省鸡公山及伏牛山蚂蚁分类和区系研究。广西师范大学硕士论文。

黄足厚结蚁 *Pachycondyla luteipes* (Mayr, 1862)

省内产地：栾川龙峪湾，辉县八里沟，商丘市睢阳区，夏邑，睢县，宁陵，民权，扶沟，鹿邑，商水，开封，兰考，尉氏，杞县，通许，济源，信阳鸡公山。

分布：河南，北京，河北，江苏，上海，安徽，湖北，湖南，云南，四川，贵州，浙江，福建，广西，广东，海南，台湾，香港；亚洲，大洋洲。

资料来源：周善义等，2002，膜翅目：蚁科。《太行山及桐柏山区昆虫》，中国农业科学技术出版社。

红足厚结蚁 *Pachycondyla rufipes* (Jerdon)

省内产地：淮阳，鹿邑，郸城，沈丘，周口。

分布：河南，贵州，云南，广东，广西，西藏；东洋区。

资料来源：王玉玲，2008，河南周口地区蚂蚁多样性调查。昆虫知识，45(1)：146~149。

粗猛蚁 *Ponera scabra* Wheeler, 1928

省内产地：登封县少室山。

分布：河南，贵州；日本。

资料来源：周善义等，2002，膜翅目：蚁科。《太行山及桐柏山区昆虫》，中国农业科学技术出版社。

(二) 双节行军蚁亚科 Aenictinae

河南盲蚁 *Aenictus henanensis* Li *et* Wang, 2005

省内产地：伊川郑村(正模产地)。

分布：河南。

资料来源：李淑萍等，2005，中国河南省盲蚁属一新种记述(膜翅目：蚁科)。昆虫分类学报，27(2)：157~160。

光柄双节行军蚁 *Aenictus laeviceps* (Smith, 1857)

省内产地：信阳鸡公山。

分布：河南，安徽，江西，浙江，湖北，湖南，广西，海南，四川，云南；印度，菲律宾，泰国，印度尼西亚。

资料来源：郭振超，2006，河南省鸡公山及伏牛山蚂蚁分类和区系研究。广西师范大学硕士论文。

信阳双节行军蚁 *Aenictus* sp. (新种，另文发表)

省内产地：信阳鸡公山(模式产地)。

分布：河南。

资料来源：郭振超，2006，河南省鸡公山及伏牛山蚂蚁分类和区系研究。广西师范大学硕士论文。

(三) 伪切叶蚁亚科 Pseudomyrmecinae

飘细长蚁 *Tetraponera allaborans* (Walker, 1859)

省内产地：商丘市睢阳区，民权，开封，兰考，尉氏，济源。

分布：河南，浙江，福建，台湾，湖南，广东，海南，广西，四川，云南；印度，马来西亚，斯里兰卡。

资料来源：李淑萍等，2008，膜翅目：蚁科。《宝天曼自然保护区昆虫》，中国农业科学技术出版社。

榕细长蚁 *Tetraponera microcarpa* Wu *et* Wang, 1995

省内产地：尉氏，通许，民权，睢县，虞城。

分布：河南，湖北，江西，湖南，贵州，广东，广西。

资料来源：王玉玲，2006，河南开封地区的蚂蚁资源。四川动物，25(3)：546~548。

黑细长蚁 *Tetraponera nigra* (Jerdon, 1851)

省内产地：商丘市睢阳区，虞城，宁陵，济源，开封，通许。

分布：河南，广西，云南。

资料来源：李淑萍等，2008，膜翅目：蚁科。《宝天曼自然保护区昆虫》，中国农业科学技术出版社。

红黑细长蚁 *Tetraponera rufonigra* (Jerdon)

省内产地：项城，太康，西华，淮阳，鹿邑，商水。

分布：河南，云南，海南；东洋区。

资料来源：王玉玲，2008，河南周口地区蚂蚁多样性调查。昆虫知识，45(1)：146~149。

(四) 切叶蚁亚科 Myrmicinae

暗黑盘腹蚁 *Aphaenogaster caeclliae* Viehmeyer, 1922

省内产地：睢县，济源。

分布：河南，广西，四川。

资料来源：李淑萍等，2008，膜翅目：蚁科。《宝天曼自然保护区昆虫》，中国农业科学技术出版社。

同色盘腹蚁 *Aphaenogaster concolor* Watanabe *et* Yamane

省内产地：嵩县白云山，登封县少室山，辉县八里沟，辉县西莲寺。

分布：河南；日本。

资料来源：周善义等，2002，膜翅目：蚁科。《太行山及桐柏山区昆虫》，中国农业科学技术出版社。

湖南盘腹蚁 *Aphaenogaster hunanensis* Wu *et* Wang, 1992

省内产地：西峡老界岭，栾川龙峪湾，信阳鸡公山。

分布：河南，湖南，广西。

资料来源：郭振超，2006，河南省鸡公山及伏牛山蚂蚁分类和区系研究。广西师范大学硕士论文。

日本盘腹蚁 *Aphaenogaster japonica* Forel, 1911

省内产地：登封县少室山，开封，尉氏，杞县。

分布：河南，山东，北京，安徽，陕西，湖北，广西；日本。

资料来源：周善义等，2002，膜翅目：蚁科。《太行山及桐柏山区昆虫》，中国农业科学技术出版社。

罗氏盘腹蚁 *Aphaenogaster rothneyi* Forel, 1902

省内产地：西峡老界岭，栾川龙峪湾，信阳鸡公山。

分布：河南，云南；印度。

资料来源：郭振超，2006，河南省鸡公山及伏牛山蚂蚁分类和区系研究。广西师范大学硕士论文。

史氏盘腹蚁 *Aphaenogaster smythiesii* Forel, 1902

省内产地：嵩县白云山，栾川龙峪湾，西峡老界岭，商丘市睢阳区，信阳鸡公山，济源，开封，兰考，通许。

分布：河南，广西，湖北，安徽，江西，湖南，云南，贵州，四川，浙江，福建；印度，阿富汗。

资料来源：周善义等，2002，膜翅目：蚁科。《太行山及桐柏山区昆虫》，中国农业科学技术出版社。

无刺盘腹蚁 *Aphaenogaster* sp. (新种，另文发表)

省内产地：西峡老界岭。

分布：河南。

资料来源：郭振超，2006，河南省鸡公山及伏牛山蚂蚁分类和区系研究。广西师范大学硕士论文。

高桥盘腹蚁 *Aphaenogaster takahashii* Wheeler, 1930

省内产地：夏邑，西峡老界岭，栾川龙峪湾，信阳鸡公山，济源，开封，尉氏，通许。

分布：河南，湖北，安徽，浙江，台湾，四川。

资料来源：李淑萍等，2008，膜翅目：蚁科。《宝天曼自然保护区昆虫》，中国农业科学技术出版社。

琉球盘腹蚁 *Aphaenogaster tokarainsulana* Watanabe *et* Yamane

省内产地：栾川县龙峪湾，嵩县白云山，嵩县玉皇顶。

分布：河南；日本。

资料来源：周善义等，2002，膜翅目：蚁科。《太行山及桐柏山区昆虫》，中国农业科学技术出版社。

裸心结蚁 *Cardiocondyla nuda* (Mayr)

省内产地：太康，淮阳，沈丘，商水。

分布：河南，湖北，浙江，福建，湖南，四川，云南，西藏，广东，广西，海南；东洋区。

资料来源：王玉玲，2008，河南周口地区蚂蚁多样性调查。昆虫知识，45(1)：146~149。

粒沟切叶蚁 *Cataulacus granulatus* (Latreille)

省内产地：淮阳，鹿邑，郸城。

分布：河南，湖南，云南，广东，广西，海南；东洋区。

资料来源：王玉玲，2008，河南周口地区蚂蚁多样性调查。昆虫知识，45(1)：146~149。

粗纹举腹蚁 *Crematogaster artifex* Mayr, 1879

C. macaoensis Wheeler

省内产地：民权，开封，兰考，杞县，通许，信阳鸡公山，济源。

分布：河南，湖南，广西，云南，广东，海南，澳门；泰国。

资料来源：郭振超，2006，河南省鸡公山及伏牛山蚂蚁分类和区系研究。广西师范大学硕士论文。

比罗举腹蚁 *Crematogaster biroi* Mayr, 1907

省内产地：睢县，柘城，永城，商丘市睢阳区，济源。

分布：河南，浙江，台湾，湖南，广东，香港，澳门，广西，云南；印度，斯里兰卡。

资料来源：李淑萍等，2008，膜翅目：蚁科。《宝天曼自然保护区昆虫》，中国农业科学技术出版社。

亮褐举腹蚁 *Crematogaster contemta* Mayr

省内产地：永城。

分布：河南，其他分布地待查。

资料来源：李淑萍等，2008，膜翅目：蚁科。《宝天曼自然保护区昆虫》，中国农业科学技术出版社。

乌木举腹蚁 *Crematogaster ebenina* Forel, 1902

省内产地：西峡老界岭，栾川龙峪湾，信阳鸡公山。

分布：河南，海南；东南亚。

资料来源：郭振超，2006，河南省鸡公山及伏牛山蚂蚁分类和区系研究。广西师范大学硕士论文。

亮胸举腹蚁 *Crematogaster egidyi* Forel, 1903

省内产地：登封县少室山，太康，扶沟。

分布：河南，江西，湖南，广西，广东，香港。

资料来源：周善义等，2002，膜翅目：蚁科。《太行山及桐柏山区昆虫》，中国农业科学技术出版社。

立毛举腹蚁 *Crematogaster ferrarii* Emery, 1887

省内产地：柘城，周口，项城，太康，扶沟，西华，开封，尉氏，济源。

分布：河南，湖南，广东，广西，云南；东南亚。

资料来源：李淑萍等，2008，膜翅目：蚁科。《宝天曼自然保护区昆虫》，中国农业科学技术出版社。

霍森举腹蚁 *Crematogaster hodgsoni* Forel, 1902

省内产地：辉县八里沟。

分布：河南；缅甸。

资料来源：周善义等，2002，膜翅目：蚁科。《太行山及桐柏山区昆虫》，中国农业科学技术出

版社。

勤勉举腹蚁 *Crematogaster laboriosa* F. Smith, 1874

省内产地：睢县，虞城，柘城，开封，尉氏，杞县，通许，济源。

分布：河南，江苏，台湾；朝鲜，日本。

资料来源：李淑萍等，2008，膜翅目：蚁科。《宝天曼自然保护区昆虫》，中国农业科学技术出版社。

玛氏举腹蚁 *Crematogaster matsumurai* Forel, 1901

省内产地：西峡老界岭，栾川龙峪湾，信阳鸡公山，周口，太康，扶沟，西华，郸城。

分布：河南，河北，山东，陕西，安徽，湖北，湖南，台湾，云南；日本。印度，马来西亚，印度尼西亚。

资料来源：郭振超，2006，河南省鸡公山及伏牛山蚂蚁分类和区系研究。广西师范大学硕士论文。

大阪举腹蚁 *Crematogaster osakensis* Forel, 1900

省内产地：登封县少室山，信阳鸡公山，栾川龙峪湾，西峡老界岭。

分布：河南，陕西，山西，上海，湖北，湖南，江西，安徽，浙江，四川，广西；日本。

资料来源：周善义等，2002，膜翅目：蚁科。《太行山及桐柏山区昆虫》，中国农业科学技术出版社。

黑褐举腹蚁 *Crematogaster rogenhoferi* Mayr

省内产地：太康，淮阳，鹿邑，扶沟。

分布：河南，安徽，江苏，湖北，浙江，福建，江西，湖南，贵州，四川，云南，台湾，广东，广西，海南，西藏；东洋区。

资料来源：王玉玲，2008，河南周口地区蚂蚁多样性调查。昆虫知识，45(1)：146~149。

塞奇举腹蚁 *Crematogaster sagei* Forel, 1902

省内产地：夏邑。

分布：河南，山东，广东，四川；印度(锡金)。

资料来源：李淑萍等，2008，膜翅目：蚁科。《宝天曼自然保护区昆虫》，中国农业科学技术出版社。

游举腹蚁 *Crematogaster vagula* Wheeler, 1928

省内产地：辉县八里沟，信阳鸡公山。

分布：河南，贵州，广西；日本。

资料来源：周善义等，2002，膜翅目：蚁科。《太行山及桐柏山区昆虫》，中国农业科学技术出版社。

上海举腹蚁 *Crematogaster zoceensis* Santschi

省内产地：周口，项城，太康，扶沟，西华，鹿邑，沈丘，商水。

分布：河南，河北，山东，安徽，江苏，湖北，浙江，福建，江西，湖南，四川，云南。

资料来源：王玉玲，2008，河南周口地区蚂蚁多样性调查。昆虫知识，45(1)：146~149。

长刺细胸蚁 *Leptothorax spinosior* Forel, 1901

省内产地：西峡老界岭，栾川龙峪湾。

分布：河南，安徽，浙江，湖北，湖南，广西；朝鲜，日本。

资料来源：郭振超，2006，河南省鸡公山及伏牛山蚂蚁分类和区系研究。广西师范大学硕士论文。

针毛收获蚁 *Messor aciculatus* (F. Smith, 1874)

省内产地：辉县八里沟，栾川龙峪湾，西峡老界岭，信阳鸡公山，商丘市睢阳区，宁陵，虞城，民权，睢县，开封，杞县，通许，夏邑，永城，太康，扶沟，郸城。

分布：河南，北京，山西，山东，河北，内蒙古，上海，江苏，浙江，安徽，湖北，湖南，福建，陕西；日本。

资料来源：周善义等，2002，膜翅目：蚁科。《太行山及桐柏山区昆虫》，中国农业科学技术出版社。

中华小家蚁 *Monomorium. chinense* Santschi, 1925

省内产地：辉县八里沟，信阳鸡公山，周口，项城，太康，西华，淮阳，鹿邑，郸城，商水，开封，兰考，尉氏，通许，济源。

分布：河南，北京，河北，山西，山东，西藏，上海，江苏，浙江，江西，福建，湖南，四川，云南，广西，广东；亚洲各国。

资料来源：周善义等，2002，膜翅目：蚁科。《太行山及桐柏山区昆虫》，中国农业科学技术出版社。

花居小家蚁 *Monomorium floricola* (Jerdon, 1851)

省内产地：辉县西莲寺，登封少室山。

分布：河南，云南，浙江，福建，广西，广东，海南，台湾；东南亚及广大热带地区。

资料来源：周善义等，2002，膜翅目：蚁科。《太行山及桐柏山区昆虫》，中国农业科学技术出版社。

小家蚁 *Monomorium pharaonis* (Linnaeus, 1758)

省内产地：商丘市睢阳区，虞城，周口，项城，太康，西华，淮阳，开封，兰考，尉氏，杞县，通许。

分布：河南，辽宁，北京，湖北，江苏，浙江，福建，台湾，广东，海南，广西；朝鲜，日本；欧洲，世界广布。

资料来源：李淑萍等，2008，膜翅目：蚁科。《宝天曼自然保护区昆虫》，中国农业科学技术出版社。

龙红蚁 *Myrmica draco* Radchenk *et al.*

省内产地：嵩县玉皇顶。

分布：河南，广西，广东。

资料来源：周善义等，2002，膜翅目：蚁科。《太行山及桐柏山区昆虫》，中国农业科学技术出版社。

弯角红蚁 *Myrmica lobicornis* Nylander, 1846

省内产地：嵩县玉皇顶。

分布：河南，北京，内蒙古，吉林，辽宁，黑龙江，山西；俄罗斯西伯利亚地区；北欧。

资料来源：周善义等，2002，膜翅目：蚁科。《太行山及桐柏山区昆虫》，中国农业科学技术出版社。

马格丽特氏红蚁 *Myrmica margaritae* Emery, 1889

省内产地：嵩县玉皇顶，栾川龙峪湾，西峡老界岭。

分布：河南，安徽，湖北，湖南，云南，四川，浙江，福建，广西，台湾；东南亚。

资料来源：周善义等，2002，膜翅目：蚁科。《太行山及桐柏山区昆虫》，中国农业科学技术出版社。

皱红蚁 *Myrmica ruginodis* Nylander, 1846

省内产地：栾川龙峪湾，西峡老界岭。

分布：河南，吉林，黑龙江；朝鲜，日本，北欧。

资料来源：周善义等，2002，膜翅目：蚁科。《太行山及桐柏山区昆虫》，中国农业科学技术出版社。

中华红蚁 *Myrmica sinensis* Radchenk *et al.*

省内产地：栾川龙峪湾。

分布：河南，贵州，广西，广东。

资料来源：周善义等，2002，膜翅目：蚁科。《太行山及桐柏山区昆虫》，中国农业科学技术出版社。

红蚁一种 *Myrmica* sp.

省内产地：栾川县龙峪湾，嵩县玉皇顶。

分布：河南。

资料来源：周善义等，2002，膜翅目：蚁科。《太行山及桐柏山区昆虫》，中国农业科学技术出版社。

网纹稀切叶蚁 *Oligomyrmex cribriceps* (Wheeler, 1927)

省内产地：登封县少室山，信阳鸡公山。

分布：河南，广西；越南。

资料来源：周善义等，2002，膜翅目：蚁科。《太行山及桐柏山区昆虫》，中国农业科学技术出版社。

拟亮稀切叶蚁 *Oligomyrmex pseudolusciosus* Wu *et* Wang, 1995

省内产地：信阳鸡公山。

分布：河南，湖北，安徽。

资料来源：郭振超，2006，河南省鸡公山及伏牛山蚂蚁分类和区系研究。广西师范大学硕士论文。

直背稀切叶蚁 *Oligomyrmex rectidorsus* Xu, 2003

省内产地：信阳鸡公山。

分布：河南，湖南，云南。

资料来源：郭振超，2006，河南省鸡公山及伏牛山蚂蚁分类和区系研究。广西师范大学硕士论文。

长节大头蚁 *Pheidole fervens* Smith, 1858

省内产地：西峡老界岭，栾川龙峪湾。

分布：河南，福建，台湾，海南，广西，云南，四川；日本，新加坡。

资料来源：郭振超，2006，河南省鸡公山及伏牛山蚂蚁分类和区系研究。广西师范大学硕士论文。

亮红大头蚁 *Pheidole fervida* F. Smith, 1874

省内产地：商丘市睢阳区，虞城，鹿邑，郸城，开封，尉氏，济源。

分布：河南，辽宁，湖北，安徽，浙江，湖南，广西，四川，朝鲜，日本。

资料来源：李淑萍等，2008，膜翅目：蚁科。《宝天曼自然保护区昆虫》，中国农业科学技术出版社。

淡黄大头蚁 *Pheidole flaveria* Zhou *et* Zheng

省内产地：栾川龙峪湾，嵩县白云山，登封少室山，辉县八里沟，辉县西莲寺，西峡老界岭，信阳鸡公山。

分布：河南，贵州，广西。

资料来源：周善义等，2002，膜翅目：蚁科。《太行山及桐柏山区昆虫》，中国农业科学技术出版社。

印度大头蚁 *Pheidole indica* Mayr, 1878

省内产地：西峡老界岭，栾川龙峪湾，周口，扶沟，西华，淮阳，郸城。

分布：河南，福建，江西，广东，广西，四川；印度，缅甸，斯里兰卡，日本。

资料来源：郭振超，2006，河南省鸡公山及伏牛山蚂蚁分类和区系研究。广西师范大学硕士论文。

宽结大头蚁 *Pheidole noda* F. Smith, 1874

省内产地：辉县八里沟，信阳鸡公山，西华，淮阳，鹿邑，开封，兰考，通许，济源。

分布：河南，山东，河北，北京，江西，上海，江苏，安徽，湖北，湖南，浙江，福建，贵州，广西，广东；亚洲各国。

资料来源：周善义等，2002，膜翅目：蚁科。《太行山及桐柏山区昆虫》，中国农业科学技术出版社。

厚结大头蚁 *Pheidole nodifera* F. Smith, 1858

省内产地：辉县八里沟，信阳鸡公山。

分布：河南，湖南，广西；东南亚。

资料来源：周善义等，2002，膜翅目：蚁科。《太行山及桐柏山区昆虫》，中国农业科学技术出版社。

柄结大头蚁 *Pheidole nodos* F. Smith, 1874

省内产地：商丘市睢阳区。

分布：河南，辽宁，河北，山东，陕西，湖北，安徽，江苏，浙江，福建，江西，湖南，台湾，广东，广西；朝鲜，日本；欧洲，东洋区。

资料来源：李淑萍等，2008，膜翅目：蚁科。《宝天曼自然保护区昆虫》，中国农业科学技术出版社。

皮氏大头蚁 *Pheidole pieli* Santschi, 1925

省内产地：信阳鸡公山，开封，尉氏，杞县，通许。

分布：河南，安徽，上海，浙江，湖北，湖南，广西，四川；日本，韩国。

资料来源：郭振超，2006，河南省鸡公山及伏牛山蚂蚁分类和区系研究。广西师范大学硕士论文。

史氏大头蚁 *Pheidole smythiesii* Forel, 1902

省内产地：信阳鸡公山。

分布：河南，湖南，广西；印度。

资料来源：郭振超，2006，河南省鸡公山及伏牛山蚂蚁分类和区系研究。广西师范大学硕士论文。

凹大头蚁 *Pheidole sulcaticeps* Roger, 1863

省内产地：商丘市睢阳区，信阳鸡公山。

分布：河南，湖南，广西；东南亚。

资料来源：李淑萍等，2008，膜翅目：蚁科。《宝天曼自然保护区昆虫》，中国农业科学技术出版社。

伊大头蚁 *Pheidole yeensis* Forel, 1902

省内产地：信阳鸡公山。

分布：河南，湖南，广西，云南；缅甸。

资料来源：郭振超，2006，河南省鸡公山及伏牛山蚂蚁分类和区系研究。广西师范大学硕士论文。

黑沟巨首蚁 *Pheidologeton melasolertos* Zhou *et* Zheng, 1997

省内产地：信阳鸡公山。

分布：河南，湖南，广西。

资料来源：郭振超，2006，河南省鸡公山及伏牛山蚂蚁分类和区系研究。广西师范大学硕士论文。

双针棱胸切叶蚁 *Pristomyrmex pungens* Mayr, 1866

省内产地：登封县少室山，辉县八里沟，栾川龙峪湾，西峡老界岭，信阳鸡公山。

分布：河南，辽宁，山东，上海，江苏，江西，浙江，安徽，湖北，西藏，云南，四川，湖南，贵州，广西，广东，海南；日本，菲律宾，马来西亚。

资料来源：周善义等，2002，膜翅目：蚁科。《太行山及桐柏山区昆虫》，中国农业科学技术出版社。

罗氏棒切叶蚁 *Rhoptromyrmex wroughtonii* Forel, 1902

省内产地：嵩县玉皇顶，商丘市睢阳区，永城。

分布：河南，安徽，湖南，四川，广西，广东，海南，台湾；澳大利亚；东南亚。

资料来源：周善义等，2002，膜翅目：蚁科。《太行山及桐柏山区昆虫》，中国农业科学技术出版社。

贾氏火蚁 *Solenopsis jacoti* Wheeler

省内产地：商丘市睢阳区，扶沟，淮阳，郸城，沈丘，商水。

分布：河南，云南。

资料来源：李淑萍等，2008，膜翅目：蚁科。《宝天曼自然保护区昆虫》，中国农业科学技术出版社。

知本火蚁 *Solenopsis tipunrt* Forel, 1912

省内产地：信阳鸡公山。

分布：河南，湖南，台湾。

资料来源：郭振超，2006，河南省鸡公山及伏牛山蚂蚁分类和区系研究。广西师范大学硕士论文。

镰颚蚁 *Strongylognathus chelifer* Radchenko

省内产地：辉县西莲寺。

分布：河南；俄罗斯。

资料来源：周善义等，2002，膜翅目：蚁科。《太行山及桐柏山区昆虫》，中国农业科学技术出版社。

圆颚切叶蚁 *Strongylognathus* sp.

省内产地：西峡老界岭，栾川龙峪湾，信阳鸡公山。

分布：河南。

资料来源：郭振超，2006，河南省鸡公山及伏牛山蚂蚁分类和区系研究。广西师范大学硕士论文。

粗糙瘤颚蚁 *Strumigenys hispida* Lin *et* Wu

省内产地：辉县西莲寺。

分布：河南，广西，台湾。

资料来源：周善义等，2002，膜翅目：蚁科。《太行山及桐柏山区昆虫》，中国农业科学技术出版社。

银足切胸蚁 *Temnothorax argentipex* Wheeler, 1928

省内产地：具体不详。

分布：河南，河北，宁夏，福建，广西。

资料来源：周善义，2010，蚁科。《六盘山无脊椎动物》，河北大学出版社。

条纹切胸蚁 *Temnothorax striatus* Zhou, 2010

省内产地：嵩县白云山。

分布：河南，湖北，宁夏。

资料来源：周善义，2010，蚁科。《六盘山无脊椎动物》，河北大学出版社。

铺道蚁 *Tetramorium caespitum* (Linnaeus, 1758)

省内产地：栾川县龙峪湾，嵩县白云山，登封县少室山，辉县八里沟，辉县西莲寺，济源，商丘市梁园区，睢阳区，宁陵，睢县，虞城，民权，夏邑，开封，兰考，尉氏，杞县，通许，周口各县，西峡老界岭，信阳鸡公山。

分布：全国各省区；日本，韩国，朝鲜；欧洲，北美。

资料来源：周善义等，2002，膜翅目：蚁科。《太行山及桐柏山区昆虫》，中国农业科学技术出版社。

黑色铺道蚁 *Tetramorium crepum* Wang *et* Wu

省内产地：济源。

分布：河南，云南。

资料来源：李淑萍等，2007，河南省济源国家猕猴自然保护区蚂蚁资源调查。安徽农业科学，35(2)：501~502。

红蚂蚁 *Tetramorium guineenke* Fabricius, 1793

省内产地：巩义，中牟，尉氏，杞县。

分布：河南，江苏，福建，台湾，广东，广西；日本，印度，印度尼西亚，新加坡。

资料来源：申效诚，1993，河南昆虫名录。中国农业科学技术出版社。

克氏铺道蚁 *Tetramorium kraepelini* Forel

省内产地：尉氏，杞县。

分布：河南，安徽，湖北，福建，江西，湖南，贵州，四川，云南，西藏，广东，广西，海南；东洋区。

资料来源：王玉玲，2006，河南开封地区的蚂蚁资源。四川动物，25(3)：546~548。

太平洋铺道蚁 *Tetramorium pacificum* Mayr, 1870

省内产地：西峡老界岭，栾川龙峪湾。

分布：河南，台湾，云南；东洋区，澳州区，美国。

资料来源：郭振超，2006，河南省鸡公山及伏牛山蚂蚁分类和区系研究。广西师范大学硕士论文。

陕西铺道蚁 *Tetramorium shensiense* Bolton, 1977

省内产地：西峡老界岭，栾川龙峪湾，信阳鸡公山，济源。

分布：河南，陕西，江西，湖南，广西。

资料来源：郭振超，2006，河南省鸡公山及伏牛山蚂蚁分类和区系研究。广西师范大学硕士论文。

南阳铺道蚁 *Tetramorium* sp. (新种，另文发表)

省内产地：西峡老界岭。

分布：河南。

资料来源：郭振超，2006，河南省鸡公山及伏牛山蚂蚁分类和区系研究。广西师范大学硕士论文。

(五) 臭蚁亚科 Dolichoderinae

小眼穴臭蚁 *Bothriomyrmex myops* Forel, 1895

省内产地：夏邑。

分布：河南，香港，广西，云南；印度，斯里兰卡。

资料来源：李淑萍等，2008，膜翅目：蚁科。《宝天曼自然保护区昆虫》，中国农业科学技术出版社。

西伯利亚臭蚁 *Dolichoderus sibiricus* Emery, 1889

省内产地：睢县，尉氏，通许，信阳鸡公山。

分布：河南，湖南，广西，新疆，安徽，江西，福建，浙江，湖北，广东；日本，韩国，朝鲜，俄罗斯。

资料来源：李淑萍等，2008，膜翅目：蚁科。《宝天曼自然保护区昆虫》，中国农业科学技术出版社。

黑腹臭蚁 *Dolichoderus taprobanae* (F. Smith, 1858)

省内产地：商丘市睢阳区，项城，西华，淮阳，鹿邑，杞县，济源。

分布：河南，浙江，福建，台湾，湖南，广东，澳门，海南，广西；越南，马来西亚，印度，缅甸，斯里兰卡。

资料来源：李淑萍等，2008，膜翅目：蚁科。《宝天曼自然保护区昆虫》，中国农业科学技术出版社。

中华光胸臭蚁 *Liometopum sinense* Wheeler, 1921

省内产地：嵩县白云山，栾川龙峪湾，西峡老界岭，信阳鸡公山。

分布：河南，陕西，上海，江苏，湖北，湖南，贵州，浙江，广西，广东。

资料来源：周善义等，2002，膜翅目：蚁科。《太行山及桐柏山区昆虫》，中国农业科学技术出版社。

无毛凹臭蚁 *Ochetellus glaber* (Mayr, 1862)

省内产地：信阳鸡公山，项城，太康，淮阳，沈丘，开封，通许，济源。

分布：河南，山东，安徽，江苏，上海，浙江，江西，湖南，广西，海南，云南；日本，印度，缅甸，澳大利亚。

资料来源：郭振超，2006，河南省鸡公山及伏牛山蚂蚁分类和区系研究。广西师范大学硕士论文。

吉氏酸臭蚁 *Tapinoma geei* Wheeler

省内产地：太康，郸城。

分布：河南，河北，山东，宁夏，湖北，云南。

资料来源：王玉玲，2008，河南周口地区蚂蚁多样性调查。昆虫知识，45(1)：146~149。

黑头酸臭蚁 *Tapinoma melanocephalum* (Fabricius, 1793)

省内产地：辉县松树坪，商丘市睢阳区，栾川龙峪湾，西峡老界岭，项城，淮阳，鹿邑，郸城，沈丘，商水。

分布：河南，山东，安徽，云南，四川，湖南，浙江，福建，广西，广东，海南，台湾，香港，澳门；日本，澳大利亚；东南亚，非洲。

资料来源：周善义等，2002，膜翅目：蚁科。《太行山及桐柏山区昆虫》，中国农业科学技术出版社。

白跗节狡臭蚁 *Technomyrmex albipes* (Smith, 1861)

省内产地：西峡老界岭，栾川龙峪湾，信阳鸡公山，夏邑，宁陵，济源。

分布：河南，湖南，广西，山东，云南，福建，广东，海南，台湾；日本，澳大利亚，东南亚。

资料来源：郭振超，2006，河南省鸡公山及伏牛山蚂蚁分类和区系研究。广西师范大学硕士论文。

荷狡臭蚁 *Technomyrmex horni* Forel, 1912

省内产地：夏邑。

分布：河南，湖南，台湾，香港，云南。

资料来源：李淑萍等，2008，膜翅目：蚁科。《宝天曼自然保护区昆虫》，中国农业科学技术出版社。

(六) 蚁亚科 Formicinae

黄斑弓背蚁 *Camponotus albosparsus* Forel

省内产地：兰考，尉氏，杞县。

分布：河南，安徽，江苏，上海，浙江，福建，湖南，台湾，广西；印度。

资料来源：申效诚，1993，河南昆虫名录。中国农业科学技术出版社。

短柄弓背蚁 *Camponotus breviscapus* Zhou, 2001

省内产地：信阳鸡公山。

分布：河南，湖南，广西。

资料来源：郭振超，2006，河南省鸡公山及伏牛山蚂蚁分类和区系研究。广西师范大学硕士论文。

哀弓背蚁 *Camponotus dolendus* Forel, 1892

省内产地：辉县松树坪。

分布：河南，西藏，四川，云南，广西，广东；越南，老挝。

资料来源：周善义等，2002，膜翅目：蚁科。《太行山及桐柏山区昆虫》，中国农业科学技术出版社。

黄腹弓背蚁 *Camponotus helvus* Xiao *et* Wang, 1989

省内产地：登封县少室山。

分布：河南，湖南。

资料来源：周善义等，2002，膜翅目：蚁科。《太行山及桐柏山区昆虫》，中国农业科学技术出版社。

广布弓背蚁 *Camponotus herculeanus* (Linnaeus, 1758)

省内产地：民权、虞城、商丘市睢阳区，开封，兰考，尉氏，杞县，通许，栾川龙峪湾，西峡老界岭，济源。

分布：河南，四川，甘肃，新疆，青海，内蒙古；日本；欧洲，北美。

资料来源：李淑萍等，2008，膜翅目：蚁科。《宝天曼自然保护区昆虫》，中国农业科学技术出版社。

伊东弓背蚁 *Camponotus itoi* Forel, 1912

省内产地：西峡老界岭，栾川龙峪湾，信阳鸡公山。

分布：河南，湖南，四川，新疆，台湾；朝鲜，日本。

资料来源：郭振超，2006，河南省鸡公山及伏牛山蚂蚁分类和区系研究。广西师范大学硕士论文。

日本弓背蚁 *Camponotus japonicus* Mayr, 1866

省内产地：辉县八里沟，辉县西莲寺，登封县少室山，栾川龙峪湾，西峡老界岭，信阳鸡公山，永城，虞城，开封，兰考，尉氏，杞县，通许，济源，周口市各县。

分布：全国各地；日本，俄罗斯，朝鲜；东南亚。

资料来源：周善义等，2002，膜翅目：蚁科。《太行山及桐柏山区昆虫》，中国农业科学技术出版社。

九州弓背蚁 *Camponotus kiusiuensis* Santschi, 1937

省内产地：西峡老界岭，栾川龙峪湾。

分布：河南；日本。

资料来源：郭振超，2006，河南省鸡公山及伏牛山蚂蚁分类和区系研究。广西师范大学硕士论文。

大头弓背蚁 *Camponotus largiceps* Wu *et* Wang, 1989

省内产地：栾川龙峪湾。

分布：河南，安徽，湖南。

资料来源：周善义等，2002，膜翅目：蚁科。《太行山及桐柏山区昆虫》，中国农业科学技术出版社。

平和弓背蚁 *Camponotus mitis* (R. Smith, 1858)

省内产地：西峡老界岭，栾川龙峪湾，信阳鸡公山。

分布：河南，湖南，广西，云南，贵州，福建，广东，海南，香港；印度，斯里兰卡。

资料来源：郭振超，2006，河南省鸡公山及伏牛山蚂蚁分类和区系研究。广西师范大学硕士论文。

那霸弓背蚁 *Camponotus nawai* Ito, 1914

省内产地：信阳鸡公山。

分布：河南；日本。

资料来源：郭振超，2006，河南省鸡公山及伏牛山蚂蚁分类和区系研究。广西师范大学硕士论文。

尼科巴弓背蚁 *Camponotus nicobarensis* Mayr, 1865

省内产地：西峡老界岭，栾川龙峪湾，太康，扶沟。

分布：河南，湖南，广西，云南，海南；印度，缅甸，越南。

资料来源：郭振超，2006，河南省鸡公山及伏牛山蚂蚁分类和区系研究。广西师范大学硕士论文。

长毛弓背蚁 *Camponotus nipponensis* Santschi, 1937

省内产地：信阳鸡公山。

分布：河南；日本。

资料来源：郭振超，2006，河南省鸡公山及伏牛山蚂蚁分类和区系研究。广西师范大学硕士论文。

平截弓背蚁 *Camponotus nipponicus* Wheeler

省内产地：项城，淮阳，郸城，沈丘。

分布：河南，四川，广东，广西；日本。

资料来源：王玉玲，2008，河南周口地区蚂蚁多样性调查。昆虫知识，45(1)：146~149。

拟光腹弓背蚁 *Camponotus pseudoirritans* Wu *et* Wang, 1989

省内产地：西峡老界岭，栾川龙峪湾，信阳鸡公山。

分布：河南，湖南，广东，广西，四川，云南。

资料来源：郭振超，2006，河南省鸡公山及伏牛山蚂蚁分类和区系研究。广西师范大学硕士论文。

四斑弓背蚁 *Camponotus quadriuotatus* Forel, 1886

省内产地：西峡老界岭，栾川龙峪湾，信阳鸡公山。

分布：河南，湖南，湖北，北京，江苏，上海，海南；朝鲜，日本，韩国。

资料来源：郭振超，2006，河南省鸡公山及伏牛山蚂蚁分类和区系研究。广西师范大学硕士论文。

黑褐弓背蚁 *Camponotus rubidus* Xiao *et* Wang

省内产地：济源。

分布：河南，安徽，浙江，湖南，广东。

资料来源：李淑萍等，2007，河南省济源国家猕猴自然保护区蚂蚁资源调查。安徽农业科学，35(2)：501~502。

少毛弓背蚁 *Camponotus spanis* Xiao *et* Wang, 1989

省内产地：信阳鸡公山。

分布：河南，安徽，浙江，福建，湖南，广西。

资料来源：郭振超，2006，河南省鸡公山及伏牛山蚂蚁分类和区系研究。广西师范大学硕士论文。

东京弓背蚁 *Camponotus tokioensis* Ito, 1912

省内产地：登封县少室山，信阳鸡公山，开封，尉氏，杞县，通许。

分布：河南，北京，安徽，上海，江苏，湖北，湖南，江西，浙江，福建，广西；朝鲜，日本。

资料来源：周善义等，2002，膜翅目：蚁科。《太行山及桐柏山区昆虫》，中国农业科学技术出版社。

金毛弓背蚁 *Camponotus tonkinus* Santschi

省内产地：济源。

分布：河南，四川；东洋区。

资料来源：李淑萍等，2007，河南省济源国家猕猴自然保护区蚂蚁资源调查。安徽农业科学，35(2)：501~502。

埃氏真结蚁 *Euprenolepis emmoe* Forel

省内产地：尉氏，通许。

分布：河南，安徽，浙江，江西，湖南，四川，广东，广西。

资料来源：王玉玲，2006，河南开封地区的蚂蚁资源。四川动物，25(3)：546~548。

光结林蚁 *Formica cunicularia* Latreille, 1798

省内产地：宁陵，开封，尉氏，杞县，通许，栾川龙峪湾，西峡老界岭。

分布：河南，北京，河北，湖北，湖南，安徽，四川，云南，陕西；欧洲，北非。

资料来源：李淑萍等，2008，膜翅目：蚁科。《宝天曼自然保护区昆虫》，中国农业科学技术出版社。

丝光蚁 *Formica fusca* Linnaeus, 1758

省内产地：西峡老界岭，栾川龙峪湾，信阳鸡公山。

分布：河南，新疆，湖南，四川，云南；欧洲。

资料来源：郭振超，2006，河南省鸡公山及伏牛山蚂蚁分类和区系研究。广西师范大学硕士论文。

亮腹黑褐蚁 *Formica gagatoides* Ruzsky, 1905

省内产地：西峡老界岭，栾川龙峪湾，信阳鸡公山。

分布：河南，北京，河北，内蒙古，吉林，黑龙江，宁夏，青海，四川，湖北，山西；欧洲。

资料来源：郭振超，2006，河南省鸡公山及伏牛山蚂蚁分类和区系研究。广西师范大学硕士论文。

日本褐蚁 *Formica japonica* Motschulsky, 1866

省内产地：栾川龙峪湾，嵩县玉皇顶，登封县少室山，辉县八里沟，西峡老界岭，信阳鸡公山，开封，杞县。

分布：河南，北京，黑龙江，吉林，辽宁，甘肃，山东，山西，陕西，安徽，江西，湖北，湖南，云南，四川，贵州，福建，广西，广东；日本，韩国，朝鲜。

资料来源：周善义等，2002，膜翅目：蚁科。《太行山及桐柏山区昆虫》，中国农业科学技术出版社。

四川凹唇蚁 *Formica sentschuensis* Ruzsky, 1914

省内产地：夏邑，开封，兰考，杞县。

分布：河南，四川，西藏。

资料来源：李淑萍等，2008，膜翅目：蚁科。《宝天曼自然保护区昆虫》，中国农业科学技术出版社。

红林蚁 *Formica sinae* Emery

省内产地：商丘市睢阳区，杞县，通许。

分布：河南，浙江。

资料来源：李淑萍等，2008，膜翅目：蚁科。《宝天曼自然保护区昆虫》，中国农业科学技术出版社。

中华红林蚁 *Formica sinensis* Wheeler

省内产地：开封，尉氏，通许。

分布：河南，宁夏，青海，甘肃，河北，山西，四川，云南，西藏。

资料来源：王玉玲，2006，河南开封地区的蚂蚁资源。四川动物，25(3)：546~548。

高加索黑蚁 *Formica transkaucasica* Nasonov, 1889

省内产地：西峡老界岭，栾川龙峪湾，信阳鸡公山，兰考，杞县，通许。

分布：河南，河北，北京，内蒙古，山西，黑龙江，吉林，宁夏，湖北，四川；亚洲，欧洲。

资料来源：郭振超，2006，河南省鸡公山及伏牛山蚂蚁分类和区系研究。广西师范大学硕士论文。

少毛红蚁 *Formica wongi* Wu, 1990

省内产地：商丘市睢阳区。

分布：河南，吉林。

资料来源：李淑萍等，2008，膜翅目：蚁科。《宝天曼自然保护区昆虫》，中国农业科学技术出版社。

玉米毛蚁 *Lasius alienus* (Foerster, 1850)

省内产地：栾川龙峪湾，嵩县白云山，嵩县玉皇顶，登封县少室山，辉县八里沟，辉县松树坪，济源，宁陵，民权，开封，兰考，尉氏，通许。

分布：河南，北京，黑龙江，吉林，辽宁，内蒙古，新疆，山西，贵州，湖北，湖南，广西，海南，四川，云南；亚洲，欧洲，非洲，北美。

资料来源：周善义等，2002，膜翅目：蚁科。《太行山及桐柏山区昆虫》，中国农业科学技术出版社。

黄毛蚁 *Lasius flavus* (Fabricius, 1782)

省内产地：栾川龙峪湾，嵩县白云山，嵩县玉皇顶，信阳鸡公山，济源。

分布：河南，北京，黑龙江，辽宁，内蒙古，新疆，山西，贵州，广西，海南；东亚至北美。

资料来源：周善义等，2002，膜翅目：蚁科。《太行山及桐柏山区昆虫》，中国农业科学技术出版社。

亮毛蚁 *Lasius fuliginosus* (Latreille, 1798)

省内产地：辉县八里沟，栾川龙峪湾，西峡老界岭，信阳鸡公山，兰考，杞县，通许。

分布：河南，贵州，广西，全国大部分省区；亚洲，非洲，欧洲，北美洲。

资料来源：周善义等，2002，膜翅目：蚁科。《太行山及桐柏山区昆虫》，中国农业科学技术出版社。

黑毛蚁 *Lasius niger* (Linnaeus)

省内产地：鹿邑，郸城，沈丘，开封，尉氏，通许。

分布：河南，黑龙江，吉林，辽宁，河北，山西，山东，安徽，江苏，湖北，浙江，福建，江西，湖南，贵州，四川，云南，台湾，宁夏，西藏；古北区。

资料来源：王玉玲，2008，河南周口地区蚂蚁多样性调查。昆虫知识，45(1)：146~149。

布立毛蚁 *Paratrechina bourbonica* (Forel)

省内产地：通许，杞县。

分布：河南，安徽，湖北，浙江，福建，江西，湖南，贵州，四川，云南，台湾，西藏，广东，广西，海南；东洋区。

资料来源：王玉玲，2006，河南开封地区的蚂蚁资源。四川动物，25(3)：546~548。

黄立毛蚁 *Paratrechina flavipes* (F. Smith, 1874)

省内产地：栾川龙峪湾，嵩县玉皇顶，登封县少室山，辉县八里沟，辉县西莲寺，信阳鸡公山，民权，虞城，睢县，开封，尉氏，济源。

分布：河南，北京，山东，上海，江苏，安徽，江西，浙江，湖北，湖南，云南，四川，贵州，广西；东亚，北美。

资料来源：周善义等，2002，膜翅目：蚁科。《太行山及桐柏山区昆虫》，中国农业科学技术出版社。

长角立毛蚁 *Paratrechina longicornis* (Latreille, 1802)

省内产地：信阳鸡公山，扶沟，西华，淮阳，鹿邑，郸城，济源。

分布：河南，广西，湖南，贵州，浙江，福建，广东，海南，台湾，香港，澳门；全世界热带、亚热带地区。

资料来源：郭振超，2006，河南省鸡公山及伏牛山蚂蚁分类和区系研究。广西师范大学硕士论文。

邵氏立毛蚁 *Paratrechina sauteri* (Forel, 1913)

省内产地：嵩县白云山，辉县八里沟。

分布：河南，贵州，广西，安徽，四川，台湾。

资料来源：周善义等，2002，膜翅目：蚁科。《太行山及桐柏山区昆虫》，中国农业科学技术出版社。

夏氏立毛蚁 *Paratrechina sharpii* (Forel, 1899)

省内产地：西峡老界岭，栾川龙峪湾，信阳鸡公山。

分布：河南，安徽，湖北，浙江，湖南，广西，四川，云南；美国(夏威夷)。

资料来源：郭振超，2006，河南省鸡公山及伏牛山蚂蚁分类和区系研究。广西师范大学硕士论文。

亮立毛蚁 *Paratrechina vividula* (Nylander, 1846)

省内产地：西峡老界岭，栾川龙峪湾，信阳鸡公山。

分布：河南，湖南，广西，四川，福建，广东，海南；欧洲，北美。

资料来源：郭振超，2006，河南省鸡公山及伏牛山蚂蚁分类和区系研究。广西师范大学硕士论文。

耶氏立毛蚁 *Paratrechina yerburyi* (Forel, 1894)

省内产地：虞城。

分布：河南，山东，浙江，福建，澳门；印度，斯里兰卡。

资料来源：李淑萍等，2008，膜翅目：蚁科。《宝天曼自然保护区昆虫》，中国农业科学技术出版社。

阿禄斜结蚁 *Plagiolepis alluaudi* Emery

省内产地：开封，杞县，通许。

分布：河南，宁夏，山东，安徽，江苏，湖北，浙江，湖南，贵州，云南，台湾，广西；古北区。

资料来源：王玉玲，2006，河南开封地区的蚂蚁资源。四川动物，25(3)：546~548。

杰氏斜结蚁 *Plagiolepis jerdoni* Forel, 1894

省内产地：睢县。

分布：河南，山东，浙江，福建，香港；印度。

资料来源：李淑萍等，2008，膜翅目：蚁科。《宝天曼自然保护区昆虫》，中国农业科学技术出版社。

满斜结蚁 *Plagiolepis manczhurica* Ruzsky, 1905

省内产地：辉县八里沟，辉县松树坪，杞县。

分布：河南，北京，内蒙古，山东，山西，河北，安徽，新疆；朝鲜。

资料来源：周善义等，2002，膜翅目：蚁科。《太行山及桐柏山区昆虫》，中国农业科学技术出版社。

梅氏多刺蚁 *Polyrhachis illaudata* Walker, 1859

省内产地：信阳鸡公山。

分布：河南，湖南，广西，江西，湖北，云南，贵州，四川，福建，广东，海南，台湾，香港；东南亚。

资料来源：郭振超，2006，河南省鸡公山及伏牛山蚂蚁分类和区系研究。广西师范大学硕士论文。

叶形多刺蚁 *Polyrhachis lamellidens* F. Smith, 1874

省内产地：西峡老界岭，栾川龙峪湾。

分布：河南，安徽，江苏，湖北，湖南，浙江，贵州，台湾，香港，广西；朝鲜，日本。

资料来源：郭振超，2006，河南省鸡公山及伏牛山蚂蚁分类和区系研究。广西师范大学硕士论文。

亚毛多刺蚁 *Polyrhachis subpilosa* Emery, 1895

省内产地：栾川龙峪湾，嵩县玉皇顶。

分布：河南，广西；缅甸。

资料来源：周善义等，2002，膜翅目：蚁科。《太行山及桐柏山区昆虫》，中国农业科学技术出版社。

警觉多刺蚁 *Polyrhachis vigilans* F. Smith, 1858

省内产地：信阳鸡公山。

分布：河南，湖南，香港。

资料来源：郭振超，2006，河南省鸡公山及伏牛山蚂蚁分类和区系研究。广西师范大学硕士论文。

角胸前结蚁 *Prenolepis angularis* Zhou, 2001

省内产地：西峡老界岭，栾川龙峪湾。

分布：河南，湖南，广西。

资料来源：郭振超，2006，河南省鸡公山及伏牛山蚂蚁分类和区系研究。广西师范大学硕士论文。

埃氏前结蚁 *Prenolepis emeryi* (Forel)

省内产地：商丘睢阳区。

分布：河南，浙江。

资料来源：李淑萍等，2008，膜翅目：蚁科。《宝天曼自然保护区昆虫》，中国农业科学技术出版社。

黑腹前结蚁 *Prenolepis melanogaster* Emery

省内产地：开封，尉氏，通许。

分布：河南，湖北，浙江，湖南，云南，西藏；东洋区。

资料来源：王玉玲，2006，河南开封地区的蚂蚁资源。四川动物，25(3)：546~548。

内氏前结蚁 *Prenolepis naoroji* Foerl, 1902

省内产地：夏邑，商丘梁园区、睢阳区，开封，兰考，尉氏，济源。

分布：河南，湖北，浙江，福建，江西，湖南，贵州，广西，四川；印度，缅甸。

资料来源：李淑萍等，2008，膜翅目：蚁科。《宝天曼自然保护区昆虫》，中国农业科学技术出版社。

束胸前结蚁 *Prenolepis sphingthorax* Zhou *et* Zheng, 1998

省内产地：信阳鸡公山。

分布：河南，湖南，广西。

资料来源：郭振超，2006，河南省鸡公山及伏牛山蚂蚁分类和区系研究。广西师范大学硕士论文。

贾氏原蚁 *Proformica jacoti* Wheeler

省内产地：睢县、民权、商丘市睢阳区、永城。

分布：河南，其他分布地待查。

资料来源：李淑萍等，2008，膜翅目：蚁科。《宝天曼自然保护区昆虫》，中国农业科学技术出版社。

埃氏拟毛蚁 *Pseudolasius emeryi* Forel

省内产地：开封，尉氏，杞县。

分布：河南，湖北，浙江，福建，四川，云南，广西；东洋区。

资料来源：王玉玲，2006，河南开封地区的蚂蚁资源。四川动物，25(3)：546~548。

污黄拟毛蚁 *Pseudolasius cibdelus* Wu *et* Wang, 1995

省内产地：项城，太康，淮阳，淮阳，沈丘。

分布：河南，湖北，湖南，贵州。

资料来源：王玉玲，2008，河南周口地区蚂蚁多样性调查。昆虫知识，45(1)：146~149。

四七、蛛蜂科 Pompilidae

本科全世界共 4 亚科 4200 种，中国已记载 51 属 185 种，河南共记录 8 属 10 种。

环带纹蛛蜂 *Batozonellus annulatus* (Fabricius, 1793)

省内产地：具体不详。

分布：河南，江苏，浙江，福建，台湾，广东，海南，广西，贵州，云南；朝鲜，日本，印度(锡金)，缅甸。

资料来源：何俊华，2001，蛛蜂科。《天目山昆虫》，科学出版社。

黄条蛛蜂 *Batozonellus lacerticida* (Pallas, 1771)

省内产地：焦作，修武。

分布：河南；日本。

资料来源：申效诚，1993，河南昆虫名录。中国农业科学技术出版社。

斑额带纹蛛蜂 *Batozonellus maculifrons* Smith, 1873

省内产地：焦作。

分布：河南，安徽，江苏，上海，浙江，台湾；日本，菲律宾，缅甸。

资料来源：申效诚，1993，河南昆虫名录。中国农业科学技术出版社。

乌苏里指沟蛛蜂 *Calicurgus ussuriensis* (Gussakooskij, 1933)

省内产地：具体不详。

分布：河南，东北，浙江，江西，台湾；日本。

资料来源：何俊华，2001，蛛蜂科。《天目山昆虫》，科学出版社。

宽带蛛蜂 *Cryptocheilus maruyama* Ishikawa, 1962

省内产地：新野。

分布：河南；日本。

资料来源：申效诚，1993，河南昆虫名录。中国农业科学技术出版社。

背点蛛蜂 *Cyphononyx dorsalis* (Lepeletier, 1845)

省内产地：延津，新乡，嵩县，洛阳。

分布：河南，湖北，浙江，福建，台湾，贵州，广西，四川；日本，菲律宾，印度。

资料来源：申效诚，1993，河南昆虫名录。中国农业科学技术出版社。

傲埃皮蛛蜂 *Episyron arrogans* Smith, 1873

省内产地：修武。

分布：河南，辽宁，浙江，江西，福建，台湾；日本，印度，斯里兰卡。

资料来源：何俊华，2001，蛛蜂科。《天目山昆虫》，科学出版社。

红腹蛛蜂 *Evagetes deirambo* Ishikawa, 1960

省内产地：新野。

分布：河南；日本。

资料来源：申效诚，1993，河南昆虫名录。中国农业科学技术出版社。

台湾半沟蛛蜂 *Hemipepsis* (*Temlepis*) *taiwanus* Tsuneki, 1989

省内产地：具体不详。

分布：河南，山东，江苏，浙江，福建，广东，四川。

资料来源：何俊华，2001，蛛蜂科。《天目山昆虫》，科学出版社。

赤腰蛛蜂 *Pompilus reffexus* Smith

省内产地：延津，修武，灵宝。

分布：河南，其他分布地待查。

资料来源：申效诚，1993，河南昆虫名录。中国农业科学技术出版社。

四八、蜾蠃科 Eumenidae

本科全世界共 200 多属 3000 种，中国已记载 32 属 200 种，河南共记录 4 属 13 种。

大桦沟蜾蠃 *Ancistrocerus fukaianus* (Schulthess, 1913)

省内产地：沁阳。

分布：河南，山东，日本。

资料来源：申效诚，1993，河南昆虫名录。中国农业科学技术出版社。

镶黄蜾蠃 *Eumenes decoratus* Smith, 1852

省内产地：全省。

分布：河南，吉林，辽宁，河北，山东，山西，江苏，浙江，四川，广西；朝鲜，日本。

资料来源：申效诚，1993，河南昆虫名录。中国农业科学技术出版社。

孪蜾蠃 *Eumenes fraterculus* Dalla Torre, 1873

省内产地：修武，焦作。

分布：河南，新疆，黑龙江，河北，江苏，浙江；日本。

资料来源：申效诚，1993，河南昆虫名录。中国农业科学技术出版社。

陆蜾蠃 *Eumenes mediterraneus* Kriechbaumer, 1879

省内产地：安阳。

分布：河南，新疆，黑龙江，吉林，河北，山东，山西，江苏，云南；欧洲。

资料来源：于思勤等，1993，河南农业昆虫志。河南科学技术出版社。

米蜾蠃 *Eumenes micado* Cameron, 1904

省内产地：修武。

分布：河南，河北；日本。

资料来源：申效诚，1993，河南昆虫名录。中国农业科学技术出版社。

点蜾蠃 *Eumenes pomiformis pomiformis* (Fabricius, 1781)

省内产地：嵩县白云山。

分布：河南，新疆，内蒙古，河北，山东，江苏，海南，四川；亚洲，欧洲，非洲。

资料来源：刘祖尧等，1998，膜翅目：胡蜂总科，泥蜂总科，蜜蜂总科。《伏牛山区昆虫》，中国农业科学技术出版社。

方蜾蠃 *Eumenes quadratus* Smith, 1852

省内产地：全省。

分布：河南，河北，山东，江苏，浙江，江西，四川；日本。

资料来源：申效诚，1993，河南昆虫名录。中国农业科学技术出版社。

显蜾蠃 *Eumenes rubronotatus* Perez, 1905

省内产地：具体不详。

分布：河南，江苏，浙江；日本。

资料来源：申效诚，1993，河南昆虫名录。中国农业科学技术出版社。

锥柄蜾蠃 *Eumenes* sp.

省内产地：新乡。

分布：河南。

资料来源：申效诚，1993，河南昆虫名录。中国农业科学技术出版社。

单佳盾蜾蠃 *Euodynerus dantici* (Rossi, 1790)

省内产地：陕县。

分布：河南，河北，江苏，甘肃，浙江；日本。

资料来源：申效诚，1993，河南昆虫名录。中国农业科学技术出版社。

四带佳盾蜾蠃 *Euodynerus quatrifasciatus* (Fabricius, 1793)

省内产地：全省。

分布：河南，黑龙江，河北；俄罗斯，土耳其；欧洲。

资料来源：申效诚，1993，河南昆虫名录。中国农业科学技术出版社。

三叶佳盾蜾蠃 *Euodynerus trilobus* (Fabricius, 1787)

省内产地：沁阳。

分布：河南，江苏，浙江，台湾；印度(锡金)，缅甸，印度尼西亚。

资料来源：申效诚，1993，河南昆虫名录。中国农业科学技术出版社。

黄喙蜾蠃 *Rhynchium quiquecinctum* (Fabricius, 1852)

省内产地：安阳，新乡。

分布：河南，黑龙江，辽宁，河北，江苏，浙江，江西，湖北，湖南，福建，台湾，广东，广西，四川，云南；缅甸，印度，孟加拉国。

资料来源：申效诚，1993，河南昆虫名录。中国农业科学技术出版社。

四九、胡蜂科 Vespidae

本科全世界共 100 多属 2000 种，中国已记载 9 属 100 余种，河南共记录 3 属 11 种。

树长黄胡蜂 *Dolichovespula sylvestris* (Scopoli, 1763)

省内产地：新野。

分布：河南，新疆，辽宁；欧洲。

资料来源：申效诚，1993，河南昆虫名录。中国农业科学技术出版社。

黑盾胡蜂 *Vespa bicolor* Fabricius, 1787

省内产地：渑池。

分布：河南，河北，陕西，浙江，福建，江西，湖南，广东，广西，四川，云南；越南，印度，法国。

资料来源：申效诚，1993，河南昆虫名录。中国农业科学技术出版社。

黄边胡蜂 *Vespa crabro crabro* Linnaeus, 1758

省内产地：安阳，新乡，原阳，延津，封丘，辉县，博爱，温县，修武，焦作，孟州，沁阳，济源，汝阳，偃师，嵩县，巩义，郑州，中牟，尉氏，兰考，杞县，民权，夏邑，许昌，西平，确山，南阳，西峡，新野，信阳，固始，商城，卢氏狮子坪，栾川龙峪湾。

分布：河南，河北，黑龙江，辽宁，山东，山西，陕西，江苏，浙江，江西，福建，四川，云南，甘肃；日本；欧洲。

资料来源：刘祖尧等，1998，膜翅目：胡蜂总科，泥蜂总科，蜜蜂总科。《伏牛山区昆虫》，中国农业科学技术出版社。

金环胡蜂 *Vespa mandarinia* Smith, 1852

省内产地：渑池。

分布：河南，辽宁，湖北，江苏，浙江，福建，江西，湖南，台湾，广东，广西，四川，云南；日本，缅甸，印度尼西亚，法国。

资料来源：申效诚，1993，河南昆虫名录。中国农业科学技术出版社。

墨胸胡蜂 *Vespa velutina nigrithorax* Buysson, 1905

省内产地：修武，陕县，渑池。

分布：河南，湖北，浙江，福建，江西，湖南，贵州，广东，四川，云南，西藏；印度，印度尼西亚。

资料来源：申效诚，1993，河南昆虫名录。中国农业科学技术出版社。

寿胡蜂 *Vespa vivax* Smith, 1871

省内产地：卢氏大块地。

分布：河南，四川；印度。

资料来源：刘祖尧等，1998，膜翅目：胡蜂总科，泥蜂总科，蜜蜂总科。《伏牛山区昆虫》，中国农业科学技术出版社。

德国黄胡蜂 *Vespula germanica* (Fabricius, 1793)

省内产地：延津，封丘，修武，沁阳，温县，陕县，洛阳，郑州，商丘。

分布：河南，内蒙古，黑龙江，吉林，河北，山西，甘肃，宁夏，新疆，安徽，江苏，浙江，四川；日本，印度，俄罗斯，欧洲，北美，非洲。

资料来源：申效诚，1993，河南昆虫名录。中国农业科学技术出版社。

北方黄胡蜂 *Vespula rufa* (Linnaeus, 1758)

省内产地：修武，沁阳，温县，偃师，西平。

分布：河南，河北，江苏，浙江；欧洲，非洲。

资料来源：申效诚，1993，河南昆虫名录。中国农业科学技术出版社。

锈腹黄胡蜂 *Vespula structor* (Smith, 1870)

省内产地：新野。

分布：河南，四川，西藏；印度。

资料来源：申效诚，1993，河南昆虫名录。中国农业科学技术出版社。

环黄胡蜂 *Vespula orbata* (Buysson, 1902)

省内产地：新野，嵩县白云山。

分布：河南，黑龙江，浙江，四川，福建；俄罗斯，印度(锡金)，缅甸。

资料来源：刘祖尧等，1998，膜翅目：胡蜂总科，泥蜂总科，蜜蜂总科。《伏牛山区昆虫》，中国农业科学技术出版社。

小黄胡蜂 *Vespula* sp.

省内产地：孟津。

分布：河南。

资料来源：申效诚，1993，河南昆虫名录。中国农业科学技术出版社。

五〇、异腹胡蜂科 Polybiidae

本科全世界共 21 属 258 种，河南共记录 1 属 2 种。

印度侧异腹胡蜂 *Parapolybia indica indica* (Saussure, 1854)

省内产地：沁阳，修武，新乡，偃师，郑州，许昌。

分布：河南，湖北，江苏，浙江，福建，江西，湖南，广东，香港，广西，四川，云南；日本，缅甸，马来西亚。

资料来源：申效诚，1993，河南昆虫名录。中国农业科学技术出版社。

变侧异腹胡蜂 *Parapolybia varia varia* (Fabricius, 1787)

省内产地：嵩县白云山，全省。

分布：河南，江苏，湖北，福建，广东，云南，台湾；印度，印度尼西亚，孟加拉国，缅甸，马来西亚，菲律宾。

资料来源：刘祖尧等，1998，膜翅目：胡蜂总科，泥蜂总科，蜜蜂总科。《伏牛山区昆虫》，中国农业科学技术出版社。

五一、马蜂科 Polistidae

本科全世界共 4 属 630 种，中国已记载 1 属 40 种，河南共记录 1 属 12 种。

角马蜂 *Polistes antennalis* Perez, 1905

省内产地：新乡，原阳，延津，封丘，修武，沁阳，温县，孟州，济源，栾川，伊川，郑州，中牟，尉氏，兰考，焦作，信阳，固始，商城。

分布：河南，内蒙古，吉林，河北，山西，甘肃，新疆，山东，湖北，安徽，江苏，浙江，福建，湖南，广东，广西，贵州；朝鲜，日本；欧洲。

资料来源：申效诚，1993，河南昆虫名录。中国农业科学技术出版社。

中华马蜂 *Polistes chinensis* Fabricius, 1793

省内产地：郑州，渑池，许昌，南召，西峡，桐柏。

分布：河南，山东，湖北，江苏，福建。湖南，广东，广西；日本，法国。

资料来源：申效诚，1993，河南昆虫名录。中国农业科学技术出版社。

棕马蜂 *Polistes gigas* (Kirby, 1826)

省内产地：信阳，偃师。

分布：河南，湖北，江苏，浙江，福建，湖南，广东，广西，四川。

资料来源：申效诚，1993，河南昆虫名录。中国农业科学技术出版社。

亚非马蜂 *Polistes hebraeus* Fabricius, 1787

省内产地：郑州，商丘，许昌。

分布：河南，河北，湖北，江苏，浙江，福建，湖南，广东，广西；印度，缅甸，埃及，伊拉克，毛里求斯。

资料来源：申效诚，1993，河南昆虫名录。中国农业科学技术出版社。

家马蜂 *Polistes jadwigae* Dalla Torre, 1904

省内产地：延津，栾川，卢氏，灵宝。

分布：河南，吉林，河北，江苏，浙江，福建，广东，广西；日本。

资料来源：申效诚，1993，河南昆虫名录。中国农业科学技术出版社。

日本马蜂 *Polistes japonicus* Saussure, 1858

省内产地：具体不详。

分布：河南，江苏，湖北，浙江，福建，江西，贵州，广东，广西，四川，云南；日本。

资料来源：申效诚，1993，河南昆虫名录。中国农业科学技术出版社。

约马蜂 *Polistes jokahamae* Radoszkowski, 1887

省内产地：灵宝亚武山。

分布：河南，河北，浙江，江西，四川，福建，广东，广西；日本。

资料来源：刘祖尧等，1998，膜翅目：胡蜂总科，泥蜂总科，蜜蜂总科。《伏牛山区昆虫》，中国农业科学技术出版社。

柑马蜂 *Polistes mandarinus* Saussure, 1853

省内产地：栾川龙峪湾。

分布：河南，湖北，福建，江西，湖南，四川，广西，云南；朝鲜，日本。

资料来源：刘祖尧等，1998，膜翅目：胡蜂总科，泥蜂总科，蜜蜂总科。《伏牛山区昆虫》，中国农业科学技术出版社。

果马蜂 *Polistes olivaceus* (de Geer, 1773)

省内产地：全省。

分布：河南，北京，河北，江苏，湖北，浙江，福建，江西，湖南，广西；印度，缅甸，埃及，伊朗。

资料来源：申效诚，1993，河南昆虫名录。中国农业科学技术出版社。

陆马蜂 *Polistes rothneyi grahami* ven der Vecht, 1968

省内产地：具体不详。

分布：河南，黑龙江，辽宁，北京，河北，山东，江苏，安徽，湖北，浙江，福建，江西，湖南，广东，广西，四川。

资料来源：申效诚，1993，河南昆虫名录。中国农业科学技术出版社。

和马蜂 *Polistes rothneyi* ven der Vecht, 1968

省内产地：信阳，南阳，西平，汝州，洛阳，偃师，嵩县，郸城。

分布：河南，黑龙江，辽宁，河北，山东，安徽，江苏，湖北，浙江，福建，江西，湖南，广东，海南，广西，四川，西藏。

资料来源：于思勤等，1993，河南农业昆虫志。河南科学技术出版社。

斯马蜂 *Polistes snelleni* Saussure, 1862

省内产地：栾川龙峪湾。

分布：河南，河北，甘肃，江苏，江西，云南，贵州，四川，浙江，福建，山东；日本。

资料来源：刘祖尧等，1998，膜翅目：胡蜂总科，泥蜂总科，蜜蜂总科。《伏牛山区昆虫》，中国农业科学技术出版社。

五二、切叶蜂科 Megachilidae

本科全世界共 76 属 4032 种，中国已记载 16 属 110 种，河南共记录 4 属 8 种。

七黄斑蜂 *Anthidium septemspinosum* Lepeletier, 1841

省内产地：具体不详。

分布：河南，内蒙古，吉林，河北，山东，山西，湖北，安徽，江苏，浙江，福建，江西，湖南，四川，云南；朝鲜，日本，俄罗斯(西伯利亚)；中亚，欧洲。

资料来源：申效诚，1993，河南昆虫名录。中国农业科学技术出版社。

大颚尖腹蜂 *Coelioxys mandibularis* Nylander, 1848

省内产地：内乡夏馆。

分布：河南，河北，四川，西藏；俄罗斯(西伯利亚)，土耳其；欧洲，北非。

资料来源：吴燕如，2006，中国动物志　昆虫纲　第四十四卷。科学出版社。

黑刺胫蜂 *Lithurgus atratus* Smith, 1853

省内产地：安阳。

分布：河南，辽宁，北京，河北，山西，山东，安徽，江苏，浙江，广东，广西，海南，四川，云南；缅甸，印度(锡金)，印度尼西亚。

资料来源：殷海生等，2001，蜜蜂总科。《天目山昆虫》，科学出版社。

中国切叶蜂 *Megachile chinensis* Radoszkowsky, 1874

省内产地：具体不详。

分布：河南，内蒙古，辽宁，河北，山东，甘肃，青海，新疆。

资料来源：申效诚，1993，河南昆虫名录。中国农业科学技术出版社。

平唇切叶蜂 *Megachile conjunctiformis* Yasumat, 1938

省内产地：具体不详。

分布：河南，东北，河北，山西，江苏，福建，江西，湖南，广东，广西，四川；缅甸。

资料来源：申效诚等，1994，《河南昆虫分类区系研究　第一卷》。中国农业科学技术出版社。

拟小突切叶蜂 *Megachile disjunctiformis* Cockerell, 1911

省内产地：具体不详。

分布：河南，东北，内蒙古，河北，山东，山西，江苏，浙江，福建，湖南，台湾，广东，四川，云南；日本。

资料来源：申效诚，1993，河南昆虫名录。中国农业科学技术出版社。

粗切叶蜂 *Megachile sculpturalis* Smith, 1853

省内产地：郑州。

分布：河南，东北，内蒙古，河北，山东，安徽，江苏，浙江，福建，江西，湖南，贵州，四川，云南，西藏，陕西，甘肃；朝鲜，日本。

资料来源：吴燕如，2006，中国动物志 昆虫纲 第四十四卷。科学出版社。

细切叶蜂 *Megachile spissula* Cockerell, 1911

省内产地：具体不详。

分布：河南，东北，内蒙古，河北，山东，安徽，江苏，浙江，福建，江西，湖南，台湾，四川，云南；朝鲜，日本。

资料来源：申效诚，1993，河南昆虫名录。中国农业科学技术出版社。

五三、分舌蜂科 Colletidae

本科全世界共 54 属 2474 种，中国已记载 4 属 30 种，河南共记录 1 属 1 种。

大分舌蜂 *Colletes gigas* Cockerell, 1913

省内产地：具体不详。

分布：河南，吉林，河北，湖北，江苏，浙江，福建，贵州；日本。

资料来源：申效诚，1993，河南昆虫名录。中国农业科学技术出版社。

五四、隧蜂科 Halictidae

本科全世界共 79 属 4163 种，中国已记载 8 属 165 种，河南共记录 2 属 2 种。

铜色隧蜂 *Halictus aerarius* Smith, 1873

省内产地：具体不详。

分布：河南，黑龙江，吉林，辽宁，河北，山东，山西，陕西，甘肃，江苏，湖北，浙江，福建，湖南，台湾，四川，云南；朝鲜，日本，蒙古国。

资料来源：申效诚，1993，河南昆虫名录。中国农业科学技术出版社。

尖肩淡脉隧蜂 *Lasioglossum subopacus* Smith, 1853

省内产地：具体不详。

分布：河南，河北，山东，安徽，江苏，湖北，浙江，福建，湖南，台湾，四川，云南，西藏；日本，缅甸，印度，菲律宾。

资料来源：申效诚，1993，河南昆虫名录。中国农业科学技术出版社。

五五、蜜蜂科 Apidae

本科全世界共 220 属 13 000 种，中国已记载 26 属 500 多种，河南共记录 7 属 17 种。

鞋斑无垫蜂 *Amegilla calceifera* (Cockerell, 1911)

省内产地：具体不详。

分布：河南，甘肃，河北，北京，山东，安徽，江苏，湖北，浙江，福建，江西，台湾，广东，广西，四川，云南；朝鲜，尼泊尔，缅甸，泰国，越南，马来西亚，印度，印度尼西亚。

采访植物：大丽菊。

资料来源：申效诚，1993，河南昆虫名录。中国农业科学技术出版社。

甜无垫蜂 *Amegilla dulcifera* Cockerell

省内产地：具体不详。

分布：河南，河北，山东，江苏，浙江，福建，湖南，广东，广西，四川，云南；印度。

资料来源：申效诚，1993，河南昆虫名录。中国农业科学技术出版社。

绿条无垫蜂 *Amegilla zonata* Linaeus, 1758

省内产地：具体不详。

分布：河南，辽宁，河北，北京，山东，安徽，江苏，湖北，浙江，福建，江西，湖南，贵州，广东，海南，广西，四川，云南；日本，缅甸，印度，斯里兰卡，马来西亚，菲律宾，澳大利亚。

采访植物：苜蓿，向日葵，瓜类。

资料来源：申效诚，1993，河南昆虫名录。中国农业科学技术出版社。

中华蜜蜂 *Apis cerana* Fabricius, 1758

省内产地：栾川龙峪湾，全省。

分布：河南，甘肃，新疆，河北，安徽，江苏，浙江，江西，福建，湖北，湖南，广西，四川，贵州，云南；朝鲜，日本，缅甸，印度。

采访植物：果树，蔬菜，林木，农作物。

资料来源：刘祖尧等，1998，膜翅目：胡蜂总科，泥蜂总科，蜜蜂总科。《伏牛山区昆虫》，中国农业科学技术出版社。

意大利蜜蜂 *Apis mellifera* Linnaeus, 1758

省内产地：全省。

分布：全国；全球分布。

资料来源：申效诚，1993，河南昆虫名录。中国农业科学技术出版社。

黑足熊蜂 *Bombus atripes* Smith, 1852 (河南新记录种)

省内产地：嵩县白云山。

分布：河南，河北，甘肃，新疆，安徽，江苏，浙江，江西，福建，湖北，湖南，广西，四川，贵州，云南；东亚，缅甸。

重黄熊蜂 *Bombus flavus* Friese, 1904 (河南新记录种)

省内产地：嵩县白云山。

分布：河南，河北，甘肃，陕西，山西，安徽，浙江，江西，福建，湖北，湖南，四川，云南。

灰熊蜂 *Bombus grahami* (Frison, 1933)

省内产地：具体不详。

分布：河南，湖北，湖南，四川，云南；印度。

资料来源：杨星科，1997，长江三峡库区昆虫。重庆出版社。

红光熊蜂 *Bombus ignitus* Smith, 1869 (河南新记录种)

省内产地：嵩县白云山。

分布：河南，黑龙江，辽宁，甘肃，陕西，山西，河北，山东，安徽，江苏，浙江，江西，湖北，广东，四川，贵州，云南；朝鲜，日本。

三条熊蜂 *Bombus trifasciatus* Smith, 1852 (河南新记录种)

省内产地：嵩县白云山。

分布：河南，甘肃，河北，陕西，安徽，江苏，浙江，江西，福建，台湾，湖北，湖南，广东，广西，四川，贵州，云南，西藏；越南，缅甸，印度(锡金)，泰国，尼泊尔，不丹，巴基斯坦，马来西亚。

黄芦蜂 *Ceratina flavipes* Smith, 1879

省内产地：具体不详。

分布：河南，吉林，河北，山东，湖北，江苏，浙江，福建，江西，湖南，四川，云南；日本。

采访植物：荆条，菊科。

资料来源：申效诚，1993，河南昆虫名录。中国农业科学技术出版社。

拟黄芦蜂 *Ceratina hieroglyphica* Smith, 1854

省内产地：具体不详。

分布：河南，河北，山东，湖北，安徽，江苏，浙江，福建，江西，湖南，台湾，广东，广西，四川，云南；日本，缅甸，印度，菲律宾。

采访植物：向日葵，南瓜，荆条。

资料来源：申效诚，1993，河南昆虫名录。中国农业科学技术出版社。

中国毛斑蜂 *Melecta chinensis* Cockerell, 1931

省内产地：具体不详。

分布：河南，河北，湖北，江苏，江西，浙江，福建，四川。

资料来源：申效诚，1993，河南昆虫名录。中国农业科学技术出版社。

中国四条蜂 *Tetralonia chinensis* Smith, 1854

省内产地：具体不详。

分布：河南，北京，湖北，江苏，浙江，福建，广西，四川，云南；日本。

采访植物：桃，木樨。

资料来源：申效诚，1993，河南昆虫名录。中国农业科学技术出版社。

黄胸木蜂 *Xylocopa appendiculata* Smith, 1852

省内产地：具体不详。

分布：河南，辽宁，甘肃，陕西，山西，河北，山东，安徽，江苏，浙江，江西，福建，湖北，湖南，广东，海南，广西，四川，贵州，云南，西藏；俄罗斯，朝鲜，日本。

采访植物：苜蓿，向日葵，荆条。

资料来源：殷海生等，2001，蜜蜂总科。《天目山昆虫》，科学出版社。

中华木蜂 *Xylocopa sinensis* Smith, 1854

省内产地：具体不详。

分布：河南，辽宁，河北，浙江，江西，福建，湖北，广东，广西，四川，云南。

采访植物：桃，向日葵。

资料来源：申效诚，1993，河南昆虫名录。中国农业科学技术出版社。

长木蜂 *Xylocopa tranquebarorum* (Swederus, 1787)

省内产地：具体不详。

分布：河南，安徽，江苏，浙江，江西，福建，湖北，湖南，广东，广西，四川，云南；东亚。

资料来源：黄复生，1987，云南森林昆虫。云南科技出版社。

五六、泥蜂科 Sphecidae

本科全世界共 226 属 8000 种，中国已记载 60 属 550 种，河南共记录 12 属 22 种。

红腰泥蜂 *Ammophila aemulans* Kohl

省内产地：全省。

分布：河南，其他分布地待查。

捕猎：菜蛾，叶蝉，鳞翅类幼虫。

资料来源：申效诚，1993，河南昆虫名录。中国农业科学技术出版社。

赤褐腰泥蜂 *Ammophila infesta* Smith, 1873

省内产地：陕县，孟津，卢氏。

分布：河南，内蒙古，黑龙江，吉林，辽宁，河北，山西，陕西，山东，浙江，湖南；朝鲜，日本。

捕猎：鳞翅类幼虫。

资料来源：申效诚，1993，河南昆虫名录。中国农业科学技术出版社。

赛氏沙泥蜂 *Ammophila sickmanni* Kohl, 1901

省内产地：栾川龙峪湾，嵩县白云山。

分布：河南，河北，山东，山西，陕西，内蒙古，辽宁，吉林，湖北，湖南，江西，广东，广西，四川，云南，甘肃。

捕猎：鳞翅类幼虫。

资料来源：刘祖尧等，1998，膜翅目：胡蜂总科，泥蜂总科，蜜蜂总科。《伏牛山区昆虫》，中国农业科学技术出版社。

朝鲜沙蜂 *Bembix niponica* F. Smith, 1873

省内产地：修武。

分布：河南，东北，内蒙古，河北，山西，江苏，浙江；蒙古国，朝鲜，日本。

资料来源：申效诚，1993，河南昆虫名录。中国农业科学技术出版社。

叉突节腹泥蜂 *Cerceris rufipes evecta* Shestakov, 1922

省内产地：西华，扶沟。

分布：河南，河北，北京，山东，山西；蒙古国。

捕猎：大灰象，枣飞象。

资料来源：申效诚，1993，河南昆虫名录。中国农业科学技术出版社。

日本蓝泥蜂 *Chalybion japonicum* (Gribodo, 1881)

省内产地：郑州。

分布：河南，北京，山东，浙江，福建，广东，海南，广西，贵州；朝鲜，日本，泰国，印度。

捕猎：蜘蛛。

资料来源：申效诚，1993，河南昆虫名录。中国农业科学技术出版社。

齿基缨角泥蜂 *Crossocerus denticoxa* (Bischoff, 1932)

省内产地：具体不详。

分布：河南，黑龙江，吉林，山东，上海，浙江；印度；欧洲。

资料来源：李强等，2001，泥蜂科。《天目山昆虫》，科学出版社。

齿唇缨角泥蜂 *Crossocerus odontochilus* Li *et* Yang, 1995

省内产地：具体不详。

分布：河南，山东，浙江，福建。

资料来源：何俊华等，2004，浙江蜂类志，科学出版社。

侧突缨角泥蜂 *Crossocerus pleuralituberculi* Li *et* He, 2004

省内产地：信阳鸡公山(副模产地)。

分布：河南，浙江，四川，贵州。

资料来源：何俊华等，2004，浙江蜂类志，科学出版社。

单齿缨角泥蜂 *Crossocerus unidentatus* Li *et* Yang, 2001

省内产地：信阳鸡公山(副模产地)。

分布：河南，福建，云南。

资料来源：李强，杨莲芳，2001，中国毛足泥蜂亚属二新种(膜翅目：泥蜂科)。昆虫分类学报，23(2)：147。

缺梳缨角泥蜂 *Crossocerus vepectineus* Li *et* He, 2004

省内产地：安阳(副模产地)。

分布：河南，黑龙江，河北，北京，山东，上海，浙江，四川。

资料来源：何俊华等，2004，浙江蜂类志。科学出版社。

***Lestica alata* (Panzer, 1797)**

省内产地：具体不详。

分布：河南，黑龙江；朝鲜，日本；欧洲。

资料来源：Hua Lizhong, 2006, List of Chinese Insecta IV. 280.

黑脊小唇泥蜂 *Liris niger* (Fabricius, 1775)

省内产地：具体不详。

分布：河南，河北；俄罗斯，印度。

捕猎：捕猎蟋蟀。

资料来源：吴燕如等，1996，中国经济昆虫志 膜翅目 泥蜂科。科学出版社。

滨米木短柄泥蜂 *Mimumesa littoralis* (Bondroit, 1934)

省内产地：具体不详。

分布：河南，新疆，内蒙古，甘肃，黑龙江，河北，北京，山东，江苏，上海，浙江，四川，云南。

资料来源：马丽，陈学新，李强，2008，中国短柄泥蜂亚科分类研究进展。《昆虫分类与分布》，中国农业科学技术出版社。

乌苏三室泥蜂 *Psen ussuriensis* van Lith, 1959

省内产地：具体不详。

分布：河南；俄罗斯(乌苏里)。

资料来源：马丽，陈学新，李强，2008，中国短柄泥蜂亚科分类研究进展。《昆虫分类与分布》，中国农业科学技术出版社。

驼腹泥蜂 *Sceliphron deforme* Smith, 1856

省内产地：济源，郑州，许昌，信阳。

分布：河南，河北，山东，甘肃，湖北，江苏，江西，浙江，福建，湖南，台湾，贵州，广东，广西，四川，云南；朝鲜，日本，俄罗斯，缅甸，印度，越南，菲律宾。

捕猎：菜蛾。

资料来源：申效诚，1993，河南昆虫名录。中国农业科学技术出版社。

琉璃泥蜂 *Sceliphron inflexum* Sickmann

省内产地：沁阳，济源，延津，郑州，夏邑，许昌，新野。

分布：河南，其他分布地待查。

寄主：菜蛾，麦蛾，黏虫。

资料来源：申效诚，1993，河南昆虫名录。中国农业科学技术出版社。

墙壁泥蜂 *Sceliphron madraspatanum* (Fabricius, 1781)

省内产地：具体不详。

分布：河南，河北，福建，台湾，贵州，广东，四川，云南，西藏；朝鲜，日本，俄罗斯，缅甸，印度，斯里兰卡，印度尼西亚。

资料来源：申效诚，1993，河南昆虫名录。中国农业科学技术出版社。

黄腰泥蜂 *Sceliphron tubifex* Latreille

省内产地：焦作，济源，郑州，中牟，杞县，兰考，许昌，信阳。

分布：河南，其他分布地待查。

捕猎：棉铃虫，玉米螟。

资料来源：申效诚，1993，河南昆虫名录。中国农业科学技术出版社。

金毛泥蜂 *Sphex flammitrichus* Strand, 1913

省内产地：信阳。

分布：河南，湖南，台湾，四川，云南；朝鲜，日本，越南。

资料来源：申效诚，1993，河南昆虫名录。中国农业科学技术出版社。

黑足泥蜂 *Sphex umbrosus* Christ, 1791

省内产地：全省。

分布：河南，河北，山东，陕西，浙江，四川，广东，广西，台湾；日本，印度，菲律宾，东洋区到澳大利亚。

捕猎：螽斯。

资料来源：申效诚，1993，河南昆虫名录。中国农业科学技术出版社。

黄脚拟饰领泥蜂 *Stizus pulcherrimus* Smith, 1856

省内产地：信阳，许昌，修武。

分布：河南，黑龙江，河北，江苏，浙江；朝鲜，日本，蒙古国。

捕猎：直翅类昆虫。

资料来源：申效诚，1993，河南昆虫名录。中国农业科学技术出版社。

第三一节　蛛形纲：蜘蛛目

Class Arachnida: Order Araneae

蜘蛛目统称“蛛”，俗称“蜘蛛”，英文名 spider。身体大小差异悬殊，从 0.5~90 mm 不等。身体分头胸部、腹部两部分，不分节。头胸部有口器、眼 8 只、1 对螯肢、1 对触肢、4 对步足，头胸部由腹柄和腹部连结，腹部有纺器，能纺丝结网。

蜘蛛全为捕食性，主要以昆虫为食，为农林业害虫的重要控制力量。

河南蜘蛛原有记载主要是 1979—1981 年全省天敌昆虫普查，由毛景英等整理研究的结果，连同有关专著的零星记录共计 200 余种。2002—2006 年，在宋大祥院士关心下，朱明生教授及其博士研究生、硕士研究生连续来河南进行考察，共采集 240 多种，大大充实了河南蜘蛛区系。

蜘蛛目全世界截至 2010 年底共 110 科 3823 属 41 992 种(Platnick, N. I., 2011)，中国目前记载 67 科 679 属 3829 种，河南记录为 40 科 180 属 414 种。

一、节板蛛科 Liphistiidae

本科全世界共 5 属 87 种，中国记载 3 属 18 种，河南记录 1 属 1 种。

中华宋蛛 *Songthela sinensis* (Bishop *et* Crosby, 1932)

省内产地：安阳，登封，郑州，开封，中牟，郸城，荥阳，偃师。

分布：河南，河北，山东。

资料来源：申效诚，1993，河南昆虫名录。中国农业科学技术出版社。

二、地蛛科 Atypidae

本科全世界共 3 属 43 种，中国记载 2 属 15 种，河南记录 2 属 3 种。

宝天曼地蛛 *Atypus baotianmanensis* Hu, 1994

省内产地：内乡宝天曼(模式产地)。

分布：河南；朝鲜。

资料来源：胡金林，1994，内乡宝天曼自然保护区地蛛属一新种(蜘蛛目：地蛛科)。蛛形学报，3(2)：127~130。

异囊地蛛 *Atypus heterothecus* Zhang, 1985

省内产地：内乡宝天曼。

分布：河南，安徽，福建，江西，湖北，湖南，广西，四川。

资料来源：朱明生，张保石，2011，河南蜘蛛志。科学出版社。

沟纹硬皮地蛛 *Calommata signata* Karsch, 1879

省内产地：郸城，栾川，内乡。

分布：河南，河北，山东，陕西，贵州；朝鲜，日本。

资料来源：申效诚，1993，河南昆虫名录。中国农业科学技术出版社。

三、颠当蛛科 Ctenizidae

本科全世界共 9 属 121 种，中国记载 4 属 15 种，河南记录 1 属 2 种。

巴氏垃土蛛 *Latouchia pavlovi* Schenkel, 1953

省内产地：辉县上八里，辉县关山，中牟，密县，信阳。

分布：河南，河北，四川，陕西，山东。

资料来源：申效诚，1993，河南昆虫名录。中国农业科学技术出版社。

正拉土蛛 *Latouchia typica* (Kishida, 1913)

省内产地：荥阳，西峡。

分布：河南；日本。

资料来源：申效诚，1993，河南昆虫名录。中国农业科学技术出版社。

四、线蛛科 Nemesiidae

本科全世界共 41 属 342 种，中国记载 3 属 8 种，河南记录 1 属 1 种。

中华雷文蛛 *Raveniola sinensis* (Zhu *et* Mao, 1983)

中华长尾蛛 *Macrothele sinensis* Zhu *et* Mao

省内产地：商城，西平，淮阳，荥阳，桐柏，内乡。

分布：河南，北京，浙江。

资料来源：申效诚，1993，河南昆虫名录。中国农业科学技术出版社。

五、刺客蛛科 Sicariidae

本科全世界共 2 属 122 种，中国记载 1 属 3 种，河南记录 1 属 1 种。

红头平甲蛛 *Loxosceles rufescens* (Dufour, 1820)

省内产地：荥阳。

分布：河南，安徽，江苏，浙江，台湾，四川；世界广布。

资料来源：申效诚，1993，河南昆虫名录。中国农业科学技术出版社。

六、花皮蛛科 Scytodidae

本科全世界仅 5 属 193 种，中国记载 2 属 11 种，河南记录 1 属 1 种。

黄昏花皮蛛 *Scytodes thoracica* (Latreille, 1802)

省内产地：辉县，郑州，内乡。

分布：河南，辽宁，河北，山西，山东，陕西，江苏，浙江，安徽，四川，台湾；全北区，太平洋岛屿。

资料来源：申效诚，1993，河南昆虫名录。中国农业科学技术出版社。

七、弱蛛科 Leptonetidae

本科全世界 15 属 209 种，中国记载 2 属 20 种，河南记录 1 属 1 种。

天心弱蛛 *Leptoneta tianxinensis* Tong *et* Li, 2008

省内产地：内乡天心洞(模式产地)。

分布：河南。

资料来源：Tong, Y. F. & S. Q. Li., 2008, Six new cave-dwelling species of *Leptoneta* (Arachnida, Araneae, Leptonetidae) from Beijing and adjacent regions, China. *Zoosystema* 30: 371~386.

八、幽灵蛛科 Pholcidae

本科全世界共 85 属 1000 种，中国记载 6 属 48 种，河南记录 2 属 14 种。

网络幽灵蛛 *Pholcus clavatus* Schenkel, 1936

中国幽灵蛛 *Pholcua sinensis* Zhu *et* Wang, 1963

省内产地：辉县八里沟，嵩县天池山，嵩县白云山，栾川县龙峪湾，内乡宝天曼，郑州。

分布：河南，河北，辽宁，陕西，浙江。

资料来源：张保石，朱明生，2008，蛛形纲：蜘蛛目。《宝天曼自然保护区昆虫》，中国农业科学技术出版社。

隐匿幽灵蛛 *Pholcus cryticolens* Boesenberg *et* Strand, 1906

省内产地：嵩县天池山，荥阳。

分布：河南，河北，山东，北京，吉林，安徽，浙江，湖北，湖南，福建，台湾，四川；朝鲜，日本。

资料来源：申效诚，1993，河南昆虫名录。中国农业科学技术出版社。

***Pholcus harveyi* Zhang *et* Zhu, 2009**

省内产地：栾川龙峪湾(模式产地)。

分布：河南。

资料来源：Zhang Feng *et* Zhu Mingsheng, 2009, A review of the genus *Pholcus* (Araneae: Pholcidae) from China. *Zootaxa*, 2037: 1~114.

豫幽灵蛛 *Pholcus henanensis* Zhu *et* Mao, 1983

省内产地：荥阳(模式产地)。

分布：河南，山西。

资料来源：申效诚，1993，河南昆虫名录。中国农业科学技术出版社。

***Pholcus huberi* Zhang *et* Zhu, 2009**

省内产地：信阳鸡公山(模式产地)。

分布：河南。

资料来源：Zhang Feng *et* Zhu Mingsheng, 2009, A review of the genus *Pholcus* (Araneae: Pholcidae) from China. *Zootaxa*, 2037: 1~114.

林州幽灵蛛 *Pholcus linzhou* Zhang *et* Zhang, 2000

省内产地：林州(模式产地)，辉县八里沟，登封少林寺，济源王屋山，内乡宝天曼。

分布：河南，河北。

资料来源：Zhang, F. & J. X. Zhang. 2000, Three new species and a new discovery of female of genus *Pholcus* from Taihang Mts., China. *J. Hubei Univ.* 20: 151~156.

曼氏幽灵蛛 *Pholcus manueli* Gertsch, 1937

近亲幽灵蛛 *Pholcus affinis* Schenkel, 1953。

省内产地：嵩县天池山。

分布：河南，河北，山西，内蒙古，吉林，辽宁，江苏，浙江，四川，陕西；俄罗斯，日本，美国。

资料来源：张保石，朱明生，2008，蛛形纲：蜘蛛目。《宝天曼自然保护区昆虫》，中国农业科学技术出版社。

长崎幽灵蛛 *Pholcus opilionoides* (Schrank, 1781)

省内产地：安阳，中牟，开封，杞县，信阳。

分布：河南，山东，陕西，北京，吉林，辽宁，新疆，江苏；古北区。

资料来源：申效诚，1993，河南昆虫名录。中国农业科学技术出版社。

***Pholcus paralinzhou* Zhang *et* Zhu, 2009**

省内产地：辉县八里沟(模式产地)。

分布：河南。

资料来源：Zhang Feng *et* Zhu Mingsheng, 2009, A review of the genus *Pholcus* (Araneae: Pholcidae) from China. *Zootaxa*, 2037: 1~114.

***Pholcus parayichengicus* Zhang *et* Zhu, 2009**

省内产地：嵩县天池山，内乡宝天曼(模式产地)。

分布：河南。

资料来源：Zhang Feng *et* Zhu Mingsheng, 2009, A review of the genus *Pholcus* (Araneae: Pholcidae) from China. *Zootaxa*, 2037: 1~114.

Pholcus songxian **Zhang *et* Zhu, 2009**

省内产地：嵩县天池山(模式产地)。

分布：河南。

资料来源：Zhang Feng *et* Zhu Mingsheng, 2009, A review of the genus *Pholcus* (Araneae: Pholcidae) from China. *Zootaxa*, 2037: 1~114.

Pholcus yugong **Zhang *et* Zhu, 2009**

省内产地：济源王屋山(模式产地)。

分布：河南。

资料来源：Zhang Feng *et* Zhu Mingsheng, 2009, A review of the genus *Pholcus* (Araneae: Pholcidae) from China. *Zootaxa*, 2037: 1~114.

家六眼幽灵蛛 *Spermophora domestica* Yin *et* Wang, 1981

省内产地：内乡宝天曼，商城。

分布：河南，浙江，湖南；古北区。

资料来源：张保石，朱明生，2008，蛛形纲：蜘蛛目。《宝天曼自然保护区昆虫》，中国农业科学技术出版社。

长六眼幽灵蛛 *Spermophora elongata* Yin *et* Wang, 1981

省内产地：具体不详。

分布：河南，云南。

资料来源：申效诚，1993，河南昆虫名录。中国农业科学技术出版社。

九、类石蛛科 Segestriidae

本科全世界共 3 属 111 种，中国记载 2 属 6 种，河南记录 1 属 1 种。

侧垣蛛 *Ariadna lateralis* Karsch, 1881

省内产地：桐柏县淮河源森林公园，信阳鸡公山，罗山县董寨白云站，商城金刚台自然保护区，内乡宝天曼。

分布：河南，辽宁，浙江，山东，台湾；朝鲜，日本。

资料来源：张保石，朱明生，2008，蛛形纲：蜘蛛目。《宝天曼自然保护区昆虫》，中国农业科学技术出版社。

一〇、拟壁钱科 Oecobiidae

本科全世界共 6 属 107 种，中国记载 2 属 7 种，河南记录 2 属 3 种。

户内拟壁钱 *Oecobius cellariorum* (Duges, 1836)

省内产地：荥阳，潢川，内乡宝天曼。

分布：河南，浙江，陕西，山东，湖南，四川；世界广布。

资料来源：申效诚，1993，河南昆虫名录。中国农业科学技术出版社。

华南壁钱 *Uroctea compactilis* L. Koch, 1878

省内产地：新县，商城。

分布：河南，安徽，湖南，四川，贵州；朝鲜，日本。

资料来源：申效诚，1993，河南昆虫名录。中国农业科学技术出版社。

北国壁钱 *Uroctea lesserti* Schenkel, 1936

省内产地：尉氏，开封，中牟，登封，济源，信阳，潢川，淅川，邓州，辉县八里沟，遂平县嵖岈山，桐柏县水帘寺，桐柏县淮河源森林公园，林州石板岩。

分布：河南，河北，北京，黑龙江，吉林，辽宁，甘肃，山西，山东，江苏。

资料来源：张保石，朱明生，2008，蛛形纲：蜘蛛目。《宝天曼自然保护区昆虫》，中国农业科学技术出版社。

一一、长纺蛛科 Hersiliidae

本科全世界共 12 属 159 种，中国记载 1 属 9 种，河南记录 1 属 1 种。

白斑长纺蛛 *Hersilia albomaculata* Wang *et* Yin, 1985

省内产地：内乡宝天曼，商城金刚台自然保护区。

分布：河南，安徽，浙江。

资料来源：张保石，朱明生，2008，蛛形纲：蜘蛛目。《宝天曼自然保护区昆虫》，中国农业科学技术出版社。

一二、妩蛛科 Uloboridae

本科全世界共 18 属 266 种，中国记载 6 属 38 种，河南记录 3 属 6 种。

东方长妩蛛 *Miagrammopes orientalis* Boesenberg *et* Strand, 1906

省内产地：内乡宝天曼。

分布：河南，山西，浙江，福建，云南，贵州，台湾；日本，韩国。

资料来源：朱明生，张保石，2011，河南蜘蛛志。科学出版社。

蹄形长妩蛛 *Miagrammopes unguliformis* Dong, Zhu *et* Song, 2004

省内产地：罗山县董寨白云站。

分布：河南，贵州。

资料来源：朱明生，张保石，2008，蛛形纲：蜘蛛目。《宝天曼自然保护区昆虫》，中国农业科学技术出版社。

齿涡蛛 *Octonoba dentata* Dong, Zhu *et* Yoshida, 2005

省内产地：内乡宝天曼(模式产地)。

分布：河南。

资料来源：张保石，朱明生，2008，蛛形纲：蜘蛛目。《宝天曼自然保护区昆虫》，中国农业科学技术出版社。

中华涡蛛 *Octonoba sinensis* (Simon, 1880)

中华蟱蛛 *Uloborus sinensis* Simon

省内产地：桐柏县水帘寺，新乡，辉县，郑州，洛阳，中牟，尉氏，商丘，许昌，郸城，南阳，信阳。

分布：河南，河北，新疆，浙江，山东，山西，北京，陕西，安徽，甘肃，湖北，广东，贵州，四川；朝鲜，日本；北美。

资料来源：张保石，朱明生，2008，蛛形纲：蜘蛛目。《宝天曼自然保护区昆虫》，中国农业科学技术出版社。

白斑涡蛛 *Octonoba sybotides* (Boesenberg *et* Strand, 1906)

省内产地：新县连康山老庙保护站，信阳鸡公山，罗山县董寨白云站，商城金刚台自然保护区。

分布：河南，湖南，湖北，贵州，台湾；韩国，日本。

资料来源：张保石，朱明生，2008，蛛形纲：蜘蛛目。《宝天曼自然保护区昆虫》，中国农业科学技术出版社。

草间蟱蛛 *Uloborus walckenaerius* Latreille, 1806

省内产地：信阳，商城。

分布：河南，河北，黑龙江，吉林，甘肃，青海，安徽，浙江，湖南，四川；古北区。

资料来源：申效诚，1993，河南昆虫名录。中国农业科学技术出版社。

一三、类球蛛科 Nesticidae

本科全世界共 9 属 206 种，中国记载 2 属 7 种，河南记录 1 属 1 种。

底栖类球蛛 *Nesticella mogera* (Yaginuma, 1972)

省内产地：罗山县董寨白云站，新县连康山老庙保护站，林州石板岩，辉县关山。

分布：河南，陕西，内蒙古，山东，浙江，福建，云南；阿塞拜疆，朝鲜，日本，美国(夏威夷)，斐济。

资料来源：张保石，朱明生，2008，蛛形纲：蜘蛛目。《宝天曼自然保护区昆虫》，中国农业科学技术出版社。

一四、球蛛科 Theridiidae

本科全世界共 109 属 2293 种，中国记载 41 属 269 种，河南记录 18 属 38 种。

横带希蛛 *Achaearanea angulithorax* (Boesenberg *et* Strand, 1906)

省内产地：尉氏。

分布：河南，吉林，辽宁，山东，台湾；日本，韩国，俄罗斯。

资料来源：申效诚，1993，河南昆虫名录。中国农业科学技术出版社。

亚洲希蛛 *Achaearanea asiatica* (Boesenberg *et* Strand, 1906)

省内产地：商城金刚台自然保护区，辉县八里沟。

分布：河南，吉林，辽宁，湖北，海南；日本。

资料来源：张保石，朱明生，2008，蛛形纲：蜘蛛目。《宝天曼自然保护区昆虫》，中国农业科学技术出版社。

钟巢希蛛 *Achaearanea campanulata* Chen *et* Zhang, 1990

省内产地：信阳鸡公山，新县连康山老庙保护站，商城金刚台自然保护区，林州石板岩，辉县八里沟，内乡宝天曼。

分布：河南，浙江，湖北，贵州。

资料来源：张保石，朱明生，2008，蛛形纲：蜘蛛目。《宝天曼自然保护区昆虫》，中国农业科学技术出版社。

日本希蛛 *Achaearanea japonica* (Boesenberg *et* Strand, 1906)

省内产地：栾川县龙峪湾，嵩县白云山，内乡宝天曼，罗山县董寨白云站，商城金刚台自然保护区。

分布：河南，浙江，湖南，四川，台湾，海南，广西，贵州，云南；韩国，日本。

资料来源：张保石，朱明生，2008，蛛形纲：蜘蛛目。《宝天曼自然保护区昆虫》，中国农业科学技术出版社。

沟岸希蛛 *Achaearanea riparia* (Blackwall, 1834)

省内产地：林州石板岩。

分布：河南，北京，辽宁；日本，俄罗斯；欧洲。

资料来源：朱明生，张保石，2011，河南蜘蛛志。科学出版社。

宋氏希蛛 *Achaearanea songi* Zhu, 1998

省内产地：桐柏县淮河源森林公园，罗山县董寨白云站，新县连康山老庙保护站。

分布：河南，湖南，湖北。

资料来源：张保石，朱明生，2008，蛛形纲：蜘蛛目。《宝天曼自然保护区昆虫》，中国农业科学技术出版社。

板隅希蛛 *Achaearanea tabulata* Levi, 1980

省内产地：嵩县天池山，嵩县白云山，栾川县龙峪湾，内乡宝天曼，林州石板岩，辉县关山，济源王屋山，洛阳花果山，卢氏大块地，郑州黄河岸边。

分布：河南，吉林，辽宁；韩国，日本，德国，奥地利，美国。

资料来源：张保石，朱明生，2008，蛛形纲：蜘蛛目。《宝天曼自然保护区昆虫》，中国农业科学技术出版社。

白银斑蛛 *Argyrodes bonadea* (Karsch, 1881)

省内产地：中牟。

分布：河南，安徽，浙江，台湾，湖北，湖南，广西，四川，云南，贵州；朝鲜，日本，菲律宾。

资料来源：申效诚，1993，河南昆虫名录。中国农业科学技术出版社。

拟红银斑蛛 *Argyrodes miltosus* Zhu *et* Song, 1991

省内产地：嵩县白云山，新县连康山老庙保护站，罗山董寨林场。

分布：河南，湖北，浙江，湖南。

资料来源：张保石，朱明生，2008，蛛形纲：蜘蛛目。《宝天曼自然保护区昆虫》，中国农业科学技术出版社。

蚓腹银斑蛛 *Ariamnes cylindrogaster* (Simon, 1888)

省内产地：内乡，新县连康山老庙保护站，商城金刚台自然保护区。

分布：河南，甘肃，浙江，湖南，四川，台湾，福建，海南，贵州，云南；日本。

资料来源：张保石，朱明生，2008，蛛形纲：蜘蛛目。《宝天曼自然保护区昆虫》，中国农业科学技术出版社。

四棘克罗蛛 *Chrosiothes sudabides* (Boesenberg *et* Strand, 1906)

省内产地：郑州，开封，南阳。

分布：河南，安徽，浙江，湖南，广东，四川；朝鲜，日本。

资料来源：申效诚，1993，河南昆虫名录。中国农业科学技术出版社。

白斑丽蛛 *Chrysso albipes* (Saito, 1935)

多色丽珠 *Chrysso rapulum* (Yaginuma, 1960)

省内产地：嵩县白云山，栾川县龙峪湾，内乡宝天曼，罗山县董寨白云站。

分布：河南，辽宁，陕西，浙江，安徽，湖南，四川，台湾，福建；韩国，日本。

资料来源：朱明生，张保石，2011，河南蜘蛛志。科学出版社。

扁腹丽蛛 *Chrysso lativentris* Yoshida, 1993

省内产地：辉县八里沟，嵩县白云山，嵩县天池山，宜阳花果山，内乡宝天曼。

分布：河南，甘肃，台湾；韩国。

资料来源：朱明生，张保石，2011，河南蜘蛛志。科学出版社。

拟多色丽蛛 *Chrysso subrapula* Zhu, 1998

省内产地：嵩县白云山，嵩县白云山，内乡宝天曼。

分布：河南，湖北，云南。

资料来源：朱明生，张保石，2011，河南蜘蛛志。科学出版社。

八斑鞘腹蛛 *Coleosoma octomaculatum* (Boesenberg *et* Strand, 1906)

省内产地：安阳，新乡，延津，辉县，修武，灵宝，陕县，新安，嵩县，洛阳，偃师，巩义，郑州，中牟，尉氏，开封，兰考，杞县，民权，商丘，夏邑，郸城，周口，南阳，新野，信阳。

分布：河南，河北，山东，山西，陕西，安徽，江苏，上海，浙江，江西，福建，台湾，湖北，湖南，广东，广西，四川；日本，韩国。

资料来源：申效诚，1993，河南昆虫名录。中国农业科学技术出版社。

中华圆腹蛛 *Dipoena sinica* Zhu, 1992

省内产地：辉县八里沟，嵩县天池山，栾川县龙峪湾，内乡宝天曼，桐柏县淮河源森林公园，罗山县董寨白云站，新县连康山老庙保护站，林州石板岩，辉县关山。

分布：河南，甘肃，陕西，安徽，湖南，湖北，四川，海南。

资料来源：张保石，朱明生，2008，蛛形纲：蜘蛛目。《宝天曼自然保护区昆虫》，中国农业科学技术出版社。

王氏圆腹蛛 *Dipoena wangi* Zhu, 1998

省内产地：嵩县天池山。

分布：河南，陕西。

资料来源：张保石，朱明生，2008，蛛形纲：蜘蛛目。《宝天曼自然保护区昆虫》，中国农业科学技术出版社。

苔齿螯蛛 *Enoplognatha caricis* (Fickert, 1876)

叉斑齿螯蛛 *Enoplognatha japonica* Boesenberg *et* Strand, 1906

背纹齿螯蛛 *Enoplognatha dorsinotata* Boesenberg *et* Strand, 1906

省内产地：辉县八里沟，嵩县天池山，安阳，新乡，延津，洛阳，郑州，中牟，尉氏，杞县，夏邑，郸城，南阳，新野，信阳。

分布：河南，河北，吉林，辽宁，内蒙古，新疆，陕西，山西，山东，江苏，浙江，安徽，湖南，湖北，四川，云南；韩国，日本；欧洲，全北区。

资料来源：申效诚，1993，河南昆虫名录。中国农业科学技术出版社。

珍珠齿螯蛛 *Enoplognatha margarita* Yaginuma, 1964

拟珍齿螯蛛 *Enoplognatha submargarita* Yaginuma *et* Zhu

省内产地：辉县松树坪，嵩县白云山，嵩县天池山，栾川县龙峪湾，内乡宝天曼，卢氏大块地。

分布：河南，辽宁，甘肃，陕西，山西，新疆；韩国，日本，俄罗斯。

资料来源：张保石，朱明生，2008，蛛形纲：蜘蛛目。《宝天曼自然保护区昆虫》，中国农业科学技术出版社。

云斑丘腹蛛 *Episinus nubilus* Yaginuma, 1960

省内产地：商城金刚台自然保护区。

分布：河南，山西，浙江，湖南，湖北，台湾，福建；韩国，日本。

资料来源：张保石，朱明生，2008，蛛形纲：蜘蛛目。《宝天曼自然保护区昆虫》，中国农业科学技术出版社。

秀山丘腹蛛 *Episinus xiushanicus* Zhu, 1998

省内产地：嵩县天池山，嵩县白云山，栾川县龙峪湾。

分布：河南，湖北，甘肃，福建。

资料来源：张保石，朱明生，2008，蛛形纲：蜘蛛目。《宝天曼自然保护区昆虫》，中国农业科学技术出版社。

尾短跗蛛 *Moneta caudifera* (Doenitz *et* Strand, 1906)

省内产地：信阳鸡公山，嵩县白云山。

分布：河南，山西，江西；韩国，日本。

资料来源：张保石，朱明生，2008，蛛形纲：蜘蛛目。《宝天曼自然保护区昆虫》，中国农业科学技术出版社。

叉银斑蛛 *Neospintharus fur* Boesenberg *et* Strand, 1906

省内产地：辉县八里沟，嵩县天池山，栾川县龙峪湾。

分布：河南，湖南，福建，贵州；日本。

资料来源：张保石，朱明生，2008，蛛形纲：蜘蛛目。《宝天曼自然保护区昆虫》，中国农业科学技术出版社。

温室希蛛 *Parasteatoda tepidariorum* (C. L. Koch, 1841)

省内产地：辉县松树坪，辉县八里沟，嵩县天池山，嵩县白云山，栾川县龙峪湾，内乡宝天曼，桐柏县水帘寺，桐柏县淮河源森林公园，信阳鸡公山，罗山县董寨白云站，新县连康山老庙保护站，商城金刚台自然保护区，林州石板岩，辉县关山，济源王屋山，卢氏大块地，安阳，新乡，延津，巩义，密县，尉氏，中牟，民权，杞县。

分布：河南，河北，北京，天津，吉林，辽宁，陕西，山西，山东，上海，江苏，浙江，安徽，江西，湖南，湖北，四川，台湾，福建，广东，广西，贵州，云南。

资料来源：张保石，朱明生，2008，蛛形纲：蜘蛛目。《宝天曼自然保护区昆虫》，中国农业科学技术出版社。

大岛圆腹蛛 *Phycosma amamiensis* (Yoshida, 1985)

省内产地：罗山县董寨白云站，辉县关山，嵩县白云山。

分布：河南，湖南，福建；日本。

资料来源：张保石，朱明生，2008，蛛形纲：蜘蛛目。《宝天曼自然保护区昆虫》，中国农业科学技术出版社。

无斑圆腹蛛 *Phycosma flavomarginata* (Boesenberg *et* Strand, 1906)

Dipoena immaculate Zhu, 1998

省内产地：新县连康山老庙保护站。

分布：河南，湖北。

资料来源：张保石，朱明生，2008，蛛形纲：蜘蛛目。《宝天曼自然保护区昆虫》，中国农业科学技术出版社。

白斑肥腹蛛 *Steatoda albomaculata* (De Geer, 1778)

省内产地：荥阳。

分布：河南，吉林，辽宁，内蒙古，宁夏，青海，新疆，河北，山西；日本；欧洲，北非，北美。

资料来源：申效诚，1993，河南昆虫名录。中国农业科学技术出版社。

半月肥腹蛛 *Steatoda cingulata* (Thorell, 1890)

省内产地：辉县。

分布：河南，甘肃，安徽，浙江，台湾，广东，广西，四川，贵州；日本，印度尼西亚。

资料来源：申效诚，1993，河南昆虫名录。中国农业科学技术出版社。

日斯坦蛛 *Stemmops nipponicus* Yaginuma, 1969

省内产地：登封少林寺三皇寨风景区，栾川县龙峪湾，林州石板岩，辉县关山，济源王屋山。

分布：河南，河北，浙江；日本。

资料来源：张保石，朱明生，2008，蛛形纲：蜘蛛目。《宝天曼自然保护区昆虫》，中国农业科学技术出版社。

恒仁球蛛 *Takayus huanrenensis* (Zhu *et* Gao, 1993)

省内产地：栾川县龙峪湾，内乡宝天曼。

分布：河南，辽宁。

资料来源：张保石，朱明生，2008，蛛形纲：蜘蛛目。《宝天曼自然保护区昆虫》，中国农业科学技术出版社。

四斑球蛛 *Takayus quadrimaculatum* (Song *et* Kim, 1991)

省内产地：信阳鸡公山，罗山县董寨白云站，林州石板岩，辉县关山，洛阳花果山。

分布：河南，辽宁，陕西，浙江，湖南，湖北；朝鲜。

资料来源：张保石，朱明生，2008，蛛形纲：蜘蛛目。《宝天曼自然保护区昆虫》，中国农业科学技术出版社。

高汤球蛛 *Takayus takayensis* (Saito, 1939)

省内产地：嵩县天池山，嵩县白云山，栾川县龙峪湾，内乡宝天曼。

分布：河南，甘肃，陕西，浙江；韩国，日本。

资料来源：张保石，朱明生，2008，蛛形纲：蜘蛛目。《宝天曼自然保护区昆虫》，中国农业科学技术出版社。

王氏球蛛 *Takayus wangi* Zhu, 1998

省内产地：栾川龙峪湾，嵩县白云山。

分布：河南，湖北，甘肃。

资料来源：朱明生，张保石，2011，河南蜘蛛志。科学出版社。

矛形球蛛 *Theridion lanceatum* Zhang *et* Zhu, 2007

省内产地：辉县八里沟(模式产地)，辉县关山，信阳鸡公山。

分布：河南。

资料来源：朱明生，张保石，2011，河南蜘蛛志。科学出版社。

双钩球蛛 *Theridion pinastri* L. Koch, 1872

省内产地：中牟，林州石板岩。

分布：河南，吉林，甘肃，河北，山西，山东，陕西，浙江，湖北，湖南；日本；欧洲。

资料来源：张保石，朱明生，2008，蛛形纲：蜘蛛目。《宝天曼自然保护区昆虫》，中国农业科学技术出版社。

拟青球蛛 *Theridion subpallens* Boesenberg *et* Strand, 1906

省内产地：罗山县董寨白云站，固始，民权，夏邑。

分布：河南，河北，北京，黑龙江，吉林，辽宁，山西，广西；日本。

资料来源：张保石，朱明生，2008，蛛形纲：蜘蛛目。《宝天曼自然保护区昆虫》，中国农业科学技术出版社。

周氏球蛛 *Theridion zhoui* Zhu, 1998

省内产地：辉县八里沟。

分布：河南，陕西。

资料来源：张保石，朱明生，2008，蛛形纲：蜘蛛目。《宝天曼自然保护区昆虫》，中国农业科学技术出版社。

圆尾银板蛛 *Thwaitesia glabicauda* Zhu, 1998

省内产地：信阳鸡公山，罗山县董寨白云站，新县连康山老庙保护站，商城金刚台自然保护区。

分布：河南，海南，四川。

资料来源：张保石，朱明生，2008，蛛形纲：蜘蛛目。《宝天曼自然保护区昆虫》，中国农业科学技术出版社。

一五、皿蛛科 Linyphiidae

本科全世界共 582 属 4359 种，中国记载 124 属近 300 种，河南记录 25 属 39 种。

膨大吻额蛛 *Aprifrontalia afflata* Ma *et* Zhu, 1991

省内产地：嵩县天池山，信阳鸡公山，罗山县董寨白云站。

分布：河南，湖北，吉林。

资料来源：张保石，朱明生，2008，蛛形纲：蜘蛛目。《宝天曼自然保护区昆虫》，中国农业科学技术出版社。

桐芦指蛛 *Bathyphantes tongluensis* Chen *et* Song, 1988

省内产地：嵩县天池山。

分布：河南，浙江，安徽，湖南，湖北。

资料来源：张保石，朱明生，2008，蛛形纲：蜘蛛目。《宝天曼自然保护区昆虫》，中国农业科学技术出版社。

弯曲叉蛛 *Bifurcia curvata* (Sha *et* Zhu, 1987)

弯曲耳蛛 *Arcuphantes curvatus* Sha *et* Zhu, 1987

省内产地：嵩县天池山。

分布：河南，河北，四川。

资料来源：张保石，朱明生，2008，蛛形纲：蜘蛛目。《宝天曼保护区昆虫》，中国农业科学技术出版社。

葫形叉蛛 *Bifurcia cucurbita* Zhai *et* Zhu, 2007

省内产地：栾川县龙裕湾，辉县八里沟，嵩县白云山(模式产地)。

分布：河南。

资料来源：Zhai, H. & M. S. Zhu. 2007. Two new species of the genus *Bifurcia* (Araneae: Linyphiidae) from China. *Acta arachn. Tokyo*. 56(2): 73~76.

宋氏叉蛛 *Bifurcia songi* Zhai *et* Zhu, 2007

省内产地：内乡宝天曼，嵩县天池山(模式产地)。

分布：河南。

资料来源：Zhai, H. & M. S. Zhu. 2007. Two new species of the genus *Bifurcia* (Araneae: Linyphiidae) from China. *Acta arachn. Tokyo*. 56(2): 73~76.

静栖科林蛛 *Collinsia inerrans* (O. P.-Cambridge, 1885)

省内产地：栾川县龙峪湾，林州石板岩，济源王屋山。

分布：河南，河北，新疆；古北区。

资料来源：张保石，朱明生，2008，蛛形纲：蜘蛛目。《宝天曼自然保护区昆虫》，中国农业科学技术出版社。

壁皱皿蛛 *Crisplphantes biseulsanensis* (Paik, 1985)

省内产地：内乡宝天曼。

分布：河南，辽宁；朝鲜。

资料来源：朱明生，张保石，2011，河南蜘蛛志。科学出版社。

隆背微蛛 *Erigone prominens* Boesenberg *et* Strand, 1906

省内产地：栾川县龙峪湾，新乡，辉县，安阳，偃师，嵩县，郑州，中牟，密县，尉氏，开封，杞县，郸城，信阳，南阳。

分布：河南，山东，陕西，安徽，上海，浙江，江西，湖北，湖南，广东，海南，四川。

资料来源：申效诚，1993，河南昆虫名录。中国农业科学技术出版社。

钉突圆膝蛛 *Eskovina clavia* (Zhu *et* Wen, 1980)

Gongylidium clavus Zhu *et* Wen

省内产地：荥阳。

分布：河南，吉林，内蒙古；朝鲜，俄罗斯。

资料来源：申效诚，1993，河南昆虫名录。中国农业科学技术出版社。

丰满奕蛛 *Estrandia grandaeva* (Keyserling, 1886)

省内产地：内乡宝天曼。

分布：河南，吉林；全北区。

资料来源：张保石，朱明生，2008，蛛形纲：蜘蛛目。《宝天曼自然保护区昆虫》，中国农业科学技术出版社。

齿螯额角蛛 *Gnathonarium dentatum* (Wider, 1834)

省内产地：辉县关山，卢氏大块地，安阳，新乡，辉县，洛阳，中牟，开封，杞县，商丘，尉氏，郑州，南阳，信阳。

分布：河南，河北，吉林，内蒙古，甘肃，青海，陕西，山西，山东，江苏，浙江，安徽，江西，湖南，湖北，四川，福建，广东；古北区。

资料来源：申效诚，1993，河南昆虫名录。中国农业科学技术出版社。

驼背额角蛛 *Gnathonarium gibberum* Oi, 1960

省内产地：新乡，延津，辉县，洛阳，郑州，中牟，尉氏，新野，信阳。

分布：河南，陕西，安徽，江苏，上海，浙江，江西，湖北，湖南，福建，四川，贵州；日本。

资料来源：申效诚，1993，河南昆虫名录。中国农业科学技术出版社。

塔克额角蛛 *Gnathonarium taczanowskii* (O. P.-Cambridge, 1873)

隆突额角蛛 *Gnathonarium cornigerum* Zhu *et* Wen, 1980

省内产地：嵩县天池山，嵩县白云山，林州石板岩，济源王屋山，卢氏大块地。

分布：河南，河北，吉林，甘肃，山西，山东，湖北。

资料来源：张保石，朱明生，2008，蛛形纲：蜘蛛目。《宝天曼自然保护区昆虫》，中国农业科学技术出版社。

小齿喜马蛛 *Himalaphantes azumiensis* (Oi, 1979)

省内产地：宜阳花果山，辉县关山，内乡宝天曼。

分布：河南，四川，青海；俄罗斯，日本。

资料来源：朱明生，张保石，2011，河南蜘蛛志。科学出版社。

草间钻头蛛 *Hylyphantes graminicola* (Sundevall, 1830)

草间小黑蛛 *Erigonidium graminicolum* (Sundevall)

省内产地：嵩县白云山，遂平县嵖岈山，辉县关山，内乡宝天曼，安阳，清丰，濮阳，延津，辉县，修武，灵宝，陕县，栾川，渑池，伊川，洛宁，偃师，巩义，密县，郑州，中牟，尉氏，兰考，杞县，民钱，夏邑，商丘，郸城，周口，许昌，汝州，遂平，驻马店，新野，南阳，西平，信阳。

分布：河南，吉林，辽宁，陕西，宁夏，青海，新疆，山西，山东，安徽，江苏，上海，浙江，江西，福建，台湾，湖北，湖南，广东，广西，四川，贵州；古北区。

资料来源：申效诚，1993，河南昆虫名录。中国农业科学技术出版社。

反钩斑皿蛛 *Lepthyphantes hamifer* Simon, 1884

省内产地：具体不详。

分布：河南，河北，北京，吉林，青海，山东；古北区。

资料来源：宋大祥等，2001，河北动物志 蜘蛛类。河北科学技术出版社。

三角皿蛛 *Linyphia triangularis*(Clerck, 1757)

省内产地：荥阳。

分布：河南，辽宁，内蒙古，甘肃，新疆，山西；全北区。

资料来源：申效诚，1993，河南昆虫名录。中国农业科学技术出版社。

小突微玛蛛 *Maso sundevalli* (Westring, 1851)

省内产地：宜阳花果山，内乡宝天曼。

分布：河南，吉林；全北区。

资料来源：朱明生，张保石，2011，河南蜘蛛志。科学出版社。

黑侏儒蛛 *Meioneta nigra* Oi, 1960

省内产地：林州石板岩，荥阳，商城，潢川。

分布：河南，北京，河北，黑龙江，辽宁，吉林，内蒙古，甘肃，青海，湖北，四川，广西；朝鲜，日本，蒙古国，俄罗斯。

资料来源：申效诚，1993，河南昆虫名录。中国农业科学技术出版社。

分叉后沟蛛 *Micrargus subaequalis* (Westring, 1851)

省内产地：栾川县龙峪湾。

分布：河南，河北，吉林，湖北；欧洲。

资料来源：张保石，朱明生，2008，蛛形纲：蜘蛛目。《宝天曼自然保护区昆虫》，中国农业科学技术出版社。

橙色疣舟蛛 *Nematogmus sanguinolentus* (Walckenaer, 1837)

省内产地：嵩县天池山。

分布：河南，河北，吉林，辽宁，新疆，浙江，湖北，四川；古北区。

资料来源：张保石，朱明生，2008，蛛形纲：蜘蛛目。《宝天曼自然保护区昆虫》，中国农业科学技术出版社。

角盖蛛 *Neriene angulifera* (Schenkel, 1953)

省内产地：栾川，西峡。

分布：河南，河北，吉林，甘肃；日本，俄罗斯。

资料来源：申效诚，1993，河南昆虫名录。中国农业科学技术出版社。

明显盖蛛 *Neriene emphana* (Walckenaer, 1841)

省内产地：嵩县天池山，嵩县白云山，栾川龙峪湾，内乡宝天曼，林州石板岩，辉县关山，济源王屋山，洛阳花果山，偃师。

分布：河南，河北，北京，吉林，内蒙古，山西，安徽，湖南，湖北，四川，福建，贵州，西藏；古北区。

资料来源：张保石，朱明生，2008，蛛形纲：蜘蛛目。《宝天曼自然保护区昆虫》，中国农业科学技术出版社。

日本盖蛛 *Neriene japonica* (Oi, 1960)

省内产地：辉县八里沟，嵩县天池山，嵩县白云山，栾川县龙峪湾，内乡宝天曼，桐柏县水帘寺，信阳鸡公山，商城金刚台自然保护区，林州石板岩，辉县关山，济源王屋山，洛阳花果山，荥阳。

分布：河南，河北，黑龙江，辽宁，吉林，北京，山西，江苏，浙江，安徽，江西，湖南，湖北，四川；朝鲜，日本。

资料来源：张保石，朱明生，2008，蛛形纲：蜘蛛目。《宝天曼自然保护区昆虫》，中国农业科学技术出版社。

晋胄盖蛛 *Neriene jinjooensis* Paik, 1991

省内产地：林州石板岩，宜阳花果山。

分布：河南，河北，山西；朝鲜。

资料来源：朱明生，张保石，2011，河南蜘蛛志。科学出版社。

窄边盖蛛 *Neriene limbatinella* (Boesenberg *et* Strand, 1906)

省内产地：卢氏大块地，宜阳花果山。

分布：河南，河北，辽宁，吉林，黑龙江，浙江，安徽，湖北，四川，福建，甘肃；朝鲜，日本，俄罗斯。

资料来源：朱明生，张保石，2008，河南蜘蛛志。科学出版社。

长肢盖蛛 *Neriene longipedella* (Boesenberg *et* Strand, 1906)

省内产地：辉县八里沟，嵩县天池山，栾川县龙峪湾，内乡宝天曼，林州石板岩，济源王屋山，洛阳花果山。

分布：河南，吉林，黑龙江，甘肃，陕西，山西，湖北，四川，安徽，浙江；朝鲜，日本，俄罗斯。

资料来源：张保石，朱明生，2008，蛛形纲：蜘蛛目。《宝天曼自然保护区昆虫》，中国农业科学技术出版社。

华丽盖蛛 *Neriene nitens* Zhu *et* Chen, 1991

省内产地：辉县八里沟，辉县关山，嵩县天池山，信阳鸡公山，罗山县董寨白云站，新县连康山老庙保护站，商城金刚台自然保护区，宜阳花果山，内乡宝天曼，济源王屋山，林州石板岩，登封少室山。

分布：河南，福建，浙江，安徽，湖南，湖北，四川。

资料来源：张保石，朱明生，2008，蛛形纲：蜘蛛目。《宝天曼自然保护区昆虫》，中国农业科学技术出版社。

大井盖蛛 *Neriene oidedicata* Helsdingen, 1969

省内产地：栾川，偃师，济源王屋山。

分布：河南，吉林，江苏，浙江，湖北，湖南；朝鲜，日本，俄罗斯。

资料来源：申效诚，1993，河南昆虫名录。中国农业科学技术出版社。

花腹盖蛛 *Neriene radiata* (Walckenaer, 1841)

省内产地：西峡，栾川。

分布：河南，河北，北京，吉林，辽宁，陕西，甘肃，宁夏，山西，陕西，安徽，江苏，浙江，湖北，湖南，台湾，四川，云南，贵州；全北区。

资料来源：申效诚，1993，河南昆虫名录。中国农业科学技术出版社。

赞皇盖蛛 *Neriene zanhuangica* Zhu *et* Tu, 1986

省内产地：卢氏大块地，宜阳花果山。

分布：河南，河北。

资料来源：朱明生，张保石，2011，河南蜘蛛志。科学出版社。

和龙瘤胸蛛 *Oedothorax hulongensis* Zhu *et* Wen, 1980

省内产地：荥阳，栾川，淅川，商城。

分布：河南，吉林，辽宁，河北，山西，甘肃，浙江，湖北；俄罗斯。

资料来源：申效诚，1993，河南昆虫名录。中国农业科学技术出版社。

短突良次蛛 *Oia breviprocessia* Song *et* Li, 2010

省内产地：内乡宝天曼(模式产地)。

分布：河南。

资料来源：Song Yanjing *et* Li Shuqiang, 2010, Three new record genera and three new species of Erigoninae from China (Araneae, Linyphiidae). *Acta Zootaxonomica Sinica*, 35(4): 703~715.

***Savignia rostellatra* Song *et* Li, 2009**

省内产地：荥阳环翠峪(模式产地)。

分布：河南。

资料来源：Song Yanjing *et* Li Shuqiang, 2009, Two new erigonine species (Araneae: Linyphiidae) from caves in China. *The Pan-Pacific Entomologist*, 85(2): 58~69.

河南华皿蛛 *Sinolinyphia henanensis*(Hu, Wang *et* Wang, 1991)

省内产地：内乡宝天曼。

分布：河南，辽宁，安徽，福建，湖北，湖南，贵州，陕西。

资料来源：胡金林，王正用，王治国，1991，内乡宝天曼自然保护区九种蜘蛛的记述。河南科学，9(2)：38~51。

斑苔蛛 *Tapinopa guttata* Komatsu, 1937

省内产地：内乡宝天曼。

分布：河南，河北，辽宁，吉林；俄罗斯，日本。

资料来源：朱明生，张保石，2011，河南蜘蛛志。科学出版社。

钩舟细蛛 *Tenuiphantes aduncus* (Zhu, Li *et* Sha, 1986)

钩舟斑皿蛛 *Lephyphantes aduncus* Zhu, Li *et* Sha, 1986

省内产地：嵩县天池山。

分布：河南，湖北，青海。

资料来源：张保石，朱明生，2008，蛛形纲：蜘蛛目。《宝天曼自然保护区昆虫》，中国农业科学技术出版社。

阴沟瘤蛛 *Ummeliata feminea* (Boesenberg *et* Strand, 1906)

Oedothorax feminea Boesenberg *et* Strand, 1906

栅地瘤胸蛛 *Oedothorax tokyoensis* (Uyemura, 1943)

省内产地：嵩县天池山，栾川县龙峪湾，济源王屋山，林州石板岩，辉县上八里关山，卢氏大块地，内乡宝天曼，商城。

分布：河南，河北，北京，吉林，甘肃，青海，陕西，山西，山东，湖北，福建；朝鲜，日本。

资料来源：张保石，朱明生，2008，蛛形纲：蜘蛛目。《宝天曼自然保护区昆虫》，中国农业科学技术出版社。

食虫沟瘤蛛 *Ummeliata insecticeps* (Boesenberg *et* Strand, 1906)

Oedothorax insecticeps Boesenberg *et* Strand, 1906

省内产地：安阳，新乡，辉县，修武，栾川，洛阳，新安，郑州，中牟，尉氏，开封，民权，商丘，夏邑，郸城，南阳，新野，信阳。

分布：河南，吉林，山东，山西，陕西，安徽，江苏，浙江，江西，福建，台湾，湖北，湖南，广东，四川，贵州；越南，日本，俄罗斯。

资料来源：申效诚，1993，河南昆虫名录。中国农业科学技术出版社。

一六、肖蛸科 Tetragnathidae

本科全世界共 48 属 937 种，中国记载 19 属 114 种，河南记录 6 属 22 种。

大熊双胜蛛 *Diphya okumae* Tanikawa, 1995

省内产地：信阳鸡公山，内乡宝天曼。

分布：河南，湖北；日本。

资料来源：张保石，朱明生，2008，蛛形纲：蜘蛛目。《宝天曼自然保护区昆虫》，中国农业科学技术出版社。

肩斑银鳞蛛 *Leucauge blanda* (L. Koch, 1878)

省内产地：新县，商城。

分布：河南，山东，安徽，浙江，台湾，湖北，湖南，广东，四川，云南，贵州，陕西；日本，韩国，俄罗斯。

资料来源：申效诚，1993，河南昆虫名录。中国农业科学技术出版社。

西里银鳞蛛 *Leucauge celebesiana* (Walckenaer, 1842)

省内产地：罗山县董寨白云站，新县连康山老庙保护站，卢氏大块地。

分布：河南，浙江，江西，湖南，湖北，广西，海南，四川，贵州，云南，西藏；印度，日本，印度尼西亚，巴布亚新几内亚。

资料来源：张保石，朱明生，2008，蛛形纲：蜘蛛目。《宝天曼自然保护区昆虫》，中国农业科学技术出版社。

大银鳞蛛 *Leucauge magnifica* Yaginuma, 1954

省内产地：嵩县白云山，内乡宝天曼，济源，新县，商城。

分布：河南，吉林，浙江，安徽，福建，山东，湖南，湖北，广东，广西，海南，四川，贵州，云南，陕西，台湾；韩国，日本。

资料来源：张保石，朱明生，2008，蛛形纲：蜘蛛目。《宝天曼自然保护区昆虫》，中国农业科学技术出版社。

近蕾银鳞蛛 *Leucauge subgemmea* Boesenberg *et* Strand, 1906

省内产地：栾川县龙峪湾，内乡宝天曼，信阳鸡公山，罗山县董寨白云站，新县连康山老庙保护站，洛阳花果山，内乡宝天曼。

分布：河南，吉林，湖南，湖北，贵州，陕西；韩国，日本。

资料来源：张保石，朱明生，2008，蛛形纲：蜘蛛目。《宝天曼自然保护区昆虫》，中国农业科学技术出版社。

武陵银鳞蛛 *Leucauge wulingensis* Song *et* Zhu, 1992

省内产地：辉县松树坪，罗山县董寨白云站，新县连康山老庙保护站。

分布：河南，湖南，湖北，四川，贵州，云南，陕西。

资料来源：张保石，朱明生，2008，蛛形纲：蜘蛛目。《宝天曼自然保护区昆虫》，中国农业科学技术出版社。

佐贺后鳞蛛 *Metleucauge kompirensis*(Boesenberg *et* Strand, 1906)

省内产地：内乡宝天曼。

分布：河南，浙江，四川，贵州，云南，台湾；俄罗斯，韩国，日本。

资料来源：张保石，朱明生，2008，蛛形纲：蜘蛛目。《宝天曼自然保护区昆虫》，中国农业科学技术出版社。

镜斑后鳞蛛 *Metleucauge yunohamensis* (Boesenberg *et* Strand, 1906)

省内产地：嵩县白云山，辉县八里沟，栾川龙峪湾。

分布：河南，吉林，山西，河北，陕西，台湾；朝鲜，日本，俄罗斯。

资料来源：张保石，朱明生，2008，蛛形纲：蜘蛛目。《宝天曼自然保护区昆虫》，中国农业科

学技术出版社。

克氏粗螯蛛 *Pachygnatha clercki* Sundevall, 1823

省内产地：商城。

分布：河南，河北，吉林，陕西，新疆；日本，韩国，英国，德国，美国。

资料来源：申效诚，1993，河南昆虫名录。中国农业科学技术出版社。

四斑粗螯蛛 *Pachygnatha quadrimaculata* (Boesenberg *et* Strand, 1906)

四斑锯螯蛛 *Dyschiriognatha quadrimaculata* Boesenberg *et* Strand

省内产地：安阳，新乡，辉县，嵩县，郑州，周口，中牟，南阳，信阳。

分布：河南，河北，吉林，北京，山东，陕西，安徽，江苏，浙江，江西，福建，湖北，湖南，广东，广西，云南，贵州；日本，韩国。

资料来源：申效诚，1993，河南昆虫名录。中国农业科学技术出版社。

柔弱粗螯蛛 *Pachygnatha tenera* (Karsch, 1879)

柔弱锯螯蛛 *Dyschiriognatha tenera* (Karsch)

省内产地：新乡，辉县，洛阳，郑州，开封，商丘，汝州，郸城，南阳，信阳。

分布：河南，北京，黑龙江，吉林，辽宁，内蒙古，陕西，山西，山东，安徽，江苏，浙江，福建，江西，湖北，湖南，广东；日本，韩国。

资料来源：申效诚，1993，河南昆虫名录。中国农业科学技术出版社。

陈氏肖蛸 *Tetragnatha cheni* Zhu, Song *et* Zhang, 2003

省内产地：内乡宝天曼，商城金刚台自然保护区。

分布：河南，贵州。

资料来源：朱明生，张保石，2011，河南蜘蛛志。科学出版社。

直伸肖蛸 *Tetragnatha extensa* (Linnaeus, 1758)

省内产地：林州石板岩，信阳，南阳，商城，新县，西平，荥阳。

分布：河南，河北，吉林，辽宁，北京，甘肃，宁夏，山西，山东，陕西，江苏，安徽，江西，湖南，广东；全北区。

资料来源：张保石，朱明生，2008，蛛形纲：蜘蛛目。《宝天曼自然保护区昆虫》，中国农业科学技术出版社。

尖尾肖蛸 *Tetragnatha caudicula* (Karsch, 1879)

爪哇肖蛸 *Tetragnatha javana* (Thorell, 1890)

省内产地：信阳，新县，商城，辉县。

分布：河南，山东，陕西，新疆，安徽，浙江，江西，福建，台湾，湖北，湖南，广东，广西，海南，四川，贵州，云南，西藏；日本，菲律宾，印度尼西亚；非洲。

资料来源：申效诚，1993，河南昆虫名录。中国农业科学技术出版社。

长螯肖蛸 *Tetragnatha mandibulata* Walckenaer, 1842

省内产地：尉氏。

分布：河南，江苏，浙江，福建，广东，广西，海南，香港，四川，云南，贵州，西藏；孟加拉国到菲律宾，澳大利亚；非洲。

资料来源：申效诚，1993，河南昆虫名录。中国农业科学技术出版社。

锥腹肖蛸 *Tetragnatha maxillosa* Thorell, 1895

锥腹肖蛸 *Tetragnatha japonica* Boesenberg *et* Strand

省内产地：辉县松树坪，栾川县龙峪湾，罗山县董寨白云站，辉县关山，卢氏大块地，新乡，延津，辉县，洛阳，嵩县，偃师，巩义，郑州，中牟，尉氏，开封，杞县，兰考，民权，商丘，郸城，淮阳，南阳，新野，信阳，商城，潢川。

分布：河南，河北，辽宁，新疆，江苏，浙江，安徽，江西，湖南，湖北，四川，福建，广东，广西；南非，孟加拉国至菲律宾，新赫布里底。

资料来源：张保石，朱明生，2008，蛛形纲：蜘蛛目。《宝天曼自然保护区昆虫》，中国农业科

学技术出版社。

华丽肖蛸 *Tetragnatha nitens* (Auduin, 1826)

省内产地：固始，商城，辉县。

分布：河南，河北，陕西，新疆，浙江，江西，福建，台湾，湖北，湖南，广东，广西，四川，云南，贵州；遍布热带区。

资料来源：申效诚，1993，河南昆虫名录。中国农业科学技术出版社。

羽斑肖蛸 *Tetragnatha pinicola* L. Koch, 1870

省内产地：辉县八里沟，嵩县天池山，嵩县白云山，栾川县龙峪湾，罗山县董寨白云站，桐柏县城附近小山，林州石板岩，辉县关山。

分布：河南，河北，北京，吉林，山西，陕西，山东，甘肃；古北区。

资料来源：张保石，朱明生，2008，蛛形纲：蜘蛛目。《宝天曼自然保护区昆虫》，中国农业科学技术出版社。

前齿肖蛸 *Tetragnatha praedonia* L. Koch, 1878

黑色肖蛸 *Tetragnatha nigrita* Lendle

省内产地：辉县松树坪，栾川县龙峪湾，辉县八里沟，嵩县天池山，信阳鸡公山，罗山县董寨白云站，桐柏县城附近小山，林州石板岩，辉县关山，洛阳花果山，卢氏大块地，内乡宝天曼，汝州，南阳。

分布：河南，河北，山东，陕西，宁夏，新疆，江苏，安徽，浙江，台湾，江西，湖南，湖北，四川，台湾，福建，广东，四川，云南，贵州；朝鲜，日本。

资料来源：张保石，朱明生，2008，蛛形纲：蜘蛛目。《宝天曼自然保护区昆虫》，中国农业科学技术出版社。

鳞纹肖蛸 *Tetragnatha squamata* Karsch, 1879

省内产地：林州石板岩，洛阳花果山，卢氏大块地，安阳，新乡，延津，修武，辉县，洛阳，荥阳，郑州，中牟，开封，杞县，民权，汝州，南阳，新野，信阳。

分布：河南，河北，山东，山西，新疆，陕西，江苏，安徽，浙江，江西，湖南，湖北，四川，云南，台湾，福建，广东；朝鲜，日本。

资料来源：张保石，朱明生，2008，蛛形纲：蜘蛛目。《宝天曼自然保护区昆虫》，中国农业科学技术出版社。

圆尾肖蛸 *Tetragnatha vermiformis* Emerton, 1884

卵腹肖魈 *Tetragnatha shikokiana* Yaginuma

朝鲜肖蛸 *Tetragnatha coreana* Seo *et* Paik, 1981

省内产地：林州石板岩，辉县关山，洛阳花果山，卢氏大块地，安阳，新乡，修武，延津，洛阳，嵩县，汝州，郑州，登封，密县，巩义，中牟，尉氏，开封，兰考，民权，商丘，郸城，南阳，信阳。

分布：河南，河北，吉林，陕西，江苏，浙江，安徽，江西，湖南，湖北，四川，福建，广东；朝鲜，日本至南非，美国至巴拿马。

资料来源：张保石，朱明生，2008，蛛形纲：蜘蛛目。《宝天曼自然保护区昆虫》，中国农业科学技术出版社。

郭氏卧龙蛛 *Wolongia guoi* Zhu, Kim *et* Song, 1997

省内产地：卢氏大块地。

分布：河南，四川，陕西，湖北。

资料来源：张保石，朱明生，2008，蛛形纲：蜘蛛目。《宝天曼自然保护区昆虫》，中国农业科学技术出版社。

一七、络新妇科 Nephilidae

全世界记述 4 属 57 种。中国 3 属 5 种，河南记录 1 属 1 种。

棒络新妇蛛 *Nephila clavata* L. Koch, 1878

省内产地：内乡宝天曼，郑州黄河岸边，桐柏，栾川。

分布：河南，北京，辽宁，河北，山西，山东，安徽，浙江，台湾，湖北，湖南，海南，广西，四川，云南，贵州，陕西；印度至日本。

资料来源：申效诚，1993，河南昆虫名录。中国农业科学技术出版社。

一八、园蛛科 Araneidae

本科全世界共 167 属 2985 种，中国记载 40 属 324 种，河南记录 18 属 46 种。

褐肋园蛛 *Alenatea fuscocolorata* (Boesenberg *et* Strand, 1906)

省内产地：内乡宝天曼，兰考，开封，尉氏，杞县，中牟，荥阳，栾川。

分布：河南，河北，宁夏，甘肃，新疆，陕西，山西，山东，浙江，江西，湖南，湖北，四川；日本。

资料来源：张保石，朱明生，2008，蛛形纲：蜘蛛目。《宝天曼自然保护区昆虫》，中国农业科学技术出版社。

耳状园蛛 *Araneus auriculatus* Song *et* Zhu, 1992

省内产地：辉县关山，宜阳花果山，内乡宝天曼。

分布：河南，湖北。

资料来源：朱明生，张保石，2011，河南蜘蛛志。科学出版社。

黄斑圆蛛 *Araneus ejusmodi* Boesenberg *et* Strand, 1906

省内产地：郑州，新乡，洛阳，偃师，辉县，尉氏，开封，南阳，信阳。

分布：河南，山东，山西，安徽，江苏，浙江，福建，上海，湖北，湖南，江西，广东，四川，贵州，陕西；日本。

资料来源：申效诚，1993，河南昆虫名录。中国农业科学技术出版社。

椭圆圆蛛 *Araneus elliptica* Tikader *et* Bal, 1981

Neoscona griseomacilata Yin *et* Wang, 1982

省内产地：具体不详。

分布：河南，江苏，江西，福建，湖北，湖南，广东，海南，广西，贵州，云南；印度。

资料来源：申效诚，1993，河南昆虫名录。中国农业科学技术出版社。

豫圆蛛 *Araneus henanensis* (Hu *et al.*, 1991)

省内产地：内乡(模式产地)。

分布：河南，湖南，福建。

资料来源：尹长民等，1997，中国动物志 无脊椎动物 第十卷 蛛形纲 园蛛科。科学出版社。

花岗园蛛 *Araneus marmoreus* Clerck, 1757

省内产地：内乡宝天曼。

分布：河南，山西，内蒙古，新疆；日本；欧洲。

资料来源：张保石，朱明生，2008，蛛形纲：蜘蛛目。《宝天曼自然保护区昆虫》，中国农业科学技术出版社。

杂黑斑圆蛛 *Araneus variegatus* Yaginuma, 1960

省内产地：安阳，新乡，辉县，修武，中牟，尉氏，杞县，南阳，信阳。

分布：河南，吉林，辽宁，山东，四川；日本。

资料来源：申效诚，1993，河南昆虫名录。中国农业科学技术出版社。

大腹圆蛛 *Araneus ventricosus* (L. Koch, 1878)

省内产地：辉县八里沟，嵩县白云山，栾川县龙峪湾，内乡宝天曼，桐柏县淮河源森林公园，林州石板岩，安阳，新乡，延津，修武，洛阳，巩义，郑州，中牟，开封，尉氏，杞县，商丘，夏邑，南阳，信阳。

分布：河南，山东，河北，北京，黑龙江，吉林，山西，陕西，内蒙古，宁夏，青海，甘肃，新疆，安徽，江苏，浙江，福建，台湾，湖北，湖南，江西，广东，广西，海南，四川，贵州，云南；朝鲜，日本，俄罗斯。

资料来源：张保石，朱明生，2008，蛛形纲：蜘蛛目。《宝天曼自然保护区昆虫》，中国农业科学技术出版社。

八痣蛛 *Araniella cucurbitina* (Clerck, 1757)

省内产地：郑州。

分布：河南，甘肃，吉林，内蒙古，新疆；俄罗斯，日本；欧洲。

资料来源：申效诚，1993，河南昆虫名录。中国农业科学技术出版社。

六痣蛛 *Araniella displicata* (Hentz, 1847)

省内产地：登封，荥阳，嵩县。

分布：河南，山东，山西，四川，湖南，安徽，宁夏，陕西，新疆，甘肃，北京，内蒙古，吉林，黑龙江，江苏；古北区，新北区。

资料来源：申效诚，1993，河南昆虫名录。中国农业科学技术出版社。

好胜金蛛 *Argiope aemula* (Walckenaer, 1841)

省内产地：商城。

分布：河南，福建，台湾，湖南，广东，海南，香港，广西，云南；印度，印度尼西亚，巴布亚新几内亚，斯里兰卡，马来西亚。

资料来源：申效诚，1993，河南昆虫名录。中国农业科学技术出版社。

悦目金蛛 *Argiope amoena* L. Koch, 1878

省内产地：商城金刚台自然保护区，新县。

分布：河南，江苏，安徽，浙江，湖北，江西，湖南，福建，台湾，广东，海南，广西，四川，贵州，云南；日本，巴布亚新几内亚，朝鲜。

资料来源：申效诚，1993，河南昆虫名录。中国农业科学技术出版社。

横纹金蛛 *Argiope bruennichi* (Scopoli, 1772)

省内产地：辉县八里沟，信阳鸡公山，罗山县董寨白云站，林州石板岩，辉县关山，济源王屋山，南阳。

分布：河南，河北，黑龙江，吉林，辽宁，内蒙古，宁夏，新疆，山东，安徽，江苏，浙江，江西，福建，湖北，湖南，广东，海南，广西，四川，贵州，云南；西非，土耳其，俄罗斯，日本，印度尼西亚；欧洲。

资料来源：申效诚，1993，河南昆虫名录。中国农业科学技术出版社。

小悦目金蛛 *Argiope minuta* Karsch, 1879

省内产地：罗山县董寨白云站，新县连康山老庙保护站，商城金刚台自然保护区。

分布：河南，安徽，浙江，湖北，江西，湖南，福建，台湾，广东，广西，四川，贵州，云南；日本。

资料来源：张保石，朱明生，2008，蛛形纲：蜘蛛目。《宝天曼自然保护区昆虫》，中国农业科学技术出版社。

日本壮头蛛 *Chorizopes nipponicus* Yaginuma, 1963

省内产地：嵩县天池山，栾川县龙峪湾，信阳鸡公山，罗山县董寨白云站，新县连康山老庙保护站，商城金刚台自然保护区，卢氏大块地。

分布：河南，浙江，湖南，湖北，广西；日本。

资料来源：张保石，朱明生，2008，蛛形纲：蜘蛛目。《宝天曼自然保护区昆虫》，中国农业科学技术出版社。

银背艾蛛 *Cyclosa argenteoalba* Boesenberg *et* Strand, 1906

省内产地：栾川。

分布：河南，山东，安徽，浙江，江西，福建，台湾，湖南，广东，广西，四川，贵州，云南；

日本。

资料来源：申效诚，1993，河南昆虫名录。中国农业科学技术出版社。

黑尾艾蛛 *Cyclosa atrata* Boesenberg *et* Strand, 1906

省内产地：商城金刚台自然保护区，嵩县。

分布：河南，安徽，浙江，湖南，湖北，广西，四川，贵州，云南；日本。

资料来源：申效诚，1993，河南昆虫名录。中国农业科学技术出版社。

长腹艾蛛 *Cyclosa ginnaga* Yaginuma, 1960

省内产地：西峡，商城。

分布：河南，山东，浙江，台湾；日本。

资料来源：申效诚，1993，河南昆虫名录。中国农业科学技术出版社。

山地艾蛛 *Cyclosa monticola* Boesenberg *et* Strand, 1906

省内产地：嵩县白云山，栾川县龙峪湾，内乡宝天曼。

分布：河南，甘肃，新疆，安徽，浙江，湖北，江西，湖南，福建，台湾，四川，贵州，云南。

资料来源：申效诚，1993，河南昆虫名录。中国农业科学技术出版社。

八瘤艾蛛 *Cyclosa octotuberculata* Karsch, 1879

省内产地：栾川县龙峪湾，商城。

分布：河南，吉林，辽宁，甘肃，陕西，山东，江苏，安徽，浙江，湖北，江西，湖南，福建，台湾，广东，广西，四川，贵州，云南；日本。

资料来源：申效诚，1993，河南昆虫名录。中国农业科学技术出版社。

四突艾蛛 *Cyclosa sedeculata* Karsch, 1879

省内产地：西峡。

分布：河南，陕西，安徽，浙江，江西，福建，湖北，湖南，广西，四川；日本。

资料来源：申效诚，1993，河南昆虫名录。中国农业科学技术出版社。

裂尾艾蛛 *Cyclosa senticanda* Zhu *et* Wang, 1994

省内产地：辉县松树坪，嵩县白云山，栾川县龙峪湾，内乡宝天曼。

分布：河南，陕西。

资料来源：张保石，朱明生，2008，蛛形纲：蜘蛛目。《宝天曼自然保护区昆虫》，中国农业科学技术出版社。

蟾蜍曲腹蛛 *Cyrtarachne bufo* (Bösenberg *et* Strand, 1906)

省内产地：具体不详。

分布：河南，福建，湖南，四川，贵州，云南，台湾；日本。

资料来源：朱明生，张保石，2011，河南蜘蛛志。科学出版社。

对称曲腹蛛 *Cyrtarachne inaequalis* Thorell, 1895

省内产地：中牟，信阳。

分布：河南，福建，台湾，湖南，广西，云南，贵州；日本，缅甸。

资料来源：申效诚，1993，河南昆虫名录。中国农业科学技术出版社。

汤原曲腹蛛 *Cyrtarachne yunoharuensis* Strand, 1918

省内产地：新县连康山老庙保护站。

分布：河南，湖南，福建，云南；日本。

资料来源：张保石，朱明生，2008，蛛形纲：蜘蛛目。《宝天曼自然保护区昆虫》，中国农业科学技术出版社。

摩鹿加云斑蛛 *Cyrtophora moluccensis* (Doleschall, 1857)

省内产地：新县连康山老庙保护站。

分布：河南，安徽，浙江，江西，湖南，福建，台湾，广西，四川，贵州，云南；日本，印度；大洋洲等。

资料来源：张保石，朱明生，2008，蛛形纲：蜘蛛目。《宝天曼自然保护区昆虫》，中国农业科

学技术出版社。

宝天曼转刺蛛 *Eriophora baotianmanensis* (Hu, Wang *et* Wang, 1991)

宝天曼园蛛 *Araneus baotianmanensis* Hu *et al*., 1991

陕西转刺蛛 *Eriophora shaanxianensis* Zhu *et* Wang, 1994

王氏转刺蛛 *Eriophora wangi* Zhu *et* Song, 1994

省内产地：内乡宝天曼(模式产地)，嵩县天池山，嵩县白云山，栾川县龙峪湾，信阳鸡公山，辉县八里沟。

分布：河南，陕西。

资料来源：朱明生，张保石，2011，河南蜘蛛志。科学出版社。

库氏棘腹蛛 *Gasteracantha kuhli* C. L. Koch, 1837

省内产地：辉县八里沟，辉县松树坪，辉县八里沟，桐柏县水濂寺，桐柏县淮河源森林公园，信阳鸡公山，罗山县董寨白云站，新县连康山老庙保护站，商城金刚台自然保护区，内乡宝天曼，登封，西峡。

分布：河南，河北，山东，陕西，北京，辽宁，安徽，江苏，福建，湖南，台湾，广东，香港，广西，贵州，云南；印度(锡金)，柬埔寨，泰国，缅甸，不丹，印度尼西亚，新加坡，菲律宾。

资料来源：张保石，朱明生，2008，蛛形纲：蜘蛛目。《宝天曼自然保护区昆虫》，中国农业科学技术出版社。

四点高亮腹蛛 *Hypsosinga pygmaea* (Sundevall, 1831)

省内产地：安阳，新乡，辉县，延津，修武，陕县，洛阳，郑州，中牟，尉氏，民权，郸城，许昌，汝州，南阳，新野，信阳。

分布：河南，黑龙江，内蒙古，宁夏，甘肃，新疆，陕西，山东，北京，安徽，江苏，浙江，江西，福建，湖北，湖南，广东，广西，四川，云南，贵州；古北区，新北区。

资料来源：申效诚，1993，河南昆虫名录。中国农业科学技术出版社。

红高亮腹蛛 *Hypsosinga sanguinea* (C. L. Koch, 1844)

省内产地：辉县八里沟，嵩县天池山，遂平县嵖岈山，罗山县董寨白云站，杞县。

分布：河南，吉林，辽宁，内蒙古，河北，山东，山西，北京，陕西，甘肃，新疆，浙江，湖南，四川；欧洲，北非。

资料来源：张保石，朱明生，2008，蛛形纲：蜘蛛目。《宝天曼自然保护区昆虫》，中国农业科学技术出版社。

黄金近肥蛛 *Lariniaria argiopiformis* (Boesenberg *et* Strand, 1906)

黄金肥蛛 *Larinia argiopiformis* Boesenberg *et* Strand, 1906

省内产地：商城金刚台自然保护区，安阳，辉县，洛阳，偃师，郑州，淮阳，西平，南阳，信阳。

分布：河南，山东，陕西，安徽，江苏，浙江，江西，湖北，湖南，广东，四川，贵州；日本。

资料来源：申效诚，1993，河南昆虫名录。中国农业科学技术出版社。

角类肥蛛 *Larinioides cornuta* (Clerck, 1757)

省内产地：安阳，新乡，辉县，嵩县，伊川，偃师，郑州，中牟，尉氏，商丘，洛阳，南阳，新野，信阳。

分布：河南，北京，黑龙江，吉林，辽宁，内蒙古，河北，山东，山西，陕西，浙江，湖北，湖南，江西，四川，贵州，云南；日本，全北区。

资料来源：申效诚，1993，河南昆虫名录。中国农业科学技术出版社。

角斑芒果蛛 *Mangora angulopicta* Yin *et al.*, 1990

省内产地：嵩县白云山，栾川县龙峪湾。

分布：河南，安徽，湖南，广西。

资料来源：张保石，朱明生，2008，蛛形纲：蜘蛛目。《宝天曼自然保护区昆虫》，中国农业科学技术出版社。

灌木新园蛛 *Neoscona adianta* (Walckenaer, 1802)

省内产地：辉县关山，卢氏大块地，内乡宝天曼，新乡，郑州，洛阳，南阳。

分布：河南，黑龙江，吉林，辽宁，内蒙古，宁夏，新疆，河北，山东，山西，湖北，湖南，四川；日本，古北区。

资料来源：申效诚，1993，河南昆虫名录。中国农业科学技术出版社。

霍氏新园蛛 *Neoscona holmi* (Schenkel, 1953)

省内产地：卢氏大块地，内乡宝天曼，安阳，濮阳，新乡，延津，辉县，洛阳，伊川，汝州，偃师，郑州，中牟，尉氏，密县，开封，杞县，兰考，民权，夏邑，商丘，郸城，南阳，新野，信阳。

分布：河南，北京，吉林，辽宁，内蒙古，河北，山西，山东，陕西，宁夏，新疆，安徽，江苏，浙江，江西，福建，台湾，湖北，湖南，广东，海南，四川，贵州；朝鲜。

资料来源：申效诚，1993，河南昆虫名录。中国农业科学技术出版社。

梅氏新园蛛 *Neoscona melloteei* (Simon, 1895)

省内产地：新县连康山老庙保护站，林州石板岩，辉县关山，济源王屋山，偃师，栾川。

分布：河南，北京，陕西，福建，台湾，湖南，广西，四川；日本。

资料来源：张保石，朱明生，2008，蛛形纲：蜘蛛目。《宝天曼自然保护区昆虫》，中国农业科学技术出版社。

小青新园蛛 *Neoscona multiplicans* (Chamberlin, 1924)

Neoscona minoriscylla Yin *et al.*, 1990

省内产地：栾川县龙峪湾，罗山县董寨白云站，新县连康山老庙保护站，商城金刚台自然保护区，内乡宝天曼。

分布：河南，浙江，湖南，福建，广西，海南，云南。

资料来源：张保石，朱明生，2008，蛛形纲：蜘蛛目。《宝天曼自然保护区昆虫》，中国农业科学技术出版社。

嗜水新园蛛 *Neoscona nautica* (L. Koch, 1875)

省内产地：安阳，新乡，辉县，郑州，洛阳，汝州，新野，信阳，新县，商城，潢川。

分布：河南，黑龙江，山西，陕西，山东，安徽，江苏，浙江，江西，福建，台湾，湖北，湖南，海南，广西，四川，云南，贵州，西藏；全球各大区。

资料来源：申效诚，1993，河南昆虫名录。中国农业科学技术出版社。

拟嗜水新园蛛 *Neoscona pseudonautica* Yin *et al.*, 1990

省内产地：内乡宝天曼。

分布：河南，浙江，福建，湖南，海南。

资料来源：朱明生，张保石，2011，河南蜘蛛志。科学出版社。

青新园蛛 *Neoscona scylla* (Karsch, 1879)

省内产地：辉县八里沟，嵩县天池山，栾川县龙峪湾，卢氏大块地，内乡宝天曼。

分布：河南，湖北，湖南，台湾，福建，江西，四川，贵州，云南；日本。

资料来源：张保石，朱明生，2008，蛛形纲：蜘蛛目。《宝天曼自然保护区昆虫》，中国农业科学技术出版社。

类青新园蛛 *Neoscona scylloides* (Boesenberg *et* Strand, 1906)

省内产地：内乡宝天曼。

分布：河南，浙江，安徽，福建，山东，江西，湖南，四川，台湾；朝鲜，日本。

资料来源：朱明生，张保石，2011，河南蜘蛛志。科学出版社。

半月新园蛛 *Neoscona semilunaris* (Karsch, 1879)

省内产地：内乡宝天曼。

分布：河南，浙江，安徽，山东，江西，湖南，四川，陕西；朝鲜，日本。

资料来源：朱明生，张保石，2011，河南蜘蛛志。科学出版社。

茶色新园蛛 *Neoscona theisi* (Walckenaer, 1841)

省内产地：卢氏大块地，安阳，新乡，辉县，洛阳，汝州，郑州，民权，杞县，商丘，郸城，登封，遂平，南阳，新野，信阳，商城，新县。

分布：河南，河北，山东，陕西，甘肃，安徽，浙江，江西，福建，台湾，湖北，湖南，广东，四川，贵州，云南；印度，孟加拉国，新西兰，日本。

资料来源：申效诚，1993，河南昆虫名录。中国农业科学技术出版社。

棕类岬蛛 *Pronoides brunneus* Schenkel, 1936

省内产地：辉县八里沟，嵩县天池山，嵩县白云山，郑州黄河岸边。

分布：河南，北京，陕西，山西，四川；朝鲜，日本，俄罗斯。

资料来源：张保石，朱明生，2008，蛛形纲：蜘蛛目。《宝天曼自然保护区昆虫》，中国农业科学技术出版社。

黑亮腹蛛 *Singa hamata* (Clerck, 1757)

省内产地：安阳，新乡，延津，辉县，灵宝，伊川，偃师，巩义，郑州，中牟，尉氏，开封，兰考，杞县，民权，商丘，郸城，洛阳，南阳，信阳，商城。

分布：河南，黑龙江，吉林，辽宁，内蒙古，宁夏，甘肃，青海，新疆，陕西，山西，山东，河北，北京，安徽，江苏，浙江，湖北，湖南，广东，四川，贵州；土耳其，俄罗斯；欧洲。

资料来源：申效诚，1993，河南昆虫名录。中国农业科学技术出版社。

叶斑八氏蛛 *Yaginumia sia* (Strand, 1906)

省内产地：安阳，新乡，辉县，修武，偃师，郑州，杞县，商丘，南阳，洛阳，信阳。

分布：河南，山东，新疆，安徽，江苏，浙江，福建，湖北，湖南，广东，广西，台湾，四川，贵州，云南；日本。

资料来源：申效诚，1993，河南昆虫名录。中国农业科学技术出版社。

一九、狼蛛科 Lycosidae

本科全世界共 110 属 2339 种，中国记载 22 属近 300 种，河南记录 8 属 39 种。

刺舞蛛 *Alopecosa aculeata* (Clerck, 1758)

省内产地：嵩县天池山，内乡宝天曼。

分布：河南，北京，黑龙江，吉林，宁夏，新疆，陕西，山东；全北区。

资料来源：张保石，朱明生，2008，蛛形纲：蜘蛛目。《宝天曼自然保护区昆虫》，中国农业科学技术出版社。

白纹舞蛛 *Alopecosa albostriata* (Grube, 1861)

省内产地：遂平县嵖岈山，桐柏县淮河源森林公园。

分布：河南，河北，北京，黑龙江，吉林，内蒙古，甘肃，青海，新疆，陕西，山西，山东，云南；朝鲜，日本，法国。

资料来源：张保石，朱明生，2008，蛛形纲：蜘蛛目。《宝天曼自然保护区昆虫》，中国农业科学技术出版社。

细纹舞蛛 *Alopecosa cinnameopilosa* (Schenkel, 1963)

Tarentula cinnameopilosa Schenkel

省内产地：荥阳，内乡。

分布：河南，北京，河北，山西，内蒙古，吉林，山东，湖南，广东，甘肃，新疆；朝鲜，日本。

资料来源：朱明生，张保石，2011，河南蜘蛛志。科学出版社。

利氏舞蛛 *Alopecosa licenti* (Schenkel, 1953)

北舞蛛 *Tarentula licenti* Schenkel

狭孔双窗舞蛛 *Tarentula fenestrata pseudobarbipes* Schenkel

省内产地：郑州，荥阳，商城。

分布：河南，北京，河北，山西，内蒙古，辽宁，吉林，黑龙江，山东，四川，陕西，甘肃，宁夏；韩国。

资料来源：朱明生，张保石，2011，河南蜘蛛志。科学出版社。

片熊蛛 *Arctosa laminata* Yu *et* Song, 1988

省内产地：罗山县董寨白云站，新县连康山老庙保护站。

分布：河南，安徽，广西，福建；日本。

资料来源：张保石，朱明生，2008，蛛形纲：蜘蛛目。《宝天曼自然保护区昆虫》，中国农业科学技术出版社。

湄潭熊蛛 *Arctosa meitanensis* Yin *et al.*, 1993

省内产地：信阳鸡公山。

分布：河南，贵州。

资料来源：朱明生，张保石，2011，河南蜘蛛志。科学出版社。

锯齿熊蛛 *Arctosa serrulata* Mao *et* Song, 1985

省内产地：信阳(模式产地)，桐柏县淮河源森林公园，信阳鸡公山，罗山县董寨白云站，商城金刚台自然保护区，登封少林寺。

分布：河南，陕西，湖北，湖南，江西，贵州。

资料来源：张保石，朱明生，2008，蛛形纲：蜘蛛目。《宝天曼自然保护区昆虫》，中国农业科学技术出版社。

多斑熊蛛 *Arctosa stigmosa* (Thorell, 1875)

Arctosa cervina Schenkel

省内产地：开封，杞县，荥阳，商城。

分布：河南，北京，河北，山西，吉林，浙江，安徽，山东，湖南，广东，四川，陕西，甘肃，青海，宁夏，新疆；古北区。

资料来源：申效诚，1993，河南昆虫名录。中国农业科学技术出版社。

旬阳熊蛛 *Arctosa xunyangensis* Wang *et* Qiu, 1992

省内产地：卢氏大块地，嵩县天池山。

分布：河南，湖南，湖北，山西，山东。

资料来源：张保石，朱明生，2008，蛛形纲：蜘蛛目。《宝天曼自然保护区昆虫》，中国农业科学技术出版社。

斯氏艾狼蛛 *Evippa sjostedti* Schenkel, 1936

波氏艾狼蛛 *Evippa potanini* Schenkel

省内产地：荥阳。

分布：河南，陕西，青海，新疆，四川。

资料来源：申效诚，1993，河南昆虫名录。中国农业科学技术出版社。

黑腹狼蛛 *Lycosa coelestris* L. Koch, 1878

省内产地：郑州，中牟，尉氏，开封，兰考，夏邑，荥阳，登封，偃师，汝州，南阳，信阳。

分布：河南，山东，山西，宁夏，新疆，浙江，广东，四川，贵州；朝鲜，日本。

资料来源：申效诚，1993，河南昆虫名录。中国农业科学技术出版社。

唇形狼蛛 *Lycosa labialis* Mao *et* Song, 1985

省内产地：郑州(模式产地)，遂平县嵖岈山，内乡宝天曼。

分布：河南，北京，吉林，辽宁，山东，江苏，江西，湖南；朝鲜。

资料来源：申效诚，1993，河南昆虫名录。中国农业科学技术出版社。

山西狼蛛 *Lycosa shansia* (Hogg, 1912)

中华狼蛛 *Lycosa sinensis* Schenkel

省内产地：兰考，荥阳。

分布：河南，天津，河北，内蒙古，辽宁，吉林，山东，甘肃，青海，宁夏，新疆；蒙古国。

资料来源：朱明生，张保石，2011，河南蜘蛛志。科学出版社。

田野豹蛛 *Pardosa agrestis* (Westring, 1861)

省内产地：荥阳。

分布：河北，内蒙古，山西，四川，甘肃，青海，宁夏，新疆；古北区。

资料来源：申效诚，1993，河南昆虫名录。中国农业科学技术出版社。

阿尔豹蛛 *Pardosa algoides* Schenkel, 1963

省内产地：三门峡。

分布：河南，甘肃，新疆；印度，孟加拉国。

资料来源：申效诚，1993，河南昆虫名录。中国农业科学技术出版社。

星豹蛛 *Pardosa astrigera* L. Koch, 1878

省内产地：嵩县天池山，嵩县白云山，栾川县龙峪湾，遂平县嵖岈山，商城金刚台自然保护区，济源王屋山，卢氏大块地，郑州黄河岸边等全省各地。

分布：河南及除广东，福建，海南以外的多数省区；朝鲜，日本。

资料来源：张保石，朱明生，2008，蛛形纲：蜘蛛目。《宝天曼自然保护区昆虫》，中国农业科学技术出版社。

蔡氏豹蛛 *Pardosa chapini* (Fox, 1935)

陕西獾蛛 *Trochosa shaanxiensis* Zheng *et* Qiu

省内产地：嵩县白云山，嵩县天池山，商城金刚台自然保护区，辉县关山，卢氏大块地，淮阳，灵宝，偃师，林州，内乡。

分布：河南，河北，陕西，甘肃，山西，山东，湖南，湖北，四川，云南。

资料来源：张保石，朱明生，2008，蛛形纲：蜘蛛目。《宝天曼自然保护区昆虫》，中国农业科学技术出版社。

镰豹蛛 *Pardosa falcata* Schenkel, 1963

省内产地：内乡宝天曼，新乡，济源。

分布：河南，河北，北京，天津，吉林，内蒙古，宁夏，甘肃，新疆，陕西，山西，山东。

资料来源：申效诚，1993，河南昆虫名录。中国农业科学技术出版社。

绿地豹蛛 *Pardosa graminea* Tanaka, 1985

省内产地：嵩县白云山。

分布：河南，吉林，陕西，四川，湖北；日本。

资料来源：张保石，朱明生，2008，蛛形纲：蜘蛛目。《宝天曼自然保护区昆虫》，中国农业科学技术出版社。

赫氏豹蛛 *Pardosa hedini* Schenkel, 1936

省内产地：遂平县嵖岈山。

分布：河南，河北，北京，黑龙江，吉林，甘肃，陕西，山东，浙江，湖南，湖北，四川，贵州，云南；日本。

资料来源：申效诚，1993，河南昆虫名录。中国农业科学技术出版社。

河岸豹蛛 *Pardosa isago* Tanaka, 1977

省内产地：长垣。

分布：河南，河北，青海；朝鲜，日本，俄罗斯。

资料来源：申效诚，1993，河南昆虫名录。中国农业科学技术出版社。

冲绳豹蛛 *Pardosa jambaruensis* Tanaka, 1990

省内产地：新县连康山老庙保护站。

分布：河南，河北，湖南，福建，广西，贵州；日本。

资料来源：张保石，朱明生，2008，蛛形纲：蜘蛛目。《宝天曼自然保护区昆虫》，中国农业科学技术出版社。

金平豹蛛 *Pardosa jinpingensis* Yin *et al*., 1997

省内产地：嵩县天池山。

分布：河南，云南。

资料来源：张保石，朱明生，2008，蛛形纲：蜘蛛目。《宝天曼自然保护区昆虫》，中国农业科学技术出版社。

沟渠豹蛛 *Pardosa laura* Karsch, 1879

省内产地：嵩县天池山，栾川县龙峪湾，桐柏县水帘寺，桐柏县淮河源森林公园，信阳鸡公山，罗山县董寨白云站，新县连康山老庙保护站，商城金刚台自然保护区，宜阳花果山等全省各地。

分布：河南，吉林，辽宁，宁夏，山东，甘肃，陕西，安徽，江苏，浙江，湖南，湖北，江西，福建，贵州，四川，云南；韩国，日本。

资料来源：张保石，朱明生，2008，蛛形纲：蜘蛛目。《宝天曼自然保护区昆虫》，中国农业科学技术出版社。

琴形豹蛛 *Pardosa lyrifera* Schenkel, 1936

省内产地：辉县松树坪。

分布：河南，河北，吉林，宁夏，甘肃，青海，新疆，山西，陕西，山东，江苏，安徽，湖南，湖北，四川。

资料来源：张保石，朱明生，2008，蛛形纲：蜘蛛目。《宝天曼自然保护区昆虫》，中国农业科学技术出版社。

拟荒漠豹蛛 *Pardosa paratesquorum* Schenkel, 1963

省内产地：林州石板岩。

分布：河南，河北，北京，内蒙古，甘肃，青海，山西。

资料来源：张保石，朱明生，2008，蛛形纲：蜘蛛目。《宝天曼自然保护区昆虫》，中国农业科学技术出版社。

拟环纹豹蛛 *Pardosa pseudoannulata* (Boesenberg *et* Strand, 1906)

省内产地：辉县，修武，新乡，洛阳，伊川，偃师，荥阳，郑州，中牟，尉氏，开封，兰考，民权，商丘，夏邑，郸城，许昌，汝州，南阳，新野，信阳。

分布：河南，山东，陕西，甘肃，新疆，安徽，江苏，浙江，江西，上海，台湾，湖北，湖南，广东，广西，四川，云南，贵州；日本，印度，巴基斯坦，缅甸。

资料来源：申效诚，1993，河南昆虫名录。中国农业科学技术出版社。

琼华豹蛛 *Pardosa qionghuai* Yin *et al*., 1995

省内产地：嵩县天池山，嵩县白云山，栾川县龙峪湾，内乡宝天曼。

分布：河南，宁夏，陕西，湖南，福建，四川，云南。

资料来源：张保石，朱明生，2008，蛛形纲：蜘蛛目。《宝天曼自然保护区昆虫》，中国农业科学技术出版社。

浙江豹蛛 *Pardosa tschekiangensis* Schenkel, 1963

省内产地：民权，西平，信阳，商城，新县。

分布：河南，山东，浙江，湖南，广东，贵州。

资料来源：申效诚，1993，河南昆虫名录。中国农业科学技术出版社。

克氏水狼蛛 *Pirata clercki* (Boesenberg *et* Strand, 1906)

省内产地：灵宝，栾川，嵩县，汝州。

分布：河南，陕西，湖北，浙江，江西，台湾，湖南，四川；韩国，日本。

资料来源：申效诚，1993，河南昆虫名录。中国农业科学技术出版社。

简突水狼蛛 *Pirata haplopophysic* Cai, 1987

省内产地：安阳。

分布：河南，湖北，海南。

资料来源：张保石，朱明生，2008，蛛形纲：蜘蛛目。《宝天曼自然保护区昆虫》，中国农业科

学技术出版社。

真水狼蛛 *Pirata piraticus* (Clerck, 1757)

省内产地：民权，兰考，尉氏，开封，商丘，郑州，洛阳，新乡，汝州，南阳。

分布：河南，黑龙江，甘肃，山东，安徽，江苏，福建，湖北，湖南，广东；全北界。

资料来源：申效诚，1993，河南昆虫名录。中国农业科学技术出版社。

类水狼蛛 *Pirata piratoides* (Boesenberg *et* Strand, 1906)

稻田水狼蛛 *Pirata japonicus* Tanaka

弓水狼蛛 *Pirata praedatoria* Schenkel

省内产地：罗山县董寨白云站，辉县关山，济源王屋山，中牟，尉氏，辉县，延津，信阳。

分布：河南，河北，黑龙江，吉林，甘肃，陕西，山西，山东，江苏，浙江，安徽，江西，湖南，湖北，四川，福建，广东，广西，贵州，云南；朝鲜，日本。

资料来源：张保石，朱明生，2008，蛛形纲：蜘蛛目。《宝天曼自然保护区昆虫》，中国农业科学技术出版社。

前凹水狼蛛 *Pirata procurvus* (Boesenberg *et* Strand, 1906)

省内产地：嵩县天池山，商城金刚台自然保护区，罗山董寨林场，新县连康山，济源王屋山，荥阳，偃师，固始，信阳。

分布：河南，北京，陕西，山东，浙江，安徽，江西，湖南，湖北，福建，广东，广西，贵州；朝鲜，日本。

资料来源：张保石，朱明生，2008，蛛形纲：蜘蛛目。《宝天曼自然保护区昆虫》，中国农业科学技术出版社。

拟水狼蛛 *Pirata subpiraticus* (Boesenberg *et* Strand, 1906)

省内产地：新乡，辉县，洛阳，中牟，尉氏，商丘，南阳，遂平，信阳，商城，新县。

分布：河南，陕西，山东，安徽，江苏，浙江，江西，福建，湖北，湖南，广东，广西，贵州。

资料来源：申效诚，1993，河南昆虫名录。中国农业科学技术出版社。

细毛水狼蛛 *Pirata tennisetaceus* Chai, 1987

省内产地：罗山县董寨白云站，新县连康山老庙保护站。

分布：河南，陕西，山东，湖北，浙江，湖南，江西。

资料来源：张保石，朱明生，2008，蛛形纲：蜘蛛目。《宝天曼自然保护区昆虫》，中国农业科学技术出版社。

八氏水狼蛛 *Pirata yaginumai* Tanaka, 1974

秦岭水狼蛛 *Pirata qinlingensis* Zheng *et* Qiu

省内产地：辉县八里沟，洛阳嵩县天池山，栾川县龙峪湾，卢氏大块地，偃师。

分布：河南，北京，陕西，山东，湖南，湖北，贵州，云南；朝鲜，日本，俄罗斯。

资料来源：张保石，朱明生，2008，蛛形纲：蜘蛛目。《宝天曼自然保护区昆虫》，中国农业科学技术出版社。

奇异灌蛛 *Trochosa ruricola* (De Geer, 1778)

省内产地：嵩县天池山，信阳，荥阳。

分布：河南，河北，北京，吉林，宁夏，甘肃，新疆，陕西，山东，湖北，湖南，广东，贵州；古北区。

资料来源：张保石，朱明生，2008，蛛形纲：蜘蛛目。《宝天曼自然保护区昆虫》，中国农业科学技术出版社。

刺独獾蛛 *Trochosa spinipalpis* (O. P. Cambridge, 1895)

省内产地：荥阳。

分布：河南，吉林，北京，山东；古北区。

资料来源：申效诚，1993，河南昆虫名录。中国农业科学技术出版社。

二〇、盗蛛科 Pisauridae

本科全世界共53属339种，中国记载5属32种，河南记录2属5种。

掠狡蛛 ***Dolomedes raptor*** **Boesenberg *et* Strand, 1906**

省内产地：内乡宝天曼，卢氏大块地。

分布：河南，浙江，贵州，陕西；朝鲜，日本，俄罗斯。

资料来源：张保石，朱明生，2008，蛛形纲：蜘蛛目。《宝天曼自然保护区昆虫》，中国农业科学技术出版社。

赤条狡蛛 ***Dolomedes saganus*** **Boesenberg *et* Strand, 1906**

宽条狡蛛 *Dolomedes pallitarsis* Boesenberg *et* Strand

省内产地：信阳鸡公山，罗山县董寨白云站，新县连康山老庙保护站。

分布：河南，江苏，浙江，湖南，湖北，广东，四川，贵州，台湾；日本。

资料来源：张保石，朱明生，2008，蛛形纲：蜘蛛目。《宝天曼自然保护区昆虫》，中国农业科学技术出版社。

锚盗蛛 ***Pisaura ancora*** **Paik, 1969**

省内产地：嵩县天池山，栾川县龙峪湾，卢氏大块地，内乡宝天曼，信阳，商城。

分布：河南，河北，北京，甘肃，宁夏，山东，山西，陕西，浙江，湖南，四川；朝鲜。

资料来源：张保石，朱明生，2008，蛛形纲：蜘蛛目。《宝天曼自然保护区昆虫》，中国农业科学技术出版社。

驼盗蛛 ***Pisaura lama*** **Boesenberg *et* Strand, 1906**

省内产地：中牟，信阳，商城，内乡。

分布：河南，河北，吉林，浙江，湖北，四川，西藏，陕西；朝鲜，日本，俄罗斯。

资料来源：申效诚，1993，河南昆虫名录。中国农业科学技术出版社。

拟驼盗蛛 ***Pisaura sublama*** **Zhang, 2000**

省内产地：嵩县天池山，栾川县龙峪湾，信阳鸡公山，罗山县董寨白云站。

分布：河南，山西，四川，陕西。

资料来源：张保石，朱明生，2008，蛛形纲：蜘蛛目。《宝天曼自然保护区昆虫》，中国农业科学技术出版社。

二一、猫蛛科 Oxyopidae

本科全世界共9属426种，中国记载3属42种，河南记录1属4种。

利氏猫蛛 ***Oxyopes licenti*** **Schenkel, 1953**

小猫蛛 *Oxyopes parvus* Paik

省内产地：栾川县龙峪湾，卢氏大块地，登封，新县。

分布：河南，河北，甘肃，陕西，山西，四川；朝鲜，俄罗斯。

资料来源：张保石，朱明生，2008，蛛形纲：蜘蛛目。《宝天曼自然保护区昆虫》，中国农业科学技术出版社。

细纹猫蛛 ***Oxyopes macilentus*** **L. Koch, 1878**

省内产地：中牟。

分布：河南，浙江，湖南，广东，四川；澳大利亚；东南亚。

资料来源：申效诚，1993，河南昆虫名录。中国农业科学技术出版社。

斜纹猫蛛 ***Oxyopes sertatus*** **L. Koch, 1877**

省内产地：桐柏县水濂寺，桐柏县淮河源森林公园，罗山县董寨白云站，辉县，汝州，栾川，信阳，商城，新县。

分布：河南，吉林，辽宁，北京，山东，山西，陕西，新疆，安徽，江苏，上海，浙江，江西，福建，台湾，湖北，湖南，广东，贵州，四川；朝鲜，日本。

资料来源：张保石，朱明生，2008，蛛形纲：蜘蛛目。《宝天曼自然保护区昆虫》，中国农业科学技术出版社。

盾形猫蛛 *Oxyopes sushilae* Tikader, 1965

省内产地：罗山县董寨白云站，新县连康山老庙保护站。

分布：河南，海南，广东，江西，浙江，湖南，贵州；印度。

资料来源：张保石，朱明生，2008，蛛形纲：蜘蛛目。《宝天曼自然保护区昆虫》，中国农业科学技术出版社。

二二、缕网蛛科 Psechridae

本科全世界共 2 属 26 种，中国记载 2 属 13 种，河南记录 1 属 1 种。

广缕网蛛 *Psechruc senoculatus* Yin, Wang *et* Zhang, 1985

Psechrus mimus Chamberlin, 1924

省内产地：内乡宝天曼。

分布：河南，浙江，江苏，安徽，湖南。

资料来源：张保石，朱明生，2008，蛛形纲：蜘蛛目。《宝天曼自然保护区昆虫》，中国农业科学技术出版社。

二三、狼栉蛛科 Zoridae

本科为一小科，14 属 77 种，我国已知 1 属 4 种，河南记载 1 种。

琴形佐蛛 *Zora lyriformis* Song, Zhu *et* Gao, 1993

省内产地：林州红旗渠。

分布：河南，河北，辽宁。

资料来源：朱明生，张保石，2011，河南蜘蛛志。科学出版社。

二四、栉足蛛科 Ctenidae

本科全世界共 39 属 477 种，中国记载 1 属 2 种，河南记录 1 属 1 种。

田野阿纳蛛 *Anahita fauna* Karsch, 1879

省内产地：信阳鸡公山，罗山县董寨白云站，新县连康山老庙保护站，商城金刚台自然保护区，登封，固始。

分布：河南，河北，吉林，山东，浙江，安徽，台湾，广东，香港；日本。

资料来源：张保石，朱明生，2008，蛛形纲：蜘蛛目。《宝天曼自然保护区昆虫》，中国农业科学技术出版社。

二五、漏斗蛛科 Agelenidae

本科全世界共 42 属 515 种，中国记载 6 属 24 种，河南记录 3 属 7 种。

迷宫漏斗蛛 *Agelena labyrinthica* (Clerck, 1757)

省内产地：遂平县嵖岈山，林州石板岩，安阳，新乡，郑州，中牟，尉氏，郸城，许昌，南阳，信阳。

分布：河南，北京，河北，吉林，辽宁，内蒙古，山西，陕西，甘肃，宁夏，新疆，山东，江苏，安徽，浙江，福建，湖北，湖南，广东，广西，贵州，四川；古北区。

资料来源：张保石，朱明生，2008，蛛形纲：蜘蛛目。《宝天曼自然保护区昆虫》，中国农业科学技术出版社。

森林漏斗蛛 *Agelena silvatica* Oliger, 1983

省内产地：内乡宝天曼，嵩县天池山，栾川县龙峪湾，辉县八里沟，罗山县董寨白云站，信阳鸡公山，桐柏县水帘寺，商城金刚台自然保护区，嵩县白云山，桐柏县淮河源森林公园，辉县关山，洛阳花果山，济源王屋山，卢氏大块地，新县连康山老庙保护站。

分布：河南，贵州，湖南，湖北，重庆，四川，云南，广西，福建，吉林，黑龙江；俄罗斯(远东地区)，韩国，日本。

资料来源：张保石，朱明生，2008，蛛形纲：蜘蛛目。《宝天曼自然保护区昆虫》，中国农业科学技术出版社。

机敏异漏斗蛛 *Allagelena difficilis* (Fox, 1936)

机敏漏斗蛛 *Agelena difficilis* Fox

省内产地：郑州，兰考，民权，辉县，内乡。

分布：河南，辽宁，河北，北京，山东，陕西，甘肃，江苏，浙江，湖北，湖南，广东，四川，重庆，贵州，云南；韩国。

资料来源：申效诚，1993，河南昆虫名录。中国农业科学技术出版社。

朝鲜异漏斗蛛 *Allagelena koreana* (Paik, 1965)

朝鲜漏斗蛛 *Agelena koreana* Paik, 1965

省内产地：辉县关山。

分布：河南，贵州，重庆，四川，湖南；韩国。

资料来源：张保石，朱明生，2008，蛛形纲：蜘蛛目。《宝天曼自然保护区昆虫》，中国农业科学技术出版社。

华丽异漏斗蛛 *Allagelena opulenta* L. Koch, 1878

省内产地：商城。

分布：河南，吉林，内蒙古，台湾，四川，云南。

资料来源：申效诚，1993，河南昆虫名录。中国农业科学技术出版社。

刺隅蛛 *Tegenaria aculeata* Wang, 1992

省内产地：内乡宝天曼。

分布：河南，贵州，湖北，湖南，广西，四川。

资料来源：张保石，朱明生，2008，蛛形纲：蜘蛛目。《宝天曼自然保护区昆虫》，中国农业科学技术出版社。

隅蛛 *Tegenaria domestica* (Clerck, 1757)

省内产地：中牟。

分布：河南，辽宁，内蒙古，河北，安徽，台湾。

资料来源：申效诚，1993，河南昆虫名录。中国农业科学技术出版社。

二六、栅蛛科 Hahniidae

本科全世界共 26 属 238 种，中国记载 3 属 17 种，河南记录 2 属 3 种。

栓栅蛛 *Hahnia corticicola* Boesenberg *et* Strand, 1906

省内产地：嵩县天池山，嵩县白云山，林州石板岩，济源王屋山，中牟，尉氏，新乡，淅川。

分布：河南，河北，吉林，青海，陕西，山西，山东，浙江，湖北，湖南，四川，台湾；朝鲜，日本。

资料来源：张保石，朱明生，2008，蛛形纲：蜘蛛目。《宝天曼自然保护区昆虫》，中国农业科学技术出版社。

卵形栅蛛 *Hahnia ovata* Song *et* Zheng, 1982

省内产地：内乡宝天曼。

分布：河南，浙江，湖南。

资料来源：朱明生，张保石，2011，河南蜘蛛志。科学出版社。

济州新安蛛 *Neoantistea quelpartensis* Paik, 1958

省内产地：嵩县天池山。

分布：河南，辽宁；朝鲜。

资料来源：张保石，朱明生，2008，蛛形纲：蜘蛛目。《宝天曼自然保护区昆虫》，中国农业科学技术出版社。

二七、卷叶蛛科 Dictynidae

本科全世界共48属561种，中国记载10属29种，河南记录1属3种。

芦苇卷叶蛛 *Dictyna arundinacea* (Linnaeus, 1758)

省内产地：中牟，开封，尉氏，兰考，杞县。信阳。

分布：河南，河北，山东，吉林，辽宁，山西，新疆，宁夏，甘肃，青海，浙江，湖北，四川，陕西；全北区。

资料来源：申效诚，1993，河南昆虫名录。中国农业科学技术出版社。

猫卷叶蛛 *Dictyna felis* Boesenberg *et* Strand, 1906

省内产地：栾川县龙峪湾。

分布：河南，河北，北京，吉林，辽宁，甘肃，陕西，山西，浙江，湖南，湖北，四川；日本，俄罗斯。

资料来源：张保石，朱明生，2008，蛛形纲：蜘蛛目。《宝天曼自然保护区昆虫》，中国农业科学技术出版社。

反钩卷叶蛛 *Dictyna uncinta* Thorell, 1856

省内产地：荥阳，西平。

分布：河南，甘肃，新疆，河北，四川，陕西；古北区。

资料来源：申效诚，1993，河南昆虫名录。中国农业科学技术出版社。

二八、暗蛛科 Amaurobiidae

本科全世界共74属738种，中国记载20属近200种，河南记录6属11种。

普氏隙蛛 *Coelotes plancyi* (Simon, 1880)

普氏亚隙蛛 *Asiacoelotes plancyi* (Simon, 1880)

省内产地：桐柏县龙泽潭陵园。

分布：河南，北京，河北，青海，陕西，四川，湖北，湖南；日本。

资料来源：张保石，朱明生，2008，蛛形纲：蜘蛛目。《宝天曼自然保护区昆虫》，中国农业科学技术出版社。

污浊龙隙蛛 *Draconarius lutulentus* (Wang *et al.*, 1990)

省内产地：内乡宝天曼，商城金刚台自然保护区，罗山县董寨白云站。

分布：河南，湖北，湖南，浙江，安徽。

资料来源：张保石，朱明生，2008，蛛形纲：蜘蛛目。《宝天曼自然保护区昆虫》，中国农业科学技术出版社。

内乡龙隙蛛 *Draconarius neixiangensis* (Hu, Wang *et* Wang, 1991)

Coelotes neixiangensis Hu, Wang *et* Wang, 1991

省内产地：内乡宝天曼(模式产地)。

分布：河南，湖北。

资料来源：胡金林，王正用，王治国，1991，内乡宝天曼自然保护区九种蜘蛛的记述。河南科学，9(2): 38~51。

特殊龙隙蛛 *Draconarius specialis* Xu *et* Li, 2007

省内产地：内乡天星洞(模式产地)。

分布：河南。

资料来源：Xu, X. *et* S. Q. Li, 2007, *Draconarius* spiders in China, with description of seven new species collected from caves (Araneae: Smaurobiidae). *Annls zool.*, *Warsz.* 57:341~350.

武当龙隙蛛 *Draconarius wudangensis* (Chen *et* Zhao, 1997)

省内产地：嵩县白云山，内乡宝天曼。

分布：河南，湖北。

资料来源：张保石，朱明生，2008，蛛形纲：蜘蛛目。《宝天曼自然保护区昆虫》，中国农业科学技术出版社。

发光亚隙蛛 *Iwogumoa illustrata* (Wang *et al.*, 1990)

Asiacoelotes illustratus (Wang *et al.*, 1990)

省内产地：桐柏县龙泽潭陵园。

分布：河南，湖南，湖北，四川。

资料来源：张保石，朱明生，2008，蛛形纲：蜘蛛目。《宝天曼自然保护区昆虫》，中国农业科学技术出版社。

伏牛山线隙蛛 *Lineacoelotes funiushanensis* (Hu, Wang *et* Wang, 1991)

Coelotes funiushanensis Hu, Wang *et* Wang, 1991

省内产地：内乡宝天曼(模式产地)。

分布：河南。

资料来源：胡金林，王正用，王治国，1991，内乡宝天曼自然保护区九种蜘蛛的记述。河南科学，9(2): 38~51。

阴暗拟隙蛛 *Pireneitega luctuosa* (L. Koch, 1878)

阴暗贪食蛛 *Coras luctuosus* (L. Koch)

省内产地：中牟，栾川，汝南，新县，信阳县鸡公山。

分布：河南，辽宁，山东，陕西，湖北，湖南，贵州，重庆，四川，云南，安徽，浙江；日本，俄罗斯，朝鲜半岛；中亚。

资料来源：申效诚，1993，河南昆虫名录。中国农业科学技术出版社。

刺瓣拟隙蛛 *Pireneitega spinivulva* (Simon, 1880)

刺瓣拟隙蛛 *Paracoelotes spinivulus* (Simon, 1880)

侧带隙蛛 *Coelotes laticeps* Schenkel

省内产地：嵩县白云山，栾川县龙峪湾，内乡宝天曼，桐柏县龙泽潭陵园，辉县八里沟，罗山县董寨白云站，信阳鸡公山。

分布：河南，河北，北京，吉林，新疆，山西，陕西，湖南；朝鲜，日本，俄罗斯。

资料来源：张保石，朱明生，2008，蛛形纲：蜘蛛目。《宝天曼自然保护区昆虫》，中国农业科学技术出版社。

新平拟隙蛛 *Pireneitega xinping* (Zhang *et al.*, 2002)

新平拟隙蛛 *Paracoelotes xinping* Zhang, Zhu *et* Song, 2002

省内产地：桐柏县淮河源森林公园。

分布：河南，湖北，贵州，四川，云南。

资料来源：张保石，朱明生，2008，蛛形纲：蜘蛛目。《宝天曼自然保护区昆虫》，中国农业科学技术出版社。

带旋隙蛛 *Spiricoelotes zonatus*(Peng *et* Wang, 1997)

省内产地：桐柏县龙泽潭陵园。

分布：河南，湖北，湖南，安徽，四川，江西，江苏。

资料来源：张保石，朱明生，2008，蛛形纲：蜘蛛目。《宝天曼自然保护区昆虫》，中国农业科

学技术出版社。

二九、隐石蛛科 Titanoecidae

本科全世界共5属45种，中国记载3属3种，河南记录1属1种。

白斑隐蛛 *Nurscia albofasciata* (Strand, 1907)

黑隐石蛛 *Titanoeca nipponica* Yaginuma

省内产地：辉县八里沟，卢氏大块地，新乡，洛阳，郑州，中牟，商丘，南阳，信阳。

分布：河南，河北，北京，吉林，辽宁，山东，宁夏，甘肃，江苏，浙江，湖南，湖北，四川，台湾；朝鲜，日本，俄罗斯。

资料来源：张保石，朱明生，2008，蛛形纲：蜘蛛目。《宝天曼自然保护区昆虫》，中国农业科学技术出版社。

三〇、米图蛛科 Miturgidae

本科全世界共25属337种，中国记载2属33种，河南记录1属7种。

岛红螯蛛 *Cheiracanthium insulanum* (Thorell, 1878)

省内产地：嵩县天池山。

分布：河南，安徽，四川，台湾；缅甸，菲律宾，印度尼西亚。

资料来源：张保石，朱明生，2008，蛛形纲：蜘蛛目。《宝天曼自然保护区昆虫》，中国农业科学技术出版社。

日本红螯蛛 *Cheiracanthium japonicum* Boesenberg *et* Strand, 1906

省内产地：嵩县白云山，陕县，洛阳，偃师，郑州，商丘，开封，杞县，南阳，信阳。

分布：河南，甘肃，陕西，山西，山东，江苏，湖北，湖南，朝鲜，日本。

资料来源：申效诚，1993，河南昆虫名录。中国农业科学技术出版社。

彭妮红螯蛛 *Cheiracanthium pennyi* O. P. Cambridge, 1873

省内产地：中牟。尉氏。

分布：河南，辽宁，内蒙古，宁夏，青海，甘肃，新疆，河北，山东，湖南，广东；古北区。

资料来源：申效诚，1993，河南昆虫名录。中国农业科学技术出版社。

皮雄红螯蛛 *Cheiracanthium pichoni* Schenkel, 1963

省内产地：信阳鸡公山，罗山县董寨白云站，新县连康山老庙保护站。

分布：河南，浙江，湖南，广西，海南，福建，四川。

资料来源：张保石，朱明生，2008，蛛形纲：蜘蛛目。《宝天曼自然保护区昆虫》，中国农业科学技术出版社。

弱红螯蛛 *Cheiracanthium uncinatum* Paik, 1985

省内产地：罗山县董寨白云站。

分布：河南，湖南，四川；韩国。

资料来源：张保石，朱明生，2008，蛛形纲：蜘蛛目。《宝天曼自然保护区昆虫》，中国农业科学技术出版社。

钩红螯蛛 *Cheiracanthium unicum* Boesenberg *et* Strand, 1906

省内产地：罗山县董寨白云站，新县连康山老庙保护站。

分布：河南，浙江，福建，湖北，广西，海南；韩国，日本。

资料来源：张保石，朱明生，2008，蛛形纲：蜘蛛目。《宝天曼自然保护区昆虫》，中国农业科学技术出版社。

绿色红螯蛛 *Cheiracanthium virescens* (Sundevall, 1833)

省内产地：杞县。

分布：河南，辽宁，吉林，黑龙江，河北，山东，湖南，广东；古北界。

资料来源：申效诚，1993，河南昆虫名录。中国农业科学技术出版社。

三一、光盔蛛科 Liocranidae

全世界已知 30 属 168 种，我国已知 4 属 6 种。河南记录 2 属 2 种。

平滑间蛛 *Mesiotelus lubricus* (Simon, 1880)

省内产地：林州。

分布：河南，北京，河北。

资料来源：张保石，朱明生，2011，河南蜘蛛志。科学出版社。

草栖毛丛蛛 *Itatsina praticola* (Boesenberg *et* Strand, 1906)

省内产地：罗山县董寨白云站，新县连康山老庙保护站。

分布：河南，安徽，江苏，浙江，江西，福建，广西；韩国，日本。

资料来源：朱明生，张保石，2008，蛛形纲：蜘蛛目。《宝天曼自然保护区昆虫》，中国农业科学技术出版社。

三二、管巢蛛科 Clubionidae

本科全世界共 14 属 555 种，中国记载 1 属 96 种，河南记录 1 属 20 种。

白马管巢蛛 *Clubiona baimaensis* Song *et* Zhu, 1991

省内产地：商城金刚台自然保护区。

分布：河南，湖北，湖南，四川。

资料来源：张保石，朱明生，2008，蛛形纲：蜘蛛目。《宝天曼自然保护区昆虫》，中国农业科学技术出版社。

蓝管巢蛛 *Clubiona caerulescens* L. Koch, 1867

省内产地：辉县，杞县，荥阳，偃师。

分布：河南，陕西，山东，安徽，江苏，福建，湖北，湖南，广东；古北区。

资料来源：申效诚，1993，河南昆虫名录。中国农业科学技术出版社。

斑管巢蛛 *Clubiona deletrix* O. P. –Cambridge, 1885

斑管巢蛛 *Clubiona maculata* Song *et* Chen

省内产地：卢氏大块地，内乡宝天曼，辉县，信阳。

分布：河南，浙江，安徽，福建，山东，湖北，湖南，广东，广西，海南，四川，贵州，云南，西藏，陕西，新疆，台湾；日本，印度。

资料来源：张保石，朱明生，2011，河南蜘蛛志。科学出版社。

双凹管巢蛛 *Clubiona duoconcava* Zhang *et* Hu, 1991

省内产地：新县连康山老庙保护站。

分布：河南，湖南，贵州。

资料来源：朱明生，张保石，2008，蛛形纲：蜘蛛目。《宝天曼自然保护区昆虫》，中国农业科学技术出版社。

赫定管巢蛛 *Clubiona hedini* Schenkel, 1936

省内产地：中牟。

分布：河南，山东，湖南，宁夏，甘肃。

资料来源：申效诚，1993，河南昆虫名录。中国农业科学技术出版社。

双弓管巢蛛 *Clubiona hummedi* Schenkel, 1936

省内产地：郑州，荥阳，尉氏，信阳，商城，西峡，淅川，桐柏。

分布：河南，河北，山西，吉林，陕西，安徽，浙江，山东，湖南，甘肃，宁夏；俄罗斯，朝鲜。

资料来源：申效诚，1993，河南昆虫名录。中国农业科学技术出版社。

刺管巢蛛 *Clubiona interjecta* L. Koch, 1870

省内产地：卢氏大块地。

分布：河南，内蒙古，吉林，黑龙江，四川；蒙古国，俄罗斯。

资料来源：朱明生，张保石，2011，河南蜘蛛志。科学出版社。

粽管巢蛛 *Clubiona japonicola* Boesenberg *et* Strand, 1906

省内产地：全省。

分布：河南，吉林，辽宁，北京，陕西，山西，山东，安徽，江苏，上海，浙江，江西，福建，台湾，湖北，湖南，广东；韩国，俄罗斯，菲律宾，日本，泰国，印度尼西亚。

资料来源：申效诚，1993，河南昆虫名录。中国农业科学技术出版社。

羽斑管巢蛛 *Clubiona jucunda* (Karsch, 1878)

省内产地：信阳鸡公山，辉县八里沟，辉县关山，登封少室山，宜阳花果山。

分布：河南，河北，黑龙江，吉林，辽宁，宁夏，甘肃，陕西，山东，江苏，湖南，湖北，四川，台湾；朝鲜，日本，俄罗斯。

资料来源：张保石，朱明生，2008，蛛形纲：蜘蛛目。《宝天曼自然保护区昆虫》，中国农业科学技术出版社。

千岛管巢蛛 *Clubiona kurilensis* Boesenberg *et* Strand, 1906

省内产地：安阳，辉县，密县，中牟，尉氏，兰考，杞县，民权，郸城，许昌，信阳。

分布：河南，北京，河北，辽宁，吉林，陕西，山东，安徽，江苏，浙江，福建，湖北，湖南，广东，贵州，四川；韩国，俄罗斯，日本。

资料来源：申效诚，1993，河南昆虫名录。中国农业科学技术出版社。

吉林管巢蛛 *Clubiona mandschurica* Schenkel, 1953

省内产地：嵩县天池山，栾川县龙峪湾。

分布：河南，北京，吉林，辽宁，陕西；朝鲜，日本。

资料来源：张保石，朱明生，2008，蛛形纲：蜘蛛目。《宝天曼自然保护区昆虫》，中国农业科学技术出版社。

漫山管巢蛛 *Clubiona manshanensis* Zhu *et* An, 1988

省内产地：嵩县天池山，栾川县龙峪湾，信阳鸡公山，卢氏大块地。

分布：河南，河北，浙江，湖南，湖北，四川，福建，贵州，云南。

资料来源：张保石，朱明生，2008，蛛形纲：蜘蛛目。《宝天曼自然保护区昆虫》，中国农业科学技术出版社。

褐管巢蛛 *Clubiona neglecta* Cambridge, 1826

省内产地：荥阳，新县。

分布：河南，湖南，陕西；古北区。

资料来源：申效诚，1993，河南昆虫名录。中国农业科学技术出版社。

乳状管巢蛛 *Clubiona papillata* Schenkel, 1936

省内产地：内乡。

分布：河南，河北，内蒙古，黑龙江，福建，湖北，四川，云南，陕西，甘肃；俄罗斯，韩国。

资料来源：朱明生，张保石，2011，河南蜘蛛志。科学出版社。

篱笆管巢蛛 *Clubiona phragmitoides* Schenkel, 1963

省内产地：宜阳花果山，内乡宝天曼。

分布：河南，甘肃，江西，四川。

资料来源：张保石，朱明生，2008，蛛形纲：蜘蛛目。《宝天曼自然保护区昆虫》，中国农业科学技术出版社。

伪蕾管巢蛛 *Clubiona pseudogermanica* Schenkel, 1936

近邻管巢蛛 *Clubiona propingna* L. Koch

省内产地：辉县八里沟，遂平县嵖岈山，林州石板岩，辉县关山，卢氏大块地，内乡宝天曼，荥阳，信阳，商城，西峡，桐柏，淅川，新乡，长垣。

分布：河南，北京，河北，辽宁，吉林，黑龙江，浙江，安徽，山西，山东，湖北，湖南，四川，重庆，贵州，陕西，甘肃，宁夏，新疆；俄罗斯，韩国，日本。

资料来源：张保石，朱明生，2008，蛛形纲：蜘蛛目。《宝天曼自然保护区昆虫》，中国农业科学技术出版社。

喙管巢蛛 *Clubiona rostrata* Paik, 1985

省内产地：嵩县天池山，内乡宝天曼。

分布：河南，河北，辽宁，黑龙江，浙江；韩国，俄罗斯，日本。

资料来源：张保石，朱明生，2008，蛛形纲：蜘蛛目。《宝天曼自然保护区昆虫》，中国农业科学技术出版社。

三叉管巢蛛 *Clubiona trivialis* L. Koch, 1843

省内产地：辉县。

分布：河南，湖南，宁夏；全北区。

资料来源：申效诚，1993，河南昆虫名录。中国农业科学技术出版社。

风雅管巢蛛 *Clubiona venusta* Paik, 1985

省内产地：辉县关山。

分布：河南；朝鲜，韩国。

资料来源：张保石，朱明生，2008，蛛形纲：蜘蛛目。《宝天曼自然保护区昆虫》，中国农业科学技术出版社。

惊觉管巢蛛 *Clubiona vigil* Karsch, 1879

省内产地：安阳，信阳。

分布：河南，广东；朝鲜，日本，俄罗斯。

资料来源：申效诚，1993，河南昆虫名录。中国农业科学技术出版社。

三三、圆颚蛛科 Corinnidae

本科全世界共 80 属 956 种，中国记载 10 属 45 种，河南记录 4 属 5 种。

黄斑纯蛛 *Castianeira flavimaculata* Hu, Song *et* Zheng, 1985

省内产地：罗山县董寨白云站。

分布：河南，浙江，湖南，湖北，广东，海南，四川，云南。

资料来源：张保石，朱明生，2008，蛛形纲：蜘蛛目。《宝天曼自然保护区昆虫》，中国农业科学技术出版社。

十字盾球蛛 *Orthobula crucifera* Boesenberg *et* Strand, 1906

省内产地：辉县八里沟。

分布：河南，北京，陕西，安徽，湖南；韩国，日本。

资料来源：张保石，朱明生，2008，蛛形纲：蜘蛛目。《宝天曼自然保护区昆虫》，中国农业科学技术出版社。

快乐刺足蛛 *Phrurolithus festivus* (C. L. Koch, 1835)

省内产地：林州。

分布：河南，河北，山西，辽宁，吉林，黑龙江，陕西；古北区。

资料来源：朱明生，张保石，2011，河南蜘蛛志。科学出版社。

灿烂刺足蛛 *Phrurolithus splendidus* Song *et* Zheng, 1992

省内产地：辉县八里沟，嵩县天池山，嵩县白云山，栾川县龙峪湾，内乡宝天曼，桐柏县淮河源森林公园，信阳鸡公山，罗山县董寨白云站，商城金刚台自然保护区。

分布：河南，河北，吉林，辽宁，黑龙江，山西，浙江，四川，重庆。

资料来源：张保石，朱明生，2008，蛛形纲：蜘蛛目。《宝天曼自然保护区昆虫》，中国农业科

学技术出版社。

日本管蛛 *Trachelas japonica* Boesenberg *et* Strand, 1906

省内产地：荥阳。

分布：河南，浙江；朝鲜，日本，俄罗斯。

资料来源：申效诚，1993，河南昆虫名录。中国农业科学技术出版社。

三四、转蛛科 Trochanteriidae

本科全世界共 19 属 152 种，中国记载 1 属 7 种，河南记录 1 属 2 种。

珍奇扁蛛 *Plator insolens* Simon, 1880

省内产地：林州石板岩，荥阳。

分布：河南，河北，北京，辽宁；朝鲜，日本。

资料来源：申效诚，1993，河南昆虫名录。中国农业科学技术出版社。

中华扁蛛 *Plator sinicus* Zhu *et* Wang, 1963

日本扁蛛 *Plator nipponicus* (Kishida)

省内产地：沁阳，荥阳，内乡。

分布：河南，辽宁，河北，山东，陕西。

资料来源：申效诚，1993，河南昆虫名录。中国农业科学技术出版社。

三五、平腹蛛科 Gnaphosidae

本科全世界共 110 属 2036 种，中国记载 34 属 166 种，河南记录 9 属 22 种。

焦氏狂蛛 *Cladothela joannisi* (Schenkel, 1963)

省内产地：商城，新县。

分布：河南，江苏。

资料来源：申效诚，1993，河南昆虫名录。中国农业科学技术出版社。

长刺掠蛛 *Drassodes longispinus* Marusik *et* Logunov, 1995

省内产地：遂平县嵖岈山。

分布：河南，河北，广西，西藏；俄罗斯。

资料来源：张保石，朱明生，2008，蛛形纲：蜘蛛目。《宝天曼自然保护区昆虫》，中国农业科学技术出版社。

锯齿掠蛛 *Drassodes serratidens* Schenkel, 1963

省内产地：嵩县天池山，嵩县白云山，栾川县龙峪湾。

分布：河南，河北，内蒙古，甘肃，新疆，西藏；朝鲜，日本，俄罗斯。

资料来源：张保石，朱明生，2008，蛛形纲：蜘蛛目。《宝天曼自然保护区昆虫》，中国农业科学技术出版社。

陕西近狂蛛 *Drassyllus shaanxiensis* Platnick *et* Song, 1986

省内产地：内乡。

分布：河南，河北，四川，陕西，新疆；俄罗斯，日本。

资料来源：朱明生，张保石，2011，河南蜘蛛志。科学出版社。

锚近狂蛛 *Drassyllus vinealis* (Kulczynski, 1897)

省内产地：内乡。

分布：河南，北京，河北，山东，西藏，新疆；古北区。

资料来源：朱明生，张保石，2011，河南蜘蛛志。科学出版社。

矛平腹蛛 *Gnaphosa hastata* Fox, 1937

省内产地：嵩县天池山，信阳鸡公山，罗山县董寨白云站。

分布：河南，江苏，浙江，福建，湖南，湖北，广西，云南。

资料来源：张保石，朱明生，2008，蛛形纲：蜘蛛目。《宝天曼自然保护区昆虫》，中国农业科学技术出版社。

甘肃平腹蛛 *Gnaphosa kansuensis* Schenkel, 1936

勒氏平腹蛛 *Gnaphosa roeweri* Schenkel

省内产地：登封，新乡，潢川，郑州。

分布：河南，河北，辽宁，浙江，安徽，湖北，四川，云南，陕西，甘肃，宁夏，青海；韩国，日本；欧洲。

资料来源：朱明生，张保石，2011，河南蜘蛛志。科学出版社。

金比罗平腹蛛 *Gnaphosa kompirensis*Boesenberg *et* Strand, 1906

达氏平腹蛛 *Gnaphosa davidi* Schenkel

省内产地：登封，中牟，尉氏，杞县，信阳。

分布：河南，河北，辽宁，陕西，宁夏，青海，山东，安徽，福建，江西，湖北，湖南，广东，四川，香港；韩国，日本。

资料来源：申效诚，1993，河南昆虫名录。中国农业科学技术出版社。

利氏平腹蛛 *Gnaphosa licenti* Schenkel, 1953

钩突平腹蛛 *Gnaphosa acuaria* Schenkel

邓氏平腹蛛 *Gnaphosa denisi* Schenkel

省内产地：遂平县嵖岈山，桐柏县淮河源森林公园，郑州，荥阳，商城，新乡，内乡。

分布：河南，北京，河北，山西，辽宁，安徽，山东，四川，贵州，西藏，甘肃，青海，新疆；韩国，蒙古国，哈萨克斯坦，吉尔吉斯斯坦，俄罗斯。

资料来源：张保石，朱明生，2008，蛛形纲：蜘蛛目。《宝天曼自然保护区昆虫》，中国农业科学技术出版社。

中华平腹蛛 *Gnaphosa sinensis* Simon, 1880

省内产地：新乡。

分布：河南，北京，河北，山西，安徽，四川，西藏，陕西，甘肃，新疆。

资料来源：朱明生，张保石，2011，河南蜘蛛志。科学出版社。

赵氏平腹蛛 *Gnaphosa zhaoi* Ovtsharenko, Platnick *et* Song, 1992

省内产地：嵩县白云山，罗山县董寨白云站，内乡宝天曼。

分布：河南，湖北，四川，云南。

资料来源：张保石，朱明生，2008，蛛形纲：蜘蛛目。《宝天曼自然保护区昆虫》，中国农业科学技术出版社。

单带希托蛛 *Hitobia unifascigera* (Bosenberg *et* Strand, 1906)

省内产地：内乡。

分布：河南，浙江，湖南；日本。

资料来源：朱明生，张保石，2011，河南蜘蛛志。科学出版社。

白斑岸田蛛 *Kishidaia albimaculata* (Saito, 1934)

省内产地：卢氏大块地。

分布：河南，河北；日本，俄罗斯。

资料来源：朱明生，张保石，2011，河南蜘蛛志。科学出版社。

白斑小蚁蛛 *Micaria albovittata* (Lucas, 1846)

闪光小蚁蛛 *Micaria scintillans* (O. P. Cambridge)

省内产地：具体不详。

分布：河南，吉林，北京，河北。

资料来源：申效诚，1993，河南昆虫名录。中国农业科学技术出版社。

山区小蚁蛛 *Micaria pulcherrima* Caporiacco, 1935

省内产地：栾川县龙峪湾。

分布：河南，河北，青海，新疆，山西；俄罗斯。

资料来源：张保石，朱明生，2008，蛛形纲：蜘蛛目。《宝天曼自然保护区昆虫》，中国农业科学技术出版社。

查哈粗狂蛛 *Trachyzelotes jaxartensis* (Kroneberg, 1875)

卡氏狂蛛 *Zelotes cavaleriei* Schenkel

省内产地：安阳，新乡，中牟，开封，尉氏，偃师。

分布：河南，北京，河北，江苏，浙江，安徽，福建，四川，贵州，新疆；南非，塞内加尔，美国(夏威夷)；全北区。

资料来源：朱明生，张保石，2011，河南蜘蛛志。科学出版社。

亚洲狂蛛 *Zelotes asiaticus* (Boesenberg *et* Strand, 1906)

省内产地：桐柏县淮河源森林公园，荥阳，新乡，内乡。

分布：河南，河北，山东，浙江，安徽，湖北，湖南，四川，台湾，香港；东亚。

资料来源：张保石，朱明生，2008，蛛形纲：蜘蛛目。《宝天曼自然保护区昆虫》，中国农业科学技术出版社。

大卫狂蛛 *Zelotes davidi* Schenkel, 1963

省内产地：内乡宝天曼。

分布：河南，山西，江苏，安徽，湖南，陕西；朝鲜，日本。

资料来源：张保石，朱明生，2008，蛛形纲：蜘蛛目。《宝天曼自然保护区昆虫》，中国农业科学技术出版社。

小狂蛛 *Zelotes exiguus* (Mueller *et* Schenkel, 1895)

省内产地：嵩县白云山。

分布：河南，河北，新疆；俄罗斯；欧洲。

资料来源：张保石，朱明生，2008，蛛形纲：蜘蛛目。《宝天曼自然保护区昆虫》，中国农业科学技术出版社。

波氏狂蛛 *Zelotes potanini* Schenkel, 1963

省内产地：嵩县白云山，新乡。

分布：河南，河北，内蒙古，新疆，山西，山东；蒙古国，朝鲜，日本，哈萨克斯坦，俄罗斯。

资料来源：张保石，朱明生，2008，蛛形纲：蜘蛛目。《宝天曼自然保护区昆虫》，中国农业科学技术出版社。

蔡氏狂蛛 *Zelotes tsaii* Platnick *et* Song, 1986

省内产地：新乡(模式产地)。

分布：河南，河北，内蒙古。

资料来源：朱明生，张保石，2011，河南蜘蛛志。科学出版社。

颜氏狂蛛 *Zelotes yani* Yin, Bao *et* Zhang, 1999

省内产地：林州石板岩。

分布：河南，湖南。

资料来源：朱明生，张保石，2011，河南蜘蛛志。科学出版社。

三六、拟扁蛛科 Selenopidae

本科全世界共 4 属 190 种，中国记载 1 属 4 种，河南记录 1 属 1 种。

袋拟扁蛛 *Selenops bursarius* Karsch, 1879

豫拟扁蛛 *Selenops henanensis* Zhu *et* Mao

省内产地：罗山县董寨白云站，新县连康山老庙保护站，商城金刚台自然保护区，信阳，南阳，洛阳，偃师，郑州。

分布：河南，台湾，江苏，安徽，浙江，四川；朝鲜，日本。

资料来源：张保石，朱明生，2008，蛛形纲：蜘蛛目。《宝天曼自然保护区昆虫》，中国农业科学技术出版社。

三七、异足蛛科 Sparassidae

本科全世界共 83 属 1056 种，中国记载 11 属 70 种，河南记录 2 属 4 种。

朱氏不丹蛛 *Bhutaniella zhui* Zhang *et* Zhu, 2008

省内产地：内乡宝天曼，嵩县天池山，宜阳花果山(模式产地)。

分布：河南。

资料来源：朱明生，张保石，2011，河南蜘蛛志。科学出版社。

蛇形中遁蛛 *Sinopoda serpentembolus* Zhang *et al.*, 2007

省内产地：内乡宝天曼，嵩县天池山(模式产地)。

分布：河南。

资料来源：Zhang, B. S., M. S. Zhu, P. Jäger & D. X. Song. 2007. A new species of the genus *Sinopoda* from China (Aranei: Sparassidae: Heteropodinae). *Arthropoda Selecta* 15: 251~253.

星中遁蛛 *Sinopoda stellata* (Schenkel, 1963)

星巨蟹蛛 *Heteropoda stellata* Schenkel, 1963

省内产地：栾川。

分布：河南，甘肃。

资料来源：申效诚，1993，河南昆虫名录。中国农业科学技术出版社。

王氏中遁蛛 *Sinopoda wangi* Song *et* Zhu, 1999

省内产地：桐柏县淮河源森林公园，罗山县董寨白云站，新县连康山老庙保护站，商城金刚台自然保护区。

分布：河南，江西。

资料来源：张保石，朱明生，2008，蛛形纲：蜘蛛目。《宝天曼自然保护区昆虫》，中国农业科学技术出版社。

三八、逍遥蛛科 Philodromidae

本科全世界共 27 属 531 种，中国记载 3 属 53 种，河南记录 3 属 14 种。

金黄逍遥蛛 *Philodromus aureolus* (Clerck, 1757)

省内产地：嵩县白云山西沟，内乡宝天曼，宜阳花果山。

分布：河南，新疆，内蒙古，宁夏，吉林，辽宁，四川。

资料来源：朱明生，张保石，2011，河南蜘蛛志。科学出版社。

耳斑逍遥蛛 *Philodromus auricomus* L. Koch, 1878

省内产地：开封，荥阳。

分布：河南，辽宁，山东，河北，陕西，四川；朝鲜，日本，俄罗斯。

资料来源：申效诚，1993，河南昆虫名录。中国农业科学技术出版社。

白色逍遥蛛 *Philodromus cespitum* (Walckenaer, 1802)

省内产地：辉县，修武，灵宝，卢氏，陕县，巩义，登封，密县，郑州，中牟，尉氏，开封，郸城，南阳。

分布：河南，吉林，辽宁，内蒙古，北京，山东，河北，山西，陕西，宁夏，甘肃，新疆，安徽，江苏，浙江，湖北，贵州；朝鲜，日本；北非，北美。

资料来源：申效诚，1993，河南昆虫名录。中国农业科学技术出版社。

虚逍遥蛛 *Philodromus fallax* Sundevall, 1833

省内产地：辉县上八里关山。

分布：河南，内蒙古，新疆；欧洲。

资料来源：朱明生，张保石，2011，河南蜘蛛志。科学出版社。

红棕逍遥蛛 *Philodromus rufus* Walckenaer, 1826

省内产地：林州石板岩。

分布：河南，河北，吉林，内蒙古，辽宁，青海，甘肃，陕西，四川，福建，云南，西藏；朝鲜，日本；北美洲，欧洲。

资料来源：张保石，朱明生，2008，蛛形纲：蜘蛛目。《宝天曼自然保护区昆虫》，中国农业科学技术出版社。

刺跗逍遥蛛 *Philodromus spinitarsis* Simon, 1895

省内产地：安阳，新乡，洛阳，巩义，郑州，中牟，尉氏，兰考，偃师，南阳。

分布：河南，黑龙江，吉林，辽宁，内蒙古，山东，河北，山西，陕西，宁夏，新疆，安徽，浙江，台湾，湖北，广东，四川，西藏；朝鲜，日本。

资料来源：申效诚，1993，河南昆虫名录。中国农业科学技术出版社。

土黄逍遥蛛 *Philodromus subaureolus* Boesenberg *et* Strand, 1906

省内产地：辉县松树坪，栾川县龙峪湾，内乡宝天曼，桐柏县水濂寺，桐柏县淮河源森林公园，信阳鸡公山，商城金刚台自然保护区。

分布：河南，河北，黑龙江，吉林，内蒙古，辽宁，宁夏，甘肃，新疆，陕西，山西，山东，江苏，浙江，安徽，湖北；朝鲜，日本。

资料来源：张保石，朱明生，2008，蛛形纲：蜘蛛目。《宝天曼自然保护区昆虫》，中国农业科学技术出版社。

朝鲜狼逍遥蛛 *Thanatus coreanus* Paik, 1979

省内产地：具体不详。

分布：河南，黑龙江，吉林，内蒙古，河北；朝鲜。

资料来源：申效诚，1993，河南昆虫名录。中国农业科学技术出版社。

蚁狼逍遥蛛 *Thanatus formicinus* (Clerck, 1757)

省内产地：开封，杞县，兰考，民权，尉氏，延津，安阳，偃师，陕县，许昌，南阳，信阳。

分布：河南，辽宁，河北，山东，陕西，甘肃，青海，浙江。

资料来源：申效诚，1993，河南昆虫名录。中国农业科学技术出版社。

小狼逍遥蛛 *Thanatus miniaceus* Simon, 1880

省内产地：辉县八里沟，遂平县嵖岈山，中牟。

分布：河南，河北，吉林，辽宁，内蒙古，青海，山东，浙江，西藏；朝鲜，日本。

资料来源：张保石，朱明生，2008，蛛形纲：蜘蛛目。《宝天曼自然保护区昆虫》，中国农业科学技术出版社。

日本长逍遥蛛 *Tibellus japonicus* Efimik, 1999

省内产地：嵩县天池山，栾川县龙峪湾，桐柏县水濂寺，桐柏县淮河源森林公园，信阳鸡公山，新县连康山老庙保护站，商城金刚台自然保护区，卢氏大块地。

分布：河南，贵州；日本，俄罗斯。

资料来源：张保石，朱明生，2008，蛛形纲：蜘蛛目。《宝天曼自然保护区昆虫》，中国农业科学技术出版社。

短胸长逍遥蛛 *Tibellus oblongus* (Walckenaer)

省内产地：郑州，安阳，洛阳，商丘，开封，杞县，尉氏，辉县，南阳，信阳。

分布：河南，黑龙江，吉林，内蒙古，山东，河北，山西，陕西，新疆，四川，甘肃；朝鲜，日本；欧洲。

资料来源：申效诚，1993，河南昆虫名录。中国农业科学技术出版社。

东方长逍遥蛛 *Tibellus orientis* Efimik, 1999

省内产地：辉县八里沟，林州石板岩，辉县关山。

分布：河南，黑龙江，吉林，辽宁，湖南，江西；朝鲜，日本，澳大利亚。

资料来源：张保石，朱明生，2008，蛛形纲：蜘蛛目。《宝天曼自然保护区昆虫》，中国农业科学技术出版社。

娇长逍遥蛛 *Tibellus tenellus* (L. Koch, 1876)

省内产地：兰考，开封，中牟，杞县，信阳。

分布：河南，黑龙江，吉林，辽宁，山东，河北，山西，陕西，甘肃，湖南，江西；朝鲜，日本，俄罗斯，澳大利亚。

资料来源：申效诚，1993，河南昆虫名录。中国农业科学技术出版社。

三九、蟹蛛科 Thomisidae

本科全世界共 173 属 2085 种，中国记载 31 属近 200 种，河南记录 15 属 30 种。

美丽巴蟹蛛 *Bassaniana decorata* (Karsch, 1879)

省内产地：杞县，郑州。

分布：河南，吉林，辽宁，宁夏，浙江；朝鲜，日本。

资料来源：申效诚，1993，河南昆虫名录。中国农业科学技术出版社。

黑革蟹蛛 *Coriarachne melancholica* Simon, 1880

省内产地：内乡宝天曼，荥阳。

分布：河南，河北，北京，内蒙古，陕西。

资料来源：张保石，朱明生，2008，蛛形纲：蜘蛛目。《宝天曼自然保护区昆虫》，中国农业科学技术出版社。

陷狩蛛 *Diaea subdola* O. P.-Cambridge, 1885

省内产地：栾川县龙峪湾，信阳鸡公山，卢氏大块地，内乡宝天曼，宜阳花果山，郑州黄河湿地，中牟。

分布：河南，山东，陕西，山西，浙江，台湾，四川；朝鲜，日本。

资料来源：张保石，朱明生，2008，蛛形纲：蜘蛛目。《宝天曼自然保护区昆虫》，中国农业科学技术出版社。

伪足弓艾奇蛛 *Ebrechtella pseudovatia* (Schenkel, 1936)

Misumenops pseudovatia (Schenkel, 1936)

省内产地：辉县松树坪，桐柏县淮河源森林公园。

分布：河南，河北，甘肃，山西。

资料来源：张保石，朱明生，2008，蛛形纲：蜘蛛目。《宝天曼自然保护区昆虫》，中国农业科学技术出版社。

三突艾奇蛛 *Ebrechtella tricuspidata* (Fabricius, 1775)

三突花蛛 *Misumenops tricuspidata* (Fabricius, 1775)

省内产地：辉县八里沟，洛阳嵩县白云山，桐柏县淮河源森林公园，商城金刚台自然保护区，林州石板岩，内乡宝天曼等全省各地。

分布：河南，河北，北京，天津，黑龙江，吉林，辽宁，内蒙古，宁夏，甘肃，青海，新疆，陕西，山西，山东，江苏，浙江，安徽，江西，湖南，湖北，四川，台湾，福建，云南；朝鲜，日本，俄罗斯，法国，德国，瑞典。

资料来源：张保石，朱明生，2008，蛛形纲：蜘蛛目。《宝天曼自然保护区昆虫》，中国农业科学技术出版社。

梅氏毛蟹蛛 *Heriaeus mellotteei* Simon, 1886

省内产地：栾川县龙峪湾，嵩县天池山，遂平县嵖岈山，桐柏县淮河源森林公园，信阳鸡公山，登封。

分布：河南，河北，黑龙江，内蒙古，甘肃，山西，陕西，山东，湖北，西藏；朝鲜，日本。

资料来源：张保石，朱明生，2008，蛛形纲：蜘蛛目。《宝天曼自然保护区昆虫》，中国农业科

学技术出版社。

巴东微蟹蛛 *Lysiteles badongensis* Song *et* Chai, 1990

省内产地：嵩县白云山，卢氏大块地，内乡宝天曼。

分布：河南，湖北。

资料来源：张保石，朱明生，2008，蛛形纲：蜘蛛目。《宝天曼自然保护区昆虫》，中国农业科学技术出版社。

小微蟹蛛 *Lysiteles minimus* (Schenkel, 1953)

省内产地：嵩县白云山。

分布：河南，陕西，甘肃。

资料来源：张保石，朱明生，2008，蛛形纲：蜘蛛目。《宝天曼自然保护区昆虫》，中国农业科学技术出版社。

弓足梢蛛 *Misumena vatia* (Clerck, 1757)

省内产地：宜阳花果山，卢氏大块地，内乡宝天曼，郑州黄河岸边，嵩县白云山，新乡。

分布：河南，河北，黑龙江，吉林，内蒙古，甘肃，山西，陕西；朝鲜，日本；欧洲，北非，北美洲。

资料来源：张保石，朱明生，2008，蛛形纲：蜘蛛目。《宝天曼自然保护区昆虫》，中国农业科学技术出版社。

平行绿蟹蛛 *Oxytate parallela* (Simon, 1880)

省内产地．济源土屋山，辉县八里沟，嵩县天池山，栾川县龙峪湾，林州石板岩，卢氏大块地，民权，杞县，郑州。

分布：河南，河北，陕西；朝鲜。

资料来源：张保石，朱明生，2008，蛛形纲：蜘蛛目。《宝天曼自然保护区昆虫》，中国农业科学技术出版社。

条纹绿蟹蛛 *Oxytate striatipes* L. Koch, 1878

省内产地：嵩县天池山，信阳鸡公山，登封少林寺。

分布：河南，吉林，辽宁，山东，陕西，江西；朝鲜，日本。

资料来源：张保石，朱明生，2008，蛛形纲：蜘蛛目。《宝天曼自然保护区昆虫》，中国农业科学技术出版社。

异羽蛛 *Ozyptila inaequalis* (Kulczyn'ski, 1901)

省内产地：桐柏县水濂寺，宜阳花果山。

分布：河南，河北，内蒙古，甘肃，山东。

资料来源：张保石，朱明生，2008，蛛形纲：蜘蛛目。《宝天曼自然保护区昆虫》，中国农业科学技术出版社。

波状截腹蛛 *Pistius undulatus* Karsch, 1879

省内产地：卢氏大块地，商城。

分布：河南，黑龙江，吉林，辽宁，内蒙古，河北，山东，山西，陕西，浙江；朝鲜，日本；欧洲。

资料来源：申效诚，1993，河南昆虫名录。中国农业科学技术出版社。

尖腹锯足蛛 *Runcinia acuminata* (Thorell, 1881)

省内产地：罗山县董寨白云站，安阳，新乡，辉县，伊川，偃师，郑州，兰考，民权，商丘，郸城，汝州，南阳，信阳。

分布：河南，山东，陕西，安徽，浙江，江西，福建，台湾，湖北，湖南，广东，四川，贵州；朝鲜，日本，泰国，巴布亚新几内亚，澳大利亚。

资料来源：张保石，朱明生，2008，蛛形纲：蜘蛛目。《宝天曼自然保护区昆虫》，中国农业科学技术出版社。

圆花叶蛛 *Synema globosum* (Fabricius, 1775)

省内产地：遂平县嵖岈山，安阳，新乡，辉县，巩义，中牟，郑州，南阳，信阳。

分布：河南，河北，黑龙江，吉林，辽宁，内蒙古，甘肃，山西，山东，江苏，浙江，安徽，江西，湖南，湖北；朝鲜，日本，俄罗斯；欧洲。

资料来源：张保石，朱明生，2008，蛛形纲：蜘蛛目。《宝天曼自然保护区昆虫》，中国农业科学技术出版社。

带花叶蛛 *Synema zonatum* Tang *et* Song, 1988

省内产地：嵩县白云山，栾川县龙峪湾，桐柏县水濂寺，信阳鸡公山。

分布：河南，湖北。

资料来源：张保石，朱明生，2008，蛛形纲：蜘蛛目。《宝天曼自然保护区昆虫》，中国农业科学技术出版社。

胡氏蟹蛛 *Thomisus hui* Song *et* Zhu, 1995

省内产地：栾川县龙峪湾，内乡宝天曼。

分布：河南，山东。

资料来源：张保石，朱明生，2008，蛛形纲：蜘蛛目。《宝天曼自然保护区昆虫》，中国农业科学技术出版社。

角红蟹蛛 *Thomisus labefactus* Karsch, 1881

省内产地：信阳鸡公山，罗山县董寨白云站，新县连康山老庙保护站，商城金刚台自然保护区，尉氏，辉县，登封，南阳，信阳。

分布：河南，河北，甘肃，新疆，山西，山东，浙江，安徽，湖北，四川，台湾，福建，广东，云南；朝鲜，日本。

资料来源：张保石，朱明生，2008，蛛形纲：蜘蛛目。《宝天曼自然保护区昆虫》，中国农业科学技术出版社。

满蟹蛛 *Thomisus onustus* Walckenaer, 1805

省内产地：遂平县嵖岈山，固始，商城。

分布：河南，河北，吉林，内蒙古，甘肃，新疆，山西，浙江，湖北，四川，广东；中亚，欧洲。

资料来源：张保石，朱明生，2008，蛛形纲：蜘蛛目。《宝天曼自然保护区昆虫》，中国农业科学技术出版社。

东方峭腹蛛 *Tmarus orientalis* Schenkel, 1963

省内产地：兰考，尉氏。

分布：河南，河北，山东，山西，陕西；朝鲜。

资料来源：申效诚，1993，河南昆虫名录。中国农业科学技术出版社。

角突峭腹蛛 *Tmarus piger* (Walckenaer, 1802)

省内产地：兰考，尉氏，民权，夏邑，荥阳。

分布：河南，吉林，甘肃，河北，山西，陕西；日本，前苏联，德国，法国。

资料来源：申效诚，1993，河南昆虫名录。中国农业科学技术出版社。

秦岭峭腹蛛 *Tmarus qinlingensis* Song *et* Wang, 1994

省内产地：嵩县天池山，洛阳花果山。

分布：河南，陕西，甘肃。

资料来源：张保石，朱明生，2008，蛛形纲：蜘蛛目。《宝天曼自然保护区昆虫》，中国农业科学技术出版社。

裂突峭腹蛛 *Tmarus rimosus* Paik, 1973

省内产地：辉县松树坪，嵩县天池山，嵩县白云山，信阳鸡公山，新县连康山老庙保护站，林州石板岩。

分布：河南，河北，吉林，辽宁，内蒙古，山西；朝鲜，日本。

资料来源：张保石，朱明生，2008，蛛形纲：蜘蛛目。《宝天曼自然保护区昆虫》，中国农业科

学技术出版社。

波纹花蟹蛛 *Xysticus croceus* Fox, 1937

省内产地：登封少林寺三皇寨风景区，内乡宝天曼，信阳鸡公山，罗山县董寨白云站，新县连康山老庙保护站，商城金刚台自然保护区，中牟。尉氏，巩义，偃师，汝州，灵宝，辉县，南阳，信阳。

分布：河南，河北，陕西，山西，山东，贵州，湖南，湖北，四川，浙江，安徽，江西，福建，广东，云南；日本。

资料来源：张保石，朱明生，2008，蛛形纲：蜘蛛目。《宝天曼自然保护区昆虫》，中国农业科学技术出版社。

埃氏花蟹蛛 *Xysticus emertoni* Keyserling, 1880

省内产地：内乡宝天曼，新县连康山老庙保护站。

分布：河南，吉林，内蒙古；俄罗斯。

资料来源：张保石，朱明生，2008，蛛形纲：蜘蛛目。《宝天曼自然保护区昆虫》，中国农业科学技术出版社。

鞍形花蟹蛛 *Xysticus ephippiatus* Simon, 1880

省内产地：辉县八里沟，嵩县天池山，栾川县龙峪湾，遂平县嵖岈山，桐柏县水帘寺，桐柏县淮河源森林公园，林州石板岩，辉县关山，济源王屋山，洛阳花果山，卢氏大块地，安阳，新乡，辉县，济源，偃师，巩义，郑州，密县，中牟，尉氏，开封，兰考，商丘，南阳，信阳。

分布：河南，河北，北京，天津，吉林，辽宁，内蒙古，甘肃，新疆，陕西，山西，山东，上海，江苏，浙江，安徽，江西，湖南，湖北，西藏；朝鲜，日本，蒙古国，俄罗斯。

资料来源：张保石，朱明生，2008，蛛形纲：蜘蛛目。《宝天曼自然保护区昆虫》，中国农业科学技术出版社。

赫氏花蟹蛛 *Xysticus hedini* Schenkel, 1936

省内产地：罗山县董寨白云站。

分布：河南，河北，黑龙江，吉林，辽宁，内蒙古，山西，山东，湖南，浙江；蒙古国，朝鲜，日本。

资料来源：张保石，朱明生，2008，蛛形纲：蜘蛛目。《宝天曼自然保护区昆虫》，中国农业科学技术出版社。

三斑花蟹蛛 *Xysticus pseudobliteus* (Simon, 1880)

省内产地：辉县八里沟，遂平县嵖岈山，登封，荥阳。

分布：河南，河北，黑龙江，吉林，辽宁，内蒙古，甘肃，青海，山西，山东，四川，西藏；朝鲜。

资料来源：张保石，朱明生，2008，蛛形纲：蜘蛛目。《宝天曼自然保护区昆虫》，中国农业科学技术出版社。

嵯峨花蟹蛛 *Xysticus saganus* Boesenberg *et* Strand, 1906

省内产地：安阳，兰考，南阳。

分布：河南，内蒙古，四川；日本，韩国，俄罗斯。

资料来源：申效诚，1993，河南昆虫名录。中国农业科学技术出版社。

条纹花蟹蛛 *Xysticus striatipes* L. Koch, 1870

省内产地：辉县，栾川，杞县，民权，淮阳，新野，商城。

分布：河南，黑龙江，内蒙古，甘肃，宁夏，新疆，山西，四川；欧洲。

资料来源：申效诚，1993，河南昆虫名录。中国农业科学技术出版社。

四〇、跳蛛科 Salticidae

本科全世界共 563 属 5202 种，中国记载 79 属 300 多种，河南记录 26 属 49 种。

丽亚尼蛛 *Asianellus festivus* (C. L. Koch, 1834)

黑跗蝇豹 *Aelurillus festivus* (L. Koch)

黑灰蛛 *Phlegra pichoni* Schenkel

省内产地：栾川县龙峪湾，罗山县董寨白云站，洛阳花果山，偃师，尉氏。

分布：河南，河北，北京，黑龙江，吉林，陕西，山西，山东，浙江，安徽，湖南，湖北，四川，广西，贵州；古北区。

资料来源：张保石，朱明生，2008，蛛形纲：蜘蛛目。《宝天曼自然保护区昆虫》，中国农业科学技术出版社。

角菱头蛛 *Bianor angulosus* (Karsch, 1879)

黑菱头蛛 *Bianor hotingchiehi* Schenkel

省内产地：罗山县董寨白云站，商城，平舆，柘城。

分布：河南，陕西，山东，安徽，江苏，浙江，江西，福建，湖北，湖南，广东，广西，四川，云南，贵州；越南，印度。

资料来源：朱明生，张保石，2011，河南蜘蛛志。科学出版社。

角猫跳蛛 *Carrhotus sannio* (Thorell, 1877)

省内产地：栾川县龙峪湾。

分布：河南，湖南，福建，江西，广东，广西；越南，印度，缅甸，马来西亚；亚洲东部。

资料来源：张保石，朱明生，2008，蛛形纲：蜘蛛目。《宝天曼自然保护区昆虫》，中国农业科学技术出版社。

黑猫跳蛛 *Carrhotus xanthogramma* (Latreille, 1819)

猫跳蛛 *Carrhotus pichoni* Schenkel

省内产地：罗山县董寨白云站，新县连康山老庙保护站，中牟。

分布：河南，吉林，辽宁，陕西，河北，山东，浙江，湖北，湖南，贵州。

资料来源：张保石，朱明生，2008，蛛形纲：蜘蛛目。《宝天曼自然保护区昆虫》，中国农业科学技术出版社。

前斑蛛 *Euophrys frontalis* (Walckenaer, 1802)

省内产地：内乡宝天曼，荥阳，嵩县，商城。

分布：河南，北京，陕西，新疆，西藏；古北区。

资料来源：张保石，朱明生，2008，蛛形纲：蜘蛛目。《宝天曼自然保护区昆虫》，中国农业科学技术出版社。

刘家坪斑蛛 *Euophrys liujiapingensis* (Yang *et* Tang, 1997)

Laufeia liujiapingensis Yang *et* Tang, 1997: 94, figs. 6~10.

省内产地：新县连康山老庙保护站，商城金刚台自然保护区。

分布：河南，甘肃。

资料来源：朱明生，张保石，2011，河南蜘蛛志。科学出版社。

白斑猎蛛 *Evarcha albaria* (L. Koch, 1878)

省内产地：林州石板岩，辉县关山，辉县松树坪，辉县八里沟，济源王屋山，登封少林寺，嵩县天池山，栾川县龙峪湾，遂平县嵖岈山，桐柏县淮河源森林公园，信阳鸡公山，罗山县董寨白云站，新县连康山老庙保护站，商城金刚台自然保护区，宜阳花果山，卢氏大块地，内乡宝天曼，中牟，尉氏，登封，巩义，嵩县，信阳。

分布：河南，河北，北京，吉林，辽宁，甘肃，新疆，陕西，山西，山东，江苏，浙江，安徽，江西，湖南，湖北，福建，广东，广西，四川，云南；朝鲜，印度，越南，日本，蒙古国。

资料来源：张保石，朱明生，2008，蛛形纲：蜘蛛目。《宝天曼自然保护区昆虫》，中国农业科学技术出版社。

纵带扁蝇虎 *Hakka himeshimensis* (Boesenberg *et* Strand, 1906)

Menemerus himeshimensis Boesenberg *et* Strand, 1906

省内产地：中牟。

分布：河南，山东，山西，陕西；朝鲜，日本，美国(夏威夷)。

资料来源：申效诚，1993，河南昆虫名录。中国农业科学技术出版社。

鳃哈莫蛛 *Harmochirus brachiatus* (Thorell, 1877)

省内产地：信阳鸡公山，罗山县董寨白云站，商城金刚台自然保护区。

分布：河南，浙江，湖南，福建，广东，广西，贵州，云南；印度，越南，日本，澳大利亚。

资料来源：张保石，朱明生，2008，蛛形纲：蜘蛛目。《宝天曼自然保护区昆虫》，中国农业科学技术出版社。

乌苏里闪蛛 *Heliophanus ussuricus* Kulczyn'ski, 1895

省内产地：栾川龙峪湾，嵩县天池山。

分布：河南，河北，山西，吉林；朝鲜，蒙古国，俄罗斯。

资料来源：张保石，朱明生，2008，蛛形纲：蜘蛛目。《宝天曼自然保护区昆虫》，中国农业科学技术出版社。

杈形徘蛛 *Laufeia aenea* Simon, 1889

省内产地：荥阳，商城。

分布：河南，吉林；朝鲜，日本。

资料来源：申效诚，1993，河南昆虫名录。中国农业科学技术出版社。

横纹蝇狮 *Marpissa pulla* (Karsch, 1879)

省内产地：罗山县董寨白云站。

分布：河南，广东，台湾，安徽，湖南，吉林；朝鲜，日本，俄罗斯。

资料来源：张保石，朱明生，2008，蛛形纲：蜘蛛目。《宝天曼自然保护区昆虫》，中国农业科学技术出版社。

闞氏门蛛 *Mendoza canestrinii* (Ninni, 1868)

纵条蝇狮 *Marpissa magister* (Karsch, 1879)

省内产地：桐柏龙泽谭公园，辉县，尉氏，巩义，南阳，信阳。

分布：河南，河北，北京，吉林，新疆，陕西，山西，山东，江苏，浙江，安徽，江西，湖南，湖北，四川，福建，广东，广西，贵州；朝鲜，日本，俄罗斯，越南。

资料来源：朱明生，张保石，2011，河南蜘蛛志。科学出版社。

美丽门蛛 *Mendoza pulchra* (Proczyn'ski, 1981)

美丽蝇狮 *Marpissa pulchra* (Proczyn'ski, 1981)

省内产地：信阳鸡公山，罗山县董寨白云站，新县连康山老庙保护站。

分布：河南，湖南，广西，内蒙古，吉林；朝鲜，日本。

资料来源：朱明生，张保石，2011，河南蜘蛛志。科学出版社。

金黄扁蝇虎 *Menemerus fulvus* (L. Koch, 1878)

浊斑扁蝇虎 *Menemerus confusus* Boesenberg *et* Strand

省内产地：辉县，南阳，信阳，商城，固始，潢川，平舆。

分布：河南，陕西，山西，山东，江苏，浙江，上海，台湾，湖北，湖南，贵州。

资料来源：朱明生，张保石，2011，河南蜘蛛志。科学出版社。

美丽蚁蛛 *Myrmarachne formicaria* (De Geer, 1778)

乔氏蚁蛛 *Myrmarachne joblotii* (Scopoli, 1763)

省内产地：林州石板岩，辉县松树坪，登封少室山，栾川县龙峪湾，内乡宝天曼，登封，信阳。

分布：河南，北京，吉林，陕西，山西，山东，浙江，安徽，湖南，湖北，四川，广东，贵州；古北区。

资料来源：朱明生，张保石，2011，河南蜘蛛志。科学出版社。

吉蚁蛛 *Myrmarachne gisti* Fox, 1937

省内产地：具体不详。

分布：河南，陕西，山东，山西，吉林，安徽，江苏，浙江，福建，湖南，广东，四川，云南，贵州。

资料来源：申效诚，1993，河南昆虫名录。中国农业科学技术出版社。

日本蚁蛛 *Myrmarachne japonica* Karsch, 1879

省内产地：辉县，南阳，信阳。

分布：河南，北京，河北，山西，湖北，湖南，四川，台湾；日本，俄罗斯。

资料来源：申效诚，1993，河南昆虫名录。中国农业科学技术出版社。

忧蚁蛛 *Myrmarachne lugubris* (Kulczyn'ski, 1895)

省内产地：辉县八里沟。

分布：河南，甘肃，四川；俄罗斯。

资料来源：张保石，朱明生，2008，蛛形纲：蜘蛛目。《宝天曼自然保护区昆虫》，中国农业科学技术出版社。

沙色金蝉蛛 *Phintella arenicolor* (Grube, 1861)

机敏蝇豹 *Jotus difficilis* Boesenberg *et* Strand

省内产地：具体不详。

分布：河南，陕西，山东，山西，吉林，浙江，湖南，湖北，云南，甘肃；朝鲜，日本，俄罗斯，罗马尼亚。

资料来源：朱明生，张保石，2011，河南蜘蛛志。科学出版社。

花腹金蝉蛛 *Phintella bifurcilinea* (Boesenberg *et* Strand, 1906)

省内产地：商城金刚台自然保护区。

分布：河南，福建，广东，湖南，浙江，四川，云南；朝鲜，日本，越南。

资料来源：张保石，朱明生，2008，蛛形纲：蜘蛛目。《宝天曼自然保护区昆虫》，中国农业科学技术出版社。

卡氏金蝉蛛 *Phintella cavaleriei* (Schenkel, 1963)

省内产地：栾川县龙峪湾，内乡宝天曼，信阳鸡公山，罗山县董寨白云站，新县连康山老庙保护站，商城金刚台自然保护区。

分布：河南，浙江，福建，江西，湖南，广西，四川，贵州，甘肃；朝鲜。

资料来源：张保石，朱明生，2008，蛛形纲：蜘蛛目。《宝天曼自然保护区昆虫》，中国农业科学技术出版社。

小金蝉蛛 *Phintella parva* (Wesolowska, 1981)

省内产地：嵩县天池山，信阳鸡公山，商城金刚台自然保护区，林州石板岩，内乡宝天曼。

分布：河南，山西，北京；朝鲜，俄罗斯。

资料来源：张保石，朱明生，2008，蛛形纲：蜘蛛目。《宝天曼自然保护区昆虫》，中国农业科学技术出版社。

波氏金蝉蛛 *Phintella popovi* (Proszyn'ski, 1979)

省内产地：登封少室山。

分布：河南，北京，吉林，辽宁；朝鲜，俄罗斯。

资料来源：张保石，朱明生，2008，蛛形纲：蜘蛛目。《宝天曼自然保护区昆虫》，中国农业科学技术出版社。

多色金蝉蛛 *Phintella versicolor* (C. L. Koch, 1846)

省内产地：新县连康山老庙保护站。

分布：河南，台湾，广东，广西，云南，浙江，安徽，江西，湖南，湖北；朝鲜，日本，苏门答腊岛，美国(夏威夷)。

资料来源：张保石，朱明生，2008，蛛形纲：蜘蛛目。《宝天曼自然保护区昆虫》，中国农业科学技术出版社。

指状拟蝇虎 ***Plexippoides digitatus*** **Peng *et* Li, 2002**

省内产地：辉县八里沟，嵩县天池山，嵩县白云山，栾川县龙峪湾，济源王屋山，洛阳花果山，卢氏大块地，内乡宝天曼。

分布：河南，湖北，甘肃。

资料来源：张保石，朱明生，2008，蛛形纲：蜘蛛目。《宝天曼自然保护区昆虫》，中国农业科学技术出版社。

盘触拟蝇虎 ***Plexippoides discifer*** **(Schenkel, 1953)**

省内产地：林州石板岩，辉县关山，卢氏大块地，新县，夏邑，偃师。

分布：河南，河北，北京，山西，山东，浙江，湖南。

资料来源：张保石，朱明生，2008，蛛形纲：蜘蛛目。《宝天曼自然保护区昆虫》，中国农业科学技术出版社。

王拟蝇虎 ***Plexippoides regius*** **Wesolowska, 1981**

省内产地：辉县八里沟，辉县松树坪，登封少林寺，嵩县天池山，栾川县龙峪湾，桐柏县水濂寺，桐柏县淮河源森林公园，信阳鸡公山，林州石板岩，辉县关山，济源王屋山，宜阳花果山，卢氏大块地，内乡宝天曼。

分布：河南，北京，吉林，山西，浙江，安徽，湖南，湖北，四川；朝鲜，俄罗斯。

资料来源：张保石，朱明生，2008，蛛形纲：蜘蛛目。《宝天曼自然保护区昆虫》，中国农业科学技术出版社。

黑色蝇虎 ***Plexippus paykulli*** **(Audouin, 1826)**

省内产地：安阳，辉县，修武，灵宝，嵩县，巩义，密县，中牟，尉氏，南阳，信阳。

分布：河南，陕西，新疆，山东，安徽，江苏，浙江，江西，福建，台湾，湖北，湖南，广东，广西，四川，云南，贵州；世界广布。

资料来源：申效诚，1993，河南昆虫名录。中国农业科学技术出版社。

条纹蝇虎 ***Plexippus setipes*** **Karsch, 1879**

省内产地：延津，辉县，嵩县，偃师，中牟。尉氏，开封，南阳，信阳。

分布：河南，陕西，甘肃，宁夏，新疆，山东，江苏，安徽，浙江，江西，福建，湖北，湖南，广东，四川，贵州；朝鲜，日本，越南。

资料来源：申效诚，1993，河南昆虫名录。中国农业科学技术出版社。

异形孔蛛 ***Portia heteroidea*** **Xie *et* Yin, 1991**

省内产地：辉县八里沟，信阳鸡公山，罗山县董寨白云站，新县连康山老庙保护站，商城金刚台自然保护区，林州石板岩。

分布：河南，湖南，四川，贵州，陕西。

资料来源：张保石，朱明生，2008，蛛形纲：蜘蛛目。《宝天曼自然保护区昆虫》，中国农业科学技术出版社。

宋氏孔蛛 ***Portia songi*** **Tang *et* Yang, 1997**

省内产地：嵩县天池山。

分布：河南，甘肃。

资料来源：张保石，朱明生，2008，蛛形纲：蜘蛛目。《宝天曼自然保护区昆虫》，中国农业科学技术出版社。

游走拟斑蛛 ***Pseudeuophrys erratica*** **(Walckenaer, 1826)**

省内产地：内乡宝天曼。

分布：河南，吉林，甘肃；喜马拉雅山；全北区。

资料来源：朱明生，张保石，2011，河南蜘蛛志。科学出版社。

狐拟伊蛛 ***Pseudicius vulpes*** **(Grube, 1861)**

省内产地：嵩县白云山，信阳鸡公山，罗山县董寨白云站，洛阳花果山。

分布：河南，北京，黑龙江，吉林，甘肃，江西，湖南，湖北，福建，贵州；朝鲜，俄罗斯，日本。

资料来源：张保石，朱明生，2008，蛛形纲：蜘蛛目。《宝天曼自然保护区昆虫》，中国农业科学技术出版社。

韦氏拟伊蛛 *Pseudicius wesolowskae* Zhu *et* Song, 2001

省内产地：辉县关山。

分布：河南，河北。

资料来源：张保石，朱明生，2008，蛛形纲：蜘蛛目。《宝天曼自然保护区昆虫》，中国农业科学技术出版社。

宋氏兜跳蛛 *Ptocasius songi* Logunov, 1995

省内产地：栾川县龙峪湾。

分布：河南，四川。

资料来源：张保石，朱明生，2008，蛛形纲：蜘蛛目。《宝天曼自然保护区昆虫》，中国农业科学技术出版社。

毛垛兜跳蛛 *Ptocasius strupifer* Simon, 1901

省内产地：新县连康山老庙保护站。

分布：河南，湖南，福建，广西，云南，香港，台湾；越南。

资料来源：张保石，朱明生，2008，蛛形纲：蜘蛛目。《宝天曼自然保护区昆虫》，中国农业科学技术出版社。

阿贝宽胸蝇虎 *Rhene albigera* (C. L. Koch, 1846)

省内产地：辉县松树坪，罗山县董寨白云站，辉县关山。

分布：河南，福建，湖南，广西，云南；越南，印度，朝鲜，苏门答腊，马来西亚。

资料来源：张保石，朱明生，2008，蛛形纲：蜘蛛目。《宝天曼自然保护区昆虫》，中国农业科学技术出版社。

暗宽胸蝇虎 *Rhene atrata* (Karsch, 1881)

省内产地：辉县八里沟，罗山县董寨白云站，新县连康山老庙保护站，商城金刚台自然保护区，济源王屋山，洛阳花果山，卢氏大块地，内乡宝天曼。

分布：河南，山东，湖南，台湾，福建，四川，广东，广西，云南；越南，印度，朝鲜，日本，俄罗斯。

资料来源：张保石，朱明生，2008，蛛形纲：蜘蛛目。《宝天曼自然保护区昆虫》，中国农业科学技术出版社。

斜纹西菱头蛛 *Sibianor aurocinctus* (Ohlert, 1865)

微菱头蛛 *Bianor aurocinctus* (Ohlert, 1865)

省内产地：栾川县龙峪湾，中牟，遂平，商城。

分布：河南，内蒙古，西藏，陕西，四川，湖南，湖北，安徽，江苏，浙江，广东，云南，贵州，福建，山东；越南，日本。

资料来源：张保石，朱明生，2008，蛛形纲：蜘蛛目。《宝天曼自然保护区昆虫》，中国农业科学技术出版社。

暗色西菱头蛛 *Sibianor pullus* (Boesenberg *et* Strand, 1906)

省内产地：栾川县龙峪湾，信阳鸡公山，罗山县董寨白云站，桐柏龙泽谭公园，林州石板岩，辉县关山，洛阳花果山。

分布：河南，内蒙古，山东，江苏，安徽，湖南，湖北，四川，福建，贵州，云南；越南，朝鲜，日本。

资料来源：张保石，朱明生，2008，蛛形纲：蜘蛛目。《宝天曼自然保护区昆虫》，中国农业科学技术出版社。

蓝翠蛛 *Siler cupreus* Simon, 1889

省内产地：罗山县董寨白云站，商城金刚台自然保护区，辉县松树坪，济源王屋山。

分布：河南，陕西，山东，安徽，江苏，浙江，湖南，湖北，台湾，福建，广东，贵州；朝鲜，日本。

资料来源：张保石，朱明生，2008，蛛形纲：蜘蛛目。《宝天曼自然保护区昆虫》，中国农业科学技术出版社。

白线跃蛛 *Sitticus albolineatus* (Kulezynski, 1855)

省内产地：民权，郸城。

分布：河南，吉林；俄罗斯，朝鲜。

资料来源：申效诚，1993，河南昆虫名录。中国农业科学技术出版社。

卷带跃蛛 *Sitticus fasciger* (Simon, 1880)

省内产地：荥阳。

分布：河南，北京，河北，山西，内蒙古，吉林，黑龙江，山东，湖南，陕西，甘肃，新疆；朝鲜，日本，俄罗斯，美国。

资料来源：申效诚，1993，河南昆虫名录。中国农业科学技术出版社。

五斑跃蛛 *Sitticus penicillatus* (Simon, 1875)

省内产地：登封少室山，新县，平舆。

分布：河南，河北，北京，吉林，甘肃，山西，安徽，湖南，广东，贵州，云南；古北区。

资料来源：张保石，朱明生，2008，蛛形纲：蜘蛛目。《宝天曼自然保护区昆虫》，中国农业科学技术出版社。

中华跃蛛 *Sitticus sinensis* Schenkel, 1963

省内产地：辉县八里沟，济源王屋山，洛阳花果山，内乡宝天曼，中牟，西平，固始。

分布：河南，河北，北京，吉林，辽宁，甘肃，青海，新疆，山西，陕西，山东，湖南。

资料来源：张保石，朱明生，2008，蛛形纲：蜘蛛目。《宝天曼自然保护区昆虫》，中国农业科学技术出版社。

普氏雀跳蛛 *Spartaeus platnicki* Song, Chen *et* Gong, 1991

省内产地：信阳鸡公山，商城金刚台自然保护区。

分布：河南，湖南。

资料来源：张保石，朱明生，2008，蛛形纲：蜘蛛目。《宝天曼自然保护区昆虫》，中国农业科学技术出版社。

赵氏合跳蛛 *Synagelides zhaoi* Peng, Li *et* Chen, 2003

省内产地：嵩县天池山，嵩县白云山，栾川县龙峪湾，内乡宝天曼。

分布：河南，湖北。

资料来源：张保石，朱明生，2008，蛛形纲：蜘蛛目。《宝天曼自然保护区昆虫》，中国农业科学技术出版社。

梅氏雅蛛 *Yaginumaella medvedevi* Proszyn'ski, 1979

省内产地：嵩县白云山，栾川县龙峪湾，内乡宝天曼，洛阳花果山。

分布：河南，河北，吉林，山西；朝鲜，日本。

资料来源：张保石，朱明生，2008，蛛形纲：蜘蛛目。《宝天曼自然保护区昆虫》，中国农业科学技术出版社。

第三二节　蛛形纲：蜱螨目

Class Arachnida: Order Acarina

蜱螨目统称“蜱”、“螨”。身体微小，多在 1 mm 以下。大多为椭圆形，头胸腹连成一体，幼螨有足 3 对，若螨和成螨有足 4 对。

蜱螨目生活环境、生活习性、食性都非常复杂，有捕食性、植食性、寄生性、菌食性、腐食性、粪食性、尸食性等。与农林畜牧业生产、人体健康、生态平衡、环境保护等都有密切的关系。

河南螨类种类虽然很多，但基本上没有开展专业调查。1996 年傅荣恕采集了一批甲螨；2004 年薛晓峰对瘿螨作了调查，发表了 26 个新种；在此期间，林坚贞连续多次来豫全面采集调查，分送有关专家鉴定。

蜱螨目世界已知 456 科 2000 多属 45 000 余种，中国已知约 150 科 3000 种，河南记录 75 科 193 属 361 种。

一、硬蜱科 Ixodidae

本科世界有 13 属 800 余种，中国有 9 属 110 多种，河南记录 6 属 8 种。

微小牛蜱 *Boophilus microplus* (Canestrini, 1887)

省内产地：焦作，洛阳，南阳，信阳。

分布：全国。

寄主：牛，羊，犬，猪，马，野兔。

资料来源：申效诚，1993，河南昆虫名录。中国农业科学技术出版社。

血红扇头蜱 *Ehipicephalus sanguineus* (Latreille, 1806)

省内产地：洛阳，许昌，开封。

分布：河南，辽宁，河北，山东，山西，陕西，甘肃，新疆，江苏，福建，台湾，贵州，广东，海南，西藏。

寄主：犬，牛，羊，猫。

资料来源：申效诚，1993，河南昆虫名录。中国农业科学技术出版社。

长角血蜱 *Haemaphysalis longicornis* Neumann, 1901

省内产地：焦作，洛阳，南阳，信阳。

分布：河南，黑龙江，吉林，辽宁，河北，山西，山东，陕西，甘肃，安徽，江苏，湖北，浙江，福建，台湾，贵州，四川。

寄主：牛，马，绵羊，山羊，野兔，刺猬。

资料来源：申效诚，1993，河南昆虫名录。中国农业科学技术出版社。

残缘璃眼蜱 *Hyalomma detritum* Schulze, 1919

省内产地：灵宝，卢氏，鲁山，遂平，确山。

分布：河南，内蒙古，吉林，贵州，陕西，甘肃，宁夏，新疆。

寄主：牛，马，驴，山羊，绵羊。

资料来源：申效诚，1993，河南昆虫名录。中国农业科学技术出版社。

盾糙璃眼蜱 *Hyalomma scupense* Sculze, 1918

省内产地：卢氏，灵宝。

分布：河南，新疆，宁夏，内蒙古，山西。

寄主：牛，马，驴，绵羊。

资料来源：申效诚，1993，河南昆虫名录。中国农业科学技术出版社。

粒形硬蜱 *Ixodes granulatus* Supino, 1897

省内产地：新县。

分布：河南，浙江，福建，台湾，湖北，广东，贵州，四川，云南，西藏。

资料来源：申效诚，1993，河南昆虫名录。中国农业科学技术出版社。

卵形硬蜱 *Ixodes ovatus* Neumann, 1899

省内产地：登封。

分布：河南，青海，陕西，甘肃，湖北，福建，台湾，贵州，四川，云南，西藏。

寄主：牛，马，驴，羊，猪，鹿。

资料来源：申效诚，1993，河南昆虫名录。中国农业科学技术出版社。

镰形扇头蜱 *Rhipicephalus haemaphysaloides* Supino, 1897

省内产地：信阳。

分布：河南，安徽，江苏，湖北，浙江，福建，江西，台湾，贵州，广东，海南，云南，西藏。

寄主：水牛，黄牛，驴，犬，猪。

资料来源：申效诚，1993，河南昆虫名录。中国农业科学技术出版社。

二、厉螨科 Laelapidae

本科世界有 144 属 791 种，中国有 17 属 92 种，河南记录 10 属 18 种。

酪阳厉螨 *Androlaelaps casalis* (Berlese)

省内产地：平顶山，南阳，桐柏，方城，南召。

分布：河南，其他分布地待查。

资料来源：申效诚，1993，河南昆虫名录。中国农业科学技术出版社。

巴氏阳厉螨 *Androlaelaps pavlovskii* Bregetova, 1956

省内产地：具体不详。

分布：河南，黑龙江，吉林，辽宁，内蒙古，河北，山西，青海，江苏，福建，四川，贵州；俄罗斯。

寄主：黑线仓鼠，长尾仓鼠，大林姬鼠，社鼠等。

资料来源：马立名，薛晓峰，林坚贞等，河南蜱螨志。科学出版社。出版中。

长毛鞘厉螨 *Coleolaelaps longisetatus* Ishikawa, 1968

省内产地：具体不详。

分布：河南，辽宁；日本。

寄主：金龟子。

资料来源：马立名，薛晓峰，林坚贞等，河南蜱螨志。科学出版社。出版中。

力氏广厉螨 *Cosmolaelaps hrdyi* (Samsinak, 1961)

省内产地：具体不详。

分布：河南，吉林，广东。

资料来源：马立名，薛晓峰，林坚贞等，河南蜱螨志。科学出版社。出版中。

网状广厉螨 *Cosmolaelaps reticulates* Xu *et* Liang, 1996

省内产地：具体不详。

分布：河南，吉林，辽宁，安徽，上海。

资料来源：马立名，薛晓峰，林坚贞等，河南蜱螨志。科学出版社。出版中。

中华裸厉螨 *Gymnolaelaps sinensis* Zhou *et* Ji, 1991

省内产地：具体不详。

分布：河南，四川。

资料来源：马立名，薛晓峰，林坚贞等，河南蜱螨志。科学出版社。出版中。

茅舍血厉螨 *Haemolaelaps casalis* (Berlese, 1887)

省内产地：登封。

分布：全国；世界广布。

寄主：褐家鼠，社鼠，黑线仓鼠等。

资料来源：申效诚，1993，河南昆虫名录。中国农业科学技术出版社。

中华血厉螨 *Haemolaelaps chinensis* Wang, 1963

省内产地：登封。

分布：河南，福建，贵州。

寄主：褐家鼠，黑线姬鼠，黄毛鼠。

资料来源：申效诚，1993，河南昆虫名录。中国农业科学技术出版社。

格氏血厉螨 *Haemolaelaps glasgowi* (Ewing, 1925)

省内产地：登封。

分布：全国；朝鲜，日本，俄罗斯；欧洲，北美，大洋洲。

寄主：褐家鼠，大仓鼠，黑线仓鼠，黑线姬鼠等。

资料来源：申效诚，1993，河南昆虫名录。中国农业科学技术出版社。

短毛下盾螨 *Hypoaspis brevipilis* Hirschmann, 1969

省内产地：嵩县白云山。

分布：河南，山东；日本。

资料来源：马立名，林坚贞等，2008，短毛下盾螨雌螨后若螨描述，华东昆虫学报 17(1)：4~8。

柔弱下盾螨 *Hypoaspis debilis* Ma, 1996

省内产地：信阳鸡公山。

分布：河南，吉林。

资料来源：曹淑兰，林坚贞，马立名，2005，河南省下盾螨属新纪录(蜱螨亚纲：厉螨科)。中国媒介生物学及控制杂志，16(2)：109。

吉林下盾螨 *Hypoaspis kirinensis* Cheng *et* Yin, 1963

省内产地：登封嵩山。

分布：河南，吉林。

资料来源：曹淑兰，林坚贞，马立名，2005，河南省下盾螨属新纪录(蜱螨亚纲：厉螨科)。中国媒介生物学及控制杂志，16(2)：109。

溜下盾螨 *Hypoaspis lubeica* Voigts *et* Oudemans, 1904

省内产地：平顶山，南阳，唐河，南召。

分布：河南，黑龙江，吉林，辽宁，内蒙古，江苏，湖南，四川，贵州；俄罗斯，捷克，英国，美国。

寄主：黑线姬鼠，黑线仓鼠，小家鼠，褐家鼠等。

资料来源：申效诚，1993，河南昆虫名录。中国农业科学技术出版社。

胸前下盾螨 *Hypoaspis praesternalis* Willmann, 1949

省内产地：栾川龙峪湾，嵩县白云山，登封嵩山。

分布：河南，黑龙江，吉林；俄罗斯，英国；欧洲。

寄主：黑线姬鼠。

资料来源：曹淑兰，林坚贞，马立名，2005，河南省下盾螨属新纪录(蜱螨亚纲：厉螨科)。中国媒介生物学及控制杂志，16(2)：109。

毒棘厉螨 *Laelaps echidninus* Berlese, 1887

省内产地：登封。

分布：全国；世界广布。

寄主：社鼠，大仓鼠，黑线姬鼠，褐家鼠，黄毛鼠等。

资料来源：申效诚，1993，河南昆虫名录。中国农业科学技术出版社。

乌苏里土厉螨 *Ololaelaps ussuriensis* Bregetova *et* Koroleva, 1964

省内产地：具体不详。

分布：河南，黑龙江，吉林，辽宁；俄罗斯。

资料来源：马立名，薛晓峰，林坚贞等，河南蜱螨志。科学出版社。出版中。

鼠颚毛厉螨 *Tricholaelaps myonysognathus* (Grochovskaya *et* Nguen-Xuan-Hoe, 1961)

省内产地：登封。

分布：河南，湖北，湖南，福建，贵州，四川，云南，广东，台湾；越南。

寄主：褐家鼠，社鼠，黑线姬鼠等。

资料来源：申效诚，1993，河南昆虫名录。中国农业科学技术出版社。

小蜂螨 *Tropilaelaps clareae* Dalfinado *et* Baker, 1961

省内产地：全省。

分布：河南，河北，山东，山西，陕西，湖北，安徽，江苏，浙江，福建，江西，湖南，广东，四川，云南；菲律宾。

资料来源：邓国藩等，1993，中国经济昆虫志 第四十册 蜱螨亚纲 皮刺螨总科。科学出版社。

三、血革螨科 Haemogamasidae

本科中国有 2 属 52 种，河南记录 1 属 2 种。

厩真厉螨 *Eulaelaps dongfangis* Wen, 1976

省内产地：登封。

分布：全国大多数省区；朝鲜，日本，俄罗斯；欧洲，北非，北美。

寄主：褐家鼠，黄熊鼠。

资料来源：申效诚，1993，河南昆虫名录。中国农业科学技术出版社。

东方真厉螨 *Eulaelaps stabularis* (Koch, 1836)

省内产地：登封。

分布：河南，黑龙江，吉林，辽宁，河北，山东，山西，安徽，贵州，云南。

寄主：褐家鼠，黑线姬鼠，黑线仓鼠，大仓鼠，灰仓鼠，东北鼢鼠，田鼠。

资料来源：马立名，薛晓峰，林坚贞等，河南蜱螨志。科学出版社。出版中。

四、瓦螨科 Varroidae

本科世界有 2 属，中国有 1 属 1 种，河南记录 1 属 1 种。

大蜂螨 *Varroa jacobaoni* Oudemans, 1904

省内产地：全省。

分布：全国；马来西亚，印度尼西亚，美国；欧洲，南美。

寄主：蜜蜂。

资料来源：申效诚，1993，河南昆虫名录。中国农业科学技术出版社。

五、巨刺螨科 Macronyssidae

本科世界有 26 属 127 种，中国有 7 属 65 种，河南记录 2 属 4 种。

仓鼠赫刺螨 *Hirstionyssus crideti* (Sulzer, 1774)

省内产地：登封。

分布：河南，新疆，内蒙古，黑龙江，吉林，辽宁，河北，山西；俄罗斯，德国。

寄主：大仓鼠等。

资料来源：马立名，薛晓峰，林坚贞等，河南蜱螨志。科学出版社。出版中。

淡黄赫刺螨 *Hirstionyssus isabellinus* (Oudemans, 1913)

省内产地：登封。

分布：河南，内蒙古，黑龙江，吉林；朝鲜，日本，俄罗斯；欧洲，北美。

寄主：黑线姬鼠，大林姬鼠，东方田鼠，大仓鼠。

资料来源：马立名，薛晓峰，林坚贞等，河南蜱螨志。科学出版社。出版中。

鼩鼱赫刺螨 *Hirstionyssus sunci* Wang, 1962

省内产地：登封。

分布：河南，黑龙江，吉林，辽宁，河北，浙江，台湾，贵州，广东，广西，海南，四川，云南。

寄主：褐家鼠，黄胸鼠，社鼠，小家鼠，小林姬鼠，臭鼩，灰鼩鼱。

资料来源：马立名，薛晓峰，林坚贞等，河南蜱螨志。科学出版社。出版中。

柏氏禽刺螨 *Ornithonyssus bacoti* (Hirst, 1913)

省内产地：登封。

分布：全国大多数省区；世界分布。

寄主：褐家鼠，小家鼠，黄胸鼠，黑线姬鼠，大仓鼠。

资料来源：马立名，薛晓峰，林坚贞等，河南蜱螨志。科学出版社。出版中。

六、皮刺螨科 Dermanyssidae

本科中国有 3 属 3 种，河南记录 2 属 2 种。

鸡皮刺螨 *Dermanyssus gallinae* (De geer, 1778)

省内产地：武陟，郑州，淮阳。

分布：河南，吉林。

寄主：鸡，麻雀。

资料来源：申效诚，1993，河南昆虫名录。中国农业科学技术出版社。

鼠拟脂刺螨 *Liponyssoides muris* (Hirst, 1913)

省内产地：登封。

分布：河南，福建，云南，台湾；印度，斯里兰卡；非洲。

寄主：褐家鼠，黑家鼠，黄胸鼠，臭鼩。

资料来源：申效诚，1993，河南昆虫名录。中国农业科学技术出版社。

七、裂胸螨科 Aceosejidae

本科河南记录 3 属 9 种。

齿蠊螨 *Blattisocius dentriticus* (Berlese, 1918)

省内产地：平顶山，唐河。

分布：河南，吉林。辽宁，江苏，浙江，贵州，广东，四川；日本，斯里兰卡，马来西亚，西非，以色列，意大利，荷兰，英国，美国，墨西哥。

寄主：黑线姬鼠。

资料来源：申效诚，1993，河南昆虫名录。中国农业科学技术出版社。

基氏蠊螨 *Blattisocius keegani* Fox, 1947

省内产地：平顶山。

分布：河南；马来西亚；西欧，北非，北美。

资料来源：申效诚，1993，河南昆虫名录。中国农业科学技术出版社。

跗蠊螨 *Blattisocius tarsalis* (Berlese, 1918)

省内产地：平顶山。

分布：河南，湖南，广西，云南；俄罗斯，乌克兰，澳大利亚；西欧，北非，北美。

资料来源：申效诚，1993，河南昆虫名录。中国农业科学技术出版社。

陈氏毛绥螨 *Lasioseius chenpengi* Ma *et* Yin, 1999

省内产地：具体不详。

分布：河南，黑龙江，吉林。

资料来源：马立名，薛晓峰，林坚贞等，河南蜱螨志。科学出版社。出版中。

吉林毛绥螨 *Lasioseius jilinensis* Ma. 1996

省内产地：具体不详。

分布：河南，黑龙江，吉林，辽宁。

资料来源：马立名，薛晓峰，林坚贞等，河南蜱螨志。科学出版社。出版中。

刘氏毛绥螨 *Lasioseius liuchungfui* Samsinak, 1964

省内产地：具体不详。

分布：河南，广东。

资料来源：马立名，薛晓峰，林坚贞等，河南蜱螨志。科学出版社。出版中。

王氏毛绥螨 *Lasioseius wangi* Ma. 1988

省内产地：具体不详。

分布：河南，吉林。

寄主：黑线姬鼠。

资料来源：马立名，薛晓峰，林坚贞等，河南蜱螨志。科学出版社。出版中。

费斯肛厉螨 *Proctolaelaps fiseri* Samsinak, 1960

省内产地：具体不详。

分布：河南，吉林；西欧。

资料来源：马立名，薛晓峰，林坚贞等，河南蜱螨志。科学出版社。出版中。

矮肛厉螨 *Proctolaelaps pygmaeus* (Müller, 1859)

省内产地：具体不详。

分布：河南，新疆，宁夏，黑龙江，吉林，辽宁，江西，贵州，云南；世界分布。

寄主：黄胸鼠。

资料来源：马立名，薛晓峰，林坚贞等，河南蜱螨志。科学出版社。出版中。

八、植绥螨科 Phytoseiidae

本科为重要捕食性螨类，对控制害螨具有巨大作用。本科世界有 67 属 2000 种，中国有 10 属 246 种，河南记录 7 属 36 种。

巴氏钝绥螨 *Amblyseius barkeri* (Hughes, 1948)

省内产地：平顶山，郑州，登封少林寺。

分布：河南，江西，湖南，广东，云南；日本，泰国，英国，美国；北非。

栖境：番木瓜，水稻，芒草，黄花蒿。

资料来源：申效诚，1993，河南昆虫名录。中国农业科学技术出版社。

长白钝绥螨 *Amblyseius changbaiensis* Wu, 1987

省内产地：具体不详。

分布：河南，吉林，宁夏。

栖境：灌木。

资料来源：马立名，薛晓峰，林坚贞等，河南蜱螨志。科学出版社。出版中。

江原钝绥螨 *Amblyseius eharai* Amitai *et* Swirski, 1981

省内产地：具体不详。

分布：河南。

资料来源：马立名，薛晓峰，林坚贞等，河南蜱螨志。科学出版社。出版中。

坚固钝绥螨 *Amblyseius firmus* Ehara, 1967

省内产地：嵩县白云山。

分布：河南，内蒙古，黑龙江，吉林；日本。

栖境：杂草，灌木。

资料来源：马立名，薛晓峰，林坚贞等，河南蜱螨志。科学出版社。出版中。

杂草钝绥螨 *Amblyseius gramineous* Wu, Lan *et* Zhang, 1992

省内产地：嵩县白云山。

分布：河南，河北，黑龙江。

栖境：杂草，马尾松。

资料来源：马立名，薛晓峰，林坚贞等，河南蜱螨志。科学出版社。出版中。

草栖钝绥螨 *Amblyseius herbicolus* (Chant, 1959)

省内产地：具体不详。

分布：河南，辽宁，甘肃，福建，湖南，广东，海南，广西，贵州，四川，云南。伊朗，巴布亚新几内亚，新喀里多尼亚，危地马拉，波多黎各，南非，安哥拉，美国。

栖境：核桃，枫，马尾松，爬藤，漆树，禾本科植物。

资料来源：马立名，薛晓峰，林坚贞等，河南蜱螨志。科学出版社。出版中。

日本钝绥螨 *Amblyseius ishizuchiensis* Ehara, 1972

省内产地：嵩县白云山。

分布：河南；日本。

栖境：大叶青冈。

资料来源：马立名，薛晓峰，林坚贞等，河南蜱螨志。科学出版社。出版中。

香山钝绥螨 *Amblyseius kaguya* Ehara, 1966

省内产地：登封嵩山少林寺。

分布：河南，辽宁，安徽，浙江，江西；日本。

栖境：灌木，茅草。

资料来源：马立名，薛晓峰，林坚贞等，河南蜱螨志。科学出版社。出版中。

古山钝绥螨 *Amblyseius koyamanus* Ehara *et* Yokogawa, 1977

省内产地：郑州。

分布：河南，河北，安徽，山东，福建，江西；日本，韩国。

栖境：苹果，豆，蓖麻，大叶梧桐。

资料来源：马立名，薛晓峰，林坚贞等，河南蜱螨志。科学出版社。出版中。

长管钝绥螨 *Amblyseius longisiphonulus* Wu *et* Lan, 1989

省内产地：具体不详。

分布：河南，贵州，湖南。

栖境：杂草，禾本科。

资料来源：马立名，薛晓峰，林坚贞等，河南蜱螨志。科学出版社。出版中。

长刺钝绥螨 *Amblyseius longispinosus* (Evans)

省内产地：全省。

分布：河南，广东，香港，台湾。

栖境：柑橘，黄麻，芦苇，杉树，枫树，茄。

资料来源：申效诚，1993，河南昆虫名录。中国农业科学技术出版社。

真桑钝绥螨 *Amblyseius makuwa* Ehara, 1972

省内产地：桐柏水帘洞，嵩县白云山，卢氏大块地。

分布：河南，黑龙江，吉林，辽宁，山东，安徽，江苏，湖北，福建，江西，湖南，广东，海南，广西，贵州，四川，云南，甘肃，台湾；日本，韩国。

栖境：构树，杉树，葡萄，野苋菜，大豆，水稻，烟草等。

资料来源：马立名，薛晓峰，林坚贞等，河南蜱螨志。科学出版社。出版中。

毛里钝绥螨 *Amblyseius morii* Ehara, 1967

省内产地：嵩县白云山。

分布：河南，甘肃；日本。

栖境：苹果。

资料来源：马立名，薛晓峰，林坚贞等，河南蜱螨志。科学出版社。出版中。

峰木钝绥螨 *Amblyseius ochii* Ehara *et* Yokogawa, 1977

省内产地：桐柏水帘洞。

分布：河南，陕西，江西；日本。

栖境：紫苏，竹。

资料来源：马立名，薛晓峰，林坚贞等，河南蜱螨志。科学出版社。出版中。

东方钝绥螨 *Amblyseius orientalis* Ehara, 1959

省内产地：桐柏水帘洞。

分布：河南，辽宁，河北，山东，安徽，江苏，湖北，江西，福建，湖南，广东，贵州；日本，韩国，俄罗斯，美国(夏威夷)。

栖境：苹果，梨，桃，枣，柿，苦楝，杨，女贞等。

资料来源：马立名，薛晓峰，林坚贞等，河南蜱螨志。科学出版社。出版中。

拟长刺钝绥螨 *Amblyseius pseudolongispinosus* Xin, liang *et* Ke, 1981

省内产地：桐柏水帘洞。

分布：河南，吉林，辽宁，河北，山西，山东，安徽，江苏，上海，浙江，福建，江西，湖北，湖南，广东，广西，海南，贵州，陕西。

栖境：棉花，苹果，柑橘，豇豆，黄麻，玫瑰，桑，马尾松等。

资料来源：马立名，薛晓峰，林坚贞等，河南蜱螨志。科学出版社。出版中。

拉氏钝绥螨 *Amblyseius rademacheri* Disse, 1958

省内产地：嵩县白云山，卢氏大块地。

分布：河南，辽宁，山东，浙江，福建，江西；日本，瑞士，德国，俄罗斯。

栖境：蒿，草莓，杂草。

资料来源：马立名，薛晓峰，林坚贞等，河南蜱螨志。科学出版社。出版中。

三港钝绥螨 *Amblyseius sangangensis* Zhu *et* Chen, 1983

省内产地：嵩县白云山。

分布：河南，江西。

栖境：竹。

资料来源：马立名，薛晓峰，林坚贞等，河南蜱螨志。科学出版社。出版中。

拟三叶胶粗绥螨 *Asperoseius paraheveae* Wu *et* Ou, 2002

省内产地：嵩县白云山。

分布：河南，福建，江西，湖北，湖南，广西，云南。

资料来源：马立名，薛晓峰，林坚贞等，河南蜱螨志。科学出版社。出版中。

八角枫真绥螨 *Euseius alangii* (Liang *et* Ke, 1981)

省内产地：卢氏大块地，栾川龙峪湾。

分布：河南，山东，江苏，浙江。

栖境：八角枫等。

资料来源：马立名，薛晓峰，林坚贞等，河南蜱螨志。科学出版社。出版中。

南方真绥螨 *Euseius australis* (Wu *et* Li, 1983)

省内产地：具体不详。

分布：河南，福建，广东，云南。

栖境：茅草，杂草，番石榴。

资料来源：马立名，薛晓峰，林坚贞等，河南蜱螨志。科学出版社。出版中。

芬兰真绥螨 *Euseius fenlandicus* (Oudemans, 1915)

省内产地：辉县，封丘，范县，中牟。

分布：河南，河北，山东，江苏，陕西；韩国，芬兰，西欧，加拿大。

栖境：法国梧桐，槐树，山楂，苹果，核桃，椿树，桦，木槿，栾树等。

资料来源：马立名，薛晓峰，林坚贞等，河南蜱螨志。科学出版社。出版中。

拟普通真绥螨 *Euseius subplebeius* (Wu *et* Li, 1984)

省内产地：郑州。

分布：河南，湖北。

栖境：苹果，核桃，大豆，枣树，栓皮栎。

资料来源：马立名，薛晓峰，林坚贞等，河南蜱螨志。科学出版社。出版中。

颈库螨 *Kuzinellus cervix* (Wu *et* Li, 1984)

省内产地：桐柏水帘洞。

分布：河南，福建，江西，湖北，湖南。

资料来源：马立名，薛晓峰，林坚贞等，河南蜱螨志。科学出版社。出版中。

苏氏副绥伦螨 *Paraseiulus soleiger* (Ribaga, 1902)

省内产地：桐柏水帘洞。

分布：河南，新疆，青海，黑龙江，辽宁，河北，山东，江苏；日本，伊朗，俄罗斯。

栖境：榆树，枫杨，牡荆。

资料来源：马立名，薛晓峰，林坚贞等，河南蜱螨志。科学出版社。出版中。

油桐植绥螨 *Phytiseius aleuritius* Wu, 1981

省内产地：郑州。

分布：河南，河北，湖北，福建。

栖境：苹果，梨，油桐，紫苏。

资料来源：马立名，薛晓峰，林坚贞等，河南蜱螨志。科学出版社。出版中。

花溪植绥螨 *Phytoseius huaxiensis* Xin, Liang *et* Ke, 1982

省内产地：桐柏水帘洞。

分布：河南，山东，安徽，江苏，湖北，贵州。

栖境：竹，野葡萄，茅草，柚木。

资料来源：马立名，薛晓峰，林坚贞等，河南蜱螨志。科学出版社。出版中。

新凶植绥螨 *Phytoseius neoferox* Ehara *et* Bhandhufalck, 1977

省内产地：中牟。

分布：河南，福建，广西，云南。

栖境：鸡血藤，大叶桐，山毛榉，三角枫，柿树。

资料来源：马立名，薛晓峰，林坚贞等，河南蜱螨志。科学出版社。出版中。

日本植绥螨 *Phytoseius nipponicus* Ehara, 1962

省内产地：桐柏水帘洞。

分布：河南，辽宁，山东，甘肃，江苏，湖北，浙江，福建，江西，湖南，广东，广西，云南；日本，韩国，印度。

资料来源：马立名，薛晓峰，林坚贞等，河南蜱螨志。科学出版社。出版中。

椿盲走螨 *Typhlodromus ailanthi* Wang *et* Xu, 1985

省内产地：登封嵩山少林寺。

分布：河南，北京。

栖境：山楂，臭椿，花曲柳。

资料来源：马立名，薛晓峰，林坚贞等，河南蜱螨志。科学出版社。出版中。

瘦盲走螨 *Typhlodromus macrum* Ke *et* Xin, 1983

省内产地：具体不详。

分布：河南，云南。

栖境：杂草，禾本科。

资料来源：马立名，薛晓峰，林坚贞等，河南蜱螨志。科学出版社。出版中。

东方盲走螨 *Typhlodromus orientalis* Wu, 1981

省内产地：桐柏水帘洞。

分布：河南，福建，广东。

栖境：竹，枫杨。

资料来源：马立名，薛晓峰，林坚贞等，河南蜱螨志。科学出版社。出版中。

锯胸盲走螨 *Typhlodromus serrulatus* Ehara, 1972

省内产地：桐柏水帘洞，登封嵩山少林寺。

分布：河南，辽宁，河北，山东，安徽，浙江，福建，江西，湖南，台湾，广东；日本，韩国，泰国。

栖境：侧柏，桃，杨梅等。

资料来源：马立名，薛晓峰，林坚贞等，河南蜱螨志。科学出版社。出版中。

似沿海盲走螨 *Typhlodromus sunmarinus* Wu, Lan *et* Zeng, 1997

省内产地：嵩县白云山。

分布：河南，广东，广西。

栖境：松树，灌木。

资料来源：马立名，薛晓峰，林坚贞等，河南蜱螨志。科学出版社。出版中。

泰山盲走螨 *Typhlodromus taishanensis* Wang *et* Xu, 1985

省内产地：信阳鸡公山。

分布：河南，山东。

栖境：马尾松，山荆子。

资料来源：马立名，薛晓峰，林坚贞等，河南蜱螨志。科学出版社。出版中。

三毛盲走螨 *Typhlodromus trisetus* Wu, Lan *et* Zhang, 1992

省内产地：具体不详。

分布：河南，辽宁。

栖境：落叶松，林扶子，蕨类。

资料来源：马立名，薛晓峰，林坚贞等，河南蜱螨志。科学出版社。出版中。

九、派盾螨科 Parholaspidae

本科河南记录 2 属 3 种。

绒鼠革板螨 *Gamasholaspis eothenomydis* Gu, 1984

省内产地：栾川龙峪湾，嵩县白云山，登封嵩山，信阳鸡公山。

分布：河南，贵州。

寄主：黑腹绒鼠。

资料来源：蒋本春，林坚贞，马立名，2006，河南省派盾螨科新纪录(蜱螨亚纲：中气门目)。中国媒介生物学及控制杂志，17(6)：469。

微小派伦螨 *Parholaspulus minutus* Petrova, 1967

省内产地：登封嵩山。

分布：河南，吉林；俄罗斯。

栖境：林中落叶层，树洞。

资料来源：蒋本春，林坚贞，马立名，2006，河南省派盾螨科新纪录(蜱螨亚纲：中气门目)。中国媒介生物学及控制杂志，17(6)：469。

拟双毛派伦螨 *Parholaspulus paradichaetes* Petrova, 1967

省内产地：栾川龙峪湾，嵩县白云山。

分布：河南，吉林，黑龙江；俄罗斯。

栖境：林中落叶层，树下腐殖土。

资料来源：蒋本春，林坚贞，马立名，2006，河南省派盾螨科新纪录(蜱螨亚纲：中气门目)。中国媒介生物学及控制杂志，17(6)：469。

一〇、美绥螨科 Ameroseiidae

本科河南记录 1 属 6 种。

崔氏美绥螨 *Ameroseius cuiqishengi* Ma, 1995

省内产地：具体不详。

分布：河南，吉林。

栖境：腐烂树皮下，虫蛀木屑，树洞腐渣。

资料来源：马立名，薛晓峰，林坚贞等，河南蜱螨志。科学出版社。出版中。

具齿美绥螨 *Ameroseius denticulatus* Gu *et* Guo, 1997

省内产地：具体不详。

分布：河南，云南。

寄主：大绒鼠。

资料来源：马立名，薛晓峰，林坚贞等，河南蜱螨志。科学出版社。出版中。

松美绥螨 *Ameroseius pinicola* Ishikawa, 1972

省内产地：具体不详。

分布：河南，贵州；日本，俄罗斯。

栖境：落叶层，腐殖土，松鼠巢，昆虫体。

资料来源：马立名，薛晓峰，林坚贞等，河南蜱螨志。科学出版社。出版中。

生羽美绥螨 *Ameroseius plumigera* Oudemans, 1930

省内产地：平顶山，唐河。

分布：河南；荷兰。

栖境：土壤。

资料来源：马立名，薛晓峰，林坚贞等，河南蜱螨志。科学出版社。出版中。

羽美绥螨 *Ameroseius plumosus* (Oudemans, 1902)

省内产地：平顶山。

分布：河南，云南；日本，乌克兰，克里米亚；中亚，西欧。

栖境：腐烂植物，蚁窝，蜂巢，昆虫体。

资料来源：马立名，薛晓峰，林坚贞等，河南蜱螨志。科学出版社。出版中。

拟巨美绥螨 *Ameroseius submagnisetosus* Ma *et* Lin, 2005

省内产地：栾川龙峪湾，嵩县白云山(模式产地)。

分布：河南。

资料来源：马立名，林坚贞，2005，中国美绥螨属一新种记述(蜱螨亚纲：革螨股：美绥螨科)。昆虫分类学报，27(1)：77~80。

一一、巨螯螨科 Macrochelidae

本科河南记录 3 属 4 种。

贪食暗足螨 *Fuscuropoda marginata* (Koch)

省内产地：唐河。

分布：河南，其他分布地待查。

资料来源：申效诚，1993，河南昆虫名录。中国农业科学技术出版社。

羽腹雕盾螨 *Glyptholaspis plumiventris* (Hull, 1925)

省内产地：具体不详。

分布：河南，辽宁，河北，湖北；英国。

栖境：鸡窝，羊圈。

资料来源：马立名，薛晓峰，林坚贞等，河南蜱螨志。科学出版社。出版中。

粪巨螯螨 *Macrocheles merdarius* (Berlese, 1889)

省内产地：具体不详。

分布：河南，吉林，辽宁，河北，宁夏，贵州；世界分布。

栖境：牛粪，马粪，金龟子。

资料来源：马立名，薛晓峰，林坚贞等，河南蜱螨志。科学出版社。出版中。

羽腹巨螯螨 *Macrochelea plumiventris* Hull

省内产地：唐河。

分布：河南，其他分布地待查。

资料来源：申效诚，1993，河南昆虫名录。中国农业科学技术出版社。

一二、胭螨科 Rhodacaridae

本科河南记录 3 属 8 种。

异基囊螨 *Asca idiobasis* Gu *et* Guo, 1997

省内产地：具体不详。

分布：河南，云南。

栖境：茅草，落叶，蕨，禾本科等。

资料来源：马立名，薛晓峰，林坚贞等，河南蜱螨志。科学出版社。出版中。

新囊螨 *Asca nova* Willmann, 1939

省内产地：具体不详。

分布：河南，辽宁；西欧，北美。

栖境：落叶层。

资料来源：马立名，薛晓峰，林坚贞等，河南蜱螨志。科学出版社。出版中。

云囊螨 *Asca nubes* Ishikawa, 1969

省内产地：具体不详。

分布：河南，黑龙江，吉林；日本。

栖境：落叶层，苔藓，雪松针，马尾松果，华山松果等。

资料来源：马立名，薛晓峰，林坚贞等，河南蜱螨志。科学出版社。出版中。

拟巨囊螨 *Asca submajor* Ma, 2003

省内产地：具体不详。

分布：河南，吉林。

栖境：玉米枯叶，草原土壤。

资料来源：马立名，薛晓峰，林坚贞等，河南蜱螨志。科学出版社。出版中。

拟跗枝厉螨 *Dendrolaelaps imitopraetarsalis* Ma *et* Lin, 2005

省内产地：登封县嵩山(模式产地)。

分布：河南。

资料来源：马立名，林坚贞，2005，河南枝厉螨属二新种(蜱螨亚纲，革螨股，胭螨科)。动物分类学报，30(2): 350~354。

嵩山枝厉螨 *Dendrolaelaps songshanensis* Ma *et* Lin, 2005

省内产地：登封县嵩山(模式产地)。

分布：河南。

资料来源：马立名，林坚贞，2005，河南枝厉螨属二新种(蜱螨亚纲，革螨股，胭螨科)。动物分类学报，30(2): 350~354。

王氏枝厉螨 *Dendrolaelaps wangfengzheni* Ma, 1995

省内产地：具体不详。

分布：河南，吉林。

栖境：虫蛀木屑，腐烂树皮。

资料来源：马立名，薛晓峰，林坚贞等，河南蜱螨志。科学出版社。出版中。

西利斯亚仿胭螨 *Rhodacarellus silesiacus* Willmann, 1936

省内产地：具体不详。

分布：河南，辽宁，吉林；俄罗斯，澳大利亚；欧洲，北非。

栖境：腐殖土，落叶层，苔藓等。

资料来源：马立名，薛晓峰，林坚贞等，河南蜱螨志。科学出版社。出版中。

一三、寄螨科 Parasitidae

本科世界有 32 属 363 种，河南记录 6 属 12 种。

树状钝革螨 *Amblygamasus dendriticus* Ma *et* Lin, 2005

省内产地：嵩县白云山(模式产地)。

分布：河南。

资料来源：马立名，林坚贞，2005，寄螨科四新种记述(蜱螨亚纲，革螨股)。动物分类学报，30(1): 73~80。

神农架钝革螨 *Amblygamasus shennongjiaensis* Ma *et* Liu, 1998

省内产地：具体不详。

分布：河南，湖北。

寄主：大林姬鼠，社鼠，背纹鼩鼱。

资料来源：马立名，薛晓峰，林坚贞等，河南蜱螨志。科学出版社。出版中。

寄食姬螯螨 *Cheyletiella parasitivorax* Megnin

省内产地：郑州。

分布：河南，其他分布地待查。

寄主：兔。

资料来源：申效诚，1993，河南昆虫名录。中国农业科学技术出版社。

异形新革螨 *Neogamasus anomalus* Ma *et* Yan, 1998

省内产地：具体不详。

分布：河南，湖北。

栖境：腐殖土，落叶，马尾松果，杉果。

资料来源：马立名，薛晓峰，林坚贞等，河南蜱螨志。科学出版社。出版中。

皱形新革螨 *Neogamasus crispus* Ma *et* Yan, 1998

省内产地：具体不详。

分布：河南，湖北。

栖境：腐殖土，苔藓。

资料来源：马立名，薛晓峰，林坚贞等，河南蜱螨志。科学出版社。出版中。

富生新革螨 *Neogamasus diviortus* (Athias-Henriot, 1967)

省内产地：具体不详。

分布：河南，吉林，陕西，湖北，云南；俄罗斯，法国。

栖境：落叶层，腐殖土，落地杉果等。

资料来源：马立名，薛晓峰，林坚贞等，河南蜱螨志。科学出版社。出版中。

河南新革螨 *Neogamasus henanensis* Ma *et* Lin, 2005

省内产地：登封县嵩山(模式产地)。

分布：河南。

资料来源：马立名，林坚贞，2005，寄螨科四新种记述(蜱螨亚纲，革螨股)。动物分类学报，30(1): 73~80。

豫寄螨 *Parasitus yuensis* Ma *et* Lin, 2008

省内产地：具体不详。

分布：河南。

资料来源：马立名，林坚贞等，2008，寄螨属1新种和常寄螨属1新种(蜱螨亚纲，中气门目，寄螨科)。蛛形学报，17(1): 2~5。

澳亚异肢螨 *Poecilochirus austroasiaticus* Vitzthum, 1930

省内产地：具体不详。

分布：河南，黑龙江，吉林；俄罗斯，西欧。

栖境：腐殖土，落叶层，废鼠巢，甲虫。

资料来源：马立名，薛晓峰，林坚贞等，河南蜱螨志。科学出版社。出版中。

卡拉毕异肢螨 *Poecilochirus carabi* C, *et* R. Canestrini, 1882

省内产地：具体不详。

分布：河南，新疆，内蒙古，宁夏，吉林，甘肃；欧洲。

寄主：甲虫，普通田鼠等。

资料来源：马立名，薛晓峰，林坚贞等，河南蜱螨志。科学出版社。出版中。

埋甲异肢螨 *Poecilochirus necrophori* Vitzthum, 1930

省内产地：具体不详。

分布：河南，新疆，内蒙古，宁夏，黑龙江，吉林，辽宁，河北，陕西，青海，西藏；俄罗斯；亚洲，欧洲。

寄主：埋葬甲，蟋蟀，狭颅田鼠，大仓鼠，黑线姬鼠，褐家鼠，东北鼢鼠等。

资料来源：马立名，薛晓峰，林坚贞等，河南蜱螨志。科学出版社。出版中。

长囊常革螨 *Vulgarogamasus longascidiformis* Ma *et* Lin, 2005

省内产地：嵩县白云山(模式产地)。

分布：河南。

资料来源：马立名，林坚贞，2005，寄螨科四新种记述(蜱螨亚纲，革螨股)。动物分类学报，30(1): 73~80。

一四、维螨科 Veigaiaidae

本科世界有4属59种，河南记录2属3种。

华氏革厉螨 *Gamasolaelaps whartoni* (Farrier, 1957)

省内产地：具体不详。

分布：河南，辽宁，台湾；俄罗斯，美国。

栖境：落叶，树洞，土壤。

资料来源：马立名，薛晓峰，林坚贞等，河南蜱螨志。科学出版社。出版中。

前凹维螨 *Veigaia praeconcava* Ma *et* Lin, 2004

省内产地：嵩县白云山，登封嵩山(模式产地)。

分布：河南。

资料来源：马立名，林坚贞，2004，维螨属二新种(蜱螨亚纲，中气门目，维螨科)。动物分类学报，29(4): 711~717。

嵩县维螨 *Veigaia songxianensis* Ma *et* Lin, 2004

省内产地：嵩县白云山，卢氏大块地(模式产地)。

分布：河南。

资料来源：马立名，林坚贞，2004，维螨属二新种(蜱螨亚纲，中气门目，维螨科)。动物分类学报，29(4): 711~717。

一五、厚厉螨科 Pachylaelaptidae

本科河南记录 1 属 1 种。

西西里厚厉螨 *Pachylaelaps siculus* Berlese, 1892

省内产地：具体不详。

分布：河南，新疆，宁夏，青海，黑龙江，吉林，辽宁，云南；俄罗斯，以色列；南欧。

寄主：金龟子，根田鼠，达乌尔黄鼠。

资料来源：马立名，薛晓峰，林坚贞等，河南蜱螨志。科学出版社。出版中。

一六、土革螨科 Ologamasidae

本科世界有 36 属 236 种，河南记录 1 属 1 种。

美丽革伊螨 *Gamashiphis pulchellus* (Berlese, 1887)

省内产地：具体不详。

分布：河南，吉林，辽宁，湖北；俄罗斯，意大利，日本，印度尼西亚；北美，南美。

栖境：腐殖土，落叶层，华山松果，甲虫。

资料来源：马立名，薛晓峰，林坚贞等，河南蜱螨志。科学出版社。出版中。

一七、尾足螨科 Uropodidae

本科世界有 35 属 577 种，河南记录 2 属 2 种。

厚缘褐尾足螨 *Fuscuropoda marginata* (Koch, 1839)

省内产地：唐河。

分布：河南，其他分布地待查。

资料来源：马立名，薛晓峰，林坚贞等，河南蜱螨志。科学出版社。出版中。

吉林内特螨 *Nenteria jilinensis* Ma. 1998

省内产地：具体不详。

分布：河南，吉林。

栖境：土壤。

资料来源：马立名，薛晓峰，林坚贞等，河南蜱螨志。科学出版社。出版中。

一八、叶螨科 Tetranychidae

本科世界有 60 余属 800 多种，中国有 130 余种，河南记录 11 属 22 种。

苜蓿苔螨 *Bryobia praetiosa* Koch

省内产地：全省。

分布：河南，辽宁，河北，山西，山东，陕西，江苏，宁夏，四川。

资料来源：申效诚，1993，河南昆虫名录。中国农业科学技术出版社。

果苔螨 *Bryobia rubrioculus* (Scheuten)

省内产地：郑州，许昌。

分布：河南，青海，河北，山西，陕西，甘肃。

寄主：苹果，梨，桃，杏，李，樱桃。

资料来源：申效诚，1993，河南昆虫名录。中国农业科学技术出版社。

六点始叶螨 *Eotetranychus sexmaculatus* (Riley)

省内产地：淅川，西峡。

分布：河南，湖北，浙江，福建，江西，湖南，四川，云南，台湾，广东，广西。

寄主：橘。

资料来源：申效诚，1993，河南昆虫名录。中国农业科学技术出版社。

榆广叶螨 *Eurytetranychus ulmi* Wang, 1977

省内产地：辉县八里沟。

分布：河南，北京，河北，山东。

寄主：灌木。

资料来源：林坚贞等，2008，蜱螨亚纲：叶螨科。《宝天曼自然保护区昆虫》，中国农业科学技术出版社。

西安真叶螨 *Eutetranychus xianensis* Ma *et* Yuan, 1982

省内产地：栾川龙峪湾。

分布：河南，陕西。

寄主：大叶黄杨。

资料来源：林坚贞等，2008，蜱螨亚纲：叶螨科。《宝天曼自然保护区昆虫》，中国农业科学技术出版社。

卡拉小爪螨 *Oligonychus karamatus* (Ehara, 1956)

省内产地：嵩县白云山。

分布：河南；日本，韩国，俄罗斯；欧洲。

寄主：冷杉，漏斗菜。

资料来源：林坚贞等，2008，蜱螨亚纲：叶螨科。《宝天曼自然保护区昆虫》，中国农业科学技术出版社。

柏小爪螨 *Oligonychus perditus* Pritchard *et* Baker

省内产地：柘城，开封，中牟。

分布：河南，河北，山东，山西，安徽，江苏，上海，广东，四川，云南，陕西，甘肃，青海。

寄主：柏，松，杉。

资料来源：申效诚，1993，河南昆虫名录。中国农业科学技术出版社。

针叶小爪螨 *Oligonychus ununguis* (Jacobi, 1905)

省内产地：辉县八里沟，信阳，罗山，新县。

分布：河南，河北，山西，陕西。

寄主：栓皮栎，栎，杉。

资料来源：林坚贞等，2008，蜱螨亚纲：叶螨科。《宝天曼自然保护区昆虫》，中国农业科学技术出版社。

悬钩子全爪螨 *Panonychus caglei* Mellott, 1968

省内产地：内乡宝天曼、嵩县白云山、栾川龙峪湾。

分布：河南，江西，广西，四川，云南。

寄主：悬钩子，蒙子刺。

资料来源：林坚贞等，2008，蜱螨亚纲：叶螨科。《宝天曼自然保护区昆虫》，中国农业科学技术出版社。

橘全爪螨 *Panonychus citri* (McGregor)

省内产地：许昌。

分布：河南，湖北，浙江，福建，江西，湖南，四川，云南，广东，广西。

寄主：橘，枳，榆。

资料来源：申效诚，1993，河南昆虫名录。中国农业科学技术出版社。

苹果全爪螨 *Panonychus ulmi* (Koch)

省内产地：西华，郑州，灵宝。

分布：河南，辽宁，河北，山西，山东，江苏，湖北，宁夏，青海，四川。

寄主：苹果，梨，花红，玫瑰，桃，杏，樱桃，山楂。

资料来源：申效诚，1993，河南昆虫名录。中国农业科学技术出版社。

麦岩螨 *Petrobia latens* (Muller)

省内产地：全省。

分布：河南，内蒙古，河北，山西，山东，陕西，青海，湖北，四川。

寄主：小麦，大麦，大豆，棉花，芦苇。

资料来源：申效诚，1993，河南昆虫名录。中国农业科学技术出版社。

荚裂爪螨 *Schizotetranychus leguminosus* Ehara, 1973

省内产地：栾川龙峪湾鸡角尖，内乡宝天曼，嵩县白云山九龙瀑布。

分布：河南，河北。

寄主：美丽胡枝子，短柄胡枝子，槐树，胡枝子。

资料来源：林坚贞等，2008，蜱螨亚纲：叶螨科。《宝天曼自然保护区昆虫》，中国农业科学技术出版社。

原裂爪螨 *Schizotetranychus schizopus* (Zacher, 1913)

省内产地：栾川龙峪湾，嵩县天池山胭脂湖、二郎沟。

分布：河南，河北。

寄主：柳树。

资料来源：林坚贞等，2008，蜱螨亚纲：叶螨科。《宝天曼自然保护区昆虫》，中国农业科学技术出版社。

酢浆草如叶螨 *Tetranychina harti* (Ewing, 1909)

省内产地：栾川龙峪湾。

分布：河南，陕西，江西，台湾，广东。

寄主：红花酢浆草。

资料来源：林坚贞等，2008，蜱螨亚纲：叶螨科。《宝天曼自然保护区昆虫》，中国农业科学技术出版社。

北方拟叶螨 *Tetranychopsis borealis* Ehara *et* Mori, 1969

省内产地：栾川龙峪湾。

分布：河南；日本，俄罗斯。

寄主：悬钩子。

资料来源：林坚贞等，2008，蜱螨亚纲：叶螨科。《宝天曼自然保护区昆虫》，中国农业科学技术出版社。

朱砂叶螨 *Tetranychus cinnabarinus* (Boisduval)

省内产地：全省。

分布：河南，辽宁，河北，山西，山东，陕西，安徽，江苏，湖北，浙江，江西，湖南，四川，云南。

寄主：棉花，玉米，枣，桑，刺槐。

资料来源：申效诚，1993，河南昆虫名录。中国农业科学技术出版社。

神泽叶螨 *Tetranychus kanzawai* Kishida, 1927

省内产地：辉县八里沟。

分布：河南，其他分布地待查。

寄主：木本植物。

资料来源：林坚贞等，2008，蜱螨亚纲：叶螨科。《宝天曼自然保护区昆虫》，中国农业科学技术出版社。

皮氏叶螨 *Tatranychus piercei* McGregor, 1950

省内产地：辉县八里沟。

分布：河南，陕西，云南，台湾，广东，广西。

寄主：木本植物。

资料来源：林坚贞等，2008，蜱螨亚纲：叶螨科。《宝天曼自然保护区昆虫》，中国农业科学技术出版社。

截形叶螨 *Tetranychus truncatus* Ehara, 1956

省内产地：内乡宝天曼，栾川龙峪湾等全省各地。

分布：河南，辽宁，河北，山西，山东，陕西，安徽，江苏，湖北，浙江，福建，江西，湖南，广东，海南，广西，贵州，四川，云南，宁夏，甘肃，青海，新疆。

寄主：柳树，草本，藤本，灌木，棉花，玉米，甘薯，茄，瓜类。

资料来源：申效诚，1993，河南昆虫名录。中国农业科学技术出版社。

棉叶螨 *Tetranychus urticae* Koch, 1836

省内产地：内乡宝天曼，栾川龙峪湾，嵩县天池山等全省各地。

分布：河南，河北，山西，山东，陕西，安徽，江苏，湖北，浙江，福建，江西，湖南，广东，海南，广西，贵州，四川，云南，宁夏，甘肃，青海，新疆。

寄主：棉花，豆科，瓜类，高粱，玉米，苹果，梨，榆，灌木，野生草莓。

资料来源：申效诚，1993，河南昆虫名录。中国农业科学技术出版社。

山楂叶螨 *Tetranychus viennensis* Zacher, 1920

省内产地：辉县八里沟等全省各地。

分布：河南，青海，宁夏，辽宁，河北，山西，山东，陕西，湖北，四川。

寄主：山楂，桃，梨，李，杏，苹果，樱桃，核桃。

资料来源：申效诚，1993，河南昆虫名录。中国农业科学技术出版社。

一九、瘿螨科 Eriophyidae

本科世界有 75 属，河南记录 19 属 54 种，以河南作为模式产地的新种有 26 种。

武夷畸瘿螨 *Abacarus wuyiensis* Kuang *et* Zhuo, 1987

省内产地：内乡宝天曼。

分布：河南，陕西，江苏，福建，广西。

寄主：箭竹。

资料来源：Xue Xiaofeng & Hong Xiaoyun, 2006, Eriophyoid mite fauna from Henan Province, Central China (Acari: Eriophyoidea) with descriptiong of five new species. *Zootaxa*, 1204: 1~30.

杨似尖叶瘿螨 *Acaphyllisa populi* Xue *et* Hong, 2006

省内产地：嵩县白云山(模式产地)。

分布：河南。

寄主：杨树。

资料来源：Xue Xiaofeng & Hong Xiaoyun, 2006, Eriophyoid mite fauna from Henan Province, Central China (Acari: Eriophyoidea) with descriptiong of five new species. *Zootaxa*, 1204: 1~30.

欧洲山杨瘤瘿螨 *Aceria dispar* (Nalepa, 1891)

省内产地：具体不详。

分布：河南，北京，天津，河北，山东，陕西，甘肃，新疆；奥地利。

寄主：杨树。

资料来源：马立名，薛晓峰，林坚贞等，河南蜱螨志。科学出版社。出版中。

江苏瘤瘿螨 *Aceria jiangsuensis* Kuang, 1991.

省内产地：民权。

分布：河南，江苏。

寄主：柳树。

资料来源：马立名，薛晓峰，林坚贞等，河南蜱螨志。科学出版社。出版中。

***Aculodes bambusae* Kuang, 1997**

省内产地：嵩县白云山。

分布：河南，浙江。

资料来源：Xue Xiaofeng & Hong Xiaoyun, 2006, Eriophyoid mite fauna from Henan Province, Central China (Acari: Eriophyoidea) with descriptiong of five new species. *Zootaxa*, 1204: 1~30.

八里沟刺皮瘿螨 *Aculops baligouis* Xue, Song *et* Hong, 2007

省内产地：辉县八里沟(模式产地)。

分布：河南，甘肃。

寄主：槭。

资料来源：Xue Xiaofeng, Song Ziwei & Hong Xiaoyue, 2007, Five new species and a new record of the genus *Aculops* Keifer (Acari: Eriophyidae: Phyllocoptinae) from China. *Zootaxa*, 1391: 57~68.

古北柳刺皮瘿螨 *Aculops salixis* Xue, Song *et* Hong, 2007

省内产地：嵩县天池山。

分布：河南，陕西。

寄主：柳树。

资料来源：马立名，薛晓峰，林坚贞等，河南蜱螨志。科学出版社。出版中。

化香树刺皮瘿螨 *Aculops strobilaceae* Xue *et* Hong, 2006

省内产地：嵩县天池山(模式产地)。

分布：河南。

寄主：化香树。

资料来源：Xue Xiaofeng & Hong Xiaoyun, 2006, Eriophyoid mite fauna from Henan Province, Central China (Acari: Eriophyoidea) with descriptiong of five new species. *Zootaxa*, 1204: 1~30.

太行刺皮瘿螨 *Aculops taihangensis* Hong *et* Xue, 2005

省内产地：辉县八里沟(模式产地)，嵩县天池山，栾川龙峪湾。

分布：河南，河北，陕西。

寄主：臭椿。

资料来源：Xue Xiaofeng & Hong Xiaoyun, 2006, Eriophyoid mite fauna from Henan Province, Central China (Acari: Eriophyoidea) with descriptiong of five new species. *Zootaxa*, 1204: 1~30.

天池山刺皮瘿螨 *Aculops tianchis* Xue, Song *et* Hong, 2007

省内产地：嵩县天池山(模式产地)。

分布：河南，黑龙江，吉林。

寄主：桦木。

资料来源：Xue Xiaofeng, Song Ziwei & Hong Xiaoyue, 2007, Five new species and a new record of the genus *Aculops* Keifer (Acari: Eriophyidae: Phyllocoptinae) from China. *Zootaxa*, 1391: 57~68.

臭椿刺瘿螨 *Aculus altissimae* Xue *et* Hong, 2005

省内产地：内乡宝天曼(模式产地)。

分布：河南。

寄主：臭椿。

资料来源：Xue Xiaofeng & Hong Xiaoyue, 2005, A taxonomic study on the genus *Aculus* Keifer from China (Acari: Eriophyoidea: Eriophyidae) with a description of six new specie. *Transactions of the American entomological society*, 131(3, 4): 387~401.

泰山桃刺瘿螨 *Aculus amygdali* Xue *et* Hong, 2005

省内产地：嵩县天池山(副模产地)。

分布：河南，山东，陕西。

寄主：桃树。

资料来源：Xue Xiaofeng & Hong Xiaoyue, 2005, A taxonomic study on the genus *Aculus* Keifer from China (Acari: Eriophyoidea: Eriophyidae) with a description of six new specie. *Transactions of the American entomological society*, 131(3, 4): 387~401.

***Aculus bambusae* Kuang, 1991**

省内产地：辉县八里沟。

分布：河南，江苏，福建。

资料来源：Xue Xiaofeng & Hong Xiaoyun, 2006, Eriophyoid mite fauna from Henan Province, Central China (Acari: Eriophyoidea) with descriptiong of five new species. *Zootaxa*, 1204:1~30.

黄栌刺瘿螨 *Aculus coggygriae* Xue *et* Hong, 2005

省内产地：辉县八里沟，嵩县白云山(模式产地)。

分布：河南，陕西。

寄主：黄栌。

资料来源：Xue Xiaofeng & Hong Xiaoyue, 2005, A taxonomic study on the genus *Aculus* Keifer from China (Acari: Eriophyoidea: Eriophyidae) with a description of six new specie. *Transactions of the American entomological society*, 131(3, 4): 387~401.

领春木刺瘿螨 *Aculus eupteleae* Xue, Song *et* Hong, 2008

省内产地：栾川龙峪湾(模式产地)。

分布：河南，陕西。

寄主：领春木。

资料来源：Xue Xiaofeng, Song Ziwei & Hong Xiaoyue, 2008, Eight new species of the genus *Aculus* Keifer (Acari: Eriophyidae) from China. *Zootaxa*, 1721: 35~52.

湟中刺瘿螨 *Aculus huangzhongensis* Kuang, 2000

省内产地：嵩县白云山。

分布：河南，青海。

寄主：野茉莉，丁香。

资料来源：马立名，薛晓峰，林坚贞等，河南蜱螨志。科学出版社。出版中。

辉县刺瘿螨 *Aculus huixiansis* Xue *et* Hong, 2005

省内产地：辉县八里沟(模式产地)。

分布：河南。

寄主：柳树。

资料来源：Xue Xiaofeng & Hong Xiaoyue, 2005, A taxonomic study on the genus *Aculus* Keifer from China (Acari: Eriophyoidea: Eriophyidae) with a description of six new specie. *Transactions of the American entomological society*, 131(3, 4): 387~401.

益母草刺瘿螨 *Aculus leonuri* Kuang, Luo *et* Wang, 2005

省内产地：辉县。

分布：河南。

寄主：益母草。

资料来源：马立名，薛晓峰，林坚贞等，河南蜱螨志。科学出版社。出版中。

杨刺瘿螨 *Aculus populi* Xue *et* Hong, 2005

省内产地：栾川龙峪湾(模式产地)。

分布：河南。

寄主：杨树。

资料来源：Xue Xiaofeng & Hong Xiaoyue, 2005, A taxonomic study on the genus *Aculus* Keifer from China (Acari: Eriophyoidea: Eriophyidae) with a description of six new specie. *Transactions of the American entomological society*, 131(3, 4): 387~401.

柳刺瘿螨 *Aculus salicis* Kuang *et* Luo, 1997

省内产地：嵩县天池山。

分布：河南，甘肃。

寄主：柳树。

资料来源：Xue Xiaofeng & Hong Xiaoyun, 2006, Eriophyoid mite fauna from Henan Province, Central China (Acari: Eriophyoidea) with descriptiong of five new species. *Zootaxa*, 1204: 1~30.

硬毛刺瘿螨 *Aculus tetanothrix* (Nalepa, 1889)

省内产地：辉县八里沟，嵩县天池山。

分布：河南，黑龙江，吉林，河北，陕西，甘肃；美国。

寄主：柳树。

资料来源：马立名，薛晓峰，林坚贞等，河南蜱螨志。科学出版社。出版中。

槐树花刺瘿螨 *Anthocoptes japonicae* Xue *et* Hong, 2006

省内产地：嵩县白云山(模式产地)，栾川龙峪湾。

分布：河南。

寄主：槐树。

资料来源：Xue Xiaofeng & Hong Xiaoyun, 2006, Eriophyoid mite fauna from Henan Province, Central China (Acari: Eriophyoidea) with descriptiong of five new species. *Zootaxa*, 1204: 1~30.

元宝槭生瘿螨 *Cecidophyes truncates* Xue, Song *et* Hong, 2010

省内产地：内乡宝天曼。

分布：河南，山东。

寄主：元宝槭。

资料来源：马立名，薛晓峰，林坚贞等，河南蜱螨志。科学出版社。出版中。

葡萄缺节瘿螨 *Colomerus vitis* (Pagensteches)

省内产地：郑州，中牟，开封，兰考，民权，延津，汝南，南阳。

分布：河南，上海。

寄主：葡萄。

资料来源：申效诚，1993，河南昆虫名录。中国农业科学技术出版社。

沙松上瘿螨 *Epitrimerus abietis* Keifer, 1952.

省内产地：具体不详。

分布：河南，甘肃。

寄主：科罗拉多冷杉。

资料来源：马立名，薛晓峰，林坚贞等，河南蜱螨志。科学出版社。出版中。

珍珠梅上瘿螨 *Epitrimerus amygdali* Xue *et* Hong, 2005

省内产地：栾川龙峪湾(模式产地)，嵩县白云山。

分布：河南，陕西，甘肃。

寄主：珍珠梅。

资料来源：XueXiaofeng & Hong Xiaoyue, 2005, A new genus and eight new species of Phyllocoptini (Acari: Eriophyidae: Phyllocoptinae) from China. *Zootaxa*, 1039, 1~17.

野菊上瘿螨 *Epitrimerus dendranthemae* Xue, Song *et* Hong, 2007

省内产地：嵩县白云山(模式产地)，嵩县白云山。

分布：河南。

寄主：野菊。

资料来源：Xue Xiaofeng, Song Ziwei & Hong Xiaoyue, 2007, Seven new species of the genus

Epitrimerus Nalepa (Acari: Eriophyidae: Phyllocoptinae) from China. *Zootaxa*, 1406: 1~15.

龙柏上瘿螨 *Epitrimerus sabinae* Xue *et* Hong, 2005

省内产地：栾川龙峪湾(模式产地)。

分布：河南，河北，山东，陕西，甘肃，新疆，黑龙江。

寄主：龙柏，圆柏。

资料来源：XueXiaofeng & Hong Xiaoyue, 2005, A new genus and eight new species of Phyllocoptini (Acari: Eriophyidae: Phyllocoptinae) from China. *Zootaxa*, 1039, 1~17.

野草上瘿螨 *Epitrimerus vescae* Xue, Song *et* Hong, 2007

省内产地：栾川龙峪湾(模式产地)。

分布：河南。

寄主：野草莓。

资料来源：Xue Xiaofeng, Song Ziwei & Hong Xiaoyue, 2007, Seven new species of the genus *Epitrimerus* Nalepa (Acari: Eriophyidae: Phyllocoptinae) from China. *Zootaxa*, 1406: 1~15.

枣瘿螨 *Eriophyes annultus* Nalepa

省内产地：全省。

分布：河南，其他分布地待查。

寄主：枣。

资料来源：申效诚，1993，河南昆虫名录。中国农业科学技术出版社。

华山松瘿螨 *Eriophyes armandis* Xue *et* Hong, 2006

省内产地：嵩县白云山(模式产地)。

分布：河南。

寄主：华山松。

资料来源：Xue Xiaofeng & Hong Xiaoyun, 2006, Eriophyoid mite fauna from Henan Province, Central China (Acari: Eriophyoidea) with descriptiong of five new species. *Zootaxa*, 1204: 1~30.

栗瘿螨 *Eriophyes castanis* Lu

省内产地：新县，罗山，信阳。

分布：河南，其他分布地待查。

寄主：栗。

资料来源：申效诚，1993，河南昆虫名录。中国农业科学技术出版社。

毛白杨瘿螨 *Eriophyes dispar* Nalepa

省内产地：全省。

分布：河南，其他分布地待查。

寄主：毛白杨。

资料来源：申效诚，1993，河南昆虫名录。中国农业科学技术出版社。

梨潜叶瘿螨 *Eriophyes pyri* (Pagensteches)

省内产地：全省。

分布：河南，黑龙江，吉林，辽宁，河北，山西，山东，陕西，江苏，宁夏，青海，新疆，四川。

寄主：梨，苹果。

资料来源：申效诚，1993，河南昆虫名录。中国农业科学技术出版社。

柳瘿螨 *Eriophyes tetanothrix* Nalepa

省内产地：郑州，开封，洛阳，内黄。

分布：河南，其他分布地待查。

寄主：簸箕柳。

资料来源：申效诚，1993，河南昆虫名录。中国农业科学技术出版社。

小叶杨瘿螨 *Eriophyes varius* Nalepa

省内产地：郑州，开封，洛阳，南阳。

分布：河南，其他分布地待查。

寄主：山杨，青杨。

资料来源：申效诚，1993，河南昆虫名录。中国农业科学技术出版社。

蒿异背瘿螨 *Heterotergum artemisiae* Hong *et* Kuang, 1989

省内产地：栾川龙峪湾。

分布：河南，湖北，陕西。

寄主：蒿。

资料来源：Xue Xiaofeng & Hong Xiaoyun, 2006, Eriophyoid mite fauna from Henan Province, Central China (Acari: Eriophyoidea) with descriptiong of five new species. *Zootaxa*, 1204: 1~30.

竹新四瘿螨 *Neotetra bambusae* Kuang, 1998

省内产地：栾川龙峪湾，辉县八里沟。

分布：河南，江苏，河北。

寄主：竹。

资料来源：Xue Xiaofeng & Hong Xiaoyun, 2006, Eriophyoid mite fauna from Henan Province, Central China (Acari: Eriophyoidea) with descriptiong of five new species. *Zootaxa*, 1204: 1~30.

枫杨背异瘿螨 *Notallus pterocaryae* Kuang *et* Luo, 2005

省内产地：嵩县。

分布：河南，山西。

寄主：枫杨。

资料来源：马立名，薛晓峰，林坚贞等，河南蜱螨志。科学出版社。出版中。

蓬副上瘿螨 *Paraepitrimerus erigeronsis* Xue *et* Hong, 2005

省内产地：栾川龙峪湾(模式产地)。

分布：河南。

寄主：一年蓬。

资料来源：XueXiaofeng & Hong Xiaoyue, 2005, A new genus and eight new species of Phyllocoptini (Acari: Eriophyidae: Phyllocoptinae) from China. *Zootaxa*, 1039, 1~17.

芍药副上瘿螨 *Paraepitrimerus paeoniae* Xue *et* Hong, 2005

省内产地：栾川龙峪湾(模式产地)。

分布：河南。

寄主：芍药。

资料来源：XueXiaofeng & Hong Xiaoyue, 2005, A new genus and eight new species of Phyllocoptini (Acari: Eriophyidae: Phyllocoptinae) from China. *Zootaxa*, 1039, 1~17.

茶叶瘿螨 *Phyllocoptes carinaiis* Green

省内产地：信阳，罗山，新县。

分布：河南，福建，台湾。

寄主：茶。

资料来源：申效诚，1993，河南昆虫名录。中国农业科学技术出版社。

冷杉叶刺瘿螨 *Phyllocoptes fabris* Xue *et* Hong, 2005

省内产地：栾川龙峪湾(模式产地)。

分布：河南。

寄主：冷杉。

资料来源：XueXiaofeng & Hong Xiaoyue, 2005, A new genus and eight new species of Phyllocoptini (Acari: Eriophyidae: Phyllocoptinae) from China. *Zootaxa*, 1039, 1~17.

梨游移叶刺瘿螨 *Phyllocoptes pyrivagrans* Kadono, 1985

省内产地：嵩县天池山。

分布：河南，新疆；日本。

寄主：豆梨。

资料来源：马立名，薛晓峰，林坚贞等，河南蜱螨志。科学出版社。出版中。

泰山叶刺瘿螨 *Phyllocoptes taishanensis* Xue *et* Hong, 2005

省内产地：栾川龙峪湾(副模产地)。

分布：河南，山东，陕西，甘肃。

寄主：雪松。

资料来源：Xue Xiaofeng & Hong Xiaoyun, 2006, Eriophyoid mite fauna from Henan Province, Central China (Acari: Eriophyoidea) with descriptiong of five new species. *Zootaxa*, 1204: 1~30.

橘锈瘿螨 *Phyllocoptruta oleivora* (Achmead)

省内产地：淅川，西峡，南阳，新县，固始。

分布：河南，浙江，福建，江西，湖南，四川，广东。

寄主：橘，枳。

资料来源：申效诚，1993，河南昆虫名录。中国农业科学技术出版社。

湖南顶冠瘿螨 *Tegolophus hunanensis* Lin, Jin *et* Kuang, 1997

省内产地：辉县八里沟。

分布：河南，山东，陕西，甘肃，湖南。

寄主：黄荆。

资料来源：Xue Xiaofeng & Hong Xiaoyun, 2006, Eriophyoid mite fauna from Henan Province, Central China (Acari: Eriophyoidea) with descriptiong of five new species. *Zootaxa*, 1204: 1~30.

荻顶冠瘿螨 *Tegolophus triarrhenae* Xue, Song *et* Hong, 2007

省内产地：嵩县白云山(模式产地)。

分布：河南。

寄主：荻。

资料来源：Xue Xiaofeng, Song Ziwei & Hong Xiaoyue, 2007, Five new species of the genus *Tegolophus* Keifer (Acari: Eriophyidae: Phyllocoptinae: Anthocoptini) from China. *Zootaxa*, 1525: 19~30.

枣顶冠瘿螨 *Tegolophus zizyphagus* (Keifer, 1939)

省内产地：辉县八里沟。

分布：河南，辽宁，河北，山东，安徽，江苏，新疆；美国。

寄主：山枣，枣。

资料来源：Xue Xiaofeng & Hong Xiaoyun, 2006, Eriophyoid mite fauna from Henan Province, Central China (Acari: Eriophyoidea) with descriptiong of five new species. *Zootaxa*, 1204: 1~30.

美丽胡枝子四瘿螨 *Tetra formosae* Xue *et* Hong, 2005

省内产地：内乡宝天曼(模式产地)，嵩县白云山。

分布：河南，陕西，黑龙江。

寄主：美丽胡枝子。

资料来源：Xue Xiaofeng & Hong Xiaoyue, 2005, Five new species of the genus *Tetra* Keifer (Acari : Eriophyoidea) from China. *Zootaxa*, 1067: 37~48.

槐四瘿螨 *Tetra japonicae* Xue *et* Hong, 2005

省内产地：栾川龙峪湾(模式产地)。

分布：河南。

寄主：槐树。

资料来源：Xue Xiaofeng & Hong Xiaoyue, 2005, Five new species of the genus *Tetra* Keifer (Acari : Eriophyoidea) from China. *Zootaxa*, 1067: 37~48.

葛四瘿螨 *Tetra lobatae* Xue *et* Hong, 2005

省内产地：嵩县白云山(模式产地)。

分布：河南，陕西。

寄主：葛。

资料来源：Xue Xiaofeng & Hong Xiaoyue, 2005, Five new species of the genus *Tetra* Keifer (Acari : Eriophyoidea) from China. *Zootaxa*, 1067: 37~48.

宁陕四瘿螨 *Tetra ningshanis* Xue, Song *et* Hong, 2006

省内产地：栾川龙峪湾。

分布：河南，陕西。

寄主：杨树。

资料来源：马立名，薛晓峰，林坚贞等，河南蜱螨志。科学出版社。出版中。

连翘四瘿螨 *Tetra suspensae* Xue *et* Hong, 2005

省内产地：嵩县天池山(模式产地)。

分布：河南。

寄主：连翘。

资料来源：Xue Xiaofeng & Hong Xiaoyue, 2005, Five new species of the genus *Tetra* Keifer (Acari : Eriophyoidea) from China. *Zootaxa*, 1067: 37~48.

二〇、植爪瘿螨科 Phytoptidae

冷杉博氏瘿螨 *Boczekella fabris* Xue *et* Hong, 2006

省内产地：栾川龙峪湾(模式产地)。

分布：河南，山西，黑龙江，吉林。

寄主：冷杉。

资料来源：Xue Xiaofeng & Hong Xiaoyun, 2006, Eriophyoid mite fauna from Henan Province, Central China (Acari: Eriophyoidea) with descriptiong of five new species. *Zootaxa*, 1204: 1~30.

红松针羽瘿螨 *Setoptus koraiensis* Kuang *et* Hong, 1995

省内产地：嵩县天池山。

分布：河南，黑龙江，吉林，辽宁，山东，陕西，甘肃，新疆。

寄主：马尾松，黑松。

资料来源：Xue Xiaofeng & Hong Xiaoyun, 2006, Eriophyoid mite fauna from Henan Province, Central China (Acari: Eriophyoidea) with descriptiong of five new species. *Zootaxa*, 1204: 1~30.

落叶松三毛瘿螨 *Trisetacus ehmanni* Keifer, 1963

省内产地：嵩县白云山，栾川龙峪湾，内乡宝天曼。

分布：河南，陕西，吉林；美国。

寄主：日本落叶松。

资料来源：Xue Xiaofeng & Hong Xiaoyun, 2006, Eriophyoid mite fauna from Henan Province, Central China (Acari: Eriophyoidea) with descriptiong of five new species. *Zootaxa*, 1204: 1~30.

二一、羽爪瘿螨科 Diptilomiopidae

本科中国记载 31 属 143 种(薛晓峰，2008)，河南记录 4 属 10 种。

网短沟瘿螨 *Brevulacus reticulatus* Manson, 1984

省内产地：嵩县白云山。

分布：河南，陕西，辽宁；新西兰。

寄主：青冈栎，短柄枹。

资料来源：Xue Xiaofeng & Hong Xiaoyun, 2006, Eriophyoid mite fauna from Henan Province, Central China (Acari: Eriophyoidea) with descriptiong of five new species. *Zootaxa*, 1204: 1~30.

栾川双羽爪瘿螨 *Diptacus luanchuanensis* Xue, Song *et* Hong 2006

省内产地：栾川龙峪湾(模式产地)，内乡宝天曼。

分布：河南。

寄主：鹅耳栎。

资料来源：Xue Xiaofeng, Song Ziwei & Hong Xiaoyue, 2006, Four new species of Diptilomiopinae from China (Acari: Eriophyoidea: Diptilomiopidae). *Zootaxa*, 1160: 57~68.

嵩县双羽爪瘿螨 *Diptacus songxianensis* Xue *et* Hong, 2005

省内产地：嵩县白云山(模式产地)，嵩县天池山，栾川龙峪湾。

分布：河南，陕西。

寄主：榆树。

资料来源：Xue Xiaofeng & Hong Xiaoyue, 2005, Five new species of Diptilomiopidae from China (Acari: Eriophyoidea). *Zootaxa*, 1055: 49~59.

槭大嘴瘿螨 *Rhyncaphytoptus acer* Chen, Wei *et* Qin, 2004

省内产地：嵩县白云山，栾川龙峪湾。

分布：河南，黑龙江，吉林。辽宁。陕西，广西。

寄主：槭。

资料来源：Xue Xiaofeng & Hong Xiaoyun, 2006, Eriophyoid mite fauna from Henan Province, Central China (Acari: Eriophyoidea) with descriptiong of five new species. *Zootaxa*, 1204: 1~30.

长喙大嘴瘿螨 *Rhyncaphytoptus longipalpis* Xue *et* Hong, 2005

省内产地：嵩县天池山(模式产地)，栾川龙峪湾。

分布：河南，陕西。

寄主：竹。

资料来源：Xue Xiaofeng & Hong Xiaoyue, 2005, Five new species of Diptilomiopidae from China (Acari: Eriophyoidea). Zootaxa, 1055: 49~59.

漆树大嘴瘿螨 *Rhyncaphytoptus longyuwanis* Song, Xue *et* Hong, 2007

省内产地：栾川龙峪湾(模式产地)。

分布：河南，黑龙江。

寄主：漆树。

资料来源：Song Ziwei, Xue Xiaofeng & Hong Xiaoyue, 2007, Four new species and a new name in the genus *Rhyncaphytoptus* Keifer (Acari:Eriophyoidea: Diptilomiopidae) from China. *Zootaxa*, 1520: 57~68.

宝天曼大嘴瘿螨 *Rhyncaphytoptus tiliarium* Song, Xue *et* Hong, 2007

省内产地：内乡宝天曼(模式产地)。

分布：河南。

寄主：椴树。

资料来源：Song Ziwei, Xue Xiaofeng & Hong Xiaoyue, 2007, Four new species and a new name in the genus *Rhyncaphytoptus* Keifer (Acari:Eriophyoidea: Diptilomiopidae) from China. *Zootaxa*, 1520: 57~68.

枫香树三脊瘿螨 *Trimeroptes aleyrodiformis* (Keifer, 1940)

省内产地：内乡宝天曼。

分布：河南，陕西；美国。

寄主：四照花。

资料来源：Xue Xiaofeng & Hong Xiaoyun, 2006, Eriophyoid mite fauna from Henan Province, Central China (Acari: Eriophyoidea) with descriptiong of five new species. *Zootaxa*, 1204: 1~30.

栾川三脊瘿螨 *Trimeroptes luanchuanensis* Xue *et* Hong, 2005

省内产地：栾川龙峪湾(模式产地)。

分布：河南，陕西。

寄主：悬钩子。

资料来源：Xue Xiaofeng & Hong Xiaoyue, 2005, Five new species of Diptilomiopidae from China (Acari: Eriophyoidea). *Zootaxa*, 1055: 49~59.

青冈栎三脊瘿螨 *Trimeroptes quercus* Xue, Song *et* Hong, 2006

省内产地：栾川龙峪湾(模式产地)，嵩县白云山。

分布：河南，河北，陕西，甘肃。

寄主：青冈栎。

资料来源：Xue Xiaofeng, Song Ziwei & Hong Xiaoyue, 2006, Four new species of Diptilomiopinae from China (Acari: Eriophyoidea: Diptilomiopidae). *Zootaxa*, 1160: 57~68.

二二、细须螨科 Tenuipalpidae

本科世界有 34 属 891 种(Mesa, 2009)，河南记录 2 属 2 种。

葡萄短须螨 *Brevipalpus lewisi* McGregor

省内产地：南阳，信阳。

分布：河南，山东，上海，江苏，四川，云南。

寄主：葡萄。

资料来源：申效诚，1993，河南昆虫名录。中国农业科学技术出版社。

郑州细须螨 *Tenuipalpus zhengzhouensis* Xu *et* Yin, 1994

省内产地：郑州(模式产地)。

分布：河南。

寄主：玉兰。

资料来源：许国庆等，1994，中国细须螨属一新种(蜱螨亚纲：细须螨科)。动物分类学报，19(3): 306~308。

二三、叶爪螨科 Penthaleidae

本科世界有 5 属，河南记录 1 属 1 种。

麦叶爪螨 *Penthaleus major* (Duges)

省内产地：全省。

分布：河南，河北，山东，山西，安徽，江苏，浙江，陕西。

寄主：小麦，大麦，苦荬菜。

资料来源：申效诚，1993，河南昆虫名录。中国农业科学技术出版社。

二四、巨须螨科 Cunaxidae

本科世界有 19 属，河南记录 4 属 10 种。

金牛刺瘤螨 *Armascirus taurus* (Kramer)

省内产地：嵩县白云山，信阳鸡公山。

分布：河南，其他分布地待查。

栖息：黑松皮，日本花柏，火炬松皮，杉树果，树洞中土壤，芒落叶，落叶。

资料来源：林坚贞等，2002，蜱螨亚纲：巨须螨科。《太行山及桐柏山区昆虫》，中国农业科学技术出版社。

卷须巨须螨 *Cunaxa capreolus* (Berlese)

省内产地：唐河，桐柏水帘洞。

分布：河南，其他分布地待查。

栖息：苔，麦壳。

资料来源：林坚贞等，2002，蜱螨亚纲：巨须螨科。《太行山及桐柏山区昆虫》，中国农业科学技术出版社。

沟螯巨须螨 *Cunaxa setirostris* (Hermann)

省内产地：嵩县白云山，桐柏水帘洞，信阳鸡公山，平顶山，南召。

分布：河南，其他分布地待查。

栖息：竹落叶，落叶，怀牛夕。

资料来源：林坚贞等，2002，蜱螨亚纲：巨须螨科。《太行山及桐柏山区昆虫》，中国农业科学技术出版社。

棍棒似巨须螨 *Neocunaxoides clavatus* (Shiba)

省内产地：信阳鸡公山。

分布：河南，其他分布地待查。

栖息：枫杨落叶。

资料来源：林坚贞等，2002，蜱螨亚纲：巨须螨科。《太行山及桐柏山区昆虫》，中国农业科学技术出版社。

范氏似巨须螨 *Neocunaxoides fani* Lin

省内产地：信阳鸡公山。

分布：河南，其他分布地待查。

栖息：枫杨落叶，落叶。

资料来源：林坚贞等，2002，蜱螨亚纲：巨须螨科。《太行山及桐柏山区昆虫》，中国农业科学技术出版社。

新梳似巨须螨 *Neocunaxoides neopectinatus* (Shiba)

省内产地：嵩县白云山。

分布：河南，其他分布地待查。

栖息：苔。

资料来源：林坚贞等，2002，蜱螨亚纲：巨须螨科。《太行山及桐柏山区昆虫》，中国农业科学技术出版社。

长须普劳螨 *Pulaeus longignathos* Bu *et* Li

省内产地：信阳鸡公山。

分布：河南，其他分布地待查。

栖息：苔，黑松皮，火炬松皮。

资料来源：林坚贞等，2002，蜱螨亚纲：巨须螨科。《太行山及桐柏山区昆虫》，中国农业科学技术出版社。

苔藓普劳螨 *Pulaeus musci* Liang

省内产地：信阳鸡公山，桐柏水帘洞。

分布：河南，其他分布地待查。

栖息：竹落叶，苔，杉树果。

资料来源：林坚贞等，2002，蜱螨亚纲：巨须螨科。《太行山及桐柏山区昆虫》，中国农业科学技术出版社。

宽颚普劳螨 *Pulaeus platygnathos* Bu *et* Li

省内产地：唐河县，信阳鸡公山。

分布：河南，其他分布地待查。

栖息：麦壳，枯叶，落叶。

资料来源：林坚贞等，2002，蜱螨亚纲：巨须螨科。《太行山及桐柏山区昆虫》，中国农业科学技术出版社。

拟小普劳螨 *Pulaeus pseudominutus* (Shiba)

省内产地：信阳鸡公山。

分布：河南，其他分布地待查。

寄主：柳杉虫蛀木宵。

资料来源：林坚贞等，2002，蜱螨亚纲：巨须螨科。《太行山及桐柏山区昆虫》，中国农业科学技术出版社。

二五、跗线螨科 Tarsonemidae

本科世界有 45 属 500 种，河南记录 4 属 7 种。

三角新似跗线螨 *Neotarsonemoides triquetrus* Lin *et* Zhang

省内产地：郑州市。

分布：河南，其他分布地待查。

寄主：黑麦草。

资料来源：林坚贞等，2002，蜱螨亚纲：跗线螨科。《太行山及桐柏山区昆虫》，中国农业科学技术出版社。

侧多食跗线螨 *Polyphagotarsonemus latus* (Banks)

省内产地：洛阳。

分布：河南，北京，江苏，四川。

寄主：茄，番茄，辣椒，茶。

资料来源：申效诚，1993，河南昆虫名录。中国农业科学技术出版社。

乱跗线螨 *Tarsonemus confusus* Ewing

省内产地：嵩县白云山，信阳鸡公山，卢氏狮子坪，桐柏水帘洞。

分布：河南，北京，四川。

寄主：马尾松果，白茅根，鸟巢，禾本科杂草。

资料来源：林坚贞等，2002，蜱螨亚纲：跗线螨科。《太行山及桐柏山区昆虫》，中国农业科学技术出版社。

镰孢跗线螨 *Tarsonemus fusarii* Cooreman

省内产地：嵩县白云山。

分布：河南，其他分布地待查。

寄主：禾本科杂草。

资料来源：林坚贞等，2002，蜱螨亚纲：跗线螨科。《太行山及桐柏山区昆虫》，中国农业科学技术出版社。

三坂跗线螨 *Tarsonemus misakai* Ito

省内产地：郑州市。

分布：河南，其他分布地待查。

寄主：黑麦草。

资料来源：林坚贞等，2002，蜱螨亚纲：跗线螨科。《太行山及桐柏山区昆虫》，中国农业科学技术出版社。

韦氏跗线螨 *Tarsonemus waitei* Banks

省内产地：唐河，卢氏淇河。

分布：河南，其他分布地待查。

寄主：麦壳，枯叶。

资料来源：林坚贞等，2002，蜱螨亚纲：跗线螨科。《太行山及桐柏山区昆虫》，中国农业科学技术出版社。

标枪似奇跗线螨 *Xenotarsonemus belemnitoides* (Weis-Fogh)

省内产地：嵩县白云山。

分布：河南，其他分布地待查。

寄主：华山松。

资料来源：林坚贞等，2002，蜱螨亚纲：跗线螨科。《太行山及桐柏山区昆虫》，中国农业科学技术出版社。

二六、肉食螨科 Cheyletidae

本科世界有 80 属 500 种，河南记录 4 属 8 种。

阳罩单梳螨 *Acaropsis sollers* Rohdendorof

省内产地：方城，平顶山。

分布：河南，东北，北京，陕西，上海，四川。

寄主：粉螨，仓库害虫卵及幼虫。

资料来源：申效诚，1993，河南昆虫名录。中国农业科学技术出版社。

鳞翅触足螨 *Cheletomorpha lepidopterorum* (Shaw)

省内产地：平顶山，唐河，南召。

分布：河南，东北，北京，陕西，上海，四川。

寄主：粉螨。

资料来源：申效诚，1993，河南昆虫名录。中国农业科学技术出版社。

转开肉食螨 *Cheyletus aversor* Rohdendorof

省内产地：平顶山，唐河，南召。

分布：河南，其他分布地待查。

资料来源：申效诚，1993，河南昆虫名录。中国农业科学技术出版社。

普通肉食螨 *Cheyletus eruditus* (Schrank)

省内产地：南阳，南召，方城，平顶山。

分布：河南，黑龙江，吉林，北京，山东，湖北，上海，四川，云南。

寄主：腐食酪螨，鳞翅触足螨，粉螨，瘿螨。

资料来源：申效诚，1993，河南昆虫名录。中国农业科学技术出版社。

强壮肉食螨 *Cheyletus fortis* Oudemans

省内产地：南阳，桐柏，方城，南召，唐河。

分布：河南，其他分布地待查。

资料来源：申效诚，1993，河南昆虫名录。中国农业科学技术出版社。

马六甲肉食螨 *Cheyletus malaccensis* Oudemans

省内产地：南召，平顶山。

分布：河南，黑龙江，吉林，辽宁，北京，上海，四川。

寄主：粉螨。

资料来源：申效诚，1993，河南昆虫名录。中国农业科学技术出版社。

特氏肉食螨 *Cheyletus troiessatri* Oudemans

省内产地：平顶山。

分布：河南，黑龙江，吉林，辽宁，上海，四川。

寄主：粉螨。

资料来源：申效诚，1993，河南昆虫名录。中国农业科学技术出版社。

网真扇毛螨 *Eucheyletia reticulata* Cunliffe

省内产地：南召，唐河，平顶山。

分布：河南，上海，四川。

资料来源：申效诚，1993，河南昆虫名录。中国农业科学技术出版社。

二七、嗜渣螨科 Chortoglyphidae

本科世界有 4 属，河南记录 1 属 1 种。

拱殖嗜渣螨 *Chortoglyphus arcualus* (Troupeau, 1879)

省内产地：平顶山，桐柏，南阳。

分布：河南，北京，安徽，上海，福建，台湾，江西，湖南，四川。

寄主：小麦，大麦，大米，面粉，玉米，麸皮，桑寄生，百合。

资料来源：申效诚，1993，河南昆虫名录。中国农业科学技术出版社。

二八、麦嗜螨科 Pyroglyphidae

本科河南记录 2 属 4 种。

粉尘螨 *Dermatophagoides farinae* Hughes

省内产地：平顶山，南阳，南召。

分布：河南，上海。

寄主：小麦，面粉，大米，玉米，鱼粉，饲料，仓库尘屑。

资料来源：申效诚，1993，河南昆虫名录。中国农业科学技术出版社。

小角尘螨 *Dermatophagoides microceras* Griff *et* Cunnimgton

省内产地：唐河，平顶山。

分布：河南，其他分布地待查。

寄主：小麦，土杂粮。

资料来源：申效诚，1993，河南昆虫名录。中国农业科学技术出版社。

屋尘螨 *Dermatophagoides pteronyssinus* (Trouessart)

省内产地：平顶山。

分布：河南，其他分布地待查。

寄主：谷物尘屑，房屋尘屑，动物皮屑。

资料来源：申效诚，1993，河南昆虫名录。中国农业科学技术出版社。

梅氏嗜霉螨 *Euroglyphus maynei* (Cooreman)

省内产地：桐柏，南召。

分布：河南，其他分布地待查。

寄主：谷物尘屑，棉籽饼。

资料来源：申效诚，1993，河南昆虫名录。中国农业科学技术出版社。

二九、蠕形螨科 Demodicidae

本科河南记录 1 属 3 种。

牛蠕形螨 *Demodex bovis* Stiles

省内产地：具体不详。

分布：河南，河北。

寄主：牛。

资料来源：申效诚，1993，河南昆虫名录。中国农业科学技术出版社。

犬蠕形螨 *Demodex canis* Leydig

省内产地：具体不详。

分布：河南，河北。

寄主：狗。

资料来源：申效诚，1993，河南昆虫名录。中国农业科学技术出版社。

猪蠕形螨 *Demodex phylloides* Csokor

省内产地：具体不详。

分布：河南，河北。

寄主：猪。

资料来源：申效诚，1993，河南昆虫名录。中国农业科学技术出版社。

三〇、疥螨科 Sarcoptidae

本科河南记录 3 属 7 种。

鳞足疥螨 ***Knemidocoptes mutans* Robin *et* Lanquentin**

省内产地：武陟，郑州，许昌，临颍，驻马店，遂平。

分布：河南，河北。

寄主：鸡。

资料来源：申效诚，1993，河南昆虫名录。中国农业科学技术出版社。

猫背肛疥螨 ***Notoedrea cati* Hering**

省内产地：武陟，郑州，许昌，临颍，驻马店，遂平。

分布：河南，河北。

寄主：猫，兔。

资料来源：申效诚，1993，河南昆虫名录。中国农业科学技术出版社。

兔背肛疥螨 ***Notoedrea cuniculi* Hering**

省内产地：洛阳，开封，商丘，周口，新乡。

分布：河南，其他分布地待查。

寄主：兔。

资料来源：申效诚，1993，河南昆虫名录。中国农业科学技术出版社。

犬疥螨 ***Sarcoptes scabiei* var. *canis* Gerlach**

省内产地：安阳，武陟，洛阳，郑州，许昌，临颍，驻马店，遂平，信阳。

分布：河南，其他分布地待查。

寄主：狗。

资料来源：申效诚，1993，河南昆虫名录。中国农业科学技术出版社。

兔疥螨 ***Sarcoptes scabiei* var. *cuniculi* Gerlach**

省内产地：安阳，武陟，洛阳，郑州，许昌，临颍，驻马店，遂平，信阳。

分布：河南，其他分布地待查。

寄主：兔。

资料来源：申效诚，1993，河南昆虫名录。中国农业科学技术出版社。

人疥螨 ***Sacoptes scabiei* var. *hominis* Hering**

省内产地：安阳，武陟，洛阳，郑州，许昌，临颍，驻马店，遂平，信阳。

分布：河南，其他分布地待查。

寄主：人。

资料来源：申效诚，1993，河南昆虫名录。中国农业科学技术出版社。

猪疥螨 ***Sarcoptes scabiei* var. *suis* Gerlach**

省内产地：安阳，武陟，洛阳，郑州，许昌，临颍，驻马店，遂平，信阳。

分布：河南，河北。

寄主：猪。

资料来源：申效诚，1993，河南昆虫名录。中国农业科学技术出版社。

三一、痒螨科 Psoroptidae

本科河南记录 2 属 4 种。

牛肤痒螨 ***Chorioptes bovis* Gerlach**

省内产地：具体不详。

分布：河南，河北。

寄主：牛，马，羊，兔。

资料来源：申效诚，1993，河南昆虫名录。中国农业科学技术出版社。

兔痒螨 *Psoroptes cuniculi* Hering

省内产地：南阳，郾城，武陟。

分布：河南，其他分布地待查。

寄主：兔。

资料来源：申效诚，1993，河南昆虫名录。中国农业科学技术出版社。

马痒螨 *Psoroptes equi* Hering

省内产地：具体不详。

分布：河南，河北。

寄主：马，兔。

资料来源：申效诚，1993，河南昆虫名录。中国农业科学技术出版社。

羊痒螨 *Psoroptes ovis* (Hering)

省内产地：武陟，郑州，许昌，临颍，驻马店，遂平。

分布：河南，其他分布地待查。

寄主：羊，牛，马。

资料来源：申效诚，1993，河南昆虫名录。中国农业科学技术出版社。

三二、虱螨科 Pediculoidae

本科河南记录 1 属 1 种。

虱形螨 *Pyemotes ventricosus* Newpont

省内产地：郑州，博爱，济源，许昌，平顶山。

分布：河南，其他分布地待查。

寄主：台湾狭天牛，舟山筒天牛，仓库害虫。

资料来源：申效诚，1993，河南昆虫名录。中国农业科学技术出版社。

三三、绒螨科 Trombidiidae

本科世界有 27 属，河南记录 1 属 1 种。

蚜绒螨 *Allothrombium* sp.

省内产地：安阳，灵宝，郑州，兰考，周口，许昌。

分布：河南，其他分布地待查。

寄主：棉蚜。

资料来源：申效诚，1993，河南昆虫名录。中国农业科学技术出版社。

三四、恙螨科 Trombiculidae

本科中国有 43 属近 400 种，河南记录 5 属 6 种。

伊香钳齿恙螨 *Cheladonta ikaoensis* (Sasa *et al.*, 1951)

省内产地：具体不详。

分布：河南，黑龙江，辽宁，陕西，山东，安徽，江苏，上海，浙江，广东；日本。

寄主：黑线姬鼠，沟鼠，麝鼩。

资料来源：黎家灿等，1997，中国恙螨。广东科技出版社。

须纤恙螨 *Leptotrombidium palpale* (Nagayo *et al.*, 1919)

省内产地：具体不详。

分布：河南，内蒙古，黑龙江，吉林，辽宁，河北，北京，山东，安徽，江苏，上海，湖北，浙江，福建，江西，广东，云南。

寄主：黄毛鼠，黑线姬鼠，东方田鼠，小林姬鼠，大仓鼠等。

资料来源：黎家灿等，1997，中国恙螨。广东科技出版社。

小板纤恙螨 *Leptotrombidium scutellare* (Nagayo *et al.*, 1921)

省内产地：具体不详。

分布：河南，内蒙古，河北，陕西，山东，安徽，上海，江苏，浙江，福建，江西，广东，广西，云南。

寄主：黄毛鼠，黑线姬鼠，斯氏家鼠，大仓鼠，白腹鼠等。

资料来源：黎家灿等，1997，中国恙螨。广东科技出版社。

鸡新棒恙螨 *Neoschoengastia gallinarum* (Hatori, 1920)

省内产地：淮阳，民权。

分布：河南，黑龙江，辽宁，河北，山东，陕西，湖北，安徽，江苏，上海，浙江，福建，江西，湖南，台湾，贵州，广东，广西，四川，云南，西藏。

寄主：鸡，鸭，鹅，麻雀，喜鹊，斑鸠等。

资料来源：申效诚，1993，河南昆虫名录。中国农业科学技术出版社。

萨氏棒六恙螨 *Schoengastiella saduski* (Womerslet, 1952)

省内产地：具体不详。

分布：河南，陕西，江苏，浙江，福建，四川。

寄主：褐家鼠，黄胸鼠，黄毛鼠，社鼠，小家鼠等。

资料来源：黎家灿等，1997，中国恙螨。广东科技出版社。

脆弱无前恙螨 *Walchia fragilis* Schluger, 1955

省内产地：具体不详。

分布：河南，辽宁，北京，河北，山东，山西，陕西，上海，云南。

寄主：褐家鼠，小家鼠，黑线姬鼠，大仓鼠，东北鼢鼠等。

资料来源：黎家灿等，1997，中国恙螨。广东科技出版社。

三五、薄口螨科 Histiostomidae

本科世界有3属，河南记录1属1种。

速生薄口螨 *Histiostoma feroniarum* (Dufour)

省内产地：南阳。

分布：河南，其他分布地待查。

寄主：蘑菇，潮湿谷物。

资料来源：申效诚，1993，河南昆虫名录。中国农业科学技术出版社。

三六、粉螨科 Acaridae

本科中国有15属52种，河南记录9属15种。

小粗足粉螨 *Acarus ferris* (Oudemans, 1905)

省内产地：南阳。

分布：河南，安徽，江西。

寄主：鱼粉，腐木，中药材。

资料来源：申效诚，1993，河南昆虫名录。中国农业科学技术出版社。

粗足粉螨 *Acarus siro* Linnaeus, 1758

省内产地：平顶山，南阳，桐柏，唐河，南召。

分布：河南，内蒙古，青海，黑龙江，吉林，辽宁，河北，山西，甘肃，安徽，江苏，上海，福建，江西，台湾，四川。

寄主：稻谷，大米，小麦，面粉，虾皮，中药材。

资料来源：申效诚，1993，河南昆虫名录。中国农业科学技术出版社。

椭圆嗜粉螨 *Aleuroglyphus ovatus* (Troupeau, 1878)

省内产地：南阳，桐柏，唐河，南召，平顶山，郑州。

分布：河南，黑龙江，吉林，河北，北京，安徽，江苏，上海，湖北，浙江，福建，江西，湖南，台湾，四川，云南。

寄主：稻谷，大米，面粉，黄豆，小麦，玉米，饼干，鱼粉。

资料来源：申效诚，1993，河南昆虫名录。中国农业科学技术出版社。

伯氏嗜木螨 *Caloglyphus barlisei* (Michael, 1903)

省内产地：南阳，平顶山。

分布：河南，安徽，江苏，上海，江西，台湾，云南。

寄主：小麦，高粱，饼干，花生，香蕉，葡萄干，中药材，玉兰片。

捕食：黄粉虫，昆虫卵及幼虫。

资料来源：申效诚，1993，河南昆虫名录。中国农业科学技术出版社。

食粪嗜木螨 *Caloglyphus coprophila* (Mahunka)

省内产地：南召。

分布：河南，其他分布地待查。

资料来源：申效诚，1993，河南昆虫名录。中国农业科学技术出版社。

赫氏嗜木螨 *Caloglyphus hughesi* (Saminak, 1966)

省内产地：南阳，唐河。

分布：河南，上海，江西。

寄主：蘑菇栽培材料。

资料来源：申效诚，1993，河南昆虫名录。中国农业科学技术出版社。

奥氏嗜木螨 *Caloglyphus oudemansi* (Zachvatkin, 1937)

省内产地：南阳，唐河。

分布：河南，安徽，江西。

寄主：碎米，麦，糯米，玉米，潮湿储藏物。

资料来源：申效诚，1993，河南昆虫名录。中国农业科学技术出版社。

奇异嗜木螨 *Caloglyphus paradoxa* (Oudemans)

省内产地：南召。

分布：河南，其他分布地待查。

资料来源：申效诚，1993，河南昆虫名录。中国农业科学技术出版社。

水芋根螨 *Rhizoglyphus callae* Oudemans, 1924

省内产地：南阳，唐河。

分布：河南，黑龙江，吉林，辽宁，安徽，江苏，上海，浙江，福建，台湾，湖南。

寄主：半夏，贝母，竹笋，芋头，马铃薯。

资料来源：申效诚，1993，河南昆虫名录。中国农业科学技术出版社。

纳氏皱皮螨 *Suidasia nesbitti* Hughes, 1948

省内产地：平顶山，南阳，桐柏，唐河，南召。

分布：河南，黑龙江，吉林，辽宁，河北，北京，山东，安徽，江苏，上海，浙江，福建，江西，台湾，四川，甘肃。

寄主：大米，小米，大麦，小麦，玉米，谷，芝麻，面粉，鱼粉，薯干，黄花菜，糠麸，麻绳，大麦芽。

资料来源：申效诚，1993，河南昆虫名录。中国农业科学技术出版社。

食虫狭螨 *Thyreophagus entomophagus* (Laboulbene, 1852)

省内产地：南阳，南召。

分布：河南，黑龙江，吉林，辽宁，北京，河北，安徽，江苏，上海，台湾，湖南，四川。
寄主：面粉，稻谷，大米，昆虫标本。
资料来源：申效诚，1993，河南昆虫名录。中国农业科学技术出版社。

线食酪螨 *Tyroborus lini* Oudemans, 1924
省内产地：南阳。
分布：河南，安徽，福建，江西。
寄主：高粱，米糠，山楂，桑葚子，土鳖虫。
资料来源：申效诚，1993，河南昆虫名录。中国农业科学技术出版社。

干向酪螨 *Tyrolichus casei* Oudemans, 1910
省内产地：平顶山。
分布：河南，安徽，江西，台湾，四川。
寄主：谷，稻谷，碎米，麦，米糠，花生，肉干，中药材。
资料来源：申效诚，1993，河南昆虫名录。中国农业科学技术出版社。

腐食酪螨 *Tyrophagus putrescentiae* (Schrenk, 1781)
省内产地：全省。
分布：河南，北京，山东，安徽，江苏，上海，浙江，福建，台湾，江西，湖南，广西，四川，云南。
寄主：储粮，面粉，麸糠，食糖，玉米，花生，豆类，高粱，奶粉，百合，水仙，大蒜，鱼粉，蜂巢。
资料来源：申效诚，1993，河南昆虫名录。中国农业科学技术出版社。

热带食酪螨 *Tyrophagus tropicus* Roberston, 1959
省内产地：平顶山。
分布：河南，安徽，江苏，上海，福建，江西。
寄主：大米，米糠，谷，麦，黄豆，菜籽饼，白木耳，蘑菇，干桑叶(中药材)。
资料来源：申效诚，1993，河南昆虫名录。中国农业科学技术出版社。

三七、食甜螨科 Glycyphagidae

本科世界有 42 属，中国有 9 属 18 种，河南记录 4 属 7 种。

媒介重嗜螨 *Diamesoglyphus intermedius* (Canestrini)
省内产地：平顶山。
分布：河南，其他分布地待查。
寄主：麸皮。
资料来源：申效诚，1993，河南昆虫名录。中国农业科学技术出版社。

隆头食甜螨 *Glycyphagus ornatus* Kramer, 1881
省内产地：郑州。
分布：河南，吉林，安徽，上海，福建，江西。
寄主：大米，小麦，高粱，面粉，向日葵，花生，中药材。
资料来源：涂丹，2003，中国粉螨物种多样性研究(蜱螨亚纲：粉螨亚目)。南昌大学硕士论文。

隐秘食甜螨 *Glycyphagus privates* Oudemans, 1903
省内产地：南阳，唐河，平顶山。
分布：河南，黑龙江，吉林，辽宁，安徽，上海，江苏，福建，江西，湖南，贵州，四川。
寄主：小麦，大米，谷，面粉，米糠，芝麻，山楂，党参，土茯苓，干姜皮，月季花。
资料来源：申效诚，1993，河南昆虫名录。中国农业科学技术出版社。

棕脊足螨 *Gohieria fusca* (Oudemans, 1902)
省内产地：南阳，桐柏，唐河，南召，平顶山。

分布：河南，北京，山西，安徽，江苏，上海，福建，江西，台湾，四川，云南。

寄主：面粉，大麦芽，麸皮，绿豆，大米，猪皮，饲料。

资料来源：申效诚，1993，河南昆虫名录。中国农业科学技术出版社。

害嗜鳞螨 *Lepidoglyphus destructor* (Schrank, 1781)

省内产地：南阳，桐柏，方城，唐河，南召。

分布：河南，黑龙江，吉林，辽宁，北京，山东，安徽，江苏，上海，湖北，浙江，江西，湖南，贵州，四川，云南。

寄主：稻谷，大米，小麦，大麦，面粉，麸糠，黄豆，绿豆，高粱。

资料来源：申效诚，1993，河南昆虫名录。中国农业科学技术出版社。

棍嗜鳞螨 *Lepidoglyphus fustifer* (Oudemans, 1903)

省内产地：南阳，桐柏，南召。

分布：河南，湖北，江西。

资料来源：申效诚，1993，河南昆虫名录。中国农业科学技术出版社。

米氏嗜鳞螨 *Lepidoglyphus michaeli* (Oudemans, 1903)

省内产地：南召。

分布：河南，黑龙江，吉林，辽宁，安徽，江苏，上海，湖南，四川。

寄主：干菜，草堆，饲料，潮湿谷物。

资料来源：申效诚，1993，河南昆虫名录。中国农业科学技术出版社。

三八、古甲螨科 Palaeacaridae

本科世界有 2 属 6 种，中国有 2 属 2 种，河南记录 1 属 1 种。

后古甲螨 *Palaeacarus hystricinus* Tragardh, 1932

省内产地：嵩县白云山，栾川龙峪湾。

分布：河南，浙江；日本，英国，法国，瑞典。

资料来源：傅荣恕，1998，真螨目：甲螨亚目。《伏牛山区昆虫》，中国农业科学技术出版社。

三九、缝甲螨科 Hypochthoniidae

本科世界有 5 属 17 种，中国有 3 属 6 种，河南记录 2 属 4 种。

棱毛东缝甲螨 *Eohypochthonius crassisetiger* Aoki, 1959

省内产地：栾川龙峪湾，嵩县白云山。

分布：河南，吉林，浙江，湖南，贵州，四川；日本，韩国。

资料来源：傅荣恕，1998，真螨目：甲螨亚目。《伏牛山区昆虫》，中国农业科学技术出版社。

纤细东缝甲螨 *Eohypochthonius parvus* Aoki, 1977

省内产地：嵩县白云山。

分布：河南，安徽，福建。

资料来源：傅荣恕，1999，真螨目：甲螨亚目。《伏牛山南坡及大别山区昆虫》，中国农业科学技术出版社。

黄缝甲螨 *Hypochthonius luteus* Oudemans, 1917

省内产地：栾川龙峪湾，嵩县白云山。

分布：河南，浙江。

资料来源：傅荣恕，1998，真螨目：甲螨亚目。《伏牛山区昆虫》，中国农业科学技术出版社。

红缝甲螨 *Hypochthonius rufulus* Koch, 1836

省内产地：嵩县白云山。

分布：河南，吉林，北京，浙江，湖南；全北区。

资料来源：傅荣恕，1998，真螨目：甲螨亚目。《伏牛山区昆虫》，中国农业科学技术出版社。

四〇、类缝甲螨科 Eniochthoniidae

本科世界有1属5种，中国有1属1种，河南记录1属1种。

微毛类缝甲螨 *Eniochthonius minutissima* (Berlese, 1904)

省内产地：栾川龙峪湾，嵩县白云山。

分布：河南，吉林，北京，浙江，贵州，香港，四川；世界广布。

资料来源：傅荣恕，1998，真螨目：甲螨亚目。《伏牛山区昆虫》，中国农业科学技术出版社。

四一、广缝甲螨科 Cosmochthoniidae

本科世界有6属45种，中国有1属1种，河南记录1属1种。

网广缝甲螨 *Cosmochthonius reticulatus* Grandjean, 1947

省内产地：嵩县白云山，栾川龙峪湾。

分布：河南，山东，安徽，浙江，湖南，上海。

资料来源：傅荣恕，1999，真螨目：甲螨亚目。《伏牛山南坡及大别山区昆虫》，中国农业科学技术出版社。

四二、球缝甲螨科 Spherochthoniidae

本科世界有2属20种，中国有1属1种，河南记录1属1种。

灿球缝甲螨 *Sphserochthonius splendidus* (Berlese, 1904)

省内产地：嵩县白云山，栾川龙峪湾。

分布：河南，上海，山东，福建，浙江。

资料来源：傅荣恕，1999，真螨目：甲螨亚目。《伏牛山南坡及大别山区昆虫》，中国农业科学技术出版社。

四三、短缝甲螨科 Brachychthoniidae

本科世界有11属156种，中国有7属18种，河南记录2属3种。

细短缝甲螨 *Brachychthonius gracilis* (Chinone, 1974)

省内产地：栾川龙峪湾。

分布：河南；国外分布地待查。

资料来源：傅荣恕，1999，真螨目：甲螨亚目。《伏牛山南坡及大别山区昆虫》，中国农业科学技术出版社。

纤细滑缝甲螨 *Liochthonius leptaleus* Moritz, 1976

省内产地：栾川龙峪湾。

分布：河南，山东。

资料来源：傅荣恕，1999，真螨目：甲螨亚目。《伏牛山南坡及大别山区昆虫》，中国农业科学技术出版社。

塞氏滑缝甲螨 *Liochthonius sellnicki* (Thor, 1930)

省内产地：嵩县白云山。

分布：河南，吉林，河北，新疆，浙江，湖南；古北区。

资料来源：傅荣恕，1999，真螨目：甲螨亚目。《伏牛山南坡及大别山区昆虫》，中国农业科学技术出版社。

四四、卷甲螨科 Phthiracaridae

本科世界有7属726种，中国有4属5种，河南记录1属1种。

凹纹闭甲螨 ***Steganacarus striculus* Koch, 1836**

省内产地：栾川龙峪湾，嵩县白云山。

分布：河南，浙江；日本；欧洲。

资料来源：傅荣恕，1998，真螨目：甲螨亚目。《伏牛山区昆虫》，中国农业科学技术出版社。

四五、真卷甲螨科 Euphthiracaridae

本科世界有 5 属 145 种，中国有 2 属 3 种，河南记录 1 属 1 种。

姬三皱甲螨 ***Rhysotritia ardua* (Koch, 1841)**

省内产地：栾川龙峪湾，嵩县白云山。

分布：河南，吉林，浙江，湖南，贵州；世界广布。

资料来源：傅荣恕，1998，真螨目：甲螨亚目。《伏牛山区昆虫》，中国农业科学技术出版社。

四六、联甲螨科 Synichotritiidae

本科世界有 4 属 13 种，中国有 1 属 3 种，河南记录 1 属 1 种。

短毛联甲螨 ***Synichotritia brevisetosa* Fu, 1998**

省内产地：栾川龙峪湾(模式产地)。

分布：河南。

资料来源：傅荣恕，1999，真螨目：甲螨亚目。《伏牛山南坡及大别山区昆虫》，中国农业科学技术出版社。

四七、罗甲螨科 Lohmanniidae

本科世界有 21 属 185 种，中国有 12 属 20 种，河南记录 2 属 3 种。

弱混居甲螨 ***Mixacarus exilis* Aoki, 1970**

省内产地：栾川龙峪湾。

分布：河南，上海；日本。

资料来源：傅荣恕，1998，真螨目：甲螨亚目。《伏牛山区昆虫》，中国农业科学技术出版社。

密丛丘疹甲螨 ***Papillacarus hirsutus* (Aoki, 1961)**

省内产地：栾川龙峪湾，嵩县白云山。

分布：河南，吉林，安徽，江苏，浙江，湖南，福建，贵州，云南，海南。

资料来源：傅荣恕，1998，真螨目：甲螨亚目。《伏牛山区昆虫》，中国农业科学技术出版社。

奥丘疹甲螨 ***Papillacarus ondriasi* Mahunka, 1874**

省内产地：栾川龙峪湾。

分布：河南，湖南；希腊。

资料来源：傅荣恕，1998，真螨目：甲螨亚目。《伏牛山区昆虫》，中国农业科学技术出版社。

四八、上罗甲螨科 Epilohmanniidae

本科世界有 2 属 47 种，中国有 2 属 4 种，河南记录 1 属 2 种。

圆上罗甲螨 ***Epilohmannia ovata* Aoki, 1961**

省内产地：栾川龙峪湾，嵩县白云山。

分布：河南，江苏，上海，浙江，湖南，贵州。

资料来源：傅荣恕，1999，真螨目：甲螨亚目。《伏牛山南坡及大别山区昆虫》，中国农业科学技术出版社。

大洋上罗甲螨 ***Epilohmannia pallida pacifica* Aoki, 1965**

省内产地：栾川龙峪湾，嵩县白云山。

分布：河南，江苏，上海，浙江，湖南；日本。

资料来源：傅荣恕，1998，真螨目：甲螨亚目。《伏牛山区昆虫》，中国农业科学技术出版社。

四九、懒甲螨科 Nothridae

本科世界有3属77种，中国有1属4种，河南记录1属2种。

双毛懒甲螨 *Nothrus biciliatus* Koch, 1841

省内产地：嵩县白云山，栾川龙峪湾。

分布：河南，吉林，河北，浙江，四川，香港；日本；欧洲。

资料来源：傅荣恕，1998，真螨目：甲螨亚目。《伏牛山区昆虫》，中国农业科学技术出版社。

亚懒甲螨 *Nothrus asiaticus* Aoki *et* Oudemans, 1974

省内产地：嵩县白云山，栾川龙峪湾。

分布：河南，黑龙江，吉林，河北，湖北，福建。

资料来源：傅荣恕，1998，真螨目：甲螨亚目。《伏牛山区昆虫》，中国农业科学技术出版社。

五〇、洼甲螨科 Camisiidae

本科世界有3属79种，中国有3属15种，河南记录2属3种。

双瘤洼甲螨 *Camisia biverrucata* (Koch, 1839)

省内产地：栾川龙峪湾。

分布：河南，吉林，河北。

资料来源：傅荣恕，1998，真螨目：甲螨亚目。《伏牛山区昆虫》，中国农业科学技术出版社。

长毛半懒甲螨 *Heminothrus longisetosus* Willmann, 1926

省内产地：栾川龙峪湾。

分布：河南，吉林，安徽。

资料来源：傅荣恕，1999，真螨目：甲螨亚目。《伏牛山南坡及大别山区昆虫》，中国农业科学技术出版社。

塔氏半懒甲螨 *Heminothrus targionii* (Berlese, 1908)

省内产地：嵩县白云山。

分布：河南，吉林，河北，湖北，四川。

资料来源：傅荣恕，1998，真螨目：甲螨亚目。《伏牛山区昆虫》，中国农业科学技术出版社。

五一、扇珠甲螨科 Licnodamaridae

本科世界有5属54种，河南记录1属2种。

丽扇珠甲螨 *Licnodamaeus pulcherrimus* (Paoli, 1908)

省内产地：栾川龙峪湾，嵩县白云山。

分布：河南，新疆，吉林。

资料来源：傅荣恕，1998，真螨目：甲螨亚目。《伏牛山区昆虫》，中国农业科学技术出版社。

波纹扇珠甲螨 *Licnodamaeus undulatus* (Paoli, 1908)

省内产地：嵩县白云山，栾川龙峪湾。

分布：河南，吉林。

资料来源：傅荣恕，1999，真螨目：甲螨亚目。《伏牛山南坡及大别山区昆虫》，中国农业科学技术出版社。

五二、珠甲螨科 Damaeidae

本科世界有13属255种，中国有5属26种，河南记录4属5种。

条纹细珠甲螨 *Allodamaeus striatus* Aoki, 1984

省内产地：栾川龙峪湾。

分布：河南，山东，吉林，安徽。

资料来源：傅荣恕，1999，真螨目：甲螨亚目。《伏牛山南坡及大别山区昆虫》，中国农业科学技术出版社。

疣珠足甲螨 *Belba verrucosa* Bulanova-Zachvatkina, 1962

省内产地：栾川龙峪湾。

分布：河南，吉林，河北。

资料来源：傅荣恕，1998，真螨目：甲螨亚目。《伏牛山区昆虫》，中国农业科学技术出版社。

卷毛表珠甲螨 *Epidamaeus cincinnatus* Wang *et* Norton, 1993

省内产地：嵩县白云山。

分布：河南，河北。

资料来源：傅荣恕，1998，真螨目：甲螨亚目。《伏牛山区昆虫》，中国农业科学技术出版社。

葛氏表珠甲螨 *Epidamaeus grandjeani* Bulanova-Zachvatkina, 1957

省内产地：栾川龙峪湾。

分布：河南，吉林。

资料来源：傅荣恕，1999，真螨目：甲螨亚目。《伏牛山南坡及大别山区昆虫》，中国农业科学技术出版社。

盔盖珠甲螨 *Tectodamaeus armatus* (Aoki, 1984)

省内产地：嵩县白云山，栾川龙峪湾。

分布：河南，安徽，江苏，湖北，福建，湖南。

资料来源：傅荣恕，1998，真螨目：甲螨亚目。《伏牛山区昆虫》，中国农业科学技术出版社。

五三、藓甲螨科 Cepheidae

本科世界有 15 属 84 种，中国有 3 属 4 种，河南记录 1 属 1 种。

馒藓甲螨 *Cepheus cepheiformis* (Nicolet, 1855)

省内产地：栾川龙峪湾。

分布：河南，黑龙江，吉林，山东。

资料来源：傅荣恕，1999，真螨目：甲螨亚目。《伏牛山南坡及大别山区昆虫》，中国农业科学技术出版社。

五四、无领甲螨科 Ameridae

本科世界有 7 属 18 种，中国有 2 属 3 种，河南记录 1 属 1 种。

梭毛残领甲螨朝鲜亚种 *Defectamerus crassisetiger koreanus* Choi, 1985

省内产地：嵩县白云山。

分布：河南，吉林，安徽。

资料来源：傅荣恕，1999，真螨目：甲螨亚目。《伏牛山南坡及大别山区昆虫》，中国农业科学技术出版社。

五五、滑珠甲螨科 Damaeolidae

本科世界有 4 属 11 种，中国有 2 属 2 种，河南记录 1 属 1 种。

四窝甲螨 *Fosseremus quadripertitus* Grandjean, 1965

省内产地：栾川龙峪湾，嵩县白云山。

分布：河南，吉林，河北，上海，浙江，贵州，香港；日本；欧洲。

资料来源：傅荣恕，1998，真螨目：甲螨亚目。《伏牛山区昆虫》，中国农业科学技术出版社。

五六、异珠足甲螨科 Heterobelbidae

本科世界有 3 属 16 种，中国有 1 属 1 种，河南记录 1 属 1 种。

星异珠足甲螨 *Heterobelba stellifera* Okayama, 1980

省内产地：嵩县白云山。

分布：河南，华南，华中。

资料来源：傅荣恕，1998，真螨目：甲螨亚目。《伏牛山区昆虫》，中国农业科学技术出版社。

五七、跳甲螨科 Zetorchestidae

本科世界有 6 属 25 种，中国有 2 属 3 种，河南记录 1 属 1 种。

毛小跳甲螨 *Microzetorchestes emeryi* (Coggi, 1898)

省内产地：栾川龙峪湾。

分布：河南，吉林。

资料来源：傅荣恕，1999，真螨目：甲螨亚目。《伏牛山南坡及大别山区昆虫》，中国农业科学技术出版社。

五八、丽甲螨科 Liacaridae

本科世界有 5 属 123 种，中国有 1 属 6 种，河南记录 1 属 1 种。

直角丽甲螨 *Liacarus orthogonios* Aoki, 1959

省内产地：嵩县白云山。

分布：河南，辽宁，湖北。

资料来源：傅荣恕，1999，真螨目：甲螨亚目。《伏牛山南坡及大别山区昆虫》，中国农业科学技术出版社。

五九、阿斯甲螨科 Astegistidae

本科世界有 10 属 53 种，中国有 3 属 4 种，河南记录 1 属 2 种。

侧刀肋甲螨 *Cultroribula lata* Aoki, 1961

省内产地：栾川龙峪湾。

分布：河南，浙江，湖南，四川。

资料来源：傅荣恕，1998，真螨目：甲螨亚目。《伏牛山区昆虫》，中国农业科学技术出版社。

三齿刀肋甲螨 *Cultroribula tridentata* Aoki, 1965

省内产地：栾川龙峪湾。

分布：河南，吉林，安徽。

资料来源：傅荣恕，1999，真螨目：甲螨亚目。《伏牛山南坡及大别山区昆虫》，中国农业科学技术出版社。

六〇、泥甲螨科 Peloppiidae

本科中国有 3 属 4 种，河南记录 1 属 1 种。

稀齿角甲螨 *Ceratoppia bipilis* (Hermann, 1804)

省内产地：嵩县白云山。

分布：河南，吉林，浙江，湖南；全北区。

资料来源：傅荣恕，1998，真螨目：甲螨亚目。《伏牛山区昆虫》，中国农业科学技术出版社。

六一、盖头甲螨科 Tectocepheidae

本科世界有 6 属 24 种，中国有 1 属 3 种，河南记录 1 属 2 种。

齿突盖头甲螨 *Tectocepheus cuspidentatus* Knulle, 1954

省内产地：栾川龙峪湾，嵩县白云山。

分布：河南，浙江，湖南。

资料来源：傅荣恕，1998，真螨目：甲螨亚目。《伏牛山区昆虫》，中国农业科学技术出版社。

覆盖头甲螨 *Tectocepheus velatus* (Michael, 1880)

省内产地：栾川龙峪湾，嵩县白云山。

分布：河南，浙江，湖南，贵州；世界广布。

资料来源：傅荣恕，1998，真螨目：甲螨亚目。《伏牛山区昆虫》，中国农业科学技术出版社。

六二、耳头甲螨科 Octocepheiidae

本科世界有 15 属 88 种，中国有 5 属 12 种，河南记录 2 属 2 种。

长隐甲螨 *Dolicheremaeus elongatus* Aoki, 1967

省内产地：嵩县白云山。

分布：河南，山东，安徽，浙江，湖北，湖南，福建，四川，云南；日本。

资料来源：傅荣恕，1999，真螨目：甲螨亚目。《伏牛山南坡及大别山区昆虫》，中国农业科学技术出版社。

棒裂头甲螨 *Fissecepheus clavatus* (Aoki, 1959)

省内产地：栾川龙峪湾。

分布：河南，吉林，浙江，湖南；日本。

资料来源：傅荣恕，1998，真螨目：甲螨亚目。《伏牛山区昆虫》，中国农业科学技术出版社。

六三、平脊甲螨科 Autognetidae

本科世界有 6 属 22 种，中国有 1 属 1 种，河南记录 1 属 1 种。

日本平脊甲螨 *Autogneta masahitoi* Aoki, 1963

省内产地：栾川龙峪湾，嵩县白云山。

分布：河南，吉林，河北，上海；日本。

资料来源：傅荣恕，1998，真螨目：甲螨亚目。《伏牛山区昆虫》，中国农业科学技术出版社。

六四、奥甲螨科 Oppiidae

本科世界有 129 属 886 种，中国有 14 属 21 种，河南记录 7 属 7 种。

特长歌奥甲螨 *Goyoppia longissima* (Wen, 1987)

省内产地：嵩县白云山。

分布：河南，湖南。

资料来源：傅荣恕，1998，真螨目：甲螨亚目。《伏牛山区昆虫》，中国农业科学技术出版社。

腹毛马甲螨 *Machuella ventrisetosa* Hammer, 1961

省内产地：嵩县白云山，栾川龙峪湾。

分布：河南，山东。

资料来源：傅荣恕，1999，真螨目：甲螨亚目。《伏牛山南坡及大别山区昆虫》，中国农业科学技术出版社。

小微奥甲螨 *Microppia minus* (Paoli, 1908)

省内产地：栾川龙峪湾，嵩县白云山。

分布：河南，吉林。

资料来源：傅荣恕，1998，真螨目：甲螨亚目。《伏牛山区昆虫》，中国农业科学技术出版社。

黄山奥甲螨 *Oppia huanshanensis* Wen *et* Chen, 1991

省内产地：栾川龙峪湾，嵩县白云山。

分布：河南，安徽。

资料来源：傅荣恕，1998，真螨目：甲螨亚目。《伏牛山区昆虫》，中国农业科学技术出版社。

新小奥甲螨 *Oppiella nova* (Oudemans, 1902)

省内产地：栾川龙峪湾，嵩县白云山。

分布：河南，上海，浙江，湖南，香港，全国广布；世界广布。

资料来源：傅荣恕，1998，真螨目：甲螨亚目。《伏牛山区昆虫》，中国农业科学技术出版社。

尖短奥甲螨 *Oxybrachyoppia* sp.

省内产地：嵩县白云山，栾川龙峪湾。

分布：河南。

资料来源：傅荣恕，1999，真螨目：甲螨亚目。《伏牛山南坡及大别山区昆虫》，中国农业科学技术出版社。

佘山枝奥甲螨 *Ramusella sheshanensis* (Wen *et al.*, 1984)

省内产地：栾川龙峪湾，嵩县白云山。

分布：河南，上海。

资料来源：傅荣恕，1998，真螨目：甲螨亚目。《伏牛山区昆虫》，中国农业科学技术出版社。

六五、四奥甲螨科 Quadroppiidae

本科世界有3属24种，中国有1属1种，河南记录1属1种。

四棱四奥甲螨 *Quadroppia quadricarinata* (Micheal, 1885)

省内产地：栾川龙峪湾，嵩县白云山。

分布：全国分布。

资料来源：傅荣恕，1998，真螨目：甲螨亚目。《伏牛山区昆虫》，中国农业科学技术出版社。

六六、盾珠甲螨科 Suctobalnidae

本科世界有23属315种，中国有3属10种，河南记录1属2种。

叶小盾珠甲螨 *Suctobelbella frondosa* (Aoki *et* Fukuyama, 1976)

省内产地：栾川龙峪湾。

分布：河南，浙江，福建。

资料来源：傅荣恕，1999，真螨目：甲螨亚目。《伏牛山南坡及大别山区昆虫》，中国农业科学技术出版社。

长刀小盾珠甲螨 *Suctobelbella neginata* (Aoki, 1961)

省内产地：栾川龙峪湾，嵩县白云山。

分布：河南，吉林，安徽，湖北，四川。

资料来源：傅荣恕，1998，真螨目：甲螨亚目。《伏牛山区昆虫》，中国农业科学技术出版社。

六七、邦甲螨科 Banksinomidae

本科中国有3属6种，河南记录2属2种。

中华邦甲螨 *Banksinoma sinica* Wen, 1990

省内产地：栾川龙峪湾，嵩县白云山。

分布：河南，吉林。

资料来源：傅荣恕，1998，真螨目：甲螨亚目。《伏牛山区昆虫》，中国农业科学技术出版社。

洞蕾甲螨 *Gemmazetes cavatica* (Kunst, 1962)

省内产地：嵩县白云山。

分布：河南，吉林。

资料来源：傅荣恕，1999，真螨目：甲螨亚目。《伏牛山南坡及大别山区昆虫》，中国农业科学技术出版社。

六八、副大翼甲螨科 Parakalumnidae

本科世界有5属40种，中国有3属3种，河南记录2属2种。

袋新肋甲螨 *Neoribates roubali* (Berlese, 1910)

省内产地：嵩县白云山。

分布：河南，黑龙江，吉林，安徽，云南。

资料来源：傅荣恕，1999，真螨目：甲螨亚目。《伏牛山南坡及大别山区昆虫》，中国农业科学技术出版社。

副大翼甲螨 *Parakalumna* sp.

省内产地：栾川龙峪湾。

分布：河南。

资料来源：傅荣恕，1999，真螨目：甲螨亚目。《伏牛山南坡及大别山区昆虫》，中国农业科学技术出版社。

六九、木单翼甲螨科 Xylobatidae

本科中国有2属7种，河南记录1属2种。

巨木单翼甲螨 *Xylobates magnus* Aoki, 1982

省内产地：嵩县白云山。

分布：河南，吉林，江苏。

资料来源：傅荣恕，1999，真螨目：甲螨亚目。《伏牛山南坡及大别山区昆虫》，中国农业科学技术出版社。

细条单翼甲螨 *Xylobates tenuis* Wen *et al.*, 1984

省内产地：栾川龙峪湾，嵩县白云山。

分布：河南，上海。

资料来源：傅荣恕，1998，真螨目：甲螨亚目。《伏牛山区昆虫》，中国农业科学技术出版社。

七〇、若甲螨科 Oribatulidae

本科世界有57属至少203种，中国有5属12种，河南记录2属3种。

新毛甲螨 *Trichoribatus novus* (Sellnick)

省内产地：南召。

分布：河南，其他分布地待查。

资料来源：申效诚，1993，河南昆虫名录。中国农业科学技术出版社。

美丽合若甲螨 *Zygoribatula eucalla* Wen *et* Zhang, 1988

省内产地：栾川龙峪湾。

分布：河南，吉林，辽宁。

资料来源：傅荣恕，1999，真螨目：甲螨亚目。《伏牛山南坡及大别山区昆虫》，中国农业科学技术出版社。

截合若甲螨 *Zygoribatula truncate* Aoki, 1961

省内产地：嵩县白云山。

分布：河南，新疆，吉林，河北，安徽，江苏，福建，湖南，四川，广东。

资料来源：傅荣恕，1998，真螨目：甲螨亚目。《伏牛山区昆虫》，中国农业科学技术出版社。

七一、菌甲螨科 Scheloribatidae

本科世界有 20 属 318 种，中国有 1 属 7 种，河南记录 1 属 2 种。

光滑菌甲螨 *Scheloribates laeigatus* (Koch, 1836)

省内产地：嵩县白云山，栾川龙峪湾。

分布：河南，山东，吉林，安徽，新疆，江苏，浙江，湖南，上海，广东，四川。

资料来源：傅荣恕，1999，真螨目：甲螨亚目。《伏牛山南坡及大别山区昆虫》，中国农业科学技术出版社。

棒菌甲螨 *Scheloribates latipes* (Koch, 1844)

省内产地：栾川龙峪湾，嵩县白云山。

分布：河南，上海；日本；欧洲，北美。

资料来源：傅荣恕，1998，真螨目：甲螨亚目。《伏牛山区昆虫》，中国农业科学技术出版社。

七二、尖棱甲螨科 Ceratozetidae

本科世界有 48 属 280 种，中国有 5 属 9 种，河南记录 1 属 2 种。

日本尖棱甲螨 *Ceratozetes japonicus* Aoki, 1961

省内产地：栾川龙峪湾，嵩县白云山。

分布：河南，吉林，安徽。

资料来源：傅荣恕，1998，真螨目：甲螨亚目。《伏牛山区昆虫》，中国农业科学技术出版社。

普通尖棱甲螨 *Ceratozetes mediocris* Berlese, 1908

省内产地：栾川龙峪湾。

分布：河南，吉林，安徽，新疆。

资料来源：傅荣恕，1999，真螨目：甲螨亚目。《伏牛山南坡及大别山区昆虫》，中国农业科学技术出版社。

七三、菌板鳃甲螨科 Mycobatidae

本科世界有 10 属，中国有 3 属 3 种，河南记录 1 属 1 未定种。

菌板鳃甲螨 *Mycobates* sp.

省内产地：栾川龙峪湾。

分布：河南。

资料来源：傅荣恕，1999，真螨目：甲螨亚目。《伏牛山南坡及大别山区昆虫》，中国农业科学技术出版社。

七四、显前翼甲螨科 Phenopelopoidae

本科世界有 4 属 95 种，中国有 2 属 2 种，河南记录 1 属 1 种。

小顶真前翼甲螨 *Eupelops acromios* (Hermann, 1804)

省内产地：嵩县白云山。

分布：河南，吉林。

资料来源：傅荣恕，1998，真螨目：甲螨亚目。《伏牛山区昆虫》，中国农业科学技术出版社。

七五、大翼甲螨科 Galumnidae

本科世界有 36 属 416 种，中国有 7 属 21 种，河南记录 3 属 3 种。

长春大翼甲螨 *Galumna changchenensis* Wen, 1987

省内产地：嵩县白云山。

分布：河南，山东，吉林。

资料来源：傅荣恕，1999，真螨目：甲螨亚目。《伏牛山南坡及大别山区昆虫》，中国农业科学技术出版社。

斜孔全大翼甲螨 *Pergalumna altera* (Oudemans, 1915)

省内产地：栾川龙峪湾。

分布：河南，吉林，北京，安徽，湖南。

资料来源：傅荣恕，1999，真螨目：甲螨亚目。《伏牛山南坡及大别山区昆虫》，中国农业科学技术出版社。

日本毛大翼甲螨 *Trichogalumna nipponica* (Aoki, 1966)

省内产地：栾川龙峪湾，嵩县白云山。

分布：河南，吉林，浙江，湖南；日本。

资料来源：傅荣恕，1998，真螨目：甲螨亚目。《伏牛山区昆虫》，中国农业科学技术出版社。

参考文献

(中文文献按作者姓氏汉语拼音顺序排列，外文文献按作者姓氏字母排列)

白晓拴，曹亮明，彩万志，2010，扁蝽科. 见：任国栋.《六盘山无脊椎动物》. 保定：河北大学出版社，132~133.

白旭光，曹阳，1997，中国储粮虱啮昆虫两新记录及两已知种补记. 中国粮油学报，12(1): 1~4.

毕道英，刘宪伟，殷海生，1998，直翅目：螽斯亚目. 见：申效诚，时振亚.《伏牛山区昆虫》. 北京：中国农业科技出版社，217~218.

毕道英，王治国，1998，河南省蛸目昆虫二新种(蛸目：蛸科，异蛸科). 见：申效诚，时振亚，1998，《伏牛山区昆虫》. 北京：中国农业科技出版社，9~13.

毕道英，王治国，1998，蛸目. 见：申效诚，时振亚.《伏牛山区昆虫》. 北京：中国农业科技出版社，210~211.

卜文俊，李军，2003，瘿蚊科(一). 见：黄邦侃.《福建昆虫志 第八卷》. 福州：福建科学技术出版社，135~141.

卜文俊，郑乐怡，2001，中国动物志 昆虫纲 第二十四卷 半翅目 毛唇花蝽科 细角花蝽科 花蝽科. 北京：科学出版社.

彩万志，柴立英，陈锡岭等，1999，河南省半翅目昆虫名录. 见：申效诚，邓桂芬.《鸡公山区昆虫》. 北京：中国农业科技出版社，155~177.

彩万志，申效诚，1997，中国猎蝽属分类检索表及五新种记述. 昆虫分类学报，19(4): 253~267.

彩万志，张爱霞，张虎芳等，1998，半翅目. 见：申效诚，时振亚.《伏牛山区昆虫》. 北京：中国农业科技出版社，230~236.

蔡平，顾晓玲，2002，中国河南横脊叶蝉属一新种(同翅目：叶蝉科). 见：申效诚，赵永谦.《太行山及桐柏山区昆虫》. 北京：中国农业科技出版社，19~20.

蔡平，何俊华，1998，伏牛山区叶蝉亚科五新种(同翅目：叶蝉科). 见：申效诚，时振亚.《伏牛山区昆虫》. 北京：中国农业科技出版社，20~26.

蔡平，何俊华，顾晓玲，2001，叶蝉科. 见：吴鸿，潘承文.《天目山昆虫》. 北京：科学出版社，185~218.

蔡平，江佳富，2002，中国河南槽胫叶蝉属一新种(同翅目：叶蝉科). 见：申效诚，赵永谦.《太行山及桐柏山区昆虫》. 北京：中国农业科技出版社，16~18.

蔡平，申效诚，1997，横脊叶蝉四新种(同翅目：叶蝉科). 昆虫分类学报，19(4): 246~252.

蔡平，申效诚，1998，伏牛山区片角叶蝉亚科八新种(同翅目：叶蝉科). 见：申效诚，时振亚.《伏牛山区昆虫》. 北京：中国农业科技出版社，27~36.

蔡平，申效诚，1998，河南省叶蝉科新种记述(同翅目：叶蝉总科). 见：申效诚，时振亚.《伏牛山区昆虫》. 北京：中国农业科技出版社，37~52.

蔡平，申效诚，1998，同翅目：叶蝉科. 见：申效诚，时振亚.《伏牛山区昆虫》. 北京：中国农业科技出版社，242~250.

蔡平，申效诚，1999，宝天曼叶蝉九新种(同翅目：叶蝉科). 见：申效诚，裴海潮.《伏牛山南坡及大别山区昆虫》. 北京：中国农业科技出版社，24~35.

蔡平，申效诚，1999，大别山叶蝉六新种(同翅目：叶蝉科). 见：申效诚，裴海潮.《伏牛山南坡及大别山区昆虫》. 北京：中国农业科技出版社，36~44.

蔡平，申效诚，1999，鸡公山叶蝉二新种(同翅目：叶蝉科). 见：申效诚，邓桂芬.《鸡公山区昆虫》. 北京：中国农业科技出版社，11~13.

蔡平，申效诚，1999，同翅目：叶蝉科. 见：申效诚，邓桂芬.《鸡公山区昆虫》. 北京：中国农业科技出版社，85~91.

蔡平，申效诚，1999，同翅目：叶蝉科. 见：申效诚，裴海潮.《伏牛山南坡及大别山区昆虫》. 北京：中国农业科技出版社，236~248.

蔡平，申效诚，2002，同翅目：叶蝉科. 见：申效诚，赵永谦.《太行山及桐柏山区昆虫》. 北京：中国农业科技出版社，269~279.

蔡平，沈雪林，2010，中国长突叶蝉属三新种记述(半翅目：叶蝉科：叶蝉亚科). 昆虫分类学报，32(Suppl): 13~19.

蔡平，王俊，2002，中国河南松村叶蝉属二新种(同翅目：叶蝉科：角顶叶蝉亚科). 见：申效诚，赵永谦.《太行山及桐柏山区昆虫》. 北京: 中国农业科技出版社, 21~24.
蔡伯歧, 牛瑶, 1998, 河南省蝼蛄属一新种(直翅目: 蝼蛄科). 见: 申效诚, 时振亚. 《伏牛山区昆虫》. 北京: 中国农业科技出版社, 17~19.
蔡伯歧, 牛瑶, 1998, 河南省蝼蛄属一新种(直翅目: 蝼蛄科). 见: 申效诚, 时振亚. 《伏牛山区昆虫》. 北京: 中国农业科技出版社, 17~19.
蔡振声, 史先鹏, 徐培河, 1994, 青海经济昆虫志. 西宁: 青海人民出版社.
曹淑兰, 林坚贞, 马立名, 2005, 河南省下盾螨属新纪录(蜱螨亚纲: 厉螨科). 中国媒介生物学及控制杂志, 16(2): 109.
岑业文, 蔡平, 2002, 中国沟顶叶蝉亚科四新种(同翅目: 叶蝉科). 动物分类学报, 27(1): 116~122.
陈斌, 朱玉香, 2006, 伪叶甲科. 见: 李子忠, 金道超. 《梵净山景观昆虫》, 贵阳: 贵州科技出版社, 315~318.
陈汉彬, 安继尧, 2003, 中国黑蝇. 北京: 科学出版社.
陈浩利, 陈汉彬, 2000, 河南伊蚊一新种(双翅目: 蚊科). 动物分类学报, 25(3): 341~344.
陈浩利, 张尚仁, 1987, 济源太行山蚊类调查报告. 媒介生物学与防治, 8(1): 125~126.
陈浩利, 张尚仁, 1995, 河南太行山蝇类采集简报. 河南预防医学杂志, 6(1): 46~47.
陈家骅, 伍杏山, 1994, 中国反颚茧蜂族. 北京: 中国农业出版社.
陈明利, 魏美才, 2002, 伏牛山钩瓣叶蜂属六新种记述(膜翅目: 叶蜂科). 见: 申效诚, 赵永谦.《太行山及桐柏山区昆虫》. 北京: 中国农业科技出版社, 208~215.
陈乃中, 杨集昆, 1990, 内蒙古钩土蜂科三新种(膜翅目: 钩土蜂科). 昆虫分类学报, 12(Z).
陈启宗, 1980, 我国蛾类贮粮害虫成虫的外生殖器. 郑州粮食学院学报, 1(1).
陈启宗, 1984, 我国常见贮粮昆虫的分布调查. 郑州粮食学院学报, 5(4).
陈启宗, 黄建国, 1988, 仓库昆虫图册. 北京: 科学出版社.
陈启宗等, 1975, 贮粮害虫图册, 北京: 科学出版社.
陈世骧等, 1986, 中国动物志 昆虫纲 第二卷 鞘翅目 铁甲科. 北京: 科学出版社.
陈树椿, 1990, 洁长棒长蠹雄性的记述(鞘翅目: 长蠹科). 动物分类学报, 12(2): 255.
陈树椿, 1999, 中国珍稀昆虫图鉴. 北京: 中国林业出版社.
陈树椿, 2002, 河南仿短肛䗛属一新种(䗛目: 䗛科). 见: 申效诚, 赵永谦. 《太行山及桐柏山区昆虫》. 北京: 中国农业科技出版社, 11~12.
陈树椿, 2002, 䗛目: 䗛科, 异䗛科. 见: 申效诚, 赵永谦. 《太行山及桐柏山区昆虫》. 北京: 中国农业科技出版社, 261.
陈树椿, 何允恒, 2008, 中国䗛目昆虫. 北京: 中国林业出版社.
陈树椿, 李岩, 1999, 鸡公山䗛目昆虫二新种(䗛目: 䗛科). 见: 申效诚, 邓桂芬. 《鸡公山区昆虫》. 北京: 中国农业科技出版社, 7~10.
陈树椿, 李岩, 1999, 䗛目: 䗛科, 异䗛科. 见: 申效诚, 邓桂芬. 《鸡公山区昆虫》. 北京: 中国农业科技出版社, 47.
陈树椿, 李岩, 1999, 竹节虫目. 见: 郑乐怡, 归鸿. 《昆虫分类》, 南京: 南京师范大学出版社, 282~297.
陈树椿, 尚忠海, 1999, 河南伏牛山短肛䗛属四新种(䗛目: 䗛科). 见: 申效诚, 裴海潮. 《伏牛山南坡及大别山区昆虫》. 北京: 中国农业科技出版社, 9~13.
陈树椿, 尚忠海, 1999, 䗛目: 异䗛科, 䗛科. 见: 申效诚, 裴海潮. 《伏牛山南坡及大别山区昆虫》. 北京: 中国农业科技出版社, 221~222.
陈祥盛, 梁爱萍, 2005, 中国长突飞虱亚科分类研究及一新种记述(同翅目, 蜡蝉总科, 飞虱科). 动物分类学报, 30(2): 123~129.
陈学新, 1997, 昆虫生物地理学. 北京: 中国林业出版社, 1～102.
陈学新, 何俊华, 马云, 1999, 膜翅目: 茧蜂科. 见: 申效诚, 邓桂芬. 《鸡公山区昆虫》. 北京: 中国农业科技出版社, 142~143.
陈学新, 何俊华, 马云, 2001, 茧蜂科. 见: 吴鸿, 潘承文. 《天目山昆虫》. 北京: 科学出版社, 724.
陈学新, 何俊华, 马云, 2004, 中国动物志 昆虫纲 第三十七卷 膜翅目 茧蜂科(二). 北京: 科学出版社.
陈一心, 1999, 中国动物志 昆虫纲 第十六卷 鳞翅目 夜蛾科. 北京: 科学出版社.
陈一心, 马文珍, 2004, 中国动物志 昆虫纲 第三十五卷 革翅目. 北京: 科学出版社.
陈一心, 王保海, 林大武, 1991, 西藏夜蛾志. 郑州: 河南科学技术出版社.
陈由庠, 1983, 河南省螟蛾种类调查. 百泉农专学报, 11(2): 26~28.

成新跃, 王俊潮, 2008, 双翅目: 食蚜蝇科. 见: 申效诚, 鲁传涛. 《宝天曼自然保护区昆虫》. 北京: 中国农业科学技术出版社, 60~64.
程宏毅, 俞丹娜, 张加勇, 2011, 中国跃蛃属一新种记述. 动物分类学报, 36(1): 36-39.
崔建新, 彩万志, 2008, 半翅目. 见: 申效诚, 鲁传涛. 《宝天曼自然保护区昆虫》. 北京: 中国农业科学技术出版社, 51~55.
崔建新, 彩万志, 孙路等, 1999, 半翅目: 长蝽科. 见: 申效诚, 邓桂芬. 《鸡公山区昆虫》. 北京: 中国农业科技出版社, 57~71.
崔俊芝, 白明, 范仁俊等, 2009, 中国昆虫模式标本名录(第二卷). 北京: 中国林业出版社.
崔俊芝, 白明, 吴鸿等, 2007, 中国昆虫模式标本名录(第一卷). 北京: 中国林业出版社.
戴武, 2001, 中国圆冠叶蝉族分类研究. 西北农林科技大学硕士学位毕业论文.
戴武, 张雅林, 2004, 中国掌叶蝉属利叶蝉亚属分类研究(同翅目, 叶蝉科, 角顶叶蝉亚科). 动物分类学报, 29(4): 742~748.
戴仁怀, 2004, 中国殃叶蝉亚科区系分类及系统发育研技. 浙江大学博士学位毕业论文.
邓国藩, 姜在阶, 1991, 中国经济昆虫志 第三十九册 蜱螨亚纲 硬蜱科. 北京: 科学出版社.
邓国藩, 王敦清, 顾以铭等, 1993, 中国经济昆虫志 第四十册 蜱螨亚纲 皮刺螨总科. 北京: 科学出版社.
丁文山, 1964, 河南省昆虫区划(草案). 河南农学院学报, (1): 31~47.
董慧, 杨定, 2008, 双翅目: 小粪蝇科. 见: 申效诚, 鲁传涛.《宝天曼自然保护区昆虫》. 北京: 中国农业科学技术出版社, 59.
董景芳, 问锦曾, 1995, 赫氏瘿潜蝇——中国新纪录. 昆虫分类学报, 17(1).
杜晶, 王新华, 2010, 中国苔摇蚊属具不明显下附器的三新种, 动物分类学报, 35(4): 750-755.
杜喜翠, 李卫春, 李后魂, 2008, 鳞翅目: 草螟科. 见: 申效诚, 鲁传涛. 《宝天曼自然保护区昆虫》. 北京: 中国农业科学技术出版社, 107~114.
杜艳丽, 李后魂, 王淑霞, 2001, 中国夜斑螟属 *Nyctegretis* Zeller 的研究. 南开大学学报, 34(4): 98~102.
杜艳丽, 尤平, 张丹丹等, 2006, 螟蛾科. 见: 金道超, 李子忠. 《赤水景观昆虫》. 贵阳: 贵州科技出版社, 234~250.
杜予州, 1999, 襀翅目. 见: 郑乐怡, 归鸿. 《昆虫分类》. 南京: 南京师范大学出版社, 146~168.
杜予州, 申效诚, 1999, 襀翅目. 见: 申效诚, 裴海潮. 《伏牛山南坡及大别山区昆虫》. 北京: 中国农业科技出版社, 227~230.
段半锁, 冯纪年, 1999, 缨翅目. 见: 申效诚, 邓桂芬. 《鸡公山区昆虫》. 北京: 中国农业科技出版社, 147~152.
段半锁, 李明照, 杨荔枝, 1998, 缨翅目. 见: 申效诚, 时振亚. 《伏牛山区昆虫》. 北京: 中国农业科技出版社, 225~229.
段半锁, 李明照, 杨荔枝等, 1998, 河南伏牛山蓟马三新种记述(缨翅目). 见: 申效诚, 时振亚. 《伏牛山区昆虫》. 北京: 中国农业科技出版社, 53~58.
段亚妮, 2005, 中国角顶叶蝉族分类研究. 西北农林科技大学硕士学位毕业论文.
范迪, 1993, 山东林木昆虫志. 北京: 中国林业出版社.
范仁俊, 1999, 山西叶甲. 北京: 中国林业出版社.
范喜梅, 靳青, 李后魂, 2008, 鳞翅目: 巢蛾科. 见: 申效诚, 鲁传涛. 《宝天曼自然保护区昆虫》. 北京: 中国农业科学技术出版社, 86~88.
范滋德, 1992, 中国常见蝇类检索表. 北京: 科学出版社.
范滋德, 1997, 中国动物志 昆虫纲 第六卷 双翅目 丽蝇科. 北京: 科学出版社.
范滋德, 陈之梓, 陈浩利, 1993, 河南省泉种蝇属一新种(双翅目: 花蝇科). 昆虫分类学报, 15(1): 59~61.
范滋德等, 1994, 河南省草种蝇属二新种. 昆虫学研究集刊, 11: 133~136.
范滋德等, 2008, 中国动物志 昆虫纲 第四十九卷 双翅目 蝇科(一). 北京: 科学出版社.
方承莱, 2000, 中国动物志 昆虫纲 第十九卷 鳞翅目 灯蛾科. 北京: 科学出版社.
方承莱, 武春生, 赵华东, 2008, 鳞翅目: 灯蛾科. 见: 申效诚, 鲁传涛. 《宝天曼自然保护区昆虫》. 北京: 中国农业科学技术出版社, 139~153.
方志刚, 吴鸿, 2001, 浙江昆虫名录. 北京: 中国林业出版社.
冯纪年, 曹少杰, 2010, 缨翅目. 《六盘山无脊椎动物》, 保定: 河北大学出版社, 99~104.
冯纪年, 南新平, 郭宏伟, 1998, 中国小头蓟马属二新种. 昆虫分类学报, 20(4): 257~260.
冯纪年, 杨晓娜, 张桂玲, 2007, 中国领针蓟马分类研究(缨翅目: 蓟马科). 动物分类学报, 32(2): 451~454.
冯纪年, 杨晓娜, 张桂玲, 2007, 中国领针蓟马分类研究(缨翅目: 蓟马科). 动物分类学报, 32(2): 451~454.

冯平章, 郭予元, 吴福祯, 中国蟑螂种类及防治. 北京: 中国科学技术出版社.
傅荣恕, 1998, 真螨目: 甲螨亚目. 见: 申效诚, 时振亚. 《伏牛山区昆虫》. 北京: 中国农业科技出版社, 346~350.
傅荣恕, 1999, 真螨目: 甲螨亚目. 见: 申效诚, 裴海潮. 《伏牛山南坡及大别山区昆虫》. 北京: 中国农业科技出版社, 406~408.
傅荣恕, 田村浩志, 1998, 弹尾目. 见: 申效诚, 时振亚. 《伏牛山区昆虫》. 北京: 中国农业科技出版社, 204~205.
傅荣恕, 尹文英, 1999, 伏牛山地区土壤动物群落的初步研究. 动物学研究, 20(5): 396~398.
傅荣恕, 尹文英, 1999, 河南伏牛山自然保护区原尾虫群落结构的研究. 动物学研究, 20(5): 352~354.
高宗仁, 1975, 棉田"伏蚜"消长的初步观察. 昆虫学报, 18(2).
葛凤翔, 1962, 河南省蚊虫种类及其分布的调查报告. 见: 编委会. 《动物生态及分类区系专业学术讨论会论文摘要汇编》. 北京: 科学出版社, 98.
葛凤翔, 1975, 河南平原农村的蝇类及季节消长的初步观察. 昆虫学报, 18(1).
葛凤翔, 1979, 河南地区虻科种类及其分布. 河南预防医学杂志, (4): 68~69.
葛凤翔, 1979, 河南地区虻类种类及其分布. 河南预防医学杂志, (4).
葛凤翔, 1979, 河南地区蝇类调查研究综述. 河南预防医学杂志, (4).
葛凤翔, 1994, 河南地区吸血蠓种类分布及部分生态记述. 中国媒介生物学及控制杂志, 5(3): 360~364.
葛凤翔, 李书建, 1985, 河南省花蝇科二新种. 动物学研究, 6(3): 232.
葛凤翔, 王守振, 王乃儒等, 1992, 河南室内蜚蠊种类及分布的调查报告. 中国媒介生物学及控制杂志, 3(6): 363~364.
葛凤翔, 翟兆涛, 刘春龙等, 1985, 嵩山农村鼠体革螨调查. 河南预防医学杂志, (2): 59~61.
葛凤翔, 翟兆涛, 刘春龙等, 1985, 嵩山鼠体寄生蚤的调查. 河南预防医学杂志, (2): : 62~64.
葛凤翔, 翟兆涛, 刘春龙等, 1987, 嵩山农村鼠体吸虱的调查研究. 中国媒介生物学及控制杂志, (2): 80~81.
葛凤翔, 张尚仁, 李新民, 1979, 河南地区花蝇科采集小志. 河南预防医学杂志, (4): 20~22.
葛斯琴, 王书永, 杨星科等, 2002, 鞘翅目: 叶甲科: 叶甲亚科. 见: 申效诚, 赵永谦. 《太行山及桐柏山区昆虫》. 北京: 中国农业科技出版社, 374~376.
归鸿, 周长发, 1999, 蜉蝣目. 见: 郑乐怡, 归鸿. 《昆虫分类》. 南京: 南京师范大学出版社, 102~128.
郭郛, 李约瑟, 成庆泰, 1999, 中国古代动物学史. 北京: 科学出版社.
郭付振, 冯纪年, 段半锁, 2004, 中国跗雄管蓟马属一新种记述(缨翅目, 管蓟马科). 动物分类学报, 29(4): 733~735.
郭振超, 2006, 河南省鸡公山及伏牛山蚂蚁分类和区系研究. 广西师范大学硕士论文.
郭振中等, 1987, 1989, 1991, 贵州农业昆虫志 I~III. 贵阳: 贵州人民出版社.
韩红香, 薛大勇, 2011, 中国动物志 昆虫纲 第五十四卷 鳞翅目 尺蛾科 尺蛾亚科. 北京: 科学出版社.
韩运发, 1997, 中国经济昆虫志 第五十五册 缨翅目. 北京: 科学出版社.
郝淑莲等, 2005, 羽蛾科. 见: 杨茂发等. 《贵州大沙河昆虫》. 贵阳人民出版社, 301~303.
何俊华, 2001, 土蜂科. 见: 吴鸿, 潘承文. 《天目山昆虫》. 北京: 科学出版社, 742~744.
何俊华, 2001, 蛛蜂科. 见: 吴鸿, 潘承文. 《天目山昆虫》. 北京: 科学出版社, 747~749.
何俊华, 陈学新, 2006, 中国林木害虫天敌昆虫. 北京: 中国林业出版社.
何俊华, 陈学新, 马云, 1996, 中国经济昆虫志 第五十一册 膜翅目 姬蜂科. 北京: 科学出版社.
何俊华, 陈学新, 马云, 1999, 膜翅目: 姬蜂科. 见: 申效诚, 邓桂芬. 《鸡公山区昆虫》. 北京: 中国农业科技出版社, 140~141.
何俊华, 陈学新, 马云, 2000, 中国动物志 昆虫纲 第十八卷 膜翅目 茧蜂科(一). 北京: 科学出版社.
何俊华, 刘长明, 2001, 小蜂科. 见: 吴鸿, 潘承文. 《天目山昆虫》. 北京: 科学出版社, 689~692.
何俊华, 楼晓明, 2001, 钩腹蜂科. 见: 吴鸿, 潘承文. 《天目山昆虫》. 北京: 科学出版社, 686.
何俊华, 许再福, 2002, 中国动物志 昆虫纲 第二十九卷 螯蜂科. 北京: 科学出版社.
何俊华等, 2004, 浙江蜂类志. 北京: 科学出版社.
河南省地质矿产局, 1989, 河南省区域地质志. 北京: 地质出版社.
贺钟麟等, 1975, 河南农业昆虫图册. 河南农学院铅印本.
衡雪梅, 2002, 河南省夜蛾科昆虫名录补遗. 见: 申效诚, 赵永谦. 《太行山及桐柏山区昆虫》. 北京: 中国农业科技出版社, 439~443.
侯陶谦, 1986, 中国松毛虫属及其近缘属的新种. 昆虫分类学报, 8(1、2): 75~83.

侯琸德, 1983、1984, 中牟地区灯下昆虫部分名录. 河南农业科技, (6): 17~18; (12): 16~17.
侯琸德, 衡雪梅, 夏立等, 2002, 河南鞘翅目昆虫名录补遗. 见: 申效诚, 赵永谦, 2002,《太行山及桐柏山区昆虫》. 北京: 中国农业科技出版社, 444~447.
侯琸德, 孙元峰, 张异等, 1986, 新黑地珠蚧生物学特性及防治的研究. 植物保护, 12(1): 2~4.
胡金林, 1984, 中国农林蜘蛛. 天津: 天津科学技术出版社.
胡金林, 1994, 内乡宝天曼自然保护区地蛛属一新种(蜘蛛目: 地蛛科). 蛛形学报, 3(2): 127~130.
胡金林, 王正用, 王治国, 1991, 内乡宝天曼自然保护区九种蜘蛛的记述. 河南科学, 9(2): 38~51.
胡学友, 1999, 双翅目: 水蝇科. 见: 申效诚, 裴海潮, 1999, 《伏牛山南坡及大别山区昆虫》. 北京: 中国农业科技出版社, 405.
胡益培, 马淑健, 1984, 河南柑橘害虫调查初报. 植物检疫, (1).
胡益培, 马淑健, 1987, 河南烟叶仓库害虫调查. 中国烟草, (1)
花保祯, 1998, 长翅目. 见: 申效诚, 时振亚.《伏牛山区昆虫》. 北京: 中国农业科技出版社, 256~257.
花保祯, 1998, 鳞翅目: 木蠹蛾科. 见: 申效诚, 时振亚.《伏牛山区昆虫》. 北京: 中国农业科技出版社, 262.
花保祯, 1999, 河南省鸡公山蝎蛉科一新种. 见: 申效诚, 邓桂芬.《鸡公山区昆虫》. 北京: 中国农业科技出版社, 14~16.
花保祯, 周尧, 1997, 河南伏牛山蝎蛉记述. 昆虫分类学报, 19(4): 273~278.
花保祯, 周尧, 1998, 河南省伏牛山的蚊蝎蛉记述. 见: 申效诚, 时振亚.《伏牛山区昆虫》. 北京: 中国农业科技出版社, 64~67.
华北农业大学, 1977, 华北灯下蛾类图志(上、中).
黄健, 1994, 中国蚜小蜂科分类. 重庆: 重庆出版社.
黄春梅, 1993, 龙栖山动物. 北京: 中国林业出版社.
黄大卫, 1990, 中国斯夫金小蜂属 *Sphegigaster* Spinola, 1811 (膜翅目: 金小蜂科: 柄腹金小蜂亚科). 动物学集刊, 7: 67~28: 2.
黄大卫, 肖晖, 2005, 中国动物志 昆虫纲 第四十二卷 膜翅目 金小蜂科. 北京: 科学出版社.
黄大卫等, 1993, 丽金小蜂属一新种. 动物学集刊, 10: 401~403.
黄复生, 1993, 西南武陵山地区昆虫. 北京: 科学出版社.
黄复生, 2000, 中国动物志 昆虫纲 第十七卷 等翅目. 北京: 科学出版社.
黄复生, 2002, 海南森林昆虫. 北京: 科学出版社.
黄建华, 周善义, 2002, 鞘翅目: 天牛科. 见: 申效诚, 赵永谦. 《太行山及桐柏山区昆虫》. 北京: 中国农业科技出版社, 371~373.
黄蓬英, 花保祯, 申效诚, 2004, 蝎蛉属 *Panorpa* 一新种记述(长翅目: 蝎蛉科). 昆虫分类学报, 26(1): 29~31.
黄晓磊, 冯磊, 乔格侠, 2004, 台湾与大陆蚜虫区系的相似性分析和历史渊源. 动物分类学报, 29(2).
黄远达, 2001, 中国白蚁学概论. 武汉: 湖北科学技术出版社.
霍科科, 任国栋, 郑哲民, 2007, 秦巴山区蚜蝇区系分类. 北京: 中国农业科学技术出版社.
贾凤龙, 2006, 沼梭科. 见: 李子忠, 金道超. 《梵净山景观昆虫》, 贵阳: 贵州科技出版社, 319.
贾凤龙, 赵爽, 2007, 条脊牙甲科, 牙甲科. 见: 李子忠, 杨茂发, 金道超. 《雷公山景观昆虫》. 贵阳: 贵州科技出版社, 251~255.
贾凤龙, 赵爽, 2007, 沼梭甲科. 见: 李子忠, 杨茂发, 金道超. 《雷公山景观昆虫》. 贵阳: 贵州科技出版社, 250.
江世宏, 1993, 昆虫标本名录. 北京: 北京农业大学出版社.
江世宏, 1993, 中国叩甲科昆虫名录. 见: 江世宏. 《昆虫标本名录》. 北京: 北京农业大学出版社, 136~162.
江世宏, 王书永, 1999, 中国经济叩甲图志. 北京: 中国农业出版社.
姜仲雪, 罗梅浩, 田娟等, 1990, 河南郑州许昌地区杆野螟属的近缘种研究. 河南农业大学学报, 24(3): 293~300.
姜仲雪, 朱墉, 金瑞华等, 1981, 利用性诱剂鉴定我国玉米螟及其分布的研究. 河南农学院学报, 15(4): 43~47.
蒋本春, 林坚贞, 马立名, 2006, 河南省派盾螨科新纪录(蜱螨亚纲: 中气门目). 中国媒介生物学及控制杂志, 17(6): 469.
蒋书楠, 陈力, 2001, 中国动物志 昆虫纲 第二十一卷 鞘翅目 天牛科 花天牛科. 北京: 科学出版社.
金大雄, 1999, 中国吸虱的分类和检索. 北京: 科学出版社.
克里施纳默西, K.V., 2006, 生物多样性教程. 北京: 化学工业出版社.
匡登辉, 王一平, 李后魂, 2008, 鳞翅目: 螟蛾科. 见: 申效诚, 鲁传涛. 《宝天曼自然保护区昆虫》. 北京: 中国农业科学技术出版社, 100~106.

匡海源等, 2005, 中国瘿螨志(二). 北京: 中国林业出版社.
黎家灿, 1997, 中国羌螨. 广州: 广东科技出版社.
李峰, 郭伟. 安继尧等, 1998, 河南南阳蚋科昆虫的调查. 医学动物防制, 14(4): 33~34.
李静, 任国栋, 2005, 世界大蕈甲科分类研究概述. 见: 任国栋, 张润志, 石福明. 《昆虫分类与多样性》. 北京: 中国农业科学技术出版社, 167~170.
李静, 任国栋, 2007, 中国玉蕈甲属一新种一新纪录种(鞘翅目, 大蕈甲科). 动物分类学报, 32(3): 547~549.
李静, 任国栋, 2010, 中国莫蕈甲属二新纪录种. 昆虫分类学报, 32(4): 264~266.
李琳, 时振亚, 韩艺, 2001, 中国花翅跳小蜂属一新种(膜翅目, 跳小蜂科). 河南农业大学学报, 35(3): 252~253.
李强, 何俊华, 2001, 泥蜂科. 见: 吴鸿, 潘承文. 《天目山昆虫》. 北京: 科学出版社, 753~758.
李强, 杨莲芳, 2001, 中国毛足泥蜂亚属二新种(膜翅目: 泥蜂科). 昆虫分类学报, 23(2): 147~151.
李竹, 2003, 沼蝇科. 见: 黄邦侃. 《福建昆虫志 第八卷》, 福州: 福建科学技术出版社, 558-561.
李传仁, 郑乐怡, 2006, 中国 *Galeatus* 属群记述(半翅目, 网蝽科). 动物分类学报, 31(2): 378~387.
李法圣, 2002, 中国蛄目志. 北京: 科学出版社.
李法圣, 2011, 中国木虱志. 北京: 科学出版社.
李法圣, 彩万志, 1999, 蛄目. 见: 郑乐怡, 归鸿. 《昆虫分类》. 南京: 南京师范大学出版社, 314~349.
李法圣, 徐纪恩, 1998, 同翅目: 木虱总科. 见: 申效诚, 时振亚. 《伏牛山区昆虫》. 北京: 中国农业科技出版社, 251~253.
李桂祥, 马兴国, 1987, 中国散白蚁属二新种(等翅目: 鼻白蚁科). 昆虫学报, 30(1): 80~82.
李鸿昌, 夏凯龄等, 2006, 中国动物志 昆虫纲 第四十三卷 直翅目 蝗总科 斑腿蝗科. 北京: 科学出版社.
李后魂, 2002, 鳞翅目: 麦蛾科, 祝蛾科, 列蛾科, 蛀果蛾科. 见: 申效诚, 赵永谦. 《太行山及桐柏山区昆虫》. 北京: 中国农业科技出版社, 284~287.
李后魂, 2002, 中国麦娥(一). 天津: 南开大学出版社.
李后魂, 2003, 华北落叶松鞘蛾和兴安落叶松鞘蛾形态学研究与再描述(鳞翅目: 鞘蛾科). 昆虫分类学报, 25(4): 295~302.
李后魂, 2005, 鞘蛾科昆虫的分布、危害和分类问题(鳞翅目: 麦蛾总科). 见: 任国栋, 张润志, 石福明.《昆虫分类与多样性》. 北京: 中国农业科学技术出版社, 288~291.
李后魂, 2010, 麦蛾科. 见: 任国栋, 2010. 《六盘山无脊椎动物》, 保定: 河北大学出版社, 221~222.
李后魂, 2010, 细蛾科. 见: 任国栋, 2010. 《六盘山无脊椎动物》, 保定: 河北大学出版社, 218~219.
李后魂, 范喜梅, 2007, 腹巢蛾属研究及二新种记述. 动物分类学报 32(3): 556~560.
李后魂, 任应党, 2009, 河南昆虫志 鳞翅目 螟蛾总科. 北京: 科学出版社.
李后魂, 王淑霞, 1999, 河南麦蛾三新种和一中国新纪录种(鳞翅目: 麦蛾科). 见: 申效诚, 裴海潮.《伏牛山南坡及大别山区昆虫》. 北京: 中国农业科技出版社, 51~57.
李后魂, 王淑霞, 1999, 河南棕麦蛾属一新种和二中国新纪录种(鳞翅目: 麦蛾科). 见: 申效诚, 裴海潮.《伏牛山南坡及大别山区昆虫》. 北京: 中国农业科技出版社, 45~50.
李后魂, 王淑霞, 2002, 中国模尖蛾属研究及二新种记述. 昆虫学报, 45(2).
李后魂, 王淑霞, 2009, 河北动物志 鳞翅目 小蛾类. 北京: 中国农业科学技术出版社.
李后魂, 王玉荣, 董建臻, 2001, 中国果蛀蛾科分类学整理及新种记述(鳞翅目: 粪蛾总科). 动物分类学报, 26(1): 61~73
李后魂, 肖云丽, 2009, 中国太宇谷蛾属分类研究(鳞翅目, 谷蛾科). 动物分类学报, 34(2): 224~233.
李后魂, 鄢广运, 1999, 鳞翅目: 斑蛾科, 麦蛾科, 祝蛾科. 见: 申效诚, 裴海潮. 《伏牛山南坡及大别山区昆虫》. 北京: 中国农业科技出版社, 255~259.
李后魂, 鄢广运, 1999, 鳞翅目: 麦蛾科, 祝蛾科, 雕蛾科, 巢蛾科. 见: 申效诚, 邓桂芬.《鸡公山区昆虫》. 北京: 中国农业科技出版社, 97~98.
李后魂等, 2012, 秦岭小蛾类. 北京: 科学出版社.
李书建, 刘春龙, 范滋德等, 1999, 河南省泉蝇属 3 新种描述(双翅目, 花蝇科). 中国媒介生物学及控制杂志, 10(4): 241~245.
李书建, 虞以新, 1997, 河南省阿蠓属新纪录及一新种(双翅目: 蠓科). 中国媒介生物学及控制杂志, 8(2): 123~124.
李书建等, 1994, 河南省花蝇科两新种描述. 昆虫学研究集刊, 11: 129~132.
李淑萍, 刘福林, 2007, 河南省济源国家猕猴自然保护区蚂蚁资源调查. 安徽农业科学, 35 (2): 501~502.
李淑萍, 刘福林, 康洁等, 2008, 膜翅目: 蚁科. 见: 申效诚, 鲁传涛. 《宝天曼自然保护区昆虫》. 北京: 中国农业科学技术出版社, 219~224.

李淑萍, 刘福林, 杨红超, 2008, 河南洛阳地区蚂蚁种类和分布调查. 见: 申效诚, 张润志, 任应党.《昆虫分类与分布》, 北京: 中国农业科学技术出版社, 110~116.

李淑萍, 王玉玲, 2005, 中国河南省盲蚁属一新种记述(膜翅目: 蚁科). 昆虫分类学报, 27 (2): 157~160.

李铁生, 1985, 中国经济昆虫志 第三十册 膜翅目 胡蜂总科. 北京: 科学出版社.

李卫春, 李后魂, 2007, 中国双带草螟属研究及一新种记述. 动物分类学报 32(3): 564~567.

李卫海, 吴利民, 张慧蓉, 2011, 河南新襀属一新种记述. 动物分类学报, 36(1): 33~35.

李卫海, 杨定, 2008, 河南叉襀科(襀翅目: 叉襀总科)初报及二新种. 见: 申效诚, 鲁传涛.《宝天曼自然保护区昆虫》. 北京: 中国农业科学技术出版社, 11~16.

李晓明, 刘国卿, 2007, 中国杂盲蝽属二新种记述(半翅目, 盲蝽科, 叶盲蝽亚科). 动物分类学报, 32(3): 674~679.

李晓明, 刘国卿, 2010, 叶盲蝽族中国五新纪录种记述(半翅目: 盲蝽科). 昆虫分类学报, 32(2): 100~106.

李佑文, 田立新, 1990, 侧枝纹石蛾亚属中国种类记述(毛翅目: 纹石蛾科: 纹石蛾属). 昆虫分类学报, 12(2): 127~138.

李志红, 李法圣, 曹阳等, 1995, 中国虱蛄属四新种(蛄目: 虱蛄科). 北京农业大学学报, 21(2): 215~222.

李子忠, 陈祥盛, 1999, 中国隐脉叶蝉. 贵州: 贵州科技出版社.

李子忠, 汪廉敏, 1991, 贵州农林昆虫志 IV. 贵阳: 贵州科技出版社.

李子忠, 汪廉敏, 1996, 中国横脊叶蝉. 贵阳: 贵州科技出版社.

李子忠, 汪廉敏, 2005, 中国斑翅叶蝉属二新种记述(半翅目: 叶蝉科, 殃叶蝉亚科). 动物分类学报 30(4): 798~800.

李子忠, 张斌, 2005, 中国拟菱纹叶蝉属分类研究(半翅目: 叶蝉科, 殃叶蝉亚科). 动物分类学报 30(4): 794~797.

梁铬球, 1991, 台蚱属三新种(直翅目: 蚱科). 中山大学学报, 30(2): 111~118.

梁铬球, 郑哲民, 1998, 中国动物志 昆虫纲 十二卷 直翅目 蚱总科. 北京: 科学出版社.

林平, 1988, 中国弧丽金龟属志. 杨凌: 天则出版社.

林平, 2000, 中国异丽金龟属一新种(鞘翅目: 丽金龟科). 昆虫分类学报, 22(2): 119～121.

林坚贞, 张艳璇, 季洁等, 2002, 蜱螨亚纲: 跗线螨科. 见: 申效诚, 赵永谦.《太行山及桐柏山区昆虫》. 北京: 中国农业科技出版社, 432~433.

林坚贞, 张艳璇, 季洁等, 2002, 蜱螨亚纲: 巨须螨科. 见: 申效诚, 赵永谦.《太行山及桐柏山区昆虫》. 北京: 中国农业科技出版社, 434~435.

林坚贞, 张艳璇, 季洁等, 2008, 蜱螨亚纲: 叶螨科. 见: 申效诚, 鲁传涛.《宝天曼自然保护区昆虫》. 北京: 中国农业科学技术出版社, 255~257.

林美英, 毕文烜, 巴义彬, 2010, 天牛科. 见: 任国栋.《六盘山无脊椎动物》, 保定: 河北大学出版社, 188~196.

林乃铨, 1994, 中国赤眼蜂分类. 福州: 福建科学技术出版社.

林启彬, 韩文俊, 1985, 河南禹县上石盒子组的一种蜚蠊化石. 古生物学报, 24(1).

林晓安, 2005, 河南兜姬蜂属一新种(膜翅目: 姬蜂科). 昆虫分类学报, 27(2): 136~139.

林晓安, 曲进社, 1997, 河南湿地. 郑州: 黄河水利出版社.

刘保东, 牛瑶, 1999, 螳螂目. 见: 申效诚, 裴海潮.《伏牛山南坡及大别山区昆虫》. 北京: 中国农业科技出版社, 223~224.

刘春龙, 虞以新, 1997, 河南省鸡公山库蠓调查及其一新种(双翅目: 蠓科). 中国媒介生物学及控制杂志, 8(2): 119~120.

刘广纯, 2001, 中国蚤蝇分类. 沈阳: 东北大学出版社.

刘广瑞, 章有为, 王瑞, 1997, 中国北方常见金龟子彩色图鉴. 北京: 中国林业出版社.

刘国卿, 卜文俊, 2009, 河北动物志 半翅目 异翅亚目. 北京: 中国农业科学技术出版社.

刘国卿, 许静杨, 张旭, 2011, 中国盲蝽科新种及新纪录. 昆虫分类学报, 33(1): 1~11.

刘国卿, 郑乐怡, 2000, 中国胝突盲蝽属记述(半翅目: 盲蝽科: 合垫盲蝽亚科). 见: 张蚜林.《昆虫分类区系研究》. 北京: 中国农业出版社, 102~109.

刘家宇, 李后魂, 2010, 中国裸斑螟属分类研究, 动物分类学报, 35(3): 619~626.

刘经贤, 2009, 中国瘤姬蜂亚科分类研究. 浙江大学博士学位论文.

刘巨元, 张生芳, 刘永平, 1997, 内蒙古仓库昆虫. 北京: 中国农业出版社.

刘芹轩, 1966, 山楂红蜘蛛对内吸磷的抗性研究. 昆虫学报, 15(2).

刘树生, 周华伟, 刘银泉, 何俊华, 2004, 小菜蛾重要寄生蜂——半闭弯尾姬蜂在中国的地理分布. 植物保护学报, 31(1): 13~20.

刘思孔, 1999, 食毛目. 见: 郑乐怡, 归鸿. 《昆虫分类》. 南京: 南京师范大学出版社, 350~361.
刘维忠, 1984, 河南省畜禽寄生原虫、蜘蛛、昆虫名录. 河南农学院学报, (1): 91~105.
刘宪伟, 1998, 蜚蠊目. 见: 申效诚, 时振亚.《伏牛山区昆虫》. 北京: 中国农业科技出版社, 208.
刘宪伟, 1998, 革翅目. 见: 申效诚, 时振亚.《伏牛山区昆虫》. 北京: 中国农业科技出版社, 219.
刘宪伟, 王治国, 1998, 河南省螽斯类初步调查(直翅目). 河南科学, 16(1): 66~76.
刘宪伟, 章伟年, 2002, 直翅目: 螽斯总科、沙螽总科、驼螽总科、蟋蟀总科、蝼蛄总科、蜢总科、蝗总科、蚱总科、蚤蝼总科. 见: 申效诚, 赵永谦. 《太行山及桐柏山区昆虫》. 北京: 中国农业科技出版社, 262~268.
刘宪伟等, 2007, 中国草螽属的研究及两新种记述. 动物分类学报, 32(2): 438~444.
刘孝纯, 1974, 玉米螟发生量测报初步研究. 昆虫学报, 17(4).
刘亦仁, 苏寿祇, 葛凤翔等, 2008, 双翅目: 蚊科. 见: 申效诚, 鲁传涛. 《宝天曼自然保护区昆虫》. 北京: 中国农业科学技术出版社, 76~83.
刘亦仁, 杨振琼, 葛凤翔等, 2008, 双翅目: 有瓣蝇类. 见: 申效诚, 鲁传涛. 《宝天曼自然保护区昆虫》. 北京: 中国农业科学技术出版社, 65~75.
刘友樵, 邓望喜, 2001, 谷蛾科. 见: 黄邦侃. 《福建昆虫志 第五卷》. 福州: 福建科学技术出版社, 58~61.
刘友樵, 李广武, 2002, 中国动物志 昆虫纲 第二十七卷 鳞翅目 卷蛾科. 北京: 科学出版社.
刘友樵, 武春生, 2006, 中国动物志 昆虫纲 第四十七卷 鳞翅目 枯叶蛾科. 北京: 科学出版社.
刘玉双, 石福明, 庞春华, 2005, 中国纹吉丁属种类名录(鞘翅目: 吉丁科). 见: 任国栋, 张润志, 石福明. 《昆虫分类与多样性》, 北京: 中国农业科学技术出版社, 158~162.
刘玉霞, 王平格, 2002, 鳞翅目: 蚕蛾科, 大蚕蛾科, 枯叶蛾科, 带蛾科, 天蛾科. 见: 申效诚, 赵永谦. 《太行山及桐柏山区昆虫》. 北京: 中国农业科技出版社, 333~339.
刘祖尧, 申效诚, 张桂芬, 1998, 膜翅目: 胡蜂总科, 泥蜂总科, 蜜蜂总科. 见: 申效诚, 时振亚. 《伏牛山区昆虫》. 北京: 中国农业科技出版社, 330~331.
柳支英, 1986, 中国动物志 昆虫纲 第一卷 蚤目. 北京: 科学出版社.
卢宝泉, 1989, 河南鸡公山蝗虫区系调查. 河南农业大学学报, 23(2): 179~181.
卢宝泉, 1990, 河南鸡公山地区陆生半翅目昆虫区系研究. 河南农业大学学报, 24(1): 92~97.
陆宝麟, 1997, 中国动物志 昆虫纲 第八、九卷 双翅目 蚊科(上, 下卷). 北京: 科学出版社.
陆宝麟, 吴厚永, 2003, 中国重要医学昆虫分类与鉴别. 郑州: 河南科学技术出版社.
路进生, 彩万志, 1994, 河南省猎蝽科昆虫名录及一新亚种记述(半翅目: 猎蝽总科). 见: 申效诚, 时振亚. 《河南昆虫分类区系研究 第一卷》. 北京: 中国农业科技出版社, 17~27.
吕楠, 郑乐怡, 1997, 后丽盲蝽属四新种记述(半翅目: 盲蝽科). 动物分类学报, 22(2): 162~168.
马丽, 陈学新, 李强, 2008, 中国短柄泥蜂亚科分类研究进展. 见: 申效诚, 张润志, 任应党. 《昆虫分类与分布》, 北京: 中国农业科学技术出版社, 438-447.
马耀, 李鸿昌, 康乐, 1991, 内蒙古草地昆虫. 杨凌: 天则出版社.
马恩沛, 沈兆鹏, 陈熙雯等, 1984, 中国农业螨类. 上海: 上海科学技术出版社.
马继盛, 罗梅浩, 郭线茹等, 2008, 中国烟草昆虫. 北京: 科学出版社.
马立名, 匡毅, 林坚贞, 2008, 短毛下盾螨雌螨后若螨描述, 华东昆虫学报, 17(1): 4~8.
马立名, 林坚贞, 2004, 维螨属二新种(蜱螨亚纲, 中气门目, 维螨科). 动物分类学报, 29(4): 711~717.
马立名, 林坚贞, 2005, 河南枝厉螨属二新种(蜱螨亚纲, 革螨股, 胭螨科). 动物分类学报, 30(2): 350~354.
马立名, 林坚贞, 2005, 寄螨科四新种记述(蜱螨亚纲, 革螨股). 动物分类学报, 30(1)73~80.
马立名, 林坚贞, 2005, 中国美绥螨属一新种记述(蜱螨亚纲: 革螨股: 美绥螨科). 昆虫分类学报, 27(1): 77~80.
马立名, 林坚贞, 张艳璇, 2008, 寄螨属 1 新种和常寄螨属 1 新种(蜱螨亚纲, 中气门目, 寄螨科). 蛛形学报, 17(1): 2~5.
马世骏, 1959, 中国昆虫地理区划. 北京: 科学出版社.
马文珍, 1995, 中国经济昆虫志 第四十六册 鞘翅目 花金龟科 斑金龟科 弯腿金龟科. 北京: 科学出版社.
马晓静, 2010, 河南省螟蛾总科系统分类及生物地理学研究. 郑州大学硕士论文.
马晓静, 申效诚, 2008, 河南伏牛山南北坡昆虫区系的差异. 见: 申效诚, 张润志, 任应党. 《昆虫分类与分布》, 北京: 中国农业科学技术出版社, 310~314.
马忠余, 薛万琦, 冯炎, 2002, 中国动物志 昆虫纲 第二十六卷 双翅目 蝇科(二)棘蝇亚科(I). 北京: 科学出版社.

毛景英, 宋大祥, 1985, 狼蛛两新种记述(蜘蛛目: 狼蛛科). 动物分类学报, 10(3): 263~267.

毛景英等, 1983, 我国蜘蛛的两种新纪录及两种单性新发现的描述. 白求恩医科大学学报, (增刊): 161~163.

孟绪武, 2003, 安徽省昆虫名录. 合肥: 中国科学技术大学出版社.

能乃扎布, 1988, 内蒙古昆虫志. 呼和浩特: 内蒙古人民出版社.

聂海燕, 魏美才, 1998, 伏牛山蕨叶蜂科六新种(膜翅目: 叶蜂总科). 见: 申效诚, 时振亚. 《伏牛山区昆虫》. 北京: 中国农业科技出版社, 124~130.

聂海燕, 魏美才, 1998, 伏牛山叶蜂五新种(膜翅目: 叶蜂总科). 见: 申效诚, 时振亚. 《伏牛山区昆虫》. 北京: 中国农业科技出版社, 117~123.

聂海燕, 魏美才, 1998, 伏牛山叶蜂属十四新种记述(膜翅目: 叶蜂科). 见: 申效诚, 时振亚. 《伏牛山区昆虫》. 北京: 中国农业科技出版社, 176~187.

聂海燕, 魏美才, 1999, 河南伏牛山南坡细叶蜂属六新种(膜翅目. 叶蜂亚目: 叶蜂科). 见: 申效诚, 裴海潮. 《伏牛山南坡及大别山区昆虫》. 北京: 中国农业科技出版社, 107~114.

聂海燕, 魏美才, 1999, 河南伏牛山南坡叶蜂属六新种(膜翅目: 叶蜂亚目: 叶蜂科). 见: 申效诚, 裴海潮. 《伏牛山南坡及大别山区昆虫》. 北京: 中国农业科技出版社, 115~122.

聂海燕, 魏美才, 2002, 河南叶蜂属长颚组二新种(膜翅目: 叶蜂科). 见: 申效诚, 赵永谦. 《太行山及桐柏山区昆虫》. 北京: 中国农业科技出版社, 171~174.

聂海燕, 魏美才, 2002, 河南叶蜂属短角组六新种和新亚种(膜翅目: 叶蜂科). 见: 申效诚, 赵永谦. 《太行山及桐柏山区昆虫》. 北京: 中国农业科技出版社, 138~147.

宁长申, 刘绯忠, 1991, 河南省兔鼠猫犬寄生虫名录. 河南农业大学学报, 25(1): 80~87.

牛瑶, 1994, 河南金色蝗属一新种. 见: 申效诚, 时振亚. 《河南昆虫分类区系研究 第一卷》. 北京: 中国农业科技出版社, 5~7.

牛瑶, 1994, 河南比蜢属二新种. 见: 申效诚, 时振亚. 《河南昆虫分类区系研究 第一卷》. 北京: 中国农业科技出版社, 1~4.

牛瑶, 1994, 河南台蚱和突背米蚱雄性的描述. 见: 申效诚, 时振亚. 《河南昆虫分类区系研究 第一卷》. 北京: 中国农业科技出版社, 13~14.

牛瑶, 1994, 河南微翅蚱属一新种(直翅目: 蚱科). 见: 廉振民. 《昆虫学研究》. 西安: 陕西师范大学出版社, 35~36.

牛瑶, 1998, 直翅目: 蝼蛄亚目. 见: 申效诚, 时振亚. 《伏牛山区昆虫》. 北京: 中国农业科技出版社, 216.

牛瑶, 1999, 鳞翅目: 蝠蛾科. 见: 申效诚, 裴海潮. 《伏牛山南坡及大别山区昆虫》. 北京: 中国农业科技出版社, 254.

牛瑶, 1999, 直翅目: 蟋蟀科, 槌角蜢科, 斑腿蝗科. 见: 申效诚, 裴海潮. 《伏牛山南坡及大别山区昆虫》. 北京: 中国农业科技出版社, 225~226.

牛瑶, 毕道英, 刘宪伟等, 1998, 直翅目: 蝗亚目. 见: 申效诚, 时振亚. 《伏牛山区昆虫》. 北京: 中国农业科技出版社, 214~215.

牛瑶, 董民, 王建华等, 1999, 鳞翅目: 蝶亚目. 见: 申效诚, 裴海潮. 《伏牛山南坡及大别山区昆虫》. 北京: 中国农业科技出版社, 319~335.

牛瑶, 刘保东, 1998, 伏牛山屏顶螳属一新种(螳螂目: 长颈螳科). 见: 申效诚, 时振亚. 《伏牛山区昆虫》. 北京: 中国农业科技出版社, 14~16.

牛瑶, 刘保东, 1998, 螳螂目. 见: 申效诚, 时振亚. 《伏牛山区昆虫》. 北京: 中国农业科技出版社, 212~213.

牛瑶, 石福明, 1999, 河南伏牛山杆蟋螽属一新种(直翅目: 蟋螽科). 见: 申效诚, 裴海潮.《伏牛山南坡及大别山区昆虫》. 北京: 中国农业科技出版社, 14~16.

牛耕耘, 魏美才, 2009, 中国平背叶蜂亚科(膜翅目, 叶蜂科)三新种. 动物分类学报, 34(1): 161~165.

牛耕耘, 魏美才, 2009, 中国真片叶蜂属(膜翅目, 叶蜂科)四新种. 动物分类学报, 34(3): 596~603.

牛耕耘, 魏美才, 2010, 中国侧跗叶蜂属五新种(膜翅目, 叶蜂科), 动物分类学报, 35(4): 911-921.

潘昭, 任国栋, 2011, 中国沟芫菁属分类研究及一新种记述. 动物分类学报, 36(1): 179-197.

庞虹, 任顺祥, 曾涛等, 2004, 中国瓢虫物种多样性及其利用. 广州: 广东科技出版社.

庞雄飞, 陈泰鲁, 廖定熹, 1987, 赤眼蜂科. 见: 廖定熹等. 《中国经济昆虫志 第三十四册 小蜂总科》. 北京: 科学出版社, 197~211.

裴海潮, 盛茂领, 2000, 河南点刻姬蜂属一新种. 昆虫分类学报, 22(1): 71~73.

彭建文, 刘友樵, 1992, 湖南森林昆虫图鉴. 长沙: 湖南科学技术出版社.

彭贤锦等, 1993, 中国跳蛛. 长沙: 湖南师范大学出版社.
祁诚进, 1999, 山东天牛志. 济南: 山东科学技术出版社.
乔格侠, 张广学, 钟铁森, 2005, 中国动物志 昆虫纲 第四十一卷 同翅目 斑蚜科. 北京: 科学出版社.
乔璐曼, 秦道正, 2010, 河南蜂蚜蝇属一新种记述. 昆虫分类学报, 32(2): 139~143.
秦道正, 2003, 中国小绿叶蝉族分类研究. 西北农林科技大学博士学位毕业论文.
秦道正, 2010, 飞虱科. 见: 任国栋. 《六盘山无脊椎动物》, 保定: 河北大学出版社, 108~110.
秦厚国, 叶正襄, 2002, 美洲斑潜蝇研究. 南昌: 江西科学技术出版社.
秦伟春, 田会刚, 杨定, 2008, 河南舞喜虻属二新种, 动物分类学报, 33(4): 796~798.
邱琼华, 王新平, 1992, 山西河南陕西三省交界处黄河流域的数种狼蛛. 动物分类学报, 17(1): 26~28.
区元任, 1973, 伏牛山南侧的类蜉蝣及其层位. 中南地区科技情报, (4).
屈孟卿, 苏寿祗, 李效应, 1982, 河南羌螨研究初报. 河南医学院学报, (1).
任东, 1999, 蛇蛉目. 见: 郑乐怡, 归鸿. 《昆虫分类》, 南京: 南京师范大学出版社, 530~540.
任国栋, 巴义彬, 2010, 中国土壤拟步甲志 第二卷 鳖甲类. 北京: 科学出版社.
任国栋, 申效诚, 2002, 鞘翅目: 拟步甲科(一). 见: 申效诚, 赵永谦. 《太行山及桐柏山区昆虫》. 北京: 中国农业科技出版社, 383~388.
任国栋, 杨秀娟, 2006, 中国土壤拟步甲志 第一卷 土甲类. 北京: 高等教育出版社.
任国栋, 杨秀娟, 2006, 中国土壤拟步甲志. 北京: 高等教育出版社.
任国栋, 于洋, 2005, 鞘翅目异跗节类昆虫分类研究概况. 见: 任国栋, 张润志, 石福明. 《昆虫分类与多样性》. 北京: 中国农业科学技术出版社, 171~175.
任国栋, 于有志, 1999, 中国荒漠半荒漠的拟步甲科昆虫. 保定: 河北大学出版社.
任树芝, 1998, 中国动物志 昆虫纲 第十三卷 半翅目 姬蝽科. 北京: 科学出版社.
任树芝, 2005, 半翅目: 划蝽科. 见: 杨星科. 《秦岭西段及甘南地区昆虫》, 北京: 科学出版社, 232-234.
任树芝, 张虎芳, 1999, 半翅目. 见: 申效诚, 邓桂芬. 《鸡公山区昆虫》. 北京: 中国农业科技出版社, 48~56.
任应党, 刘宪伟, 章伟年, 2002, 鞘翅目: 锹甲科. 见: 申效诚, 赵永谦. 《太行山及桐柏山区昆虫》. 北京: 中国农业科技出版社, 369~370.
任应党, 刘玉霞, 申效诚, 2003, 忍冬细蛾——危害金银花的中国昆虫新纪录. 昆虫分类学报, 25(3): 235~236.
任应党, 申效诚, 2002, 鳞翅目: 波纹蛾科, 圆钩蛾科, 钩蛾科, 尺蛾科. 见: 申效诚, 赵永谦. 《太行山及桐柏山区昆虫》. 北京: 中国农业科技出版社, 320~332.
任应党, 申效诚, 2008, 河南省大鳞翅类昆虫分布格局. 见: 申效诚, 张润志, 任应党. 《昆虫分类与分布》, 北京: 中国农业科学技术出版社, 326~336.
任应党, 申效诚, 刘玉霞等, 2001, 花生新珠蚧的生物学特性及防治研究. 华北农学报 16(专辑): 48~52.
山岸健三, 申效诚, 1994, 中国蝽卵蜂属一新纪录种(膜翅目: 缘腹细蜂科). 见: 申效诚, 时振亚. 《河南昆虫分类区系研究 第一卷》. 北京: 中国农业科技出版社, 55.
申效诚, 1975, 玉米螟的综合防治. 昆虫学报, 18(2): 156~160.
申效诚, 1981, 许昌烟田昆虫群落组成及种群关系研究. 河南农学院学报, 15(4): 85~104.
申效诚, 1981, 烟田细毛蝽的初步研究. 河南农学院学报, 15(3): 94~97.
申效诚, 1984, 斑须蝽蝽卵蜂生物学特性的初步观察. 昆虫知识, 21(4): 173~175.
申效诚, 1993, 河南昆虫名录. 北京: 中国农业科技出版社.
申效诚, 1995, 河南境内古北东洋两区分界小议. 第二届全国昆虫区系分类学术讨论会, 呼和浩特.
申效诚, 1998, 蛄虫目. 见: 申效诚, 时振亚. 《伏牛山区昆虫》. 北京: 中国农业科技出版社, 220.
申效诚, 1998, 河南省昆虫种类的估计及区系调查的建议. 见: 《中国科学技术文库 生物学卷》, 科学文献出版社.
申效诚, 2002, 河南昆虫名录补遗(五). 见: 申效诚, 赵永谦. 《太行山及桐柏山区昆虫》. 北京: 中国农业科技出版社, 448~453.
申效诚, 2002, 华中三省的叶蝉科昆虫, 见: 尹新明, 王高平. 《华中昆虫研究》, 北京: 中国农业科技出版社, 1~4.
申效诚, 2002, 鳞翅目: 夜蛾总科. 见: 申效诚, 赵永谦. 《太行山及桐柏山区昆虫》. 北京: 中国农业科技出版社, 340~368.
申效诚, 2004, 河南昆虫种类再报. 见: 李典谟, 伍一军, 武春生. 《当代昆虫学研究》, 北京: 中国农业科学技术出版社,

165~171.

申效诚, 2008, 河南昆虫名录补遗(六). 见: 申效诚, 鲁传涛. 《宝天曼自然保护区昆虫》. 北京: 中国农业科学技术出版社, 407~431.

申效诚, 2008, 鳞翅目: 蛉蛾科, 长角蛾科. 见: 申效诚, 鲁传涛. 《宝天曼自然保护区昆虫》. 北京: 中国农业科学技术出版社, 84~85.

申效诚, 2008, 学习昆虫地理学的点滴感悟. 《昆虫分类与分布》. 北京: 中国农业科学技术出版社, 576~583.

申效诚, 邓桂芬, 1999, 河南昆虫分类区系研究 第三卷 鸡公山区昆虫. 北京: 中国农业科技出版社.

申效诚, 郭文彬, 1999, 鳞翅目: 钩蛾科, 螟蛾科, 长角蛾科, 刺蛾科. 见: 申效诚, 裴海潮. 《伏牛山南坡及大别山区昆虫》. 北京: 中国农业科技出版社, 266~275.

申效诚, 郭文彬, 1999, 鳞翅目: 苔蛾科, 灯蛾科, 鹿蛾科, 虎蛾科. 见: 申效诚, 裴海潮. 《伏牛山南坡及大别山区昆虫》. 北京: 中国农业科技出版社, 283~286.

申效诚, 侯书杰, 王欣, 1999, 鳞翅目: 天蛾科, 蚕蛾科, 大蚕蛾科, 枯叶蛾科. 见: 申效诚, 邓桂芬. 《鸡公山区昆虫》. 北京: 中国农业科技出版社, 127~130.

申效诚, 孔建, 赵白鸽, 1994, 河南昆虫名录补遗(一). 见: 申效诚, 时振亚. 《河南昆虫分类区系研究 第一卷》. 北京: 中国农业科技出版社, 89~97.

申效诚, 李瑞华, 1999, 鳞翅目: 夜蛾科. 见: 申效诚, 裴海潮. 《伏牛山南坡及大别山区昆虫》. 北京: 中国农业科技出版社, 296~310

申效诚, 刘玉霞, 1999, 鳞翅目: 尺蛾科, 舟蛾科, 苔蛾科, 灯蛾科, 拟灯蛾科, 鹿蛾科, 虎蛾科, 毒蛾科. 见: 申效诚, 邓桂芬. 《鸡公山区昆虫》. 北京: 中国农业科技出版社, 107~117.

申效诚, 刘玉霞, 1999, 鳞翅目: 箩纹蛾科, 巢蛾科, 波纹蛾科, 网蛾科, 长角蛾科. 见: 申效诚, 裴海潮. 《伏牛山南坡及大别山区昆虫》. 北京: 中国农业科技出版社, 263~265.

申效诚, 刘玉霞, 2002, 鳞翅目: 斑蛾科, 螟蛾科, 刺蛾科. 见: 申效诚, 赵永谦. 《太行山及桐柏山区昆虫》. 北京: 中国农业科技出版社, 312~319.

申效诚, 刘玉霞, 任应党, 2003, 河南的钩蛾和圆钩蛾科昆虫. 见: 雷朝亮, 薛东. 《华中昆虫研究 第二卷》, 北京: 中国农业出版社, 1~3.

申效诚, 鲁传涛, 2008, 河南昆虫分类区系研究 第六卷 宝天曼自然保护区昆虫. 北京: 中国农业科学技术出版社.

申效诚, 牛瑶, 2002, 连康山自然保护区昆虫资源调查. 见: 叶永忠, 瞿文元, 黄远超. 《连康山科学考察集》, 北京: 科学出版社, 245~296

申效诚, 裴海潮, 1999, 河南昆虫分类区系研究 第四卷 伏牛山南坡及大别山区昆虫. 北京: 中国农业科技出版社.

申效诚, 裴海潮, 2002, 河南省天蛾科昆虫区系比较研究. 见: 李典谟, 康乐, 吴钜文等. 《昆虫学创新与发展》, 北京: 中国科学技术出版社, 90~94.

申效诚, 任应党, 1999, 鳞翅目: 蚕蛾科, 大蚕蛾科, 枯叶蛾科. 见: 申效诚, 裴海潮. 《伏牛山南坡及大别山区昆虫》. 北京: 中国农业科技出版社, 316~318.

申效诚, 任应党, 刘玉霞, 1998, 河南昆虫名录补遗(二). 见: 申效诚, 时振亚. 《伏牛山区昆虫》. 北京: 中国农业科技出版社, 353~368.

申效诚, 任应党, 刘玉霞, 1999, 河南昆虫名录补遗(三). 见: 申效诚, 邓桂芬. 《鸡公山区昆虫》. 北京: 中国农业科技出版社, 178~181.

申效诚, 任应党, 刘玉霞, 2001, 河南省夜蛾科昆虫种类及区系比较研究. 华北农学报, 16(专辑): 1~5.

申效诚, 任应党, 孙浩等, 2007, 夜蛾科昆虫区系研究: III. 河南夜蛾的种类及区系特征. 河南农业科学, (5): 54-56.

申效诚, 任应党, 张宏亮, 1999, 鳞翅目: 夜蛾科. 见: 申效诚, 邓桂芬. 《鸡公山区昆虫》. 北京: 中国农业科技出版社, 118~126.

申效诚, 时振亚, 1994, 河南昆虫分类区系研究 第一卷. 北京: 中国农业科技出版社.

申效诚, 时振亚, 1998, 河南昆虫分类区系研究 第二卷 伏牛山区昆虫. 北京: 中国农业科技出版社.

申效诚, 时振亚, 时立新, 1998, 鳞翅目: 尺蛾科. 见: 申效诚, 时振亚. 《伏牛山区昆虫》. 北京: 中国农业科技出版社, 272~276.

申效诚, 时振亚, 郑晓军, 1998, 鳞翅目: 螟蛾科, 斑蛾科, 刺蛾科. 见: 申效诚, 时振亚. 《伏牛山区昆虫》. 北京: 中国农业科技出版社, 268~271.

申效诚, 时振亚, 郑晓军, 1998, 鳞翅目: 苔蛾科, 灯蛾科, 鹿蛾科, 虎蛾科. 见: 申效诚, 时振亚. 《伏牛山区昆虫》. 北京: 中国农业科技出版社, 283~285.

申效诚, 时振亚, 郑晓军, 1998, 鳞翅目: 圆钩蛾科, 钩蛾科. 见: 申效诚, 时振亚. 《伏牛山区昆虫》. 北京: 中国农业科技出版社, 265~266.

申效诚, 孙浩, 赵华东, 2006, 夜蛾科昆虫区系研究: I. 世界夜蛾的种类和产地, 见: 《全国生物多样性保护与外来物种入侵学术研讨会论文集》. 北京: 中国农业科学技术出版社, 263~272.

申效诚, 孙浩, 赵华东, 2007, 中国夜蛾科昆虫的物种多样性及分布格局的研究. 昆虫学报 50 (7): 709~719.

申效诚, 孙浩, 赵华东, 2008, 昆虫区系多元相似性分析方法. 生态学报, 28(2): 849~854.

申效诚, 王爱萍, 2008, 昆虫区系多元相似性的简便计算公式及其贡献率. 河南农业科学, (7): 67~69.

申效诚, 王爱萍, 张书杰, 2008, 夜蛾科昆虫区系分析: II、中国各省区夜蛾的种类及相似性分析. 华北农学报, 23(5): 151~156.

申效诚, 王海燕, 1999, 河南昆虫名录补遗(四). 见: 申效诚, 裴海潮. 《伏牛山南坡及大别山区昆虫》. 北京: 中国农业科技出版社, 411~415.

申效诚, 王治国, 时振亚, 1998, 鳞翅目: 夜蛾科. 见: 申效诚, 时振亚. 《伏牛山区昆虫》. 北京: 中国农业科技出版社, 286~296.

申效诚, 于思勤, 张桂芬等, 1993, 河南省昆虫种类简报. 河南农业大学学报, 27(4): 395~398.

申效诚, 张桂芬, 王文夕, 1994, 世界烟草害虫名录. 见: 申效诚, 时振亚. 《河南昆虫分类区系研究 第一卷》. 北京: 中国农业科技出版社, 61~87.

申效诚, 张润志, 任应党, 2008, 昆虫分类与分布. 北京: 中国农业科学技术出版社.

申效诚, 张书杰, 2005, 河南刺蛾科昆虫. 见: 任国栋, 张润志, 石福明. 《昆虫分类和昆虫多样性》, 中国科技出版社, 264~266.

申效诚, 张书杰, 2007, 中国夜蛾总科昆虫区系相似性分析. 科学研究月刊(12): 10~12.

申效诚, 张书杰, 2008, 鳞翅目: 蛉蛾科, 长角蛾科. 见: 申效诚, 鲁传涛. 《宝天曼自然保护区昆虫》. 北京: 中国农业科学技术出版社, 84~85.

申效诚, 张书杰, 任应党, 2007. 昆虫区系的多元相似性比较. 见: 李典谟, 武春生, 伍一军等.《昆虫学研究动态》, 北京: 中国农业科学技术出版社, 131~137.

申效诚, 张书杰, 任应党, 2009, 基于昆虫区系的中国东部古北东洋两界的分界. Journal of Agricultural Science and Technology, 3(11): 38~42.

申效诚, 张书杰, 孙浩 等, 2007, 华中三省夜蛾的区系特征分析. 见: 郭线茹, 原国辉等. 《华中昆虫研究 第四卷》, 北京: 中国农业大学出版社, 53~57.

申效诚, 张雪保, 1999, 鳞翅目: 尺蛾科. 见: 申效诚, 裴海潮. 《伏牛山南坡及大别山区昆虫》. 北京: 中国农业科技出版社, 287~295.

申效诚, 张雪保, 1999, 鳞翅目: 舟蛾科, 毒蛾科. 见: 申效诚, 裴海潮. 《伏牛山南坡及大别山区昆虫》. 北京: 中国农业科技出版社, 276~282.

申效诚, 赵白鸽, 1999, 鳞翅目: 木蠹蛾科, 燕蛾科, 网蛾科, 凤蛾科, 箩纹蛾科, 波纹蛾科, 圆钩蛾科, 钩蛾科, 螟蛾科, 斑蛾科, 刺蛾科. 见: 申效诚, 邓桂芬. 《鸡公山区昆虫》. 北京: 中国农业科技出版社, 100~106.

申效诚, 赵永谦, 2002, 河南昆虫分类区系研究 第五卷 太行山及桐柏山区昆虫. 北京: 中国农业科技出版社.

申效诚, 朱学灵, 2008, 宝天曼自然保护区昆虫种类及区系特征分析. 见: 申效诚, 鲁传涛. 《宝天曼自然保护区昆虫》. 北京: 中国农业科学技术出版社, 312~404.

沈雪林, 蔡平, 2010, 短头叶蝉属一新种记述(半翅目: 叶蝉科: 叶蝉亚科). 昆虫分类学报, 32(Suppl): 20-22.

沈兆鹏, 1995, 书虱的种类生物学特性及防治. 粮食储藏, 24(4): 11~14.

盛茂领, 2002, 河南凿姬蜂属一新种(膜翅目: 姬蜂科). 见: 申效诚, 赵永谦. 《太行山及桐柏山区昆虫》. 北京: 中国农业科技出版社, 42~44.

盛茂领, 2002, 中国短胫姬蜂属一新种(膜翅目: 姬蜂科). 见: 申效诚, 赵永谦. 《太行山及桐柏山区昆虫》. 北京: 中国农业科技出版社, 39~41.

盛茂领, 2008, 中国特姬蜂属种类记述(膜翅目, 姬蜂科). 动物分类学报, 33(1): 164~169.

盛茂领, 黄维正, 1999, 伏牛山凿姬蜂属研究(膜翅目: 姬蜂科). 见: 申效诚, 裴海潮. 《伏牛山南坡及大别山区昆虫》. 北京: 中国农业科技出版社, 87~91.

盛茂领, 寇明君, 崔永三, 2002, 中国北方地区寄生林木蛀虫的姬蜂种类名录. 甘肃林业科技, 27(3): 1~5.
盛茂领, 李镇宇, 骆有庆, 2004, 中国兜姬蜂属分类研究(膜翅目, 姬蜂科). 动物分类学报, 29(4): 769~773.
盛茂领, 裴海潮, 2002, 河南角姬蜂属二新种(膜翅目: 姬蜂科). 昆虫学报, 45(Suppl.): 96~98.
盛茂领, 申效诚, 2008, 长臀姬蜂属在河南首次发现并一新种记述. 见: 申效诚, 张润志, 任应党.《昆虫分类与分布》, 北京: 中国农业科学技术出版社, 33~36.
盛茂领, 申效诚, 2008, 中国各省区姬蜂科昆虫的分布及多元相似性聚类分析. 见: 申效诚, 张润志, 任应党. 《昆虫分类与分布》, 北京: 中国农业科学技术出版社, 389～393.
盛茂领, 孙淑萍, 1999, 大头姬蜂属记述(膜翅目: 姬蜂科). 见: 申效诚, 裴海潮. 《伏牛山南坡及大别山区昆虫》. 北京: 中国农业科技出版社, 79~83.
盛茂领, 孙淑萍, 1999, 伏牛山恩姬蜂族二新种(膜翅目: 姬蜂科). 见: 申效诚, 裴海潮.《伏牛山南坡及大别山区昆虫》. 北京: 中国农业科技出版社, 74~78.
盛茂领, 孙淑萍, 1999, 中国滑姬蜂属一新种(膜翅目: 姬蜂科). 见: 申效诚, 裴海潮.《伏牛山南坡及大别山区昆虫》. 北京: 中国农业科技出版社, 84~86.
盛茂领, 孙淑萍, 2001, 中国隼姬蜂属一新种(膜翅目: 姬蜂科). 动物分类学报, 26(1): 78~80.
盛茂领, 孙淑萍, 2002, 河南省伏牛山嘎姬蜂族二新种记述(膜翅目: 姬蜂科). 昆虫分类学报, 27(4): 798～801.
盛茂领, 孙淑萍, 2002, 中国的克里姬蜂及一新种记述(膜翅目: 姬蜂科), 昆虫学报, 45 (Sup.): 93~95.
盛茂领, 孙淑萍, 2007, 中国的耕姬蜂属(膜翅目, 姬蜂科)及一新种. 动物分类学报, 32(4): 962～965.
盛茂领, 孙淑萍, 2007, 中国发现侵姬蜂属(膜翅目, 姬蜂科)及一新种. 动物分类学报, 32(4): 959～961.
盛茂领, 孙淑萍, 2008, 河南的三钩姬蜂属(膜翅目: 姬蜂科). 见: 申效诚, 鲁传涛. 《宝天曼自然保护区昆虫》. 北京: 中国农业科学技术出版社, 21～23.
盛茂领, 孙淑萍, 2008, 黑茧姬蜂属(膜翅目: 姬蜂科)一新种. 见: 申效诚, 张润志, 任应党. 《昆虫分类与分布》, 北京: 中国农业科学技术出版社, 37~39.
盛茂领, 孙淑萍, 2008, 棘跗姬蜂属在中国首次发现并记述一新种. 动物分类学报, 33(3): 619~622.
盛茂领, 孙淑萍, 2009, 河南昆虫志 膜翅目 姬蜂科. 科学出版社.
盛茂领, 孙淑萍, 2010, 中国林木蛀虫天敌姬蜂. 北京: 科学出版社, 158～159.
盛茂领, 孙淑萍, 裴海潮等, 1999, 膜翅目: 姬蜂科. 见: 申效诚, 裴海潮. 《伏牛山南坡及大别山区昆虫》. 北京: 中国农业科技出版社, 373~379.
盛茂领, 郑华, 2005, 中国隐姬蜂属(膜翅目, 姬蜂科)研究. 动物分类学报, 30(2): 415~418.
石明旺, 彩万志, 1997, 中国斯猎蝽属小汇. 昆虫分类学报, 19(3): 196~208.
时振亚, 1981, 许昌附近果园昆虫群落组成调查报告. 河南农学院学报, 15(4): 105~121.
时振亚, 1986, 河南省果树害虫寄生蜂调查初报(一). 河南农业科学, (12): 10~12.
时振亚, 1986, 河南中部地区蚧虫寄生蜂的种类和生物学简记. 昆虫天敌, 8(1): 1~4.
时振亚, 1987, 河南省果树害虫寄生蜂调查初报(二). 河南农业科学, (1): 13~14.
时振亚, 1987, 中国宽缘金小蜂属二新纪录种. 河南农业大学学报, 21(3): 328~329.
时振亚, 1987, 中国跳小蜂科二新纪录种. 昆虫分类学报, 9(3): 118.
时振亚, 1988, 中国长孔姬蜂属一新种记述. 昆虫分类学报, 10(3, 4)215~218.
时振亚, 1988, 中国纹翅跳小蜂属一新种. 动物分类学报, 13(1): 72~74.
时振亚, 1990, 中国花角跳小蜂属一新种一新纪录. 昆虫学报, 33(4): 362~365.
时振亚, 1992, 河南花翅跳小蜂属研究及一新种. 河南农业大学学报, 26(1): 16~23.
时振亚, 申效诚, 聂宏善, 1998, 鳞翅目: 箩纹蛾科, 巢蛾科, 波纹蛾科. 见: 申效诚, 时振亚. 《伏牛山区昆虫》. 北京: 中国农业科技出版社, 263~264.
时振亚, 申效诚, 王文夕, 1998, 鳞翅目: 天蛾科, 蚕蛾科, 大蚕蛾科, 枯叶蛾科. 见: 申效诚, 时振亚. 《伏牛山区昆虫》. 北京: 中国农业科技出版社, 297~300.
时振亚, 申效诚, 赵白鸽, 1998, 鳞翅目: 毒蛾科. 见: 申效诚, 时振亚. 《伏牛山区昆虫》. 北京: 中国农业科技出版社, 281~282.
时振亚, 司胜利, 王合中, 1992, 河南花翅跳小蜂属研究及一新种. 河南农业大学学报, 26(1): 16~23.
时振亚, 司胜利, 王合中, 1994, 中国长索跳小蜂属二新种. 见: 申效诚, 时振亚. 《河南昆虫分类区系研究 第一卷》. 北京:

中国农业科技出版社, 45~48.
时振亚, 王高平, 司胜利等, 2001, 榆毛萤叶甲啮小蜂—中国新纪录种. 河南农业大学学报, 35(4): 326~327.
时振亚, 王合中, 司胜利, 1992, 中国跳小蜂科一新种三新记录种. 河南农业大学学报, 26(4): 347~352.
时振亚, 王合中, 司胜利, 1994, 宝天曼自然保护区森林害虫的初步调查. 见: 宋朝枢.《宝天曼自然保护区科学考察集》. 北京: 中国林业出版社, 341~350.
时振亚, 王合中, 司胜利等, 1994, 中国刷盾跳小蜂属二新种. 河南农业大学学报, 28(1): 25~28.
时振亚, 王合中, 司胜利等, 1994, 中国刷盾跳小蜂属二新种. 河南农业大学学报, 28(1): 25~28.
时振亚, 徐广, 司胜利, 1994, 河南省跳小蜂已知属种检索表. 见: 申效诚, 时振亚.《河南昆虫分类区系研究 第一卷》. 北京: 中国农业科技出版社, 52~54.
时振亚, 郑晓军, 1997, 河南蛾类分布新纪录. 河南农业大学学报, 31(3): 61~63.
时子明, 1983, 河南自然条件与自然资源. 郑州: 河南科学技术出版社, 1~220.
史明珠, 陈浩利, 2001, 河南太行山区蚊虫调查报告. 河南预防医学杂志, 12(4): 226~227.
史永善, 李富学, 1999, 双翅目: 蝇科. 见: 申效诚, 裴海潮.《伏牛山南坡及大别山区昆虫》. 北京: 中国农业科技出版社, 401~402.
史永善, 裴海潮, 1999, 双翅目: 食虫虻科. 见: 申效诚, 裴海潮.《伏牛山南坡及大别山区昆虫》. 北京: 中国农业科技出版社, 388~390.
史永善, 任应党, 1999, 双翅目: 食蚜蝇科. 见: 申效诚, 裴海潮, 1999,《伏牛山南坡及大别山区昆虫》. 北京: 中国农业科技出版社, 395~398.
史永善, 尚忠海, 1999, 双翅目: 麻蝇科. 见: 申效诚, 裴海潮.《伏牛山南坡及大别山区昆虫》. 北京: 中国农业科技出版社, 399~400.
史永善, 申效诚, 1999, 双翅目: 寄蝇科. 见: 申效诚, 裴海潮.《伏牛山南坡及大别山区昆虫》. 北京: 中国农业科技出版社, 391~394.
史永善, 王邦磊, 1999, 双翅目: 丽蝇科. 见: 申效诚, 裴海潮.《伏牛山南坡及大别山区昆虫》. 北京: 中国农业科技出版社, 403~404.
司胜利, 时振亚, 徐广等, 1994, 河南省跳小蜂六新记录种. 见: 申效诚, 时振亚.《河南昆虫分类区系研究 第一卷》. 北京: 中国农业科技出版社, 49~51.
司胜利, 时振亚, 徐广等, 1994, 中国跳小蜂科昆虫区系初步分析. 河南农业大学学报, 28(4): 350~371.
司胜利, 王高平, 徐广等, 1994, 中国跳小蜂科初步名录. 华北农学报, 9(4): 87~93.
司胜利, 赵从志, 1990, 河南金龟子的初步研究. 河南农业大学学报, 24(3): 346~355.
宋大祥, 朱明生, 1997, 中国动物志 蛛形纲 蟹蛛科 逍遥蛛科. 北京: 科学出版社.
宋大祥, 朱明生, 陈军, 2001, 河北动物志 蜘蛛目. 石家庄: 河北科学技术出版社.
宋月华, 李子忠, 王兴祥, 2007, 叶蝉科: 小叶蝉亚科. 见: 李子忠, 杨茂发, 金道超.《雷公山景观昆虫》, 贵阳: 贵州科技出版社, 140~145.
苏翠荣, 周长发, 1998, 蜉蝣目. 见: 吴鸿.《龙王山昆虫》, 北京: 中国林业出版社, 27~29.
苏立新, 刘广纯, , 董慧等, 2010, 小粪蝇科. 见: 任国栋.《六盘山无脊椎动物》, 保定: 河北大学出版社, 412-414.
苏寿祇, 屈孟卿, 1956, 河南开封及信阳鸡公山地区蚊类调查报告, 昆虫学报, 6(2): 219~225.
孙浩, 2007, 河南省舟蛾科昆虫的物种多样性及分布格局研究. 郑州大学硕士论文.
孙浩, 2008, 河南舟蛾科昆虫区系分析. 见: 申效诚, 鲁传涛.《宝天曼自然保护区昆虫》. 北京: 中国农业科学技术出版社, 299~311.
孙浩, 任应党, 2008, 河南蜘蛛的两种相似性聚类分析方法比较. 见: 申效诚, 张润志, 任应党.《昆虫分类与分布》, 北京: 中国农业科学技术出版社, 490~494.
孙长海, 1997, 毛翅目昆虫六新种记述. 昆虫分类学报, 19(4): 289~296.
孙长海, 杨莲芳, 2010, 毛翅目. 见: 任国栋, 2010,《六盘山无脊椎动物》, 保定: 河北大学出版社, 215~216.
孙淑萍, 盛茂领, 2007, 河南省锤举腹蜂属研究(膜翅目: 举腹蜂科). 动物分类学报, 32(1): 216~220.
孙淑萍, 盛茂领, 2008, 膜翅目: 姬蜂科. 见: 申效诚, 鲁传涛.《宝天曼自然保护区昆虫》. 北京: 中国农业科学技术出版社, 216~218.
孙淑萍, 盛茂领, 2008, 拟新祕姬蜂属(膜翅目, 姬蜂科)一新种. 动物分类学报, 33(4): 790~792.

孙淑萍, 盛茂领, 2008, 中国发现洮姬蜂属(膜翅目: 姬蜂科). 见: 申效诚, 鲁传涛. 《宝天曼自然保护区昆虫》. 北京: 中国农业科学技术出版社, 24~26.

塔赫他间, 1988, 世界植物区系区划(中译本). 北京: 科学出版社.

谭江丽, 柴宏飞, 何俊华等, 2010, 茧蜂科. 见: 任国栋. 《六盘山无脊椎动物》, 保定: 河北大学出版社, 358~361.

谭娟杰, 王书永, 周红章, 2005, 中国动物志 昆虫纲 第四十卷 鞘翅目 肖叶甲科 肖叶甲亚科. 北京: 科学出版社.

谭娟杰, 虞佩玉, 李鸿兴等, 1985, 中国经济昆虫志 第十八册 鞘翅目 叶甲总科(一). 北京: 科学出版社.

汤玉清, 1990, 中国细颚姬蜂属志. 重庆: 重庆出版社.

唐觉, 李参, 黄恩友等, 1995, 中国经济昆虫志 第四十七册 膜翅目 蚁科(一). 北京: 科学出版社.

田立新, 杨连芳, 李佑文, 1996, 中国经济昆虫志 第四十九册 毛翅目(一). 北京: 科学出版社.

田润刚, 1999, 蝉总科, 蜡蝉总科, 沫蝉总科, 角蝉总科. 见: 申效诚, 邓桂芬. 《鸡公山区昆虫》, 北京: 中国农业科技出版社, 94~96.

田润刚, 申效诚, 1998, 同翅目: 角蝉科. 见: 申效诚, 时振亚. 《伏牛山区昆虫》. 北京: 中国农业科技出版社, 240~241.

涂丹, 2003, 中国粉螨物种多样性研究(蜱螨亚纲: 粉螨亚目). 南昌大学硕士论文.

汪家社, 杨星科, 1999, 武夷山保护区叶甲科昆虫志. 北京: 中国林业出版社.

王俊, 2004, 河南省叶蝉分类区系研究. 安徽农业大学硕士论文.

王敏, 范骁凌, 2002, 中国灰蝶志. 郑州: 河南科学技术出版社.

王爱萍, 张书杰, 申效诚, 2008, 河南省蝶类多样性及分布格局. 见: 申效诚, 鲁传涛. 《宝天曼自然保护区昆虫》. 北京: 中国农业科学技术出版社, 261~298.

王备新, 孙长海, 杨连芳, 1998, 毛翅目. 见: 申效诚, 时振亚. 《伏牛山区昆虫》. 北京: 中国农业科技出版社, 258~261.

王备新, 孙长海, 杨连芳等, 1998, 毛翅目. 见: 吴鸿. 《龙王山昆虫》. 北京: 中国林业出版社.

王大洲, 白顺江, 刘建智, 2000, 河北省昆虫蜱螨名录. 北京: 中国林业出版社.

王高平, 李琳, 时振亚, 2000, 中国蛹小蜂亚科一新纪录种(膜翅目, 姬小蜂科). 河南农业大学学报, 34(1): 67.

王高平, 孙天申, 1999, 鳞翅目: 天蛾科. 见: 申效诚, 裴海潮. 《伏牛山南坡及大别山区昆虫》. 北京: 中国农业科技出版社, 311~315.

王洪建, 杨星科, 2006, 甘肃省叶甲科昆虫志. 兰州: 甘肃科学技术出版社.

王景顺, 彩万志, 孙路等, 1999, 半翅目: 缘蝽科. 见: 申效诚, 邓桂芬. 《鸡公山区昆虫》. 北京: 中国农业科技出版社, 72~84.

王俊潮, 2008, 河南省食蚜蝇科昆虫区系及分布格局. 郑州大学本科生优秀论文.

王俊潮, 申效诚, 2008, 河南食蚜蝇区系特征及相似性分析. 见: 申效诚, 张润志, 任应党. 《昆虫分类与分布》, 北京: 中国农业科学技术出版社, 337~353.

王平远, 1980, 中国经济昆虫志 第二十一册. 鳞翅目 螟蛾科. 北京: 科学出版社.

王守振, 葛凤翔, 董承教, 1998, 河南吸血虻类调查报告. 医学动物防制, 14(3).

王书永, 张勇, 2002, 鞘翅目: 叶甲科: 跳甲亚科. 见: 申效诚, 赵永谦. 《太行山及桐柏山区昆虫》. 北京: 中国农业科技出版社, 381~382.

王淑霞, 1999, 鳞翅目: 织蛾科. 见: 申效诚, 邓桂芬. 《鸡公山区昆虫》. 北京: 中国农业科技出版社, 99.

王淑霞, 1999, 鳞翅目: 织蛾科. 见: 申效诚, 裴海潮. 《伏牛山南坡及大别山区昆虫》. 北京: 中国农业科技出版社, 260~262.

王淑霞, 2002, 鳞翅目: 织蛾科, 木蛾科, 宽蛾科. 见: 申效诚, 赵永谦. 《太行山及桐柏山区昆虫》. 北京: 中国农业科技出版社, 308~311.

王淑霞, 李后魂, 1999, 河南织蛾二新种记述(鳞翅目: 织蛾科). 见: 申效诚, 裴海潮. 《伏牛山南坡及大别山区昆虫》. 北京: 中国农业科技出版社, 58~61.

王淑霞, 李后魂, 刘友樵, 2001, 中国带织蛾科九新种和二新记录种. 动物分类学报, 26(3): 266~277.

王淑霞, 张志伟, 靳青, 2008, 鳞翅目: 织蛾科, 尖蛾科, 木蛾科, 列蛾科. 见: 申效诚, 鲁传涛. 《宝天曼自然保护区昆虫》. 北京: 中国农业科学技术出版社, 92~94.

王淑霞, 郑哲民, 李后魂, 2000, 中国叉木蛾属 *Metathrinca* 研究及三新种记述(鳞翅目, 木蛾科). 昆虫分类学报, 22(3): 229~234.

王思明, 周尧, 1995, 中国近代昆虫学史. 西安: 陕西科学技术出版社.

王思明, 周尧, 1995, 中国近代昆虫学史. 西安: 陕西科学技术出版社.
王天齐, 1993, 中国螳螂目分类概要. 上海: 上海科学技术文学出版社.
王希蒙, 任国栋, 刘荣光, 1992, 宁夏昆虫名录. 西安: 陕西师范大学出版社.
王心丽, 1998, 双翅目: 茎蝇科. 见: 申效诚, 时振亚. 《伏牛山区昆虫》. 北京: 中国农业科技出版社, 343.
王心丽, 杨集昆, 2002, 河南省蝶角蛉一新种(脉翅目: 蝶角蛉科). 动物分类学报, 27(3): 562~564.
王心丽等, 2005, 蚁蛉科. 见: 杨茂发等. 《贵州大沙河昆虫》. 贵阳: 贵州人民出版社, 197~199.
王新华, 1998, 双翅目: 摇蚊科. 见: 申效诚, 时振亚. 《伏牛山区昆虫》. 北京: 中国农业科技出版社, 333~334.
王新华, 纪炳纯, 2003, 摇蚊科. 见: 黄邦侃. 《福建昆虫志 第八卷》. 福州: 福建科学技术出版社, 43~65.
王新华, 刘跃丹, 唐红渠等, 2009, 摇蚊科. 见: 杨定. 《河北动物志 双翅目》. 北京: 中国农业科学技术出版社, 186~253.
王新华等, 2005, 摇蚊科. 见: 杨茂发等. 《贵州大沙河昆虫》. 贵阳: 贵州人民出版社, 384~393.
王新谱, 刘晓丽, 2010, 卷蛾科. 见: 任国栋. 《六盘山无脊椎动物》, 保定: 河北大学出版社, 223~254.
王新谱, 杨贵军, 2010, 宁夏贺兰山昆虫. 银川: 宁夏人民出版社.
王义平, 时敏, 何俊华等, 2008, 中国深沟茧蜂族分类研究及二新种记述(膜翅目: 茧蜂科: 茧锋亚科). 昆虫分类学报, 30(3): 181~195.
王玉玲, 2006, 河南开封地区的蚂蚁资源. 四川动物, 25(3): 546~548.
王玉玲, 2008, 河南周口地区蚂蚁多样性调查. 昆虫知识 45(1): 146~149.
王裕文, 1992, 中国比蜢属一新种记述. 昆虫学报, 35(4): 252~256.
王裕文, 夏凯龄, 1992, 河南异距蝗属一新种. 昆虫分类学报, 14(1): 8~10.
王正用, 杨宗亮, 王治国等. 河南内乡宝天曼自然保护区蜘蛛初步名录. 河南科学, 9 (2): 39~57.
王志良, 王心丽, 2008, 脉翅目: 蚁蛉科, 蝶角蛉科. 见: 申效诚, 鲁传涛. 《宝天曼自然保护区昆虫》. 北京: 中国农业科学技术出版社, 56~57.
王治国, 1994, 河南蝶类新纪录. 河南科学, 12(2): 144.
王治国, 1994, 中国长腹扇蟌属一新种(蜻蜓目, 扇蟌科). 昆虫分类学报, 16(2): 82~84.
王治国, 1996, 河南绿蟌属 *Mnais* 鉴定. 河南科学, 14(2): 168~174.
王治国, 1998, 等翅目. 见: 申效诚, 时振亚. 《伏牛山区昆虫》. 北京: 中国农业科技出版社, 209.
王治国, 1998, 蜻蜓目. 见: 申效诚, 时振亚. 《伏牛山区昆虫》. 北京: 中国农业科技出版社, 223~224.
王治国, 2003, 中国华扇蟌属一新种(蜻蜓目: 扇蟌科). 昆虫分类学报, 25(1): 1~3.
王治国, 2005, 中国蝴蝶名录. 河南科学, 23(增刊): 1~113.
王治国, 2006, 河南蝉科昆虫调查(同翅目: 蝉总科). 河南科学, 24(1): 44~51.
王治国, 2007, 河南蜻蜓志. 郑州: 河南科学技术出版社.
王治国, 2007, 中国蜻蜓名录(昆虫纲, 蜻蜓目). 河南科学, 25(2): 219~238.
王治国, 李东升, 1984, 河南省白蚁种类与危害林木种类. 河南科学, (3): 25~27.
王治国, 李东升, 1984, 河南省蜚类调查及新种记述. 河南科学, (1): 67~83.
王治国, 牛瑶, 2002, 中国蝴蝶新种记述(II). 昆虫分类学报, 24(4): 276~284.
王治国, 牛瑶, 陈棣华, 1998, 河南昆虫志 鳞翅目 蝶类. 郑州: 河南科学技术出版社.
王治国, 牛瑶, 张伟年, 1998, 鳞翅目: 锤角亚目. 见: 申效诚, 时振亚. 《伏牛山区昆虫》. 北京: 中国农业科技出版社, 301~305.
王治国, 申效诚, 赵白鸽, 1998, 鳞翅目: 舟蛾科. 见: 申效诚, 时振亚. 《伏牛山区昆虫》. 北京: 中国农业科技出版社, 277~280.
王治国, 王正用, 李东升, 1990, 河南蜻蜓目昆虫调查. 河南科学, 8(3, 4): 78~94.
王治国, 张秀江, 2007, 河南直翅类昆虫志. 郑州: 河南科学技术出版社.
王子清, 2001, 中国动物志 昆虫纲 第二十二卷 同翅目 蚧总科 粉蚧科 绒蚧科 蜡蚧科 链蚧科 盘蚧科 壶蚧科 仁蚧科. 北京: 科学出版社.
王遵明, 1983、1994, 中国经济昆虫志 第二十六、四十五册 双翅目 虻科(一、二). 北京: 科学出版社.
韦静, 温小军, 陈汉斌, 2006, 河南省山地蚋类调查研究(双翅目: 蚋科). 贵州科学, 24(3): 48~51.
魏美才, 1997, 中国三节叶蜂科分类研究 IV 中国小头三节叶蜂族研究附二新种记述(膜翅目). 昆虫分类学报, 19(增刊),

35~42.

魏美才, 2002, 河南凹眼叶蜂属一新种(膜翅目: 叶蜂科). 见: 申效诚, 赵永谦. 《太行山及桐柏山区昆虫》. 北京: 中国农业科技出版社, 101~103.

魏美才, 2002, 河南基叶蜂亚科三新种(膜翅目: 叶蜂亚目: 蔺叶蜂科). 见: 申效诚, 赵永谦. 《太行山及桐柏山区昆虫》. 北京: 中国农业科技出版社, 175~179.

魏美才, 2002, 河南蔺叶蜂亚科五新种(膜翅目: 叶蜂亚目: 蔺叶蜂科). 见: 申效诚, 赵永谦. 《太行山及桐柏山区昆虫》. 北京: 中国农业科技出版社, 180~186.

魏美才, 2002, 河南省钝颊叶蜂属五新种(膜翅目: 叶蜂科). 见: 申效诚, 赵永谦. 《太行山及桐柏山区昆虫》. 北京: 中国农业科技出版社, 104~111.

魏美才, 2002, 河南突瓣叶蜂科五新种(膜翅目: 叶蜂亚目). 见: 申效诚, 赵永谦. 《太行山及桐柏山区昆虫》. 北京: 中国农业科技出版社, 69~76.

魏美才, 2002, 河南突瓣叶蜂属新种和新亚种(膜翅目: 突瓣叶蜂科). 见: 申效诚, 赵永谦. 《太行山及桐柏山区昆虫》. 北京: 中国农业科技出版社, 77~84.

魏美才, 2002, 河南粘叶蜂属三新种(膜翅目: 叶蜂总科: 凹颜叶蜂科). 见: 申效诚, 赵永谦. 《太行山及桐柏山区昆虫》. 北京: 中国农业科技出版社, 89~94.

魏美才, 2002, 申效诚先生等采集的河南叶蜂新类群(膜翅目: 叶蜂科). 见: 申效诚, 赵永谦. 《太行山及桐柏山区昆虫》. 北京: 中国农业科技出版社, 191~199.

魏美才, 2002, 中国顶脉叶蜂属 *Dineura* Dahlbom 一新种(膜翅目: 突瓣叶蜂科). 见: 申效诚, 赵永谦. 《太行山及桐柏山区昆虫》. 北京: 中国农业科技出版社, 85~88.

魏美才, 2002, 中国叶蜂亚科一新属新种(膜翅目: 叶蜂科). 见: 申效诚, 赵永谦. 《太行山及桐柏山区昆虫》. 北京: 中国农业科技出版社, 253~256.

魏美才, 陈明利, 2002, 河南伏牛山钩瓣叶蜂属五新种(膜翅目: 叶蜂科). 见: 申效诚, 赵永谦.《太行山及桐柏山区昆虫》. 北京: 中国农业科技出版社, 200~214.

魏美才, 邓铁军, 1999, 伏牛山南坡锤角叶蜂科三新种(膜翅目: 叶蜂亚目). 见: 申效诚, 裴海潮. 《伏牛山南坡及大别山区昆虫》. 北京: 中国农业科技出版社, 138~141.

魏美才, 邓铁军, 2002, 河南锤角叶蜂科三新种(膜翅目: 叶蜂亚目). 见: 申效诚, 赵永谦. 《太行山及桐柏山区昆虫》. 北京: 中国农业科技出版社, 45~49.

魏美才, 黄宁廷, 2002, 河南省平背叶蜂亚科三新种(膜翅目: 叶蜂科). 见: 申效诚, 赵永谦. 《太行山及桐柏山区昆虫》. 北京: 中国农业科技出版社, 95~100.

魏美才, 姜吉刚, 2002, 河南扁蜂科二新种(膜翅目: 树蜂亚目). 见: 申效诚, 赵永谦. 《太行山及桐柏山区昆虫》. 北京: 中国农业科技出版社, 187~190.

魏美才, 姜吉刚, 2008, 2002 河南叶蜂考察报告(膜翅目: 叶蜂亚目: 叶蜂总科). 见: 申效诚, 鲁传涛. 《宝天曼自然保护区昆虫》. 北京: 中国农业科学技术出版社, 154~166.

魏美才, 聂海燕, 1997, 叶蜂总科昆虫生物地理研究 I~IV. 昆虫分类学报, 19(增刊): 127～157.

魏美才, 聂海燕, 1997, 中国茎蜂科分类研究 IV. 昆虫分类学报, 19(2): 145~152.

魏美才, 聂海燕, 1998, 伏牛山扁蜂科新种记述(膜翅目: 叶蜂科). 见: 申效诚, 时振亚. 《伏牛山区昆虫》. 北京: 中国农业科技出版社, 112~115.

魏美才, 聂海燕, 1998, 伏牛山侧跗叶蜂和金叶蜂属四新种(膜翅目: 叶蜂科). 见: 申效诚, 时振亚. 《伏牛山区昆虫》. 北京: 中国农业科技出版社, 142~145.

魏美才, 聂海燕, 1998, 伏牛山钝颊叶蜂属五新种(膜翅目: 叶蜂科). 见: 申效诚, 时振亚. 《伏牛山区昆虫》. 北京: 中国农业科技出版社, 146~151.

魏美才, 聂海燕, 1998, 伏牛山叶蜂属十六新种(膜翅目: 叶蜂科). 见: 申效诚, 时振亚. 《伏牛山区昆虫》. 北京: 中国农业科技出版社, 188~200.

魏美才, 聂海燕, 1998, 伏牛山元叶蜂属新种记述(膜翅目: 叶蜂科). 见: 申效诚, 时振亚. 《伏牛山区昆虫》. 北京: 中国农业科技出版社, 131~135.

魏美才, 聂海燕, 1998, 河南伏牛山宽腹叶蜂属新种记述(膜翅目: 叶蜂科). 见: 申效诚, 时振亚.《伏牛山区昆虫》. 北京: 中国农业科技出版社, 152~161.

魏美才，聂海燕，1998，河南伏牛山细叶蜂属十一新种(膜翅目：叶蜂科). 见：申效诚，时振亚.《伏牛山区昆虫》. 北京：中国农业科技出版社, 162~169.

魏美才，聂海燕，1998，河南伏牛山叶蜂属五新种(膜翅目：叶蜂科). 见：申效诚，时振亚.《伏牛山区昆虫》. 北京：中国农业科技出版社, 170~175.

魏美才，聂海燕，1999，伏牛山南坡蕨叶蜂科新类群(膜翅目：叶蜂亚目). 见：申效诚，裴海潮.《伏牛山南坡及大别山区昆虫》. 北京：中国农业科技出版社, 92~97.

魏美才，聂海燕，1999，河南大别山区叶蜂十五新种(膜翅目：叶蜂亚目). 见：申效诚，裴海潮.《伏牛山南坡及大别山区昆虫》. 北京：中国农业科技出版社, 167~187.

魏美才，聂海燕, 1999，河南伏牛山南坡茎蜂科一新种(膜翅目：茎蜂亚目). 见：申效诚，裴海潮.《伏牛山南坡及大别山区昆虫》. 北京：中国农业科技出版社, 136~137.

魏美才，聂海燕, 1999，河南伏牛山南坡叶蜂亚科新类群(膜翅目：叶蜂亚目：叶蜂科). 见：申效诚，裴海潮.《伏牛山南坡及大别山区昆虫》. 北京：中国农业科技出版社, 102~106.

魏美才，聂海燕, 1999，河南叶蜂新种记述(膜翅目：叶蜂亚目). 见：申效诚，裴海潮.《伏牛山南坡及大别山区昆虫》. 北京：中国农业科技出版社, 152~166.

魏美才，聂海燕, 2002，河南省侧跗叶蜂属新种和新亚种(膜翅目：叶蜂科). 见：申效诚，赵永谦.《太行山及桐柏山区昆虫》. 北京：中国农业科技出版社, 119~126.

魏美才，聂海燕, 2002，河南省齿唇叶蜂属二新种(膜翅目：叶蜂科). 见：申效诚，赵永谦.《太行山及桐柏山区昆虫》. 北京：中国农业科技出版社, 115~118.

魏美才，聂海燕, 2002，河南省隐斑叶蜂属一新种(膜翅目：叶蜂科). 见：申效诚，赵永谦.《太行山及桐柏山区昆虫》. 北京：中国农业科技出版社, 112~114.

魏美才，聂海燕, 2002，河南西部叶蜂属七新种(膜翅目：叶蜂科). 见：申效诚，赵永谦.《太行山及桐柏山区昆虫》. 北京：中国农业科技出版社, 127~137.

魏美才，聂海燕, 2002，河南叶蜂属白端组三新种(膜翅目：叶蜂科). 见：申效诚，赵永谦.《太行山及桐柏山区昆虫》. 北京：中国农业科技出版社, 148~153.

魏美才，聂海燕，2002，河南叶蜂属六新种(膜翅目：叶蜂科). 见：申效诚，赵永谦.《太行山及桐柏山区昆虫》. 北京：中国农业科技出版社, 154~162.

魏美才，聂海燕, 2002，河南叶蜂属绿斑组五新种(膜翅目：叶蜂科). 见：申效诚，赵永谦.《太行山及桐柏山区昆虫》. 北京：中国农业科技出版社, 163~170.

魏美才，聂海燕, 2003，三节叶蜂科. 见：黄邦侃.《福建昆虫志 第七卷》，福州：福建科学技术出版社, 165~183.

魏美才，聂海燕，肖炜等，2008，河南省叶蜂种类名录(膜翅目：叶蜂亚目，树蜂亚目，茸蜂亚目、茎蜂亚目). 见：申效诚，鲁传涛.《宝天曼自然保护区昆虫》. 北京：中国农业科学技术出版社, 198~215.

魏美才，牛耕耘, 2007，中国粘叶蜂属一新种(膜翅目：叶蜂科). 昆虫分类学报, 29(4): 301~305.

魏美才，牛耕耘, 2008，中国突瓣叶蜂属一新种(膜翅目，叶蜂科)及于氏突瓣叶蜂雌性描述. 动物分类学报, 33(3): 615~618.

魏美才，牛耕耘, 2008，中国细锤角叶蜂属一新种. 昆虫分类学报, 30(1): 57~60.

魏美才，牛耕耘, 2009，中国叶蜂属二新种(膜翅目，叶蜂科). 动物分类学报, 34(2): 241~247.

魏美才，牛耕耘，刘飞, 2010，叶蜂科. 见：任国栋.《六盘山无脊椎动物》，保定：河北大学出版社, 335~354.

魏美才，牛耕耘，钟义海, 2008, 2003~2006 年河南叶蜂考察报告. 见：申效诚，鲁传涛.《宝天曼自然保护区昆虫》. 北京：中国农业科学技术出版社, 167~197.

魏美才，王邦磊，1999，伏牛山南坡蔺叶蜂科新类群(膜翅目：叶蜂亚目). 见：申效诚，裴海潮.《伏牛山南坡及大别山区昆虫》. 北京：中国农业科技出版社, 123~127.

魏美才，王平格, 2002，河南蕨叶蜂科三新种(膜翅目：叶蜂总科). 见：申效诚，赵永谦.《太行山及桐柏山区昆虫》. 北京：中国农业科技出版社, 63~68.

魏美才，文军，1998，伏牛山平背叶蜂亚科五新种(膜翅目：叶蜂科). 见：申效诚，时振亚.《伏牛山区昆虫》. 北京：中国农业科技出版社, 136~141.

魏美才，文军，1999，伏牛山南坡三节叶蜂科六新种(膜翅目：叶蜂亚目). 见：申效诚，裴海潮.《伏牛山南坡及大别山区昆虫》. 北京：中国农业科技出版社, 128~137.

魏美才，朱雨行, 1999，伏牛山南坡平背叶蜂亚科二新种(膜翅目：叶蜂亚目：叶蜂科). 见：申效诚，裴海潮.《伏牛山南坡及大别山区昆虫》. 北京: 中国农业科技出版社, 98~101.
魏美才, 文军, 2002, 河南三节叶蜂科五新种(膜翅目: 叶蜂亚目). 见: 申效诚, 赵永谦.《太行山及桐柏山区昆虫》. 北京: 中国农业科技出版社, 50~56.
魏美才, 文军, 邓铁军, 1999, 鸡公山叶蜂九新种(膜翅目: 叶蜂科, 三节叶蜂科). 见: 申效诚, 邓桂芬.《鸡公山区昆虫》. 北京: 中国农业科技出版社, 21~32.
魏美才, 文军, 邓铁军, 1999, 膜翅目: 叶蜂科, 三节叶蜂科, 扁叶蜂科. 见: 申效诚, 邓桂芬.《鸡公山区昆虫》. 北京: 中国农业科技出版社, 137~139.
魏美才, 文军, 聂海燕, 1998, 膜翅目: 叶蜂亚目, 树蜂亚目, 茎蜂亚目. 见: 申效诚, 时振亚.《伏牛山区昆虫》. 北京: 中国农业科技出版社, 312~321.
魏美才, 肖炜, 1999, 伏牛山南坡长颈蜂科三新属新种 (膜翅目: 树蜂亚目). 见: 申效诚, 裴海潮.《伏牛山南坡及大别山区昆虫》. 北京: 中国农业科技出版社, 142~148.
魏美才, 肖炜, 1999, 河南伏牛山扁蜂科扁蜂属一新种(膜翅目: 树蜂亚目). 见: 申效诚, 裴海潮.《伏牛山南坡及大别山区昆虫》. 北京: 中国农业科技出版社, 149~151.
魏美才, 肖炜, 张松山, 1999, 膜翅目: 叶蜂亚目, 树蜂亚目, 梨室蜂亚目, 茎蜂亚目. 见: 申效诚, 裴海潮.《伏牛山南坡及大别山区昆虫》. 北京: 中国农业科技出版社, 355~372.
魏美才, 钟义海, 2002, 河南伏牛山方颜叶蜂属新种和新亚种(膜翅目: 叶蜂科). 见: 申效诚, 赵永谦.《太行山及桐柏山区昆虫》. 北京: 中国农业科技出版社, 235~239.
魏美才, 钟义海, 2002, 河南西部方颜叶蜂属九新种(膜翅目: 叶蜂科). 见: 申效诚, 赵永谦.《太行山及桐柏山区昆虫》. 北京: 中国农业科技出版社, 224-234.
魏美才, 钟义海, 2002, 河南叶蜂属九新种(膜翅目: 叶蜂科). 见: 申效诚, 赵永谦.《太行山及桐柏山区昆虫》. 北京: 中国农业科技出版社, 240~252.
魏美才, 钟义海, 陈明利, 2002, 膜翅目: 叶蜂亚目, 茸蜂亚目, 树蜂亚目, 茎蜂亚目. 见: 申效诚, 赵永谦, 2002,《太行山及桐柏山区昆虫》. 北京: 中国农业科技出版社, 394~427.
魏美才, 钟义海, 牛耕耘, 2008, 河南叶蜂两新亚种和新异名(膜翅目: 叶蜂科). 见: 申效诚, 鲁传涛.《宝天曼自然保护区昆虫》. 北京: 中国农业科学技术出版社, 27~31.
魏美才等, 2005, 三节叶蜂科, 锤角叶蜂科, 叶蜂科. 见: 杨茂发等.《贵州大沙河昆虫》. 贵阳: 贵州人民出版社, 428~463.
魏忠民, 武春生, 2005, 中国云粉蝶属分类研究(鳞翅目: 粉蝶科). 动物分类学报, 30(4): 815~821.
魏重生, 蔡平, 1998, 广头叶蝉属二新种. 昆虫分类学报, 20(2): 119~122.
温小军, 韦静, 陈汉彬, 2007, 河南省蚋属一新种(双翅目: 蚋科). 昆虫分类学报, 29(4): 290~292.
文军, 魏美才, 1998, 伏牛山三节叶蜂科新种记述(膜翅目: 叶蜂亚目). 见: 申效诚, 时振亚.《伏牛山区昆虫》. 北京: 中国农业科技出版社, 100~114.
文军, 魏美才, 2002, 河南三节叶蜂科三新种(膜翅目: 叶蜂亚目). 见: 申效诚, 赵永谦.《太行山及桐柏山区昆虫》. 北京: 中国农业科技出版社, 57~62.
问锦曾, 1981, 华北黍芒蝇的记述. 昆虫分类学报, 3(1): 34.
问锦曾, 1985, 三种蛀茎潜蝇的记述. 昆虫分类学报, 7(2): 109~113.
吴鸿, 1995, 华东百山祖昆虫. 北京: 中国林业出版社.
吴鸿, 1998, 龙王山昆虫. 北京: 中国林业出版社.
吴鸿, 1998, 龙王山昆虫. 北京: 中国林业出版社.
吴鸿, 1999, 河南鸡公山菌蚊四新种(双翅目: 菌蚊科). 见: 申效诚, 邓桂芬.《鸡公山区昆虫》. 北京: 中国农业科技出版社, 33~36.
吴鸿, 1999, 双翅目: 菌蚊科. 见: 申效诚, 邓桂芬.《鸡公山区昆虫》. 北京: 中国农业科技出版社, 144~145.
吴鸿, 潘承文, 2001, 天目山昆虫. 北京: 科学出版社.
吴鸿, 杨集昆, 1997, 河南白云山菌蚊四新种. 昆虫分类学报, 19(4): 297~302.
吴鸿, 杨集昆, 1998, 双翅目: 菌蚊科. 见: 申效诚, 时振亚.《伏牛山区昆虫》. 北京: 中国农业科技出版社, 339~340.
吴鸿, 杨集昆, 2003, 菌蚊科. 见: 黄邦侃.《福建昆虫志 第八卷》, 福州: 福建科学技术出版社, 146~175.
吴铱, 彭中允, 1954, 河南小麦沟金针虫的研究. 昆虫学报, 4(2): 125~138.

吴厚永, 1990, 蚤类. 见: 柳支英, 陆宝麟. 《医学昆虫学》. 北京: 科学出版社.
吴厚永, 刘泉, 1999, 蚤目. 见: 郑乐怡, 归鸿. 《昆虫分类》. 南京: 南京师范大学出版社, 757~781..
吴厚永, 刘泉, 鲁亮, 1999, 新中国建国五十年来蚤类研究概况. 寄生虫与医学昆虫学报, 6(3): 129~141.
吴伟南, 1997, 中国经济昆虫志 第五十三册 蜱螨亚纲 植绥螨科. 北京: 科学出版社.
吴燕如, 2000, 中国动物志 昆虫纲 第二十卷 膜翅目 准蜂科 蜜蜂科. 北京: 科学出版社.
吴燕如, 2006, 中国动物志 昆虫纲 第四十四卷 膜翅目 切叶蜂科. 北京: 科学出版社.
吴燕如, 周勤, 1996, 中国经济昆虫志 第五十二册 膜翅目 泥蜂科. 北京: 科学出版社.
武春生, 1997, 中国动物志 昆虫纲 第七卷 鳞翅目 祝蛾科. 北京: 科学出版社.
武春生, 2001, 中国动物志 昆虫纲 第二十五卷 鳞翅目 凤蝶科 凤蝶亚科 锯凤蝶亚科 绢蝶亚科. 北京: 科学出版社.
武春生, 2008, 河南齿刺蛾属一新种(鳞翅目: 刺蛾科). 见: 申效诚, 鲁传涛. 《宝天曼自然保护区昆虫》. 北京: 中国农业科学技术出版社, 7~8.
武春生, 2008, 鳞翅目: 枯叶蛾科. 见: 申效诚, 鲁传涛. 《宝天曼自然保护区昆虫》. 北京: 中国农业科学技术出版社, 123~125.
武春生, 方承莱, 2003, 中国昆虫志 昆虫纲 第三十一卷 鳞翅目 舟蛾科. 北京: 科学出版社.
武春生, 方承莱, 2010, 河南昆虫志 鳞翅目 刺蛾科 枯叶蛾科 舟蛾科 灯蛾科 毒蛾科 鹿蛾科. 北京: 科学出版社.
武春生, 方承莱, 2009, 中国眉刺蛾属分类研究. 昆虫学报, 52(5): 561~566.
武春生, 申效诚, 2008, 鳞翅目: 刺蛾科. 见: 申效诚, 鲁传涛.《宝天曼自然保护区昆虫》. 北京: 中国农业科学技术出版社, 115~122.
武春生, 申效诚, 2008, 鳞翅目: 鹿蛾科, 见: 申效诚, 鲁传涛.《宝天曼自然保护区昆虫》. 北京: 中国农业科学技术出版社, 126~127.
武春生, 孙浩, 2008, 暗齿舟蛾一新亚种记述(鳞翅目: 舟蛾科). 见: 申效诚, 鲁传涛. 《宝天曼自然保护区昆虫》. 北京: 中国农业科学技术出版社, 9~10.
武春生, 孙浩, 2008, 鳞翅目: 舟蛾科. 见: 申效诚, 鲁传涛. 《宝天曼自然保护区昆虫》. 北京: 中国农业科学技术出版社, 128~138.
武吉华, 张绅, 江源等, 2004, 植物地理学. 北京: 高等教育出版社.
武三安, 1999, 河南伏牛山粉蚧科六新种记述(同翅目: 蚧总科). 见: 申效诚, 裴海潮.《伏牛山南坡及大别山区昆虫》. 北京: 中国农业科技出版社, 17~23.
武三安, 1999, 同翅目: 蚧亚目. 见: 申效诚, 邓桂芬. 《鸡公山区昆虫》. 北京: 中国农业科技出版社, 92~93.
武三安, 1999, 同翅目: 蚧总科. 见: 申效诚, 裴海潮. 《伏牛山南坡及大别山区昆虫》. 北京: 中国农业科技出版社, 231~235.
武三安, 2001, 蚧总科. 见: 吴鸿, 潘承文. 《天目山昆虫》. 北京: 科学出版社, 250~258.
武三安, 2007, 花生新珠蚧的学名考证. 昆虫分类学报, 29(3), 199~204.
武三安, 刘锦, 2009, 中国隙毡蚧属一新种(半翅目, 毡蚧科). 动物分类学报, 34(2): 221~223.
夏凯龄等, 1994, 中国动物志 昆虫纲 第四卷 直翅目 蝗总科 癞蝗科 瘤锥蝗科 锥头蝗科. 北京: 科学出版社.
萧采瑜, 任树芝, 郑乐怡等, 1981, 中国蝽类昆虫鉴定手册(二). 北京: 科学出版社.
萧采瑜等, 1977, 中国蝽类昆虫鉴定手册(一). 北京: 科学出版社.
萧刚柔, 2002, 中国扁叶蜂. 北京: 中国林业出版社.
萧蓉萍等, 1989, 郑州市花木类蚧虫名录. 河南农业大学学报, 23(1): 88~95.
肖晖, 1998, 膜翅目: 小蜂总科. 见: 申效诚, 时振亚. 《伏牛山区昆虫》. 北京: 中国农业科技出版社, 327~329.
肖晖, 黄大卫, 2000, 河南伏牛山区金小蜂调查及一新种描述. 动物分类学报, 25(3): 330~336.
肖晖, 黄大卫, 2001, 中国棍角金小蜂属研究(膜翅目: 金小蜂科). 动物分类学报, 26(3): 342~245.
肖云丽, 李后魂, 2009, 中国连宇谷蛾属一新种记述(鳞翅目, 谷蛾科). 动物分类学报, 34(2): 234~236.
谢荣栋, 1998, 双尾目. 见: 申效诚, 时振亚. 《伏牛山区昆虫》. 北京: 中国农业科技出版社, 206.
谢荣栋, 1999, 双尾纲. 见: 郑乐怡, 归鸿. 《昆虫分类》. 南京: 南京师范大学出版社, 73~80.
忻介六, 1988, 农业螨类学. 北京: 农业出版社.
徐广, 时振亚, 1996, 中国跳小蜂科三新记录种(膜翅目: 跳小蜂科). 河南农业大学学报, 30(2): 121.
徐桂兰等, 2002, 中国河南宽突叶蝉属一新种(同翅目: 叶蝉科: 片角叶蝉亚科). 见: 申效诚, 赵永谦.《太行山及桐柏山区昆虫》. 北京: 中国农业科技出版社, 13~15.

徐华潮, 吴鸿等, 2005, 双翅目: 菌蚊科. 见: 杨星科. 《秦岭西段及甘南地区昆虫》, 北京: 科学出版社, 713~718.

徐家生, 任应党, 李后魂, 2005, 螟蛾科. 见: 杨茂发等. 《贵州大沙河昆虫》. 贵阳: 贵州人民出版社, 304~329.

徐振国, 1997, 青海小蛾类图鉴. 北京: 中国农业科技出版社.

徐志宏, 何俊华, 1997, 中国瓢虫跳小蜂属四新种(膜翅目: 跳小蜂科). 武夷科学, 13: 85～93.

徐志宏, 黄建, 2004, 中国介壳虫寄生蜂志. 上海: 上海科学技术出版社.

许国庆, 殷绥公, 1994, 中国细须螨属一新种(蜱螨亚纲: 细须螨科). 动物分类学报, 19(3): 306~308.

许荣满, 1983, 我国原虻属三新种记述(双翅目: 虻科). 动物分类学报, 8(1): 86~90.

许维岸, 何俊华, 陈学新, 2001, 茧蜂科: 小腹茧蜂属. 见: 吴鸿, 潘承文. 《天目山昆虫》. 北京: 科学出版社, 734~735.

许再福, 何俊华, 2001, 螯蜂科, 梨头蜂科. 见: 吴鸿, 潘承文. 《天目山昆虫》. 北京: 科学出版社, 736~739.

薛大勇, 1999, 中国动物志 昆虫纲 第十五卷 鳞翅目 尺蛾科 花尺蛾亚科. 北京: 科学出版社.

薛大勇, 韩红香, 2005, 鳞翅目: 尺蛾科. 见: 杨星科. 《秦岭西段及甘南地区昆虫》. 北京: 科学出版社, 588~627.

薛万琦, 1996, 丽蝇科. 见: 薛万琦. 《中国蝇类》, 沈阳: 辽宁科学技术出版社, 1366~1517.

薛万琦, 1996, 麻蝇科. 见: 薛万琦. 《中国蝇类》, 沈阳: 辽宁科学技术出版社, 1518~1660.

薛万琦, 1996, 蝇科. 见: 薛万琦.《中国蝇类》, 沈阳: 辽宁科学技术出版社, 836~1365.

薛万琦, 1996, 中国蝇类. 沈阳: 辽宁科学技术出版社.

薛晓峰, 宋子伟, 王稹, 2008, 中国羽爪瘿螨科区系分析. 见: 申效诚, 张润志, 任应党. 《昆虫分类与分布》, 北京: 中国农业科学技术出版社, 289~297.

薛银根, 罗梅浩, 郭线茹, 1992, 河南省小石蛾科分类研究(昆虫纲: 毛翅目). 河南农业大学学报, 26(4): 353~356.

薛银根, 王合中, 1995, 小石蛾属一新种记述(脉翅目: 小石蛾科). 昆虫分类学报, 17(3): 208~210.

薛银根, 杨莲芳, 1990, 中国小石蛾科七新种记述(昆虫纲: 毛翅目). 河南农业大学学报, 24(1): 124-131.

薛银根, 杨莲芳, 1991, 中国小石蛾科六新纪录种(昆虫纲: 毛翅目). 河南农业大学学报, 25(1): 19-23.

杨定, 1998, 双翅目: 舞虻科, 长足虻科, 蜂虻科. 见: 申效诚, 时振亚. 《伏牛山区昆虫》. 北京: 中国农业科技出版社, 344~345.

杨定, 1999, 河南粗柄剑虻属一新种(双翅目: 剑虻科). 见: 申效诚, 裴海潮. 《伏牛山南坡及大别山区昆虫》. 北京: 中国农业科技出版社, 186~188.

杨定, 1999, 河南鸡公山大蚊科二新种(双翅目: 大蚊总科). 见: 申效诚, 邓桂芬. 《鸡公山区昆虫》. 北京: 中国农业科技出版社, 37~40.

杨定, 1999, 河南鸡公山沼大蚊科一新种(双翅目: 大蚊总科). 见: 申效诚, 邓桂芬. 《鸡公山区昆虫》. 北京: 中国农业科技出版社, 41~43.

杨定, 1999, 双翅目: 大蚊总科. 见: 申效诚, 邓桂芬. 《鸡公山区昆虫》. 北京: 中国农业科技出版社, 146.

杨定, 2009, 河北动物志 双翅目. 北京: 中国农业科学技术出版社.

杨定, 安淑文, 高彩霞, 2002, 河南舞虻科新种记述. 见: 申效诚, 赵永谦. 《太行山及桐柏山区昆虫》. 北京: 中国农业科技出版社, 30~38.

杨定, 高彩霞, 2002, 广翅目: 齿蛉科. 见: 申效诚, 赵永谦.《太行山及桐柏山区昆虫》. 北京: 中国农业科技出版社, 280.

杨定, 高彩霞, 安淑文, 2002, 河南木虻科一新种(双翅目: 短角亚目). 见: 申效诚, 赵永谦. 《太行山及桐柏山区昆虫》. 北京: 中国农业科技出版社, 25~26.

杨定, 刘星月, 2010, 中国动物志 昆虫纲 第五十一卷 广翅目. 北京: 科学出版社.

杨定, 三支丰平, 1999, 河南长足虻科新种记述(双翅目: 舞虻总科). 见: 申效诚, 裴海潮. 《伏牛山南坡及大别山区昆虫》. 北京: 中国农业科技出版社, 189~210

杨定, 三支丰平, 1999, 双翅目: 长足虻科. 见: 申效诚, 裴海潮. 《伏牛山南坡及大别山区昆虫》. 北京: 中国农业科技出版社, 380~385.

杨定, 三支丰平, 2002, 双翅目: 舞虻科. 见: 申效诚, 赵永谦. 《太行山及桐柏山区昆虫》. 北京: 中国农业科技出版社, 389~392.

杨定, 王孟卿, 朱雅君等, 2010, 河南昆虫志 双翅目 舞虻总科. 北京: 科学出版社.

杨定, 王晓东, 1998, 河南舞虻科三新种(双翅目). 见: 申效诚, 时振亚. 《伏牛山区昆虫》. 北京: 中国农业科技出版社, 86~89.

杨定, 杨集昆, 1998, 河南省姬蜂虻属一新种(双翅目: 蜂虻科). 见: 申效诚, 时振亚. 《伏牛山区昆虫》. 北京: 中国农业科技出版社, 90~91.
杨定, 杨集昆, 1999, 广翅目. 见: 郑乐怡, 归鸿. 《昆虫分类》, 南京: 南京师范大学出版社, 525~530.
杨定, 杨集昆, 2004, 中国动物志 昆虫纲 第三十四卷 双翅目 舞虻科 螳舞虻亚科 驼舞虻亚科. 北京: 科学出版社.
杨定, 杨集昆, 李竹, 1998, 河南长足虻科三新种(双翅目). 见: 申效诚, 时振亚. 《伏牛山区昆虫》. 北京: 中国农业科技出版社, 81~85.
杨定, 张莉莉, 王梦卿等, 2011, 中国动物志 昆虫纲 第五十三卷 双翅目 长足虻科. 北京: 科学出版社.
杨定, 祝芳, 高彩霞, 2002, 河南鹬虻科二新种(双翅目: 短角亚目). 见: 申效诚, 赵永谦. 《太行山及桐柏山区昆虫》. 北京: 中国农业科技出版社, 27~29.
杨定, 祝芳, 高彩霞, 2002, 双翅目: 鹬虻科, 木虻科. 见: 申效诚, 赵永谦. 《太行山及桐柏山区昆虫》. 北京: 中国农业科技出版社, 393.
杨定, 祝芳, 胡学友, 1999, 河南省缟蝇科新种记述(双翅目: 无瓣蝇类). 见: 申效诚, 裴海潮.《伏牛山南坡及大别山区昆虫》. 北京: 中国农业科技出版社, 211~217.
杨定, 祝芳, 胡学友, 1999, 双翅目: 缟蝇科. 见: 申效诚, 裴海潮. 《伏牛山南坡及大别山区昆虫》. 北京: 中国农业科技出版社, 386~387.
杨彩玲, 张雅林, 2000, 河南横脊叶蝉属一新种. 见: 张雅林. 《昆虫分类区系研究》, 中国农业出版社, 43~45.
杨集昆, 1979, 珠蛉科研究. 昆虫分类学报, 1(1): 35~48.
杨集昆, 1994, 斑衣蜡蝉螯蜂新种及生物学纪要(膜翅目: 螯蜂科). 见: 申效诚, 时振亚. 《河南昆虫分类区系研究 第一卷》. 北京: 中国农业科技出版社, 37~44.
杨集昆, 1998, 河南省新记录的叶蝇科及一新种(双翅目: 无瓣蝇类). 见: 申效诚, 时振亚. 《伏牛山区昆虫》. 北京: 中国农业科技出版社, 95~96.
杨集昆, 1998, 脉翅目. 见: 申效诚, 时振亚. 《伏牛山区昆虫》. 北京: 中国农业科技出版社, 255.
杨集昆, 1998, 蛇蛉目. 见: 申效诚, 时振亚, 1998, 《伏牛山区昆虫》. 北京: 中国农业科技出版社, 254.
杨集昆, 1998, 双翅目: 尖翅蝇科, 隐芒蝇科, 叶蝇科, 刺股蝇科, 拙蝇科. 见: 申效诚, 时振亚. 《伏牛山区昆虫》. 北京: 中国农业科技出版社, 341~342.
杨集昆, 1998, 双翅目: 毛蚊科, 殊蠓科. 见: 申效诚, 时振亚. 《伏牛山区昆虫》. 北京: 中国农业科技出版社, 332.
杨集昆, 1998, 双翅目: 眼蕈蚊科. 见: 申效诚, 时振亚. 《伏牛山区昆虫》. 北京: 中国农业科技出版社, 335~338.
杨集昆, 1998, 双千豫蛇蛉新亚属新种记述(蛇蛉目: 蛇蛉科). 见: 申效诚, 时振亚. 《伏牛山区昆虫》. 北京: 中国农业科技出版社, 59~61.
杨集昆, 1999, 脉翅目. 见: 郑乐怡, 归鸿. 《昆虫分类》, 南京: 南京师范大学出版社, 541~563.
杨集昆, 1999, 捻翅目. 见: 郑乐怡, 归鸿. 《昆虫分类》, 南京: 南京师范大学出版社, 653~665.
杨集昆, 陈红叶, 1998, 河南尖翅蝇科初报及一新种(双翅目: 无缝蝇类). 见: 申效诚, 时振亚. 《伏牛山区昆虫》. 北京: 中国农业科技出版社, 92~94.
杨集昆, 程桂芳, 1997, 河南省伏牛山毛蚊科三新种(双翅目: 长角亚目). 昆虫分类学报, 19(4): 303~307.
杨集昆, 崔美香, 1998, 河南省殊蠓科初报及一新种. 见: 申效诚, 时振亚. 《伏牛山区昆虫》. 北京: 中国农业科技出版社, 68~70.
杨集昆, 彭勇政, 1998, 伏牛山螳蛉一新种(脉翅目: 螳蛉科). 见: 申效诚, 时振亚. 《伏牛山区昆虫》. 北京: 中国农业科技出版社, 62~63
杨集昆, 杨春清, 1998, 河南隐芒蝇科初报及二新种(双翅目: 无瓣蝇类). 见: 申效诚, 时振亚. 《伏牛山区昆虫》. 北京: 中国农业科技出版社, 97~99.
杨集昆, 张学敏, 杨春清, 1998, 河南省新记录的眼蕈蚊及十五新种(双翅目: 眼蕈蚊科). 见: 申效诚, 时振亚. 《伏牛山区昆虫》. 北京: 中国农业科技出版社, 71~80.
杨晋宇, 2002, 中国管巢蛛属一新记录种(蜘蛛目: 管巢蛛科). 见: 申效诚, 赵永谦. 《太行山及桐柏山区昆虫》. 北京: 中国农业科技出版社, 257~258.
杨连芳, 王备新, 杨维芳, 2004, 毛翅目. 见: 杨星科. 《广西十万大山地区昆虫》, 北京: 中国林业出版社, 391-395.
杨莲芳, 田立新, 1999, 毛翅目. 见: 郑乐怡, 归鸿. 《昆虫分类》. 南京: 南京师范大学出版社, 782~804.
杨莲芳, 王备新, 冷科明, 1997, 伏牛山毛翅目昆虫七新种. 昆虫分类学报, 19(4): 279~288.

杨莲芳, 薛银根, 1992, 中国小石蛾科六新种记述. 昆虫分类学报, 14(1): 26~34.
杨茂发等, 2005, 贵州大沙河昆虫. 贵阳: 贵州人民出版社.
杨平澜, 1982, 中国蚧虫分类概要. 上海: 上海科学技术出版社.
杨新芳, 1994, 河南省半翅目昆虫新纪录. 见: 申效诚, 时振亚. 《河南昆虫分类区系研究 第一卷》. 北京: 中国农业科技出版社, 28~32.
杨星科, 1997, 长江三峡库区昆虫. 重庆: 重庆出版社.
杨星科, 1998, 鞘翅目: 叶甲科, 萤叶甲亚科. 见: 申效诚, 时振亚. 《伏牛山区昆虫》. 北京: 中国农业科技出版社, 311.
杨星科, 2004, 广西十万大山地区昆虫. 北京: 科学出版社.
杨星科, 2004, 西藏雅鲁藏布大峡谷昆虫. 北京: 中国科学技术出版社.
杨星科, 2005, 秦岭西段及甘南地区昆虫. 北京: 科学出版社.
杨星科, 2005, 外来入侵种——强大小蠹. 北京: 中国林业出版社.
杨星科, 杨集昆, 李文柱, 2005, 中国动物志 昆虫纲 第三十九卷 脉翅目 草蛉科. 北京: 科学出版社.
杨星科, 赵建铭. 2000, 中国昆虫分类研究的五十年. 昆虫知识, 37(1): 1～11.
杨秀娟, 任国栋, 2007, 拟步甲科. 见: 李子忠, 杨茂发, 金道超. 《雷公山景观昆虫》, 贵阳: 贵州科技出版社, 255-259.
杨秀元, 吴坚, 1981, 中国森林昆虫名录. 北京: 中国林业出版社.
杨一帆, 2009, 河南蝶类三新纪录种. 河南科学, 27(10): 1224-1225.
杨有乾, 1975, 河南园林昆虫图册. 河南农学院铅印本.
杨有乾, 1978, 天敌昆虫. 郑州: 河南人民出版社.
杨有乾, 1985, 河南省森林昆虫区划初探. 河南农业大学学报, 19(2): 139~148.
杨有乾, 1988, 河南森林昆虫志. 郑州: 河南科技出版社.
杨有乾, 司胜利, 1994, 河南省农业昆虫地理区划初探. 华北农学报, 9(2): 88~94.
杨有乾, 周亚君, 1966, 新郑枣尺蠖的生物学特性. 林业科学, 11(3).
杨玉霞, 任国栋, 2005, 芫菁科分类研究进展(鞘翅目: 拟步甲总科). 见: 任国栋, 张润志, 石福明.《昆虫分类与多样性》. 北京: 中国农业科学技术出版社, 228~234.
杨玉霞, 任国栋, 2007, 中国毛胫豆芫青组分类研究. 动物分类学报, 32(3): 711~715.
杨忠歧, 1996, 中国小蠹虫寄生蜂. 北京: 科学出版社.
杨忠歧, 1998, 膜翅目: 冠蜂总科, 瘿蜂总科, 小蜂总科, 姬蜂总科. 见: 申效诚, 时振亚. 《伏牛山区昆虫》. 北京: 中国农业科技出版社, 322~325.
杨忠歧, 杨宗武, 魏建荣, 1997, 伏牛山小蜂科二新种. 昆虫分类学报, 19(4): 308~312.
殷海生, 刘宪伟, 1995, 中国蟋蟀总科和蝼蛄总科分类概要. 上海: 上海科学技术文献出版社.
殷海生, 茅洪新, 杨淑贞等, 2001, 蜜蜂总科. 见: 吴鸿, 潘承文. 《天目山昆虫》. 北京: 科学出版社, 749~753.
殷海生, 章伟年, 刘祖尧等, 1998, 同翅目: 蝉总科, 沫蝉总科, 蜡蝉总科. 见: 申效诚, 时振亚. 《伏牛山区昆虫》. 北京: 中国农业科技出版社, 237~239.
殷蕙芬, 黄复生, 李兆麟, 1984, 中国经济昆虫志 第二十九册 鞘翅目 小蠹科. 北京: 科学出版社.
尹长民等, 1997, 中国动物志 蛛形纲 园蛛科. 北京: 科学出版社.
尹文英, 1999, 衣鱼目. 见: 郑乐怡, 归鸿. 《昆虫分类》. 南京: 南京师范大学出版社, 91~101.
尹文英, 1999, 中国动物志 原尾纲. 北京: 科学出版社.
尹文英, 1999, 中国土壤动物. 北京: 科学出版社.
尹文英, 宋大祥, 杨星科等, 2008, 六足动物(昆虫)系统发生的研究. 北京: 科学出版社.
尹文英, 谢荣栋, 1998, 原尾目. 见: 申效诚, 时振亚. 《伏牛山区昆虫》. 北京: 中国农业科技出版社, 203.
尹文英等, 1998, 中国土壤动物检索图鉴. 北京: 科学出版社.
印象初, 夏凯龄等, 2003, 中国动物志 昆虫纲 第三十二卷 直翅目 蝗总科 槌角蝗科 剑角蝗科. 北京: 科学出版社.
尤大寿, 归鸿, 1995, 中国经济昆虫志 第四十八册 蜉蝣目. 北京: 科学出版社
于海丽, 李后魂, 2002, 鳞翅目: 菜蛾科, 巢蛾科, 雕蛾科. 见: 申效诚, 赵永谦. 《太行山及桐柏山区昆虫》. 北京: 中国农业科技出版社, 281~283.
于思勤, 1986, 河南省蛾类新纪录. 河南农业科学, (7): 21~24.
于思勤, 1987, 河南省尺蛾科昆虫的初步研究. 河南农业大学学报, 21(1): 102~107.

于思勤, 1988, 河南省夜蛾科昆虫区系分析. 河南农业科学, (2): 16~17.
于思勤, 1993, 河南农业昆虫志. 北京: 中国农业科技出版社.
于思勤, 1998, 中国夜蛾科昆虫区系初步研究. 昆虫分类学报, 20(1): 44~50.
虞国跃, 1999, 河南伏牛山瓢虫科新种记述(鞘翅目: 瓢虫科). 见: 申效诚, 裴海潮. 《伏牛山南坡及大别山区昆虫》. 北京: 中国农业科技出版社, 62~73.
虞国跃, 1999, 河南鸡公山瓢虫科二新种记述(鞘翅目: 瓢虫科). 见: 申效诚, 邓桂芬. 《鸡公山区昆虫》. 北京: 中国农业科技出版社, 17~20.
虞国跃, 1999, 鞘翅目: 瓢虫科, 方头甲科. 见: 申效诚, 邓桂芬. 《鸡公山区昆虫》. 北京: 中国农业科技出版社, 131~136.
虞国跃, 1999, 鞘翅目: 瓢虫科. 见: 申效诚, 裴海潮. 《伏牛山南坡及大别山区昆虫》. 北京: 中国农业科技出版社, 336~344.
虞国跃, 李鸿兴, 2004, 鞘翅目: 瓢虫科. 见: 杨星科. 《广西十万大山地区昆虫》, 北京: 中国林业出版社, 326-338.
虞佩玉, 王书永, 杨星科, 1996, 中国经济昆虫志 第五十四册 鞘翅目 叶甲总科(二). 北京: 科学出版社.
虞以新, 2005, 中国蠓科昆虫名录及其检索表. 北京: 军事医学科学出版社.
虞以新, 2006, 中国蠓科昆虫(一, 二卷). 北京: 军事医学科学出版社.
虞以新, 2006, 中国重要蠓类的鉴别. 见: 陆宝麟. 《中国重要医学动物鉴定手册》. 北京: 人民卫生出版社, 178~224.
袁峰, 2008, 中国勇红眼蝶一新亚种记述. 昆虫分类学报, 30(4): 266~270.
袁锋, 田润刚, 徐秋园, 1997, 中国角蝉科一新属四新种. 昆虫分类学报, 19(3): 185~190.
袁锋, 周尧, 2002, 中国动物志 昆虫纲 第二十八卷 同翅目 角蝉总科 犁胸蝉科 角蝉科. 北京: 科学出版社.
瞿逢伊, 钱国正, 1989, 蚊科的区系分布及其演变的初步探讨. 动物分类学报, 14(4): 468~474.
张骏, 1998, 石蛃目. 见: 申效诚, 时振亚. 《伏牛山区昆虫》. 北京: 中国农业科技出版社, 207.
张骏, 1999, 石蛃目. 见: 郑乐怡, 归鸿. 《昆虫分类》, 南京: 南京师范大学出版社, 81~90.
张续, 李后魂, 2008, 鳞翅目: 卷蛾科, 见: 申效诚, 鲁传涛. 《宝天曼自然保护区昆虫》. 北京: 中国农业科学技术出版社, 95~99.
张续, 王淑霞, 2007, 原小卷蛾属分类研究. 动物分类学报, 32(3): 561-563.
张勇, 杨星科, 2004, 中国潜跳甲属分类研究(鞘翅目: 叶甲科: 跳甲亚科). 昆虫分类学报, 27(4): 272~283.
张爱环等, 2005, 卷蛾科(二). 见: 杨茂发等. 《贵州大沙河昆虫》. 贵阳: 贵州人民出版社, 290~300.
张保石, 2007, 河南省蜘蛛分类区系研究. 河北大学博士论文.
张保石, 朱明生, 2008, 蛛形纲: 蜘蛛目. 见: 申效诚, 鲁传涛. 《宝天曼自然保护区昆虫》. 北京: 中国农业科学技术出版社, 225~254.
张春田, 刘家宇, 姚志远等, 2010, 寄蝇科. 见: 任国栋. 《六盘山无脊椎动物》, 保定: 河北大学出版社, 427~452.
张丹丹, 杜艳丽, 尤平等, 2006, 螟蛾科 草螟科. 见: 李子忠, 金道超.《梵净山景观昆虫》. 贵阳: 贵州科技出版社, 357~377.
张丹丹, 杜艳丽. 尤平等, 2002, 鳞翅目: 螟蛾科. 见: 申效诚, 赵永谦. 《太行山及桐柏山区昆虫》. 北京: 中国农业科技出版社, 288~297.
张丹丹, 尤平, 杜艳丽等, 2005, 螟蛾科. 见: 金道超, 李子忠. 《习水景观昆虫》. 贵阳: 贵州科技出版社. 338~363.
张广学, 1999, 西北农林蚜虫志. 北京: 中国环境科学出版社.
张广学, 乔格侠, 钟铁森, 1999, 中国动物志 昆虫纲 第十四卷 同翅目 纩蚜科 瘿绵蚜科. 北京: 科学出版社.
张广学等, 1999, 蚜虫类. 见: 黄邦侃. 《福建昆虫志 第二卷》, 福州: 福建科学技术出版社.
张桂芬, 申效诚, 刘芹轩, 1994, 稻纵卷叶螟寄生性天敌种类和作用. 见: 申效诚, 时振亚. 《河南昆虫分类区系研究 第一卷》. 北京: 中国农业科技出版社, 56~60.
张建民, 段半锁, 2002, 中国梳蓟马属一新种记述(缨翅目: 蓟马科). 《华中昆虫研究 第一卷》, 北京: 中国农业科技出版社, 10~12.
张建民, 段半锁, 2003, 中国指蓟马属一新种记述(缨翅目: 蓟马科). 《华中昆虫研究 第二卷》, 北京: 中国农业出版社, 12~15.
张俊华, 杨定, 2008, 双翅目: 水蝇科, 见: 申效诚, 鲁传涛. 《宝天曼自然保护区昆虫》. 北京: 中国农业科学技术出版社, 58.
张俊华, 周丹, 杨定, 2010, 水蝇科. 见: 任国栋. 《六盘山无脊椎动物》, 保定: 河北大学出版社, 418-419.

张莉莉, 杨定, 2008, 河南长足虻科二新种(双翅目). 见: 申效诚, 鲁传涛. 《宝天曼自然保护区昆虫》. 北京: 中国农业科学技术出版社, 17~20.
张丽杰, 杨星科, 2002, 鞘翅目: 叶甲科: 萤叶甲亚科. 见: 申效诚, 赵永谦. 《太行山及桐柏山区昆虫》. 北京: 中国农业科技出版社, 377~380.
张荣祖, 1979, 1999, 2004, 2011, 中国动物地理. 北京: 科学出版社.
张少冰, 魏美才, 2008, 中国三节叶蜂属三新种(膜翅目, 三节叶蜂科). 动物分类学报, 33(1): 170~175.
张生芳, 刘永平, 2002, 谷盗科. 见: 黄邦侃. 《福建昆虫志 第六卷》, 福州: 福建科学技术出版社, 125~126.
张维球, 1999, 缨翅目. 见: 郑乐怡, 归鸿. 《昆虫分类》, 南京: 南京师范大学出版社, 370~391.
张维球, 童晓立, 1992, 中国呆蓟马属种类及一新种记述(缨翅目: 蓟马科). 动物分类学报, 17(1): 71~74.
张秀江, 1986, 河南省直翅目昆虫研究: 1、蝗虫的种类和区系初报. 河南科学, 4(3、4): 123~134.
张秀江, 1994, 河南省秃蝗亚科裸蝗亚科种类及两新种. 见: 申效诚, 时振业. 《河南昆虫分类区系研究 第一卷》. 北京: 中国农业科技出版社, 8~12.
张秀江, 夏凯龄, 1990, 河南蝗虫一新属一新种. 昆虫分类学报, 7(1): 1~4.
张秀荣, 杨集昆, 1994, 水蜡蛾属一新种. 昆虫分类学报, 16 (4): 275~277.
张雅林, 1990, 中国叶蝉分类研究. 杨凌: 天则出版社.
张雅林, 1994, 中国离脉叶蝉分类. 郑州: 河南科学技术出版社.
张雅林, 戴武, 2001, 角顶叶蝉亚科一新属——背突叶蝉属(同翅目: 叶蝉科). 昆虫分类学报, 23(2): 93~100.
张雅林, 戴武, 杨玲环等, 2005, 同翅目: 叶蝉总科 见: 杨星科. 《秦岭西段及甘南地区昆虫》, 北京: 科学出版社, 125~135.
张雅林, 秦道正, 2004, 中国新纪录属——兜小叶蝉属并记三新种(同翅目, 叶蝉科, 小叶蝉亚科, 小绿叶蝉族). 动物分类学报, 29(2): 276~280.
张雅林, 张文珠, 陈波, 1997, 河南伏牛山缘脊叶蝉亚科种类记述. 昆虫分类学报, 19(4): 235~245.
张艳星, 盛茂领, 2009, 优姬蜂属中国一新记录(膜翅目, 姬蜂科). 动物分类学报, 34(1): 191~192.
张镱锂, 1998, 植物区系地理研究中的重要参数——相似性系数· 地理研究, 7(4): 429～434.
张振中, 尚增强, 2000, 棉根蚜的发生与防治. 植物保护, 26(1).
张志伟, 李后魂, 2009, 拓尖蛾属在中国首次报道及一新种记述(鳞翅目, 尖蛾科). 动物分类学报, 34(1): 46~48.
张志勇, 1989, 我国食用菌害虫初步名录. 豫西农专学报, (1): 52~54.
章士美, 1985, 中国经济昆虫志 第三十一册 半翅目(一). 科学出版社.
章士美, 1995, 中国经济昆虫志 第五十册 半翅目(二). 科学出版社.
章士美, 1996, 昆虫地理学概论. 南昌: 江西科学技术出版社.
章士美, 赵泳祥, 1996, 中国农林昆虫地理分布. 中国农业出版社.
章士美 1994, 江西昆虫名录. 江西科学技术出版社.
章伟年, 殷海生, 刘祖尧等, 1998, 鞘翅目. 见: 申效诚, 时振亚.《伏牛山区昆虫》. 北京: 中国农业科技出版社, 306~310.
章有为, 1999, 鞘翅目: 金龟子总科及埋葬甲科, 锹甲科. 见: 申效诚, 裴海潮. 《伏牛山南坡及大别山区昆虫》. 北京: 中国农业科技出版社, 345~348.
赵华东, 2008, 河南省灯蛾科昆虫物种多样性和分布格局研究. 郑州大学硕士论文.
赵华东, 申效诚, 2008, 中国灯蛾科昆虫的生物地理学研究. 见: 申效诚, 张润志, 任应党. 《昆虫分类与分布》, 北京: 中国农业科学技术出版社, 281~388.
赵化奇, 贺春玲, 2000, 日本双棘长蠹的新寄主及其生活习性. 昆虫知识, 37(5).
赵建铭, 1996, 寄蝇科. 见: 薛万琦.《中国蝇类》, 沈阳: 辽宁科学技术出版社, 1661~2206.
赵建铭, 梁恩义, 史永善等, 2001, 中国动物志 昆虫纲 第二十三卷 双翅目 寄蝇科(一). 北京: 科学出版社.
赵敬钊, 1995, 中国棉虫天敌. 武汉: 武汉出版社.
赵立军, 柯欣, 1999, 弹尾纲. 见: 郑乐怡, 归鸿. 《昆虫分类》, 南京: 南京师范大学出版社, 52~72.
赵玲, 牛瑶, 郑哲民, 2010, 河南蚱属二新种记述(直翅目: 蚱科). 四川动物, 29(2): 197~199.
赵养昌, 1966, 中国仓库害虫. 北京: 科学出版社.
赵仲苓, 2003, 中国动物志 昆虫纲 第三十卷 鳞翅目 毒蛾科. 北京: 科学出版社.
赵仲苓, 2004, 中国动物志 昆虫纲 第三十六卷 鳞翅目 波纹蛾科. 北京: 科学出版社.

甄卉, 李后魂, 2008, 鳞翅目: 麦蛾科. 见: 申效诚, 鲁传涛. 《宝天曼自然保护区昆虫》. 北京: 中国农业科学技术出版社, 89~91.
郑乐怡, 归鸿, 1999, 昆虫分类. 南京: 南京师范大学出版社.
郑乐怡, 李传仁, 张虎芳, 1999, 半翅目: 异翅亚目. 见: 申效诚, 裴海潮. 《伏牛山南坡及大别山区昆虫》. 北京: 中国农业科技出版社, 249~253.
郑乐怡, 刘国卿, 陈晨, 2001, 盲蝽科. 见: 吴鸿, 潘承文. 《天目山昆虫》. 北京: 科学出版社, 265~268.
郑乐怡, 吕楠, 2002, 中国奥盲蝽属及盲蝽亚科新分类单元(半翅目: 盲蝽科). 动物分类学报, 27(3): 498~507.
郑乐怡, 吕楠, 刘国卿等, 2004, 中国动物志 昆虫纲 第三十三卷 半翅目 盲蝽科 盲蝽亚科. 北京: 科学出版社.
郑祥义, 原国辉, 1987, 河南麦田蚜茧蜂研究初报. 河南农业大学学报, 21(3): 314~320.
郑祥义, 原国辉, 1994, 郑州地区花木蚜虫种类初报. 河南农业大学学报, 28(2): 161~165.
郑晓军, 孙天申, 1994, 河南省蛱蝶科二新纪录种. 见: 申效诚, 时振亚. 《河南昆虫分类区系研究 第一卷》. 北京: 中国农业科技出版社, 35~36.
郑晓军, 尹新明, 王高平等, 1999, 鞘翅目: 天牛科. 见: 申效诚, 裴海潮. 《伏牛山南坡及大别山区昆虫》. 北京: 中国农业科技出版社, 349~354.
郑哲民, 2005, 中国西部蚱总科志. 北京: 科学出版社.
郑哲民, 夏凯龄等, 1998, 中国动物志 昆虫纲 第十卷 直翅目 蝗总科 斑翅蝗科 网翅蝗科. 北京: 科学出版社.
中国科学院登山科学考察队, 1988, 西藏南迦巴瓦峰地区昆虫. 北京: 科学出版社.
中国科学院动物研究所, 1982~1986, 中国蛾类图鉴 I~IV. 北京: 科学出版社.
中国科学院青藏高原综合科学考察队, 1982, 西藏昆虫(一、二). 北京: 科学出版社.
中国科学院青藏高原综合科学考察队, 1992, 横断山区昆虫(一、二). 北京: 科学出版社.
中国科学院青藏高原综合科学考察队, 1996, 喀喇昆仑山-昆仑山地区昆虫. 北京: 科学出版社.
钟花, 杨连芳, Morse, 2008, 中国缺叉多距石蛾属六新种. 动物分类学报, 33(3): 600~607.
钟义海, 2002, 中国方颜叶峰属分类研究. 中南林学院硕士毕业论文.
钟义海, 魏美才, 2002, 河南伏牛山方颜叶蜂属六新种(膜翅目: 叶蜂科). 见: 申效诚, 赵永谦.《太行山及桐柏山区昆虫》. 北京: 中国农业科技出版社, 216~223.
钟义海, 魏美才, 2007, 中国方颜叶蜂属(膜翅目, 叶蜂科)*opacifrons* 种团和 *sellata* 种团二新种. 动物分类学报, 32(4): 955~958.
周尧, 1980, 中国昆虫学史. 杨凌: 昆虫分类学报社.
周尧, 1982、1985、1986, 中国盾蚧志 第一、二、三卷. 西安: 陕西科学技术出版社.
周尧, 1994, 中国蝶类志. 郑州: 河南科学技术出版社.
周尧, 花保祯, 1999, 长翅目. 见: 郑乐怡, 归鸿. 《昆虫分类》, 南京: 南京师范大学出版社, 666~673.
周尧, 雷仲仁, 1997, 中国蝉科志. 香港: 香港天则出版社.
周尧, 路进生, 黄桔等, 1985, 中国经济昆虫志 第三十六册 同翅目 蜡蝉总科. 北京: 科学出版社.
周尧, 曾涛, 1999, 盾蚧科. 见: 黄邦侃. 《福建昆虫志 第二卷》, 福州: 福建科学技术出版社, 739~775.
周长发, 2006, 蜉蝣目. 见: 金道超, 李子忠. 《赤水桫椤景观昆虫》, 贵阳: 贵州科技出版社, 61~68.
周长发, 归鸿, 苏翠荣, 1997, 河南省蜉蝣新种记述. 昆虫分类学报, 19(4): 268~272.
周长发, 归鸿, 苏翠荣, 1998, 蜉蝣目. 见: 申效诚, 时振亚. 《伏牛山区昆虫》. 北京: 中国农业科技出版社, 221~222.
周辉凤, 张桂玲, 冯纪年, 2008, 中国片膜蓟马属一新种. 昆虫分类学报, 30(2): 91~94.
周善义, 黄建华, 2002, 膜翅目: 蚁科. 见: 申效诚, 赵永谦. 《太行山及桐柏山区昆虫》. 北京: 中国农业科技出版社, 428~431.
周亚君, 1982, 河南的天牛. 河南农学院学报, 16(1): 34~44.
朱朝东, 黄大卫, 2001, 姬小蜂科. 见: 吴鸿, 潘承文. 《天目山昆虫》. 北京: 科学出版社, 701~707.
朱朝东, 黄大卫, 2004, 膜翅目: 姬小蜂科. 见: 杨星科. 《广西十万大山地区昆虫》, 北京: 中国林业出版社, 576~578.
朱朝东, 黄大卫, 2005, 膜翅目: 姬小蜂科. 见: 杨星科. 《秦陵西段及甘南地区昆虫》, 北京: 科学出版社, 873~875.
朱传典, 毛景英, 1983, 河南省蜘蛛种类调查初报(一)、(二). 河南科技, (1): 12~16; (2): 6~10.
朱传典, 毛景英, 1983, 中国幽灵蛛属二新种(蜘蛛目: 幽灵蛛科). 白求恩医科大学学报, (增刊): 135~137.
朱弘复, 王林瑶, 1991, 中国动物志 昆虫纲 第三卷 鳞翅目 圆钩蛾科 钩蛾科. 北京: 科学出版社.

朱弘复, 王林瑶, 1996, 中国动物志 昆虫纲 第五卷 鳞翅目 蚕蛾科 大蚕蛾科 网蛾科. 北京: 科学出版社.
朱弘复, 王林瑶, 1997, 中国动物志 昆虫纲 第十一卷 鳞翅目 天蛾科. 北京: 科学出版社.
朱弘复, 王林瑶, 韩红香, 2004, 中国动物志 昆虫纲 第三十八卷 鳞翅目 蝙蝠蛾科 蛱蛾科. 北京: 科学出版社.
朱明生, 1998, 中国动物志 蛛形纲 球蛛科. 北京: 科学出版社.
朱明生, 宋大祥, 张俊霞, 2003, 中国动物志 无脊椎动物 第三十五卷 蛛形纲 蜘蛛目 肖蛸科. 北京: 科学出版社.
朱明生, 张保石, 2011, 河南蜘蛛志. 北京: 科学出版社.
祝长清, 1987, 河南农区步甲调查初报. 昆虫天敌, 9(4): 217~219.
祝长清, 朱东明, 尹新明, 1999, 河南昆虫志 鞘翅目(一). 郑州: 河南科学技术出版社.
邹树文, 1981, 中国昆虫学史. 北京: 科学出版社.

Bai Haiyan & Li Houhun, 2009, Review of *Spulerina* (Lepidoptera: Gracillariidae) from China, with description of three new species. *Oriental Insects*, 43: 33-44.

Bai Haiyan, Li Houhun & Kendrick, R.C., 2009, Microlepidoptera of Hong Kong: Checklist of Gracillariidae (Lepidoptera: Gracillarioidea). *SHILAP Revta. Lepid.*, 37(148): 495~500.

Barthlott, W. *et al.*, 1996, Global distribution of species diversity in vascular plants: Towards a world map of phytodiversity. *Erdkunde* 50: 317~327.

Bidzilya, O. & Li Houhun, 2009, A review of the genus *Athrips* Billberg (Lepidoptera, Gelechiidae) in China. *Deutsche Entomologische Zeitschrift*, 56(2): 323~333.

Bidzilya, O. & Li Houhun, 2010, Review of the genus *Agnippe* (Lepidoptera: Gelechiidae) in the Palaearctic region. *European Journal of Entomology*, 107: 247~265.

Budashkin, Y.I. & Li Houhun, 2009, Study on Chinese Acrolepiidae and Choreutidae (Insecta: Lepidoptera). *SHILAP Revta. Lrpid.*, 37(146): 179~189.

Cai Wanzhi, Shen Xiaocheng, 1997, A key to Chinese species of *Reduvius* with descriptions of five new species (Heteroptera: reduviidae: Reduviinae). *Entomotaxonomia,* 19(4): 253~267.

Dai renhuai *et al*., 2006, A new genus and species of Euscelinae (Hemiptera, Cicadellidae,) from China. *Acta Zootaxonomica Sinica*, 31(2): 398~400.

Dong Hui, Yang Ding *et* Hayashi Toshihiko, 2006, Review of the species of *Poecilosomella* Duda (Diptera: Sphaeroceridae) from continental China. *Annalis Zoologica,* 56(4): 643~655.

Du Xicui & Li Houhun, 2008, A review of *Tylostega* Meyrick from Mainland China (Lepidoptera: Crambidae: Spilomelinae), with descriptionsof four new species. *Zootaxa,* 1681: 51~61.

Du Xicui & Li Houhun, 2008, Review of the genus *Neoanalthes* Yamanaka & Kirpichnikova from China (Lepidoptera: Crambidae: Spilomelinae), with description of five new species. *Deutsche Entomologische Zeitschrift,* 55(2): 291~301.

Du Yanli, Li Houhun & Wang Shuxia, 2002, The genus *Sacculocornutia* Roesler from China (Lepidoptera: Pyralidae: Phycitinae). *Animal Science.* Xi'an: Shaanxi Normal University Press, 135~139.

Du Yanli, Li Houhun *et* Wang Shuxia, 2002, A taxonomic study on the genus *Assara* Walker from China (Lepidoptera: Pyralidae: Phycitinae). *Acta Zootaxonomica Sinica*, 27(1): 8~19.

Du Yanli., Li Houhun & Wang Shuxia., 2002, A taxonomic study on genus *Ceroprepes* Zeller, 1867 from China (Lepidoptera: Pyralidae: Phycitinae). *SHILAP Revta. lepid.*, **30**(118): 113~118.

Fan Ximei & Li Houhun, 2008, The genus *Issikiopteryx* (Lepidoptera: Lecithoceridae): Checklist and descriptions of new species. Zootaxa, 1725: 53~60.

Fan Ximei, Jin Qing and Li Houhun*, 2008, Seven new species and a checklist of the genus *Thecobathra* Meyrick from China (Lepidoptera, Yponomeutidae). *Zootaxa*, 1821: 13~24.

Feng Ji-Nian, Guo Fu-Zhen, Duan Ban-Suo, 2006, A new species of the genus *Oidanothrips* Moulton from China (Thysannoptera, Phlaeothripidae). *Acta Zootaxonomica Sinica,* 31(1): 165~167.

Hao Shulian & Li Houhun, 2008, The genus *Pselnophorus* Wallengren from Mainland China, with description of a new species (Lepidoptera: Pterophoridae). *Zootaxa,* 1755: 61~67.

Hao Shulian, Kendrick, R.C. & Li Houhun, 2008, Microlepidoptera of Hong Kong: Checklist of Pterophoridae, with description of one new species (Insecta, Lepidoptera). *Zootaxa*, 1821: 37~48.

Hao Shulian, Li Houhun *et* Wu Chunsheng, 2005, A review of the genus *Fuscoptilia* Arenberger (Lepidoptera: Pterophoridae).*Entomotaxonomia,* 27(1): 43~49.

Hao Shulian, Li Houhun *et* Wu Chunsheng, 2005, A study on the genus *Gillmeria* Tutt from China, with description of three new species (Lepidoptera: Pterophoridae). *Acta Zootaxonomica Sinica,* 30(1): 135~144.

He Junhua, Xu Zaifu, 2007, A New genus of Proctotrupinae (Hymanoptera: Proctotrupidae). *Entomotaxonomia*, 29(2): 152~156.

Heppner, J B. & H. Inoue. 1992, Lepidoptera of Taiwan. Vol. 1. Part 2: Checklist, Scientific Publishers Inc. Gainesville, USA, PP1～276

Hua, L Z. 2000, List of Chinese Insects. Vol.I~IV. Guangzhou: Zhongshan (Sun Yat-sen) University Press.

Huang J D, Ren D, Sinitshenkova N D, Shin C K, 2007, New genus and species of Hexagenitidae (Insecta: Ephemeroptera) from Yixian Formation, China. *Zootaxa*, 1629: 39~50.

Huang Wen-Jing *et* Ren Guo-Dong. 2009, The Chinese species of the genus *Platydema* Laporte *et* Brulle (Coleoptera, Tenebrionidae) with description of a new species. *Acta Zootaxonomica Sinica*, 34(3): 428~434.

Jaccard, P. 1901, Distribution de la flore alpine dans le Bassin des Dranses et dams quelque region vasines, *Bull. Soc. Vaud. Sci. Nat.,* 37: 241~272.

Jenkins, M. 1992, Species diversity: An introduction. In: Groombridge, B. (Ed.) Global Biodiversity, Status of the Earth's Living Resources. Chapman &Hall, London, 40~46.

Jiang Yuxia *et* Bu Wenjun, 2004, Six new species of the genus *Rhipidoxylomyia* from China (Diptera, Cecidomyiidae). *Acta Zootaxonomica Sinica*, 29(2): 357~364.

Jin Qing *et* Wang Shuxia, 2008, Taxonomic revision of the genus *Metanonieuta* Meyrick (Lepidoptera, Yponomeutidae, Yponomeutinae). *Acta Zootaxonomica Sinica*, 33(1): 49~56.

Jin Qing *et* Wang Shuxia, 2009, *Euhyponomeuta* new to China, with description of a new species (Lepidoptera: Yponomeutidae). *Orientalis Insects,* 43: 271~273.

Jin Qing, Wang Shuxia & Li Houhun, 2008, Catalogue of the family Sesiidae in China (Lepidoptera: Sesiidae). *SHILAP Revta. Lepid.*, 36(144): 507~526.

Karsholt O, Kononenko V, 李后魂, 2002, 鳞翅目: 夜蛾科. 见: 申效诚, 赵永谦, 2002, 《太行山及桐柏山区昆虫》. 北京: 中国农业科技出版社, 301~307.

Khalaim, A.I. & Sheng, M.-L. 2009. Review of Tersilochinae (Hymenoptera, Ichneumonidae) of China, with descriptions of four new species. *ZooKeys*, 14: 67~81.

Li Chuanren *et al*. 2000, Descriptions of two new species of Elasmucha Stal (Hemiptera: Acanthosomatidae) from China. In: Zhang Yalin, 2000, Systematic and faunistic research on Chinese insects. China Agriculture Press, 96~101

Li Houhun et Wang Shuxia, 2002, First record of the genus *Hieromantis* Meyrick from China, with a description of one new species (Lepidoptera: Oecophoridae, Stathmopodinae). *Acta Entomologica Sinica*, 45(4): 503~506.

Li Houhun *et* Wang Shuxia, 2002, Five new species and one new record of the genus *Stathmopoda* Herrich-Schaffer from China (Lepidoptera: Oecophoridae: Stathmopodinae). *Acta Zootaxonomica Sinica*, 27(2): 330~337

Li Houhun *et* Wang Shuxia, 2004, A study of *Macrobathra* Meyrick from China (Lepidoptera: Cosmopterigidae). *Acta Zootaxonomica Sinica,* 29(1): 147~152.

Li Houhun *et* Zheng Zhemin, 1998, Notes on *Hypatima* and *Homoshelas* (Lepidoptera: Gelechidae) from the mainland of China, with descriptions of new species. *Entomotaxonomis*, 20(2): 143~149.

Li Hou-Hun, Fan Xi-mie, 2007, Study on the genus *Swammerdamia* Hubner (Lepidoptera, Yponomeutidae) from China, with descriptions of two new species. *Acta Zootaxonomica Sinica,* 32(3): 556~560.

Li Houhun, You Ping *et* Wang Shuxia, 2003, A systematic study of the genus *Eoophyla* Swinhoe in China, with descriptions of two new species (Lepidoptera: Crambidae, Nymphulinae). *Acta Zootaxonomica Sinica,* 28(2): 295~301.

Li Houhun, Zhen Hui, Kendrick, R.C. & Sterling, M.J., 2010, Microlepidoptera of Hong Kong: Taxonomic study on the genus *Dichomeris* Hubner, 1818, with descriptions of three new species (Lrpidoptera: Gelechiidae). *SHILAP Revta. Lepid.*, 38(149): 67~89.

Li Houhun, Zheng zhemin, 1998, A systematic study on the genus *Dendrophilia* Ponomarenko, 1993 from China (Lepidoptera: Gelechiidae). *SHILAP Revta. Lepid.*, 26(102): 101~111.

Li Wei-Chen, Li Hou-Hun, 2007, A stuty of genus *Miyakea* Marumo (Lepidoptera, Crambidae, Crambinae) from China, with description of one new species. *Acta Zootaxonomica Sinica*, 32(3): 564~567.

Li Weichun & Li Houhun, 2008, Two new species of *Roxita* Bleszynski (Lepidoptera: Crambidae: Crambinae) from China. *Entomological News*, 119(5): 477~482.

Li Weihai *et* Yang Ding, 2007. New species of the genus *Mesonemoura* (Plecoptera: Nemouridae) from China. *Aquatic Insects,* 29(3): 173~180.

Li Weihai *et* Yang Ding, 2007. Two new species of *Nemoura* (Plecoptera: Nemouridae) from Henan, China. *Zootaxa,* 1511: 65~68.

Li Weihai *et* Yang Ding, 2008, Two new records of stonefly family Nemouroidea from Henan, China. In: Shen Xiaocheng, Zhang Runzhi, Ren Yingdang, 2008, 《Classification and Distribution of Insects in China》, China Agricultural Science and Technology Press, 52~56.

Li Weihai *et* Yang, Ding, 2008, Two new species and two new records of stonefly family Nemouridae from Henan (Plecoptera: Nemouroidea) In: Shen Xiaocheng, Lu Chuantao, 2008, Insects of Baotianman national nature reserve. China Agricultural Science and Technology Press. 11~16.

Li Weihai, Wang Yunbing *et* Yang Ding, 2010. Synopsis of the genus *Paraleuctra* (Plecoptera: Leuctridae) from China. *Zootaxa,* 2350: 46~52.

Li Zhendong, Li Houhun *et* Wang Shuxia, 2002, A sustematic study on the genus *Deltophora* Janse from China (Lepidoptera: Gelechiidae). *Acta Zootaxonomica Sinica,* 27(1): 129~135.

Li Zhu, Cui Weina, Zhang Tingting & Yang Ding, 2009, New species of Beridinae (Diptera: Stratiomyidae) from China. *Entomotaxonomia,* 31(3): 161~171.

Li Zhu, Zhang Tingting & Yang Ding, 2009, Eleven new species of Beridinae (Diptera: Stratiomyidae) from China. *Entomotaxonomia,* 31(3): 206~220.

Li, X.M., Li, H.H. & Wang, S.X., 2002, Catalogue of Crambinae of China (Lepidoptera: Pyraloidea, Pyralidae). *SHILAP Revta.Lepid.,* 30 (117): 49~70.

Lin Jianzhen *et* Zhang Zhiqiang, 2002, Tarsonemidae of the World. Systematic & Applied Acarology Society, London.

Liu Guoqing *et* Wang Hongjian, 2001, Genus *Cheilocapsus* Kirkaldy of Mainland China (Insecta: Hemiptera: Miridae: Mirinae). *Reichenbachia*, 37: 61~65.

Liu Xingyue *et al.*, 2010, Revision of the snakefly genus *Mongoloraphidia* (Raphidioptera, Raphidiidae) from mainland China. *Diach. Entomol. Z.* 57(1): 89~98.

Liu Xingyue, Yang Ding, 2005, Notes on the genus *Neochauliodes* Weele (Megaloptera: Corydalidae) from Henan, China. *Entomological Science,* 8: 293~300.

Liu Xingyue, Yang Ding, 2006, The genus *Sialis* Latreille, 1802 (Megaloptera: Sialidae) in Palaearctic China, with dscription of a new species. *Entomological Fennica.* 17: 394~399.

Liu Xingyue, Yang Ding, *et al.*, 2005, Phylogenetic review of the Cninese species *Acanthacorydalis* (Megaloptera, Corydalidae). *Zoologica Scripta,* 34, 4, 373~387.

Luo Youqing & Sheng Maoling, 2010, The species of *Rhimphoctona* (*Xylophylax*) (Hymenoptera: Ichneumonidae: Campopleginae) parasitizing woodborers in China. *Journal of Insect Science,* 10(4): 1~9.

Lv Jinmei & Li Houhun, 2007, A systematic study of the genus *Matsumuraesea* Issiki from China (Lepidoptera: Tortricidae: Olethreutinae). *Zootaxa*, 1606: 59~68.

Malicky, H. & Sun CH, 2002, 25 new species of Rhycophilidae (Trichoptera) from China. *Linzer Biol. Beitr.* 34(1): 541~561.

Malicky, H. 2000, Some new caddisflies from Sabah, Nepal, India and China. *Braueria*, 27: 32~39.

McNeely, J.A. *et al.* 1990, Conserving the World's biological diversity, IUCN, Gland, Switzerland.

Mesa, NC *et al*, 2009, A catalog of the Tenuipalpidae (Acari) of the World with a key to genera. *Zootaxa,* 2098. 1~185.

Myers, N., 1998, Global biodiversity priorities and expanded conservation policies. In: Mace, G.M. *et al.* (Eds.) Conservation in a Changing World. Cambridge Univ. Press, Cambridge, 273~285.

Nie Haiyan *et* Wei Meicai, 1998, Five new sawflies from Funiushan (Hymenoptera: Tenthredinoidea). In: Shen Xiaocheng, Shi Zhenya, 1998, Insects of the Funiu Mountains region. China Agricultural Science and Technology Press, 117~123.

Niu Gengyun *et* Wei Meicai, 2008, Three new species of the genus *Tenthredo* Linnaeus (Hymenoptera, Tenthredinidae). *Acta*

Zootaxonomica Sinica, 33(3): 514~519.

Platnick, N.I., 2011, The World spider catalog. Version 12.0. Http: //research. amnh.org/entomology/ spider.

Poole, R W. 1989, Lepidopterorum Catalogus (New Series) Fas.118 Noctuidae. New York. 1~1314.

Ren Yingdang & Li Houhun, 2006, A taxonomic review of the fenus *Etielloides* Shibuya (Lepidoptera: Pyralidae: Phycitinae) from China, with description of a new species. *Oriental Insects,* 40: 135~144.

Saigusa, H. *et* Yang Ding, 2002, Empididae (Diptera) from Funiu mountains, Henan, China (I). *Studia Dipterologica,* 9(2): 519~543.

Sheng Maolin *et al.*, 2001, A new species of genus *Neliopisthus* from China (Hymenoptera: Ichneumonidae). *Acta Zootaxonomica Sinica,* 26 (1): 78~80.

Sheng Maoling *et al.*, 2001, Ichneumonidae parasitizing saeflies from China (Hymenoptera). *Entomofauna,* 22 (21): 413~420.

Sheng Maoling *et al.*, 2001, *Picardiella* Lichtenstein (Hymenoptera: Ichneumonidae) from China. *Linzer Biol. Beitr.* 33/2, 1195~1198.

Sheng Maoling *et al.*, 2001, Two new species of family Ichneumonidae (Hymenoptera). *Entomologia Sinica* , 8 (1): 25~29.

Sheng Maoling *et al.*, 2004, Subgenus *Moerophora* Forster of genus *Xorides* Latreille from north China (Hymenoptera: Ichneumonidae: Xoridinae). *Linzer Biol. Beitr.* 36/2, 1055~1059.

Sheng Maoling *et* Sun Shuping, 1999, A new species of genus *Idiolispa* from China (Hymenoptera: Ichneumonidae). In: Shen Xiaocheng, Pei Haichao, 1999, Insects of the Mountains Funiu and Dabie regions. China Agricultural Science and Technology Press, 84~86.

Sheng Maoling, 2000, The genus *Lissonota* (Hymenoptera: Ichneumonidae) from North China. *Entomologie,* 70: 189~197.

Sheng Maoling, 2002, A new species of genus *Barycnemis* from China (Hymenoptera: Ichneumonidae). In: Shen Xiaocheng, Zhao Yongqian, 2002, Insects of the Nountains Taihang and Tongbai regiong. China Agricultural Science and Technology Press, 39~41.

Sheng Maoling, 2002, The Genus *Dolichomitus* Smith (Hymenoptera: Ichneumonidae) from North China. *Linzer Biol. Beitr.* 34 (1): 475~483.

Sheng Maoling, 2006, A new genus and species of Poemeniini (Hymenoptera: Ichneumonidae) from China. *Proc. Entomol. Soc. Wash.* 108 (3): 651~654.

Sheng Maoling, *et al.*, 2008, Species of subgenus *Xorides* Latreille (Hymenoptera, Ichneumonidae) parasitizing wiidbores in palearctic part of China. *Entomologica Fennica*, 19: 86~93.

Sheng Maoling, Wu L-Z *et al,* 1999, A new species of the genus Diaparsis (Hymenoptera: Ichneumonidae) parasitizing *Lema decempunctata* with a new record from China. *Scientia Silvae Sinicae,* 35: 66~68.

Skou P, 申效诚, 2002, 鳞翅目: 尺蛾科. 见: 申效诚, 赵永谦, 2002, 《太行山及桐柏山区昆虫》. 中国农业科学技术出版社, 298~300.

Song Daxiang, Zhu Mingsheng *et* Chen Jun, 1999, The spiders of China. Hebei Science and Technology Publishing House.

Song Yanjing *et* Li Shuqiang, 2009, Two new erigonine species (Araneae: Linyphiidae) from caves in China. *The Pan-Pacific Entomologist*, 85(2): 58~69.

Song Yanjing *et* Li Shuqiang, 2010, Three new record genera and three new species of Erigoninae from China (Araneae, Linyphiidae). *Acta Zootaxonomica Sinica,* 35(4): 703~715.

Song ZW, Xue XF & Hong XY, 2007, Four new species and a new name in the genus *Rhyncaphytoptus* Keifer (Acari: Eriophyoidea: Diptilomiopidae) from China. *Zootaxa*, 1520, 57~68.

Sun CH & H Malicky, 2002, 22 new species of the Philopotamidae (Trichoptera) frpm China. *Linzer Biol. Britr*, 34 (1): 521~540.

Tong Y F & S Q Li, 2008, Six new cave-dwelling species of *Leptoneta* (Arachnida, Araneae, Leptonetidae) from Beijing and adjacent regions, China. *Zoosystema,* 30: 371~386.

Tränkner A, Li Houhun & Matthias Nuss, 2009, On the systematics of *Anania* Hübner, 1823 (Pyraloidea: Crambidae: Pyraustinae). *Nota lepid.* **32** (1): 63~80.

Wang Mengqing *et* Yang Ding, 2008. Species of *Chrysotus* Meigen in Palaearctic China (Diptera: Dolichopodidae). *Entomologica Fennica,* 19: 232~240.

Wang Mengqing, Yang Ding *et* P. Grootaert, 2007, Notes on the *Neurigona* Rondani (Diptera, Dolichopodidae) from China mainland. *Zootaxa,* 1388: 25~43.

Wang Shuangshuang *et* Li Houhun, 2005, A taxonomic study on *Endotricha* Zeller (Lepidoptera, Pyralidae, Pyralinae) in China. *Insect Science*, 12: 297~305.

Wang Shuxia and Li Houhun, 2004, A systematic study of *Eonympha* Meyrick in the world (Lepidoptera: Oecophoridae). *Acta Entomologica Sinica*, 47 (1): 93~98.

Wang Shuxia and Li Houhun, 2006. Review of the genus *Periacma* Meyrick (Lepidoptera, Oecophoridae) from China, with descriptions of four new species, *Journal of Natural History*, 40 (41~43): 2371~2393.

Wang Shuxia *et* Li Houhun, 2000, Descriptions of three new oecophorid moths from China (Lepidoptera: Oecophoridae). *Acta Scientiarum Naturalium Universitatis Nankaiensis*, 33(3): 70~72.

Wang Shuxia *et* Li Houhun, 2002, A systematic study of the genus *Depressaria* Haworth, 1811 from China (Lepidoptera: Depressariidae). *Acta Scientiarum Naturalium Universitatis Nankaiensis,* 35 (3): 93~101.

Wang Shuxia *et* Li Houhun, 2002, The genus *Deuterogonia* Rebel, 1901 from China (Lepidoptera: Oecophoridae). *SHILAP Revta. Lpid.*, 30 (117): 5~8.

Wang Shuxia *et* Li Houhun, 2003, A systematic study of the genus *Ripeacma* (Lepidoptera, Oecophoridae) from China. *Acta Entomologica Sinica,* 46 (1): 68~75.

Wang Shuxia *et* Li Houhun, 2004, A study on the genus *Promalactis* from China: Description of fifteen new species (Lepidoptra: Oecophoridae). *Oriental Insect*, 38: 1~25.

Wang Shuxia *et* Li Houhun, 2005, The genus *Irepacma* (Lepidoptera, Oecophoridae) from China, checklist, key to the species and descriptions of new species. *Acta Zoologica Academiae Scientiarum Hungaricae.* 51(2): 125~133.

Wang Shuxia *et* Sun Yingling, 2008, Two new species of *Oedematopoda* Zeller (Lepidoptera: Oecophoridae: Stathmopodinae) from China. *Entomotaxonomia*, 30 (1): 36~38.

Wang Shuxia *et* Zheng Zhemin, 2000, Two new Oecophorid moths from China (Lepidoptera: Oecophoridae). *Acta Zootaxonomica Sinica,* 25(4): 431~433.

Wang Shuxia, 2002, A study of *Cryptolechia* Zeller (Lepidoptera: Oecophoridae) in China (1), with descriptions of fifteen new species. *Entomologia Sinica,* 9 (3): 195~213.

Wang Shuxia, 2004, A systematic study of *Autosticha* Meyrick from China, with description of twenty-three new species (Lepidoptera, Autostichidae). *Acta Zootaxonomica Sinica,* 29 (1): 38~62.

Wang Shuxia, 2006, Oecophoridae of China (Insecta: Lepidoptera). Beijing: Science Press.

Wang Shuxia, 2006, The *Cryptolechia* Zeller (Lepidoptera, Oecophoridae) of China (III) checklist and descriptions of new species. *Zootaxa,* 1195: 1~28.

Wang Shuxia, 2006, The genus *Pedioxestis* (Lepidoptera: Oecophoridae) from China, with descriptions of three new species. *Zootaxa*, 1330: 51~58.

Wang Shuxia, Jin Qing, 2007, A new species and newly reported female of the genus *Promalactis* Meyrick (Lepidoptera: Oecophoridae) from China. *Entomotaxonomia*, 29 (4): 287~289.

Wang Shuxia, Kendrick RC *et* Steriling P, 2009, Microlepidoptera of Hong Kong: Oecophoridae: the genus *Promalactis* Meyrick. *Zootaxa,* 2239: 31~44.

Wang Shuxia, Li Houhun *et* Liu Youqiao, 2001, Nine new species and two new records of the genus *Periacma* Meyrick from China (Lepidoptera: Oecophoridae). *Acta Zootaxonomica Sinica,* 26 (3): 266~277.

Wang Shuxia, Li Houhun *et* Zheng Zhemin, 2000, A study on the genus *Promalactis* Meyrick (Lepidoptera: Oecophoridae) from China: five new species and two new record species. *Entomologia Sinica*, 7(4): 289~298.

Wang Xingjian *et* Chen Xiaolin, 2004, Descriptions of two new species of the genus *Loxoneura* Macquart (Diptera, Platystomatidae) from China. *Acta Zootaxonomica Sinica*, 29 (3): 582~585.

Wang Xingjian, 1996, The fruit flies (Diptera: Tephritidae) of the east asian region. *Acta Zootaxonomica Sinica,* 21(Suppl.): 1~338.

Wang Xinhua *et* Seather, 1998, *Qiniella*, a new orthoclad genus from China (Diptera: Chironomaidae). *Hydrobiologia.* 362: 103~106.

Wang Xinpu & Li Houhun, 2007, Review of the fenus *Synochoneura* Obraztsov, with the description of a new species from China (Lepidoptera: Tortricidae). *Zootaxa,* 1547: 51~57.

Wang Xinpu, Li Houhun & Wang Shuxia, 2002, Catalogue of the gemus *Archips* Hubner from China, with description of one new species (Lepidoptera: Tortricidae: Tortricinae). *Animal Science,* Xi'an: Shaanxi Normal University Press, 131~134.

Wang Xinpu, Li Houhun & Wang Shuxia, 2003, A study in the genus *Homonopsis* from China (Lepidoptera: Tortricidae: Tortricinae). *Acta Zoologica cracoviensia,* 46 (4): 339~345.

Wang Yongjie & Liu Zhiqi, 2010, New species of *Osmylus* Latreille from Henan, China (Neuroptera: Osmylidae). *Zootaxa*, 2363: 60~68.

Wei Meicai *et* Nie Haiyan, 1998, Eleven new species of *Pachyprotarsis* Hartig from Funiushan (Hymenoptera: Tenthredinidae). In: Shen Xiaocheng, Shi Zhenya, 1998, Insects of the Funiu Mountains region. China Agricultural Science and Technology Press, 162~169.

Wei Meicai *et* Nie Haiyan, 1998, New species of Pamphiliidae (Hymenoptera) of Mt. Funiu. In: Shen Xiaocheng, Shi Zhenya, 1998, Insects of the Funiu Mountains region. China Agricultural Science and Technology Press, 112~116.

Wei Meicai *et* Nie Haiyan, 1998, Sixteen new species of the genus *Temthredo* from Funiushan. In: Shen Xiaocheng, Shi Zhenya, 1998, Insects of the Funiu Mountains region. China Agricultural Science and Technology Press, 188~200.

Wei Meicai *et* Nie Haiyan, 2004, On the sawfly genus *Jinia* with description of a new species (Hymenoptera, Tenthredinidae, Allantinae). *Acta Zootaxonomica Sinica,* 29 (4): 781~785.

Wei Meicai *et* Nie Haiyan, 2005, A new genus of Allantini from China (Hymenoptera, Tenthredinidae, Allantinae). *Acta Zootaxonomica Sinica*, 30 (1): 166~169.

Wei Meicai *et* Niu Gemhyun, 2008, Three new species of the genus Tenthredo Linnaeus (Hymenoptera, Tenthredinidae) from China. *Acta Zootaxonomica Sinica*, 33 (3): 514~519.

Wei Meicai *et* Niu Gengyun, 2008, Two new species of Pamphiliidae (Hymenoptera, Sioricomorpha) from China. *Acta Zootaxonomica Sinica*, 33(1): 57~60.

Wei Meicai *et* Zhong Yihai, 2002, Three new taxa of *Pachyprotasis* Hartig from Mt. Funiushan, Henan, China (Hymenoptera: Tenthredinidae). In: Shen Xiaocheng, Zhao Yongqian, 2002, Insects of the Mountains Taihang and Tongbai regions. China Agricultural Science and Technology Press, 235~239.

Wei Meicai, 2003, Review of the sawfly genus *Filixungulia* Wei and a description of a new species (Hymenoptera, Tenthredinidae, Allantinae). *Acta Zootaxonomica Sinica*, 28 (4): 729~732.

Wei Meicai, Niu Gengyun, 2007, Two new species of Selandrinae from China (Hymenoptera, Tenthredinidae). *Acta Zootaxonomica Sinica,* 32 (4): 775~777.

Wei Meicai, Xiao Wei, 2011, A new genus and a new species of Cephidae (Hymenoptera) from China With a Key to genera of Hartiglini s. str. *Jpn. J. Syst. Ent*., 17 (2): 185~191.

Wu Hong, Zheng Leyi *et* Xu Huachao, 2001, Three new species of the genus *Mycomya* in China (Diptera: Mycetophilidae). *Acta Zootaxonomica Sinica.* 26 (4): 569~572.

Xiao Hui *et* Huang Dawei, 2001. A revision of genus *Rhaphitelus* Walker from China (Hymenoptera: Pteromalidae). *Acta Zootaxonomica Sinica*, 26 (3): 342~345.

Xiao Yunli & Li Houhun, 2006, A review of the genus *Monopis* Hübner from China (Lepidoptera: Tineidae: Tineinae). *Deutsche Entomologische Zeitschrift*, 53 (2): 193~212.

Xiao Yunli & Li Houhun, 2009, *Eudarcia* (Lepidoptera: Tineidae) from China, with descriptions of two new species. *Oriental Insecta,* 43: 307~313.

Xiao Yunli & Li Houhun, 2009, New tineid genus *Maculisclerotica* gen. nov. and three new species from China (Lepidoptera, Tineidae, Meessiinae). *Acta Zootaxonomica Sinica,* 34 (4): 769~776.

Xiao Yunli & Li Houhun, 2010, Taxonomic study of the genus *Nemapogon* Schrank from China (Lepidoptera: Tineidae). *Zootaxa*, 2401: 41~51.

Xu Z., He J. and Olmi, M. 1996. Description of new specius of Dryinidae from China (Hymanoptera: Dryinidae). *Frustula Entomologica* (Nuova Serie), 22: 1~22.

Xu Zaifu, He Junhua *et* Ma Yun, 2003, Taxonomic notes on Chinese members of the genus *Holepyris* Kieffer (Hymenoptera, Bethylidae). *Acta Zootaxonomica Sinics,* 28 (2): 323~332.

Xu Zhihong, 2002, Revision of the genus *Microteryx* Thomson of China (Hymenoptera: Encyrtidae). *Zoologische Mededeligen*

Leiden, 76 (17): 27. xii.: 211~270.

Xu Zhihong, Shen Qiang *et* Xu Qiyao, 2000, Notes on genus *Microterys* (Hymenoptera: Encyrtidae) from China. In: Zhang Yalin, 2000, Systematic and Faunistic Research on Chinese Insects. China Agriculture Press, 263~273.

Xu, X. *et* S. Q. Li, 2007, *Draconarius* spiders in China, with description of seven new species collected from caves (Araneae: Smaurobiidae). *Annls zool., Warsz.* 57: 341~350.

Xue XF & Hong XY, 2005, A new genus and eight new species of Phyllocoptini (Acari: Eriophyidae: Phyllocoptinae) from China. *Zootaxa*, 1039: 1~17.

Xue XF & Hong XY, 2005, A taxonomic study on the genus *Aculus* Keifer from China (Acari: Eriophyoidea: Eriophyidae) with a description of six new species. *Transactions of the American Entomological Society*, 131(3+4): 387~401.

Xue XF & Hong XY, 2005, Five new species of Diptilomiopidae from China (Acari: Eriophyoidea). *Zootaxa*, 1055: 49~59.

Xue XF & Hong XY, 2005, Five new species of the genus *Tetra* Keifer (Acari: Eriophyoidea) from China. *Zootaxa*, 1067: 37~48.

Xue XF & Hong XY, 2006, Eriophyoid mite fauna from Henan Province, central China (Acari: Eriophyoidea) with descriptions of five new species. *Zootaxa*, 1204: 1~30.

Xue XF, Song ZW & Hong XY, 2006, Four new species of Diptilomiopinae from China (Acari: Eriophyoidea: Diptilomiopidae). *Zootaxa*, 1160: 57~68.

Xue XF, Song ZW & Hong XY, 2007, Five new species and a new record of the genus *Aculops* Keifer (Acari: Eriophyidae: Phyllocoptinae) from China. *Zootaxa*, 1391: 57~68.

Xue XF, Song ZW & Hong XY, 2007, Five new species of the genus *Tegolophus* Keifer (Acari: Eriophyidae: Phyllocoptinae: Anthocoptini) from China. *Zootaxa*, 1525: 19~30.

Xue XF, Song ZW & Hong XY, 2007, Seven new species of the genus *Epitrimerus* Nalepa (Acari: Eriophyidae: Phyllocoptinae) from China. *Zootaxa*, 1406: 1~15.

Xue XF, Song ZW & Hong XY, 2008, Eight new species of the genus *Aculus* Keifer (Acari: Eriophyidae) from China. *Zootaxa*, 1721: 35~52.

Yang Ding & Patrick Grootaert, 1999, New and little known species of Dolichopodidae from China (V). *Entomologie,* 69: 215~232.

Yang Ding *et al.*, 1997, The Rhagionidae of China (Diptera). *South Pacific Study*, 17 (2): 113~262.

Yang Ding *et al.*, 2006, World catalog of Dolichopodidae (Insecta: Diptera). China Agricultural University Press.

Yang Ding *et al.*, 2007, World catalog of Empididae (Insecta: Diptera). China Agricultural University Press.

Yang Ding, 1996, Six new species of Dolichopodinae from China (Diptera: Dolichopodidae). *Entomologie,* 66: 85~89.

Yang Ding, 1999, New and little known species of Dolichopodidae from China (IV). *Entomologie,* 69: 197~214.

Yang L. & JS Weaver, 2002, The Chinese Lepidostomatidae (Trichoptera). *Tijdschr. Entomol.*, 145: 239~293.

Yao Gang, Yang Ding & Evenhuis Neal. 2009. Four new species and a new record species of *Villa* Lioy, 1864 from China (Diptera: Bombyliidae). *Zootaxa,* 2055: 49~60.

Yin Xiangchu, Shi Jianping & Yin Zhan, 1996, A synonymic catalogue of grasshoppers and their allies of the world. China Forestry Publishing House.

You Ping, Li Hou-Hun and Chen Ke-Lin, 2002, Catalogue of the Nymphulinae and Musotiminae of China (Lepidoptera: Crambidae). *Fauna of China*, 4: 37~64.

You Ping, Li Houhun *et* Wang Shuxia, 2003, A study oh the genus *Nymphicula* Snellen, 1880 (Lepidoptera: Crambidae: Nymphulinae) from China, with description of one new species. *Entomotaxonomia,* 26 (1): 67~72.

You Ping, Wang Shuxia *et* Li Houhun, 2003, Genus *Paracymoriza* Warren from China (Lepidoptera, Crambidae, Nymphulinae). *Aquatic Insects,* 25 (3): 211~217.

Yu Haili & Li Houhun, 2004, Three new species of *Prays* Hubner, 1825 from China (Lepidoptera: Yponomeutidae). *SHILAP Revta. Lepid.,* 32 (125): 13~18.

Yu Haili and Li Houhun, 2002, Two new species of *Niphonympha* Meyrick from China (Insecta: Lepidoptera: Yponomeutidae). *Reichinbachia Mus.Tierkde.Dresden,* 34 (45): 375~380.

Yu Haili *et* Li Houhun, 2001, A Taxonomic study on the genus *Thhecobathra* Meyrick, 1922 from China. *SHILAP Revta. Lepid.,* 29 (114): 115~120.

Yu Haili *et* Li Houhun, 2006, A review of the genus *Pseudohedya* Falkovitch from China, with description of two new species

(Lepidoptera: Tortricidae: Plethreutinae). *Acta Entomologica Sinica,* 49 (4): 664~670.

Yu Haili *et* Li Houhun, 2006, A study on the genus *Phaecasiophora* Grote (Lepidoptera, Tortricidae, Olethreutinae) from the Mainland of China, with descriptions of five new species. *Entomologica Fennica,* 17: 34~45

Yuan Feng & Tian Rungang, 1997. A new genus and four new species of Membracidae (Homoptera) from China. *Entomotaxonomia,* 19 (3): 185~190.

Yuan Gaixia, Zhang Li *et* Wang Shuxia, 2008, Review of the genus *Acria* Meyrick (Lepidoptera, Elachistidae) from China. *Acta Zootaxonomica Sinica*, 33(4): 685~690.

Zhai, H. & M. S. Zhu. 2007. Two new species of the genus *Bifurcia* (Araneae: Linyphiidae) from China. *Acta arachn. Tokyo*. 56 (2): 73~76.

Zhang Aihuan & Li Houhun, 2006, A new genus and four new species of Eucosmini (Lepidoptera: Tortricidae: Olethreutinae) from China. *Oriental Insects*, 40: 145~152.

Zhang Aihuan *et* Li Houhun, 2004, A systematic study on *Gibberifera* Obraztsov, 1946 from China (Lepidoptera: Tortricidae: Olethreutinae). *SHILAP Revista Lepid.*, 32 (128): 289~295.

Zhang Aihuan *et* Li Houhun, 2004, A taxonomic study on the genus *Rhopalovalva* Kuznetzov, 1964 from China (Lepidoptera, Tortricidae, Olethreutinae). *Nota Lepidopterologica,* 27 (2/3): 239~243.

Zhang Aihuan *et* Li Houhun, 2004, Taxonomic study on the genus *Antichlidas* (Lepidoptera: Tortricidae: Olethreutinae), with description of a new species. *Entomotaxonomia,* 26 (3): 193~196.

Zhang Aihuan *et* Li Houhun, 2005, A systematic study on the genus *Pseudacroclita* Oku (Lepidoptera: Tortricidae: Olethreutinae). *Acta Entomologica Sinica*, 48 (3): 396~400.

Zhang Aihuan *et* Li Houhun, 2005, A systematic study on the genus *Pseudacroclita* Oku (Lepidoptera: Tortricidae: Olethreutinae). *Acta Entomologica Sinica*, 48 (3): 396~400.

Zhang Aihuan *et* Li Houhun, 2005, A taxonomic study on the genus *Eucoenogenes* (Lepidoptera, Tortricidae, Olethreutinae) from China. *Entomotaxonomia,* 27 (2): 125~130.

Zhang Aihuan *et* Li Houhun, 2005, Catalogue of Rucosmini from China (Lepidoptera: Tortricidae). *SHILAP Revista Lepid.*, 33 (131): 265~298.

Zhang Aihuan, Li Houhun *et* Wang Shuxia, 2005, Study on the genus *Rhopobota* Lederer from China (Lepidoptera, Tortricidae, Olethreutinae). *Entomologica Fennica*, 16: 273~286.

Zhang BS, MS Zhu, P Jäger & DX Song, 2007, A new species of the genus *Sinopoda* from China (Aranei: Sparassidae: Heteropodinae). *Arthropoda Selecta* 15: 251~253.

Zhang Dandan *et* Li Houhun, 2005, A taxonomic study on *Palpita* Hubner from China (Lepidoptera: Crambidae, Pyraustinae, Spilomelini). *Acta Zootaxonomica Sinica,* 30 (1): 144~149.

Zhang Dandan, Li Houhun & Wang Shuxia, 2002, A study on the genus *Paranomis*, with description of one new species (Lepidoptera: Crambidae: Pyraudtinae). *Animal Science,* 131-134, Xi'an: Shaanxi Normal University Press.

Zhang Dandan, Li Houhun & Wang Shuxia, 2004, Areview of *Ecpyrrhorrhoe* Hübner (Lrpidoptera: Crambidae: Pyraustinae) from China, with descriptions of new species. *Orienral Insects*, 38: 315~325.

Zhang F & JX Zhang. 2000, Three new species and a new discovery of female of genus *Pholcus* from Taihang Mts., China. *J. Hubei Univ.* 20: 151~156.

Zhang Feng *et* Zhu Mingsheng, 2009, A review of the genus *Pholcus* (Araneae: Pholcidae) from China. *Zootaxa*, 2037: 1~114.

Zhang Junhua *et* Yang Ding, 2005, Review of the subgenus *Scatella* Rpbineau-Desvoidy, 1830 from China (Diptera: Ephydridae). *Zootaxa,* 931: 1~11.

Zhang Junhua *et* Yang Ding, 2006, Review of the species of the genus *Ochthera* from China (Diptera: Ephydridae). *Zootaxa,* 1206: 1~22.

Zhang Lili *et* Yang Ding, 2005, A study on the phylogeny of Dolichopodinae from the Palaearctic and Oriental Realms, with descriptions of three new genera (Diptera, Dolichopodidae). *Acta Zootaxonomica Sinica,* 30 (1): 180~190.

Zhang Xu & Li Houhun, 2007, A study on *Neoanathamna* Kawabe (Lepidoptera: Tortricidae: Olethreutinae) from China. *Oriental Insecta,* 41: 293~330.

Zhang Xu & Li Houhun, 2008, Review of the Chinese species of *Eupoecilia* Stephens (Lepidoptera: Tortricidae: Cochylini).

Zootaxa, 1692: 55~68.

Zhang Xu *et* Wang Shuxia, 2006, A study of the genus *Semnostola* Diakonoff from China with the decription of a new species (Lepidoptera: Tortricidae: Olethreutinae). *Zootaxa,* 1283: 37~45.

Zhang Xu *et* Wang Shu-Xia, 2006, Systematic study of the genus *Kennelia* Rebel from China (Lepidoptera, Tortreicidae, Olethreutinae). *Acta Zootaxonomica Sinica*, 31 (3): 613~616

Zhang Xu, Li Houhun *et al*, 2008, Review of the genus Ancylis Hubner rom China (Lepidopters: Tortricidae: Olethreucinae). *Journal of Natural History*, 42 (27-28): 1805~1839.

Zhang Xu, Wang Shu-Xia, 2007, A study of the genus *Sillybiphora* Kuznetsov (Lepidoptera, Tortricidae, Olethreutinae). *Acta Zootexonomica Sinica,* 32 (3): 561~563.

Zhang Zhiwei & Li Houhun, 2009, Taxonomic study of the genus *Ashibusa* Matsumura (Lepidoptera, Cosmopterigidae), with description of six new species in China. *Deutsche Entomologische Zeitschrift*, 56 (2): 335~343.

Zhang Zhiwei & Li Houhun, 2010, The genus *Puncalia* Stephens (Lepidoptera: Cosmopterigidae) of China, with description of a new species. *Entomologica Fennica,* 20: 268~274.

Zhen Hui & Li Houhun, 2009, A review of *Pseudohypatopa* Sinev (Lepidoptera: Coleophoridae: Blastobasinae: Holcocerini), with description of two new species. *Entomologica Fennica,* 19: 241~247.

Zhou changfa *et* Zheng Leyi, 2004, A preliminary study on the genus *Caenis* (Ephemeroptera: Caenidae) from Chinese mainland, with description of a new species. *Entomotaxonomia,* 26 (1): 1~7.

Zhu Yajun, Yang Ding *et* K Masunaga, 2006, A new species of *Hydrophorus* (Diptera: Dolichopodidae), with a key to species from China. *Emtomological News*. 117 (2): 253~256.

属名索引

D

N

Y

Z

图版I

1. 美洲大蠊*Periplaneta americana* (Linnaeus, 1758)；2. 澳洲大蠊*Periplaneta australariae* (Fabricius, 1775)；3. 黑褐大蠊*Periplaneta fuliginosa* (Serville, 1839)；4. 日本大蠊*Periplaneta japonica* Karny, 1908；5. 黑带杆蠊*Rhabdoblatta nigrovittata* Bey-Bienko, 1954；6. 似麻蠊*Stictolampra similes* Bey-Bienko, 1954；7. 拟德姬蠊*Blattella lituricollis* (Walker, 1869)；8. 日本姬蠊*Blattella nipponica* Asahina, 1963；9. 中华歪尾蠊*Symploce sinensis* (Walker, 1869)；10. 中华真地鳖*Eupolyphaga sinensis* (Walker, 1868)；11. 冀地鳖蠊*Polyphaga plancyi* Bolivar, 1882

图版II

1. 壮屏顶螳*Kishinouyeum robusta* Niu *et* Liu, 1998；2. 绿污斑螳*Statilia nemoralis* (Saussure, 1870)；3. 枯叶大刀螳*Tenodera aridifolia* (Stoll, 1813)；4. 短胸大刀螳*Tenodera brevicollis* Beier, 1933；5. 中华大刀螳*Tenodera sinensis* Saussure, 1838；6. 广斧螳*Hierodula patellifera* (Serville, 1839)；7. 勇斧螳*Hierodula membranacea* (Burmeister, 1838)；8. 薄翅螳*Mantis religinsa* (Linnaeus, 1758)；9. 棕污斑螳*Statilia maculata* (Thunberg, 1784)；10. 狭翅大刀螳*Tenodera anguscipennis* Saussure, 1842

图版III

1. 梵蟦*Brahmana* sp.；2. 钩蟦*Kamimuris* sp.；3. 岸栖蠼螋*Labidura riparia* (Pallas, 1773)；4. 瘤异螋*Allodahlia scabriuscula* (Audinet-Serville, 1839)；5. 日本张铗螋*Anechura japonica* (Bormans, 1880)；6. 达氏球螋*Forficula davidi* Burr, 1905；7. 刺羊角蚱*Criotettix bispinosus* (Dalman, 1818)；8. 日本羊角蚱*Criotettix japonicus* (De Haan, 1842)；9. 钝优角蚱*Eucriotettix dohertyi* (Hancock, 1915)；10. 大优角蚱*Eucriotettix grandis* (Hancock, 1912)

图版IV

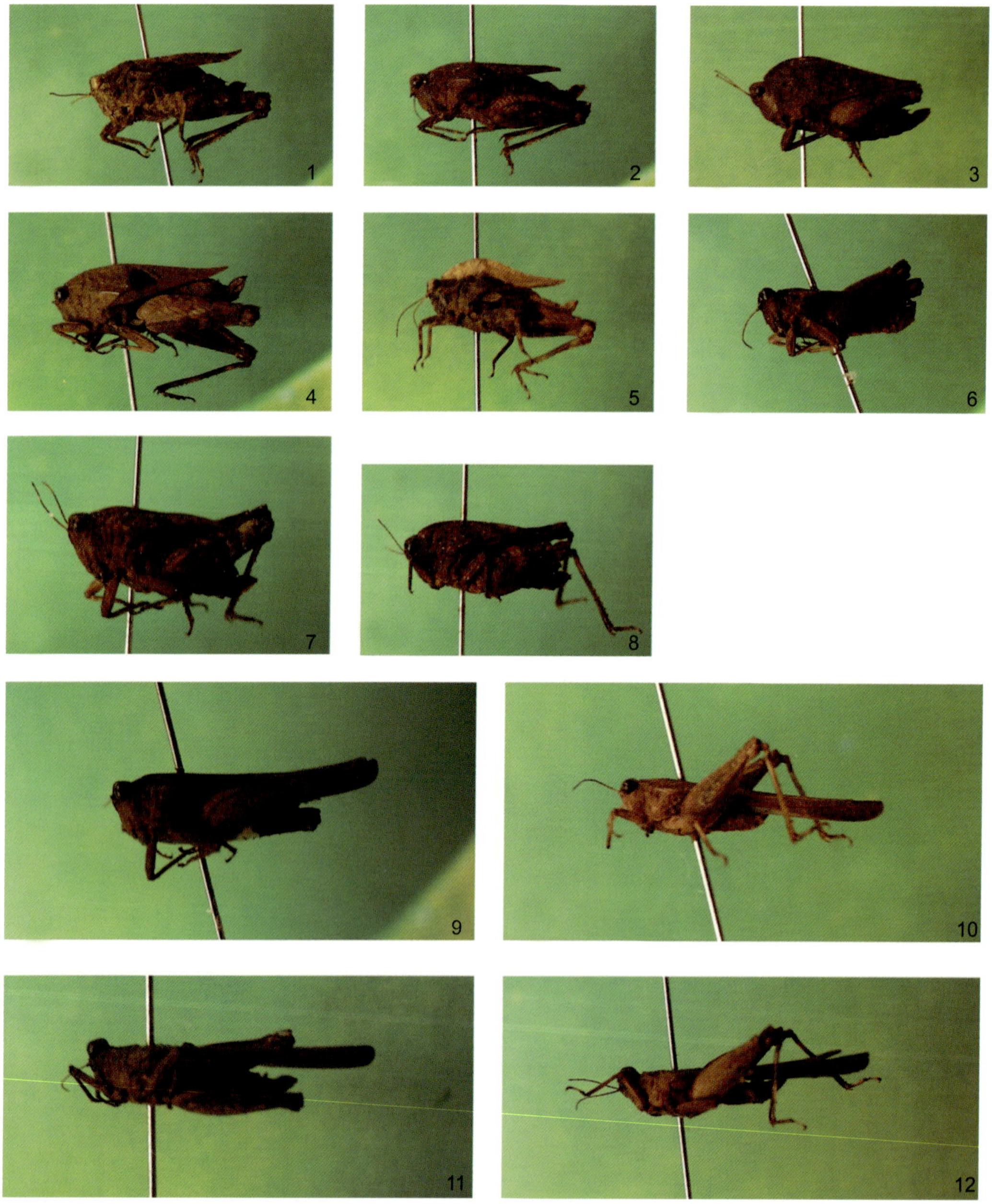

1. 郑氏微翅蚱*Alulatettix zhengi* Niu, 1994；2. 河南台蚱*Formosatettix henanensis* Liang, 1991；3. 秦岭台蚱*Formosatettix qinlingensis* Zheng, 1982；4. 宽背台蚱*Formosatettix platynotus* Zheng *et* Wang, 1991；5. 突背米蚱*Mishtshenkotettix gibberosa* Wang *et* Zheng, 1993；6. 波氏蚱*Tettix bolivari* Saulcy, 1901；7. 日本蚱*Tettix japonica* (Bolivar, 1887)；8. 仿蚱*Tettix simulans* (B. Bienko, 1929)；9. 钻形蚱*Tettix subulata* (Linnaeus, 1761)；10. 细庭蚱*Hedotettix gracilis* (De Haan, 1843)；11. 二斑悠背蚱*Euparatettix bimaculatus* Zheng, 1993；12. 印悠背蚱*Euparatettix indicus* (Bolivar, 1887)

图版V

1. 毛长背蚱*Paratettix hirsutus* Brunner van Watteuwyl, 1893；2. 长翅长背蚱*Paratettix uvarovi* Semenov, 1915；3. 卡尖顶蚱*Teredorus carmichaeli* Hancock, 1915；4. 曲缘尖顶蚱*Teredorus camurimarginus* Zheng, 1998；5. 冠庭蚱*Hedotettix cristitergus* Hancock, 1915；6. 摹螳秦蜢*China mantispoides* (Walk, 1951)；7. 肛翘比蜢*Pielomastax lobata* Wang, 1992；8. 三齿比蜢*Pielomastax tridentate* Zheng et Wang, 1993；9. 异齿比蜢*Pielomastax varidentata* Niu, 1994；10. 郑氏比蜢*Pielomastax zhengi* Niu, 1994

图版VI

1. 笨蝗*Haplotropis brunneriana* Saussure, 1888；2. 短额负蝗*Atractomorpha sinensis* I. Bolivar, 1905；3. 异角胸斑蝗*Apalacris varicornis* Walker, 1870；4. 黑膝胸斑蝗*Apalacris nigrogeniclata* Bi, 1984；5. 短星翅蝗*Calliptamus abbreviatus* Ikonn., 1913；6. 棉蝗*Chondracris rosea* (De Geer, 1773)；7. 红褐斑腿蝗*Catantops pinguis* (Stal, 1860)；8. 暗褐斑腿蝗*Catantops innotabilis* (Walker, 1851)；9. 短翅黑背蝗*Eyprepocnemis hokutensis* Shiraki, 1910；10. 峨眉腹露蝗*Fruhstorferiola omei* (Rehn *et* Rehn, 1939)

图版VII

1. 华阴腹露蝗*Fruhstorferiola huayinensis* Bi *et* Xia, 1980；2. 绿腿腹露蝗*Fruhstorferiola viridifemorata* (Caud, 1921)；3. 斑角蔗蝗*Hieroglyphus annulicornis* (Shirubi, 1910)；4. 无齿稻蝗*Oxya adentata* Willemse, 1925；5. 山稻蝗*Oxya agarisa* Tsai, 1931；6. 中华稻蝗*Oxya chinensis* (Thunberg, 1815)；7. 小稻蝗*Oxya hyla intricate* (Stal, 1861)；8. 稻蝗*Oxya japonica* (Thunberg, 1824)；9. 伏牛山小蹦蝗*Pedopodisma funiushana* Zhang, 1994；10 日本黄脊蝗*Patanga japonica* (I. Bolivar, 1898)；11. 橄榄秦岭蝗*Qinlingacris elaeodes* Yin *et* Chou, 1979

图版VIII

1. 长肢素木蝗*Shirakiacris shirakii* (I. Bolivar, 1914)；2. 短角外斑腿蝗*Xenocatantops humilis brachycerus* Willemse C, 1932；3. 短角直斑腿蝗*Stenocatantops mistshenkoi* Willemse T., 1968；4. 长角直斑腿蝗*Stenocatantops splendens* (Thunberg, 1815)；5. 霍山蹦蝗*Sinopodisma houshana* Huang, 1982；6. 卢氏蹦蝗*Sinopodisma lushiensis* Zhang, 1994；7. 四川凸额蝗*Traulia orientalis szetschuanensis* Ramme, 1941；8. 红翅豫蝗*Yupodisma rufipennis* Zhang *et* Xia, 1990；9. 花胫绿纹蝗*Aiolopus tanulus* (Fabricius, 1798)；10. 轮纹异痂蝗*Bryodemella tuberculatum dilutum* (Stal, 1813)

图版IX

1. 大赤翅蝗*Celes akitanus* (Shiraki, 1910)；2. 大垫尖翅蝗*Epacromius coerulipes* (Ivanov, 1887)；3. 小垫尖翅蝗*Epacromius targestinus* (Charpentier, 1825)；4. 甘蒙尖翅蝗*Epacrimius targestinus extimus* B. Bienko, 1951；5. 云斑车蝗*Gastrimargus marmoratus* (Thunberg, 1815)；6. 宽胫异距蝗*Heteropternis latisterna* Wang *et* Xia, 1992；7. 方异距蝗*Heteropternis respondens* (Walker, 1859)；8. 大异距蝗*Heteropternis robusta* B. Bienko, 1951；9. 赤胫异距蝗*Heteropternis rufipes* (Shiraki, 1910)；10. 东亚飞蝗*Locusta migratoria manilensis* (Meyen, 1835)

图版X

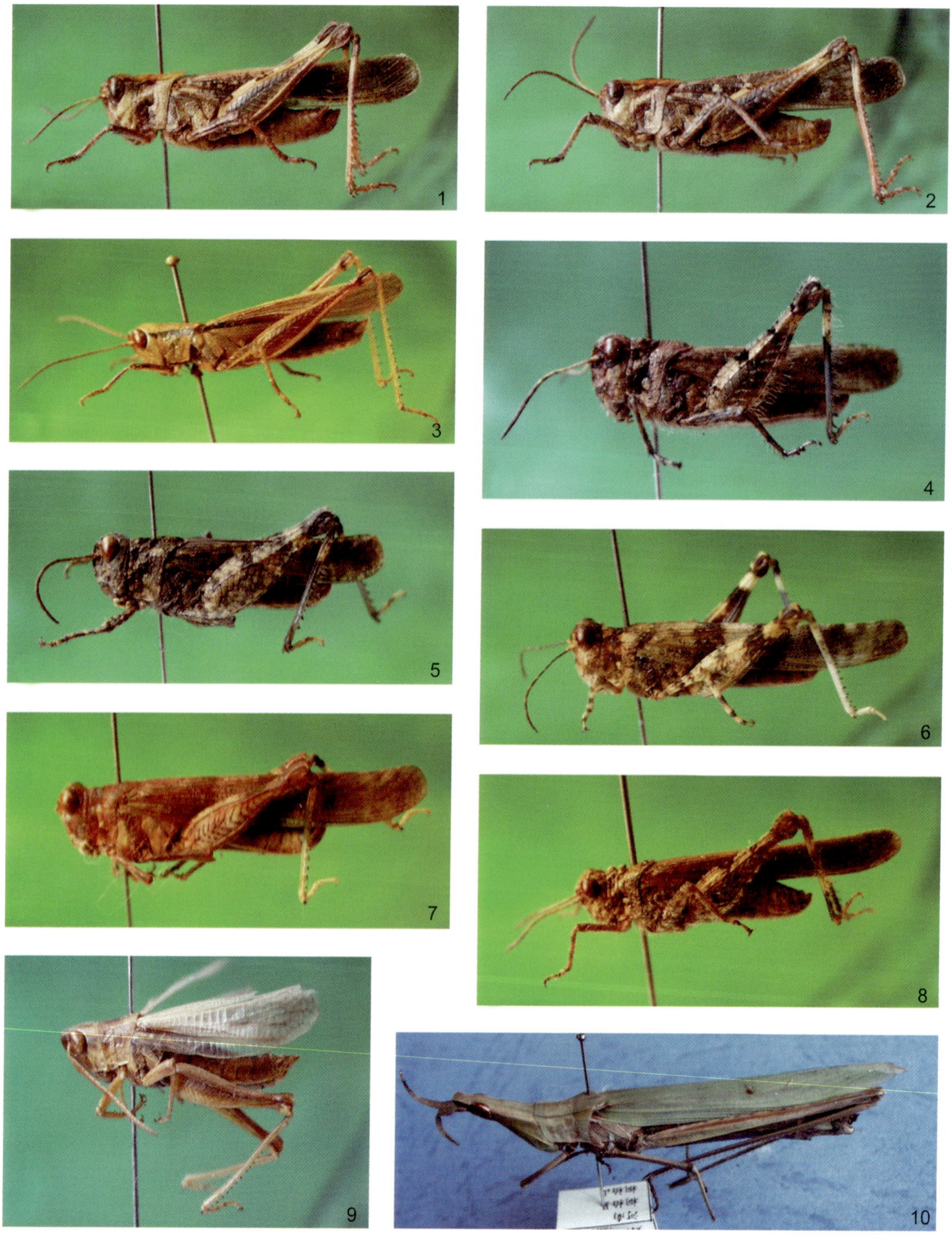

1. 黄胫小车蝗*Oedaleus infernalis* Saussure, 1884；2. 红胫小车蝗*Oedaleus manjius* Chang, 1929；3. 草绿蝗*Parapleurus alliaceus* (Cermar, 1817)；4. 黄翅踵蝗*Pternoscirta caliginosa* (De Haan, 1842)；5. 红翅踵蝗*Pternoscirta sauteri* (Karny, 1915)；6. 蒙古束颈蝗*Sphingonotus mongolicus* Saussure, 1888；7. 秦岭束颈蝗*Sphingonotus tsinlingensis* Cheng *et al*., 1963；8. 疣蝗*Trilophidia annulata* (Thunberg, 1815)；9. 狭胸金色蝗*Chrysacris stenosterna* Niu, 1994；10. 中华剑角蝗*Acrida cinerea* Thunberg, 1815

图版XI

1. 秦岭金色蝗*Chrysacris qinlingensis* Zheng, 1983；2. 曲线金色蝗*Chrysacris sinucarinata* Zheng, 1988；3. 圆翅螇蚚蝗*Gelastorhinus rotundatus* Shiraki, 1910；4. 中华戛蝗*Gonista chinensis* Willemse, 1951；5. 二色戛蝗*Gonista bicolor* De Haan, 1842；6. 异翅鸣蝗*Mongolotettix anomopterus* (Caud., 1921)；7. 条纹鸣蝗*Mongolotettix japonicus* (I. Bolivar, 1898)；8. 僧帽佛蝗*Phlaeoba infumata* Bremer, 1893；9. 中华佛蝗*Phlaeoba sinensis* I. Bolivar, 1914；10. 隆额网翅蝗*Arcyptera coreana* Shiraki, 1930；11. 网翅蝗*Arcyptera fussa* (Pallas, 1773)；12. 青脊竹蝗*Ceracris nigricornis* Walker, 1870

图版XII

1. 大青脊竹蝗*Ceracris nigricornis laeta* (I. Bolivar, 1914)；2. 黑翅雏蝗*Chorthippus aethalinus* (Zubovsky, 1899)；3. 白纹雏蝗*Chorthippus albonemus* Cheng et Tu, 1964；4. 华北雏蝗*Chorthippus brunneus huabeiensis* Xia et Jin, 1982；5. 中华雏蝗*Chorthippus chinensis* Tarbinsky；6. 狭翅雏蝗*Chorthippus dubius* (Zubovsky, 1898)；7. 鹤立雏蝗*Chorthippus fuscipennis* (Caudell, 1921)；8. 北方雏蝗*Chorthippus hammarstroemi* (Miram, 1906)；9. 夏氏雏蝗*Chorthippus hsiai* Cheng *et* Tu, 1964；10. 东方雏蝗*Chorthippus intermedius* (B. Bienko, 1926)

图版XIII

1. 侧翅雏蝗*Chorthippus latipennis* (I. Bolivar, 1898)；2. 中华暗蝗*Dnopherula sinensis* (Uvarov, 1925)；3. 条纹暗蝗*Dnopherula taeniatus* (Bolivar, 1902)；4. 镇巴异爪蝗*Euchorthippus chenbaensis* Tu *et* Cheng, 1964；5. 素色异爪蝗*Euchorthippus unicolor* (Ikonnikov, 1913)；6. 条纹异爪蝗*Euchorthippus vittatus* Zheng, 1980；7. 黄脊雷篦蝗*Rammeacris kiangsu* (Tsai, 1929)；8. 日本黑蚤蝼*Xya japonica* De Haan, 1842；9. 河南蝼蛄*Gryllotalpa henana* Cai et Niu, 1998；10. 东方蝼蛄*Gryllotalpa orientalis* Burmeister, 1939；11. 华北蝼蛄*Gryllotalpa unispina* Saussure, 1847

图版XIV

1. 斑腿双针蟋*Dianemobius fascipes* (Walker, 1869); 2. 黄角灰针蟋*Dianemobius flavoantennalis* (Shiraki, 1911); 3. 斑翅灰针蟋*Dianemobius taprobanensis* (Walker, 1869); 4. 印度异针蟋*Pteronemobius indicus* (Walker, 1869); 5. 亮褐异针蟋*Pteronemobius nitidus* (Bolivar, 1901); 6. 双带拟蛉蟋*Paratrigonidium bifasciatum* Shiraki, 1911; 7. 虎甲蛉蟋*Trigonidium cicindeloides* Rambur, 1839; 8. 粗点哑蟋*Goniogryllus asperopunctatus* Wu *et* Wang, 1992; 9. 刻点哑蟋*Goniogryllus punctatus* Chopard, 1936; 10. 短翅灶蟋*Gryllodes sigillatus* (Walker, 1869); 11. 双斑蟋*Gryllus bimaculatus* De Geer, 1773; 12. 小棺头蟋*Loxoblemmus aomoriensis* Shiraki, 1930; 13. 窃棺头蟋*Loxoblemmus detactus* (Audinet-Serville, 1839); 14. 多伊棺头蟋*Loxoblemmus doenitzi* Stein, 1881; 15. 石首棺头蟋*Loxoblemmus equestris* Saussure, 1877

图版XV

1. 泰康棺头蟋*Loxoblemmus taicoun* Saussure, 1887；2. 小素蟋*Mitius minor* (Shiraki, 1911)；3. 小姬蟋*Modicogryllus minusculus* (Walker, 1869)；4. 黄脸油葫芦*Teleogryllus emma* (Ohmachi *et* Matsumura, 1951)；5. 银川油葫芦*Teleogryllus infernalis* (Saussure, 1877)；6. 北京油葫芦*Teleogryllus mitratus* (Burmeister, 1838)；7. 长颚斗蟋*Velarifictorus asperses* (Walker, 1869)；8. 迷卡斗蟋*Velarifictorus micado* (Saussure, 1877)；9. 刻点铁蟋*Sclerogryllus punctatus* (Brunner, 1893)；10. 长瓣树蟋*Oecanthus longicaudus* Matsumura, 1904；11. 黄树蟋*Oecanthus rufescens* Serville, 1839；12. 长翅长额蟋*Patiscus longipennis* Liu *et* Yin, 1993；13. 片蟋*Truljalia hibinonis* (Matsumura, 1919)；14. 日本钟蟋*Homoeogryllus japonicus* (De Haan, 1842)；15. 云斑金蟋*Xenogryllus marmoratus* (De Haan, 1842)

图版XVI

1. 柯氏翡螽*Phyllomimus klapperichi* Beier, 1954；2. 日本条螽*Ducetia japonia* (Thunberg, 1815)；3. 秋掩耳螽*Elimaea fallax* Bey- Bienko, 1951；4. 中华桑螽*Kuwayamaea chinensis* (Brunner von Wattenwyl, 1878)；5. 镰尾露螽*Phaneroptera falcate* (Poda, 1761)；6. 瘦露螽*Phaneroptera gracilis* Burmeister, 1838；7. 中华半掩耳螽*Hemielimaea chinensis* Brunner von Wattenwyl, 1878；8. 日本绿螽*Holochlora japonica* Brunner von Wattenwyl, 1878；9. 短突平背螽*Isopsera brachystylata* Liu *et* Wang, 1998；10. 显沟平背螽*Isopsera sulcata* Bey-Bienko, 1955

1. 赤褐环螽*Letana rubescens* (Stal, 1860)；2. 黑角露螽*Phaneroptera nigro-antennata* Brunner, von Wattenwyl, 1878；3. 截叶糙颈螽*Rudiocllaris truncato-lobata* (Brunner von Wattenwyl, 1878)；4. 短裂素木螽*Shirakisotima brevifissa* Wang *et* Liu, 1996；5. 日本纺织娘*Mecopoda nipponensis* (De Haan, 1842)；6. 格氏寰螽*Atlanticus grahami* Tinkham, 1941；7. 长裂华绿螽*Sinochlora longifissa* (Matsumura *et* Shiraki, 1908)；8. 四川华绿螽*Sinochlora szechuanensis* Tinkham, 1945；9. 江苏寰螽*Atlanticus kiangsu* Ramme, 1939；10. 中华寰螽*Atlanticus sinensis* Uvarov, 1924；11. 布氏螺螽*Gampsocleis buergeri* (De Haan, 1842)；12. 中华蝈螽*Gampsocleis sinensis* (Walker, 1869)

图版XVIII

1. 邦内特姬螽*Metrioptera wesmael* (I. Bolivar, 1890)；2. 中华螽斯*Tettigonia chinensis* Willemse, 1933；3. 中华尤螽*Uvarovina chinensis* Ramme, 1939；4. 鼓翅拟蝈螽*Uvarovites inflate* (Uvarov, 1924)；5. 宽肩硕螽*Deracantha transverea* Uvarov, 1930；6. 比尔锥尾螽*Conanalus pieli* Tinkham, 1943；7. 厚头拟喙螽*Pseudorhynchus crassiceps* (De Haan, 1842)；8. 斑翅草螽*Conocephalus maculates* (Le Guillou, 1841)；9. 中华草螽*Conocephalus chinensis* (Redtenbacher, 1891)；10. 长瓣草螽*Conocephalus gladiatus* (Redtenbacher, 1891)

图版XIX

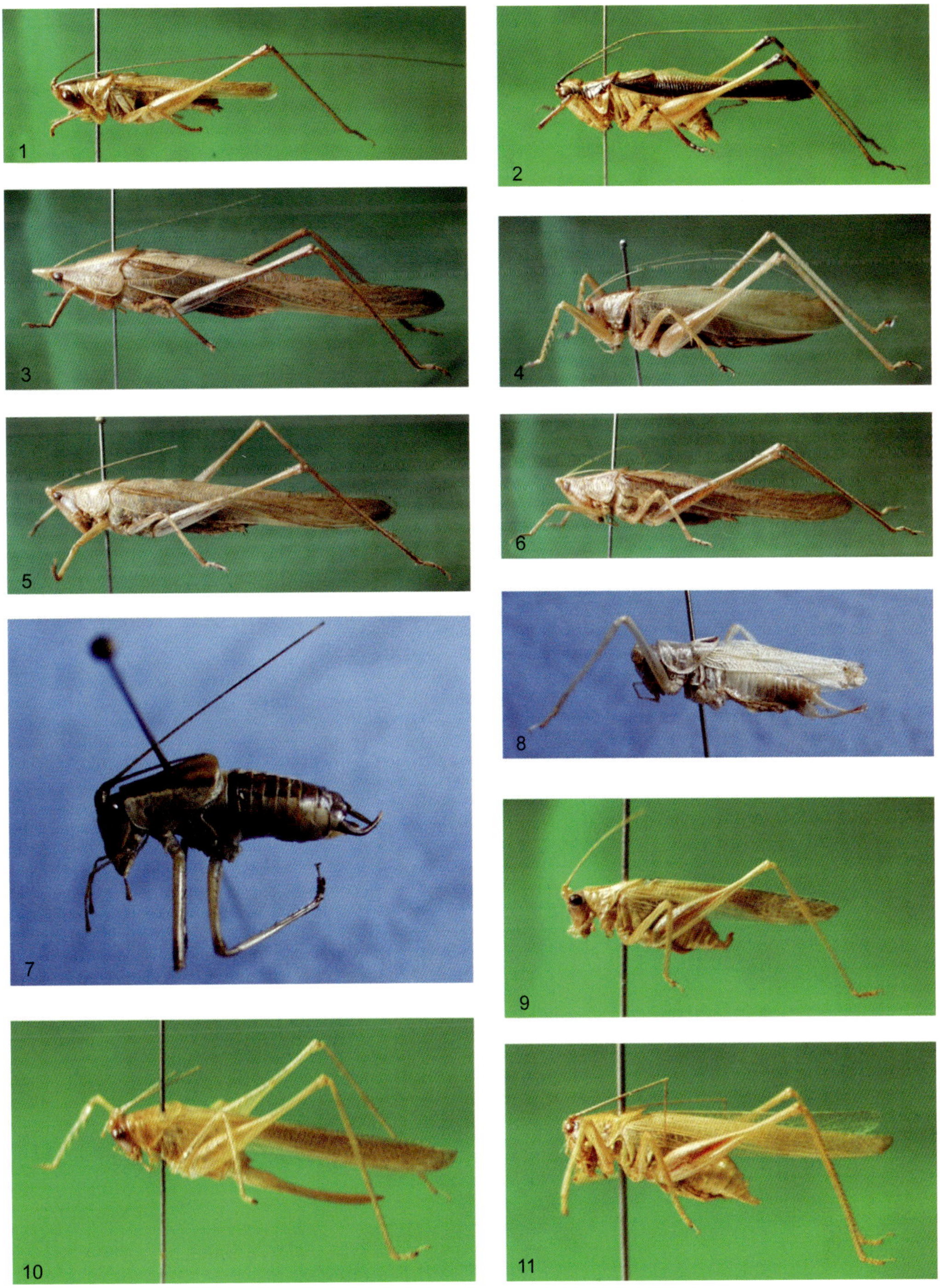

1. 长翅草螽*Conocephalus longipennis* (De Haan, 1842)；2. 悦鸣草螽*Conocephalus melas* (De Haan, 1842)；3. 鼻优草螽*Euconocephalus nasutus* (Thunberg, 1815)；4. 日本似织螽*Hexacentrus japonicus* Karny, 1907；5. 疑钩额螽*Ruspolia dubius* (Redtenbacher, 1891)；6. 黑胫钩额螽*Ruspolia lineosa* (Walker, 1869)；7. 黑膝饰尾螽*Cosmetura nigrogeniculata* Liu *et* Wang, 1998；8. 中华赢蛩螽*Nipponomeconema sinica* Liu *et* Wang, 1998；9. 棒尾剑螽*Xiphidiopsis clavata* Uvarov, 1933；10. 双瘤剑螽*Xiphidiopsis bituberculata* Ebaer, 1939；11. 陈氏剑螽*Xiphidiopsis cheni* Bey-Bienko, 1955

图版XX

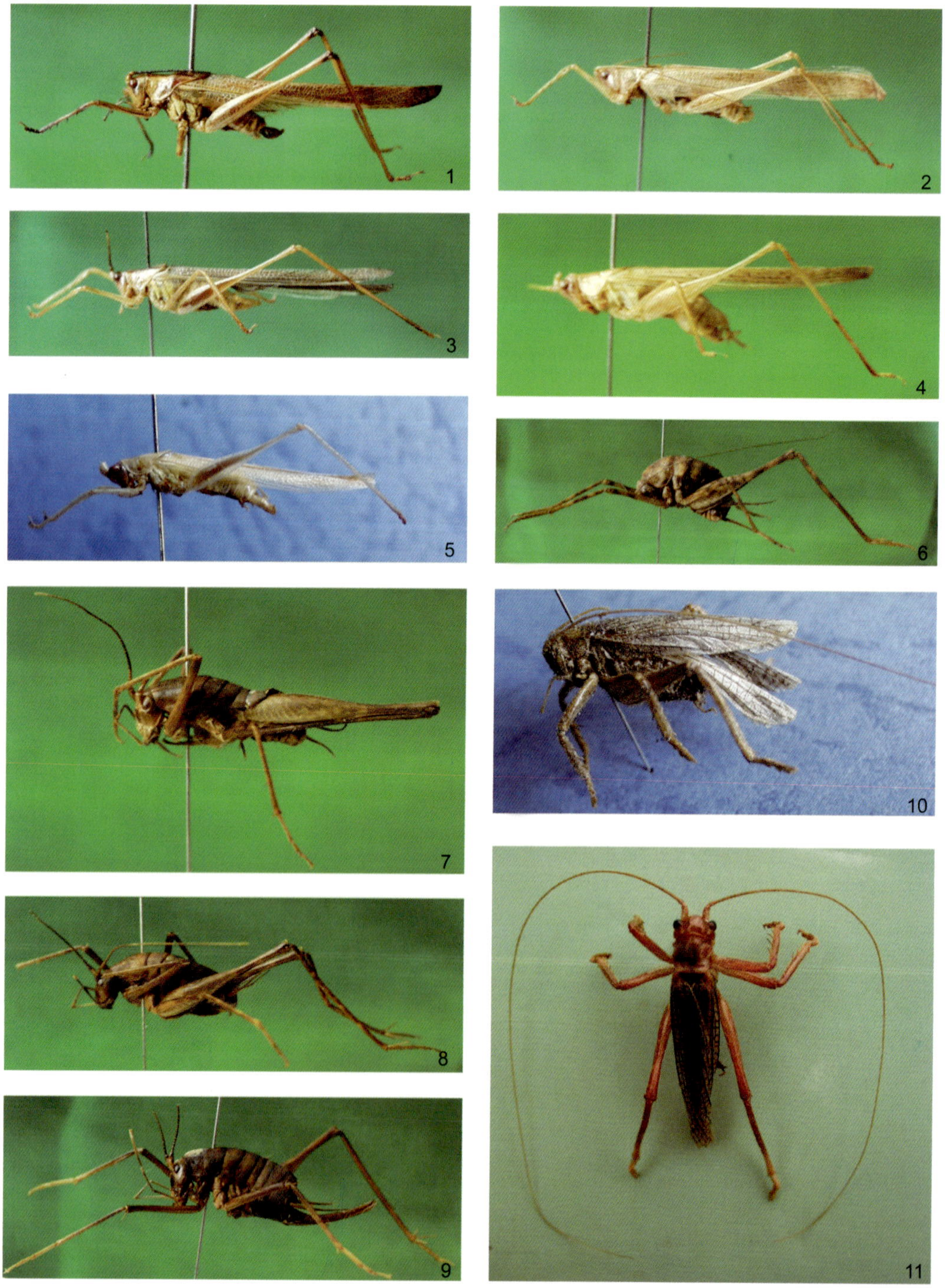

1. 黑膝剑螽*Xiphidiopsis geniculata* Bey-Bienko, 1962；2. 贺氏剑螽*Xiphidiopsis howardi* Tinkham, 1956；3. 巨叉剑螽*Xiphidiopsis megafurcula* Tinkham, 1944；4. 铃木剑螽*Xiphidiopsis suzuki* (Matsumura *et* Shiraki, 1908)；5. 云南剑螽*Xiphidiopsis yunnanea* Bey-Binko, 1957；6. 庭疾灶螽*Tachycines asynamorus* Adelung, 1902；7. 中华疾灶螽*Tachycines chinensis* Storozhenko, 1990；8. 贝氏裸灶螽*Tachycines berezowskii* Adelung, 1902；9. 朝鲜疾灶螽*Tachycines coreanus* Yamasaki, 1969；10. 素色杆蟋螽*Phryganogryllacris unicolor* Liu *et* Wang, 1998；11. 申氏杆蟋螽*Phryganogryllacris sheni* Niu *et* Shi, 1999

图版XXI

1. 双千豫蛇蛉*Raphidia* (*Yuraphidia*) *doumilia* Yang, 1998；2. 盲蛇蛉属一种*Inocellia* sp.；3. 斑悲蜡蝉*Penthicodes atomaria* (Weber, 1801)；4. 东方巨齿蛉*Acanthacorydalis orientalis* (Machachlan, 1899)；5. 指突斑鱼蛉*Neochauliodes digitiformis* Liu *et* Yang, 2005；6. 碎斑鱼蛉*Neochauliodes parasparsus* Liu *et* Yang, 2005；7. 中华斑鱼蛉*Neochauliodes sinensis* (Walker, 1853)；8. 小碎斑鱼蛉*Neochauliodes sparsus* Liu *et* Yang, 2005；9. 花边星齿蛉*Protohermes costalis* (Walker, 1853)；10. 中华星齿蛉*Protohermes sinensis* Yang *et* Yang, 1992；11. 古田星齿蛉*Protohermes gutianensis* Yang *et* Yang, 1995

图版XXII

1. 炎黄星齿蛉*Protohermes xanthodes* Navas, 1913；2. 河南泥蛉*Sialis henanensis* Liu *et* Yang, 2006；3. 褐纹树蚁蛉*Dendroleon pantherius* Fabricius；4. 小华锦蚁蛉*Gatzara decorilla* Yang；5. 长裳树蚁蛉*Dendroleon javanus* Banks, 1915；6. 陆溪蚁蛉*Epacanthaclisis continentalis* Esben-Petersen；7. 泛蚁蛉*Myrmeleon formicarious* Linnaeus, 1767；8. 朝鲜东蚁蛉*Euroleon coreaus* Okamoto, 1924

图版XXIII

1. 追击大蚁蛉*Heoclisis japonica* (MacLachlan, 1875)；2. 黑斑离蚁蛉*Distoleon nigricanus* (Okamoto, 1910)；3. 白云蚁蛉*Glenuroides japonicas* (MacLachlan, 1867)；4. 钩臀蚁蛉*Myrmeleon bore* (Tjeder, 1941)；5. 日完眼蝶角蛉*Protidricerus japonicus* (MacLachlan, 1891)；6. 狭翅完眼蝶角蛉*Protidricerus steropterus* Wang *et* Yang, 2002；7. 长翅蝶角蛉*Suphalacsa longialata* Yang, 1992；8. 深色褐纹石蛾*Eubasilissa regina* McLachlan, 1871

图版XXIV

1. 原蛉蛾*Neopseustis calliglauca* Meyrick, 1909；2. 大黄长角蛾*Nemophora amurensis* Alpheraky, 1897；3. 点蝙蛾*Phassus sinensis* Moore, 1877；4. 芳香木蠹蛾*Cossus cossus* Linnaeus；5. 梨豹蠹蛾*Zeuzera pyrina* Staudinger *et* Rebel；6. 葡萄叶斑蛾*Illiberis tenuis* Butler, 1877；7. 梨叶斑蛾*Illiberis pruni* Dyar, 1905；8. 尖尾网蛾*Thyris fenestrella* Scopli, 1763；9. 树形拱肩网蛾*Camptochilus aurea* Butler, 1881；10. 叉斜线网蛾*Striglina bifida* Chu *et* Wang, 1991

图版XXV

1. 怪影波纹蛾*Euparyphasma maxima* (Leech, 1888)；2. 陕篝波纹蛾*Gaurena fletcheri* Werny, 1966；3. 阔华波纹蛾*Habrosyna conscripta* Warren, 1912；4. 大波纹蛾*Macrothyatira flavida* (Butler, 1885)；5. 红华波纹蛾*Habrosyne sanguinea* Moore, 1882；6. 边波纹蛾*Horithyatira decorate* (Moore, 1881)；7. 米波纹蛾*Mimopsestis basalis* (Wileman, 1911)；8. 湿米波纹蛾*Mimopsestis circumdata* Houlbert

图版XXVI

1. 珠异波纹蛾*Parapsestis meleagris* (Houlbert, 1921)；2. 华异波纹蛾*Parapsestis lichenea* (Hampson, 1893)；3. 褐太波纹蛾*Tethea fusca* Werny, 1966；4. 银线尖顶圆钩蛾*Mimozethes argentilinearia* (Leech, 1897)；5. 褐爪突圆钩蛾*Cyclidia substigmaria brunna* Chu *et* Wang, 1987；6. 美钩蛾*Callicilix abraxata* Butler, 1885；7. 中华豆斑钩蛾*Auzata chinensis* Leech, 1898；8. 透豆斑钩蛾*Auzata semilucida* Chu *et* Wang, 1988；9. 掌绮钩蛾*Cilix tatsienluica* Oberthur, 1917

图版XXVII

1. 网皋钩蛾*Betalbara acaminata* (Leech, 1890)；2. 豆点丽钩蛾*Callidrepana gemina* Watson, 1968；3. 豆点丽钩蛾广东亚种*Callidrepana gemina curta* Watson, 1968；4. 钳钩蛾*Didymana bidens* (Leech, 1890)；5. 二点镰钩蛾*Drepana dispilata* Warren, 1922；6. 窗距钩蛾*Agnidra fenestra* (Leech, 1898)；7. 倍线钩蛾*Nordstroemia duplicata* (Warren, 1922)；8. 古钩蛾指名亚种*Palaeodrepana harpagula harpagula* (Esper, 1786)；9. 三线钩蛾*Pseudalbara parvula* (Leech, 1890)；10. 单线钩蛾*Nordstroemia unilinea* Chu *et* Wang, 1988；11. 接骨木山钩蛾*Oreta loochooana* Swinhoe, 1902；12. 荚蒾山钩蛾*Oreta eminens* (Bryk, 1943)；13. 短铃钩蛾*Macrocilix mysticata brevinotata* Watson, 1968；14. 浅翅凤蛾*Epicopeia hainesi sinicaria* Leech, 1912

图版XXVIII

1. 四线白蛱蛾*Epiplema evanescens* Alpheraky, 1897；2. 斑蝶蛱蛾*Nossa nelcinna* (Moore, 1874)；3. 多齿翅蚕蛾*Oberthueria caeca* (Oberthur, 1880)；4. 一点钩翅蚕蛾*Mustilia hepatica* Moore, 1879；5. 白弧野蚕蛾*Theophila albicurva* Chu *et* Wang, 1993；6. 蒲公英蚬蛾*Lemonia taraxaci* Esper, 1909；7. 褐带蛾*Paliarisa cervina* Moore, 1865；8. 广鹿蛾*Amata emma* (Butler)；9. 白角鹿蛾*Amata acrospila* (Felder)；10. 绿鲜夜蛾*Cryphia prasina* (Draudt, 1950)

图版XXIX

1. 长尾大蚕蛾*Actias dubernardi* (Oberthur, 1897)雌；2. 长尾大蚕蛾*Actias dubernardi* (Oberthur, 1897)雄；3. 绿尾大蚕蛾*Actias selene ningpoana* Felder, 1913；4. 黄豹大蚕蛾*Loepa katinka* Westwood, 1848；5. 俊夜蛾*Westermannia superba* Hubner, 1823

图版XXX

1. 黄尾大蚕蛾*Actias heterogyna* Mell, 1914；2. 锈斑丁目大蚕蛾*Aglia ferenigra* Th. Mieg, 1913；3. 黄修虎蛾*Sarbanissa flavida* Leech, 1890；4. 白云修虎蛾*Sarbanissa transiens* (Walker, 1865)；5. 小修虎蛾*Sarbanissa mandarina* (Leech, 1890)；6. 选彩虎蛾*Episteme lectrix* (Linnaeus, 1764)；7. 豪虎蛾*Scrobigera amatrix* (Westwood, 1848)；8. 黄斑展夜蛾*Hyperstrotia flavipuncta* (Leech, 1889)

图版XXXI

1. 猫目大蚕蛾*Salassa thespis* Leech, 1898；2. 曲线透目大蚕蛾*Rhodinia jankowskii* Oberthur, 1881；3. 蓖麻蚕*Philosamia cynthia ricina* Donovan, 1798；4. 亭俚夜蛾*Lithacodia gracilior* Draudt, 1950；5. 白臀俚夜蛾*Lithacodia pygarga* (Hufnagel, 1766)；6. 木俚夜蛾*Lithacodia nemorum* (Oberthur, 1880)；7. 粉条巧夜蛾*Oruza divisa* (Walker, 1862)；8. 奇巧夜蛾*Oruza mira* (Butler, 1879)

图版XXXII

1. 黄褐箩纹蛾*Brahmaea certhia* Fabricius, 1793；2. 枯球箩纹蛾*Brahmophthalma wallichii* (Gray, 1888)；3. 缤夜蛾*Moma alpium* (Osbeck, 1778)；4. 黄颈缤夜蛾*Moma fulvicollis* (Lattin, 1949)；5. 冷靛夜蛾*Belciades niveola* (Motschulsky, 1866)；6. 污后夜蛾*Trisuloides contaminata* Draudt, 1937；7. 角后夜蛾*Trisuloides cornelia* (Staudinger, 1888)；8. 后夜蛾*Trisuloides sericea* Butler, 1881；9. 白斑后夜蛾*Trisuloides c-album* (Leech, 1900)

图版XXXIII

1. 桦剑纹夜蛾*Acronicta alni* (Linnaeus, 1767)；2. 桑剑纹夜蛾*Acronicta major* (Bremer, 1861)；3. 梨剑纹夜蛾*Acronicta rumicis* (Linnaeus, 1758)；4. 赛剑纹夜蛾*Acronicta psi* (Linnaeus, 1758)；5. 苏剑纹夜蛾*Acronicta raphael* (Oberthur, 1884)；6. 桃剑纹夜蛾*Acronicta intermedia* Warrren, 1909；7. 榆剑纹夜蛾*Acronicta hercules* (Felder *et* Rogenhofer, 1874)；8. 绿孔雀夜蛾*Nacna malachites* (Oberthus, 1880)

图版XXXIV

1. 明钝夜蛾*Anacronicta nitida* (Butler, 1878)；2. 暗钝夜蛾*Anacronicta caliginea* (Butler, 1881)；3. 毛首夜蛾*Craniophora inquieta* Draudt, 1950；4. 女贞首夜蛾*Craniophora ligustri* (Denis *et* Schiffermuller, 1775)；5. 黑条青夜蛾*Diphtherocome marmorea* (Leech, 1900)；6. 饰青夜蛾*Diphtherocome pallida* (Moore, 1867)；7. 小地老虎*Agrotis ipsilon* (Hufnagel, 1766)；8. 黄地老虎*Agrotis segetum* (Denis *et* Schiffermuller, 1775)

图版XXXV

1. 梦夜蛾*Subleiconycta palshkovi* (Filipjev, 1937)；2. 黄绿组夜蛾*Anaplectoides virens* (Butler, 1878)；3. 茶色狭翅夜蛾*Hermonassa cecilia* Butler, 1878；4. 淡狭翅夜蛾*Hermonassa pallidula* (Leech, 1900)；5. 缪狼夜蛾*Ochropleura musiva* (Hubner，[1803])；6. 基角狼夜蛾*Ochropleura triangularis* Moore, 1867；7. 翠色狼夜蛾*Ochropleura praecox* (Linnaeus, 1758)；8. 黑点歹夜蛾*Diarsia nigrosigna* (Moore, 1881)

图版XXXVI

1. 扇夜蛾*Sineugrapha disgnosta* (Boursin, 1948)；2. 紫棕扇夜蛾*Sineugraphe exusta* (Butler, 1878)；3. 大三角鲁夜蛾*Xestia kollari* (Lederer, 1853)；4. 前黄鲁夜蛾*Xestia stupenda* (Butler, 1878)；5. 八字地老虎*Xestia c-nigrum* (Linnaeus, 1758)；6. 兀鲁夜蛾*Xestia ditrapezium orientalis* Boursin, 1963；7. 宽胫夜蛾*Protoschinia scutosa* (Denis *et* Schiffermuller, 1775)；8. 黄褐研夜蛾*Aletia bani* Sugi, 1977

图版XXXVII

1. 庸黏夜蛾*Leucania mesotrostina* (Draudt, 1950)；2. 曲线秘夜蛾*Mythimna divergens* Butler, 1878；3. 鹏灰夜蛾*Polia goliath* (Oberthur, 1880)；4. 秘夜蛾*Mythimna turca* (Linnaeus, 1761)；5. 灰夜蛾*Polia nebulosa* (Hufnagel, 1766)；6. 乌夜蛾*Melanchra persicariae* (Linnaeus, 1761)；7. 黏虫*Pseudaletia separata* (Walker, 1865)；8. 掌夜蛾*Tiracola plagiata* (Walker, 1857)

图版XXXVIII

1. 长冬夜蛾*Cucullia elongata* (Butler, 1880)；2. 间纹炫夜蛾*Actinotia intermedia* Bremer, 1861；3. 紫黑杂夜蛾*Amphipyra livida* (Denis *et* Schifffermuller, 1775)；4. 桦杂夜蛾*Amphipyra schrenkii* Menetries, 1859；5. 蔷薇杂夜蛾*Amphipyra perflua* (Fabricius, 1787)；6. 大红裙杂夜蛾*Amphipyra monolitha* Guenee, 1852；7. 线委夜蛾*Athetis lineosa* (Moore, 1881)；8. 沙杰夜蛾*Auchmis saga* (Butler, 1878)

图版XXXIX

1. 毁秀夜蛾*Apamea aquila oriens* Warren, 1837；2. 晓秀夜蛾*Apamea schawerdae* (Draeseke, 1928)；3. 旋秀夜蛾*Apamea crenata* (Hufnagel, 1766)；4. 亚秀夜蛾*Apamea askoldis* (Oberthur, 1880)；5. 纹秀夜蛾*Apamea striata* Haruta, 1958；6. 条锹额夜蛾*Archanara aerate* (Butler, 1878)；7. 洼夜蛾*Balsa malana* (Fitch, 1856)；8. 白线散纹夜蛾*Callopistria albolineola* (Graeser, 1888)；9. 散纹夜蛾*Callopistria juventina* (Stoll, 1782)；10. 红晕散纹夜蛾*Callopistria repleta* Walker, 1858；11. 黑斑流夜蛾*Chytonix albonotata* (Staudinger, 1892)；12. 维夜蛾*Chalconyx ypsilon* (Butler, 1879)；13. 白斑兜夜蛾*Cosmia restituta* Walker, 1857；14. 黄缨兜夜蛾*Cosmia flavifimbria* (Hampson, 1910)；15. 一色兜夜蛾*Cosmia unicolor* (Staudinger, 1892)；16. 曲纹兜夜蛾*Cosmia camptostigma* (Menetries, 1859)；17. 白斑锦夜蛾*Euplexia albovittata* Moore, 1867；18. 白夜蛾*Chasminodes albonotens* (Bremer, 1861)

图版XL

1. 白斑胖夜蛾*Orthogonia canimaculata* Warren, 1911；2. 胖夜蛾*Orthogonia sera* Felder *et* Felder, 1862；3. 乏夜蛾*Niphonix segregata* (Butler, 1878)；4. 丹日明夜蛾*Sphragifera sigillata* (Menetres, 1859)；5. 日月明夜蛾*Sphragifera biplaga* (Walker, 1865)；6. 大斑明夜蛾*Sphragifera magniplaga* Chen, 1986；7. 小斑明夜蛾*Sphragifera mioplaga* Chen, 1986；8. 微斑明夜蛾*Sphragifera microplaga* Shen *et* Ma, 2010

图版XLI

1. 福衫夜蛾*Phlogophora beatrix* Butler, 1878；2. 紫褐衫夜蛾*Phlogophora subpurpurea* Leech, 1900；3. 陌夜蛾*Trachea atriplicis* (Linnaeus, 1758)；4. 路夜蛾*Xenotrachea albidisca* (Moore, 1867)；5. 旋夜蛾*Eligma narcissus* (Cramer, 1776)；6. 兰纹夜蛾*Stenoloba jankowskii* (Oberthur, 1884)；7. 饰夜蛾*Pseudoips fagana* (Fabricius, 1794)；8. 胡桃豹夜蛾*Sinna extrema* (Walker, 1854)

图版XLII

1. 月殿尾夜蛾*Anuga lunulata* Moore, 1867；2. 折纹殿尾夜蛾*Anuga multiplicans* Walker, 1858；3. 滑尾夜蛾*Eutelia blandiatrix* Hampson, 1912；4. 洼皮夜蛾*Nolathripa lactaria* (Graeser, 1892)；5. 隐金夜蛾*Abrostola triplasia* (Linnaeus, 1758)；6. 银纹夜蛾*Acanthoplusia agnata* (Staudinger, 1892)；7. 瓜夜蛾*Anadevidia hebetata* (Walker, 1889)；8. 白条夜蛾*Ctenoplusia albostriata* (Bremer & Grey, 1853)；9. 南方锞纹夜蛾*Chrysodeixis eriosoma* (Doubleday, 1843)；10. 饰金翅夜蛾*Erythroplusia ornatissima* Walker, 1858；11. 比八纹夜蛾*Diachrysia bieti* (Oberthur, 1884)；12. 银锭夜蛾*Macdunnoughia crassisigna* (Warren, 1913)；13. 淡银纹夜蛾*Macdunnoughia purissima* (Butler, 1878)；14. 中金弧夜蛾*Trichoplusia intermixta* (Warren, 1913)

1. 斜线关夜蛾*Artena dotata* (Fabricius, 1794)；2. 白肾裳夜蛾*Catocala agitatrix* Graeser, 1889；3. 裳夜蛾*Catocala nupta* (Linnaeus, 1767)；4. 椴裳夜蛾*Catocala lara* Bremer, 1861；5. 霉巾夜蛾*Dysgonia maturata* Walker, 1858；6. 栎刺裳夜蛾*Mormonia dula* (Bremer, 1861)；7. 白缘光裳夜蛾*Ephesia actaea* (Felder *et* Rogenhofer, 1874)；8. 鸽光裳夜蛾*Ephesia columbina* (Leech, 1900)

图版XLIV

1. 布光裳夜蛾*Ephesia butleri* (Leech, 1900)；2. 栎光裳夜蛾*Ephesia dissimilis* (Bremer, 1861)；3. 兴光裳夜蛾*Ephesia eminens* (Staudinger, 1892)；4. 白光裳夜蛾*Ephesia nivea* (Butler, 1877)；5. 雍光裳夜蛾*Ephesia jonasii* (Butler, 1877)；6. 阴耳夜蛾*Ercheia umbrosa* Butler, 1881；7. 安钮夜蛾*Ophiusa tirhaca* (Cramer, 1777)；8. 懈毛胫夜蛾*Mocis annetta* (Butler, 1878)

1. 毛目夜蛾*Erebus pilosa* (Leech, 1900) 雌；2. 毛目夜蛾*Erebus pilosa* (Leech, 1900) 雄；3. 朴变色夜蛾*Hypopyra feniseca* Guenee, 1852；4. 环夜蛾*Spirama retorta* (Clerck, 1759)；5. 霜壶夜蛾*Calyptra albivirgata* (Hampson, 1926)；6. 翎壶夜蛾*Calyptra gruesa* (Draudt, 1950)；7. 平嘴壶夜蛾*Calyptra lata* (Butler, 1881)；8. 超桥夜蛾*Anomis fulvida* Guenee, 1852；9. 客来夜蛾*Chrysorithrum amata* (Bremer *et* Grey, 1853)

图版XLVI

1. 庸肖毛翅夜蛾*Thyas juno* (Dalman, 1823)；2. 木叶夜蛾*Xylophylla punctifascia* (Leech, 1900)；3. 三斑蕊夜蛾*Cymatophotopsis trimaculata* (Bremer, 1861)；4. 曲带双衲夜蛾*Dinumma deponens* Walker, 1858；5. 黑斑狄夜蛾*Diomea jankowskii* (Oberthur, 1880)；6. 斑戟夜蛾*Lacera procellosa* Butler, 1877；7. 凡艳叶夜蛾*Eudocima fullonica* (Clerck, 1764)；8. 枯艳叶夜蛾*Eudocima tyrannus* (Guenee, 1852)；9. 寒锉夜蛾*Blasticorhinus ussuriensis* (Bremer, 1861)

图版XLVII

1. 粉点朋闪夜蛾*Hypersypnoides punctosa* (Walker, 1865)；2. 苹梢鹰夜蛾*Hypocala subsatura* Guenee, 1852；3. 蚕豆影夜蛾*Lygephila viciae* (Hubner, 1822)；4. 巨影夜蛾*Lygephila maxima* (Bremer, 1861)；5. 鸟嘴壶夜蛾*Oraesia excavata* (Butler, 1878)；6. 饰眉夜蛾*Pangrapta ornata* (Leech, 1900)；7. 棘翅夜蛾*Scoliopteryx libatrix* (Linnaeus, 1758)；8. 钩白肾夜蛾*Edessena hamada* Felder *et* Rogenhofer, 1874；9. 遮眉夜蛾*Pangrapta similistigma* Warren, 1913；10. 蓝条夜蛾*Ischyja manlia* (Cramer, 1766)

图版XLVIII

1. 浅褐析夜蛾*Sypnoides lilacina* (Leech, 1900)；2. 层析夜蛾*Sypnoides missionaria* Berio, 1958；3. 肘析夜蛾*Sypnoides olena* (Swinhoe, 1893)；4. 克析夜蛾*Sypnoides kirbyi* (Butler, 1881)；5. 分色卜夜蛾*Bomolocha bipartite* Staudinger, 1892；6. 满卜夜蛾*Bomolocha mandarina* (Leech, 1900)；7. 卜夜蛾*Bomolocha perspicua* (Leech, 1900)；8. 张卜夜蛾*Bomolocha rhombaris* (Guenee, 1854)；9. 齐卜夜蛾*Bomolocha zilla* (Butler, 1879)；10. 污卜夜蛾*Bomolocha squalida* (Butler, 1879)；11. 两色髯须夜蛾*Hypena trigonalis* (Guenee, 1854)；12. 豆髯须夜蛾*Hypena tristalis* Lederer, 1853；13. 髯须夜蛾*Hypena proboscidalis* Linnaeus, 1758

图版XLIX

1. 白点厚角夜蛾*Hadennia incongruens* (Butler, 1879)；2. 黄肾奴夜蛾*Paracolax pryeri* (Butler, 1879)；3. 黑点贫夜蛾*Simplicia rectalis* (Eversmann, 1942)；4. 曲线贫夜蛾*Simplicia niphona* (Butler, 1878)；5. 角镰须夜蛾*Zanclognatha angulina* (Leech, 1900)；6. 叔灰镰须夜蛾*Zanclognatha subgriselda* Sugi, 1959；7. 蠕镰须夜蛾*Zanclognatha vermiculata* (Leech, 1900)；8. 斜镰须夜蛾*Zanclognatha oblique* Staudinger, 1892

图版L

1. 鬼脸天蛾*Acherontia lachesis* (Fabricius, 1798)；2. 芝麻鬼脸天蛾*Acherontia styx* Westwood, 1848；3. 绒星天蛾 *Dolbina tancrei* Staudinger, 1887；4. 甘薯天蛾*Herse convolvuli* (Linnaeus, 1759)；5. 松黑天蛾*Hyloicus caliguneus sinicus* Rothschild *et* Jordan, 1903；6. 白须天蛾*Kentrochrysalis sieversi* Alpheraky, 1760；7. 大背天蛾*Meganoton analis* (Felder, 1874)

1. 南方豆天蛾*Clanis bilineata bilineata* (Walker, 1866)；2. 黄脉天蛾 *Amorpha amurensis* Staudinger, 1892；3. 榆绿天蛾*Callambulyx tatarinovi* (Bremer, 1853)；4. 洋槐天蛾*Clanis deucalion* (Walker, 1856)；5. 椴六点天蛾*Marumba dyras* (Walker, 1856)；6. 梨六点天蛾*Marumba gaschkewitschi complacens* Walker, 1864；7. 枇杷六点天蛾*Marumba spectabilis* Butler, 1875

图版LII

1. 菩提六点天蛾*Marumba jankowskii* (Oberthur, 1880)；2. 黄边六点天蛾*Marumba maacki* (Bremer, 1895)；3. 栗六点天蛾*Marumba sperchius* Menentries, 1857；4. 日本鹰翅天蛾*Oxyambulyx japonica* Rothschild, 1894；5. 栎鹰翅天蛾*Oxyambulyx liturata* (Butler, 1875)；6. 鹰翅天蛾*Oxyambulyx ochracea* (Butler, 1885)；7. 核桃鹰翅天蛾*Oxyambulyx schauffelbergeri* (Bremer *et* Grey, 1853)

1. 紫光盾天蛾*Phyllosphingia dissimilis sinensis* Jordan, 1928；2. 构月天蛾*Parum colligata* (Walker, 1856)；3. 北方蓝目天蛾*Smerithus planus alticola* Clark, 1934；4. 缺角天蛾*Acosmeryx castanea* Rothschild *et* Jordan, 1903；5. 葡萄缺角天蛾*Acosmeryx naga* (Moore, 1857)；6. 葡萄天蛾*Ampelophaga rubiginosa rubiginosa* Bremmer *et* Grey, 1853；7. 条背天蛾*Cechenena lineosa* (Walker, 1856)

图版LIV

1. 八字白眉天蛾*Celerio lineate livornica* (Esper, 1779)；2. 平背天蛾*Cechenena minor* (Butler, 1934)；3. 红天蛾*Pergesa elpenor lewisi* (Butler, 1875)；4. 雀纹天蛾*Theretra japonica* (Orza, 1869)；5. 华中白肩天蛾*Rhagastis mongoliana centrosinaria* Chu *et* Wang, 1980；6. 芋双线天蛾*Theretra oldenlandiae* (Fabricius, 1775)

ISBN 978-7-03-039646-4